Konstruktionselemente der Feinmechanik

Konstruktionselemente der Feinmechanik

Herausgeber
Prof. Dr.-Ing. habil. Dr. h.c. Werner Krause

3., stark bearbeitete Auflage

HANSER

Federführung:

Prof. Dr.-Ing. habil. Dr. h.c. Werner Krause

Gesamtkonzeption:

Prof. Dr.-Ing. habil. Dr. h.c. Werner Krause
Prof. Dr.-Ing. habil. Manfred Schilling

Autoren:

Prof. Dr.-Ing. habil. E. Bürger, TU Chemnitz (Abschnitt 7.)
Prof. Dr.-Ing. habil. G. Gerlach, TU Dresden (Abschnitt 14.)
Prof. Dr.-Ing. habil. G. Höhne, TU Ilmenau (Abschnitt 1., 2., 4.1., 4.5.)
Prof. Dr.-Ing. Dr. paed. A. Holfeld (†), TU Dresden (Abschnitt 3.3., 8.1., 8.2., 8.4.)
Prof. Dr.-Ing. habil. Dr. h.c. W. Krause, TU Dresden (Abschnitt 1., 3.1., 3.2., 3.6., 4.2. bis 4.4., 13.1. bis 13.10., Mitarb. 8.2., 11., 13.11., 13.12.)
Priv.-Doz. Dr.-Ing. habil. M. Meissner, TU Ilmenau (Abschnitt 6.)
Dipl.-Ing. W. Müller, Dresden (Abschnitt 3.6.)
Prof. Dr.-Ing. habil. M. Rauch (†), Chemnitz (Abschnitt 10.)
Prof. Dr.-Ing. G. Röhrs, TU Dresden (Abschnitt 5.)
Prof. Dr.-Ing. habil. M. Schilling, TU Ilmenau (Abschnitt 1., 8.3., 9., 12., Mitarb. 10.1.)
Prof. Dr.-Ing. W. Schinköthe, Universität Stuttgart (Abschnitt 3.5., 11.)
Priv.-Doz. Dr.-Ing. habil. E. Simmchen, TU Dresden (Abschnitt 3.6.)
Priv.-Doz. Dr.-Ing. habil. H. Sperlich, TU Ilmenau (Abschnitt 2.1.3.)
Prof. Dr.-Ing. habil. D. Stündel, TU Dresden (Abschnitt 3.4., 13.11., 13.12.)

Bibliografische Information Der Deutschen Bibliothek

Die Deutsche Bibliothek verzeichnet diese Publikation in der Deutschen Nationalbibliografie, detaillierte bibliografische Daten sind im Internet über <http://dnb.ddb.de> abrufbar.

ISBN 3-446-22336-3

Gesamtherstellung: Druckhaus „Thomas Müntzer“ GmbH, Bad Langensalza
Umschlaggestaltung: MCP · Susanne Kraus GbR, Holzkirchen
Printed in Germany

Vorwort

Zur Feinwerktechnik gehören vorwiegend informationsverarbeitende Geräte und Anlagen der Meß- und Automatisierungstechnik, Datenverarbeitung und Rechentechnik, der Nachrichtentechnik, der Elektromechanik, Feinmechanik und Optik sowie Geräte der Produktionstechnik. Das Spektrum reicht von Produkten der Konsumgüterindustrie bis hin zu hochkomplizierten Anlagen in oft nur einmaliger Spezialausführung. Der Aufbau dieser Erzeugnisse erfolgt mit mechanischen, elektrischen, optischen, mikroelektronischen und optoelektronischen Bauelementen und Funktionsgruppen. Ständig wachsen die Anforderungen bezüglich Leistungsfähigkeit, Zuverlässigkeit, Lebensdauer und Geräuschminderung bei steigenden Arbeitsgeschwindigkeiten und zunehmender Präzision.

In der Informationsverarbeitung werden mechanische Bauelemente mehr und mehr durch mikroelektronische verdrängt. Die Gerätefunktion wird damit programmierbar, und es steigen Flexibilität, Universalität, Funktionsumfang und Automatisierungsgrad. An der Geräteperipherie benötigt man zunehmend Baugruppen mit miniaturisierten und leistungsfähigen mechanischen Bauelementen; generell erzwingen die digitalen Verarbeitungsprinzipe der Mikroelektronik neue funktionelle Lösungen im mechanischen Bereich. Gemäß diesen Trends wurde in den letzten Jahren eine Vielzahl von Konstruktionselementen weiterentwikkelt und deren Betriebsverhalten optimiert. Es entstanden Gestaltungsrichtlinien, die auch den Erfordernissen einer automatisierten Montage entsprechen, und die rechnerunterstützte Dimensionierung rückt in den Vordergrund.

Insgesamt verlangt die veränderte Bedeutung der feinmechanischen Konstruktionselemente auch ein neues, umfassendes Buch über dieses Gebiet. Das vorliegende Werk erfaßt das gesamte Spektrum von der meist an große Stückzahlen gebundenen Miniaturmechanik bis hin zu Einzelelementen der Präzisions-Großmechanik. Durch die stark verdichtete, z.T. tabellarische Aufbereitung soll ein schneller und zuverlässiger Zugriff zu Informationen und Fakten gesichert und der Einsatz von Rechnern für Auswahl, Berechnung und Entwurf der Elemente unterstützt werden. Berechnungsbeispiele am Ende der Hauptabschnitte ermöglichen ein rasches Einarbeiten in komplizierte Sachverhalte und tragen zugleich zum besseren Verständnis des Stoffes bei.

Das vorliegende Buch hat eine Reihe von Vorgängern, die kurz genannt und gewürdigt werden sollen.

Erste Schritte in Richtung einer Gesamtdarstellung unternahm im Jahre 1922 ein Ausschuß unter Leitung von *Otto Richter*; Ergebnis war der Atlas „Konstruktionselemente der Feinmechanik", der 1928 als Loseblattsammlung gedruckt wurde. Er war eine Zusammenfassung erprobter Beispiele und bildete zugleich die Grundlage für das erstmalig 1929 von *Otto Richter* und *Richard von Voß* herausgegebene Buch „Bauelemente der Feinmechanik". Es erschien über einen Zeitraum von nahezu 40 Jahren in vielen Ausgaben in deutscher und anderen Sprachen und ist in seiner Bedeutung für die Feinmechanik kaum zu überschätzen.

Die Feinmechanik entwickelte sich weiter; vor nunmehr 25 Jahren ließ sich eine Neubearbeitung des gesamten Gebietes nicht mehr aufschieben. Ziel war, neue Erkenntnisse zu berücksichtigen und vor allem eine stärkere mathematische Durchdringung der Bauelemente-Dimensionierung zu erreichen. Ein Autorenkollektiv unter Leitung von Prof. Dr.-Ing. *Siegfried Hildebrand* übernahm diese anspruchsvolle Aufgabe, so daß im Jahre 1967 das Lehr- und Fachbuch „Feinmechanische Bauelemente" im Verlag Technik Berlin erscheinen konnte. Es wurde später durch die Aufgabensammlung „Einführung in die feinmechanischen Konstruktionen" ergänzt.

Drei Nachauflagen der „Feinmechanischen Bauelemente" und vier Teilauflagen beim Carl Hanser Verlag sind Zeichen der weitreichenden Anerkennung, die dieses Buch fand.

Vorliegender Titel wurde für Studierende an Universitäten, Hoch- und Fachhochschulen mit konstruktiven Studienrichtungen in feinwerktechnisch orientierten und angrenzenden Fachgebieten konzipiert; außerdem ist er als Fachbuch für Entwicklungs- und Konstruktionsingenieure, Technologen und Fertigungsmittelkonstrukteure gedacht, aber auch als Nachschlagewerk für Facharbeiter, Teilkonstrukteure und technische Zeichner geeignet.
Bei der Systematisierung und Aufbereitung der umfangreichen Stoffgebiete konnten die Erfahrungen namhafter Hochschullehrer und Wissenschaftler der TU Dresden, der TU Ilmenau, der TU Chemnitz und der Universität Stuttgart berücksichtigt werden. Den Herren Prof. Dr.-Ing. habil. *G. Höhne* und Prof. Dr.-Ing. habil. *M. Schilling* bin ich zu besonderem Dank verpflichtet. Für die Unterstützung bei der Ergänzung einer Reihe von Teilgebieten gebührt darüber hinaus den Herren Dr.-Ing. *U. Buhrand* (Abschnitt 13.10.), Ing. *E. Frankenstein* (Abschnitt 13.3.3.), Dr.-Ing. *P. Merbach* (Abschnitt 12.), Dr.-Ing. *D. Metzner* und Dr.-Ing. *T. Nagel* (Abschnitt 13.9.4.) sowie Dr.-Ing. *R. Nönnig* (Abschnitt 8.3.4.) Dank und Anerkennung. Die zeichnerische Ausführung der Bilder lag in den bewährten Händen von Frau *R. Schmidt* und Frau *H. Weise*, deren engagierte Mitarbeit eine besondere Würdigung verdient.
Seit seinem Erscheinen im Jahre 1989 hatte die im Verlag Technik Berlin und im Carl Hanser Verlag München/Wien herausgegebene 1. Auflage des Buches ein weithin positives Echo gefunden. Viele Einschätzungen von Fachkollegen der Industrie sowie von Universitäten und Hochschulen bestätigten, daß mit der Neufassung des Gesamtgebiets der Konstruktionselemente der Feinmechanik eine gute Synthese von Lehr- und Fachbuch gelungen ist.
Die 1. Auflage war bald vergriffen, so daß eine 2. stark bearbeitete Auflage erforderlich wurde. Sie trug vor allem den Bedingungen Rechnung, die sich aus der 1990 vollzogenen Vereinigung Deutschlands ergaben und die nunmehr einheitliche Orientierung aller Stoffgebiete auf DIN- und DIN-ISO-Normen sowie auf VDI/VDE-Richtlinien erforderte. Diese Auflage war nun ebenfalls vergriffen, so daß sich Verlag und Herausgeber zu einer stark bearbeiteten 3. Auflage entschlossen haben. Wegen der raschen Entwicklung wurden die Kapitel zum Rechnereinsatz sowie zur Mikromechanik neu bearbeitet, weitere inhaltliche Ergänzungen vorgenommen und in den Literaturverzeichnissen aktuelle Bücher und Zeitschriftenaufsätze hinzugefügt. Wesentliche, ältere Veröffentlichungen blieben aber bewußt erhalten, um zugleich den Erkenntnisfortschritt auf den einzelnen Gebieten zu dokumentieren. Darüber hinaus fanden neue DIN- und DIN-ISO-Normen Berücksichtigung. Soweit eine Umstellung auf die europäischen EN-Normen vorgesehen ist, sind dazu bereits Hinweise mit enthalten. Insbesondere gilt dies bezüglich der Konstruktionswerkstoffe, bei denen es zum Teil wesentliche Veränderungen in den Bezeichnungen gibt. Eine ganze Reihe der bisherigen DIN-Normen haben aber auf diesem und weiteren Gebieten noch Gültigkeit.
Allen Autoren danke ich für die bewährte kollegiale Zusammenarbeit bei der Vorbereitung dieser 3. Auflage. Ihre schnelle Herausgabe konnte im Ergebnis vielfältiger Bemühungen des Carl Hanser Verlages erfolgen, dem mein besonderer Dank gilt.

Dresden W. Krause

Inhaltsverzeichnis

1. Charakterisierung und Systematik der Konstruktionselemente

Feinmechanische Konstruktionselemente sind Bestandteile eines jeden Geräts; sie bestimmen in entscheidendem Maße dessen Funktion, Zuverlässigkeit, Lebensdauer und Kosten [1.2].
In vielen Fällen sind die kleinen Abmessungen durch die i. allg. kleinen äußeren Kräfte bedingt, werden aber oft auch gefordert, um durch kleine Massen hohe Arbeitsgeschwindigkeiten und große Genauigkeiten, z. B. bei Bewegungsabläufen zu erreichen.
Ein weiteres Merkmal ist die Vielfalt der Lösungswege und Ausführungsformen wegen des breiten Spektrums der Forderungen. Oft ist ein besonderes Anpassen an die Gegebenheiten der Gerätefunktion und damit eine Neukonstruktion der Elemente notwendig. Dabei sind die spezifischen Eigenheiten der feinmechanischen Fertigung zu berücksichtigen; bei sehr großen Stückzahlen wird die Wirtschaftlichkeit nur durch Massenfertigung und somit durch Anwendung spezieller Fertigungsverfahren erreicht [1.3].

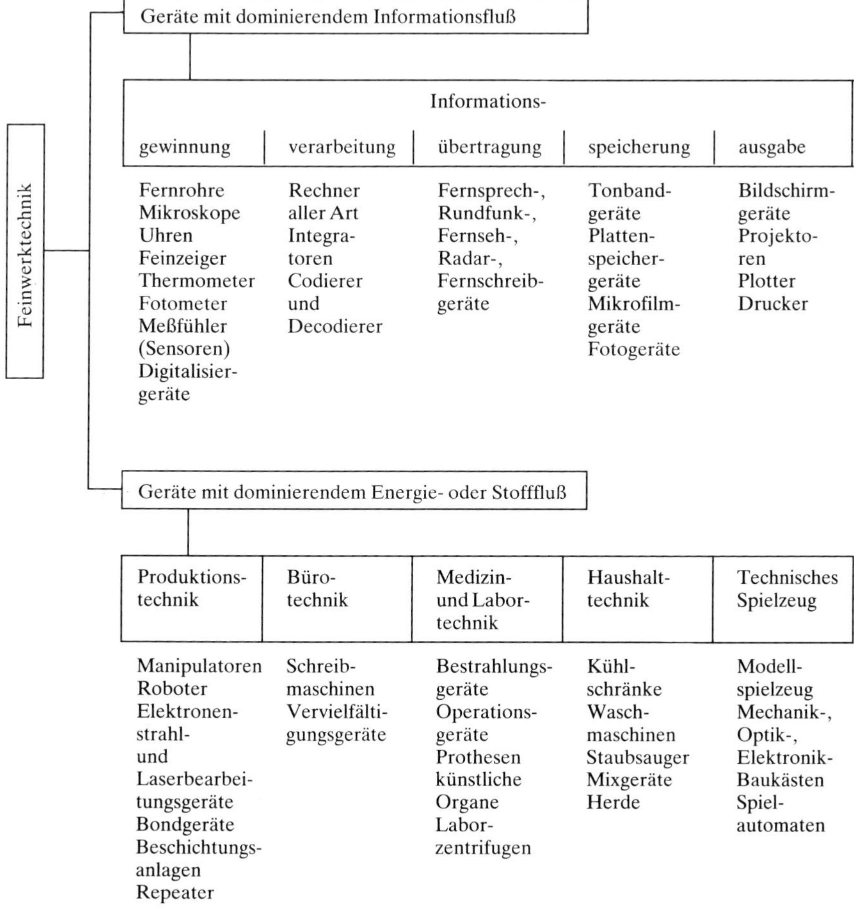

Bild 1.1. Einteilung der Geräte

Zusätzlich spielt die Werkstoffwahl eine entscheidende Rolle; hier sind in erster Linie Formgebung und Bearbeitungsverfahren maßgebend. Es werden vorrangig solche Werkstoffe eingesetzt, die sich leicht und ohne viele Arbeitsgänge bearbeiten lassen. Zunehmend finden genormte Halbzeuge und vor allem auch Kunststoffe Verwendung; die Palette der funktionsbedingten Werkstoffe ist jedoch in keinem Technikbereich so groß wie in der Feinwerktechnik. Je nach Funktion der Elemente haben auch thermische, klimatische und weitere Anforderungen ausschlaggebende Bedeutung, und es müssen deshalb zugleich die physikalischen und chemischen Eigenschaften der Werkstoffe Berücksichtigung finden.
Die Feinwerktechnik mit ihrer Vielfalt von Erzeugnissen **(Bild 1.1)** wird in Zukunft den Leistungszuwachs in allen Bereichen der Volkswirtschaft entscheidend bestimmen [1.2] [1.26] [1.27].
Durch den Einsatz von mikroelektronischen Bausteinen wird der Wertanteil mechanischer Bauteile in einer Vielzahl von Geräten zwar reduziert (1950: 60%, 1975: 50%, 2000: <40% [1.2]), aber an der Geräteperipherie und vor allem auch in automatisierten Produktionseinrichtungen und im Elektronikmaschinenbau werden die Anforderungen an Leistungsfähigkeit, Arbeitsgeschwindigkeit, Präzision, Zuverlässigkeit und Lebensdauer mechanischer Bauteile erhöht. So ist u. a. Mikroelektronik ohne mechanische Präzision nicht denkbar **(Bild 1.2).**

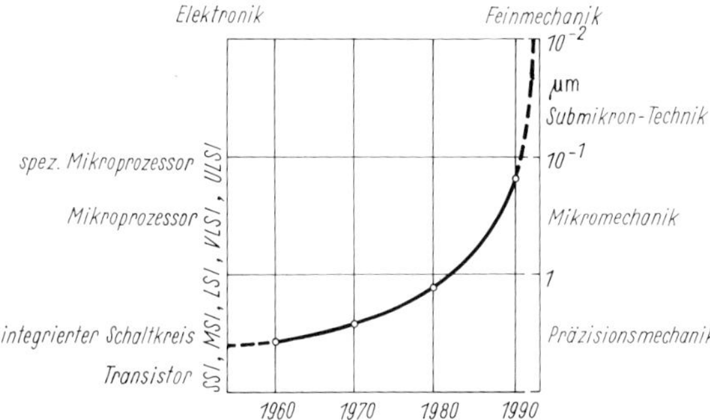

Bild 1.2. Zusammenhang zwischen Elektronik und Feinmechanik; s. auch Tafeln 14.1 und 14.2

Eine qualitativ neue Situation entsteht durch den Übergang zur Serien- und Massenproduktion von Präzisionsmechanik. Bereits heute weisen international etwa 25% aller gefertigten Maße bei mechanischen Bauteilen die Qualität IT 6 auf, und etwa 5% verlangen die Qualität IT 4. Im Zeitraum der nächsten zehn Jahre werden etwa 25% der Teile die Qualität IT 5 und etwa 5% die Qualität IT 3 aufweisen. Bei ausgewählten Erzeugnissen der Feinwerktechnik liegen diese Forderungen sogar noch höher **(Tafel 1.1)**.
Parallel vollzieht sich zunächst bei ausgewählten miniaturisierten mechanischen Bauelementen, Sensoren und Aktoren ein Qualitätsumschwung in Richtung *Mikromechanik*. In die Tiefe des Siliziumkristalls werden frei gestaltete mechanische Funktionselemente, wie Membranen, Zungen, Gitter usw., hineinmodelliert (s. Abschnitt 14.). Diese neuartigen winzigen Elemente lassen sich direkt an elektronische Komponenten koppeln. Anwendungsmöglichkeiten liegen bei der Sensorik (Messung von Drücken, Schwingungen, Beschleunigungen usw.), bei peripheren Geräten der Datenverarbeitung (z. B. Tintenspritz- oder Thermodrucker) und im Wissenschaftlichen Gerätebau (u. a. Gaschromatographie und Isotopentrennung). Durch größere Präzision und Schärfentiefe bei der lithografischen Strukturübertragung mit Hilfe röntgenlithografischer Verfahren sind zukünftig erhebliche innovative Impulse durch Erforschung des Verhaltens kleinster mechanischer Strukturen (sog. *Submikrontechnik*) zu erwarten.
Diese Innovation hat insgesamt großen Einfluß auf Prinzipwahl, Gestaltung und Berechnung von Konstruktionselementen. Zweck und Funktion der mechanischen Elemente sind von dieser Entwicklung jedoch unabhängig. Trotz wachsender Vielfalt ihrer Ausführungsformen werden die feinmechanischen Elemente in einem modernen Gerät keine grundsätzlich anderen Aufgaben übernehmen, als sie es bereits früher hatten:

Konstruktionselemente für den funktionellen Geräteaufbau ermöglichen Informations-, Energie- oder Stoffflüsse in Geräten (Verarbeitungsfunktion [1.2]); dabei sind stets mechanische Bewegungen auszuführen.

Tafel 1.1. Toleranzanforderungen bei präzisionsmechanischen, optischen und elektronischen Geräten

Baugruppen und Geräte Bauelemente (Auswahl und Beispiele)	Durchschnittliche Anforderungen Länge	Winkel	Geradheit	Ebenheit	Rundheit	zulässige Schwingungsamplitude
Durchschnittliche Präzision: Konsumgütergeräte, Schreib- und Bürotechnik, Unterhaltungselektronik Zahnräder, Gewindespindeln, Teile für Schreibmaschinen und mechanische Uhren, Kameraverschlüsse, elektronische Baugruppen, Transistoren, Dioden	>50 µm	>10′...1°	>500 µm/m	>500 µm/m²	>50 µm	>10 µm
Mittlere Präzision: Werkstattmeßgeräte, Bearbeitungsmaschinen, Automatisierungseinrichtungen Präzisionszahnräder, Wälzschraubengetriebe, Plattenspeicher, Plotter, Lichtleiter-Kopplungselemente, Mikromotoren, Relais, Linsen, Prismen, Kondensoroptik, Masken für Farbbildröhren	5 µm	10″...10′	50 µm/m	50 µm/m²	5 µm	1 µm
Hohe Präzision: Meßgeräte, Feinbearbeitungsmaschinen, Mikromechanik, feinmechanisch-optische Meßgeräte, technologische Spezialausrüstungen, Feinverstellungen Wälzlager, Präzisionsmaßstäbe, CCD-Elemente, Magnetköpfe, Quarzschwinger, Servoventile, Linsen, Prismen	0,5 µm	0,1″...10″	5 µm/m	5 µm/m²	0,5 µm	0,1 µm
Höchste Präzision: Metrologie, Mikroelektroniktechnologie Endmaße, Koordinatenmeßmaschinen, spezielle x-y-Positioniertische, aero- und hydrostatische Lager und Führungen, Videoplatten, LSI und VLSI, Planglasplatten, Beugungsgitter	<0,05 µm (<0,01 µm bis 0,2 m Länge)	<0,1″	<0,5 µm/m	<0,05 µm/m²	<0,05 µm	<0,01 µm

Konstruktionselemente für den geometrisch-stofflichen Geräteaufbau sichern unter den gegebenen Umwelteinflüssen die für die Funktion erforderliche Anordnung aller Elemente und halten äußere und innere Störungen in den zulässigen Grenzen (Sicherungsfunktion [1.2]). Sie sind in jedem Gerät vorhanden.

Tafel 1.2 ordnet die Konstruktionselemente der Feinmechanik nach ihrer Funktion.

Den einzelnen Funktionen, charakterisiert durch Begriff, Parameter und eine kurze Definition (Funktionsmerkmale), sind Funktionselemente zugeordnet. Sie fassen jeweils eine Gruppe von Konstruktionselementen zusammen. Diese Zuordnung ist jedoch nicht eindeutig. Ein bestimmtes mechanisches Bauelement kann in verschiedenen Anwendungsumgebungen unterschiedliche Funktionen u. U. auch gleichzeitig erfüllen. Solche mehrdeutigen Beziehungen sind der Grund dafür, daß z. B. Getriebe in mehreren Zeilen der Tafel 1.2 genannt sind. Der Begriff „Funktionselement“ steht als Oberbegriff sowohl für Einzelteile (z. B. Massestück, Feder, Welle) als auch für Baugruppen (z. B. Getriebe, Kupp-

Tafel 1.2. Systematik feinmechanischer Konstruktionselemente

Zweck	Funktion	Parameter	Funktionsmerkmale		Funktions- elemente		Konstruktions- elemente
Anordnen von Elementen	Stützen	Raum	Übertragen von Kräften und Momenten bei	fester Relativlage	Stützelement		Stab, Balken, Gestell, Stativ
					Verbindung	fest	stoffschlüssig formschlüssig kraftschlüssig
				veränderlicher Relativlage		beweglich	Lagerung Führung Gelenke ($f \geqq 2$)
	Abgrenzen		Umhüllen und Schützen eines Raumes		Schutzelement		Gehäuse, Gefäß, Deckel, Dichtung
Bereitstellen mechanischer Energie	Speichern	Zeit	Aufnehmen von mechanischer Energie und Abgeben nach bestimmter Zeit		Speicher		Massestück, Schwungmasse, Pendel, Feder, Luftfeder
					Startwerk		Spannwerk Sprungwerk Schrittwerk
	Wandeln	Qualität	Wandeln nichtmechanischer Energie in mechanische		Wandler		Motor, Elektromagnet, Bimetall, Piezoelement
Anpassen mechanischer Energie	Umsetzen		Verändern einer motorischen Funktionsgröße	der Charakteristik	Getriebe		Zahnrad-, Reibrad-, Zugmittel-, Schrauben-, Koppel-, Kurven-, Hebel- und Feder-Getriebe
	Verstärken	Quantität		des Betrages			
	Reduzieren				Aufhalter		Dämpfung, Bremse
	Sperren		Verhindern einer Bewegung	am Ende			Anschlag
				bei ihrer Entstehung	Festhalter		Gesperre
	Schalten		Unterbrechen und Wiederherstellen der Bewegungsübertragung				Gehemme
					Kupplung		Schaltkupplung
Übertragen mechanischer Energie	Koppeln	Ort	Übertragen von Funktionsgrößen zwischen benachbarten Orten				Ausgleichskupplung, starre Kupplung
	Leiten		Übertragen von Funktionsgrößen zwischen beliebigen Orten		Leiter (mechanisch)		Achse, Welle, Rohr, Getriebe ($i = 1$)
	Vereinigen Verzweigen	Anzahl	Zusammenführen oder Aufteilen von Funktionsflüssen		Verteiler		Differential- und Summier-Getriebe

lungen, Festhaltungen), da man beim Entwerfen von Geräten diese Elemente zunächst als unteilbare Synthesebausteine benutzt.

Innerhalb der zweiten Gruppe der Konstruktionselemente ordnet Tafel 1.2 die feinmechanischen Elemente nach den Funktionen des Energieflusses. Da sowohl informations- als auch stoffverarbeitende Vorgänge in mechanischen Systemen Bewegungen erfordern und mit wenigen Ausnahmen die gleichen Elemente als Funktionsträger benutzen, ist die Einteilung ebenso für diese Bereiche zutreffend.

Die in der Systematik enthaltenen Elemente haben für die Konstruktion von Geräten unterschiedliche Bedeutung. Viele von ihnen werden ständig benötigt, und es gibt bewährte Lösungen für Gestaltung und Berechnung. Eine von Bedarf in Ausbildung und Praxis diktierte Auswahl der wichtigen Elemente stellen die Abschnitte 4. bis 14. zugriffsbereit zur Verfügung. Funktion und prinzipielle konstruktive Ausführung dieser Funktionselemente werden zu Beginn eines jeden Abschnitts durch ein Grundprinzip (einheitlich formuliert nach Tafel 2.6a, Abschnitt 2.1.2.) definiert, aus dem Einteilung und Gestaltungsvarianten folgen.

Die Konstruktionselemente der Feinmechanik haben viele Gemeinsamkeiten mit denen des Maschinenbaus. Neben den aus der gleichen physikalischen Wirkungsweise folgenden Berechnungsgrundlagen benutzen Maschinen- und Gerätebau für zahlreiche Elemente dieselben Standards und Normen (z. B. für Halbzeuge, Gewinde, Verzahnungen, Normteile, Zeichnungen u. a.). Ebenso sind das methodische Vorgehen sowie das Anwenden von CAD/CAM-Lösungen bei zahlreichen Aufgaben übertragbar, so daß die bekannte Literatur über Maschinenelemente und Konstruktionslehre wertvolle Ergänzungen bietet [1.8] bis [1.17] [2.7] [2.8]. Im Maschinenbau bewährte konstruktive Lösungen sind jedoch nicht ohne weiteres auf die Feinwerktechnik übertragbar; Ziele bzw. Anforderungen an die mechanischen Elemente unterscheiden sich z. T. deutlich.

Schließlich sei darauf verwiesen, daß vielfältige Anforderungen an die Konstruktionselemente aus ihrer Kopplung und Integration mit optischen, elektronischen, elektromechanischen u. a. Geräteelementen resultieren, die sie zur Sicherung des Gesamtaufbaus in jedem Gerät in geeigneter Weise erfüllen müssen.

Die besondere Aufgabe des Gerätekonstrukteurs besteht darin, neben der sicheren Beherrschung der feinmechanischen Konstruktionselemente integrierend zwischen den genannten Teildisziplinen zu wirken.

Literatur zum Abschnitt 1. und Grundlagenliteratur zu den Abschnitten 2. bis 14.

Bücher

[1.1] *Krause, W.:* Grundlagen der Konstruktion – Elektronik, Elektrotechnik, Feinwerktechnik. 8. Aufl. München, Wien: Carl Hanser Verlag 2002.

[1.2] *Krause, W.:* Gerätekonstruktion in Feinwerktechnik und Elektronik. 3. Aufl. München, Wien: Carl Hanser Verlag 2000.

[1.3] *Krause, W.:* Fertigung in der Feinwerk- und Mikrotechnik – Verfahren, Werkstoffe, Gestaltung. München, Wien: Carl Hanser Verlag 1996.

[1.4] *Kuhlenkamp, A.:* Konstruktionslehre der Feinwerktechnik. München: Carl Hanser Verlag 1974.

[1.5] *Conrad, K.-J.:* Grundlagen der Konstruktionslehre. München, Wien: Carl Hanser Verlag 1998.

[1.6] *Krause, W.:* Lärmminderung in der Feinwerktechnik. Düsseldorf: VDI-Verlag 1995.

[1.7] Taschenbuch Feingerätetechnik. Bde. 1 und 2. 2. Aufl. Berlin: Verlag Technik 1969, 1971.

[1.8] *Koller, R.:* Konstruktionslehre für den Maschinenbau. 4. Aufl. Berlin, Heidelberg: Springer-Verlag 1998.

[1.9] *Roth, K.:* Konstruieren mit Konstruktionskatalogen. Bde. 1 bis 3. Berlin, Heidelberg: Springer-Verlag 1994 bis 1996.

[1.10] *Warnecke, H.-J.; u. a.:* Kostenrechnung für Ingenieure. 5. Aufl. München, Wien: Carl Hanser Verlag 1996.

[1.11] *Kirchner, H.-J.; Baum, E.:* Ergonomie für Konstrukteure und Arbeitsgestalter. München, Wien: Carl Hanser Verlag 1990.

[1.12] *Ehrlenspiel, K.:* Integrierte Produktentwicklung. Methoden für Prozeßorganisation, Produkterstellung und Konstruktion. München, Wien: Carl Hanser Verlag 1995.

[1.13] *Hansen, F.:* Konstruktionswissenschaft – Grundlagen und Methoden. Berlin: Verlag Technik 1974 und München, Wien: Carl Hanser Verlag 1974.

[1.14] *Pahl, G.; Beitz, W.:* Konstruktionslehre. 4. Aufl. Berlin, Heidelberg: Springer-Verlag 1997.

[1.15] *Niemann, G.; Winter, H.:* Maschinenelemente. Bde. I, II, III; 2. Aufl. Berlin, Heidelberg: Springer-Verlag 1981, 1989, 1986.

[1.16] *Dubbel:* Taschenbuch für den Maschinenbau. 20. Aufl. Berlin, Heidelberg: Springer-Verlag 2002.

[1.17] *Decker, K.-H.*: Maschinenelemente – Gestaltung und Berechnung. 14. Aufl. München, Wien: Carl Hanser Verlag 1998.
Decker, K.-H.; Kabus, K.: Maschinenelemente-Aufgaben. 9. Aufl. München, Wien: Carl Hanser Verlag 1995.
[1.18] *Hering, E.; Modler, K.-H.*: Grundwissen des Ingenieurs. Leipzig: Fachbuchverlag 2002.

Aufsätze, Normen und Richtlinien

[1.20] *Höhne, G.; Schilling, M.*: CAD-Einsatz in der Gerätekonstruktion. Feingerätetechnik 36 (1987) 2, S. 51.
[1.21] *Krause, W.*: Automatisierte Präzisionsgerätetechnik – aktuelle Schwerpunkte in Lehre und Forschung. Feingerätetechnik 37 (1988) 11, S. 482.
[1.22] *Krause, W.; Schilling, M.*: Konstruktionselemente der Feinmechanik/Präzisionsgerätetechnik – Charakterisierung und Aufgaben. Feingerätetechnik 38 (1989) 1, S. 17.
[1.23] *Krause, W.*: Noch immer Feinmechanik im Zeitalter der Mikroelektronik? Feinwerktechnik und Meßtechnik 98 (1990) 9, S. 345.
[1.24] *Krause, W.*: Traditionen und Trends in der Feinmechanik. Technische Rundschau Bern 82 (1990) 45, S. 76.
[1.25] *Krause, W.*: Ökologie aus feinwerktechnischer Sicht. Technische Rundschau Bern 84 (1992) 47, S. 64.
[1.26] *Todt, H.*: Die Bedeutung der Mikro- und Feinwerktechnik in der heutigen Zeit. Feinwerktechnik · Mikrotechnik · Meßtechnik 100 (1992) 7, S. 270.
[1.27] *Skoludek, H.*: Feinmechanik-Optik, eine Schlüsselindustrie im Markt. Feinwerktechnik · Mikrotechnik · Meßtechnik 100 (1992) 7, S. 272.
[1.28] *Krause, W.; Weißmantel, H.*: Mikro- und Feinwerktechnik – Modell einer zukunftsorientierten Studienrichtung. Feinwerktechnik · Mikrotechnik · Meßtechnik 101 (1993) 9, S. 329.
[1.29] *Krause, W.*: Umweltgerechte Produktentwicklung. Wiss. Zeitschrift der TU Dresden 44 (1995) 4, S. 1.
[1.30] *Röhrs, G.; Krause, W.*: Recyclinggerechtes Konstruieren elektronischer und feinwerktechnischer Produkte. Wiss. Zeitschrift der TU Dresden 44 (1995) 4, S. 6.
[1.31] *Prottung, U.*: Parallelentwicklung beim Gerätedesign. Feinwerktechnik · Mikrotechnik · Meßtechnik 103 (1995) 10, S. 596 und 104 (1996) 1–2, S. 12.
[1.32] *Roth, K.*: Finden und Ordnen technischer Lösungen – Wahl des Gliederungsprinzips und der Zugriffsmerkmale für Konstruktionskataloge. Feinwerktechnik · Mikrotechnik · Mikroelektronik 104 (1996) 1–2, S. 76.
[1.33] *Merz, G.*: CAD als Schlüssel zur durchgängigen Prozeßkette. Feinwerktechnik · Mikrotechnik · Mikroelektronik 104 (1996) 3, S. 158.
[1.34] *Becker, W.*: CAD/CAM-Modellierer der nächsten Generation. Feinwerktechnik · Mikrotechnik · Mikroelektronik 104 (1996) 6, S. 438.
[1.35] *Schmidt, G.*: Integrierte Entwicklungen von Optik und Mechanik. Feinwerktechnik · Mikrotechnik · Mikroelektronik 104 (1996) 6, S. 448.
[1.36] *Roessger, W. O.*: Der Weg zu höherer Produktivität. Feinwerktechnik · Mikrotechnik · Mikroelektronik 104 (1996) 9, S. 596.
[1.37] *Ehlers, K.*: Konzentration auf die Kernkompetenz. Feinwerktechnik · Mikrotechnik · Mikroelektronik 104 (1996) 10, S. 694.
[1.38] *Klipstein, D. L.*: Optoelektronik und Mikromechanik setzen neue Maßstäbe. Feinwerktechnik · Mikrotechnik · Mikroelektronik 105 (1997) 1–2, S. 15.
[1.39] *Mertz, G.*: Entwicklungswerkzeuge als Wettbewerbsfaktor. Feinwerktechnik · Mikrotechnik · Mikroelektronik 105 (1997) 5, S. 319.
[1.40] *Merz, G.*: Rettung aus dem Konstruktionsengpaß. Feinwerktechnik · Mikrotechnik · Mikroelektronik 105 (1997) 6, S. 428.
[1.41] *Krause, W.*: Mechatronik studieren – aber wie? Feinwerktechnik · Mikrotechnik · Mikroelektronik 106 (1998) 1–2, S. 18.
[1.42] *Krause, W.*: Feinwerktechnik im Zeitalter der Mikroelektronik. GMM-Report 1998, S. 33. Frankfurt/M.: VDE/VDI-Gesellschaft Mikroelektronik, Mikro- und Feinwerktechnik.
[1.43] *Weißmantel, H.; Kissel, R.*: Klar und deutlich – Produkte benutzerfreundlich konzipieren. Mechatronik/Elektronik – Entwicklung und Gerätebau (F&M) 110 (2002) 3, S. 57.
[1.44] DIN 40150: Begriffe der Feinwerktechnik.
[1.45] VDI/VDE 2422: Entwicklungsmethodik für Geräte mit Steuerungen durch Mikroelektronik.
[1.46] VDI/VDE 2424: Industrial Design.
[1.47] VDI/VDE 2428: Gerätetechnik.
[1.48] VDI 2242: Konstruieren ergonomiegerechter Erzeugnisse.
[1.49] VDI 2243: Recyclingorientierte Gestaltung technischer Produkte.
[1.50] VDI 2206: Entwicklungsmethodik für mechatronische Systeme.

2. Entwerfen und Gestalten von Konstruktionselementen

Der konstruktive Entwicklungsprozeß eines Erzeugnisses umfaßt alle Tätigkeiten von der Ermittlung der Konstruktionsaufgabe bis zur Fertigstellung der Konstruktionsdokumentation [1.13]. Je nach Komplexität des zu entwickelnden Geräts unterteilt er sich in relativ selbständige Teilprozesse **(Bild 2.1)**. Sie ergeben sich aus der Struktur des Objektes (mechanische, optische, elektrische Baugruppen) und dem Arbeitsfortschritt (Entwicklungsphasen). Der Gerätekonstrukteur hat dabei neben federführender Mitwirkung in der Aufbereitungs- und Prinzipphase für das Gesamtgerät einschließlich der elektrischen und optischen Baugruppen den mechanischen Aufbau sicherzustellen, alle für die Gesamtfunktion erforderlichen mechanischen Elemente zu entwerfen und für eine optimale Gesamtgestalt des Geräts in Kooperation mit Technologen, Formgestaltern u. a. zu sorgen. Der größte Aufwand liegt mit über 50% in der Gestaltungsphase, in der die Vielfalt aller Einflußfaktoren und Forderungen bei der endgültigen Festlegung aller Details zu berücksichtigen ist [2.41].

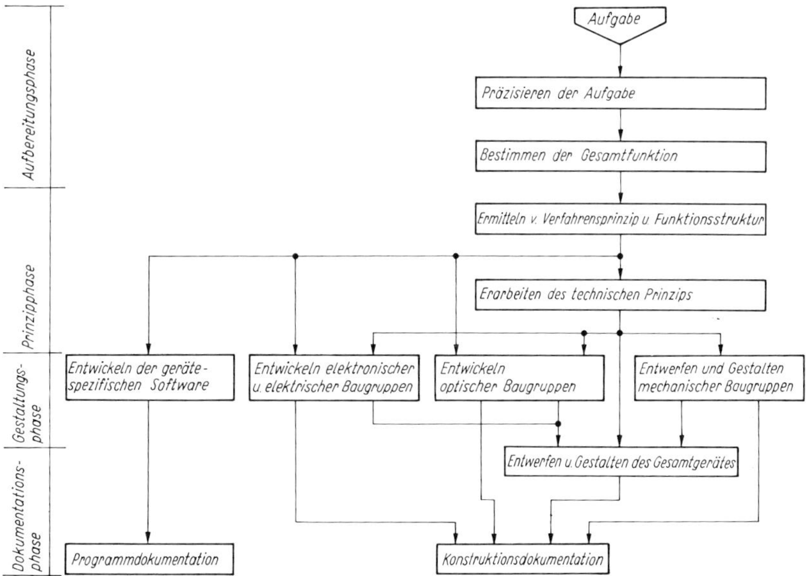

Bild 2.1. Einordnung des Entwerfens und Gestaltens mechanischer Baugruppen in den konstruktiven Entwicklungsprozeß von Geräten

Das Konstruieren feinmechanischer Elemente und Baugruppen erfolgt prinzipiell nach dem gleichen Ablauf wie der Gesamtprozeß [1.2] [1.14] [1.44], jedoch modifiziert für die niedere Ebene der Elemente (auch als Konstruktionsprozeß 2. Ordnung bezeichnet [2.24]).

Nach **Bild 2.2** sind für die Elemententwicklung drei Lösungswege typisch. Im einfachsten Fall *(Weg 1)* reduziert sie sich auf eine Auswahl vorhandener Konstruktionselemente. Nach *Weg 2* sind vorhandene Erzeugnisse zu verbessern, weiterzuentwickeln oder neuen Forderungen anzupassen, wie es das Beispiel im **Bild 2.3** zeigt. Neuentwicklungen *(Weg 3)* sind selten bei einfachen Konstruktionselementen, aber häufig für Baugruppen erforderlich. Die Gegebenheiten der Aufgabe entscheiden über den Lösungsweg, für den **Tafel 2.1** Hinweise gibt.

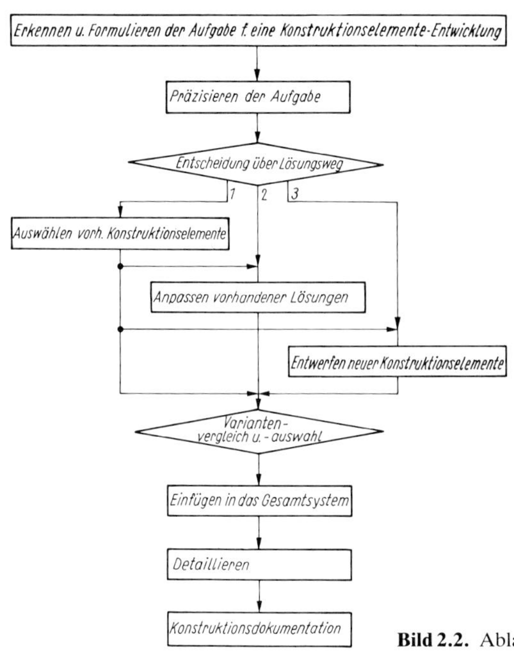

Bild 2.2. Ablauf der Konstruktionselemente-Entwicklung

Tafel 2.1. Lösungswege beim Konstruieren mechanischer Konstruktionselemente

Lösungsweg	Arbeitsschritte	Hilfsmittel
1. Auswählen vorhandener Konstruktionselemente	vor der Auswahl: – Bestimmen der Funktion – Bestimmen struktureller Auswahlparameter (Abmessungen, Werkstoff) – falls erforderlich, überschlägliche Dimensionierung nach der Auswahl: – Funktions-, Festigkeits-, Lebensdauer- und andere Nachweise – ggf. Anpassen der gefundenen Lösung	Literatur Normen (DIN, DIN EN, DIN ISO) Patente Prospekte Lieferkataloge Wiederholteilkataloge EDV-Datenbanken
2. Anpassen vorhandener Lösungen	– Analyse und Kritik der gegebenen Konstruktion – Bestimmen der erforderlichen Veränderungen hinsichtlich: Prinzip, Form, Werkstoff, Abmessungen – Durchführen der Anpassung in der angegebenen Rangfolge	Methode der Konstruktionskritik [2.27] Methoden der Variation [2.28] Konstruktionsprinzipien [1.2] Konstruktionsrichtlinien Simulation [2.8] Optimierung Variantenkonstruktion [2.7] (CAD)
3. Entwerfen neuer Konstruktionselemente	– Bestimmen der Funktion – Festlegen des technischen Prinzips – Dimensionieren der funktionswichtigen Gestaltparameter – Gestalten (ggf. unter Verwendung vorhandener Elemente) – Feindimensionierung	Methoden der Kombination und Variation Methoden der Ideenfindung Katalogprojektierung (manuell oder mit CAD) Menütechnik (CAD) Nach- und Auslegungsrechnungen, Simulation, Optimierung

Dabei wiederholen sich in variabler Folge die konstruktiven Grundaufgaben, für deren Bearbeitung Hilfsmittel zur Verfügung stehen:

- *Konstruktionsprinzipien*
  (Funktionentrennung, Funktionenintegration, Strukturtrennung, Strukturintegration, Kraftleitung, Selbstunterstüt-

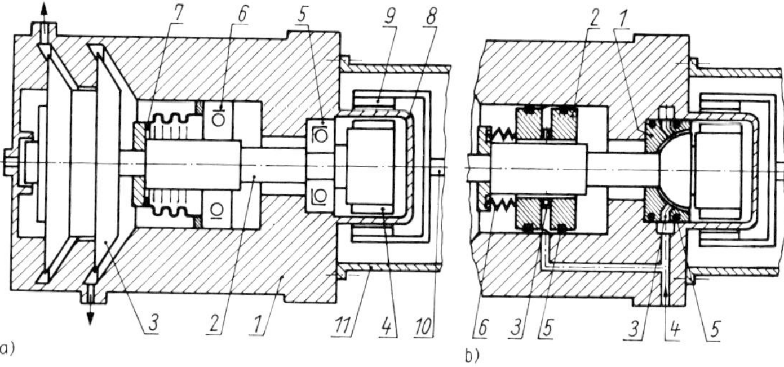

Bild 2.3. Substitution eines Wälzlagers durch ein Luftlager in einer Trennzentrifuge [2.44]

a) wälzgelagerter Rotor (Nachteile: Schmierstoff und Abrieb der Dichtung gelangen in Trennraum, aggressive Phasenanteile korrodieren Lager)
1 Gehäuse; *2* Rotor; *3* Trennkopf; *4* Magnetkupplung innen; *5* Schulterkugellager; *6* Rillenkugellager; *7* Gleitringdichtung; *8* Trennwand; *9* Magnetkupplung, außen; *10* Antriebsmotor; *11* Abdeckung
b) luftgelagerter Rotor (kein Verschleiß, geringerer Energieverbrauch, keine Verunreinigung der Suspension)
1 sphärisches Luftlager; *2* zylindrisches Luftlager; *3* Luftdüse; *4* Luftzuleitung; *5* Rundringdichtung; *6* Ringspaltdichtung

zung, fehlerarme Anordnungen, Vermeiden von Überbestimmtheiten, Funktionswerkstoff an Funktionsstelle) [1.2] [1.14] [2.26]

- *Konstruktionsrichtlinien*
  (Vorschriften und Empfehlungen, z. B. für das fertigungsgerechte, normgerechte, verschleißgerechte, korrosionsgerechte, bediengerechte Konstruieren) [1.3] [2.6] [2.27]
- *Methoden*
  (s. Abschnitt 2.1.) [1.2] [1.13] [1.14] [2.4] [2.5] [2.38]
- *Informationsspeicher*
  (Literatur, Normen, Patente, Prospekte, Kataloge, EDV-Datenbanken) [2.5] [2.22]
- *Rechentechnik*
  (CAD-Systeme, s. Abschnitt 2.2.) [2.7] [2.8] [2.19] [2.25] [2.29] [2.31] u. a.

2.1. Arbeitsschritte und Methoden

Aufgaben für das Entwerfen und Gestalten von Konstruktionselementen sind entsprechend Bild 2.1 stets Teilaufgaben einer Erzeugnisentwicklung, die der Konstrukteur selbst erkennen und formulieren muß.

2.1.1. Ermitteln und Präzisieren von Konstruktionsaufgaben

Gegeben ist i. allg. eine Prinziplösung des Gesamtgeräts **(Bild 2.4** a) oder ein technischer Entwurf wie im Bild 2.3 a. Die Arbeitsschritte enthält **Tafel 2.2.** Bei komplexen Baugruppen sollte man die Aufgaben schriftlich formulieren **(Tafel 2.3** a), während es beim Entwerfen und Gestalten einfacher oder häufig wiederkehrender Konstruktionselemente genügt, die Arbeitsschritte nach Tafel 2.2 gedanklich zu vollziehen.

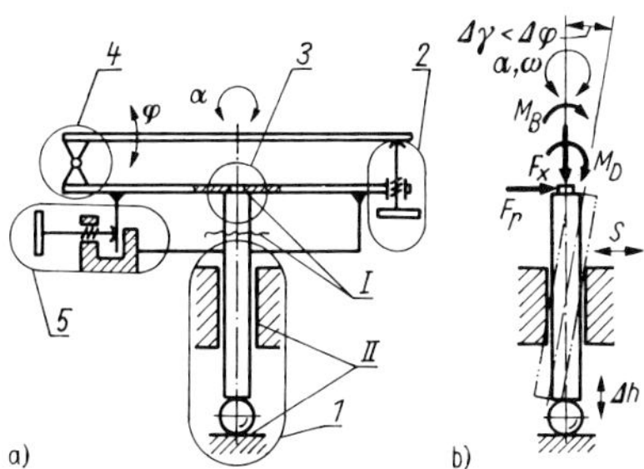

Bild 2.4. Bestimmen konstruktiver Teilaufgaben

a) technisches Prinzip eines Justiertisches
1 Vertikallager; *2* Schraubengetriebe; *3* Welle-Nabe-Verbindung; *4* Horizontallager; *5* Klemmung; *I, II* Schnittstellen; α Drehwinkel; φ Kippwinkel
b) abgegrenztes Vertikallager mit Funktionsgrößen
ω Winkelgeschwindigkeit; $\Delta\gamma$ Kippwinkel der Welle; $\Delta\varphi$ zulässige Winkelabweichung von φ; S Spiel; Δh axiale Verlagerung

Tafel 2.2. Arbeitsschritte für das Ermitteln und Präzisieren von Konstruktionsaufgaben

Ermitteln konstruktiver Teilaufgaben
1. Analysiere die Funktion des Gesamtgeräts und bestimme die erforderlichen Konstruktionselemente! (s. Tafel 1.2) 2. Grenze innerhalb der gegebenen Struktur gedanklich Konstruktionselemente ab! (s. Bild 2.4a) – Schnittstellen mit eindeutigen Übertragungsverhältnissen für Funktionsgrößen festlegen! (keine Wandlung von Größen, keine Relativbewegungen zwischen Bauteilen, keine Unstetigkeiten hinsichtlich Beanspruchung innerhalb von Körpern oder an festen Koppelstellen; siehe I im Bild 2.4a) – Forderungen für abgegrenztes Konstruktionselement aus Funktionsfluß des Gesamtsystems und Umgebungsbedingungen innerhalb und außerhalb des Geräts ableiten! 3. Formuliere die Konstruktionsaufgabe!
Präzisieren von Aufgaben
1. Präzisiere die Angaben über die Funktion! (an den Schnittstellen abgegrenzte Elemente durch ihre Wirkungen ersetzen, s. Bild 2.4b) – Funktionswichtige Ein- und Ausgangsgrößen mit zulässigen Abweichungen, Störgrößen und Nebenwirkungen – Teilfunktionen des Bauelements 2. Ermittle Gegebenheiten und Forderungen hinsichtlich der Gestalt! – Gegebene Gestaltelemente (Flächen, Werkstoff, Maße), – Einbau- und Koppelbedingungen innerhalb des Geräts 3. Erfasse Vorgaben über die Fertigung! – Teilefertigung, Montage, Prüfung 4. Leite Forderungen aus weiteren Umweltbereichen ab! – Transport, Lagerung, Installation, Bedienung, Wartung, Recycling 5. Plane das Vorgehen für die Bearbeitung der Aufgabe! – Gliedere in Teilaufgaben: a) nach technischen Gesichtspunkten (Teilfunktionen, Baugruppen) b) nach methodischen Schritten (s. Bild 2.2, Tafel 2.1)! – Ermittle notwendige Hilfsmittel (Methoden, Rechenprogramme, Rechner, Laborausrüstungen) und Kapazitäten! – Bestimme Bearbeitungsfolge und -zeiten!

Das **Präzisieren** der Aufgabe hat zum Ziel, alle für das Entwerfen, Berechnen, Bewerten und Detaillieren erforderlichen Informationen zu ermitteln, welche man zweckmäßig in einer Forderungsliste ordnet (Tafel 2.3b).
Sie enthält alle *objektspezifischen Forderungen*, graduiert nach ihrer Bedeutung für das Konstruktionsergebnis: Festforderungen (F), Mindestforderungen (M), Wünsche (W), Ziele (Z). Daneben gelten unabhängig vom speziellen Erzeugnis *allgemeingültige Forderungen* für jede Entwicklungsaufgabe (s. Abschnitt 2.1.3.1.). Ihre Bearbeitung führt mit zunehmendem Lösungsfortschritt zu neuen Forderungen, andere müssen geändert oder präzisiert werden, so daß die Forderungsliste stets auf dem neuesten Stand zu halten ist. Als Hilfsmittel für die Aufgabenpräzisierung haben sich Leitblätter [2.9] (Tafel 2.2, Tafel 2.3b) oder Checklisten [2.5] bewährt.

2.1.2. Prinzipbestimmung für Konstruktionselemente

Obwohl für alle Konstruktionselemente der Feinmechanik nach Tafel 1.2 bewährte Lösungsprinzipe bekannt und in den meisten Fällen übernehmbar sind, sollte jeder detaillierten Bearbeitung einer Konstruktionsaufgabe wenigstens gedanklich das Festlegen oder Feststellen des für die Lösung geeigneten technischen Prinzips vorausgehen. Dieser Abstraktionsschritt bringt auch im Fall der Wiederverwendung vorhandener Elemente (*Lösungsweg 1*, Tafel 2.1) einen guten Überblick über Lösungsalternativen und bietet höhere Sicherheit beim Auswählen, Dimensionieren und Einfügen der Lösung in den Gesamtentwurf.
Das *technische Prinzip* (auch Wirk-, Arbeits- oder Funktionsprinzip) ist eine abstrahierte Darstellung der Struktur, die funktionswichtige geometrisch-stoffliche Eigenschaften des Konstruktionselements qualitativ festlegt.
Die Prinzipphase bereitet das Gestalten der Konstruktionselemente durch Festlegen der funktionswichtigen Gestaltelemente vor und soll die grundsätzlichen Gestaltungsmöglichkeiten

Tafel 2.3. Aufgabenstellung für einen Kreuztisch

a) Aufgabenstellung

Aufgabenskizze

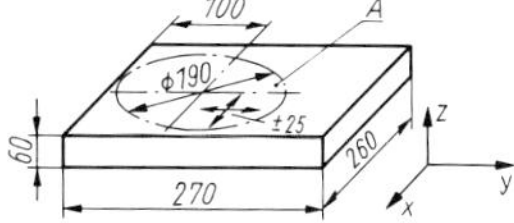

Aufgabe: Es ist ein Gerätetisch zu konstruieren, dessen Oberteil von Hand um ± 25 mm in allen Richtungen einer Ebene verstellbar ist. Die Abweichung von der Parallelität ist kleiner 30″ gefordert. Die zum Verschieben notwendige Betätigungskraft F_H darf 10 N nicht überschreiten. Verschieben und Feststellen des Tisches in beliebiger Stellung innerhalb des Bewegungsbereiches sollen an einem Bedienelement erfolgen, welches aus dem vorgegebenen Bauraum herausragen kann (*A* Arbeitsfläche).

b) Forderungsliste

Nr.	Wichtung	Forderungen	Bemerkungen
		Funktion	
1	F	Bewegungsbereich $x = 50$ mm, $y = 50$ mm	keine Drehung um z-Achse;
2	F	Parallelitätsabweichungen Tischplattenoberfläche – Aufstellfläche in allen Stellungen <30″	Durchbiegung, Fertigungstoleranzen beachten!
3	M	Bewegung von Hand mit Betätigungskraft $F_H < 10$ N	
4	F	Feinfühligkeit der Betätigung $F_ü = 1$	$F_ü = \frac{\text{Betätigungsweg}}{\text{Funktionsweg}}$
5	M	Belastung mit Masse ≦20 kg	
6	F	Sicherung des Tisches in jeder beliebigen Stellung (zwangfrei, spielfrei)	Klemmvorgang darf eingestellte Lage nicht beeinflussen
		Struktur	
7	M	maximale Abmessungen 270 mm × 260 mm × 60 mm, Arbeitsfläche *A* : 190 mm ∅	siehe Skizze
8	F	gemeinsames Betätigungselement für Bewegung und Lagesicherung des Tisches	Funktionenintegration
9	W	Ausführung als geschlossene Baugruppe	geeignete Koppelstellen vorsehen
10	W	Tisch horizontierbar	
11	Z	modularer Aufbau	
		Fertigung	
12	F	geringe Stückzahl	
13	F	Einzelfertigung im eigenen Musterbau	

aufzeigen. Die Darstellungsformen der Lösungsvarianten reichen deshalb von den abstrakten Symbolen (s. Tafel 2.6) bis zu einfachen technischen Entwürfen [1.2] [2.5], um gute Anschaulichkeit und Verständlichkeit zu erreichen (s. Bild 2.4).

Allgemeinere Darstellungen (wie Funktionsstruktur und Verfahrensprinzip in Blockbildform [1.13] [1.14] [2.10]) sind beim Entwerfen einzelner Konstruktionselemente in der Regel nicht erforderlich.

Für die Prinzipbestimmung von Konstruktionselementen sind folgende Methoden besonders geeignet:

Ausnutzen physikalischer Effekte. Neue Technologien bewirken, daß für mechanische Bauelemente und deren Kopplung physikalische Effekte genutzt werden, die man bisher wenig beachtete oder aus ökonomischen Gründen nicht anwenden konnte. Da bei zahlreichen Konstruktionselementen hinsichtlich ihrer Leistungsfähigkeit die physikalische Grenze erreicht ist, muß man beim Vordringen in neue Größenordnungen bei Miniaturisierung, Genauigkeit, Zuverlässigkeit, Dynamik, Unempfindlichkeit gegenüber Störungen u. a. nach neuen physikalischen Ansätzen suchen. Kataloge physikalischer Effekte [2.5] [2.10] [2.20] sowie rechnerunterstützte Recherchesysteme [2.11] sind dafür als Hilfsmittel einsetzbar.

Arbeitsschritte:

- Aufsuchen eines geeigneten Effekts

- Ableiten technischer Prinzipe aus dem physikalischen Zusammenhang
- Erarbeiten der Grundlagen für das Dimensionieren und Gestalten der konstruktiven Ausführung (mit z. T. umfangreicher theoretischer und experimenteller Grundlagenforschung).

Die **Tafeln 2.4 und 2.5** zeigen Beispiele für die ersten beiden Arbeitsschritte.

Tafel 2.4. Systematik physikalischer Effekte für feste und bewegliche Verbindungen
Auswahl aus [2.46]

Effekt	1 Adhäsion	2 Kohäsion	3 Oberflächenspannung	4 Hookesches Gesetz	5 Aero-/Hydrostatik	6 Aero-/Hydrodynamik	7 Unterdruck	8 Gravitation	9 Elektrostatische Kräfte	10 Magnet. Kräfte
Prinziplösung	A B	Stoffschluß A AoB Formschluß							− − − + + +	Ferro-, Para-, Elektr.-magn. N S N S Diamagnet. S N N S

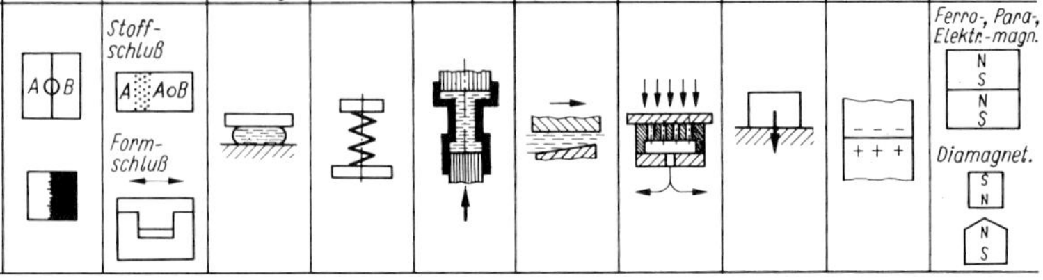

Tafel 2.5. Pysikalische Effekte zum Erzeugen einer mechanischen Verschiebung, die durch Längen- oder Lageänderung erreichbar ist
Auswahl aus [2.10]; Zeichen und Benennungen s. Abschnitt 3.5.

	Längenänderung			Lageänderung		
Physikal. Effekt	Hookesches Gesetz	Wärmedehnung	Elektrostriktion	Bewegte Masse	Resonanz	Coulombsches Gesetz Magnetfeld
Gleichung	$\Delta l = \frac{l_0}{EA} F$	$\Delta l = l_0 \alpha \Delta\vartheta$	$\Delta l = l_0 E d$ d Materialkonstante	$s = \int v \cdot dt$	$l = \frac{l_0}{1-(\frac{\nu}{\omega_0})^2}$	$l = \sqrt{\frac{\Phi_1 \Phi_2}{4\pi \mu_0 \mu_r F}}$
Skizze	l_0 Δl F A	$\Delta\vartheta$ l_0 Δl	l_0 Δl + −	t = 0 t = T v s	ν l_0 m l m	Polstärke F N S Φ_2 l N S Φ_1

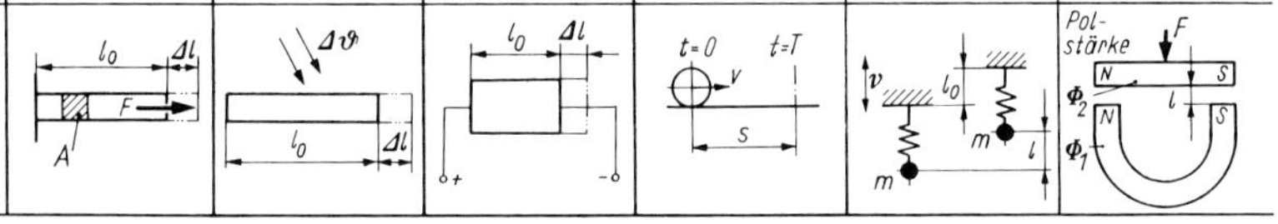

Kombination. Alle Konstruktionselemente besitzen trotz vielfältiger Ausführungsvarianten gemeinsame Merkmale, die innerhalb einer Bauelementegruppe in jeder Variante auftreten. Sie eignen sich als Oberbegriff und ermöglichen die Anwendung der Kombinationsmethode beim Erarbeiten prinzipieller Lösungen und Gestaltvarianten für mechanische Elemente und Verbindungen. Eine Ausgangsbasis für die Kombination ist das Grundprinzip [2.42] der gewünschten Konstruktionselementegruppe. **Tafel 2.6**a enthält ein solches, abgeleitet aus dem übergeordneten Grundprinzip „Festhaltungen" (s. Abschnitt 9.). Aus den hervorgehobenen Merkmalen folgen die Oberbegriffe (ordnende Gesichtspunkte) der Kombinationstabelle (Tafel 2.6b). Die Varianten findet man als unterscheidende Merkmale durch Analyse bekannter Lösungen, durch gedankliches Abwandeln des Ordnungsbegriffs oder aus Katalogen (wie z. B. die Varianten *3.1 bis 3.5*).

Die Kombinationstabelle liefert durch formales Kombinieren

$$N = \prod_{i=1}^{n} a_i; \tag{2.1}$$

a_i Anzahl der Varianten je Oberbegriff,
N Komplexionen (im Beispiel $N = 135$).

Darunter befinden sich technisch nicht realisierbare Verknüpfungen (z. B. die Varianten *1.1* und *2.3* in Tafel 2.6b), welche auszusondern sind; die verbleibenden bilden Lösungsansätze für Prinzipvarianten. Die Klemmung *5* im Bild 2.4a entstand aus den Varianten *1.1, 2.2, 3.1, 4.1;* die Lösungen im Bild 9.20g und h entsprechen der Komplexion *1.2, 2.1, 3.1, 4.2.2.*

Die Kombinationsmethode (oder morphologische Methode) [1.14] [2.9] [2.12] bietet Vorteile, wenn ein größeres Lösungsfeld zu erschließen ist. Außerdem ist die Kombination ein wichtiges Prinzip der Variantenkonstruktion (s. Abschnitt 2.2.3., Bild 2.28).

Tafel 2.6. Prinzipbestimmung für eine Klemmung mittels Kombination

a) Grundprinzip

	Durch eine Klemmung
Gegebenheit	wird ein gelagertes Teil
Funktionsziel	an einer möglichen Bewegung gehindert,
Eingrenzende Bedingungen	und zwar allseitig und bis zu einem bestimmten Grenzdrehmoment,
Erforderliche Maßnahmen	wenn mindestens ein **weiteres Teil** hinzutritt, das **Kräfte zum Erzeugen von Reibung** überträgt und ausschaltbar ist.

b) Kombinationstabelle

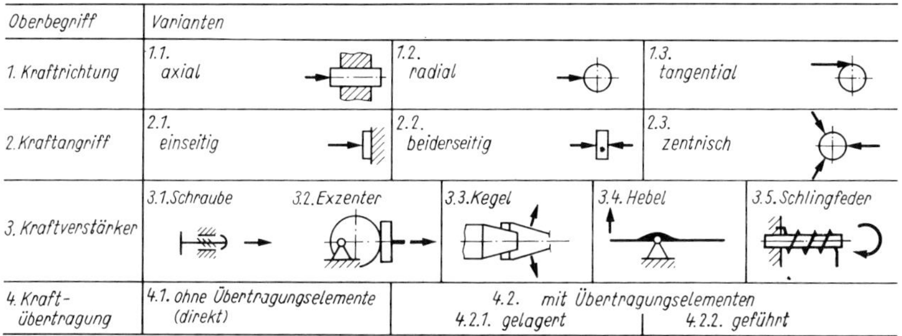

Oberbegriff	Varianten				
1. Kraftrichtung	1.1. axial		1.2. radial		1.3. tangential
2. Kraftangriff	2.1. einseitig		2.2. beiderseitig		2.3. zentrisch
3. Kraftverstärker	3.1. Schraube	3.2. Exzenter	3.3. Kegel	3.4. Hebel	3.5. Schlingfeder
4. Kraftübertragung	4.1. ohne Übertragungselemente (direkt)		4.2. mit Übertragungselementen 4.2.1. gelagert		4.2.2. geführt

Tafel 2.7. Übersicht über Variationsmöglichkeiten

Variationsgegenstand	Variationsmerkmal	Variationsoperation
Umwelt Umweltobjekte Medien, Klimate	Größe	Größenwechsel durch Vergrößern, Verkleinern, Grenzübergänge, Umkehr von Größenrelationen
Funktion Ein- und Ausgangsgrößen Störgrößen Übertragungsparameter	Lage	Lagewechsel durch Drehen, Verschieben, Spiegeln, Vertauschen
Struktur Elemente (Funktionselemente, physikalische Effekte, Effektträger, Baugruppen, Einzelteile, Formelemente) Kopplungen Werkstoff	Anzahl	Zahlenwechsel durch Hinzufügen, Weglassen, Trennen, Vereinigen, Wiederholen
	Form	Formenwechsel durch Austausch sowie Größen-, Lage- oder Zahlenwechsel von Formelementen
	Art	Austausch (Substitution)

Variation. Sind Alternativen für eine vorhandene Konstruktionslösung zu finden, so bietet sich die Variationsmethode an [2.10] [2.11] [2.28]. Sie gelangt durch partielle Veränderung einer gegebenen Lösung zu neuen Varianten. Analysen [2.11] ergaben, daß über 60% der Patente auf diesem Wege entstehen. Die grundsätzlichen Möglichkeiten der beim Konstruieren durchführbaren Veränderungen sind in **Tafel 2.7** zusammengestellt.

Bild 2.5 läßt zwei wichtige Merkmale der Variationsmethode erkennen:

- Jede durch Variation erzeugte Variante kann selbst wieder Ausgangslösung für einen neuen Variationsschritt sein.

- Ein bestimmtes Variationsziel ist durch verschiedene Variationsoperationen bzw. Folgen solcher Operationen erreichbar.

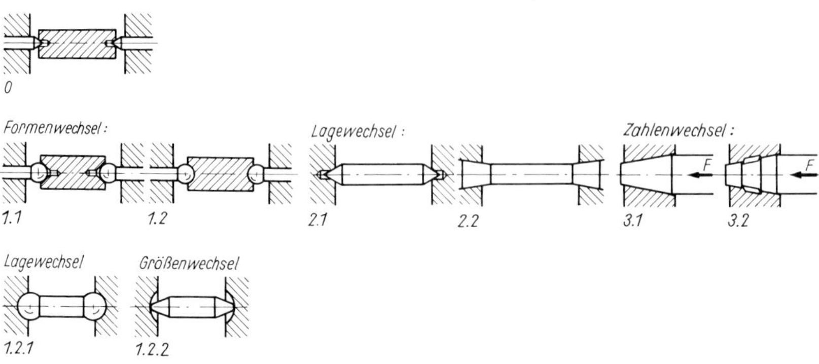

Bild 2.5. Variation eines Doppelkegellagers

Nachteiliges funktionsnotwendiges Spiel der Anfangslösung *0* verringern Varianten *2.1* und *2.2* durch größeren Lagerabstand und vermeiden die offenen Lager *3.1* und *3.2*. Die Überbestimmtheit von *0* umgehen *1.1* bis *1.2.2* (Lager *1.2* und *1.2.1* für große, Spitzenlager *1.2.2* für kleine Lagerkräfte)

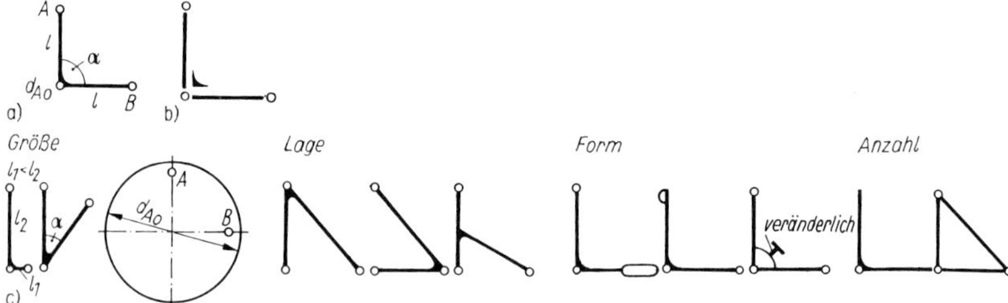

Bild 2.6. Variation eines Winkelhebels

a) Anfangslösung; b) Formelemente; c) Variation der Formelemente
d_{Ao} Zapfendurchmesser

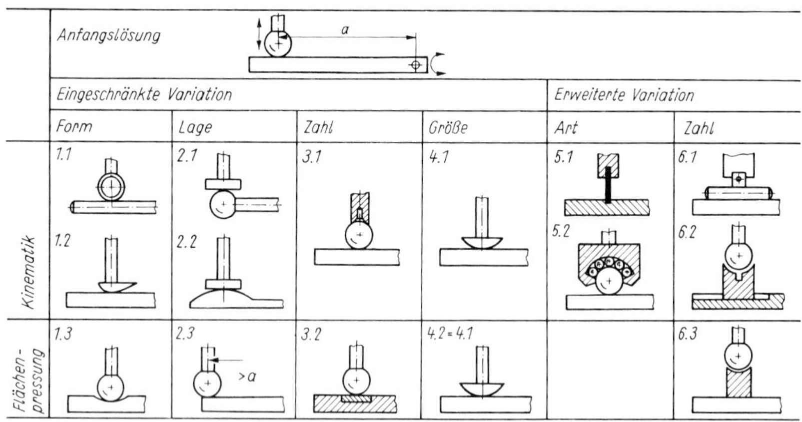

Bild 2.7. Variation einer Koppelstelle unter Beibehaltung des Freiheitsgrades $f = 5$

Um die Vielfalt der Variationsmöglichkeiten zu erschließen, zerlegt man auch relativ einfache Strukturen, wie den Winkelhebel im **Bild 2.6**, in seine Bestandteile. Die Formänderung des Hebels wird auf die Variation von Größe, Lage, Form und Zahl seiner Elemente zurückgeführt.

Gleiches gilt für die Variation von Koppelstellen. Die wegen des Vermeidens von Zwang in Geräten häufig benutzte Paarung Kugel – Ebene **(Bild 2.7)** ist konstruktiv so auszuführen, daß Kinematik und Flächenpressung der Kopplung den

Erfordernissen entsprechen. Sollte das ausschließliche Abwandeln gegebener Strukturbestandteile (eingeschränkte Variation) nicht ausreichen, so kann man durch Einführen neuer Elemente (erweiterte Variation) zum Ziel kommen. Dieser Schritt ist die Verbindung zum kombinatorischen Vorgehen.

Unterschiedliche Funktionen übernimmt ein Bauelement bei Variation seiner Umgebung **(Bild 2.8)**, ohne dessen Gestalt zu ändern. Ebenso wichtig ist der Austausch von Elementen bei möglichst unveränderter Umgebung, wie bereits im Bild 2.3 gezeigt.

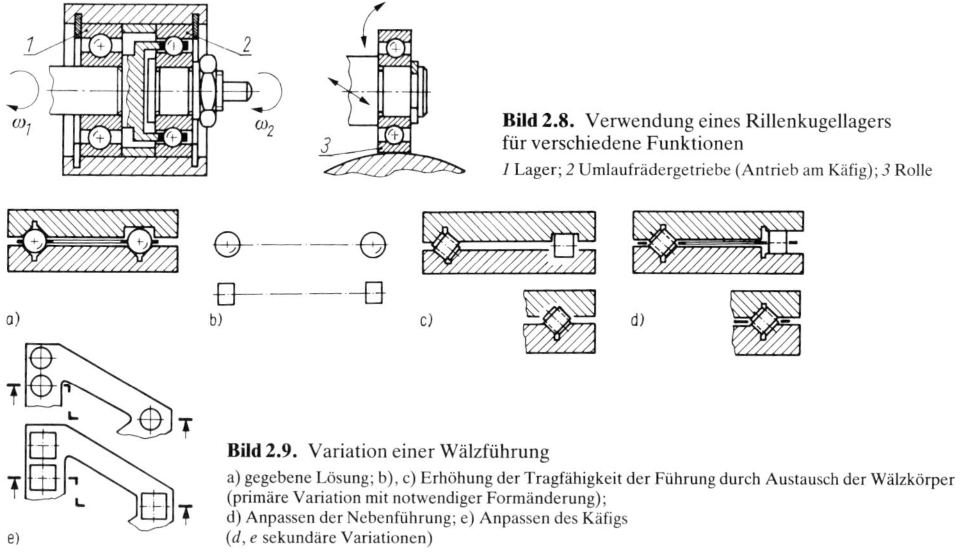

Bild 2.8. Verwendung eines Rillenkugellagers für verschiedene Funktionen

1 Lager; *2* Umlaufrädergetriebe (Antrieb am Käfig); *3* Rolle

Bild 2.9. Variation einer Wälzführung

a) gegebene Lösung; b), c) Erhöhung der Tragfähigkeit der Führung durch Austausch der Wälzkörper (primäre Variation mit notwendiger Formänderung);
d) Anpassen der Nebenführung; e) Anpassen des Käfigs
(*d*, *e* sekundäre Variationen)

Die dem Variationsziel dienende (primäre) Änderung des Variationsgegenstandes zerstört in der Regel den Zusammenhang innerhalb der gegebenen Lösung, der durch eine nachfolgende Anpassung wiederhergestellt werden muß **(Bild 2.9)**.

Die Variationstechnik gehört sowohl in der Prinzip- als auch in der Gestaltungsphase zu den am häufigsten, wenn auch oft unbewußt benutzten Methoden. Neben den genannten sei noch auf Methoden der Ideenfindung [1.2] [1.14] [2.4] [2.13] [2.71] verwiesen, die bei der Suche nach neuen Lösungsansätzen kreativitätsfördernd sind.

2.1.3. Gestalten von Konstruktionselementen [1.3] [1.14] [2.14] [2.27]

Gestalten heißt, folgende Eigenschaften eines technischen Gebildes festzulegen:

- *die geometrischen Eigenschaften*
  also die Form (z. B. Zylinder-, Kugel-, Prismenform, ebene oder gekrümmte Flächen, gerade oder gekrümmte Kanten) und die Abmessungen (z. B. Längen, Höhen, Winkel, Abstände, Oberflächenqualitäten)
- *die stofflichen Eigenschaften*
  (z. B. die Werkstoffe und ihre physikalischen, chemischen und sonstigen Eigenschaften)
- *die Zustandseigenschaften*
  (z. B. Vorspannung, Temperatur, Magnetisierung).

2.1.3.1. Grundsätze

Jedes technische Gebilde muß die folgenden vier Grundforderungen erfüllen:

- *es muß funktionieren*
  (in allen vorgesehenen Einsatzfällen und so gut, wie erforderlich)
- *es muß herstellbar sein*
  (überhaupt und mit möglichst geringem Aufwand)
- *es muß ökonomisch sein*
  (bei Herstellung, Nutzung, Transport, Umschlag, Lagerung, Wartung, Recycling oder Verschrottung und so gut wie möglich)
- *es muß ästhetisch sein*
  (so weit, wie dies für den angestrebten Gebrauchswert notwendig und ökonomisch vertretbar ist).

Aus diesen Grundforderungen leiten sich alle anderen Forderungen an technische Gebilde ab. Sie müssen sowohl vom Lösungsprinzip als auch von jedem Gestaltdetail erfüllt werden, denn auch kleine Gestaltungsfehler können die Funktion oder andere wichtige Forderungen in Frage stellen.

Beispiel: Wird für die Gleitführung nach **Bild 2.10** der Bewegungswiderstand in den Buchsen (Reibwert, Schmierung, Spiel) in Relation zur Biegesteifigkeit des Blechwinkels falsch gewählt, verbiegt sich dieser so weit, daß Selbstsperrung, also totales Versagen der Funktion eintritt.

Den Einfluß der Gestalt auf die Ökonomie zeigt das Beispiel nach **Bild 2.11** [1.2].

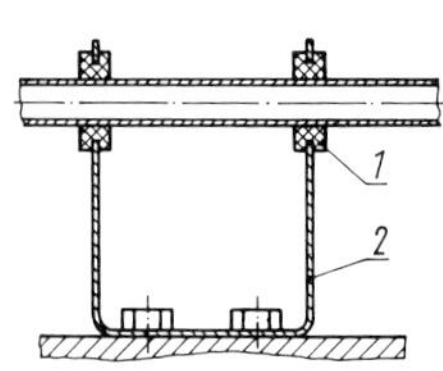

Bild 2.10. Gefahr der Selbstsperrung an einer zweistelligen Gleitführung
1 Buchsen aus Weichplast; *2* Blechwinkel

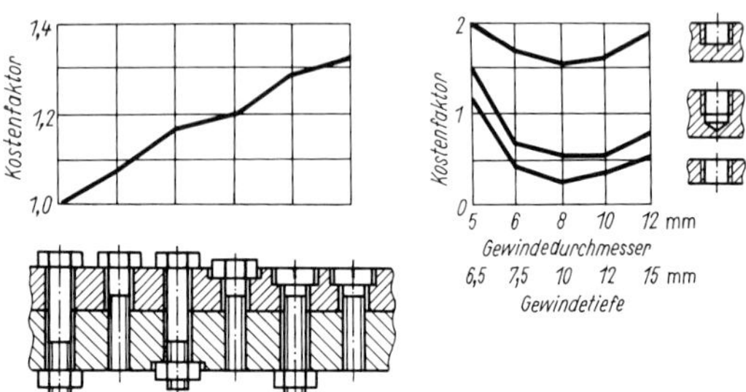

Bild 2.11. Beispiele für die Abhängigkeit der Kosten von der Gestalt

2.1.3.2. Auswahl der Form

Technische Gebilde sind aus Formelementen zusammengesetzt **(Bild 2.12)**. Diese sollten möglichst einfach sein, weil damit vor allem Herstellung, aber z. B. auch Berechnung, Handhabbarkeit oder Verpackung einfacher werden. Einfache geometrische Elemente sind Gerade, Kreis und rechter Winkel sowie, daraus abgeleitet, ebene und zylindrische Flächen bzw. Prismen und Zylinder **(Bild 2.13)**. Für die sehr zahlreichen genormten Halbzeuge, lieferbar als Bleche, Platten, Stangen, Rohre oder Sonderprofile (s. Tafeln 3.45 und 3.46), werden vorrangig diese Grundelemente genutzt (s. auch Abschnitt 3.6.4.).
Die Auswahl der Formelemente nur nach funktionellen Gesichtspunkten führt zu der sog. Zweckform. Die Ausführungsform, d. h. die für das technische Gebilde dann endgültig festgelegte Form, wird durch zahlreiche weitere, vor allem fertigungstechnische Forderungen beeinflußt **(Bilder 2.14 und 2.15)** [1.3].

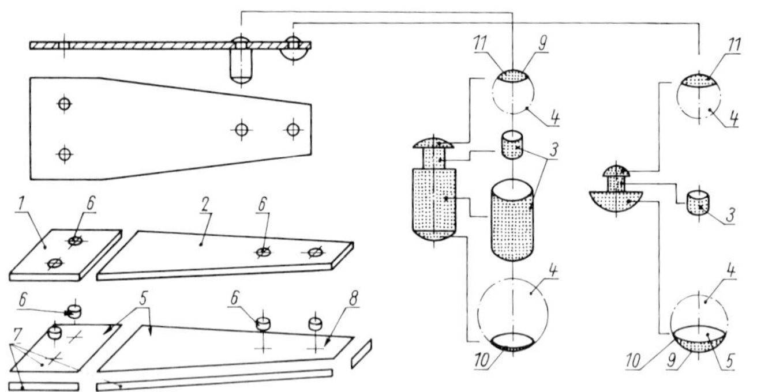

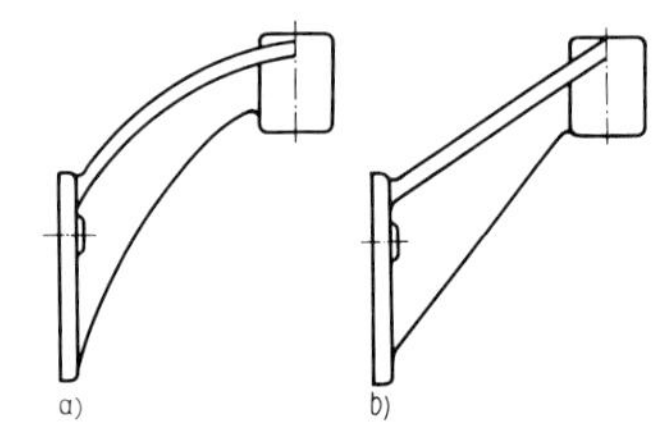

Bild 2.13. Beispiel für ein geometrisch ungünstig (a) bzw. günstig (b) gestaltetes Gußteil

Bild 2.12. Formelemente an einer trapezförmigen Kontaktblattfeder
Körper: 1 Quader; *2* Prisma; *3* Zylinder; *4* Kugel
Flächen: 5 Ebene; *6* Zylindermantel; *7* Rechteck; *8* Trapez; *9* Kugelfläche; *10* Wirkfläche; *11* untergeordnete Fläche (Nebenfläche)

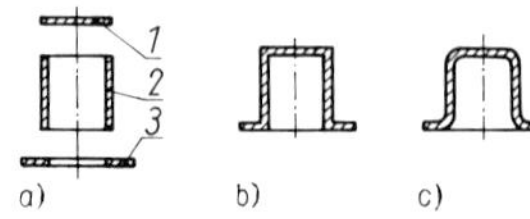

Bild 2.14. Gestaltung einer Gehäusekappe aus Formelementen
a) Grundformen (*1* ebene Kreisplatte; *2* Hohlzylinder; *3* ebener Kreisring); b) Zweckform; c) fertigungstechnisch bedingte Ausführungsform – Tiefziehteil

Ausführungsform	Fertigungsverfahren
1	Sägen, Fräsen, Bohren
2	Schneiden, Biegen, Bohren
3	Gießen, Bohren
4	Schneiden, Sägen, Schweißen
5	Schneiden, Sägen, Bohren, Drehen, Montieren

Bild 2.15. Unterschiedliche Ausführungsformen eines Hebels mit zwei Lagerstellen in Abhängigkeit von den gewählten Fertigungsverfahren

2.1.3.3. Auswahl der Werkstoffe

Mit dem Werkstoff wird das technische Gebilde realisiert. Seine Auswahl muß den Forderungen aus der Nutzung des technischen Gebildes (z. B. bezüglich der Dichte, der Festigkeit, des Verschleiß- oder Korrosionsverhaltens, der elektrischen, magnetischen, physiologischen Eigenschaften), der Herstellung (z. B. bezüglich der Spanbarkeit, Verformbarkeit, Schweißbarkeit, Veredelungsfähigkeit) und der Ökonomie (z. B. bezüglich des Preises, der Lieferbedingungen, der Abmessungen) genügen.

Konkrete Angaben zu den Eigenschaften und den Einsatzmöglichkeiten ausgewählter Konstruktionswerkstoffe folgen im Abschnitt 3.6.

Die Eigenschaften der verwendeten Werkstoffe wirken immer im Zusammenhang mit den anderen Gestalteigenschaften des technischen Gebildes. Zum Beispiel ist die Festigkeit eines Bauteils nicht nur abhängig von der Festigkeit des verwendeten Werkstoffes, sondern sehr wesentlich auch von der Form (z. B. Kerbwirkung, s. Abschnitt 3.5.) und den Zustandseigenschaften (z. B. Restspannung, Temperatur). Beide beeinflussen die Beanspruchung und damit die Reaktionen des technischen Gebildes auf die Einwirkungen (z. B. Kräfte, Wärmestrahlung, Feuchte) aus der Umgebung.

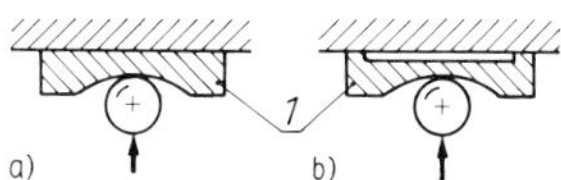

Bild 2.16. Gestaltvarianten einer Führungsleiste *1*

Beispiel: Nach **Bild 2.16** ergibt die Durchbiegung der Führungsleiste nach (b) eine Vergrößerung der Berührungsfläche zwischen Kugel und Führungsbahn, so daß die Beanspruchung dort kleiner, also die Belastbarkeit bei gleicher Werkstoffpaarung größer wird als bei (a).

Die Korrosionsbeanspruchung eines Bauteils wird größer, wenn durch Falze, Spalte oder horizontale Flächen aggressive Flüssigkeiten länger auf den Werkstoff einwirken können.

Alle Gestalteigenschaften des technischen Gebildes müssen in Abhängigkeit von den in allen Phasen seiner Existenz (Herstellung, Transport, Nutzung, Wartung, Recycling, Verschrottung) auftretenden Einwirkungen aufeinander abgestimmt sein.

2.1.3.4. Festlegen der Zustandseigenschaften

Die Zustandseigenschaften kennzeichnen solche Gestalteigenschaften des technischen Gebildes, die nicht aus der Geometrie und den Angaben zum Werkstoff abgeleitet werden können. Sie sind häufig von wesentlicher Bedeutung für die Funktion.

Beispiele: Vorspannung einer Feder, Magnetisierung eines Permanentmagneten, eingeprägte Spannungen in einer Sicherheitsglasscheibe, Spannungen in optischen Bauelementen.

Der Konstrukteur muß diese Eigenschaften in den Konstruktionsunterlagen fordern bzw. eingrenzen und ggf. besondere Vorschriften zur Realisierung angeben.

Beispiel: Größe der Anzugsdrehmomente und die Reihenfolge ihres Aufbringens an den Schrauben zur Befestigung eines Zylinderkopfes.

2.1.3.5. Einflußfaktoren auf die Gestalt

Alle das technische Gebilde begleitenden Prozesse und damit auch die daraus ableitbaren Einflußfaktoren stellen bestimmte Forderungen an die Gestalt. Diese Forderungen sind in den Gestaltungsrichtlinien formuliert, so z. B. für

- fertigungsgerechtes [1.3] **(Bild 2.17)**
- toleranz- und passungsgerechtes (s. Abschnitt 3.2., Tafel 3.20)
- leichtbaugerechtes **(Tafel 2.8)**
- kraftgerechtes **(Tafel 2.9)**
- montage- und demontagegerechtes **(Tafel 2.10)** Gestalten
- recyclinggerechtes Gestalten (ausführliche Darstellung s. [1.3] [1.30] [1.49]).

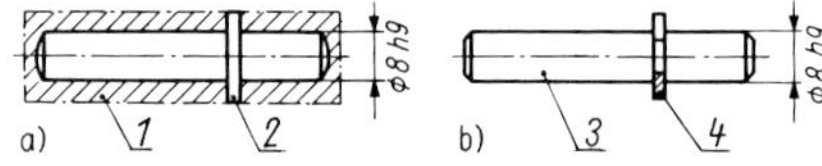

Bild 2.17. Beispiel für eine Gestaltungsrichtlinie zum Spanen – das Spanvolumen ist zu reduzieren

a) großes Spanvolumen *1* durch angedrehten Bund *2*; b) kleines Spanvolumen durch Verwendung von gezogenem Halbzeug *3* und genormtem Sicherungsring *4*, einfachere Fertigung durch Fase statt Kugelkuppe

Aus der Aufgabenstellung und den Festlegungen des Konstrukteurs folgt, welche Einflußfaktoren, also welche Gestaltungsrichtlinien überhaupt bzw. vorrangig zu beachten sind.

Beispiele: Für die Entwicklung eines Funktionsmusters mit großer Festigkeit, aber kleiner Masse, für das der Konstrukteur die Herstellung durch Gießen vorgesehen hat, sind vorrangig die Gestaltungsrichtlinien zum kraftgerechten, zum leichtbaugerechten und zum gießgerechten Gestalten zu beachten. Dagegen sind die Richtlinien zum Gestalten bei automatisierter Montage für dieses Funktionsmuster ohne Bedeutung, bei Vorbereitung einer Serien- oder Massenproduktion aber von zusätzlichem Interesse (s. Tafel 2.10).

Diese Gestaltungsrichtlinien sind ein Ausschnitt aus einer großen Anzahl und Vielfalt. Weitere wichtige Gestaltungsrichtlinien werden auch in den Abschnitten 3. bis 14. behandelt. Außerdem sei auf die umfangreiche Literatur verwiesen [1.1] [1.3] [1.14] [1.15] [1.17] [2.14] [2.15].

Im **Bild 2.18** sind für eine Kreuzgriffschraube einige der Richtlinien genannt und den betreffenden Gestaltmerkmalen zugeordnet, die bei der Gestaltung berücksichtigt wurden.

Sind die Funktionsforderungen und die Herstellbarkeit erfüllt, dann stehen die Forderungen zur Ökonomie (z.B. zu Wirkungsgrad, Herstellungsaufwand, Energiebedarf) im Vordergrund. Deshalb ist es vor allem die dritte Grundforderung (s. Abschnitt 2.1.3.1.), die noch konkretere Untersetzungen erfahren hat [1.2] [1.14] [2.26].

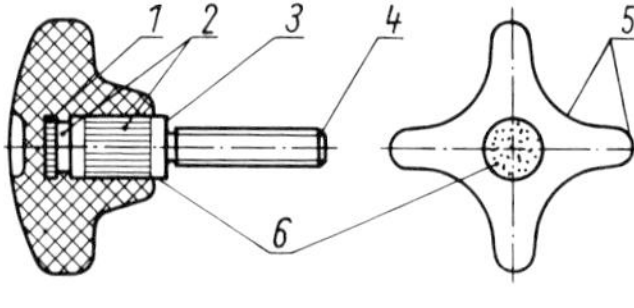

Gestalt-detail	Gestaltungsrichtlinie	Einflußfaktor
1	Schrumpflänge minimieren	Verbundguß, Spannung
2	Formschluß vorsehen	Verbundguß, Kraft, Moment
3	Kraftfluß nicht über Verbindungsstelle leiten	Kraft
4	Gewindeanfang mit Fase versehen	Montage
5	bei Handbetätigung scharfe Kanten vermeiden u. Formschluß anstreben	Ergonomie
6	zu erwartende Formabweichungen durch geforderte Formen der gleichen Art verdecken	Ästhetik, Fertigung

Bild 2.18. Anwendung von Gestaltungsrichtlinien an einem Verbundgußteil (Kreuzgriffschraube)

Tafel 2.8. Richtlinien zum leichtbaugerechten Gestalten [1.3] [1.11] [1.15]

Richtlinien	Beispiele
Reduzierung der Masse muß schon durch Wahl des Funktionsprinzips vorbereitet werden.	1 Querschnitt und damit Masse des Übertragungsgliedes *S* können wesentlich kleiner gewählt werden, wenn durch Prinzipänderung statt der Druckbeanspruchung (*a*) eine Zugbeanspruchung (*b*) erreicht wird. 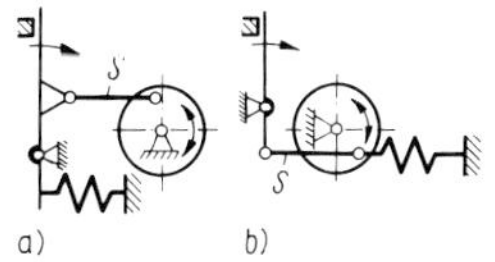 a) b)
	2 Bewegte Last *L* bewirkt infolge der Durchbiegung der Führungsbahn ein Verkippen des Meßelements *M*(*a*). Funktionentrennung zwischen Führung und Gestell (*b*) vermeidet Biegemomente am Gestell und damit Verkippen des Meßelements. Führung und Gestell können dadurch wesentlich leichter gebaut werden. 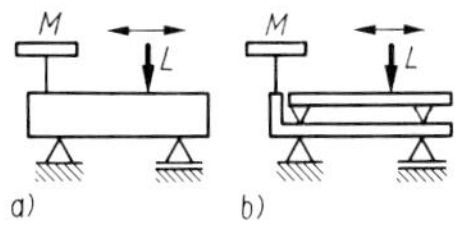 a) b)
Jeweils wichtige Kenndaten der zur Auswahl stehenden Werkstoffe (z. B. Dichte, E-Modul, Korrosions- und Temperaturbeständigkeit, Spanbarkeit, Preis, Lieferbedingungen) sind zu vergleichen. Es ist der Werkstoff auszuwählen, der bei einem Minimum an Masse alle anderen Forderungen ausreichend erfüllt (Stoffleichtbau).	3 Lebensdauer eines durch Korrosion beanspruchten Blechs kann trotz reduzierter Dicke, also geringerer Masse, erhalten bleiben, wenn korrosionsträgerer Werkstoff oder zusätzlich ein gegen Korrosion schützender Anstrich verwendet wird.
	4 Unterschiedliche zulässige Spannungen der verschiedenen Werkstoffe für den jeweiligen Belastungsfall bewirken, daß z. B. bei gleicher Festigkeit für die Verwendung als Zugstab Rein-Aluminium etwa 16% leichter als St37 und geringfügig leichter als Hartgewebe baut. Bei der Verwendung als Biegestab ist dagegen Rein-Aluminium etwa 38% leichter als St37 und etwa 25% schwerer als Hartgewebe.
Es sind die tatsächlich wirkenden Beanspruchungen zu ermitteln und zu berücksichtigen. Vermeidbare Unsicherheiten in der Ermittlung dürfen nicht durch erhöhte Sicherheitsfaktoren ausgeglichen werden. Verbleibende Unsicherheiten sind besser durch konstruktive Änderungen zu beseitigen.	5 Dimensionierung aller Querschnitte eines einseitig eingespannten Biegeträgers entsprechend der maximalen Spannung führt zu Überdimensionierung (*a*). Bei Wahl des Querschnitts entsprechend dem Momentenverlauf ergibt sich ein Biegeträger gleicher Beanspruchung (*b*) und ein Masseminimum für den Belastungsfall (Formleichtbau). 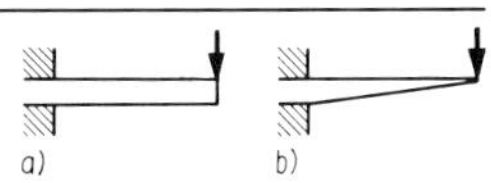 a) b)
	6 Anlenken des Zugstabes an einen Biegebalken nach (*a*) führt zur Überlagerung verschiedener Spannungszustände, deren gegenseitige Beeinflussung schwer zu erfassen ist, so daß erhöhte Sicherheitsfaktoren notwendig wären. Besser ist es, den Zugstab in der neutralen Faser anzulenken und zusätzlich das Torsionsmoment um die Balkenlängsachse durch symmetrischen Kraftangriff zu vermeiden. 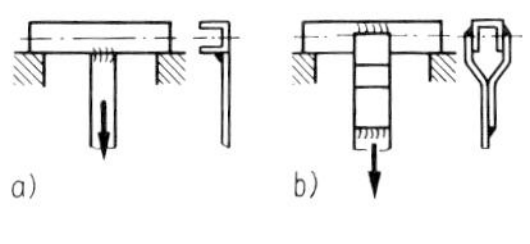 a) b)
Werkstoffe sind nach Art und Volumen nur so einzusetzen, wie es die Beachtung aller für das jeweilige technische Gebilde zutreffenden Gestaltungsrichtlinien verlangt.	7 Entdröhnen eines körperschallerregten flächigen Bauteils *1* auf der gesamten Fläche (*a*) ist unökonomisch. Dämpfungsmaßnahmen sind nur an den Orten der größten Schwingungsamplituden notwendig (*b*) [1.2] [2.53]. 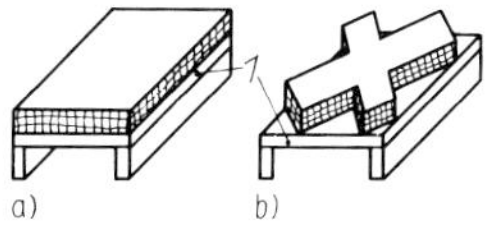 a) b)
	8 s. auch Tafel 2.9, Beispiel 4, 5 und 7

So werden für technische Gebilde gefordert:

- minimale Herstellungskosten
- minimaler Raumbedarf
- minimale Masse
- minimale Verluste
- optimale Nutzung.

Tafel 2.9. Richtlinien zum kraftgerechten Gestalten [1.2] [2.27] [2.58]

Richtlinien	Beispiele
Größe der Kräfte und Momente ist zu minimieren.	1 Für Reibkupplung nach (*a*) kann Federkraft reduziert werden durch kleineren Reibradius zwischen Abtriebsscheibe und Gehäuse, durch definierten Reibradius zwischen den Kupplungsscheiben sowie einen Reibbelag mit hohem Reibwert (*b*). In (*c*) sind durch kurze, direkte Kraftleitung zusätzlich noch die auf das Lager wirkenden Axialkräfte sowie das Reibmoment zwischen Feder und Gehäuse vermieden. 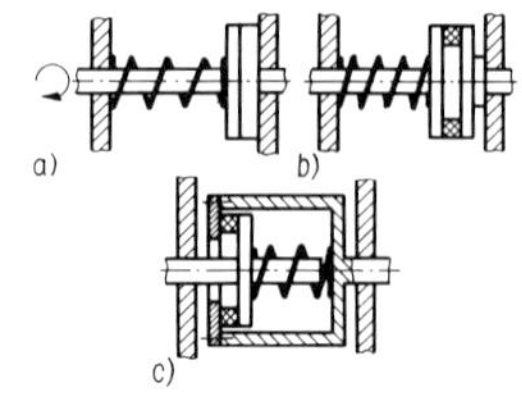
	2 Normalkraft an der Punktberührung zwischen dem geführten Teil und der Nebenführung (*a*) wird kleiner in geneigter (*b*) oder vertikaler Anordnung. 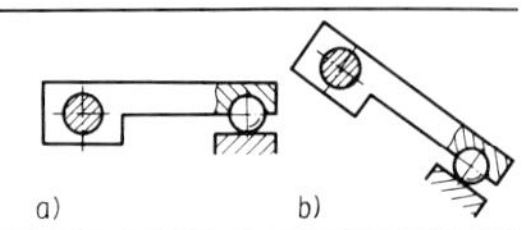
Wirkungen der Kräfte und Momente, also die Spannungen sind zu minimieren.	3 Große Flächenpressung an Kugel-Ebene-Paarung (*a*) kann vermieden werden durch Zwischenteil *1*, ohne Zahl der Freiheiten der Paarung (hier *5*) einzuschränken (*b*). 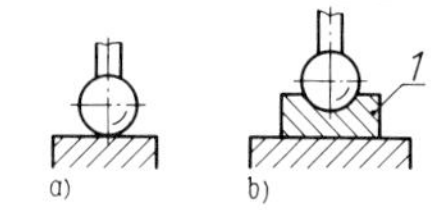
	4 Bei gleichem Werkstoffvolumen und gleichem Biegemoment variieren die Biegespannungen für die dargestellten Querschnittsformen etwa von 1 bis 0,2. 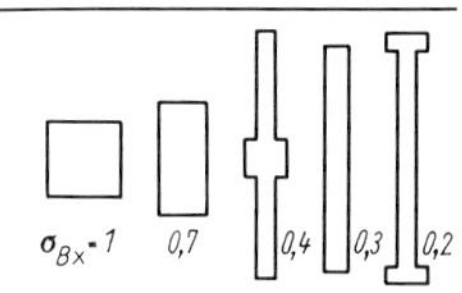
Art und Ort der Spannungen sind zu optimieren, Größe der Spannungen ist zu vergleichmäßigen.	5 Bei gleicher Kraft und gleicher Spannung erfordert Zugbeanspruchung ein wesentlich geringeres Werkstoffvolumen. 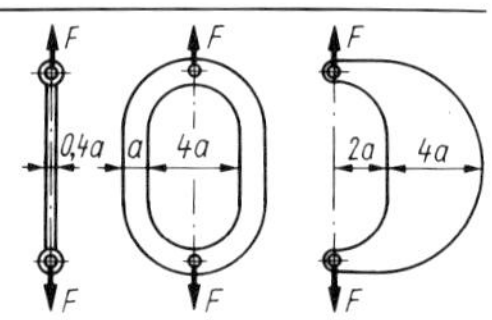
	6 Deformationen von Führungsbahnen bzw. -flächen infolge der Anschraubspannungen werden vermieden durch Verkleinern des verspannten Volumens und Entlastungsschlitz (s. Bild 4.4.50 im Abschnitt 4.4.4.).
	7 Unterschiedliche Dehnungen der sich gegenüberliegenden Volumenelemente zweier Zugstäbe an einer Kleb- oder Lötverbindung (*a*) führen zu Spannungsspitzen. Abgestimmte Verformung, hier durch allmähliches Verringern der Querschnitte, vergleichmäßigt die Spannungen (*b*). 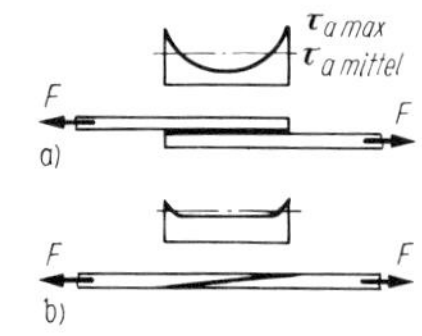
Einfluß der Spannungen auf die Funktion ist zu minimieren.	8 Wahlweises Verhindern der Drehbewegung der Funktionseinheit *1* um Achse *5* erfolgt über Klemmung der mit ihr fest verbundenen Ringfedermembran *2*, so daß auch bei großer Klemmkraft nur sehr kleine Kippmomente auf *1* wirken. Weiterhin verhindert Blattfeder *3* Drehung von *1* infolge Drehung der Klemmschraube *4*. 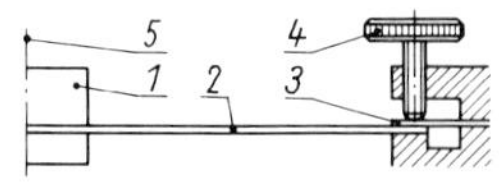

Damit sind für viele Gestaltungsaufgaben die wesentlichen Forderungen zur Ökonomie formuliert.

Auch die allgemeinen Forderungen *eindeutig, einfach* und *sicher* haben das Ziel, den Aufwand zu verringern.

Tafel 2.10. Richtlinien zum Gestalten bei automatisierter Montage und Demontage [1.2] [2.16] [2.40] [2.59]

Richtlinien	Beispiele
Zahl der Bauelemente je Baugruppe bzw. Gerät ist zu minimieren.	1 Drehgelenke (*a*) können bei elastischer Ausbildung durch nur ein Bauteil realisiert werden (Funktionenintegration) (*b*). 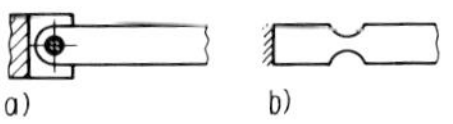
	2 Mittelbare Verbindungen (z. B. Nieten) (*a*) können durch unmittelbare Verbindungen (z. B. Punktschweißen) (*b*) ersetzt werden. 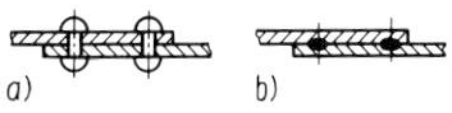
	3 Durch Schachtelverbindung (hier Füllfassung) ist Sicherung nur am letzten Bauteil notwendig (s. auch Abschnitt 4.5.). 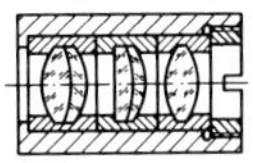
Wiederholteilgrad ist groß zu wählen.	4 Konstruktiv ähnliche Bauelemente, z. B. rechte und linke (*a*), sind durch gleiche zu ersetzen (*b*). 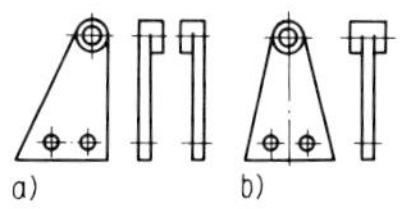
	5 Unterschiedliche Verbindungselemente (Art und Größe) (*a*) sind möglichst durch gleiche zu ersetzen (*b*). 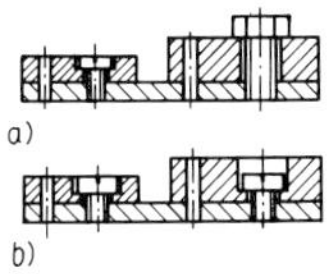
Symmetrie um möglichst viele Achsen und gleiche Symmetrieachsen für Innen- und Außenform sind anzustreben.	6 Rotationssymmetrische Teile (*a*) sollten auch in der dritten Dimension symmetrisch gestaltet sein (*b*). 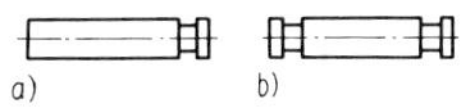
	7 Unvollständige Symmetrie um *x*-Achse (*a*) sollte durch vollständige ersetzt werden (*b*). 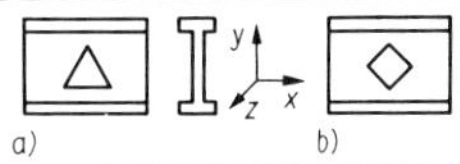
	8 Unsymmetrisch angeordnete Drehsicherung (*a*) erfordert beim Fügen große Ausrichtbewegung (bis zu 180°). Symmetrie und größere Zahl von Formschlußelementen (*b*) vereinfachen das Fügen. 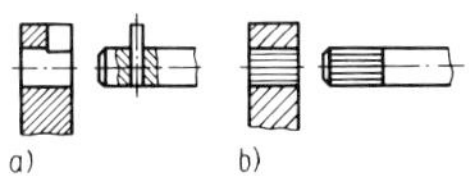
Durch Gleit-, Hänge-, Rollfähigkeit sowie günstige Massenverteilung ist automatischer Transport zu erleichtern.	9 Kleine Gleitflächen und scharfe Kanten (*a*) sollten durch größere Flächen und gerundete Kanten ersetzt werden (*b*), um Gleiten zu erleichtern und ein Aufsteigen der Teile aneinander zu verhindern. 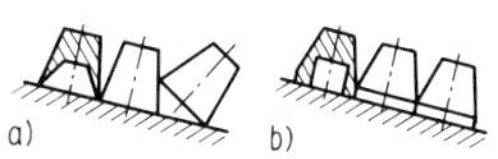
	10 Gezielte Massenverteilung (*b*) sichert Vorzugslage; Lösung (*a*) ist ungünstig. 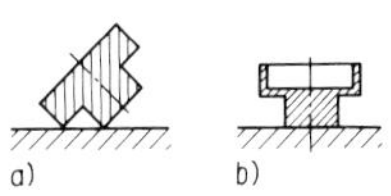
Das Ordnen der Teile ist zu erleichtern, ein Verklemmen, Verhaken, Anhaften ist zu verhindern.	11 Gestalt der Teile sollte es ermöglichen, die bei Herstellung oft vorhandene Ordnung, hier die der Stanzteile (*a*) im Stanzstreifen (*b*), bis zur Montage beizubehalten. 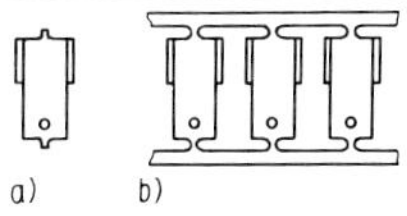
	12 Spaltbreiten *s* am Werkstück kleiner als die Dicke *d* (*a*) verhindern das Verhaken, ebenso sind Zugfedern eng zu wickeln (*b*) und bei Druckfedern die Enden anzuwickeln (*c*). 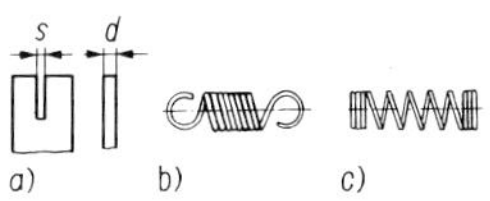

Tafel 2.10. Fortsetzung

Richtlinien	Beispiele
Gleichzeitigkeit mehrerer Fügeoperationen ist zu vermeiden.	13 Festhalten der Mutter während der Montage der Schraube (*a*) wird vermieden durch Gewindebohrung in Teil *2* (*b*). 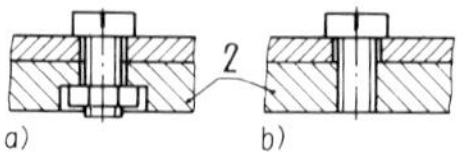
	14 Festhalten des Teils *1* gegen die Wirkung der Schwerkraft während der Schraubenmontage (*a*) wird vermieden durch Aufsetzen des Teils *1* auf Teil *2* (*b*). 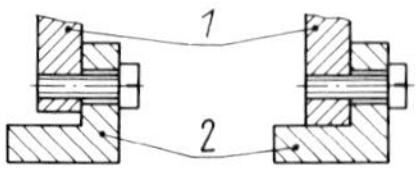
	15 Gleichzeitiges Anschnäbeln der beiden Zylinderflächen in der jeweiligen Bohrung (*a*) wird vermieden durch Maßänderung (*b*). Fasen erleichtern das Fügen zusätzlich. 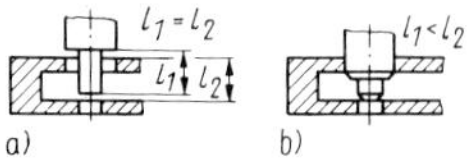
Zwischen den zu fügenden Teilen ist Formschluß zu bevorzugen.	16 Richtige Lage der Bauteile zueinander sollte nicht durch die Positioniergenauigkeit des Roboters (*a*), sondern durch eine Formpaarung mit Fügehilfen (z. B. Fasen) erreicht werden (*b*). 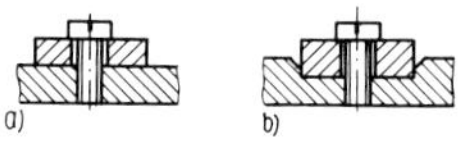
Überbestimmtheiten sind zu vermeiden oder durch toleranzausgleichende Paarungen zu beherrschen.	17 Überbestimmte Paarung (*a*) erfordert eng tolerierte Bohrungsabstände, um Zwang zu verhindern. Bei Anwendung von Zylinderkopfschrauben wird Zwang vermieden sowie Herstellung und Montage der Bauelemente vereinfacht. 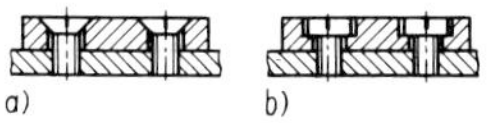
	18 Überbestimmte Lagerung (*a*) fordert eng tolerierte Maße, um Zwang oder, wie dargestellt, Spiel zu vermeiden. Durch elastische Ausbildung des Teils *1* in (*b*) sind größere Toleranzen zulässig und Zwangskräfte durch die Wahl der Feder beherrschbar. 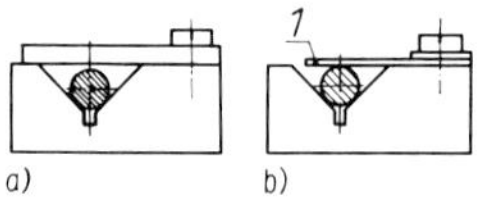
Justierung sollte vermieden werden. Ist sie notwendig, sollte nicht eingepaßt, sondern eingestellt werden.	19 Beim Einpassen notwendige mehrmalige Bearbeitung, Montage und Prüfung (*a*) wird vermieden durch Einstellen (*b*). 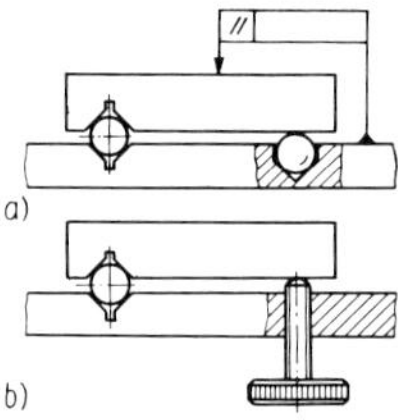
An allen Bauelementen sind die Greifflächen möglichst gleichartig zu gestalten.	20 Kombination von z. B. ebenen, gekrümmten und winklig zueinander stehenden Greifflächen (*a*) sollte ersetzt werden durch z. B. nur ebene, parallel angeordnete Greifflächen (*b*). 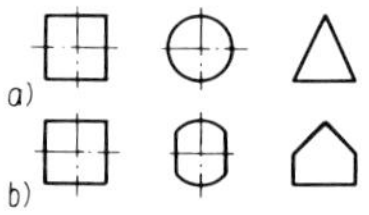

Eindeutig sollen sein:

- das Verhalten des technischen Gebildes bei Abweichung von den Sollwerten der Gestalt
- die Anordnungen und Kopplungen zur Umwelt **(Bild 2.19)**
- die Bedienung (z. B. durch sinnfällige und richtig bezeichnete Bedienelemente) [1.2]
- die Wartung (z. B. durch Festlegungen, was, wann und wie gewartet werden muß)
- die Beschreibung des technischen Gebildes.

Das o. g. Verhalten des technischen Gebildes ist mehrdeutig bei Überbestimmtheiten (s. auch Tafel 2.10), z. B. Doppelpassungen. Es tritt immer dann Zwang (erhöhte Kräfte, Deformationen) oder Spiel auf, wenn nicht durch besondere

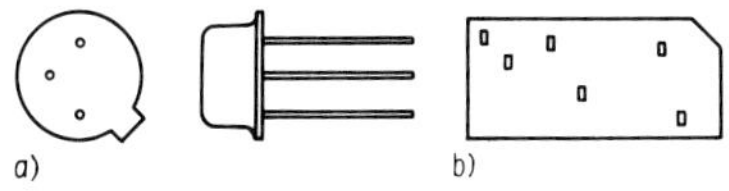

Bild 2.19. Unsymmetrie erleichtert eindeutige Zuordnung zur Umwelt bei Montage eines Transistors (a), eines Schnitteils (b)

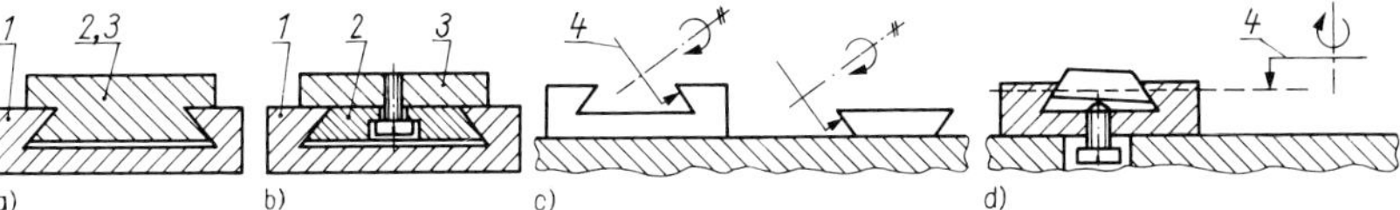

Bild 2.20. Zwang- und Spielfreiheit an einer überbestimmten Schwalbenschwanzführung (Teile *1, 2* und *3*) durch Herstellung nach dem Prinzip der Gemeinsamkeiten

a) zweiteilige Schwalbenschwanzführung; b) dreiteilige Schwalbenschwanzführung; c) schematische Darstellung der Bearbeitung der Keilflächen der Teile *1* und *2* in einer Aufspannung mit dem gleichen Werkzeug; d) schematische Darstellung der gemeinsamen Bearbeitung der Teile *1* und *2* an den Paarungsflächen für Teil *3*; *4* Werkzeug

technologische Maßnahmen, also größeren Aufwand, die entsprechenden geometrischen und physikalischen Größen identisch sind (Toleranz 0). Zwang entsteht z. B. bei der Anwendung von zwei Festlagern für die Lagerung einer Welle (s. Abschnitt 8.2.). Sind Überbestimmtheiten notwendig, läßt sich die Herstellung durch eine zweckmäßige Gestaltung erleichtern bzw. ermöglichen. Zum Beispiel wird eine mehrfach überbestimmte Schwalbenschwanzführung ohne nachstellbare Führungsleiste **(Bild 2.20)** spiel- und zwangfrei herstellbar (a), wenn sie aus drei Teilen besteht (b), so daß die jeweils zu paarenden Flächen in einer Aufspannung (c) bzw. gemeinsam (d) mit dem gleichen Werkzeug bearbeitet werden können.

Einfach heißt, den Aufwand zu minimieren für

- *Herstellung*
  (z. B. durch einfache Formen, s. Abschnitt 2.1.3.2., und Verzicht auf Sonderwerkstoffe und -behandlung)
- *Nutzung*
  (z. B. durch Beschränkung auf eine oder wenige Energiearten, auf wenige und sinnfällige Bedienelemente, Verzicht auf Zusatzeinrichtungen)
- *Wartung*
  (z. B. durch große Wartungsintervalle, geringe Qualifikationsforderungen an das Wartungspersonal)
- *Transport*
  (z. B. durch kleine oder teilbare Maße und Masse, Unempfindlichkeit bezüglich Raumlage, Klima, Beschleunigung)
- *Recycling bzw. Verschrottung*
  (z. B. durch gute Demontierbarkeit, weitgehende Wiederverwendbarkeit, geringe Umweltbelastung).

Sicher heißt, die Funktion für alle zulässigen Betriebszustände zu gewährleisten, den Einfluß auf die technische und biologische Umwelt in den zulässigen Grenzen zu halten und insbesondere den Menschen vor Gefahren bei Fehlbedienung (z. B. durch Berührungsschutz) und Havarien zu schützen.

2.1.3.6. Vorgehensweise beim Gestalten

Auch für das Gestalten ist es zweckmäßig, die gesamte Aufgabe in Teilaufgaben zu zerlegen und in Teilschritten zu lösen **(Tafel 2.11)**.

Ausgangspunkt ist das technische Prinzip (**Bild 2.21** a). Jedes Bauelement muß so gestaltet werden, daß es die ihm zukommende Teilfunktion sowie alle weiteren Forderungen erfüllen kann (s. Abschnitt 2.1.3.5.).

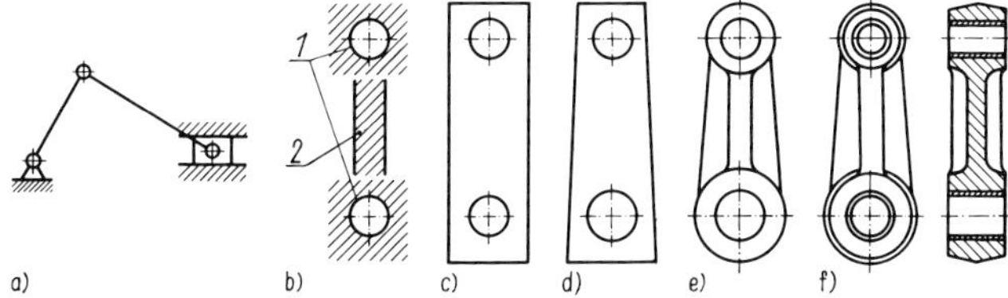

Bild 2.21. Gestaltung einer Kurbel

a) technisches Prinzip – Schubkurbelgetriebe; b) Wirkflächen *1* und Wirkkörper *2* der Kurbel; c) Erstgestalt – Zweckform; d) kraftgerechte Gestaltung; e) Kurbel als Leichtmetallgußteil; f) Ausführungsform für e)

Tafel 2.11. Grobstruktur für den Ablauf des Gestaltungsprozesses am Beispiel einer Feineinstellung [1.2] [2.27]

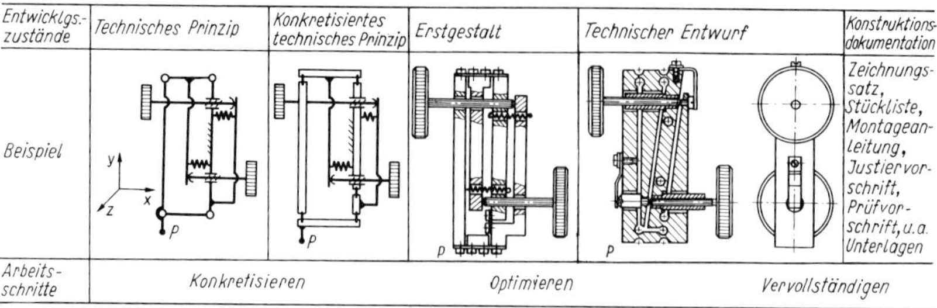

Begonnen wird mit dem Festlegen der Formelemente, die die Hauptfunktion des technischen Gebildes realisieren. Das sind die Wirkkörper bzw. Wirkflächen.

Beispiele: Ein- und Austrittsflächen von Funktionsgrößen, Paarungsflächen mit der Umgebung oder Kräfte, Momente oder andere physikalische Größen übertragende Körperelemente (s. auch Bild 2.12). Für die Kurbel nach Bild 2.21 sind das die beiden Lagerstellen und der stabförmige Körper zur Übertragung der Kräfte und Momente zwischen den Lagerstellen (Bild 2.21b).

Der Gestaltungsprozeß hat zwei Phasen:

① Entwerfen einer Erstgestalt

② Optimieren der Erstgestalt.

Beispiel: Die Variante im Bild 2.21c zeigt eine Erstgestalt für die Kurbel. Damit können die Funktionsforderungen erfüllt werden. Zur Optimierung ist es wichtig, eine ausreichende Festigkeit der Kurbel bei einem Minimum an Masse und Kosten zu erreichen sowie einen beanspruchungsgerechten Werkstoff an den Lagerstellen einzusetzen. Entsprechend dem Kraft- und Momentenverlauf und der daraus resultierenden Beanspruchung kann die Zweckform (Bild 2.21c) zu der kraftgerechten Form (Bild 2.21d) verbessert werden. Ist das Fertigungsverfahren gewählt, ergibt sich eine fertigungsgerechte Form analog Bild 2.15. Soll die Kurbel z.B. als Leichtmetallgußteil gefertigt werden (Bild 2.21e), ist es zweckmäßig, spezielle Lagerbuchsen, z.B. aus Aluminium-Bronze (s. Abschnitte 3.6. und 8.2.) einzusetzen. Die Beachtung weiterer Einflußfaktoren und ihrer Gestaltungsrichtlinien (s. Abschnitt 2.1.3.5.) führt dann zu der endgültigen Gestalt der Kurbel. Bild 2.21f zeigt dafür ein Beispiel.

Neben der qualitativen Festlegung der Gestalt sind immer auch quantitative Festlegungen vorzunehmen. Diese Bauteildimensionierung wird in den folgenden Abschnitten 2.2. sowie 3. bis 14. behandelt. Die dazu oft notwendigen Berechnungen lassen sich in vielen Fällen vermeiden oder erleichtern, wenn eine qualitativ günstigere Gestalt gewählt wird. So ist z.B. das Nachrechnen der Toleranzen und eventueller Zwangskräfte unnötig, wenn keine Überbestimmtheiten vorhanden sind.

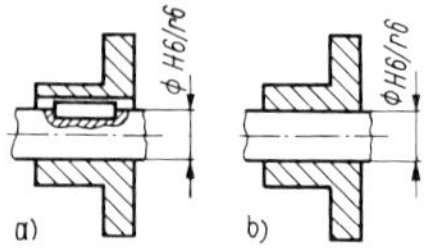

Bild 2.22. Welle-Nabe-Verbindung
a) durch Preßpassung und Paßfeder; b) nur durch Preßpassung
s. auch Abschnitte 4. und 7.

Beispiel: Die Berechnung der Welle-Nabe-Verbindung nach **Bild 2.22** (s. Abschnitt 7.) wird einfacher, wenn die Querschnittsschwächung und Kerbwirkung durch die Paßfedernut (a) beseitigt sind (b).

2.1.4. Bewerten und Auswählen von Konstruktionselementen

Konstruieren heißt, eine optimale technische Lösung zu entwickeln. Da jede technische Aufgabe mehrere Lösungen besitzt, muß der Konstrukteur die beste auswählen. Diese Situation tritt in jeder Phase des konstruktiven Entwicklungsprozesses auf. Besonders wichtige *Entscheidungen* sind:

- Festlegen der Forderungen bei der Aufgabenpräzisierung
- Auswahl des optimalen technischen Prinzips
- Festlegen der optimalen Gestalt.

Lösungsvarianten können nach den Abschnitten 2.1.2. und 2.1.3. auf sehr unterschiedliche Weise entstehen. Die Bewertung ist nur an vergleichbaren Varianten durchführbar. Es müssen hinreichende Informationen über diese Varianten vorliegen. Die zur Entscheidung dienenden Informationen sollten so konkret als möglich sein. Zweckmäßig sind folgende *Arbeitsschritte*:

① Analyse der vorliegenden Varianten (Fehlerkritik)
② Bewerten der Varianten
③ Auswahl und Entscheidung.

Aufwand und Gründlichkeit dieser Tätigkeit richten sich nach der ökonomischen Tragweite der Entscheidung.

Für die Aufgabe in Tafel 2.3 zeigen die **Tafeln 2.12 und 2.13** beispielhaft das Vorgehen. Die Fehlerkritik ermittelt die Eigenschaften der Lösungen, indem sie jede Variante hinsichtlich Funktion, Fertigung u. a. Forderungen analysiert. Außerdem gibt sie vor der Entscheidung noch Hinweise zu deren Verbesserung. Quantitative Angaben sind auf dieser Abstraktionsebene nur begrenzt möglich, wie z. B. das Abschätzen der Betätigungskraft F_H unter Beachtung des Reibwertes.

Die sich anschließende Bewertung bereitet die Auswahl vor. Dabei ist die Wichtigkeit der einzelnen Forderungen in der präzisierten Aufgabenstellung (Tafel 2.3b) zu berücksichtigen. Die für das Gesamtergebnis wesentlichen Forderungen sind als Bewertungskriterien heranzuziehen und müssen auf alle Varianten zutreffen.

Fest- und Mindestforderungen eignen sich zur Vorselektion von Varianten (Tafel 2.13a) auf

Tafel 2.12. Kritik von Prinzipvarianten der Tischführung der Aufgabe in Tafel 2.3

Varianten Nr. Skizze	Fehlerkritik Vorteile	Nachteile
1 Offene, zweidimensionale Gleitführung 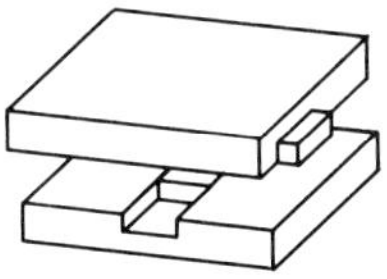	einfacher Aufbau, geringe Bauhöhe, vertikal spielfrei, hohe Steifigkeit	Reibung groß (erforderliche Betätigungskraft $F_H > 10$ N), überbestimmt durch Drehsicherung, Kraftaufnahme vorzugsweise vertikal, Abhebesicherung erforderlich
2 Offene Wälzkörperführung 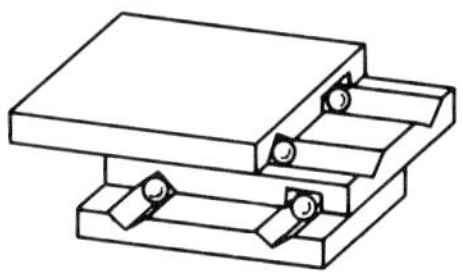	Reibung gering ($F_H < 10$ N), spielfrei, zwangfrei	hohe Fertigungskosten (Härten und Schleifen verschiedener Führungsbahnen), Kraftaufnahme vorzugsweise vertikal, hohe Flächenpressung, Abhebesicherung erforderlich
3 Geschlossene Wälzkörperführung 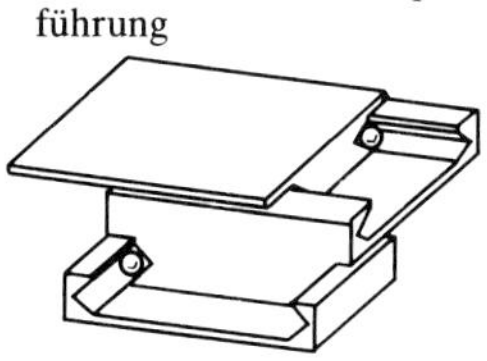	Reibung gering ($F_H < 10$ N), Kraftaufnahme in beliebiger Richtung, Spiel und Zwang durch Verspannen beherrschbar, modularer Aufbau	hohe Fertigungskosten (jedoch geringer als bei 2), überbestimmt, hohe Flächenpressung
4 Lenkergeradführung mit Kugelwälzelementen 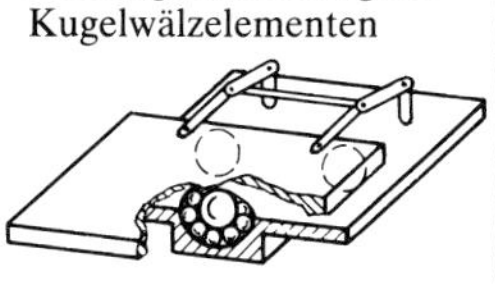	Reibung gering ($F_H \approx 10$ N), kleine Bauhöhe, Bearbeitung einfach (Schleifen ebener Führungsflächen)	Drehsicherung durch zusätzliches Getriebe, Abhebesicherung erforderlich, hohe Flächenpressung, Kraftaufnahme vorzugsweise vertikal

Tafel 2.13. Bewerten der Lösungen in Tafel 2.12
a) zweiwertige Bewertung; b) Bewertungsmaßstab; c) mehrwertige Bewertung

a)

Kriterium	Varianten V_1	V_2	V_3	V_4
$F < 10\,N$	0	1	1	1

b)

Werteskala Punkte p	Erfüllungsgrad	Forderungsskala Kriterium: Spiel S
4	sehr gut	$S = 0$ (offene Führung)
3	gut	$S \to 0$ (justierbar)
2	ausreichend	$0 < S_{max} < S_{zul}$
1	noch tragbar	$0 < S_{max} = S_{zul}$
0	unbefriedigend	$S > S_{zul}$

c)

Bewertungskriterien K_j	Einflußzahlen g_j	Varianten V_i: V_2 p_{2j}	$g_j \cdot p_{2j}$	V_3 p_{3j}	$g_j \cdot p_{3j}$	V_4 p_{4j}	$g_j \cdot p_{4j}$
Funktion							
K_1 Spiel	4	4	16	3	12	4	16
K_2 Genauigkeit	4	3	12	3	12	4	16
K_3 Verhalten gegenüber Störgrößen	8	2	16	4	32	1	8
Struktur							
K_4 modularer Aufbau	4	2	8	4	16	3	12
K_5 Bauraum	3	2	6	3	9	1	3
Fertigung							
K_6 Fertigungsaufwand	6	2	12	3	18	2	12
$\sum$	29		70		99		67
Gesamtwerte $x_i = \dfrac{\sum g_j p_{ij}}{p_{max} \cdot \sum g_j}$		$x_2 = 0{,}605$		$x_3 = 0{,}853$		$x_4 = 0{,}578$	

der Grundlage von Ja-Nein-Entscheidungen. Das jeweilige Kriterium ist so zu formulieren, daß nur zwei Werte (0 oder 1) eindeutig feststellbar sind. Die Mehrzahl der Forderungen ist feiner graduiert. Sie bilden die Basis für die mehrwertige Bewertung.

Jedes Kriterium bezieht sich auf eine durch Forderungen belegte Eigenschaft der zu bewertenden Lösungen. Um die Ergebnisse für die verschiedenen Kriterien zu einem Gesamtwert zusammenfassen zu können, benötigt man eine für alle Kriterien einheitliche Werteskala. Bewährt hat sich eine fünfstufige Einteilung (Tafel 2.13b) [2.9] [2.17], der für jedes Kriterium eine nach Möglichkeit quantifizierte Forderungsskala zuzuordnen ist. Beide Skalen bilden den Bewertungsmaßstab. Er soll die Subjektivität beim Bewerten herabsetzen. Hauptproblem beim Bewerten ist das Ermitteln der technischen und ökonomischen Eigenschaften der entworfenen Lösung in einer möglichst frühen Entwicklungsphase. Erfahrungswerte wie im Bild 2.11 – als Forderungsskala geeignet – sowie Rechnerprogramme und Relativkostenkataloge [2.18] [2.56] unterstützen die Bewertung.

Die unterschiedliche Bedeutung der Bewertungskriterien für das Entwicklungsergebnis berücksichtigt man durch Einfluß- oder Gewichtsfaktoren g_j ($0 < g_j \leqq 1$ oder $1 \leqq g_j \leqq 10$). Ihr absoluter Wert ist beliebig, jedoch müssen ihre Relationen die realen Verhältnisse erfassen. Wesentliche Kriterien erhalten eine hohe Einflußzahl. Die Gesamtbewertung ermittelt man mit Hilfe einer Bewertungstabelle (Tafel 2.13c).

Sie enthält nur noch die bei der Vorselektion (Tafel 2.13a) positiv bewerteten Lösungen V_2, V_3, V_4. Der idealen Lösung $x_i = 1$ kommt V_3 am nächsten.

Für die Entscheidung sind prinzipiell zwei *Regeln* geeignet:

► *Wähle* V_i *mit* $x_i = x_{max}$!

► *Wähle* V_i *mit* $x_i \geqq x_{befriedigend}$!

Die erste selektiert eine Variante, die zweite Regel solche Varianten, die besser als ein gewähltes Vergleichsobjekt sind und für weitere Untersuchungen bereitstehen.

Beim Entwerfen einfacher Konstruktionselemente verlaufen Bewertungs- und Auswahlvorgänge oft nur gedanklich, ohne schriftliche Fixierung ab. Vereinfachungen sind auch möglich bei der Auswahl von Elementen aus Firmenschriften, DIN-Normen und Wiederholteilkatalogen [2.5] [2.24], die alle notwendigen Parameter aufbereitet enthalten. In solchen Fällen (z. B. bei Wälzlagern, Welle-Nabe-Verbindungen, Zahnrädern, Kupplungen) sind auch rechnerunterstützte Auswahlsysteme anwendbar [2.7] [2.8] [2.31].

2.2. Rechnereinsatz

Rechnerunterstützte Konstruktion CAD (**c**omputer **a**ided **d**esign) und rechnerunterstützte Fertigung CAM (**c**omputer **a**ided **m**anufacturing) ermöglichen Produktivitätserhöhungen von mehreren 100% in den produktionsvorbereitenden Bereichen [2.8] [2.19].

2.2.1. CAD-Lösungen für Konstruktionselemente

CAD-Programme unterstützen Auswahl, Berechnung, Entwurf und Zeichnen von Konstruktionselementen. Sie sind je nach Anwendungsgebiet in komplexere Systeme eingeordnet. Entsprechend der zu bearbeitenden Aufgabe benötigt jedes CAD-System bestimmte Rechner (Hardware) und Verarbeitungsprogramme (Software).

Als Hardware kommen Rechner aller Größenordnungen zum Einsatz, vorzugsweise PC-Arbeitsplätze **(Tafel 2.14)** [2.7] [2.8] [2.19] [2.24] [2.29]. Verarbeitungsgeschwindigkeit, Hauptspeicherkapazität und Peripherie bestimmen Art, Datenumfang und Komplexität der zu bearbeitenden Aufgaben. Tischrechner und Mikrorechnersysteme mit dialogfähiger Peripherie am Arbeitsplatz des Konstrukteurs unterstützen Routineberechnungen und Einzelteilentwürfe.

Tafel 2.14. Hardware und Einsatzgebiete für das rechnerunterstützte Konstruieren

Rechnertyp	– PC Personalcomputer – Workstation – Großrechner (Mainframe)
Prozessor	– Rechnergeschwindigkeit >1 GHz – Arbeitsspeicher >512 MB für mittlere, >1 GB für große Baugruppen – Mehrprozessorensystem für weitere Leistungsvorteile
Festplatte	– Kapazität ab 20 GB, mindestens zwei Plattenlaufwerke
Grafikkarte	– Speichergröße >32 MB – Auflösung von mindestens 1280 × 1024 Bildpunkten
Bildschirm	– bevorzugt Flachbildschirm, da dieser aufgrund des stehenden Bildes nicht flimmert und deutlich weniger Platz braucht – Bildschirmdiagonale 21 Zoll – Auflösung mindestens 1280 × 1024 Bildpunkte – Farbtiefe 32 Bit
Peripherie	– Drucker (schwarz-weiß und Farbe) – Plotter – Scanner, Auflösung mindestens 1.200 dpi
Einsatzgebiete	– Nach- und Entwurfsrechnungen – Optimierung und Simulation – Änderungsdienst – Produktdokumentation – Variantenkonstruktion – FEM-Anwendungen – Stücklistenverarbeitung – Entwerfen mit Menütechnik und Feature-Technolgie

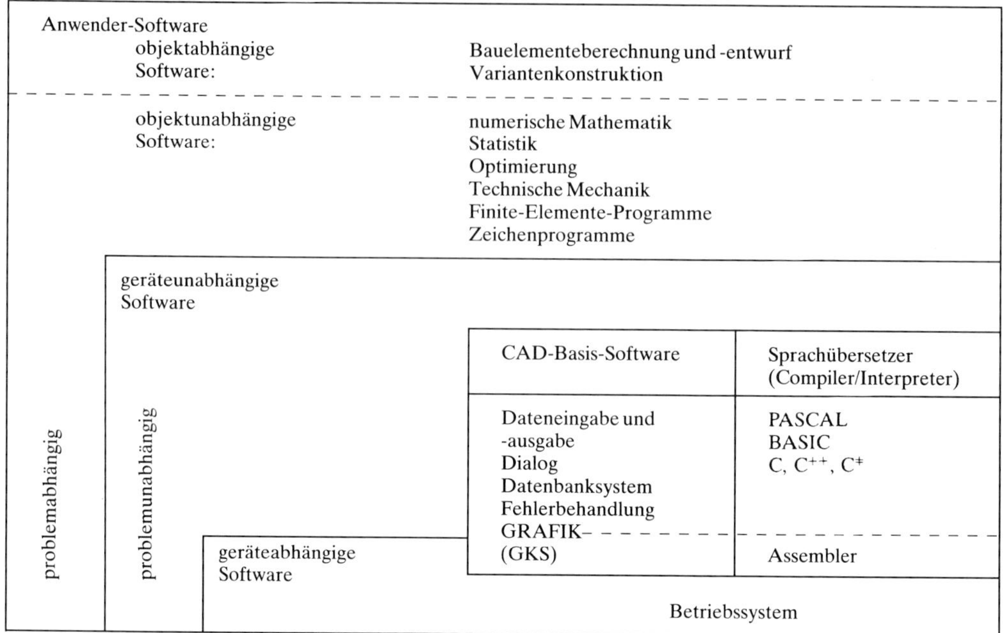

Bild 2.23. Bestandteile der CAD-Software (GKS Grafisches Kernsystem)

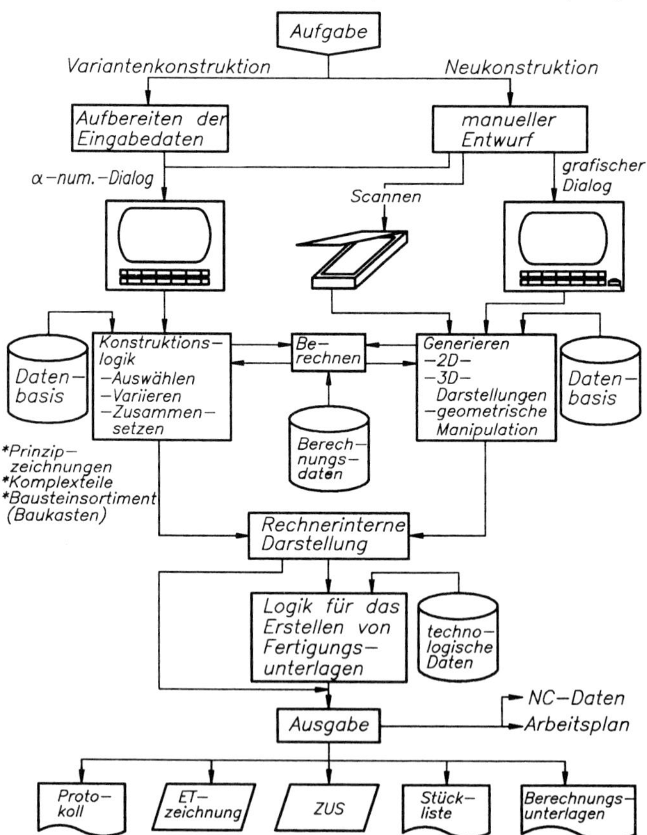

Bild 2.24. Grundsätzlicher Aufbau eines CAD/CAM-Systems

Die Software eines CAD-Systems gliedert sich hierarchisch in Schichten, so daß die für verschiedene Konstruktionsaufgaben erforderlichen Routinen als Programmbausteine möglichst weitgehend auch geräteunabhängig nutzbar sind **(Bild 2.23)**. Als Programmiersprachen werden vorrangig C und C^{++} genutzt. Entscheidend für die Bearbeitung konstruktiver Probleme ist eine leistungsfähige Grafik-Software [2.2] [2.8] [2.19] mit der Möglichkeit, 2- und 3-dimensionale Darstellungen zu verarbeiten **(Bild 2.24)**.
Der Konstrukteur muß die Anwender-Software handhaben und in der Lage sein, einfache objektabhängige Programme selbst zu erarbeiten oder an der Problemaufbereitung für diese Programme mitzuwirken. Für zahlreiche Aufgaben sind bereits Programme verfügbar **(Tafel 2.15)**, deren Bestand sich ständig erweitert.

Tafel 2.15. CAD-Bausteine für Konstruktionselemente der Feinmechanik [2.6] [2.21] [2.22] [2.23] [2.45] [2.47] [2.54]

Konstruktionselement	Berechnungen						Entwurf		Datenbanken	Abschnitt
	Geometrische Größen	Toleranzen	Festigkeit	Statische Verformung	Kinematik und Dynamik	Sonstige Größen	Interaktiver Entwurf	Variantenkonstruktion		
Schweißverbindungen			×	×						4.2.1
Nietverbindungen			×							4.3.1
Stiftverbindungen			×							4.3.2
Schraubenverbindungen	×		×	×	×		×			4.4.4
Federn	×		×	×	×		×			6
Wellen		×	×	×	×		×			7
Welle-Nabe-Verbindungen	×		×	×				×	×	7.5
Gleitlager	×	×		×	×	×		×		8.2.1
Wälzlager		×		×	×	×			×	8.2.8
Hydrodynamische Lager						×		×		8.2.1
Wälzführungen	×	×	×	×	×			×	×	
Zylinderführungen	×		×	×	×			×		8.3.2
Federführungen	×				×					8.3.4
Kupplungen	×						×		×	11
Zahnradgetriebe	×	×	×	×	×	×	×	×	×	13.2 bis 13.7
Zahnriemengetriebe	×				×	×		×	×	13.9.4
Koppelgetriebe	×				×				×	13.11
Kurvengetriebe	×				×			×		13.12

2.2.2. Rechnerunterstützte Dimensionierung

Das Dimensionieren feinmechanischer Konstruktionselemente fordert zunehmend Berechnungen größeren Umfangs. Die aus Zeitgründen oft überschläglich vorgenommene Bestimmung von Abmessungen, Funktions- und Werkstoffparametern muß in vielen Fällen wegen der höheren Anforderungen durch exakte Rechnungen ersetzt werden. Hinsichtlich des methodischen Vorgehens und der rechentechnischen Realisierung sind verschiedene Berechnungsarten zu unterscheiden [1.2] [2.8] [2.34] **(Tafel 2.16)**.

Tafel 2.16. Berechnungsverfahren, grundsätzlicher Programmablauf und Anwendung
P_{vorh}, P_{zul} vorhandene, zulässige Parameter; *j* ja, *n* nein

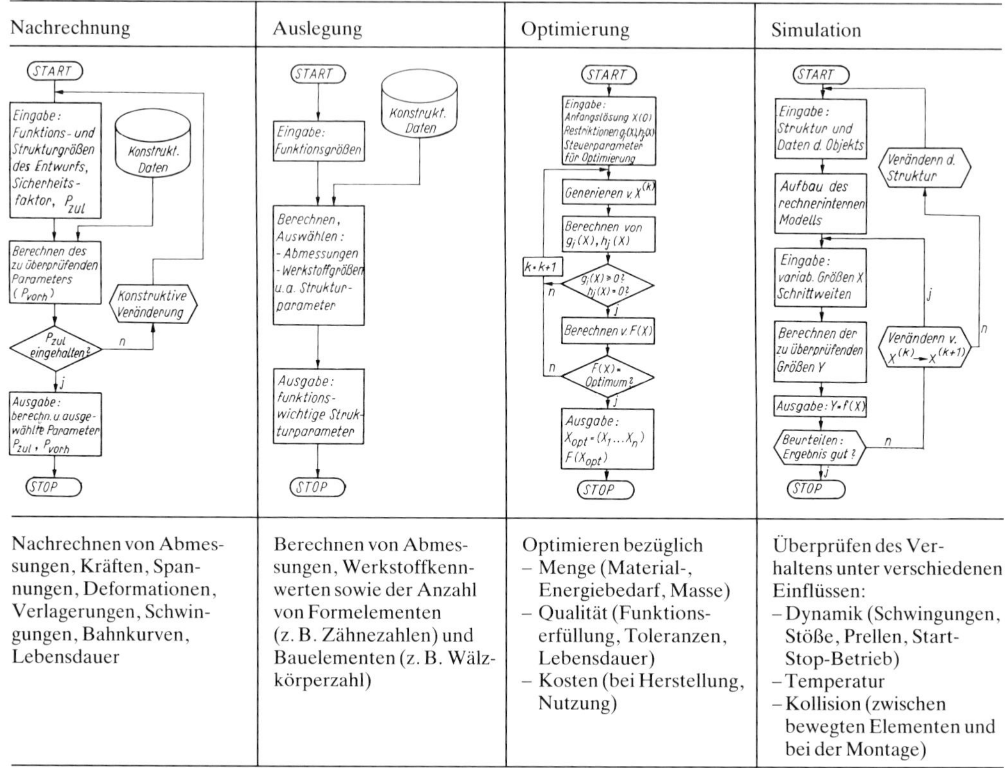

Nachrechnung	Auslegung	Optimierung	Simulation
Nachrechnen von Abmessungen, Kräften, Spannungen, Deformationen, Verlagerungen, Schwingungen, Bahnkurven, Lebensdauer	Berechnen von Abmessungen, Werkstoffkennwerten sowie der Anzahl von Formelementen (z. B. Zähnezahlen) und Bauelementen (z. B. Wälzkörperzahl)	Optimieren bezüglich – Menge (Material-, Energiebedarf, Masse) – Qualität (Funktionserfüllung, Toleranzen, Lebensdauer) – Kosten (bei Herstellung, Nutzung)	Überprüfen des Verhaltens unter verschiedenen Einflüssen: – Dynamik (Schwingungen, Stöße, Prellen, Start-Stop-Betrieb) – Temperatur – Kollision (zwischen bewegten Elementen und bei der Montage)

Nachrechnung überprüft ein entworfenes und vorläufig dimensioniertes Bauelement hinsichtlich der Erfüllung bestimmter Forderungen, indem die in der Lösung vorhandenen Parameter P_{vorh} ermittelt und mit den zulässigen P_{zul} verglichen werden. An einem Bauelement sind oft mehrere solcher Nachweise erforderlich (z.B. Funktions- und Festigkeitsnachweis bei Federn), die nicht selten sich widersprechende konstruktive Maßnahmen verlangen. Ein Kompromiß folgt dann erst nach mehreren wiederholten Rechnungen.

Auslegung. Programme zur Auslegung ermitteln funktionswichtige Strukturparameter (Abmessungen, Werkstoffparameter) eines entworfenen Bauelements aus vorgegebenen Funktionsgrößen. Auslegungsrechnungen kommen als einfache Entwurfsrechnungen (z.B. überschlägliches Bestimmen eines Wellendurchmessers) oder als Maßsynthese (bei Mechanismen usw.) zur Anwendung. Ein gewünschtes Auslegungsergebnis läßt sich auch iterativ durch Nachrechnung erreichen.
Programme zur durchgängigen Dimensionierung von Konstruktionselementen enthalten sowohl Auslegungs- als auch Nachrechnungsoperationen. Die Suche nach den günstigsten Parametern einer Lösung kann mit Optimierungsrechnungen erfolgen.

Optimierung. Die zu dimensionierenden Parameter einer Konstruktionslösung werden so bestimmt, daß sie eine geforderte Zielfunktion unter Berücksichtigung eingrenzender Bedingungen erfüllen [2.1] [2.7] [2.8] [2.11].

Mathematisch faßt man die *n* gesuchten Parameter einer Konstruktion als Variable zu einem Vektor zusammen:

$$\boldsymbol{X} = (X_1, X_2, \ldots, X_n). \tag{2.2}$$

Die Wahl der Werte für $\boldsymbol{X}$ unterliegt konstruktiv bedingten Einschränkungen (Restriktionen), die als

Ungleichungen $g_i(\boldsymbol{X}) \geqq 0$ oder (2.3)

Gleichungen $h_j(\boldsymbol{X}) = 0$ (2.4)

zu formulieren sind (z. B. max. Einbaudurchmesser $d = 50\,\text{mm}$ für ein Lager: $g(\boldsymbol{X}) = 50 - d \geqq 0$). Die Gesamtheit der Restriktionen definiert das Gebiet der zulässigen Lösungen, in welchem das Optimum durch Bewerten der Varianten mit einer Zielfunktion $F(\boldsymbol{X})$ gesucht wird:

$$F(\boldsymbol{X}_{\text{opt}}) = \text{Extremum}. \tag{2.5}$$

Das Optimum wird als Minimum (z. B. Masse, Volumen, Kosten) oder Maximum (Lebensdauer, Wirkungsgrad usw.) der Zielfunktion gefunden. Für die Suche stehen zahlreiche Verfahren [2.1] zur Verfügung. Sollen gleichzeitig mehrere Kriterien zur Optimierung herangezogen werden, so liegt ein Problem der *Polyoptimierung* vor [2.1] [2.70].
Die vorhandenen Optimierungsprogramme setzen die mathematische Formulierung des Optimierungsproblems voraus. Die Rechenvorschrift für die Zielfunktion $F(\boldsymbol{X})$ ist dabei einmalig für den Entwicklungsgegenstand (Einzelteil, Baugruppe, Gerät) zu erarbeiten. Ein Beispiel zeigt **Tafel 2.17.**

Tafel 2.17. Optimierung einer Druckfeder
Erläuterungen s. Abschnitt 6.6.

Eingabe:

Federkraft $F = 300\,\text{N}$ — Werkstoff $G = 80 \cdot 10^3\,\text{N/mm}^2$
max. Federkraft $F_{\max} = 500\,\text{N}$ — $\tau_{\text{tertr}} = 600\,\text{N/mm}^2$
Federweg $s = 7{,}5\,\text{mm}$ — Toleranz von c: $T_c = \pm 5\%$

Spannungsverhältnis η_S : $0{,}75 \leqq \eta_S \leqq 1$; $\quad \eta_S = \dfrac{\tau_{\text{tvorh}}}{\tau_{\text{tertr}}}$

Wickelverhältnis $w = D/d$: $4 \leqq w \leqq 16$
(D mittlerer Windungsdurchmesser in mm, d Drahtdurchmesser in mm)
Anzahl der federnden Windungen n: $n = 0{,}5; 1{,}5; 2{,}5; 3{,}5; \ldots$

Ergebnisse:	Federvarianten 1	2	3	4	5
Zielfunktionen					
Federvolumen V_F in mm³	3360	2842	3022	2921	2881
Einbauvolumen V_E in mm³	10419	9834	14268	21812	21296
Spannungsverhältnis η_S	0,91	0,97	0,96	0,98	0,97
Variable					
Drahtdurchmesser d in mm	3,2	3,2	3,6	3,6	4,0
Anzahl der federnden Windungen n	9,5	7,5	4,5	2,5	2,5
Wickelverhältnis w	4,38	4,69	5,83	7,40	7,30
Äußerer Windungsdurchmesser D_a in mm	17,2	18,2	24,6	33,2	33,2
Ermittelte Federparameter					
Federsteife c in N/mm	40,73	41,91	40,81	40,40	41,64
Länge der ungespannten Feder L_0 in mm	52,34	45,30	37,52	32,10	32,10

Suchfeld für die Federoptimierung

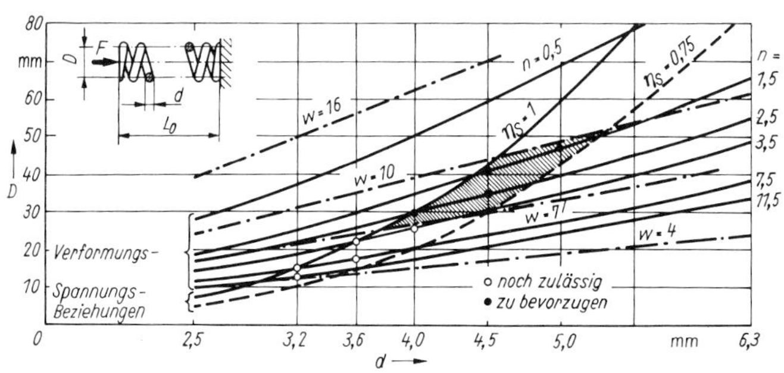

Simulation bildet das Verhalten eines entworfenen Objektes mit Hilfe eines rechnerinternen Modells nach. Es werden Reaktionen der entworfenen Struktur auf verschiedene Einflußgrößen (Funktionsgrößen, Störgrößen, extreme Betriebsbedingungen) berechnet, und durch Verändern der Modellparameter gelangt man zu einer günstigen Dimensionierung **(Bild 2.25)**.

In Simulationsprogrammen können Nachrechnung und Optimierung integriert sein. Bei der Entwicklung von Baugruppen und von komplexeren Gebilden lassen sich durch rechnerunterstützte Simulation langwierige Experimente einsparen oder abkürzen. Außerdem gewinnt die Simulation an Bedeutung für das Überprüfen der fertigungsgerechten Gestalt. Bearbeitungs-, Prüf-, Handhabe- und Montagevorgänge lassen sich an entworfenen Elementen in wählbarem Zeitregime am Bildschirm veranschaulichen [2.8]. Im Dialog sind entsprechende Korrekturen am Entwurf möglich.

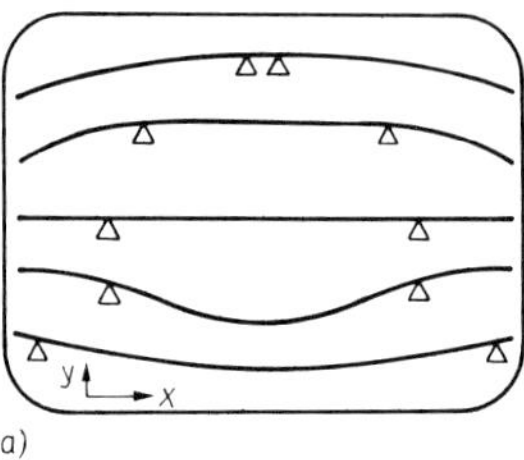

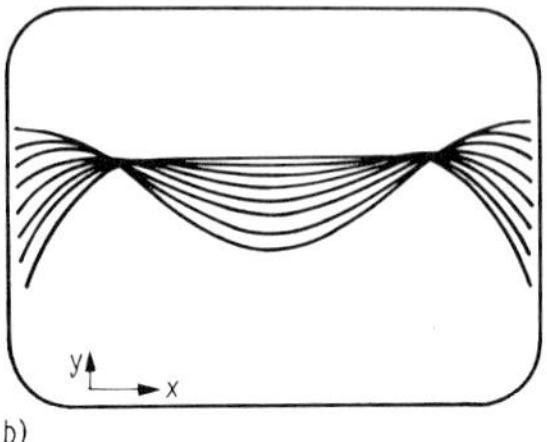

Bild 2.25. Simulation der Durchbiegung einer Welle am Bildschirm

Belastung durch Eigenmasse bei verändertem Lagerabstand (Auslenkung in y-Richtung stark vergrößert)
a) ausgewählte Stellungen;
b) Bereich in der Umgebung der Besselschen Punkte [1.2]

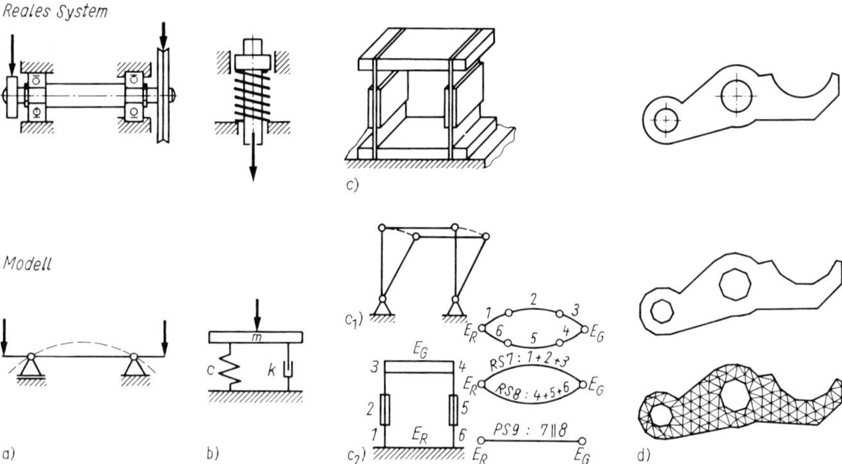

Bild 2.26. Modelle als Berechnungsgrundlage

a) wälzgelagerte Welle mit Balkenmodell; b) gefederter Stößel mit Feder-Masse-System; c) versteifte Federführung mit kinematischem Modell (c_1) und Ersatzschaltung als Graph (c_2), *RS* Reihenschaltung, *PS* Parallelschaltung, E_G Gangsystem, E_R Rastsystem [2.32]; d) Einzelteil, Kontur als Polygonzug, Finite-Elemente-Netz [2.30] [2.33]

Rechenprogramme helfen, eine größere Anzahl von Varianten effektiv durchzurechnen und die in der Feinmechanik häufige Überdimensionierung zu reduzieren. Alle Programme benutzen Berechnungsmodelle **(Bild 2.26)**, die auf den Grundlagen der Statik, Dynamik, Festigkeitslehre, Werkstoffkunde und weiterer Disziplinen die realen Zusammenhänge vereinfacht erfassen (s. Abschnitt 3.) **(Tafel 2.18).**

Tafel 2.18. Hinweise zur Anwendung von Berechnungsprogrammen

Gesichtspunkte/Hinweise
Genauigkeit der Rechenergebnisse – begrenzt durch Rechenmodell (Fehler bis zu 20% bei vorläufiger Auslegung durch Abstraktion eines Bauelements als geometrisch exakter, als starrer oder rein elastischer Körper, Verwenden von Ersatzelementen, wie Punktmasse, Ersatzfederelement, Dämpfungselement u. ä.) – Zulässigkeit des verwendeten Modells stets prüfen! – Stellenzahl der Rechengrößen (Rundungsfehler in der Regel kleiner als Fehler durch Modell)

Tafel 2.18. Fortsetzung

Gesichtspunkte/Hinweise
Anwendungsbereich der Programme – festgelegt durch Gültigkeitsbereich des verwendeten Modells – anzustreben sind objektunabhängige Modelle, wie bei der Finite-Elemente-Methode (FEM) [2.3]
Problemaufbereitung – Abstrahieren des realen Systems bis zum Rechenmodell – Aufbereiten der Eingabedaten erforderlich – Unterstützung durch Anwenderführung mittels Dialogs – spezielle Preprozessoren (z. B. automatisches Aufstellen von Differentialgleichungen, Generieren von FEM-Netzen)
Ergebnisausgabe – übersichtliche Drucklisten mit eingegebenen, berechneten und vom Programm automatisch gewählten Größen – Diagrammausgabe – Maßtopologie für automatische Zeichnungserstellung (Prinzipkonstruktion)
Speicherdaten – sollen in einer programmunabhängigen Datenbasis die für den Anwendungsbereich wiederholt benötigten Fakten enthalten (z. B. ISO-Toleranzen, Werkstoffparameter, Beiwerte, Formfaktoren, Vorzugszahlen u. a.) – müssen stets dem neuesten Änderungsstand entsprechen und daher gewartet werden – um Sonderfälle berechnen zu können, ist Möglichkeit der manuellen Eingabe vorzusehen

2.2.3. Rechnerunterstützter Entwurf

Beim Entwurf der Gestalt von Einzelteilen und Baugruppen lassen sich Detaillieren und Zeichnen mit Hilfe des Rechners rationalisieren, bei Zeiteinsparung von 15 bis 95%. Grundlage dafür ist eine digitalgrafische Beschreibung der Teile, die mittels grafischer Hard- und Software verarbeitet wird. Die dazu entwickelten CAD-Lösungen sollen die Vorstellungen des Konstrukteurs über die Gestalt eines Teils möglichst effektiv in eine Zeichnung auf maschinellem Wege umzusetzen. Während des Eingabevorgangs wird aus der externen Darstellung eine digitalgrafische (rechnerinterne) erzeugt. Je nachdem, ob eine völlig neue Lösung entworfen werden soll oder auf bewährte bzw. standardisierte oder genormte Grundformen zurückgegriffen werden kann, sind zwei Gruppen von Verfahren zu unterscheiden (s. Bild 2.24) [2.8].

Variantenkonstruktion nutzt das Variantenprinzip, geht von einer im Rechner gespeicherten Lösung aus und modifiziert diese mit Hilfe einer objektspezifischen Konstruktionslogik. Die Eingabe beschränkt sich auf Auswahl und Festlegung der variablen Größen [2.7] [2.35] [2.36].

Prinzipkonstruktion ist der einfachste Fall. Es werden nur die Abmessungen variiert, so daß Vordruckzeichnungen verwendbar sind. Erzeugnisse einer Baureihe [1.14] [2.8] [2.19] lassen sich unter Nutzung von Ähnlichkeitsgesetzen nach diesem Verfahren entwerfen.

Komplexteilverfahren vereinigen geometrisch ähnliche Bauteile einer Teilefamilie zu einem fiktiven Komplexteil, aus dem mit einem festgelegten Variationsbereich alle Teile der Gruppe ableitbar sind **(Bild 2.27)**. Neben der Größe variiert das Programm auch Form und Lage von Gestaltelementen [2.36].

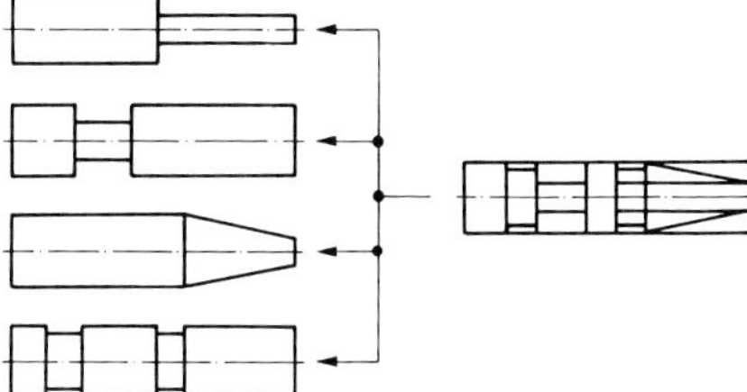

Bild 2.27. Komplexteilverfahren

Bild 2.28. Entwurf der Lagerung eines Justiertisches mit Baukastenelementen
s. auch Bild 2.4
a) Aufgabenstellung; b) Bauelementesortiment (Auszug);
c) formal erzeugte und automatisch gezeichnete Varianten
1 Tisch; *2* Gestell

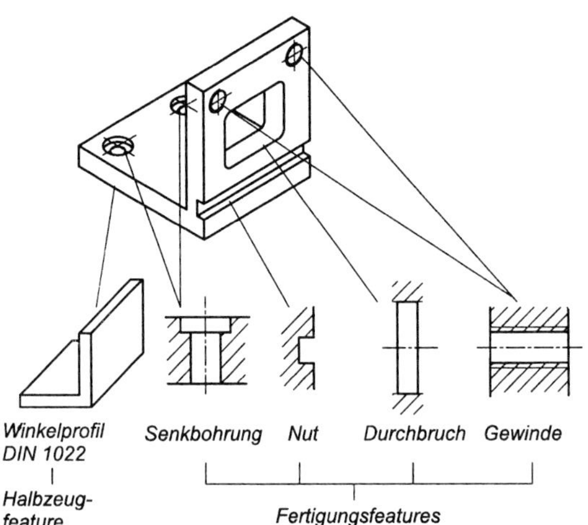

Bild 2.29. Feature-basierte Modellierung eines Bauteils

Katalogprojektierung ist eine Form der Variantenkonstruktion, bei der im Rechner gespeicherte Teile eines Baukastens nach dessen Bauprogramm ausgewählt und zu einer Konstruktionslösung zusammengesetzt werden **(Bild 2.28)** [2.8].

Generierungsverfahren nutzen definierte geometrische Elemente, die im Rechner verarbeitbar sind. Sie bilden die Grundlage für die Beschreibung des entworfenen Teils. Die einzelnen Verfahren unterscheiden sich nach der Art der Eingabe der gedanklich entworfenen Struktur [2.35].

Digitalisieren (Scannen) grafischer Vorlagen erfordert maßstäbliche Zeichnungen oder Skizzen (z. B. auf Rasterpapier). Die damit erzeugte Pixelgrafik kann durch Vektorisieren in ein 2D-CAD-Modell überführt werden. Beim Scannen körperlicher Objekte erhält man eine 3D-Punktwolke, aus der die Oberfläche des Körpers als 3D-Fläche rekonstruierbar ist (Reverse Engineering) [2.8] [2.19].

Feature-Technologie (VDI 2218) ist ein Hilfsmittel zur Produktbeschreibung, die geometrische Elemente und zusätzliche Eigenschaften (bezüglich Funktion, Fertigung, Gestaltung, Kosten u. a.) erfasst **(Bild 2.29)**. Features (= Geometrie + Semantik) ermöglichen sehr vorteilhaft das rechneruntersützte Entwerfen (Design by Feature) und das Generieren von Arbeitsplänen, Montagefolgen, Prüfplänen, Kostenübersichten u. a. mittels Identifikation (Feature Recognition) und Transformation (Feature Mapping) [2.8] [2.21] [2.25] [2.56].

Der Rechnereinsatz bewährt sich vor allem bei wiederholt auftretenden Aufgaben. Durch höheren Informationsumsatz gegenüber manueller Tätigkeit führen CAD-Systeme zu Qualitäts- und Produktivitätsgewinn. Die in diesem Buch behandelten Konstruktionselemente sind günstige Objekte für das rechnerunterstützte Konstruieren.
Abschnitt 2.2. gibt dazu beispielhaft die grundsätzlichen Wege an.

Eine Zusammenstellung ausgewählter Normen und Richtlinien zum Abschnitt 2. enthält **Tafel 2.19.**

Tafel 2.19. Normen und Richtlinien zum Abschnitt 2.

DIN-Normen	
DIN 40150	Begriffe der Feinwerktechnik
Richtlinien	
VDI 2210 bis 2217	Datenverarbeitung in der Konstruktion (ersetzt durch VDI 2249, s. unten)
VDI 2218	Feature-Technologie
VDI 2220	Produktplanung; Ablauf, Begriffe und Organisation
VDI 2221	Methodik zum Entwickeln und Konstruieren technischer Systeme und Produkte
VDI 2222 Bl. 1	Konstruktionsmethodik; Konzipieren technischer Produkte
VDI 2222 Bl. 2	Konstruktionsmethodik; Erstellung und Anwendung von Konstruktionskatalogen
VDI 2225 Bl. 1	Konstruktionsmethodik; Technisch-wirtschaftliches Konstruieren; Anleitung und Beispiele
VDI 2225 Bl. 1 E	Konstruktionsmethodik; Technisch-wirtschaftliches Konstruieren; Vereinfachte Kostenermittlung
VDI 2225 Bl. 2	Konstruktionsmethodik; Technisch-wirtschaftliches Konstruieren, Tabellenwerk
VDI 2249	Informationsverarbeitung in der Produktentwicklung, CAD-Benutzungsfunktionen
VDI 3237	Fertigungsgerechte Werkstückgestaltung im Hinblick auf automatisches Zubringen, Fertigen, Montieren

Empfehlungen zur weiteren Lektüre

Die umfassenden Tafeln der nächsten Abschnitte unterstützen Auswahl, Berechnung und Entwurf der Elemente und ermöglichen dem Leser, ohne aufwendige Problemanalyse für eine konkrete Aufgabe sehr schnell ein Programm in einer nutzerfreundlichen Programmiersprache zu schreiben und an Hand der beigefügten Beispiele zu überprüfen.
Diese Form der tabellarischen Aufbereitung besitzt gegenüber Programmablaufplänen oder gar Programmlistings den Vorteil größerer Flexibilität bei der Wahl der Arbeitsschrittfolge. Außerdem bleiben vorhandene Hardware und Grund-Software nutzbar, und der Nutzer kann die inhaltlichen Zusammenhänge der Konstruktion gut übersehen.

Literatur zum Abschnitt 2.

(Grundlagenliteratur s. Literatur zum Abschnitt 1.)

Bücher, Dissertationen

[2.1] *Schönfeld, S.; Krug, W.:* Rechnerunterstützte Optimierung für Ingenieure. Berlin: Verlag Technik 1982.
[2.2] *Encarnacão, J. L.; Lindner, R.; Schlechtendahl, E. G.:* Computer Aided Design. Berlin, Heidelberg, New York: Springer Verlag 1990.
[2.3] *Zienkiewicz, O. C.:* Methode der finiten Elemente. 2. Aufl. München, Wien: Carl Hanser Verlag 1984.
[2.4] *Müller, J.:* Methoden muß man anwenden. Halle: ZIS, Technisch-wiss. Abhandlung 132, 1980.
[2.5] *Roth, K.:* Konstruieren mit Konstruktionskatalogen. Berlin, Heidelberg: Springer-Verlag 1994.
[2.6] *Hintzen, H.; Laufenberg, H.:* Konstruieren und Berechnen. Braunschweig, Wiesbaden: Vieweg-Verlag 1987.
[2.7] *Vanja, S.; Weber, Chr.; Schlingensiepen, J.; Schlottmann, D.:* CAD/CAM für Ingenieure. Wiesbaden: Vieweg-Verlag 1994.

[2.8] *Spur, G.; Krause, F.-L.:* Das virtuelle Produkt: Management der CAD-Technik. München, Wien: Carl Hanser Verlag 1997.
[2.9] *Hansen, F.:* Konstruktionssystematik. 3. Aufl. Berlin: Verlag Technik 1968.
[2.10] *Koller, R.:* Konstruktionslehre für den Maschinenbau. 3. Aufl. Berlin, Heidelberg: Springer-Verlag 1994.
[2.11] *Polovinkin, A. I.:* Avtomatisacija poiskovo konstruirovanija. Moskva: Verlag Radio u Svjaz 1981.
[2.12] *Zwicky, F.:* Entdecken, Erfinden, Forschen im morphologischen Weltbild. München, Zürich: Droemer-Knaur 1966/1971.
[2.13] *Altschuller, G. S.:* Erfinden. Wege zur Lösung technischer Probleme. Leipzig: Deutscher Verlag für Grundstoffindustrie 1984.
[2.14] *Leyer, A.:* Allgemeine Gestaltungslehre – Maschinenkonstruktionslehre. Heft 1 bis 6. Basel, Stuttgart: Birkhäuser Verlag 1964.
[2.15] *Krause, W.:* Fertigung in der Feinwerk- und Mikrotechnik. München, Wien: Carl Hanser Verlag 1996.
[2.16] *Andreasen, M. M.; Köhler, S.; Lund, F.:* Montagegerechtes Konstruieren. Berlin, Heidelberg: Springer-Verlag 1995.
[2.17] *Kesselring, F.:* Bewertung von Konstruktionen. Düsseldorf: VDI-Verlag 1951.
[2.18] *Rieg, F.:* Kostenwachstumsgesetze für Baureihen. Diss. TH Darmstadt 1982.
[2.19] *Abeln, O.:* Die CA... Techniken in der industriellen Praxis. München, Wien: Carl Hanser Verlag 1990.
[2.20] *Koller, R.; Kastrup, N.:* Prinziplösungen zur Konstruktion technischer Produkte. Berlin, Heidelberg: Springer Verlag 1998.
[2.21] *Wolfram, W.:* Feature-basiertes Konstruieren und Kalkulieren. Reihe Konstruktionstechnik der TU München, München, Wien: Carl Hanser Verlag 1997.
[2.22] *Braun, P.:* Objektorientierte Wissensarchivierung und –verarbeitung in modellassoziierten Gestaltungs- und Berechnungssystemen. Schriftreihe Konstruktionstechnik der Ruhr-Universität Bochum, Bd. 99.2. Aachen: Shaker Verlag 2000.
[2.23] *Kletzin, U.:* Finite-Elemente-basiertes Entwurfssystem für Federn und Federanordnungen. Diss. TU Ilmenau 2000, Verlag ISLE Ilmenau 2000.
[2.24] *Klose, J.:* Konstruktionsinformatik im Maschinenbau. Berlin: Verlag Technik 1990.
[2.25] *Brix, T.:* Feature- und constraintbasierter Entwurf technischer Prinzipe. Diss. TU Ilmenau, Schriftreihe des Instituts für Maschinenelemente und Konstruktion Ilmenau: ISLE Verlag 2001.
[2.26] *Schilling, M.:* Konstruktionsprinzipien der Gerätetechnik. Diss. B TH Ilmenau 1982.
[2.27] *Sperlich, H.:* Das Gestalten im Konstruktionsprozess. Diss. B TH Ilmenau 1983.
[2.28] *Höhne, G.:* Struktursynthese und Variationstechnik beim Konstruieren. Diss. B TH Ilmenau 1983.
[2.29] *Engelke, H.:* 3D-Konstruktion mit AUTOCAD 2002 Volumenmodelar für Einsteiger. München, Wien: Carl Hanser Verlag 2001.
[2.30] *Klein, B.:* Grundlagen und Anwendungen der Finite-Elemente-Methode. 2. Aufl. Braunschweig, Wiesbaden: Vieweg Verlag 1997.
[2.31] *Grabowski, H.; Lossak, R.; Weißkopf, J.:* Datenmanagement in der Produktentwicklung. München, Wien: Carl Hanser Verlag 2001.
[2.32] *Nönnig, R.:* Untersuchungen an Federführungen unter besonderer Berücksichtigung des räumlichen Verhaltens. Diss. TH Ilmenau 1980.
[2.33] *Müller, G.; Groth, C.:* FEM für Praktiker. Die Methode der Finiten Elemente mit dem FE-Programm ANSYS. 3. Aufl., Renningen-Malmsheim: expert-Verlag 1997.
[2.34] *Muhs, D.; Wittel, H., Becker, M, Jaunasch, D.:* Roloff/Mattek – Maschinenelemente Formelsammlung. Braunschweig, Wiesbaden: Vieweg-Verlag 2001.
[2.35] *Brunet, P.; Hoffmann, C.; Roller, D. (Hrsg.):* CAD Tools and Algorithms for Product Design. Berlin, Heidelberg: Springer-Verlag 2000.
[2.36] *Pahl, G.:* Konstruieren mit 3D-CAD Systemen. Berlin, Heidelberg: Springer-Verlag 1990.
[2.37] *Koller, R.:* CAD-Automatisiertes Zeichnen, Darstellen und Konstruieren. Berlin, Heidelberg: Springer-Verlag 1989.
[2.38] *Müller, J.:* Arbeitsmethoden der Technikwissenschaften. Berlin, Heidelberg: Springer-Verlag 1990.
[2.39] *Ehrlenspiel, K.; Kiewert, A.; Lindemann, U.:* Kostengünstig Entwickeln und Konstruieren. Berlin, Heidelberg: Springer-Verlag 2003.
[2.40] *Lotter, B.:* Wirtschaftliche Montage – Ein Handbuch für Elektrogerätebau und Feinwerktechnik. Berlin, Heidelberg: Springer-Verlag 1992.

Aufsätze

[2.41] *Höhne, G.:* Wissensbedarf in der Mikro- und Feinwerktechnik. Psychologische und pädagogische Fragen beim methodischen Konstruieren (Hrsg.: G. Pahl). Verlag TÜV Rheinland 1994.
[2.42] *Bischoff, W.:* Das Grundprinzip als Schlüssel zur Systematisierung. Feingerätetechnik 9 (1960) 3, S. 91.
[2.43] *Sperlich, H.:* Zur Definition der Gestalt in der Konstruktion. Konstruktion 45 (1993) 2, S. 61.
[2.44] *Rogal, R.; Neumann, W.:* Trennzentrifuge mit Luftlagerung. Schmierungstechnik 19 (1979) 12, S. 363.
[2.45] *Michaeli, W.; Giersbeck, M.:* Konstruktionshilfesystem zur integrierten Gestaltung und Berechnung von Schnappverbindungen. Konstruktion 51 (1999) 6, S. 33.

[2.46] *Koller, R.:* Entwicklung einer Systematik für Verbindungen – ein Beitrag zur Konstruktionssystematik. Konstruktion 36 (1984) 5, S. 173.

[2.47] *Klein, B.; Mannewitz, F.:* Toleranzsimulation an feinwerktechnischen Elementen. Feinwerktechnik · Mikrotechnik · Mikroelektronik (F & M) 104 (1994) 9, S. 441.

[2.48] *Denzer, V.; Gubesch, A.; u. a.:* Systemgerechte Grenzgestaltdefinition. Konstruktion 51 (1999) 11/12, S. 37.

[2.49] *Bruns, R.; Reuter, M.:* Generierung von Innovationen mit Hilfe eines Expertensystems. Konstruktion 53 (2001) 9, S. 59.

[2.50] *Menzel, K.; Blessing, L.:* Programm zur Berechnung von Schraubenverbindungen. Konstruktion 53 (2001) 10, S. 57.

[2.51] *Krause, W.:* Roboter-montagegerechtes Gestalten von feinmechanischen Bauelementen. Umdrucksammlung zur Präzisionsmechanik. TU Dresden 2002.

[2.52] *Meerkamm, H.; Sander, S.; Kasan, R.-D.:* Konzept zur Erstellung von Feature-Bibliotheken. Konstruktion 52 (2000) 4, S. 24.

[2.53] *Herklotz, G.; Krause, W.; u. a.:* Geräuschminderung in der Gerätetechnik. Feingerätetechnik 34 (1985) Heft 1 bis 10 (Fortsetzungsreihe).

[2.54] *Schorcht, H.-J.; Kletzin, U.; Micke, D.:* Finite-Elemente-basiertes Entwurfssystem für Federn. Draht 49 (1998) 3, S. 44.

[2.55] *Brix, T.; Brüderlin, G.; Döring, M.; Höhne, G.; Reeßing, M.; Wolf, G.:* Feature- und Constrainbasierte Modellierung auf der Funktions-, Prinzip- und Gestaltungsebene. 47. Internat. Wissensch. Kolloquium TU Ilmenau 2002.

[2.56] *Höhne, G.; Leibl, P.:* Computer Aided Cost Forecast with Feature Technology. ICED '99, München, Proceedings Vol. 1. S. 485.

[2.57] *Brix, T.; Höhne, G.; Nönnig, R.:* Entwurf und Konfiguration mechanischer Komponenten in mechatronischen Produkten. Proceedings 3th Polish-German Workshop, Krynica 2000, S. 28.

[2.58] *Leyer, A.:* Kraftflußgerechtes Konstruieren. Konstruktion 16 (1964) 10, S. 401.

[2.59] *VDI-Berichte 747.* Automatisierung der Montage in der Feinwerktechnik und Elektrotechnik. Düsseldorf: VDI-Verlag 1989.

[2.60] *Germer, C.; Franke, H. J.; Büttgenbach, S.:* Der rechnerunterstützte Entwurf in der Mikrotechnik. Konstruktion 53 (2001) 11/12, S. 59.

[2.61] *Michaeli, W.; Stojek, M.:* Rechnerunterstützte Verrippung von Kunststoffbauteilen. Konstruktion 53 (2001) 10, S. 63.

[2.62] *Affolter, Ch.; Weisse, B.:* Strukturoptimierung: Topologie- und Formoptimierung für ein effizientes Produktdesign. Konstruktion 53 (2001) 7/8, S. 59.

[2.63] *Amft, M.; Dyla, A.; Höhn, B.-R.; Lindemann, U.:* Bidirektionale Integration von Berechnung und Gestaltung. Konstruktion 53 (2001) 10, S. 77.

[2.64] *Neugebauer, R.; Mahn, U.; Weidlich, D.:* Berücksichtigung von Maschinenelementen in komplexen FE-Modellen. Konstruktion 53 (2001) 9, S. 55.

[2.65] *Leidlich, E.; Jurklies, I.; Schumann, F. J.:* Featurebasierte Kostenprognose in der Konzeptphase. Konstruktion 53 (2001) 3, S. 55.

[2.66] *Trautenberg, W.; Reicheneder, J.:* Rechnergestützte Toleranzanalyse: Auswertung von Kontaktkräften im Toleranzfall. Konstruktion 53 (2001) 3, S. 88.

[2.67] *Albers, A.; Matthiesen, S.:* Konstruktionsmethodisches Grundmodell zum Zusammenhang von Gestalt und Funktion technischer Systeme. Konstruktion 54 (2002) 7, S. 55.

[2.68] *Schumacher, A.; Hierold, R.; Binde, P.:* Finite-Element-Berechnung am Konstruktionsarbeitsplatz. – Konzept und Realisierung. Konstruktion 54 (2002) 11/12, S. 71.

[2.69] *Schweiger, W.; Meerkamm, H.:* Digitale Modelle in der Konzeptphase. Konstruktion 54 (2002) 3, S. 87.

[2.70] *Welp, E. G.; Breidert, J.; Weinert, K.; Buschka, M.; Petzoldt, V.:* Fertigungsgerechte, wissensbasierte Konstruktion in der Formgedächtnistechnik. Konstruktion 54 (2002) 10, S. 59.

[2.71] *Micke, D.; Schorcht, H.-J.; Kletzin, U.:* Springprocessor-Milestone in Computing Springs. Springs Februar 2003, pp. 41.

[2.72] *Höhne, G.:* Influence of Product structure on the Design Process of Mechatronik Systems. Conference Nord Design August 2002, Proceedings S. 151.

[2.73] *Höhne, G.; Theska, R.:* Konstruktionsprinzipien für Nanopositionier- und Messmaschinen. 47. Internat. Wissensch. Kolloquium TU Ilmenau 2002.

[2.74] *Höhne, G.; Brix, T.:* Function oriented Configuration of Products by means of Feature- and Constraintbased Modeling. Proceedings for the 6th Workshop on Product Structuring. Copenhagen 2003, S. 79.

[2.75] *Höhne, G.:* Innovation durch Verknüpfung von Abstraktion, Systematik und Rechnereinsatz, 3rd European TRIZ-Conference, Zürich 2003, www.triz.de.

[2.76] *Höhne, G.; Lotz, M.; Theska, R.; u. a.:* Developing a new generation of positioning and measuring machines by means of virtual prototyping. Proceedings of the ICED 03, Stockholm 2003, p. 21.

3. Grundlagen zur Dimensionierung von Konstruktionselementen

Um einen gesicherten Austauschbau und vor allem eine wirtschaftliche Herstellung der Erzeugnisse zu ermöglichen, muß die Vielzahl möglicher Ausführungen und geometrischer Abmessungen von Bauelementen, Werkstoffen und deren Anlieferungsformen, technischen Parametern usw. eingeengt werden. Dazu gibt es Normen, bei denen nach dem Geltungsbereich zwischen internationalen, nationalen, Fachbereich- und Werknormen unterschieden werden kann. Beispiele sind die internationalen ISO-Normen, die Normen der Deutschen Bundesrepublik (DIN) und die Ö-Normen in Österreich. Sie sind als Einzelblätter und nach bestimmten Sachgebieten zusammengestellt, zusätzlich in Form von Taschenbüchern (z.B. für technische Zeichnungen, Stahl usw.) verfügbar. In Verzeichnissen, die jeweils auf dem letzten Stand gehalten werden, sind außerdem alle gültigen Normen aufgeführt (z.B. der DIN-Katalog für technische Regeln, Bde. 1 und 2).
Zu den wichtigsten genormten Arbeitsunterlagen in der Phase der konstruktiven Entwicklung von Erzeugnissen gehören Normzahlen und Normmaße, Toleranzen und Passungen sowie die verfügbaren Werkstoffe. Auf ihre Anwendung wird im folgenden eingegangen, die Arbeit mit genormten Konstruktionselementen wird in den weiteren Hauptabschnitten beschrieben.
Zur Sicherung der Funktionen eines Geräts oder einer Maschine ist außerdem die mechanische Stabilität des Geräteaufbaus und seiner Einzelteile wesentliche Vorbedingung. Sie kann an Hand der Regeln der Statik, Dynamik und Festigkeitslehre durch exakte Vorausberechnung garantiert werden. Diese Wissensgebiete gehören deshalb mit zu den Grundlagen bei der konstruktiven Entwicklung von Erzeugnissen. Festigkeitsberechnungen sollen an Hand der vorliegenden Belastungen die erforderliche Dimensionierung der Bauteile erleichtern, für ein bereits vorgegebenes Bauteil die maximale Belastbarkeit bestimmen oder die Beanspruchung und die als Folge auftretende Verformung unter konkreten Bedingungen ermitteln. Voraussetzung für Festigkeitsuntersuchungen ist neben der Kenntnis der Werkstoffeigenschaften eine genaue Analyse der an den einzelnen Bauteilen wirkenden Kräfte. Dabei ist zu unterscheiden zwischen den Kräften an einem ruhenden (Beschleunigung $a = 0$, Geschwindigkeit $v = 0$) oder gleichmäßig bewegten Körper ($a = 0$, $v =$ konst.), die man im Teilgebiet Statik behandelt, und Kräften an einem beschleunigt bewegten Körper, die nach dem dynamischen Grundgesetz $F = ma$ berechnet werden und Inhalt des Teilgebietes Dynamik sind.

Aus dem „Internationalen Einheitensystem (SI)“ kommen folgende Einheiten zur Anwendung:

Größe	**Einheit**
Länge	m oder mm
Kraft	N (Newton)
Druck, Spannung, Flächenlast	$N \cdot m^{-2}$ oder $N \cdot mm^{-2}$
Streckenlast	$N \cdot m^{-1}$ oder $N \cdot mm^{-1}$.

Bisher wurden Kräfte in kp (Kilopond) angegeben. Für diese Einheit gilt die Umrechnung

$$1\,\text{kp} = 9{,}81\,\text{N}.$$

Für allgemeine technische Belange genügt die Nährung

$$1\,\text{kp} \approx 10\,\text{N} \quad \text{bzw.} \quad 1\,\text{N} \approx 0{,}1\,\text{kp}.$$

Einige der seit Jahrzehnten üblichen Zeichen für Festigkeitswerte wurden international geändert. So gelten z. B. jetzt für

Zugfestigkeit	R_m	(bisher σ_B)
Streckgrenze	R_e	(bisher σ_S)
0,2-%-Dehngrenze	$R_{p\,0,2}$	(bisher $\sigma_{0,2}$)
Bruchdehnung	A_5	(bisher δ_5).

Andere Zeichen wurden international beibehalten, z. B. für

Biegewechselfestigkeit	σ_{bW}	
Biegefließgrenze	σ_{bF}	
Ausschlagfestigkeit	σ_A	usw.

3.1. Normzahlen und Normmaße

Bei der Festlegung technischer, physikalischer und ökonomischer Größen (z. B. geometrische Abmessungen, elektrische Spannungen, Leistungen, Drücke, Übersetzungen, Meßbereiche) sind zwecks Vermeidung von willkürlichen Abstufungen bei der Typung von Bauelementen, Baugruppen und Geräten Einschränkungen erforderlich. Diese werden über Normzahlen und Normmaße geregelt, die eine logarithmisch aufgebaute Zahlenauswahl darstellen.

3.1.1. Normzahlen [1.1] [3.1] bis [3.5]

Diese Zahlen sind gerundete Glieder geometrischer Reihen. Sie entstehen, indem man die Zwischenbereiche der Zehnerpotenzen 1, 10, 100 usw. so aufteilt, daß das Verhältnis je zwei aufeinanderfolgender Zahlen konstant ist. Dieses Verhältnis *(Stufensprung q)* ist zusammen mit den daraus entwickelten Zahlenreihen in DIN 323 festgelegt. Für den Stufensprung q einer solchen Reihe a, aq, aq^2, ... aq^{n-1} gilt $q_r = \sqrt[r]{10}$ mit Stufenzahl $r = 5$, 10, 20 und 40.

Entsprechend diesen Gesetzmäßigkeiten lassen sich unterschiedliche Reihen, die Grundreihen, Rundwertreihen und abgeleiteten Reihen bilden. Sie werden nach dem Erfinder *Renard* mit dem Buchstaben R bezeichnet.

Grundreihen. Mit den Stufensprüngen q_5, q_{10}, q_{20} und q_{40} sind vier Grundreihen R r festgelegt:

Reihe R 5: $q_5 = \sqrt[5]{10} \approx 1{,}6$; Reihe R 20: $q_{20} = \sqrt[20]{10} \approx 1{,}12$;
Reihe R 10: $q_{10} = \sqrt[10]{10} \approx 1{,}25$; Reihe R 40: $q_{40} = \sqrt[40]{10} \approx 1{,}06$.

Die für den normalen Gebrauch vorgesehenen Hauptwerte dieser Reihen **(Tafel 3.1)** sind geringfügig gerundet.

Die Abweichungen der Hauptwerte von den Genauwerten liegen bis auf wenige Ausnahmen unter einem Prozent. Generell gilt, daß gröbere Reihen den Vorrang vor feineren haben, also R 5 vor R 10, R 10 vor R 20 und R 20 vor R 40. Nur in Sonderfällen können die *Zusatzreihen (Ausnahmereihen)* R 80 und R 160 verwendet werden, die mit $q_{80} = \sqrt[80]{10} \approx 1{,}029$ und $q_{160} = \sqrt[160]{10} \approx 1{,}015$ allerdings eine sehr kleine Stufung ergeben.
Außerdem lassen sich *begrenzte Reihen* bilden, die in einer oder beiden Richtungen begrenzt sind, z. B. Reihe R 80 (75 ... 300) mit allen Gliedern von 75 bis 300 der Reihe R 80. Gleichermaßen sind auch zusammengesetzte Reihen möglich durch Kombinieren von zwei oder mehreren Teilreihen, deren Anfangs- und Endglieder identisch sein müssen, z. B. R 20 (1 ... 2) – R 10 (2 ... 10) – R 5 (10 ... 100).

Rundwertreihen. Bereitet die Anwendung der Hauptwerte in der Praxis Schwierigkeiten oder sind handelsübliche Größen zu berücksichtigen, können die Normzahlen stark gerundet werden (z. B. bei R 10 statt 6,3 Wert 6). Aus derartigen Rundwerten ergeben sich die in DIN 323 festgelegten Rundwertreihen R′ und R″ (Tafel 3.1), wobei die Reihe R″ die gröbste Rundung aufweist, aber möglichst zu vermeiden ist.
Generell sollten die Reihen R′ und R″ nur auf zwingende Fälle beschränkt bleiben, da die Abweichungen von den Genauwerten z. T. so groß sind, daß die sinnvolle Stufung, zumindest der feineren geometrischen Reihen R 20 und R 40, empfindlich gestört ist.

Abgeleitete Reihen. Durch Benutzung jedes p-ten Gliedes einer Grundreihe entstehen abgeleitete Reihen (R r/p mit der Steigung p und dem Stufensprung $q_{r/p} = q_r^p$. So kann man z. B. aus der Reihe R 20 durch Auswahl jedes 3. Gliedes die abgeleitete Reihe R 20/3 mit dem Stufensprung $q_{20/3} = q_{20}^3 = 1{,}12^3 \approx 1{,}4$ und den Werten 1,0; 1,4; 2,0; 2,8; 5,6; 8,0 usw. bilden, die u. a. für die Stufung der Blendenwerte in fotografischen Kameras Anwendung findet. Eine der bekanntesten abgeleiteten Reihen mit den Werten 1, 2, 5, 10, 20, 50, 100 usw. findet für die Stufung von Geld, Wägestücken usw. Anwendung.

Tafel 3.1. Normzahlen, Reihen der Hauptwerte (Grundreihen) und Reihen der Rundwerte (Rundwertreihen) nach DIN 323

Grundreihen Hauptwerte				Rundwertreihen Rundwerte						Genauwerte
R 5	**R 10**	**R 20**	**R 40**	R″ 5	R′ 10	R″ 10	R′ 20	R″ 20	R′ 40	
1,00	1,00	1,00	1,00	1,00	1,00	1,00	1,00	1,00	1,00	1,0000
			1,06						1,05	1,0593
		1,12	1,12				1,10	1,10	1,10	1,1220
			1,18						1,20	1,1885
	1,25	1,25	1,25		1,25	1,20	1,25	1,20	1,25	1,2589
			1,32						1,30	1,3353
		1,40	1,40				1,40	1,40	1,40	1,4125
			1,50						1,50	1,4962
1,60	1,60	1,60	1,60	1,50	1,60	1,50	1,60	1,60	1,60	1,5849
			1,70						1,70	1,6788
		1,80	1,80				1,80	1,80	1,80	1,7783
			1,90						1,90	1,8836
	2,00	2,00	2,00		2,00	2,00	2,00	2,00	2,00	1,9953
			2,12						2,10	2,1135
		2,24	2,24				2,20	2,20	2,20	2,2387
			2,36						2,40	2,3714
2,50	2,50	2,50	2,50	2,50	2,50	2,50	2,50	2,50	2,50	2,5119
			2,65						2,60	2,6607
		2,80	2,80				2,80	2,80	2,80	2,8184
			3,00						3,00	2,9854
	3,15	3,15	3,15		3,20	3,00	3,20	3,00	3,20	3,1623
			3,35						3,40	3,3497
		3,55	3,55				3,60	3,50	3,60	3,5481
			3,75						3,80	3,7584
4,00	4,00	4,00	4,00	4,00	4,00	4,00	4,00	4,00	4,00	3,9811
			4,25						4,20	4,2170
		4,50	4,50				4,50	4,50	4,50	4,4668
			4,75						4,80	4,7315
	5,00	5,00	5,00		5,00	5,00	5,00	5,00	5,00	5,0119
			5,30						5,30	5,3088
		5,60	5,60				5,60	5,50	5,60	5,6234
			6,00						6,00	5,9566
6,30	6,30	6,30	6,30	6,00	6,30	6,00	6,30	6,00	6,30	6,3096
			6,70						6,70	6,6834
		7,10	7,10				7,10	7,00	7,10	7,0795
			7,50						7,50	7,4989
	8,00	8,00	8,00		8,00	8,00	8,00	8,00	8,00	7,9433
			8,50						8,50	8,4140
		9,00	9,00				9,00	9,00	9,00	8,9125
			9,50						9,50	9,4406
10,00	10,00	10,00	10,00	10,00	10,00	10,00	10,00	10,00	10,00	10,0000

Die Zahlenwerte für die Dezimalbereiche < 1 und > 10 lassen sich durch Multiplikation mit Potenzen von 10 errechnen. Die Reihen R′ gelten nach DIN 323 auch als **Normmaße** in mm (vgl. auch Tafel 3.2), und für den kleinsten Dezimalbereich gilt dann die Reihe 0,001; 0,002; 0,003; 0,004; 0,005; 0,006; 0,007; 0,008; 0,009 mm.

Beispiel: Entspricht eine Länge der Reihe R r (r = 5, 10, 20, 40), so erhält man für die abgeleiteten Größen, also Fläche, Volumen usw., folgende Zusammenhänge:

Länge	R r	(Stufensprung q)
Fläche	R r/2	(Stufensprung q^2)
Volumen, Widerstandsmoment	R r/3	(Stufensprung q^3)
Flächenträgheitsmoment	R r/4	(Stufensprung q^4).

Ähnliche Gesetzmäßigkeiten ergeben sich, wenn Kraft und Zeit in derartige Betrachtungen einbezogen werden.

Generell liegen die Vorteile einer gröberen Stufung in der Häufung der Stückzahlen je Größe und damit der wirtschaftlichen Gestaltung einer Serien- oder Massenfertigung. Zugleich ergeben sich Einsparungen am Aufwand für Vorrichtungen, Werkzeuge und Lehren sowie bezüglich der Lagerhaltung und der Ersatzteile. Eine zu grobe Stufung kann jedoch zu Mehraufwand in bezug auf Bearbeitungsfläche und Material führen und damit die Wirtschaftlichkeit beeinträchtigen.

3.1.2. Normmaße

Die Werte der Reihen R′ dienen entsprechend DIN 323 als *Normmaße*. Sie werden in der Normung häufig angewendet, da sie diese sowohl in nationaler als auch in internationaler Hinsicht sehr erleichtern (Beispiele s. **Tafel 3.2**). Für besondere Anwendungen enthält diese Norm außerdem zusätzliche Maße. Normmaße sind auch für Rundungshalbmesser an Schrauben- oder Wellenkuppen sowie für Winkel, Kegel usw. festgelegt worden (s. Tafel 3.3).

► *Für die meisten konstruktiven Probleme stellen die Werte der Reihe R′ 20 die zweckmäßigste Zahlenauswahl dar.*

Hingewiesen sei noch darauf, daß die Nennwerte elektrischer Bauelemente (Widerstände, Kondensatoren usw.) nach einer dezimalgeometrischen Reihe, der *Internationalen E-Reihe*, gestuft sind, bei der $q_r = \sqrt[r]{10}$ mit r = 6, 12, 24 und 48 festgelegt ist (Reihen E 6, E 12, E 24 und E 48).

Die Stufung von Zahlenwerten nach arithmetischen Reihen, bei denen zwischen zwei aufeinanderfolgenden Werten eine konstante Differenz besteht, sind zu vermeiden, da sich eine große Ungleichmäßigkeit ergibt [1.1].

Eine Zusammenstellung ausgewählter Normen und Richtlinien zum Abschnitt 3.1. enthält **Tafel 3.3**.

3.1.3. Berechnungsbeispiele

Aufgabe 3.1.1. Stufung der Abmessungen von Isolierelementen

Für die Befestigung einer Baureihe von Relais auf den zugehörigen Chassis werden Isolierelemente aus thermoplastischen Werkstoffen mit quadratischem Querschnitt (Seitenlänge a) in folgenden Abmessungen benötigt:

$$a = 12;\ 18;\ 26;\ 40;\ 60\,\text{mm}.$$

Für die zugehörigen Dicken gelten die Werte

$$d = 2;\ 3{,}15;\ 5;\ 8;\ 12{,}5\,\text{mm}.$$

Zu ermitteln sind die zugrunde liegenden Reihen und Stufensprünge q.

Lösung. Durch Vergleich mit den Zahlenwerten der Grundreihen bzw. Rundwertreihen in Tafel 3.1 und der Feststellung der Steigung p (p-tes Glied der jeweiligen Reihe) ergibt sich für die Stufung der Seitenlänge a die Reihe R′40/7.

Der zugehörige Stufensprung q kann aus dem allgemeinen Bildungsgesetz der geometrischen Reihen

$$a;\ aq;\ aq^2;\ \ldots\ aq^{n-1}$$

mit dem Anfangsglied a = 12 mm und der Anzahl der Glieder n = 5 berechnet werden:

$aq^4 = 60$; $12q^4 = 60$; $q = \sqrt[4]{60/12} = \sqrt[4]{5}$, $q \approx 1{,}5$ ($\approx 1{,}06^7$; $p = 7$).

Entsprechend ergibt sich für die Stufung der Dicke d die Reihe R 10/2 (= R 5) mit $q \approx 1{,}6$ und $p = 2$.

Aufgabe 3.1.2. Typenreihe von Meßgeräten

Für eine Typenreihe von Einbaumeßgeräten mit tubusförmigem Gehäuse werden Abdeckscheiben aus Glas mit den Durchmessern d von 30 bis 120 mm nach der abgeleiteten Reihe R 20/3 benötigt.

Es sind der Stufensprung q der Reihe und die Durchmesser der Glasscheiben zu berechnen.

Tafel 3.2. Anwendungsbeispiele für Normmaße
Werte (Auswahl) in mm

a) Rundungshalbmesser *r* nach DIN 250

Vorzugsreihe	0,2	0,4	0,6	1	1,6	2,5	4	6	10	16	20	25	32
	40	50	63	80	100	125	160	200					
Nebenreihe	0,2	0,3	0,4	0,5	0,6	0,8	1	1,2	1,6	2 2,5	3	4	5
	6	8	10	12	16	18	20	22	25	28	32	36	40
	45	50	56	63	70	80	90	100	110	125	140	160	180
	200												

b) Zentrierbohrungen nach DIN 332 T1

d_1	0,5	0,8	1	1,25	1,6	2	2,5	3,15	4	5	6,3	8	10	12,5
d_2	1,06	1,7	2,12	2,65	3,35	4,25	5,3	6,7	8,5	10,6	13,2	17	21,2	26,5
t_{min}	1,4	1,5	1,9	2,3	2,9	3,7	4,6	5,8	7,4	9,2	11,4	14,7	18,3	23,6
a	2	2,5	3	4	5	6	7	9	11	14	18	22	28	36

d_1 Durchmesser der Freibohrung
d_2 großer Durchmesser der Kegelbohrung
a Abstechmaß, wenn Zentrierung nicht am Fertigteil verbleiben soll
t Tiefe der Bohrung, Mindestmaß

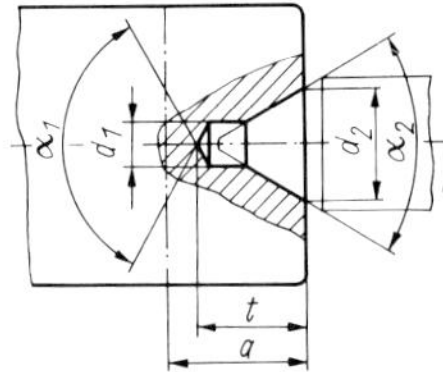

c) Runddichtringe
(s. auch Abschnitt 7.6.)

d_1	2	2,24	2,5	2,8	3,15	3,55	4	4,5	5	5,6	6,3	7,1	8	9	10	11,2	12,5	14	16	18	20
d_2	1,6	1,6	1,6	1,6	1,6	1,6	2	2	2	2	2	2	2	2	2	2,5	2,5	2,5	2,5	3,15	3,15

d) Schmalkeilriemen nach DIN 2215
(s. auch Abschnitt 13.9.3.)

Wirklänge L_W	436 bis 522	530 bis 660	685 bis 843	865 bis 1048
Zulässige Abweichung der Innen- bzw. Wirklänge L_W	+2,5 −5	+3 −6	+4 −8	+5 −10
Zulässiger Unterschied der Wirklängen der Keilriemen eines Satzes bei mehrrilligen Antrieben	1,3	1,6	2	2,5

1079 bis 1302	1330 bis 1661	1640 bis 2075	2050 bis 2575	2672 bis 3232	3200 bis 4082
+6 −10	+8 −12,5	+10 −12,5	+12 −12,5	+15 −12,5	+20 −15
3,2	4	5	6,3	8	10

4060 bis 5082	5330 bis 6382	6743 bis 8082	8548 bis 10082	10652 bis 12582	13700 bis 16082	16800 bis 18082
+25 −15	+30 −23	+40 −30	+50 −30	+60 −51	+80 −76	+90 −100
12,5	16	20	25	32	40	50

Tafel 3.3. Normen und Richtlinien zum Abschnitt 3.1.

DIN-Normen	
DIN 250	Rundungshalbmesser
DIN 254	Kegel
DIN 323	Normzahlen und Normzahlreihen; Hauptwerte, Genauwerte, Rundwerte; Einführung
DIN 1315	Winkel; Begriffe, Einheiten
Richtlinien	
VDI/VDE 2605	Kreisteilungen und ebene Winkel; Grundbegriffe für Winkelmaße, Winkelmessungen, Winkelnormale und deren Fehler

Lösung. Bei der abgeleiteten Reihe R 20/3 gilt für den Stufensprung $q_{20/3} = 10^{3/20} \approx 1{,}12^3 \approx 1{,}4$.
Die Stufung nach der geometrischen Reihe mit dem allgemeinen Bildungsgesetz a; aq; aq^2; ... aq^{n-1} ergibt mit dem Anfangsglied $a = d = 30\,\text{mm}$ folgende Durchmesserwerte (gerundet):

$$d = 30;\ 42;\ 60;\ 84;\ 120\,\text{mm}.$$

Aufgabe 3.1.3. Baureihe von Getriebemotoren

Elektrische Kleinstmotoren (Spaltpolläufer) sind mit hochübersetzenden Stirnradgetrieben unterschiedlicher Übersetzung so zu komplettieren, daß eine Baureihe von Getriebemotoren mit acht Baugrößen entsteht. Bei der kleinsten Größe soll eine Drehzahl der Abtriebswelle des Getriebes von $n_{ab} = 1$ U/min und ein Drehmoment von $M_{d\,ab} = 1000\ \text{N} \cdot \text{mm}$ vorliegen.

Die weiteren Drehzahlen sind zunehmend nach der abgeleiteten Reihe R 10/3 und die Drehmomente abnehmend nach der Grundreihe R 10 zu stufen. Außerdem ist zu ermitteln, nach welcher Reihe die Stufung der Leistung P erfolgt.

Lösung. Der Stufensprung für die abgeleitete Reihe R 10/3 beträgt $q_{10/3} = 10^{3/19} = 1{,}25^3 \approx 2$.
Die Stufung nach der geometrischen Reihe mit a; aq; aq^2, ... aq^{n-1} und dem Anfangsglied $a = n_{ab} = 1$ U/min ergibt folgende Werte für die Stufung der Drehzahlen n_{ab} der Abtriebswelle:

$$n_{ab} = 1;\ 2;\ 4;\ 8;\ 16;\ 32;\ 64;\ 128\ \text{U/min}.$$

Für die Grundreihe R 10 gilt $q_{10} = \sqrt[10]{10} \approx 1{,}25$
Damit erhält man analog für die *Drehmomente:*

$$M_{d\,ab} = 1000;\ 800;\ 640;\ 512;\ 410;\ 328;\ 262;\ 210\ \text{N} \cdot \text{mm}.$$

Die *Leistung* errechnet sich aus

$$P = 9{,}55 \cdot 10^{-5} M_{d\,ab} n_{ab} \approx 10^{-4} M_{d\,ab} n_{ab}$$

mit P in W, $M_{d\,ab}$ in N · mm, n_{ab} in U/min und den Werten

$$P \approx 0{,}1;\ 0{,}16;\ 0{,}25;\ 0{,}4;\ 0{,}63;\ 1{,}0;\ 1{,}6;\ 2{,}5\ \text{W}.$$

Berechnung von q für die Stufung der Leistungswerte P mit dem Anfangsglied $a = P = 0{,}1$ W:

$$a \cdot q^7 = 2{,}6; \qquad 0{,}1q^7 = 2{,}5; \qquad q = \sqrt[7]{25};$$
$$\lg q = (1/7) \lg 25 = (1/7) \cdot 1{,}3979 = 0{,}1997; \qquad q = 1{,}584.$$

Dies entspricht der Stufung nach der geometrischen Reihe R 5.

Aufgabe 3.1.4. Baureihe Lötkolben

Für die Fertigung einer Lötkolbenbaureihe sind die einzelnen Größen der Anschlußleistung gemäß nach der Normreihe R5/2 zu stufen. Der kleinste Lötkolben im Fertigungsprogramm soll 10 W elektrische Leistung aufnehmen und die Baureihe fünf Leistungsstufen umfassen.
Diese Leistungsreihe ist zu berechnen.

Lösung. Die Reihe R5 hat einen Stufensprung $q_5 \approx 1{,}6$. Da nur jedes zweite Glied der Reihe für die Baureihe zweckmäßig ist, beträgt der Stufensprung $q_{5/2} \approx 1{,}6 \cdot 1{,}6 = 2{,}56$. Damit ergibt sich die Leistungsreihe zu 10 W; 25,6 W; 65,53 W; 167,8 W und 429,5 W. Diese Werte sind zu runden. Ein Vorschlag könnte lauten: 10 W; 25 W; 63 W; 170 W und 450 W.

Literatur zum Abschnitt 3.1.

[3.1] *Friedewald, H.-J.:* Normzahlen – Grundlage eines wirtschaftlichen Erzeugnisprogramms. Handbuch der Normung, Bd. 3. Berlin: Beuth-Verlag 1972.
[3.2] *Gerhard, E.:* Baureihenentwicklung. Konstruktionsmethode Ähnlichkeit. Grafenau: expert-Verlag 1994.
[3.3] *Kloberdanz, H.:* Rechnerunterstützte Baureihenentwicklung. Fortschritt-Berichte VDI, Reihe 20, Nr. 40. Düsseldorf: VDI-Verlag 1991.
[3.4] *Czichos, H. (Hrsg.):* HÜTTE – Die Grundlagen der Ingenieurwissenschaften. 29. Aufl. Berlin, Heidelberg, New York: Springer-Verlag 1989 (Abschn. K – 3.4).
[3.5] *Klein, M.:* Einführung in die DIN-Normen. 13. Aufl. Stuttgart: Verlag B. G. Teubner 2001.

3.2. Toleranzen und Passungen

Alle zu fertigenden Werkstücke weichen in ihren Abmessungen von den geforderten Maßen ab. Diese Abmaße und Toleranzen sind abhängig von der Beschaffenheit der zur Produktion verwendeten Maschinen und Werkzeuge, der Temperaturdifferenz zwischen Bearbeitung und Anwendung, von Spannungen im Werkstück, seinen elastischen Eigenschaften usw. Aufgabe des Konstrukteurs ist es, ihren Bereich so festzulegen, daß die Funktion stets erfüllt wird. Dabei ist zu beachten, daß die Fertigung in Verbindung mit der Prüfung um so teurer wird, je enger die Grenzen der Abmaße und Toleranzen gezogen werden.

Um eine rationelle Fertigung und vor allem einen gesicherten Austauschbau zu ermöglichen, sind im internationalen **ISO-System** (*ISO – International Organisation* of *Standardization*) vereinheitlichte Richtlinien geschaffen worden, die ihren Niederschlag in nationalen Normen gefunden haben (neu in DIN ISO 286, bisher DIN 7150, 7151, 7152, 7160, 7161, 7172, 7182; in DIN 58700 usw.). Sie enthalten Festlegungen zu den Grenzabmaßen und Toleranzen an Einzelteilen *(Toleranzsystem)*, zum Zusammenwirken von mit Toleranzen behafteten Innen- und Außenteilen *(Paßsystem)* sowie zur Genauigkeit der Arbeits- und Prüflehren für die Fertigung *(Grenzmaßsystem für Lehren)*.

- Zur Vereinfachung der Umstellung der bisherigen DIN-Normen auf DIN ISO 286 sind nachfolgend die neuen Zeichen und Benennungen bereits in Klammern mit aufgeführt.

3.2.1. Toleranzen [1.3] [3.2.1] [3.2.4] bis [3.2.8] [3.2.30] [3.2.31] [3.2.37] [3.2.38]

In der Technik werden die geometrischen Toleranzen und Toleranzen physikalischer, chemischer und anderer Eigenschaften (z. B. Temperatur, Härte, Stoffmengenverhältnisse) unterschieden. Die nachfolgend behandelten geometrischen Toleranzen beziehen sich auf die gesamte Gestalt von Bauteilen und Erzeugnissen und können sowohl die Abmessungen (Länge, Breite usw.) als auch die Formen (z. B. Kreisform oder Zylinderform), die Lagen (Symmetrie, Parallelität usw.), die kombinierten Formen und Lagen (u. a. Rundlauf und Stirnlauf) sowie die Rauheit der Oberfläche betreffen. Man unterscheidet

- Maßtoleranzen
- Form- und Lagetoleranzen
- Forderungen zur Oberflächenrauheit.

Es gibt also praktisch keine Abmessungen, die nicht einem bestimmten Fertigungsspielraum gerecht werden müssen.
Die zuerst genannten Maßtoleranzen (i. allg. kurz mit Toleranzen bezeichnet) haben den Vorrang.
Für spezielle Konstruktionselemente gibt es darüber hinaus Sondertoleranzen, z. B. für Zahnräder (s. Abschnitt 13.4.10.), für Gewinde und Wälzlager.

3.2.1.1. Grundbegriffe

Gepaarte Teile berühren sich an den Paßflächen. Man unterscheidet dabei im allgemeinen zwischen Welle und Bohrung:

Welle ist die Kurzbezeichnung für alle **Außenmaße** zwischen zwei parallelen ebenen Flächen eines Werkstücks oder parallelen Tangentenebenen an runden Werkstücken.

Bohrung ist sinngemäß die Kurzbezeichnung für alle **Innenmaße**. Als Bezugsmaß dient das **Nennmaß** N bzw. D.

Das **tolerierte Maß**, auch Paßmaß P genannt, ist ein Nennmaß, an welchem die Abmaße angegeben sind und das i. allg. für eine Passung bestimmt ist.

Ein ausgeführtes Maß darf zwei **Grenzmaße** nicht über- oder unterschreiten. Grenzmaße sind das **Größtmaß** G (Höchstmaß) und das **Kleinstmaß** K (Mindestmaß), zwischen denen das **Istmaß** I liegen muß.

Die Differenz zwischen dem Größtmaß G und dem Nennmaß N stellt das **obere Abmaß** $ES, es(A_o)$, die Differenz zwischen dem Kleinstmaß K und dem Nennmaß N das **untere Abmaß** $EI, ei(A_u)$ und die Differenz zwischen dem Istmaß I und dem Nennmaß N das **Istmaß** $E_{ist}(A_i)$ dar.

Grenzabmaße sind Abmaße zum Nennmaß, wenn die Nullinie durch das Toleranzfeld geht oder dasselbe berührt.

Das **Istmaß** I ist das am fertigen Teil gemessene Maß, das aufgrund von Formabweichungen an verschiedenen Stellen unterschiedlich groß sein kann.

Die Differenz zwischen dem Größt- und Kleinstmaß oder zwischen dem oberen und dem unteren Abmaß bezeichnet man als **Toleranz** T.

Die **Nullinie** ist die dem Nennmaß und damit dem Abmaß Null entsprechende Bezugslinie für die Abmaße.

Ein **Freimaß** F ist ein Nennmaß, welches frei von Abmaßen angegeben ist (vgl. Abschnitt 3.2.1.3.).

Am Beispiel einer Welle und einer Bohrung (**Bild 3.1** a, b) sind in **Tafel 3.4** die wichtigsten Toleranzbezeichnungen zusammengestellt und erläutert. Sie gelten sinngemäß auch für flache Teile (Bild 3.1 c).

Tafel 3.4. Bezeichnungen bei tolerierten Maßen
nach DIN ISO 286 (s. Tafel 3.21), bisherige Angaben nach DIN 7182 in Klammer; Maße in mm

Bezeichnung	Kurzzeichen	Beispiel (Bohrung)	Erläuterungen
Nennmaß	N bzw. D	100	Maß zur Größenangabe, auf das Abmaße bezogen werden
Paßmaß		$100^{+0,2}_{-0,1}$	in Zeichnung eingetragenes toleriertes Nennmaß
Abmaß*)			
– Ist-Abmaß	$E_{ist}(A_i)$	0,1	vorhandene – Abmaße vom Nennmaß
– oberes Abmaß	$ES(A_{oB})$ – Innenmaße $es(A_{oW})$ – Außenmaße	0,2	zulässige – Abmaße vom Nennmaß
– unteres Abmaß	$EI(A_{uB})$ – Innenmaße $ei(A_{uW})$ – Außenmaße	−0,1	zulässige – Abmaße vom Nennmaß
Beispiel Bohrung: Grenzmaße			
– Größtmaß (Höchstmaß)	$G = N + ES (= N + A_{oB})$	100,2	zulässiges größtes und kleinstes Maß eines Teils (durch Toleranzangaben festgelegt)
– Kleinstmaß (Mindestmaß)	$K = N + EI (= N + A_{uB})$	99,9	
Istmaß	$I = N + E_{ist} (= N + A_i)$	100,1	Maß des fertigen Teils
Toleranz	$T = G - K$ $= ES - EI (= A_{oB} - A_{uB})$	0,3	zulässiger Schwankungsbereich zwischen G und K
Nullinie	0 ——— 0		durch Nennmaß festgelegte Bezugslinie für Abmaße

*) Abmaße für Außenmaße (Wellen) werden nach DIN ISO 286 mit Kleinbuchstaben (es, ei) und für Innenmaße (Bohrungen) mit Großbuchstaben (ES, EI) gekennzeichnet.

Für die Tolerierung von Maßen und deren Angabe in Zeichnungen stehen grundsätzlich drei Möglichkeiten zur Verfügung (**Bild 3.2**):

- ISO-Toleranzen nach DIN ISO 286 (bisher DIN 7150 u. a.) und DIN 58700
  (z. B. ∅ 10 d 9, ∅ 4 H 8) (s. Abschnitt 3.2.1.2.)
- Grenzabmaße (obere und untere Abmaße) für Maße ohne Toleranzangabe, die sog. Allgemeintoleranzen (Freimaßtoleranzen) nach DIN ISO 2768 (bisher DIN 7168 T1)
  (z. B. zu Maß 32 im Zeichnungsschriftfeld Angabe der Toleranzklasse *fein*, *mittel*, *grob* oder *sehr grob*) (s. Abschnitt 3.2.1.3.)

- Toleranzen durch Angabe frei gewählter Abmaße, die nicht genormt sind (z. B. $5^{+0,2}_{-0,1}$) (s. Abschnitt 3.2.1.3.).

Bei der Auswahl dieser Toleranzen und Grenzabmaße sind Funktion, Sicherung der wirtschaftlichen Fertigung und Montage sowie Gewährleistung der Maßkontrolle zu beachten, möglichst mit handelsüblichen Meßzeugen und Lehren [3.2.1].

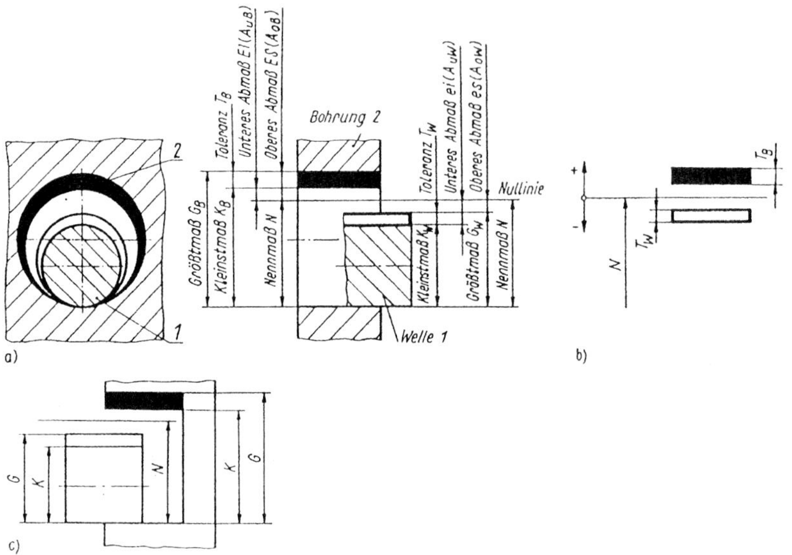

Bild 3.1. Maße, Abmaße und Toleranzen bei Außen- und Innenteilen

a) ausführliche Darstellung bei Wellen und Bohrungen; b) schematische, in der Praxis übliche Vereinfachung (Achse des Erzeugnisses befindet sich immer unter dem Schema); c) Paarung flacher Teile

nach DIN ISO 286 (s. Tafel 3.21), bisherige Angaben nach DIN 7182 in Klammer

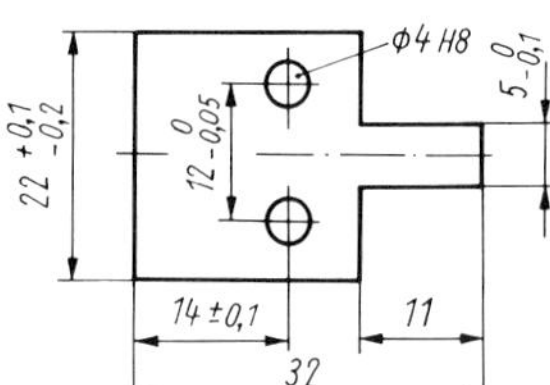

Bild 3.2. Schreibweise der Toleranzen in Zeichnungen

3.2.1.2. ISO-Toleranzen

Die Kennzeichnung der Toleranzfelder erfolgt durch einen Buchstaben (Lage der Felder bezüglich einer Nullinie) und eine Ziffer (Größe der Felder).

Lage der Maßtoleranzfelder. Sie ist auf die durch das Nennmaß festgelegte Bezugslinie, die Nullinie, bezogen. Zur Kennzeichnung der Lage werden bei Außenmaßen die kleinen Buchstaben *a* bis *z*, *za, zb, zc* und bei Innenmaßen analog die großen Buchstaben *A* bis *Z, ZA, ZB, ZC* verwendet, in einigen Fällen auch eine Kombination von je zwei Buchstaben (z. B. *cd* oder *EF*). Insgesamt ergeben sich damit für Außen- und Innenmaße jeweils 28 mögliche Lagen (Grundabmaße) **(Bild 3.3)**.

Die Toleranzfelder mit den Buchstaben *h* und *H* liegen an der Nullinie. Ein mit *h* bezeichnetes Toleranzfeld eines Außenmaßes bzw. einer Welle berührt die Nullinie von unten **(Einheits-**

welle), ein solches mit *H* für ein Innenmaß bzw. eine Bohrung diese dagegen von oben **(Einheitsbohrung)**.

Die Toleranzfelder, die mit den übrigen kleinen und großen Buchstaben bezeichnet sind, liegen symmetrisch zur Nullinie.

Bei der Prüfung von Werkstücken unterscheidet man in diesem Zusammenhang **Gutgrenzen** (Grenzen der maximalen Materialmenge), die bei der Fertigung zuerst, sowie **Ausschußgrenzen** (Grenzen der minimalen Materialmenge), die bei der Fertigung zuletzt erreicht werden und nach deren Überschreitung das Bauteil dann Ausschuß ist.

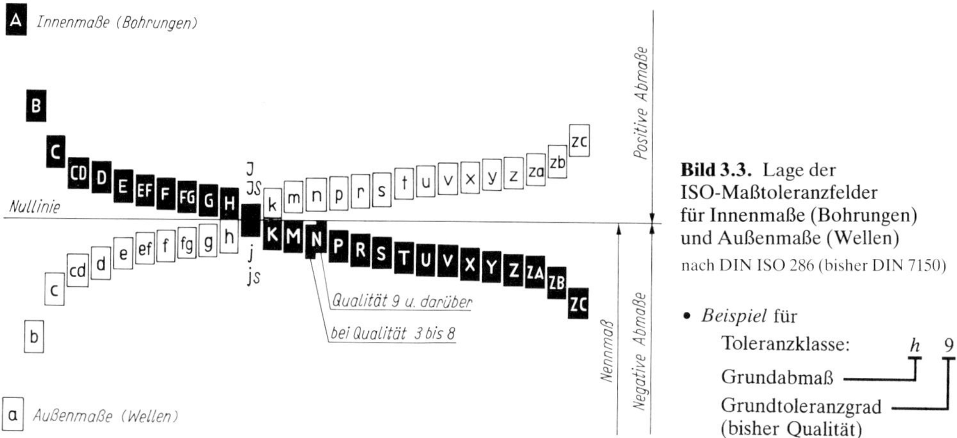

Bild 3.3. Lage der ISO-Maßtoleranzfelder für Innenmaße (Bohrungen) und Außenmaße (Wellen) nach DIN ISO 286 (bisher DIN 7150)

- *Beispiel* für Toleranzklasse: *h* 9
  Grundabmaß — *h*
  Grundtoleranzgrad (bisher Qualität) — 9

Größe der Maßtoleranzfelder. Nach DIN ISO 286 (bisher DIN 7151) gelten folgende Festlegungen:

- Die Abmessungen von 1 bis 500 mm sind in 25 annähernd geometrisch gestufte Nennmaßbereiche unterteilt, in denen die Toleranzen einer Qualität (Grundtoleranzgrad) dem gleichen Genauigkeitsgrad für alle Nennmaße entsprechen.
- Die Größe der Toleranzen ist in 20 Bereiche – Qualitäten bzw. Grundtoleranzgrade genannt – untergliedert und wird mit den Zahlen 01, 0, 1 bis 18 bezeichnet. Sie bilden die Toleranzreihen IT 01, IT 0, IT 1 bis IT 18.

Die in den Toleranzreihen **(Tafel 3.5)** festgelegten Grundtoleranzen beruhen auf folgenden Gesetzmäßigkeiten:
Zur Berechnung wird für Nennmaßbereiche von 1 bis 500 mm eine international vereinheitlichte Toleranzeinheit, der Toleranzfaktor i, herangezogen:

$$i = 0{,}45\,\sqrt[3]{D} + 0{,}001D \quad (\text{in } \mu\text{m}). \tag{3.1a}$$

Für Nennmaßbereiche über 500 mm gilt die Toleranzeinheit bzw. der Toleranzfaktor I:

$$I = 0{,}004D + 2{,}1 \quad (\text{in } \mu\text{m}) \tag{3.1b}$$

mit $D = \sqrt{D_1 D_2}$; (D_1, D_2 Grenzen des jeweiligen Nennmaßbereichs, für den Bereich bis 3 mm wird $D = \sqrt{3}$ verwendet; D in mm).
Die mit diesen Gleichungen zu berechnenden ISO-Grundtoleranzen T werden gerundet.
Des weiteren ist die Qualität (Grundtoleranzgrad) IT 6 dem Betrag von $T = 10i$ zugeordnet, und jede nachfolgende IT-Qualität entsteht mittels der R 5-Reihe (Stufensprung $q = \sqrt[5]{10} \approx 1{,}6$, vgl. Abschnitt 3.1.). Die Qualität IT 5 entspricht $T \approx 7i$. Für die Festlegung der Qualitäten IT 01 bis IT 4 wurden mit Rücksicht auf die zu deren Realisierung notwendigen höheren Fertigungsanstrengungen hiervon abweichende Gesichtspunkte gewählt. Ebenso gelten im Nennmaßbereich unter 1 mm andere Bedingungen, so daß in DIN 58701 dafür besondere Grundtoleranzen festgelegt sind **(Tafel 3.6)**.

Die allgemeinen Anwendungsbereiche der ISO-Qualitäten (Grundtoleranzgrade) IT zeigt **Bild 3.4**. Bei deren Auswahl zur Tolerierung von Nennmaßen ist zu beachten, daß eine jeweils nächsthöhere Qualität bereits ein um 60% größeres Toleranzfeld aufweist und damit eine wesentliche Verringerung der Fertigungskosten ermöglicht **(Bild 3.5)**.

Tafel 3.5. ISO-Grundtoleranzen T für Nennmaße von 1 bis 500 mm
nach DIN ISO 286 (bisher DIN 7151), Werte in µm

Nennmaß-bereich mm	Qualität (Grundtoleranzgrad) IT																			
	01	0	1	2	3	4	5	6	7	8	9	10	11	12	13	14	15	16	17	18
bis 3	0,3	0,5	0,8	1,2	2	3	4	6	10	14	25	40	60	100	140	250	400	600	1000	1400
über 3 bis 6	0,4	0,6	1	1,5	2,5	4	5	8	12	18	30	48	75	120	180	300	480	750	1200	1800
über 6 bis 10	0,4	0,6	1	1,5	2,5	4	6	9	15	22	36	58	90	150	220	360	580	900	1500	2200
über 10 bis 18	0,5	0,8	1,2	2	3	5	8	11	18	27	43	70	110	180	270	430	700	1100	1800	2700
über 18 bis 30	0,6	1	1,5	2,5	4	6	9	13	21	33	52	84	130	210	330	520	840	1300	2100	3300
über 30 bis 50	0,6	1	1,5	2,5	4	7	11	16	25	39	62	100	160	250	390	620	1000	1600	2500	3900
über 50 bis 80	0,8	1,2	2	3	5	8	13	19	30	46	74	120	190	300	460	740	1200	1900	3000	4600
über 80 bis 120	1	1,5	2,5	4	6	10	15	22	35	54	87	140	220	350	540	870	1400	2200	3500	5400
über 120 bis 180	1,2	2	3,5	5	8	12	18	25	40	63	100	160	250	400	630	1000	1600	2500	4000	6300
über 180 bis 250	2	3	4,5	7	10	14	20	29	46	72	115	185	290	460	720	1150	1850	2900	4600	7200
über 250 bis 315	2,5	4	6	8	12	16	23	32	52	81	130	210	320	520	810	1300	2100	3200	5200	8100
über 315 bis 400	3	5	7	9	13	18	25	36	57	89	140	230	360	570	890	1400	2300	3600	5700	8900
über 400 bis 500	4	6	8	10	15	20	27	40	63	97	155	250	400	630	970	1550	2500	4000	6300	9700

Tafel 3.6. ISO-Grundtoleranzen T für Nennmaße kleiner als 0,2 bis 10 mm in der Feinwerktechnik
bisher nach DIN 58701, Werte in mm

Nennmaß-bereich mm	Qualität (Grundtoleranzgrad) IT																			
	01f	0f	1f	2f	3f	4f	5f	6f	6,5f	7f	7,5f	8f	8,5f	9f	9,5f	10f	11f	12f	13f	14f
bis 0,2	0,2	0,3	0,5	0,7	1	1,5	2	3	4	5	6	8	10	12	16	20	32	50	75	125
über 0,2 bis 0,4	0,2	0,4	0,6	0,7	1,2	1,8	2,5	4	5	6	7	9	12	15	20	24	38	60	95	150
über 0,4 bis 0,8	0,3	0,4	0,7	1	1,5	2	3	5	6	7	9	11	14	18	23	28	45	72	115	180
über 0,8 bis 1,6	0,3	0,5	0,8	1,2	1,8	2,5	4	6	7	8	10	12	16	21	26	34	52	85	135	210
über 1,6 bis 3	0,3	0,5	0,8	1,2	2	3	4	6	8	10	12	14	19	25	32	40	60	100	140	250
über 3 bis 6	*	*	*	*	*	*	*	*	10	*	15	*	23	*	38	*	*	*	*	*
über 6 bis 10	*	*	*	*	*	*	*	*	12	*	18	*	28	*	46	*	*	*	*	*

Bezeichnung der Toleranzqualität 5 für die Feinwerktechnik (f): Qualität 5f (f ≙ fein)
Für Werte unter 1 µm liegen noch keine ausreichenden Erfahrungen vor. Für die mit * gekennzeichnete Qualitäten und Nennmaßbereiche s. Tafel 3.5

Bei Werkstücken mit Abmessungen unter 1 mm wirken sich Fertigungsungenauigkeiten, Temperatureinflüsse usw. anders aus. Außerdem nehmen z. B. Meßfehler mit kleiner werdendem Nennmaß relativ stärker zu. Deshalb wurden die Toleranzfelder für den Nennmaßbereich unter 1 mm gesondert genormt (s. Tafel 3.16; vgl. DIN ISO 286), wobei Vorzugstoleranzfelder nicht vorgesehen sind. Alle Toleranzfelder der Wellen von cd bis z und der Bohrungen von CD bis Z liegen unabhängig von der Grundtoleranz (von IT 4 bis IT 10) sym-

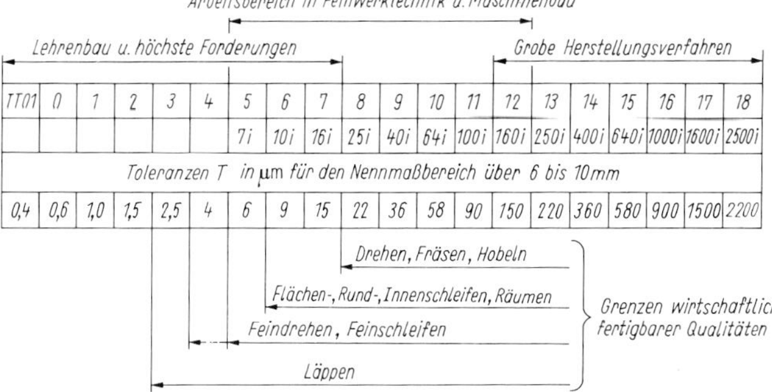

Bild 3.4. Anwendungsbereiche der ISO-Qualitäten (Grundtoleranzgrade) IT und der Toleranzen T
T hier für *N* über 6 bis 10 mm

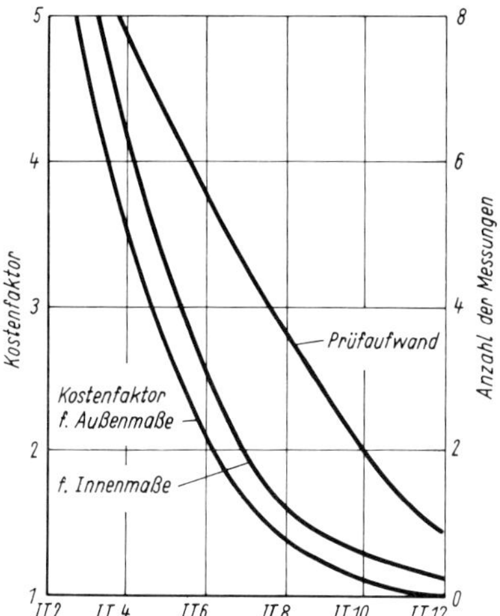

Bild 3.5. Verdeutlichung von Fertigungskosten und Prüfaufwand bei ISO-Qualitäten (Grundtoleranzgrade) [1.15]

metrisch zur Nullinie. Analoge Festlegungen gibt es ebenfalls für den Nennmaßbereich über 500 bis 3150 mm (s. DIN ISO 286, bisher DIN 7172).

Toleranzklasse. Die Einheit von Lage (z. B. Grundabmaß h) und Größe eines Toleranzfeldes (z. B. Qualität bzw. Grundtoleranzgrad 9) bezeichnet man als Toleranzklasse (z. B. h 9). Bei Kombination aller möglichen Toleranzfeldlagen mit den IT-Qualitäten bzw. Grundtoleranzgraden entsteht für jeden Nennmaßbereich eine Vielzahl verschiedener Toleranzfelder. Im Sinne einer ökonomischen Fertigung ist die Beschränkung dieser Vielfalt zweckmäßig. DIN 7157 und DIN 58700 enthalten deshalb nur noch wenige Toleranzen zur bevorzugten Anwendung. DIN 7154 enthält neben diesen bevorzugten Toleranzen weitere, die aber nur in Sonderfällen angewendet werden sollen, wenn das konstruktive Problem mit den Vorzugstoleranzen nicht lösbar ist **(Tafel 3.7)**.

3.2.1.3. Maße ohne Toleranzangabe, frei tolerierte Maße

Maße mit ISO-Toleranzen sind nur dann anzuwenden, wenn besondere Funktions- oder Passungsforderungen bestehen. Die übrigen Maße bleiben ohne Toleranzangabe (Allgemeintoleranzen, Freimaßtoleranzen), oder diese wird frei gewählt.

Maße ohne Toleranzangabe. Bei der Fertigung dürfen bestimmte Grenzen nicht überschritten werden. In DIN ISO 2768 (bisher DIN 7168) sind deshalb für Maße ohne Toleranzangabe Allgemeintoleranzen gegeben, die werkstattüblicher Genauigkeit entsprechen. Sie gelten für spanend und durch Umformen erzeugte Teile, und sind für deren Längenmaße (Breite, Höhe,

Tafel 3.7. ISO-Toleranzfelder für Außen- und Innenmaße von 1 bis 500 mm
Auszug aus DIN ISO 286 (s. auch DIN 7154, 7155, 7157) für die Qualitäten (Grundtoleranzgrade) IT 6 bis IT 9 und Nennmaße von 1 bis 250 mm
DIN 58700 enthält zusätzlich Toleranzfeldauswahl und zu empfehlende Passungen für die Feinwerktechnik (s. Tafel 3.16).

a) Außenmaße

Qualität 6 – Toleranzfelder, Nennabmaße / µm

Nennmaßbereich mm	f6	g6	h6	js6	k6	m6	n6	p6	r6	s6	t6
Von 1 bis 3	-6 / -12	-2 / -8	0 / -6	+3,0 / -3,0	+6 / 0	+8 / +2	+10 / +4	+12 / +6	+16 / +10	+20 / +14	–
über 3 bis 6	-10 / -18	-4 / -12	0 / -8	+4,0 / -4,0	+9 / +1	+12 / +4	+16 / +8	+20 / +12	+23 / +15	+27 / +19	–
über 6 bis 10	-13 / -22	-5 / -14	0 / -9	+4,5 / -4,5	+10 / +1	+15 / +6	+19 / +10	+24 / +15	+28 / +19	+32 / +23	–
über 10 bis 14	-16 / -27	-6 / -17	0 / -11	+5,5 / -5,5	+12 / +1	+18 / +7	+23 / +12	+29 / +18	+34 / +23	+39 / +28	–
über 14 bis 18											
über 18 bis 24	-20 / -33	-7 / -20	0 / -13	+6,5 / -6,5	+15 / +2	+21 / +8	+28 / +15	+35 / +22	+41 / +28	+48 / +35	–
über 24 bis 30											+54 / +41
über 30 bis 40	-25 / -41	-9 / -25	0 / -16	+8,0 / -8,0	+18 / +2	+25 / +9	+33 / +17	+42 / +26	+50 / +34	+59 / +43	+64 / +48
über 40 bis 50											+70 / +54
über 50 bis 65	-30 / -49	-10 / -29	0 / -19	+9,5 / -9,5	+21 / +2	+30 / +11	+39 / +20	+51 / +32	+60 / +41	+72 / +53	+85 / +66
über 65 bis 80									+62 / +43	+78 / +59	+94 / +75
über 80 bis 100	-36 / -58	-12 / -34	0 / -22	+11,0 / -11,0	+25 / +3	+35 / +13	+45 / +23	+59 / +37	+73 / +51	+93 / +71	+113 / +91
über 100 bis 120									+76 / +54	+101 / +79	+126 / +104
über 120 bis 140	-43 / -68	-14 / -39	0 / -25	+12,5 / -12,5	+28 / +3	+40 / +15	+52 / +27	+68 / +43	+88 / +63	+117 / +92	+147 / +122
über 140 bis 160									+90 / +65	+125 / +100	+159 / +134
über 160 bis 180									+93 / +68	+133 / +108	+171 / +146
über 180 bis 200	-50 / -79	-15 / -44	0 / -29	+14,5 / -14,5	+33 / +4	+46 / +17	+60 / +31	+79 / +50	+106 / +77	+151 / +122	+195 / +166
über 200 bis 225									+109 / +80	+159 / +130	+209 / +180
über 225 bis 250									+113 / +84	+169 / +140	+225 / +196

Qualität 7 – Toleranzfelder, Nennabmaße / µm

Nennmaßbereich mm	e7	f7	h7	js7	k7	m7	n7	s7	u7
Von 1 bis 3	-14 / -24	-6 / -16	0 / -10	+5 / -5	+10 / 0	+12 / +2	+14 / +4	+24 / +14	+28 / +18
über 3 bis 6	-20 / -32	-10 / -22	0 / -12	+6 / -6	+13 / +1	+16 / +4	+20 / +8	+31 / +19	+35 / +23
über 6 bis 10	-25 / -40	-13 / -28	0 / -15	+7,5 / -7,5	+16 / +1	+21 / +6	+25 / +10	+38 / +23	+43 / +28
über 10 bis 14	-32 / -50	-16 / -34	0 / -18	+9 / -9	+19 / +1	+25 / +7	+30 / +12	+46 / +28	+51 / +33
über 14 bis 18									
über 18 bis 24	-40 / -61	-20 / -41	0 / -21	+10,5 / -10,5	+23 / +2	+29 / +8	+36 / +15	+56 / +35	+62 / +41
über 24 bis 30									+69 / +48
über 30 bis 40	-50 / -75	-25 / -50	0 / -25	+12,5 / -12,5	+27 / +2	+34 / +9	+42 / +17	+68 / +43	+85 / +60
über 40 bis 50									+95 / +70
über 50 bis 65	-60 / -90	-30 / -60	0 / -30	+15 / -15	+32 / +2	+41 / +11	+50 / +20	+83 / +53	+117 / +87
über 65 bis 80								+89 / +59	+132 / +102
über 80 bis 100	-72 / -107	-36 / -71	0 / -35	+17,5 / -17,5	+38 / +3	+48 / +13	+58 / +23	+106 / +71	+159 / +124
über 100 bis 120								+114 / +79	+179 / +144
über 120 bis 140	-85 / -125	-43 / -83	0 / -40	+20 / -20	+43 / +3	+55 / +15	+67 / +27	+132 / +92	+210 / +170
über 140 bis 160								+140 / +100	+230 / +190
über 160 bis 180								+148 / +108	+250 / +210
über 180 bis 200	-100 / -146	-50 / -96	0 / -46	+23 / -23	+50 / +4	+63 / +17	+77 / +31	+168 / +122	+282 / +236
über 200 bis 225								+176 / +130	+304 / +258
über 225 bis 250								+186 / +140	+330 / +284

Qualitäten 8 und 9 – Toleranzfelder, Nennabmaße / µm

Nennmaßbereich mm	c8	d8	e8	f8	h8	js8	u8	x8	z8	d9	e9	f9	h9	js9
Von 1 bis 3	-60 / -74	-20 / -34	-14 / -28	-6 / -20	0 / -14	+7 / -7	+32 / +18	+34 / +20	+40 / +26	-20 / -45	-14 / -39	-6 / -31	0 / -25	+12,5 / -12,5
über 3 bis 6	-70 / -88	-30 / -48	-20 / -38	-10 / -28	0 / -18	+9 / -9	+41 / +23	+46 / +28	+53 / +35	-30 / -60	-20 / -50	-10 / -40	0 / -30	+15 / -15
über 6 bis 10	-80 / -102	-40 / -62	-25 / -47	-13 / -35	0 / -22	+11 / -11	+50 / +28	+56 / +34	+64 / +42	-40 / -76	-25 / -61	-13 / -49	0 / -36	+18 / -18
über 10 bis 14	-95 / -122	-50 / -77	-32 / -59	-16 / -43	0 / -27	+13,5 / -13,5	+60 / +33	+67 / +40	+77 / +50	-50 / -93	-32 / -75	-16 / -59	0 / -43	+21,5 / -21,5
über 14 bis 18								+72 / +45	+87 / +60					
über 18 bis 24	-110 / -143	-65 / -98	-40 / -73	-20 / -53	0 / -33	+16,5 / -16,5	+74 / +41	+87 / +54	+106 / +73	-65 / -117	-40 / -92	-20 / -72	0 / -52	+26 / -26
über 24 bis 30							+81 / +48	+97 / +64	+121 / +88					
über 30 bis 40	-120 / -159	-80 / -119	-50 / -89	-25 / -64	0 / -39	+19,5 / -19,5	+99 / +60	+119 / +80	+151 / +112	-80 / -142	-50 / -112	-25 / -87	0 / -62	+31 / -31
über 40 bis 50	-130 / -169						+109 / +70	+136 / +97	+175 / +136					
über 50 bis 65	-140 / -186	-100 / -146	-60 / -106	-30 / -76	0 / -46	+23 / -23	+133 / +87	+168 / +122	+218 / +172	-100 / -174	-60 / -134	-30 / -104	0 / -74	+37 / -37
über 65 bis 80	-150 / -196						+148 / +102	+192 / +146	+256 / +210					
über 80 bis 100	-170 / -224	-120 / -174	-72 / -126	-36 / -90	0 / -54	+27 / -27	+178 / +124	+232 / +178	+312 / +258	-120 / -207	-72 / -159	-36 / -123	0 / -87	+43,5 / -43,5
über 100 bis 120	-180 / -234						+198 / +144	+264 / +210	+364 / +310					
über 120 bis 140	-200 / -263	-145 / -208	-85 / -148	-43 / -106	0 / -63	+37,5 / -37,5	+233 / +170	+311 / +248	+428 / +365	-145 / -245	-85 / -185	-43 / -143	0 / -100	+50 / -50
über 140 bis 160	-210 / -273						+253 / +190	+343 / +280	+478 / +415					
über 160 bis 180	-230 / -293						+273 / +210	+373 / +310	+528 / +465					
über 180 bis 200	-240 / -312	-170 / -242	-100 / -172	-50 / -122	0 / -72	+36 / -36	+308 / +236	+422 / +350	+592 / +520	-170 / -285	-100 / -215	-50 / -165	0 / -115	+57,5 / -57,5
über 200 bis 225	-260 / -332						+330 / +258	+457 / +385	+647 / +575					
über 225 bis 250	-280 / -352						+356 / +284	+497 / +425	+712 / +640					

Dicke, Lochmittenabstände), sowie für Radien bzw. Rundungshalbmesser und Winkelmaße in vier Toleranzklassen symmetrisch zur Nullinie festgelegt **(Tafel 3.8)**, deren Angabe im Zeichnungsschriftfeld erfolgt. Bei anderen Fertigungsverfahren und speziellen Werkstoffen (z. B. Schnitt- und Stanzteile, Schweißteile, gepreßte und spritzgegossene Teile aus Metallen oder Kunststoffen, durch Pressen hergestellte keramische Werkstücke) gelten für die Maße ohne Toleranzangabe darüber hinaus besondere Normen.

Freitolerierte Maße. Sie werden dann vorgesehen, wenn sowohl die ISO-Toleranzen als auch die Allgemein- bzw. Freimaßtoleranzen nicht geeignet erscheinen. Dies kann der Fall sein, wenn beide Toleranzarten z.B. im Rahmen einer groben Vorfertigung durch Schmieden,

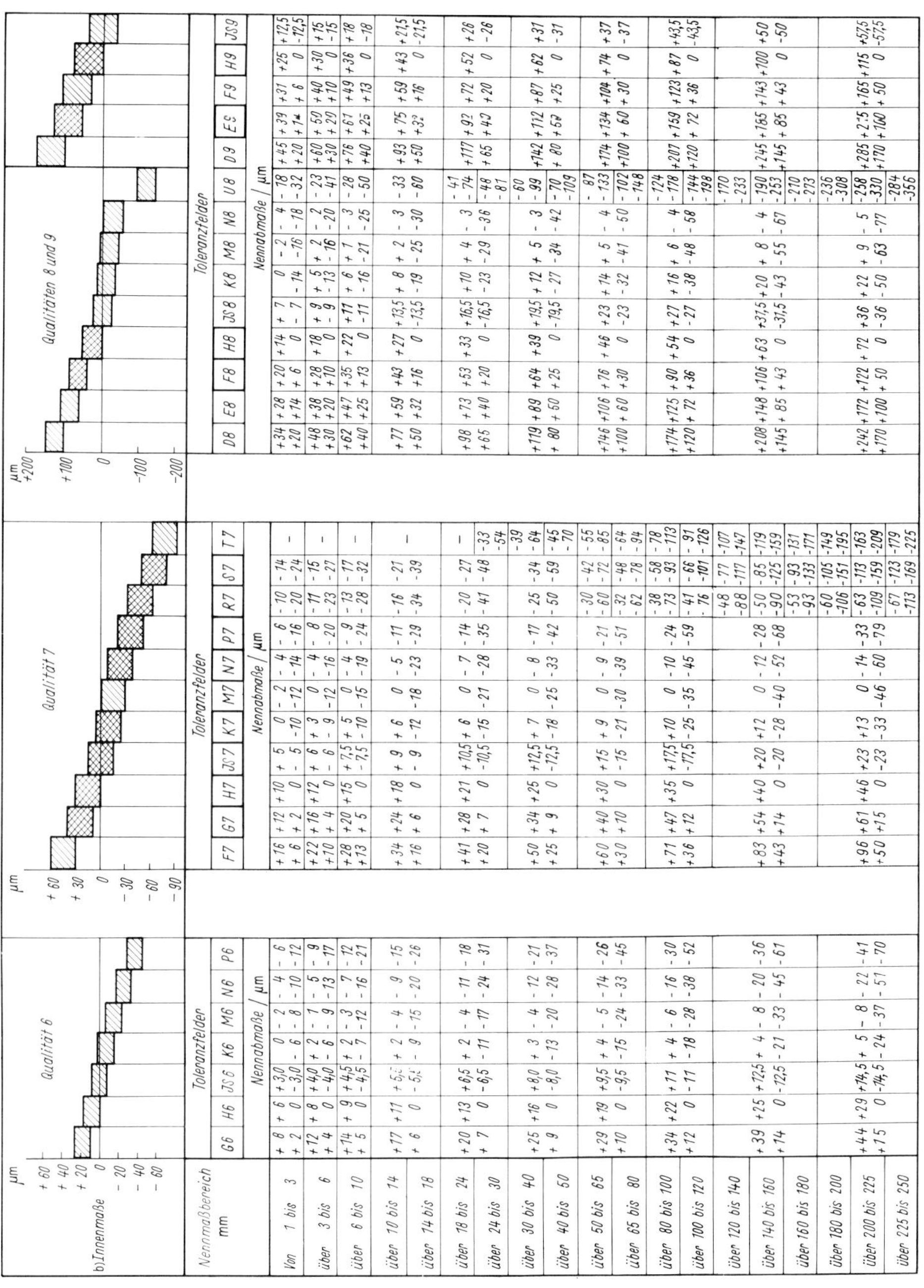

Nennmaßbereich mm	G6	H6	JS6	K6	M6	N6	P6
	Nennabmaße / µm						
Von 1 bis 3	+8 / +2	+6 / 0	+3,0 / −3,0	0 / −6	−2 / −8	−4 / −10	−6 / −12
über 3 bis 6	+12 / +4	+8 / 0	+4,0 / −4,0	+2 / −6	−1 / −9	−5 / −13	−9 / −17
über 6 bis 10	+14 / +5	+9 / 0	+4,5 / −4,5	+2 / −7	−3 / −12	−7 / −16	−12 / −21
über 10 bis 14	+17 / +6	+11 / 0	+5,5 / −5,5	+2 / −9	−4 / −15	−9 / −20	−15 / −26
über 14 bis 18							
über 18 bis 24	+20 / +7	+13 / 0	+6,5 / −6,5	+2 / −11	−4 / −17	−11 / −24	−18 / −31
über 24 bis 30							
über 30 bis 40	+25 / +9	+16 / 0	+8,0 / −8,0	+3 / −13	−4 / −20	−12 / −28	−21 / −37
über 40 bis 50							
über 50 bis 65	+29 / +10	+19 / 0	+9,5 / −9,5	+4 / −15	−5 / −24	−14 / −33	−26 / −45
über 65 bis 80							
über 80 bis 100	+34 / +12	+22 / 0	+11 / −11	+4 / −18	−6 / −28	−16 / −38	−30 / −52
über 100 bis 120							
über 120 bis 140							
über 140 bis 160	+39 / +14	+25 / 0	+12,5 / −12,5	+4 / −21	−8 / −33	−20 / −45	−36 / −61
über 160 bis 180							
über 180 bis 200							
über 200 bis 225	+44 / +15	+29 / 0	+14,5 / −14,5	+5 / −24	−8 / −37	−22 / −51	−41 / −70
über 225 bis 250							

Nennmaßbereich mm	F7	G7	H7	JS7	K7	M7	N7	P7	R7	S7	T7
	Nennabmaße / µm										
Von 1 bis 3	+16 / +6	+12 / +2	+10 / 0	+5 / −5	0 / −10	−2 / −12	−4 / −14	−6 / −16	−10 / −20	−14 / −24	–
über 3 bis 6	+22 / +10	+16 / +4	+12 / 0	+6 / −6	+3 / −9	0 / −12	−4 / −16	−8 / −20	−11 / −23	−15 / −27	–
über 6 bis 10	+28 / +13	+20 / +5	+15 / 0	+7,5 / −7,5	+5 / −10	0 / −15	−4 / −19	−9 / −24	−13 / −28	−17 / −32	–
über 10 bis 14	+34 / +16	+24 / +6	+18 / 0	+9 / −9	+6 / −12	0 / −18	−5 / −23	−11 / −29	−16 / −34	−21 / −39	–
über 14 bis 18											
über 18 bis 24	+41 / +20	+28 / +7	+21 / 0	+10,5 / −10,5	+6 / −15	0 / −21	−7 / −28	−14 / −35	−20 / −41	−27 / −48	–
über 24 bis 30											−33 / −54
über 30 bis 40	+50 / +25	+34 / +9	+25 / 0	+12,5 / −12,5	+7 / −18	0 / −25	−8 / −33	−17 / −42	−25 / −50	−34 / −59	−39 / −64
über 40 bis 50											−45 / −70
über 50 bis 65	+60 / +30	+40 / +10	+30 / 0	+15 / −15	+9 / −21	0 / −30	−9 / −39	−21 / −51	−30 / −60	−42 / −72	−55 / −85
über 65 bis 80									−32 / −62	−48 / −78	−64 / −94
über 80 bis 100	+71 / +36	+47 / +12	+35 / 0	+17,5 / −17,5	+10 / −25	0 / −35	−10 / −45	−24 / −59	−38 / −73	−58 / −93	−78 / −113
über 100 bis 120									−41 / −76	−66 / −101	−91 / −126
über 120 bis 140									−48 / −88	−77 / −117	−107 / −147
über 140 bis 160	+83 / +43	+54 / +14	+40 / 0	+20 / −20	+12 / −28	0 / −40	−12 / −52	−28 / −68	−50 / −90	−85 / −125	−119 / −159
über 160 bis 180									−53 / −93	−93 / −133	−131 / −171
über 180 bis 200									−60 / −106	−105 / −151	−149 / −195
über 200 bis 225	+96 / +50	+61 / +15	+46 / 0	+23 / −23	+13 / −33	0 / −46	−14 / −60	−33 / −79	−63 / −109	−113 / −159	−163 / −209
über 225 bis 250									−67 / −113	−123 / −169	−179 / −225

Nennmaßbereich mm	D8	E8	F8	H8	JS8	K8	M8	N8	U8	D9	E9	F9	H9	JS9
	Nennabmaße / µm													
Von 1 bis 3	+34 / +20	+28 / +14	+20 / +6	+14 / 0	+7 / −7	0 / −14	−2 / −16	−4 / −18	−18 / −32	+45 / +20	+39 / +14	+31 / +6	+25 / 0	+12,5 / −12,5
über 3 bis 6	+48 / +30	+38 / +20	+28 / +10	+18 / 0	+9 / −9	+5 / −13	+2 / −16	−2 / −20	−23 / −41	+60 / +30	+50 / +20	+40 / +10	+30 / 0	+15 / −15
über 6 bis 10	+62 / +40	+47 / +25	+35 / +13	+22 / 0	+11 / −11	+6 / −16	+1 / −21	−3 / −25	−28 / −50	+76 / +40	+61 / +25	+49 / +13	+36 / 0	+18 / −18
über 10 bis 14	+77 / +50	+59 / +32	+43 / +16	+27 / 0	+13,5 / −13,5	+8 / −19	+2 / −25	−3 / −30	−33 / −60	+93 / +50	+75 / +32	+59 / +16	+43 / 0	+21,5 / −21,5
über 14 bis 18														
über 18 bis 24	+98 / +65	+73 / +40	+53 / +20	+33 / 0	+16,5 / −16,5	+10 / −23	+4 / −29	−3 / −36	−41 / −74	+117 / +65	+92 / +40	+72 / +20	+52 / 0	+26 / −26
über 24 bis 30									−48 / −81					
über 30 bis 40	+119 / +80	+89 / +50	+64 / +25	+39 / 0	+19,5 / −19,5	+12 / −27	+5 / −34	−3 / −42	−60 / −99	+142 / +80	+112 / +50	+87 / +25	+62 / 0	+31 / −31
über 40 bis 50									−70 / −109					
über 50 bis 65	+146 / +100	+106 / +60	+76 / +30	+46 / 0	+23 / −23	+14 / −32	+5 / −41	−4 / −50	−87 / −133	+174 / +100	+134 / +60	+104 / +30	+74 / 0	+37 / −37
über 65 bis 80									−102 / −148					
über 80 bis 100	+174 / +120	+125 / +72	+90 / +36	+54 / 0	+27 / −27	+16 / −38	+6 / −48	−4 / −58	−124 / −178	+207 / +120	+159 / +72	+123 / +36	+87 / 0	+43,5 / −43,5
über 100 bis 120									−144 / −198					
über 120 bis 140									−170 / −233					
über 140 bis 160	+208 / +145	+148 / +85	+106 / +43	+63 / 0	+31,5 / −31,5	+20 / −43	+8 / −55	−4 / −67	−190 / −253	+245 / +145	+185 / +85	+143 / +43	+100 / 0	+50 / −50
über 160 bis 180									−210 / −273					
über 180 bis 200									−236 / −308					
über 200 bis 225	+242 / +170	+172 / +100	+122 / +50	+72 / 0	+36 / −36	+22 / −50	+9 / −63	−5 / −77	−258 / −330	+285 / +170	+215 / +100	+165 / +50	+115 / 0	+57,5 / −57,5
über 225 bis 250									−284 / −356					

Anmerkungen: 1. Die Lageschemata der Toleranzfelder sind für den Nennmaßbereich über 50 bis 65 mm angegeben; 2. kreuzschraffierte und in rechteckigen Rahmen gekennzeichnete Vorzugstoleranzfelder sind in der Regel für Passungen anzuwenden.

Vorschruppen usw. noch zu fein sind oder an einem Werkstück oder einer Baugruppe Maße auftreten, die mit Lehren nicht meßbar sind und bei denen durch eine frei gewählte Angabe von symmetrisch zum Nennmaß liegenden Toleranzen der Fertigung das Anstreben des Nennmaßes vorzuschreiben ist.

Richtlinien und Beispiele für die Tolerierung. Generell ist die Fertigungsrichtung zu beachten (**Bild 3.6**a). Für Absatzmaße sind demgemäß die Toleranzen zahlenmäßig positiv oder negativ zu wählen, abhängig davon, welche Maßbezugsebene zuerst gefertigt wird (b, c). Genormte Toleranzfelder sind für Absatzmaße nicht anzuwenden.
Lochmittenabstände (d) werden mit symmetrisch zum Nennmaß liegenden Toleranzen versehen. Bei mehreren aufeinanderfolgenden Mittenabständen (e, f) sind Kettenmaße und damit Summentoleranzen zu vermeiden (s. Abschnitt

Tafel 3.8. Allgemeintoleranzen (Freimaßtoleranzen) für Maße ohne Toleranzangabe nach DIN ISO 2768 T1 (bisher DIN 7168 T1) und für Form und Lage (Geradheit und Ebenheit sowie Rechtwinkligkeit) nach DIN ISO 2768 T2 (bisher DIN 7168 T2) (Auszug)*)

a) **Grenzabmaße für Längenmaße außer für gebrochene Kanten**
Rundungshalbmesser und Fasenhöhen s. b); Werte in mm

Toleranzklasse Kurzzeichen	Benennung	Grenzabmaße für Nennmaßbereiche von 0,5[1] bis 3	über 3 bis 6	über 6 bis 30	über 30 bis 120	über 120 bis 400	über 400 bis 1000	über 1000 bis 2000	über 2000 bis 4000
f	fein	±0,05	±0,05	±0,1	±0,15	±0,2	±0,3	±0,5	–
m	mittel	±0,1	±0,1	±0,2	±0,3	±0,5	±0,8	±1,2	±2
c	grob	±0,2	±0,3	±0,5	±0,8	±1,2	±2	±3	±4
v	sehr grob	–	±0,5	±1	±1,5	±2,5	±4	±6	±8

[1] Für Nennmaße unter 0,5 mm sind die Grenzabmaße direkt an dem (den) entsprechenden Nennmaß(en) anzugeben.

b) **Grenzabmaße für gebrochene Kanten**
Rundungshalbmesser und Fasenhöhen; Werte in mm

Toleranzklasse Kurzzeichen	Benennung	Grenzabmaße für Nennmaßbereiche von 0,5[1] bis 3	über 3 bis 6	über 6
f	fein	±0,2	±0,5	±1
m	mittel			
c	grob	±0,4	±1	±2
v	sehr grob			

[1] Für Nennmaße unter 0,5 mm sind die Grenzabmaße direkt an dem (den) entsprechenden Nennmaß(en) anzugeben.

c) **Grenzabmaße für Winkelmaße**

Toleranzklasse Kurzzeichen	Benennung	Grenzabmaße für Längenbereiche, in mm, für den kürzeren Schenkel des betreffenden Winkels bis 10	über 10 bis 50	über 50 bis 120	über 120 bis 400	über 400
f	fein	±1°	±0° 30′	±0° 20′	±0° 10′	±0° 5′
m	mittel					
c	grob	±1° 30′	±1°	±0° 30′	±0° 15′	±0° 10′
v	sehr grob	±3°	±2°	±1°	±0° 30′	±0° 20′

d) **Allgemeintoleranzen für Geradheit und Ebenheit**
Werte in mm

Toleranzklasse	Allgemeintoleranzen für Geradheit und Ebenheit für Nennmaßbereiche bis 10	über 10 bis 30	über 30 bis 100	über 100 bis 300	über 300 bis 1000	über 1000 bis 3000
H	0,02	0,05	0,1	0,2	0,3	0,4
K	0,05	0,1	0,2	0,4	0,6	0,8
L	0,1	0,2	0,4	0,8	1,2	1,6

e) **Allgemeintoleranzen für Rechtwinkligkeit**
Werte in mm

Toleranzklasse	Rechtwinkligkeitstoleranzen für Nennmaßbereiche für den kürzeren Winkelschenkel bis 100	über 100 bis 300	über 300 bis 1000	über 1000 bis 3000
H	0,2	0,3	0,4	0,5
K	0,4	0,6	0,8	1
L	0,6	1	1,5	2

*) DIN 7168 ist für Neukonstruktionen nicht mehr gültig.

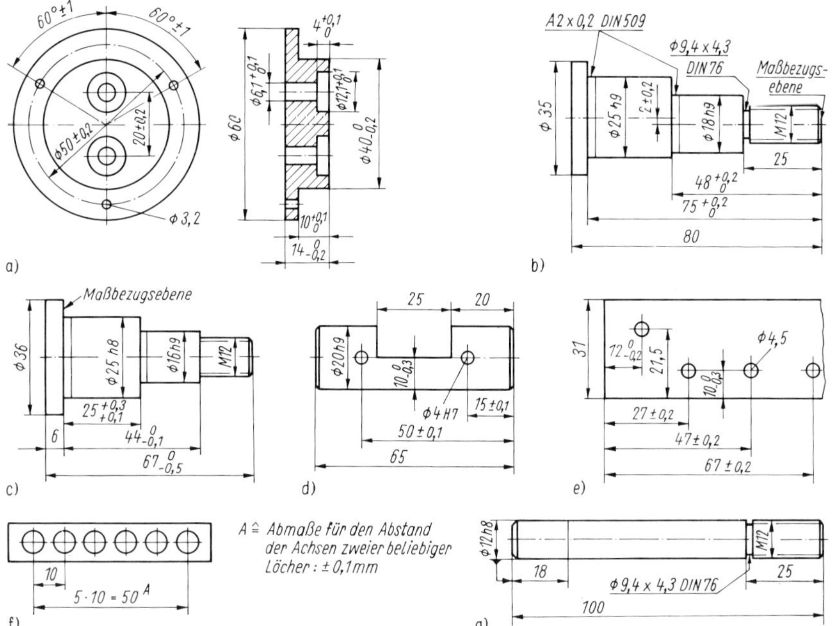

Bild 3.6. Richtlinien für die Tolerierung [3.2.1.]

a) in Fertigungsrichtung; b), c) von Absatzmaßen; d) von Lochmittenabständen; e), f) bei aufeinanderfolgenden Mittenabständen (Vermeiden von Summentoleranzen); g) bei begrenzter Toleranzangabe (Freistich nach DIN 509; Gewindefreistich nach DIN 76)

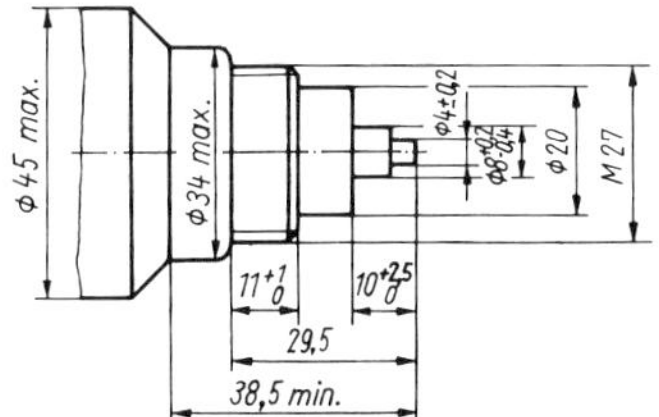

Bild 3.7. Einseitige Begrenzung des Toleranzfeldes

max. Größtmaß; *min.* Kleinstmaß

3.2.4.). Aus wirtschaftlichen Gründen ist es außerdem vielfach erforderlich, die Toleranzangabe z. B. auf eine bestimmte Länge zu begrenzen (g).

Ist bei Paßmaßen die Begrenzung des Toleranzfeldes nur in eine Richtung erforderlich, werden die Nennmaße mit Hinweisen zu „Größtmaß" oder „Kleinstmaß" versehen **(Bild 3.7)**. Bei der Fertigung auftretende Abmaße in der anderen Richtung dürfen jedoch die Funktion nicht beeinträchtigen.

3.2.1.4. Form- und Lagetoleranzen [3.2.8] [3.2.33] bis [3.2.36] [3.2.40]

Die Herstellung geometrisch idealer Werkstücke ist nicht möglich. Die einzelnen Formelemente, aus denen ein Werkstück zusammengesetzt ist (s. Bild 2.12), weichen von der geometrisch idealen Form und Lage ab. Es wurden deshalb in DIN ISO 1101 und DIN ISO 2768 T2 zweckdienliche Begriffe und Symbole für Form- und Lagetoleranzen festgelegt, deren Anwendung und Eintragung in die Zeichnung Funktion und Austauschbau von Bauteilen und Baugruppen sichern.

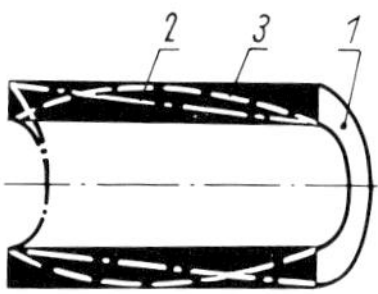

Bild 3.8. Toleranzzone 1 bei einem Zylinder und Beispiele für Formtoleranzen

2 schiefe Achse; *3* Tonnenform

Tafel 3.9. Angabe von Form- und Lagetoleranzen in Zeichnungen
Auszug aus DIN ISO 1101.
Eintragung in Rahmen mit zwei oder drei Feldern: Erstes Feld enthält Symbol; zweites Feld enthält Toleranz in mm (in Zeichnung durch Strich-Punkt-Linie zu kennzeichnen, s. Bild 3.9); drittes Feld enthält Großbuchstaben für Basiselement (Bezug). Kennzeichnung des tolerierten Elementes bzw. des Basiselementes mit Ⓜ bedeutet, daß diese Elemente der Maximum-Material-Bedingung unterliegen, d. h. die Toleranz des gekennzeichneten Elementes darf um den Betrag der Differenz zwischen Paarungsmaß und Maximum-Material-Maß (bei Bohrungen das Kleinst-, bei Wellen das Größtmaß) des betrachteten Elementes überschritten werden.

Formtoleranzen/Symbol	Beispiel	Erläuterungen
Geradheitstoleranz —	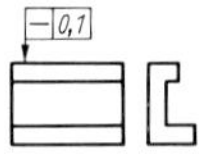	Das wirkliche Profil der Geraden in jedem Längsschnitt der tolerierten Ebene muß zwischen zwei parallelen Geraden vom Abstand T = 0,1 mm liegen.
Ebenheitstoleranz ▱	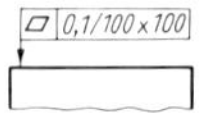	Die wirkliche Oberfläche jedes Abschnittes der tolerierten Ebene von der Größe 100 mm × 100 mm an beliebiger Stelle der tolerierten Ebene muß zwischen zwei parallelen Ebenen vom Abstand T = 0,1 mm und der Größe 100 mm × 100 mm liegen.
Rundheitstoleranz ○	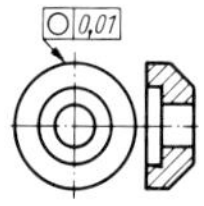	Das wirkliche Profil des Kreises in jedem Radialschnitt der tolerierten Zylindermantelfläche muß zwischen zwei konzentrischen Kreisen vom Abstand T = 0,01 mm liegen.
Zylinderformtoleranz ⌭	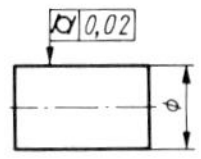	Die wirkliche Oberfläche der tolerierten Zylindermantelfläche muß zwischen zwei koaxialen Zylindern vom Abstand T = 0,02 mm liegen.
Rundlauftoleranz ↗	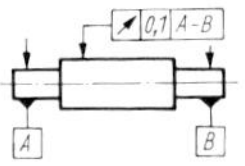	Das wirkliche Profil der tolerierten Zylindermantelfläche muß bei einer Umdrehung um die Bezugsachse A–B in jeder beliebigen Meßebene senkrecht zur Achse zwischen zwei konzentrischen Kreisen mit einem Abstand T = 0,1 mm liegen.

Lagetoleranzen/Symbol	Beispiel	Erläuterungen
Parallelitätstoleranz //	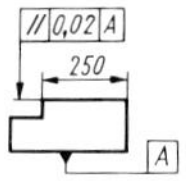	Die tolerierte Ebene muß zwischen zwei zur Basisebene parallelen Ebenen vom Abstand T = 0,02 mm liegen. Der Zahlenwert der Toleranz entspricht, bezogen auf die Länge der größeren Seite der tolerierten Ebene (250 mm), einem Winkel von $\frac{0{,}02\ \text{mm}}{250\ \text{mm}} = 0{,}08\ \text{mm/m} = 0{,}08\ \text{mrad} \approx 16''$.
Rechtwinkligkeitstoleranz ⊥	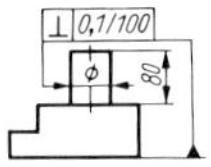	Die Achse des tolerierten Zylinders muß zwischen zwei zur Basisebene und zur Toleranzrichtung rechtwinkligen parallelen Ebenen vom Abstand T = 0,1 mm liegen, wobei das Abmaß vom Nennwinkel $\frac{0{,}1\ \text{mm}}{100\ \text{mm}} = 1\ \text{mrad} \approx 3'26''$ nicht überschreiten darf.
Neigungstoleranz ∠	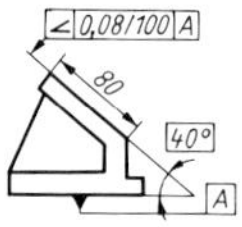	Die tolerierte Ebene muß zwischen zwei zur Basisebene im vorgeschriebenen Winkel von 40° liegenden parallelen Ebenen vom Abstand T = 0,08 mm liegen, wobei das Abmaß vom Nennwinkel $\frac{0{,}08\ \text{mm}}{100\ \text{mm}} = 0{,}8\ \text{mrad} \approx 2'45''$ nicht überschreiten darf.
Konzentrizitäts- und Koaxialitätstoleranz ◎	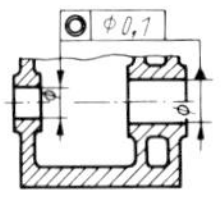	Die Achse des tolerierten Zylinders der Bohrung muß innerhalb einer zur Basisachse koaxialen zylindrischen Toleranzzone vom Durchmesser D = 0,1 mm liegen.
Symmetrietoleranz ⌯	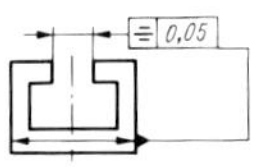	Die Symmetrieebene der tolerierten Ebenen der Führung muß zwischen zwei parallelen Ebenen liegen, die symmetrisch im Abstand von 0,05 mm zur Basissymmetrieebene angeordnet sind.

Formtoleranzen. Alle drei Koordinaten eines Körpers sind toleriert. Es entsteht also eine Toleranzzone, in der sich die äußere Gestalt eines Bauteils bewegen kann, ohne dabei die Toleranzgrenzen zu über- oder zu unterschreiten. Formtoleranzen begrenzen die Abmaße dieses Bauteils von seiner idealen geometrischen Form. Sie bestimmen also diese Toleranz zone.

Ein Zylinder **(Bild 3.8)** kann z.B. innerhalb der Toleranzzone eine Tonnen- oder Kegelstumpfform aufweisen, oder seine Form kann gekrümmt sein. Beispiele für die Angabe der Formtoleranzen in Zeichnungen enthalten **Tafel 3.9** und **Bild 3.9**.

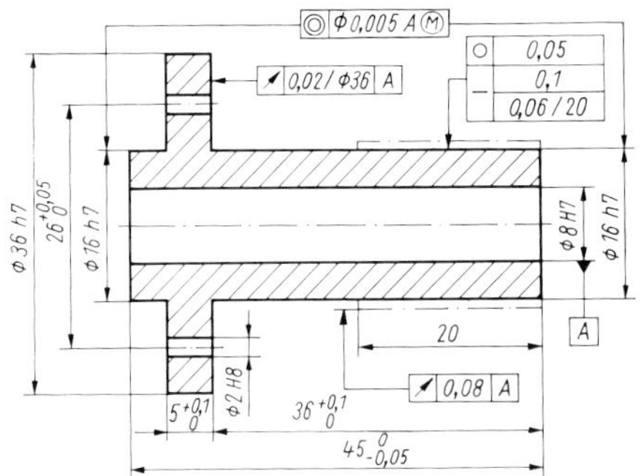

Bild 3.9. Angabe von Form- und Lagetoleranzen in Zeichnungen
Beispiel; s. auch Tafel 3.9 und Bild 3.10

Bild 3.10. Angabe von Symmetrietoleranzen in Zeichnungen nach DIN ISO 1101

Lagetoleranzen. Ist es aus funktionellen oder fertigungstechnischen Gründen erforderlich, daß Formelemente eines Werkstücks in bestimmten Lagebeziehungen stehen, sind entsprechende Toleranzen vorzuschreiben. Dazu dienen Lagetoleranzen, die Richtungs-, Orts- oder Lauftoleranzen darstellen und die geometrische Lage zweier oder mehrerer Elemente begrenzen, wobei i. allg. ein Basiselement (Bezug) festgelegt ist (gekennzeichnet durch geschwärztes Dreieck).

Die Darstellung der Lagetoleranzen in der Zeichnung erfolgt ebenfalls durch Verwendung bestimmter Symbole, wie sie Tafel 3.9 und Bild 3.9 zeigt. Für die Tolerierung der Mittigkeit ist dabei das Symbol „Symmetrietoleranz“ zu verwenden (**Bilder 3.10** a bis c). Gemäß (a) ist ein Versatz des oberen Ansatzes um 0,1 mm zu den unteren Kanten zulässig, bei (b) ein Versatz zu den Bohrungen von 0,1 mm und nach (c) eine Unsymmetrie der Bohrungen von 0,1 mm zu den beiden Außenkanten.

3.2.1.5. Oberflächenrauheit und deren Kennzeichnung

Die geforderte Oberflächenrauheit an Werkstücken sowie die Maß-, Form- und Lagetoleranzen müssen sinnvoll aufeinander abgestimmt sein, da sie eng zusammenhängen.

Wichtige Begriffe für die Oberflächenrauheit sind **Bild 3.11** zu entnehmen. Die Rauheit ist

---

zu Tafel 3.9

Kennzeichnung der Maximum-Material-Bedingung:
Soll für die tolerierte Fläche oder das Bezugselement die Maximum-Material-Bedingung gelten, wird dies durch das Symbol Ⓜ angezeigt, und zwar hinter
- dem Toleranzwert, Bild (a);
- dem Bezugsbuchstaben, Bild (b);
- oder beidem, Bild (c);

je nachdem, ob die oben genannte Bedingung für das tolerierte Element, das Bezugselement oder für beide gilt.

◎ Φ0,04 Ⓜ A a) — ◎ Φ0,04 A Ⓜ b) — ◎ Φ0,04 Ⓜ A Ⓜ c)

Tafel 3.10. Definitionen gebräuchlicher Rauheitskenngrößen
(vgl. auch Bild 3.11)

Zehnpunktehöhe der Unregelmäßigkeiten R_z
(arithmetischer Mittelwert der Absolutwerte der Höhen von fünf höchsten Profilspitzen und der Tiefen von fünf tiefsten Profiltälern innerhalb der Bezugsstrecke, R_z vermeidet einmalige Ausreißer als Meßgröße; Messung unwirtschaftlich, statt dessen ist die gemittelte Rauhtiefe R_z anzuwenden)
Arithmetischer Mittenrauhwert R_a
(arithmetischer Mittelwert der Absolutwerte der Profilabweichungen y_i innerhalb der Bezugsstrecke)
Rauhtiefe, maximale Profilhöhe R_y
(Abstand zwischen der Spitzenlinie bzw. dem Spitzenprofil und der Grundlinie bzw. dem Grundprofil innerhalb der Bezugsstrecke); $R_y \triangleq R_{max}$
Quadratischer Mittenrauhwert R_q
$R_q \approx 1{,}25 R_a$
Linie der Profilkuppen
(eine Äquidistante zur mittleren Linie bzw. Regressionslinie m durch den höchsten Punkt des wirklichen Profils innerhalb der Bezugsstrecke)
Linie der Profiltäler
(eine Äquidistante zur mittleren Linie bzw. Regressionslinie m durch den tiefsten Punkt des wirklichen Profils innerhalb der Bezugsstrecke)
Linie der kleinsten Abweichungsquadrate des Profils (Regressionslinie m); „Mittellinie"
(eine Rauheitsbezugslinie bzw. Referenzlinie, die die Form des Nennprofils, also des geometrisch idealen Profils hat und das wirkliche Profil so teilt, daß die Summe der Quadrate der Profilabweichungen von dieser Linie innerhalb der Bezugsstrecke minimal ist)

Tafel 3.11. Zuordnung der Bezugsstreckenlänge zu den Werten der Rauheit

Gemittelte Rauhtiefe R_z in µm	bis 0,1	über 0,1 bis 0,5	über 0,5 bis 10	über 10 bis 50	über 50
Arithmetischer Mittenrauhwert R_a in µm	bis 0,02	über 0,02 bis 0,1	über 0,1 bis 2	über 2 bis 10	über 10
Einzelmeßstrecke in mm Gesamtmeßstrecke in mm	0,08 0,4	0,25 1,25	0,8 4	2,5 12,5	8 40

innerhalb der Rauheitsbezugsstrecke definiert. Die Rauheitskenngrößen sind auf eine Rauheitsbezugslinie (Referenzlinie) bezogen. Als solche wird das mittlere Profil bzw. die mittlere quadratische Linie (Profil-Regressionslinie) verwendet.
Definitionen gebräuchlicher Rauheitskenngrößen enthält **Tafel 3.10**. Für die Bezugsstrecke l der Rauheit ist eine Stufung nach **Tafel 3.11** einzuhalten.
Rauheitsforderungen sind vorzugsweise durch Angabe des Zahlenwertes des arithmetischen Mittenrauhwertes R_a (in der Zeichnung ohne Kurzzeichen R_a) oder der gemittelten Rauhtiefe R_z (mit Kurzzeichen R_z) festzulegen.
Zwischen den in Tafel 3.10 aufgeführten Rauheitswerten R_z, R_a, R_y und R_t besteht keine exakte mathematische Beziehung. Beim Trennen mit geometrisch definierter Schneide gilt

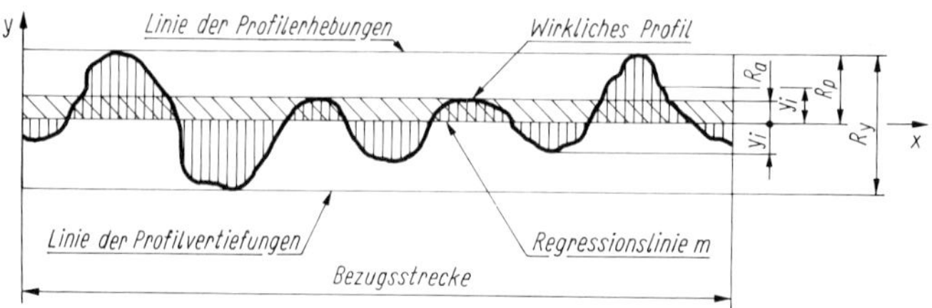

Bild 3.11. Bezugssystem für Oberflächenrauheit und Rauheitswerte

$R_a \approx 0{,}25 R_z$, mit nicht definierter Schneide $R_a \approx 0{,}125 R_z$ und in grober Näherung allgemein $R_a \approx 0{,}1 R_z$ und $R_t \approx R_z$.
Der Oberflächenzustand des fertigen Werkstücks muß insgesamt aus der Zeichnung hervorgehen. Dessen Kennzeichnung erfolgt mit Symbolen nach **Tafel 3.12** a und **Bild 3.12** und umfaßt Angaben zur Rauheit der Oberfläche, zum anzuwendenden Bearbeitungsverfahren einschließlich des Verlaufs der Bearbeitungsspuren und der Rauheitsbezugsstrecke sowie zur Nachbehandlung durch Härten, Beschichten usw. (s. DIN ISO 1302).

Tafel 3.12. Angabe der Oberflächenrauheit in Zeichnungen
a) Kennzeichnung von Oberflächen, nach DIN ISO 1302

1. Aufbau der Angaben zur Oberflächenrauheit

Bild	Stelle am Symbol	Angabe
Symbol, Eintragungslinie, a, b, c, d	*a*	Kurzzeichen und Zahlenwert der Rauheitskenngröße
	b	Fertigungsverfahren und/oder andere zusätzliche Angaben
	c	Rauheitsbezugsstrecke
	d	Art und Lage der Bearbeitungsspuren

Anmerkungen:
1. Bei der Rauheitskenngröße R_a ist der Zahlenwert ohne Kurzzeichen anzugeben. 2. Angaben *b*, *c* und *d* sind nur in notwendigen Fällen anzugeben. 3. Die Eintragungslinie ist nur einzutragen, wenn die Angaben *b* und/oder *c* notwendig sind.

2. Symbole

Symbol	Erklärung
√	Symbol, wenn das Fertigungsverfahren freigestellt ist
∇	Symbol mit Dreieck, wenn die Oberfläche durch Trennen hergestellt werden muß
○	Symbol mit Kreis, wenn die Oberfläche nicht durch Trennen hergestellt werden darf
	Symbol mit Kreis, wenn die Oberfläche im Lieferzustand verbleiben soll
(√)	Symbol in Klammern, gilt als Hinweis auf Einzelangaben, wenn für die Oberflächenrauheit eine zusammenfassende Angabe (Sammelangabe) eingetragen ist
√○	Symbol mit Ringsumzeichen, wenn die Rauheitsforderung am Umriß gleich ist
z √	Symbol mit Kennbuchstaben, wenn die Angabe in den technischen Forderungen erklärt wird

3. Angabe der Rillenrichtung

Symbol	Erklärung
=	Bearbeitungsspuren parallel zu der Linie, die die gekennzeichnete Oberfläche darstellt
⊥	Bearbeitungsspuren rechtwinklig zu der Linie, die die gekennzeichnete Oberfläche darstellt
X	Bearbeitungsspuren gekreuzt und geneigt zu der Linie, die die gekennzeichnete Oberfläche darstellt
M	Bearbeitungsspuren in mehreren Richtungen verlaufend
C	Bearbeitungsspuren ungefähr kreisförmig verlaufend, bezogen auf die Mitte der gekennzeichneten Oberfläche
R	Bearbeitungsspuren ungefähr radial verlaufend, bezogen auf die Mitte der gekennzeichneten Oberfläche
P	Bearbeitungsspuren punktförmig (z. B. nach elektroerosiver Metallbearbeitung)

4. Erläuterungen

Bilder a) bis e) s. S. 76 oben!

Eingetragener Wert in µm gibt größten zulässigen Wert der Rauheitskenngröße an (Bild *a*). Bei Verwendung des Mittenrauhwerts entfällt Zeichen R_a (*b*). Wird kleinster zulässiger Wert der Rauheitskenngröße mit vorgeschrieben, ist dieser unter größtem zulässigem Wert einzutragen (*c*). Ist das Fertigungsverfahren nicht freigestellt, erfolgt zusätzliche Wortangabe (*d*). Weicht Rauheitsbezugsstrecke von Werten nach Tafel 3.11 ab, erfolgt deren Angabe in mm (*e*).

Tafel 3.12. Fortsetzung

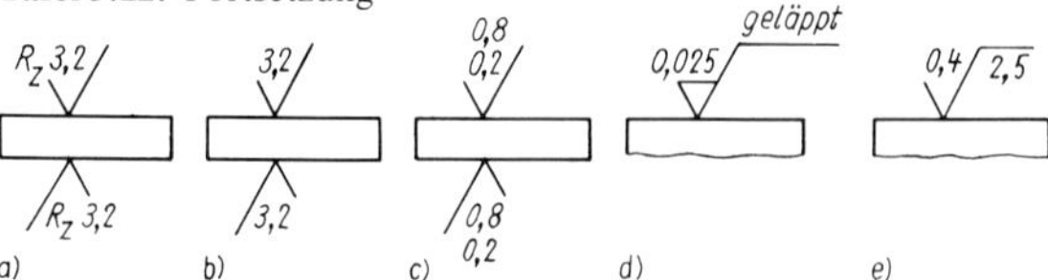

b) Bisherige Oberflächenzeichen nach DIN 3141 (ungültig, Kennzeichnung nach DIN ISO 1302 verwenden)

Oberflächenzeichen	Forderungen an Oberfläche; Richtwerte für größte zulässige gemittelte Rauhtiefe R_z
∼	größere Gleichmäßigkeit oder besseres Aussehen
▽	Rillen (Bearbeitungsspuren) dürfen mit bloßem Auge deutlich sichtbar sein; $R_z \approx 160\,\mu m$
▽▽	Rillen dürfen mit bloßem Auge sichtbar sein; $R_z \approx 40\,\mu m$
▽▽▽	Rillen dürfen mit bloßem Auge noch sichtbar sein; $R_z \approx 10\,\mu m$
▽▽▽▽	Rillen dürfen mit bloßem Auge nicht mehr sichtbar sein; $R_z \approx 1\,\mu m$

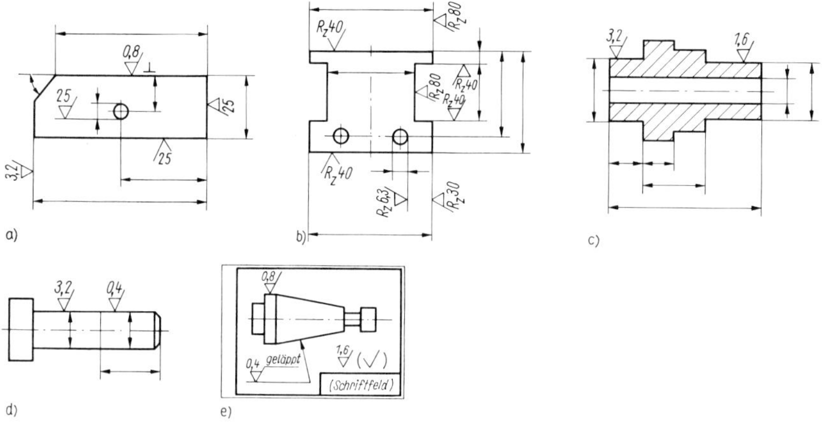

Bild 3.12. Kennzeichnung von Oberflächen (Regeln und Beispiele)

a) für jede zu kennzeichnende Oberfläche ist nur eine Angabe einzutragen; b) bei symmetrischen Teilen mit beiderseits gleichen Forderungen erfolgen Angaben nur an einer Seite; c) bei rotationssymmetrischen Teilen erfolgen Angaben an Mantellinie oder an Maßhilfslinie; d) Teile an Oberflächen sind durch Hilfslinien und Maße zu begrenzen; e) bei überwiegender Anzahl von Flächen mit gleicher Rauheitsforderung erfolgt eine Sammelangabe über Schriftfeld (ergänzt durch Symbol ohne Zahlenwert in Klammern als Hinweis auf eingetragene Einzelangaben)

Die qualitative Angabe der Rauheit durch Oberflächenzeichen nach Tafel 3.12b und DIN 3141 genügt i. allg. nicht mehr den gestiegenen Ansprüchen. Deshalb wurden die o. g. international abgestimmten Symbole in Verbindung mit quantitativen Forderungen eingeführt. Da vorhandene Zeichnungen nicht umgestellt werden, sind in Tafel 3.12b zum Vergleich diese bisherigen Oberflächenzeichen zusätzlich dargestellt. Die Stufung der Zahlenwerte für Rauheitskenngrößen sowie die Abhängigkeit der erreichbaren Rauheit vom Fertigungsverfahren zeigen die **Tafeln 3.13 und 3.14.**

3.2.2. **Passungen** [3.2.1] [3.2.8] [3.2.44] [3.2.45]

Unter Passungen sind die maßlichen Beziehungen zwischen gepaarten toleranzbehafteten Teilen zu verstehen (z. B. Passung einer Welle mit einer Bohrung). Man unterscheidet drei Passungsarten.

Spielpassungen ergeben sich durch Paarung von Teilen mit Außenmaßen (z. B. Wellen), die stets kleiner sind als die Innenmaße (z. B. Bohrungen) der zugehörigen Teile. Die Differenz

Tafel 3.13. Stufung der Zahlenwerte für Rauheitskenngrößen
sowie erreichbare gemittelte Rauhtiefe R_z und erreichbare Mittenrauhwerte R_a in Abhängigkeit vom Fertigungsverfahren

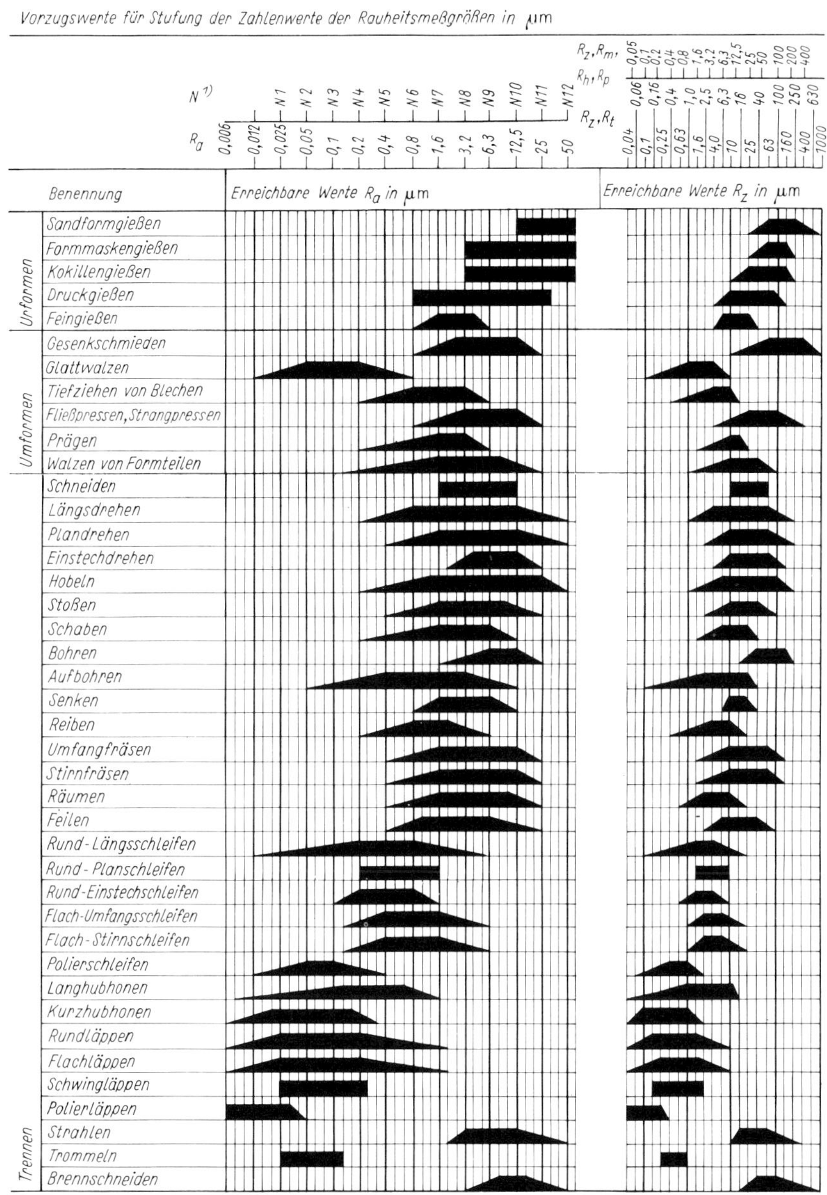

N[1)] Vorzugsweise sind R_a oder R_z vorzuschreiben, internationale Rauheitsklassen N 1 bis N 12 sind ebenso wie R_t zu vermeiden

zwischen Innen- und Außenmaß wird Spiel genannt. Die Teile sind in jedem Fall gegeneinander beweglich.
Spielpassungen finden u. a. bei Lagern und Führungen Anwendung. Die Größe des Spiels ist von den funktionellen Forderungen abhängig, wobei die Länge der Paßflächen, Umgebungseinflüsse (Temperatur usw.) und z. B. auch die Betriebsbedingungen (Drehzahl, Schmierung) von wesentlichem Einfluß sind.

Tafel 3.14. Zusammenhang zwischen Rauhtiefe (R_m, R_t), Nennmaßgröße, ISO-Qualität und Funktion nach *Rockusch*

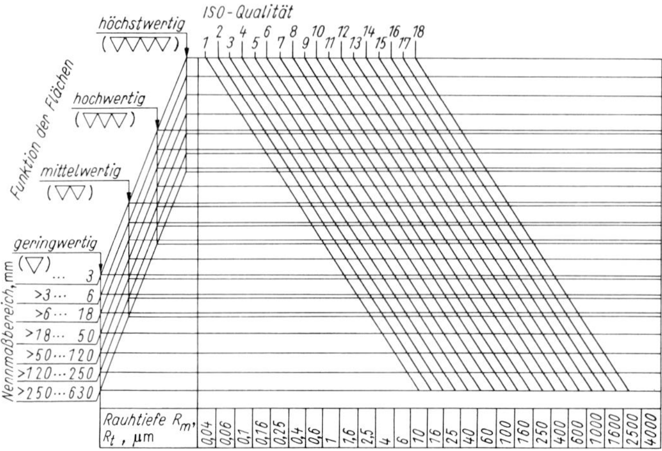

Erläuterungen

Technische Oberflächen sind i. allg. von der Funktion, die sie zu erfüllen haben, und von der Toleranz des Nennmaßes (ISO-Qualität) abhängig:

$$\text{Rauhtiefe } R_m, R_t = K i^m q^n;$$

K Funktionsabhängigkeit der Rauhtiefe,
i^m Nennmaßabhängigkeit der Rauhtiefe (i Toleranzeinheit),
q^n Toleranzabhängigkeit der Rauhtiefe (q Toleranzeinheitenfaktor, z. B. für IT 6 = $10i$, $q = 10$).

Die erzielbare Rauhtiefe hängt vom Bearbeitungsverfahren ab, das um so aufwendiger ist, je höher die Oberflächengüte gefordert wird. Man kann deshalb einen Zusammenhang zwischen Nennmaßbereich, Funktion, ISO-Qualität, Rauhtiefe und Bearbeitungsverfahren herstellen. Setzt man in obiger Beziehung $m = 1$, $n = \frac{2}{3}$ und $K = 4$ für geringwertige Flächen (▽), $K = 1$ für mittelwertige Flächen (▽▽), $K = 0{,}25$ für hochwertige Flächen (▽▽▽) und $K = 0{,}06$ ... für höchstwertige Flächen (▽▽▽▽), so erhält man Zusammenhänge gemäß obigem Bild. Es ist z. B. zu erkennen, daß eine gedrehte Fläche mit Nennmaß 8 mm und hochwertiger Qualität (▽▽▽) bei IT 7 eine Rauhtiefe von 1,6 µm zuläßt und als Bearbeitungsverfahren gemäß Tafel 3.13 mit R_m, $R_t \approx R_z \approx 10 R_a$ z. B. Feinstdrehen erfordert.
(Zeichen ▽ bis ▽▽▽▽ sind nicht mehr anzuwenden)

Preßpassungen ergeben sich durch Paarung von Teilen mit Außenmaßen (z. B. Wellen), die vor dem Zusammenfügen immer größer sind als die Innenmaße (z. B. Bohrungen) der zugehörigen Teile. Die Differenz zwischen Innen- und Außenmaß heißt Übermaß. Nach dem Fügen sitzen die Teile mehr oder weniger fest ineinander. Dabei können sowohl elastische als auch plastische Verformung auftreten. Sie werden auch als **Übermaßpassungen** bezeichnet. Nach der Art ihrer Erzeugung unterscheidet man *Längspreßpassungen* (Ineinanderpressen der Teile, z. B. mittels einer Presse) und *Querpreßpassungen* (Ausnutzung der Wärmedehnung, Dehn- oder Schrumpfpassungen).

Übergangspassungen sind die zwischen den Spiel- und Preßpassungen liegenden, weniger häufig vorkommenden Passungen. Bei ihnen kann Spiel oder Übermaß vorliegen, je nachdem, ob innerhalb der zugelassenen Toleranzgebiete kleinere Außenmaße mit größeren Innenmaßen oder größere Außenmaße mit kleineren Innenmaßen zusammentreffen. Ihr Fügungscharakter ist also im Gegensatz zu den anderen Passungen von den Istmaßen der gepaarten Teile abhängig. Bedeutung haben Übergangspassungen u. a. für Zentrierungen und Wälzlagerpassungen.

Paßsysteme. Im ISO-Paßsystem werden die theoretisch vielfältigen Möglichkeiten eingeschränkt und damit die Toleranzfeld-Kombination erheblich herabgesetzt. Zum einen sind für Außenmaße nur die Qualitäten (Grundtoleranzgrade) IT 4 bis IT 12 sowie für Innenmaße die Qualitäten IT 5 bis IT 12 zugelassen, und zum anderen muß das Toleranzfeld eines der Teile immer an der Nullinie liegen. Es entstehen so die beiden Paßsysteme **Einheitswelle** EW (mit h 4 bis h 12 für Wellentoleranzen) und **Einheitsbohrung** EB (mit H 5 bis H 12 für Bohrungstoleranzen), deren Passungscharakter jeweils durch die Wahl der Gegenstücktoleranzen festlegbar ist und die sinngemäß auch für Flachpassungen gelten (**Bilder 3.13 und 3.14**; s. auch Bild 3.1 und Abschnitt 3.2.2.2.).

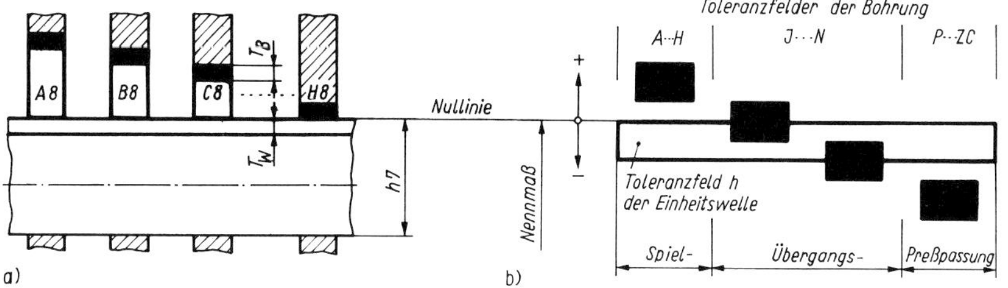

Bild 3.13. Passungsarten im System Einheitswelle
a) ausführliche Darstellung (hier für Spielpassungen); b) schematische Darstellung der Toleranzfelder

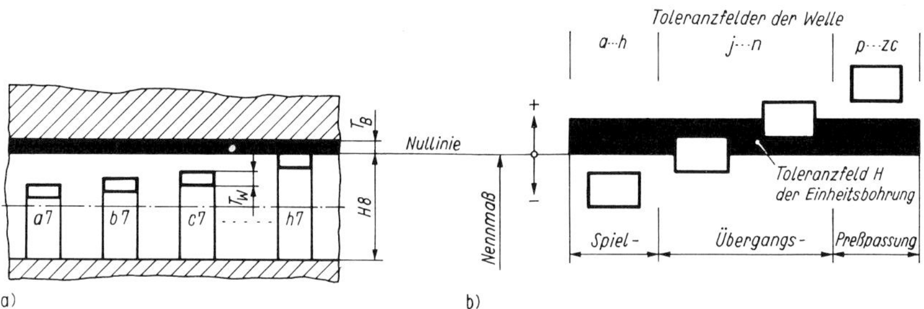

Bild 3.14. Passungsarten im System Einheitsbohrung
a) ausführliche Darstellung (hier für Spielpassungen); b) schematische Darstellung der Toleranzfelder

3.2.2.1. Grundbegriffe

Als Bezeichnungen wurden eingeführt

W Welle	G, g Größtmaß	$ES, es(A_o)$ oberes Abmaß	T Toleranz
B Bohrung	K, k Kleinstmaß	$EI, ei(A_u)$ unteres Abmaß	T_P Paßtoleranz.

Aus **Bild 3.15** (System Einheitsbohrung mit Spiel- und Übergangs- sowie Preßpassung) lassen sich folgende Beziehungen ableiten (vgl. auch Bild 3.1):

Spiel erhält man, wenn $K_B > G_W$:

Größtspiel $S_g = G_B - K_W = ES - ei (= A_{oB} - A_{uW})$ (3.2a)

Kleinstspiel $S_k = K_B - G_W = EI - es (= A_{uB} - A_{oW})$ (3.2b)

Übermaß liegt vor, wenn $G_B < K_W$:

Größtübermaß $U_g = G_W - K_B = es - EI (= A_{oW} - A_{uB})$ (3.3a)

Kleinstübermaß $U_k = K_W - G_B = ei - ES (= A_{uW} - A_{oB})$ (3.3b)

Für **Übergangspassungen** gilt:

Größtspiel $S_g = G_B - K_W = ES - ei (= A_{oB} - A_{uW})$ (3.4a)

Größtübermaß $U_g = G_W - K_B = es - EI (= A_{oW} - A_{uB})$ (3.4b)

Der Schwankungsbereich zwischen den jeweiligen Extremwerten wird bei allen Passungen **Paßtoleranz** T_p genannt.

Es gilt bei Spiel $T_p = S_g - S_k$ (3.5a)

bei Übermaß $T_p = U_g - U_k$ (3.5b)

bei Übergang $T_p = S_g + U_g$. (3.5c)

Für alle Passungsarten gilt außerdem die Kontrollgleichung

$$T_p = T_W + T_B. \tag{3.6}$$

Da die Paßtoleranz T_p durch Größe und Lage eindeutig festgelegt ist, läßt sich jeweils ein Paßtoleranzfeld angeben (Paßtoleranzschaubild mit Bezugslinie $S_k = U_k = 0$, **Bild 3.16**). Der Charakter einer Passung wird im allgemeinen, insbesondere wenn die zu paarenden Bauteile in großen Stückzahlen zu fertigen sind, durch den arithmetischen Mittelwert aus den Größt- und

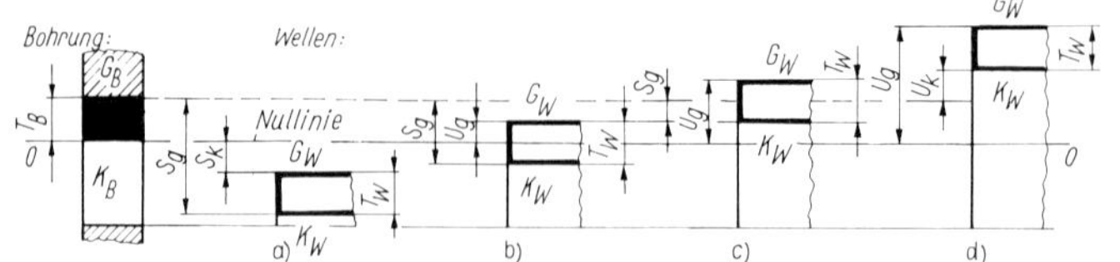

Bild 3.15. Bezeichnungen bei Passungen

a) Spiel-; b), c) Übergangs-; d) Preßpassungen (bei b) $S_m > 0$; bei c) $U_m > 0$)

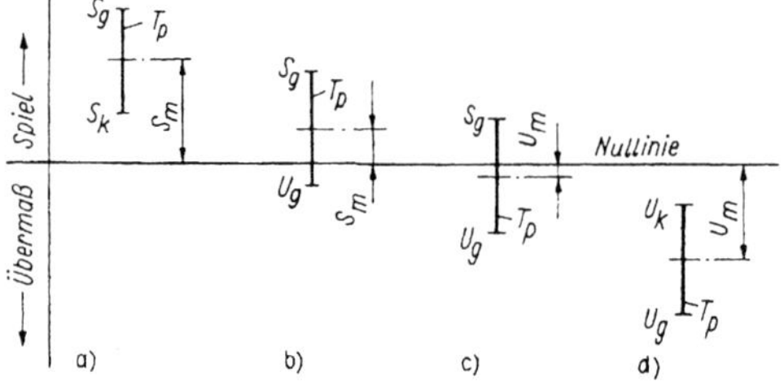

Bild 3.16. Paßtoleranzfelder nach DIN ISO 286 (bisher DIN 7182)

a) Spiel-; b), c) Übergangs-; d) Preßpassung (bei b) $S_m > 0$; bei c) $U_m > 0$)

den Kleinstwerten oder die Differenz der Toleranzmittenmaße C [1.2] gekennzeichnet, wobei gilt:

mittleres Spiel $$S_m = \frac{S_g + S_k}{2} = C_B - C_W; \qquad (3.7)$$

Tafel 3.15. Empfohlene Passungen und Vorzugspassungen*) (Spiele und Übermaße) nach DIN 7154 und DIN 7155 (Auswahl bis 180 mm); Abmaße in µm

Passung →	Preßpassungen				Übergangspassungen					
↓ Nennmaßbereich mm	H7*) / s6	H7*) / r6	H7 / p6	P7 / h6	H7*) / n6	H7*) / k6	H7*) / j6	J7 / h6	K7 / h6	N7 / h6
von 1 bis 3	−4 −20	0 −16	+4 −12	0 −16	+6 −10	+10 −6	+12 −4	+10 −6	+6 −10	+2 −14
über 3 bis 6	−7 −27	−3 −23	0 −20	0 −20	+4 −16	+11 −9	+14 −6	+14 −6	+11 −9	+4 −16
über 6 bis 10	−8 −32	−4 −28	0 −24	0 −24	+5 −19	+14 −10	+17 −7	+17 −7	+14 −10	+5 −19
über 10 bis 14	−10 −39	−5 −34	0 −29	0 −29	+6 −23	+17 −12	+21 −8	+21 −8	+17 −12	+6 −23
über 14 bis 18	−10 −39	−5 −34	0 −29	0 −29	+6 −23	+17 −12	+21 −8	+21 −8	+17 −12	+6 −23
über 18 bis 24	−14 −48	−7 −41	−1 −35	−1 −35	+6 −28	+19 −15	+25 −9	+25 −9	+19 −15	+6 −28
über 24 bis 30	−14 −48	−7 −41	−1 −35	−1 −35	+6 −28	+19 −15	+25 −9	+25 −9	+19 −15	+6 −28
über 30 bis 40	−18 −59	−9 −50	−1 −42	−1 −42	+8 −33	+23 −18	+30 −11	+30 −11	+23 −18	+8 −33
über 40 bis 50	−18 −59	−9 −50	−1 −42	−1 −42	+8 −33	+23 −18	+30 −11	+30 −11	+23 −18	+8 −33
über 50 bis 65	−23 −72	−11 −60	−2 −51	−2 −51	+10 −39	+28 −21	+37 −12	+37 −12	+28 −21	+10 −39
über 65 bis 80	−29 −78	−13 −62	−2 −51	−2 −51	+10 −39	+28 −21	+37 −12	+37 −12	+28 −21	+10 −39
über 80 bis 100	−36 −93	−16 −73	−2 −59	−2 −59	+12 −45	+32 −25	+44 −13	+44 −13	+32 −25	+12 −45
über 100 bis 120	−44 −101	−19 −76	−2 −59	−2 −59	+12 −45	+32 −25	+44 −13	+44 −13	+32 −25	+12 −45
über 120 bis 140	−52 −117	−23 −88	−3 −68	−3 −68	+13 −52	+37 −28	+51 −14	+51 −14	+37 −28	+13 −52
über 140 bis 160	−60 −125	−25 −90	−3 −68	−3 −68	+13 −52	+37 −28	+51 −14	+51 −14	+37 −28	+13 −52
über 160 bis 180	−68 −133	−28 −93	−3 −68	−3 −68	+13 −52	+37 −28	+51 −14	+51 −14	+37 −28	+13 −52

mittleres Übermaß $$U_m = \frac{U_g + U_k}{2} = C_W - C_B; \quad (3.8)$$

für Übergangspassung $$S_m = \frac{S_g - U_g}{2} = C_B - C_W; \quad (3.9a)$$

$$U_m = \frac{U_g - S_g}{2} = C_W - C_B. \quad (3.9b)$$

Zu beachten ist, daß die dem ISO-System zugrunde liegenden Gesetzmäßigkeiten im Nennmaßbereich von 1 bis 500 mm die Bildung gleichnamiger Passungen ermöglichen. Für gleiche

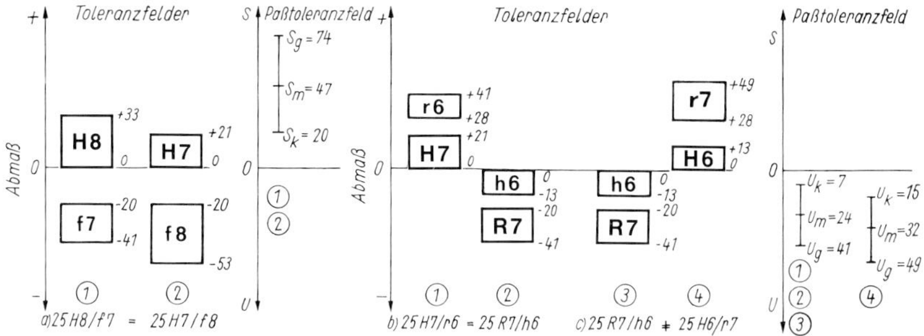

Bild 3.17. Gleichnamige Passungen [3.2.1]

a) Spielpassung (25 H 8/f 7 = 25 H 7/f 8); b) Preßpassung (25 H 7/r 6 = 25 R 7/h 6); c) ungleiche Preßpassung (25 R 7/h 6 ≠ 25 H 6/r 7)
Abmaße, Spiele S und Übermaße U in µm

Spielpassungen										
H7 *)/h6	H7 *)/g6	H7 *)/f7	F8 *)/h6	H8 *)/f7	H8 *)/e8	F8 *)/h9	H8 *)/d9	H9/d10	H11*)/d9	H11*)/h11
+16	+18	+26	+26	+30	+42	+45	+59	+85	+105	+120
0	+2	+6	+6	+6	+14	+6	+20	+20	+20	0
+20	+24	+34	+36	+40	+56	+58	+78	+108	+135	+150
0	+4	+10	+10	+10	+20	+10	+30	+30	+30	0
+24	+29	+43	+44	+50	+69	+71	+98	+134	+166	+180
0	+5	+13	+13	+13	+25	+13	+40	+40	+40	0
+29	+35	+52	+54	+61	+86	+86	+120	+163	+203	+220
0	+6	+16	+16	+16	+32	+16	+50	+50	+50	0
+29	+35	+52	+54	+61	+86	+86	+120	+163	+203	+220
0	+6	+16	+16	+16	+32	+16	+50	+50	+50	0
+34	+41	+62	+66	+74	+106	+105	+150	+201	+247	+260
0	+7	+20	+20	+20	+40	+20	+65	+65	+65	0
+34	+41	+62	+66	+74	+106	+105	+150	+201	+247	+260
0	+7	+20	+20	+20	+40	+20	+65	+65	+65	0
+41	+50	+75	+80	+89	+128	+126	+181	+242	+302	+320
0	+9	+25	+25	+25	+50	+25	+80	+80	+80	0
+41	+50	+75	+80	+89	+128	+126	+181	+242	+302	+320
0	+9	+25	+25	+25	+50	+25	+80	+80	+80	0
+49	+59	+90	+95	+106	+152	+150	+220	+294	+364	+380
0	+10	+30	+30	+30	+60	+30	+100	+100	+100	0
+49	+59	+90	+95	+106	+152	+150	+220	+294	+364	+380
0	+10	+30	+30	+30	+60	+30	+100	+100	+100	0
+57	+69	+106	+112	+125	+180	+177	+261	+347	+427	+440
0	+12	+36	+36	+36	+72	+36	+120	+120	+120	0
+57	+69	+106	+112	+125	+180	+177	+261	+347	+427	+440
0	+12	+36	+36	+36	+72	+36	+120	+120	+120	0
+65	+79	+123	+131	+146	+211	+206	+308	+405	+495	+500
0	+14	+43	+43	+43	+85	+43	+145	+145	+145	0
+65	+79	+123	+131	+146	+211	+206	+308	+405	+495	+500
0	+14	+43	+43	+43	+85	+43	+145	+145	+145	0
+65	+79	+123	+131	+146	+211	+206	+308	+405	+495	+500
0	+14	+43	+43	+43	+85	+43	+145	+145	+145	0

Tafel 3.16. Vorzugspassungen, Spiele und Übermaße empfohlener Paßtoleranzfelder nach DIN 58700 für die Feinwerktechnik (Auswahl bis 180 mm), Abmaße in µm

Passung		Preßpassungen			Übergangspassungen				
	Reihe 1	Z8/h9	X8/h8	H7/r6	H7/m6	H7/j6	H7/h6	H8/h8	H8/h9
Nennmaßbereich in mm	von 1 bis 3	−1 −40	−6 −34	0 −16	+8 −8	+12 −4	+16 0	+28 0	+39 0
	über 3 bis 6	−5 −53	−10 −46	−3 −23	+8 −12	+14 −6	+20 0	+36 0	+48 0
	über 6 bis 10	−6 −64	−12 −56	−4 −28	+9 −15	+17 −7	+24 0	+44 0	+58 0
	über 10 bis 14	−7 −77	−13 −67	−5 −34	+11 −18	+21 −8	+29 0	+54 0	+70 0
	über 14 bis 18	−17 −87	−18 −72						
	über 18 bis 24	−21 −106	−21 −87	−7 −41	+13 −21	+25 −9	+34 0	+66 0	+85 0
	über 24 bis 30	−36 −121	−31 −97						
	über 30 bis 40	−50 −151	−41 −119	−9 −50	+16 −25	+30 −11	+41 0	+78 0	+101 0
	über 40 bis 50	−74 −175	−58 −136						
	über 50 bis 65	−98 −218	−76 −168	−11 −60	+19 −30	+37 −12	+49 0	+92 0	+120 0
	über 65 bis 80	−136 −256	−100 −192	−13 −62					
	über 80 bis 100	−171 −312	−124 −232	−16 −73	+22 −35	+44 −13	+57 0	+108 0	+141 0
	über 100 bis 120	−223 −364	−156 −264	−19 −76					
	über 120 bis 140	−265 −428	−185 −311	−23 −88	+25 −40	+51 −14	+65 0	+126 0	+163 0
	über 140 bis 160	−315 −478	−217 −343	−25 −90					
	über 160 bis 180	–	−247 −373	−28 −93					
	Reihe 2*	S7/h6; H7/s6; H5/r4			H7/n6; H5/j5; H5/h4; H6/h6; H10/h9; H11/h11				

* Abmaße s. DIN 58700, Teil 2

Spielpassungen

G7/h6	H7/f7	F8/h8	F8/h9	F9/h9	E9/h9	D10/h9	D10/h11	D11/h11	CD10/h9
+18 +2	+26 +6	+34 +6	+45 +6	+56 +6	+64 +14	+85 +20	+120 +20	+140 +20	+99 +34
+24 +4	+34 +10	+46 +10	+58 +10	+70 +10	+80 +20	+108 +30	+153 +30	+180 +30	+124 +46
+29 +5	+43 +13	+57 +13	+71 +13	+85 +13	+97 +25	+134 +40	+188 +40	+220 +40	+150 +56
+35 +6	+52 +16	+70 +16	+86 +16	+102 +16	+118 +32	+163 +50	+230 +50	+270 +50	– –
+41 +7	+62 +20	+86 +20	+105 +20	+124 +20	+144 +40	+201 +65	+279 +65	+325 +65	– –
+50 +9	+75 +25	+103 +25	+126 +25	+149 +25	+174 +50	+242 +80	+340 +80	+400 +80	– –
+59 +10	+90 +30	+122 +30	+150 +30	+178 +30	+208 +60	+294 +100	+410 +100	+480 +100	– –
+69 +12	+106 +36	+144 +36	+177 +36	+210 +36	+246 +72	+347 +120	+480 +120	+560 +120	– –
+79 +14	+123 +43	+169 +43	+206 +43	+243 +43	+285 +85	+405 +145	+555 +145	+645 +145	– –

$\frac{H4}{g3}$; $\frac{H5}{g5}$; $\frac{H6}{g5}$; $\frac{G6}{h5}$; $\frac{H7}{g6}$; $\frac{G7}{h8}$; $\frac{H6}{f5}$; $\frac{H8}{f8}$; $\frac{H8}{e8}$; $\frac{D11}{h9}$; $\frac{H11}{d11}$; $\frac{C11}{h11}$

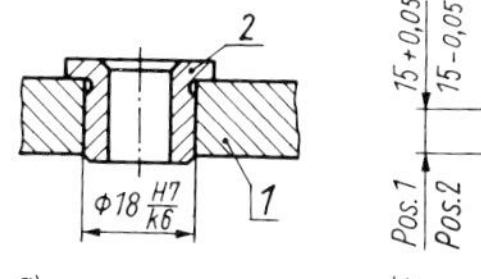

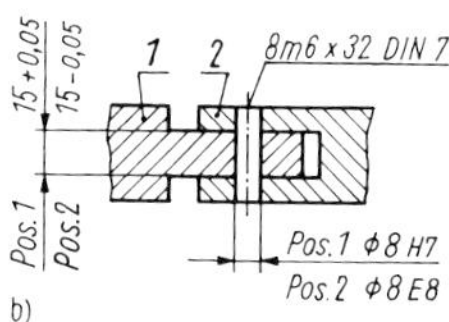

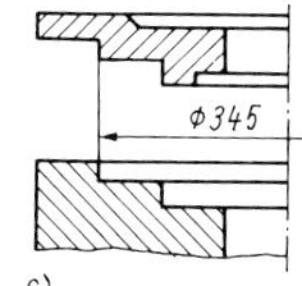

Bild 3.18. Eintragen von Passungen in Zeichnungen [3.2.1]

a) mit ISO-Kurzzeichen (H7 für Bohrung 1, k6 für Außendurchmesser 2); b) mit ISO-Kurzzeichen und mit Abmaßen (zusätzliche Wortangaben u. a. bei Flachpassungen, um Zugehörigkeit von Toleranzfeld zu Bauteil zu verdeutlichen); c) Anpassen durch Angabe der Paßtoleranz

Tafel 3.17. Allgemeine Charakterisierung und Anwendungsbeispiele von Passungen (s. auch Tafeln 3.15 und 3.16)
Wälzlagerpassungen s. Tafel 8.2.16 in Abschnitt 8.2.

Passungen nach DIN 7157		DIN 58700			Allgemeine Charakterisierung	Anwendungsbeispiele	Passungsart
	S_m bzw. U_m in µm für 3 mm < N ≦ 6 mm	Reihe 1	Reihe 2	S_m bzw. U_m in µm für 3 mm < N ≦ 6 mm			
H 11/ c 11	$S_m = 145$	D 11/ h 11 D 10/ h 11	H 11/ d 11	$S_m = 105$ 91,5	Teile sitzen locker aufeinander.	leichtbewegliche Teile der Massenfertigung, z.B. Gleitlager für Drehschalter, einfache Geradführungen, Gleitlager bei handangetriebenen Haushaltmaschinen, Paßteile, die nach Oberflächenbehandlung (Verchromen, Verzinken u.a.) noch genügend Spiel zeigen	Spielpassung
H 11/ h 11	75	 D 10/ h 9	D 11/ h 9	83 69	Teile lassen sich sehr leicht fügen und haben reichliches Spiel.	Teile, die auf Wellen verstiftet, geschraubt oder festgeklemmt werden; Distanzbuchsen, Scharnierbolzen	
H 8/d 9 E 9/h 9	54 50	 E 9/h 9		 50	Teile sind sehr leicht ineinander beweglich und zeigen reichliches Spiel.	langsam rotierende Scheiben und Rollen z.B. für Seiltriebe u.ä.; Stopfbuchsenteile, Gleitlager in Werkzeugmaschinen	
 H 8/e 8	 38	F 9/h 9 F 8/h 9 F 8/h 8	 H 8/e 8 H 8/f 8	40 38 34 28	Teile sind ineinander beweglich und zeigen reichliches bis merkliches Spiel.	verschiebbare Teile von Kupplungen, Gleitlager für schnellaufende Achsen, Kurbelwellen u.ä.; Gleitführungen	
F 8/h 6 H 7/f 7	23 22	H 8/h 9 H 7/f 7		24 22	Teile sind ineinander beweglich und zeigen noch merkliches Spiel.	Stellringe, Handräder, Bedienungsknöpfe, Kupplungen, Scheiben, die auf Wellen verschoben werden; Gleitlager für schnellaufende Achsen und Wellen (doppelt gelagert); Führungssteine in Führungen, Gleitbuchsenhülsen	
		 H 8/h 8	G 7/h 8	19 18	Teile sind beweglich und zeigen geringes Spiel.	Gleitlager bei Präzisionsgeräten, gut sitzende Führungsbuchsen; kraftlos verschiebbare Teile auf Achsen und Wellen	
H 7/f 6	20		H 6/f 5	16,5	Teile sind noch belich und zeigen nur noch wenig Spiel.		
H 7/g 6	14	G 7/h 6	H 7/g 6	14	Teile lassen sich zusammenfügen, zeigen aber kaum Spiel.	leerlaufende Kupplungsteile, Stellstifte in Führungsbuchsen, verschiebbare Zahnräder	
  H 7/h 6	 10	 H 7/h 6	G 6/h 5 H 6/g 5	10,5 10,5 10	Teile lassen sich von Hand verschieben, gleiten aufeinander, zeigen aber fast kein Spiel.	gut sitzende Stellringe, Wechselräder auf Achsen, hochgenaue Gleitlager mit sehr geringem Spiel und geräuscharmem Lauf	

Tafel 3.17. Fortsetzung

Passungen nach DIN 7157	S_m bzw. U_m in µm für 3 mm $< N \leqq 6$ mm	DIN 58700 Reihe 1	Reihe 2	S_m bzw. U_m in µm für 3 mm $< N \leqq 6$ mm	Allgemeine Charakterisierung	Anwendungsbeispiele	Passungsart
H 7/j 6	4	H 7/j 6		4	Teile haften aufeinander und können ohne erheblichen Kraftaufwand zusammengefügt werden.	Zahnräder, Handräder, Scheiben auf Wellen, Gleitlagerbuchsen in Gehäusen bei kleineren Beanspruchungen	Übergangspassung
H 7/k 6	1		H 5/j 5	2	Teile können ohne erheblichen Kraftaufwand zusammengefügt werden (möglichst mit Schmierstoff). Mehrfache Demontage ist möglich.	bedingt verschiebbare Teile, z.B. Zentrierflansche, Getriebeteile hoher Genauigkeit (Wechselräder), Bohrbuchsen, Optikteile	
H 7/n 6	$U_m =$ 6	H 7/m 6	H 7/n 6	$U_m =$ 2 6	Teile sitzen fest und sind nur unter Druck zu fügen; gegen Verdrehen sind sie jedoch zu sichern, wenn Drehmomente zu übertragen sind. Lösen durch Auspressen ist möglich.	Gleitlagerbuchsen in Gehäusen, stoßweise beanspruchte Zahnräder, Ankerkörper auf Wellen	
H 7/r 6	13	H 7/r 6		13	Teile sitzen fest und sind unter Druck zu fügen (Holzhammer, Handspindelpresse). Übertragung kleinerer Drehmomente ohne Verdrehsicherung ist möglich.	feste Bolzen in Bohrungen, Stellringe (erste Stufe von kleinen Getrieben), Gleitlagerbuchsen in Gehäusen bei großen Beanspruchungen	Preßpassung
H 7/s 6	17		H 7/s 6 S 7/h 6	17 17	Teile sitzen fest zusammen (Übertragung größerer Drehmomente). Lösen ist nur schwer möglich.	ausgeschnittene (gestanzte) Zahnräder auf Wellen in mechanischen Federwerken u.a.; Kupplungsnaben auf Wellen	
H 8/x 8	28	X 8/h 8 Z 8/h 9		28 29	Teile sitzen sehr fest aufeinander und garantieren die Übertragung größerer Drehmomente. Lösen ist unmöglich, da meist bei warmer Bohrung gefügt.	Getriebeteile, Ringe, Buchsen	

Spielpassungen kann man in den Systemen Einheitswelle und Einheitsbohrung die Qualitäten der Wellen und Bohrungen generell vertauschen, ohne daß sich Kleinst- und Größtspiel verändern (**Bild 3.17**a). Bei Übergangs- und Preßpassungen dagegen kann sich bei gleichen Lagen der Toleranzfelder und Vertauschen der Qualitäten für Welle und Bohrung eine Veränderung des Passungscharakters ergeben (Bilder 3.17b, c). Hier sind also immer genauere Passungsanalysen erforderlich. Ähnliches gilt für die Nennmaßbereiche unter 1 mm und über 500 mm (ausführliche Darstellung s. [3.2.1]).

Tafel 3.18. Empfohlene Toleranzfelder und Passungen für Nennmaße unter 1 mm
bisher in ISO R 286 festgelegt
a) *System Einheitsbohrung*

Maßbereich in mm	Toleranzfelder der Bohrungen/Wellen; Passungen																		
bis 0,1	–	–	–	–	–	–	–	–	–	–	–	H4/f4	H5/f5	H6/f6	H7/f7	–	H4/fg4	H5/fg5	H6/fg6
über 0,1 bis 0,3	–	–	–	–	H5/e5	H6/e6	H8/e8	H9/e9	H10/d10	H5/ef5	H6/ef6	H4/f4	H5/f5	H6/f6	H8/f8	–	H4/fg4	H5/fg5	H6/fg6
über 0,3 bis <1	H7/cd7	H8/cd8	H9/cd9	H10/cd10	H6/d6	H7/d7	H8/d8	H9/d9	H10/d10	H6/e6	H7/e7	H5/ef5	H6/ef6	H7/ef7	H8/ef8	H9/ef9	H5/fg5	H6/fg6	H7/fg7

Fortsetzung

Maßbereich in mm	Toleranzfelder der Bohrungen/Wellen; Passungen																		
bis 0,1	H4/g4		H5/g5	H4/h4		H5/h5	H6/h6	H7/h7		–	–	–	H4/j_s4		H5/j_s5	H6/j_s6	–	–	
über 0,1 bis 0,3	H4/g4		H5/g5	H4/h4		H5/h5	H6/h6	H7/h7	H8/h8	H9/h9	H10/h10	H11/h11	H4/j_s4		H5/j_s5	H6/j_s6	H8/j_s8	H4/k4	
über 0,3 bis <1	H4/g4	H5/g5	H6/g6	H4/h4	H5/h5	H6/h6	H7/h7	H8/h8		H9/h9	H10/h10	H11/h11	H4/j_s4	H5/j_s5	H6/j_s6	H7/j_s7	H8/j_s8	H4/k4	H5/k5

Fortsetzung

Maßbereich in mm	Toleranzfelder der Bohrungen/Wellen; Passungen																		
bis 0,1	–	–	–	–	–	–	–	–	–	–	–	–	–	–	–	–	–	–	–
über 0,1 bis 0,3	H5/k5	H6/k6	H7/k7	H4/m4	H4/n4	H5/n5	–	H5/p5	H4/p4	H5/r5	–	–	H7/s7	H5/s5	H7/x7	H8/x8	–	H6/u6	H8/z8
über 0,3 bis <1	H6/k6	H7/k7	H8/k8	H5/m5	H5/n5	H6/n6	H5/p5	H6/p6	H5/r5	H6/r6	H5/s5	H6/s6	H7/s7	H6/u6	H7/x7	H8/x8	H6/z6	H7/z7	H8/z8

b) *System Einheitswelle*

Maßbereich in mm	Toleranzfelder der Bohrungen/Wellen; Passungen																	
bis 0,1	–	–	–	–	–	–	–	–	–	–	–	$\frac{F4}{h4}$	$\frac{F5}{h5}$	$\frac{F6}{h6}$	$\frac{F7}{h7}$	–	$\frac{FG4}{h4}$	$\frac{FG5}{h5}$	$\frac{FG6}{h6}$
über 0,1 bis 0,3	–	–	–	–	$\frac{E5}{h5}$	$\frac{E6}{h6}$	$\frac{E8}{h8}$	$\frac{E9}{h9}$	$\frac{D10}{h10}$	$\frac{EF5}{h5}$	$\frac{EF6}{h6}$	$\frac{F4}{h4}$	$\frac{F5}{h5}$	$\frac{F6}{h6}$	$\frac{F8}{h8}$	–	$\frac{FG4}{h4}$	$\frac{FG5}{h5}$	$\frac{FG6}{h6}$
über 0,3 bis <1	$\frac{CD7}{h7}$	$\frac{CD8}{h8}$	$\frac{CD9}{h9}$	$\frac{CD10}{h10}$	$\frac{D5}{h6}$	$\frac{D7}{h7}$	$\frac{D8}{h8}$	$\frac{D9}{h9}$	$\frac{D10}{h10}$	$\frac{E6}{h6}$	$\frac{E7}{h7}$	$\frac{EF5}{h5}$	$\frac{EF6}{h6}$	$\frac{EF7}{h7}$	$\frac{EF8}{h8}$	$\frac{EF9}{h9}$	$\frac{FG5}{h5}$	$\frac{FG6}{h6}$	$\frac{FG7}{h7}$

Fortsetzung

Maßbereich in mm	Toleranzfelder der Bohrungen/Wellen; Passungen																	
bis 0,1	$\frac{G4}{h4}$		$\frac{G5}{h5}$	$\frac{H4}{h4}$		$\frac{H5}{h5}$	$\frac{H6}{h6}$	$\frac{H7}{h7}$		–	–	–	$\frac{J_s4}{h4}$		$\frac{J_s5}{h5}$	$\frac{J_s6}{h6}$	–	–	
über 0,1 bis 0,3	$\frac{G4}{h4}$		$\frac{G5}{h5}$	$\frac{H4}{h4}$		$\frac{H5}{h5}$	$\frac{H6}{h6}$	$\frac{H7}{h7}$	$\frac{H8}{h8}$	$\frac{H9}{h9}$	$\frac{H10}{h10}$	$\frac{H11}{h11}$	$\frac{J_s4}{h4}$		$\frac{J_s5}{h5}$	$\frac{J_s6}{h6}$	$\frac{J_s8}{h8}$	$\frac{K4}{h4}$	
über 0,3 bis <1	$\frac{G4}{h4}$	$\frac{G5}{h5}$	$\frac{G6}{h6}$	$\frac{H4}{h4}$	$\frac{H5}{h5}$	$\frac{H6}{h6}$	$\frac{H7}{h7}$	$\frac{H8}{h8}$		$\frac{H9}{h9}$	$\frac{H10}{h10}$	$\frac{H11}{h11}$	$\frac{J_s4}{h4}$	$\frac{J_s5}{h5}$	$\frac{J_s6}{h6}$	$\frac{J_s7}{h7}$	$\frac{J_s8}{h8}$	$\frac{K4}{h4}$	$\frac{K5}{h5}$

Fortsetzung

Maßbereich in mm	Toleranzfelder der Bohrungen/Wellen; Passungen																	
bis 0,1	–	–	–	–	–	–	–	–	–	–	–	–	–	–	–	–	–	–
über 0,1 bis 0,3	$\frac{K5}{h5}$	$\frac{K6}{h6}$	$\frac{K7}{h7}$	$\frac{M4}{h4}$	$\frac{N4}{h4}$	$\frac{N5}{h5}$	–	$\frac{P5}{h5}$	$\frac{P4}{h4}$	$\frac{R5}{h5}$	–	–	$\frac{S7}{h7}$	$\frac{S5}{h5}$	$\frac{X7}{h7}$	$\frac{X8}{h8}$	$\frac{U6}{h6}$	$\frac{Z8}{h8}$
über 0,3 bis <1	$\frac{K6}{h6}$	$\frac{K7}{h7}$	$\frac{K8}{h8}$	$\frac{M5}{h5}$	$\frac{N5}{h5}$	$\frac{N6}{h6}$	$\frac{P5}{h5}$	$\frac{P6}{h6}$	$\frac{R5}{h5}$	$\frac{R6}{h6}$	$\frac{S5}{h5}$	$\frac{S6}{h6}$	$\frac{S7}{h7}$	$\frac{U6}{h6}$	$\frac{X7}{h7}$	$\frac{X8}{h8}$	$\frac{Z7}{h7}$	$\frac{Z8}{h8}$

Anmerkung zu a) und b): in einer vertikalen Spalte sind die Passungen angegeben, die annähernd gleich sind in Charakter und Genauigkeit der Verbindung in den verschiedenen Nennmaßbereichen.

In Zeichnungen wird der durch die Passung gegebene Maßunterschied prinzipiell nicht dargestellt. Die Passungsart geht nur aus den Angaben hinter dem Nennmaß hervor (**Bilder 3.18** a, b). Bei Einzel- oder Kleinserienfertigung wird mitunter auch das komplizierter zu fertigende Teil zuerst bearbeitet und das zugehörige Teil dann nach vorgeschriebener Paßtoleranz angepaßt (Bild 3.18c).

3.2.2.2. Passungsauswahl [3.2.1]

In den Paßsystemen Einheitswelle und Einheitsbohrung sind die theoretisch möglichen Paarungen (vgl. Bild 3.3) bereits erheblich eingeschränkt. Zur weiteren Erhöhung der Wirtschaftlichkeit u. a. der Fertigung wurde in DIN 7157 und DIN 58700 eine sinnvolle Auswahl innerhalb dieser beiden Systeme getroffen. Danach sind im Nennmaßbereich von 1 bis 500 mm nur wenige Passungen für den praktischen Gebrauch empfohlen. Eine Vorzugsreihe in dieser Passungsauswahl umfaßt nur noch wenige Spiel-, Übergangs- und Preßpassungen.
Diese Vorzugspassungen ermöglichen die Lösung der wesentlichen Passungsprobleme. Sie sind in den **Tafeln 3.15 und 3.16** sowie mit einer allgemeinen Charakterisierung und Anwendungsbeispielen in **Tafel 3.17** dargestellt. **Tafel 3.18** enthält außerdem empfohlene Toleranzfelder und Passungen für Nennmaße unter 1 mm. Analoge Festlegungen für Nennmaße über 500 mm siehe DIN ISO 286 (bisher DIN 7172).
Die Entscheidung für eines der beiden Paßsysteme ist u. a. abhängig von der Art der zu fertigenden Teile:

Das System Einheitswelle (EW) wendet man bei ausgesprochener Massenfertigung an und dann, wenn vorrangig genormte Profile (z. B. blankgezogener Rundstahl mit Toleranzen h 9 oder h 11) eingesetzt werden, die eine spanende Bearbeitung erübrigen.

Das System Einheitsbohrung (EB) bevorzugt man bei kleineren Stückzahlen und einem vielseitigeren Erzeugnisspektrum, weil dabei ein kleinerer Werkzeugbedarf für das Herstellen der Bohrungen erforderlich ist (Reibahlen, Aufspann- und Lehrdorne). Außerdem lassen sich z. B. Absätze an Wellen leichter herstellen als in Bohrungen. Zugleich wählt man für Bohrungen im Bereich der Qualitäten bis 8 in der Regel eine gröbere Toleranz als für die Wellen, um die Wirtschaftlichkeit der Fertigung zu sichern. Daraus erklärt sich auch die Festlegung, Toleranzfelder H 5 bis H 12 für Bohrungen zu wählen, für Wellen dagegen h 4 bis h 12.

Bei dem sog. *Verbundsystem* als Auswahlsystem werden die Systeme Einheitsbohrung (EB) und Einheitswelle (EW) so vereinigt, daß deren jeweilige Vorteile zur Geltung kommen (Übergangs- und Preßpassungen nach EB, Spielpassungen nach EW). Bei einem vielseitigen Erzeugnisspektrum kann dies zur Vereinfachung von Konstruktionen sowie zur Steigerung der Wirtschaftlichkeit führen.
Eine *freie Passungswahl*, d. h. die Abweichung von den in den Normen empfohlenen Passungen und Vorzugspassungen, könnte bei einer ausgesprochenen Massenfertigung u. U. Vorteile bringen. Sie muß jedoch generell kritisch bewertet werden, da neben einer unübersichtlichen und umständlichen Handhabung in diesem Fall alle Vorteile der internationalen Normung verlorengehen [3.2.1].

3.2.3. Einfluß der Temperatur auf Toleranz und Passung [3.2.44]

Der Einsatz von Geräten erfolgt in zunehmendem Maße unter extremen Temperaturbedingungen oder bei großen Temperaturschwankungen. Da ein toleriertes Maß aufgrund der Wärmedehnung der Werkstoffe von der jeweils vorliegenden Temperatur abhängt, müssen diese Einflüsse dann berücksichtigt werden, wenn die gepaarten Teile unterschiedliche Längen-Temperaturkoeffizienten haben **(Tafel 3.19)** und Bezugs- und Betriebstemperatur voneinander abweichen.
Die temperaturabhängige Längenänderung berechnet sich aus

$$\Delta D = D\alpha\,(\vartheta_b - \vartheta_0) = D\alpha\Delta\vartheta; \tag{3.10}$$

ΔD Durchmesser- bzw. Längenänderung, D Durchmesser bzw. Länge bei Bezugstemperatur, α Längen-Temperaturkoeffizient, ϑ_b Betriebstemperatur, ϑ_0 Bezugstemperatur (i. allg. 20 °C), $\Delta\vartheta$ Abweichung von Bezugstemperatur.

Setzt man voraus, daß α für einen bestimmten Werkstoff innerhalb der interessierenden Bereiche $\Delta\vartheta$ etwa konstant ist, verändert sich bei Temperaturdehnung zwar die Größe eines Toleranzfeldes praktisch nicht, aber dessen Lage verschiebt sich **(Bild 3.19)**. Dadurch kann

Tafel 3.19. Längen-Temperaturkoeffizienten α einiger Werkstoffe bei 20 °C [1.2]

Werkstoff	$\alpha_{20} \cdot 10^{-5}$ m/(m · K)	Werkstoff	$\alpha_{20} \cdot 10^{-5}$ m/(m · K)
Stahl	1,15	Graphit	0,78
Stahl mit 36% Ni (Invar)	0,05	Diamant	0,13
Gußeisen	1,00	Polyamide	7,00 ... 10,00
Aluminium	2,30	Polyamide mit Glaslängsfaser	2,50
Al-Cu-Mg	2,40 ... 2,60	Nickel	1,30
Al-Si-Cu	1,90 ... 2,20	Zink	3,00
Blei	2,90	Zinn	2,70
Beryllium	1,16	Kunstharzpreßstoffe	3,40 ... 4,00
Titan	0,86	Teflon	16,00 ... 25,00
Platin	0,91	Duroplaste (Polyesterharze)	8,00
Mg-Al	2,40 ... 2,70	glasfaserverstärkte Kunststoffe (Polyesterharze)	0,80 ... 2,80
Bronze	1,80		
Kupfer	1,70	Glas (je nach Sorte)	0,48 ... 0,98
Messing	1,90		
Neusilber	1,80		

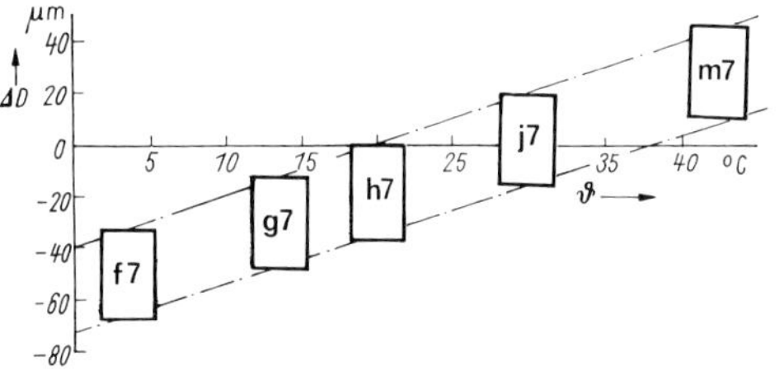

Bild 3.19. Verschiebung des Toleranzfeldes h7 bei Temperatureinfluß

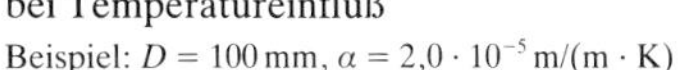
Beispiel: $D = 100$ mm, $\alpha = 2{,}0 \cdot 10^{-5}$ m/(m · K)

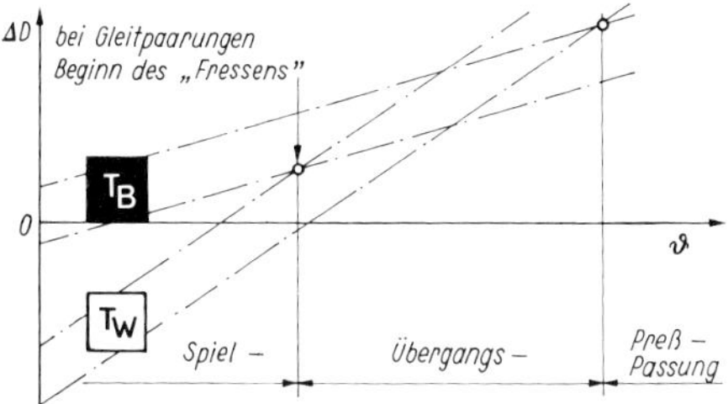

Bild 3.20. Einfluß der Temperatur auf den Charakter einer Passung bei $\alpha_W > \alpha_B$ [3.2.4]

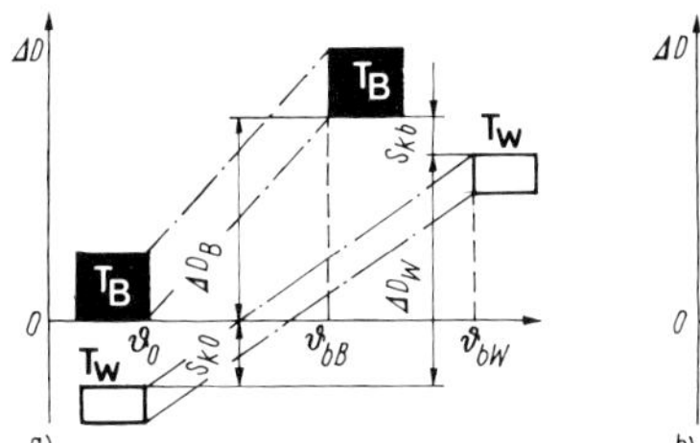

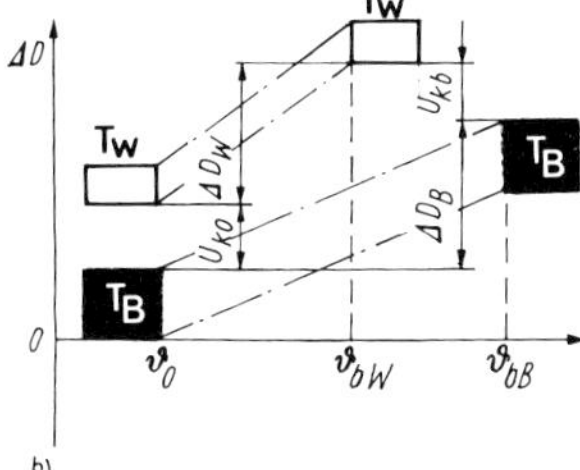

Bild 3.21. Gewährleisten des Paßcharakters

a) bei Spielanpassung mit $\alpha_B > \alpha_W$ und $\vartheta_{bB}, \vartheta_{bW} > \vartheta_0$
Spiel bei ϑ_b : $S_{kb} = S_{K0} + \Delta D_B - \Delta D_W$ mit $\Delta D_B = D_B \cdot \alpha_B\,(\vartheta_{bB} - \vartheta_0)$ und $\Delta D_W = D_W \cdot \alpha_W\,(\vartheta_{bW} - \vartheta_0)$;
D_B, D_W Nenndurchmesser
b) bei Preßpassung mit $\alpha_W > \alpha_B$ und $\vartheta_{bW}, \vartheta_{bB} > \vartheta_0$
Übermaß bei ϑ_b : $U_{kb} = U_{k0} + \Delta D_W - \Delta D_B$ mit ΔD_W und ΔD_B analog a) [3.2.2]

der Charakter einer Passung verändert werden **(Bild 3.20)**. Der geforderte Paßcharakter läßt sich nur dann sichern, wenn man die Lagen der Toleranzfelder so festlegt, daß bei einer Spiel- bzw. Preßpassung die in den **Bildern 3.21** a, b dargestellten Bedingungen eingehalten werden. Ähnliche Verhältnisse liegen z. B. auch bei den Kunststoffen infolge der Längenänderung durch Feuchteeinfluß vor [3.2.10].

3.2.4. **Maß- und Toleranzketten** [1.1] [1.2] [3.2.1] [3.2.2] [3.2.11] bis [3.2.19] [3.2.46] bis [3.2.58]

Die einzelnen geometrischen Eigenschaften der Bauteile und Baugruppen beeinflussen das Verhalten eines Erzeugnisses, insbesondere hinsichtlich Funktionssicherheit und wirtschaftlicher Herstellbarkeit. Die Anordnung von Elementen und die zwischen ihnen bestehenden geometrischen Beziehungen werden mit der Bemaßung durch Längen- und Winkelmaße bestimmt. Bei deren Eintragung in technische Zeichnungen unterscheidet man die Koordinatenbemaßung (Anordnung aller Maße unter Beachtung fertigungstechnischer Gesichtspunkte von einer Maßbezugsfläche aus und parallel zueinander, Winkelmaße analog), die Kettenbemaßung (reihenweise Anordnung aller Maße) und die kombinierte

Bemaßung, bei der die Maße sowohl parallel als auch reihenweise angeordnet werden **(Bild 3.22)**. Da die ausschließliche Anwendung der Koordinatenbemaßung nicht immer möglich ist, ergeben sich *geometrische Maßketten* und, da alle Maße mit Abweichungen innerhalb begründet festgelegter Toleranzen behaftet sind (vgl. Abschnitt 3.2.1.), gleichermaßen auch *Toleranzketten*.

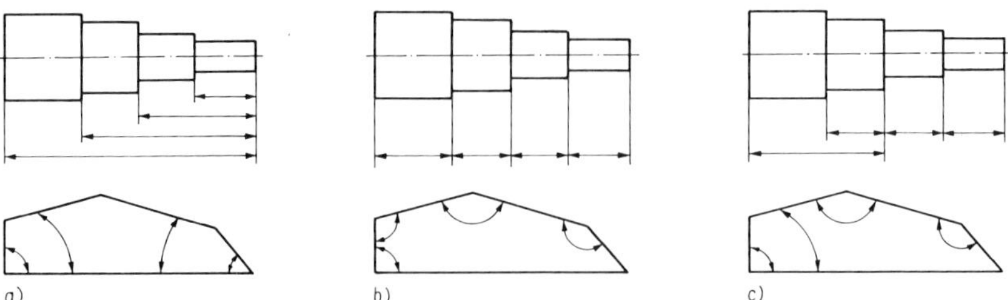

Bild 3.22. Arten der Maßeintragung [3.2.2]

a) Koordinatenbemaßung (Maßlinien parallel); b) Kettenbemaßung (Maßlinien reihenweise); c) kombinierte Bemaßung (Maßlinien parallel und reihenweise)

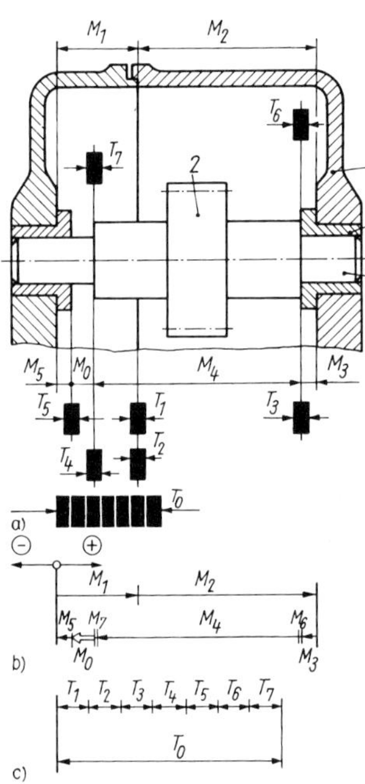

- Unter einer geometrischen Maßkette versteht man die fortlaufende Aneinanderreihung der in einem technischen Gebilde (Einzelteil, Baugruppe, Gerät) zusammenwirkenden Einzelmaße M_{i} und des Schlußmaßes M_{O}.

Bei schematischer Darstellung bilden M_{i} und M_{O} einen in sich geschlossenen Linienzug (**Bild 3.23** a, b). Zwischen den Einzelmaßen M_{i} und dem Schlußmaß M_{O} müssen, um Funktion und Montage zu sichern, bestimmte Abhängigkeiten beachtet werden. Sie lassen sich allgemein folgendermaßen formulieren:

$$M_{\mathrm{O}} = f(M_1, M_2, \ldots, M_i, \ldots M_m). \qquad (3.11)$$

Das Schlußmaß M_{O} ist stets das zur Maßkette gehörende abhängige Maß, das aus den Einzelmaßen M_i resultiert.

Bild 3.23. Maß- und Toleranzkette bei einer Getriebewelle

a) zeichnerische Darstellung, Maße M und Toleranzfelder T; b) Maßkette (M_6 und M_7 sind Anteile von Stirnlauftoleranzen); c) Toleranzkette (T_1 bis T_5 sind Maßtoleranzen, T_6 und T_7 sind Stirnlauftoleranzen der Wellenenden, in größerem Maßstab dargestellt)
1 Welle; *2* Ritzel; *3* Buchsen; *4* Gehäuse

► Die positive Richtung in der Maßkette kann beliebig festgelegt werden, wenn das Schlußmaß nach Gl. (3.12) berechnet wird.

Liegen *lineare Maßketten* vor, deren einzelne Glieder voneinander unabhängig sind, kann das Nennmaß N_{O} des Schlußmaßes M_{O} einer Kette als algebraische Summe der vorzeichenbehafteten Nennmaße N_{i} der Einzelmaße ermittelt werden (Richtungskoeffizient $k = +1$ oder -1):

$$N_{\mathrm{O}} = -\frac{1}{k_0} \sum_{i=1}^{m} k_{\mathrm{i}} N_{\mathrm{i}}.$$

Bei *nichtlinearen (funktionellen) Maßketten* ergibt sich das Nennmaß aus dem funktionellen Zusammenhang innerhalb der Kette [1.2] [3.2.2].

Analog zur Maßkette stellt eine **Toleranzkette** die fortlaufende Aneinanderreihung der in einem technischen Gebilde zusammenwirkenden Einzeltoleranzen T_{i} und der von diesen abhängigen Schlußtoleranz T_{O} dar, die bei schematischer Darstellung ebenfalls einen geschlossenen Linienzug bilden (Bild 3.23c). Wie in diesem Bild erkennbar, ist zu beachten, daß neben Maßtoleranzen auch Form- und Lagetoleranzen Bestandteile geometrischer Maßketten sein können. Man muß deshalb immer prüfen, ob diese Toleranzen den Maßtoleranzraum eines Einzelmaßes völlig oder teilweise ausnutzen, als unabhängige selbständige Einzel-

maße wirksam werden oder evtl. sogar ein funktionsbestimmendes Schlußmaß darstellen [3.2.2].
Für die Berechnung von Maß- und Toleranzketten stehen mehrere Methoden zur Verfügung, die u. a. abhängig davon anzuwenden sind, ob eine vollständige oder eine nur unvollständige Austauschbarkeit der Teile, z. B. einer Losgröße, gefordert wird.

Vollständige Austauschbarkeit ist gegeben, wenn alle Teile eines durch die Maß- und Toleranzkette erfaßten technischen Gebildes ohne Überschreiten der erforderlichen Schlußtoleranz so montiert werden können, daß die Funktion in jedem Fall gewährleistet ist.

Die Berechnung von Lage und Größe der Toleranzen erfolgt unter Berücksichtigung der ungünstigsten Kombinationen der Istwerte nach der *Maximum-Minimum-Methode.* Sie ergibt eine Reihe von Vorteilen, insbesondere hinsichtlich der Ökonomie, da während der Montage keine zusätzlichen Maßnahmen, wie Auswählen oder Zusammenpassen der Teile, erforderlich sind und sich z. B. auch an die Qualifikation der Arbeitskräfte keine besonderen Forderungen ergeben. Zugleich gestaltet sich die Festlegung des Montagezeitaufwands relativ einfach, die Möglichkeiten der Arbeitsteilung bezüglich Fertigung der Einzelteile und Herstellung der Finalerzeugnisse werden erweitert sowie ein umfassender Austauschbau (Auswechseln z. B. schadhaft gewordener Teile ohne Nacharbeit od. dgl.) gesichert. Die Methode der vollständigen Austauschbarkeit ist deshalb zunächst immer anzustreben. Allerdings setzt ihre Anwendung zur Wahrung der Wirtschaftlichkeit kleine Losgrößen, weniggliedrige Ketten und große Schlußtoleranzen voraus, um hinreichend große fertigungstechnisch reale Einzeltoleranzen erreichen zu können.

Unvollständige Austauschbarkeit ist mit einem geplanten Umfang an Überschreitungen der vorgegebenen Schlußtoleranz verbunden unter Berücksichtigung der Verteilung und der Wahrscheinlichkeit von verschiedenen Kombinationen der Istwerte.

Die Berechnung erfolgt nach der *wahrscheinlichkeitstheoretischen Methode.*
Da bei vielgliedrigen Ketten die ungünstigsten Extremwerte praktisch nur sehr selten zusammentreffen, lassen sich die nach dieser Methode ermittelten Toleranzen unter Beachtung wahrscheinlichkeitstheoretischer Gesetzmäßigkeiten erweitern. Dadurch werden für die Fertigung der Einzelteile wesentliche Erleichterungen geschaffen, ohne auf eine Austauschbarkeit verzichten zu müssen. Es ist lediglich eine verhältnismäßig kleine, vorher festlegbare Ausfallquote in Kauf zu nehmen und daraus abgeleitet eventueller Mehraufwand für Nacharbeit bzw. in Form von Ausschuß. Allerdings lassen sich die zunächst nicht verwendbaren Einzelteile bei anderen willkürlichen Kombinationen vielfach noch funktionsfähig montieren. Diese Methode kann also immer dann Anwendung finden, wenn aus technischen oder wirtschaftlichen Gründen eine unvollständige Austauschbarkeit im vorher beschriebenen Sinne zulässig ist. Sie setzt voraus, daß die Verteilungsgesetze der Istmaße der Maßkettenglieder bekannt oder zumindest abschätzbar sind, daß relativ große Fertigungsstückzahlen (i. allg. Montagelosgrößen von mindestens 50 Teilen je Los) und vielgliedrige Ketten mit i. allg. mindestens fünf Einzelmaßen bzw. Einzeltoleranzen vorliegen. Weniggliedrige Ketten können nur dann mit dieser Methode untersucht werden, wenn die Istmaße in bestimmten Verteilungen anfallen, wobei im Rahmen der Fertigungsvorbereitung meist technisch-organisatorische Maßnahmen zur Sicherung von Art und Lage dieser Verteilungen festzulegen sind.

Unvollständige Austauschbarkeit bei der Montage liegt aber auch vor, wenn man die zunächst vorhandene Überschreitung der Schlußtoleranz durch *Justieren* bzw. *Kompensieren* beseitigt oder die *Methode der Gruppenaustauschbarkeit* anwendet (z. B. durch Auslesepaarungen).

▸ **Berechnung von Maß- und Toleranzketten mit Beispielen** s. [1.1] [1.2] [3.2.1] [3.2.2].

3.2.5. Toleranz- und passungsgerechtes Gestalten

Bei der Festlegung von Toleranzen und Passungen ist zu beachten, daß die wirtschaftliche Fertigung gewahrt bleibt. Deshalb muß die Zahl der Einzelteile und der Paßstellen in einem Erzeugnis möglichst klein gehalten werden. Außerdem sind, solange es die Funktion des jeweiligen Erzeugnisses zuläßt, zunächst Freimaßtoleranzen auszuwählen und enge Passungen entweder durch den Einsatz elastischer Elemente („elastische Bauweise") oder durch Nachstellbarkeit bzw. Justage zu umgehen. ISO-Toleranzen und -Passungen sollten generell nur bei besonderen funktionellen oder Genauigkeitsforderungen Anwendung finden. Jedoch ist auch dann darauf zu achten, daß eine Überbestimmung durch doppelte Maß- oder Toleranzangaben sowie Mehrfachpaßstellen vermieden werden.
In **Tafel 3.20** sind in einer Gegenüberstellung von ungünstigen und günstigen Lösungen Beispiele zur Erläuterung dieser Richtlinien dargestellt.
Eine Zusammenstellung ausgewählter Normen und Richtlinien zum Abschnitt 3.2. enthält **Tafel 3.21.**

Tafel 3.20. Toleranz- und passungsgerechte Gestaltung

Ungünstige Lösung	Erläuterungen	Günstige Lösung
▶ Wähle Teile- und Paßstellenzahl möglichst klein!		
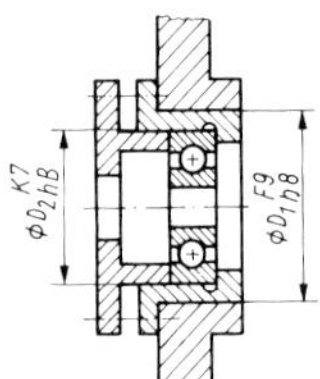	*Linkes Bild:* Viele Einzelteile, zwei Toleranzpaare, Bohrung der Buchse wegen Ansatz innen mit Reibahle nicht bearbeitbar *Rechtes Bild:* nur ein Toleranzpaar, durch Wegfall der Buchse läßt sich Bohrung im Gehäuse aufreiben, Deckel einfacher gestaltet, Sicherungsring *1* als billiges Standardteil vereinfacht die Fertigung (s. auch Abschnitt 8.2.)	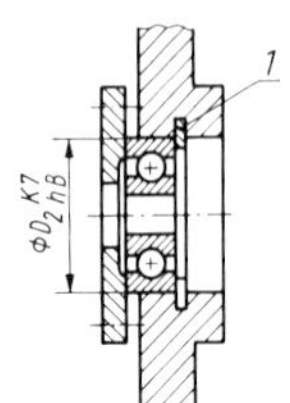
▶ Wähle grobe Toleranzen oder Freimaßtoleranzen, solange es die Funktion zuläßt!		
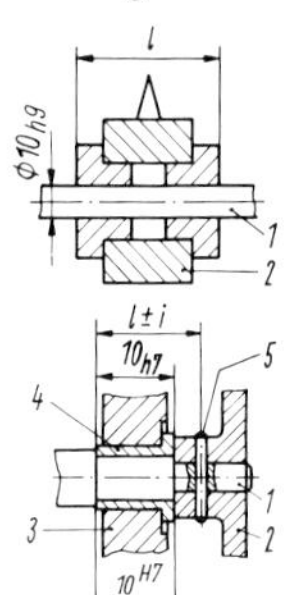	Je größer Führungslänge *l*, desto gröber kann Geradführung toleriert sein. *1* Führungsstab; *2*, *3* Anzeigeteil Tolerierte Länge der Buchse *4* begrenzt Axialspiel des Rades *2*; Funktion bleibt erhalten, wenn der gleich lange Wellenabsatz kürzer gehalten wird. *1* abgesetzte Welle; *2* Rad; *3* Gehäuse; *4* Buchse; *5* Stift	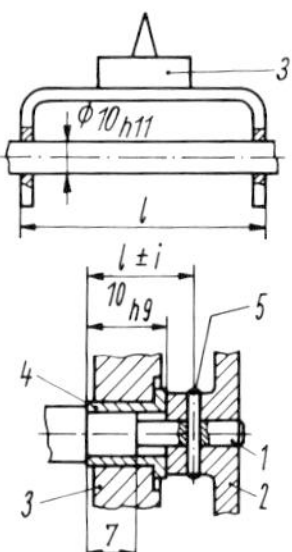
▶ Vermeide enge Toleranzen durch elastische Bauweise (Verwendung von federnden oder gefederten Elementen)!		
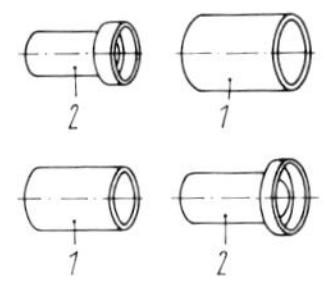	Enge Passungen, z. B. bei dünnwandigen rohrförmigen Teilen, lassen sich durch federnde Ausbildung vermeiden; *1* Außenteil; *2* Innenteil	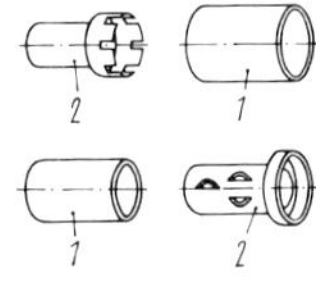
▶ Vermeide enge Toleranzen durch nachstellbare oder justierbare Elemente!		
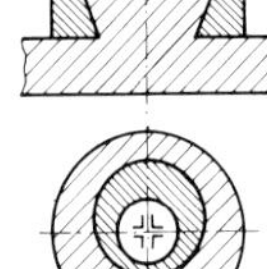	Mit nachstellbarer Führungsleiste *1* einer Schwalbenschwanzführung können enge Herstellungstoleranzen vermieden und kann verschleißbedingtes Spiel ausgeglichen werden. Die Einstellung einer Strichplatte durch zwei Exzenter (drei Passungen) ist billiger mit drei um 120° versetzten Gewindestiften zu erreichen.	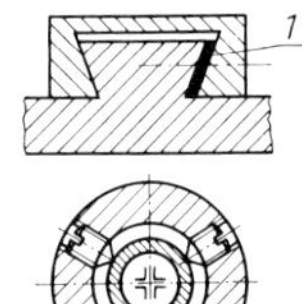
▶ Vermeide toleranzmäßige Überbestimmung und Mehrfachpaßstellen!		
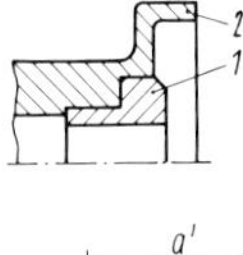	Die Lage der in Gehäuse *2* eingepreßten Buchse *1* ist sowohl radial als auch axial je zweimal festgelegt (linkes Bild). Je eine Begrenzung ist ausreichend (rechtes Bild).	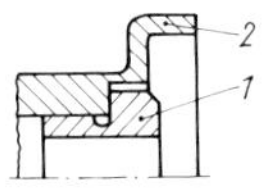
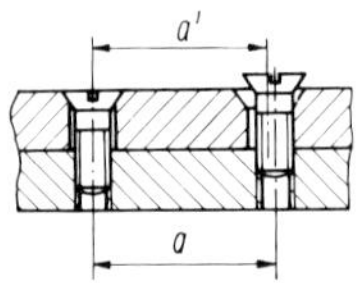	Werden zwei Bauteile durch Senkschrauben verbunden, so ist nur bei sehr enger Tolerierung der Bohrungsabstände zu erwarten, daß der Kopf in der Senkung bündig abschließt. Durch Verwendung zweier Zylinderkopfschrauben wird dieser Fehler ausgeglichen, wenn Bohrung und Senkung genügend groß sind.	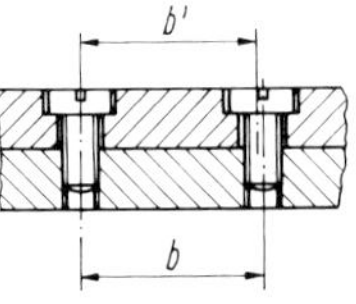

Tafel 3.21. Normen und Richtlinien zum Abschnitt 3.2.

DIN- und ISO-Normen

DIN 250	Rundungshalbmesser
DIN 254	Kegel
DIN 323 T1	Normzahlen und Normzahlreihen; Hauptwerte, Genauwerte, Rundwerte
DIN 323 T2	–; Einführung
DIN 406	Maßeintragungen in Zeichnungen; Arten, Regeln
DIN 3141	Oberflächenzeichen in Zeichnungen; Zuordnung der Rauhtiefen (ungültig)
DIN 4760	Gestaltabweichungen; Begriffe, Ordnungssystem
DIN 4764	Oberflächen an Teilen für Maschinenbau und Feinwerktechnik; Begriffe nach der Beanspruchung
DIN 4765	Bestimmen des Flächentraganteils von Oberflächen; Begriffe
DIN 4766	Herstellverfahren der Rauheit von Oberflächen; Erreichbare gemittelte Rauhtiefe R_z und Mittelrauhwerte R_a nach DIN 4768 T1
DIN 7154 T1	ISO-Passungen für Einheitsbohrung; Toleranzfelder, Abmaße in µm
DIN 7154 T2	–; Paßtoleranzen, Spiele und Übermaße in µm
DIN 7155 T1	ISO-Passungen für Einheitswelle; Toleranzfelder, Abmaße in µm
DIN 7155 T2	–; Paßtoleranzen, Spiele und Übermaße in µm
DIN 7157	Passungsauswahl; Toleranzfelder, Abmaße, Paßtoleranzen
DIN 7168 T1	Allgemeintoleranzen; Längen- und Winkelmaße (nicht für Neukonstruktionen)
DIN 7168 T2	–; Form und Lage (nicht für Neukonstruktionen)
DIN 7172	Toleranzen und Grenzabmaße für Längenmaße über 3150 bis 10000 mm; Grundtoleranzen, Grenzabmaße
DIN 7178	Kegeltoleranz- und Kegelpaßsystem für Kegel von Verjüngung $C = 1:3$ bis $1:500$ und Längen von 6 bis 630 mm; Kegeltoleranzsystem
DIN 7186	Statistische Tolerierung; Begriffe, Anwendungsrichtlinien und Zeichnungsangaben
DIN 58700	ISO-Passungen; Toleranzfeldauswahl für die Feinwerktechnik; Toleranzfelder, Nennabmaße, Empfohlene Passungen
DIN ISO 286	ISO-System für Grenzmaße und Passungen; T1: Grundlagen für Toleranzen, Abmaße und Passungen; T2: Tabellen der Grundtoleranzgrade und Grenzabmaße für Bohrungen und Wellen
DIN ISO 1101	Technische Zeichnungen; Form- und Lagetolerierung; Form-, Richtungs-, Orts- und Lauftoleranzen; Allgemeines, Definitionen, Symbole, Zeichnungseintragungen
DIN ISO 1101 Beiblatt 1	Technische Zeichnungen; Form- und Lagetolerierung; Tolerierte Eigenschaften und Symbole; Zeichnungseintragungen, Kurzfassung
DIN ISO 1302	Technische Zeichnungen; Angaben der Oberflächenbeschaffenheit
DIN ISO 1660	–; Eintragung von Maßen und Toleranzen von Profilen
DIN ISO 2692	–; Form- und Lagetolerierung; Maximum-Material-Prinzip
DIN ISO 2768	Allgemeintoleranzen für Maße ohne Toleranzangabe; T1: Toleranzen für Längen und Winkelmaße; T2: Toleranzen für Form und Lage ohne einzelne Toleranzeintragung
DIN EN ISO 1302 (Entwurf)	Geometrische Produktspezifikationen (GPS) – Angabe der Oberflächenbeschaffenheit in der technischen Produktdokumentation
DIN EN ISO 4287	Geometrische Produktspezifikationen (GPS) – Oberflächenbeschaffenheit: Tastschnittverfahren – Benennungen, Definitionen und Kenngrößen der Oberflächenbeschaffenheit
DIN EN ISO 8785	Geometrische Produktspezifikation (GPS) – Oberflächenunvollkommenheiten – Begriffe, Definitionen und Kenngrößen
DIN EN ISO 13565-3	Geometrische Produktspezifikationen (GPS) – Oberflächenbeschaffenheit: Tastschnittverfahren; Oberflächen mit plateauartigen funktionsrelevanten Eigenschaften – Teil 3: Beschreibung der Höhe der Oberflächen mit der Wahrscheinlichkeitsdichtekurve

Richtlinien

VDI/VDE 2601 Bl. 1	Anforderungen an die Oberflächengestalt zur Sicherung der Funktionstauglichkeit spanend hergestellter Flächen; Zusammenstellung der Meßgrößen
VDI/VDE 2602	Rauheitsmessung mit elektrischen Tastschnittgeräten
VDI/VDE 2603	Oberflächen-Meßverfahren; Praktische Messung des Flächentraganteils
VDI/VDE 2604	–; Rauheitsuntersuchung mittels Interferenzmikroskopie
VDI/VDE 2605	Kreisteilungen und ebene Winkel; Grundbegriffe für Winkelmaße, Winkelmessungen, Winkelnormale und deren Fehler

3.2.6. Berechnungsbeispiele

Aufgabe 3.2.1. Ermittlung der Abmaße für gegebene tolerierte Maße (Paßmaße)

In einer mechanischen Baugruppe sind die Toleranzen 50 f7 und 50 F7 erforderlich.
Für diese Toleranzen sind die Abmaße $es(A_{oW})$ und $ES(A_{oB})$ sowie die Abmaße $ei(A_{uW})$ und $EI(A_{uB})$ zu bestimmen.

Lösung. Die in DIN ISO 286 (bisher DIN 7150) und DIN 58700 festgelegten Werte für die Grundabmaße (vgl. auch Tafel 3.7) betragen für das Nennmaß $N = 50$ mm

$$es(A_{oW}) = -25\,\mu\text{m} \quad \text{und} \quad EI(A_{uB}) = +25\,\mu\text{m}\,.$$

Mit der Grundtoleranz $T = 25\,\mu$m für die Qualität bzw. den Grundtoleranzgrad 7 gemäß Tafel 3.5 erhält man

$$ei = es - T \quad \text{bzw.} \quad A_{uW} = A_{oW} - T = -25\,\mu\text{m} - 25\,\mu\text{m} = -50\,\mu\text{m}$$

$$ES = EI + T \quad \text{bzw.} \quad A_{oB} = A_{uB} + T = 25\,\mu\text{m} + 25\,\mu\text{m} = +50\,\mu\text{m}$$

Somit gilt für die Paßmaße: $50\,\text{f}7 = 50^{-0{,}025}_{-0{,}050}$ mm und $50\,\text{F}7 = 50^{+0{,}050}_{+0{,}025}$ mm.

Aufgabe 3.2.2. Berechnung von Größt- und Kleinstspiel einer Passung aus den Abmaßen

Auf der Achse eines Gesperres mit dem Durchmesser $5^{-0{,}05}_{-0{,}10}$ mm ist eine Einstellscheibe mit der Bohrung $5^{+0{,}05}_{0}$ mm angeordnet.
Es sind das Größtspiel S_g, das Kleinstspiel S_k und die Paßtoleranz T_P dieser Passung zu bestimmen.

Lösung. Die Werte für die Abmaße betragen

Achse:		Bohrung:	
$es(A_{oW}) =$	$-50\,\mu$m,	$ES(A_{oB}) =$	$50\,\mu$m,
$ei(A_{uW}) =$	$-100\,\mu$m,	$EI(A_{uB}) =$	$0\,\mu$m,
$T_W =$	$50\,\mu$m.	$T_B =$	$50\,\mu$m.

Größtspiel $S_g = ES - ei = (A_{oB} - A_{uW}) = 50\,\mu\text{m} - (-100\,\mu\text{m}) = 150\,\mu\text{m}$

Kleinstspiel $S_k = EI - es = (A_{uB} - A_{oW}) = 0\,\mu\text{m} - (-50\,\mu\text{m}) = 50\,\mu\text{m}$

Paßtoleranz $T_p = S_g - S_k = 150\,\mu\text{m} - 50\,\mu\text{m} = 100\,\mu\text{m}$

(Kontrollrechnung: $T_P = T_B + T_W = 50\,\mu\text{m} + 50\,\mu\text{m} = 100\,\mu\text{m}$).

Aufgabe 3.2.3. Umstellung eines Paßsystems

Die Passung ∅ 20 F7/h8 ist auf das Paßsystem Einheitsbohrung (EB) umzustellen, wobei die Werte für Größtspiel S_g und Kleinstspiel S_k erhalten bleiben sollen.
Es sind die oberen und unteren Abmaße sowie die Größt- und Kleinstmaße für Welle und Bohrung zu bestimmen.

Lösung. Nach Tafel 3.7 ergeben sich folgende Werte:

Welle ∅ 20 h8:

Nennmaß	$N = 20$ mm,	Größtmaß	$G_W = 20{,}000$ mm,
oberes Abmaß	$es(A_{oW}) = 0\,\mu$m,	Kleinstmaß	$K_W = 19{,}967$ mm,
unteres Abmaß	$ei(A_{uW}) = -33\,\mu$m,	Toleranz	$T_W = 33\,\mu$m.

Bohrung ∅ 20 F7:

Nennmaß	$N = 20$ mm,	Größtmaß	$G_B = 20{,}041$ mm,
oberes Abmaß	$ES(A_{oB}) = +41\,\mu$m,	Kleinstmaß	$K_B = 20{,}020$ mm,
unteres Abmaß	$EI(A_{uB}) = +20\,\mu$m,	Toleranz	$T_B = 21\,\mu$m.

Größtspiel $S_g = G_B - K_W$,
$S_g = 20{,}041\text{ mm} - 19{,}967\text{ mm}$,
$S_g = 74\,\mu$m.

Kleinstspiel $S_k = K_B - G_W$,
$S_k = 20{,}020\text{ mm} - 20{,}000\text{ mm}$,
$S_k = 20\,\mu$m.

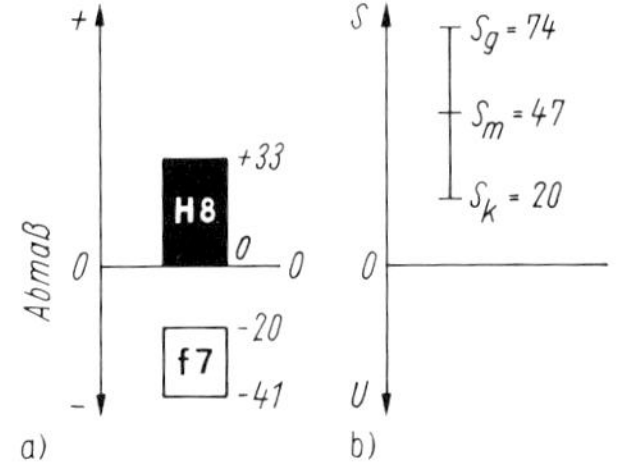

Bild 3.24. Passung ∅ 20 H8/f7
a) Toleranzfelder; b) Paßtoleranzfeld
Abmaße und Spiele S in μm

Damit die Werte für S_g und S_k erhalten bleiben, müssen die Toleranzfeldlagen von Welle und Bohrung vertauscht werden, ohne die Qualitäten (Grundtoleranzgrade) zu ändern. Nach Tafel 3.7 erhält man für das System Einheitsbohrung (EB) die Passung ∅ 20 H8/f7 (**Bild 3.24**).

Aufgabe 3.2.4. Preßpassung

Eine Gleitlagerbuchse ist in einer Gestellwand durch Einpressen zu befestigen. Der Außendurchmesser der Buchse beträgt 25 mm. Sie muß gegenüber der Gestellbohrung mindestens 8 μm und maximal 45 μm Übermaß haben. Die Gestellbohrung ist mit H7 toleriert.
Zu bestimmen ist die erforderliche Toleranz des Lageraußendurchmessers. Diese theoretisch ermittelte Toleranz ist durch eine ISO-Toleranz zu ersetzen, wobei die Funktion gewährleistet sein muß.

Lösung

Um das geforderte Übermaß zu erzeugen, muß das untere Abmaß der Buchse 8 μm größer sein als das obere Abmaß der Bohrung, während das obere Abmaß der Buchse das untere Abmaß der Bohrung um 45 μm übersteigen muß. Die Bohrung hat die Abmaße 0 μm und +21 μm. Damit ergeben sich für die Buchse die Abmaße +29 μm und +45 μm. Eine ISO-Toleranz innerhalb dieses theoretischen Feldes, wie das näherungsweise mit r6 mit den Abmaßen +28 μm und +41 μm möglich ist, erfüllt die Anforderungen.

Literatur zum Abschnitt 3.2.
(Grundlagenliteratur s. Literatur zum Abschnitt 1.)

Bücher, Dissertationen

[3.2.1] *Felber, E.; Felber, K.:* Toleranzen und Passungen. 14. Aufl. Leipzig: Fachbuchverlag 1989.

[3.2.2] *Trumpold, H.; Beck, Ch.; Richter, G.:* Toleranzsysteme und Toleranzdesign. München, Wien: Carl Hanser Verlag 1997.

[3.2.3] *Richter, E.; Schilling, W.; Weise, M.:* Montage im Maschinenbau, 2. Aufl. Berlin: Verlag Technik 1978.

[3.2.4] *Leinweber, P.:* Toleranzen und Lehren. Berlin, Göttingen, Heidelberg: Springer-Verlag 1948.

[3.2.5] *Klein, B.; Mannewitz, F.:* Statistische Tolerierung. Braunschweig: Verlag Friedrich Vieweg & Sohn 1993.

[3.2.6] *Hansen, F.:* Justierung. 2. Aufl. Berlin: Verlag Technik 1967 und London: Iliffe books 1969.

[3.2.7] *Kirschling, G.:* Qualitätssicherung und Toleranzen. Toleranz- und Prozeßanalyse für Entwicklungs- und Fertigungsingenieure. Berlin, Heidelberg, New York, Tokyo: Springer-Verlag 1988.

[3.2.8] *Dutschke, W.:* Fertigungsmeßtechnik. 3. Aufl. Berlin, Heidelberg: Springer-Verlag 1996.

[3.2.9] *Szyminski, S.:* Toleranzen und Passungen. Grundlagen und Anwendungen. Braunschweig: Verlag Friedrich Vieweg & Sohn 1993.

[3.2.10] *Krause, W.:* Plastzahnräder. Berlin: Verlag Technik 1985.

[3.2.11] *Jorden, W.:* Form- und Lagetoleranzen. 2. Aufl. München, Wien: Carl Hanser Verlag 2001.

[3.2.12] *Kimura, F.:* Computer-aided Tolerancing. Proceedings of the 4th CIRP Design Seminar. London, Weinheim, New York: Chapman & Hall 1995.

[3.2.13] *Sachs, L.:* Angewandte Statistik. 9. Aufl. Berlin, Heidelberg: Springer-Verlag 1999.

[3.2.14] *Sachs, L.:* Statistische Methoden. 5. Aufl. Berlin, Heidelberg: Springer-Verlag 1982.

[3.2.15] *Bauerschmidt, M.:* Beitrag zur Verbesserung des Fehlerverhaltens von Geräten. Diss. B. TH Ilmenau 1975.

[3.2.16] *Szyminski, S.:* Grundlagen für die Anwendung der Maß- und Toleranzkettentheorie unter Berücksichtigung ökonomischer Kriterien. Diss. TH Magdeburg 1974.

[3.2.17] *Baumann, E.:* Toleranzrechnung linearer Maßketten über Datenverarbeitung und ihre Bedeutung bei der Qualitätssicherung. Diss. TU Braunschweig 1977.

[3.2.18] *Heiderich, T.:* Ein Beitrag zur Lösung von Toleranz- und Justieraufgaben bei der Konstruktion optischer Geräte. Diss. TH Ilmenau 1988.

[3.2.19] *Pham, The-Quan:* Modellierung, Simulation und Optimierung toleranzbehafteter Mechanismen der Feinwerktechnik. Diss. TU Dresden 1998.

Aufsätze

[3.2.30] *Kiper, G.:* Fertigungstoleranzen als konstruktives Problem in der Feinwerktechnik. Konstruktion 23 (1971) 4, S. 146.

[3.2.31] *Grünwald, F.:* Probleme der Genauigkeitsbearbeitung unter Berücksichtigung der Toleranzen der Erzeugnisse. Feingerätetechnik 22 (1973) 2, S. 49.

[3.2.32] *Röthel, K.; Kümpfel, L.; Baumann, L.:* Zum Einpaßcharakter tolerierter Ausführungsmaße formgebender Werkzeugkonturen. Plaste und Kautschuk 22 (1975) 2, S. 191.

[3.2.33] *Palej, M. A.:* Abhängige und komplexe Toleranzen für Maße sowie Form- und Lageabweichungen. Feingerätetechnik 20 (1971) 5, S. 227.

[3.2.34] *Riedel, H.; Schierz, M.; Mühlstedt, J.:* E-Learning in der Technischen Darstellungslehre: Form- und Lagetoleranzen. Konstruktion 54 (2002) 10, S. 49.

[3.2.35] *Eberle, O. A.:* Probleme bei der Standardisierung der Formabweichungen. Feingerätetechnik 25 (1976) 2, S. 54.

[3.2.36] *Sawabe, M.:* Analyse von Einflußfaktoren auf die Formabweichung von Zylindern und Ermittlung der Toleranz. Feingerätetechnik 25 (1976) 2, S. 63.

[3.2.37] *Meerkamm, H.; Weber, A.:* Montagegerechtes Tolerieren. VDI-Berichte Nr. 999 (1992), S. 157.

[3.2.38] *Klein, B.:* Prozeßgerechte Konstruktion von Bauteilen durch statistische Tolerierung. Konstruktion 45 (1993) 5, S. 176.

[3.2.39] *Lotze, W.:* Paarungslehre für ebene und prismatische Werkstücke mit Koordinatenmeßgerät und Rechner. Feingerätetechnik 27 (1978) 3, S. 123.

[3.2.40] *Weismann, H.; Berger, G.:* Die neuen Form- und Lagetoleranzen nach ISO-R 1101 und DIN 7184. Zeitschrift für wirtschaftl. Fertigung 67 (1972) 10, S. 518.

[3.2.41] *Engelhardt, W.:* Feinwerktechnische Bauelemente schnell vermessen. Feinwerktechnik · Mikrotechnik · Meßtechnik 103 (1995) 1/2, S. 70.

[3.2.42] *Vogel, P.:* Die Beziehungen zwischen der Oberflächenrauheit und den Fertigungsverfahren. Feingerätetechnik 18 (1969) 9, S. 425.

[3.2.43] *Degner, W.:* Bedeutung der Oberflächenbeschaffenheit für die Erhöhung der Qualität und Zuverlässigkeit der Bauteile. Feingerätetechnik 25 (1976) 2, S. 85.

[3.2.44] *Franze, K.:* Passungsprobleme bei veränderlichen Temperaturen. Feingerätetechnik 16 (1967) 3, S. 135.

[3.2.45] *Erhard, G.:* Zur Wahl von Toleranzen und Passungen an Kunststoff-Spritzgußteilen. Konstruktion 18 (1966) 8, S. 346.

[3.2.46] *Hanka, W.; Hase, R.:* Häufigkeitsverteilung der Summentoleranzen von zusammengebauten Teilen. Werkstattechnik 55 (1965) 12, S. 590.

[3.2.47] *Dreyer, H.; Mann, B.:* Verbesserte Toleranzfestlegungen durch vorausschauende Abschätzung der Fehlerquote. Feingerätetechnik 27 (1978) 9, S. 397.

[3.2.48] *Terplan, K.:* Optimale Zuteilung von Toleranzen mit Hilfe der dynamischen Optimierung. Feingerätetechnik 20 (1971) 1, S. 20.

[3.2.49] *Steck, R.:* Statistische Toleranzanalysen senken die Herstellkosten. Konstruktion 53 (2001) 6, S. 50.

[3.2.50] *Vechet, V.; Glaubitz, W.:* Berechnung von Maßketten unter Verwendung der Edgeworthschen Reihe. Feingerätetechnik 27 (1980) 10, S. 458.

[3.2.51] *Krause, W.; Sang, Le Van:* Berechnung der Drehwinkeltreue mehrstufiger Stirnradgetriebe der Feingerätetechnik. Feingerätetechnik 29 (1980) 9, S. 387.

[3.2.52] *Klein, B.; Mannewitz, F.:* Toleranzsimulation an feinwerktechnischen Elementen. Feinwerktechnik · Mikrotechnik · Meßtechnik 102 (1994) 9, S. 441.

[3.2.53] *Klein, B.; u. a.:* Statistisches Toleranzmodell mit approximierender Gesamtdichtefunktion. Qualität und Zuverlässigkeit 39 (1994) 10, S. 1127.

[3.2.54] *Klein, B.; u. a.:* Parametrisiertes Toleranzmodell spart Kosten. Feinwerktechnik · Mikrotechnik · Meßtechnik 103 (1995) 10, S. 620.

[3.2.55] *Kalusa, U.; Anacker, P.:* Abschied von der Stichprobe. Feinwerktechnik · Mikrotechnik · Mikroelektronik 104 (1996) 10, S. 761.

[3.2.56] *Li, Z.:* Nichtlineare Maßketten und ihre optimale statistische Tolerierung. Qualität und Zuverlässigkeit 41 (1996) 6, S. 709.

[3.2.57] *Krause, W.:* Betriebsverhalten feinwerktechnischer Stirnradgetriebe – Teil I: Genauigkeit der Bewegungsübertragung. Feinwerktechnik · Mikrotechnik · Mikroelektronik 104 (1996) 11–12, S. 858.

[3.2.58] *Rönnebeck, H.:* So ungenau wie möglich – Statistische Tolerierung und Verfahren zur Einengung der Toleranz von Maßketten. Qualität und Zuverlässigkeit 42 (1997) 11, S. 1270.

3.3. Statik

Zeichen, Benennungen und Einheiten

A Fläche in mm^2
F Kraft in N
F_L axiale Lastkraft in N
F_t Umfangskraft, Tangentialkraft in N
G Gewichtskraft in N
M Moment in N · mm
M_d Drehmoment, Torsionsmoment in N · mm
P Steigung in mm
R Radius in mm
V Volumen in mm^3
a Druckkreisradius, Hebelarm in mm
f Hebelarm der Rollreibung in mm
g Fallbeschleunigung ($g = 9{,}81\ m/s^2$)
m Masse in g
n Drehzahl in U/min
p Druck, Flächenpressung in N/mm^2
v Geschwindigkeit in m/s
α Neigungswinkel in °
β halber Flankenwinkel, Umschlingungswinkel in °
δ Keilwinkel in °
μ Reibwert
$\varrho; \varrho'$ Reibwinkel, Gewindereibwinkel in °
ϱ Dichte in g/cm^3
ψ Steigungswinkel in °
ω Winkelgeschwindigkeit in rad/s

Indizes

G Gewinde, Gewicht
L Last
R Reibung
an Antrieb
d Drehung
g Grenz-, Größtwert
k Kleinstwert
n Normalrichtung

Die Statik, die Lehre vom Gleichgewicht der Kräfte, ermöglicht die Ermittlung zunächst unbekannter Kraftreaktionen. Zur Bedingung (Beschleunigung $a = 0$ und Geschwindigkeit $v = 0$ bzw. $v =$ konst.) wird weiterhin angenommen, daß ein ideal starrer Körper vorliegt, der unter Krafteinwirkung nicht verformt wird. Im Abschnitt 3.5. wird dann gezeigt, welche Verformungen an technisch realen Körpern, also an mechanischen Bauteilen, entstehen.

3.3.1. Kräfte an starren Körpern

Meist tritt die Kraft als Einzelkraft F auf, die an einer örtlich begrenzten Stelle (Punkt) angreift und dementsprechend als Punktlast bezeichnet wird. Es gibt aber auch Belastungen, die über eine Strecke verteilt sind, z. B. die Windlast an einem Antennenstab. Man spricht dann von einer Streckenlast mit der Intensität q in N/mm. Die Belastung kann auch über eine Fläche verteilt sein, wie der Gasdruck in einem Gefäß. Hier liegt eine Flächenlast p in N/mm^2 vor. Die Kraft ist ein linienflüchtiger Vektor. Sie ist bestimmt durch ihre Größe (Betrag) sowie durch die Richtung und darf auf ihrer Wirkungslinie verschoben werden. Die Lage der Wirkungslinie wird durch den Richtungswinkel **(Bild 3.25)** angegeben. Da die Kraft maßstäblich

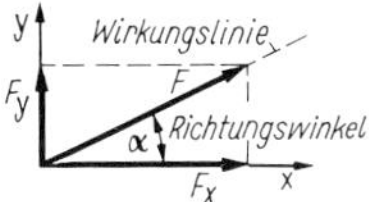

Bild 3.25. Darstellung der Kraft F und ihrer Komponenten im rechtwinkligen Koordinatensystem

als Vektorpfeil darstellbar ist, sind z. B. bei der Addition und Subtraktion von Kräften auch zeichnerische Lösungen möglich, die sich bei komplizierten Kraftsystemen vorteilhaft anwenden lassen. Voraussetzung ist, daß für alle Kräfte der gleiche Abbildungsmaßstab gilt. Es ist definiert:

- *Maßstab = darstellende Größe/wirkliche Größe.*

Die Ursache einer Kraft kann sehr verschieden sein, z. B. Verformung (Federkraft), Magnetfeld (Magnetkraft), elektrisches Feld (elektrostatische Kraft), Fallbeschleunigung (Gewichtskraft), Beschleunigung (Massenkraft, dynamische Kraft). Die Behandlung der Kräfte ist der Grundlagenliteratur [3.5.1] [3.5.2] [3.5.8] zu entnehmen.

Bei praktischen Konstruktionen sind stets mehrere Körper miteinander in Verbindung. Hierbei ist das Reaktionsprinzip zu beachten:

- *Die Wirkungen zweier Körper aufeinander sind gleich groß und entgegengesetzt gerichtet.*

Für die Behandlung der Kräfte an einem Körper innerhalb der Gesamtkonstruktion sind deshalb sowohl die eingeprägten als auch die Reaktionskräfte zu berücksichtigen, denn beide zusammen bestimmen die Beanspruchung.

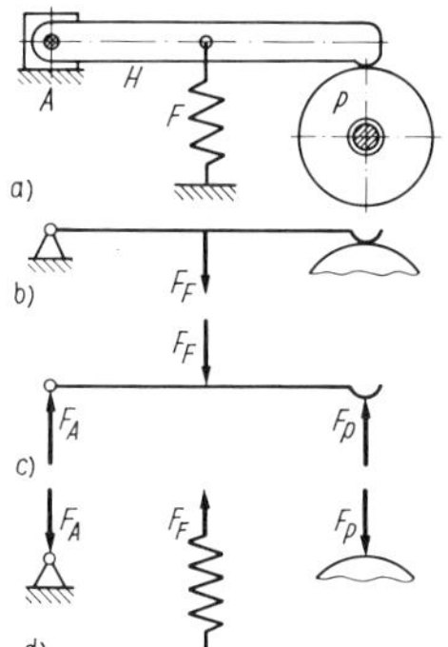

Bild 3.26. Freimachen: Kräfte am Hebel H

a) Konstruktionsskizze; b) schematische Darstellung (Strukturplan);
c) freigemachter Hebel mit den einwirkenden Kräften;
d) restliche Konstruktion mit den vom Hebel her wirkenden Kräften

Beispiel: Bild 3.26 zeigt die Kräfte am Papierandruckhebel in einem Registriergerät. Der Andruckhebel H ist im Lager A gelagert und drückt durch die Wirkung der Feder F (Zugfeder) auf die Rolle P. F zieht mit der Kraft F_F am Hebel H und wird selbst durch die Kraft F_F gedehnt. Der Hebel H stützt sich sowohl auf das Lager A als auch auf die Rolle P, er drückt auf das Lager mit der Kraft F_A und auf die Papierrolle mit F_P. Die Reaktion von Lager und Papierrolle auf den Hebel ist ebenfalls F_A und F_P, aber den Aktionskräften entgegengerichtet. Betrachtet man den Hebel H allein, dann wirken auf ihn die in Bild 3.26c eingezeichneten Kräfte. Dieses Herauslösen des zu betrachtenden Körpers aus der Gesamtkonstruktion nennt man das Freimachen.

Zur vereinfachten Darstellung einer Konstruktion wird ein Strukturplan (technisches Prinzip) verwendet, welcher folgende Gesichtspunkte berücksichtigt (Bild 3.26b):

- geometrische Parameter (Länge, Winkel)
- wirkende Belastung
- Abstützung und abstrakte Bauteilform.

Tafel 3.22. Darstellungssymbole in der Statik

Symbol	Bezeichnung	Eigenschaft	Belastung	Reaktion
Auflagerelemente				
	Festlager	allseitig belastbar, Kraft geht durch den Drehpunkt	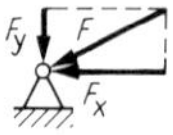	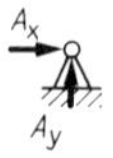
	Loslager	nur senkrecht zur Lagerfläche belastbar	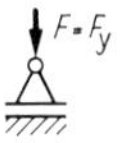	
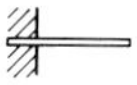	feste Einspannung	allseitig belastbar, auch durch ein Moment	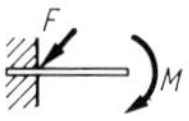	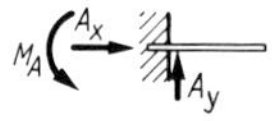
Tragelemente				
	Träger, Balken	beliebig belastbar (Quer- u. Längskräfte, Momente)	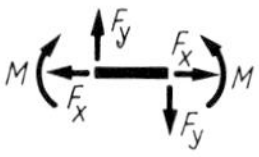	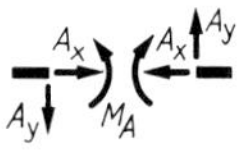
	Seil	kann nur Zugkräfte übertragen		
Verbindungen				
	Gelenk	kann eine Kraft in beliebiger Richtung aufnehmen, aber kein Moment		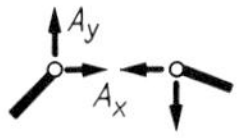
	starre Verbindung	kann Kräfte in beliebiger Richtung und Momente aufnehmen		
Anordnungen				
	Stab	Träger zwischen zwei Gelenken, kann von den Gelenken kommende Kräfte nur in Richtung seiner Längsachse übertragen		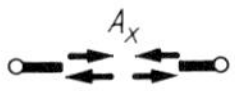
	Festlager mit Stab	auf das Lager wirken nur Kräfte in Stabrichtung	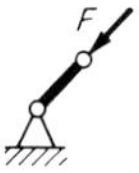	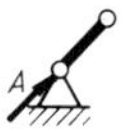
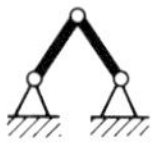	Dreigelenkbogen	starre Konstruktion, wirkt insgesamt wie ein Festlager	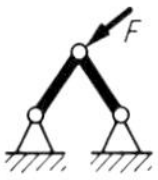	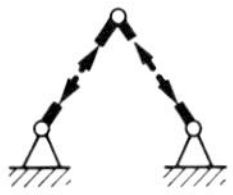

Tafel 3.23. Grundgleichungen der Statik und Dynamik

Gleichungen	Bemerkungen
a) Darstellungsmaßstab $M_F = \langle F \rangle / F$	M_F Kraftmaßstab in mm/N F darzustellende Kraft in N $\langle F \rangle$ gezeichnete Länge des Vektorpfeils in mm
b) Kraftkomponenten • *ebenes Kraftsystem:* $F_x = F \cos \alpha$ $F_y = F \sin \alpha$ $F = \sqrt{F_x^2 + F_y^2}$ $\tan \alpha = F_y / F_x$	α Winkel zwischen F und x-Achse

Tafel 3.23. Fortsetzung

Gleichungen	Bemerkungen
• *räumliches Kraftsystem:* $F_x = F\cos\alpha$ $F_y = F\cos\beta$ $F_z = F\cos\gamma$ $F = \sqrt{F_x^2 + F_y^2 + F_z^2}$ $\cos^2\alpha + \cos^2\beta + \cos^2\gamma = 1$	α Winkel zwischen F und x-Achse β Winkel zwischen F und y-Achse γ Winkel zwischen F und z-Achse
c) Gleichgewichtsbedingungen • *ebenes Kraftsystem:* $\sum_{i=1}^{n} F_{ix} = 0;\quad \sum_{i=1}^{n} F_{iy} = 0$ $\sum_{i=1}^{n} M_i = 0$ • *räumliches Kraftsystem:* $\sum_{i=1}^{n} F_{ix} = 0;\quad \sum_{i=1}^{n} F_{iy} = 0;\quad \sum_{i=1}^{n} F_{iz} = 0$ $\sum_{i=1}^{n} M_{ix} = 0;\quad \sum_{i=1}^{n} M_{iy} = 0;\quad \sum_{i=1}^{n} M_{iz} = 0$	Treten mehr unbekannte Größen auf als Gleichungen vorhanden sind, ist das System statisch unbestimmt und nur unter Hinzuziehen von Randbedingungen, welche die Deformation (Durchbiegung, Neigung) betreffen, lösbar.
d) gleichmäßige Bewegung (Geschwindigkeit konstant) • *Translation* $s_2 = s_1 + v\,(t_2 - t_1)$ • *Rotation* $\varphi_2 = \varphi_1 + \omega\,(t_2 - t_1)$	s Weg in m t Zeit in s v Geschwindigkeit in m/s φ Winkel in rad ω Winkelgeschwindigkeit in rad/s Ind. 1 Position bzw. Zeitpunkt 1 Ind. 2 Position bzw. Zeitpunkt 2 a Beschleunigung in m/s² α Winkelbeschleunigung in rad/s²
e) gleichmäßig beschleunigte Bewegung (Beschleunigung konstant) • *Translation* $s_{12} = v_1\,(t_2 - t_1) + a\,(t_2 - t_1)^2/2$ $v_2 = v_1 + a\,(t_2 - t_1)$ • *Rotation* $\varphi_{12} = \omega_1\,(t_2 - t_1) + \alpha\,(t_2 - t_1)^2/2$ $\omega_2 = \omega_1 + \alpha\,(t_2 - t_1)$	
f) ungleichmäßig beschleunigte Bewegung • *Translation* $v = \mathrm{d}s/\mathrm{d}t$ $a = \mathrm{d}v/\mathrm{d}t = \mathrm{d}^2s/\mathrm{d}t^2$ • *Rotation* $\omega = \mathrm{d}\varphi/\mathrm{d}t$ $\alpha = \mathrm{d}\omega/\mathrm{d}t = \mathrm{d}^2\varphi/\mathrm{d}t^2$	
g) dynamisches Grundgesetz (Masse konstant) $F = ma$ $M_d = J\alpha$	F Kraft in N m Masse in kg a Beschleunigung in m/s² M_d Drehmoment in N · m J Massenträgheitsmoment in kg · m² α Winkelbeschleunigung in rad/s² W Arbeit in N · m bzw. W · s $s_2 - s_1$ Wegstrecke in m β Winkel zwischen Wegstrecke $s_2 - s_1$ und F in ° ω Winkelgeschwindigkeit in rad/s $t_2 - t_1$ Zeitabschnitt in s P Leistung in N · m/s bzw. W v Geschwindigkeit in m/s W_k kinetische Energie in N · m bzw. W · s
h) Arbeit • *geradlinige Bewegung mit konstanter Kraft* $W = F\,(s_2 - s_1)\cos\beta$ • *Drehbewegung mit konstantem Drehmoment und konstanter Winkelgeschwindigkeit* $W = M_d\omega\,(t_2 - t_1)$	
i) Leistung $P = Fv$ $P = M_d\omega$	
j) Bewegungsenergie $W_k = mv^2/2$ $W_k = J\omega^2/2$	

Tafel 3.24. Berechnung der Schwerpunktkoordinaten

a) Volumenschwerpunkt

Generell	$K_S = \frac{1}{V} \int_{(V)} K \, dV$	$K = x; y; z$
Bei Zerlegung in Teilvolumina V_i	$K_S = \frac{1}{V} \sum_{i=1}^{n} K_i V_i$	
Einfache Teilvolumina	**Schwerpunktkoordinaten**	**Volumen**
Zylinder (Prisma analog)	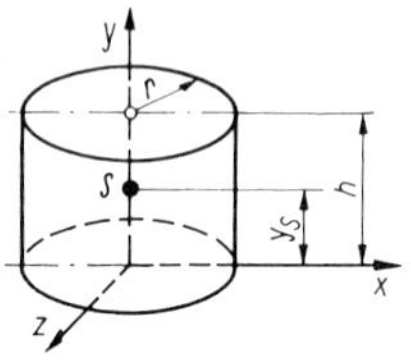 $y_S = \frac{h}{2}$	$V = \pi R^2 h$ ($V = Ah$)
Kegelstumpf	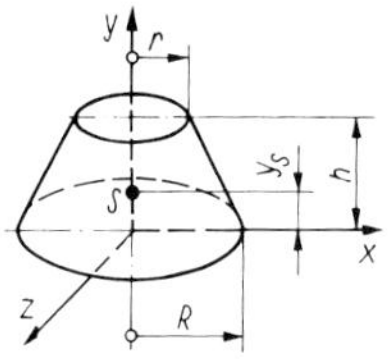 $y_S = \frac{h\,(R^2 + 2Rr + 3r^2)}{4\,(R^2 + Rr + r^2)}$	$V = \frac{\pi h}{3}\,(R^2 + Rr + r^2)$
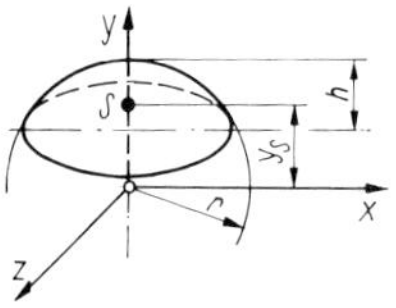 Kugelabschnitt	$y_S = \frac{3\,(2r - h)^2}{4\,(3r - h)}$	$V = \frac{\pi h^2}{3}\,(3r - h)$
Quader	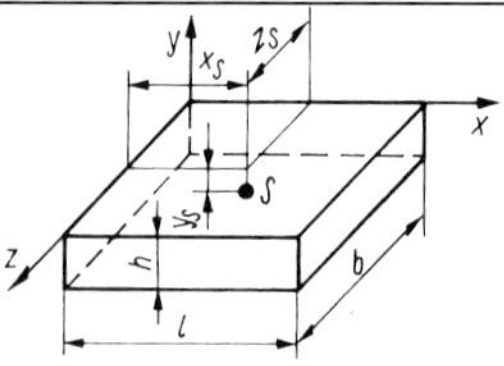 $x_S = l/2$ $y_S = h/2$ $z_S = b/2$	$V = lhb$

b) Flächenschwerpunkt

Generell	$K_S = \frac{1}{A} \int_{(A)} K \, dA$	$K = x; y; z$
Bei Zerlegung in Teilflächen A_i	$K_S = \frac{1}{A} \sum_{i=1}^{n} K_i A_i$	
Einfache Teilflächen	**Schwerpunktkoordinaten**	**Fläche**
Dreieck	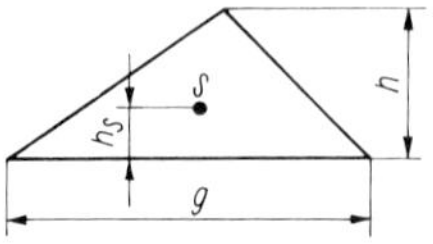 $h_S = h/3$	$A = \frac{gh}{2}$

Tafel 3.24. Fortsetzung

Trapez	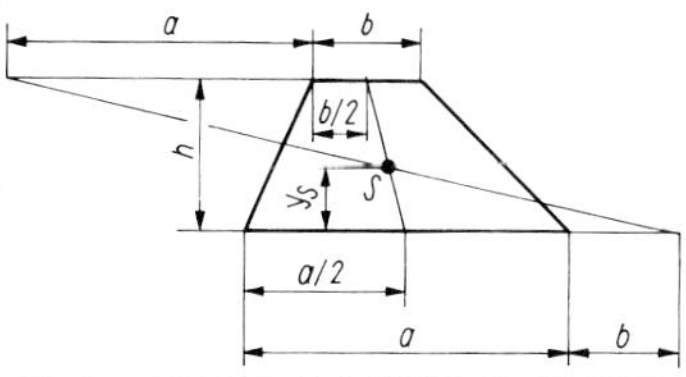	$y_S = \frac{h}{3}\,\frac{(a+2b)}{(a+b)}$	$A = \frac{h}{2}\,(a+b)$
Kreis-abschnitt	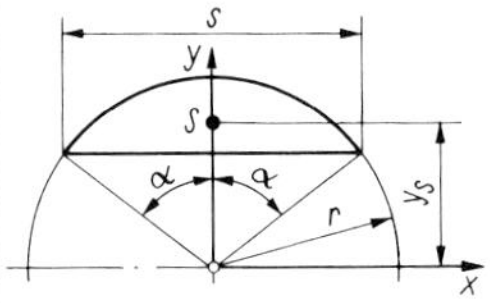	$y_S = \frac{2r}{3}\,\frac{\sin^3\alpha}{(\text{arc}\,\alpha - \sin\alpha\cos\alpha)}$	$A = r^2\,(\text{arc}\,\alpha - \sin\alpha\cos\alpha)$
Kreis-ausschnitt	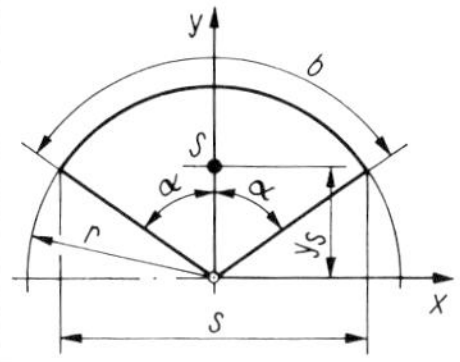	$y_S = \frac{2r}{3}\,\frac{\sin\alpha}{\text{arc}\,\alpha}$ $= \frac{2r}{3}\,\frac{s}{b}$	$A = \pi r^2\,\frac{\alpha}{180°} = r^2\,\text{arc}\,\alpha$

c) Linienschwerpunkt

Generell		$K_S = \frac{1}{l}\int_{(l)} K\,\mathrm{d}l$	$K = x; y; z$
Bei Zerlegung in Teillinien l_i		$K_S = \frac{1}{l}\sum_{i=1}^{n} K_i\,l_i$	
Einfache Teillinien		Schwerpunktkoordinaten	Linienlänge
Gerade	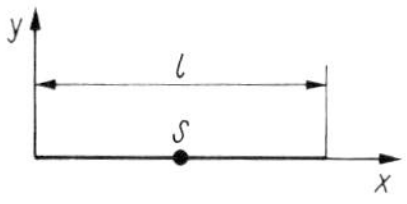	$x_S = l/2$ $y_S = 0$	l
Beliebiger Kreisbogen	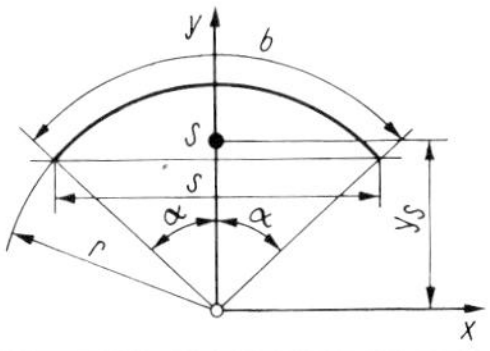	$x_S = 0$ $y_S = r\,\frac{\sin\alpha}{\text{arc}\,\alpha} = r\,\frac{s}{b}$	$b = 2r\,\text{arc}\,\alpha$
Viertel-kreis	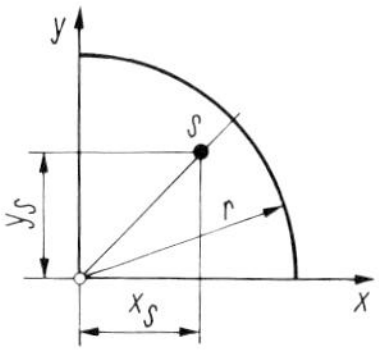	$x_S = y_S = \frac{2r}{\pi}\sqrt{2}$	$b = \frac{\pi r}{2}$
Halbkreis	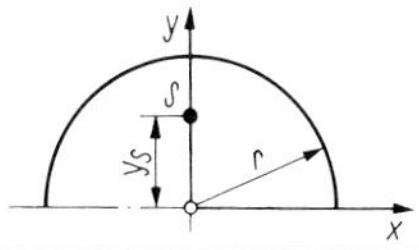	$x_S = 0$ $y_S = \frac{2r}{\pi}$	$b = \pi r$

Für die verschiedenen Elemente werden dabei allgemein die Symbole in **Tafel 3.22** angewendet.
Zur Berechnung der Auflagerkräfte werden die Gleichgewichtsbedingungen **(Tafel 3.23)** herangezogen.
Da für die Lage der Wirkungslinie einer Kraft oftmals die Position des Schwerpunktes benötigt wird, sind in **Tafel 3.24** die Berechnungsgrundlagen für die Koordinaten des Schwerpunktes angegeben.

3.3.2. **Reibung** [3.5.5] [3.5.30]

Reibung zwischen zwei Körpern äußert sich in einer Kraftwirkung; bei Bewegungen ist sie mit einer Energieumwandlung (Bewegungsenergie in Wärme- und Deformationsenergie) verbunden und bewirkt durch fortgesetzte Oberflächenbeanspruchung Verschleiß.
Der Vorgang der Reibung ist äußerst vielschichtig und wird u.a. beeinflußt von der Oberflächengestalt der Elemente, der Reibungsart, dem Reibungs- und Bewegungszustand, der Werkstoffpaarung sowie von Oberflächenschichten und dem Schmierstoff.
Die große technische und volkswirtschaftliche Bedeutung (Energieverluste und Verschleiß) der Reibung führten zu der neuen technisch-naturwissenschaftlichen Disziplin der Tribologie.
Der Einfachheit halber wird im folgenden das Reibungsgesetz nach *Coulomb* (1799) bzw. *Amontons* (1699) benutzt, wonach die Reibkraft F_R der Normalkraft F_n proportional ist:

$$F_R = \mu F_n . \qquad (3.13)$$

Der Proportionalitätsfaktor μ wird als Reibwert, Reibkoeffizient oder Reibungszahl bezeichnet.
Reibkräfte wirken zwischen den Körpern und sind der angestrebten Bewegungsrichtung entgegengesetzt (Widerstand). Reibung und Verschleiß werden in [3.5.5] umfassend behandelt.

3.3.2.1. Ruhereibung (Haftreibung)

Reibung gibt es bereits vor Beginn eines Bewegungsvorgangs. Eine Bewegung des im **Bild 3.27** dargestellten Körpers tritt erst ein, wenn die Antriebskraft F die Widerstandskraft

$$F_R = \mu_0 F_n = F_{RH} \qquad (3.14)$$

überwunden hat. Der Haftreibwert μ_0 wird am einfachsten mit der schiefen Ebene nach **Bild 3.28** ermittelt.

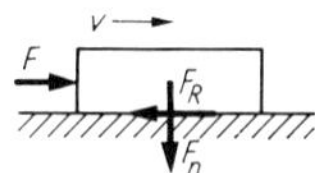

Bild 3.27. Reibkraft F_R

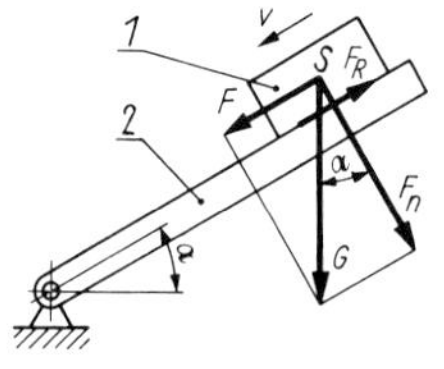

Bild 3.28. Ermittlung des Haftreibwertes

Wirkt am ruhenden Gleitkörper *1* nur die Gewichtskraft $G = mg$, so tritt bei kontinuierlicher Vergrößerung des Neigungswinkels α in dem Moment ein Gleiten auf der Unterlage *2* ein, wenn die Antriebskomponente $F = mg \sin \alpha$ die Haftreibkraft F_{RH} überwunden hat ($F_{RH} = F$). Der dazu erforderliche Neigungswinkel wird mit ϱ bezeichnet und Reibwinkel genannt. Es gilt dann

$$\mu_0 = F/F_n = mg \sin \varrho/(mg \cos \varrho) = \tan \varrho . \qquad (3.15)$$

3.3.2.2. Reibungszustände

Ein Reibungssystem umfaßt nicht nur die Bauteilpaarung, wie z.B. Buchse–Welle, Mutter–Spindel oder Bremsbacke–Scheibe, sondern schließt die Stoffe mit ein, in denen die Reibung wirkt (Schmierstoffe). Je nach dem Aggregatzustand der miteinander in Berührung stehenden Stoffbereiche unterscheidet man die Reibungszustände

- Festkörperreibung

- Flüssigkeitsreibung
- Gasreibung.

Festkörperreibung. Beide Festkörperbauteile stehen direkt im Kontakt. Wie **Bild 3.29** in mikroskopischer Vergrößerung zeigt, berühren sich beide Körper nur an diskret verteilten Stellen, die eine verschieden starke Verformung aufweisen. Aufgrund eines möglichen schichtenförmigen Aufbaus der Festkörper **(Bild 3.30)** ist zu unterscheiden zwischen der reinen Festkörperreibung, bei der sich die Grundwerkstoffe selbst berühren, und der Haftschichtenreibung. Hier sind für die Reibung die Eigenschaften der an dem Grundwerkstoff festhaftenden Schichten maßgebend. In zunehmendem Maße werden auf Festkörpern reibungs- und verschleißmindernde Deckschichten hoher Haftfestigkeit aufgebracht, mit denen man eine wesentliche Gebrauchswertsteigerung der Reibpaarung erreicht.

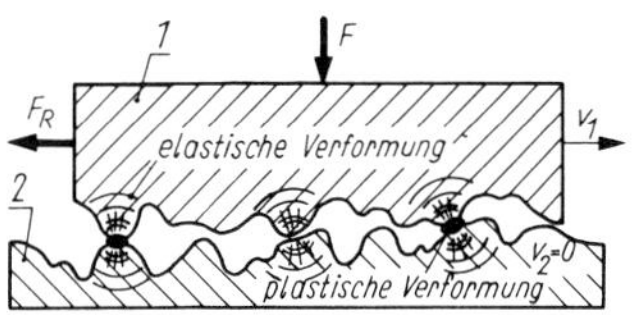

Bild 3.29. Modell der Kraftübertragung bei Festkörperreibung (aus [3.5.30])

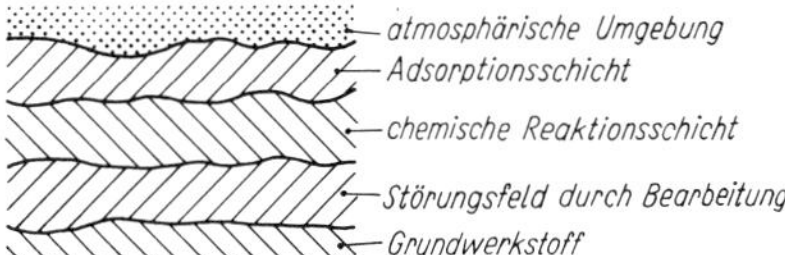

Bild 3.30. Modell des Schichtenaufbaus metallischer Festkörper (aus [3.5.30])

Flüssigkeitsreibung. Es liegt eine Trennung der am Reibungsvorgang beteiligten Festkörper durch eine geschlossene Flüssigkeitsschicht (Schmierfilm) vor **(Bild 3.31)**. Dadurch wird der Reibungsvorgang in den Stoffbereich der Flüssigkeit (Schmierstoff) verlegt und von den rheologischen Eigenschaften (Viskosität) der Flüssigkeit bestimmt. Um die gewünschte Tragfähigkeit des Schmierfilms zu erreichen, ist ein Druck im Schmierstoff erforderlich. Kommt der

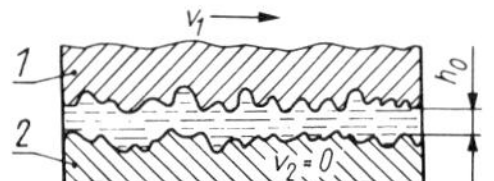

Bild 3.31. Flüssigkeitsreibung bei Schmierfilmdicke h_0

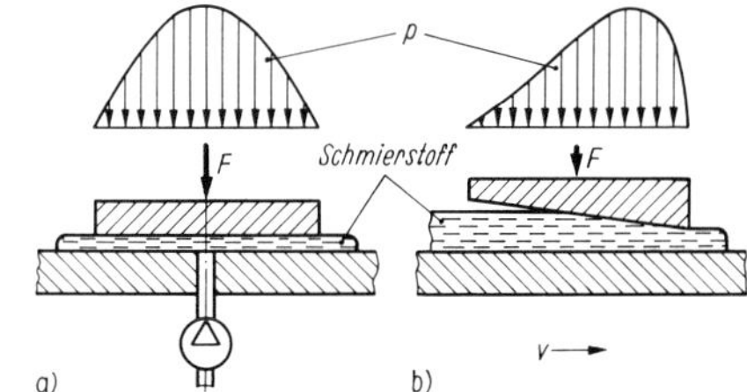

Bild 3.32. Schmierdruckausbildung
a) hydrostatisch; b) hydrodynamisch

Druck von außen (z. B. durch eine Pumpe) **(Bild 3.32)**, spricht man von einer hydrostatisch tragenden Zwischenschicht (hydrostatische Schmierung). Der Öldruck muß etwa zwei- bis viermal so groß sein wie die mittlere Flächenpressung. Der Druck kann aber auch durch geeignete konstruktive und kinematische Auslegung von der Gleitpaarung selbst, d. h. ohne zusätzliche Maßnahmen von außen, aufgebaut werden. Dieser als hydrodynamische Schmierung bezeichnete Druckaufbau beruht auf dem Strömungsvorgang in einem Keilspalt (Bild 3.32b), (Abschnitt 8.2.1.). Voraussetzungen dafür sind Haften des Schmierstoffes an den spaltbildenden Oberflächen der Gleitpartner, ausreichend große Relativbewegung zwischen dem belasteten Gleitkörper und der Ölströmung sowie Verengung des Schmierspalts in Richtung der genannten Relativbewegung.

Mischreibung tritt bei nicht vollständig tragendem Ölfilm auf, d. h. bei stellenweiser Festkörper- und Flüssigkeitsreibung.

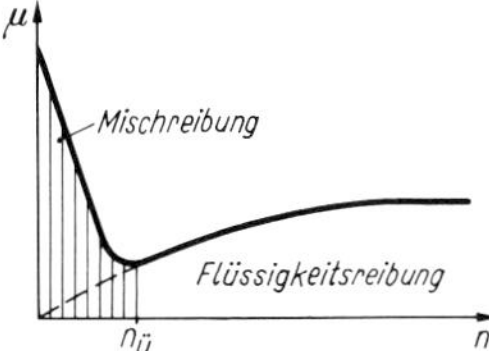

Bild 3.33. Stribeck-Diagramm

Wie der Reibungszustand den Reibwert beeinflußt, wird aus **Bild 3.33** deutlich. Es wird die Abhängigkeit des Reibwertes μ von der Drehzahl n (und damit der Gleitgeschwindigkeit v im Lagerspalt) bei einem ölgeschmierten Gleitlager dargestellt. Bei $n = 0$ liegt völlige Festkörperreibung vor. Mit wachsender Drehzahl steigt der Anteil der Flüssigkeitsreibung, bis sich bei genügend hoher Drehzahl aufgrund des hydrodynamischen Effekts (wie beim Wasserskilaufen) ein lückenloser tragender Schmierfilm aufbaut.

Gasreibung. Da auch Gase eine, wenn auch sehr niedrige, Viskosität besitzen, lassen sich mit ihnen wie bei den Flüssigkeiten tragende Zwischenschichten aufbauen. Als Gas wird vorwiegend Luft verwendet, daher auch die Bezeichnungen aerostatische bzw. aerodynamische Schmierung (s. Abschnitt 8.2.11.). Vorteile sind, daß Luft überall vorhanden ist, keine Verschmutzungsgefahr durch den Schmierstoff selbst besteht und die Reibung sehr klein ist. Nachteile sind das sehr geringe Lastaufnahmevermögen, die erforderliche hohe Präzision der Oberflächen und der Montage sowie die Kompressibilität der Luft.

3.3.2.3. Gleitreibung

Wird ein mit der Kraft F_G belasteter Körper translatorisch auf einer ebenen Unterlage **(Bild 3.34)** bewegt, ergibt sich nach Gl. (3.13) $F_R = \mu F_G$, da $F_n = F_G$ ist.

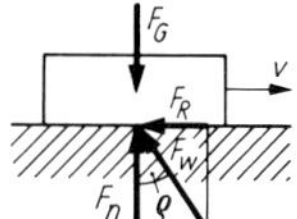

Bild 3.34. Gleitkörper

Die Resultierende von F_n und F_R wird als Widerstandskraft F_W bezeichnet. Der Winkel ϱ, den sie mit der Normalkraft einschließt, läßt sich berechnen aus

$$\tan \varrho = F_R / F_n = \mu F_n / F_n = \mu .$$

Diese Beziehung entspricht Gl. (3.15), wobei ϱ der Reibwinkel ist. Unter Verwendung dieses Winkels sind Kraftanalysen in reibungsbehafteten Systemen auch zeichnerisch durchführbar. An welcher Seite der Normalkraft der Reibwinkel ϱ anzutragen ist, hängt von der Bewegungsrichtung ab, da Reibung der Bewegung immer entgegenwirkt.

Da die Reibung außer von der Werkstoffpaarung von einer Vielzahl anderer Faktoren beeinflußt wird, ist es eigentlich nicht möglich, Reibwerte nur in Abhängigkeit von der Werkstoffpaarung anzugeben. Wenn dies in **Tafel 3.25** trotzdem versucht wird, dann sind diese Angaben nur als grobe Richtwerte zu betrachten. Zuverlässig sind nur unter Einsatzbedingungen experimentell ermittelte Werte.

Tafel 3.25. Reibwerte

grobe Richtwerte, ohne Berücksichtigung der Oberflächenbeschaffenheit, Gleitgeschwindigkeit u. a. m.; s. a. Tafeln 11.5, 13.8.4, 13.9.5; μ_0 Haftreibwert; μ Gleitreibwert

Werkstoffpaarung	Trocken (Festkörperreibung)		Ölgeschmiert (Mischreibung)	
	μ_0	μ	μ_0	μ
St/St	0,15 ... 0,3	0,05 ... 0,1	0,1	0,01 ... 0,05
St/Gußeisen	0,18 ... 0,2	0,16 ... 0,2	0,1	0,01 ... 0,05
St/CuSn	0,18 ... 0,2	0,16 ... 0,2	0,14	0,02 ... 0,1
St/Sinterbronze	–	–	0,17	0,05 ... 0,1
St/Preßstoff	–	0,2 ... 0,4	–	0,07 ... 0,1
St/Polyamid	–	0,25 ... 0,45	–	0,04 ... 0,12
St/PTFE	–	0,08 ... 0,15	–	0,02 ... 0,05
St/techn. Kohle	–	0,2 ... 0,3	–	0,05 ... 0,1
St/Gummi	–	0,5	–	–
St/Papier	–	0,2	–	–
Gummi/Papier	–	0,4	–	–
Metall/Leder	0,6	0,25 ... 0,3	0,2	0,15 ... 0,20
Metall/Holz	0,5 ... 0,6	0,25 ... 0,5	0,1	0,05 ... 0,1
Metall/Kork	–	0,35	–	0,3
St/Bremsbelag	–	0,55	–	0,4

Keilnutreibung. Bei der Verschiebung eines prismatischen Körpers in einer symmetrischen Keilnut entsprechend **Bild 3.35** liegen folgende Kraftverhältnisse vor:

$$F_{n1} = F_{n2} = F_G/(2 \sin \delta).$$

Die Gesamtreibkraft am Körper ist dann

$$F_R = F_{R1} + F_{R2} = \mu\,(F_{n1} + F_{n2}) = \mu F_G/\sin \delta. \qquad (3.16)$$

Für die Beziehung $\mu/\sin \delta = \mu_1$ ist der Ausdruck Keilreibwert oder Keilreibungszahl gebräuchlich, und Gl. (3.16) vereinfacht sich damit zu

$$F_R = \mu_1 F_G.$$

Der Gleitreibwert μ wird durch den Keilwinkel δ scheinbar vergrößert. In den Fällen, da eine große Reibung erwünscht ist, so z. B. bei der Haftung zwischen Riemen und Riemenscheibe eines Zugmittelgetriebes, wird die Keilwirkung am Keilriemen bewußt ausgenutzt, um eine größere Umfangskraft übertragen zu können (s. Abschnitt 13.9.).

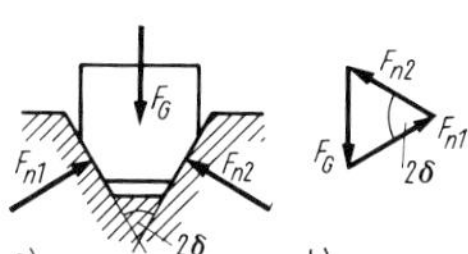

Bild 3.35. Keilnutführung
a) Lageplan; b) Kräfteplan

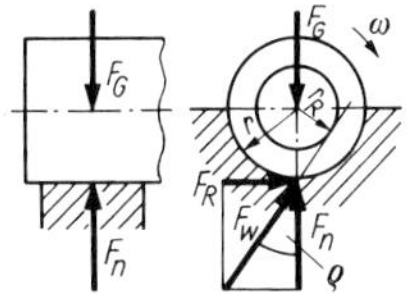

Bild 3.36. Zapfenlager

Zapfenreibung. Bei der Drehbewegung eines zylindrischen Lager- oder Gelenkzapfens in einer zylindrischen Schale (s. Abschnitt 8.2.1.) entsteht eine Reibkraft in der Lauffläche in Umfangsrichtung und entgegen der Drehbewegung, wie es **Bild 3.36** zeigt. Anstelle der über der Berührungsfläche verteilten Flächenpressung kann mit der resultierenden Normalkraft $F_n = F_G$ gerechnet werden. In bezug auf die Drehachse erzeugt die Reibkraft $F_R = \mu F_n$ ein Drehmoment (Reibmoment)

$$M_R = \mu r F_G. \qquad (3.17)$$

Unter Verwendung des Reibwinkels ϱ und der Widerstandskraft F_W läßt sich das Reibmoment auch angeben als $M_R = F_W r_R$, mit dem Reibradius $r_R = \mu r$ und $\sin \varrho \approx \tan \varrho$.

Reibung im Keilschubgetriebe. Zur Erzeugung großer Kräfte oder auch für feinfühlige Justierbewegungen werden u. a. Keilschubgetriebe eingesetzt. Ein solches Getriebe ist im **Bild 3.37** vereinfacht dargestellt. Der mit F_L belastete Keilkörper B kann durch die am Keilkörper A angreifende Antriebskraft F_A gehoben oder gesenkt werden. Dabei tritt an den drei Flächenpaaren *1, 2* und *3* Gleitreibung auf, die das Verhältnis zwischen der Last F_L und der zum Bewegen notwendigen Antriebskraft F_A beeinflußt. Zur Untersuchung der Kraftverhältnisse werden die beiden Keilkörper freigemacht. Beim Einzeichnen der Reibkräfte ist zu beachten, daß sie der Bewegung entgegengerichtet sind. Demnach sind zwei Betriebsfälle zu unterscheiden:

- Heben der Last F_L (Bild 3.37 b)
- Senken der Last F_L (Bild 3.37 c).

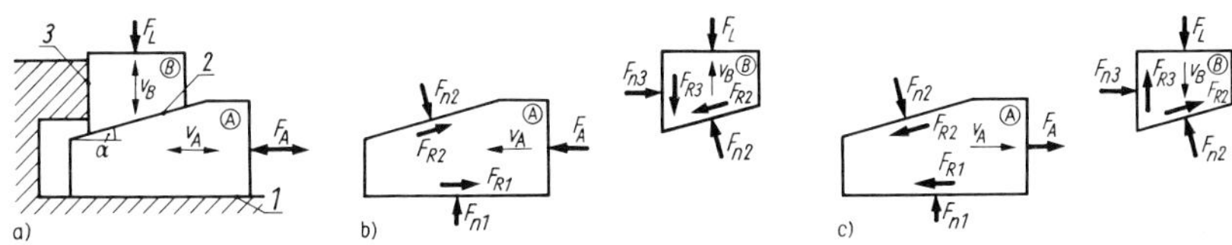

Bild 3.37. Keilschubgetriebe [1.2]
a) Anordnung; b) freigemachte Keilkörper, Betriebsfall „Heben"; c) freigemachte Keilkörper, Betriebsfall „Senken"

Für den Betriebsfall „Heben" führen die Gleichgewichtsbedingungen an den Keilkörpern A und B zu folgenden Gleichungen:

Körper A: $\uparrow: \; F_{n1} - F_{n2} \cos\alpha + F_{R2} \sin\alpha = 0$

$\rightarrow: \; F_{R1} + F_{R2} \cos\alpha + F_{n2} \sin\alpha - F_A = 0;$

Körper B: $\uparrow: \; F_{n2} \cos\alpha - F_{R2} \sin\alpha - F_{R3} - F_L = 0$

$\rightarrow: \; F_{n3} + F_{R2} \cos\alpha - F_{n2} \sin\alpha = 0.$

Der Einfachheit halber sei der Reibwert μ für alle drei Reibstellen gleich. Es ist dann $F_{R1} = \mu F_{n1}$; $F_{R2} = \mu F_{n2}$ und $F_{R3} = \mu F_{n3}$. Für die zum Heben der Last F_L erforderliche Antriebskraft F_A ergibt sich

$$F_A = F_L \, [(1 - \mu^2) \sin\alpha + 2\mu \cos\alpha] / [(1 - \mu^2) \cos\alpha - 2\mu \sin\alpha]. \qquad (3.18)$$

Für den Betriebsfall „Senken" sind die Reibkräfte entsprechend Bild 3.37c zu berücksichtigen. Die Gleichgewichtsbedingungen lauten nun:

Körper A: $\uparrow: \; F_{n1} - F_{n2} \cos\alpha - F_{R2} \sin\alpha = 0$

$\rightarrow: \; F_A - F_{R1} - F_{R2} \cos\alpha + F_{n2} \sin\alpha = 0;$

Körper B: $\uparrow: \; F_{n2} \cos\alpha + F_{R2} \sin\alpha + F_{R3} - F_L = 0$

$\rightarrow: \; F_{n3} + F_{R2} \cos\alpha - F_{n2} \sin\alpha = 0.$

Die zum Absenken der Last F_L erforderliche Kraft ist

$$F_A = F_L \, [2\mu \cos\alpha - (1 - \mu^2) \sin\alpha] / [(1 - \mu^2) \cos\alpha + 2\mu \sin\alpha]. \qquad (3.19)$$

Bezüglich des Keilwinkels α gibt es zwei Grenzfälle. Wird in Gl. (3.18) $(1 - \mu^2) \cos\alpha - 2\mu \sin\alpha \leqq 0$, d. h.

$$\tan\alpha \geqq (1 - \mu^2)/(2\mu), \qquad (3.20)$$

läßt sich der Keilkörper *B* nicht mehr bewegen (Grenzwinkel α_g). Wird in Gl. (3.19) $2\mu \cos\alpha - (1 - \mu^2) \sin\alpha \leqq 0$, d. h.

$$\tan\alpha \geqq 2\mu/(1 - \mu^2), \qquad (3.21)$$

senkt sich der Keilkörper *B* selbsttätig durch die Last F_L ab (Grenzwinkel α_k). Diese beiden Grenzkeilwinkel sind in Abhängigkeit vom Reibwert μ im **Bild 3.38** dargestellt.

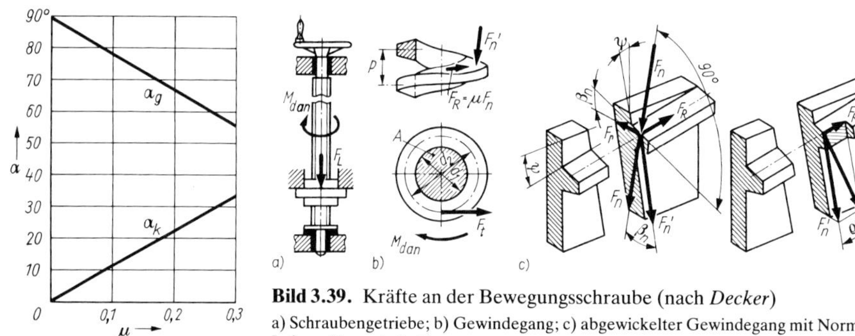

Bild 3.38. Grenzkeilwinkel für Keilschubgetriebe nach Bild 3.37

Bild 3.39. Kräfte an der Bewegungsschraube (nach *Decker*)
a) Schraubengetriebe; b) Gewindegang; c) abgewickelter Gewindegang mit Normal- und Axialschnitt
Index n Normalschnitt
P Steigung; ψ Steigungswinkel; d_2 Flankendurchmesser; β halber Flankenwinkel

Gewindereibung. Zu den häufig verwendeten Elementen in der Feinmechanik zählen die Schrauben (s. Abschnitte 4.4.4. und 13.10.). Sie dienen zum einen aufgrund der großen Kraftübersetzung als Verbindungselemente, zum anderen wegen der Bewegungsverhältnisse als Elemente zur Umformung einer Dreh- in eine Schubbewegung und umgekehrt.

Ein Schraubenpaar besteht aus zwei Elementen, der Schraube (Spindel) und der Mutter. Sie berühren sich mit ihren Gewindeflanken, auf denen die Kraft- und Bewegungsübertragung erfolgt und Gleitreibung auftritt. Die folgenden Kraftuntersuchungen werden an einer vertikal angeordneten Bewegungsschraube nach **Bild 3.39**a vorgenommen.

Soll die auf der Mutter liegende Last F_L durch Drehung der Spindel gehoben werden, ist dazu das Drehmoment M_{dan} erforderlich. Die Schraubenfunktion erklärt sich folgendermaßen:

Eine Schraubenlinie entsteht, wenn ein Keil auf einen Zylinder gewickelt wird. Es bestehen deshalb bei der Schraube ähnliche Verhältnisse wie beim Keilgetriebe. Der Steigungswinkel ψ entspricht dem Keilwinkel, er ist zu berechnen aus

$$\tan \psi = P/(d_2 \pi). \tag{3.22}$$

Die Flankenfläche des Gewindes ist jedoch nicht nur um den Steigungswinkel ψ, sondern dazu um den halben Flankenwinkel β geneigt. Dadurch ergibt sich ein räumliches Kraftsystem. Ausgangspunkt für die Kraftanalyse ist die Normalkraft F_n, die senkrecht auf der Gewindeflanke steht. Die Kraftverhältnisse lassen sich am besten an der Abwicklung eines Gewindegangs (Bild 3.39c) erklären. Die Normalkraft F_n erscheint in ihrer wahren Größe im Normalschnitt des Gewindeprofils, der um den Steigungswinkel ψ gegen die Spindelachse geneigt ist. Sie kann dort zerlegt werden in die Radialkomponente F_r und eine senkrecht dazu stehende Längskomponente F'_n. Der Winkel zwischen F_n und F'_n im Normalschnitt ist nicht der halbe Flankenwinkel β, denn dieser ist im Axialschnitt definiert. Axialschnitt und Normalschnitt schließen den Steigungswinkel ψ ein. Daher gilt für den halben Flankenwinkel im Normalschnitt

$$\tan \beta_n = \tan \beta \cos \psi, \tag{3.23}$$

und es ist $F'_n = F_n \cos \beta_n$. Die Reibkraft ist wie immer $F_R = \mu F_n$. Reibkraft F_R und Längskraft F'_n liegen in der gleichen Ebene wie die Umfangskraft F_t und die Axiallast F_L. Beide Komponentenpaare lassen sich über die gemeinsame Resultierende F umrechnen. F schließt mit F'_n den Winkel ϱ' ein, der nach

$$\tan \varrho' = F_R / F'_n = \mu F_n / (F_n \cos \beta_n) = \mu / \cos \beta_n \tag{3.24}$$

als Reibwinkel des Gewindes bezeichnet werden kann und die Abhängigkeit vom Flankenwinkel des Gewindes berücksichtigt (s. Abschnitte 4.4.4. und 13.10.).
Die Zerlegung der Resultierenden F in Umfangs- und Axialkraft führt zur Beziehung

$$F_t = F_L \tan (\psi \pm \varrho'). \tag{3.25}$$

Sie gibt an, welche Umfangskraft F_t nötig ist, um die auf der Mutter liegende Axiallast F_L zu heben (+) bzw. zu senken (−). Für das notwendige Spindeldrehmoment gilt dann

$$M_{dan} = F_t r_2 = F_L r_2 \tan (\psi \pm \varrho'). \tag{3.26}$$

3.3.2.4. Rollreibung

Beim Abrollen (Abwälzen) einer Rolle auf einer ebenen Unterlage entsteht ein Bewegungswiderstand (Reibung) dadurch, daß sich entsprechend **Bild 3.40** der harte Rollkörper mit der Gewichtskraft F_G bzw. der Normalkraft F_n in die Unterlage eindrückt und entlang dem Berührungsbogen eine Flächenpressung entsteht, deren resultierende Kraft F_W durch den Rollenmittelpunkt geht. Die Gleichgewichtsbedingungen ergeben:

$$\uparrow: F_n = F_G; \quad \rightarrow: F_T = F_A; \quad \overset{\frown}{M}_C: F_n f - F_T r = 0. \tag{3.27}$$

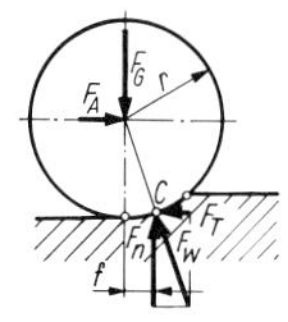

Bild 3.40. Harter Rollkörper auf weicher Rollbahn

Die zur Überwindung des Bewegungswiderstandes F_T, das ist die Rollreibkraft F_R, erforderliche Kraft F_A ist damit

$$F_A = F_R = F_G f / r = F_n f / r. \tag{3.28}$$

Der Hebelarm f der Rollreibung ist experimentell zu ermitteln, er ist bei elastischer Verformung der Unterlage kleiner als bei plastischer und sinkt mit steigender Härte der Unterlage. Bei gehärteten Stahlkugeln auf gehärteter Stahlunterlage ist $f = 0{,}005 \dots 0{,}01$ mm, bei ungehärteten Stahlkugeln auf ungehärteter Unterlage ist $f = 0{,}5$ mm (s. Abschnitte 8.2.8., 13.8.2. und 13.10.). Je größer der Durchmesser des Rollkörpers, desto kleiner ist die zum Rollen erforderliche Kraft F_A.

Befindet sich der Rollkörper zwischen zwei Rollbahnen **(Bild 3.41),** so ist unter Vernachlässigung der Gewichtskraft des Rollkörpers

$$F_R = Ff/r. \tag{3.29}$$

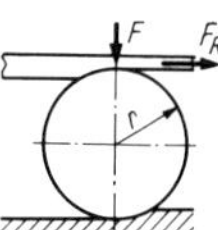

Bild 3.41. Rollkörper zwischen zwei Rollbahnen

3.3.2.5. Bohrreibung

Bei der Bohrbewegung bleiben stets die gleichen Flächen der beiden Körper in Berührung; der Bohrkörper führt eine Rotationsbewegung um die senkrecht zur Bezugsfläche stehende Drehachse aus (s. Abschnitte 8.2.5., 8.2.6. und 13.8.). Die Berührungsfläche entsteht bei unterschiedlich gekrümmten Oberflächen (**Bild 3.42** a) durch Abplattung (Hertzsche Pressung, s. Abschnitt 3.5.). Vollkommene Schmiegung liegt nur vor, wenn beide Flächen gleiche Krümmung aufweisen, wie es z. B. im Bild 3.42 b der Fall ist.

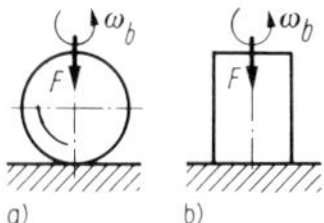

Bild 3.42. Bohrbewegung

a) schlecht angeschmiegter Bohrkörper

b) völlig angeschmiegter Bohrkörper

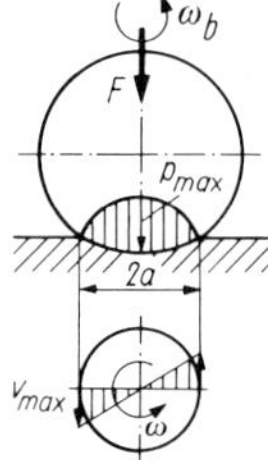

Bild 3.43. Abplattung infolge Hertzscher Pressung ($\omega = \omega_b$)

Bohrreibung ist die bei der Bohrbewegung mit der Winkelgeschwindigkeit ω_b (s. Abschnitt 13.8.2.1.) auftretende Reibung; sie ist eine Gleitreibung, deren Gleitgeschwindigkeit v im Bohrzentrum Null ist und zum Rand der Berührungsfläche hin linear ansteigt **(Bild 3.43).** Das Reibmoment in bezug auf die Bohrachse, das sog. Bohrmoment (s. Abschnitt 13.8.2.1.), läßt sich berechnen aus

$$M_R = 2\pi\mu \int_0^a pr^2 \, dr. \tag{3.30}$$

Ist die Flächenpressung p gleichmäßig über der Berührungsfläche verteilt, wie es bei vollkommener Schmiegung der Fall ist (Bild 3.42 b), gilt

$$p = \text{konst.} = F/A,$$

und mit $A = \pi a^2$ beträgt das Reibmoment

$$M_R = \tfrac{2}{3}\, a\mu F. \tag{3.31}$$

In den meisten Fällen liegt jedoch eine Hertzsche Pressung vor, deren Verteilung Bild 3.43 zeigt. Unter der Annahme, daß der Betrag der Flächenpressung über der Druckfläche der Funktion

$$r^2/a^2 + p^2/p_{max}^2 - 1 = 0 \tag{3.32}$$

(Ellipsengleichung) folgt, ergibt sich das Reibmoment zu

$$M_R = (3/16)\, \pi a\mu F.$$

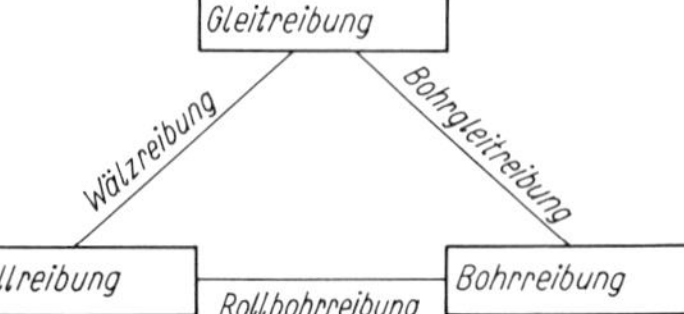

Bild 3.44. Reibungsarten

Durch Überlagerung der bisher genannten drei Grundreibungsarten entstehen Mischformen nach **Bild 3.44**. Hinsichtlich des Verschleißes ist die Rollreibung die günstigste und die Bohrreibung die ungünstigste Reibungsart.

3.3.2.6. Umschlingungsreibung (Seilreibung)

Zwischen einem durch Zugkräfte belasteten Seil oder einem anderen ungegliederten Zugmittel (s. Abschnitt 13.9.) und der Rolle R tritt aufgrund der Anpreßkraft des Seils an die Rolle Reibung und damit eine Reibkraft F_R auf **(Bild 3.45)**:

$$F_1 = F_2 + F_R. \qquad (3.33)$$

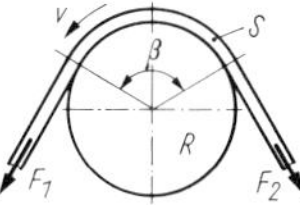

Bild 3.45. Umschlingungsreibung
S Seil; *R* Rolle

Unter Voraussetzung idealer Bedingungen, d.h. völlig biegsames Seil, gleichmäßige Anlage und Kraftübertragung über dem Umschlingungswinkel β und Fehlen von Fliehkräften, gilt die Beziehung

$$F_1 = F_2\, e^{\mu\beta}; \qquad (3.34)$$

β ist im Bogenmaß einzusetzen.

Für die Reibkraft ergibt sich daraus

$$F_R = F_2\,(e^{\mu\beta} - 1) = F_1\,(e^{\mu\beta} - 1)/e^{\mu\beta}; \qquad (3.35)$$

$e^{\mu\beta}$ wird als Seilreibungsfaktor oder Kraftfaktor m (s. Abschnitt 13.9.2.2.) bezeichnet.

Der Rollendurchmesser hat auf die Reibkraft keinen Einfluß. Für den Reibwert μ sind die Bewegungsverhältnisse zwischen Seil und Rolle zu beachten.
Es ist einzusetzen:
Gleitreibwert μ bei bewegtem Seil, stillstehender Rolle bzw. stillstehendem Seil, drehender Rolle (Band- bzw. Seilbremse);
Haftreibwert μ_0, wenn, abgesehen vom Dehnschlupf, keine Relativbewegung zwischen Seil und Rolle auftritt (Zugmittelgetriebe, Band- bzw. Seilbremse im Stillstand);
(s. Abschnitte 10.2. und 13.9.).

3.3.3. Berechnungsbeispiele

Aufgabe 3.3.1. Lagerung eines abgewinkelten Trägers

Ein in den Punkten A und B gelagerter abgewinkelter Träger **(Bild 3.46)** wird durch eine Einzelkraft F belastet.
Es sind die Auflagerreaktionen zu berechnen.

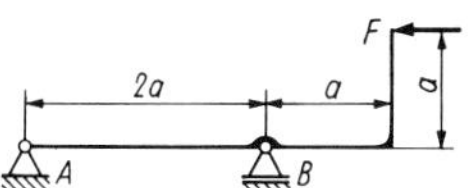

Bild 3.46. Lagerung eines abgewinkelten Trägers

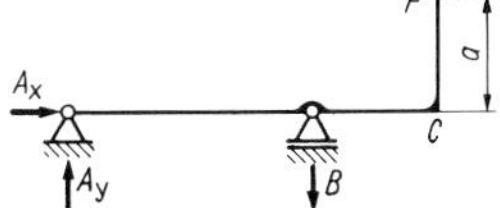

Bild 3.47. Auflagerreaktionen beim Träger nach Bild 3.46

Lösung. Bevor die Auflagerreaktionen unter Verwendung der drei Gleichgewichtsbedingungen berechnet werden können, sind die Richtungen der Auflagerreaktionen in das technische Prinzip **(Bild 3.47)** einzuzeichnen. Sie sind aber zunächst noch unbekannt und müssen angenommen werden. Ergibt sich bei der Berechnung der Auflagerreaktion ein negatives Vorzeichen, ist die tatsächliche Wirkungsrichtung der angenommenen entgegengerichtet. In den meisten Fällen kann man die Wirkungsrichtung erkennen. In der Aufgabe muß A_x der Kraft F entgegengerichtet sein, ebenso wie A_y und B, weil ihre Summe Null ist. Betrachtet man die Momente um den Punkt A, so erzeugt die Kraft F ein linksdrehendes Moment. Demnach muß die Auflagerreaktion B ein rechtsdrehendes Moment ergeben, was nur erreicht wird, wenn B nach unten weist.

Berechnung der Auflagerreaktionen:
1. →: $A_x - F = 0$
2. ↑: $B - A_y = 0$
3. $\overset{\frown}{A}$: $Fa - B2a = 0$.
Das ergibt: $B = F/2$, $A_y = F/2$, $A_x = F$.

Aufgabe 3.3.2. Schwerpunktermittlung an einem Körper

Gegeben ist der im **Bild 3.48** dargestellte homogene Körper aus Aluminium (Dichte $\varrho = 2{,}70$ g/cm³).
Es sind die Lage des Schwerpunktes und die Gesamtmasse zu ermitteln.

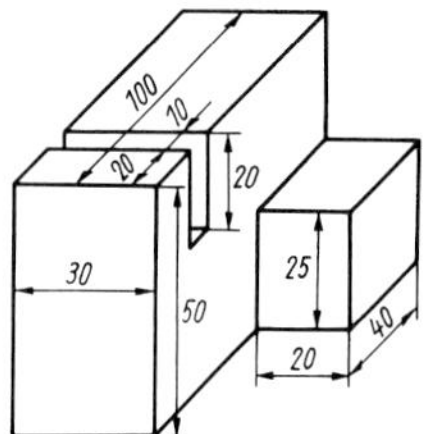

Bild 3.48. Schwerpunktermittlung vorgegebener Körper

i	x_i	y_i	z_i	V_i	x_iV_i	y_iV_i	z_iV_i
	mm	mm	mm	mm³	mm⁴	mm⁴	mm⁴
1							
$\sum$	–	–	–	$(V = \sum V_i)$	$(\sum x_iV_i)$	$(\sum y_iV_i)$	$(\sum z_iV_i)$
S	(x_s)	(y_s)	(z_s)				

Bild 3.49b)

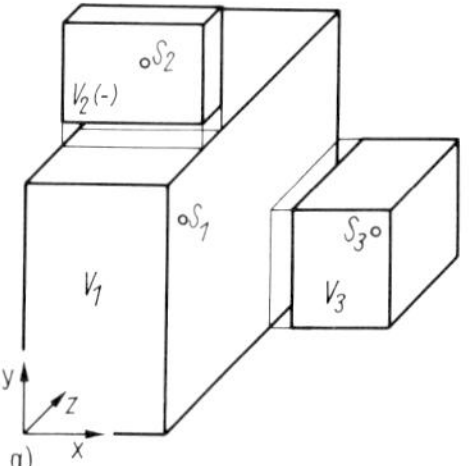

i	x_i	y_i	z_i	V_i	x_iV_i	y_iV_i	z_iV_i
	mm	mm	mm	mm³	mm⁴	mm⁴	mm⁴
1	15	25	50	$150 \cdot 10^3$	$225 \cdot 10^4$	$375 \cdot 10^4$	$750 \cdot 10^4$
2	15	40	25	$-6 \cdot 10^3$	$-9 \cdot 10^4$	$-24 \cdot 10^4$	$-15 \cdot 10^4$
3	40	12,5	80	$20 \cdot 10^3$	$80 \cdot 10^4$	$25 \cdot 10^4$	$160 \cdot 10^4$
$\sum$	–	–	–	$164 \cdot 10^3$	$296 \cdot 10^4$	$376 \cdot 10^4$	$895 \cdot 10^4$
S	18,05	22,93	54,57				

Bild 3.49c)

Bild 3.49. Berechnung des Volumenschwerpunktes
a) Zerlegung in Elementarvolumina; b) Berechnungsschema; c) Berechnungsschema, ausgefüllt

Lösung. Der Körper wird zunächst in Elementarvolumina (s. Tafel 3.24) zerlegt.
Von den verschiedenen Aufteilungsmöglichkeiten wird die nach **Bild 3.49**a empfohlen, weil sie die geringste Zahl von Elementarvolumina ergibt. Da dabei aber das Volumen V_1 um das Volumen V_2 zu groß ist, muß das Volumen V_2 als negatives Elementarvolumen behandelt werden. Diese Betrachtungsweise wird vorteilhaft bei Körpern mit Bohrungen, Durchbrüchen, Nuten o. ä. angewendet. Im zweiten Schritt wird die Lage des Koordinatensystems festgelegt, die an sich beliebig ist, zweckmäßigerweise jedoch so gelegt werden sollte, daß die Koordinaten der Schwerpunkte der Elementarvolumina leicht angegeben werden können. Die Bilder 3.49b, c zeigen das im dritten Schritt aufgestellte und danach ausgefüllte Berechnungsschema. Die Koordinaten des Schwerpunktes des Gesamtkörpers wurden nach Tafel 3.24 berechnet.
Die Gesamtmasse m beträgt bei $V = 164 \cdot 10^3\,\text{mm}^3 = 164\,\text{cm}^3$: $m = \varrho V = 2{,}70 \cdot 164\,\text{g} = 442{,}8\,\text{g}$.

Aufgabe 3.3.3. Seilreibung an einem Umlenkbolzen

Eine Masse mit der Gewichtskraft $G = 5\,\text{N}$ soll entsprechend **Bild 3.50** von einem über einen feststehenden Umlenkbolzen B gelegten Seil gehoben werden.
Welche Zugkraft F ist dazu bei einem Reibwert $\mu = 0{,}25$ notwendig, mit welcher Gesamtkraft F_G und mit welchem Drehmoment M_d wird der Bolzen belastet?

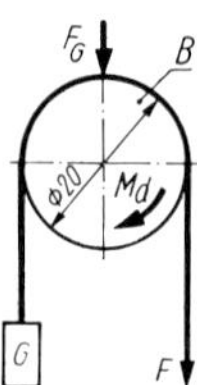

Bild 3.50. Seil über feststehendem Umlenkbolzen B

Lösung. Wie aus Bild 3.50 zu ersehen ist, beträgt der Umschlingungswinkel 180°, d. h. $\beta = \pi$. Nach Gl. (3.34) ist

$$F = G e^{\mu\beta} = 5\ e^{0{,}25\pi}\ \mathrm{N} = 11\ \mathrm{N}.$$

Es ist eine Zugkraft von $F = 11\,\mathrm{N}$ erforderlich. Damit beträgt die resultierende Beanspruchungskraft für den Bolzen $F_G = F + G = 11\,\mathrm{N} + 5\,\mathrm{N} = 16\,\mathrm{N}$. Das Moment um die Bolzenachse ergibt sich aus $M_d = F_R d/2 = (F - G)\ d/2 = 6\,\mathrm{N} \cdot 10\,\mathrm{mm} = 60\,\mathrm{N} \cdot \mathrm{mm}$. Der Bolzen wird mit einem Drehmoment $M_d = 60\,\mathrm{N} \cdot \mathrm{mm}$ beansprucht.

Literatur zum Abschnitt 3.3. s. Literatur zum Abschnitt 3.5.

3.4. Dynamik

Zeichen, Benennungen und Einheiten

E	Elastizitätsmodul in N/mm²
F	Kraft in N
G	Gleitmodul, Schubmodul in N/mm²
I	Flächenträgheitsmoment in mm⁴
J	Massenträgheitsmoment, dynamisches Trägheitsmoment in kg · m²
M_d	Drehmoment, Torsionsmoment in N · m
P	Leistung in N · m/s bzw. W
T	Periodendauer, Umlaufzeit in s
V	Volumen in m³
W	Energie, Arbeit in N · m bzw. W · s
a	Beschleunigung in m/s²
c, c_φ	Federsteife bei Biegung in N/mm, bei Torsion in N · mm/rad
e	Exzentrizität in mm
f	Durchbiegung in mm
g	Fallbeschleunigung in m/s²
m	Masse in kg
n, n_{krit}	Drehzahl, kritische Drehzahl in U/min
r	Radius in mm
t	Zeit in s
v	Geschwindigkeit, Umfangsgeschwindigkeit in m/s
α	Winkelbeschleunigung in rad/s²
β	Richtungswinkel in °
ν	Anzahl
ϱ	Dichte in g/cm³
φ	Drehwinkel in rad
ω	Winkelgeschwindigkeit in rad/s, Kreisfrequenz in Hz
ω_0	Kreisfrequenz der Eigenschwingung, Eigenkreisfrequenz in Hz

Indizes

a	außen
f	Flieh-, Zentrifugalkraft
i	innen
k	kinematisch, kinetisch
krit	kritischer Wert
n	Normalrichtung
p	polar
s	Schwerpunkt
t	Umfangs-, Tangentialrichtung
w	Wirkstelle
x	Axialrichtung
x, y, z	Koordinaten
ν	Anzahl

Gegenstand der Dynamik ist die Bewegung von Körpern. Die Kinematik (Darstellung der Bewegungsgrößen) und die Kinetik (Einbeziehung von Kraft- und Massenwirkungen bei Körperbewegungen) werden als Teilgebiete betrachtet [3.5.1] [3.5.6] bis [3.5.10].
Ein Körper nimmt eine bestimmte Lage im Raum ein; ausgewählte Körperpunkte bestimmen diese Lage in einem raumfesten Koordinatensystem. Die Änderung der Lage des Körpers mit der Zeit ist die Bewegung des Körpers; sie wird als „absolut“ bezeichnet, wenn das Koordinatensystem raumfest ist, als „relativ“, wenn sich das verwendete Bezugssystem selbst gegenüber dem raumfesten bewegt.

3.4.1. Kinematik

Die Bewegung eines starren Körpers ist festgelegt, wenn die Koordinaten der Körperpunkte als Funktionen der Zeit angegeben werden können. Ein Punkt hat im Raum drei Freiheitsgrade der Bewegung (Koordinaten x, y, z), in einer Fläche zwei, auf einer vorgegebenen Bahn einen Freiheitsgrad.
Jeder Punkt des starren Körpers beschreibt bei Bewegung eine eigene Bahnkurve mit zugeordneten Geschwindigkeits- und Beschleunigungsvektoren. Die räumliche Körperbewe-

gung kann anschaulich und zweckmäßig aus Teilbewegungen zusammengesetzt werden, z. B. aus der gemeinsamen Translation aller Punkte in einer Richtung (Schiebung des Körpers) und der sphärischen Drehung um einen ausgewählten Punkt (z. B. Schwerpunkt). Im gleichen Sinne wird eine ebene Körperbewegung behandelt als Zusammensetzung einer Schiebung und einer Drehung um eine zur Bewegungsebene senkrechte Achse. Wegen des vektoriellen Charakters der kinematischen Größen können die aus den Teilbewegungen resultierenden Wege in beliebiger Reihenfolge ausgeführt und zusammengesetzt werden. Ebenso sind die Geschwindigkeitsvektoren der Teilbewegungen zur Gesamtgeschwindigkeit und die Beschleunigungsvektoren zur Gesamtbeschleunigung zu addieren.

3.4.2. Kinetik

In der Technik können viele Bewegungsvorgänge auf die Bewegung eines Massenpunktes zurückgeführt und so günstiger erfaßt und berechnet werden; das betrifft Translationsbewegungen, Schwerpunktbewegungen, Bewegungen reduzierter Massen, auch Näherungsberechnungen mit konzentriert angenommenen Massen.

Ein starrer Körper ist im Sinne der Dynamik als starre Verbindung von Punktmassen in einem begrenzten Volumen zu betrachten. Demzufolge sind die Formeln der Kinetik der Punktmasse Grundlage der Körperkinetik; Körpermasse m, Volumen V und Dichte ϱ gelten als konstant und genügen somit der Beziehung $m = \varrho V$.

Der Ausdruck $J = \int r^2 \,\mathrm{d}m$ wird als *Massenträgheitsmoment* eines Körpers bezeichnet; es erfaßt die geometrischen Abmessungen des Körpers, seine Materialdichte und die Lage zur betrachteten Drehachse. Diese Größen sind i. allg. konstant. Das Trägheitsmoment J_A um eine beliebige Drehachse A **(Bild 3.51)** läßt sich bestimmen aus der Summe des Trägheitsmoments um die parallele Schwerpunktachse S und des Trägheitsmoments der im Schwerpunkt konzentrierten Masse m

$$J_\mathrm{A} = J_\mathrm{S} + r_\mathrm{S}^2 m \tag{3.36}$$

r_s Abstand von Schwerpunkt- und Drehachse.

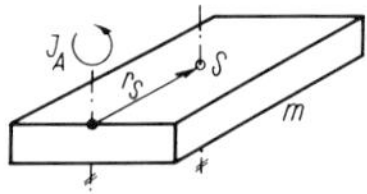

Bild 3.51. Trägheitsmoment J_A um beliebige Achse A außerhalb der Schwerpunktachse S

Tafel 3.26. Massenträgheitsmomente

Körperform	d, r, $h/2$, x, z	d, r, $h/2$, R, D, x, z	d, $h/2$, $b/2$, $b/2$, x	$l/2$, b, x
Masse	$m = \frac{\varrho}{4}\pi d^2 h = \varrho \pi r^2 h$	$m = \frac{\varrho}{4}\pi h(D^2 - d^2)$ $m = \varrho\pi h(R^2 - r^2)$	$m = \varrho b d h$	$m = \varrho A l$ A Querschnittsfläche
Massenträgheitsmoment	$J_x = \frac{m}{8} d^2 = \frac{m}{2} r^2$ $J_z = \frac{m}{12}(h^2 + \frac{3}{4} d^2)$ $= \frac{m}{12}(h^2 + 3r^2)$	$J_x = \frac{m}{8}(D^2 + d^2) = \frac{m}{2}(R^2 + r^2)$ $J_z = \frac{m}{16}(D^2 + d^2 + \frac{4}{3} h^2)$ $= \frac{m}{4}(R^2 + r^2 + \frac{1}{3} h^2)$	$J_x = \frac{m}{12}(b^2 + h^2)$	Näherung für stabförmige Körper: $J_x = \frac{m}{12} l^2$ Näherungsfehler: $< 1\%$ bei $l : b > 10$ $< 4\%$ bei $l : b > 5$

Tafel 3.26 enthält eine Auswahl technisch interessanter Massenträgheitsmomente um eine Schwerpunktachse. Mit Hilfe dieser Gleichungen für die Trägheitsmomente J_S und der Gl. (3.36) können die Trägheitsmomente J_A für beliebige Achsen A berechnet werden (s. auch Bild 3.51).

3.4.3. Mechanische Schwingungen

Mechanische Schwingungen sind in der Feinmechanik vorrangig in Bewegungssystemen (Antriebe, Übertragungs- und Arbeitsmechanismen und deren Elemente) sowie auch in funktionell nicht bewegten Stütz- und Schutzelementen (Gestelle, Gehäuse) zu beachten. Die Spezialliteratur gibt dazu einen ausgezeichneten Überblick und stellt Behandlungsmethoden und Verfahren, insbesondere auch unter Einbeziehung moderner Rechentechnik bereit.

Mechanische Schwingungen treten auf, wenn bewegte Körper durch elastische Elemente (Federn oder Bauteile, die sich wie Federn verhalten) miteinander oder mit dem Gestell verbunden sind. Der erste Schritt jeder Berechnung muß die *Modellbildung* sein, d. h., nach der Festlegung, welche Bauteile als diskrete Massen (möglichst als starre) und welche als Federn (möglichst als masselose) betrachtet werden können, muß ein einfaches Modell als Abbild des realen Falles gefunden werden, zumal für alle Standardmodelle Rechnerprogramme verfügbar sind [3.5.6].

3.4.3.1. Torsionsschwingungen

Vorrangig in Bewegungssystemen treten Torsionsschwingungen auf, die bei elastischer Verbindung rotierender Massen durch Wellen entstehen. Dabei sind von besonderer Bedeutung Modelle des glatten Wellenstranges sowie des Wellenstranges mit Übersetzung **(Bild 3.52)**; jenes kann durch Reduzierung auf das Modell des glatten Wellenstranges zurückgeführt werden.

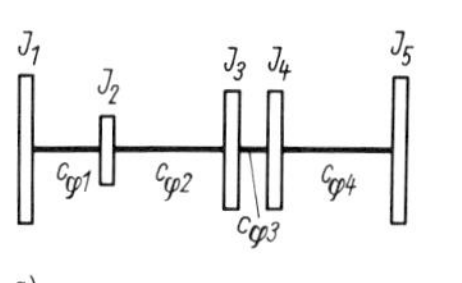

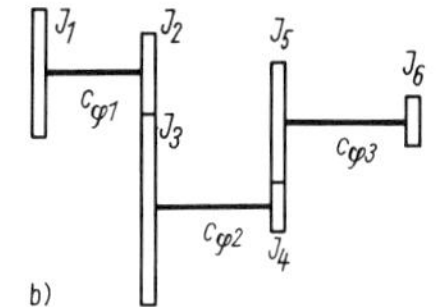

Bild 3.52. Torsionsschwingungsmodelle
a) für glatten Wellenstrang; b) Wellenstrang mit Übersetzung

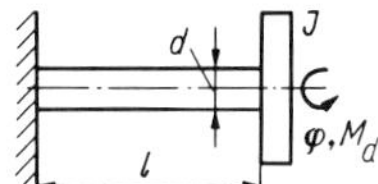

Bild 3.53. Torsionsschwingungsmodell mit einer Masse und eingespannter Welle

Modelle mit Leistungsverzweigung und vermaschte Antriebe sind nicht typisch für die Feinmechanik, weil immer häufiger Baugruppen-Einzelantriebe verwendet werden.
Das einfachste Schwingungsmodell hat eine Masse vom Trägheitsmoment J (als dünne Scheibe aufgefaßt, die in ihrer Ebene schwingt) und eine eingespannte Welle (Länge l und Durchmesser d) in der Anordnung nach **Bild 3.53**. Ein äußeres Drehmoment M_{d} verdreht Scheibe und Wellenende um den Winkel φ und erzeugt das Rückstellmoment

$$M_{\mathrm{d}} = c_{\varphi}\varphi \,. \tag{3.37}$$

Federsteife bei Torsion c_{φ} (Drehfedersteife, s. Abschnitt 6.1.) ist abhängig vom Schubmodul G, dem polaren Flächenträgheitsmoment I_{p} der Welle und der Wellenlänge l

$$c_{\varphi} = GI_{\mathrm{p}}/l \,. \tag{3.38}$$

Für die Eigenkreisfrequenz ω_0 und die Periodendauer T der Eigenschwingung gilt

$$\omega_0 = \sqrt{c_{\varphi}/J}\,, \qquad T_0 = 2\pi/\omega_0 \,. \tag{3.39}$$

Resonanz mit äußeren Momenten tritt auf, wenn die erregende Frequenz ω des Moments der Eigenkreisfrequenz ω_0 gleich ist. Wellen sind für den Schwingungsvorgang gleichwertig, wenn sie die gleiche Drehfedersteife c_{φ} haben; eine Welle mit den Abmessungen l und d (s. Bild 3.53) kann man damit durch eine Welle mit den Abmessungen l' und d' ersetzen, wenn $l'/l = (d'/d)^4$ erfüllt ist. Können nur Teilstücke der Welle direkt berechnet werden (z. B. bei

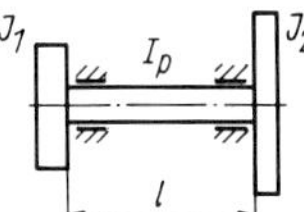

Bild 3.54. Torsionsschwingungsmodell mit zwei Massen und Verbindungswelle

einer abgesetzten Welle, s. Abschnitt 7.), gilt für die resultierende Federsteife c_φ

$$1/c_\varphi = 1/c_{\varphi 1} + 1/c_{\varphi 2} + \dots \,. \tag{3.40}$$

Trägt eine Welle an beiden Enden eine Masse **(Bild 3.54)**, dann gilt

$$\omega_0 = \sqrt{c_\varphi\,(J_1 + J_2)/(J_1 J_2)} \quad \text{mit} \quad c_\varphi = GI_\text{p}/l\,. \tag{3.41}$$

Eine Welle mit ν Schwingungsmassen hat $\nu-1$ Eigenfrequenzen. Die Torsionsfedern (Wellenstücke) sind i. allg. von zylindrischem Profil. Es gilt für
Welle mit Vollprofil (Kreisfläche)

$$c_\varphi = G\pi d^4/(32l)\,, \tag{3.42}$$

Welle mit Hohlprofil (Kreisringfläche)

$$c_\varphi = G\pi\,(d_\text{a}^4 - d_\text{i}^4)/(32l)\,. \tag{3.43}$$

3.4.3.2. Biegeschwingungen

Die Wellen von Bewegungssystemen werden zusätzlich zur Torsionsbelastung von den auf ihnen befestigten Massen aus der Wellenmitte ausgelenkt und gebogen (**Bild 3.55**; s. auch Abschnitt 7.). Ursachen dafür sind die Fliehkräfte, die wegen der Restunwuchten an der Welle-Nabe-Verbindung auf die Welle wirken.

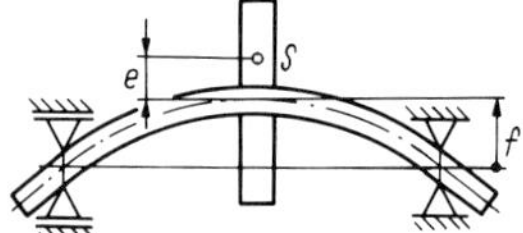

Bild 3.55. Biegeschwingungsmodell mit einer Masse und exzentrischem Gesamtschwerpunkt S

Die Fliehkraft F_f und die Rückstellkraft der federnden Welle halten sich das Gleichgewicht:

$$F_\text{f} = m\,(e + f)\,\omega^2 = cf\,. \tag{3.44}$$

Federsteife bei Biegung c ist abhängig vom Elastizitätsmodul E, dem axialen Flächenträgheitsmoment I (I_x bzw. I_y) und einem von der Wellenlänge l und den Auflagerbedingungen bestimmten Faktor. Es gilt für den Fall mit freiem Auflager (Bild 3.55) (praktisch: Pendellager, s. auch Abschnitt 8.2.)

$$c = 48EI/l^3 \tag{3.45}$$

und mit eingespannter Welle (praktisch: starr angeordnete breite Gleitlager)

$$c = 192EI/l^3\,. \tag{3.46}$$

Man sieht, daß sich die Federsteifen dieser theoretischen Grenzfälle um den Faktor vier unterscheiden, die kritischen Drehzahlen gem. Gl. (3.48) um den Faktor zwei. Bei der Bewertung der Rechenergebnisse ist zu beachten, daß diese Grenzfälle praktisch nicht exakt eintreten; die tatsächlichen Werte von c und ω_0 liegen in der Nähe der Grenzwerte und zwischen ihnen.

Für die Auslenkung f der Welle gilt

$$f = me\omega^2/(c - m\omega^2) = e\,(\omega/\omega_0)^2/[1 - (\omega/\omega_0)^2]\,; \tag{3.47}$$

$\omega_0 = \sqrt{c/m}$ Kreisfrequenz der Eigenschwingung (Eigenkreisfrequenz) der Welle.

Resonanz tritt ein für $\omega = \omega_0$ wegen $f = \infty$. Die *kritische Drehzahl* der Welle ergibt sich somit aus

$$n_\text{krit} = 30/\pi\,\sqrt{c/m} = 30/\pi\,\sqrt{cg/(mg)} = 30/\pi\,\sqrt{g/f}\,, \tag{3.48}$$

$$n_\text{krit} \approx 300\,\sqrt{1/f}\,,$$

bzw. unter Beachtung der Lagerung der Welle aus

$$n_\text{krit} = 300\text{K}\,\sqrt{1/f}\,; \tag{3.49}$$

n_krit in U/min, $f = mg/c$ statische Durchbiegung der Welle unter der Kraft mg in cm, K Lagerfaktor (s. Tafel 7.7.).

Federsteifen häufig verwendeter Lageranordnungen zeigt **Tafel 3.27**.

Tafel 3.27. Biegefedersteifen

Belastungsfall	l, I, m	l, m, I, I, a, b	l, m, I, I, a, b	l, m, I, I, a, b	l, I, I, m, a, b
Biegefedersteife	$c = \frac{3EI}{l^3}$	$a = b$: $c = \frac{48EI}{l^3}$ $a \neq b$: $c = \frac{3EIl}{a^2b^2}$	$a = b$: $c = \frac{192EI}{l^3}$ $a \neq b$: $c = \frac{3EIl^3}{a^3b^3}$	$a = b$: $c = \frac{768EI}{7l^3}$ $a \neq b$: $c = \frac{12EIl^3}{a^3b^2(3l+b)}$	$a = b$: $c = \frac{12EI}{l^3}$ $a \neq b$: $c = \frac{3EI}{(a+b)b^2}$

Ein Vergleich der Lagervarianten im Hinblick auf die Unterschiede der kritischen Winkelgeschwindigkeiten $\omega_{krit} = \sqrt{c/m}$ ergibt (für gleiche Werte m, I, E, l und $a = b$) Verhältnisse von 1 : 4 : 8 : 6 : 2 in der Reihenfolge der Bilder in Tafel 3.27. Die einseitig gelagerten Scheiben haben niedriggelegene kritische Winkelgeschwindigkeiten; höhere Werte lassen sich durch neigungssteife zweiseitige Lagerung erreichen. Man erkennt auch den wesentlichen Einfluß der Abstände von Welle und Lager und die damit gegebene Möglichkeit zur konstruktiven Beeinflussung der Größe von ω_{krit} (s. auch Abschnitte 7. und 8.2.).

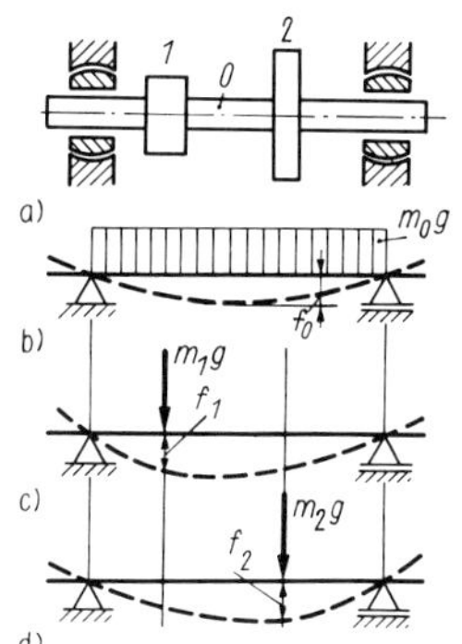

Für den Fall der Anordnung von zwei und mehr Scheiben auf einer Welle **(Bild 3.56)** liefert ein Näherungsverfahren die kritische Winkelgeschwindigkeit:

$$1/\omega_{krit}^2 = 1/\omega_{00}^2 + 1/\omega_{01}^2 + 1/\omega_{02}^2 + \ldots \qquad (3.50)$$

ω_{00} entspricht $\omega_0 = \sqrt{c/m}$ für die Welle ohne Scheiben,
ω_{01} entspricht ω_0 für die masselose Welle mit Scheibe *1*,
ω_{02} für masselose Welle mit Scheibe *2* usw.

Bild 3.56. Anordnung von zwei Scheiben auf einer Welle

a) Biegeschwingungsmodell einer Welle mit zwei Massen und beiderseitiger Pendellagerung; b) bis d) Teilbelastungsfälle und die durch Gewichtskräfte bewirkten Durchbiegungen

Wegen $c/m = g/f$, Gl. (3.48), können auch die den Teilbelastungsfällen (Bilder 3.56b, c, d) entsprechenden statischen Durchbiegungen f_ν unter der Teillast ν verwendet werden:

$$1/\omega_{krit}^2 = (f_0 + f_1 + f_2 + \ldots)/g. \qquad (3.51)$$

Bei kurzen Wellenstücken zwischen zwei Scheiben oder zwischen Scheibe und Lager rechnet man mit vollen Scheiben und masseloser Welle.

Berechnungsbeispiel: *Eigenschwingungen einer Meßanordnung für Rotationsbewegungen*
An einen Elektromotor mit einem Läuferträgheitsmoment J_1 ist über eine Zwischenwelle ein Tachogenerator mit dem Läuferträgheitsmoment J_2 angekoppelt (entspricht Bild 3.54). Die Zwischenwelle ist in der Hälfte ihrer Länge l vom Durchmesser d_1 auf den Durchmesser d_2 abgesetzt ($l_1 = l_2 = l/2$). Vorgegeben sind: $J_1 = 1350\,\text{g}\cdot\text{cm}^2$, $J_2 = 45\,\text{g}\cdot\text{cm}^2$, $l_1 = l_2 = 45$ mm, $d_1 = 10$ mm, $d_2 = 6$ mm.
Welche Eigenkreisfrequenz ω_0 beziehungsweise welche kritische Drehzahl n_{krit} hat die Anordnung?
Lösung. Nach Gl. (3.41) ergibt sich die Eigenkreisfrequenz zu

$$\omega_0 = \sqrt{c_\varphi\,(J_1 + J_2)/(J_1 J_2)} \quad \text{mit} \quad c_\varphi = G I_p / l,$$

wobei für in Reihe zusammengesetzte Federn gem. Gl. (3.40)

$$1/c_\varphi = 1/c_{\varphi 1} + 1/c_{\varphi 2}$$

zu setzen ist. Mit den vorgegebenen Zahlenwerten sowie $G = 81 \cdot 10^3\,\text{N/mm}^2$ für Stahl folgt

$$I_{p1} = 0{,}1\ \text{cm}^4, \qquad I_{p2} = 0{,}013\ \text{cm}^4,$$
$$c_\varphi = 2{,}1 \cdot 10^4\ \text{N}\cdot\text{cm/rad},$$
$$\omega_0 = 6944\ \text{s}^{-1},$$
$$n_{krit} = 66344\ \text{U/min}.$$

Je nach den Genauigkeitsanforderungen an die Meßwerte des Tachogenerators ist die so dimensionierte Anordnung für Drehzahlen von etwa 950 bis 1250 U/min also einsetzbar (s. auch Tafel 7.7).

3.4.3.3. Gedämpfte und getilgte Schwingungen

Zur Verringerung der Schwingungsamplituden, besonders zur Verhinderung kritischer Resonanzschwingungen, werden Dämpfer und Tilger eingesetzt. Dämpfer entziehen dem Schwingungsvorgang Energie (Reibungsdämpfer, ölhydraulische Dämpfer, s. Abschnitt 10.3.) und vermindern die Schwingungsausschläge; Tilger verlagern die Höhe der Eigenfrequenzen in unkritische Bereiche außerhalb der Arbeitsfrequenzen; in beiden Fällen sind zusätzliche Bauteile erforderlich.
Dämpfungen treten außerdem bei allen technischen Systemen auf, bedingt durch Einflüsse wie Lager-, Führungs- und Luftreibung sowie Verformungsarbeit der federnden bzw. gefederten Elemente. Diese Dämpfungen sind gering, ihre Einflüsse auf das Eigenschwingverhalten sind i. allg. unbedeutend und können vernachlässigt werden.
Man verwendet für Eigenfrequenzuntersuchungen das Formelwerk für die freie ungedämpfte Schwingung (eingehende Behandlung von Dämpfern s. Abschnitt 10.3.).

3.4.3.4. Erzwungene Schwingungen

Werden Schwingungen durch ständig von außen auf das System wirkende Kräfte und Bewegungen angeregt, entsteht eine erzwungene Schwingung. Sind die Eigenfrequenz des Systems und die Erregerfrequenz der äußeren Einflüsse gleich groß, entsteht Resonanz. Entweder man ändert die Erregerfrequenz, was meist wegen anderer Bedingungen ausgeschlossen ist, oder man beeinflußt die Eigenfrequenz des erregten Systems durch konstruktive Veränderungen, wie z. B. durch Variation von Lagerabständen, Wellendurchmessern und Scheibenmassen bei Torsionsschwingungen (s. Abschnitt 3.4.3.1.) oder von Lagerarten, Lagerabständen, Wellendurchmessern und Scheibenmassen bei Biegeschwingungen (s. Abschnitt 3.4.3.2.).

Literatur zum Abschnitt 3.4. s. Literatur zum Abschnitt 3.5.

3.5. Festigkeitslehre

Zeichen, Benennungen und Einheiten

Zeichen	Benennung	Zeichen	Benennung
A	Fläche in mm²; Konstante	W	Widerstandsmoment in mm³
A_5	Bruchdehnung in %	Z	Brucheinschnürung in %
B	Breite in mm; Konstante	a, b, c	Abmessungen in mm
C	Konstante	c	Konstante
D	Durchmesser in mm	d	Durchmesser, Wanddicke in mm
E	Elastizitätsmodul in N/mm²	e	Abstand in mm
F	Kraft in N	f	Durchbiegung in mm
G	Gleitmodul, Schubmodul in N/mm²; Gewichtskraft in N	g, h	Abmessungen in mm
H	Höhe in mm	k	Beulfaktor; Stribecksche Pressung in N/mm²
I	Flächenträgheitsmoment in mm⁴	l	Länge in mm
I_t	Drillungswiderstand in mm⁴	m	Poissonsche Zahl
K	Einflußfaktor; Konstante	p	Flächenpressung in N/mm²
K_K	mittlerer Einflußfaktor	r	Radius in mm
K_σ, K_τ	Kerbwirkungszahlen	s	Wanddicke in mm
KC	Schlagbiegezähigkeit in kJ/mm²	t	Abmessung in mm; Zeit in h
L_K	freie Knicklänge in mm	x, y, z	Koordinatenachsen
M	Moment in N · mm	α	Längen-Temperaturkoeffizient in m/(m · K)
M_d	Drehmoment, Torsionsmoment in N · mm	α_0	Anstrengungsverhältnis
N	Schwingspielzahl	$\alpha_\sigma, \alpha_\tau$	Formzahlen
$P_ü$	Überlebenswahrscheinlichkeit in %	β	Winkel in °
R	Radius in mm	γ	Schiebung, Verzerrung in rad
R_e	Streckgrenze in N/mm²	ε	Dehnung in %
R_m	Bruchgrenze, Zugfestigkeit in N/mm²	ε_q	Querverkürzung in %
$R_{p0,2}$	0,2-Dehngrenze in N/mm²	η	Beiwerte bei Torsionsbeanspruchung
R_z	gemittelte Rauhtiefe in μm	ϑ	Temperatur in °C, K
S	Sicherheitsfaktor	λ, λ_0	Schlankheitsgrad, Grenzschlankheitsgrad
		ν	Querzahl, Querkontraktionszahl ($\nu = 1/m$)

ξ	Koordinatenachse
ϱ	Parameter
σ	Normalspannung in N/mm²
τ	Tangentialspannung in N/mm²
φ	Verdrehwinkel in °

Indizes

AD	Dauerausschlagfestigkeit
B	Bruchgrenze; Bezugsgröße
D	Dauerschwingfestigkeit
E	Elastizitätsgrenze
F	Fließgrenze
G	Grenzwert; Gestaltänderungs-energie-Hypothese
H	Hertz
K	Knicken; Bauteil
KB	Beulen
Kip	Kippen
L	Längsrichtung
N	Normalspannungshypothese
OD, UD	ertragbare obere bzw. untere Grenzspannung
P	Proportionalitätsgrenze
Q	Quer
S	Streckgrenze; Schubspannungs-hypothese; Schwerpunkt
Sch	Schwellfestigkeit
V	Vorspannung
W	Wechselfestigkeit
WK	Bauteilwechselfestigkeit
a	vorhandene Amplitude; Scheren, Abscheren
b	Biegung
d	Drehen; Druck
dK	Drillknicken
erf	erforderlicher Wert
ges	gesamt
l	Lochleibung
m	Mittelwert
max	Maximalwert
min	Minimalwert
n	Normalrichtung
o	Obergrenze
p	polar
res	resultierender Wert
t	Torsion; tangential, Umfangs-richtung
u	Untergrenze
v	Vergleichswert
vers	Versagens-(Spannung)
vorh	vorhandener Wert
x, y, z	Koordinatenachsen
z	Zug
zd	Zug–Druck
zul	zulässiger Wert
ξ	Koordinatenachse
σ	Biegung
τ	Torsion

▸ Konstruktionselemente sind so zu dimensionieren, daß sie die zu erwartenden Beanspruchungen ohne Schaden bzw. Beeinträchtigung der Funktion ertragen. Dies erfordert sowohl eine ausreichende Festigkeit gegenüber Bruch als auch eine genügende Steifigkeit und Stabilität gegenüber Verformung.

Für die Festigkeitslehre leiten sich hieraus zwei verschiedene Aufgaben ab: Im Rahmen des Entwurfes eines Bauteils sind, ausgehend von den zu erwartenden Beanspruchungen, die erforderlichen Bauteilabmessungen zu bestimmen (Dimensionierung). Für bereits vorgegebene Bauteile muß demgegenüber der Nachweis erbracht werden, daß die auftretenden Beanspruchungen nicht zu einer Schädigung bzw. Überschreitung zulässiger Grenzwerte am Bauteil führen (Festigkeits- und Stabilitätsnachweis), oder die maximale Belastbarkeit ist zu ermitteln.

Der folgende Abschnitt behandelt deshalb zunächst Fragen der Berechnung der vorhandenen und zulässigen Beanspruchungen sowie der als Folge der Belastung auftretenden Verformungen. Anschließend werden insbesondere der Festigkeits- und Stabilitätsnachweis erläutert. Gleichungen für Entwurfsrechnungen bzw. zur Ermittlung der maximalen Belastbarkeit sind aus dem Festigkeits- oder Stabilitätsnachweis leicht ableitbar.

3.5.1. Grundbegriffe

Spannung. Belasten äußere Kräfte F oder Momente M ein Bauteil, so unterliegt es einer Beanspruchung. Diese ist oft aus mehreren Beanspruchungsarten zusammengesetzt und deshalb sehr kompliziert, läßt sich aber i. allg. auf die Grundformen Zug-, Druck-, Scher-, Biege-

und Torsionsbeanspruchung zurückführen **(Bild 3.57)**. Die Beanspruchung äußert sich als innere Kraft, die im Gefüge des Werkstoffes wirkt. Für die Festigkeitslehre hat es sich deshalb als zweckmäßig erwiesen, diese Kraft auf die Fläche A, an der sie angreift, zu beziehen. Den Quotienten $\mathrm{d}F/\mathrm{d}A$ bezeichnet man dabei als Spannung.

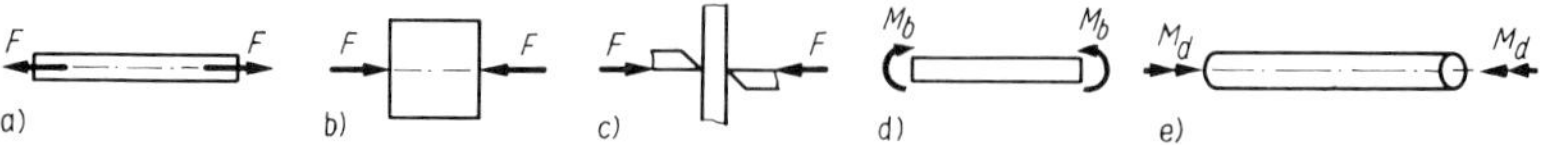

Bild 3.57. Grundformen der Beanspruchung

a) Zugbeanspruchung; b) Druckbeanspruchung; c) Scherbeanspruchung; d) Biegebeanspruchung; e) Torsionsbeanspruchung (Drehmomentenvektor ◄◄—)

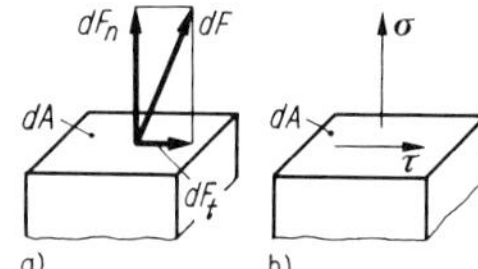

Bild 3.58. Kräfte und Spannungen am Flächenelement

a) Normal- und Tangentialkraft; b) Normal- und Schubspannung

Ein beliebig zum Flächenelement $\mathrm{d}A$ gerichtetes Kraftelement $\mathrm{d}F$ läßt sich stets in eine Normalkomponente $\mathrm{d}F_\mathrm{n}$ senkrecht (normal) zum Flächenelement und eine Tangentialkomponente $\mathrm{d}F_\mathrm{t}$ parallel zur Fläche zerlegen. Dementsprechend definiert man eine *Normalspannung* σ und eine *Tangential- oder Schubspannung* τ **(Bild 3.58)**:

$$\sigma = \mathrm{d}F_\mathrm{n}/\mathrm{dA}; \qquad \tau = \mathrm{d}F_\mathrm{t}/\mathrm{d}A. \tag{3.52}$$

Bei Auftreten mehrerer Schubspannungen mit verschiedenen Richtungen lassen sich diese zweckmäßig nochmals in zwei Komponenten parallel zu den Koordinatenachsen in der Fläche zerlegen (kartesisches Koordinatensystem). Es ist üblich, die x-y-Ebene parallel zur Querschnittsfläche des Bauteils anzuordnen, so daß die z-Koordinate in Richtung der Bauteilachse (Normalspannungsrichtung) zeigt (vgl. auch Bild 3.67).

Treten, wie im Bild 3.58 dargestellt, Normalspannungen nur in einer Koordinatenrichtung auf, so spricht man von einem *einachsigen Spannungszustand*. Die Dimensionierung von Konstruktionselementen der Feinmechanik kann i. allg. auf diesen Fall zurückgeführt werden. Bei Vorhandensein von Normalspannungen in zwei bzw. drei senkrecht aufeinander stehenden Koordinatenrichtungen liegt ein *zwei- bzw. dreiachsiger Spannungszustand* vor, wobei neben den Normalspannungen noch die zugehörigen Schubspannungen auftreten [1.16] [3.5.1] [3.5.19].

Nennspannung. Die entsprechend den auftretenden Beanspruchungen im Bauteil vorhandenen Spannungen werden als Nennspannungen an den gefährdeten Stellen berechnet, d.h. Spannungsspitzen, beispielsweise durch Kerbwirkungen, Eigenspannungen oder auch elastisch-plastische Spannungsumlagerungen (örtlich begrenztes Fließen des Werkstoffes) bleiben für die Ermittlung der vorhandenen Spannungen unberücksichtigt. Treten mehrere Beanspruchungsformen gleichzeitig auf, sind diese in geeigneter Weise zusammenzufassen. Erzeugen diese Beanspruchungen unterschiedliche Spannungsarten, erfolgt hierzu die Definition einer **Vergleichsspannung**, die den zusammengesetzten Spannungszustand auf eine eindimensionale Beanspruchung zurückführt (s. Abschnitt 3.5.2.3.).

Belastungsfälle. Der allgemeinste Belastungsfall ist eine stochastische Belastung. Ihre Behandlung erfordert jedoch einen für die Feinmechanik i. allg. zu hohen experimentellen und rechnerischen Aufwand. Für die meisten praktischen Anwendungen reicht es aus, eine stationär schwingende Belastung als allgemeinen Lastfall anzunehmen. Die dabei auftretenden Spannungen werden begrenzt durch eine Ober- bzw. Unterspannung σ_o bzw. σ_u und schwingen mit einer Spannungsamplitude (Spannungsausschlag) σ_a um eine Mittelspannung σ_m mit

$$\sigma_\mathrm{m} = \tfrac{1}{2}\,(\sigma_\mathrm{o} + \sigma_\mathrm{u}). \tag{3.53}$$

Im allgemeinen ist es üblich, daraus drei charakteristische Belastungs- bzw. Beanspruchungsfälle **(Bild 3.59)** abzuleiten (für τ analog):

- *Fall I* ruhend ($\sigma_a = 0$; $\sigma_m = \sigma_o = \sigma_u$)
- *Fall II* schwellend ($\sigma_u = 0$; $\sigma_a = \sigma_m = \sigma_o/2$)
- *Fall III* wechselnd ($\sigma_m = 0$; $\sigma_u = -\sigma_o$).

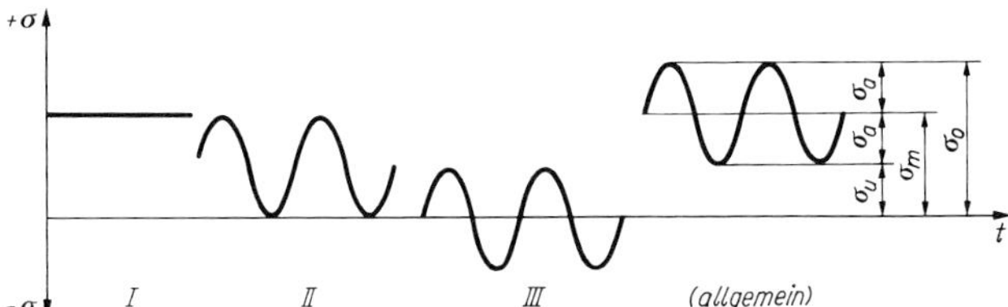

Bild 3.59. Belastungs- bzw. Beanspruchungsfälle (für τ analog)
I ruhend; *II* schwellend; *III* wechselnd

Zulässige Spannung. Als Vergleichsgröße für die entsprechend den auftretenden Beanspruchungen ermittelten Nennspannungen definiert man zulässige Spannungen σ_{zul} bzw. τ_{zul}. Die an den kritischen Stellen des Bauteils berechneten Nennspannungen müssen stets kleiner bzw. dürfen maximal gleich diesen zulässigen Spannungen sein:

$$\sigma \leqq \sigma_{zul}; \qquad \tau \leqq \tau_{zul}. \tag{3.54}$$

Die Kontrolle dieser Bedingungen stellt den Festigkeitsnachweis dar. Den Wert der zulässigen Spannung erhält man aus der jeweiligen Werkstoffkenngröße, die für das Versagen des Bauteils im konkreten Fall maßgebend ist, indem man diese durch einen gewählten *Sicherheitsfaktor S* dividiert. Die Festigkeitslehre schlußfolgert also aus Meßergebnissen über das Verhalten des Werkstoffes auf das eines daraus gefertigten Bauteils bei Einwirkung von äußeren Kräften und Momenten.

3.5.2. Ermittlung der Nennspannungen

Die tatsächlichen Belastungsverhältnisse und somit auch der vorhandene Spannungszustand in einem Bauteil lassen sich nur in einfachsten Fällen exakt ermitteln. Spannungsverteilungen an Kraftangriffspunkten, Eigenspannungen im Material oder auch Spannungsumlagerungen durch örtliches Fließen des Werkstoffes im Kerbgrund können nur schwer erfaßt werden. In der Festigkeitslehre ist es deshalb üblich, mit Nennspannungen ohne Berücksichtigung der Kerbwirkung sowie der Wirkungen von Spannungsumlagerungen und Eigenspannungen zu rechnen und diese Einflüsse in Form von Einflußfaktoren auf die Festigkeitswerte und damit auf die zulässigen Spannungen zu berücksichtigen.
Oft sind sinnvolle Vereinfachungen vorzunehmen, um reale Belastungsverhältnisse durch Grundbeanspruchungsarten darstellen zu können. Die *Grundbeanspruchungsarten*, hervorgerufen sowohl durch Kräfte als auch durch Momente, sowie die zugehörigen Berechnungsgleichungen zeigt **Tafel 3.28** [3.5.14]. Sie werden nachfolgend ausführlich behandelt.

3.5.2.1. Beanspruchung durch Kräfte

Die durch Kräfte hervorgerufenen Nennspannungen ergeben sich als Quotient aus Kraft und Fläche zu

$$\sigma = F/A \quad \text{bzw.} \quad \tau = F/A, \tag{3.55}$$

wobei für die Berechnung von Normalspannungen die Kraft F senkrecht zur Fläche A und bei Tangentialspannungen die Kraft F parallel zur Fläche A gerichtet ist. Schräg angreifende Kräfte verursachen sowohl Normal- als auch Tangentialspannungen (s. Bild 3.58) und stellen somit eine zusammengesetzte Beanspruchung dar (vgl. Abschnitt 3.5.2.3.).

Zugbeanspruchung. Eine senkrecht zur Querschnittsfläche A eines zylindrischen Stabes der Länge l angreifende Kraft F bewirkt im Querschnitt eine Zugspannung (positive Normalspannung)

$$\sigma_z = F/A. \tag{3.56}$$

Tafel 3.28. Beanspruchungsarten und Berechnungsgleichungen
Ermittlung der zulässigen Spannungen s. Tafel 3.34

Beanspruchungsart	Wirkung der Kraft bzw. des Moments	Berechnungsgleichung für die Nennspannung	Festigkeits- bzw. Stabilitätsnachweis
Zug	F, A	$\sigma_z = F/A$	$\sigma_z \leqq \sigma_{z\,zul}$
Scherung	A, F, F	$\tau_a = \tau_m = F/A$	$\tau_a \leqq \tau_{a\,zul}$
Druck	F, A	$\sigma_d = F/A$	$\sigma_d \leqq \sigma_{d\,zul}$
Flächenpressung	A, F	$p = F/A$	$p \leqq p_{zul}$
Hertzsche Pressung Stribecksche Pressung	F	s. Tafel 3.29 s. Tafel 3.29	$p_{max} \leqq p_{zul}$ $k \leqq k_{zul}$
Knickung	F, A	$\sigma_d = F/A$	$\sigma_d \leqq \sigma_K/S_K = F_K/(S_K A)$
Beulen	A, F	$\sigma_d = F/A$	$\sigma_d \leqq \sigma_{KB}/S_{KB}$
Biegung	M_b, W_b von A	$\sigma_b = \sigma_{b\,max} = M_b/W_b$	$\sigma_b \leqq \sigma_{b\,zul}$
Kippen	F, A		$F \leqq F_{Kip}/S_{Kip}$
Torsion (Verdrehung)	M_d, W_t von A	$\tau_t = \tau_{t\,max} = M_d/W_t$	$\tau_t \leqq \tau_{t\,zul}$
Drillknicken	M_d, A		$M_d \leqq M_{dK}/S_{dK}$

Solange diese Zugspannung eine werkstoffabhängige Größe, die *Proportionalitätsgrenze* σ_P (s. auch Bild 3.79), nicht überschreitet, erfährt der Stab eine der Kraft proportionale Längenänderung Δl von der Ausgangslänge l auf l_1. Diese Längenänderung, bezogen auf die ursprüngliche Stablänge l, bezeichnet man als Dehnung ε

$$\varepsilon = \Delta l/l = (l_1 - l)/l. \tag{3.57}$$

Für die Spannung σ bis zur Proportionalitätsgrenze gilt dann das *Hookesche Gesetz*

$$\sigma = \varepsilon E. \tag{3.58}$$

Der Proportionalitätsfaktor E stellt eine Werkstoffkenngröße, den *Elastizitätsmodul*, dar (siehe Tafeln 3.30, 3.38, 3.43). Er charakterisiert den Widerstand eines Werkstoffes gegen Verformung bei Zug- bzw. Druckbeanspruchung.

Neben der Dehnung in Längsrichtung tritt bei Zugbeanspruchung auch eine Durchmesserverringerung (Querkontraktion) des Ausgangsdurchmessers d auf d_1 ($d_1 < d$) auf. Analog zur Dehnung ε läßt sich somit eine Querverkürzung ε_q zu

$$\varepsilon_q = \Delta d/d = (d_1 - d)/d \tag{3.59}$$

definieren, die bei Zugspannungen einen negativen Wert hat. Das Verhältnis $\varepsilon_q/\varepsilon$ wird betragsmäßig als Querzahl oder Querkontraktionszahl ν [3.5.1], der Kehrwert hieraus als *Poissonsche Zahl m* bezeichnet:

$$|\varepsilon_q/\varepsilon| = \nu = 1/m. \tag{3.60}$$

Die Poissonsche Zahl spielt u. a. bei der Hertzschen Pressung (s. u.) eine Rolle und beträgt für Metalle $m \approx 10/3$.

Zugspannungen können ebenso wie Druckspannungen in einem Bauteil auch unter Einfluß einer Temperaturänderung entstehen, wenn die Längenänderung durch äußere Bedingungen (z. B. Einspannung) verhindert wird. Die Größe der Spannung läßt sich dann ebenfalls mit Hilfe von Gl. (3.58) bestimmen, wenn für ε die rechnerisch aus der Temperaturänderung ermittelte Dehnung $\varepsilon = \alpha \Delta \vartheta$ zur Anwendung kommt. α stellt hierbei den Längen-Temperaturkoeffizienten und $\Delta \vartheta$ die Temperaturdifferenz dar (s. auch Tafel 3.19).

Scherbeanspruchung (Schubbeanspruchung). Voraussetzung für eine ideale Scherbeanspruchung ist eine gemeinsame Wirkungslinie für die beiden entgegengesetzt gerichteten Kräfte F. Meist tritt infolge eines Abstandes a zwischen den Kräften (z. B. bei Nietverbindungen, **Bild 3.60**, s. auch Abschnitt 4.3.1.) zusätzlich ein allerdings sehr kleines Biegemoment auf, das aber i. allg. vernachlässigbar ist. In den weiteren Abschnitten wird deshalb vereinfacht stets mit idealer Scherbeanspruchung gerechnet.

Scherbeanspruchung führt zu Tangentialspannungen, den Scher- oder Abscherspannungen τ_a, die sich als Mittelwert über

$$\tau_a = \tau_m = F/A \tag{3.61}$$

berechnen lassen.

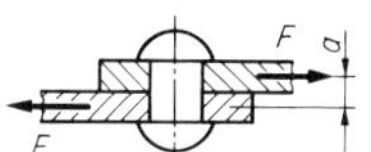

Bild 3.60. Scher- und Biegebeanspruchung an einer Nietverbindung

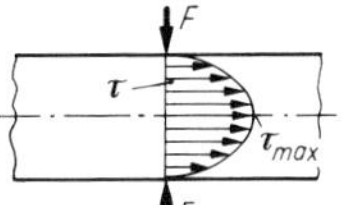

Bild 3.61. Reale Schubspannungsverteilung in einem kreisförmigen Querschnitt

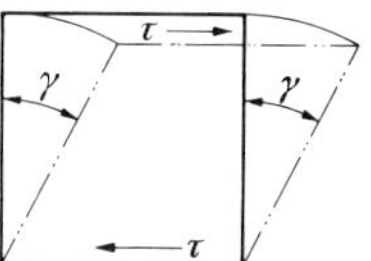

Bild 3.62. Verformung durch Schubspannungen

Real liegt in der Scherfläche infolge des stets vorhandenen Biegemoments eine nichtlineare Spannungsverteilung **(Bild 3.61)** vor, die bei runden und rechteckigen Querschnitten parabolisch verläuft [1.15]. Man spricht dann von Schubbeanspruchung (Schubspannung τ), z. B. bei Querkraftbiegung. Die dabei auftretenden Maximalspannungen betragen bei kreisförmigen Querschnitten $\tau_{max} = 4/3\, \tau_m$ und bei Rechteckquerschnitten $\tau_{max} = 3/2\, \tau_m$. Praktisch bleiben diese Spannungsspitzen jedoch i. allg. unberücksichtigt; zur Rechnung werden die mittleren Spannungen nach Gl. (3.61) genutzt.

Die aus Schubspannungen resultierenden Verformungen äußern sich beispielsweise an dem im **Bild 3.62** dargestellten Quadrat in einer Winkeländerung, der *Schiebung* oder *Verzerrung* γ. Analog dem Hookeschen Gesetz besteht zwischen der Schubspannung τ und der Schiebung γ der Zusammenhang

$$\tau = \gamma G \tag{3.62}$$

(Hookesches Gesetz für Schub), wobei G wiederum eine Werkstoffkenngröße darstellt, die man analog zum Elastizitätsmodul E als *Schubmodul G* bezeichnet. Schubmodul und Elastizitätsmodul lassen sich mit der Beziehung

$$G = E/[2\,(1 + \nu)] \tag{3.63}$$

ineinander überführen.

Druckbeanspruchung. Reine Druckspannung tritt nur innerhalb eines Bauteils bei Belastung durch eine Druckkraft auf. Die von einer senkrecht zur Fläche A wirkenden Druckkraft F erzeugte Druckspannung σ_d

$$\sigma_d = F/A \tag{3.64}$$

kann analog zur Zugspannung als konstant und gleichmäßig verteilt angenommen werden. Entsprechend den bei der Zugbeanspruchung genannten Gln. (3.57) und (3.59) lassen sich sowohl die Stauchung (negativer Wert von ε) als auch die Querdehnung (positiver Wert von ε_q) ermitteln.

Druckkräfte rufen außer den Druckspannungen im Inneren des Materials jedoch eine Reihe weiterer Beanspruchungen hervor [1.15] [1.16].

Flächenpressung. Wirkt eine Druckkraft auf die Berührungsfläche A zweier Bauteile, so spricht man von einer Flächenpressung p. Sind beide Bauteile so ausgebildet, daß es zu einer

Flächenberührung (nicht punkt- oder linienförmig) kommt, kann man mit guter Näherung von einer gleichmäßigen Verteilung der Flächenpressung ausgehen, die sich dann aus

$$p = F/A \tag{3.65}$$

berechnen läßt. Neigt sich die Fläche A zur Kraftrichtung, z. B. in Zapfenlagern **(Bild 3.63)**, so wirkt in jedem Flächenelement dA ein Kraftelement $p\,\mathrm{d}A$. Vektoriell addiert, ergeben diese wieder die Kraft F. Abhängig vom Spiel zwischen beiden Körpern sowie von ihrer Elastizität treten Abweichungen von einer gleichmäßigen Verteilung der Flächenpressung auf (Bild 3.63 d). Praktisch rechnet man auch in diesen Fällen stets mit der mittleren Flächenpressung, die sich nach Gl. (3.65) ermitteln läßt, wenn für A die projizierte Fläche (im Bild 3.63 gilt $A = db$) zur Anwendung gelangt.

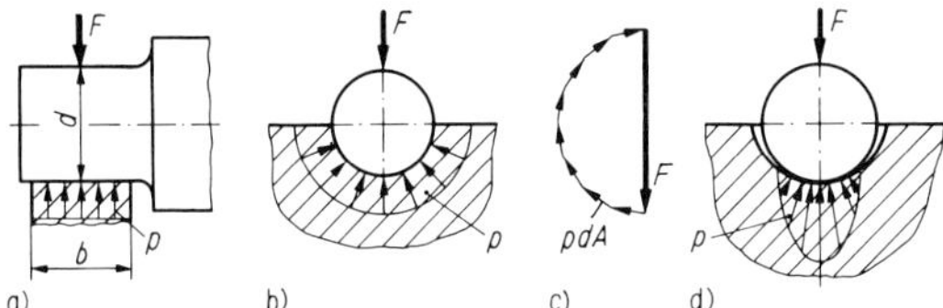

Bild 3.63. Flächenpressung im Lagerzapfen
a) Lagerzapfen; b), c) ideale,
d) reale Verteilung der Flächenpressung

Flächenpressung an zylindrischen Bauteilen, die ohne Spiel fest eingepreßt sind (z. B. Nietverbindung, s. Abschnitt 4.3.1.), wird im Unterschied zur Flächenpressung bei spielbehafteten Paarungen auch als *Lochleibung* ($\sigma_l = F/A$) bezeichnet.

Die zulässige Flächenpressung hängt außer von der Werkstoffpaarung auch von der Relativgeschwindigkeit der Partner ab (s. Tafel 11.5 im Abschnitt 11.6.). Ohne Relativbewegung sind die Werte gleich der zulässigen Druckspannung und etwa um den Faktor 10 größer als bei Relativbewegung.

Hertzsche Pressung. Berühren sich zwei Bauteile nur linien- oder punktförmig, wie bei Wälz-, Schneiden- oder Spitzenlagern (s. Abschnitt 8.2.), so entsteht in der Berührungszone eine Verformung (Abplattung). Diese Verformung ist bei Punktberührung kreisförmig und bei Linienberührung rechteckförmig begrenzt, sofern homogener, isotroper Werkstoff angenommen wird. Bleiben die Abmessungen der Verformungsbereiche klein gegenüber den Abmessungen der Bauteile, treten die Kräfte nur senkrecht zu den Druckflächen auf, und wird die Proportionalitätsgrenze des Werkstoffes nicht überschritten (ideal elastisches Verhalten), so lassen sich die Abmessungen der Verformungsbereiche sowie die maximalen Flächenpressungen p_{max} (auch Hertzsche Pressung p_H genannt) nach *Hertz* berechnen **(Tafel 3.29)**.

Tafel 3.29. Berührungsverhältnisse und Berechnungsgleichungen bei Hertzscher Pressung p und Stribeckscher Pressung k

	Punktberührung			Linienberührung	
	Kugel gegen Kugel	Kugel gegen Hohlkugel	Kugel gegen Ebene	Zylinder gegen (Hohl-)Zylinder	Zylinder gegen Ebene
Berührungsverhältnisse	R_1, R_2	R_1, R_2	R_1	R_1, R_2	R_1
Ersatzdurchmesser	$D = 2R_1R/(R_1+R)$ bzw. $1/D = 0{,}5(1/R_1 + 1/R)$ $R = R_2$	$R = -R_2$	$R = \infty$	$R = R_2$ (Zylinder) $R = -R_2$ (Hohlzylinder)	$R = \infty$
Abplattung	F, R, $2a$		$a = \sqrt[3]{\frac{0{,}75(1-\nu^2)FD}{E}}$	F, R, l, $2b$	$b = \sqrt[2]{\frac{4FD(1-\nu^2)}{\pi E l}}$
Maximale Pressung	$p_{max} = 1{,}5\,\frac{F}{a^2\pi}$ a Druckkreisradius		Bei unterschiedlichen E-Moduln: $E = \frac{2E_1E_2}{E_1+E_2}$	$p_{max} = \frac{2F}{\pi b l}$	b halbe Druckflächenbreite l Druckflächenlänge
Stribecksche Wälzpressung	$k = \frac{F}{D^2}$			$k = \frac{F}{Dl}$	

ν Querzahl; für homogene Werkstoffe $\nu \approx 0{,}3$

Stribecksche Pressung. Die Anwendung der Hertzschen Gleichungen setzt die Kenntnis und die Konstanz der E-Moduln der Berührungspartner voraus. Bei Werkstoffen mit sehr unsicherem E-Modul (weiche Werkstoffe, wie Gummi u. a.) ist ihre Nutzung nicht sinnvoll. In diesen Fällen sollte mit der Stribeckschen Pressung k gerechnet werden.
Während die Hertzschen Gleichungen die Ermittlung der tatsächlichen Abplattungen, Verformungsbereiche und Beanspruchungen gestatten, führen die Stribeckschen Beziehungen jedoch zu fiktiven Vergleichsflächen und Vergleichsbeanspruchungen, die folglich auch nur mit entsprechenden Vergleichswerkstoffkennwerten aus Versuchen zu bewerten sind. Gleichungen für die Stribecksche Pressung enthält ebenfalls Tafel 3.29 (Werte für $p_{\mathrm{H\,zul}}$ und k_{zul} s. Tafel 13.8.4 im Abschnitt 13.8.). Neben dem Nachweis der Bauteilfestigkeit können bei Einwirkung von Druckkräften auch Untersuchungen zur Stabilität erforderlich sein.

Knicken. Wird bei einem auf Druck beanspruchten schlanken stabförmigen Bauteil ein bestimmtes Verhältnis von Länge zu Querschnitt überschritten, so kann noch vor Erreichen der zulässigen Werkstoffestigkeitswerte (zulässige Druckspannung $\sigma_{\mathrm{d\,zul}}$) ein Knicken und damit ein Stabilitätsproblem auftreten. Diejenige Druckkraft F bzw. Druckspannung $\sigma_{\mathrm{d}} = F/A$, bei der das Bauteil ausknickt, bezeichnet man als Knickkraft F_{K} bzw. Knickspannung σ_{K}.
Unter Einbeziehung eines Sicherheitsfaktors S_{K} (Knicksicherheit $S_{\mathrm{K}} = 3 \dots 6$) darf die Druckspannung im Bauteil deshalb maximal den Wert $\sigma_{\mathrm{K}}/S_{\mathrm{K}}$ erreichen. Es muß stets gelten

$$\sigma_{\mathrm{d}} \leqq \sigma_{\mathrm{K}}/S_{\mathrm{K}} = F_{\mathrm{K}}/(S_{\mathrm{K}}A). \qquad (3.66)$$

Die Knickspannung σ_{K} bzw. die Knickkraft F_{K} ist dabei keine reine Werkstoffkenngröße, sondern zusätzlich von den geometrischen Verhältnissen abhängig. Werden nur elastische Verformungen zugelassen, so erfolgt die Ermittlung von σ_{K} nach *Euler*. Treten auch plastische Verformungen auf, finden die Berechnungsvorschriften nach *Tetmajer* Anwendung.

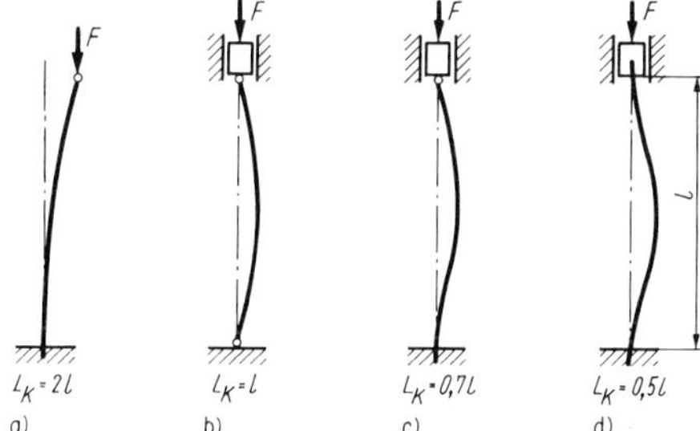

Bild 3.64. Freie Knicklänge bei unterschiedlicher Stabbefestigung (nach *Euler*)
a) ein Ende eingespannt, anderes Ende frei beweglich; b) beide Enden gelenkig befestigt; c) ein Ende eingespannt, anderes Ende gelenkig befestigt; d) beide Enden fest eingespannt

Beide Fälle erfordern zunächst die Bestimmung der freien Knicklänge L_{K} nach **Bild 3.64** sowie über

$$\lambda^2 = L_{\mathrm{K}}^2 A/I \qquad (3.67)$$

die Ermittlung des Schlankheitsgrades λ des Druckstabes. Das Flächenträgheitsmoment I (s. Abschnitt 3.5.2.2.) bezieht sich dabei auf die Querschnittsachse, um die das Ausknicken erfolgt.
Ist die Knickspannung σ_{K} kleiner als die Proportionalitätsgrenze σ_{P} des Werkstoffes, so knickt der Stab rein elastisch. Nach *Euler* gilt dann für die Knickspannung σ_{K}

$$\sigma_{\mathrm{K}} = \pi^2 E/\lambda^2 \qquad (3.68)$$

(Euler-Hyperbel); σ_{K} und somit auch F_{K} hängen im elastischen Bereich also nur vom Schlankheitsgrad und vom Elastizitätsmodul, jedoch nicht von der Festigkeit des Werkstoffes ab. Bei bekanntem Werkstoff und damit gegebenen Größen E und σ_{P} läßt sich der Gültigkeitsbereich der Euler-Hyperbel auch durch Berechnung eines Grenzwertes λ_0 des Schlankheitsgrades mit

$$\lambda_0 = \sqrt{\pi^2 E/\sigma_{\mathrm{P}}} \qquad (3.69)$$

angeben, wobei für $\lambda > \lambda_0$ rein elastische Knickung vorliegt (s. **Tafel 3.30**).

Im elastisch-plastischen Bereich ($\sigma_{\mathrm{K}} > \sigma_{\mathrm{P}}$ bzw. $\lambda < \lambda_0$) kann die Knickspannung σ_{K} nach den von *Tetmajer* empirisch ermittelten Beziehungen (s. Tafel 3.30) berechnet werden. In diesem Bereich ist eine geringere Sicherheit S_{K} ($S_{\mathrm{K}} = 4$ bis 1,75, fallend mit abnehmendem λ) ausreichend.
Damit ergibt sich der im **Bild 3.65** dargestellte prinzipielle Verlauf der Knickspannung in Abhängigkeit vom Schlankheitsgrad.

Tafel 3.30. Werkstoffkenngrößen für Knickbeanspruchung (Auswahl)

Werkstoff	σ_P N/mm²	E N/mm²	λ_0	σ_K nach *Tetmajer* N/mm²
St 37	210	210000	100	$310 - 1{,}14\,\lambda$
Federstahl	565	210000	60	$335 - 0{,}62\,\lambda$
Dural	195	70000	60	–
Gußeisen (Grauguß)	154	100000	80	$776 - 12\,\lambda + 0{,}053\,\lambda^2$
Nadelholz	10	10000	100	$29{,}3 - 0{,}194\,\lambda$

In anderen Fachgebieten, beispielsweise im Stahlhochbau, haben sich zur Berechnung der Knickbeanspruchungen von Druckstäben in Fachwerken auch andere Verfahren, z. B. das sog. ω-Verfahren, durchgesetzt [1.15] [1.16].

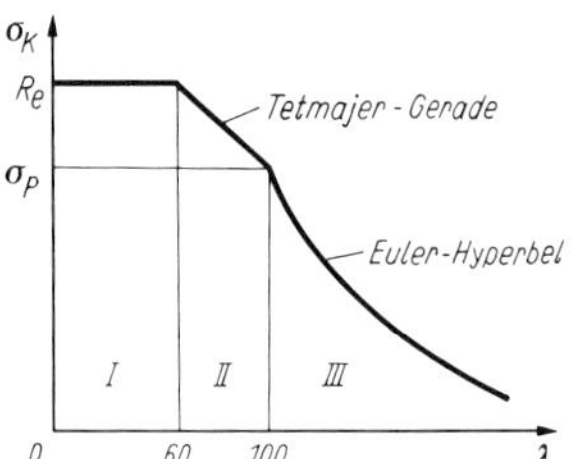

Bild 3.65. Knickspannung als Funktion des Schlankheitsgrades für St 37
I keine Knickgefahr; *II* Berechnung nach *Tetmajer*; *III* Berechnung nach *Euler*

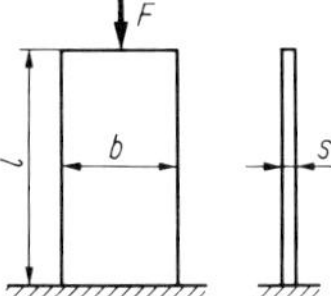

Bild 3.66. Beanspruchung eines plattenförmigen Bauteils auf Beulen

Beulen. Bei der Einwirkung von Druckkräften auf dünnwandige plattenförmige Bauteile oder auch auf Hohlzylinder kann analog dem Knicken von Stäben ein Ausbeulen auftreten. Entsprechend führt man auch hier eine Grenzspannung σ_{KB} (Beulspannung) ein, die unter Berücksichtigung von relativ kleinen Sicherheitsfaktoren S_{KB} ($S_{KB} = 1{,}3 \ldots 1{,}5$) nicht überschritten werden darf (s. Gl. (3.66)).
Für das Beispiel einer rechteckigen Platte (Abmessung nach **Bild 3.66**) gilt für die Beulspannung

$$\sigma_{KB} = kE\,(s/b)^2, \tag{3.70}$$

wobei der Beulfaktor k bei einer allseitigen Einspannung der Platte für $l \gg b$ den Wert $k = 6{,}3$ besitzt (andere Fälle s. [1.15] [1.16]).

3.5.2.2. Beanspruchung durch Momente

Wirkt die angreifende Kraft in Verbindung mit einem Hebelarm, so liegt eine Beanspruchung durch ein *Moment M* vor, wobei zwischen Biegebeanspruchung und Torsionsbeanspruchung unterschieden werden kann. Dem angreifenden Moment widersetzt sich das Bauteil mit dem *Widerstandsmoment W*, das von den geometrischen Abmessungen abhängt. Die durch das Moment M hervorgerufene Nennspannung im Bauteil berechnet sich als Quotient aus angreifendem Moment und Widerstandsmoment nach

$$\sigma_b = M_b/W_b \quad \text{bzw.} \quad \tau_t = M_d/W_t. \qquad (3.71)\,(3.72)$$

Sie stellt bei Biegebeanspruchung eine Normalspannung (Biegespannung σ_b) und bei Torsionsbeanspruchung eine Tangentialspannung (Torsionsspannung τ_t) dar.

Biegung. Unter dem Einfluß eines Biegemoments M_b krümmt sich das beanspruchte Bauteil **(Bild 3.67)**. Die Krümmung bewirkt im oberen Teil des im Bild 3.67a dargestellten Trägers mit rechteckigem Querschnitt eine Stauchung (Druckspannung) und im unteren Teil eine Dehnung (Zugspannung). Der Übergang von Zug- zu Druckspannung verläuft kontinuierlich und ergibt an der Übergangsstelle eine spannungsfreie Zone (neutrale Faser, Neutrale). Der Maximalwert der auftretenden Spannung in der am weitesten von der neutralen Faser entfernten Randzone wird unabhängig von ihrer Art als Biegespannung $\sigma_{b\,max}$ bezeichnet (Bild 3.67b).

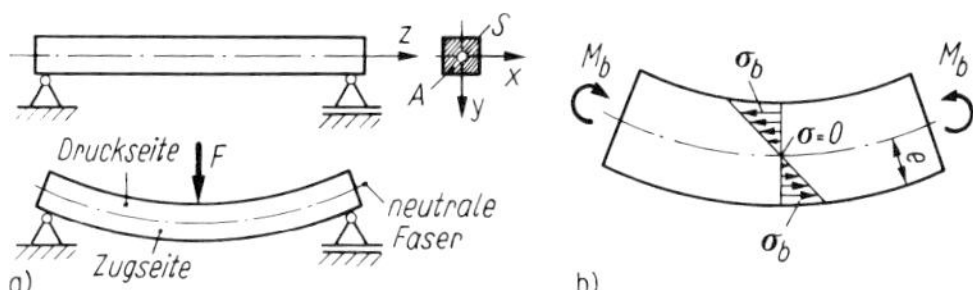

Bild 3.67. Biegebeanspruchung eines zweiseitig aufgelegten Trägers
a) Durchbiegung; b) Spannungsverlauf

Verändert sich das Biegemoment längs der Stabachse (Querkraftbiegung wie im Bild 3.67), so treten neben den Normalspannungen im Querschnitt auch Querkräfte und damit Schubspannungen auf. Bei schlanken, langen Bauteilen sind diese jedoch klein gegenüber den Normalspannungen.

Im weiteren sei zunächst nur die gerade Biegung behandelt, d. h., der Biegemomentenvektor fällt mit einer Hauptachse des Querschnitts (x-Achse im Bild 3.67) zusammen. Außerdem sollen nur gerade oder schwach gekrümmte Balken betrachtet werden (andere Fälle siehe [3.5.1]). Dann folgt aus der *Bernoullischen Hypothese* vom Ebenbleiben der Querschnitte bei Biegung eine lineare Verteilung der Biegespannung entsprechend Bild 3.67b.
Wird in die Querschnittsfläche A ein Koordinatensystem derart gelegt, daß die z-Achse dem Verlauf der neutralen Faser im Querschnitt A entspricht (Biegung um die x-Achse), und sich der Koordinatenursprung im Schwerpunkt S von A befindet (Bild 3.67), so läßt sich der Biegespannungsverlauf durch

$$\sigma_b(y) = \sigma_{b\,max} y/e \tag{3.73}$$

beschreiben.

e entspricht dabei dem maximalen Randabstand von der neutralen Faser (bei symmetrischen Querschnitten sind beide Randabstände e_1 und e_2 gleich groß).

Die durch diese Biegespannungen im Inneren des Werkstoffes hervorgerufenen Kräfte und Momente stehen im Gleichgewicht mit dem äußeren Biegemoment M_{bx}. Auf ein Flächenelement dA im Querschnitt (Schnittfläche senkrecht zur z-Koordinate) wirkt eine Längskraft

$$\mathrm{d}F_L = \sigma_b(y)\,\mathrm{d}A \tag{3.74}$$

und dadurch ein Biegemoment um die x-Achse

$$\mathrm{d}M_{bx} = y\,\mathrm{d}F_L = y\sigma_b(y)\,\mathrm{d}A. \tag{3.75}$$

Für das gesamte Biegemoment M_{bx} folgt somit

$$M_{bx} = \int_A y\sigma_b(y)\,\mathrm{d}A = \int_A \frac{\sigma_{b\,max}}{e} y^2\,\mathrm{d}A = \frac{\sigma_{b\,max}}{e}\int_A y^2\,\mathrm{d}A. \tag{3.76}$$

Der Ausdruck $\int_A y^2\,\mathrm{d}A$ wird als auf die x-Achse bezogenes *äquatoriales Flächenträgheitsmoment* I_x bezeichnet:

$$I_x = \int_A y^2\,\mathrm{d}A. \tag{3.77}$$

Analog existiert ein auf die y-Achse bezogenes Flächenträgheitsmoment

$$I_y = \int_A x^2\,\mathrm{d}A. \tag{3.78}$$

Für das Biegemoment M_{bx} um die x-Achse (analog auch für M_{by} um die y-Achse) gilt dann

$$M_{bx} = \sigma_{b\,max} I_x/e = \sigma_{b\,max} W_{bx} \tag{3.79}$$

mit

$$W_{bx} = I_x/e \tag{3.80}$$

Tafel 3.31. Flächenträgheits- und Widerstandsmomente (Auswahl)

Querschnitt	Äquatoriales Flächenträgheitsmoment I_x, I_y	Widerstandsmoment gegen Biegung W_{bx}, W_{by}	Polares Flächenträgheitsmoment I_p bzw. Drillungswiderstand I_t	Widerstandsmoment gegen Torsion W_t bzw. W_p
beliebig	$I_x = \int_A y^2 \, dA$ $I_y = \int_A x^2 \, dA$	$W_{bx} = I_x/e_1$ $W_{by} = I_y/e_2$	$I_p = \int_A r^2 \, dA$ $= I_x + I_y$	$W_p = I_p/r$
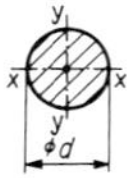	$I_x = I_y = \frac{\pi}{64} d^4 = \frac{\pi}{4} r^4$ $\approx 0{,}05 d^4$	$W_{bx} = W_{by} = \frac{\pi}{32} d^3 = \frac{\pi}{4} r^3$ $\approx 0{,}1 d^3$	$I_t = I_p = \frac{\pi}{32} d^4 \approx 0{,}1 d^4$	$W_t = W_p = \frac{\pi}{16} d^3 \approx 0{,}2 d^3$
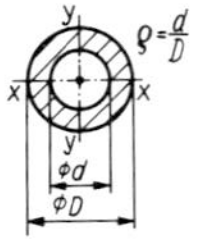 $\varrho = \frac{d}{D}$	$I_x = I_y = \frac{\pi}{64} (D^4 - d^4)$ $= \frac{\pi}{64} D^4 (1 - \varrho^4)$ $= \frac{\pi}{4} (R^4 - r^4)$	$W_{bx} = W_{by} = \frac{\pi}{32} \frac{D^4 - d^4}{D}$ $= \frac{\pi}{32} D^3 (1 - \varrho^4)$ $= \frac{\pi}{4} \frac{(R^4 - r^4)}{R}$	$I_t = I_p = \frac{\pi}{32} (D^4 - d^4)$ $= \frac{\pi}{32} D^4 (1 - \varrho^4)$ $= \frac{\pi}{2} (R^4 - r^4)$	$W_t = W_p = \frac{\pi}{16} \frac{D^4 - d^4}{D}$ $= \frac{\pi}{16} D^3 (1 - \varrho^4)$
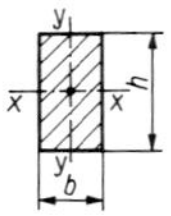	$I_x = \frac{1}{12} b h^3$ $I_y = \frac{1}{12} b^3 h$	$W_{bx} = \frac{1}{6} b h^2$ $W_{by} = \frac{1}{6} b^2 h$	$I_t = \eta_3 b^3 h$ Beiwerte η_3 s. Tafel 3.32	$W_t = \eta_2 b^2 h$ Beiwerte η_2 s. Tafel 3.32
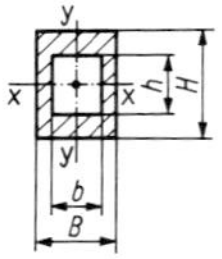	$I_x = \frac{1}{12} (BH^3 - bh^3)$ $I_y = \frac{1}{12} (B^3 H - b^3 h)$	$W_{bx} = \frac{1}{6H} (BH^3 - bh^3)$ $W_{by} = \frac{1}{6B} (B^3 H - b^3 h)$	$I_t \approx \frac{1}{8} \frac{(H+h)^2 (B+b)^2 (H-h)(B-b)}{(H+h)(B-b) + (B+b)(H-h)}$	$W_t = \frac{(H + h)(B + b)}{2 s_{min}}$ s_{min} kleinste Wanddicke
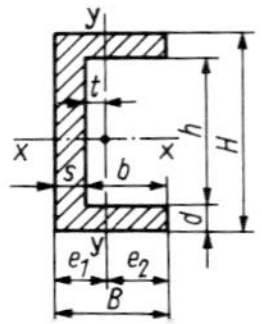	$I_x = \frac{1}{12} (BH^3 - bh^3)$ $I_y = \frac{1}{3} (H e_1^3 - h t^3 + 2 d e_2^3)$ $e_1 = \frac{1}{2} \frac{2dB^2 + hs^2}{2dB + hs}$	$W_{bx} = \frac{1}{6H} (BH^3 - bh^3)$ $W_{by} = \frac{I_y}{e_2}$	$I_t = \frac{1}{3} (l_1 d^3 + l_2 s^3)$ $l_1 = 2B - d$ $l_2 = H - 1{,}6d$	$W_t = \frac{1}{3} \frac{l_1 d^3 + l_2 s^3}{d}$ $(d > s)$ $W_t = \frac{1}{3} \frac{l_1 d^3 + l_2 s^3}{s}$

Tafel 3.31. Fortsetzung

Querschnitt	Äquatoriales Flächenträgheitsmoment I_x, I_y	Widerstandsmoment gegen Biegung W_{bx}, W_{by}	Polares Flächenträgheitsmoment I_p bzw. Drillungswiderstand I_t	Widerstandsmoment gegen Torsion W_t
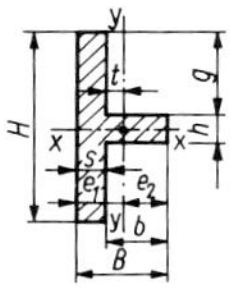	$I_x = \frac{1}{12}(sH^3 + bh^3)$ $I_y = \frac{1}{3}(He_1^3 - 2gt^3 + he_2^3)$ $e_1 = \frac{1}{2}\frac{hB^2 + 2gs^2}{hB + 2gs}$ $e_2 = B - e_1$	$W_{bx} = \frac{1}{6H}(sH^3 + bh^3)$ $W_{by} = \frac{I_y}{e_2}$	$I_t \approx \frac{1}{3}(Hs^3 + hb^3)$	$W_t \approx \frac{I_t}{s}$ $(s > h)$ $W_t \approx \frac{I_t}{h}$ $(h > s)$
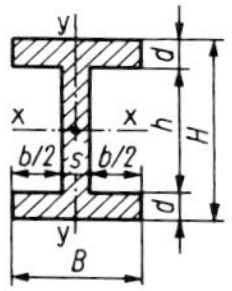	$I_x = \frac{1}{12}(BH^3 - bh^3)$ $I_y = \frac{1}{12}(s^3h + 2B^3d)$	$W_{bx} = \frac{1}{6H}(BH^3 - bh^3)$ $W_{by} = \frac{2I_y}{B}$	$I_t = \frac{1}{3}(l_1d^3 + l_2s^3)$ $l_1 = 2B - 1{,}26d$ $l_2 = H - 1{,}67d + 1{,}76s$	$W_t = \frac{1}{3}\frac{l_1d^3 + l_2s^3}{d}$
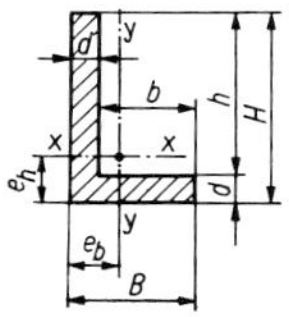	$I_x = \frac{1}{3}[d(H - e_h)^3 + Be_h^3 - b(e_h - d)^3]$ $I_y = \frac{1}{3}[d(B - e_b)^3 + He_b^3 - h(e_b - d)^3]$ $e_h = \frac{db + H^2}{2(b + H)}$ $e_b = \frac{dh + B^2}{2(h + B)}$	$W_{bx} = \frac{I_x}{H - e_h}$ $W_{by} = \frac{I_y}{B - e_b}$	$I_t \approx \frac{1}{3}d^3(H + B - d)$	$W_t \approx \frac{1}{3}d^2(H + B - d)$

Beiwerte η_i bei Torsionsbeanspruchung im Rechteckquerschnitt siehe Tafel 3.32.

als Widerstandsmoment gegen Biegung, dem *äquatorialen Widerstandsmoment*. Somit ergibt sich die Festigkeitsbedingung bei Biegebeanspruchung zu

$$\sigma_{\mathrm{b\,max}} = M_\mathrm{b}/W_\mathrm{b} \leqq \sigma_{\mathrm{b\,zul}}. \tag{3.81}$$

Für die Längskraft F_L gilt stets

$$F_\mathrm{L} = \int_A \sigma_\mathrm{b}(y)\,\mathrm{d}A = \frac{\sigma_{\mathrm{b\,max}}}{e}\int_A y\,\mathrm{d}A = \frac{\sigma_{\mathrm{b\,max}}}{e} A y_\mathrm{S} = 0, \tag{3.82}$$

da voraussetzungsgemäß der Ursprung des Koordinatensystems im Schwerpunkt liegt ($y_\mathrm{S} = 0$).

Die **Tafeln 3.31 und 3.32** geben für häufige Querschnittsformen Flächenträgheits- und Widerstandsmomente an. Für andere Formen können I und W_b nach den Gln. (3.77) und (3.80) berechnet oder aus den Werten von Einzelflächen zusammengesetzt werden. Läßt sich ein bestimmter Querschnitt in Teilflächen zerlegen, die auf die gleiche Achse (Trägheitsachse) bezogen sind, so addieren sich die Werte für I **(Bild 3.68)**. Die Anteile von Flächen mit im Abstand a parallel zur Hauptträgheitsachse liegender Achse werden nach dem *Satz von Steiner* bestimmt **(Bild 3.69)**:

$$I_\xi = I_\mathrm{x} + Aa^2. \tag{3.83}$$

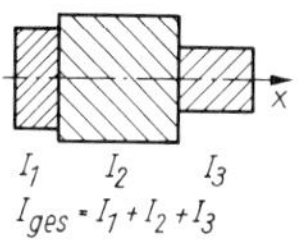

Bild 3.68. Flächenträgheitsmoment zusammengesetzter Flächen mit gleicher Trägheitsachse

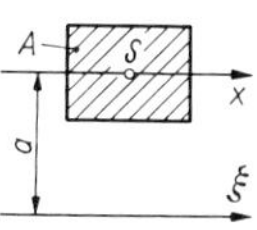

Bild 3.69. Steinerscher Satz, Lage der Achsen

Das Widerstandsmoment W_b ist stets aus dem Gesamtträgheitsmoment nach Gl. (3.80) zu ermitteln.

Den Einfluß der Querschnittsform auf das Flächenträgheitsmoment bei konstanter Querschnittsfläche veranschaulicht **Bild 3.70**. In der Konstruktion wird die Vergrößerung des Flächenträgheitsmoments u. a. zur Erhöhung der Biegesteifigkeit von dünnen Blechteilen oder plattenförmigen Bauteilen ausgenutzt, hauptsächlich durch Abwinkeln, Sicken oder Rippen [3.5.24]. Abgewinkelte Kanten und Sicken finden besonders bei dünnen Blechteilen Verwendung **(Bild 3.71)**. Rippen dienen vorzugsweise der Versteifung von Schweißkonstruktionen und Gußteilen **(Bild 3.72)**. Prismatische Teile werden durch Ausbildung als Profil versteift (s. Bild 3.70).

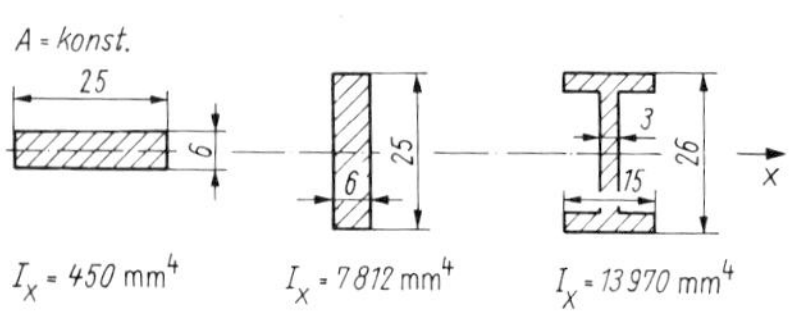

Bild 3.70. Einfluß der Querschnittsform auf das Flächenträgheitsmoment

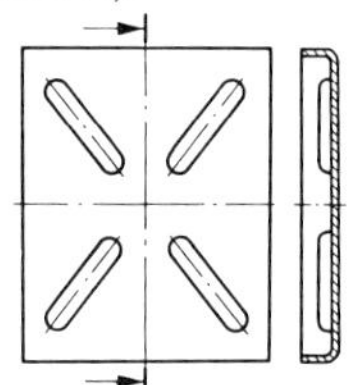

Bild 3.71. Abdeckblech

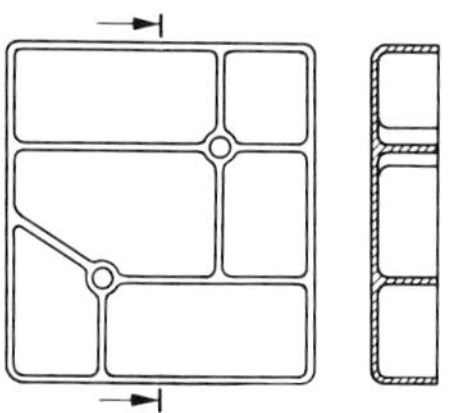

Bild 3.72. Grundplatte (Druckguß)

Bei Bauteilen, die einer Biegebeanspruchung ausgesetzt sind, interessiert neben der auftretenden Biegespannung auch die Durchbiegung f. Diese hängt von den Einspann- bzw. Auflageverhältnissen des Bauteils, der Belastung, dem Flächenträgheitsmoment des entsprechenden Querschnitts und dem Elastizitätsmodul E ab. Aus der durch das angreifende Moment verursachten Verformung (Krümmung) des Bauteils läßt sich unter Beachtung des Hookeschen Gesetzes die Differentialgleichung für die Durchbiegung f als Funktion des Ortes z ableiten. Man erhält

$$\mathrm{d}^2 f/\mathrm{d}z^2 = -M_\mathrm{b}/(EI). \tag{3.84}$$

Die ursprünglich gerade Stabachse erfährt bei Belastung eine Durchbiegung. Die dabei aus der Stabachse entstehende Kurve heißt *elastische Linie* oder *Biegelinie*; Gl. (3.84) wird deshalb auch als Differentialgleichung der elastischen Linie (oder Biegelinie) bezeichnet.

Die Gleichung der Biegelinie (Lösung der Differentialgleichung) für verschiedene geometrische Abmessungen und Einspannverhältnisse enthält **Tafel 3.33** (zur Verformung flächenförmiger Bauteile s. auch [3.5.24]).

Tafel 3.32. Beiwerte η_i bei Torsionsbeanspruchung im Rechteckquerschnitt
$n = h/b$ für $h \geqq b$; $n = b/h$ für $h < b$ (s. auch Abschnitt 6.2.2.; η dort mit K bezeichnet)

n	1	1,5	2	3	4	6	8	10	∞
η_1	1,000	0,858	0,796	0,753	0,743	0,743	0,743	0,743	0,743
η_2	0,208	0,231	0,246	0,267	0,282	0,299	0,307	0,313	0,333
η_3	0,140	0,196	0,229	0,263	0,281	0,299	0,307	0,313	0,333

Kippen. Auch bei Biegebeanspruchung treten Stabilitätsprobleme auf. Biegebeanspruchte lange Bauteile, die einen Querschnitt mit sehr verschiedenen Flächenträgheitsmomenten I_x, I_y aufweisen (z. B. Profile mit schmalem Rechteckquerschnitt) und um die Hauptachse mit dem größten Trägheitsmoment gebogen werden, können bei Überschreiten eines Grenzwertes F_{Kip} der biegenden Kraft seitlich in Richtung dieser Hauptachse (Biegung um die Achse mit kleinem Trägheitsmoment) ausweichen. Dieses Ausweichen bezeichnet man als Kippen **(Bild 3.73)**, nicht zu verwechseln mit Problemen der Standsicherheit (vgl. Abschnitt 3.2.6. in [1.1]).

Tafel 3.33. Biegelinien und Momentenverläufe für einige Belastungsfälle ($M(z)$ – Verlauf hier nach oben positiv) für statisch unbestimmte Träger siehe [1.16]

Belastungsfall	Berechnungsgleichungen
einseitig eingespannt, Einzelkraft	$f(z) = \frac{Fl^3}{3EI}\left[\frac{3}{2}\left(\frac{z}{l}\right)^2 - \frac{1}{2}\left(\frac{z}{l}\right)^3\right]$ $f(z = l) = \frac{Fl^3}{3EI}$; $\tan \beta_A = \frac{Fl^2}{2EI}$ $M(z) = -F\,(l - z)$; $M\,(z = 0) = -Fl$
einseitig eingespannt, Streckenlast ($q = \frac{F}{l}$)	$f(z) = \frac{Fl^3}{8EI}\left[2\left(\frac{z}{l}\right)^2 - \frac{4}{3}\left(\frac{z}{l}\right)^3 + \frac{1}{3}\left(\frac{z}{l}\right)^4\right]$ $f(z = l) = \frac{Fl^3}{8EI}$; $\tan \beta_A = \frac{Fl^2}{6EI}$ $M(z) = -\frac{Fl}{2}\left(1 - \frac{z}{l}\right)^2$; $M\,(z = 0) = -\frac{Fl}{2}$
zweiseitig aufgelegt, Einzelkraft ($a + b = l$)	$f(z) = \frac{Fl^3}{6EI}\frac{a}{l}\frac{z}{l}\left[1 - \left(\frac{a}{l}\right)^2 - \left(\frac{z}{l}\right)^2\right]$ für $z \leqq b$ $f_1(z_1) = \frac{Fl^3}{6EI}\frac{b}{l}\frac{z_1}{l}\left[1 - \left(\frac{b}{l}\right)^2 - \left(\frac{z_1}{l}\right)^2\right]$ *für* $z_1 \leqq a$ $f(z = b - e) = f_{max} = \frac{Fab^2\,(l + a)}{9EIl}\sqrt{\frac{l + a}{3b}}$ für $e = b\left(1 - \sqrt{\frac{l + a}{3b}}\right)$ $\tan \beta_A = \frac{Fab\,(l + b)}{6EIl}$; $\tan \beta_B = \frac{Fab\,(l + a)}{6EIl}$ $M(z) = F\frac{a}{l}z$; $M(z_1) = F\frac{b}{l}z_1$; $M\,(z = b) = \frac{Fab}{l}$
zweiseitig aufgelegt, Streckenlast ($q = \frac{F}{l}$)	$f(z) = \frac{Fl^3}{24EI}\left[\frac{z}{l} - 2\left(\frac{z}{l}\right)^3 + \left(\frac{z}{l}\right)^4\right]$ $f\left(z = \frac{l}{2}\right) = f_{max} = \frac{5Fl^3}{384EI}$; $\tan \beta_A = \tan \beta_B = \frac{Fl^2}{24EI}$ $M(z) = \frac{Fl}{2}\left[\frac{z}{l} - \left(\frac{z}{l}\right)^2\right]$; $M\left(z = \frac{l}{2}\right) = M_{max} = \frac{Fl}{8}$

Tafel 3.33. Fortsetzung

Belastungsfall	Berechnungsgleichungen
zweiseitig aufgelegt, symmetrische Belastung	$f(z) = \frac{Fl^3}{2EI}\frac{z}{l}\left[\frac{a}{l}\left(1-\frac{a}{l}\right)-\frac{1}{3}\left(\frac{z}{l}\right)^2\right]$ für $z \leqq a$ $f(z) = \frac{Fl^3}{2EI}\frac{a}{l}\left[\frac{z}{l}\left(1-\frac{z}{l}\right)-\frac{1}{3}\left(\frac{a}{l}\right)^2\right]$ für $a \leqq z \leqq \frac{l}{2}$ $f\left(z=\frac{l}{2}\right) = f_{\max} = \frac{Fl^3}{8EI}\frac{a}{l}\left[1-\frac{4}{3}\left(\frac{a}{l}\right)^2\right]$ $\tan\beta_A = \tan\beta_B = \frac{Fl^2}{2EI}\frac{a}{l}\left(1-\frac{a}{l}\right)$ $M(z) = Fz$ für $z \leqq a$; $M(z) = M_{\max} = Fa$ für $a \leqq z \leqq l-a$
zweiseitig aufgelegt, mit Kragstücken, symmetrische Belastung	$f(z) = \frac{Fl^3}{2EI}\frac{a}{l}\frac{z}{l}\left(1-\frac{z}{l}\right)$ $f_1(z_1) = \frac{Fl^3}{2EI}\left[\left(\frac{a}{l}\right)^2\left(1+\frac{2}{3}\frac{a}{l}\right)-\frac{a}{l}\left(1+\frac{a}{l}\right)\frac{z_1}{l}+\frac{1}{3}\left(\frac{z_1}{l}\right)^3\right]$ $f_1(z_1=0) = f_1 = \frac{Fl^3}{2EI}\left(\frac{a}{l}\right)^2\left(1+\frac{2}{3}\frac{a}{l}\right)$; $f\left(z=\frac{l}{2}\right) = f_2 = \frac{Fl^3}{8EI}\frac{a}{l}$ $\tan\beta_A = \tan\beta_B = \frac{Fl^2}{2EI}\frac{a}{l}$ $M(z) = M_{\max} = -Fa$; $M(z_1) = -Fz_1$
zweiseitig aufgelegt, mit Kragstück, Einzelkraft	$f(z) = \frac{Fl^3}{6EI}\frac{a}{l}\frac{z}{l}\left[1-\left(\frac{z}{l}\right)^2\right]$ $f_1(z_1) = \frac{Fl^3}{6EI}\frac{z_1}{l}\left[2\frac{a}{l}+3\frac{a}{l}\frac{z_1}{l}-\left(\frac{z_1}{l}\right)^2\right]$ $f_1(z_1=a) = f_1 = \frac{Fl^3}{3EI}\left(\frac{a}{l}\right)^2\left(1+\frac{a}{l}\right)$; $f(z=l/\sqrt{3}) = f_2 = \frac{Fl^3}{9\sqrt{3}\,EI}\frac{a}{l}$ $\tan\beta_A = 2\tan\beta_B = 2\frac{Fl^2}{6EI}\frac{a}{l}$ $M(z) = -\frac{Faz}{l}$; $M(z_1) = -F(a-z_1)$; $M(z=l) = M_{\max} = -Fa$

Für ein Bauteil mit rechteckigem Querschnitt ergibt sich der Grenzwert F_{Kip} beispielsweise aus

$$F_{Kip} = C\sqrt{EIGI_t}/l^2. \qquad (3.85)$$

Bei einseitiger Einspannung gilt $C = 4{,}013$, bei mittig am beiderseitig gestützten Balken angreifender Kraft $C = 2{,}115$. Für den Sicherheitsfaktor kann mit $S_{Kip} \approx 2$ gerechnet werden. Den Drillungswiderstand I_t (s. u.) enthält Tafel 3.31.

Bild 3.73. Kippen eines dünnwandigen Bauteils bei Querkraftbiegung

Torsion. Wird ein (stabförmiges) Bauteil durch ein Drehmoment M_d (auch Torsionsmoment M_t bzw. T genannt) beansprucht, so entsteht eine Tangentialspannung, die Schub- oder Torsionsspannung τ_t. Analog zur Biegebeanspruchung gem. den Gln. (3.73) bis (3.77) läßt sich zeigen, daß dann die beanspruchte Querschnittsfläche ein *polares Flächenträgheitsmoment* I_p hat:

$$I_p = \int_A r^2 \, dA = I_x + I_y. \tag{3.86}$$

Das so definierte polare Flächenträgheitsmoment gilt allerdings nur für konzentrische Querschnittsformen. Nur in diesen Fällen liegt eine lineare Schubspannungsverteilung vor, die am Rande Maximalwerte und im Schwerpunkt den Wert Null aufweist **(Bild 3.74)**. Nicht allseitig symmetrische Querschnitte besitzen kompliziertere Verteilungen **(Bild 3.75)**. Wegen des nichtlinearen Spannungsanstieges vom Schwerpunkt zu den Randzonen und der ungleichmäßigen Spannungsverteilung auf dem Rand erfordern sie die Einführung eines Drillungswiderstands I_t (auch Torsionsflächenmoment), der um so mehr vom polaren Flächenträgheitsmoment abweicht, je stärker sich der Querschnitt von einer konzentrischen Form unterscheidet.

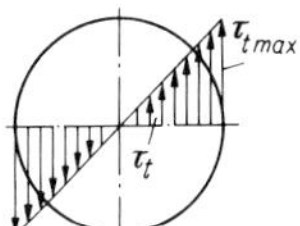

Bild 3.74. Torsionsspannungsverteilung in Stäben mit kreisförmigen Querschnitten

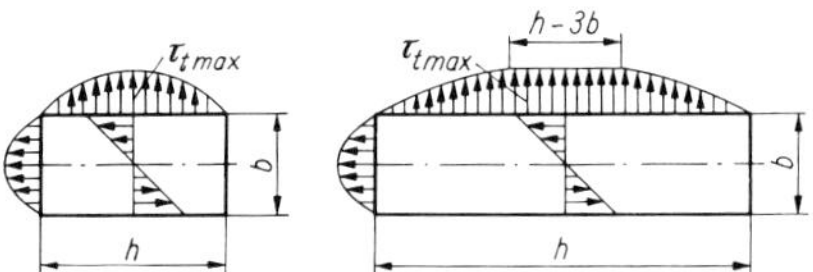

Bild 3.75. Torsionsspannungsverteilung in Stäben mit Rechteckquerschnitt

τ_{tmax} liegt in der Mitte der langen Seite (für $h > 3b$ im Bereich $h - 3b$ konstante Spannung); die größte Spannung an der kurzen Seite beträgt $\tau_t = \eta_1 \tau_{tmax}$ (η_1 s. Tafel 3.32)

Entsprechend dem Widerstandsmoment gegen Biegung wird auch bei Torsion ein Widerstandsmoment gegen Torsion W_t, bzw. bei konzentrischen Querschnitten das *polare Widerstandsmoment* W_p, eingeführt. Für Stäbe mit Kreisquerschnitt gilt hier

$$W_p = I_p / r.$$

Für weitere Querschnittsformen enthält Tafel 3.31 Werte von I_p bzw. I_t und W_p bzw. W_t. Somit lautet die Festigkeitsbedingung bei Torsionsbeanspruchung

$$\tau_t = \tau_{t\,max} = M_d / W_t \leqq \tau_{t\,zul}. \tag{3.88}$$

Die interessierenden Größen für die Angabe der Verformung durch Torsionsbeanspruchung veranschaulicht **Bild 3.76**. Die Verformung kann aus dem Hookeschen Gesetz für Schub nach Gl. (3.62) berechnet werden. Mit den Gln. (3.89) und (3.90) lassen sich daraus die Schiebung γ und der Verdrehwinkel φ im Bogenmaß ermitteln. Es gilt

$$\gamma = \tau_t / G = M_d / (W_t G); \qquad \varphi = M_d l / (I_t G). \qquad (3.89)\ (3.90)$$

Für abgesetzte Bauteile folgt analog:

$$\gamma = \frac{M_d}{G} \sum_{i=1}^{n} \frac{1}{W_{ti}}; \qquad \varphi = \frac{M_d}{G} \sum_{i=1}^{n} \frac{l_i}{I_{ti}}. \qquad (3.91)\ (3.92)$$

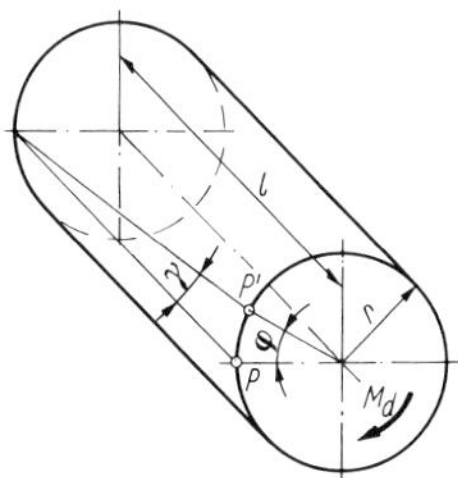

Bild 3.76. Verformung bei Torsion

Für Wellen wird in den Gln. (3.88) bis (3.92) dabei statt W_t auch W_p, statt W_{ti} direkt I_{pi}/r_i und statt I_t auch I_p eingesetzt (s. auch Abschnitt 7.).

Die Ausführungen zur Erhöhung der Biegesteifigkeit gelten aufgrund von Gl. (3.86) sinngemäß auch für die Vergrößerung der Torsionssteifigkeit. Hohlwellen oder Profile weisen bei gleichem Materialaufwand eine wesentlich größere Torsionssteifigkeit auf als Vollmaterial. Sie ermöglichen einen ökonomischen Werkstoffeinsatz und die Realisierung des Leichtbauprinzips (s. Abschnitt 2.1., Tafel 2.8).

Drillknicken. Als Stabilitätsproblem bei Torsionsbeanspruchung tritt das sog. Drillknicken auf, d.h., die Längsachse eines langen dünnen Stabes der Länge l kann sich bei Torsionsbeanspruchung zu einer Schraubenlinie verwinden. Für einen Stab mit Kreisquerschnitt beträgt das kritische Drehmoment M_{dK}, bei dem Drillknicken auftritt,

$$M_{dK} = 2\pi EI/l. \tag{3.93}$$

Zu beachten ist, daß hierbei die *Biegesteifigkeit EI* und damit das äquatoriale Flächenträgheitsmoment I zur Anwendung kommt. Der Sicherheitsfaktor beträgt üblicherweise $S_{dK} \approx 2$. Bei Wellen in Geräten oder Maschinen wird der Wert des kritischen Drehmoments i. allg. jedoch nicht erreicht.

3.5.2.3. Zusammengesetzte Beanspruchung

An einem Bauteil treten i. allg. nicht nur eine, sondern gleichzeitig mehrere Beanspruchungen auf. Ist nicht von vornherein abzuschätzen, daß eine dieser Beanspruchungen dominiert, während die anderen vernachlässigbar bleiben, dann müssen alle Einzelbeanspruchungen bei der Berechnung Berücksichtigung finden.

Gleichartige Spannungen. Rufen die unterschiedlichen Beanspruchungsformen die gleiche Spannungsart mit gleicher Richtung hervor, so ergibt sich die Gesamtspannung durch algebraische Addition der vorzeichenbehafteten Einzelspannungen [3.5.1]. Beispielsweise gilt bei Zug und gerader Biegung **(Bild 3.77)**

$$\sigma_{ges} = \sigma_z + \sigma_b \tag{3.94}$$

bzw. bei Torsion und Scherung

$$\tau_{ges} = \tau_t + \tau_a. \tag{3.95}$$

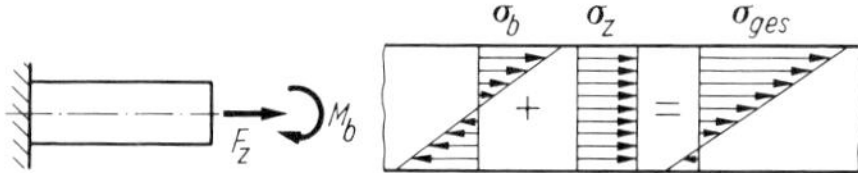

Bild 3.77. Zusammengesetzte Spannung bei gerader Biegung und Zug

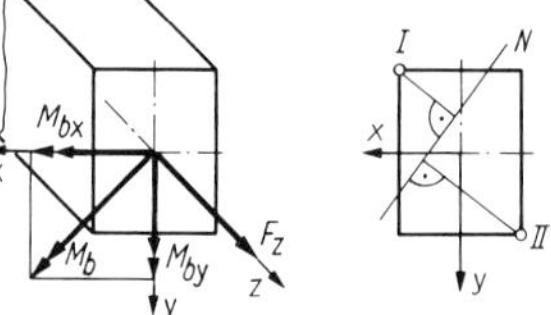

Bild 3.78. Schiefe Biegung mit Längskraft
N Spannungsnullinie; I, II Punkte maximaler Spannung (Zug- und Druckspannung)

Bei schiefer Biegung (Biegemomentenvektor M_b zeigt nicht in Richtung einer Hauptachse) und zusätzlichem Zug berechnet sich die resultierende Normalspannung für einen beliebigen Querschnittspunkt allgemein nach

$$\sigma_{ges} = \frac{F_z}{A} + \frac{M_{bx}}{I_x}\,y - \frac{M_{by}}{I_y}\,x, \tag{3.96}$$

wobei x und y Hauptachsen des Querschnittes sind **(Bild 3.78)**. Setzt man $\sigma_{ges} = 0$, so erhält man hieraus die Gleichung der Spannungsnullinie. Die maximalen Spannungen treten in denjenigen Punkten auf, die die größte Entfernung von der Nullinie besitzen (Ecken von Rechteckquerschnitten bzw. von Querschnitten mit Rechteckumhüllung). Sie werden durch Einsetzen der Koordinaten dieser Punkte in Gl. (3.96) berechnet.

Bei allseitig symmetrischen Querschnitten (Kreis oder Kreisring) ist eine wesentliche Vereinfachung des Berechnungsgangs durch Einführung eines *resultierenden Biegemoments* bzw. einer *resultierenden Biegespannung* möglich. Hier gilt bei schiefer Biegung

$$W_{bx} = W_{by} = W_b \tag{3.97}$$

$$\sigma_{bx} = M_{bx}/W_b \quad \text{und} \quad \sigma_{by} = M_{by}/W_b. \tag{3.98}$$

Damit läßt sich für die maximale Biegespannung im Querschnitt allgemein herleiten:

$$\sigma_{\text{b max}} = \sigma_{\text{b res}} = M_{\text{b res}}/W_{\text{b}} = \sqrt{\sigma_{\text{bx}}^2 + \sigma_{\text{by}}^2} \tag{3.99}$$

mit

$$M_{\text{b res}} = \sqrt{M_{\text{bx}}^2 + M_{\text{by}}^2}. \tag{3.100}$$

Bei zusätzlicher Längskraft kann nun Gl. (3.94) zur Anwendung kommen.
Weisen gleichartige Spannungen unterschiedliche Richtungen auf, so werden sie geometrisch addiert.

Ungleichartige Spannungen. Treten Normal- und Tangentialspannungen gleichzeitig auf oder liegt ein mehrachsiger Spannungszustand vor, so ist eine einfache geometrische Addition nicht zulässig. Zur Beurteilung solcher Spannungszustände existieren Festigkeitshypothesen [3.5.1] [3.5.17], deren Anwendbarkeit auch vom Werkstoffverhalten (spröd, zäh) abhängt. Es werden *Vergleichsspannungen* ermittelt, die den mehrachsigen bzw. den zusammengesetzten Spannungszustand auf eine eindimensionale Beanspruchung zurückführen.
Für die meisten praktischen Fälle einsetzbar ist die *Gestaltänderungsenergie-Hypothese*, die bei Berechnungen gegen Fließen (Gewaltbruch) und gegen Dauerbruch bei verformungsfähigen, zähen Werkstoffen (Stahl) zur Anwendung kommt. Bei zusammengesetzter Beanspruchung (z. B. Biegung σ_{b} und Torsion τ_{t} einer Welle) im einachsigen Spannungszustand lautet sie:

$$\sigma_{\text{vG}} = \sqrt{\sigma^2 + 3\,(\alpha_0\tau)^2} \tag{3.101}$$

mit

$$\alpha_0 = \sigma_{\text{zul}}/(1{,}73\tau_{\text{zul}}) = \sigma_{\text{D}}/(1{,}73\tau_{\text{D}}). \tag{3.102}$$

Für sehr spröde Werkstoffe (Gußeisen, gehärteter Stahl), die reine Trennbrüche zeigen, kommt die *Hypothese der größten Normalspannung*

$$\sigma_{\text{vN}} = \frac{\sigma}{2} + \frac{1}{2}\sqrt{\sigma^2 + 4\,(\alpha_0\tau)^2} \quad \text{mit} \quad \alpha_0 = \sigma_{\text{zul}}/\tau_{\text{zul}} = \sigma_{\text{D}}/\tau_{\text{D}} \qquad (3.103)\ (3.104)$$

und bei zähen Werkstoffen mit Gleitbruchneigung die *Schubspannungshypothese*

$$\sigma_{\text{vS}} = \sqrt{\sigma^2 + 4\,(\alpha_0\tau)^2} \quad \text{mit} \quad \alpha_0 = \sigma_{\text{zul}}/2\tau_{\text{zul}} = \sigma_{\text{D}}/2\tau_{\text{D}} \qquad (3.105)\ (3.106)$$

zur Anwendung.

Die Einführung des *Anstrengungsverhältnisses* α_0 ermöglicht bei unterschiedlicher zeitlicher Abhängigkeit von Normal- und Schubspannung die Schubspannung τ auf den zeitlichen Verlauf der Normalspannung σ umzurechnen. Für die Gestaltänderungsenergie-Hypothese gelten in Abhängigkeit von den Kombinationen verschiedener Lastfälle (vgl. Abschnitt 3.5.1.) folgende Richtwerte:

α_0 bei	τ_{I}	τ_{II}	τ_{III}
σ_{I}	1	1,5	2,0
σ_{II}	0,7	1	1,35
σ_{III}	0,5	0,75	1

Für eine exakte Berechnung von α_0 sind die für den jeweiligen Lastfall geltenden zulässigen Spannungen σ_{zul}, τ_{zul} bzw. Dauerfestigkeiten σ_{D}, τ_{D} (vgl. Abschnitt 3.5.3.) zu nutzen (z. B. bei wechselnder Biege- und konstanter Torsionsbeanspruchung σ_{bW} und τ_{tF}).

Neben dieser Vorgehensweise ist es auch möglich, die einzelnen Spannungen in stationäre und wechselnde Anteile zu zerlegen, für diese Anteile jeweils Vergleichsspannungsanteile (mit $\alpha_0 = 1$) zu berechnen und daraus durch Addition die Gesamtspannung in der Form

$$\sigma_{\text{v}} = \sigma_{\text{v stationär}} \pm \sigma_{\text{v wechselnd}} \tag{3.107}$$

zu ermitteln. Die zulässige Spannung muß dann mittels des Dauerfestigkeitsschaubildes gemäß Abschnitt 3.5.3. berechnet werden.

3.5.3. Ermittlung der zulässigen Spannungen

Die Grundlage zur Berechnung der zulässigen Spannungen bilden Werkstoffestigkeitswerte, deren Ermittlung durch Versuche mit Probestäben genormter Durchmesser erfolgt. Die bei der Bestimmung der Nennspannung unberücksichtigt gebliebenen Einflüsse geometrischer Unstetigkeiten im Querschnitt (Kerbwirkung), aber auch der Einfluß der Bauteilgröße, der Oberflächenrauheit und des Bearbeitungszustandes auf die Belastbarkeit eines Bauteils werden in den zulässigen Spannungen durch Einführung entsprechender Einflußfaktoren erfaßt.

3.5.3.1. Werkstoffkenngrößen

Entsprechend den möglichen Belastungsfällen (s. Bild 3.59) unterscheidet man die Werkstofffestigkeitswerte in statische und dynamische.

Statische Festigkeit. Die Ermittlung der statischen Festigkeitswerte erfolgt überwiegend aus Zug-, Druck- und Biegeversuchen, d.h., eine Werkstoffprobe wird durch eine langsam anwachsende Kraft (Moment) belastet. **Bild 3.79** zeigt als Beispiel das Spannungs-Dehnungs-Diagramm des Zugversuches für verschiedene Werkstoffe. Die Zugkraft F wurde dabei zur Ermittlung der Spannung auf den Ausgangsquerschnitt A_0 bezogen.

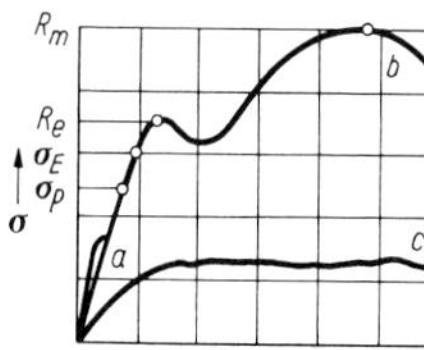

Bild 3.79. Spannungs-Dehnungs-Diagramm
a) Glas; b) Baustahl; c) Kupfer

Aus derartigen Diagrammen lassen sich verschiedene *Festigkeitskenngrößen* ablesen (bisher übliche Zeichen in Klammern):

- *Proportionalitätsgrenze* σ_P (Gültigkeit des Hookeschen Gesetzes)
- *Elastizitätsgrenze* σ_E (Elastisches Verhalten, keine bleibende Dehnung)
- *Streckgrenze* R_e (σ_S *bzw.* σ_F) (Beginn des Fließens des Werkstoffes, d.h. Dehnung ohne Spannungszunahme)
- *Bruchgrenze* R_m (σ_B) (Höchste auftretende Spannung, bezogen auf den Ausgangsquerschnitt, Bauteil wird zerstört)

Für Werkstoffe ohne ausgeprägtes Fließverhalten tritt an die Stelle der Streckgrenze R_e (σ_S) die 0,2-Dehngrenze, d.h. diejenige Spannung, bei der ein Probekörper im Zugversuch eine bleibende Dehnung von 0,2% aufweist. Sie wird mit $R_{p0,2}(\sigma_{0,2})$ bezeichnet.

Ähnliche Diagramme und Kenngrößen wie beim Zugversuch lassen sich auch bei Druck, Biegung oder Torsion ermitteln. Dabei erhält man die Druckfestigkeit σ_{dB}, Biegefestigkeit σ_{bB} und Verdrehfestigkeit τ_{tB} als Äquivalent zur Zugfestigkeit R_m (σ_B) sowie die Druckfließgrenze (Quetschgrenze) σ_{dF}, Biegefließgrenze σ_{bF} (σ_{bS}) und Verdrehfließgrenze τ_{tF} (τ_{tS}) als Äquivalent zur Streckgrenze R_e (σ_S). Zahlenwerte zu Festigkeitskenngrößen für verschiedene Werkstoffe enthalten die Tafeln 3.38 und 3.39 im Abschnitt 3.6.

Von Interesse sind außerdem die Werte der Bruchdehnung $A(\delta)$ bzw. Brucheinschnürung $Z(\psi)$. Die Bruchdehnung A stellt die bleibende Verlängerung Δl_B nach dem Bruch, bezogen auf die Ausgangslänge l_0, dar. Sie ist ein Maß für die Zähigkeit des Werkstoffes und wird in Prozent angegeben. Das Abmessungsverhältnis l_0/d_0 des Probestabes tritt dabei als Index auf (z.B. A_5 = Bruchdehnung eines Probestabes der Abmessungen $l_0 = 5d_0$). Die Brucheinschnürung Z kennzeichnet die Querschnittsverringerung $\Delta A_B = A_0 - A_B$ an der Bruchstelle, bezogen auf den Ausgangsquerschnitt A_0 (in %). Es gilt

$$A_{5,10,\dots} = \frac{\Delta l_B}{l_0} \cdot 100\,\% \quad \text{und} \quad Z = \frac{\Delta A_B}{A_0} \cdot 100\,\%\,. \qquad (3.108)\ (3.109)$$

Dynamische Festigkeit. Liegt eine dynamische Beanspruchung einer Werkstoffprobe vor (Lastfall *II* oder *III*), so hängt die Festigkeit sowohl von der Spannungsamplitude σ_a des wechselnden Anteils der Belastung als auch von der Mittelspannung σ_m ab (vgl. Bild 3.59). Für die Gesamtbelastung gilt $\sigma_{ges} = \sigma_m \pm \sigma_a$. Je nach Größe dieser Beanspruchungen erträgt die Probe entweder nur eine bestimmte Anzahl Lastwechsel N bis zum Eintritt des Bruches (Zeitfestigkeit), oder die Probe hält den Belastungen ständig stand (Dauerfestigkeit).

Der Zusammenhang zwischen ertragbarer Spannungsamplitude σ_A und Anzahl der Lastwechsel N bis zum Bruch wird in *Wöhler-Kurven* für σ_m = konst. dargestellt. **Bild 3.80** verdeutlicht eine solche Kurve für den Fall $\sigma_m = 0$ (Lastfall *III*, reine Wechselbeanspruchung). Für sehr

wenige Lastwechsel N ($N \leqq 10$) können die Werkstoffkennwerte für stationäre Belastung Einsatz kommen. Für größere Lastwechselzahlen N sinkt der ertragbare Spannungsausschl σ_A im Gebiet der Zeitfestigkeit bis zu einem Knickpunkt σ_{AD} bei der Grenzschwingspielzahl N_G ab. Für $N \geqq N_G$ liegt Dauerfestigkeit gegenüber der Spannungsamplitude σ_{AD} (Dauerausschlagfestigkeit) bei einer bestimmten Mittelspannung vor.
Werte der Grenzschwingspielzahlen N_G betragen

$$N_G = 2 \cdot 10^6 \dots 10^7 \quad \text{für Stahl und} \quad N_G = 10^7 \dots 10^8 \quad \text{für Leichtmetall.}$$

► Ertragbare Spannungen, also Festigkeitswerte, werden stets mit großen Buchstaben indiziert, vorhandene Spannungen bzw. Nennspannungen mit Kleinbuchstaben.

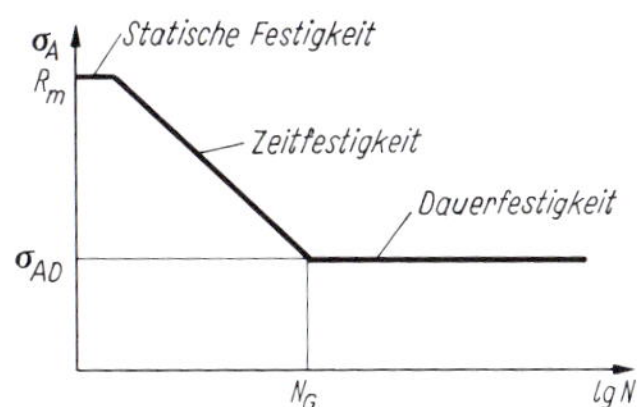

Bild 3.80. Wöhler-Kurve für $\sigma_m = 0$

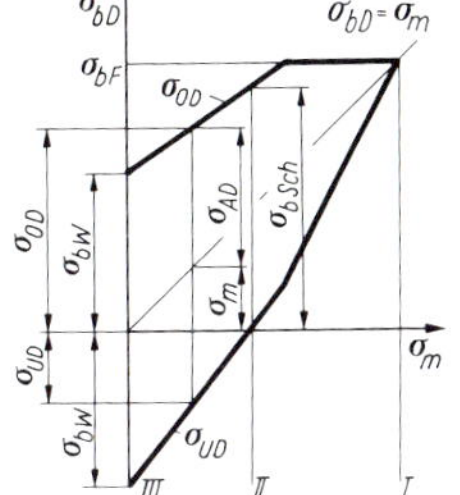

Bild 3.81. Dauerfestigkeitsschaubild nach *Smith*
hier für Biegebeanspruchung, Zug-Druck und Torsion analog

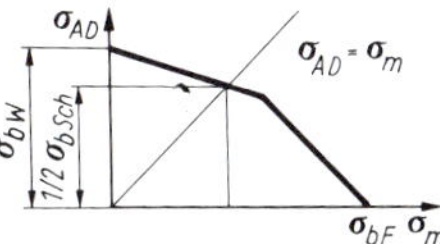

Bild 3.82. Dauerfestigkeitsschaubild nach *Haigh* (für Biegung)

Im Gebiet der Dauerfestigkeit ist es üblich, die ertragbaren Spannungen über der Mittelspannung σ_m in Form von *Dauerfestigkeitsschaubildern* (Smith-Diagrammen) darzustellen **(Bild 3.81)**. Hieraus sind bei einer bestimmten Mittelspannung σ_m die ertragbaren oberen und unteren Grenzspannungen σ_{OD} und σ_{UD} sowie die ertragbare Spannungsamplitude σ_{AD} ablesbar. Spannungen der Form $\sigma = \sigma_m \pm \sigma_a$ mit $\sigma_a \leqq \sigma_{AD}$ werden also beliebig oft ertragen.

Unterschiedliche Beanspruchungen (Biegung, Zug–Druck, Torsion) erfordern jeweils eigene Dauerfestigkeitsschaubilder. Die obere Begrenzung des Dauerfestigkeitsschaubildes resultiert aus der maßgebenden Streck- bzw. Fließgrenze (σ_{bF} bei Biegung, R_e bei Zug–Druck, τ_{tF} bei Torsion) und der Schnittpunkt mit der Ordinatenachse aus der jeweiligen Wechselfestigkeit (σ_{bW}, σ_{zdW}, τ_{tW}). An der Stelle des Nulldurchgangs der Unterspannungslinie σ_{UD} ist die Schwellfestigkeit (σ_{bSch}, σ_{zdSch}, τ_{tSch}) ablesbar. Ruhende, schwellende und wechselnde Belastung (Lastfall *I* ... *III*) sind als Spezialfälle einer allgemeinen Belastung folglich ebenfalls im Dauerfestigkeitsschaubild enthalten (vgl. Bild 3.81, Ziffern *I* ... *III*).

In der weiterführenden Literatur sind Dauerfestigkeitsschaubilder für Stahl und Eisengußwerkstoffe bei Beanspruchung durch Zug–Druck, Biegung und Torsion angegeben (vgl. auch [1.15] [3.5.12] [3.5.20]). Zu beachten ist, daß alle Dauerfestigkeitsschaubilder und Wöhler-Kurven stets für bestimmte Überlebenswahrscheinlichkeiten $P_ü$ ermittelt werden, d.h., ein festgelegter Prozentsatz $P_ü$ der Proben übersteht die angegebene Grenzbelastung ohne Schaden.

Neben dieser oft genutzten Darstellung in Form des Smith-Diagramms existieren auch andere Dauerfestigkeitsschaubilder. **Bild 3.82** zeigt hierzu das Dauerfestigkeitsschaubild nach *Haigh*, das die Spannungsamplitude σ_{AD} über der Mittelspannung σ_m darstellt.

3.5.3.2. Einflußfaktoren auf die Werkstoffestigkeit

Die Ermittlung der oben genannten Werkstoffestigkeitswerte erfolgt an genormten Werkstoffproben (i. allg. glatte Rundstäbe mit bestimmtem Durchmesser sowie festgelegter Oberflächenrauheit). Ein reales Bauteil weicht jedoch u. U. sehr stark von dieser Probenform ab. Der Einfluß dieser Abweichungen auf die Festigkeitswerte wird deshalb durch mindernde (ggf. auch erhöhende) Faktoren berücksichtigt und somit in den zulässigen Spannungen mit erfaßt [3.5.31] [3.5.33].

Einflußfaktoren auf die statische Festigkeit. Geometrische Unstetigkeiten (Kerben) an Bauteilen, z. B. Absätze, Querbohrungen und Nuten, bewirken örtliche Überhöhungen im Spannungsverlauf. Diese Überhöhungen im Spannungsverlauf werden allgemein als *Kerbwirkung* bezeichnet. Berechnet man nach Abschnitt 3.5.2. die Nennspannungen σ bzw. τ im Kerbgrund (dabei kommt der kleinste Querschnitt im Kerbbereich zur Anwendung), so lassen sich die maximal auftretenden Spannungen daraus über

$$\sigma_{max} = \alpha_\sigma \sigma \quad \text{bzw.} \quad \tau_{max} = \alpha_\tau \tau \tag{3.110}$$

ermitteln. **Bild 3.83** verdeutlicht den Spannungsverlauf im gekerbten Bauteil.

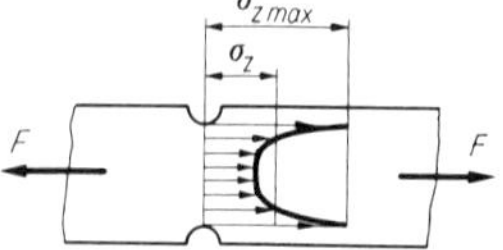

Bild 3.83. Spannungsverteilung im gekerbten Flachstab bei Zug

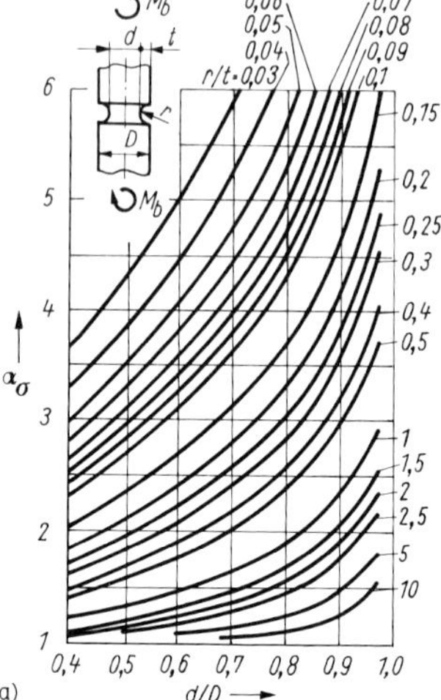

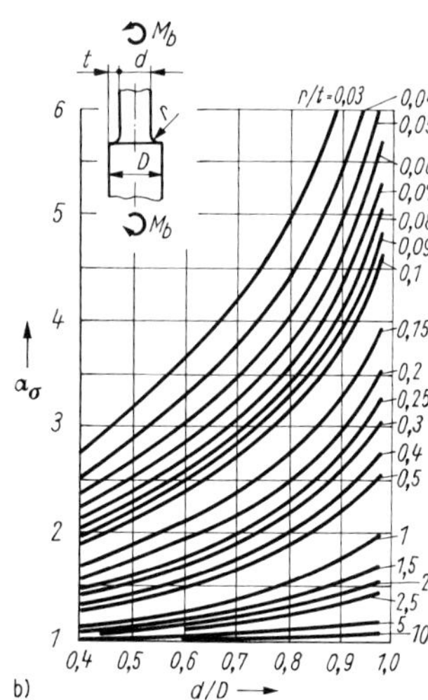

Bild 3.84. Formzahlen α_σ bei Biegung von Rundstäben
a) mit Umlaufkerbe; b) mit Absatz

Den Wert α_σ bzw. α_τ (auch α_K genannt) bezeichnet man als *Formzahl.* Sie hängt von der Kerbform und der Beanspruchungsart (Zug, Biegung oder Torsion), jedoch nicht vom Werkstoff ab. **Bild 3.84** zeigt beispielhaft Formzahlen α_σ bei Biegung von Rundstäben. Weitere Formzahlen enthalten beispielsweise [3.5.12] [3.5.20] [3.5.21]. Bei sehr spröden Werkstoffen, z. B. Glas, muß diese Spannungsspitze σ_{max} bei der Festigkeitsrechnung Berücksichtigung finden, d. h., im Spannungsvergleich zwischen zulässiger und vorhandener Spannung (Nennspannung σ) ist die zulässige Spannung durch Multiplikation mit $1/\alpha_\sigma$ bzw. $1/\alpha_\tau$ entsprechend der auftretenden Spannungsspitze σ_{max} zu vermindern (vgl. Tafel 3.34). Die Festigkeit des spröden Werkstoffes bei ruhender Belastung wird also im gleichen Maße verringert, wie die Spannung sich durch die Kerbwirkung erhöht. Bei zähen, elastischen Werkstoffen (Stahl), die die größte Anwendung in der Feinmechanik finden, kommt es jedoch durch Kerbwirkung bei ruhender Beanspruchung zu keiner Verminderung der Festigkeit. Der steile Abfall der Spannungen in der Nähe des Kerbgrundes führt infolge dort vorhandener nur gering beanspruchter Querschnittsteile zu einer starken Verformungsbehinderung. Plastische Verformungen (Fließen) bleiben dadurch örtlich beschränkt und bauen letztlich die Spannungsspitzen ab. Die Festigkeitsrechnung von gekerbten Bauteilen aus zähen Werkstoffen bei ruhender Belastung erfolgt also ohne Berücksichtigung von σ_{max} nur mit der Nennspannung σ.

Einflußfaktoren auf die dynamische Festigkeit (Dauerfestigkeit). Einfluß auf die Dauerfestigkeit haben neben dem Werkstoff auch weitere Größen, wie Gestalt (Kerbwirkung), Größe, Oberflächenbeschaffenheit und Querschnittsform des Bauteils [3.5.12] [3.5.21] [3.5.32] [3.5.37] [3.5.38]. Eine exakte Bestimmung dieser Einflußfaktoren, wie sie im Maschinenbau üblich ist, zeigt beispielsweise [3.5.12] (s. auch [1.15] [3.5.20] [3.5.21] und zur Dauerfestigkeit von Kunststoffen [3.5.36]). Dabei werden neben Größeneinflußfaktoren, Kerbwirkungszahlen und Anisotropiefaktoren auch Einflußfaktoren der Oberflächenrauheit sowie der Oberflächenverfestigung berücksichtigt.

Vereinfachte Berechnung der Dauerfestigkeit. Da in der Feinmechanik i. allg. relativ große Sicherheitsfaktoren zur Anwendung kommen, ist es unter diesen Voraussetzungen zulässig, die Wechselfestigkeit eines Bauteils stark vereinfacht nach der Beziehung

$$\sigma_{WK} = K_K \sigma_W / K_\sigma \tag{3.111}$$

zu berechnen. Mit Ausnahme der Kerbwirkungszahl K_σ werden dabei alle weiteren Einflußfaktoren auf die Dauerfestigkeit in Form eines *mittleren Einflußfaktors* K_K in Abhängigkeit vom Bauteildurchmesser d zusammengefaßt **(Bild 3.85)**. Bei sehr kleinen Abmessungen ($d <$ 10 mm) weicht dieser mittlere Einflußfaktor nur unwesentlich von 1 ab und ist dann sogar vernachlässigbar.

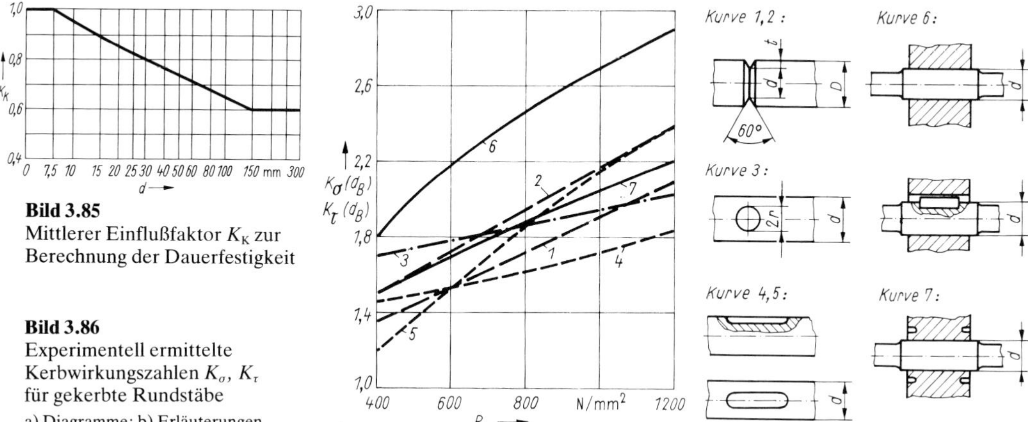

Bild 3.85
Mittlerer Einflußfaktor K_K zur Berechnung der Dauerfestigkeit

Bild 3.86
Experimentell ermittelte Kerbwirkungszahlen K_σ, K_τ für gekerbte Rundstäbe
a) Diagramme; b) Erläuterungen

Kurve 1. Spitzkerbe bei Biegung; $d_B = 15$ mm; $t/d = 0{,}05 \dots 0{,}2$; $R_{zB} = 20$ µm; $K_\tau(d_B) = 0{,}8 \cdot K_\sigma(d_B)$; Index B: Bezugsdurchmesser
Kurve 2. Spitzkerbe bei Zug-Druck (sonst wie Kurve *1*)
Kurve 3. Querbohrung bei Zug-Druck, Biegung oder Torsion; $d_B = 30$ mm; $2r/d = 0{,}15 \dots 0{,}25$; $R_{zB} = 10$ µm
Kurve 4. Paßfedernut bei Biegung; $d_B = 15$ mm; $R_{zB} = 10$ µm
Kurve 5. Paßfedernut bei Torsion (sonst wie Kurve *4*)
Kurve 6. aufgepreßte Nabe H8/u8 oder Nabensitz mit Paßfeder H7/n6 bei Biegung; $d_B = 40$ mm; $K_\tau(d_B) = 0{,}65\ K_\sigma(d_B)$
Kurve 7. aufgepreßte Nabe mit Entlastungskerbe bei Biegung (Parameter sowie $K_\tau(d_B)$ wie Kurve *6*)

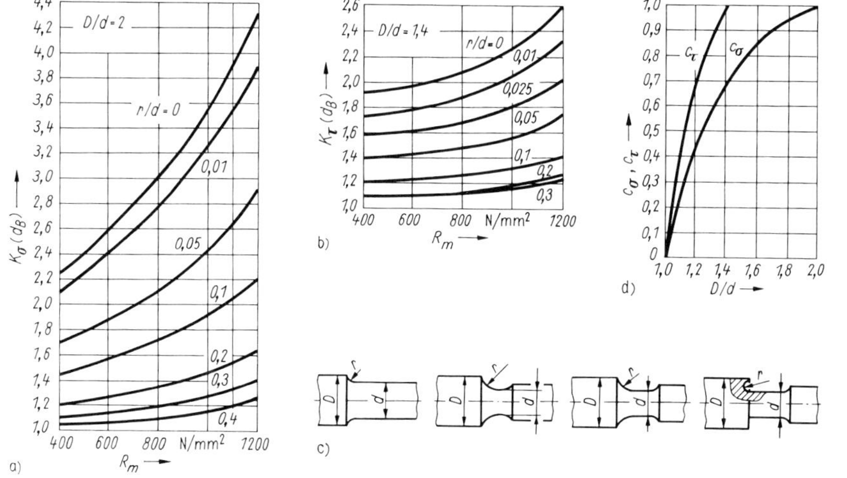

Bild 3.87. Kerbwirkungszahlen für abgesetzte Rundstäbe bei Biegung oder Torsion ($d_B = 15$ mm; $R_{zB} = 10$ µm)
a) $K_\sigma(d_B)$; b) $K_\tau(d_B)$; c) Kerbformen, für die K_σ und K_τ gelten; d) Umrechnungsfaktoren – Index B: Bezugsdurchmesser
Umrechnung: Für K'_σ, bzw. K'_τ mit D/d beliebig gilt $K'_\sigma = 1 + c_\sigma(K_\sigma - 1)$ bzw. $K'_\tau = 1 + c_\tau(K_\tau - 1)$

Die *Kerbwirkungszahl* K_σ bei Biegung bzw. K_τ bei Torsion (auch β_K) drückt den Einfluß einer Kerbe auf die Dauerfestigkeit aus. Infolge des Abbaus von Spannungsspitzen durch lokales Fließen (Werkstoffstützwirkung) gilt stets $K_\sigma < \alpha_\sigma$. Für die Kerbwirkungszahlen sollten in erster Linie experimentell ermittelte Werte genutzt werden ([3.5.12] [3.5.20] [3.5.21]). Eine Auswahl hierzu zeigen die **Bilder 3.86 und 3.87**.

Erwähnenswert ist, daß auch Preßsitze (s. Abschnitt 4.4.1.) zu erheblichen Kerbwirkungen führen. Die Kerbwirkungszahlen liegen dabei in der gleichen Größenordnung wie bei Welle-Nabe-Verbindungen mit Paßfeder (vgl. Bild 3.86 und Abschnitt 7.).

Die nach Gl. (3.111) ermittelbare Bauteil-Wechselfestigkeit σ_{WK} stellt die Dauerfestigkeit bei Lastfall *III* ($\sigma_m = 0$) dar. Die Bauteil-Dauerfestigkeit σ_{DK} bei beliebiger Beanspruchung ($\sigma_m \neq 0$) und insbesondere die Ober- bzw. Unterspannungslinien σ_{ODK}, σ_{UDK} sowie die Grenz-Spannungsamplituden σ_{ADK} für ein gekerbtes Bauteil lassen sich hieraus ermitteln. Beispielsweise kann mit σ_{WK} das Smith-Diagramm konstruiert werden, indem statt der Werkstoff-Wechselfestigkeit σ_W die Bauteil-Wechselfestigkeit σ_{WK} zur Anwendung kommt. Man spricht dann von *Gestaltfestigkeitsschaubildern* mit Bezug auf reale Bauteile. Ohne Gestaltfestigkeitsschaubild läßt sich die Grenz-Spannungsamplitude σ_{ADK} für $\sigma_{ODK} \leqq \sigma_F$ jedoch vereinfacht auch über

$$\sigma_{ADK} = \frac{K_K}{K_\sigma}\,\sigma_{AD} \tag{3.112}$$

berechnen (gilt exakt für $\sigma_m = 0$).
Die hier für Normalspannungen aufgestellten Beziehungen gelten analog auch für Tangentialspannungen, wenn σ durch τ ersetzt wird.

3.5.3.3. Festigkeitsnachweis

Der Festigkeitsnachweis (analog auch der Stabilitätsnachweis) wird durch einen Spannungsvergleich zwischen Nennspannung und zulässiger Spannung geführt.
Festigkeit bzw. Stabilität ist gewährleistet, wenn für die Nennspannungen σ bzw. τ nach Abschnitt 3.5.2. gilt:

$$\sigma_{vorh} = \sigma \leqq \sigma_{zul} \quad \text{bzw.} \quad \tau_{vorh} = \tau \leqq \tau_{zul}\,. \tag{3.113}$$

Die zulässige Spannung berechnet sich dabei aus der Versagensspannung σ_{vers} (auch ertragbare Spannung genannt) und einem erforderlichen, gewählten Sicherheitsfaktor S [3.5.37] nach

$$\sigma_{zul} = \sigma_{vers}/S \quad \text{bzw.} \quad \tau_{zul} = \tau_{vers}/S\,. \tag{3.114}$$

Die Versagensspannung σ_{vers} stellt diejenige Spannung bzw. denjenigen Festigkeitswert dar, der für das Versagen des Bauteils im konkreten Fall maßgebend ist.
Im Maschinenbau führt man diesen Festigkeitsnachweis auch in Form des Sicherheitsnachweises ([3.5.20]) als Vergleich zwischen vorhandener und erforderlicher Sicherheit:

$$S_{vorh} = \sigma_{vers}/\sigma_{vorh} \geqq S_{erf} \quad \text{bzw.} \quad S_{vorh} = \tau_{vers}/\tau_{vorh} \geqq S_{erf}\,. \tag{3.115}$$

Welche Werkstoffkenngröße als Versagensspannung auftritt, hängt von der jeweiligen Beanspruchungsart, dem Material, dem Lastfall sowie den Einsatzbedingungen des Bauteils ab.

Statische Belastung. Bei statischer Belastung kommen bei zähen Werkstoffen i. allg. die Fließgrenzen R_e, σ_{bF}, τ_{tF} (in Sonderfällen auch σ_P, z. B. bei Biegebalken mit aufgeklebten Dehnmeßstreifen zur Kraftmessung) und bei spröden Werkstoffen, Loten und Klebstoffen die Bruchgrenzen R_m, τ_B, ggf. dividiert durch Formzahlen, als Versagensspannungen zum Einsatz. Für die zulässigen Spannungen und Sicherheitsfaktoren gelten dann die in **Tafel 3.34** enthaltenden Beziehungen.

Bei zusammengesetzten Beanspruchungen oder bei mehrachsigen Spannungszuständen werden diese überlagert bzw. unter Anwendung von Vergleichsspannungen auf eine Einzelbeanspruchung zurückgeführt (vgl. Abschnitt 3.5.2.3.). Demzufolge kommen auch hier die zulässigen Spannungen der Einzelbeanspruchungen (i. allg. für Biegung) nach Tafel 3.34 zur Anwendung.

Dynamische Belastung. Den Festigkeitsnachweis bei dynamischer Belastung im Gebiet der Dauerfestigkeit führt man mit Spannungsamplituden bei bekannter Mittelspannung σ_m. Bei Einzelbeanspruchung gilt

$$\sigma_{vorh} = \sigma_a \leqq \sigma_{zul} = \sigma_{ADK}/S_D\,. \tag{3.116}$$

Die vorhandene Spannungsamplitude σ_a (Nennspannung ohne Kerbwirkungen und weitere Einflüsse) wird dabei mit der um einen Sicherheitsfaktor gegen Dauerbruch S_D verminderten Grenz-Spannungsamplitude des Bauteils σ_{ADK} verglichen. Der Sicherheitsfaktor S_D beträgt i. allg. $S_D = 2 \ldots 3$ bzw. $1{,}3 \ldots 2{,}0$ bei genau bekannten Belastungen und Kerbeinflüssen. Die Bestimmung von σ_{ADK} erfolgt nach Abschnitt 3.5.3.2. Für den häufig auftretenden Lastfall *III* gilt $\sigma_{ADK} = \sigma_{WK}$.
Bei zusammengesetzter Beanspruchung ist zunächst stets zu prüfen, ob eine Beanspruchungsart dominiert und alle weiteren vernachlässigt werden können. Ist dies nicht der Fall, so sind

bei zusammengesetzten Beanspruchungen bei dynamischer Belastung Vergleichsspannungen nach Abschnitt 3.5.2.3. für die Spannungsamplituden zu bilden. Lassen sich dabei die Einzelbeanspruchungen in die drei grundlegenden Belastungsfälle ruhend (I), schwellend (II) und wechselnd (III) einordnen, können unterschiedliche zeitliche Abhängigkeiten der Normal- und Schubspannungsanteile sehr einfach über Richtwerte für das Anstrengungsverhältnis α_0 in den Vergleichsspannungen berücksichtigt werden (vgl. Richtwerte für α_0 in Abschnitt 3.5.2.3.).
Bei Auftreten von Einzelbeanspruchungen mit beliebigen Mittelspannungen außerhalb der Belastungsfälle I bis III berechnet sich α_0 aus den jeweils zulässigen Spannungsamplituden bei den entsprechenden Mittelspannungen. Außerdem ist dann auch für die Mittelspannung eine Vergleichsspannung anzuwenden. Hierzu sei auf die Spezialliteratur verwiesen ([1.15] [3.5.12] [3.5.21] [3.5.38]).
Sollte der so vorgenommene Festigkeitsnachweis negativ ausfallen, verändert man zunächst die Konstruktion und insbesondere auch die Oberflächenkontur (Kerben), bevor Werkstoffe höherer Festigkeit zum Einsatz kommen. Zu beachten ist, daß Werkstoffe höherer Festigkeit eine höhere Kerbempfindlichkeit aufweisen. Wenn Menschenleben oder große volkswirtschaftliche Werte von der sicheren Funktion eines Bauteils abhängen, wenn dessen Auswech-

Tafel 3.34. Ermittlung der zulässigen Spannungen bei statischer Beanspruchung
Näherungswerte für τ_{aF}, τ_{tF}, τ_{aB}, τ_{tB} gelten für Stahl

Beanspruchung	Werkstoffeigenschaften zäh	spröd
Zug, Druck	$\sigma_{z\,zul} = \frac{R_e}{S_F}$	$\sigma_{zul} = \frac{R_m}{S_B \alpha_\sigma}$
Biegung	$\sigma_{b\,zul} = \frac{\sigma_{bF}}{S_F}$	
Scherung	$\tau_{a\,zul} = \frac{\tau_{aF}}{S_F} \approx \frac{0{,}8 R_e}{S_F}$	$\tau_{a\,zul} = \frac{\tau_{aB}}{S_B} \approx \frac{0{,}8 R_m}{S_B}$
Torsion	$\tau_{t\,zul} = \frac{\tau_{tF}}{S_F} \approx \frac{0{,}6 R_e}{S_F}$	$\tau_{t\,zul} = \frac{\tau_{tB}}{S_B \alpha_\tau} \approx \frac{R_m}{S_B \alpha_\tau}$
Flächenpressung	$p_{zul} = \frac{R_e}{S_F}$	$p_{zul} = \frac{\sigma_{dB}}{S_B} \approx \frac{R_m}{S_B}$
Sicherheitsfaktor in der Feinwerktechnik	$S_F = 2 \dots 4$	$S_B = 3 \dots 4$
Sicherheitsfaktor im Maschinenbau	$S_F = 1{,}2 \dots 2$	$S_B = 2 \dots 4$

Tafel 3.35. Normen und Richtlinien zum Abschnitt 3.5.

DIN-Normen	
DIN 50100	Werkstoffprüfung; Dauerschwingversuch, Begriffe, Zeichen, Durchführung, Auswertung
DIN 50113	Prüfung metallischer Werkstoffe; Umlaufbiegeversuch
DIN EN 10002-1	Metallische Werkstoffe; Zugversuch
Richtlinien	
VDI 2227	Festigkeit bei wiederholter Beanspruchung; Zeit- und Dauerfestigkeit metallischer Werkstoffe, insbesondere von Stählen (zurückgezogen)

seln sehr hohen Montageaufwand erfordert oder die äußeren Kräfte und Momente nicht hinreichend genau bekannt sind, muß man größere Sicherheitsfaktoren wählen.

Für spezielle Probleme, insbesondere Stabilitätsfragen, wurden die Ermittlung der zulässigen Spannungen bzw. der Grenzwerte der Belastung sowie die zugehörigen Sicherheitsfaktoren bereits im Abschnitt 3.5.2. behandelt und angegeben.

Neben dem Nachweis der Festigkeit und Stabilität ist für eine Reihe von Bauteilen, insbesondere bei Biegebelastung und z. T. auch bei Torsion, zusätzlich die Verformung zu überprüfen. Die vorhandenen Verformungen, z. B. die Durchbiegung f_{vorh}, sind dabei mit zulässigen Werten f_{zul} zu vergleichen, die jedoch nicht aus Werkstoffkenngrößen, sondern aus konstruktiven Gesichtspunkten abgeleitet werden. Bei relativ kleinen Sicherheitsfaktoren erfordert die Einhaltung der zulässigen Verformungen ($f_{vorh} \leqq f_{zul}$; Werte s. Abschnitt 7.3.2.) dann i. allg. größere Bauteilabmessungen als der Festigkeitsnachweis. Dies gilt beispielsweise für hochbelastete Ankerwellen in Kleinstmotoren.

Zur Berücksichtigung von Bauteilausfällen durch Verschleiß, zur Bruchentstehung und -ausbildung sowie zur Einbeziehung wahrscheinlichkeitstheoretischer Gesichtspunkte in den Festigkeitsnachweis sei auf weiterführende Literatur verwiesen [3.5.5] [3.5.11] [3.5.15] [3.5.18] [3.5.30].

Eine Zusammenstellung ausgewählter Normen und Richtlinien zum Abschnitt 3.5. enthält **Tafel 3.35**.

3.5.4. Berechnungsbeispiele [1.17] [3.5.16]

Aufgabe 3.5.1. Querbelastete Verbindungen

Zwei Bauteile *1* und *2* (**Bild 3.88**) sind durch eine Schraube bzw. einen Niet miteinander zu verbinden. Zwischen beiden Teilen tritt eine statische Querkraft, $F_Q = 300$ N, auf.

Gegebene Größen für Bauteile *1* und *2*: St 50; $\mu = 0{,}2$; $s = 2$ mm; $S_F = 4$.

Es ist zu prüfen, ob ein Stahlniet mit Dmr. 4 mm aus St 37 oder auch eine Durchsteckschraube M 4 (Festigkeitsklasse 4.6 mit $R_e = 240$ N/mm²) eine genügende Festigkeit aufweist.

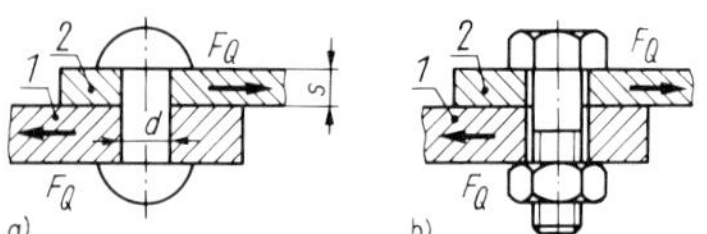

Bild 3.88. Querbelastete Verbindungen
a) mit Niet; b) mit Durchsteckschraube

Lösung. Niete sind auf Abscherung belastbar. Für die Nennspannung (Scherspannung) gilt nach Tafel 3.28 dann

$$\tau_a = F_Q/A = 4F_Q/(\pi d^2) = 4 \cdot 300 \text{ N}/(\pi \cdot 16 \text{ mm}^2) = 23{,}9 \text{ N/mm}^2.$$

Aus Tafel 3.34 folgt für $\tau_{a\,zul}$ bei zähem Werkstoff (R_e s. Tafel 3.38)

$$\tau_{a\,zul} = \tau_{aF}/S_F \approx 0{,}8R_e/S_F = 0{,}8 \cdot 235 \text{N/mm}^2/4 = 47 \text{N/mm}^2.$$

Somit ist der Festigkeitsnachweis $\tau_a \leqq \tau_{a\,zul}$ für den Nietdurchmesser erbracht.

Neben der Beanspruchung auf Abscheren tritt auch Flächenpressung in Form von Lochleibung auf. Die Kraft F preßt den Nietschaft gegen die Wandung der Durchgangsbohrung. Die zwischen Schaft und Wandung bei spielfreier Paarung auftretende Pressung bezeichnet man als Lochleibung. Berechnet wird die mittlere Pressung (Projektion der beanspruchten Fläche kommt zur Anwendung). Da der Niet aus weicherem Material besteht (vgl. auch Tafel 3.38), erfolgt eine Überprüfung für den im Bauteil *2* befindlichen Schaft des Nietes. Nennspannung (s. Tafel 3.28):

$$p = F_Q/A = F_Q/(sd) = 300 \text{ N}/(2 \text{ mm} \cdot 4 \text{ mm}) = 37{,}5 \text{ N/mm}^2.$$

Für A ist die projizierte Fläche $A = sd$ einzusetzen. Zulässige Spannung (s. Tafel 3.34):

$$p_{zul} = R_e/S_F = 235 \text{N/mm}^2/4 = 58{,}8 \text{N/mm}^2.$$

Auch hier gilt $p \leqq p_{zul}$; der Niet kann folglich verwendet werden.

Für Durchsteckschrauben ist eine Belastung auf seitliches Abscheren des Schaftes unzulässig. Die Querkraftübertragung erfolgt durch Reibung zwischen den Bauteilen. Die dazu nötige Normalkraft entsteht durch Längsverspannung der Schraube, die somit auf Zug berechnet werden muß. Nennspannung im Spannungsquerschnitt A_s der Schraube ($A_s = 8{,}78 \text{mm}^2$; vgl. Abschnitt 4.4.4.):

$$\sigma_z = F_L/A_s = F_Q/(\mu A_s) = 300 \text{ N}/(0{,}2 \cdot 8{,}78 \text{ mm}^2) = 170{,}8 \text{ N/mm}^2.$$

Zulässige Spannung (s. Tafel 3.34):

$$\sigma_{z\,zul} = R_e/S_F = (240 \text{ N/mm}^2)/4 = 60 \text{ N/mm}^2.$$

Damit gilt $\sigma_z > \sigma_{z\,zul}$. Die Festigkeitsbedingung ist nicht erfüllt. Eine Durchsteckschraube hält der Belastung mit der geforderten Sicherheit nicht stand. Entweder muß eine größere Schraube (M 8) zum Einsatz kommen, oder es sind drei Schrauben M 4 zu wählen.

Aufgabe 3.5.2. Knicksicherheit eines Stahldrahtes

In einem Phonolaufwerk wird zur Übertragung der Betätigungskraft einer mechanischen Schaltvorrichtung ein beiderseitig in Blechteile eingehängter Stahldraht mit einer Länge $l = 150$ mm verwendet.
Zu berechnen ist der erforderliche Drahtdurchmesser (Drahtwerkstoff St 37; $E = 210000$ N/mm²), wenn eine Kraft von $F = 1$ N übertragen und ein Ausknicken des Drahtes mit einer Sicherheit von $S_K = 3$ verhindert werden soll.

Lösung. Die freie Knicklänge nach Bild 3.64 beträgt $L_K = l$. Damit wird der Schlankheitsgrad λ nach Gl. (3.67)

$$\lambda^2 = L_K^2 A/I = l^2 A/I,$$

wobei das Flächenträgheitsmoment des Kreisquerschnittes (Tafel 3.31)

$$I = \pi d^4/64$$

beträgt. Soll nur rein elastische Knickung zugelassen werden, gilt für die Knickspannung (Grenzwert) nach Gl. (3.68)

$$\sigma_K = \pi^2 E/\lambda^2 = \pi^2 EI/(l^2 A).$$

Für die Druckspannung σ_d im Stab muß damit entsprechend Gl. (3.66) (vgl. auch Tafel 3.28)

$$\sigma_d = F/A \leqq \sigma_K/S_K = \pi^2 EI/(l^2 A S_K)$$

erfüllt sein, woraus sich durch Einsetzen von I der benötigte Durchmesser zu

$$d \geqq \sqrt[4]{Fl^2 \cdot 64\, S_K/(\pi^3 E)} = \sqrt[4]{1\,\text{N} \cdot 150^2\,\text{mm}^2 \cdot 64 \cdot 3/(\pi^3 \cdot 210000\,\text{N/mm}^2)} = 0{,}903\ \text{mm}$$

ergibt. Gewählt wurde $d = 0{,}9$ mm.
Zur Kontrolle der Voraussetzung rein elastischer Knickung erfolgt die Berechnung der Knickspannung:

$$\sigma_K = \pi^2 E \frac{\pi}{64} d^4/(l^2 \frac{\pi}{4} d^2) = \pi^2 E d^2/(16 l^2) = 4{,}66\,\text{N/mm}^2.$$

Da $\sigma_K \ll \sigma_P$ von St 37, ist die Voraussetzung erfüllt.

Aufgabe 3.5.3. Einseitige Zapfenhalterung

Ein Zapfen mit dem Durchmesser $d = 2$ mm ist einseitig in einer Buchse befestigt. Er hat eine radiale Kraft $F = 20$ N aufzunehmen, die sich gleichmäßig über die Zapfenlänge von $l = 10$ mm verteilt **(Bild 3.89).**

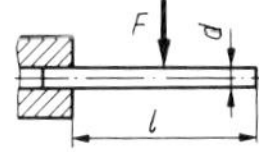

Bild 3.89. Einseitige Zapfenhalterung
F wirkt als Streckenlast über l

a) *Wie wird der Zapfen beansprucht, und aus welchem Baustahl (nach DIN 17100, jetzt DIN EN 10025) muß er gefertigt werden, damit er die ruhende Belastung erträgt ($S_F = 2$)?*
b) *Wie groß ist die Durchbiegung am Zapfenende (E_{Stahl} s. Tafel 3.38)?*

Lösung
a) Für den Zapfen liegt Biegebeanspruchung vor. Das maximale Biegemoment tritt an der Einspannstelle (vgl. Tafel 3.33) mit

$$M_{b\,max} = Fl/2$$

auf. Aus der Festigkeitsbedingung für Biegebeanspruchung (vgl. Tafeln 3.28 und 3.34)

$$\sigma_b = \sigma_{b\,max} = M_{b\,max}/W_b \leqq \sigma_{b\,zul} = \sigma_{bF}/S_F$$

folgt unter Einbeziehung des Widerstandsmoments für den kreisförmigen Querschnitt (Tafel 3.31)

$$W_b = \pi d^3/32$$

für die Biegefließgrenze des Zapfenmaterials

$$\sigma_{bF} \geqq 16 Fl S_F/(\pi d^3) = 16 \cdot 20\,\text{N} \cdot 10\,\text{mm} \cdot 2/(\pi \cdot 8\,\text{mm}^3) = 254{,}6\,\text{N/mm}^2.$$

Nach Tafel 3.38 ist als Material für den Zapfen mindestens St 33 ($\sigma_{bF} = 260$ N/mm²) anzuwenden.
b) Aus Tafel 3.33 kann die Gleichung für die Durchbiegung am Zapfenende entnommen werden:

$$f = Fl^3/(8EI).$$

Tafel 3.31 enthält die Gleichung für I:

$$I = \pi d^4/64.$$

Der Elastizitätsmodul beträgt für St 33: $E = 210 \cdot 10^3$ N/mm² (Tafel 3.38). Für die Durchbiegung f ergibt sich damit

$$f = 64 Fl^3/(8\pi E d^4) = 64 \cdot 20\,\text{N} \cdot 1000\,\text{mm}^3/(8\pi \cdot 210000\,\text{N/mm}^2 \cdot 16\,\text{mm}^4) = 0{,}0152\,\text{mm} = 15{,}2\,\mu\text{m}.$$

Aufgabe 3.5.4. Welle eines Elektromotors

Die Welle eines Elektromotors ist in zwei Wälzlagern (Kugellagern) gelagert (**Bild 3.90**a). Das Wellenende trägt eine Zahnriemenscheibe. Der vorgespannte Zahnriemen überträgt das Drehmoment auf eine andere Baugruppe.

a) *Welche Beanspruchung und welcher Lastfall liegen zwischen Innenring der Wälzlager und den Wälzkörpern vor?*

b) *Welche Beanspruchung und welcher Lastfall lassen sich an der Motorwelle feststellen?*

c) *Es sind die maximalen Biege-, Torsions-, Vergleichs- und zulässigen Spannungen zu berechnen, wobei die Beanspruchung der Welle nach Bild 3.90b idealisiert wird.*

$M_d = F_t r = 150\,\text{N} \cdot \text{mm}$; $F = F_V + F_t = 5\,\text{N}$; $G = 5\,\text{N}$; $a = 30\,\text{mm}$; $b = c = 40\,\text{mm}$; $b + c = l$; $d = 4\,\text{mm}$; St 44; $S_D = 3$.

Lösung

a) Wegen der Punktberührung zwischen Innenring und Kugeln liegt Hertzsche Pressung vor (Kugel gegen Hohlkugel). Da die Kraft, die auf die Welle wirkt (Vorspannkraft und Umfangskraft), immer in die gleiche Richtung zeigt, der Innenring sich aber mit der Welle dreht, schwankt die Belastung für einen Punkt auf dem Innenring zwischen Null und dem Maximalwert (Lastfall *II*, schwellend).

b) Es liegt eine zusammengesetzte Beanspruchung aus Biegung (Vorspannkraft F_v, Umfangskraft F_t und Gewichtskraft G) und Torsion (Drehmoment M_d) an der Motorwelle vor. Die Torsionsbeanspruchung ist zeitlich konstant (Lastfall *I*), während die Biegebeanspruchung wegen der Drehung der Welle wechselt (Lastfall *III*). Treten an der Abtriebsseite Lastschwankungen auf, liegt für die Torsionsbeanspruchung näherungsweise Lastfall *II* vor.

c) Zunächst erfolgt die Berechnung der Auflagerreaktionen:

$$\overset{\frown}{A}: Fa - Gb + F_B l = 0; \qquad F_B = (Gb - Fa)/l = 0{,}625\,\text{N};$$
$$\uparrow: F_A + F_B - F - G = 0; \qquad F_A = F + G - F_B = 9{,}375\,\text{N}.$$

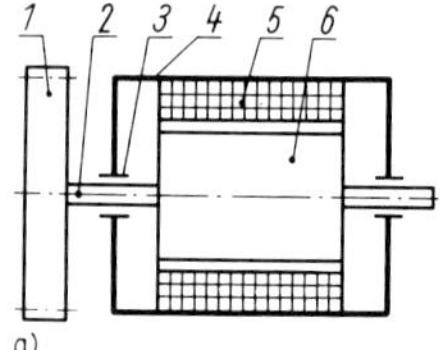

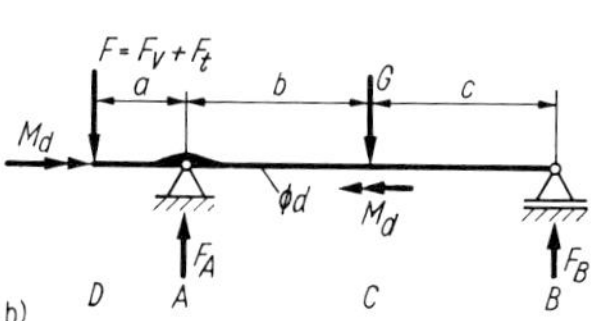

Bild 3.90. Lagerung der Welle eines Elektromotors

a) Motoraufbau; b) idealisierte Beanspruchung

1 Zahnriemenscheibe; *2* Welle; *3* Lagerstelle; *4* Gehäuse; *5* Statorwicklung; *6* Anker

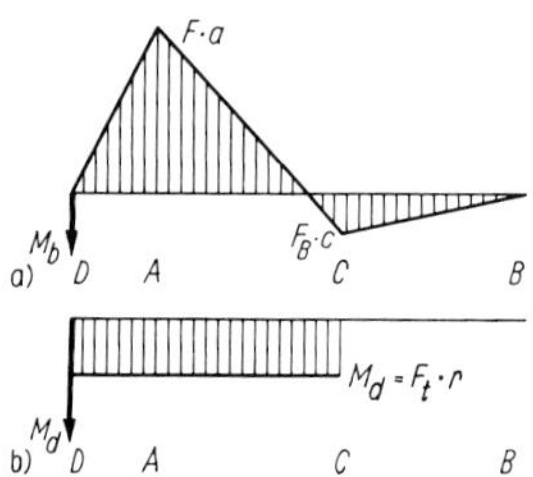

Bild 3.91. Biege- und Torsionsmomentenverlauf der Motorwelle nach Bild 3.90

a) Biegemoment; b) Torsionsmoment

Hieraus läßt sich der Biegemomentenverlauf ermitteln **(Bild 3.91)**. Das größte Biegemoment tritt bei A mit $|M_{bA}| = M_{b\max} = Fa = 150\,\text{N} \cdot \text{mm}$ auf. Am Punkt C erreicht es $M_{bC} = F_B c = 25\,\text{N} \cdot \text{mm}$. Damit ergibt sich die maximale Biegespannung (vgl. Tafeln 3.28 und 3.31) zu

$$\sigma_{b\max} = M_{b\max}/W_b = 32Fa/(\pi d^3) = 23{,}87\,\text{N/mm}^2$$
$$(\sigma_{bC} = M_{bC}/W_b = 3{,}98\,\text{N/mm}^2).$$

Das Torsionsmoment weist bei Vernachlässigung von Lagerreibung zwischen C und D einen konstanten Verlauf mit $M_d = 150\,\text{N} \cdot \text{mm}$ auf. Die Torsionsspannung beträgt

$$\tau_t = \tau_{t\max} = M_d/W_t = 16M_d/(\pi d^3) = 11{,}94\,\text{N/mm}^2.$$

Zur Ermittlung der Vergleichs- und zulässigen Spannungen bei zusammengesetzter Beanspruchung mit unterschiedlichen Lastfällen ist es in der Feinmechanik wegen des hohen Sicherheitsfaktors oft ausreichend, die unterschiedlichen zeitlichen Abhängigkeiten der Normal- und Schubspannungen über das Anstrengungsverhältnis α_0 zu berücksichtigen. Bei wechselnder Biegung (Lastfall *III*) und konstanter Torsion (Lastfall *I*) folgt als Richtwert $\alpha_0 = 0{,}5$. Damit ergibt sich die Vergleichsspannung σ_{vG} zu $\sigma_{vG} = \sqrt{\sigma_b^2 + 3\,(0{,}5\tau_t)^2}$.
Zu berechnen ist sie für Stellen mit höchster Beanspruchung sowie für Kerbstellen (hier Punkte A, C, D). Es folgt:

$$\text{Stelle } A\text{: } \sigma_{vG} = \sqrt{23{,}87^2 + 3\,(0{,}5 \cdot 11{,}94)^2}\,\text{N/mm}^2 = 26{,}0\,\text{N/mm}^2$$
$$\text{Stelle } C\text{: } \sigma_{vG} = \sqrt{3{,}98^2 + 3\,(0{,}5 \cdot 11{,}94)^2}\,\text{N/mm}^2 = 11{,}1\,\text{N/mm}^2$$
$$\text{Stelle } D\text{: } \sigma_{vG} = \sqrt{0^2 + 3\,(0{,}5 \cdot 11{,}94)^2}\,\text{N/mm}^2 = 10{,}3\,\text{N/mm}^2.$$

Zur Bestimmung der zulässigen Spannungen an diesen Stellen sind Angaben zur Kerbwirkung erforderlich. Hier sei von einer glatten, nitrierten Welle mit aufgepreßten Teilen (Preßpassung H 8/u 8 für Zahnriemenscheibe, Innenringe und Anker) ausgegangen. Da unter diesen Voraussetzungen die Kerbwirkungszahl K_σ und der mittlere Einflußfaktor K_K für die Stellen A, C, D gleich groß sind, wird nur die höchstbelastete Stelle A weiter betrachtet. Für Lastfall *III* bei Biegung gilt dann $\sigma_{zul} = \sigma_{bWK}/S_D = K_K\sigma_{bW}/(K_\sigma S_D)$.

Die einzelnen Faktoren betragen:

- mittlerer Einflußfaktor K_K für $d = 4\,\text{mm}$: $K_K = 1$ (Bild 3.85);
- Biegewechselfestigkeit von St 44: $\sigma_{bW} = 200\,\text{N/mm}^2$ (Tafel 3.38);
- Kerbwirkungszahl für Preßpassung H 8/u 8: $K_\sigma = 1{,}82$ (Bild 3.86, Ablesen an Kurve *6* bei $R_m = 410\,\text{N/mm}^2$);
- Sicherheitsfaktor $S_D = 3$ (gegeben).

Es folgt $\sigma_{zul} = \dfrac{1 \cdot 200\ \text{N/mm}^2}{1{,}82 \cdot 3} = 36{,}6\ \text{N/mm}^2$.

Da $\sigma_{vorh} = \sigma_{vG} = 26\ \text{N/mm}^2 < \sigma_{zul}$ an der Stelle der höchsten Belastung gilt, ist die Welle bezüglich der Festigkeit ausreichend dimensioniert.

Literatur zu den Abschnitten 3.3. bis 3.5.

Bücher, Dissertationen

[3.5.1] *Göldner, H.; Holzweißig, F.:* Leitfaden der Technischen Mechanik. 11. Aufl. Leipzig: Fachbuchverlag 1989 und Wiesbaden: Verlag Friedrich Vieweg & Sohn 1989.

[3.5.2] *Dresig, H.; Vul'fson, I. I.:* Dynamik der Mechanismen. Berlin, Heidelberg: Springer-Verlag 1989.

[3.5.3] *Zimmermann, K.:* Technische Mechanik – Übungsbuch mit Multimedia-Software. Leipzig: Fachbuchverlag 2000.

[3.5.4] *Holzmann/Meyer; u. a.:* Technische Mechanik, Bd. 1: Statik. 8. Aufl. Stuttgart, Leipzig: Verlag B. G. Teubner 1990.

[3.5.5] *Polzer, G.; Meißner, F.:* Grundlagen zu Reibung und Verschleiß. 2. Aufl. Leipzig: Dt. Verlag für Grundstoffindustrie 1983.

[3.5.6] *Holzweißig, F.; Dresig, H.:* Lehrbuch der Maschinendynamik. 4. Aufl. Leipzig, Köln: Fachbuchverlag 1994.

[3.5.7] *Kabus, K.:* Mechanik und Festigkeitslehre – Aufgaben. 4. Aufl. München, Wien: Carl Hanser Verlag 1993.

[3.5.8] *Kabus, K.:* Mechanik und Festigkeitslehre. 4. Aufl. München, Wien: Carl Hanser Verlag 1992.

[3.5.9] *Hauger, W.; Schnell, W.; Gross, D.:* Technische Mechanik. Bd. 3: Kinetik. 6. Aufl. Berlin, Heidelberg: Springer-Verlag 1999.

[3.5.10] Autorenkollektiv (Hrsg. *J. Volmer*) Getriebetechnik (Lehrbuch). 4. Aufl. Berlin: Verlag Technik 1980.

[3.5.11] *Blumenauer, H.; Pusch, G.:* Technische Bruchmechanik. 3. Aufl. Leipzig, Stuttgart: Dt. Verlag für Grundstoffindustrie 1993.

[3.5.12] *Tauscher, H.:* Dauerfestigkeit von Stahl und Gußeisen. 4. Aufl. Leipzig: Fachbuchverlag 1982.

[3.5.13] *Göldner, H.; Witt, D.:* Technische Mechanik – Lehr- und Übungsbuch. Bd. 1: Statik und Festigkeitslehre. Leipzig: Fachbuchverlag 1993.

[3.5.14] *Winkler, J.:* Festkörperbeanspruchung. 5. Aufl. Leipzig: Fachbuchverlag 1991.

[3.5.15] *Fleischer, G.; Gröger, H.; Thum, H.:* Verschleiß und Zuverlässigkeit. Berlin: Verlag Technik 1980.

[3.5.16] *Göldner, H.:* Übungsaufgaben aus der Technischen Mechanik. 15. Aufl. Leipzig: Fachbuchverlag 1988 und Wiesbaden: Verlag Friedrich Vieweg & Sohn 1988.

[3.5.17] *Holzmann, G.; Meyer, H.; Schumpich, G.:* Technische Mechanik. Bd. 3: Festigkeitslehre. 7. Aufl. Stuttgart, Leipzig: Verlag B. G. Teubner 1990.

[3.5.18] *Kragelski, I. V.; Dobyčin, M. N.; Kombalov, V. S.:* Grundlagen der Berechnung von Reibung und Verschleiß. Berlin: Verlag Technik 1982 und München: Carl Hanser Verlag 1983.

[3.5.19] *Szabo, J.:* Einführung in die Technische Mechanik. 8. Aufl. Berlin, Heidelberg: Springer-Verlag 1984.

[3.5.20] *Roloff, H.; Matek, W.:* Maschinenelemente. Normung, Berechnung, Gestaltung. 13. Aufl. Braunschweig: Verlag Friedrich Vieweg & Sohn 1995.

[3.5.21] *Neuber, H.:* Kerbspannungslehre. Theorie der Spannungskonzentration. Genaue Berechnung der Festigkeit. 3. Aufl. Berlin, Heidelberg: Springer-Verlag 1985.

[3.5.22] *Hahn, H.-G.; u. a.:* Aufgaben zur Technischen Mechanik. Leipzig: Fachbuchverlag 1994.

[3.5.23] *Hardtke, H.-J.; Heimann, B.; Sollmann, H.:* Technische Mechanik, Bd. 2: Kinematik/Kinetik, Systemdynamik, Mechatronik. Leipzig: Fachbuchverlag 1997.

[3.5.24] *Feiertag, R.:* Die Formsteifigkeit von dünnwandigen Bauelementen der Feinwerktechnik. Diss. TH Karlsruhe 1967.

[3.5.25] *Radaj, D.:* Ermüdungsfestigkeit. Berlin: Springer-Verlag 1995.

[3.5.26] *Fröhlich, P. (Hrsg.):* Berechnungsbibliothek Maschinenbau. Braunschweig/Wiesbaden: Verlag Friedrich Vieweg & Sohn 1998.

Aufsätze

[3.5.30] *Fleischer, G.; Wamser, H.:* Terminologie „Reibung und Verschleiß“. Schmierungstechnik 3 (1972); Fortsetzungsreihe Hefte 7 bis 12.

[3.5.31] *Kloos, K.-H.:* Übertragbarkeit von Werkstoffprüfwerten auf Bauteile und ihre Beziehung zur Bauteilhaltbarkeit. VDI-Berichte Nr. 410. Düsseldorf: VDI-Verlag 1981.

[3.5.32] *Kloos, K.-H.; Fuchsbauer, B.; Maging, S.; Zankov, D.:* Übertragbarkeit von Probestab-Schwingfestigkeitseigenschaften auf Bauteile. VDI-Berichte Nr. 354. Düsseldorf: VDI-Verlag 1979.

[3.5.33] *Razim, C.:* Über den Stand, die künftigen Möglichkeiten und die Grenzen der Übertragbarkeit des an Proben ermittelten Werkstoffverhaltens auf Bauteile. VDI-Berichte Nr. 354. Düsseldorf: VDI-Verlag 1979.

[3.5.34] *Troos, A.; Akni, O.; Klubberg, F.:* Treffsicherheit neuerer Festigkeitshypothesen für die mehrachsige Schwingbeanspruchung metallischer Werkstoffe. Materialwissenschaften & Werkstofftechnik 22 (1991) 1, S. 15.

[3.5.35] *Stergion, C.:* Verfahren zur automatischen Durchführung von Festigkeitsberechnungen während des rechnerunterstützten Konstruktionsprozesses. Konstruktion 47 (1995) 3, S. 87.

[3.5.36] *Puck, A.:* Festigkeitsnachweis von FKV-Bauteilen. Kunststoffe 86 (1996) 6, S. 828.

[3.5.37] *Nakonieczny, A.:* Dauerfestigkeitsberechnung für Bauteile mit Randschichtverfestigung. Dresden: IfL-Mitteilungen 29 (1990) 5, S. 131.

[3.5.38] *Kritzner, B.:* Ergebnisse von Betriebsfestigkeitsversuchen mit veränderlicher Mittelspannung. Maschinenbau 39 (1990) 12, S. 539.

3.6. Konstruktionswerkstoffe

Für die Feinmechanik liegt ein umfangreiches Angebot an Werkstoffen vor. Neben Festigkeit und Kosten spielen dabei Forderungen an spezielle Werkstoffeigenschaften (wie z. B. Elastizität, magnetische und elektrische Leitfähigkeit, Korrosions- und Verschleißverhalten usw.) eine wesentliche Rolle. Bei der Auswahl ist immer die Einheit von Konstruktion, Technologie und Werkstoff zu beachten, wobei man zunächst die Anforderungen hinsichtlich Funktion, Festigkeit und Lebensdauer analysiert. Danach sind die Möglichkeiten der Formgebung und Fertigung sowie die Kosten zu untersuchen. In zunehmendem Maße spielt auch die Verfügbarkeit eine Rolle.

Zur Erleichterung der Auswahl liegen Normen vor. Sie beinhalten neben der Werkstoffbezeichnung Angaben über Zusammensetzung und Eigenschaften sowie Abmessungen und Toleranzen. Zur Vereinfachung der Handhabung erfolgt für bestimmte Werkstoffkomplexe eine Zusammenfassung der Normen in DIN-Taschenbüchern (z. B. DIN-Taschenbücher „Stahl und Eisen“) [3.6.30] bis [3.6.38].

Im Abschnitt 3.6.1. wird auf die bei der Werkstoffauswahl zu beachtenden Zusammenhänge näher eingegangen. Die Abschnitte 3.6.2. und 3.6.3. geben eine allgemeine Charakterisierung der Werkstoff-Hauptgruppen und enthalten in den Tafeln 3.36 bis 3.44 Kennwerte, Eigenschaften und detaillierte Anwendungsrichtlinien. In Abschnitt 3.6.4. und den Tafeln 3.45 und 3.46 sind zusätzliche Angaben zu Halbzeugen und Normteilen enthalten.

Zeichen, Benennungen und Einheiten s. Abschnitt 3.5.

3.6.1. Kriterien für die Werkstoffauswahl [1.3] [1.15] [3.6.2] [3.6.4] [3.6.5]

Der Werkstoff, aus dem ein Erzeugnis hergestellt wird, beeinflußt in der Regel entscheidend dessen Eigenschaften und Kosten.

Vom Werkstoff her ergeben sich vielfältige Rückwirkungen:

- auf das zu wählende Konstruktionsprinzip und den grundsätzlichen Aufbau des Erzeugnisses
- auf Fertigungs-, Verbindungs- und Montageverfahren
- auf die Beständigkeit gegenüber physikalischen, chemischen und sonstigen Beanspruchungen
- auf das Verhalten gegenüber mechanischen, akustischen und elektromagnetischen Schwingungen
- auf die Nutzungsdauer des Erzeugnisses
- auf die Erzeugnismasse
- auf die Kosten für Herstellung, Transport, Nutzung, Wartung und Instandhaltung des Erzeugnisses.

Es muß das Ziel der konstruktiven Entwicklung und der damit eng verbundenen Werkstoffauswahl sein, alle an ein Erzeugnis gestellten funktionellen, sicherheitstechnischen und ästhetischen Forderungen mit einem möglichst geringen Gesamtaufwand an Werkstoffen und Kosten zu erfüllen und dem Erzeugnis während seiner Lebensdauer einen hohen Gebrauchswert zu garantieren.

Bei der Entwicklung von Erzeugnissen, deren Anforderungen an den Werkstoff leicht überschaubar sind, sowie bei Routinekonstruktionen wird der Auswahlvorgang von erfahrenen Konstrukteuren meist im Rahmen ihrer konstruktiven Tätigkeit mit erledigt. Dagegen muß der Werkstoffauswahl bei größeren Objekten, komplizierten Beanspruchungsbedingungen oder bei Erzeugnissen, die in großen Stückzahlen zu fertigen sind, verstärkte Aufmerksamkeit geschenkt werden.

Der Prozeß der Werkstoffauswahl kann als ein Optimierungsproblem betrachtet werden, das in mehreren Schritten zu lösen ist:

Festlegen des Forderungsprogramms. Auf der Grundlage einer Analyse des zu entwickelnden Erzeugnisses sind alle Anforderungen an den Werkstoff zusammenzutragen, die sich aus den funktionsbedingten Beanspruchungen, den potentiellen Fertigungsverfahren und den materialökonomischen Erfordernissen ableiten lassen. Das daraus resultierende Anforderungsprofil ist durch ausgewählte Werkstoffkenngrößen darzustellen, die das Werkstoffverhalten bei den gegebenen Beanspruchungen optimal charakterisieren.

Vorauswahl des Werkstoffes. Gestützt auf das Forderungsprogramm, sind *die* Werkstoffe oder Werkstoffgruppen auszuwählen, deren Eigenschaften dem Anforderungsprofil in den wichtigsten technischen Kennwerten gerecht werden.

Detaillierte Werkstoffauswahl. Aus den bei der Vorauswahl ermittelten Werkstoffen sind schließlich jene auszuwählen, die neben den ohnehin einzuhaltenden Grundforderungen auch möglichst viele Nebenfunktionen erfüllen, technologischen Forderungen gerecht werden und die Einhaltung materialökonomischer Notwendigkeiten gewährleisten.

Je nach Einsatzfall sind die Forderungen an die mechanischen Eigenschaften, an bestimmte elektrische und magnetische sowie auch an solche komplexen Eigenschaften, wie das Verschleißverhalten oder das Korrosionsverhalten, zu verbinden mit Forderungen an technologische Eigenschaften, wie Zerspanbarkeit, Schweißeignung und Wärmebehandelbarkeit, die in Verbindung mit den Material- und Fertigungskosten zu einer Entscheidung bei der Werkstoffauswahl führen.

Im allgemeinen kann man sich bei der Werkstoffwahl auf Erfahrungen stützen, gemäß denen man z. B. für kleine Massenteile vorteilhaft Automatenstähle, Spritzgußlegierungen und Kunststoffe einsetzt. Für einfache Achsen und Wellen wählt man vorzugsweise C-Stahl S235JR bis E335 (bisher St37 bis St60). Bei Bauteilen mit höherer Beanspruchung sind in der Feinmechanik vorwiegend Vergütungsstähle (möglichst Edelstahlgüte) zu verwenden. Jedoch sind hierbei eine hohe Oberflächenqualität und geeignete Form der Teile erforderlich, um ihre Wechselfestigkeitseigenschaften optimal ausnutzen zu können. Bei hohem Gleitreibungsverschleiß bewähren sich Nitrierstähle (u. a. 31 CrMoV9). Sie erreichen nach dem Nitrieren z. T. eine höhere Oberflächenhärte als aufgekohlte oder gehärtete Stähle.

Stifte und Paßfedern werden meist aus E335 gefertigt, Teile mit hoher Hertzscher Pressung dagegen aus gehärtetem Stahl und stark wärmebeanspruchte Teile aus warmfestem oder zunderbeständigem Stahl, aus Gußeisen bzw. Stahlguß und in Sonderfällen aus Keramik. Für Werkzeuge und Meßwerkzeuge stehen gehärtete Werkzeugstähle zur Verfügung, für Schneiden darüber hinaus Hartmetalle. Gehäuse und komplizierte Grundplatten fertigt man in der Serien- und Massenfertigung aus Druckgußlegierungen oder Kunststoffen, bei kleineren Stückzahlen dagegen oft in geschweißter Ausführung aus Stahlblech. Für stark gleitbeanspruchte Bauteile werden bei Stahl als Gegengleitstoffe Messing, Bronze, Weißmetall, Gußeisen, Kunststoffe oder Verbundwerkstoffe mit Gleitschichten bevorzugt.

Dabei sind zusätzliche Maßnahmen zur Verschleißminderung zu berücksichtigen (Minimierung der Verschleißkräfte z. B. durch günstige Wahl der Flächenpressung, Vermeidung von Gleitreibung, ausreichende Schmierung, Einhaltung von Grenztemperaturen, Verringerung der Verschleißfolgen durch Beschränkung derselben auf leicht auswechselbare Teile oder durch Nachstellbarkeit usw.). In erster Näherung wächst die Verschleißfestigkeit proportional dem Quotienten Härte/E-Modul [1.15]. Spezielle Gleitwerkstoffe z. B. für Lager berücksichtigen diesen Zusammenhang.

Für Konstruktionselemente, die besonderen funktionellen Ansprüchen genügen müssen, stehen darüber hinaus Werkstoffe mit speziellen Eigenschaften zur Verfügung, so z. B. für Federn, für Lager und für Zahnräder, aber auch für Leichtbaukonstruktionen. Diese Werkstoffe sind in den jeweiligen Abschnitten mit behandelt (s. Tafel 3.47).

- Neue Bezeichnungen für Stähle und Gußeisen s. Tafeln 3.38 und 3.39.

Außerdem müssen beim Einsatz unter besonderen Bedingungen, wie z. B. in der Hochvakuum- oder Cleanroom-Technik neben für die Feinwerktechnik üblichen Gesichtspunkten weitere Werkstoffparameter beachtet werden. In der Hochvakuumtechnik z. B. gehört dazu insbesondere der Sättigungsdampfdruck. Er bestimmt das mit dem gewählten Werkstoff erreichbare Grenzvakuum und verbietet deshalb u. a. die Anwendung einer ganzen Reihe von Legierungen sowie von Möglichkeiten der galvanischen Oberflächenveredlung, da die Komponenten mit dem höchsten Dampfdruck über die Eignung entscheiden. Aber auch die Gasabgabe (Gasdurchlässigkeit, Diffusion und Gasströmung aus dem Werkstoffinnern sowie die Desorption von der Werkstoffoberfläche) stellt in diesem Gebiet der Technik ein entscheidendes Kriterium dar und gestaltet z. B. auch die Anforderungen an das Fügen durch Schweißen, Löten oder Kleben sowie durch Verschrauben (vgl. Abschnitt 4.) wesentlich diffiziler. Ausführliche Darstellungen s. [3.6.14].

3.6.2. Metallische Werkstoffe

Die metallischen Werkstoffe nehmen als Konstruktionswerkstoffe wegen ihrer guten Form- und Bearbeitbarkeit und ihrer vielfältigen Eigenschaftskombinationen eine dominierende Stellung ein. Neben einem großen Festigkeitsbereich weisen sie besondere physikalische und chemische Eigenschaften auf, die einen beanspruchungsgerechten und wirtschaftlichen Werkstoffeinsatz ermöglichen.

3.6.2.1. Eisenwerkstoffe [1.3] [3.6.1] [3.6.4] [3.6.5] [3.6.10] [3.6.11] [3.6.16] [3.6.30]

Die überragende Bedeutung der Eisenwerkstoffe beruht auf der Häufigkeit des Vorkommens, auf einem vergleichsweise niedrigen Energieverbrauch bei der Herstellung und vor allem auf der Wandelbarkeit ihrer Eigenschaften. Diese können durch Legierungsbildung und Wärmebehandlung in so weiten Grenzen verändert werden, wie es bei keinem anderen Werkstoff möglich ist. Hinzu kommt, daß bei den Eisenwerkstoffen nahezu alle Verfahren der Formgebung und Verarbeitung angewandt werden können. Ständiges und wichtigstes Begleitelement der Eisenwerkstoffe ist der Kohlenstoff. Nach dessen Gehalt erfolgt eine Unterteilung in Stähle und Gußeisen.

Stähle sind alle Werkstoffe, deren Massenanteil an Eisen höher als der jedes anderen Elementes und deren Kohlenstoffgehalt i. allg. kleiner als 2% ist. Bei den technisch verwendeten Stählen liegt die obere Grenze des C-Gehaltes bei 1,5%, bei einigen Chrom-Stählen aber bei mehr als 2%. Die Härtbarkeit von Stahl ist bei einem C-Gehalt ab etwa 0,3% gegeben, mit zunehmendem C-Gehalt steigt die Härte. Stähle können unlegiert oder legiert sein. Wichtige Legierungselemente sind z. B. Mn, Cr, Ni, Mo, V u. a. Sie verbessern die Härtbarkeit oder werden zur Einstellung geforderter Verarbeitungs- und/oder Gebrauchseigenschaften wie Zerspanbarkeit, Eignung für hohe oder tiefe Temperaturen, Korrosionsbeständigkeit, Verschleißfestigkeit oder gutes Gleitvermögen zugegeben.

Eine Übersicht über die wichtigsten Stahlgruppen und ihre Wärmebehandlung enthält **Tafel 3.36**. Im **Bild 3.92** sind außerdem die Beziehungen zwischen den verschiedenen Härtewerten und der Zugfestigkeit R_m für unlegierte C-Stähle dargestellt.

• **Beachte:** DIN-Normen für Werkstoffe wurden z. T. durch europäische DIN EN-Normen ersetzt, s. dazu Tafel 3.38, 3.39 und 3.48 sowie Hinweis auf Seite 168.

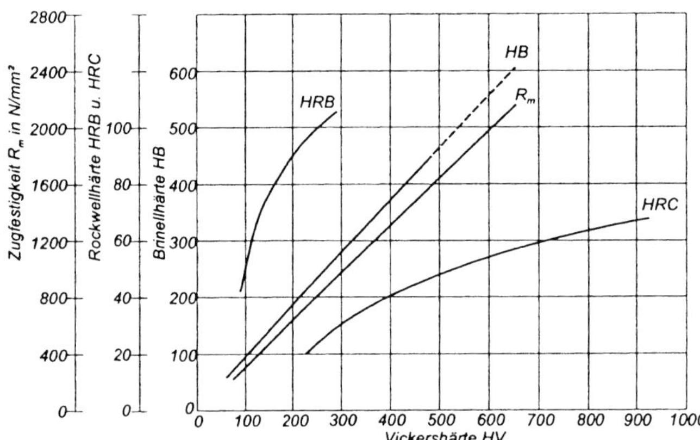

Bild 3.92. Beziehungen zwischen Härtewerten und R_m für C-Stahl
Richtwerte:
für C-Stahl und C-Stahlguß, geglüht (R_m = 300 ... 1000 N/mm²): $R_m \approx 3{,}6 \cdot$ HB N/mm²;
für Cr-Ni-Stahl, geglüht (R_m = 650 ... 1000 N/mm²): $R_m \approx 3{,}4 \cdot$ HB N/mm²;
für Gußeisen (Grauguß): $R_m \approx 1{,}0 \cdot$ HB N/mm²

Tafel 3.36. Wichtige Stahlgruppen [3.6.4] [3.6.11]

Allgemeine Baustähle sind unlegierte Stähle mit einem C-Gehalt bis zu 0,5%. Sie werden durch ihre Streckgrenze bei Raumtemperatur für die kleinste Abmessung (s. Tafel 3.38) sowie die Gütegruppe (Kerbschlagarbeit bei bestimmten Temperaturen) gekennzeichnet. Sie sind nicht für eine Wärmebehandlung außer Spannungsarm- und Normalglühen vorgesehen. Schweißgeeignet sind die Stahlsorten S235, S275 und S355. Die Schweißeignung verbessert sich von der Gütegruppe JR bis K2. Für die Stähle S185, E295, E335 und E360 ist die Schweißeignung i. allg. nicht gegeben. Die Korrosionsbeständigkeit ist gering, wodurch auch bei Anwendung unter normalen atmosphärischen Bedingungen ein Oberflächenschutz erforderlich ist. Die allgemeinen Baustähle (DIN EN 10025) finden als Stab-, Profil-, Breitflach- und Bandstahl, Stahldraht, Fein- und Grobblech sowie als Vormaterial Anwendung.

Einsatzstähle sind unlegierte oder legierte Stähle mit verhältnismäßig niedrigem C-Gehalt, die zum Aufkohlen oder Carbonitrieren mit anschließendem Härten und Anlassen bei 150 bis 200 °C (Einsatzhärten) vorgesehen sind. Dabei entsteht eine harte und verschleißfeste Randschicht, während der Kern relativ weich und zäh bleibt. Die Dauerschwingfestigkeit wird durch das Einsatzhärten erhöht. Anwendungsgebiete sind für C10E, C10R, C15R und den legierten Stahl 17Cr3 Hebel, Bolzen und andere Kleinteile geringer Kernfestigkeit, für den Stahl 17Cr3 außerdem Messwerkzeuge und Kolbenbolzen sowie für die am meisten verwendeten Stähle 16MnCr5, 20MnCr5 und 20MoCr4 Zahnräder, Wellen, Bolzen und andere Bauteile für Maschinen und Fahrzeuge (DIN EN 10084).

Vergütungsstähle weisen nach dem Vergüten (Härten und Anlassen bei Temperaturen von 450 bis 680 °C) bei gegebener hoher Zugfestigkeit eine gute Zähigkeit auf. Die unlegierten oder niedriglegierten Stähle mit C-Gehalten von 0,2 bis 0,6% finden vor allem für stoß- und wechselbeanspruchte Teile sowie als höchstfeste Stähle Anwendung; z. B. C22, C22E bis C60, C60E; 28Mn6, 46Cr2, 34CrMo4, 51CrV4, 36NiCrMo16 (DIN EN 10083).

Tafel 3.36. Fortsetzung

Automatenstähle haben aufgrund des erhöhten Schwefel- (mind. 0,1%) und Phosphorgehaltes sowie z. T. eines Bleizusatzes sehr gute Zerspanungseigenschaften und werden deshalb für Teile, die in großen Stückzahlen spanend zu fertigen sind, verwendet. Entsprechend dem C-Gehalt lassen sie sich einsatzhärten (z. B. 10S20, 10SPb20) oder vergüten (z. B. 35S20, 44SMnPb28), einige Stähle sind nicht für eine Wärmebehandlung bestimmt (z. B. 11SMn30, 11SMnPb37). Die Festigkeitseigenschaften in Querrichtung sind i. allg. schlechter als bei vergleichbaren Stählen ohne erhöhte S- und P-Gehalte (DIN EN 10087, DIN EN 10277-3).

Werkzeugstähle sind gut härtbare Stähle zum Herstellen von Werkzeugen für spanlose und spanende Formgebung. Je nach Verwendung müssen sie zusätzlich eine hohe Schneidhaltigkeit und Warmhärte aufweisen (DIN EN ISO 4957).
Unlegierte Werkzeugstähle haben C-Gehalte von 0,45 bis 1,25%; z. B. C70U, C125U.
Legierte Kaltarbeitsstähle mit 0,15 (werden aufgekohlt) bis 2,20% C enthalten zum Erreichen einer hohen Härte Legierungselemente wie Cr, Mn, Mo, V und W. Sie werden zur spanlosen oder spanenden Formgebung und zum Trennen bei Arbeitstemperaturen bis 200 °C eingesetzt; z. B. 90MnCrV8, X210CrW12.
Warmarbeitsstähle mit Elementen wie Cr, V, Mo, W und Ni legiert und 0,30 bis 0,6% C dienen zur Herstellung von Werkzeugen für das Ur- und Umformen metallischer und keramischer Werkstoffe sowie von Gläsern bei Arbeitstemperaturen über 200 °C; z. B. 55NiCrMoV7, X30WCrV9-3.
Schnellarbeitsstähle sind hoch legiert mit Elementen wie W, Mo, V und Co sowie mit etwa 4% Cr. Die C-Gehalte liegen zwischen 0,73 bis 1,40%. Sie werden für Werkzeuge zum Zerspanen und Umformen eingesetzt; z. B. HS6-6-2.

Korrosionsbeständige Stähle sind hochlegierte Stähle mit einem Cr-Gehalt von mindestens 12%. Je nach korrosiver Beanspruchung enthalten sie außerdem Ni sowie Mo, Ti, Cu, Si und Al. In Abhängigkeit von den Legierungselementen weisen sie ferritische, austenitische, ferritisch-austenitische und martensitische (nach Härten) Gefüge auf; z. B. X20Cr13, X5CrNiMo17-12-2 (DIN EN 10088, DIN 17440).

Hitze- und zunderbeständige Stähle weisen bei Temperaturen oberhalb 550 °C ausgezeichnete Beständigkeit gegen die Einwirkung heißer Gase und Verbrennungsprodukte sowie Salz- und Metallschmelzen und gute mechanische Eigenschaften bei Kurz- und Langzeitbeanspruchung auf. Sie sind mit Cr (7 bis 25%), Si und Al (ferritische Stähle) sowie mit Ni (bis 37%) (austenitische, austenitisch-ferritische Stähle) und weiteren Elementen legiert (DIN EN 10095).

Federstähle haben eine hohe Elastizitätsgrenze, die durch Umformung und/oder Wärmebehandlung unlegierter oder legierter Stähle erreicht wird. Typische Legierungselemente sind Si, Mn, Cr und V. Bei korrosiver Beanspruchung werden vergütbare Cr-Stähle oder durch Kaltumformung verfestigte austenitische Stähle eingesetzt; z. B. C55E, 54SiCr6, X12CrNi17-7 (DIN EN 10089, 10132, 10151, 10270).

Als **Gußeisen** werden Eisen-Kohlenstofflegierungen, in denen nach dem Vergießen das Eutektikum des Eisens mit Zementit (Ledeburit) oder Graphit auftritt, bezeichnet. Nach dem Bruchaussehen unterscheidet man zwischen weißem und grauem (graphithaltigem) Gußeisen.
Weißes Gußeisen ist sehr hart und wird entweder als Hartguß (GJH) oder nach einer Glühbehandlung als Temperguß (GJMB, GJMW) verwendet. Beim Grauen Gußeisen liegt der Graphit lamellar (GG, GJL), wurmförmig (GJV) oder kugelig (GGG, GJS) vor. Gußeisen findet u. a. wegen der guten Gießbarkeit, des z. T. hohen Dämpfungsvermögens (GG) und der guten Korrosionsbeständigkeit für größere Gestelle, Chassis und Gehäuseteile Anwendung. GGG hat gegenüber GG eine höhere Festigkeit und Elastizität, aber geringeres Dämpfungsvermögen.
Nahezu alle unlegierten oder legierten Stähle können als **Stahlguß** hergestellt werden, wenn die Festigkeit und Zähigkeit des Stahles gefordert wird und die Bauteile kompliziert gestaltet sind.

3.6.2.2. Nichteisenmetall-Werkstoffe
[1.3] [3.6.4] bis [3.6.10] [3.6.18] [3.6.31] [3.6.32] [3.6.40] bis [3.6.44]

Kupfer und Kupferlegierungen (Messing, Bronze, Neusilber u. a.) zeichnen sich neben guter elektrischer und thermischer Leitfähigkeit je nach Legierungszusammensetzung durch hervorragende Gleiteigenschaften, gutes Federungsverhalten und hohe Korrosionsbeständigkeit aus. Sie sind nicht ferromagnetisch, lassen sich gut bearbeiten und in fast allen Fällen durch Löten verbinden. Reines Kupfer ist sehr widerstandsfähig gegen Luftsauerstoff (Patinabildung), Seewasser und Gase sowie gegen die meisten Säuren, Basen und Salze, jedoch nicht gegen Salpetersäure, Ammoniak und Schwefel. Mit Fruchtsäuren bildet es Grünspan (giftig!).

In der Feinwerktechnik werden Kupfer und Cu-Legierungen hauptsächlich als Leiterwerkstoffe, für Gleitlager sowie als stromführende Blattfedern in Relais und anderen Schaltgeräten eingesetzt.

Zu den **Leichtmetallen** gehören Aluminium, Magnesium und Titan. Die weiteste Verbreitung als Konstruktionswerkstoff haben die Aluminiumlegierungen. Bei niedriger Dichte weisen sie mittlere bis höhere Festigkeiten, hohe thermische und elektrische Leitfähigkeit sowie eine gute Umformbarkeit bzw. gute Gießbarkeit auf. Aufgrund der sich auf Aluminium spontan bildenden Oxidschicht ist die Korrosionsbeständigkeit sehr gut. Weniger beständig ist Aluminium in Alkalien und starken Säuren. Durch Legierungselemente wird die Beständigkeit etwas herabgesetzt. An Kontaktstellen mit anderen (edleren) Metallen besteht die Gefahr der elektrolytischen Korrosion. Löt- und schweißbar sind die Al-Werkstoffe nur unter Anwendung besonderer Maßnahmen (vgl. Abschnitte 4.2.1. und 4.2.2.).

Magnesiumlegierungen finden als Leichtbauwerkstoffe vor allem im Automobilbau zunehmend Anwendung. Titan und Titanlegierungen weisen neben einer ausgezeichneten Korrosionsbeständigkeit eine hohe spezifische Festigkeit (Verhältnis Festigkeit/Dichte) auf. Ti-Werkstoffe werden deshalb in der Luft- und Raumfahrt sowie in der chemischen Industrie eingesetzt. Einer umfangreicheren Anwendung in anderen Bereichen steht vor allem der hohe Preis entgegen.

Edelmetalle besitzen eine hohe Resistenz gegen chemische Einflüsse bei gleichzeitiger guter thermischer und elektrischer Leitfähigkeit. Sie sind aber sehr teuer, so daß sie meist nur als dünne Überzüge bzw. für elektrische Kontakte eingesetzt werden. Ein breites Anwendungsgebiet finden sie in der Mikroelektronik.

Gold (Au) ist das dehnbarste Metall (1 g läßt sich auf eine Länge von etwa 2 km dehnen). Es kann durch Zusätze von Ag, Cu, Ni, Pt oder Pd verfestigt werden, ist oxidationsbeständig und chemischen Einflüssen gegenüber widerstandsfähig. Die Anwendung erfolgt in Form sehr dünner Drähte zur Kontaktierung in der Mikroelektronik, für elektrische Kontakte und in Folienform, u. a. als Blattgold mit etwa 0,1 μm Dicke.

Tafel 3.37. Kennwerte einiger Metalle und Legierungen

Werkstoff	Dichte ϱ g/cm³	Schmelzpunkt °C	Spezifischer elektrischer Widerstand ϱ $\frac{\Omega \cdot mm^2}{m}$	Elektrische Leitfähigkeit γ $\frac{S \cdot m}{mm^2}$	Temperaturkoeffizient des elektrischen Widerstandes α_R 1/K	Spezifische Wärmekapazität c $\frac{kJ}{K \cdot kg}$
Aluminium	2,7	658	0,0282	35,5	0,004	0,892
Blei	11,34	327,3	0,208	4,8	0,0038	0,129
Bronze	7,4 ... 8,9	900	0,0275	36,4	0,004	
Cadmium	8,64	320,9	0,76	13,2		0,234
Chrom	7	1800	0,0263	38		0,506
Eisen	7,86	1536	0,13	7,7	0,0048	0,465
Gußeisen (GGL)*	7,6	1200	0,60 ... 1,6	1,67 ... 0,625	0,0042	
Stahl	7,7	1350	0,12	8,3		
Gold	19,33	1063	0,022	45		0,129
Konstantan	8,8	1270	0,50	2	0,00005	
Kupfer	8,9	1083	0,0175	57	0,00392	0,389
Magnesium	1,74	650	0,0461	21,7	0,0039	1,039
Manganin	8,35	1200	0,42	2,38	0,00001	
Messing	8,2 ... 8,7	910	0,08	12,5	0,0015	0,389
Nickel	8,9	1455	0,07	14,5	0,0044	0,456
Platin	21,45	1773	0,10	10	0,0039	0,134
Quecksilber	13,55	−38,8	0,955	1,05	0,0009	0,138
Silber	10,5	960,5	0,0165	60,5	0,0036	0,234
Titan	4,43	1668	0,55	1,8		0,530
Weichlote		120 ... 200				
Wolfram	19,3	3380	0,0555	18	0,0041	0,138
Zink	7,23	419,4	0,063	15,8	0,0037	0,393
Zinn	7,28	231,8	0,12	8,35	0,0044	0,230

* GGL Grauguß, in DIN bisher mit GG bezeichnet, jetzt EN GJL

Silber (Ag) weist unter den Metallen die höchste elektrische und thermische Leitfähigkeit und nach Gold die höchste Dehnbarkeit auf. Es wird ebenfalls zu feinsten Drähten und Folien verarbeitet, findet aber auch zur Oberflächenversilberung von Litzen, Hohlleitern usw. u. a. in der UHF-Technik Anwendung und läßt sich ähnlich wie Gold gut legieren. Es wird von Schwefelwasserstoff geschwärzt und von Salpetersäure und anderen starken Oxidationsmitteln angegriffen.

Platin (Pt), ein grauweiß glänzendes Metall, ist gut dehn- und härtbar sowie bei höheren Temperaturen schweiß- und schmiedbar. Von Sauerstoff und Säuren wird es nicht angegriffen, nur Königswasser löst es auf. Infolge des gleichen Längen-Temperaturkoeffizienten wie Glas (s. Tafel 3.19) eignet es sich gut für Leitungsdurchführungen durch Glas. Außerdem findet es Anwendung für Elektroden, Kontakte, Thermoelemente, Spinndüsen und chirurgische Instrumente. Iridium und Rhodium steigern die Festigkeit und Härte von Pt.

Sonstige Schwermetalle. Zu ihnen gehören im wesentlichen Blei, Nickel, Zinn und Zink sowie deren Legierungen. Außer Zink weisen sie eine gute Korrosionsbeständigkeit gegenüber den meisten Chemikalien auf und werden hauptsächlich zur Oberflächenbeschichtung, als Lote sowie als Legierungselemente eingesetzt. Nickel und Ni-Legierungen finden weiterhin als korrosionsbeständige und hochwarmfeste Werkstoffe sowie als Heizleiter, für Widerstände und als Werkstoffe mit geringem Ausdehnungskoeffizienten Anwendung. Hinsichtlich des Korrosionsverhaltens sind folgende Besonderheiten zu berücksichtigen: *Blei* ist gegen Luft, Wasser und Schwefel durch Schutzschichtbildung beständig.

Tafel 3.38. Festigkeitskenngrößen von Bau-, Vergütungs- und Einsatzstählen
Richtwerte nach verschiedenen Normen: Zeichen, Benennungen und Einheiten s. Abschnitt 3.5. und **Hinweis auf Seite 168**

Werkstoff	Elastizitätsmodul E	R_m	σ_{bF}	R_e	τ_F	σ_{bW}	σ_{zdW}	τ_{tW}	σ_{bSch}	σ_{zSch}	τ_{tSch}
	10^3 N/mm²	N/mm², mindestens									
Allgemeine Baustähle (s. auch DIN EN 10025; bisher DIN 17100)											
S185 (St33)		310	260	185	130	160	130	90	240	200	130
S235JR (St37-2)	210	360	290	235	140	180	140	100	275	230	140
S275JR (St44-2)		430	320	275	160	200	150	120	310	250	160
E295 (St50-2)		490	370	295	190	240	180	140	360	295	190
E335 (St60-2)	215	590	440	335	220	280	220	160	430	335	220
E360 (St70-2)		690	500	360	250	330	250	190	500	365	250
Einsatzstähle, blindgehärtet (s. auch DIN EN 10084; bisher DIN 17210)											
C15		590	470	340	240	280	220	170	430	340	240
16MnCr5	215	780	770	660	390	390	310	230	600	500	390
20MnCr5		980	930	770	470	460	370	280	730	620	470
18CrNi8		1180	1090	870	550	540	430	320	850	720	550
Vergütungsstähle, vergütet (s. auch DIN EN 10083; bisher DIN 17200)											
C22		540	450	360	230	270	220	160	400	360	230
C35	210	640	530	410	270	320	260	190	480	410	270
C45		740	610	470	310	370	300	220	570	470	310
C60		830	700	560	350	410	330	250	620	530	350
30Mn5		830	710	590	360	420	340	250	630	540	360
40Mn4		880	760	640	380	430	340	260	650	550	380
34Cr4	215	980	880	780	440	490	390	290	730	630	440
42CrMo4		1080	980	880	490	530	420	320	800	670	490
50CrMo4		1180	1080	980	540	570	460	340	860	730	540
58CrV4		1230	1130	1030	570	590	470	350	900	750	570

Mit einer für die Feinmechanik ausreichenden Genauigkeit und Sicherheit kann für metallische Werkstoffe angenommen werden:
$\tau_B \approx 0{,}8 R_m$ für Stahl, Gußeisen und Kupferlegierungen; $\tau_B \approx 0{,}6 R_m$ für Leichtmetalle.

Nickel und *Zinn* verhalten sich ähnlich wie Kupfer. Zinn ist kälteempfindlich (Zinnpest). *Zink* bildet an der Atmosphäre eine mattgraue, dicke Schutzschicht, die jedoch gegenüber schwefel- und chlorhaltigen Industrieabgasen, Säuren und Alkalien aufgelöst wird.

Die **Tafeln 3.37 bis 3.39** enthalten Kennwerte, Eigenschaften sowie Richtlinien für die Anwendung metallischer Konstruktionswerkstoffe, und in **Tafel 3.40** sind ergänzend dazu Korrosionsschutz-Maßnahmen dargestellt.

Tafel 3.39. Eigenschaften und Anwendung metallischer Werkstoffe
a) Eisenwerkstoffe (vgl. auch Tafel 3.36 und **Hinweis auf Seite 168**)

Werkstoff	Zustand	Kohlenstoffgehalt %	Streckgrenze R_e N/mm^2 für kleinste Abm.	Bruchdehnung A % längs/quer	Eigenschaften	Anwendung
Allgemeine Baustähle DIN EN 10025 (bisher DIN 17100)						
S185 (St33)	normalgeglüht		185	18/16	nicht schweißgeeignet	Stahlteile ohne besondere Anforderungen, Bleche für Verkleidungen u. ä.
S235JR (St37-2)	normalgeglüht	≤ 0,17	235	26/24	schweißgeeignet; nicht für Wärmebehandlung bestimmt, nur Normal- und Spannungsarmglühen, kaltumformbar, warmumformbar nur im Lieferzustand normalgeglüht	Bleche, Stabstahl, Profile, Schweißkonstruktionen im Stahl-, Brücken-, Maschinen-, Anlagen- und Fahrzeugbau
S275JR (St44-2)	normalgeglüht	≤ 0,21	275	22/20		
E295 (St50-2)	normalgeglüht		295	20/18	nicht schweißgeeignet; nicht für Wärmebehandlung bestimmt, nur Normal- und Spannungsarmglühen, kaltziehbar, warmumformbar nur im Lieferzustand normalgeglüht	Wellen, Kurbeln, Spindeln, Paßstifte, Keile im allgemeinen Maschinenbau
E335 (St60-2)	normalgeglüht		335	16/14		
E360 (St70-2)	normalgeglüht		360	11/10		
Einsatzstähle DIN 10084 (bisher DIN17210)						
C10E	blindgehärtet	≈0,10	390	13	niedrige Kernfestigkeit, für kleinere Abmessungen	Hebel, Buchsen, Rollen, Spindeln, Zahnräder, Meßwerkzeuge
C15R	blindgehärtet	≈0,15	440	12		
17Cr3	blindgehärtet	≈0,17	520	10		Rollen, Bolzen, Kolbenbolzen, Meßwerkzeuge
20MnCr5	blindgehärtet	≈0,20	735	7	höhere Kernfestigkeit, für größere Abmessungen	Getriebeteile, Gelenkteile, Zahnräder, Wellen, Bolzen
20MoCr4	blindgehärtet	≈0,20	635	9	höhere Kernfestigkeit, für größere Abmessungen, für Direkthärtung geeignet	Getriebeteile, Gelenkteile, Achsen, Wellen, Bolzen, Buchsen
Vergütungsstähle DIN EN 10083 (bisher DIN 17200)						
C60	vergütet	≈0,60	580	11	für hohe Beanspruchung	Wellen, Spindeln, Achsen, Bolzen
34Cr4	vergütet	≈0,35	700	12	zum Kaltstauchen, Kaltfließpressen	Kurbelwellen, Antriebsteile, Achsschenkel, Lenkungsteile
51CrV4	vergütet	≈0,50	900	9	hochverschleißfest	Teile im Automobil- und Getriebebau, wie Zahnräder, Ritzelwellen, Antriebsritzel

Tafel 3.39. Fortsetzung 1

Werkstoff	Zustand	Kohlenstoffgehalt %	Streckgrenze R_e N/mm² für kleinste Abm.	Bruchdehnung A %	Eigenschaften	Anwendung
Automatenstähle DIN EN 10087, DIN EN 10263-5, DIN EN 10277-3 (bisher DIN 1651)						
11SMn30	kaltgezogen	≤0,14	440	6	nicht für Wärmebehandlung bestimmt	Formdrehteile, für Automobilbau, Geräte- und Apparatebau
10S20	kaltgezogen	≈0,10	410	7	einsatzhärtbar	
35S20	kaltgezogen	≈0,35	480	6	vergütbar	Massenteile mittlerer Festigkeit
Stähle für Bleche DIN 1614, DIN 1623-2, DIN EN 10130, DIN EN 10149, DIN EN 10152, DIN EN 10154, DIN EN 10268						
St37-2G	geglüht	≤0,21	215	20	schweißgeeignet	Beschläge, Verkleidungen
St24	geglüht	≤0,08			schweißgeeignet	Weiterverarbeitung durch Kaltwalzen
DC04	kalt nachgewalzt	≤ 0,08	140	38	schweißgeeignet	Feinblech < 3 mm, für metallische oder organische Überzüge geeignet
Werkzeugstähle DIN EN ISO 4957 (bisher DIN 17350)						
			Härte			
C60U	gehärtet	≈0,60	58 HRC		unlegierter Werkzeugstahl, geringe Einhärtungstiefe	Steinhämmer, Holzsägen, Zangen, Schäfte
C105U	gehärtet	≈1,0	65 HRC			Schnitte und Stanzen, Preßstempel
102Cr6	gehärtet	≈1,0	64 HRC		Kaltarbeitsstahl	Bohrer, Fräser, Kaltwalzen, Meßzeuge
90MnCrV8	gehärtet	≈0,9	64 HRC		Kaltarbeitsstahl	Schnitt- und Stanzwerkzeuge, Meßzeuge
115CrV3	gehärtet	≈1,15	64 HRC		Kaltarbeitsstahl	Spiral- und Gewindebohrer, Metallsägen
55NiCrMoV6	gehärtet	≈0,55	930 ... 1420 HV		Einbaufestigkeiten von 830 ... 1370 N/mm²	Gesenke, Backen
X210CrW12	gehärtet	≈2,10	64 HRC		hochlegierter Kaltarbeitsstahl	Schnitt- und Stanzwerkzeuge, Stempel
HS6-5-2-5	gehärtet	≈0,9	64 HRC		Schnellarbeitsstahl, für höchste Beanspruchung	Spiralbohrer, Hochleistungsfräser, Drehstähle
Hitzebeständige Stähle DIN EN 10095 **und hochwarmfeste Stähle** DIN EN 10269 (bisher DIN 17240), DIN EN 10302						
			Zugfestigkeit R_m N/mm²			
X8CrNiTi18-10	lösungsgeglüht	≤ 0,10	500 ... 720 bei Raumtemperatur	40	austenitischer Stahl, schweißgeeignet	Teile für hohe mechanische Beanspruchungen in Öfen
X19CrMoNbVN11-1	vergütet	≈0,20	900 ... 1050 bei Raumtemperatur	12	unter besonderen Vorsichtsmaßnahmen schweißbar	hochwarmfeste Bauteile, Schrauben, Muttern

Tafel 3.39. Fortsetzung 2

Werkstoff	Zustand	Kohlenstoffgehalt %	Zugfestigkeit R_m N/mm²	Bruchdehnung A %	Eigenschaften	Anwendung
Federstähle DIN EN 10089, DIN EN 10132-1, -4, DIN EN 10270-1, -2 und -3, DIN EN 10151 (bisher DIN 17221 bis 17224)						
C100S	vergütet weichgeglüht	≈1,0	1200 ... 2100 690	13	Wickeln: kalt oder warm, keine Randentkohlung zulässig, erreichbare Festigkeit abhängig vom Querschnitt, bei tiefen Temperaturen Bruchgefahr	höchst beanspruchte Zugfedern, Federn in der Uhrenindustrie
54SiCr6	vergütet	≈0,54	1450 ... 1750	6		Federdraht, z. B. für Schraubenfedern
51CrV4	vergütet weichgeglüht	≈0,51	1200 ... 1800 700	13		hochbeanspruchte Spiral-, Drehstab-, Schrauben-, Kegel- und Blattfedern
Korrosionsbeständige Stähle DIN EN 10088, DIN 17440 (bisher teilweise DIN 17440 und 17441)						
X46Cr13	geglüht	≈0,46	≤800		härtbar	Messer, Meßwerkzeuge, Kugellager
X5CrNi18-10	lösungsgeglüht	≤ 0,07	500 ... 700	45	schweißbar, gut polierbar, gut tiefziehbar	Apparate, Geräte für Nahrungsmittel
Eisengußwerkstoffe **Stahlguß** DIN 1681						
GS-38		≤0,22	380	25	gut schweißgeeignet	Gehäuse, Flansche, Zahnräder, Seilscheiben
GS-45		≈0,23	450	22	schweißgeeignet mit Vorwärmen	
Gußeisen mit Lamellengraphit, Grauguß Werte für getrennt gegossene Proben mit 30 mm Rohgußdurchmesser, DIN EN 1561 (bisher DIN 1691)						
EN-GJL-150 (GG-15, GGL-15)		3,40 ... 3,70	150	0,8 ... 0,3	Festigkeit ist wanddickenabhängig, gutes Dämpfungsvermögen, relativ verschleißfest, hitze- und zunderbeständig	Gußteile mit geringen Wanddicken, Guß für allgemeinen Maschinenbau
EN-GJL-200 (GG-20, GGL-20)		3,30 ... 3,60	200	0,8 ... 0,3		Guß für Maschinenbau, Lagerdeckel, Getriebegehäuse
EN-GJL-250 (GG-25, GGL-25)		3,15 ... 3,40	250	0,8 ... 0,3		Werkzeugmaschinenguß, Bremstrommeln, Kurbelgehäuse, Motorblöcke, Kolben
Gußeisen mit Kugelgraphit Werte für maßgebende Wanddicke ≤ 30 mm, DIN EN 1563 (bisher DIN 1693)						
EN-GJS-400-18 (GGG-40)		≈3,4	400	18	schweißbar, vergütbar, härtbar	Getriebegehäuse, Turbinengehäuse, Pressenständer, Querlenker, Räder
EN-GJS-600-3 (GGG-60)		≈3,4	600	3		
Temperguß Werte für 12 mm Probendurchmesser, DIN EN 1562 (bisher DIN 1692)						
EN-GJMW-350-4 (GTW-35-04)		3,1 ... 3,4	350	4	< 4 mm Wanddicke gut schweißbar	gering beanspruchte Bauteile
EN-GJMB-35-10 (GTS-35-10)		2,3 ... 2,7	450	6	gut zerspanbar	Fittings, Gehäuse, Hydraulikteile
Sonderstähle DIN 17405						
RFe160		≤0,03	Härte: 150 HV		gut magnetisierbar, gut schweißbar	Relais, Stromwandler

Tafel 3.39. Fortsetzung 3
b) Nichteisenwerkstoffe

Werkstoff	Zustand	0,2%-Dehngrenze $R_{p0,2}$ N/mm²	Zugfestigkeit R_m N/mm²	Bruchdehnung A %	Eigenschaften	Anwendung
Al und Aluminium-Knetlegierungen Werte für stranggepreßte Stangen (kleinste Abmessung), DIN EN 573, 755 (bisher DIN 1725)						
Al99,5 AW-1050A	H111	20			weich, sehr gut umformbar, schweißgeeignet	Umformteile geringer Festigkeit, Rohre
AlCu4Mg1 AW-2024	T3	310	450	8	aushärtbar, nicht schweißgeeignet, Korrosionsbeständigkeit nicht ausreichend	Flugzeugbau, Maschinen- und Fahrzeugbau, Schrauben
AlMg3 AW-6005A	H111	80	180	17	schweißgeeignet, korrosionsbeständig gegen Seewasser, eloxierbar	Maschinen-, Schiff- und Fahrzeugbau, Möbel, Schrauben
AlMgSi1 AW-6005	T6	225	270	10	aushärtbar, schweißgeeignet, korrosionsbeständig gegen Seewasser	Maschinen-, Schiff- und Fahrzeugbau, Möbel, Bauwesen
Aluminium-Sandguß- und Aluminium-Kokillengußlegierungen Werte für getrennt gegossene Probestäbe, DIN EN 1706 (bisher DIN 1725)						
AlSi10Mg AC-43000	S T6	180	220	1	ausgezeichnet gießbar, warmaushärtbar, gut korrosionsbeständig, sehr gut spanbar, sehr gut schweißbar	verwickelte, dünnwandige Gußstücke, z. B. für Fahrzeugbau
AlSi10Mg AC-43000	K T6	220	260	1		
AlMg5 AC-51300	S F	90	160	3	seewasserbeständig, sehr gut spanbar	Architektur, chemische Industrie
AlSi8Cu3 AC-46200	S F	90	150	1	ausgezeichnet gießbar, warmfest, wenig korrosionsbeständig, sehr gut spanbar, sehr gut schweißbar	vielseitig anwendbar, für verwickelte, dünnwandige Gußstücke, z. B. Gehäuse im Fahrzeugbau
AlSi8Cu3 AC-46200	K F	100	170	1		
Aluminium-Druckgußlegierungen DIN EN 1706 (bisher DIN 1725)						
AlSi10Mg AC-43400	F	140	240	1	s. o., nicht schweißbar	s. o.
AlSi8Cu3 AC-46200	F	140	240	1	s. o., nicht schweißbar	s. o.
AlMg9 AC-51200	F	130	200	1	korrosionsbeständig, gute Oberflächen	optische Industrie, Büromaschinen
Magnesiumlegierungen DIN EN 1753 (bisher DIN 1729-2), DIN 1729-1						
MCMgAl9Zn1	S, K T6 D F	150 140 ... 170	240 200 ... 260	2 1 ... 6	aushärtbar, schweißbar, gute Gleiteigenschaften	Gußstücke mit hoher Gestaltfestigkeit, z. B. Teile im Automobilbau
MgAl3Zn1	F24	155	240	10	schweißbar, verformbar	Bleche, Strangpreßprofile

S – Sandguß, K – Kokillenguß, D – Druckguß

Tafel 3.39. Fortsetzung 4

Werkstoff	Zustand	0,2%-Dehngrenze $R_{p0,2}$ N/mm²	Zugfestigkeit R_m N/mm²	Bruchdehnung A %	Eigenschaften	Anwendung
Kupfer-Knetlegierungen DIN EN 1652, DIN EN 1654, DIN EN 12166, DIN EN 12420, DIN EN 12449, DIN EN 13599 (bisher DIN 17660 bis 17677, 40500)						
Cu-ETP (E-Cu58)	R220	(140)	220	33	hohe elektrische Leitfähigkeit, gut lötbar	Stromleiter
CuZn40	R340	≤ 240	340 ... 420	33	kalt- und warmumformbar	Warmpressteile, Münzen
CuZn37	R300	≤ 180	300 ... 370	38	sehr gut kalt- und warmumformbar	Rohre, Kühlerbänder, Blattfedern
CuNi12Zn24	R360	≤ 230	360 ... 430	35	gut kaltumformbar	Relaisfedern
CuSn6	R350	≤ 300	350 ... 420	45	gut schweißbar, gut lötbar	Steckverbinder, Federn, Zahnräder
Kupfer-Gußlegierungen DIN EN 1982						
CuZn33Pb2-C	S	70	180	12	gute elektrische Leitfähigkeit	Armaturen, Gehäuse, Konstruktionsteile
CuZn39Pb10-C	K	120	280	10	gut spanbar, für Teile mit metallisch blanker Oberfläche	Armaturen, Teile für Elektroindustrie, Beschlagteile
CuSn10Pb10-C	S	80	180	8	korrosionsbeständig, verschleißfest	Gleitlager, Fahrzeuglager
CuSn7Pb15-C	S	80	170	8	beständig gegen Schwefelsäure	säurebeständige Armaturen, Verbundlager
Zinklegierungen DIN EN 12844 (bisher DIN 1743-2)						
ZP0400 (GD-ZnAl4)	D	200	280	10	hohe Maßbeständigkeit	kleine bis mittlere Gußteile aller Art
ZP0410 (GD-ZnAl4Cu1)	D	250	330	5	ausgezeichnet gießbar	kleinere bis mittlere Gußteile aller Art, Schneckenräder, Lager
Bleilegierungen DIN 17640-1						
GB-PbSb10Sn5		Härte: 18 HB			sehr gut gießbar	kleine, sehr maßgenaue Druckgußstücke, Schwing- und Ausgleichgewichte, Teile für Meßgeräte, Zähler, feinmechanische und elektronische Industrie
GB-PbSb15Sn5		Härte: 18 HB				

S – Sandguß, K – Kokillenguß, D – Druckguß, GB – Block

* **Beachte:** DIN-Normen für Werkstoffe wurden z. T. durch europäische DIN EN-Normen ersetzt, s. Tafel 3.48 und **Hinweis auf Seite 168**.

Tafel 3.40. Korrosionsschutz-Maßnahmen [1.15] [3.6.17]

Lackieren
Auftragen von Öl-, Kunstharz-, Nitrozelluloselacken usw. durch Streichen, Spritzen oder Tauchen. Bei Beständigkeit gegen Laugen, Säuren oder Chlor Verwendung von Chlorkautschuklacken, bei Stoßbeanspruchung auch Einbrennlacke.
Brünieren (von Eisen und Stahl)
Eintauchen der Teile in heiße konzentrierte, stark oxidierende Salzlösungen oder Salzschmelzen; Bildung einer Oxidschicht auf der Eisenoberfläche, nur etwas erhöhte Korrosionsbeständigkeit.
Phosphatieren (insbesondere von Eisen und Stahl)
Umwandlung der Oberfläche in etwa 10 µm dicke Phosphatschicht durch Eintauchen in gesättigte Lösung von Phosphorsäure. Ermöglicht ausreichenden Korrosionsschutz, erhöht zugleich die Gleiteigenschaften (für Gleitflächen vorteilhaft). Auch als Grundschicht für Lack oder Fettüberzüge geeignet.
Feuerverzinken (von Eisen und Stahl)
Eintauchen der Werkstücke in Schmelzbad aus Überzugsmetall. Insbesondere Glanzverzinken und nachfolgendes Lakkieren mit Klarlack, z. T. als Korrosionsschutz gegenüber Galvanisieren bevorzugt.
Galvanisieren, Elektroplattieren (von Metallen und Nichtmetallen)
Erzeugen galvanischer Überzüge aus Cu, Ni, Cr oder Cd, die härter sind als Ausgangswerkstoff. Hartverchromen zusätzlich als Verschleißschutz für Zieh- und Schneidwerkzeuge, Meßwerkzeuge usw.
Eloxieren (von Aluminium und -legierungen)
Elektrolytische Verstärkung der natürlichen Oxidschicht von etwa 0,2 auf 10 bis 30 µm Dicke. Ergibt korrosions-, haft- und verschleißfeste, sehr harte Schutzschicht, die zugleich elektrisch isolierend, färb- und tränkbar ist und reflektierend wirkt (entsprechendes Verfahren für Mg, neben Chromatisieren anwendbar).
Chromatieren (von Mg, Al, Zn, Cd und Legierungen)
Durch Eintauchen in spez. Natriumchromatlösungen entsteht auf Zn und Cd goldgelbe, auf Leichtmetallen grünlichstumpfe Chromatschicht. Ergibt guten Korrosionsschutz, meist mit nachfolgendem Lackieren.
Eindiffundieren (von Al, Cr, N in Stahl)
Aluminieren (Eindiffundieren von Al) ergibt Beständigkeit gegen Verzunderung; Chromieren (von Cr) erhöht die Korrosions- und Zunderbeständigkeit, bei Stählen mit hohem C-Gehalt Verschleißschutz durch Cr-Carbidschicht; Nitrieren (von N) ergibt geringeren Korrosionsschutz, zusätzlich erhöhter Verschleißschutz.
Plattieren (von Metallen)
Vereinigen von Überzugs- und Grundmetall durch Walzen oder Pressen mit oder ohne Wärmezufuhr ergibt sehr hohe Korrosionsbeständigkeit; z. B. Plattieren von Blechen und Rohren aus St mit Al, Cu, Ni, Chrom-Nickel-Stahl usw., sowie von Blechen aus Al mit Cu (Cupal).
Emaillieren (von Metallen)
Auftragen von Emailschlicker mittels Spritz- oder Tauchverfahren auf das Werkstück und nachfolgendes Schmelzen. Ergibt sehr hohe Beständigkeit gegen Chemikalien (aber nicht gegen Alkali und Flußsäure), jedoch nicht gegen Schlag- und Stoßbeanspruchung (spröde).
Einfetten (von Metallen)
Nur für vorübergehenden Schutz blanker Metallteile gegen Korrosion geeignet.
Schutz gegen elektrochemische Korrosion (an Kontaktstellen von Metallen unterschiedlichen Potentials)
Bei Paarung Stahl-Leichtmetall z. B. St phosphatieren, Al eloxieren oder lackieren, Mg bichromatisieren; auch isolierende Zwischenlagen aus Kunststoffen o. ä.

Tafel 3.41. Anwendungsgebiete metallischer Sinterwerkstoffe (Kennwerte s. [1.3] [3.6.15])

① Sintereisen und Sinterbronze: gesinterte (formgepreßte) Geräteteile mit guten Gleit- und Festigkeitseigenschaften, u. a. für wartungsfreie Gleitlager, Zahnräder.
② Sinterhartmetalle: spanende Werkzeuge aller Art; Ziehsteine und -matrizen, Mundstücke und Matrizen in Strangpressen, hochverschleißfeste Preßwerkzeuge bzw. Werkzeugteile, gesinterte Maschinenteile (formgepreßt).
③ Gesinterte Kontaktwerkstoffe: „Metallkohlen" (Metall + Graphit) als Bürsten in Motoren, Generatoren usw.; Verbundmetalle mit kennzeichnenden Eigenschaften hochschmelzender Metalle und guter elektrischer Leiter als modernste Kontaktwerkstoffe.
④ Schwermetalle aus W und Ni, Cu, Ag oder Co für Isotopentransportbehälter (guter γ-Absorptionsfaktor); Schwungmassen in Automatikuhrenantrieben, Kontakte usw.
⑤ Hochschmelzende Metalle und ihre Legierungen
Wolfram: Glühdrähte in Glühlampen, Hochvakuum- und Gasentladungsröhren, Öfen usw., Kontakte aller Art; Elektroden für Arcatomschweißen und Hochleistungszündkerzen, Durchführungen durch Glas und andere Konstruktionsteile der Hochvakuumtechnik
Molybdän: Halterungen für Wolframdrähte und Durchführungen durch Glas in Glühlampen, Elektronenröhren usw.; Konstruktionsteile in Hochtemperaturöfen usw.
Tantal: allgemein für Elektronenröhrenbau, chemische Industrie, Spinndüsen u. a.

3.6.2.3. Metallische Sinterwerkstoffe [1.3] [3.6.15]

Metallische Sinterwerkstoffe zeichnen sich durch einen hohen Materialausnutzungsgrad bei niedrigem Energiebedarf für ihre Herstellung aus und sind bezüglich ihres Eigenschaftsspektrums außerordentlich variabel.

Sie werden auf der Basis von unlegierten oder legierten Metallpulvern mit einer Korngröße von 0,1 bis 400 μm durch ein- oder mehrmaliges Pressen, Sintern und erforderlichenfalls durch weitere Nachbehandlung hergestellt. Die Erzeugnisse sind entweder anwendungsgerechte Formteile oder verarbeitungsgerechte Halbzeuge. Die charakteristischen Eigenschaften der Sinterwerkstoffe können häufig aus denen der zu ihrer Herstellung eingesetzten Metalle oder Legierungen abgeleitet werden. Sie lassen sich aber durch die Dichte (Porigkeit) und das Gefüge des Werkstoffs verändern sowie durch funktionsgewährleistende Zusätze, z. B. Graphit, erweitern.

Die Palette der Anwendungsmöglichkeiten reicht von Metallfiltern und selbstschmierenden Gleitlagern über Reibwerkstoffe für Kupplungen und Bremsen bis zu Magnet- und Kontaktwerkstoffen. Einen Überblick über Eigenschaften und Anwendungsbreite metallischer Sinterwerkstoffe vermittelt **Tafel 3.41** (s. auch [3.6.45] bis [3.6.48] [3.6.50] [3.6.52]).

3.6.3. Nichtmetallische Werkstoffe

Unter dem Begriff nichtmetallische Werkstoffe verbirgt sich ein breites Spektrum organischer und anorganischer Werkstoffe, deren Herstellung sowie Form- und Bearbeitbarkeit ebenso wie ihre Eigenschaften sich stark voneinander unterscheiden. Sie sind in der Regel nichtleitend und für ihren jeweiligen Anwendungszweck modifizierbar. In der Feinwerktechnik finden sie einen breiten Einsatz, z. B. als Lager-, Isolier- und Hüllwerkstoffe.

3.6.3.1. Kunststoffe [3.6.19] bis [3.6.29] [3.6.35] bis [3.6.37] [3.6.56] bis [3.6.69]

Kunststoffe sind polymere Werkstoffe. Man bezeichnet sie auch als Plastwerkstoffe und versteht darunter natürliche und synthetische organische Stoffe, die aus gleichen, in hoher Regelmäßigkeit angeordneten Grundmolekülen mit sehr hohen Molekulargewichten (Makromolekülen) bestehen. Die Vielzahl der heute verfügbaren Plastwerkstoffe läßt sich sinnvoll nur unter Beachtung ihrer Synthese bzw. ihres chemischen Aufbaus ordnen:
Nach der Art der Herstellung unterscheidet man *Polymerisate, Polykondensate* und *Polyaddukte.*
Die chemische Struktur gestattet eine Einteilung in *Thermoplaste* (verknäuelte Makromolekülketten) und *Duroplaste* (Netzwerkstrukturen). Während Thermoplaste bei höheren Temperaturen (i. allg. > 100 ... 150 °C) erweichen bzw. aufschmelzen, können Duroplaste ohne Erweichung bis in die Nähe der Zersetzungstemperatur thermisch beansprucht werden.
Hinsichtlich der physikalischen Struktur werden amorphe und kristalline makromolekulare Stoffe unterschieden, wobei durchsichtige Polymerwerkstoffe stets amorph sind.

Für den Einsatz von Polymeren als Konstruktionswerkstoffe müssen folgende werkstoffspezifische Eigenschaften besonders beachtet werden:

- geringe Dichte (bei füllstofffreien Kunststoffen $\varrho = 0{,}9 \ldots 1{,}4$ g/cm^3)
- niedrige Wärmeleitfähigkeit ($\lambda = 0{,}1 \ldots 0{,}35$ W/(m · K))
- großer Längen-Temperaturkoeffizient (etwa 6- bis 8mal so groß wie bei Metallen)
- gute bis sehr gute Korrosionsbeständigkeit
- niedrige Temperaturbeständigkeit (zul. Temperaturbereich liegt etwa zwischen −30 und 100 °C)
- im allgemeinen niedrige mechanische Belastbarkeit und ausgeprägte Zeitabhängigkeit mechanischer Kennwerte (z. B. durch Verformungs- und Spannungsrelaxation bei Normaltemperatur).

Tafel 3.42. Bezeichnungen, Eigenschaften und Anwendung thermoplastischer Werkstoffe [3.6.19] bis [3.6.29]

Werkstoff Kurzzeichen (Handelsnamen)	Eigenschaften	Anwendung
Polyamid PA6; PA66; PA11; PA12 (Akulon, Capron, Nylon, Ultramid, Durethan, Grilon, Rilsan)	formbeständig, zäh, abriebfest, lösungsmittelfest	Zahnräder, Gleitlager, Buchsen, Schrauben, Dichtungen, Gehäuse, formbeständige Spritzgußteile für Kleinstkupplungen usw., Lüfter- u. Pumpenelemente

Tafel 3.42. Fortsetzung

Werkstoff Kurzzeichen (Handelsnamen)	Eigenschaften	Anwendung
Polyurethan PUR (Desmopan)	ähnlich wie PA, zähfest, temperaturstandfest	hochbeanspruchte Formteile, formbeständige Spritzgußteile für Kleinstkupplungen usw., Laufrollen, Bedienelemente, Gehäuse, Schaumstoffe
Polyoximethylen, POM (Delrin, Hostaform, Celcon, Duracon)	hart, steif bei guter Zähigkeit, sehr gute Verschleißfestigkeit, leichte Verarbeitbarkeit	Präzisionsspritzgußteile aller Art, Zahnräder, Gleitlager, Buchsen, Laufrollen, Gehäuse, Bedienelemente, Dichtungen
Polycarbonat PC (Makrolon, Sinvet, Latilub, Lexan, Calibre)	hohe Festigkeit, temperatur- und witterungsbeständig, glasklar	Zahnräder, Gehäuse, Ventile, Rotoren, Bedienelemente, großflächige Lichtelemente, Schaugläser, Folien
Polyethylen niederer Dichte PE-LD (Mirathen, Daplen, Lupolen, LDPE, Vestolen)	biegsam, zähfest, laugen- und säurebeständig	Buchsen, Kupplungsteile, Verkleidungen, Lüfter- u. Pumpenelemente, Rohre, Profilstäbe, Platten, Folien, Haushaltwaren
Polyethylen hoher Dichte PE-HD (Scolefin, Lupolen, Vestolen A)	formstabil, chemisch beständig	Gehäuseteile, Platten, Rohre, Hohlkörper, Spritzgußteile
Polypropylen PP (Moplen, Noblen, Profax, Vestolen P, Naprene, Daplen, Mosten)	gut formbeständig, laugen- u. säurebeständig	Spritzgußteile mit komplizierter Form, kochfeste Teile
Polytetrafluorethylen PTFE (Teflon, Fluon, Hostaflon)	sehr gute Gleiteigenschaften, höchste chemische Beständigkeit, verwendbar von −200 °C bis +300 °C; aber geringe mechanische Festigkeit	Rohrleitungen, Pumpen, Dichtungen, Beläge für Transportbänder u. Walzen, Laufschichten für Gleitlager (nicht für Massivbuchsen)
Polyvinylchlorid PVC (Decelith, Ekalit, Hostalit, Vestolit, Vinidur)	beständig gegen anorganische Chemikalien, Benzin, Mineralöl, Alkohol	Rohre, Profilstäbe, Tiefziehteile aus Platten, Ventile, Hähne, Akkukästen, Laufrollen, Bedienelemente
Polystyrol PS (Styron, Styrodur, Styroflex, Vestyron)	laugen- und säurebeständig, glasklar, Oberflächenglanz	Verkleidungen, Bedienelemente, Rohrleitungen, Armaturen, Verpackungen, Isolierteile
Styrol-Acrylnitril Copolymerisate SAN (Lustran, Luran, Tyril, Kostil)	gute Wärme- und Chemikalienbeständigkeit	Haushaltwaren, Gehäuse, Zubehörteile für Autoindustrie
Acrylnitril-Butadien-Styrol ABS (Sconater, Novodur, Terluran)	formbeständig in Wärme, schlagzäh, glasklar	Platten, Rohre, Profilstäbe, Bedienelemente, Transportbehälter, Schutzhelme
Polymethylmethacrylat PMMA (Degalan, Plexiglas, Diakon, Resartglas)	witterungsbeständig, glasklar, spannungsrißempfindlich, hochlichtdurchlässig	optische Bauelemente, Rohre, Tafeln, Formteile, Modellbau
Copolymerisat (Sudur, Plexidur)	witterungsbeständig, kerbzäh, hochlichtdurchlässig	Schaugläser, Verglasungen, Rohre, Tafeln
Polyimide PI (Kapton, Vespel)	unlöslich, unschmelzbar, Dauergebrauchstemp. bis 250 °C, (kurzz. bis 400 °C), große chemische und Strahlungsbeständigkeit, thermoplastisch nicht frei verformbar	Gleitlager, Buchsen, Bedienelemente, Elektroinstallationselemente, Halbzeuge, Folien

Tafel 3.43. Mechanische und thermische Kennwerte thermoplastischer Werkstoffe

Werkstoff	Kurzzeichen	Zugfestigkeit R_m N/mm²	Biegefestigkeit σ_{bB} N/mm²	Schlagbiegezähigkeit KC KJ/mm²	Elastizitätsmodul E 10^2 N/mm²	Höchste Gebrauchstemp. langzeitig[3)] °C	Niedrigste Gebrauchstemperatur[3)] °C	Dichte ϱ g/cm³
Polyamid 6	PA 6	45 … 70[1)]	30 … 60[2)]	kein Bruch	10 … 14	90	−30	1,12 … 1,15
Polyamid 66	PA 66	55 … 90[1)]		kein Bruch	17 … 33	80	−30	1,12 … 1,15
Polyamid 11	PA 11	40 … 50[1)]	50 … 80[2)]	kein Bruch	5 … 11	80	−70	1,01 … 1,04
Polyamid 12	Pa 12	35 … 70[1)]	50 … 65[2)]	kein Bruch	12 … 15	80	−70	1,01 … 1,03
Polyamid 6-GF	PA 6-GF	110 … 220	130 … 150	35 … 60	60 … 150	90		1,29 … 1,55
Polyamid 66-GF	PA 66-PF	120 … 240	240 … 300	30 … 40	85 … 160	90		1,29 … 1,55
Polyamid 11-GF	PA 11-GF	90 … 110			40 … 50			1,15 … 1,40
Polyamid 12-GF	PA 12-GF	70 … 100	75 … 105	25 … 65	40 … 50	90		1,20 … 1,40
Polyurethan	PUR	40 … 50	30 … 70		9	80		1,20
Polyoximethylen	POM	40 … 80	90 … 100	100 bis kein Bruch	25 … 34	100	−60	1,40 … 1,60
Polycarbonar	PC	60 … 70	90 … 100[2)]	kein Bruch	20 … 25	130	−100	1,20
Polyethylen hoher Dichte	PE-HD	20 … 35	12 … 16[2)]	kein Bruch	4,0 … 13	70	−50	0,94 … 0,96
Polyethylen niederer Dichte	PE-LD	10 … 20	2 … 4[2)]	kein Bruch	0,7 … 2,0	80	−50	0,91 … 0,94
Polypropylen	PP	20 … 40	24 … 34[2)]	kein Bruch	10 … 19	100 … 110	−20	0,90 … 1,22
Polyethylenterephthalat	PETP	55		kein Bruch	20 … 35	100	−40	1,30 … 1,38
Polyfluorethylenpropylen	PFEP	19 … 21		kein Bruch	350	200	−60	
Polytetrafluorethylen	PTFE	15 … 35	14[2)]	kein Bruch	3,5 … 6,3	250	−200	2,15 … 2,20
Polybutylen	PB	15 … 25			5 … 9			
Polyphenylenoxid	PPO	45 … 65	90 … 100	kein Bruch	22 … 25	80 … 100	−40	1,06
Polyvinylchlorid, hart	PVC-U	45 … 65	80 … 100[2)]	kein Bruch	20 … 30	60	−5	1,32 … 1,40
Polyvinylchlorid, weich	PVC-P	10 … 45		kein Bruch	4 … 6	50	−30 … −60	1,15 … 1,60
Polystyrol	PS	45 … 70	80 … 115	15 … 34	30 … 36	70 … 80	−30	1,05
Styrol-Butadien-Copolymere	SB	28 … 32	65	50 … 85	15 … 30	65	−20	1,04 … 1,05
Styrol-Acrylnitril-Copolymere	SAN	50 … 80	115 … 140	20 … 30	20 … 34	85 … 90		1,07 … 1,08
Acrylnitril-Butadien-Styrol Copolymere	ABS	20 … 55	120 … 130	35 bis kein Bruch	12 … 28	80 … 85	−30 … −50	1,04 … 1,05
Polymethylmethacrylat	PMMA	60 … 80	100 … 130	20 … 25	30 … 33	80 … 100	−40	1,18 … 1,20
Celluloseacetobutyrat	CAB	20 … 60		100 bis kein Bruch	5 … 18	45		1,17 … 1,22
Polyimid	PI							
Halbzeug		70			30			
Folie		180			30			

GF Glasfaserverstärkt
[1)] Reißfestigkeit
[2)] Biegespannung 1.5 (Grenzspannung bei Durchbiegung von 1,5 mm in Mitte der Werkstoffprobe, da keine definierte Bruchgrenze)
[3)] gültig ohne mechanische Belastung

Polymerwerkstoffe finden gegenwärtig in der Praxis für unterschiedliche Bauteile eine vielfältige Anwendung. Die Ursachen dafür liegen in der hocheffektiven Formgebung, der beachtlichen Lebensdauer und den Leichtbautendenzen. Gleichzeitig verdienen Werkstoffkombinationen (verschiedene Polymere; Polymer–Metall) hervorgehoben zu werden. Kunststoffteile sind jedoch schon bei verhältnismäßig geringer äußerer Belastung hochbeansprucht, so daß in zahlreichen Fällen verstärkte Polymerwerkstoffe (Verbundwerkstoffe – z. B. mit Glasfasern, Kohlenstoffasern u. a.) zum Einsatz kommen.

Durch optimale Werkstoffauswahl können folgende Zielfunktionen des Kunststoffeinsatzes realisiert werden:

- gutes Laufverhalten und hohe Verschleißfestigkeit, die auch ohne Schmierstoff erzielt werden können
- gute Stoßbelastungs- sowie Stoßdämpfungseigenschaften und daraus resultierend ein ruhiger und geräuscharmer Lauf
- Gewährleistung eines wartungsfreien Betriebs und guter Notlaufeigenschaften
- gute Korrosions-, Öl- und Chemikalienbeständigkeit, die einen Einsatz in aggressiven Medien ermöglicht
- Masseeinsparung, bedingt durch das günstige Festigkeits-Dichte-Verhältnis, besonders bei verstärkten Plasten
- einfache Formgebung und wirtschaftliche Herstellung großer Stückzahlen von Bauteilen
- physiologische Unbedenklichkeit.

Thermoplaste werden verwendet in Feinmechanik, Haushaltgerätetechnik, Medizin- und Labortechnik, Fahrzeugbau, Maschinenbau und Chemieanlagenbau. Die große Anwendungsbreite basiert auf einer Vielzahl geeigneter thermoplastischer Konstruktionswerkstoffe einschließlich verstärkter, gefüllter und modifizierter Typen **(Tafeln 3.42 und 3.43)**.

Duroplaste gehen durch chemische Vernetzungsreaktionen aus dem löslichen und schmelzbaren Zustand in den unlöslichen, härtbaren, unschmelz- und unquellbaren Zustand über. Sie sind deshalb von großer technischer Bedeutung. Ihre Anwendungspalette reicht von Preßmassen und Gießharzen über Bindemittel für Schichtpreßstoffe bis hin zu Lackharzen u. a. m. **(Tafel 3.44)**.

Tafel 3.44. Bezeichungen, Eigenschaften und Anwendung duroplastischer Werkstoffe [1.3] [1.15] [3.6.19] bis [3.6.29]

Werkstoff (Handelsnamen – Beispiele)	Eigenschaften	Anwendung
Formmassen		
Phenol-Formaldehyd PF (Resinol, Bakelite, SURAplast)	gute mechanische Eigenschaften, feuchtebeständig, kochfest	Preßteile für hohe Beanspruchung, Verpackungsteile
Harnstoff-Formaldehyd UF (Bakelite UF, Resopal)	elektrisch hochwertig, lichtbeständig, geruchfrei	Stecker, Drucktasten, allgemeine Preßteile, Hartpapier
Melamin-Formaldegyd MF (Meladur, Cibanin, Bakelite MF)	wärme- und lichtbeständig, geruchfrei	Installationsteile, Schaltergehäuse
Polyesterharze UP (Bakelite UP, Keripol, Resipol, Polydur)	mechanisch hochfest, wärme- und chemikalienbeständig	Gehäuse, Apparateteile, Transportbehälter, Platten
Epoxidharze EP (Araldit)	mechanisch hochfest, wärme- und chemikalienbeständig, kaum Nachschwinden	komplizierte Preßteile für Feinwerktechnik und Elektrotechnik
Schichtstoffe, Verbunde, Gießharze		
Ungesättigte Polyesterharze UP (Bakelit UP, Keripol, Polydur, Resipol)	hohe Festigkeit (durch Glasfasereinlagen)	stärker beanspruchte Geräte- und Maschinenteile, Kupplungsteile, Verkleidungen u. Abdeckungen, Transportbehälter, großflächige Lichtelemente, Schaugläser, Elektroisolationsteile, Klebstoffe
Epoxidharze EP (Araldit)	hohe Haftfestigkeit auf Metall	Formkörper, Werkzeuge (mit Glasfasereinlagen), Klebstoffe
Siliconharze SI – auf Glasgewebe (Glasil) – auf Asbestgewebe (Aspasil) – auf Glimmerpapier (Novomikaflex)	temperaturbeständig bis etwa 300 °C, ozon- und alterungsbeständig	Schutzanstriche, Isolationen bis 200 °C, Lacke, Schichtstoffe
Siliconkautschuk (Silicone, Silopren)		

3.6.3.2. Silicatische Werkstoffe

Silicatische Werkstoffe sind auf mineralischer Basis hergestellt. Ihre Ausgangsrohstoffe besitzen als wesentliche Gemengeteile Kieselsäuremineralien. Die Werkstoffgruppe umfaßt im wesentlichen Keramik, Glas und Glaskeramik.

Tafel 3.45. Allgemein verfügbare Halbzeuge

Halbzeuge	DIN
1. Profile Stangen mit Kreis-, Sechskant-, Vierkant-, Rechteckquerschnitt; mit Winkel-, U-, T-, Doppel-T-Profil, Z-Profil usw. aus Stahl, NE-Metallen, Kunststoffen	s. Tafel 3.46.
2. Rohre a. Stahlrohre, nahtlos; Präzisionsstahlrohre, nahtlos, gezogen (ohne besondere Oberflächennachbehandlung) b. NE-Metalle, glänzend (Oberflächenbehandlung nicht erforderlich), nahtlos gezogen	s. Tafel 3.46.
c. Rohre aus Kunststoffen mit Dmr. 5 bis 500 mm, aus Hartpapier und Hartgewebe	8062, 8072, 8074, 8077, DIN EN 61212
3. Bleche, Bänder, Platten a. Feinbleche mit Blechdicken $s < 3$ mm aus weichen unlegierten Stählen, allgemeinen Baustählen, unlegierten Qualitätsstählen, rost- und säurebeständigen Stählen	s. Tafel 3.39.
Maße und Maßabweichungen für kalt- und warmgewalzte Bleche, Gütevorschriften	DIN EN 10131
b. Mittel- und Grobbleche mit Blechdicken $s \geqq 3$ mm Maße und Maßabweichungen Gütevorschriften	DIN EN 10029
c. Dynamo- und Transformatorenbleche	DIN EN 10106
d. Bleche aus NE-Metallen mit Blechdicken $s = 0{,}1 \ldots 10$ mm Werkstoffe: Kupfer und Cu-Legierungen Aluminium und Al-Legierungen Magnesium und Mg-Legierungen Zink und Zn-Legierungen	 DIN EN 1652, DIN EN 13599 DIN EN 485-4, DIN EN 546-3 9715 DIN EN 988
e. Tafeln und Sreifen aus Nichtmetallen Werkstoffe: Hartpapier Hartgewebe Vulkanfiber Preßspan PVC hart Polyethylen-hart, -weich	 DIN EN 60893 DIN EN 60893 – DIN EN 60641 16927 DIN EN 14632
4. Drähte a. Stahldrähte mit Dmr. $d = 0{,}1 \ldots 20$ mm; kaltgezogen; blankgeglüht, verkupfert, verzinkt oder verzinnt	s. Tafel 3.46.
b. Drähte aus NE-Metallen mit verschiedenen Dmr.; aus Kupfer und Cu-Legierungen, Aluminium und Al-Legierungen, Nickel, Edelmetallen u. a.	s. Tafel 3.46.
c. Isolierte Drähte (Isolation aus Lack, Seide, Baumwolle, Kunststoff) mit $d = 0{,}02 \ldots 3{,}5$ mm	47411
d. Widerstandsdrähte mit $d = 0{,}03 \ldots 10$ mm	46460
5. Sonderprofile Anwendung nur, wenn Halbzeuge gemäß Pos. 1 bis 4 ungeeignet; Lieferung nur bei großen Stückzahlen und nach besonderer Vereinbarung	nicht genormt

Tafel 3.46. Genormte Profile aus Stahl und Nichteisenmetallen

a) Gewalzte Stahlprofile

Sinnbild nach DIN	Bezeichnung nach DIN (Maße in mm)	Kurzzeichen	DIN
	Warmgewalzter Rundstahl (d) (d8 … d200)	∅ Rd	1013 T1
	Federstahl, rund (d) (d7 … d80)		2077
	Walzdraht aus Stahl (d) (d5 … d30)	Rd	59110
	Nahtlose Präzisionsstahlrohre, kaltgezogen oder kaltgewalzt ($d \times s$) (4 × 0,5 … 120 × 10)	Rohr	EN 10305-1
	Geschweißte Präzisionsstahlrohre, einmal kaltgezogen oder kaltgewalzt ($d \times s$) (10 × 1 … 120 × 4,5)	Rohr	EN 10305-3
	Warmgewalzter Halbrundstahl (d) (d16 … d75)	Hrd	1018
	Halbrunder Walzdraht (d) (d7 … d16)	Hrd	59110
	Warmgewalzter Flachhalbrundstahl ($b \times h$) (14 × 4 … 100 × 25)	Fl Hrd	1018
	Warmgewalzter Sechskantstahl (s) (s13 … s103)	6 kt	1015
	Sechskantwalzdraht (s) (s6 … s28)	6 kt	59110
	Warmgewalzter Vierkantstahl (a) (a8 … a120)	4 kt	1014
	Vierkantwalzdraht (a) (a5 … a30)	4 kt	59110
	Warmgewalztes Band ($b \times h$, $b \times s$) Breite b 10 … 200 Dicke h 0,8 … 15	Bd	1614
	Warmgewalzter Flachstahl für allgemeine Verwendung (10 × 5 … 150 × 60)	Fl	1017 T1
	Kaltgewalztes Band aus Stahl (b nach Bestellung; s0,1 … s0,5)	Bd	1623
	Flachwalzdraht b_{min} = 8 mm; s1,8 … s (b – 1)	Fl	59110
	Warmgewalzter Breitflachstahl ($b \times s$) (150 × 4 … 1200 × 80)	BrFl	59200
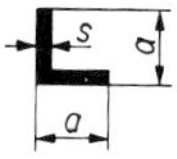	Warmgewalzter gleichschenkliger scharfkantiger Winkelstahl (LS-Stahl) ($a \times s$) (20 × 3 … 50 × 5)	LS	1022
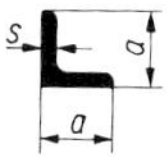	Warmgewalzter gleichschenkliger Winkelstahl ($a \times s$) (20 × 3 … 200 × 24)	L	EN 10056
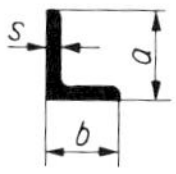	Warmgewalzter ungleichschenkliger rundkantiger Winkelstahl ($a \times b \times s$) (30 × 20 × 3 … 200 × 100 × 14)	L	
	Warmgewalzter rundkantiger hochstegiger T-Stahl ($b \times h \times s$) (20 × 20 × 3 … 140 × 140 × 15)	T	EN 10055
	Warmgewalzter rundkantiger breitfüßiger T-Stahl ($b \times h \times s$) (30 × 60 × 5,5 … 60 × 120 × 10)	TB	
	Warmgewalzter scharfkantiger T-Stahl (TPS-Stahl) ($b \times h \times s$) (20 × 20 × 3 … 40 × 40 × 5)	TPS	59051
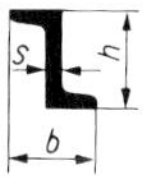	Warmgewalzter rundkantiger Z-Stahl ($b \times h \times s$) (30 × 38 × 4 … 200 × 80 × 10)	Z	1027
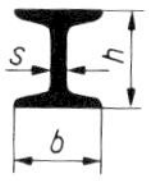	Warmgewalzter I-Träger ($b \times h \times s$) Schmale I-Träger, I-Reihe (80 × 42 × 3,9 … 600 × 215 × 21,6)	I	1025
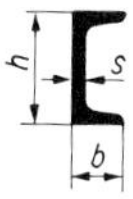	Warmgewalzter rundkantiger U-Stahl ($h \times b \times s$) (30 × 15 × 4 … 400 × 110 × 14)	U	1026
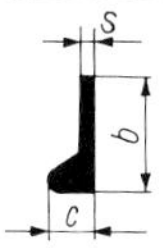	Warmgewalzter Wulstflachstahl ($b \times c \times s$) (80 × 14 × 6 … 430 × 62,5 × 17)	Wulst Fl	EN 10067

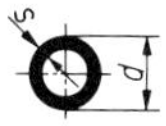

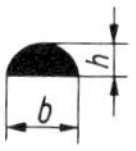

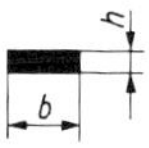

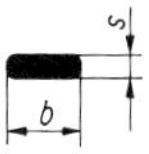

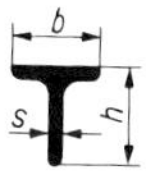

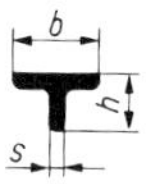

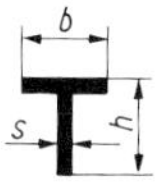

Tafel 3.46. Fortsetzung 1

b) Gezogene Stahlprofile

Sinnbilder und Kurzzeichen nach Tafel 3.46a

Bezeichnung nach DIN (Maße in mm)	DIN EN
Blanker Flachstahl ($b \times s$) (5×1,5 ... 200×50)	10278
Polierter Rundstahl (d) (d 0,5 ... 30)	10278
Blanker Sechskantstahl (s) (s 1,5 ... 100)	10278
Stahldraht, kaltgezogen (d) (d 0,1 ... 20)	10016
Blanker Vierkantstahl (a) (a 2 ... 100)	10278
Blanker Rundstahl (d) (d 1 ... 200)	10278
Blanke Stahlwellen (d) (d 5 ... 200)	10278
Blanker Rundstahl (d) (d 1 ... 200)	10278
Blanker Rundstahl (d) (d 1 ... 200)	10278
Runder Federdraht (d) (d 0,07 ... 17,0)	10218-2 10270-1
Stahldrähte für Drahtseile (d) (d 0,2 ... 5,1)	10264-1
Nahtlose Präzisionsstahlrohre, kaltgezogen oder kaltgewalzt ($d \times s$) (4×0,5 ... 120×10)	10305-1
Geschweißte Präzisionsstahlrohre mit besonderer Maßgenauigkeit ($d \times s$) (4×0,5 ... 120×4,5)	10305-2
Geschweißte Präzisionsstahlrohre, einmal kaltgezogen oder kaltgewalzt ($d \times s$) (10×1 ... 120×4,5)	10305-3
Nahtlose Stahlrohre ($d \times s$) (10,2×1,6 ... 558,8×25)	10220
Geschweißte Stahlrohre ($d \times s$) (10,2×1,4 ... 1016×25)	10220
Blanker gleichschenkliger scharfkantiger Winkelstahl ($a \times s$); (10×2 ... 60×6)	DIN 59370

c) Profile aus Nichteisenmetallen

Sinnbilder und Kurzzeichen nach Tafel 3.46a

Bezeichnung nach DIN (Maße in mm)	Werkstoffe	DIN EN
Rundstange (d) (d 0,5 ... 250)	Cu, Cu-Knetlegierungen; Al, Al-Knetlegierungen; Mg-Legierungen	12163, 12164, 13601, 754, 755
Runddraht (d) (ab d 0,1)	wie oben	12166
Rohr ($d \times s$) (3 × 0,3 ... 430 × 10)	Cu, Cu-Legierungen; Rein- und Reinst-Al; Al-Knetlegierungen; Mg-Legierungen	1057, 12168, 12449, 12451, 13600, 754, 755
Sechskantstange (s) (s 3 ... 120)	Cu, Cu-Legierungen; Rein- und Reinst-Al; Al-Knetlegierungen; Mg-Legierungen	12163, 12164, 13601, 754, 755
Vierkantstange (s) (s 2 ... 60)	Cu, Cu-Legierungen; Rein- und Reinst-Al; Al-Knetlegierungen; Mg-Legierungen	12163, 12164, 13601, 754, 755
Rechteckstange ($b \times a$) (5 × 20 ... 200 × 40)	Cu, Cu-Legierungen; Rein-Al, Al-Knetlegierungen	12167, 13601, 754
Band (ab 8 × 0,5)	Cu, Cu-Legierungen	13599, 13601, 13602
Flachdraht (ab 1,4 × 0,8)	E-Cu, E-Al, Al-Legierungen	13601
Winkelprofil ($b \times a \times s$) (10 × 10 × 1,5 ... 150 × 150 × 14 und $a:b$ = 1:1, 1:2, 2:3)	Cu, Cu-Legierungen; Al, Mg und Legierungen	2048, 13605, DIN 9711
U-Profil ($b \times b \times s \times t$) (40 × 20 × 2 × 2 ... 200 × 75 × 9 × 14)	Al, Mg und Legierungen	2049

Tafel 3.46. Fortsetzung 2

Bezeichnung nach DIN (Maße in mm)	Werkstoffe	DIN EN
T-Profil ($b \times h \times s$) (20 × 30 × 2 ... 100 × 100 × 11)	Al, Mg und Legierungen	2050

Keramische Werkstoffe sind sowohl hinsichtlich der Zusammensetzung als auch der Eigenschaften außerordentlich vielfältig. Sie werden für Feinkeramik in Elektrotechnik, Elektronik, Feinwerktechnik und Maschinenbau verwendet.
In DIN VDE 0335 sind folgende Werkstoffgruppen festgelegt (die Angaben in Klammern geben eine Orientierung für die Anwendung):

Gruppe C
100 Hartporzellane und Porzellane (Isolatoren)
200 Magnesium-Silikat-Keramik, Steatit (Schaltkörper, Sockel)
300 Rutil- und Titanatmassen (Isolationskörper in HF-Technik)
400 Cordieritkeramik (Al-Mg-Silikat-Keramik) (Bauteile für große Temperaturwechselbeständigkeit und kleinste Wärmeausdehnung)
500 Poröse Isolierkeramik (Heizleiterträger für Elektrowärmetechnik)
600 Tonerdekeramik, Mullitporzellan (Bauteile für hohe Arbeitstemperaturen, Isolierkörper)
700 Oxidkeramik (Schleif- und Schneidwerkzeuge)
F100 Filterkeramik (für Gase und Flüssigkeiten)

Mechanische Eigenschaften und Anwendungsgebiete wichtiger Keramiktypen enthält [1.3] [3.6.54].

Glas, ein anorganischer Werkstoff, der sich aus Glasbildnern, Flußmitteln und Stabilisatoren zusammensetzt, ist im allgemeinen lichtdurchlässig, wasser- und säureunlöslich sowie nicht brennend. Technisches Glas wird im optischen Gerätebau u. a. für Linsen, Prismen, Spiegel und Filter eingesetzt, in der Elektronik für aktive Bauelemente und Trägerwerkstoffe und in der Elektrotechnik für Glühlampen und Isolatoren.
Eine ausführliche Darstellung zu Glaswerkstoffen und deren Verarbeitung enthält [1.3], s. auch [3.6.55].

Glaskeramik ist ein teilkristallines, halbkeramisches Produkt. Im Vergleich zu herkömmlichen, meist porösen keramischen Werkstoffen besitzt die dichtere Glaskeramik eine Reihe wesentlicher Vorteile. Durch geeignete Wahl der chemischen Zusammensetzung lassen sich die Eigenschaften außerdem in einem breiten Bereich variieren. So kann man hochtransparente Glaskeramiken mit extrem kleinem Längen-Temperaturkoeffizienten α, großem E-Modul und hervorragender Polierfähigkeit herstellen, außerdem solche mit großer Verschleißfestigkeit und hoher elektrischer Isolierfähigkeit sowie mit guter spanender Bearbeitbarkeit (Drehen, Fräsen, Gewindeschneiden usw.), wobei sehr enge Toleranzen einhaltbar sind [3.6.4] [3.6.55]. Dadurch erhalten diese Werkstoffe in der Feinwerktechnik zunehmende Bedeutung.

3.6.3.3. Naturstoffe

In der Feinwerktechnik kommen besonders Edelsteine (u. a. für Spitzen- und Schneidenlager; s. Abschnitt 8.2.), Marmor (für Schalttafeln), Glimmer und Schiefer (als Isolations- und wärmebeständige Werkstoffe) und Holz (für Gehäuse usw.) zur Anwendung. Diese Werkstoffe sind i. allg. nicht in Normen festgelegt.

Tafel 3.47. Hinweise zu weiteren Konstruktionswerkstoffen in folgenden Abschnitten

Konstruktionswerkstoff	Abschnitt	Tafel
Lote, niedrigschmelzende Lote, Vakuumhartlote, Flußmittel	4.2.	4.2.17 bis 4.2.19
Klebstoffe	4.2.	4.2.27
Kitte	4.2.	4.2.29
Stifte, zulässige Spannungen	4.3.	4.3.10
Preßverbindungen, Reibwerte	4.4.	4.4.2; 4.4.3
Schraubenwerkstoffe, Festigkeitswerte	4.4.	4.4.13; 4.4.14
Thermobimetalle	6.	6.5
Federwerkstoffe	6.	6.9; 6.10
Lagerwerkstoffe	8.2.	8.2.1; 8.2.4; 8.2.5; 8.2.6
Schmierstoffe	8.4.	8.4.1. bis 8.4.5.
Reibpaarungen, Reibwerte	3.; 11.; 13.8.	3.25; 11.5; 13.8.4
Zahnradwerkstoffe	13.4. bis 13.7.	13.4.12 bis 13.4.15; 13.5.4; 13.6.7
Reibkörperwerkstoffe	13.8.	13.8.3; 13.8.4
Zugmittelwerkstoffe (Seile, Riemen, Ketten)	13.9.	13.9.4; 13.9.5; 13.9.11; 13.9.18
Mikromechanische Werkstoffe	14.	14.3; 14.4; 14.9

Tafel 3.48. Normen und Richtlinien für Konstruktionswerkstoffe
s. auch Tafeln 3.39, 3.45, 3.46

DIN-Normen, DIN EN-Normen

Eisenwerkstoffe (DIN-Taschenbücher 3, 28, 349, 401 bis 405, 454)

DIN 1623-2	Flacherzeugnisse aus Stahl; Kaltgewalztes Band und Blech; Technische Lieferbedingungen; Allgemeine Baustähle
DIN 1681	Stahlguß für allgemeine Verwendungszwecke; Technische Lieferbedingungen
DIN 17205	Vergütungsstahlguß für allgemeine Verwendungszwecke; Technische Lieferbedingungen
DIN EN 1561	Gießereiwesen – Gußeisen mit Lamellengraphit
DIN EN 1562	Gießereiwesen – Temperguß
DIN EN 1563	Gießereiwesen – Gußeisen mit Kugelgraphit
DIN EN 10025	Warmgewalzte Erzeugnisse aus unlegierten Baustählen; Technische Lieferbedingungen
DIN EN 10083	Vergütungsstähle; Technische Lieferbedingungen
DIN EN 10084	Einsatzstähle; Technische Lieferbedingungen
DIN EN 10085	Nitrierstähle; Technische Lieferbedingungen
DIN EN 10087	Automatenstähle; Technische Lieferbedingungen für Halbzeug, warmgewalzte Stäbe und Walzdraht
DIN EN 10088	Nichtrostende Stähle
DIN EN 10095	Hitzebeständige Stähle und Nickellegierungen
DIN EN 10130	Kaltgewalzte Flacherzeugnisse aus weichen Stählen zum Kaltumformen; Technische Lieferbedingungen
DIN EN 10137	Blech und Breitflachstahl aus Baustählen mit höherer Streckgrenze im vergüteten oder im ausscheidungsgehärteten Zustand
DIN EN 10149	Warmgewalzte Flacherzeugnisse aus Stählen mit hoher Streckgrenze zum Kaltumformen
DIN EN 10263	Walzdraht, Stäbe und Draht aus Kaltstauch- und Kaltfließpreßstählen
DIN EN 10269	Stähle und Nickellegierungen für Befestigungselemente für den Einsatz bei erhöhten und/oder tiefen Temperaturen
DIN EN 10277-3	Blankstahlerzeugnisse; Technische Lieferbedingungen – Teil 3: Automatenstähle
DIN EN 10295	Hitzebeständiger Stahlguß
DIN EN 10302	Hochwarmfeste Stähle, Nickel- und Kobaltlegierungen
DIN EN ISO 4957	Werkzeugstähle

Nichteisenwerkstoffe (DIN-Taschenbücher 3, 450 bis 452, 455 bis 457, 459)

DIN 1729-1	Magnesiumlegierungen; Knetlegierungen
DIN 1742	Zinn-Druckgußlegierungen; Druckgußstücke
DIN 17640-1	Bleilegierungen; Legierungen für allgemeine Verwendung
DIN 17730	Nickel- und Nickel-Kupfer-Gußlegierungen; Gußstücke
DIN 17740	Nickel in Halbzeug; Zusammensetzung
DIN 17741	Niedriglegierte Nickel-Knetlegierungen; Zusammensetzung
DIN 17742	Nickel-Knetlegierungen mit Chrom; Zusammensetzung
DIN 17743	Nickel-Knetlegierungen mit Kupfer; Zusammensetzung
DIN 17744	Nickel-Knetlegierungen mit Molybdän und Chrom; Zusammensetzung
DIN 17745	Knetlegierungen aus Nickel und Eisen; Zusammensetzung
DIN 17850	Titan; Chemische Zusammensetzung
DIN 17851	Titanlegierungen; Chemische Zusammensetzung
DIN EN 573	Aluminium und Aluminiumlegierungen; Chemische Zusammensetzung und Form von Halbzeug
DIN EN 755	Aluminium und Aluminiumlegierungen; Stranggepreßte Stangen, Rohre und Profile
DIN EN 611	Zinn und Zinnlegierungen
DIN EN 1706	Aluminium und Aluminiumlegierungen – Gußstücke; Chemische Zusammensetzung und mechanische Eigenschaften
DIN EN 1173	Kupfer und Kupferlegierungen; Zustandsbezeichnungen
DIN EN 1412	–; Europäisches Werkstoffnummernsystem
DIN EN 1652	–; Platten, Bleche, Streifen und Ronden zur allgemeinen Verwendung
DIN EN 1753	Magnesium und Magnesiumlegierungen; Blockmetalle und Gußstücke aus Magnesiumlegierungen
DIN EN 12844	Zink und Zinklegierungen – Gußstücke; Spezifikationen

Kunststoffe (DIN-Taschenbücher 18, 51, 235)

DIN 7708	Kunststoff-Formmassen, Kunststofferzeugnisse
DIN 7737	Schichtpreßstoff-Erzeugnisse; Vulkanfiber
DIN 7742	Celluloseester (CA, CP, CAP)-Formmassen
DIN 7745	Polymethylmethacrylat (PMMA)-Formmassen
DIN 16779	Polyethylenterephthalat (PET)-, Polybutylenterephthalat (PBT)-Formmassen
DIN 16781	Polyoxymethylen (POM)-Formmassen

Tafel 3.48. Fortsetzung 1

DIN 16783	Ultrahochmolekulare Polyethylen (PE-UHMW)-Formmassen
DIN EN ISO 1163	Weichmacherfreie Polyvinylchlorid (PVC-U)-Formmassen
DIN EN ISO 1622	Polystyrol (PS)-Formmassen
DIN EN ISO 1872	Polyethylen (PE)-Formmassen
DIN EN ISO 1873	Polypropylen (PP)-Formmassen
DIN EN ISO 2580	Acrylnitril/Butadien/Styrol (ABS)-Formmassen
DIN EN ISO 2898	Weichmacherhaltige Polyvinylchlorid (PVC-P)-Formmassen
DIN EN ISO 4613	Ethylen-Vinylacetat (E/VAC)-Formmassen
DIN EN ISO 4894	Styrol/Acrylnitril (SAN)-Formmassen
DIN EN ISO 6402	Schlagzähe Acrylnitril/Styrol (ASA, AES, ACS)-Formmassen
DIN EN ISO 10366	Methylmethacrylat/Acrylnitril/Butadien/Styrol (MABS)-Formmassen
DIN EN ISO 11542	Ultrahochmolekulare Polyethylen (PE-UHMW)-Formmassen
Silicatische Werkstoffe	
DIN 1259	Glas; Begriffe für Glasarten und Glasgruppen
DIN 40680	Keramische Werkstücke für die Elektrotechnik; Allgemeintoleranzen für Maße und Form
DIN 44926	Keramische Werkstücke für die Elektrotechnik; Keramische Werkstücke für elektrische Heizelemente, Mehrlochrohre
DIN 48108	Keramische Werkstücke für die Elektrotechnik; Fassungsstellen für Isolierkörper
DIN 58926	Preßlinge für Optikeinzelteile
Oberflächenbehandlung (DIN-Taschenbücher 143, 219)	
DIN 50902	Schichten für den Korrosionsschutz von Metallen; Begriffe, Verfahren und Oberflächenvorbereitung
DIN 50903	Metallische Überzüge; Poren, Einschlüsse, Blasen und Risse; Begriffe
DIN 50938	Brünieren von Bauteilen aus Eisenwerkstoffen; Anforderungen und Prüfverfahren
DIN 50939	Korrosionsschutz - Chromatieren von Aluminium; Verfahrensgrundsätze und Prüfverfahren
DIN 50961	Galvanische Überzüge; Zinküberzüge auf Eisenwerkstoffen
DIN EN 12540	Korrosionsschutz von Metallen; Galvanische Nickel-Überzüge und Nickel-Chrom-Überzüge, Kupfer-Nickel-Überzüge und Kupfer-Nickel-Chrom-Überzüge
DIN EN ISO 8044	Korrosion von Metallen und Legierungen; Grundbegriffe und Definitionen
Richtlinien	
Eisenwerkstoffe	
VDI/VDE 3900	Werkstoffe der Feinwerktechnik; Automatenstahl
VDI/VDE 3901	–; Einsatzstähle
VDI/VDE 3902	–; Vergütungs- und Nitrierstähle
VDI/VDE 3903	–; Weiche unlegierte Stähle
VDI/VDE 3904	–; Allgemeine Baustähle
VDI/VDE 3905	–; Federstähle
VDI/VDE 3906	–; Werkzeugstähle
VDI/VDE 3907	–; Nichtrostende Stähle
VDI/VDE 3990	–; Werkstoffübersicht
Kunststoffe	
VDI/VDE 2010 Bl. 1*	Faserverstärkte Reaktionsharzformstoffe; Grundlagen, Verstärkungsfasern und Zusatzstoffe
VDI/VDE 2010 Bl. 2*	–; Ungesättigte Polyesterharze (UP-Harze)
VDI/VDE 2010 Bl. 3*	–; Epoxidharze (EP-Harze)
VDI/VDE 2476 Bl. 1*	Werkstoffe der Feinwerktechnik; Polymethylmethacrylat-Formstoffe
VDI/VDE 2476 Bl. 2*	–; Halbzeuge aus hochmolekularem Polymethylmethacrylat und seinen Co-Polymeren
VDI/VDE 2477*	–; Polyacetal-Formstoffe
VDI/VDE 2478 Bl. 1*	–; Phenoplast-Formstoffe; Phenoplast-Formstoffe mit Holzmehl
VDI/VDE 2479 Bl. 1	–; Polyamid-Formstoffe unverstärkt
VDI/VDE 2479 Bl. 2	–; Polyamid-Formstoffe glasfaserverstärkt
VDI/VDE 2480 Bl. 1*	–; Polytetrafluoräthylen
VDI/VDE 2480 Bl. 2	–; Perfluoräthylenpropylen-Formstoffe
Oberflächenbehandlung	
VDI/VDE 2420	Metalloberflächenbehandlung in der Feinwerktechnik; Übersicht
VDI/VDE 2420 Bl. 1	–; Mechanische Behandlung
VDI/VDE 2420 Bl. 2	–; Vorbehandlung durch Reinigen und Entfetten
VDI/VDE 2420 Bl. 3	–; Chemische Behandlung durch Beizen
VDI/VDE 2420 Bl. 4	–; Metallische Überzüge I; Galvanische Verfahren
VDI/VDE 2420 Bl. 5	–; Metallische Überzüge II; Chemische und sonstige Verfahren
VDI/VDE 2420 Bl. 6	–; Nichtmetallische Überzüge I; Chemische und elektrochemische Verfahren
VDI/VDE 2420 Bl. 7	–; Nichtmetallische Überzüge II; Lackierungen
VDI/VDE 2420 Bl. 8	–; Nichtmetallische Überzüge III; Pulverbeschichtungen

* zurückgezogen

Tafel 3.48. Fortsetzung 2

VDI/VDE 2421	Kunststoffoberflächenbehandlung in der Feinwerktechnik; Übersicht
VDI/VDE 2421 Bl. 1	–; Mechanische Bearbeitung
VDI/VDE 2421 Bl. 2	–; Metallisieren
VDI/VDE 2421 Bl. 3	–; Lackieren
VDI/VDE 2421 Bl. 4	–; Bedrucken und Heißprägen
VDI/VDE 2531*	Oberflächenschutz durch Beschichtungen und Auskleidungen mit organischen Werkstoffen; Wahl der Werkstoffe und Verfahren
VDI/VDE 2532*	–; Gestaltung und Ausführung zu schützender metallischer Konstruktionen
VDI/VDE 2539*	–; Prüfung von Oberflächenschutzschichten aus organischen Werkstoffen

* zurückgezogen

3.6.4. Halbzeuge und Normteile

Erhebliche Kostensenkungen lassen sich dadurch erreichen, daß Konstruktionen mit einem möglichst hohen Anteil an Normteilen (Stifte, Bolzen, Schrauben usw.) sowie vorgefertigten Halbzeugen (Profile, Bleche, Bänder, Drähte und Rohre) ausgeführt werden. **Tafel 3.45** gibt eine Übersicht über allgemein verfügbare Halbzeuge und **Tafel 3.46** enthält genormte Profile aus Stahl und Nichteisenmetallen. Hinweise zu speziellen, in den nachfolgenden Abschnitten des Buches dargestellten Konstruktionswerkstoffen sind **Tafel 3.47** zu entnehmen.
Eine Zusammenstellung ausgewählter Normen und Richtlinien zum Abschnitt 3.6. enthält **Tafel 3.48.**

Literatur zum Abschnitt 3.6.

(Grundlagenliteratur s. Literatur zum Abschnitt 1.)

Bücher

[3.6.1] *Eisenkolb, F.:* Einführung in die Werkstoffkunde. Bde. 1 bis 6. 5. Aufl. Berlin: Verlag Technik 1964.
[3.6.2] *Schatt, W.; Worch, H.:* Werkstoffwissenschaft. 9. Aufl. Weinheim: Wiley-VCH 2003.
[3.6.3] *Riehle, M.; Simmchen, E.:* Grundlagen der Werkstofftechnik. 2. Aufl. Weinheim: Wiley-VCH 2000.
[3.6.4] *Schatt, W.; Simmchen, E.; Zouhar, G.:* Konstruktionswerkstoffe des Maschinen- und Anlagenbaues. 5. Aufl. Weinheim: Wiley-VCH 1998.
[3.6.5] *Hornbogen, E.:* Werkstoffe. 7. Aufl. Berlin, Heidelberg: Springer-Verlag 2002.
[3.6.6] *Racho, R.; Krause, K.:* Spezielle Werkstoffe der Elektrotechnik/Elektronik. 4. Aufl. Leipzig: Deutscher Verlag für Grundstoffindustrie 1986.
[3.6.7] *Lünnemann, G.; Repenning, K.:* Handbuch der Elektrotechnik/Elektronik. Heidelberg: Hüthig-Verlag 1983.
[3.6.8] *Fischer, H.; Hoffmann, H.; Spindler, J.:* Werkstoffe in der Elektrotechnik. Grundlagen, Aufbau, Eigenschaften, Prüfung, Anwendung, Technologie. 5. Aufl. München, Wien: Carl Hanser Verlag 2003.
[3.6.9] *Bernst, R.:* Werkstoffe im wissenschaftlichen Gerätebau. Leipzig: Akademische Verlagsgesellschaft Geest & Portig K.-G. 1975.
[3.6.10] *Bergmann, W.:* Werkstofftechnik. Teil 1: Grundlagen. 5. Aufl. 2003. Teil 2: Anwendung. München, Wien: Carl Hanser Verlag 2002.
[3.6.11] Baustähle der Welt. Bd. 1: Großbaustähle(1964). Bd. 2: Maschinenbaustähle (1968). Bd. 3: Sonderstähle (1982). Leipzig: Deutscher Verlag für Grundstoffindustrie.
[3.6.12] *Blumenauer, H.:* Werkstoffprüfung. 6. Aufl. Leipzig: Deutscher Verlag für Grundstoffindustrie 1994.
[3.6.13] *Schröder, K.-H.; u. a.:* Kontaktstarke Werkstoffe – Werkstoffe für elektrische Kontakte und ihre Anwendungen. 2. Aufl. Grafenau: expert-Verlag 1997.
[3.6.14] *Bollinger, H.; Teubner, W.:* Industrielle Vakuumtechnik. Leipzig: Deutscher Verlag für Grundstoffindustrie 1980.
[3.6.15] *Schatt, W.; Wieters, K.-P.:* Pulvermetallurgie – Technologie und Werkstoffe. Düsseldorf: VDI-Verlag GmbH 1994.
[3.6.16] *Mainka, J.:* Härtetechnisches Fachwissen. 4. Aufl. Leipzig: Deutscher Verlag für Grundstoffindustrie 1989.
[3.6.17] *v. Oeteren, K. A.:* Konstruktion und Korrosionsschutz. Hannover: Vicentz-Verlag 1967.
[3.6.18] *Merkel, M.; Thomas, K.-H.:* Taschenbuch der Werkstoffe. 6. Aufl. München, Wien: Carl Hanser Verlag 2003.
[3.6.19] *Domininghaus, H.:* Die Kunststoffe und ihre Eigenschaften. 5. Aufl. Berlin, Heidelberg, New York: Springer-Verlag 1998.
[3.6.20] *Menges, G.:* Werkstoffkunde Kunststoffe. 5. Aufl. München, Wien: Carl Hanser Verlag 2002.
[3.6.21] *Greiner, H.:* Plastwerkstoffe in der Feingerätetechnik. Berlin: Verlag Technik 1973.
[3.6.22] *Erhard, G.:* Konstruieren mit Kunststoffen. 2. Aufl. München, Wien: Carl Hanser Verlag 1999.

[3.6.23] *Oberbach, K.:* Kunststoff-Kennwerte für Konstrukteure. 2. Aufl. München, Wien: Carl Hanser Verlag 1980.
[3.6.24] *Saechtling, H.:* Kunststoff-Taschenbuch. 28. Aufl. München, Wien: Carl Hanser Verlag 2001.
[3.6.25] *Krause, W.:* Plastzahnräder. Berlin: Verlag Technik 1985.
[3.6.26] *Woebcken, W.:* Kunststoff-Lexikon. 9. Aufl. München, Wien: Carl Hanser Verlag 1998.
[3.6.27] *Becker, G. W.; Braun, D.; Woebcken, W.:* Duroplaste. 2. Aufl. München, Wien: Carl Hanser Verlag 1998.
[3.6.28] *Gächter, R.; Müller, H.:* Taschenbuch der Kunststoff-Additive. 3. Aufl. München, Wien: Carl Hanser Verlag 1989.
[3.6.29] *Michaeli, W.; u. a.:* Kunststoff-Bauteile werkstoffgerecht konstruieren. München, Wien: Carl Hanser Verlag 1995.
[3.6.30] DIN-Taschenbuch 3. Maschinenbau (2003), 401 bis 405 (2002), 28 (1998). Stahl und Eisen; Gütenormen, Maßnormen. Berlin, Köln: Beuth Verlag GmbH.
[3.6.31] DIN-Taschenbuch 456 bis 457. Kupfer. Berlin, Köln: Beuth Verlag GmbH 2000. DIN-Taschenbuch 450 (1998) bis 452. Aluminium. Berlin, Köln: Beuth Verlag GmbH 2002.
[3.6.32] DIN-Taschenbuch 459. Blei, Magnesium, Nickel, Titan, Zink, Zinn und deren Legierungen. Berlin, Köln: Beuth Verlag GmbH 2003.
[3.6.33] DIN-Taschenbuch 19 (2000), 56 (2000), 205 (2002). Materialprüfnormen. Berlin, Köln: Beuth Verlag GmbH 2003.
[3.6.34] DIN-Taschenbuch 454. Gießereiwesen 1. Stahlguß und Gusseisen, 455. Gießereiwesen 2. Nichteisenmetallguß. Berlin, Köln: Beuth Verlag GmbH 1999.
[3.6.35] DIN-Taschenbuch 21. Duroplast-Kunstharze, Duroplast-Formmassen: Normen. Berlin, Köln: Beuth Verlag GmbH 1990.
[3.6.36] DIN-Taschenbuch 51. Halbzeuge aus thermoplastischen Kunststoffen. Berlin, Köln: Beuth Verlag 2001.
[3.6.37] DIN -Taschenbuch 18. Kunststoffe, Mechanische und thermische Eigenschaften, Prüfnormen. Berlin, Köln: Beuth Verlag GmbH 1997.
[3.6.38] DIN-Taschenbuch 235. Schaumstoffe, Prüfung, Anforderung, Anwendung. Berlin, Köln: Beuth Verlag GmbH 2002.

Aufsätze

[3.6.40] *Kluge, M.; Däppen, R.:* Neusilber-Legierungen. prometall (Schweizerische Fachzeitschrift für Kupfermetall) 27 (1974) IV, S. 8.
[3.6.41] *Siemens, D.; Stüer, H.; Dürrschnabel, W.:* Das Biegeverhalten von Kupferwerkstoffen für federnde Bauteile. Feinwerktechnik und Meßtechnik 89 (1981) 1, S. 24.
[3.6.42] *Schropp, H.:* Magnesium und seine Legierungen als Konstruktionswerkstoff. Konstruktion 8 (1956) 2, S. 41.
[3.6.43] *Schwer, H.:* Magnesium-Druckgußteile in der Büromaschinenindustrie. Feinwerktechnik 70 (1966) 12, S. 560.
[3.6.44] *Straßmann, I.:* Beryllium und berylliumhaltige Legierungen. Feinwerktechnik und Meßtechnik 84 (1976) 3, S. 105.
[3.6.45] *Joksch, Ch.:* Kobalt – der wertvolle Rohstoff für Dauermagnete. Feinwerktechnik und Meßtechnik 88 (1980) 4, S. 157.
[3.6.46] *Pawlek, F.:* Neue Magnetwerkstoffe und ihre Anwendung in der Feinwerktechnik. Feinwerktechnik 60 (1956) 4, S. 119.
[3.6.47] *Zumbusch, W.:* Dauermagnet-Systeme. Feinwerktechnik 60 (1956) 9, S. 311; 11, S. 407.
[3.6.48] *Fahlenbach, H.:* Die weichmagnetischen Werkstoffe und ihre Bedeutung. Feinwerktechnik und Meßtechnik 86 (1978) 7, S. 341.
[3.6.49] *Fahlenbach, H.:* Amorphe metallische Werkstoffe und ihre magnetischen Eigenschaften. Feinwerktechnik und Meßtechnik 86 (1978) 5, S. 236.
[3.6.50] *Neutwig, K.:* Keramische Magnete und ihre praktische Bedeutung. Feinwerktechnik 59 (1955) 5, S. 160.
[3.6.51] Schlenk, K. W.: Amorphe Metalle – Metalle ohne Kristallstruktur. Feinwerktechnik und Meßtechnik 87 (1979) 1, S. 44.
[3.6.52] *Dorff, D.; Schlenk, W.:* Magnetwerkstoffe in Druckersystemen. Feinwerktechnik und Meßtechnik 90 (1982) 5, S. 219.
[3.6.53] *Lettner, J.:* Glas als Buntmetallersatz. Feingerätetechnik 3 (1954) 6, S. 255.
[3.6.54] *Schmidt, O. H.:* Einsatzmöglichkeiten keramischer Werkstoffe in der Feingerätetechnik. Feingerätetechnik 3 (1954) 6, S. 243.
[3.6.55] *Kahl, F.:* Konstruieren mit Glas und Glaskeramik bei elektronischen Präzisions-Bauelementen. Microtechnic 27 (1973) 1, S. 53; 3, S. 141.
[3.6.56] *Seifried, G. W.:* Aufbau, Bauformen und Einsatzgebiete von Metall-Kunststoff-Verbundwerkstoffen. Feinwerktechnik und Meßtechnik 92 (1984) 7, S. ZM 105.
[3.6.57] *Weber, A.:* Werkstoff- und fertigungsgerechtes Konstruieren mit thermoplastischen Kunststoffen. Konstruktion 16 (1964) 1, S. 2.
[3.6.58] *Wunderlich, G.:* Hochpolymere Werkstoffe und ihre Anwendung im Gerätebau. Feingerätetechnik 13 (1964) 1, S. 22.
[3.6.59] *Beck, H.; Jacobi, R.:* Polyamide als Konstruktionswerkstoffe der Feinwerktechnik. Feinwerktechnik 59 (1955) 1, S. 10.
[3.6.60] *Greiner, H.:* Plastwerkstoffe in der optischen Industrie. Feingerätetechnik 8 (1959) 6, S. 243.
[3.6.61] *Lapp, M.:* Polycarbonate – ein Überblick. Plaste und Kautschuk 37 (1990) 11, S. 361.
[3.6.62] VDI-Bericht Nr. 47. Werkstoffe der Feinwerktechnik. Düsseldorf: VDI-Verlag 1959.

[3.6.63] *Otte, J.:* Konstruieren mit Kunststoffen in der Feinwerktechnik. Feinwerktechnik 75 (1971) 2, S. 49.
[3.6.64] *Klotzsche, R.:* Thermoplastische Werkstoffe für Stirnräder der Feingerätetechnik. Feingerätetechnik 27 (1978) 5, S. 230.
[3.6.65] *Bauer, W.; Rörick, W.; Singer, E.:* Verarbeitungsverhalten von Formmassen. Feinwerktechnik und Meßtechnik 89 (1981) 1, S. 13.
[3.6.66] *Krause, W.; Phan Ba:* Plastgleitlager in der Feingerätetechnik. Feingerätetechnik 27 (1978) 4, S. 178.
[3.6.67] *Dominghans, H.:* Auswahlkriterien bei Kunststoffen. Feinwerktechnik und Meßtechnik 85 (1977) 1, S. 38; 2, S. 89; 4, S. 180.
[3.6.68] *Dominghans, H.:* Verbesserte, bekannte und neue Kunststoffe – Werkstoffe der Feinwerktechnik. Feinwerktechnik und Meßtechnik 87 (1979) 6, S. 271.
[3.6.69] *Dominghans, H.:* Sortiment und Entwicklungstendenzen bei technischen Kunststoffen. Feinwerktechnik und Meßtechnik 88 (1980) 5, S. 251 (Teil 1); 6, S. 311 (Teil 2); 7, S. 377 (Teil 3).
[3.6.70] *Weck, M.; Nottebaum, Th.:* Rechnergestützte Strukturoptimierung des thermoelastischen Verhaltens faserverstärkter Kunststoffe. Konstruktion 46 (1994) 7/8, S. 275.
[3.6.71] *Michael, W.; Schlegel, W.:* Formteil-Datenbank zur Unterstützung der frühen Phasen in der Produktentwicklung von Kunststoff-Formteilen. Konstruktion 47 (1995) 11, S. 370.
[3.6.72] *Agatonovic, P.:* Werkstoffgerechter Entwurf von Strukturen und Bauteilen aus faserverstärkten Keramiken. Konstruktion 49 (1997) 7/8, S. 17.
[3.6.73] *Flemming, M.; Zogg, M.:* Recycling von faserverstärkten Kunststoffen. Konstruktion 49 (1997) 5, S. 21.
[3.6.74] *Grothe, K.-H.; u. a.:* Recyclinggerechtes Konstruieren von Verbundkonstruktionen. Konstruktion 49 (1997) 6, S. 49.
[3.6.75] *Werner, R.:* Keramik erobert die Meß- und Präzisionstechnik. Feinwerktechnik · Mikrotechnik · Mikroelektronik 106 (1998) 11, S. 854.
[3.6.76] *Dehmel, S.; u. a.:* Nutzung der Materialeigenschaften in Gußeisenkonstruktionen. Konstruktion 52 (2000) 7/8, S. 22.
[3.6.77] *Menk, W.; Kupferschmid, R.:* Leichtbau mit Eisenguß. Konstruktion 52 (2000) 7/8, S. 28.
[3.6.78] *Brungs, D.; Mertz, A.:* Innovation bei Gußwerkstoffen. Konstruktion 52 (2000) 7/8, S. 33.
[3.6.79] *Kinzler, T.; u. a.:* Magnesium-Legierungen AZ 91 HP und AM 50 HP. Konstruktion 52 (2000) 7/8, S. 37.
[3.6.80] *Adam, E.:* Materialien aus dem Rechner. Konstruktion 53 (2001) 6, S. 67.
[3.6.81] *Hipke, T.; Wunderlich, T.:* Werkstoffwahl in der Praxis. Konstruktion 53 (2001) 1–2, S. 55.

• **Hinweis** für Kurzbezeichnung der Werkstoffe. Für Stähle und weitere Werkstoffe erfolgt derzeit eine Umstellung von DIN- auf EN-Normen (s. auch Tafel 3.48). Damit verbunden ist die Änderung der in bisherigen Normen enthaltenen Kurzbezeichnungen, die jedoch noch nicht abgeschlossen ist. Deshalb werden in den weiteren Abschnitten des Buches die Kurzbezeichnungen aus den DIN-Normen vorerst weiter verwendet. Den derzeitigen Stand verdeutlicht die Gegenüberstellung in den Tafeln 3.38 und 3.39.

4. Mechanische Verbindungen

Die mechanische Verbindung von Teilen soll die Anordnung der Elemente und deren Zusammenhang entsprechend der geforderten Funktion gewährleisten sowie Montage und Zerlegbarkeit bei Fertigung, Wartung, Reparatur, Elementeaustausch u. a. auf ökonomische Weise ermöglichen. Ihre Kosten haben einen hohen Anteil an den Gesamtkosten des Erzeugnisses.
Die große Vielfalt von Ausführungsformen mechanischer Verbindungen in der Feinwerktechnik erfordert deren systematische Ordnung [1.1] [4.1.3] [4.1.10] bis [4.1.12], um damit Auswahl und Anwendung zu erleichtern.

4.1. Eigenschaften, Einteilung und Auswahl

Durch eine feste mechanische Verbindung werden zwei oder mehrere Teile in unveränderlicher Relativlage miteinander gekoppelt, auch bei Einwirkung von Kräften und Momenten, wenn
① die zu verbindenden Teile paarungsfähige Flächen erhalten,
② diese in körperlichen Zusammenhang gebracht und
③ so gesichert werden, daß sich ein Freiheitsgrad $f = 0$ ergibt.
Bewegliche Verbindungen mit einem Freiheitsgrad $f > 0$ sind Gelenke (Lager, Führungen), welche im Abschnitt 8. behandelt werden.

Der Terminus „Sichern" einer Verbindung wird hier im Sinne des *Verbindens* bzw. des *Herstellens* gebraucht, während darunter in den folgenden Abschnitten, insbesondere im Abschnitt 4.4., das Verhindern des unbeabsichtigten Lösens einer Verbindung durch zusätzliche Bauteile oder geeignete Gestaltung zu verstehen ist.

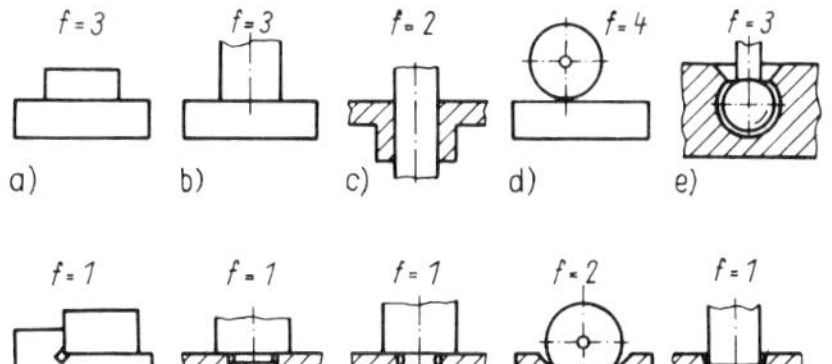

Bild 4.1.1. Geometrische Elementenpaare als Grundlage mechanischer Verbindungen (s. auch Bild 8.3.9)

Beim Aufbau einer festen Verbindung ist zunächst die Paarungsfähigkeit der zu verbindenden Teile zu überprüfen. Dies geschieht durch gedankliches Zusammenbringen der Flächen, an denen der körperliche Zusammenhang erfolgen soll. Beispiele für paarungsfähige Teile zeigt **Bild 4.1.1.** Dabei ist es zunächst gleichgültig, wie diese Elemente hergestellt und in Zusammenhang gebracht werden. Die Elementenpaare sind so zu wählen, daß sie unmittelbar die funktionswichtigen Größen (Kräfte, Momente, Wärme, elektrischen Strom) übertragen können, einfach herstellbar sind und die Montage der Verbindung (z. B. durch Zentrieren, Bild 4.1.1j) unterstützen. Der Freiheitsgrad der Paarung bietet Bewegungsmöglichkeiten für Justiervorgänge vor dem Sichern der Verbindung. Jedoch erschwert ein zu großer Freiheitsgrad die Lageorientierung, was man durch Kombination von Elementenpaaren verbessern kann (Bilder 4.1.1f, g, h, i).
Das körperliche Zusammenbringen der Teile erfolgt durch Fügen, dessen Richtung durch das verwendete Elementenpaar festgelegt wird **(Bild 4.1.2)**. Die Paarung Ebene–Ebene kann man in allen Richtungen des Halbraumes außerhalb der Ebene fügen. Der Fügebereich von

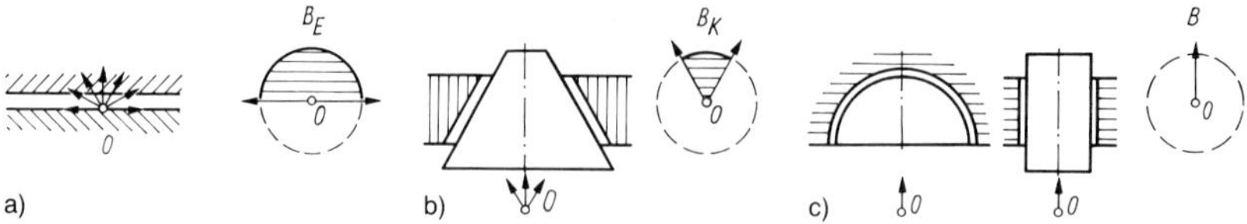

Bild 4.1.2. Fügebereiche verschiedener Elementenpaare [4.1.10]

a) B_E Fügebereich der Ebene; b) B_K Fügebereich des Kegels; c) B Fügerichtung von Zylinder und Halbkugel; *0* Aufpunkt (Bezugspunkt)

Kegelflächen entspricht dem Raumwinkel mit dem Öffnungswinkel des Kegels. Andere Elementenpaare (wie im Bild 4.1.2c) besitzen nur eine Fügerichtung.

Bei Verbindungen mit mehr als zwei Teilen (Schachtelverbindungen, s. Abschnitt 4.5.) sind die Teile in einer bestimmten Fügefolge bzw. in Fügezyklen in Zusammenhang zu bringen. Beim Fügen geschieht das Annähern der Teile in der Regel bis zur Berührung. Bei Kleb-, Löt- und Kittverbindungen muß eine Fuge verbleiben, die den notwendigen Fügestoff aufnehmen kann. Diese Zusammenhänge und Eigenschaften von Flächenpaaren sind besonders zu beachten, wenn Fügevorgänge zu automatisieren sind (s. Abschnitt 2.1.3.).

Dem Fügen folgt das Sichern der Verbindung; es sind alle im Elementenpaar noch vorhandenen Bewegungsfreiheiten zu beseitigen, so daß die Verbindung den Freiheitsgrad $f = 0$ erhält. Um eine Verbindung zwangfrei zu gestalten, muß die Summe aller durch konstruktive Maßnahmen geschaffenen Unfreiheiten u wegen

$$u_{\text{zul}} = 6 - f \tag{4.1}$$

$u = 6$ sein. Bei $u_{\text{vorh}} > 6$ ist die Verbindung überbestimmt. An festen Verbindungen lassen sich Überbestimmtheiten häufig nicht vermeiden. Die nachteiligen Zwangskräfte sind dann durch elastische Bauweise, Justierung oder gemeinsame Bearbeitung mit dem Ziel, identische Maße zu erreichen, in unschädlichen Grenzen zu halten **(Bild 4.1.3)**. Diese Maßnahmen sind besonders dann erforderlich, wenn die Relativlage der Teile mit hoher Genauigkeit einzuhalten ist. Das Verbinden erfolgt mittels Stoffschluß, Formschluß, Kraftschluß oder Kombination zwischen ihnen.

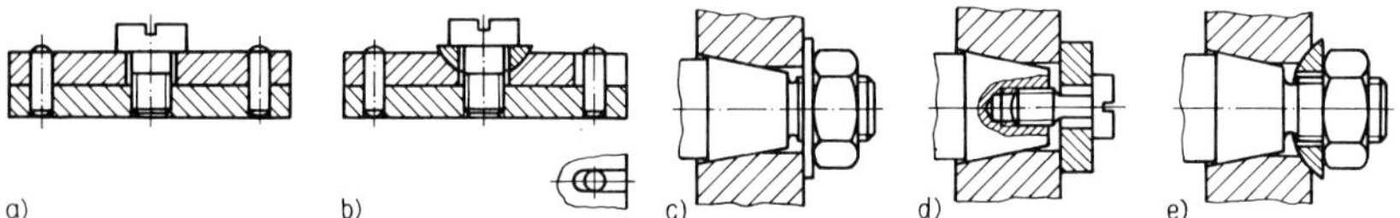

Bild 4.1.3. Beherrschen von Überbestimmtheiten an Verbindungen

a) überbestimmte Stiftverbindung (zwangarm durch Bohren der Paßstiftlöcher im montierten Zustand); b) zwangfreie Stiftverbindung; c) überbestimmte Welle-Nabe-Verbindung; d) zwangarme Verbindung durch elastische Bauweise (biegsamer Schraubenschaft); e) zwangfreie Verbindung durch zusätzliche Freiheiten (Unterlegscheibe mit Kugelfläche)

Stoffschluß nutzt molekulare Kräfte innerhalb der Werkstoffe (Kohäsion beim Schweißen) oder an den Grenzflächen verschiedener Werkstoffe (Adhäsion beim Löten, Kleben und Kitten). Stoffschlüssige Verbindungen sind spielfrei und in der Regel ohne Zerstörung des Stoffgefüges nicht lösbar. In Ausnahmefällen sind sie bedingt lösbar, wie z. B. Lötverbindungen elektrischer Leiter oder gekittete Optikteile.

Formschluß entsteht durch ein Flächenpaar, das zu dem vorhandenen hinzutritt und mit diesem keine gemeinsame Fügerichtung besitzt **(Bild 4.1.4)**.

Die Verbindung eines konischen Bolzens mit einer entsprechenden Hülse ist durch Anbringen eines weiteren Elementenpaars, z. B. einer Kugelkalotte, mittels plastischen Verformens

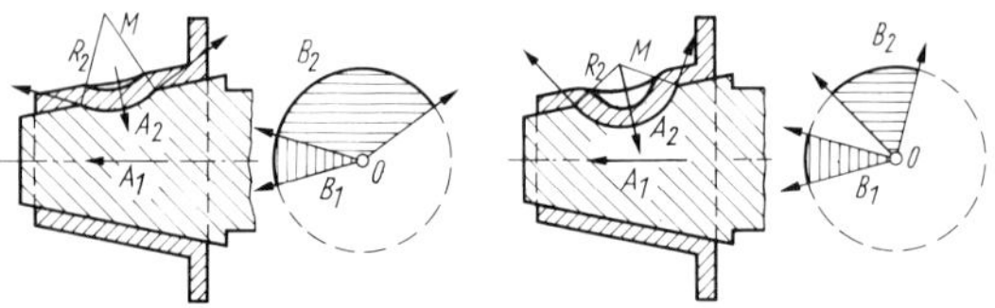

Bild 4.1.4. Bedingung für den Formschluß [4.1.10]

B_1 Fügebereich des Kegels *1*; B_2 Fügebereich der Kugel *2*; A_1, A_2 Drehachsen; *0* Aufpunkt (Bezugspunkt)

nach dem Fügen zu sichern. Der Fügebereich B_2 entspricht dem durch die Neigung der eingezeichneten Endtangenten der Kalottenfläche gegebenen Raumwinkel. Er hat (Bild 4.1.4a) mit dem der Kegelpaarung noch eine gemeinsame Richtung, so daß die Verbindung entlang der linken Mantellinie des Kegels lösbar und in diesem Grenzfall nicht gesichert ist. Verkleinert man R_2 (Bild 4.1.4b), so verändert sich der Fügebereich B_2, und die Formschlußbedingung ist eingehalten. Besitzen rotationssymmetrische Elementenpaare eine gemeinsame Drehachse **(Bild 4.1.5)**, so bleibt trotz Sicherung der Verbindung noch der Freiheitsgrad der Rotation. Drehsicherung erreicht man durch zusätzlichen Kraftschluß (Bild 4.1.5b) oder eine solche Anordnung des zweiten Elementenpaares, daß dessen Drehachse mit der vorhandenen nicht zusammenfällt (Bilder 4.1.4 und 4.1.5d).

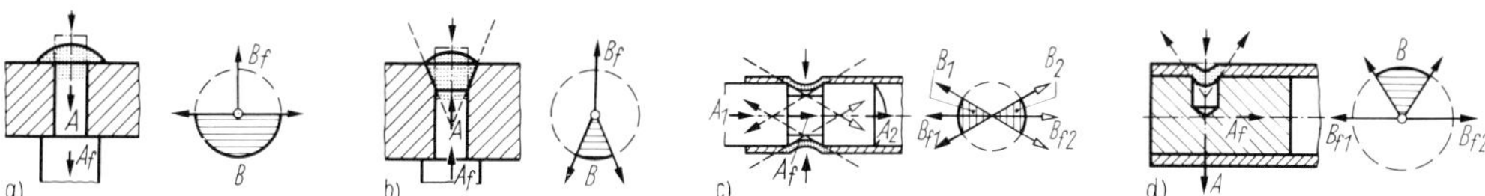

Bild 4.1.5. Formschlüssige Verbindungen

a) Nietverbindung (nicht drehgesichert); b) Nietverbindung (durch Kegel kraftschlüssige Drehsicherung); c) Verbindung zylindrischer Teile mittels Sicken (nicht drehgesichert); d) drehgesicherte Verbindung zylindrischer Teile
A, A_1, A_2 Drehachsen; A_f Drehachsen der gefügten Teile; B, B_1, B_2 Fügebereiche; B_f Fügerichtung

Die verschiedenen Formschlußverbindungen unterscheiden sich nach dem technologischen Vorgang der Bildung des zweiten Elementenpaares, welches vor, bei oder nach dem Fügen entstehen kann. Je nach Art der erforderlichen Verformung sind sie lösbar, bedingt lösbar oder unlösbar. Reine formschlüssige Verbindungen besitzen Spiel.

Tafel 4.1.1. Systematik der mechanischen Verbindungen (nach [4.1.10])

Zahl der Teile	Art der Sicherung		entsteht durch				Verbindungsart		
zwei	a) Stoffschluß	Kohäsion	eigenen			Fügestoff	Schweißen Einschmelzen	× ×	– –
	a) Stoffschluß	Adhäsion	fremden			Fügestoff	Löten Kleben Kitten	• • •	o– o– o–
	b) Formschluß	Elementenpaarbildung	plastisches	Verformen	nach	dem Fügen	Nieten Bördeln Sicken Falzen Einrollen Lappen, Schränken Blechsteppen	× × × × × × •	– – – – – o– +o
	b) Formschluß	Elementenpaarbildung	plastisches	Verformen	bei	dem Fügen	Einbetten	×	–
	b) Formschluß	Elementenpaarbildung	elastisches	Verformen	vor	dem Fügen	Einspreizen	×	+o
	c) Kraftschluß	Reibung	elastisches	Verformen	bei	dem Fügen	Einpressen	×	o
	c) Kraftschluß	Reibung	plastisches	Verformen	nach	dem Fügen	Verpressen, Quetschen	×	o–
	c) Kraftschluß	Reibung	elastisches	Verformen		dem Fügen	Keilen Schrauben Klemmen Einrenken Wickeln	× × • × ×	+ + + + o
mehr als zwei	beliebig a, b, c		Paarung von mindestens drei Teilen				Schachteln	×	+o

Verbindungsart: auch (×) oder nur (•) mittelbar möglich; lösbar (+), bedingt lösbar (o), nicht lösbar (–)

Kraftschluß benutzt äußere Kräfte, die an den Fügeflächen Reibung erzeugen und somit die Verbindung spielfrei sichern. Die notwendigen Kräfte lassen sich unter Nutzung der Elastizität der gefügten Teile (Preßverbindungen) erzeugen oder mit Hilfe zusätzlicher kraftverstärkender sowie krafterzeugender Elemente (Keil, Schraube, Kegel, Exzenter, Feder, Magnet u. a., Tafel 2.6) von außen aufbringen. Kraftschlüssige Verbindungen der letzten Gruppe sind durch Aufheben der Kraftwirkung lösbar und ermöglichen beliebige Relativlagen der Teile, so daß sie sich gut für Justierzwecke eignen.
Im allgemeinen benötigt man beim Aufbau eines Geräts aus n Bauelementen $(n - 1)$ Paarungen und für jedes Elementenpaar eine Sicherung. Es gibt aber eine Bauweise, bei der zyklisches Verketten der Formelemente von mehr als zwei Bauteilen nur am letzten gefügten Teil eine Sicherung erfordert: das Schachteln.

Schachtelverbindungen ersparen bei geschickter Anwendung Fertigungszeit und -aufwand (s. Abschnitt 4.5.).

Tafel 4.1.1 ordnet die mechanischen Verbindungen nach den besprochenen Wesensmerkmalen. Bei Auswahl einer geeigneten Verbindungsart sind zahlreiche Gesichtspunkte zu beachten. Priorität haben dabei die *Anforderungen an die Funktion*:

- Übertragen physikalischer Größen (Kräfte, Momente, elektrischer Strom, Wärme)
- Verhindern der Übertragung von Größen (Isolierung, Abdichtung)
- Festigkeit, Steifigkeit und Beanspruchungen (s. Abschnitt 3.5.)
- Spiel und Zwang
- Relativlage der Teile (diskrete/beliebige Stellungen, Lageabweichungen, Reproduzierbarkeit, Justierbarkeit)
- Reaktion auf Störgrößen (Schwingungen, Stöße, Wärme, Staub, Feuchte, Korrosion, Alterung).

Konstruktive Ausführungen benutzen oft mehrere der Verbindungsarten nach Tafel 4.1.1 gleichzeitig (vgl. Bild 4.1.5b), um spezielle Anforderungen, z. B. unterschiedlichen Grad der Sicherung in einzelnen Koordinatenrichtungen, Beseitigung von Spiel, Erhöhung der elektrischen Leitfähigkeit u. a., innerhalb einer Verbindung zu realisieren.

Empfehlungen zur weiteren Lektüre

Eigenschaften, Berechnung und Gestaltung wichtiger feinmechanischer Verbindungen behandeln die folgenden Abschnitte 4.2. bis 4.5. und ausgewählter elektrischer Verbindungen der Abschnitt 5.
Das Fassen optischer Bauelemente wird in [1.2] (s. Literatur zum Abschnitt 1.) behandelt.

Literatur zu den Abschnitten 4.1. und 4.5.

(Grundlagenliteratur s. Literatur zum Abschnitt 1.)

Bücher, Dissertationen

[4.1.1] *Roth, K.:* Konstruieren mit Konstruktionskatalogen. Berlin, Heidelberg: Springer-Verlag 1982.
[4.1.2] *Wittke, K.; Füssel, U.:* Kombinierte Fügeverbindungen. Berlin, Heidelberg, New York: Springer-Verlag 1996.
[4.1.3] *Gao, X.:* Systematik der Verbindungen – Ein Beitrag zur Konstruktionsmethodik. Diss. RWTH Aachen 1983.
[4.1.4] *Neubert, H.:* Simultan lösbare Verbindungen zur Rationalisierung der Demontage in der Feinwerktechnik. Diss. TU Dresden 2000.

Aufsätze

[4.1.10] *Bischoff, W.:* Über die Arten der mechanischen Verbindungen. Feingerätetechnik 7 (1958) 9, S. 392.
[4.1.11] *Koller, R.:* Entwicklung einer Systematik für Verbindungen – ein Beitrag zur Konstruktionsmethodik. Konstruktion 36 (1984) 5, S. 173.
[4.1.12] *Roth, K.:* Systematik fester Verbindungen als Grundlage für ihre sinnvolle Anwendung und Weiterentwicklung. VDI-Zeitschrift 122 (1980) 10, S. 381.
[4.1.13] *Rabe, K.:* Zusammenbau in Schachtelbauweise. Feinwerktechnik 54 (1950), S. 132.
[4.1.14] *Bischoff, W.:* Schachtelverbindungen. Wiss. Zeitschrift der TH Ilmenau 10 (1964) 1/2, S. 77.
[4.1.15] VDI/VDE-Richtlinie 2251. Feinwerkelemente, Verbindungen; VDI-Richtlinie 2232: Methodische Auswahl fester Verbindungen; Systematik, Konstruktionskataloge, Arbeitshilfen. Düsseldorf: VDI-Verlag 1990.
[4.1.16] *Krause, W.; Neubert, H.:* Rationelle Demontage – Wie pneumatisch lösbare Verbindungen das Recycling erleichtern. Feinwerktechnik · Mikrotechnik · Mikroelektronik 108 (2000) 4, S. 48.

4.2. Stoffschlüssige Verbindungen

Zeichen, Benennungen und Einheiten

A	Querschnittsfläche in mm^2
A_B, A_P	Querschnittsfläche des Schweißbuckels, Schweißpunktes in mm^2
D, D_1	Wellen-, Rohr-, Bolzen-, Bohrungsdurchmesser in mm
E	Elastizitätsmodul in N/mm^2
F	Kraft in N
F_D	halbe Gesamtkraft in N
F_H, F_V	Horizontal-, Vertikalkraft in N
F_n, F'_n	Normalkraft, Komponente der Normalkraft in N
F_t	Tangential-, Umfangskraft in N
F_Q	Querkraft in N
F_x	Axialkraft in N
M_b	Biegemoment in N · mm
M_d	Drehmoment, Torsionsmoment in N · mm
R_e	Streckgrenze in N/mm^2
R_m	Bruchgrenze, Zugfestigkeit in N/mm^2
S	Sicherheitsfaktor
W_b, W_t	Widerstandsmoment gegen Biegung, gegen Torsion in mm^3
a	Nahtdicke in mm
b, b_B	Breite, Buckelbreite in mm
b_H, b_N	Hebel-, Nabenbreite in mm
d	Durchmesser in mm
d_a	Außen-, Rohraußendurchmesser in mm
d_P	Punktdurchmesser in mm
i	Abminderungsfaktor
l	Länge, Nahtlänge in mm
l_B	Buckellänge in mm
$l_1 \ldots l_3$	Rand-, Teilungs-, Reihenabstand beim Punkt- und Buckelschweißen in mm
$l_ü$	Überlapplänge in mm
m	Poissonsche Konstante
n	Zahl der belasteten Querschnitte längs der Schweißpunktachse
p	Flächenpressung in N/mm^2
p_A	Arbeitsflächenpressung beim Diffusionsschweißen in N/mm^2
s	Dicke, Blech-, Wanddicke in mm
z	Zahl der belasteten Schweißpunkte
α	Längen-Temperaturkoeffizient in m/(m · K), Minderungsfaktor
α_o	Anstrengungsverhältnis
β	Winkel, Schrägungswinkel in °
$\Delta\alpha$	Differenz zwischen Längen-Temperaturkoeffizienten in m/(m · K)
ΔD	Differenz zwischen größtem und kleinstem Diameter einer unrunden Querschnittsfläche in mm
ϑ	Gebrauchstemperatur in °C
ϑ_A	Arbeitstemperatur in °C
ϑ_E	Erstarrungstemperatur des Glases in °C
ν	Querzahl, Querkontraktionszahl ($\nu = 1/m$)
σ	Normalspannung in N/mm^2
σ_A	Ausschlagfestigkeit in N/mm^2
$\sigma_{AD}, \sigma_{ADK}$	Dauerausschlagfestigkeit, bei gekerbten Bauteilen in N/mm^2
σ_b	Biegespannung in N/mm^2
σ_{bF}	Fließgrenze bei Biegebeanspruchung in N/mm^2
σ_l	Lochleibung in N/mm^2
σ_{Sch}	Schwellfestigkeit in N/mm^2
σ_v	Vergleichsspannung in N/mm^2
τ_B	Scherfestigkeit (Bruchfestigkeit bei Scherbeanspruchung) in N/mm^2
τ_F	Fließgrenze bei Scherbeanspruchung in N/mm^2
τ_a	Scherspannung in N/mm^2
τ_t	Torsionsspannung in N/mm^2

Indizes

L	Lot
Sch	Schwellfestigkeit
Schw	Schweißnaht
W	Wechselfestigkeit
b	Biegung
d	Druck
erf	erforderlicher Wert
ges	Gesamtwert
vers	Versagens-(Spannung)
vorh	vorhandener Wert
z	Zug
zul	zulässiger Wert

Der diese Verbindungen kennzeichnende Stoffschluß besteht im Ineinanderfließen der Werkstoffe der Verbindungspartner im Bereich der Verbindungsfuge *(Schmelzschweißen)*, in der Diffusion zwischen im teigigen Zustand gefügten Bauteilen *(Preßschweißen)* bzw. zwischen schmelzflüssigem oder teigigem Partner und einem festen Partner *(Löten, Einschmelzen)* sowie in der maximalen Annäherung der Grenzflächen der Bauteile, bei der molekulare Anziehungskräfte (Adhäsion) wirksam sind, und zwar unmittelbar *(Einschmelzen)* oder vermittelt durch einen Zusatzwerkstoff *(Löten, Kleben, Kitten)*.

4.2.1. Schweißverbindungen [4.2.1.13]

Schweißverbindungen sind stoffschlüssige, unlösbare Verbindungen von Bauteilen aus Werkstoffen, die durch Erwärmung in den flüssigen Zustand gelangen oder nur mehr oder weniger erweichen. Demgemäß gliedern sich diese Verbindungen in *Schmelzschweißverbindungen* und *Preßschweißverbindungen*. Schmelzschweißen ist möglich bei Metallen und ihren Legierungen, während das Preßschweißen bei Metallegierungen, Thermoplasten und Gläsern anwendbar ist. Schweißverbindungen haben gegenüber anderen Verbindungen häufig ökonomische Vorteile. Auch für die Auswahl eines geeigneten Schweißverfahrens sind neben konstruktiven und technologischen Gründen wirtschaftliche Gesichtspunkte wesentlich, insbesondere in der Großserienfertigung.

4.2.1.1. Schweißverfahren, Eigenschaften und Anwendung [4.2.1.2] [4.2.1.4] [4.2.1.6]

Metallschweißverfahren eignen sich zum Verbinden von Bauteilen aus Stahl und anderen Metallen. Einige dieser Verfahren sind auch zum Verbinden von Nichtmetallen, z.B. Thermoplasten und Gläsern, brauchbar. Diese Werkstoffe werden jedoch gesondert behandelt, da ihre Temperatur-Zustands-Abhängigkeit von der der Metalle abweicht.
Metallschweißverbindungen lassen sich als Schmelzschweiß- und als Preßschweißverbindungen herstellen.

Schmelzschweißverfahren **(Tafel 4.2.1)** sind, abhängig von der Art der zum örtlichen Erwärmen der Bauteile nötigen Energie, gegliedert in Gasschmelzschweißverfahren, bei denen die Verbrennungswärme von Gasen die Schweißfuge erwärmt, sowie in Lichtbogenschweißverfahren, bei denen das Erwärmen durch einen elektrischen Lichtbogen erfolgt. In beiden Fällen kann mit oder ohne Zusatzwerkstoff geschweißt werden. Beim Gasschweißen erhitzt sich die Umgebung der Schweißfuge stärker als beim Lichtbogenschweißen. Deshalb sind gasgeschweißte Baugruppen der Gefahr des Verziehens und von störenden Schrumpfspannungen mehr ausgesetzt als elektrisch geschweißte.
Beide Verfahren sind abgewandelt worden. Die abgeleiteten Verfahren (s. auch Tafel 4.2.1) tragen einerseits der Forderung nach Leistungssteigerung und Qualitätsverbesserung Rechnung, andererseits erweitern sie den Anwendungsbereich.
Über die bisher genannten Verfahren hinaus gibt es Schweißverfahren, die die Energie von Licht- und Elektronenstrahlen sowie die elektrische Widerstandserwärmung zum Aufheizen der Schweißfuge nutzen.
Preßschweißverfahren **(Tafel 4.2.2)** gliedern sich in die Verfahren des elektrischen Widerstandspreßschweißens, des Abbrennstumpfschweißens (Schweißfuge durch Lichtbogen erhitzt) und des induktiven Preßschweißens (im Bauteil induzierte Wirbelströme erhitzen die Schweißfuge), in Verfahren, die ausschließlich mechanische Energie für die Schweißverbindung nutzen (Reibungsschweißen, Kaltpreßschweißen und das Ultraschallschweißen), sowie in solche, die mechanische und Wärmeenergie zum Herstellen der Verbindung erfordern (Thermokompressionsschweißen, Perkussionsschweißen und Diffusionsschweißen).

Größte Bedeutung in der Feinwerktechnik haben die Verfahren aus der Gruppe der elektrischen Widerstandspreßschweißverfahren (Punkt-, Buckel- und Rollen- oder Nahtschweißen), während die anderen Verfahren speziellen Anwendungen vorbehalten sind.

Kunststoffschweißverfahren. Im Gegensatz zu Metallen, die bei definierten Temperaturen in flüssigen Zustand gelangen, werden Thermoplaste jenseits einer bestimmten Temperatur, dem Transformationspunkt, plastisch. Die Plastizität wächst mit steigender Temperatur bis zum Zersetzungspunkt.
Diese Eigenarten der Thermoplaste bestimmen die Art der Schweißverfahren, die fast durchweg Preßschweißverfahren sind **(Tafel 4.2.3)**.

Neben eigens für die Thermoplaste entwickelten Verfahren (Heißluft-, Heizelement-, Extrusionsschweißen) werden auch solche angewendet, die beim Preßschweißen von Metallen Verwendung finden (Reibungs-, Hochfrequenz-, Induktions-, Lichtstrahl-, Laser- und Ultraschallschweißen), wenn auch teils mit Abwandlungen, die der Isolatoreigenschaft der Thermoplaste Rechnung tragen.

Glasschweißverfahren. Gläser werden wie Kunststoffe beim Erwärmen nicht bei einer bestimmten Temperatur flüssig, sondern jenseits des Einfrierpunktes allmählich plastisch. Schweißverfahren für Glasbauteile sind deshalb den Preßschweißverfahren zuzuordnen.

Tafel 4.2.1. Schmelzschweißverfahren

	Verfahren	Prinzip	Anwendung
	Gasschmelzschweißen Aufheizen von Fuge und Zusatzwerkstoff durch Gasflamme (Acetylen, Propan, Stadtgas)	*1* Verbindungspartner; *2* Schweißbrenner; *3* Zusatzwerkstoff	ohne Zusatzwerkstoff: Blech aus St mit $s = (0{,}5 \ldots 4)$ mm aus Al mit $s = (0{,}5 \ldots 1)$ mm mit Zusatzwerkstoff: Blech aus St mit $s = (4 \ldots 18)$ mm aus Al mit $s = (1 \ldots 15)$ mm
	Schweißen mit Miniaturgasflamme Brenngas ist Wasserstoff-Sauerstoff-Gemisch aus Kleingenerator (elektrolytische Spaltung von Wasser)		für Bleche mit $s \leqq 1{,}2$ mm und Stäbe mit $d \leqq 1{,}5$ mm
Offenes Lichtbogenschweißen	**mit abschmelzender Metallelektrode (E)** Aufheizung der Fuge durch Lichtbogen zwischen dieser und der Elektrode	*1* Verbindungspartner; *2* Metallelektrode, abschmelzend; *3* Lichtbogen	für Bleche mit Dicke $s \leqq 100$ mm bei Nahtdicken $a = (3 \ldots 10)$ mm
	mit einer Kohleelektrode und Zusatzwerkstoff Aufheizen durch Lichtbogen zwischen Fuge und Elektrode		für dünne Bleche
	mit zwei Kohleelektroden und Zusatzwerkstoff Aufheizen der Fuge durch Lichtbogen zwischen den Elektroden, durch Magnet auf Fuge gelenkt	*1* Verbindungspartner; *2* Blasmagnet; *3* Kohleelektroden; *4* Zusatzwerkstoff	für dünne Bleche
Verdecktes Lichtbogenschweißen	**mit magnetisch bewegtem Lichtbogen (MBL)** Aufheizen durch Lichtbogen zwischen Fuge und Hilfselektrode, die Verbindungspartner umschließt; Lichtbogen wird durch Magnet um Verbindungspartner herumgeführt	*1* Verbindungspartner; *2* Hilfselektrode; *3* Magnetspule; *4* umlaufender Lichtbogen	für Rohre und Hohlprofile mit Wanddicken bis 2 mm und Durchmessern bis 300 mm
	Unterschienenschweißen (US) Aufheizen der Fuge durch Lichtbogen zwischen Fuge und der in dieser liegenden, abschmelzenden Elektrode; Abdeckung verhindert Luftzutritt	*1* Verbindungspartner; *2* Elektrode; *3* Kupferschienen; *4* Abdichtung (Papier)	für lange, gerade Stumpf- und Kehlnähte
	Unterpulverschweißen (UP) Aufheizen der Fuge durch Lichtbogen zwischen Fuge und abschmelzender Elektrode, Schweißstelle durch aufgeschüttetes Pulver abgedeckt	*1* Verbindungspartner; *2* Elektrode; *3* Pulverzuführung; *4* Pulver *5* Schmelzbadsicherung (Kupfer)	für Bleche mit Dicke $s = (1 \ldots 10)$ mm und Nahtdicke $a = (3 \ldots 10)$ mm

Tafel 4.2.1. Fortsetzung

Verfahren		Prinzip	Anwendung
Verdecktes Lichtbogenschweißen	**Plasmaschweißen** Aufheizen der Fuge durch Plasmalichtbogen zwischen, Fuge und Wolframelektrode, Bündelung des Lichtbogens durch Fokussiergas, Abdecken der Schweißstelle durch Schutzgas	*1* Verbindungspartner; *2* Plasmalichtbogen; *3* Wolframelektrode; *4* Zuführung des Plasmagases; *5* Zuführung des Fokussiergases; *6* Zuführung des Schutzgases	für Bleche mit Dicke $s = (1 \ldots 10)$ mm und Nahtdicke $a = (2 \ldots 8)$ mm
	CO_2-Schutzgasschweißen Aufheizen der Fuge durch Lichtbogen zwischen Fuge und abschmelzender Elektrode, Schutzgas deckt Schweißstelle gegen Luftzutritt ab	*1* Verbindungspartner; *2* Elektrode; *3* Schutzgas (CO_2)	für Bleche mit Dicke $s = (1 \ldots 20)$ mm und Nahtdicke $a = (2 \ldots 8)$ mm
Laserstrahlschweißen Aufheizen der Fuge durch fokussierte Laserstrahlung		*1* Verbindungspartner; *2* Fokussierung; *3* Laser	für Bleche mit Dicke $s = (0{,}5 \ldots 20)$ mm
Elektronenstrahlschweißen Aufheizen der Fuge durch fokussierten Elektronenstrahl im Vakuum		*1* Verbindungspartner; *2* Kathode (Elektronenquelle); *3* Anode; *4* magnetische Fokussierung; *5* Hochvakuum	für Bleche und Drähte mit $s = d = (0{,}1 \ldots 200)$ mm, nicht für Metalle mit großem Sättigungsdampfdruck (z. B. Zn, Cd und Mg)
Elektrisches Widerstandsschmelzschweißen Aufheizen der Fuge durch unmittelbare Widerstandserwärmung zwischen zwei Kohleelektroden		*1* Verbindungspartner; *2* Kohleelektrode	für dünne Bleche, vorwiegend aus NE-Metallen

Nach Art der Energiezufuhr gliedern sich die Glasschweißverfahren in Flammenkranzschweißen, Strahlungsschweißen, Widerstandsschweißen und dielektrisches Hochfrequenzschweißen **(Tafel 4.2.4)**. Das örtliche Aufschmelzen der Glasbauteile bewirkt im Fertigzustand der Verbindung große innere Spannungen, die nach mehr oder weniger langer Zeit zum Bruch führen. Geschweißte Glasbaugruppen sind deshalb nach dem Schweißen einem Temperprozeß zu unterziehen (Aufheizen bis zum Einfrierpunkt, Temperatur bis zum Ausgleich halten und dann sehr langsam abkühlen).

4.2.1.2. Werkstoffe [4.2.1.13] [4.2.1.15] [4.2.1.20] [4.2.1.25]

Die Schweißbarkeit ist die wichtigste Kenngröße der Werkstoffe, aus denen die durch Schweißen zu verbindenden Bauteile bestehen. Diese Eigenschaft variiert für die verschiedenen Werkstoffpaarungen in Abhängigkeit vom Schweißverfahren.

Tafel 4.2.2. Preßschweißverfahren

	Verfahren	Prinzip	Anwendung
Elektrisches Widerstandspreßschweißen	**Punktschweißen, Buckelschweißen** Aufheizen der Fuge durch unmittelbare Widerstandserwärmung zwischen Verbindungspartnern, die durch Elektroden zusammengepreßt werden	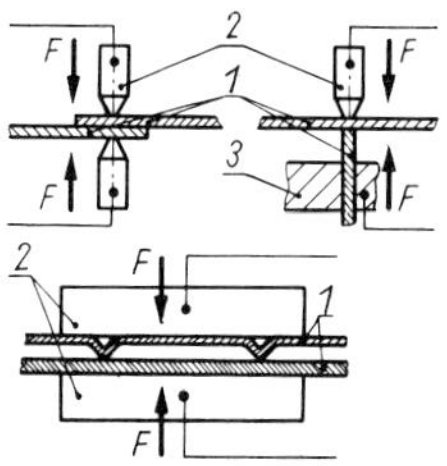	für Bleche mit Dicke $s = (0{,}4 \ldots 4)$ mm, in Sonderfällen $\leqq 8$ mm, Punktdurchmesser $d_P = (3 \ldots 10)$ mm, in Sonderfällen $\leqq 20$ mm, neben Blech/Blech-Verbindungen auch Blech mit Drähten, Bolzen, Rohren
Elektrisches Widerstandspreßschweißen	**Feinpunktschweißen** Aufheizen der Fuge wie bei Punktschweißen	*1* Verbindungspartner; *2* Kupferelektroden; *3* Spannelektrode	für Bleche mit Dicke $s = (0{,}005 \ldots 0{,}5)$ mm, Punktdurchmesser $d_P = (0{,}006 \ldots 1{,}5)$ mm
Elektrisches Widerstandspreßschweißen	**Rollen- oder Nahtschweißen** Aufheizen der Fuge wie bei Punktschweißen durch rollenförmige Elektroden	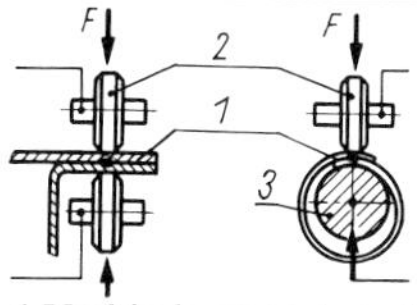 *1* Verbindungspartner; *2* Rollenelektrode; *3* stabförmige Gegenelektrode	für Bleche mit Dicke $s = (0{,}5 \ldots 3{,}5)$ mm, Dichtnähte möglich
Elektrisches Widerstandspreßschweißen	**Kondensator-Impulsschweißen** Aufheizung der Fuge wie bei Punktschweißen, aber durch Stromimpuls sehr kurzer Dauer durch Kondensatorentladung; Energie gut dosierbar	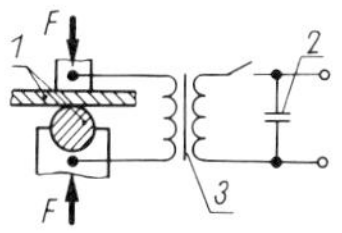 *1* Verbindungspartner; *2* Kondensator; *3* Stromwandler	Punktschweißen: für Bleche mit Dicke $s \leqq 0{,}5$ mm, Buckelschweißen: für Bleche mit Dicke $s > 0{,}5$ mm, für Teile aus Werkstoffen, die anders schwierig schweißbar sind
Elektrisches Widerstandspreßschweißen	**Preßstumpfschweißen** Aufheizen der Fuge durch Widerstandserwärmung der aufeinandergepreßten, als Elektroden geschalteten Verbindungspartner	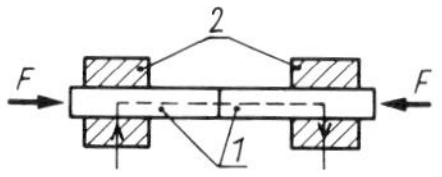	für Querschnitte $A = (0{,}03 \ldots 150)$ mm^2
	Abbrennstumpfschweißen Aufheizen der Fuge durch Lichtbogen und Funkenentladung zwischen den als Elektroden geschalteten Verbindungspartnern, die nach Aufheizen zusammengepreßt werden	*1* Verbindungspartner; *2* Klemmbacken (Kupfer)	für Querschnitte $A \leqq 40000$ mm^2
	Induktives Preßschweißen Aufheizen der Fuge durch (mittels Hochfrequenzinduktor in Verbindungspartnern) induzierte Wirbelströme	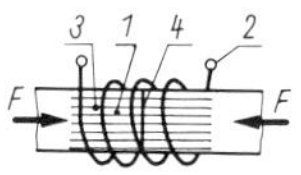 *1* Verbindungspartner; *2* Spule (Induktor); *3* Erwärmungszone; *4* Schweißfuge	für Stumpf- und Längsnähte an Rohren und Hohlprofilen mit Durchmesser $D = (10 \ldots 1000)$ mm und Wanddicke $s = (0{,}5 \ldots 15)$ mm
	Thermokompressionsschweißen Die mittelbar auf $\vartheta_A < \vartheta_{Solidus}$ erwärmten, aufeinandergepreßten Verbindungspartner verschweißen bei großer Verformung miteinander	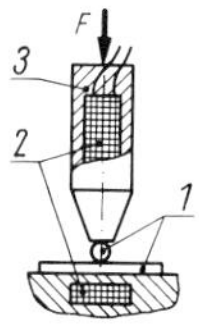 *1* Verbindungspartner; *2* Heizpatrone; *3* Schweißwerkzeug	für kleinste Querschnitte; Bleche mit Dicke $s = (0{,}01 \ldots 0{,}05)$ mm, Drähte mit Durchmesser $d = (0{,}007 \ldots 0{,}05)$ mm, innere Kontaktierung von Transistoren und Schaltkreisen

Tafel 4.2.2. Fortsetzung

Verfahren	Prinzip	Anwendung
Reibungsschweißen Aufheizen der Fuge durch Reibungswärme infolge schneller Relativbewegung der aufeinandergepreßten Verbindungspartner, nach Aufheizen Abschalten der Relativbewegung, danach erfolgt Verschweißen	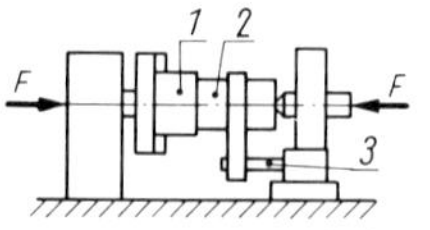 *1* rotierender Verbindungspartner; *2* ruhender Verbindungspartner; *3* Arretierung des ruhenden Verbindungspartners, schaltbar	für Vollquerschnitte mit Durchmesser $D = (5 \ldots 120)$ mm, für Rohre mit Durchmesser $D \leqq 400$ mm
Kaltpreßschweißen Bei Raumtemperatur zusammengepreßte Verbindungspartner fließen im Bereich der Fuge und verschweißen miteinander	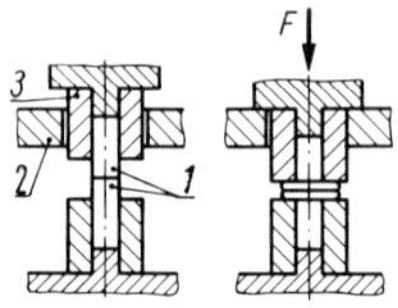 *1* Verbindungspartner; *2* Führung; *3* Preßstempel	für Querschnitte $A = (1 \ldots 1000)$ mm^2
Ultraschallschweißen Reibungsschweißverfahren mit kleinen Amplituden, aber großen Relativgeschwindigkeiten	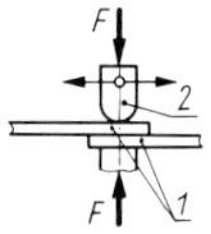 *1* Verbindungspartner; *2* Sonotrode (mit Ultraschallfrequenz bewegtes Werkzeug zur Bewegungsübertragung)	für Bleche mit Dicke $s = (0{,}005 \ldots 3)$ mm, Punktdurchmesser $d_P = (0{,}01 \ldots 0{,}5)$ mm, nicht für duktile Werkstoffe (Pb, Zn, Sn) geeignet
Perkussionsschweißen Zunächst Aufheizen der Fuge durch Lichtbogen, dann schlagartiges Fügen der Verbindungspartner	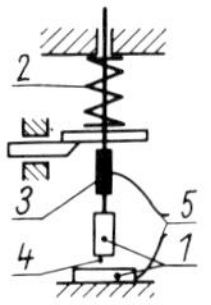 *1* Verbindungspartner; *2* Schlagfeder; *3* Spannelektrode; *4* Lichtbogen; *5* Anschluß an Kondensatorbatterie	für Drähte und Stifte mit Durchmesser $d = (0{,}2 \ldots 2{,}5)$ mm
Diffusionsschweißen Verbindungspartner mit Fugenflächen sehr guter Ebenheit werden bei $\vartheta_A = (0{,}5 \ldots 0{,}8)\ \vartheta_{Solidus}$ im Schutzgas zusammengepreßt mit $p_A = (0{,}1 \ldots 40)$ N/mm^2 und diffundieren im Fugenbereich ineinander	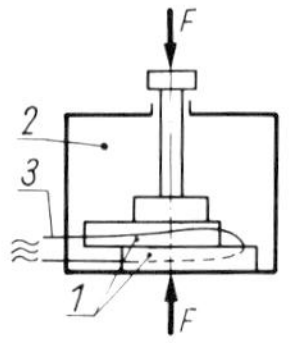 *1* Verbindungspartner; *2* Schutzgas oder Hochvakuum; *3* induktive Heizung	für große Querschnitte bei kleinster Verformung, für Verbindungen unterschiedlichster Werkstoffe

Schmelzschweißen. Geeignete Metalle (s. Tafeln 3.38 und 3.39) sind

- Baustähle (mit niedrigem C-Gehalt gut schweißbar, sonst Vorwärmen erforderlich, nach dem Schweißen spannungsfrei glühen)
- Vergütungsstähle (Vorwärmen erforderlich)
- Einsatzstähle vor dem Einsetzen (legierte Einsatzstähle vorwärmen)
- Nichtrostende Stähle (außer C- und S-reiche Stähle)
- Gußeisen GGL (Grauguß, in DIN: GG), GGG

Tafel 4.2.3. Schweißverfahren für Thermoplaste

	Verfahren	Prinzip	Anwendung
	Heißgasschweißen Aufheizen der Fuge durch heiße Luft	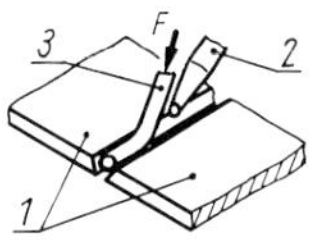 *1* Verbindungspartner; *2* Heißgasdüse; *3* Zusatzwerkstoff (Schweißstab)	für Platten mit Dicke $s = (1{,}5 \ldots 20)$ mm mit Zusatzwerkstoff, für weiche Kunststoffe mit $s < 2$ mm ohne Zusatzwerkstoff
Heizelementschweißen	**Stumpfschweißen** Aufheizen der Fuge durch heiße Platte *2* zwischen den Verbindungspartnern	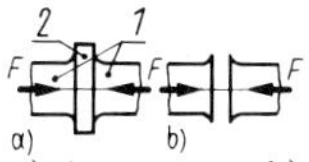 a) Anwärmen; b) Fügen (Verschweißen) *1* Verbindungspartner; *2* Heizelement (Platte)	für Platten mit Dicke $s \geqq 2$ mm, Rohre und Rundstäbe mit Durchmesser $D \leqq 50$ mm
	Fittings-, Muffen- und Nutschweißen Aufheizen der Fuge durch der Fugenform angepaßtes Heizelement	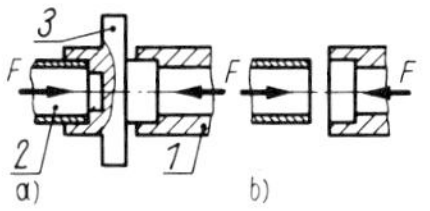 a) Anwärmen; b) Fügen (Verschweißen) *1*, *2* Verbindungspartner; *3* Heizelement	für Fittings und Muffen mit Durchmesser $D \leqq 50$ mm (manuell) und $D > 50$ mm (mechanisiert), für Nutschweißteile mit Dicke $s \geqq 2$ mm
	Abkantschweißen Heizelement erzeugt zum Abkanten erforderliche Fuge und heizt diese auf	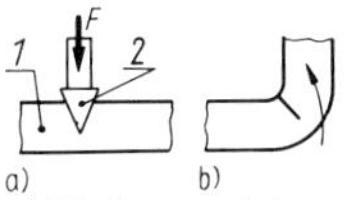 a) Kerben und Anwärmen; b) Abkanten und Verschweißen *1* abzukantendes Werkstück; *2* Heiz- und Kerbelement	für Platten mit Dicke $s = (2 \ldots 10)$ mm
	Heißdrahtschweißen Heizelement ist als Widerstandsdraht in einen der Verbindungspartner eingebettet, also Widerstandserwärmung	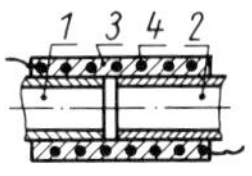 *1*, *2* Verbindungspartner; *3* Muffe; *4* in Muffe eingebetteter Heizdraht	für Platten mit Dicke $s = 1{,}5$ mm, für Rohr-Muffen-Verbindung mit Durchmesser $D \leqq 140$ mm
	Heizkeilschweißen Keilförmiges Heizelement erwärmt die Fuge, wird kontinuierlich weitergeführt, hinter ihm werden die Verbindungspartner gefügt	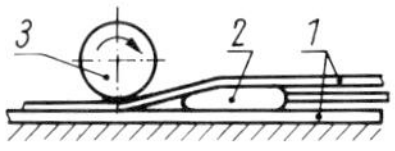 *1* Verbindungspartner; *2* Heizelement; *3* Andruckrolle	für Platten mit Dicke $s = (0{,}5 \ldots 10)$ mm (manuell) und $s = (0{,}1 \ldots 2)$ mm (mechanisiert)
	Wärmeimpulsschweißen Aufheizen der Fuge durch Heizelement mit impulsförmiger Energiezufuhr	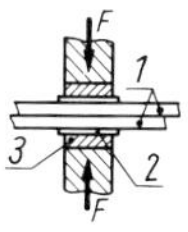	für Platten und Folien mit Dicke $s = (0{,}01 \ldots 0{,}2)$ mm bei einseitigem Impuls, $s = (0{,}1 \ldots 0{,}4)$ mm bei zweiseitigem Impuls
	Wärmekontaktschweißen Aufheizen der Fuge durch Heizelement mit ununterbrochener Energiezufuhr	*1* Verbindungspartner; *2* Trennfolie (z. B. PTFE); *3* Heizelement mit geringer Wärmeträgheit, impulsförmig oder dauernd beheizt	

- Leichtmetalle: Al, Al-Legierungen, Mg-Legierungen (i. allg. schwierig, bevorzugte Verfahren WIG: Wolfram-Inertgas-Schweißen, MIG: Metall-Inertgas-Schweißen)
- Schwermetalle: Cu, CuSn, CuZn (sehr gut schweißbar mit kleinem, schlecht mit großem Zn-Gehalt).

Tafel 4.2.3. Fortsetzung

Verfahren	Prinzip	Anwendung
Reibungsschweißen Aufheizen der Fuge durch Reibungswärme infolge schneller Relativbewegung der aufeinandergepreßten Verbindungspartner, nach Aufheizen Abschaltung der Relativbewegung, danach erfolgt Verschweißen	s. Tafel 4.2.2	für Rohre mit Durchmesser $D \leqq 500$ mm, Rundprofile mit $D \leqq 200$ mm, unrunde Profile mit Durchmesserunterschied $\Delta D \leqq 40$ mm, prismatische Körper mit größtem Diameter $D' \leqq 180$ mm (der Fugenfläche)
Hochfrequenzschweißen Aufheizen der Fuge durch dielektrische Verlustenergie infolge HF-Einspeisung	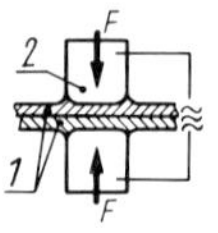 *1* Verbindungspartner; *2* Elektroden	für Platten und Folien mit Dicke $s \geqq 0{,}1$ mm
Abschmelzschweißen Aufheizen und Aufschmelzen der Fuge durch glühenden Draht über der Fuge (Strahlungswärme)	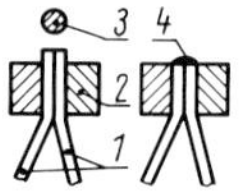 *1* Verbindungspartner; *2* Spannbakken; *3* Glühdraht; *4* Schweißnaht (Stirnflachnaht)	für Folien mit Dicke $s = (0{,}01 \ldots 0{,}06)$ mm, für Gewebe mit Dicke $s \leqq 1{,}5$ mm
Extrusionsschweißen Aufheizen der Fuge durch plastifizierten Zusatzwerkstoff aus dem Extruder allein oder mit zusätzlichem Aufheizen der Fuge durch Wärmekontakt	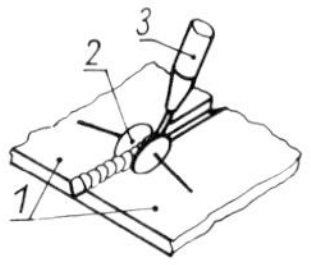 *1* Verbindungspartner; *2* Andruckrollen; *3* Extruderdüse	für Folien und Platten mit Dicke $s = (0{,}2 \ldots 3)$ mm ohne und $s = (1 \ldots 3)$ mm mit Nahtvorbereitung und ohne Wärmekontakt, $s = (1 \ldots 4)$ mm ohne und $s = (2 \ldots 50)$ mm mit Nahtvorbereitung und mit Wärmekontakt
Induktionsschweißen Aufheizen der Fuge durch induktiv erwärmten Drahtring in der Fuge	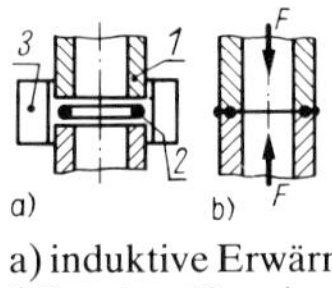 a) induktive Erwärmung; b) Fügen (Verschweißung) *1* Verbindungspartner; *2* Eisendraht; *3* Induktorjoch	für Platten und Rohre mit (Wand)-Dicke $s = (0{,}6 \ldots 8)$ mm
Lichtstrahlschweißen Aufheizen der Fuge durch fokussierte Infrarotstrahlung	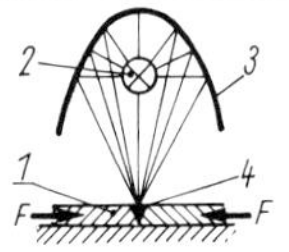 *1* Verbindungspartner; *2* Infrarotlampe; *3* Reflektor; *4* Fokus (Schweißzone)	für Folien und Platten mit Dicke $s = (0{,}05 \ldots 20)$ mm
Laserstrahlschweißen Aufheizen der Fuge durch fokussierte Laserstrahlung	s. Tafel 4.2.1	für Folien und Platten mit Dicke $s = (0{,}01 \ldots 4)$ mm
Ultraschallschweißen Reibungsschweißen mit kleinen Amplituden, aber großen Relativgeschwindigkeiten	s. Tafel 4.2.2	für Folien und Platten mit Dicke $s = (0{,}01 \ldots 6)$ mm bei durchgehender Überlappnaht und $s = (0{,}8 \ldots 8)$ mm bei Überlapp-Punktnaht im Nahfeld, $s = (0{,}6 \ldots 4)$ mm im Fernfeld

Tafel 4.2.4. Glasschweißverfahren

Verfahren	Prinzip	Anwendung
Flammenkranzschweißen Aufheizen der Fuge durch einen die Verbindungspartner umschließenden Kranz von Gasflammen	*1* Verbindungspartner; *2* Brenner	für rotationssymmetrische Teile
Strahlungsschweißen Aufheizen der Fuge durch infrarote Strahlung, gute Dosiermöglichkeit der zum Schmelzen erforderlichen Energie	*1* Verbindungspartner; *2* Infrarotstrahler; *3* Reflektor	für sehr dünnwandige Teile geeignet
Widerstandsschweißen Aufheizen der Fuge durch Widerstandserwärmung, als Widerstand dienen Graphitschichten auf einem der Partner oder auf dem Zusatzwerkstoff oder das vorgeheizte Glas selbst	*1* Verbindungspartner; *2* graphitierte Bauteilkante; *3* Stromzuführung; *4* graphitierter Glasstab; *5* Vorheizflammen; *6* stromführende Flammen	für Verbindungen im Stumpf-, Eck- und T-Stoß von plattenförmigen Teilen oder von Rohren
Dielektrisches Hochfrequenzschweißen Aufheizen der Fuge mittels Gasflammen, gleichzeitig Zuführung von HF-Energie über die Flammen, so daß zusätzlich im Glas als Dielektrikum entstehende Verlustwärme wirksam wird	*1* Verbindungspartner, rotierend; *2* heizende und HF-Ströme zuführende Flammen; *3* HF-Anschlußleitung	für sehr dünnwandige Bauteile geeignet

Die **Bilder 4.2.1 und 4.2.2** geben Auskunft über die Schmelzschweißbarkeit verschiedener Werkstoffpaarungen mit *Laserstrahl-* und *Elektronenstrahlschweißverfahren.*

Preßschweißen. Für das *Punktschweißen* (auch Buckel-, Rollen- oder Nahtschweißen) geeignete Werkstoffpaarungen sind in den **Bildern 4.2.3 und 4.2.4** aufgeführt. Die mittels *Kondensator-Impulsschweißen* schweißbaren Kombinationen zeigt **Bild 4.2.5**.

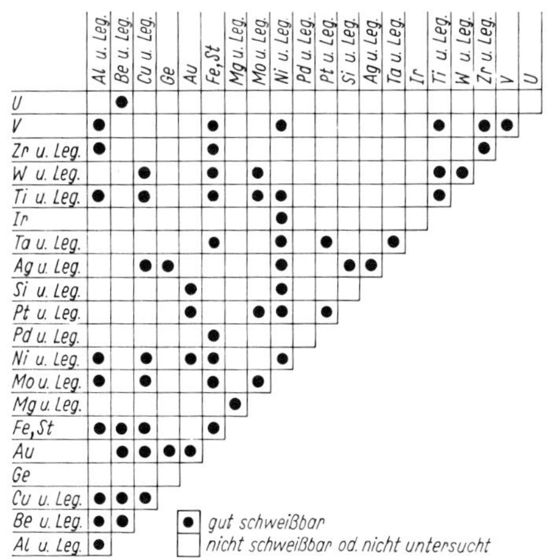

	Al u. Leg.	Be u. Leg.	Cu u. Leg.	Ge	Au	Fe,St	Mg u. Leg.	Mo u. Leg.	Ni u. Leg.	Pd u. Leg.	Pt u. Leg.	Si u. Leg.	Ag u. Leg.	Ta u. Leg.	Ir	Ti u. Leg.	W u. Leg.	Zr u. Leg.	V	U
U		●																		
V	●					●			●							●		●	●	
Zr u. Leg.	●					●												●		
W u. Leg.			●			●		●								●	●			
Ti u. Leg.	●		●			●		●	●							●				
Ir									●											
Ta u. Leg.						●			●		●			●						
Ag u. Leg.			●	●					●			●	●							
Si u. Leg.					●				●											
Pt u. Leg.					●			●	●		●									
Pd u. Leg.						●														
Ni u. Leg.	●		●		●	●			●											
Mo u. Leg.	●		●			●		●												
Mg u. Leg.							●													
Fe,St	●	●	●			●														
Au		●	●	●	●															
Ge																				
Cu u. Leg.	●	●	●																	
Be u. Leg.	●	●																		
Al u. Leg.	●																			

● gut schweißbar
□ nicht schweißbar od. nicht untersucht

Bild 4.2.1. Durch Laserstrahl schweißbare Werkstoffe

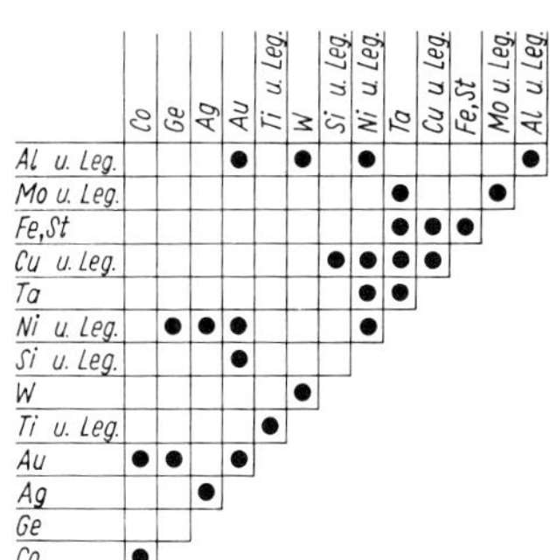

	Co	Ge	Ag	Au	Ti u. Leg.	W	Si u. Leg.	Ni u. Leg.	Ta	Cu u. Leg.	Fe,St	Mo u. Leg.	Al u. Leg.
Al u. Leg.				●		●		●					●
Mo u. Leg.									●			●	
Fe,St									●	●	●		
Cu u. Leg.							●	●	●	●			
Ta								●	●				
Ni u. Leg.		●	●	●				●					
Si u. Leg.				●									
W						●							
Ti u. Leg.					●								
Au	●	●		●									
Ag			●										
Ge													
Co	●												

Bild 4.2.2. Durch Elektronenstrahl schweißbare Werkstoffe

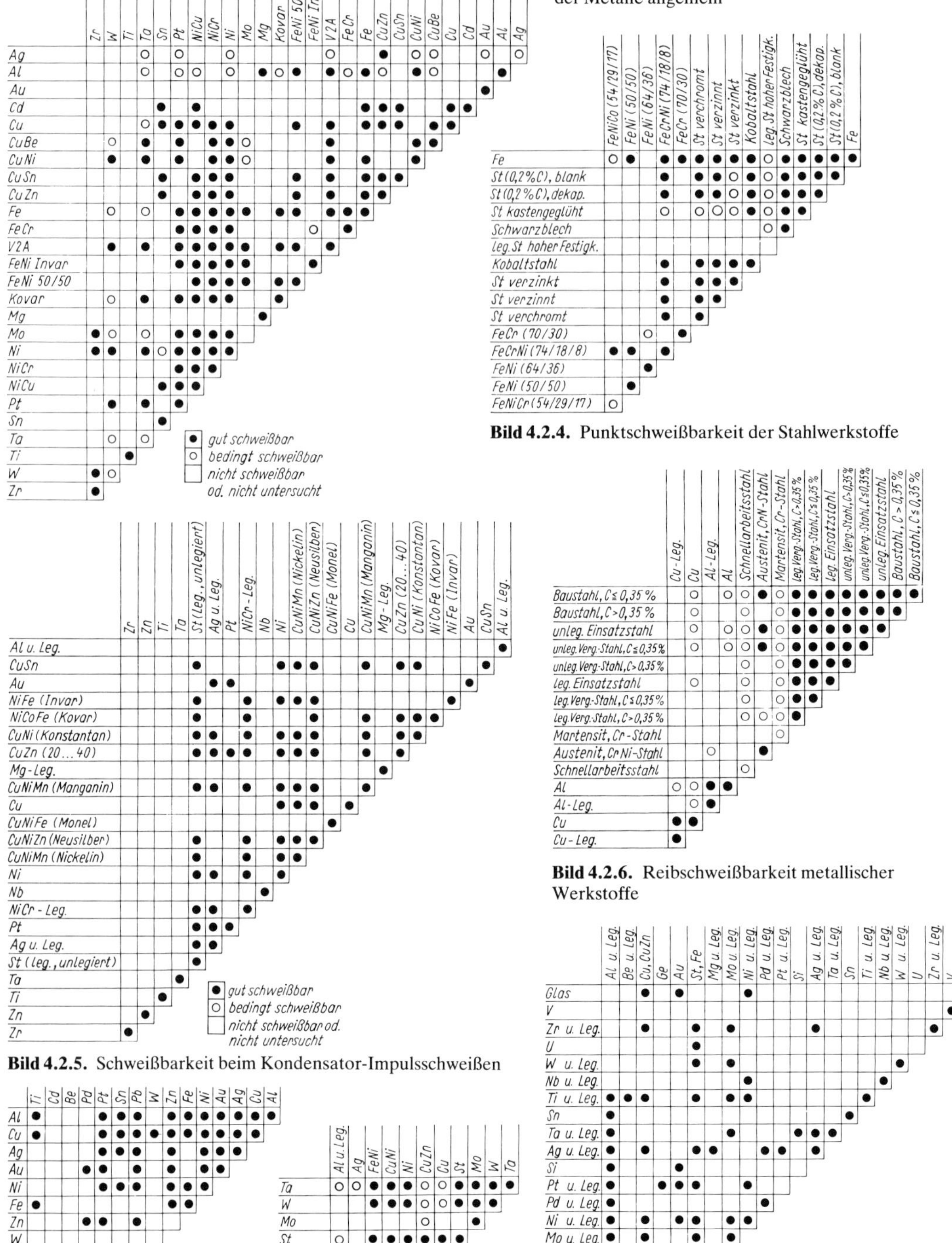

Bild 4.2.3. Punktschweißbarkeit der Metalle allgemein

Bild 4.2.4. Punktschweißbarkeit der Stahlwerkstoffe

Bild 4.2.5. Schweißbarkeit beim Kondensator-Impulsschweißen

Bild 4.2.6. Reibschweißbarkeit metallischer Werkstoffe

Bild 4.2.7. Kaltpreßschweißbarkeit metallischer Werkstoffe

Bild 4.2.8. Schweißbarkeit beim Perkussionsschweißen von metallischen Werkstoffen

Bild 4.2.9. Ultraschallschweißbarkeit metallischer Werkstoffe

Mit Hilfe des *Preßstumpfschweißens* sind St, Al, Cu, Ni und deren Legierungen, Pt, PtRh, Au und Au-Legierungen, Ag und Ag-Legierungen schweißbar, während durch *Abbrennstumpfschweißen* Bauteile aus St, Al und Al-Legierungen, Cu und Cu-Legierungen, jedoch nicht solche aus Gußeisen oder Al-Si-Stählen verbunden werden können. Das *Thermokompressionsschweißen* wurde bisher bei Paarungen der Werkstoffe Al, Ag und Au verwendet.
Die durch *Reibungsschweißen* schweißbaren Werkstoffkombinationen zeigt **Bild 4.2.6**. Im **Bild 4.2.7** sind Werkstoffpaarungen für das *Kaltpreßschweißen* und im **Bild 4.2.9** die Schweißbarkeit beim *Ultraschallschweißen* dargestellt. **Bild 4.2.8** gibt Auskunft über die Schweißbarkeit verschiedener Werkstoffe beim *Perkussionsschweißen*.

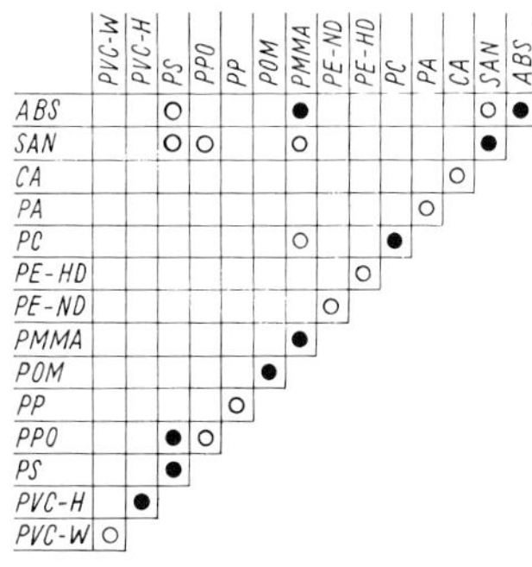

	PVC-W	PVC-H	PS	PPO	PP	POM	PMMA	PE-ND	PE-HD	PC	PA	CA	SAN	ABS
ABS			○				●						○	●
SAN			○	○			○						●	
CA												○		
PA											○			
PC							○			●				
PE-HD									○					
PE-ND								○						
PMMA							●							
POM						●								
PP					○									
PPO			●	○										
PS			●											
PVC-H		●												
PVC-W	○													

Bild 4.2.10
Ultraschallschweißbarkeit der Thermoplaste

Tafel 4.2.5. Berechnung von Schmelzschweißverbindungen

Schweißnahtgesamtfläche A_{Schw}

- *bei einheitlicher Nahtform:* $A_{\text{Schw}} = \sum_{i=1}^{n} l_i a_i$;

  l Länge der Schweißnaht;
  a Dicke der Schweißnaht; n Zahl der Nähte unter Last;

- *bei Kombination verschiedener Nahtformen:*

$$A_{\text{Schw}} = A_{\text{Stumpfn.}} + cA_{\text{Kehln.}}$$

für c gilt: $c = 0{,}5$ bei $A_{\text{Kehln.}}/A_{\text{Stumpfn.}} \leqq 1$; $c = 0{,}3$ bei $A_{\text{Kehln.}}/A_{\text{Stumpfn.}} \leqq 2$.

	Beanspruchung	Bild
Nennspannungen	Zug, Druck $\sigma_{\text{z, d Schw}} = F/A_{\text{Schw}} \leqq \sigma_{\text{zul Schw}}$	F, F
	Scherung $\tau_{\text{a Schw}} = F/A_{\text{Schw}} \leqq \tau_{\text{zul Schw}}$	F, F, F, F
	Torsion $\tau_{\text{t Schw}} = M_{\text{d}}/W_{\text{t Schw}} \leqq \tau_{\text{zul Schw}}$	M_d, M_d, F, F
	Biegung $\sigma_{\text{b Schw}} = M_{\text{b}}/W_{\text{b Schw}} \leqq \sigma_{\text{zul Schw}}$	M_b, M_b, M_b, M_b
	Vergleichsspannung $\sigma_{\text{v Schw}} = \sqrt{\sigma^2_{\text{Schw}} + 3\,(\alpha_0 \tau_{\text{Schw}})^2}$ $\leqq \sigma_{\text{zul Schw}}$	$M_b = F \cdot b$, $Q = -F$, b, l, M_b, F, Q

Zulässige Spannungen: $\sigma_{\text{zul Schw}} = \alpha\sigma_{\text{z zul}}$ bzw. $= \alpha\sigma_{\text{b zul}}$
$\tau_{\text{zul Schw}} = \alpha\tau_{\text{a zul}}$ bzw. $= \alpha\tau_{\text{t zul}}$
$\sigma_{\text{z zul}}$ bzw. $\sigma_{\text{b zul}} = \sigma_{\text{vers}}/S_{\text{erf}}$
$\tau_{\text{a zul}}$ bzw. $\tau_{\text{t zul}} = \tau_{\text{vers}}/S_{\text{erf}}$

σ_{vers}: R_{e}, σ_{bF} oder R_{m}, σ_{zSch} oder σ_{zdW}, $\sigma_{\text{b Sch}}$ bzw. σ_{bW} oder σ_{AD}
τ_{vers}: τ_{F} oder τ_{B}, τ_{Sch} oder τ_{W}, $\tau_{\text{t Sch}}$ bzw. τ_{tW}.
α Minderungsfaktor (s. Tafel 4.2.6); S_{erf} erforderliche Sicherheit (i. allg. $S_{\text{erf}} = 2 \ldots 4$)

- Aus den Gleichungen ergeben sich mit den zulässigen Spannungswerten auch die jeweils zulässigen Belastungen F bzw. M oder die Mindestwerte der geometrischen Abmessungen.

Das *Diffusionsschweißen* ist für etwa 600 verschiedene Werkstoffe, darunter die Paarungen Cu/Cu, Al/Al, St/St, Cu/W, Cu/SiO_2, Cu/Hartgestein, St/Ni und Ni/Hartgestein erprobt. Wegen schlechter Mischbarkeit oder aufgrund stark unterschiedlicher Längen-Temperaturkoeffizienten nicht unmittelbar schweißbare Werkstoffe lassen sich mit geeigneten Zwischenschichten, die die o. g. Bedingungen gegenüber den Partnern besser erfüllen, dennoch verbinden (z. B. läßt sich wegen unterschiedlicher Wärmedehnung bei St/Hartmetall das Diffusionsschweißen nicht gut, aber bei St/Ni/Hartmetall gut anwenden).

Ultraschallschweißen. Die Schweißbarkeit verschiedener Thermoplaste durch Ultraschallschweißen ist im **Bild 4.2.10** dargestellt. Wie ersichtlich, wurden bisher mehr homogene als heterogene Paarungen von Thermoplasten untersucht. Über die anderen Kunststoffschweißverfahren liegen bezüglich günstiger Werkstoffkombinationen genauere Informationen nicht vor, doch kann sicher innerhalb der Werkstoffgruppe, also z. B. PA/PA, PS/PS, gepaart werden.

Glasschweißen. Die von der Zusammensetzung der Gläser abhängige Wärmedehnung ist das bestimmende Kriterium der Schweißbarkeit; i. allg. sind alle Gläser miteinander schweißbar, deren Längen-Temperaturkoeffizienten gleich groß sind oder innerhalb bestimmter enger Grenzen differieren.

4.2.1.3. Berechnung [1.17]

Schmelzschweißverbindungen. Die Festigkeit ist vom Schweißverfahren, von der konstruktiven Gestaltung der Bauteile und nicht zuletzt von der Sorgfalt (Schweißgüte) bei der Herstellung der Verbindung abhängig. Die Berechnung der Festigkeit wird nach den in **Tafel 4.2.5** zusammengestellten Gleichungen durchgeführt. Sie gliedert sich in Berechnung der belasteten Querschnittsfläche der Schweißnaht A_{Schw}, Berechnung der zulässigen Spannungen $\sigma_{zul\,Schw}$ bzw. $\tau_{zul\,Schw}$ und Berechnung der Nennspannungen σ_{Schw}, $\sigma_{v\,Schw}$, τ_{Schw} bzw. der vorhandenen Sicherheit S_{vorh}. Die Schweißnahtlänge l, die in die Berechnung der Querschnittsfläche A_{Schw} eingeht, versteht sich als Nahtlänge ohne Anfangs- und Endkrater, bei deren Vorhandensein je einmal die Schweißnahtdicke a von der Gesamtlänge abzuziehen ist. Die Schweißnahtdicke a ist bei Stumpfnähten der Blechdicke s an der Schweißnaht gleichzusetzen. Bei Kehlnähten ergibt sich die Bestimmung von a aus dem oberen Bild in Tafel 4.2.5.

Tafel 4.2.6. Minderungsfaktor α

Nahtform/Beanspruchung	Zug	Druck	Biegung	Schub
Stumpfnaht	0,75	0,95	0,8	0,6
Kehlnaht	0,65			

Bei statischer Belastung werden die zulässigen Spannungen aus den Versagensspannungen R_e bzw. τ_F berechnet. Nur wenn plastische Verformung der Bauteile zulässig ist (und das ist in der Technik nur selten der Fall), können die Bruchspannungen R_m oder σ_{bF} bzw. τ_B der Berechnung der zulässigen Spannungen zugrunde gelegt werden. Bei dynamischer Belastung sind an dieser Stelle bei Schwellbeanspruchung die Schwellfestigkeit $\sigma_{z\,Sch}$ bzw. $\sigma_{b\,Sch}$ und bei Wechselbeanspruchung die Dauerwechselfestigkeit σ_{zdW} bzw. σ_{bW} oder σ_{AD} einzusetzen. Der Minderungsfaktor α ist aus **Tafel 4.2.6** zu entnehmen; s. auch Abschnitt 3.5.3.
Bei Kehlnähten ist u. U. die durch diese verursachte Kerbwirkung zusätzlich in Rechnung zu setzen (vgl. auch Abschnitt 3.5.3.). Die Berechnung der Nennspannungen σ_{Schw}, τ_{Schw} bzw. $\sigma_{v\,Schw}$ folgt den Regeln der allgemeinen Festigkeitsrechnung.

Punktschweißverbindungen. Die Festigkeitsrechnung im weitesten Sinne (auch für Buckel- u. Kondensator-Impulsschweißverbindungen) erfolgt gemäß den Gleichungen in **Tafel 4.2.7.** Sie entspricht im wesentlichen der Berechnungsmethode für Nietverbindungen. Tafel 4.2.7 enthält nur die Berechnung der statischen Festigkeit. Die Festigkeit bei dynamischen Belastungen ist gering, weshalb diese zu vermeiden sind.

Tafel 4.2.7. Berechnung von Punkt- und Buckelschweißverbindungen

---

Gesamtpunkt- bzw. Gesamtbuckelfläche A_{Schw}

bei Punktschweißen: $A_{\text{Schw}} = nzA_{\text{P}}$

bei Buckelschweißen: $A_{\text{Schw}} = nzA_{\text{B}}$

n Zahl der belasteten Schnittflächen je Punkt (Buckel); z Zahl der Schweißpunkte (-buckel) unter Last; A_{P} bzw. A_{B} Querschnittsfläche eines Schweißpunktes bzw. -buckels

---

Nennspannungen

Scherspannung $\tau_{\text{a Schw}} = F/A_{\text{Schw}} \leqq \tau_{\text{zul Schw}}$

Leibungsspannung $\sigma_{\text{l Schw}} = F/(zsd_{\text{P}}) \leqq \sigma_{\text{zul Schw}}$

s Blechdicke; d_{P} Durchmesser des Schweißpunktes

Zulässige Spannungen

bei einschnittiger Verbindung: $\sigma_{\text{zul Schw}} = 1{,}8\sigma_{\text{z zul}}$

bei zweischnittiger Verbindung: $\sigma_{\text{zul Schw}} = 2{,}5\sigma_{\text{z zul}}$

$\tau_{\text{zul Schw}} = 0{,}65\sigma_{\text{z zul}}$

$\sigma_{\text{z zul}}$ s. Tafel 4.2.5

- Aus den Gleichungen ergeben sich mit den zulässigen Spannungswerten auch die jeweils zulässigen Belastungen F bzw. M oder die Mindestwerte der geometrischen Abmessungen.

Stumpfschweißverbindungen (preßstumpf-, abbrennstumpf- und induktiv stumpfgeschweißte Verbindungen) werden gemäß Einsatzfall auf Zug, Biegung und Torsion nach den Regeln der allgemeinen Festigkeitsrechnung (Abschnitt 3.5.) berechnet. Dieser Berechnung ist die Spannung im kleinsten Querschnitt neben der Naht zugrunde zu legen. Die statische Festigkeit dieser Verbindungen erreicht das 0,9- bis 1,0-fache der des Grundwerkstoffes.

4.2.1.4. **Konstruktive Gestaltung** [4.2.1.11] [4.2.1.15]

Die Kennzeichnung von Schweißnähten in Zeichnungen, die dazugehörigen Fugenformen und Nahtarten sind aus **Tafel 4.2.8** ersichtlich. Je nach der Lage der Bauteile zueinander unterscheidet man verschiedene Stoßarten, die in **Tafel 4.2.9** dargestellt sind. Die Zuordnung der Stoßarten zu den Nahtformen ist ebenfalls in Tafel 4.2.8 gezeigt.

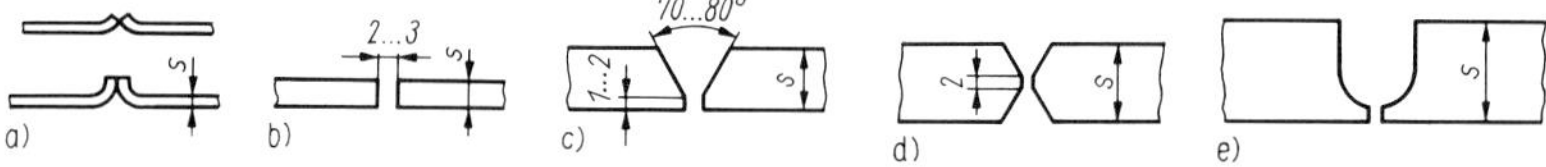

Bild 4.2.11. Fugenvorbereitung bei stumpfgeschweißten Blechen in Abhängigkeit von der Blechdicke

a) $s = (2 \ldots 4)$ mm, bei Leichtmetall $s = (1 \ldots 3)$ mm; b) $s \leqq 1{,}5$ mm; c) $s = (4 \ldots 15)$ mm, bei Leichtmetall $s = (3 \ldots 12)$ mm; d) $s = (10 \ldots 30)$ mm, bei Leichtmetall $s > 8$ mm; e) $s > 30$ mm, bei Leichtmetall $s > 12$ mm

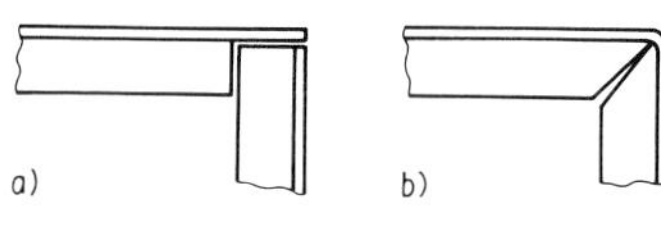

Bild 4.2.12. Eckverbindung eines Rahmens aus Winkelprofilteilen

a) stumpf zu verschweißende Teile; b) Gehrungsfuge an einem Teil

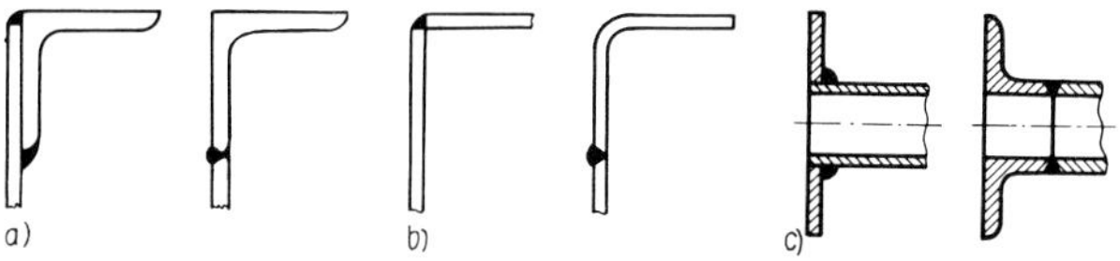

Bild 4.2.13. Gestaltung von Schweißbaugruppen

a) Einbeziehung von Halbzeugen;
b), c) festigkeitsgünstige Anordnung der Naht

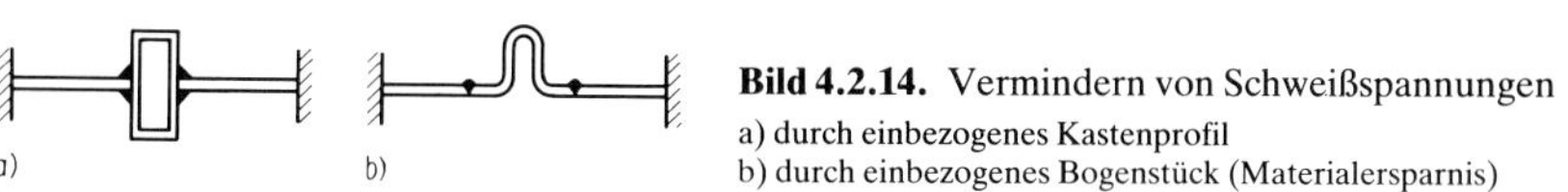

Bild 4.2.14. Vermindern von Schweißspannungen

a) durch einbezogenes Kastenprofil
b) durch einbezogenes Bogenstück (Materialersparnis)

Tafel 4.2.8. Fugenformen und ihre zeichnerische Darstellung

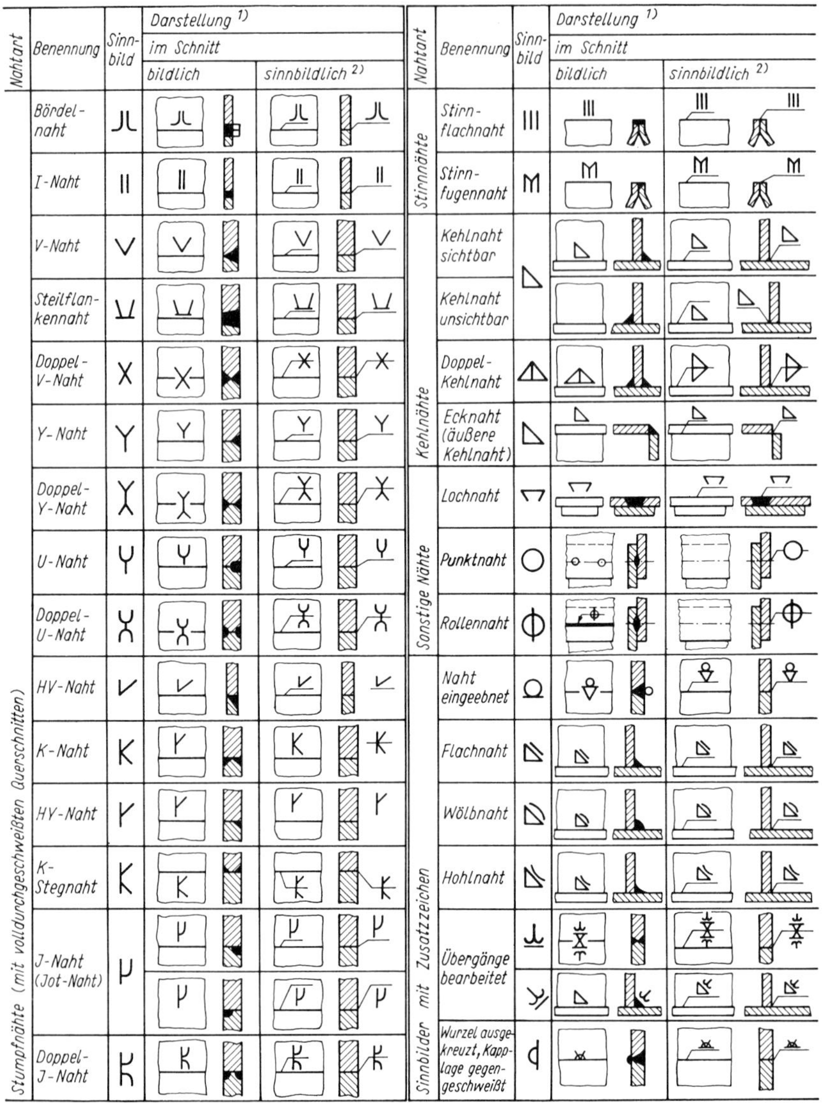

Nahtart	Benennung	Sinnbild	Darstellung [1] im Schnitt bildlich	Darstellung [1] im Schnitt sinnbildlich [2]
Stumpfnähte (mit volldurchgeschweißten Querschnitten)	Bördelnaht			
	I-Naht			
	V-Naht			
	Steilflankennaht			
	Doppel-V-Naht			
	Y-Naht			
	Doppel-Y-Naht			
	U-Naht			
	Doppel-U-Naht			
	HV-Naht			
	K-Naht			
	HY-Naht			
	K-Stegnaht			
	J-Naht (Jot-Naht)			
	Doppel-J-Naht			

Nahtart	Benennung	Sinnbild	Darstellung [1] im Schnitt bildlich	Darstellung [1] im Schnitt sinnbildlich [2]
Stirnnähte	Stirnflachnaht			
	Stirnfugennaht			
Kehlnähte	Kehlnaht sichtbar			
	Kehlnaht unsichtbar			
	Doppel-Kehlnaht			
	Ecknaht (äußere Kehlnaht)			
Sonstige Nähte	Lochnaht			
	Punktnaht			
	Rollennaht			
Sinnbilder mit Zusatzzeichen	Naht eingeebnet			
	Flachnaht			
	Wölbnaht			
	Hohlnaht			
	Übergänge bearbeitet			
	Wurzel ausgekreuzt, Kapplage gegengeschweißt			

[1] Die Darstellung ist sowohl im Schnitt als auch in der Ansicht möglich. In der Zeichnung sollen Maße, Sinnbilder und Zusatzzeichen nur einmal im Schnitt oder in der Ansicht erscheinen.

[2] Das Sinnbild steht oberhalb der Bezugslinie, wenn die Pfeillinie auf die „obere Werkstückfläche" (Herstellfläche) zeigt.
Das Sinnbild steht unterhalb der Bezugslinie, wenn die Pfeillinie auf die Werkstückgegenfläche zeigt.
Das Sinnbild kreuzt die Pfeillinie, wenn die Naht von beiden Seiten aus hergestellt wird.

Schmelzschweißverbindungen. Bei der konstruktiven Gestaltung gelten folgende

► **Grundsätze:**

- abhängig von der Blechdicke der Bauteile die im **Bild 4.2.11** gezeigten Fugenformen anwenden
- geringe Nahtmenge anstreben, zu schweißende Baugruppen aus größeren Teilen aufbauen, Nähte dünner, dafür länger ausführen (bei al = konst.); auf diese Weise wird die Längsschrumpfung der Teile kleiner
- als Bauelemente handelsübliche Halbzeuge nutzen, komplizierte Teilstücke für sich schweißen oder als Guß-, Schmiede-, Preß- oder Tiefziehteil in die zu schweißende Baugruppe einbeziehen **(Bilder 4.2.12 und 4.2.13)**

- durch bewußt gestaltete Dehnmöglichkeiten lassen sich Schrumpfspannungen verringern; vorteilhaft wirken dabei das Vermeiden von Querrippen und Quernähten, die Nahtunterbrechung an Nahtkreuzungen **(Bilder 4.2.14 und 4.2.15)**

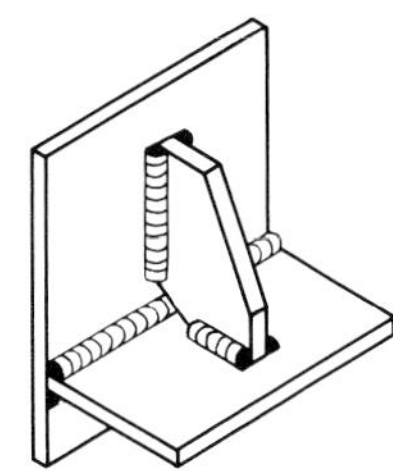

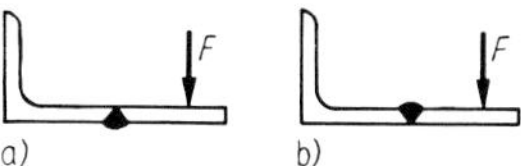

Bild 4.2.16. Biegebelastung der V-Naht
a) Zugspannung in der Wurzelzone, ungünstig; b) Druckspannung in der Wurzelzone, günstig

Bild 4.2.15. Vermeiden von Nahtkreuzungen

- Nähte sollen nicht in Zonen großer Spannung gelegt werden (s. Bild 4.2.13); Zugspannung in der Nahtwurzel ist zu vermeiden **(Bild 4.2.16)**
- starre, biegesteife und drehsteife Schweißbaugruppen sind durch Kastenbauweise erreichbar **(Bild 4.2.17)**

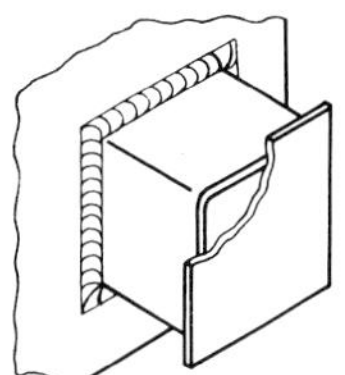

Bild 4.2.17. Geschlossene Kastenbauweise

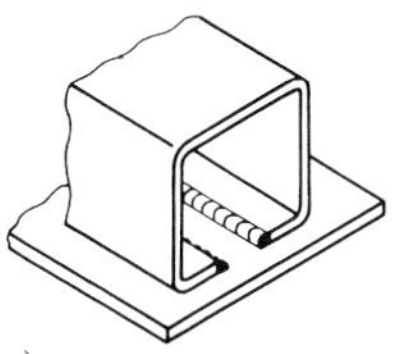

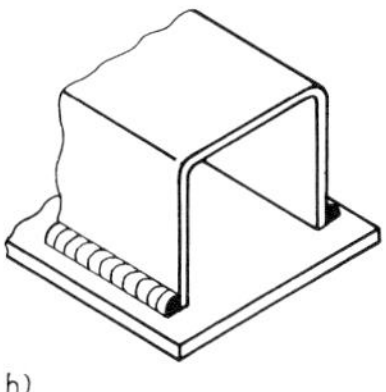

Bild 4.2.18. Zugänglichkeit der Schweißfuge
a) ungünstig; b) günstig

Tafel 4.2.9. Stoßarten bei Schweißteilen

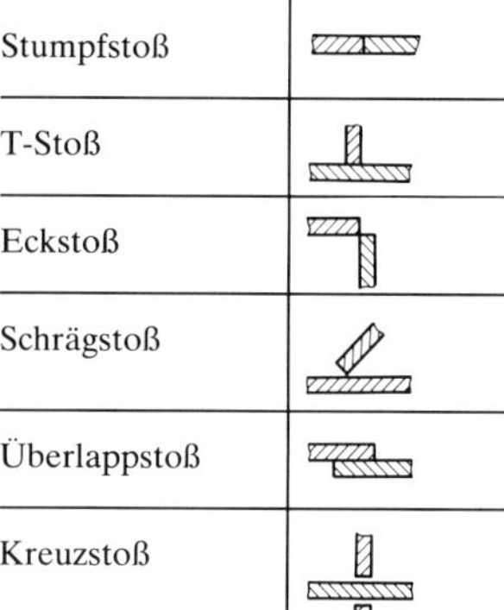

Stoßart	
Stumpfstoß	
T-Stoß	
Eckstoß	
Schrägstoß	
Überlappstoß	
Kreuzstoß	
Mehrfachstoß	

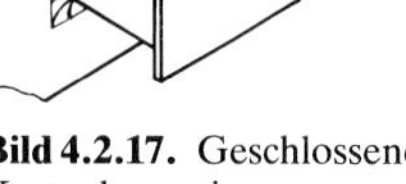

Bild 4.2.19. Kostenintensive Schweißteilvorbereitung

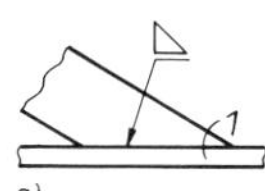

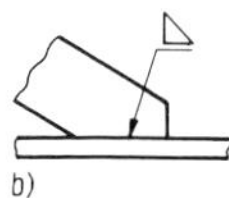

Bild 4.2.20. Abbrand an im T-Stoß geschweißten Platten
a) ungünstig – großer Abbrand bei 1; b) günstig – Abbrand minimal

- es ist auf Zugänglichkeit der Schweißfuge für das Werkzeug zu achten **(Bild 4.2.18)**
- selbsthaltende Gestaltung der Schweißteile ist kostenerhöhend **(Bild 4.2.19)** und nur bei Einzelfertigung anwendbar, sonst sind Haltevorrichtungen zweckmäßiger; hingegen kann aus Festigkeitsgründen eine solche Gestaltung erforderlich sein (s. Bild 4.2.13)
- der Abbrand an im T-Stoß geschweißten Plattenkanten läßt sich durch geeignete Gestaltung minimieren **(Bild 4.2.20)**

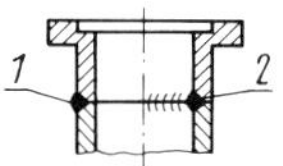

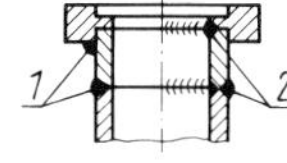

Bild 4.2.21. Gestaltung von Rohr-Flansch-Verbindungen der Vakuumtechnik [4.2.1.20]
1 außenliegende Naht – ungünstig; *2* innenliegende Naht – günstig

- an Hohlkörpern für die Vakuumtechnik (z. B. Rohre) sind Schweißnähte vakuumseitig anzubringen (s. auch Abschnitt 3.6.1.). Die Nahtoberfläche muß glatt und porenfrei sein. Endkrater sind sorgfältig auszufüllen **(Bild 4.2.21).**

Preßschweißverbindungen. Bei diesen Verbindungen kommt der Gestaltung für die Sicherung der Funktion bei Minimierung der Kosten ebenso wie bei den Schmelzschweißverbindungen erhebliche Bedeutung zu.

Punkt-, Buckel- und Rollennahtschweißen sowie Kondensator-Impulsschweißen. Diesen Ver-

Tafel 4.2.10. Richtwerte für das Bemessen von Punkt- und Buckelschweißverbindungen (s. Bilder 4.2.22 und 4.2.23)

	Punktschweißverbindungen einreihig	zweireihig	zweireihig zweischnittig	Buckelschweißverbindungen Rundbuckel	Langbuckel
d_P	$5\sqrt{s}$ mit s in mm				
l_1	$\geqq 4s$	$\geqq 4s$	$\geqq 4s$	$\geqq 4s$	$\geqq 4s$
l_2	$\geqq 3d_P$	$\geqq 3d_P$	$\geqq 3d_P$	$\geqq 1{,}2d_P$	$\geqq 0{,}75l_B$
l_3	–	–	–	$\geqq 1{,}2d_P$	$\geqq 2b_B$ bzw. $\geqq 2d_P$
$l_ü$	$\geqq 2{,}5d_P$	$\geqq (2{,}5d_P + l_2)$			$\geqq (2{,}5b_B + l_2)$ bzw. $\geqq (2{,}5d_P + l_2)$

fahren ist die Erzeugung im weiteren Sinne punktgeschweißter Verbindungen gemeinsam. Nach **Tafel 4.2.10** lassen sich der Punktdurchmesser d_P sowie die Punkt-, Reihen- und Randabstände gemäß **Bild 4.2.22** bestimmen. Bei Buckelverbindungen ist der Schweißquerschnitt A_B von der Größe und der Gestalt der Buckel abhängig **(Bild 4.2.23)**.

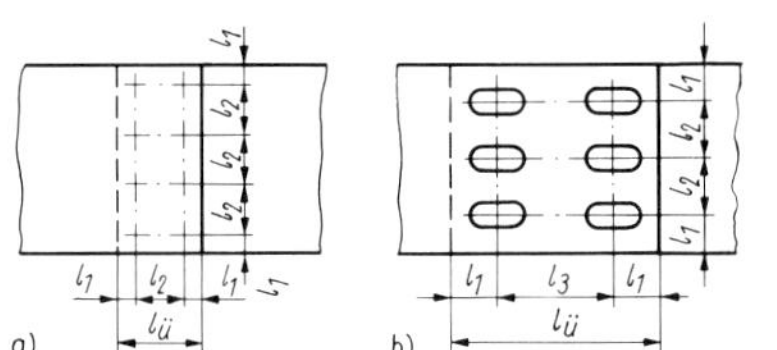

Bild 4.2.22. Abstände beim Punktschweißen (a) und Buckelschweißen (b)

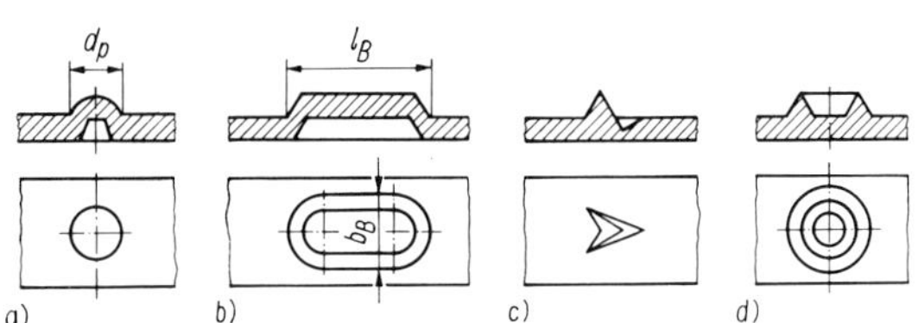

Bild 4.2.23. Buckelformen

a) Rundbuckel; b) Langbuckel; c) Spitzbuckel; d) Ringbuckel

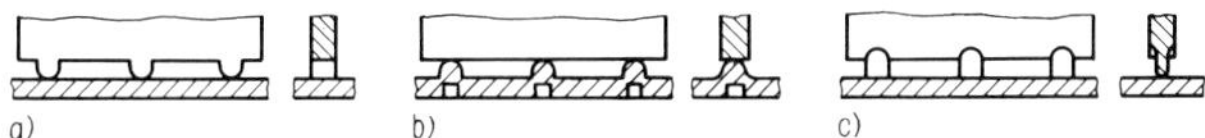

Bild 4.2.24. Buckelschweißverbindung bei T-Stoß

a) Buckel am Oberteil angeschnitten; b) Buckel im Basisblech eingedrückt; c) Buckel am Oberteil in Form von Kerben

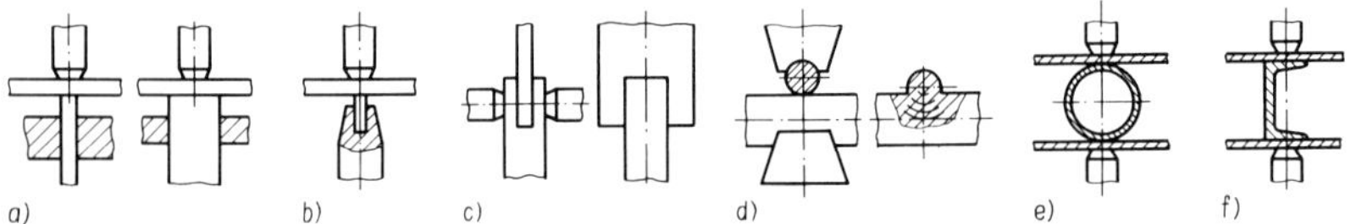

Bild 4.2.25. Verbindungsmöglichkeiten beim Punktschweißen

a) Blechteile im T-Stoß; b) zylindrisches Teil stumpf auf Blech; c) Blechteil im geschlitzten zylindrischen Teil; d) gekreuzte zylindrische Partner; e) Bleche mit rohrförmigem Teil; f) Bleche auf U-förmigem Teil

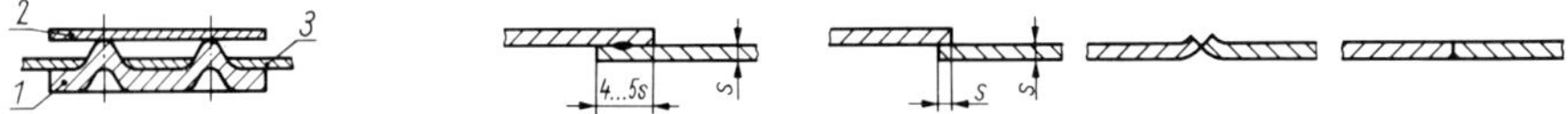

Bild 4.2.26. Mittelbare Buckelschweißverbindung

1 Verbindungspartner mit Buckeln
2 Verbindungspartner ohne Buckel
3 Verbindungspartner mit Durchbrüchen im Raster der Buckel auf *1*

Bild 4.2.27. Mögliche Stoßarten für Rollennahtschweißen

Preßschweißverbindungen dieser Art sind vorwiegend Blechverbindungen im Überlappstoß, ein- und zweischnittig. In Spezialfällen ist auch der T-Stoß möglich (vorteilhaft als Buckelverbindung) oder die Verbindung von Blechen mit zylindrischen oder prismatischen Teilen **(Bilder 4.2.24 und 4.2.25)**. Durch Buckelschweißen lassen sich auch mittelbare Verbindungen herstellen, wie im **Bild 4.2.26** gezeigt. Beim Rollennahtschweißen sind außer Überlappverbindungen auch Verbindungen im Stumpfstoß möglich **(Bild 4.2.27)**. Es gelten folgende

► **Grundsätze:**

- Zwei Teile sollen mit mindestens zwei Punkten verbunden werden **(Bild 4.2.28)**. In Kraftrichtung dürfen nicht weniger als zwei und nicht mehr als fünf Punkte angeordnet sein.
- Das Verhältnis der Blechdicken soll 3:1 nicht überschreiten. Bei ungleicher Dicke ist mit Rücksicht auf die gleichmäßige Erwärmung nach **Bild 4.2.29** zu verfahren.

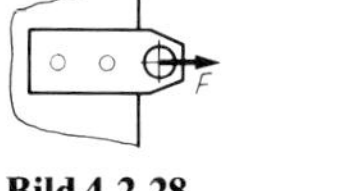

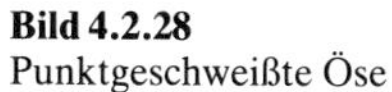

Bild 4.2.28
Punktgeschweißte Öse

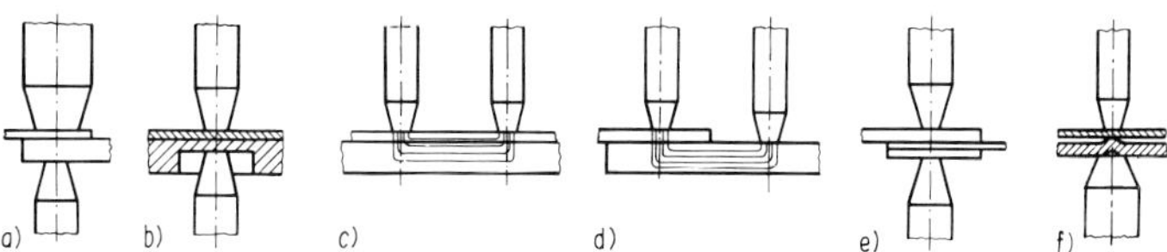

Bild 4.2.29. Punktschweißen von ungleich dicken Blechen
a) mit Elektroden unterschiedlichen Durchmessers;
b) dickeres Blech angesenkt auf örtlich gleiche Blechdicken;
c), d) Doppelpunktschweißung; e) Schweißen mit Zwischenlage; f) Buckelschweißung

- Bei Anwendung des Buckelschweißverfahrens sind die Buckel i. allg. am dickeren Blech anzuformen, bei Blechen aus verschiedenen Werkstoffen jedoch am Partner mit der höheren Schmelztemperatur oder der größeren Leitfähigkeit.
- Die Verbindungen sollen möglichst nur auf Scherung belastet werden, da die Kopfzugfestigkeit nur geringe Werte erreicht.
- Bei Blechdicken $s < 2$ mm sind einreihige, einschnittige Verbindungen zu vermeiden. Besser ist die Anwendung der zweischnittigen oder zumindest zweireihigen Verbindung. Anderenfalls entstehen Kraftkomponenten senkrecht zur Blechfläche (Kopfzuganteile) **(Bild 4.2.30)**.

Bild 4.2.30. Einschnittige Punktschweißverbindung
a) vor der Belastung; b) bei Belastung

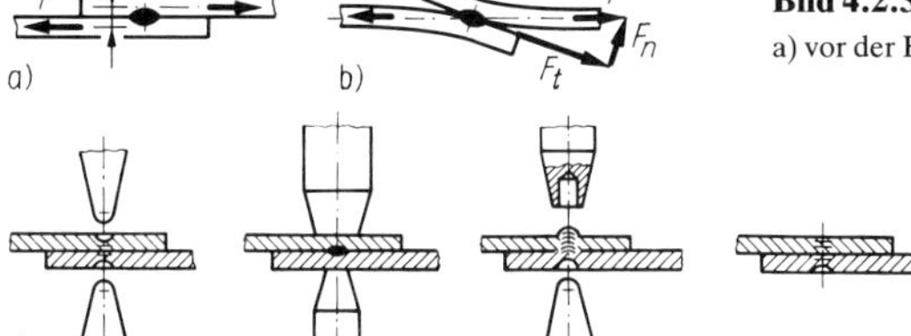

Bild 4.2.31. Gestaltung der Oberfläche punktgeschweißter Bleche
a) durch abgerundete Elektroden; b) durch Elektroden großen Querschnitts nur geringe Verformung; c) durch Elektroden mit konkaver Stirnfläche nietähnliche Gestaltung; d) Glätten durch Punzen und Überschleifen

- Bei Teilen unter Biegebeanspruchung sind Punktnähte in der Zugspannungszone, nicht in der Druckzone anzuordnen.
- Zum Verringern der Markierung der Oberfläche durch Elektrodeneindrücke können die im **Bild 4.2.31** gezeigten Möglichkeiten genutzt werden.
- Die Zugänglichkeit der Schweißfuge ist zu gewährleisten. Die Elektrode muß von Wänden neben ihr einen Mindestabstand von etwa 8 mm haben. Sonderelektroden sind evtl. durch Anwendung von Spannelektroden oder Doppelelektroden vermeidbar (Spannelektroden aber nicht bei Massenfertigung). Gelegentlich läßt sich ein Bauteil nachträglich in die endgültige Form biegen, nachdem die unbehinderte Schweißung erfolgt ist **(Bild 4.2.32).**

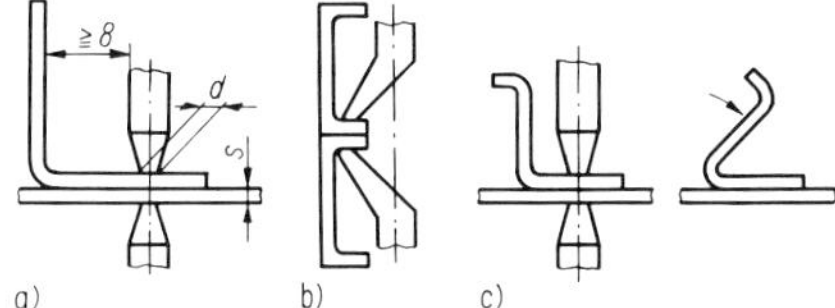

Bild 4.2.32. Zugänglichkeit und Werkzeugfreiheit beim Punkschweißen
a) Mindestabstand der Elektrode von benachbarten Wänden;
b) Sonderelektroden nötig – ungünstig; c) Biegung in Endzustand nach dem Schweißen – günstig

Stumpfschweißverbindungen. Diese Verfahren sind vornehmlich bei der Stumpfverbindung von Rohren, Bolzen usw. miteinander oder mit Platten, Flanschen oder ähnlichen Bauteilen gebräuchlich. Bei der Gestaltung sind i. allg. verfahrensbedingte Probleme zu beachten, wie z. B. solche der Fugengestaltung und -vorbereitung.

Preßstumpfschweißen findet Anwendung beim Verbinden zylindrischer oder prismatischer Teile im Stumpfstoß. Um gleichmäßiges Erwärmen über den Querschnitt in der Schweißfuge zu erzielen, müssen die Tragpunkte (beim Vorwärmpressen) über den Querschnitt gleich verteilt sein. Das bedingt Sorgfalt und Kosten beim Vorbereiten der Schweißteile.

Abbrennstumpfschweißen wird beim Verbinden zylindrischer oder prismatischer Teile im Stumpf-, T- und Gehrungsstoß verwendet **(Bild 4.2.33).** Bei der Bemessung der Länge der Schweißteile ist der Abbrand zu berücksichtigen. Das Vorbereiten der Schweißflächen ist mit wesentlich gröberen Toleranzen als beim Preßstumpfschweißen möglich. In **Tafel 4.2.11** sind einige Möglichkeiten der Gestaltung der Schweißteile gezeigt.

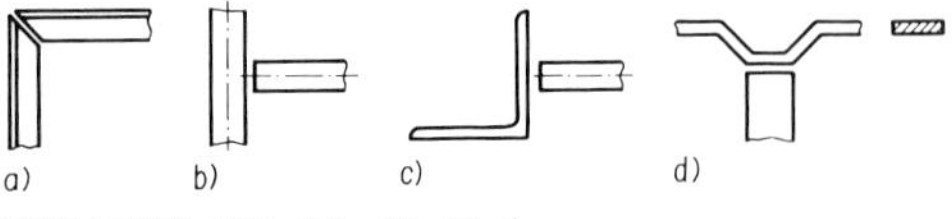

Bild 4.2.33. Mögliche Verbindungen beim Abbrennstumpfschweißen

a) Winkelprofile im Gehrungsstoß; b) Stumpfstoß bei zylindrischen Teilen; c) Stumpfstoß zwischen zylindrischem Teil und Flachteil (Winkel); d) Stumpfstoß zweier Bleche

Tafel 4.2.11. Querschnittsanpassung bei Stumpfschweißverbindungen

Grundform	Varianten

Tafel 4.2.12. Verbindungen beim Ultraschallschweißen und zugehörige Sonotrodenformen

zwei Drähte parallel	F F
zwei Drähte mit Brücke	F F
Draht auf Blech	F
Blech auf Blech	F
T-Stück auf Blech	F

Ultraschallschweißen. Die Nahtarten sind denen beim Punktschweißen gleich. **Tafel 4.2.12** zeigt einige mögliche Verbindungen sowie die zweckentsprechende Gestaltung der Sonotrode.

Reibungsschweißen. Die Gestaltung der im Stumpfstoß zu verbindenden Teile an der Schweißfuge, insbesondere unter dem Aspekt der Verringerung des Schweißwulstes, ist in **Tafel 4.2.13** dargestellt.

Diffusionsschweißen. Die Schweißflächen müssen sich beim Diffusionsprozeß in einer möglichst großen Zahl von Punkten berühren. Das erfordert sehr gute Flächenqualität, also Ebenheit und Glätte, wie sie beim Flachschleifen zu erreichen ist.

Schweißverbindungen an Kunststoffen. Schweißverfahren für Thermoplaste sind Preßschweißverfahren. Deshalb gelten viele der für Preßschweißverbindungen bei Metallen angegebenen Grundsätze für die Gestaltung auch bei Kunststoffen:

Heißgasschweißen. Beim Stumpfschweißen dickerer Platten wird die Fuge V- oder X-förmig vorbereitet und mit plastifiziertem Zusatzwerkstoff gefüllt, der der gleichen Stoffklasse angehören muß wie die Verbindungspartner. Bei Dicken unter 1 mm erfolgt eine I-förmige Gestaltung der Fuge, wobei mit oder ohne Zusatzwerkstoff geschweißt werden kann. Bei anderen Stoßarten (Überlapp- und Laschenstoß) oder Nahtarten (Kehlnaht) bestehen keine Unterschiede in der Gestaltung der Bauteile gegenüber Metallschweißverfahren.

Wie bei Metallschweißverbindungen ist auch bei solchen mit Kunststoffen darauf zu achten, daß die Schweißnähte nicht in Zonen großer Spannung angeordnet werden.

Heizelementschweißen. Die Gestaltung der Bauteile unterscheidet sich nicht von der für das Heißgasschweißen, soweit es Laschen- und Überlappverbindungen betrifft. Stumpfstoßverbindungen werden hingegen generell mit I-Stoß geschweißt, denn beim Heizelementschweißen wird kein Zusatzwerkstoff eingesetzt.

Tafel 4.2.14 zeigt für die Schweißverfahren mit Kunststoffen eine Übersicht über die herstellbaren Nahtformen und Stoßarten.

Schweißverbindungen an Glasbauteilen. Schweißverfahren für Glasbauteile sind Preßschweißverfahren. Gegenüber Metallverbindungen bestehen folgende Unterschiede: Gläser sind spröde und lassen sich bei Raumtemperatur kaum verformen. Aus diesem Grund müssen

Tafel 4.2.13. Querschnittsanpassung bei Reibschweißverbindungen

Vollzylinder/Vollzylinder
a) Grundfall
b) Querschnittsanpassung durch Absatz am großen Durchmesser
c) Zuschärfung des kleinen Durchmessers, großer Durchmesser angepaßt durch Bohrung

Rohr/Vollzylinder
a) Grundfall
b) rohrähnliche Anpassung des Vollzylinders
c) Anpassung durch Absatz

Rohr/Rohr: gleiche Außendurchmesser
a) Grundfall
b) kegelige Aufweitung des Rohres mit der größeren Wanddicke
c) Anpassung durch Absatz am Rohr mit der größeren Wanddicke
d) wie c), aber dünnwandiges Rohr zugeschärft, dadurch Schweißwulst vermindert

Rohr/Rohr: gleiche Innendurchmesser
a) Grundfall
b) kegelige Zuschärfung des dickwandigen Rohres

Rohr/Rohr: gleiche Durchmesser, große Wanddicken
Beide Rohre innen und außen kegelig zugeschärft bzw. aufgeweitet, dadurch Schweißwulst vermindert

Rohr/Flansch
a) Grundfall
b) Anpassung durch Absatz am Flansch
c) kegelige Zuschärfung des Rohres, passend in Bohrung des Flansches

Tafel 4.2.14. Nahtformen und Stoßarten bei Thermoplastschweißverfahren

Schweißverfahren / Nahtform, Stoßart	Stumpfstoß, X-Naht	Stumpfstoß, V-Naht	Spaltnaht	Abkantnaht	Stirnflachnaht	Überlappstoß	Stumpfstoß	Gehrungsstoß	Eckstoß	Parallelstoß
Heißgasschweißen	×	×				×	×			
Heizelementschweißen						×	×	×		
Wärmeimpuls- (Kontakt-) Schweißen			×			×				×
Abkantschweißen				×				×	×	
Heizdrahtschweißen										×
Abschmelzschweißen					×					
Reibungsschweißen							×			

Spannungen, erzeugt durch unterschiedliche Wärmedehnung der verschweißten Bauteile, vermieden werden, also die Bauteile gleiche oder annähernd gleiche Längen-Temperaturkoeffizienten haben. Ist das aus konstruktiven oder funktionellen Gründen nicht möglich, so sind zwischen die Bauteile Übergangsteile mit Längen-Temperaturkoeffizienten zu schweißen, die zwischen denen der Bauteile liegen. Bei der Vorbereitung der Verbindungspartner

bestehen einige Besonderheiten, die sich aus den angewendeten Schweißverfahren ergeben **(Bilder 4.2.34 und 4.2.35)**.
Auch lassen sich Wülste, wie sie beim Stumpfschweißen entstehen, bei Gläsern im noch plastischen Zustand durch Auseinanderziehen der Verbindungspartner ausgleichen.
Eine Zusammenstellung ausgewählter Normen und Richtlinien zum Abschnitt 4.2.1. enthält **Tafel 4.2.15**.

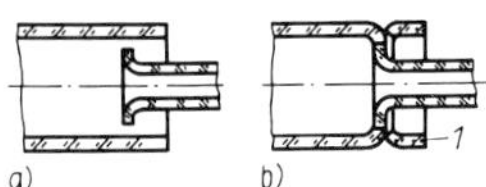

Bild 4.2.34. Stumpfstoßverbindung zweier Glasrohre mit unterschiedlichem Durchmesser
a) vor dem Schweißen; b) Fertigzustand; *1* Abfall

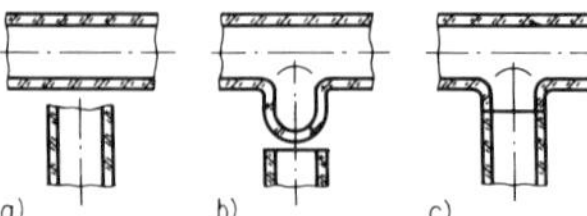

Bild 4.2.35. T-Stoß-Verbindungen von Glasrohren
a) bis c) Fertigungsschritte

Tafel 4.2.15. Normen und Richtlinien zum Abschnitt 4.2.1.

DIN-Normen	
DIN 1910	Schweißen; Begriffe; Einteilung der Schweißverfahren
DIN 2559	Schweißnahtvorbereitung; Richtlinien für Fugenformen und Anpassung der Innendurchmesser für Runddrähte an Rohre
DIN 8552	Schweißnahtvorbereitung; Fugenformen an Al- und Cu-Legierungen
DIN 8554	Schweißstäbe für das Gasschweißen
DIN 8555	Schweißzusätze zum Auftragschweißen; Schweißdrähte, Drahtelektroden u. a.
DIN 8571	Schweißzusätze und Schweißhilfsstoffe zum Metallschweißen; Begriffe, Einteilung
DIN EN 444	Schweißzusätze; Drahtelektroden und Schweißgut zum Metall-Schutzgasschweißen
DIN EN 12070	–; Drahtelektroden, Drähte und Stäbe zum Lichtbogenschweißen
DIN EN 12534	–; Drahtelektroden, Drähte, Stäbe und Schweißgut zum Schutzgasschweißen
DIN EN 12943	Schweißzusätze für thermoplastische Kunststoffe
DIN EN 29692	Lichtbogenhandschweißen, Schutzgas- und Gasschweißen
DIN EN ISO 13920	Schweißen; Allgemeintoleranzen für Schweißkonstruktionen; Längen- und Winkelmaße; Form und Lage
Richtlinien	
VDI/VDE 2251 Bl. 4	Feinwerkelemente; Schweißverbindungen (zurückgezogen)

4.2.1.5. Berechnungsbeispiele

Aufgabe 4.2.1. Stützlager einer Hebevorrichtung

Gegeben ist ein biegesteifer Balken *1* nach **Bild 4.2.36**, der als eines der beiden Stützlager (und zwar als Loslager) des Trägers einer Hebevorrichtung dient. Der Balken ist mit zwei Flankenkehlnähten stumpf auf die stählerne Wand *2* geschweißt und hat bei zulässiger Belastung der Hebevorrichtung eine Last von $F_1 = 2{,}5\,\text{kN}$ zu tragen. Der Balken und die Wand bestehen aus St37 mit $\sigma_{\text{bF}} = 290\,\text{N/mm}^2$. Die erforderliche Sicherheit beträgt hier $S_{\text{erf}} = 1{,}5$. Die Daten der Kehlnähte sind: $a = 6$ mm, $l = 120$ mm, $b = 800$ mm.

Gesucht sind:

- *die zulässige Spannung in der Schweißnaht*
- *die zulässige Belastung des Balkens*
- *die vorhandene Sicherheit.*

Bild 4.2.36. Biegesteifer Träger
1 Balken; *2* Wand

Lösung

Zulässige Spannung

$$\sigma_{\text{zul Schw}} = \alpha\sigma_{\text{b zul}}; \qquad \alpha = 0{,}65 \text{ für Kehlnähte (nach Tafel 4.2.6)}$$
$$\sigma_{\text{b zul}} = \sigma_{\text{vers}}/S_{\text{erf}}; \qquad \sigma_{\text{vers}} = \sigma_{\text{bF}}$$
$$\sigma_{\text{zul Schw}} = \alpha\sigma_{\text{bF}}/S_{\text{erf}} = 0{,}65 \cdot 290\,\text{N/mm}^2/1{,}5 = 125{,}7\,\text{N/mm}^2.$$

Tragkraft des Balkens

Da Normal- und Tangentialspannungen vorliegen, ist bei der weiteren Rechnung die Vergleichsspannung zugrunde zu legen:

$$\sigma_{\text{v Schw}} = \sqrt{\sigma^2_{\text{b Schw}} + 3\,(\alpha_0\tau_{\text{a Schw}})^2},$$

mit $\alpha_0 = 1$, da σ_{b} und τ_{a} im gleichen Belastungsfall vorliegen. Es folgt durch Umstellung

$$F = \sqrt{\sigma^2_{\text{zul Schw}}/[(b/W_{\text{b}})^2 + 3\,(1/A_{\text{Schw}})^2]}$$

mit $A_{\text{Schw}} = 2a\,(l - 2a) = 2 \cdot 6 \cdot 108\,\text{mm}^2 = 1296\,\text{mm}^2$ und $W_{\text{b}} = 2a\,(l - 2a)^2/6\,\text{mm}^3 = (2 \cdot 6\,(108)^2/6)\,\text{mm}^3 = 23\,328\,\text{mm}^3$.

$$F = \sqrt{125{,}7^2/[(800/23\,328)^2 + 3\,(1/1296)^2]}\,\text{N} = 3662{,}6\,\text{N}.$$

Vorhandene Sicherheit

$$\sigma_{\text{zul Schw}} = \alpha\sigma_{\text{vers}}/S_{\text{erf}}; \qquad \sigma_{\text{v Sch}} = \alpha\sigma_{\text{vers}}/S_{\text{vorh}};$$

$$S_{\text{vorh}} = \alpha\sigma_{\text{vers}}/\sigma_{\text{v Sch}};$$

$$M_b = F_1 b = 2{,}5\,\text{kN} \cdot 800\,\text{mm} = 2000\,\text{kN} \cdot \text{mm}$$

$$\sigma_{\text{v Sch}} = \sqrt{\left(\frac{M_b}{W_b}\right)^2 + 3\left(\alpha_0 \frac{F_1}{A_{\text{Schw}}}\right)^2}$$

$$\sigma_{\text{v Sch}} = \sqrt{(2000\,\text{kN} \cdot \text{mm}/23328\,\text{mm}^3)^2 + 3\,(2{,}5\,\text{kN}/1296\,\text{mm}^2)^2} = 85{,}8\,\text{N/mm}^2$$
$$S_{\text{vorh}} = 0{,}65 \cdot 290\,\text{N/mm}^2/85{,}8\,\text{N/mm}^2 = 2{,}2.$$

Die vorhandene Sicherheit entspricht der geforderten Sicherheit.

Aufgabe 4.2.2 Punktschweißverbindung an einem Gestell

Gegeben ist eine einschnittige Punktschweißverbindung nach **Bild 4.2.37**, die zur Verbindung der Stäbe *1* eines Gestellaufbaus benutzt wird. Die Teile *3* haben eine Masse von $m = 420$ kg und schließen am First einen Winkel $\alpha = 120°$ ein. Die Querstäbe *1* und die Längsstäbe *2* bestehen aus Winkelstahl mit den Abmessungen 30 mm × 30 mm × 3 mm aus dem Werkstoff St33 mit $R_e = 215$ N/mm². Die Zahl der Schweißpunkte beträgt $z = 2$, die erforderliche Sicherheit $S_{\text{erf}} = 1{,}5$.
Zu berechnen sind die wirkenden und zulässigen Kräfte, die zulässigen Spannungen und die vorhandene Sicherheit.

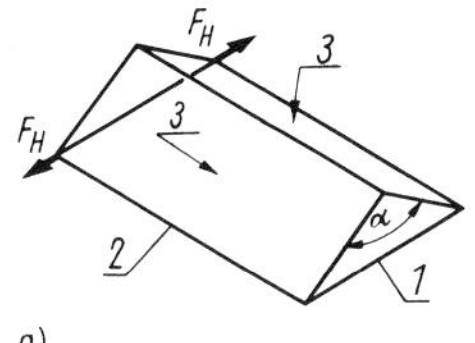

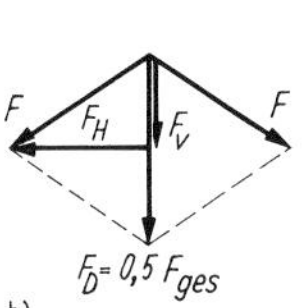

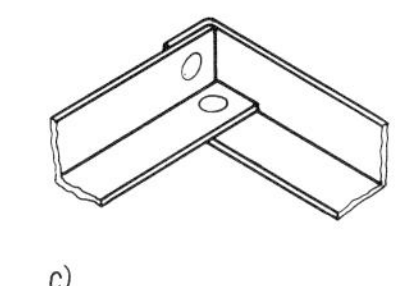

Bild 4.2.37. Punktgeschweißtes Versuchsgestell
a) Übersicht; b) Kräfteparallelogramm; c) konstruktive Gestaltung der Verbindung
1 Querstab; *2* Längsstab; *3* flächenhafte Teile

Lösung. Die am Querstab *1* wirkenden Zugkräfte ergeben sich aus der Masse der Teile *3* (Bild 4.2.37b). Die Gewichtskraft beträgt $F_{\text{ges}} = mg = 420 \cdot 9{,}81\,\text{N} = 4120{,}2\,\text{N}$.

Diese Kraft verteilt sich auf die beiden Querstäbe. Die Stützkräfte *F* der Teile *3* sind Komponenten der halben Gesamtgewichtskraft F_D, die ihrerseits die Kräfte F_H und F_V verursachen: $F_D = 0{,}5\,F_{\text{ges}} = 2060{,}1\,\text{N}$.

Die Stabkraft $F = F_D$ läßt sich in die Komponenten F_V (vertikale Kraft) und F_H (horizontale Kraft) zerlegen.
Die am Querstab angreifenden Zugkräfte sind dann $F_H = 0{,}5\,F_{\text{ges}} \cos 30° = 1784{,}1\,\text{N}$.

Zulässige Spannungen

$$\tau_{\text{a zul Schw}} = 0{,}65 \cdot \sigma_{\text{l zul}} = 0{,}65 \cdot \sigma_{\text{vers}}/S_{\text{erf}} = 0{,}65 \cdot 215/1{,}5\,\text{N/mm}^2 = 93{,}16\,\text{N/mm}^2$$

$$\sigma_{\text{zul Schw}} = 1{,}8 \cdot \sigma_{\text{l zul}} = 1{,}8 \cdot \sigma_{\text{vers}}/S_{\text{erf}} = 1{,}8 \cdot 215/1{,}5\,\text{N/mm}^2 = 258\,\text{N/mm}^2.$$

Zulässige Kräfte an der Verbindungsstelle

$$\tau_a = F/(A_P n z); \qquad F = \tau_{\text{a zul Schw}} A_P n z = 93{,}16\,\text{N/mm}^2 \cdot 127{,}2\,\text{mm}^2 = 11{,}85\,\text{kN};$$

$$\sigma_l = F/(z d_P s); \qquad F = \sigma_{\text{zul Schw}} z d_P s = 258\,\text{N/mm}^2 \cdot 2 \cdot 9 \cdot 3\,\text{mm}^2 = 13{,}9\,\text{kN}$$

mit $d_P = 5\sqrt{s} = 5\sqrt{3}\,\text{mm} = 8{,}66\,\text{mm}$; $\quad d_P = 9$ mm (gewählt); $\quad A_P = (\pi/4)d_P^2 = 81 \cdot \pi/4\,\text{mm}^2 = 63{,}58\,\text{mm}^2$.
Die Verbindung kann eine Kraft von etwa 12 kN tragen.

Sicherheitsnachweis

$$S_{\text{vorh}} = 0{,}65 \cdot \sigma_{\text{vers}}/\tau_a \quad \text{bzw.} \quad S_{\text{vorh}} = 1{,}8 \cdot \sigma_{\text{vers}}/\sigma_l$$

$$\tau_a = F_H/(A_P n z) = 1{,}78\,\text{kN}/127{,}2\,\text{mm}^2 = 13{,}99\,\text{N/mm}^2$$

$$\sigma_l = F_H/(z d_P s) = 1{,}78\,\text{kN}/54\,\text{mm}^2 = 32{,}96\,\text{N/mm}^2$$

$$S_{\text{vorh}} = 0{,}65 \cdot 215\,\text{N/mm}^2/13{,}99\,\text{N/mm}^2 = 10 \quad \text{bzw.}$$
$$S_{\text{vorh}} = 1{,}8 \cdot 215\,\text{N/mm}^2/32{,}96\,\text{N/mm}^2 = 11{,}74.$$

Die vorhandene ist größer als die geforderte Sicherheit.

Literatur zum Abschnitt 4.2.1.
(Grundlagenliteratur s. Literatur zum Abschnitt 1.)

Bücher

[4.2.1.1] *Thieme, G.:* Fachkunde für Schweißer. Bd. 1. Berlin: Verlag Technik 1982.
[4.2.1.2] *Bauer, C. O.* (Hrsg.): Handbuch der Verbindungstechnik. München, Wien: Carl Hanser Verlag 1991.

[4.2.1.3] *Dorn, L.*, u. a.: Schweißen in der Elektro- und Feinwerktechnik. Kontakt und Studium. Bd. 134. Grafenau, Württemberg: Expert-Verlag 1984.

[4.2.1.4] *Ruge, J.*: Handbuch der Schweißtechnik, Bd. 1. Werkstoffe 3. Aufl.; Bd. 2. Verfahren und Fertigung 2. Aufl.; Bd. 3. Konstruktive Gestaltung; Bd. 4. Berechnung der Verbindungen. Berlin, Heidelberg: Springer-Verlag 1985 bis 1993.

[4.2.1.5] *Abele, G. F.*: Hochfrequenzschweißtechnik. Speyer: Zechner und Hüttig Verlag 1973.

[4.2.1.6] *Mehlhorn, H.*, u. a.: Diffusionsschweißen. Berlin: Verlag Technik 1978.

[4.2.1.7] *Krist, Th.*: Schweißen, Schneiden, Löten, Kleben. 3. Aufl. Darmstadt: Fikentscher-Verlag 1985.

[4.2.1.8] *Conn, W. M.*: Die technische Physik der Lichtbogenschweißung. Berlin: Springer-Verlag 1959.

[4.2.1.9] *Hoffmann, J. P.*: Konstruktion von Schweißbaugruppen mit 3D-CAD-Systemen. Düsseldorf: Deutscher Verlag für Schweißtechnik, DVS-Verlag 1993.

[4.2.1.10] *Beckert, M.; Neumann, A.*: Grundlagen der Schweißtechnik – Schweißverfahren. 11. Aufl. Berlin: Verlag Technik 1990.

[4.2.1.11] *Beckert, M.; Neumann, A.*: Grundlagen der Schweißtechnik – Gestaltung. 10. Aufl. Berlin: Verlag Technik 1988.

[4.2.1.12] *Granjon, H.*: Werkstoffkundliche Grundlagen des Schweißens. Düsseldorf: Deutscher Verlag für Schweißtechnik, DVS-Verlag 1993.

[4.2.1.13] *Neumann, A.; Richter, E.*: Tabellenbuch Schweiß- und Löttechnik. 4. Aufl. Berlin: Verlag Technik 1988.

[4.2.1.14] *Klock, H.; Schoer, H.*: Schweißen und Löten von Aluminiumwerkstoffen. Fachbuchreihe Schweißtechnik. Bd. 70. Düsseldorf: Deutscher Verlag für Schweißtechnik 1977.

[4.2.1.15] *Neumann, A.*: Schweißtechnisches Handbuch für Konstrukteure. Teil 1. 6. Aufl. Berlin: Verlag Technik 1989.

[4.2.1.16] *Krause, M.*: Widerstandspreßschweißen. Düsseldorf: Deutscher Verlag für Schweißtechnik, DVS-Verlag 1993.

[4.2.1.17] *Beyer, E.*: Schweißen mit Laser. Berlin: Springer-Verlag 1995.

[4.2.1.18] *Schultz, H.*: Elektronenstrahlschweißen. Düsseldorf: Deutscher Verlag für Schweißtechnik, DVS-Verlag 1995.

[4.2.1.19] *Dorn, L.*: Schweißen und Löten mit Festkörperlasern. Berlin: Springer-Verlag 1992.

[4.2.1.20] *Bollinger, H.; Teubner, W.*: Industrielle Vakuumtechnik. Leipzig: Verlag für Grundstoffindustrie 1984.

[4.2.1.21] *Lison, R.*: Schweißen und Löten von Sondermetallen und ihren Legierungen. Düsseldorf: Deutscher Verlag für Schweißtechnik, DVS-Verlag 1996.

[4.2.1.22] *Behnisch, H.* (Hrsg.): Kompendium der Schweißtechnik. 4 Bde. Düsseldorf: Deutscher Verlag für Schweißtechnik, DVS-Verlag 1997.

[4.2.1.23] *Radaj, D.*: Ermüdungsfestigkeit von Schweißverbindungen nach lokalen Konzepten. Düsseldorf: Verlag für Schweißen und Verwandte Verfahren, DVS-Verlag 2000.

[4.2.1.24] *Strassburg, F. W.*: Schweißen nichtrostender Stähle. Düsseldorf: Verlag für Schweißen und Verwandte Verfahren, DVS-Verlag 2000.

[4.2.1.25] *Kühne, K.*: Werkstoff Glas. Berlin: Akademie-Verlag 1984.

Aufsätze

[4.2.1.30] *Benneß, G.; Schlebeck, E.*: Miniaturgasflamme durch Elektrolyse – Berührungsloses Schweißverfahren für Kleinteile. Schweißtechnik 19 (1969) 8, S. 346.

[4.2.1.31] *Behrend, K. P.*, u. a.: UP-Kehlnahtschweißen mit bandförmigen Zusatzwerkstoffen. Schweißtechnik 23 (1973) 1, S. 1.

[4.2.1.32] *Afonnikow, A. N.*: Elektroschlackeschweißen perlitischer Stähle. Schweißtechnik 24 (1974) 1, S. 5.

[4.2.1.33] *Makara, A. M.*, u. a.: Elektroschlackeschweißen von Konstruktionsstählen ohne Normalisieren. Avt. Svarka 27 (1974) 7, S. 51.

[4.2.1.34] *Beckert, M.; Probst, R.*: Beitrag zu technologischen Problemen des Schmelzschweißprozesses. Wiss. Zeitschr. TH Magdeburg 17 (1973) 3, S. 383.

[4.2.1.35] *Probst, R.; Botschew, B.*: Verfahrenstechnische Lösungen der Herstellung volumenarmer Schweißnähte an Dickblechen. Schweißtechnik 23 (1973) 8, S. 346.

[4.2.1.36] *Dorn, L.*: Schweißgerechtes Konstruieren. Konstruktion 35 (1983) 10, S. 403.

[4.2.1.37] *Filipski, S. P.*: Plasmalichtbogenschweißung. Welding Journal 43 (1964) 11, S. 937.

[4.2.1.38] *Kasbohm, J.*: Physikalische Grundlagen der Plasmadünnblechschweißung. Schweißtechnik 18 (1968) 10, S. 463.

[4.2.1.39] *Bahn, W.; Sobisch, G.*: Stand des Plasmaschweißens. Schweißtechnik 23 (1973) 5, S. 193.

[4.2.1.40] *Hermann, J.*: Schweißen von Hohlprofilen mit MBL. Werkstatt und Betrieb 112 (1979) 10, S. 733.

[4.2.1.41] *Burmeister, J.; Sachse, V.*: Schweißen mit magnetisch bewegtem Lichtbogen – ein modernes Fügeverfahren. ZIS-Mitteilungen 18 (1976) 10, S. 986.

[4.2.1.42] *Hüttner, H.; Heller, K.-H.*: Anwendung des Buckelschweißens bei Massenteilen. ZIS-Mitteilungen 6 (1964) 2, S. 1713.

[4.2.1.43] *Deubel, G.; Heller, K.*: Herstellung längsnahtgeschweißter Rohre. ZIS-Mitteilungen 4 (1962) 11, S. 1152.

[4.2.1.44] *Dorn, L.*: Mikro-Widerstandsschweißen – Verfahren und Schweißmaschinen. Feinwerktechnik und Meßtechnik 92 (1984) 5, S. 221.

[4.2.1.45] *Dorn, L.*: Anwendungen des Mikro-Widerstandsschweißens in der Feinwerktechnik. Feinwerktechnik und Meßtechnik 92 (1984) 6, S. 291.

[4.2.1.46] *Grobe, K.-H.*: Wirtschaftliches Widerstandsschweißen in der Kleinteilfertigung. Verbindungstechnik 13 (1981) 9, S. 21.

[4.2.1.47] *Scheel, W.:* Elektrisches Widerstandsschweißen für Kleinteile. ZIS-Informationsblatt M 549-74.
[4.2.1.48] *Maronna, G.; Scheel, W.:* Fügetechnik in der Elektronik. ZIS-Mitteilungen 13 (1971) 9, S. 1391.
[4.2.1.49] *Dorn, L.:* Anwendung des Widerstandsschweißens von Kleinteilen in Elektronik, Elektrotechnik und Feinmechanik. Feinmechanik und Mikronik 76 (1972) 3, S. 117 und 6, S. 295.
[4.2.1.50] *Grobe, K.-H.:* Widerstandsschweißen an Thermo-Bimetallen und Heizleitern. Sonderdruck 15/73 der Fa. Messer Griesheim – PECO, München.
[4.2.1.51] *Grobe, K.-H.:* Mikroschweißen. Schweizer Maschinenmarkt 72 (1972) 12, S. 64.
[4.2.1.52] *Rauscher, G.:* Materialbearbeitung mit Laserlicht. Laser und angewandte Strahlentechnik (1969) 1, S. 24.
[4.2.1.53] *Born, K.,* u. a.: Plasma-, Laser- und Elektronenstrahl – drei Strahlschweiß- und Schneidverfahren im Vergleich. Blech, Rohre, Profile 20 (1973) 9, S. 363.
[4.2.1.54] *Buneß, G.:* Technologische Einsatzbedingungen und Voraussetzungen für die Materialbearbeitung durch Laser. Vortrag zur Absolventenweiterbildung 1975 an der TH Magdeburg.
[4.2.1.55] *Weißmantel, H.:* Das Schweißen von Kupfer mit Laserstrahl. Feinwerktechnik und Meßtechnik 90 (1982) 5, S. 239.
[4.2.1.56] *Steffen, J.:* Schweißen mit dem Laserstrahl. Feinwerktechnik und Meßtechnik 88 (1980) 1, S. 7.
[4.2.1.57] *Köhler, G.* u. a.: Diffusionsschweißen von Graphit mit Keramik. Feingerätetechnik 38 (1989) 4, S. 162.
[4.2.1.58] *Wiesner, P.:* Einsatzmöglichkeiten des Elektronenstrahlschweißens. ZIS-Mitteilungen 15 (1973) 1, S. 79.
[4.2.1.59] *Neubert, G.:* Konstruktives Gestalten der Verbindungsstelle beim Elektronenstrahlschweißen. Schweißtechnik 26 (1976) 2, S. 67.
[4.2.1.60] *Däne, K.:* Festkörperlaser in der Schweißtechnik. Schweißtechnik 29 (1979) 1, S. 13.
[4.2.1.61] *Erhardt, H.:* Elektronenstrahlschweißen ermöglicht neue Fertigungstechnologien. Fertigungstechnik und Betrieb 28 (1978) 5, S. 299.
[4.2.1.62] *Sobisch, G.:* Elektronenstrahlschweißen von Aluminium und seinen Legierungen. ZIS-Mitteilungen 21 (1979) 1, S. 39.
[4.2.1.63] *Burstin, M.:* Geschweißte Kontakte im Relaisbau. Feinwerktechnik und Meßtechnik 92 (1984) 6, S. 285.
[4.2.1.64] *Keil, A.:* Bemerkungen zur Technologie der elektrischen Kontakte. 1. Berichtsband der Tagung über Niederspannungsschaltgeräte in Plovdiv (Bulgarien) 1971, S. 126.
[4.2.1.65] *Schweizer, W.; Kiesewetter, L.:* Moderne Fertigungsverfahren der Feinwerktechnik – ein Überblick (Teil 1). Konstruktion 20 (1978) 10, S. 381.
[4.2.1.66] *D'Angelo, R.; Kehl, R.:* Widerstandsschweißen mit zusätzlicher Kraftkomponente. Schweißtechnik 30 (1980) 1, S. 7.
[4.2.1.67] *Dorn, L.; Stöber, L.:* Verbinden unterschiedlicher Metalle mittels Mikro-Widerstandspunktschweißen. DVS-Berichte. Bd. 70. Düsseldorf: Deutscher Verlag für Schweißtechnik 1981, S. 23.
[4.2.1.68] *Graumüller, B.:* Widerstandsschweißverfahren für Miniaturkontakte der Nachrichtentechnik. Feingerätetechnik 9 (1979) 9, S. 402.
[4.2.1.69] *Hulst, A.-P.:* Überblick über das Mikroschweißen in der Massenfertigung von elektronischen Bauelementen. Schweißen und Schneiden 31 (1979) 6, S. 284.
[4.2.1.70] *Tschakalew, A.; Kordjakowski. O. Z.:* Kondensator-Impulsschweißen von Bauelementen. Schweißtechnik 23 (1973) 9, S. 411.
[4.2.1.71] *Batschewarow, St.:* Technologie und Vorrichtungen zum Kondensator-Impulsschweißen von Kleinteilen. Schweißtechnik 23 (1973) 9, S. 413.
[4.2.1.72] *Bakardjev, V.; Doiniv, E.; Doitschinov, E.:* Bolzenschweißen nach dem Kondensatorentladungsverfahren. ZIS-Mitteilungen 19 (1977) 3, S. 399.
[4.2.1.73] *Winterstein, H.; Langer, W.:* Möglichkeiten zur Qualitätsbeurteilung und Überwachung der Schweißparameter beim Abbrennstumpfschweißen. ZIS-Mitteilungen 13 (1971) 10, S. 1453.
[4.2.1.74] *Schaefer, R.:* Reibschweißen von Metallen – Maschinen und Anwendungsbeispiele. Industrie-Anzeiger. Essen 89 (1967) 10, S. 11.
[4.2.1.75] *Meisel, D.:* Einfluß des Reibschweißens auf die Torsionswechselfestigkeit gekerbter rotationssymmetrischer Bauteile. IfL-Mitteilungen 20 (1981) 2, S. 39.
[4.2.1.76] *Eichhorn, F.; Schaefer, R.:* Grundlegende Untersuchungen zum konventionellen Reibschweißen. Schweißen und Schneiden 21 (1969) 4, S. 189.
[4.2.1.77] *Buchholz, S.; Schober, D.:* Konstruktive Gestaltung von Reibschweißverbindungen. Schweißtechnik 24 (1974) 11, S. 509.
[4.2.1.78] *Wodara, J.:* Einfluß der Oberflächenvorbereitung auf die Kaltpreßschweißbarkeit von Metallen. Schweißtechnik 13 (1963) 12, S. 548.
[4.2.1.79] *Wodara, J.:* Kaltpreßschweißen. Schweißtechnik 15 (1965) 9, S. 411.
[4.2.1.80] *Olszewski, M.:* Das Kaltpreßschweißen von Metallen. Fertigungstechnik und Betrieb 13 (1963) 1, S. 21.
[4.2.1.81] *Beier, W.; D'Angelo, R.:* Kaltpreßschweißen mit zusätzlicher Bewegungskomponente. Schweißtechnik 13 (1963) 12, S. 546.
[4.2.1.82] *Wodara, J.; Eckhardt, S.:* Eignung von Metallen und Metallkombinationen für das Ultraschallschweißen. Schweißtechnik 28 (1978) 7, S. 313.
[4.2.1.83] *Frölich, F. F.:* Über das Perkussionsschweißen und seine Anwendungen. Schweißtechnik 20 (1970) 9, S. 399.
[4.2.1.84] *Dippe, W.; Heymann, E.:* Überblick über theoretische Betrachtungen und Anwendungen des US-Schweißens von Metallen. Wiss. Zeitschr. TH Magdeburg 11 (1967) 5/6, S. 701.
[4.2.1.85] *Beckert, M.; Dippe, W.:* Beitrag zur exakten Erfassung der Schweißdaten beim Ultraschallschweißen. Schweißtechnik 21 (1971) 8, S. 354.
[4.2.1.86] *Krause, R. D.:* Diffusionsschweißen. Schweißen und Schneiden 19 (1967) 9, S. 455.
[4.2.1.87] *Wiesner, P.:* Die Anwendungsmöglichkeiten des Diffusionsschweißens. ZIS-Mitteilungen 11 (1969) 1, S. 134.

[4.2.1.88] *Dorn, L.*, u. a.: Tiefspaltschweißen von Stahlblechen in Senkrechtposition. Konstruktion 46 (1994) 9, S. 295.
[4.2.1.89] *Mayer, A.; Preis, N.*: Berechnungsverfahren zur Spannungsbeurteilung von Punktschweißverbindungen. Konstruktion 46 (1994) 9, S. 287.
[4.2.1.90] *Radaj, D.*: Lokale Konzepte des Betriebsfestigkeitsnachweises für Schweißkonstruktionen. Konstruktion 47 (1995) 5, S. 168.
[4.2.1.91] *Mehlhorn, H.*: Theoretische Grundlagen des Diffusionsschweißens und Schlußfolgerungen für die Anwendung. Schweißtechnik 33 (1983) 1, S. 24.
[4.2.1.92] *Günther, W. D.*: Praktische Erfahrungen bei der Anwendung des Diffusionsschweißverfahrens. ZIS-Mitteilungen 18 (1976) 1, S. 56.
[4.2.1.93] *Lehrhauer, W.*: Diffusionsschweißen. Ein noch wenig bekanntes Fügeverfahren. Wiss.-techn. Zeitschrift für industrielle Fertigung 71 (1981) 1, S. 13.
[4.2.1.94] *Wiesner, P.; Gutzer, H.*: Auswahl der Sonderschweißverfahren. ZIS-Mitteilungen 23 (1981) 1, S. 13.
[4.2.1.95] *Radaj, D.; u. a.*: Simulation des Laserstrahlschweißens auf dem Computer-Konzept und Realisierung. Konstruktion 48 (1996) 11, S. 367.
[4.2.1.96] *Radaj, D.; Zhang, S.*: Anschauliche Grundlagen für Kräfte und Spannungen in punktgeschweißten Überlappverbindungen. Konstruktion 48 (1996) 3, S. 65.
[4.2.1.97] *Radaj, D.; Helmers, K.*: Bewertung von Schweißverbindungen hinsichtlich Schwingfestigkeit nach dem Kerbspannungskonzept. Konstruktion 49 (1997) 1/2, S. 21.
[4.2.1.98] *Radaj, D.*: Abminderung der Schwingfestigkeit bei Schweißverbindungen. Konstruktion 50 (1998) 11, S. 55.
[4.2.1.99] *Lehrke, H.-P.*: Berechnung von Formzahlen für Schweißverbindungen. Konstruktion 51 (1999) 1/2, S. 47.
[4.2.1.100] *Zasada, H. U.*: Stoffschlüssiges Verbinden thermoplastischer Kunststoffe mittels Reibschweißen. Konstruktion 29 (1977) 10, S. 397.
[4.2.1.101] *Zasada, H. U.; Beitz, W.*: Tragfähigkeit geschweißter Kunststoffverbindungen. Konstruktion 32 (1980) 6, S. 217.
[4.2.1.102] *Wernicke, P. J.*: Bemerkungen zu Glas-Glas-Verschmelzungen für optische Zwecke. Feinwerktechnik und Meßtechnik 83 (1975) 6, S. 272.
[4.2.1.103] *Dans, J.*: Schweißeignung und Nahtformen des Werkstoffes Glas. ZIS-Mitteilungen 23 (1981) 10, S. 1176.
[4.2.1.104] *N. N.*: Mikroschweißsystem aus dem Baukasten. Feinwerktechnik u. Meßtechnik 94 (1986) 6, S. 355.
[4.2.1.105] *Stöckel, D.*: Kontaktschweißtechnik. Feinwerktechnik u. Meßtechnik 91 (1983) 6, S. 253.

4.2.2. **Lötverbindungen** [4.2.2.1] bis [4.2.2.8]

Lötverbindungen sind stoffschlüssige unlösbare, z. T. auch bedingt lösbare Verbindungen zwischen metallischen oder nichtmetallischen oberflächenmetallisierten Bauteilen, vermittelt durch einen metallischen Zusatzwerkstoff (das Lot), dessen Schmelztemperatur kleiner als die der Werkstoffe der Verbindungspartner ist. Sie beruhen auf Diffusions- und Legierungsvorgängen zwischen Lot und Bauteil, die während des Lötvorgangs bei Arbeitstemperatur stattfinden.
Eine unumgängliche Voraussetzung für diese Vorgänge ist metallische Reinheit der Fugenflächen. Mechanisches Reinigen ist erforderlich, aber nicht ausreichend. Die auch danach noch vorhandenen Reste der Oxid- und Passivschichten, die sich zudem bei der Löttemperatur rasch neu bilden würden, müssen mit speziellen Hilfsstoffen, den Flußmitteln, vor und während des Lötvorgangs beseitigt und an der Neubildung gehindert werden.

4.2.2.1. Lötverfahren, Eigenschaften und Anwendung

Die zum Herstellen einer Lötverbindung möglichen Verfahren lassen sich unterscheiden
- *nach dem Arbeitstemperaturbereich:* Weichlöten bis $\vartheta_A \leqq 450\,°C$, Hartlöten bei $\vartheta_A > 450\,°C$;
- *nach der Art der Lötfuge:* Spaltlöten mit Spaltbreiten $b < 0{,}5$ mm (oft mit eingelegtem Lot), Fugenlöten mit Spaltbreite $b \geqq 0{,}5$ mm und V- oder X-förmiger Fuge (mit angesetztem oder eingelegtem Lot);
- *nach der Art der Erwärmung der Bauteile und des Lotes:* **Tafel 4.2.16** gibt einen Überblick über die nach diesem Gesichtspunkt gegliederten Lötverfahren und deren Anwendungsbereiche.

Lötverbindungen werden bis auf wenige Ausnahmen auf folgende Art und Weise hergestellt:
- Vorbereitung der zu verbindenden Bauteile (Gestaltung der Lötfuge, mechanisches Reinigen)
- chemisches Reinigen durch Flußmittel

Tafel 4.2.16. Lötverfahren

Verfahren	Prinzip	Anwendung
Kolbenlöten Aufheizen des Lotes und der Bauteilfuge durch meist handgeführten kupfernen, elektrisch oder mit Gas beheizten Körper (Lötspitze des Lötkolbens)	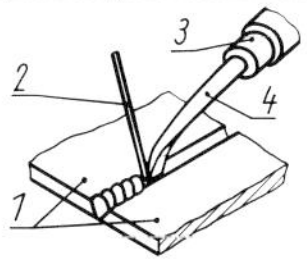 *1* Verbindungspartner; *2* Lot; *3* Heizpatrone des Lötkolbens; *4* Lötspitze	nur für Weichlote; Spalt-, Fugen- und Auftragslöten; geeignet für Drähte mit Durchmesser $d = (0{,}2 \ldots 2)$ mm und Bleche mit Dicke $s = (0{,}2 \ldots 2)$ mm, für Verbindungen der Elektrotechnik/Elektronik (manuell und mechanisiert), Verbindungen der Klempnerei (manuell), Emballagenherstellung (mechanisiert)
Badlöten Aufheizen der Lötfuge durch ein Bad geschmolzenen Lotes oder geschmolzenen Salzes, in das die Verbindungspartner, im zweiten Falle mit eingelegtem Lot, eingetaucht werden (Tauchlöten) oder das, insbesondere im ersten Falle, partiell an Verbindungspartner herangeführt wird (Schwallöten)	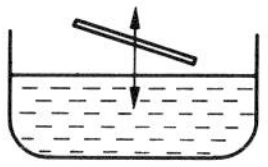 Tauchlöten 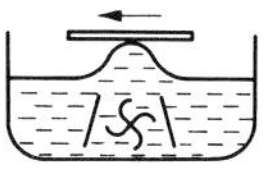 Schwallöten	mit Weichloten für Teile mit $m < 1$ kg bei $\vartheta_A = (50 \ldots 100)$ °C abhängig vom Lot, für Verbindungen an Leiterplatten in der Elektronik, Verzinnen von Bauelementen, Kabelenden; mit Hartloten bei kleinen Teilen bei $\vartheta_A = (1000 \ldots 1100)$ °C, für Verbindungen in der Installationstechnik, bei Rohrleitungsbau, Wärmetauscherfertigung
Ofenlöten Aufheizen der Verbindungspartner mit eingelegtem Lot in evakuiertem oder mit Schutzgas gefülltem Raum (Ofen)	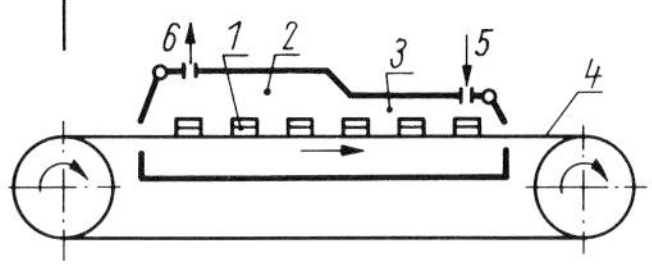 *1* Verbindungspartner; *2* Lötzone; *3* Kühlzone; *4* Transportband; *5* Schutzgaseingang; *6* Schutzgasausgang	bevorzugt für Hartlöten; unter Schutzgas für Bleche mit Dicke $s = (1 \ldots 10)$ mm und Teile mit $m \leqq (2 \ldots 3)$ kg; für Massenfertigung, bevorzugt Teile mit mehreren gleichzeitig lötbaren Verbindungsstellen; für Geräteindustrie, Fahrzeugbau u. a.; unter Vakuum Teile und Bleche mit Dicke $s = (0{,}5 \ldots 10)$ mm mit vorzugsweise sehr kleiner Masse; flußmittelfreies Löten in Raumfahrttechnik und Feinwerktechnik
Elektrisches Widerstandslöten Unmittelbares Aufheizen der Fuge durch stromdurchflossenen Übergangswiderstand zwischen Elektrode und einem der Verbindungspartner	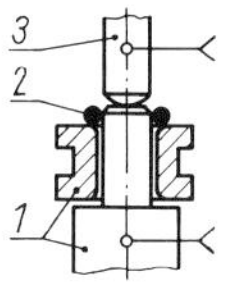 *1* Verbindungspartner; *2* eingelegtes Lot; *3* Elektrode	für großflächige Verbindungen mit Flächen $A = (50 \ldots 4000)$ mm² und Dicken $s = (2 \ldots 20)$ mm; für Hartlöten an Werkzeugen, Weichlöten in der Elektronik; für Serien- und Massenfertigung geeignet
Induktionslöten Aufheizen durch Wirbelströme in den Bauteilen, hervorgerufen durch hochfrequentes Magnetfeld. Durch geeignete Gestalt des Induktors kann die Aufheizung auf die Lötfuge beschränkt werden.	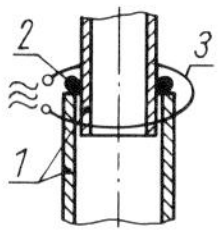 *1* Verbindungspartner; *2* eingelegtes Lot; *3* Induktorschleife	für Weich- und Hartlöten bevorzugt rotationssymmetrischer Teile einfacher Gestalt mit Dicke $s = (4 \ldots 15)$ mm bei MF (bis etwa 10 kHz) und $s = (0{,}1 \ldots 3)$ mm bei HF (bis 5 MHz); in Fahrzeugbau, Feinwerktechnik, Elektrotechnik; für Massenfertigung gut geeignet
Flammlöten Aufheizen der Partner durch Gasflammen; wird manuell und mechanisiert ausgeführt; für Hart- und Weichlötung geeignet (abhängig vom Brenngas)	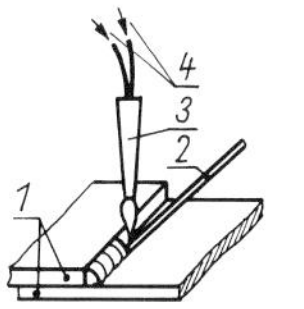 *1* Verbindungspartner; *2* angesetztes Lot; *3* Düse; *4* Anschlüsse für Sauerstoff und Brenngas 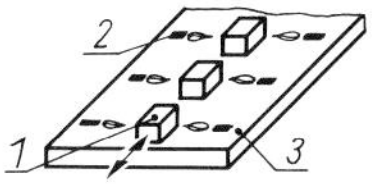 *1* Verbindungspartner; *2* Brenner; *3* Pendeltisch	manuell für Teile mit Dicke $s \leqq 10$ mm in Installationsbau, Rohrleitungsbau, Klempnerei, für Goldschmiedearbeiten, im Fahrzeugbau; mechanisiert (Flammfeldlöten) für Teile mit $s = (1 \ldots 5)$ mm; geeignet für sperrige Teile (Stahlmöbel, Fahrradrahmen u. ä.), Durchlauferhitzer, Wärmetauscher, Armaturen

Tafel 4.2.16. Fortsetzung

Verfahren	Prinzip	Anwendung
Strahllöten Aufheizen der Lötfuge durch fokussierte Infrarotstrahlung, geeignet für Hart- und Weichlöten kleiner und kleinster vorverzinnter Teile aus Werkstoffen mit geringem Wärmeleitvermögen	*1* Verbindungspartner; *2* Lampe; *3* Reflektor	Verbindungen Draht/Draht und Draht/Blech in Elektrotechnik, Elektronik, Feinwerktechnik (Typen auf Typenhebel u. a.)
Eutektisches Löten (auch als Diffusionslöten bezeichnet). Als Lot fungiert eine eutektische Legierung, die bei $\vartheta_A = (0{,}7 \ldots 0{,}8)\, \vartheta_{Solidus}$ durch Diffusion der Werkstoffe des Lotes und der aufeinander gedrückten Bauteile entsteht.	*1* mit *3* sich legierender Partner; *3* Folie, die sich mit *1* legiert; *2* zweiter Verbindungspartner; *4* eutektisches Lot	für Verbindungen der Elektronik (Bauelemente) und im Kühlanlagenbau

- Erwärmen der Lötfuge bzw. der kompletten Bauteile auf Arbeitstemperatur, so daß das angesetzte oder eingelegte Lot flüssig wird und die Bindung an den Fügeflächen zustande kommt
- erschütterungsfreies Abkühlen
- Reinigen der fertigen Lötverbindung von den Resten des Flußmittels, das u. U. stark korrodierend wirkt.

4.2.2.2. Werkstoffe [4.2.2.1] [4.2.2.2] [4.2.2.5]

Die bei Lötverbindungen interessierenden Werkstoffe sind die Bauteilwerkstoffe, die Lotwerkstoffe und die der Flußmittel.

Bauteilwerkstoffe. Alle metallischen Werkstoffe sind lötbar, wenn es gelingt, die auf den Oberflächen haftenden Oxid- und Passivschichten zu entfernen. Das ist bei unlegiertem Stahl besser möglich als bei rost- und säurebeständigem Stahl und bei diesem einfacher als z. B. bei Aluminium und seinen Legierungen.

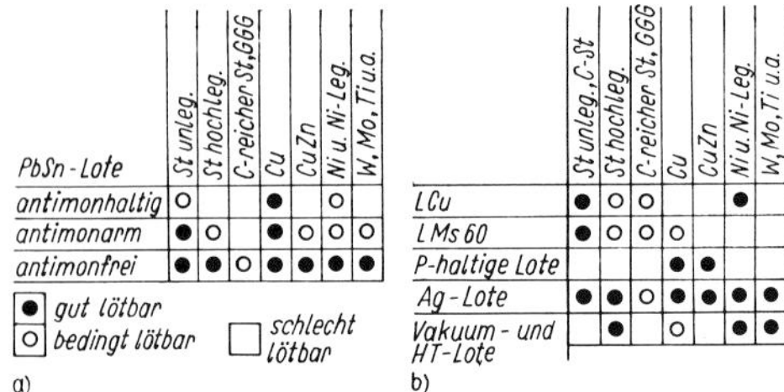

a)

PbSn-Lote	St unleg.	St hochleg.	C-reicher St, GGG	Cu	CuZn	Ni u. Ni-Leg.	W, Mo, Ti u.a.
antimonhaltig	○			●		○	
antimonarm	●	○		●	○	○	○
antimonfrei	●	●	○	●	●	●	●

● gut lötbar; ○ bedingt lötbar; □ schlecht lötbar

b)

	St unleg., C-St	St hochleg.	C-reicher St, GGG	Cu	CuZn	Ni u. Ni-Leg.	W, Mo, Ti u.a.
LCu	●	○	○			●	
LMs 60	●	○	○	○			
P-haltige Lote				●	●		
Ag-Lote	●	●	○	●	●	●	●
Vakuum- und HT-Lote		●		○		●	●

Bild 4.2.38. Lötbarkeit
a) für Weichlote; b) für Hartlote
HT-Lote Hochtemperatur-Lote

Lote. Ein wesentlicher Gesichtspunkt der Lötbarkeit ist die Zuordnung von Bauteilwerkstoff und Lot. Diesen Zusammenhang verdeutlichen die **Bilder 4.2.38** a, b für das Weichlöten und für das Hartlöten der jeweils am häufigsten angewendeten Bauteilwerkstoffe. Die in diesen Bildern summarisch genannten Lote sind in **Tafel 4.2.18** ausführlicher aufgeführt. **Tafel 4.2.17** enthält darüber hinaus einige Legierungen, die für Sonderlötverbindungen geeignet sind.

Die Auswahl der Lote für bestimmte Bauteilwerkstoffe wird nicht allein von der Lötbarkeit, sondern auch von folgenden Gesichtspunkten beeinflußt:

Ökonomie. Lote, speziell Hartlote, enthalten z. T. sehr teure Bestandteile (z. B. Edelmetalle). Der Einsatz solcher Lote ist auf die verfahrens- oder funktionsbedingten Anwendungen zu beschränken.

Lötverfahren. Wie folgende Beispiele zeigen, sind nicht jedes Lot und jeder Bauteilwerkstoff mit beliebigen Verfahren lötbar:

- Beim Ofenlöten im Vakuum ist das Lot L-CuZn40 nicht vorteilhaft (Ausdampfung von Zn und Cd).

Tafel 4.2.17. Niedrig schmelzende Lote und Vakuum-Hartlote (s. auch Normen in Tafel 4.2.25)

	Bezeichnung	Zusammensetzung	Arbeitstemp. °C	Anwendung
Vakuum-hartlote	VHL 710	AgCu27In10	710	in Vakuum- und Hochvakuumtechnik
	VHL 780 (L-Ag72)	AgCu28	780	
	PHL 815	AgCu27Pd5	815	
	PHL 1050	AgPd10	1050	
	PHL 1450	AuPt30Pd10	1450	
	PHL 1550	Pd99	1550	
extr. niedrig schmelz. Lote	L-PbBi50Sn12,5Cd12,5	Pb25[1])	70	Löten hitzeempfindlicher Bauteile in Halbleitertechnik
	L-PbBi52Sn16	Pb32[1])	96	spröde Legierungen
	L-BiSn26Cd21	Bi53[1])	103	
	L-PbBi23Sn13SbAs	Pb64[1])	120 ... 190	Kabelschmierlot

[1]) Anteil der anderen Bestandteile geht aus Bezeichnung hervor

- Beim Strahllöten werden Werkstoffe mit geringer Wärmeleitfähigkeit bevorzugt.
- Harter, vergüteter Stahl läßt sich weichlöten, beim Hartlöten sind Härteverlust und Festigkeitsabfall zu erwarten.
- Gußeisen GGL (GG) läßt sich in der Flamme relativ gut, mittels anderer Verfahren nur schwierig löten.
- Hochlegierter Stahl ist hartlötbar mit Silberloten, aber es besteht die Gefahr der Karbidausscheidung (Korrosionsanfälligkeit erhöht).

Funktion, Verwendungszweck.

- Lote mit großen Anteilen von Cd (z. B. beim Weichlöten von Leichtmetallen mit L-CdZn 20 und L-CdZn 30) sind nur für Anwendungen zugelassen, bei denen Kontakt mit Lebensmitteln ausgeschlossen ist.
- Für Vakuumanlagen sind Werkstoffe mit geringem Sättigungsdampfdruck vorteilhaft. Das gilt auch für Lötverbindungen an solchen Anlagen. Zn, Cd, Pb haben einen relativ großen Sättigungsdampfdruck und sind deshalb in Vakuumloten nicht enthalten.
- Zum Befestigen von Hartmetallplättchen auf Stahl werden Lote guter Verformbarkeit benötigt, die einerseits genügend fest sind, andererseits aber die unterschiedliche Wärmedehnung der Verbindungspartner ohne Bruch zulassen. Verwendbar sind Reinkupfer, die Lote L-Ag27, L-Ag49 und CuMn10Co3.
- Bauteile aus Stahl, Kupfer, Messing, Bronze, die hohen Belastungen mechanischer und thermischer Art ausgesetzt sind, lassen sich vorteilhaft mit Silberloten verbinden.
- Hitzeempfindliche Bauteile der Halbleiterfertigung werden mit extrem niedrig schmelzenden Loten (DIN 1707-100) verbunden, z. B. mit Wood-Metall L-PbBi50Sn12,5Cd12,5bei $\vartheta_A = 70\,°C$.

Flußmittel. Die zum Beseitigen der auf den Bauteilen haftenden Oxid- und Passivschichten erforderlichen Flußmittel müssen an deren Widerstandsvermögen und Haftfestigkeit angepaßt sein und ihre Wirkung auch während des Lötvorgangs bei Arbeitstemperatur entfalten. Sie sollen auch gute Benetzungseigenschaften und geringe Viskosität besitzen und sich beim Zustandekommen der eigentlichen Verbindung sauber vom Lot trennen. Weiter ist erwünscht, daß die Flußmittelreste nicht korrodierend auf die Verbindungspartner wirken. Diese Eigenschaft besitzen aber nur wenige der gebräuchlichen Flußmittel. **Tafel 4.2.19** nennt einige in Flußmitteln verwendete Substanzen und deren Anwendungsbereich. Bei einigen Verfahren kann man auf spezielle Flußmittel, wie sie in Tafel 4.2.19 aufgeführt sind, verzichten. Bei den Verfahren, die unter Schutzgas arbeiten (z. B. Ofenlöten), läßt sich die Arbeitsatmosphäre reduzierend einstellen, so daß diese also die Flußmittelfunktion übernimmt. Auch beim Löten im Vakuum kann auf ein Flußmittel verzichtet werden; die Oxidschichten zerfallen unter der Einwirkung der Wärme im Vakuum.
Mitunter ist es wünschenswert, das Fließen des Lotes örtlich zu begrenzen. Dazu verwendet man den Lotfluß hemmende Stoffe, z. B. Kreide, Ton, Eisenoxid, die auf die zu schützenden Flächen aufzutragen sind.

4.2.2.3. **Berechnung** [4.2.2.4]

Die Festigkeit von Lötverbindungen ist abhängig vom Werkstoff der zu verbindenden Bauteile, vom Lotwerkstoff, von der Gestalt der Lötfuge und nicht zuletzt von der Sorgfalt der Ausführung der Lötverbindung.

Tafel 4.2.18. Lote (Auswahl), s. auch DIN 1707-100, DIN 17933 und DIN EN 29453

Lotbezeichnung				Schmelzbereich (°C)			Anwendung
		DIN-Kurzzeichen	ISO-Kurzzeichen	Solidus	Eutektikum	Liquidus	
Weichlote auf PbSn-Basis	antimon-haltig	L-PbSn12Sb	BPb88Sn 250–295	250		295	Kühlanlagen
		L-PbSn25Sb	BPb75Sn 186–260	186		260	Kühlanlagen, als Schmierlot
		L-PbSn40Sb	BPb60Sn 186–225	186		225	Kühlanlagen
	antimonarm	L-PbSn8(Sb)	BPb92Sn 280–305	280		305	Kühlanlagen
		L-PbSn30(Sb)	BPb70Sn 183–255	183		255	Wärmetauscher, Feinblechpackungen
		L-Sn50Pb(Sb)	BSn50Pb 183–215	183		215	Verbindungen der Elektrotechnik, im Maschinenbau technisches Verzinnen
		L-Sn60Pb(Sb)	BSn60Pb 183–190	183		190	
	antimonfrei	L-PbSn2	BPb98Sn 320–325	320		325	Feinblechpackungen
		L-PbSn40	BPb60Sn 183–235	183		235	Verzinnung, Feinblechpackungen
		L-Sn50Pb	BSn50Pb 183–215	183		215	
		L-Sn60Pb	BSn60Pb 183–190	183		190	Elektroindustrie, gedruckte Schaltungen
		L-Sn63Pb	BSn63Pb 183		183		elektronische Schaltungen und Bauelemente
		L-Sn70Pb	BSn70Pb 183–192	183		192	Elektrotechnik
		L-Sn90Pb	BSn90Pb 183–215	183		215	Verbindungen an Zinnwaren
Sonderweichlote		L-Sn60PbAg	BSn60PbAg 178–180	178		180	versilberte Nichtmetalle (Keramik), elektronische Bauelemente
		L-Sn63PbAg	BSn63Pb 178		178		elektronische Schaltungen, Bauelemente, Miniaturtechnik
		L-Sn50PbCu	BSn50Pb 183–215	183		215	Elektrogeräte, als Lötspitzenschutzlot, für Tauchlöten bei ruhenden Bädern
		L-CdAg5	BCd95Ag 340–395	340		395	Kupfer und Messing, z. B. bei Elektromotoren
		L-CdZnAg5	BCd73ZnAg 270–310	270		310	
		L-CdZnAg10	BCd68ZnAg 270–380	270		380	Stahlteile in Elektroindustrie und Elektromotorenbau
		L-PbAg5	BPb95Ag 304–365	304		365	thermisch belastete Teile, z. B. Kollektoren von Elektromotoren und Kühlanlagen
		L-PbAg3	BPb97Ag 304–305	304		305	
		L-PbAg2Sn2	BPb96AgSn 304–310	304		310	

Tafel 4.2.18. Fortsetzung

	Weichlote f. Al u. Al-Leg.	L-SnZn40	BSn60Zn 200–340	200		340	Aluminium und seine Legierungen
		L-CdZn20	BCd80Zn 265–280	265		280	
		L-ZnAl5	BZn95Al 380–390	380		390	für Ultraschall- und Ofenlöten
Hartlote	Lote auf Cu-Basis	L-Cu	BCu99 1083		1083		Stahl- und Kupferbauteile
		L-CuZn40	BCu60Zn 890–900	890		900	Stahl, Temperguß, Kupfer und Legierungen mit Solidus > 950 °C, Nickel und Legierungen
	P-haltige Cu-Lote	L-CuP8	BCu92P 710–730	710		730	Kupfer, Rotguß, Messing, Bronze
		L-Ag5P	BCu89PAg 650–810	650		810	Eisen, Stahl, Kupfer und
		L-Ag15P	BCu80AgP 650–800	650		800	Kupferlegierungen
	Lote auf Basis AgCuZn	L-Ag5	BCu55ZnAg 820–870	820		870	Eisen, Stahl, Kupfer und Kupferlegierungen
		L-Ag12	BCu48ZnAg 800–830	800		830	mit Cu > 56 %, für maschinelles Löten
		L-Ag12Cd	BCu50ZnAgCd 620–825	620		825	Eisen, Stahl, Kupfer und Kupferlegierungen, Temperguß, Nickel
		L-Ag20Cd	BCu40ZnAgCd 605–765	605		765	und Nickellegierungen
		L-Ag25	BCu41ZnAg 700–800	700		800	Eisen, Stahl, Kupfer und Kupferlegierungen für Temperaturen bis 300 °C
		L-Ag34Cd	BAg34CuZnCd 610–680	610		680	Stahl, Kupfer und Kupferlegierungen, Silber und Silberlegierungen, Gold, Platin, Silberplattieren
		L-Ag27	BCu38AgZnMnNi 680–830	680		830	Stahl-Hartmetall-Verbindungen, Stahl, Temperguß, Kupfer und
		L-Ag20	BCu44ZnAg 690–810	690		810	Kupferlegierungen, Nickel und Nickellegierungen
		L-Ag44	BAg44CuZn 675–735	675		735	Stahl, Kupfer und Kupferlegierungen bei Temperaturen bis 300 °C
	Lote auf Ni-Basis	L-Ni1	BNi74CrFeSiB 980–1040	980		1040	
		L-Ni2	BNi82CrSiBFe 970–1000	970		1000	Nickel, Cobalt und deren Legierungen
		L-Ni4	BNi93SiB 980–1070	980		1070	
		L-Ni6	BNi89P 880		880		
		L-Ni8	BNi65MnSiCu 980–1010	980		1010	Nickel, Cobalt, Stähle
	Lote auf Cu-Ag-Basis	L-Ag49	BAg49ZnCuMnNi 625–705	625		705	Hartmetall auf Stahl, Wolfram- und Molybdänwerkstoffen
		L-Ag60Sn	BAg60CuZnSn 620–685	620		685	Verbindungen an Edelmetallteilen, Stahl und Kupfer beim Schutzgaslöten
		L-Ag72	BAg72Cu 780		780		Kupfer und Kupferlegierungen, Nickel und Nickellegierungen
	Al-Lot	L-AlSi12	BAl88Si 575–590	575		590	Lotplattierte Aluminiumbleche, Kühler und Installationen aus Aluminium

Tafel 4.2.19. Flußmittel (s. auch DIN 8527 und DIN EN 29454)

	Stoffe bzw. Stoffgruppen; löttechnische Eigenschaften	Gebrauchsform	Anwendung
anorganische Verbindungen	Zinkchlorid, Ammoniumchlorid, Mineralsäuren (Salz-, Schwefelsäure); Flußmittelrückstände sehr aggressiv, müssen entfernt werden	einzeln oder in Mischung in wäßriger Lösung, wäßrig mit Glyzerin oder mit Äthanol, in Vaseline	rostfreie Stähle, verchromte Teile, verzinktes Eisenblech, Feinblechpackungen
		als Pulver	Abdecken von Lötzinnbädern
		als Lotflußmittelgemisch	Wischverzinnen
		als Füllung in Lotdraht	Elektrotechnik, Metallwarenindustrie
	einfache und komplexe Fluoride (Fluoborate)	wäßrig oder als Pulver	Silberlote bei $\vartheta_A = (550 \ldots 750)\,°C$
	Borverbindungen (Borax, Borsäure) z. T. kombiniert mit Phosphaten, Silikaten u. a.; hinterlassen z. T. aggressive und schwer entfernbare Rückstände	wäßrig, in Fetten oder als Pulver	Silber- und Messinglote bei $\vartheta_A = (750 \ldots 1000)\,°C$, in Mischung bei $\vartheta_A > 1000\,°C$
	Chloride, besonders Lithiumchlorid, und Fluoride (Fluoborate)	einzeln oder in Mischung als Pulver	Hartlöten von Aluminium und Aluminiumleg., abhängig vom Mischungsverhältnis der Flußmittelbestandteile
organische Verbindungen	Aminhydrochloride (Anilinhydrochlorid, Hydrazinhydrochlorid u. a.)	in Vaseline oder in Äthanol mit Kolophonium	Feinlöten in Elektrotechnik/Elektronik
	organische Säuren (Salizylsäure, Adipinsäure, Stearinsäure) und Karbamid	in Äthanol oder in Äthanol mit Kolophonium	
	Kolophonium; als Flußmittel schwach reduzierend, aber auch als Rückstand nicht aggressiv	in Äthanol oder als Lötdrahtfüllung	
	Aminhydrochloride (löttechnische Eigenschaften s. o.)	in höheren Aminverbindungen	Weichlöten von lotplattiertem Aluminium

Tafel 4.2.20. Berechnung von Lötverbindungen

Mittlere Scherspannung τ_a	$\tau_a = F/A \leqq \tau_{a\,zul}$ $A = l_ü b$ bei Blechen $A = l_ü d_a \pi$ bei Rohren oder Bolzen 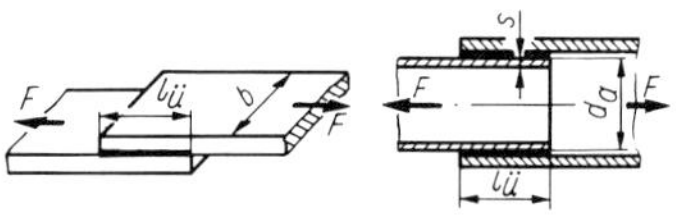
Zulässige Scherspannung $\tau_{a\,zul}$	$\tau_{a\,zul} = \tau_{BL}/S$; τ_{BL} Scherfestigkeit des Lotes, s. Tafel 4.2.23
Vorhandene Sicherheit S_{vorh} Überlappung $l_ü$	$S_{vorh} = \tau_{BL}/\tau_a \geqq S_{erf}$ $l_ü = iR_e$ mit R_e in N/mm² (s. Tafeln im Abschnitt 3.6.) $l_ü$ in mm sowie mit i nach Tafeln 4.2.21 und 4.2.22
Zugspannung σ_z	$\sigma_z = F/A \leqq \sigma_{z\,zul}$ $A = sb$ 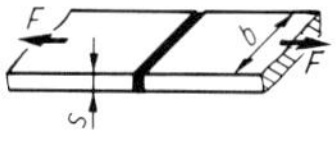
Zulässige Zugspannung $\sigma_{z\,zul}$	$\sigma_{z\,zul} = R_{mL}/S$; R_{mL} Zugfestigkeit des Lotes, s. Tafel 4.2.23
Vorhandene Sicherheit S_{vorh}	$S_{vorh} = R_{mL}/\sigma_z \geqq S_{erf} = 2 \ldots 4$

Weichlote haben nur eine geringe Festigkeit. Verbindungen dieser Art sollten deshalb als Überlappverbindungen gestaltet werden, die auf Abscherung zu belasten sind. Nur so ist eine ausreichend große Belastung möglich. Hartlote hingegen sind wesentlich fester. Zwar dominiert auch bei diesen Verbindungen die Überlappnaht, aber auch Stumpfnahtverbindungen sind vielfach ausreichend fest. Die erreichbare Festigkeit einer Überlappnaht ist bei sauberer Ausführung größer als die Scherfestigkeit (Bindefestigkeit) τ_{BL} des Lotes an sich.

Die Dimensionierung der Lötverbindungen, insbesondere der Überlappverbindungen erfolgt nach den Gleichungen der **Tafel 4.2.20**. Die Berechnung der Festigkeit gliedert sich in die Bestimmung der belasteten Fugenfläche A, in die Ermittlung der dafür benötigten Überlapplänge $l_ü$ aus der Streckgrenze R_e des Bauteilwerkstoffes und der Faktoren i (nach **Tafel 4.2.21**) und x (nach **Tafel 4.2.22**), in die Berechnung der zulässigen Scherspannung $\tau_{a\,zul}$ in der Lötfuge aus der Scherfestigkeit τ_{BL} des Lotes (nach **Tafel 4.2.23**) sowie der vorhandenen Sicherheit S_{vorh}.

Tafel 4.2.21. Abminderungsfaktor i bei Überlappverbindungen

Überlappverbindung von Blechen	$i = x \cdot 0{,}6s$
Bolzensteckverbindung	$i = x \cdot 0{,}16d$
Überlappverbindung von Rohren	$i = x\,(0{,}45s + 0{,}2)$ für $d_a = (5 \dots 20)$ mm $i = x\,(0{,}55s + 0{,}2)$ für $d_a = (20 \dots 50)$ mm

Tafel 4.2.22. Hilfsfaktor x = f (τ_{BL})

τ_{BL} in N/mm²	50 … 100	>100 … 150	>150 … 200	>200 … 250
x	0,1	0,05	0,033	0,025

Tafel 4.2.23. Scher- und Zugfestigkeitswerte bei Lötverbindungen [4.2.2.6]

Scherfestigkeit τ_{BL} in N/mm²

Lote auf	St33	St37	St50	St60	Hartmetall/St	Cu/CuZn
PbSn-Weichlote	–	30 … 40	–	–	–	–
Ag-Hartlote	150 … 200	150 … 200	200 … 250	200 … 250	150 … 300	R_e des Bauteilwerkstoffes
Cu-Hartlote	150 … 200	–	–	–	–	–

Zugfestigkeit R_{mL} in N/mm²

Lote auf	Cu	CuZn42	CuZn33	St33	St37	St50	St60	St70	18CrNi-St
Ag-Hartlote	>R_m des Bauteilwerkstoffes	250 … 300	200 … 250	350	350	400 … 450	400 … 450	500	400 … 500
Cu-Hartlote	–	–	–	–	350	250 … 400	–	500	–

• Neue Kurzbezeichnungen für Stähle s. Tafeln 3.38 und 3.39

Es hat wenig Sinn, die Überlapplänge $l_ü$ wesentlich über den berechneten Wert hinaus zu vergrößern. Die Festigkeit steigt dabei nur um sehr kleine Beträge, während andererseits Material unnütz vertan und die Masse der Baugruppe unnötig erhöht wird. Hingegen läßt sich die Breite b der Lötfläche beliebig der Belastung anpassen.

Die Berechnung der Stumpfstoßverbindungen meist hartgelöteter Bauteile wird ebenfalls nach den Gln. der Tafel 4.2.20 durchgeführt, die keine über die allgemeine Festigkeitsrechnung (Abschnitt 3.5.) hinausgehenden Besonderheiten enthalten. Die hierfür benötigte Zugfestigkeit (Bruchspannung) R_{mL} des Lotes ist ebenfalls der Tafel 4.2.23 zu entnehmen. Die dynamische Festigkeit von Lötverbindungen kann aufgrund noch ungenügender Beherrschung vieler Einflußgrößen beim Lötprozeß nicht mit der gewünschten Genauigkeit berechnet werden. In der Literatur (z. B. [4.2.2.9] und [4.2.2.18]) sind Versuchswerte veröffentlicht, an die man sich halten und das verbleibende Risiko durch die Wahl großer Sicherheitsfaktoren (z. B. $S \geqq 3$) vermindern kann.

4.2.2.4. Konstruktive Gestaltung [4.2.2.9] [4.2.2.17] [4.2.2.21]

Die konstruktive Gestaltung der Lötverbindungen erfolgt bei Weichlötverbindungen nach anderen Gesichtspunkten als bei Hartlötverbindungen. Aus diesem Grunde ist eine getrennte Behandlung beider Bereiche hinsichtlich der Gestaltung zweckmäßig.

Weichlöten. Aufgrund der geringen Festigkeit der Weichlote hat die Gestaltung der Fugenbereiche der zu verbindenden Bauteile mit Rücksicht auf die Festigkeit der Verbindung zu erfolgen. Folgende Maßnahmen zur Erhöhung dieser Festigkeit sind bei Weichlötverbindungen zweckmäßig:

- Anwenden der Überlappverbindung **(Bild 4.2.39)**. Die Überlapplänge $l_ü$ sollte den Festlegungen des Abschnitts 4.2.2.3. genügen, hingegen kann die Länge der Lötnaht beliebig groß sein.

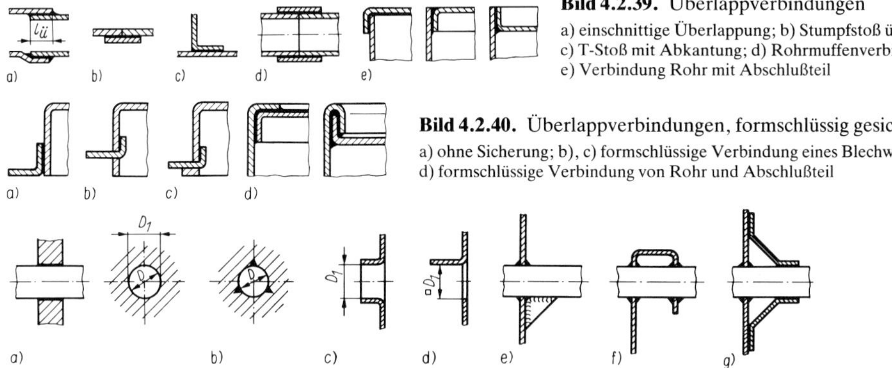

Bild 4.2.39. Überlappverbindungen

a) einschnittige Überlappung; b) Stumpfstoß überlascht; c) T-Stoß mit Abkantung; d) Rohrmuffenverbindung; e) Verbindung Rohr mit Abschlußteil

Bild 4.2.40. Überlappverbindungen, formschlüssig gesichert

a) ohne Sicherung; b), c) formschlüssige Verbindung eines Blechwinkels; d) formschlüssige Verbindung von Rohr und Abschlußteil

Bild 4.2.41. Verbindung von Wellen, Achsen und Rohren mit Blechteilen durch Weichlöten

a) mit Spielpassung; b) mit Preßpassung und Längsnuten; c) Außenteil als gezogene Nabe aus Blech; d) Außenteil mit quadratischer Öffnung und ausgestanzter Lasche; e) dünnes Außenteil, gestützt mit Blechwinkel; f) zweistellige Verbindung; g) dünnes Außenteil, gestützt durch gezogene Kegelnabe

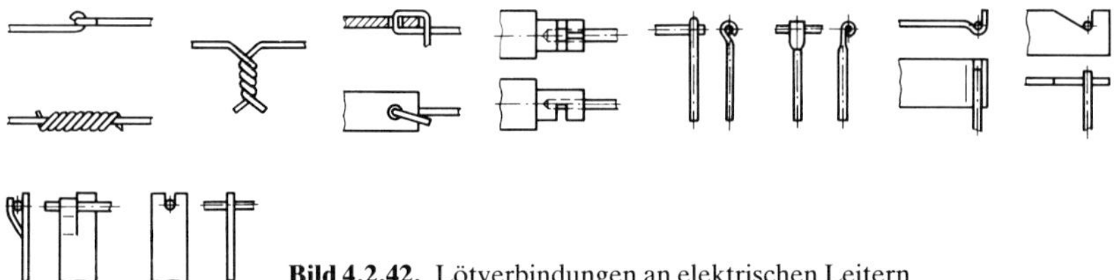

Bild 4.2.42. Lötverbindungen an elektrischen Leitern

- Weichlötverbindungen sind nach Möglichkeit formschlüssig zu unterstützen **(Bilder 4.2.40 und 4.2.41)**. Das gilt insbesondere auch für Verbindungen elektrischer Leiter mit Zinnloten (**Bild 4.2.42**, s. auch Abschnitt 5.).

Hartlöten. Da Hartlote fester sind als Weichlote, können die Fugenflächen der Verbindungspartner wesentlich kleiner als beim Weichlöten gewählt werden. Zwar ist bei einigen Anwendungen auch beim Hartlöten die Überlappnaht zweckmäßig (z. B. bei sehr dünnen Blechen oder bei Bolzensteckverbindungen), doch genügen in vielen Fällen Stumpfstoß-, T-Stoß- und

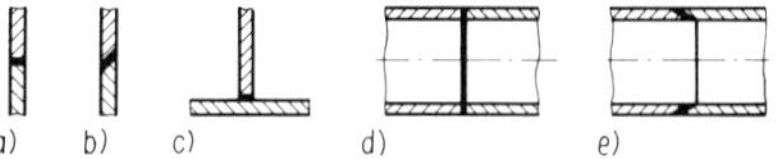

Bild 4.2.43. Gestaltung bei Hartlötverbindungen

a) Stumpfstoß; b) geschäfteter Stumpfstoß; c) T-Stoß; d) Stumpfstoß bei Rohrverbindung; e) geschäfteter Stumpfstoß bei Rohrverbindung

Bild 4.2.44. Stoßformen beim Fugenlöten

a) Parallelfuge; b) V-Fuge; c) Bördelfuge

Schrägstoßnähte den Anforderungen **(Bild 4.2.43)**. Die Anwendung des geschäfteten Stoßes (Bilder 4.2.43 b, e) hat bei Blech- oder Rohrwanddicken $s > 2$ mm zwar hinsichtlich der Festigkeit Vorteile, aber infolge der größeren Kosten ökonomische Nachteile.
Hinsichtlich der Spaltbreite unterscheidet man:

Fugenlöten. Die Spaltbreite beträgt $a \geqq 0{,}5$ mm **(Bild 4.2.44)**. Diese große Spaltbreite bewirkt, daß die Kapillarkraft, die auf das flüssige Lot wirkt, sehr klein ist und für das Verteilen des Lotes in der Lötfuge nicht genutzt werden kann. Die Lage der Bauteile beim Lötprozeß ist deshalb so zu wählen, daß die Schwerkraft diese Funktion übernimmt. Notfalls muß das Abfließen des noch flüssigen Lotes aus der Fuge durch Schmelzbadsicherungen (ähnlich den beim UP-Schweißen benutzten) verhindert werden **(Bild 4.2.45)**. Im übrigen haften dem Fugenlöten einige bedeutende Nachteile an, z. B. der große Lotverbrauch und die geringe Festigkeit der Verbindung, so daß dieses Verfahren bei Hartlötverbindungen eine eingeschränkte, bei Weichlötverbindungen fast keine Bedeutung besitzt.

Bild 4.2.45. Lotbadsicherung beim Fugenlöten
1 Sicherungsleiste

Spaltlöten. Die Lötteile sind so gestaltet, daß die Spaltbreite $a < 0{,}5$ mm ist und die Kapillarkraft für das Ausbreiten des Lotes in der Lötfuge genutzt werden kann. Darüber hinaus sind folgende Forderungen an die Gestaltung der zu lötenden Bauteile zu stellen:

- Beim Löten mittels hochproduktiver Verfahren sind die Lötteile in der erforderlichen Position zueinander zu halten sowie das eingelegte Lot am günstigsten Ort zu plazieren. Das ist mit Vorrichtungen möglich, aber nicht vorteilhaft (Aufwand für Bestücken und Entladen sowie u. U. für das Aufheizen der Vorrichtung beim Lötprozeß). Günstiger ist es, die Lötteile selbst so zu gestalten, daß sie sich gegenseitig in Position halten, spezielle Haltevorrichtungen also überflüssig werden **(Bild 4.2.46)**.

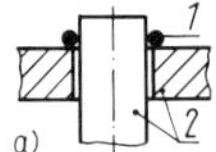

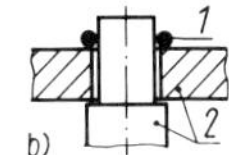

Bild 4.2.46. Selbsthaltende Bauteile
a) Haltevorrichtung erforderlich; b) Bauteile halten sich selbst in Sollposition
1 Lotring; *2* Verbindungspartner

Tafel 4.2.24. Optimale Spaltbreiten für das Spaltlöten

Lote / Werkstoffe	[1])	PbSn-Weichlote	L-Cu	L-CuZn40	P-haltige Lote	Ag-Lote	Vakuumlote	L-AlSi12
Unlegierter Stahl	*F*	0,05...0,2	0,05...0,15	0,1...0,3	–	0,05...0,2	–	–
	S	–	0,01...0,05	–	–	0,01...0,05	–	–
Hochlegierter Stahl	*F*	0,1...0,25	0,1...0,2	0,1...0,35	–	0,1...0,25	–	–
	S	–	0,02...0,1	–	–	0,02...0,1	0,03...0,1	–
Cu und Cu-Legierungen	*F*	0,05...0,2	–	–	0,05...0,25	0,05...0,25	–	–
	S	–	–	–	0,05...0,1	0,01...0,05	0,01...0,05	–
Al und Al-Legierungen	*F*	–	–	–	–	–	–	0,1...0,3
Hartmetall, Stahl	*F*	–	0,3...0,5	–	–	0,3...0,5	–	–

[1]) *F* Löten mit Flußmittel; *S* Löten mit Schutzgas oder im Vakuum

- Die Spaltbreite ist optimal zu gestalten, d. h., sie muß so groß sein, daß das Lot hineinfließen kann, und so eng, daß die Kapillarkraft das Lot hineinzieht. Bei Bauteilen aus Werkstoffen mit unterschiedlichem Wärmedehnungsvermögen muß sie so groß gewählt werden, daß das Lot diese unterschiedlichen Dehnungen überbrücken kann. Die optimale Spaltbreite ist also vom Lot und von den Bauteilwerkstoffen abhängig. In **Tafel 4.2.24** sind für das Spaltlöten optimale Spaltbreiten in Abhängigkeit von den genannten Einflußfaktoren aufgeführt.

- Neben der optimalen Spaltbreite ist die Gleichmäßigkeit der Spaltbreite über die gesamte Länge der Fuge von großer Bedeutung. Örtliche Verengungen oder Erweiterungen der Lötfuge bewirken deren unvollständiges Füllen, weil die Kapillarkraft an solchen Stellen stark verringert wird bzw. das Flußmittel die Engstellen u. U. nicht überwinden kann **(Bild 4.2.47)**.

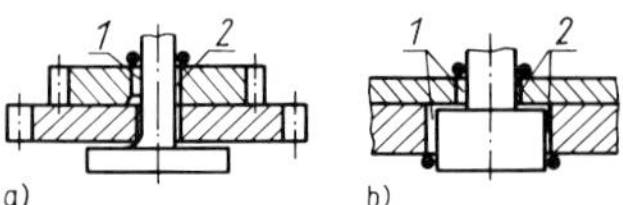

Bild 4.2.47. Gestaltung der Lötfuge beim Spaltlöten
a) einseitige Lotanordnung; b) zweiseitige Lotanordnung
1 ungünstig; *2* günstig

- Die Spaltbreite bei ineinandergesteckten Bauteilen ändert sich mit der Temperatur, insbesondere bei Werkstoffpaarungen mit unterschiedlichen Längen-Temperaturkoeffizienten. Daraus folgt: Die Spaltbreite ist bei Raumtemperatur so zu bemessen, daß bei Arbeitstemperatur die optimale Spaltbreite vorhanden ist, die Verengung oder Erweiterung der Lötfuge durch Wärmedehnung also in Rechnung gesetzt wird.
- Ineinandergesteckte Bauteile sind so zu gestalten, daß ein Stau von Lot und Flußmittel durch Luftpolster vermieden wird **(Bild 4.2.48)**; unvollständiges Füllen der Fuge sowie Flußmitteleinschlüsse im Lot wären die Folgen.
- Eingelegtes Lot ist so anzubringen, daß es unverlierbar ist, beim Schmelzen in die Lötfuge fließen kann und beim Lötprozeß nicht eher als die Bauteile auf Arbeitstemperatur kommt, sich also nur indirekt über die Bauteile erwärmt **(Bild 4.2.49)**. Wird das Lot flüssig, bevor die Bauteile auf Arbeitstemperatur erwärmt sind, so fließt es nicht, sondern perlt aus.

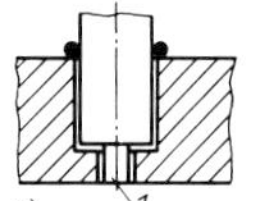

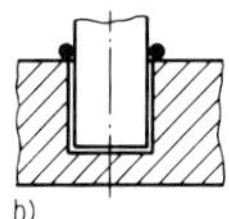

Bild 4.2.48. Bolzensteckverbindung
a) Lot- und Flußmittelfluß nicht behindert; b) Luftpolster verhindert Füllung der Fuge und Abfluß des Flußmittels

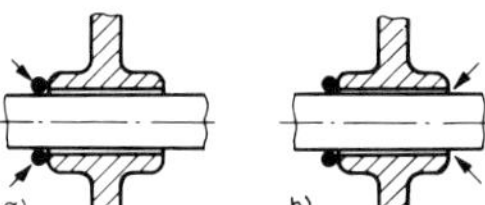

Bild 4.2.49. Richtung der Wärmezufuhr (→) beim Spaltlöten
a) Lot schmilzt auf kaltem Bauteil: Lot perlt aus; b) Lot über das Bauteil erwärmt: einwandfreier Lotfluß

Für alle Lötverbindungen sind außerdem folgende Gesichtspunkte wichtig:

- Durch geeignete Gestaltung der Bauteile ist für das Entlasten der Lötfuge von Eigenspannungen und Spannungskonzentration zu sorgen. Das kann bei Überlappverbindungen z. B. durch Zuschärfen **(Bild 4.2.50)** oder bei Rohr-Flansch-Verbindungen durch elastische Gestaltung der Umgebung der Lötfuge erfolgen (Bild 4.2.51 c).

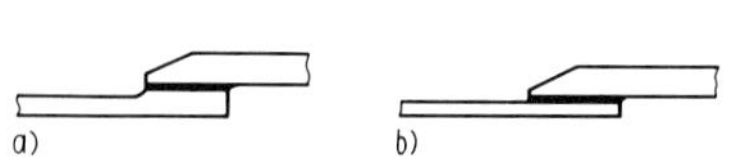

Bild 4.2.50. Spannungsausgleichende Gestaltung der Überlappverbindung
a) Zuschärfen und Absetzen der Bauteile
b) dickeres Bauteil zugeschärft

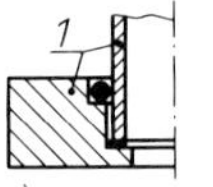

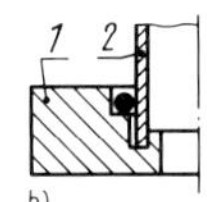

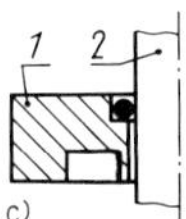

Bild 4.2.51. Rohr-Flansch- und Bolzensteckverbindungen in der Vakuumtechnik
a) Bauteile aus gleichem Werkstoff; b) Bauteile aus unterschiedlichen Werkstoffen; c) Bolzensteckverbindung mit unterschiedlichen Werkstoffen
1 Stahl; *2* Kupfer

- Rohr-Flansch-Verbindungen bei Vakuumanlagen sollten gemäß **Bild 4.2.51** gestaltet werden [4.2.1.20], s. auch Abschnitt 3.6.1.
- Bei Verbindungen von Metallteilen mit solchen aus metallisierten Nichtmetallen, z. B. Keramik oder Glas, ist auf die unterschiedlich große Wärmedehnung der Verbindungspartner Rücksicht zu nehmen. Als Lote sind solche mit großer Duktilität brauchbar, die infolge

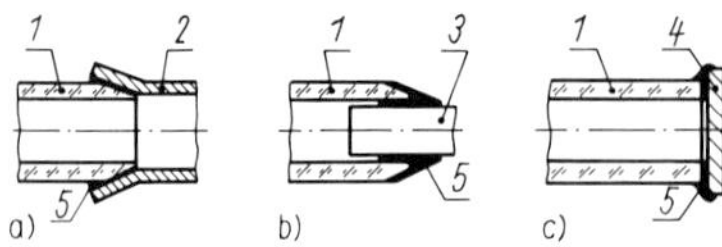

Bild 4.2.52. Verbindungen mit Glas (Fugenfläche metallbeschichtet)
a) Glasrohr *1* mit Kupferrohr *2*; b) Glasrohr *1* mit Messingbolzen *3*;
c) Glasrohr *1* mit Kupferdeckel *4*; *5* Lot

ihrer leichten Verformbarkeit wärmebedingte Spannungen in der Lötfuge abbauen können. Bei Verbindungen mit Glas ist die Lötfläche um das Zwei- bis Dreifache größer zu wählen als bei Verbindungen Metall/Metall. Nach Möglichkeit sind mehrere Ebenen des Glasteils in die Verbindung einzubeziehen. Außerdem sollten die Teile so gestaltet sein, daß bei thermischer Dehnung das Glasteil nur Druckspannungen aufnehmen muß. **Bild 4.2.52** zeigt mehrere Varianten von Verbindungen Glas/Kupfer und Glas/Messing.

Eine Zusammenstellung ausgewählter Normen und Richtlinien zum Abschnitt 4.2.2. enthält **Tafel 4.2.25**.

Tafel 4.2.25. Normen und Richtlinien zum Abschnitt 4.2.2.

DIN-Normen	
DIN 8505	Löten; Allgemeines, Begriffe und Einteilung der Verfahren
DIN 8515	Fehler an Lötverbindungen aus metallischen Werkstoffen
DIN 8526	Prüfung von Weichlötverbindungen; Spaltlötverbindungen, Scherversuch
DIN 8527	Flußmittel zum Weichlöten von Schwermetallen
DIN 17933	Kupfer und Kupferlegierungen; Stangen und Drähte für Hartlote
DIN 32506	Lötbarkeitsprüfung für das Weichlöten
DIN 32513	Weichlotpasten; Zusammensetzung, Technische Lieferbedingungen
DIN EN 1045	Hartlöten; Flußmittel zum Hartlöten
DIN EN 12797	–; Zerstörende Prüfung von Hartlötverbindungen
DIN EN 12799	–; Zerstörungsfreie Prüfung von Hartlötverbindungen
DIN EN 29453	Weichlote; Chemische Zusammensetzung und Lieferformen
DIN EN 29454	Flußmittel zum Weichlöten; Einteilung und Anforderungen
DIN EN 29455	–; Prüfverfahren
DIN EN ISO 3677	Zusätze zum Weich-, Hart- und Fugenlöten; Bezeichnung
Richtlinien	
VDI/VDE 2251 Bl. 3	Feinwerkelemente; Lötverbindungen

4.2.2.5. Berechnungsbeispiele

Aufgabe 4.2.3. Rohrleitung für Wasser

Gegeben ist eine Rohrleitung für Kaltwasser nach **Bild 4.2.53**. Die die geraden Rohrstücke verbindenden Krümmer sollen durch Weichlötung mit L-Sn63 ($\tau_{BL} = 35\,N/mm^2$) mit den Rohrstücken druckdicht verbunden werden. Die Rohre haben einen Außendurchmesser von $d_a = 40$ mm, eine Wanddicke $s = 4{,}5$ mm und bestehen aus St37 mit $R_e \approx 240\,N/mm^2$; Sicherheitsfaktor $S = 2{,}5$.

a) Wie groß darf der Betriebsdruck in der Rohrleitung sein, wenn die Spannung σ_t in den Rohrwänden σ_{zul} nicht übersteigen soll [$\sigma_t = pd_a/(2s)$]?

b) Wie groß ist die Überlapplänge zwischen Rohrende und Krümmer zu wählen?

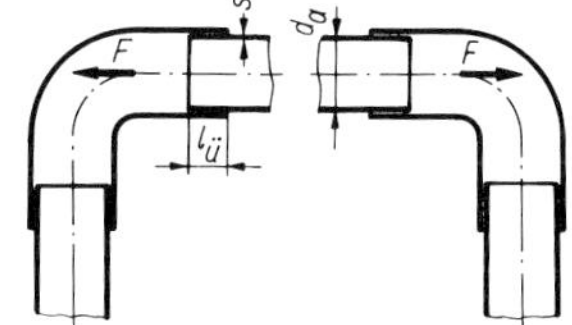

Bild 4.2.53. Überlappverbindungen bei Rohren

Lösung

Betriebsdruck $\sigma_{zul} = R_e/S = 240\,N/mm^2/2{,}5 = 96\,N/mm^2$,

$$\sigma_t = pd_a/(2s); \qquad p = \sigma_{zul}2s/d_a = (96 \cdot 2 \cdot 4{,}5\,N/mm^2)\,mm/40\,mm = 21{,}6\,N/mm^2.$$

Die Rohrleitung darf mit einem Betriebsdruck von $p = 21{,}6\,N/mm^2 = 21{,}6$ MPa belastet werden.

Überlapplänge $l_ü = x\,(0{,}55s + 0{,}2)\,R_e$ nach Tafeln 4.2.20 bis 4.2.22,

$$l_ü = 0{,}1\,(0{,}55 \cdot 4{,}5 + 0{,}2)\,240\,mm = 64{,}2\,mm.$$

Beachte: $l_ü = 64$ mm ist die maximal zulässige Überlapplänge!

Die in der Rohrverbindung wirkende Axialkraft F beträgt bei Betriebsdruck p

$$F = pA_1 \quad \text{mit} \quad A_1 = d_a^2\pi/4,$$
$$F = 21{,}6 \cdot 40^2\pi/4\,N = 27{,}14 \cdot 10^3\,N.$$

Die erforderliche Überlapplänge $l_{ümin}$ läßt sich aus τ_{BL} berechnen:

$$F = \tau_{BL}A_2/S \quad \text{mit} \quad A_2 = d_a\pi l_{ümin};$$
$$l_{ümin} = FS/(\tau_{BL}\pi d_a); \qquad d_a = 27{,}13 \cdot 10^3\,N \cdot 2{,}5\,mm^2/(35\,N \cdot \pi \cdot 40\,mm) = 15{,}42\,mm.$$

Die Überlapplänge muß zwischen $l_{ü\,min}$ und $l_ü$ gewählt werden, also 15,5 mm $< l_ü <$ 65 mm betragen. Bei $l_ü = 20$ mm ist die Lötverbindung ausreichend dimensioniert.

Aufgabe 4.2.4. Welle-Nabe-Verbindung

Gegeben ist ein Hebel, der mit einer Welle durch Hartlöten zu verbinden ist **(Bild 4.2.54)**. Beide Verbindungspartner bestehen aus St37 mit $R_e \approx 240$ N/mm². Als Lot wird L-CuZn40 mit $\tau_{BL} = 175$ N/mm² benutzt. Der Sicherheitsfaktor beträgt $S = 2{,}5$. Außerdem sind gegeben $b_H = 8$ mm und $d = 24$ mm.

a) *Wie groß ist das übertragbare Drehmoment?*
b) *Wie groß ist die Nabenlänge b_N zu wählen?*
c) *Wie groß ist die Lötspaltbreite zu wählen, wenn bei der Herstellung ein Flußmittel verwendet wird?*

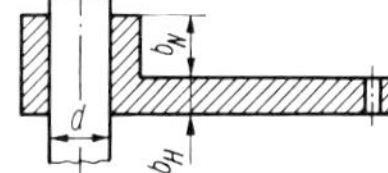

Bild 4.2.54. Welle-Nabe-Verbindung

Lösung

a) *Überlapplänge $l_ü$* nach Tafeln 4.2.20 und 4.2.22

$$l_ü = iR_e = x \cdot 0{,}16dR_e = 0{,}033 \cdot 0{,}16 \cdot 24 \cdot 240 \text{ mm} = 30{,}41 \text{ mm}.$$

Drehmoment

$$\tau_a = F_t/A \quad \text{mit} \quad F_t = 2M_d/d \quad \text{und} \quad A = dl_ü\pi.$$

Es folgt $\quad \tau_a = 2M_d/(d^2\pi l_ü) \quad$ und $\quad M_d = \tau_{BL}d^2\pi l_ü/(2S) = 175 \text{ N} \cdot 576 \text{ mm}^2 \cdot \pi \cdot 30 \text{ mm}/(\text{mm}^2 \cdot 2 \cdot 2{,}5) = 1{,}9 \text{ N} \cdot \text{m}.$

b) Die *Nabenlänge* ist die Differenz zwischen Hebelbreite und Überlapplänge $l_ü$

$$b_N = l_ü - b_H = (30 - 8) \text{ mm} = 22 \text{ mm}.$$

c) Die *optimale Spaltbreite a* nach Tafel 4.2.24 ergibt sich zu $a = (0{,}1 \ldots 0{,}3)$ mm. Die Löttemperatur ϑ_A erreicht 900 °C, der Längen-Temperaturkoeffizient von unlegiertem Stahl beträgt $\alpha = 1{,}15 \cdot 10^{-5}$ m/(K · m).
Wählt man $\Delta d = 0{,}4$ mm, so vergrößert sich dieser Wert bei ϑ_A auf 0,4004 mm. Wenn die Bohrung in der Hebelnabe mit $d = 24{,}3^{+0{,}1}$ mm bemaßt wird und die Welle mit $d = 24_{-0{,}05}$ mm, so entstehen beim Lötprozeß keine Probleme.

Literatur zum Abschnitt 4.2.2.
(Grundlagenliteratur s. Literatur zum Abschnitt 1.)

Bücher

[4.2.2.1] *Müller, W.; Müller, J.-U:* Löttechnik. Düsseldorf: Deutscher Verlag für Schweißtechnik, DVS-Verlag 1995.
[4.2.2.2] *Müller, W.; Müller, J.-U:* Löttechnik – Leitfaden für die Praxis. Düsseldorf: Deutscher Verlag für Schweißtechnik, DVS-Verlag 1995.
[4.2.2.3] *Dorn, L.; u. a.:* Schweißen und Löten mit Festkörperlasern. Berlin: Springer-Verlag 1992.
[4.2.2.4] *Schlottmann, D.:* Auslegung von Konstruktionselementen. Berlin: Springer-Verlag 1995.
[4.2.2.5] *Dorn, L.:* Löten von Keramik-Keramik- und Keramik-Metall-Verbindungen. Düsseldorf: VDI-Verlag 1996.
[4.2.2.6] *Lison, R.:* Schweißen und Löten von Sondermetallen und ihren Legierungen. Düsseldorf: Deutscher Verlag für Schweißtechnik, DVS-Verlag 1996.
[4.2.2.7] *Möhwald, K.:* Einsatz des Ionenplattierens beim Löten. Diss. Universität Dortmund 1996.
[4.2.2.8] *Bauer, C. O.:* Handbuch der Verbindungstechnik. München, Wien: Carl Hanser Verlag 1991.
[4.2.2.9] *Neuhof, U.:* Einfluß der Fügebereichsgestaltung auf das Festigkeitsverhalten von Keramik-Metall-Löt- und -Preßverbindungen. Diss. Technische Universität Berlin 1997.

Aufsätze

[4.2.2.10] *Guth, W.; Stingl, P.:* Optimierung gelöteter Metall-Keramik-Verbindungen. Konstruktion 46 (1994) 9, S. 301.
[4.2.2.11] *Köhler, R.:* Bleifreie SMD-Montage. Feinwerktechnik · Mikrotechnik · Mikroelektronik 106 (1998) 12, S. 913.
[4.2.2.12] *Fehrenbach, M.; Pape, U.:* Selektives Hochtemperatur-Löten von Kupferlackdraht. Feinwerktechnik · Mikrotechnik · Mikroelektronik 109 (2001) 4, S. 80.
[4.2.2.13] *Dworzak, G.:* Lichtstrahllöten von Leiterplatten. ZIS-Mitteilungen 12 (1970) 1, S. 98.
[4.2.2.14] *Thwaites, D. J.:* Die Vielseitigkeit des Weichlötverfahrens. Feinwerktechnik 75 (1971) 11, S. 429.
[4.2.2.15] *Cannon, M.:* Lötstellen unter der Lupe. Feinwerktechnik · Mikrotechnik · Mikroelektronik 108 (2000) 6, S. 62.
[4.2.2.16] *Schlessmann, H.:* Reflow-Lötanlage mit Leistungsreserven. Feinwerktechnik · Mikrotechnik · Mikroelektronik 108 (2000) 12, S. 30.
[4.2.2.17] *Dittmann, B.:* Gestaltungsmerkmale gelöteter Bauteile. Schweißtechnik 22 (1972) 10, S. 462.
[4.2.2.18] *Wuich, W.:* Festigkeitsverhalten von Kupferlot-Verbindungen. Konstruktion, Elemente, Methoden 12 (1975) 6, S. 35.
[4.2.2.19] N. N.: Anforderungen an Weichlötverbindungen aus der Sicht der Raumfahrt. DVS-Berichte 40 (1976) S. 61.
[4.2.2.20] *Bartsch, P.; Ebert, H.:* Kontaktierung aufsetzbarer elektronischer Bauelemente durch Heißgaslöten. Feingerätetechnik 35 (1986)
[4.2.2.21] *Dittmann, B.:* Dimensionierung von Spaltlötverbindungen. Feingerätetechnik 26 (1977) 8, S. 357.
[4.2.2.22] *Scheel, W.:* Bleifreies Löten – Status im Überblick. Feinwerktechnik · Mikrotechnik · Mikroelektronik 109 (2001) 11–12, S. 36.
[4.2.2.23] *Maier, W.:* Hart- und Weichlöten. Aspekte zum Tragverhalten von Weichlötverbindungen bei Temperaturänderungen und schwingender Belastung. Verbindungstechnik 12 (1980) 8, S. 43.
[4.2.2.24] *Wuich, W.:* Löten mit induktiver Hochfrequenz. Verbindungstechnik 12 (1980) 11, S. 23.

[4.2.2.25] *Lugschneider, E.:* Löten mit Laser- und Elektronenstrahl. Verbindungstechnik – thermisches Fügen 80/81, S. 47.
[4.2.2.26] *Göthling, A.:* Löten mit dem cw-Nd-YAG-Laser. Feingerätetechnik 39 (1990) 3, S. 110.
[4.2.2.27] *Brückner, H.,* u. a.: Lichtstrahllöten von Kleinteilen. Feingerätetechnik 30 (1981) 3, S. 123.
[4.2.2.28] *Lohse, D.; Seeger, K.:* Preßlöten – eine Technologie zum Fügen von Aluminium-Bändern. Schweißtechnik 31 (1981) 6, S. 247.
[4.2.2.29] *Wilke, K.:* Wesen, technische Beherrschung und industrielle Nutzung der Grundwerkstoffanschmelzungen beim Löten mit flüssigem Lot. Schweißtechnik 31 (1981) 11, S. 487.
[4.2.2.30] *Wahl, J. F.:* Das Verlöten von spanend bearbeitbarer Glaskeramik. Konstruktion, Elemente, Methoden 17 (1980) 9, S. 107.
[4.2.2.31] *Both, W.; Schließer, R.:* Metallurgische Reaktion von Gold in Weichloten – Ursache der Kontaktdegradation optoelektronischer Bauelemente. Feingerätetechnik 35 (1986) 9, S. 410.

4.2.3. Einschmelzverbindungen

Einschmelzverbindungen sind stoffschlüssige Verbindungen zwischen einem oder mehreren festen (metallischen, keramischen) Bauteilen einerseits und einem zum Zwecke des Fügens der Verbindung teilweise aufgeschmolzenen zweiten Bauteil andererseits. Diese Verbindungen beruhen auf Diffusionsvorgängen zwischen den Verbindungspartnern sowie auf mechanischer Verklammerung. Sie sind unlösbar.

4.2.3.1. Verfahren, Eigenschaften und Anwendung [4.2.3.2] [4.2.3.4] [4.2.3.6]

Die aufzuschmelzenden Verbindungspartner sind hauptsächlich Glasbauteile, selten Metall- oder Plastbauteile. Das ist zum einen in der Eigenart des Werkstoffes Glas begründet, beim Erhitzen allmählich zu erweichen, zum anderen lassen sich Verbindungen vorgefertigter Metallteile mit schmelzflüssigen Metallen oder Kunststoffen günstiger durch das Einbettverfahren (s. auch Abschnitt 4.3.10.) realisieren.
Die Einschmelzverfahren gliedern sich in Quetsch- und Fließeinschmelzen.

Quetscheinschmelzen. Der im Bereich der Fügefläche in den teigigen Zustand gebrachte Glaskörper wird nach dem Fügen des festen Bauteils dort zusammengepreßt, so daß das eingeschmolzene Bauteil fest umschlossen ist **(Bild 4.2.55)**.

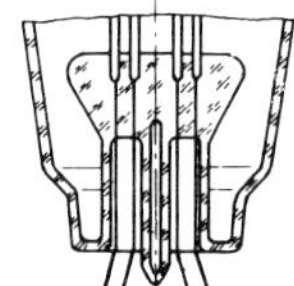

Bild 4.2.55. Quetscheinschmelzung an Sockel von Elektronenröhre

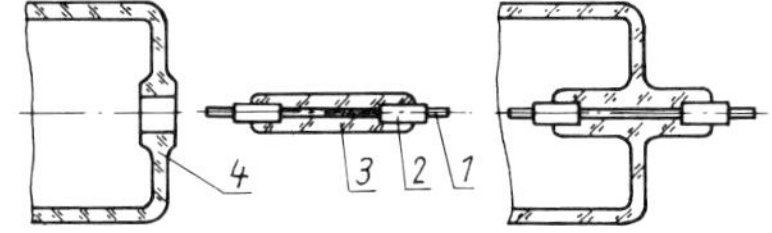

Bild 4.2.56. Fließeinschmelzung
1 Eisen-Nickel-Draht; *2* Kupferhülse; *3* Umglasung des metallischen Partners; *4* Glaspartner

Fließeinschmelzen. Zwei im Bereich der Fügeflächen aufgeschmolzene Bauteile aus Glas, deren eines ein festes Bauteil (das vorher in dieses eingebettet wurde) enthält, werden gefügt und verschmelzen an der Fuge **(Bild 4.2.56)**.
Verbindungen mit Glas sind spröde. Das örtliche Aufschmelzen und Wiedererstarren hinterläßt im Glasbauteil Spannungen, die früher oder später zum Bruch führen. Diese Spannungen sind durch einen Temperprozeß zu beseitigen. Die durch Wärmedehnungsunterschiede der verbundenen Bauteile entstehenden Spannungen im Glas sind durch die Wahl der Werkstoffe sowie durch geeignete Gestaltung der Bauteile zu begrenzen.
Einschmelzverbindungen werden für chemische Apparate, in der Vakuumtechnik (Glühlampen, Elektronen- und Bildröhren) sowie für isolierte, dichte Durchführungen von Drähten oder Stiften angewendet.

4.2.3.2. Werkstoffe [4.2.3.5] [4.2.3.6] [4.2.3.12] [4.2.3.13] [4.2.3.15]

Gläser werden aus einer Reihe mineralogischer Stoffe bzw. deren Mischungen erschmolzen. Je nach Zusammensetzung erreichen sie verschiedene Eigenschaften, die technisch genutzt werden (z. B. Härte, Säurefestigkeit, Abschreckfestigkeit, optische Eigenschaften). Für

Einschmelzverbindungen interessiert, daß auch der Längen-Temperaturkoeffizient von der Zusammensetzung des Glases abhängig ist. Man kann also das Glas durch geeignete Zusammensetzung bezüglich der Wärmedehnung an die Einschmelzteile anpassen, sofern andere geforderte Eigenschaften das zulassen.

Als einzuschmelzende Metallbauteile kommen, wie sich aus der Anwendung in der Vakuumtechnik ergibt, solche aus Platin, Wolfram und Molybdän sowie bestimmte Eisen-Nickel- und Eisen-Chrom-Legierungen, die eine besonders gute Haftfestigkeit auf Glas aufweisen, in Betracht (s. auch Abschnitt 3.6.1.).

Die Haftfestigkeit der Metallteile auf dem Glas wird in erster Linie aber durch Metalloxide auf der Oberfläche der einzuschmelzenden Bauteile vermittelt. Es ist deshalb sinnvoll, die Metallteile vor dem Einschmelzen im Bereich der Fügeflächen vorzuoxidieren.

4.2.3.3. **Berechnung** [4.2.3.14]

Für Glasbauteile, deren Bruch große Gefahren herbeiführen würde (Bildröhren u.a. Vakuumgefäße), legt man einen zulässigen Wert der Langzeit-Zugfestigkeit von etwa $\sigma_{z\,zul} = 8\ \text{N/mm}^2$ zugrunde.

Für kleine Glasteile, deren Bruch keine großen Gefahren erzeugt und deren Oberflächen nicht grob beschädigt werden, setzt man $\sigma_{zzul} = 20\ \text{N/mm}^2$ in Rechnung. Die Druckfestigkeit des Glases ist wesentlich größer als die Zugfestigkeit. Sie erreicht etwa das Zehnfache der Zugfestigkeitswerte.

Aus diesen Festigkeitswerten läßt sich die zulässige Differenz $\Delta\alpha$ der Längen-Temperaturkoeffizienten der Verbindungspartner errechnen. Es gilt:

$$\Delta\alpha = \sigma_{zzul}\,[((1 - \nu_1)/E_1) + ((1 - \nu_2)/E_2)]/(\vartheta_E - \vartheta). \qquad (4.2.1)$$

Mit $E \approx 7 \cdot 10^4\ \text{N/mm}^2$, $\nu \approx 0{,}22$ und $\vartheta_E \approx 500\ °\text{C}$ für Glas erhält man für die oben genannten Zugfestigkeitswerte $\Delta\alpha = 0{,}4 \cdot 10^{-6}\ \text{m/(m} \cdot \text{K)}$ bzw. $\Delta\alpha = 1 \cdot 10^{-6}\ \text{m/(m} \cdot \text{K)}$.

Tafel 4.2.26. Grundformen von Glas-Metall-Verbindungen [1.3]

Grundform	Beispiele
Außenanglasungen; speziell günstig bei $\alpha_{Glas} > \alpha_{Metall}$; Anwendung bei Rohrverbindungen, Drahtdurchführungen a) einfache Durchführung b) Durchführung mit kleiner Fügefläche c), d) Rohrverbindungen	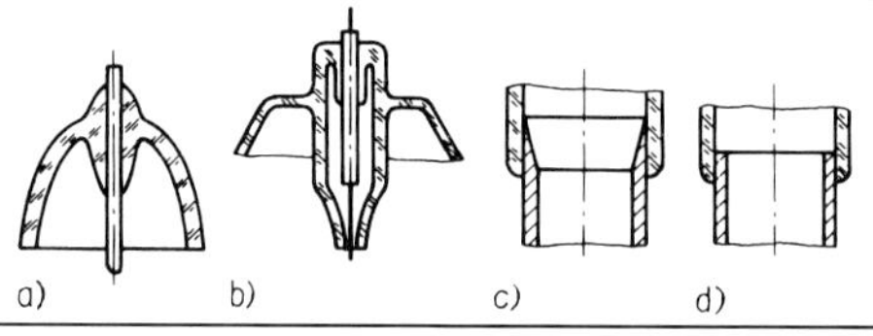 a) b) c) d)
Innenanglasungen; speziell günstig bei $\alpha_{Glas} < \alpha_{Metall}$; Anwendung bei Rohrverbindungen a) mit kegelig zugeschärftem Metallrohr b) ohne zugeschärfte Rohrenden	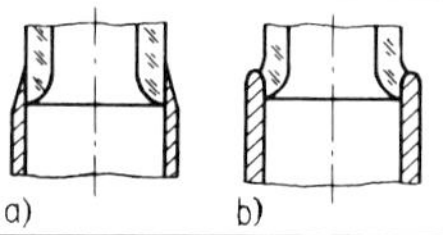 a) b)
Kombinationsanglasung; Anwendung bei Rohrverbindungen und Durchführungen a) Rohrverbindung b) Durchführungen von Drähten, Stiften, Rohren	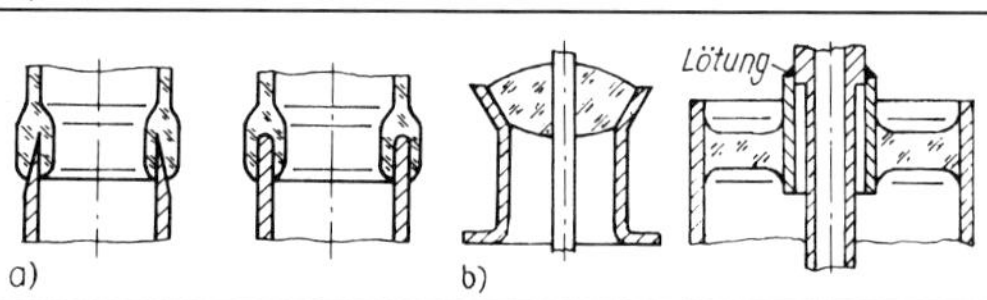 Lötung a) b)
Scheibenanglasung bei $\alpha_{Glas} < \alpha_{Metall}$ a) einseitige Anglasung; b), c) zweiseitige Anglasung	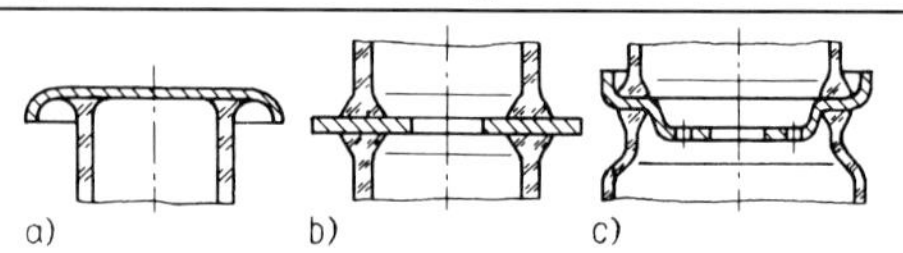 a) b) c)
Rohraufschmelzungen a) Rohrende zugeschärft b) Rohrende scharfkantig c) Rohrende gerundet	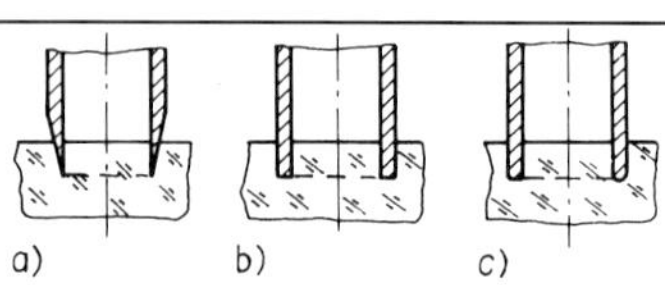 a) b) c)

Die thermische Belastbarkeit der Einschmelzverbindungen ist durch die Einfriertemperatur ϑ_E des Glases begrenzt. Sie beträgt für spezielle Hartgläser mit großem Gehalt an Al_2O_3 (z. B. für hochbelastete Lampen) $\vartheta_E = (700 \ldots 750)$ °C. Quarzglas (reines SiO_2) erreicht noch größere Werte ϑ_E.

4.2.3.4. Konstruktive Gestaltung [1.3] [4.2.3.12] [4.2.3.15]

Die optimale Gestaltung der Einschmelzverbindungen unter Beachtung der Eigenschaften des Glases erlaubt die Konstruktion von Glasbaugruppen, die den Funktionsansprüchen genügen.

► **Grundsätze:**

- Die Verbindungspartner sollen nahezu gleiche Längen-Temperaturkoeffizienten α aufweisen, speziell bei gasdichten Verbindungen. Ist das aus anderen funktionellen Gründen nicht zu erreichen, so kann durch Zwischenschalten von Übergangsgläsern ein zu großer Unterschied $\Delta\alpha$ überbrückt werden **(Bild 4.2.57)**, s. auch Tafel 3.19.
- Bauteile aus Kieselglas (SiO_2) sind mit Metallen nicht verschmelzbar, da das Quarzglas einen sehr kleinen Längen-Temperaturkoeffizienten hat. Abhilfe schafft hier das Einschmelzen dünner Folien, z. B. aus Molybdän, die aufgrund ihrer geringen Dicke den Glaskörper nicht gefährden können **(Bild 4.2.58)**.

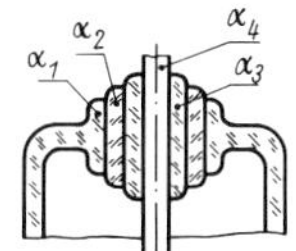

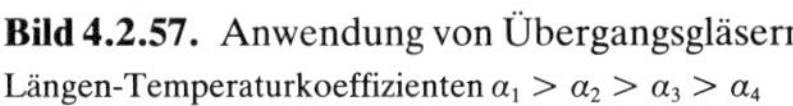

Bild 4.2.57. Anwendung von Übergangsgläsern
Längen-Temperaturkoeffizienten $\alpha_1 > \alpha_2 > \alpha_3 > \alpha_4$

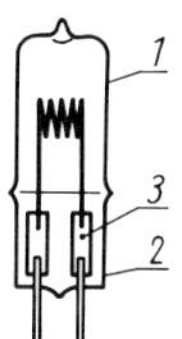

Bild 4.2.58. Halogenlampe mit Quetschfuß
1 Glaskolben; *2* Quetschfuß; *3* folienförmiger Verbinder

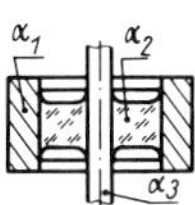

Bild 4.2.59. Druckglasdurchführung

- Die Verbindungen sollen so gestaltet werden, daß im Glasbauteil beim Abkühlen Druckspannungen auftreten **(Tafel 4.2.26)**. Dazu ist bei umschließendem Glasteil dessen Längen-Temperaturkoeffizient im Rahmen der zulässigen Differenz größer zu wählen als der des Metallbauteils. Bei umschließendem Metallteil ist umgekehrt zu verfahren. Demgemäß ist für die Druckglasdurchführung im **Bild 4.2.59** $\alpha_1 > \alpha_2 > \alpha_3$ zu wählen. Der äußere Metallring ist so zu dimensionieren, daß er den Druckspannungen standhält und keine plastische Verformung erleidet.

Literatur zum Abschnitt 4.2.3.

(Grundlagenliteratur s. Literatur zum Abschnitt 1.)

Bücher

[4.2.3.1] *Zwick, A.:* Umschmelzen und Einschmelzen mit polarisierender CO_2-Laserstrahlung. Aachen: Shaker-Verlag 2000.

[4.2.3.2] *Kitaigorodski, I. I.:* Technologie des Glases. Berlin: Verlag Technik 1959.

[4.2.3.3] *Espe, W.:* Werkstoffkunde der Hochvakuumtechnik. Bde. 1 und 2. Berlin: Deutscher Verlag der Wissenschaften 1959 und 1960.

[4.2.3.4] *Zincke, A.:* Technologie der Glaseinschmelzungen. Leipzig: Akadem. Verlagsges. Geest & Portig. 1961.

[4.2.3.5] *Janowski, F.; Heyer, W.:* Poröse Gläser. Leipzig: Deutscher Verlag für Grundstoffindustrie 1982.

[4.2.3.6] *Kühne, K.:* Werkstoff Glas. Berlin: Akademie-Verlag 1984.

Aufsätze

[4.2.3.10] *Espe, W.:* Physikalisch-chemische Grundlagen der Glas-Metall-Verschmelzungstechnik. Feinmechanik und Präzision 47 (1939) 16, S. 225; 18, S. 257.

[4.2.3.11] *Adam, H.:* Die theoretischen Grundlagen der Druckglaseinschmelzung und ihre praktischen Folgerungen. Feinwerktechnik 56 (1952) 2, S. 29.

[4.2.3.12] *Reutebuch, R.; Zincke, A.:* Die Glasverschmelzung als Bauelement der Vakuumtechnik. Feinwerktechnik 62 (1958) 6, S. 199.

[4.2.3.13] *Stetter, W.:* Glas-Metall-Übergänge bei Röntgenröhren und Röntgenbildverstärkerröhren. Feinwerktechnik und Mikronik 77 (1973) 8, S. 360.

[4.2.3.14] *Müller, G.:* Glas-Metall-Verbunde. Feinwerktechnik und Meßtechnik 87 (1979) 3, S. 110.

[4.2.3.15] *Kahl, F.:* Konstruieren mit Glas und Glaskeramik bei elektronischen Präzisionsbauelementen. Microtecnic Vol. 27. Jg., S. 53 u. S. 141.

4.2.4. Klebverbindungen

Klebverbindungen sind stoffschlüssige unlösbare Verbindungen zwischen Bauteilen aus gleich- oder verschiedenartigen Werkstoffen, vermittelt durch einen nichtmetallischen Zusatzwerkstoff, den Klebstoff. Dieser wird i. allg. in flüssiger oder pastöser Form in die Verbindungsfuge gebracht und härtet bei Raumtemperatur (kalthärtende Klebstoffe) bzw. bei höheren Temperaturen (warmhärtende Klebstoffe) aus.
Klebverbindungen beruhen teils auf dem Mechanismus der mechanischen Verklammerung (insbesondere bei porösen Werkstoffen wie Holz, Papier, Keramik), zumeist aber auf der Wirkung zwischenmolekularer Kräfte an der Grenzfläche Klebstoff–Bauteil. Bei Bauteilen aus Kunststoffen (Thermoplasten) kann darüber hinaus bei geeignetem Klebstoff (anlösende Klebstoffe) der Diffusionsprozeß zwischen Klebstoff und Bauteil als wesentlich für die Bindung angesehen werden.

4.2.4.1. Klebverfahren, Eigenschaften und Anwendung [4.2.4.6] [4.2.4.12] [4.2.4.20] [4.2.4.22] [4.2.4.29]

Das Kleben wird in folgender Art und Weise ausgeführt:
- Vorbereitung der zu verbindenden Bauteile (Gestaltung der Klebfuge, sorgfältiges Reinigen, bei Metallen mechanisches Aktivieren der Fügeflächen)
- Aufbringen des Klebstoffes auf die Fügeflächen der Verbindungspartner
- Fügen der Verbindungspartner
- Aushärten des Klebstoffes, wobei die Verbindungspartner u. U. mittels einer Vorrichtung unter Druck in ihrer gegenseitigen Lage zu fixieren sind.

Klebverbindungen sind einfach herstellbar; der Fertigungsaufwand ist gering. Die thermische Belastung ist ebenfalls sehr klein, auch bei den warmhärtenden Klebstoffen. Die Festigkeit der Verbindung ist jedoch nicht sehr groß, was durch geeignete konstruktive Gestaltung kompensiert werden muß. Bei vielen Klebstoffen, insbesondere den kalthärtenden Reaktionsklebstoffen, behindern lange Aushärtezeiten die Anwendung in der Massenfertigung. Über die reine Festigkeitsverklebung hinaus wird das Kleben zum Fixieren von zu justierenden Teilen, zur Verdrehsicherung bei Einlochbefestigung und zum Abdichten, z. B. von Bördelfugen, angewendet (s. auch Abschnitt 4.3.).

4.2.4.2. Werkstoffe [4.2.4.1] [4.2.4.2] [4.2.4.5] [4.2.4.7]

Es gibt fast keinen Bauteilwerkstoff, der sich nicht mit einem anderen durch Kleben verbinden ließe. Einige Kunststoffe, insbesondere das PTFE (Polytetrafluoräthylen), sind jedoch erst nach aufwendiger Oberflächenvorbereitung einigermaßen erfolgreich zu kleben. Der Vielfalt von Bauteilwerkstoffen steht eine fast ebenso große Zahl von Klebstoffen gegenüber, deren wesentliche Vertreter in **Tafel 4.2.27** aufgeführt sind. Insbesondere die dort als synthetische Klebstoffe genannten repräsentieren jeder für sich eine große Zahl von Varianten, z. B. als Modifikationen zur Kalt- und Warmhärtung oder mit verschiedenen Füllstoffen oder als Mischungen verschiedener Polymere zum Verbessern der mechanischen Eigenschaften.

Klebstoffe natürlicher Herkunft. Sie erreichen nur geringe Festigkeiten und sind deshalb für Metallklebungen nicht oder nur bedingt brauchbar:
Glutin- und Kaseinklebstoffe sind tierischer Herkunft und werden hauptsächlich für Verbindungen mit Holz und Papier verwendet. Glutinklebstoff ist ein warm zu verarbeitender Klebstoff und in kaltem Wasser unlöslich. Die zu klebenden Bauteile sind vorzuwärmen. Kaseinklebstoff erreicht eine größere Bindefestigkeit als Glutinklebstoff und ist etwas vielseitiger anwendbar als dieser.
Dextrin- und Stärkeklebstoffe ergeben Verbindungen nur sehr geringer Festigkeit und sind deshalb auf die Anwendung in der Papierwarenindustrie beschränkt.
Kautschukklebstoff (Natur- oder Kunstkautschuk) ist ein Kontaktklebstoff; nach dem Auftragen auf beide Fügeflächen und nach kurzer Abdunstzeit ist die Verbindung fügbar und sofort belastbar.

Synthetische Klebstoffe bringen durchweg größere Festigkeiten als natürliche Klebstoffe:
Epoxidharzklebstoffe gelten als ausgesprochene Metallklebstoffe, die unter den bekannten synthetischen Klebstoffen die größten Bindefestigkeiten erreichen. Beim Aushärten entstehen keine Reaktionsprodukte, die Schrumpfung ist minimal. Wie bei vielen anderen Klebstoffen auch, nimmt die erreichbare Festigkeit mit der Aushärtetemperatur zu.
Modifizierte Phenolharzklebstoffe entsprechen bezüglich der Bindefestigkeit den Epoxidharzklebstoffen. Es sind Einkomponentenklebstoffe in flüssiger, pastöser oder in Pulverform. Auch als Klebstoffolie ist dieser Klebstoff verfügbar.

Tafel 4.2.27. Klebstoffe

Klebstoff bzw. Klebstoffgruppe		Anwendung
Klebstoffe tierischer Herkunft	Glutinklebstoff (Knochen-, Haut- oder Fischleim)	Verbindungen mit Holz, Papier, Pappe
	Kaseinklebstoff (Milcheiweiß + $Ca(OH)_2$)	vornehmlich zum Aufkleben von Holzfurnieren
Klebstoffe pflanzlicher Herkunft	Dextrinklebstoff Stärkeklebstoff	Papierwarenherstellung, Buchbinderei, Herstellung gummierten Papiers
	Kautschuk (Lösung in Benzol oder Benzin) (z. B. Chemisol L 1102)	Kleben von Papier, Gummi; Paarungen Glas/Metall, Glas/PVC, PVC/Metall, Duroplast/Metall
Synthetische Klebstoffe	Epoxidharzklebstoff (z. B. EKG 19, EK 10, Araldit u. a.)	Verbindungen starrer Körper; Metall/Metall, Duroplast/Metall, Keramik/Keramik, Keramik/Metall
	Phenolharzklebstoff (z. B. Plastasol, Plastaphenal u. a.)	Paarungen Holz/Holz (Sperrholz, Spanplatten), Metall/Metall, Gummi/Metall, Duroplast/Metall
	Polyesterharzklebstoff (z. B. Mökodur L 5001, Desmophen u. a.)	Paarungen Keramik/Metall, GUP/Metall, GUP/PVC (GUP: glasfaserverstärktes ungesättigtes Polyesterharz)
	Polyurethanklebstoff (z. B. Mökoflex, BK-5 u. a.)	Verbindungen elastischer Bauteile; Paarungen Holz/Holz, PA/Metall, Gummi/Metall, PA/PVC, Keramik/Metall, jedoch nicht PS und PE
	Polyvinylacetatklebstoff (z. B. Mökotex D 2501, Holzleim M usw.)	Paarungen Holz/Holz, Glas/Metall, Asbest/Metall, Duroplast/PVC, PVC/Metall
	Zyanoacrylatklebstoff (z. B. Fimofix, Fimodyn)	Paarungen Glas/Metall, Gummi/Metall, Metall/Metall; Anwendung nur bei Kleinteilen und zu speziellen Zwecken (z. B. Schraubensicherung)
	Harnstoffharzklebstoffe	Paarungen Holz/Holz (Sperrholz, Spanplatten, Furnierklebung)
	Silikonharzklebstoff (z. B. Cenusil NG 3800, K 620/10 u. a.)	Paarungen Metall/Metall, Glas/Metall, Glas/Glas; Anwendung für Teile unter hohen thermischen Belastungen (z. T. bis $\vartheta = 500\,°C$)

Beim Aushärten wird Wasser freigesetzt. Deshalb sind bei Metallen und anderen nicht saugfähigen Werkstoffen warmhärtende Varianten bei Aushärtung unter Druck anzuwenden. Bei porösen Werkstoffen sind auch kalthärtende Varianten zweckmäßig.
Ungesättigte Polyesterharzklebstoffe haben eine Bindefestigkeit, die kleiner als die der Epoxidharzklebstoffe, aber in vielen Fällen noch ausreichend ist. Nachteilig sind die große Schrumpfung beim Aushärten und die ungenügende Wasserfestigkeit. Es sind Zwei- und Dreikomponentenklebstoffe mit relativ geringer Aushärtungszeit.
Polyurethanklebstoffe werden als Ein- und Zweikomponentenklebstoffe verwendet. Ihre Festigkeit ist geringer als die der Polyesterharze. Beim Aushärten werden keine Reaktionsprodukte freigesetzt. Nachteil: sie sind hygroskopisch.
Polyvinylacetatklebstoffe sind für Paarungen Metall/Metall wenig geeignet, wohl aber für Paarungen von Metallen mit anderen Werkstoffen.
Zyanoacrylatklebstoffe erreichen mittlere Bindefestigkeiten. Ihre hervorragende Eigenschaft ist die sehr kurze Aushärtungszeit. Da dieser Klebstoff sehr teuer ist, wird er nur in beschränktem Maße verwendet.
Harnstoffharz-Aminoplast-Klebstoffe entstehen wie die Phenolharzklebstoffe durch Polykondensation und setzen also bei der Aushärtung Wasser frei. Bezüglich Lieferformen und Verarbeitung werden die Harnstoffharzklebstoffe deshalb wie die Phenolharze angewendet.
Silikonharzklebstoffe sind pastöse warmhärtende Einkomponentenklebstoffe oder kalthärtende Zwei- und Dreikomponentenklebstoffe. Ihre Festigkeit ist gering. Sie sind gegen Säuren und Laugen empfindlich. Von Vorteil ist die große Wärmebeständigkeit und die große Elastizität im ausgehärteten Zustand.

4.2.4.3. **Berechnung** [4.2.4.25] [4.2.4.31]

Klebverbindungen sind gegenüber anderen stoffschlüssigen Verbindungen weniger belastbar. Die Stumpfnaht wird nur in seltenen Fällen angewendet, die Überlappnaht ist die am häufigsten verwendete Stoßart **(Bild 4.2.60)**.

Die mittlere Scherspannung in der Überlappfuge ergibt sich zu

$$\tau_a = F/A = F/(bl_ü) \leqq \tau_{a\,zul}; \tag{4.2.2}$$

$\tau_{a\,zul} = \tau_B/S$ bei statischer Beanspruchung und $\tau_{a\,zul} = (0{,}2 \ldots 0{,}3)\,\tau_B/S$ bei dynamischer Beanspruchung; $S = 2 \ldots 4$.

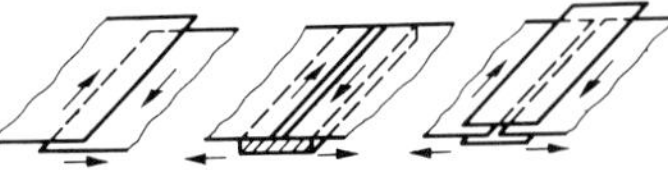

Bild 4.2.60. Geklebte Überlappverbindungen

Unter Last verformen sich die Bauteile und die Klebstoffschicht unterschiedlich. Da beide aber miteinander verbunden sind, ergeben sich Spannungen zwischen den Partnern, die über die Breite der Fuge (quer zur Kraft) etwa konstant, in Kraftrichtung aber ungleichmäßig groß sind. Insbesondere an den Enden der Überlappung ergeben sich große Spannungsspitzen. Die Berechnung dieser Verhältnisse ist z. Z. noch nicht mit der erforderlichen Sicherheit möglich. Deshalb sei auf das hier gezeigte Nomogramm verwiesen, das auf experimentellen Ergebnissen beruht **(Bild 4.2.61)**. Die Überlapplänge $l_ü$ ist an Hand dieser Nomogramme für bestimmte, häufig benutzte Anwendungsfälle in Abhängigkeit von der Streckgrenze bzw. von der Scherfließspannung der Bauteilwerkstoffe und den Abmessungen der Verbindungspartner bestimmbar.

Epoxidharz- und Phenolharzklebstoffe erreichen bei kalthärtenden Typen eine Zugscherfestigkeit $\tau_B = (7 \ldots 20)\ \text{N/mm}^2$ und bei warmhärtenden Typen $\tau_B = (20 \ldots 35)\ \text{N/mm}^2$. Die kleineren Werte entsprechen dabei jeweils geringer, die größeren besonderer Sorgfalt bei der Vorbereitung der Fugenflächen.

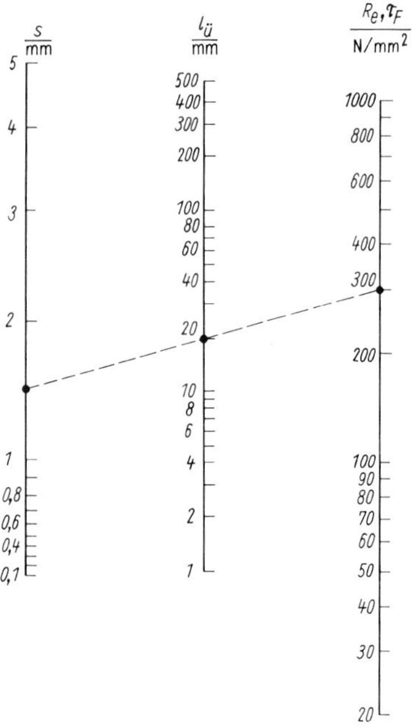

Bild 4.2.61. Nomogramm für einschnittige Überlappverbindungen

Bestimmung der Überlapplänge $l_ü$ bei Klebstoff EK 10 (s. Tafel 4.2.27)

4.2.4.4. Konstruktive Gestaltung [4.2.4.16] [4.2.4.23]

Bei der Gestaltung von Klebverbindungen gelten folgende

► **Grundsätze:**

- Die Überlappung ist so anzuordnen, daß in der Klebfuge möglichst nur Schubspannungen wirksam werden.
- Klebschichtunterbrechungen, z. B. durch Rändelung, Rillen, Gewinde, sind zu vermeiden, da diese die Festigkeit der Verbindung herabsetzen.
- Zur Verringerung der Spannungsunterschiede in der Klebfuge sind Maßnahmen nach **Bild 4.2.62** zweckmäßig.

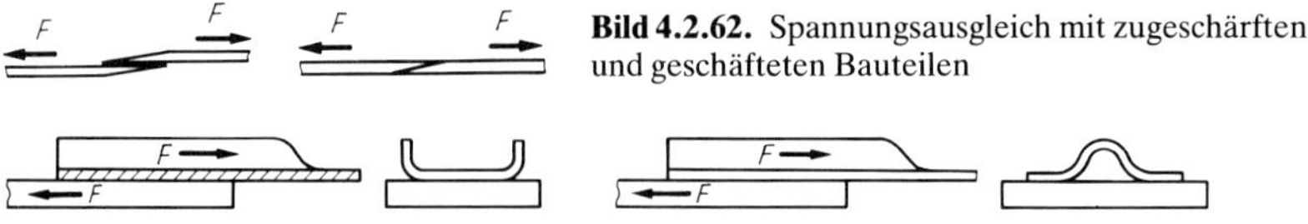

Bild 4.2.62. Spannungsausgleich mit zugeschärften und geschäfteten Bauteilen

Bild 4.2.63. Versteifen dünner Bauteile durch Abkanten oder Sicken

- Dünne Bauteile sollten durch Sicken, Abkanten oder ähnliche Gestaltung versteift werden **(Bild 4.2.63)**.
- Die Klebfläche läßt sich durch Ändern der Breite in bestimmten Grenzen der Belastung anpassen. Die Überlapplänge aber wird nach den im Abschnitt 4.2.3. gegebenen Möglich-

keiten ermittelt und sollte im Interesse der Verringerung der Spannungsunterschiede in der Klebfuge keinesfalls größer dimensioniert werden, als gemäß Nomogramm ermittelt.

- Die Fugendicke ist zwischen 0,05 mm und 0,15 mm zu wählen. Mit zunehmender Fugendicke sinken der Schälwiderstand und die Festigkeit. Nur bei Klebstoffen großer Eigenfestigkeit und guter Elastizität kann die Fugendicke größer festgelegt werden.
- Zur Verminderung der Gefahr des Abschälens (**Bild 4.2.64** a) sind Maßnahmen gemäß den Bildern 4.2.64 b bis g geeignet. Die Schälneigung läßt sich daneben durch in die Klebfuge eingelegte Glasfasern oder Gewebe verringern.

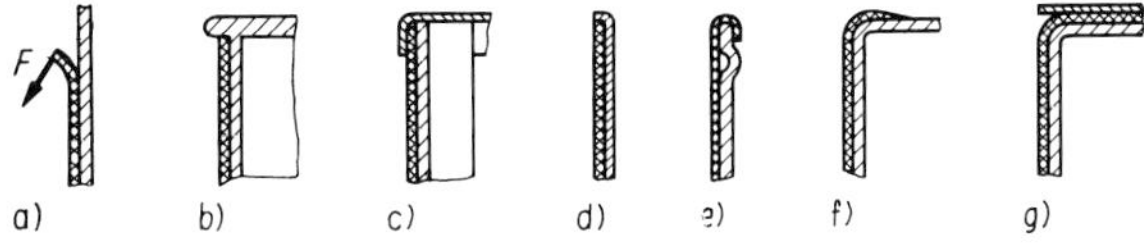

Bild 4.2.64. Schälbeanspruchung und deren Vermeidung

a) Prinzip des Schälvorgangs; b) Kante durch Vorsprung geschützt; c) Kante durch Übergreifen des Bauteils geschützt; d) Kante durch Bördelkante des zweiten Partners geschützt; e) bedingter Schutz durch Umlegen gegen rückseitige Sicke; f) Partner umgelegt und Kante zugeschärft; g) Partner umgelegt und durch drittes Bauteil gesichert

- Eckverbindungen sind so zu gestalten, daß die Verbindung aus der Zone großer Spannung herausverlagert wird **(Bild 4.2.65)**.

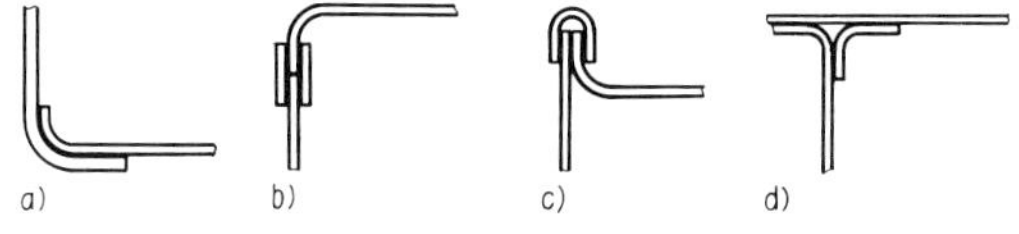

Bild 4.2.65. Geklebte Eckverbindungen von Blechteilen

a) mit abgewinkelten Bauteilen; b) überlaschte Verbindung außerhalb der höchstbelasteten Zone; c) Klebfuge durch Klammer gesichert; d) abgewinkelter Partner durch Stützwinkel gesichert

- Holz quillt und verwirft sich bei Wasseraufnahme. Das läßt sich vermeiden, wenn das Holz geschichtet verklebt wird (Sperrholz) oder mit formschlüssiger Unterstützung nach **Bild 4.2.66**. In den **Bildern 4.2.67 und 4.2.68** sind einige Eck- und T-Stoß-Verbindungen von Holzbauteilen gezeigt.

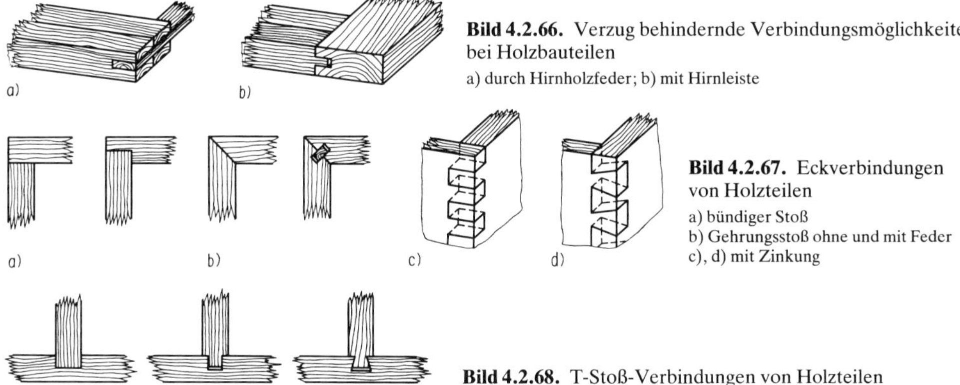

Bild 4.2.66. Verzug behindernde Verbindungsmöglichkeiten bei Holzbauteilen

a) durch Hirnholzfeder; b) mit Hirnleiste

Bild 4.2.67. Eckverbindungen von Holzteilen

a) bündiger Stoß
b) Gehrungsstoß ohne und mit Feder
c), d) mit Zinkung

Bild 4.2.68. T-Stoß-Verbindungen von Holzteilen

- Optische Bauteile aus Glas (Linsen, Prismen) werden mittels Kanadabalsam (glasklares Naturharz), neuerdings auch mittels glasklarer Kunstharze miteinander verklebt **(Bild 4.2.69)**.

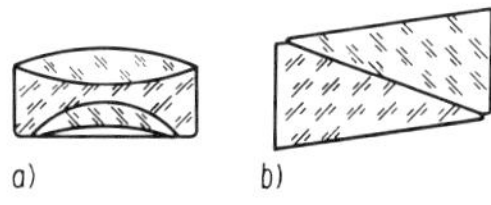

Bild 4.2.69. Klebverbindungen an Glasbauteilen der Optik

a) Achromat, bestehend aus verklebten Linsen; b) Prismensatz

- Auch Bauteile aus Papier und Pappe sind in der Feinmechanik zu verbinden. **Bild 4.2.70** zeigt dazu Spulenkörper für Transformatoren, deren Flansche mit dem Wickelkörper durch Kleben verbunden sind. Im **Bild 4.2.71** sind die Klebverbindungen an modernen Lautsprechermembranen dargestellt.

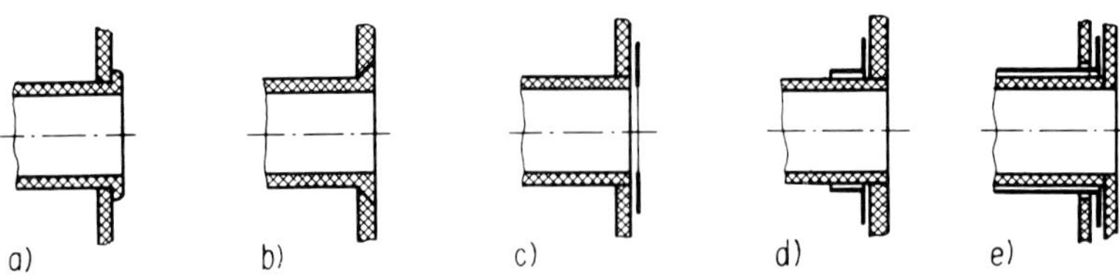

Bild 4.2.70. Klebverbindungen an Spulenkörpern

a) Flansch durch Bördelkante des Wickelkörpers gesichert; b) Flansch über Kegelsitz mit Wickelkörper verbunden; c) Wickelkörper in Flansch gesteckt, vorgesetzte Scheibe deckt die Fuge; d) wie c), aber Sicherung durch Hülse; e) Stumpfverbindung, durch Hülse und zusätzliche Flanschscheibe gesichert

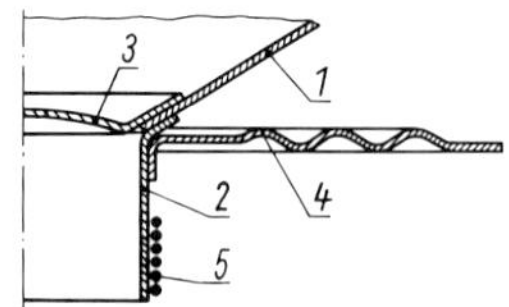

Bild 4.2.71. Klebverbindungen an Lautsprechermembranen

1 Membran; *2* Spulenkörper; *3* Aussteifung; *4* Zentrierfeder; *5* Wicklung

Eine Zusammenstellung ausgewählter Normen und Richtlinien zum Abschnitt 4.2.4. enthält **Tafel 4.2.28**.

Tafel 4.2.28. Normen und Richtlinien zum Abschnitt 4.2.4.

DIN-Normen	
DIN 16860	Klebstoffe für Boden-, Wand- und Deckenbeläge; Dispersionsklebstoffe und Kunstkautschukklebstoffe für Polyvinylchlorid (PVC)-Beläge ohne Träger; Anforderungen, Prüfung
DIN 16864	–; – für Elastomer-Beläge; –; –
DIN 16920	Klebstoffe; Klebstoffverarbeitung; Begriffe
DIN 16970	Klebstoffe zum Verbinden von Rohren und Rohrleitungsteilen aus PVC-hart; Allgemeine Güteanforderungen und Prüfungen
DIN 29963	Luft- und Raumfahrt; Expansionsklebfolien für tragende Teile, Technische Lieferbedingungen
DIN 53275	Prüfung von Klebstoffen für Bodenbeläge; Prüfung von Dispersionsklebstoffen für Linoleum nach DIN 18171; Zugscherversuch
DIN 53281	Prüfung von Metallklebstoffen und Metallklebungen; Proben
DIN 53284	–; Zeitstandversuch an einschnittig überlappten Klebungen
DIN V 54461	Klebstoffe; Prüfung von Kunststoff-Metall-Klebverbindungen
DIN 58753	Feinkitte für die Optik; Einteilung, Anforderungen, Prüfung
DIN EN 205	Holzklebstoffe für nichttragende Anwendungen
DIN EN 828	–; Benetzbarkeit – Bestimmung durch Messung der Benetzbarkeit
DIN EN 923	–; Benennungen und Definitionen
DIN EN 1465	–; Bestimmung der Zugscherfestigkeit hochfester Überlappungsklebungen
DIN EN ISO 9613	–; Prüfverfahren für die Scherschlagfestigkeit von Klebungen
LN 9120 T68	Werkstoffe und Halbzeuge; Klebstoffe für Kunststoffe, Übersicht
LN 65073	Polymerisationskleber auf Acrylbasis; Technische Lieferbedingungen
LN 65074	Klebstoffe für tragende Teile; –
Richtlinien	
VDI 3821	Kunststoffkleben
VDI/VDE 2229	Metallkleben; Hinweise für Konstruktion und Fertigung
VDI/VDE 2251 Bl. 5	Feinwerkelemente; Klebverbindungen (zurückgezogen)

4.2.4.5. Berechnungsbeispiel

Aufgabe 4.2.5. Welle-Nabe-Verbindung

Aus technologischen Gründen soll ein Zahnrad mit Schrägverzahnung ($\beta = 30°$, s. Abschnitt 13.4.6.) durch Kleben mit der Welle verbunden werden **(Bild 4.2.72)**. Das Rad besteht aus Stahl St37. Als Klebstoff dient das warmhärtende Epoxidharz EK 10. Die Umfangskraft am Zahnrad erreicht Werte bis $F_t = 225$ N. Außerdem sind gegeben: $d_W = 20$ mm, $d = 75$ mm und $b_z = 15$ mm.
Gesucht sind die Überlapplänge $l_ü$ und die Breite b der Radnabe.

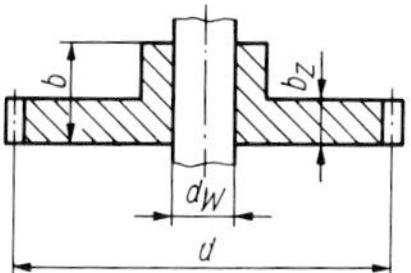

Bild 4.2.72. Welle-Nabe-Verbindung

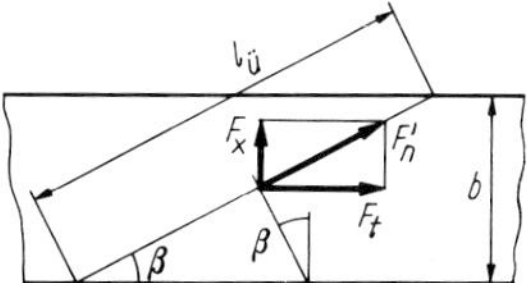

Bild 4.2.73. Kräfte in der Klebfuge und Länge der Überlappung

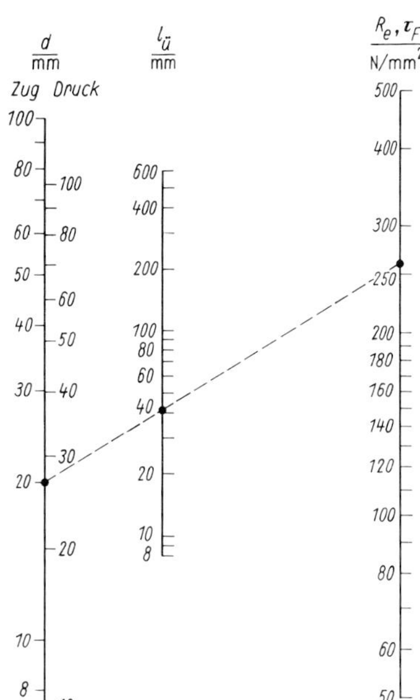

Bild 4.2.74. Nomogramm für Bolzensteckverbindungen

Bestimmung der Überlapplänge $l_ü$ bei Klebstoff EK 10 (s. Tafel 4.2.27)

Lösung

Definition der Überlapplänge $l_ü$. Da das Rad schrägverzahnt ist, wirkt außer der Kraft F_t die Kraft F_x in Richtung der Achse. Beide sind Komponenten der Kraft F_n' **(Bild 4.2.73)**. Es gilt (s. Abschnitt 13.4.11.):

$$F_t/F_n' = \cos\beta; \qquad F_n' = F_t/\cos\beta = 225 \text{ N}/\cos 30° = 259{,}8 \text{ N}.$$

Die Richtung der Kraft F_n' ist die Richtung der Länge $l_ü$. Danach ergibt sich die Breite der Nabe zu $b = l_ü \sin\beta$.

Ermittlung von $l_ü$. Die Überlapplänge ergibt sich aus dem Nomogramm im **Bild 4.2.74** in Abhängigkeit vom Durchmesser der Welle und von der Streckgrenze der Bauteile. Da im Interesse der Begrenzung der Spannungsunterschiede in der Klebfuge $l_ü$ möglichst klein zu wählen ist, wird zur Bestimmung von $l_ü$ die Streckgrenze der Welle benutzt. Die Klebfuge wird auf Torsion belastet. Aus dem Nomogramm ergibt sich die Überlapplänge zu $l_ü \approx 41$ mm.

Berechnung der Nabenbreite b. Nach der oben genannten Gleichung ergibt sich die Nabenbreite zu $b = l_ü \sin\beta = 41 \times 0{,}5$ mm $= 20{,}5$ mm.

Spannungsnachweis $\tau_a = F_t d/(d_w^2 \pi b) = F_t \cdot 75/(400 \cdot \pi \cdot 20{,}5)$ N/mm² $= 0{,}655$ N/mm²;

τ_B für warmhärtende Epoxidharze nach Abschnitt 4.2.4.3. mindestens 20 N/mm²; $\tau_{BSch} = 0{,}3\tau_B = 6$ N/mm², τ_{BSch} Zugscherfestigkeit bei Schwellbeanspruchung.
Da $\tau_a < \tau_{BSch}$, ist die Verbindung ausreichend dimensioniert.

Literatur zum Abschnitt 4.2.4.

(Grundlagenliteratur s. Literatur zum Abschnitt 1.)

Bücher

[4.2.4.1] *Krist, Th.:* Schweißen, Schneiden, Löten, Kleben. 3. Aufl. Darmstadt: Fikentscher-Verlag 1985.
[4.2.4.2] *Habenicht, G.:* Kleben – Grundlagen, Technologie, Anwendung. 3. Aufl. Berlin, Heidelberg, New York: Springer-Verlag 1997.
[4.2.4.3] *Schindel-Bidinelli, E. H.:* Konstruktives Kleben. Weinheim: VCH-Verlagsgesellschaft 1988.
[4.2.4.4] *Bauer, C. O.:* Handbuch der Verbindungstechnik. München, Wien: Carl Hanser Verlag 1991.
[4.2.4.5] *Brockmann, W.; u. a.:* Kleben von Kunststoff mit Metall. Berlin, Heidelberg, New York: Springer-Verlag 1989.
[4.2.4.6] *Ortlmann, K.; u. a.:* Kleben in der Elektronik. Grafenau: expert-Verlag 1995.
[4.2.4.7] *Theiner, W.:* Kleben verschiedener Legierungen mit Hilfe des Rocatec-Verfahrens. Diss. Freie Universität Berlin 1996.

Aufsätze

[4.2.4.11] *Walter, I.:* Probleme der Klebtechnik in der Gerätetechnik. Feingerätetechnik 39 (1990) 3, S. 110.
[4.2.4.12] *Dilthey, U.; Brandenburg, A.; Möller, M.:* Kleben von Mikrokomponenten. Feinwerktechnik · Mikrotechnik · Mikroelektronik 107 (1999) 4, S. 78.

[4.2.4.13] *Dorn, L.; Salem, N.:* Einfluß der Stoßform auf das Zeitstandverhalten von glasfaserverstärkten Polycarbonat-Stahl-Klebeverbindungen. Konstruktion 47 (1995) 1, S. 29.
[4.2.4.14] *Wuich, W.:* Verkleben von Gummi-Dichtungen mit Zyanoacrylaten. Technica 24 (1975) 25, S. 2067.
[4.2.4.15] *Wuich, W.:* Zyanoacrylat-Kleber statt mechanische Schraubensicherung. Technica 25 (1976) 2, S. 104.
[4.2.4.16] *Brockmann, W.:* Die Praxis des Metallklebens. VDI-Nachrichten 30 (1976) 24, S. 19; 25, S. 17.
[4.2.4.17] N. N.: Kleben statt Schrauben oder Nieten. Verbindungstechnik 8 (1976) 1/2, S. 40.
[4.2.4.18] *Wuich, W.:* Kleber für Kunststoffe. Technica 25 (1976) 14, S. 947.
[4.2.4.19] *Thieme, H.:* Auch Polyolefine können jetzt rasch und sicher geklebt werden. Feinwerktechnik u. Meßtechnik 97 (1989) 11, ZM 204.
[4.2.4.20] *Dorn, L.; Salem, N.:* Vorgehensweise zum Auslegen von langzeitbeanspruchten Kunststoff-Metall-Klebverbindungen. Konstruktion 47 (1995) 10, S. 329.
[4.2.4.21] *Hähn, G.:* Bauteilverbindungen mit Klebstoff-Formelementen, Gestaltung und Tragfähigkeit von Schrauben- und Welle-Nabe-Verbindungen. Konstruktion 41 (1989) 8, S. 250.
[4.2.4.22] *Guyenot, V.:* Qualität und Technologie von Metall/Optik-Klebverbindungen im Präzisionsgerätebau. Feingerätetechnik 34 (1985) 12, S. 544.
[4.2.4.23] *Endlich, W.:* Funktionsgerechte Gestaltung von Fügeverbindungen mit Kleb- und Dichtstoffen. Konstruktion, Elemente, Methoden 17 (1980) 5, S. 105.
[4.2.4.24] *Ruhsland, K.:* Vibrationskleben. Verbindungstechnik 12 (1980) 6, S. 17.
[4.2.4.25] *Wuich, W.:* Festigkeit einer Metallklebverbindung. Konstruktion, Elemente, Methoden 17 (1980) 6, S. 45.
[4.2.4.26] *Baust, E.:* Kleben in der Gerätetechnik. Feinwerktechnik u. Meßtechnik 97 (1989) 7, ZM 107.
[4.2.4.27] *Hansmann, H. P.:* Kleben ohne Flüssigklebstoffe, Folien aus warmhärtbaren Klebstoffen. Verbindungstechnik 12 (1980) 7, S. 23.
[4.2.4.28] N. N.: Besser Kleben als Löten. Feinwerktechnik und Meßtechnik 91 (1983) 7, S. 343.
[4.2.4.29] *Hof, H.:* Klebtechniken in der Mikroelektronik. Feinwerktechnik und Meßtechnik 92 (1984) 2, S. 67.
[4.2.4.30] *Dorn, L.:* Kleben – eine zukunftsweisende Fügetechnik. Konstruktion 36 (1984) 8, S. 311.
[4.2.4.31] *Schlimmer, M.:* Beanspruchbarkeit von Metallklebverbindungen. Konstruktion 36 (1984) 7, S. 257.
[4.2.4.32] *Dorn, L.; Moniatis, G.:* Festigkeitsverhalten von Kunststoff-Metall-Klebverbindungen. Konstruktion 39 (1987) 5, S. 193.
[4.2.4.33] *Hahn, O.; Hild, G.:* Auslegung schrumpfgeklebter Welle-Nabe-Verbindungen bei überlagerten Belastungen. Konstruktion 48 (1996) 7/8, S. 229.

4.2.5. Kittverbindungen

Kittverbindungen sind unlösbare stoffschlüssige Verbindungen zwischen starren Bauteilen aus festen Werkstoffen, vermittelt durch einen Zusatzwerkstoff, den Kitt, der beim Fügen flüssig bis pastös beschaffen ist und nach dem Fügen mehr oder weniger schnell aushärtet. Die Verbindung beruht auf der Wirkung molekularer und atomarer Kräfte (Adhäsion).

4.2.5.1. Verfahren, Eigenschaften und Anwendung

Kittverbindungen werden auf folgende Art und Weise hergestellt:
- Vorbereiten der Bauteile (Gestaltung der Kittfuge, Reinigen der Fugenflächen)
- Fügen der Verbindungspartner
- Einstreichen des Kittes in die Fuge
- Abbinden des Kittes, wobei auf eine Lagesicherung i. allg. verzichtet werden kann. Je nach Art des Kittes erfolgt eine Verfestigung oder ein Abbinden mit verbleibender Elastizität.

Das Kitten wird vorwiegend bei der Verbindung von Bauteilen angewendet, deren Fugenflächen eine nur geringe Genauigkeit haben (Keramik, Glas) und wo andere Verbindungsarten demzufolge versagen. Darüber hinaus werden Kitte auch zum Abdichten von Fugen zwischen Bauteilen benutzt.
Kitte sollen neben einer guten Bindefestigkeit nicht verspröden, also eine bestimmte Elastizität behalten, eine gute Temperaturfestigkeit haben, bei Einwirkung von Wasser aus der Luft nicht quellen oder schrumpfen. Sie sollen auch eine gute Dichtwirkung gegen Gase und Flüssigkeiten aller Art besitzen. Einen Kitt, der alle diese Eigenschaften hat, gibt es nicht. Man muß also von Fall zu Fall unter den bekannten Kitten eine Auswahl im Sinne eines Kompromisses treffen.

4.2.5.2. Werkstoffe

Mittels Kittverbindungen lassen sich fast alle technischen Werkstoffe miteinander verbinden, wobei wie beim Kleben einige Kunststoffe (besonders PTFE) auszuschließen sind. In der Pra-

xis werden aber nur relativ wenige Werkstoffe gekittet. Wie vorher schon angedeutet, beschränkt sich die Anwendung der Kittverbindung auf Bauteile, die nach dem Urformen nicht weiter bearbeitet werden und deshalb nur eine geringe Präzision der Fügeflächen erreichen, wie z. B. Teile aus Porzellan, Glas und anderen keramischen Stoffen. Deren Partner bestehen aus Metall oder sind ebenfalls aus einem der vorgenannten Werkstoffe gefertigt.
Das Verbindungsteil, der Kitt, kann aus den verschiedensten Stoffen und Stoffzusammenstellungen hergestellt werden, so daß man damit auch unterschiedliche Anforderungen an seine Eigenschaften erfüllen kann. **Tafel 4.2.29** zeigt eine Auswahl der am häufigsten benutzten Kitte und deren Anwendungsgebiete.

Tafel 4.2.29. Kitte

Bezeichnung	Zusammensetzung des gebrauchsfähigen Kittes	Anwendung, Eigenschaften
Glaserkitt	Schlämmkreide, Leinölfirnis, Wollfett	Abdichtung zwischen Fensterrahmen und Glasscheiben, formschlüssig unterstützt; wasserdicht, nur beschränkt elastisch
Wasserglaskitt	Wasserglas (Na_2SiO_3) und Magnesiumsilikat (Talkum, Asbest), Schlämmkreide, Zinkoxid als mögliche Füllstoffe	feuer- und säurefeste Verbindungen in der chemischen Industrie, feuerfestes Mauerwerk
Bleiglättekitt	Bleiglätte (PbO) und Leinölfirnis, Glycerin, Kalk	Verbindungen großer Festigkeit, an Holz, Glas, Metallen; Nachteil: PbO ist giftig
Harzkitt	natürliche Harze, z. B. Kolophonium, Kieselgur, Äthanol	Verbindungen von Belägen aus PVC und anderen Stoffen auf Fußböden
Porzellankitt	pulverisierte, niedrigschmelzende Gläser, Wasser	Schmelzkitt für Porzellanteile
Kunstharzkitt	Silikonharze, Polyesterharze, Epoxidharze, Isobutenpolymere mit verschiedenen Füllstoffen	Verbindungen und Abdichtungen aller Art
Gips	Kalziumsulfat ($CaSO_4 \cdot 2\,H_2O$) in Wasser	Verbindungen im Mauerwerk, an Keramik, Metallen u. a.; Nachteile: nicht wasserdicht, nicht öldicht, quillt in feuchter Luft
Magnesiakitt	Magnesiumoxid (MgO) und Magnesiumchlorid in Wasser	Verbindungen an Keramik, Metallen, Glas; Verbindung ist öldicht; in feuchter Atmosphäre werden Metalle korrodiert

4.2.5.3. Berechnung

Die Berechnung der Festigkeit der Kittverbindungen ist z. Z. nicht möglich, da diese nicht nur auf der Bindefestigkeit an sich, sondern auch auf der Festigkeit des Kittes selbst beruht. Eine große Zahl von Einflußfaktoren, u. a. auch die schwankende Qualität des Kittes, verhindern eine ausreichend genaue Berechnung. In kritischen Fällen ist man auf Versuche angewiesen.

4.2.5.4. Konstruktive Gestaltung

Bei der Gestaltung der Bauteile im Bereich der Kittfuge gelten folgende
► **Grundsätze:**
- Die Kittfuge muß so groß sein, daß die Abweichungen der Fugenflächen von der Sollform

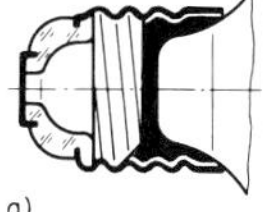

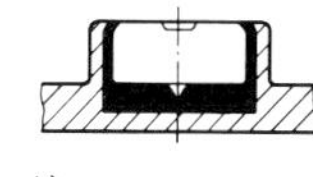

Bild 4.2.75. Verbindung abgeschmolzener Glasbauteile mit Metallteilen
a) Glühlampe; b) Dosenlibelle

im Kitt aufgefangen werden können **(Bild 4.2.75)**. Auch große Fertigungstoleranzen bei einem der Partner können so kompensiert werden **(Bild 4.2.76)**.

- Scharfe Kanten und Hinterschneidungen in der Fuge sind zu vermeiden, da der zähflüssige, pastöse Kitt die Fuge sonst nicht völlig ausfüllen kann **(Bild 4.2.77)**.

Bild 4.2.76. Verkitten mineralischer und metallischer Bauteile
Pfanne eines Schneidenlagers

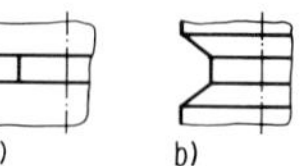

Bild 4.2.77. Gestaltung der Kittfuge
a) scharfkantige Hinterschneidung – ungünstig
b) keilförmige Hinterschneidung – günstig

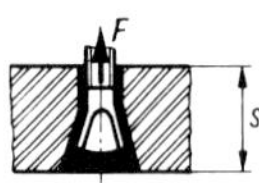

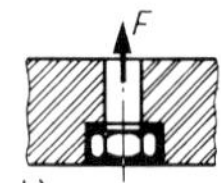

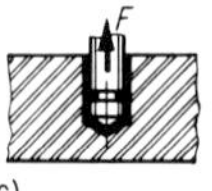

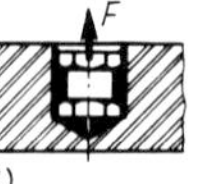

Bild 4.2.78. Einkitten von Schrauben und Muttern in keramische Bauteile
a) Schraubenbolzen (in Zugrichtung gefügt); b) Mutter (in Zugrichtung gefügt); c) Schraubenbolzen (gegen Zugrichtung gefügt, ungünstig); d) Mutter (gegen Zugrichtung gefügt, ungünstig); e) Blechteil mit Muttergewinde (gegen Zugrichtung gefügt, ungünstig)

- Belastete Verbindungen sind formschlüssig zu unterstützen gegen Herausziehen oder Verdrehen **(Bild 4.2.78)**.
- Die große Kittfuge bewirkt, daß sich Unterschiede der Längen-Temperaturkoeffizienten des Kittes und der beteiligten Bauteile in unerwünschtem „Treiben" des Kittes und u. U. in der Zerstörung der Bauteile äußern können. Das ist durch Wahl eines geeigneten Kittes zu vermeiden.

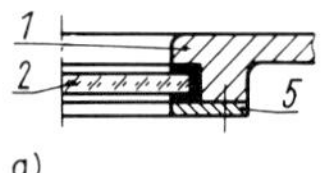

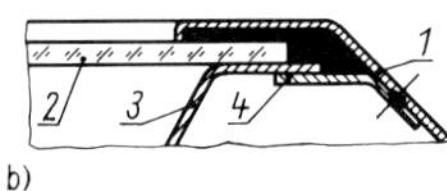

Bild 4.2.79. Dichtverkittung an Gerätefenstern
1 Gehäuse; *2* Glasscheibe; *3* kegelförmige Blende; *4* Befestigungslasche; *5* Blechring

- Auch Kitte zum Abdichten von Fugen sind formschlüssig zu sichern **(Bild 4.2.79)**.

Eine Zusammenstellung ausgewählter Normen und Richtlinien zum Abschnitt 4.2.5. enthält **Tafel 4.2.30**.

Tafel 4.2.30. Normen und Richtlinien zum Abschnitt 4.2.5.

DIN-Normen	
DIN 58753	Feinkitte für die Optik; Einteilung, Anforderungen, Prüfung
Richtlinien	
RAL 849 B2	Gütebedingungen und Bezeichnungsvorschriften für reinen Leinölkitt
WL 55903, 55940	Zweikomponenten-Dichtmasse auf Basis Polysulfid-Polymer, auf Basis Polyurethan

Literatur zum Abschnitt 4.2.5

(Grundlagenliteratur s. Literatur zum Abschnitt 1.)

Bücher

[4.2.5.1] *Miksch, K.:* Taschenbuch der Kitte und Klebstoffe, 3. Aufl. Stuttgart: Wissenschaftliche Verlagsgesellschaft 1952.
[4.2.5.2] Hütte – Des Ingenieurs Taschenbuch. 29. Aufl. Berlin: Springer-Verlag 1989.

Aufsätze

[4.2.5.10] *Fischer, E. J.:* Kitten. Feinmechanik und Präzision 44 (1936) 8, S. 113; 10, S. 147; 14, S. 197; 45 (1937) 9, S. 129; 47 (1939) 8, S. 109.
[4.2.5.11] *Böhme, C.:* Befestigung von Schleifkörpern durch Kittung. Fertigungstechnik 5 (1955) 5, S. 209.
[4.2.5.12] *Mayerhans, K.:* Bindemittel und Gießharze auf Aralditbasis. Kunststoffe 41 (1951) 11, S. 365.
[4.2.5.13] *Baust, E.:* Vergußmassen für die Elektronik. Feinwerktechnik u. Meßtechnik 98 (1990) 4, ZM 56.

4.3. Formschlüssige Verbindungen

Zeichen, Benennungen und Einheiten

A	Querschnitts-, Druckfläche in mm^2
D_N, D_a	Nabendurchmesser in mm
D_W	Wellendurchmesser in mm
F, F'	Kraft in N
F_n, F_n'	Normalkraft, Komponente der Normalkraft in N
F_{Betr}	Betriebs-, Lastkraft in N
F_N, F_W	Kraft an der Nabe, an der Welle in N
F_r	Radialkraft in N
F_t	Tangential-, Umfangskraft in N
L	Länge bei Paßfedern in mm
L_N	Nabenlänge in mm
M_d	Drehmoment, Torsionsmoment in $N \cdot mm$
R_e	Streckgrenze in N/mm^2
R_m	Bruchgrenze, Zugfestigkeit in N/mm^2
$S; S_B, S_F$	Sicherheitsfaktor; gegen Bruch, gegen Fließen
a	Abstand, Hebelarmlänge in mm
b	Breite, Breite bei Paßfedern in mm
c_1, c_2	Betriebsfaktoren bei Profilwellenverbindungen
d	Durchmesser in mm
e	Randabstand, Eckenmaß in mm
g	Fasenhöhe in mm
h	Höhe bei Paßfedern, tragende Höhe bei Profilwellenverbindungen in mm
k	Kopfhöhe bei Nieten und Kerbnägeln in mm
l	Länge, Stiftlänge in mm
n	Zahl der Scherflächen entlang der Nietachse
$p, \overline{p}$	Flächenpressung in N/mm^2
p_b, p_d	Flächenpressung infolge Biegemoments, infolge Druckkraft in N/mm^2
r	Radius in mm

s	Dicke, Blechdicke, Wanddicke in mm
t	Abstand in mm
t_1	Wellennuttiefe in mm
t_2	Nabennuttiefe in mm
w	Mindestabstand zwischen Querstift und Stirnfläche der Welle (Achse) in mm
z	Zahl der belasteten Niete, Zahl der Mitnehmer
α	Winkel, Kegelneigungswinkel, Profilwinkel bei Profilwellen in °
β	Winkel in °
σ	Normalspannung in N/mm^2
σ_A	Ausschlagfestigkeit in N/mm^2
$\sigma_{AD}, \sigma_{ADK}$	Dauerausschlagfestigkeit, bei gekerbten Bauteilen in N/mm^2
σ_{Sch}	Schwellfestigkeit in N/mm^2
σ_b	Biegespannung in N/mm^2
σ_l	Lochleibung in N/mm^2
σ_v	Vergleichsspannung in N/mm^2
σ_z	Zugspannung in N/mm^2
τ_a	Scherspannung in N/mm^2
τ_F	Fließgrenze bei Scherbeanspruchung in N/mm^2
φ	Minderungsfaktor
ψ	Steigungswinkel in °
Indizes	
Sch	Schwellfestigkeit
W	Wechselfestigkeit
b	Biegung
d	Druck
erf	erforderlicher Wert
ges	Gesamtwert
max	Maximalwert
min	Minimalwert
vers	Versagens-(Spannung)
vorh	vorhandener Wert
z	Zug
zul	zulässiger Wert

Formschlüssige Verbindungen sind dadurch gekennzeichnet, daß die gefügten Bauteile oder ein mit ihnen zusammengefügtes drittes Bauteil, das Verbindungselement, plastisch oder elastisch so verformt werden, daß die Fügerichtungen versperrt sind.

Bei örtlicher Verformung der Verbindungspartner selbst entstehen unmittelbare formschlüssige Verbindungen, während Verbindungen mit einem zusätzlichen Verbindungselement als mittelbare formschlüssige Verbindungen bezeichnet werden.

Verbindungen mit plastisch verformten Verbindungspartnern oder Verbindungselementen sind i. allg. unlösbar. Sie bilden den überwiegenden Teil der formschlüssigen Verbindungen. Zu ihnen gehören die Niet-, Bördel- und Sickenverbindungen, Lapp- und Schränkverbindungen, Falz- und Einrollverbindungen, Blechsteppverbindungen, Einbettverbindungen sowie ein kleinerer Teil der Einspreizverbindungen. Verbindungen mit elastisch verformten Verbindungspartnern oder Verbindungsmitteln sind lösbar. Zu ihnen gehören der größere Teil der Einspreizverbindungen sowie die Stift-, Feder- und Profilwellenverbindungen.

4.3.1. Nietverbindungen [1.1] [1.15] [4.3.1] [4.3.2] [4.3.5] [4.3.14]

Nietverbindungen sind starre, formschlüssige und i. allg. unlösbare Verbindungen zweier oder mehrerer Bauteile, vermittelt durch ein drittes Bauteil, den Niet. Dieser ist ein in seinen gebräuchlichsten Formen handelsübliches Verbindungselement, stiftförmig, mit angestauchtem Kopf. Die Verbindung kommt durch die plastische Verformung des Nietschaftendes zustande (Schließkopfbildung).

4.3.1.1. Verfahren, Eigenschaften und Anwendung

Nietverbindungen werden hergestellt durch Fügen und Bohren der Verbindungspartner sowie anschließendes Fügen und Schlagen des Nietes (Schließkopfbildung).
Das gilt für mittelbare Verbindungen, die ihr Hauptanwendungsgebiet im Stahl- und Kesselbau sowie im Behälterbau haben, wo es auf die Übertragung großer Kräfte und auf dichte Verbindungen ankommt. Nietverbindungen lassen sich auch mit Verbindungspartnern herstellen, wobei einer die Bohrung trägt und der andere einen angeformten Zapfen. Dieser Zapfen wird nach dem Fügen der Verbindungspartner am überstehenden Ende zum Schließkopf verformt. Diese unmittelbaren Verbindungen kommen besonders in der Feinwerktechnik zur

Tafel 4.3.1. Nietverfahren

Verfahren	Prinzip	Anwendung
Schlagnieten Bilden des Schließkopfs durch handgeführtes Schlagwerkzeug (Handhammer, Preßluftwerkzeug) oder mittels Nietmaschine mit mechanisch geführtem und geschlagenem Kopfmacher	 *1* Verbindungspartner; *2* Gegenhalter; *3* Kopfmacher	Stahl-, Kessel-, Behälterbau; metallische Bauteile mit metallischen Nieten
Preßnieten Bilden des Schließkopfes durch Kopfmacher, der mit stetig wachsender Kraft auf Nietschaftende drückt	 *1* Verbindungspartner; *2* Gegenhalter; *3* Kopfmacher; *4* Niederhalter	Maschinenbau, Feinwerktechnik; metallische Bauteile mit metallischen Nieten
Radial- oder Taumelnieten Bilden des Schließkopfes durch Kopfmacher, der taumelnde Bewegung um Nietachse ausführt, also aus verschiedenen Richtungen schlägt	 *1* Verbindungspartner; *2* Gegenhalter mit Verdrehsicherung; *3* Kopfmacher a) Radialnieten; b) Taumelnieten	Feinwerktechnik; metallische und duroplastische Bauteile mit metallischen Nieten
Rollnieten Bilden des Schließkopfes durch Profilrollen, die auf Nietschaftende drücken und es verformen	 *1* Verbindungspartner; *2* Profilrollen; *3* Gegenhalter mit Verdrehsicherung	Maschinenbau, Feinwerktechnik; metallische Bauteile mit metallischen Nieten

Tafel 4.3.1. (Fortsetzung)

Verfahren	Prinzip	Anwendung
Elektrothermisches Warmnieten Bilden des Schließkopfes am mittels Widerstandserwärmung aufgeheizten Niet durch mechanisch geführten Kopfmacher	*1* Verbindungspartner; *2, 3* Gegenhalter und Kopfmacher als Elektroden	Maschinenbau, Feinwerktechnik; keramische Bauteile mit metallischen Nieten
Blindnieten Bilden des (verdeckten) Schließkopfes durch Eindrücken oder Herausziehen spezieller Dorne in das oder aus dem längsdurchbohrten Niet oder durch Wirkung einer Sprengstoffladung im Nietschaft	a) vor dem Schlagen; b) fertige Verbindung	Maschinenbau, Feinwerktechnik; metallische Bauteile mit metallischen Nieten
Ultraschallnieten Bilden des Schließkopfes durch an einen Ultraschallgenerator angekoppelten Kopfmacher	*1* Verbindungspartner; *2* Kopfmacher (Sonotrode); *3* Gegenhalter	Feinwerktechnik; Niete und Nietzapfen aus thermoplastischen Werkstoffen
Thermoplast-Warmnieten Bilden des Schließkopfes an thermoplastischen Nieten durch beheizten Kopfmacher	*1* Verbindungspartner; *2* Kopfmacher; *3* PTFE-Auskleidung; *4* Heizpatrone	

Anwendung. Die Verformung der Niete kann auf verschiedene Art und Weise erfolgen. In **Tafel 4.3.1** sind die gebräuchlichen Verfahren zur Herstellung von Nietverbindungen charakterisiert und in ihren Hauptanwendungen gezeigt.
Die Nietverbindungen sind ökonomisch herstellbar. Dennoch haben sie an Bedeutung verloren durch die Entwicklung der Schweiß- und der Klebtechnik.

4.3.1.2. Nietformen

Das Verbindungsmittel Niet ist als Vollniet, Hohlniet und Halbhohlniet gebräuchlich. Niete müssen gut verformbar sein, damit bei der Schließkopfbildung keine Risse oder andere Schäden auftreten. Niete werden deshalb aus weichen Stählen (Mu8, USt36-2 u. ä.), aus Aluminium oder seinen Legierungen (AlCuMg, AlMg5) oder aus Kupfer oder seinen Legierungen (CuZn37) hergestellt.

Vollniete. Die Bauformen werden hauptsächlich durch die Kopfform unterschieden; die handelsüblichen Abmessungen sind in **Tafel 4.3.2** dargestellt. Vollniete eignen sich hauptsächlich für die Übertragung größerer Kräfte und zur Verbindung von Metallbauteilen, zumal bei der Schließkopfbildung die zu verbindenden Bauteile örtlich stark belastet werden.

Hohlniete sind von ihrem Aufbau her gut verformbar. Dennoch spielt auch bei ihnen ein genügend bildsamer Werkstoff eine Rolle. Sie bestehen aus den Werkstoffen St35 oder StSZnLGA2 bzw. MuSt3-G; Al99,5F8 und CuZn37F30 und finden vorrangig zur Verbindung empfindlicher Bauteile aus Kunststoffen, Keramik, Leder und Textilien Anwendung **(Tafel 4.3.3)**.

Halbhohlniete (DIN 6791 und DIN 6792) stehen bezüglich ihrer Festigkeit den Vollnieten und bezüglich der geringen zur Kopfbildung erforderlichen Verformungsarbeit den Hohlnieten nahe.

Tafel 4.3.2. Nietformen und Abmessungen von Vollnieten (Auswahl)
Maße in mm; [1]) eingeklammerte Größen vermeiden

Schaft-nenn-durch-messer[1])	Nietloch-durch-messer	Halbrundniete nach DIN 124 und DIN 660			Senkniete nach DIN 302 und DIN 661		Linsenniete nach DIN 662				Flachrundniete nach DIN 674			Flachsenkniete nach DIN 675		Flachniete nach DIN 7338 Form *A* (Form *B* halbhohl)	
d_1	d_7H12	d_2	k	r_1	d_2	k	d_2	k	r_1	w	d_2	k	r_1	d_2	k	d_2	k
1	1,05	1,8	0,6	1	1,8	0,5	–	–	–	–	–	–	–	–	–	–	–
1,2	1,25	2,1	0,7	1,2	2,1	0,6	–	–	–	–	–	–	–	–	–	–	
(1,4)	1,45	2,4	0,8	1,4	2,5	0,7	–	–	–	–	3,2	0,7	2,8	–	–	–	–
1,6	1,65	2,8	1	1,6	2,8	0,8	3,2	0,9	2,8	0,6	3,6	0,8	3	–	–	–	–
2	2,1	3,5	1,2	1,9	3,5	1	4	1	3,3	0,7	4,5	1	3,6	–	–	–	–
2,5	2,6	4,4	1,5	2,4	4,4	1,2	5	1,2	4,2	0,8	5,6	1,3	4,2	–	–	–	–
3	3,1	5,2	1,8	2,8	5,2	1,4	6	1,5	5	1	6,8	1,5	5,4	8,3	1	5,5	0,8
(3,5)	3,6	6,2	2,1	3,4	6,3	1,8	7	1,8	6	1,2	7,8	1,8	6,1	9,6	1,1	–	–
4	4,2	7	2,4	3,8	7	2	8	2,1	6,5	1,4	9	2	7,1	11	1,3	7,5	1
5	5,2	8,8	3	4,6	8,8	2,5	10	2,5	8,2	1,7	11,2	2,5	8,8	13,8	1,6	9,5	1
6	6,3	10,5	3,6	5,7	10,5	3	12	3	10	2	13,5	3	10,7	–	–	11,5	1,2
(7)	7,3	12,2	4,2	6,6	12,2	3,5	–	–	–	–	–	–	–	–	–	–	–
8	8,4	14	4,8	7,5	14	4	–	–	–	–	–	–	–	–	–	15,5	1,2
10	10,5	16	6,5	8	14,5	3											
12	13	19	7,5	9,5	18	4											
16	17	25	10	13	26	6,5											
20	21	32	13	16,5	31,5	10											
24	25	40	16	20,5	38	12											
30	31	48	19	24,5	42,5	15											
36	37	58	23	30	51	18											

Halbrund- und Senkniete der Nenndurchmesser 1 bis 8 mm sind in DIN 660 und DIN 661 genormt, solche mit Nenndurchmesser über 8 mm hingegen in DIN 124 und DIN 302.

Tafel 4.3.3. Nietformen und Abmessungen von Hohlnieten (Auswahl)

Maße in mm

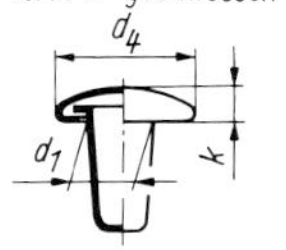

Schaft-nenn-durch-messer	Niet-loch-durch-messer	Hohlniete einteilig nach DIN 7339							Rohrniete, aus Rohr gefertigt nach DIN 7340, Formen *A* und *B*															Hohlniete zweiteilig nach DIN 7331 (Form A offen, Form B geschlossen)									
d_1	d_7	s		z		d_2		r	s				z				d_2	r	k					d_2					d_3		d_4		k
1	1,1	–	–	–	–	–	–	–	0,2				0,8				1,6	0,2	0,25					–	–	–	–	–	–	–	–	–	–
1,2	1,3	–	–	–	–	–	–	–	0,2				1				2	0,2	0,3					–	–	–	–	–	–	–	–	–	–
1,5	1,6	0,17		1,2		3		0,2	0,2	0,25			1,1	1,2			2,5	0,2	0,35	0,4				–	–	–	–	–	–	–	–	–	–
2	2,2	0,2		1,5		3,5		0,2	0,2	0,3			1,2	1,5			3,2	0,2	0,4	0,45				4					4		5	2,2	1
2,5	2,8	0,2	0,25	1,7		4	4,5	0,25	0,25	0,3	0,4		1,4	1,7	2		4	0,25	0,4	0,5	0,6			–	–	–	–	–	–	–	–	–	–
3	3,2	0,2	0,3	1,7	2	5	6	0,3	0,25	0,3	0,5		1,8	2	2,2		4,5	0,3	0,5	0,5	0,6			6	7				6		7		1,2
4	4,3	0,25	0,4	2	2,2	6,5	8	0,4	0,3	0,4	0,5		2	2,2	2,5		6	0,4	0,65	0,65	0,7	0,8		7	8	9	11	13	8	10	9	11	1,6
5	5,3	0,25	0,5	2,2	2,5	8	10	0,5	0,3	0,5	0,75		2,5	3	3,5		7,5	0,5	0,75	0,75	0,9	1		10	12				11		12		2
6	6,4	0,4		2,5		10		0,6	0,4	0,5	0,75	1	2,5	3	3,5		9	0,6	0,95	0,95	1	1,1	1,3	12					12		13		2,4
8	8,4	–	–	–	–	–	–	–	0,4	0,5	0,75	1	3	3,5	3,7	4	12	0,8	1,2	1,2	1,3	1,4	1,5	–	–	–	–	–	–	–	–	–	–
10	10,5	–	–	–	–	–	–	–	0,5	0,75	1		3,5	3,7	4	4	15	1	1,5	1,5	1,6	1,7		–	–	–	–	–	–	–	–	–	–

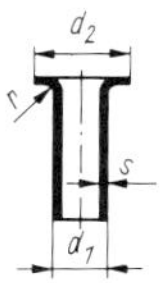

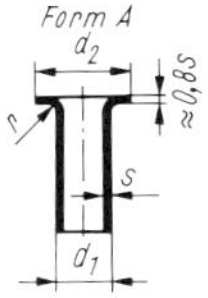

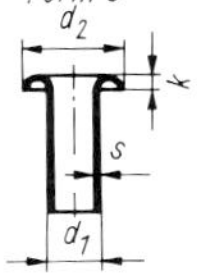

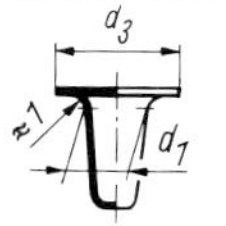

Fügen von Hohl- und Rohrnieten

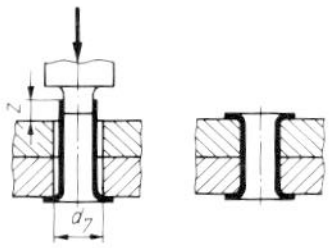

Fügen von einteiligen Hohlnieten nach DIN 7339

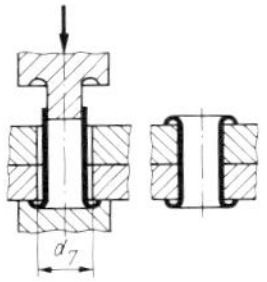

Fügen von Rohrnieten Form *B* nach DIN 7340

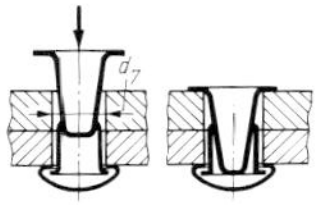

Fügen von zweiteiligen Hohlnieten nach DIN 7339

Tafel 4.3.4. Abmessungen von Nietstiften nach DIN 7341 (Form *A*) (Auswahl)
Maße in mm

d_1h9 oder $h11$	3	4	5	6	8	10	12	16	20
d_4H13	2	2,5	3,5	4,5	6,5	8	10	13	17
$t^{+0,5}$	1,5	2	2,5	3	4	5	6	8	10
l	6...20	8...30	10...40	12...50	14...60	20...80	25...80	30...80	40...80

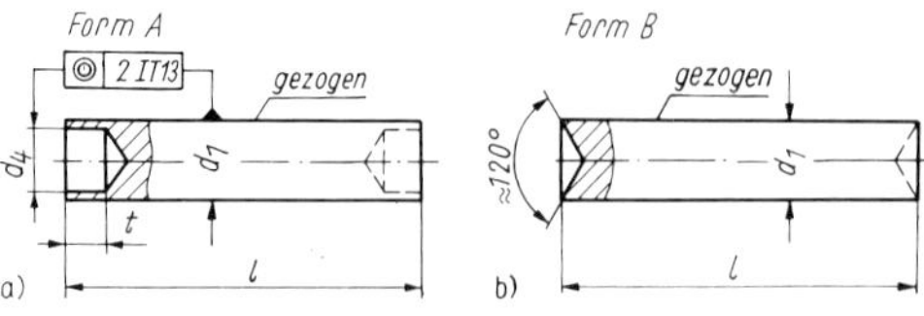

Bild 4.3.1. Nietstifte nach DIN 7341
a) Form *A*; b) Form *B*

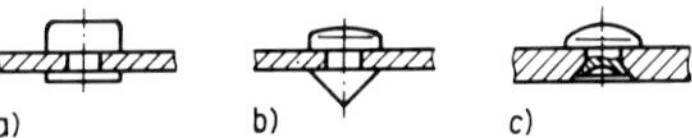

Bild 4.3.2. Nietschaltstücke bzw. Kontaktniete nach DIN 46240
a) Flachkontakt mit flachem Schließkopf
b) Flachrundkontakt mit kegelförmigem Schließkopf
c) Rundkontakt mit versenktem Schließkopf

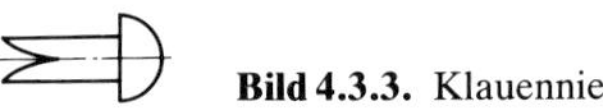

Bild 4.3.3. Klauenniet

Nietstifte (Tafel 4.3.4) bestehen vorzugsweise aus Stahl (St50K+G, 9SMnPb28K, Mu8), können aber auch aus CuZn37 oder AlMg5 gefertigt sein. Ihr Anwendungsgebiet beginnt dort, wo die Niete mit Kopf zu kurz sind **(Bild 4.3.1)**.
Für bestimmte Zwecke werden auch Niete mit ganz auf den Anwendungsfall oder auf eine bestimmte Technologie abgestimmter Form gefertigt. Schaltkontakte in der Elektrotechnik (s. Abschnitt 5.), bestehend aus Silber oder Gold bzw. aus Kupfer mit aufgeschweißten, aufplattierten oder elektrolytisch aufgebrachten Edelmetallen, sind als *Nietschaltstücke* bzw. *Kontaktniete* handelsüblich und lassen sich mit dem Kontaktträger unmittelbar verbinden **(Bild 4.3.2)**. Der Schließkopf kann je nach der vorgesehenen Funktion (ein- oder zweiseitige Kontaktgabe) gestaltet werden, wofür das Bild einige Beispiele bietet.
Bei dünnen, weichen Bauteilen ist es durch Anwendung von *Klauennieten* möglich, das Vorbohren der Bauteile einzusparen, denn diese Niete stechen die Nietlöcher beim Fügen selbst **(Bild 4.3.3)**.
Für Bauteile mit unzugänglicher Rückseite benutzt man *Blindniete*, bei denen sich der Schließkopf von der Fügeseite her bilden läßt. Sie sind in verschiedenen Formen verfügbar, deren wesentlichste im Abschnitt 4.3.1.4. beschrieben werden.

4.3.1.3. Berechnung [4.3.2]

Bei Belastung einer genieteten Baugruppe durch eine Kraft F ist zunächst die Reibkraft zwischen den durch die Niete zusammengedrückten Bauteilen wirksam. Ist aber die Kraft F größer als die Reibkraft, so werden die Niete auf Abscherung und Nietschaft sowie Nietbohrungswand auf Lochleibung (Flächenpressung) beansprucht. Darüber hinaus sind auch die Bauteile belastet. Im Querschnitt *1-1* der in **Tafel 4.3.5** dargestellten Verbindung besteht Zugspannung, in den Querschnitten *2* vor den Nieten Schubspannung.
In Tafel 4.3.5 sind die zur Berechnung dieser Spannungen gebräuchlichen Gleichungen aufgeführt.

Gliederungsschritte der Berechnung:

- Ermittlung der Gesamtscherfläche der Niete und der belasteten Flächen der Bauteile in Abhängigkeit von der Zahl z der Niete, deren Durchmesser d, der Zahl n der Scherungsebenen sowie der Blechdicke s_{min} und dem Randabstand e
- Berechnung der Nennspannungen gemäß den Regeln der allgemeinen Festigkeitsrechnung, die unter Vernachlässigung der Reibkraft zwischen den Bauteilen erfolgt, da die durch die Niete erzeugte Normalkraft in weiten Grenzen schwankt und auch kaum sicher bestimmt werden kann.
- Auswahl der erforderlichen Sicherheitsfaktoren
- Bestimmung der zulässigen Spannungen aus den Festigkeitswerten der Werkstoffe und Vergleich mit den Nennspannungen.

Die Berechnung gemäß Tafel 4.3.5 bezieht sich auf Voll- und Hohlniete. Halbhohlniete und hohle Nietansätze können in vielen Fällen als Vollniet angesehen werden. Bei unmittelbar

Tafel 4.3.5. Berechnung von Nietverbindungen (Überschlagswerte siehe Bild 4.3.7)

Gesamtquerschnittsfläche der Niete:

$A = zn\pi d_1^2/4$ bei Vollnieten

$A = zn\pi\,(d_a^2 - d_i^2)/4$ bei Hohlnieten

Leibungsfläche zwischen Nieten und Bauteil:

$A = zd_1 s_{min}$

Belastete Flächen am Bauteil:

$A_1 = s_{min}\,(b - zd_1)$
(zugbelastete Fläche im durch die Niete geschwächten Querschnitt)

$A_2 = 2ezs_{min}$
(scherbelastete Fläche hinter den Nieten)

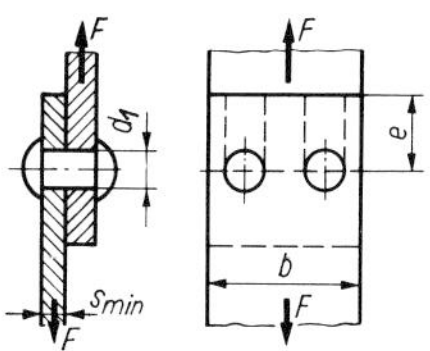

z Zahl der belasteten Niete
n Zahl der Scherflächen im Niet
d_1, d_a Nietschaftdurchmesser, Bohrungsdurchmesser bei warmgeschlagenen Nieten
d_i Nietschaftinnendurchmesser bei Hohlnieten
s_{min} Blechdicke am dünnsten Bauteil (bei unterschiedlicher Festigkeit alle Bleche nachrechnen)

Nennspannungen:

Scherspannung mit Niet	$\tau_a = F/A \leqq \tau_{a\,zul}$
Flächenpressung am Bauteil (Lochleibung)	$\sigma_l = F/A \leqq \sigma_{l\,zul\,Bauteil}$
Zugspannung im Bauteilquerschnitt A_1	$\sigma_z = F/A_1 \leqq \sigma_{zzul\,Bauteil}$
Scherspannung[1]) im Bauteilquerschnitt A_2	$\tau_a = F/A_2 \leqq \tau_{a\,zul\,Bauteil}$

Erforderliche Sicherheit bei Scherung des Nietes:

$S_{erf} = 1{,}7$ für statische Belastung
$S_{erf} = 2{,}2$ für schwellende Belastung
$S_{erf} = 2{,}7$ für wechselnde Belastung
(für Nietwerkstoffe aus Stahl und Stahlguß)
$S_{erf} = 2 \ldots 2{,}5$ für Nietwerkstoff Al und Al-Legierungen

Zulässige Spannungen:

$\tau_{a\,zul} \approx 0{,}7\,\sigma_{zzul}$; $\sigma_{l\,zul} \approx 1{,}4\,\sigma_{zzul}$ mit $\sigma_{zzul} = \sigma_{vers}/S_{erf}$ und $\sigma_{vers} = R_e$ oder R_m bei statischer Belastung sowie σ_{zSch} bzw. σ_{zdW} bei Schwell- bzw. Wechselbelastung (Werte s. Tafeln im Abschnitt 3.6.)

- Aus den Gleichungen ergeben sich mit den zulässigen Spannungswerten auch die jeweils zulässigen Belastungen F bzw. M oder die Mindestwerte der geometrischen Abmessungen.

[1]) s. auch Abschnitt 3.5.2.1.

genieteten Bolzen, die nicht beiderseitig befestigt sind und die unter Last quer zur Achse stehen, wird der Nietzapfen auf Zug und der Schließkopf auf Schub beansprucht **(Bild 4.3.4)**.

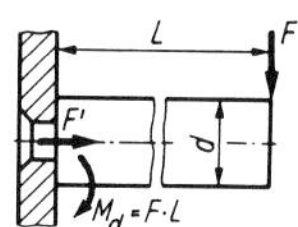

Bild 4.3.4. Stehbolzen unter Querbelastung

4.3.1.4. **Konstruktive Gestaltung** [4.3.30] bis [4.3.32]

Bezüglich der konstruktiven Gestaltung der mittelbaren und unmittelbaren Nietverbindungen bestehen einige Unterschiede. Mittelbare Verbindungen setzen z. B. den Überlappstoß voraus, während unmittelbare Verbindungen darüber hinaus auch bei T-Stoß ausführbar sind. Beide Gestaltungsformen werden deshalb getrennt behandelt. Es gelten folgende

▶ **Grundsätze:**

Mittelbare Nietverbindungen

- Der Schließkopf ist bei metallischen Bauteilen stets auf der Seite des dickeren Partners zu bilden, bei Bauteilen aus Kunststoffen auf der Seite des festeren Werkstoffes.
- Die Schließkopfform ist gemäß den Anforderungen an Festigkeit, Aussehen und andere konstruktive Gegebenheiten zu wählen.
  Die Kopfform mit der größten Festigkeit ist der Halbrundkopf. Er ragt aber weit über die

Bauteiloberfläche. Niete mit Senkkopf sind weitgehend unter die Bauteiloberfläche versenkt. Linsenniete nehmen hier eine Mittelstellung ein, die Köpfe sind z.T. versenkt, zum anderen Teil ragen sie flach über die Oberfläche des Bauteils (**Bilder 4.3.5** a, b).

- Bei der Verbindung nichtmetallischer Bauteile mit geringer Festigkeit, z.B. Hartpapier, ist auf der Seite dieser Werkstoffe ein größerer Kopf zweckmäßig (c). Gegebenenfalls sind auch untergelegte Scheiben zu diesem Zweck brauchbar (d).
- Soll bei weichen Werkstoffen ein Verformen der Verbindungspartner vermieden werden, so ist das durch eine auf den Niet gezogene Abstandshülse möglich (e).
- Nietköpfe lassen sich gemäß **Bild 4.3.6** unter der Oberfläche der Bauteile verbergen, bei dicken Partnern durch Senkungen, bei dünneren durch Verformen im Bereich des Nietes.
- In der Feinwerktechnik werden Nietverbindungen wegen der oft sehr kleinen Belastung kaum berechnet.

Für diesen Fall sind im **Bild 4.3.7** Anhaltspunkte für eine überschlägliche Bemessung der Niet- und Randabstände gegeben. Der Nenndurchmesser des Nietes ergibt sich dann zu $d_1 = (1 + 0{,}5\Sigma s)$ mm im Bereich $\Sigma s = (2 \ldots 12)$ mm. Für dünnere Bauteile mit $\Sigma s < 2$ mm kann d_1 kleiner gewählt werden, als die Gleichung angibt.
Die Zapfenlänge des Rohnietes ist wie folgt zu wählen:
$l = 1{,}2\Sigma s + d_1$ für Niete mit Halbrund- und Linsenschließkopf, $l = 1{,}3\Sigma s$ für Niete mit Senkschließkopf.
Die sich für d_1 und l ergebenden Werte sind auf die nächstliegenden Größen des handelsüblichen Sortimentes (s. Tafel 4.3.2) zu runden.

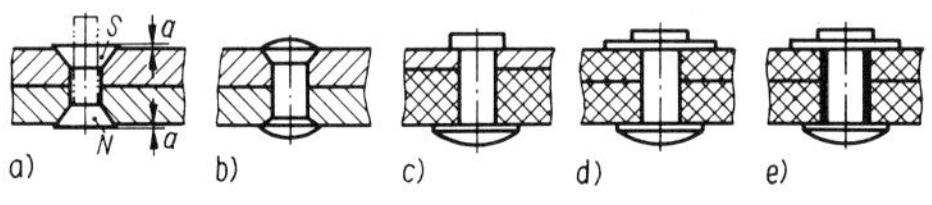

Bild 4.3.5. Verbindungen mit Vollnieten

a) Senknietung ($a \approx 0{,}3$ mm); b) mit Linsenniet; c) mit Flachrundniet; d) mit Flachrundniet und Unterlegscheibe; e) mit Flachrundniet, Abstandshülse und Unterlegscheibe
S Schließkopf; *N* Setzkopf

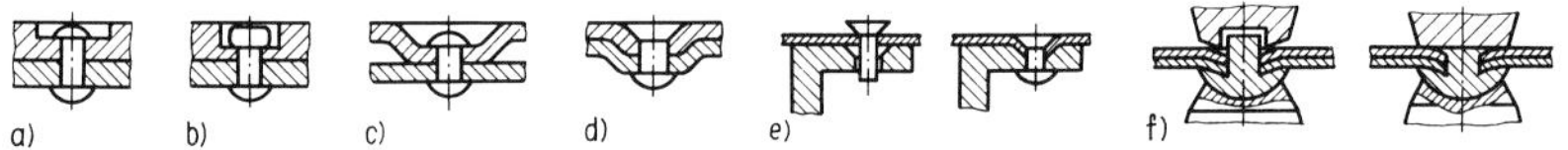

Bild 4.3.6. Verbindungen mit abgesenktem Schließkopf

a), b) Senkung im dickeren Partner; c), d) gezogene Senkung an einem oder beiden Partnern; e) Senkung im dickeren, gezogene Senkung im dünneren Partner; f) Pilzkopfnietung

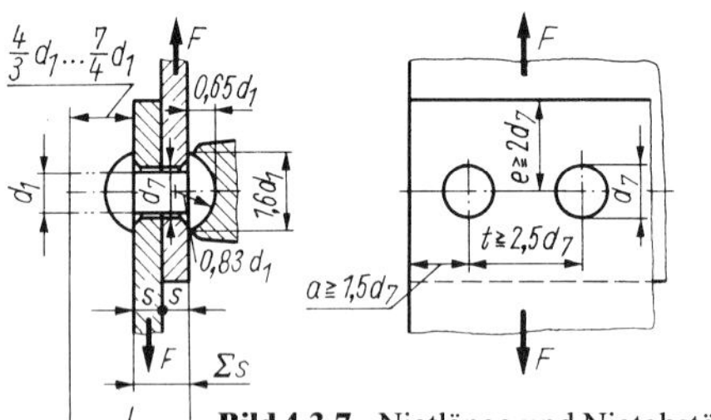

Bild 4.3.7. Nietlänge und Nietabstände; empfohlene Überschlagswerte

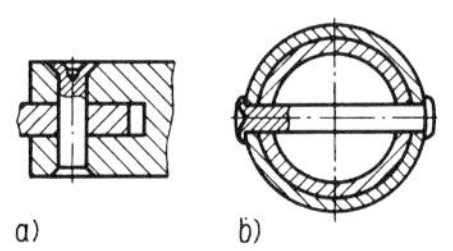

Bild 4.3.8. Anwendung von Nietstiften

a) Nietstift, Form *A*, als Gelenkbolzen; b) Nietstift, Form *B*, von Rohren

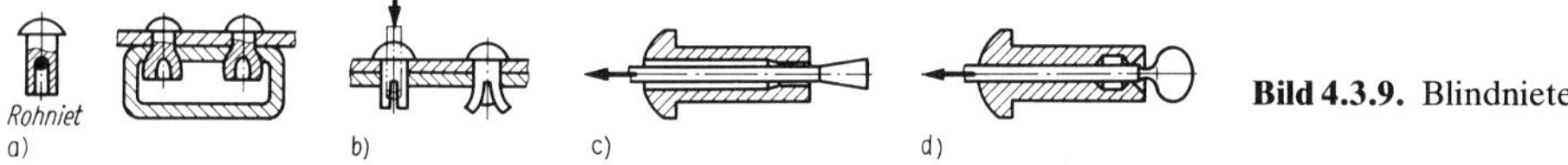

Bild 4.3.9. Blindniete

a) Sprengniet, Rohniet und fertige Verbindung; b) Schlagdornniet; c) Zugdornniet mit kegeligem Zugdorn; d) Zugdornniet mit Sollbruchstelle am Zugdorn

- Werden größere Zapfenlängen benötigt, als bei Nieten mit Kopf erhältlich, ist die Verwendung von Nietstiften (s. Bild 4.3.1) zweckmäßig. Diese besitzen keinen angestauchten Kopf, dafür beiderseits ein zylindrisch oder kegelig aufgebohrtes Ende. Einige Anwendungsbeispiele zeigt **Bild 4.3.8**.
- Sind Bauteile zu verbinden, wobei bei einem die Rückseite nicht zugänglich ist, also dort weder das Niet zu fügen und zu halten noch der Schließkopf zu schlagen ist, wird die Verwendung von Blindnieten **(Bild 4.3.9)** nötig, bei denen die Schließkopfbildung von der Fügeseite her erfolgt. Bild 4.3.9a zeigt einen Sprengniet vor und nach der Schließkopfbildung. In den Bildern 4.3.9b bis d sind Blindniete dargestellt, bei denen die Schließkopf-

bildung durch eingeschlagene oder herausgezogene Dorne erfolgt, wobei der Dorn im Bild 4.3.9d an der Sollbruchstelle abreißt und das kugelige Teil im Schließkopf verbleibt.

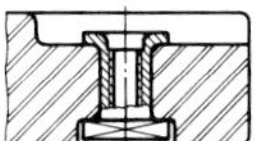

Bild 4.3.10. Elektrothermisch genietete Schraubenmutter an Keramikteil

Bild 4.3.11. Verbindungen mit einteiligen Hohlnieten

a) mit versenktem Kopf; b) mit Unterlegscheibe bei weichen Werkstoffen; c) mit eingerolltem Kopf bei plastischen Werkstoffen

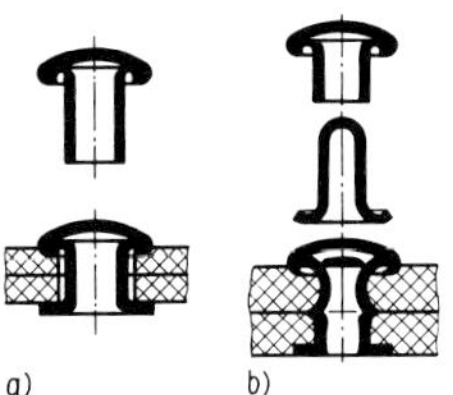

Bild 4.3.12. Geschlossene Hohlnietverbindungen

a) mit einteiligem Hohlniet; b) mit zweiteiligem Hohlniet

- Keramische Teile sind zweckmäßig mittels elektrothermischer Warmnietung zu verbinden. Bei kleineren Nietquerschnitten lassen sich Vollniete anwenden, bei größeren Durchmessern empfiehlt sich die Anwendung von Halbhohlnieten **(Bild 4.3.10)**.
- Verbindungen mit Hohlnieten werden konstruktiv ähnlich denen mit Vollnieten gestaltet **(Bild 4.3.11)**. Hohlniete ermöglichen infolge der geringen Verformungsarbeit bei der Schließkopfbildung die Verbindung sowohl von Metallbauteilen wie auch von Teilen aus einer größeren Zahl anderer Werkstoffe (Duroplaste, z. B. Hartpapier, und Thermoplaste, Polystyrol).
  Vorbehandelte Oberflächen leiden bei der Schließkopfbildung kaum. Im allg. wird der Schließkopf geringfügig kleiner als der Setzkopf ausgeführt.
- Zur Verbindung von Leder oder Geweben dienen u. a. zweiteilige Hohlniete **(Bild 4.3.12)**.

Unmittelbare Nietverbindungen

Beim unmittelbaren Nieten in der Feinwerktechnik sind runde, quadratische u. rechteckige Nietzapfenprofile gebräuchlich, abhängig vom Herstellverfahren der zu verbindenden Bauteile.

- Bei unmittelbaren Verbindungen von Bolzen mit Vollzapfen **(Bild 4.3.13)** soll die Passung Zapfen/Bohrung eine Spielpassung sein (z. B. h 11/D 11). Das Verhältnis $d : d_7$ muß mindestens 3 : 2, das Verhältnis $d_1 : d$ etwa 0,6 betragen (Bild 4.3.13a).
- Die Schließkopfbildung erfolgt wie beim mittelbaren Nieten, doch sind bei Teilen, die im fertigen Gerät verdeckt sind, auch anspruchslose Schließkopfformen üblich (Bilder 4.3.13c, d, f).

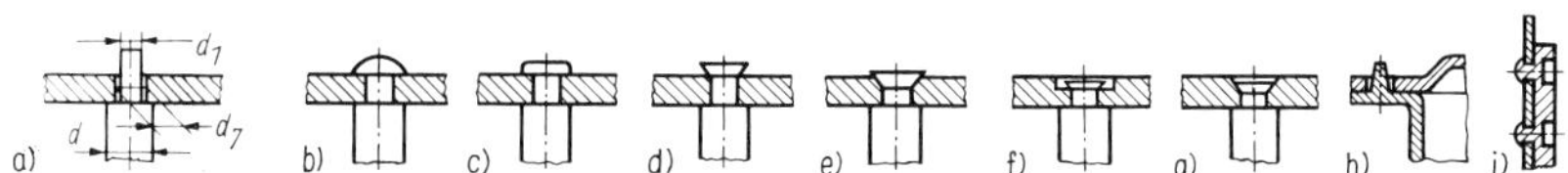

Bild 4.3.13. Unmittelbare Verbindung von Bolzen mit Vollzapfen

a) Abmessungen; b) mit Halbrundschließkopf; c) mit flachem Schließkopf; d) mit gestauchtem Schließkopf; e) mit versenktem Schließkopf; f) mit versenktem Stauchkopf; g) mit tiefgelegtem Senkkopf; h) mit angeformtem (gegossenem) Zapfen; i) mit durchgedrücktem Zapfen

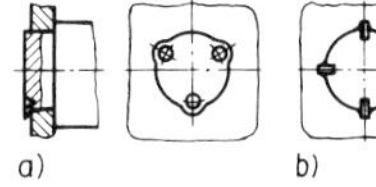

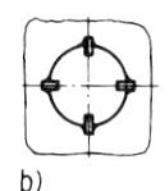

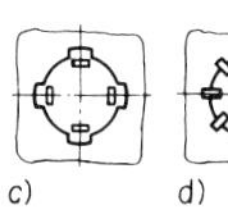

d)

Bild 4.3.14. Verbindung zwischen Bolzen mit Vollzapfen und Bauteilen geringer Festigkeit

a) Schließkopfbildung durch Körnerschlag; b) bis d) durch Meiselschlag

- Bei Verbindungen von Stehbolzen mit Flachteilen geringer Festigkeit, z. B. Hartpapier, kann der Nietkopf zur Schonung des Bauteils durch partielles Verformen gebildet werden **(Bild 4.3.14)**. Zu diesem Zweck kann man die erforderliche Verformungsarbeit auch durch Ansenken oder Hohldrehen der Nietzapfen verringern **(Bild 4.3.15)**. Die Länge solcher Zapfen soll $l = s + (1 \ldots 1{,}5)$ mm betragen, unabhängig von der Form und Tiefe der Höhlung im Zapfen.

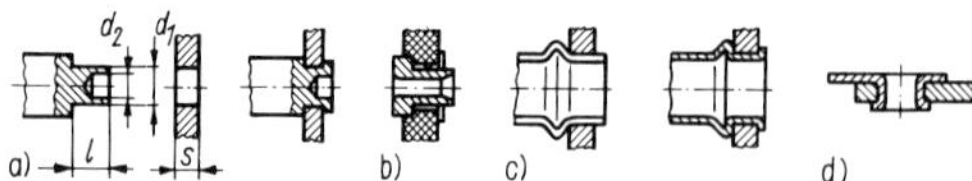

Bild 4.3.15. Verbindungen mit Hohlzapfen und von Rohren

a) mit aufgebohrtem Zapfen; b) Hohlniet, gedreht; c) Rohrvernietung; d) mit gezogenem Hohlzapfen

Beispiel: Bild 4.3.16 a zeigt einen Zapfen mit Kegelsenkung, wobei der Winkel $\alpha = 90°$ betragen sollte. Im Bild 4.3.16 b ist ein Zapfen mit Flachsenkung dargestellt, deren Tiefe zu $t = (1 \ldots 1{,}2)$ mm und deren Wanddicke zu $(d_1 - d_2)/2 = 0{,}5$ mm zu wählen ist. Bei Verbindungen mit hohlgebohrten Zapfen oder bei rohrförmigen Nietzapfen nach Bild 4.3.15 sollte die Wanddicke $(d_1 - d_2)/2 = (0{,}5 \ldots 1)$ mm betragen.

- Blechteile lassen sich durch unmittelbares Nieten auch im T-Stoß verbinden. **Bild 4.3.17** zeigt einige Varianten der Zapfengestaltung und der möglichen Schließkopfformen.
- Sollen die unmittelbar vernieteten Bauteile sich gegenseitig nicht verdrehen lassen, so sind dafür Vorkehrungen zu treffen, um die Drehung durch zusätzliche Formschlußelemente zu verhindern. Dazu kann einerseits das Bauteil mit dem Nietloch beitragen, indem das Nietloch Aussparungen der verschiedensten Art erhält, in die sich dann beim Nieten der Werkstoff des anderen, den Zapfen tragenden Bauteils eindrückt (**Bilder 4.3.18** a, b, c). Andererseits sind am Zapfenteil Kerben, Rändel u. a., die sich beim Nieten in die Oberfläche des anderen Partners eindrücken, zweckmäßig (Bilder 4.3.18 d bis g).

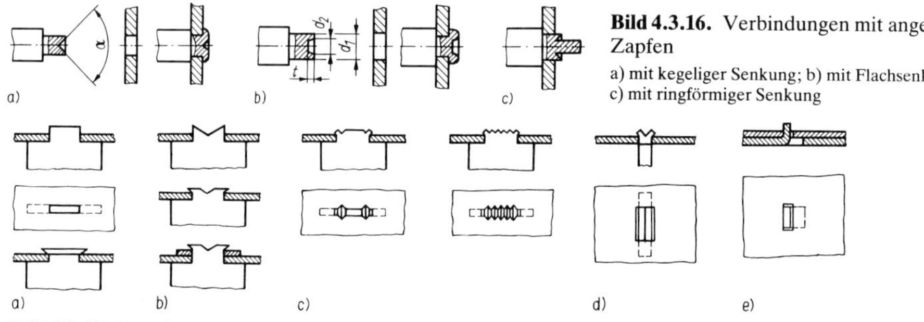

Bild 4.3.16. Verbindungen mit angesenktem Zapfen

a) mit kegeliger Senkung; b) mit Flachsenkung; c) mit ringförmiger Senkung

Bild 4.3.17. Unmittelbare Blechverbindungen

a) gestauchter Schließkopf; b) Keilschnittzapfen; c) Schließkopf mit Querkerben; d) Schließkopf mit Längskerbe; e) ausgeklinkter Lappen als Nietzapfen

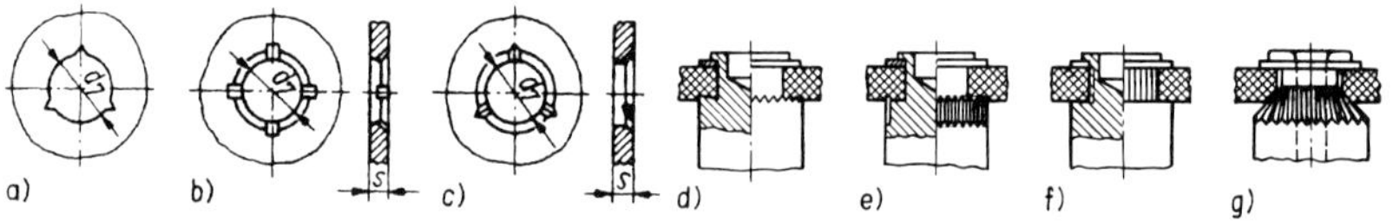

Bild 4.3.18. Verdrehsicherung bei kleinen Drehmomenten

a) Nietloch gekerbt; b), c) Nietloch mit gekerbter Kegelsenkung; d) mit Rändelung der Absatzstirnfläche; e) mit Rändelung des Bolzenmantels; f) mit Rändelung des Zapfenmantels; g) mit gerändelter Kegelstirnfläche

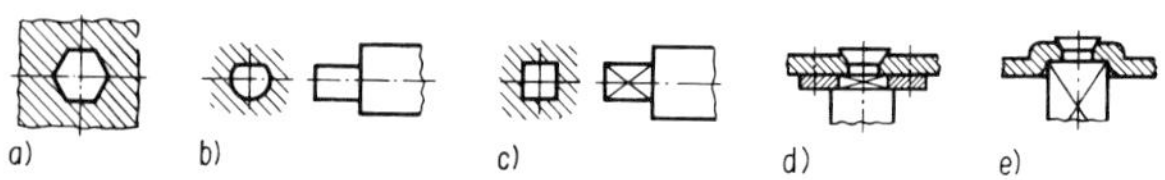

Bild 4.3.19. Verdrehsicherung bei größeren Drehmomenten

a) Sechskantloch für runde Zapfen; b) beschnittenes Kreisprofil für Nietloch und Zapfen; c) quadratisches Profil für Nietloch und Zapfen; d) mittelbare Verdrehsicherung bei quadratischem Profil; e) mit quadratisch angesenktem Bauteil

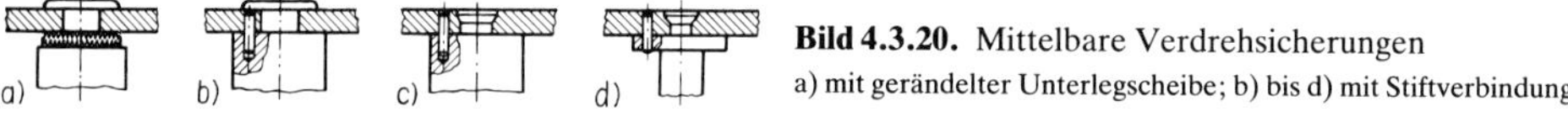

Bild 4.3.20. Mittelbare Verdrehsicherungen

a) mit gerändelter Unterlegscheibe; b) bis d) mit Stiftverbindung

Eine weitere Möglichkeit der Verdrehsicherung besteht darin, den Nietzapfen und das Nietloch von vornherein unrund zu gestalten **(Bild 4.3.19)**. Solche Verbindungen vermögen größeren Drehmomenten standzuhalten als die nach Bild 4.3.18. Sie sind aber auch kostspieliger. Auch mittels zusätzlicher Elemente, z. B. mit gerändelten Scheiben zwischen den Partnern oder mit exzentrisch eingebrachten Stiften, läßt sich das Verdrehen der Bauteile gegeneinander verhindern **(Bild 4.3.20)**.

Eine Zusammenstellung ausgewählter Normen und Richtlinien zum Abschnitt 4.3.1. enthält **Tafel 4.3.6**.

Tafel 4.3.6. Normen und Richtlinien zum Abschnitt 4.3.1.

DIN-Normen	
DIN 124	Halbrundniete, Nenndurchmesser 10 bis 36 mm
DIN 302	Senkniete, Nenndurchmesser 10 bis 36 mm
DIN 660	Halbrundniete, Nenndurchmesser 1 bis 8 mm
DIN 661	Senkniete, Nenndurchmesser 1 bis 8 mm
DIN 662	Linsenniete, Nenndurchmesser 1,6 bis 6 mm
DIN 674	Flachrundniete, Nenndurchmesser 1,6 bis 6 mm
DIN 675	Flachsenkniete (Riemenniete), Nenndurchmesser 1,4 bis 6 mm
DIN 6791	Halbhohlniete mit Flachrundkopf, Nenndurchmesser 1,6 bis 10 mm
DIN 6792	Halbhohlniete mit Senkkopf, Nenndurchmesser 1,6 bis 10 mm
DIN 7331	Hohlniete, zweiteilig, Nenndurchmesser 2 bis 6 mm
DIN 7337	Blindniete mit Sollbruchdorn, Nenndurchmesser 2,4 bis 6,4 mm
DIN 7338	Niete für Brems- und Kupplungsbeläge (Flachniete), Nenndurchmesser 3 bis 8 mm
DIN 7339	Hohlniete, einteilig, Nenndurchmesser 1,5 bis 6 mm
DIN 7340	Rohrniete, aus Rohr gefertigt, Nenndurchmesser 1 bis 10 mm
DIN 7341	Nietstifte, Nenndurchmesser 2,5 bis 20 mm
DIN 46240 T1	Kontaktniete für die Nachrichtentechnik, massiv und plattiert
DIN 46240 T2	–; gelötet oder geschweißt
Richtlinien	
VDI/VDE 2251 Bl. 2	Feinwerkelemente; Stauch- und Biegeverbindungen

4.3.1.5. Berechnungsbeispiel

Aufgabe 4.3.1. Nietverbindung an einer Waschtrommelkupplung

Die Trommel einer Waschmaschine ist über ein tiefgezogenes, durch Niete *3* mit der Trommel *1* verbundenes Kupplungsteil *2* **(Bild 4.3.21)** an den Antrieb angekuppelt. Beim Anfahren ist ein Drehmoment von $M_d \approx 20\,\text{N} \cdot \text{m}$ erforderlich, um die Trommel in Drehung zu bringen. Die Niete aus St 50 (verchromt) haben einen Schaftdurchmesser von $d = 4$ mm. Die Trommel besteht aus einem laugenbeständigen Stahl mit $\sigma_{zdW} = 440\,\text{N/mm}^2$.

Gesucht ist die Scherspannung τ_a in den Nieten, die Lochleibung σ_l zwischen Niet und Bohrung sowie die vorhandenen Sicherheiten S_{vorh}.

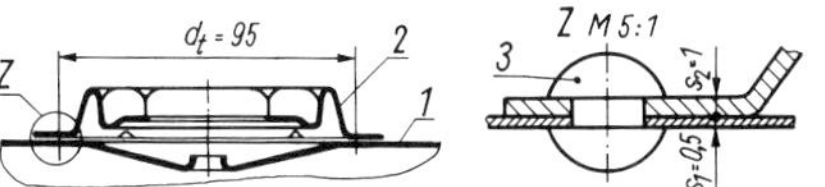

Bild 4.3.21. Kupplungsteil an einer Waschtrommel
1 Trommel; *2* Kupplungsteil; *3* Nietverbindung ($z = 4$)

Lösung

Am Niet wirkende Scherkraft

$$F_{ges} = 2M_d/d_t = 2 \cdot 20\,\text{N} \cdot \text{m}/0{,}095\,\text{m} = 421{,}05\,\text{N},$$
$$F_{Niet} = F_{ges}/4 = 105{,}26\,\text{N}.$$

Nennspannungen

$$\tau_a = 4F_{Niet}/(d^2\pi) = 4 \cdot 105{,}26\,\text{N}/(16 \cdot \pi \cdot \text{mm}^2) = 8{,}38\,\text{N/mm}^2,$$
$$\sigma_l = F_{Niet}/(ds_1) = 105{,}26\,\text{N}/(4 \cdot 0{,}5\,\text{mm}^2) = 52{,}63\,\text{N/mm}^2.$$

Zulässige Spannungen

Die erforderliche Sicherheit bei Wechselbeanspruchung beträgt $S_{erf} = 2{,}7$.

$$\tau_{a\,zul} = 0{,}7\,\sigma_{z\,zul}; \quad \sigma_{z\,zul} = \sigma_{zdW}/S_{erf} = 180\,\text{N}/2{,}7\,\text{mm}^2 = 66{,}7\,\text{N/mm}^2 \text{ (bei St 50)},$$
$$\sigma_{l\,zul} = 1{,}4\,\sigma_{z\,zul}; \quad \sigma_{z\,zul} = \sigma_{zdW}/S_{erf} = 440\,\text{N}/2{,}7\,\text{mm}^2 = 162{,}9\,\text{N/mm}^2 \text{ (Bauteil)},$$
$$\tau_{a\,zul} = 0{,}7 \cdot 66{,}7\,\text{N/mm}^2 = 46{,}7\,\text{N/mm}^2.$$
$$\sigma_{l\,zul} = 1{,}4 \cdot 66{,}7\,\text{N/mm}^2 = 93{,}3\,\text{N/mm}^2 \text{ für den Niet},$$
$$\sigma_{l\,zul} = 1{,}4 \cdot 162{,}9\,\text{N/mm}^2 = 228{,}1\,\text{N/mm}^2 \text{ für das Bauteil}.$$

Vorhandene Sicherheit

$$S_{vorh} = \tau_{a\,zul}/\tau_a = 46{,}7\,\text{N} \cdot \text{mm}^2/(\text{mm}^2 \cdot 8{,}38\,\text{N}) = 5{,}57 \text{ für die Scherspannung im Niet}$$
$$S_{vorh} = \sigma_{l\,zul}/\sigma_l = 93{,}3\,\text{N} \cdot \text{mm}^2/(52{,}63\,\text{mm}^2 \cdot \text{N}) = 1{,}77 \text{ für die Flächenpressung zwischen Niet und Bauteil (Lochleibung)}.$$

Die vorhandene Sicherheit beträgt etwa $S_{vorh} = 1{,}8$.

4.3.2. Stift- und Bolzenverbindungen [1.1] [1.11] [1.15] [1.17] [4.3.33] [4.3.40]

Stift- und Bolzenverbindungen sind formschlüssige, bedingt lösbare, mittelbare Verbindungen zweier oder mehrerer Bauteile. Das Verbindungselement, der Stift oder Bolzen, wird dabei quer zu seiner Achse belastet. In Richtung seiner Achse wird er durch Kraftschluß gehalten.

4.3.2.1. Eigenschaften und Anwendung

Stifte und Bolzen werden in der Feinwerktechnik zu verschiedenen Zwecken verwendet. Man unterscheidet

- Welle-Nabe-Verbindungen und ähnliche Anwendungen (s. auch Abschnitt 7.5.)
- gelenkige Verbindung von Bauteilen durch Stifte oder Bolzen
- Halte- oder Steckstiftverbindungen
- Stiftverbindungen zur Lagesicherung von Bauteilen.

Stifte sitzen mindestens in einem Bauteil mit Übermaß, sind also kraftschlüssig gesichert. Bei Welle-Nabe-Verbindungen überträgt der Stift das Drehmoment von der Welle zur Nabe oder umgekehrt. In dieser Funktion vermag er auch Axialkräfte aufzunehmen.
Bei **Gelenken** dient der Stift oder der Bolzen als Achse für ein gegenüber einem Bauteil drehbares zweites Bauteil.

Halte- oder Steckstifte dienen als Stützpunkt für Federn oder für offene Zugmittel.

Paßstifte sollen Bauteile gegeneinander in bestimmter Stellung halten sowie bei Wiedermontage nach einer Demontage die Reproduzierbarkeit der Bauteillagen gewährleisten.
Glatte Stifte benötigen im Gegensatz zu den Kerbstiften präzis aufgeriebene Bohrungen in den zu verbindenden Bauteilen, wodurch große Kosten entstehen.

4.3.2.2. Stiftformen

Stifte sind in verschiedenen Formen handelsüblich. **Tafel 4.3.7** zeigt einige dieser Stiftformen mit den zugehörigen Abmessungen und bevorzugten Längen.

Zylinderstifte nach DIN sind mit verschiedenen Toleranzen lieferbar. Stifte mit m 6 und Rundkuppe finden als Paßstifte Verwendung. Zylinderstifte mit Fase haben eine Durchmessertoleranz h 8. Außerdem sind Stifte mit ebener Stirnfläche ohne Fase mit der Toleranz h 11 genormt. Die h-tolerierten Stifte werden für Naben- und gelenkige Verbindungen benutzt. Als Werkstoffe für die Zylinderstifte sind Automatenstähle (z. B. 9S20) oder blanker Stabstahl (C35, X12CrMoS17, St50) oder auch CuZn-Knetlegierungen gebräuchlich.

Kegelstifte nach DIN ergeben leicht lösbare Verbindungen, die aus diesem Grunde nicht rüttelsicher sitzen und einer speziellen Sicherung bedürfen. Aufgrund der Kegelform (Kegelneigung 1:50) eignen sich diese Stifte gut zur Lagesicherung von Bauteilen.

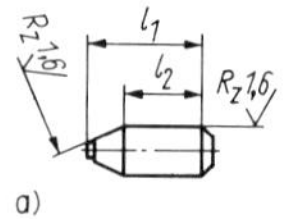

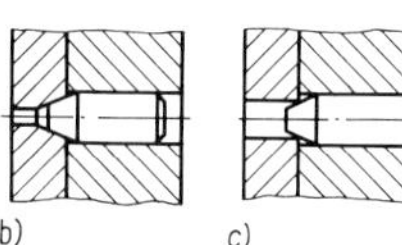

Bild 4.3.22. Ewe-Stift
a) Abmessungen; b) in Bauteil mit Kegelbohrung; c) in Bauteil mit Zylinderbohrung

Eine Kombination von Zylinder- und Kegelstift ist der sogenannte Ewe-Stift (**Bild 4.3.22**a), der in einer zylindrischen Bohrung sitzt und mit dem kegeligen Ende in eine kegelige Bohrung des anderen Bauteils ragt. Der Vorteil besteht in der leichten Lösbarkeit der Verbindung, nachteilig sind die großen Kosten (Kegelbohrung!). Dieser Nachteil läßt sich teilweise vermeiden, wenn der Stift mit dem kegeligen Ende in eine zylindrische Bohrung des anderen Bauteils eintaucht und mit dem Kegel auf der Bohrungskante aufsitzt (Bilder 4.3.22b, c). Kegelstifte werden aus den gleichen Werkstoffen hergestellt, die bei Zylinderstiften Verwendung finden.
Kerbstifte nach den EN-Normen DIN EN ISO 8739 bis 8745 unterscheiden sich von den glatten Stiften durch Kerben auf der Mantelfläche parallel zur Stiftachse, die entweder über die gesamte Stiftlänge oder nur über einen Teil derselben reichen. Die an den Kerben aufgeworfenen Wülste verformen sich beim Einschlagen des Stiftes elastisch, so daß der Stift auf diese Weise mit Übermaß in der Bohrung sitzt. Die empfohlenen Bohrungstoleranzen (H 9 bei $d \leqq 3$ mm und H 11 bei $d > 3$ mm) sind durch einfaches Bohren ohne Aufreiben einhaltbar. Die Kerbstifte zentrieren sich selbst in der Bohrung, sind wiederholt verwendbar, und die

Nenndurchmesser d bzw. d_1	Anwendungsbereich d[1])	Mindestabstand w[2])	Kegelstifte	Zylinderstifte	Kegelkerbstifte	Paßkerbstifte	Zylinderkerbstifte	Steckkerbstifte	Knebelkerbstifte
			Bevorzugte Längen l						
0,6	1 … 2	2	4 … 10	–	–	–	–	–	–
0,8	2 … 3	2,5	6 … 14	2 … 8	–	–	4 … 8	–	–
1	3 … 4	3	8 … 18	3 … 12	–	–	4 … 10	–	–
1,2	–	–	–	3 … 14	–	–	4 … 12	–	–
1,5	4 … 6	3,5 … 4	10 … 24	3 … 16	4 … 20	6 … 20	4 … 20	6 … 20	8 … 20
2	6 … 8	4,5	12 … 36	4 … 20	5 … 30	6 … 30	4 … 30	6 … 30	12 … 30
2,5	6 … 8	4,5	12 … 40	4 … 24	6 … 30	6 … 30	6 … 30	8 … 30	12 … 30
3	8 … 11	5	14 … 50	4 … 32	6 … 40	6 … 40	6 … 40	8 … 40	12 … 40
4	11 … 17	6	16 … 60	5 … 40	8 … 60	10 … 60	6 … 60	10 … 60	20 … 60
5	17 … 23	7,5	20 … 70	5 … 50	8 … 60	10 … 60	8 … 60	10 … 60	20 … 60

[1]) Wellen- oder Achsendurchmesser; [2]) Mindestabstand von der Stirnfläche der Welle oder Achse

Tafel 4.3.8. Spannstifte (Spannhülsen), Halbrund- und Senkkerbnägel (Auswahl)
Maße in mm

Nenndurchmesser d	Spannstifte (Spannhülsen) nach DIN EN ISO 8752*)			Halbrundkerbnägel nach DIN EN ISO 8746			Senkkerbnägel nach DIN EN ISO 8747		
	Wanddicke s	Rohrdurchmesser d_1	Bevorzugte Längen l	Kopfdurchmesser d_3	Kopfhöhe k	Bevorzugte Längen l	Kopfdurchmesser d_3	Kopfhöhe k	Bevorzugte Längen l
1	0,2	1,2	4 … 20	–	–	–	–	–	–
1,5	0,3	1,7	4 … 20	–	–	–	–	–	–
1,6	–	–	–	2,8	1	3 … 6	2,8	0,8	3 … 6
2	0,4	2,3	4 … 30	3,5	1,2	3 … 10	3,5	1	4 … 10
2,5	0,5	2,8	4 … 30	4,4	1,5	4 … 10	4,4	1,2	4 … 10
3	0,6	3,3	4 … 40	5,2	1,8	4 … 16	5,2	1,4	5 … 16
3,5	0,75	3,8	4 … 40	–	–	–	–	–	–
4	0,8	4,4	4 … 50	7	2,4	6 … 20	7	2	6 … 20
4,5	1	4,9	5 … 50	–	–	–	–	–	–
5	1	5,4	5 … 80	8,8	3	8 … 25	8,8	2,5	8 … 25

*) Die hier aufgeführten Daten gelten nur für DIN EN ISO 8752, leichte Ausführung s. DIN EN ISO 13337.

Verbindung ist rüttelfest. Die Festigkeit des Stiftes selbst ist aber durch die Kerben gegenüber glatten Stiften vermindert.
In Tafel 4.3.7 sind folgende Kerbstiftformen dargestellt:
- Zylinderkerbstifte für Naben- und ähnliche Verbindungen
- Kegelkerbstifte zur Verbindung von Bauteilen, wobei die Bohrungen zylindrisch sein können
- Paßkerbstifte zur Anwendung als Paßstift und als Gelenkstift
- Knebelkerbstifte, verwendbar als Handknebel oder als Gelenkstift
- Steckkerbstifte, als Paßstift und als Haltestift verwendbar.

Darüber hinaus sind weitere Formen handelsüblich **(Bild 4.3.23).**

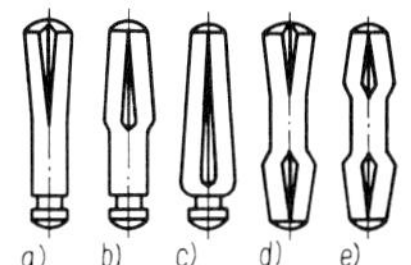

Bild 4.3.23. Nicht genormte Kerbstifte
a) Halskerbstift KS 6; b) Halskerbstift KS 7; c) Ziehkerbstift KS 9; d) Doppelkerbstift KS 11; e) Doppelkerbstift KS 12

Die Kerbstifte bestehen aus den gleichen Werkstoffen wie die glatten Stifte.

Spannstifte oder Spannhülsen **(Tafel 4.3.8)** sind nach DIN EN (s. Tafel 4.3.12) genormt. Sie ähneln aufgrund ihrer guten radialen Elastizität in ihrer Wirkung den Kerbstiften. Es genügt, die Bohrungen mit relativ großen Toleranzen herzustellen. Spannstifte bestehen aus längs geschlitzten Rohren aus Federstahl ($R_m \approx 1400$ N/mm^2), so daß auch Stoßbelastungen elastisch aufgenommen werden. Sie sind in einer schweren (DIN EN ISO 8752) und einer leichten Ausführung (DIN EN ISO 13337) erhältlich.

Kerbnägel (Tafel 4.3.8) sind Kerbstifte mit angestauchtem Kopf. Sie sind dadurch auch in axialer Richtung belastbar. Kerbnägel finden Anwendung zur Befestigung von kleinen Bauteilen, z. B. Schildern, Skalen, Scharnieren. Sie bestehen aus Stahl Mu8 oder USt36-2 sowie aus CuZn37 und Al99,5.

4.3.2.3. Berechnung [1.15] [1.17] [4.3.37]

Aufgrund seiner Zweckbestimmung als formschlüssig wirkendes Verbindungselement wird der Stift durch Kräfte senkrecht zu seiner Achse belastet.

Tafel 4.3.9 enthält die zur Berechnung dieser Verbindungen geeigneten Gleichungen, also bei Welle-Nabe-Verbindungen die zur Bestimmung der Scherspannung im Stiftquerschnitt (radial bei Querstiftverbindung; axial bei Längsstiftverbindung) sowie zur Ermittlung der Pressung zwischen Stift und Nabe sowie Stift und Welle. Bei Steckstiftverbindungen wird die Nennbiegespannung im Stift und die Pressung zwischen Stift und Bauteil berechnet.
Die so berechneten Nennspannungen müssen kleiner sein als die zugeordneten zulässigen Spannungen, die ihrerseits aus den Versagens-Spannungen (τ_F, R_e, σ_{Sch}, σ_W) an Hand der erforderlichen Sicherheit bestimmt werden.
Zulässige Werte σ_{bzul}, τ_{azul} und p_{zul}, gültig für verschiedene Lastfälle, sind in **Tafel 4.3.10** enthalten.
Bei Gelenkverbindungen gelten die für Gleitlager gültigen Berechnungsgleichungen (s. auch Abschnitt 8.2.). Paßstifte als Mittel der Lagesicherung von Bauteilen sind nur geringen und kaum erfaßbaren Belastungen ausgesetzt.

4.3.2.4. Konstruktive Gestaltung

Stifte sollen möglichst aus festerem Material bestehen als die Bauteile, die mit dem Stift zu verbinden sind.
Für die Anwendung der Stifte in Welle-Nabe-Verbindungen gelten folgende
► **Grundsätze:**
Querstifte (**Bild 4.3.24** a)
- Bei Bauteilen aus Stahl sollen $d \leqq 0{,}33 D_W$, $D_a \geqq 2{,}5 D_W$, $L = (1{,}5 \ldots 2)\, D_W$ und $a \geqq 0{,}5\, D_W$ sein.
- Bei Bauteilen aus Gußeisen ist der Nabendurchmesser $D_a \geqq 3{,}5 D_W$ zu wählen.

Tafel 4.3.9. Berechnung von Stiftverbindungen

Welle-Nabe-Verbindung
mit Querstift:

Scherspannung im Stift

$\tau_a = F/(2A) \leqq \tau_{a\,zul}$ mit $A = d^2\pi/4$

Maximale Pressung in der Nabe

$p = 2M_d/[D_W + s)\,A] \leqq p_{zul}$ mit $A = 2ds$

Maximale Pressung in der Wellenbohrung

$p = 2M_d/(D_W A) \leqq p_{zul}$ mit $A = dD_W/3$

d Stiftnenndurchmesser; D_W Wellendurchmesser; D_a Nabenaußendurchmesser; l Stiftlänge; $M_d = F_t r$

mit Längsstift:
Scherspannung im Stift

$\tau_a = 2M_d/(D_W A) \leqq \tau_{a\,zul}$ mit $A = dl$

Maximale Pressung in der Nabe und in der Welle

$p = 2M_d/(D_W A) \leqq p_{zul}$ mit $A = ld/2$

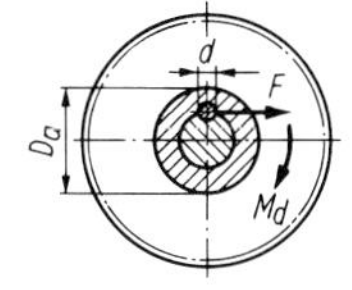

Steckstift
Biegespannung im Stift

$\sigma_b = Fa/W_b = 32Fa/(\pi d^3) \leqq \sigma_{b\,zul}$

Maximale Pressung in der Bohrung des Bauteils

$p = p_b + p_d = F\,(6a + 4s)/(ds^2) \leqq p_{zul}$

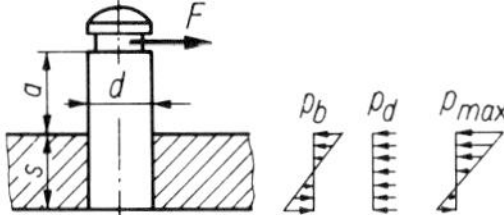

a Hebelarmlänge; p_b Flächenpressung infolge Biegemoment; p_d Flächenpressung infolge Druckkraft; s Nabendicke

Zulässige Spannungen s. Tafel 4.3.10

- Aus den Gleichungen ergeben sich mit den zulässigen Spannungswerten auch die jeweils zulässigen Belastungen F bzw. M oder die Mindestwerte der geometrischen Abmessungen.

Tafel 4.3.10. Zulässige Spannungen für Stiftverbindungen

für Stifte		$R_{m\,Stift}$ in N/mm²				Belastungsfall
		400	500	600	800	(s. Abschnitt 3.5.1.)
glatte Stifte	$\sigma_{b\,zul}$	83 56 28	105 80 40	128 96 48	150 112 56	I II III
	$\tau_{a\,zul}$	54 40 20	72 52 26	87 64 32	102 74 37	I II III
Kerbstifte	$\sigma_{b\,zul}$	70 48 24	87 68 34	105 80 40	125 92 46	I II III
	$\tau_{a\,zul}$	45 34 17	60 44 22	72 52 26	85 60 30	I II III
für Bauteile		Bauteilwerkstoff (neue Bezeichnungen s. Tafeln 3.38 u. 3.39)				Belastungsfall
		St37	St50	CuZn42	GDAlSi12	(s. Abschnitt 3.5.1.)
bei glatten Stiften	p_{zul}	98 72 36	104 100 50	80 60 30	50 38 14	I II III
bei Kerbstiften		69 52 26	73 70 35	57 44 22	35 26 13	I II III

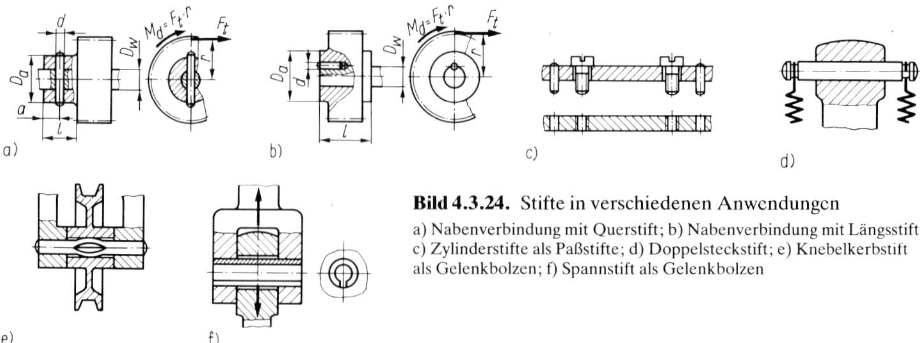

Bild 4.3.24. Stifte in verschiedenen Anwendungen

a) Nabenverbindung mit Querstift; b) Nabenverbindung mit Längsstift; c) Zylinderstifte als Paßstifte; d) Doppelsteckstift; e) Knebelkerbstift als Gelenkbolzen; f) Spannstift als Gelenkbolzen

Tafel 4.3.11. Richtwerte für Welle-Nabe-Verbindungen mit Längsstift
D_W in mm, s. a. Abschnitt 7.5., Tafel 7.10

Wellendurchmesser D_W	≦8	>8 ... 15	>15 ... 30	>30 ... 120
Stiftdurchmesser d	0,5 D_W	0,4 D_W	0,33 D_W	0,25 D_W

Längsstifte (Bild 4.3.24b)

- Die Zuordnung zwischen den Durchmessern d und D_W ist in **Tafel 4.3.11** gegeben.

Bei Anwendung von Zylinder- oder Kegelstiften zur Lagesicherung der Verbindungspartner (Bild 4.3.24c) müssen sowohl die Bohrungen als auch die Abstände der Bohrungen mit kleinen Abweichungen von der Sollgröße gefertigt werden. Der Einfluß dieser Abweichungen auf die Präzision der gegenseitigen Lage der zu verbindenden Bauteile läßt sich minimieren durch größtmöglichen Abstand zwischen den Stiften. Da Paßstifte nur in einem Bauteil fest, im anderen dagegen mit einer engen Spielpassung sitzen, ist die eigentliche Verbindung durch ein anderes Element, im Bild durch Schraubenverbindung, sicherzustellen.

Bei Verwendung als Steckstift (Bild 4.3.24d) müssen die freien Enden der Stifte oft eine umlaufende Nut erhalten. Einseitige Steckstifte mit solcher Nut sind als Kerbstifte KS 6, KS 7 und KS 9 (Bild 4.3.23) handelsüblich.

Für Gelenkverbindungen sind glatte Zylinderstifte, Knebelkerbstifte, Bolzen mit oder ohne Kopf und mit oder ohne Splintloch geeignet. Die Bilder 4.3.24e und f zeigen solche Verbindungen mit einem Knebelkerbstift und mit einem Spannstift. Letzterer ist allerdings nicht für präzise Gelenke und auch nicht für große Drehwinkel brauchbar.

Im **Bild 4.3.25** sind einige weitere Beispiele der hier genannten Anwendungen bei Welle-Nabe-Verbindungen dargestellt.

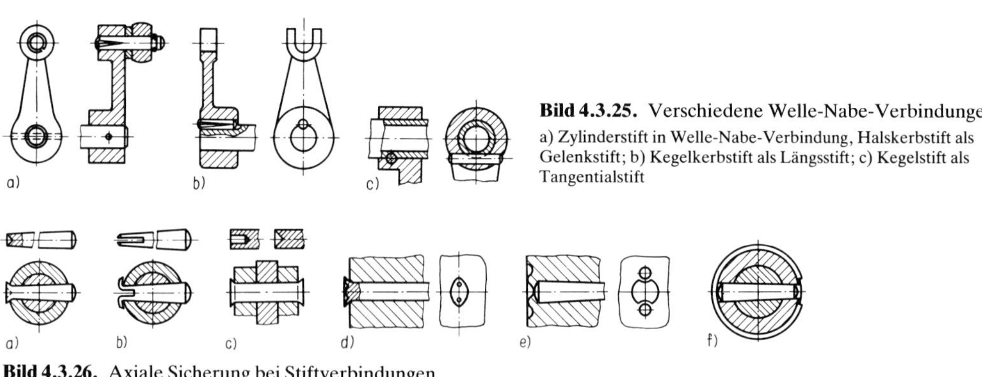

Bild 4.3.25. Verschiedene Welle-Nabe-Verbindungen

a) Zylinderstift in Welle-Nabe-Verbindung, Halskerbstift als Gelenkstift; b) Kegelkerbstift als Längsstift; c) Kegelstift als Tangentialstift

Bild 4.3.26. Axiale Sicherung bei Stiftverbindungen

a) Kegelstift mit Kegelsenkung als Querstift, vernietet; b) Kegelstift mit geschlitztem Ende als Querstift, versplintet; c) Nietstift als Gelenkbolzen, beiderseitig vernietet; d) Zylinderstift, Kopfbildung durch Körnerschläge; e) Kegelstift, am dicken Ende verstemmt; f) Kegelstift als Querstift, durch Sicherungsring gesichert

Stiftverbindungen unter Stoß- und Schwingbelastung, insbesondere solche mit glatten Kegelstiften, können sich unbeabsichtigt lösen. **Bild 4.3.26** zeigt einige Möglichkeiten, dieses unbeabsichtigte Lockern zu vermeiden, z. B. durch splintartige Gestaltung der Stiftenden, durch Anwendung von Nietstiften, durch Verstemmen oder durch spezielle Sicherungen, wie durch den handelsüblichen Sicherungsring (Bild 4.3.26f). Auch durch Kleben läßt sich eine gefährdete Stiftverbindung sichern.
Eine Zusammenstellung ausgewählter Normen und Richtlinien zum Abschnitt 4.3.2. enthält **Tafel 4.3.12**.

Tafel 4.3.12. Normen und Richtlinien zum Abschnitt 4.3.2.

DIN-Normen	
DIN 1445	Bolzen mit Kopf und Gewindezapfen
DIN EN 22339	Kegelstifte, ungehärtet
DIN EN 22340	Bolzen ohne Kopf
DIN EN 22341	Bolzen mit Kopf
DIN EN 28736	Kegelstifte mit Innengewinde, ungehärtet
DIN EN 28737	Kegelstifte mit Gewindezapfen, ungehärtet
DIN EN ISO 1234	Splinte
DIN EN ISO 2338	Zylinderstifte aus ungehärtetem Stahl
DIN EN ISO 8734	Zylinderstifte aus gehärtetem Stahl
DIN EN ISO 8739	Zylinderkerbstifte mit Einführende
DIN EN ISO 8740	Zylinderkerbstifte mit Fase
DIN EN ISO 8741	Steckkerbstifte
DIN EN ISO 8742	Knebelkerbstifte mit kurzen Kerben
DIN EN ISO 8743	Knebelkerbstifte mit langen Kerben
DIN EN ISO 8744	Kegelkerbstifte
DIN EN ISO 8745	Paßkerbstifte
DIN EN ISO 8746	Halbrundkerbnägel
DIN EN ISO 8747	Senkkerbnägel
DIN EN ISO 8752	Spannstifte (-hülsen) geschlitzt, schwere Ausführung
DIN EN ISO 13337	–; leichte Ausführung
Richtlinien	
VDI 2232	Methodische Auswahl fester Verbindungen; Systematik, Konstruktionskataloge, Arbeitshilfen
VDI/VDE 2251	Feinwerkelemente; Verbindungen; Übersicht

4.3.2.5. Berechnungsbeispiel

Aufgabe 4.3.2. Sicherung einer vorgespannten Schraubenverbindung

Gegeben ist eine mit einem Querstift gesicherte Mutter einer vorgespannten Schraubenverbindung **(Bild 4.3.27)**. Der Nenndurchmesser der Schrauben beträgt M 12, der Schraubenwerkstoff ist St60. Die maximale Betriebskraft F_{Betr} ergibt sich zu 1,78 kN (s. Bild 4.4.26).
Gesucht ist der Stiftdurchmesser, der gewährleistet, daß der Stift nicht abgeschert wird und die Pressung in der Querbohrung der Schraube den zulässigen Wert nicht überschreitet.

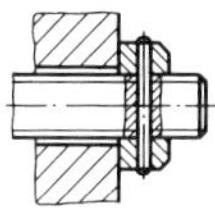

Bild 4.3.27. Schraubenmutter, mit Stift gesichert

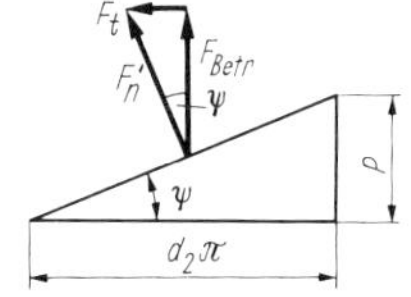

Bild 4.3.28. Kräfte in der Tangentialebene am Flankendurchmesser der Schraube

Lösung. Durch Schwingungen wird die Reibung zwischen Mutter und Schraube geringer, so daß sich die Mutter verdreht, bis der Stift eine Reaktionskraft ausübt, die der Umfangskraft der Mutter entspricht.
Nach **Bild 4.3.28** errechnet sich die Umfangskraft der Mutter aus der maximalen Last an der Schraube (Betriebskraft F_{Betr}) und dem Steigungswinkel des Gewindes. Für M 12 beträgt die Steigung $P = 1{,}75$ mm, der Flankendurchmesser ist $d_2 = 10{,}863$ mm. Dann folgt

$$\tan \psi = \frac{P}{d_2\pi} = \frac{F_t}{F_{Betr}} = 0{,}0513; \qquad F_t = F_{Betr} \tan \psi = 1{,}78 \cdot 10^3 \text{ N} \cdot 0{,}0513 = 91{,}31 \text{ N}.$$

Scherspannung im Stift

$$\tau_a = \frac{4F_{Betr}}{2d^2\pi} \leqq \tau_{azul} \quad \text{mit} \quad \tau_{azul} = \tau_F/S_F = 190 \text{ N}/3{,}2 \text{ mm}^2 = 59{,}4 \text{ N/mm}^2 \quad \text{für St50.}$$

Stiftdurchmesser

$$d = \sqrt{\frac{4F_{\text{Betr}}}{2\pi\tau_{\text{a zul}}}} = \sqrt{\frac{4 \cdot 1780\ \text{N} \cdot \text{mm}^2}{2\pi \cdot 59{,}4\ \text{N}}} = 4{,}37\ \text{mm, gewählt } d = 4{,}5\ \text{mm}$$

Pressung in der Schraubenbohrung

$$p = \frac{3F_{\text{Betr}}}{dd_2} = \frac{3 \cdot 1780\ \text{N}}{4{,}5 \cdot 10{,}863\ \text{mm}^2} = 109{,}24\ \text{N/mm}^2.$$

Dieser Wert der Pressung übersteigt den zulässigen Wert ($p_{\text{zul}} = R_e/S_F = 300\ \text{N/mm}^2/2{,}8 = 107\ \text{N/mm}^2$); deshalb wird der Stiftdurchmesser zu $d = 5$ mm gewählt;

$$p = \frac{3 \cdot 1780\ \text{N}}{5 \cdot 10{,}863\ \text{mm}^2} = 98{,}31\ \text{N/mm}^2 < p_{\text{zul}}.$$

Die Mutter der gegebenen Schraubenverbindung ist mit einem Querstift mit Durchmesser $d = 5$ mm zu sichern. Diese Sicherung ist jedoch nicht geeignet, die vorgespannte Schraubenverbindung gegen alle Gefahren des Lockerns zu sichern (s. auch Abschnitt 4.4.4.).

4.3.3. Feder- und Profilwellenverbindungen [1.11] [1.15] [4.3.9] [4.3.41] [4.3.42]

Feder- und Profilwellenverbindungen gehören wie die Welle-Nabe-Verbindungen (s. Abschnitte 4.3.2.3. und 7.5.) mit Quer- oder Längsstiften zu den Verbindungen, die Drehmomente formschlüssig übertragen. Hingegen ist die Übertragung größerer Axialkräfte ohne zusätzliche Bauelemente nicht möglich, da in dieser Richtung Kraftschluß vorliegt.
Feder- und Profilwellenverbindungen sind lösbare Verbindungen.

Tafel 4.3.13. Einteilung und Eigenschaften von Feder- und Profilwellenverbindungen

Art und Form der Mitnehmer	Prinzip	Eigenschaften
Federverbindung a) Paßfeder; b) Gleitfeder	a) b)	große Kerbspannungen; bei Einzelanwendung ungünstige Kraftübertragung auf die Nabe, bei großer Drehzahl Unwucht; für wechselnde Übertragungsrichtung nur bedingt geeignet
Scheibenfederverbindung		
Keilwellenverbindung mit geraden parallelen Flanken (Profil nach DIN ISO 14) a) innenzentriert; b) flankenzentriert	a) b)	sehr große Kerbspannungen
Zahnwellenverbindung mit Evolventenflanken (Profil nach DIN 5480)		geringe Kerbspannungen, flankenzentriert; Radialkraftanteil vorhanden
Kerbzahnwellenverbindung mit geraden Flanken (Profil nach DIN 5481)		kleine Profilhöhe, durch Prägen herstellbar; relativ geringe Kerbspannungen, Radialkraftanteil vorhanden
Polygonprofilverbindung (nicht genormt)		sehr geringe Kerbspannungen; Berechnung aufwendig, Herstellung an Spezialmaschinen gebunden; große Radialkraftanteile; große Flächenpressung

Federverbindungen erfordern außer den Verbindungspartnern ein drittes Bauteil, die Feder, und gehören somit zu den mittelbaren Verbindungen.
Profilwellenverbindungen hingegen sind von solchem Verbindungselement unabhängig und demnach den unmittelbaren Verbindungen zuzuordnen.

4.3.3.1. Einteilung, Eigenschaften und Anwendung

Feder- und Profilwellenverbindungen lassen sich nach den verwendeten Verbindungselementen bzw. nach der Art des Profils der Verbindungspartner gliedern **(Tafel 4.3.13).**

Tafel 4.3.14
Abmessungen von Paßfedern nach DIN 6885 (Auswahl)
Maße in mm

Für Wellendurchmesser d_1	Breite b	Höhe h	Wellennuttiefe t_1	Nabennuttiefe t_2
6…8	2	2	1,2	1
8…10	3	3	1,8	1,4
10…12	4	4	2,5	1,8
12…17	5	5	3	2,3
17…22	6	6	3,5	2,8
22…30	8	7	4	3,3
30…38	10	8	5	3,3
38…44	12	8	5	3,3
44…50	14	9	5,6	3,8
50…58	16	10	6	4,3

Tafel 4.3.15. Abmessungen von Scheibenfedern nach DIN 6888 (Auswahl)
Maße in mm

Für Wellendurchmesser d_1 I	II*)	Breite b	Höhe h			Durchmesser d_2			Wellennuttiefe t_1			Nabennuttiefe t_2
3…4	6…8	1	1,4	–	–	4	–	–	1	–	–	0,6
4…6	8…10	1,5	2,6	–	–	7	–	–	2	–	–	0,8
6…8	10…12	2	2,6	3,7	–	7	10	–	1,8	2,9	–	1
8…10	12…17	2,5	3,7	–	–	10	–	–	2,9	–	–	1
		3	3,7	5	6,5	10	13	16	2,5	3,8	5,3	1,4
10…12	17…22	4	5	6,5	7,5	13	16	19	3,5	5	6	1,7
12…17	22…30	5	6,5	7,5	9	16	19	22	4,5	5,5	7	2,2
17…22	30…38	6	7,5	9	11	19	22	28	5,1	6,6	8,6	2,6
22…30	38	8	9	11	13	22	28	32	6,2	8,2	10,2	3
30…38	38	10	11	13	16	28	32	45	7,8	9,8	12,8	3,4

Die Breite der Wellennut sollte mit P9 für festen Sitz der Scheibenfeder und mit N9 für leichten Sitz toleriert sein.
Die Breite der Nabennut kann entsprechend mit P9 für festen Sitz und mit J9 für leichten Sitz der Scheibenfeder toleriert werden.
Erfolgt die Herstellung der Nuten durch Räumen, so ist P8 statt P9, N8 statt N9 und J8 statt J9 anzuwenden.
Bei Zuordnung II der Scheibenfeder zu den Wellendurchmessern kann statt J9 auch D10 gewählt werden.

*) Die Zuordnung der Spalte Wellendurchmesser II gilt nur für Scheibenfedern, die nicht der Übertragung von Drehmomenten dienen, sondern nur zur Lagefixierung der Bauteile untereinander.

Federverbindungen mit Paß- und Scheibenfedern (Abmessungen s. **Tafeln 4.3.14 und 4.3.15**) sind zur Übertragung kleiner bis mittlerer Drehmomente bei nicht wechselnder Drehrichtung geeignet. Federn haben aber einige Nachteile:

- An der Paßfeder wirkt ein Kräftepaar, das die Feder zu kippen versucht, wodurch die Flächenpressung in der Nut ungleichmäßig groß ist **(Bild 4.3.29)**.
- Der durch scharfe Kanten begrenzte Nutgrund erzeugt große Kerbspannungen.

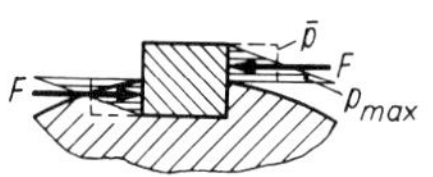

Bild 4.3.29. Kräfte und Flächenpressung an der Paßfeder

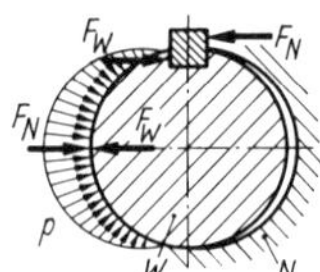

Bild 4.3.30. Flächenpressung p zwischen Nabe (N) und Welle (W) bei Verbindung mit Paßfeder

Die Federn werden i. allg. einzeln angewendet. In diesem Fall ist zu beachten, daß durch die einseitige Anordnung Unwucht erzeugt und bei Belastung durch ein Drehmoment die Welle einseitig gegen die Nabenbohrungswand gedrückt wird, wodurch zusätzliche Unwucht entsteht **(Bild 4.3.30)**.

Tafel 4.3.16. Berechnung von Feder- und Profilwellenverbindungen

Nennspannungen:		
Federverbindungen		
Paßfeder- und Gleitfederverbindung	Mittlere Flächenpressung: in der Wellennut $p = F_t/(t_1 L_{Nutz}) \leqq p_{zul}$ in der Nabennut $p = F_t/[(h - t_1)\, L_{Nutz}] \leqq p_{zul}$ Maximale Flächenpressung $p_{max} = 2p \leqq p_{zul}$	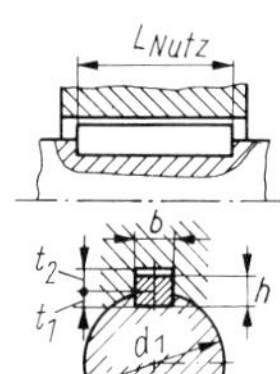
Profilwellenverbindungen		
Keilwellenverbindung mit parallelen Flanken	$p = F_t/(\varphi z h L_{Nutz}) \leqq p_{zul}$ mit $h = (d_2 - d_1)/2 - 2g$	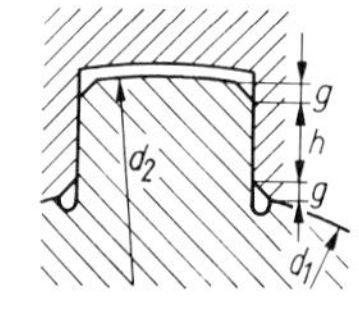
Kerbzahnwellen- und Evolventenzahnwellenverbindungen	$p = F_n/(\varphi z h L_{Nutz}) = F_t/(\varphi z h L_{Nutz} \cos\alpha) \leqq p_{zul}$ $\alpha = 20°$ für Kerbzahnwellen; $\alpha = 30°$ für Evolventenzahnwellen	
	φ Minderungsfaktor; z Zahl der Mitnehmer; L_{Nutz} nutzbare Länge des Mitnehmers (Länge der effektiven Anlagefläche zwischen Paßfeder und Nabe)	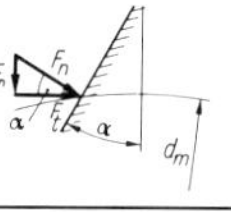

Zulässige Spannungen (Werte R_e und σ_{dB} s. Tafeln im Abschnitt 3.6.):		
Federverbindungen		
Paß- und Gleitfederverbindung, nicht unter Last zu verschieben	$p_{zul} = R_e/S_F$	für Naben aus St und GS
	$p_{zul} = t_p \sigma_{dB}/S_B$	für Naben aus GGL (Grauguß, in DIN GG)
	Traganteil $t_p = 0{,}25$	für feinbearbeitete Flächen
	$= 0{,}5$	für geschliffene oder geriebene Flächen
	$= 0{,}75$	für geschabte Flächen
	$S_F = 1{,}3 \ldots 1{,}5$;	bei Paßfedern
	$S_B = 1{,}5 \ldots 2{,}5$	
	$S_F = 2{,}5 \ldots 3{,}5$;	bei Gleitfedern
	$S_B = 2{,}5 \ldots 3{,}5$	
Gleitfederverbindung, unter Last zu verschieben	$p_{zul} = R_e/(2S_F)$	für Naben aus St und GS mit $S_F = 1{,}3 \ldots 2$
	$p_{zul} = t_p \sigma_{dB}/(2S_B)$	für Naben aus GGL (GG) mit $S_B = 3 \ldots 4$
Profilwellenverbindungen	$p_{zul} = c_1 c_2 R_e/S_F$	für Naben aus St und GS mit $S_F = 1{,}3 \ldots 2$
	$p_{zul} = c_1 c_2 t_p \sigma_{dB}/S_B$	für Naben aus GGL (GG) mit $S_B = 3 \ldots 4$
	c_1, c_2 nach Tafel 4.3.17; $\varphi = 0{,}75$ für genau hergestellte Profile angenommen	

- Aus den Gleichungen ergeben sich mit den zulässigen Spannungswerten auch die jeweils zulässigen Belastungen F bzw. M oder die Mindestwerte der geometrischen Abmessungen.

Profilwellenverbindungen sind Verbindungen mit mehreren Mitnehmern, die unmittelbar an einem der Verbindungspartner angeformt sind. Sie vermeiden die meisten der oben genannten Nachteile, lediglich hinsichtlich der Kerbwirkung bestehen teilweise große Probleme. Die Feder- und Profilwellenverbindungen haben ihr Hauptanwendungsgebiet im Großgeräte- und Maschinenbau sowie im Kraftfahrzeugbau. Nur in besonderen Fällen finden diese Verbindungen auch in der Feinwerktechnik Anwendung.

4.3.3.2. Berechnung

Bei Feder- und Profilwellenverbindungen werden die Mitnehmer auf Abscherung und auf Flächenpressung beansprucht. Erfahrungsgemäß spielt die Abscherung bei den in den Normen empfohlenen Abmessungen der Federn bzw. Profile eine untergeordnete Rolle, so daß die Berechnung dieser Verbindungen durchweg auf Flächenpressung allein erfolgen kann. In **Tafel 4.3.16** sind die Gleichungen zur Berechnung der Nennspannungen und der zulässigen Spannungen angegeben. **Tafel 4.3.17** enthält die Betriebsfaktoren c_1 und c_2, die zur Berechnung der zulässigen Spannungen erforderlich sind. Bei Federverbindungen, speziell mit Paßfedern, sucht das von der Welle und der Nabe auf die Feder wirkende Kräftepaar diese zu kippen, so daß die Berechnung der mittleren Flächenpressung die tatsächlichen Verhältnisse nicht trifft. Näherungsweise ist mit einer Belastung gemäß Bild 4.3.29 zu rechnen, die auch der Berechnung von p_{max} nach Tafel 4.3.16 zugrunde gelegt wurde.

Tafel 4.3.17. Betriebsfaktoren c_1, c_2 für Profilwellenverbindungen

Betriebslast	c_1	Verschiebbarkeit der Nabe	c_2
in nur einer Übertragungsrichtung wirkend	1	keine	1
in wechselnden Übertragungsrichtungen wirkend	0,8	nicht unter Last verschiebbar	0,4
stoßend, in wechselnden Übertragungsrichtungen wirkend	0,6	unter Last verschiebbar	0,1

Der Traganteil t_p berücksichtigt die Rauheit und Formabweichungen der Flächen, während der Faktor φ das ungleichmäßige Tragen der bei den Profilwellenverbindungen um den Umfang verteilten Mitnehmer in Rechnung setzt.

4.3.3.3. Konstruktive Gestaltung

Bei der Gestaltung von Feder- und Profilwellenverbindungen gelten folgende

▸ **Grundsätze**:

- Verbindungsmittel oder -partner, die Drehmomente in wechselnden Übertragungsrichtungen oder Drehmomente mit Stoßkräften aufzunehmen haben, müssen tangential spielfrei sitzen, sonst besteht die Gefahr des Ausschlagens der Flächen.
- Federverbindungen bei großen Drehzahlen sind durch paarweise Anwendung der Paßfedern symmetrisch zu gestalten, damit die Unwucht kompensiert wird **(Bild 4.3.31)**.

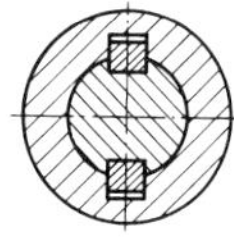

Bild 4.3.31. Paarweises Anordnen von Paßfedern

- Gleitfedern sind an einem der Verbindungspartner, meist der Welle, mit Schrauben zu befestigen, damit axiale Anschlagflächen nicht ausgeschlagen werden und das Gleiten nur an einem Verbindungspartner erfolgt.
- Profilwellen-, außer den Polygonwellenverbindungen, sind als Befestigungs- und als Gleitnabenverbindungen ausführbar.
- Für die Außendurchmesser D_N und die Länge L_N der Naben gelten folgende Richtwerte: bei Naben aus GGL (GG): $D_N = (2 \ldots 2{,}2)\,d$; $L_N = (1{,}2 \ldots 2)\,d$;

bei Naben aus St: $D_N = (1{,}8 \dots 2)\ d$ und $L_N = (1 \dots 1{,}3)\ d$
mit d Wellendurchmesser.

- Paßfedern sind mit Übergangspassung in die Nut zu fügen, Gleitfedern erhalten eine enge Spielpassung.
- Kerbzahnwellen- und Polygonwellenverbindungen lassen sich auch bei kegeligen Sitzflächen anwenden.
- Die Sicherung der Naben gegen axiale Bewegung kann durch Endscheiben, besser noch durch handelsübliche Sicherungsringe erfolgen, wenn nicht durch andere konstruktive Gegebenheiten (Wellenabsatz, benachbartes Teil auf der gleichen Welle) eine Sicherung der Lage möglich ist.
- Verbindungen mit Kerbverzahnung gestatten die Versetzung der Nabe in Drehrichtung um kleine Beträge, minimal um den Betrag der Zahnteilung der Kerbverzahnung.

Eine Zusammenstellung ausgewählter Normen und Richtlinien zum Abschnitt 4.3.3. enthält **Tafel 4.3.18**.

Tafel 4.3.18. Normen und Richtlinien zum Abschnitt 4.3.3.

DIN-Normen	
DIN 5464	Keilwellen-Verbindungen mit geraden Flanken; schwere Reihe
DIN 5471	Werkzeugmaschinen; Keilwellen- und Keilnaben-Profile mit 4 Keilen, Innenzentrierung, Maße
DIN 5472	–; – mit 6 Keilen, –, –
DIN 5480	Zahnwellenverbindungen mit Evolventenflanken
DIN 5481	Kerbzahnnaben- und Kerbzahnwellen-Profile (Kerbverzahnungen)
DIN 6885	Mitnehmerverbindungen ohne Anzug; Paßfedern, Nuten, hohe Formen
DIN 6888	–; Scheibenfedern, Abmessungen und Anwendung
Richtlinien	
VDI 2232	Methodische Auswahl fester Verbindungen; Systematik, Konstruktionskataloge, Arbeitshilfen
VDI/VDE 2251	Feinwerkelemente; Verbindungen; Übersicht

4.3.3.4. Berechnungsbeispiel

Aufgabe 4.3.3. Rutschkupplung

Gegeben ist die im **Bild 4.3.32** dargestellte Kupplung, die in einer Kinomaschine als Sicherheitskupplung dient (s. auch Abschnitt 11.). Die durch Federkraft gegen das Rad gedrückte Scheibe ist durch eine Gleitfeder drehsteif mit der Welle verbunden. Die Kupplung soll ein Drehmoment $M_d = 1500$ N · mm übertragen. Die Kupplungsscheiben bestehen aus GG20 mit $R_m = 200$ N/mm², die Welle aus St50. Der Wellendurchmesser beträgt $D_W = 10$ mm.
Gesucht sind die Abmessungen der Gleitfeder (Länge, Breite, Höhe).

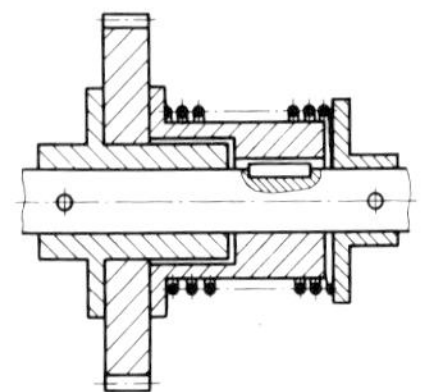

Bild 4.3.32. Welle-Nabe-Verbindung mit Gleitfeder bei einer Kupplung

Lösung

Zulässige Flächenpressung
Da die Gleitfeder betriebsmäßig wie eine Paßfeder wirkt, beim Abheben der Kupplung aber lastfrei ist, kann die Berechnung wie bei einer Paßfeder erfolgen:

$$p_{zul} = t_p R_m / S_B \quad \text{mit} \quad t_p = 0{,}25 \quad \text{für feingefräste Flächen} \quad \text{und} \quad S_B = 3{,}5,$$
$$p_{zul} = 0{,}25 \cdot 200\ \text{N}/(3{,}5\ \text{mm}^2) = 14{,}29\ \text{N/mm}^2$$

Abmessungen der Paßfeder
Da an der Kraftübertragung zwei Flächen beteiligt sind, verteilt sich die Last zu gleichen Teilen auf beide:

$$p = \frac{0{,}5 \cdot 2M_d}{D_W L_{Nutz}\ (h - t_1)}\ .$$

Aus Tafel 4.3.14 sind für den Wellendurchmesser $D_W = 10$ mm die Paßfedern mit $b \times h = (3 \times 3)$ mm² und (4×4) mm² zu entnehmen. Bei beiden Möglichkeiten ist die Differenz $(h - t_1) = 1{,}2$ mm groß. Die Länge der Paßfeder ergibt sich also zu

$$L_{\text{Nutz}} = \frac{0{,}5 \cdot 2 \cdot M_d}{D_W\,(h - t_1)\,p_{\text{zul}}} = \frac{1500 \cdot \text{N} \cdot \text{mm} \cdot \text{mm}^2}{10\ \text{mm}\ (1{,}2\ \text{mm}) \cdot 14{,}29\ \text{N}} = 8{,}75\ \text{mm}.$$

Kontrolle der Flächenpressung zwischen Paßfeder und Wellennut

$$p_{\text{zul}} = R_e/S_F \quad \text{mit} \quad R_e = 295\ \text{N/mm}^2\ (\text{St}50) \quad \text{und} \quad S_F = 1{,}6;$$

$$p_{\text{zul}} = 295\ \text{N}/1{,}6\ \text{mm}^2 = 184{,}4\ \text{N/mm}^2$$

$$p = \frac{0{,}5 \cdot 2M_d}{(D_W - 2t_1/2)\,L_{\text{Nutz}}t_1} = \frac{1500\ \text{N} \cdot \text{mm}}{8{,}2\ \text{mm} \cdot 8{,}75\ \text{mm} \cdot 1{,}8\ \text{mm}} = 11{,}61\ \text{N/mm}^2$$

$$p_{\max} = 2p = 23{,}23\ \text{N/mm}^2 \quad \text{für Paßfeder } (3 \times 3)\ \text{mm}^2,$$

$$p_{\max} < p_{\text{zul}}.$$

Eine Paßfeder der Länge $L_{\text{Nutz}} = 18$ mm und dem Profil (3×3) mm² genügt den Anforderungen.

4.3.4. **Bördelverbindungen** [4.3.43] bis [4.3.45]

Bördelverbindungen sind formschlüssige, starre und unlösbare Verbindungen von rohrförmigen oder von an der Verbindungsstelle rohrartig gestalteten Bauteilen mit Endscheiben im weitesten Sinne. Sie entstehen durch das Fügen der Verbindungspartner und das anschließende Umlegen (Bördeln) des Rohrrandes (Bordes). Beim Umlegen des Randes nach außen, also weg von der Symmetrieachse, spricht man vom Ausbördeln oder Ausschweifen, im anderen Fall vom Einbördeln **(Bild 4.3.33)**. Bördelverbindungen sind in den meisten Fällen unmittelbare Verbindungen.

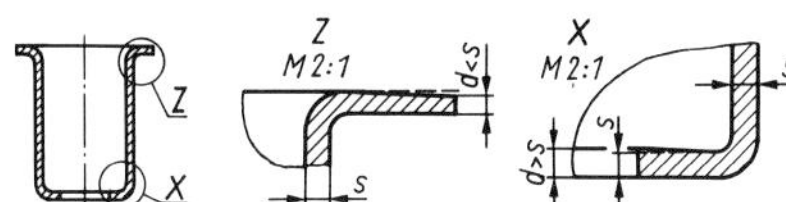

Bild 4.3.33. Aus- und Einbördeln

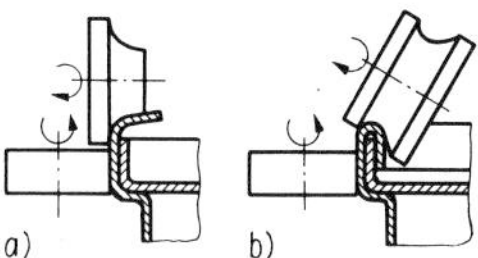

Bild 4.3.34. Bördelrollen
a) 1. Rolle: Vorbördeln; b) 2. Rolle: Fertigbördeln

Da beim Bördeln außer dem Biegen auch ein Umverteilen von Material im Bördelrand stattfindet (beim Ausbördeln auf einen größeren Kreis, Blech wird nach außen dünner; beim Einbördeln auf einen kleineren Kreis, Blech wird nach innen dicker), muß der Werkstoff der zu bördelnden Bauteile sehr gut verformbar und bei solchen Beanspruchungen rißfest sein. Bördelverbindungen werden durch Umfahren des zu bördelnden Bauteilrandes mittels geeignet gestalteter Rollen oder mit speziellen Werkzeugen hergestellt **(Bild 4.3.34)**. Das Führen des Bauteils durch das Bördelwerkzeug kann von Hand erfolgen, wird aber bei größeren Serien oder bei Massenfertigung maschinell oder automatisch durchgeführt.

▸ **Konstruktive Gestaltung.** Folgende Grundsätze sind zu beachten:

- Für zu bördelnde Bauteile sind bevorzugt duktile, also gut dehn- und streckbare Werkstoffe zu wählen, insbesondere für solche Teile, bei denen im Bereich des Bördelrandes große Verformungen stattfinden (Aufweiten oder Einengen des Rohres, Umlegen des Bördelrandes um mehr als 90°). Es sind Tiefziehstahlblech, Messing sowie Aluminium und die Aluminium-Knetlegierungen geeignet.
- Werden Rohr und Abschlußteil aus unterschiedlichen Metallen hergestellt, so ist die Bördelfuge sauber zu halten, um der Lokalelementbildung und in deren Folge auftretender

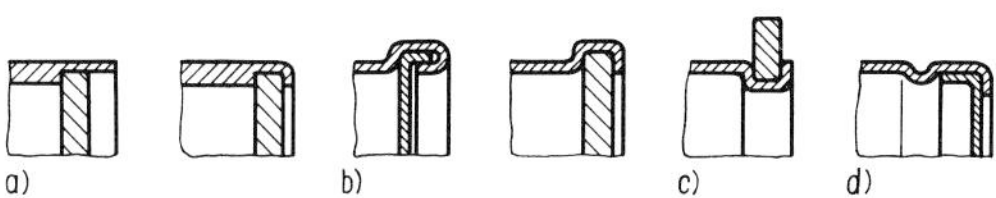

Bild 4.3.35. Anschläge für Abschlußteile
a) gedrehter Anschlag; b) Anschlag durch Aufweitung des Rohres; c) Anschlag durch Einziehung des Rohres; d) Sicke als Anschlag

Korrosion vorzubeugen. Aus diesem Grunde ist die elektrolytische Oberflächenveredlung der Bauteile vor dem Bördeln durchzuführen, denn aus der Bördelfuge lassen sich Elektrolytrückstände kaum vollständig entfernen.

- Die Endscheiben sind beim Fügen gegen einen Anschlag zu legen, da die Bördelkante allein die Scheibe nicht festzuhalten vermag. Dieser Anschlag kann in einem gedrehten Absatz im oder außen am Rohrende bestehen, durch Aufweiten oder Einengen des Rohrendes oder durch eine in das Rohr eingedrückte Sicke gebildet werden **(Bild 4.3.35)**.

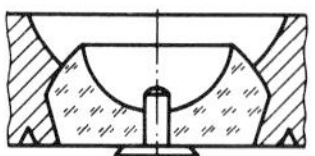

Bild 4.3.36. Bilden des Bördelrandes bei dickwandigem Außenteil

Steinlager, s. auch Abschnitt 8.2.

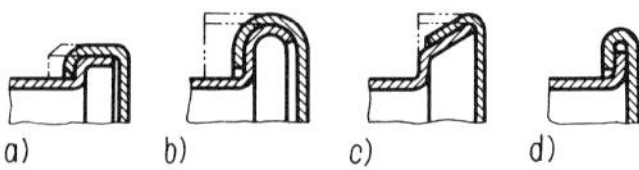

Bild 4.3.37. Bördelrand am Abschlußteil

a) greift über Aufweitung des Rohres; b) greift über Sicke; c) greift über kegelige Aufweitung; d) greift über Bördelrand des Rohres

Bild 4.3.38. Mittelbare Bördelverbindung

Bild 4.3.39. Abdichten durch Gummiring

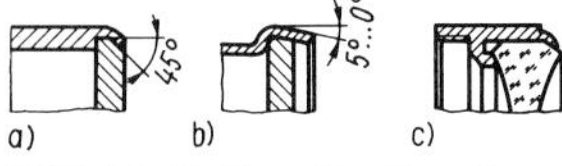

Bild 4.3.40. Kegelige Gestaltung des Abschlußteiles bei Bördelverbindungen

a) Abschlußteil trägt breite Fase
b) Abschlußteil kegelig
c) Linse als Abschlußteil mit breiten Fasen

- Ist das rohrartige Bauteil zu dickwandig zum Bördeln, ist es so zu gestalten, daß sein Rand besser verformbar ist **(Bild 4.3.36)**.
- Mitunter ist das Verformen des Rohres nicht zweckmäßig. Dann kann das Abschlußteil den Bördelrand tragen **(Bild 4.3.37)**. Darüber hinaus kann ein drittes Bauteil die geeignet gestalteten Verbindungspartner durch Bördeln mittelbar verbinden **(Bild 4.3.38)**.
- Bestehen die Endscheiben aus druckempfindlichem Werkstoff (z. B. Glas), ist durch Beilegen von elastischen Scheiben oder Ringen für das elastische Abfangen der Druckspannungen zu sorgen (s. Bild 4.3.38).
- Soll die Bördelverbindung flüssigkeits- oder gasdicht sein, sind Beilagen aus elastischen Werkstoffen (z.B. Gummi) vorzusehen **(Bild 4.3.39)**. Auch das Füllen der Fuge mit Kitt oder Klebstoff ist möglich.
- Durch kegelig gestaltete Endscheiben kann das Verformen des Bördelrandes in Grenzen gehalten und oft auch ein besseres Aussehen der Verbindungsstelle erreicht werden (**Bild 4.3.40**, s. auch Bild 4.3.36).

4.3.5. Sickenverbindungen

Sickenverbindungen sind formschlüssige, starre, unmittelbare und unlösbare Verbindungen zwischen jeweils zwei zylindrisch geformten Bauteilen, von denen mindestens eines rohrförmig oder an der Verbindungsstelle rohrartig gestaltet sein muß. An der Verbindungsstelle werden der rohrförmige Verbindungspartner allein oder beide Partner gleichzeitig plastisch verformt, so daß eine umlaufende Rille (Sicke) entsteht, die die axiale Relativbewegung der Verbindungspartner verhindert. Das gegenseitige Verdrehen der Partner um die gemeinsame Zylinderachse ist durch Kraftschluß gesperrt.

Das Herstellen der Sickenverbindungen erfolgt mit Profilrollen, die entlang der Verbindungsfuge zu führen sind, wobei nötigenfalls eine Gegenrolle von der anderen Seite drückt. Die zu verbindenden Bauteile werden durch das Sickenwerkzeug von Hand oder maschinell geführt.

► **Konstruktive Gestaltung.** Folgende Grundsätze sind zu beachten:

- Sind beide Verbindungspartner verformbar oder kann einer von beiden mit einer umlaufenden Rille durch Urformen oder Drehen versehen werden, so ist die Verbindung mit der sog. eingelegten Sicke möglich **(Bild 4.3.41)**.
- Ist einer der Verbindungspartner nicht verformbar oder nicht mit der vorgeformten Rille

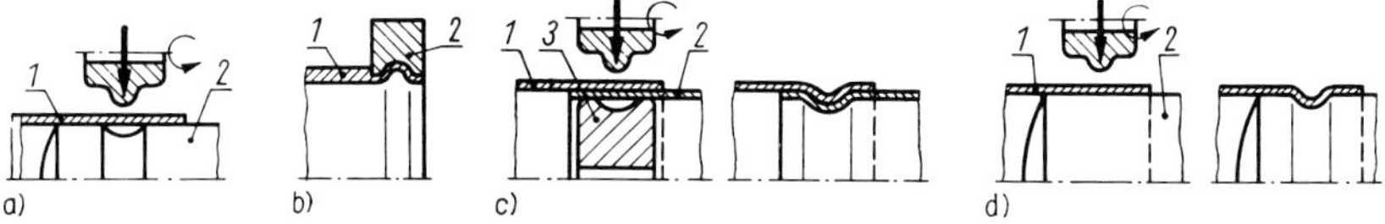

Bild 4.3.41. Sickenverbindungen mit eingelegter Sicke

a) Verbindung Rohr-Vollzylinder (mit vorbereiteter Rille); b) Verbindung Rohr – aufgebohrte Platte; c) Verbindung Rohr – Rohr; d) Verbindung Rohr – Vollzylinder (weicher Werkstoff, Rille nicht vorgearbeitet)
1, 2 Verbindungspartner; *3* Gegenhalter

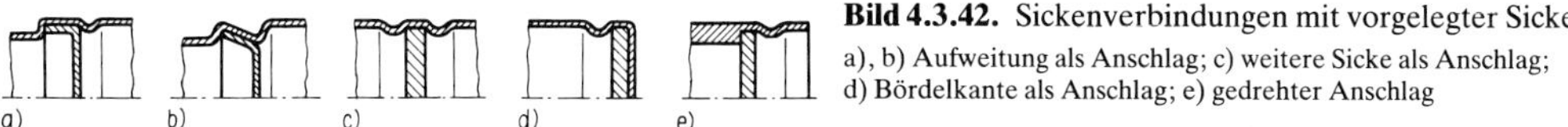

Bild 4.3.42. Sickenverbindungen mit vorgelegter Sicke

a), b) Aufweitung als Anschlag; c) weitere Sicke als Anschlag; d) Bördelkante als Anschlag; e) gedrehter Anschlag

herstellbar, so läßt er sich mit dem anderen Partner durch vorgelegte Sicken befestigen **(Bild 4.3.42)**.

- Bei Verbindungen mit vorgelegter Sicke ist für die zylindrische Scheibe (oder auch das Teil mit einer zylindrischen Bohrung) ein Anschlag erforderlich, denn die Sicke allein vermag die Scheibe nicht festzuhalten. Dieser Anschlag kann eine weitere vorgelegte Sicke, eine Rohraufweitung oder -verengung, eine Bördelkante oder ein gedrehter Absatz sein (Bild 4.3.42).
- Die durch Sicken zu verformenden Teile sind aus gut verformbaren Werkstoffen herzustellen, z. B. aus Tiefziehstahlblech, Aluminium und seinen Knetlegierungen sowie Kupfer und Messing.
- Sehr tiefe oder zusätzlich scharfkantige Sicken lassen sich nicht in einem Zuge herstellen, sondern nur stufenweise bis zur vorgesehenen Tiefe. Dabei kann unter Umständen ein Rekristallisationszwischenglühen erforderlich sein **(Bild 4.3.43)**.

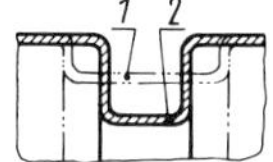

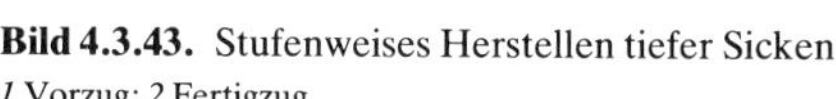

Bild 4.3.43. Stufenweises Herstellen tiefer Sicken

1 Vorzug; *2* Fertigzug

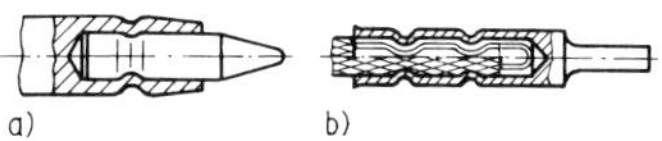

Bild 4.3.44. Sickenverbindungen mit eingelegter Sicke

a) Lagerzapfenbefestigung; b) Befestigung eines Steckstiftes am Kabelende

- Werden Bauteile aus verschiedenen Metallen durch Sicken verbunden, ist die Verbindungsfuge sauber zu halten. Wie beim Bördeln sollte ein etwaiges elektrolytisches Veredeln der Oberflächen vor dem Sicken erfolgen.
- Sickenverbindungen sind nicht gas- und flüssigkeitsdicht. Durch elastische Zwischenlagen oder durch das Füllen der Fuge mit Kitt oder einem Kleber lassen sich dichte Fugen erzielen.

Bild 4.3.44 zeigt zwei Anwendungsbeispiele mit eingelegter Sicke.

4.3.6. Lapp- und Schränkverbindungen

Verlappungen sind formschlüssige, starre, bedingt lösbare Verbindungen zwischen Blechbauteilen bzw. zwischen Blechbauteilen und Flachteilen aus nichtmetallischen Werkstoffen. Einer der Verbindungspartner, aber immer ein aus Metall bestehender, trägt angeschnittene Lappen, die in Aussparungen oder Durchbrüche des anderen Partners passen und nach dem Fügen um 90° oder 180° umgelegt werden, je nachdem, ob die Verbindungspartner im T-Stoß oder im Überlappstoß zu verbinden sind **(Bild 4.3.45)**.

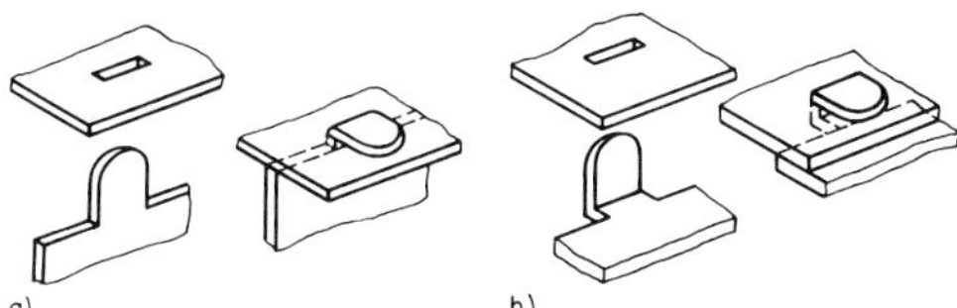

Bild 4.3.45. Lappverbindung

a) im T-Stoß; b) im Überlappstoß

Verschränkungen sind im Gegensatz zu den Lappverbindungen an die dem Lappenquerschnitt angepaßte Ausbrüche gebunden, denn die Lappen werden hier nicht umgelegt, sondern um die Lappenachse verdreht (verschränkt). Diese Art der Verbindung ist i. allg. fester als die Lappverbindung, baut aber höher und läßt sich wegen der herausragenden Lappen nur an verdeckten Flächen anwenden.

Lapp- und Schränkverbindungen haben ihr Hauptanwendungsgebiet in der Feinwerktechnik, speziell bei Spielzeugen aus Blech, in der Fernmeldetechnik sowie bei Beschlägen für Täschnerwaren. Sie werden überall da angewandt, wo das dünne Blech nicht gut verschraubbar oder schwierig punktschweißbar ist und wo andere Verbindungen das äußere Aussehen der Bauteile beeinträchtigen würden.

► **Konstruktive Gestaltung.** Folgende Grundsätze sind zu beachten:

- Für das die Lappen tragende Blechteil sind Werkstoffe mit geringer Elastizität auszuwählen, da sonst die Lappen zu sehr zurückfedern. Geeignet sind weiche Stähle, Kupfer, Messing und Aluminium.
- Das die Ausbrüche tragende Bauteil kann aus beliebigen Konstruktionswerkstoffen bestehen, sollte aber ebenfalls ein Flachteil sein. Geeignet sind also Metalle, Kunststoffe, Keramik usw.
- Die Ausbrüche für die Lappen sind i. allg. mit einem dem Lappenquerschnitt ähnlichen, nur wenig größeren Querschnitt herzustellen.
- Da die Lochernadel nicht beliebig kleinen Querschnitt erhalten kann, haben Lappen aus sehr dünnem Blech unter Umständen sehr großes Spiel im Ausbruch des anderen Bauteils. Verbindungen, bei denen geringere Lageabweichungen gefordert sind als mit so großem Spiel erreichbar, lassen sich mit speziell geformten Ausbrüchen realisieren **(Bild 4.3.46)**.
- Bei kreisförmigen Ausbrüchen haben dünne Lappen zu viel Spiel. Dickere Lappen sollten dann eine Breite erhalten, bei der die Lappen mit Übermaß in dem Ausbruch sitzen, wodurch ein unliebsames Spiel vermieden wird.

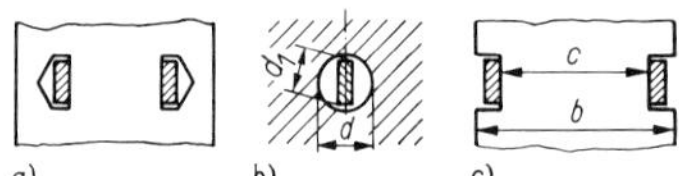

Bild 4.3.46. Formen verschiedener Ausbrüche

Richtwerte s. [1.3]

a) dreieckige Erweiterung; b) kreisförmiger Ausbruch; c) seitliche Ausschnitte

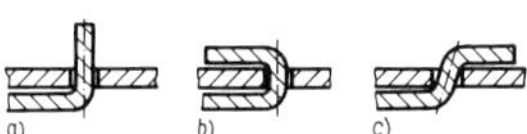

Bild 4.3.47. Verlappung im Überlappstoß

a) Bauteile gefügt; b) Lappen in richtiger Richtung umgelegt; c) Lappen in falscher Richtung umgelegt

- Die Lappenbiegekante soll nach Möglichkeit quer zur Walzrichtung des Bleches liegen. Die Lappen sind um 90° oder um 180° umzulegen, jedoch nicht um 90° und wieder zurück **(Bild 4.3.47)**. Diese Wechselbiegung beansprucht die Lappen zu sehr und setzt die Festigkeit der Verbindung herab.
- Sollen die Verbindungspartner im Überlappstoß verbunden werden, so sind die Lappen um 90° in die Fügerichtung vorzubiegen. Die Biegekante ist um das Maß *e* vor die Bauteilkante zu legen, wenn auf präzise Lage derselben Wert gelegt wird (**Bild 4.3.48** a) (die rechte der gezeigten Verbindungen ist die festere, bessere Lösung).

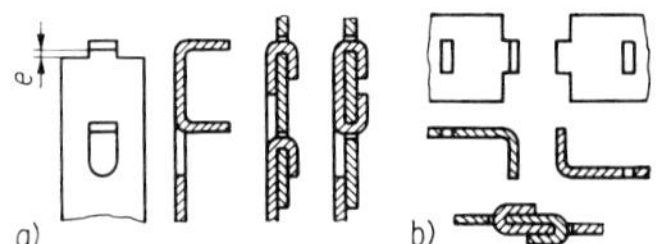

Bild 4.3.48. Überlappte Lappverbindungen

a) angeschnittene und ausgeklinkte Lappen, vorgebogen und fertige Verbindung mit richtiger (rechtes) und falscher Richtung (linkes Teilbild) des ausgeklinkten Lappens; b) wechselseitige Lappverbindung

- Lassen sich die Lappen nicht an die Bauteilkante schneiden, so sind sie aus der Fläche des Bauteils auszuklinken (Bild 4.3.48a).
- Sind Teile gleicher Gestalt miteinander zu verbinden, so kann deren Fertigung erheblich vereinfacht werden, wenn die Lappen und Ausbrüche wechselseitig an beiden Bauteilen sitzen (Bild 4.3.48b). Hierfür gilt die Bedingung, daß beide Bauteile aus Metall bestehen.
- Bei im T-Stoß zu verbindenden Bauteilen sind die Lappen nicht vorzubiegen. Bei Bauteilen

aus dünnem Blech kann die Lappverbindung gewählt werden, während bei dickerem Blech sich darüber hinaus die Schränkverbindung anbietet, sofern nicht andere Gründe dagegen sprechen **(Bild 4.3.49)**.

- Kann die Aussparung für die zu verschränkenden Lappen nicht eng genug hergestellt werden, läßt sich mit breiteren Lappen spezieller Gestalt Abhilfe schaffen (Bilder 4.3.49b und c). Ähnlich wirken die im **Bild 4.3.50** zur Befestigung eines Abschlußteils in einem Rohr aus der Rohrwand ausgeklinkten Lappen.

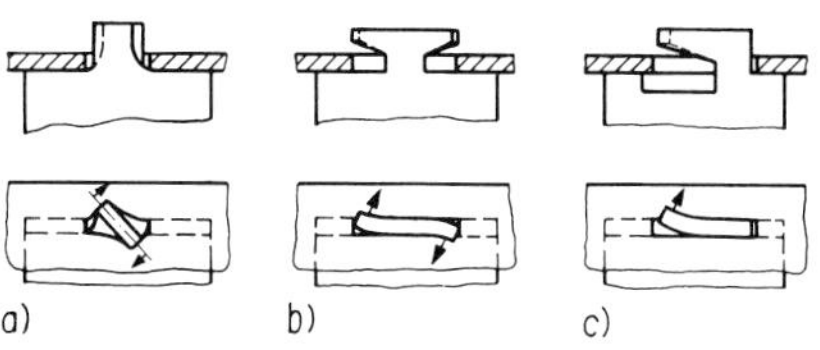

Bild 4.3.49. Schränkverbindungen

a) normaler Lappen, verschränkt; b) unterschnittener breiter Lappen, verschränkt; c) einseitig unterschnittener breiter Lappen, verschränkt

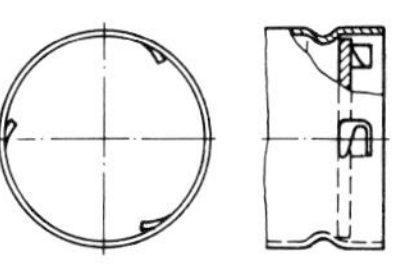

Bild 4.3.50. Rohrabschluß mit Scheibe durch Sicken und ausgeklinkte Lappen

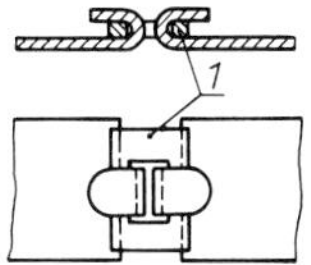

Bild 4.3.51. Mittelbare Lappverbindung

1 Verbindungsmittel: Teil mit Ausbruch

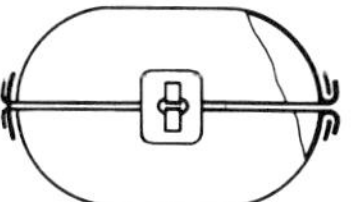

Bild 4.3.52. Mittelbare Lappverbindung an einem Hohlkörper

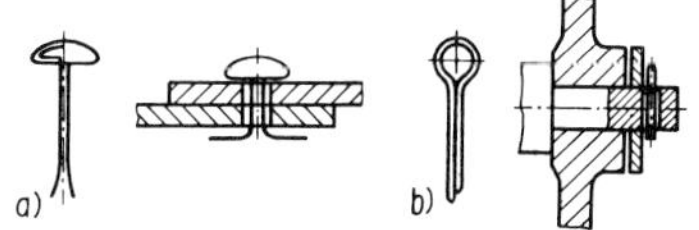

Bild 4.3.53. Splinte

a) zum Verschluß von Papierbeuteln
b) als Anschlag bei langsam rotierenden Teilen

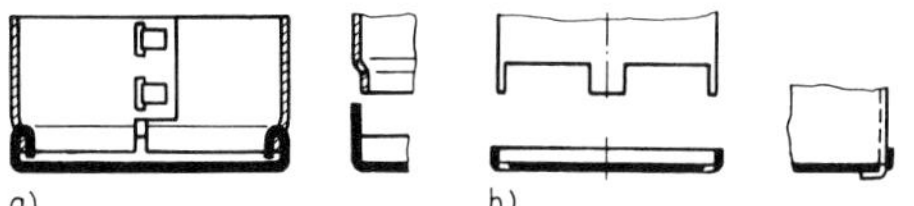

Bild 4.3.54. Verbindung Hohlzylinder mit Bodenteil

a) Mantelnaht und Bodennaht im Überlappstoß
b) Bodennaht im T-Stoß

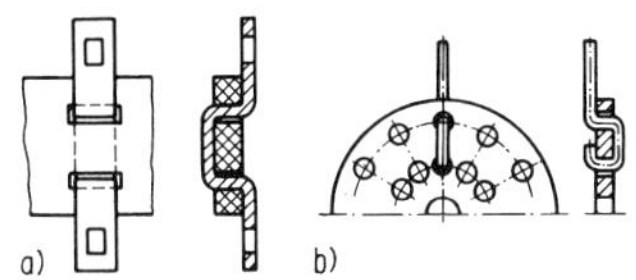

Bild 4.3.55. Lappverbindungen in der Elektrotechnik

a) Lötbrücke auf Kontaktleiste; b) Schaltkontakt

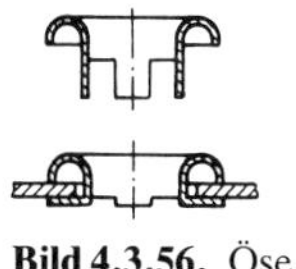

Bild 4.3.56. Öse

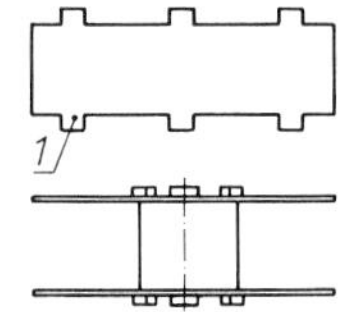

Bild 4.3.57. Farbbandspule für Schreibmaschine

1 Zuschnitt des Spulenkerns

- Mittelbare Lappverbindungen lassen sich gemäß **Bild 4.3.51** herstellen. Diese Art der Verlappung ist bei allseits geschlossenen Hohlkörpern günstig anzuwenden, denn mit unmittelbarer Lappverbindung ließen sich solche Teile nur unter großen Schwierigkeiten verbinden **(Bild 4.3.52)**.
- Auch die bekannte Splintverbindung läßt sich als mittelbare Lappverbindung auffassen **(Bild 4.3.53)**.

In den folgenden Bildern sind einige Anwendungsbeispiele dargestellt:

Bild 4.3.54 zeigt zwei Möglichkeiten, einen zylindrischen Hohlkörper herzustellen und diesen mit einem Boden zu versehen. Das Befestigen von Lötanschlüssen erfolgt gemäß **Bild 4.3.55**. Die Biegerichtung der „Lappen“ ist regelwidrig, weil die Funktion es verlangt und die Belastung nur gering ist. Durch Verlappung lassen sich auch Ösen zum Einfassen von Löchern in einem anderen Bauteil befestigen, z. B. in Lederteilen **(Bild 4.3.56)**. Farbbandspulen können aus zwei Arten von Blechteilen durch Verlappung hergestellt werden **(Bild 4.3.57)**.

4.3.7. Falz- und Einrollverbindungen

Falzverbindungen sind formschlüssige, starre und unlösbare Verbindungen zwischen zwei Verbindungspartnern aus Blech, die längs der Fuge fest und spielfrei ineinander verhakt sind. Diese Verbindung entsteht, indem die Verbindungspartner, die an den zu verbindenden Kanten um 180° umgelegte (gefalzte) schmale Streifen tragen, mit diesen ineinander gefügt (verhakt) werden. Durch anschließendes Zusammendrücken des Falzes und durch das Kröpfen eines der Partner läßt sich erreichen, daß die ineinander gefügten Falze nicht mehr zu trennen sind (**Bilder 4.3.58**a, b).

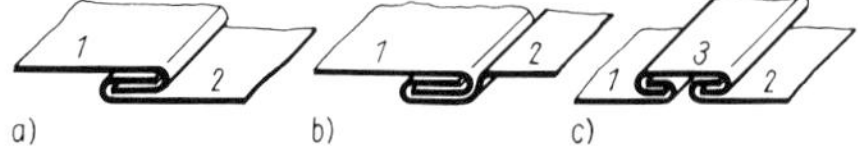

Bild 4.3.58. Einfache Falznaht

a) Fügen der vorgefalzten Blechkanten; b) Pressen und Kröpfen; c) mittelbare Falznaht
1, 2 Verbindungspartner; *3* Falzleiste

Falzverbindungen finden u. a. bei Blechdosen aller Art Anwendung, wobei aber nur die Mantelnaht als Falznaht ausgeführt wird. Die Fertigung erfolgt fast ausschließlich maschinell, bei Massenfertigung auf Spezialmaschinen.

► **Konstruktive Gestaltung.** Folgende Grundsätze sind zu beachten:

- Die zum Falzen vorgesehenen Bleche müssen der Biegebelastung standhalten. Gut geeignete Werkstoffe sind Tiefziehstahl, Kupfer, Messing, Blei, Aluminium, kupferplattiertes Aluminium und Aluminium-Knetlegierungen.
- Die Falznaht soll möglichst quer zur Walzrichtung des Bleches liegen.
- In kritischen Fällen läßt sich ausnützen, daß die Falzbarkeit bei höheren Temperaturen (80 ... 100 °C) besser ist. Auf diese Weise sind Bleche aus Zink falzbar.
- Falzverbindungen sind in ihrer Mehrzahl unmittelbare Verbindungen. Mittelbare Verbindungen durch Falzen sind jedoch nicht unmöglich, wie Bild 4.3.58c zeigt.
- Eine größere Belastbarkeit der Falznaht ist durch Anwendung von Doppelfalzen **(Bild 4.3.59)** und Sechsfachfalzen **(Bild 4.3.60)** erreichbar.

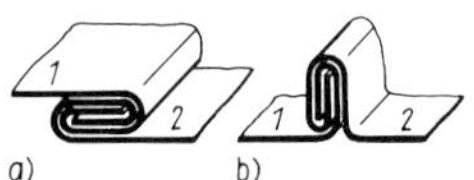

Bild 4.3.59. Doppelfalznaht

a) doppelter Stehfalz; b) Schiebefalz
1, 2 Verbindungspartner

Bild 4.3.60. Sechsfachfalz

a) vorgeformt; b) fertige Falznaht

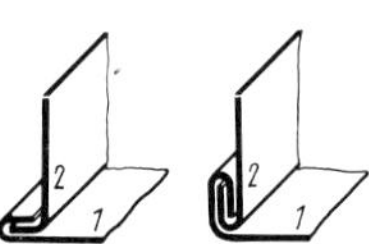

Bild 4.3.61. Falznähte an Bauteilen im Winkelstoß

1, 2 Verbindungspartner

- Bauteile im Winkelstoß lassen sich gemäß **Bild 4.3.61** durch Falzen verbinden.
- Für den Zuschnitt der Bauteile ist zu beachten, daß bei einfachen Falzen etwa die dreifache und bei Doppelfalzen etwa die fünffache Falzbreite als Bearbeitungszugabe vorzusehen ist.
- Falzverbindungen sind nicht gas- und flüssigkeitsdicht. Mit eingelegten Gummifäden bzw. durch Füllen der Fuge mit Klebstoff lassen sich dichte Fugen erzielen. Bei höheren Ansprüchen thermischer Art kann die Fuge auch durch Löten abgedichtet werden.

Einrollverbindungen sind formschlüssige, starre, unmittelbare und unlösbare Verbindungen zwischen zylindrischen oder prismatischen Stäben einerseits und Blechteilen andererseits, die jeweils in einfacher Lage um die Stäbe herumgewickelt sind **(Bild 4.3.62)**. Der Kraftschluß längs der Stabachse kann durch plastisches Verformen oder z. B. durch Punktschweißen in Form- bzw. Stoffschluß umgewandelt werden.

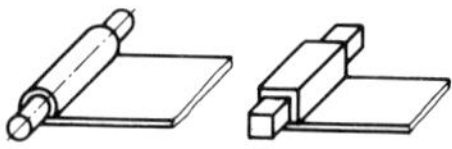

Bild 4.3.62. Einrollverbindungen – Prinzip

Einrollverbindungen finden Anwendung bei Scharnieren aller Art, bei Tür- und Fenstergelenken sowie zur Versteifung von Blechkanten.

4.3.8. Blechsteppverbindungen

Blechsteppverbindungen sind formschlüssige, mittelbare, starre und bedingt lösbare Verbindungen von Flachbauteilen (Blechen) im Überlappstoß durch Drahtklammern, deren Schenkel maschinell durch die nicht vorgelochten Bleche gestoßen und auf der Rückseite umgelegt werden **(Bild 4.3.63)**. Diese Verbindungen finden Anwendung im Leichtbau, beim Bau von Lüfterkanälen sowie bei der Herstellung von Blechmöbeln. Sie sind etwa 17% leichter als entsprechend feste Nietverbindungen und nutzen die Festigkeit des Bleches bis zu etwa 35% besser aus [4.3.45].

Bild 4.3.63. Blechsteppverbindungen
a) Grundausführung; b) Einziehsteppung; c) Steppung weichen Materials auf Blech

▸ **Konstruktive Gestaltung.** Folgende Grundsätze sind zu beachten:

- Für die Klammern ist hochfester Draht zu verwenden, z. B. V2A-Stahl. Der Draht kann runden oder auch rechteckigen Querschnitt besitzen. Gängige Abmessungen sind $h \times b = (1 \times 1{,}2)$ mm^2 und $(1{,}4 \times 1{,}7)$ mm^2.
- Die zu verbindenden Bleche dürfen bei Rein-Aluminium insgesamt 6 mm dick sein, während bei festeren Werkstoffen, z. B. AlCuMg, die Gesamtdicke etwa 3 mm betragen darf.
- Bei dünneren Blechen läßt sich der Klammerrücken unter die Blechoberfläche absenken, indem das Blech um die Klammerdicke durchgedrückt wird (Bild 4.3.63b).
- Bei der Anordnung der Klammern bezüglich der Kraftrichtung lassen sich unterscheiden die *Längssteppung* (Klammer in Kraftrichtung) und die *Quersteppung* (Klammer quer zur Kraftrichtung). Für kraftübertragende Verbindungen ist die Längssteppnaht vorzuziehen, denn sie erreicht größere Festigkeit als Quersteppnähte unter sonst gleichen Bedingungen **(Bild 4.3.64)**.

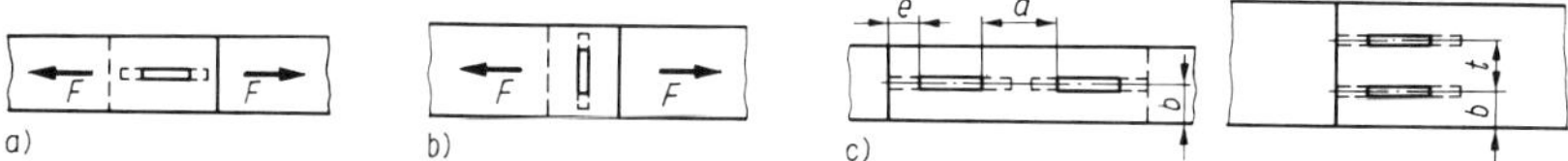

Bild 4.3.64. Anordnung der Klammern und ihre Abstände beim Blechsteppen
a) Längssteppnaht; b) Quersteppnaht; c) Abstände der Klammern ($a \geqq 10$ mm, $b \geqq 5$ mm, $e \geqq 4$ mm, $t \geqq 7$ mm)

- Bei Anordnung mehrerer Klammern hinter- oder nebeneinander sind die im Bild 4.3.64c genannten Abstände einzuhalten.
- Die Klammerschenkel sind bei kraftübertragenden Verbindungen in der im Bild 4.3.63 gezeigten Richtung umzulegen. Diese Verbindung hat sich als fester erwiesen als die mit der anderen Biegerichtung.

4.3.9. Einspreizverbindungen [4.3.46] bis [4.3.55]

Einspreizverbindungen sind formschlüssige und starre Verbindungen zwischen Bauteilen, von denen eines umfassend oder partiell elastisch oder plastisch verformt in das oder die anderen Bauteile eingefügt und anschließend elastisch entspannt oder plastisch verformt wird.
Ist das verformte Bauteil einer der beiden Verbindungspartner, so handelt es sich um eine unmittelbare Verbindung. Wird die Verbindung durch ein drittes Bauteil vermittelt, so liegt eine mittelbare Verbindung vor.
Durch elastisches Verformen erreichte Verbindungen sind in ihrer Mehrzahl lösbar, während die durch plastisches Verformen erzeugten Verbindungen unlösbar sind.
Nach der Art des Fügens unterscheidet man *Spreizverbindungen*, wobei das zu verformende Bauteil verformt und gefügt sowie anschließend entspannt bzw. plastisch verformt wird, und *Schnappverbindungen*, bei denen das elastische Verformen beim Fügen der Partner ineinander erzwungen und beim Erreichen der Endstellung durch Einschnappen des verformten Bauteils rückgängig gemacht wird **(Bild 4.3.65)**.

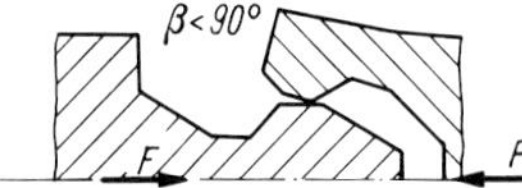

Bild 4.3.65. Fügen einer unmittelbaren Schnappverbindung
Winkel β s. Bild 4.3.69

► **Konstruktive Gestaltung.** Folgende Grundsätze sind zu beachten:

- Für Einspreizteile (mindestens die zu verformenden) kommen diejenigen Konstruktionswerkstoffe in Betracht, die eine gute Elastizität aufweisen (vornehmlich Stahl, kalt gewalzte Schwermetalle, Kautschuk und Thermoplaste) oder die plastisch gut verformbar sind (Kupfer, Blei, Aluminium, Silber u. a.).

Für unmittelbare Einspreizverbindungen gilt:

- Unmittelbare Verbindungen durch Einspreizen sind nur in wenigen Fällen genormt. Zu diesen Fällen gehören Durchführungsbuchsen nach DIN 44939, während Gummifüße für Geräte nur handelsüblich sind **(Bild 4.3.66)**.

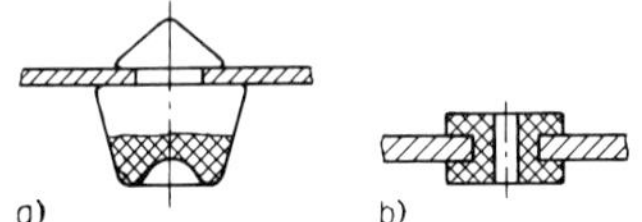

Bild 4.3.66. Handelsübliche bzw. genormte Einspreizteile
a) Gummifuß für Geräte
b) Durchführungsbuchse nach DIN 44939

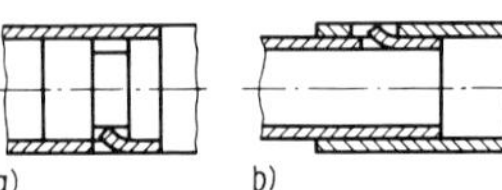

Bild 4.3.67. Spreizverbindung bei rohrförmigen Bauteilen
a) eingespreizter Lappen am Außenteil
b) eingespreizter Lappen am Innenteil

- Zylindrische und rohrförmige Bauteile lassen sich nach **Bild 4.3.67** miteinander verbinden. Befindet sich der elastische Lappen am Außenteil, ist die Verbindung kaum lösbar. Trägt das Innenteil den elastischen Lappen, ist die Verbindung lösbar, sofern der Ausbruch, in den der Lappen einspreizt, von außen zugänglich ist.
- Flachteile lassen sich nach **Bild 4.3.68** durch plastische Verformung fügen.

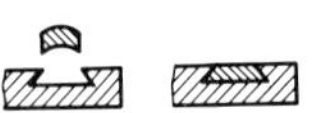

Bild 4.3.68. Einspreizen von Skalenträgern oder Kontaktbahnen

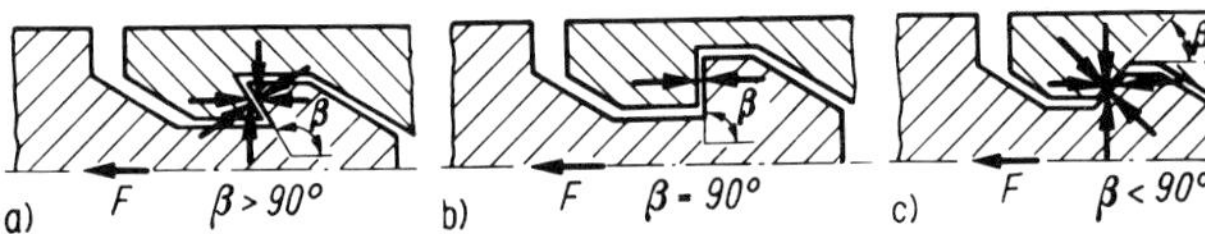

Bild 4.3.69. Schnappverbindungen
a), b) reiner Formschluß; c) Kraft- und Formschluß

- Unmittelbare Schnappverbindungen lassen sich formschlüssig und form-/kraftschlüssig gestalten, je nachdem, um welchen Winkel die sperrende Fläche gegen die Kraftrichtung geneigt ist **(Bild 4.3.69)**. Sie können als Paarungen Kunststoff/Kunststoff und Kunststoff/Metall gefertigt werden.

In [4.3.50] ist eine Paarung Kunststoff/Metall beschrieben, bei der das Kunststoffteil als Außenteil die erforderlichen Formschlußelemente besitzt, während das Metallbauteil diese erst erhält, indem die gefügte Verbindung mit Epoxidharz gefüllt wird. Nach dem Aushärten des Klebstoffes, der am Metallteil haftet, am Kunststoffteil jedoch nicht, läßt sich die Verbindung mehrere Male lösen und wieder fügen.

Für mittelbare Einspreizverbindungen gilt:

- Mittelbare Einspreizverbindungen sind in bestimmten Anwendungsbereichen sehr häufig benutzte Verbindungen und werden aus diesem Grund i. allg. durch genormte Verbindungsmittel begünstigt (**Tafeln 4.3.19 und 4.3.20**). Sie sind hauptsächlich für zylindrische Bauteile und Bohrungen geeignet, als Anschläge auf Wellen und in Bohrungen, als abschließende Verbindungsmittel zum Befestigen und Sichern von Wälzlagern, Rädern, Hebeln usw. **(Bild 4.3.70)**. Ihnen gemeinsam ist die umlaufende Nut in Bohrungen und auf Wellen, in die sie einzuspreizen sind. Die axiale Belastbarkeit dieser Elemente ist verschieden groß. Die geringste Tragkraft haben die Sprengringe, es folgen die Sicherungsscheiben, und größten Belastungen können die Sicherungsringe ausgesetzt werden (nur auf Abscherung belasten!) (Bild 4.3.70 d).

Tafel 4.3.19. Abmessungen von Spreng- und Sicherungsringen (Auswahl)
Maße in mm

Welle, Bohrung: Nenndurchmesser	Sprengringe nach DIN 7993 für Wellen		Sprengringe nach DIN 7993 für Bohrungen		Sicherungsringe nach DIN 471 für Wellen			Sicherungringe nach DIN 472 für Bohrungen		
d_1	d_4	d_2	d_4	d_5	d_3	d_4	s	d_3	d_4	s
3	–	–	–	–	2,7	7	0,4	–	–	–
4	0,8	3,1	–	–	3,7	8,6	0,4	–	–	–
5	0,8	4,1	–	–	4,7	10,3	0,6	–	–	–
6	0,8	5,1	–	–	5,6	11,7	0,7	–	–	–
7	0,8	6,1	0,8	7,9	6,5	13,5	0,8	–	–	–
8	0,8	7,1	0,8	8,9	7,4	14,7	0,8	8,7	3	0,8
9	–	–	–	–	8,4	16	1	9,8	3,7	0,8
10	0,8	9,1	0,8	10,9	9,3	17	1	10,8	3,3	1
11	–	–	–	–	10,2	18	1	11,8	4,1	1
12	1	10,8	1	13,2	11	19	1	13	4,9	1
13	–	–	–	–	11,9	20,2	1	14,1	5,4	1
14	1	12,8	1	15,2	12,9	21,4	1	15,1	6,2	1
15	–	–	–	–	13,8	22,6	1	16,2	7,2	1
16	1,6	14,2	1,6	17,8	14,7	23,8	1	17,3	8	1
17	–	–	–	–	15,7	25	1	18,3	8,8	1
18	1,6	16,2	1,6	19,8	16,5	26,2	1,2	19,5	9,4	1
19	–	–	–	–	17,5	27,2	1,2	20,5	10,4	1
20	2	17,7	2	22,3	18,5	28,4	1,2	21,5	11,2	1
21	–	–	–	–	19,5	29,6	1,2	22,5	12,2	1
22	2	19,7	2	24,3	20,5	30,8	1,2	23,5	13,2	1

Tafel 4.3.20 Abmessungen von Sicherungsscheiben (Auswahl)
Maße in mm

d_2	d_1	d_3	s
0,8	1 … 1,4	2,25	0,2
1,2	1,4 … 2	3,25	0,3
1,5	2 … 2,5	4,25	0,4
1,9	2,5 … 3	4,8	0,5
2,3	3 … 4	6,3	0,6
3,2	4 … 5	7,3	0,6
4	5 … 7	9,3	0,7
5	6 … 8	11,3	0,7
6	7 … 9	12,3	0,7
7	8 … 11	14,3	0,9
8	9 … 12	16,3	1
9	10 … 14	18,8	1,1
10	11 … 15	20,4	1,2
12	13 … 18	23,4	1,3
15	16 … 24	29,4	1,5
19	20 … 31	37,6	1,75
24	25 … 38	44,6	2
30	32 … 42	52,6	2,5

Sicherungsscheiben nach DIN 6799

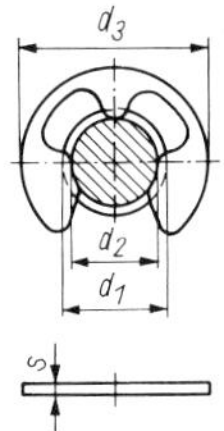

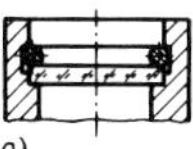
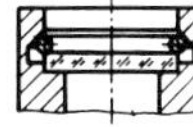

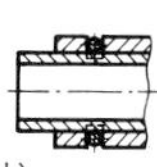
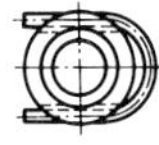

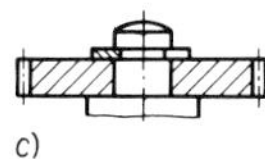

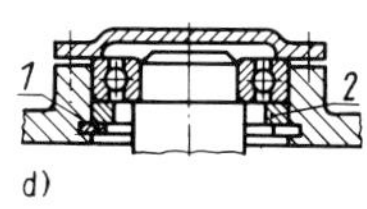

Bild 4.3.70 Anwendung von Einspreizteilen

a) Befestigung von Glasscheiben mit Sprengring; b) kraft- und formschlüssige Verbindung von Rohren mit U-förmigem Drahtring; c) axiale Sicherung eines Zahnrades auf Welle mittels Sicherungsscheibe; d) Befestigung eines Wälzlagers mit Sicherungsring als Anschlag
1 Sicherungsring; *2* scharfkantiger Ring

- Einige handelsübliche nicht genormte Anschlag-, Sicherungs- und Befestigungsmittel für zylindrische Bauteile sind im **Bild 4.3.71** dargestellt. Diese Verbindungsmittel vermögen nur geringe Axialkräfte zu übertragen.
- Nach **Bild 4.3.72** lassen sich zylindrische Teile, z. B. Feinsicherungen oder größere elektronische Bauteile (z. B. Röhren ohne Sockelstifte, Kondensatoren) halten sowie auswechseln.

Bild 4.3.71. Handelsübliche Spreizteile
a) Spange; b) Doppelsprengring; c) Dreiecksprengring; d) U-förmiger Sprengring

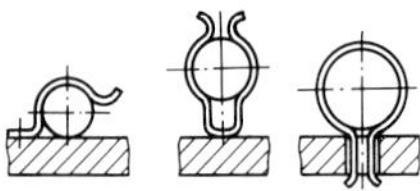

Bild 4.3.72. Schellen mit elastischen Schenkeln

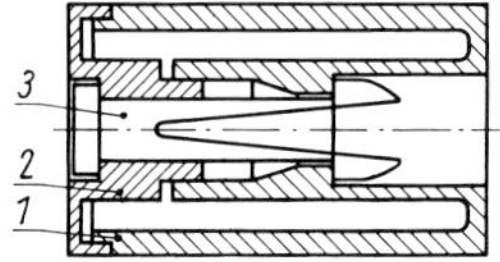

Bild 4.3.73
Selbstladefilmpatrone im Schnitt
1, 2 Verbindungspartner; *3* Verbindungsmittel

- **Bild 4.3.73** zeigt eine mittelbare Schnappverbindung, die Deckelbefestigung einer SL-Filmkassette. Verbindungspartner und Verbindungsmittel bestehen aus Kunststoff.

Eine Zusammenstellung ausgewählter Normen und Richtlinien zum Abschnitt 4.3.9. enthält **Tafel 4.3.21**.

Tafel 4.3.21. Normen und Richtlinien zum Abschnitt 4.3.9.

DIN-Normen	
DIN 471	Sicherungsringe (Halteringe) für Wellen; Regelausführung und schwere Ausführung
DIN 472	Sicherungsringe (Halteringe) für Bohrungen; –
DIN 6799	Sicherungsscheiben (Haltescheiben) für Wellen
DIN 7993	Runddraht-Sprengringe und -Sprengringnuten für Wellen und Bohrungen
Richtlinien	
VDI/VDE 2251 Bl. 2	Feinwerkelemente; Stauch- und Biegeverbindungen

4.3.10. Einbettverbindungen [4.3.56] bis [4.3.64]

Einbettungen sind starre, unlösbare Verbindungen von Metallbauteilen mit zum Zwecke des Fügens ganz oder teilweise plastifizierten oder verflüssigten Bauteilen aus Metallen, Thermoplasten (spritz- bzw. druckgießbar) sowie Duroplasten (preßbar). Diese umfassen die Metallbauteile nach dem Verfestigen formschlüssig *(Einbettung)* oder werden von diesen umfaßt *(Outsert-Technik)*.

Einbettungen entstehen i. allg., indem in eine Hohlform, in der die einzubettenden Bauteile gehalten werden, Metalle oder Thermoplaste in flüssiger Form oder als pulverförmige Werkstoffe, gemischt mit Füllstoffen (Duroplaste), eingebracht (und im letzteren Fall dort erst plastifiziert) werden, aushärten und in diesem Fertigzustand aus der Form entnehmbar sind **(Bild 4.3.74)**. Neuere Verfahren gestatten die Einbettung von kleineren Metallteilen in Thermoplastbauteile durch örtliches Plastifizieren: Das einzubettende Teil wird unter Einwirkung von Ultraschall in das Material eingesenkt, das durch die infolge der Schwingungen erzeugte Reibungswärme örtlich aufschmilzt **(Bild 4.3.75)**. Auch die o. g. Outsert-Technik [4.3.61] ist den Einbettungen zuzuordnen. Hier werden in ein Metallbauteil, meist ein Flachteil, Kunststoffbauteile, z. B. Lager, Lagerböckchen, Stützpunkte für Federn, Blattfedern, Zahn-, Reib- und Seilräder (drehbar!) u. a. eingebettet **(Bild 4.3.76)**. Die Outsert-Technik ist also ebenfalls an eine Hohlform gebunden. Ihre Bedeutung liegt in der Gleichzeitigkeit der Realisierung der vielfältigsten Aufbauten.

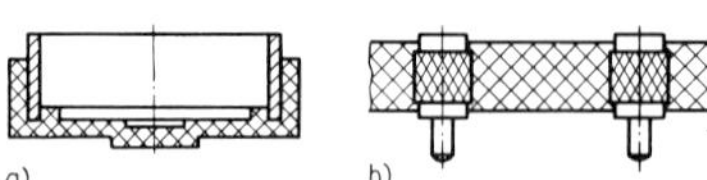

Bild 4.3.74. Unmittelbare Einbettungen
a) Einbettung eines ringförmigen Bauteils; b) Einbettung von Paßstiften

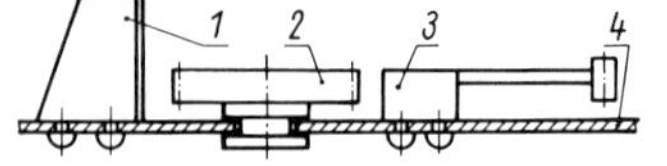

Bild 4.3.76. Outsert-Technik
1 Lagerböckchen; *2* Zahnrad; *3* Blattfeder; *4* Gestellteil (Blech)

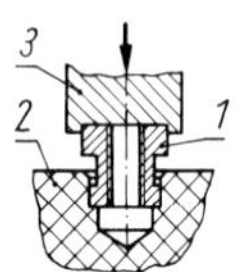

Bild 4.3.75. Einbetten mittels Ultraschalls
1 einzubettendes Teil; *2* Einbettungskörper; *3* Sonotrode

Einbettungen sind überall dort zweckmäßig, wo aus Gründen der Funktion (Festigkeit, Isolation, Lötbarkeit usw.) oder der Ökonomie (Werkstoffpreis, technologisch bedingte Kosten, Produktivität) die Herstellung von Bauteilen aus einem Stück ungünstig ist. Einbettungen erlauben eine Funktionenteilung zwischen verschiedenen Regionen des Bauteils durch deren Anpassen an die speziell dort auftretenden Belastungen.

► **Konstruktive Gestaltung.** Folgende Grundsätze sind zu beachten:

- Einbettungen sind in ihrer überwiegenden Mehrzahl an Verfahren des Urformens gebunden (Gießen, Spritz- und Druckgießen, Pressen). Deshalb sind die dort geltenden allgemeinen Gestaltungsrichtlinien zu beachten, also das Vorsehen von Aushebeschrägen, die Gleichmäßigkeit der Wanddicke, das Vermeiden örtlicher Materialanhäufung, Gestaltung der Anschnitte, Wahl der Formteilungsebene usw. **(Bild 4.3.77)**. Sandgießverfahren sind ungeeignet, da die einwandfreie Halterung der einzubettenden Bauteile nicht möglich ist.
- Die einzubettenden Metallbauteile bilden im Einbettungskörper, abhängig vom Werkstoff, eine mehr oder weniger große Störung, da sie andere Werte der Wärmedehnung, der Elastizität und eine andere Festigkeit aufweisen als das umgebende Material.

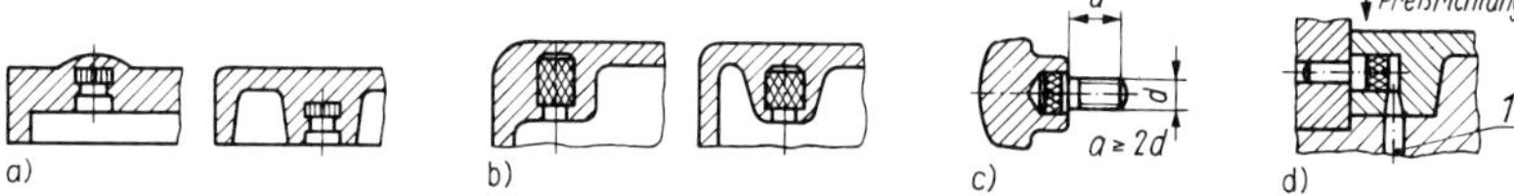

Bild 4.3.77. Gestaltung von Einbettverbindungen [1.3]

a) Einbettung von Kleinteilen (links ungünstig, rechts günstig); b) Einbettung von Muttern (links ungünstig, rechts günstig); c) Dimensionierung von Gewindestiften; d) Abstützung von Einbetteilen; *1* Stütze

Daraus resultieren folgende Erscheinungen:
Die durch Urformen hergestellten Einbettungskörper schwinden, hauptsächlich in der Form, aber auch noch nach dem Entformen. Die einzubettenden Teile haben z. B. einen wesentlich geringeren Längen-Temperaturkoeffizienten als die Kunststoffe. Sie werden infolgedessen von dem umgebenden Werkstoff gedrückt. Im umgebenden Material wirken Zugspannungen, die bei zu geringer Wanddicke zum Bruch oder zum Verzug Anlaß geben. Beim Herstellen stehen die aus der Formwand herausragenden Enden der einzubettenden Teile mehr oder weniger dem in die Form schießenden flüssigen Werkstoff im Wege, wodurch an die Halterung dieser Teile große Ansprüche gestellt werden. Besser ist es, diese Bauteile aus dem Hauptstrom des Werkstoffs herauszuhalten. Notfalls ist auch ein Abstützen des einzubettenden Teils möglich (s. Bild 4.3.77d).

- Die durch das Schwinden an den Einbettungsteilen wirkenden Druckkräfte werden (hauptsächlich bei Thermoplasten) mit der Zeit durch Aufnahme von Wasser (Quellen) und durch Relaxationsvorgänge (Kriechen) geringer. Der Kraftschluß ist also unsicher und kann unter Umständen ganz verschwinden. Einbettbauteile sind deshalb mit Formschlußelementen zu versehen: zylindrische Teile i. allg. mit Rändel, Kreuzrändel, Nuten, Quetschung usw. **(Bild 4.3.78)**, Blechteile mit Bohrungen, seitlichen Ausschnitten u. a. **(Bilder 4.3.79 und 4.3.80)**.

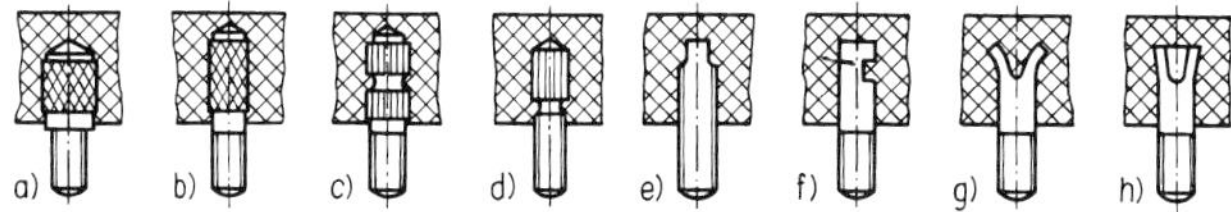

Bild 4.3.78. Einbetten zylindrischer Teile in Preßstoff

a), b) Kreuzrändel; c), d) Rändel und Nut; e) Abflachungen; f) Einfräsung; g) Aufspreizung des geschlitzten Endes; h) Kerben

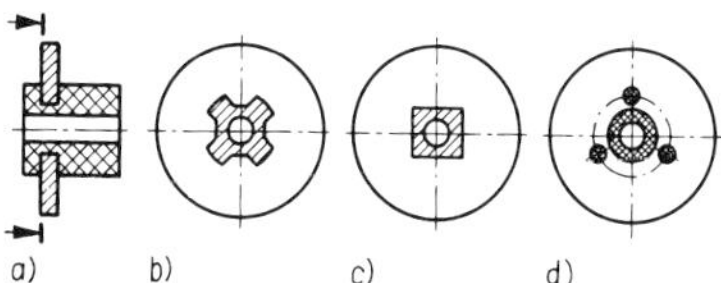

Bild 4.3.79. Einbetten von Metallscheiben in Naben aus Kunststoff

a) prinzipielle Anordnung; b) bis d) Verdrehsicherungsvarianten

- Bei Einbettung in Duroplaste, die häufig mit Füllstoffen gemischt sind (Holz- und Gesteinsmehl, Papier- und Textilschnitzel) sind die Formschlußelemente größer auszuführen als bei Thermoplasten und Metallen, da die Abformgenauigkeit durch die Füllstoffe geringer ist als bei ungefüllten Kunststoffen.
- Muttergewinde in Duroplastbauteilen ist wegen der großen Kantenbruchempfindlichkeit

Tafel 4.3.22. Einpreßmuttern (Gewindebuchsen) für Formstoffteile (Auswahl)
Maße in mm

Formen A und B nach DIN 16903				Formen C und D nach DIN 16903			Formen E und F nach DIN 16903			
d_1	d_3	e	s	d_5	l_1	d_6	l_2	b_2	l_1	l_3
M 2	–	–	–	3,5	2,3	3,5	3,5	0,8	2,3	3,1
M 2,5	–	–	–	3,8	2,6	3,8	4	0,8	2,6	3,4
M 3	3,8	5,8	5	4,2	3	4,2	4,4	1	3	3,8
M 3,5	4,5	6,1	5,5	5	3,5	5	5,5	1	3,5	4,5
M 4	5	6,9	6	5,5	4	5,5	6	1	4	5
M 5	6,4	8,1	7	7	5	7	7,5	1	5	6
M 6	7,4	10,4	9	8	6	8	9	1	6	7
M 8	10,4	12,7	11	10	8	10	12	1	8	9,5
M 10	13	16,2	14	12,5	10	12,5	15	1	10	11,5
M 12	17	21,9	19	16	12	16	18	1	12	13,5

Die Gewindebuchsen mit Sechskant (Formen A, C, E) sind von M 3 bis M 12 genormt, hingegen die mit Rändel (Formen B, D, F) von M 2 bis M 6.

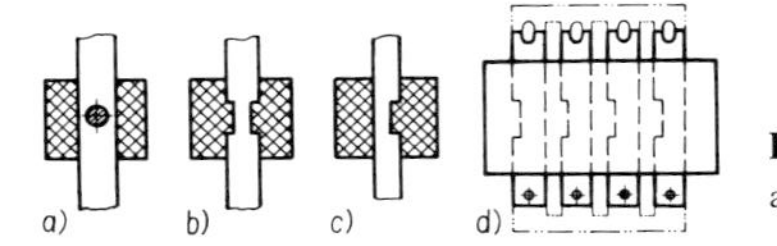

Bild 4.3.80. Einbetten von Blechteilen
a) bis c) Varianten der formschlüssigen Verankerung; d) mittelbare Einbettung von Lötstreifen

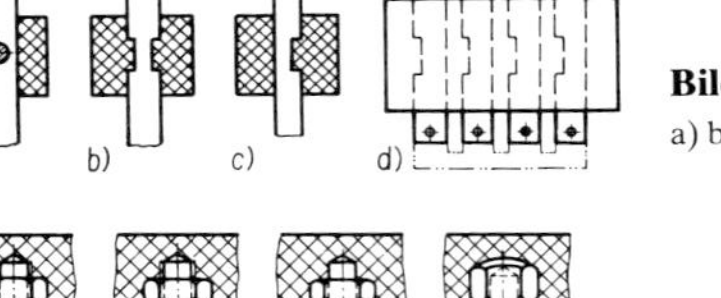

Bild 4.3.81. Einbetten handelsüblicher Sechskantmuttern – Halterung beim Einpressen
a) auf Gewindebolzen; b) auf Gewindebolzen mit Kegelschaft; c) auf glattem Dorn mit Kegelschaft; d) Hutmutter auf glattem Dorn mit Kegelschaft

Bild 4.3.82
Einbetten nicht genormter Gewindebuchsen
a), b) einseitig herausragend
c) beiderseitig herausragend
d) bündig abschließend mit Auge

des Werkstoffes nur durch Einbetten von metallischen Muttern realisierbar. Dafür stehen handelsübliche Einpreßmuttern **(Tafel 4.3.22)** zur Verfügung. Sie werden aus Automatenstahl und aus Messing (CuZn40Pb2) gefertigt.
Auch handelsübliche Sechskantmuttern **(Bild 4.3.81)** sowie die im **Bild 4.3.82** gezeigten Formen sind zur Einbettung geeignet. Dabei gilt, daß sie entweder tief unter der Oberfläche des Einbettungskörpers liegen oder aus dieser etwas herausragen sollen, nicht aber mit ihr bündig abschließen dürfen (Gratbildung).

- Bei Einbettungen von Bauteilen in metallische Gußwerkstoffe, z. B. Aluminiumlegierungen, können die Formschlußelemente der einzubettenden Bauteile kleiner sein als die bei Kunststoffen. Ansonsten sind die gleichen Formen dieser Formschlußelemente anwendbar **(Bild 4.3.83)** (Einpreßmuttern und Gewindebuchsen für Formstoffteile s. DIN 16903).

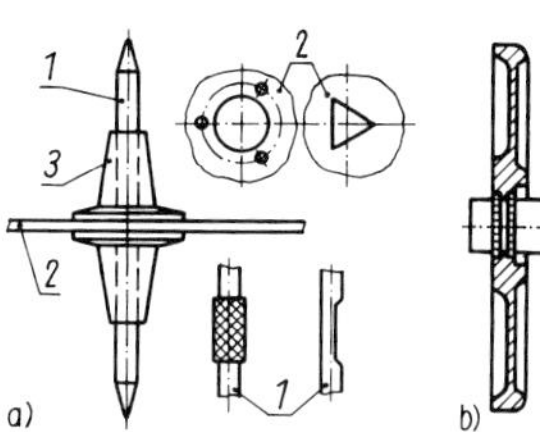

Bild 4.3.83. Mittelbare Einbettung in Druckguß
a) Bremsscheibe eines Elektrozählers; b) Einbettung einer Nabe in ein Schwungrad
1 Achse aus CuZn; *2* Bremsscheibe aus Aluminium; *3* Druckgußteil

Literatur zum Abschnitt 4.3.

(Grundlagenliteratur s. Literatur zum Abschnitt 1.)

Bücher

[4.3.1] *N. N.:* Nietverbindungen – Literaturdokumentation, eine Fachbibliografie. Stuttgart: Fraunhofer-IRB-Verlag 2000.
[4.3.2] *Fritsch, H.:* Nietverbindungen. 2. Aufl. Stuttgart: IRB-Verlag 1989.
[4.3.3] *Hahn, O.:* Fügen durch Umformen, Nieten und Durchsetzfügen – innovative Verbindungsverfahren für die Praxis. Düsseldorf: Verlags- und Vertriebsgesellschaft 1996.
[4.3.4] *Bastian, H.-W.:* Befestigungstechnik – Dübeln, Schrauben, Nieten, Tackern, Kleben. Niederhausen/Ts.: Falken-Verlag 1995.
[4.3.5] *Metschkow, B.:* Gestaltung und Dimensionierung von Nietverbindungen. Hannover: Europäische Forschungsgesellschaft für Blechverarbeitung 1994.
[4.3.6] *Hofer, K.:* Nieten in der Praxis. Limeshain: Groebel, infotip – Verlag für Technikliteratur 1988.
[4.3.7] *Hove, U.:* Zum Verhalten biege- und torsionsbelasteter Profilwellenverbindungen. Diss. Technische Universität Berlin 1986.
[4.3.8] *Huth, H.:* Zum Einfluß der Nachgiebigkeit mehrreihiger Nietverbindungen auf die Lastübertragungs- und Lebensdauervorhersage. Diss. Technische Universität München 1984.
[4.3.9] *Frömert, H.:* Arten, Aufbau, Beanspruchung und Montage von Keil- und Federverbindungen. Berlin: Verlag Technik 1983.
[4.3.10] *N. N.:* Stifte und Stiftverbindungen. 3. Aufl. Düsseldorf: Beratungsstelle für Stahlverwendung 1982.
[4.3.11] *Rösicke, E.:* Aufbau, Aufgaben, Anwendung und Beanspruchung von Stiftverbindungen. Berlin: Verlag Technik 1981.
[4.3.12] *Zechlin, K.:* Einbetten in Gießharz. 25. Aufl. Stuttgart-Botnang: Frech-Verlag 1978.
[4.3.13] *Ringhandt, H.:* Feinwerkelemente. 3. Aufl. München, Wien: Carl Hanser Verlag 1992.
[4.3.14] *Bauer, C. O.*(Hrsg.): Handbuch der Verbindungstechnik. München, Wien: Carl Hanser Verlag 1991.
[4.3.15] *Böge, A.:* Studienprogramme Maschinenelemente – Schraubenverbindungen, Federn, Achsen und Wellen, Nabenverbindungen, Gleitlager, Stirnradgetriebe. Braunschweig: Verlag Friedrich Vieweg & Sohn 1990.
[4.3.16] *Matthes, K.-J.:* Untersuchung zur Veränderung der Eigenschaften von Nietverbindungen nach und während einer thermischen Beanspruchung. Hannover: EFB 1999.

Aufsätze

zu 4.3.1. Nietverbindungen

[4.3.30] *Bauer, H.:* Aufgeschweißte oder genietete Kontakte. Konstruktion, Elemente, Methoden 15 (1978) 9, S. 111.
[4.3.31] *Ehmann, H.:* Wirtschaftliche Fortschritte und technische Innovation in der Blindniettechnik. Konstruktion, Elemente, Methoden 17 (1980) 9, S. 121.
[4.3.32] *Bodmer, E.:* Mehrspindliges Taumelnieten. Feinwerktechnik und Meßtechnik 90 (1982) 1, S. 23.

zu 4.3.2. Stift- und Bolzenverbindungen

[4.3.33] *Dietz, P.; Rothe, F.:* Berechnung und Optimierung von Bolzen-Lasche-Verbindungen. Konstruktion 47 (1995) 9, S. 277.

[4.3.34] *Krüger, G.:* Schnappverbindungen: Zugversuche mit Steckkupplungen. Konstruktion 53 (2001) 10, S. 60.

[4.3.35] *Mintrop, H.:* Untersuchungen über die Passungsgenauigkeit von Kerbstiftverbindungen bei Verwendung von Kerbstiften mit 3 mm Durchmesser. Konstruktion 9 (1957) 1, S. 13.

[4.3.36] *Schmitz, H.:* Theoretische und experimentelle Untersuchungen an Stiftverbindungen. Konstruktion 12 (1960) 1, S. 5; 2, S. 83.

[4.3.37] *Gommel, K.-W.:* Die Tragfähigkeit und Elastizität von Präzisionsstift-Verbindungen. Feingerätetechnik 15 (1966) 4, S. 148.

[4.3.38] *Mintrop, H.; v. d. Heide, W.:* Die erzielbare Passungsgenauigkeit von Spiralspannstiftverbindungen bei unterschiedlicher Beschaffenheit der Bohrungen. Konstruktion 21 (1969) 1, S. 13.

[4.3.39] *v. d. Heide, W.:* Kerbstifte und ihre geometrische Form. Konstruktion, Elemente, Methoden 7 (1970) 6, S. 25 und 7, S. 20.

[4.3.40] *v. d. Heide, W.:* Die erforderlichen Kräfte beim Pressen und Schlagen von Kerbstiften in und durch Bohrungen. Konstruktion, Elemente, Methoden 9 (1972) 7, S. 67.

zu 4.3.3. Feder- und Profilwellenverbindungen

[4.3.41] *Durrenbach, R.:* Verbindungen von Welle und Nabe. Konstruktion 6 (1954) 10, S. 399.

[4.3.42] *Munil, R.:* Die Polygonverbindungen und ihre Nabenberechnung. Konstruktion 14 (1962) 6, S. 213.

zu 4.3.4. Bördelverbindungen; 4.3.5. Sickenverbindungen; 4.3.6. Lappen- und Schränkverbindungen; 4.3.7. Falz- und Einrollverbindungen; 4.3.8. Blechsteppverbindungen

[4.3.43] *Eder, H.:* Feinwerktechnische Verbindungen durch plastische Verformung. Feinwerktechnik 65 (1961) 4, S. 135.

[4.3.44] *Mills, W. C.:* Blechverbindungen. Konstruktion 9 (1957) 3, S. 124.

[4.3.45] *Klosse, E.:* Über das Blechsteppen. Konstruktion 6 (1954) 1, S. 25.

zu 4.3.9. Einspreizverbindungen

[4.3.46] *Hübner, R.:* Der Ausgleich von axialem Spiel bei der Anwendung von Seegerringen. Konstruktion 15 (1963) 1, S. 19.

[4.3.47] *Krüger, G.:* Schnappverbindungen: Zugversuche mit Steckkupplungen. Konstruktion 53 (2001) 10, S. 60.

[4.3.48] *Hübner, R.:* Seegerringe bei hoher Wellendrehzahl. Konstruktion 22 (1970) 7, S. 261.

[4.3.49] *Käufer, H.:* Katalog schnappbarer Formschlußverbindungen an Kunststoffteilen und beispielhafte Konstruktionen linienförmiger Kraftformschlußverbindungen. Konstruktion 29 (1977) 10, S. 387.

[4.3.50] *Käufer, H.; Hesselbroek, B.:* Reversible, öffenbare Schnappverbindungselemente. Gummi, Asbest, Kunststoffe 29 (1976) 6, S. 368.

[4.3.51] *Delphy, U.:* Zylindrische Schnappverbindungen aus Kunststoff, Berechnungsgrundlagen und Versuchsergebnisse. Konstruktion 30 (1978) 5, S. 179.

[4.3.52] *Delphy, U.:* Zylindrische, vom Rohrende abliegende Schnappverbindungen aus Kunststoff. Konstruktion 30 (1978) 8, S. 307.

[4.3.53] N. N.: Berechnungen von Schnappverbindungen mit Kunststoffteilen. Konstruktion, Elemente, Methoden 16 (1979) 9, S. 69.

[4.3.54] *Oberbach, K.,* u. a.: Beispiele für die Gestaltung von Schnappverbindungen aus Thermoplasten. Verbindungstechnik 12 (1980) 2, S. 15.

[4.3.55] *Koller, R.; Stellberg, M.:* Ein Weg zu einer systematischen Konstruktion und Ordnung von Schnappverbindungen. Konstruktion 39 (1987) 8, S. 315.

zu 4.3.10. Einbettverbindungen

[4.3.56] *Fischer, A.:* Automatisches Handhaben und Vorwärmen von Spritzguß-Einlegeteilen. Feinwerktechnik u. Meßtechnik 94 (1986) 6, S. 375.

[4.3.57] *Strauch, E. K. R.:* Zweikomponenten-Spritzguß – Möglichkeiten der Metallsubstitution. Feinwerktechnik u. Meßtechnik 94 (1986) 10, ZM 134.

[4.3.58] *Hannon, O.:* In Druckguß eingegossene Teile. Maschine Design 30 (1958) 5, S. 125.

[4.3.59] *Hofmann, J.:* Verbundwerkstoffe – Werkstoffverbund. Neue Wege zu multifunktionellen Bauteilen der Feinwerktechnik. Feinwerktechnik und Meßtechnik 86 (1978) 6, S. 283.

[4.3.60] N. N.: Outsert-Technik, eine fortschrittliche Methode wirtschaftlicher Spritzgießmontage. Kunststoffe 68 (1978) 7, S. 394.

[4.3.61] *Haak, U.:* Outsert-Technik, Verfahren zur wirtschaftlichen Herstellung feinwerktechnischer Bauteile. Feinwerktechnik und Meßtechnik 87 (1979) 6, S. 253.

[4.3.62] *Groebel, K. P.:* Gewindeeinsätze für kerbempfindliche Werkstoffe. Verbindungstechnik 11 (1979) 12, S. 29.

[4.3.63] *Land, W.:* Das Einbetten von Verbindungselementen mit Ultraschall. Verbindungstechnik 9 (1977) 5, S. 17.

[4.3.64] *Großberndt, H.:* Schraubenverbindungen an Gehäusen aus thermoplastischen Kunststoffen. Verbindungstechnik 12 (1980) 9, S. 21.

4.4. Kraftschlüssige Verbindungen

Zeichen, Benennungen und Einheiten

A_F	Fugenfläche in mm^2
A_s	Spannungsquerschnitt in mm^2
A_{Schr}	Schrauben- (Spannungs- oder Schaft-) Querschnitt in mm^2
A_q	Kernquerschnitt in mm^2
A_z	Zylinderquerschnittsfläche in mm^2
D	Durchmesser, Schraubennenndurchmesser in mm
D_{Aa}, D_{Ai}	Außen-, Innendurchmesser am Außenteil in mm
D_{Ia}, D_{Ii}	Außen-, Innendurchmesser am Innenteil in mm
D_F	Fugendurchmesser in mm
D_m	mittlerer Durchmesser in mm
D_1	Kernbohrungsdurchmesser des Muttergewindes, kleinster Durchmesser des Kegelstumpfes, Senkungsdurchmesser in mm
D_2	Flankendurchmesser des Muttergewindes, größter Durchmesser des Kegelstumpfes in mm
E; E_A, E_I	Elastizitätsmodul; des Außenteils, des Innenteils in N/mm^2
F	Kraft in N
F_B	Kraft, um die die Bauteilgruppe entlastet wird, in N
F_{Betr}	Betriebskraft, -last in N
F_H	Haltekraft in N
F_L, F_Q	Schraubenlängs-, Schraubenquerkraft in N
F_R	Reibkraft in N
F_V	Vorspannkraft in N
F_e	Einpreßkraft in N
F_n, F_n'	Normalkraft, Komponente der Normalkraft in N
F_r	Rutschkraft, Radialkraft in N
F_{rest}	Restkraft an Baugruppe in N
F_s	Lösekraft, Schaltkraft in N
F_t	Tangentialkraft, Umfangskraft in N
F_{ta}, F_{tF}	Tangentialkraft außen, in der Fuge in N
F_x	Axialkraft, äußere Vorspannkraft in N
F_Z	Zusatzkraft in N
G; G_A, G_I	Glättungsmaß; am Außen-, Innenteil in mm
H_1	Gewindetiefe an der Mutter in mm
K_A, K_I	Pressungsbeiwerte des Außen-, Innenteils in mm^2/N
M_G	Gewindereibmoment unter Last in $N \cdot mm$
M_d	Drehmoment, Torsionsmoment in $N \cdot mm$
P	Steigung, Ganghöhe in mm
Q_A, Q_I	Durchmesserverhältnis an Außen-, Innenteil
R	Radius in mm
R_F	Fugenradius in mm
R_a	Außenradius in mm
R_e; R_{eA}, R_{eI}	Streckgrenze; für Außen-, Innenteil in N/mm^2
R_m	Bruchgrenze, Zugfestigkeit in N/mm^2
$R_{p0,2}$	0,2-%-Dehngrenze in N/mm^2
R_z; R_{zA}, R_{zI}	gemittelte Rauhtiefe; an Außen-, Innenteil in mm
S, S_F	Sicherheitsfaktor, gegen Fließen
U; U_{max}, U_{min}	Übermaß; Größt-, Kleinstübermaß in mm
U'_{max}, U'_{min}	ISO-toleranzbedingtes Größt-, Kleinstübermaß in mm
W_t	Widerstandsmoment gegen Torsion in mm^3
Z	Haftmaß in mm
a	Aufmaß, Senktiefe in mm
b	Breite, Keilbreite in mm
c_{Bges}; c_{Bi}, c_{Schr}	Federsteife der Bauteilgruppe; der Einzelbauteile, der Schraube in N/mm
d	Durchmesser, Nenndurchmesser in mm
d'	Nutdurchmesser in mm
d_A	Durchmesser des Ersatzzylinders in mm
d_F	Fugendurchmesser in mm
d_L	Lochdurchmesser in mm
d_P	Schaftdurchmesser bei Paßschrauben in mm
d_1	Lochdurchmesser bei Scheiben in mm
d_2	Flankendurchmesser bei Schrauben, Kopfdurchmesser bei Zylinder- und Senkschrauben in mm

d_3	Kerndurchmesser bei Schrauben, Außendurchmesser bei Fächer- und Zahnscheiben in mm
e	Eckenmaß bei Sechskantschrauben und -muttern, Abstand der Rohrstirnflächen in mm
e_{Aa}, e_{Ii}	Verformung des Außenteils außen, des Innenteils innen in mm
e_{Ai}, e_{Ia}	Verformung des Außenteils innen, des Innenteils außen in mm
f	Freistichbreite, Fasenhöhe in mm
h, h_1	Höhe des Federringes, der Federscheibe in mm
$h_3 = (d - d_3)/2$	Gewindetiefe an der Schraube in mm
h_s	Stollenhöhe in mm
k	Kopfhöhe in mm
l	Länge, Keillänge in mm
l_B, l_{Bi}	Dicke der Bauteilgruppe, Dicke der Einzelbauteile in mm
l_F	Fugenlänge in mm
m	Mutterhöhe in mm, Poissonsche Konstante
m_A, m_I	Poissonsche Konstante an Außen-, Innenteil
n	Anzahl der Gewindegänge
p_F, p'_F	Flächenpressung in der Preß- oder Klemmfuge, bei ISO-bedingtem Übermaß in N/mm²
p_m	mittlere Flächenpressung in N/mm²
r	Radius in mm
s	Schlüsselweite, Blechdicke, Scheibendicke in mm
s_F	Fügespiel bei Querpreßverbindungen in mm
t	Nuttiefe, Teilung in mm
t_1	Wellennuttiefe in mm
t_2	Nabennuttiefe in mm
v_f	Fügegeschwindigkeit in mm/s
α	Winkel, Keilwinkel, Öffnungswinkel in °; Längen-Temperaturkoeffizient in m/(m · K)
α_o	Anstrengungsverhältnis
β	halber Flankenwinkel in °
ϑ, ϑ_0	Temperatur, Raumtemperatur in °C
ϑ_E, ϑ_U	Temperatur des erhitzten Außenteils, des unterkühlten Innenteils in °C
$\lambda_{Vd}, \lambda_{Vz}; \Delta\lambda$	Stauchung, Dehnung; Stauchungs- bzw. Dehnungsunterschied in mm
Δe	Einpreßweg in mm
μ	Reibwert
ν	Querzahl, Querkontraktionszahl ($\nu = 1/m$)
ψ	Steigungswinkel in °
ϱ, ϱ'	Reibwinkel, verzerrter Reibwinkel in °
σ	Normalspannung in N/mm²
$\sigma_{AD}, \sigma_{ADK}$	Dauerausschlagfestigkeit, bei gekerbten Bauteilen in N/mm²
σ_a	Ausschlagspannung in N/mm²
σ_l	Lochleibung in N/mm²
σ_v	Vergleichsspannung in N/mm²
σ_z	Zugspannung in N/mm²
τ_a	Scherspannung in N/mm²
τ_t	Torsionsspannung in N/mm²

Indizes

V	Vorspannung
W	Wechselfestigkeit
Sch	Schwellfestigkeit
Schr	Schraube
erf	erforderlicher Wert
ges	Gesamtwert
max	Maximalwert
min	Minimalwert
vers	Versagens-(Spannung)
zul	zulässiger Wert

Bei kraftschlüssigen Verbindungen werden die Verbindungspartner durch Reibkräfte in ihrer gegenseitigen Lage gehalten. Diese Reibkräfte lassen sich durch die bei elastischen Verformungen der zu verbindenden Bauteile auftretenden oder durch von dritten Bauteilen erzeugte Kräfte bewirken. An Hand dieser Kriterien können die kraftschlüssigen Verbindungen in die Einpreß-, Quetsch- und Verpreß-, Renk- und Wickelverbindungen einerseits sowie die Keil-, Schrauben- und Klemmverbindungen andererseits eingeteilt werden.
Außer bei Einpreßverbindungen, die bedingt lösbar, sowie bei Quetsch- und Verpreßverbindungen, die unlösbar sind, besteht bei den kraftschlüssigen Verbindungen Lösbarkeit.

4.4.1. Einpreßverbindungen [1.11] [1.15] [4.4.1] bis [4.4.6] [4.4.30] bis [4.4.39]

Einpreßverbindungen sind kraftschlüssige, bedingt lösbare Verbindungen zwischen Bauteilen, von denen das eine das andere umfaßt. Durch ein Übermaß des Innenteils gegenüber dem Außenteil erzeugte elastische und elastisch-plastische Verformungen beider Partner haben Normalkräfte in der Fuge zur Folge, die über den Mechanismus der Reibung einer axialen oder tangentialen Bewegung der Bauteile relativ zueinander entgegenwirken.

4.4.1.1. Einteilung, Eigenschaften und Anwendung

Einpreßverbindungen lassen sich durch radiales oder axiales Fügen herstellen. Im ersten Fall handelt es sich um Querpreßverbindungen, im zweiten um Längspreßverbindungen **(Bild 4.4.1)**.

Preßverbindungen mit geschlossener Fuge		Preßverbindungen mit unterbrochener Fuge	
Längspreß-verbindung	Querpreßverbindung	Rändelung der Welle vor dem Fügen	Rändelung der Bohrung vor dem Fügen
Teil 2 weicher als Teil 1		Teil 2 weicher als Teil 1	Teil 1 weicher als Teil 2
$D_{Ia} > D_{Ai}$ enge Toleranzen nötig	$D_{Ia} > D_{Ai}$ enge Toleranzen nötig. I: $\vartheta_2 > \vartheta_0$, II: $\vartheta_1 < \vartheta_0$	$D_{Ia} < D_{Ai}$, $D'_{Ia} > D_{Ai}$ Toleranzen groß	$D_{Ia} < D_{Ai}$, $D_{Ia} > D'_{Ai}$ Toleranzen groß

Bild 4.4.1. Prinzipielle Möglichkeiten des Herstellens von Preßverbindungen

ϑ_0 Raumtemperatur; ϑ_1 Temperatur des Innenteils; ϑ_2 Temperatur des Außenteils; α Fasenwinkel; D_{Ai}, D_{Aa} Durchmesser des Außenteils, innen und außen; D_{Ii}, D_{Ia} Durchmesser des Innenteiles, innen und außen

Querpreßverbindungen. Zur Realisierung der radialen Fügebewegung wird die Wärmedehnung der Werkstoffe ausgenutzt. Durch Erwärmen entweder des Außenteils oder Abkühlen des Innenteils oder durch Erwärmen des Außen- und Abkühlen des Innenteils wird das bei Raumtemperatur vorhandene Übermaß zwischen den Bauteilen beseitigt. Diese lassen sich dadurch mit Spiel fügen und sind nach dem Ausgleich der Temperatur fest verbunden. Das Erwärmen erfolgt auf Wärmeplatten (bei Wälzlagern mit $\vartheta_E \leqq 100\,°C$), im Ölbad ($\vartheta_E \leqq 365\,°C$), in elektrischen oder in gasbeheizten Öfen oder auch in der offenen Gasflamme ($\vartheta_E \leqq 700\,°C$). Zum Abkühlen des Innenteils verwendet man Kohlensäureschnee ($\vartheta_U = -72\,°C$) oder flüssige Luft ($\vartheta_U = -190\,°C$). Zu beachten ist dabei, daß sich auf den abgekühlten Bauteilen die Luftfeuchte niederschlägt, die nach dem Erwärmen zu Korrosion führen kann.

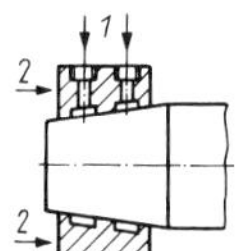

Bild 4.4.2. Druckölverband
1 Ölzuführung (unter hohem Druck); *2* Fügebewegung

Bei kegelförmigen Fugenflächen **(Bild 4.4.2)** kann zum Fügen und auch zum Lösen der Verbindung eine andere Methode Anwendung finden: Über Bohrungen im Außenteil wird Öl in die Fuge gedrückt, so daß das Außenteil aufgeweitet wird und sich weiter auf den Innenkegel schieben läßt. Diese Methode, als *Druckölverband* bekannt, ist für zylindrische Fugenflächen nur beim Lösen anwendbar, jedoch nicht zum Fügen. Ihre Hauptanwendung hat sie im Maschinenbau.

Der Vorteil der Querpreßverbindungen besteht in der Schonung der Fugenflächen; die Glättung dieser Flächen ist wesentlich kleiner als bei den axial gefügten Längspreßverbindungen.

Längspreßverbindungen. Die Bauteile werden durch axiale Einpreßkräfte gefügt. Durch die Gleitbewegung der Fugenflächen aufeinander erfolgt ein teilweises Einebnen der Rauheit dieser Flächen, was einen Übermaßverlust zur Folge hat. Dieser wächst mit größer werdender Fügegeschwindigkeit, die deshalb den Wert $v_f = 2$ mm/s nicht überschreiten sollte.

Bei Bauteilen aus dem gleichen Werkstoff besteht außerdem die Gefahr des Fressens, der durch Schmierung der Fugenflächen zu begegnen ist. Damit wird aber der Reibwert in der Fuge herabgesetzt.

Die zeitliche Konstanz der Fugenpressung ist an Werkstoffe gebunden, die nicht kriechen, also der mechanischen Spannung nicht nachgeben. Harte Metalle (vor allem Stahl) sind kriechfest. Weiche Metalle (Blei, Zinn, Aluminium) sowie Kunststoffe sind aus diesem Grunde nur bedingt für Einpreßverbindungen geeignet.

Tafel 4.4.1. Berechnung der Einpreßverbindungen

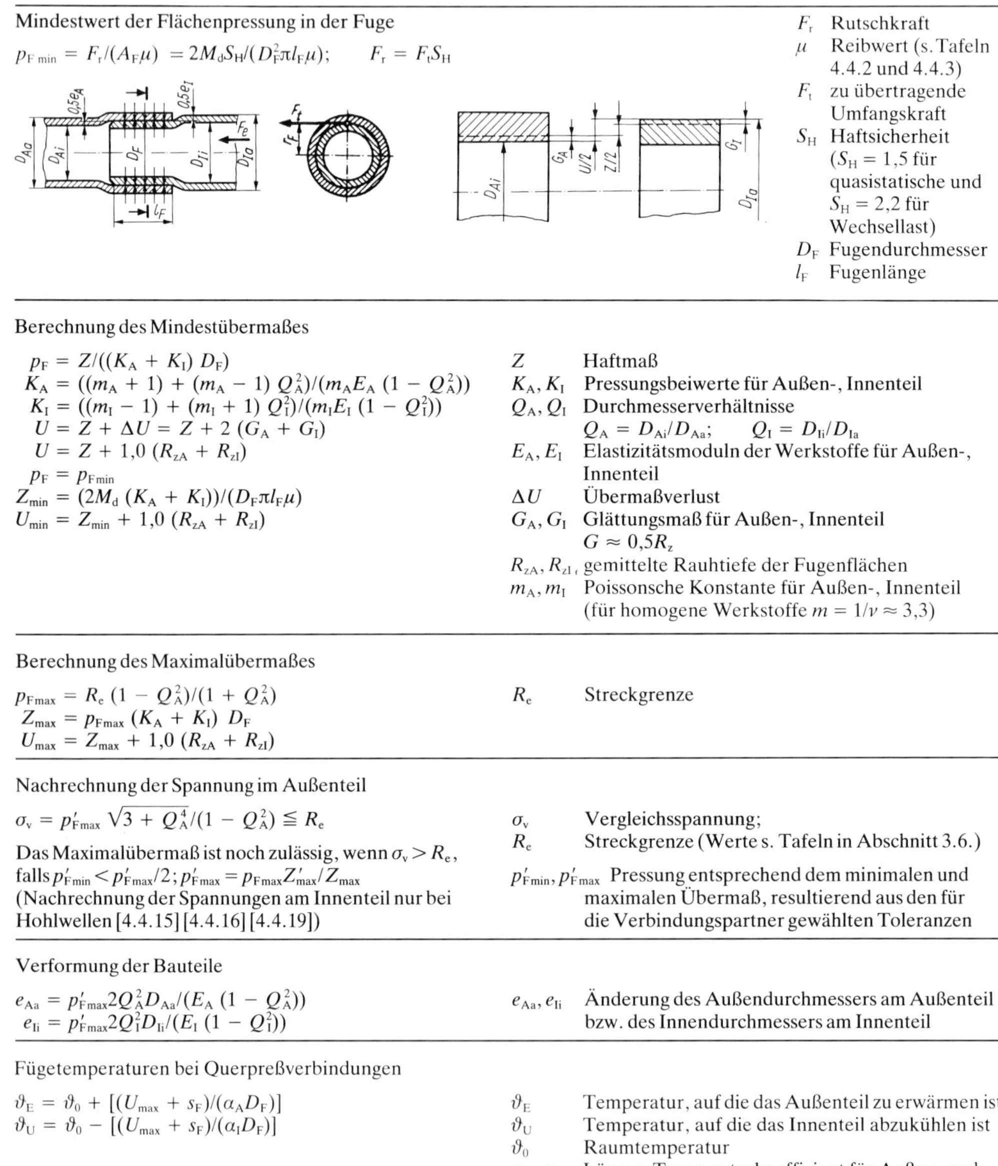

Mindestwert der Flächenpressung in der Fuge

$$p_{F\,min} = F_r/(A_F\mu) = 2M_dS_H/(D_F^2\pi l_F\mu); \qquad F_r = F_tS_H$$

F_r	Rutschkraft
μ	Reibwert (s. Tafeln 4.4.2 und 4.4.3)
F_t	zu übertragende Umfangskraft
S_H	Haftsicherheit ($S_H = 1{,}5$ für quasistatische und $S_H = 2{,}2$ für Wechsellast)
D_F	Fugendurchmesser
l_F	Fugenlänge

Berechnung des Mindestübermaßes

$$p_F = Z/((K_A + K_I)\,D_F)$$
$$K_A = ((m_A + 1) + (m_A - 1)\,Q_A^2)/(m_AE_A\,(1 - Q_A^2))$$
$$K_I = ((m_I - 1) + (m_I + 1)\,Q_I^2)/(m_IE_I\,(1 - Q_I^2))$$
$$U = Z + \Delta U = Z + 2\,(G_A + G_I)$$
$$U = Z + 1{,}0\,(R_{zA} + R_{zI})$$
$$p_F = p_{F\,min}$$
$$Z_{min} = (2M_d\,(K_A + K_I))/(D_F\pi l_F\mu)$$
$$U_{min} = Z_{min} + 1{,}0\,(R_{zA} + R_{zI})$$

Z	Haftmaß
K_A, K_I	Pressungsbeiwerte für Außen-, Innenteil
Q_A, Q_I	Durchmesserverhältnisse $Q_A = D_{Ai}/D_{Aa}$; $Q_I = D_{Ii}/D_{Ia}$
E_A, E_I	Elastizitätsmoduln der Werkstoffe für Außen-, Innenteil
ΔU	Übermaßverlust
G_A, G_I	Glättungsmaß für Außen-, Innenteil $G \approx 0{,}5R_z$
R_{zA}, R_{zI}	gemittelte Rauhtiefe der Fugenflächen
m_A, m_I	Poissonsche Konstante für Außen-, Innenteil (für homogene Werkstoffe $m = 1/\nu \approx 3{,}3$)

Berechnung des Maximalübermaßes

$$p_{Fmax} = R_e\,(1 - Q_A^2)/(1 + Q_A^2)$$
$$Z_{max} = p_{Fmax}\,(K_A + K_I)\,D_F$$
$$U_{max} = Z_{max} + 1{,}0\,(R_{zA} + R_{zI})$$

R_e	Streckgrenze

Nachrechnung der Spannung im Außenteil

$$\sigma_v = p'_{Fmax}\sqrt{3 + Q_A^4}/(1 - Q_A^2) \leqq R_e$$

Das Maximalübermaß ist noch zulässig, wenn $\sigma_v > R_e$, falls $p'_{Fmin} < p'_{Fmax}/2$; $p'_{Fmax} = p_{Fmax}Z'_{max}/Z_{max}$ (Nachrechnung der Spannungen am Innenteil nur bei Hohlwellen [4.4.15] [4.4.16] [4.4.19])

σ_v	Vergleichsspannung;
R_e	Streckgrenze (Werte s. Tafeln in Abschnitt 3.6.)
p'_{Fmin}, p'_{Fmax}	Pressung entsprechend dem minimalen und maximalen Übermaß, resultierend aus den für die Verbindungspartner gewählten Toleranzen

Verformung der Bauteile

$$e_{Aa} = p'_{Fmax}2Q_A^2D_{Aa}/(E_A\,(1 - Q_A^2))$$
$$e_{Ii} = p'_{Fmax}2Q_I^2D_{Ii}/(E_I\,(1 - Q_I^2))$$

e_{Aa}, e_{Ii}	Änderung des Außendurchmessers am Außenteil bzw. des Innendurchmessers am Innenteil

Fügetemperaturen bei Querpreßverbindungen

$$\vartheta_E = \vartheta_0 + [(U_{max} + s_F)/(\alpha_AD_F)]$$
$$\vartheta_U = \vartheta_0 - [(U_{max} + s_F)/(\alpha_ID_F)]$$

ϑ_E	Temperatur, auf die das Außenteil zu erwärmen ist
ϑ_U	Temperatur, auf die das Innenteil abzukühlen ist
ϑ_0	Raumtemperatur
α_A, α_I	Längen-Temperaturkoeffizient für Außen- und Innenteil [1.2]
s_F	Fügespiel

In der Feinwerktechnik finden vorwiegend Längspreßverbindungen Anwendung. Da besonders bei kleinem Fugendurchmesser sehr enge Toleranzen gefordert sind, deren Herstellung große Kosten verursacht, werden dann andere Möglichkeiten genutzt, die diesen Nachteil vermeiden:

- Einpressen nach Riffelung der Fugenflächen, die besonders in axialer Richtung ausgeführt wird (Rändeln), wegen der einfacheren Herstellung häufig am Innenteil (s. Bild 4.4.1);
- Fügen mit Übergangs- oder Spielpassung und nachträgliches plastisches Verformen der Partner, so daß zumindest örtlich eine Preßpassung entsteht. Dazu sind Sonderwerkzeuge erforderlich. Diese Variante weicht sowohl bezüglich der möglichen Fügerichtungen als auch der Gestaltung von den hier beschriebenen Einpreßverbindungen ab. Sie wird deshalb im Abschnitt 4.4.2. gesondert behandelt.

4.4.1.2. **Berechnung** [1.15] [4.4.1] bis [4.4.3]

Gegenstand der Berechnung ist die Bemessung des Übermaßes, das einerseits die Übertragung der vorgesehenen Kräfte bzw. Drehmomente garantieren muß, andererseits jedoch nicht zum Zerstören der Verbindungspartner führen darf. DIN 7190 enthält ein Berechnungsverfahren in grafischer Form, das die Ermittlung der Übermaßtoleranz erlaubt und im folgenden in analytischer Form dargestellt ist **(Tafel 4.4.1)**.

① Zunächst ist die Mindestflächenpressung in der Fuge zu berechnen. Diese Flächenpressung muß so groß sein, daß die Betriebskraft oder das Betriebsdrehmoment mit einer bestimmten Sicherheit durch die resultierende Reibkraft bzw. das Reibmoment übertragen wird. Der für die Reibung in der Fuge maßgebende Reibwert läßt sich für Querpreßverbindungen der **Tafel 4.4.2** und für Längspreßverbindungen der **Tafel 4.4.3** entnehmen.

Tafel 4.4.2. Reibwerte μ bei Querpreßverbindungen

Werkstoffpaarung	Art des Fügens	Schmierung	Reibwert μ
St/St	Druckölverband	Mineralöl	0,08
		Glyzerin	0,13
	Schrumpfverband, Erwärmung des Außenteils bis 300°C	nicht entfettet	0,1
		Flächen entfettet	0,15
St/GGL (GG)[1]	Druckölverband	Mineralöl	0,07
		Glyzerin	0,1
St/MgAl-Leg. St/CuZn-Leg.	Schrumpfverband	keine	0,05 ... 0,06
		keine	0,05 ... 0,14

[1]) GGL Grauguß, in DIN bisher mit GG bezeichnet

- Neue Kurzbezeichnungen für Werkstoffe s. Tafeln 3.38 und 3.39

Tafel 4.4.3. Reibwerte μ bei Längspreßverbindungen

Werkstoffpaarung: Welle	Werkstoffpaarung: Nabe	Schmierung	Reibwert μ
X210Cr12 o. ä.	St60 GS-60	keine	0,08
		Mineralöl	0,06
	St33 St37	keine	0,07
		Mineralöl	0,05
	G-AlSi12Cu	keine	0,05
		Mineralöl	0,04
	G-CuPbSn10	keine	0,05
	GGL-25 (GG-25)	keine	0,08 ... 0,1
		Mineralöl	0,04

② Die Mindestflächenpressung ist zu vergleichen mit der durch ein Übermaß erzeugten Flächenpressung. Aus diesem Vergleich kann man das erforderliche Mindestübermaß errechnen. Die für das Glättungsmaß interessierende Rauheit der Fugenflächen enthält Tafel 3.13 im Abschnitt 3.2.

③ Das Maximalübermaß wird aus der Festigkeit des Außenteils, des gefährdeteren der beiden Bauteile, bestimmt.

④ Die Bauteile müssen nun so toleriert werden, daß das so mögliche Übermaß das berechnete Mindestübermaß erreicht oder überschreitet und das berechnete Maximalübermaß unterschreitet oder höchstens diesem gleich ist.

⑤ Mit den aus den Bauteiltoleranzen sich ergebenden Übermaßen U'_{max} und U'_{min} ist die Festigkeit des Außenteils nachzurechnen. Ergibt sich $\sigma_v > R_e$, so besteht im Außenteil der Verbindung zumindest eine teilweise plastische Verformung. Diese ist unter bestimmten Voraussetzungen noch zulässig (Tafel 4.4.1).

Ein Überblick über die vorhandene Fugenpressung und die Art der Verformung der Bauteile läßt sich nach **Bild 4.4.3** grafisch-rechnerisch gewinnen.

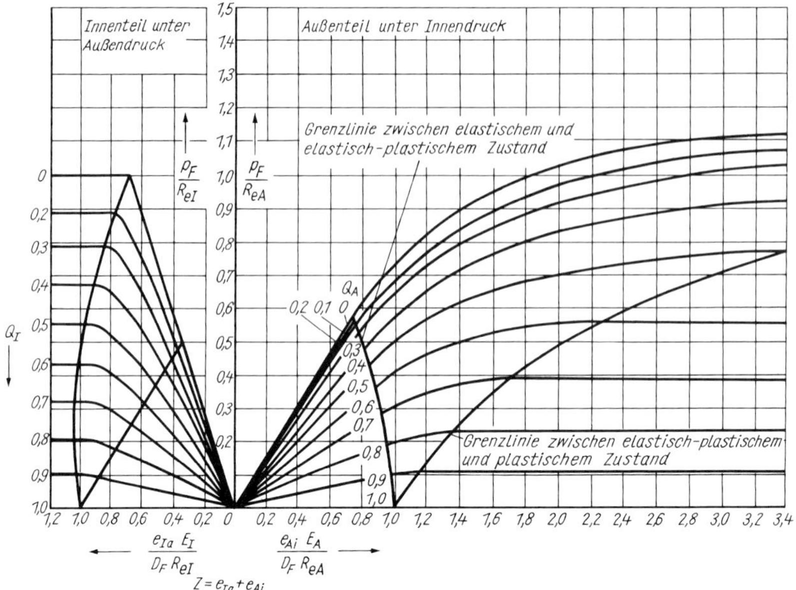

Bild 4.4.3. Fugenpressung als Funktion der Fugendehnung [4.4.30], s. auch Tafel 4.4.1

Man berechnet dazu den Wert $ZE/(R_e D_F)$ und zeichnet diesen als Strecke maßstabgerecht parallel zur Abszissenachse so in das Diagramm ein, daß die Endpunkte dieser Strecke auf die für den gedachten Fall zutreffenden Kurven der Durchmesserverhältnisse Q_A und Q_I zu liegen kommen. Dann schneidet die Strecke die Ordinatenachse im Punkt p_F/R_e, also der gesuchten Flächenpressung. Außerdem erkennt man aus der Lage der Endpunkte der Strecke $ZE/(R_e D_F)$, welche Art Verformung in den Verbindungspartnern vorliegt.

Soll im inneren oder auf dem äußeren Bauteil ein weiteres montiert werden, so interessiert es, welche Durchmesser bei der gefügten Verbindung vorliegen. In Tafel 4.4.1 sind Gleichungen angegeben, mit deren Hilfe die Änderungen des Außendurchmessers am Außenteil und des Innendurchmessers am Innenteil (sofern dieses rohrförmig ist) zu ermitteln sind.

Querpreßverbindungen sind prinzipiell wie die Längspreßverbindungen nach den Gleichungen in Tafel 4.4.1 zu berechnen. Rechnet man mit dem gleichen Glättungsmaß, so erhält man bei Querpreßverbindungen größere Pressungen als die Rechnung ergibt. Die zum Fügen der Querpreßverbindung erforderlichen Temperaturen am Außen- oder Innenteil lassen sich aus den in Tafel 4.4.1 angegebenen Gleichungen errechnen.

Für Fugendurchmesser $D_F \geqq 6$ mm kann man i. allg. eine in den berechneten Grenzen bleibende Toleranzkombination nach den geltenden Normen DIN 7154 und 7155 angeben, s. Abschnitt 3.2. Bei Durchmessern $D_F < 6$ mm ist das kaum möglich, die Toleranzen sind feiner festzulegen, als dies nach den oben genannten Normen möglich ist. Das Hauptproblem sind aber die hohen Herstellungskosten.

Bei zylindrischen *Längspreßverbindungen* beträgt die maximal erforderliche Einpreßkraft $F_e = p'_{F\max} A_F \mu$. Die volle Belastbarkeit der Verbindung stellt sich etwa 48 Stunden nach dem Fügen ein. Die Sicherheit der Verbindung hängt neben dem Übermaß von der Oberflächengüte der Fugenflächen, von der Fügegeschwindigkeit und der Fügetemperatur ab. Die Haftkraft F_H sinkt mit wachsender Fügegeschwindigkeit und wachsender Rauheit der Oberflächen sowie nach mehrmaligem Lösen und Fügen bis um 25% vom erreichbaren Maximalwert. Bei wechselnder Belastung geht F_H bis auf F_r zurück, die deshalb der Berechnung zugrunde liegt.

Bei *Kegelpreßverbindungen* wird die Pressung zwischen den Partnern vom Kegelwinkel beeinflußt **(Bild 4.4.4)**. Es gilt

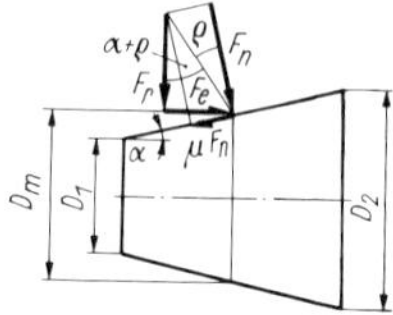

Bild 4.4.4. Kräfte bei einer Kegelpreßverbindung

$$F_e = F_n (\sin \alpha - \mu \cos \alpha) \tag{4.4.1}$$

und

$$p_{F\,min} = \frac{F_r}{A_F \mu} = \frac{2M_d}{(D_I + 2l_F \tan \alpha)^2 \, \pi \mu l_F}, \tag{4.4.2}$$

μ s. Tafel 4.4.2 bzw. 4.4.3.

Wie bei zylindrischen Einpreßverbindungen ist die Mindestflächenpressung mit der durch ein Übermaß erzeugten Flächenpressung zu vergleichen, wobei für D_F, D_A und D_I jeweils die mittleren Werte und für p_F die Radialkomponente $p_F \cos \alpha$ einzusetzen sind.
Das Übermaß wächst um den Betrag ΔU, wenn der Außen- auf den Innenkegel um den Betrag Δe weiter aufgeschoben wird. Es gilt:

$$U = Z + \Delta U = \Delta e \tan \alpha. \tag{4.4.3}$$

Die erforderliche Einpreßkraft F_e ergibt sich dann zu

$$F_e = \frac{\Delta e \tan \alpha - \Delta U}{K_A + K_I} (\tan \alpha + \mu) \, \pi l_F. \tag{4.4.4}$$

4.4.1.3. **Konstruktive Gestaltung** [1.11] [1.15] [4.4.37]

► **Grundsätze:**

- Die unmittelbare Verbindung der Bauteile durch Preßpassung erfordert sorgfältig bearbeitete Fugenflächen mit möglichst geringer Rauheit. Das ist bei zylindrischen Bauteilen mit großen Kosten verbunden, bei kegeligen Bauteilen mit noch höherem Aufwand. Diese Verbindungen sind deshalb nur dann anzuwenden, wenn es die Funktion erfordert, z.B. bei Wälzlagern oder wenn große Ansprüche bezüglich Rundlaufabweichung bestehen.
- Die Rundlauf- und Planlaufgenauigkeit der gefügten Verbindung (Koaxialität) ist abhängig vom Verhältnis $D_F : l_F$. Je größer dieses Verhältnis ist, desto größer sind die Abweichungen von der Koaxialität zu erwarten. Man sollte deshalb das Verhältnis $D_F : l_F$ hinreichend klein halten (z. B. 1 : 1) oder, wenn das nicht möglich ist (z. B. bei Wälzlagern), das Anlegen des einzupressenden Teils gegen einen Bund (gedreht oder Sicherungsring) vorsehen, der das einzupressende Bauteil indirekt koaxial ausrichtet **(Bild 4.4.5)**.

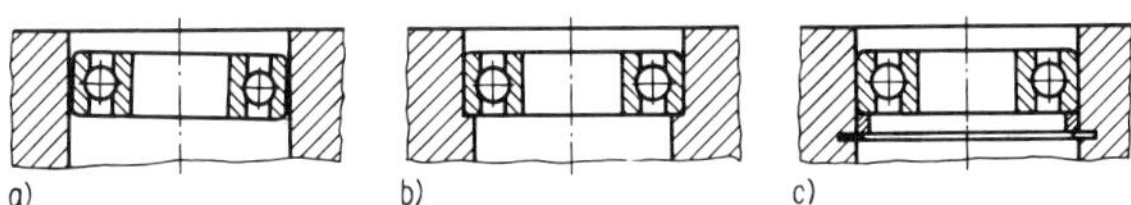

Bild 4.4.5. Koaxialitätsabweichung und deren Vermeidung bei kurzer Preßfuge

a) Wälzlager ohne Anschlag, schief eingepreßt; b) Wälzlager gegen gedrehten Absatz gepreßt (vermeiden – wegen Aufwand); c) Wälzlager gegen Sicherungsring gepreßt (scharfkantigen Ring zwischensetzen – Sicherungsring soll nicht auf Biegung belastet werden)

- Werden hinsichtlich der Belastung nur geringe Ansprüche an die Einpreßverbindung gestellt, sind folgende Passungen anwendbar (s. auch Abschnitt 3.2.2.):

		Passung (Übermaße U in µm)		
		H7/r6	H7/s6	H7/p6 bzw. P7/h6
Nennmaße in mm	3 … <6	3 23	7 27	0 20
	6 … 10	4 28	8 32	0 24

Bild 4.4.6 zeigt solche Verbindungen mit nur geringer Belastung (außer Bild 4.4.6f).

- Das Schaben der Kanten der Bauteile auf den Fugenflächen beim Längseinpressen ist durch kegelige Gestaltung zu vermeiden (Kegelneigungswinkel $\alpha = (5 \ldots 10)°$, s. auch Bild 4.4.1).
- Sollen Preßverbindungen bei anderen Temperaturen als der Raumtemperatur eingesetzt werden, ist durch die Wahl geeigneter Bauteilwerkstoffe dem etwaigen Sinken der Fugenpressung entgegenzuwirken.

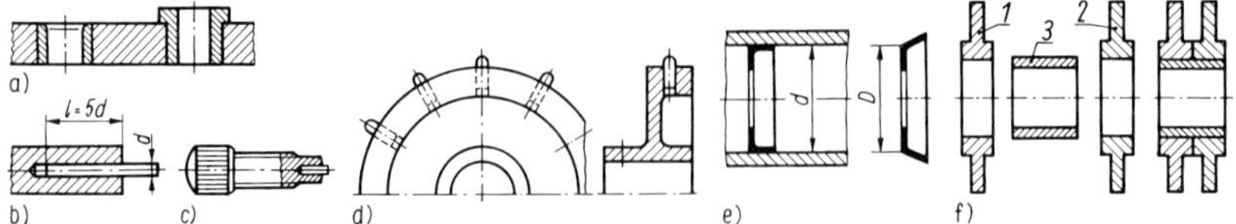

Bild 4.4.6. Preßverbindungen mit geschlossener Fuge

a) eingepreßte Lagerbuchsen; b) eingepreßter Lagerzapfen; c) Stift in Kontaktschraube gepreßt; d) Stifte in Transportrad für Papier gepreßt; e) Blende in Rohr gepreßt; f) mittelbare Preßverbindung zweier Räder *1* und *2* mittels Hülse *3*

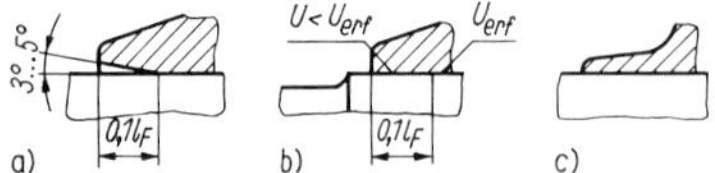

Bild 4.4.7. Verringern der Kerbwirkung bei Preßpassungen

a) durch Aufweiten der Nabe am Rand; b) durch Verringerung des Übermaßes zum Nabenrand hin; c) durch starke Verjüngung der Nabe zum Rand hin

- Zum Verringern der bei Wellen durch die Einpreßverbindung bedingten Kerbwirkung sind sowohl die Welle als auch die Nabe gemäß dem Grundsatz, daß die Flächenpressung am Nabenende allmählich und nicht sprunghaft auf Null zurückgehen soll, zu gestalten. Das ist besonders bei großer dynamischer Belastung wichtig. **Bild 4.4.7** zeigt einige mögliche Varianten zur Berücksichtigung dieses Grundsatzes.
- Rändelpreßverbindungen sind ökonomisch günstiger herstellbar als reine Einpreßverbindungen.

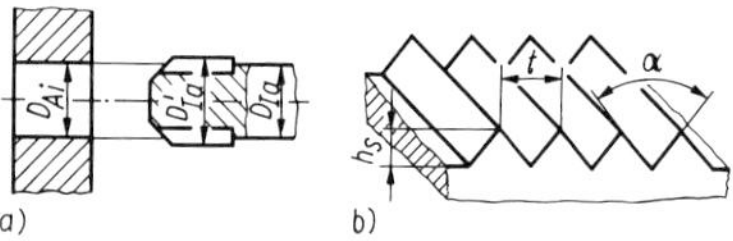

Bild 4.4.8. Preßverbindungen mit gerändelten Bauteilen

a) Prinzip; b) Abmessungen des Rändels

Tafel 4.4.4. Richtwerte für Rändelpreßverbindungen [4.4.9]

Maße in mm

Werkstoff Innenteil	Außenteil	Rändelteilung t	Wellendurchmesser D_{Ia}h9	Nennmaß des Bohrungsdurchmessers D_{Ai}	Toleranz
Stahl	Hartpapier Hartgewebe	0,5 0,6 0,8	3 ... 10 4 ... 10 5 ... 12	$D_{Ia}+0{,}06$ $D_{Ia}+0{,}1$ $D_{Ia}+0{,}1$	N 11
Stahl	Stahl	0,5 0,6 0,8	3 ... 10 4 ... 10 5 ... 12	$D_{Ia}+0{,}08$ $D_{Ia}+0{,}1$ $D_{Ia}+0{,}2$	N 9

Das Aufmaß $a = D'_{Ia} - D_{Ia}$ (**Bild 4.4.8** a) des Innenteils mit Rändelung ist vom Werkstoff, der Walzkraft und vom Werkzeugprofil abhängig. Der Öffnungswinkel sollte nicht kleiner als $\alpha = 105°$ gewählt werden. Damit ergibt sich ein Aufmaß $a \approx 0{,}33t$. Die Teilung t ist abhängig von D'_{Ia} festzulegen, z. B. $t = (0{,}3 \ldots 0{,}6)\,D'_{Ia}$. Die Stollenhöhe soll den Betrag $h_s = 0{,}02 D'_{Ia}$ nicht überschreiten. **Tafel 4.4.4** enthält Richtwerte für die Bemessung und Tolerierung von Rändelpreßverbindungen.

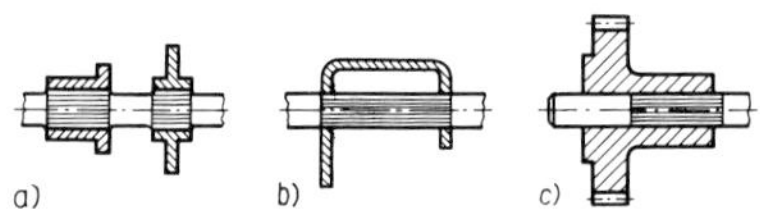

Bild 4.4.9. Anwendungen der Rändelpreßverbindung

a) verschiedene Räder auf einer Welle; b) Hebel, aus Blech gebogen, auf gerändelter Welle; c) Zahnrad auf zu kurzer Rändelung der Welle

Ist die Streckgrenze des Außenteils wesentlich größer als die des Innenteils ($R_{eA} \gg R_{eI}$), so verformen sich beim Fügen die Stollen am Innenteil. Die Kraftschlußwirkung ist dann auch in tangentialer Richtung der in axialer Richtung gleichwertig. Gilt hingegen $R_{eA} < R_{eI}$, so drücken sich die Stollen in das Außenteil ein. Die Belastbarkeit in tangentialer Richtung wird durch formschlüssige Anteile ergänzt und ist deshalb größer als die in axialer Richtung. Die Berechnung der Haftkräfte ist kompliziert, s. auch [4.4.10].

Im **Bild 4.4.9** sind einige Einpreßverbindungen mit Rändel dargestellt. Bemerkenswert ist die Anwendung im Bild 4.4.9c, wo die Rändelung nur teilweise über die Fugenlänge reicht. Das ist ungünstig, denn gerade unter dem verzahnten Rad fehlt die Rändelung und damit die Stützung.

Eine Zusammenstellung ausgewählter Normen und Richtlinien zum Abschnitt 4.4.1. enthält **Tafel 4.4.5**.

Tafel 4.4.5. Normen und Richtlinien zum Abschnitt 4.4.1.

DIN-Normen	
DIN 7154	ISO-Passungen für Einheitsbohrung; Toleranzfelder, Abmaße, Paßtoleranzen
DIN 7155	ISO-Passungen für Einheitswelle; –, –, –
DIN 7157	Passungsauswahl; Toleranzfelder, Abmaße, Paßtoleranzen
DIN ISO 286-1	ISO-System für Grenzabmaße und Passungen; Grundlagen
DIN ISO 286-2	–; Tabellen der Grundtoleranzgrade und Grenzabmaße für Bohrungen und Wellen
DIN 58700	ISO-Passungen; Toleranzfeldauswahl für die Feinwerktechnik
Richtlinien	
VDI/VDE 2029	Preßpassungen in der Feinwerktechnik (zurückgezogen)
VDI/VDE 2251 Bl. 1	Feinwerkelemente; Spannverbindungen

4.4.1.4. Berechnungsbeispiel

Aufgabe 4.4.1. Mittelbare Welle-Nabe-Verbindung

Zwei Zahnräder sind gemäß Bild 4.4.6f durch eine Hülse miteinander zu verbinden. Die Einpreßverbindung soll durch Längspressen hergestellt werden.

Gegeben sind: $M_d = 350$ N · mm; $D_F = 10$ mm; $D_{Aa} = 18$ mm; $D_{Ii} = 6$ mm; $l_F = 10$ mm.

Die Hülse besteht aus St60 mit $R_e \approx 340$ N/mm² und ist außen feinstgeschlichtet ($R_z = 4$ µm, s. Tafel 3.13). Die Räder sind aus C45 hergestellt, ihre Nabenbohrung ist feingebohrt und zweimal gerieben ($R_z \leqq 6$ µm). Der Reibwert ist zu $\mu = 0{,}08$ zu erwarten (keine Schmierung, s. auch Tafel 4.4.3).
Gesucht sind die zur Erzielung der Preßpassung erforderlichen Toleranzen der Fugendurchmesser bei Hülse und Rad.

Lösung
Mindestflächenpressung

$$p_{F\min} = \frac{2M_d}{D_F^2 \pi l_F \mu} = \frac{2 \cdot 350\ \text{N} \cdot \text{mm}}{100\ \text{mm}^2 \cdot \pi \cdot 10\ \text{mm} \cdot 0{,}08} = 2{,}786\ \text{N/mm}^2.$$

Mindestübermaß

$$Q_A = D_{Ai}/D_{Aa} = 10/18 = 0{,}555;$$

$$Q_I = D_{Ii}/D_{Ia} = 6/10 = 0{,}6.$$

$$K_A = \frac{(m_A + 1) + (m_A - 1)\,Q_A^2}{m_A E_A\,(1 - Q_A^2)} = \frac{(4{,}33 + 2{,}33 \cdot 0{,}308)\ \text{mm}^2}{3{,}33 \cdot 2{,}1 \cdot 10^5\ \text{N} \cdot 0{,}6913} = 1{,}044 \cdot 10^{-5}\ \text{mm}^2/\text{N};$$

$$K_I = \frac{(m_I - 1) + (m_I + 1)\,Q_I^2}{m_I E_I\,(1 - Q_I^2)} = \frac{(2{,}33 + 4{,}33 \cdot 0{,}36)\ \text{mm}^2}{3{,}33 \cdot 2{,}1 \cdot 10^5 \cdot \text{N} \cdot 0{,}64} = 0{,}869 \cdot 10^{-5}\ \text{mm}^2/\text{N};$$

$$Z_{\min} = \frac{2M_d\,(K_A + K_I)}{D_F \pi l_F \mu} = \frac{2 \cdot 350\ \text{N} \cdot \text{mm}\,(1{,}913 \cdot 10^{-5})\ \text{mm}^2}{\text{N} \cdot 10\ \text{mm} \cdot \pi \cdot 10\ \text{mm} \cdot 0{,}08} = 0{,}532 \cdot 10^{-3}\ \text{mm};$$

$$U_{\min} = Z_{\min} + 1{,}0\,(R_{zA}) + R_{zI}) = (0{,}532 + 10)\,10^{-3}\ \text{mm} = 10{,}5 \cdot 10^{-3}\ \text{mm}.$$

Maximalübermaß

$$p_{F\max} = R_e\,(1 - Q_A^2)/(1 + Q_A^2) = 340\ \text{N/mm}^2\,(0{,}692/1{,}308) = 179{,}88\ \text{N/mm}^2;$$

$$Z_{\max} = p_{F\max}\,(K_A + K_I)\,D_F = 179{,}88\ \text{N/mm}^2\,(1{,}913 \cdot 10^{-5})\ \text{mm}^2/\text{N} \cdot 10\ \text{mm} = 34{,}4 \cdot 10^{-3}\ \text{mm};$$

$$U_{\max} = Z_{\max} + (R_{zA} + R_{zI}) = (34{,}4 + 10)\,10^{-3}\ \text{mm} = 44{,}4 \cdot 10^{-3}\ \text{mm}.$$

Für den Fall, daß $R_{zA} < 6$ µm, kann die Passung H6/s6 mit $U'_{\min} = 14$ µm und $U'_{\max} = 32$ µm angewendet werden. Damit ergibt die Nachrechnung der Vergleichsspannung folgende Werte:

$$Z'_{\max} = U'_{\max} - R_{zA} - R_{zI} = (0{,}032 - 0{,}01)\ \text{mm} = 0{,}022\ \text{mm};$$

$$p'_{F\max} = Z'_{\max}/[(K_A + K_I)\,D_F] = 0{,}022/[(1{,}913 \cdot 10^{-5}\ \text{mm}^2/\text{N})\ 10\ \text{mm}] = 115\ \text{N/mm}^2;$$

$$\sigma_v = p'_{F\max}\,\sqrt{(3 + Q_A^4)}/(1 - Q_A^2) = 115\ \text{N/mm}^2 \cdot \sqrt{3{,}0948}/0{,}6920 = 292{,}36\ \text{N/mm}^2;$$

$$\sigma_v < R_e, \quad \text{da} \quad 292{,}36\ \text{N/mm}^2 < 340\ \text{N/mm}^2.$$

Man erkennt, daß die vorgesehene Einpreßverbindung nur elastische Verformungen an den Bauteilen hervorbringt. Da die Hülse mit den aufgepreßten Rädern auf einer Achse drehbar sein muß, interessiert die Verformung der Hülse unter der Wirkung der Fugenpressung.

$$e_{Ii} = p'_{F\max}\,2Q_I^2\,D_{Ii}/[E_I(1 - Q_I^2)] = 115 \cdot 2 \cdot 0{,}36 \cdot 6\ \text{N/mm}/(2{,}1 \cdot 10^5 \cdot 0{,}64\ \text{N/mm}^2) = 3{,}696 \cdot 10^{-3}\ \text{mm}.$$

Der Innendurchmesser der Hülse wird bei maximalem Übermaß $U'_{\max}$ um etwa 4 µm kleiner als vor dem Fügen der Verbindung.

4.4.2. Verpreß- und Quetschverbindungen

Verpreßverbindungen, auch als Quetschverbindungen bezeichnet, sind kraftschlüssige, unlösbare Verbindungen zwischen zwei Bauteilen, die mit Spiel ineinandergefügt und anschließend plastisch verformt werden **(Bild 4.4.10)**. Das Spiel zwischen den Verbindungspartnern kann in relativ großen Grenzen schwanken, wodurch solche Verbindungen sehr wirtschaftlich herzustellen sind. Andererseits ist durch diese und andere undefinierte Verhältnisse beim Zustandekommen der Verbindung eine sichere Vorhersage der übertragbaren Kräfte nicht möglich, so daß Berechnungen i. allg. nicht durchgeführt werden. Verpreßverbindungen sind deshalb dort günstig anwendbar, wo nur geringe Belastungen auftreten, was in der Feinwerktechnik häufig der Fall ist.

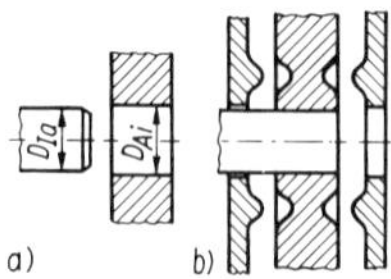

Bild 4.4.10. Prinzipielle Möglichkeiten des Herstellens von Verpreßverbindungen
a) Durchmesserverhältnis $D_{Ai}/D_{Ia} > 1$; b) Prinzip der Verpressung

▸ **Konstruktive Gestaltung.** Folgende Grundsätze sind zu beachten:

- Die zu verformenden Bauteile sind aus duktilen Werkstoffen, z. B. Stahl, Kupfer, Messing oder Aluminium, herzustellen.
- Bei größeren Ansprüchen an die Belastbarkeit ist formschlüssige Unterstützung anzustreben.

In den Bildern 4.4.11 bis 4.4.13 sind hierzu Verbindungen dargestellt, bei denen jeweils das Außenteil plastisch verformt wurde. **Bild 4.4.11** zeigt einige bei Zirkeln übliche Verbindungen.

Die Verpressung eines gerändelten Bedienrädchens auf einer Gewindespindel mit Links- und Rechtsgewinde ist im Bild 4.4.11a dargestellt. An der Übergangsstelle beider Gewinde sitzt das Rädchen, das deshalb vor dem Fügen kein Gewinde tragen darf. Bild 4.4.11b zeigt die Verpressung einer Zirkelspitze im Schenkelende eines Zirkels.

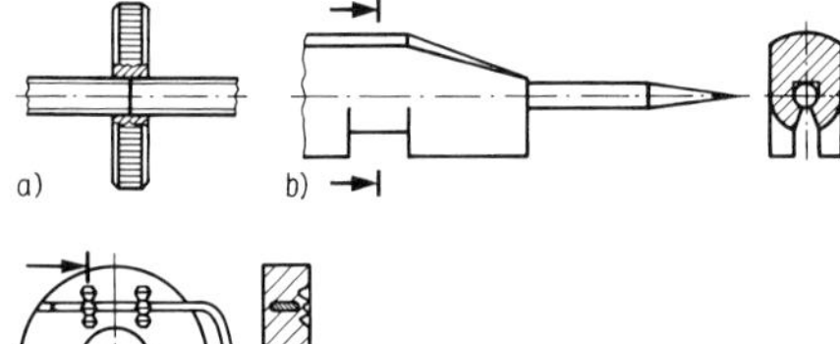

Bild 4.4.11. Verpreßverbindungen an technischen Zirkeln
a) Rändelrad auf Gewindespindel verpreßt
b) Zirkelspitze im Schenkelende verpreßt

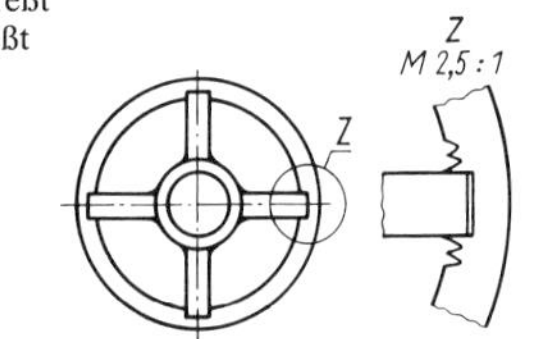

Bild 4.4.12. Verpreßverbindung einer Spiralfeder in Ansteckrolle, die auf der Welle eines Unruhschwingers sitzt

Bild 4.4.13. Verpressung eines Haltekreuzes in Stützreifen

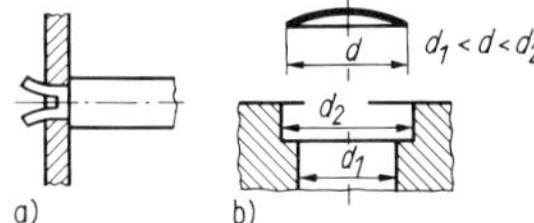

Bild 4.4.14. Verpressungen durch Spreizen
a) Flachteil auf Bolzenabsatz; b) Verschlußscheibe nach DIN 470

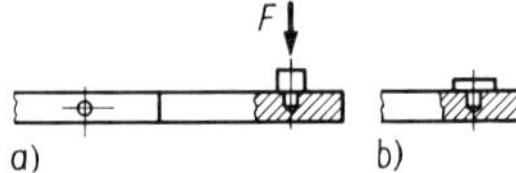

Bild 4.4.15. Klebestift an einem Relaisanker
a) vor dem Verpressen; b) nach dem Verpressen

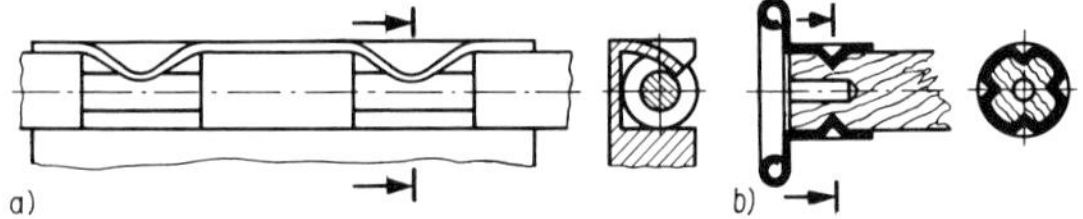

Bild 4.4.16. Verpressungen mit Formschluß
a) Gelenkbolzen im Flachteil verpreßt; b) Spulenflansch durch Verpressen auf Spulenkern befestigt

Im **Bild 4.4.12** ist die Verpressung des inneren Endes der Spiralfeder eines Gangreglers für Uhren dargestellt, während **Bild 4.4.13** die Verbindung eines kreuzförmigen Innenteils mit einem reifenförmigen Außenteil zeigt, wo die Kreuzenden durch „Verstemmen" im Reifen befestigt sind.

Tafel 4.4.6. Verschlußscheiben nach DIN 470 (Auswahl)

Maße in mm (*d* Scheibendurchmesser; *s* Scheibendicke; *h* Scheibenhöhe); s. auch Bild 4.4.14

d	3	4	5	6	8	10	12	14	16	18	20	22	25	28	32	36	40
h	1,2	1,34	1,35	1,67	1,94	2,59	2,67	2,84	3,01	3,18	3,35	4,09	4,38	4,53	4,95	5,36	5,7
s	0,8			1		1,5						2					

Verbindungen mit verformtem Innenteil sind häufig Spreizverbindungen, bei denen der Kraftschluß überwiegt. Die Verpressungen im **Bild 4.4.14**, die Befestigung eines geschlitzten Bolzens in einem Flachteil sowie der Abschluß einer Bohrung durch eine Verschlußscheibe gemäß der Norm DIN 470 **(Tafel 4.4.6)** sind Beispiele hierfür. **Bild 4.4.15** zeigt das Befestigen eines Klebestiftes aus Messing in einem Relaisanker (funktionsbedingt aus weichem Eisen), wo durch Verformen des Stiftes dieser die Bohrung im Anker völlig ausfüllt. Verpressungen mit formschlüssiger Sicherung sind im **Bild 4.4.16** dargestellt, und zwar die Verbindung eines Gelenkbolzens mit vorgefertigten Nuten in einem Flachteil und die eines Spulenflansches mit dem Spulenkern, der beim Verformen des Außenteils gleichzeitig mit verformt wird.

Verpreßverbindungen zwischen elektrischen Verbindungselementen, auch Crimp-Verbindungen genannt (to crimp – pressen, biegen) s. Abschnitt 5.3.1.

4.4.3. Keilverbindungen [1.11] [1.15] [4.3.9]

Keilverbindungen sind kraftschlüssige, lösbare Verbindungen zwischen zwei Bauteilen, von denen mindestens eines partiell keilförmig gestaltet ist. Diese sind entweder unmittelbar miteinander oder durch ein drittes Bauteil mittelbar verbunden.

4.4.3.1. Einteilung, Eigenschaften und Anwendung

Beim Fügen der Verbindung entstehen Kräfte, die ihrerseits die Reibkräfte erzeugen, die den Betriebskräften standhalten sollen. Die weitaus häufigste Anwendung ist die bei Welle-Nabe-Verbindungen (s. auch Abschnitt 7.5.), wo Keile zum radialen Verspannen der Naben und Wellen dienen. Für diesen Zweck gibt es Flach-, Nut- und Hohlkeile. Die Flach- und Hohlkeile sind als Treibkeile, die Nutkeile als Treib- oder Einlegekeile anwendbar. Flach-, Nut- und Hohlkeile sind auch als Nasenkeile handelsüblich, werden dann aber in jedem Fall als Treibkeile verwendet **(Bild 4.4.17)**.

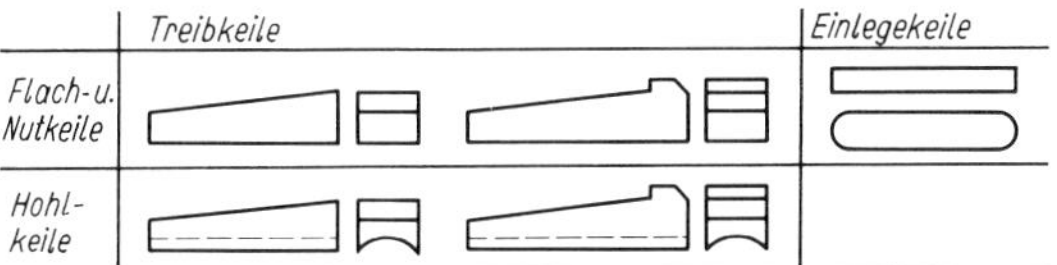

Bild 4.4.17. Übersicht über Keile

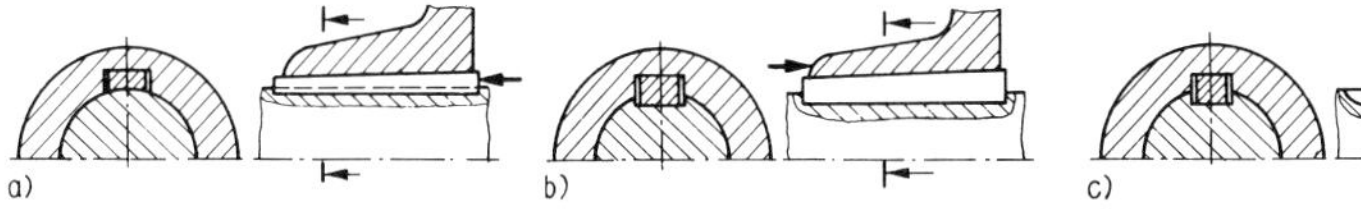

Bild 4.4.18. Keile bei Welle-Nabe-Verbindungen

a) eingetriebener Hohlkeil; b) auf Flachkeil aufgetriebene Nabe; c) eingetriebener Nasenkeil

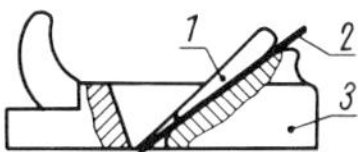

Bild 4.4.19. Keilverbindung an einem Handhobel

1 Keil; *2* Hobelklinge; *3* Hobelkasten

Hohlkeile sitzen unmittelbar auf der Wellenoberfläche, Flachkeile dagegen auf einer Abflachung der Welle. Nutkeile benötigen eine Wellennut und sind als Einlegekeile mit abgerundeten Stirnflächen versehen. Treibkeile haben flache Stirnflächen.

Treibkeile werden zwischen die gefügten Bauteile (Welle oder Nabe) eingetrieben, während sich Einlegekeile in die Nut der Welle einlegen lassen, auf die anschließend die Nabe aufgetrieben wird **(Bild 4.4.18)**.
Alle genormten Formen haben die Keilneigung 1 : 100.
Keile in Welle-Nabe-Verbindungen werden hauptsächlich im Maschinenbau und nur gelegentlich in der Feinwerktechnik angewendet. Keile werden auch zur Herstellung anderer Verbindungen benutzt. **Bild 4.4.19** zeigt dazu ein Hobelwerkzeug, bei dem das Hobeleisen mit einem Keil kraftschlüssig im Hobelkasten befestigt ist.

4.4.3.2. Berechnung

Bei Keilverbindungen als Welle-Nabe-Verbindung interessiert das übertragbare Drehmoment, sofern die Abmessungen des Keils bekannt sind. Im anderen Fall kann man bei bekanntem Drehmoment die erforderliche Keillänge mit Hilfe der Gleichungen in **Tafel 4.4.7** bestimmen, desgleichen auch die Einpreßkraft **(Bild 4.4.20)**. Leider ist diese aber kaum sicher meßbar, wenn das Einpressen des Keils nicht maschinell (z. B. hydraulisch) erfolgt.

Tafel 4.4.7. Berechnung von Keilverbindungen

Übertragbares Drehmoment
$M_d \leqq \mu F_n d/2 = \mu d b l p_{zul}$ d Wellendurchmesser; μ Reibwert (s. Tafel 4.4.3); b Keilbreite; l Keillänge

Erforderliche Keillänge
$l \geqq 2M_d/(\mu d b p_{zul})$ $p_{zul} = R_e/S_F$ (des weniger festen Werkstoffes); $S_F = 3 \ldots 4$; R_e s. Tafeln in Abschnitt 3.6.

Erforderliche Einpreßkraft
$F_e = F_n\,[\tan(\alpha + \varrho) + \tan\varrho]$ α Keilwinkel; ϱ Reibwinkel ($\tan\varrho = \mu$)

Nachrechnung der Flächenpressung
Mittlere Flächenpressung (genähert für Hohlkeilverbindungen)
$p_m = F_n/(bl) = 2M_d/[(d - 2t_1)\,\mu b l] \leqq p_{zul}$ t_1 Wellennuttiefe
Maximale Flächenpressung (genähert für Flach- und Nutkeilverbindungen)
$p_{max} \approx 2p_m \leqq p_{zul}$

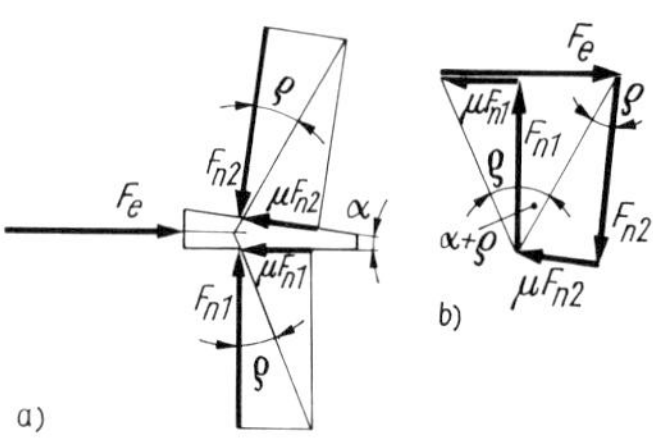

Bild 4.4.20. Kräfte am Keil
a) Kräfte an den Keilflächen; b) Kräfteplan

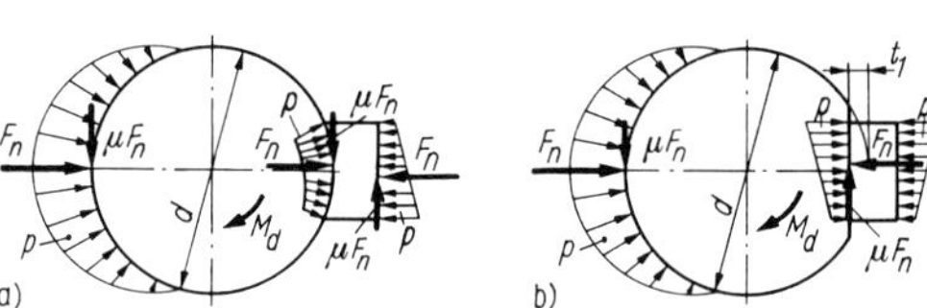

Bild 4.4.21. Reibkräfte und Flächenpressung in Welle-Nabe-Verbindungen
a) bei Hohlkeilen; b) bei Flachkeilen

Die Flächenpressung am Keil setzt sich aus mehreren Anteilen zusammen. Bei Hohlkeilen sind das der Anteil der Vorspannung des Keils zum Erzeugen der Reibkraft sowie der, der durch das Drehmoment, erzeugt durch die Reibkraft am Keil, entsteht. Bei Flach- und Nutkeilen kommt dazu noch eine aus der Gestalt der Keilgrundfläche resultierende Flächenpressung (Formschlußanteil). Die Pressung an Hohlkeilen ist deshalb etwas ausgeglichener als bei Flach- und Nutkeilen. Für Hohlkeile kann also näherungsweise die mittlere Flächenpressung zur Beurteilung der Auslastung herangezogen werden, während man bei Flach- und Nutkeilen zweckmäßig die maximale Flächenpressung zugrunde legt, die näherungsweise dem Zweifachen der mittleren Flächenpressung gleich ist (Tafel 4.4.7, **Bild 4.4.21**).
Die Flächenpressung zwischen Welle und Nabe an dem der Keilverbindung gegenüberliegenden Abschnitt der Fuge ist immer kleiner als die am Keil. Die Nachrechnung dieser Pressung ist deshalb nicht erforderlich.

4.4.3.3. Konstruktive Gestaltung

▸ **Grundsätze:**

- Die Naben müssen steif genug sein, um der Normalkraft, die durch den Keil erzeugt wird, standhalten zu können. Sie sollen sich nicht einseitig verformen, damit Unwuchten vermieden werden.

- Die Keile als kraftschlüssige Verbindungselemente sollen in den Nuten der Welle und der Nabe ein seitliches Spiel haben. Die Keilbreite ist mit h9 toleriert, für die Nutbreite wird D10 empfohlen.
- Infolge der Nuten in der Nabe und der Welle treten große örtliche Spannungsspitzen auf, was durch große Kerbwirkungszahlen belegbar ist (s. Abschnitt 3.5.3.). Diese sind um so größer, je schärfer die Nutkanten ausgearbeitet werden. Daraus folgt, die Nutkanten so weit wie möglich zu runden.
- Keilwirkung kann auch von gekrümmten Keilen ausgehen, z. B. von Exzentern oder Drehkeilen. **Bild 4.4.22** zeigt eine solche Drehkeilverbindung. Bei Anwendung dieser Verbindung ist zu beachten, daß in der Richtung des Festdrehens des Keils größere Drehmomente übertragbar sind als in der anderen Richtung. Außerdem ist die Herstellung unwirtschaftlich.

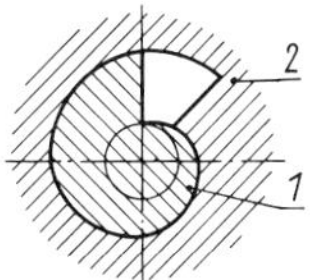

Bild 4.4.22. Drehkeilverbindung
1 Innenteil; *2* Außenteil

Eine Zusammenstellung ausgewählter Normen und Richtlinien zum Abschnitt 4.4.3. enthält **Tafel 4.4.8**.

Tafel 4.4.8. Normen und Richtlinien zum Abschnitt 4.4.3.

DIN-Normen	
DIN 6881	Spannungsverbindungen mit Anzug; Hohlkeile, Abmessungen und Anwendung
DIN 6883	–; Flachkeile, –
DIN 6884	–; Nasenflachkeile, –
DIN 6886	–; Keile, Nuten, –
DIN 6887	–; Nasenkeile, Nuten, –
DIN 6889	–; Nasenhohlkeile, –
Richtlinien	
VDI/VDE 2251 Bl. 1	Feinwerkelemente; Spannverbindungen

4.4.3.4. Berechnungsbeispiel

Aufgabe 4.4.2. Welle-Nabe-Verbindung mit Keil

Auf einer Welle mit dem Durchmesser $d = 10$ mm soll ein Zahnrad aus Stahl C45 mit einem Nutkeil nach DIN 6886 befestigt werden. Die Welle besteht aus Stahl St50. Das zu übertragende Drehmoment beträgt $M_d = 1100$ N · mm.
Gesucht sind die Abmessungen des Keils sowie die der Nuten in Welle und Nabe.

Lösung. Für den Wellendurchmesser $d = 10$ mm ist ein Nutkeil mit dem Profil $b \times h = 3$ mm · 3 mm geeignet. Der Keil besteht aus St50 mit $R_e = 295$ N/mm². R_e für die Welle ist ebenso groß, die Nabe hat $R_e = 470$ N/mm². Der Werkstoff mit der geringsten Festigkeit ist also der der Welle und der des Keils.

Erforderliche Keillänge

$l = 2M_d/(\mu d b p_{zul}) = 2 \cdot 1100\ \text{N} \cdot \text{mm}/(0{,}08 \cdot 10 \cdot 3 \cdot 75\ \text{N/mm}^2\text{mm}) = 12{,}22$ mm; gewählt $l = 15$ mm, mit $p_{zul} = R_e/S_F = 295\ \text{N/mm}^2/4 \approx 75\ \text{N/mm}^2$, μ gemäß Tafel 4.4.3.

Einpreßkraft

$$F_e = F_n\,[\tan(\alpha + \varrho) + \tan \varrho]$$

mit $F_n = 2M_d/(\mu d)$, $\alpha = \arctan 1/k = 0{,}572°$,

$\varrho = \arctan \mu = 4{,}57°$;

$$F_e = \frac{2200\ \text{N} \cdot \text{mm}}{0{,}08 \cdot 10\ \text{mm}}\,(0{,}08998 + 0{,}08) = 467{,}4\ \text{N}.$$

Nachrechnung der Flächenpressung

$p_m = F_n/(bl) = 2M_d/[\mu b l (d - 2t_1)]$ mit $t_1 = 1{,}8$ mm,

$$p_m = 2 \cdot 1100 \text{ N} \cdot \text{mm}/(0{,}08 \cdot 3 \cdot 15 \cdot 6{,}4 \text{ mm}^3) = 95{,}49 \text{ N/mm}^2;$$

$$p_{max} \approx 2p_m = 190{,}97 \text{ N/mm}^2 > p_{zul}.$$

Die Keillänge muß also vergrößert werden, gewählt $l = 40$ mm.

$$p_m = 2 \cdot 1100 \text{ N} \cdot \text{mm}/(0{,}08 \cdot 3 \cdot 40 \cdot 6{,}4 \text{ mm}^3) = 35{,}8 \text{ N/mm}^2;$$

$$p_{max} \approx 71{,}6 \text{ N/mm}^2 < p_{zul} = 75 \text{ N/mm}^2.$$

Die Nut in Nabe und Welle beträgt 3 mm × 40 mm, die Kanten im Nutgrund sind mit $r = 0{,}25$ mm zu runden. Die größte Nuttiefe der Nabe ist 0,9 mm, die der Welle 1,8 mm. Die Nut in der Nabe erhält eine Keilneigung von $1 : k = 1 : 100$, die der Keil ebenfalls aufweist.

4.4.4. Schraubenverbindungen [1.11] [1.15] [4.4.7] bis [4.4.16] [4.4.43] bis [4.4.70]

Schraubenverbindungen sind kraftschlüssige und lösbare Verbindungen zwischen zwei Bauteilen, die entweder selbst Gewinde tragen und sich unmittelbar verschrauben lassen oder die durch dritte Bauteile (Schrauben und Muttern) mittelbar zu verschrauben sind. In beiden Fäl-

Tafel 4.4.9. Gewindearten für Befestigungsschrauben

Art des Gewindes	Profilform	Maßangabe	Anwendung
Metrisches ISO-Gewinde nach DIN 13, DIN 14	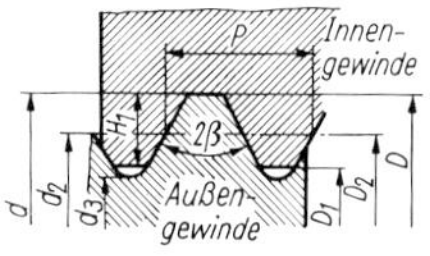 P, Innengewinde, H_1, 2β, Außengewinde, d, d_2, d_3, D_1, D_2, D	Regelgewinde, z. B. M3 Feingewinde, z. B. M3 × 0,35 (Angabe der Steigung)	allgemeines Gewinde für Befestigungsschrauben, Regelgewinde bevorzugt; Feingewinde für rohrförmige Teile, Stellschrauben
Withworth-Rohrgewinde nach DIN 2999, DIN 3858	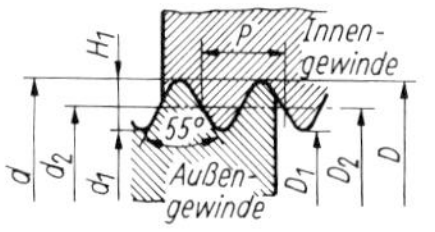 H_1, P, Innengewinde, 55°, Außengewinde, d, d_2, d_1, D_1, D_2, D	z. B. R 1/16″ (Angabe der Nennweite des Rohres)	Installationen für Wasser und Gase (Armaturen, Gewindeflansche u. a.)
Rundgewinde nach DIN 405	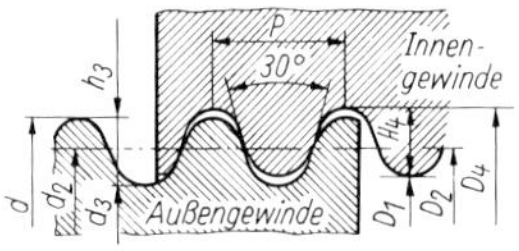 h_3, P, 30°, Innengewinde, H_4, Außengewinde, d, d_2, d_3, D_1, D_2, D_4	z. B. Rd 10 × 1/10″ (Nenndurchmesser in mm und Steigung in Zoll)	Gewinde großer Tragtiefe, für Blechteile und Teile aus Kunststoffen und Glas
Elektrogewinde nach DIN 40400	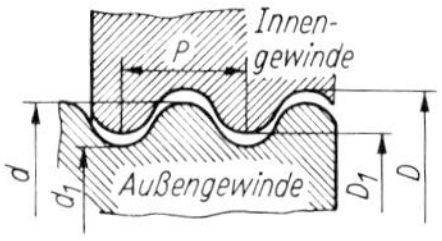 P, Innengewinde, Außengewinde, d, d_1, D_1, D	z. B. E 27 DIN 40400 (Nenndurchmesser in mm)	in der Elektrotechnik für Lampen, Sicherungselemente u. a.
Stahlpanzerrohrgewinde nach DIN 40430	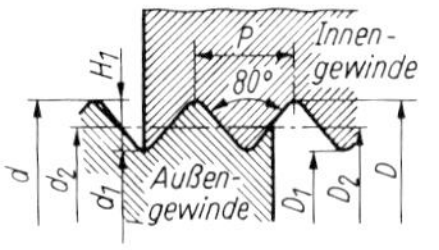 H_1, P, 80°, Innengewinde, Außengewinde, d, d_2, d_1, D_1, D_2, D	z. B. Pg 7 (Nennweite des Rohres in mm)	für Stahlpanzerrohr-Installationen und -Durchführungen (Elektrotechnik)
Glasgewinde nach DIN 40450	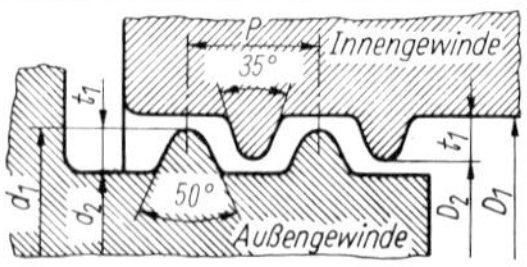 P, 35°, Innengewinde, t_1, 50°, Außengewinde, d_1, d_2, D_2, D_1	z. B. Glasgewinde 99 (Nenndurchmesser des Innenteils in mm)	für Teile aus Glas und Porzellan (Schutzgläser, Schutzkappen u. a.)
Holzgewinde nach DIN 7998	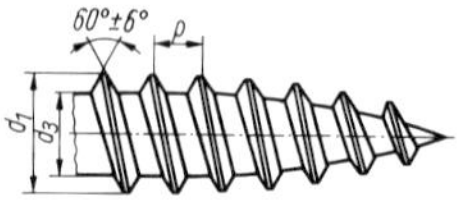 60°±6°, P, d_1, d_3	z. B. Holzgewinde 4 DIN 7998	zur Verbindung von Holzteilen

len wird jeweils ein mit Außengewinde versehenes Bauteil mit einem das Innengewinde tragenden Bauteil gefügt.
Das Gewinde ist die technische Verkörperung der Schraubenlinie. Diese entsteht durch das Aufwickeln einer Geraden unter dem Winkel ψ auf einem Zylinder mit dem Radius r. Der axiale Abstand der einen von der nächsten Windung heißt Steigung oder Ganghöhe P, während der Winkel ψ Steigungswinkel genannt wird. Für die so definierte Schraubenlinie **(Bild 4.4.23)** gilt:

$$\tan \psi = P/(2r\pi). \qquad (4.4.5)$$

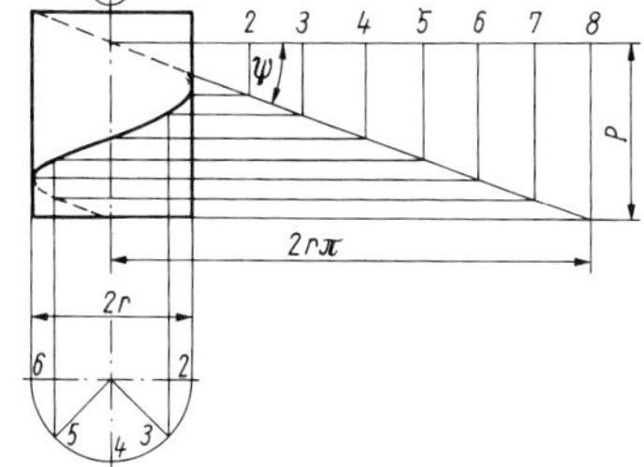

Bild 4.4.23. Entstehen der Schraubenlinie

Das Gewinde kann mit verschiedensten Profilformen hergestellt werden. Üblich sind Dreieck-, Halbrund-, Rechteck- und Trapezprofil, die jeweils bestimmten Funktionsansprüchen gerecht werden. Je nach der Umlaufrichtung der Schraube beim Fügen unterscheidet man rechts- und linksgängiges Gewinde.

4.4.4.1. Gewindearten

Schrauben zum Verbinden von Bauteilen sollen sich unter dem Einfluß der Axialkraft nicht lösen. Diese Eigenschaft der Selbstsperrung haben Schrauben mit spitzem Gewinde und kleinem Steigungswinkel.
Das metrische ISO-Gewinde **(Tafel 4.4.9)** mit dem halben Flankenwinkel $\beta = 30°$ und dem Steigungswinkel $\psi \approx 3{,}5°$, das dieser Forderung entspricht, ist das für Befestigungszwecke am häufigsten angewandte Gewinde. Befestigungsschrauben weisen Rechtsgewinde auf. Nur in Sonderfällen, durch die Funktion bedingt, wird Linksgewinde benutzt. **Tafel 4.4.10** enthält die Hauptabmessungen für metrisches Regel- und Feingewinde für M 0,25 bis M 14.
Das Whitworth-Gewinde wird im wesentlichen nur noch bei Rohrverschraubungen angewendet. Daneben ist es in der Feinwerktechnik noch in der Gestalt der Fotostativschraube prä-

Tafel 4.4.10. Metrisches ISO-Gewinde (Auswahl) nach DIN 13 T2, DIN 14 T2
Maße in mm, Zeichen s. Tafel 4.4.9

Nenndurchmesser d Reihe 1	2	Steigung P Regelgewinde	Feingewinde	Flankendurchmesser $d_2 = D_2$	Kerndurchmesser d_3	D_1	Gewindetiefe h_3	H_1	Kernquerschnitt $A_q = A_{d3}$ mm²	Spannungsquerschnitt A_s mm²
0,3		0,08		0,248	0,210	0,223	0,045	0,038	0,035	0,041
	0,35	0,09		0,292	0,249	0,249	0,050	0,043	0,049	0,057
0,4		0,1		0,335	0,288	0,304	0,056	0,048	0,065	0,076
0,5		0,125		0,419	0,360	0,380	0,070	0,060	0,102	0,119
0,6		0,15		0,503	0,432	0,456	0,084	0,072	0,147	0,172
	0,7	0,174		0,586	0,504	0,532	0,098	0,084	0,200	0,233
0,8		0,2		0,670	0,576	0,608	0,112	0,096	0,261	0,348
	0,9	0,225		0,754	0,648	0,684	0,126	0,108	0,330	0,396

Tafel 4.4.10. Fortsetzung

Nenndurchmesser d Reihe 1	Nenndurchmesser d Reihe 2	Steigung P Regelgewinde	Steigung P Feingewinde	Flankendurchmesser $d_2 = D_2$	Kerndurchmesser d_3	Kerndurchmesser D_1	Gewindetiefe h_3	Gewindetiefe H_1	Kernquerschnitt $A_q = A_{d3}$ mm²	Spannungsquerschnitt A_s mm²
1		0,25		0,838	0,693	0,729	0,153	0,135	0,38	0,46
			0,2	0,870	0,755	0,783	0,123	0,108	0,45	0,52
	1,1	0,25		0,938	0,793	0,829	0,153	0,135	0,49	0,59
			0,2	0,970	0,855	0,883	0,123	0,108	0,57	0,65
1,2		0,25		1,038	0,893	0,929	0,153	0,135	0,63	0,73
			0,2	1,070	0,955	0,983	0,123	0,108	0,72	0,81
	1,4	0,3		1,205	1,032	1,075	0,184	0,162	0,84	0,98
			0,2	1,270	1,155	1,183	0,123	0,108	1,05	1,15
1,6		0,35		1,373	1,171	1,221	0,215	0,189	1,08	1,27
			0,2	1,470	1,355	1,383	0,123	0,108	1,44	1,57
	1,8	0,35		1,573	1,371	1,421	0,215	0,189	1,47	1,70
			0,2	1,670	1,555	1,583	0,123	0,108	1,90	2,04
2		0,4		1,740	1,509	1,567	0,245	0,217	1,79	2,07
			0,25	1,838	1,693	1,729	0,153	0,135	2,25	2,45
	2,2	0,45		1,908	1,648	1,713	0,276	0,244	2,13	2,48
			0,25	2,038	1,893	1,929	0,153	0,135	2,81	3,03
2,5		0,45		2,208	1,948	2,013	0,276	0,244	2,98	3,39
			0,35	2,273	2,071	2,121	0,215	0,189	3,37	3,71
3		0,5		2,675	2,387	2,459	0,307	0,271	4,48	5,03
			0,35	2,773	2,571	2,621	0,215	0,189	5,19	5,61
	3,5	0,6		3,110	2,764	2,850	0,368	0,325	6,01	6,77
			0,35	3,273	3,071	3,121	0,215	0,189	7,41	7,90
4		0,7		3,545	3,141	3,242	0,429	0,379	7,75	8,78
			0,5	3,675	3,387	3,459	0,307	0,271	9,01	9,79
	4,5	0,75		4,013	3,580	3,688	0,460	0,406	10,07	11,32
			0,5	4,175	3,887	3,959	0,307	0,271	11,87	12,76
5		0,8		4,480	4,019	4,134	0,491	0,433	12,69	14,18
			0,5	4,675	4,387	4,459	0,307	0,271	15,12	16,12
6		1		5,350	4,773	4,917	0,613	0,541	17,89	20,10
			0,75	5,513	5,080	5,188	0,460	0,406	20,27	22,03
			0,5	5,675	5,387	5,459	0,307	0,271	22,79	24,03
8		1,25		7,188	6,466	6,647	0,767	0,677	32,84	36,61
			1	7,350	6,773	6,917	0,613	0,541	36,03	39,16
10		1,5		9,026	8,160	8,376	0,920	0,812	52,30	57,99
			1,25	9,188	8,466	8,647	0,767	0,677	56,29	61,19
			0,75	9,513	9,080	9,188	0,460	0,406	64,75	67,88
12		1,75		10,863	9,853	10,106	1,074	0,947	76,24	84,26
			1,25	11,188	10466	10,647	0,767	0,677	86,03	92,07
			1	11,350	10,773	10,917	0,613	0,541	91,16	96,10
	14	2		12,701	11,546	11,835	1,227	1,083	104,70	115,43
			1,5	13,026	12,160	12,376	0,920	0,812	116,17	124,55
			1	13,350	12,773	12,917	0,613	0,541	128,14	133,99

Nenndurchmesser der Reihe 1 sind zu bevorzugen.

sent. Die weiteren in Tafel 4.4.9 genannten Gewinde, das Rund-, Elektro-, Stahlpanzerrohr-, Glas- und Holzgewinde, sind Anpassungen an die Eigenschaften der zu verschraubenden Werkstoffe bzw. Halbzeuge, wie das auch aus ihren Bezeichnungen z. T. hervorgeht.
Schrauben zur mittelbaren Verbindung von Bauteilen werden nur mit metrischem Gewinde oder mit Holzgewinde hergestellt. Alle anderen hier genannten Gewinde gelangen bei unmittelbaren Schraubenverbindungen zur Anwendung.
Die oben genannten Gewinde mit Rechteck-, Trapez- oder Sägezahnprofil sind ausgesprochene Bewegungsgewinde für Schraubengetriebe, die im Abschnitt 13.10. behandelt werden.

4.4.4.2. **Berechnung** [1.15] [4.4.7] bis [4.4.9] [4.4.43] bis [4.4.56]

Zur Berechnung von Schraubenverbindungen ist die Kenntnis der an der Schraube wirkenden Kräfte erforderlich. Wie aus Bild 4.4.23 hervorgeht, kann das Gewinde als um einen Zylinder gewundene schiefe Gerade aufgefaßt werden (s. auch Abschnitt 3.3.).
Im weiteren sind zunächst Berechnungen zur Festigkeit von Schrauben mit nicht definierter Vorspannung dargestellt. Daran schließen sich Berechnungen von Schraubenverbindungen mit definierter Vorspannung an.

Kraftübertragung. Die an der Schraube wirkenden äußeren Kräfte, die axiale Kraft F_L und die zur Drehung der Schraube erforderliche Umfangskraft F_t greifen am Flankendurchmesser an. Zu ihnen ist die Reibkraft F_R geometrisch zu addieren. Die aus diesen drei Kräften resultierende Kraft F_n' steht senkrecht auf der Flankenlinie (**Bild 4.4.24**, Index 1). Da die Flanke zur Schraubenachse nicht nur um den Winkel ψ, sondern außerdem um den Winkel β geneigt ist, ist F_n' nicht die Flächennormalkraft, sondern nur eine Komponente derselben. Die zweite Komponente der Flächennormalkraft ist die Radialkraft F_r. Die oben genannte Reibkraft F_R ist durch die Flächennormalkraft F_n erzeugt. Es gilt $F_R = \mu F_n$. **Bild 4.4.25** zeigt eine perspektivische Darstellung der Verhältnisse am metrischen Spitzgewinde.

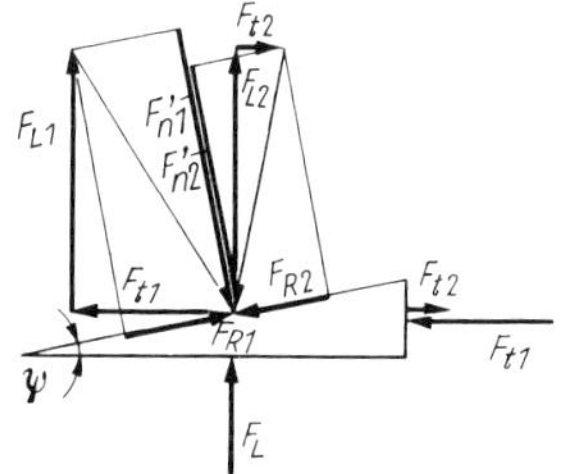

Bild 4.4.24. Kraftübersetzung auf der Schraubenlinie
Index 1: Bewegung gegen die Last
Index 2: Bewegung in Richtung der Last

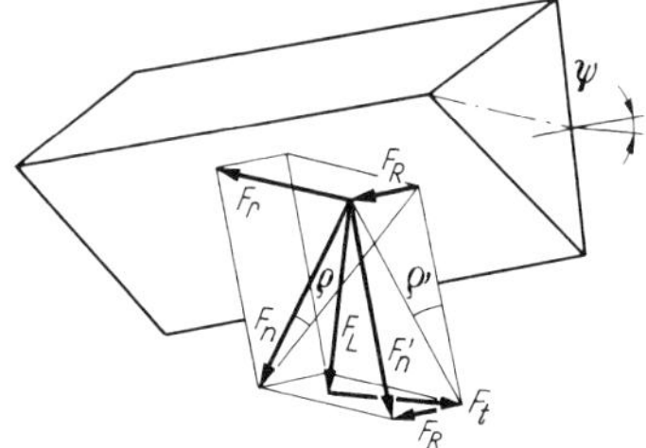

Bild 4.4.25. Kräfte am metrischen Spitzgewinde

Die Umfangskraft F_t an einer belasteten Schraube hängt von deren Drehrichtung ab. Sie ist bei Drehung gegen die Last größer als bei Drehung mit der Last. Die Ursache dafür ist die Reibkraft, die bei Bewegungsumkehr ebenfalls ihre Richtung ändert (s. Bild 4.4.24). Aus dem Bild läßt sich dieser Zusammenhang ableiten:

$$F_t = F_L \tan(\psi \pm \varrho') \quad \text{mit} \quad \mu' = \tan \varrho' \tag{4.4.6}$$

und

$$M_d = F_t\, d_2/2 = 0{,}5 d_2 F_L \tan(\psi \pm \varrho'). \tag{4.4.7}$$

Das Vorzeichen im Argument der Winkelfunktion ist bei Bewegung gegen die Last positiv, im anderen Fall negativ (s. auch Abschnitt 3.3.2.3.).

ϱ' ist gemäß Bild 4.4.25 der zwischen der von den Kräften F_n' und F_R aufgespannten Linie und der Kraft F_n' stehende Winkel. ϱ' läßt sich aus dem Reibwinkel ϱ näherungsweise aus $\tan \varrho' \approx \tan \varrho / \cos(\beta)$ ermitteln.
Der Wirkungsgrad der Kraftübertragung der Kraft F_L in die Umfangskraft F_t ergibt sich zu $\eta = \tan(\psi - \varrho')/\tan \psi$ und bei Umsetzung der Kraft F_t in die Kraft F_L zu $\eta' = \tan \psi / \tan(\psi + \varrho')$. Für Befestigungsschrauben ist der Wirkungsgrad ohne Bedeutung (s. auch Abschnitte 3.3. und 13.10.).

Festigkeit. Die Beanspruchung von Schraubenverbindungen hängt von vielen, z.T. nicht erfaßbaren Einflüssen ab. Diese sind aus den Form- und Lageabweichungen des Gewindes zu erklären (kein gleichmäßiges Tragen aller gefügten Gewindegänge), aus den Formabweichungen der zu verbindenden Bauteile (z.B. schiefe Auflageflächen für den Schraubenkopf) sowie aus Formabweichungen der Bauteile, die bei der Belastung durch die Schraubenkraft auftreten (Schiefstellung der Auflageflächen, ungleiches Tragen der Gewindegänge wegen Dehnung der Schraube). Dazu kommt noch die beim Anziehen der Schraube wirksame Torsionsspannung, die z.T. reibungsbedingt ist und wegen der Reibung auch an der festgezogenen Schraube bestehen bleibt, wenn nicht durch dynamische Belastung allmählich ein Ausgleich zustande kommt.

Bei untergeordneter Belastung werden Befestigungsschrauben von Hand undefiniert vorgespannt. Das ist der in der Feinwerktechnik häufigste Fall. Bei großen Belastungen hingegen sind die Schrauben mit definierter Vorspannung zu fügen, z.B. mit Hilfe von Drehmomentschlüsseln.

Tafel 4.4.11 enthält die zur Berechnung der Schraubenverbindungen erforderlichen Gleichungen.

- *Querbelastete Schrauben* sind mit zwei Arten der Beanspruchung möglich. Eine besteht in der Verwendung von Paßschrauben, die dann auf Abscherung und Lochleibung beansprucht sind. Die andere Möglichkeit besteht in der Verwendung normaler Befestigungsschrauben, die die Querkraft indirekt aufnehmen, indem sie die Bauteile so verspannen, daß die zwischen diesen wirksame Reibungskraft größer als die Querkraft ist. Die Festigkeitsrechnung erfolgt unter Beachtung der Längskraft $F_L = F_Q/\mu$ wie bei den längsbelasteten Schrauben ohne definierte Vorspannung.
- *Längsbelastete Schrauben mit nicht definierter Vorspannung.* Bei diesen Schrauben wird der Kern auf Zug und das Gewinde auf Abscherung und Flächenpressung beansprucht. Zur Berechnung der Flächenpressung gilt die Projektion der Flankenfläche auf eine senkrecht zur Schraubenachse stehende Ebene als belastete Fläche und als belastende Kraft die axiale Kraft (Schraubenlängskraft) F_L.

  Für die Schraube unter Zugbelastung sollte der Spannungsquerschnitt A_s in Rechnung gesetzt werden. Die Gleichungen zur Berechnung der Mutterhöhe bzw. der erforderlichen

Tafel 4.4.11. Berechnung von Schraubenverbindungen

Festigkeitswerte s. Tafeln 4.4.12 bis 4.4.14; Werte p_{zul} s. Tafel 3.34; vgl. auch Tafeln in Abschnitt 3.6.

querbelastete Schrauben	**Paßschrauben**	
	Scherspannung	
	$\tau_a = F_Q/A = 4F_Q/(d_P^2\pi) \leqq \tau_{a\,zul}$	
	Lochleibung	
	$\sigma_l = F_Q/(d_P l_B) \leqq \sigma_{l\,zul}$	
	Erforderlicher Schaftdurchmesser	
	$d_p \geqq \sqrt{4F_Q/(\pi\tau_{a\,zul})}$	$\tau_{azul} \approx 0{,}7\,\sigma_{zzul}$
	Durchsteckschrauben	$\sigma_{lzul} \approx p_{zul}$
		$p_{zul} = 0{,}3R_e$
	Beanspruchung des Spannungsquerschnitts: Zugspannung	σ_{zzul} s. Tafel 4.4.11, S.275
	$\sigma_z = F_Q/(\mu A_s) \leqq \sigma_{z\,zul}$	$A_s = (d_2 + d_3)^2\,\pi/16$
	Erforderlicher Durchmesser des Spannungsquerschnitts	d_2 Flankendurchmesser
	$d_s \geqq \sqrt{4F_Q/(\pi\mu\sigma_{z\,zul})}$	d_3 Kerndurchmesser
	Beanspruchung des Gewindes: Scherspannung	
	$\tau_a = F_Q/(\pi\mu d_{(3)}Pn) = F_Q/(\pi d_{(3)}\mu m) \leqq \tau_{azul}$	$m = Pn$ Mutterhöhe
	Flächenpressung	n Zahl der Windungen
		P Steigung, Ganghöhe
	$p = F_Q/(\pi n\mu d_2 H_1) \leqq p_{zul}$	$d_{(3)}$: d bei Schraube härter als Mutter
		d_3 bei Mutter härter als Schraube

Tafel 4.4.11. Fortsetzung

längsbelastete Schrauben

Schrauben mit nicht definierter Vorspannung	
Beanspruchung des Spannungsquerschnitts: Zugspannung	
$\sigma_z = 4F_L/(d_s^2\pi) \leqq \sigma_{z\,zul}$	$\sigma_{zzul} = 0{,}6R_e$ bei statischer Belastung; $\sigma_{zzul} = 0{,}4\sigma_{zSch}$ bei schwellender Belastung; für untergeordnete Fälle in der Feinmechanik: $\sigma_{zzul} = 0{,}3R_m$
Erforderlicher Durchmesser des Spannungsquerschnitts	
$d_s \geqq \sqrt{4F_L/(\sigma_{z\,zul}\pi)}$	$d_s = (d_2 + d_3)/2$ Durchmesser des Spannungsquerschnitts
Torsionsspannung beim Anziehen unter Last $\tau_t = M_G/W_t = 8F_L d_2 \tan(\psi + \varrho)/(d_3^3\pi) \leqq \tau_{t\,zul}$	W_t Widerstandsmoment gegen Torsion (s. Tafel 3.31) ψ Steigungswinkel ϱ Reibwinkel ($\tan\varrho = \mu$)
Vergleichsspannung $\sigma_v = \sqrt{\sigma_z^2 + 3(\alpha_o\tau_t)^2} \leqq \sigma_{z\,zul}$	α_o Anstrengungsverhältnis gemäß Tafel in Abschnitt 3.5.2.3.; $\sigma_{z\,zul} = 0{,}45R_e$ $\tau_{tzul} = 0{,}2R_e$
Beanspruchung des Gewindes: Scherspannung $\tau_a = F_L/(\pi d_{(3)}Pn) = F_L/(\pi d_{(3)}m) \leqq \tau_{a\,zul}$	$\tau_{a\,zul}$, p_{zul} s. Tafel 4.4.11, S. 274
Flächenpressung $p = F_L/(n\pi d_2 H_1) \leqq p_{zul}$	$m = Pn$ Mutterhöhe $d_{(3)}$: d bei Schraube härter als Mutter d_3 bei Mutter härter als Schraube
Erforderliche Mutterhöhe $m \geqq F_L P/(\pi d_2 H_1 p_{zul})$;	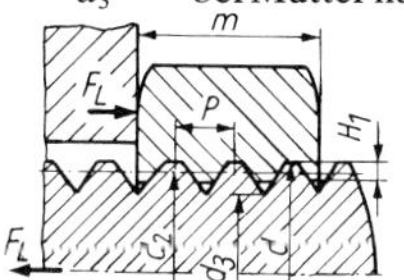
näherungsweise: $m = d_3\sigma_{Schr}/\sigma_{Mutter}$ bei unterschiedlichen Werkstoffen für Schraube und Mutter $m = (0{,}8 \ldots 1{,}0)\,d$ bei gleichem Werkstoff für Schraube und Mutter	
Schrauben mit definierter Vorspannung	
Vorspannung $\sigma_z = F_V/A_s \leqq 0{,}7R_e$	$A_s = (d_2 + d_3)^2\pi/16$
Nachrechnung $\sigma_v = \sqrt{\sigma_z^2 + 3(\alpha_0\tau_t)^2} \leqq R_e$	$\sigma_z = (F_V + F_Z)/A_s$ $\tau_t = M_G/W_t \approx 16 \cdot 0{,}09F_V d_2/(\pi d'^3)$ d' Spannungs- oder Schaftdurchmesser
bei Schwellbeanspruchung der vorgespannten Schraube Überprüfung der Dauertragfähigkeit: $\sigma_a = F_Z/(2A_{Schr}) \leqq 0{,}8\sigma_{ADK}$ $F_Z = F_{Betr}c_{Schr}/(c_{Schr} + c_{Bges})$ $F_B = F_{Betr}c_{Bges}/(c_{Schr} + c_{Bges})$ $F_{rest} = F_V - F_B$	F_Z Zusatzkraft (Bild 4.4.26) σ_{ADK} Dauerausschlagfestigkeit des gekerbten Bauteils (Tafel 4.4.13) c_B, c_{Schr} Federsteifen der Bauteile, der Schraube F_{Betr} Betriebslast F_B am Bauteil wirkende Entlastung
Federsteifen Schraube: $c_{Schr} = E_{Schr}A_{Schr}/l$	$l = l_B + (k + m)/3$ Gesamtlänge E_{Schr} Elastizitätsmodul des Schraubenwerkstoffs A_{Schr} Spannungs- oder Schaftquerschnitt
Bauteil: $c_{Bges} = E_B\pi\,(d_A^2 - d_L^2)/(4l_B)$ $d_A = s + 0{,}34l_B/2$ für $l_B/2 \leqq 4d$ $d_A = 1{,}7s + 0{,}16l_B/2$ für $l_B/2 > 4d$	k, m Kopfhöhe, Mutterhöhe l_B Gesamtdicke der verspannten Bauteile c_{Bges} Federsteife der verspannten Bauteile d_A Durchmesser des Ersatzhohlzylinders mit gleicher Federsteife wie der Rötscherkegel (Bild 4.4.28)
• *Hinweis:* Die Richtlinie VDI 2230 enthält ein anderes Verfahren zur Ermittlung des Ersatzzylinders (s. auch [1.17]).	s Schlüsselweite d Nenndurchmesser des Gewindes d_L Durchmesser der Durchgangsbohrung

Einschraubtiefe m, insbesondere die Näherungsgleichungen, ergeben meist zu große Werte für m. Bei Überbeanspruchung geht infolgedessen zunächst die Schraube zu Bruch, was in den meisten Fällen erwünscht ist.

- *Längsbelastete Schrauben mit definierter Vorspannung* finden meist bei hochbeanspruchten und dynamisch belasteten Schraubenverbindungen Anwendung. **Bild 4.4.26**a zeigt Kräfte und Abmessungen und Bild 4.4.26b das Verspannungsschaubild, das im wesentlichen aus den Federkennlinien der verspannten Bauteile und der gedehnten Schraube gebildet wird. Wie aus dem Verspannungsschaubild hervorgeht, wirkt sich die Belastung einer definiert vorgespannten Schraubenverbindung mit der Kraft F_{Betr} an der Schraube nur in einer Krafterhöhung um einen Bruchteil von F_{Betr}, nämlich um F_Z, aus.

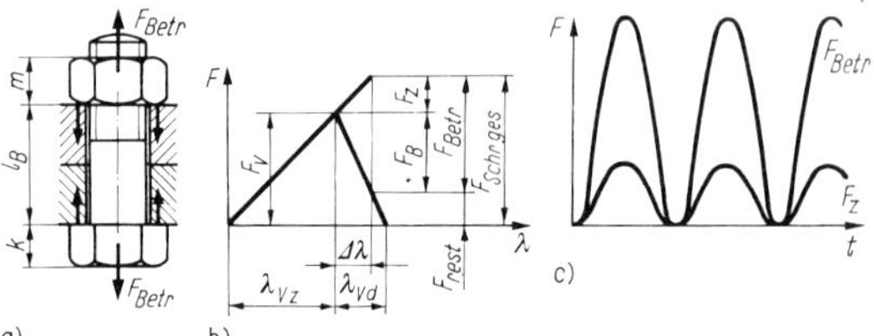

Bild 4.4.26. Definiert vorgespannte Schraubenverbindung

a) Kräfte und Abmessungen; b) Verspannungsschaubild; c) Betriebskraft F_{Betr} und Zusatzkraft F_Z bei Schwellbeanspruchung

Das ist möglich, weil die zusammengedrückten Bauteile sich bei zusätzlicher Belastung der Schraube, die sich deshalb auch zusätzlich dehnt, um diesen Betrag entspannen und die Schraube um F_B entlasten.

Die Zusatzkraft F_Z wird bei gleicher Belastung F_{Betr} und gleicher Vorspannung F_V um so kleiner, je größer das Verhältnis c_B/c_{Schr} ist.

Voraussetzung für die einwandfreie Funktion ist, daß die Gesamtkraft $F_{\mathrm{Schr\,ges}} = F_V + F_Z$ in der Schraube keine höhere Spannung als R_e erzeugt, denn durch plastische Verformung der Schraube würde die Vorspannkraft verringert. Darüber hinaus darf $F_{\mathrm{Schr\,ges}}$ die Schraube nicht so weit dehnen, daß die Bauteile völlig entspannt werden, also voneinander abheben ($F_{\mathrm{rest}} = 0$). In diesem Fall würde die Schraube mit $F_{\mathrm{Schr\,ges}} = F_{\mathrm{Betr}}$ belastet, und jede weitere Krafterhöhung würde voll von der Schraube übernommen. Außerdem würde in vielen Fällen, z. B. wo es auf dichte Verbindung ankommt, die Funktion nicht mehr gewährleistet sein.

Tafel 4.4.12. Werte F_V/F_{Betr} bei Schrauben mit Festigkeitskennzeichnung

Festigkeitsklasse	4.6	5.6	6.8	8.8	10.9	12.9
Verhältnis F_V/F_{Betr}	1,75	2,75	3	3,5		4

Man sollte so verfahren, daß zunächst nach **Tafel 4.4.12** gemäß der Festigkeitsklasse der zu verwendenden Schrauben das Verhältnis F_V/F_{Betr} entnommen und daraus F_V ermittelt wird. Mit $\sigma_z \leqq 0{,}7R_e$ gemäß Tafel 4.4.11 läßt sich eine Querschnittsfläche $A_s = (d_2 + d_3)^2\pi/16$ errechnen. Die so ermittelte Schraube ist an Hand der Gleichung $\sigma_v \leqq R_e$ zu überprüfen.

Wird die Verbindung unter Verwendung der Gewindepaarung vorgespannt, so erzeugt das dabei auftretende Reibmoment $M_G \approx 0{,}09\ F_V d_2$ eine Torsionsspannung im Schraubenschaft, die in die Vergleichsspannung einzubeziehen ist. Wird hingegen die Verbindung mit anderen Mitteln vorgespannt, z. B. hydraulisch nach dem Prinzip im **Bild 4.4.27**, so ist anstelle der Vergleichsspannung nur σ_z zu bestimmen, was mit der Berechnung von A_s aus $\sigma_z \leqq 0{,}7R_e$ schon erfolgt ist. Zusätzlich ist bei schwellender Beanspruchung (Bild 4.4.26c) die Ausschlagspannung $\sigma_a \leqq 0{,}8\sigma_{\mathrm{ADK}}$ zu vergleichen. Darüber hinaus ist die Kraft F_{rest} zu berechnen, die das 0,1fache von F_V nicht unterschreiten sollte.

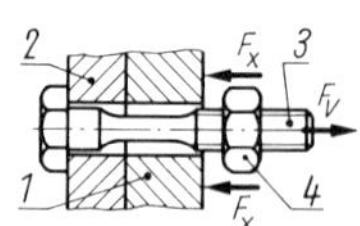

Bild 4.4.27. Vorspannen mit äußeren Mitteln

1, 2 Verbindungspartner; *3* Schraube; *4* Mutter, bei von außen erzeugter Vorspannung kraftlos anstellbar; $\Sigma F_x = F_V$

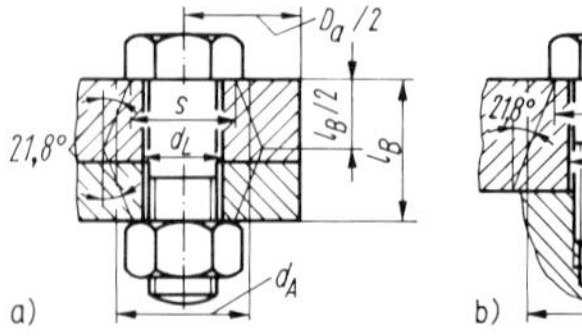

Bild 4.4.28. Bestimmen der Bauteilfedersteifen c_{Bi} mit Rötscherkegel bzw. Ersatzzylinder

a) zwei Platten, zusammengedrückt durch Schraube und Mutter; $D_a \geqq s + 0{,}4 l_B$
b) Platte, durch Schraube auf massives Gegenstück gedrückt; $D_a \geqq s + 0{,}8 l_B$

Genügt die Schraube diesen Anforderungen nicht, so ist die Berechnung mit anderer Abmessung zu wiederholen. Zur Berechnung von $c_{B\,ges}$ und c_{Schr} sind in **Tafel 4.4.11** Gleichungen gegeben. Sie beruhen auf dem in **Bild 4.4.28** dargestellten Rötscher-Kegel (kegelförmige Ausbreitung der eingeleiteten Druckkraft). Dieser Kegelstumpf wird durch einen gleichsteifen Ersatzzylinder mit dem Durchmesser d_A angenähert. Für die in Bild 4.4.28b dargestellte Anordnung sind in die Gleichungen für d_A nicht $l_B/2$, sondern l_B einzusetzen.

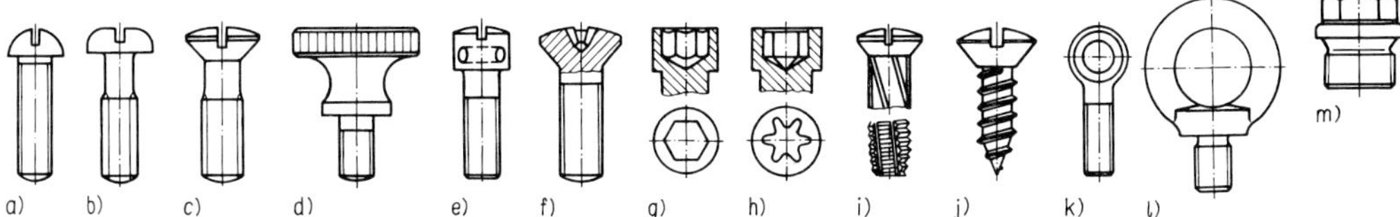

Bild 4.4.29. Schraubenformen (Zylinder-, Sechskant- und Senkkopfschrauben s. Tafel 4.4.15)

a) Halbrundschraube; b) Linsenschraube nach DIN 85; c) Linsensenkschraube nach DIN 964; d) Rändelschraube nach DIN 464; e) Kreuzlochschraube nach DIN 404; f) Kreuzschlitzschraube nach DIN 7985; g) Zylinderschraube mit Innensechskant nach DIN 6912; h) Zylinderschraube mit Innenverzahnung: RIBE-TORX-System; i) Schneidschraube nach DIN 7513; j) Blechschraube nach DIN 7973; k) Augenschraube nach DIN 444; l) Ringschraube nach DIN 580; m) Verschlußschraube nach DIN 910, DIN 7604

- Umstellung von DIN- auf DIN EN-Normen für Schrauben s. Tafel 4.4.18 unten

Tafel 4.4.13. Festigkeitswerte von Schrauben mit Festigkeitskennzeichnung

Festigkeitsklasse	3.6	4.6	4.8	5.6	5.8	6.8	8.8	10.9	12.9
R_m in N/mm²	340	400	400	500	500	600	800	1000	1200
R_e in N/mm²	200	240	320	300	400	480	640	900	1080
σ_{ADK} in N/mm²	30 … 40			40 … 50				50 … 60	

Kleinere Werte σ_{ADK} gelten für Gewinde M 14 und größer, größere Werte σ_{ADK} gelten für Gewinde M 6 bis M 12

Tafel 4.4.14. Festigkeitswerte gebräuchlicher Schraubenwerkstoffe

Werkstoff	Zugfestigkeit R_m N/mm²	Streckgrenze R_e bzw. Dehngrenze $R_{p0,2}$ N/mm²
St33	340 … 420	≧210
St37	380 … 470	≧230
St60	600 … 720	≧330
C15	500 … 650	≧300
C35 geglüht	500 … 620	280 … 330
vergütet	600 … 750	≧370
42CrMo4	1000 … 1200	≧800
GD-AlMg9	≧200	≧120
AlCuMg1 F40	≧400	≧270
CuZn40Pb2	≧500	≧160
CuZn40 h	≧450	≧150
Hgw 2082.5	80	
Hgw 2083.5	100	
PA	50 … 80	

- Neue Kurzbezeichnungen für Werkstoffe s. Tafeln 3.38 und 3.39

Tafel 4.4.13 enthält Festigkeitswerte der Schrauben mit Festigkeitskennzeichnung. Für Schrauben ohne Kennzeichnung sind in **Tafel 4.4.14** für gebräuchliche Werkstoffe Festigkeitswerte gegeben.

4.4.4.3. Schrauben, Muttern, Zubehör

Entsprechend der Vielfalt der Anwendungsbereiche von Schraubenverbindungen sind viele Formen von Schrauben entstanden, die sich in der Gestalt des Schraubenkopfes, des Schraubenendes und auch im Gewinde selbst unterscheiden.

Schraubenformen (Bild 4.4.29). *Schrauben mit Zylinder-, Sechskant- und Senkkopf* haben den breitesten Anwendungsbereich. In **Tafel 4.4.15** sind die Hauptabmessungen dieser Schrauben abhängig vom Gewindenenndurchmesser angege-

Tafel 4.4.15. Schrauben, Muttern und Scheiben (Auswahl)

Maße in mm

Nenndurchmesser d	Durchgangsbohrung, d_L; DIN EN 20273 (Reihe *fein*)	Zylinderschrauben nach DIN 84		Sechskantschrauben nach DIN EN 24014			Senkschrauben nach DIN EN ISO 2009		Sechskantmuttern nach DIN EN 24032			Vierkantmuttern nach DIN 562			Schlitzmuttern nach DIN 546		Scheiben für Sechskantmuttern und -schrauben nach DIN 125*)			Scheiben für Zylinder- und Halbrundschrauben nach DIN 433*)		
		d_2	k	k	s	e_{min}	d_k	k	m	s	e	m	s	e	d_k	m	d_2	d_1	h	d_2	d_1	h
1	1,1	2	0,7				1,9	0,6												2,5	1,1	0,3
1,2	1,3	2,3	0,8				2,3	0,72												3	1,3	0,3
1,4	1,5	2,6	1				2,6	0,83												3	1,5	0,3
1,6	1,7	3	1,2				3	0,96	1,3	3,2	3,41	1	3,2	4,5	3	1,6	4	1,7	0,3	3,5	1,7	0,3
2	2,2	3,5	1,4				3,8	1,2	1,6	4	4,32	1,2	4	5,7	4	2	5	2,2	0,3	4,5	2,2	0,3
2,5	2,7	4,5	1,7				4,7	1,5	2	5	5,45	1,6	5	7,1	5	2	6	2,7	0,5	5	2,7	0,5
3	3,2	5	2				5,6	1,65	2,4	5,5	6,01	1,6	5,5	7,8	5,5	2,5	7	3,2	0,5	6	3,2	0,5
3,5	3,7	6	2,4				6,5	1,93	2,8	6	6,58	2	6	8,5	6	3	8	3,7	0,5	7	3,7	0,5
4	4,3	7	2,8	2,8	7	7,66	7,5	2,2	3,2	7	7,66	2	7	9,9	7	3,5	9	4,3	0,8	8	4,3	0,5
5	5,3	8,5	3,5	3,5	8	8,79	9,2	2,5	4	8	8,79	2,5	8	11,3	9	4,2	10	5,3	1	9	5,3	1
6	6,4	10	4	4	10	11,05	11	3	5	10	11,05	3	10	14,1	10	5	12	6,4	1,6	11	6,4	1,6
8	8,4	12,5	5	5,3	13	14,38	14,5	4	6,5	13	14,38				12	6,5	16	8,4	1,6	15	8,4	1,6
10	10,5	15	6	6,4	17	18,9	18	5	8	17	18,9				16	8	20	10,5	2	18	10,5	1,6
12	13			7,5	19	21,1	22	6	10	19	21,1				21	10	24	13	2,5	20	13	2
14	15			8,8	22	24,49	25	7	11	22	24,49				24	11	28	15	2,5	24	15	2,5
16	17			10	24	26,75	29	8	13	24	26,75				26	12	30	17	3	28	17	2,5
18	19			11,5	27	30,14	33	9	15	27	30,14				29	13	34	19	3	30	19	2,5
20	21			12,5	30	33,53	36	10	16	30	33,53				32	14	37	21	3	34	21	3
22	23			14	32	35,72			18	32	35,72						39	23	3			
24	25			15	36	39,98			19	36	39,98						44	25	4	39	25	4
27	28			17	41	45,63			22	41	45,63						50	28	4			
30	31			18,7	46	51,28			24	46	51,28						56	31	4	50	31	4
33	34			21	50	55,80			26	50	55,80						60	34	5			
36	37			22,5	55	61,31			29	55	61,31						66	37	5	58	37	5
39	40			25	60	66,96			31	60	66,96						72	40	6			
42	43			26	65	72,61			34	65	72,61						78	43	7			

*) s. auch DIN EN ISO 887, 7089, 7091

ben. Die genannten Kopfformen haben Vorteile hinsichtlich des Festziehens mit dem Schraubendreher bzw. mit dem Maulschlüssel. Allerdings stehen die Köpfe der Zylinder- und Sechskantschrauben über die Oberfläche der verbundenen Bauteile heraus.

Schrauben mit Halbrund-, Linsen- und Linsensenkkopf zeichnen sich durch gefälliges Aussehen aus. Schrauben mit Halbrundkopf sind mit dem Schraubendreher nicht sehr gut festziehbar, da die wirksame Hebellänge durch die Halbrundform eingeschränkt ist. Die Linsenschraube hat einen besonders großen Kopfdurchmesser, wodurch sie u. a. für die Verschraubung von elektrischen Leitern geeignet ist (s. Abschnitt 5.).

Schrauben mit Rändelkopf sind für das Festziehen ohne Werkzeug besonders häufig zu lösender Schraubenverbindungen vorgesehen.

Schrauben mit Kreuzlochkopf dienen u. a. als Stellschrauben. Die Bohrungen im Kopf sind auch zur Aufnahme eines Plombierdrahtes geeignet.

Schrauben mit Kreuzschlitz-, Innensechskant- und Innensternformkopf haben den Hauptvorteil, daß sie zur Übertragung großer Drehmomente geeignet sind. Außerdem benötigt man zum Festziehen Spezialschlüssel, was unter bestimmten Umständen vorteilhaft sein kann, z. B. zur Sicherung gegen unbefugtes Lösen.

Schrauben mit speziellem Gewinde verdeutlichen die Bilder 4.4.29i und j, zum einen eine Gewindeschneidschraube, die beim Einschrauben in eine glatte Bohrung ihr Muttergewinde selbst zu schneiden vermag. Zu diesem Zweck ist diese Schraube mit Spannuten versehen. Die andere Schraube ist eine Blechschraube, die zur Verbindung von Blechteilen vorgesehen ist und ebenfalls ihr Muttergewinde selbst drückt.

Augenschrauben sind durch einen Ring anstelle des Kopfes gekennzeichnet, der z. B. als Einhängeöse für Federn oder Zugstangen dienen kann.

Ringschrauben dienen als Anschlagmittel, d. h. als Stützpunkte zum Anhängen an Hebe- und Transportvorrichtungen.

Verschlußschrauben werden zum dichten Verschließen von Behältern jeder Art, z. B. von Getriebekästen, Akkumulatoren u. a. verwendet.

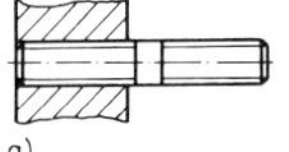

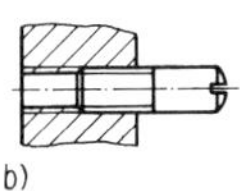

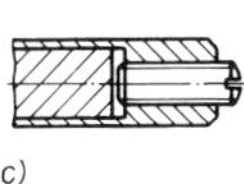

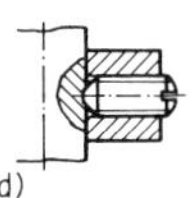

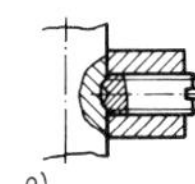

Bild 4.4.30. Schrauben ohne Kopf

a) Stiftschraube nach DIN 938, 939; b) Schaftschraube nach DIN 427; c) Gewindestift mit Kegelansatz nach DIN EN 27766; d) Gewindestift mit Spitze nach DIN EN 27434; e) Gewindestift mit Ringschneide nach DIN EN 27436

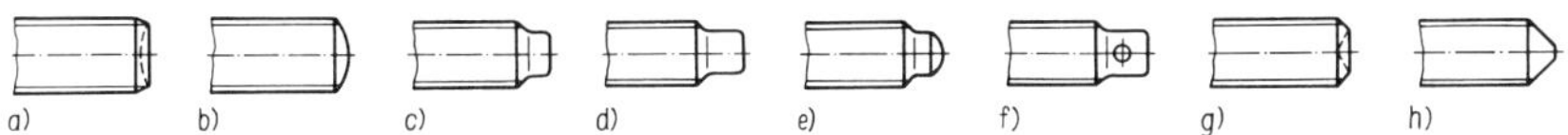

Bild 4.4.31. Schraubenenden (Schraubenüberstände) nach DIN 78

a) Kegelkuppe; b) Linsenkuppe; c) Kernansatz; d) Zapfen; e) Ansatzkuppe; f) Splintzapfen; g) Ringschneide; h) Spitze

Schrauben ohne Kopf **(Bild 4.4.30)** sind Stiftschrauben, Schaftschrauben und Gewindestifte. Stiftschrauben dienen zur Verbindung zweier Bauteile unter Anwendung einer Mutter. Schaftschrauben sind als Gelenkbolzen für selten bewegte Bauteile oder als Anhängepunkt für Federn geeignet und Gewindestifte als Zustellschrauben oder als Klemmschrauben.

Schraubenenden zeigt **Bild 4.4.31**. Die Kegelkuppe (a) und die Linsenkuppe (b) bilden die Enden der normalen Befestigungsschrauben. Schrauben mit Kernansatz (c), mit langem Zapfen (d) und mit Ansatzkuppe (e) sind in ihrer Mehrheit als Klemmschrauben geeignet. Schrauben mit Splintzapfen (f) lassen sich, wie der Name sagt, mittels Splint sichern. Schraubenenden mit Ringschneide (g) und mit Spitze (h) dienen häufig als „Klemm“schrauben, die sich in den anderen Verbindungspartner eindrücken, also formschlüssig wirken oder als Zustellschrauben (z. B. als Justierschrauben).

Muttern sind wie Schrauben in verschiedenen Gestaltvarianten handelsüblich. Sechskant-, Vierkant- und Schlitzmuttern haben den größten Anwendungsbereich. Tafel 4.4.15 enthält die Hauptabmessungen dieser Formen.

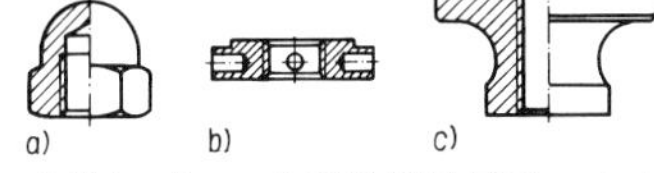

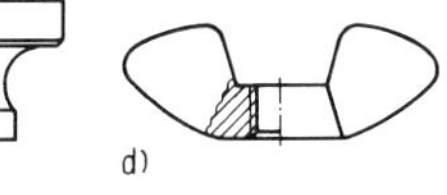

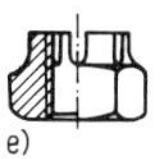

Bild 4.4.32 Mutterformen
(s. auch Tafel 4.4.15)

a) Hutmutter nach DIN 1587; b) Kreuzlochmutter nach DIN 1816; c) Rändelmutter nach DIN 466, 467; d) Flügelmutter nach DIN 315; e) Kronenmutter nach DIN 935

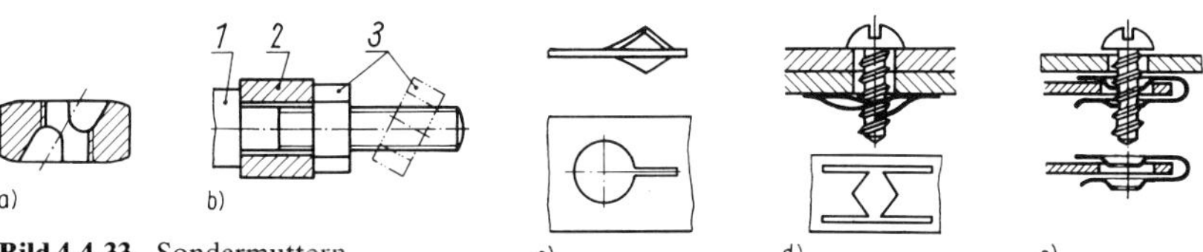

Bild 4.4.33. Sondermuttern

a) Aufsteckmutter; b) Handhabung der Aufsteckmutter; c) Blechmutter mit Radialschlitz; d) Blechmutter mit Parallelschlitz; e) Blechmutter mit zweifachem Durchzug

1 Bauteil mit Gewindebolzen; *2* Bauteil; *3* Aufsteckmutter

Bild 4.4.32 zeigt einige der weniger benutzten Mutterformen.
Hutmuttern (a) finden bei dichten Verschraubungen Anwendung und haben ein gefälliges Aussehen.
Kreuzlochmuttern (b) sind nur mit speziellen Werkzeugen festzuziehen und haben einen relativ großen Durchmesser.
Rändelmuttern (c) und *Flügelmuttern* (d) sind ohne Werkzeug festzuziehen und bei häufig zu lösenden Verbindungen vorteilhaft.
Kronenmuttern (e) stellen Sechskantmuttern mit einem mehrfach geschlitzten Ansatz dar. Sie eignen sich für die Sicherung mit Splinten.
Bild 4.4.33 zeigt einige selten gebrauchte Mutterformen.
Aufsteckmuttern (a, b) lassen sich verkantet über den Gewindebolzen schieben. Nach dem Zurückschwenken in die Schraubstellung können sie wie andere Muttern festgezogen werden.
Blechmuttern zeigen die Bilder 4.4.33c bis e. Deren Vorteil besteht darin, daß sie spanlos durch Schneiden oder Stanzen herstellbar sind. Sie sind aber ebenso wie die Aufsteckmuttern nur für geringe Belastungen brauchbar.
Unterlegscheiben (Tafel 4.4.15) werden zum Abdecken zu rauher Auflageflächen für Schraubenkopf und -mutter sowie bei zu großen Durchgangsbohrungen oder bei Langlöchern benutzt. Sie können aber keinesfalls schiefe Auflageflächen verbessern.

4.4.4.4. Konstruktive Gestaltung, Schraubensicherungen [4.4.57] [4.4.58] [4.4.63]

Die Gestalt der Schrauben ist weitgehend vorgegeben. Für die zu verbindenden Bauteile gelten folgende

▶ **Grundsätze:**

- Die Auflageflächen für den Schraubenkopf und für die Mutter müssen eben sein und senkrecht zur Schrauben- bzw. Bohrungsachse stehen.
- Bei Gußteilen sind die vorgesehenen Auflageflächen spangebend zu bearbeiten. **Bild 4.4.34** zeigt eine zweckmäßige (a) und eine technologisch unzweckmäßige Gestaltung (b).

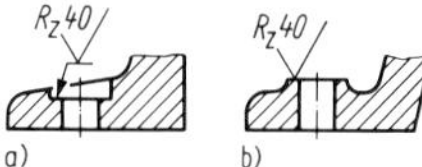

Bild 4.4.34. Auflageflächen für Schrauben bei Gußteilen
a) angesenkte Fläche; b) überfrästes Auge (ungünstig, s. [1.3])

- Definiert vorgespannte Schraubenverbindungen lassen sich durch günstige Gestaltung in Wirkungsweise und Funktion optimieren. Die zu verbindenden Bauteile sollen im Bereich der Verbindung möglichst steif sein. Das gilt nicht nur für die Verformung durch die Schraube. Es muß auch gewährleistet sein, daß durch die Betriebskraft keine unzulässigen Verbiegungen entstehen, die auch der Schraube gefährlich werden können. In diesem Zusammenhang sei nochmals auf die Bedeutung ebener und glatter Auflageflächen und Fugenflächen zwischen den Bauteilen hingewiesen. Unebenheiten auf diesen Flächen haben eine die Steife der Baugruppe herabsetzende Wirkung. Außer der erforderlichen Präzision der Flächen sollte darauf geachtet werden, die Zahl solcher Trennflächen so klein wie möglich zu halten.
  Im Gegensatz zu den zu verbindenden Bauteilen muß die Schraube möglichst wenig zugsteif sein. Der Querschnitt der Schraube läßt sich jedoch nicht beliebig schwächen. Hingegen kann durch Vergrößerung der Schraubenlänge die Federsteife verringert werden. Im **Bild 4.4.35** ist eine nach diesen Gesichtspunkten gestaltete Schraube, die „Dehnschraube", dargestellt. Dehnschrauben bestehen im Interesse einer großen Tragkraft bei relativ kleinem Schaftdurchmesser aus hochfesten Stählen.

Bild 4.4.35. Dehnschraube

- Gegen Veränderungen der definierten Vorspannung ist die Verbindung, soweit möglich, zu schützen. Das betrifft vor allem solche Verbindungen, die im Betriebszustand rhythmischen Erschütterungen und Vibrationen ausgesetzt sind. Die dafür benutzten Sicherungen, möglichst formschlüssiger Art, sind ausreichend kräftig zu dimensionieren.
  Auch die oben erwähnten Unebenheiten der kraftübertragenden Flächen bergen die Gefahr, daß sich bei allmählicher plastischer Verformung dieser Unebenheiten die Vorspannung der Schraube verringert.
  Ebenso kann durch Veränderung der Temperatur die Vorspannung ungünstig beeinflußt

werden. Bei sehr hohen Temperaturen sinkt die Vorspannung, und es besteht die Gefahr des Abhebens der Bauteile. Bei sehr tiefen Temperaturen wächst die Vorspannung, so daß die Überschreitung der Streckgrenze möglich ist. Die Schraube wird dann plastisch verformt, dabei auch verfestigt, also steifer.

Die Ursachen dieser Erscheinungen liegen in der Temperaturabhängigkeit des Elastizitätsmoduls und in der Wärmedehnung der Bauteile einschließlich der Schraube. Beim In- oder Außerbetriebsetzen einer Anlage kann es z. B. zumindest zeitweilig zu Temperaturunterschieden auch innerhalb einer vorgespannten Schraubenverbindung kommen. Selbst wenn die ganze Baugruppe aus ein und demselben Werkstoff bestände, würde sich das auf die Vorspannung der Schraube auswirken.

Dagegen helfen keine der handelsüblichen Sicherungen, sondern nur eine sorgfältige Berücksichtigung bei der Dimensionierung.

- Sollen Blechteile ohne Mutter miteinander verschraubt werden, so ist häufig die Einschraubtiefe nicht ausreichend. **Bild 4.4.36** zeigt einige Möglichkeiten der Gestaltung am Ort der Verschraubung.
- Bauteile mit geringer Festigkeit (z. B. Kunststoffe) lassen sich durch eingebettete Gewindebuchsen aus Metall örtlich verstärken (**Bilder 4.4.37**a und b). Bei dem Drehknopf aus Phenolharz (c) erfolgt dies durch eine eingelegte metallische Mutter. Auf diese Weise ist auch die Verschraubung der im Bild 4.4.37d gezeigten Schelle möglich.

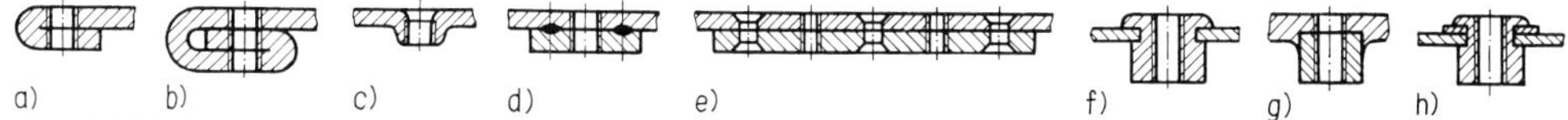

Bild 4.4.36. Vergrößern der Einschraubtiefe an Blechteilen

a) einfaches; b) zweifaches Umlegen der Kante; c) Durchzug; d) punktgeschweißte Verstärkung; e) genietete Verstärkung; f) genietete Buchse; g) preßgeschweißte Buchse; h) genietete Buchse mit Unterlegscheibe

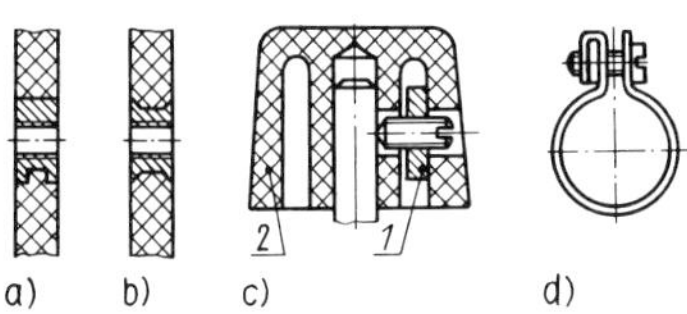

Bild 4.4.37. Gewinde bei Bauteilen aus Kunststoffen und weichen Blechen

a), b) eingebettete Gewindebuchsen aus Metall; c) eingelegte Metallmutter *1* an Drehknopf *2* aus Duroplast; d) eingelegte Mutter bei Blechschelle

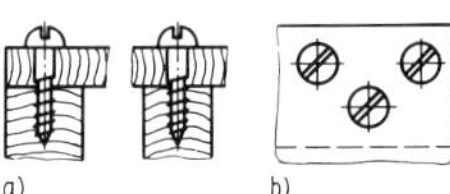

Bild 4.4.38 Holzverschraubungen

a) Schnittdarstellung; b) Draufsicht

- Holzschrauben „schneiden" das Muttergewinde im Holz selbst, indem sie das Holz seitlich verdrängen (**Bild 4.4.38**a). Bei weichem Holz und nicht zu großem Schraubendurchmesser kann das Vorbohren eines Kernloches entfallen. Bei hartem Holz und größeren Durchmessern ist jedoch das Vorbohren mit dem Kerndurchmesser der Schraube zweckmäßig, denn sonst kommt es zum Torsionsbruch der Schraube, oder das Holz reißt auf. Auch aus diesem Grund sollen Schraubenreihen entlang der Richtung der Holzfasern mit nicht zu kleinem Schraubenabstand ausgeführt werden. Die Anordnung in Zickzackreihe ist dann zweckmäßiger (Bild 4.4.38b).

Verbindungen, bei denen die Schraubenachse in Richtung der Holzfasern liegt, haben nicht die Festigkeit, wie mit Schrauben erreicht wird, die quer zu den Fasern eingeschraubt sind. Bei sehr großer Belastung ist das Holz mit Dübeln (**Bild 4.4.39**a) oder mit anderen Mitteln (Bild 4.4.39b) zu verstärken.

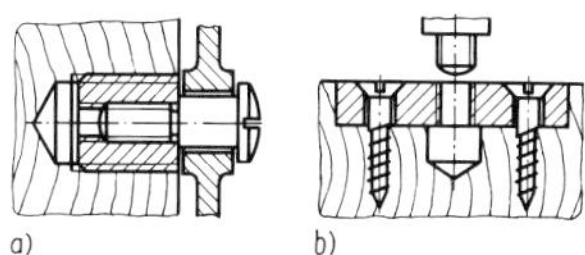

Bild 4.4.39. Verschraubung von Metallteilen in Holz

a) mittels Metalldübels; b) mittels aufgeschraubtem Zusatzteil aus Metall

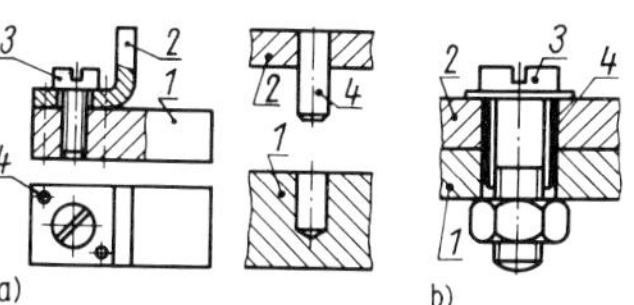

Bild 4.4.40. Lagesicherung von verschraubten Bauteilen

a) durch Verstiften; b) durch Spannstift

1, *2* Verbindungspartner; *3* Schraube; *4* Paßstift bzw. Spannstift

- Sollen die zu verbindenden Bauteile sich nicht gegeneinander verschieben oder sich nach erforderlichem Lösen der Verbindung exakt in gleicher Lagebeziehung wieder verbinden lassen, sind dafür neben Arretierungen mit Stiften oder Spannstiften **(Bild 4.4.40)**, also mittelbaren Lagesicherungen, solche vorteilhaft, die an den Bauteilen selbst durch eine geeignete Formpaarung unmittelbar erreicht werden. **Bild 4.4.41** zeigt einige Beispiele, wie sich die Bauteile trotz Beschränkung auf eine Schraube gegeneinander verdrehsicher verbinden lassen.

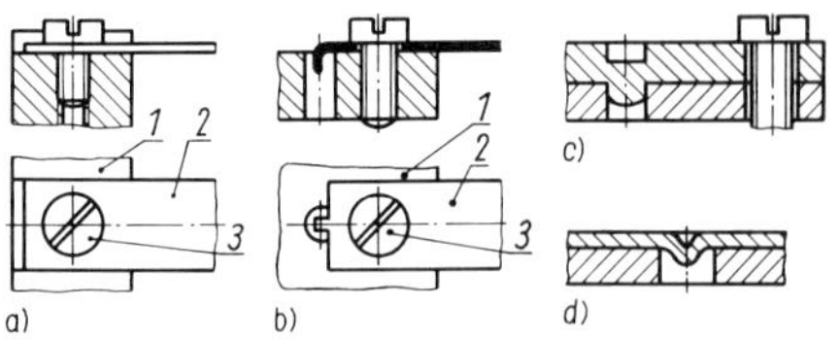

Bild 4.4.41. Verdrehsichere Schraubenverbindungen

a) durch Nut des einen Bauteils; b) durch angebogenen Lappen; c), d) durch Ausklinkung oder eingedrückte Hügel
1, *2* Verbindungspartner; *3* Schraube

Bild 4.4.42. Verbindungen mit Senkschrauben

a) günstige Gestaltung der Bauteile; b) ungünstige Gestaltung; c), d) Verstärkung der Einschraubstelle durch angesenkte Metallteile

- Senkschrauben haben einen kegelförmigen Kopf, der mit der kegeligen Senkung im Bauteil gepaart wird. Die Senkung muß den gleichen Kegelwinkel aufweisen wie der Kopf der Schraube **(Bild 4.4.42)**. Das die Senkung tragende Bauteil soll nicht zu dünn sein. Es besteht die Gefahr des Durchziehens des Blechs; der Schraubenkopf findet keinen ausreichenden Halt. Bei Holz- oder Gummiteilen kann die Einschraubstelle durch entsprechend angesenkte Unterlagen verstärkt werden.
Bei Verbindungen mit mehreren Senkschrauben müssen die Abstände der Bohrungen in beiden Bauteilen sehr genau übereinstimmen. Anderenfalls lassen sich nicht alle Schrauben völlig einschrauben (Doppelpassung, **Bild 4.4.43**a). Die Bilder (b) und (c) zeigen Ersatzlösungen.

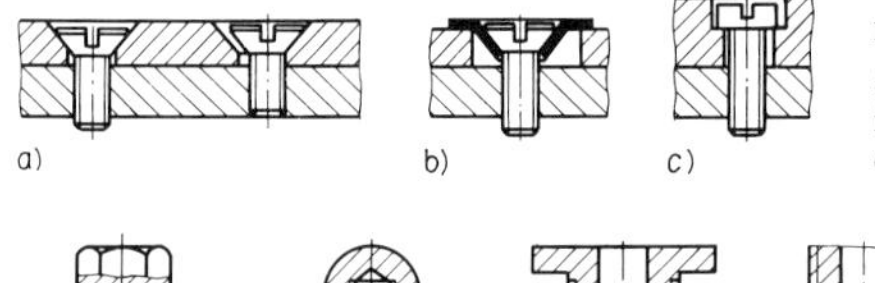

Bild 4.4.43. Abstandsabweichungen bei Verbindungen mit Senkschrauben

a) Doppelpassung (vermeiden); b) Senkschraube mit angesenkter Scheibe in sehr großer Durchgangsbohrung – nur für geringe Belastung; c) Zylinderschraube versenkt

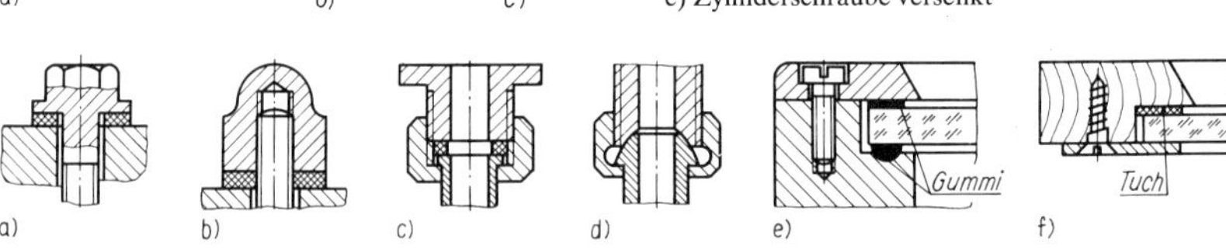

Bild 4.4.44. Dichte Schraubenverbindungen

a) Verschlußschraube; b) mit Hutmutter; c), d) Rohrverschraubung; e) Befestigung einer Glasscheibe in Metallteilen; f) Befestigung einer Glasscheibe in Holzteilen

- Flüssigkeits- oder gasdichte Schraubenverbindungen sind bei Anwendung geeigneter Dichtungen möglich **(Bild 4.4.44)**. Soll die Dichtheit gegen Medien unter hohem, insbesondere wechselndem Druck erreicht werden, sind Schrauben mit definierter Vorspannung anzuwenden.
- Verbindungen von rohrförmigen Teilen, Stehbolzen und anderen gehören zu den unmittelbaren Schraubenverbindungen.

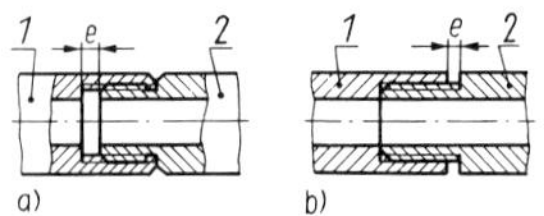

Bild 4.4.45. Unmittelbare Rohrverschraubung

a) mit Außenanschlag; b) mit Innenanschlag
1, *2* Verbindungspartner

Rohrverschraubungen nach **Bild 4.4.45** sind mit Innen- oder Außenanschlag herstellbar. Dienen die Rohre der Leitung strömender Medien, so ist die durchgehende Fläche innen erforderlich. Stehbolzen benötigen eine ebene, zur Bohrungsachse senkrechte und angefaste Anschlagfläche. Die **Bilder 4.4.46 und 4.4.47** zeigen einige Gestaltungsmöglichkeiten.

Das Durchmesserverhältnis D/d sollte bei Gewindezapfen bis M 2,5 $\geqq 2$ und bei Zapfen M 3 und größer $\geqq 1{,}7$ sein (Bild 4.4.47). Zum Festziehen der Bolzen beim Einschrauben sind diese mit Schlüsselflächen oder Querbohrungen für einen Knebel zu versehen **(Bild 4.4.48)**.

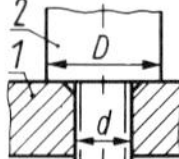

Bild 4.4.46. Stehbolzenschraubenverbindung
1, 2 Verbindungspartner

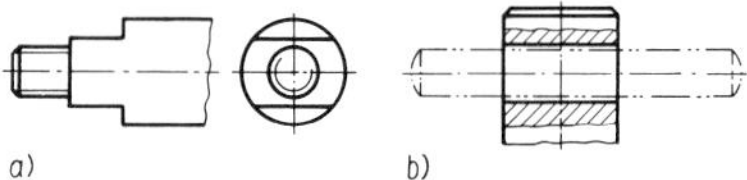

Bild 4.4.48. Flächen für das Montagewerkzeug an Stehbolzen
a) Schlüsselflächen; b) Querbohrung für Knebel

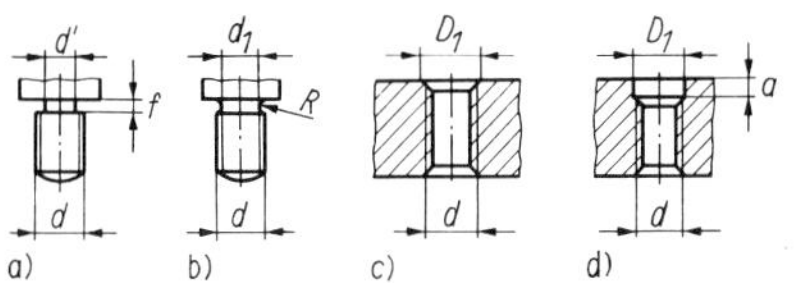

Bild 4.4.47. Gestaltung von Gewindebolzen und -bohrungen nach DIN 509; Richtwerte s. [1.3]
a) Freistich, Form A; b) Freistich, Form C; c) Ansenkung der Bohrung; d) Freibohrung des Gewindes

Bild 4.4.49 zeigt eine Ansatzschraube, die als Lagerzapfen für ein selten oder nur langsam zu drehendes Bauteil dient.

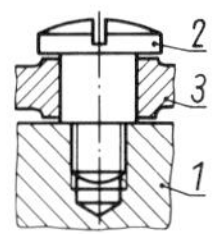

Bild 4.4.49. Ansatzschraube als Gelenkelement
1 Gestell; *2* Ansatzschraube; *3* drehbares Bauteil

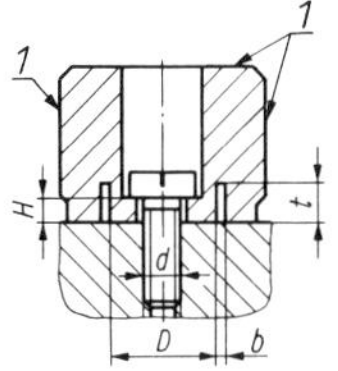

Bild 4.4.50. Verspannungsarme Befestigung von Präzisionsführungsschienen
1 Führungsflächen (s. auch Bild 8.3.3)

- Sollen hochpräzise Führungsschienen durch die zum Befestigen dienenden Schrauben in deren Umgebung nicht verformt oder verspannt werden, so sind die Schrauben gemäß **Bild 4.4.50** so weit einzusenken, daß die Höhe H zwischen der Auflagefläche der Schraube und der Basisfläche der Schiene kleiner ist als der Schraubennenndurchmesser. Darüber hinaus läßt sich das verformte Volumen durch Entlastungsschlitze, deren Tiefe t mindestens bis zur Auflagefläche der Schraube reicht, minimieren [8.3.20]. Folgende Richtwerte werden empfohlen (s. auch Abschnitt 8.3., Bild 8.3.3):

$$D \approx (2 \ldots 2{,}5)\, d; \qquad b \approx 3\,\text{mm}; \qquad H \approx (0{,}6 \ldots 0{,}75)\, d \quad \text{und} \quad t \approx (0{,}9 \ldots 1{,}5)\, d.$$

  Ein Verspannen der Schiene läßt sich auch dadurch weiter vermindern, daß deren Basisfläche nur in der Umgebung der Schraube realisiert, im übrigen aber um einen geringen Betrag zurückgesetzt ist. Außerdem empfiehlt es sich, die aufliegende Fläche des Schraubenkopfes nachzudrehen, um unsymmetrische Belastung auszuschließen.
- Schrauben sind so anzuordnen, daß sie für das Spannwerkzeug (Schraubendreher, Steck- und Maulschlüssel) zugänglich sind und daß für die Spannbewegung ausreichend Platz ist.

Schraubensicherungen [4.4.57] [4.4.58] [4.4.63]

Wenn sich Durchsteckschrauben ungewollt lösen, entfällt der Reibschluß zwischen den Bauteilen, und die Schrauben werden beschädigt. Definiert vorgespannte Schrauben sollen ihre Vorspannung beibehalten, damit die Funktion der Verbindung erhalten bleibt, z. B. das Dichthalten des Zylinderdeckels eines Verbrennungsmotors. Hingegen sind querbelastete Paßschrauben beim Lösen der Mutter fast nicht gefährdet, solange die Mutter nicht ganz abfällt.

Sicherungen sind deshalb sachgerecht und differenziert einzusetzen. Durchsteckschrauben und definiert vorgespannte Schrauben lösen sich unter der Betriebskraftwirkung, wenn die Köpfe und Muttern unsymmetrisch aufliegen oder durch eingeleitete Schwingungen. Insbesondere definiert vorgespannte Verbindungen sind dann mit Sicherungen zu versehen, die die volle Umfangskraft aufnehmen können, als ob die Reibung Null wäre (was bei Schwingungen jeweils kurzzeitig auch der Fall ist).

Es werden kraftschlüssige, formschlüssige und stoffschlüssige Sicherungen unterschieden. *Kraftschlüssige Sicherungen* sind in **Tafel 4.4.16** sowie in den **Bildern 4.4.51 und 4.4.52** dargestellt. Die Tafel zeigt handelsübliche federnde Scheiben, Bild 4.4.51 Sicherungen durch Kontermuttern (a, b) und einen Federring (c). Bild 4.4.52 stellt Spezialmuttern dar, die entweder die Reibung stark elastischen Materials (a) oder die Keilwirkung (b) ausnutzen. **Bild 4.4.53**

Tafel 4.4.16. Federnde Scheiben

Bauform	Federscheibe nach DIN 137	Federnde Zahnscheibe n. DIN 6797	Fächerscheibe nach DIN 6798	Federring nach DIN 128
A				
B				
C	—			—

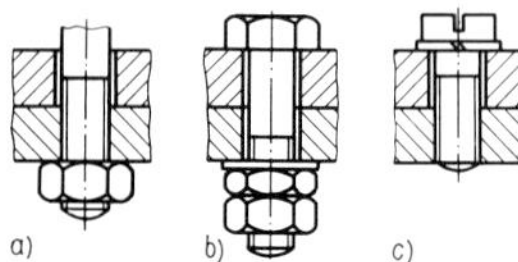

Bild 4.4.51. Kraftschlüssige Sicherung gegen Lockern

a) mit zusätzlicher Mutter; b) mit Kontermutter; c) mit Federring

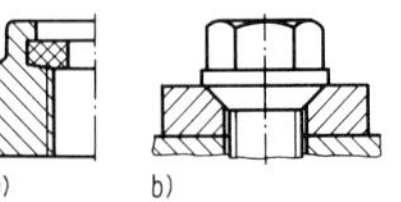

Bild 4.4.52. Kraftschlüssige Spezialsicherungen

a) Elastic-Stop-Mutter; b) Mutter mit kegeliger Anlagefläche (Kegelwinkel so, daß Selbstsperrung auftritt)

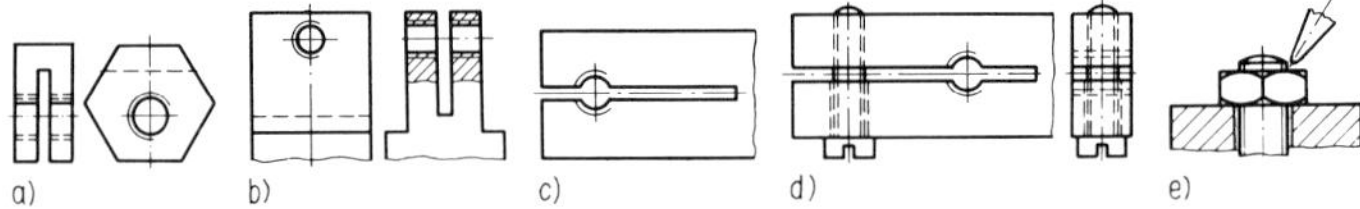

Bild 4.4.53. Kraftschlüssig gestaltete Bauteile

a), b) mit Schlitz quer zur Gewindeachse (axial federnd); c) axialer Schlitz (radiale Federung); d) wie c), aber mit Klemmschraube; e) Verringerung des Spiels durch Verformung der Mutter

enthält verschiedene klemmbare Muttern, die entweder durch eigene Federwirkung (a, b, c) oder durch Anziehen einer Schraube (d) klemmen. Bild 4.4.53e zeigt eine Mutter, die nach dem Festziehen durch Verpressen kraftschlüssig angestellt wird.

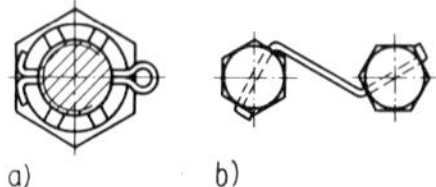

Bild 4.4.54. Sicherung mit Splint oder Draht

a) mit Kronenmutter; b) mit quer durchbohrten Schraubenköpfen

Tafel 4.4.17. Sicherungsbleche

Sicherungsblech mit Lappen nach DIN 93	Sicherungsblech mit Nase nach DIN 432	Sicherungsblech mit 2 Lappen n. DIN 463

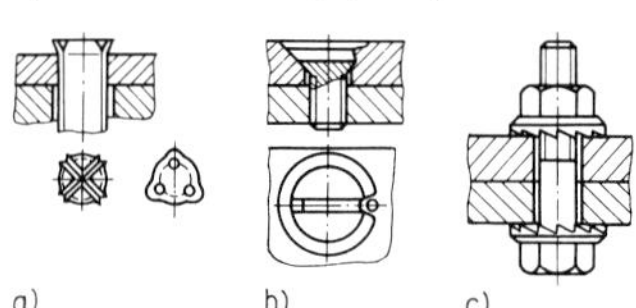

Bild 4.4.55. Formschlüssige Sicherung durch Verformung

a) des Schraubenendes; b) des Bauteils; c) des Bauteils beim Anziehen der Schraube

Formschlüssige Sicherungen sind mittels Querstiften, Splinten sowie durch Verpressung und durch die in DIN 93, 432, 463 genormten Sicherungsbleche erreichbar **(Bilder 4.4.54 bis 4.4.56, Tafel 4.4.17)**. Bild 4.4.54 zeigt die Anwendung der Kronenmutter sowie die gegenseitige Sicherung zweier nebeneinanderliegenden Schrauben mittels eines Drahtes, der durch die quer durchbohrten Schraubenköpfe gezogen ist. Bild 4.4.55 zeigt verschiedene Möglichkeiten der plastischen Verformung von Schraubenenden (a) sowie des Bauteils (b), das in den

Kopfschlitz einer Senkschraube gedrückt ist. In (c) wird das Bauteil durch die an den Auflageflächen von Schraube und Mutter befindliche Sperrverzahnung beim Anziehen der Schraube verformt. Bild 4.4.56 zeigt die Anwendung der in Tafel 4.4.17 dargestellten Sicherungsbleche. *Stoffschlüssige Sicherung* kann mit Lack, mit Klebstoffen und mit leicht schmelzbaren Metallen erfolgen. **Bild 4.4.57** enthält einige Beispiele der äußerlichen Anwendung von Lacksicherungen. Diese sind für größere Belastung nicht geeignet. Für höhere Ansprüche ist das Vergießen mit flüssigem Zinn möglich. Ein modernes Beispiel der Anwendung von Klebern ist eine handelsübliche Schraube, deren Gewinde mit Mikrokapseln beschichtet ist, die Klebstoff enthalten. Beim Einschrauben platzen die Kapseln und geben den Klebstoff frei [4.4.64]. Eine so verklebte Verbindung ist allerdings nicht gut zu lösen.

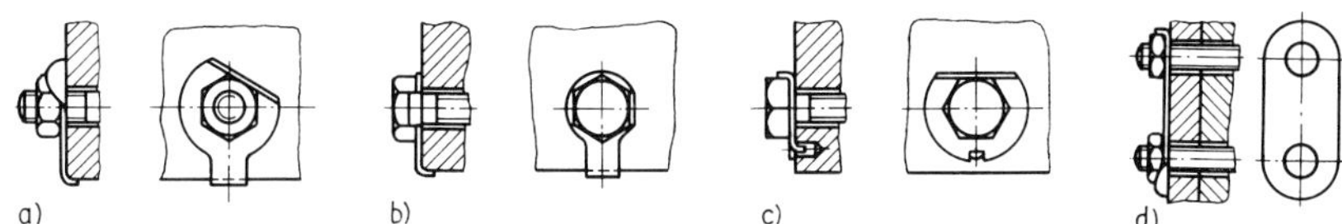

Bild 4.4.56. Anwendung von Sicherungsblechen

a) mit zwei Lappen; b) mit einem Lappen; c) mit Nase; d) für zwei nebeneinanderliegende Schrauben

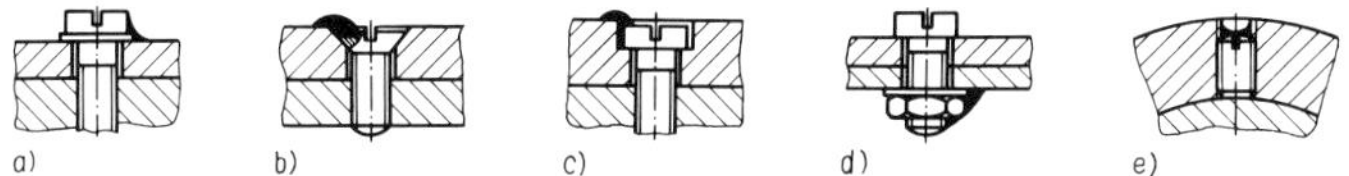

Bild 4.4.57. Stoffschlüssige Sicherung von Schraubenverbindungen

a), b), c) Verlacken des Schraubenkopfes; d) Verlacken des Schraubenendes und der Mutter; e) Verlacken eines Gewindestiftes

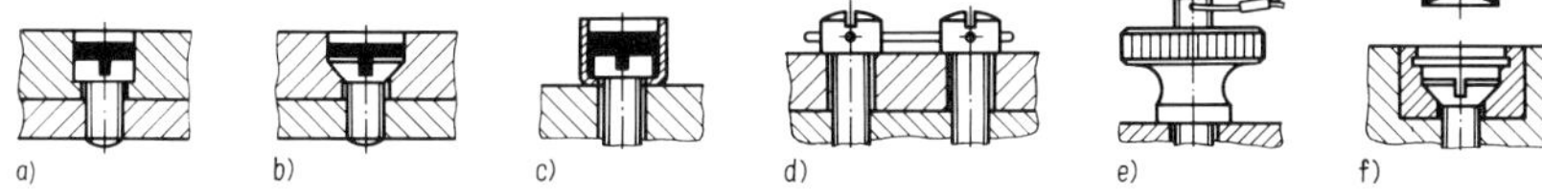

Bild 4.4.58. Plomben (Sicherungen gegen unbefugtes Lösen)

a), b) Wachs- oder Siegellackfüllung der Senkung; c) Füllung eines mit der Schraube befestigten Napfes; d), e) mit Draht und Plombe; f) durch eingespreizten Deckel

Sicherungen gegen unbefugtes Lösen von Schraubenverbindungen, z.B. bei Geräten in der Garantiezeit wichtig, sollen vor dem Lösen abschrecken bzw. dieses anzeigen. **Bild 4.4.58** zeigt einige Möglichkeiten der üblichen Plombierung.
Sicherungen gegen Verlieren sind bei oft zu lösenden Verbindungen zweckmäßig **(Bilder 4.4.59 und 4.4.60)**.

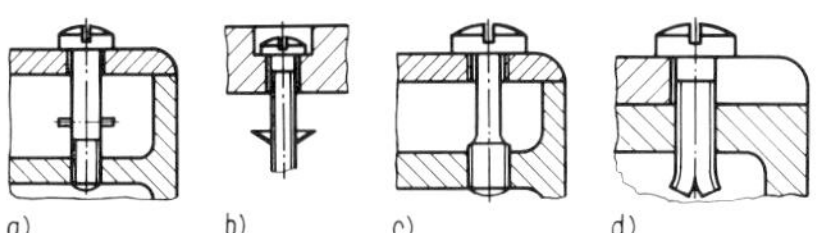

Bild 4.4.59. Unverlierbare Deckelverschraubungen – Sicherung durch

a) Stift; b) Pappscheibe; c) Halsschraube; d) Aufspreizen des Schraubenendes

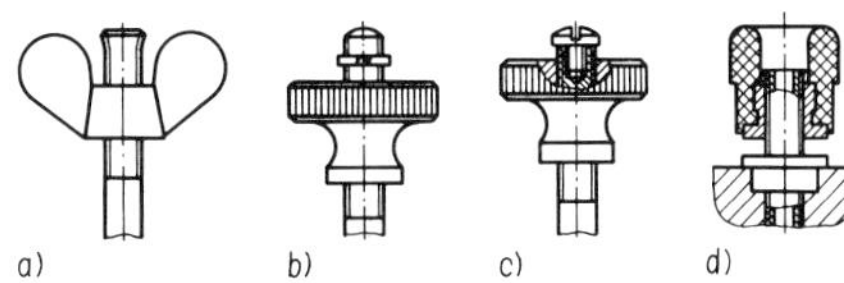

Bild 4.4.60. Unverlierbare Muttern

a) durch gestauchtes Bolzenende; b) durch Scheibe auf dem Bolzen; c) durch Anschlagschraube; d) durch Aufweiten der rohrförmigen Schraube

Eine Zusammenstellung ausgewählter Normen und Richtlinien zum Abschnitt 4.4.4. enthält **Tafel 4.4.18.**

4.4.4.5. Berechnungsbeispiele

Aufgabe 4.4.3. Schraubenverbindungen an einer Kupplung

Bei einer Kupplung sind die Kupplungsscheiben nach **Bild 4.4.61** mit jeweils vier Schrauben an den Nabenteilen befestigt, wobei die Schrauben auf einem Kreis von $d = 60\,\text{mm}$ sitzen. Die Kupplung soll ein Drehmoment $M_d = 7500\,\text{N} \cdot \text{mm}$ sicher übertragen. Der Reibwert zwischen den zu verbindenden Bauteilen wird zu $\mu = 0{,}1$ vorausgesetzt.

Wie ist die Verbindung zu dimensionieren, wenn die Naben und Kupplungsscheiben aus St37 bestehen und die Schrauben aus C15 (geglüht) hergestellt sind?

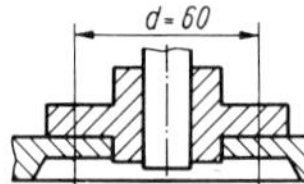

Bild 4.4.61. Kupplungsscheibe

Tafel 4.4.18. Normen und Richtlinien zum Abschnitt 4.4.4.

DIN-Normen	
DIN 13 T1 bis T11	Metrisches ISO-Gewinde; Regel- und Feingewinde; Nenndurchmesser, Steigungen, Hauptabmessungen
DIN 13 T 19 bis T 26	–; –; Toleranzen und Grenzmaße, Kern- und Spannungsquerschnitte
DIN 14 T 2	–; Gewinde unter 1 mm Nenndurchmesser, Nennmaße
DIN 14 T 3 und T 4	–; –; Toleranzen und Grenzmaße
DIN 66	Senkung für Senkschrauben mit Einheitsköpfen nach DIN ISO 7721
DIN 74	Senkungen für Senkschrauben
DIN 78	Gewindeenden, Schraubenüberstände für Metrisches ISO-Gewinde nach DIN 13
DIN 93	Scheiben mit Lappen (Sicherungsbleche mit Lappen)
DIN 95	Linsensenk-Holzschrauben mit Schlitz
DIN 96	Halbrund-Holzschrauben mit Schlitz
DIN 97	Senk-Holzschrauben mit Schlitz
DIN 103	Metrisches ISO-Trapezgewinde
DIN 127 und 128	Federringe, aufgebogen oder glatt mit rechteckigem Querschnitt und gewölbt
DIN 137	Federscheiben, gewölbt oder gewellt
DIN 315	Flügelmuttern, runde Flügelform
DIN 380	Flaches Metrisches Trapezgewinde
DIN 405	Rundgewinde
DIN 432	Scheibenblech mit Außennase (Sicherungsblech mit Nase)
DIN 466 und 467	Rändelmuttern, hohe Form und niedrige Form
DIN 475	Schlüsselweiten für Schraubenschlüssel
DIN 546	Schlitzmuttern
DIN 557	Vierkantmuttern, Produktklasse C
DIN 562	Vierkantmuttern, niedrige Form, Produktklasse B
DIN 607	Halbrundschrauben mit Nase
DIN 609	Sechskant-Paßschrauben mit langem Gewindezapfen
DIN 910	Verschlußschrauben mit Bund und Außensechskant; schwere Ausführung
DIN 917 und 1587	Sechskant-Hutmuttern, niedrige Form und hohe Form
DIN 925	Senkschrauben mit Schlitz und Zapfen
DIN 938 bis 940	Stiftschrauben; Einschraubende 1 *d*; 1,25 *d*; 2,5 *d*
DIN 976	Gewindebolzen
DIN 3858	Whithworth-Rohrgewinde für Rohrverschraubungen, Gewindemaße
DIN 6330	Sechskantmuttern, 1,5 *d* hoch
DIN 6797	Zahnscheiben
DIN 6912	Zylinderschrauben mit Innensechskant, niedriger Kopf mit Schlüsselführung
DIN 7604	Verschlußschrauben mit Außensechskant
DIN 7952	Blechdurchzüge mit Gewinde
DIN 7967	Sicherungsmuttern
DIN 7995	Linsensenk-Holzschrauben mit Kreuzschlitz
DIN 7996	Halbrund-Holzschrauben mit Kreuzschlitz
DIN 7997	Senk-Holzschrauben mit Kreuzschlitz
DIN 7998	Gewinde und Schraubenenden für Holzschrauben
DIN 8245	Senkschrauben mit Schlitz, für die Feinwerktechnik, M 0,4 bis M 1,4
DIN 40400	Elektrogewinde für D-Sicherungen
DIN 40430	Stahlpanzerrohr-Gewinde, Maße
DIN 40450	Elektrische Leuchten; Glasgewinde für Schutzgläser und Kappen
DIN EN 24014	Sechskantschrauben mit Schaft, Produktklasse A
DIN EN 24032	Sechskantmuttern; Typ 1, Produktklassen A und B
DIN EN 27435	Gewindestifte mit Schlitz und Zapfen
DIN EN ISO 2009	Senkschrauben mit Schlitz (Einheitskopf), Produktklasse A
DIN EN ISO 2010	Linsenschrauben mit Schlitz (Einheitskopf), Produktklasse A
ISO 1483	Linsensenkkopf-Blechschrauben mit Schlitz (Einheitskopf)
Richtlinien	
VDI 2544	Schrauben aus thermoplastischen Kunststoffen (zurückgezogen)
VDI/VDE 2251 Bl. 1	Feinwerkelemente; Spannverbindungen

Lösung (zu Aufgabe 4.4.3)

a) *Kräfte* $M_d = F_{Q\,ges} d/2$; $F_{Q\,ges} = 2M_d/d = 2 \cdot 7500$ N · mm/60 mm = 250 N;

$F_Q = F_{Q\,ges}/z = 250$ N/4 = 62,5 N; $F_L = F_Q/\mu = 62{,}5$ N/0,1 = 625 N.

b) *Gewindenenndurchmesser*

$$\sigma_z = F_L/A_s \quad \text{mit} \quad A_s = (d_2 + d_3)^2\,\pi/16$$

$$A_s = F_L/\sigma_{z\,zul} \quad \text{mit} \quad \sigma_{z\,zul} = 0{,}6R_e = 0{,}6 \cdot 300\ \text{N/mm}^2 = 180\ \text{N/mm}^2; \quad A_s = 625\ \text{N} \cdot \text{mm}^2/180\ \text{N} = 3{,}471\ \text{mm}^2.$$

Gemäß Tafel 4.4.10 gilt für M 2,5 Regelgewinde $A_s = 3{,}39$ mm², für M 3 Regelgewinde $A_s = 5{,}03$ mm²; gewählt M 3.

c) *Nachrechnung von Pressung und Scherspannung an Gewindegängen und Dimensionierung der Mutterhöhe*

Pressung: $p = F_L/(n\pi d_2 H_1) \leqq p_{zul}$ mit $d_2 = 2{,}675$ mm;

$$H_1 = (d - D_1)/2 = (3 - 2{,}459)\ \text{mm}/2 = 0{,}2705\ \text{mm}; \qquad p_{zul} = 65\ \text{N/mm}^2 \text{ für St37}$$

$$n = F_L/(\pi d_2 H_1 p_{zul}) = 625\ \text{N} \cdot \text{mm}^2/(\pi \cdot 2{,}675 \cdot 0{,}2705\ \text{mm}^2 \cdot 65\ \text{N}) = 4{,}232.$$

Scherung: $\tau_a = F_L/(\pi d P n) \leqq \tau_{a\,zul}$ mit $P = 0{,}5$ mm und $\tau_{a\,zul} = 36$ N/mm² für St37.

$$n = F_L/(\pi d P \tau_{a\,zul}) = 625\ \text{N} \cdot \text{mm}^2/(\pi \cdot 3 \cdot 0{,}5\ \text{mm}^2 \cdot 36\ \text{N}) = 3{,}686.$$

Für die Bemessung der Mutterhöhe m ist also die Flächenpressung an den Gewindeflanken maßgebend. Sie beträgt $m = Pn = 0{,}5 \cdot 4{,}232$ mm = 2,116 mm.
Die Bauteildicke der Nabe beträgt 5 mm, ist also mehr als ausreichend dick, um das Gewinde aufzunehmen. Die Schrauben M 3 sollten demnach mindestens 12 mm lang sein, um Federringe als Sicherungen gegen unbeabsichtigtes Lösen der Verbindung einsetzen zu können.

Aufgabe 4.4.4. Befestigung des Zylinderdeckels eines Kompressors

Gegeben ist der Zylinder eines Luftkompressors, dessen Deckel mit $z = 12$ definiert vorgespannten Sechskantschrauben und -muttern mit diesem zu verbinden ist **(Bild 4.4.62)**. Der periodisch auftretende Druck im Zylinder beträgt $p = 3{,}5$ N/mm². Deckel und Zylinder bestehen aus Stahlguß GS45. Als Schrauben stehen solche mit dem Festigkeitskennzeichen 6.8 zur Verfügung.
Gesucht sind die Abmessungen der Schrauben.

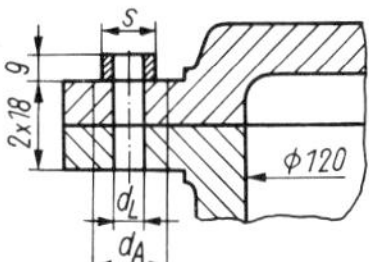

Bild 4.4.62. Kompressorzylinder, Detail

Lösung

a) *Kräfte*
Innendruck des Zylinders $p = 3{,}5$ N/mm², wirksam wird $\Delta p = 3{,}4$ N/mm² (also p abzüglich des äußeren Luftdrucks).

$$F_{ges} = \Delta p A_z \quad \text{mit} \quad A_z = D^2\pi/4 = 120^2\ \text{mm}^2\pi/4 = 11\,309\ \text{mm}^2;$$

$$F_{ges} = 3{,}4 \cdot 11\,309\ \text{N} = 38\,450{,}6\ \text{N};$$

$$F_{Betr} = F_{ges}/z = 38\,450{,}6\ \text{N}/12 = 3204{,}2\ \text{N}.$$

b) *Gewindenenndurchmesser*

$$F_V/F_{Betr} = 3{,}5 \quad \text{lt. Tafel 4.4.12, also} \quad F_V = 3{,}5F_{Betr} = 3{,}5 \cdot 3204{,}2\ \text{N} = 11\,214{,}7\ \text{N}.$$

$$\sigma_V = F_V/A_s \leqq 0{,}7R_e, \quad \text{woraus folgt} \quad A_s = F_V/(0{,}7R_e) = 11\,214{,}7\ \text{N} \cdot \text{mm}^2/(0{,}7 \cdot 480\ \text{N}) = 33{,}38\ \text{mm}^2.$$

Gewählt wird Gewinde M 8 mit $A_s = 36{,}61$ mm².
Die Schraubenlänge beträgt zur Verringerung der Steife $l' \approx 4{,}5 \cdot d$, gewählt wird $l' = 45$ mm. Der Schaftdurchmesser der Schraube ergibt sich zu $d_{Schaft} = 0{,}8 \cdot d_3 = 0{,}8 \cdot 6{,}466$ mm = 5,17 mm.

c) *Nachrechnung*

Federsteifen

$$c_{Schr} = E_{Schr} A_{Schr}/l \text{ mit } l = l_B + (k + m)/3 = [45 + (5{,}5 + 6{,}5)/3]\ \text{mm} = 49\ \text{mm} \ (k, m \text{ nach Tafel 4.4.15});$$

$$c_{Schr} = E_{Schr} d^2_{Schaft}\pi/(4l) = 21 \cdot 10^4 \cdot 5{,}17^2\pi\ \text{N} \cdot \text{mm}^2/(4 \cdot 49\ \text{mm}^3) = 0{,}899 \cdot 10^5\ \text{N/mm};$$

$$1/c_{B\,ges} = 1/c_{B1} + 1/c_{B2}$$

$$c_{B1} = \frac{E_{B1}\pi}{4l_{B1}}\,(d^2_{A1} - d^2_L) \quad \text{mit} \quad d_{A1} = s + 0{,}34 l_{B1}/2, \quad \text{da} \quad l_B/2 < 4d \quad \text{(s. Tafel 4.4.11)};$$

$$d_{A1} = (13 + 0{,}34 \cdot 18)\ \text{mm} = 19{,}12\ \text{mm}; \quad d_L = 8{,}4\ \text{mm} \quad \text{nach Tafel 4.4.15};$$

$$c_{B1} = \frac{21 \cdot 10^4\pi}{4 \cdot 36}\,(19{,}12^2 - 8{,}4^2)\ \text{N/mm} = 13{,}52 \cdot 10^5\ \text{N/mm}$$

$$c_{B2} = \frac{E_{B2}\pi}{4l_{B2}}\,(s^2 - d^2_L) = \frac{21 \cdot 10^4\pi}{4 \cdot 9}\,(13^2 - 8{,}4^2)\ \text{N/mm} = 18{,}03 \cdot 10^5\ \text{N/mm};$$

$1/c_{\text{B ges}} = [1/(13{,}52 \cdot 10^5) + 1/(18{,}03 \cdot 10^5)]$ mm/N $= (18{,}03 + 13{,}52)\, 10^5$ mm$/(13{,}52 \cdot 18{,}03 \cdot 10^{10}$ N);

$c_{\text{B ges}} = 243{,}76 \cdot 10^5$ N/(31,55 mm) $= 7{,}73 \cdot 10^5$ N/mm.

Zusatzkraft F_Z und Entlastungskraft F_B

$F_Z = F_{\text{Betr}} c_{\text{Schr}}/(c_{\text{Schr}} + c_{\text{B ges}}) = 3204{,}2 \text{ N} \cdot 0{,}899 \cdot 10^5/[(0{,}899 + 7{,}73)\, 10^5] = 333{,}8$ N;

$F_B = F_Z c_{\text{B ges}}/c_{\text{Schr}} = 333{,}8 \cdot 7{,}73 \text{ N}/0{,}899 = 2870{,}16$ N;

$F_V + F_Z = (11\,214{,}7 + 333{,}8)$ N $= 11\,548{,}5$ N.

Vergleichsspannung und Ausschlagspannung

$\sigma_v = \sqrt{\sigma_z^2 + 3\,(\alpha_0 \tau_t)^2} < R_e$;

$\sigma_z = \dfrac{F_V + F_Z}{A_{\text{Schr}}} = \dfrac{11\,548{,}5 \cdot 4}{5{,}17^2\pi}$ N/mm^2 $= 550{,}09$ N/mm^2;

$\tau_t = 8 F_V d_2 \tan(\psi + \varrho)/(d^3_{\text{Schaft}}\pi)$ mit $\psi = 3{,}175°$ $[\tan\psi = P/(d_2\pi)]$; $\varrho = 5{,}71°$ $(\tan\varrho = \mu = 0{,}1)$;

$\tau_t = 8 \cdot 11\,214{,}7 \text{ N} \cdot 7{,}188 \text{ mm} \cdot 0{,}15632/(5{,}17^3 \text{ mm}^3\pi) = 232{,}24$ N/mm^2;

$\sigma_v = \sqrt{550{,}09^2 + 3\,(0{,}7 \cdot 232{,}24)^2}$ N/mm^2 $= 617{,}96$ N/mm$^2 < R_e$;

$\sigma_a = F_Z/(2A_{\text{Schr}}) \leqq 0{,}8\sigma_{\text{ADK}}$; $\sigma_{\text{ADK}} = 50$ N/mm^2 (nach Tafel 4.4.13);

$\sigma_a = 333{,}8 \cdot 4 \text{ N}/(2 \cdot 5{,}17^2\pi \text{ mm}^2) = 7{,}95$ N/mm$^2 < 0{,}8\sigma_{\text{ADK}}$.

Bild 4.4.63. Dehnschraube, Maßskizze

Bauteilrestkraft

$F_{\text{rest}} = F_V - F_B = 11\,214{,}7 \text{ N} - 2870{,}16 \text{ N} = 8344{,}5 \text{ N} > 0{,}1 F_V = 1121{,}5$ N.

Bild 4.4.63 zeigt eine Maßskizze der Schrauben.

4.4.5. Klemmverbindungen [4.4.17] [4.4.18] [4.4.71]

Klemmverbindungen sind kraftschlüssige, meist lösbare, mittelbare Verbindungen zwischen zwei Bauteilen, bei denen der Kraftschluß durch von einem dritten Bauteil ausgeübte Kräfte erzeugt wird. Solche krafterzeugenden Bauteile sind z.B. Schrauben, Keile und Federn. Klemmverbindungen finden Anwendung zur schnellen gegenseitigen Arretierung zweier Bauteile, die im Rahmen der ihnen nach dem Fügen verbliebenen Freiheitsgrade beweglich sind, z.B. eines Schlittens auf einer Führungsbahn, eines schwenkbaren Hebels auf einer Achse oder eines Werkstückes auf der Werkzeugmaschine.

Von besonderem Vorteil ist, daß die Bauteile im allgemeinen in beliebigen Stellungen zueinander arretierbar sind.

Berechnung. Klemmverbindungen der Feinwerktechnik werden oft nicht ausgelastet, so daß man in diesen Fällen auf die Berechnung verzichten kann. Hingegen ist bei großen Belastungen die Funktion der Verbindung durch Rechnung oder gegebenenfalls auch durch Versuche zu sichern. Die Berechnung bezieht sich auf den Nachweis, daß die durch bestimmte äußere Kräfte erzeugte Reibkraft zwischen den Bauteilen so groß ist, daß die Betriebskräfte, die die Bauteile gegeneinander zu verschieben suchen, kompensiert werden. Daneben ist zu gewährleisten, daß die Flächenpressung an der Klemmfläche den zulässigen Wert nicht überschreitet.

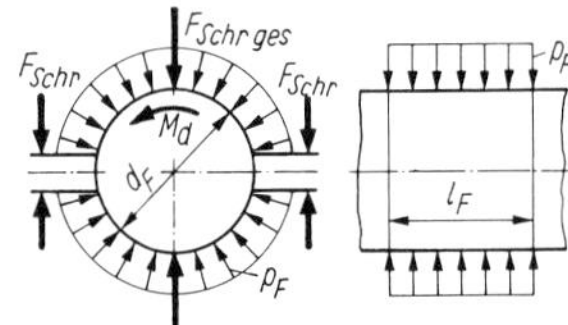

Bild 4.4.64. Kräfte an einer Klemmverbindung

Der Gang der Berechnung sei an einem Beispiel gezeigt: Die Reibkraft zwischen einer Welle und einer geteilten Buchse, die durch Schrauben zusammengehalten wird **(Bild 4.4.64)**, ergibt sich unter der Voraussetzung einer gleichmäßigen Verteilung der Flächenpressung zu

$$F_R = \mu F_n = \mu A p_F = \mu\pi d_F l_F p_F \qquad (4.4.8)$$

$$F_R \geqq F_t = 2M_d/d_F; \qquad (4.4.9)$$

d_F Durchmesser der Fuge; l_F Fugenlänge; p_F Flächenpressung; μ Reibwert.

Mit $M_d = \tau_t W_t$ und $W_t = \pi d_F^3/16$ folgt dann

$$l_F/d_F = \tau_{t\,zul}/(8\mu p_{zul}). \tag{4.4.10}$$

Die erforderliche Schraubenkraft F_{Schr} errechnet sich bei z Schrauben zu

$$F_{Schr} = F_{Schr\,ges}/z \leqq d_F l_F p_{zul}/z \quad \text{bzw.} \quad F_{Schr} \geqq F_t/(\mu\pi z) = 2M_d/(\mu\pi d_F z). \tag{4.4.11}$$

Nach [4.4.52] kann $\mu = 0{,}15 \ldots 0{,}3$ betragen (je nach Schmierung, s. auch Tafel 3.25). Sicherheitshalber sollte mit dem 0,5fachen dieser Werte gerechnet werden. Die zur Berechnung von $\tau_{t\,zul}$ und p_{zul} für das Innenteil erforderlichen Festigkeitswerte sind den Werkstofftafeln im Abschnitt 3.6. zu entnehmen. Andere Anwendungsfälle der Klemmverbindungen sind gemäß der Gestalt der Klemmflächen bei sinngemäßer Nutzung der Gln. (4.4.8) und (4.4.9) zu berechnen.

Konstruktive Gestaltung. Maßgebend für die Güte einer Klemmverbindung ist das Verhältnis der Normalkraft zwischen den zu verbindenden Bauteilen zu der zum Fügen des krafterzeugenden Bauteils aufzuwendenden Kraft. Dieses Verhältnis, die Kraftübersetzung, läßt sich durch geeignete Wahl des Prinzips der Krafterzeugung und durch zweckmäßige Gestaltung der Bauteile optimieren.

Beispiele: Im **Bild 4.4.65**a ist ein auf einer Blechplatte befestigter Becher dargestellt. Die durch Schrauben erzielte Klemmverbindung verhindert die gegenseitige Drehung der Bauteile um die Becherachse. In diesem Fall wirkt lediglich das Gewinde der Schrauben als kraftübersetzendes Glied.

Bild 4.4.65b zeigt die Klemmverbindung eines aus Blech geschnittenen Hebels mit einer Welle. Hier kommt zur Kraftübersetzung neben dem Anteil des Gewindes noch ein zweiter Anteil hinzu, der aus den Hebelbeziehungen an der im Bild gezeigten Anordnung resultiert.

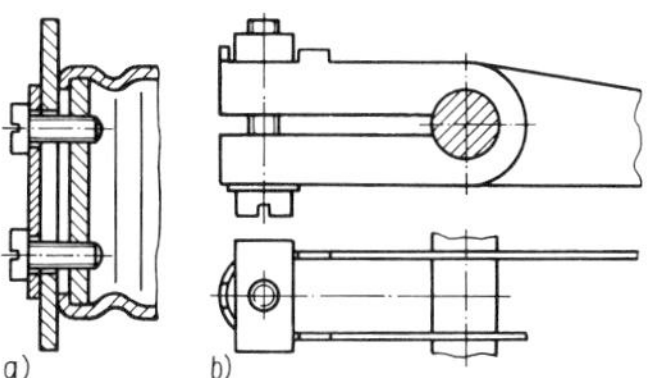

Bild 4.4.65. Klemmverbindungen mit Schrauben

a) verdrehsichere Befestigung eines Bechers
b) Verbindung Welle–Hebel

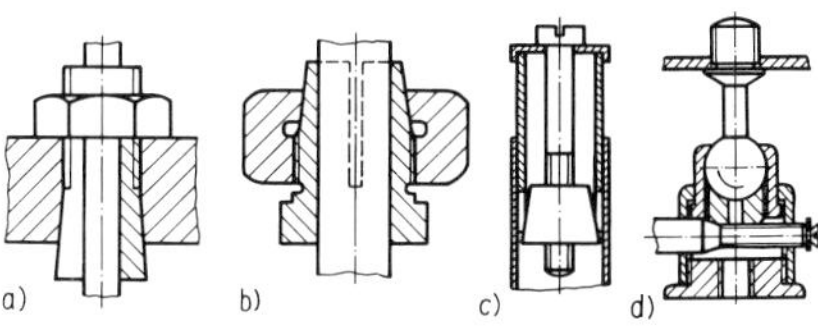

Bild 4.4.66. Klemmverbindungen mit Kegelpassung

a) geschlitzte Kegelhülse als Verbindungsmittel; b) Überwurfmutter als Verbindungsmittel; c) kegelige Mutter als Krafterzeuger; d) kegeliger Schraubenschaft als Krafterzeuger

Weitere Klemmverbindungen mit Schrauben sind im Abschnitt 4.4.4. dargestellt.

Bei der Krafterzeugung durch Kegelpreßpassungen nach **Bild 4.4.66** ist der Kegelwinkel die die Kraftübersetzung beeinflussende Größe. Je kleiner der Kegelwinkel, desto größer ist die Kraftübersetzung. Einen weiteren Zuwachs kann man durch Anwendung von Feingewinde bei den den Kegel antreibenden Schrauben erreichen.

Im **Bild 4.4.67** ist eine Klemmverbindung dargestellt, bei der die Klemmkraft durch Spreizwirkung an kegeligen Teilen des anderen oder eines dritten Bauteils zustande kommt.

Bild 4.4.67a zeigt eine der wenigen unmittelbaren Klemmverbindungen.

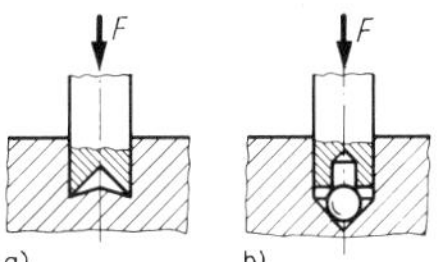

Bild 4.4.67. Klemmverbindung durch Spreizwirkung

a) Spreizung des Innen- auf dem Außenkegel
b) Spreizung des aufgebohrten Endes durch Kugel

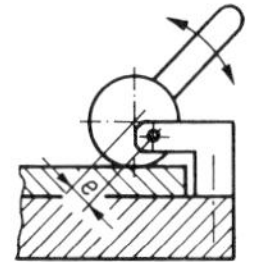

Bild 4.4.68. Exzenter als krafterzeugendes Bauteil

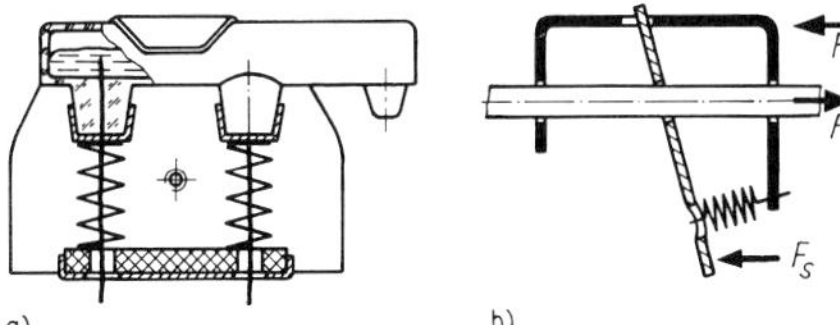

Bild 4.4.69. Klemmverbindungen mit Federn

a) Quecksilberschaltrelais; b) Arretierung einer geführten Stange
F Belastung; F_s Lösekraft

In Fertigungsvorrichtungen wird oft zum Festklemmen des Werkstückes der Exzenter benutzt **(Bild 4.4.68)**. Die Kraftübersetzung wächst in diesem Fall mit kleiner werdender Exzentrizität e.

Auch Federn sind zur Herstellung von Klemmverbindungen geeignet. Im **Bild 4.4.69**a ist z. B. ein Quecksilberschaltrelais dargestellt, bei dem die Glasröhre durch zwei Federn in die oberen gebogenen Blechlappen gedrückt wird. Hier ist die Kraftübersetzung klein, sie hat den Wert eins. Wesentlich wirksamer ist die Feder in der im Bild 4.4.69b gezeigten Anordnung, bei der die Federkraft durch Hebelwirkung verstärkt wird. Diese Verbindung ist z. B. für verstellbare Gerätefüße verwendbar.

Im **Bild 4.4.70** ist eine weitere unmittelbare Klemmverbindung dargestellt. Derartige Klemmringe dienen wie die formschlüssigen Sicherungsringe und -scheiben als Anschläge. Sie lassen sich an beliebigen Stellen einer Achse oder Welle aufklemmen, können aber bei weitem nicht so große Betriebskräfte aufnehmen wie die formschlüssigen Sicherungsringe (s. Abschnitt 4.3.9.).

Klemmringe sind für verschiedene Nenndurchmesser handelsüblich. Der zugehörige Wellendurchmesser sollte mit h 9 toleriert sein.

Klemmverbindungen für elektrische Anschlußelemente s. Abschnitt 5.3.2.

Bild 4.4.70. Klemmring

4.4.6. Renkverbindungen

Renkverbindungen sind kraft- und formschlüssige, meist unmittelbare, lösbare Verbindungen zwischen zwei Bauteilen, die zumindest an der Verbindungsstelle rotationssymmetrisch gestaltet sind und die axial ineinander gefügt und durch gegenseitige Verdrehung ineinander verhakt werden **(Bild 4.4.71)**.

Renkverbindungen sind überall da zweckmäßig anwendbar, wo rotationssymmetrische oder an der Verbindungsstelle rotationssymmetrisch gestaltete Bauteile schnell und doch definiert und reproduzierbar miteinander zu verbinden oder voneinander zu trennen sind.

Renkverbindungen werden kaum auf Festigkeit berechnet. Sie sind oft überdimensioniert, weil sich selten die Betriebskräfte und noch seltener die Handhabungskräfte genau genug angeben lassen.

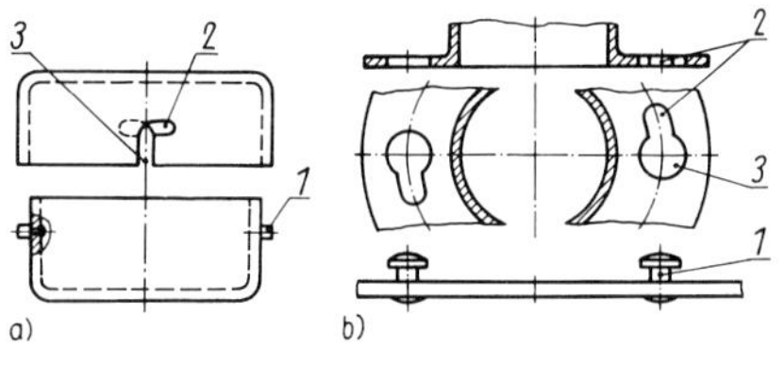

Bild 4.4.71. Grundbauweise der Renkverbindung

a) Renkpaarung an Zylindermantel; b) Renkpaarung auf Flansch
1 Bolzen an einem der Verbindungspartner; *2* Schlitz am anderen Partner; *3* Öffnung zum axialen Einfügen der Partner

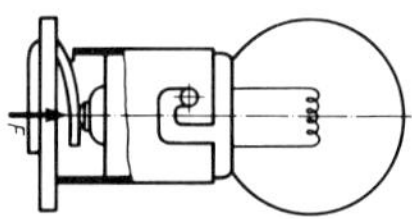

Bild 4.4.72. Fassung einer Glühlampe (Swan-Fassung) – Renkverbindung mit formschlüssiger Sicherung

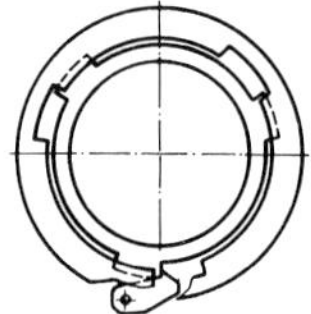

Bild 4.4.73. Bajonettverbindung zwischen Kamera und Wechselobjektiv

Konstruktive Gestaltung. Renkverbindungen der Art nach Bild 4.4.71 sind gegen unbeabsichtigtes Lösen nicht gesichert. Eine solche Sicherung kann auf formschlüssige oder kraftschlüssige Art erfolgen. Die in den **Bildern 4.4.72 und 4.4.73** dargestellten Anwendungsfälle gehören zu den formschlüssig gesicherten Renkverbindungen.

Beispiele: Die in Autoscheinwerfern oft gebrauchte Fassung für Glühlampen (Bild 4.4.72) hat den Vorteil, daß der Leuchtfaden bezüglich des Lampensockels und damit auch gegenüber der im Reflektor befestigten Fassung eine bestimmte Lage hat, im Reflektor also die optimale Stellung einnimmt. Unbeabsichtigtes Lösen wird durch das axiale Einrasten des Lampensockels in den der Einfügerichtung entgegengerichteten Schlitz verhindert. Eine Feder, die hier gleichzeitig als Kontaktfeder wirksam ist, sichert diese Raststellung.

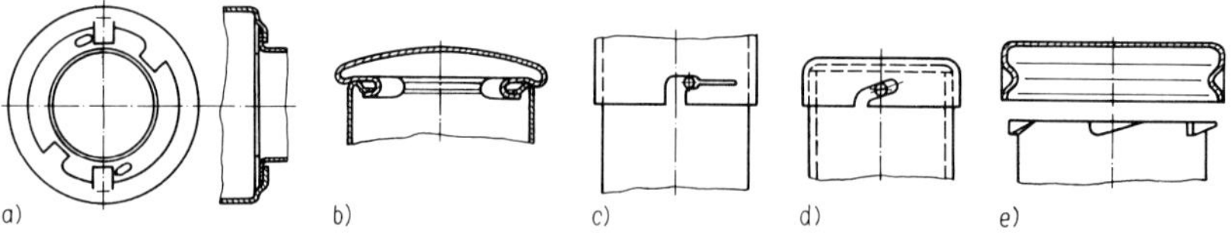

Bild 4.4.74. Renkverbindungen mit kraftschlüssiger Sicherung

a) Renkpaarung zwischen Flanschteilen; b) zwischen Rohrende und Abschlußteil; c) zwischen Rohren; d), e) zwischen Rohrende und Abschlußteil

Bild 4.4.73 zeigt eine Verbindung, die in der Fototechnik als Bajonettfassung für Wechselobjektive Anwendung findet. Hier ist die Renkpaarung flanschförmig gestaltet. Die formschlüssige Sicherung erfolgt durch das Einrasten einer Sperrklinke hinter das Renkelement des gefügten Innenbauteils. Beim Lösen der Verbindung muß also zunächst die Sperrklinke angehoben werden. Die folgenden Bilder enthalten Ausführungen von Renkverbindungen aus der Gruppe der kraftschlüssig gesicherten Verbindungen. Durch zweckmäßige Gestaltung wird beim Fügen durch elastische Verformung der Bauteile selbst der Kraftschluß wirksam **(Bild 4.4.74)**. In den Bildern 4.4.74a bis c sind jeweils die Renkelemente so elastisch gestaltet, daß die erforderliche Reibung entsteht. Bei den Renkverbindungen in den Bildern 4.4.74d und e hingegen sind die Renkelemente keilförmig ausgeführt, so daß die Reibkräfte durch Keilwirkung entstehen.

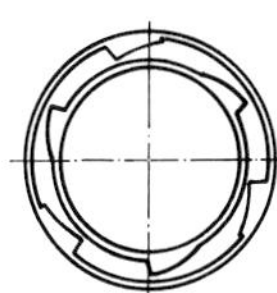

Bild 4.4.75. Renkpaarung mit radialer Klemmwirkung

Die im Bild 4.4.74 dargestellten Varianten sind sämtlich Blechkonstruktionen. Demgegenüber ist im **Bild 4.4.75** eine Renkverbindung gezeigt, die völlig auf die Belange des Spritzgießens oder Pressens aus Kunststoffen ausgerichtet ist. Hier ist die Kraftschlußwirkung ebenfalls durch Keilelemente erzielt. Bemerkenswert ist aber, daß die axiale Sperrung in der gefügten Verbindung hier nicht formschlüssig ist (wie bei allen bisher gezeigten Anwendungen), sondern ebenfalls nur auf Kraftschluß beruht. Es ist dies ein Kompromiß zugunsten einer Gieß- oder Preßform, die ohne Hinterschnitt auskommt und infolgedessen einfacher herzustellen ist.

Literatur zum Abschnitt 4.4.

Bücher, Dissertationen

[4.4.1] *Zhang, D.:* Beanspruchungsverhalten von Preßverbindungen unter hohem Querkrafteinfluß. Diss. Technische Universität Clausthal 1999.

[4.4.2] *Neuhof, U.:* Einfluß der Fügebereichsgestaltung auf das Festigkeitsverhalten von Keramik-Metall-Löt- und -Preßverbindungen. Diss. Technische Universität Berlin 1997.

[4.4.3] *Gropp, H.:* Das Übertragungsverhalten dynamisch belasteter Preßverbindungen und die Entwicklung einer neuen Generation von Preßverbindungen. Habil.-Schrift Technische Universität Chemnitz 1997.

[4.4.4] *Tan, L.:* Beanspruchungen und Übertragungsfähigkeit der geschwächten Welle-Nabe-Preßverbindungen im elastischen und teilplastischen Bereich. Diss. Technische Universität Clausthal 1993.

[4.4.5] *Würtz, G.:* Montage von Preßverbindungen mit Industrierobotern. Berlin, Heidelberg, New York: Springer-Verlag 1992.

[4.4.6] *Kaudel, O.:* Beitrag zum automatischen Fügen von Übergangs- und Preßverbindungen. Diss. Technische Hochschule Zwickau 1991.

[4.4.7] *Bercea, N. L.:* Entwicklung eines internettauglichen Programmsystems zur Berechnung von Schraubenverbindungen. Diss. ETH Zürich 2000.

[4.4.8] *Dünkel, V.:* Schwingfestigkeit von Schraubenverbindungen. Aachen: Shaker-Verlag 1999.

[4.4.9] *N. N.:* Schraubenverbindungen '98, Berechnung, Gestaltung, Anwendung. Tagung Kassel 1998. Düsseldorf: VDI-Verlag 1998.

[4.4.10] *Klos, M.:* Automatische Montage von Schraubenverbindungen. Fortschrittberichte VDI: Reihe 20. Düsseldorf: VDI-Verlag 1996.

[4.4.11] *Hanau, A.:* Zum Kraftleitungsverhalten zentrisch verspannter Schraubenverbindungen. Diss. Technische Universität Berlin 1994.

[4.4.12] *Vogt, W.:* Vorgespannte Schraubenverbindungen in dynamisch beanspruchten Aluminiumkonstruktionen. Diss. Universität der Bundeswehr 1993.

[4.4.13] *Schneider, W.:* Beanspruchung und Haltbarkeit hochvorgespannter Schraubenverbindungen. Diss. Technische Hochschule Darmstadt 1992.

[4.4.14] *Kayser, K.:* Hochfeste Schraubenverbindungen. Landsberg/Lech: Verlag Moderne Industrie 1991.

[4.4.15] *Wiegand, H.:* Schraubenverbindungen. 4. Aufl. Berlin, Heidelberg, New York: Springer-Verlag 1988.

[4.4.16] *Bauer, C. O.:* Sichere Schraubenverbindungen aus nichtrostenden Stählen. Frankfurt a. M.: Verlag DECHEMA 1987.

[4.4.17] *Nowakowski, J.-A.:* Klemmverbindungen unter variablen Betriebsbedingungen. Diss. Technische Hochschule Chemnitz 1983.

[4.4.18] *Günter, E.:* Theoretische und experimentelle Untersuchungen an Klemmverbindungen mit geschlitzter Nabe. Diss. Universität Hannover 1980.

[4.4.19] *Kollmann, F. G.:* Welle-Nabe-Verbindungen. Konstruktionsbücher Bd. 32. Berlin, Heidelberg: Springer-Verlag 1984.

[4.4.20] *Bastian, H.-W.:* Befestigungstechnik – Dübeln, Schrauben, Nieten, Tackern, Kleben. Niederhausen/Ts.: Falken-Verlag 1995.

[4.4.21] *Ringhandt, H.:* Feinwerkelemente. 3. Aufl. München, Wien: Carl Hanser Verlag 1992.

[4.4.22] *Bauer, C. O.* (Hrsg.): Handbuch der Verbindungstechnik. München, Wien: Carl Hanser Verlag 1991.

[4.4.23] *Böge, A.:* Studienprogramme Maschinenelemente – Schraubenverbindungen, Federn, Achsen und Wellen, Nabenverbindungen, Gleitlager, Stirnradgetriebe. Braunschweig: Verlag Friedrich Vieweg & Sohn 1990.

Aufsätze

zu 4.4.1. Einpreßverbindungen, 4.4.2. Verpreß- und Quetschverbindungen

[4.4.30] *Gschwendner, P.*, u. a.: Preßverbindungen mit optimiertem Wellenprofil. Konstruktion 47 (1995) 11, S. 339.

[4.4.31] *Merz, M.*: Experimentelle Untersuchung des Fügevorgangs von Querpreßverbindungen. Konstruktion 47 (1995) 4, S. 125.

[4.4.32] *Groß, V.*: Berechnungsverfahren zur Auslegung von Preßverbänden mit axial veränderlichem Nabenaußendurchmesser. Konstruktion 47 (1995) 3, S. 74.

[4.4.33] *Leidich, E.; Smetana, T.*: Klaff-Belastungen bei Preßverbindungen. Konstruktion 53 (2001) 7–8, S. 53.

[4.4.34] *Kollmann, F.-G.; Önöz, E.*: Ein verbessertes Auslegungsverfahren für elastisch-plastisch beanspruchte Preßverbände. Konstruktion 35 (1983) S. 439.

[4.4.35] *Galle, G.*: Fügen von Querpreßverbänden. Konstruktion 31 (1979), S. 325.

[4.4.36] *Kollmann, F.-G.*: Neues Berechnungsverfahren für elastisch-plastische Querpreßverbände. Konstruktion 30 (1978), S. 271 und 299.

[4.4.37] *Erhard, G.; Strickle, E.*: Preßverbindungen von gerändelten Bolzen mit Kunststoffbauteilen. Konstruktion, Elemente, Methoden 13 (1976) 9, S. 58.

[4.4.38] *Beyer, W.; Iancu, P.*: Einsatz von Preßverbindungen in der Gerätetechnik. Feingerätetechnik 26 (1977) 12, S. 534.

[4.4.39] *Haase, K.*: Zur Bestimmung des Übermaßverlustes ΔU bei Preßverbindungen. Maschinenbautechnik 29 (1980) 6, S. 268.

zu 4.4.4. Schraubenverbindungen

[4.4.43] *Guo, H.*: Einsatz von Optimierungsstrategien von Maschinenelementen am Beispiel von Schraubenverbindungen. VDI-Fortschrittsberichte, Reihe 1 (1991), Nr. 199.

[4.4.44] *Baraf, L.*: Berechnung vorgespannter Schraubverbindungen mit mehreren Hülsen unterschiedlicher Durchmesser. Konstruktion 46 (1994) 1, S. 24.

[4.4.45] *Hanau, A.*: Zum Krafteinleitungsfaktor bei der Berechnung von Schraubenverbindungen. Konstruktion 46 (1994) 3, S. 99.

[4.4.46] *Berghänel, B.; Dietzsch, M.*: Weiterdrehmomentprüfung bei angezogenen Schraubenverbindungen. Feinwerktechnik · Mikrotechnik · Meßtechnik 103 (1995) 7–8, S. 456.

[4.4.47] *N. N.*: Solide Gewinde für dünne Teile. Feinwerktechnik · Mikrotechnik · Meßtechnik 103 (1995) 7–8, S. 459.

[4.4.48] *Granacher, J.*, u. a.: Relaxation von hochfesten Schraubenverbindungen bei mäßig erhöhten Temperaturen. Konstruktion 47 (1995) 10, S. 318.

[4.4.49] *Kampf, M.; Beitz, W.*: Dauerhaltbarkeitsuntersuchungen an Schrauben verschiedener Gestaltvarianten bei kombinierter Zug- und Biegebelastung. Konstruktion 47 (1995) 9, S. 263.

[4.4.50] *Paul, H.-C.*: Nachweismöglichkeit von komplizierten rotationssymmetrischen Mehrschraubenverbindungen in der Praxis. Konstruktion 47 (1995) 5, S. 156.

[4.4.51] *Pfaff, H.*: Berechnung der Vorspannkraft an der Fließgrenze überelastisch angezogener Schrauben. Konstruktion 47 (1995) 7/8, S. 237.

[4.4.52] *Thomala, W.*: Zur Berechnung der erforderlichen Mutterhöhe bei Schraubenverbindungen. Konstruktion 47 (1995) 9, S. 285.

[4.4.53] *Dose, G.-F.; Pittner, K.-J.*: Neuartige Berechnung von Schrauben unter Berücksichtigung der Werkstoffkennwerte. Konstruktion 48 (1996) 6, S. 183.

[4.4.54] *Paul, H.-Ch.*: Berechnung von Schraubenverbindungen beliebiger Geometrie. Konstruktion 48 (1996) 9, S. 282.

[4.4.55] *Dose, G.-F.*: Ermittlung der Scherspannungsfaktoren für die neuartige Schraubenberechnung. Konstruktion 49 (1997) 1/2, S. 28.

[4.4.56] *Dose, G.-F.*: Anwendung eines Schraubenberechnungsverfahrens für weitere Gewindearten. Konstruktion 50 (1998) 7/8, S. 45.

[4.4.57] *Kremer, U.; Hasselmann, U.*: Zähigkeitseigenschaften von hochfesten Schrauben bei tiefen Temperaturen. Konstruktion 54 (2002) 7/8, S. 49.

[4.4.58] *Hertneck, A.*: Alles sichern durch Gewindesicherung? Feinwerktechnik · Mikrotechnik · Mikroelektronik 108 (2000) 9/Beilage der Zuliefermarkt, S. 30.

[4.4.59] *Menzel, K.; Blessing, L.*: Programm zur Berechnung von Schraubenverbindungen. Konstruktion 53 (2001) 10, S. 57.

[4.4.60] *Bauer, C. O.*: Die unbekannten Kosten von Schraubenverbindungen. wt Werkstattstechnik 75 (1985) 1, S. 29.

[4.4.61] *Meyer, H.*: Stanzmuttern. Konstruktion, Elemente, Methoden 15 (1978) 4, S. 136.

[4.4.62] *Hofmann, K.*: Gewindefurchende Schrauben für Verbindungen in thermoplastischen Kunststoffen. F & M – Mechatronik, Beilage Der Zuliefermarkt 111 (2003) 4, S. 29.

[4.4.63] *Galwelat, M.; Beitz, W.*: Gestaltungsrichtlinien für unterschiedliche Schraubenverbindungen. Konstruktion 33 (1981) 6, S. 213.

[4.4.64] *Kayser, K.*: Betrachtungen zum Korrosionsschutz an Schrauben. VDI-Z 126 (1984) 20, S. 98.

[4.4.65] *Grothe, K.-H.; Feldhusen, J.; Bruck, P. A.*: Gestaltung und Auslegung von Mehrschraubenverbindungen. Konstruktion 40 (1998), S. 373.

[4.4.66] *Bauer, C.-O.*: Wege zu sicheren und wirtschaftlichen Schraubenverbindungen. VDI-Z. 124 (1982) 18, S. 68.

[4.4.67] *Kayser, K.*: Praxiserprobte Kernlochdurchmesser für Blechschraubenverbindungen. Bänder, Bleche, Rohre 4 (1998), S. 39.

[4.4.68] *Warnecke, H.-J.; Fischer, G. E.*: Flexible Automatisierung der Schraubtechnik – Bedarfsanalyse und spezifische Aufgaben. wt Werkstattstechnik 78 (1988), S. 181.

[4.4.69] *Thomala, W.:* Beitrag zur Berechnung der Haltbarkeit von Schraubenköpfen mit Innenangriff. VDI-Z. 126 (1984) 9, S. 315.
[4.4.70] *Kloos, K. H.; Schneider, W.:* Haltbarkeit exzentrisch beanspruchter Schraubenverbindungen. VDI-Z. 126 (1984) 19, S. 741.

zu 4.4.5. Klemmverbindungen
[4.4.71] *Müllenberg, R.:* Lösbare Kegel-Spannsysteme – Auslegung, Gestaltung und ihr systembedingter Einfluß auf Konstruktion und Kosten. Konstruktion 46 (1994) 4, S. 143.

4.5. Schachtelverbindungen

Das Schachteln ermöglicht den Aufbau fester Verbindungen aus einer größeren Anzahl von Teilen, für deren Zusammenhalt, wie im Abschnitt 4.1. erwähnt, nur eine einzige Sicherung erforderlich ist. Der Bezeichnung liegt die Vorstellung einer Schachtel zugrunde, in der sich die zu verbindenden Teile befinden. Ihre Lage ist durch Formpaarung untereinander und abschließend durch den mittels Stoff-, Form- oder Kraftschluß fixierten Deckel gesichert. Zahlreiche Gehäuse von Geräten oder Baugruppen nutzen diese Bauweise **(Bild 4.5.1)**.
Grundlage der Schachtelverbindung ist die zyklische Formverkettung der Teile, wobei die Formschlußbedingung nach Abschnitt 4.1. (s. Bild 4.1.4) einzuhalten ist. Im einfachsten Fall lassen sich drei Teile durch Schachteln verbinden **(Bild 4.5.2)**.

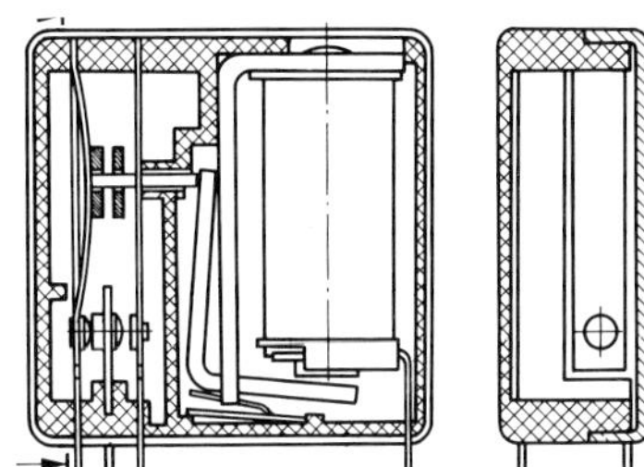

Bild 4.5.1. Relais
links: Deckel abgenommen

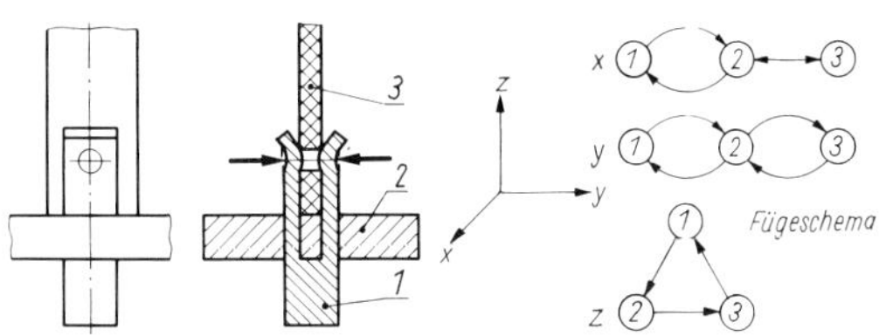

Bild 4.5.2. Schachtelverbindung mit Formketten in x-, y-, z-Koordinate [4.1.10]
1, 2, 3 Teile; I, II, III Paarungen

Der geschlitzte zylindrische Zapfen *1* ragt durch die gestanzten kreisabschnittförmigen Öffnungen der Platte *2*. Das mit einer Bohrung versehene und bis zum Anschlag an die Platte in den Schlitz eingeschobene Blech *3* sichert man durch plastisches Verformen des Teils *1* an den mit Pfeilen angedeuteten Stellen. Jedes Teil ist auf diese Weise mit jedem anderen gefügt, wie es das Fügeschema ausdrückt. An die Stelle der formschlüssigen Sicherung könnte auch ein Stoffschluß (z. B. durch Kleben) oder ein Kraftschluß (z. B. durch Klemmen mittels Schraube) treten.

▸ **Gestaltungsregeln:**

- Für die Lagesicherung einer größeren Anzahl von Bauteilen mittels räumlicher Formverkettung muß jedes Teil für jede Koordinate (x, y, z) mindestens zwei formgepaarte Nachbarteile besitzen.
- Die Aufeinanderfolge dieser Nachbarteile bildet eine Kette, die durch ein Klammerglied geschlossen sein muß **(Bild 4.5.3)**. In jeder Koordinate ist mindestens eine Kette vorhanden. Mehrere parallele Ketten können ein gemeinsames Klammerglied haben.

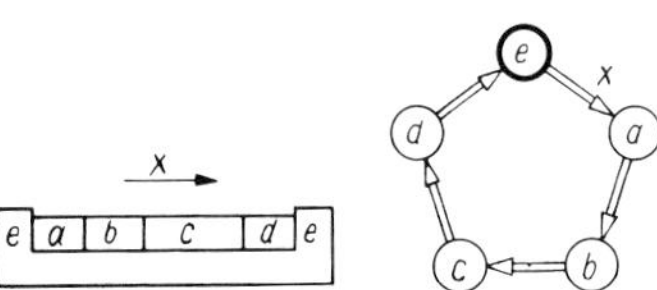

Bild 4.5.3. Formkette der Teile *a* bis *e* mit Klammerglied *e* für die Koordinate *x* [4.1.14]

- Der Freiheitsgrad des zuletzt gefügten Schlußgliedes wird durch Verbindung mit einem geeigneten Nachbarglied mittels Stoff-, Form- oder Kraftschluß aufgehoben, so daß der gesamte Teileverband gesichert ist.

- Neben den für die Ketten erforderlichen Formpaarungen sind weitere anwendbar. Sie sollen zur Erleichterung des Zusammenbaus zu geschlossenen Zwischenketten führen.

Bild 4.5.4 veranschaulicht die Zusammenhänge am Beispiel eines Spulenkörpers für Transformatoren [4.1.13]. Den Abschluß der Fügefolge bildet die im Bild nicht dargestellte Drahtwicklung, welche als Schlußglied den 7-gliedrigen Teileverband sichert.
Die Schachtelbauweise ist wegen der Einsparung von Sicherungsmitteln und der einfachen Montage vorteilhaft für die Serien- und Massenfertigung.

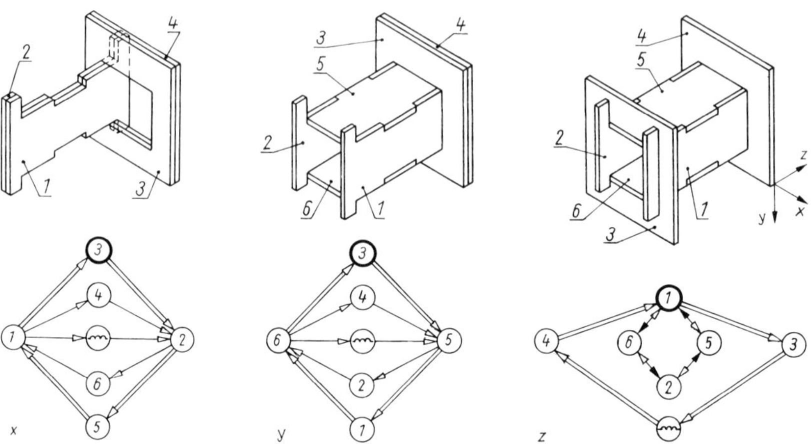

Bild 4.5.4. Geschachtelter Spulenkörper mit Verkettungsplänen [4.1.14]

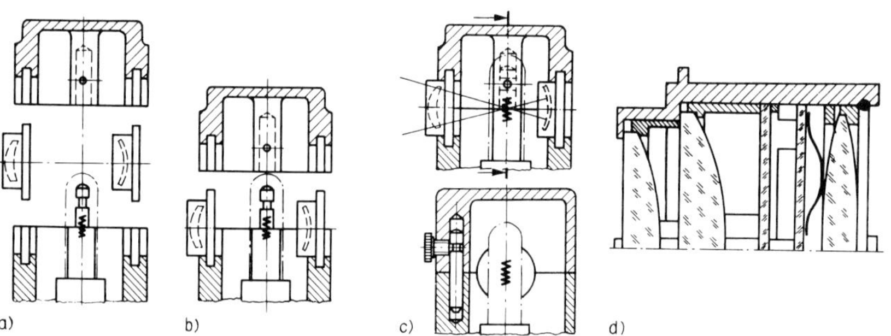

Bild 4.5.5. Schachtelaufbau eines Bildwerfers [4.1.14]
a) bis c) Fügefolge; d) Füllfassung des Kondensors

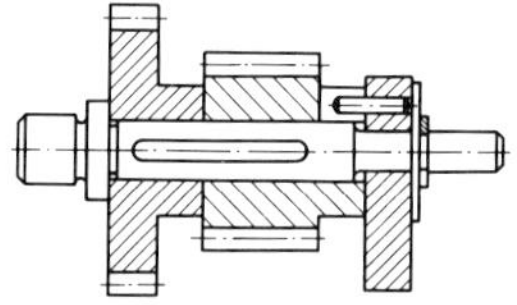

Bild 4.5.7. Räderbaugruppe

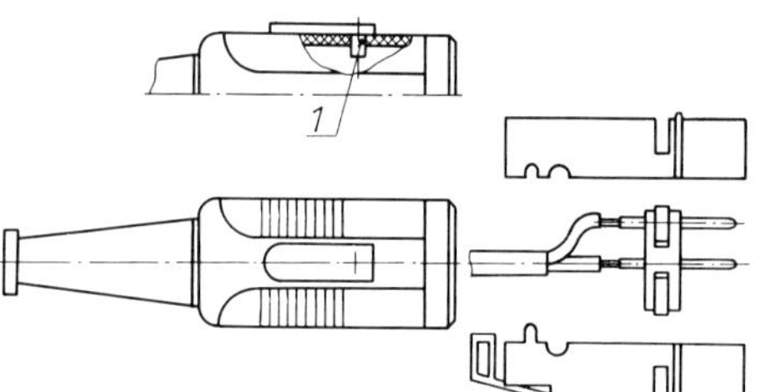

Bild 4.5.6. Zylindrischer dreipoliger Steckverbinder
s. DIN 41524; *1* Sicherungselement

Beispiel: Bild 4.5.5 zeigt das Lampengehäuse eines Bildwerfers; das Gehäuse ist geteilt und nimmt in der dargestellten Fügefolge die Fassungen der Kondensorbaugruppe und des Hohlspiegels auf. Zur Unterstützung der Montage dient der zylindrische Stab als Führung, in dessen Rille die als Sicherung dienende Klemmschraube eingreift. Die engen Toleranzen des Druckgusses gewähren die einwandfreie Lage der Optik zur Lichtquelle. Die Fassung des mehrgliedrigen Kondensors benutzt ebenfalls das Schachtelprinzip, indem die Linsen, das Wärmefilter und die Abstandsringe in den Fassungskörper eingefüllt und mit einem Sprengring gemeinsam gehalten werden (Bild 4.5.5d).

In o.g. Beispiel zeigen sich zwei typische Ausführungsformen der Schachtelbauweise. Die erste benutzt das Vorbild einer „Schachtel", welche als Gehäuse die übrigen Teile aufnimmt

(Bilder 4.5.1, 4.5.4, 4.5.5a bis c, **Bild 4.5.6**). Die zweite Form schafft Teileverbände durch Einfüllen, Auffädeln oder Stapeln von Bauelementen, die gleichartige Formelemente besitzen (Bild 4.5.5d, **Bild 4.5.7**; vgl. auch Abschnitt 6., Bild 6.23). Als Klammerglied eignen sich dafür besonders rotationssymmetrische Teile (u.a. Rohre und Bolzen) oder prismatische Stäbe (Profilwellen, Vier-, Sechskantstäbe usw.).
Die in einer Schachtelverbindung angeordneten Teile erhalten bis auf das Schlußglied ihre Lage ausschließlich durch Formpaarung, wodurch in der Regel Spiel auftritt. Je nach Anwendungsfall muß man es einschränken oder völlig beseitigen. Dies kann in bekannter Weise durch Verkleinern von Fertigungstoleranzen oder Einbeziehen elastischer Elemente in die Schachtelverbindung erfolgen.

Literatur zum Abschnitt 4.5. s. Literatur zum Abschnitt 4.1.

5. Elektrische Leitungsverbindungen

Die elektrischen Verbindungselemente sind ein wesentlicher Teil elektrischer Leitungsverbindungen, die die notwendige elektrische Energie- oder Signalübertragung zwischen den Bauelementen und Baugruppen eines Geräts sowie zwischen einzelnen Geräten gewährleisten.

5.1. Funktion und Aufbau

Entsprechend **Bild 5.1** besteht eine elektrische Leitungsverbindung prinzipiell aus einem *Leitungs-* oder *Übertragungselement* (Draht, Kabel o. ä.) und einem aus fertigungs- und anwendungstechnischen Gründen erforderlichen *Verbindungs-* oder *Kontaktelement,* das ein Kontaktpaar von Anschlußelementen des Bauelements, der Baugruppe bzw. des Geräts und des Leitungselements enthält. Je nach Verwendungszweck kann die elektrische Verbindung als lösbarer, bedingt lösbarer oder auch als unlösbarer Kontakt ausgebildet werden. Unabhängig davon muß das Verbindungselement grundsätzlich zwei Teilfunktionen erfüllen:

- *Leiten*, d. h. Gewährleistung eines möglichst widerstands-, induktivitäts-, kapazitätsarmen, reflexionsfreien, zeitlich unabhängigen und zuverlässigen galvanischen Kontaktes an der Koppelstelle;
- *Verbinden*, d. h. Sicherung des galvanischen Kontakts gegenüber äußeren Belastungen (mechanische Zug-, Druck-, Biege-, Torsions- und Scherbelastungen, klimatische Belastungen).

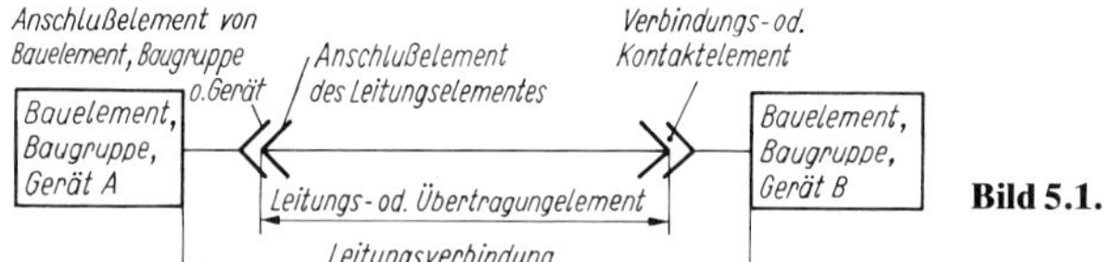

Bild 5.1. Prinzipieller Aufbau einer Leitungsverbindung

Daraus leitet sich ab, daß für elektrische Verbindungen grundsätzlich stoff- und kraftschlüssige Verbindungsverfahren angewendet werden.

5.2. Stoffschlüssige Verbindungen

Zur Herstellung elektrisch leitender Verbindungen kommen aus der Fülle stoffschlüssiger Verfahren die Metallschweiß- und Lötverfahren in Frage. Aus dem Charakter dieser Verfahren (inniger Stoffschluß der zu verbindenden Partner durch Ineinanderfließen der Werkstoffe, Diffusion und Adhäsion) ergibt sich die Möglichkeit, Forderungen an eine elektrische Verbindung hinsichtlich Leitfähigkeit und Stabilität nahezu ideal zu erfüllen. Es gibt daher grundsätzlich keine unterschiedlichen Schweiß- und Lötverfahren für Aufgaben zur ausschließlich mechanischen Verbindung zweier Bauteile und für Aufgaben zur elektrischen Verbindung zweier Kontaktpartner untereinander. Damit gelten die Aussagen der Abschnitte 4.2.1. und 4.2.2. in vollem Umfang auch für elektrische Verbindungen. Besonderheiten ergeben sich lediglich aus einem speziellen Anwendungsgebiet von Schweiß- und Lötverbindungen für die Kontaktierung mikroelektronischer Bauelemente und Baugruppen. Die konstruktive Realisierung einer elektronischen Schaltung bedingt einerseits die elektrische

Verbindung der Chipanschlüsse mit den Gehäuseanschlüssen des Bauelements *(innere Kontaktierung)* und andererseits die Verbindung der Anschlüsse der elektronischen Bauelemente mit den Anschlüssen der elektronischen Baugruppe, z. B. der Leiterplatte *(äußere Kontaktie-*

Tafel 5.1. Verfahren zur äußeren Kontaktierung elektronischer Bauelemente

Verfahren	Prinzip	Anwendung
Badlöten mit ruhendem Lötbad		
Senkrechtes Tauchlöten	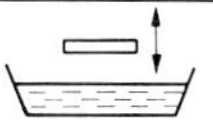	vorbehandeltes Werkstück wird durch unterschiedliche Bewegungsabläufe mit ruhendem Lotbad in Berührung gebracht; Löten von Verdrahtungsträgern in kleineren Serien; Bauelemente-Anschlußverzinnung, Steckerleistenfertigung
Flipflop-Verfahren	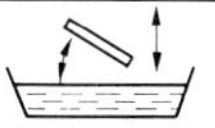	
Schlepplöten	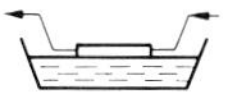	
Wischlöten	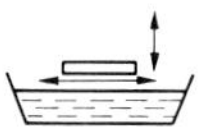	
Pendellöten	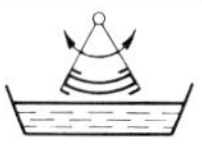	
Badlöten mit bewegtem Lötbad		
Schwallöten	 Pumpe Düse	bedeutsamstes Verfahren für steckbare Bauelemente; hoher Automatisierungsgrad bei großen Serien; ständig oxidfreie Lötbadoberfläche; Variation der Wellenform ermöglicht auch komplizierte Lötungen; Schwallötanlagen meist als Komplex mit Vor- und Nachbehandlung (Fluxen, Wärmen, Löten, Waschen)
Kaskadenlöten		geneigte Führung des Verdrahtungsträgers gegen das über eine gewellte Oberfläche fließende Lot; Lotbadoberfläche ist an gewellten Stellen ständig oxidfrei
Sylvania-Verfahren	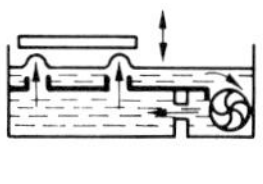	selektives Lötverfahren, bei dem der Verdrahtungsträger fest über dem Bad fixiert wird; Lot wird über Düsensystem (Düsenschablone) gegen den zu kontaktierenden Partner gepumpt; Anwendung nur bei Fertigung von Verdrahtungsträgern in großer Stückzahl
Reflow-Löten (Löten durch Aufschmelzen vorher aufgebrachter Lotschichten)		
Konvektions- oder Heißgaslöten	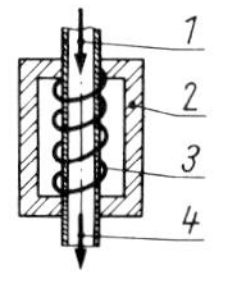 *1* Druckgas, kalt; *2* Wärmeisolation; *3* Heizwicklung; *4* Heißgas	Kontaktierung von Miniaturbauelementen auf Verdrahtungsträgern, wenn mit lokal begrenzter Energieeinwirkung alle Anschlüsse eines Bauelements simultan zu kontaktieren sind; bei entsprechender Dimensionierung der auswechselbaren Düsen können verschiedene Bauelementeformen und -größen verarbeitet werden
Strahlungslöten: Infrarotlöten	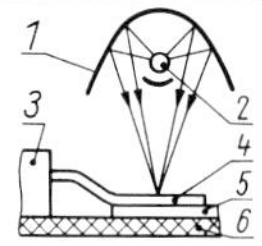 *1* Reflektor; *2* Strahler; *3* integrierter Schaltkreis; *4* Schaltkreisanschluß, verzinnt; *5* Leiterzug, verzinnt; *6* Trägermaterial	Sonderverfahren zum selektiven, linienhaften Löten, z. B. bei Vorhandensein langer Anschlußfahnen, an denen noch gewickelt werden soll; dosierte Lotzugabe (Ringe) ist vor dem Löten erforderlich

Tafel 5.1. Fortsetzung

Verfahren		Prinzip	Anwendung
Strahlungslöten	Lichtstrahllöten		wie Infrarotlöten, aber mit höheren Temperaturen, Halogen- oder Hg-Strahler (punkt- oder linienförmig); Kontaktierung aufsetzbarer Bauelemente auf Verdrahtungsträgern; Verbindung kann bei bewegtem Trägermaterial erfolgen; hohe thermische Belastung des Trägermaterials
Strahlungslöten	Laserlöten	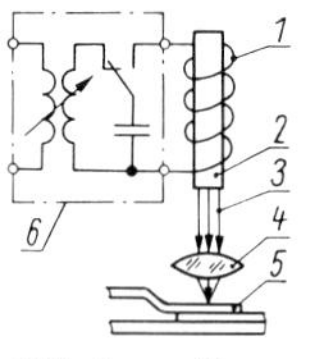 *1* Blitzlampe (Pumpquelle); *2* Rubinresonator; *3* Laserstrahl; *4* Optik; *5* Bauelementeanschluß; *6* Energiespeicher	besonders geeignet zum Kontaktieren temperaturempfindlicher Bauelemente und dünner Drähte, wo es zu keiner Erwärmung der Fläche um die Lotverbindung kommen darf; Verbindungen müssen nacheinander hergestellt werden
Dampfphasen- oder Kondensationslöten		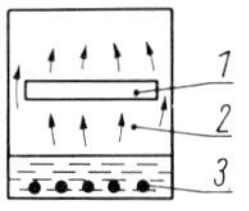 *1* Verdrahtungsträger; *2* Fluorinertdampf; *3* Heizkörper	Eintauchen der gesamten Baugruppe in gesättigten Fluorinertdampf; abgegebene Wärme durch Kondensation der Flüssigkeit bewirkt Schmelzen des vorgebrannten Lotes; zeitlich einheitlich stattfindender Lötprozeß für gesamte Baugruppe bewirkt gleichmäßige Erwärmung (für 10 s auf 215 °C)
Bügellöten		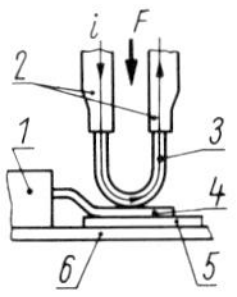 *1* Bauelement; *2* Elektrodenhalter; *3* Bügelelektrode; *4* Bauelementeanschluß, verzinnt; *5* Leiterzug, verzinnt; *6* Trägermaterial	Kontaktierung aufsetzbarer Bauelemente; gleichzeitige Kontaktierung mehrerer Anschlüsse möglich; Aufschmelzen der Lotschichten durch indirekte Erwärmung von der infolge Stromflusses erhitzten Bügelelektrode
Widerstandslöten		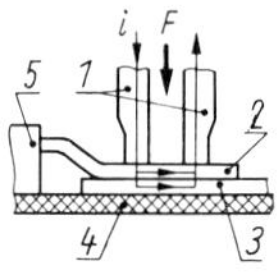 *1* Elektroden; *2* Bauelementeanschluß; *3* Leiterzug; *4* Trägermaterial; *5* Bauelement	Kontaktierung aufsetzbarer Bauelemente; Feinlötungen in der Elektronikindustrie; Aufschmelzen der mittels Vorverzinnen aufgebrachten Lotschichten durch direkten Stromfluß; große Variationsbreite der Verfahrensparameter
Kaltlöten		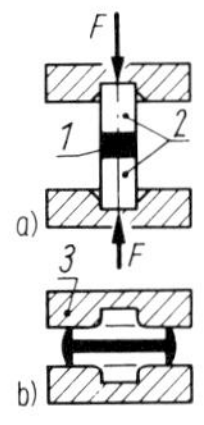 a) vor Verformung b) nach Verformung der Lötteile *1* Lot; *2* Lötteile; *3* Spannbacken	kostengünstiges, automatisierbares Verfahren; keine thermische Belastung der Verbindungspartner; Verwendung von Sonderloten in flüssiger Form oder als Pasten mit sehr niedrigem Schmelzpunkt; Legierungsbildung bei etwa 30 °C

rung). Während die innere Kontaktierung (Thermokompressionsschweißen, Ultraschallschweißen, Beam-lead-Technik, Flip-chip-Technik usw. [5.2]) in erster Linie für die Hersteller von Halbleiterbauelementen interessant ist, muß die Art der äußeren Kontaktierung durch den Baugruppen- und Gerätekonstrukteur bestimmt und festgelegt werden. **Tafel 5.1** enthält eine Übersicht der wichtigsten Verfahren zur äußeren Kontaktierung elektronischer Bauelemente (s. auch [5.2]).

5.3. Kraftschlüssige Verbindungen

Kraftschlüssige elektrische Verbindungen weisen gegenüber den gleichartigen mechanischen Verbindungen einige bedeutende Unterschiede auf, die sich aus den speziellen Forderungen an die elektrische Leitfähigkeit und mechanische Stabilität der Verbindung ergeben.

5.3.1. Quetsch- oder Crimp-Verbindungen

Quetsch- oder Crimp-Verbindungen sind starre und unlösbare Verpreßverbindungen zwischen zwei elektrischen Verbindungselementen, die unmittelbar mit Spiel ineinandergefügt und anschließend plastisch verformt werden (s. auch Abschnitt 4.4.2.). Sie dienen zum Verbinden von Leitungselementen (Drähte oder Litzen) mit Anschlußelementen (Kabelschuhe, Lötösen, Anschlußstifte, -stecker, -buchsen, -fahnen).

Konstruktive Gestaltung. Bild 5.2 zeigt die Verbindung eines Anschlußdrahts mit einem Anschlußelement, das als geschlitzter Stift ausgebildet ist. Im **Bild 5.3** sind axiale Verbindungen von Leitungen mit Anschlußelementen dargestellt, die eine zunächst zylindrische Hülsenform haben und mittels Werkzeugs (Crimp-Zange) in unterschiedlichen Querschnitten verformt werden. In sehr vielen Fällen genügt die Anwendung einer offenen U-förmigen Hülse, deren Schenkel man mittels Werkzeugs einrollt **(Bild 5.4)**. Mit Quetschverbindungen sind Übergangswiderstände von 5 mΩ und Ausfallraten von $\lambda \approx 10^{-8}\ \mathrm{h}^{-1}$ erreichbar [1.2].

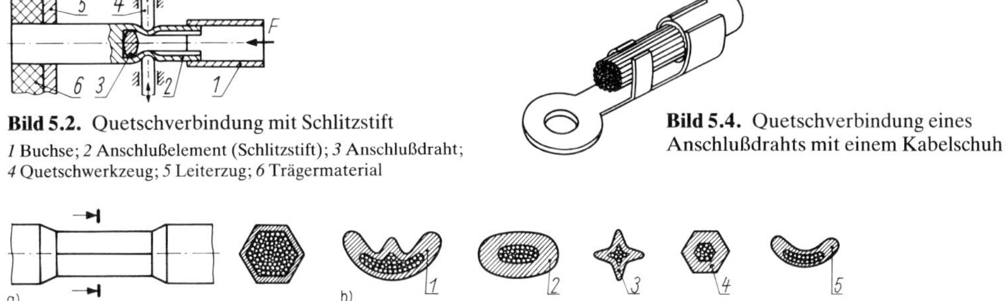

Bild 5.2. Quetschverbindung mit Schlitzstift
1 Buchse; *2* Anschlußelement (Schlitzstift); *3* Anschlußdraht; *4* Quetschwerkzeug; *5* Leiterzug; *6* Trägermaterial

Bild 5.4. Quetschverbindung eines Anschlußdrahts mit einem Kabelschuh

Bild 5.3. Quetschverbindung mit Anschlußhülse
a) Anschlußhülse mit Sechskantpressung; b) Pressungsquerschnitte
1 W-; *2* Rundum-; *3* Vierkant-; *4* Sechskant-; *5* Nutpressung

5.3.2. Klemmverbindungen

Elektrische Klemmverbindungen sind lösbare, mittelbare oder unmittelbare Verbindungen zwischen zwei elektrischen Anschlußelementen, bei denen der Kraftschluß durch Kräfte erzeugt wird, die vom Anschlußelement selbst oder von einem dritten Bauteil ausgeübt werden. Im Gegensatz zu den mechanischen Verbindungen (s. Abschnitt 4.4.5.) gelangen als krafterzeugende Elemente nur Schrauben und Federn, einzeln oder kombiniert, zum Einsatz. Klemmverbindungen gehören wegen ihrer für Steckkontakt- und Schaltkontaktverbindungen erforderlichen einfachen und schnellen Lösbarkeit sowie wegen des geringen konstruktiven und technologischen Aufwandes zu den verbreitetsten elektrischen Verbindungen.

5.3.2.1. Schraubenklemmverbindungen

Die Schraubenklemmverbindungen haben die Aufgabe der elektrischen Verbindung eines Leiters (Draht, Litze) mit einem Anschlußstück. Sie erfolgt durch Schraubenklemmung direkt oder indirekt unter Einsatz von starren oder federnden Zwischenelementen. Die direkte Buchsenklemmung **(Bild 5.5)** ist nur dort gebräuchlich, wo das Lösen der Verbindung selten oder nicht erforderlich ist, da ein wiederholtes Lösen den Querschnitt des Anschlußdrahts erheblich schwächen und damit Bruchgefahr bestehen würde. Eine direkte Kopfschraubenklemmung **(Bild 5.6)** ist formschlüssig zu unterstützen. Das geschieht durch Ausbilden des Leiters mit einer Öse, die in Wickelrichtung anzuklemmen ist, durch einen Kabelschuh bzw. einen hochgezogenen Rand des Anschlußstückes, wobei der Leiter in Schraubrichtung anzuklemmen ist.

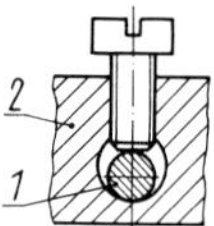

Bild 5.5. Direkte Buchsenklemmverbindung
1 Anschlußdraht
2 Klemmanschlußstück

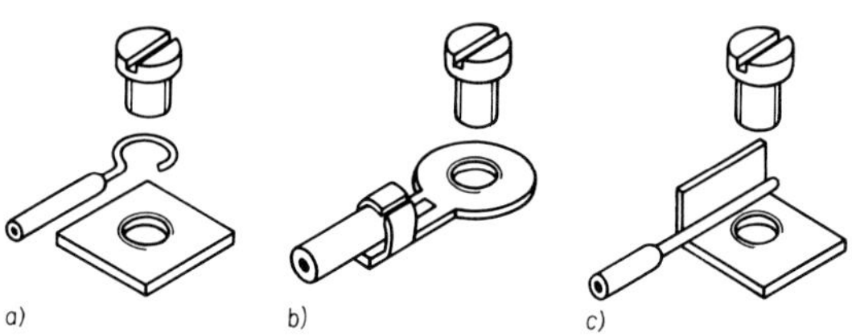

Bild 5.6. Formschlüssige Unterstützung direkter Kopfschraubenklemmverbindungen
a) mittels Drahtöse; b) mittels Kabelschuhs; c) mittels hochgezogenen Rands des Anschlußstückes

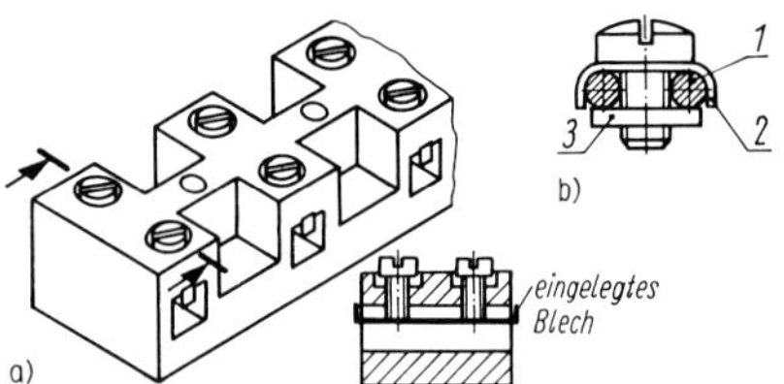

Bild 5.7. Indirekte Klemmverbindungen
a) Buchsenklemmung mittels eingelegten Blechs;
b) Kopfschraubenklemmung mittels Klemmbügels
1 Anschlußdraht; *2* Klemmbügel; *3* Klemmanschlußstück

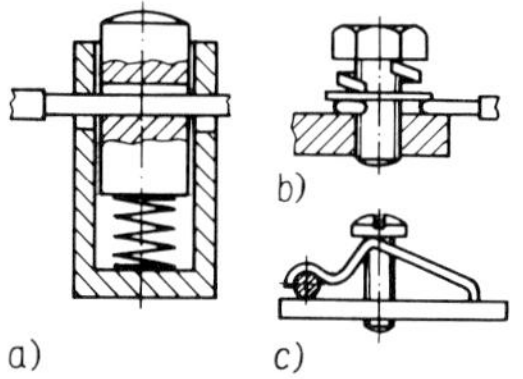

Bild 5.8. Klemmverbindungen mit federnden Zusatzelementen
a) federndes Zwischenglied; b) Federring; c) Tatzenklemme

Zweckmäßiger sind indirekte Klemmverbindungen **(Bild 5.7)**, wie sie von Buchsenleisten bzw. Steckkontaktanschlüssen der Starkstrominstallation bekannt sind. Die zuverlässigsten, allerdings auch aufwendigeren Klemmverbindungen werden unter dem Einsatz von federnden Zusatzelementen erreicht **(Bild 5.8)**. Aufgrund der Kaltfließeigenschaften der Leiterwerkstoffe (Kupfer, Aluminium) besteht prinzipiell die Gefahr, daß sich die elektrischen Leiter unter der Druckbelastung verformen und die Verbindung dadurch gelockert wird. Unterschiedliche klimatische, insbesondere thermische Umgebungsbedingungen und die durch den Stromfluß auftretende Eigenerwärmung können diesen Zustand noch verschlechtern, wenn durch federnde Elemente kein Ausgleich geschaffen wird. Mit Schraubenklemmverbindungen sind Übergangswiderstände von 0,5 mΩ erreichbar. Die Ausfallrate ist von der Konstruktion der federnden Elemente abhängig.

5.3.2.2. Federklemmverbindungen

Bei der Federklemmverbindung erfolgt das kraftschlüssige Verbinden zweier elektrischer Anschlußelemente durch den Einsatz von Federkraft, die entweder unmittelbar durch federnde Ausbildung eines der beiden zu paarenden Anschlußelemente (Steckkontakt-, Schaltkontakt-, Schneidklemmverbindungen) oder durch ein zusätzliches Federelement (Klemmhülsenverbindungen) erzeugt wird.

Steckkontaktverbindungen. Tafel 5.2 zeigt Systematik und charakteristische Beispiele von Steckkontaktverbindungen. Wegen möglichst geringer Übergangswiderstände und hoher

Kontaktzuverlässigkeit werden häufig auf die Kontaktgrundwerkstoffe (Phosphorbronze, Berylliumkupfer bzw. -bronze) oberflächenveredelnde Metallschichten gebracht, vorzugsweise Gold- und Silberschichten mit Zwischenschichten aus Palladium oder Nickel [5.5].

Schaltkontaktverbindungen. Im Gegensatz zu den Steckkontaktverbindungen, die relativ wenig betätigt werden, erfolgt der Einsatz von Schaltkontaktverbindungen für elektrische Ein- und Ausschaltvorgänge mit Schaltfrequenzen bis zu 200 Hz und bis zu 10^6 Schaltungen während der Lebensdauer. Hinsichtlich der konstruktiven Gestaltung lassen sich Gleit- und Ab-

Tafel 5.2. Steckkontaktverbindungen (Auswahl)

Bezeichnung	Ausführungsformen	Anwendung
Einfachflachsteckverbindung		
Flachsteckarmatur	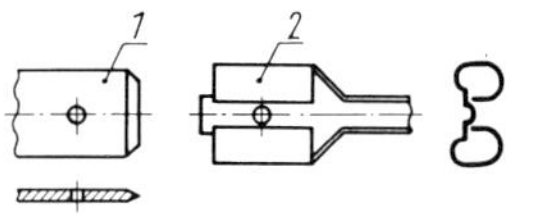	vorzugsweise Anwendung in Autoelektrik, Haushaltelektrik (Waschmaschinen, Kühlschränke u. ä.); Selbstreinigungseffekt durch scharfe Kanten der Steckhülse (*1* Anschlußelement; *2* Steckhülse)
Mehrfachflachsteckverbindung		Paarungssystem Stecker–Buchse mit 14 bis 90 Einzelkontakten hoher Zuverlässigkeit und großer Lebensdauer (λ/Kontakt) = $10^{-7}\,\text{h}^{-1}$, Lebensdauer: $5 \cdot 10^2$ Steckungen Kontaktwiderstand: $5\,\text{m}\Omega \leqq R_K \leqq 15\,\text{m}\Omega$
Direkter Steckverbinder	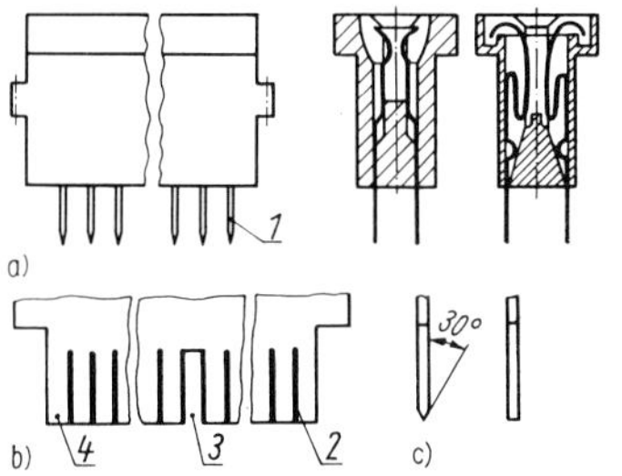 a) Buchsenleiste; b) Steckerleiste (Leiterplatte); c) Kontaktfeder- und Steckerausführungen *1* Anschlußstift; *2* Kontaktleiterzug; *3* Codierschlitz; *4* Leiterplatte	ausschließliche Anwendung für die Steckung von Leiterplatten-Funktionsbaugruppen Ausbildung der Randzone einer Leiterplatte als Steckerleiste: – Oberflächenveredlung der Kontaktleiterzüge mit Palladium-Gold Ausbildung der Buchsenleiste: – Kontaktfedern unterschiedlicher Form und unterschiedlichen Werkstoffes – Anschlußstifte für Lötung oder Wickelverbindung
Indirekter Steckverbinder	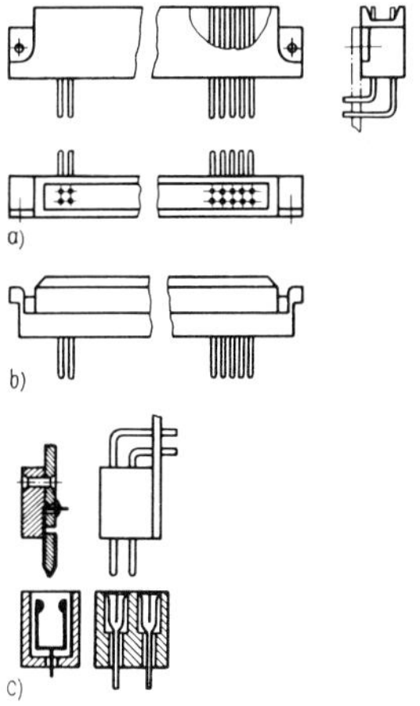 a) Steckerleiste; b) Buchsenleiste; c) Kontaktausführungen	Realisierung hoher Kontaktzahlen durch mehrreihige Anordnung der Steckerstifte Ausbildung der Steckerleiste: – abgewinkelte Anschlußstifte für den Aufbau von Leiterplatten-Steckeinheiten mit indirektem Steckverbinder (Verlötung der Anschlußstifte in Kontaktbohrung der Leiterplatte) – gerade Anschlußstifte für Löt- und Wickelverbindung ausgebildet – geschützte Anbringung der Steckerstifte – Steckerstifte zwei- bis dreireihig Ausbildung der Buchsenleiste: – Anschlußstifte für Löt- und Wickelbefestigung – Befestigung im Gestellrahmen starr oder schwimmend (Toleranzausgleich)

Tafel 5.2. Fortsetzung

Bezeichnung	Ausführungsformen	Anwendung
Einfachrundsteckverbindung		
Steckverbinder einpolig (Bananenstecker)	a) Steckverbindung (*1* Isoliermaterial; *2* Steckerstift; *3* Buchse); b) Steckerstiftausführungen	breite Anwendung in gesamter Gerätetechnik; wegen Robustheit besonders geeignet für Labor- und Versuchszwecke; federnde Ausführung des Steckers realisiert kraftschlüssigen Kontakt der Verbindungspartner; niedrige Übergangswiderstände und große Lebensdauer: $R_{ü} \leqq 2\,\text{m}\Omega$ Lebensdauer $> 1{,}5 \cdot 10^4$ Steckungen
Zwei- und Dreifachrundsteckverbindung		
Steckverbinder (zweipolig)	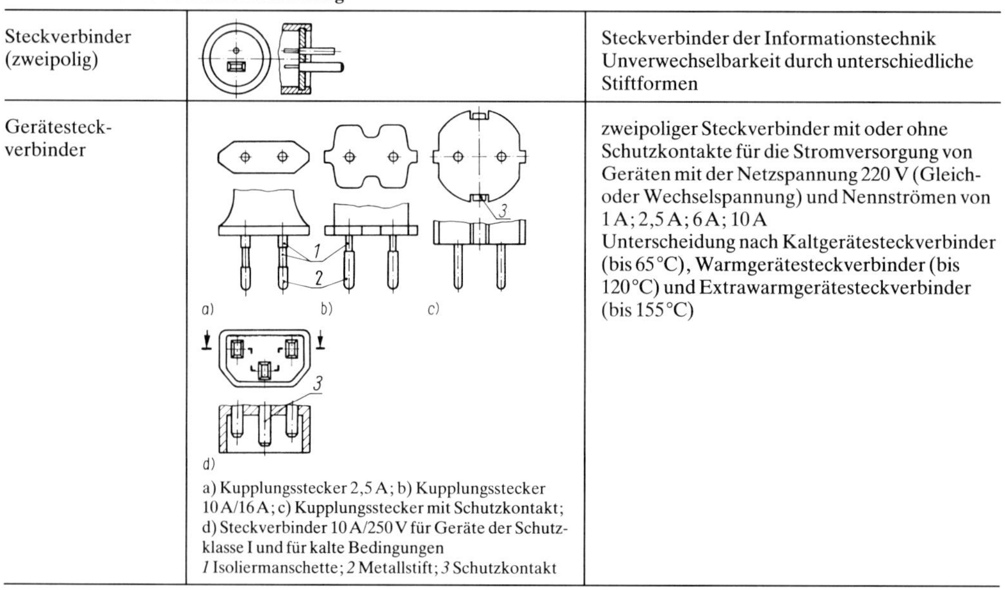	Steckverbinder der Informationstechnik Unverwechselbarkeit durch unterschiedliche Stiftformen
Gerätesteckverbinder	a) Kupplungsstecker 2,5 A; b) Kupplungsstecker 10 A/16 A; c) Kupplungsstecker mit Schutzkontakt; d) Steckverbinder 10 A/250 V für Geräte der Schutzklasse I und für kalte Bedingungen *1* Isoliermanschette; *2* Metallstift; *3* Schutzkontakt	zweipoliger Steckverbinder mit oder ohne Schutzkontakte für die Stromversorgung von Geräten mit der Netzspannung 220 V (Gleich- oder Wechselspannung) und Nennströmen von 1 A; 2,5 A; 6 A; 10 A Unterscheidung nach Kaltgerätesteckverbinder (bis 65 °C), Warmgerätesteckverbinder (bis 120 °C) und Extrawarmgerätesteckverbinder (bis 155 °C)
Mehrfachrundsteckverbindung		
Rundsteckverbinder der Informations- und HF-Technik	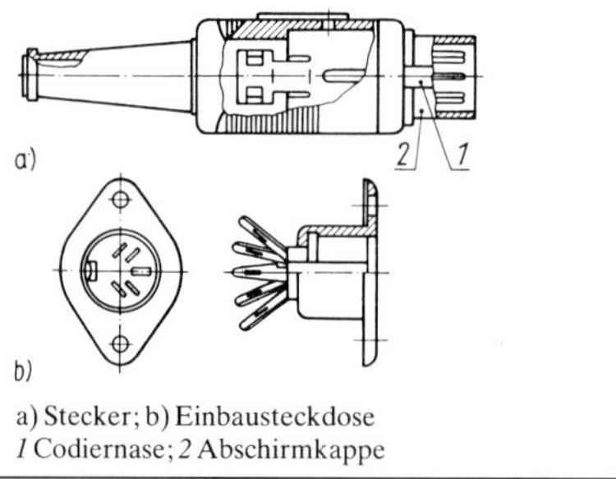 a) Stecker; b) Einbausteckdose *1* Codiernase; *2* Abschirmkappe	Ausbildung des Steckverbindersystems in runder Ausführung, dadurch gute Möglichkeiten der Sicherung der Verbindung Stecker-Buchse mit Hilfe von Bajonett- und Schraubverschluß; drei- und fünfpolige Steckverbindung nach DIN 41 524 in Feinwerktechnik stark verbreitet (Kontaktwiderstand $\leqq 10\,\text{m}\Omega$; Lebensdauer $>10^3$ Steckungen)

hebekontakte unterscheiden. Gleitkontaktverbindungen werden für handbetätigte Schalter in der Stark- und Schwachstromtechnik als Kipp- und Drehschalter eingesetzt, wobei durch den Gleitkontakt ein ständiges Säubern der Kontaktoberfläche erfolgt. Zur Erhöhung der Kontaktzuverlässigkeit werden vielfach redundante Federanordnungen verwendet **(Bild 5.9)**. Typische Beispiele für Abhebekontakte sind die Kontaktfedersätze von Drucktasten und Relais, die aus Gründen der Kontaktsicherheit ebenfalls mit gesonderten oberflächenveredelten Kontaktkörpern, zum Teil auch in redundanten Anordnungen aufgebaut sind **(Bild 5.10)**.

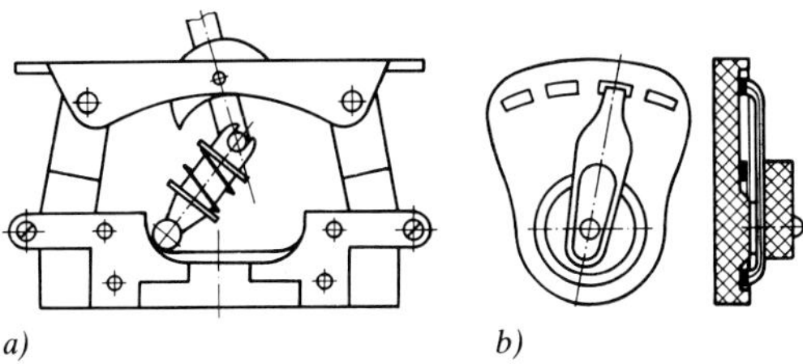

Bild 5.9. Schaltkontaktverbindung mittels Gleitkontakts

a) Kippschalter; b) Drehschalter mit redundanter Federanordnung

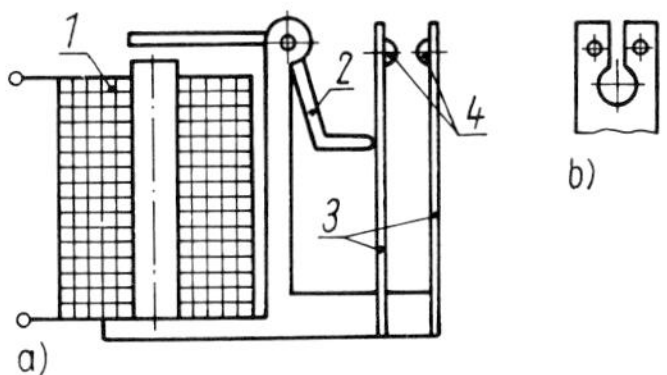

Bild 5.10. Schaltkontaktverbindung mittels Abhebekontakts

a) Relaiskontaktsystem; b) redundante Kontaktfederanordnung
1 Magnetspule; *2* Triebsystem; *3* Kontaktfedern; *4* Kontakte

Schlitz- oder Schneidklemmverbindungen. Die für die Verbindung notwendige Kontaktkraft wird durch das Anschlußelement aufgebracht, ein meist U-förmiges Metallteil, das mindestens zwei freitragende federnde Schenkel besitzt. Deren Abstand muß kleiner als der Leiterdurchmesser sein.

Der Vorgang des Kontaktierens verläuft in zwei Phasen **(Bild 5.11)**. In der ersten Phase erfolgt das Einführen des Leiters in die Schlitzklemme, wobei durch die scherende Wirkung der Klemmschenkel die Isolation durchtrennt wird. In der zweiten Phase wird durch Eindrücken des Leiters in den Schlitz der Kontakt hergestellt. Es tritt eine plastische Verformung des Leiters auf. Die Schlitzklemmschenkel üben gleichzeitig eine scherende Wirkung auf den Leiter aus, die aber nur dessen Oberfläche abtragen. Dadurch wird die Fremdschicht zerstört und die Kontaktfläche vergrößert. Ein Einkerben des Leiters ist dabei zu vermeiden. Als Leiter kommen vorwiegend runde Volldrähte, bedingt auch Litze zum Einsatz. Es werden Übergangswiderstände von 1 bis 10 mΩ und Ausfallraten von $\lambda \approx 5 \cdot 10^{-9}\,\text{h}^{-1}$ erreicht. Diese Verbindungsart ist insbesondere zum Verbinden von Flachbandkabel mit Mehrfachsteckverbindern geeignet **(Bild 5.12)**, wobei sich Kabel mit bis zu 50 Einzelleitern in nur einem Arbeitsgang kontaktieren lassen.

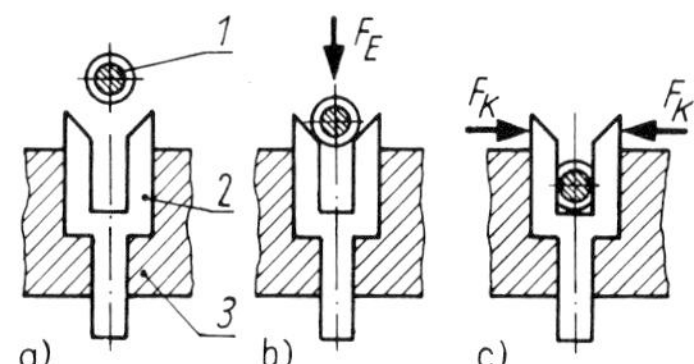

Bild 5.11. Entstehen einer Schlitzklemmverbindung

a) Ausgangsposition; b) Durchstoßen der Isolation; c) Kontaktierung
1 isolierter Anschlußdraht; *2* Kontaktklemme; *3* Isoliergehäuse
F_E Einpreßkraft; F_K Kontaktkraft

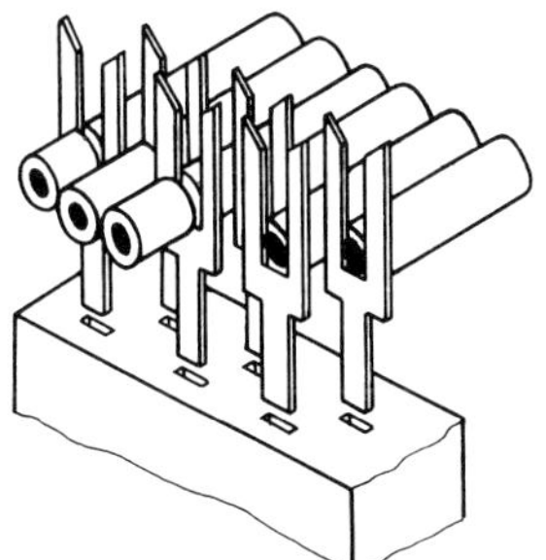

Bild 5.12. Schlitzklemmverbindung zwischen Steckverbinder und Flachbandkabel

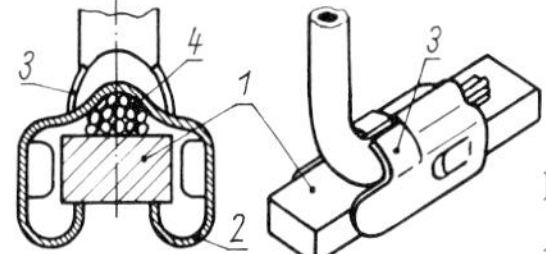

Bild 5.13. Klemmhülsenverbindung

1 Anschlußstift; *2* Kontaktfederdruckbein (Klemmhülse); *3* Isolationsunterstützung; *4* Anschlußlitze

Klemmhülsenverbindungen. Die Klemmhülsenverbindung **(Bild 5.13)** ist eine lösbare kraftschlüssige Verbindung von prismatischen Anschlußstiften oder -fahnen mit Drähten oder Litzen unter Verwendung elastischer Klemmhülsen. Klemmhülse und Leiter werden mit einem Werkzeug unter einem Druck von etwa 200 N/mm^2 so auf den Anschlußstift geschoben, daß plastische Verformung entsteht. Gleichzeitig mit dem Aufschieben der Hülse erfolgt das Abisolieren des Drahts sowie infolge der Reibung des Leiters und der scharfkantigen Ränder der Hülse ein Reinigen der Kontaktfläche. Die Verbindung erreicht Übergangswiderstände von 5 mΩ und eine Ausfallrate von $\lambda \approx 10^{-9}\,\text{h}^{-1}$. Die Güte und hohe Konstanz aller Verbindungsparameter und die Automatisierbarkeit der Herstellung führen zu einer zunehmend breiteren Anwendung in der Feinwerktechnik, insbesondere zur Stift-Draht-Verbindung bei Leiterplattenrückverdrahtungen. Es können bis zu drei Hülsen je Stift verwendet werden.

5.3.3. Wickelverbindungen

Wickelverbindungen (Wire-wrap-Verbindungen) sind kraftschlüssige unmittelbare Verbindungen von massivem Schaltdraht mit Anschlußstiften prismatischen Querschnitts **(Bild 5.14)**. Durch Wickeln des Drahts unter hoher Zugspannung um die scharfen Kanten des Anschlußstiftes werden beide Partner plastisch verformt, ohne zu verschweißen. Das Lösen ist also möglich. Durch die verbleibende innere Zugspannung im Draht und ein zusätzliches geringes Verwinden des Anschlußstiftes bleibt eine zuverlässige kraftschlüssige Verbindung erhalten. Die Kontaktzone ist großflächig, festgefügt und gasdicht. Bei nur vier Windungen (16 Kontaktstellen!) hat die metallische Kontaktfläche etwa die Größe des Drahtquerschnitts. Der Übergangswiderstand liegt bei 1 bis 5 mΩ, die Ausfallrate bei $\lambda \approx 0{,}5 \cdot 10^{-9}\,h^{-1}$ [1.2].

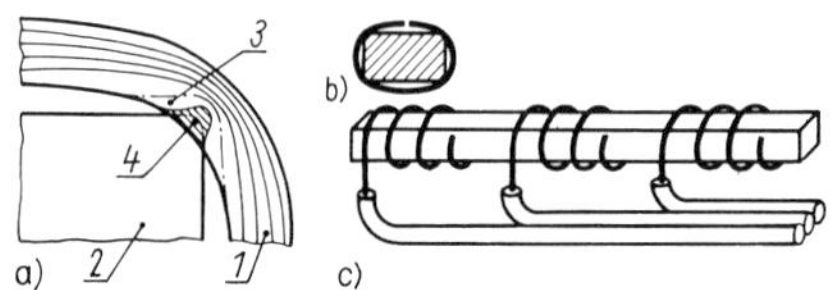

Bild 5.14. Wickelverbindung
a) Kontaktzone; b) Stiftquerschnitt; c) Dreifachwickel auf einem Anschlußstift
1 Anschlußdraht; *2* Anschlußstift (Wickelfahne); *3* plastifizierte Zone;
4 stoffschlüssige Zone

▸ **Konstruktive Gestaltung.** Es gelten folgende Richtlinien:

- Windungszahl zwischen vier und acht Windungen
- die kürzeste Kante des Anschlußstiftes sollte größer als der Drahtdurchmesser sein
- Anschlußstift aus Messing, Phosphorbronze, Neusilber, Nickel oder Kupferberyllium
- Draht aus Kupfer mit Bruchdehnung zwischen 15 und 20%
- bei Verbindungen unter Schwingbelastung sollte die erste Windung des Drahts nicht abisoliert sein.

Die ausgezeichneten Kontakteigenschaften garantieren dieser Verbindungstechnik eine weitverbreitete Anwendung in der gesamten elektronischen Gerätetechnik, insbesondere bei der Rückverdrahtung von Leiterplattensteckeinheiten mit bis zu drei Wickeln je Anschlußstift.
Eine Zusammenstellung ausgewählter Normen und Richtlinien zum Abschnitt 5. enthält **Tafel 5.3.**

Tafel 5.3. Normen und Richtlinien zum Abschnitt 5.

DIN-Normen	
DIN 41611-1	Lötfreie elektrische Verbindungen; Begriffe
DIN 41611-4	–; Klammerverbindungen
DIN 41611-7	–; Federklemmverbindungen
DIN 41611-9	–; Abisolierfreie Wickelverbindungen
DIN 41617-1	Steckverbinder für gedruckte Schaltungen; indirektes Stecken, Rastermaß 2,5 mm
DIN 41620-1	Steckverbinder für gedruckte Schaltungen (Flachkontakte)
DIN 41630	Elektrische Steckverbinder für die Nachrichtentechnik
DIN 46230	Kabelschuhe für lötfreie Verbindungen
DIN 46248-3	Flachstecker ohne Isolierhülle; Steckerbreite 6,3 mm
DIN 46284	Zwei- und dreipolige Buchsenklemmenleisten (Geräteklemmen)
DIN 46289-1	Klemmen für die Elektrotechnik; Einteilung, Begriffe
DIN 46345	Steckhülsen mit Flachstecker; Steckerbreite 6,3 mm
DIN EN 60130-9	Rundsteckverbinder für Rundfunk- und verwandte elektroakustische Geräte
DIN EN 60352-1	Lötfreie elektrische Verbindungen; Wickelverbindungen
DIN EN 60352-2	–; Crimpverbindungen
DIN EN 60352-3	–; Zugängliche Schneidklemmverbindungen
DIN EN 60352-4	–; Nichtzugängliche Schneidklemmverbindungen
DIN EN 60352-5	–; Einpreßverbindungen
DIN EN 60352-6	–; Durchdringverbindungen
Richtlinien	
VDI/VDE 2251	Feinwerkelemente; Verbindungen, Übersicht

Literatur zum Abschnitt 5.
(Grundlagenliteratur s. Literatur zum Abschnitt 1.)

Bücher

[5.1] *Scheel, W.:* Baugruppentechnologie der Elektronik – Montage. Bad Saulgau: Eugen G. Leuze Verlag. 1997.

[5.2] *Hanke, H.-J.; Fabian, H.:* Technologie elektronischer Baugruppen. 3. Aufl. Berlin: Verlag Technik 1982.

[5.3] *Schröder, K.-H.;* u. a.: Werkstoffe für elektrische Kontakte und ihre Anwendungen. 2. Aufl. Renningen-Malmsheim: expert-Verlag 1997.

[5.4] *Nolde, R.:* Einpreßtechnik. Bad Saulgau: Eugen G. Leuze Verlag 1994.

[5.5] *Höft, H.:* Elektrische Kontakte – Werkstoffe, Einsatzbedingungen, Zuverlässigkeit. Berlin: Verlag Technik 1980.

[5.6] *Keil, W.; Vinaricky, A.; Merl, A.:* Elektrische Kontakte und ihre Werkstoffe. Berlin, Heidelberg: Springer-Verlag 1984.

[5.7] *Bauer, C. O.* (Hrsg.): Handbuch der Verbindungstechnik. München, Wien: Carl Hanser Verlag 1991.

Aufsätze

[5.10] *Christ, M.:* Highspeed-Steckverbinder für störungsfreie Datenübertragung. Feinwerktechnik · Mikrotechnik · Mikroelektronik 104 (1996) 3, S. 139.

[5.11] *Endres, H.:* Gute Kontakte. Feinwerktechnik · Mikrotechnik · Mikroelektronik 104 (1996) 5, S. 368.

[5.12] *Fricke, P.:* Spezialitäten bei Sub-D-Steckverbindern. Feinwerktechnik · Mikrotechnik · Mikroelektronik 104 (1996) 9, S. 665.

[5.13] *Dunkel, K.;* u. a.: Optischer Mikrosteckverbinder für High-Speed-Übertragung. Feinwerktechnik · Mikrotechnik · Mikroelektronik 105 (1997) 11–12, S. 838.

[5.14] *Lappöhr, J.:* Einpreßverbinder machen Druck. Feinwerktechnik · Mikrotechnik · Mikroelektronik 105 (1997) 11–12, S. 843.

[5.15] *Jacobi, W.:* Selbstverriegelnde Rundsteckverbinder. Feinwerktechnik · Mikrotechnik · Mikroelektronik 106 (1998) 4, S. 236.

[5.16] *Rathmann, H.:* Leiterplatten für die Einpreßtechnik. Feinwerktechnik · Mikrotechnik · Mikroelektronik 106 (1998) 7–8, S. 549.

[5.17] *Köhler, C.; Kunstwadl, H.; Liedke, B.:* Verbindungslösungen für die Konsumelektronik. Feinwerktechnik · Mikrotechnik · Mikroelektronik 106 (1998) 7–8, S. 554.

[5.18] *Hauck, G.:* Kompatibilität bei Präzisionssteckverbindern. Feinwerktechnik · Mikrotechnik · Mikroelektronik 106 (1998) 11, S. 850.

[5.19] *Ulbricht, H.:* Crimpen – eine ausgereifte Anschlußtechnik. Feinwerktechnik · Mikrotechnik · Mikroelektronik 107 (1999) 4, S. 38.

[5.20] *Warislohner, J.:* Maßgeschneiderte Rundsteckverbinder – Grenzen der Kompatibilität von Präzisionssteckverbindern. Feinwerktechnik · Mikrotechnik · Mikroelektronik 107 (1999) 7, S. 55.

[5.21] *Schock, M.:* Sicher bestücken ohne Blei und Fluxe – Einpreßtechnik macht Steckverbinder auf der Leiterplatte umweltverträglicher. Feinwerktechnik · Mikrotechnik · Mikroelektronik 109 (2001) 11–12, S. 40.

[5.22] *Bussmann, R.:* Lichtsignale – Steckverbinder wandeln elektrische in optische Signale. Mechatronik/Elektronik – Entwicklung und Gerätebau (F & M) 110 (2002) 1–2, S. 41.

[5.23] *Prem, C.:* Trümpfe für tragbare Geräte – Steckverbinder in mobilen Anwendungen. Mechatronik/Elektronik – Entwicklung und Gerätebau (F & M) 110 (2002) 5, S. 46.

[5.24] *Fischer, M.:* Schönwetter für hohe Frequenzen – Flexible Filtersteckverbinder schützen High-End-Geräte vor Störsignalen. Mechatronik/Elektronik – Entwicklung und Gerätebau (F & M) 110 (2002) 11–12, S. 24.

[5.25] *Lienig, J.; Jerke, G.:* Elektromigration – Eine neue Herausforderung beim Entwurf elektronischer Baugruppen. Teil 2: Stromabhängige Verdrahtung von Leiterbahnen. Mechatronik/Elektronik – Entwicklung und Gerätebau (F & M) 111 (2003) 1–2, S. 26.

[5.26] *Schmidt, H.:* Moore's Law und die Verbindungstechnik. F & M – Mechatronik 111 (2003) 6–7, S. 26.

6. Federn

Zeichen, Benennungen und Einheiten

- A Fläche in mm^2
- B Breite in mm
- D Durchmesser, mittlerer Windungsdurchmesser in mm
- D_a Außendurchmesser, Durchmesser der Abtriebstrommel in mm
- D_i Innendurchmesser in mm
- D_v Durchmesser der Vorratstrommel in mm
- E Elastizitätsmodul in N/mm^2
- F Kraft in N
- $F_ü$ Feinfühligkeit
- G Gleitmodul, Schubmodul in N/mm^2
- K Korrekturbeiwert
- L Federlänge in mm
- M Moment in N · mm
- M_d Drehmoment, Torsionsmoment in N · mm
- M_1 Drehmoment bei $n = 1$ in N · mm
- $M_{1(10)}$ Drehmoment M_1 für $b/t = 10$ in N · mm
- R Radius in mm, Federrate in N/mm
- R_e Streckgrenze in N/mm^2
- R_m Bruchgrenze, Zugfestigkeit in N/mm^2
- $R_{p0,2}$ 0,2-Dehngrenze in N/mm^2
- S Sicherheitsfaktor
- S_a Summe der Windungsmindestabstände
- T Toleranz einer Größe
- T_c Toleranz der Federsteife c
- V Volumen in mm^3
- W Arbeit, Federarbeit in N · mm; Widerstandsmoment in mm^3
- a Abstand in mm
- a_w Windungsabstand in mm
- b Breite, Kantenbreite in mm
- c Federsteife (auch Federrate R) bei Biegung in N/mm; Länge in mm
- c_φ Federsteife bei Verdrehung (Torsion), Drehfedersteife in N · mm/rad
- d Drahtdurchmesser, Stabdurchmesser in mm
- e Abstand in mm
- f_f Füllfaktor
- g Fallbeschleunigung in m/s^2
- h Höhe in mm
- k Göhnerfaktor
- k' Festigkeitsbeiwert (1/S)
- l Länge, gestreckte Bauteillänge in mm
- m Masse in g, Krümmungsverhältnis ($m = u/r$)
- n Umdrehungszahl, Anzahl der federnden Windungen
- n_g Gesamtwindungszahl, -umdrehungszahl
- r Radius in mm
- s Weg, Federweg in mm
- t Bauteildicke, Blechdicke in mm
- u, v Länge in mm
- w Wickelverhältnis ($w = D/d$), Windungszahl bei Spiralfedern
- w' theoretisch erreichbare Windungszahl bei Spiralfedern
- x, y Variable
- Δ Änderung, Differenz einer Größe
- $\sum$ Summe
- α Koeffizient, Winkel in rad, °
- β Breitenverhältnis ($\beta = b_1/b_0$)
- η_S Spannungsverhältnis, Ausnutzungsgrad der ertragbaren Werkstoffspannung (Festigkeitsnutzwert)
- ϑ Temperatur in K, °C
- ϱ Krümmungsradius in mm
- σ Normalspannung in N/mm^2
- τ Tangentialspannung in N/mm^2
- φ Verdrehwinkel in rad, °
- ω Winkelgeschwindigkeit in rad/s, Kreisfrequenz in Hz
- ω_0 Kreisfrequenz der Eigenschwingung, Eigenkreisfrequenz in Hz

Indizes

- B Bruch(-grenze)
- Bl Block
- F Feder, Fließ(-grenze)
- H Haus, Federhaus, Hülse
- K Kern
- M Messung
- R Reibung
- S Streck(-grenze), Scheibe
- St Stoß
- a außen, Abtrieb
- b Biegung
- d Dehnung, Druck

erf erforderlicher Wert
ertr ertragbarer Wert
g gesamt
i innen
max maximaler Wert
min minimaler Wert
n nutzbar, neutral
p proportional
s Schub
stat statisch
t Drehung, Torsion
v Vorrat
vorh vorhandener Wert
zul zulässiger Wert

Federn sind Funktionselemente, die sich durch ihr elastisches Verhalten auszeichnen. Mit besonderer Formgebung und Verwendung geeigneter Werkstoffe wird ein gewünschtes Verformungsverhalten erreicht, das diese Elemente befähigt, bei Krafteinwirkungen mit reversiblen Formänderungen zu reagieren sowie mechanische Arbeit als potentielle Energie zu speichern und zu einem gegebenen Zeitpunkt wieder freizugeben. Insbesondere die Eigenschaft der Energiespeicherung ermöglicht die Verwendung der Federn (einzeln oder in Federkombinationen) allgemein für den Energie-, Kraft- und Wegausgleich. So finden Federn in Feinwerktechnik und Maschinenbau vielfältige Anwendung als

- *Speicherelemente* beim Antrieb von Laufwerken (z. B. Aufzugfeder) und Sprungelementen in Schaltern
- *Meßelemente* beim Messen von Kräften bzw. Kraftmomenten (z. B. Federwaage)
- *Schwingungselemente* bei Feder-Masse-Systemen mit konstanter Eigenfrequenz (z. B. Zungenfrequenzmesser)
- *Ruheelemente* bei Erzeugung eines Kraftschlusses, Ausschalten unerwünschten Spiels, Sichern einer stabilen Lage von Bauteilen (z. B. Rückholfeder)
- *Lagerelemente* zur Sicherung der elastischen Beweglichkeit in Gelenken (s. Abschnitt 8.)

Viele Metalle und Nichtmetalle besitzen ein für die Verwendung als Federwerkstoff geeignetes elastisches Formänderungsvermögen. Entsprechend der eingesetzten Werkstoffart unterscheidet man Metallfedern und Federn aus Nichtmetallen.

Metallfedern werden zweckmäßig nach der Hauptbeanspruchung des Federwerkstoffes eingeteilt. Hauptbeanspruchungen sind *Biegung* und *Verdrehung* (*Torsion*). Man unterscheidet demnach Biegefedern und Torsionsfedern. Daneben sind noch Bezeichnungen nach der *Form* (Blatt-, Schrauben-, Kegel-, Spiralfeder) und nach der *Kraftwirkung* (Zug-, Druck-, Drehfeder) üblich, aber auch solche, die sich aus dem Verwendungszweck bzw. dem Einsatzgebiet ableiten (Aufzugfeder, Rückholfeder, Kontaktfeder, Ventilfeder). **Tafel 6.1** zeigt eine Übersicht über die Elementegruppe „Federn".

Tafel 6.1. Einteilung der Federn (Übersicht)

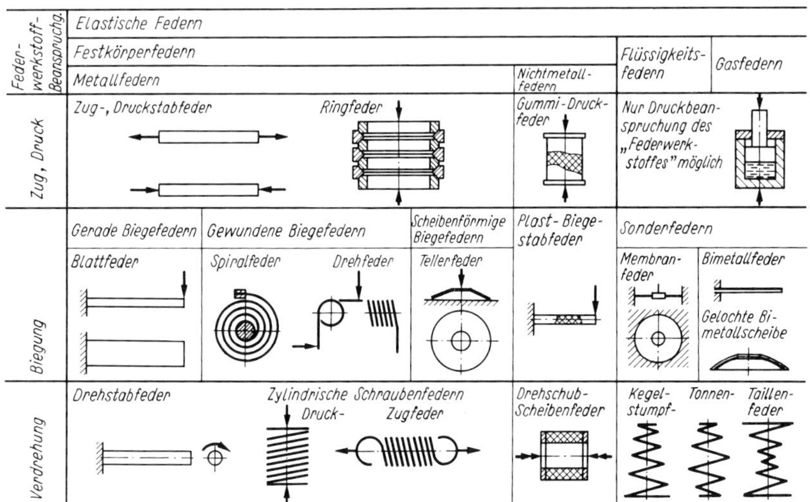

Bei **Nichtmetallfedern** erfolgt eine Unterteilung vorrangig nach der *Werkstoffart* (Gummi-, Kunststoff-, Glas-, Gas- und Flüssigkeitsfeder) und weiterhin nach der Bauform (Stab-, Scheiben-, Hülsenfeder) sowie der Kraftwirkung bzw. Werkstoffbeanspruchung.

6.1. Grundlagen des Federentwurfs

Durch den Federentwurf wird unter Beachtung funktioneller, werkstoff- sowie fertigungstechnischer Bedingungen die Federgestalt mit allen für die Fertigung und den Einsatz wichtigen Einzelheiten festgelegt.

6.1.1. Vorgehen beim Entwurf

Forderungen nach einer bestimmten Kraftwirkung, einem bestimmten Federweg, einem vorgegebenen Kraft-Weg-Verhältnis oder einem gewünschten Energiespeichervermögen sind einzeln oder kombiniert zu erfüllen. Das Bestreben einer optimalen Erfüllung aller Aufgaben erfordert Kompromisse. Liegen dynamische Betriebsverhältnisse vor, so sind von der Feder als Teil eines Feder-Masse-Systems noch weitere Bedingungen einzuhalten (Eigenschwingungsverhalten, Dämpfungsfähigkeit, ausreichende Dauerfestigkeit). In kinematischer Hinsicht wird ein vorgegebenes Weg-Zeit-, Geschwindigkeits-Zeit- oder Kraft-Zeit-Verhalten verlangt.
Beim Federentwurf wird mit der *Federberechnung* auf der Grundlage von Verformungs- und Spannungsbeziehungen und unter Berücksichtigung der vielfältigen Forderungen die Festlegung aller die Gestalt der Feder beschreibenden Parameter einschließlich des Werkstoffes verfolgt. Fast immer ist die Zahl festzulegender Federparameter größer als die Zahl der Bestimmungsgleichungen, was eine iterative Vorgehensweise erfordert.
Das Anwenden vereinfachter Berechnungsgleichungen oder Vordimensionieren mit Hilfe von Tabellen, Leitertafeln oder Nomogrammen [6.1] [6.2] [6.19] [6.33] [6.38] [6.39] erleichtert den Entwurf. Der Rechenaufwand kann auch durch Einsatz elektronischer Rechentechnik wesentlich reduziert werden [6.34] [6.35] [6.36].

Die entworfene Feder muß den Bedingungen des *Funktionsnachweises* genügen, in dessen Rahmen die Einhaltung der geforderten Federsteife, der Kräfte und Federwege innerhalb vorgegebener Toleranzen, das Schwingungsverhalten und andere Bedingungen überprüft werden, und den Bedingungen des *Festigkeitsnachweises*, in dessen Rahmen die Einhaltung der zulässigen Spannungen durch einen Spannungs- oder Sicherheitsvergleich nachgewiesen wird [1.1] [6.19].

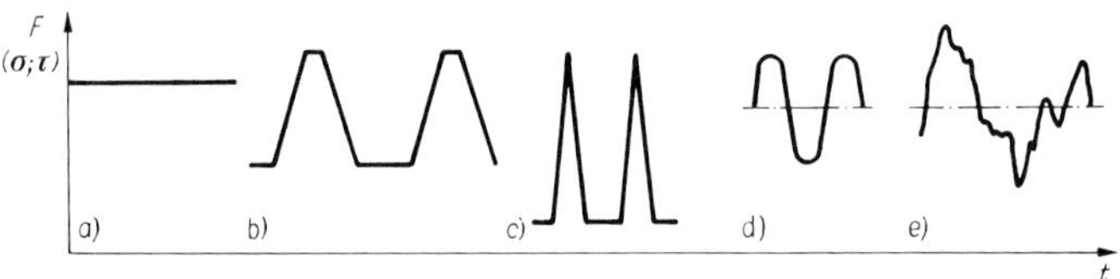

Bild 6.1. Typische zeitliche Beanspruchungsverläufe für Federn

a) konstante Vorspannkraft (Spielausgleich durch Federscheiben, s. Tafel 6.2 k); b) Schwellbeanspruchung bei Rückholfeder; c) Stoßbeanspruchung an Ventilfedern; d) sinusförmige Schwellbeanspruchung an schwingender, vorgespannter Feder; e) stochastische Beanspruchung (z. B. an Kfz-Feder)

Insbesondere beim Festigkeitsnachweis sind die vorliegenden Betriebsverhältnisse zu berücksichtigen. **Bild 6.1** zeigt einige typische Beispiele.

6.1.2. Federkennlinie, Federarbeit

Das Verformungsverhalten einer Feder wird durch den Zusammenhang zwischen einwirkender Kraft F (bzw. Kraftmoment M) und des sich als Auslenkung des Kraftangriffspunktes einstellenden Federweges s (bzw. Drehwinkels φ) charakterisiert. Die grafische Darstellung **(Bild 6.2)** dieses Zusammenhangs im Belastungs-Verformungs-Schaubild (Kraft-Weg- bzw. Kraftmoment-Drehwinkel-Kennlinie) ist das Federdiagramm (auch Federcharakteristik).
Je nach Art des Belastungs-Verformungs-Zusammenhangs und der ihn bestimmenden Größen hat die im Federdiagramm dargestellte *Federkennlinie* einen linearen, progressiven, de-

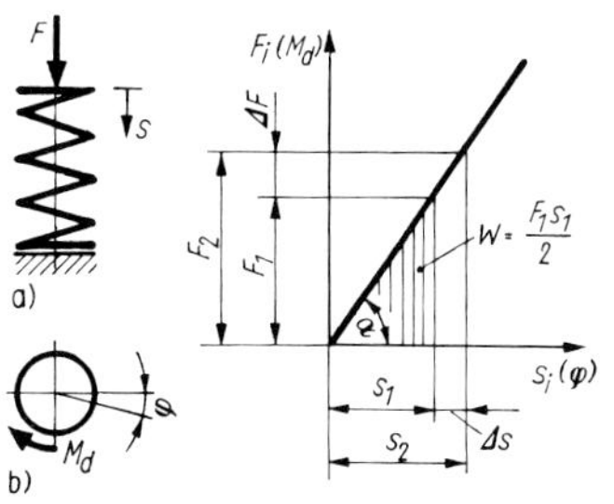

Bild 6.2. Federkennlinie und Federarbeit

a) Translationsbewegung (Druckfeder); b) Rotationsbewegung (Drehstab, Drehfeder)

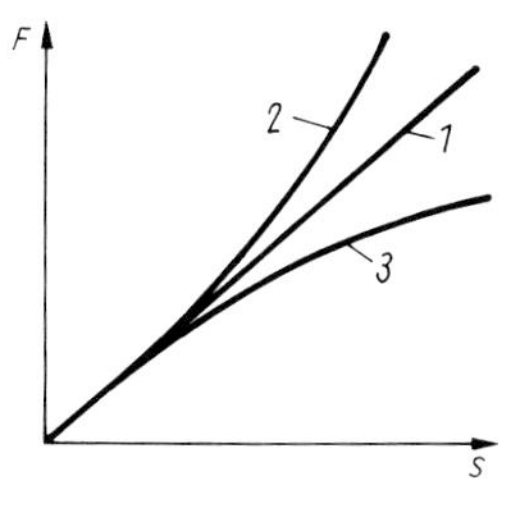

Bild 6.3. Federkennlinienformen

1 linear; *2* progressiv; *3* degressiv

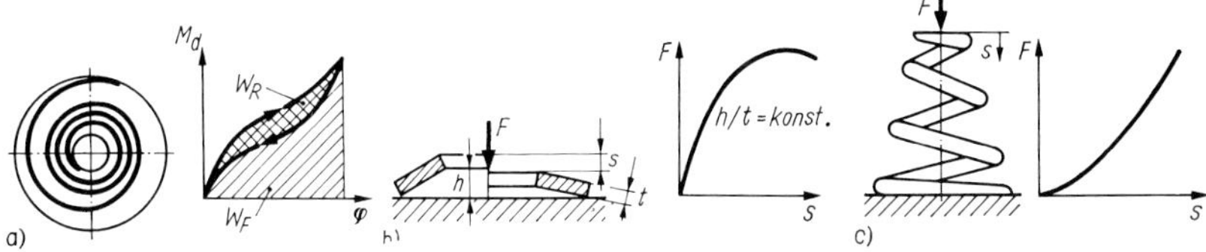

Bild 6.4. Beispiele für Federkennlinienverläufe

a) mit Reibung, Spiralfeder im Federhaus; b) degressiver Kennlinienteil einer Tellerfeder; c) progressiver Verlauf bei einer Kegelstumpffeder

gressiven oder aus diesen Teilen kombinierten nichtlinearen Verlauf **(Bild 6.3)**. Einige typische Kennlinienbeispiele zeigt **Bild 6.4**. Der Anstieg der Kennlinie

$$c = \tan\alpha = \frac{\mathrm{d}F}{\mathrm{d}s} \quad \text{bzw.} \tag{6.1a}$$

$$c_\varphi = \tan\alpha = \frac{\mathrm{d}M_\mathrm{d}}{\mathrm{d}\varphi} \tag{6.1b}$$

kennzeichnet die Steife einer Feder und wird als *Federsteife* (auch Federrate R) bezeichnet. Bei Metallfedern ist vom Verhalten des Werkstoffes her (reibungsfreie Feder vorausgesetzt) ein linearer Kennlinienverlauf (s. Bild 6.2) zu erwarten, solange durch die Belastung die Proportionalitätsgrenze nicht überschritten wird (Gültigkeitsbereich des Hookeschen Gesetzes, s. auch Abschnitt 3.5.). Im Idealfall stellt sich nach Entlastung immer wieder eine vollständige Rückverformung ein. Die Federsteife besitzt dann einen konstanten Wert und kann durch die Kraft- und Wegdifferenzen ausgedrückt werden:

$$c = \frac{(F_2 - F_1)}{(s_2 - s_1)} = \frac{\Delta F}{\Delta s}. \tag{6.2}$$

Für die Form der Federkennlinie nichtmetallischer Federn ist der „Federstoff" (Kunststoff, Glas, Gas, Flüssigkeit) im wesentlichen verantwortlich. Sein Federungsverhalten bedingt meist nichtlineare Kennlinienverläufe.

Viele Federn sind in mehreren Richtungen verformbar. Je nach Lastrichtung bzw. Freiheitsgrad des freien Federendes wird zwischen Längs-, Quer- und Drehfedersteife unterschieden. Das *Arbeitsvermögen W* (Federarbeit) der Feder bei Belastung durch eine Kraft F bzw. ein Drehmoment M_d ist

$$W = \int_0^s F(s)\,\mathrm{d}s \quad \text{bzw.} \quad W = \int_0^\varphi M_d(\varphi)\,\mathrm{d}\varphi. \tag{6.3}$$

Unter Voraussetzung einer linearen Federkennlinie ergibt sich

$$W = \frac{Fs}{2} = cs^2/2 \quad \text{bzw.} \quad W = M_d\varphi/2 = c_\varphi\varphi^2/2 \tag{6.4}$$

als Fläche unter der Federkennlinie (Bild 6.2).

Bedeutsam für den Einsatz von Federn in der Gerätetechnik, insbesondere für Aufgaben in der Meßtechnik, ist eine hohe Stabilität des Federungsverhaltens. Zahlreiche physikalische Erscheinungen wirken störend auf den Kennlinienverlauf, so daß sich Unterschiede zwischen dem theoretischen und dem praktischen Verlauf ergeben.
Bedingt durch den besonderen Aufbau (z. B. Spiralfeder im Federhaus), durch den Werkstoff oder durch Krafteinleitungs- und -ableitungsstellen (z. B. bei Tellerfedern), wirken *Reibkräfte* verformungs- und rückverformungsbehindernd. Diese Behinderung äußert sich beim Betrachten der Federarbeit als Energieverzweigung ($W = W_F + W_R$) und bei Vorliegen einer Wechselbeanspruchung in Form einer Hystereseschleife **(Bild 6.5,** s. auch Bild 6.4a).

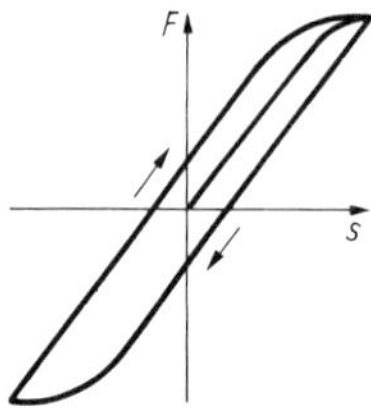

Bild 6.5. Federkennlinie bei Wechselbeanspruchung mit Hysterese

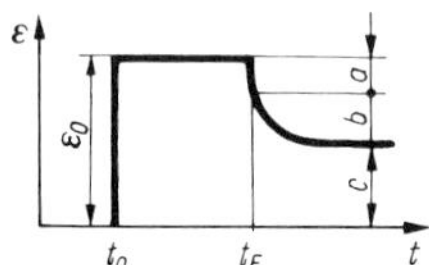

Bild 6.6. Zeitliche Spannungs-Dehnungs-Verläufe
a elastische Rückfederung; *b* verzögerte elastische Rückfederung (Nachwirkung); *c* plastische Verformung (*a* + *b*: elastische Verformung)

Relaxation, Kriechen und *Nachwirkung* sind Erscheinungen, die zu zeitbedingten Veränderungen der Federungswerte (F, s) führen. Während als Relaxation und Kriechen plastische Verformungen bezeichnet werden, die sich bei konstanter Einbaulänge als Kraftverlust (Relaxation), bei konstanter Belastung als Längenverlust (Kriechen) äußern **(Bild 6.6)**, sind Nachwirkungen elastische Verformungen, die zeitverzögert erfolgen [6.5] [6.44].

6.1.3. Berechnungshilfen und Optimierung

Unentbehrlich sind beim Entwurf in Tabellen oder Diagrammen erfaßte Hilfsgrößen und Richtwerte (z. B. *k*-Faktor nach *Göhner*, s. Tafel 6.4). Für einige Federarten (z. B. Schraubendruck- und Schraubenzugfedern in DIN 2098 Teil 1 und 2 sowie Tellerfedern, DIN 2093) stehen Datenblätter zur Verfügung, aus denen für bestimmte Federwerkstoffe „Standardfedern" ausgewählt werden können. Spezielle Forderungen sind nicht erfüllbar.
Wesentliche Hilfsmittel sind Fluchtlinientafeln, Nomogramme [6.2] [6.40] [6.41] und Rechenhilfen in Form von Rechenschiebern (Aristo-Federrechner, RIBE-Federrechner [6.33] [6.42]). Elektronische Datenverarbeitungsanlagen sind in allen Formen für Federberechnungen wesentliche Rationalisierungsmittel. Sie sind universell für Dimensionierungen (Auslegungen) und Nachrechnungen nutzbar, wobei sich Optimierungsrechnungen integrieren lassen (s. Abschnitt 2.2.2.). Der allgemeine Programmaufbau für solche Federoptimierungen sieht die Definition eines Suchraums vor (s. Tafel 2.17), der durch Restriktionen (z. B. Funktions-, Festigkeits- und Fertigungsbedingungen) begrenzt und in dem durch Anwenden geeigneter Optimierungsverfahren [6.7] [6.36] [6.43] das Optimum einer gewünschten Zielfunktion bestimmt wird (s. auch Aufgabe 6.4 im Abschnitt 6.6.) [6.1] [6.37].

6.2. Berechnung

6.2.1. Biegefedern

Sie werden aus Federband oder -draht gefertigt und hauptsächlich auf Biegung beansprucht. Zusätzliche Beanspruchungen durch Zug, Druck, Scherung oder Flächenpressung sind meist vernachlässigbar. Sie werden, wenn erforderlich, bei Nachrechnungen berücksichtigt.

Bedeutsam für die Federberechnung ist der Einfluß der Form [6.8] [6.45] [6.46], der Kraftein- und -ableitungsstellen [6.5] [6.47] [6.48], des Werkstoffes und auch bestimmter Fertigungsverfahren (Kaltformgebung) [6.50].

Tafel 6.2 enthält für einige Federformen und -anordnungen die Grundbeziehungen mit den wichtigsten Hinweisen für die Berechnung. Die angegebenen Gleichungen setzen die Einhaltung bestimmter idealer Bedingungen, wie Realisierung idealer Auflager (fest oder gelenkig), quasistatische Werkstoffbeanspruchung im Gültigkeitsbereich des Hookeschen Gesetzes, kleine Verformungen (Federwege) u. a. voraus [1.5] [1.11] [1.15] [6.3] [6.9] [6.11]. Besondere Bedingungen sind beim Einsatz dieser Federn als Kraft- bzw. Wegsensoren in der Meßtechnik zu erfüllen. Bestimmte Vereinfachungen sind dann nicht mehr zulässig [6.22].

Tafel 6.2. Berechnungsgrundlagen für Biegefedern
s. auch Tafel 3.27 im Abschnitt 3.4.

1 Rechteckquerschnitt: $h = t$, b *2* Kreisquerschnitt: d

Form	Bezeichnung, Anordnung	Querschnitt	Funktionsnachweis $c_{min} \leqq c \leqq c_{max}$ oder $s_{min} \leqq s \leqq s_{max}$		Festigkeitsnachweis $\sigma_{b\,vorh} \leqq \sigma_{b\,zul}$? oder $S_{vorh} \geqq S_{erf}$?	
			Federsteife $c = F/s$ bzw. $c_\varphi = M_d/\varphi$	Federweg s bzw. φ	$\sigma_{b\,vorh}$	$\sigma_{b\,zul}$
gerade	1. Einseitig eingespannte Biegefeder	*1*	$\frac{Ebt^3}{4l^3}$	$\frac{4Fl^3}{Ebt^3}$	$\frac{6Fl}{bt^2}$	
		2	$\frac{3\pi Ed^4}{64l^3}$	$\frac{64Fl^3}{3\pi Ed^4}$	$\frac{32Fl}{\pi d^3}$	
	2. Zweiseitig aufliegende Biegefeder	*1*	$\frac{4Ebt^3}{l^3}$	$\frac{Fl^3}{4Ebt^3}$	$\frac{3Fl}{2bt^2}$	
		2	$\frac{3\pi Ed^4}{4l^3}$	$\frac{4Fl^3}{3\pi Ed^4}$	$\frac{8Fl}{\pi d^3}$	$\frac{\sigma_{bF}}{S}$
	3. Zweiseitig fest eingespannte Biegefeder	*1*	$\frac{16Ebt^3}{l^3}$	$\frac{Fl^3}{16Ebt^3}$	$\frac{3Fl}{4bt^2}$	
	4. Parallelfederanordnung	*1*	a) Federenden gelenkig gekoppelt			
			$\frac{Ebt^3}{8l^3}$	$\frac{8Fl^3}{Ebt^3}$	$\frac{6Fl}{bt}$	
			b) Federenden eingespannt gekoppelt			
			$\frac{Ebt^3}{l^3}$	$\frac{Fl^3}{Ebt^3}$	$\frac{3Fl}{bt^2}$	
	5. Trapezförmige Biegefeder	*1* (veränderlich)	$\frac{Eb_0t^3}{4K_1l^3}$	$K_1\,\frac{4Fl^3}{Eb_0t^3}$	$\frac{6Fl}{b_0t^2}$	
gekrümmt	6. Gekrümmte Biegefeder	*1*	$\frac{Ebt^3}{4K_2\,(u + r\alpha)^3}$	$K_2\,\frac{4F\,(u + r\alpha)^3}{Ebt^3}$	$\frac{6F\,(u + r)}{bt^2}$	
			$K_2 = f(m; \alpha)$ s. Bild 6.7; $m = u/r$; $l = u + r\alpha$			

Zu 5. Trapezförmige Biegefeder:

$\beta = b_1/b_0$	0	0,2	0,4	0,5	0,6	0,8	1,0
K_1	1,500	1,315	1,202	1,160	1,121	1,054	1,000

Tafel 6.2. Fortsetzung

Form	Bezeichnung, Anordnung	Querschnitt	**Funktionsnachweis** $c_{min} \leqq c \leqq c_{max}$ oder $s_{min} \leqq s \leqq s_{max}$		**Festigkeitsnachweis** $\sigma_{b\,vorh} \leqq \sigma_{b\,zul}$? oder $S_{vorh} \geqq S_{erf}$?	
			Federsteife $c = F/s$ bzw. $c_\varphi = M_d/\varphi$	Federweg s bzw. φ	$\sigma_{b\,vorh}$	$\sigma_{b\,zul}$
gewunden	7. Spiralfeder mit Windungsabstand	*1*	$\dfrac{Ebt^3}{15l}$ $\dfrac{Ebt^3}{12l}$	$\varphi = \dfrac{15M_d l}{Ebt^3}$ $\varphi = \dfrac{12M_d l}{Ebt^3}$	$k_b \dfrac{12M_d}{bt^2}$ $k_b \dfrac{6M_d}{bt^2}$	$\dfrac{\sigma_{bF}}{S}$
			$[l = \pi w\,(D_a + D_i)/2;\ a_w = \pi\,(D_a^2 - D_i^2)/(4l);\ M_d = FD_i/2]$			
	8. Spiralfeder ohne Windungsabstand	*1*	s. Tafel 6.3			
	9. Drehfeder (Schenkelfeder)	*2*	$\dfrac{\pi Ed^4}{64l}$	$\varphi = \dfrac{64M_d l}{\pi Ed^4}$	$k_b \dfrac{32M_d}{\pi d^3}$	$0{,}75R_m$
			D/d: 2 / 2,5 / 3 / 5 / 10 k_b: 1,61 / 1,43 / 1,29 / 1,17 / 1,08			
scheibenförmig (ringförmig)	10. Tellerfeder	*1*	Berechnung s. [6.2] [6.3] [6.9] [6.11] [6.14] [6.15] [6.19]			
	11. Wellfederscheibe (axial gewellt)	*1*	Näherungsweise gilt für Form: (z Anzahl der Wellen) A) $\dfrac{Ebt^3z^4D_a}{2{,}4D^3D_i}$	$\dfrac{2{,}4FD^3D_i}{Ebt^3z^4D_a}$	$\dfrac{3\pi FD}{4bt^2z^2}$	$\dfrac{\sigma_{bF}}{S}$
			B) $\dfrac{8Et^3b}{D_a^3}$	$\dfrac{FD_a^3}{8Ebt^3}$	$\dfrac{0{,}75FD_a}{bt^2}$	
	12. Membranfeder (Plattenfeder) – mit fest eingespanntem Rand	*1*	$\dfrac{Et^3}{0{,}22r^2}$	$0{,}22\,\dfrac{Fr^2}{Et^3}$		
	– mit aufliegendem Rand		$\dfrac{Et^3}{0{,}56r^2}$	$0{,}56\,\dfrac{Fr^2}{Et^3}$		
	– mit steifem Zentrum		$\dfrac{Et^3}{0{,}12r^2}$ (für $r_0/r = 0{,}2$)	$0{,}12\,\dfrac{Fr^2}{Et^3}$		

Gerade Biegefedern werden als Blattfedern mit rechteckigem oder als Stabfedern mit rundem Querschnitt in vielfältigen Formen und Anordnungen verwendet. Geschichtet angeordnet erreicht man bei gleichem Federweg eine größere Federkraft. Durch parallele Anordnung zweier Blattfedern wird z. B. erreicht, daß sich das freie Ende parallel zur Einspannstelle bewegt. Diese Anordnung erfüllt die Aufgabe von Führungen [6.23] [6.49]. Über die Federform läßt sich die Werkstoffausnutzung und das Schwingungsverhalten beeinflussen. Mit Trapezfedern lassen sich bis zu 50% Masse einsparen. Aus Gründen der Platzersparnis werden *gekrümmte Blattfedern* **(Bild 6.7)** eingesetzt, deren Berechnung in [6.45] und [6.46] ausführlich behandelt wird.

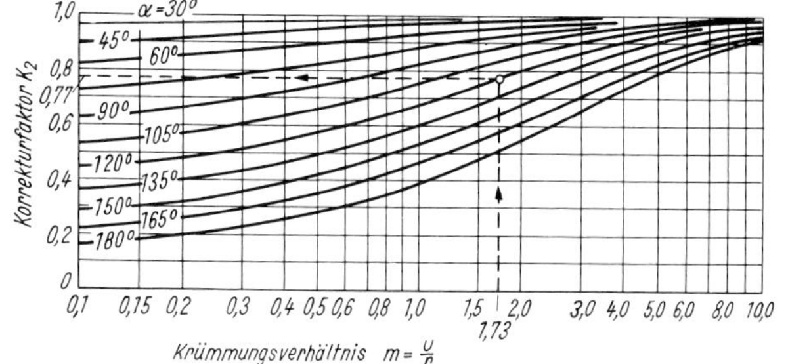

Bild 6.7. Korrekturfaktor $K_2 = f(\alpha, m)$ für gekrümmte Blattfedern

Eben gewundene Biegefedern (Spiralfedern) sind in zwei Ausführungsformen in der Gerätetechnik gebräuchlich:

Spiralfedern mit Windungsabstand werden meist als archimedische Spirale mit konstantem Abstand a_w zwischen den Windungen ausgeführt. Sie arbeiten ohne Reibungsverluste, wenn dafür gesorgt wird, daß sich auch während der Bewegung die Windungen nicht berühren. Das kann erreicht werden, wenn der Drehwinkel $\varphi < 360°$ ist. Die Anwendung erfolgt als Rückstellfeder in Meßinstrumenten und als Schwingungselement in Gangreglern von Uhren. Maße von Flachspiralfedern für elektrische Meßinstrumente sind auch in DIN 43801 T1 enthalten.

Während das innere Federende stets fest (z. B. auf einer Welle) eingespannt wird, ist beim äußeren Federende eine gelenkige *(A)* oder feste Einspannung *(B)* möglich.

Der Korrekturfaktor k_b berücksichtigt die Spannungserhöhung infolge der Federkrümmung [6.50].

Spiralfedern ohne Windungszwischenraum sind für größere Drehwinkel vorgesehen (meist fünf bis neun Umdrehungen), haben deshalb eine größere Energiespeicherkapazität und werden als Triebfedern für mechanische Uhren und andere Laufwerke verwendet. Wegen der Reibung zwischen den Windungen ist die von der Feder abgegebene Energie kleiner als die zum Spannen (Aufziehen) benötigte (Reibungsverluste etwa 25%, s. auch Federdiagramm in **Tafel 6.3**) [1.2].

Um das Einbauvolumen klein zu halten, die Feder vor Verschmutzung zu schützen und das Weiterwirken des Antriebsmoments auch während des Aufziehens zu ermöglichen, werden Triebfedern in Gehäuse (Federhaus) eingebaut, dessen Innendurchmesser D_H wesentlich kleiner als der Außendurchmesser der freien Feder ist. Beim Einlegen der Feder in das Federhaus vergrößert sich deshalb durch Vorspannen die Anzahl der Windungen von w_0 (freie Feder) auf w_1 ($w_1 - w_0 = 3 \dots 7$). Im aufgezogenen Zustand sind w_2 Windungen vorhanden.

Die Anzahl der maximal möglichen Umdrehungen n_g vom völlig abgelaufenen bis zum vollständig aufgezogenen Zustand ist durch die Federlänge l begrenzt. Es kann jedoch nur ein Teil Δn der maximal möglichen Umdrehungen n_g praktisch genutzt werden:

$$\Delta n = n_g - n_{min}. \tag{6.5}$$

Bei der Berechnung des Drehmoments M_d wird von der Annäherung der Ablauf-Federkennlinie durch eine Parabel ausgegangen (s. Tafel 6.3) [6.12] [6.50]. In [6.24] wird ein linearer Ansatz verwendet.

Der Anfangsbereich der Kennlinie (etwa $0 \leqq n \leqq 1$) ist wegen des größeren Anstiegs und eines zu kleinen Drehmoments nicht nutzbar. Zu einer sicheren Funktion des Antriebs (Überwindung der Reibung) ist ein Mindestdrehmoment

$$M_{d\,min} = M_1 \sqrt[3]{n_{min}} \tag{6.6}$$

nötig, das im fast abgelaufenen Zustand noch aufzubringen ist.

Die Vordimensionierung einer Antriebsfeder ist auch unter Verwendung der in den **Bildern 6.8 und 6.9** dargestellten Zusammenhänge zwischen den Funktionsparametern M_1, $M_{1(10)}$, D_H, t und n_g oder durch Nomogramme [6.12] [6.51] möglich. Das nach Bild 6.9 erhaltene Drehmo-

Tafel 6.3. Berechnungsgrundlagen für Spiralfedern ohne Windungsabstand
Spiralfeder im Federhaus geführt

Federkennlinie

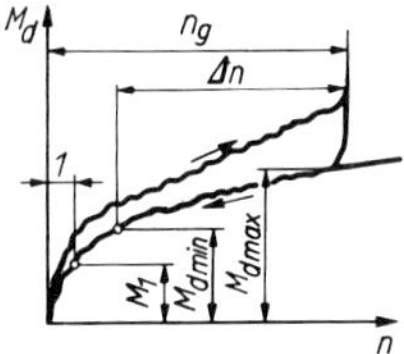

D_H Federhausdurchmesser
D_K Federkerndurchmesser
n Umdrehungszahl des Federhauses
n_g Gesamtumdrehungszahl des Federhauses
Δn nutzbare Umdrehungszahl
$w_{1,2}$ Anzahl der Federwindungen im Federhaus
w_0 Windungszahl der ungespannten Feder
w' theoretisch erreichbare Windungszahl
b Federbandbreite
t Federbanddicke
l Federbandlänge

Grundbeziehungen

1. abgelaufener (vorgespannter) Zustand

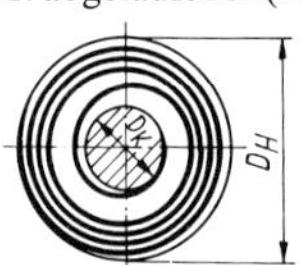

Theoretisch erreichbare Windungszahl

$$w_1' = \frac{D_H}{2t} - \sqrt{\frac{D_H^2}{4t^2} - \frac{l}{\pi t}} = 0{,}1275\,\frac{D_H}{t}$$

2. aufgezogener (endgespannter) Zustand

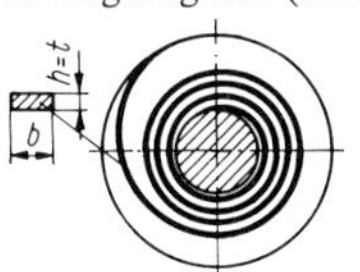

$$w_2' = -\frac{D_K}{2t} + \sqrt{\frac{D_K^2}{4t^2} + \frac{l}{\pi t}} = 0{,}2055\,\frac{D_H}{t}$$

Gesamtumdrehungszahl

$$n_g = w_2 - w_1 = w_2' - w_1' - 1 = (0{,}2055 - 0{,}1275)\,\frac{D_H}{t} - 1 = 0{,}0785\,\frac{D_H}{t} - 1$$

Gestreckte Länge der Feder (mit $D_H = 3D_K$ und $f_f = 0{,}5$)

$$l = \frac{\pi}{f_f t}\left(\frac{D_H^2 - D_K^2}{4}\right) = 0{,}349\,\frac{D_H^2}{t}$$

Drehmoment

$$M_1 = 0{,}75\,M_{01}; \qquad M_{01} = \frac{EJ}{l}\,\varphi_1$$

$$M_1 = \frac{9Ebt^4}{16\pi D_H^2}\,\varphi_1 = 1{,}125\,\frac{Ebt^4}{D_H^2}\left(0{,}0585\,\frac{D_H}{t} + 1\right)$$

$$\text{mit}\quad \varphi_1 = (w_1' - w_0 + 1)\,2\pi = \left(w_1' - \frac{w_2'}{3} + 1\right)2\pi$$

Biegespannung:
$\sigma_{bzul} = R_m$

$$M_{dmax} = M_1\sqrt[3]{n_g} = M_1\sqrt[3]{0{,}0785\,\frac{D_H}{t} - 1}$$

$$= 1{,}125\,\frac{Ebt^4}{D_H^2}\left(0{,}0585\,\frac{D_H}{t} + 1\right) \times \sqrt[3]{0{,}0785\,\frac{D_H}{t} - 1}$$

$$\sigma_{bmax} = \frac{M_{dmax}}{W_b} = 6{,}75\,\frac{Et^2}{D_H^2}\left(0{,}0585\,\frac{D_H}{t} + 1\right) \times \sqrt[3]{0{,}0785\,\frac{D_H}{t} - 1}$$

Praktische Richtwerte

$D_H = (3 \ldots 4)\,D_K$; $k = D_H/t = 70 \ldots 120$; $D_K/t > 15$; $n_g = 4 \ldots 10$; $b/t = 15 \ldots 30$; $f_f = 0{,}4 \ldots 0{,}6$;
In den Berechnungsgleichungen verwendet: $D_H = 3D_K$; $f_f = 0{,}5$; $W_R = 0{,}25W$ (Reibverluste 25%);
E-Moduln:

härtbare Federstähle	$E = 206000$ N/mm²;	Zugfestigkeitswert: Richtwert für den Entwurf von Stahlfedern
austenitische Federstähle	$E = 173000$ N/mm²;	
Bronze (z. B. SnBz6)	$E = 108000$ N/mm²;	$R_m = 2000$ N/mm²

ment $M_{1(10)}$ gilt für ein Verhältnis $b/t = 10$ und ist bei vorliegenden anderen Verhältnissen b/t entsprechend in M_1 umzurechnen. Für den Festigkeitsnachweis ist das maximale Drehmoment M_{dmax} aufgrund der maximal möglichen Umdrehungszahl n_g zu verwenden.

Rollfedern bestehen aus Federband ($t \leqq 0{,}45$ mm; $b \leqq 35$ mm), das durch spezielle Verformungsvorbehandlung im ungespannten Zustand die Form einer dicht gewickelten Spirale an-

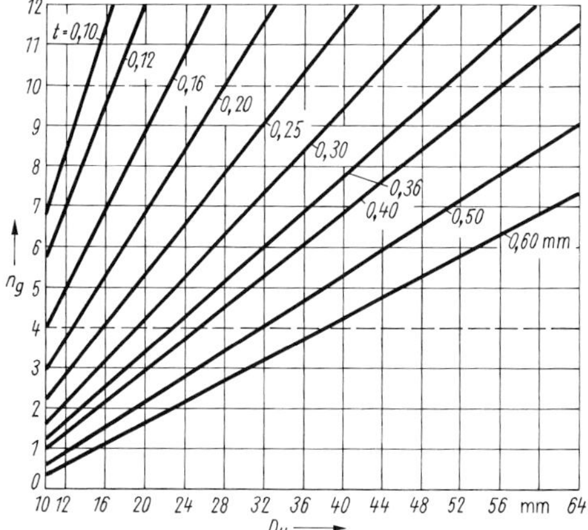

Bild 6.8. Abhängigkeit der Gesamtumdrehungszahl n_g für im Federhaus geführte Spiralfedern vom Gehäusedurchmesser D_H und der Federbanddicke t

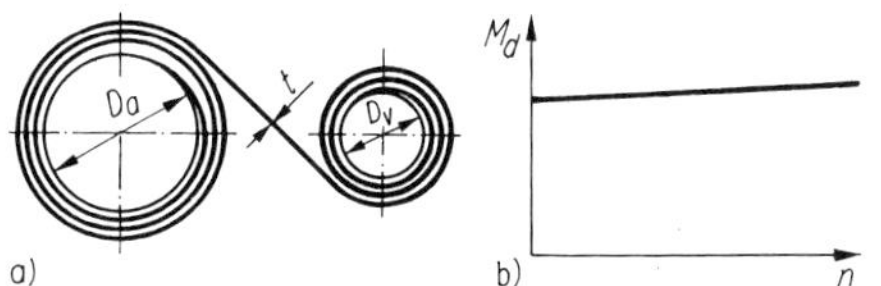

Bild 6.10. Rollfederantrieb und Federkennlinie
a) B-Motor; b) Kennlinienverlauf

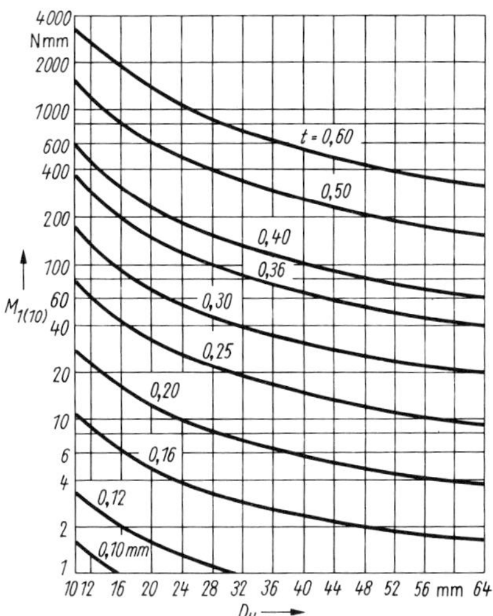

Bild 6.9. Drehmoment $M_{1(10)}$ von Spiralfederantrieben in Abhängigkeit von der Federbanddicke t und dem Gehäusedurchmesser D_H

(Federbandstahl mit E = 206 kN/mm²; b/t = 10; $D_H = 3D_K$; f_f = 0,5; $M_1 = bM_{1(10)}/10t$)
$M_{1(10)}$ Drehmoment M_1 für ein Bandbreiten-/-dickenverhältnis b/t = 10

nimmt. Durch Verwenden zweier achsparallel angeordneter Federtrommeln **(Bild 6.10)**, von denen zunächst die Vorratstrommel das Band aufnimmt, von der es dann auf die Abtriebstrommel gewickelt wird, entsteht ein Federantrieb. Dieser zeichnet sich durch ein nahezu konstantes Drehmoment über der Umdrehungszahl n aus (Drehmomentänderung je Umdrehung 0,3 bis 1%; Bild 6.10b). Das Drehmoment entsteht durch das Bestreben des Federbandes, die ursprünglich auf der Vorratstrommel vorhandene Form wieder anzunehmen. Das Nutzmoment an der Abtriebstrommel ist für den im Bild 6.10a gezeigten B-Antrieb (B-Motor)

$$M_d = Ebt^3 \cdot 2(D_v + D_a)^2/(26{,}4D_aD_v^2)\,, \tag{6.7}$$

D_a Durchmesser der Abtriebstrommel; D_v Durchmesser der Vorratstrommel.

Für eine Überschlagsrechnung kann $D_a = 5D_v/3$ gesetzt werden [6.4] [6.9] [6.13] [6.50] [6.52].

Drehfedern sind räumlich gewundene Biegefedern zylindrischer Form, meist aus Federdraht. Zur Kraftein- und -ableitung sind die Drahtenden schenkelförmig (deshalb auch als Schenkelfedern bezeichnet) vom Wickelkörper der Feder abgebogen. In Anpassung an zu bewegende Bauteile sind sie vielfältig geformt. Die Federn finden als Antriebs- und Rückholfedern für Laufwerke, Schalthebel und Klinken sowie als Energiespeicher in Spann- und Sprungwerken (s. Abschnitt 12.) Verwendung, benötigen wenig Platz und werden zur eigenen Führung oft auf Achsen, Bolzen, Wellen oder Stiften angeordnet. Tafel 6.2 enthält die Berechnungsgleichungen.

Tellerfedern bestehen aus kegelförmigen Ringscheiben, geschnitten aus Federband. Sie werden axial belastet und zeichnen sich durch relativ große Federsteifen aus. Die Einzelteller können in vielfältiger Weise kombiniert und geschichtet und damit die Federsteife beeinflußt werden (Reibung zwischen Tellern beachten [6.54]). Die Berechnung des Einzeltellers ist nach DIN 2092 und [6.9] [6.14] [6.15] [6.19] [6.28] [6.53] vorzunehmen. Hinweise für die Berechnung dynamisch belasteter Tellerfedern werden in [6.1] [6.21] [6.54] [6.55] [6.56] gegeben. Nomogramme erleichtern die Dimensionierung. Abmessungen und Belastungs-/Verformungswerte sind in [6.28] und DIN 2093 enthalten.

In der Feinmechanik werden oft geschlitzte Tellerfederausführungen eingesetzt. Auf ihre Berechnung wird in [6.56] [6.57] [6.58] eingegangen.

Federscheiben werden in verschiedenen Formen, vor allem zum Zwecke des Spielausgleichs eingesetzt. Die Berechnung der Verformungen und Spannungen erfolgt näherungsweise nach [6.59] (s. Tafel 6.2).

Membranfedern (Plattenfedern) sind dünne elastische, meist kreisförmige Platten aus Federblech (Bronze, Messing u. dgl.), die an ihrem gesamten Rand gestellfest gelagert sind (Randeinspannung, selten frei aufliegend). Sie können verschieden geformt sein (s. Bild 6.24). Zur Befestigung von Bauelementen (z. B. bei Verwendung in Federführungen, s. Abschnitt 8.3.) besitzen sie ein verformungssteifes Zentrum, das bei der Berechnung der Verformungen zu berücksichtigen ist (Tafel 6.2) [1.15] [6.25] [6.60]. Im Gerätebau werden diese Federn als Kraft- bzw. Druckmeß- oder als Führungselemente verwendet.

6.2.2. Torsionsfedern

Gerade Torsionsfedern sind Stäbe, Drähte oder Bänder, die an einem Ende fest eingespannt und ausschließlich durch ein senkrecht zur Federachse liegendes Kräftepaar beansprucht werden. Mit der am Radius r angreifenden Umfangskraft F ergibt sich das entlang der Stabachse

Tafel 6.4. Berechnungsgrundlagen für Torsionsfedern *1* Rechteckquerschnitt: $h = t$, b *2* Kreisquerschnitt: d

Form	Bezeichnung, Anordnung	Querschnitt	**Funktionsnachweis** $c_{min} \leqq c \leqq c_{max}$ oder $s_{min} \leqq s \leqq s_{max}$		**Festigkeitsnachweis** $\tau_{tvorh} \leqq \tau_{tzul}$? oder $S_{vorh} \geqq S_{erf}$?	
			Federsteife $c = F/s$	Federweg s bzw. φ	$\tau_{t\,vorh}$	$\tau_{t\,zul}$
gerade	1. Drehstab	2	$\frac{\pi G d^4}{32 l}$	$\varphi = \frac{32 M_d l}{\pi G d^4}$	$\frac{16 M_d}{\pi d^3}$	$\frac{\tau_{tF}}{S}$
		1	$K_3 \frac{G b t^3}{l}$	$\varphi = \frac{M_d l}{K_3 G b t^3}$	$\frac{M_d}{K_4 b t^2}$	
gewunden, zylindrisch	2. Druckfeder	2	$\frac{G d^4}{8 n D^3}$	$s = \frac{8 n F D^3}{G d^4}$	$k \frac{8 F D}{\pi d^3}$	$0{,}5 R_m$
	3. Zugfeder	2	Gleichungen für Druckfedern gelten analog			$0{,}45 R_m$

b/t	1	2	4	8	10	∞
K_4	0,208	0,246	0,282	0,307	0,313	0,333
K_3	0,140	0,229	0,281	0,307	0,313	0,333

Weitere Gleichungen für den Entwurf von Druckfedern:
$L_{Bl} = n_g d = (n + 2)\, d$ (Blocklänge der Feder)
$S_a = L_n - L_{Bl} = x d n$ (Abstand zwischen Windungen)
$L_n = L_0 - s_n$ (Länge der um s_n verformten Feder)
$4 \leqq w \leqq 16$ (zulässiger Bereich)
$7 \leqq w \leqq 10$ (zu bevorzugender Bereich)

d Drahtdurchmesser
D mittlerer Windungsdurchmesser
$w = D/d$ Wickelverhältnis

w	3	4	5	6	7	8	10	12	16
k	1,55	1,38	1,29	1,24	1,20	1,17	1,13	1,11	1,08

$w = D/d$	x
$3 < w \leqq 6$	0,10
$6 < w \leqq 10$	0,16
$10 < w \leqq 12$	0,25
$w > 12$	0,40

konstante Drehmoment $M_d = 2Fr$. Bei gleichbleibendem Querschnitt ist dann auch die Torsionsspannung entlang der Feder konstant.
Torsionsfedern mit kreisförmigem Querschnitt werden häufig als Meßelemente bei der Drehmomentmessung und solche mit Rechteckquerschnitt in Spannbandlagern von Meßgeräten eingesetzt (s. Abschnitt 8.2.). Bei der Berechnung von Torsionsfedern mit Rechteckquerschnitt sind die vom Seitenverhältnis b/t abhängigen Faktoren K_3 und K_4 zu beachten, die in **Tafel 6.4** angegeben sind [6.61] (Faktoren K sind in Abschnitt 3.5. – s. Tafel 3.32 – mit η bezeichnet).

Gewundene Torsionsfedern aus Draht oder Stäben werden durch Winden auf Federwindeautomaten oder durch Wickeln auf Federdorne hergestellt. Neben den meist verwendeten Federn aus rundem Federdraht werden auch solche aus Stäben und Drähten mit nicht kreisförmigem Querschnitt eingesetzt. Tafel 6.4 enthält die Berechnungsgleichungen für zylindrisch mit konstanter Steigung gewundene *Schraubendruck- und Schraubenzugfedern* aus rundem Federdraht (s. auch DIN 2089).

Abmessungen, Kräfte und Federsteifewerte sind für Federn aus patentiertem Federdraht (DIN 17223) in DIN 2098 als Auswahltabellen aufgeführt [6.1] [6.19] [6.37].
Durch die Axialkraft F wirkt auf den Querschnitt des Federdrahts ein Moment $M_d = FD/2$. Es verursacht im wesentlichen Verdrehbeanspruchungen, da für kleine Steigungswinkel Biege-, Schub- und Zugspannungsanteile vernachlässigbar sind. Die Spannungserhöhung an der Windungsinnenseite des Drahts wird durch den Göhner-Faktor k berücksichtigt, der insbesondere bei dynamischen Belastungen bedeutsam ist und bei nicht beseitigten Wickeleigenspannungen auch höhere Werte annehmen kann [6.19] [6.62] [6.63].

Druckfedern müssen so dimensioniert sein, daß sich bei Einwirken der Maximalkraft F_n **(Bild 6.11)** die Windungen nicht berühren (Summe der Windungsmindestabstände S_a einhalten!). Im allgemeinen ist eine gleichmäßige Kraftübertragung auf den Federkörper anzustreben. Diese Forderung wird normalerweise nur mit angelegten und angeschliffenen Endwindungen erreicht. Aus dem gleichen Grund müssen die Endpunkte der Windungen auf entgegengesetzten Seiten liegen, d. h., die Windungszahlen haben auf $\frac{1}{2}$ zu enden (z. B. 2,5; 4,5; 7,5; 11,5).

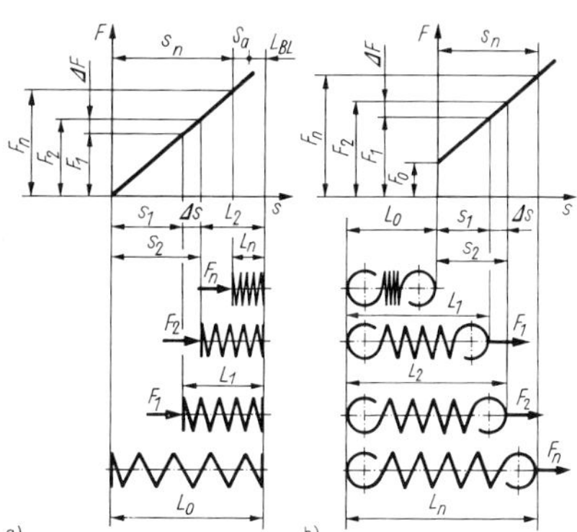

Bild 6.11. Zylindrische Schraubenfedern aus Federdraht mit Federdiagramm
a) Druckfeder; b) Zugfeder

Zugfedern sind so zu dimensionieren, daß in die Festigkeitsberechnungen auch die Übergangsstellen Öse/Federkörper (Radius r) einbezogen werden, an der wegen $r < D/2$ Spannungsspitzen auftreten können.

Die Berechnung nichtzylindrischer Formen, wie *Kegelstumpf-, Tonnen-* und *Taillenfedern*, kann nach [6.64] [6.65] durch Verwenden bestimmter Funktionsansätze für Mantelkurven und Korrekturfaktoren näherungsweise auf die zylindrischer Formen zurückgeführt werden.

6.2.3. Bimetallfedern (Thermobimetalle)

Bimetall liegt als metallisches Halbzeug in Form von Blechtafeln oder -streifen vor. Es besteht aus zwei Metallschichten, die fest miteinander verbunden sind. Der Längen-Temperaturkoeffizient ist in den beiden Schichten unterschiedlich groß. Das führt bei Temperaturänderungen zu einer Streifenkrümmung.
Wegen der elastischen Eigenschaften des Bimetalls sind sowohl die Verformung selbst als

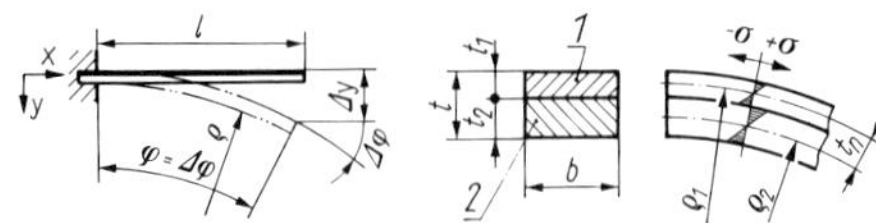

Bild 6.12. Bezeichnungen an einem Bimetallstreifen

auch die Kraft, die bei der Verformung entsteht, ausnutzbar. Der Krümmungsradius ϱ ergibt sich gem. **Bild 6.12** zu

$$\varrho = t_n/[(\alpha_1 - \alpha_2)\,\Delta\vartheta] \tag{6.8}$$

α_1, α_2 Längen-Temperaturkoeffizienten der einzelnen Schichten in m/(m · K); $\Delta\vartheta = \vartheta - \vartheta_0$ Erwärmung in K; t Gesamtdicke des Bimetallstreifens in mm; t_n Abstand der neutralen Fasern der Schichten in mm.

Tafel 6.5. Kennwerte ausgewählter Thermobimetalle nach DIN 1715 T1
(k-Werte für Temperaturbereich 20 bis 130 °C)

Thermobimetall-marke	Spezifische thermische Ausbiegung k $10^{-6}\,K^{-1}$	Linearitäts-bereich °C	Anwendungs-grenze °C	Elastizitäts-modul E bei 20 °C kN/mm²	Zulässige Biege-spannung $\sigma_{b\,zul}$ N/mm²
TB 1577 B	15,5	−20 … +200	450	170	250
TB 1425	14,0	−20 … +200	450	170	200
TB 1109	11,5	−20 … +380	400	165	200
TB 0965	9,8	−20 … +425	450	175	200

Tafel 6.6. Beziehungen für die Verlagerung des freien Endes einseitig eingespannter Bimetallstreifen bei gleichmäßiger Erwärmung

Nr.	Form, Anordnung	Verlagerung des freien Endes von Bimetallstreifen in		
		x-Richtung: Δx	y-Richtung: Δy	Drehrichtung: $\Delta\varphi$
1	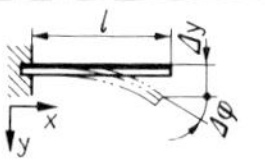	$\Delta x = 0$	$\Delta y = \frac{kl^2}{t}\,\Delta\vartheta$	$\Delta\varphi = \frac{2kl}{t}\,\Delta\vartheta$
2	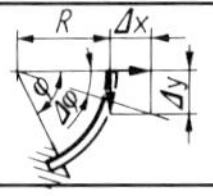	$= \frac{2kR^2}{t}\,(1 - \cos\varphi)\,\Delta\vartheta$	$= \frac{2kR^2}{t}\,(\varphi - \sin\varphi)\,\Delta\vartheta$	$= \frac{\Delta y}{R}$
3	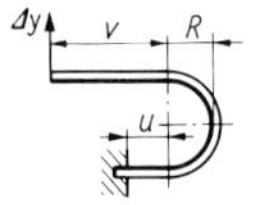	–	$= \frac{k}{t}\,(v^2 - u^2 + 2vu + 4R^2 + 2\pi Rv)\,\Delta\vartheta$	–
4	Bimetallspirale 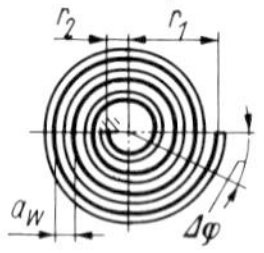	–	–	$\Delta\varphi = \frac{2kl}{t}\,\Delta\vartheta$ mit $a_w = \frac{\pi}{l}\,(r_1^2 - r_2^2)$ für archimedische Spirale und $l = n\pi\,(r_1 + r_2)$ a_w Windungsabstand; n Anzahl der Windungen
5	Bimetallscheibe 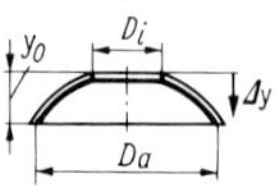	–	$= \frac{k\,(D_a^2 - D_i^2)\,\pi}{4t}\,\Delta\vartheta$	–

Daraus kann die Biegelinie berechnet werden, denn es ist $d^2y/dx^2 = \pm 1/\varrho$. Die Absenkung Δy am freien Ende ($x = l$) ist

$$\Delta y = (\alpha_1 - \alpha_2)\, l^2 \Delta\vartheta/(2t_n). \qquad (6.9)$$

Zur Vereinfachung wird eine Werkstoffkonstante, die spezifische Ausbiegung $k = (\alpha_1 - \alpha_2)\, t/(2t_n)$, eingeführt. Sie stellt die Ausbiegung des freien Endes eines geraden Streifens von der Dicke t und der Länge l bei der Erwärmung $\Delta\vartheta$ dar ($t = 1$ mm; $l = 1$ mm; $\Delta\vartheta = 1$ K). Als Berechnungsgleichung für die Absenkung Δy erhält man damit

$$\Delta y = kl^2\Delta\vartheta/t \qquad (6.10)$$

Begriffe, Bezeichnungen und Prüfung s. DIN 1715.

Die Konstante k ist der Typenbezeichnung zu entnehmen. **Tafel 6.5** enthält eine Auswahl. In **Tafel 6.6** sind für einige Grundformen Berechnungsgleichungen angegeben [6.16] [6.66] [6.67].

6.2.4. Nichtmetallische Federn

6.2.4.1. Gummifedern [6.3] [6.17] [6.68]

Spezifische Eigenschaften dieser Federn aus natürlichen oder synthetischen Hochpolymeren sind außerordentlich hohe Elastizität (im Vergleich zu Metallfedern), gute Dämpfungs- und elektrische Isolierfähigkeit und recht gute Haftung auf Metallen. So werden diese Federelemente vorwiegend zur Stoß- und Schwingungsdämpfung und zur Dämpfung und Absorption hochfrequenter Körperschallschwingungen in allen Bereichen der Feinmechanik eingesetzt [1.2]. Handelsübliche Gummifedern bestehen aus Gummiformteilen mit anvulkanisierten metallischen Anschlußstücken zur Befestigung und Krafteinleitung.
Die am häufigsten verwendeten Bauformen und ihre Berechnungsgleichungen sind in **Tafel 6.7** zusammengestellt.

Tafel 6.7. Übersicht über gebräuchliche Gummifederformen

Nr.	Bezeichnung, Form	Beanspruchungsart	Berechnungsgleichungen	Gültigkeitsbereich bis etwa
1	Zylindrische Druckfeder	Druck	$F_d = s_d E\, \pi d^2/(4L_0)$ $\sigma_d = F_d/A = 4F_d/(\pi d^2)$	20 % Zusammendrückung von L_0
2	Scheibenfeder	Parallelschub	$F_S = s_S GA/t$ (A Schubfläche) $\tau_{aS} = s_S G/t$	35 % Verschiebung von t
3	Hülsenfeder	Parallelschub	$F_H = s_H\, [2\pi hG/\ln(r_1/r_2)]$ $\tau_{aH} = F_H/A = F_H/(2\pi rh)$	35 % Verschiebung von $(r_2 - r_1)$
4	Verdrehfeder	Verdrehschub (Torsion)	$M_d = 1{,}57 G\varphi\, (r_2^4 - r_1^4)/t$ $\tau_t = M_d r/J_p = \varphi Gr/t$; $\tau_{tmax} = \varphi Gr_2/t$ (r mittl. Radius) (am Außenrand)	20 % Verdrehung

Gummi besitzt ein nichtlineares Spannungs-Dehnungs-Verhalten. Die Proportionalität zwischen Belastung und Formänderung (Hookesches Gesetz) ist begrenzt und damit auch die Gültigkeit der in Tafel 6.7 angegebenen Gleichungen. Der Gültigkeitsbereich ist angegeben.

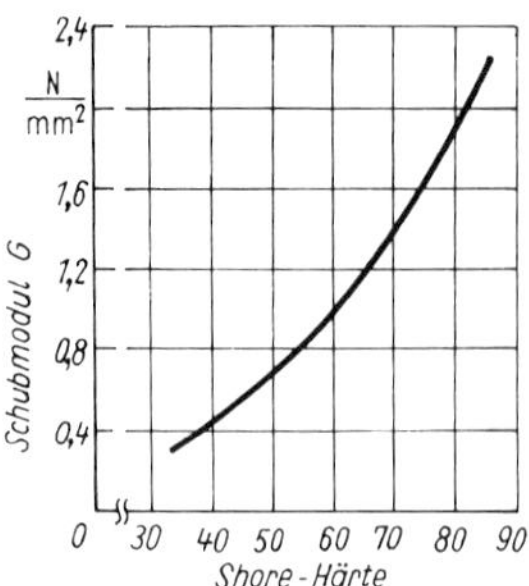

Bild 6.13. Abhängigkeit des Schubmoduls G bei Gummi von der Shore-Härte

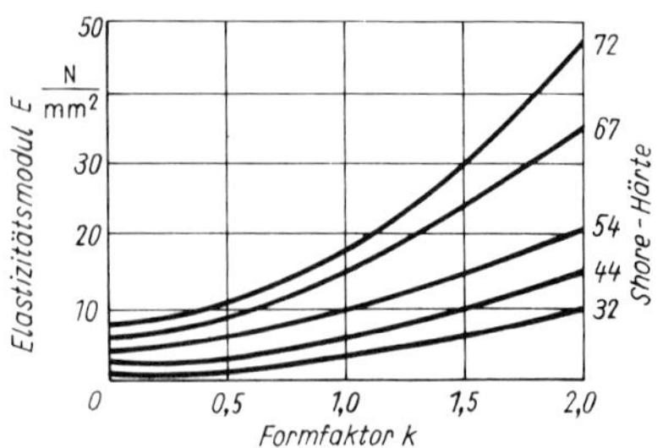

Bild 6.14. Abhängigkeit des Elastitzitätsmoduls E bei Gummi von Shore-Härte und Formfaktor

k belastete Fläche/freie Oberfläche

Gummi ist volumenelastisch und inkompressibel. Die zum Berechnen notwendigen Moduln (E-Modul, G-Modul) sind von Federgeometrie und Gummiqualität abhängig **(Bilder 6.13 und 6.14)**. Gummifedern brechen statisch belastet kaum im Gummikörper (300 ... 500% Dehnung ohne Bruch möglich), sondern meist durch Schäden an Haftstellen und durch Alterung (Rißbildung) sowie bei dynamischen Belastungen infolge thermischer Überlastung [6.68].

6.2.4.2. Kunststoff-, Glas-, Gas- und Flüssigkeitsfedern

Federn aus Kunststoffen finden in der Technik vielseitige Verwendung. Hohe Elastizität und Formbeständigkeit, ausreichende Festigkeit, gutes Dämpfungsvermögen, niedrige Reibwerte, gutes Isolationsverhalten, hohe Korrosionsbeständigkeit u. a. Vorteile sind ausschlaggebend dafür, daß für bestimmte Anwendungszwecke Federelemente aus thermoplastischen, duroplastischen und faserverstärkten Werkstoffen eingesetzt werden. Alle bei Metallfedern beschriebenen Federformen sind auch bei Federn aus Kunststoffen vorzufinden. Die Berechnung solcher Federn muß das besondere, z. T. viskoelastische Werkstoffverhalten berücksichtigen [6.18] [6.69] [6.70].

Federn aus Glas werden in den Formen „stabförmige Biegefeder" und „Schraubenfeder" vorwiegend für Aufgaben in der Meßtechnik eingesetzt, bei denen es auf eine hohe Konstanz bestimmter physikalischer Größen (Längen-Temperaturkoeffizient, E-Modul usw.) ankommt.

Gas- und Flüssigkeitsfedern nutzen die Kompressibilität geeigneter gasförmiger und flüssiger Medien aus [6.71]. Solche Federn haben überwiegend eine progressive Federkennlinie. Sie werden deshalb auch zur Stoß- und Schwingungsdämpfung eingesetzt [6.3].

6.2.5. Federsysteme

Die Anordnung mehrerer Federn in einer Konstruktion zur Aufnahme von Kräften bzw. Ausführung von Bewegungen stellt ein Federsystem dar. Es werden Reihen- und Parallelschaltungen unterschieden (vergleiche: Schaltungen von Kapazitäten in der Elektrotechnik). In den Berechnungsgleichungen ist die Federsteife der Einzelfeder $c_\nu = F_\nu/s_\nu$ bzw. $c_\nu = M_{d\nu}/\varphi_\nu$ ($\nu = 1, 2, 3, \ldots, n$) und die des Federsystems $c_{ges} = F_{ges}/s_{ges}$ bzw. $c_{ges} = M_{d\,ges}/\varphi_{ges}$ (s. Tafel 6.8).
Einfache Federsysteme ergeben sich durch Parallel- bzw. Reihenschaltung von Einzelfedern, bei denen nur eine translatorische oder rotatorische Bewegungsrichtung vorliegt. Bei ebener Anordnung sind Bewegungen in zwei Translations- und einer Rotationsrichtung möglich. Bei räumlichen Anordnungen sind Beweglichkeiten entsprechend den sechs möglichen Freiheiten (drei Translationen, drei Rotationen) in die Berechnungen einzubeziehen [6.23].
In **Tafel 6.8** sind Modelle, Kennlinien und Grundbeziehungen für Federsysteme aufgeführt. Es ist ersichtlich, daß bei einer Federreihenschaltung die Federsteife des Gesamtsystems stets kleiner und bei einer Federparallelschaltung stets größer als die der Einzelfedern ist.

Tafel 6.8. Federsysteme

Reihenschaltung von Federn

1. Anordnung

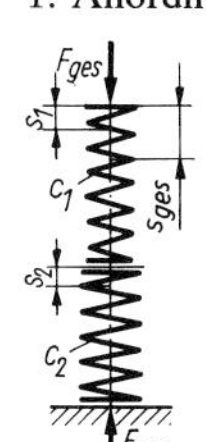

2. Ersatzschaltbild

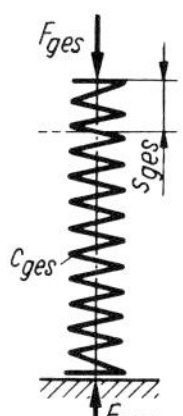

3. Federkennlinien

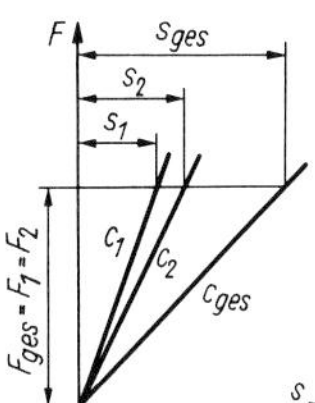

In einer Federreihenschaltung wird jede Einzelfeder durch die auf das System wirkende Gesamtkraft F_{ges} belastet.

Damit gilt: $F_{ges} = F_1 = F_2 = \dots = F_n$

$$s_{ges} = s_1 + s_2 + \dots + s_n = \sum_{\nu=1}^{n} s_\nu$$

$$1/c_{ges} = 1/c_1 + 1/c_2 + \dots + 1/c_n = \sum_{\nu=1}^{n} 1/c_\nu$$

Parallelschaltung von Federn

1. Anordnung

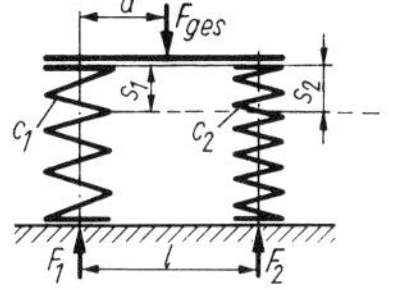

2. Ersatzschaltbild

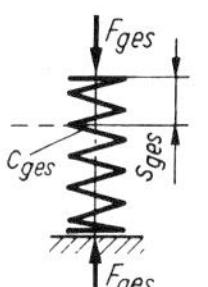

3. Federkennlinien

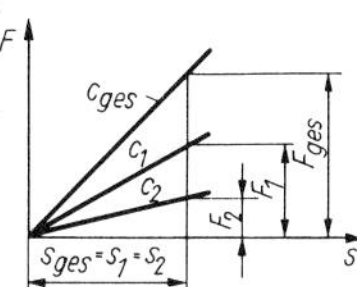

In einer Federparallelschaltung legt der Kraftangriffspunkt jeder Einzelfeder den gleichen Federweg $s = s_{ges}$ zurück.

Damit gilt: $s_{ges} = s_1 = s_2 = \dots = s_n$

$$F_{ges} = F_1 + F_2 + \dots + F_n = \sum_{\nu=1}^{n} F_\nu$$

$$c_{ges} = c_1 + c_2 + \dots + c_n = \sum_{\nu=1}^{n} c_\nu$$

$$a = (F_2 l)/F_{ges} = (c_2 l)/(c_1 + c_2)$$

6.3. Werkstoffe

6.3.1. Anforderungen

Neben Stählen werden in der Feinmechanik vorwiegend federhart gewalzte oder hart gezogene Nichteisenmetalle (z. B. Messing, Bronze, Neusilber) [6.72] [6.73] sowie Nichtmetalle (Gummi, Kunststoffe oder Glas) als Federwerkstoffe eingesetzt. Sie liegen als Halbzeuge in

Tafel 6.9. Festigkeitswerte ausgewählter Federwerkstoffe (s. auch Hinweis auf Seite 168)

Nr.	Bezeichnung (Werkstoff-kurzzeichen)		R_m N/mm²	R_e bzw. $R_{p0,2}$ N/mm²	E kN/mm²	G kN/mm²	Verwendung
1	Ck67	G K75 K90 V130	640 750 … 900 900 … 1100 1300 … 1500	480 – – 1200 … 1400	210	80	Bandstahl, kalt gewalzt; für Blattfedern, Flachformfedern, Spiralfedern
2	50CrV4	G K85 V120 V160	740 850 … 1000 1200 … 1400 1600 … 1900	650 – 1100 … 1300 1500 … 1800	210	80	Band- und Rundstahl, warm gewalzt; für hochbeanspruchte Blattfedern, Tellerfedern, Ventilfedern bis 300 °C, Drehstäbe

Tafel 6.9. Fortsetzung

Nr.	Bezeichnung (Werkstoff-kurzzeichen)		R_m N/mm²	R_e bzw. $R_{p\,0,2}$ N/mm²	E kN/mm²	G kN/mm²	Verwendung
3	CuZn37	F30 F37 F44 F54 F61	300 ... 370 370 ... 440 440 ... 540 540 ... 610 610	≦ 180 ≧ 200 ≧ 370 ≧ 490 ≧ 580	110	40	Federband und -draht aus Messing; für Kontaktblattfedern, Drahtformfedern, Schrauben- u. Spiralfedern
4	CuZn39Pb2	F36 F43 F49 F59	360 430 490 590	≦ 270 ≧ 270 ≧ 420 ≧ 540	110	40	Sondermessing; Verwendung wie Nr. 3
5	CuZn20Al2	F33 F39	330 390	≧ 90 ≧ 240	110	40	
6	CuSn6	F35 F41 F48 F55 F63	350 ... 410 410 ... 500 480 ... 580 550 ... 650 630	≦ 300 ≧ 300 ≧ 450 ≧ 510 ≧ 600	115	43	Federband aus Bronze; für Kontaktblattfedern, Flachformfedern, geschlitzte Tellerfedern, Membranen, Spiralfedern
7	CuBe2	F41 F52	410 ... 540 520 ... 600	190 ... 270 410 ... 550	135	45	Federband aus Berylliumbronze, aushärtbar; Verwendung wie Nr. 6
8	CuNi18Zn20	F38 F45 F52 F58 F68	380 ... 450 450 ... 520 520 ... 610 580 ... 680 680	≦ 250 ≧ 250 ≧ 430 ≧ 490 ≧ 630	135	45	Federband aus Neusilber; für Kontaktblattfedern, Flachformfedern
9	FeNi42Cr5	homogenisiert 50% kaltverformt	600 ... 750 950 ... 1200	≧ 200 900 ... 1150	162 bis 180	69 bis 75	Sonderfederwerkstoff Aurelast (mit sehr kleinem Temperaturkoeffizienten des E-Modul); Verwendung wie Nr. 6 und für Spannbänder

Anmerkungen: *F* Festigkeitszustand (Prüfmerkmale: Zugfestigkeit; 0,2%-Dehngrenze; Bruchdehnung), Zahlenwert: entspricht 1/10 Mindestzugfestigkeit; *G* weichgeglüht; *K* kalt nachgewalzt; *V* vergütet; Festigkeitswerte ohne Bereich: Mindestwerte (s. Normen DIN 17222; DIN EN 1654); Stufung der Dicke *t* in mm bei Bändern und Bandstreifen aus Kupfer-Knetlegierungen für Blattfedern: 0,1; 0,12; 0,15; 0,16; 0,18; 0,2; 0,25; 0,3; 0,35; 0,4; 0,45; 0,5; 0,6; 0,7; 0,8; 0,9; 1,0

Tafel 6.10. Festigkeitseigenschaften von patentiert-gezogenem Federstahldraht aus unlegierten Stählen nach DIN 17223 T1 (Auswahl)

d[1]) mm	Zugfestigkeit R_m in N/mm² für Drahtsorte: A	B	C und D[2])	d[1]) mm	Zugfestigkeit R_m in N/mm² für Drahtsorte: A	B	C und D[2])
0,1	–	–	2800 ... 3100	1,4	1620 ... 1860	1870 ... 2100	2110 ... 2340
0,3	–	2370 ... 2650	2660 ... 2940	2,0	1520 ... 1750	1760 ... 1970	1980 ... 2200
0,4	–	2270 ... 2550	2560 ... 2830	2,5	1460 ... 1680	1690 ... 1890	1900 ... 2110
0,5	–	2200 ... 2470	2480 ... 2740	3,2	1390 ... 1600	1610 ... 1810	1820 ... 2020
0,8	–	2050 ... 2300	2310 ... 2560	4,0	1320 ... 1520	1530 ... 1730	1740 ... 1930
1,0	1720 ... 1970	1980 ... 2220	2230 ... 2470	5,0	1260 ... 1450	1460 ... 1650	1660 ... 1840

[1]) Stufungen des Drahtdurchmessers d in mm: 0,1; 0,11; 0,12; 0,14; 0,16; 0,18; 0,2; 0,22; 0,25; 0,28; 0,3; 0,32; 0,34; 0,36; 0,38; 0,4; 0,43; 0,45; 0,48; 0,5; 0,53; 0,56; 0,6; 0,63; 0,65; 0,7; 0,75; 0,8; 0,85; 0,9; 0,95; 1,0; 1,05; 1,1; 1,2; 1,25; 1,4; 1,5; 1,6; 1,7; 1,8; 1,9; 2,0; 2,1; 2,25; 2,4; 2,5; 2,6; 2,8; 3,0; 3,2; 3,4; 3,6; 3,8; 4,0; 4,25; 4,5; 4,75; 5,0

[2]) bis d = 2,0 mm nur R_m-Werte für Sorte D

Form von Drähten, Bändern, Stangen und Blechen vor. Die **Tafeln 6.9 und 6.10** enthalten Festigkeitswerte [6.4] [6.28] [6.75] ausgewählter Federwerkstoffe. Die Werte sind vom Vergütungszustand und von Querschnittsabmessungen abhängig.
An Federwerkstoffe werden besondere Ansprüche gestellt [6.28] [6.72]. Neben einer hohen statischen und dynamischen Festigkeit [6.76] wird eine hohe Elastizität gefordert (R_e/R_m = 0,7 ... 0,9). Sie sollen sich ferner gut kalt verformen lassen. In speziellen Fällen bestehen auch Ansprüche an die Wärmebeständigkeit, die Wärmedehnung, elektrische Leitfähigkeit und Korrosionsbeständigkeit.

6.3.2. Beanspruchungsgrenzen

Bei der Federdimensionierung sind Beanspruchungsgrenzen festzulegen, die auf den in einschlägigen Standards und Normen (s. Tafel 6.12) enthaltenen Festigkeitswerten basieren. Die Beanspruchungsgrenze erhält man durch Multiplizieren der ertragbaren Spannung mit einem Korrekturwert k' (zulässige Spannung: $\sigma_{zul} = k'\sigma_{ertr}$ bzw. $\tau_{zul} = k'\tau_{ertr}$; $k' = 1/S$). Um Betriebsstörungen durch „Setzen" der Federn zu vermeiden, gilt als Beanspruchungsgrenze in den meisten Fällen die Proportionalitäts- bzw. Elastizitätsgrenze, in wenigen Fällen auch die Streckgrenze bzw. 0,2-Dehngrenze. Werden diese Werte als ertragbare Spannung bei der Berechnung der Beanspruchungsgrenze (zulässige Spannung) verwendet, so können Korrekturwerte $k' = 0{,}7 \ldots 1$ eingesetzt werden. Vielfach wird die Bruchgrenze R_m als ertragbare Spannung verwendet. Dann gelten die z. T. in den Tafeln 6.2 bis 6.4 angegebenen Faktoren ($k' = 0{,}45 \ldots 0{,}75$). Für Federn, die als Meßelemente eingesetzt werden, gilt $k' = 0{,}10$ (Sicherheitsfaktor $S = 10$).

6.3.3. Verarbeitung

Federn aus metallischen Federwerkstoffen werden meist kalt durch Biegen geformt. Die gewünschten Festigkeitseigenschaften erhalten die geformten Federn durch Vergüten. Wird nach dem Formen nicht vergütet (z. B. meist bei Nichteisenmetallen), so wirken verbleibende Eigenspannungen [6.74] störend und dauerfestigkeitsmindernd [6.62] [6.63]. Eigenspannungen können auch durch bestimmte Oberflächenschutzüberzüge entstehen [6.77]. Eine entsprechende Nachbehandlung, die diese Eigenspannungen beseitigt, ist deshalb angebracht. Kugelstrahlen der Werkstoffoberfläche erzeugt Druckeigenspannungen, die dauerfestigkeitssteigernd wirken.
Bei nichtmetallischen Werkstoffen ist das besondere, artspezifische Verhalten zu beachten. Festigkeitswerte und Dimensionierungsvorschriften sind der Spezialliteratur zu entnehmen (s. Abschnitt 3.6. bzw. [6.18]).

6.4. Konstruktive Gestaltung, Ausführungsformen

Innerhalb einzelner Federarten gibt es vielfältige Federformen. Sie ergeben sich aus bestimmten Einsatz- und Anschlußbedingungen, dem zur Verfügung stehenden Raum und spezifischen Herstellungsforderungen [6.1] [6.19].

6.4.1. Gestaltungsgrundsätze

Die Federform wird im Rahmen des Federentwurfs festgelegt. Neben dem Beachten arttypischer Bedingungen sind bei der Gestaltung auch Entscheidungen über die geeignete, eine gewünschte Kennlinie realisierende Federart, die Federform, die Art und Form der Federanschlüsse (Koppelstellen mit anderen Bauteilen), die Wahl eines geeigneten Werkstoffes, notwendige Wärme- und Oberflächenbehandlungen, Maßnahmen zur Qualitätssicherung und Überlegungen zu einer wirtschaftlichen Fertigung zu treffen. Die Federgestaltung hat also unter Beachtung aller funktionellen, werkstofflichen und fertigungstechnischen Bedingungen zu erfolgen.

► **Grundsätze:**

- Wähle für die gestellte Aufgabe, den zur Verfügung stehenden Raum und die vorliegenden Koppelstellen die am besten geeignete Federart und Federform!
- Gestalte die Anschlüsse an Federn so, daß keine zusätzlichen kritischen Beanspruchungsstellen entstehen!
- Verwende zur Einschränkung der Formenvielfalt nach Möglichkeit bereits im Fertigungsprogramm des Herstellers befindliche Federformen, und passe die Koppelstelle der Bauteile solchen Federn an!
- Bevorzuge bereits genormte Federarten und -formen!
- Beachte die für verschiedene Halbzeuge und Werkstoffe vorgeschriebene Begrenzung der Biegeradien!
- Wähle Toleranzen so grob wie möglich (s. Abschnitt 3.2.)!
- Ermögliche bei der Tolerierung über einen der Funktions- oder Gestaltparameter einen „Fertigungsausgleich"!

6.4.2. Ausführungsformen

Gerade Biegefedern finden vorwiegend als Kontaktblattfedern **(Bild 6.15)** Verwendung. Stützfedern ermöglichen eine Kontaktfedervorspannung und eine Lage- bzw. Kontaktkraftjustierung. Vorgespannte Kontaktfedern erfordern geringere Schaltwege. Kontaktblattfedern werden in Federsätzen durch Schrauben (a) oder Nieten (b) befestigt. Kunststoffverspritzungen dienen der Lagesicherung der Einzelfedern. Für die Anordnung der Bohrungen in der Feder gelten folgende Richtwerte:

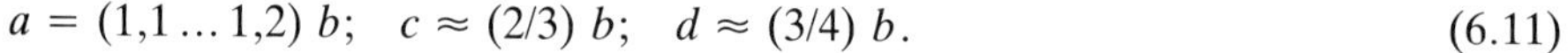

$$a = (1{,}1 \ldots 1{,}2)\ b; \quad c \approx (2/3)\ b; \quad d \approx (3/4)\ b. \qquad (6.11)$$

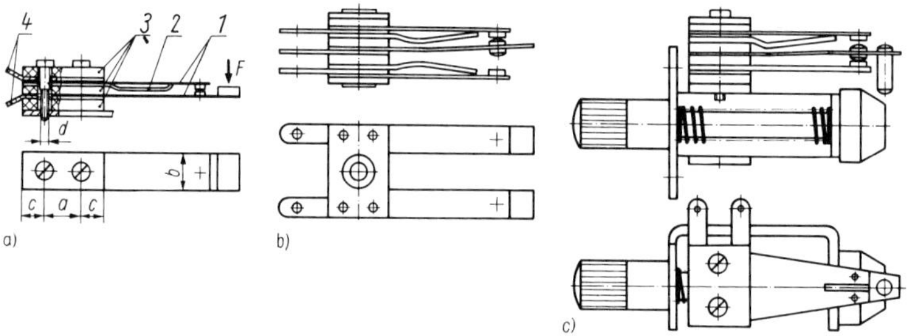

Bild 6.15. Beispiele für Kontaktblattfederanordnungen

a) Endlagenschalter
1 Kontaktblattfedern; *2* Stützfeder; *3* Isolierkörper; *4* Anschlußkontakte; *F* Betätigungskraft
b) Umschalter, Relaisfedersatz; c) drucktastenbetätigter Umschalter mit trapezförmigen, geschlitzten Kontaktblattfedern und Schraubendruckfeder als Tastenrückholfeder

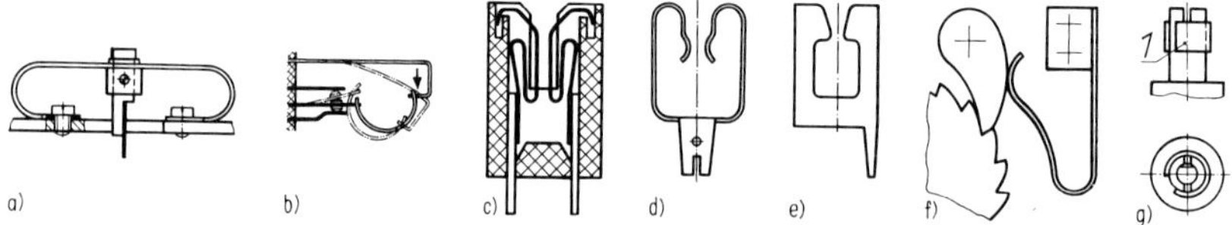

Bild 6.16. Gekrümmte Blattfedern

a) Bügelfeder einer Spannbandlagerung; b) Federanordnungen in einem Mikrotaster; c) bis e) Formen von Steckkontaktfedern; f) Rückstellfeder an einer Sperrklinke; g) Bedienknopf mit ringförmiger Blattfeder *1* nach Bild 6.17 a

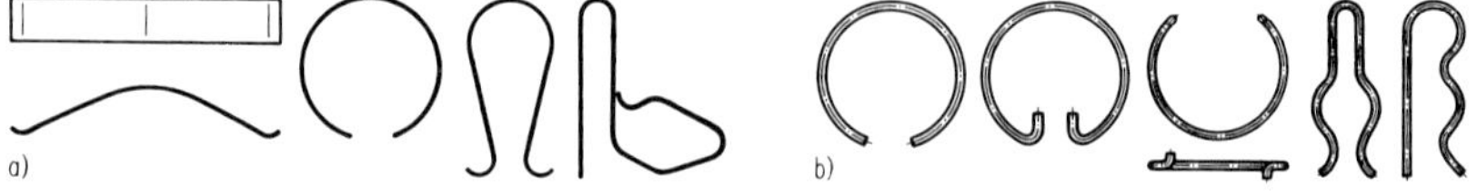

Bild 6.17. Formfedern (Beispiele)

a) Flachformfedern; b) Drahtformfedern

Gekrümmte Biegefedern finden überall dort Verwendung, wo „weiche“ Federn platzsparend angebracht werden müssen. Einige Beispiele sind im **Bild 6.16** aufgeführt. Es werden sowohl aus Federband gefertigte Flachformfedern (**Bild 6.17** a) als auch aus Federdraht gebogene Drahtformfedern (Bild 6.17b) eingesetzt.

Spiralfedern sind durch geeignete Formgebung der Federenden auf der Welle und im Gehäuse bzw. Gestell zu befestigen. Ausführungsbeispiele zeigen die **Bilder 6.18 und 6.19** [6.31].

Drehfedern weisen, durch Funktion und Einbauverhältnisse bedingt, oft recht komplizierte Formen auf **(Bild 6.20)**. Indem der Konstrukteur bemüht ist, die Feder der Funktion und den

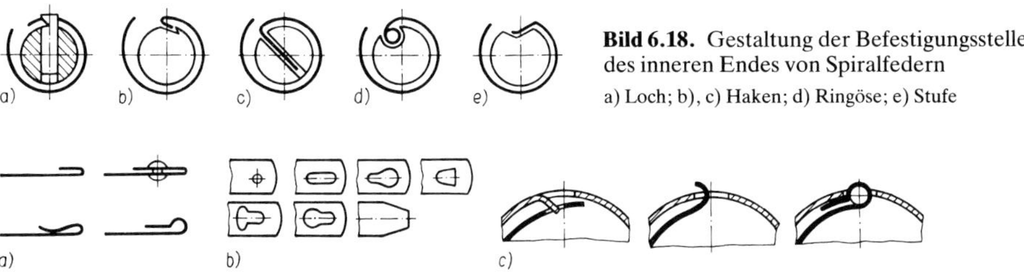

Bild 6.18. Gestaltung der Befestigungsstelle des inneren Endes von Spiralfedern

a) Loch; b), c) Haken; d) Ringöse; e) Stufe

Bild 6.19. Gestaltung der Befestigungsstelle des äußeren Endes von Spiralfedern

a) Form der Federenden (Haken, Zaum, Öse); b) Formen der Befestigungsöffnung an Federenden; c) Beispiele für die Befestigung im Federhaus

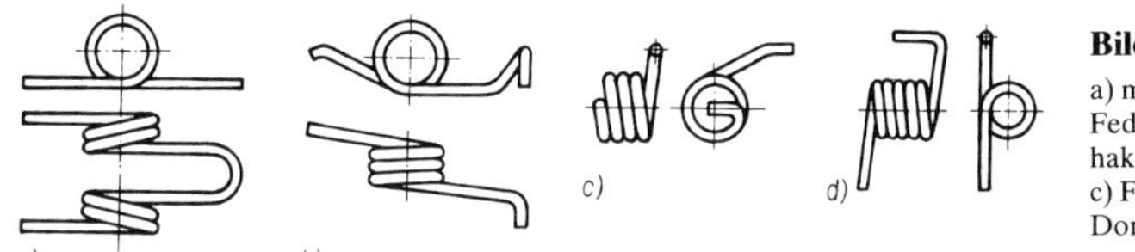

Bild 6.20. Formen von Drehfedern

a) mit zwei symmetrisch gegensinnig gewickelten Federkörpern (Haarnadelfeder); b) mit hakenförmigem Ende (Rückholfeder für Hebel); c) Federende zur Befestigung auf geschlitzten Dornen; d) mit abgebogenem Federende

Einbaubedingungen optimal anzupassen, ergeben sich manchmal schwer zu fertigende Formen. Ein vernünftiger Kompromiß zwischen den Forderungen des Anwenders und den ökonomisch vertretbaren Fertigungsmöglichkeiten ist aber meist durch Anpassen der „Umgebung“ an bereits vorliegende Federformen möglich. Einige Beispiele sind im **Bild 6.21** aufgeführt.

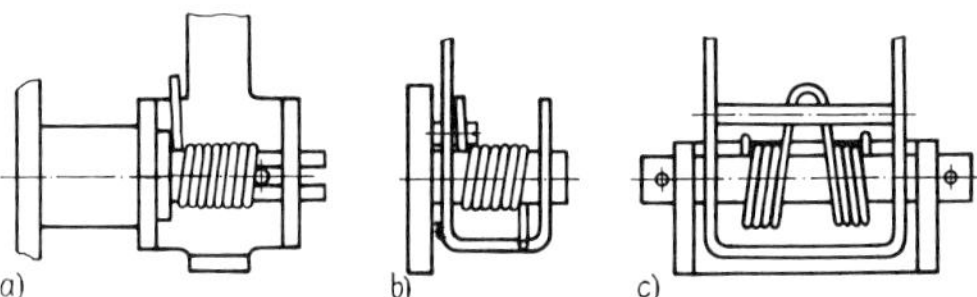

Bild 6.21. Drehfedern als Hebel- und Klinkenrückholfedern

a) Federende im geschlitzten Dorn befestigt
b) Abstützung am Gestell
c) doppelte Drehfeder (nach Bild 6.20a)

Rollfedern werden wegen ihres nahezu konstanten Moments (s. Bild 6.10) auch für Aufgaben eingesetzt, die eine konstante Antriebskraft bzw. konstante Andruckkraft erfordern **(Bild 6.22)**.

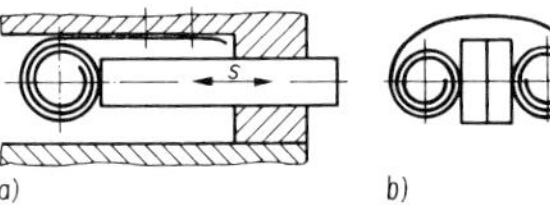

Bild 6.22. Beispiele für Rollfederanwendungen

a) Antrieb von gerade geführten Teilen; b) Klemmverbindung

Scheibenförmige Biegefedern setzt man in der Feinmechanik in vielfältiger Weise ein. So verwendet man z. B.

- *Tellerfedern*, wenn große Kräfte bei kleinen Federwegen gefordert werden [6.28]
- *geschlitzte Tellerfedern*, besonders als Kontaktfedern (**Bilder 6.23** a und b)
- *Wellfedern* zum Spielausgleich in Wälzlagerungen (Bild 6.23c)
- *Plattenfedern* (Membranen) in Druckmeßgeräten und als Führungsbauelement [6.25] [6.60] **(Bild 6.24)**.

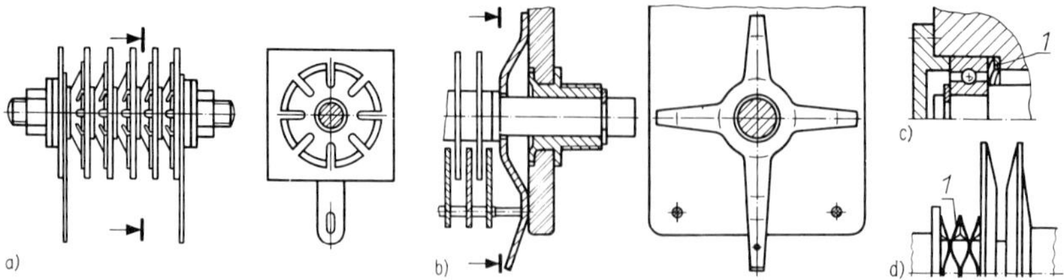

Bild 6.23. Scheibenförmige Biegefedern

a) geschlitzte Tellerfeder als Kontaktfeder in einem Selengleichrichter; b) Spielausgleich- und Kontaktfeder in einem Drehkondensator; c) Wellfederscheiben zum Spielausgleich bei Wälzlagerungen (*1* Wellfederscheibe) und d) in einem Keilriemengetriebe

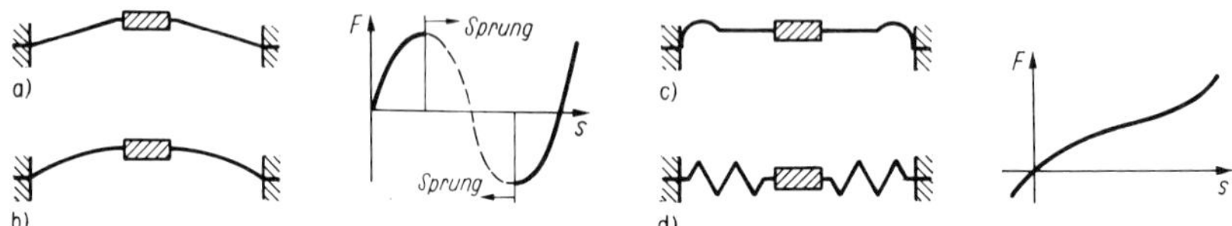

Bild 6.24. Ausführungsformen und Kennlinien von Membranfedern

a) kegelig gewölbt; b) sphärisch gewölbt; c) mit Randprägung; d) konzentrisch profiliert

Gerade Torsionsfedern werden in der Feinwerktechnik als Torsionsbänder in Federlagern (Spannbandlager) eingesetzt (s. Abschnitt 8.2.10.).

Gewundene Verdrehfedern in Form von Druck- und Zugfedern sind die in der Feinmechanik am häufigsten verwendeten Bauelemente. Die Gestaltung der Federenden ist besonders sorgfältig vorzunehmen:

Druckfedern. Die Regelausführung **(Bild 6.25)** sieht das Anlegen der letzten Windung vor, so daß

$$n_g = n + 2 \qquad (6.12)$$

ist. Bei Drahtdurchmessern $d \geqq 0{,}5$ mm werden diese beiden Endwindungen bis auf 1/4 der Drahtdicke plangeschliffen (Bild 6.25a). Mit veränderlicher Steigung (Bild 6.25d) oder veränderlichem Außendurchmesser **(Bild 6.26)** gewickelte Schraubendruckfedern besitzen eine nichtlineare Federkennlinie und werden vorwiegend bei dynamischen Betriebsbelastungsfällen verwendet.

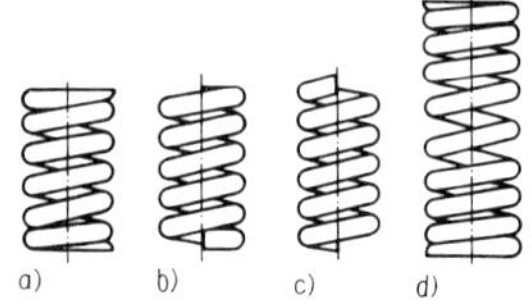

Bild 6.25. Formen zylindrischer Schraubendruckfedern

a) mit angelegten und angeschliffenen Enden (Regelausführung für $d \geqq 0{,}5$ mm); b) mit angelegten Endwindungen (Regelausführung für $d < 0{,}5$ mm); c) mit offen auslaufenden Endwindungen (für spezielle Federaufnahmen); d) mit veränderlicher Steigung gewickelt

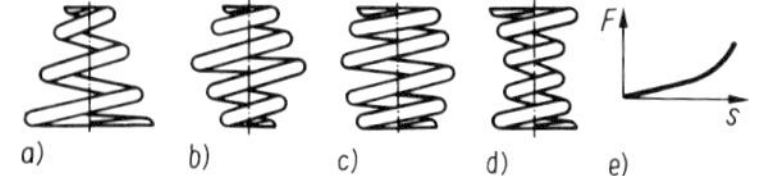

Bild 6.26. Formen nichtzylindrischer Schraubendruckfedern

a) Kegelstumpffeder; b) Doppelkegelstumpffeder; c) Tonnenfeder; d) Taillenfeder; e) Kennlinie

Zugfedern werden meist mit Vorspannung gewickelt. Eines der wenigen konstruktiven Probleme ist die Gestaltung der Federenden. Bei Zugfedern sollen die Ösen so ausgebildet werden, daß die Zugkräfte möglichst axial angreifen. **Bild 6.27** zeigt einige Beispiele für

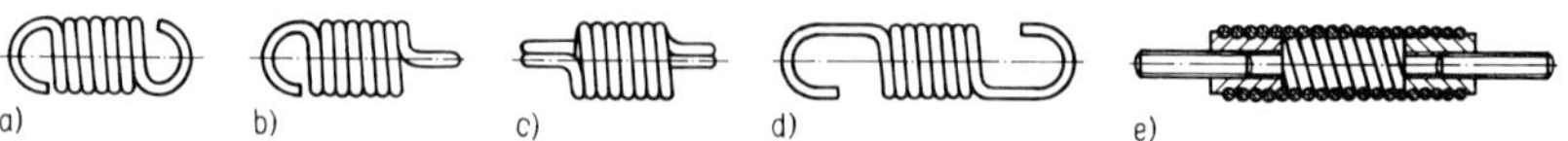

Bild 6.27. Schraubenzugfedern, Ösenformen nach DIN 2097

a) Form A1 ($d \leqq 16$ mm); b) Form A2 ($d \leqq 16$ mm); c) Form Ad1 ($d \leqq 0{,}5$ mm); d) Form E1 ($0{,}2 < d \leqq 5$ mm); e) Form D ($1 < d \leqq 16$ mm)

genormte Formen, die vorrangig einzusetzen sind. **Bild 6.28** enthält Beispiele für Befestigungsmöglichkeiten und **Bild 6.29** einige Einsatzfälle als Rückholfeder [6.1] [6.13]. Durch Querkräfte beanspruchte Zugfedern (Biegen der Zugfedern) weisen ein besonderes Federungsverhalten auf [6.9] [6.13] [6.65], das zur Bezeichnung „Gleichkraft-Feder" führte. Bild 6.29c zeigt ein Anwendungsbeispiel.

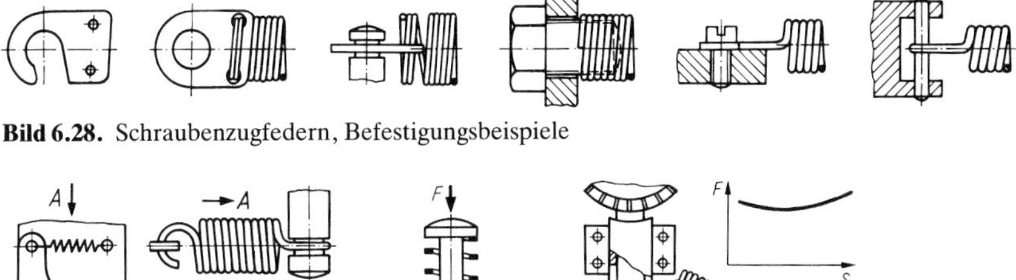

Bild 6.28. Schraubenzugfedern, Befestigungsbeispiele

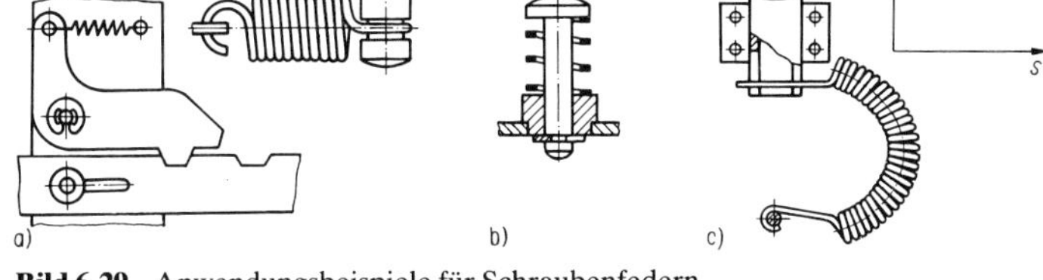

Bild 6.29. Anwendungsbeispiele für Schraubenfedern

a) Rückholfeder für Hebel; b) Druckknopf mit Druckfeder aus Flachdraht; c) Kollektor-Bürstenandruck durch „Gleichkraft-Feder"

Bimetallstreifen werden häufig in Schalt- und Auslöseeinrichtungen von Geräten verwendet. Die meist erforderliche Schaltpunkteinstellung kann durch Ändern des Kontaktabstandes oder der Vorspannung der Bimetallstreifen erfolgen. **Bild 6.30** zeigt dazu einige prinzipielle Möglichkeiten.

Thermobimetalle können geschnitten und gestanzt werden. Dabei ist zu beachten, daß die Schnittwerkzeuge zuerst an der härtesten Schicht ansetzen. Die Stanzteile müssen gratfrei sein. Scharfe Knicke beim Biegen sind zu vermeiden (kleinster zulässiger Biegeradius $r_{\min} = 2t$).

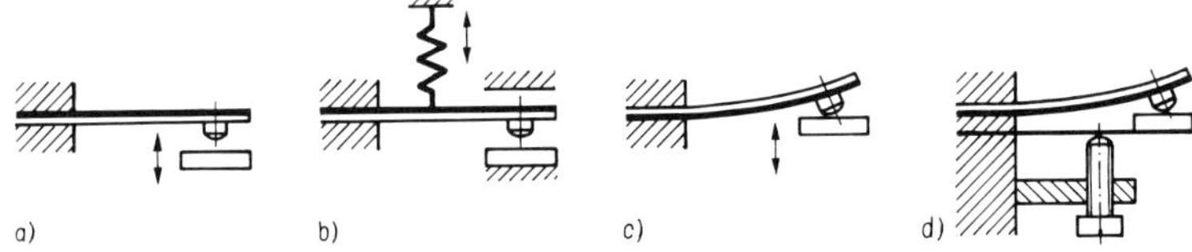

Bild 6.30. Möglichkeiten zur Schaltpunkteinstellung bei Bimetallschaltern (Beispiele)

a), b) Schließer; c), d) Öffner

Gummifedern. Bei Konstruktion und Einsatz ist die Inkompressibilität des Gummis zu beachten. Die Änderung der Form bei Belastung **(Bild 6.31**a; s. auch Tafel 6.7) ist im Gegensatz zu Metallfedern nicht vernachlässigbar. Entsprechender Freiraum ist deshalb vorzusehen. Weitere Anwendungsbeispiele sind in den Bildern 6.31b und c sowie in [1.2] dargestellt.

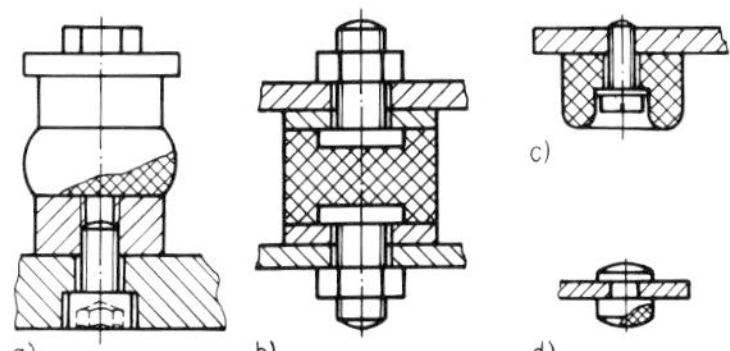

Bild 6.31. Gummifederelemente

a), b) schwingungsdämpfende Gerätebefestigung mit Gummifedern; c), d) Gummielemente an Gerätegehäusen

Federsysteme. Kontaktblattfederanordnungen in Schaltern (s. Bild 6.15) sind *Federparallelschaltungen*. Durch die Verwendung von Stützfedern entstehen Federsysteme mit drei und mehr Federn. Das Verhalten eines Öffner- und eines Schließerpaares wird an Hand der Federkennlinien in den **Bildern 6.32**a und b gezeigt. Ein typischer Anwendungsfall für die *Reihenschaltung* von zwei Federn ist die Anordnung nach *Michelson* (Bild 6.32c). Sie kann zur Reali-

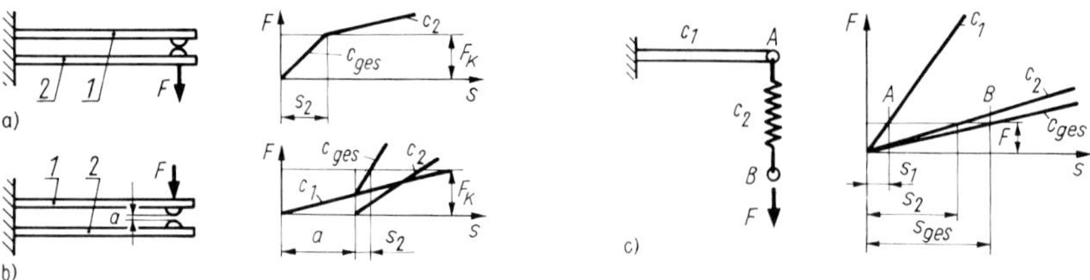

Bild 6.32. Mehrfederanordnungen

a) Parallelschaltung von Blattfedern in einem Öffner und b) in einem Schließer; c) Reihenschaltung von Federn (Michelson-Feder)

sierung feinfühliger Verstellbewegungen genutzt werden (Schwingungsneigung beachten!). Für die Feinfühligkeit $F_ü$ des dargestellten Systems gilt mit $F = c_1 s_1 = c_2 s_2$:

$$F_ü = \frac{\text{Betätigungsweg}}{\text{Funktionsweg}} = \frac{s_{ges}}{s_1} = \frac{(s_1 + s_2)}{s_1} = c_1/c_2 + 1. \tag{6.13}$$

Ein großer Wert für $F_ü$ ergibt sich, wenn $c_1 \gg c_2$ ist. Das wird in der gezeigten Anordnung durch eine steife Blattfeder (c_1) und eine weiche Zugfeder (c_2) erreicht. Werte von $F_ü > 500$ sind realisierbar.

Tafel 6.11. Federanordnungen für konstante Kräfte bzw. Momente

1.

Schwerkraftmoment kann durch die Zugfeder für jede Hebelstellung exakt (vollständig) aufgehoben werden, wenn gilt:

$L_0 = l_c = \overline{DE}$,
$cae = mgr$,

L_0 Länge der ungespannten Feder;
L Länge der gespannten Feder;
c Federsteife;
F Federkraft, $F = c\,(L - L_0)$.

2.

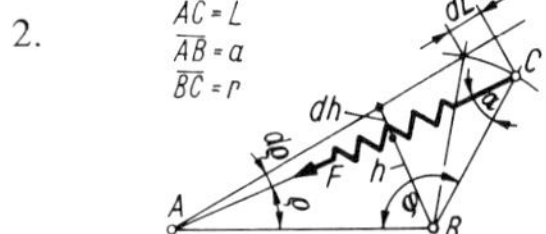

Annähernd konstantes Drehmoment innerhalb des Hebelschwenkbereichs $\Delta\varphi$ ergibt sich nach Nr. 2 mit:

$M_d = Fh = ch\,(L - L_0)$
$dM_d = ch\,dL + c\,(L - L_0)\,dh = 0$
$(dh = a \cos \varrho\, d\varrho; \quad dL = -L \tan \alpha\, d\varrho)$,

3.

wenn die Bedingung

$(L - L_0) = L \tan \alpha \tan \varrho$

erfüllt ist (c Federsteife).
L_0 kann nach Nr. 3 auch grafisch ermittelt werden
(Lot auf $\overline{AC}$ in C, vom Schnittpunkt mit Verlängerung $\overline{AB}$ Lot auf $\overline{BC}$, Schnittpunkt auf $\overline{AC}$ ergibt L_0 und $L - L_0$).

Beispiele für Federanordnungen zum Kraftausgleich:

4. Pendelaufhängung

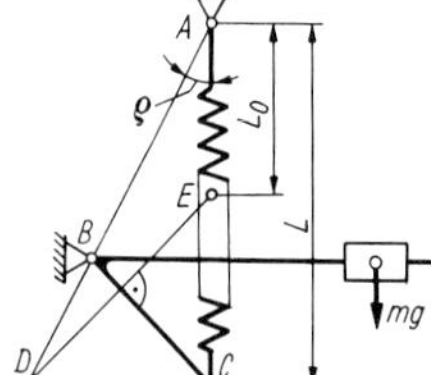

5. Feinzeigergetriebe

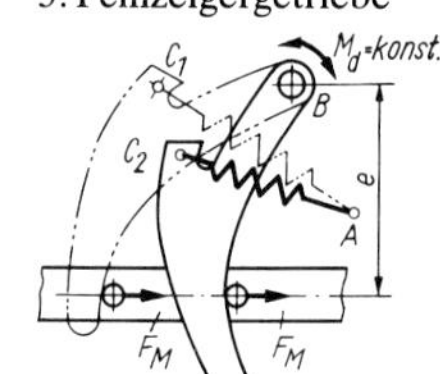

mit annähernd konstantem Moment $M_d = eF_M$ und damit konstanter Meßkraft F_M durch geeignete Kurvenform (e Abstand Tasterführung – Drehpunkt); analog auch bei Nr. 6

6. Kurvenscheibe

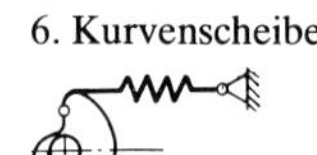

Tafel 6.11 enthält verschiedene Möglichkeiten der Anordnung von Federn, um *konstante Kräfte* bzw. *Momente* zu erzielen [6.1] [6.13] [6.19].

6.5. Betriebsverhalten von Feder-Masse-Systemen

6.5.1. Belastungs-Zeit-Verhalten

Die häufigsten bei Federn vorkommenden zeitlichen Belastungsverläufe sind im Bild 6.1 dargestellt. Meist werden Federn schwellend oder wechselnd beansprucht, wobei Amplituden und Frequenzen regellos verteilt sein können (nichtperiodische, stochastisch verteilte Lastschwankungen) [6.78]. Eine besondere Form stellen stoßartige Belastungen dar (Bild 6.1c). Für eine rechnerische Behandlung und für die Bauteil- bzw. Werkstoffprüfung wird ein sinusförmiger Verlauf angenommen. Praktische Belastungs-Zeit-Verläufe lassen sich durch geeignete Analyseverfahren auf diese Form zurückführen.
Bei einer dynamischen Federberechnung sind auf der Nennspannungsseite vor allem Massenträgheits- und Dämpfungswirkungen zu berücksichtigen, während als ertragbare Spannung auf der Seite der zulässigen Spannung Dauerfestigkeitswerte (Gestaltfestigkeiten) der jeweiligen Feder zu verwenden sind [6.1] [6.3] [6.9] [6.11] [6.19] [6.20]. Dynamisch beanspruchte Federn müssen einwandfreie Oberflächen besitzen. Oberflächendefekte mindern die Dauerfestigkeit und führen zu frühzeitigen Ausfällen.

6.5.2. Schwingend belastete Feder, Eigenkreisfrequenz

Eine masselos angenommene Feder führt mit einer Endmasse m ungedämpfte, freie Schwingungen aus, die sich durch die Differentialgleichung

$$m\ddot{x} + cx = 0 \quad \text{oder} \quad \ddot{x} + \omega_0^2 x = 0 \tag{6.14}$$

mit der Eigenkreisfrequenz ω_0 (z. B. für eine Druckfeder)

$$\omega_0 = \sqrt{c/m} = \sqrt{(Gd^4)/(8nmD^3)} \tag{6.15}$$

beschreiben läßt (s. auch Abschnitt 3.4. und 10.2.) [6.1] [6.20] [6.79] [6.80].

6.5.3. Feder unter Stoßbelastung

Der im Bild 6.1c und **Bild 6.33** dargestellte Kraft-Zeit-Verlauf ist nur theoretisch denkbar.

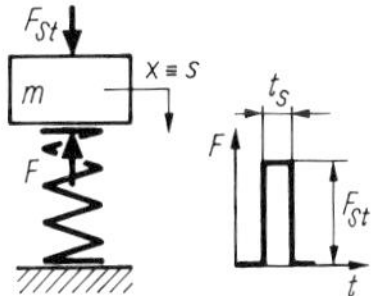

Bild 6.33. Stoßbelastetes Feder-Masse-System

Praktisch wird der Bewegungsablauf und somit auch der Verlauf der Spannung über der Zeit durch Bewegungsfunktionen beschrieben, denen Parabel-, Sinus- oder e-Funktionen zugrunde liegen [6.10] [6.26] [6.27]. Für das im Bild 6.33 dargestellte System ergibt sich z. B. bei Auflegen eines Massestückes auf das freie Ende der Druckfeder und plötzliches Loslassen unter idealen Verhältnissen (dämpfungsfrei) eine doppelt so hohe Beanspruchung gegenüber einer statischen Belastung [6.11] [6.30] [6.79].

6.5.4. Einflußgrößen

Das Schwingungsverhalten von Feder-Masse-Systemen wird durch meist vorhandene Dämpfungen, durch die Einspannbedingungen der Federenden und durch die Federeigenmasse m_F beeinflußt. Wird m_F berücksichtigt, verändert sich Gl. (6.15) in

$$\omega_0 = \sqrt{c/(m + m_F/3)}\,. \tag{6.16}$$

Das System schwingt so, als wäre die Endmasse um ein Drittel der Federmasse vergrößert. Auch für $m = 0$ (keine Endmasse) gilt diese Näherung [6.19] [6.78] [6.79] (s. auch Abschnitt 10.3.).

6.5.5. Federantriebe

Ein Federantrieb stellt die bewegungsfähige Kopplung eines massebehafteten Mechanismus mit einer Feder dar, wobei die Feder als Energiespeicher und -wandler wirkt und die zur Bewegungserzeugung notwendige mechanische Energie bereitstellt [6.27]. Die Zahl der Beispiele aus der Feinmechanik, die gemäß dieser Definition zu den Federantrieben gehören, ist außerordentlich groß. **Bild 6.34** zeigt zwei allgemeine Antriebsstrukturen, denen sich viele der in diesem Abschnitt angegebenen Feder-Bauteil-Ausführungen zuordnen lassen. Für den Entwurf eines Antriebs ist die Kenntnis seines Bewegungsverhaltens erforderlich, das durch

Tafel 6.12. Normen und Richtlinien zum Abschnitt 6.

DIN-Normen	
Federn:	
DIN 128	Federringe, gewölbt oder gewellt
DIN 137	Federscheiben, gewölbt oder gewellt
DIN 2088	Zylindrische Schraubenfedern aus runden Drähten und Stäben; Berechnung und Konstruktion von Drehfedern (Schenkelfedern)
DIN 2089 T1	Zylindrische Schraubendruckfedern aus runden Drähten und Stäben; Berechnung und Konstruktion
DIN 2089 T2	Zylindrische Schraubenfedern aus runden Drähten und Stäben; Berechnung und Konstruktion von Zugfedern
DIN 2091	Drehstabfedern mit rundem Querschnitt; Berechnung und Konstruktion
DIN 2092	Tellerfedern; Berechnung
DIN 2093	Tellerfedern; Maße, Qualitätsanforderungen
DIN 2095	Zylindrische Schraubenfedern aus runden Drähten; Gütevorschriften für kaltgeformte Druckfedern
DIN 2096 T2	Schraubenfedern aus runden Drähten und Stäben; Güteanforderungen für Großserienfertigung
DIN 2097	Zylindrische Schraubenfedern aus runden Drähten; Gütevorschriften für kaltgeformte Zugfedern
DIN 2098 T1	Zylindrische Schraubenfedern aus runden Drähten; Baugrößen für kaltgeformte Druckfedern ab 0,5 mm Drahtdurchmesser
DIN 2098 T2	Zylindrische Schraubenfedern aus runden Drähten; Baugrößen für kaltgeformte Druckfedern unter 0,5 mm Drahtdurchmesser
DIN 2099 T1	Zylindrische Schraubenfedern aus runden Drähten und Stäben; Angaben für Druckfedern; Vordruck
DIN 2099 T2	Zylindrische Schraubenfedern aus runden Drähten; Angaben für Zugfedern, Vordruck
DIN 2192	Flachfedern; Gütevorschriften
DIN 2194	Zylindrische Schraubenfedern aus runden Drähten und Stäben; Gütevorschrift für kaltgeformte Drehfedern (Schenkelfedern)
DIN 8287	Triebfedern; Begriffe, Anforderungen, Prüfung
DIN 8304	Spiralfedern für Uhren; Kenn-Nummern
DIN 42013	Federscheiben zur axialen Anstellung von Kugellagern bei Kleinmotoren
DIN 43801 T1	Elektrische Meßgeräte; Spiralfedern, Maße
DIN ISO 2162	Technische Zeichnungen; Darstellung von Federn
Federwerkstoffe:	
DIN 1750	Warmgewalzter gerippter Federstahl; Maße, Gewichte, zul. Abweichungen, statische Werte
DIN 2076	Runder Federdraht aus Kupfer und Kupferlegierungen; Maße, Gewichte, zul. Abweichungen
DIN 2077	Federstahl, rund, warmgewalzt; Maße, zul. Maß- und Formabweichungen
DIN 4620	Federstahl, warmgewalzt, mit gerundeten Schmalseiten für Blattfedern; Maße, Grenzabmaße, Gewichte, statische Werte
DIN 17221	Warmgewalzte Stähle für vergütbare Federn; Technische Lieferbedingungen (jetzt DIN EN 1654)
DIN 17222	Kaltgewalzte Stahlbänder für Federn; Technische Lieferbedingungen
DIN 17223 T1	Runder Federstahldraht; Patentiert gezogener Federdraht aus unlegierten Stählen; Technische Lieferbedingungen (jetzt DIN EN 10270-1)
DIN 17223 T2	Runder Federstahldraht; Ölschlußvergüteter Federstahldraht aus unlegierten und legierten Stählen; Technische Lieferbedingungen (jetzt DIN EN 10270-2)
DIN 17224	Federdraht und Federband aus nichtrostenden Stählen; Technische Lieferbedingungen
DIN EN 1654	Kupfer und Kupferlegierungen – Bänder für Federn und Steckverbinder
LN 9421	Federdrähte aus Kupferknetlegierungen, gezogen; Maße
Richtlinien	
VDI/VDE 2255	Feinwerkelemente; Energiespeicherelemente; Metallfedern, Rohr- und Hohlfedern
VDI/VDE 3905	Werkstoffe der Feinwerktechnik; Federstähle

die Bewegungsdifferentialgleichung beschrieben wird. Sie erfaßt neben den bewegungsgeometrischen und kinetostatischen Gegebenheiten der antriebstechnischen Aufgabenstellung die Federgeometrie und die Werkstoffkennwerte [6.1].

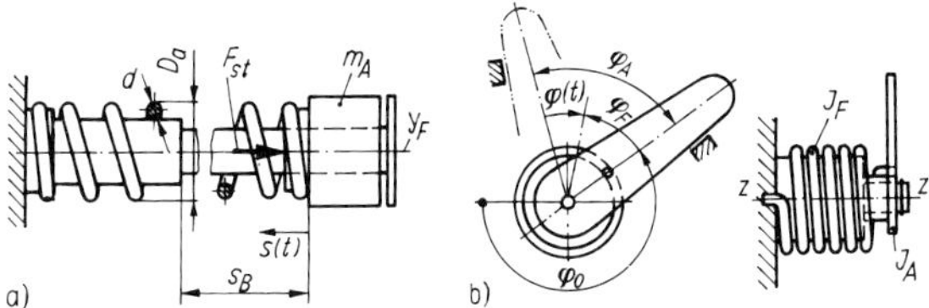

Bild 6.34. Strukturen von Federantrieben
a) Linearantrieb; b) Rotationsantrieb

Entsprechende Vorgehensweisen und Hinweise zu Rechenprogrammen sind in [1.2] [6.10] [6.26] [6.27] enthalten.
Eine Zusammenstellung ausgewählter Normen und Richtlinien zum Abschnitt 6. enthält **Tafel 6.12.**

6.6. Berechnungsbeispiele

Aufgabe 6.1. Dimensionierung einer Blattfeder als Ankerrückstellfeder in einem Flachrelais

Gegeben sind $F_1 = 1{,}8$ N; $F_2 = 2{,}4$ N; $\Delta s = 1{,}2$ mm; $T_c = \pm 5\%$; $l = 60$ mm; $B = 30$ mm; $S_F = 2$ und der Werkstoff CuZn37 F45 **(Bild 6.35)**.

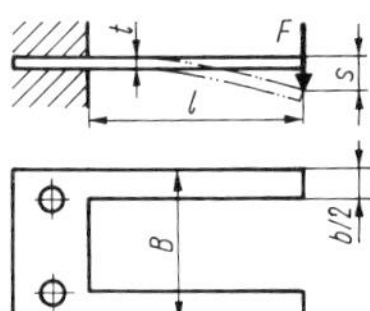

Bild 6.35. Rückstellfeder für Flachrelais

Gesucht ist der Federquerschnitt (b, t); außerdem sind die erforderlichen Nachrechnungen durchzuführen.

Lösung

Federsteife

$$c_{erf} = (F_2 - F_1)/\Delta s = (2{,}4\ \text{N} - 1{,}8\ \text{N})/1{,}2\ \text{mm} = 0{,}5\ \text{N/mm} \pm 0{,}025\ \text{N/mm (mit } T_c = \pm 5\%).$$

Dimensionierung

Mit $\sigma_b = M_b/W_b$; $W_b = (bt^2)/6$ und $c = (Ebt^3)/(4l^3) = (3EtW_b)/(2l^3)$ nach Tafel 6.2 ist

① $W_b = (F_2 l)/\sigma_{b\,zul} = (2cl^3)/(3Et)$;

② $t = (2cl^2\sigma_{b\,zul})/(3EF_2) = (2 \cdot 0{,}5\ \text{N/mm} \cdot 60^2\,\text{mm}^2 \cdot 170\ \text{N/mm}^2)/(3 \cdot 110000\ \text{N/mm}^2 \cdot 2{,}4\ \text{N})$
$= 0{,}773$ mm; gewählt: $t = 0{,}8$ mm

mit $R_e = 340\ \text{N/mm}^2$ und $E = 110000\ \text{N/mm}^2$ nach Tafel 6.9 und

③ $\sigma_{b\,zul} = \sigma_{bF}/S_F \approx k'R_e = 0{,}5 \cdot 340\ \text{N/mm}^2 = 170\ \text{N/mm}^2$,

④ $b_{erf} = (6F_2 l)/(t^2\sigma_{b\,zul}) = (6 \cdot 2{,}4\ \text{N} \cdot 60\ \text{mm})/(0{,}8^2\,\text{mm}^2 \cdot 170\ \text{N/mm}^2) = 7{,}94$ mm; gewählt: $b = 8$ mm.

Nachrechnungen

$$\sigma_{b\,vorh} = (6F_2 l)/(bt^2) \leqq \sigma_{b\,zul}.$$

$$\sigma_{b\,vorh} = (6 \cdot 2{,}4\ \text{N} \cdot 60\ \text{mm})/(8 \cdot 0{,}8^2\,\text{mm}^2) = 168{,}75\ \text{N/mm}^2 < \sigma_{b\,zul},$$

$$\eta_S = \sigma_{b\,vorh}/\sigma_{b\,zul} = (168{,}75\ \text{N/mm}^2)/(170\ \text{N/mm}^2) = 0{,}993,$$

$$c_{vorh} = (Ebt^3)/(4l^3) = (110000\ \text{N/mm}^2 \cdot 8\,\text{mm} \cdot 0{,}8^3\,\text{mm}^3)/(4 \cdot 60^3\,\text{mm}^3) = 0{,}521\ \text{N/mm};$$

$$T_{c\,vorh} = 4{,}28\% < T_c = 5\%.$$

Die Funktions- und Festigkeitsbedingungen werden im Schnittpunkt beider Funktionen ① mathematisch gesehen genau erfüllt. Die technische Umsetzung erfordert das Runden von b und t (s. ② u. ④). Für t sind diskrete Werte (s. Tafel 6.9) zu berücksichtigen, so daß $c = c_{erf}$ nur selten erreicht wird. Deshalb ist für c ein zulässiger Bereich festzulegen, der durch T_c definiert ist. In T_c gehen die Toleranzen von F und s sowie von b, t, l und E ein [6.1] [6.37].

Aufgabe 6.2. Berechnung einer Aufzugfeder (Spiralfeder mit Federhaus)

Gegeben sind $M_{d\,min} \geqq 60\,N \cdot mm$; $D_H = 24\,mm$ und der Werkstoff (Federbandstahl).
Gesucht sind die Federabmessungen (b, t, l usw.).

Lösung

Vorauswahl. Mit den Bildern 6.8 und 6.9 ist eine Vorauswahl möglich, die durch Rechnungen nach Tafel 6.3 ergänzt werden kann. Daten der Feder für drei in Frage kommende Banddicken ($70 \leqq k \leqq 120$) sind in **Tafel 6.13** zusammengestellt.

Tafel 6.13. Ergebnisse der Spiralfederberechnung

Feder Nr.	$h = t$ mm	k (D_H/t)	n_g	w_1'	w_2'	w_0 ($w_2'/3$)	Δn	gültig für $b/t = 10$: $M_{1(10)}$ N·mm	$M_{d\,min}$ N·mm
1	0,30	80	5,28 (5,3)	10,2	16,4	5,5	3,8	55,5 (54,0)	63,5
2	0,25	96	6,54 (6,6)	12,2	19,7	6,6	5,1	26,0 (26,5)	29,8
3	0,20	120	8,42 (8,5)	15,3	24,7	8,2	7,0	10,3 (9,9)	11,8

erforderlich		gewählt		l	$M_{d\,min}$	$M_{d\,max}$	$\sigma_{b\,max}$	$\sigma_{b\,zul}$
b_{erf} mm	b/t	b mm	b/t	mm	N·mm	N·mm	N/mm²	N/mm²
2,83	9,4	3,0	10	670,1	63,5	96,6	2149	2000
5,03	20,1	5,1	20,4	804,1	60,8	99,2	1866	2000
10,17	50,8	–	–	–	–	–	–	–

Berechnungen. $\Delta n = n_g - n_{min}$; gewählt: $n_{min} = 1{,}5$.

$$M_{d\,min} = M_1 \sqrt[3]{n_{min}}; \qquad M_1 = M_1^{(10)} b/(10t); \qquad b_{erf} = 10t M_{d\,min\,erf}/M_{d\,min}.$$

Weitere Berechnungen nach Tafel 6.3. Eine Dimensionierung kann auch mit Hilfe des in [1.2] enthaltenen Nomogramms erfolgen.

Berechnete und ausgewählte Daten der Spiralfeder 2. Feder *3* erfordert eine Bandbreite, die zu $b/t \gg 20$ führt. Feder *1* überschreitet $\sigma_{b\,zul}$.

$D_H = 24$ mm; $D_K = D_H/3 = 8$ mm; $b = 5{,}1$ mm; $t = 0{,}25$ mm;

$b/t = 20{,}4$; $k = D_H/t = 96$; $l = 804{,}1$ mm; $w_1' = 12{,}2$; $w_2' = 19{,}7$;
$w_0 = 6{,}6$; $n_g = 6{,}6$; $\Delta n = 5{,}1$.

Aufgabe 6.3. Auswahl einer Druckfeder nach DIN 2098 T1

Gegeben sind $F_1 = (24 \pm 2)$ N; $F_2 = (61 \pm 3)$ N und $\Delta s = (8 \pm 0{,}5)$ mm.
Gesucht ist eine geeignete Druckfeder (Bezeichnung, Nachrechnungen).

Lösung

Federsteife-Grenzwerte
$c_{max} = (F_{2max} - F_{1min})/\Delta s_{min} = (64\text{ N} - 22\text{ N})/7{,}5\text{ mm} = 5{,}6\text{ N/mm}$
$c_{mittel} = (F_2 - F_1)/\Delta s = (61\text{ N} - 24\text{ N})/8\text{ mm} = 4{,}625\text{ N/mm}$
$c_{min} = (F_{2min} - F_{1max})/\Delta s_{max} = (58\text{ N} - 26\text{ N})/8{,}5\text{ mm} = 3{,}765\text{ N/mm}$
$c_{min} = 3{,}765\text{ N/mm} \leqq c_{erf} \leqq c_{max} = 5{,}6\text{ N/mm}$.

Auswahl und Bezeichnung (Druckfeder $d \times D \times L_0$ DIN 2098)

Geeignet sind eine Reihe Federn. In die engere Wahl fallen die Druckfedern 1,6×16×34 mit der geringsten Abweichung der Federsteife und 1,25×10×29,5 mit der geringsten Masse. Gewählt wurde Druckfeder 1,6×16×34 DIN 2098 mit folgenden Daten: $c_{vorh} = 4{,}65$ N/mm; $F_n = 105{,}9$ N; $n_f = 3{,}5$.

Überprüfen der Bedingungen

– *Federsteife:* $c_{min} = 3{,}765$ N/mm $< c_{vorh} = 4{,}65$ N/mm $< c_{max} = 5{,}6$ N/mm
– *Kraftgrenze:* $F_{max} = 64$ N $< F_n = 105{,}9$ N
– *Federwege:* $s_1 = F_1/c_{vorh} = 24$ N/4,65 N/mm = 5,16 mm
$s_2 = F_2/c_{vorh} = 61$ N/4,65 N/mm = 13,12 mm $< s_n = 23$ mm
$\Delta s = s_2 - s_1 = 13{,}12$ mm − 5,16 mm = 7,96 mm
$\Delta s_{min} = 7{,}5$ mm $< \Delta s = 7{,}96$ mm $< \Delta s_{max} = 8{,}5$ mm
– *Federlängen:* $L_1 = L_0 - s_1 = 34$ mm − 5,16 mm = 28,84 mm
$L_2 = L_0 - s_2 = 34$ mm − 13,12 mm = 20,88 mm $> L_n = 11$ mm.

Aufgabe 6.4. Berechnung einer Druckfeder

Gegeben sind $F = 300$ N; $F_{max} = 500$ N; $s = 7{,}5$ mm; $T_c = \pm 5\%$ und der Werkstoff (patentierter Federdraht nach DIN 17223 T1).

Gesucht sind die Federabmessungen.

Lösung

Restriktionen. Festigkeitswerte (s. Tafel 6.10) sind vom Drahtdurchmesser abhängig. Vordimensionierung deshalb mit Überschlagswert $\tau_{tzul} = 0{,}5\,R_{m\,min} = 0{,}5 \cdot 1200$ N/mm² = 600 N/mm². Nach Tafel 6.9 ist $G = 80$ kN/mm². Für D_a und L_0 liegen lt. Aufgabenstellung keine Einschränkungen vor. Die gestellten Funktions- und Festigkeitsbedingungen werden deshalb von einer Reihe Federn mit unterschiedlichen Abmessungen erfüllt. Der Lösungssuchraum wird durch die in Tafel 6.4 angegebenen Beschränkungen für das Wickelverhältnis ($4 \leqq w \leqq 16$) begrenzt. Er kann durch weitere Vorgaben (z. B. $D_a \leqq D_{a\,max}$; $L_0 \leqq L_{0\,max}$; $\eta_{S\,min} \leqq \eta_S = \tau_{tvorh}/\tau_{tzul} \leqq 1$) eingeengt werden. Die im Suchraum (s. Tafel 2.17) vorhandenen zulässigen Lösungen lassen sich auf Erfüllung bestimmter Optimierungskriterien [6.7] prüfen. Eine die gewünschten Kriterien erfüllende Feder ist dann auszuwählen. Für diese Vorgehensweise ist ein Rechnereinsatz zweckmäßig.

Suchraumgrenzen

$d = \sqrt{(8wF_{max})/(\pi\tau_{tzul})}$; $d_{min} = 2{,}91$ mm; $d_{max} = 5{,}83$ mm (d gestuft in mm: 3,0; 3,2; 3,4; 3,6; 3,8; 4,0; 4,5; 5,0; 5,5)
$D_a = d\,(w + 1)$; $D_{a\,min} = 14{,}55$ mm; $D_{a\,max} = 99{,}11$ mm.
$c = F/s = 300/7{,}5$ N/mm = 40 N/mm ($T_c = \pm 2$ N/mm);
$n = (Gd)/(8cw^3)$; $n_{min} = 0{,}33$; $n_{max} = 12{,}5$
(Stufungen für n: 0,5; 1,5; 2,5; 3,5; 4,5; 5,5; 6,5; 7,5; 8,5; 9,5; 10,5; 11,5 und 12,5).

Beispiel: Nach Suchraumdarstellung in Tafel 2.17 ist eine Lösung mit $d = 4$ mm und $n = 2{,}5$ zu erwarten. Für $d = 4$ mm und Federdraht Klasse B ist $R_{m\,min} = 1520$ N/mm² (Tafel 6.10).
$D = \sqrt[3]{(Gd^4)/(8cn)} = 29{,}45$ mm;
$D_a = D + d = 33{,}45$ mm; gewählt: $D_a = 33{,}5$ mm; damit wird $D = 29{,}5$ mm.
$w = D/d = 7{,}375$; $k = 1{,}19$; $x = 0{,}16$ (nach Tafel 6.4).
$\tau_{tvorh} = (k8DF_{max})/(\pi d^3) = 698{,}7$ N/mm²; $\tau_{tzul} = 0{,}5 \cdot 1520$ N/mm² = 760 N/mm².
$\eta_S = \tau_{tvorh}/\tau_{tzul} = 698{,}7/760 = 0{,}92$; ($\tau_{tvorh} < \tau_{tzul}$).
$c_{vorh} = (Gd^4)/(8nD^3) = 39{,}89$ N/mm; ($c_{min} < c_{vorh} < c_{max}$).
$L_{Bl} = (n + 2)d = 4{,}5 \cdot 4$ mm = 18 mm;
$L_n = L_{Bl} + xdn = 18$ mm + $0{,}16 \cdot 4 \cdot 2{,}5$ mm = 19,5 mm;
$s_n = F_{max}/c_{vorh} = 500$ N/39,89 N/mm = 12,53 mm;
$L_0 = L_n + s_n = 19{,}5$ mm + 12,53 mm = 32,03 mm
(Abweichungen gegenüber Werten in Tafel 2.17 bedingt durch gewählten Wert für den G-Modul).
Eine andere Vorgehensweise bei der Berechnung und Optimierung von Druckfedern wird in [6.30] angegeben.

Literatur zum Abschnitt 6.

(Grundlagenliteratur s. Literatur zum Abschnitt 1.)

Bücher, Dissertationen

[6.1] *Meissner, M.; Schorcht, H.-J.:* Metallfedern. Berlin, Heidelberg: Springer-Verlag 1997.

[6.2] *Kletzin, U.:* Finite-Elemente-basiertes Entwurfssystem für Federn und Federanordnungen. Bericht des Instituts für Maschinenelemente und Konstruktion, Technische Universität Ilmenau 2000.

[6.3] *Steinhilper, W.:* Elastische Elemente, Federn, Achsen und Wellen, Dichtungstechnik, Reibung, Schmierung, Lagerungen. 2. Aufl. Berlin, Heidelberg, New York: Springer-Verlag 1996.

[6.4] *Merkel, M.; Thomas, K.-H.:* Taschenbuch der Werkstoffe. 5. Aufl. Leipzig: Fachbuchverlag 2000.

[6.5] *Schüller, U.:* Untersuchungen zum Verformungsverhalten einseitig eingespannter Blattfedern. Diss. TH Ilmenau 1985.

[6.6] *Meissner, M.; Wanke, K.:* Zur Geschichte der Federn. Draht 50 (2000) 6, S. 36.

[6.7] *Krug, W.; Schönfeld, S.:* Rechnergestützte Optimierung für Ingenieure. Berlin: Verlag Technik 1981.

[6.8] *Seitz, H.:* Statische und dynamische Untersuchungen an Blattfedern mit verschiedener Formgebung, insbesondere an Federn der Feingerätetechnik. Diss. TH Karlsruhe 1963.

[6.9] *Wahl, A. M.:* Mechanische Federn (Mechanical Springs). 2. Aufl. Düsseldorf: Verlag M. Triltsch 1966.
[6.10] *Freund, H.:* Konstruktionselemente, Bd. 1: Grundlagen, Verbindungselemente, Federn, Achsen und Wellen. Mannheim, Wien, Zürich: Wissenschaftsverlag 1991.
[6.11] *Groß, S.:* Berechnung und Gestaltung von Metallfedern. Berlin, Heidelberg: Springer-Verlag 1960.
[6.12] *Aßmus, F.:* Technische Laufwerke einschließlich Uhren. Berlin, Heidelberg: Springer-Verlag 1958.
[6.13] *Chironis, N. P.:* Spring Design and Application. New York, Toronto, London: Mc Graw-Hill Book Comp. 1961.
[6.14] DIN-Taschenbuch 29: Normen über Federn. Berlin, Köln: Beuth-Verlag GmbH .
[6.15] *Fronius, St.;* u. a.: Taschenbuch Maschinenbau. Bd. 3. Berlin: Verlag Technik 1987.
[6.16] *Kaspar, P.:* Thermobimetalle in der Elektronik. Berlin: Verlag Technik 1960.
[6.17] *Göbel, E. F.:* Berechnung und Gestaltung von Gummifedern. 3. Aufl. Berlin, Heidelberg: Springer-Verlag 1969.
[6.18] *Krause, W.:* Plastzahnräder. Berlin: Verlag Technik 1985.
[6.19] *Meissner, M.; Wanke, K.:* Handbuch Federn. 2. Aufl. Berlin: Verlag Technik 1992.
[6.20] *Lutz, St.:* Kennlinie und Eigenfrequenzen von Schraubenfedern. Diss. TU Ilmenau 1999.
[6.21] *Denecke, K.:* Dauerfestigkeitsuntersuchungen an Tellerfedern. Diss. TH Ilmenau 1970 und Feingerätetechnik 19 (1970) 1, S. 16.
[6.22] *Pietzsch, L.:* Untersuchungen an elastischen Trägern bei großen Verformungen. Ein Beitrag zur Entwicklung von elektrischen Gebern mit Dehnmeßstreifen für große Wege und kleine Rückstellkräfte. Diss. TH Karlsruhe 1965.
[6.23] *Nönnig, R.:* Untersuchungen an Federgelenkführungen unter besonderer Berücksichtigung des räumlichen Verhaltens. Diss. TH Ilmenau 1980.
[6.24] *Lehmann, W.:* Ein Beitrag zur Optimierung von Spiralfedern ohne Windungsabstand. Diss TH Ilmenau 1978.
[6.25] *Tänzer, W.:* Membranfedern als Bauelemente für Federführungen. Diss. TH Ilmenau 1984.
[6.26] *Ifrim, V.:* Beiträge zur dynamischen Analyse von Federantrieben und Mechanismen mit Hilfe von Übertragungsmatrizen. Diss. TH Ilmenau 1975.
[6.27] *Schorcht, H.-J.:* Beiträge zum Entwurf von Schraubenfederantrieben. Diss. TH Ilmenau 1979.
[6.28] *Muhr* und *Bender:* Mubea Tellerfedern Handbuch. Ausgabe 1987 der Fa. Muhr und Bender Attendorn.

Aufsätze

[6.30] *Maier, K. W.:* Die stoßbelastete Schraubenfeder. KEM (1966) 2, S. 13; 3, S. 11 u. 15; 4, S. 20 u. 27; 9, S. 14; (1967) 1, S. 14; 2, S. 11; 3, S. 19; 4, S. 21; 12, S. 10.
[6.31] *Müller, W. H.:* Befestigungsverfahren für das innere Ende der Spiralfeder. Feinwerktechnik u. Micronic 76 (1972) 5, S. 242.
[6.32] *Branowski, B.:* Wahl der optimalen Konstruktionsparameter von Schraubenfedern unter Berücksichtigung der minimalen Kosten oder Baumassen. Draht-Fachzeitschrift 31 (1980) 2, S. 67; 32 (1981) 6, S. 303; 33 (1982) 2, S. 76.
[6.33] *Heym, M.:* Auswahl von Rechenhilfen für zylindrische Schraubenfedern. Maschinenbautechnik 15 (1966) 10, S. 529.
[6.34] *Bennett, J. A.:* The use of programmable calculators in the spring industry (Anwendung programmierbarer Rechner in der Federindustrie). Wire Technol. 6 (1978) 1, S. 99.
[6.35] *Krebs, A.; Nestler, W.:* Optimierung zylindrischer Druckfedern mit Hilfe des programmierbaren Kleinrechners K 1002. Maschinenbautechnik 31 (1982) 11, S. 507.
[6.36] *Fröhlich, P.:* Druckfederberechnung und -optimierung mit dem Tischrechner. Konstruktion 28 (1976) 6, S. 227.
[6.37] *Meissner, M.:* Beitrag zur Parameteroptimierung von Federn. Draht 44 (1993) 6, S. 365.
[6.38] *Meissner, M.:* Beitrag zum Entwurf von Federn. Draht 41 (1990) 9, S. 891 sowie: Heuristische Programme zur Dimensionierung von Federn. Feingerätetechnik 20 (1971) 8, S. 377.
[6.39] *Körwien, H.:* Hilfsmittel zur Berechnung zylindrischer Schraubenfedern. Maschinenbautechnik 11 (1962) 9, S. 495.
[6.40] *Unbehaun, E.:* Berechnungsgrundlagen zur optimalen Dimensionierung von Kontaktblattfederkombinationen für die Schwachstromtechnik. Wiss. Zeitschr. der TH Ilmenau 15 (1969) 1, S. 111.
[6.41] *Hager, K.:* Rationelles Berechnen von metallischen Federn. Feingerätetechnik 23 (1974) 11, S. 502.
[6.42] *Wanke, K.:* Hilfsmittel zur Berechnung von Schraubenzug- und -druckfedern. Berichte aus Theorie und Praxis des Inst. f. Wälzlager und Normteile Chemnitz 4 (1963) 6/7, S. 14.
[6.43] *Meissner, M.:* Einsatz von Rationalisierungsmitteln bei der Federberechnung, Federoptimierung und Federjustierung. Wiss.-techn. Erfahrungsaustausch zur Federherstellung im Federnwerk Marienberg 1983 (zusammengefaßter Bericht S. 20).
[6.44] *Graves, G. B.:* Stress relaxation of springs (Spannungs-Relaxation von Federn). Wire Industrie (1979) 6, S. 421.
[6.45] *Palm, J.; Thomas, K.:* Berechnung gekrümmter Biegefedern. VDI-Zeitschrift 101 (1959) 8, S. 301.
[6.46] *Palm, J.:* Formfedern in der Feinwerktechnik. Feinwerktechnik u. Meßtechnik 83 (1975) 3, S. 105.
[6.47] *Schmitt, F.:* Einspannungseinfluß bei Zug- und Biegestäben. Konstruktion 27 (1975) 2, S. 48.
[6.48] *Niepage, P.:* Zur Berechnung großer elastischer ebener Verformungen von Biegefedern. Draht-Fachzeitschrift 25 (1974) 6, S. 347.
[6.49] *Nönnig, R.:* Entwurf und Berechnung von Federführungen durch aufbereitete Konstrukteurinformation. Feingerätetechnik 31 (1982) 3, S. 130.
[6.50] *Wanke, K.:* Beitrag zur Berechnung und Gestaltung von Flachspiralfedern. Feingerätetechnik 12 (1963) 10, S. 461.
[6.51] *Holfeld, A.:* Zur Berechnung der Triebfedern mit Federhaus. Wiss. Zeitschr. der TU Dresden 17 (1968) 4, S. 1031.
[6.52] *Keitel, H.:* Die Rollfeder – ein federndes Maschinenelement mit horizontaler Kennlinie. Draht 15 (1964) 8, S. 534.

[6.53] *Niepage, P.:* Vergleich verschiedener Verfahren zur Berechnung von Tellerfedern – Teil I. Draht-Fachzeitschrift 34 (1983) 3, S. 105; – Teil II. 5, S. 251.

[6.54] *Muhr, K.-H.; Niepage, P.:* Über die Reduzierung der Reibung in Tellerfedersäulen. Konstruktion 20 (1968) 10, S. 414.

[6.55] *Schremmer, G.:* Näherungsweise Bestimmung des zulässigen Federweges schwingend beanspruchter Tellerfedern. Konstruktion 20 (1968) 3, S. 109.

[6.56] *Schremmer, G.:* Die geschlitzte Tellerfeder. Konstruktion 24 (1972) 6, S. 226.

[6.57] *Walz, K.-H.:* Geschlitzte Tellerfedern. Draht-Fachzeitschrift 32 (1981) 11, S. 608.

[6.58] *Curti, G.; Orlando, M.:* Geschlitzte Tellerfedern. Draht-Fachzeitschrift 32 (1981) 11, S. 610.

[6.59] *Wells, J. W.:* Wave springs. Machine Design 42 (1970) 20, S. 113 (s. auch Konstruktion 23 (1971) 6, S. 239).

[6.60] *Tänzer, W.; Unbehaun, E.:* Membranfedern als Bauelemente für Federführungen. Konstrukteurinformation (KOIN) L 82-19, Carl Zeiss JENA 1982.

[6.61] *Hildebrand, S.:* Zur Berechnung von Torsionsbändern im Feingerätebau. Feinwerktechnik 61 (1957) 6, S. 191.

[6.62] *Meissner, M.:* Einfluß von Wickeleigenspannungen auf die Dauerfestigkeit kaltgeformter Schraubenfedern. Maschinenbautechnik 21 (1972) 2, S. 72.

[6.63] *Kloos, K. H.; Kaiser, B.:* Dauerhaltbarkeitseigenschaften von Schraubenfedern in Abhängigkeit von Wickelverhältnis und Oberflächenzustand. Draht-Fachzeitschrift 28 (1977) 9, S. 415.

[6.64] *Mehner, G.:* Berechnungsunterlagen für Kegelstumpf-, Tonnen- und Taillenfedern mit kreisförmigem Drahtquerschnitt. Maschinenbautechnik 16 (1967) 8, S. 401.

[6.65] *Hager, K.:* Rationelle Berechnung ausgewählter Sonderfedern. Wiss. Zeitschr. der TH Ilmenau 22 (1976) 4, S. 97.

[6.66] *Lotze, W.:* Eine einfache und elementare Methode zur Berechnung beliebig gestalteter Bimetallfedern. Fein-

[6.67] Thermobimetalle. Firmenschriften des Halbzeugwerk Auerhammer/Aue und G. Rau GmbH & Co Pforzheim.

[6.68] *Malter, G.; Jentzsch, J.:* Gummifedern als Konstruktionselement. Maschinenbautechnik 25 (1976) 3, S. 109.

[6.69] *Dütemeyer, H. J.:* Federn aus Kunststoff – eine Studie. Draht-Fachzeitschrift 34 (1983) 11, S. 548.

[6.70] *Siebrecht, K.:* Federelemente aus Kunststoff. Industrie-Anzeiger 89 (1967) 100, S. 2255.

[6.71] *Amarell, J.:* Entwicklungsstand und Berechnungsgrundlagen für Flüssigkeitsfedern. Wiss. Zeitschr. der TH Ilmenau 14 (1968) 2, S. 197.

[6.72] *Enard, E.:* Federn in der Feinwerktechnik und ihre Werkstoffe. Zeitschrift für Werkstofftechnik 3 (1972) 7, S. 345.

[6.73] *Siemers, D.; Stüer, H.; Dürrschnabel, W.:* Das Biegeverhalten von Kupferwerkstoffen für federnde Bauteile. Feinwerktechnik u. Meßtechnik 89 (1981) 1, S. 24

[6.74] *Wanke, K.:* Muß man Eigenspannungen I. Art bei Federn beachten? Draht 20 (1969) 3, S. 125.

[6.75] *Hoeft, M.:* Neue Federwerkstoffe für die Anschluß- und Verbindungstechnik. Feingerätetechnik 32 (1983) 12, S. 563.

[6.76] *Thomas, N.:* Dauerfestigkeitsuntersuchungen an Blattfedern. Feingerätetechnik 16 (1967) 2, S. 80.

[6.77] *Baumgartl, E.; Resch, H.; Heinke, J.:* Zur Dauerfestigkeit vernickelter Schraubendruckfedern. Draht 18 (1967) 8, S. 582.

[6.78] *Meissner, M.:* Stand der Festigkeitsberechnungen kaltgeformter zylindrischer Schraubendruckfedern. Maschinenbautechnik 15 (1966) 3, S. 127.

[6.79] *Lutz, St.:* Berechnung der Eigenfrequenzen von Schraubendruckfedern. Draht 49 (1998) 4, S. 44.

[6.80] *Lutz, St.:* Quer-Eigenfrequenzen von zylindrischen Schraubenfedern aus runden Drähten. Draht 46 (1995) 7/8, S. 364.

[6.81] *Reichenberger, J.;* u. a.: Nutzung nichtlinearer Federn zur Schwingungsisolation. Feinwerktechnik · Mikrotechnik · Mikroelektronik 104 (1996) 7–8, S. 567.

[6.82] *Berger, Ch.; Kaiser, B.; Teller, C.:* Schwingfestigkeit von Tellerfedersäulen. Konstruktion 53 (2001) 6, S. 84.

7. Achsen und Wellen, Wellendichtungen

Zeichen, Benennungen und Einheiten

A	Fläche in mm^2, Auflagerkraft in N
B	Auflagerkraft in N
E	Elastizitätsmodul in N/mm^2
F	Kraft in N
F_f	Fliehkraft in N
F_r	Rundlaufabweichung in µm
I	Flächenträgheitsmoment in mm^4
K	Lagerfaktor
K_K	mittlerer Einflußfaktor
$K_\sigma, K_\tau(\beta_K)$	Kerbwirkungszahlen
M_b	Biegemoment in N · mm
M_d	Drehmoment, Torsionsmoment in N · mm
P	Leistung in kW
R_e	Streckgrenze in N/mm^2
R_m	Bruchgrenze, Zugfestigkeit in N/mm^2
S_D	Sicherheitsfaktor gegen Dauerbruch
W	Widerstandsmoment in mm^3
a, b	Abmessungen in mm
c	Länge in mm, Konstante
c, c_φ	Federsteife bei Biegung in N/mm, bei Torsion in N · mm/rad
d	Durchmesser in mm
f	Durchbiegung in cm
l	Länge, Abstand in mm
m	Masse in kg
n	Zahl der Ringelemente bei Welle-Nabe-Verbindung; Drehzahl in U/min
p	Druck, Flächenpressung in MPa bzw. N/mm^2
p_σ	Gleitdruck in MPa bzw. N/mm^2
s	Spiel in mm, Weg in mm
v	Gleitgeschwindigkeit in m/s
α	Winkel in °
α_0	Anstrengungsverhältnis
$\alpha_\sigma, \alpha_\tau(\alpha_K)$	Formzahlen
β	Winkel in °
μ	Reibwert
ϱ	Radius für Durchmesserveränderung in mm
σ	Normalspannung in N/mm^2
τ	Tangentialspannung in N/mm^2
φ	Verdrehwinkel in °
ω	Winkelgeschwindigkeit in rad/s, Kreisfrequenz in Hz
ω_0	Kreisfrequenz der Eigenschwingung, Eigenkreisfrequenz in Hz

Indizes

D	Dauerfestigkeit
F	Fließgrenze
K	Kerbwirkung
R	Reibung
S	Streckgrenze
W	Wechselfestigkeit
b	Biegung
d	Druck, Drehung
krit	kritischer Wert
m	mittlerer Wert
max	maximaler Wert
n	Normalrichtung
r	Radialrichtung
t	Torsion
üb	überschläglicher Wert
v	Vergleichswert
x	x-Richtung
y	y-Richtung
z	Zug
zul	zulässiger Wert

Achsen und Wellen sind Funktionselemente, die Geräte- bzw. Maschinenteile tragen und deren Gewichts- und Funktionskräfte aufnehmen; sie werden durch Lager abgestützt. Achsen werden gerade, Wellen gerade, gekröpft oder biegsam ausgeführt.
Für die Berechnung, Werkstoffauswahl, konstruktive Gestaltung und Fertigung wurden CAD/CAM-Systeme entwickelt, die annähernd optimale Bedingungen ermöglichen [7.27].

7.1. Beanspruchungen

Achsen und Wellen können sich hinsichtlich der Bewegung, Beanspruchung, Gestaltung und Kräfte unterscheiden **(Tafel 7.1)**. Die Beanspruchungen und die wirkenden Kräfte bestimmen entscheidend die Berechnung und konstruktive Gestaltung.

Tafel 7.1. Charakterisierung von Achsen und Wellen

Merkmal	Achse	Welle
Bewegung	umlaufend oder stillstehend	umlaufend
Beanspruchung	– Biegung, Zug und/oder Druck – Biegewechselbeanspruchung (bei umlaufender Achse)	– Biegung, Zug und/oder Druck – Torsion (Drehmoment) – Biegewechselbeanspruchung – Wechseldrehmoment
Gestaltungsbeispiel	*1* Gerätewand (Platine) *2* Achse (Stift) *3* Transportrad	*1* Gerätewand *2* Welle *3* Zahnrad
Kräfte, Momente	F, A, a, b, B	F_1, M_d, F_2, A, a, b, B, c

7.2. Entwurfsberechnung [1.1] [7.2] [7.5]

Alle Kräfte und Momente sind nach den Regeln der Statik zu bestimmen. Danach werden die Durchmesser überschläglich ermittelt und die funktionsgerechte Gestaltung einschließlich der Elemente (z. B. Lager, An- und Abtrieb) vorgenommen. Den prinzipiellen Ablauf zeigt **Bild 7.1**.

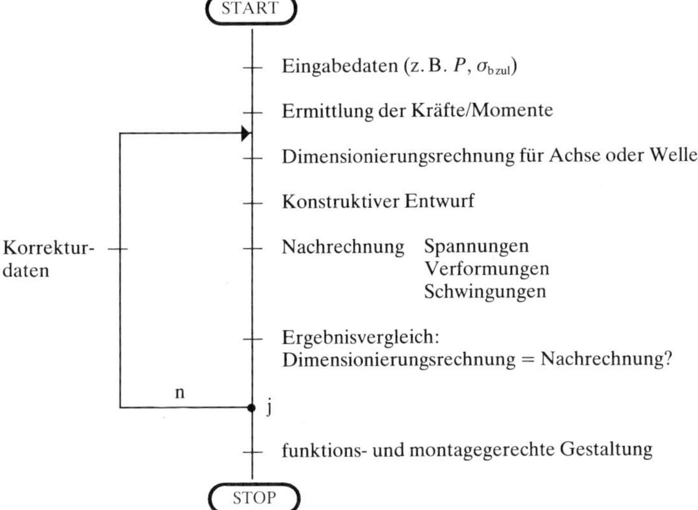

Bild 7.1. Algorithmus für Entwurfsberechnung und Gestaltung von Achsen und Wellen [7.27]

7.2.1. Überschlägliche Bestimmung des Achsendurchmessers

Bei der Berechnung ist das maximale Biegemoment $M_{b\,max}$ einzusetzen. Für den vorwiegend verwendeten vollen kreisförmigen Querschnitt gelten die in **Tafel 7.2** zusammengestellten Gleichungen (Bezeichnungen s. Abschnitt 3.5.).

Tafel 7.2. Berechnung des Achsendurchmessers aus dem maximalen Biegemoment $M_{b\,max}$
Maximales Biegemoment $M_{b\,max}$ ist bekannt

Einflußgröße	Gleichungen, Daten
Biegespannung	$\sigma_b = M_{b\,max}/W_b \leqq \sigma_{büb}$
Widerstandsmoment (Kreisquerschnitt; s. auch Tafel 3.31), äquatorial	$W_b = (\pi/32)\ d^3 \approx d^3/10$
Achsendurchmesser (für maximales Biegemoment $M_{b\,max}$)	$d \approx 2{,}17\ \sqrt[3]{M_{b\,max}/\sigma_{büb}}$ d in mm; $M_{b\,max}$ in N · mm $\sigma_{büb}$ in N/mm²
Richtwerte für Stahl; Achse stillstehend: umlaufend: (abhängig von Gestalt, Werkstoff, Verformung)	 $\sigma_{büb} = 50 \ldots 80$ N/mm² $\sigma_{büb} = 30 \ldots 60$ N/mm²

7.2.2. Überschlägliche Bestimmung des Wellendurchmessers

Bei der Berechnung sind maximales Biege- und Drehmoment maßgebend. Für Wellen aus Stahl mit kreisförmigem Querschnitt gelten die Gleichungen in **Tafel 7.3**.
Der überschlägliche Spannungswert $\sigma_{b\,üb}$ ist abhängig von Gestalt (Kerbwirkung), Werkstoff (Festigkeit) und Lagerstützweite (Verformung). Richtwerte enthält Tafel 7.3.
Sind der Lagerabstand und damit Auflagerkräfte und Biegemomente zu Beginn des Entwurfs noch nicht bekannt, ist der erforderliche Wellendurchmesser zunächst aus der Leistung und Drehzahl zu bestimmen. Gleichungen dazu enthält **Tafel 7.4**.

Tafel 7.3. Berechnung des Wellendurchmessers aus der Vergleichsspannung σ_v
Maximales Biegemoment $M_{b\,max}$ und Drehmoment M_d sind bekannt

Einflußgröße	Gleichungen, Daten
Vergleichsspannung	$\sigma_v = \sqrt{\sigma_b^2 + 3\ (\alpha_0 \tau_t)^2} \leqq \sigma_{büb}$ $\sigma_b = M_{b\,max}/W_b$ $\tau_t = M_d/W_t$
Widerstandsmoment (Kreisquerschnitt; s. auch Tafel 3.31), äquatorial polar	$W_b = (\pi/32)\ d^3 \approx d^3/10$ $W_t = (\pi/16)\ d^3 = 2W_b \approx d^3/5$
Maximales Vergleichsmoment	$M_{v\,max} = \sqrt{M_{b\,max}^2 + \frac{3}{4}\ (\alpha_0 M_d)^2}$
Wellendurchmesser (für maximales Vergleichsmoment $M_{v\,max}$)	$d \approx 2{,}17\ \sqrt[3]{M_{v\,max}/\sigma_{büb}}$ d in mm; $M_{v\,max}$ in N · mm; $\sigma_{büb}$ in N/mm²
Richtwerte für Stahl; abhängig von Gestalt, Werkstoff, Verformung	$\sigma_{büb} = 30 \ldots 60$ N/mm²
Anstrengungsverhältnis; abhängig vom Lastfall (s. Abschnitt 3.5.)	für wechselnde Biegung und konstante Torsion $\alpha_0 = 0{,}5$ schwellende Torsion $\alpha_0 = 0{,}75$ wechselnde Torsion $\alpha_0 = 1{,}0$

Tafel 7.4. Berechnung des Wellendurchmessers aus der Torsionsspannung τ_t
Nur Leistung P und Drehzahl n sind bekannt

Einflußgröße	Gleichungen, Daten
Torsionsspannung	$\tau_t = M_d/W_t \leqq \tau_{tüb}$
Drehmoment (Torsionsmoment)	$M_d = 9{,}55 \cdot 10^6 P/n$ M_d in N · mm; P in kW; n in U/min
Widerstandsmoment (Kreisquerschnitt; s. auch Tafel 3.31), polar	$W_t = (\pi/16)\,d^3 = 2W_b \approx d^3/5$
Wellendurchmesser (für Drehmoment M_d)	$d \approx \sqrt[3]{5M_d/\tau_{tüb}}$ d in mm; M_d in N · mm; $\tau_{tüb}$ in N/mm²
Richtwerte für Stahl (abhängig von Gestalt, Werkstoff, Verformung)	$\tau_{tüb} = 12 \ldots 25$ N/mm²

Bei Hohlwellen sind in den Gleichungen der Tafeln 7.2 bis 7.4 für W_b und W_t die Beziehungen gem. Tafel 3.31 einzusetzen. Der überschläglich ermittelte Durchmesser ist Grundlage für die konstruktive Gestaltung. Dabei sind die verschiedenen Konstruktionselemente (z. B. Lager, An- und Abtrieb) nach fertigungs- und montagegerechten Gesichtspunkten zu entwerfen.

7.3. Nachrechnung [1.1] [1.15] [1.17]

Nach dem Entwurf erfolgt eine Nachrechnung der Festigkeit aller gefährdeten Querschnitte und die Überprüfung der Verformung (Durchbiegung, Neigung in den Lagern). Bei schnelllaufenden Achsen oder Wellen ($n \geqq 1500$ U/min) ist zusätzlich eine Schwingungsberechnung erforderlich.

7.3.1. Nachrechnung der vorhandenen Spannungen

Die Nachrechnung erfolgt
- an der Stelle des maximalen Biege- oder Vergleichsmoments
- an allen Kerbstellen (Wellenabsätze, Querbohrungen, Nuten, Einstiche, Nabensitze)
- bei Schwingungsbeanspruchung durch periodisch veränderliche Kräfte oder Umlaufbiegung.

Treten im Querschnitt Längskräfte (Zug- oder Druckkräfte) auf, ist die Spannung zu berechnen aus

$$\sigma_{z,d} = F/A\,. \tag{7.1}$$

Bei einer Biegebeanspruchung durch Querkräfte ist

$$\sigma_b = M_b/W_b\,. \tag{7.2}$$

Greifen die Querkräfte in verschiedenen Ebenen an, sind sie in zwei zueinander rechtwinklige Ebenen (x, y) zu zerlegen und in jeder die Biegemomente zu bestimmen. Das resultierende Biegemoment errechnet sich aus

$$M_b = \sqrt{M_{bx}^2 + M_{by}^2}\,. \tag{7.3}$$

Die durch Zug oder Druck und Biegung hervorgerufene zusammengesetzte Normalspannung ist

$$\sigma_n = \sigma_{z,d} + \sigma_b \tag{7.4}$$

oder, falls der Werkstoff unterschiedliche Festigkeitseigenschaften bei Zug und Biegung aufweist,

$$\sigma_n = \sigma_{z,d} + (R_e/\sigma_{bF})\,\sigma_b \tag{7.5}$$

mit der Streckgrenze R_e und der Biegefließgrenze σ_{bF} (s. Tafel 3.38).

Bei Torsionsbeanspruchung ist die im Querschnitt auftretende Spannung

$$\tau_t = M_d/W_t. \qquad (7.6)$$

Liegt eine Überlagerung von Normal- und Tangentialspannung (z. B. Biegung und Torsion) vor, ist die Vergleichsspannung nach Tafel 7.3 (s. auch Abschnitt 3.5.2.) zu berechnen.
Die errechneten vorhandenen Spannungen (Nennspannungen) müssen stets kleiner sein als die entsprechenden zulässigen Werte. Anderenfalls sind größere Durchmesser zu wählen oder die Kerbwirkung ist, falls vorhanden, durch konstruktive Maßnahmen zu verringern.
Die Ermittlung der zulässigen Spannungen erfolgt gemäß Abschnitt 3.5.3.

Bei **statischer Beanspruchung**, z. B. nicht umlaufende Achsen, sind dabei die Festigkeitskenngrößen des Zug- bzw. Biegeversuches zu nutzen.
Bei **dynamischer Beanspruchung** (Wellen, umlaufende Achsen) wird für die Bestimmung der zulässigen Spannungen von der Dauerschwingfestigkeit (Dauerfestigkeit) ausgegangen. Wie aus der Festigkeitslehre bekannt ist, stellt die Dauerfestigkeit keinen reinen Werkstoffkennwert dar, sondern hängt u. a. von der Gestalt, Größe, Oberflächenbeschaffenheit und Querschnittsform des Bauteils ab. Diese Einflüsse lassen sich durch entsprechende Faktoren berücksichtigen (s. Abschnitt 3.5.3.2.).

Kerbwirkung [1.15] [1.17] [7.11] [7.18]. Geometrische Unstetigkeiten (Absätze, Querbohrungen, Einstiche, Nuten u. a.) der Achsen und Wellen führen zu örtlichen Überhöhungen im Spannungsverlauf und müssen bei der Ermittlung der zulässigen Spannungen Berücksichtigung finden.
Bei *statischer Beanspruchung* wird diese Spannungserhöhung durch Formzahlen α_σ bzw. α_τ (auch α_K genannt) ausgedrückt. Sie sind als Verhältnis der maximalen Spannungen im Kerbbereich zu den berechneten Nennspannungen des gekerbten (verringerten) Querschnitts definiert. Formzahlen hängen von der Kerbform und der Beanspruchungsart (Zug, Biegung, Torsion), jedoch nicht vom Werkstoff ab. Bei ruhender Beanspruchung werden in elastischen Werkstoffen durch lokale plastische Verformungen die über die Streckgrenze hinausreichenden Spannungsspitzen abgebaut. Somit können sich keine Folgen für die Haltbarkeit ergeben, und die Kerbwirkung kann unberücksichtigt bleiben.
Bei *dynamischer Beanspruchung* führen diese Spannungserhöhungen jedoch zu einer Minderung der Dauerfestigkeit, wobei unterschiedliche Werkstoffe auch unterschiedliche Kerbempfindlichkeit aufweisen. Dieser festigkeitsmindernde Einfluß wird in Form von Kerbwirkungszahlen K_σ bzw. K_τ (auch mit β_K bezeichnet) erfaßt. Wegen der Werkstoffstützwirkung gilt dabei stets $K_\sigma < \alpha_\sigma$ bzw. $K_\tau < \alpha_\tau$. Werte für Form- und Kerbwirkungszahlen sind Abschnitt 3.5.3. zu entnehmen.

Tafel 7.5. Dynamische Beanspruchung von Wellen und umlaufenden Achsen
Kerbwirkung vereinfacht, s. Abschnitt 3.5.

Ermitteln der zulässigen Spannungen bei Kerbwirkung:

Einflußgröße	Gleichungen, Daten
Biegespannung (erhöht durch Kerbe)	σ_b, $\sigma_{b\,max}$, M_b, M_b
Zulässige Spannung bei Umlaufbiegung	$\sigma_{bzul} = \sigma_{bW} K_K/(S_D K_\sigma)$
Kerbwirkungszahl K_σ bzw. K_τ	s. Abschnitt 3.5.3.2., Bilder 3.86 und 3.87
Mittlerer Einflußfaktor K_K (als Mittelwert der Einflüsse z. B. von Gestalt, Größe, Oberfläche)	s. Abschnitt 3.5.3.2., Bild 3.85
Sicherheit gegen Dauerbruch	S_D = 2 … 3 (i. allg. gewählt); S_D = 1,3 … 2,0 (wenn Belastung und Kerbeinflüsse genau bekannt)

Hochbeanspruchte Wellen und umlaufende Achsen bedürfen unter Berücksichtigung der jeweiligen Beanspruchungscharakteristik einer genauen Nachrechnung (s. Abschnitt 3.5.3.). Für die Feinmechanik ist es oft ausreichend, neben den Kerbwirkungszahlen K_σ bzw. K_τ alle weiteren Einflußfaktoren auf die Dauerfestigkeit (technologische und geometrische Größeneinflußfaktoren, Einflußfaktoren der Oberflächenrauheit und der Oberflächenverfestigung, Anisotropiefaktor) in Form eines Mittelwertes K_K zusammenzufassen. Die Berechnung der zulässigen Spannung bei dynamischer Beanspruchung und somit der Dauerfestigkeit erfolgt dann vereinfacht nach **Tafel 7.5**.

7.3.2. Nachrechnung der Verformung

Durch übermäßige Verformung können die Funktion einer Achse oder Welle und die darauf befestigten Funktionselemente beeinträchtigt werden. Solche Funktionselemente sind beispielsweise Lager, Zahnräder, Rotoren von Elektromotoren, optische (Teilscheiben, Spiegel) oder magnetische Elemente (Abtastköpfe). Die zulässige Verformung ist deshalb meist be-

Tafel 7.6. Nachrechnung der Verformung

Einflußgröße	Gleichungen, Daten
Verformung durch Querkraft (Beispiel)	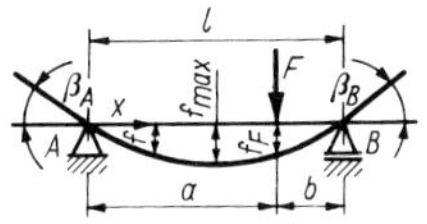 f Durchbiegung an beliebiger Stelle x; f_F Durchbiegung unter Kraft F für $x = a = l - b$; f_{max} maximale Durchbiegung; β Wellenneigung
Differentialgleichung der elastischen Linie	$f'' = -M_b/(EI)$
Neigung der elastischen Linie $\beta \approx \tan\beta = f'(x)$	$f'_I(x) = -\frac{Fb}{6lEI_y}(3x^2 - l^2 + b^2)$ für $0 \leqq x \leqq a$ $f'_{II}(x) = -\frac{Fa}{6lEI_y}[l^2 - a^2 - 3(l-x)^2]$ für $a \leqq x \leqq l$
Durchbiegung $f(x)$	$f_I(x) = -\frac{Fbx}{6lEI_y}(x^2 + b^2 - l^2)$ für $0 \leqq x \leqq a$ $f_{II}(x) = -\frac{Fa}{6lEI_y}(l-x)[(l-x)^2 + a^2 - l^2]$ für $a \leqq x \leqq l$
Resultierende Verformungen (bei Betrachtung in Ebenen xz und yz)	$f = \sqrt{f_x^2 + f_y^2} \leqq f_{zul}$ $\beta \approx \tan\beta = \sqrt{(\tan\beta_x)^2 + (\tan\beta_y)^2} \leqq \beta_{zul}$
Mittlerer Durchmesser (für $f \sim (l^3/d^4)$)	$d_m = \sqrt[4]{\sum_{i=1}^{n} d_i^4 l_i^3 \Big/ \sum_{i=1}^{n} l_i^3}$
Durchmesser für Beispiel mit n = 3	$d_m = \sqrt[4]{\frac{d_1^4 l_1^3 + d_2^4 l_2^3 + d_3^4 l_3^3}{l_1^3 + l_2^3 + l_3^3}}$
Richtwerte für Lager (s. auch Abschnitt 8.2.)	für Gleitlager mit feststehender Lagerschale: $\tan\beta_{zul} \approx \beta_{zul} \leqq 3 \cdot 10^{-4}$; für Gleitlager mit einstellbarer Lagerschale und Wälzlager (außer Pendellager): $\tan\beta_{zul} \approx \beta_{zul} \leqq 1 \cdot 10^{-3}$
Zulässige Verdrehung (für Wellen aus Stahl)	$\varphi_{zul} = 0{,}25$ °/m

grenzt und für die Dimensionierung wichtig. Als Maß für die Verformung werden die Durchbiegung f und die Neigung β an definierten Stellen der Achse oder Welle angegeben. Diese Größen lassen sich bei konstantem Durchmesser mit der Differentialgleichung der elastischen Linie berechnen **(Tafel 7.6)**.
Die Lösung dieser Gleichung für einige Lagerungs- und Belastungsfälle von Trägern mit gleichbleibendem Querschnitt zeigt Tafel 3.33 im Abschnitt 3.5.2.
Bei Kraftangriff in mehreren Ebenen wird die resultierende Verformung z. B. aus f_x und f_y gebildet.
Besitzen Achsen oder Wellen keinen konstanten Durchmesser, so kann für Überschlagsrechnungen eine Vergleichswelle mit konstantem mittlerem Durchmesser d_m benutzt werden (s. Tafel 7.6).
Durch die Torsionsbeanspruchung tritt zusätzlich eine Verdrehung der Welle auf. Der Verdrehwinkel ist bei großer Wellenlänge und für Meßgeräte nachzurechnen (s. Abschnitt 3.5.2.).

Zulässige Werte für Verformung

Die zulässige Verformung ist abhängig vom Anwendungsfall.

Beispiele:

- Die *Durchbiegung* der Welle eines Elektromotors darf nicht mehr als 20 bis 30% des theoretisch vorgesehenen Luftspaltes zwischen Rotor und Stator betragen. Der Luftspalt ist außerdem von Motorgröße und -typ abhängig. Bei Drehstrommotoren beträgt er 0,3 bis 0,5 mm (bei kleiner bis mittlerer Leistung).
- Die *Wellenneigung* bei Zahnradgetrieben führt zu einer ungleichmäßigen Belastung an den Zahnflanken (infolge Schiefstellung des Zahnrades). Um Beschädigung durch Überlastung zu vermeiden, darf die Wellenneigung an der Stelle des Zahnrades, insbesondere bei Leistungsgetrieben (s. Abschnitte 13.2. und 13.4.), nicht größer als $\tan\beta \approx \beta = 1 \cdot 10^{-4}$ sein.
- Die *Schrägstellung* der Wellen in den Lagern kann Überlastung der Lagerstellen bewirken (Kantenpressung). Zulässige Werte entsprechend der Lagerungsart enthält Tafel 7.6.

7.3.3. Schwingungsberechnung

Jede Achse oder Welle kann infolge Elastizität des Werkstoffes, Eigenmasse und Masse der befestigten Elemente als schwingungsfähiges Feder-Masse-System betrachtet werden.

Tafel 7.7. Schwingungsberechnung
s. a. Abschnitt 3.4. und Tafel 3.27

Einflußgröße	Gleichungen, Daten
Schwerpunktverlagerung einer Welle	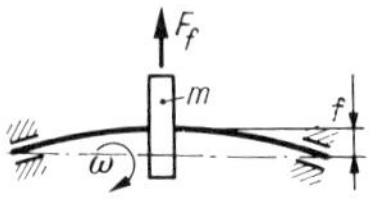 F_f, m, f, ω — ω Frequenz; m Masse; F_f Fliehkraft; f Durchbiegung
Durchbiegung als Funktion von n/n_{krit}	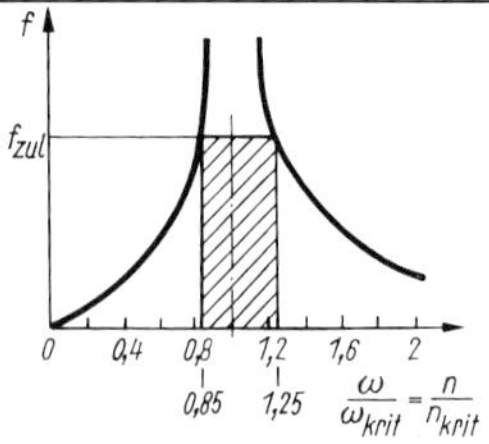 f, f_{zul}; 0 0,4 0,8 1,2 1,6 2; 0,85 1,25; $\frac{\omega}{\omega_{krit}} = \frac{n}{n_{krit}}$ — n_{krit} kritische Drehzahl
Eigenkreisfrequenz (Masse m symmetrisch zwischen Lagern, s. Tafel 3.27)	$\omega_0 = \sqrt{c/m}$ c Federsteife, m Masse $c = 48\,EI/l^3$ (für Welle)
Kritische Drehzahl	$n_{krit} = (30/\pi)\ \omega_0$ n_{krit} in U/min; ω_0 in Hz
Zugeschnittene Größengleichung	$n_{krit} = 300\,K\,\sqrt{1/f}$ n_{krit} in U/min; f in cm
Lagerfaktor (s. a. Abschnitt 8.2.)	$K = 1$ für einstellbare Lager $K = 1{,}3$ für starre Lager

Bei Achsen können Umlaufbiegeschwingungen und bei Wellen zusätzlich Torsionsschwingungen auftreten.
Umlaufbiegeschwingungen werden durch die Unwucht der umlaufenden Massen erzeugt.

Torsionsschwingungen entstehen durch periodisch wirkende Drehmomente des An- oder Abtriebes. Frequenz und Amplitude der Schwingungen werden von den vor- und nachgeschalteten Feder-Masse-Systemen beeinflußt.
Zur Beurteilung des Torsionsschwingungsverhaltens einer Welle muß deshalb das gesamte System, einschließlich An- und Abtriebselementen, betrachtet werden. Dies ist Aufgabe der Maschinen- und Gerätedynamik (s. Literatur zum Abschnitt 3.5.).
Im folgenden werden nur die Biegeschwingungen behandelt, da sie in der Feinmechanik vorrangige Bedeutung haben.
Gelangt die Frequenz der Erregerkräfte in die Nähe der Eigenfrequenz des Systems, können die Schwingungsamplituden betriebsgefährdende Ausmaße annehmen. **Tafel 7.7** zeigt das Prinzip der Schwerpunktverlagerung einer Welle und den Verlauf der Durchbiegung sowie die Gleichung für Eigenkreisfrequenz und kritische Drehzahl, bei der Resonanz auftritt; f ist dabei die von der Gewichtskraft hervorgerufene statische Durchbiegung der beiderseits aufliegenden Welle.
Die Betriebsdrehzahl n der Achse oder Welle muß genügend großen Abstand von der kritischen Drehzahl haben. Als zu vermeidender Bereich wird $n/n_{\text{krit}} = 0{,}85 \ldots 1{,}25$ angegeben [1.1]. In diesem Bereich treten unerwünschte Schwingungsamplituden auf. Änderungen der Abmessungen beeinflussen die Federsteife und somit die Eigenfrequenz.

7.4. Konstruktive Gestaltung, Werkstoffe

Bei der Werkstoffwahl und konstruktiven Gestaltung der Achsen und Wellen sind optimale Lösungen anzustreben.

- **Festigkeit, Fertigung/Montage, Gesamtökonomie, genormte Durchmesser nach DIN 323 beachten!**

7.4.1. Konstruktive Gestaltung

Die Gestaltung der Achsen und Wellen hat so zu erfolgen, daß sich aufzunehmende Bauteile, wie Kupplungen, Zahnräder, Scheiben u. a., günstig fertigen lassen und eine ökonomische Montage möglich ist. Bei robotergestützter automatischer Montage sind dazu die Regeln gem. Abschnitt 2.1.3. zu beachten [1.2] [1.3]. Die einfachste Form sind Achse oder Welle mit konstantem Durchmesser, wo notwendige Anschläge durch Stellringe oder Spreizelemente (s. Abschnitt 4.3.9.) ohne viel Zerspanungsarbeit realisiert werden können.
Bei größeren zu übertragenden Leistungen im Maschinen- und Elektromaschinenbau und wenn mehrere Elemente auf der Achse oder Welle nacheinander befestigt werden sollen bzw. wenn zwischen den Elementen Lagerstellen vorgesehen sind, sollten Achsen und Wellen abgesetzt werden, um für jeden Sitz einen anderen genormten Durchmesser zu erhalten. Passungssitze mit engen Toleranzen (z. B. Wälzlagersitze) verlangen eine hohe Oberflächengüte, die ökonomisch ungünstig ist (nicht länger als erforderlich ausführen). Außerdem sind die Bedingungen der Montage zu beachten (Robotermontage verlangt größere Absätze).

7.4.1.1. Grundform von Achsen und Wellen

Die Grundform für Achsen und Wellen läßt sich aus dem Träger gleicher Festigkeit entwikkeln. Bei Vollkreisquerschnitt ist der axiale Schnitt eines solchen Trägers eine kubische Parabel ($y^3 = cx$). Ist der Wellendurchmesser d unter Berücksichtigung von Biege- und Drehmoment an der am höchsten belasteten Stelle ermittelt, so läßt sich der Träger gleicher Festigkeit gegen Biegung bei Kraftangriff in der Mitte mit $y = d$, $x = l$ und $c = 32F/(\pi\sigma_{\text{b zul}})$ konstruieren **(Tafel 7.8)**. Durchmesseränderungen müssen außerhalb der Kurve liegen. Dadurch werden Materialanhäufungen und Schwächungen durch schädliche Kerben vermieden. Die so gestaltete Welle oder Achse erreicht ihr maximales Arbeitsaufnahmevermögen.

Tafel 7.8. Gestaltungshinweise für Achsen und Wellen (Übergänge)

Merkmal	Beispiele
Grundform (Welle gleicher Festigkeit)	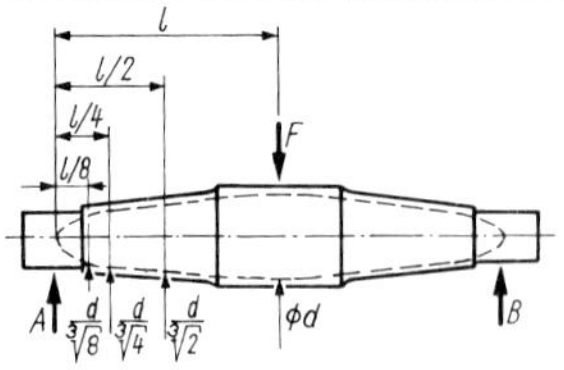 *A*, *B* Lagerkräfte; *F* äußere Kraft; *l* Abstand; *d* Durchmesser
Querschnittsänderung	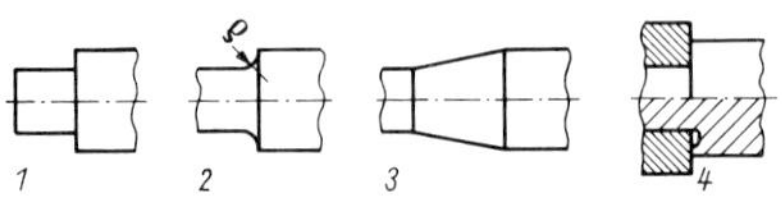 1 2 3 4
Entlastungskerbe für Anlageflächen	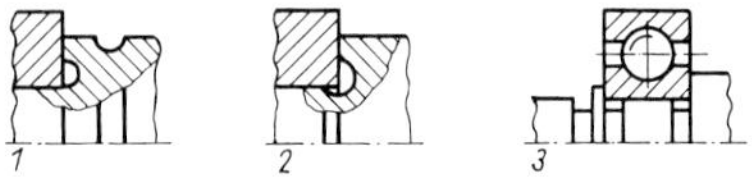 1 2 3

Alle Querschnittsänderungen sowie Bohrungen, Nuten usw. sind Kerbstellen und müssen vor allem bei hochbeanspruchten Wellen besonders beachtet und entsprechend gestaltet werden, da sie die Festigkeit herabsetzen. Gestaltungsmöglichkeiten für *Querschnittsänderungen* sind in Tafel 7.8 enthalten.

Scharfkantige Absätze *(1)* vermeidet man durch einen Rundungsradius *(2)* oder einen kegeligen Übergang *(3)*. Je kleiner der Radius ist, um so größer ist die Kerbwirkung. Bei einem Wälzlagersitz ist zu beachten, daß der Abrundungsradius an der Welle kleiner sein muß als am Wälzlager, um eine gute Anlage des Ringes an der Absatzkante zu gewährleisten. Bei größeren Wellendurchmessern wählt man deshalb auch Innenkerben *(4)*.

Entlastungskerben werden gestaltet, wenn sich der Rundungsradius aus konstruktiven Gründen nicht realisieren läßt.

Beispiele zeigt Tafel 7.8, *(1)*, *(2)*. Solche Kerben werden bei Kugellagern beiderseitig des Innenringes an der Welle angebracht *(3)*.

7.4.1.2. Sonderformen [1.1] [1.15] [7.19]

Wichtigste Sonderform ist die winkelbewegliche Welle. Zwei Ausführungen sind in Anwendung: bei größeren Drehmomenten sind Gelenkwellen zu verwenden, während sich bei kleinen Drehmomenten und hohen Drehzahlen biegsame Wellen bewährt haben. Für sehr kleine Drehmomente können auch hintereinandergeschaltete Zugmittel (z. B. bei medizinischen Geräten) eingesetzt werden (s. auch Abschnitt 13.9.).

Gelenkwellen. Das maximal übertragbare Drehmoment wird durch die drehsteifen Gelenke festgelegt (Angaben der Hersteller beachten!). Zur Anwendung gelangen Kugelgelenke oder Kreuzgelenke (s. Abschnitt 11.3.), die die Winkelbeweglichkeit gewährleisten. Die Längsbeweglichkeit wird durch Zwischenschalten von Teleskopwellen erreicht, die ineinander verschiebbar sind und mittels Nut und Feder oder spezieller Profile die Drehmomentenübertragung sichern.
Beim Entwurf sind die Winkelgeschwindigkeiten ω_1 und ω_2 zwischen Antrieb und Abtrieb zu beachten. Das Verhältnis der Winkelgeschwindigkeit ist konstant, wenn zwei Kreuzgelenke angewendet werden (s. Abschnitt 11.3.). Die Auslenkwinkel (Endwinkel) α_1 und α_2 sind dabei aber gleich groß und in einer Ebene zu wählen.

Biegsame Wellen. Sie bestehen vorwiegend aus mehreren Lagen schraubenförmig gewundener Stahldrähte. Die Windungsrichtung ist jeweils entgegengesetzt **(Tafel 7.9)**. Als schützendes Element dient ein Metallschlauch. Die Verbindung zwischen den Stahllagen und dem An- bzw. Abtrieb wird durch eine gesonderte Gerätebaugruppe (s. Tafel 7.9) realisiert. Zwischen

Tafel 7.9. Biegsame Wellen

Nr.	Bezeichnung	Beispiele	Merkmale
1	Drahtlagen	*1* Drahtglied (mehrlagig) *2* Metallschlauch	– für kleine Drehmomente, hohe Drehzahlen – fertiges Konstruktionselement
2	Anschlußelement	*1* Anschlußwelle *2* Schutzschlauch	– Güte der Bewegungsübertragung unbefriedigend – Anschlußelement aufwendig

An- und Abtrieb ist beliebige Lageänderung möglich. Die obere Lage bestimmt die Vorzugsdrehrichtung. In entgegengesetzter Drehrichtung sind nur kleine Drehmomente übertragbar. Die Belastbarkeit hängt von Drehzahl und Biegeradius ab.
Biegsame Wellen werden als Fertigbaugruppen geliefert (Herstellerangaben s. [7.19]).

7.4.2. Werkstoffe [1.15] [1.17]

Die Wahl des Werkstoffes (s. Abschnitt 3.6.) erfolgt entsprechend der erforderlichen Festigkeit, wobei für untergeordnete Zwecke Stahl St44, für normale Anforderungen St50 bis St70 und für höhere Beanspruchungen Vergütungs- bzw. Einsatzstähle Anwendung finden. Unterliegen Achsen und Wellen korrodierenden Einflüssen, sind Stähle mit 12 bis 18% Cr-Gehalt zu verwenden, während bei Betriebstemperaturen über 300 °C warmfeste Mo-Stähle in Frage kommen. In der Feinmechanik wird auch blank gezogener Rundstahl für durchgehend glatte Achsen oder Wellen verwendet (nach DIN 668 und 671, z. B. mit Durchmessertoleranz h9 bzw. h11 lieferbar, wobei sich eine Nacharbeit der Oberfläche erübrigt; s. auch Tafel 7.18).

Bei besonderen Betriebsbedingungen kommen aber auch nichtmetallische Werkstoffe zum Einsatz, so z. B. Keramik bei Wellen für kleine Spaltrohrmotoren, die als Pumpenantriebe dienen, z. B. bei Aquariumpumpen.

- Neue Werkstoffbezeichnungen s. Tafeln 3.38 und 3.39 sowie Hinweis auf Seite 168.

7.5. Welle-Nabe-Verbindungen [1.1] [7.5] [7.6] [7.8] [7.13] bis [7.17]

Welle-Nabe-Verbindungen dienen zum verdrehsicheren Übertragen von Drehmomenten. Die Art der Verbindung wird durch Forderungen hinsichtlich Funktion, Herstellung und Kosten bestimmt. Es werden form- und kraftschlüssige Welle-Nabe-Verbindungen angewendet, deren Berechnung, Gestaltung und Wahl des Werkstoffes im Abschnitt 4. enthalten sind. Die **Tafeln 7.10 und 7.11** geben eine Übersicht bei Metallkonstruktionen, um für den jeweiligen Anwendungsfall eine zweckmäßige Lösung auswählen zu können.
Ausführliche Darstellungen zur Verbindung von Naben aus Kunststoffen mit Wellen aus Metall enthält Abschnitt 13.4.13. [6.18] [7.17].

7.5.1. Formschlüssige Welle-Nabe-Verbindungen

In der Feinmechanik werden bei Naben aus Metall vor allem Stiftverbindungen angewendet, da das übertragbare Drehmoment meist klein ist.
Federn und Profilwellen dagegen eignen sich für große Drehmomente, wobei die robotergestützte automatische Montage [1.2] und die Gesamtökonomie zu beachten sind.

Lösungen und wichtige Merkmale (Vor- und Nachteile) für kleine und große Drehmomente enthält Tafel 7.10.

Tafel 7.10. Formschlüssige Welle-Nabe-Verbindungen
(• Vorteile, – Nachteile), Berechnung und Gestaltung s. Abschnitt 4.3.

Nr.	Bezeichnung	Beispiele		Merkmale
1	Querstift	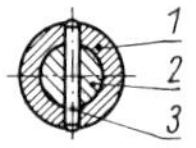 1 2 3	*1* Nabe *2* Welle *3* Stift	• kurze Naben • Passung günstig – Schwächung der Welle – kleine Drehmomente
2	Längsstift	 3 1 2	*1* Nabe *2* Welle *3* Stift	• einfache Montage • Passung günstig – stoßhafte Drehmomente vermeiden
3	Scheibenfeder	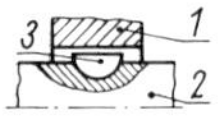 3 1 2	*1* Nabe *2* Welle *3* Scheibenfeder	• einfache Fertigung – Schwächung der Welle
4	Paßfeder	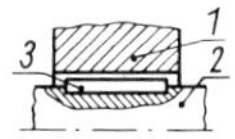 1 3 2	*1* Nabe *2* Welle *3* Paßfeder	• einfache Montage • für große Drehmomente – erhöhte Kerbspannung
5	Profilwelle oder -ansatz	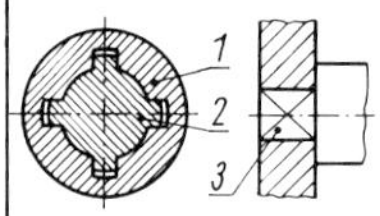 1 2 3	*1* Nabe *2* Profilwelle *3* Profilansatz	• kurze Nabe • günstige Kraftübertragung • verschiebbar – hoher Fertigungsaufwand
6	Unmittelbares Nieten	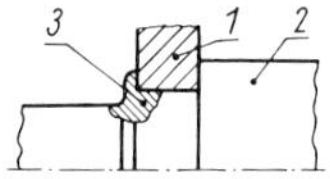 3 1 2	*1* Nabe *2* Welle *3* Nietrand	• einfaches Fertigen • für Massenfertigung – für kleine Drehmomente

Verbindungen bei Naben aus Kunststoffen s. Abschnitt 13.4.13., Bilder 13.4.48 bis 13.4.55

Tafel 7.11. Kraftschlüssige Welle-Nabe-Verbindungen
(• Vorteile, – Nachteile), Berechnung und Gestaltung s. Abschnitt 4.4.

Nr.	Bezeichnung	Beispiele		Merkmale
1	Einpreßverbindung	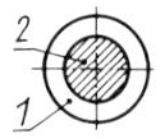 2 1	*1* Nabe *2* Welle	• keine zusätzlichen Verbindungs-elemente • keine Schwächung der Welle – Kerbwirkung
2	Kegelpreßverbindung	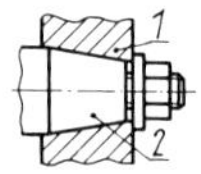 1 2	*1* Nabe *2* Kegel	• Winkelverstellung zwischen 1 u. 2 • Reibschluß – zusätzlicher Raum für Schraube
3	Klemmverbindung	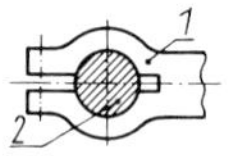 1 2	*1* Nabe *2* Welle	• Winkelverstellung • keine Schwächung der Welle – zusätzliches Verbindungselement
4	Keilverbindung	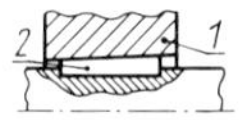 2 1	*1* Nabe *2* Keil	• für große Drehmomente • leicht lösbar – Kerbspannung – Unwucht bei hohen Drehzahlen
5	Ringfeder	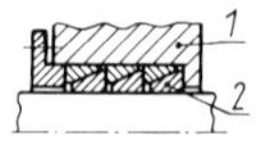 1 2	*1* Nabe *2* Ring-feder	• keine Schwächung der Welle • Winkelverstellung – großer Nabendurchmesser

7.5.2. Kraftschlüssige Welle-Nabe-Verbindungen

Für feinmechanische Baugruppen haben sich Preßverbindungen bewährt, da nur kleine Drehmomente zu übertragen sind. Angewendet werden sowohl eng tolerierte Längspreßpassungen als auch das Rändeln der Welle vor dem Fügen (Vorteil: größere Toleranz, wirtschaftlicher). Durch die Vorausberechnung sind die Abmessungen der Konstruktionselemente zu ermitteln (Übermaß, Passung, Preßfugenlänge; s. Abschnitt 4.4.).
Für größere Drehmomente gelangen Kegel-, Klemm- und Keilverbindungen zwischen Welle und Nabe zur Anwendung. Für große Nabendurchmesser ist die Ringfeder günstig, da keine Schwächung der Welle entsteht (Tafel 7.11). Das übertragbare Drehmoment hängt von der Zahl n der Ringelemente ab, wobei $n_{max} = 4$ gilt. Für $n > 4$ ist kein Anteil an der kraftschlüssigen Momentenübertragung gewährleistet.

7.6. Wellendichtungen [1.15] [1.17] [7.3] [7.5] [7.10] [7.22] bis [7.40]

Wellendichtungen (auch einfach als Dichtungen oder Abdichtungen bezeichnet) sind einzelne Dichtungselemente oder -baugruppen. Sie dienen dazu, während der Bewegung von Wellen oder Achsen die Strömung von Stoffen in benachbarte Räume (Druckausgleich) zu verhindern oder verschiedene Medien unter gleichem Druck zu trennen.

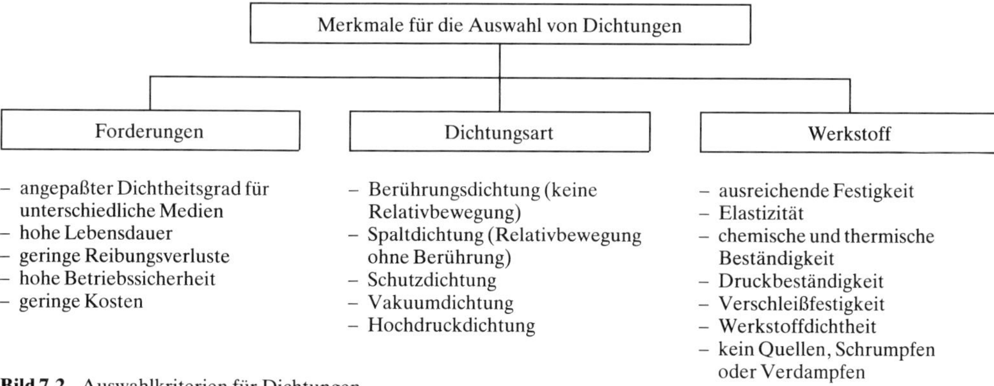

Bild 7.2. Auswahlkriterien für Dichtungen

Die Anzahl verfügbarer Dichtungen ist groß. Sie resultiert aus den unterschiedlichen funktionellen Forderungen, den Dichtungsarten und Werkstoffen. Das **Bild 7.2** enthält Auswahlkriterien. Berechnungen sind meist nicht möglich. Bei der konstruktiven Gestaltung wird von Erfahrungswerten ausgegangen.
Für viele Anwendungsfälle liegen genormte Ausführungen vor (s. auch Tafel 7.18). Die Dichtungsart wird u. a. von der Bewegung des abzudichtenden Konstruktionselements beeinflußt. Die **Tafel 7.12** zeigt eine Übersicht über Dichtungselemente und -baugruppen. Beispiele enthalten die folgenden Tafeln.

7.6.1. Dichtungen für Drehbewegungen

Die Ausführung kann berührungsfrei oder mit Berührung erfolgen. Die **Tafel 7.13** enthält Beispiele für Berührungsdichtungen, die jeweilige Dichtungsart und wesentliche Merkmale. Wichtigstes Element der Dichtung ist die Packung, die axial oder radial verspannt wird. Ihr Aufbau bestimmt Dichtheit und Reibverhalten. Von Einfluß ist auch die Wellenausführung (Oberfläche), die Reibpaarung (Schmier- und Verschleißzustand) und der Betriebszustand (Temperatur, Druck, Relativgeschwindigkeit).

Tafel 7.12. Übersicht über Dichtungselemente und -baugruppen

Nr.	Dichtungsart	Drehbewegung	Längsbewegung	Ohne Relativbewegung
1	Berührungs-dichtungen	Stopfbuchse Gleitring Wellendichtring Schutzdichtung	Stopfbuchse Formring Lippenring Kolbenring Membran Faltenbalg	Flach-, Profil-, Muffen-, Walz- und Einschleifdichtung; Schweiß-, Preß- und Kittverbindung
2	Berührungsfreie Dichtungen	Labyrinth- u. Spaltdichtung Labyrinth-Spalt-Dichtung	Spaltdichtung	

Tafel 7.13. Dichtungen für Drehbewegungen (Berührungsdichtungen)

Nr.	Dichtungsart	Beispiele	Merkmale
1	Stopfbuchse	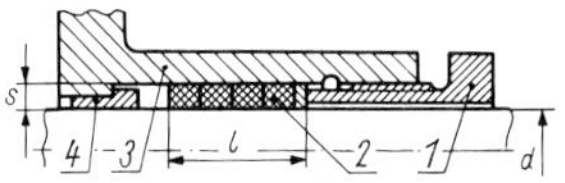 *1* Mutter *3* Gehäuse *2* Packung *4* Grundbuchse	– für Längs- u. Drehbewegung – große Bauweise $s = (0{,}8 \dots 1{,}5)\sqrt{d}$; $l = (4 \dots 8)\,s$; alle Maße in mm
2	Gleitring	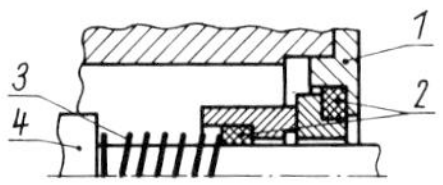 *1* Gehäuse *3* Feder *2* Dichtring *4* Welle	– für Drehbewegung (Wellen) – Durchmesserbereich $d = 5 \dots 500$ mm – Reibleistung: $P_R = p_\sigma b \frac{d_m^2}{2} \pi \omega \mu$; p_σ Gleitdruck b Breite der Gleitfläche d_m mittl. Durchmesser der Gleitfläche
3	Wellendichtring	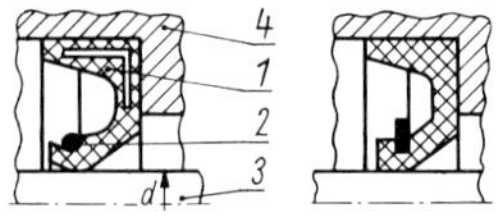 *1* Dichtring *3* Welle *2* Federring *4* Gehäuse	– zur Abdichtung von Welle und Achse – genormte Elemente – zulässige Rundlaufabweichung: $F_{rzul} = 12\sqrt{d}$ in µm; d in mm
4	Schutzdichtung	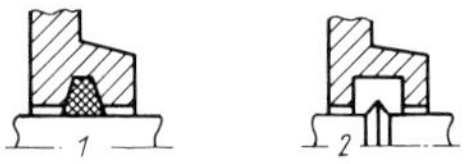	– zum Schutz gegen Schmutz und Feuchte – schleifend (*1*) und nicht schleifend (*2*) ausgeführt

Bei **Stopfbuchsen** werden Weichpackungen (z. B. imprägnierte Schnüre aus Baumwolle oder Hanf), Weichmetallpackungen (z. B. Hanffasern mit Metallfäden aus Blei oder Messing) und Packungsringe (z. B. geteilte Ringe aus Bronze oder Gußeisen) angewendet.
Beim **Gleitring** werden als Werkstoffe Kunstkohle, Hartmetall, Kunststoff u. a. angewendet. Es lassen sich kleine Reibwerte ($\mu_{min} = 0{,}05$) erreichen. Der Temperaturbereich beträgt −200 °C bis +450 °C bei Drücken bis zu 25 MPa (Gleitgeschwindigkeit $v_{max} = 100$ m/s).
Die Abdichtung unterschiedlicher Medien ist möglich; bei Gas wird Sperrflüssigkeit eingesetzt.
Wellendichtringe besitzen zum Abdichten sog. Lippen. Durch elastisches Verspannen und mit Hilfe von Federringen werden sie an das abzudichtende Konstruktionselement, die Achse oder Welle, gepreßt. Als Werkstoff gelangt vorwiegend Kautschuk zum Einsatz.

Schutzdichtungen werden hinsichtlich der Berührung mit der Welle in zwei Ausführungen gefertigt. Als Berührungsdichtung schleifen sie auf der Wellenoberfläche (Werkstoff: Gummi, Filz, Leder oder Kunststoff; Gleitgeschwindigkeit $v_{max} = 15$ m/s).
Berührungsfreie Schutzdichtungen haben keine Geschwindigkeitsbegrenzung. Wird Fett in den Spalt gefüllt, dann ist $v_{max} = 5$ m/s. Berührungsfreie Schutzdichtungen führt man auch als Labyrinthdichtungen aus **(Tafel 7.14)**. Die Funktion wird durch Drosselung im Spalt erreicht (Leckmenge beachten!). Die Spaltdichtungen sind auch für Längsbewegungen geeignet.

Tafel 7.14
Dichtungen für Drehbewegungen (berührungsfreie Dichtungen)

Nr.	Dichtungsart	Beispiele	Merkmale
1	Labyrinthdichtung (axial)		– kein Verschleiß an Berührungsstelle – hohe Relativgeschwindigkeit
2	Labyrinthdichtung (radial)		– radiale Anordnung der Spalten – Leckmenge beachten – radiales Spiel $s_r = (d/1000 \ldots d/500)$; d, s_r in mm

7.6.2. Dichtungen für Längsbewegungen

Für Längsbewegungen wurden zahlreiche Lösungen entwickelt, wesentliche Funktionselemente sind die unterschiedlichen Dichtringe. Sie unterscheiden sich in der Querschnittsform (z. B. Lippe, Hut, Nut, Kegel, Kreis). In **Tafel 7.15** sind Lösungsbeispiele für Form- und Nutring sowie Membran enthalten. Sie sind in der Regel genormt (Anwendungsrichtlinien in bezug auf Temperaturbereich, Druck, Gleitgeschwindigkeit und Einbau s. Normen in Tafel 7.18).

Tafel 7.15
Dichtungen für Längsbewegungen

Nr.	Dichtungsart	Beispiele	Merkmale
1	Formring (Lippenring)	*1* Welle; *2* Formring (Lippenring)	– Formringe werden als Lippen-, Nut-, Kegel- u. Rundringe verwendet – geringe Bauhöhe, selbstdichtend
2	Nutring	*1* Stützring; *2* Nutring	– für Drücke bis 10 MPa – Anwendungshinweise s. Normen in Tafel 7.18
3	Membran	*1* Gehäuse; *2* Gummimembran	– Abdichten von zwei Räumen mit unterschiedlichem Druck – für kleine Bewegungen – keine Reibung, wartungsfrei

7.6.3. Dichtungen für Dreh- und Längsbewegungen bei unterschiedlichen Drücken (Vakuumdichtungen)

Diese Dichtungen werden vor allem für Vakuumdurchführungen benötigt. In **Tafel 7.16** sind Lösungsbeispiele dargestellt.

Tafel 7.16. Dichtungen für Dreh- und Längsbewegungen bei unterschiedlichen Drücken (Vakuumdichtungen); s. auch Tafel 3.2c

Nr.	Dichtungsart	Beispiele	Merkmale
1	Rundring	*1* Welle; *2* Rundring	– geringer Raumbedarf – einfache Herstellung – preisgünstig – Reibkräfte – hohe Oberflächengüte der Welle erforderlich
2	Dichtring	*1* Welle; *2* Dichtring	– gute Dichtwirkung – geringe Reibung – größerer Raumbedarf – aufwendiger als Nr. 1 – für Drücke $p_1 \leqq p_2$
3	Zweifachdichtring	*1* Welle; *2* Dichtring	– hohe Dichtsicherheit – beliebige Einbaurichtung – für Drücke $p_1 \lesseqgtr p_2$ – größerer Raumbedarf – aufwendiger als Nr. 1 u. 2

Als Dichtungselement wird im einfachsten Fall ein *Rundring* verwendet, der mehrfach hintereinander angeordnet werden kann und die erforderliche Dichtheit gewährleistet. In Tafel 7.16 sind zwei weitere Lösungen mittels *Dichtringes* und *Zweifachdichtringes* gezeigt. Die Dichtungen müssen besonders niedrige Leckraten, Ausheizbarkeit und Kohlenwasserstofffreiheit gewährleisten.

Tafel 7.17. Dichtungen für Längs-, Winkel- und Drehbewegungen (ohne Stopfbuchse) für Vakuum

Nr.	Dichtungsart	Beispiele	Merkmale
1	Überrollmanschette	*1* Achse; *2* Manschette	– für lange Hübe – für Drücke $p_1 \leqq p_2$ – nicht kohlenwasserstofffrei
2	Metallbalg (symmetrisch)	*1* Achse; *2* Metallbalg	– für höhere Temperatur – kohlenwasserstofffrei – teurer als Nr. 1 – für Drücke $p_1 \leqq p_2$
3	Metallmembran	*1* Achse; *2* Metallmembran	– für Längs- u. Winkelbewegung – hoher radialer Raumbedarf – billige Lösung – für Drücke $p_1 \approx p_2$
4	Metallbalg (unsymmetrisch)	*1* Welle; *2* Metallbalg	– großer Raumbedarf – ausheizbar – kohlenwasserstofffrei – M_d klein, $\omega_1 \neq \omega_2$

7.6.4. Dichtungen für Längs-, Winkel- und Drehbewegungen ohne Stopfbuchse (für Vakuum)

Die stopfbuchsenlose Lösung von abzudichtenden Bewegungselementen erfordert höheren Aufwand. Möglichkeiten zeigt **Tafel 7.17**.

Die *Überrollmanschette* für Schiebedurchführungen ist bei Klemmbefestigung gut austauschbar *(Nachteil: nicht ausheizbar)*.

Der *Metallbalg* erfordert großen Raum in Schieberichtung *(Vorteil: ausheizbar)*. Eine einfache Lösung ist die *Metallmembran*. Sie ermöglicht auch Winkelbewegung *(Nachteil: nur kurze Hübe)*.

Der unsymmetrisch belastete Metallbalg in der Drehdurchführung (Nr. 4 in Tafel 7.17) ist sehr aufwendig, erfüllt jedoch die funktionellen Forderungen gut (völliges Trennen der Räume, Vermeiden von Undichtheiten).

Vakuumdichte Flanschverbindungen für Hoch- und Ultrahochvakuum und das Abdichten von ruhenden Teilen s. Abschnitt 4. [7.1].

Eine Zusammenstellung ausgewählter Normen und Richtlinien zum Abschnitt 7. enthält **Tafel 7.18**.

Berechnungsbeispiele für Achsen und Wellen s. Abschnitt 3.5.4.

Tafel 7.18. Normen und Richtlinien zum Abschnitt 7.

DIN-Normen	
DIN 471	Sicherungsringe (Halteringe) für Wellen; Regelausführung und schwere Ausführung
DIN 668	Blanker Rundstahl; Maße, zulässige Abweichungen (jetzt DIN EN 10277)
DIN 669	Blanke Stahlwellen; Maße, zulässige Abweichungen nach ISO-Toleranzfeld h9 (ungültig, s. o.)
DIN 705	Stellringe
DIN 748 T1	Zylindrische Wellenenden; Abmessungen, Nenndrehmomente
DIN 748 T3	Zylindrische Wellenenden für elektrische Maschinen
DIN 983	Sicherungsringe mit Lappen (Halteringe) für Wellen
DIN 1448, 1449	Kegelige Wellenenden mit Außengewinde, mit Innengewinde; Abmessungen
DIN 3760	Radial-Wellendichtringe
DIN 5464	Keilwellen-Verbindungen mit geraden Flanken
DIN 5480	Zahnwellen-Verbindungen mit Evolventenflanken
DIN 5481 T1	Kerbzahnnaben- und Kerbzahnwellen-Profile (Kerbverzahnungen)
DIN 6799	Sicherungsscheiben (Haltescheiben) für Wellen
DIN 6885	Mitnehmerverbindungen ohne Anzug; Paßfedern, Nuten, hohe Form
DIN 6888	–; Abmessungen und Anwendung
DIN 7155 T1	ISO-Passungen für Einheitswelle; Toleranzfelder, Abmaße
DIN 7160	ISO-Abmaße für Außenmaße (Wellen), für Nennmaße von 1 bis 500 mm (jetzt DIN ISO 286)
DIN 7190	Preßverbände; Berechnungsgrundlagen und Gestaltungsregeln
DIN 24960	Gleitringdichtungen; Wellendichtungsraum, Hauptmaße, Bezeichnungen und Werkstoffschlüssel
DIN 28144	Wellenende für zweiteilige Rührer, Stahl emailliert; Maße
DIN 28154	Wellenende für Rührer aus unlegiertem und nichtrostendem Stahl, für Gleitdichtungen; Maße
DIN 28159	Wellenende für einteilige Rührer, Stahl emailliert; Informationen zur Festigkeit
DIN 41591	Wellenenden für elektrisch-mechanische Bauelemente
DIN 42020	Wellenenden mit Toleranzring bei elektrischen Kleinmotoren
DIN 45670	Wellenschwingungs-Meßeinrichtung; Anforderungen an eine Meßeinrichtung; Überwachung der relativen Wellenschwingung (jetzt DIN ISO 7919 und DIN ISO 10817)
DIN 72783	Scheibenwischeranlagen für Straßenfahrzeuge; Rändelbefestigung für Wischermotor
DIN 75532 T1	Übertragung von Drehbewegungen; Formen der Anschlüsse an Getrieben, Zwischengetrieben, biegsamen Wellen und Geräten
DIN 75532 T2	–; Biegsame Wellen
DIN ISO 14	Keilwellen-Verbindungen mit geraden Flanken und Innenzentrierung; Maße, Toleranzen, Prüfung
Richtlinien	
VDI 3840	Schwingungen von Wellensträngen; Erforderliche Berechnungen

Literatur zum Abschnitt 7.

(Grundlagenliteratur s. Literatur zum Abschnitt 1.)

Bücher, Dissertationen

[7.1] *Teubner, W.; Bollinger, H.*: Industrielle Hochvakuumtechnik. Leipzig: Dt. Verlag für Grundstoffindustrie 1980.
[7.2] *Hinz, R.*: Verbindungselemente, Achsen, Wellen, Lager, Kupplungen. 3. Aufl. Leipzig: Fachbuchverlag 1989.
[7.3] *Trutnovsky, K.*: Berührungsfreie Dichtungen. Düsseldorf: VDI-Verlag 1981.
[7.4] *Kollmann, F. G.*: Welle-Nabe-Verbindungen. Konstruktionsbücher. Bd. 32. Berlin: Springer-Verlag 1984.
[7.5] *Steinhilper, W.*: Elastische Elemente, Federn, Achsen und Wellen, Dichtungstechnik, Reibung, Schmierung, Lagerungen. 2. Aufl. Berlin, Heidelberg, New York: Springer-Verlag 1996.
[7.6] *Freund, H.*: Konstruktionselemente, Bd. 1: Grundlagen, Verbindungselemente, Federn, Achsen und Wellen. Mannheim, Wien, Zürich: Wissenschaftsverlag 1991.
[7.7] *Thier, B.; Faragallah, W. H.* (Hrsg.): Handbuch Dichtungen. Sulzbach/Ts.: Verlag Bildarchiv Faragallah 1990.
[7.8] *Tan, L.*: Beanspruchungen und Übertragungsfähigkeit der geschwächten Welle-Nabe-Preßverbindungen im elastischen und teilplastischen Bereich. Diss. Technische Universität Clausthal 1993.
[7.9] *Klein, S.*: Rechnerunterstützte Auslegung von Welle-Nabe-Verbindungen. Diss. Technische Universität Berlin 1994.
[7.10] *Hoepke, E.*: Dichtungstechnik mit gummielastischen Dichtungen. Renningen: expert-Verlag 2000.
[7.11] *Eccarius, M.*: Untersuchungen zur Berechnung und optimierten Gestaltung von Wellen und Achsen mit konstruktiven Kerben. Diss. Technische Universität Dresden 2000.

Aufsätze

[7.12] *Schlecht, B.*: Vergleichende Untersuchungen zur dauerfesten Auslegung von Getriebewellen. Konstruktion 49 (1997) 11/12, S. 33.
[7.13] *Hahn, O.; Schuht, U.*: Auslegung geklebter Welle-Nabe-Verbindungen mit Unterstützung wissensbasierter Systeme. Konstruktion 46 (1994) 3, S. 107.
[7.14] *Hahn, O.; Kürlemann, J.*: Berechnung klebgeschrumpfter Welle-Nabe-Verbindungen mit Hilfe der Finite-Element-Methode. Konstruktion 46 (1994) 11, S. 371.
[7.15] *Rübbelke, L.; Schäfer, H.*: Einfluß der Welle-Nabe-Verbindungen auf das dynamische Verhalten von Hochgeschwindigkeitsmotoren. Konstruktion 46 (1994) 6, S. 235.
[7.16] *Hahn, O.; Hild, G.*: Auslegung schrumpfgeklebter Welle-Nabe-Verbindungen bei überlagerten Belastungen. Konstruktion 48 (1996) 7/8, S. 229.
[7.17] *Kieser, A.*: Welle-Nabe-Paßfederverbindungen mit Kunststoffnaben. Konstruktion 48 (1996) 9, S. 275.
[7.18] *Hasenstab, W.*: Einfache Montage von Welle-Nabe-Verbindungen. antriebstechnik 42 (2003) 6, S. 54.
[7.19] Ein Bericht aus dem Hause GEMO-Spezialfabrik biegsamer Wellen, Krefeld: Biegsame Wellen – kostensparende Antriebselemente. Der Konstrukteur 7 (1976) 6, S. 66.
[7.20] *Cornelius, E. A.; Jäger, T.*: Unterlagen zur Dimensionierung längsgenuteter Wellen unter reiner Torsion. Konstruktion 22 (1970) 5, S. 188.
[7.21] *Scheffels, G.*: Dichtungen mit integrierter Sensorik. antriebstechnik 42 (2003) 4, S. 40.
[7.22] *Ruhl, C.; Sauer, B.*: Radialwellendichtringe unter Belastung mit radialen Schwingungen verschiedener Frequenzen. Konstruktion 54 (2002) 6, S. 58.
[7.23] *N. N.*: Häufige Schäden an gummielastischen Dichtungen hydrostatischer Antriebe. Maschinenbautechnik 29 (1980) 6, S. 265.
[7.24] *Stiegler, B.; Haas, W.*: Der Einfluss von Zusatzbewegungen auf berührungsfreie Wellendichtsysteme. Konstruktion 54 (2002) 4, S. 91.
[7.25] *Gäbel, W.; Wagner, H.*: Vergleichende Untersuchungen zwischen Rundring-, Lippenring-, Kompaktring- und Lippenringsatzabdichtungen bei Hubbewegungen. Maschinenbautechnik 29 (1980) 2, S. 80.
[7.26] *Grunau, A.; Berg, M.*: Schwingungsfestigkeit geklebter Welle-Nabe-Verbindungen. Konstruktion 40 (1988) 1, S. 19.
[7.27] Optimierte Wellenkonstruktion mittels CAD-Programm. Konstruktion u. Elektronik (1987) 10, S. 32.
[7.28] *Müller, H. K.; Waidner, P.*: Niederdruck-Gleitringdichtung – Vorgänge im Dichtspalt. Konstruktion 40 (1988) 2, S. 67.
[7.29] *Hoepke, E.*: ABC der Dichtungstechnik. Konstruktion und Elektronik (1987) 1, S. 62 und (1987) 2, S. 64.
[7.30] *Tückmantel, H.-J.*: Die Berechnung statischer Dichtverbindungen. Konstruktion 40 (1988) 3, S. 116.
[7.31] *Vajna, S.; Arnand, T.; Desravines, C.*: Anwendung rechnerunterstützter Methoden zur verbesserten geometrischen Auslegung von Radialwellendichtringen. Konstruktion 42 (1990) 3, S. 73.
[7.32] *Glienicke, J.*: Gasgeschmierte Axialgleitringdichtungen für hohe $p \cdot v$ – Werte. Konstruktion 46 (1994) 1, S. 17.
[7.33] *Peeken, H.; Schröder, R.*: Forschung an Gleitringdichtungen. Konstruktion 47 (1995) 6, S. 199.
[7.34] *Vetter, G.; Kießling, R.*: Zur Auslegung von Spaltdichtungen in Pumpen gegen hydroabrasiven Verschleiß. Konstruktion 48 (1996) 6, S. 167.
[7.35] *Hoffmann, Ch.*; u. a.: Reibung von PTFE-Wellendichtungen. Konstruktion 48 (1996) 4, S. 94.
[7.36] *Bock, E.; Haas, W.*: Neuer druckbelasteter Wellendichtring. Konstruktion 49 (1997) 4, S. 41.
[7.37] *Westen, F.*: Neue Dichtungswerkstoffe für höchste Anforderungen. antriebstechnik 42 (2003) 6, S. 16.
[7.38] Radial-Wellendichtringe. Busak + Luyken Dichtungen GmbH Stuttgart.
[7.39] *Kailer, A.; Hollstein, T.*: Siliciumcarbid als Werkstoff für Gleitringdichtungen. Konstruktion 54 (2002) 3, S. 54.
[7.40] *Eppler, M.*: Elastomerbeschichtete Metallsickendichtungen neuer Generation. Konstruktion 54 (2002) 5, S. 45.

8. Lager und Führungen

Lager und Führungen sind Funktionselemente, die in der Mechanismentechnik als Gelenke bezeichnet werden. Ein Gelenk ermöglicht die gegenseitige Beweglichkeit zweier starrer Bauteile.

Ein frei beweglicher Körper kann bezüglich der drei Koordinatenachsen im Raum sechs Einzelbewegungen (drei Drehungen um je eine Achse und drei Schiebungen längs der Achsen) ausführen. Die Anzahl der in einem Gelenk unabhängig voneinander möglichen relativen Einzelbewegungen ist der Gelenkfreiheitsgrad f. Gelenke werden u. a. nach ihrem Gelenkfreiheitsgrad unterschieden, wobei f mindestens 1 und höchstens 5 betragen kann. Gelenke mit $f = 1$, auch einfache Gelenke genannt, ermöglichen entweder nur eine Drehbewegung (Drehgelenk) oder eine Schubbewegung (Schubgelenk). Die Drehgelenke (Rotation) werden in ihrer konstruktiven Ausführung als **Lager** und die Schubgelenke (Translation) als **Führungen** bezeichnet. Der gewünschte Freiheitsgrad ist durch entsprechende Form-, Kraft- oder Stoffpaarung zu gewährleisten.

Die Aufgabe der Lager und Führungen, die zu bewegenden Teile abzustützen und die vorgeschriebene Lage im Raum zu sichern, soll möglichst verlustfrei und mit hoher Zuverlässigkeit bei ökonomisch vertretbarem Aufwand erfolgen. Dem stehen Reibung und Verschleiß entgegen.

8.1. Grundlagen zu Reibung und Verschleiß [8.2.5] [8.2.6]

Funktionssicherheit und Zuverlässigkeit der Lager und Führungen werden im wesentlichen durch die Gestaltung und Auslegung der Reibstellen bestimmt. Kenntnis und Beherrschung der Reibungs- und Verschleißvorgänge sind deswegen für eine optimale Erfüllung der an diese Funktionselemente gestellten Anforderungen Voraussetzung.

Zum Problem der Reibung s. Abschnitt 3.3.2.

Verschleiß ist die infolge Reibung eintretende bleibende Form- bzw. Stoffänderung von Festkörper-Stoffbereichen, die außerhalb einer beabsichtigten Formgebung oder Stoffänderung liegt.

Entsprechend dieser Definition ist nicht nur Stoffabtragung, sondern auch jede bleibende Deformation (Eindrücke, Rillen, Riefen) als Verschleiß (Formänderungsverschleiß) zu bezeichnen. Der bei einer Reibpaarung zu beobachtende *Abtragverschleiß* wird entweder durch das Verschleißvolumen V_V oder bei konstanter nomineller Kontaktfläche A_a durch die Verschleißtiefe h (Eindringtiefe)

$$V_V = A_a h \tag{8.1.1}$$

angegeben. Es zeigt sich dabei i. allg. ein Verlauf nach **Bild 8.1.1.** Die maßgebende Laufvariable ist der zurückgelegte Reibweg s_R; bei konstanter Gleitgeschwindigkeit $v = s_R/t$ kann auch die Laufdauer t als Laufvariable verwendet werden.

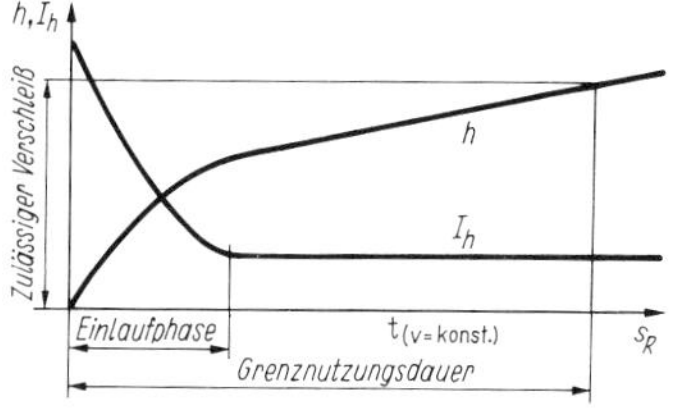

Bild 8.1.1. Verschleißverlauf

I_h Verschleißintensität; h Verschleißtiefe; s_R Reibweg; t Laufzeit (bei konstanter Geschwindigkeit)

In der Einlaufphase einer Reibpaarung kommt es zu einer Glättung der Rauheiten der Reibflächen; es stellt sich ein konstanter Wert der Rauheit ein. Die Einlaufphase läßt sich deshalb verkürzen, wenn die Bearbeitungsrauheit weitgehend der sich einstellenden Betriebsrauheit entspricht. Während des Einlaufens optimiert sich nicht nur die Mikrogeometrie der Reibflächen, sondern es bilden sich in Abhängigkeit von den übrigen Beanspruchungsbedingungen optimale, den Grundkörper schützende Reaktionsschichten mit ganz besonderer chemischer Zusammensetzung und mechanischen Eigenschaften aus.

Reaktionsschichten, oft als Reiboxidation bezeichnet, können sich verschleißmindernd auswirken, solange sie fest mit dem Grundwerkstoff verbunden sind. Deswegen stellt sich nach dem Einlaufen ein wesentlich geringerer und gleichbleibender Verschleißanstieg (stationärer Verschleiß) ein, der bei vorgegebener zulässiger Verschleißtiefe eine Vorausberechnung der Nutzungsdauer gestattet. Werden die Reaktionsschichten z. B. durch Überlastung, Temperaturerhöhung oder andere Umstände zerstört, ohne daß sie sich kurzzeitig regenerieren können, kommt es zu einem lawinenartigen Anwachsen von Mikroverschweißungen auf der Reibfläche und dadurch zu völligem Stillstand der Reibpaarung. Dieser Vorgang wird als *Fressen* bezeichnet. Ein Fressen kann bereits während der Einlaufphase (Einlauffressen) auftreten und wird durch die Makro- und Mikroanpassungsfähigkeit der Gleitpartner bestimmt. Andere Situationen zur Freßneigung sind das Versagen der Schmierung (Notlauffressen), wobei das Trockenreibungsverhalten und das Ölspeicherungsvermögen des Werkstoffes eine Rolle spielen, oder eine Überlastung (Hochbeanspruchungsfressen), bei der die Festigkeits- und Temperatureigenschaften des Werkstoffes maßgebend sind. Die Reduzierung der Freßerscheinungen gewinnt nach [8.2.4] bei bewegten Konstruktionselementen außer zur Erhöhung der Zuverlässigkeit vor allem im Hinblick auf eine gedrängtere Bauweise an Bedeutung. Während das Einlauf- und Notlauffressen vor allem durch bestimmte Schichten verhindert werden kann, treten zum Vermeiden des Hochbeanspruchungsfressens neben geeigneten Schichten verstärkt neue Werkstoffe und Schmierstoffe in den Blickpunkt des Interesses (s. Abschnitt 8.4. Schmierung).

Dem Abtragverschleiß liegen mehrere Mechanismen zugrunde **(Tafel 8.1.1)**, die meist nicht in reiner Form, sondern als Kombination existieren, wobei einer stark überwiegen kann.

Tafel 8.1.1. Verschleißgrundmechanismen [8.2.4]

Verschleiß-mechanismus	Charakterisierung	Gegenmaßnahmen
Adhäsiver Verschleiß	Verschleiß durch Festkörper-Festkörper-Adhäsion, insbesondere durch Verschweißung	– hydrodynamische Schmierung – Verminderung des nominellen Drucks – Zugabe von EP-Additivs zum Schmierstoff – Einsatz nicht miteinander verschweißender Grundmaterialien oder Beschichtung derselben (EP s. Tafel 8.4.2)
Abrasiver Verschleiß	Verschleiß durch Pflugwirkung der Rauheit des härteren Körpers oder durch harte lose Teilchen	– hydrodynamische Schmierung – Herabsetzung der Rauheit des härteren Körpers – Erhöhung der Härte des Verschleißteils – Verminderung des nominellen Drucks
Korrosiver Verschleiß	Verschleiß durch Festigkeitsverminderung von Oberflächenschichten aufgrund tribochemischer Umsetzungen (Reiboxidation)	– Zugabe von Antikorrosionsadditivs zum Schmierstoff – Verwendung korrosionsfester bzw. allgemein inerter Grundmaterialien oder Beschichtungen – Ausschluß korrodierender oder allgemein reaktionsfähiger Komponenten und Verunreinigungen des Schmierstoffes und der Umgebung
Ermüdungs-verschleiß	Verschleiß durch Ermüdung der Oberflächenschichten infolge wiederholter plastischer oder elastischer Wechselwirkung, wobei Mikrorisse an Gitterfehlstellen entstehen, die sich zur Oberfläche hin ausbreiten	– Einsatz von Grundmaterialien und Beschichtungen, die nicht zur Versprödung, Bildung von Mikrorissen bzw. pittings neigen – Dämpfung von Schwingungen und Stoßbeanspruchungen, die eine Zerstörung des Gefüges der oberflächennahen Festkörperbereiche durch Ermüdung beschleunigen

Reibungs- und Verschleißvorgänge verändern den Energiezustand der mechanisch beanspruchten Körper. Es ist deshalb naheliegend, die Energie in die Verschleißbetrachtung einzubeziehen. Je nachdem, ob die Reibkraft F_R, die Normalkraft F_n, die nominelle Flächenpressung $p = F_n/A_a$ oder die mittlere Schubspannung $\tau_m = \mu p$ herangezogen wird, gilt für die

Reibarbeit

$$W_R = F_R s_R = \mu F_n s_R = \mu p A_a s_R = \tau_m A_a s_R. \qquad (8.1.2)$$

Das Verhältnis der Reibungsenergie zu dem beim Verschleißvorgang abgetragenen Stoffvolumen V_V wird als scheinbare Reibungsenergiedichte

$$W_R/V_V = e_R^* \qquad (8.1.3)$$

bezeichnet. Das Attribut „scheinbar" ist notwendig, weil tatsächlich ein größeres Stoffvolumen V_R von der Reibungsenergie beansprucht, ein Teil davon aber nur verformt und nicht abgetragen wird. Meßtechnisch ist nur das abgetragene Volumen V_V zugänglich.
Eine für den Praktiker anschauliche und bedeutungsvolle Größe ist die im Bild 8.1.1 mit eingezeichnete Verschleißintensität

$$I_h = h/s_R = V_V/(A_a s_R). \qquad (8.1.4)$$

Aus der Kombination der Gln. (8.1.2), (8.1.3) und (8.1.4) erhält man für die Verschleißintensität die Beziehung

$$I_h = \tau_m/e_R^* = \mu p/e_R^*, \qquad (8.1.5)$$

die als energetische Verschleißgrundgleichung gilt.

Nach [8.2.4] müssen alle den Verschleißprozeß bestimmenden Einflußgrößen, die nicht durch die mittlere Schubspannung zusammenfassend berücksichtigt werden, in der scheinbaren Reibungsenergiedichte enthalten sein. Sie ist keine Kenngröße für die Werkstoffeigenschaft, sondern nur eine Kenngröße für das Energieniveau, das sich beim Verschleißvorgang unter den jeweiligen Bedingungen einstellt.
Eine Proportionalität von I_h und F_n ist auch bei konstantem Reibwert nicht erforderlich, weil sich die kritische Energiedichte e_R^* mit der Belastung F_n ändern kann ($e_R^* = f(F_n)$), beispielsweise durch die Änderung der realen Kontaktfläche, wodurch sich der Wärmeübergang zwischen den Reibpartnern ändert.

Tafel 8.1.2. Optimal erreichbare scheinbare Reibungsenergiedichte e_R^* [8.2.5]

Reibpaarung	Größenordnung der ertragbaren scheinbaren Energiedichte e_R^* in N/mm²	zu erwartende Verschleißintensität I_h	bei einem Orientierungswert $\tau_m = \mu \cdot p$ in N/mm²
Hydrodynamisch geschmierte Gleitlager im Dauerbetrieb	10^{12}	10^{-13}	0,1 = 0,01 · 10
Gleitlager mit Mischreibung, Gleitschrauben-Getriebe, Gleitführungen	$5 \cdot 10^9$	10^{-11}	0,05 = 0,08 · 0,6
Dichtungen aus Gummi, ungeschmiert	$3 \cdot 10^8$	10^{-9}	0,3 = 1,2 · 0,25
Kupplungsbeläge, teilweise geschmiert	$2{,}5 \cdot 10^8$	10^{-9}	0,25 = 0,17 · 1,5
Bremsbeläge in Kfz	$2{,}6 \cdot 10^6$	10^{-7}	0,25 = 0,18 · 1,4
Bronzelager, ungeschmiert	$5 \cdot 10^5$	10^{-5}	5 = 0,33 · 15

In **Tafel 8.1.2** ist für einige typische Reibpaarungen die optimal erreichbare scheinbare Reibungsenergiedichte e_R^* angegeben.
Maßnahmen zur Senkung des Verschleißes zielen auf eine Erhöhung der ertragbaren scheinbaren Reibungsenergiedichte hin, wobei nicht nur die Anwendung von Schmierstoffen, sondern auch die Wahl der Grundwerkstoffe und der Aufbau reibungs- und verschleißmindernder Schichten eine bedeutende Rolle spielen.

Eine Zusammenstellung ausgewählter Normen und Richtlinien zum Abschnitt 8.1. enthält Tafel 8.4.6.
Literatur zum Abschnitt 8.1. s. Literatur zum Abschnitt 8.2.

8.2. Lager

Zeichen, Benennungen und Einheiten

A Fläche in mm^2
B Breite in mm
C dynamische Tragzahl in N
C_0 statische Tragzahl in N
D Bohrungsdurchmesser in mm
E Elastizitätsmodul in N/mm^2
F Kraft, Belastung in N
G Gleitmodul, Schubmodul in N/mm^2
I Flächenträgheitsmoment in mm^4
L Lebensdauer in Umdrehungen
L_h Lebensdauer in h
M_R Reibmoment in $N \cdot mm$
M_b Biegemoment in $N \cdot mm$
M_d Drehmoment, Torsionsmoment in $N \cdot mm$
P_R Reibleistung in W
Q Durchflußmenge in l/h
R_z gemittelte Rauhtiefe in µm
S Sicherheitsfaktor
S Lagerspiel in mm
So Sommerfeldzahl
S_w Warmspiel in mm
V Umlauffaktor
W_b Widerstandsmoment gegen Biegung in mm^3
X Radialfaktor
Y Axialfaktor
a Druckkreisradius in mm
a_1 Erlebensfaktor
b Lagerbreite in mm
c Federsteife, Steifigkeit in N/mm bzw. N/µm
d Wellen-, Zapfendurchmesser in mm
e Exzentrizität in mm
f_L Lebensdauerfaktor
f_n Drehzahlfaktor
h Lagerspalt, Schmierschichtdicke in mm
h_0 kleinste Schmierschichtdicke in mm
l Länge in mm
m Poissonsche Zahl
n Drehzahl in U/min
p Flächenpressung in N/mm^2; Gasdruck in Pa; bar
r Radius in mm
t Federbanddicke in mm
v Gleitgeschwindigkeit in mm/s
u, v Koaxialitätstoleranz in mm
w Strömungsgeschwindigkeit in m/s
α Kegelwinkel in °; Schiefstellung der Welle aufgrund von Maßtoleranzen in °
$\alpha_{Wü}$ Wärmeübergangszahl in $W/(m^2 \cdot K)$
β Schiefstellung der Welle aufgrund der Durchbiegung in °
γ Gesamtschiefstellung der Welle in °
η dynamische Viskosität in $mPa \cdot s$ bzw. $N \cdot s \cdot m^{-2}$
ϑ Temperatur in °C
ϑ_0 Umgebungstemperatur in °C
$\varkappa$ Kontaktwinkel in °
λ Wärmeleitzahl in $W/(m \cdot K)$
μ Reibwert
ν Querzahl, Querkontraktionszahl ($\nu = 1/m$)
ϱ Krümmungsradius in mm
σ_b Biegespannung in N/mm^2
σ_d Druckspannung in N/mm^2
τ Schubspannung in N/mm^2
φ Bewegungswinkel in °
ψ relatives Lagerspiel
ω Winkelgeschwindigkeit rad/s, Kreisfrequenz in Hz

Indizes

B Buchse
D Düse
R Reibung
Z Zapfen
a außen; axial
i innen
m mittlerer Wert
max maximaler Wert
min minimaler Wert
n Normalrichtung
opt optimaler Wert
r Radialrichtung
s Speise-
sp Spalt
t tangential, Umfangsrichtung
ü über-; Übergang
x Axialrichtung
zul zulässiger Wert

Durch ein Lager wird ein Bauteil gegenüber einem als feststehend angenommenen Teil um eine Achse relativ beweglich, wenn es mit dem feststehenden Teil unmittelbar oder mittelbar (unter Hinzunahme weiterer Teile) so gepaart wird, daß nur ein Freiheitsgrad der Rotation verbleibt. Aus dem Begriff „Paarung" folgen die Unterscheidungs- bzw. Einteilungsmerkmale **(Bild 8.2.1)**

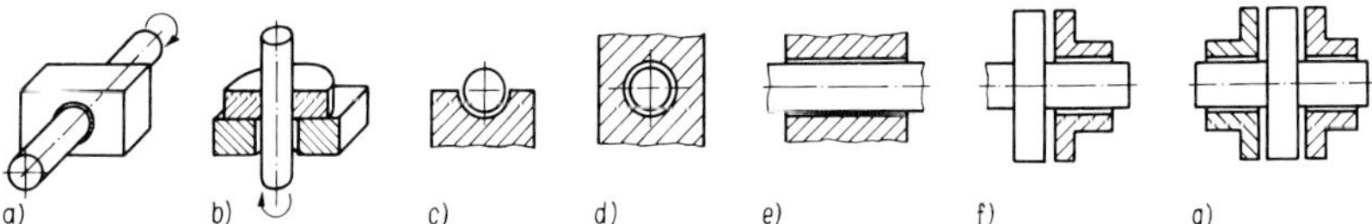

Bild 8.2.1. Lager

a) Quer- oder Radiallager; b) Längs- oder Axiallager; c) offenes Lager; d) geschlossenes Lager; e) Loslager; f) Stützlager; g) Festlager

① *Richtung der Kraftaufnahme in der Paarungsfläche*
Axiallager, Radiallager

② *Sicherung der Paarung*
radial: offene Lager, geschlossene Lager
axial: Loslager, Festlager, Stützlager

③ *Art der Reibung in der Paarung*
- Gleitlager (Gleit- oder Bohrreibung)
- Wälzlager (Roll- oder Wälzreibung)
- Federlager (Reibung innerhalb des Werkstoffs)

④ *Reibungszustand*
- Festkörperreibung (Verschleißlager)
- Flüssigkeitsreibung (hydrodynamische und hydrostatische Lager)
- Gasreibung (Luftlager, Strömungslager)

⑤ *Geometrische Form der Reibelemente*
z. B.: Zapfen-, Kegel-, Spitzen-, Schneiden-, Spannband-, Kugel-, Zylinderrollen-, Nadellager.

8.2.1. Hydrodynamische Gleitlager [1.17] [8.2.2] [8.2.3]

Aufgabe der Lagerberechnung und -gestaltung ist es, die Lager betriebssicher, d. h. ohne nennenswerten Verschleiß, auszulegen.

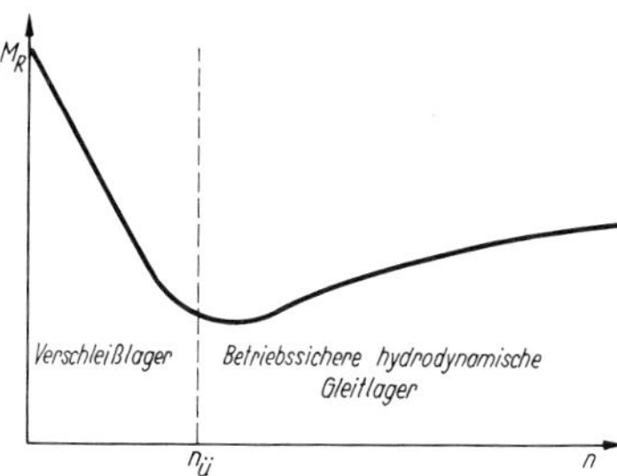

Bild 8.2.2. Stribeck-Diagramm

Bei den hydrodynamisch geschmierten Lagern liegt dieser Fall immer dann vor, wenn sich möglichst in allen Betriebszuständen ein tragender Schmierfilm zwischen Welle und Lagerbuchse aufbauen kann. Dieser tragende Schmierfilm bildet sich bei einem vorgegebenen Lager oberhalb der Drehzahl $n_ü$, der Übergangsdrehzahl, aus. Lager mit einer Betriebsdrehzahl $n > n_ü$ gelten als betriebssicher **(Bild 8.2.2)**. Lager mit $n < n_ü$ arbeiten im Gebiet der Mischreibung und werden, da der Verschleiß nicht zu unterbinden ist, als Verschleißlager bezeichnet (s. Abschnitt 8.2.3.). Die *Übergangsdrehzahl* $n_ü$ kann nach *Vogelpohl* berechnet werden aus

$$n_ü = (6/\pi)\ 10^7 \psi F h_{zul} / (\eta b D^2) \qquad (8.2.1)$$

$n_ü$ in U/min.

Die Einflußgrößen sind:

relatives Lagerspiel	$\psi = (D-d)/d$
Wellendurchmesser	d in mm
Bohrungsdurchmesser	D in mm
Lagerbreite	b in mm
Viskosität des Schmieröls	η in mPa · s
Mindestschmierschichtdicke	h_{zul} in mm (muß größer als die Summe der Rauheiten der Gleitoberflächen sein)
Lagerbelastung	F in N.

Hydrodynamische Schmierung läßt sich bei kleinen Lagerabmessungen und verhältnismäßig großem Lagerspiel nur in Ausnahmefällen erreichen. Sie setzt zudem Dauerbetrieb voraus. Bei jedem Start und Stop oder bei jeder Umkehr der Drehbewegung wird Mischreibung durchlaufen. Oszillierende Bewegungen, Schaltbewegungen, schleichende Einstellbewegungen usw., Bewegungen also, die in den Geräten häufig vorkommen, widersprechen den Bedingungen für eine hydrodynamische Schmierung. Die Gleitlager in der Feinwerktechnik sind vorwiegend Verschleißlager. Ihre Laufeigenschaften werden hauptsächlich von der ausgewählten Werkstoffpaarung und der schmierungsgerechten Gestaltung bestimmt. Bei großen Lagerdurchmessern im Maschinen- und Elektromaschinenbau dagegen finden hydrodynamische Gleitlager vor allem wegen des ruhigen Laufs und der hohen Lebensdauer Anwendung. Grundsätzlich sollte bei jedem Betriebsfall nachgeprüft werden, ob eine hydrodynamische Schmierung zu erreichen ist. Deshalb, und zum besseren Verständnis der weiteren Lagerarten, werden die Betrachtungen zu hydrodynamischen Gleitlagern vorangestellt.

Beim Radiallager ist für das Wirksamwerden des hydrodynamischen Prinzips die erforderliche Verengung des Schmierspalts in Bewegungsrichtung bereits durch die Geometrie der Gleitpaarung vorgegeben. Zur Erhöhung der Führungsgenauigkeit (Hochgenauigkeitslager, Bild 8.2.3b) werden unter Umständen zusätzlich hydrodynamisch wirksame Keilflächen in die Gleitzone eingearbeitet, deren Druckberge den Lagerzapfen von mehreren Seiten abstützen.

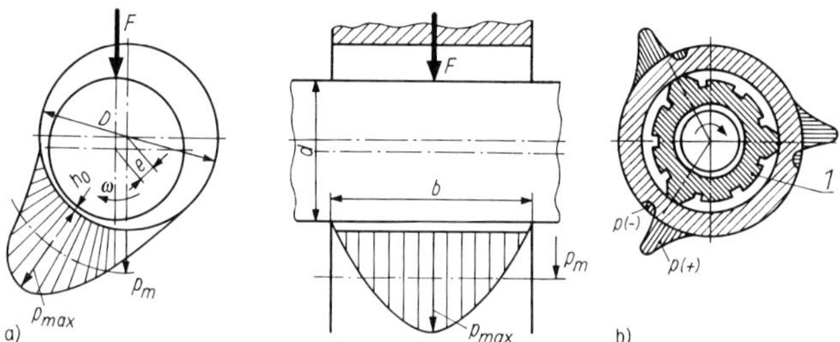

Bild 8.2.3. Ölfilmdruck im Lager
a) Einflächengleitlager im Radial- und Axialschnitt; b) Mehrflächengleitlager (Hochgenauigkeitslager nach *Mackensen*); *1* eingepreßte Lagerbuchse

Beim Axiallager sind dagegen derartige Keilflächen von vornherein vorzusehen. In jedem Keil stellt sich eine Druckverteilung im Öl nach **Bild 8.2.3** ein. Aus der hydrodynamischen Gleitlagertheorie lassen sich sowohl für die Radial- als auch für die Axiallager entsprechende Berechnungsgleichungen ableiten. Bei hydrostatisch geschmierten Gleitlagern wird der zum Tragen des Wellenzapfens notwendige Öldruck von einer Pumpe erzeugt. Wegen der breiteren technischen Anwendung werden im folgenden nur die hydrodynamischen Radialgleitlager behandelt (hydrodynamische Axiallager und hydrostatische Gleitlager s. [1.17] [8.2.2]).

8.2.1.1. Berechnung

Die Berechnung hydrodynamisch geschmierter Gleitlager umfaßt die Betriebssicherheit, Betriebstemperatur und erforderliche Schmierstoffmenge.

Betriebssicherheit. Maßgebend für die Berechnung sind neben den bereits bei der Übergangsdrehzahl genannten Größen noch folgende:

Größe	Einheit	Benennung
h_0	mm	geringste Spaltweite, Schmierfilmdicke
$S_w = D - d$	mm	Lagerspiel bei Betriebstemperatur, Warmspiel
$\psi = S_w/d$	–	relatives Lagerspiel
$p = F/(bd)$	N/mm²	nominelle mittlere Flächenpressung
$\lambda = b/d$	–	relative Lagerbreite
$\delta = h_0/(S_w/2)$	–	relative Schmierschichtdicke, bezogen auf das Lagerspiel
$e = S_w/2 - h_0$	mm	Exzentrizität der Zapfenlage
$\varepsilon = e/(S_w/2) = 1 - \delta$	–	relative Exzentrizität
$\omega = \pi\, n/30$	rad/s; n in U/min	Winkelgeschwindigkeit des Zapfens

Aus der hydrodynamischen Gleitlagertheorie wurde zur Charakterisierung des Lauf- und Reibverhaltens der Lager eine dimensionslose Kennzahl, die *Sommerfeldzahl So*,

$$So = \frac{p\psi^2}{\eta\omega} \tag{8.2.2}$$

abgeleitet, die in expliziter Form die physikalischen Größen mit den rein geometrischen verknüpft. Strenggenommen können damit nur Lager mit gleichem Breitenverhältnis miteinander verglichen werden, doch gilt allgemein:

$So < 1$ instabiler Lauf, zusätzliche Gleitflächen erforderlich
$So > 1$ stabiler Lauf
$So > 3$ hochbeanspruchtes Lager.

Im Hinblick auf eine optimale Auslegung der Radialgleitlager ist zu unterscheiden zwischen den beiden Forderungen nach größtmöglicher Tragkraft bzw. nach minimaler Reibleistung bei gegebener Tragkraft.

Zur Lösung dieses Problems wird die Tragzahl T als *erweiterte Sommerfeldzahl* herangezogen

$$T = \lambda\delta^2 So = \frac{4Fh_0^2}{\omega\eta d^4}\,. \tag{8.2.3}$$

Aus dem in [8.2.2] aufgestellten Diagramm $T = f(\delta)$ **(Bild 8.2.4)** mit λ als Parameter kann der zum jeweiligen Kurvenmaximum gehörende Wert δ_{opt} abgelesen werden. Steht die Forderung nach niedriger Verlustleistung im Vordergrund, um z.B. bei hochtourigen Lagern die Reibungswärme gering zu halten, bestimmt die im gleichen Diagramm eingezeichnete Kurve für das Reibungsminimum die optimale relative Schmierschichtdicke δ_{opt}. Aus δ_{opt} läßt sich das optimale relative Lagerspiel ψ_{opt} ermitteln über die Beziehung $\psi_{opt} = \sigma/\delta_{opt}$.
$\sigma = 2h_0/d$ enthält neben dem Zapfendurchmesser d die kleinste Spaltweite h_0. Diese ist als ein Maß für die Betriebssicherheit eines Lagers anzusehen.

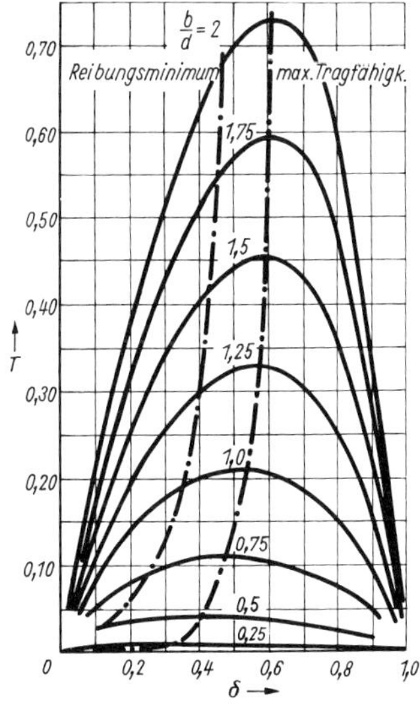

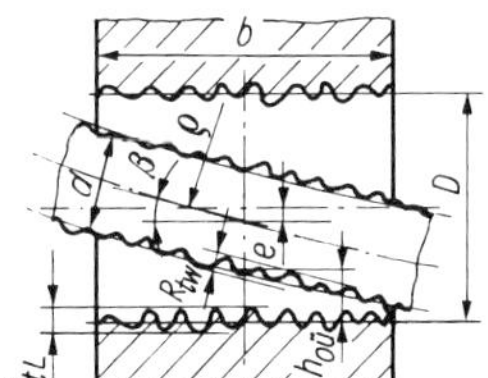

Bild 8.2.5. Mikro- und Makroformabweichungen im Lager

Bild 8.2.4. Tragzahlabhängigkeit (nach [8.2.2]); $\lambda = b/d$

Soll Mischreibung vermieden und das Lager bei hydrodynamischer Reibung betrieben werden, so muß gewährleistet sein, daß der Schmierfilm an der engsten Stelle noch dicker als die zu erwartenden Mikro- und Makroformabweichungen von Zapfen und Buchse ist **(Bild 8.2.5)**.

Bezeichnet man mit $h_{0ü}$ die Spaltweite beim Übergang von der Mischreibung zur hydrodynamischen Reibung, ist für die Mindestspaltweite im Betriebszustand zu fordern

$$h_0 \geqq h_{0\min} = S_M h_{0ü} \tag{8.2.4a}$$

mit dem Sicherheitsfaktor gegen Mischreibung $S_M = 1{,}25 \ldots 1{,}50$. Die Größe der Übergangsspaltweite $h_{0ü}$ wird bestimmt durch die Oberflächenrauheit von Welle R_{zW} und Lager R_{zL}, der Neigung der Welle β (wegen der Kleinheit von β gilt $\beta \approx \tan\beta$) und ihrer Krümmung $1/\varrho = f'' = -M_b/(EI)$:

$$h_{0ü} = (R_{zW} + R_{zL})/2 + \beta b/2 + (b^2/12)(M_b/EI)\,. \tag{8.2.4b}$$

Die Oberflächenrauheit des Wellenzapfens und der Lagerbohrung ist vom Bearbeitungsverfahren abhängig. Um eine hohe Tragfähigkeit zu erreichen, sollten nur Fein- oder Feinstbearbeitungsverfahren eingesetzt werden. In Tafel 3.13 sind die erzielbaren Rauheiten für einige Verfahren angegeben. Die Neigungswinkel β der Welle sind nach den Gleichungen in Tafel 7.6 zu ermitteln.

Als letzte maßgebliche Größe für einen betriebssicheren Lauf des hydrodynamischen Gleitlagers ist die dynamische Viskosität η des Schmieröls zu bestimmen. Dazu dient Gl. (8.2.3), die, nach η umgestellt, folgende Form erhält:

$$\eta = \frac{4Fh_0^2}{\omega d^4 T}; \tag{8.2.5}$$

η in N · s/mm² (1 N · s/mm² = 10^9 mPa · s).

Berechnungsbeispiel s. Abschnitt 8.2.13.

Betriebstemperatur. Die mit Gl. (8.2.5) ermittelte Zähigkeit des Öls gilt bei Betriebstemperatur. Da für die Schmierstoffauswahl die Zähigkeit bei Raumtemperatur 20 °C benötigt wird, ist diese aus der Betriebstemperatur zu ermitteln. Sie ist eine Folge der Reibleistung und ergibt sich aus dem Wärmegleichgewicht im Lager. Die Reibleistung ist $P_R = \mu v F$ mit der Geschwindigkeit v im Schmierspalt und dem Reibwert μ, der allgemein aus folgender Näherungsgleichung

$$\mu = 2{,}25\psi/(\sqrt{\delta}\; So) \tag{8.2.6a}$$

bzw. nach [8.2.2] weiter vereinfacht aus

$$\mu \approx 3\psi/So \quad \text{für} \quad So < 1 \quad \text{bzw.} \quad \mu \approx 3\,\psi/\sqrt{So} \quad \text{für} \quad So \geqq 1 \tag{8.2.6b}$$

zu berechnen ist.

Für den praktischen Gebrauch eignet sich mit den bereits bekannten Lagerparametern folgende Beziehung

$$P_R = 0{,}123\,\frac{b\,(d/100)^2\,(n/1000)^2\,\eta}{\sqrt{\psi\sigma}}; \tag{8.2.7}$$

b, d in mm; n in U/min; ψ, σ in ‰; η in mPa · s; P_R in W.

Infolge der Reibleistung P_R entsteht eine Wärmemenge, die von der kühlenden Oberfläche (Lagergehäuse) A abgeführt wird. Die Betriebstemperatur des Lagers stellt sich ein auf

$$\vartheta_m = P_R/(\alpha_{WÜ} A) + \vartheta_0. \tag{8.2.8}$$

Dabei ist ϑ_0 die Umgebungstemperatur. Die Wärmeübergangszahl $\alpha_{WÜ}$ hängt von der Umströmungsgeschwindigkeit w der Umgebungsluft ab und beträgt

$\alpha_{WÜ}$ in W/(m² · K)	12	20	$7 + 12\sqrt{w}$
w in m/s	0	$\leqq 1$	$\geqq 1$

Die Betriebstemperatur sollte 80 bis 100 °C nicht überschreiten; Maßnahmen zur Senkung bei gegebener Reibleistung sind Vergrößerung der Kühlfläche A, Luftkühlung mit Strömungsgeschwindigkeiten w > 1 m/s, Wasserkühlung sowie erhöhter Schmieröldurchsatz.

Schmierstoffmenge. Der aufgrund der hydrodynamischen Strömung im Schmierspalt auftretende Schmieröldurchsatz hängt ab vom Lagerspiel, der Gleitgeschwindigkeit im Schmierspalt, der Lagerbreite und dem Durchmesser. Die Öldurchflußmenge wird mit folgender Näherungsgleichung berechnet:

$$Q_S = 0{,}12\,(2{,}8 - b/d)\,\psi b\,(d/100)^2\,(n/1000); \tag{8.2.9}$$

b, d in mm; ψ in ‰; n in U/min; Q_S in l/h.

8.2.1.2. Konstruktive Gestaltung

Bei der Gestaltung der Lager sind u.a. folgende Probleme zu lösen:

- Schmiereinrichtung zur Gewährleistung des Öldurchflusses im Spalt
- Gestaltung der Lagerschalen
- Anordnung und Gestalt der Schmiernuten bzw. -taschen
- Kippbeweglichkeit zur Vermeidung der Kantenpressung.

Anhaltspunkte für die Wahl einer selbsttätigen Schmiereinrichtung gibt folgende Übersicht:

Schmiereinrichtung	Erreichbare Fördermenge in l/h	Erreichbare Ölrückkühlung in K
Loser Schmierring	≦6 ... 10	0 ... 3
Fester Schmierring mit Abstreifer	≦15	
Druckumlaufschmierung	>30	3 ... 10 ohne zusätzliche Kühlung

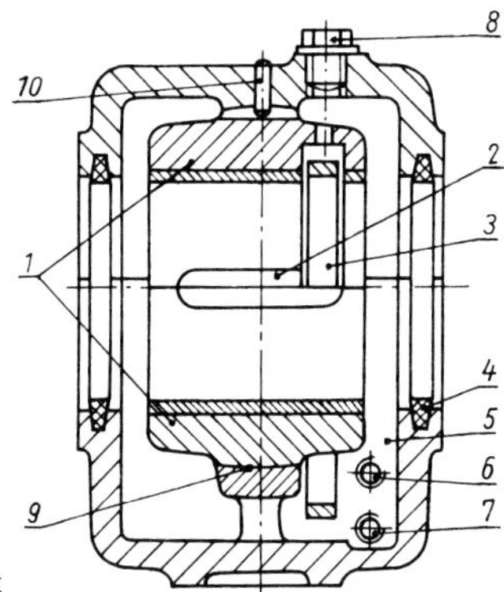

Bild 8.2.6. Ringschmierlager mit losem Schmierring

Beispiel: Bild 8.2.6 zeigt ein Ringschmierlager. Der Lagerfuß ist als Ölsammelraum *(5)* ausgebildet. Von hier gelangt das Öl über einen oder zwei Schmierringe *(3)* auf die Welle. Eine achsparallele Schmiertasche *(2)*, die meist an der Trennstelle zwischen oberer und unterer Lagerschale *(1)* angeordnet ist, verteilt das Schmieröl über die gesamte Breite. Die Nut muß flach und vor allem gut abgerundet sein. Sie muß außerhalb der Druckzone (s. Bild 8.2.3) angeordnet werden, damit der tragende Schmierfilm nicht unterbrochen wird. Das axiale Entweichen des Schmierstoffes sowie das Eindringen von Fremdkörpern in die Lagerstelle wird durch Dichtungen *(4)* verhindert, deren konstruktive Ausführung im wesentlichen die gleiche ist wie bei Wälzlagern. Die Gestaltung der Lagerschalen erfolgt zweckmäßig in der wirtschaftlichen Verbundausführung, bei der sich die hohe Festigkeit der Stahlstützschale mit den guten Laufeigenschaften des weichen Lagermetalls vereinen. Die Dicke der Lauffläche liegt dabei je nach Lagermetall und Herstellungsverfahren zwischen 0,5 und 2 mm. Die sphärischen Außenflächen *(9)* der Lagerschalen ermöglichen die gewünschte Kippbeweglichkeit; der Stift *(10)* sichert die Lagerschale gegen Verdrehen.

8.2.1.3. Werkstoffe

Die Werkstoffwahl muß sowohl den Lager- als auch den Zapfenwerkstoff umfassen. Der Werkstoff des Zapfens soll dabei die größere Härte besitzen und, um die Neigung zum Verschweißen mit der Lagerbuchse zu mindern, eine andere Zusammensetzung haben als der Buchsenwerkstoff. Für den Lagerzapfen wird fast ausschließlich Stahl verwendet mit einem Unterschied in der Brinellhärte zur Buchse von $HB_{\text{Zapfen}} = (3 \ldots 5)\, HB_{\text{Buchse}}$. Als Lagerwerk-

Tafel 8.2.1. Werkstoffauswahl für hydrodynamische Gleitlager

Normen	Kurzzeichen (s. Tafel 3.39 u. Hinweis auf Seite 168)	Härte HB bei 50°C	p_{zul} N/mm²	Eigenschaften Anwendung
DIN ISO 4381	PbSb15Sn10 SnSb12Cu6Pb	16 20	16 ... 25 19 ... 30	weiche Lagermetalle; Einsatz bei hohen Anforderungen an Einlauf-, Gleit- und Notlaufeigenschaften; Verbundlager
DIN 17662 DIN EN 1982	CuSn4ZnPb CuSn7ZnPb CuSn10 CuSn12	55 60 58 78	25 ... 40 31 ... 50 31 ... 50 31 ... 50	harte Metalle, erfordern gehärteten Stahlzapfen; hohe Belastbarkeit bei Massiv- oder Verbundausführung; schlechte Ein- und Notlaufeigenschaften
DIN EN 1982	G-CuPb22Sn G-CuPb15Sn7	34 65	23 ... 36 27 ... 43	gute Notlauf- und Gleiteigenschaften; bei HB > 40 gehärteter Stahlzapfen erforderlich, Verbundlager möglich
DIN 17665	CuAl10Fe3Mn2	105	28 ... 44	Austausch für CuSn10 und CuSn12, jedoch empfindlich gegen Kantenpressung; schlechtes Ein- und Notlaufverhalten, gehärteter Stahlzapfen erforderlich; Massivlager
DIN EN 1561	GGL-25 (GG-25)	170	10 ... 20	nur bei geringer Flächenpressung und niedriger Gleitgeschwindigkeit einsetzbar
DIN 7708 DIN ISO 6691	Formmasse Typ 77 PA6; PA11	13 5 ... 12	19 ... 30 9 ... 14	gute Laufeigenschaften, geringe Wärmeleitfähigkeit; nur bei niedrigen Lagertemperaturen einsetzbar

stoffe werden recht unterschiedliche Materialien angewendet. Für hydrodynamisch laufende Gleitlager ist in erster Linie die Druckfestigkeit (Flächenpressung) maßgebend. Weitere Auswahlkriterien sind

- geringe Neigung zum Verschweißen gegenüber dem Zapfenwerkstoff
- gutes Wärmeleitvermögen
- großes Haftvermögen für das Schmieröl
- Einbettfähigkeit für Fremdkörper
- gute Notlaufeigenschaften bei Schmierstoffausfall.

Gerechnet wird i. allg. mit einer mittleren Flächenpressung $p_m = F/(bd) \leqq p_{zul}$. Wie Bild 8.2.3 aber zeigt, beträgt der größte örtlich auftretende Schmierfilmdruck p_{max} das 2,5- bis 4fache davon, und dabei darf die Stauch- bzw. Quetschgrenze σ_{dF} bzw. $\sigma_{d0,2}$, die das Analogon zur Streckgrenze ist, nicht erreicht werden. Für die zulässige mittlere Flächenpressung heißt das:

$$p_{zul} = \sigma_{d0,2}/(2,5 \ldots 4), \tag{8.2.10}$$

wobei nur eine statische Belastung vorausgesetzt ist. Liegt eine dynamische Beanspruchung vor, ist mit $p_{zul\,dyn} = \sigma_{d0,2}/5$ zu rechnen.

Tafel 8.2.1 bietet eine Auswahl gebräuchlicher Lagerwerkstoffe für hydrodynamische Gleitlager.

8.2.2. Sintermetall-Lager [8.2.2] [8.2.21] [8.2.28]

Sintermetall-Lager, meist auch nur Sinterlager genannt, sind Erzeugnisse der Pulvermetallurgie und besitzen ein zusammenhängendes Netz von Poren.

Der Porenraum, der je nach Lagerdichte 15 bis 30% des Gesamtvolumens beträgt, wird in einem speziellen Tränkvorgang mit hoch alterungsbeständigem Schmieröl gefüllt, dessen Viskosität entsprechend dem Anwendungsfall festzulegen ist. Als Lagerwerkstoff wird Sintereisen und Sinterbronze angeboten, wobei letzterem der Vorzug zu geben ist (Kennwerte s. [1.3]).

Die in der Lagerfläche vorhandenen offenen Poren sind Mikroschmiertaschen, die zwar einerseits die Tragfähigkeit des Lagers gegenüber einem Massivlager herabsetzen, andererseits aber aufgrund der Kapillarwirkung des Lagerspalts bereits beim Stillstand Öl aus dem Porenraum abgeben und so zu einer Verringerung der Anlaufreibung und zu einer raschen Ausbildung eines tragenden Schmierfilms beitragen.

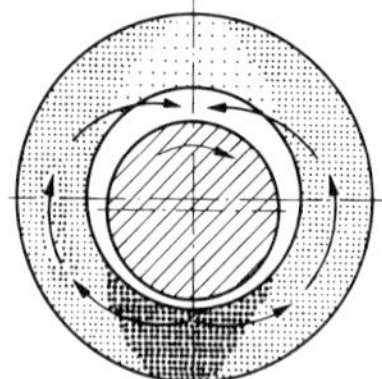

Bild 8.2.7. Ölkreislauf während des Betriebs eines Sinterlagers [8.2.22]

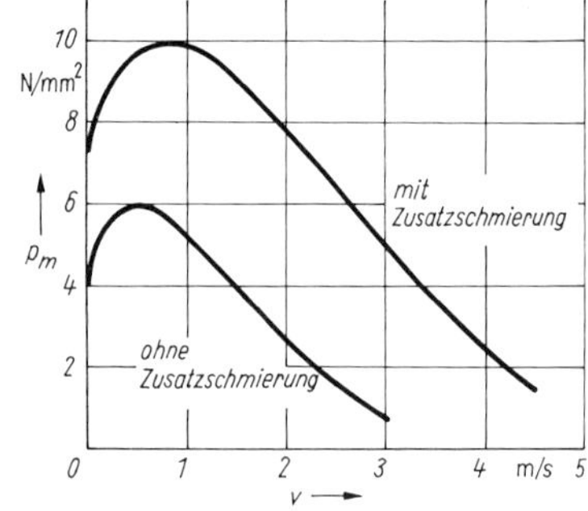

Bild 8.2.8. Tragfähigkeit von Sinterlagern

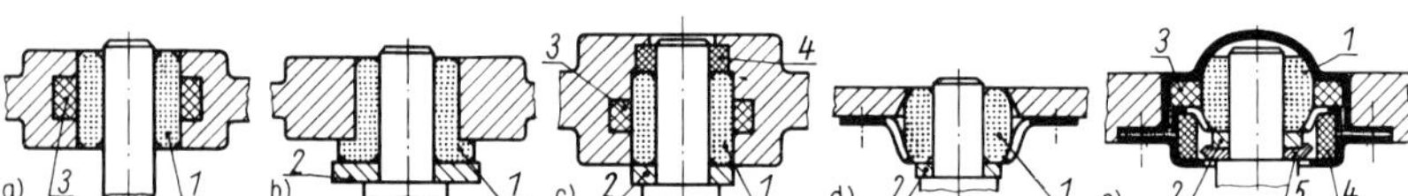

Bild 8.2.9. Bauformen und Einbaubeispiele für Sinterlager (aus [8.2.22])
a), c) Zylinderlager; b) Bundlager; d), e) Kalottenlager
1 Sinterlager; *2* Anlaufscheibe; *3* Hauptfilz; *4* Nebenfilz; *5* Schleuderscheibe

Während des Laufs entsteht ein Ölkreislauf im Lager, so daß das Öl im Bereich der unbelasteten Zone aus den Poren gezogen und in der Belastungszone in die Poren gedrückt wird **(Bild 8.2.7)**. Durch den mit wachsender Gleitgeschwindigkeit steigenden hydrodynamischen Druck kann das Zurückdrängen des Öls in die Poren schließlich dazu führen, daß der tragende Schmierfilm durchbrochen wird und Mischreibung auftritt. Die Belastbarkeit der Sinterlager nimmt deshalb mit steigender Gleitgeschwindigkeit ab **(Bild 8.2.8)**; sie wird auch durch das verwendete Tränköl mitbestimmt. Eine Zusatzschmierung, etwa durch einen ölgetränkten

Filz **(Bild 8.2.9** a) erhöht die Belastbarkeit. Seitlich aus dem Lager austretendes Öl kann von einem zusätzlichen Filz (Nebenfilz) aufgefangen werden. Dieser Filz ist demnach trocken einzusetzen. Die Filzqualität ist so auszuwählen, daß der Hauptfilz ein größeres Saugvermögen hat als der Nebenfilz, denn nur so kommt der gewünschte Ölkreislauf zustande.

Die Übergangsdrehzahl, oberhalb der ein hydrodynamisch tragender Schmierfilm vorliegt, läßt sich beim Sinterlager nur schwer vorausberechnen; sie ist leichter experimentell festzustellen. Als niedrigste Übergangsgleitgeschwindigkeit wurde bisher $v_{ü} = 18$ mm/s ermittelt, das entspricht bei einem Wellendurchmesser $d = 3$ mm einer Drehzahl $n_{ü} = 115$ U/min. Für einen sicheren Betrieb des Lagers hat die Betriebsdrehzahl mindestens 10% über der Übergangsdrehzahl zu liegen. Sinterlager zählen zu den wartungsfreien Gleitlagern. Ihre Lebensdauer läßt sich nicht ohne weiteres berechnen, aber nach Angaben der Hersteller beträgt sie etwa $L_h = 3000 \ldots 4000$ h. Durch Anbringen einer zusätzlichen Schmierstoffreserve von der Größe des einfachen bis doppelten Lagervolumens und bei sorgfältigem Einbau sind Laufleistungen von $L_h = 10000 \ldots 25000$ h zu erreichen.

Sinterlager sind einbaufertig erhältlich in den Bauformen

	Bild 8.2.9	*d* in mm	*b* in mm
Zylinderlager	(a, c)	1 ... 40	1,5 ... 40
Bundlager	(b)	3 ... 28	6 ... 32
Kalottenlager	(d, e)	2 ... 16	4 ... 20

Kalottenlager haben den Vorteil, daß sie einer Schiefstellung des Lagerzapfens, wie sie durch Verformung oder bei Fluchtungsabweichungen auftritt, nachkommen und so die sonst gefürchtete Kantenpressung vermeiden. Die Zylinder- und Bundlager sind für einen Einbau mit Preßsitz vorgesehen. Die Toleranz des Außendurchmessers ist r6, die Toleranz der Gehäusebohrung sollte H7 sein. Unter Berücksichtigung der Bohrungsverengung beim Einpressen ergibt sich nach dem Einpressen die Toleranz der Lagerbohrung von H6 bzw. H7. Kalottenlager werden mit H6 geliefert.

Bei dem Wellenzapfen kommt der Oberflächengüte eine besondere Bedeutung zu, da Sinterlager einen nur dünnen Ölfilm ausbilden. In der Regel müssen gehärtete Zapfen verwendet werden, deren Oberfläche feingeschliffen, geläppt oder poliert ist. Lediglich bei sehr geringen Belastungen und kleiner Umfangsgeschwindigkeit können ungehärtete Zapfen aus St60 oder St70 eingesetzt werden. Bei normalen Betriebsbedingungen, niedrigen Gleitgeschwindigkeiten und Belastungen reicht eine Rauhtiefe $R_z \approx 1$ µm aus. Bei höheren Anforderungen, besonders hinsichtlich der Geräuscharmut, ist ein Wert von 0,5 µm nicht zu überschreiten. Auch das Lagerspiel hat wesentlichen Einfluß auf das Laufgeräusch. Je kleiner das Spiel, desto geringer ist das Geräusch; allerdings steigen damit die Reibung und das Anlaufmoment (Haftreibung) etwas an. Als Richtwert für das Lagerspiel gilt 0,05 bis 0,15% vom Zapfendurchmesser. Bei kleinem Lagerspiel kann es durch Anlagerungen von Verschleißpartikelchen zum Verklemmen und damit zum Ausfall des Lagers kommen. Für Lager, bei denen eine hohe Zentriergenauigkeit erforderlich ist, wird in [8.2.21] eine prismatische Form der Lagerbohrung vorgeschlagen **(Bild 8.2.10)**. Die sich dabei bildenden „Taschen" zwischen Zapfen und Prismenkante ermöglichen es, die Verschleißprodukte aus der Reibzone zu entfernen und verhindern so ein Verklemmen.

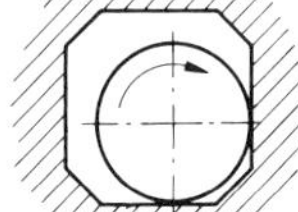
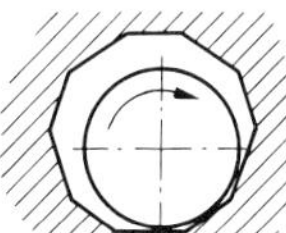
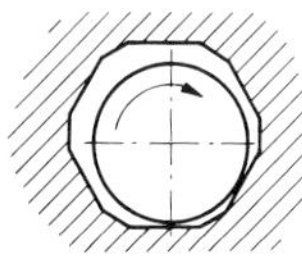

Bild 8.2.10. Prismenlager (nach *Ajaots*)

An Miniatursinterlagern von $d = 2$ mm hat *Ajaots* [8.2.21] dabei eine wesentliche Verringerung besonders des Haftreibmoments und eine Vervielfachung der Lebensdauer festgestellt, selbst bei kleinstem Lagerspiel. Die Herstellung der prismatischen Bohrungsform erfolgt durch Kalibrieren mit einem prismatischen Stempel.

8.2.3. Verschleißlager mit zylindrischen Zapfen [8.2.3] [8.2.6]

Hydrodynamische Schmierung, die einen verschleißlosen Betrieb garantiert, setzt Dauerbetrieb mit einer Mindestdrehzahl (Übergangsdrehzahl $n_{ü}$) voraus. Diese Verhältnisse liegen in der Feinwerktechnik in wenigen Fällen vor. Die Bewegungsverhältnisse sind hier in der Mehrzahl durch Start und Stop, oszillierende und Schaltbewegungen sowie schleichende Einstellbewegungen gekennzeichnet und widersprechen so den Bedingungen für einen verschleißfreien Betrieb.

Der Verschleiß muß in Kauf genommen, kann aber durch konstruktive und schmierungstechnische Maßnahmen sowie entsprechende Werkstoffwahl minimiert werden.

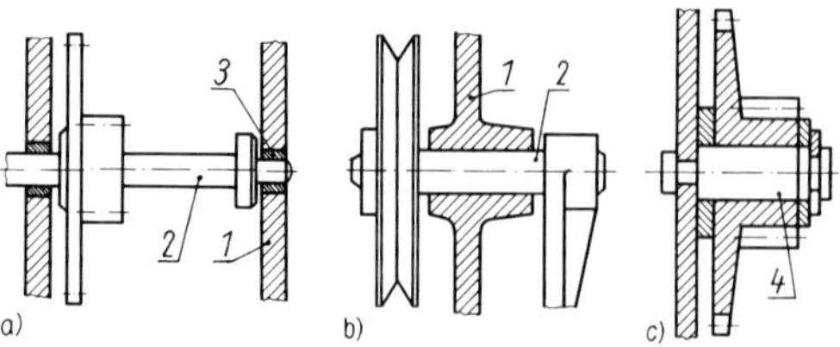

Bild 8.2.11. Gleitlagerungen

a) zweistellig; b) einstellig; c) feststehender Zapfen
1 Platine; *2* Welle; *3* Lagerbuchse; *4* feststehender Zapfen

Je nach Belastungsrichtung wird zwischen Radial- und Axiallagern unterschieden. Die gesamte Lagerung ist in der Regel zweistellig (**Bild 8.2.11** a) auszuführen. Bei kurzen Wellen und genügender Breite der Lagerbuchse ist auch eine einstellige Lagerung nach (b) möglich. In den meisten Fällen ist die Welle das sich drehende und die Buchse das feststehende Teil. Flache Teile, wie z. B. Zahnräder, Scheiben oder Blechhebel, lassen sich auch auf einem feststehenden Zapfen lagern (c).

8.2.3.1. Berechnung

Das **Reibmoment** eines Gleitlagers nach **Bild 8.2.12** wird sowohl von der Radial- als auch der Axialbelastung bestimmt. Die Radiallast F_r erzeugt ein Reibmoment

$$M_{Rr} = F_r \mu r, \tag{8.2.11a}$$

und die Axiallast F_a ein Reibmoment

$$M_{Ra} = F_a \mu r_m, \tag{8.2.11b}$$

wobei der mittlere Wirkradius r_m berechnet wird aus

$$r_m = \left(\frac{2}{3}\right) \frac{(r_a^3 - r^3)}{(r_a^2 - r^2)}.$$

Die häufigste Forderung nach Lagern mit möglichst kleinem Reibmoment führt zu kleinem Zapfenradius r und kleinem Wirkradius r_m der Axialfläche (Spurfläche) (**Bild 8.2.13**a). M_{Ra} wird besonders klein bei den sog. Spurlagern, wenn $r_m \approx 0$ wird, d. h. Punktberührung in der Drehachse, wie in (b) vorliegt (s. auch Abschnitt 8.2.5.).

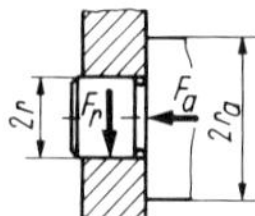

Bild 8.2.12. Kräfte am Gleitlager

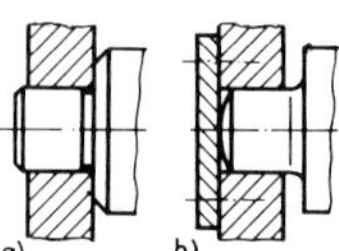

Bild 8.2.13. Axiale Abstützung

a) Anlauffläche; b) Spurfläche

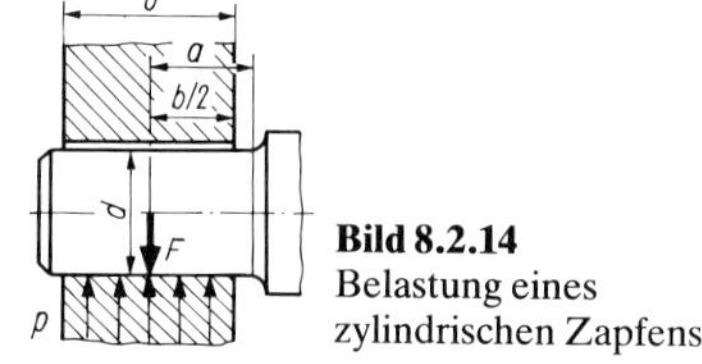

Bild 8.2.14
Belastung eines zylindrischen Zapfens

Zapfendurchmesser. Mit abnehmendem Zapfendurchmesser wächst die Gefahr des Zapfenbruchs, so daß der Lagerzapfen auf Biegung zu berechnen (**Bild 8.2.14**) und evtl. durch besondere Maßnahmen (s. Abschnitt 8.2.7.) zu schützen ist.
Aus

$$M_b = Fa \leqq W_b \sigma_{zul}$$

und dem Widerstandsmoment gegen Biegung

$$W_b = \pi d^3/32 \approx d^3/10$$

(für Vollquerschnitt) erhält man den Mindestdurchmesser des Lagerzapfens

$$d_{min} = \sqrt[3]{\frac{32Fa}{\pi \sigma_{b\,zul}}} \approx \sqrt[3]{\frac{10Fa}{\sigma_{b\,zul}}}. \tag{8.2.12}$$

Lagerbreite. Die Breite ist bei jedem Gleitlager im Hinblick auf die Kantenpressung in den Grenzen $0{,}3 < b/d < 1{,}25$ und entsprechend der zulässigen Flächenpressung des Lagerwerkstoffes zu wählen. Die mittlere Flächenpressung im Gleitlager ist

$$p_m = F/(bd) \leqq p_{zul}. \qquad (8.2.13)$$

Zulässige Werte sind Tafel 8.2.4 zu entnehmen.

Durchmesser der Lagerbohrung bzw. Größe des Lagerspiels sind so festzulegen, daß eine einwandfreie Drehbewegung ermöglicht wird. Aufgrund von Kräften und fertigungsbedingten Einflüssen erfährt die Welle gegenüber der Lagerbohrung eine Schiefstellung. Diese muß, falls das Lager sich nicht durch Maßnahmen, wie im **Bild 8.2.15** gezeigt, anpassen kann, bei starren Lagern vom Lagerspiel allein aufgenommen werden. Ursachen einer Schiefstellung und deren Auswirkung sind in **Tafel 8.2.2** zusammengefaßt.

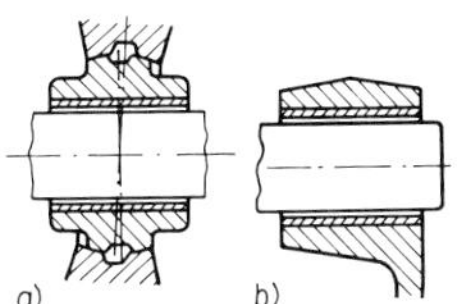

Bild 8.2.15. Selbsteinstellende Lager
a) Kalottenlager; b) elastisches Kippen des Lagerkörpers

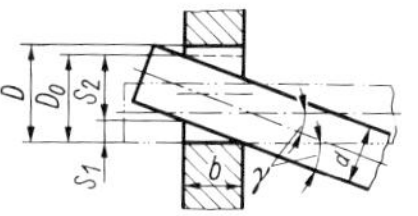

Bild 8.2.16. Lagerbohrung bei Schiefstellung der Welle

Die Gesamtschiefstellung γ des Zapfens ergibt sich durch Addition der einzelnen Anteile

$$\gamma = \alpha_1 + \alpha_2 + \alpha_3 + \beta \qquad (8.2.14a)$$

und würde entsprechend **Bild 8.2.16** bei einem Bohrungsdurchmesser D_0 gerade zum Verklemmen führen. Für eine ungehinderte Zapfenbewegung ist die Bedingung $D > D_0$ zu erfüllen. Aus Bild 8.2.16 geht hervor

$$D_0 = s_1 + s_2, \qquad (8.2.14b)$$
$$s_1 = b \tan\gamma, \qquad s_2 = d/\cos\gamma = d\sqrt{1 + \tan^2\gamma}.$$

Der Schiefstellungswinkel γ ist außer von den Toleranzen u, v und w auch von den toleranzbehafteten Größen L, b, h sowie F, E und I abhängig, die zur Berechnung des Größtwertes von γ mit ihrem Größt- bzw. Kleinstwert einzusetzen wären. In erster Näherung genügt es, mit den Nennwerten zu rechnen. Bei der Berechnung von D_0 sind für d und b die Größtmaße einzusetzen (**Beispiel** s. Abschnitt 8.2.13.).

Tafel 8.2.2. Schiefstellung von Wellen
s. auch Tafel 7.6

Ursache		Schiefstellungswinkel
Koaxialitätstoleranz u der Lagerbohrung		$\alpha_1 = f(b, L, u) = \arctan[(u/2)/(b + L)] \approx u/[2(b + L)]$
Koaxialitätstoleranz v der Lagerzapfen		$\alpha_2 = f(b, L, v) = \arctan[(v/2)/(b + L)] \approx v/[2(b + L)]$
Schiefstellung w der Lagerplatine		$\alpha_3 = f(h, w) = \arctan(w/\sqrt{h^2 - w^2}) \approx w/\sqrt{h^2 - w^2}$
Durchbiegung f der Welle		$\beta_I = Fa_1a_2(a_2 + L)/(6EIL)$ $\beta_{II} = Fa_1a_2(a_1 + L)/(6EIL)$ $\beta_0 = FL^2/(16EI)$ bei $a_1 = a_2 = L/2$

8.2.3.2. Konstruktive Gestaltung

Bei der zweistelligen Lagerung ist das Prinzip Fest-Los-Lager nach **Bild 8.2.17**b zu bevorzugen. Dabei ist die Definitionslänge l möglichst kurz zu wählen, um die Auswirkung von Temperaturdifferenzen auf das Axialspiel klein zu halten und darauf zu achten, daß l nicht das Schlußmaß einer Maßkette ist, damit sich in ihm nicht die Toleranzen aller anderen Maße addieren. In der Feinmechanik wird dieses Prinzip oft bewußt verletzt, um durch Verspannen der beiden Lager das Spiel zu beseitigen (s. auch Abschnitt 8.2.4.).
Sowohl der Zapfen als auch die Lagerbuchse bringen Gestaltungsprobleme mit sich.

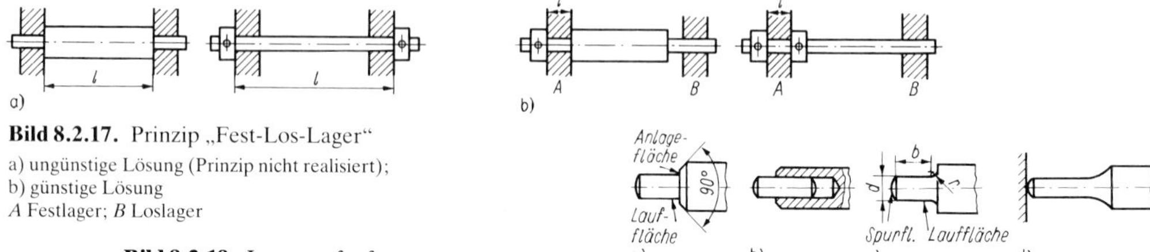

Bild 8.2.17. Prinzip „Fest-Los-Lager“

a) ungünstige Lösung (Prinzip nicht realisiert);
b) günstige Lösung
A Festlager; *B* Loslager

Bild 8.2.18. Lagerzapfenformen

a) angedrehter Zapfen mit Anlage- und Lauffläche; b) eingepreßter Zapfen; c) angedrehter Zapfen mit Spur- und Lauffläche; d) Trompetenzapfen mit Spurfläche

Der Zapfen hat eine Lauffläche **(Bild 8.2.18)** und, da auch bei einem Radialgleitlager Maßnahmen zur Begrenzung des Axialspiels sowie zur Aufnahme geringer Axialkräfte zu treffen sind, eine Anlage- bzw. Spurfläche.

Lagerzapfen werden fast ausschließlich aus Stahl gefertigt. Die Zapfenoberfläche soll eine wesentlich höhere Härte als die Buchse besitzen (Richtwert für die Brinellhärte: $HB_{\text{Zapfen}} = (3 \dots 5) HB_{\text{Buchse}}$). Gute Laufeigenschaften (Reibungs- und Verschleißminderung) sind durch Oberflächenschichten (s. auch Abschnitt 8.4.2.) zu erzielen. Das Härten, Schleifen und Polieren bereitet oft Schwierigkeiten, was nach Bild 8.2.18b durch Einsatz hochwertiger, gezogener und kaltverfestigter Werkstoffe vermieden und damit dem Prinzip „Funktionswerkstoff an Funktionsstelle“ entsprochen wird.

Lagerzapfen mit kleinen Durchmessern werden wegen kleiner Reibung notwendig. Sie sind trotz kleiner Lagerkräfte deshalb hoch beansprucht und empfindlich gegen Überlastung (Stöße), weshalb Kerbspannungen durch geeignete Gestaltung des Übergangs vom Zapfen zur Welle zu vermeiden sind (Rundung r im Bild 8.2.18c; s. a. Abschnitt 7., Tafeln 7.5 und 7.8). Der sog. Trompetenzapfen (Bild 8.2.18d) ist typisch für kleinste Durchmesser und gegenüber Kerbspannungen am günstigsten gestaltet. Für die Lagerung einzelner Rollen, Zahnräder, Hebel usw. können kurze, feststehende Achszapfen dienen, die entsprechend **Bild 8.2.19** mit der Platine verbunden werden können. Zu beachten ist die axiale Sicherung der zu lagernden Teile. Ein Sicherungsring oder eine Sicherungsscheibe gestatten eine bequeme Montage, ohne daß (wie im Bild 8.2.19d) der Zapfen ausgebaut werden muß. Hier aber wird durch den Schraubenkopf ein zusätzliches Sicherungsteil eingespart. Eingeschraubte Zapfen unterliegen der Gefahr, sich durch die Drehbewegung des zu lagernden Teils zu lockern, sofern nicht die Drehbewegung mit der Einschraubrichtung übereinstimmt.

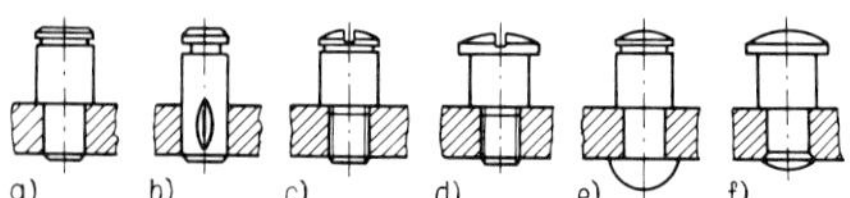

Bild 8.2.19. Feststehende Achszapfen

a) eingepreßt; b) Kerbstift; c), d) eingeschraubt; e), f) eingenietet

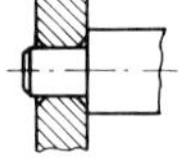

Bild 8.2.20. Einfaches Lochlager

Bei der Lagergestaltung genügt für untergeordnete Zwecke, bei geringen Anforderungen oder wenn der Werkstoff des Bauteils, das die Lagerbohrung aufnehmen soll, ausreichende Gleiteigenschaften besitzt, eine einfache zylindrische gratfreie Bohrung, ein sog. Lochlager **(Bild 8.2.20)**. Für höhere Ansprüche werden Lagerbuchsen verwendet.
Die Gestaltung der Buchse richtet sich nach

- Aufgabe des Lagers (reines Radiallager – Buchse ohne Bund, axiale Abstützung – Buchse mit Bund)

– Werkstoff der Buchse (Metall, Kunststoff, Kunstkohle, Edelstein)
– Werkstoff der Platine (Metall, Kunststoff)
– Verbindung von Buchse und Platine **(Tafel 8.2.3)**.

Tafel 8.2.3. Verbindung von Lagerbuchse und Platine (Gehäuse)

Verbindungsverfahren	Ausführungsbeispiel	Bemerkungen	Geeignet für Werkstoffpaarung Buchse/Platine
Einbetten	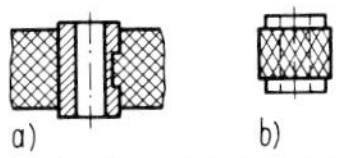 a) b)	a) Formschluß durch Anflächen b) Formschluß durch Rändel	Metall/Kunststoff
Nieten	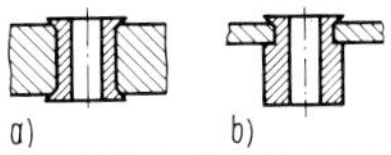 a) b)	a) doppelseitige Nietung b) einseitige Nietung	Metall/Metall
Bördeln	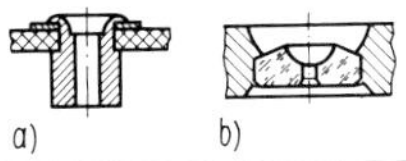 a) b)	a) Buchsenrand gebördelt b) Platinenrand gebördelt	Metall/Kunststoff Stein/Metall
Einpressen	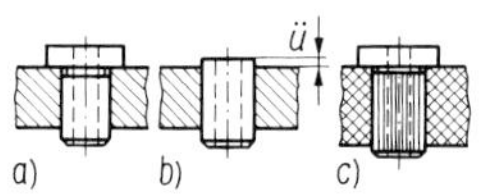 ü a) b) c)	a) Bundbuchse bis Anschlag eingepreßt b) Überstand *ü* beim Einpressen einhalten c) Preßverband mit Rändel	Metall/Metall Kunststoff/Metall Kohle/Metall
Kleben	Ausführung wie beim Einpressen, aber Einbauspiel statt Übermaß		Kunststoff/Metall Kunststoff/Kunststoff
Schrauben	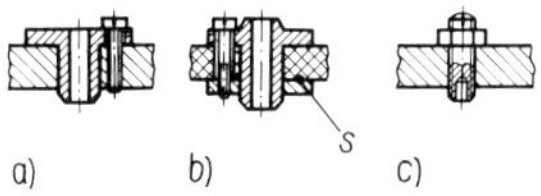 a) b) s c)	a) Flanschbuchse b) Flanschbuchse mit Gegenscheibe *s* c) Lagerschraube, axial einstellbar, zentrischer Sitz der Lagerbohrung nicht garantiert	Metall/Metall Metall/Kunststoff
Einspritzen (Outsert-Technik)	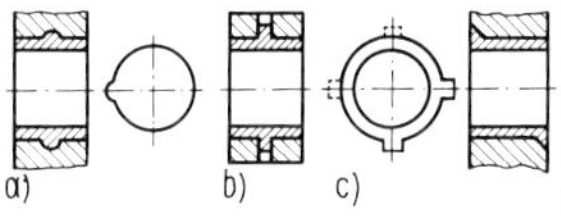 a) b) c)	a) Platine mit Nut und Rille (axiale und radiale Sicherung) b) Platine mit zwei oder mehreren Bohrungen (beim Spritzen teilweise gefüllt) c) axiale und radiale Sicherung durch Kerben in der Platine	Kunststoff/Metall
Einspreizen (snap-in)	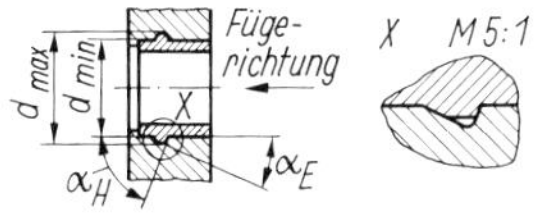 d max, d min, Füge-richtung, X, α_H, α_E, X M 5:1	$(d_{max} - d_{min})/d_{max} \cdot 100\% < \Delta_{zul}$ Für PA6 u. PA6.6: $\Delta_{zul} = 4 \dots 5\%$	Kunststoff/Metall

8.2.3.3. Werkstoffe

Zu den im Abschnitt 8.2.1.2. bereits aufgeführten Forderungen an den Gleitwerkstoff bei hydrodynamisch geschmierten Lagern kommen bei Verschleißlagern noch folgende hinzu [1.17]:

- *Schmiegsamkeit.* Der Gleitwerkstoff soll sich elastisch, ggf. plastisch den Formänderungen durch die Belastung anpassen.
- *Einlauffähigkeit.* Der Gleitwerkstoff soll sich den Abweichungen von der geometrischen Form infolge der Belastung anpassen, so daß sich die Paarungsflächen weiter glätten, nicht aber aufrauhen.
- *Verschleißfestigkeit.*

Die Erfüllung dieser Forderungen ist nur mit Kompromissen möglich (s. auch Abschnitt 3.6.).

Als Lagerwerkstoffe für Verschleißlager dienen unterschiedliche Materialien, von Kunststoffen, Kunstkohle, Glas, weiche und harte Metalle bis zu Edelsteinen. Eine Auswahl der für Verschleißlager geeigneten und erprobten Werkstoffe bieten die **Tafeln 8.2.4, 8.2.5 und 8.2.6.**

Tafel 8.2.4. Auswahl metallischer Werkstoffe für Verschleißlager

Normen	Kurzzeichen	Zulässige mittlere Flächenpressung p_{zul} in N/mm²*)	Anwendung Eigenschaften
DIN 1729 DIN 9715	MgMn2F20 MgAl8ZnF29	0,1	für kleine Gleitgeschwindigkeiten und Belastungen
DIN 17666	CuZn40Pb2F61	0,3	für kleine Gleitgeschwindigkeiten und Belastungen (kleine Laufwerke und Uhren)
DIN 17662 DIN EN 1982	CuSn8F59 G-CuSn12Pb	2	gute Gleiteigenschaften, abriebfest, höher belastbar als CuZn-Legierungen
DIN 17665	CuAl11NiF73 G-CuAl9Ni	10	gute Gleiteigenschaften, hoch belastbar, verschleißfest, korrosions- und säurebeständig
DIN ISO 4381	LgPbSn10 LgPbSn9Cd	5	für mittlere bis hohe Beanspruchungen
DIN EN 1982	G-CuPb22Sn G-CuPb15Sn	10	für sehr hochbelastete Lager, widerstandsfähig gegen Stöße und Kantenpressung, ausgezeichnete Gleiteigenschaften

*) bis zu einer Gleitgeschwindigkeit von 1 m/s bei einmaliger Schmierung; bei Zusatzschmierung das Drei- bis Fünffache

Tafel 8.2.6. Minerale als Lagerwerkstoffe

Mineralgruppe	Chem. Zusammensetzung	Mohssche Härte	Mineralname	*E*-Modul 10^5 N/mm²
Diamant	C	10	Diamant	7,0
Korund (synth.)	Al_2O_3	9	Saphir Rubin	3,5 … 4,6 3,0 … 5,0
Spinell (synth.)	$MgAl_2O_4$	8	Aquamarin Spinell	2,25
Quarz (nat.)	SiO_2	6 … 7	Achat Chalcedon	0,7 … 1,0
Vergleich: Stahl, gehärtet		6 … 7		2,1

Für wartungsfreie Gleitlager werden die speziellen Verbundwerkstoffe KU bzw. Glacier DU [8.2.24] [8.2.25] angeboten. Bei ihnen ist auf einer Stahlunterlage zunächst eine etwa 0,25 mm dicke Schicht aus poröser Zinnbronze aufgebracht, auf welche dann eine Mischung von PTFE und Pb aufgewalzt und gesintert wird. Stahlunterlagen bieten eine gute Einbaumöglichkeit, PTFE und Pb gute Gleiteigenschaften, die Zinnbronze dient der Wärmeleitung, bildet dazu das Stützgerüst für PTFE und Pb und wirkt verschleißmindernd. Als Tragfähigkeit wird angegeben $p \cdot v = 0{,}2 \ldots 1{,}6\,\text{N/mm}^2 \cdot \text{m/s}$ bei Drücken von $p = 0{,}1 \ldots 7\,\text{N/mm}^2$. Der Reibwert liegt bei $\mu = 0{,}1 \ldots 0{,}2$ und sinkt mit wachsender Belastung.

Es empfiehlt sich zumindest eine einmalige Schmierung bei der Montage, und zwar nicht nur wegen der Reibungs- und Verschleißminderung, sondern auch zum Korrosionsschutz des Zapfens. Eine Verbesserung des Reibverhaltens, der mechanischen Festigkeit, der Wärmeabführung und der Maßbeständigkeit von Polymeren ist durch Einlagerung von Festschmierstoffen, wie Graphit und MoS_2, Glaspulver, Bronzepulver und Hartbrandkohle möglich.

Tafel 8.2.5. Werkstoffe für Kunststoffgleitlager

Gleitlager-Werkstoff	Kurzzeichen	E-Modul 10^2 N/mm^2	Wärmeleitfähigkeit λ W/(m · K)	Schmelztemperatur °C	zul. Grenztemp. °C	$p \cdot v$-Richtwert N/mm^2 · m/s[1]) T	F	Fertigung der Lagerbuchse (vgl. auch [1.3])	Allgemeine Hinweise
Polyamid 6.6	PA 6.6	26 … 29	0,23 … 0,26	250 … 255	95	0,05	0,2	für Wanddicken von 0,5 bis 20 mm Spritzgießen, für Wanddicken < 0,5 mm aus Halbzeug oder im Pulverschmelzverfahren	bei hoher Umgebungsfeuchte Änderung der Eigenschaften, höherer Einlaufverschleiß
Polyamid 6	PA 6	20 … 25	0,27 … 0,29	215 … 225	95	0,05	0,2		
Polyamid 6.10	PA 6.10	22	0,21 … 0,23	210 … 215	95	0,05	0,2		
Polyamid 11	PA 11	5 … 12	0,25 … 0,26	185 … 188	95	0,05	0,2		
Polyamid 12	PA 12	18	0,21	175 … 180	95	0,05	0,2		
Polyamid 6.6 – glasfaserverst.	PA 6.6-GF	110	0,27	255	95	0,05			
Polyamid – MoS_2-haltig	PA-MoS_2	33 … 35	0,28	255	100	0,06			
Polyoxymethylen – Homopolymerisat	POM-Homopol.	28,8	0,23	175	120	0,08	0,3	Spritzgießen oder aus Halbzeug	analog PA, aber stärkere Zunahme des Verschleißes mit steigender Rauheit
– Copolymerisat	POM-Copol.	30	0,31	164	120	0,08	0,3		
Polyäthylen hoher Dichte – (hochmol.)	HDPE	8 … 14	0,33 … 0,44	136	55	0,02		aus Halbzeug, Spritzgießen nur z. T. möglich	im Vergleich zu PA und POM bessere Beständigkeit gegen Chemikalien, aber Quellung durch Ölaufnahme bei $\vartheta > 60°$
Polytetrafluoräthylen	PTFE	4 … 7	0,23	327	260[2])	0,03[3])		Formpressen oder aus Halbzeug	meist mit Füllstoffen angewendet, in reiner Form seltener und dann fast ausschließlich in geklammerter Ausführung; sehr gute Beständigkeit gegen Chemikalien, Gleitpartner mit Härte > 40 HRC
–, bronzehaltig	PTFE-Bz	–	0,37	–	–	0,5[3])			
Polyäthylenterephthalat	PETP							Spritzgießen oder aus Halbzeug	analog PA; kaum Reibwertänderung in Abhängigkeit von Laufzeit
Polybutylenterephthalat	PBTP	30 … 35	0,31	255	120	0,1	0,3		
Polyimid	PI	32	0,27 … 0,48	–	–	1[3])		aus Halbzeug oder Pressen	gutes Gleit- und Verschleißverhalten, große Temperatur- und Strahlungsbeständigkeit, aus wirtschaftlichen Gründen nur spezielle Einsatzgebiete (z. B. Raumfahrt, Turbinen in Flugzeugen)
–, grafithaltig	PI-G	40		–	–	1[3])			

[1]) für Radiallager mit Wanddicken von 3 mm bei $v \leqq 1{,}5$ m/s und $p \leqq 15$ N/mm^2; T Trockenlauf, F Fettschmierung
[2]) Dauergebrauchstemperatur
[3]) Einzelmessung

8.2.3.4. Kunststoffgleitlager [8.2.15] [8.2.25] [8.2.26]

Die vielfältigen konstruktiven und technologischen Möglichkeiten, die die Kunststoffe bieten, spiegeln sich auch in der Vielzahl der Lagerkonstruktionen wider.

Folgende *Ausführungsformen* sind zu unterscheiden **(Bild 8.2.21)**:

Massivgleitlager bestehen aus reinen oder auch mit Füllstoffen modifizierten Kunststoffen. Mit zunehmender Wanddicke wird jedoch wegen der allgemein schlechten Wärmeleitfähigkeit die Reibungswärme gestaut, die Temperatur der Lagerfläche steigt stark an, und frühzeitiger Verschleiß ist die Folge. Aus diesem Grunde sind diese Lager sehr dünnwandig zu halten. Wanddicken unter 1 mm sind möglich. Damit sich Volumenänderungen, hervorgerufen durch Wärmedehnung bei Temperaturschwankungen oder Quellung infolge Feuchteaufnahme, ausgleichen können, sind Lagerbuchsen mit durchgehendem schrägem Längsschlitz **(Bild 8.2.22)** zu versehen.

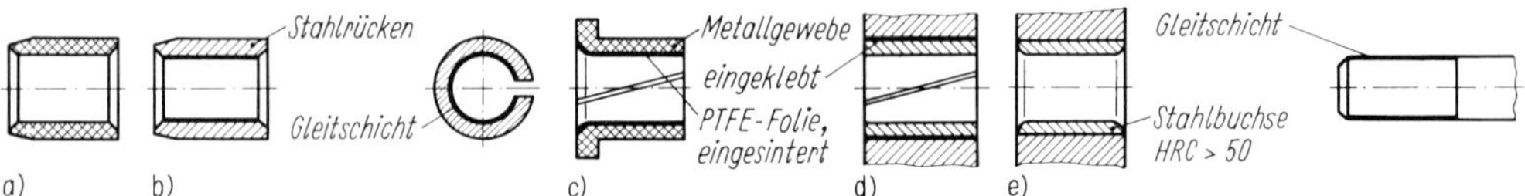

Bild 8.2.21. Ausführungen von Kunststoffgleitlagern

a) Massiv-, b) Verbund-, c) Gewebe- oder Faserlager; d) Folienlager; e) Lager mit Gleitschicht

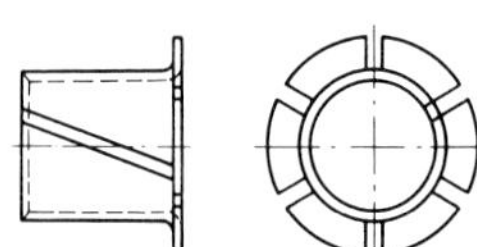

Bild 8.2.22. Polyamidbuchse mit Längsschlitz

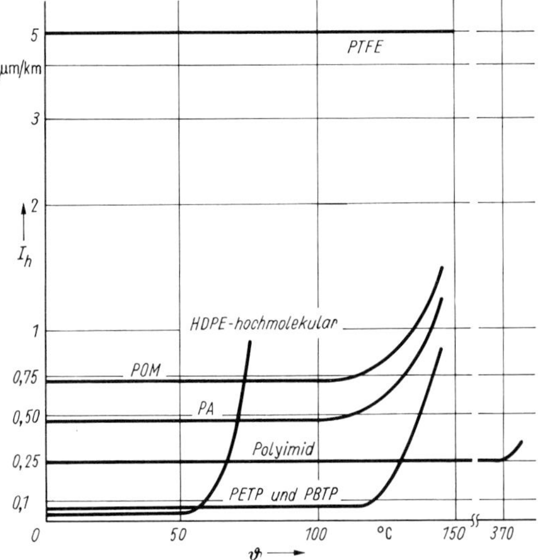

Bild 8.2.23. Tendenzen der Gleitverschleißintensität I_h als Funktion der Gleitflächentemperatur ϑ (aus VDI-Richtlinie 2541, s. Tafel 8.4.6)

Verbundgleitlager setzen sich aus einem Metallrücken, der dem Lager die Festigkeit und Montierbarkeit gibt, und der Lagerwerkstoffschicht mit guten Gleiteigenschaften zusammen.

Gewebelager (auch Faserlager genannt) bestehen aus einem strukturierten Werkstoff, der zur Erhöhung der Festigkeit, Maßbeständigkeit und Wärmeleitung in der Kunststoffmasse eingebettet ist. Als derartige Einlagen dienen Textil-, Kunststoff-, Glas- und Bronzefasern bzw. -gewebe.

Foliengleitlager. Ein zugeschnittenes Folienmaterial oder Rohr mit einer Dicke bis etwa 0,2 mm wird entweder in der Bohrung oder auf dem Laufzapfen befestigt (meist geklebt).

Gleitschichtenlager besitzen im Endeffekt eine ebenso dünne Gleitschicht wie die Folienlager, die aber durch Aufdampfen, Bestreichen (Gleitlacke), Sintern oder Flammspritzen auf die Lauffläche der Buchse bzw. bei kleinem Lagerdurchmesser einfacher auf die Zapfenfläche aufgebracht wird.

Für die Oberfläche des Stahlzapfens wird eine Härte von mindestens 50 HRC und eine Rauheit $R_z = 2 \ldots 4\,\mu m$ empfohlen. Kleinere Rauhtiefen verursachen eine höhere Reibung. Die Rauheit der Kunststofffläche ist unkritisch. Wie der Verschleiß vom Kunststoff abhängt, ist für trocken laufende Lager vergleichsweise **Bild 8.2.23** zu entnehmen. Bei geschmierten Lagern ist der Verschleiß unbedeutend (Buchsengestaltung s. Abschnitt 8.2.3.2.).

Berechnung. Zusätzlich zu den Berechnungen nach Abschnitt 8.2.3.1. ist die Lagertemperatur zu ermitteln.

Die sich einstellende Betriebstemperatur hängt wie bei jedem Lager davon ab, welche Wärmemenge radial von der Buchse an das Gehäuse und welche axial über den Zapfen und die Welle abgeführt werden kann. Die Wärmebilanz ist

$$P_R = \Delta\vartheta_B \, A_B \lambda_B / s + \Delta\vartheta_Z A_Z \lambda_Z / b \qquad (8.2.15)$$

mit $\Delta\vartheta_B = K_B(\vartheta - \vartheta_0)$ und $\Delta\vartheta_Z = K_Z(\vartheta - \vartheta_0)$, wobei K_B und K_Z notwendige Korrekturfaktoren sind, damit der Einfachheit halber die Wärmebilanz auf das Temperaturgefälle $\vartheta - \vartheta_0$ bezogen werden kann. Erfahrungsgemäß ist $K_B \approx 0{,}5$ und $K_Z \approx 0{,}02$.

Daraus ergibt sich als Berechnungsgleichung für die zu erwartende Betriebstemperatur

$$\vartheta = P_R/(0{,}5 A_B \lambda_B / s + 0{,}02 A_Z \lambda_Z / b) + \vartheta_0; \qquad (8.2.16)$$

ϑ, ϑ_0 Betriebs- bzw. Umgebungstemperatur in °C; P_R Reibleistung in W; A_B Buchsenwandfläche ($d\pi b$) in m²; A_Z Zapfenquerschnitt ($d^2\pi/4$) in m²; b, s Buchsenbreite bzw. Wanddicke der Buchse in m; λ_Z Wärmeleitzahl des Zapfenwerkstoffes in $W/(m \cdot K)$ (Stahl: $\lambda_Z = 48\, W/(m \cdot K)$); λ_B Wärmeleitzahl des Buchsenwerkstoffs (s. Tafel 8.2.5) in $W/(m \cdot K)$
Beispiel s. Abschnitt 8.2.13.

PTFE gilt als selbstschmierender Gleitwerkstoff [8.2.26] mit niedrigem Reibwert ($\mu_0 = 0{,}03$ und $\mu = 0{,}07$ bei $p_m = 1\,\text{N/mm}^2$, jedoch sind vor allem bei niedriger Flächenpressung und sehr geringer Rauhheit des Gegenkörpers beim Einlaufen Werte von $\mu = 0{,}4$ schon gemessen worden) und nimmt unter den Thermoplasten eine Sonderstellung ein; er läßt sich nicht verspritzen. Lagerelemente werden entweder spanend aus Halbzeug oder bei hohen Stückzahlen aus Pulver gepreßt und gesintert. Wegen der Schwierigkeiten bei der Montage (schlechte Klebefähigkeit und Kaltfluß) kommen Massivbuchsen selten zum Einsatz und wenn, dann nur in geklammerter Ausführung. Vorwiegend wird PTFE für Verbundlager verwendet.

8.2.3.5. Kunstkohlegleitlager [8.2.29]

Sie eignen sich besonders bei extrem hohen Betriebstemperaturen über 100 °C (bis zu 400 °C), wie sie z. B. in Heizungs- oder Trocknungsgeräten und Glasbearbeitungsmaschinen vorkommen, wo ölgeschmierte und Plastlager versagen. Die gute chemische Beständigkeit ermöglicht ihren Einsatz in Färbereimaschinen, Wasch- und Galvanikanlagen sowie in Pumpen, in denen die Lagerstelle vom Fördermedium umspült wird.

Kunstkohle ist ein poröser keramischer Werkstoff, dessen Gleiteigenschaften durch den Graphitanteil und die Imprägnierung mit Kunstharz oder metallischen Gleitwerkstoffen bestimmt werden. Die Belastbarkeit hängt von der Kunstkohlequalität und den Betriebsbedingungen ab. Der $p \cdot v$-Wert reicht von 0,1 N/mm² · m/s bei Hartkohle im Trockenlauf bis zu 8 N/mm² · m/s bei bleiimprägnierter Kunstkohle im Naßlauf. Kohle läßt sich mit Wasser schmieren, nicht aber mit Öl oder Fett, da diese mit den Abriebteilchen eine feste Paste bilden.

Als Zapfenwerkstoff eignen sich unlegierter Stahl, Chromstahl, nitrierter Stahl und hartverchromte Werkstoffe, auch Keramik ist möglich. Ungeeignet sind Aluminium und dessen Legierungen. Die Oberfläche des Zapfens sollte feinstgeschliffen ($R_z < 1\,\mu$m) sein. Beim Einbau von Kohlelagern sind der kleinere Längen-Temperaturkoeffizient von Kunstkohle [$\alpha = (2 \ldots 4) \cdot 10^{-6}\,\text{m/(m} \cdot \text{K)}$] gegenüber Metallen (Stahl $\alpha = 11{,}5 \cdot 10^{-6}$), die geringere Festigkeit sowie die Sprödigkeit zu beachten. Kohlelager sollten deshalb möglichst nicht freitragend eingebaut werden. Die Montage erfolgt entweder durch Kalteinpressen oder Einschrumpfen. Toleranzen dafür enthält **Tafel 8.2.7.**

Der Kaltpreßsitz der Kohlelager in Stahlfassung entsprechend H7/s6 ist nur bis zu einer maximalen Lagertemperatur von 120 bis 150 °C anwendbar. Bei Gehäusen bzw. Fassungen aus Werkstoffen mit einem größeren Wert α als bei Stahl liegt die zulässige Betriebstemperatur entsprechend niedriger. Das Einschrumpfen ist die beste Befestigungsart für Lager bei

Tafel 8.2.7. Toleranzen von Kunstkohlebuchsen
bisher nach DIN 1850 T4

Lagerbohrung d_1	vor Kalteinpressen F7*)	vor Warmeinschrumpfen D8**)
Außendurchmesser der Buchse d_2	s6	x8 ... z8
Gehäusebohrung D	H7	H7

*) ergibt nach Einpressen H7 bzw. H8
**) zum Einhalten genauer Toleranzen nach dem Einschrumpfen nachreiben

höheren Betriebstemperaturen. Die Gehäuse bzw. Fassungen sind auf die Temperatur von 100 bis 150 K über der maximal zu erwartenden Betriebstemperatur zu erwärmen. Ist ein Einschrumpfen nicht möglich, so müssen die kalteingepreßten Buchsen bei entsprechend hohen Betriebstemperaturen zusätzlich gegen Verdrehen gesichert werden. In Stahlfassungen eingeschrumpfte Kohlelager lassen sich wie metallische Gleitlager in die Aufnahmebohrung des Gehäuses einpressen.

Während sonst eine Mindestwanddicke von 3 mm gefordert ist, läßt sich bei in Stahl eingeschrumpften Lagern die Wanddicke durch Ausdrehen bis auf 1 mm verringern. Das Lagerspiel soll bei Betriebstemperatur (Warmspiel S_W) bei Trockenlauf 0,3 bis 0,5% und bei Naßlauf 0,1 bis 0,3% vom Zapfendurchmesser betragen. Zur Festlegung des Kaltspiels ist die Wärmedehnungsdifferenz zu berücksichtigen.

Berechnung. Lagerdurchmesser und -breite werden gemäß Abschnitt 8.2.3.1. unter Beachtung von $(p \cdot v)_{zul}$ für die Kunstkohlequalität berechnet.

8.2.4. Lager mit kegelförmigen Zapfen

Gleitlager mit kegelförmigen Zapfen werden bevorzugt für radial spielarme Lagerungen verwendet. Je nach der Achslage unterscheidet man zwischen horizontalen und vertikalen Kegelzapfenlagern. Horizontale Kegelzapfenlager **(Bild 8.2.24)** besitzen zwei entgegengerichtete Kegel, Vertikallager nur einen **(Bild 8.2.25)**, der zur besseren Führung meist in zwei Laufzonen aufgeteilt ist.

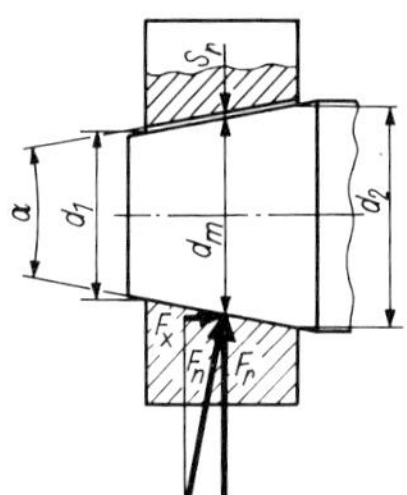

Bild 8.2.24. Horizontale Kegelzapfenlagerung

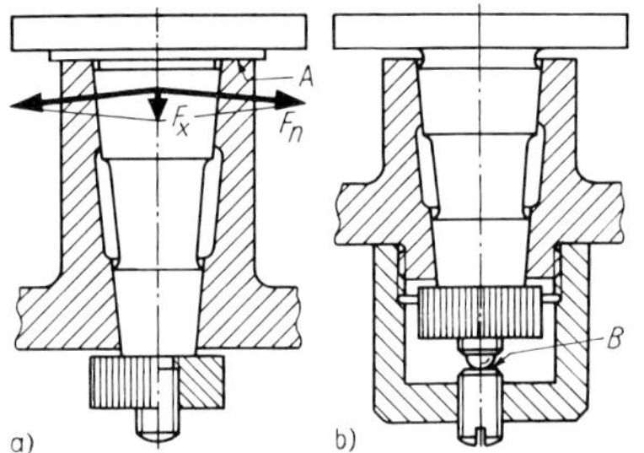

Bild 8.2.25. Vertikale Kegelzapfenlagerung
a) mit Anlauffläche *A*; b) mit Spurlagerkugel *B*

Axialkräfte führen je nach Kegelwinkel zur Erhöhung der Lagerreibung bis zum Selbstsperren bei $\tan \alpha/2 < \mu$. Eine Reduzierung des Reibmoments und Verhinderung der Selbstsperrung ist durch zusätzliche Stützlager (Spurlager) möglich.

8.2.4.1. Berechnung

Für das radial belastete Lager ist nach Bild 8.2.24 die Lauffläche von den Durchmessern d_1 und d_2 begrenzt, aus denen sich der mittlere Kegeldurchmesser $d_m = (d_1 + d_2)/2$ ergibt. Die Flächenpressung ist

$$p_m = F_r/(d_m b). \qquad (8.2.17)$$

Die Kräfte im Lagerkegel sind $F_x = F_r \tan \alpha/2$, $F_r = F_n \cos \alpha/2$, $F_n = F_x/\sin \alpha/2$.
Die Größe des Reibmoments ergibt sich aus der Radialkraft F_r wie folgt:

$$M_R = \mu\ (d_m/2)F_n = \mu\ (d_m/2)F_r/\cos \alpha/2.$$

Beim Lagerspiel ist zwischen Radialspiel S_r, Axialspiel S_x und Normalspiel S_n nach **Bild 8.2.26** zu unterscheiden. Es ist

$$S_r = S_x \tan \alpha/2, \qquad S_n = S_x \sin \alpha/2. \qquad (8.2.18)$$

Eine axiale Verschiebung um ΔS_x führt zu einer Veränderung des Radialspiels von $\Delta S_r = \Delta S_x \tan \alpha/2$.

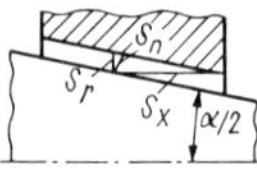

Bild 8.2.26. Spiel im Kegelzapfenlager

8.2.4.2. Konstruktive Gestaltung

Die Spieleinstellung an einem Horizontallager kann nach **Bild 8.2.27** ausgeführt werden. Kegelzapfenlager mit vertikaler Achse besitzen wegen der Zentriereigenschaft des Kegels sehr guten Rundlauf. Die notwendige Entlastung von Axialkräften kann an der Stirnfläche *A* (s. Bild 8.2.25a) oder der Spurkugel *B* (s. Bild 8.2.25b) erfolgen. Derartige Ausführungen sind überbestimmt und erfordern entweder gemeinsames Einschleifen *(A)* oder Justierung *(B)*. Im Gegensatz zur Anordnung nach Bild 8.2.25 mit drehendem Lagerzapfen ist in der Konstruktion nach **Bild 8.2.28** der Lagerzapfen feststehend und der Lagerkörper mit Hohlkegel drehbar. Die Entlastung hat deshalb über dem Kegelzapfen zu erfolgen (hängende Anordnung). Im gezeigten Beispiel dient ein Zweifachschraubengetriebe zur feinfühligen Einstellung (s. auch Abschnitt 13.10.).

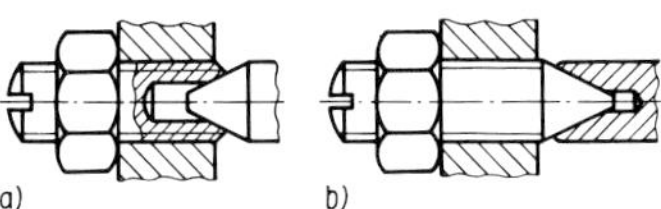

Bild 8.2.27. Kegelzapfenlager mit einstellbarem Spiel
a) Hohlkegel im Gehäuse; b) Vollkegel im Gehäuse

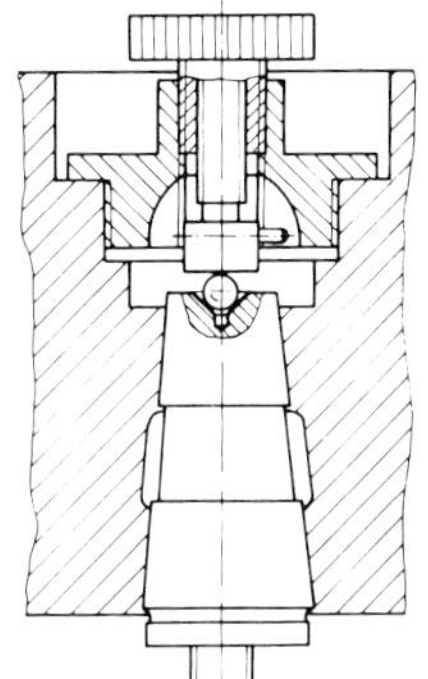

Bild 8.2.28. Kegelzapfenlager mit feststehendem Zapfen

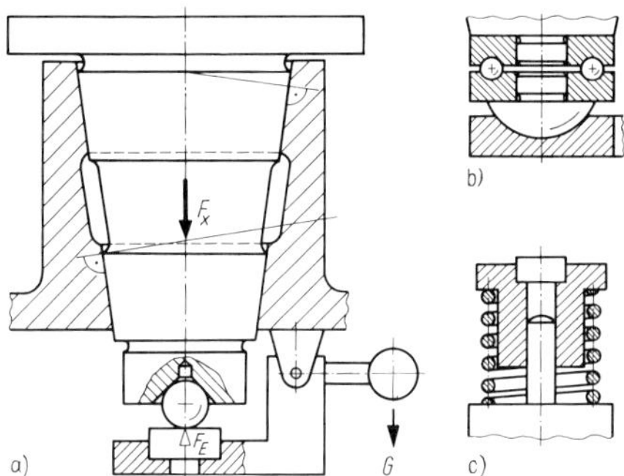

Bild 8.2.29. Axiale Entlastung
a) durch Gewichtskraft über Spurkugel; b) durch Gewichtskraft über Axialkugellager; c) durch Federkraft

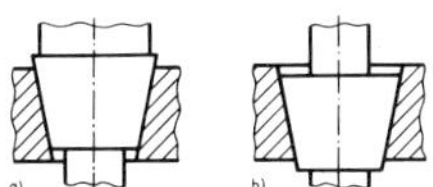

Bild 8.2.30. Kegelzuordnung
a) falsch; b) richtig

Eine exzentrische Lage der Spurkugel ergibt bei nicht zur Achse orthogonaler Spurfläche einen Axialschlag und damit je nach Drehwinkel unterschiedliches Spiel bzw. Reibmoment. Anstelle der bisher gezeigten steifen Entlastung kann sie auch durch Gewichts- oder Federkraft vorgenommen werden. Eine derartige im **Bild 8.2.29** dargestellte Ausführung ist nicht überbestimmt und kann die Kegellagerung nahezu vollständig entlasten (Entlastungskraft F_E), ohne daß Spiel entsteht (sog. schwimmende Lagerung). Damit der Kegel bei auftretendem Verschleiß nachsetzen kann, müssen alle Abschlußkanten der Kegel am Zapfen gegenüber denen des Hohlkegels in Richtung zur Kegelspitze versetzt sein **(Bild 8.2.30)**, sonst würde der Kegelzapfen eine Stufe in den Hohlkegel einschleifen (Werkstoffe s. Abschnitt 8.2.3.3.).

8.2.5. Axialgleitlager

Sie dienen der axialen Abstützung der Welle und der Aufnahme größerer Axialkräfte. Zur Stabilisierung der Drehachse ist in jedem Fall eine radiale Führung (Führungslager) der Welle notwendig. Nach der Geometrie der Kontaktflächen wird unterschieden zwischen Planspur- und Kugelspurlagern.

8.2.5.1. Planspurlager (Ringspurlager)

Planspurlager besitzen nach **Bild 8.2.31** eine ebene Lauf- und Lagerfläche. Die Lauffläche ist entweder die Stirnfläche des Lagerzapfens oder die Ringfläche eines Lagerbundes

(Bild 8.2.32). Zum Wellenwerkstoff, in den meisten Fällen Stahl, ist ein geeigneter Gleitwerkstoff auszuwählen Das der Lagerbuchse bei den Radiallagern analoge Element ist bei den Axiallagern die Spurplatte bzw. der Spurring (Axiallagerring). Diese sind wie die Lagerbuchse mit dem Gehäuse verdrehsicher zu verbinden. Im einfachsten Fall dient dazu eine lose Anlaufscheibe **(Bild 8.2.33)**. Gleichmäßige Lastverteilung und damit einwandfreier Lauf sind nur gesichert, wenn beide Funktionsflächen exakt rechtwinklig zur Drehachse stehen. Eine Abweichung von der Rechtwinkligkeit läßt sich durch selbsteinstellende (Bild 8.2.32a) oder elastisch nachgiebige Elemente (Bild 8.2.32b) ausgleichen.

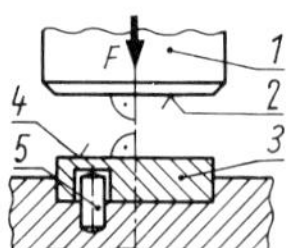

Bild 8.2.31. Planspurlager

1 Wellenzapfen; *2* Lauffläche; *3* Spurplatte (Gleitscheibe); *4* Lagerfläche; *5* Verdrehsicherung

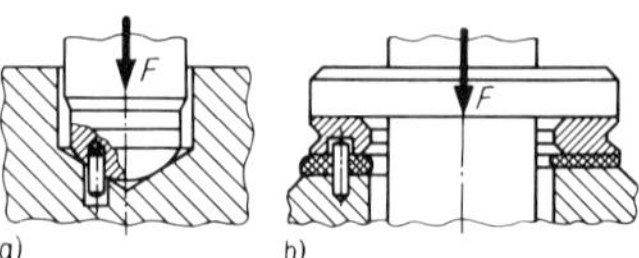

Bild 8.2.32. Ausgleich der Schiefstellung

a) kugelige, selbsteinstellende Unterlage
b) elastisch nachgiebige Unterlage

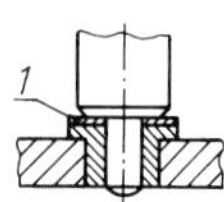

Bild 8.2.33. Axiallagerung mit Bundlagerbuchse und Anlaufscheibe 1

Bei allen Axiallagern ist zu beachten, daß die Gleitgeschwindigkeit und der Gleitweg proportional dem Radius sind. Am Außenumfang sind diese Werte und damit auch der Verschleiß am größten. Eine notwendige Schmierung, vorzugsweise mit Fett, wird durch in die Spurplatte (Lagerring) eingearbeitete Schmiernuten unterstützt. Prinzipiell ist wie bei den Radiallagern eine hydrodynamische Schmierung möglich. Sie wird auch bei größeren Lagern im Maschinenbau praktiziert, verlangt aber eine besondere Geometrie der Lagerflächen, weil im Gegensatz zu den Radialgleitlagern kein natürlicher Schmierkeil vorhanden ist. Näheres ist der Speziallliteratur [1.17] [8.2.2] zu entnehmen.

Berechnung. Maßgebend sind Reibung und Belastbarkeit. Geht man von einer gleichmäßigen Belastungsverteilung aus, beträgt die Flächenpressung in der von r_a und r_i begrenzten Lagerfläche

$$p = F/A = F/[\pi\,(r_a^2 - r_i^2)] \leqq p_{zul}; \tag{8.2.19}$$

bei durchgehender Spurplatte ist $r_i = 0$.

Das Reibmoment des Axialgleitlagers berechnet sich dann aus $M_R = \int_{r_i}^{r_a} \mathrm{d}M_R$

mit $\mathrm{d}M_R = \mu r p\,\mathrm{d}A$ und $\mathrm{d}A = 2\pi r\,\mathrm{d}r$ zu

$$M_R = 2\pi\mu p \int_{r_i}^{r_a} r^2\,\mathrm{d}r \tag{8.2.20}$$

und unter Einbeziehung von Gl. (8.2.19)

$$M_R = \tfrac{2}{3}\mu F\,(r_a^3 - r_i^3)/(r_a^2 - r_i^2). \tag{8.2.21}$$

8.2.5.2. Kugelspurlager

Zwischen den Lagerelementen entsteht nur ein Punktkontakt (Kugel/Ebene oder Kugel/Hohlkugel) nach **Bild 8.2.34** in der Drehachse. Die damit verbundene sehr geringe Reibung ist das besondere Merkmal dieser Lager. Bei der Anordnung Kugel/Hohlkugel erfährt die Drehachse durch die Kalotte eine wenn auch geringe seitliche Führung, die in manchen Fällen schon ausreicht und ein zusätzliches Führungslager erübrigt.

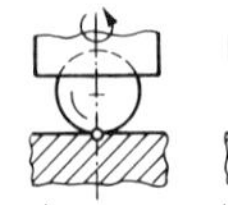

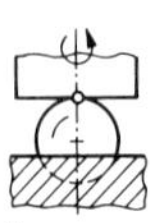

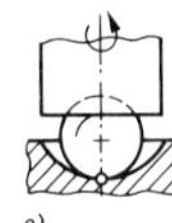

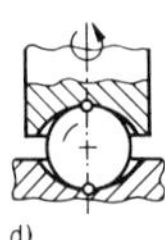

Bild 8.2.34. Varianten der Kugelspurlager

a) Kugel/Ebene bei rotierender Kugel; b) Kugel/Ebene bei stillstehender Kugel; c) Kugel/Hohlkugel bei rotierender Kugel; d) Doppelkalottenlager mit eingelegter Kugel

Berechnung. Die Bewegungs-, Belastungs- und Reibungsverhältnisse entsprechen denen der Spitzenlager mit vertikaler Achsanordnung (s. Abschnitt 8.2.6.); jedoch sind die Rundungsradien und damit auch die Tragfähigkeit beim Kugelspurlager wesentlich größer als beim Spitzenlager. Die Kugelfläche muß gehärtet und poliert sein. Oftmals ist die Verwendung einer Wälzlagerkugel entsprechend den **Bildern 8.2.35**b, c günstiger als ein halbkugelförmig gerundetes Wellenende (Bild 8.2.35a).

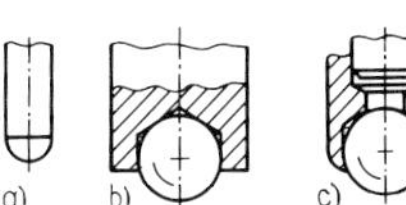

Bild 8.2.35. Kugelförmiges Wellenende

a) anpolierte Halbkugel; b) eingepreßte Wälzlagerkugel; c) Kugel in separater Fassung

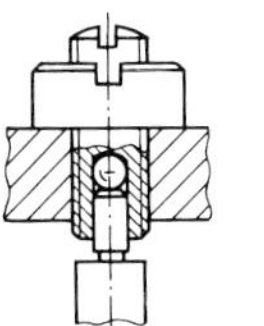

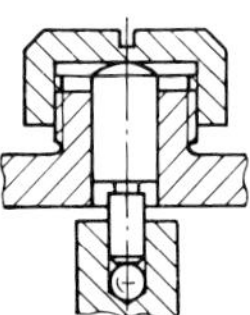

Bild 8.2.36. Einstellbares Spurlager

Rundlaufabweichungen bleiben um so kleiner, je besser die Kugel zur Wellenachse zentriert ist. Die Spurplatte bzw. die Kalotte muß eine größere Härte als die Kugel aufweisen, ein Abplatten der Kugel ist weniger schädlich als das Hineinbohren der Kugel in die Platte bzw. Kalotte. Spurlager für Axialkräfte in beiden Richtungen verstoßen gegen das Prinzip Fest-Los-Lager, weshalb zur Justierung des Axialspiels mindestens eines der beiden Lager axial verstellbar sein muß. Wird auf guten Rundlauf Wert gelegt, so sollte der Lagerzapfen oder -körper nicht selbst das Justiergewinde besitzen wie im **Bild 8.2.36**a, sondern in einem Paßsitz (Bild 8.2.36b) oder durch eine Federführung (s. auch Abschnitt 8.3.4.) beweglich sein. Die mit Gewindeschlag behaftete Ausführung kann durch balligen Lagerzapfen oder olivierte Bohrung im Laufverhalten verbessert werden.

8.2.6. **Spitzenlager** [8.2.30] [8.2.31]

Spitzenlager sind Lager, bei denen der Lagerzapfen in einer verrundeten Spitze ausläuft. Der Abstand der Reibstelle von der Drehachse wird damit äußerst klein und mit ihm das Reibmoment. Hinsichtlich der Bewegungsverhältnisse an der Reibstelle zählen sie zu den Gleitlagern, obwohl die Bewegung mit einem Wälzvorgang beginnt, solange Haftreibung wirkt. Bezüglich der Betriebseigenschaften und der Berechnung ist zu unterscheiden zwischen vertikaler und horizontaler Achsenanordnung. Hauptanwendungsgebiet ist der Meßgerätebau.

8.2.6.1. **Berechnung**

Bei der Punktberührung der Spitze mit ihrem Abrundungsradius r_1 und der Lagerfläche (Kalotte) mit dem Ausrundungsradius r_2 tritt an der Spitze eine kreisförmige Abplattung vom Radius a auf **(Bild 8.2.37)**. Die Flächenpressung in dieser kleinen Kontaktfläche ist ungleichmäßig verteilt. Die in **Tafel 8.2.8** für beide Achsanordnungen angegebenen Berechnungsgleichungen gehen von folgender Pressungsverteilung ($\langle p_{\max}\rangle$ gezeichnete Länge) aus:

$$\frac{x^2}{a^2} + \frac{y^2}{\langle p_{\max}^2\rangle} - 1 = 0. \qquad (8.2.22)$$

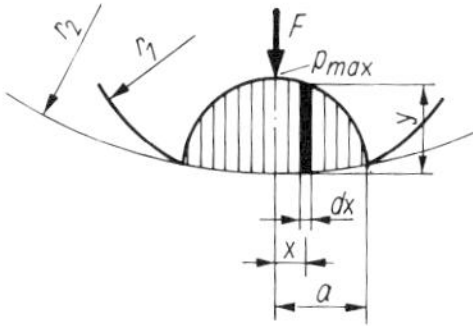

Bild 8.2.37. Pressung in der Kontaktfläche eines Spitzenlagers

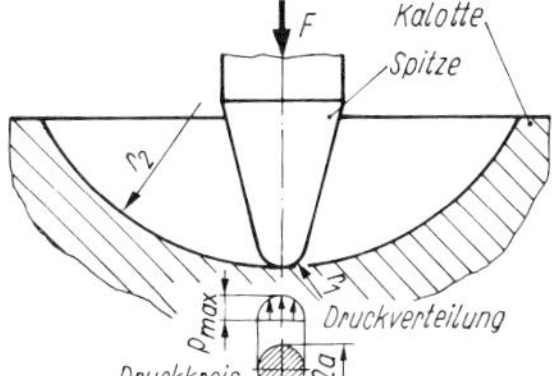

Bild 8.2.38. Vertikales Spitzenlager

Bei der reibungsarmen Lagerung einer vertikalen Achse **(Bild 8.2.38)** genügt es, wenn nur das untere Lager als Spitzenlager ausgebildet ist. Dieses allein trägt die gesamte reibungserzeugende Belastung F; das obere Lager dient nur der Führung. Dazu reicht ein einfaches dünnes Zapfenlager (sog. Nadelhalslager). Beim Einsatz von zwei Spitzenlagern für eine Drehspule mit vertikaler Achse gibt es zwei Anordnungsmöglichkeiten, und zwar die Außenlagerung

Tafel 8.2.8. Berechnung von Spitzenlagern

Größe*)	Vertikallager (Bild 8.2.38)	Horizontallager (Bild 8.2.40)
Druckkreisradius a	$a = \sqrt[3]{1{,}5\,(1-\nu^2)\,Fr/E}$	$a = \sqrt[3]{1{,}5\,(1-\nu^2)\,F_n r/E}$, $F/F_n = \sin\varkappa$
Flächenpressung p	$p_{max} = \sqrt[3]{1{,}5E^2F/[\pi^3r^2\,(1-\nu^2)^2]}$	$p_{max} = \sqrt[3]{1{,}5E^2F_n/[\pi^3r^2\,(1-\nu^2)^2]}$
Reibmoment M_R des einzelnen Lagers	$M_R = \int_0^a dM_R = (3/16)\;\pi a\mu F$	$M_R = \mu r_1 F$
Spitzenradius r_1 (für $p_{max} = 3\,\text{mN}/\mu\text{m}^2$ und $\nu = 0{,}3$)	$r_1 = 0{,}048\,(1 - r_1/r_2)\,E\sqrt{F}$ r_1; r_2: μm; F: mN; E: mN/μm^2	$r_1 = K\,(1 - r_1/r_2)\,E\sqrt{F}$, bei S_{opt} α / $\bar{K}$ (Mittelwert von K): 80° / 0,071 90° / 0,077
Axialspiel S		$S = (r_2 - r_1)\,(1 - \cos\varkappa)$ S_{opt} s. Bild 8.2.41
Achsabsenkung S'		$S' = S\sqrt{2\,(r_2 - r_1)/S - 1}$

*) Ersatzradius r: $1/r = 1/r_1 - 1/r_2$; Resultierender E-Modul: $1/E = 0{,}5\,(1/E_1 + 1/E_2)$; Querzahl für homogene Werkstoffe: $\nu \approx 0{,}3$

nach **Bild 8.2.39**a, bei der das untere Lager die Last aufnimmt, und die Innenlagerung (Bild 8.2.39b), bei der das obere Lager die Last aufnimmt.

Durch die geometrischen Verhältnisse an der Kontaktstelle der Lagerspitze ergibt sich beim jeweils unbelasteten Lager auch bei kleinem Achslängsspiel S ein beträchtliches Achsquerspiel. Infolge des labilen Gleichgewichts bei der Außenlagerung kippt die Drehspulachse aus der geometrischen Achse heraus, wodurch sich Kippabweichungen zwischen Zeiger und Skala ergeben. Bei der Innenlagerung garantiert der tiefliegende Schwerpunkt eine stabile, kippabweichungsarme Lage. Da hier der Spitzenabstand geringer ist als bei der Außenlagerung, muß die Lagerung präziser ausgeführt und eingestellt werden.

Eine horizontale Achse bedingt immer zwei Spitzenlager. Die Gesamtlast verteilt sich auf beide Lager.

Im folgenden wird eine symmetrische Anordnung vorausgesetzt. Eine unsymmetrische Belastung führt zu unterschiedlichen Belastungsverhältnissen in beiden Lagern [8.2.31]. Die Schrägstellung der Achse ist kaum merklich.

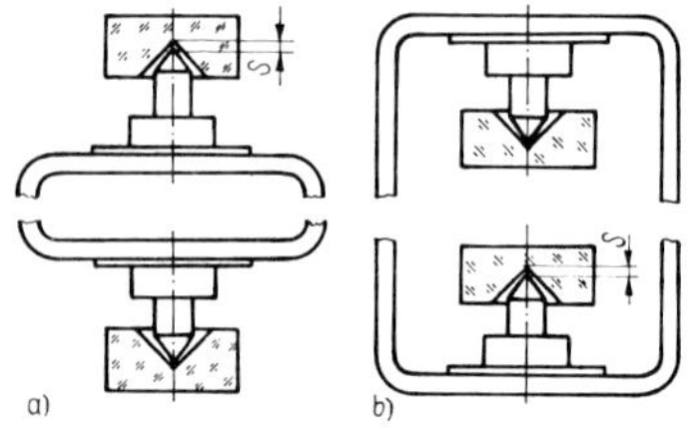

Bild 8.2.39
Zweispitzenlagerung einer Drehspule mit vertikaler Achse
a) Außenlagerung; b) Innenlagerung

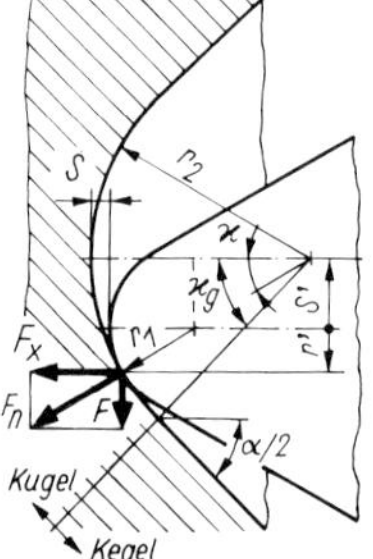

Bild 8.2.40. Horizontales Spitzenlager

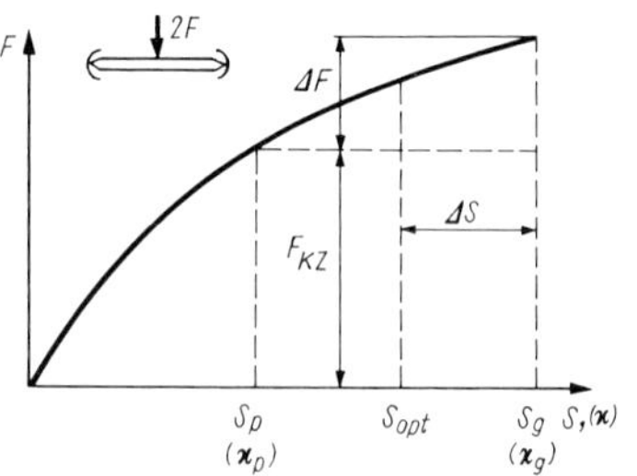

Bild 8.2.41. Belastbarkeit der Lagerung als Funktion des Achsspiels S bzw. Kontaktwinkels $\varkappa$

Wie aus **Bild 8.2.40** hervorgeht, ist ein Axialspiel notwendig, damit die Lagerung tragfähig ist. Die Belastbarkeit wächst mit zunehmendem Axialspiel, d. h. mit zunehmendem Kontaktwinkel $\varkappa$ **(Bild 8.2.41)** bis zu dem Punkt $\varkappa = \varkappa_g = \alpha/2$ (α Kegelwinkel), wo der Ausrundungsradius r_2 in die Kegelmantelfläche des Lagers übergeht. Wegen der andersgearteten Krümmungsverhältnisse ist die Flächenpressung auf der Kegelmantelfläche größer und die Belastbarkeit kleiner als auf der Kugelfläche. **Bild 8.2.42** zeigt, wie groß der Tragfähigkeitssprung ΔF, bezogen auf die Tragfähigkeit F_{KZ}, auf der Kegelmantelfläche, die als Zylinderfläche mit veränderlichem Radius angesehen werden kann, ist. Es gibt demnach innerhalb der Kugelkalotte einen Bereich maximaler Belastbarkeit von S_p bis S_g.

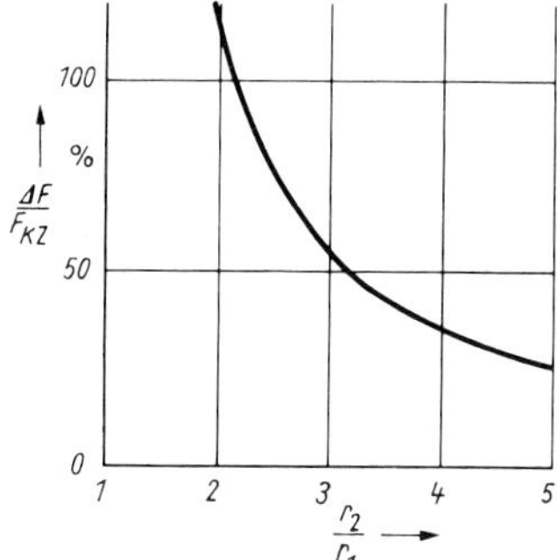

Bild 8.2.42. Relativer Tragfähigkeitssprung beim Übergang Hohlkugel zu Hohlkegel

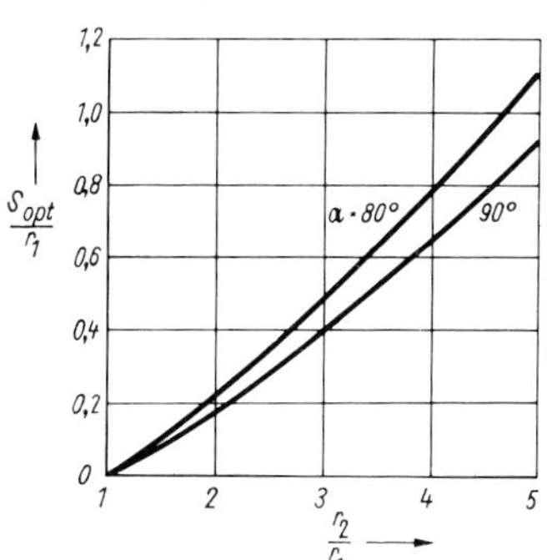

Bild 8.2.43. Relatives optimales Achsspiel

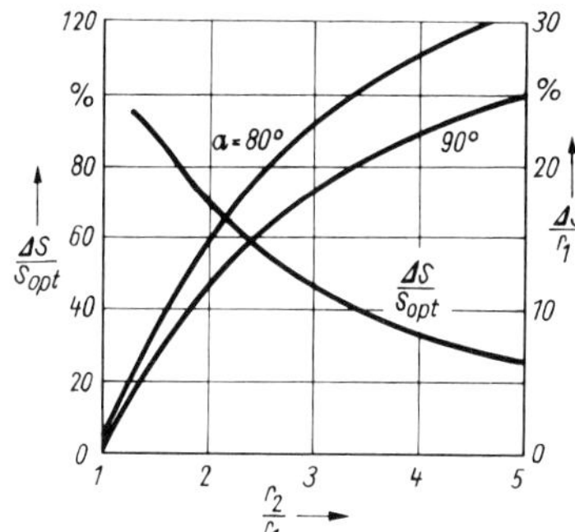

Bild 8.2.44. Relative Breite des optimalen Belastungsbereichs

In Anbetracht der Montagetoleranzen gilt als optimales Axialspiel

$$S_{opt} = 0{,}5\,(S_p + S_g). \tag{8.2.23a}$$

Aus **Bild 8.2.43** kann für die am häufigsten verwendeten Kegelwinkel $\alpha = 80°$ und $90°$ das optimale Axialspiel in Abhängigkeit vom Radienverhältnis r_1/r_2 entnommen werden. Die Berechnungsgrundlage dafür ist

$$S_{opt}/r_1 = \tfrac{1}{2}(r_2/r_1 - 1)[2 - \cos\varkappa_g - \sqrt{1 - (\sin\varkappa_g/A)^2}] \tag{8.2.23b}$$

mit $A = [(r_2/r_1 - 1/2)/(r_2/r_1 - 1)]^2$.

Das Axialspiel der gesamten Lagerung setzt sich aus dem Axialspiel der beiden einzelnen Lager zusammen, $S_{ges} = 2S$.

Nur ein sorgfältig eingestelltes Axialspiel garantiert, daß die Spitze im günstigsten Belastungsbereich arbeitet. Die Größe dieses Bereichs ($S_{opt} \pm \Delta S$) und damit die erforderliche Einstellgenauigkeit ist aus **Bild 8.2.44** zu entnehmen.
Der aus Festigkeitsgründen erforderliche Mindestabrundungsradius r_1 ist bei gegebener Werkstoffkombination (E-Modul) und gewähltem Radienverhältnis r_2/r_1 von der Lagerbelastung F abhängig (F ist die Belastung eines Lagers, die gesamte Lagerung wird mit $2F$ belastet). Die Gleichung für r_1 in Tafel 8.2.8 enthält den Faktor K, dessen Mittelwert $\overline{K}$ im Bereich $r_2/r_1 = 2 \ldots 5$ um 6% schwankt. Der genaue Zahlenwert ergibt sich aus

$$K = \sqrt{0{,}058/(p_{max}^3 \sin^2\varkappa_{opt})} \tag{8.2.24}$$

mit $p_{max} = 3\ \text{mN}/\mu\text{m}^2$ (= 3000 N/mm²).
Den optimalen Kontaktwinkel $\varkappa_{opt}$ erhält man aus

$$\cos\varkappa_{opt} = 0{,}5\,(\cos\varkappa_g + \sqrt{1 - (\sin\varkappa_g/A)^2}).$$

Die hohe zulässige Flächenpressung $p_{max} = 3000\,N/mm^2$ ist die Druckfestigkeit von Korund (Saphir und Rubin), dem häufigsten Werkstoff der Lagerkalotten.
Spitzenlager, die mit diesem Pressungswert berechnet worden sind, haben sich in der Praxis bewährt und besitzen eine ausreichende Lebensdauer, wenn sie vor Stößen geschützt sind (s. Abschnitt 8.2.7.).

Die **Güte einer Meßwerklagerung** wird beurteilt nach Reibungsfehler (Reibungsgütewert) $\sigma_R = M_R/M_E$ in % und Transportempfindlichkeit (Transportgütewert) $\sigma_T = M_E/F$ in mm
(M_R Reibmoment bei Vollausschlag; M_E Einstellmoment bei Vollausschlag des Meßwerkes).
Als Richtwerte gelten für

	Präzisionsgeräte	sehr gute	mittlere	einfache Geräte
σ_R in %	0,1	0,2 … 0,5	1,0 … 1,5	2,5
σ_T in mm	0,8 … 1,5		1,0 … 2,5	

8.2.6.2. Konstruktive Gestaltung

Spitze. Kleine Spitzenradien r_1 werden durch Trommelschleifen bzw. -polieren an kegeligen Spitzen nach **Bild 8.2.45** hergestellt. Übliche Maße sind: $r_1 = 15 \ldots 100\,\mu m$, $\beta = \alpha - 20°$. Für die Verbindung mit der Welle zeigt **Bild 8.2.46** einige Möglichkeiten. Größere Abrundungsradien lassen sich direkt an die Welle andrehen bzw. anschleifen, günstiger ist es aber, wenn spezielle Elemente hoher Oberflächengüte, wie in den Bildern 8.2.46b, c gezeigt, eingesetzt werden.

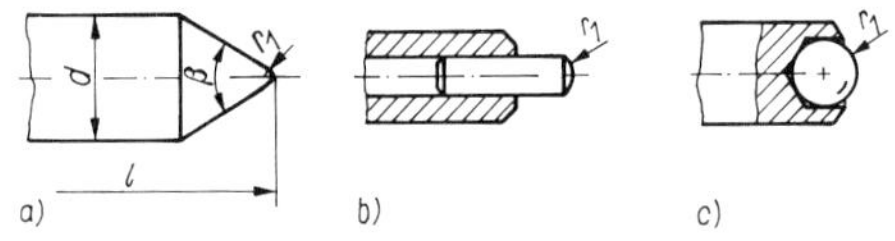

Bild 8.2.45. Achsspitzen
a) mit kleinem Radius; b), c) mit großem Radius

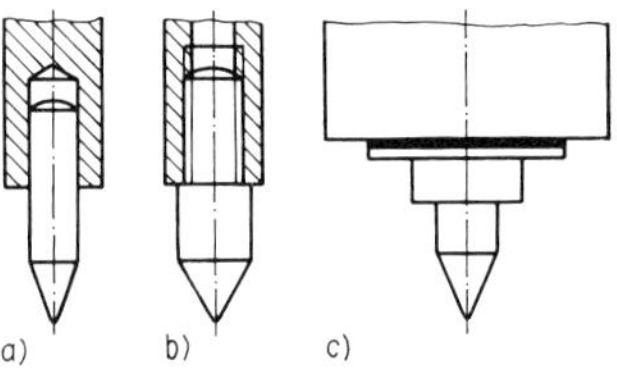

Bild 8.2.46. Befestigung der Lagerspitzen
a) durch Einpressen; b) durch Einschrauben; c) durch Aufkleben

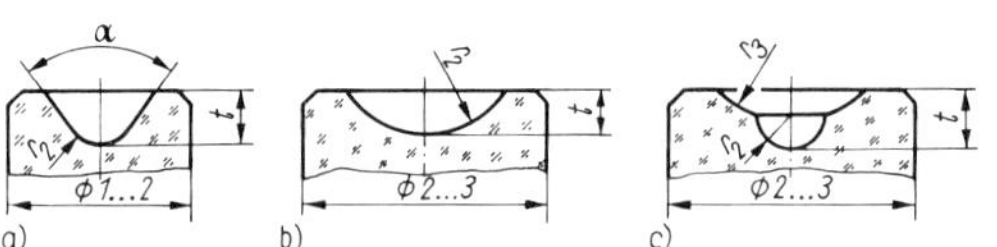

Bild 8.2.47. Lagersteine
a) konische Senkung (Körner); b) einfache kugelförmige Senkung; c) doppelte kugelförmige Senkung (Kompaßstein)

Lager. Wegen der besseren Fertigung und Montage sind Lager mit kleinem Ausrundungsradius r_2 zu einem Kegel erweitert **(Bild 8.2.47**a). Eine solche Lagersenkung bezeichnet man auch als „Körner".
Übliche Maße sind: $r_2 = 30 \ldots 250\,\mu m$, $\alpha = 80°$ oder 90°.
Lager mit größerem Ausrundungsradius ($r_2 = 0{,}8 \ldots 1{,}6\,mm$) erhalten meist keine Senkung (Bild 8.2.47b), lediglich die als Kompaßstein bezeichnete Ausführung *(c)* hat eine zusätzliche kugelförmige Senkung. Beide finden vorwiegend als Unterlager zur Lagerung vertikaler Achsen und Wellen in Verbindung mit Achsspitzen nach den Bildern 8.2.47 b, c Anwendung. Die Montage in die Platine erfolgt entweder durch Einpressen bei einem Übermaß von 5 bis 20 µm oder durch loses Einlegen (Spiel: 5 bis 20 µm) und anschließendes Einbördeln. Zur leichteren Montage der ganzen Lagerung und zum Einstellen des Axialspiels sind die Körnerschrauben **(Bild 8.2.48)** entweder als Ganzmetallausführung oder mit eingesetztem Lagerstein zu empfehlen. Sie sind gegen selbsttätiges Verdrehen zu sichern, z. B. wie im **Bild 8.2.49** kraftschlüssig durch die Federscheibe *4* (stoßsichere Ausführungen s. Abschnitt 8.2.7.).

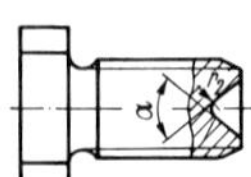

Bild 8.2.48. Körnerschraube

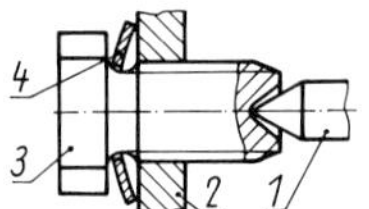

Bild 8.2.49. Lagerung in Körnerschraube
1 Achsspitze; *2* Platine; *3* Körnerschraube; *4* Federscheibe

8.2.6.3. Werkstoffe

Spitzenlager sind nicht zu schmieren, da ihre Funktion durch Verschmutzen und Verkleben beeinträchtigt wird. Deshalb kommen sowohl für Spitzen als auch für Kalotte und Körner nur korrosionssichere Werkstoffe in Frage. Für die Spitze wird fast ausschließlich gehärteter Präzisionsrundstahl mit 1% Cr und 1% Wo verwendet. Die Spitze soll weicher sein als die Kalotte, da eine Abplattung der Spitze die Funktion des Lagers weniger beeinträchtigt als ein Einarbeiten der Spitze in die Kalotte. Bei Verwendung von Diamant als Spitzenwerkstoff ist diese Regel nicht einzuhalten. Für Kalotten (Körner) werden neben Metallen wie CuZn, CuBe und Hartmetall vor allem korrosions- und verschleißfeste Minerale (Tafel 8.2.6) eingesetzt.

8.2.7. Stoßsicherungen [8.2.30]

Um die dünnen Zapfen der Steinlager vor Bruch und die bezüglich der Flächenpressung hochbelasteten Spitzenlager vor Beschädigung durch Überlastung infolge Stößen bei Transport und Gebrauch zu schützen, werden Stoßsicherungen angewendet. Ihr Funktionsprinzip ist, daß der Lagerstein bei Auftreten einer Stoßbelastung der Kraft so weit ausweicht, bis die Welle sich an einem Anschlag abstützen und damit das Lager vor einer noch höheren Belastung schützen kann **(Bild 8.2.50)**. Platzsparender in axialer Richtung als eine zylindrische Schraubenfeder ist entsprechend **Bild 8.2.51** eine Flachformfeder. Die Nachgiebigkeit der Lagerung bis zum Sicherheitsanschlag läßt sich bei radialen Stößen auch durch besonders schlanke Ausführung der Lagerzapfen (Bild 8.2.51b) erreichen. Die Flachformfeder am Deckstein ist dann nur bei axialen Stößen wirksam.

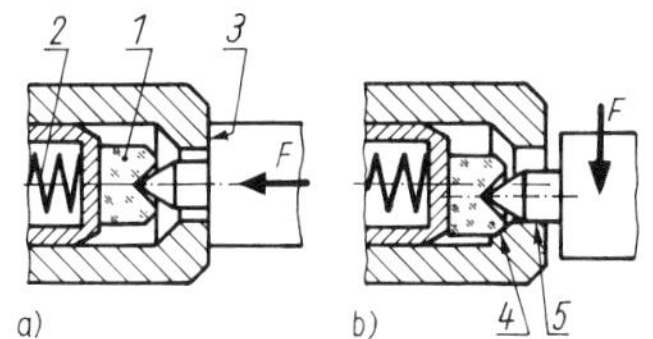

Bild 8.2.50. Arbeitsweise der Stoßsicherung eines Spitzenlagers

a) bei axialem, b) bei radialem Stoß
1 Lagerstein; *2* Andrückfeder; *3* Axialanschlag; *4* kegelige Gleitfläche; *5* Radialanschlag

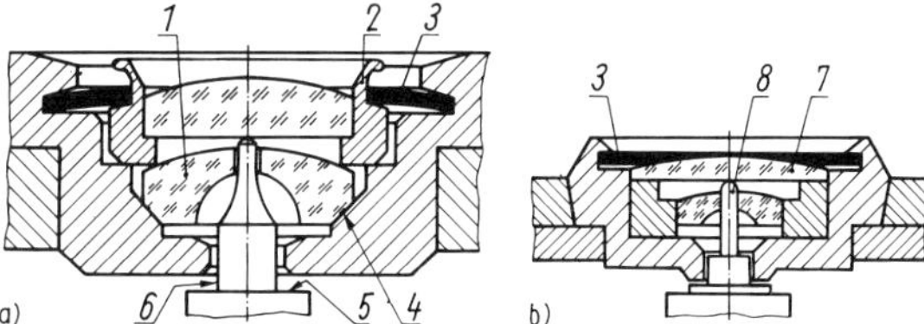

Bild 8.2.51. Stoßgesichertes Uhrenzapfenlager

a) mit kegeliger Gleitfläche; b) mit federndem Zapfen
1 lose eingelegter Lochstein; *2* Futter mit eingepreßtem Deckstein; *3* Andrückfeder; *4* kegelige Gleitfläche; *5* Axialanschlag
6 Radialanschlag; *7* lose eingelegter Deckstein; *8* federnder Zapfen

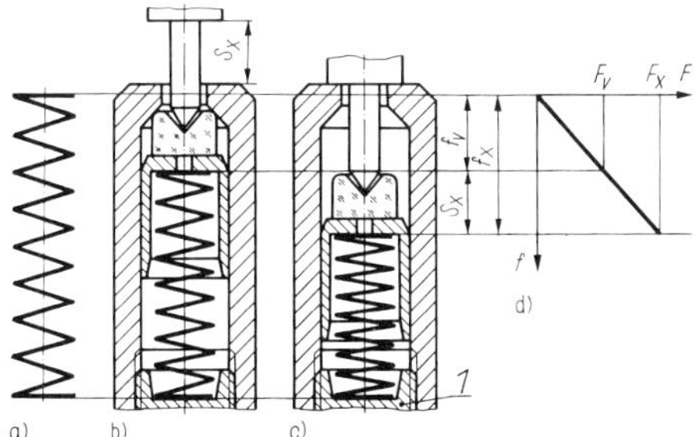

Bild 8.2.52. Federkräfte bei der Stoßsicherung

a) entlastete Feder; b) für normalen Betrieb vorgespannte Feder; c) durch Stoßeinwirkung zusammengedrückte Feder; d) Federkennlinie
1 Stellschraube

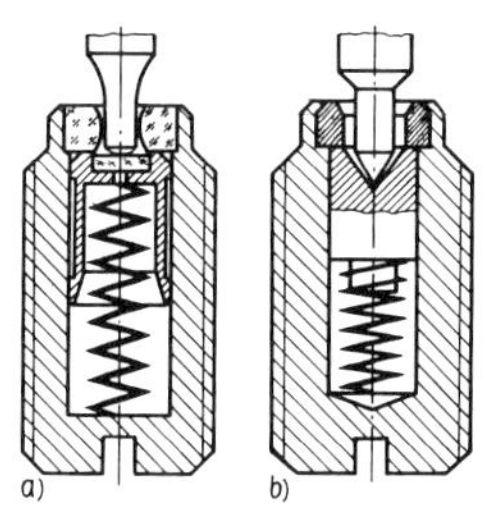

Bild 8.2.53 Axiale Stoßsicherung

a) für Zapfenlager
b) für Spitzenlager

Die Kraftverhältnisse an der Feder zeigt **Bild 8.2.52.** Um eine sichere Lage während des normalen Betriebs der Lagerung zu gewährleisten, ist eine Vorspannkraft F_V erforderlich, die man ggf. durch eine Stellschraube einstellen kann. Entsprechend der Federsteife c und dem Einstellweg f_V ist $F_V = cf_V$. Bei auftretendem Stoß kann die Feder um die Größe des Axialspiels S_x weiter zusammengedrückt werden. Dabei entsteht die Kraft $F_x = (f_V + S_x)$, mit der die Spitze des Lagerzapfens belastet wird. Die Auswahl der Feder (Federsteife) und die Festlegung des Axialspiels richtet sich nach der maximalen Belastbarkeit des Lagers ($F_{zul} > F_x$).

Beispiele: Einfachere Konstruktionen ohne Stellschraube zeigt **Bild 8.2.53** für ein Zapfen- und ein Spitzenlager. Das Gleitstück bei (a) bzw. der Lagerstein bei (b) muß eine ausreichende Führungslänge besitzen, damit kein Verklemmen eintreten kann. Reibung und die Kompression der eingeschlossenen Luft wirken beim Stoß dämpfend.
Zum Justieren des bei jedem Lager, insbesondere beim Spitzenlager, notwendigen Axialspiels ist der gesamte Grundkörper mit Gewinde versehen und damit verstellbar. Die Justierung wird zweckmäßig lackgesichert.

8.2.8. Wälzlager [8.2.7] [8.2.8] [8.2.32] bis [8.2.35]

8.2.8.1. Aufbau und Eigenschaften

Wälzlager bestehen im Prinzip aus zwei Ringen (Innen- und Außenring), von denen der eine mit dem feststehenden (z. B. Gehäuse) und der andere mit dem sich drehenden Bauteil (z. B. Welle) verbunden ist. Zwischen den Ringen befinden sich die Wälzkörper (Kugeln, Zylinder-, Kegel- und Tonnenrollen oder Nadeln). Zur sicheren Führung und um ein gegenseitiges Berühren auszuschließen, sind die Wälzkörper meist in sog. Käfigen gehalten **(Bild 8.2.54)**.

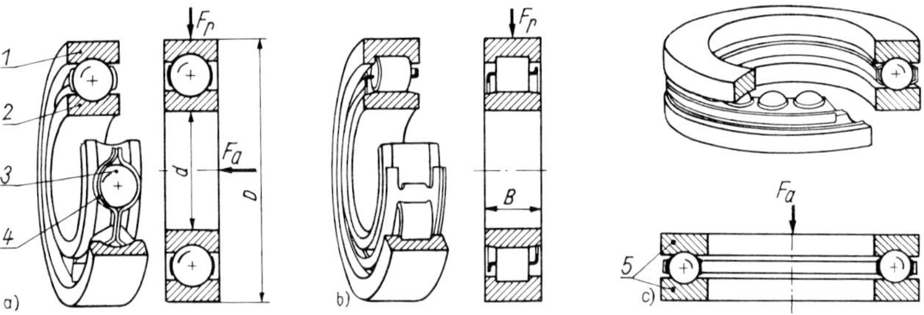

Bild 8.2.54. Prinzipieller Aufbau der Wälzlager
(Darstellung nach SKF-Katalog, aus [1.17])
a) Radial-Rillenkugellager; b) Zylinderrollenlager; c) Axial-Rillenkugellager
1 Außenring; *2* Innenring; *3* Wälzkörper; *4* Käfig; *5* Lagerscheiben

Vorteile der Wälzlager gegenüber den Gleitlagern sind:
- geringe Reibung, auch beim Anlauf, deshalb u.a. geringe Wärmeentwicklung
- gleichzeitige Aufnahme von Axial- und Radialkräften bei einer Reihe von Lagertypen möglich
- kurze axiale Baulänge
- als international genormte einbaufertige Bauteile lieferbar
- geringe Wartung und geringer Schmierstoffverbrauch
- kleines Betriebsspiel.

Nachteile sind:
- größerer Durchmesser und aufwendigerer Einbau
- geräuschvoller Lauf
- stoßempfindlich, da kein dämpfender Ölfilm vorhanden
- Verschmutzungsgefahr
- in vielen Fällen wesentlich höherer Preis.

8.2.8.2. Ausführungsformen, Anwendung

Tafel 8.2.9 gibt eine Übersicht über die Hauptbauformen der genormten Wälzlager. Man unterscheidet der Wälzkörperform entsprechend (s. auch Bild 8.2.55) zwischen Kugel- und Rollenlagern und je nach Richtung der Hauptbelastung zwischen Radial- und Axiallagern. Der weitaus größere Teil der eingesetzten Wälzlager sind Radiallager. Deshalb braucht der Vorsatz „Radial" nur genannt zu werden, wenn die Deutlichkeit des Ausdrucks dies erfordert. Der Vorsatz „Axial" bei Axiallagern ist immer erforderlich.
Wälzlager werden im Normalfall aus Chromstahl (Wälzlagerstahl 100Cr6) gefertigt. Er eignet sich für Lager, die der normalen Atmosphäre ohne eine wesentliche Feuchte ausgesetzt sind. Die Härte der Lagerelemente ist (62 ± 3) HRC. Die Einsatztemperaturgrenze ist 120°C. Die für die Anwendung der verschiedenen Wälzlager notwendigen Kennwerte, wie äußere

Abmessungen, Bezeichnungen, Tragfähigkeiten usw., sind Normen (s. auch Tafel 8.4.6) oder Wälzlagerkatalogen der Hersteller zu entnehmen **(Tafel 8.2.10)**. Entsprechend den Forderungen an Toleranzen, Lagerluft und Laufgeräusch werden die Wälzlager in Güteklassen geliefert.

Die Toleranzfestlegungen beziehen sich auf Durchmesser- und Breitenschwankungen, Formabweichungen und Rundlauf. Die Normalausführung entspricht der Toleranzklasse P0. In der Reihenfolge P6, P5, P4 und P2 sind die Toleranzen weiter eingeengt.

Tafel 8.2.9. Übersicht über genormte Hauptbauformen der Wälzlager

Bauform Darstellung bildlich / vereinfacht	Eigenschaften und Anwendung
1. Radiallager	
(Radial-)Rillenkugellager DIN 625	(Radial-)Rillenkugellager sind die am meisten verwendeten Wälzlager, weil sie universell einsetzbar sind. Durch die tiefen Laufrillen ohne Füllnuten und die gute Schmiegung zwischen Kugeln und Laufbahn besitzen die Lager eine große Tragfähigkeit auch in axialer Richtung, sogar bei hohen Drehzahlen. Das kleinste Lager hat die Abmessungen $d = 3$ mm, $D = 10$ mm, $B = 4$ mm. Rillenkugellager sind selbsthaltend, d. h., daß sie beim Ein- und Ausbau nicht zerlegbar sind. Wegen der geringen Winkeleinstellbarkeit (2 ... 10′) müssen die Lagerstellen gut fluchten. Rillenkugellager werden auch zweireihig ausgeführt. Außer der Normalausführung gibt es Lager mit einer oder zwei Deckscheiben, einer oder zwei Dichtscheiben sowie Lager mit Ringnut. Deckscheiben verhindern das Eindringen von Fremdkörpern in das Lager, Dichtscheiben darüber hinaus das Auslaufen des Schmierstoffes. Dichtscheiben sind schleifende Dichtungen. Beiderseitig abgedichtete Lager werden einbaufertig mit Fett gefüllt geliefert. Lager mit einer Ringnut im Außenring sind mit einem Sprengring besonders platzsparend und einfach zu befestigen.
(Radial-)Schrägkugellager DIN 628	Gegenüber Rillenkugellagern können sie größere Axialkräfte, jedoch nur in einer Richtung aufnehmen. Sie werden gegen ein zweites Lager, welches Axialkräfte in entgegengesetzter Richtung aufnehmen kann, angestellt (paarweiser Einbau). Im Gegensatz zu Schulterkugellagern sind sie nicht zerlegbar. In der Ausführung mit geteiltem Innen- oder Außenring stellen sie sog. Vierpunktlager dar, die Axialbelastungen in beiden Richtungen aufnehmen können und damit wie ein zweireihiges Schrägkugellager wirken.
(Radial-)Pendelkugellager DIN 630	Sie haben zwei Kugelreihen und sind selbsthaltend. Infolge ihrer kugeligen Außenringrollbahn sind sie winkelbeweglich bis etwa 4° und damit unempfindlich gegen Wellendurchbiegung und Fluchtungsabweichungen. Sie sind daher besonders geeignet für lange dünne Wellen und getrennte Gehäuse. Man bezeichnet sie auch als selbsteinstellende Lager. Sie haben kleinere radiale und axiale Tragfähigkeit als Rillen- und Schrägkugellager.
(Radial-)Schulterkugellager DIN 615	Sie besitzen im Gegensatz zum Rillenkugellager am Außenring nur auf einer Seite eine Schulter. Sie sind daher einseitig wirkend, nicht selbsthaltend und müssen paarweise eingebaut werden. Wegen ihrer Zerlegbarkeit lassen sie sich leicht einbauen. Bei der Montage ist ein geringes Axialspiel vorzusehen; Längenänderungen, z. B. infolge von Temperaturänderungen, können sich so selbst ausgleichen. Die Tragfähigkeit ist kleiner als beim Rillenkugellager. Infolge der geringen Schmiegung ist die Reibung besonders klein. Sie werden vorwiegend im Gerätebau verwendet.
(Radial-)Zylinderrollenlager DIN 5412	Es gibt mehrere Bauformen, die sich in der Anordnung der Borde an den Rollbahnringen zur Führung der Zylinderrollen unterscheiden. Die dargestellte Ausführung ermöglicht eine axiale Verschiebung in beiden Richtungen und überträgt keine Axialkräfte. Alle Formen haben hohe radiale Belastbarkeit, kleine Reibung, sind unempfindlich gegen Stöße und eignen sich für hohe Drehzahlen. Wegen ihrer großen Tragfähigkeit werden sie in Kraft- und Arbeitsmaschinen und zur Lagerung von Werkzeugmaschinenspindeln verwendet. Die Winkeleinstellbarkeit ist gering (nur 5′), die Lagerstellen müssen gut fluchten.

Tafel 8.2.9. Fortsetzung

Bauform Darstellung bildlich | vereinfacht	Eigenschaften und Anwendung
(Radial-)Nadellager DIN 617 Nadelkränze DIN 5405 —	Sie sind Rollenlager mit dünnen, im Verhältnis zum Durchmesser langen zylindrischen Wälzkörpern (Nadeln). Sie eignen sich besonders für solche Lagerungen, bei denen nur eine geringe Einbauhöhe zur Verfügung steht, z. B. in Gelenken. Reicht trotzdem der Einbauraum nicht aus, kann ein Nadellager ohne Innenring verwendet werden, wenn die Welle gehärtet und geschliffen ist. Nadelkränze bestehen lediglich aus den Wälzkörpern und dem Käfig. Sie ermöglichen wegen ihrer geringen Bauhöhe besonders raumsparende und leichte Konstruktionen, z. B. als Pleuellager. Nadellager mit Innenring sind nicht selbsthaltend, der Außenring mit den Nadeln und der Innenring können deshalb getrennt montiert werden. Die Tragfähigkeit der Nadellager ist sehr groß, der Reibwert beträgt jedoch je nach Bauart bis zum Dreifachen von dem eines Rillenkugellagers. Die Drehzahlgrenze liegt unter der der anderen Wälzlager.
(Radial-)Kegelrollenlager DIN 720	Sie sind nicht selbsthaltend; paarweiser Einbau ist erforderlich. Sie haben große radiale und axiale Tragfähigkeit und werden vorzugsweise im Kraftfahrzeug-, Getriebe- und Werkzeugmaschinenbau eingesetzt.
(Radial-)Pendelrollenlager DIN 635	Sie sind selbsthaltend und werden ein- oder zweireihig ausgeführt. Durch die kugelige Außenringrollbahn haben sie die gleichen Eigenschaften wie die Pendelkugellager. Wegen der guten Schmiegung zwischen Rollbahn und Wälzkörpern (Tonnenrollen) ist die einreihige Bauform radial und die zweireihige sowohl radial als auch axial hoch belastbar. Wegen ihrer hohen Betriebssicherheit sind sie für größte Belastungen geeignet, z. B. in Walzwerk- und Förderanlagen.
2. Axiallager	
(Axial-)Rillenkugellager DIN 711 (einseitig) DIN 715 (zweiseitig)	Sie können große Axial-, aber keine Radialkräfte aufnehmen. Die Auflageflächen der Lagerscheiben müssen parallel sein. Winkelabweichungen kann man mit kugeligen Gehäusescheiben und Unterlegscheiben ausgleichen. Bei hohen Drehzahlen werden die Abrollverhältnisse durch die Massenkräfte der Kugeln gestört, wenn die Axiallast F_a einen Mindestwert unterschreitet. Es gibt ein- und zweiseitige Ausführungen. Sie werden u. a. verwendet für axial hochbelastete Werkzeugspindeln, und zwar kombiniert mit Radiallagern.
(Axial-)Pendelrollenlager DIN 728	Es ist ein einseitig wirkendes, nicht selbsthaltendes Lager mit kugeliger Rollbahn zum Ausgleich von Montageabweichungen (bis etwa 2°). Als Wälzkörper dienen Tonnenrollen. Es ist für höchste Axial- und hohe Radiallasten geeignet und wird im Kran- und Großapparatebau eingesetzt.

Die radiale Lagerluft ist das Maß, um das sich der Innenring eines Wälzlagers in radialer Richtung ohne Belastung von einer Grenzstellung bis zur diametral gegenüberliegenden verschieben läßt. Die Lagerluft muß mindestens so groß sein, daß das Lager durch unterschiedliche Wärmedehnungen der Lagerringe und der umgebenden Teile nicht verspannt wird. Zu beachten ist, daß sich die Radialluft eines Lagers beim Einbau mit festen Passungen vermindert. Die Radialluft ist deshalb nach dem Einbau normalerweise kleiner als vor dem Einbau. Wird das Radialspiel durch falsche Wahl der Passung oder unsachgemäße Montage zu klein, kommt es zum Verklemmen der Wälzkörper und zu einer starken Erhöhung der Reibung bzw. zum Blockieren des Lagers. Wälzlager werden in den Luftgruppen C2 bis C5 **(Tafel 8.2.11)** geliefert, wobei die Normalausführung zwischen C2 und C3 liegt. Lager mit gesenktem Laufgeräusch gegenüber der Normalausführung tragen das Kurzzeichen C6, besonders geräuscharme Lager C66 und besonders geräuscharme Lager für Elektromotoren das Kurzzeichen E. Die Laufruhe eines Lagers wird hauptsächlich durch folgende Faktoren bestimmt:

- Formgenauigkeit und Oberflächengüte der Laufbahnen und Wälzkörper
- Sauberkeit des Lagers
- Sauberkeit und Art des Schmierstoffes
- Größe der Radialluft
- Drehzahl
- Form und Fluchtgenauigkeit der Lagersitze
- Gehäusegestaltung.

Tafel 8.2.10. Hauptmaße und Tragzahlen[1]) für ausgewählte Wälzlager

Lagerkurzzeichen[2])	d mm	D mm	B mm	C kN	C_0 kN	n_{zul}[3]) U/min
Rillenkugellager						
623	3	10	4	0,375	0,176	40000
624	4	13	5	0,695	0,335	38000
625	5	16	5	0,865	0,440	36000
626	6	19	6	1,29	0,695	32000
627	7	22	7	2,50	1,29	30000
629	9	26	8	2,85	1,46	28000
6200	10	30	9	3,90	2,20	26000
6201	12	32	10	5,30	2,90	24000
6202	15	35	11	6,00	3,45	20000
6203	17	40	12	7,35	4,30	18000
6204	20	47	14	9,80	6,20	15000
6205	25	52	15	10,80	6,95	14000
6206	30	62	16	15,00	9,80	11000
Schulterkugellager						
E3	3	16	5	1,20	0,236	34000
E4	4	16	5	1,20	0,236	34000
E5	5	16	5	1,20	0,236	34000
E6	6	21	7	2,20	0,390	30000
E7	7	22	7	2,36	0,460	28000
E8	8	24	7	2,50	0,530	28000
E9	9	28	8	3,25	0,710	26000
E10	10	28	8	3,25	0,710	26000
Zylinderrollenlager						
NU202	15	35	11	8,30	4,30	19000
NU203	17	40	12	9,30	4,75	17000
NU204	20	47	14	13,2	6,80	15000
NU205	25	52	15	15,0	8,30	12000
NU206	30	62	16	20,4	11,4	10000

[1]) Tragzahlen sind Richtwerte. Genauwerte sind den Angaben der Hersteller zu entnehmen
[2]) Lagerkurzzeichen (Bohrungskennziffer)
[3]) bei Fettschmierung

Tafel 8.2.11. Radiale Lagerluft von Rillenkugellagern nach DIN 620

Nennmaß der Bohrung d mm		Radiale Lagerluft in µm									
		C2		normal		C3		C4		C5	
über	bis	min	max	min	max	min	max	min	max	min	max
2,5	6	0	7	2	13	8	23	–	–	–	–
6	10	0	7	2	13	8	23	14	29	20	37
10	18	0	9	3	18	11	25	18	33	25	45
18	24	0	10	5	20	13	28	20	36	28	48
24	30	1	11	5	20	13	28	23	41	30	53
30	40	1	11	6	20	15	33	28	46	40	64
40	50	1	11	6	23	18	36	30	51	45	73
50	65	1	15	8	28	23	43	38	61	55	90
65	80	1	15	10	30	25	51	46	71	65	105

Richtwerte für Lagerneigung s. Tafel 7.6

Wegen ihrer hohen Präzision eignen sich die *Wälzkörper* auch als Bauelemente für andere Konstruktionen. Sie sind als Einzelteile zu beziehen in den Abmessungen nach DIN 5401 und 5402 **(Bild 8.2.55)**.

Eine besonders reibungsarme Lagerung wird mit Doppellagern **(Bild 8.2.56)** erzielt. Diese Lager haben drei konzentrische Ringe. Der mittlere Ring wird wechselnden Drehbewegungen unterworfen, zum Teil auch mit unterschiedlicher Frequenz, so daß am Innenring sehr geringe Reibwerte erzielt werden. Der Aufwand für eine solche Lagerung ist durch das Lager selbst und den erforderlichen Antrieb für den Zwischenring sehr hoch. Deswegen kommen solche Lager nur bei extremen Anforderungen an die Reibungsarmut zum Einsatz. Die Reibung beträgt etwa nur 10% der eines normalen Kugellagers.

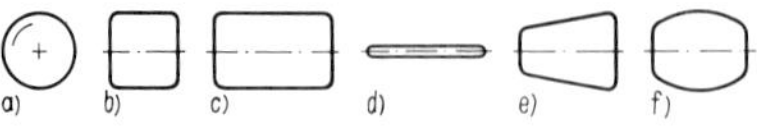

Bild 8.2.55. Wälzkörperformen
(DIN 5401 und 5402)
a) Kugel; b) Zylinderrolle, kurz; c) Zylinderrolle, lang; d) Nadel; e) Kegelrolle; f) Tonnenrolle

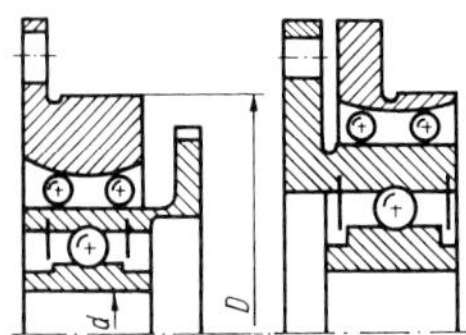

Bild 8.2.56. Reibungsarmes Doppellager (Dreiringlager)

Miniaturwälzlager. Diese Lager haben einen Außendurchmesser $D < 10\,\text{mm}$. Diejenigen Lager, die hohe Anforderungen hinsichtlich Laufgenauigkeit und Laufruhe erfüllen und ein geringes und besonders gleichmäßiges Reibmoment haben, bezeichnet man auch als Instrumentenlager. Für Miniaturwälzlager liegen zur Zeit noch keine Normen vor. Miniaturwälzlager werden als Rillenkugellager bis herab zu einem Wellendurchmesser von 1 mm produziert [8.2.33] [8.2.34]. Um die Einbauverhältnisse zu vereinfachen, werden die Lager auch mit Flansch **(Bild 8.2.57**a) hergestellt. Der Flansch dient zum axialen Festlegen des Lagers. Die Anlagefläche am Gehäuse muß senkrecht zur Gehäusebohrung stehen. Beim axialen Verspannen des Flansches dürfen nur Druckkräfte erzeugt werden. Biege- und Scherbeanspruchung können zum Bruch des Flansches führen.
Bei Rillenkugellagern für kleine Wellendurchmesser (bis 0,5 mm) kann auch der Innenring entfallen (Bilder 8.2.57b, c); die Kugeln laufen unmittelbar auf der gehärteten und polierten Welle. Zur Begrenzung des Axialspiels der Welle können derartige Lager auch mit Spurplatte verwendet werden (c).

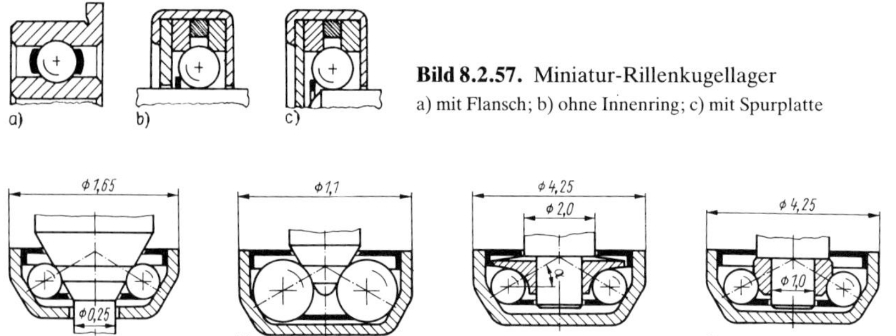

Bild 8.2.57. Miniatur-Rillenkugellager
a) mit Flansch; b) ohne Innenring; c) mit Spurplatte

Bild 8.2.58. Ausführungsformen von Miniatur-Schulterkugellagern
a) mit gebohrter Schale, ohne Innenring; b) ohne Innenring; c) mit Innenring und Spielausgleichsfeder; d) mit Innenring; angegeben sind die Maße der kleinsten Ausführung

Zylinderrollenlager gibt es in üblichen Bauformen ab $d = 4\,\text{mm}$. Bei Schulterlagern wurde eine ganze Reihe von Sonderformen entwickelt. Ihre Anwendungsfreundlichkeit im Geräte- und Instrumentenbau resultiert aus der Aufnahmefähigkeit sowohl für radiale als auch für axiale Kräfte, was besonders bei Geräten mit unterschiedlicher Gebrauchslage wesentlich ist, sowie aus der Einstellbarkeit des Lagerspiels und den extrem kleinen Abmessungen bei relativ hoher Belastbarkeit (z. B. gegenüber Spitzenlagern). **Bild 8.2.58** zeigt einige Bauformen mit Angabe der jeweils kleinsten Ausführung. Während die Laufeigenschaften der Lager nach (a) und (b) von der Härte und der Oberflächenfeinheit der Welle abhängen, haben die Lager nach (c) und (d) Innenringe. Wie im Bild 8.2.58a dargestellt, gibt es auch bei diesen Typen eine Ausführung mit durchbohrter Lagerschale. Dadurch sind sie z. B. zur Lagerung von Zeigerwellen geeignet. Eine Federscheibe (bei c)) dient dem Ausgleich des Axialspiels der Welle. *Sonderformen der Wälzlager* zeigt **Bild 8.2.59.** Das komplette Lager (a und b) mit integrierter Welle bringt eine Vereinfachung der ganzen Lagerung, eine Verformung der Welle wird vermieden und ein präziser Rundlauf ermöglicht. Ausführung (a) ist für feststehende Achse und rotierenden Außenring, Ausführung (b) für rotierende Welle gedacht. Das sehr einfache Drahtkugellager (c) hat statt der Laufringe eingewalzte Laufdrähte.

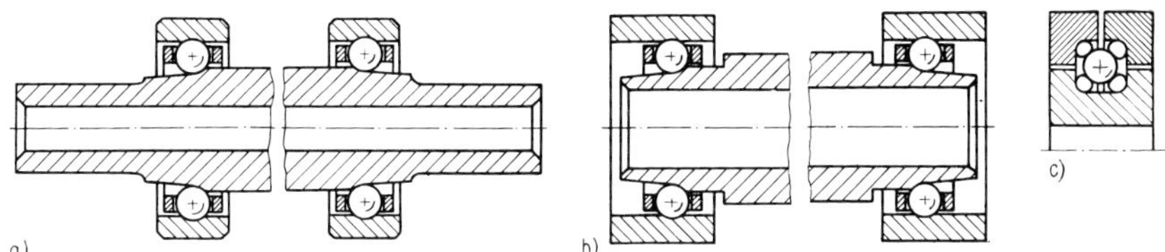

Bild 8.2.59. Sonderformen von Wälzlagerungen

a) integrierte Achse, rotierende Außenringe; b) rotierende integrierte Welle; c) Frankesches Drahtkugellager mit geteiltem Außenring und vier Laufdrähten

8.2.8.3. Berechnung

Nach der Wahl des Lagertyps wird die Berechnung der Lagergröße aufgrund der vorhandenen Belastung, der Betriebsbedingungen und der geforderten Lebensdauer vorgenommen. Jedes Wälzlager hat eine bestimmte Tragfähigkeit. Man unterscheidet zwischen der dynamischen Tragfähigkeit bei umlaufendem Innen- oder Außenring und der statischen Tragfähigkeit bei Stillstand bzw. kleinen Pendelbewegungen.

- Die **dynamische Tragfähigkeit** hängt mit der Lebensdauer zusammen.

Die **Lebensdauer** einer Gruppe gleicher Lager ist definiert als die Anzahl der Umdrehungen, die von 90% der Lager erreicht oder überschritten wird, bevor die ersten Ermüdungserscheinungen des Werkstoffes auftreten (Erlebenswahrscheinlichkeit 90%). Damit ist zugelassen, daß bis zu 10% der eingebauten Lager vor dem Erreichen der nominellen Lebensdauer ausfallen (Ausfallwahrscheinlichkeit 10%).

Die nominelle Lebensdauer L in 10^6 Umdrehungen ist mit $p = 3$ für Kugellager und $p = 10/3$ für Rollenlager nach Gl. (8.2.25) zu bestimmen und kann bei konstanter Drehzahl mit Gl. (8.2.26) auch in Betriebsstunden (L_h) umgerechnet werden (vgl. DIN ISO 281):

$$L_{10} = (C/P)^p, \qquad (8.2.25)$$

$$L_h = 10^6 L_{10}/(60\ n); \qquad (8.2.26)$$

C und P in N, L_{10} in 10^6 Umdrehungen, L_h in h, n in U/min.

Wird eine höhere Erlebenswahrscheinlichkeit verlangt, ist die korrigierte Lebensdauer zu berechnen nach $L_n = a_1 L_{10}$, wobei der Index n die Ausfallwahrscheinlichkeit in % angibt (Faktor a_1 s. **Tafel 8.2.12**).

Tafel 8.2.12. Erlebensfaktor a_1

Lebensdauer	L_{10}	L_5	L_4	L_3	L_2	L_1
Ausfallwahrscheinlichkeit %	10	5	4	3	2	1
Erlebenswahrscheinlichkeit %	90	95	96	97	98	99
a_1	1	0,62	0,53	0,44	0,33	0,21

Die dynamische Tragzahl C des Lagers ist diejenige Lagerbelastung, bei der die nominelle Lebensdauer von L Umdrehungen erreicht wird. Sie ist Wälzlagerkatalogen zu entnehmen (s. auch Tafel 8.2.10) und wird bei Radial- bzw. Axiallagern auch als C_r bzw. C_a bezeichnet. Da sie neben rein geometrischen Parametern auch von den Werkstoffen, den Fertigungsverfahren und der Herstellungsgenauigkeit abhängt, treten herstellerbedingte Unterschiede auf. Die für diese Tragzahl gegebene Definition setzt entweder eine Radialkraft F_r (Radiallager)

oder eine Axialkraft F_a (Axiallager) unveränderlicher Größe und Richtung voraus. Liegt sowohl eine Radial- als auch eine Axialbelastung vor, ist aus diesen beiden Komponenten eine Äquivalentbelastung zu berechnen. Sie entspricht bei Radiallagern einer reinen Radialbelastung F_r bzw. bei Axiallagern einer reinen zentrischen Axialbelastung F_a, unter deren Einwirkung das Wälzlager die gleiche nominelle Lebensdauer erreichen würde wie unter den tatsächlich vorliegenden Bedingungen.
Die Äquivalentbelastung ergibt sich zu

$$P = XF_r + YF_a; \tag{8.2.27}$$

F_r Radiallast des Lagers; F_a Axiallast; X Radialfaktor; Y Axialfaktor.

Die Werte für X und Y hängen sowohl vom Lagertyp als auch von den Belastungsverhältnissen ab und sind den Wälzlagerkatalogen oder DIN ISO 281 zu entnehmen **(Tafel 8.2.13)**.
Axialrillenkugellager können keine Radialkräfte übertragen, es gilt $P = F_a$.
Treten zeitlich schwankende Belastungen und Drehzahlen auf, so ist für die Äquivalentlast P ein mittlerer Wert zu bestimmen, der von der Art der Schwankung abhängt. Hier sollen nur zwei Fälle betrachtet werden:
Fall 1: Liegen während der jeweiligen Wirkungsdauer t_i verschieden große, aber konstante Belastungen F_i und Drehzahlen n_i vor, dann ist mit einer mittleren Äquivalentlast zu rechnen:

$$P = \sqrt[p]{\sum_{i=1}^{n} \left[F_i^p \frac{n_i}{33{,}33} \cdot \frac{q_i}{100}\right]}, \tag{8.2.28}$$

mit dem Lebensdauerexponenten p und der prozentualen Wirkungsdauer der einzelnen Betriebszustände $q_i = t_i/T \cdot 100\%$.
Fall 2: Schwankt die Belastung periodisch und linear zwischen den Grenzwerten F_{min} und F_{max} bei konstanter Drehzahl, dann gilt für die Äquivalentlast

$$P = (F_{min} + 2F_{max})/3. \tag{8.2.29}$$

Zu Erleichterung der in den Gln. (8.2.25) und (8.2.26) angegebenen Lebensdauerberechnung werden eine Bezugslebensdauer von 500 h und eine Bezugsdrehzahl von (100/3) U/min eingeführt, womit sich dimensionslose Faktoren ergeben

$$\text{Lebensdauerfaktor } f_L = \sqrt[p]{L_h/500}, \tag{8.2.30}$$

$$\text{Drehzahlfaktor } f_n = \sqrt[p]{100/(3n)}. \tag{8.2.31}$$

Damit vereinfacht sich Gl. (8.2.25) zu

$$f_L = f_n C/P. \tag{8.2.32}$$

Tafel 8.2.13. Radial- (X) und Axialfaktoren (Y)

Lagerart	F_a/C_0	e[1])	$F_a/F_r \leqq e$		$F_a/F_r > e$	
			X	Y	X	Y
Rillen-kugel-lager (ein-reihig)	0,014	0,19				2,30
	0,028	0,22				1,99
	0,056	0,26				1,71
	0,084	0,28				1,55
	0,11	0,30	1	0	0,56	1,45
	0,17	0,34				1,31
	0,28	0,38				1,15
	0,42	0,42				1,04
	0,56	0,44				1,00
Schulter-kugellager		0,20	1	0	0,5	2,5

[1]) vom inneren Aufbau des Lagers abhängiger Grenzwert

Tafel 8.2.14. Lebensdauer- und Drehzahlfaktoren f_{LK}, f_{nK} für Kugellager; f_{LR}, f_{nR} für Rollenlager

L_h h	f_{LK} –	f_{LR} –	n U/min	f_{nK} –	f_{nR} –
100	0,585	0,617	10	1,494	1,435
200	0,737	0,760	20	1,186	1,166
400	0,928	0,935	40	0,941	0,947
600	1,063	1,056	60	0,822	0,838
800	1,170	1,151	80	0,747	0,769
1000	1,260	1,231	100	0,693	0,719
2000	1,59	1,52	200	0,550	0,584
4000	2,00	1,87	400	0,437	0,475
6000	2,29	2,11	600	0,382	0,420
8000	2,52	2,30	800	0,347	0,385
10000	2,71	2,46	1000	0,322	0,360
20000	3,42	3,02	2000	0,255	0,293
40000	4,31	3,72	4000	0,203	0,238
60000	4,93	4,20	6000	0,177	0,211
80000	5,43	4,58	8000	0,161	0,193
100000	5,85	4,90	10000	0,149	0,181

Wird P nach Gl. (8.2.28) errechnet, gilt $f_n = 1$. Die Faktoren f_L und f_n sind in **Tafel 8.2.14** enthalten. Eine noch bequemere Berechnung ist mit dem nach diesen Beziehungen erarbeiteten Nomogramm **(Bild 8.2.60)** möglich. Allen Berechnungen liegen eine Härte der Rollbahnen

Tafel 8.2.15. Temperatur-, Härte- und Lebensdauerfaktoren f_t, f_H und f_L

Lagertemp. °C	f_t
150	1,0
170	0,95
200	0,9
250	0,75
300	0,6

Härte HRC	f_H
58	0,9
54	0,7
51	0,6
48	0,5
40	0,3

Einsatzfall	f_L (Richtwert)
Seltene Benutzung	1
Kurzzeitiger, unterbrochener Betrieb (Haushaltmaschinen, Handwerkzeuge)	1,5 ... 2,0
Unterbrochener, störungssicherer Betrieb (Lichtmaschinen, Steuergeräte)	2,0 ... 2,5
Achtstündiger Betrieb, voll genutzt (Ventilatoren, Datenverarbeitung)	2,5 ... 3,5
Ununterbrochener Tag- und Nachtbetrieb (Umformer, Kompressoren)	3,5 ... 5,0
Ununterbrochener Tag- und Nachtbetrieb hoher Betriebssicherheit	5,0 ... 7,0

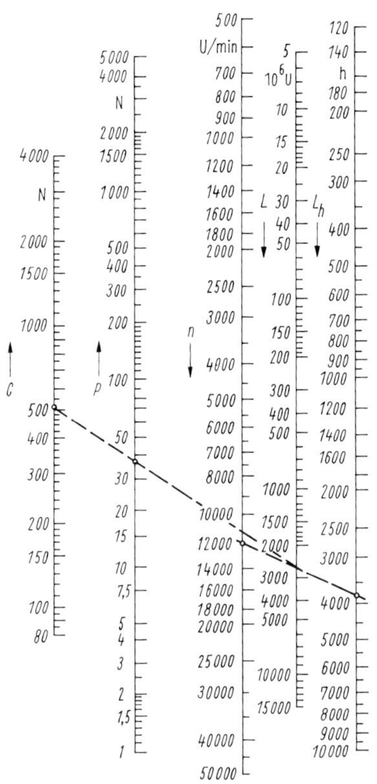

Bild 8.2.60. Nomogramm zur Bestimmung der rechnerischen Lebensdauer von Kugellagern
eingezeichnetes Beispiel: $C = 0{,}51$ kN; $n = 12000$ U/min; dynamische Äquivalentlast $P = 37$ N ergibt $L_h = 3700$ h

Tafel 8.2.16. Toleranzfelder für Wälzlagerpassungen

	Punktlast	Umfangslast oder unbestimmte Lastrichtung	Zugehörige Toleranz des Wälzlagers
Welle	g6, h6	h5, js5, js6, k5, k6, m5, m6, (n6, p6, r6)	KB (Wälzlagerbohrung)
Gehäuse	G7, H7, H8, JS7	JS7, K7, M6, M7, (N7, P7)	hB (Wälzlagermantel)

(Toleranzfelder in Klammern: nur für sehr hohe Belastung)

von (62 ± 3) HRC (Rockwellhärte) und der Kugeln von (63 ± 3) HRC sowie eine Lagertemperatur unter 120 °C zugrunde.
Wird die Härte unter- bzw. die Temperatur überschritten, sind Korrekturfaktoren f_H (Härtefaktor) und f_t (Temperaturfaktor) in die Berechnungen einzubeziehen. Diese Werte sind in DIN ISO 281 festgelegt und in **Tafel 8.2.15** enthalten. Die Lebensdauer berechnet sich dann aus

$$f_L = (f_n f_t f_H)\,(C/P). \tag{8.2.33}$$

Richtwerte für f_L s. Tafel 8.2.15. **Tafel 8.2.16** enthält Toleranzfelder für Wälzlagerpassungen.

Berechnungsbeispiel s. Abschnitt 8.2.13

- Die **statische Tragfähigkeit** des Lagers ist die Belastung, die das Lager im Stillstand oder bei kleinen Pendelbewegungen zu ertragen vermag.

Bleibende Verformungen in der Größe von 0,1‰ des Wälzkörperdurchmessers beeinträchtigen die Laufruhe des Lagers nicht. Dieser Erfahrungswert liegt der statischen Tragzahl C_0 zugrunde. Der Index 0 weist auf den statischen Belastungsfall hin. Die äquivalente Lagerbelastung ergibt sich zu

$$P_0 = X_0 F_r + Y_0 F_a. \tag{8.2.34}$$

Für die am häufigsten eingesetzten Rillenkugellager sind $X_0 = 0{,}6$ und $Y_0 = 0{,}5$ zu setzen. Werte für andere Lagertypen sind DIN ISO 76 zu entnehmen.

Die Verwendbarkeit eines Wälzlagers bei statischer Belastung wird mit Hilfe der Kennzahl k_0 der statischen Beanspruchung beurteilt:

$$k_0 = C_0/P_0. \qquad (8.2.35)$$

Als Richtwerte gelten $k_0 = 0{,}5\ldots0{,}8$ für geringe, $k_0 > 0{,}8\ldots1{,}5$ für mittlere und $k_0 > 1{,}5$ für hohe Anforderungen an die Bewegungsgenauigkeit.

8.2.8.4. Einbaurichtlinien

Wird eine Welle in zwei oder mehreren Wälzlagern gelagert, so muß ein Ausgleich der Längenunterschiede (z. B. durch Wärmedehnung oder Einbautoleranzen) möglich sein. In solchen Fällen wählt man das *Prinzip Festlager–Loslager*. Ein Lager erhält einen festen Sitz (Festlager, **Bild 8.2.61**), während das oder die anderen Lager entweder auf der Welle oder im Gehäuse verschiebbar sein müssen (Loslager), wenn nicht innerhalb der Lager selbst ein Längenausgleich erfolgen kann. Ein Loslager nimmt keine axialen Kräfte auf, bei ihm muß einer der Ringe mit Spielpassung montiert werden. Den losen Sitz sollte immer der Ring mit Punktlast erhalten. Beim Ring mit Umfangslast besteht die Gefahr der Wanderung in Drehrichtung. Bei zerlegbaren Lagern, wie Zylinderrollen- oder Nadellagern, kann man beide Ringe fest einpassen. Das Festlager soll das radial weniger belastete sein, weil es außer den Radialkräften noch die gesamte Axiallast auffangen muß.

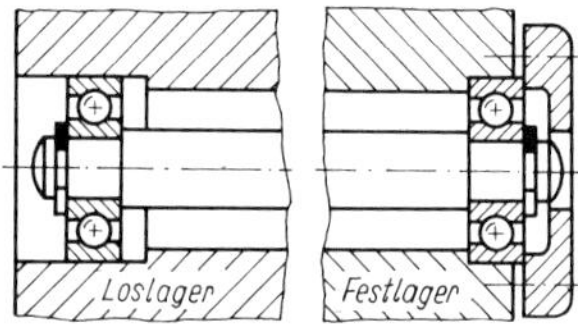

Bild 8.2.61. Prinzipieller Aufbau einer Wälzlagerung mit Fest- und Los-Lager

Bei der Wahl der Einbaupassung gelten vor allem die Gesichtspunkte
- sichere Befestigung
- gleichmäßige Unterstützung der Lagerringe
- einfacher Ein- und Ausbau
- Verschiebbarkeit des Loslagers.

Die einfachste und sicherste Befestigung besteht in einer festen Passung (Preßpassung). Damit wird auch die gleichmäßige Unterstützung der Ringe erreicht, die zur vollen Nutzung der Tragfähigkeit notwendig ist. Je höher die Belastung, desto größer ist das Passungsübermaß zu wählen, vor allem wenn mit Stößen zu rechnen ist. Bei der Preßpassung ist die dabei eintretende Verminderung der Radialluft zu beachten.

► **Richtlinien für Passungen** für den Einbau von Wälzlagern (Welle–Lager, Lager–Gehäuse) sind in DIN 5425 enthalten (s. auch Tafel 8.2.16 und **Bild 8.2.62**).

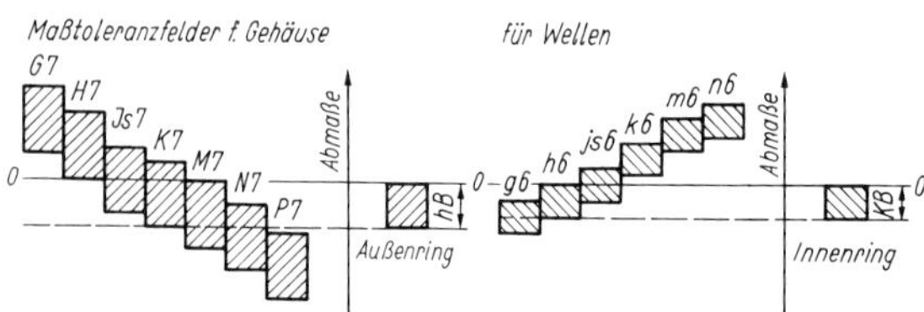

Bild 8.2.62. Lage der Wellen- und Gehäusebohrungstoleranzen in bezug auf die Toleranz der Lagerringe

Bild 8.2.63. Geschlitzter Federkorb zum Toleranzausgleich der Gehäusebohrung

Die geforderten engen Toleranzen der Lagersitze sind speziell in der Massenfertigung der Gehäusebohrung kostenaufwendig. Ein vor der Montage der Lager in die Gehäusebohrung eingelegter geschlitzter Federkorb **(Bild 8.2.63)** läßt grobe Bohrungstoleranzen zu und garantiert einen straffen Sitz des Lagerringes. Zur Sicherheit und bei nicht ausreichendem Übermaß sind die Ringe zusätzlich formschlüssig zu sichern (festzulegen). Möglichkeiten zur Festlegung des Innenringes zeigt **Bild 8.2.64** und für den Außenring **Bild 8.2.65**. Aus fertigungstechnischen Gründen ist eine glatt durchgehende Gehäusebohrung zu bevorzugen. Werden die Wälzlagerringe durch Sicherungsringe festgelegt und treten große Axialkräfte auf, sind, wie in Bild

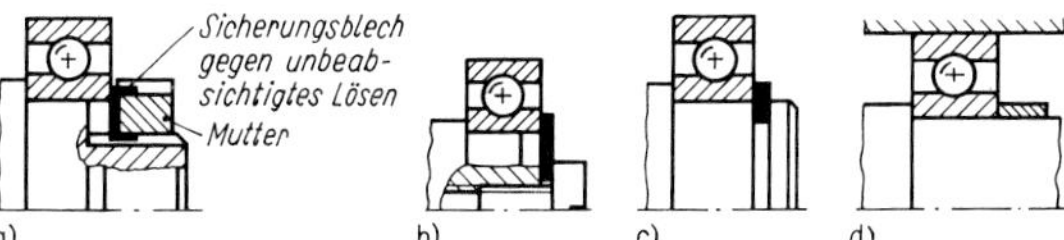

Bild 8.2.64. Festlegung des Innenringes

a) Absatz und Mutter; b) Schraube; c) Sicherungsring; d) Abstandsring

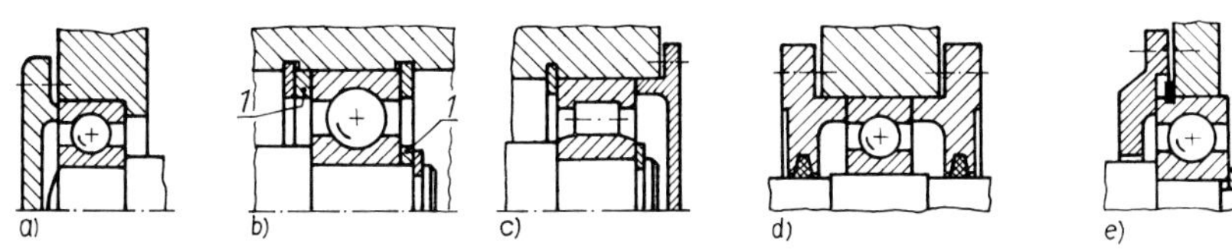

Bild 8.2.65. Festlegung des Außenringes

a) Absatz und Deckel; b) zwei Sicherungsringe und Stützringe *1*; c) Sicherungsring und Deckel; d) Deckel an beiden Seiten; e) Deckel und Sprengring in Außenringnut

8.2.65b gezeigt, Stützringe einzulegen, damit die Sicherungsringe nur auf Abscherung, nicht aber auf Biegung beansprucht werden.

▸ **Spielfreiheit** der Wälzlager läßt sich durch Einbau federnder Teile (z.B. Federscheiben oder Schraubenfedern, **Bild 8.2.66**) auf der Loslagerseite erreichen.
Beim Einbau von Schulter- und Schrägkugellagern ist zu beachten, daß das axiale Spiel nicht wie bei den Rillenkugellagern durch das Lager selbst gegeben ist, sondern durch die Art des Einbaus (axiale Anstellung). Man unterscheidet die O- und X-Anordnung **(Bild 8.2.67)**. Ihr funktioneller Unterschied liegt in der Verträglichkeit von Längenänderungen durch Temperatureinfluß. Dehnt sich das Gehäuse mehr als die Welle, tritt bei der 0-Anordnung eine Spielverminderung und bei der X-Anordnung eine Spielvergrößerung auf. Fest angestellte Lagerungen, wie z.B. im **Bild 8.2.68**, sind empfindlich gegen Temperaturänderungen. Die Anstellung mit einer Feder vermeidet diesen Nachteil. Als Richtwert für die dazu erforderliche Federkraft gilt bei einem Wellendurchmesser d: $F_F = (1 \ldots 10)\, d$; F_F in N und d in mm.

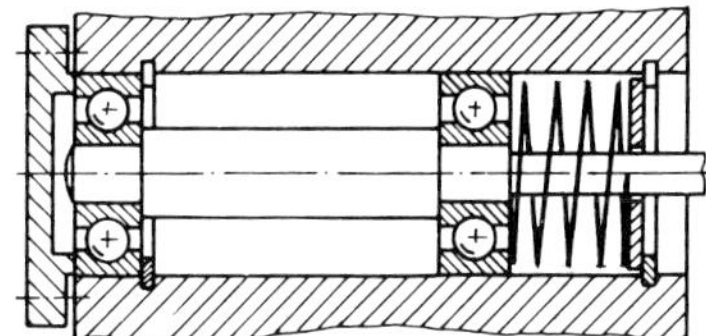

Bild 8.2.66. Spielfreie Lagerung

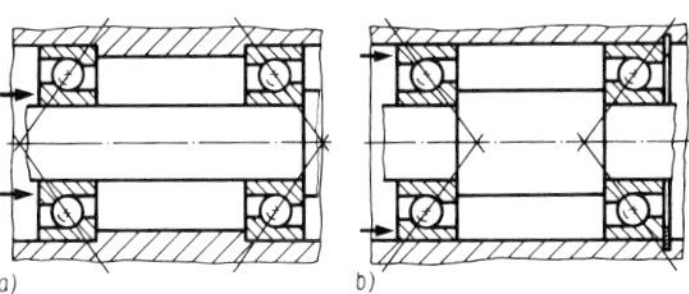

Bild 8.2.67. Anordnung der Schrägkugellager

a) O-Anordnung; b) X-Anordnung

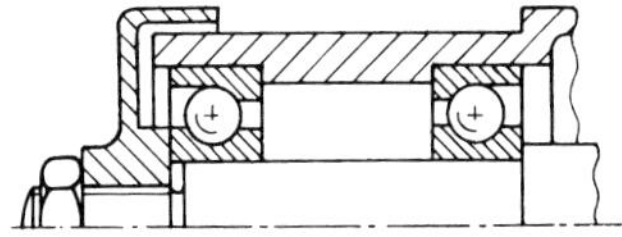

Bild 8.2.68. Einbau von Schulterlagern mit einstellbarem Spiel

Die in Lagertabellen (s. Tafel 8.2.10) angeführten *Drehzahlgrenzen* geben einen Hinweis auf die Eignung der Lager für hohe Drehzahlen. Bei darüberliegenden Betriebsdrehzahlen müssen Einbau- und Schmierverhältnisse, evtl. auch die Lagerausführung geändert werden. In Betracht kommen vergrößerte Lagerluft, besondere Käfigausführung und Käfigwerkstoffe (reibungsarme Plastwerkstoffe), Einbau von Genauigkeitslagern und besonders genaue Bearbeitung der Lagersitze sowie besondere Maßnahmen hinsichtlich Schmierungsart und Schmierstoff, evtl. Kühlung der Lagerstelle.

▸ **Schmierung, Abdichtung.** Bei Wälzlagern wird Öl als Schmierstoff verwendet, wenn nur kleinste Reibungsverluste zulässig sind, sonst erfolgt Fettschmierung (s. Abschnitt 8.4.). Dichtungen sorgen dafür, daß der Schmierstoff nicht aus dem Lager austritt und die Umgebung verunreinigt und daß das Lager vor Schmutz und Staub geschützt wird. Wenn keine mit Deck- oder Dichtscheiben abgedichteten Lager zur Verfügung stehen, ist eine andere Dichtung konstruktiv zu verwirklichen. Berührungsfreie Dichtungen (**Bilder 8.2.69** a, b;

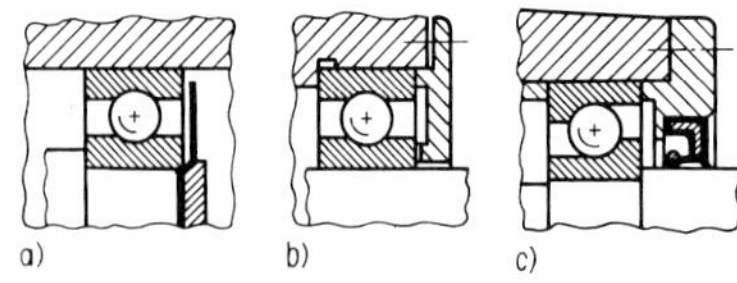

Bild 8.2.69. Dichtungen für Wälzlager (s. auch Abschnitt 7.6.)
berührungsfreie Dichtungen: a) Stauscheibe; b) einfacher gerader Spalt
schleifende Dichtung: c) Radialdichtring (DIN 3760)

Tafel 7.14) sind zwar nicht so wirksam wie schleifende (Bild 8.2.69c und Tafeln 7.13, 7.16), erhöhen aber nicht das Reibmoment. Bei Filzringen sind die Reibungsverluste und das Erhärten des Filzes im Laufe der Zeit zu berücksichtigen. Filz- und Rundringe erfordern wenig Aufwand, eignen sich aber nicht für hohe Drehzahlen. Radialdichtringe sind standardisierte bzw. genormte einbaufertige Bauelemente zum Abdichten der Lagerstelle und auch geeignet für Räume mit unter Druck stehender Flüssigkeit. Sie sind für Wellendurchmesser von 5 bis 1000 mm erhältlich.

Ausführliche Darstellung zur Schmierung s. Abschnitt 8.4., und zu Wellendichtungen s. Abschnitt 7.6.

8.2.9. Schneidenlager

Schneidenlager sind reibungsarme Lager für Pendelbewegungen bis zu einem Auslenkwinkel von etwa ±10°. Sie bestehen aus Schneide und Pfanne. Die beiden Lagerelemente sind kraftgepaart und deshalb stets spielfrei. Bei der Anordnung nach **Bild 8.2.70** berühren sich Schneide und Pfanne entlang einer Linie, deren Lage sich bei der Schwenkbewegung der Schneide verlagert, weil die Schneide auf der Pfanne abrollt (Rollschneide). Liegt die Schneide entsprechend **Bild 8.2.71** in einer V-förmigen Kimme, wird sie in zwei Berührungslinien abgestützt, die auch bei einer Schwenkbewegung ihre Lage in der Kimme beibehalten.

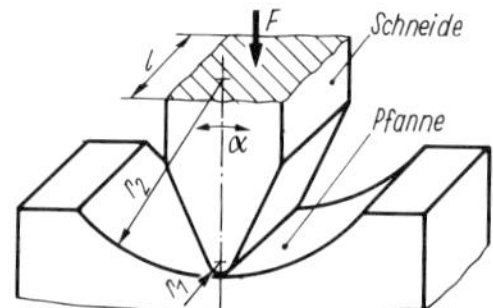

Bild 8.2.70. Schneidenlager

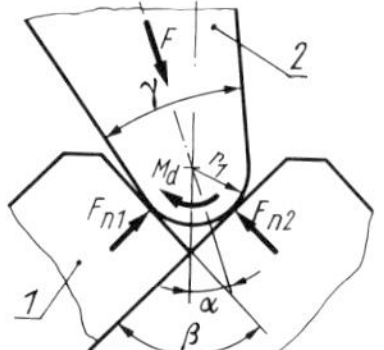

Bild 8.2.71. Gleitschneidenlager
1 Kimme; *2* Schneide

Die Schneide gleitet in der Kimme (Gleitschneide). Aus der Gegenüberstellung der Betriebseigenschaften in **Tafel 8.2.17** folgt, daß Gleitschneidenlager nur bei der Forderung nach einem

Tafel 8.2.17. Gegenüberstellung von Gleit- und Rollschneidenlagern

Gleitschneide (für Kimmenwinkel $\beta = 90°$)	Rollschneide
Reibmoment M_R	
wenn F seine Lage gegenüber der Kimme/Pfanne beibehält:	
$M_R = \mu F r_1 \sqrt{2}$	$M_R = fF\cos[\alpha/(r_2/r_1 - 1)]$; $\alpha_{grenz} = (r_2/r_1 - 1)\arctan\mu$
wenn F seine Lage gegenüber der Schneide beibehält:	
$M_R = \mu F r_1 \sqrt{2}\cos\alpha$	$M_R = fF\cos[\alpha/(1 - r_2/r_1)]$; $\alpha_{grenz} = (1 - r_2/r_1)\arctan\mu$ $f \approx 0{,}7 \cdot 10^{-3}\sqrt{r_1}$; f und r_1 in mm
Gegenüberstellung der Eigenschaften:	
fester Drehpunkt	momentaner Drehpol wandert auf Pfannenfläche
Schwenkwinkel $\alpha_{max} = 0{,}5\,(\beta - \gamma)$	$\alpha_{max} = \pm 10°$
Gleitreibung, Verschleiß	Reibung um zwei Größenordnungen kleiner als bei Gleitschneiden
wegen Lastaufteilung höher belastbar	

stabilen Drehpunkt einen Vorzug haben. Rollschneidenlager werden wegen der wesentlich geringeren Reibung weitaus häufiger eingesetzt.

8.2.9.1. Berechnung

Die Tragfähigkeit eines Schneidenlagers ist durch die Flächenpressung begrenzt. Sowohl beim Roll- als auch beim Gleitschneidenlager liegt eine Linienberührung vor, die nach *Hertz* entsprechend **Bild 8.2.72** folgende Verhältnisse in der Druckfläche ergibt:

$$p_{\max} = \sqrt{F_n E/[2\pi l r\,(1-\nu^2)]}, \tag{8.2.36}$$

$$b = \sqrt{8F_n r\,(1-\nu^2)/(lE\pi)}; \tag{8.2.37}$$

l Schneidenlänge; b halbe Druckflächenbreite;
Resultierender E-Modul: $1/E = 0{,}5\,(1/E_1 + 1/E_2)$, Ersatzradius r: $1/r = 1/r_1 - 1/r_2$;
Querzahl für homogene Werkstoffe: $\nu \approx 0{,}3$; $F = F_n$.

Die Berechnung des Reibmoments ist in **Tafel 8.2.17** angegeben.

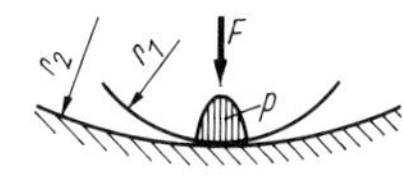

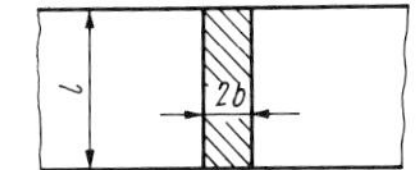

Bild 8.2.72. Pressung an der Schneide

8.2.9.2. Konstruktive Gestaltung

Bild 8.2.73 zeigt die gebräuchlichen und standardisierten bzw. genormten Schneidenprofile. Neben den einteiligen Schneiden (gesamte Schneidenkante ohne Unterbrechung) finden auch zweiteilige, als Achsen bezeichnete Anwendung **(Bild 8.2.74)**, vor allem bei größeren Belastungen. Zur Befestigung der Schneiden eignen sich die Verbindungsverfahren Pressen, **Bild 8.2.75** a, Klemmen (b, c) und Schrauben (d, e). Für Justierzwecke werden die Schneiden unmittelbar oder deren Halterung bewegt. Für einfache Zwecke genügen zwei sich gegenüberstehende Schrauben (d); für höhere Ansprüche ist die statisch bestimmte Dreipunktanlage (e) zu bevorzugen.

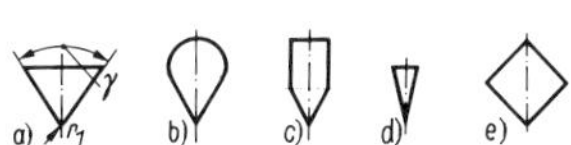

Bild 8.2.73. Schneidenprofile
a) Dreikantprofil; b) Birnenprofil; c) Flachprofil; d) Hochdreikantprofil; e) Vierkantprofil

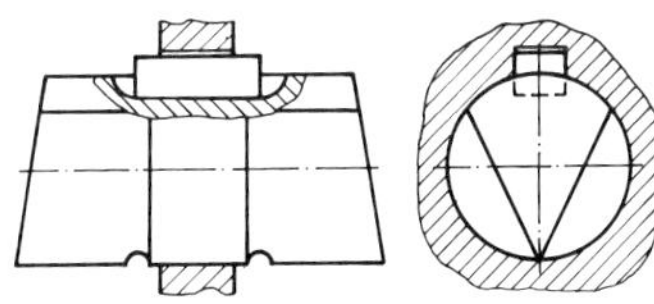

Bild 8.2.74. Rundstahlachse mit zweiteiliger Dreikantschneide (lagegesichert durch Paßfeder)

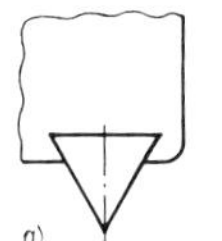

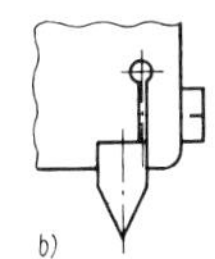

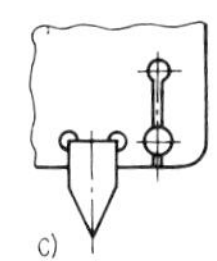

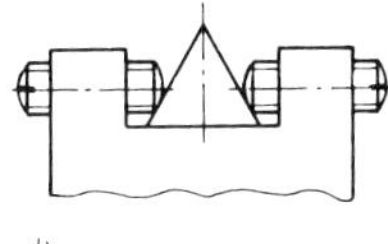

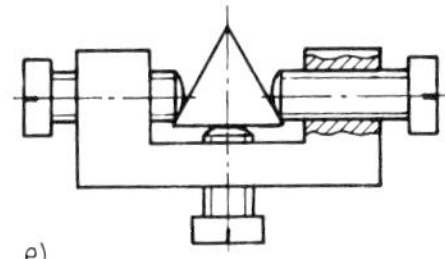

Bild 8.2.75. Schneidenbefestigung
a) Pressen; b) Klemmen mittels Schraube; c) Klemmen mit Kegelstift; d), e) Schrauben

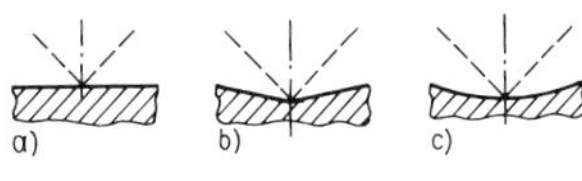

Bild 8.2.76. Grundformen der Pfannen
a) ebene Pfanne; b) V-Pfanne; c) Zylinderpfanne

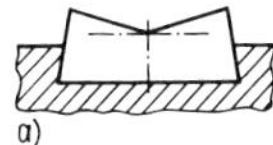

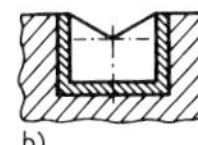

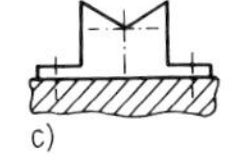

Bild 8.2.77. Festsitzende Pfannen
a) Einpressen; b) Einkitten; c) Anschrauben

Von den drei Grundformen der Pfannen **(Bild 8.2.76)** wird am meisten die V-Pfanne verwendet, deren Grund mit dem Ausrundungsradius r_2 versehen ist. Die ebene Pfanne hat zwar einen geringeren Bewegungswiderstand, jedoch keine selbsttätige Lagesicherung für die Schneide wie die V-Pfanne. Die Ausführungsformen sind recht unterschiedlich; sie richten sich hauptsächlich nach der Art der Befestigung. Es ist zwischen festsitzenden **(Bild 8.2.77)**, in das Geräteteil eingearbeiteten **(Bild 8.2.78)** und sich selbsttätig einstellenden **(Bild 8.2.79)** Pfannen zu unterscheiden. Letztere sind anzuwenden, wenn zwei Pfannen fluchten sollen, wie es z. B. eine zweiteilige Schneide (Bild 8.2.74) fordert.

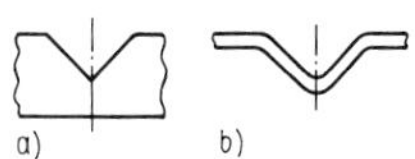

Bild 8.2.78. Eingearbeitete Pfannen
a) eingeschliffen; b) in Blech eingeformt

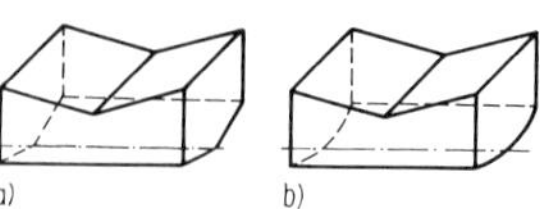

Bild 8.2.79. Selbsteinstellende Pfannen
a) mit prismatischem Boden; b) mit zylindrischem Boden

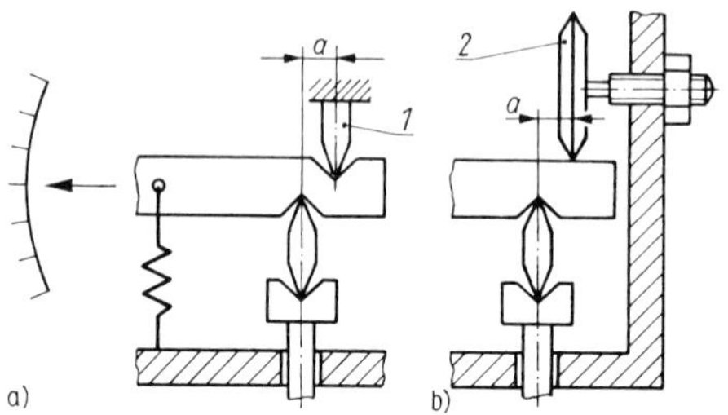

Bild 8.2.80. Schneidengelagerte Zeigerhebel
a) mit feststehender Schneide *1*; b) mit verstellbarer Ringschneide *2*

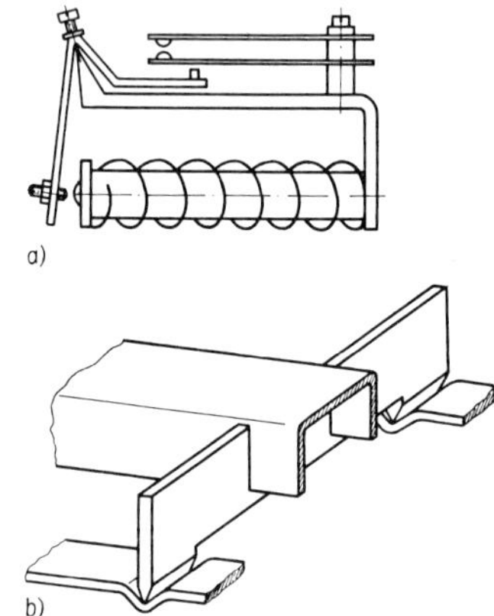

Bild 8.2.81. Schneidenlager mit Blechpfannen
a) Klappankerlagerung beim Relais; b) Schneidenlager einer Küchenwaage [8.2.2]

Hauptanwendungsgebiet der Schneidenlager ist wegen ihrer geringen Reibung und der Spielfreiheit der Meßgerätebau und hier wegen der verhältnismäßig großen Tragfähigkeit der Waagenbau. Da sich mit Schneidenlagern leicht sehr kleine Achsabstände *a* (Hebellängen), wie im **Bild 8.2.80** gezeigt, und damit große Übersetzungen (etwa 1 : 100) verwirklichen lassen, sind sie in einer Reihe von Wegumformern und Zeigermeßgeräten zu finden. Der Achsabstand *a* läßt sich bei der Konstruktion nach Bild 8.2.80b durch die verstellbare Ringschneide justieren, jedoch wirkt sich dabei die Taumelabweichung des Gewindes ungünstig aus. Die **Bilder 8.2.81** a, b zeigen Beispiele einfacher Schneidenlager mit Blechpfannen.

8.2.9.3. Werkstoffe

Für Schneiden und Pfannen bzw. Kimmen werden harte Werkstoffe eingesetzt. Die Pfanne muß außerdem härter als die Schneide sein, damit diese sich nicht in den Pfannengrund einarbeiten kann. Außer Diamant finden für Präzisionsschneidenlager die in Tafel 8.2.6 angeführten Minerale Verwendung. Robuste Schneidenlager werden aus gehärtetem Stahl (Schneide und Pfanne) gefertigt, für untergeordnete Zwecke kann auch Stahlfeinblech dienen. Darüber hinaus eignen sich auch die sehr billig in großen Stückzahlen herstellbaren Pfannen aus Oxidkeramik (Al_2O_3) mit einer Korngröße von 3 bis 4 μm. Gegenüber den Mineralen ist ihre Festigkeit richtungsunabhängig.

8.2.10. Federlager [8.2.12] [8.2.13]

Die elastische Verformbarkeit der Federn ermöglicht es, sie für Gelenke und Lager begrenzter Beweglichkeit einzusetzen (s. auch Abschnitt 8.3.4.).

Durch die Stoffpaarung und die mit der Verformung entsprechend der Federkennlinie einhergehende Kraftwirkung sind die Federlager nicht nur spielfrei, sondern besitzen auch ein genau berechenbares und reproduzierbares Rückstellmoment. Nach der Beanspruchungsart des Federquerschnitts wird unterschieden zwischen Biege- und Torsionsfedergelenken.

8.2.10.1. Biegefedergelenke

Für Biegefedergelenke werden Blattfedern mit rechteckigem Querschnitt eingesetzt (s. auch Abschnitt 6.). Die Bewegung eines Blattfedergelenkes nach **Bild 8.2.82** kann als allgemeine komplanare Bewegung dargestellt werden durch das Abrollen einer kreisförmigen Gangpolbahn (bewegte Polkurve) mit dem Radius $\varrho = l/3$ auf einer gleichgearteten Rastpolbahn (ruhende Polkurve), die sich in der Ausgangsstellung im Halbierungspunkt der Federlänge berühren. Es existiert also kein fester Drehpunkt für dieses Gelenk. Der Momentandrehpol, der zunächst für $\varphi = 0$ bei $l/2$ liegt, verlagert sich in Abhängigkeit vom Drehwinkel φ wie folgt:

$$x_p = l\,(\varphi - \sin\varphi)/\varphi^2, \tag{8.2.38}$$

$$y_p = l\,(1 - \cos\varphi)/\varphi^2. \tag{8.2.39}$$

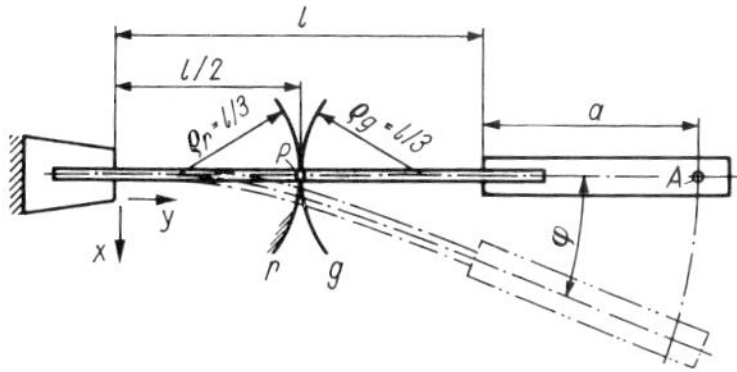

Bild 8.2.82. Einfaches Biegefedergelenk

Ein Punkt A des angelenkten Bauteils beschreibt daher bei Auslenkung um φ eine Epizykloide, die nur bei kleinen Winkeln φ durch einen Kreisbogen angenähert werden darf. Für reine Momente, ohne Einzelkräfte an den Federenden, gilt

$$\varrho_A = (a + l/2)^2/(a + l/3). \tag{8.2.40}$$

Einfache Biegefedergelenke sollen in Längsrichtung der Feder nur auf Zug beansprucht werden. Druckkräfte führen bei großem Schlankheitsgrad der Feder rasch zum Ausknicken (s. auch Abschnitt 3.5.). Ein kurzes Blattfedergelenk, wie es bei dem im **Bild 8.2.83** dargestellten Justiertisch verwendet wird, kann auch Druckkräfte aufnehmen. Es ermöglicht hier in Verbindung mit Stellschraube und Winkelhebel mit gefedertem Gelenk G eine sehr feinfühlige Verstellung.

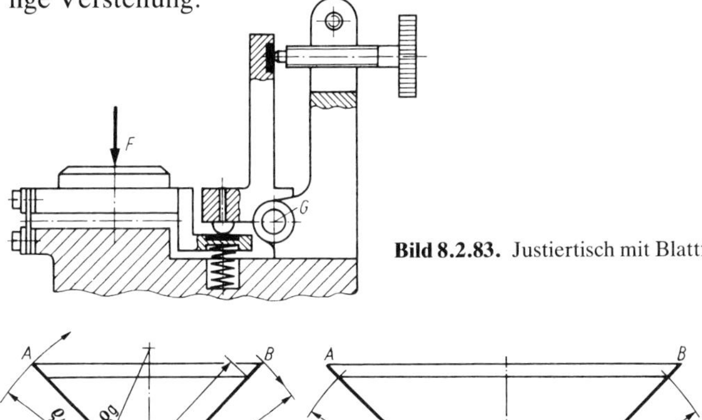

Bild 8.2.83. Justiertisch mit Blattfedergelenk

Bild 8.2.84. Kreuzfedergelenk
a) Kreuzungspunkt bei $l/2$
b) Kreuzfedergelenk mit festem Drehpol P

Die gekreuzte Anordnung zweier Blattfedern führt zum wesentlich stabileren Kreuzfedergelenk **(Bild 8.2.84)**, welches bei kleinen Schwenkwinkeln Zugkräfte in Richtung beider Federn übertragen kann.

In den meisten Fällen liegt der Kreuzungspunkt bei $l/2$. Gangpolbahn und Rastpolbahn haben einen Krümmungsradius

$$\varrho_g = \varrho_r = l/(3 \cos \gamma). \tag{8.2.41}$$

Die Punkte A und B bewegen sich auf Bahnen mit dem Krümmungsradius

$$\varrho_A = \varrho_B = (3/4)l. \tag{8.2.42}$$

Das Auswandern des Momentandrehpols wird minimiert, wenn der Kreuzungspunkt der Blattfedern in den Krümmungsmittelpunkt der Punktbahnen von A und B, also bei $(3/4)\,l$ gelegt wird (Bild 8.2.84b). Aus der Rollbewegung der Polbahnen wird eine reine Drehbewegung.

Um einen symmetrischen Aufbau des Kreuzfedergelenkes zu erreichen, ist entsprechend **Bild 8.2.85** eine der Blattfedern zu teilen. In der Meßgeräteindustrie werden Kreuzfedergelenke als zylindrische Einbaueinheiten im Durchmesserbereich 8 bis 42 mm eingesetzt **(Bild 8.2.86)**. Der angedrehte Bund *1* an beiden Enden sitzt im Gehäuse; am Mittelstück *2* ist das bewegliche System befestigt.

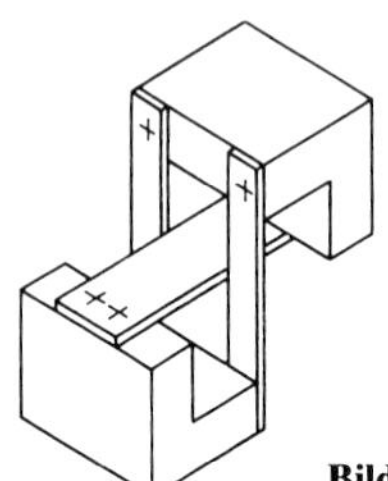

Bild 8.2.85. Symmetrisches Kreuzfedergelenk

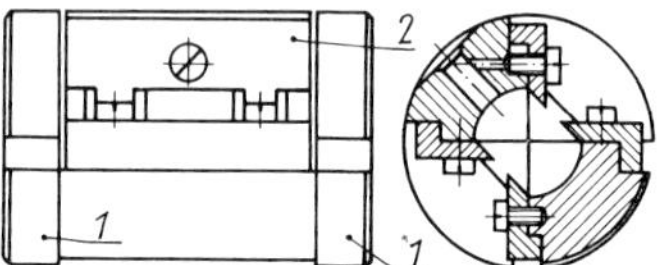

Bild 8.2.86. Kreuzfedergelenk als Einbaueinheit
1 Einbaubund; *2* bewegliches Mittelteil

Federlager der verschiedensten Ausführungsformen werden mit Vorteil bei schnellen Drehschwingbewegungen in kleinem Winkelbereich angewendet. Gleit- und Wälzlager geben in diesen Fällen oft Anlaß zu Störungen, weil sich keine ausreichenden Schmierverhältnisse erzielen lassen. Mit Federlagern werden Reibung, Spiel, Verschleiß, Staub- und Schmutzempfindlichkeit vermieden. Sie sind aber gegen Überbeanspruchungen, besonders bei Transport und Montage, zu sichern. Die Einspannung der Blattfedern ist mit hoher technischer Sorgfalt auszuführen (s. Abschnitt 8.3.4.3.).

8.2.10.2. Torsionsfedergelenke

Das bewegliche System wird von Drähten (runder Querschnitt) oder Bändern (Rechteckquerschnitt) aus Federwerkstoffen gehalten (s. auch Abschnitt 6.). Ist bei vertikaler Achslage keine Seitenstabilität erforderlich, genügt eine freie Aufhängung nach **Bild 8.2.87** a, sonst ist die zweiseitige und vorgespannte Aufhängung (b) vorzusehen. Die horizontale Achslage (c) verlangt eine straffe Vorspannung der Torsionsbänder (Spannbänder) oder -drähte, um den Durchhang klein zu halten.

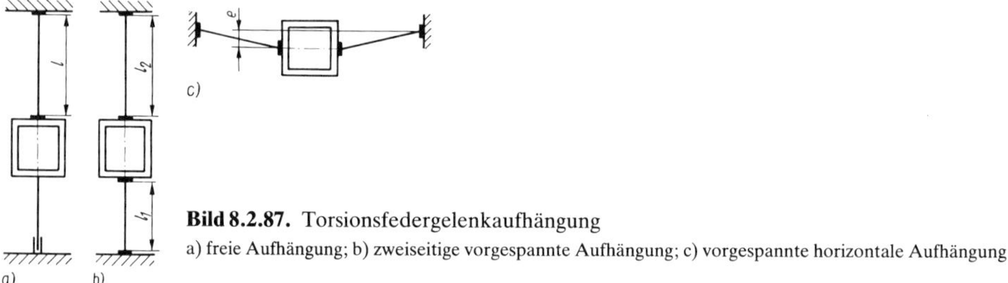

Bild 8.2.87. Torsionsfedergelenkaufhängung
a) freie Aufhängung; b) zweiseitige vorgespannte Aufhängung; c) vorgespannte horizontale Aufhängung

Das Torsionsmoment wird berechnet für
– *nicht vorgespannte Drähte*

$$M_d = (\pi d^4/32)\,(G\varphi/l), \tag{8.2.43}$$

– *nicht vorgespannte Bänder*

$$M_d = K_3 b t^3 G\varphi/l, \tag{8.2.44}$$

– *mit einer Längskraft F vorgespannte Bänder*

$$M_d = K_3 b t^3 G\varphi/l + ((b^2 + t^2)/12)\,(F\varphi/l) + (b^5 t/360)\,(E\varphi^3/l^3). \tag{8.2.45}$$

Die *maximale Torsionsspannung* beträgt *bei Drähten*

$$\tau_{max} = (d/2)(G\varphi/l) \tag{8.2.46}$$

und *bei Bändern*

$$\tau_{max} = K_3 t G\varphi/(lK_4). \tag{8.2.47}$$

Die Faktoren K_3 und K_4 hängen vom Seitenverhältnis b/t des Rechteckquerschnitts ab und sind Tafel 6.4 zu entnehmen (Faktoren K wurden in Abschnitt 3.5. mit η bezeichnet).

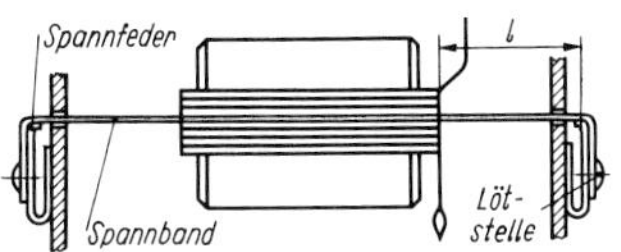

Bild 8.2.88. Spannbandgelagerte Drehspule

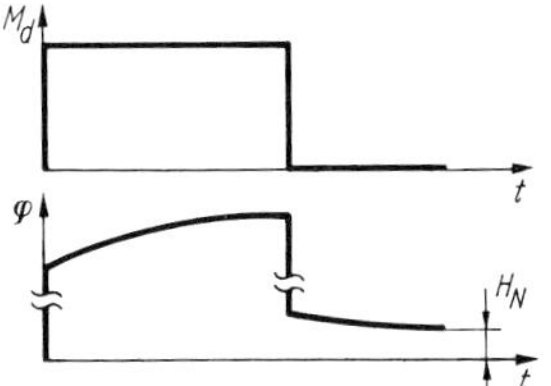

Bild 8.2.89. Zeitlicher Verlauf des Zeigerausschlags elastische Nachwirkung und Nullpunkthysterese

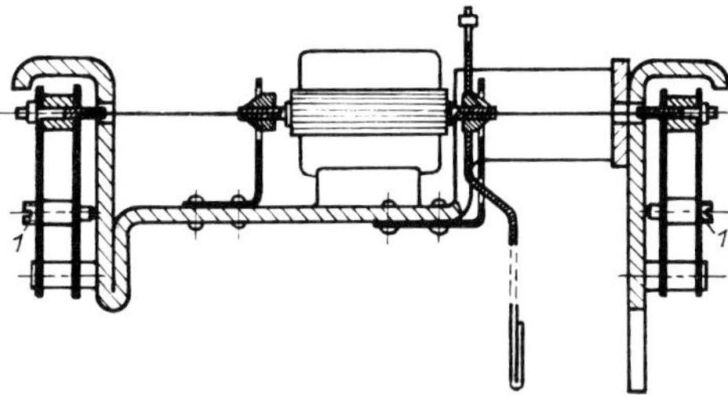

Bild 8.2.90. Spannbandgelagertes Drehspulmeßwerk mit beiderseitigen Spannfedern
1 Vorspannungseinstellschraube

Spannbandlager werden vorwiegend im Meßgerätebau verwendet. Bei einem Drehspulmeßwerk **(Bild 8.2.88)** dient das Spannband sowohl der Lagerung der Drehspule als auch der Stromzuführung und der Erzeugung des Rückstellmoments. Diese Funktionenintegration stellt eine hohe Beanspruchung des Spannbandes dar. Hochwertige Werkstoffe (PtNi; AuNi; CuSn) und eine sorgfältige Montage sind Voraussetzung für eine einwandfreie Funktion. Als unerwünschte Erscheinungen treten bei Spannbandlagern die elastische Nachwirkung und Nullpunkthysterese auf. Die Nachwirkung ist das zeitliche Zurückbleiben der Verformung (Verdrehung) hinter der Beanspruchung (Drehmoment). Wird bei einem spannbandgelagerten Meßwerk die Meßgröße sprungförmig angelegt, schlägt zwar auch der Zeiger plötzlich aus, er nähert sich jedoch nur langsam seiner Endposition **(Bild 8.2.89)**. Genauso fällt beim plötzlichen Abschalten der Belastung der Zeiger zwar sofort zurück, nähert sich aber nur langsam dem Nullpunkt bzw. erreicht diesen überhaupt nicht. Der verbleibende Restausschlag wird als Nullpunkthysterese H_N bezeichnet. Nachwirkung und Nullpunkthysterese treten direkt als Meßfehler auf, ähnlich dem Reibungsfehler bei Spitzenlagern. Sie hängen sowohl vom Werkstoff der Spannbänder als auch von der Befestigung ab. Eingeklemmte Spannbänder verhalten sich günstiger als angelötete. Die Lötstelle muß auf alle Fälle außerhalb der Funktionslänge l des Spannbandes liegen (s. Bild 8.2.88).
Zur Erzeugung der notwendigen Vorspannkraft sind Spannfedern erforderlich. Die Vorspannkraft muß einstellbar sein, weil sie einen Einfluß auf die Meßempfindlichkeit hat (Beispiel s. **Bild 8.2.90**).

8.2.11. **Strömungslager** (Luftlager) [8.2.9] [8.2.11] [8.2.24]

Die Ausbildung eines tragfähigen zusammenhängenden Schmierstoffilms bei Gleitlagern läßt sich nicht nur mit Ölen, sondern auch mit Gasen erreichen. Da als „Schmiergas" vorwiegend Luft verwendet wird, tragen derartige Lager die Bezeichnung Luftlager (s. auch Abschnitt 8.3.5.).

Die Viskosität der Luft ist mit $\eta = 18{,}2 \cdot 10^{-6}\,\mathrm{N \cdot s \cdot m^{-2}} = 18{,}2 \cdot 10^{-3}\,\mathrm{mPa \cdot s}$ bzw. cP um den Faktor 10^3 bis 10^4 geringer als die von Ölen. Dieser Fakt setzt besondere Bedingungen und konstruktive Maßnahmen für einen sicheren Betrieb voraus, führt aber zu extrem reibungsarmen Lagern, da der Reibungswiderstand proportional der Viskosität ist. So braucht z. B. ein plattenartiges Lager mit einer Lagerfläche $A = 3200\,\text{mm}^2$, das eine maximale Tragfähigkeit von $F = F_n = 280\,\text{N}$ hat, entsprechend der Beziehung $F_R = \eta A v / h_0$ bei einer Spalthöhe $h_0 = 0{,}015\,\text{mm}$ nur eine Kraft $F_R = 4 \cdot 10^{-4}\,\text{N}$, um die Last mit einer Geschwindigkeit $v = 100\,\text{mm/s}$ zu verschieben. Das ergibt rechnerisch einen Reibwert $\mu = F_R/F_n = 1{,}43 \cdot 10^{-6}$ und zeigt gleichzeitig den Hauptvorteil derartiger Lager.

Je nach der Wirkungsweise werden zwei Arten von Luftlagern unterschieden, aerodynamische und aerostatische Lager.

Aerodynamische Lager sind wie die hydrodynamischen Lager (s. Abschnitt 8.2.1.) erst ab einer bestimmten Übergangsdrehzahl, wenn sich ein zusammenhängender tragender Schmierstoffilm gebildet hat, betriebssicher. Wegen der geringen Zähigkeit der Luft tritt dieser Zustand der reinen Gasreibung nur bei hohen Gleitgeschwindigkeiten auf. Wegen der ungünstigen Reibverhältnisse (trockene Festkörperreibung) im Gebiet unterhalb der Übergangsdrehzahl, das bei jedem An- und Auslauf durchfahren wird, sind derartige Lager nur für ununterbrochenen Betrieb zu empfehlen, wenn nicht durch Hilfsmaßnahmen, wie z. B. Zuschalten eines statischen Drucks (Hybridlager), auch bei niedrigen Gleitgeschwindigkeiten ein tragender Luftfilm erzeugt wird.

Aerostatische Lager erreichen den Zustand der reinen Gasreibung durch Druckschmierung und sind damit von der Gleitgeschwindigkeit unabhängig. Für den Betrieb derartiger Lager muß Druckluft zur Verfügung stehen. Selbsterregte Schwingungen, die auftreten können, lassen sich durch konstruktive Maßnahmen vermeiden.
Die Anwendung aerodynamischer Lager ist selten. Aerostatische Lager sind aufgrund der in **Tafel 8.2.18** genannten Vorteile in vielen Fällen die optimale Lösung für Präzisionslager.

Tafel 8.2.18. Vor- und Nachteile der Luftlager

Gesichtspunkt	Vorteil	Nachteil
Schmierstoff	Luft steht überall zur Verfügung	Luft muß aufbereitet werden (komprimiert und gereinigt)
Sauberkeit	kein Verschleiß und keine Verschmutzung durch Schmierstoff	
Reibung	äußerst klein, keine Anlaufreibung und kein Stick-slip bei aerostatischen Lagern	Anlaufreibung bei aerodynamischen Lagern wegen Trockenreibung groß
Reibungswärme	Erwärmung gering, weil Reibung gering	
Temperatureinfluß	geeignet für hohe und niedrige Temperaturen, Zähigkeit der Luft wenig temperaturabhängig	
Verschleiß	tritt bei aerostatischen Lagern nicht auf	bei aerodynamischen Lagern beim An- und Auslauf beachtlich
Laufgenauigkeit	besser als die besten Wälzlager	

Grundbauformen der Lager für Rotationsbewegungen sind im **Bild 8.2.91** dargestellt. Beim Axiallager (Bild 8.2.91 a) wird die Welle von einem Luftpolster getragen, das sich, von einer einzigen Düse ausgehend, über dem konzentrischen Ringkanal ausbildet. Die Luft strömt so-

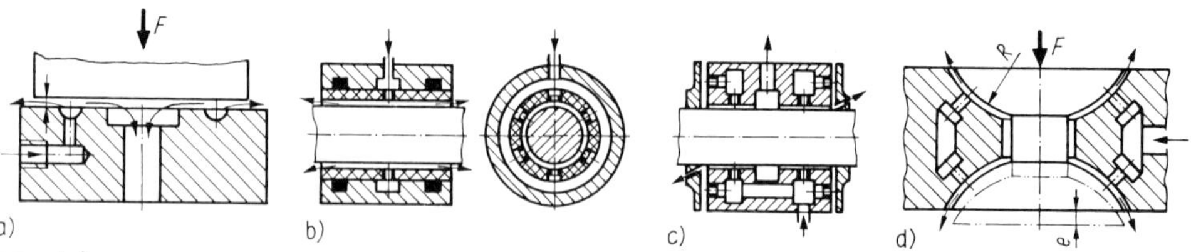

Bild 8.2.91. Bauformen aerostatischer Lager
a) Axiallager; b) Radialloslager; c) Radialfestlager; d) doppelsphärisches Lager

wohl nach außen als auch durch die Zentrumsbohrung ab. Das Lager hat eine große Tragfähigkeit, kann aber nur symmetrisch angreifende Axialkräfte aufnehmen. Das Radiallager (Bild b) hat im Mittenquerschnitt der Buchse sechs Einströmöffnungen gleichmäßig über dem Umfang verteilt. Dieses Lager ist axial nicht gesichert wie das Festlager (Bild 8.2.91 c), bei dem beide Stirnflächen als Axiallager gegen die fest auf der Welle sitzenden Planscheiben ausgebildet sind. Die dargestellte zweireihige Düsenanordnung für das Radiallager ist erforderlich, wenn das Breitenverhältnis $b/d > 1{,}3$ ist. Bei $b/d = 2$ ist neben dem seitlichen auch für einen Luftaustritt in der Mittenfläche zu sorgen. Für die Aufnahme axialer und radialer Kräfte eignet sich das doppelsphärische Lager (Bild 8.2.91 d). Die Rundlaufabweichungen eines solchen Lagers liegen bei zentrischer Belastung weit unter 0,1 µm.

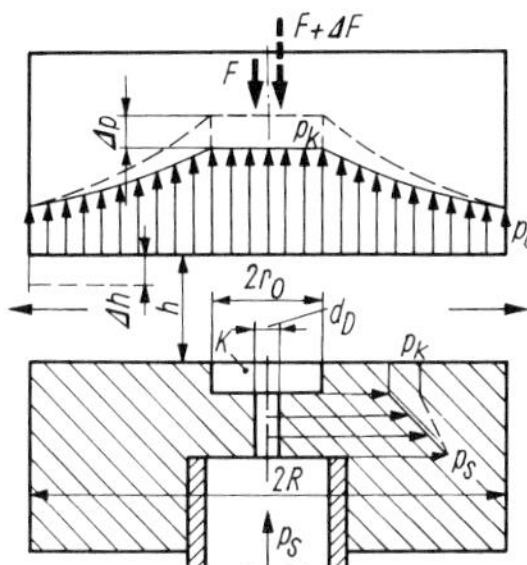

Bild 8.2.92. Elementarlager nach [8.2.38]

Die **Arbeitsweise der Luftlager** sei an einem Elementarlager **(Bild 8.2.92)** erläutert. Die Druckluft strömt unter dem Speisedruck p_s über eine Düse vom Durchmesser d_D in die Vorkammer K und erreicht dort den Druck p_k, der um so größer ist, je kleiner die durch die Düse strömende Luftmenge ist. Er hängt damit von der Größe h des Lagerspalts ab. Durch diesen Spalt strömt die Luft von der Vorkammer nach außen und entspannt sich auf den Außendruck p_a, der in den meisten Fällen der atmosphärische Druck ist. Das Integral des Drucks über der Fläche A, ($\int p\,\mathrm{d}A$), ergibt die Tragkraft bei dem vorliegenden Luftspalt h und dem Kammerdruck p_k. Steigt die Belastung um ΔF, so verringert sich der Luftspalt um Δh. Die Folge ist, daß der Druckabfall in der Düse kleiner wird, der Kammerdruck also um Δp wächst. Dadurch steigt auch der mittlere Druck über der Lagerfläche A und erzeugt die zu ΔF erforderliche Gegenkraft. Dieser Regelvorgang tritt bei jeder Laständerung ein. Bei gleichbleibendem Speisedruck stellt sich je nach Belastung selbsttätig die erforderliche Spaltweite h ein. Die Vorkammer wirkt ähnlich wie eine Feder als Speicher und kann deshalb zu Schwingungserscheinungen führen. Der Dimensionierung der Vorkammer ist besonderes Augenmerk zu widmen.

8.2.11.1. Berechnung

Eine ausführliche Berechnungsmethode für die einzelnen Bauformen der Luftlager ist in [8.2.9] zu finden. Um die Anwendung der Luftlager nicht durch Scheu vor komplizierten Berechnungen zu behindern, wird im allgemeinen eine vereinfachte Berechnung empfohlen, deren Näherungsgleichungen durch praktische Versuche bestätigt sind.

Ihre Anwendung ist auch dadurch gerechtfertigt, daß selbst bei exakter Berechnung der Lager allein infolge der Fertigungstoleranzen Abweichungen in der Tragfähigkeit bis zu 30% auftreten können. Die vereinfachte Berechnung bezieht sich auf ein Elementarlager nach Bild 8.2.92. Berechnet werden die Tragkraft F, der sich einstellende Lagerspalt h, die Steifigkeit des Lagers $c = \Delta F/\Delta h$ und der Luftverbrauch $\dot{V}_a$ bei bekanntem Speisedruck p_s, Lagerdurchmesser D, Düsendurchmesser d_D und Vorkammerdurchmesser d_k. Sämtliche Drücke sind absolute Drücke. Der gegenüber dem atmosphärischen Außendruck p_a vorhandene Überdruck in der Speiseleitung ist demnach $p_ü = p_s - p_a$.

Die *maximale Tragkraft*, die bei einer Spaltweite $h = 0$ erreicht würde, ist

$$F_{max} = c_s\,(p_s - p_a)\,R^2\pi/10\,; \tag{8.2.48}$$

R in mm, p_s und p_a in 10^5 Pa, F_{max} in N;

mit $$c_s = 0{,}3 + 0{,}6 r_k/R - 10^{-4}\,(40 - p_s/p_a)^2. \tag{8.2.49}$$

Die sich bei einer Belastungskraft F einstellende *Spaltweite h* errechnet sich aus

$$h = s_{sp} h^* \tag{8.2.50}$$

mit dem Luftspaltfaktor

$$c_{sp} = \sqrt[6]{(F_{max}/F)^2 - (F_{max}/F)}, \tag{8.2.51}$$

der dem Diagramm im **Bild 8.2.93** entnommen werden kann, und der Spaltweite h^*, die bei maximaler Steifigkeit des Lagers herrscht:

$$h^* = 55 \sqrt[3]{(p_a/p_s)\, d_D^2 \ln (R/r_k)}; \tag{8.2.52}$$

d_D in mm, h^* in µm.

Die *maximale Steifigkeit* des Lagers beträgt

$$c_{max} = (\Delta F/\Delta h)_{max} = -1{,}05\; F_{max}/h^* \qquad \text{in N/µm}, \tag{8.2.53}$$

die dabei herrschende Tragfähigkeit ist

$$F^* = 0{,}63 F_{max}. \tag{8.2.54}$$

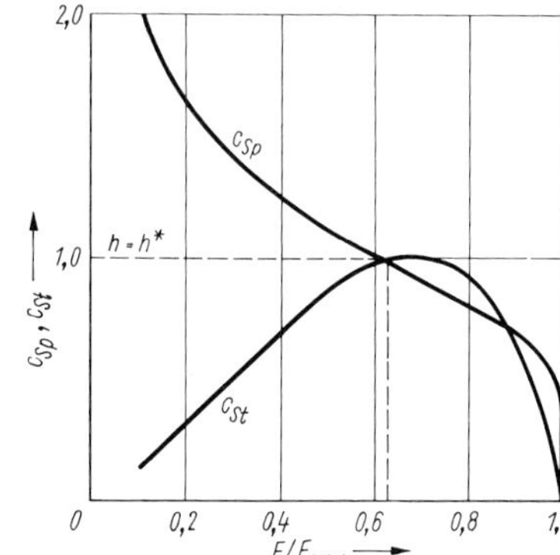

Bild 8.2.93. Luftspalt- und Steifigkeitsfaktor

Die *Steifigkeit* bei einer beliebigen Last F ist

$$c = 6\,(F_{max}/h^*)\,\frac{[(F/F_{max})\,(1 - F/F_{max})]\;5/6}{(F/F_{max} - 2)}\,\sqrt{F/F_{max}}, \tag{8.2.55}$$

bzw. im Vergleich zur maximalen Steifigkeit

$$c = c_{st} c_{max}. \tag{8.2.56}$$

Der Steifigkeitsfaktor c_{st} ist dem Diagramm im Bild 8.2.93 zu entnehmen. An ihm wird deutlich, wie sich die Steifigkeit des Lagers mit der Belastung ändert. Der Luftverbrauch je Düse beträgt bei unbelastetem Lager

$$\dot{V} = 427 d_D^2 p_s; \tag{8.2.57}$$

d_D in mm, p_s in 10^5 Pa, $\dot{V}$ in l/h.

Berechnungsbeispiel s. Abschnitt 8.2.13.

Mit diesem Verfahren können auch Radiallager berechnet werden, wenn sie sich in Elementarlager zerlegen lassen. Da wie bei dem Elementarlager von einer Düse aus nach allen Seiten annähernd gleiche Abströmverhältnisse vorliegen sollen, bedeutet dies, daß bei einer einreihigen Düsenanordnung in der Mittenfläche **(Bild 8.2.94)** die Lagerbreite B dem Teilungsabstand T der Düsen entsprechen muß. Dieser ist dann dem Durchmesser D des Elementarlagers gleichzusetzen ($B = T = D = 2R$). Das einzelne Elementarlager hat eine Tragfähigkeit F_i bzw. F_{imax}, einen Luftspalt h_i bzw. h_i^* und eine Steifigkeit c_i bzw. c_{imax}. Diese Größen sind nach den Gln. (8.2.48) bis (8.2.56) zu berechnen. Gegenüber der Belastungsrichtung x der Gesamtlast des Lagers sind die Achsen der Düsenbohrungen der Elementarlager um den Winkel β_i geneigt. Der Teilungswinkel $\Delta\beta$ hängt von der Anzahl n der Düsen auf dem Umfang ab

$$\Delta\beta = 360°/n. \tag{8.2.58}$$

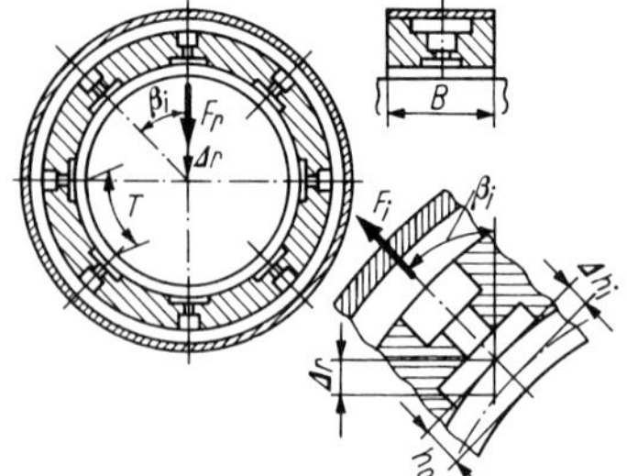

Bild 8.2.94. Radiallager, in Elementarlager aufgeteilt
aus [8.2.9]

Die Radiallast F_r des Gesamtlagers setzt sich aus den Komponenten F_{ir} der n Elementarlager zusammen:

$$F_r = \sum_{i=1}^{n} F_{ir} = \sum_{i=1}^{n} F_i \cos \beta_i. \quad (8.2.59)$$

Die Verschiebung der Welle um Δr bedeutet bei dem Elementarlager eine Luftspaltänderung

$$\Delta h_i = \Delta r \cos \beta_i. \quad (8.2.60)$$

Sie führt unter der Annahme, daß die einzelnen Elementarlager Belastungen aufnehmen, die proportional der Veränderung des Luftspalts gegenüber dem bei Belastung 0 sind, zu einer Steigerung der Radiallast von

$$\Delta F_r = \sum_{i=1}^{n} c_i \cos \beta_i \, \Delta h_i = \Delta r \sum_{i=1}^{n} c_i \cos^2 \beta_i. \quad (8.2.61)$$

Sind mehr als fünf Düsen auf dem Umfang verteilt, was meist der Fall sein wird, ist

$\sum_{i=1}^{n} \cos^2 \beta_i = n/2.$

Geht man weiter davon aus, daß die Steifigkeit der einzelnen Elementarlager gleich und das Lagerspiel so bemessen ist, daß im unbelasteten Zustand der Luftspalt der Elementarlager $h = h^*$ ist, arbeiten alle Elementarlager im Bereich ihrer maximalen Steifigkeit c_{max}. Die Steifigkeit des Gesamtlagers ist demnach

$$c_{r\,max} = (\Delta F_r/\Delta r)_{max} = c_{i\,max} n/2. \quad (8.2.62)$$

Da die Steifigkeit der Elementarlager sich mit dem Luftspalt ändert und nicht, wie vorher angenommen, konstant bleibt, ist bei der Berechnung der Tragfähigkeit ein Abminderungskoeffizient $K = 0{,}6$ einzufügen:

$$F_{r\,max} = c_{r\,max} h^* K \quad (8.2.63)$$

bzw. unter Einfügung von Gl. (8.2.62)

$$F_{r\,max} = c_{i\,max} h^* K n/2. \quad (8.2.64)$$

8.2.11.2. Konstruktive Gestaltung

Die wichtigsten Elemente eines aerostatischen Lagers sind die Einströmöffnungen, durch welche die Luft aus der Druckleitung in den Lagerspalt strömt. Hauptmerkmale einer Einströmöffnung **(Bild 8.2.95)** sind die Düsenbohrung und die Vorkammer.

Der Durchmesser d_D der Düsenbohrung liegt je nach Lagerart und geforderter Spaltweite zwischen 0,05 und 2 mm, bei Präzisionslagern der Feinwerktechnik allgemein unter 0,4 mm.

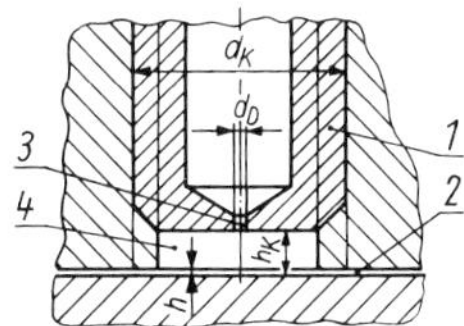

Bild 8.2.95. Anordnung einer Einströmöffnung

1 Düsenkörper; *2* Lagerspalt; *3* Düsenbohrung; *4* Vorkammer

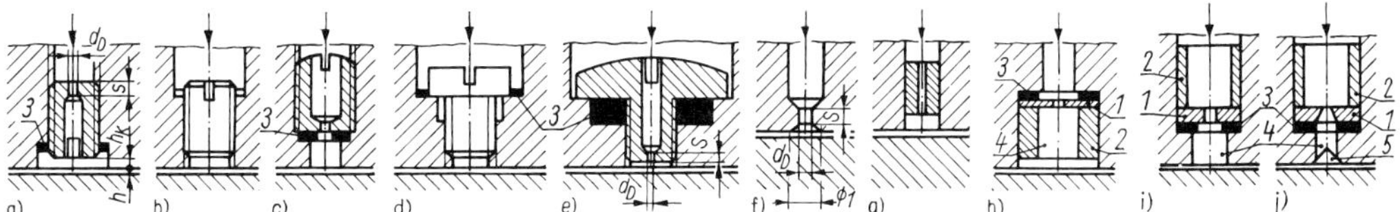

Bild 8.2.96. Gestaltung der Einströmöffnung

a) Gewindestift, abgedichtet im Gewinde; b) Gewindestift in entgegengesetzter Anordnung; c) Gewindestift mit Dichtscheibe *3*; d) Zylinderschraube, abgedichtet am Kopf; e) Linsenschraube, mit Rundring *3* abgedichtet; f) direkt in die Lagerwand eingearbeitete Düsenbohrung; g) eingepreßte Kapillare; h) Buchse mit Drosselblende; i) Buchse mit Drosselblende in entgegengesetzter Anordnung; j) Düse mit Mikroverteilerkanal

1 Drosselblende; *2* eingepreßte Buchse; *3* Dichtung; *4* Vorkammer (Staukammer); *5* Mikroverteilerkanal

Um Luftlager mit möglichst hoher Belastungsfähigkeit und minimalem Luftverbrauch zu erhalten, ist der kleinste aus Fertigungsgründen mögliche Lagerspalt und damit auch ein kleiner Düsendurchmesser anzustreben. Die größeren Düsenbohrungen können direkt in die Lagerfläche gebohrt werden **(Bild 8.2.96)**, bei kleinen Bohrungen fertigt man gesonderte Bauelemente, sog. Düsenkörper in Form von Schrauben (Bilder 8.2.96a bis e), Kapillaren (g) oder Drosselblenden (h bis j).
Bei der Montage sind die Düsenkörper so abzudichten, daß die Luft nur durch die Düsenbohrung strömen kann, jede Nebenluft ist schädlich. Ab 0,1 mm lassen sich die Düsenbohrungen mit handelsüblichen Bohrern, darunter z.B. mit Laserstrahl oder auch galvanisch herstellen. Für die Länge der Düsenbohrung gilt $s \leqq 0{,}2\, d_D$.

Die zur Verbesserung der Tragfähigkeit zwischen Düsenbohrung und Lagerspalt erforderliche Vorkammer dient der Beruhigung der ausströmenden Luft. Um diesen Effekt zu erreichen, ist eine Mindestgröße der Kammer nötig.

Bei einer allgemein üblichen Kammerhöhe $h_k = d_D$ beträgt der Mindestdurchmesser der Kammer $d_{k\,min} \approx 0{,}7\, d_D^2/h$ bei mittlerer und $d_{k\,min} \approx 0{,}4\, d_D^2/h$ bei hoher Belastung.
Mit der Größe der Kammer nimmt aber wegen ihrer Speicherwirkung die Schwingungsneigung zu. Deswegen sollte $d_{k\,min}$ nicht wesentlich überschritten werden.
Für eine einwandfreie Funktion des Luftlagers ist außerdem die Formgenauigkeit der Lagerflächen ausschlaggebend. Zum Vermeiden großer Formabweichungen durch die Lagerbelastung und mit Rücksicht auf die Feinbearbeitung durch Schleifen und Läppen sind die Lagerteile sehr biegesteif zu gestalten. Es wird empfohlen, die zulässige Formabweichung einer Fläche mit 15% der kleinsten Spaltweite (h_{min}) festzulegen.

Eine besondere Bauform der aerostatischen Lager sind *sphärische Lager*, deren Lagerflächen Kugelflächen sind. Ihr Vorteil ist, daß sie sowohl Axial- als auch Radialkräfte aufnehmen können und in der im Bild 8.2.91d skizzierten Bauform sich selbst zentrieren. Ihre Berechnung ist in [8.2.9] beschrieben.
Die konkaven und konvexen Kugelflächen können entweder gleichen Kugelradius oder einen Radienunterschied ΔR besitzen. Für die Feinstbearbeitung der Kugelflächen sind Läppwerkzeuge gleicher Gegenform erforderlich. Erfolgt die letzte Anpassung durch Läppen der Funktionsflächen gegeneinander, erhalten beide Lagerflächen den gleichen Kugelradius, man spricht dann von gepaßten Lagern. Gegenüber den Lagern mit Radienunterschied haben die gepaßten Lager zwar eine etwas geringere Tragfähigkeit, weisen aber eine größere Steifigkeit auf, und ihr Luftverbrauch ist geringer.

8.2.11.3. Werkstoffe

Aerostatische Lager arbeiten verschleißfrei, deswegen kann jeder beliebige genügend feste Werkstoff verwendet werden. Ausschlaggebend für die Werkstoffwahl ist die Korrosionsbeständigkeit. Wo diese von vornherein nicht gegeben ist, wie z. B. bei Baustahl und den Al-Cu-Legierungen, sind die Oberflächen zu veredeln. Die Düsenkörper werden vorwiegend aus Messing hergestellt.

8.2.12. Magnetlager [8.2.3]

8.2.12.1. Wirkprinzip

Verschleiß kann völlig vermieden und Reibung stark vermindert werden, wenn es gelingt, die Reibkörper voneinander zu trennen. Die dazu notwendige Kraft läßt sich u. a. durch einen Magnetkreis erzeugen, wo die Magnetkraft zur Trennung der Reibkörper direkt durch Erzeugung eines Luftspaltes (Luftspaltlager) oder durch Festhalten einer magnetischen Flüssigkeit im Lagerspalt (Magnetflüssigkeitslager) führen kann. Selbst wenn auf Grund der Kräfteverhältnisse dieser verschleißfreie Zustand nicht erreichbar ist, führt jede Entlastung eines Lagers durch Magnetkräfte (magnetisch entlastete Lager) zu einer Verringerung der Reibung und des Verschleißes, also zur Erhöhung der Funktionssicherheit und Lebensdauer. Die Art der verwendeten Magnete, Dauermagnete oder Elektromagnete, führt zu einer weiteren Unterteilung der Magnetlager.

8.2.12.2. Luftspaltlager

Dauermagnete werden meist in Ringform für Lager verwendet **(Bild 8.2.97)**. Mit den axial magnetisierten Ringmagneten läßt sich ein Axiallager nach **Bild 8.2.98** aufbauen. Zwischen

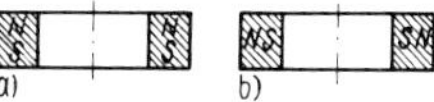

Bild 8.2.97. Axial und radial magnetisierte Ringmagnete
a) axial einpolig; b) radial einpolig

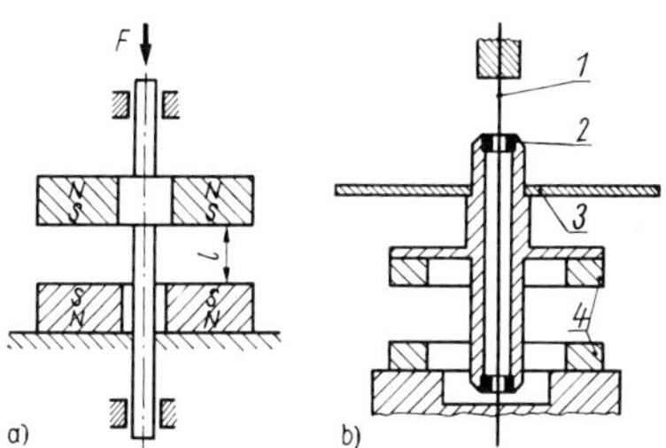

Bild 8.2.98. Dauermagnet-Axiallager
a) Prinzip; b) ausgeführtes Schwebelager
1 Führungsdraht; *2* Lochstein; *3* Drehsystemscheibe; *4* Ringmagnete

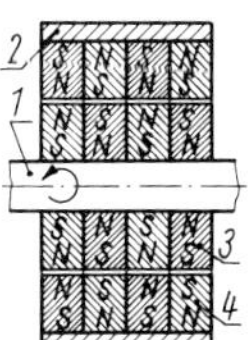

Bild 8.2.99. Dauermagnet-Radiallager
1 Welle; *2* Lagergehäuse; *3* innere Ringmagnete; *4* äußere Ringmagnete

den auf Abstoßung gepaarten Magneten stellt sich ein von der Belastungskraft abhängiger Luftspalt ein. In radialer Richtung ist eine zusätzliche Führung nötig. Treten keine äußeren Radialbelastungen auf, hat das Führungslager nur die durch Unsymmetrie und Inhomogenität des realen Magnetfeldes entstehenden geringen Radialkräfte aufzunehmen und kann, wie es Bild 8.2.98 zeigt, sehr klein und damit reibungsarm ausgeführt werden. Dauermagnet-Radiallager **(Bild 8.2.99)** sind nach [8.2.3] so aufgebaut, daß auf der zu lagernden Welle an den Lagerstellen radial magnetisierte Ringmagnete nebeneinander verdrehfest sitzen. Jedem dieser inneren Ringmagnete sitzt ein auf Abstoßung gepolter äußerer Ringmagnet fest in der Lagerbohrung des Gehäuses gegenüber. Nebeneinanderliegende Ringe weisen entgegengesetzte Polarität auf. Diese Polarität zwischen Innen- und Außenring bringt es mit sich, daß bei einer radialen Verlagerung der Welle die Abstoßkräfte an der Stelle des kleinsten radialen Luftspalts größer sind als die an der diametral gegenüberliegenden Stelle mit dem größten Luftspalt. Der Rotor ist also hinsichtlich seiner radialen Lage in einem stabilen Gleichgewicht, neigt aber zu Schwingungen. Der sich einstellende kleinste Luftspalt hängt von der Größe der Radialbelastung ab. In axialer Richtung liegt ein labiles Gleichgewicht vor. Diese Instabilität verlangt eine axiale Führung, wie sie etwa durch Anschläge (Anlaufscheiben) realisierbar ist.

Obwohl bei diesen Lagern die Reibkörper durch einen Spalt voneinander getrennt sind, kann nicht von reibungsfreien Lagern gesprochen werden. Außer der Luftreibung der rotierenden Teile tritt ein vom Magnetfeld herrührender Bewegungswiderstand auf, der als magnetische Dämpfung, oder, wenn man Reibung allgemein als Bewegungswiderstand auffaßt, auch als magnetische Reibung bezeichnet wird. Die Ursachen für diese magnetische Dämpfung sind sehr mannigfaltig und meist technischer Natur. Es sind zu nennen: Inhomogenitäten der magnetischen Felder bzw. ungleichmäßiger Feldverlauf, Ungleichheiten und Veränderungen des Luftspalts zwischen den Magneten, Entstehen von Wirbelströmen, u. ä. Es muß daher beim Verdrehen der Magnetfelder gegeneinander eine Ummagnetisierungsarbeit aufgebracht werden, die den Bewegungsablauf hemmt. Dieser Bewegungswiderstand ist um so größer, je kleiner der Luftspalt bzw. je größer die Luftspaltinduktion ist.

Dauermagnetwerkstoffe. Hauptelemente eines Magnetlagers sind die Magnete selbst. Die Auswahl des Magnetwerkstoffes erfolgt aus funktioneller und technologischer Sicht. Bei geringer Masse tritt der Materialpreis in den Hintergrund.

Kennzeichen der Leistungsfähigkeit der Dauermagnete ist ihre Energiedichte $(BH)_{max}$. Miniaturbauweise und beschränkter Konstruktionsraum verlangen den Einsatz leistungsstarker Magnetwerkstoffe. **Tafel 8.2.19** enthält die heute erreichbare Energiedichte für einige Werkstoffgruppen. Genaue Angaben für den jeweils zum Einsatz vorgesehenen Werkstoff sind den Herstellerangaben zu entnehmen.

Tafel 8.2.19. Erreichbare magnetische Energiedichte ausgewählter Magnetwerkstoffe [1.3]

Magnetwerkstoff	$(BH)_{max}$ mW/cm^3
Ba-Ferrit (Maniperm 860)	32
FeNiCu	15
Eisen	26
Fe-AlNiCo	64
CoPt	72

Für die Formgebung der Magnete kommen verschiedene, von der jeweiligen Legierung bzw. den Werkstoffkomponenten und der Magnetisierbarkeit abhängige Verfahren in Frage wie Gießen, Walzen, Ziehen, Pressen und Sintern sowie Oxidkeramik (s. auch [1.3]). Oxidkeramische und gesinterte Magnete sind nur durch Schleifen bearbeitbar. Komplizierte Magnetformen lassen sich auch durch Kleben aus einfachen Formteilen zusammensetzen.

Elektromagnete haben gegenüber den Dauermagneten den großen Vorteil, daß die für die Kraftwirkung maßgebende Luftspaltinduktion von der Stärke des durch die Magnetspule fließenden Stroms abhängt. Mit der Möglichkeit der Steuerung und Regelung der Stromstärke lassen sich die Kraftverhältnisse im Luftspalt den Erfordernissen anpassen, selbst während des Betriebs. In einem aktiven magnetischen Lager wird, wie es die **Bilder 8.2.100 und 8.2.101** zeigen, der gewünschte Lagerspalt mit Hilfe geregelter Kräfte der einzelnen Elektromagnete stabil und damit die rotierende Welle (Rotor) berührungsfrei, d.h. freischwebend zum feststehenden Körper (Stator) gehalten. Eingebaute induktive Stellungsmeßgeber überwachen den Abstand zwischen Rotor und Stator. Der für die Stromversorgung der einzelnen Lagermagnete zuständige Leistungsverstärker wird vom Regler so beeinflußt, daß eine etwaige Sollwertabweichung abgebaut wird. Zur Aufnahme von Axialkräften muß im Magnetlager ein ebener axialer Luftspalt vorgesehen werden, der auf die gleiche Weise zu stabilisieren ist. Derartige elektronisch geregelte Elektromagnetlager eignen sich sehr gut für Anwendungen im Hochvakuum und bei hohen Drehzahlen. Sie sind in ihren Betriebseigenschaften den herkömmlichen Wälz-, Flüssigkeits- und Gaslagern überlegen.

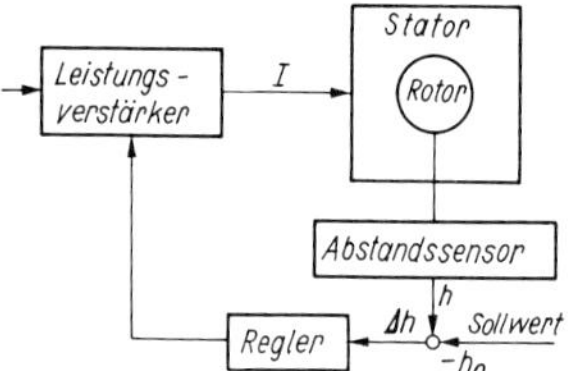

Bild 8.2.100. Regelkreis für aktive Magnetlagerung

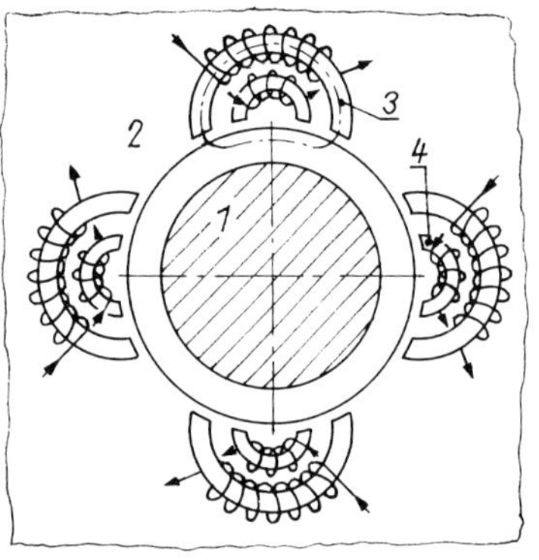

Bild 8.2.101. Prinzipieller Aufbau eines aktiven Magnetlagers (aus [8.2.3])
1 Rotor; *2* Stator; *3* Elektromagnet; *4* Sensor

8.2.12.3. Magnetisch entlastete Lager

Die Forderung nach minimaler Reibung bei Meßwerklagerungen wird hinsichtlich der Gestaltung durch die Spitzen- und Schneidenlager Rechnung getragen. Eine weitere Reduzierung der Reibung ist bei diesen Lagern durch Verringern der Lagerbelastung zu erreichen, was durch eine magnetische Entlastung möglich ist. Damit wird gleichzeitig die Werkstoffbeanspruchung der sehr empfindlichen Reibkörper (Spitze–Lagerstein, Schneide–Pfanne) gesenkt und die Lebensdauer erhöht.

Für Spitzenlager mit vertikaler Achslage, wie sie z.B. in Elektrizitätszählern zu finden sind,

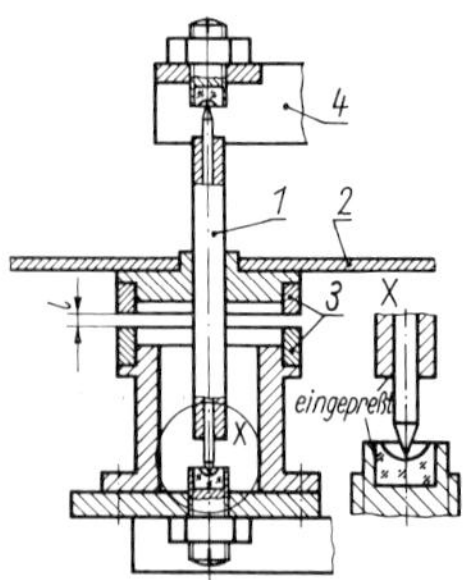

Bild 8.2.102. Prinzipieller Aufbau eines magnetisch entlasteten Doppelspitzenlagers
1 Drehachse; *2* Scheibe des Drehsystems; *3* axiale Ringmagnete; *4* Halterung

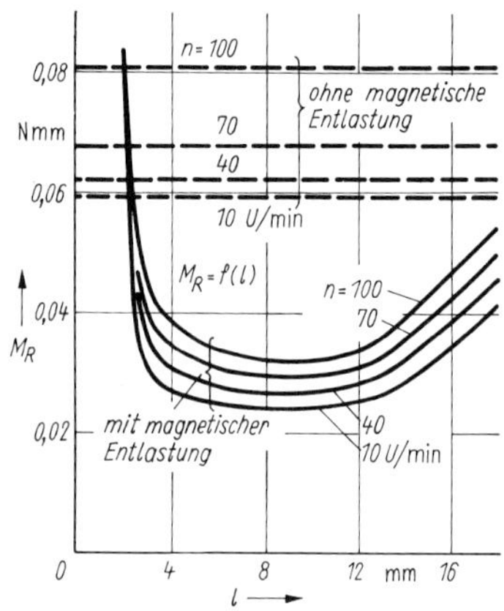

Bild 8.2.103. Einfluß der magnetischen Entlastung beim Doppelspitzenlager nach Bild 8.2.102 auf das Reibmoment M_R
l Luftspaltweite

zeigt **Bild 8.2.102** eine prinzipielle Lösung. Es handelt sich um ein Axiallager mit einer Magnetanordnung entsprechend Bild 8.2.98, bei dem es aber nicht zum Schweben des Rotationssystems kommt. Wie eine derartige Entlastung das Reibmoment beeinflußt, geht aus **Bild 8.2.103** hervor. Bei sehr kleinem Magnetabstand hat die magnetische Dämpfung Einfluß, so daß das Reibungsminimum nicht bei der größten Entlastung auftritt. Um optimale Verhältnisse zu erreichen, ist es deshalb zweckmäßig, den feststehenden Magneten einstellbar zu gestalten. Das Reibungsminimum verläuft flach, Magnetkraftänderungen wirken sich in diesem Bereich nicht wesentlich aus.

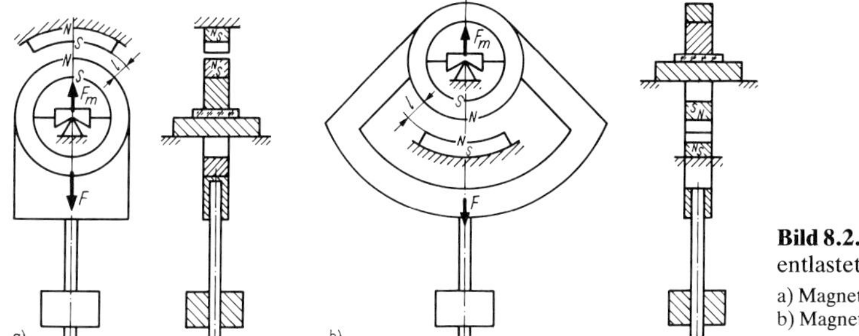

Bild 8.2.104. Magnetisch entlastetes Schneidenlager
a) Magnete auf Anziehung gepaart
b) Magnete auf Abstoßung gepaart

Schneidenlager sind radial belastete Lager. Eine Entlastung ist sowohl durch auf Anziehung wie auch durch auf Abstoßung gepaarte Dauermagnete zu erzielen **(Bild 8.2.104)**. Je kleiner der Schwenkwinkel des Lagers ist, desto weniger wirken sich Exzentrizität und Unsymmetrie des Magnetfeldes aus.

8.2.12.4. Magnetflüssigkeitslager

Magnetische Flüssigkeiten sind kolloidale Suspensionen (etwa 3 ... 20 Vol.-%) von sehr feinen, unregelmäßig geformten magnetischen Teilchen (etwa 0,01 µm Dmr.) in einer Trägerflüssigkeit genügend hoher Viskosität (z. B. Kohlenwasserstoffe, Ester) unter Zusatz von Dispersionsmitteln, die ein Zusammenballen des Kolloids verhindern. Die Teilchen erhalten einen dünnen Überzug, z. B. aus Ölsäure, um die Bildung von Agglomeraten zu verhindern. Derartige Flüssigkeiten lassen sich durch die Kraftwirkung eines Magnetfeldes bewegen und auch festhalten. Sie sind damit für leckfreie reibungsfreie Dichtungen besonders bei hohen Wellendrehzahlen in Vakuumsystemen und für Gleitlager geeignet (s. auch Abschnitt 7.6.).

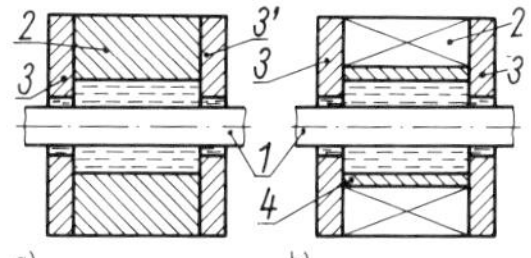

Bild 8.2.105. Magnetflüssigkeitslager
a) mit Dauermagnet; b) mit Elektromagnet
1 Welle; *2* Dauer- bzw. Elektromagnet; *3* Polschuhe; *4* Magnetkern

Bild 8.2.105 zeigt den Aufbau eines Magnetflüssigkeitslagers. Der Magnetkreis besteht aus dem Dauer- bzw. Elektromagnet *2* mit den Polschuhen *3* und der Welle *1*. Die Magnetflüssigkeit füllt den Hohlraum des Lagers aus. In ihr entsteht ein tragfähiger maximaler statischer Überdruck

$$\Delta p = \mu_r \mu_0 H M_s \tag{8.2.65}$$

μ_r Permeabilität der Magnetflüssigkeit; μ_0 Permeabilitätskonstante ($\mu_0 = 4\pi \cdot 10^{-7}$ H/m); H magnetische Feldstärke in A/m; M_s Sättigungsmagnetisierung der Magnetflüssigkeit in A/m.

Mit dem Wellendurchmesser d und der Lagerlänge l ergibt sich eine Tragkraft

$$F = \Delta p d l. \tag{8.2.66}$$

Beispiel: Bei einem Lager mit $d = 8$ mm, $l = 24$ mm, $M_s = 571 \cdot 10^3$ A/m, $H = 3 \cdot 10^3$ A/m und $\mu_r = 2{,}67$ erhält man eine rechnerische Tragkraft von $F = 1{,}102$ N; experimentell wurde an diesem Lager eine durchgehende tragfähige Schmierschicht, wie bei einer hydrodynamischen Schmierung, bis zu einer Belastung von 1,0 N nachgewiesen.

Das Reibmoment eines Magnetflüssigkeitslagers ist gegenüber einem hydrodynamisch geschmierten Lager um den Faktor 3 bis 4 größer. Ursache dafür ist u. a. die mit wachsender Induktion zunehmende Viskosität der Magnetflüssigkeit. Für die Berechnung des Reibmomentes gilt nach *Demian* die Gleichung

$$M_r = kN_T\,(\eta/h)\,\omega d^3, \tag{8.2.67}$$

η Viskosität der Magnetflüssigkeit in mPa · s; h Lagerspalt in mm; $\omega = \pi n/30$, Winkelgeschwindigkeit der Welle in rad/s; n Drehzahl in U/min; N_T Anzahl der tragenden Flächen; k konstruktive Lagerkonstante.

Durch das magnetische Festhalten der Magnetflüssigkeit im Lagerspalt wird ein Auslaufen der Flüssigkeit verhindert, es ist eine „Selbstdichtung", die sogar einem leichten Überdruck standhält. Derartige Lager sind betriebssicher auch unter ungünstigen Bedingungen. Ihre Anwendungsbreite ist noch nicht erforscht.

Eine Zusammenstellung ausgewählter Normen und Richtlinien zum Abschnitt 8.2. enthält Tafel 8.4.6.

8.2.13. Berechnungsbeispiele

Aufgabe 8.2.1. Berechnung eines hydrodynamischen Gleitlagers

Für ein hydrodynamisches Gleitlager sind folgende Parameter gegeben: $F = 1650$ N, $d = 50$ mm, $b/d = 1$, $n = 2000$ U/min, $R_{zW} = R_{zL} = 5$ µm, Neigung der Welle $\beta = 1'$, $M_b = 7{,}5 \cdot 10^5$ N · mm.
Es sind das Lagerspiel S_W, die erforderliche Ölviskosität η und die für eine Lagertemperatur von 80°C benötigte Kühlfläche A bei mäßig bewegter Luft ($w < 1$ m/s) zu berechnen.

Lösung. Das Bild 8.2.4 liefert für $b/d = \lambda = 1$ einen Wert $\delta_{opt} = 0{,}35$ bzw. 0,55, je nachdem, ob Reibungsminimum oder Tragfähigkeitsmaximum angestrebt wird. Es wird gewählt: $\delta = 0{,}4$, dabei ist $T = 0{,}2$. Da die Oberflächenrauheiten von Welle und Lager schon vorliegen, ist nach Gl. (8.2.4a und b) h_0 zu berechnen. Für die einzelnen Teile der Gl. (8.2.4b) ergibt sich: $(R_{zW} + R_{zL})/2 = 0{,}005$ mm; $\hat{\beta} b/2 = 0{,}0075$ mm bei $\beta = 1'$ $\hat{\beta} = 2{,}9 \cdot 10^{-4}$; $(b^2/12)\,(M_b/EI)$ $= 0{,}0075$ mm, bei $E_{Stahl} = 2{,}1 \cdot 10^5$ N/mm² und $I = \pi d^4/64 = 9{,}8 \cdot 10^4$ mm⁴. Damit ist $h_{0ü} = 0{,}020$ mm, und mit $S_M = 1{,}25$ ist $h_0 = 0{,}025$ mm. Daraus ergibt sich ein Lagerspiel $S_W = 2h_0/\delta = 0{,}125$ mm; $\psi = S_W/d = 2{,}5 \cdot 10^{-3}$ und $\sigma = 2h_0/d = 10^{-3}$.
Die erforderliche Ölviskosität ergibt sich aus Gl. (8.2.5) zu $\eta = 15{,}8 \cdot 10^{-9}$ N · s/mm² = 15,8 mPa · s. Das Lager erzeugt nach Gl. (8.2.7) eine Reibleistung von $P_R = 61{,}5$ W. Die notwendige Kühlfläche ist aus Gl. (8.2.8) zu errechnen: $A = P_R/(\alpha_{wü}(\vartheta_m - \vartheta_0)) = 0{,}05\ \text{m}^2 = 500\ \text{cm}^2$.

Aufgabe 8.2.2. Berechnung des Bohrungsdurchmessers eines Gleitlagers

Für ein verklemmungsfreies Laufen der Zapfen einer Lagerung mit mittigem Kraftangriff sind folgende Daten gegeben: $d = 4^{0}_{-0{,}03}$ mm (= 4h9); $b = (2{,}5 \pm 0{,}09)$ mm; $L = (57 \pm 0{,}3)$ mm; $h = (52 \pm 0{,}3)$ mm; $u = 0{,}15$ mm; $v = 0{,}2$ mm; $w = 0{,}4$ mm; $F = (5 \pm 0{,}5)$ N; $E = (2{,}06 \pm 0{,}05)\,10^5$ N/mm²; $I = (490 \pm 20)$ mm⁴.
Der Durchmesser der Lagerbohrung ist zu berechnen.

Lösung. Zunächst wird der kritische Bohrungsdurchmesser D_0 aus dem Schiefstellungswinkel γ berechnet. Aus Tafel 8.2.2 ergibt sich $\gamma = \alpha_1 + \alpha_2 + \alpha_3 + \beta_0 = u/[2\,(b + L)] + v/[2\,(b + L)] + w/\sqrt{h^2 - w^2} + FL^2/(16EI)$.

Mit den Nennwerten erhält man $\gamma_N = 0{,}0106$ rad, mit den Grenzwerten $\gamma_g = 0{,}0107$ rad.
Zur Berechnung von D_0 sind in Gl. (8.2.4b) die Größtmaße von d und b einzusetzen ($d_g = 4{,}0$ mm; $b_g = 2{,}59$ mm). Mit $\gamma_g = 0{,}0107$ rad wird $D_0 = 4{,}0279$ mm. Weil das Kleinstmaß von D größer als D_0 sein muß, könnte z. B. $D_k = 4{,}030$ mm gewählt werden. Als Maßtoleranz käme 4D9 in Frage, für die Lagerpassung liegt dann 4D9/h9 fest.

Aufgabe 8.2.3. Lagertemperatur bei einem Kunststoffgleitlager

Für ein Kunststoffgleitlager sind folgende Werte gegeben: $F = 50$ N, $n = 600$ U/min, $d = b = 10$ mm und $s = 1$ mm.
An Hand der Lagertemperatur ist zu prüfen, ob als Buchsenwerkstoff Polyamid 6 bei Trockenlauf eingesetzt werden kann.

Lösung. Für die trockene Paarung Stahl/Polyamid ist nach Tafel 3.25 mit einem Reibwert $\mu = 0{,}25 \ldots 0{,}45$ zu rechnen. Mit $\mu = 0{,}3$ erzeugt das Lager eine Reibleistung $P_R = \mu F_n \omega d/2 = 4{,}7 \cdot 10^3$ N · mm/s = 4,7 W. Die Betriebstemperatur des Lagers ist aus Gl. (8.2.16) zu berechnen. Mit $\lambda_B = 0{,}27$ W/(m · K) aus Tafel 8.2.5 und einer Umgebungstemperatur $\vartheta_0 = 20$ °C ergibt sich unter Beachtung, daß b und s in m, sowie A_B und A_Z in m² einzusetzen sind, eine Temperatur $\vartheta = 114$ °C, die über der nach Tafel 8.2.5 zulässigen Grenztemperatur von 95 °C liegt. Polyamid 6 kann damit unter diesen Betriebsbedingungen nicht als Buchsenwerkstoff vorgesehen werden und ist z. B. durch Polyoxymethylen zu ersetzen.

Aufgabe 8.2.4. Wälzlagerberechnung

Die im **Bild 8.2.106** dargestellte Getriebewelle mit Schrägstirnrad soll in Rillenkugellagern nach dem Prinzip *Festlager–Loslager* aufgenommen werden. Für beide Lagerstellen ist der gleiche Lagertyp einzusetzen. Vorgegeben sind: Antriebsleistung $P = 100$ W, $n = 300$ U/min, Lebensdauer $L_h = 10000$ h, Lagerabstand $l = 160$ mm, $a = 60$ mm, Schrägstirnrad mit $d = 20$ mm, $\alpha_n = 20°$, $\beta = 15°$ (s. auch Abschnitt 13.4.6.).
Es sind beide Lager zu berechnen.

Lösung. Drehmoment $M_d = 9{,}57 \cdot 10^6\,P/n$, P in kW und n in U/min ergibt $M_d = 3190$ N · mm. Die Zahnkräfte sind: $F_t = 2M_d/d = 319$ N, $F_r = F_t \tan\alpha_n/\cos\beta = 120$ N, $F_a = F_t \tan\beta = 85{,}5$ N. Die Berechnung der Auflagerkräfte A und B muß in zwei Ebenen erfolgen.

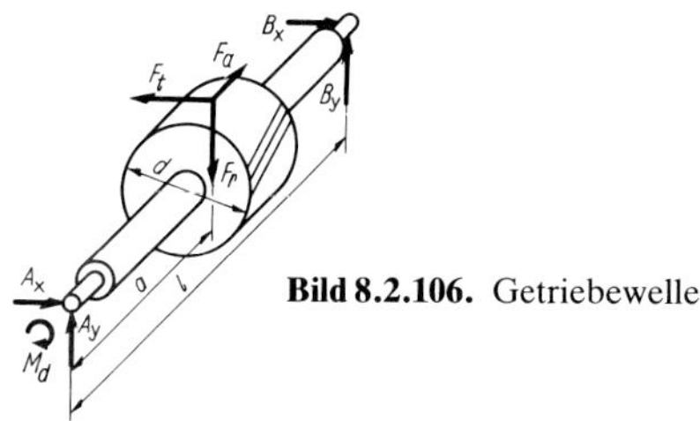

Bild 8.2.106. Getriebewelle

Y-Ebene: $\widehat{B}$: $A_y l + F_a d/2 - F_r(l - a) = 0$ ergibt
$A_y = (F_r\,(l - a) - F_a d/2)/l = 70$ N; $B_y = F_r - A_y = 50$ N.
X-Ebene: $\widehat{B}$: $-A_x l + F_t\,(l - a) = 0$ ergibt $A_x = F_t\,(l - a)/l = 199$ N; $B_x = F_t - A_x = 120$ N.
Die resultierende Radialbelastung der Lager ist

$$A = \sqrt{A_x^2 + A_y^2} = 211 \text{ N} \quad \text{und} \quad B = \sqrt{B_x^2 + B_y^2} = 130 \text{ N}.$$

Eines der beiden Lager ist als Festlager zur Aufnahme der Axialkraft F_a auszubilden. Um eine annähernd gleiche Lagerbelastung zu erreichen, wird Lager B als Festlager vorgesehen.

Berechnung des Loslagers A. Erforderliche Tragzahl $C = Pf_L/f_n$. Bei $L_h = 10000$ h ist $f_L = 2{,}71$ und bei n = 300 U/min ist $f_n = 0{,}48$. Für die Äquivalentlast $P = XF_r + YF_a$ ist beim Loslager wegen $F_a = 0$: $X = 1$. Damit gilt $P = F_r = A = 211$ N und $C_{erf} = 1191$ N.
Nach Tafel 8.2.10 kommt ein Rillenkugellager, Typ 627, in Frage mit $C = 2{,}5$ kN und $C_0 = 1{,}29$ kN. Es ist zu prüfen, ob dieses Lager auch als Festlager B zu verwenden ist.

Berechnung des Festlagers B. Ermittlung von X und Y: $F_a/C_0 = 0{,}066$ ergibt n. Tafel 8.2.13: $e = 0{,}27$; $F_a/F_r = 0{,}658 > e$, also $X = 0{,}56$ und $Y = 1{,}66$ (durch Interpolation). Damit ist $P = 214{,}7$ N und $C_{erf} = 1212$ N. Das Lager, Typ 627, kann für beide Lagerstellen eingesetzt werden.

Aufgabe 8.2.5. Berechnung eines Elementarluftlagers

Ein Elementarlager nach Bild 8.2.92 hat die Abmessungen $D = 64$ mm, $d_k = 3$ mm, $d_D = 0{,}2$ mm und wird mit einem Druck $p_s = 6 \cdot 10^5$ Pa = 6 bar gespeist. Der Außendruck beträgt $p_a = 10^5$ Pa = 1 bar.
Es sind alle für das Lager charakteristische Größen zu berechnen.

Lösung. Die Berechnung der maximalen Tragkraft setzt zunächst die Berechnung des Faktors c_s nach Gl. (8.2.49) voraus:

$$c_s = 0{,}3 + 0{,}6\,(1{,}5/32) - 10^{-4}\,(40-(6/1))^2 = 0{,}213.$$

Damit wird nach Gl. (8.2.48)

$$F_{max} = 0{,}213\,(6 - 1)\,32^2\,\pi/10 = 342{,}6 \text{ N}.$$

Die Spaltweite bei maximaler Steifigkeit ist nach Gl. (8.2.52)

$$h^* = 55\,\sqrt[3]{(1/6)\,0{,}2^2\,\ln\,(32/1{,}5)} = 15\ \mu\text{m}.$$

Das Lager hat bei diesem Spalt eine *Steifigkeit* $c_{max} = -1{,}05\,(342{,}6/15)$ N/µm $= -24$ N/µm und eine *Tragfähigkeit* $F^* = 0{,}63 \cdot 342{,}6$ N $= 215{,}8$ N. Bei geringerer Belastung, etwa bei $F/F_{max} = 0{,}2$, d. h. $F = 68{,}5$ N würde sich ein Spalt einstellen von $h = 1{,}65 \cdot 15$ µm $= 24{,}7$ µm.
Der Spaltfaktor $c_{sp} = 1{,}65$ entstammt dem Diagramm im Bild 8.2.93 bei $F/F_{max} = 0{,}2$. Das Lager verbraucht in unbelastetem Zustand eine Luftmenge von $V = 427 \cdot 0{,}2^2 \cdot 6 = 102{,}5$ l/h.

Aufgabe 8.2.6. Berechnung eines Radialluftlagers

Eine Welle mit $d = 40$ mm soll von einem einreihigen aerostatischen Lager mit sechs auf dem Umfang verteilten Düsen mit einem Durchmesser von je 0,2 mm abgestützt werden.
Zu bestimmen sind die maximale Tragfähigkeit und die Steifigkeit des Lagers bei einem Speisedruck $p_s = 4 \cdot 10^5$ Pa = 4 bar, wenn der Kammerradius $r_k = 2{,}0$ mm und der Außendruck $p_a = 10^5$ Pa ist.

Lösung: Aus dem Wellendurchmesser ergibt sich der Teilungsabstand der Düsen $T = \pi d/n = 15{,}7$ mm, damit ist $R \approx 8$ mm und die Lagerbreite $B = 16$ mm. Die Gln. (8.2.48) und (8.2.49) liefern $c_s = 0{,}3 + 0{,}6\frac{2}{8} - 10^{-4}\,(40 - \frac{4}{1})^2 = 0{,}32$ und $F_{i\,max} = 19{,}3$ N. Die Steifigkeit des Elementarlagers und die zugehörige Spaltweite ergeben sich aus den Gln. (8.2.52) und (8.2.53): $h^* = 55\,\sqrt[3]{\frac{1}{4}\,0{,}2^2\,\ln\frac{8}{2}}\ \mu\text{m} = 13{,}2$ µm,

$$c_{i\,max} = -1{,}05\,F_{i\,max}/h^* = -1{,}54 \text{ N/µm}.$$

Die Tragfähigkeit des Gesamtlagers erhält man aus Gl. (8.2.64)

$$F_{r\,max} = -1{,}54 \cdot 3 \cdot 13{,}2 \cdot 0{,}6 \text{ N} = -36{,}5 \text{ N}.$$

Das Minuszeichen weist darauf hin, daß die Tragfähigkeit der Absenkung der Welle entgegengerichtet ist.

Literatur zu den Abschnitten 8.1. und 8.2.

(Grundlagenliteratur s. Literatur zum Abschnitt 1.)

Bücher, Dissertationen

[8.2.1] *Zum Gahr, K.-H.:* Reibung und Verschleiß. Oberursel: DGM Informationsgesellschaft mbh 1996.

[8.2.2] *Bartz, W. J.:* Gleitlager als moderne Maschinenelemente. Ehningen bei Böblingen: expert-Verlag 1995.

[8.2.3] *Lang, O. R.; Steinhilper, W.:* Gleitlager – Berechnung und Konstruktion von Gleitlagern mit konstanter und zeitlich veränderlicher Belastung. Berlin, Heidelberg: Springer-Verlag 1978.

[8.2.4] *Brändlein, J.,* u. a.: Die Wälzlagerpraxis. 3. Aufl. Mainz: Vereinigte Fachverlage 1998.

[8.2.5] *Czichos, H.; Habig, K.-H.:* Tribologie-Handbuch. Reibung und Verschleiß; Systemanalyse, Prüftechnik, Werkstoffe und Konstruktionselemente. Braunschweig, Wiesbaden: Verlag Friedrich Vieweg & Sohn 1992.

[8.2.6] *Spengler, G.; Wunsch, F.:* Schmierung und Lagerung in der Feinwerktechnik. Düsseldorf: VDI-Verlag 1970.

[8.2.7] *Koyo; Dahlke, H.:* Handbuch Wälzlagertechnik. Wiesbaden: Verlag Friedrich Vieweg & Sohn 1994.

[8.2.8] *Bartz, W. J.:* Wälzlagertechnik. Sindelfingen: expert-Verlag 1985.

[8.2.9] *Bartz, W. J.,* u. a.: Luftlagerungen – Grundlagen und Anwendungen. 2. Aufl. Kontakt & Studium, Bd. 78. Ehningen bei Böblingen: expert-Verlag 1993.

[8.2.10] *Schweitzer, G.; Traxler, A.,* u. a.: Magnetlager – Grundlagen, Eigenschaften und Anwendungen berührungsfreier elektromagnetischer Lager. Berlin, Heidelberg, New York: Springer-Verlag 1993.

[8.2.11] *Gerke, M.:* Auslegung von ebenen und zylindrischen aerostatischen Lagern bei stationärem Betrieb. Diss. TU München 1991.

[8.2.12] *Lotze, W.:* Die ebene Kinematik von Biegefeder-Aufhängungen. Diss. TU Dresden 1965.

[8.2.13] *Holfeld, A.:* Probleme der Spannbandlagerung elektrischer Meßwerke. Diss. TU Dresden 1967.

[8.2.14] *Phan Ba:* Montage von Plastgleitlager-Buchsen in der Feingerätetechnik. Diss. TU Dresden 1976.

[8.2.15] *Phan Ba:* Wartungsfreie Gleitlager der Gerätetechnik. Diss. B TU Dresden 1988.

[8.2.16] *Martin, A.:* Untersuchungen zum Betriebsverhalten von Sinterlagern der Feinwerktechnik. Diss. TU Dresden 1991.

Aufsätze

[8.2.21] *Huber, A.:* Lager der Feinwerktechnik. Feinwerktechnik und Meßtechnik 98 (1990) 5, S. 209.

[8.2.22] *Langenbeck, K.; Dillmann, J.:* Betriebsverhalten von Mehrflächen-Radialgleitlagern mit Axialbunden bei axialer Belastung. Konstruktion 46 (1994) 4, S. 123.

[8.2.23] *Langenbeck, P.:* Planluftlager mit Steifewert unendlich. Feinwerktechnik · Mikrotechnik · Meßtechnik 102 (1994) 3, S. 85.

[8.2.24] *Schroter, A.:* Ausgleichsvorgänge bei Luftlagern. Feinwerktechnik · Mikrotechnik · Meßtechnik 102 (1994) 7/8, S. 317.

[8.2.25] Firmenschrift „Devagleit, einbaufertige Gleitlager" Glacier GmbH, Deva-Werke Stadtallendorf.

[8.2.26] *Krause, W.; Phan Ba:* Plastgleitlager in der Feingerätetechnik. Feingerätetechnik 27 (1978) 4, S. 178.
Montage von Plastgleitlagerbuchsen durch Einpressen. Feingerätetechnik 30 (1981) 4, S. 147.
Montage von Plastgleitlagerbuchsen durch Einkleben. Feingerätetechnik 30 (1981) 7, S. 305.

[8.2.27] *Sonntag, A.; Salzberg, J.:* Lager unter der Lupe – Kapazitive Prüfung von Lagerschalengeometrien. Feinwerktechnik · Mikrotechnik · Mikroelektronik 109 (2001) 9, S. 41.

[8.2.28] *Müller-Brodmann, M.:* Sinterlager für die Feinwerktechnik, Feinwerktechnik u. Meßtechnik 98 (1990) 12, S. 535.

[8.2.29] Firmenschrift „Kohlenstoff und Graphit für mechanische Anwendungen – Kohlegleitlager" Firma Schunk & Ebe, Gießen.

[8.2.30] *Reed, M.:* Lager für spezielle Betriebsumgebungen. Konstruktion 53 (2001), Special Antriebstechnik II, S. 72.

[8.2.31] *Krause, W.:* Schadensfälle bei wartungsfreien Gleitlagern. F & M – Mechatronik 110 (2002) 9, S. 37.

[8.2.32] FAG-Standardprogramm. Firmenkatalog FAG Kugelfischer Georg Schäfer KG Schweinfurt, 1984.

[8.2.33] Firmenkatalog TH 66 „Miniatur-Kugellager". Firma ADR. Les Applications du Roulement. Paris, Frankreich.

[8.2.34] Firmenschrift „Handbuch und Katalog – Miniaturkugellager". Firma RMB Miniaturwälzlager AG, Biel, Schweiz.

[8.2.35] *Bronner, J.-M.:* Steigerung der Leistungsfähigkeit von Kegelrollenlagern, eingebaut in Pumpen und Kompressoren. Konstruktion 47 (1995) 3, S. 47.

[8.2.36] *Hadler, J.:* Simulation der Laufspiegelentstehung – den Einlaufprozeß beim statisch beanspruchten Radiallager vorbestimmen. Konstruktion 47 (1995) 6, S. 206.

[8.2.37] *Dehner, E.; Henssler, O.:* Betriebsverhalten schnellaufender hydrodynamischer Gleitlager. Konstruktion 48 (1996) 3, S. 41.

[8.2.38] *Kaschube, K.-F.:* Schwingungsarme Wälzlagerungen erhöhen Betriebssicherheit und Produktqualität. Konstruktion 48 (1996) 12, S. 397.

[8.2.39] *Steinert, Th.:* Neues Verfahren zur Berechnung der Reibung in Kugellagern. Konstruktion 48 (1996) 9, S. 269.

[8.2.40] *Harmsen, S.:* Leise und langlebig – neue Gerätelüfter mit Sintergleitlagern. Feinwerktechnik · Mikrotechnik Mikroelektronik 105 (1997) 1/2, S. 53.

[8.2.41] *Glienicke, J.,* u. a.: Axialgleitlager bei hohen Umfangsgeschwindigkeiten und hohen spezifischen Belastungen. Konstruktion 49 (1997) 11/12, S. 39.

[8.2.42] *Wantzen, B.:* Raumfahrtlager aus faserverstärkter Keramik. Konstruktion 53 (2001) 9, S. 32.

[8.2.43] *Worschischek, R.:* Lagerungen für die Medizintechnik. Feinwerktechnik u. Meßtechnik 98 (1990) 5, S. 205.

8.3. Führungen

Zeichen, Benennungen und Einheiten

A_M, A_R	Mitten-, Randfläche einer Luftführung in cm^2
D	Rollendurchmesser in mm
E	Elastizitätsmodul in N/mm^2
F	Kraft in N
F_M, F_R, F_n	Magnet-, Reib-, Normalkraft in N
H_0	Biegesteifigkeit in N/mm^2
I	Trägheitsmoment in mm^4
L	Länge in mm
M	Moment in N · mm
M_d	Drehmoment, Torsionsmoment in N · mm
R	Radius in mm
R_a	Raumbedarf in cm^3
S	Sicherheitsfaktor
a	Abstand, Halbmesser in mm
b	Breite in mm
c	Federsteife, Steifigkeit in N/mm bzw. N/µm
d	Zapfendurchmesser in mm
e	Abstand in mm
f	Hebelarm der Rollreibung in mm
h	Federdicke in mm
h	Spaltgröße in µm
k	Versteifungslänge in mm
l	Länge in mm
l_{min}	Mindestführungslänge in mm
m	Versteifungsverhältnis
p	Druck in bar, Pa
p_a, p_k, p_m, p_s	Außen-, Kammer-, mittlerer, Speisedruck in bar, Pa
r	Radius in mm
u	Zahl der Unfreiheiten
$ü$	Zahl der überzähligen Unfreiheiten
v	Auslenkung, Verschiebung, Versetzung, Weg in mm
Δx	Positionierabweichung in mm
α, β, γ	Winkel in ° bzw. rad
η	Bahnfaktor
μ	Reibwert
σ_b	Biegespannung
ψ	Korrekturfaktor
ω_0	Kreisfrequenz der Eigenschwingung, Eigenfrequenz in Hz

Indizes

max	maximaler Wert
min	minimaler Wert
opt	optimaler Wert
x, y, z	Richtung
zul	zulässiger Wert

Führungen sind, von Ausnahmen abgesehen, Geradführungen. Durch eine Führung wird ein Bauteil, das geführte Teil, gegenüber einem als feststehend angenommenen Teil längs einer Leitgeraden relativ beweglich, wenn es mit dem feststehenden Teil unmittelbar oder mittelbar (unter Hinzunahme weiterer Teile) so gepaart wird, daß nur ein Freiheitsgrad der Translation verbleibt.

8.3.1. Bauarten, Eigenschaften, Konstruktionsgrundsätze [1.1] [1.2] [8.3.1] bis [8.3.4] [8.3.22]

Aus dem Begriff *Paarung* folgen die Unterscheidungs- bzw. Einteilungsmerkmale für Führungen **(Bild 8.3.1)**:

① *Form der Paarungsflächen:*
- Prismenführungen (oder prismatische Führungen)
- Zylinderführungen (oder zylindrische Führungen)

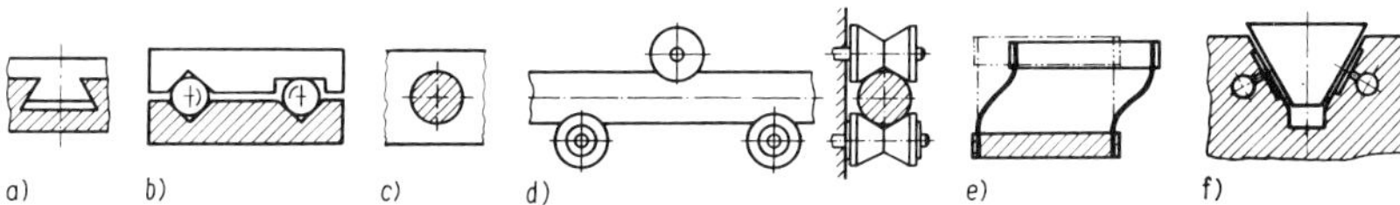

Bild 8.3.1. Beispiele für Führungsarten

gestellfestes Teil jeweils schraffiert

a) geschlossene Gleit-Prismenführung (Schwalbenschwanzführung); b) offene prismatische Kugelwälzführung; c) geschlossene Gleit-Zylinderführung ohne Drehsicherung; d) geschlossene, zylindrische Rollenführung; e) Federführung, geschlossene (stoffgepaarte) Führung; f) Luftführung; offene, prismatische, aerostatische Führung

② *Sicherung der Paarung:*
- offene Führungen (Kraftpaarung)
- geschlossene Führungen (Form- oder Stoffpaarung)

③ *Art der Reibung in der Paarung:*
- Gleitführungen (Festkörper- oder Mischreibung)
- Wälzführungen (Roll- oder Wälzreibung)
- Federführungen (innere Materialreibung)
- Strömungsführungen (Flüssigkeits- oder Gasreibung).

Die Feinmechanik bevorzugt das dritte Merkmal zur Einteilung von Führungen, da die Reibung ein wichtiges Kriterium der funktionellen Bewertung darstellt.

► **Grundsätze** bei der Konstruktion:

Mit Ausnahme der Federführungen (Abschnitt 8.3.4.) und der Geradführungen mit Hilfe von Gelenkmechanismen (Abschnitt 8.3.7., s. a. Abschnitt 13.11.), bei denen man Bahnteile von Koppelkurven zur Führung ausnutzt, wird die Geradlinigkeit der Bewegung in erster Linie durch die geometrische Form der gepaarten Oberflächen bestimmt, weshalb deren sorgfältiger Ausführung entscheidende Bedeutung zukommt.

Die *Leitgerade*, die praktisch die Geradlinigkeit der Bewegung bestimmt, ist bei Zylinderführungen durch die Mitte (Achse) des Zylindermantels und bei Prismenführungen durch die Schnittgerade (Kante) zweier, i. allg. ebener Flächen definiert. Abweichungen von der Geradlinigkeit treten in allen sechs Freiheitsgraden eines kartesischen Koordinatensystems auf **(Bild 8.3.2)**. Im Gegensatz zu den Führungsabweichungen wird die Positionierabweichung Δx nicht nur durch die Eigenschaften der Führung selbst, sondern auch durch die des Antriebes bestimmt. Es ist auch einzusehen, daß sich Unebenheiten der Führungsflächen bei stets anzustrebenden großen Führungslängen durch kleinere Führungsabweichungen insbesondere bei den Kippabweichungen äußern.

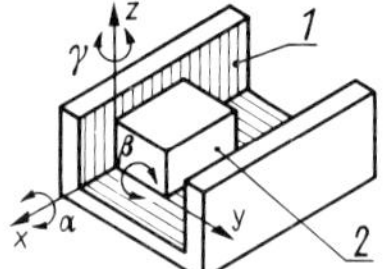

Bild 8.3.2. Führungsabweichungen
x-Achse = Leitgerade, definiert durch die beiden schraffierten Flächen
Führungsabweichungen: Δy Querabweichung, horizontal; Δz Querabweichung, vertikal;
$\Delta\alpha$ Kippabweichung (Rollen); $\Delta\beta$ Kippabweichung (Nicken);
$\Delta\gamma$ Kippabweichung (Gieren)
Positionierabweichung: Δx

Führungsabweichungen entstehen des weiteren durch das in formgepaarten Führungen stets vorhandene Passungsspiel. Einerseits sollte dies im Hinblick auf die Wirtschaftlichkeit der Fertigung sowie wegen erwünschter Leichtgängigkeit auch bei Abweichungen der Makro- und Mikrogeometrie der gepaarten Bauteile so groß wie möglich gewählt werden, andererseits erfordert die Funktion oft spielarme oder spielfreie Führungen.

Formgepaarte Führungen werden deshalb häufig durch federnd ausgeführte Bauteile oder durch gefederte Ausführung mittels elastischer Zusatzelemente verspannt, um das Spiel zu beseitigen. Dadurch wird i. allg. die Reibung vergrößert, aber auch das selbsttätige Verstellen vermindert. Kraft- und stoffgepaarte Führungen sind grundsätzlich spielfrei.

Die die Führung antreibenden Kräfte sollten vorzugsweise in Führungsmitte bzw. im Schwerpunkt angreifen, um Kippabweichungen insbesondere bei Richtungsumkehr zu vermeiden.

Abweichungen von der Geradlinigkeit treten ferner durch quer zur Führungsrichtung wirkende Kräfte auf.

Die Eigenmasse des Führungsteils und die als Wanderlast auftretende Masse des geführten Teils bewirken Deformationen der Leitgeraden, weshalb die Bauteile in diesen Richtungen besonders steif auszuführen sind.

Gegebenenfalls werden diese Kräfte auch durch gesonderte Systeme aufgenommen, indem die die Genauigkeit bestimmenden Führungsflächen mechanisch oder magnetisch entlastet werden (s. Abschnitt 8.3.6.), oder die Führungsflächen werden entgegen der Durchbiegungsrichtung durch entsprechende Fertigung so deformiert, daß sich bei Durchbiegung geradlinige Oberflächen ausbilden.

Neben der meist komplizierten Berechnung der Führung bezüglich Steifigkeit und Deformation ist die zulässige Flächenpressung bzw. Hertzsche Pressung bei Punkt- oder Linienberührung insbesondere bei den Wälzführungen zu berücksichtigen (s. Abschnitt 3.5.).

Da in der Feinmechanik häufig nur kleine Antriebskräfte zur Verfügung stehen und große Positioniergenauigkeiten angestrebt werden, spielt die Größe der Reibung eine dominierende Rolle. Insbesondere wirkt sich der Stick-slip-Effekt ungünstig auf die Positioniergenauigkeit

aus. Seine Auswirkungen können minimiert werden durch Einsatz von Werkstoffen, deren Differenz zwischen dem Reibwert der Ruhe und dem der Bewegung klein ist (z.B. PTFE), und durch steife Ausführung der gesamten Antriebskette.
Führungsteile, -schienen oder -leisten müssen zwecks kleiner Deformation durch Bearbeitungs- und Funktionskräfte ausreichend steif gestaltet werden, weshalb in Richtung der angreifenden Kräfte Querschnitte mit großem Trägheitsmoment und möglichst geringer Masse vorzusehen sind. Damit ist den prismatischen Führungen mit Rechteckquerschnitt, L-, T- oder Doppel-T-Profil der Vorzug zu geben.
Zylindrische Führungen sind zwar leichter herzustellen, haben jedoch wegen ihrer meist nicht benötigten rotationssymmetrischen gleichgroßen Steifigkeit größere Massen und verschlechtern die dynamischen Eigenschaften.
Bei Präzisionsforderungen nicht zu unterschätzen sind die beim Befestigen der Führungsteile durch Schraubenkräfte auftretenden lokalen Deformationen. Diese sollten durch geeignete Gestaltung, wie tiefes Einsenken der Schrauben und Anbringen von Entlastungsschlitzen, von den Führungsflächen ferngehalten werden **(Bild 8.3.3)**.

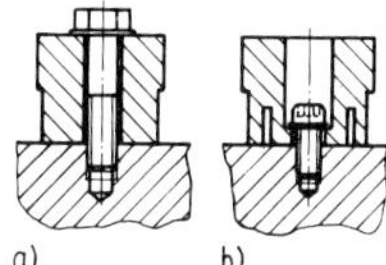

Bild 8.3.3. Befestigen von Führungsschienen
a) ungünstig; b) günstig
Vermeiden von lokalen Deformationen an den Führungsflächen infolge Schraubenkraft durch tiefes Einsenken und Entlastungsschlitze
Bemessungsrichtlinien s. Abschnitt 4.4.4.4., Bild 4.4.50.

In der Feinmechanik werden oft zwei Führungen in einer Baueinheit konstruktiv zu einem Koordinatentisch, auch *x-y*-Positioniersystem genannt, vereint [8.3.15].
Dem Abbeschen Komparatorprinzip entsprechend, sollte bei deren Gestaltung folgendes angestrebt werden:

- Die Leitgeraden beider Führungen sind möglichst in einer Ebene anzuordnen.
- Die durch beide Antriebe eingeleiteten Kräfte sollten ebenfalls in dieser Ebene angreifen.
- Die die Führungsgenauigkeiten bestimmenden Flächen sind an *einem* Bauteil, dem Zwischentisch, konstruktiv vorzusehen und exakt orthogonal zu fertigen.

Letzteres wird im **Bild 8.3.4** am Beispiel einer Wälzführung erläutert; dies gilt in gleicher Weise für Gleit- oder Luftführungen.

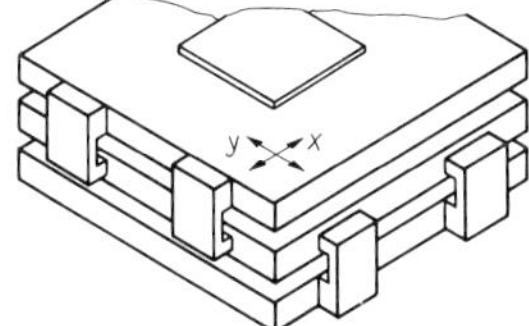

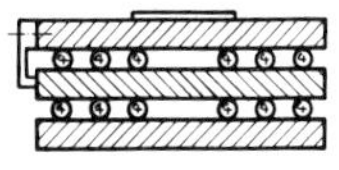

Bild 8.3.4. Prinzip eines Präzisionskoordinatentisches [8.3.20]
Die für *x*- und *y*-Richtung funktionsbestimmenden Führungsflächen sind am Zwischentisch konstruktiv vereint; als „loses Teil" bleibt dieser Zwischentisch frei von Spannungen, die durch Befestigung von Führungsteilen am Gestell entstehen würden.
Das Zwischenteil ist häufig auch L- oder T-förmig gestaltet.

8.3.2. Gleitführungen

Zylindrische Gleitführungen mit oder ohne Drehsicherung und prismatische Gleitführungen sind in der Feinmechanik häufig anzutreffen, da sie einfach herstellbar sind, große Kräfte aufnehmen können und eine große Steifigkeit quer zur Führungsrichtung aufweisen.
Ihr grundsätzlicher Nachteil ist der relativ große Bewegungswiderstand infolge der Gleitreibung (Coulombsche Reibung), s. a. Tafeln 3.25 und 11.5. Durch geeignete Werkstoffwahl und zusätzliche Schmierung können Reibung und Stick-slip-Erscheinungen minimiert werden.

8.3.2.1. Verkanten von Führungen [1.1] [8.3.1.]

■ Unter dem Verkanten von Führungen versteht man nicht nur die geometrische Verlagerung des geführten Teils bei nicht mittig angreifenden Kräften, sondern das Auftreten von Selbstsperrung, also Bewegungsunfähigkeit bei nicht ausreichend großer Führungslänge.

Die Berechnung der Mindestführungslänge l_{min}, die ein Verkanten eines nach **Bild 8.3.5** geführten Teils vermeidet, erfolgt in Abhängigkeit von der Lage des Angriffspunkts und der

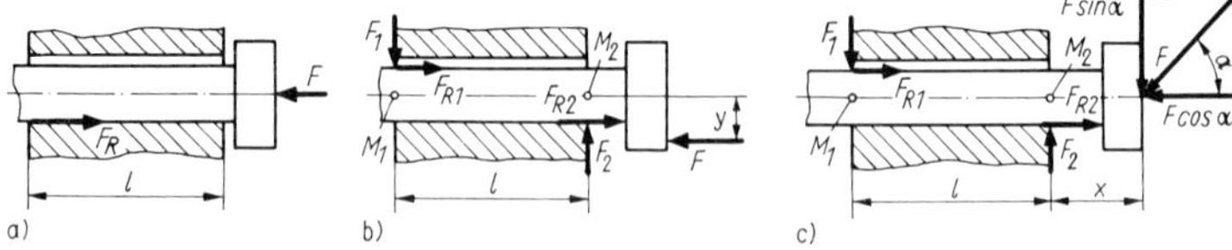

Bild 8.3.5. Kraftangriff bei Gleitführungen
a) mittig; b) außermittig; c) schräg

Richtung der Kraft F sowie vom Reibwert μ. Die Führungslänge l kann aus den Momentengleichungen um die Punkte M_1 und M_2 unter Beachtung der entstehenden Reibungs- und Auflagerkräfte ermittelt werden. Dabei sind *drei Fälle des Kraftangriffs* zu unterscheiden:

- Fällt die Richtung der Kraft mit der Führungsachse zusammen (Bild 8.3.5a), so tritt bei $F > F_R$ Gleiten ein, unabhängig von der Länge l der Führung.
- Bei parallel zur Führungsmitte im Abstand y angreifender Kraft tritt entsprechend Bild 8.3.5b nur dann kein Verkanten auf, wenn $F > F_{R1} + F_{R2}$ ist. Mit $F_1 = F_2$, $F_{R1} = F_{R2} = F_1\mu$ und $Fy = F_1 l$ ergibt sich die notwendige minimale Führungslänge zu

$$l \geqq 2\mu y. \tag{8.3.1}$$

- Greift die Kraft F unter einem Winkel α zur Führungsachse im Abstand x an (Bild 8.3.5c), so tritt nur dann kein Verkanten ein, wenn $F\cos\alpha > F_R$ ist. Mit $F_R = F_{R1} + F_{R2} = \mu F \sin\alpha\,(l + 2x)/l$ ergibt sich die erforderliche Führungslänge zu

$$l \geqq 2x\mu \tan\alpha/(1 - \mu\tan\alpha). \tag{8.3.2}$$

Beide Beziehungen können durch **Bild 8.3.6** anschaulich dargestellt werden. Die Führung bleibt verkantungsfrei, wenn die Wirkungslinie der angreifenden Kraft F den schraffierten Bereich nicht schneidet. Dieser entsteht durch Antragen der beiden Reibwinkel in D und C, deren Schenkel sich in A schneiden. Bei dieser grafischen Methode wird auch die Führungsbreite bzw. der Durchmesser berücksichtigt, die in den o. g. Gleichungen als klein gegenüber der Führungslänge vernachlässigt sind.

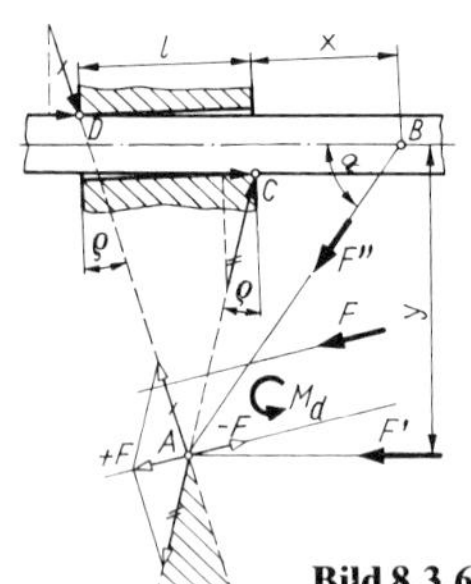

Bild 8.3.6. Verkanten an Führungen
F angreifende Kraft; F' Grenzfall einer parallel angreifenden Kraft; F'' Grenzfall einer schräg angreifenden Kraft
ϱ Reibwinkel; $\varrho = \arctan\mu$

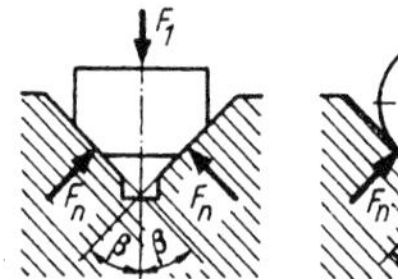

Bild 8.3.7. Kräftebeziehungen an V-förmigen Führungen

Bei V-förmigen Prismenführungen **(Bild 8.3.7)** mit dem Öffnungswinkel 2β ist zu berücksichtigen, daß die Kräfte F_1 und F_2 (s. Bild 8.3.5) jeweils in die Komponenten F_n zu zerlegen sind, wobei $2F_{n1} = F_1\mu/\sin\beta$ bzw. $2F_{n2} = F_2\mu/\sin\beta$ gelten.
Eine V-Nut vergrößert also praktisch die Reibung um den Faktor $1/\sin\beta$. In die Gln. (8.3.1) und (8.3.2) ist damit anstelle von μ der Wert $\mu/\sin\beta$ einzusetzen.

Die Betrachtungen gelten analog auch für Wälz- und Strömungsführungen, wobei jedoch wegen der um ein bis drei Größenordnungen kleineren „Reibwerte" praktisch kein Verkanten auftritt.

▸ Bei der **konstruktiven Gestaltung** von Gleitführungen ist es vorteilhaft, lange Führungsbahnen durch zwei Teilflächen in entsprechendem Abstand zu ersetzen **(Bild 8.3.8)**. Fertigungsungenauigkeiten (a) und Deformationen (b) führen zu undefiniert kleinen Führungslängen l (theoretisch $0 \leqq l \leqq L$), die ein Verkanten ermöglichen. Durch die prinzipielle konstruktive Gestaltung nach (c) wird ein definierter Bereich für die Führungslänge l festgelegt ($l_{min} \leqq l \leqq L$).

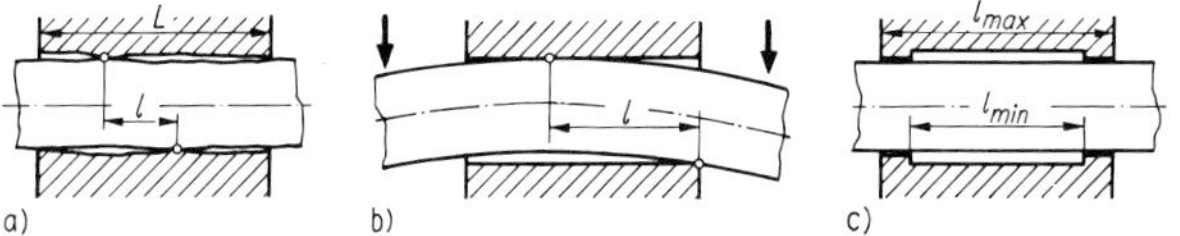

Bild 8.3.8. Definierte Führungslänge
a), b) einstellige Führung mit undefinierter; c) zweistellige Führung mit definierter Führungslänge

Diese Gestaltung ermöglicht gleichfalls Kostensenkung wegen der Verkleinerung der zu bearbeitenden Führungsflächen und wegen der möglichen Anwendung des Prinzips „Funktionswerkstoff an Funktionsstelle", indem z. B. durch Einsetzen von Buchsen o. dgl. das Gestellteil aus beliebigem Werkstoff (z. B. Al, Kunststoff) hergestellt werden kann.

8.3.2.2. Zwangfreie Führungen [8.3.23]

Führungen, insbesondere Präzisionsführungen, sind nach dem Konstruktionsprinzip „Vermeiden von Überbestimmtheiten" [1.2] zu gestalten. Eine Führung ist aus zwei Teilen aufgebaut, die so gepaart sind, daß nur ein translatorischer Freiheitsgrad verbleiben soll. Dies bedeutet, daß von den sechs vorhandenen fünf Freiheitsgrade aufgehoben werden müssen, und zwar jeder Freiheitsgrad durch je nur eine Unfreiheit in der jeweiligen Richtung.
Die für Führungen herangezogenen Berührungselemente lassen sich auf Kombinationen der im **Bild 8.3.9** dargestellten Paarungen mit den dort angegebenen Unfreiheiten u zurückführen.

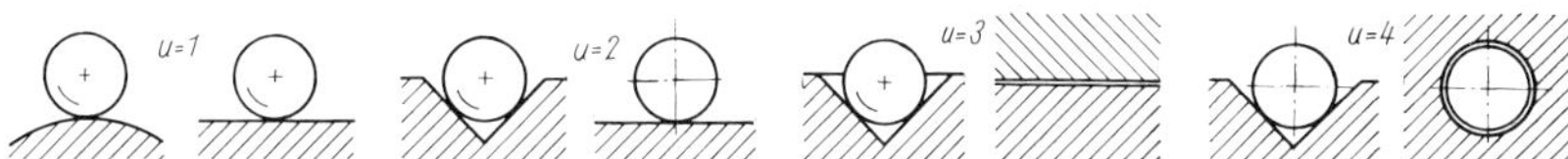

Bild 8.3.9. Unfreiheiten von in Führungen häufig benutzten Paarungselementen
s. auch Bild 4.1.1

Eine zwangfreie, d. h. nicht überbestimmte, Führung entsteht theoretisch nur dann, wenn lediglich fünf Unfreiheiten vorhanden sind. Jede Unfreiheit darüber hinaus kann zu Zwang oder Spiel (Klemmen oder Ablösen) führen. An überbestimmten Führungen müssen je überzähliger Unfreiheit durch Fertigung oder Justierung bestimmte zusätzliche Lagebedingungen (Parallelität von Achsen und Flächen, Gleichheit von Längen und Winkeln) erfüllt werden. Dies bedeutet nicht nur erhöhten Aufwand, sondern auch Veränderungen dieser Zuordnungen durch irgendwelche Einwirkungen, z. B. Verschleiß oder Deformation infolge von Kräften oder Temperaturänderungen. **Tafel 8.3.1** gibt einige Beispiele für zwangfreie und überbestimmte Führungen und die jeweiligen geometrischen Bedingungen an.
Man erkennt aus den Beispielen in Tafel 8.3.1, daß nicht überbestimmte Führungen punkt- oder linienförmige Berührungsstellen aufweisen, was häufig mit der dann nur geringen zulässigen Belastung, den dabei auftretenden lokalen Deformationen, der zu erwartenden Abnutzung und der Forderung nach hoher Steifigkeit nicht vereinbar ist. Dies zu vermeiden, bedingt Flächenberührung und führt auf Überbestimmtheiten, die fertigungstechnisch durch Herstellen identischer Istmaße (z. B. gemeinsame Bearbeitung, Einpassen, Einschleifen), durch Nachstellen und Justieren oder durch elastische Bauweise beherrscht werden können.
Insbesondere bei den formgepaarten prismatischen Führungen entsteht dabei hoher Aufwand.

8.3.2.3. Bauarten von Gleitführungen

Zylindrische Führungen. Einfache zylindrische Führungen ohne besondere Genauigkeitsansprüche sind leicht herstellbar. Häufig kommt gezogenes Rundmaterial zum Einsatz. Grundsätzlich sollte die Führung zweistellig (s. Bild 8.3.8) ausgeführt sein. Manche Führungen benötigen funktionell keine Drehsicherung, weisen also zwei Freiheitsgrade auf. Beispiele sind in **Bild 8.3.10** zusammengestellt.
Durch federnde Ausführung **(Bild 8.3.11)** können Führungen sehr wirtschaftlich spielfrei ausgeführt werden.
Drehsicherungen **(Bild 8.3.12)** werden, um Überbestimmtheiten zu vermeiden, möglichst kurz gestaltet.

Tafel 8.3.1. Zwangfreie und überbestimmte Führungen

A Führungsteil; *B* geführtes Teil; *E* Neben- oder Gegenführung (Ebene); *LG* Leitgerade; *S* Schnittgerade
Die Leitgerade entsteht am gestellfesten Teil. Bei prismatischen Führungen wird sie gebildet durch die Schnittgerade (Kante) von zwei Ebenen. Bei mehr als zwei Ebenen (z. B. ① bis ④) entstehen mehrere Schnittgeraden, wovon eine als Leitgerade zu definieren ist. Bei zylindrischen Führungen wird die Leitgerade durch die Mitte des Zylindermantels (Achse) gebildet.

Führungsart	Bedingungen

a) Kraftgepaarte Führungen

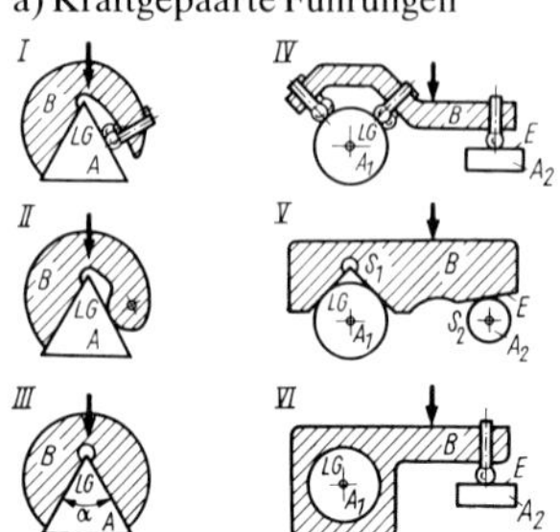

Zum vollständigen Ausschalten von fünf Freiheitsgraden sind hier Kräfte herangezogen. Anzahl der überzähligen Unfreiheiten *ü* (*ü* = 1 in *III* und *V*) bleibt daher klein.
Gestellfester Körper *A* enthält Leitgerade LG der Führung, nach ihr müssen erforderlichenfalls die übrigen Elemente ausgerichtet oder gefertigt werden (in *III*: $\alpha_B = \alpha_A$; in *V*: $E \| S_1$).
Parallelität zu *LG* ist nicht unbedingt erforderlich, aber zweckmäßig: bei *II* und *V* für Zylinderachse, zum Vermeiden von schrägem Gleiten; bei *IV* und *VI* für Neben- oder Gegenführung *E*, zum Vermeiden von Schraubung.
Forderung $LG \| E$ in *V* ist notwendig.
Liegt darüber hinaus *LG* in *E*, werden zusätzliche Bewegungen infolge unterschiedlicher Wärmedehnungen vermieden.

b) Formgepaarte Führungen

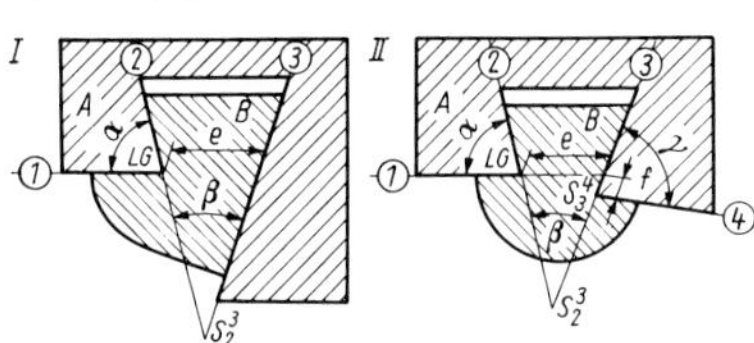

Formpaarung läßt die fünf Unfreiheiten vollständig und ohne Kräfte durch mehrere Paarungsstellen erreichen.
Dabei werden die überzähligen Unfreiheiten *ü* und die Erfordernisse für Raumlagen zahlreicher, insbesondere bei Verwendung von Ebenenpaarungen.

Fall	*ü*	Erfordernisse
I	4	$\alpha_B = \alpha_A$; $\beta_B = \beta_A$ $S_2^3 \| LG$ für Körper *A* $S_2^3 \| LG$ für Körper *B*
II	7	$\alpha_B = \alpha_A$; $\beta_B = \beta_A$; $\gamma_B = \gamma_A$ $S_2^3 \| LG$ für *A* und *B* $S_3^4 \| LG$ für *A* und *B*

Neben diesen Bedingungen für Zwangfreiheit müssen formgepaarte Führungen noch solche für das nötige Bewegungsspiel erfüllen. Es sind meist Toleranzen; hier bei *I* für *e*, bei *II* für *e* und *f*.
Achse des Zylinders *A* ist Leitgerade (*LG*). Der noch vorhandene Freiheitsgrad der Drehung muß durch ein von der Achse entferntes Elementenpaar aufgehoben werden. Dabei auftretende überzählige Unfreiheiten (*ü*) bedingen Lageorientierung desselben.

Fall	Drehsicherung durch	*ü*	Erfordernisse
III	Ebene	2	$E_2^A \| LG$ $E_2^B \| LG$
IV	Zylinder	3	$S^A \| LG$ $S^B \| LG$ $e_B = e_A$

Daneben benötigt jede formgepaarte Führung zum Erzielen des Bewegungsspieles eine Maßtolerierung. Sie betrifft im Fall *III* Maße r_1 und *e*, im Fall *IV* Maße r_1 und r_2.

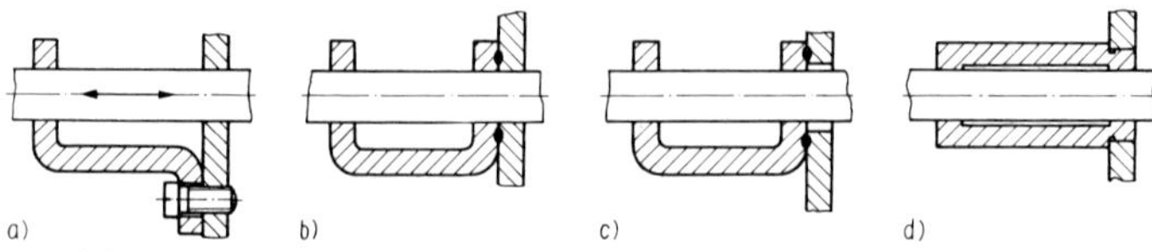

Bild 8.3.10. Zylinderführungen in dünnwandigen Teilen

a) ungünstige Lösung wegen nicht fluchtender Bohrungen; b) ungünstige Lösung wegen notwendiger Zentrierung; c) günstige Lösung; d) Lösung für höhere Genauigkeitsansprüche

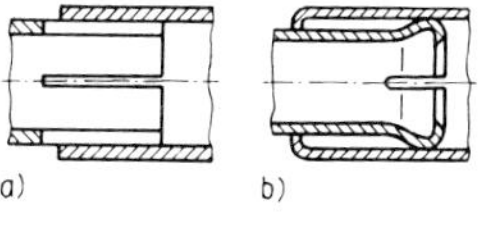

Bild 8.3.11. Federnde Rohrführungen
a) einstellig; b) zweistellig

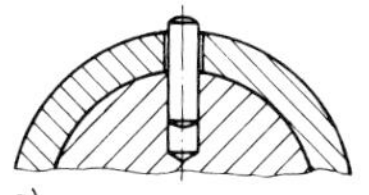
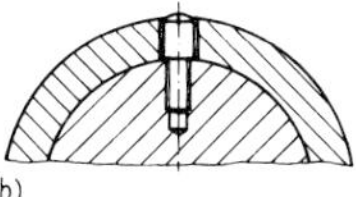
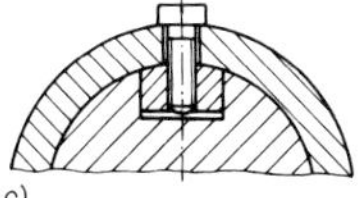
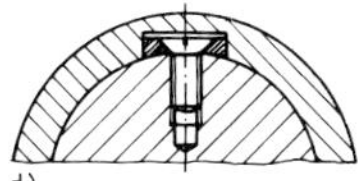

Bild 8.3.12. Drehsicherungen an Zylinderführungen
a) Paßstift; b) Ansatzschraube; c), d) Paßfedern

Bei gleichgroßem Spiel in der Drehsicherung ist deren Güte, d. h., die noch mögliche Winkelverdrehung, dem Abstand der Drehsicherung von der Achse umgekehrt proportional, weshalb die Ausführung (c) am ungünstigsten ist.

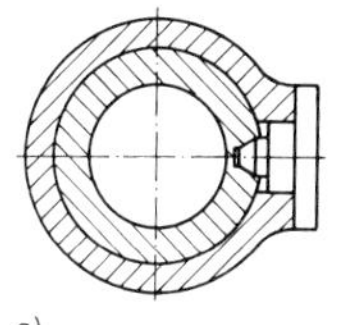
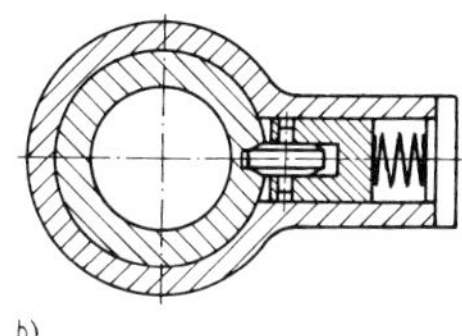
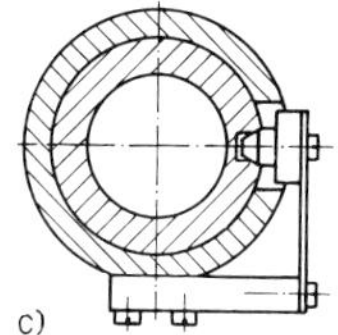

Bild 8.3.13. Spielarme Drehsicherungen an Zylinderführungen
a) abstimmbares Gleitstück; b) gefederte Rolle; c) federndes Gleitstück (spielfrei)

Zum Verkleinern oder Beseitigen des Spiels **(Bild 8.3.13)** können justierbare bzw. abstimmbare (a), gefederte (b) oder federnde Elementenpaare (c) dienen.
Die Verbesserung der Güte der Drehsicherung, d. h. Verkleinern der noch möglichen Winkelverdrehung durch das in der Formpaarung vorhandene Spiel, geschieht durch Vergrößern des Abstandes der Drehsicherung vom Führungszylinder und führt auf die im Gerätebau häufige Ausführung von Zylinderführungen durch Haupt- (A) und Gegenführung (B) **(Bild 8.3.14)**. Die zwangfreie Ausbildung erfordert von der Gegenführung theoretisch fünf Freiheitsgrade, die hier praktisch durch kurze Linienberührung nahezu gegeben sind.

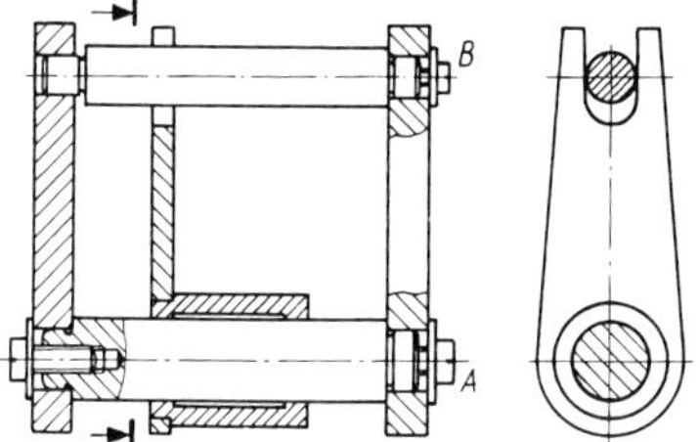

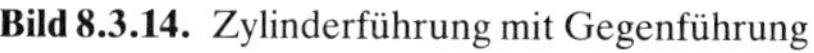

Bild 8.3.14. Zylinderführung mit Gegenführung

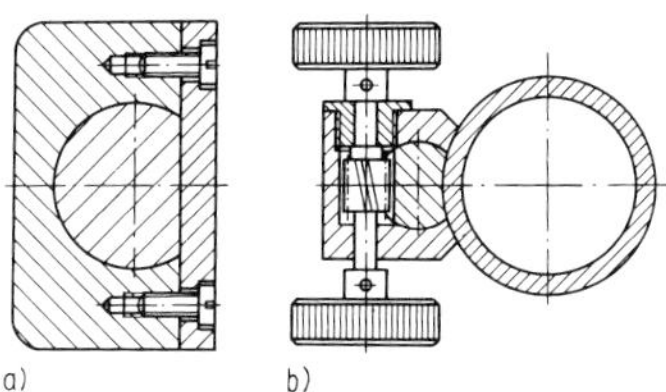

Bild 8.3.15. Drehgesicherte Zylinderführungen
a) durch ebenes, b) durch zylindrisches Elementenpaar

Weitere Beispiele drehgesicherter feinmechanischer Präzisionsführungen zeigt **Bild 8.3.15**, die allerdings wegen der Forderung nach Parallelität von Führungszylinder und Drehsicherungsfläche exakte Fertigung verlangen.

Prismatische Führungen besitzen Flächenberührung, sind deshalb hoch belastbar und quer zur Führungsrichtung sehr steif. Sie sind grundsätzlich überbestimmt und erfordern deshalb besondere konstruktive und fertigungstechnische Maßnahmen. Aus Gründen der Beherrschbarkeit dieser Maßnahmen werden zwei Grundformen prismatischer Führungen bevorzugt, die Flach- und die Schwalbenschwanzführung.
Einfache geschlossene Flachführungen **(Bild 8.3.16)** lassen keine hohe Genauigkeit zu. Zur Spielbeseitigung werden häufig Nachstelleisten oder die elastische Bauweise eingesetzt [1.3]. Flachführungen werden im Gegensatz zu Schwalbenschwanzführungen **(Bild 8.3.17)** in der Feinmechanik selten angewendet. Obwohl letztere mehrfach (Bild 8.3.17a: 7-fach) überbestimmt sind, gelingt es, sie entweder durch Nachstelleisten (Bild 8.3.17b), durch Abstimm-

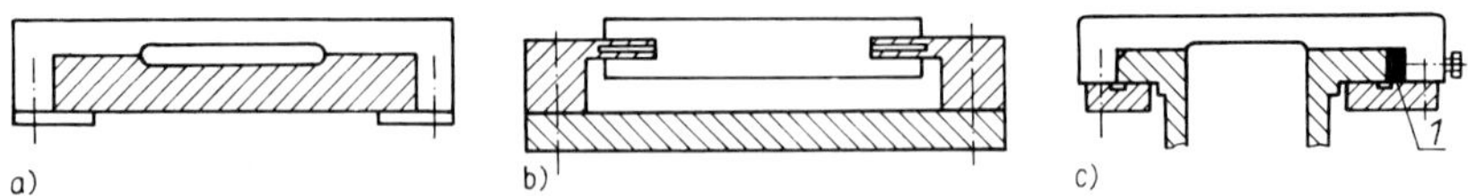

Bild 8.3.16. Flachführungen

a) einfache Flachführung; b) Flachführung in elastischer Bauweise; c) Flachführung mit Nachstelleiste *1*

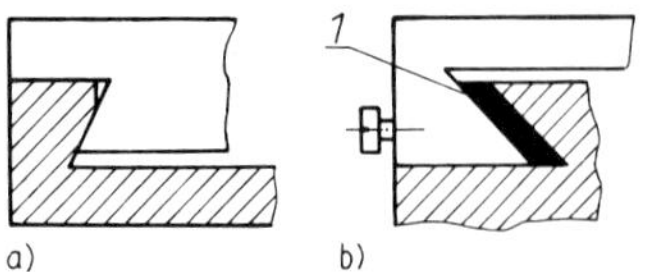

Bild 8.3.17. Schwalbenschwanzführungen

(a) ohne, (b) mit Nachstelleiste *1*

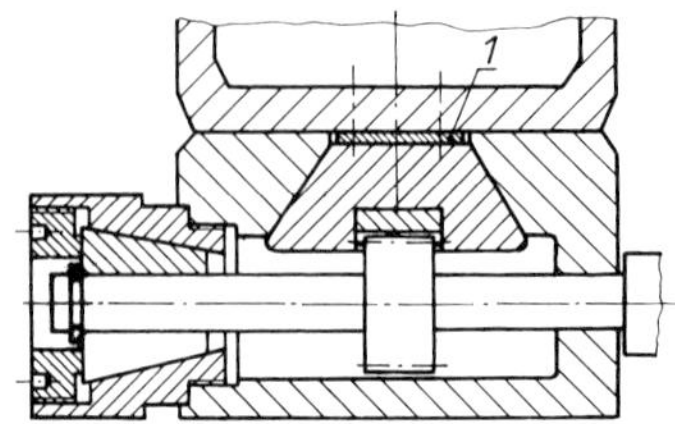

Bild 8.3.18. Schwalbenschwanzführung mit Abstimmleiste 1

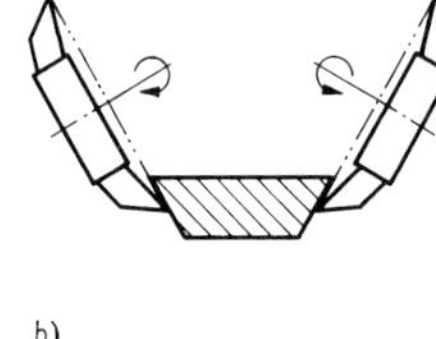
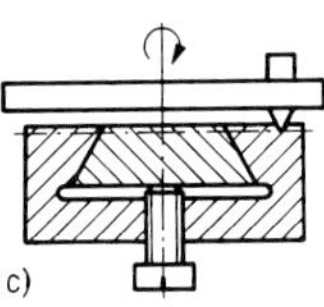

Bild 8.3.19. Fertigungsprinzip einer spielarmen Schwalbenschwanzführung (s. auch Bild 2.20)

a) Fertigung des Führungsteils; b) Fertigung der Schwalbe in gleicher Winkelstellung der Werkzeuge, wie bei a); c) gemeinsames Abschlagen beider Teile

teile **(Bild 8.3.18)** oder durch besondere Maßnahmen in der Fertigung **(Bild 8.3.19)** zu beherrschen. Dazu muß die Schwalbe konstruktiv vom Führungsteil getrennt werden. Gleiche Winkel an den Teilen werden mittels Bearbeitung in gleicher Aufspannung und gleichen Werkzeugstellungen erzeugt. Das Spiel wird durch gemeinsames Abschlagen beider Teile beseitigt. Schwalbenschwanzführungen werden vor allem in von Hand angetriebenen Systemen eingesetzt (z. B. Mikroskoptubus- oder -tischbewegung, Feinmeßgeräte).

In offenen Bauformen (Kraftpaarung) und waagerechter Anordnung werden V-Führungen **(Bild 8.3.20)** bevorzugt.

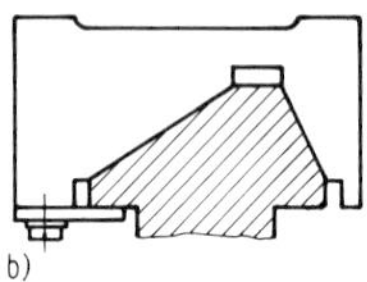
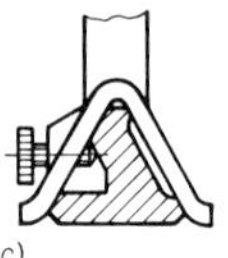

Bild 8.3.20. Offene V-Führungen

a) Führung in symmetrischer Ausführung; b) unsymmetrische Ausführung zur Aufnahme größerer Seitenkräfte; c) klemmbarer optischer Reiter

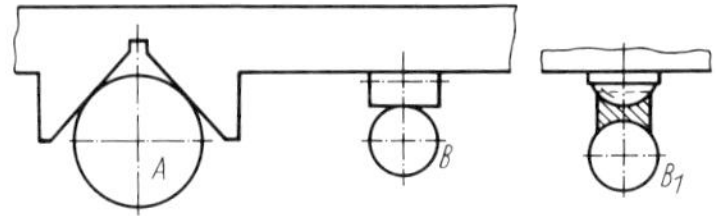

Bild 8.3.21. Offene Zylinder-V-Führung

A Hauptführung; *B* Nebenführung mit Punktberührung (gekreuzte Zylinder); B_1 Nebenführung mit fünf Freiheitsgraden durch Elementenpaarkombination mit Flächenberührung

Diese Bauweise erlaubt, auf eine Führungsschiene auswechselbar verschiedene Führungskörper aufzusetzen, z. B. PTFE-Gleitstücke (s. a. Bild 8.3.48). Häufig ist eine Sicherung gegen Verlieren (Bild 8.3.20 b) oder eine Klemmung (Bild 8.3.20 c) vorgesehen.

Fertigungstechnisch einfacher, bei etwa gleicher Genauigkeit jedoch geringer belastbar, sind Kombinationen aus V- und Zylinderführung **(Bild 8.3.21)**. Wegen der notwendigen Drehsicherung wird die Bauweise Haupt-Neben-Führung (s. a. Bild 8.3.14) bevorzugt, wobei die Hauptführung am Prisma zweistellig auszubilden ist. Die für die Gegenführung *B* notwendigen fünf Freiheitsgrade bei zwangfreier Ausführung werden durch Punkt-, angenäherte „Punkt"- mittels Linienberührung oder durch Kombination mehrerer Elementenpaare mit Flächenberührung verwirklicht (B_1).

8.3.3. Wälzführungen

Wälzführungen weisen gegenüber Gleitführungen einen wesentlich geringeren Bewegungswiderstand und Stick-slip-Effekt auf, sind aber wegen der vorliegenden Hertzschen Pressung weniger belastbar und weniger steif. Für die um etwa zwei Zehnerpotenzen geringere Reibung gelten die Ausführungen in Abschnitt 3.3.2.4.
Wälzführungen können offen oder geschlossen, prismatisch oder zylindrisch gestaltet sein. In der Feinmechanik werden geschlossene, prismatische Wälzführungen bevorzugt.

8.3.3.1. Grundlagen

Man unterscheidet bei Wälzführungen zwei grundsätzlich verschiedene Ausführungsarten **(Bild 8.3.22)**.

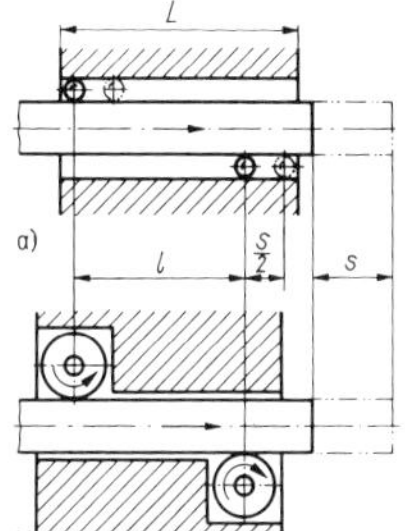

Bild 8.3.22. Wälzführungsarten

a) Wälzkörperführung; b) Rollenführung
s Führungsweg; *l* Abstand der Wälzkörper;
L notwendige Führungslänge, $L_{min} \geqq l + s/2$

- Bei den *Wälzkörperführungen* (Bild 8.3.22a) wird das geführte Teil auf Wälzkörpern (Kugeln, Rollen, Nadeln) direkt gelagert.
- Bei den *Rollenführungen* wird das zu führende Teil auf gestellfesten, gleit- oder wälzgelagerten Rollen gelagert.

Unterschiede bestehen darin, daß sich im ersten Fall die Wälzkörper um den halben Führungsweg *s* mitbewegen, beide Teile hochwertige Führungsflächen besitzen müssen, der Bewegungswiderstand und i. allg. auch die Belastbarkeit kleiner sind. Außerdem ändern sich bei Wälzkörperführungen die Auflagereaktionen mit dem Führungsweg ständig und damit auch der Spannungs- und Deformationszustand. Es ist zudem notwendig, die Wälzkörper ähnlich wie in Wälzlagern in Käfigen zu führen.

Die Beziehungen zum Verkanten gelten analog Abschnitt 8.3.2.1., haben hier jedoch nur untergeordnete Bedeutung, da anstelle μ der wesentlich kleinere Wert μ^* einzusetzen ist. Er ergibt sich wie folgt:

- bei Wälzkörperführungen $\mu^* = f/r$

f Hebelarm der Rollreibung in mm (Werte s. Abschnitt 3.3.2.4.); *r* Radius des Wälzkörpers in mm;

- bei Rollenführungen

mit gleitgelagerten Rollen $\mu^* = \mu_1 d/D$;
mit wälzgelagerten Rollen $\mu^* = \mu_2 d/D$;
μ_1 Reibwert des Zapfens; μ_2 Reibwert des Wälzlagers; *d* Zapfendurchmesser in mm; *D* Rollendurchmesser in mm (Gleitreibwerte s. Tafeln 3.25 und 11.5).

Die relativ geringe Belastbarkeit der Wälzkörperführungen kann verbessert werden durch Erhöhung der Anzahl der Wälzkörper. Da diese, um anteilig gleichmäßig zu tragen, theoretisch identische Durchmesser aufweisen müssen, werden sie durch sorgfältiges Sortieren ausgewählt.
Die Belastbarkeit wird auch gesteigert durch Verbesserung der Schmiegung, indem die Führungsbahnen konkav geschliffen oder eingewalzt werden (Kaltverfestigung) und durch hochfeste Werkstoffe nach dem Prinzip des Frankeschen Drahtkugellagers (s. Bild 8.2.59c).
Die Steifigkeit wird bei geschlossenen Wälzkörperführungen erhöht durch definiertes Verspannen der Führung.

8.3.3.2. Bauarten von Wälzführungen [8.3.4] [8.3.24] bis [8.3.26]

Wälzkörperführungen. Offene Wälzkörperführungen werden relativ selten angewendet **(Bild 8.3.23)**. Die Ausführungen (a) und (b) sind überbestimmt und nur durch sehr enge Tolerierung beherrschbar. Die Wälzkörperführung nach (c) ist nach dem Prinzip Haupt-Nebenführung aufgebaut, sie enthält in der Hauptführung zwei Kugeln (bzw. auch Kugelnester mit mehreren Kugeln) in 4-Punkt-Lagerung und in der Nebenführung eine Kugel (bzw. ein Kugelnest) in 3-Punkt-Lagerung. Das gleiche gilt für (d), wo zusätzlich nach dem Prinzip „Funktionswerkstoff an Funktionsstelle“ Drähte bzw. Bandmaterial aus hochfestem Werkstoff eingelegt sind, so daß für die beiden Führungsteile relativ beliebige Werkstoffe eingesetzt werden können. In allen Fällen ist ein Käfig zweckmäßig.

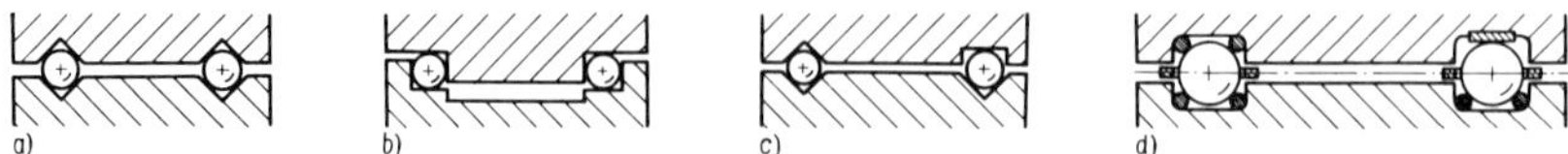

Bild 8.3.23. Offene Wälzkörperführungen
a), b) überbestimmte Ausführung; c) statisch bestimmte Ausführung; d) Drahtkugelführung

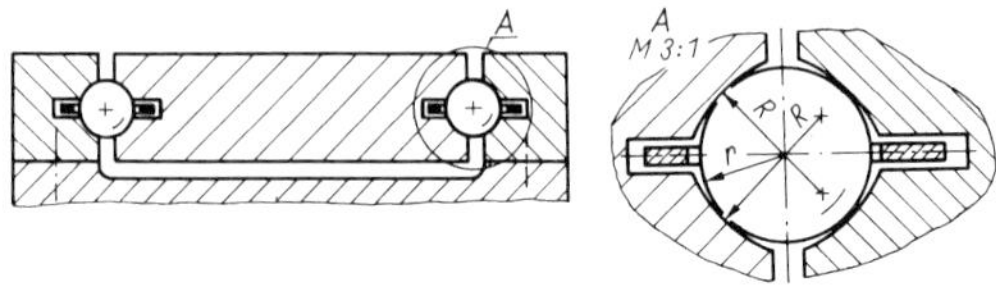

Bild 8.3.24. Geschlossene Wälzkörperführungen

Wegen der Formpaarung gelangen viel häufiger geschlossene Wälzkörperführungen zum Einsatz **(Bild 8.3.24)**. Da sie grundsätzlich überbestimmt sind, müssen alle Führungsbahnen parallel angeordnet sein.

Man erzielt dies durch Schleifen der vier Bahnen am Innenteil in einer Aufspannung und durch Anrücken, Verschrauben und ggf. Verstiften der beiden Außenleisten. Zur Verbesserung der Tragfähigkeit sind die Führungsbahnen ballig geschliffen. Dieser in der Gerätetechnik sehr verbreitete Typ wird zum Zwecke der Spielfreiheit (auch unter Last) und Verbesserung der Steifigkeit häufig bei der Montage vorgespannt, indem die zuletzt montierte Außenleiste durch definierte Kräfte angedrückt und dann befestigt wird. Eine weitere Möglichkeit zum Verspannen zeigt **Bild 8.3.25** bei einer Drahtkugelführung. Weitere Vorteile dieser geschlossenen Kugelwälzführungen liegen vor allem in der geringen Bauhöhe, im symmetrischen Aufbau, der damit Kräfte aus beliebigen Richtungen senkrecht zur Führungsrichtung aufnehmen kann und beliebige Einbaulagen zuläßt und in der fertigungstechnisch relativ einfachen Beherrschung der Überbestimmtheiten. Zur Steigerung der Tragfähigkeit enthalten diese Führungen häufig mehr als vier Kugeln.

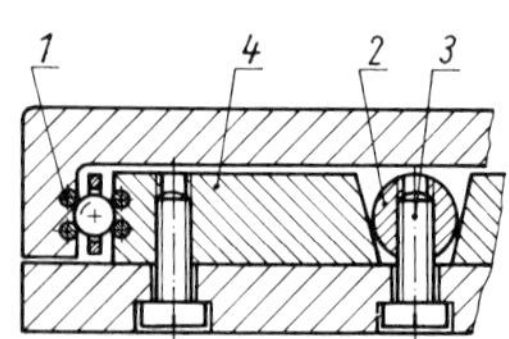

Bild 8.3.25. Verspannbare Drahtkugelführung
1 Stahldrähte; *2* Spannkugel; *3* Spannschraube; *4* Anstellteil

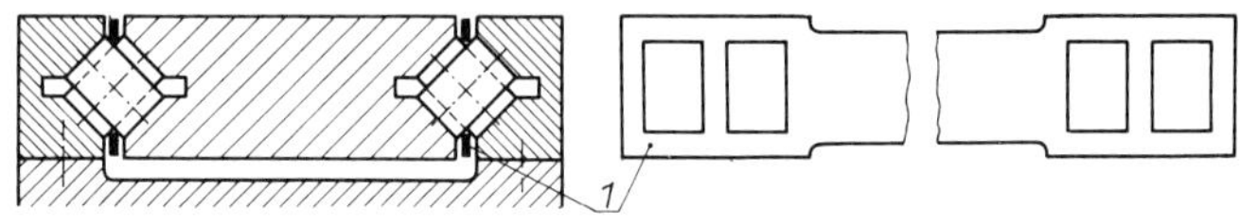

Bild 8.3.26. Geschlossene Walzenführung
1 Käfig

Weitere, wegen Linienberührung höher belastbare aber auch weniger genaue Wälzkörperführungen besitzen Rollen oder Nadeln. Die geschlossene Walzenführung **(Bild 8.3.26)** enthält jeweils gekreuzt angeordnete Rollen. Bei der Nadelführung **(Bild 8.3.27)** eines Schwalbenschwanzes versucht man den hohen Grad an Überbestimmtheit durch sich selbst einstellende Elemente zu beherrschen.

Mit Rollen und besonders mit Nadeln sind zwar sehr hohe Tragfähigkeiten erzielbar, gleichzeitig wächst jedoch der Bewegungswiderstand. Außerdem neigen derartige Führungen zum Klemmen infolge des auch nicht durch Käfige vollständig zu beiseitigenden Schränkens (zur Führungsrichtung nicht orthogonale Lage der Wälzkörperachsen).

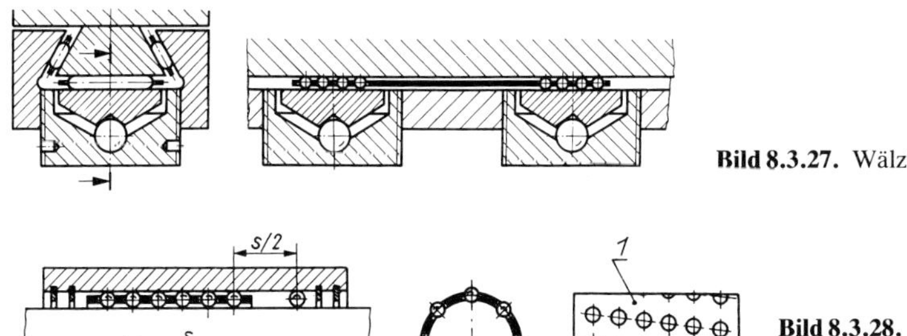

Bild 8.3.27. Wälzkörperführung

Bild 8.3.28. Wälzkörperführung mittels Kugelbüchse
s Führungsweg; *1* Käfig

Die Belastbarkeit einer Wälzführung **(Bild 8.3.28)** kann durch Erhöhen der Anzahl der Wälzkörper gesteigert werden, wenn konstruktive und fertigungstechnische Maßnahmen für eine gleichmäßige Belastung aller Wälzkörper sorgen, was sich praktisch stets nur angenähert erreichen läßt.
Durch die gegeneinander versetzte Anordnung der Kugeln, die jeder Kugel ihre eigene Laufbahn zuordnet, und durch die elastische Verformung der Kugeln infolge Vorspannung gleicht man kleine Toleranzen aus. Trotzdem werden hohe Form- und Maßtreue des Innen- und Außenzylinders und der Kugeln vorausgesetzt.

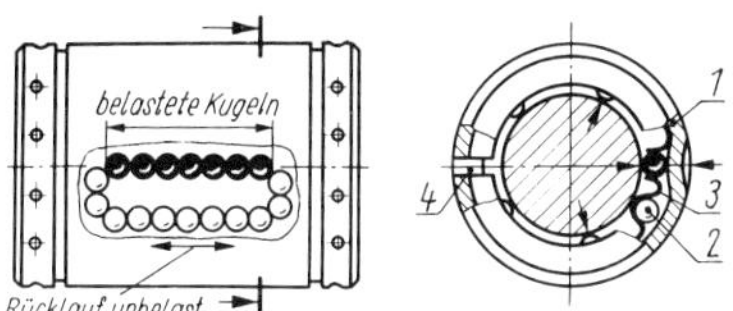

Bild 8.3.29. Kugelführung mit Kugelrücklauf
1 geschlitztes Außenteil; *2* Kugeln im Rücklauf; *3* Führungskäfig; *4* Schlitz

Der normalen Wälzkörperführungen anhaftende Nachteil einer um den halben Führungsweg vergrößerten Baulänge (s. Bilder 8.3.22 und 8.3.28) wird in **Bild 8.3.29** durch die Ausbildung einer in sich geschlossenen Kugelbahn mit einem unbelasteten Rücklaufzweig *2* vermieden. Der Käfig *3* definiert hier fünf Kugelumlaufbahnen. Zur Spielbeseitigung ist Teil *1* bei *4* geschlitzt und durch Anziehen kegeliger Lochmuttern radial verspannbar. Das Durchschieben der Kugeln im Rücklauf bedingt erhöhte Reibung. Ein- und Auslauf der Kugeln in den bzw. aus dem belasteten Zweig können zu stoßartigen Schwankungen des Bewegungswiderstandes führen, besonders bei vorgespannten Führungen.

Rollenführungen [8.3.10]. Bei Rollenführungen sind die Rollen im Gestell oder im geführten Teil ortsfest gleit- oder wälzgelagert, weshalb nur eines der beiden Teile hochwertige Führungsflächen aufweisen muß. Offene oder geschlossene Rollenführungen mit prismatischen Grundkörpern werden i. allg. nur für untergeordnete Zwecke eingesetzt **(Bild 8.3.30)**. Sie gewährleisten nur dann reines Wälzen, wenn keine seitlichen Bordscheiben angewendet werden

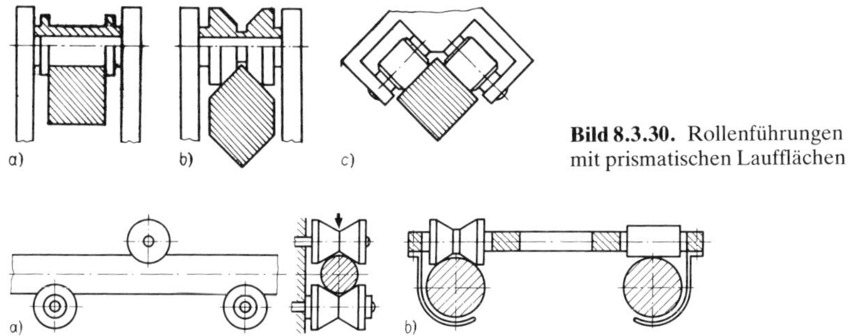

Bild 8.3.30. Rollenführungen mit prismatischen Laufflächen

Bild 8.3.31. Rollenführungen mit zylindrischen Laufflächen
a) zwangfreie geschlossene Stangenführung; b) zwangfreie Zylinderführung mit Haupt- und Nebenführung

(a), die Rollenachsen parallel zur Lauffläche stehen (a, c) und geschränkte Rollen durch exakt zur Führungsrichtung (Leitgeraden) orthogonale Rollenachsen vermieden werden (a, b, c). Die zwangfreie Ausführung **(Bild 8.3.31)** der geschlossenen Zylinderführung ohne Drehsicherung der verschieblichen Stange ist durch zwei axial festgelegte Doppelkegelrollen und durch eine axial bewegliche Doppelkegelrolle oder eine axial festgelegte Zylinderrolle gegeben, die zweckmäßig in Pfeilrichtung justierbar oder gefedert angeordnet ist.
Die offene Führung (b) besitzt eine mit je einer Doppelkegelrolle versehene zweistellige Hauptführung und eine Gegenführung mit einer Zylinderrolle. Sie ist gegen Abheben gesichert.
Höheren Genauigkeitsansprüchen genügt die Rollenführung in **Bild 8.3.32**, die analog zur Gleitführung im Bild 8.3.14 strukturiert ist. Die Hauptführung ist zweistellig mit je drei Rollen ausgeführt. Die Nebenführung enthält nur ein Rollenpaar. Die der Belastung gegenüberliegenden Rollen sind entweder justierbar (z. B. exzentrisch gelagert) oder gefedert bzw. federnd angebracht; solche Führungen sind auch bei Unebenheiten und Konizität spielfrei. Als Rollen können unmittelbar Kugellager benutzt werden. Die Rollen sind bei prismatischen Grundkörpern ballig auszuführen.
Rollenführungen für höchste Präzision benutzen prismatische Führungskörper und ballig geschliffene, wälzgelagerte Rollen oder direkt Kugellager mit balligem Außenring.
Nicht exakt zur Führungsrichtung orthogonal ausgerichtete Rollenachsen führen zu seitlichen Verlagerungen (Schränken) und einem seitlichen Stick-slip-Effekt. Deshalb werden Rollen meist in Autokollimation ausgerichtet. Sogar die beim Abrollen der Wälzlager auftretende ungleich große radiale Deformation wirkt sich als Führungsabweichung aus, weshalb spezielle Wälzlager mit verstärktem Außenring entwickelt worden sind [8.3.10].

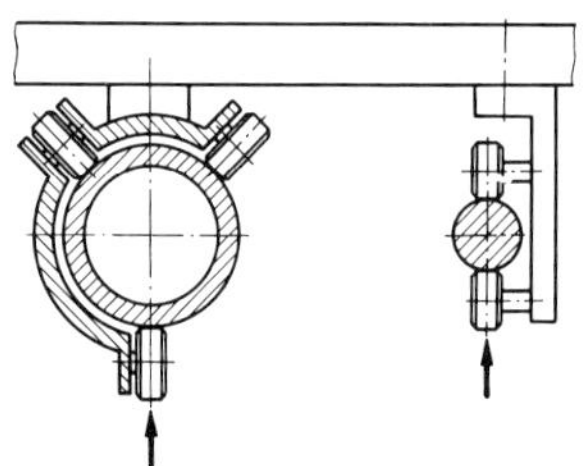

Bild 8.3.32. Geschlossene zylindrische Rollenführung

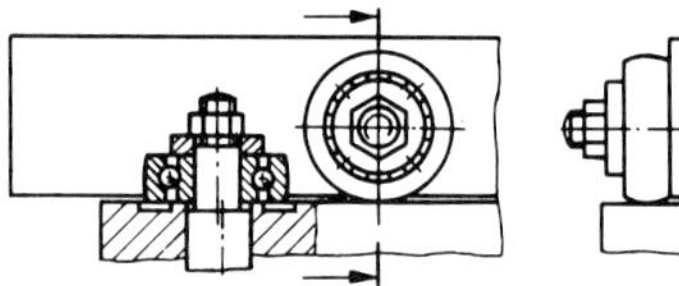

Bild 8.3.33. Offene prismatische Rollenführung mit identischer Führungs- und Befestigungsfläche der balligen Rillenkugellager [8.3.10]

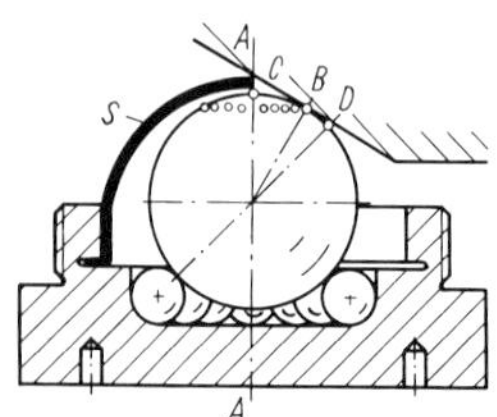

Bild 8.3.34. Rollkugelelement

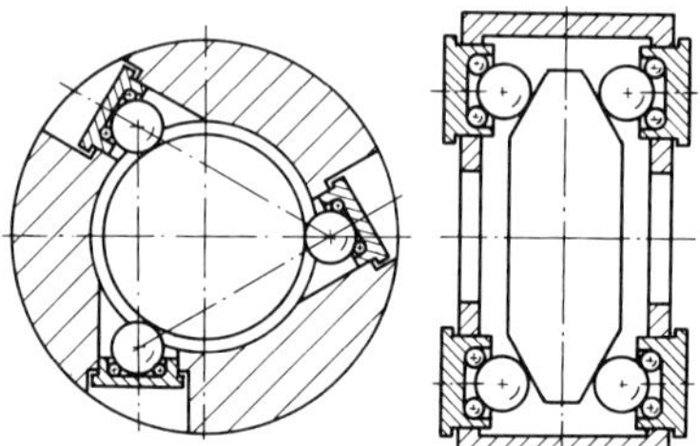

Bild 8.3.35. Führungen mittels Rollkugelelementen

Die Probleme des Schränkens reduzieren sich wesentlich, wenn die Befestigungsflächen der Wälzlager identisch mit den Führungsflächen sind, da damit die Orthogonalitätsforderung fertigungstechnisch einfach zu erfüllen ist und Justieren entfällt. Eine nach diesem Grundsatz gestaltete offene Führung zeigt **Bild 8.3.33**, wobei lediglich die Richtung und Neigung des geführten Teils durch die exzentrisch gelagerten Wälzlager justierbar sind.
Gelegentlich gelangen auch sog. Rollkugelelemente **(Bild 8.3.34)** zur Anwendung. Sie enthalten eine auf einem Kranz kleinerer Kugeln um die Achse *A–A* drehbare Tragkugel. Das Führungsteil muß deshalb außerhalb dieser Drehachse bei *B*, innerhalb des Bereiches *C–D*, an der Kugel angreifen, die mit einem Kleinkreis abwälzt. Da die Kugeldrehachse zur Laufbahn nicht parallel liegt, kommt kein reines Wälzen zustande. Der Bohranteil wächst mit der Annäherung von *B* nach *C*. Die Sicherung *S* gegen Verlieren dient der Montageerleichterung.

Bild 8.3.35 zeigt die Anwendung dieser Rollkugelelemente. Jeweils drei bzw. vier Rollkugelelemente bilden die geschlossenen zweistelligen Führungen für den zylindrischen bzw. prismatischen Grundkörper. Je ein Rollkugelelement ist zwecks Spielbeseitigung justierbar oder gefedert. Die justierbare Anordnung versagt bei Konizitäts- bzw. Pyramidalabweichungen. Einbaufertige Konstruktionselemente für Wälzführungen s. [13.6.15] [13.10.34].

8.3.4. Federführungen [8.3.4] [8.3.11] bis [8.3.13] [8.3.27] bis [8.3.35]

Federführungen entstehen aus Gelenkmechanismen nach Art eines Gelenkvierecks (Parallelkurbelgetriebe, s. Abschnitt 13.11.) oder aus der Kombination mehrerer solcher Systeme, deren Koppel eine exakte oder angenäherte Translationsbewegung ausführt (s. a. Abschnitt 8.3.7.). Wesentlich dabei ist, daß die Gelenke und manchmal damit auch einige Koppelglieder durch elastische Elemente in Form von Federn ausgebildet sind.

8.3.4.1. Bauarten und Eigenschaften

Die bisher am häufigsten verwendeten Federführungen gehen auf die Parallelfederführung „unversteift" bzw. „versteift" zurück **(Bild 8.3.36)**. Damit ergeben sich für die Gerätetechnik besonders vorteilhafte Eigenschaften, insbesondere Spielfreiheit, praktisch Reibungsfreiheit (lediglich innere molekulare Reibung) sowie Wartungs- und Verschleißfreiheit (lediglich Ermüdung).
Die vorteilhafte Nutzung dieser Eigenschaften wird eingeschränkt durch die relativ kleinen Führungswege, sperrigen Aufbau und die Neigung zu Schwingungen.
Ferner wirken sich die Querabweichung v_z und Kippung β bei Auslenkungen v_x an einfachen

Tafel 8.3.2. Bewertungstabelle für Grundstrukturen von Federführungen

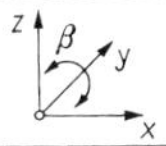

(Koordinatensystem z, y, x, β)
gute (maximale) Erfüllung: 6 Punkte
schlechte (minimale) Erfüllung: 1 (< 1) Punkte

Grundstrukturen 1 bis 12 (∘ zweckmäßige Lage des Koordinatensystems)	Bahnkurve	Führungsweg v_x $v_{x\,max} = 6$	Versetzung v_z $v_{z\,min} = 6$	Kippung β $\beta_{min} = 6$	Auslenkkraft F_x $F_{x\,min} = 6$	Belastbark. (max. = 6) F_z	M_x	M_z	Eigenfrequenz ω_0 $\omega_{0\,min} = 6$	Raumbedarf R_a $R_{a\,min} = 6$	Anzahl d. Federelemente (Anzahl min. = 6)
1, 2 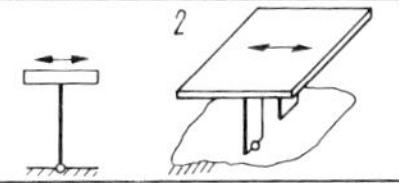	genäherte Kreisbahn	3	1	≪1	6 3	1 3	2 5	1 2	1,5 3	6 5,5	6 5,5
3, 4 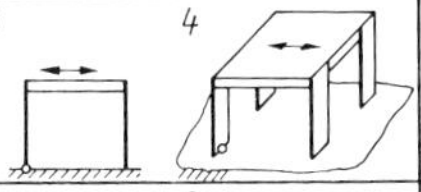	Parabel	3	3	3	3 1,5	3 6	4 6	4,5 6	3 6	5 3	5,5 4,5
5, 6 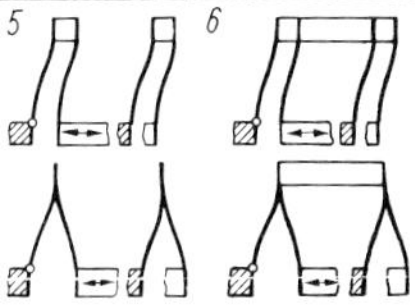	Gerade	6	5	1 0,5	6	1 0,5	1,5 1	1,5 1	1,5	4 5	4,5
7, 8 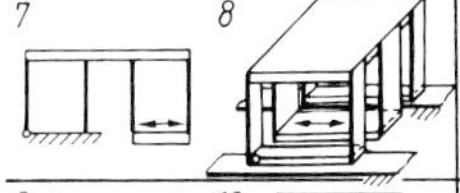	Gerade	6	5	1,5	6	1,5	2 3	2 3	1,5	5 3	4,5 3,5
9, 10 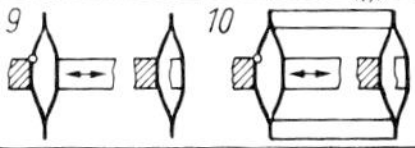	Gerade	6	6	2	3	2,5 2	4 3,5	4 3,5	3	3 3,5	2,5
11, 12 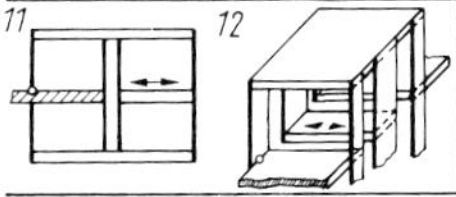	Gerade	6	6	3	3	3	4,5 5	4,5 5	3	3,5 1	2,5 0,5

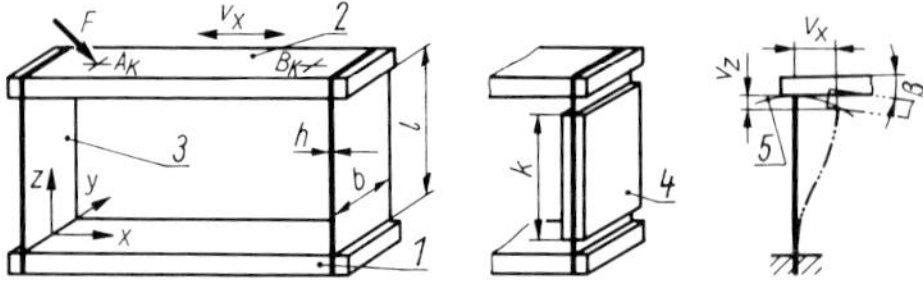

Bild 8.3.36. Parallelfederführung
1 Gestell; *2* Koppel; *3* Feder; *4* Versteifung; *5* Bahnkurve eines Punktes der Koppel

Parallelfederführungen nachteilig aus. Diese Nachteile können durch entsprechende Gestaltung z. B. nach **Tafel 8.3.2** ausgeglichen werden.
Bei sehr hohen Präzisionsforderungen sind ferner Hysterese- und Nachwirkungserscheinungen an den elastischen Elementen zu beachten.
Tafel 8.3.2 zeigt eine Anzahl von Strukturen, die für Führungsaufgaben vorgesehen werden können.

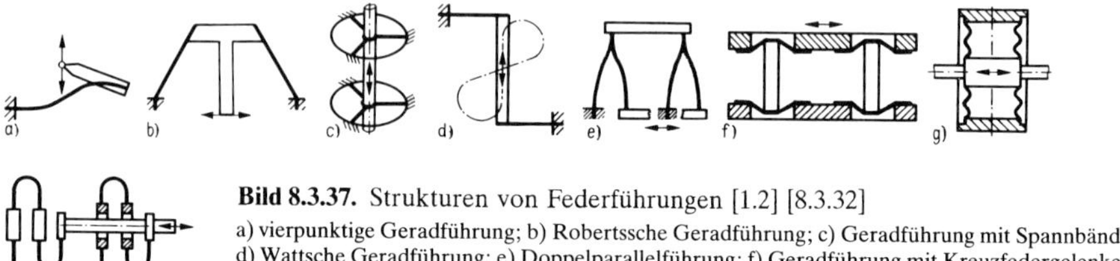

Bild 8.3.37. Strukturen von Federführungen [1.2] [8.3.32]
a) vierpunktige Geradführung; b) Robertssche Geradführung; c) Geradführung mit Spannbändern; d) Wattsche Geradführung; e) Doppelparallelführung; f) Geradführung mit Kreuzfedergelenken; g) Membranfederführung; h) Geradführung mit S-förmigen Federn

Anhand der Bewertungskriterien läßt sich qualitativ eine gezielte Auswahl einer Federführungsstruktur auf die gestellte Führungsaufgabe vornehmen. Davon abweichende Strukturen können meist mit entsprechender Näherung auf eine der dargestellten Strukturen zurückgeführt werden. In **Bild 8.3.37** sind weitere Strukturen von Federführungen dargestellt. Es sind sowohl Variationen der Struktur, wie spezielle Relativlagen der elastischen Bauelemente zueinander, als auch Variationen der elastischen Bauelemente, wie unterschiedliche Längen, linien- oder plattenförmige Ausbildung, rechteckige, trapezförmige, dreieckige Kontur, glatte, gewellte, gebogene Form sowie rechteckiger oder runder Querschnitt möglich.

8.3.4.2. Bewegungsverhalten

Zur Erfassung des Bewegungsverhaltens lassen sich zwei Berechnungsmethoden anwenden:

- klassische Methode der Biegetheorie, mit Hilfe exakter oder genäherter Gleichung der Biegelinie oder mit Hilfe der Sätze von *Castigliano*.
- Methode der linearen kinematischen Biegetheorie mit Hilfe sog. konzentrierter Ersatzelemente.

Berechnung nach der klassischen Biegetheorie [8.3.11] [8.3.27] bis [8.3.30]. Diese Methode kann zweckmäßig als Überschlagsrechnung zur grundsätzlichen Entscheidung über die Anwendung einer Parallelfederführung bzw. über die Auswahl eines bestimmten Federsystemes angewendet werden. Dabei lassen sich für die Federführungen nach Bild 8.3.36 die Beziehungen nach **Tafel 8.3.3** nur mit Einschränkungen anwenden:

- gültig nur für Bewegungen in der Ebene
- Belastungen wirken nur in Auslenkrichtung
- Federn sind im Anfangszustand parallel
- Koppel und Gestell sind im Anfangszustand parallel.

Die Erweiterung der angegebenen Gleichungen auf Strukturen, die aus mehreren einfachen Parallelfederführungen der Grundstruktur 3 nach Tafel 8.3.2 zusammengesetzt sind, läßt sich nach den Gesetzen der Zusammenschaltung von Federn zu Federsystemen, d. h. Reihen- bzw. Parallelschaltung vornehmen **(Tafel 8.3.4)**, s. auch Abschnitt 6.2.5.
Die Auswirkungen von toleranzbehafteten Bauteilen auf das Bewegungsverhalten kann man mit Hilfe des linearen Toleranzfortpflanzungsgesetzes anhand der Gleichungen aus Tafel 8.3.3 ermitteln (s. a. Abschnitt 3.2.4.). Von besonderer Bedeutung sind jedoch die Auswirkungen der Toleranzen der Bauteile auf die Verdrehung der Koppel, weil dadurch die Führungsqualität beeinträchtigt wird.

Tafel 8.3.3. Berechnungsgleichungen für einfache Parallelfederführungen

	Federführung	
	unversteift	versteift
Auslenkung in x-Richtung	$v_x = \dfrac{F_x l^3}{24 H_0}$ $v_{x\,max} \leqq \dfrac{l^2}{3Eh}\,\sigma_{b\,zul}$	$v_x = \dfrac{F_x l^3}{24 H_0}\,(1 - m^3)$ $v_{x\,max} \leqq \dfrac{l^2 (1 - m^3)}{3Eh}\,\sigma_{b\,zul}$
in z-Richtung	$v_z = \dfrac{F_x^2 l^5}{960 H_0^2}$	$v_z = \dfrac{F_x^2 l^5}{960 H_0^2}\left(1 - \dfrac{5}{2} m^3 + \dfrac{3}{2} m^5\right)$
Biegesteifigkeit	$H_0 = \frac{1}{2}(E_1 I_1 + E_2 I_2)$	
axiales Trägheitsmoment	$I = \dfrac{bh^3}{12}$	
Versteifungsverhältnis		$m = \dfrac{k}{l}$
Bahnfaktor bei Versteifung		$\eta = \dfrac{1 - \dfrac{5}{2} m^3 + \dfrac{3}{2} m^5}{(1 - m^3)^2}$
Querabweichung der Koppel	$v_z = \dfrac{3}{5}\,\dfrac{v_x^2}{l}$	$v_z = \dfrac{3}{5}\,\dfrac{v_x^2}{l}\,\eta$
Verdrehung der Koppel	$\beta = 3{,}5 \cdot 10^{-2}\,\dfrac{(l - 2l_H)}{a^2 l^2}\,v_x^3$ ($\beta = 0$ bei $l_H = l/2$)	$\beta = \left(16 \cdot 10^{-5}\,\dfrac{l^3\,\dfrac{l - 2l_H}{2a}}{H_0 a}\,F_x + \dfrac{l^7\,\dfrac{l - 2l_H}{2a}}{201\,600\,H_0^3 a}\,F_x^3\right)\Psi$
maximal zulässige Kraft bei stehender Anordnung	$F_{z\,max} \leqq \dfrac{\pi^2 EI}{l^2}\,S$	$F_{z\,max} \leqq \dfrac{\pi^2 EI}{l^2 (1 - m)^2}\,S$
bei hängender Anordnung	$F_{z\,max} \leqq bh\sigma_{b\,zul}$	

Korrekturfaktor ψ für verschiedene Versteifungsverhältnisse m

m	0	0,2	0,4	0,6	0,8	0,85	0,9	0,95	1
ψ	1	0,95	0,61	0,18	0,023	0,0115	0,005	0,0015	0

Für Parallelfederführungen lassen sich folgende Fälle angeben:

- Differenz Δl der Federlängen untereinander
  unversteift $\beta = 3\Delta l v_x^2/[5a\,(l^2 + l\Delta l)]$
  versteift $\beta = 3\Delta l v_x^2 \eta/[5a\,(l^2 + l\Delta l)]$
- Differenz Δa der Abstände zwischen den Federn
  unversteift $\beta = 6\Delta a v_x/(5al)$; versteift $\beta = 6\Delta a v_x \eta/(5al)$
- Differenz der Versteifungsverhältnisse an den Federn
  $\beta = 3\,(\eta_2 - \eta_1)\,v_x^2/[5a\,(l + \Delta l)]$

Die Differenz Δa der Abstände zwischen den Federn besitzt den größten Einfluß auf die Verkippung.

Tafel 8.3.4. Parallel- und Reihenschaltung von einfachen Parallelfederführungen der Grundstruktur **3** nach Tafel 8.3.2

	Parallelschaltung	Reihenschaltung
Auslenkkraft bei gleichem Weg der Grundstruktur **3**	$F_x = 2F_{x3}$	$F_x = 0{,}5F_{x3}$
Auslenkweg bei gleicher Kraft der Grundstruktur **3**	$v_x = 0{,}5v_{x3}$ $v_z = 0{,}25v_{z3}$	$v_x = 2v_{x3}$ $v_z = 0$

Berechnung nach der linearen kinematischen Biegetheorie [8.3.11] [8.3.32] [8.3.33]. Es gelten folgende Besonderheiten und Voraussetzungen:

- Jede Feder bzw. jedes Federsystem weist elastische Eigenschaften (translatorische, rotatorische Nachgiebigkeiten) auf, die durch ein konzentriertes elastisches Ersatzelement beschrieben werden können.
- Zusammengesetzte Federsysteme lassen sich als Kombination von Reihen- und Parallelschaltungen betrachten und können schrittweise zu einem Ersatzsystem zusammengefaßt werden.

Die Federn sind sowohl mit dem Gestell (Rastsystem E_R) als auch mit der bewegten Koppel (Gangsystem E_G) verbunden. Mit Hilfe von Bewegungsgleichungen kann das Verhalten der bewegten Elemente bestimmt werden (s. auch Bild 2.26).

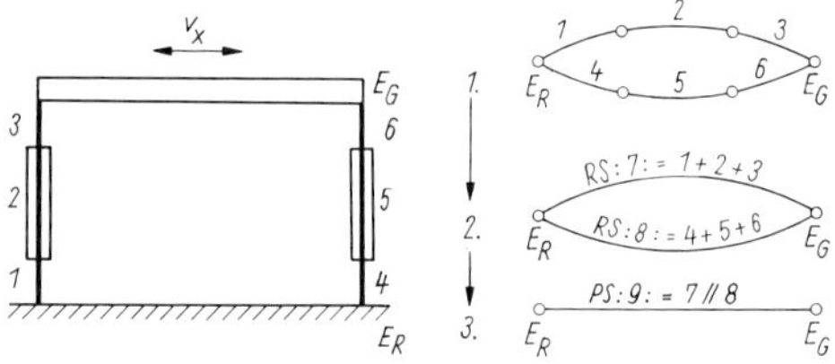

Bild 8.3.38. Graphendarstellung einer versteiften Parallelfederführung
RS Reihenschaltung; PS Parallelschaltung
(s. auch Bild 2.26)

Für das Beispiel einer versteiften Parallelfederführung läßt sich nach **Bild 8.3.38** eine Graphendarstellung mit den zweckmäßigen Reduzierungsschritten angeben. Damit lassen sich auch komplizierte Strukturen streng formal behandeln. Die Bewegungsabläufe für ebene und räumliche Belastungen sind mit Hilfe von speziell aufbereiteten Rechenprogrammen schnell zu bestimmen.

Membranfederführungen [8.3.12] [8.3.35]. Der sich nachteilig auswirkende Versatz quer zur Führungsrichtung wird bei Membranfederführungen vermieden (Bild 8.3.37 g). Die Membranen werden an ihrer gesamten Umrandung am Gestell befestigt (Randeinspannung) und tragen in der Mitte das bewegliche Führungsteil.

Tafel 8.3.5. Membranfedergeometrien

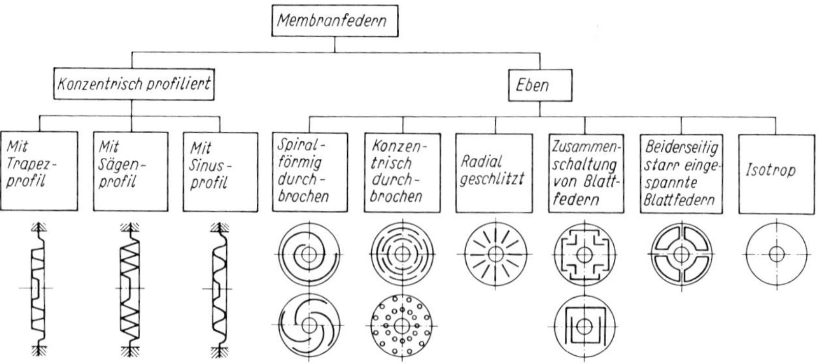

Die Membranen können isotrop, profiliert oder durchbrochen sein **(Tafel 8.3.5)**.
So aufgebaute Federführungen besitzen gegenüber Blattfederführungen einen geringeren Auslenkweg, jedoch eine höhere Steifigkeit gegenüber Kräften quer zur Auslenkrichtung und gegenüber Momenten.

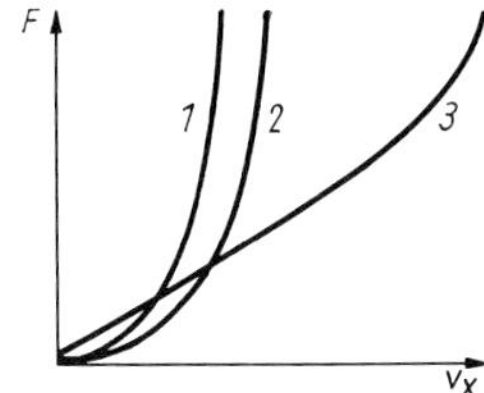

Bild 8.3.39. Kraft-Weg-Kennlinien von Membranfedern
1 isotrope, *2* ebene durchbrochene, *3* profilierte Membranfeder

Durch Variation der Membrangeometrie können Auslenkweg und Kennlinie stark variiert werden **(Bild 8.3.39)**. Grundsätzlich bewirkt die Vergrößerung in Auslenkrichtung eine geringere Quersteifigkeit.
Die Kraft-Weg-Kennlinie kann stets durch eine allgemeine kubische Gleichung der Form $FR^2/(Eh^4) = A\,(v_x/h) + B\,(v_x/h)^3$ beschrieben werden. Die Koeffizienten A und B sind abhängig von der Membrangeometrie und nur durch umfangreiche Beziehungen bestimmbar.

8.3.4.3. Konstruktive Gestaltung

Einspannungen [8.3.13]. Die Reproduzierbarkeit der Nullage und Federkennlinie werden wesentlich durch die Einspannung beeinflußt, weshalb sie bezüglich Abmessungen und Oberflächengüte sehr sorgfältig auszuführen ist.

Federn weisen Hysterese auf, d. h. nach einer Auslenkung wird die ursprüngliche Nullage nicht wieder erreicht, sowie Nachwirkung, eine zeitlich vorübergehende zusätzliche Abweichung von der Nullage von unterschiedlicher Dauer in Abhängigkeit von der Dauer der Belastung. Die von der Dauer unabhängige Hysterese läßt sich ausschalten, wenn die Feder bis zum vorgesehenen Maximalausschlag belastet und anschließend ohne Überschwingen in den Ausgangszustand zurück bewegt wird. Die danach festgelegte Nullage bleibt für die folgenden Auslenkungen konstant.

Durch geeignete Maßnahmen kann man beide Effekte vermindern **(Tafel 8.3.6)**.

Neben dem o. g. Nullpunktverhalten wird das Lastverhalten einer Feder durch Kriechen und Relaxation beeinflußt, d. h. die Feder kriecht bei konstanter Last erst allmählich in die Endlage, bzw. bei konstanter Auslenkung läßt die Federkraft infolge Relaxation allmählich bis zu einem Endwert nach.

Für Blattfederführungen haben sich scharfkantige Einspannungen als geeignet erwiesen. Durch gemeinsame Bearbeitung der Einspannbacken kann die freie Federlänge sehr genau realisiert werden. Abgerundete oder abgeschrägte Einspannungen haben den Nachteil eines höheren Fertigungsaufwandes und einer ungenaueren freien Federlänge.

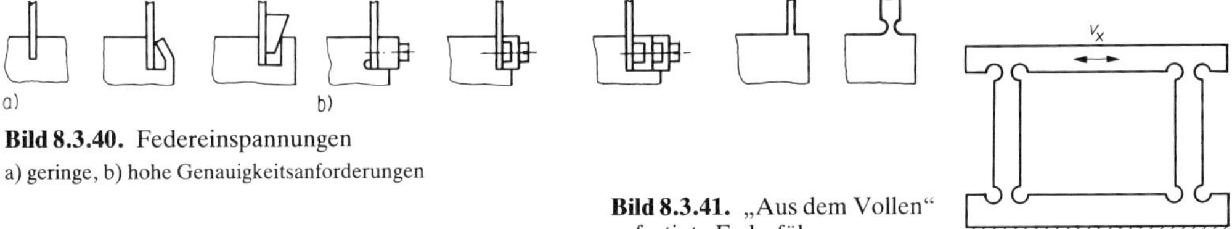

Bild 8.3.40. Federeinspannungen
a) geringe, b) hohe Genauigkeitsanforderungen

Bild 8.3.41. „Aus dem Vollen" gefertigte Federführung

Bild 8.3.40 zeigt verschiedene Möglichkeiten der Einspannung von Federn für geringe und hohe Genauigkeitsanforderungen.
Herstellungs- und Montageabweichungen von Blatt- und Membranfederführungen, wie z. B. ungleiche Federlängen, ungenügende Befestigungskräfte, unsymmetrischer Aufbau und ungewollt eingebrachte Spannungen erzeugen eine unkontrollierbare Kennlinienbeeinflussung.
Bei Federführungen für sehr hohe Präzisionsforderungen umgeht man diese Probleme durch Fertigung der Federführung „aus dem Vollen" **(Bild 8.3.41)**.

Kennlinienbeeinflussung. Federführungen haben die Eigenschaft, daß bei Auslenkung die

Tafel 8.3.6. Maßnahmen zur Verminderung von Hysterese und Nachwirkung an Einspannstellen von Blattfedern

Maßnahmen für kleine	Hysterese	Nachwirkung	Hysterese und Nachwirkung
Einspannbacken-werkstoff	kleiner Reibwert μ zwischen Backen und Feder (St, Al)	großer E-Modul (St, Al)	großer E-Modul, kleiner Reibwert μ zwischen Backen und Feder (St, Al)
Schmierstoff	grundsätzlich vermeiden		
Einspannkraft	so klein wie möglich (sichere Befestigung der Feder muß gewährleistet sein)		
geometrische Abmessungen der Backen	Einfluß ist gering, aber Backen mit hoher Steifigkeit anstreben		
Abrundung an Einspannkante 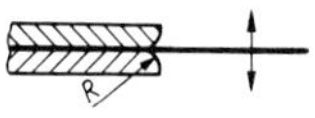	gut geeignet; $R = 1$ mm ausreichend; sehr günstig bei Backen aus PVC, Hartgewebe	ohne praktische Bedeutung; geringe Verschlechterung bei Werkstoffen mit kleinem Reibwert μ zwischen Feder und Backen	$R = 1$ mm ausreichend; nur bei Werkstoffen mit großem Reibwert μ zwischen Feder und Backen
Versatz der Einspannbacken 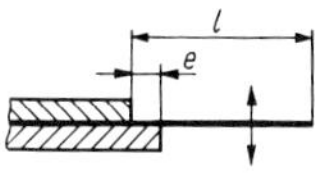	geringe Verkleinerung bei St und Al; starke Verkleinerung bei PVC, Hartgewebe; $e = (1 \ldots 5)$ mm für Federn der Abmessungen: $l \leqq 150$ mm, $h \leqq 1$ mm; $b \leqq 15$ mm (s. auch Abschnitt 6.)	$e = (1 \ldots 5)$ mm schlecht bei Backenwerkstoff mit großem E-Modul (St, Al), gut bei Backenwerkstoff mit kleinem E-Modul (PVC, Hartgewebe)	
Biegen über Stege 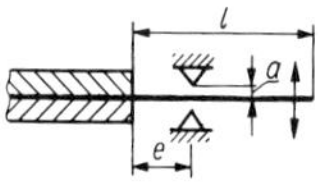	Verkleinerung bis 50% möglich; $e_{opt} \approx 0{,}1\,l$; $a = (0{,}1 \ldots 0{,}2)$ mm, bei $e < 0{,}05\,l$ ist keine Verbesserung des Nullpunktverhaltens zu erwarten		

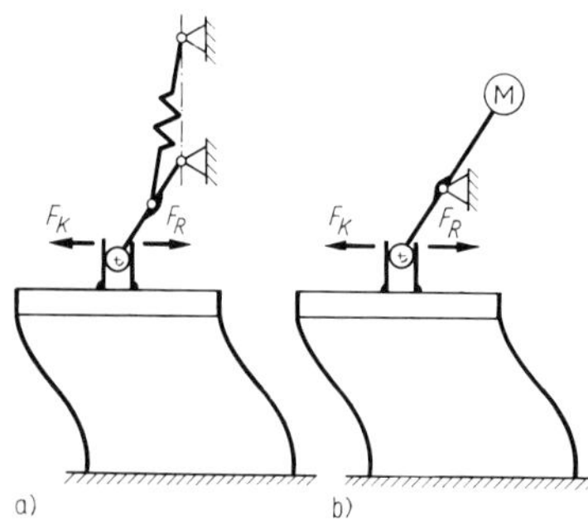

Bild 8.3.42. Kennlinienbeeinflussung durch angekoppelte Systeme
a) Federsystem; b) Massesystem

Rückstellkräfte ansteigen. Das kann bei speziellen Aufgaben von Vorteil sein, z. B. zum Ausschalten von Spiel und Umkehrspanne bei Antastsystemen, ist jedoch bei vielen Anwendungen auch schädlich, z. B. bei Meßsystemen mit konstanten Meßkräften.
Durch geeignete zusätzliche Maßnahmen läßt sich die Kraft-Weg-Kennlinie so beeinflussen, daß innerhalb eines Auslenkungsbereiches die Auslenkkraft etwa konstant bleibt. Das kann erreicht werden durch

- Variation der Federgeometrie (z. B. Ersatz unversteifter durch versteifte Blattfedern bzw. isotroper durch profilierte Membranfedern)
- Variation der Einspannung (mittels elastischer Zwischenlagen, angefederter Einspannbakken, schneidenförmiger Einspannungen u. a.)
- angekoppelte Zusatzsysteme, die eine wegabhängige Kraft erzeugen, die der Rückstellkraft entgegenwirkt (Kompensation), was innerhalb eines größeren Auslenkbereiches nahezu konstante Kräfte ermöglicht.

Neben aufwendigen Regelungssystemen, die je nach Auslenkweg oder -kraft die erforderliche Kompensationskraft z. B. elektromagnetisch erzeugen, sind einfachere mechanische Systeme vorteilhaft einsetzbar **(Bild 8.3.42)**.

8.3.5. Strömungsführungen (Luftführungen) [8.3.5] [8.3.14] [8.3.36] bis [8.3.38]

Wie bei den Strömungslagern (hydrodynamische Lager, s. Abschnitt 8.2.1.; Luftlager, s. Abschnitt 8.2.11.) ruht oder bewegt sich das geführte Teil auf einer Flüssigkeit (Öl, Wasser, Quecksilber) oder einem Gas (Luft, Stickstoff). Der Schmierstoff befindet sich in einem engen Spalt. Der notwendige Tragdruck wird bei dynamischer Schmierung durch die Relativbewegung beider Teile erzeugt und setzt erst beim Vorhandensein einer Mindestgeschwindigkeit ein. Dieses Wirkprinzip ist für Führungen wegen ihres typischen Start-Stop-Betriebes und der Relativgeschwindigkeit null bei Richtungswechsel ungeeignet. Deshalb wird das statische Schmierungsprinzip angewendet, indem der notwendige Tragdruck außerhalb der Führung erzeugt und das Medium in den Spalt gedrückt wird.

Hydrostatische Führungen verlangen einen geschlossenen Kreislauf zur Schmierstoffrückführung. Deshalb haben sich in der Feinmechanik bis auf wenige Sonderfälle Luftführungen (aerostatische Führungen) durchgesetzt, die auch im Stillstand die Funktion der Luftschmierung voll gewährleisten. Sie zeichnen sich weiterhin aus durch sehr kleine Reibung, Verschleißfreiheit, hohe Führungsgenauigkeit, Geräuscharmut, Sauberkeit im Betrieb und Verwendung auch unkonventioneller Werkstoffe für die Führungsteile.

8.3.5.1. Bauarten von Luftführungen

Der prinzipielle Aufbau einer Luftführung entspricht in seiner Grundbauform dem der Gleitführungen (s. Abschnitt 8.3.2.3.). Zylindrische Luftführungen sollten aus fertigungstechnischen und funktionellen Gründen vermieden werden, da der sehr eng zu tolerierende Spalt nicht justiert werden kann, schon kleine Abweichungen von der Zylindergestalt zu Spaltgrößenveränderungen führen und geschlossene Führungen leichter zu selbsterregten Schwingungen neigen. Außerdem wird wegen der hohen Forderung nach Formtreue der Führungsflächen besonders in Richtung der Belastung große Stabilität des Führungsteils gefordert, d. h. großes äquatoriales Widerstandsmoment. Dies führt bei zylindrischen Führungen wegen der Rotationssymmetrie auf unnötig große Durchmesser. Deshalb werden aerostatische Führungen zweckmäßig als prismatische Führungen ausgeführt **(Bild 8.3.43)**.

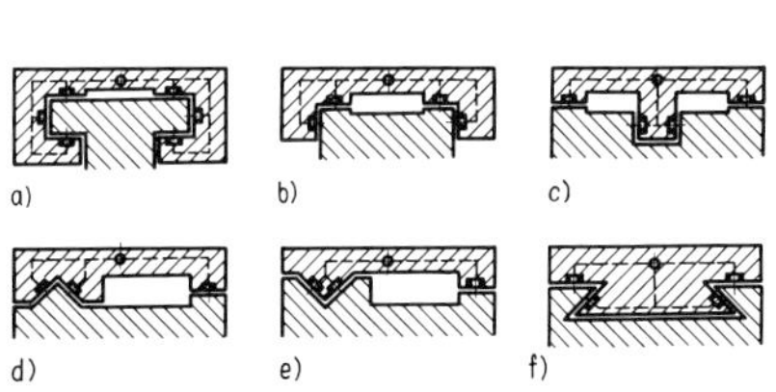

Bild 8.3.43. Beispiele prismatischer Luftführungen

a) geschlossene Flachführung; b), c) Flachführungen, vertikal offen, horizontal geschlossen; d), e) offene Dach- bzw. V-Führung; f) geschlossene Schwalbenschwanzführung

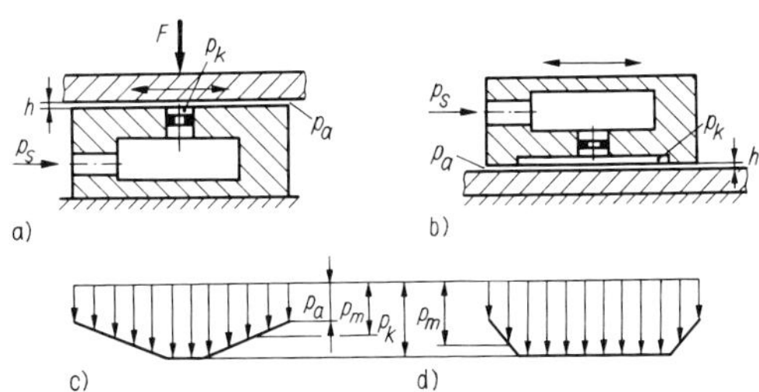

Bild 8.3.44. Prinzipielle Bauformen von Luftführungen

a) Düsen im ortsfesten Führungsteil, zentrale Einströmdüse; b) Düsen im bewegten (geführten) Teil, zentrale Einströmdüse und Verteilerkanal; c), d) Druckprofile (schematisch)

Bei den Flachführungen (a, b, c) ist eine eindeutige konstruktive Trennung und Berechnung für die Höhen- und Seitenführung gewährleistet und auch eine Fertigung mit höherer Präzision und geringeren Kosten möglich. Die Ausführungen (d, e, f) sind aus diesen Gründen schwieriger zu beherrschen und möglichst zu vermeiden. Geschlossene oder teilgeschlossene Flachführungen (a, b, c) können gegeneinander verspannt werden und erreichen damit höhere Steifigkeit und größere Sicherheit gegen pneumatische Instabilität.

Bild 8.3.44 zeigt zwei grundsätzlich verschiedene Anordnungsvarianten aerostatischer Flachführungen.

Im Fall (a) ist das Düsenteil ortsfest, darüber bewegt sich das geführte Teil, in (b) ist die umgekehrte Variante dargestellt. Bei Anordnung (a) wandert der Massenmittelpunkt des geführten Teils gegenüber der Düsenanordnung, was zu keilförmigen Luftspalten und veränderten Abströmverhältnissen führt. Deshalb ist grundsätzlich die Variante (b) zu bevorzugen, obwohl die Luftzufuhr damit konstruktiv aufwendiger wird, da sie sich am bewegten Teil befindet.

Wenn größere Bauteile oder größere Massen zu führen sind, z. B. bei Koordinatenmeßgeräten, ist es zweckmäßig, das zu führende Teil durch mehrere bausteinartig ausgeführte Düsenplatten auf den Flachbahnen des prismatischen Führungsteils seitlich und in vertikaler Richtung abzustützen. Diese kissenförmigen Düseneinheiten sind vorteilhaft kardanisch am Führungsteil befestigt, so daß sich parallele Luftspalte einstellen. Rechteckige Platten sind gegenüber kreisförmigen Platten aus fertigungstechnischen Gründen und besserer Raumausnutzung zu bevorzugen.

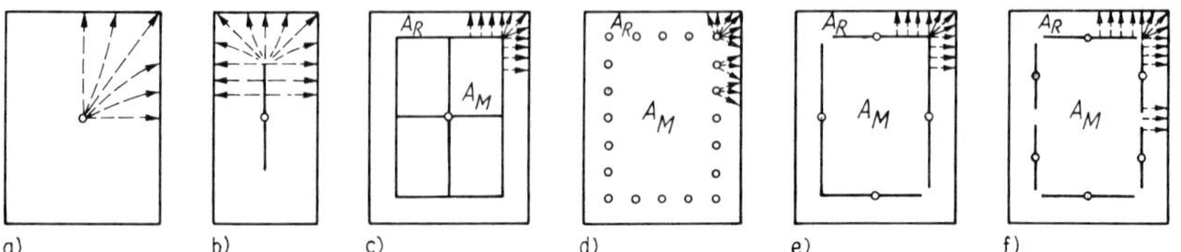

Bild 8.3.45. Düsenanordnungen in rechteckigen Luftführungsteilen
a) zentrale Einströmdüse; b) wie a) mit Verteilerkanal; c) wie a) mit Verteilerkanalnetz; d) Düsenreihe in Randnähe; e), f) Düsen in Randnähe mit Verteilerkanälen
A_M Mittenfläche; A_R Randfläche

Bild 8.3.44 enthält einen weiteren wesentlichen Unterschied, der durch die in (c) und (d) dargestellten Druckprofile deutlich wird. Der sich unmittelbar hinter der zentralen Einströmdüse (a) einstellende Kammerdruck p_k fällt längs des Spaltes bis zum Außendruck p_a ab (c). Bei Variante (b) wird durch Kanäle oder Kammern der Druck p_k auf einer größeren Fläche wirksam, ehe er über den Austrittsspalt auf den Außendruck abfällt (d). Damit wird der für die Tragfähigkeit maßgebliche mittlere Druck p_m erhöht. Deshalb hat von den in **Bild 8.3.45** enthaltenen Ausführungsvarianten rechteckiger Düsenplatten die Variante (a) die geringste Tragfähigkeit. In den Fällen (c) bis (f) stellt sich in den Mittenflächen A_M ein konstanter Druck in Höhe des Kammerdruckes p_k ein, wobei bezüglich des Aufwandes die Varianten (e) und (f) zu bevorzugen sind. Die Kanäle werden zweckmäßig als Mikroverteilerkanäle in die Platte eingefräst (s. auch Bild 8.2.96).

8.3.5.2. Auslegung und Eigenschaften von Luftführungen

Die exakte Berechnung von Luftführungen ist außerordentlich kompliziert. Deshalb wurden diese Führungen bislang nur selten angewendet, da dem Konstrukteur nur wenige praxisnah aufbereitete Berechnungshinweise und auch nur für ausgewählte Fälle zur Dimensionierung zur Verfügung stehen.
Ausgehend von der aufzunehmenden Last *F*, dem zur Verfügung stehenden Speisedruck p_s, der zu realisierenden Spaltgröße *h* und gegebenenfalls auch einer geforderten Steifigkeit *c*, müssen berechnet werden:
- Abmessungen der Tragfläche, deren Aufteilung in Mitten- und Randfläche
- Anzahl und Anordnung der Düsen und der Verteilerkanäle
- Düsendurchmesser
- zulässige Maximallast
- Steifigkeit des Führungselements
- Luftverbrauch
- Größe des Bewegungswiderstandes
- Vermeiden selbsterregter Schwingungen.

Es ist zu aufwendig, hier auf diese exakten Berechnungen näher einzugehen. Überschlägliche Rechnungen können mit den in Abschnitt 8.2.11. vereinfachten Beziehungen erfolgen, um eine Luftführung näherungsweise zu dimensionieren. Für ausgewählte und auch für die Feinmechanik wichtige Fälle sind genauere Berechnungsverfahren in [8.3.5] [8.3.14] [8.3.36] [8.3.38] enthalten.

Die für die Feinmechanik wichtigste Eigenschaft der Luftführungen ist die äußerst geringe Reibung bei Bewegung und im Stillstand. Die Anlaufreibung ist Null; es gibt keinen Stick-slip-Effekt. Schon kleinste Abweichungen der Führungsbahn von der Horizontalen in der Größe einiger Winkelsekunden führen zum Selbstanlauf. Durch Unterbrechen der Luftzufuhr kann das geführte Teil stillgesetzt werden.

Luftführungen können bei sehr hohen und tiefen Temperaturen eingesetzt werden, wo übliche Schmierstoffe versagen. Da sich die Führungsteile nicht berühren, tritt kein Verschleiß ein, und es können auch Werkstoffe wie Naturstein, Glas, Vitrokeramen, Kunststoffe, Aluminium und dgl. zum Einsatz kommen.
Trotz der Kompressibilität der Luft werden mit aerostatischen Führungen Tragfähigkeiten von etwa 20 ... 30 N/cm² erreicht, d. h., für eine Masse von 100 kg werden etwa 50 ... 30 cm² Druckfläche benötigt, und Steifigkeiten in der Größenordnung von 200 ... 300 N/µm erzielt.

Aerostatische Führungen neigen zu selbsterregten Schwingungen, besonders bei geschlossener Bauform. Für Flachführungen mit rechteckigen Düsenplatten und Mikroverteilerkanälen sind in [8.3.14] [8.3.36] Stabilitätskriterien und Hinweise zum Vermeiden dieser Störungen angegeben. Danach können stabile Verhältnisse erreicht werden durch Reduzierung des Speisedruckes oder des Kammervolumens, Vergrößerung des Luftspaltes, z. B. durch größere Düsendurchmesser, Vergrößerung der Abströmlänge, d. h. Verkleinern der Mittenfläche gegenüber der Randfläche, und durch Erhöhen des Verhältnisses p_k/p_s.

8.3.5.3. Konstruktionshinweise

Aerostatische Führungen arbeiten gewöhnlich mit einem Speisedruck von etwa 2 ... 6 bar. Der Luftspalt sollte so klein wie möglich sein. Da er jedoch etwa drei- bis viermal größer sein muß, als die fertigungstechnisch und wirtschaftlich vertretbare Ebenheit der Führungsfläche, sind diesem Ziel Grenzen gesetzt. Für Präzisionsführungen werden i. allg. Spaltgrößen zwischen 5 und 15 µm gewählt. Größere Führungslängen bedingen wegen dieser hohen Forderung nach Formtreue der Makrogeometrie größere Spaltweiten.
Aus der Forderung nach bestmöglicher Ebenheit der Führungsflächen folgt die Notwendigkeit, die Bauteile sehr stabil bezüglich Deformation infolge Belastung und Bearbeitung auszuführen. Große äquatoriale Widerstandsmomente werden im Hinblick auf geringe Massen durch entsprechende Gestaltung mit Hohl-, U-, Doppel-T-Profilen erreicht.
Die Führungsbahnen selbst, die wegen der unvermeidlichen Feuchte der durchströmenden Luft zweckmäßig aus korrosionsfesten Werkstoffen bestehen sollen, werden an den Trägerteilen befestigt, z. B. durch Kleben, und anschließend bearbeitet. Lediglich bei kleinen Abmessungen sieht man von dieser Trennung ab. Es ist klar, daß für die Gestaltung der Luftführungen die gleichen Grundsätze wie bei den Gleitführungen (s. Abschnitt 8.3.2.3.) gelten, jedoch wesentlich stabilere Bauweisen verwirklicht werden müssen. Die Anforderungen bezüglich der Rauheit (Mikrogeometrie) der Führungsflächen sind bei Luftführungen eher niedriger, die gemittelte Rauhtiefe R_z (s. auch Abschnitt 3.2.1.5.) sollte, wie oben angegeben, ebenfalls maximal ein Drittel des Führungsspaltes betragen.
Für die Gestaltung der Düsenplattenteile gelten die gleichen Forderungen bezüglich Stabilität und Ebenheit. Bei kleinen Abmessungen wird man Düsen und Verteilerkanäle unmittelbar im geführten Teil anbringen, wobei die Justierbarkeit der Spaltgröße bei geschlossenen und teilgeschlossenen Führungen zu gewährleisten ist. Bei längeren Führungswegen (etwa ab 500 mm), empfiehlt sich die Trennung der Düsenplattenteile vom zu führenden Teil und deren konstruktive Vereinheitlichung. Diese Baueinheiten werden am Führungsteil justierbar und zweckmäßig auch beweglich zum Zwecke der parallelen Selbsteinstellung angekoppelt.
Für die Gestaltung der Düsenplatten sind in Bild 8.3.45 einige Vorschläge unterbreitet. Kreisförmige Anordnungen werden analog gestaltet.

Die Düsen selbst haben Durchmesser von 20 bis 200 µm. Sie werden deshalb zweckmäßig als Mikroblenden in Form dünner Folien durch Spezialverfahren hergestellt. Lediglich größere Drosseldurchmesser lassen sich durch Ausschneiden oder Bohren herstellen. Bild 8.2.96 in Abschnitt 8.2.11. enthält einige Vorschläge für die Ausführung von Drosselelementen. Wie bereits erwähnt, sollte die Staukammer ein möglichst kleines Volumen besitzen, weshalb das Einsetzen der Drosselelemente von der Rückseite (c, i) günstiger ist als von der Führungsseite her (a, h). Weiterhin ist die Abströmlänge des Luftspaltes möglichst groß zu wählen, mindestens $50\,h$. Für übliche Luftspaltgrößen $h = 5$ bis 15 µm wird die Abströmlänge l zwischen 10 und 30 mm gewählt, also $l/h \approx 2000$. Mit diesen Grundsätzen ist es auch möglich, das Verhältnis von Mitten- und Randfläche festzulegen. Der Gesamtquerschnitt der Verteilerkanäle, die von einer Drossel wegführen, muß mindestens doppelt so groß sein, wie der Düsenquerschnitt. Das Aufteilen in Mitten- und Randfläche sollte grundsätzlich durch Kanäle bzw. Kanalnetze, gegebenenfalls durch Reihenanordnung von Düsen, jedoch nicht durch taschenartige Ausnehmungen erfolgen, da diese auf großes Staukammervolumen führen und damit die Neigung zur selbsterregten Schwingung stark zunimmt. Der Querschnitt der Verteilerkanäle darf deshalb auch nicht größer als notwendig Die Länge der Verteilerkanäle, bezogen auf eine Drossel, soll kleiner als (3 ... 4) l gewählt werden; damit kann man die Anzahl der notwendigen Drosseln bestimmen.

8.3.6. Entlastete Führungen [1.2] [8.3.39]

Extreme Forderungen nach Genauigkeit und Leichtgängigkeit können nur durch relativ aufwendige Luft- und Flüssigkeitsführungen erfüllt werden, die wiederum Wünsche nach hoher Steifigkeit in Frage stellen. Deshalb liegt der Gedanke nahe, das Konstruktionsprinzip der Funktionentrennung anzuwenden [1.2.].
Die von der Führung aufzunehmenden Kräfte deformieren diese, beeinträchtigen also die Genauigkeit des Bewegungsablaufs und sind Ursache für den Bewegungswiderstand.
Durch die Anwendung der Funktionentrennung werden die beiden Teilfunktionen „Kraftaufnahme" und „Verwirklichung der Leitgerade" funktionell getrennt und strukturell durch zwei verschiedene Systeme realisiert. Das Prinzip zeigt **Bild 8.3.46**.

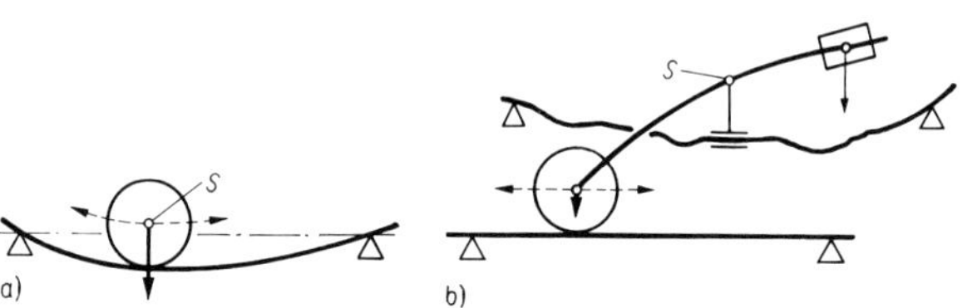

Bild 8.3.46. Prinzip der Entlastung bei Präzisionsführungen [1.2]
a) integrierte Bauweise mit Deformation der Leitgeraden; b) Funktionentrennung in zwei Systeme
S Schwerpunkt

Die entlastete Führung (Bild 8.3.46b) nimmt nur noch kleine Kräfte auf, ist also nahezu frei von Deformation und Reibung, die kräfteaufnehmende zweite Führung wird deformiert, hat jedoch keinen Einfluß auf die Genauigkeit der Leitgeraden.
Der Schwerpunkt *S* des geführten Teils wird also in das Entlastungssystem verlagert. So können auch Einzelvorteile bestimmter Führungsarten geschickt kombiniert werden, z.B. das Ausbilden der Genauigkeitsführung als Gleitführung (Nachteil: große Reibung) und das der Entlastungsführung als reibungsärmere Wälzführung mit geringerer Genauigkeit.
Manchmal genügt es, nur die Reibung zu verringern. Dann kann auf der gleichen Führungsbahn das Abstützen des Entlastungssystems erfolgen, allerdings wird die Deformation damit nicht kompensiert **(Bild 8.3.47)**. Die Entlastung der Präzisionsführung kann man, wie gezeigt, durch mechanische Anordnungen mit Masse- oder Federsystemen realisieren. Naheliegend ist jedoch auch die Entlastung durch Magnetsysteme, analog den magnetisch entlasteten Lagern (s. Abschnitt 8.2.12.).
Schwebeführungen (Schwebebahnen) mit Permanent- oder Elektromagneten werden z.Z. technisch noch nicht so beherrscht, daß eine problemlose Anwendung erfolgen kann.
Für die Präzisionsgerätetechnik sind außerdem mangelnde Steifigkeit und Neigung zu Schwingungen ungünstige Einflußfaktoren. Von Bedeutung sind jedoch magnetisch entlastete Gleitführungen. Sich gegenseitig abstoßende Permanentmagnete entlasten die Gleitpaarungen bis auf kleine Restkräfte, so daß der Bewegungswiderstand erheblich herabgesetzt werden kann, ohne den mechanischen Kontakt in den Führungsflächen aufzuheben, so daß die Vorteile der Gleitführungen weiterhin verbleiben.
Bild 8.3.48 veranschaulicht das Prinzip. Die Größe der Entlastungskraft wird durch Justierung des Luftspaltes eingestellt. Die Reibkraft F_R wird auf den Betrag $F_R = \mu (F_n - F_M)$ verkleinert, oder anders ausgedrückt, der effektive Reibwert einer entlasteten Führung beträgt $\mu_{eff} = \mu (1 - F_M/F_n)$, wobei $F_M < F_n$ ist.
Mögliche Konfigurationen von magnetisch entlasteten Führungen zeigt **Bild 8.3.49**.

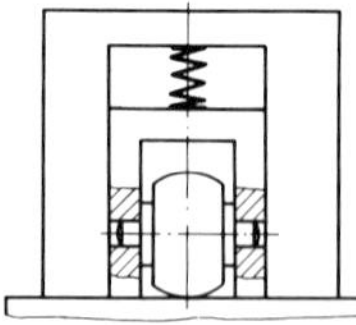

Bild 8.3.47. Durch gefederte Rollenführung entlastete Gleitführung

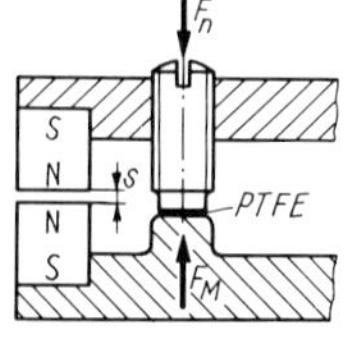

Bild 8.3.48. Prinzip einer magnetisch entlasteten PTFE-Gleitführung
s Luftspalt; F_n Gewichtskraft durch eigene Masse; F_M Magnetkraft

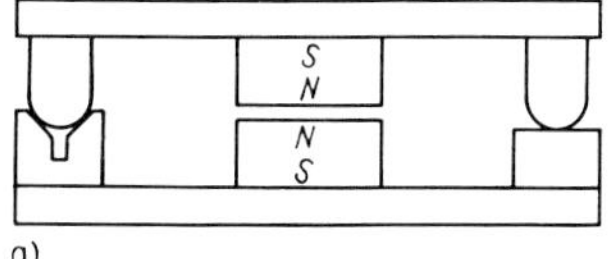

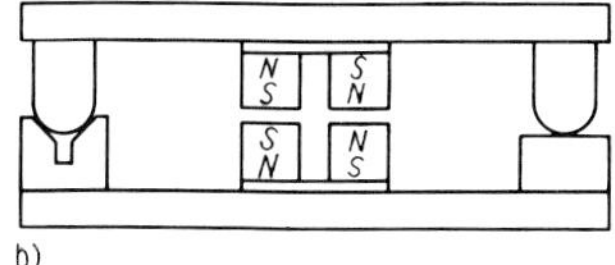

Bild 8.3.49. Varianten magnetisch entlasteter Gleitführungen

a) Magnete an nichtmagnetischen Führungsteilen; b) Magnete mit Weicheisenrückschluß (höhere Abstoßungskräfte)

Um große Abstoßungskräfte zu erzielen, sind kleine Luftspaltgrößen (etwa 0,1 mm) anzustreben. Damit wird in einem Teil der Magnetkraftkennlinie gearbeitet, wo schon kleine Spaltgrößenänderungen große Kraftänderungen hervorrufen, weshalb große Sorgfalt auf die Konstanz des Luftspaltes zu legen ist.
Probleme der Entmagnetisierung, des Temperatureinflusses auf die Magnetkennlinie und Spaltänderungen infolge Deformation und Verschleiß der Führungsbahnen zeigen die Grenzen des Prinzips der magnetischen Entlastung.

8.3.7. Geradführungen mit Hilfe von Getrieben [8.3.6] bis [8.3.9] [8.3.40] [13.12.2] bis [13.12.4] [13.12.31]

Die möglichst reibungsarme Führung eines Punktes auf einer kurzen geradlinigen Bahn ist eine in der Feinmechanik häufig gestellte Aufgabe. Stehen hierfür nur kleine Antriebsleistungen zur Verfügung, wie z.B. bei schreibenden elektrischen Meßgeräten, oder darf die Bewegung durch Reibung und damit verbundener Umkehrspanne, z.B. bei Antastsystemen, möglichst wenig beeinflußt werden, so scheiden übliche Gleit- und Wälzführungen aus funktionellen und Luftführungen aus Gründen des Aufwandes aus.
Prädestiniert für kurze Linearbewegungen sind Federführungen (s. Abschnitt 8.3.4.), die jedoch den Nachteil von sehr kleinen Bewegungsbereichen und wegabhängige Rückstellkräfte haben. Ersetzt man in Federführungen (Bild 8.3.37) die elastisch ausgebildeten Gelenke durch Drehgelenke, so werden diese Nachteile vermieden.
Bei derartigen Mechanismen werden Koppelgetriebe ausgenutzt, wo fest mit der Koppel verbundene Punkte Koppelkurven beschreiben, die exakt geradlinig sind oder angenähert geradlinige Teilstücke enthalten (s.a. Abschnitt 13.11.). Eine exakte Geradführung durch Koppelgetriebe ist nur mit der gleichschenkligen zentrischen Schubkurbel oder mehrgliedrigen Systemen mit speziellen Abmessungen, den sog. Inversoren, möglich **(Bild 8.3.50)**.

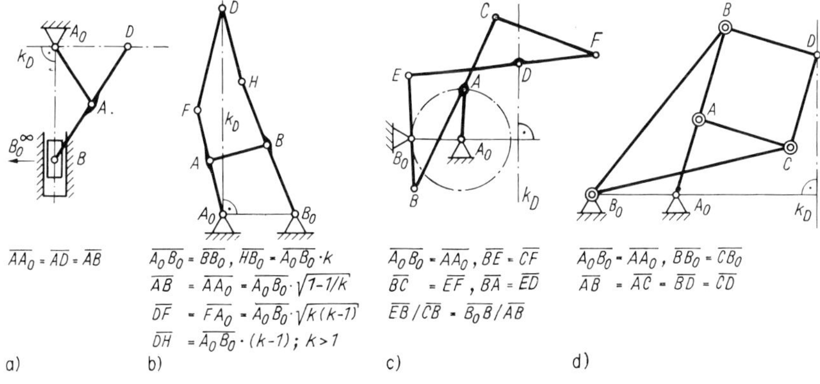

Bild 8.3.50. Koppelgetriebe mit exakter Geradführung [8.3.9].

a) gleichschenklige zentrische Schubkurbel (Ellipsenlenker); b), c), d) Inversoren
k_D geradlinige Koppelkurve von Punkt D

Diese exakten Geradführungen werden in der Praxis selten angewendet. Bei der gleichschenkligen zentrischen Schubkurbel (Bild 8.3.50a) stört, daß die Bahn des Punktes D durch den gestellfesten Drehpunkt A_0 geht und ein Schubgelenk vorhanden ist (Gleitführungen sollen ja gerade vermieden werden). Bei den Inversoren führt das Spiel in den vielen Lagern auf zu große Abweichungen von der Geradlinigkeit. Deshalb begnügt man sich, und dies ist häufig ausreichend, mit annähernd geradlinigen Teilstücken viergliedriger Koppelgetriebe. Solche Getriebe werden Lenkergeradführungen genannt.

Viergliedrige Getriebe haben Koppelkurven 6. Ordnung, die deshalb maximal sechs Punkte mit einer Geraden gemeinsam besitzen können. Im allgemeinen beschränkt man sich jedoch auf drei oder vier Punkte. Die entstehenden Koppelkurven sind einer analytischen Beschreibung nur schwer zugänglich, vor allem ist eine gezielte Dimensionierung der Abmessungen des Getriebes hinsichtlich Geradlinigkeit dieser Kurven schwierig, weshalb auf Spezialliteratur verwiesen werden muß (s. Literatur zu den Abschnitten 13.11. und 13.12.).

In der Feinmechanik gebräuchliche Lenkergeradführungen werden im folgenden beschrieben.

Der konstruktive Nachteil der gleichschenkligen Schubkurbel (Bild 8.3.50 a) infolge der durch den Drehpunkt verlaufenden Führungsbahn wird vermieden durch Verlagern des Drehpunktes A_0 (Aufgeben der Gleichschenkligkeit) **(Bild 8.3.51 a)**. Damit läßt sich die Führungsgerade relativ leicht durch zwei, drei oder vier Punkte annähern. Den zweiten o. g. Nachteil, das Vorhandensein eines Schubgelenks, kann man vermeiden, indem die Schubführung mit Hilfe einer möglichst langen Schwinge auf einem Kreisbogen geführt wird (b). Die dadurch entstehende Abweichung ist praktisch unerheblich, da der Punkt B i. allg. nur kleine Wege ausführt. Diese angenäherte Geradführung wird Evansscher Lenker genannt und vorzugsweise als Schreibgestänge für registrierende Meßgeräte eingesetzt (c).

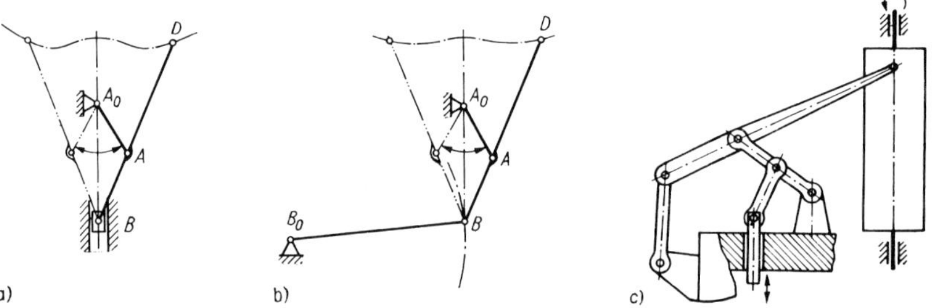

Bild 8.3.51. Angenäherte Geradführung durch zentrische Schubkurbel

a) mit Gleitgelenk (angenäherter Ellipsenlenker); b) Ersatz des Gleitgelenks durch Schwinge (Lenker nach *Evans*); c) Schreibgestänge eines registrierenden Meßgeräts

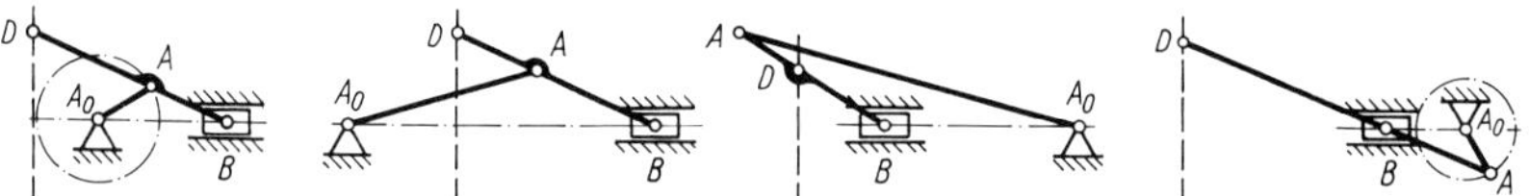

Bild 8.3.52. Varianten der zentrischen Schubkurbel [8.3.8]

angenäherte Ellipsenlenker

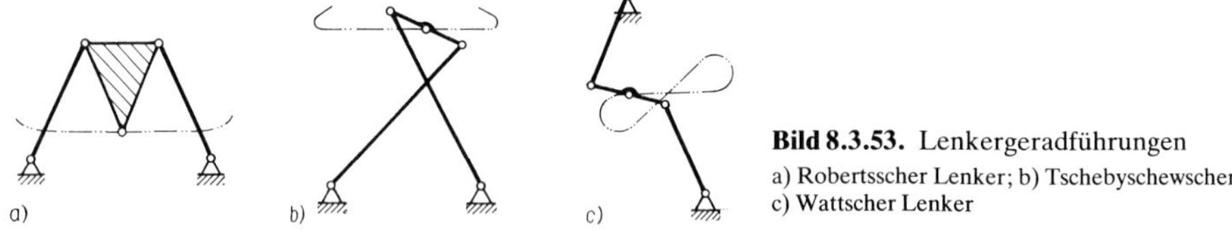

Bild 8.3.53. Lenkergeradführungen

a) Robertsscher Lenker; b) Tschebyschewscher Lenker; c) Wattscher Lenker

Durch Variation der Relativlage der Gelenke zueinander kann das Prinzip der zentrischen Schubkurbel verschiedenen konstruktiven Bedingungen angepaßt werden **(Bild 8.3.52)**. Weitere Arten von Lenkergeradführungen sind in **Bild 8.3.53** zusammengestellt.

Neben den Lenkergeradführungen gibt es Getriebe, die eine exakte Geradführung verwirklichen **(Bild 8.3.54)**. Es handelt sich um Kombinationen von Gelenkgetrieben mit Zahnrad-, Reibkörper- oder Zugmittelgetrieben, mit denen wegen des Spiels in Gelenken und Verzahnung eine genaue Geradlinigkeit nur bei entsprechendem konstruktivem Aufwand erzielbar ist.

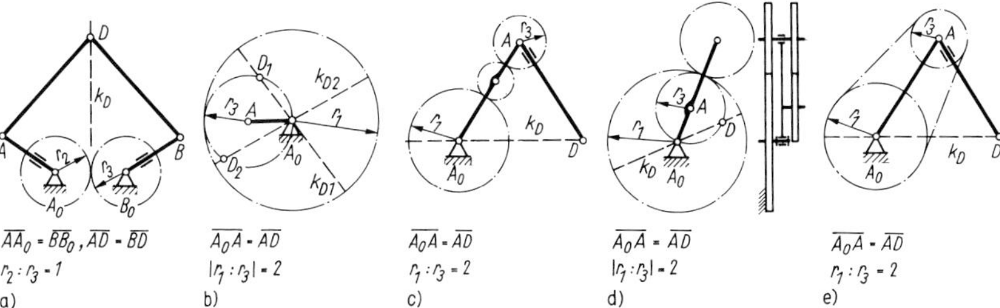

Bild 8.3.54. Exakte Geradführungen durch verschiedene Getriebe [8.3.9]

Beim Kardankreispaar (Bild 8.3.54b) wälzt ein Kreis in einem doppelt so großen Kreis ab. Jeder Punkt *D* auf dem Innenkreis beschreibt eine Gerade. Jeder mit dem Innenkreis fest verbundene Punkt inner- oder außerhalb dieses Kreises erzeugt eine Ellipse. Da die beiden Kreise identisch sind mit den Polbahnen der gleichschenkligen zentrischen Schubkurbel (Bild 8.3.50a), erklärt sich die enge Verwandtschaft zwischen beiden Getrieben und der Name Ellipsenlenker.
Die Getriebe in Bild 8.3.54c, e können mit Vorteil eingesetzt werden, um eine in Punkt *D* befestigte Masse, z. B. einen Manipulator oder Greifer über einer Arbeitsfläche horizontal zu bewegen.

8.3.8. Berechnung und Werkstoffwahl

Berechnungen an Führungen betreffen
- Vermeiden der Selbstsperrung durch Verkanten, besonders bei außermittig oder schräg angreifenden Kräften (s. Abschnitt 8.3.2.1. und Bilder 8.3.5 bis 8.3.8)
- Tragfähigkeit
- Steifigkeit
- Reibung,

bei entsprechenden Präzisionsforderungen zusätzlich
- Abweichungen von der Leitgeraden (Geradlinigkeit) quer zur Führungsrichtung und Kippungen
- Abweichungen in Führungsrichtung (Positionierabweichung).

Bei der Berechnung der Tragfähigkeit von Gleit- und Wälzführungen ist von den jeweils vorliegenden Berührungsverhältnissen auszugehen. Die entsprechenden Berechnungsgrundlagen je nach Flächen-, Linien- oder Punktberührung sind in Abschnitt 3.5. (Tafeln 3.28 und 3.29) zusammengestellt. Wegen der in der Feinmechanik meist kleinen Belastungen ist eine Nachrechnung bei Gleitführungen selten, bei Wälzführungen jedoch stets erforderlich. Werden bei Punkt- oder Linienberührungen die zulässigen Hertzschen Pressungen überschritten, kann man den Durchmesser der Wälzkörper, die Schmiegung und die Anzahl der Wälzkörper erhöhen. Für Federführungen sind die zulässigen Kräfte in Tafel 8.3.3 enthalten, wobei für die stehende Anordnung die zulässige Knickbeanspruchung berücksichtigt werden muß (s. a. Tafel 3.30). Bei Luftführungen ist die in Abschnitt 8.3.5.2. zitierte Spezialliteratur heranzuziehen.
Wegen stets vorhandener Gestaltabweichungen berühren sich auch bei Flächenpaarung nur einzelne Punkte oder kleine Bereiche der Oberflächen, wodurch die tatsächliche Flächenpressung ein Vielfaches der berechneten Werte annehmen kann. Damit sinkt die Belastbarkeit, der Verschleiß erhöht sich und insbesondere die Steifigkeit nimmt ab. Gleitführungen für die Präzisionsgerätetechnik verlangen einen Traganteil von mindestens fünf Punkten/cm^2, was durch entsprechende Fertigungsverfahren wie Feinschleifen, optisches Schleifen, Läppen oder Schaben zu gewährleisten ist. Nimmt man für einen „Tragpunkt" einen Durchmesser von 2 mm an, so sinkt der Traganteil bei fünf Punkten/cm^2 auf etwa 16%, ehe sich durch Abnutzung oder höhere Belastung mehr Tragpunkte ausbilden.

Die Federsteife c eines einzelnen Tragpunktes mit dem Durchmesser $2a$ kann aus der Annahme, daß die Kräfte nahezu vollständig in einen Druckkegel von 90° aufgenommen werden, überschläglich aus der Beziehung $c \approx E\pi a$ in N/mm berechnet werden. Sie ist also der Steifigkeit eines Stabes gleichen Durchmessers und der Länge a äquivalent. Die Gesamtsteifigkeit ergibt sich bei mehreren Tragpunkten aus der Summe der Einzelsteifigkeiten.

Bei Wälzführungen kann die Steifigkeit aus den Hertzschen Gleichungen (Tafel 3.29) berechnet werden. Die maximal zulässige Hertzsche Pressung sollte stets kleiner sein als die Brinellhärte ($p_{max} < 0{,}8\,HB$). Da zur Erhöhung der Tragfähigkeit meist viele Wälzkörper vorgesehen sind, ist auch hier zu berücksichtigen, daß nicht alle Wälzkörper gleichmäßig tragen.

Die den Bewegungswiderstand hervorrufende Reibung in Führungen (s. a. Tafeln 3.25 und 11.5) kann nur mit größeren Unsicherheiten berechnet werden, da die Reibwerte (Tafel 3.25) zwar im wesentlichen von der Werkstoffpaarung abhängen, darüber hinaus jedoch mehr oder weniger stark in Abhängigkeit vom Schmierstoff, von der Oberflächengüte (Rauheit), der Oberflächenhärte und auch von der Normalkraft und der Relativgeschwindigkeit schwanken. Die Ermittlung der tatsächlich vorliegenden Reibungsverhältnisse kann nur durch Versuche an der jeweiligen Führung ermittelt werden.

Abweichungen von der Leitgeraden (s. Bild 8.3.2) entstehen vorwiegend durch die Gestaltabweichungen erster bis vierter Ordnung der gepaarten Teile. Während die Gestaltabweichungen dritter und vierter Ordnung (Rauheit) durch das jeweilige Fertigungsverfahren bedingt sind, hängen die Gestaltabweichungen erster und zweiter Ordnung (Formabweichung und Welligkeit) darüber hinaus auch von der Stabilität der Führungsteile ab. Quer- und Kippabweichungen können durch einfache geometrische Beziehungen aus den Gestaltabweichungen und der Führungslänge berechnet werden. In gleicher Weise sind die Führungsabweichungen infolge lokaler Deformationen oder Durchbiegungen der Führungsteile und infolge des Spiels zu ermitteln. Da man es bei Führungen stets mit einer Wanderlast zu tun hat, ändert sich der Deformationszustand in Abhängigkeit vom Führungsweg, womit sich auch andere Abweichungen ergeben.

Für Wälz- und Luftführungen werden als Führungsgrundkörper häufig prismatische oder zylindrische Träger benutzt, die statisch bestimmt an zwei Stellen am Gestell befestigt sind. Je nach dem Ort der Auflagen ergeben sich ohne Berücksichtigung der Kräfte durch das geführte Teil für den Träger unterschiedliche Durchbiegungen **(Tafel 8.3.7)**, wobei sich die Auflagenanordnungen Nr. 3 und 4 als besonders günstig für Führungen erweisen.

Die Positionierabweichung Δx (s. Bild 8.3.2) wird nicht nur von der Führung selbst beeinflußt,

Tafel 8.3.7. Günstige Auflagen für stabförmige Teile

Nr.	Auflage	Deformation; Anwendung
1	l, a $a = 0{,}2113\,l$	parallele Endflächen; Auflage für Endmaße und Strichmaße mit Teilung auf der oberen Fläche
2	Δl = min. $a = 0{,}2203\,l \approx 2/9\,l$	minimale Verkürzung Δl der Gesamtlänge l, sog. Besselsche Punkte; Auflage für Strichmaße mit Teilstrichen am Ende und in der neutralen Faser
3	f_2, f_1, l $a = 0{,}2332\,l \approx 2/9\,l$	Durchbiegung an den Enden (f_2) und in der Mitte (f_1) gleich groß und minimal entlang der Gesamtlänge; Auflage für Führungskörper und Lineale, die auf der gesamten Länge benutzt werden
4	f_3, f_1, l $a = 0{,}2386\,l \approx 6/25\,l$	Durchbiegung in der Mitte (f_1) gleich Null und zwischen den Auflagen (f_3) minimal; Auflage für Führungskörper und Lineale, die zwischen den Auflagen benutzt werden

sondern ergibt sich im Zusammenhang mit dem Antrieb. Sie wird wesentlich vom Stick-slip-Effekt beeinflußt und bleibt klein, wenn entweder der Unterschied zwischen dem Reibwert der Ruhe und dem der Bewegung klein (Wälzreibung) oder praktisch vernachlässigbar ist (Feder- und Luftführungen und Gleitführungen mit PTFE). Stick-slip-Erscheinungen können ferner durch besonders steife Auslegung der Gesamtanordnung in Führungsrichtung herabgesetzt werden, da sie theoretisch verschwinden, wenn keine Elastizität vorhanden ist.

Für die Auswahl geeigneter Werkstoffe gelten die gleichen Grundsätze wie bei Lagern. Je nach geforderten Eigenschaften und notwendigen Kompromissen finden neben Stahl, Messing, Bronze und Sinterwerkstoffen auch Kunststoffe (Plastwerkstoffe), Edelsteine, Glas, Vitrokeramen und weitere Sondermaterialien Verwendung. Nur bei kleinen Abmessungen wird für die Bauteile selbst auch der für die Führungseigenschaften notwendige Werkstoff eingesetzt. Für die optimale Gestaltung ist es zweckmäßiger, den jeweiligen Erfordernissen entsprechende stoffliche Trennungen vorzunehmen, d. h. den Führungswerkstoff in Form von Gleitbuchsen oder Gleitschuhen nur an der Paarungsstelle vorzusehen. Für Präzisionsführungen gut geeignet sind u. a. PTFE-Gleitstücke (s. a. Bild 8.3.48).

Wie auch bei Lagern dürfen in Gleitführungen wegen der Neigung zum Kaltverschweißen (Fressen) keine gleichen Werkstoffe gepaart werden. Läßt sich dies nicht vermeiden, sollte eines der beiden Führungsglieder durch Härten, Kaltverfestigen oder Beschichten eine höhere Härte aufweisen. Für Wälzführungen werden gleiche Werkstoffe, meist Stähle mit hoher Zähigkeit, die gut härtbar sind und an denen sich qualitativ hochwertige Oberflächen erzielen lassen, verwendet (s. Abschnitt 3.6.).

Die Schmierung an Führungen erfolgt nach gleichen Gesichtspunkten wie an Lagern (s. Abschnitt 8.4.). Sie ist insofern problematischer, als Führungen fast immer im Start-Stop-Betrieb arbeiten, in den Punkten der Bewegungsumkehr keine Relativgeschwindigkeit vorhanden ist und auch längere Stillstandszeiten vorkommen, wodurch der Schmierstoff herausgedrückt wird und höhere Forderungen bezüglich Notlaufeigenschaften zu stellen sind.

Eine Zusammenstellung ausgewählter Normen und Richtlinien zum Abschnitt 8.3. enthält Tafel 8.4.6.

Literatur zum Abschnitt 8.3.

(Grundlagenliteratur s. Literatur zum Abschnitt 1.)

Bücher, Dissertationen

[8.3.1] *Bögelsack, G.; Kallenbach, E.; Linnemann, G.:* Roboter in der Gerätetechnik. Berlin: Verlag Technik 1984; Heidelberg: Dr. Alfred Hüthig Verlag 1984.

[8.3.2] *Pollermann, M.:* Bauelemente der Physikalischen Technik. 2. Aufl. Berlin, Heidelberg: Springer-Verlag 1972.

[8.3.3] *Siebers, G.:* Hydrostatische Lager und Führungen. Bern, Stuttgart: Hallwag-Verlag 1971.

[8.3.4] *Roth, K.:* Konstruieren mit Konstruktionskatalogen. Berlin, Heidelberg, New York: Springer-Verlag 1982.

[8.3.5] *Bartz, W. J.,* u. a.: Luftlagerungen. 2. Aufl. Kontakt & Studium, Bd. 78. Ehningen: expert-Verlag 1993.

[8.3.6] *Luck, K.; Modler, K.-H.:* Getriebetechnik. 2. Aufl. Berlin: Springer-Verlag 1995.

[8.3.7] *Hohenberg, F.:* Konstruktive Geometrie in der Technik. 3. Aufl. Wien: Springer-Verlag 1966.

[8.3.8] *Vollmer, J.:* Getriebetechnik, Leitfaden Berlin: Verlag Technik 1985.

[8.3.9] *Vollmer, J.:* Getriebetechnik, Grundlagen. 2. Aufl. Berlin: Verlag Technik 1995.

[8.3.10] *Frielinghaus, R.:* Untersuchungen der Genauigkeit von Rillenkugellagern bei Verwendung in Geradführungen. Diss. TH Ilmenau 1979.

[8.3.11] *Nönnig, R.:* Untersuchungen an Federgelenkführungen unter besonderer Berücksichtigung des räumlichen Verhaltens. Diss. TH Ilmenau 1979.

[8.3.12] *Tänzer, W.:* Membranfedern als Bauelemente für Federführungen. Diss. TH Ilmenau 1983.

[8.3.13] *Schüller, U.:* Untersuchungen zum Verformungsverhalten einseitig eingespannter elastischer Elemente. Diss. TH Ilmenau 1985.

[8.3.14] *Donat, H.:* Ein Beitrag zur Dimensionierung und Konstruktion ebener luftgeschmierter Führungen unter besonderer Berücksichtigung ihres Einsatzes in Mehrkoordinatenmeßmaschinen. Diss. TH Ilmenau 1984.

[8.3.15] *Pollack, S.:* Präzisionsmechanische Mehrkoordinaten-Positioniersysteme im Einebenenprinzip. Diss. TU Dresden 1989.

[8.3.16] *N. N.:* Innovationen für Gleitlager, Wälzlager, Dichtungen und Führungen. 13. Jahrestagung Neu-Ulm. VDI-Berichte 1331. Düsseldorf: VDI-Verlag 1997.

[8.3.17] *Gleichner, A.:* Aktive hydrostatische Führungen mit elektrorheologischen Flüssigkeiten. Essen: Vulkan-Verlag 2000.

Aufsätze

[8.3.22] *Linke, H.:* Führungen und Lagerungen in der Feinwerktechnik. VDI-Zeitschrift 112 (1970) 22, S. 1515.

[8.3.23] *Bischoff, W.:* Zwangfreie Führungen. Wiss. Zeitschrift der TH Ilmenau 16 (1970) 4, S. 55.
[8.3.24] *Schenk, W. D.:* Linearmodule aus dem Baukasten. Konstruktion 53 (2001) 1/2, S. 36.
[8.3.25] *Schenker, W.:* Entwicklung eines Kugellagers für geradlinige Bewegungen. Maschinenbautechnik 31 (1982) 10, S. 454.
[8.3.26] *Kunert, K.-H.:* Die vorgespannte wälzkörpergeführte Geradführung. Konstruktion 13 (1961) 7, S. 268.
[8.3.27] *Mensel, M.:* Linearführungen: Entwicklungstrends. Konstruktion 53 (2001) 9, S. 48.
[8.3.28] *Bondy, P.:* Räumliche Belastung von einfachen Blattfedergelenken. Feingerätetechnik 16 (1967) 3, S. 115.
[8.3.29] *Breitinger, R.:* Blattfeder-Geradführungen. Feinwerktechnik und micronic 77 (1973) 1, S. 25.
[8.3.30] *Breitinger, R.:* Lösungskatalog für Sensoren. T. 1: Federführungen und Federgelenke. Mainz: Krausskopf-Verlag 1976.
[8.3.31] *Angermeier, H.:* Federgelenke und Federgelenkantriebe. Feinwerktechnik 70 (1966) 12, S. 553.
[8.3.32] *Voit, M.; u. a.:* Dimensionierung einer Parallelführung mit Festkörpergelenken und optimaler Krafteinleitung der Aktoren. F & M – Mechatronik 111 (2003) 8–9, S. 26.
[8.3.33] *Nönnig, R.:* Entwurf und Berechnung von Federführungen durch aufbereitete Konstrukteurinformation. Feingerätetechnik 31 (1982) 3, S. 130.
[8.3.34] *Lotze, W.:* Berechnung elastischer Systeme mit Hilfe von Rechenautomaten. Feingerätetechnik 20 (1971) 2, S. 84.
[8.3.35] *Tänzer, W.:* Wellmembranfedern als Bauelemente für Präzisionsführungen. Feingerätetechnik 27 (1978) 4, S. 182.
[8.3.36] *Donat, H.:* Näherungsverfahren zur Dimensionierung schwingungsfreier ebener rechteckiger Luftlager. Feingerätetechnik 31 (1982) 10, S. 452.
[8.3.37] *Ernst, A.:* Luftgelagerte Meßeinrichtung für die Kontrolle von Längen- und Winkelmeßsystemen. Feinwerktechnik u. Meßtechnik 88 (1980) 7, S. 339.
[8.3.38] *Pascu, A.:* Rechnergestützte Berechnungsverfahren für statisch arbeitende plattenförmige Luftlager. Feingerätetechnik 32 (1983) 2, S. 66.
[8.3.39] *Adler, H.-P.:* Magnetische Entlastung von Präzisionsgleitführungen. 22. IWK TH Ilmenau, 1977, B. 1, S. 27.
[8.3.40] *Funk, W.:* Rechnergestützte Synthese von Geradführungstrieben. Konstruktion 46 (1994) 11, S. 365.
[8.3.41] *Göß, G.:* Tragzahlnormung für Linearführungen. Konstruktion 46 (1994) 4, S. 129.
[8.3.42] *Lenssen, S.; Sarfert, J.:* Berechnung wälzgelagerter Linearführungen. Konstruktion 46 (1994) 6, S. 209.
[8.3.43] *Tanner, A.; Winkler, M.:* Zur wissensbasierten Konstruktion von Linearführungen. Konstruktion 49 (1997) 3, S. 12.
[8.3.44] *Baalmann, K.:* Tragzahlen von Linearführungen. Konstruktion 51 (1999) 3, S. 37.
[8.3.45] *Jacob, E.; Muck, R.:* Präzisionsgeräte und Maschinen mit modularen Standard-Führungseinheiten. Feinwerktechnik u. Meßtechnik 93 (1985) 4, S. 185.

8.4. Schmierung [8.4.1] [8.4.2]

Durch Reibung und Verschleiß gehen der Volkswirtschaft jährlich Werte in Milliardenhöhe an Energie und Material verloren. Aus diesem Grunde und wegen der Gewährleistung einer hohen Funktionsgüte muß es das Ziel einer jeden Lagerkonstruktion sein, unter Berücksichtigung der Wirtschaftlichkeit und des dazu notwendigen Aufwands die Verluste so niedrig wie möglich zu halten. So vielseitig die Einflußfaktoren auf Reibung und Verschleiß sind, so vielgestaltig sind die Möglichkeiten, Maßnahmen zur *Verminderung von Reibung und Verschleiß* zu ergreifen:

- Auswahl einer optimalen Werkstoffpaarung
- tribotechnisch richtige Bemessung und Gestaltung der Reibstelle
- Herabsetzen der Beanspruchung
- Verbessern der Betriebsbedingungen
- Anwendung von Schmierstoffen
- Sicherung der Wirksamkeit der Schmierstoffe durch Schmiereinrichtungen und -verfahren
- Erzeugung reibungs- und verschleißmindernder Oberflächenschichten.

Über diese Maßnahmen hat bereits der Konstrukteur zu entscheiden; ihre Wirksamkeit hängt in erster Linie von ihm und nicht erst von der Montage und Instandhaltung ab.

8.4.1. Schmierstoffe

Der Schmierstoff hat neben seiner Hauptaufgabe, der Verringerung von Reibung und Verschleiß, auch die Funktion der Kraftübertragung, Wärmeabfuhr, Abdichtung und des Korrosionsschutzes zu erfüllen. Er ist deshalb entsprechend seinem Gebrauchswert stets technisch richtig und ökonomisch sinnvoll anzuwenden.
In erster Linie stehen folgende Schmierstoffgruppen zur Verfügung: Öle, Fette und Festkörper.

8.4.1.1. Schmieröle [8.4.1] [8.4.11]

Die wichtigsten Kenngrößen sind: Viskosität, Stockpunkt, Kriechneigung und Alterung.
Viskosität (Zähigkeit). Sie bezeichnet den Widerstand, den die Flüssigkeitsmoleküle einer gegenseitigen Verschiebung entgegensetzen.

Die Einheit der *dynamischen Viskosität* η ist die Pascalsekunde:

$$1 \text{ Pa} \cdot \text{s} = 1 \text{ N} \cdot \text{m}^{-2} \cdot \text{s}.$$

Zugelassen ist auch die SI-fremde Einheit Poise (P). Es gilt folgende Umrechnung:

$$1 \text{ P} = 100 \text{ cP} = 0{,}1 \text{ Pa} \cdot \text{s} \quad \text{bzw.} \quad 1 \text{ cP} = 1 \text{ mPa} \cdot \text{s}.$$

Die Schmierstoffhersteller geben meist die *kinematische Viskosität* ν an. Sie ist das Verhältnis von dynamischer Viskosität zur Dichte des Öls: $\nu = \eta/\varrho$. Die Einheit ist das Stokes (St) bzw. Zentistokes (cSt):

$$1 \text{ St} = 100 \text{ cSt} = 1 \text{ cm}^2/\text{s} = 10^{-4} \text{ m}^2/\text{s},$$
$$1 \text{ cSt} = 1 \text{ mm}^2/\text{s}.$$

Da Öle eine Dichte von ungefähr $\varrho = 0{,}9$ g/cm³ haben, lassen sich dynamische und kinematische Viskosität leicht umrechnen:

η	ν
1 Pa · s	11,11 St
1 mPa · s = 1 cP	1,1 cSt = 1,1 mm²/s
0,9 mPa · s = 0,9 cP	1 cSt = 1 mm²/s

Die Viskosität nimmt mit steigender Temperatur stark ab. In einem speziellen Viskositäts-Temperatur-Blatt erscheint die Viskositätskurve als Gerade, zu ihrer Ermittlung genügen zwei Meßpunkte. **Bild 8.4.1** zeigt das Viskositäts-Temperatur-Verhalten (VT-Verhalten) von einigen in der Feinmechanik und im Maschinenbau verwendeten Schmierölen. Zur besseren Klassifizierung und einer anwendergerechten Bezeichnung ist eine Viskositätsklassifikation (DIN 51519) geschaffen worden, die auf 18 Viskositätsklassen basiert **(Tafel 8.4.1)**.

Tafel 8.4.1. Viskositätsklassen nach DIN 51519

Viskositätsklasse	Mittl. kinemat. Viskosität bei +40 °C mm²/s (cSt)	Untere Grenze mm²/s (cSt)	Obere Grenze mm²/s (cSt)
2	2,2	1,98	2,42
3	3,2	2,88	3,52
5	4,6	4,14	5,06
7	6,8	6,12	7,48
10	10	9,0	11,0
15	15	13,5	16,5
22	22	19,8	24,2
32	32	28,9	35,2
46	46	41,4	50,6
68	68	61,2	74,8
100	100	90	110
150	150	135	165
220	220	198	242
320	320	289	352
460	460	414	506
680	680	612	748
1000	1000	900	1100
1500	1500	1350	1650

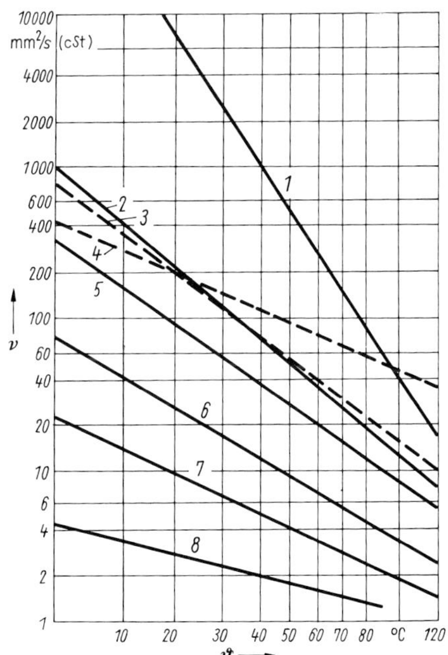

Bild 8.4.1. Viskositäts-Temperatur-Verhalten einiger Schmieröle

1 Heißdampfzylinderöl Z 1000; *2* Spezialöl XG 68; *3* Silikonöl NM 4-200*); *4* Silikonöl NM 1-200*); *5* Uhrenöl, Sorte 1; *6* Feinmechaniköl F 25*); *7* Schmieröl CL 5; *8* Schmieröl CL 2

*) Kennzahl der kinematischen Viskosität bei +20°C

Jede der Viskositätsklassen wird durch eine ganze Zahl bezeichnet, die sich durch Runden des in mm^2/s (cSt) ausgedrückten Zahlenwertes der mittleren kinematischen Viskosität bei +40 °C ergibt, wobei die zulässige Toleranz jeder Viskositätsklasse ±10% beträgt. Die ISO-Viskositätsreihe ist eine geometrische Reihe mit sechs Stufen innerhalb einer Dekade und einem Stufensprung $q = 1{,}467 \approx 1{,}5$ (s. auch Abschnitt 3.1.), so daß die mittlere Viskosität einer Klasse 50% größer ist als die der vorangegangenen. Diese Klassifikation stellt jedoch keine Qualitätsbewertung der Öle, sondern lediglich eine Zuordnung der Nennviskosität bei +40 °C dar. Aussagen über den Legierungsgrad oder andere anwendungstechnische Parameter sind den Standard- oder Herstellerunterlagen zu entnehmen.
Da die bisher mancherorts übliche Kennzeichnung der Schmieröle deren mittlere Viskosität bei +50 °C enthielt, ist zwischen alter und neuer Bezeichnung zu unterscheiden. Das Schmieröl, z. B. mit der alten Bezeichnung GL 240, mit einer Nennviskosität von 240 mm^2/s bei +50 °C hat bei +40 °C eine Viskosität von 444 mm^2/s, gehört damit zur Viskositätsklasse 460 und trägt nun die neue Bezeichnung GL 460.

Die Steilheit der VT-Geraden ist für viele Anwendungsgebiete eine wesentliche gebrauchswertbestimmende Größe, sie wird durch den Viskositätsindex (VI) gekennzeichnet. Ein VI-Wert um 100 und darüber weist auf eine flache Gerade, d. h. ein sehr gutes VT-Verhalten hin. Je kleiner der VI-Wert (bis zum Wert 0 und darunter), desto steiler fällt die VT-Gerade, desto schlechter ist das VT-Verhalten.
Daß die Viskosität auch vom Druck abhängt, wird meist wenig beachtet. Mit wachsendem Druck erhöht sich die Viskosität nach der Beziehung

$$\eta_p = \eta_0 \, e^{\alpha p}. \tag{8.4.1}$$

η_0 Viskosität bei Atmosphärendruck.

Im Gebiet der Mischreibung ist der lokale Schmieröldruck überaus hoch, so daß die damit verbundene Viskositätserhöhung nach [8.2.5] eine Erklärung für die Schmierwirkung der Öle in diesem Beanspruchungsgebiet ist. Der Druck-Viskositäts-Exponent α hängt von der Art des Öls und der Temperatur ab, er liegt in der Größenordnung $\alpha \approx 2 \cdot 10^{-2}\,mm^2/N$. Ein Druck von 20 N/mm^2 würde danach eine Viskositätserhöhung um 50% ergeben.

Stockpunkt. Mit sinkender Temperatur verliert das Öl seine Fließfähigkeit, es stockt. Die Temperatur, bei der es durch Schwerkrafteinfluß gerade nicht mehr fließt, wird als Stockpunkt bezeichnet. Eine Aussage über das Kälteverhalten ist daraus nur bedingt möglich.

Tafel 8.4.2. Übersicht über Schmierstoffzusätze [8.4.1]

Additivtyp	Wirkungsweise
Oxidationsinhibitoren (Antioxidantien)	hemmen Schmierstoffalterung, indem sie den Kettenmechanismus der Öloxidation unterbrechen (Erhöhung der Alterungsbeständigkeit)
Korrosionsinhibitoren	schützen Metalle vor Korrosion, indem sie durch physikalische Adsorption oder chemische Reaktion Deckschichten bilden (Passivierung)
Hochdruckzusätze (EP-Zusätze, EP = extrem pressure)	verhindern bei hohen spezifischen Belastungen das Verschweißen der Oberflächen durch Haftschichtenbildung (Erhöhung des Druckaufnahmevermögens)
VI-Verbesserer	verbessern das VT-Verhalten der Schmieröle durch Eindickeffekt, besonders bei hohen Temperaturen
Stockpunkterniedriger	setzen bei paraffinhaltigen Ölen den Stockpunkt herab
Schauminhibitoren	verhindern die Bildung von stabilem Schaum (besonders für Hydraulik- und Strömungsgetriebeöle)
Weitere Zusätze:	
Fettöle (tierische u. pflanzliche)	verbessern durch ihr Haftvermögen auf der Metalloberfläche und Bildung von Metallseifen aus der Fettsäure die Schmierwirkung wie milde EP-Zusätze, verringern die Kriechneigung, reduzieren jedoch die Alterungsbeständigkeit! (gefettete Öle vorwiegend als Feinmechanik- und Uhrenöle)
Festschmierstoffe (Graphit, MoS_2-Suspensionen)	verringern die Gefahr des Notlauffressens

Kriechneigung. Ununterbrochenes oder zumindest regelmäßiges Nachschmieren ist bei vielen Geräten nicht möglich. Das schädliche Trockenlaufen der Lager muß man durch Verwendung solcher Schmierstoffe verhindern, die von der Schmierstelle nicht wegkriechen. Für diese Eigenschaft gibt es noch kein standardisiertes bzw. genormtes Prüfverfahren. Man erkennt die unterschiedliche Kriechneigung aber, wenn man Tropfen verschiedener Öle auf die gleiche Unterlage setzt und den zeitlichen Verlauf des Ausbreitens beobachtet (Tropfenverhalten). Gefettete Öle, insbesondere Uhrenöle haben eine geringe Kriechneigung, d. h. ein gutes Tropfenverhalten, während Mineralöle eine große und Silikonöle eine sehr große Kriechneigung aufweisen und daher für eine einmalige Schmierung, die über einen langen Zeitraum wirksam sein soll, ungeeignet sind.
Zur Verbesserung ihrer Eigenschaften werden die meisten Schmieröle mit bestimmten Zusätzen (Additivs) versehen und als legierte Öle bezeichnet. **Tafel 8.4.2** gibt eine Übersicht über die verschiedenen Zusätze und ihre Wirkungen.

Alterung. Um Lebensdauerschmierung zu ermöglichen, sollen die Schmierstoffe der Feinmechanik möglichst unbegrenzt im Betrieb gebrauchsfähig bleiben. Da der Schmierstoff jedoch ständig mit Luftsauerstoff, Feuchte sowie Staub und Industrieabgasen in Berührung kommt und dazu noch Licht, Wärme und der Lagerwerkstoff auf ihn einwirken, besteht die Gefahr, daß er sich verändert, daß er altert. Dabei entstehen neben Oxidations- und Polymerisationsprodukten, die die Viskosität erhöhen, auch freie Säuren, die z. B. mit dem Lagermetall chemisch korrosiv reagieren, wobei sich harzige Metallseifen bilden. Mit der chemischen Veränderung des Schmierstoffes ist meist eine Gebrauchswertminderung verbunden, die bis zum völligen Versagen des Schmierstoffes führen kann.

8.4.1.2. Schmierfette [8.4.18] [8.4.19]

Schmierfette sind konsistente Schmierstoffe. Sie bestehen aus einem Grundöl und einem Eindicker, meistens einer Seife, in kolloidaler Dispersion. Dem Aufbau nach könnte man Schmierfett mit einem ölgetränkten Schwamm vergleichen. Im Lager soll das Schmierfett das in ihm enthaltene Öl langsam und stetig an die zu schmierenden Flächen abgeben. Mit steigender Temperatur wird das Fett weicher, und die Ölabsonderung nimmt zu. Dieser an sich gewünschte Vorgang wird jedoch gefährlich, wenn das Fett bei hohen Temperaturen in seine Komponenten zerfällt und dabei „ausblutet“. Das übriggebliebene Seifengerüst bildet dann je nach der Höhe der Temperatur eine trockene, bröcklige und manchmal verkokte Masse, die nicht schmierfähig ist.
Ein weiterer Einflußparameter auf das Schmiervermögen ist auch die Feuchte. Je nach der Verseifungsbasis können Fette mehr oder weniger Wasser aufnehmen. Sobald der Wasseranteil zu groß wird, wird das Fett flüssig, es fließt aus der Lagerstelle heraus.

Vorteile von Fetten gegenüber Schmierölen: Sie
- haften an der Schmierstelle besser
- haben eine höhere Druckaufnahmefähigkeit und sind deshalb bei höheren Flächenpressungen einsetzbar
- erzeugen aufgrund ihrer Steifigkeit (Konsistenz) eine Dichtwirkung und schützen die Schmierstelle gegen Staub oder Feuchte
- haben eine hohe Alterungsbeständigkeit.

Nachteile gegenüber Ölen sind ihre größere Reibung und daß einmal von der Schmierstelle verdrängtes Fett nicht zurückkriecht, also nicht mehr zur Schmierung beiträgt.

Tafel 8.4.3 gibt eine grobe Übersicht über die Schmierfette und ihre Gebrauchseigenschaften.

8.4.1.3. Festkörperschmierstoffe [8.4.21]

Als feste Schmierstoffe werden Graphit, Molybdän-, Wolfram- und Titandisulfid (MoS_2, WS_2, TiS_2) wegen ihrer Lamellenstruktur verwendet. Die Lamellen weisen untereinander nur schwache Bindungen auf und sind deshalb gegeneinander leicht verschiebbar. Das ist der Grund für die gute Schmierwirkung dieser Stoffe. Ihr Einsatz erfolgt, wenn Öle und Fette bei Festkörperreibung versagen, bei extrem hohen oder tiefen Temperaturen oder bei sehr großen Flächenpressungen. Das Hauptproblem bei der Anwendung dieser Festkörperschmierstoffe besteht darin, sie an die Reibstelle heranzubringen und dort festzuhalten, damit sie lange wirksam sind.

Folgende Möglichkeiten bieten sich an:
- Auftragen auf die Reibkörperoberflächen durch Einreiben, Bürsten, Trommeln in trockener Form; Aufsprühen von Sprays; Aufstreichen von Kunststoffen
- Zusatz zu Ölen und Fetten
- Einbetten in den Lagerwerkstoff (z. B. bei Sinterbronze, Polyamid und PTFE).

Tafel 8.4.3. Einteilung der Schmierfette nach der Verseifungsbasis [8.4.1]

Verseifungsbasis Bezeichnung	Mittl. Temperaturbereich in °C	Wasserbeständigkeit	Walkbeständigkeit	Etwaiges Einsatzgebiet
Kalzium (Ca) Kalzium- oder Kalkseifenfett	−30 … +50	sehr gut	mittel	untergeordnete, kaltbleibende Gleitstellen
Kalzium (Ca) Kalzium-Acetat-Komplexfett	−30 … +120	sehr gut (kochwasserbeständig)	sehr gut	weiches, gut haftendes druckaufnahmefähiges Fett für Wälz- und Gleitlager, besonders f. Wasserpumpen
Natrium (Na) Natrium- oder Natronseifenfett	−30 … +100	nicht beständig	mittel	Wälz- und Gleitlager ohne Wasserzutritt
Lithium (Li) Lithiumseifenfett	−30 … +140	sehr gut	sehr gut	Mehrzweckfett für Wälz- und Gleitlager aller Art, jedoch teuer
Natrium-Aluminat (NaAl) Natrium-Aluminat-Komplexfett	−30 … +120	gut	gut	Mehrzweckfett für Wälz- und Gleitlager, weitgehender Ersatz für Lithiumfette

8.4.2. Reibungs- und verschleißmindernde Schichten [8.4.14] [8.4.15]

Das Reibungs- und Verschleißverhalten von Werkstoffen hängt wesentlich vom Aufbau und von den Eigenschaften der im Reibprozeß mechanisch beanspruchten Randschichten (s. auch Abschnitt 3.3.2.2., Bild 3.30) und der durch verschiedenartige Vorgänge an den Reibflächen

Tafel 8.4.4. Realisierung von Reibungs- und Verschleißminderung durch Oberflächenschichten [8.4.15]

Schichteigenschaft	Technologisch-metallurgische Realisierung	Schmierstofftechnische Realisierung
Reibungsminderung		
geringe Scherfestigkeit gegenüber dem Grundmaterial und große reale Kontaktfläche	Diffusion von weichen Legierungselementen zur Reibfläche und teilweise Übertragung auf den Gegenpartner (z. B. C, S, Pb, Sn) Aufschmelzen von dünnen Schichten und Übertragen auf den Gegenpartner (z. B. Plaste, Kunststoffe) Wiederanlagerung von abgeriebenen kleinen weichen Metallteilchen (z. B. Sn, Pb, Cu bei Lagerlegierungen) Wiederanlagerung von abgeriebenen sehr kleinen harten Teilchen (z. B. Al_2O_3 bei Keramik)	Adsorption grenzflächenaktiver Schmierstoffbestandteile (z. B. Fettsäuren) Abscheiden von Polymer- oder Reibpolymerschichten aus Schmierstoffzusätzen (z. B. Ester) Verwirklichung von Reaktionsschichten mit geringer Härte oder mit lamellarer Struktur durch Schmierstoffzusätze (z. B. PbS, $FeCl_2$) Bildung einer quasiflüssigen Schicht durch Lösen von Legierungsbestandteilen aus einem Gleitwerkstoff (z. B. Sn aus Bronze) Anlagern von dem Schmierstoff zugegebenen kleinen weichen Metallteilchen (z. B. Cu, Sn, Pb) Anlagern von weichen Elementen aus metallhaltigen Additivs (z. B. Pb, Sn)

Tafel 8.4.4. Fortsetzung

Schichteigenschaft	Technologisch-metallurgische Realisierung	Schmierstofftechnische Realisierung
Verschleißminderung		
bei abrasivem Verschleiß ausreichende Härte des Grundmaterials	Bildung einer verfestigten Schicht durch plastische Verformung (z. B. Cu und Cu-Leg.) Erzeugung harter Phasen durch Phasenumwandlungen oder Ausscheidungen (z. B. härtbare Stähle) Abscheiden harter metallischer Schichten (z. B. Hartverchromen) Gewährleistung einer günstigen Zerstörung und Wiedervereinigung von Makromolekülen an den Reibflächen (z. B. Polyamid)	Bildung von harten Reaktionsschichten aus Schmierstoffbestandteilen bzw. -zusätzen (z. B. Karbide, Boride)
bei adhäsivem Verschleiß unähnliche Bindung und Gitterstruktur der Reibpartner zueinander	Schaffung von unähnlichen Schichten durch Diffusion (z. B. Sn auf Bronze) Erzeugung von Reaktionsschichten mit überwiegend kovalenter Bindung (z. B. Oxide). Entstehung von schwer verformbaren Phasen mit hexagonaler Gitterstruktur (z. B. Reibmartensit)	Erzeugung von Reaktionsschichten hexagonaler Gitterstruktur mit erforderlicher hoher Verformung zur Anpassung (z. B. FeS auf Stahl) Bildung von trennenden Adsorptions- oder Abscheidungsschichten (z. B. Fettsäuren oder Ester)
bei Ermüdungsverschleiß geringe Störstellenspeicherung im Grundwerkstoff	Erzeugung weicher metallischer Diffusionsschichten mit niedriger Rekristallisationstemperatur (z. B. Pb, Sn, Cd) Verwirklichung geringer Versetzungsbewegungen durch Schichten hexagonaler Gitterstruktur (z. B. Sn) Erzeugung von Phasen mit Druckeigenspannungen durch Verformung (z. B. Martensit bei austenitischen Manganhartstählen)	Schaffung einer quasiflüssigen Schicht zum Versetzungsaustritt durch Lösen von Legierungsbestandteilen (z. B. Cu bei Bronze) Anlagerung von Metallteilchen oder -atomen mit niedriger Rekristallisationstemperatur aus dem Schmierstoff (z. B. Sn, Pb)

entstehenden Haftschichten ab. Solche tribotechnisch wirksamen Schichten müssen eine beanspruchungsgerechte Dicke, ausreichende Haftfestigkeit und Temperaturbeständigkeit sowie Beständigkeit gegen das angrenzende Medium besitzen.

Tafel 8.4.5. Herstellungsmöglichkeiten für tribotechnisch günstige Schichten [8.4.14]

Verfahren	Vorteile	Nachteile
Elektrolytisches Abscheiden		
Hartverchromen	hohe abrasive Verschleißfestigkeit, geringe Adhäsionsneigung und sehr hohe Haftfestigkeit der Schicht, auch bei großen dynamischen Belastungen	geringe Schmierstoffhaftung an der Schicht durch Poren
Metalldiffusionsverfahren (Titanieren, Chromieren). Diffusion von Metallen in die Oberfläche von Stählen durch chemisch-thermische Verfahren	Entstehung haftfester, hitzebeständiger Schicht mit guten Korrosions- und Verschleißeigenschaften bei Gleit- und Wälzbeanspruchung	relativ aufwendiges Verfahren bei teilweise hohen Temperaturen
Vakuumverfahren. Aufdampfen bzw. Aufstäuben von Cr, Ni, Ti, W auf Metalle und Nichtmetalle	metallsparendes Verfahren; Entstehung dichter porenfreier, korrosions- und verschleißfester Schichten mit Eignung für niedrige bis mittlere Gleitbeanspruchung	begrenzte Schichtdicke ($< 5\ \mu m$), keine Eignung für hohe Beanspruchung
Anreiben von Cu, Bronze oder Messing auf Stahl oder Gußeisen in einem bestimmten Schmiermedium (i. allg. Glyzerin)	Verbesserung der Reib- und Verschleißeigenschaften von Eisenwerkstoffen ohne großen Aufwand	Abhängigkeit der Beschichtung von der Bauteilgeometrie

Tafel 8.4.5. Fortsetzung 1

Verfahren	Vorteile	Nachteile
Nichtmetallische anorganische Schichten (s. auch Tafeln 3.36 und 3.40)		
Umwandlungsschichten		
Hartanodisieren. Anodische Oxidation von Aluminium und seinen Legierungen in Bädern	Entstehung von verschleißmindernden, korrosionshemmenden Schichten aus hartem Al_2O_3 mit thermischer Beständigkeit und rißhemmender Wirkung; Reibungs- und Verschleißverhalten hängt von Art und Anordnung des Gegenpartners ab	hoher Anlagenaufwand und relativ geringe Beschichtungsgeschwindigkeit; Möglichkeit der Lösung der Schicht, besonders bei punkt- und linienförmiger Bewegung
Phosphatieren. Tauchen oder Spritzen von unedlen Metallen und Legierungen mit den Salzen der Phosphorsäure	geringer Anlagenaufwand; Entstehung von weichen, gut haftenden Schichten mit günstigen Notlauf- und Einlaufeigenschaften; geeignete Verwendung im Zusammenhang mit dem Einsatzhärten und dem Nitrieren	kurze Lebensdauer und geringe Temperaturbeständigkeit der Schicht; geringer Korrosionsschutz infolge Poren; Verbesserung durch Nachbehandlung
Diffusionsschichten		
Einsatzhärten. Aufkohlen von Stählen mit niedrigem C-Gehalt auf 0,7 ... 1,1% mit anschließendem Randschichthärten	schnelle, billige und betriebssichere Beschichtung; Bildung einer harten, verschleißfesten und für Schwingungsbeanspruchung geeigneten martensitischen Schicht auf einem zähen, bruchvermindernden Kern; Gewährleistung einer hohen Ermüdungsfestigkeit durch Druckeigenspannungen und durch eine hohe Härte bis in mehrere zehntel Millimeter Tiefe	Anwendung der Beschichtung nur bei Einsatzstählen; Möglichkeit der Maßänderung und des Verzugs der Teile; Notwendigkeit des Anlassens, Richtens und Schleifens nach dem Einsatzhärten
Nitrieren. Anreicherung von N auf Eisenwerkstoffen aus der festen, flüssigen oder gasförmigen Phase	keine Formänderung wegen niedriger Behandlungstemperaturen; Bildung harter nitridhaltiger Schichten mit Eignung für hohe Verschleiß-, Dauer- und Schwingungsbelastung sowie mit größerem Widerstand gegen thermisches Erweichen als die einsatzgehärteten Schichten	mögliche Verringerung der Dauerfestigkeit durch Poren
Karbonitrieren. Anreicherung der Oberfläche von Eisenwerkstoffen mit N und C zur Bildung von Karbonitriden	Energieeinsparung, Härtung eines größeren Stahlsortiments, Verbesserung der Form- und Maßbeständigkeit der Teile sowie des adhäsiven Verhaltens und der thermischen Beständigkeit der Schicht im Vergleich zum Einsatzhärten	mögliche Verringerung der Schlagfestigkeit im Vergleich zum Einsatzhärten
Sulfonitrieren. Anreicherung der Oberfläche von Eisenwerkstoffen mit N und S zur Bildung einer weichen schwefelreichen Zone auf der Nitrierschicht	Verbesserung des Einlauf-, Freß- und Reibungsverhaltens der Nitrierschicht	Neigung der Schwefelschicht zur Brüchigkeit
Borieren. Glühen von Stählen, Hart- und Sintermetallen, Gußeisen und NE-Metallen in Bor abgebenden Stoffen mit anschließendem Härten und Vergüten	relativ kostengünstig; Entstehung harter, rißfreier Fe_2B-Schichten mit thermischer Beständigkeit; Dauerfestigkeit und Verschleißbeständigkeit gegen Abrasion und Adhäsion in Verbindung mit guten Reibeigenschaften	Berücksichtigung des Aufwachsens der Schicht; keine Möglichkeit der Nachbearbeitung der Schicht durch Härte und Schleifrißbildung; gewisse Sprödigkeit
CVD-Verfahren. Chemische Gasphasenabscheidung von Karbiden des Titans, Chroms und Vanadiums auf Stahl und von Karbiden, Karbonitriden	Entstehung gleichmäßiger, gut haftender, harter und thermisch sowie bedingt chemisch resistenter Schichten mit geringer Verschweißneigung und hoher Gleitverschleißbeständigkeit für hohe Bela-	Beschränkung auf bestimmte Grundwerkstoffe und Beschichtungen wegen der hohen Prozeßtemperatur; Begrenzung der Schichtdicke und der Verbundstabilität durch Druckeigenspannungen; Möglich-

Tafel 8.4.5. Fortsetzung 2

Verfahren	Vorteile	Nachteile
und Boriden des Titans auf Hartmetall mit thermischer Nachbehandlung	stungen bei Trockenreibung sowie guter Ölbenetzbarkeit bei Mischreibung; Lebensdauererhöhung um das 2- bis 3fache	keit des Verzugs der Teile; keine Eignung für hohe Schlagbeanspruchung
PVD-Verfahren. Physikalische Abscheidung mittels Vakuumtechnologien (Bedampfen, Zerstäuben) von Nitriden, Karbonitriden und Karbiden des Zirkons, Hafniums, Niobs und Tantals sowie von Mehrstoffschichtverbunden auf verschiedenen Grundwerkstoffen	Energieeinsparung gegenüber CVD-Verfahren durch niedrige Prozeßtemperaturen; Eignung auch für niedrigschmelzende Grundwerkstoffe und Hartstoffe mit hoher Bildungstemperatur; keine Nachbearbeitung erforderlich; Eignung der Schicht für starke Verschleiß-, Korrosions- und Temperaturwechselbeanspruchungen, Lebensdauererhöhungen um das 3- bis 10fache	aufwendige Anlagentechnik; Fehlen einer technischen Anwendungsbreite; schwierige Realisierung von Rundumbeschichtungen und der Beschichtung dünner Bohrungen

Reibungsminderung wird durch geringe Steifigkeit der äußeren Schichten gegenüber dem angrenzenden Material, das zur Aufnahme von Druckspannungen eine entsprechende Festigkeit haben soll, erreicht. Der Gegenpartner muß eine wesentlich höhere Härte aufweisen.

Bei Verschleißminderung ist der Verschleißmechanismus zu berücksichtigen. Weiche metallische Schichten wirken adhäsions- und ermüdungshemmend. Adhäsionshemmung hat meist auch Reibungsminderung zur Folge. Der Abrasions- und teilweise auch der Ermüdungswiderstand, die von der Härte des Reibpartners abhängen, werden durch Veränderungen mit Festigkeitserhöhung infolge Verformung bzw. Phasenumwandlung bestimmt.

Tafel 8.4.4 zeigt, wie technologisch-metallurgisch und schmierstofftechnisch reibungs- und verschleißmindernde Schichten gebildet werden können. Aus der Vielzahl der technologischen Möglichkeiten zur Realisierung solcher Schichten bietet **Tafel 8.4.5** eine Auswahl.

8.4.3. Schmierverfahren

Das Schmierverfahren hat die Aufgabe, die Schmierstelle mit Schmierstoff in ausreichender Menge zu versorgen.

Bei Ölschmierung umfaßt das Schmierverfahren folgende Elemente:
- Öldepot (Ölwanne, Filz)
- Strömungsantrieb (Kapillarwirkung, Pumpe, Gefälle)
- Dosierung (Tropföler)
- Leitung (Rohrleitung, Ölbohrungen)
- Zugang zur Schmierstelle (Schmiertaschen, -nuten)
- Abfluß
- Auffang (Ölwanne, Filz)
- Rückführung (Schmierring, Pumpe).

Der konstruktive Umfang und apparative Aufwand eines Schmierverfahrens ist im Einzelfall recht unterschiedlich. Eine Zentralschmierung besitzt z. B. eine Vielzahl unterschiedlicher Schmiereinrichtungen zur Realisierung des Schmierverfahrens; bei Einzelschmierung einer Lagerstelle sind die wesentlichen Elemente mitunter in einer einfachen Ölsenkung integriert.

Schmierung von Gleitlagern

Einmaliges Schmieren von Hand. Muß die Schmierwirkung über einen langen Zeitraum wirksam sein, ist ein Schmierstoffdepot vorzusehen und dafür zu sorgen, daß der Schmierstoff die Schmierstelle nicht verläßt. Fette bereiten aufgrund ihrer Konsistenz die geringsten Probleme, für sie ist lediglich an der Schmierstelle ein entsprechender Raum (Schmiertasche) vorzusehen. Bei Ölen ist es möglich, sie durch Ausnutzung der Kapillarwirkung eines Spaltes oder der Saugwirkung von Filz an der Schmierstelle zu halten. So wird z.B. bei dem im

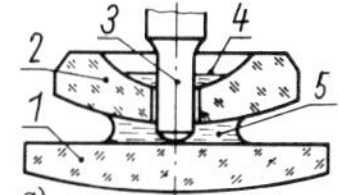

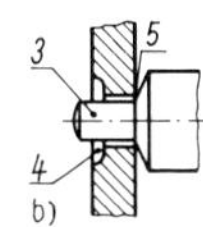

Bild 8.4.2. Ölhaltung an Zapfenlagern
a) Steinlager; b) Platinenlager
1 Deckstein; *2* Lochstein; *3* Zapfen; *4* Ölsenkung; *5* Kapillarspalt

Bild 8.4.2a gezeigten Steinlager das Öl durch den sich zur Schmierstelle hin verengenden Spalt zwischen Loch- und Deckstein am Auslaufen gehindert. Bei abgesetzten Zapfen hilft ein Kapillarspalt an der Anlauffläche, das Öl an der Schmierstelle festzuhalten (b). Die Ölsenkungen in beiden Konstruktionen dienen sowohl der Ölhaltung als auch als Öldepot. Ihre Abmessungen sind nach **Bild 8.4.3** festzulegen. Bei der Verwendung von Filz als Öldepot ist darauf zu achten, daß er mit der Reibfläche guten Kontakt hat. Ein axiales Filzpolster **(Bild 8.4.4**a) hat für das Radiallager einen geringeren Effekt als die in (b) und (c) vorgeschlagenen Anordnungen. Der Kontaktdruck des Filzpolsters läßt sich durch eine Schraube einstellen. Bei der Auswahl des Filzes ist zu berücksichtigen, daß die Saugfähigkeit mit wachsender Härte abnimmt.

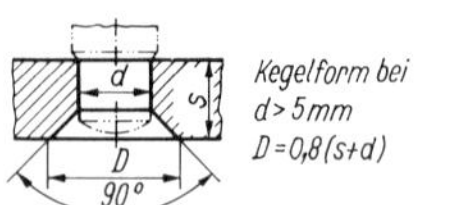

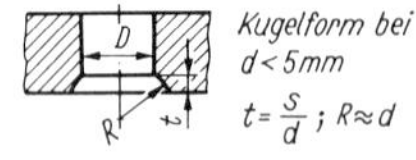

Bild 8.4.3. Ölsenkung

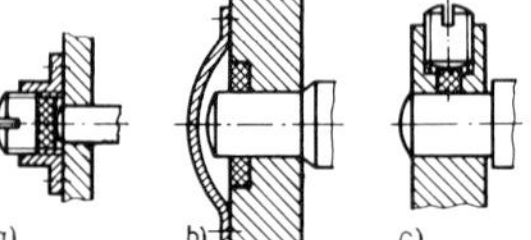

Bild 8.4.4. Filzpolsterschmierung
a) Axialpolster; b) Filzring; c) Radialpolster

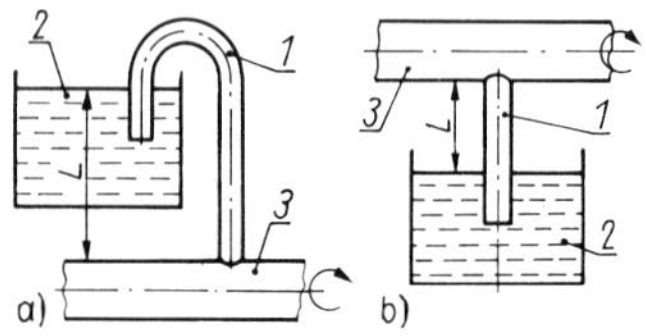

Bild 8.4.5. Dochtschmierung
a) Heberdochtöler; b) Saugdochtöler
1 Docht; *2* Ölbehälter; *3* Welle

Dochtschmierung. Dochte sind aufgrund ihrer Saugwirkung in der Lage, Schmieröl von einem Vorratsbehälter zur Schmierstelle zu transportieren, wobei die Fördermenge u. a. vom verwendeten Dochtmaterial, dessen Querschnitt und der Förderlänge L **(Bild 8.4.5)** abhängt und sich damit dosieren läßt. Ein unterhalb der Schmierstelle angebrachter Ölbehälter kann überschüssiges, von der Schmierstelle abtropfendes Öl auffangen und durch den Docht der Schmierstelle wieder zuführen lassen (Schmierölkreislauf, Umlaufschmierung).

Tauchschmierung. Bei diesem einfachen und sicher wirkenden Schmierverfahren wird das Öl durch auf der Welle sitzende und mit ihr umlaufende Teile, die in das Ölbad eintauchen, mitgenommen. Die Zuführung erfolgt entweder wie bei Schmierringen (s. Bild 8.2.6) direkt, oder wie bei Schleuderscheiben und Zahnrädern durch die Schleuderwirkung zur Schmierstelle. Auch hier liegt eine Umlaufschmierung vor; das gebrauchte oder überschüssige Öl wird vom Ölbad wieder aufgenommen. In ihm sammeln sich auch die Verschleißpartikel an, das Öl verschmutzt und altert, es muß gewechselt werden. Den Verschmutzungsgrad erkennt man am einfachsten durch Vergleich der Bilder von je einem Tropfen Frischöl und Gebrauchtöl, die auf Filterpapier aufgebracht worden sind.

Schmierung von Wälzlagern [8.4.6] [8.4.20]

Etwa 80% aller eingebauten Wälzlager werden mit Fett geschmiert. Es bildet im Lager eine Schmierschicht, ein lastübertragendes Element, welches verhindert, daß die abrollenden oder aufeinander gleitenden Lagerteile sich berühren und dadurch an ihren Oberflächen beschädigt werden. Der an den Wälzkörpern haftende Schmierstoff wird durch den Rollvorgang in den Spalt zwischen Wälzkörper und Rollbahn gezogen und baut dort eine trotz hoher Flächenpressung trennende Schmierschicht auf.

Gegenüber der Ölschmierung hat die Fettschmierung die *Vorteile*, daß das Fett
- geringeren Aufwand zur Abdichtung gegen Schmierstoffaustritt erfordert
- zur Abdichtung gegen Eintritt von Fremdkörpern beiträgt
- bei geeigneter Auswahl eindringende Luftfeuchte und kleinere Wassermengen aufnehmen kann.

Eine Ölschmierung von Wälzlagern wird nur bei hohen Ansprüchen an die Reibungsarmut angewendet.

In allen Lagern unterliegen die Schmierfette einer natürlichen Alterung infolge Walkbeanspruchung sowie thermischer und chemischer Einflüsse, die nach einer bestimmten Zeit zum Fettwechsel zwingt. Bei fettgeschmierten Wälzlagern hängt diese Schmierfrist vor allem von der Lagerart und -größe, der Drehzahl, der Betriebstemperatur und der Fettqualität ab.

Bei kleinen Lagern, vorwiegend bei Rillenkugellagern, ist die Gebrauchsdauer des Fettes vielfach länger als die Lebensdauer des Lagers. Die Fettmenge, die in die Lagerung zu füllen ist, richtet sich nach der Drehzahl. Die eigenen Hohlräume des Lagers sollen stets vollgefüllt werden, damit alle Funktionsflächen Schmierstoff erhalten, ausgenommen die Lager mit Dicht- oder Deckscheiben und Lager in reibungsarmen Meßsystemen, die nur zu 20 bis 30% mit Fett zu füllen sind. Der Gehäuseraum neben dem Lager soll bei $n/n_g < 0{,}2$ voll, bei $n/n_g = 0{,}2 \dots 0{,}8$ zu einem Drittel gefüllt werden und bei $n/n_g > 0{,}8$ leer bleiben. n_g ist die für Fettschmierung im Wälzlagerkatalog angegebene Grenzdrehzahl.

Schmierung von Gleitführungen

Gleitführungen (s. Abschnitt 8.3.) arbeiten aufgrund niedriger Gleitgeschwindigkeiten fast ausschließlich im Mischreibungsgebiet. Zur optimalen Gestaltung des Reibungs- und Verschleißverhaltens tragen Spezialschmierstoffe bei, die folgende Gebrauchseigenschaften aufweisen müssen:

Tafel 8.4.6. Normen und Richtlinien zum Abschnitt 8.

DIN-Normen	
DIN 615	Schulterkugellager
DIN 617	Nadellager
DIN 620	Toleranzen der Wälzlager; Lagerluft
DIN 623	Wälzlager; Begriffe, Benennung, Kurzzeichen
DIN 625	Rillenkugellager
DIN 628	Schrägkugellager
DIN 630	Pendelkugellager
DIN 635	Pendelrollenlager
DIN 711	Axial-Rillenkugellager (einseitig)
DIN 715	Axial-Rillenkugellager (zweiseitig)
DIN 720	Kegelrollenlager
DIN 728	Axial-Pendelrollenlager
DIN 1495 T1	Kalottenlager aus Sintermetall
DIN 1495 T2	Gleitlager aus Sintermetall
DIN 1591	Schmierlöcher, Schmiernuten, Schmiertaschen (jetzt DIN ISO 12128)
DIN 1850 T3	Buchsen für Gleitlager aus Sintermetall
DIN 1850 T4	Buchsen für Gleitlager aus Kunstkohle
DIN 1850 T5	Buchsen für Gleitlager aus Duroplasten
DIN 1850 T6	Einpreßbuchsen aus Thermoplasten
DIN 5401	Wälzlagerteile; Kugeln
DIN 5402	Wälzlagerteile; Zylinderrollen
DIN 5405	Nadelkränze
DIN 5412	Zylinderrollenlager
DIN 5425	Wälzlager; Passungen, Toleranzfelder
DIN 8256	Lagersteine der Feinwerktechnik; Einteilung
DIN 8257	Lochsteine für Uhren
DIN 8258	Decksteine für Uhren
DIN 8261	Konische Lagersteine
DIN 8262	Lochsteine für Geräte
DIN 8263	Decksteine für Geräte
DIN 8273	Körnerbolzen für Uhren
DIN 8274	Kalottensteine für Elektrizitätszähler
DIN 31652	Hydrodynamische Radialgleitlager im stationären Betrieb
DIN 31698	Gleitlager; Passungen
DIN 51519	Viskositätsklassifikation für Schmierstoffe
DIN ISO 281	Wälzlager; Dynamische Tragzahlen und nominelle Lebensdauer sowie Berechnungsverfahren
Richtlinien	
VDI 2202	Schmierstoffe und Schmiereinrichtungen für Gleit- und Wälzlager
VDI 2204	Auslegung von Gleitlagerungen
VDI/VDE 2252	Feinwerkelemente; Führungen; Übersicht
VDI/VDE 2252 Bl. 2 bis 9	–; –; Nichtmetallager; Gleitgelenke, Sinterlager; Steinlager, Gas-, Magnet- und Schwimmlager; Wälzlager und Wälzführungen; Federgelenke
VDI 2541	Gleitlager aus thermoplastischen Kunststoffen
VDI 2543	Verbundlager mit Kunststoff-Laufschicht

- Gewährleistung Stick-slip-freier Bewegungen (kein Ruckgleiten) bei hohen spezifischen Flächenpressungen und kleinsten Gleitgeschwindigkeiten
- niedriger Haft- und Gleitreibwert
- ausreichendes Haftvermögen
- Alterungsbeständigkeit.

Öle für derartige Zwecke sind als Gleitbahnöle bekannt, zu ihnen gehört z. B. das Spezialöl XG 68 vom Mineralölwerk Lützkendorf.

Schmierung in kosmischen Geräten [8.4.12] [8.4.13] [8.4.16]

Besonders hohe Forderungen in bezug auf Lebensdauer und Zuverlässigkeit bei wartungsfreiem Betrieb werden an die mechanischen Systeme der kosmischen Geräte gestellt. Diese sind oftmals während der ganzen Missionsdauer dem Hochvakuum des Weltraums ausgesetzt und müssen daher einschließlich der verwendeten Schmierstoffe vakuumfest sein. Neben den vakuumfesten und verschleißarmen Wälzlagern kommen auch Gleitlager und Gleitführungen zum Einsatz. Zu deren Schmierung hat sich als besonders verschleißmindernd nach [8.4.16] ein Zusatz von PTFE-Feinpulver mit einer Teilchengröße <5 µm zum Uhrenöl, Sorte 4 (Firma Technische Wachse, Jena), und Diffusionspumpenöl D6 erwiesen. Um eine stabile Suspension des PTFE-Pulvers zu erreichen, ist als spezieller Dispergator Perfluoralkenylalkylether erforderlich, der aufgrund seiner Struktur eine Affinität sowohl zum PTFE-Feinpulver als auch zu den Kohlenwasserstoffen des Grundöls aufweist.

Eine Zusammenstellung ausgewählter Normen und Richtlinien zum Abschnitt 8. enthält **Tafel 8.4.6**.

Literatur zum Abschnitt 8.4.

(Grundlagenliteratur s. Literatur zum Abschnitt 1.)

Bücher, Dissertationen

[8.4.1] *Brendel, H.:* Wissensspeicher Tribotechnik. 2. Aufl. Leipzig: Fachbuchverlag 1988.
[8.4.2] *Jäger, G.:* Schmierstoffe und ihre Prüfung im Labor. Leipzig: Dt. Verl. f. Grundstoffindustrie 1984.
[8.4.3] *Franek, F.:* Schmierstoffe in Tribosystemen. Wien: Österr. Tribol. Ges. (ÖTG) 2000.
[8.4.4] *Steinhilper, W.:* Maschinen- und Konstruktionselemente. 2. Aufl. Berlin: Springer-Verlag 1996.
[8.4.5] *Wisniewski, M.:* Elastohydrodynamische Schmierung. Renningen-Malmsheim: expert-Verlag 2000.
[8.4.6] *Koyo; Dahlke, H.:* Handbuch Wälzlagertechnik. Wiesbaden: Verlag Friedrich Vieweg & Sohn 1994.
[8.4.7] *Bartz, W. J.* (Hrsg.): Expert-Lexikon Tribologie PLUS. Renningen-Malmsheim: expert-Verlag 2000.

Aufsätze

[8.4.10] *Burkard, K.:* Reibung und Schmierung von Instrumentenkugellagern. Feinwerktechnik u. Meßtechnik 83 (1975) 4, S. 166.
[8.4.11] *Schulze-Oechtering, A.:* Viskositätsberechnung von Schmierölen. Konstruktion 33 (1981) 11, S. 475.
[8.4.12] *Holland, H.-J.; Rüblinger, W.:* Gebrauchsdauer feststoffgeschmierter Wälzlager für nichtatmosphärische Umgebungsbedingungen. Konstruktion 34 (1982) 3, S. 93; 4, S. 141.
[8.4.13] *Stadthaus, W.; Enger, U.; Pech, W.:* Reibung und Schmierung im Vakuum. Feingerätetechnik 33 (1984) 8, S. 360.
[8.4.14] *Hornung, E.:* Nutzung technologisch erzeugter Schichten in der Tribotechnik. Schmierungstechnik 13 (1982) 10, S. 292.
[8.4.15] *Hornung, E.; Winkler, L.:* Nutzung von Oberflächenvorgängen zur Reibungs- und Verschleißminderung. Schmierungstechnik 14 (1983) 4, S. 106.
[8.4.16] *Driescher, H.;* u. a.: PTFE-modifizierte Schmierstoffe in der Feingerätetechnik. Schmierungstechnik 15 (1984) 7, S. 199.
[8.4.17] *Hornung, E.:* Möglichkeiten der Freßminderung bei ölgeschmierten Gleitpaarungen. Schmierungstechnik 17 (1986), 4, S. 105.
[8.4.18] *Wunsch, F.:* Leistungsfähigkeit von Schmierfetten auf Syntheseölbasis. Tribologie u. Schmierungstechnik 37 (1990) 2, S. 66.
[8.4.19] *Dresel, W. H.:* Moderne Schmierfette mit verlängerter Lebensdauer. Tribologie u. Schmierungstechnik 36 (1989) 6, S. 305.
[8.4.20] *Köttrisch, H.:* Wälzlagerschmierung – Erkenntnisse aus Theorie und Praxis. Tribologie u. Schmierungstechnik 36 (1989) 3, S. 110.
[8.4.21] *Wäsche, R.:* Feste Schmierstoffe für hohe Temperaturen – Literaturübersicht. Tribologie u. Schmierungstechnik 36 (1989) 3, S. 145.
[8.4.22] *Wallin, H.; Espejel, G. M.:* Ölfreie Schmierung von Wälzlagern. antriebstechnik 42 (2003) 2, S. 40.

9. Gehemme und Gesperre

Zeichen, Benennungen und Einheiten

F Kraft in N
F_A Ausrastkraft in N
F_E Einrastkraft in N
F_H Hilfskraft in N
F_K Klemmkraft in N
F_N Nutzkraft in N
F_R Reibkraft in N
F_S Sperrkraft in N
F_n Normalkraft in N
F_r resultierende Kraft aus Normalkraft F_n und Reibkraft $F_R = \mu F_n$ in N
M Moment in N · mm
M_K Klemmoment in N · mm
M_L Lastmoment in N · mm
M_N Nutzmoment in N · mm
M_R Reibmoment in N · mm
M_S Sperrmoment in N · mm
M_{SU} Sperrunterschiedsmoment in N · mm
M_d Drehmoment, Torsionsmoment in N · mm
M_r Rastmoment in N · mm
M_{rU} Rastunterschiedsmoment in N · mm
a Rastteilung in mm
d_2 Flankendurchmesser der Schraube in mm
h Rasthub in mm
n Rastgüte
α Eingriffswinkel in °
β halber Flankenwinkel, Flankenneigungswinkel in °
μ Reibwert
ψ Steigungswinkel in °
ϱ Reibwinkel in ° ($\varrho = \arctan \mu$)
$\varkappa$ Faktor

Gehemme und Gesperre können unter dem gemeinsamen Begriff *Festhaltungen* zusammengefaßt werden. Eine Festhaltung hat das Funktionsziel, ein gelagertes oder geführtes Bauteil an einer möglichen Bewegung vorübergehend zu hindern.
Zur Klassifizierung der Festhaltungen [9.10] können drei Oberbegriffe mit je zwei Varianten (unterscheidenden Merkmalen) herangezogen werden, so daß sich genau acht verschiedene Ausführungsformen ergeben **(Tafel 9.1)**.
Der erste Oberbegriff unterscheidet, ob die Kraft der Festhaltung stets so groß ist, daß keine Bewegung entstehen kann, oder ob sie nur bis zu einer bestimmten Grenzkraft wirkt und dann eine Bewegung möglich wird. Im ersten Fall liegt ein Gesperre vor, die Bewegung wird vollständig verhindert, praktisch bis zur Zerstörung. Im zweiten Fall wird die Bewegung unvollständig gehindert, es liegt ein Gehemme vor. Die Bezeichnung Grenzkraftgesperre ist abzulehnen.
Der zweite Oberbegriff unterscheidet, ob die zum Festhalten notwendige Kraft durch Form- oder Kraftpaarung aufgenommen wird. Damit entstehen die Bezeichnungen Formgehemme und Formgesperre bzw. Reibgehemme und Reibgesperre. Stoffpaarung scheidet aus, da die Festhaltung nur vorübergehend wirken soll.
Der dritte Oberbegriff unterscheidet, ob die Festhaltung die Bewegung in nur einer oder in zwei Richtungen hemmen bzw. sperren soll. Festhaltungen für eine Richtung erhalten die Vorsilbe „Richt-“. Damit entstehen die Begriffe Richtgehemme (Nr. *1, 2* in Tafel 9.1) oder Richtgesperre *(3, 4)* bzw. Formrichtgehemme *(1)*, Reibrichtgehemme *(2)*, Formrichtgesperre *(3)* und Reibrichtgesperre *(4)*. Für die beiderseitig wirkenden Arten *(5, 6, 7, 8)* entfällt die Silbe „Richt-“; es gelten die in Tafel 9.1 rechts angegebenen Bezeichnungen.
Ein vierter Oberbegriff zur Unterscheidung zwischen Dreh- und Schubbewegung ist nur quantitativer Natur (Translation ist Rotation mit dem Radius unendlich) und ergibt damit keine neuen Typen von Festhaltungen!
Neben diesen rein auf funktionellen Merkmalen beruhenden Bezeichnungen sind andere,

Tafel 9.1. Einteilung der Festhaltungen [9.10]
ϱ Reibwinkel; $\mu = \tan \varrho$

Oberbegriff	Varianten		Ordnungsmerkmal
I. Hinderungsgrad	unvollständig	vollständig	A
II. Kraftaufnahme	Formpaarung	Kraftpaarung	B
III. Bewegungsrichtung	eine Richtung	zwei Richtungen	C

Festhaltungen						
A	B	für Drehbewegung		für Schubbewegung		
C		einseitig	beiderseitig	einseitig	beiderseitig	
Unvollständig	Formpaarung	1	5	1	5	Gehemme – Formgehemme
	Kraftpaarung	2 $>\varrho$	6	2 $>2\varrho$	6	Gehemme – Reibgehemme
Vollständig	Formpaarung	3	7	3	7	Gesperre – Formgesperre
	Kraftpaarung	4 $<\varrho$	8 $<\varrho$ $<\varrho$	4 $<2\varrho$	8 $<4\varrho$	Gesperre – Reibgesperre

meist aus strukturellen Merkmalen abgeleitete Benennungen üblich, z. B. „Kugelrast" (Nr. *5* in Tafel 9.1), „Klinken- oder Zahngesperre" *(3)*, „Riegelgesperre" *(7)*, „Reibdaumen" *(2, 4)*, „Klemme" *(6)* und andere häufig nicht treffend gewählte Begriffe, wie z. B. „Klemmengesperre" oder „Haftgesperre" [1.2] [9.1] [9.2].

Strukturell unterscheidet sich das Reibgehemme (Nr. *6* in Tafel 9.1) nicht von einer Bremse (s. Abschnitt 10.2.). Im Gegensatz zu einer Festhaltung, die das Entstehen einer Bewegung unterdrücken soll, besteht jedoch die Aufgabe einer Bremse darin, eine vorhandene Bewegung zu reduzieren bzw. die Ruhelage zu erzeugen. Die „Handbremse" eines Fahrzeuges ist also ein Reibgehemme, die „Fußbremse" eine Bremse.

In der Feinmechanik ist die Aufgabe der Festhaltung häufig mit der Forderung nach hoher Genauigkeit oder Reproduzierbarkeit der zu fixierenden Dreh- bzw. Schublage verknüpft. Außerdem soll das gelagerte oder geführte Teil oft beim Hemmen oder Sperren nicht deformiert oder verlagert werden. So dürfen z. B. bei wälz- oder luftgelagerten Bauteilen keine Klemmkräfte auf die Lagerung ausgeübt werden. Auf die damit verbundenen Probleme wird in den folgenden Abschnitten mit eingegangen.

9.1. Gehemme [1.2] [9.2] [9.5] [9.12] [9.13]

Ein Gehemme ist ein Funktionselement, das vorübergehend das Entstehen der Bewegung eines Körpers bis zu einer bestimmten Grenzkraft behindert. Je nach Aufnahme der Kraft wird zwischen Form- und Reibgehemmen unterschieden. Die meisten Gehemme wirken in beiden Bewegungsrichtungen. Richtgehemme sind deshalb nur selten anzutreffen. Formgehemme werden auch Rastungen, Reibgehemme auch Klemmungen genannt.

9.1.1. Formgehemme (Rastungen)

Formgehemme (Nr. *1, 5* in Tafel 9.1) haben die Aufgabe, an gelagerten oder geführten Teilen bestimmte Vorzugsstellungen zu erzeugen und bis zu einer bestimmten Grenzkraft zu sichern.

Bevorzugte Anwendung finden Rastungen bei rotatorisch bewegten Systemen mit gleichmäßig am Umfang verteilten Vorzugslagen.

9.1.1.1. Berechnung

Beispiel: Im **Bild 9.1** ist ein einfaches Formgehemme dargestellt. Die Vorzugslagen des als Rastscheibe ausgebildeten Rastteils *3* werden mit dem Hemmteil *1* fixiert. Die notwendige Hilfskraft wird durch eine einstellbare Feder *2* erzeugt. Beim Drehen der Scheibe sind das Nutzmoment M_N, das Reibmoment des Lagers und die Reibung des Hemmteils *1* an den Flächen der Rastnut und seiner Führung zu überwinden. Das Nutzmoment M_N entsteht durch mit der Welle der Rastscheibe verbundene Funktionsgruppen, z. B. eine Schleifkontaktanordnung oder eine Wechseleinrichtung für optische Filter. Die dabei auftretenden Kräfteverhältnisse und Beziehungen enthält **Tafel 9.2**.

Tafel 9.2. Berechnung der Formgehemme (Rastungen)
a) Kräftebeziehungen beim Einrasten; b) Kräftebeziehungen beim Ausrasten; c) Kraftverlauf längs des Rastweges; d) grafische Ermittlung der Rastkräfte; e) Momentenverlauf und Rastgüte

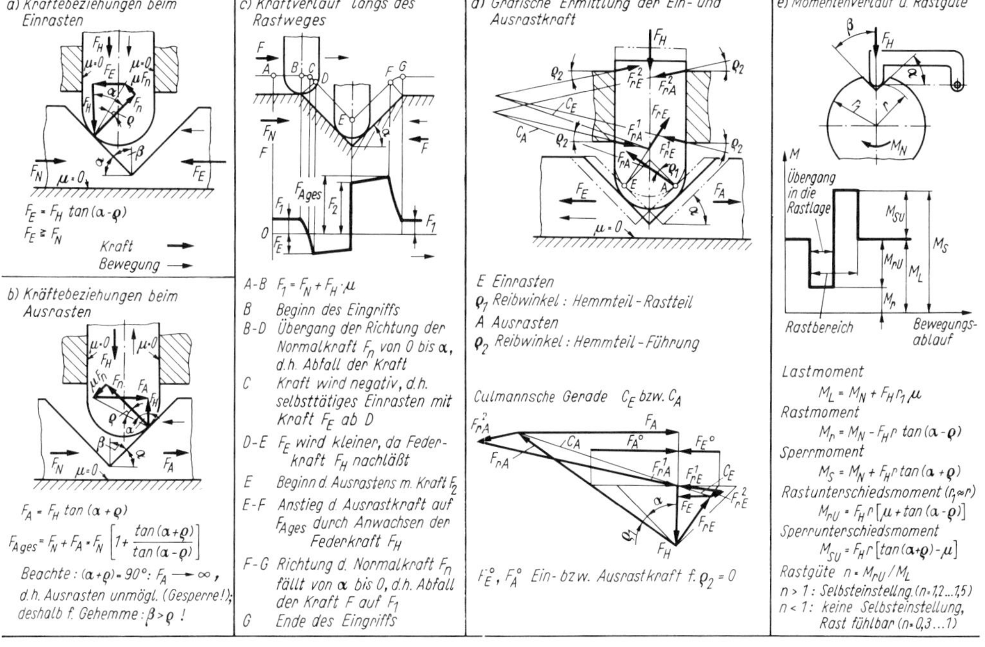

Der Einfachheit halber seien zunächst die Reibung in der Führung oder Lagerung des Rastteils (Lagerreibung im Bild 9.1) und die Reibung in der Führung des Hemmteils vernachlässigt. Beim Einrasten (Tafel 9.2a) entsteht durch die Hilfskraft F_H die Einrastkraft F_E, die die Nutzkraft F_N überwinden muß. Beim Ausrasten (Tafel 9.2b) sind die Ausrastkraft F_A und die Nutzkraft F_N zu überwinden.
Der gesamte Kraftverlauf ist in Tafel 9.2c dargestellt und erläutert. Soll zusätzlich die Reibung in der Führung berücksichtigt werden, so ist grafisch zu verfahren (Tafel 9.2d).

Da für Ein- und Ausrasten jeweils vier sich nicht in einem Punkt schneidende Kräfte (F_H, F_{rE}, F_{rE}^1, F_{rE}^2 bzw. F_H, F_{rA}, F_{rA}^1, $F^2{}_{rA}$) im Gleichgewicht stehen, kann die Ermittlung der Ein- und Ausrastkraft über eine Seileckkonstruktion oder besser mit der Culmannschen Geraden erfolgen. Aus dem Kräfteplan können auch sofort die Kräfte F_E^0 und F_A^0 ermittelt werden, die auftreten, wenn man die Reibung in der Führung des Hemmgliedes gleich Null setzt ($\varrho_2 = 0$), und die damit den in Tafel 9.2a, b angeführten Gleichungen entsprechen. Der Kräfteplan verdeutlicht, wie durch die Reibung in der Führung des Hemmgliedes die Einrastkraft herabgesetzt wird ($F_E < F_E^0$) und die Ausrastkraft anwächst ($F_A > F_A^0$). Berücksichtigt man zusätzlich die Reibung der Führung oder Lagerung des Raststücks (in Tafel 9.2d: $\mu = 0$), tritt eine weitere Verschlechterung der Rastverhältnisse ein.

An Hand des Kräfteplans ist auch eine rechnerische Ermittlung der Kräfte F_E und F_A möglich. Die dazu notwendigen Winkellagen der Culmannschen Geraden C_E und C_A können aus den geometrischen Abmessungen abgeleitet werden, was jedoch aufwendig ist und komplizierte Ausdrücke ergibt.

Die Analyse der Kräfteverhältnisse in Tafel 9.2 führt zu einigen mit Vorteilen verbundenen konstruktiven Konsequenzen **(Bild 9.2)**.

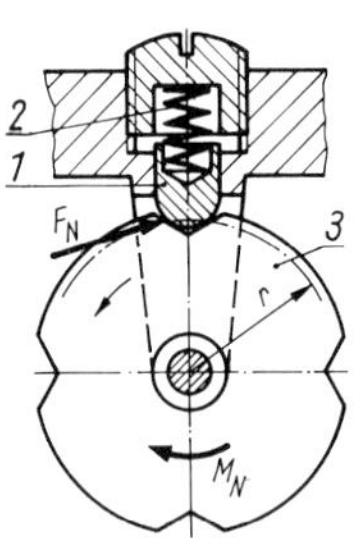

Bild 9.1. Formgehemme

1 Hemmteil; *2* Feder; *3* Rastscheibe
M_N Nutzmoment; F_N Nutzkraft;
r Wirkradius der Rastung

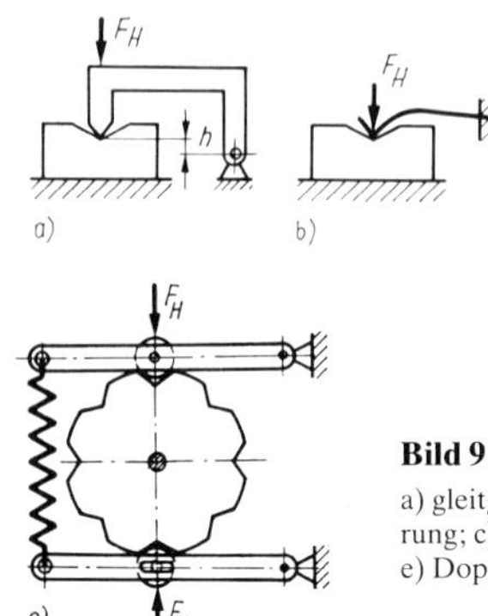

Bild 9.2. Rasten mit verminderter Reibung

a) gleitgelagertes Hemmteil; b) Hemmteil mit Federlagerung; c) Hemmrolle mit Wälzreibung; d) gelagerte Rastscheibe; e) Doppelanordnung zur Entlastung der Rastscheibenachse

Zur Verkleinerung des Reibungseinflusses auf die Rastkräfte sind statt der Gleitführung des Hemmteils ein Drehgelenk (Bild 9.2a) oder Federgelenk (b) und statt der Gleitbewegung in der Rast die Wälzbewegung bzw. beide Maßnahmen (c) zweckmäßig. Sollen die Rastkräfte für beide Bewegungsrichtungen gleich groß werden, muß $h = 0$ sein. Außerdem ist es von Vorteil, die Gleitführung des Rastgliedes durch eine Lagerung zu ersetzen (d) und das durch F_H entstehende Reibmoment im Lager der Rastscheibe durch Doppelanordnung (e) zu vermeiden. Damit nur ein Hemmteil die Lage fixiert, ist die gegenüberliegende Rolle oder deren Hebellagerung tangential beweglich auszuführen. Den Verlauf des Drehmoments beim Betätigen einer Rastung zeigt Tafel 9.2e. Das Lastmoment M_L setzt sich zusammen aus dem Nutzmoment M_N einschließlich Lagerreibung und der Reibung des Hemmgliedes außerhalb des Rastbereichs. Das Rastunterschiedsmoment M_{rU} ist das durch die Hilfskraft F_H erzeugte hineinziehende Moment. Das Sperrunterschiedsmoment M_{SU} wirkt beim Ausrastvorgang. Dieser Verlauf ist schematisch verdeutlicht. Mit den bereitgestellten Gleichungen läßt sich die Rastgüte n berechnen. Bei $n < 1$ muß man die Rast von Hand bis zur Rastlage bringen. Je kleiner n wird, desto weniger ist die Rastlage fühlbar.

Bei $n > 1$ bewirkt die Hilfskraft F_H das selbsttätige Hineinziehen in die Endlage, was stets anzustreben ist, um die Rastlage unabhängig von der Handeinstellung sicher zu gewährleisten. Der Winkel α ist aus fertigungstechnischen und funktionellen Gründen zweckmäßig mit 45° auszuführen, da $F_{A\,ges}$ (Tafel 9.2b) bei $\alpha = 45°$ ein Minimum wird.

Da infolge der Federkennlinie die Hilfskraft F_H nicht konstant ist, fällt die Einrastkraft F_E und steigt die Ausrastkraft F_A im Rastbereich (Tafel 9.2c). Diese Unterschiede können verkleinert werden durch Anwenden von Federn mit kleiner Federsteife (weiche Federn) und indem

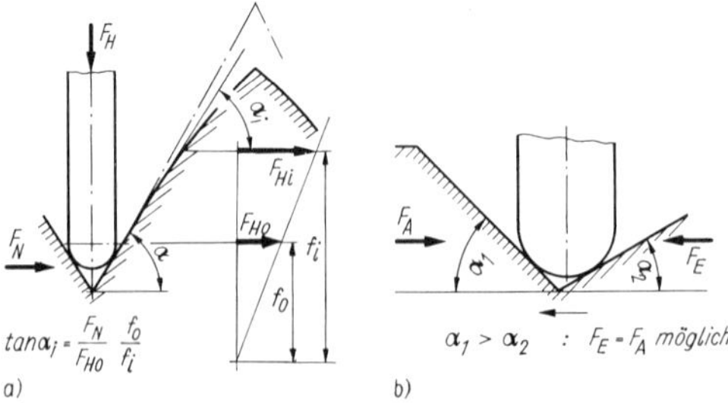

Bild 9.3. Ausführung von Rastnuten

a) mit konstanter Größe für Ein- und Ausrastkraft innerhalb des Rastbereichs; b) mit gleicher Größe für Ein- und Ausrastkraft für konstante Rastrichtung

die Federn so angeordnet werden, daß sich nur kleine Federwege beim Rasthub ergeben. So ist z. B. die Federanordnung im Bild 9.2e günstiger als im Bild 9.2d. Der Unterschied läßt sich völlig vermeiden, wenn der Winkel α nicht konstant ausgeführt wird (**Bild 9.3** a), womit sich gleichermaßen auch eine Verkürzung der Nuttiefe ergibt. Nicht symmetrisch ausgeführte Rastnuten (b) ermöglichen unterschiedliche Kräfteverhältnisse, z. B. das Vergrößern der Einrastkraft und Verkleinern der Ausrastkraft, allerdings nur für *eine* vorgegebene Drehrichtung, bis hin zu gleich großen Ein- und Ausrastkräften.
Für die Dimensionierung der Rast, insbesondere der Rastfedern, ist die Berechnung des Rasthubes notwendig **(Bild 9.4)**.

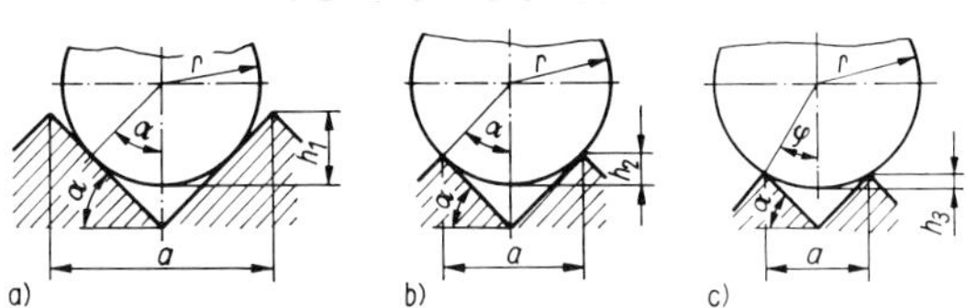

Bild 9.4. Rasthub
a) bei Flankenauflage; b) Grenzfall der Flankenauflage; c) bei Spitzenauflage

Das meist kugel- oder zylinderförmig ausgebildete Hemmteil kann entweder auf den Flanken der Nut (a, b) oder auf den Spitzen (c) ruhen. Für den Rasthub h ergibt sich

- bei Flankenauflage (Bild 9.4a)
  $h_1 = (a/2) \tan \alpha - r\,(1/\cos \alpha - 1)$
  mit der Bedingung $a/2 \geqq r \sin \alpha$ und für den Grenzfall:
  $h_2 = r\,(1 - \cos \alpha)$ (Bild 9.4b);
- bei Spitzenauflage (Bild 9.4c)
  mit $a/2 < r \sin \alpha$ und $h_3 = r\,(1 - \cos \varphi)$.

Die Genauigkeit einer Rastung hängt von den Reibungseinflüssen und vom Spiel in den beteiligten Gelenken ab. Sie wird erhöht durch große Einrastkräfte bzw. -momente, d. h. große Winkel α und kleine Reibung in der Rast. Es ist also möglichst Wälzreibung anzustreben. Das Spiel in den Gelenken (Lagerungen der Rastscheibe, des Rasthebels und des Hemmteils) ist entsprechend klein zu wählen oder durch Anwendung federnder oder gefederter Gelenke zu beseitigen.

9.1.1.2. Konstruktive Gestaltung, Ausführungsformen

Die am häufigsten benötigten Rastungen sind Mehrfachrastungen für Drehbewegungen. Sie können durch eine entsprechende Anzahl von Formelementen am Rastteil (**Bild 9.5** a), durch Mehrfachanordnung des Hemmteils (b) oder durch Kombination beider Möglichkeiten (Bilder 9.5c, d) erzielt werden. Bei den Anordnungen (b) und (d) bleibt die Lagerung der Rastscheibe frei von Deformation und Reibung durch die Federkräfte.

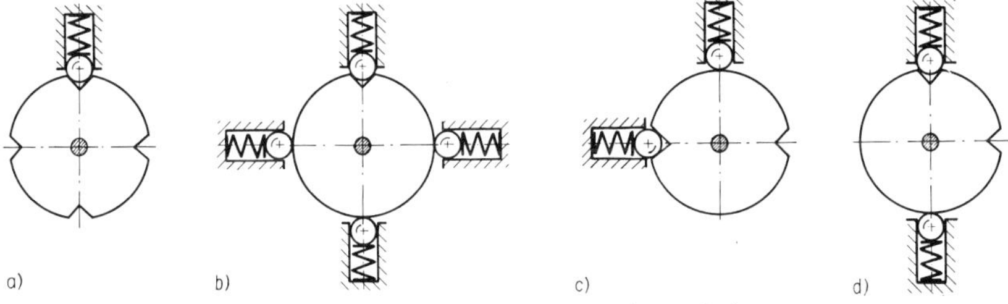

Bild 9.5. Mehrfachrastungen am Beispiel einer Vierfachrast je Umdrehung
a) vier Rastnuten; b) vier Hemmteile; c), d) Kombinationen von a) und b)

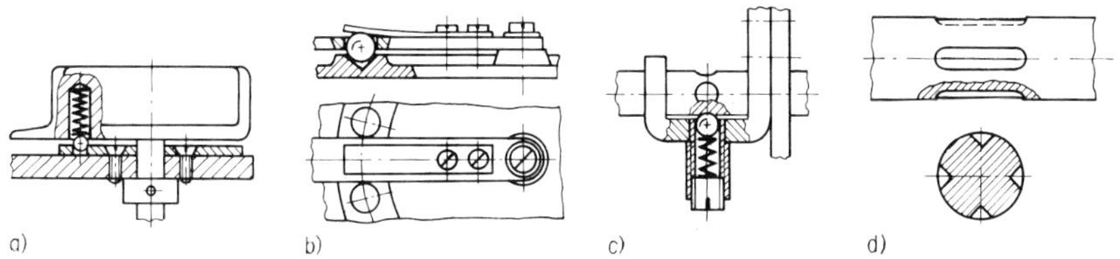

Bild 9.6. Kugelrasten
a), b) axial wirkend mit Schrauben- bzw. Blattfeder; c) radial wirkend; d) Rastnuten anstelle von Rastbohrungen

Die Rastungen können axial (**Bilder 9.6** a, b) oder radial wirkend (c) ausgebildet sein. Die axial wirkenden Federkräfte bedingen infolge Kantenpressung besonders bei kurzer Lagerlänge große Reibung und vorzeitigen Verschleiß. Diesbezüglich günstiger ist die Ausführung nach Bild 9.6c. Mit Rücksicht auf Überbestimmtheiten, z.B. gegenüber Kugelumlaufbahn exzentrisch angeordneter Lochscheibe (Bilder 9.6a, b), sollten anstelle von Bohrungen oder Senkungen besser radial gerichtete Nuten vorgesehen werden, wie auch bei (c) die Welle axial beweglich angeordnet oder mit Schlitzen (d) versehen sein muß. Einfache Hemmteile führt man als Stift, Kugel oder Walze aus **(Bild 9.7)**. Stifte müssen eine ausreichend große Führungslänge $l > 1{,}5d$ aufweisen, um Verkanten zu vermeiden. Die hohle Ausführung zur Aufnahme der Feder ist platzsparend. Die federnden Anordnungen (g, h und i) sind spielfrei. Günstiger ist es, die Gleitreibung in der Rast durch Wälzreibung zu ersetzen (**Bild 9.8** a) und das Hemmteil an einem gefederten oder federnden Hebel zu lagern (b, c, d).

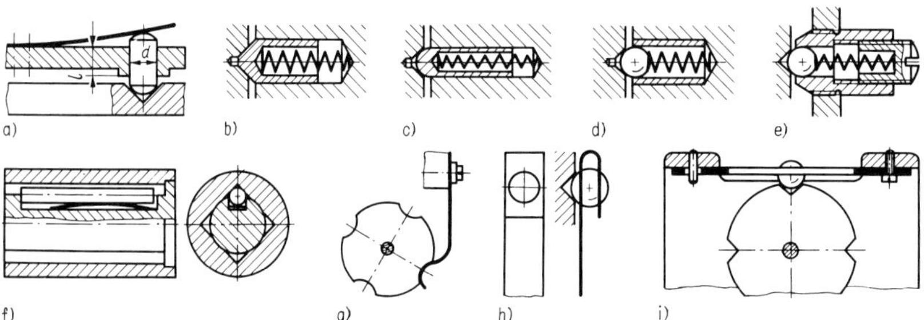

Bild 9.7. Hemmteile in Rastungen

a), b), c) gefederte Stifte; d), e) gefederte Kugeln; f) gefederte Walze; g), h), i) federnde Hemmteile

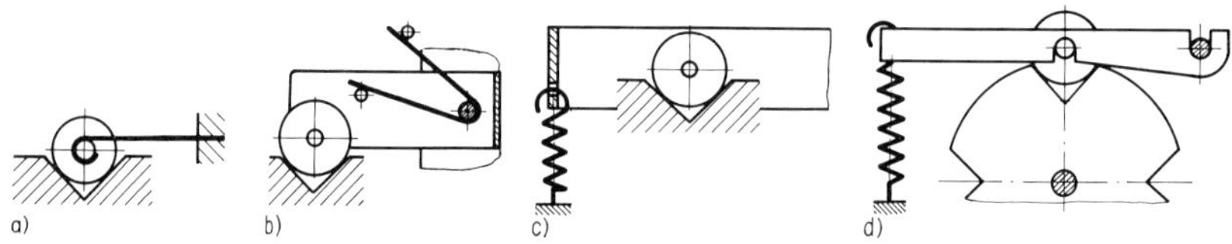

Bild 9.8. Rastungen mit Wälzreibung

a) blattfedergelagerte Rolle; b) Rollenhebel durch Schenkelfeder gefedert; c) wie b) mit Schraubenfeder; d) schnell montierbare Hebelanordnung

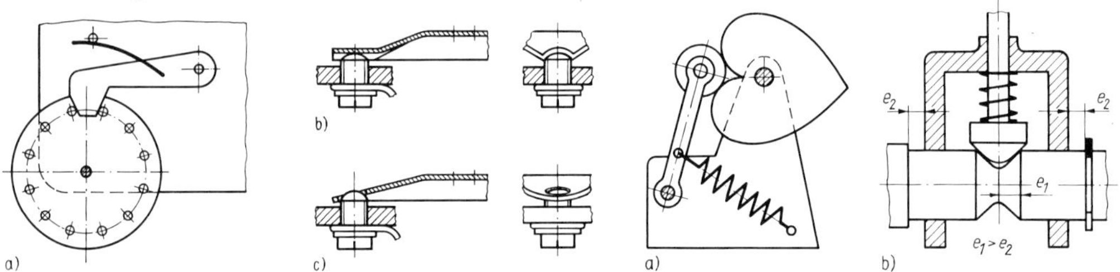

Bild 9.9. Rastungen

a) mit Stiftanordnung, b) mit profilierter und c) mit gelochter Federscheibe

Bild 9.10. Mittelstellungsrasten

a) gelagertes Rastteil als Herzkurve ausgebildet

b) geführtes Rastteil mit beiderseitig begrenztem Bewegungsbereich

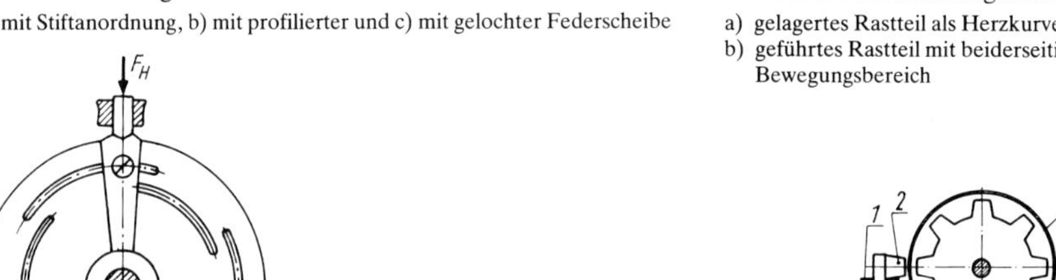

Bild 9.11. Rastung mit justierbaren Rastelementen

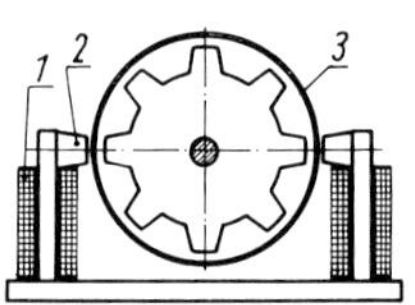

Bild 9.12. Magnetrastung

1 Magnete; *2* Polschuhe; *3* Trennwand

Anstelle von Rastbohrungen oder -nuten können auch Stifte vorgesehen werden (**Bild 9.9** a), in vielen Fällen genügt eine entsprechend profilierte federnde Rastscheibe (b, c). Eine Sonderbauform für Rastungen liegt bei den sogenannten Mittelstellungsrasten vor, die im gesamten Bewegungsbereich automatisch in die Vorzugsstellung zurückkehren (**Bild 9.10**). Für die Drehbewegung (a) wird dies mit einer Herzkurve gewährleistet, eine häufig für das Nullstellen von Zählwerken vorzufindende Lösung. Für die Schubbewegung kehrt das Rastteil, z. B. nach Betätigen eines Kontakts, beim Loslassen selbständig in die Ausgangslage zurück (b).
Für bestimmte Anwendungsfälle oder bei besonderen Forderungen bezüglich der Rastgenauigkeit kann es zweckmäßig sein, die Raststellungen justierbar zu gestalten (**Bild 9.11**). Sollen in einem abgetrennten Raum, z. B. in flüssigkeitsdurchströmten Rohren oder im Vakuum, Vorzugslagen fixiert werden, kann dies durch Magnetrastungen (**Bild 9.12**) erfolgen. Die Trennwand muß aus nicht ferromagnetischem Werkstoff bestehen.

9.1.2. Reibgehemme (Klemmungen)

Reibgehemme (Nr. *2*, *6* in Tafel 9.1) haben die Aufgabe, gelagerte oder geführte Teile an beliebiger Stelle innerhalb eines Bewegungsbereichs an einer möglichen Bewegung bis zu einer bestimmten Grenzkraft zu hindern, d. h. zu klemmen. Sie wirken also ähnlich wie kraftgepaarte Verbindungen. Die meisten Reibgehemme wirken gleichberechtigt in den beiden möglichen Bewegungsrichtungen an Lagern und Führungen. Darüber hinaus gibt es Reibgehemme für Gelenke mit mehr als einem Freiheitsgrad, z. B. für Kugel- oder Plattengelenke.

Tafel 9.3. Berechnung der Reibgehemme (Klemmungen)

Ausführungsbeispiel	Klemmkraft (-moment)	Bemerkungen
1	$F_K = \mu F_n$	
2	$F_K = 2 \mu F_n$	Verdopplung der Klemmkraft durch 2 Reibpaarungen
3	$M_K = \mu r F_n$	
4	$F_K = \frac{2 \mu_1 M_d}{d_2 \tan(\psi - \varrho')}$	d_2 Flanken-Φ d. Schraube; ψ Steigungs-∢ d. Gewindes; μ_2 Reibwert, bezogen auf Flankennormalkraft F_n d. Schraubenpaarung (s. Abschn. 4.4.4.); $\mu_2' = \tan\varrho'$ Gewindereibwert[1)] (Metr. Gewinde: $\mu_2' \approx 1{,}15 \mu_2$; Trapezgew.: $\mu_2' \approx 1{,}04 \mu_2$; Flachgew.: $\mu_2' = \mu_2$)
5	$M_K = 2 \mu r F_n$ $M_K = \frac{\mu r F_H}{\sin\beta}$ $M_K = \mu_{eff} r F_H$	Vergrößern d. Reibung durch Keilnut: $\mu_{eff} = \frac{\mu}{\sin\beta}$
6	$M_K = \mu d F_n$ $M_K = \mu d \frac{a}{b} F_H$	nur gültig, wenn Kraft z. Verformung des Klemmteils vernachlässigt, d. h. Klemmteil biegeweich u. kein Spiel in der Paarung
7	$M_K = \frac{1}{3} \mu \frac{D^3 - d^3}{D^2 - d^2} F_n$	
8	$\alpha > \varrho$ $F_{K1,2} = 2 F_{nA1,2} \mu_A$ $F_H = 2 F_{nA1,2} [\tan(\alpha + \varrho_B) \pm \mu_A]$ $M_K = F_{nA3} \mu_A d$ $F_H = 2 F_{nA3} \tan(\alpha + \varrho_B)$	$\alpha < \varrho$: Gesperre (s. Abschn. 9.2.2.)
9	$\alpha > \varrho$ $F_K = \frac{F_H}{2} \frac{\sin\varrho}{\sin(\alpha - \varrho)}$ $F_K = \frac{F_H}{2} \frac{\mu}{\sin\alpha - \mu \cos\alpha}$	$\alpha < \varrho$: Gesperre, da $F_K < 0$, d. h. Richtungsumkehr, auch bei $F_H = 0$ wird Kugel stets fest eingepresst (s. Abschn. 9.2.2.)
		➞ Kraft → Bewegung

[1)] F_n entspricht Schraubenlängskraft F_L; $\mu_2' = \tan\varrho'$ Reibwert, bezogen auf die in der Tangentialebene des Schraubenzylinders liegende, auf der Flankenlinie senkrecht stehende Komponente der Flankennormalkraft der Schraubenpaarung (s. Abschnitt 4.4.4.).

9.1.2.1. Berechnung

Die Klemmkraft F_K entsteht grundsätzlich über die Reibkraft $F_R = \mu F_n$ an den Paarungsstellen. Für einige typische Klemmungen sind die Wirkprinzipe und deren Berechnung in **Tafel 9.3** zusammengestellt.

Die zur Klemmung stets notwendige Hilfskraft F_H kann in Richtung der Normalkraft eingeleitet werden (Nr. *1, 2, 3, 4, 6, 7* in Tafel 9.3) oder nicht (Nr. *5, 8, 9* in Tafel 9.3), um über die Keilwirkung eine gegenüber der Hilfskraft F_H vergrößerte Normalkraft F_n zu erzeugen. Analoges gilt bei Drehbewegungen für die Klemmomente M_K. Die Beispiele Nr. *1* bis *7* in Tafel 9.3 sind Reibgehemme, *8* und *9* sind Reibrichtgehemme.

Um ausreichend große Klemmwirkungen zu erzielen, bedarf es großer Normalkräfte, die, wie bereits angesprochen, über keilförmige Gestaltung, Gewinde (Nr. *4* in Tafel 9.3), entsprechende Hebelanordnungen *(6)*, Spannexzenter oder Kniehebelprinzipe auch mit kleinen Hilfskräften erzeugt werden können.

Da die Reibkraft stets um den Faktor μ kleiner ist als die Normalkraft, bewirken die erforderlichen großen Normalkräfte sowohl Deformationen aller im geschlossenen Kraftfluß liegenden Bauteile als auch lokale Deformationen an der eigentlichen Klemmstelle. Letztere sind besonders zu beachten, da beim Überschreiten der Elastizitätsgrenze plastische Verformungen eintreten, wodurch einerseits die Klemmwirkung nachläßt und andererseits die entstandenen Vertiefungen ein kontinuierliches Klemmen innerhalb des Bewegungsbereichs verhindern („Raststellen"). Weiche Werkstoffe und solche, die unter ständig wirkendem Druck fließen, sind deshalb ungeeignet. Auch Punkt- und Linienberührung sind zu vermeiden.

Ferner ist anzustreben, daß sich durch Doppelwirkung (z. B. Nr. *5, 6, 8* in Tafel 9.3) die Normalkräfte zu einem Teil gegeneinander aufheben, um die Lager oder Führungen der zu klemmenden Teile geringer zu beanspruchen. Bleiben diese Gelenke völlig frei von den durch das Klemmen hervorgerufenen Kräften, spricht man von „schwimmenden" oder zwangfreien Klemmungen. Ausführungsbeispiele enthält der folgende Abschnitt.

9.1.2.2. Konstruktive Gestaltung, Ausführungsformen

Einfache Klemmungen für prismatische Führungen **(Bild 9.13)** können innerhalb der Führungslänge an jedem Ort angebracht werden. Sie brauchen nur einen Freiheitsgrad an der Bewegung zu hindern. Sie bewirken in jedem Fall eine Verlagerung des geführten Teils senkrecht zur Führungsrichtung innerhalb des Führungsspiels und durch Deformation. Um lokale, plastische Deformation (Bilder 9.13b, c) zu vermeiden, empfehlen sich das Einbringen eines Zwischenteils (a), das Verspannen des elastisch ausgebildeten Führungsteils (d) oder das mittelbare Klemmen durch ein Zwischenteil mit Flächenberührung (e).

Klemmungen für zylindrische Führungen behindern gleichzeitig zwei Freiheitsgrade (**Bild 9.14** a bis f). Diese einfachen Ausführungen sind nur für untergeordnete Zwecke geeignet, da plastische Verformungen entstehen können. Dies wird durch mittelbares Klemmen **(Bild 9.15)** weitgehend verhindert, wenn man Zwischenteile mit Flächenberührung einfügt. Die Beispiele lassen sich vielgestaltig variieren, um sie anderen Anwendungsfällen anzupassen. Für dünnwandige Rohrteile sollten Ausführungen nach Bild 9.15i wegen des sperrigen

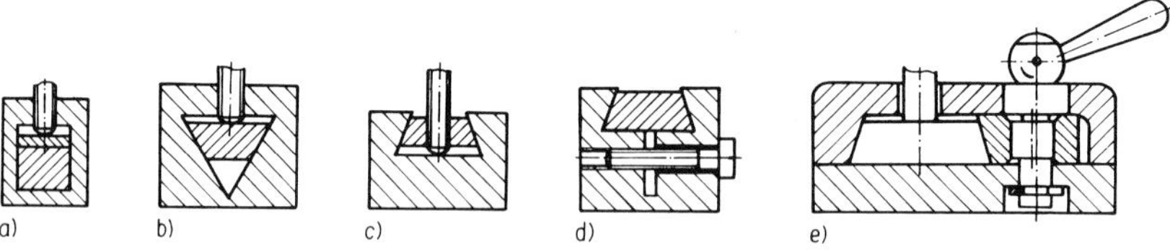

Bild 9.13. Klemmungen für prismatische Führungen

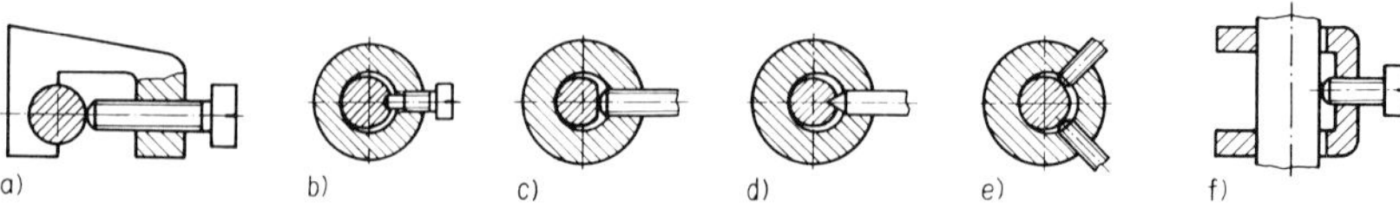

Bild 9.14. Klemmungen für zylindrische Führungen mit Gefahr der plastischen Verformung an der Klemmstelle und exzentrischer Verlagerung des Klemmteils

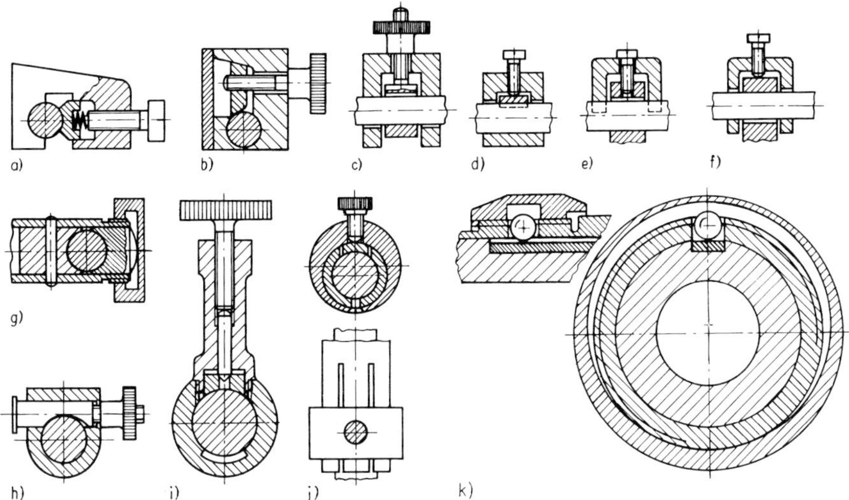

Bild 9.15. Klemmungen für zylindrische Führungen

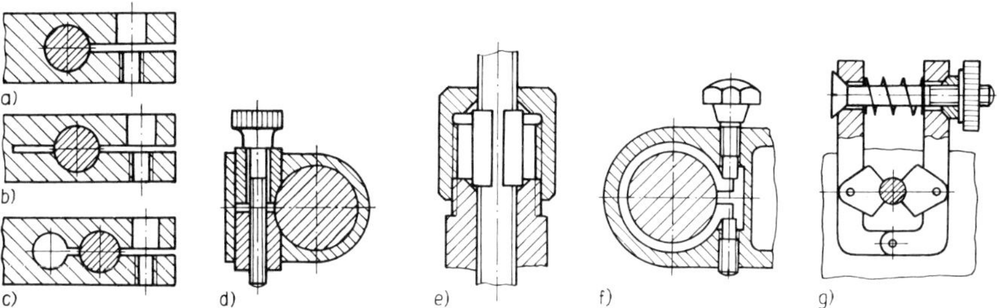

Bild 9.16. Klemmungen für zylindrische Führungen mit symmetrischem Kraftangriff

a) relativ unelastisch, verbessert durch b) und c); d) durch keilförmige Doppelhülse; e) geschlitzte Mutter; f) Ringklemme; g) Doppelbackenanordnung gewährleistet „schwimmende" Klemmung

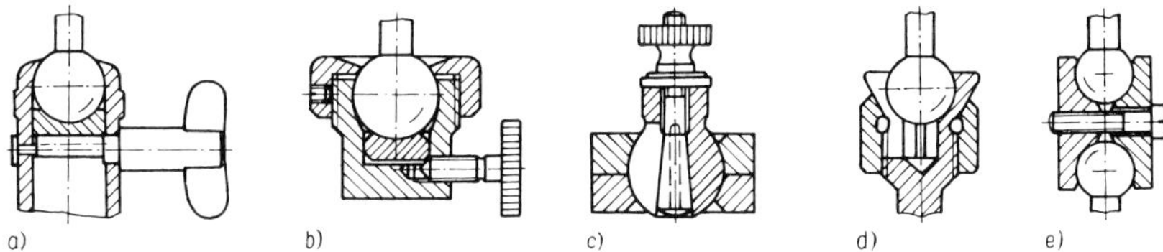

Bild 9.17. Klemmungen für Kugelgelenke

a) mittels Exzenter; b) mittels Keilschubgetriebe; c) durch geschlitzte Kugel; d) durch geschlitzte Kegelhülse; e) für zwei Kugelgelenke mittels Spanntellern

Aufbaus und nach (h, j) wegen aufwendiger Herstellung zugunsten der raumsparenden und einfach herstellbaren Ausführung (k) vermieden werden.

Alle Klemmungen in den Bildern 9.14 und 9.15 führen zu Verlagerungen des zu klemmenden Teils quer zur Führungsrichtung. Auch in Drehrichtung treten Verlagerungen ein durch die bohrende Wirkung der Klemmschrauben (Bild 9.14), durch unsymmetrischen Kraftangriff (Bild 9.15b, h) und durch das Spiel der Klemmteile (Bilder 9.15a bis i). Verdrehung beim Klemmen wird lediglich bei den Beispielen (j) und (k) vermieden.

Besteht die Forderung, Verlagerungen in Drehrichtung und quer zur Führungsrichtung zu verringern, so empfehlen sich die Ausführungen im **Bild 9.16**, wobei dies nur bei (g) vollständig gewährleistet ist.

Im **Bild 9.17** sind einige Beispiele für Klemmungen an Kugelgelenken dargestellt, die gleichzeitig drei Freiheitsgrade behindern, und **Bild 9.18** enthält Beispiele, in denen gleichzeitig

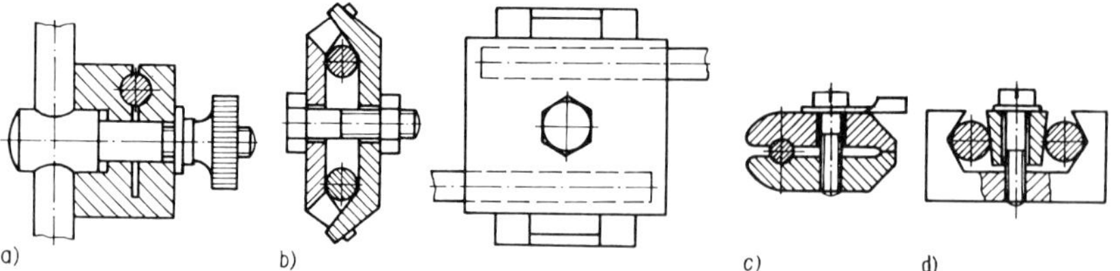

Bild 9.18. Gleichzeitiges Klemmen mehrerer Teile
a) für zwei sich kreuzende, b) und d) für zwei parallel angeordnete Rundstäbe, c) für Rundstab und Kabelschuh

mehr als ein Bauelement geklemmt wird, was häufig bei Stativaufbauten oder elektrischen Leitern vorkommt (s. auch Abschnitt 5.).
Klemmungen für Drehgelenke **(Bild 9.19)** können bei Gleitlagern so ausgebildet werden, daß die Klemmkräfte unmittelbar in den Lager- oder Stirnflächen entstehen. Leitet man die Klemmkräfte durch Drehung der Schraube an der Stirnseite mittig (d) oder außermittig (e) ein, entstehen unerwünschte Drehungen, die durch Beilegen von Unterlegscheiben teilweise oder durch drehgesicherte Zwischenteile (f) völlig vermieden werden.

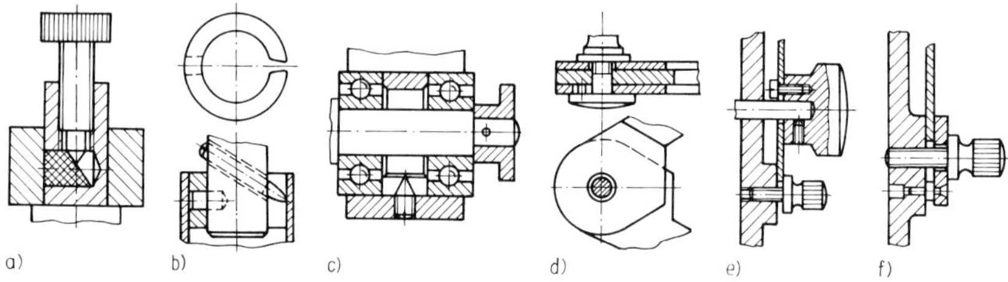

Bild 9.19. Klemmungen für Drehgelenke

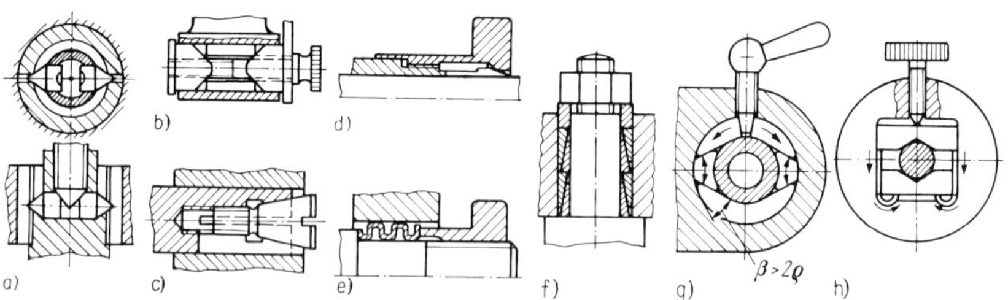

Bild 9.20. Zentrische Klemmungen für Lagerungen

Häufig besteht die Aufgabe, das Teil ohne Querverlagerung zu klemmen. Dann sind die Kräfte in mindestens zwei radialen, gegenüberliegenden Richtungen (**Bilder 9.20** a, b), jedoch besser in mehreren zentral gerichteten Wirkungslinien (c, d) oder allseitig (e, f) aufzubringen. Derartige Ausführungen werden zentrische Klemmungen genannt. Weit verbreitet ist das Spannzangenprinzip (d), z.B. an Bohrfuttern oder Drehmaschinen. Die Ausführungen (g) und (h) gewährleisten das zentrische Klemmen infolge der Reibung in den kraftumlenkenden Zwischengliedern nur unvollständig (pseudozentrische Klemmungen).
Besonders wichtig in der Präzisionsgerätetechnik sind zwangfreie, sog. „schwimmende" Klemmungen. Sie werden erforderlich an solchen Gelenken, die nahezu (zwangarm) oder völlig (zwangfrei) von der Beanspruchung durch Klemmkräfte verschont bleiben müssen, wie dies bei Wälz-, Luft- und Federlagern oder -führungen erforderlich ist. **Bild 9.21** a zeigt das prinzipielle Vorgehen beim Aufbau einer zwangfreien Klemmung am Beispiel einer Führung (s. auch Abschnitt 8.3.). Da nur der eine verbliebene Freiheitsgrad der Führung aufgehoben werden soll, darf die Kopplung zwischen Führung und Klemmung nur eine Unfreiheit (d.h. fünf Freiheitsgrade) aufweisen. Im Beispiel (Bild 9.21 a) geschieht dies durch die Kugel-Ebene-Paarung an dem zusätzlich geführten Klemmteil, so daß auch Parallelitätsabweichun-

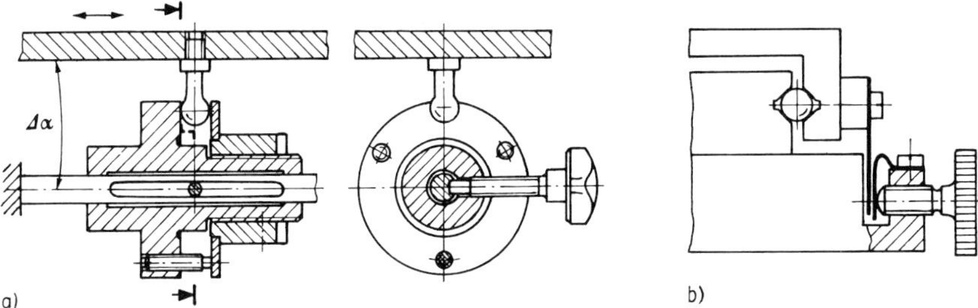

Bild 9.21. Zwangfreie (a) und zwangarme (b) Klemmung für Führungen

gen $\Delta\alpha$ zwischen der Führung und der Führung der Klemme keine Zwangskräfte hervorrufen können.
Die zwangarme Klemmung (Bild 9.21 b) einer Wälzführung benutzt anstelle eines Koppelelements mit fünf Freiheitsgraden ein elastisches Element in Form einer in Führungsrichtung steifen und quer dazu weichen Feder, so daß die auf die Führung wirkenden Kräfte klein bleiben. Die zweite Feder verhindert, daß durch die bohrende Komponente beim Drehen der Klemmschraube ein Verstellen der Führung eintritt, was insbesondere bei schiefem Gewinde und Gewindespiel entsteht.

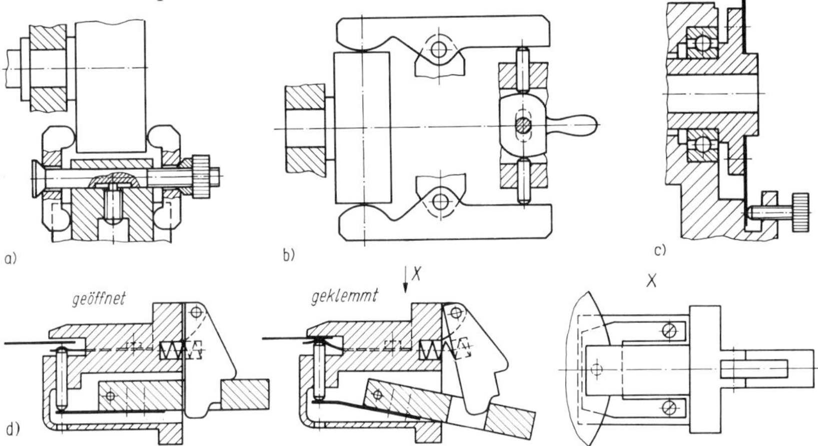

Bild 9.22. Zwangfreie Klemmungen durch axiales (a) und radiales Spannen (b); zwangarme Klemmung an einem Wälzlager (c) und einer Teilkreislagerung (d)

Bild 9.22 enthält analoge Beispiele zwangfreier und zwangarmer Klemmungen für Lagerungen. Während in (c) beim Anziehen der Schraube Drehbewegungen eintreten können, wird dies bei (d) infolge des Spiels in der Stiftführung durch die Zwischenfeder verhindert, so daß der zu klemmende optische Teilkreis auch im Bereich von Winkelsekunden keine Verdrehung beim Klemmen erfährt.

9.2. Gesperre [1.2] [9.1] [9.2]

Ein Gesperre ist ein Funktionselement, das vorübergehend das Entstehen der Bewegung eines Körpers vollständig verhindert. Analog zu den Gehemmen wird unterschieden zwischen Form- und Reibgesperren.

9.2.1. Formgesperre

Formgesperre (Nr. *3, 7* in Tafel 9.1) haben wie die Formgehemme die Aufgabe, bestimmte Vorzugsstellungen in beiden Richtungen zu sichern, jedoch im Gegensatz zu den Rastungen in der Regel nicht zu erzeugen. Die häufigsten Anwendungsfälle betreffen auch hier das Sperren von Rotationsbewegungen. Beiderseitig wirkende Formgesperre (Nr. *7*) werden auch Riegelgesperre, einseitig wirkende, sog. Formrichtgesperre (Nr. *3*), werden auch Klinkengesperre genannt. Außerdem gibt es Gesperre, die alternierend in einer Richtung sperren.

9.2.1.1. Berechnung

Neben elementaren Berechnungen bezüglich der zulässigen Beanspruchung durch Flächen- oder Hertzsche Pressung in den Paarungsstellen und der die Genauigkeit der Sperrlage beeinflussenden Verformungen sind an Formgesperren häufig Toleranzuntersuchungen notwendig und bei Formrichtgesperren darüber hinaus bestimmte Eingriffsverhältnisse zu berücksichtigen **(Tafel 9.4)**. Das Zahnklinkengesperre (Tafel 9.4a) sperrt die Bewegung entgegen der eingezeichneten Richtung mit der beliebig großen Sperrkraft F_S.

Tafel 9.4. Berechnung der Formrichtgesperre

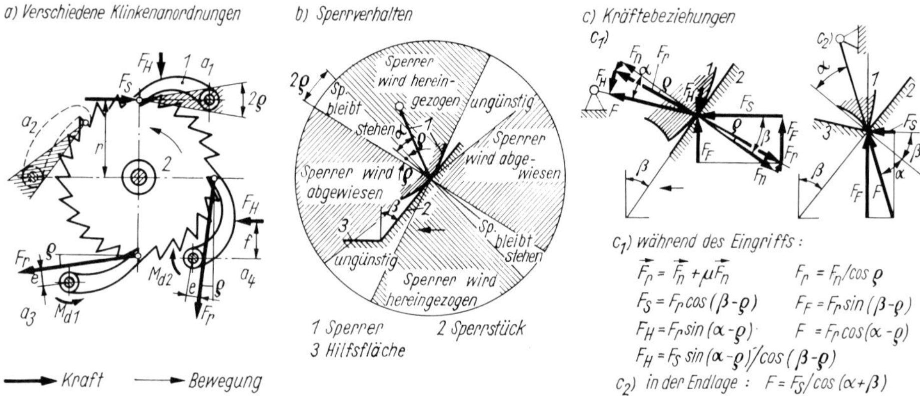

Befindet sich der Klinkendrehpunkt der Druckklinke (a_1) oder der Zugklinke (a_2) innerhalb der durch die Reibwinkel ϱ gegebenen Richtungen der Kräfte F_r (Reibkegel 2ϱ), so bleibt der Sperrer während des Eingriffs stehen. Er muß durch die Hilfskraft F_H hineinbewegt werden.
Hat F_r eine Richtung (a_3), die der Klinke ein hineindrehendes Moment $M_{d1} = eF_r$ verleiht, so wird diese selbsttätig hineingezogen bis zum Anschlag im Zahngrund des Sperrstücks. Eine Hilfskraft F_H ist nicht erforderlich.
Hat das Moment $M_{d2} = eF_r$ um den Klinkendrehpunkt die umgekehrte Richtung (a_4), so wird der „Sperrer" bei $M_{d2} > fF_H$ abgewiesen. Damit liegt ein Gehemme vor.
Schematisch sind die Zusammenhänge in Tafel 9.4b dargestellt, und Tafel 9.4c zeigt die Kräfteverhältnisse (c_1 während des Hineingleitens des Sperrers, c_2 am Ende des Sperrvorgangs, wenn der Sperrer an der Hilfsfläche *3* angelangt ist).
An der Berührungsstelle entsteht die Kraft F_r als vektorielle Summe aus Normalkraft F_n und Reibkraft μF_n. Am Sperrer *1* setzt sich diese Kraft F_r zusammen aus der Hilfskraft F_H und der in Richtung Klinkendrehpunkt fallenden Kraft F. Am Sperrstück *2* ist F_r zusammengesetzt aus der Sperrkraft F_S und F_F. Die Kraft F_F ist eine auf die Führung bzw. Lagerung des Sperrstücks gerichtete Komponente. Nur wenn F_H negativ wird, d.h. $\alpha < \varrho$, liegt ein Gesperre vor. Dazu muß der Klinkendrehpunkt in c_1 entweder innerhalb des Reibkegels oder außerhalb auf der anderen Seite der Normalen liegen (c_2). Die Hilfskraft F_H wird dann an der Hilfsfläche *3* aufgenommen.

9.2.1.2. Konstruktive Gestaltung, Ausführungsformen

Formgesperre, die in beiden Richtungen wirken, haben meist die Aufgabe, Vorzugslagen mit konstanter Teilung am Dreh- oder Schubteil zu fixieren **(Bild 9.23)**.
Das Sperrteil, auch Riegel oder Sperrer genannt, kann ortsfest (a, c) angeordnet sein oder mitbewegt werden (b, d, e) und wird fast immer durch Federkraft in der Formpaarung gehalten. Bei Drehbewegungen kann der Eingriff radial (d) oder axial (e) gerichtet erfolgen.
Manchmal erfordert die Funktion, den Sperrer zeitweilig außer Eingriff zu bringen (f). Wie bei den Rastungen lassen sich durch Variation leicht zahlreiche Ausführungsformen finden. Drehbar gelagerte Sperrer benötigen im allgemeinen mehr Platz als geführte.

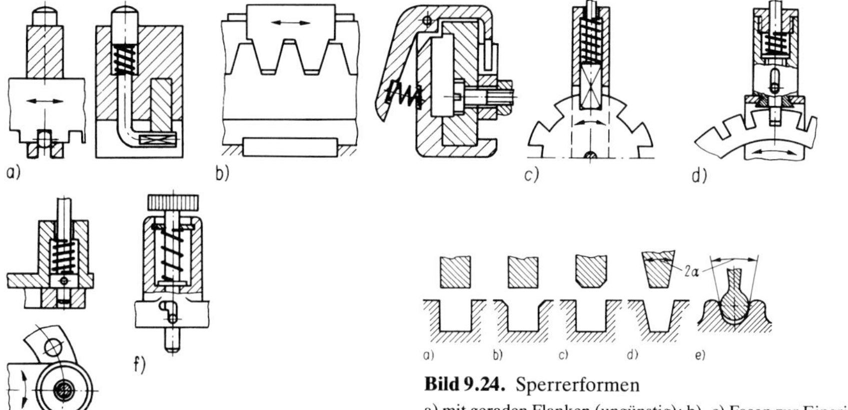

Bild 9.24. Sperrerformen

a) mit geraden Flanken (ungünstig); b), c) Fasen zur Eingriffserleichterung; d), e) Spielfreiheit durch geneigte Flanken ($\alpha < \varrho$)

Bild 9.23. Formgesperre

a) für Translation mit gestellfestem, b) mit bewegtem Sperrer; c) bis f) für Rotation; c) mit gestellfestem, d) mit bewegtem Sperrer und radialem Eingriff; e) mit bewegtem Sperrer und axialem Eingriff; f) zeitweilig ausschaltbarer Sperrer

Die geometrische Form des Sperrers und der Sperrnuten **(Bild 9.24)** sollte durch Fasen (b, c) das Einführen erleichtern und, wenn erforderlich, das Spiel beseitigen (d, e). Es kommt jedoch darauf an, nicht nur das Spiel an der Sperrstelle, sondern auch das in der Lagerung (**Bild 9.25** a) bzw. der Führung des Sperrers zu beseitigen. Dies erfolgt bei (b) durch einen federnd und bei (c) durch einen geteilt ausgeführten Sperrer, wodurch beim Sperren auch das Führungsspiel eliminiert wird.

Eine Sonderbauform entsteht bei den sog. *Mehrfachformgesperren*, wenn gleichzeitig mehr als ein Sperrer vorgesehen ist **(Bild 9.26)**. Sie werden vorzugsweise bei Sicherheitsschlössern angewendet.

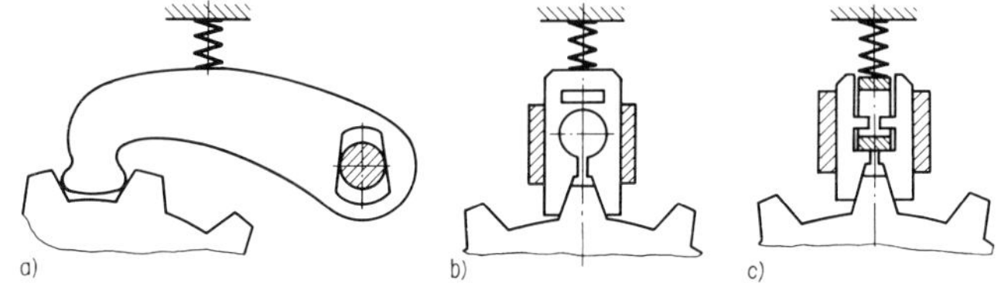

Bild 9.25. Spielfreie Formgesperre

a) durch spielfreie Lagerung, b) durch federnden Sperrer, c) durch geteilten Sperrer

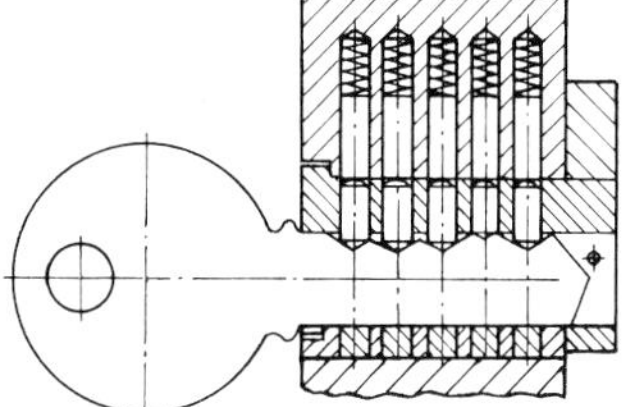

Bild 9.26. Mehrfachformgesperre am Beispiel eines fünffach gesicherten Zylinderschlosses

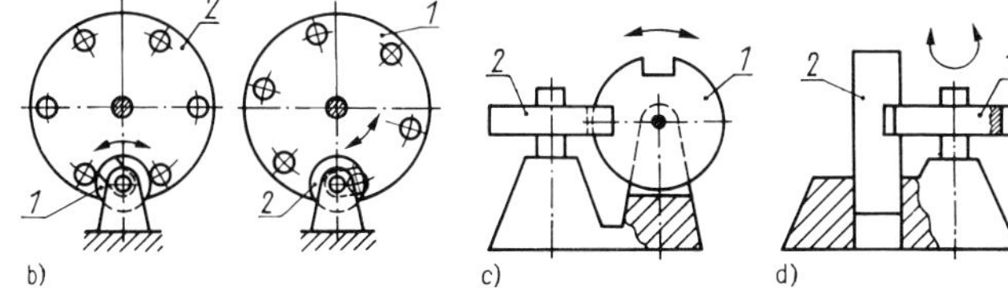

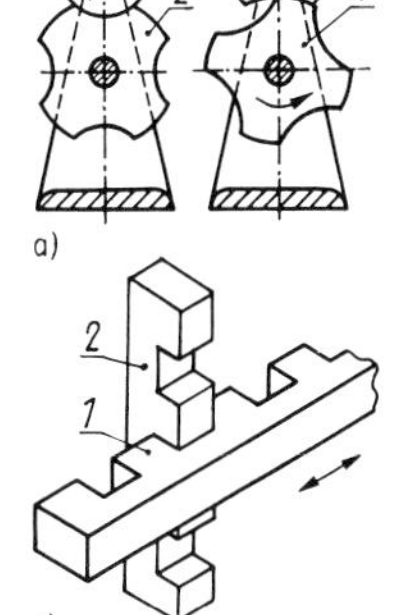

Bild 9.27. Unmittelbare wechselseitige Formgesperre

Beide Teile wechseln ihre Funktion als Sperrer *1* und Sperrstück *2*.
a), b) für zwei Drehglieder mit parallelen Achsen durch Zylinder- bzw. Drehriegelsperre;
c) für zwei Drehglieder mit gekreuzten Achsen;
d) für ein Schub- und ein Drehglied; e) für zwei Schubglieder

Eine weitere Sonderbauart betrifft die *wechselseitigen Formgesperre*. Diese beruhen einerseits auf reinem Formschluß, benötigen also keine Hilfskraft (Feder) für den Sperrer, und andererseits sperren sie sich gegenseitig. Bei den unmittelbaren wechselseitigen Formgesperren **(Bild 9.27)** kann entweder nur das eine oder nur das andere Teil eine Bewegung ausführen, Sperrer *1* und Sperrstück *2* wechseln also jeweils ihre Funktion.

Die mittelbaren wechselseitigen Formgesperre **(Bild 9.28)** enthalten mehrere Sperrer oder mehrere Sperrstücke oder beides, die sich derart wechselseitig verriegeln, daß stets nur ein Sperrstück bewegt werden kann. Die Ausführungen (d) bis (f) benötigt man häufig bei Tastaturen, um ein gleichzeitiges Drücken mehrerer Tasten zu verhindern. Die Sperrer *2* werden als Formteile (e) oder einfacher als Kugeln (d) ausgebildet bzw. vorteilhaft in einer Sperrschiene (f) vereint.

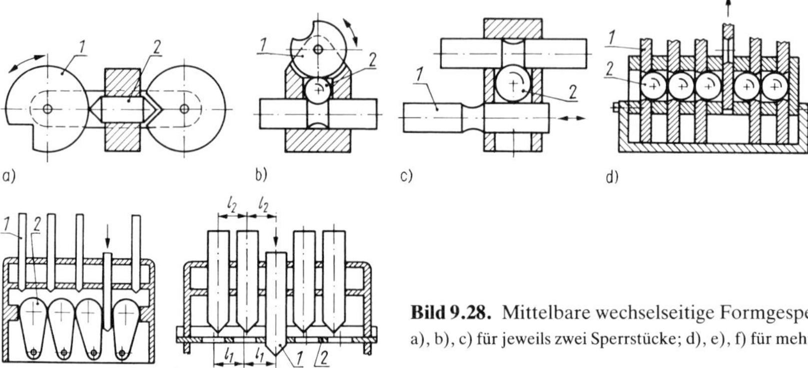

Bild 9.28. Mittelbare wechselseitige Formgesperre
a), b), c) für jeweils zwei Sperrstücke; d), e), f) für mehrere Sperrstücke ($l_1 \neq l_2$)

Formrichtgesperre werden nicht nur zum Fixieren von Vorzugsstellungen eingesetzt, sondern vor allem verwendet, um Bewegungen in einer unerwünschten Richtung zu verhindern. Bei Drehbewegungen wirken sie dann wie eine Freilaufkupplung (s. Abschnitt 11.5.).

Formrichtgesperre sind in der Regel als Zahnklinkengesperre ausgebildet **(Bild 9.29)**, wobei der als Klinke bezeichnete Sperrer meist durch Federkraft in Eingriff gebracht wird, die Größe der Hilfskraft F_H jedoch keinen Einfluß auf die Sperrwirkung hat. Bei der Gestaltung der Eingriffstelle **(Bild 9.30)** ist zu beachten, daß für das Sperrstück keine Rückdrehung beim Ausheben der Klinke eintritt, wie dies bei (c) erfolgt, oder eine bewußt große Rückdrehung (d, e) vorgesehen wird, wie dies z. B. beim Aufzug von Spiralfedern erwünscht ist.

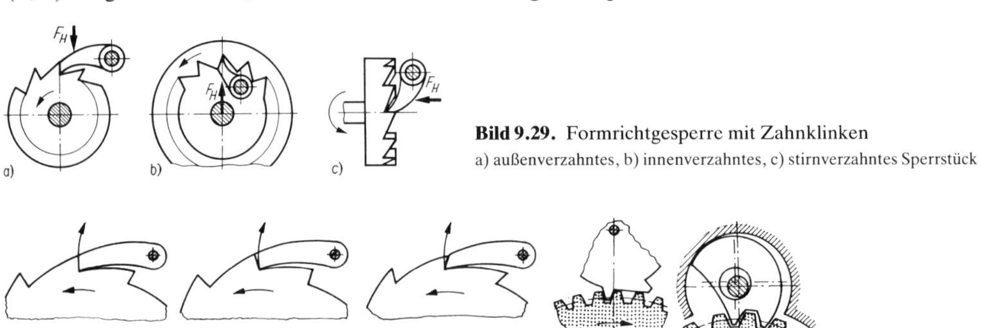

Bild 9.29. Formrichtgesperre mit Zahnklinken
a) außenverzahntes, b) innenverzahntes, c) stirnverzahntes Sperrstück

Bild 9.30. Gestaltung des Zahneingriffs bei Klinkengesperren
a), b) ohne Rückdrehung; c) mit Rückdrehung; d), e) mit großem Rückdrehwinkel

Das störende Geräusch, das in Freilaufrichtung durch das ständige Einfallen der Klinke entsteht, läßt sich bei den sog. „stummen" Gesperren vermeiden, wenn die Klinke ausgehoben wird **(Bild 9.31)**. Bei (a) geschieht dies über ein durch Reibung angetriebenes Kurbelschleifengetriebe (s. auch Abschnitt 13.11.). Die Größe der Reibung muß so bemessen sein, daß da-

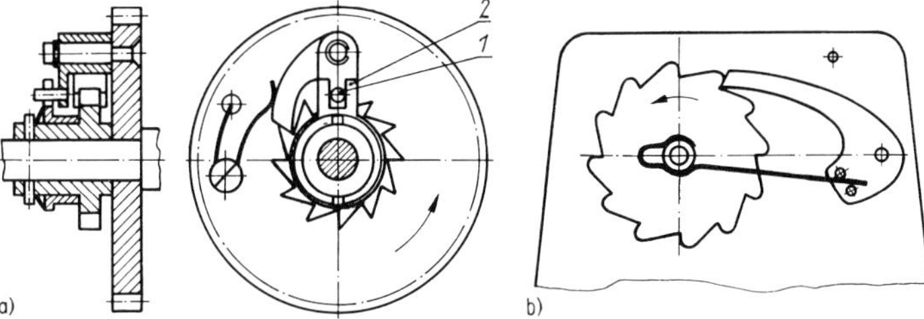

Bild 9.31. Formrichtgesperre mit gesteuerter Klinke zum Vermeiden von Geräusch

a) durch über Reibung angetriebene Kurbelschleife mit an der Klinke festem Stift *1* in Gabel *2*; b) durch über Reibung mitgenommene Blattfeder

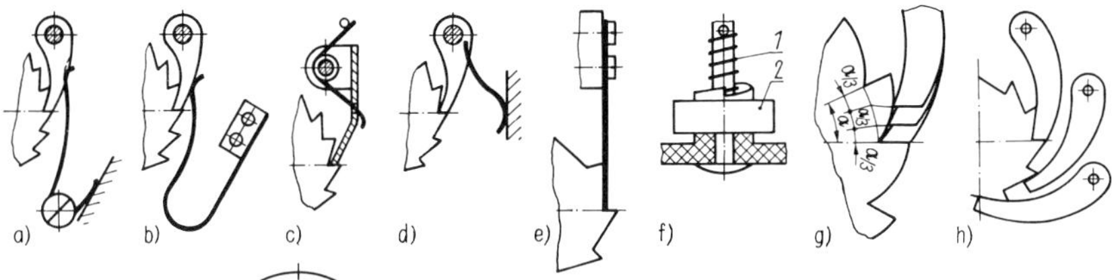

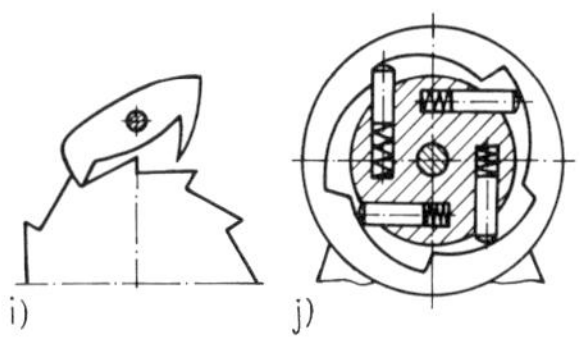

Bild 9.32. Gestaltungsbeispiele für Formrichtgesperre

a) bis d) Varianten von Sperrfedern; e) Sperrfeder direkt als Sperrklinke ausgebildet; f) Schraubenfeder als Sperrklinke; g) bis j) Unterteilung der Sperrstellungen durch Mehrfachklinken

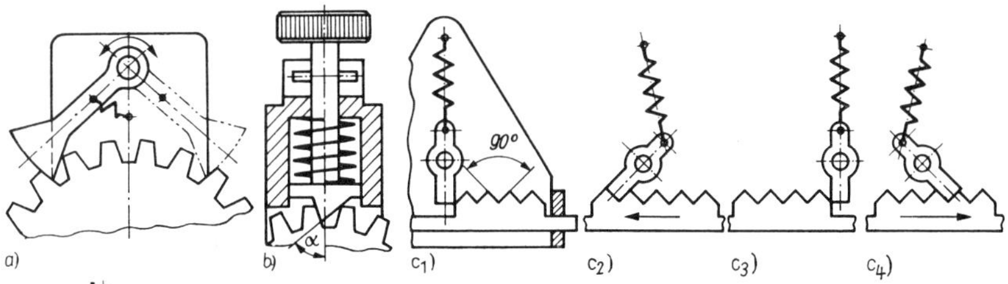

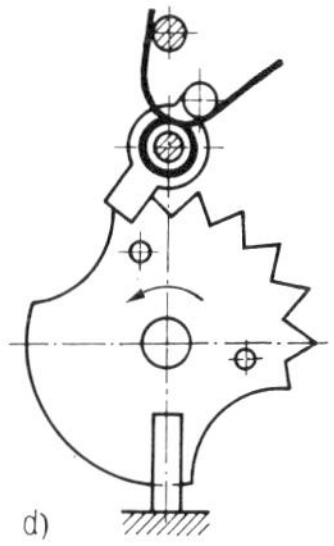

Bild 9.33. Umschaltbare Formrichtgesperre

a), b) von Hand umstellbar; c) mit zwangläufiger Umschaltung für Translation: c_1) rechte Endlage, c_2) Bewegung nach links möglich, c_3) linke Endlage, c_4) Bewegung nach rechts möglich; d) mit zwangläufiger Umschaltung für Drehbewegung

bei die Hilfskraft der Sperrfeder überwunden wird. Die einfachere Ausführung (b) vermeidet diese Unsicherheit, da die durch Reibung auf der Welle des Sperrstücks mitgenommene Blattfeder sowohl als Aushebe- als auch als Sperrfeder wirkt, je nach Drehrichtung.

Durch Gestaltung der Klinken und der Sperrfedern lassen sich die Formrichtgesperre vielfältig variieren. Einige Ausführungsbeispiele enthält **Bild 9.32**. Die Mehrfachklinkengesperre ermöglichen eine Unterteilung der Raststellungen innerhalb der Teilung des Sperrstücks, wobei die Klinken bei genügend breiten Zähnen nebeneinanderliegend auf einem gemeinsamen Lagerzapfen angeordnet sein können (g) oder an verschiedenen Zähnen angreifen (h). Die Zug-Druck-Klinkenanordnung (i) halbiert den Teilungsschritt. Die Mehrfachanordnung (j) erlaubt bei z Sperrzähnen und n Sperrern mit $z - n = 1$ also $zn/(z - n)$ Sperrstellungen, im Beispiel demnach 20. Umschaltbare Formrichtgesperre **(Bild 9.33)** ermöglichen einen Richtungswechsel des Sperrens. Dies kann von Hand durch Umlegen (a) oder Drehen (b) des Sperrers geschehen oder automatisch in den Endlagen des Bewegungsbereichs erfolgen (c, d). Da das zwangläufige Umschalten nur nach dem Zurücklegen der jeweiligen gesamten Wegstrecke erfolgen kann, sichern diese Gesperre gegen das unvollständige Ausführen von Bewegungen.

9.2.2. Reibgesperre

Reibgesperre (Nr. *4, 8* in Tafel 9.1) haben die Aufgabe, gelagerte oder geführte Teile an beliebiger Stelle innerhalb eines Bewegungsbereichs an einer möglichen Bewegung vollständig zu hindern. Die an der Kraftpaarung durch Reibung entstehende Sperrkraft ist dabei stets größer als die eine Bewegung hervorrufende Kraft. Praktische Bedeutung haben nur die *Reibrichtgesperre* (Nr. *4* in Tafel 9.1), da die beiderseitig wirkenden Reibgesperre eine Bewegung völlig verhindern, wenn nicht einer der beiden Sperrer ausschaltbar gestaltet wird, was wiederum auf ein einfaches oder umschaltbares Reibrichtgesperre führt.

9.2.2.1. Berechnung

Reibrichtgesperre müssen stets so gestaltet und bemessen werden, daß sich eine vollständige Sperrwirkung ergibt. Für die häufigsten Reibrichtgesperre sind die Berechnungsgrundlagen in **Tafel 9.5** zusammengestellt. Infolge der großen Normalkraft an den Paarungsstellen ist in jedem Fall die zulässige Hertzsche Pressung zu überprüfen (s. auch Abschnitt 3.5.).

Tafel 9.5. Berechnung der Reibrichtgesperre
1 Reibdaumen; *2* Reibdaumen in Keilnut; *3* Schubkeil und Sperrwalze; *4* Wälzkörper; *5* Kniehebel; *6* Verkanten; *7* Schlingfeder

	1	2	3	4	5	6	7
Ausführungsbeispiel							
Sperrkraft (-moment)	$\alpha < \varrho$ $\tan\alpha = \frac{e}{l} < \mu$ $F_S = \mu F_n = \frac{M_S}{r}$ $F = F_n \cos(\alpha - \varrho)$ $= F_S \frac{\cos(\alpha-\varrho)}{\sin\varrho}$ $= F_S\left(\frac{\cos\alpha}{\mu} + \sin\alpha\right)$ $F \approx \frac{F_S}{\mu} = \varkappa F_S$	$\alpha < \varrho_{eff}$ $\tan\alpha = \frac{e}{l} < \frac{\mu}{\sin\beta}$ $F \approx \frac{F_S}{\mu_{eff}} = \varkappa' F_S$	$\alpha < 2\varrho$ $F_n = \frac{F_S}{\tan\frac{\alpha}{2}}$	$\alpha < \varrho$ $F_n = \frac{F_S}{\tan\alpha}$	$\alpha < \varrho$ $\tan\alpha = \frac{e}{l} < \mu$ $F_n = \frac{F_S}{\tan\alpha}$	$y > \frac{l}{2\mu}$ $F_n = \frac{y}{l} F_S$	$n > \frac{1}{2\pi\mu}$ n Windungszahl oder $\mu\varphi > 1$ φ Umschlingungswinkel
Bemerkungen	R: Krümmungsradius der log. Spirale für α = const, meist genähert durch Kreisbogen μ / $\varkappa$: 0,05 / 20 0,1 / 10 0,2 / 5	Vergrößerung d. Reibung durch Keilnut: $\mu_{eff} = \frac{\mu}{\sin\beta} = \tan\varrho_{eff}$ $\varkappa'$ für μ \ β = 10° / 15° / 30°: 0,05: 3,5 / 5,2 / 10 0,1: 1,74 / 2,6 / 5 0,2: 0,87 / 1,3 / 2,5	Die Sperrwirkung ist unabhängig von der Federkraft	Kurve entspricht log. Spirale für α = const, angenähert durch Krümmungsradius		s. auch Bild 8.3.6 in Abschnitt 8.3.2.1. Jede Krafteinleitung, deren Wirkungslinie den schraffierten Bereich schneidet, auch schräg angreifend (gestrichelt), führt zur Selbstsperrung unabhängig vom Spiel	Ableitung n. d. Prinzip der virtuellen Arbeit: $dW = 0 = M_d d\varphi + F_n dr$ Umschlingungslänge $l = r\varphi$ $dl = 0 = r d\varphi + \varphi dr$ Bedingung f. Sperrung: $F_n \mu r > M_d$ daraus folgt: $\mu r > \frac{M_d}{F_n} = \frac{r}{\varphi}$

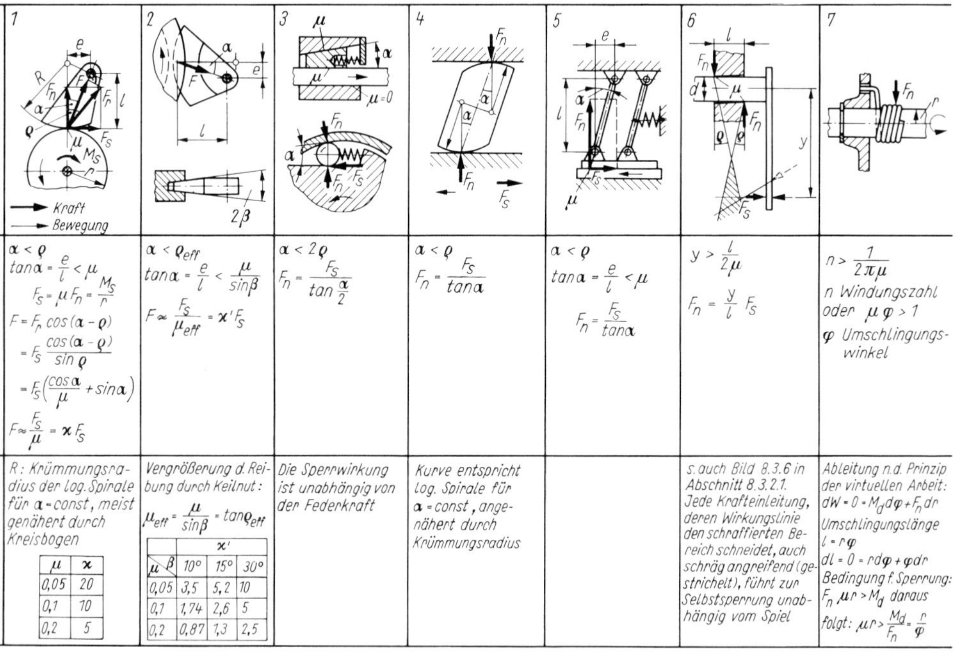

Der sog. Reibdaumen (Nr. *1* in Tafel 9.5), ein sehr einfaches Mittel, die Bewegung in einer Richtung zu sperren, kann sowohl bei Rotation als auch bei Translation angewendet werden. Die infolge kleiner Winkel $\alpha < \varrho$ sehr großen, das Lager des Sperrers beanspruchenden Kräfte F (Faktor $\varkappa$) lassen sich herabsetzen durch einen keilförmig ausgebildeten Sperrer (2), wodurch größere Winkel α möglich werden (Faktor $\varkappa'$). Keil-, kugel- oder walzenförmige Teile in einer Keilnut (3) sind ebenfalls zum Sperren von Dreh- oder Schubbewegungen geeignet, führen aber zu großen Normalkräften und verlangen gehärtete Teile. Analoges gilt für die Wälzkörpersperrung (4).

Das Kniehebelgesperre (5) benutzt Flächenberührung und kann deshalb sehr große Kräfte aufnehmen.

Was bei Führungen zum Verkanten führt (s. Abschnitt 8.3.2.1.), kann durch entsprechend kurze Führungslängen als Reibrichtgesperre ausgenutzt werden (6).

Die Schlingfeder (7) ist ein sehr einfaches Mittel, Drehbewegungen in einer Richtung zu sperren, wenn die Anzahl der umschlingenden Windungen groß genug ist. Die elastische Wirkung vermeidet weitgehend Stöße beim Einsetzen der Sperrwirkung.

Zur Dimensionierung ist theoretisch der Reibwert der Ruhe heranzuziehen, da ja keine Bewegung stattfinden soll. Aus Sicherheitsgründen, da infolge Schwingungen oder Erschütterungen ein kurzzeitiges Gleiten nicht immer ausgeschlossen werden kann, ist jedoch zu empfehlen, den Reibwert der Bewegung in die Gleichungen einzusetzen (s. Tafel 3.25).

9.2.2.2. Konstruktive Gestaltung, Ausführungsformen

Am häufigsten werden Reibrichtgesperre für Drehbewegungen angewendet **(Bild 9.34)**. Sie bilden damit sog. Freilaufkupplungen (s. Abschnitt 11.5.). Als Sperrkörper wendet man vorzugsweise Kugeln, bei größeren Kräften auch Walzen oder Nadeln an. Meist sorgen Federn für eine ständige Anlage der Sperrkörper an den Sperrflächen. Die Größe der Federkraft hat jedoch keinen Einfluß auf die sperrende Wirkung.

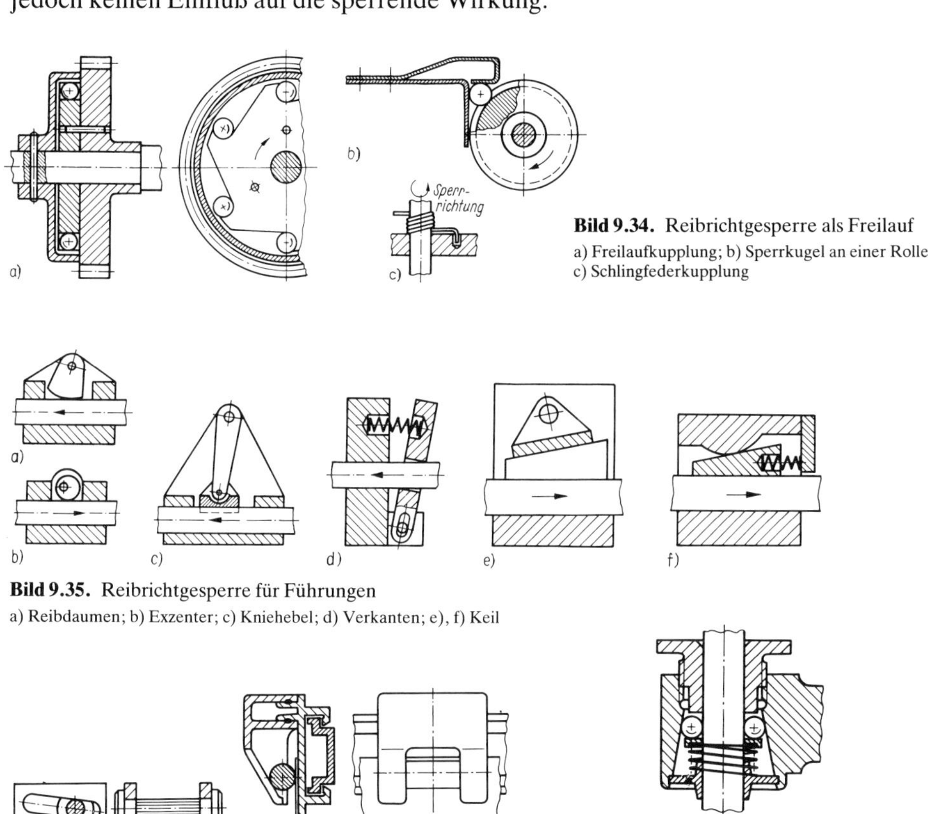

Bild 9.34. Reibrichtgesperre als Freilauf
a) Freilaufkupplung; b) Sperrkugel an einer Rolle; c) Schlingfederkupplung

Bild 9.35. Reibrichtgesperre für Führungen
a) Reibdaumen; b) Exzenter; c) Kniehebel; d) Verkanten; e), f) Keil

Bild 9.36. Reibrichtgesperre für Flachteile
a) Riemenschloß; b) Aufhängevorrichtung für Papier oder ähnliche Gegenstände

Bild 9.37. Reibrichtgesperre an einer Säulenführung

Für Schubbewegungen enthält **Bild 9.35** einige Ausführungsbeispiele. Hier ist es konstruktiv einfacher, Flächenberührung für hohe Belastungen zu verwirklichen. Um diese unabhängig von den Toleranzen des Keilwinkels zu halten, empfiehlt sich eine selbsteinstellende Anlage (e) oder eine gerundete Gegenanlage (f).

Für Flachteile, z. B. Riemen, Blech, Papier, sind die Beispiele im **Bild 9.36** geeignet. Die in einem geneigten Schlitz geführte Walze (a) sperrt ein bandförmiges Teil, wobei die Rändelung die Wirkung erhöht. Durch die lose eingelegte Sperrwalze (b) kann man z. B. sehr einfach und schnell ein Röntgenbild vor dem Sichtkasten befestigen. Zum Lösen wird die Walze leicht angehoben, wozu die Aussparung dient. Ähnlich arbeitet die Sperrung einer Säulenführung

(Bild 9.37), die sich frei nach oben bewegen läßt, jedoch eine Abwärtsbewegung erst nach Zurückdrücken der Sperrkugeln durch die Schraube ermöglicht.
Eine Zusammenstellung ausgewählter Normen und Richtlinien zum Abschnitt 9. enthält **Tafel 9.6**.

Tafel 9.6. Normen und Richtlinien zum Abschnitt 9.

DIN-Normen	
DIN 99	Kegelgriffe
DIN 315	Flügelmuttern
DIN 316	Flügelschrauben
DIN 467	Rändelmuttern
DIN 653	Rändelschrauben
DIN 6306	Knebelschrauben
DIN 6335	Kreuzgriffe
DIN 6336	Sterngriffe
DIN 6341	Spannzangen für Zugspannungen
DIN 6343	Spannzangen für Druckspannungen
DIN 6344	Vorschubzangen
DIN 5401	Kugeln
DIN 5402	Zylinderrollen, Kurzrollen, Walzen, Lagernadeln
Richtlinien	
VDI/VDE 2253	Feinwerkelemente; Sperrungen; Übersicht
VDI/VDE 2253, Bl. 1	–; –; Gesperre

Literatur zum Abschnitt 9.

(Grundlagenliteratur s. Literatur zum Abschnitt 1.)

Bücher

[9.1] AWF 6061. Sperrgetriebe. H. 1: Gesperre. Berlin, Köln: Beuth-Verlag 1955.
[9.2] *Roth, K.:* Konstruieren mit Konstruktionskatalogen. Berlin, Heidelberg, New York: Springer-Verlag 1982.
[9.3] *Jahr, W.; Sieker, K.-H.:* Gesperre. Berlin, Köln: Beuth-Verlag 1955.
[9.4] *Sieker, K.-H.:* Getriebe mit Energiespeichern. 2. Aufl. Leipzig: Akad. Verlagsges. Geest & Portig K.-G. 1952.
[9.5] *Sieker, K.-H.:* Hemmwerke. Berlin, Köln: Beuth-Verlag 1957.

Aufsätze

[9.10] *Bischoff, W.:* Das Grundprinzip als Schlüssel zur Systematisierung. Feingerätetechnik 9 (1960) 3, S. 91.
[9.11] *Holeček, K.:* Über das Verkanten. Feinwerktechnik 60 (1956) 10, S. 353.
[9.12] *Kühne, K. H.:* Betrachtungen zur Gestaltung von Rasthebeln. Feingerätetechnik 8 (1959) 3, S. 121.
[9.13] *Leffler, D.:* Dimensionierung einer Hebelrasthaltung. Feingerätetechnik 10 (1961) 9, S. 396.

10. Anschläge, Bremsen und Dämpfer

Zeichen, Benennungen und Einheiten

A	Fläche in mm^2
D	Dämpfungsmaß
F	Kraft in N
G	Gleitmodul, Schubmodul in N/mm^2
I	Strom in A
J	Massenträgheitsmoment in kg · cm^2
K	Stoßfaktor
L	Induktivität in H
M	Moment in N · mm
M_d	Drehmoment, Torsionsmoment in N · mm
P	Leistung in N · m/s bzw. W
Q	mechanische Güte
R	elektrischer Widerstand in Ω
R_0, R_1	Konstanten
T	Zeit in s
U	Anzahl der Umdrehungen
W	Energie, Arbeit in N · m bzw. W · s
W_v	Dämpfungsarbeit in N · m bzw. W · s
X	Maximalweg in mm
c, c_φ	Federsteife translatorisch in N/mm, rotatorisch in N · mm/rad
c_1	Konstante in m/N$^{2/3}$
d	Durchmesser in mm
e	Basis der natürlichen Logarithmen; $e = 2{,}718 \ldots$
h	Backenhöhe in mm
k, k_φ	Dämpfungszahl translatorisch in N · mm^{-1} · s, rotatorisch in N · mm · s/rad
l	Länge, Abstand in mm
m	Masse in kg; Poissonsche Zahl
p	Flächenpressung in N/mm^2
r	Radius in mm
s	Spaltbreite in mm
t	Zeit in s
x	Weg in mm
$\dot{x}$	Geschwindigkeit in mm/s
$\ddot{x}$	Beschleunigung in mm/s^2
z	Zähnezahl
Φ	Maximalwinkel in rad, °; magnetischer Fluß in Wb
α	Umschlingungswinkel in °
β	Phasenverschiebung in °
$\beta, \gamma, \delta, \varphi$	Winkel in °
δ	Abklingkonstante
η	dynamische Viskosität in Pa · s bzw. N · s · m^{-2}
ϑ	logarithmisches Dekrement
μ, μ_0	Reibwert, Haftreibwert
ν	Querzahl, Querkontraktionszahl ($\nu = 1/m$)
$\dot{\varphi}, \omega$	Winkelgeschwindigkeit in rad/s
$\ddot{\varphi}$	Winkelbeschleunigung in rad/s^2
ψ	Dämpfungskapazität

Indizes

A	Aufprallen
B	Bremsen
D	Dauer
F	Feder
G	Gleiten
H	Haften
O	Beginn
R	Reibung
S	Stoß, Schalten
e	Ersatz
n	Normalrichtung
r	rotatorisch
o	Ausgang
0, 1, 2	Bauteil 0, 1, 2

Anschläge, Bremsen und Dämpfer haben die Aufgabe, die Bewegung gepaarter mechanischer Bauteile so zu beeinflussen, daß ihr Bewegungsbereich begrenzt (Anschläge) oder die Geschwindigkeit reduziert wird (Bremsen, Dämpfer). Weiterhin ist der Energietransport zu anderen Bauteilen herzustellen, zu verringern oder zu verhindern.
Anschläge, Bremsen und Dämpfer sind im allgemeinen energiewandelnde Baugruppen.

10.1. Anschläge

Anschläge sind Funktionselemente, die die Bewegung von Bauteilen an bestimmten Stellen ihrer Bahn durch mechanische Widerstände begrenzen. Diese Begrenzung beendet bei beweglich gepaarten Teilen nach Durchlaufen eines bestimmten Weges bzw. Winkels die Relativbewegung. In den Grenzpositionen werden kräfteaufnehmende Formelemente als eigentliche Anschläge wirksam.
Neben der Weg- bzw. Winkelbegrenzung erfüllen Anschläge die Funktion der Energiewandlung oder des Energietransports auf andere Bauteile.

10.1.1. Bauarten und Eigenschaften

Der prinzipielle Aufbau einer Anschlagbaugruppe ist im **Bild 10.1** dargestellt. Alle Anschläge besitzen Stoßstellen (*1a, 1b*), die sich am beweglichen Bauteil *1* bzw. am feststehenden Bauteil *2* befinden. In **Tafel 10.1** sind einige konstruktive Ausführungen von Anschlägen zusammengestellt. Die Einteilung der Anschläge erfolgt nach

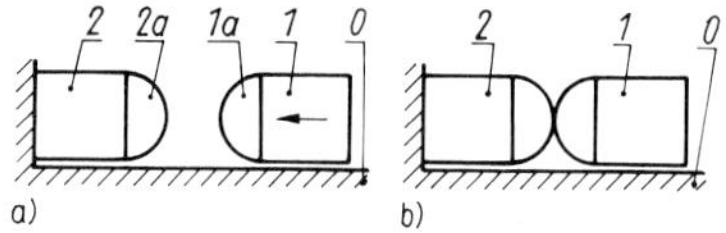

Bild 10.1. Anschlag
a) vor der Paarung (Anfangssituation); b) gepaarte Bauteile (Endsituation)
1 bewegliches Bauteil; *2* feststehendes Bauteil (eigentlicher Anschlag);
1a, *2a* Stoßstellen; *0* Gestell

Tafel 10.1. Prinzipielle Lösungen von Anschlägen
→ Bewegung

Nr.	Benennung/Schema (Eigenschaften; Anwendungsbeispiele)	Nr.	Benennung/Schema (Eigenschaften; Anwendungsbeispiele)
1	Festanschlag (translatorisch, einseitig unmittelbar wirkend; Translationsbegrenzung)	5	Gefederter Anschlag (translatorisch, unmittelbar wirkend, Anschlagposition kraftabhängig; elastischer Anschlag)
2	Festanschlag (rotatorisch, justierbar, zweiseitig unmittelbar wirkend; Drehbegrenzung)	6	Reibanschlag (translatorisch, unmittelbar wirkend, Anschlagposition energieabhängig; zum Abbau kinetischer Energie)
3	Festanschlag (rotatorisch, zweiseitig nach mehreren Umdrehungen unmittelbar wirkend; Anschlag beim Malteserkreuzgetriebe)	7	Masseanschlag (translatorisch, unmittelbar wirkend, Anschlagposition masseabhängig; Impulsübertragung auf Masse-Bauteil)
4	Setzanschlag (translatorisch, wählbar, zweiseitig unmittelbar wirkend; Tabulator in Schreibmaschine)	8	Dämpferanschlag (translatorisch, mittelbar wirkend, Anschlagposition am Hubende; zum Abbau kinetischer Energie)

Wegstrecke bzw. Winkelweg
fest: Festanschläge; veränderbar: Setzanschläge
Kraftaufnahme
unmittelbar: Direktanschläge; mittelbar: Schleppanschläge.

Festanschläge begrenzen die Bewegung innerhalb eines Weg- bzw. Winkelbereichs.

Setzanschläge begrenzen die Bewegung innerhalb eines einstellbaren Weg- bzw. Winkelbereichs. Dazu werden mehrere wählbare Anschläge angeordnet (z. B. Tabulator bei Schreibmaschinen), oder der Anschlag ist verschiebbar und wird mit einer Festhaltung (s. Abschnitt 9.) fixiert. Für gestufte Anschlagpositionen kommen Formgesperre oder -gehemme, für beliebige Anschlagpositionen Reibgesperre oder -gehemme zum Einsatz.

Direktanschläge sind unmittelbar wirkende Anschläge. Die meisten Fest- und Setzanschläge sind Direktanschläge.

Schleppanschläge besitzen als mittelbar wirkende Anschläge mindestens ein weiteres Bauteil (Zwischenteil), das der Vergrößerung des zu begrenzenden Bewegungsbereichs dient. Die Steuerbewegung für das Zwischenteil wird durch die konstruktive Gestaltung der mitgeschleppten Teile oder durch Getriebeanordnungen bestimmt (s. Abschnitt 10.1.3.).

10.1.2. Berechnung

Allgemeine Berechnungen betreffen das Ermitteln der konstruktiven Parameter der Anschlagbaugruppe und des Getriebes bei mittelbar wirkenden Anschlägen.
Die Berechnung des dynamischen Verhaltens hat das Ziel, das Weg-Zeit-Verhalten der Bauteile im Zusammenhang mit der zeitweisen Paarung zu bestimmen. Diese Aufgabe ist besonders bei der Präzisionspositionierung schnell bewegter Bauteile von Bedeutung.

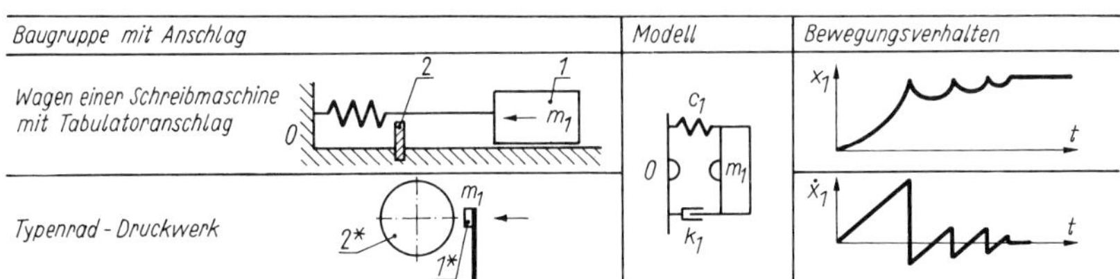

Bild 10.2. Beispiele für die Modellbildung von Baugruppen mit Anschlägen
1 Wagen; *2* Anschlag; *1** Type; *2** Druckwalze

Beispiele: Für zwei Fälle werden Problem und Lösungsweg erläutert. Im **Bild 10.2** wird der Wagen *1* einer Schreibmaschine durch Seilzug gegen den Setzanschlag *2* gezogen. Die Modellbildung schafft Voraussetzungen für das Aufstellen von Gleichungen zur Beschreibung der Baugruppe. Die Auswirkungen des Stoßes des Wagens am Anschlag sind durch die Einführung des Stoßfaktors *K* zu berücksichtigen [10.1]. Durch Einbeziehen der bei der Modellbildung verwendeten Systemelemente Feder (c_1 Federsteife) und Dämpfer (k_1 Dämpfungszahl) sowie Masse (m_1 Masseelement) ergeben sich die Gleichungen

$$m_1\ddot{x}_1 + k_1\dot{x}_1 + cx_1 = 0, \qquad \dot{x}_{10} = -K\dot{x}_{1A}, \qquad (10.1)\,(10.2)$$

$\dot{x}_{1A}$ Geschwindigkeit (Aufprallgeschwindigkeit) vor und $\dot{x}_{10}$ Geschwindigkeit nach dem Stoß.
Die Weg-Zeit- und Geschwindigkeits-Zeit-Verläufe sind im Bild 10.2 prinzipiell dargestellt. Die Gln. (10.1) und (10.2) sind Grundlage für die maschinelle Berechnung. Die ebenfalls im Bild 10.2 dargestellte Druckbaugruppe besteht aus der Type *1** eines Typenrades und der Druckwalze *2**, die gestellfest sein soll. Die Modellbildung wird analog dem Tabulatoranschlag vorgenommen.

10.1.3. Konstruktive Gestaltung, Ausführungsformen [1.7] [10.1] [10.4] [10.20] bis [10.26]

Anschläge kommen in der Feinmechanik in vielen Varianten zum Einsatz. In den **Bildern 10.3 und 10.4** sind Beispiele für Fest- und Setzanschläge dargestellt. Das **Bild 10.5** zeigt eine An-

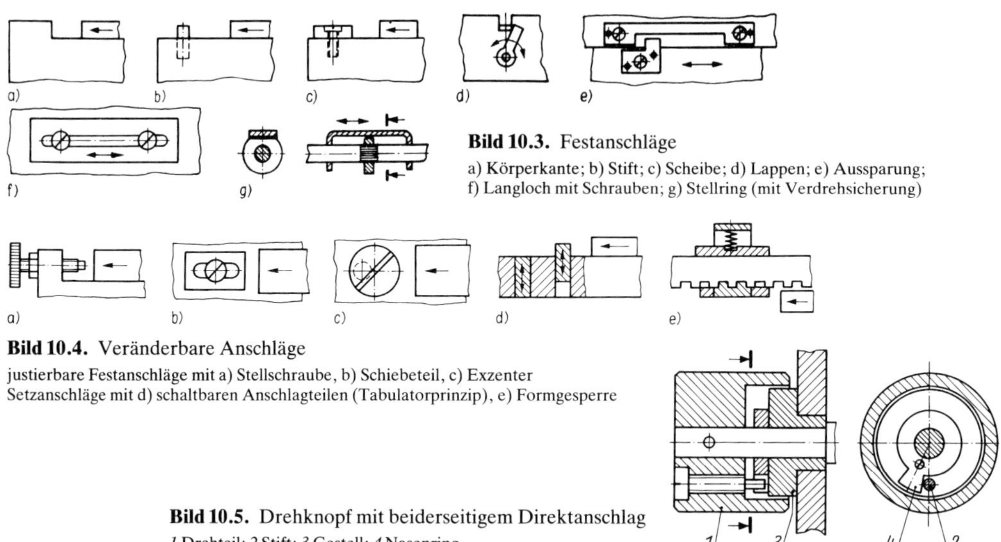

Bild 10.3. Festanschläge

a) Körperkante; b) Stift; c) Scheibe; d) Lappen; e) Aussparung; f) Langloch mit Schrauben; g) Stellring (mit Verdrehsicherung)

Bild 10.4. Veränderbare Anschläge

justierbare Festanschläge mit a) Stellschraube, b) Schiebeteil, c) Exzenter
Setzanschläge mit d) schaltbaren Anschlagteilen (Tabulatorprinzip), e) Formgesperre

Bild 10.5. Drehknopf mit beiderseitigem Direktanschlag

1 Drehteil; *2* Stift; *3* Gestell; *4* Nasenring

schlagbaugruppe für Drehbewegungen. Der Direktanschlag im Drehknopf bewirkt die Winkelbegrenzung. Der maximal mögliche Winkelbereich ist $<2\pi$. Das drehbare Teil *1* trägt einen Stift *2*, das Teil *3* (Gestell) besitzt einen angeschraubten Nasenring *4*. Der maximale Drehwinkel wird durch die Nasenbreite und den Stiftdurchmesser bestimmt. Die Lage des Winkelbereichs kann festgelegt werden.

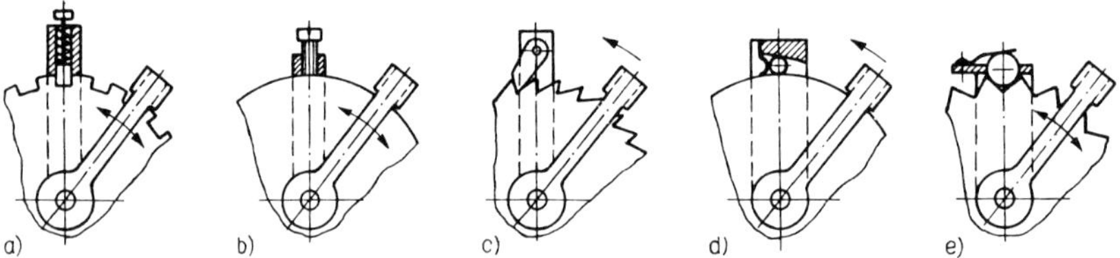

Bild 10.6. Setzanschläge mit verschiedenen Festhaltungen

a) Formgesperre; b) Reibgehemme; c) Formrichtgesperre; d) Reibrichtgesperre; e) Formgehemme

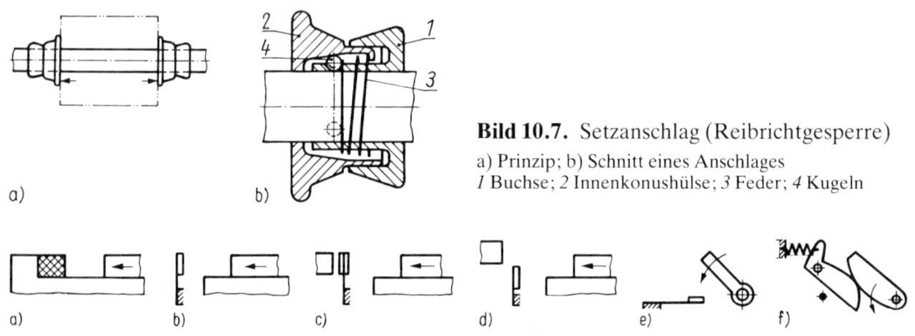

Bild 10.7. Setzanschlag (Reibrichtgesperre)

a) Prinzip; b) Schnitt eines Anschlages
1 Buchse; *2* Innenkonushülse; *3* Feder; *4* Kugeln

Bild 10.8. Elastische Anschläge

a) Gummianschlag; b), e) Blattfederanschlag; c), d) Blattfederfestanschlag; f) gefedertes Kurvengetriebe als Anschlag (Anschläge c, d, f mit und Anschläge a, b, e ohne definierte Anschlagposition)

Die Setzanschläge im **Bild 10.6** sind dadurch charakterisiert, daß sie unterschiedliche Festhaltungen zum Einstellen der Anschlagposition besitzen (s. auch Abschnitt 9.).

Im **Bild 10.7** sind verstellbare Reibsperr-Anschläge dargestellt. Bild (a) zeigt, daß die Anschläge beliebig einstellbar sind (strichpunktierter Raum). Das Bild (b) ist eine Schnittdarstellung eines Setzanschlages (Reibrichtgesperre mit beiderseitiger Sperrwirkung). Zwischen der

Buchse *1* und der Innenkonushülse *2* drückt eine gespannte Feder *3* die Kugeln *4* in die Sperrstellung. Sie läßt sich aufheben und der Anschlag verschieben, wenn Hülse *2* und Buchse *1* etwas auseinandergezogen werden.

Zu den elastischen Anschlägen gehören die konstruktiv durch Federelemente gekennzeichneten Anschläge. Beispiele enthält **Bild 10.8**. Die Kennlinien dieser Federn und ihre Anordnung bestimmen wesentlich die dynamischen Wirkungen.

Baugruppen, die mittelbar wirkende Anschläge darstellen, sind in den folgenden Bildern als Beispiele für die Vielfalt der konstruktiven Ausführungen angegeben.

Bild 10.9 zeigt einen Anschlag durch Schleppscheiben. Zum Erzielen eines großen Drehwinkels ($2n\pi$, $n > 2$) sind mehrere Scheiben hintereinander angeordnet (im Bild neun Scheiben). Jede Mitnehmerscheibe nimmt über Nasen die folgende Scheibe mit. Die gestellfeste Anschlagscheibe *1* kann justiert werden.

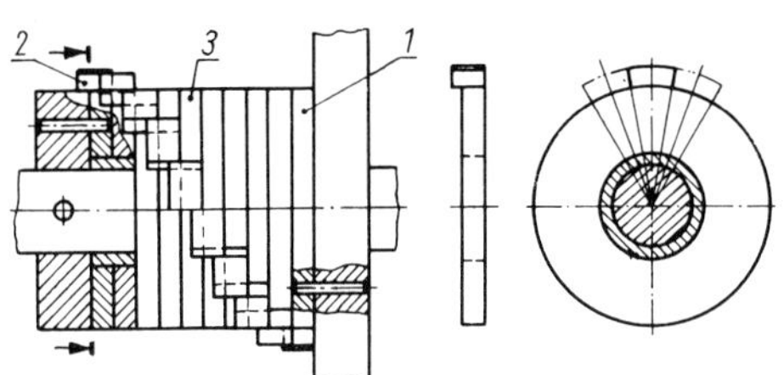

Bild 10.9. Anschlag durch Schleppscheiben
1 gestellfeste Anschlagscheibe; *2* am Drehteil feste Anschlagscheibe; *3* frei bewegliche Zwischenscheiben

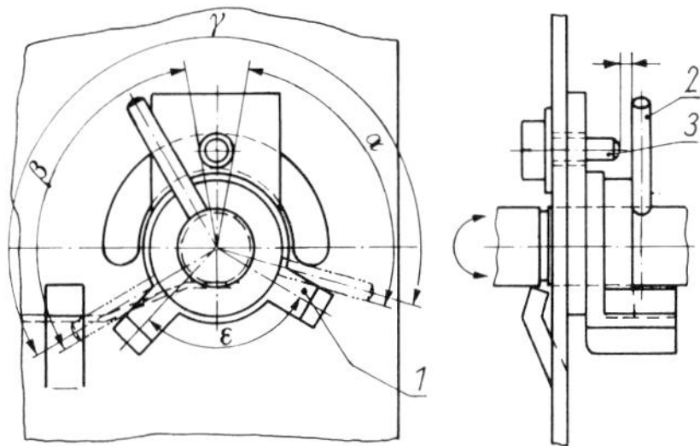

Bild 10.10. Schleppanschlag mit verstellbarem Bereich
1 Schleppteil mit Nasen; *2* Querstift; *3* justierbarer Schraubenbolzen

Im **Bild 10.10** ist ein weiterer Schleppanschlag dargestellt. Das lose auf der Welle gelagerte Schleppteil *1* mit zwei um den Winkel ε versetzten Nasen wird vom Querstift *2* der Welle nach einem Winkelweg γ mitgenommen, bis eine Nase an dem in einem Kreisbogenausschnitt justierbaren Schraubenbolzen *3* anschlägt. Die Wegbegrenzungslänge ist daher $\alpha + \beta + \gamma$ und am größten, wenn der Ring nur eine Nase hat ($\varepsilon = 0$). Sie kann zwischen 2π und 4π für beliebige Beträge ausgeführt werden. Der Querstift muß an der Anschlagschraube vorbeistreichen können.

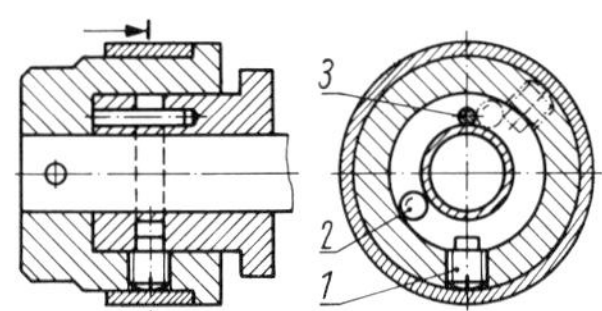

Bild 10.11. Schleppkugelanschlag
1 Stiftschraube; *2* Kugel; *3* Stift

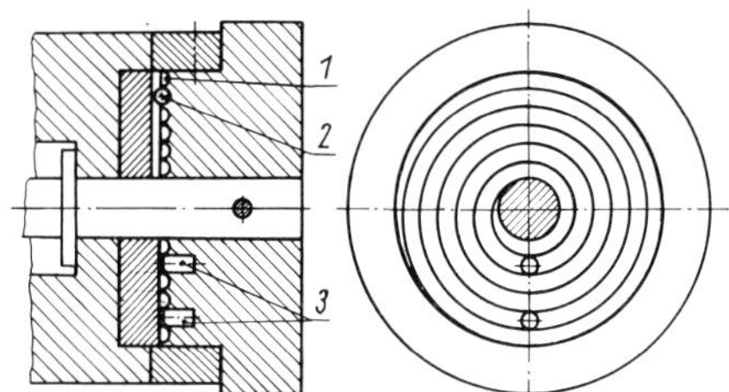

Bild 10.12. Nutgeführter Kugelanschlag
1 Spiralführung; *2* Kugel; *3* Anschlagstift

Bei dem im **Bild 10.11** verdeutlichten Schleppkugelanschlag findet der Schraubenstift *1* eines Triebknopfes erst nach fast zwei Umdrehungen einen Anschlag, wenn die von ihm mitgenommene Kugel *2* ihrerseits durch einen Stift *3* aufgehalten wird (gestrichelt gezeichnet). Die Stifte müssen aneinander vorbeistreichen können.

Bild 10.12 zeigt einen nutgeführten Kugelanschlag. Die Winkelwegvergrößerung erfolgt durch Spiralführung *1* einer Kugel *2* mit Anschlagstiften an den Spiralenden. Die geschleppte Kugel gleitet in der radialen V-Nut der Gestellplatte. Die Kugelgröße bestimmt Steigung und Tiefe der Nuten.

Bild 10.13 stellt ein Anschlagsystem mittels Schraubengetriebes dar. Wenn für eine Vielzahl von Umdrehungen der mittelbare Anschlag einer drehgesicherten Spindelmutter *2* verwendet wird, so ist ihre „schleichende" und ungenaue Wegbegrenzung durch achsensenkrechte Flächen zu vermeiden (Gefahr des Festziehens, Ungenauigkeit). Die Anschlagflächen der Mutter sind deshalb am Umfang als Nasen (α) ausgebildet, die gegen spindelfeste Nasenscheiben *3*

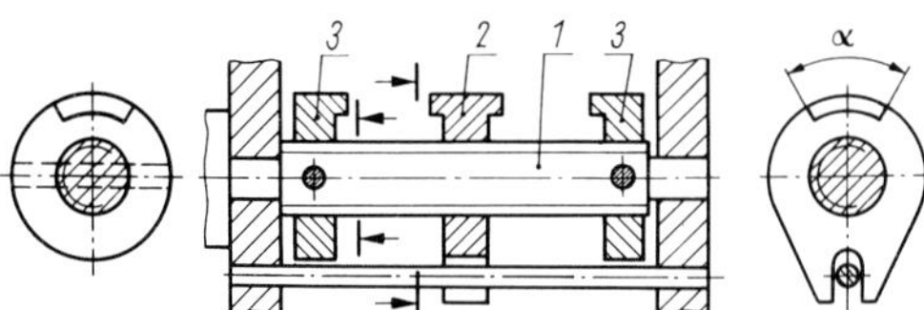

Bild 10.13. Nasenanschläge beim Schraubengetriebe
1 Spindel; *2* drehgesicherte Mutter mit Anschlagnasen; *3* spindelfeste Nasenscheiben

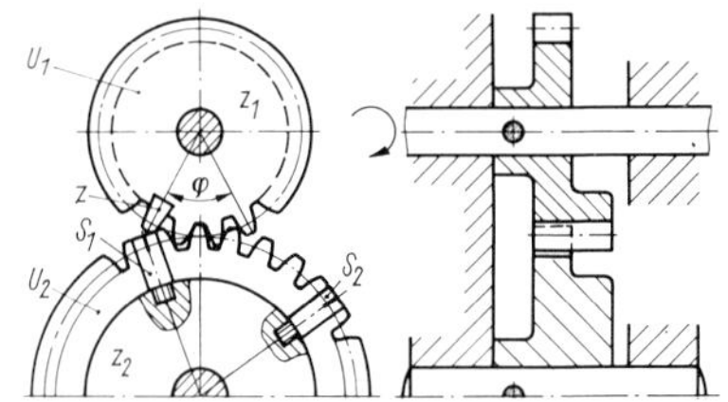

Bild 10.14. Anschlagzahnräder mit Sperrstiften
1 treibendes Rad; 2 getriebenes Rad; U_1, U_2 Umdrehungsanzahl; S_1, S_2 Stifte; *z* verbreiterter Zahn; z_1, z_2 Zähnezahl

tangential anstoßen. Zum Erzielen einer bestimmten (z. B. ganzzahligen) Grenze für die Umdrehungen kann eine der Scheiben justierbar sein.

Das Zahnradanschlagsystem mit Sperrstiften gemäß **Bild 10.14** ist für eine Vielzahl von Umdrehungen geeignet. Der verbreiterte Zahn *z* stößt an Stifte *S* des getriebenen Rades *2*. Unter Vernachlässigung von φ ist die Gesamtzahl z_a der zwischen den Anschlaggrenzen miteinander kämmenden Zähne bei Verwendung nur eines Stifts $z_a = U_1 z_1 = U_2 z_2$ (*U* Zahl der Umdrehungen, *z* Radzähnezahlen). Deshalb müssen U_1 und U_2 teilerfremd sein, was meist durch $U_2 = U_1 \pm 1$ erreichbar ist. Wegen anzustrebender minimaler Baugröße ist auch Teilerfremdheit von z_1 und z_2 zweckmäßig, außer wenn die Grenzzähnezahl unterschritten wird (s. Abschnitt 13.4.4.).

Durch Benutzung eines zweiten Stifts S_2 im Zähnezahlabstand *k* sind beliebige Grenzen für die Winkelwege der Welle mit Rad *1* ausführbar. Dann gilt $z_a = U_1 z_1 = U_2 z_2 + k$ mit $k < z_2$.

Baugruppen mit Spiel können im Prinzip ebenfalls als Anschläge aufgefaßt werden. Spiel ist vorhanden bei
- funktionell notwendigem Abstand von Bauteilen, z. B. bei Relaiskontakten
- Abnutzung, Montage- und Justageungenauigkeiten, z. B. bei Lagern oder formgepaarten Kupplungen mit Spiel.

Stoßstellen des Anschlags ([10.1] [10.4] [10.23] [10.25]) bestimmen oft wesentlich die Eigenschaften der Baugruppe. Aus konstruktiver Sicht sind Form und Werkstoff beider Stoßstellen von ausschlaggebender Bedeutung für den Stoßfaktor *K*.

K erfaßt summarisch den Energieumsatz beim Stoß:

$$0 \leqq K \leqq 1. \tag{10.3}$$

Grenzfälle: $K = 0$ (rein plastischer Stoß), $K = 1$ (rein elastischer Stoß).

Im **Bild 10.15** ist die Abhängigkeit des Stoßfaktors dargestellt, wenn der Werkstoff einer Stoßstelle variiert wird (es ist die oft benutzte K^2-Abhängigkeit angegeben). Einzelstoßstellen können z. B. kugelförmig, zylindrisch oder quaderförmig gestaltet sein. Es ergeben sich die prinzipiellen Möglichkeiten der Punkt-, Linien- oder Flächenberührung. Nach einer bestimmten Betriebsdauer sind durch Verschleiß und Deformation flächenhafte Berührungen festzustellen. Nach Gl. (10.2) kann für Anordnungen gemäß Bild 10.1 der Stoßfaktor zu

$$K = -\dot{x}_{10}/\dot{x}_{1A} \tag{10.4}$$

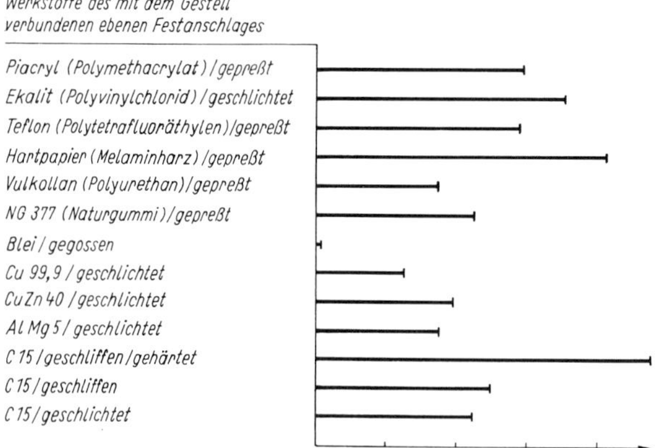

Bild 10.15. Abhängigkeit des Stoßfaktors vom Werkstoff
(bewegliches Teil: Kugelkalotte, Stahl gehärtet, $\dot{x}_A = 0{,}3\ \text{m} \cdot \text{s}^{-1}$, $m = 1$ g; gestellfestes Teil: ebene Fläche)

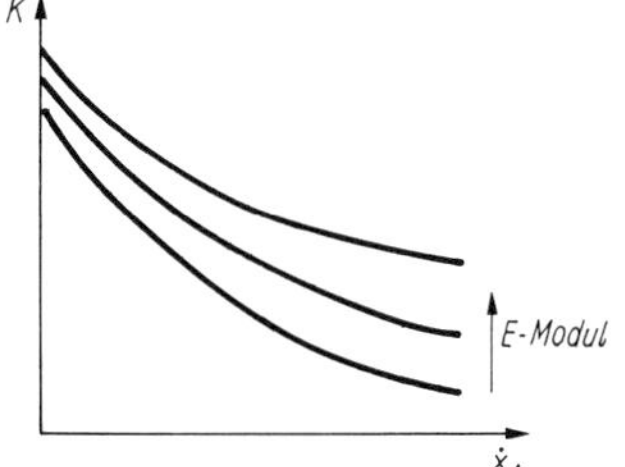

Bild 10.16. Prinzipielle Abhängigkeit des K-Faktors von der Aufprallgeschwindigkeit $\dot{x}_A$ und dem E-Modul des Stoßstellenwerkstoffes

bestimmt werden, wenn die Geschwindigkeiten des Bauteils *1* vor dem Stoß $\dot{x}_{1A}$ und nach dem Stoß $\dot{x}_{10}$ bekannt sind. Es kann festgestellt werden, daß der Stoßfaktor stark von der Aufprallgeschwindigkeit $\dot{x}_{1A}$ und dem *E*-Modul des Stoßstellenwerkstoffes abhängig ist **(Bild 10.16)**. Beim Einmassensystem (s. Bild 10.1) ist der Verlust an kinetischer Energie, der als Deformation, Verschleiß, Schwingungsenergie und Wärme feststellbar ist, bestimmbar:

$$W_S = \tfrac{1}{2}(1 - K^2)\, m_1 \dot{x}_{1A}^2 \,. \qquad (10.5)$$

10.1.4. Betriebsverhalten [10.1] [10.24] bis [10.29]

Für Anschläge ist die zeitweise Paarung typisch. Der *Stoß* (Sprung im Geschwindigkeits-Zeit-Verlauf bei Vernachlässigung der Stoßzeit) kann registriert werden. Oft treten nach dem ersten Stoß Folgestöße auf. Die Gesamtheit der Stöße wird als Prellen bezeichnet.
Die konstruktive Anordnung bestimmt, ob *einseitiges Prellen* EP oder *zweiseitiges Prellen* ZP entsteht. Einseitiges Prellen kann zwischen zwei Bauteilen beliebiger Art auftreten. Es ist nur ein Stoßstellenpaar vorhanden. Beim zweiseitigen Prellen ist ein Bauteil so gestaltet, daß an zwei Stellen Stoßmöglichkeiten mit weiteren Bauteilen vorhanden sind. Es existieren also zwei Stoßstellenpaare. Tritt trotzdem nur bei einem Stoßstellenpaar zeitweise Paarung auf, so ist auch bei Baugruppen mit zwei Stoßstellenpaaren einseitiges Prellen vorhanden. Weiterhin sind *Hauptprellen* HP und *Nebenprellen* NP registrierbar. Hauptprellen ist dann vorhanden, wenn ein Bauteil gegen das unbewegliche (mit großer Masse versehene) Gestell *0* stößt. Nebenprellen tritt auf, wenn zwei bewegliche Bauteile aufeinanderstoßen. Beim Hauptprellen ergibt sich bei jedem Stoß ein Vorzeichenwechsel im Geschwindigkeits-Zeit-Verlauf.
Für Stoßeinrichtungen (z. B. mechanische Druckwerke) sind die Stoßkraft F_S und die Stoßzeit T_S von Bedeutung. Unter der Annahme des *Hertzschen Stoßes* (elastischer Stoß) bei einem nichtbeweglichen Anschlag und der Festlegung, daß Werkstoff und Gestalt der Stoßstellen gleich sind, gilt:

maximale Stoßkraft

$$F_S = \left(\frac{5}{4}\,\frac{m_e}{c_1}\,\Delta\dot{x}_A^2\right)^{3/5}, \quad \text{mit} \quad c_1 = \left[\frac{9}{16}\,\frac{1}{r_e}\left(\frac{1-\nu}{G}\right)^2\right]^{1/3}; \qquad (10.6)$$

Stoßzeit

$$T_S = 3{,}3\left[\frac{1}{r_e}\left(\frac{1-\nu}{G}\right)^2 m_e^2\,\frac{1}{\Delta\dot{x}_A}\right]^{1/5}; \qquad (10.7)$$

$G_1 = G_2 = G$ Gleitmodul; $\nu_1 = \nu_2 = \nu$ Querkontraktionszahl (für homogene Werkstoffe $\nu \approx 0{,}3$); c_1 Konstante;

$m_e = \dfrac{m_1 m_2}{m_1 + m_2}$ Ersatzmasse; $r_e = \dfrac{r_1 r_2}{r_1 + r_2}$ Ersatzradius.

Es sind sehr große Stoßkräfte erreichbar; die Stoßzeit liegt i. allg. im Mikrosekundenbereich.

10.1.5. Berechnungsbeispiele

Aufgabe 10.1. Bestimmung von Drehwinkel, Scheibenwinkel usw. bei Stirnradanschlägen

Stirnradanschläge als unmittelbar wirkende Anschläge besitzen Getriebeteile, die entsprechend der Funktion der Baugruppe nach einem bestimmten Drehwinkel den Anschlag realisieren. Sie bestehen aus einem Stirnradpaar mit den Zähnezahlen z_1 und z_2 und Anschlägen, die die Form von Stiften, Nasen oder Scheiben haben **(Bild 10.17)**.
Gesucht sind Drehwinkel φ, Scheibenwinkel β, Anschlagwinkel α und Verbreiterungswinkel δ.

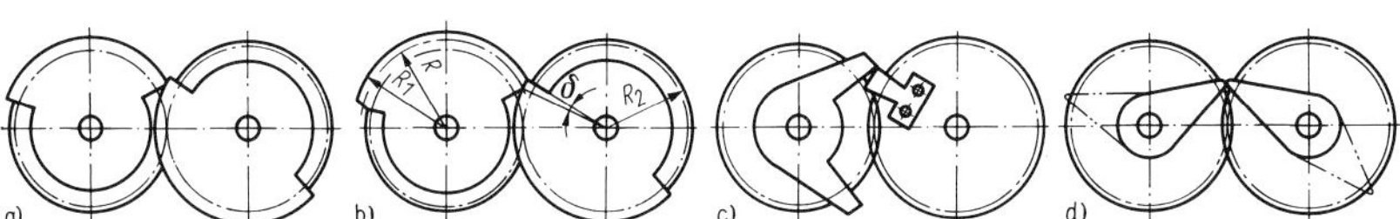

Bild 10.17. Stirnradanschlag (Ausführungsbeispiele)

a) Anschlagscheiben mit Linienberührung; b) Anschlagscheiben mit Flächenberührung; c) Anschläge, die an Zahnrädern befestigt sind; d) verstellbare Anschläge in zwei Ebenen

Lösung. Die Beziehungen zwischen Umdrehungszahlen und Abmessungen ergeben sich mit den Bezeichnungen im **Bild 10.18**. Durch die Drehwinkel bzw. Zähnezahlen ist die Übersetzung $\varphi_1/\varphi_2 = z_2/z_1$ festgelegt.

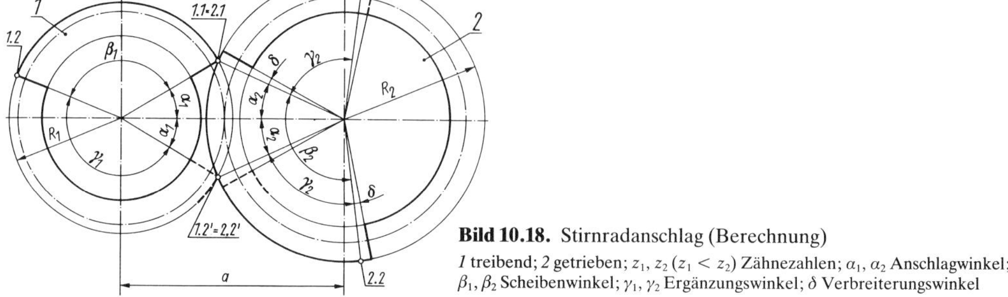

Bild 10.18. Stirnradanschlag (Berechnung)
1 treibend; *2* getrieben; z_1, z_2 ($z_1 < z_2$) Zähnezahlen; α_1, α_2 Anschlagwinkel; β_1, β_2 Scheibenwinkel; γ_1, γ_2 Ergänzungswinkel; δ Verbreiterungswinkel

In der Ausgangslage, die im Bild 10.18 dargestellt ist, berührt Punkt 1.1 der Scheibe 1 den Punkt 2.1 der Scheibe 2. Nach der Drehung schlägt Punkt 1.2 der Scheibe 1 an Punkt 2.2 der Scheibe 2 am Ort 1.1' = 2.2' an. Die Ergänzungswinkel γ_1 bzw. γ_2 der Zahnräder entsprechen den Drehwinkeln φ_1 bzw. φ_2:

$$\varphi_1 = 360° - \beta_1 - 2\alpha_1; \qquad \varphi_2 = \beta_2 - 2\alpha_2.$$

Daraus lassen sich die Scheibenwinkel β bestimmen:

$$\beta_1 = 360° - \varphi_1 - 2\alpha_1; \qquad \beta_2 = \varphi_1 z_1/z_2 + 2\alpha_2.$$

Die Anschlagwinkel α ergeben sich aus den Scheibenabmessungen

$$\cos\alpha_1 = (a^2 + R_1^2 - R_2^2)/(2aR_1); \qquad \cos\alpha_2 = (a^2 + R_2^2 - R_1^2)/(2aR_2).$$

Die Scheibe *2* ist um den Winkel 2δ zu verbreitern, damit die Anschlaglinien eindeutig auf dem Umfang der Scheibe *2* liegen. Das Größtmaß von δ ist durch die Zähnezahlen bestimmt:

$$\delta < \frac{z_2 - z_1}{z_2}\,360°.$$

Aufgabe 10.2. Quantitative Bestimmung der Verlustenergie beim Stoß und Einfluß des Stoßfaktors einer Anschlagbaugruppe

Eine Baugruppe nach Bild 10.1 besitzt folgende Systemparameter und Nebenbedingung:
Stoßfaktor $K_1 = 0{,}5$, Masse des bewegten Bauteils $m_1 = 100$ g, Aufschlaggeschwindigkeit $\dot{x}_{1A} = 100$ mm/s.

a) *Wie groß ist die Verlustenergie W_{S1} beim Stoß?*
b) *Welcher Stoßfaktor K_2 muß wirken, wenn nur die Hälfte der Verlustenergie $W_{S2} = \frac{1}{2}W_{S1}$ beim Stoß vorhanden sein soll?*

Lösung

a) Nach Gl. (10.5) gilt $W_{S1} = \frac{1}{2}(1 - K_1^2)\, m_1 \dot{x}_{1A}^2$,
$W_{S1} = \frac{1}{2}(1 - 0{,}25)\ 100\ \text{g} \cdot 10^4\ \text{mm}^2 \cdot \text{s}^{-2} = 0{,}375\ \text{N} \cdot \text{mm}$.
b) Mit Gl. (10.5) ergibt sich
$W_{S2} = \frac{1}{2}W_{S1} = \frac{1}{4}(1 - K_1^2)\, m_1 \dot{x}_{1A}^2 = \frac{1}{2}(1 - K_2^2)\, m_1 \dot{x}_{1A}^2$.
Daraus folgt: $\frac{1}{2}(1 - K_1^2) = (1 - K_2^2)$, $K_2 \approx 0{,}8$.

10.2. Bremsen

Bremsen sind Funktionselemente zum Verringern der Geschwindigkeit bewegter Bauteile durch Entzug kinetischer Energie.

10.2.1. Bauarten und Eigenschaften [1.7] [10.3]

Bremsen sind einteilbar nach der Umwandlungsart der Energie, dem Verwendungszweck und der Betätigungsart. Die Auswahl bzw. die Konstruktion der Bremsen erfolgt i. allg. unter Beachtung ihrer Betriebseigenschaften sowie von Bremsmoment bzw. -kraft, Bremsleistung, Erwärmung, Schaltzahl, Bauvolumen, Lebensdauer und Kosten.

Nach der *Umwandlungsart der Energie* unterscheidet man mechanische, elektrische, hydraulische und pneumatische Bremsen. In der Feinmechanik kommen hauptsächlich folgende mechanische Reibbremsen zum Einsatz:

- *Radialbremsen*, unterteilt in Backenbremsen (Einfach-, Doppelbackenbremsen; Außen-, Innenbackenbremsen) und Bandbremsen (Außen-, Innenbandbremsen);
- *Axialbremsen*, unterteilt in Scheiben-, Lamellen-, Kegelbremsen;
- *Translationsbremsen*, unterteilt in Einfachbackenbremsen (Einfachflach-, Einfachrundbackenbremsen) und Doppelbackenbremsen (Doppelflach-, Doppelrundbackenbremsen).

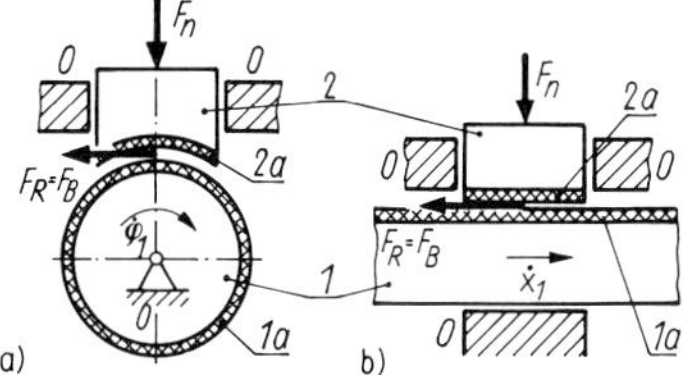

Bild 10.19. Reib-Brems-Baugruppe

a) rotatorisch; b) translatorisch

F_n Normalkraft; F_B Bremskraft; F_R Reibkraft; *1* gebremstes Bauteil; *2* Bremse; *1a*, *2a* Reib-, Bremsbelag; *0* Gestell; $\dot{x}_1$, $\dot{\varphi}_1$ Relativgeschwindigkeit

Der Grundaufbau derartiger rotatorischer und translatorischer Reibbremsen ist im **Bild 10.19** angegeben. Die den bewegten Bauteilen entzogene kinetische Energie wird als Reibungsarbeit in Wärme gewandelt. Durch Reibpaarung wird gemäß Bild 10.19 die Geschwindigkeit des bewegten Bauteils *1* (Relativgeschwindigkeit $\dot{x}_1$ bzw. $\dot{\varphi}_1$ gegenüber dem Gestell) durch die Bremse (Bremsbacke) *2* unter Wirkung der Normalkraft F_n verringert. Die Reib-(Brems-)Beläge *1a*, *2a* stellen eine Kombination von Reibwerkstoffen dar. Die an den Berührungsstellen der Bauteile *1* und *2* auftretenden Reibkräfte (Bremskräfte) wirken der Richtung der Bewegung entgegen. Die allgemein übliche Klassifikation nach dem *Verwendungszweck* mechanischer Bremsen steht im Zusammenhang mit der zu realisierenden Funktion. Demgemäß gibt es Regel-, Dauer-, Stopp-, Halte- und Leistungsbremsen. *Regelbremsen* setzen die Relativgeschwindigkeit gegenüber dem Gestell herab. Durch *Dauerbremsen* kann diese Geschwindigkeit konstant gehalten werden. *Stoppbremsen* stellen einen Sonderfall dar; sie ermöglichen eine Geschwindigkeitsreduzierung bis zum Stillstand. *Haltebremsen* gestatten das Aufrechterhalten dieses Zustandes. Nach Abschnitt 9. ist eine solche Baugruppe eine Festhaltung. *Leistungsbremsen* dienen der Belastung von Antriebsmotoren. Der Pronysche Zaum ist eine derartige Belastungsbremse.

Nach dem Verwendungszweck ist das Bremsen zwischen zwei beweglichen Bauteilen oder das Bremsen zwischen einem beweglichen Bauteil und dem Gestell möglich. Das Gestell mit der sehr großen Masse ist die Basis, auf die z. B. die Beschleunigung bezogen wird.

Wählt man die *Betätigungsart* als ordnenden Gesichtspunkt, lassen sich manuell, elektrisch, hydraulisch und pneumatisch betätigte sowie selbsttätige Bremsen (Fliehkraft-, Lastdruckbremsen) unterscheiden.

10.2.2. Berechnung

Die allgemeinen Dimensionierungsrichtlinien von Bremsen entsprechen denen von Kupplungen und sind Abschnitt 11.4.1., Tafel 11.2, zu entnehmen.

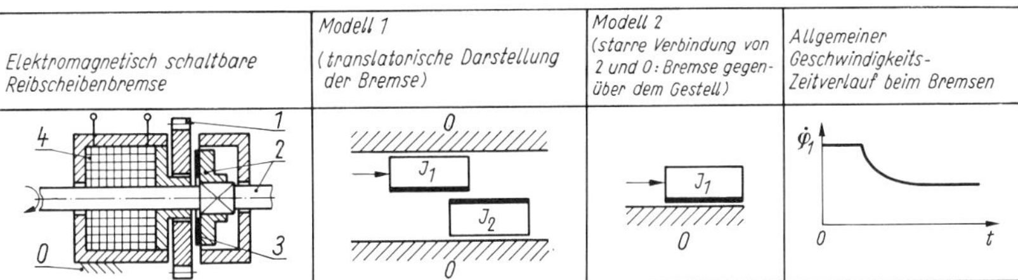

Bild 10.20. Beispiel für die Modellbildung von Baugruppen mit Reibkopplung

1 Zahnrad; *2* Reibscheibe mit an das Gestell koppelbarer Welle; *3* Reibbelag; *4* Spule; *0* Gestell; J_1, J_2 Massenträgheitsmomente; $\dot{\varphi}_1$ Geschwindigkeit

Die Berechnung der Dynamik umfaßt den Gesamtvorgang der zeitweisen Reibpaarung beim Bremsen.

Im **Bild 10.20** ist die Modellbildung einer als Bremse eingesetzten Reibscheibenkupplung verdeutlicht. Das Bremsen gegenüber dem Gestell wird durch die starre Verbindung der Bauteile Reibscheibe und Abtriebswelle *2* mit dem Gestell *0* ermöglicht (Modell *2*). Das Bremsen des Antriebsrades *1* mit angekoppeltem Motor erfolgt durch die Aktivierung der Spule *4*, indem die als Normalkraft F_n wirksame Magnetkraft die mit dem Reibbelag *3* versehene Reibscheibe an das Zahnrad *1* preßt. Das translatorisch dargestellte Modell *2* ist die Grundlage für das Aufstellen der Gleichungen zur Ermittlung der Dynamik.

Im folgenden werden die Gleichungen der Bremsvorgänge stark vereinfacht für rotatorische und translatorische Bremsbaugruppen nach Bild 10.19 angegeben, unter der Voraussetzung konstanter Kräfte bzw. Momente und Beschleunigungen. Angenommen wird, daß ein Antriebsmoment M_d bzw. eine Antriebskraft F wirkt; r_e stellt einen Ersatzradius dar.

Rotatorisches System	**Translatorisches System**	
– Reibmoment/Bremsmoment:	– Reibkraft/Bremskraft:	
$M_R = M_B = \mu r_e F_n$	$F_R = F_B = \mu F_n$	(10.8)
① *Stoppbremsung* **(Bild 10.21)**		
– Momente:	– Kräfte:	
$M_B = M_d + \ddot{\varphi} J$	$F_B = F + \ddot{x} m$	(10.9)
– Verzögerung (negative Beschleunigung):		
$\ddot{\varphi} = (M_B - M_d)/J = \dot{\varphi}_0/t_B$	$\ddot{x} = (F_B - F)/m = \dot{x}_0/t_B$	(10.10)
– Bremszeit:		
$t_B = J\dot{\varphi}_0/(M_B - M_d)$	$t_B = m\dot{x}_0/(F_B - F)$	(10.11)
– Bremswinkel:	– Bremsweg:	
$\varphi_B = \dfrac{J\dot{\varphi}_0^2}{2\,(M_B - M_d)} = \dfrac{\dot{\varphi}_0}{2}\, t_B$	$x_B = \dfrac{m\dot{x}_0^2}{2\,(F_B - F)} = \dfrac{\dot{x}_0}{2}\, t_B$	(10.12)
– Bremsarbeit:		
$W_B = (M_B - M_d)\,\dfrac{\varphi_B}{2}$	$W_B = (F_B - F)\,\dfrac{x_B}{2}.$	(10.13)

Diese Stoppbremsung mit konstanter Verzögerung ist ein Sonderfall. In Tafel 10.4 sind weitere Möglichkeiten zusammengestellt [10.1].

② *Haltebremsung*
Nach einer Stoppbremsung folgt oft eine Haltebremsung.
Dabei gilt

$$M_B > M_d \quad \text{bzw.} \quad F_B > F. \tag{10.14}$$

Haltebremsen sind Festhaltungen (Reibgehemme, s. Abschnitt 9.1.2.).

③ *Dauerbremsung*
Im Fall der Dauerbremsung ist die Leistung bestimmbar:

$$P_B = M_B\dot{\varphi} \quad \text{bzw.} \quad P_B = F_B\dot{x}. \tag{10.15}$$

Dabei ist Voraussetzung, daß

$$M_d > M_B \quad \text{bzw.} \quad F > F_B. \tag{10.16}$$

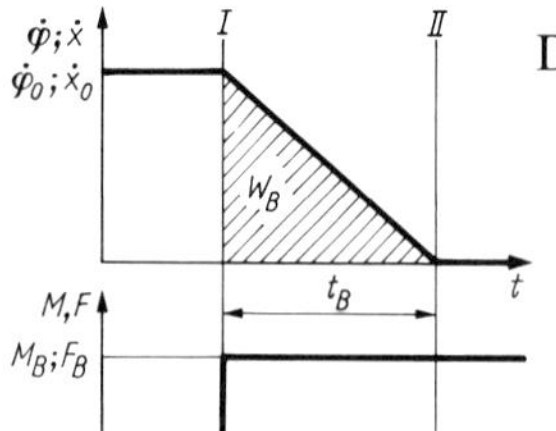

Bild 10.21. Bremsvorgang beim Stoppbremsen (konstante Verzögerung)
F_B, M_B Bremskraft, -moment; *I, II* Beginn, Ende des Bremsens; W_B Bremsarbeit; t_B Bremszeit; $\dot{x}$, $\dot{\varphi}$ Geschwindigkeit; $\dot{x}_0$, $\dot{\varphi}_0$ Anfangsgeschwindigkeit

10.2.3. Konstruktive Gestaltung, Ausführungsformen [1.7] [1.15] [1.16] [10.1] [10.3] [10.6] [10.30] bis [10.33]

Die Reibbremsen **(Tafel 10.2)** entsprechen in ihrem Aufbau prinzipiell dem von Reibkupplungen. Nachfolgend werden einige in der Feinmechanik häufig angewendete Bauarten näher beschrieben.

Tafel 10.2. Gestaltungsvarianten von Reibbremsen
→ Bewegung —▸ Kräfte

Nr.	Benennung/Schema (Hauptrichtung der Normalkraft; Form der Reibflächen)	Nr.	Benennung/Schema (Hauptrichtung der Normalkraft; Form der Reibflächen)
1	Einfachbackenradialbremse 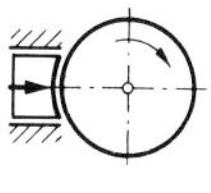 (radial; Backen/Zylinder)	7	Doppelbackenscheibenbremse 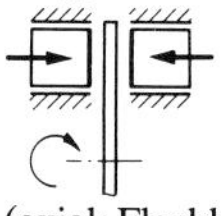 (axial; Flachbacken/Scheibe)
2	Doppelbacken-Außenradialbremse 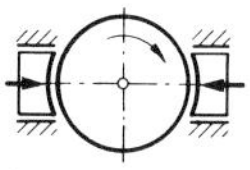 (radial; Backen/Zylinder)	8	Lamellenbremse 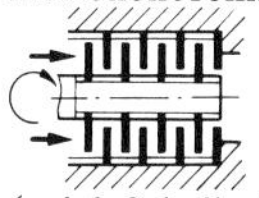 (axial; Scheibe/Scheibe)
3	Doppelbacken-Innenradialbremse 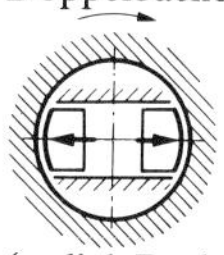 (radial; Backen/Zylinder)	9	Kegelbremse 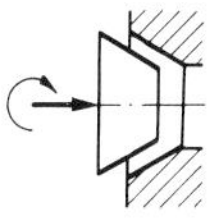 (axial; Kegel/Kegel)
4	Außenbandradialbremse 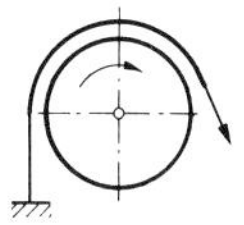 (radial; Band/Zylinder)	10	Einfachflachbacken-Translationsbremse 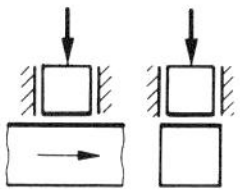 (senkrecht zur Bewegungsrichtung; Flachbacken/Ebene)
5	Innenbandradialbremse 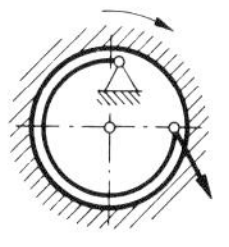 (radial; Band/Zylinder)	11	Einfachrundbacken-Translationsbremse 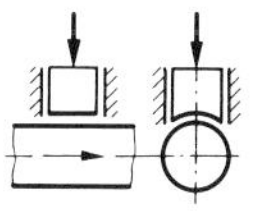 (senkrecht zur Bewegungsrichtung; Rundbacken/Zylinder)
6	Scheibenbremse 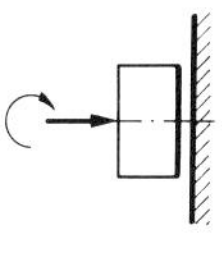 (axial; Scheibe/Ebene)	12	Doppelflachbacken-Translationsbremse 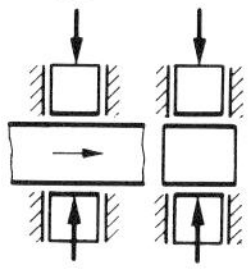 (senkrecht zur Bewegungsrichtung; Flachbacken/Ebene)

Innenbackenbremsen (Bild 10.22) lassen sich hinsichtlich Konstruktion und Wirkungsweise einteilen in

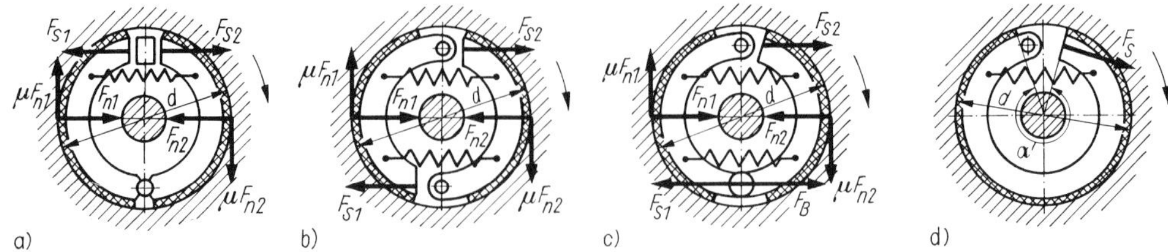

Bild 10.22. Prinzipdarstellungen von Innenbacken- und Innenbandbremsen

a) Simplex-Backenbremse; b) Dublex-Backenbremse; c) Servo-Backenbremse; d) Innenbandbremse
F_n Normalkraft; F_S Schaltkraft; Indizes 1, 2: Bremsbacke *1, 2*; d wirksamer Durchmesser; α Winkel; μ Reibwert (dargestellte Kräfte wirken auf die gestellfesten Bremsbacken; Bewegungsrichtung der Bremstrommel beachten: Pfeil)

Simplex-Backenbremsen (symmetrische Innenbackenbremsen, Bild 10.22a):
Die Betätigungsrichtung ist an beiden Backen entgegengesetzt. Diese Bremsen können mit gleichen Betätigungswegen und unterschiedlichen Schaltkräften F_{S1} und F_{S2} arbeiten oder mit gleich großen Schaltkräften und damit unterschiedlich großen Normalkräften F_{n1} und F_{n2}. Die Simplex-Backenbremsen werden meist mit gleichen Betätigungswegen betrieben.
Duplex-Backenbremsen (gleichsinnige Innenbackenbremsen, Bild 10.22b):
Die Backen werden in gleicher Richtung betätigt. In Abhängigkeit von der Drehrichtung ergibt sich eine selbstverstärkende oder selbstschwächende Wirkung. Es wird meist mit gleich großen Schaltkräften $F_{S1} = F_{S2}$ gearbeitet.
Servo-Backenbremsen (selbstverstärkende Innenbackenbremsen, Bild 10.22c):
Die Bremsbacken sind nur an einer Stelle im Gestell gelagert. Die Kräfte an den Bremsbacken sind unterschiedlich. Das Bremsmoment für die angegebenen Innenbackenbremsen ist

$$M_B = \mu\,(F_{n1} + F_{n2})\,d/2; \qquad (10.17)$$

F_{n1}, F_{n2} Normalkräfte; d Durchmesser.

Innenbandbremsen (Bild 10.22d). Hinweise zur weiteren Unterteilung sind Tafel 11.2 in Abschnitt 11.4.1. zu entnehmen.

Außenbacken- und Außenbandbremsen. Bauformen lassen sich ganz analog ableiten. Bei Außenbandbremsen kann jedoch eine Durchbiegung der Welle auftreten (s. Bild 10.26). Ihr Vorteil ist aber, daß sie ein relativ geringes Bauvolumen und bei kleinen Schaltkräften durch Nutzung der Hebelgesetze große Bremsmomente gestatten (s. auch Aufgabe 10.3).

Schaltzeug. Der Bemessung und Gestaltung sind besonderes Augenmerk zu widmen.

Am Beispiel einer Außenbackenbremse nach **Bild 10.23** wird die Hebelwirkung des Schaltzeugs zur Aufbringung der Normalkraft F_n unter der Wirkung der Schaltkraft F_S dargestellt:

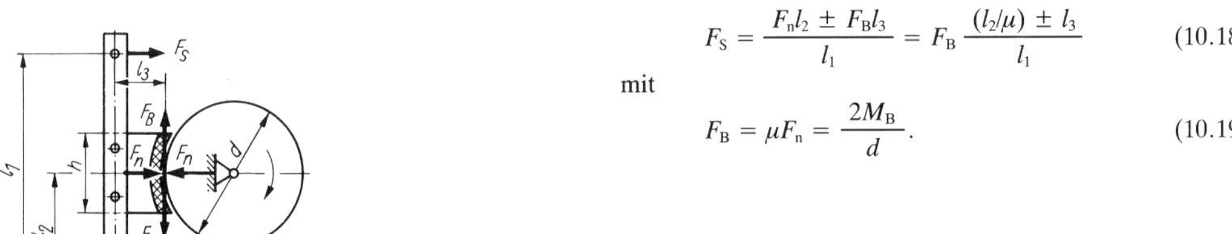

$$F_S = \frac{F_n l_2 \pm F_B l_3}{l_1} = F_B \frac{(l_2/\mu) \pm l_3}{l_1} \qquad (10.18)$$

mit

$$F_B = \mu F_n = \frac{2M_B}{d}. \qquad (10.19)$$

Bild 10.23. Außenbackenbremse mit starrer Bremsbacke und Schaltzeug
F_n Normalkraft; F_S Schaltkraft; F_B Bremskraft; d Durchmesser; h, l_1, l_2, l_3 konstruktive Größen

Dabei gilt positives Vorzeichen für Rechtsdrehung, negatives für Linksdrehung der Scheibe.
Selbstsperrung tritt bei Linksdrehung auf, wenn $(l_2/l_3) \leqq \mu$.
Die mittlere Flächenpressung ist u. a. abhängig von der Backenbreite b und der Backenhöhe h:

$$p_m = \frac{F_n}{bh} = \frac{2M_B}{\mu d b h} \leqq p_{zul}. \qquad (10.20)$$

Werte für die zulässige Flächenpressung der Reibwerkstoffe s. Tafel 11.5 im Abschnitt 11.6.

Führung der Bremsbacken. Im **Bild 10.24** sind einige konstruktive Möglichkeiten der Führung der Backen bei Außenbackenbremsen mittels Hebels und Drehgelenken bzw. Längsführung

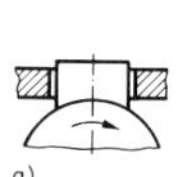

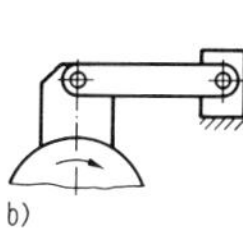

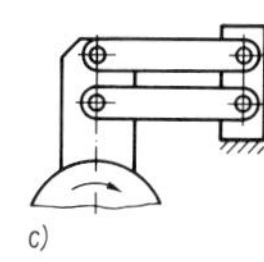

Bild 10.24. Möglichkeiten der Führung von Bremsbacken
a) Radialführung; b) Kreisführung mit gelenkig verbundener Bremsbacke; c) angenäherte Radialführung

Tafel 10.3. Bremsbackenbefestigung mit Blattfedern

Nr.	Schema (konstruktive Gestaltung)	Nr.	Schema (konstruktive Gestaltung)
1	(einseitig fest eingespannte Blattfeder, starr befestigte Bremsbacke)	4	(einseitig fest eingespanntes Parallelblattfederpaar, starr befestigte Bremsbacke)
2	(zweiseitig fest eingespannte Blattfeder, starr befestigte Bremsbacke)	5	(einseitig fest eingespannte Kreuzfederanordnung, starr befestigte Bremsbacke)
3	(einseitig fest eingespannte Blattfeder, punktförmige Ankopplung an radial geführte Bremsbacke)	6	(gelenkig gelagerte und abgestützte Blattfeder, starr befestigte Bremsbacke)

angegeben. Man unterscheidet Radialführung, angenäherte Radialführung und Kreisführung mit gelenkig verbundener Backe.
Spezielle Beispiele konstruktiver Lösungen in der Feinmechanik zeigt **Tafel 10.3**. Die Normalkraft wird durch vorgespannte Blattfedern erzeugt. Diese Blattfedern können gleichzeitig zur Führung der Bremsbacken benutzt werden.

Reibstellenwerkstoffe. Die Reibstellen bestimmen wesentlich das Verhalten der Bremsen. Nach Gl. (10.8) kann der Reibwert bestimmt werden aus

$$\mu = \frac{F_R}{F_n}. \tag{10.21}$$

Es ist

$$0 \leqq \mu \leqq 1. \tag{10.22}$$

Der Reibwert ist von verschiedenen Bedingungen abhängig, insbesondere vom Reibungszustand (z. B. Flüssigkeits-, Misch-, Festkörperreibung, s. Abschnitte 3.3. und 8.), der Oberflächenbeschaffenheit (u. a. geometrische Gestalt, Oberflächenrauheit, Härte), der Flächenpressung (bestimmt durch Berührungsfläche und Normalkraft), der Temperatur (Wärmeerzeugung und -abfuhr, Umgebungstemperatur) sowie von der Einwirkung durch Fremdstoffe (u. a. Schmierstoffe, Wasser, Staub) und durch elektrostatische Aufladung. Außerdem ist die Relativgeschwindigkeit der Reibpartner zu beachten.
Allgemein gilt für die Haftreibung (Ruhereibung, s. auch Abschnitt 3.3.)

$$\mu_0 = \frac{F_{RH}}{F_n} \tag{10.23}$$

und für die Gleitreibung (Bewegungsreibung)

$$\mu = \frac{F_{\mathrm{RG}}}{F_{\mathrm{n}}}. \tag{10.24}$$

Dabei ist

$$\mu < \mu_0. \tag{10.25}$$

Reibstellenwerkstoffe zeichnen sich aus durch großen und konstanten Reibwert (bei Paarung mit Stahl: $\mu \geqq 0{,}4$), hohe zulässige Temperatur (etwa 520 K Dauertemperatur), geringen Abrieb, große Flächenpressung (>100 N/cm²) und zulässige hohe Gleitgeschwindigkeit (max. 30 m/s); s. Tafel 11.5.

Der Bremsbelag kann z. B. ein fasergepreßter, harzgebundener oder mit Kautschuk als Bindemittel versehener Asbestformkörper sein. Auch Metallpulver als Füllstoff ist einsetzbar.

Sonderreibwerkstoffe, wie z. B. COSID, besitzen große Reibwerte, um bei gleichen Bremskräften mit geringeren Normalkräften arbeiten zu können. Dies entlastet kraftmäßig die Schaltzeuge.

10.2.4. **Betriebsverhalten** [10.1] [10.4] [10.6] [10.34] [10.35] [10.44]

Beim Einschalten der Bremse (Beginn der Reibpaarung) tritt theoretisch ein Sprung im Beschleunigungsverlauf auf (Ruck). In **Tafel 10.4** sind einige typische Verläufe der Relativgeschwindigkeit und der Beschleunigung beim Bremsen in Abhängigkeit von der Zeit dargestellt. Wichtig ist der Zeitabschnitt $t_R = t_B$ mit den Grenzen *I* und *II*. Der Wert

$$\tan \alpha = \frac{d\dot{x}_{12I}}{dt} = R_1 \tag{10.26}$$

ist für den Bremsbeginn charakteristisch (Ruck). Auch der Zeitpunkt *II* (Bremsende) ist diesbezüglich aus dynamischer Sicht zu beachten.

Tafel 10.4. Relativgeschwindigkeit $\dot{x}_{12}$ und Relativbeschleunigung $\ddot{x}_{12}$ in Abhängigkeit von der Zeit t beim Bremsen
I, II Beginn, Ende des Bremsvorgangs; R_0, R_1 Konstanten, t_R Reibzeit; α Winkel der Tangente bei *I*

Nr.	$\dot{x}_{12} = f(t)$ $\ddot{x}_{12} = f(t)$	Nr.	$\dot{x}_{12} = f(t)$ $\ddot{x}_{12} = f(t)$
1	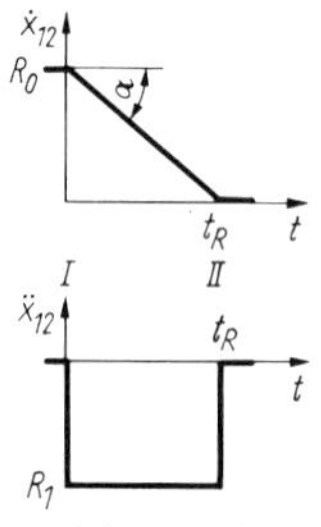 Ruck bei *I* und *II*, konst. negative Beschleunigung im Bereich $I < t < II$	3	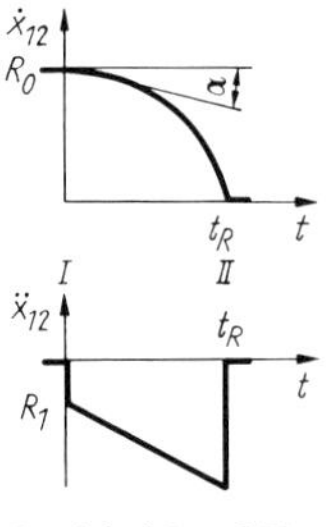 Ruck bei *I* und *II*, zunehmende negative Beschleunigung im Bereich $I < t < II$
2	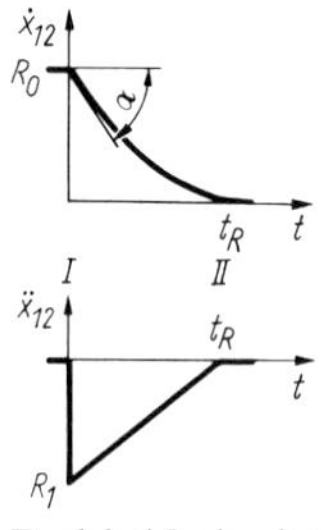 Ruck bei *I*, abnehmende negative Beschleunigung im Bereich $I < t < II$	4	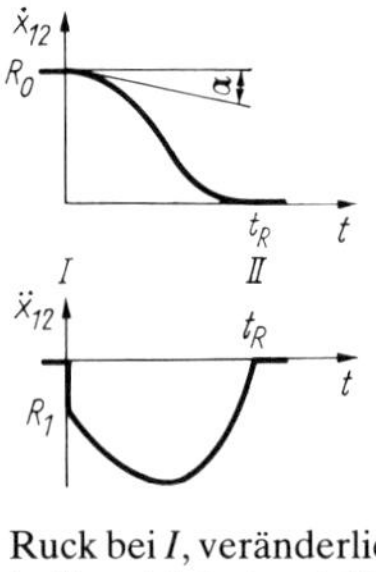 Ruck bei *I*, veränderliche negative Beschleunigung im Bereich $I < t < II$

Bei Reibpaarungen ist oft eine „Ratter“-Bewegung feststellbar, die aus Haften (stick) und Gleiten (slip) besteht. Diese Stick-slip-Bewegung kann bei Feder-Masse-Reibsystemen dann

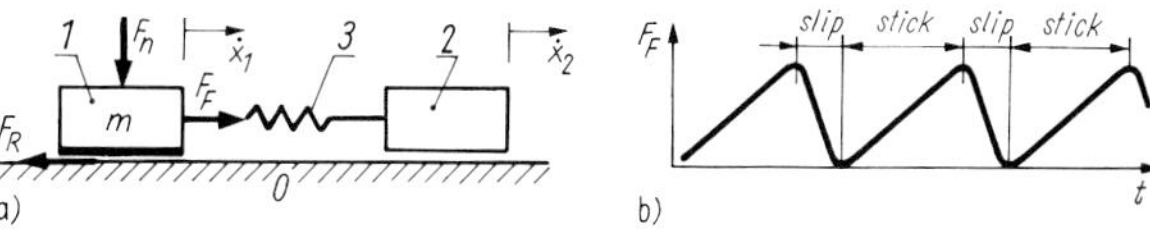

Bild 10.25. Stick-slip-Vorgang

a) Schema einer Bremse, die Stick-slip-Erscheinungen haben kann; b) Rattern (Stick-slip-Erscheinungen)
1 Bremsbauteil; *2* angekoppeltes Bauteil; *3* Feder; F_F Federkraft; F_n Normalkraft; F_R Reibkraft; $\dot{x}_1$, $\dot{x}_2$ Geschwindigkeiten der Bauteile *1*, *2*

auftreten, wenn der Reibwert μ mit wachsender Reibgeschwindigkeit abnimmt. Zur näheren Erläuterung zeigt **Bild 10.25** a das Schema einer Bremse.

Das vorerst stillstehende Bremsbauteil *1* wird von einem Teil *2*, das sich mit der Geschwindigkeit $\dot{x}_2$ bewegt, über eine Feder *3* in Bewegung gesetzt. Dies ist der Fall, wenn die Kraft F_F der sich spannenden Feder größer ist als die Ruhereibkraft $F_{RH} = \mu_0 F_n$. Das sich in Bewegung befindliche Bauteil *1*, dessen Reibkraft $F_{RG} = \mu(\dot{x}_1) F_n$ mit größer werdender Geschwindigkeit $\dot{x}_1$ kleiner wird, kann bei $\dot{x}_1 > \dot{x}_2$ das Entspannen der Feder bewirken. Dieser Gleitzustand wird bei entspannter Feder beendet, so daß wiederum Haften auftritt. Im Bild 10.25b ist eine Folge derartiger Stick-slip-Vorgänge dargestellt. Bremsen mit nichtstarren Bauteilen neigen zu derartigen Ratterschwingungen. Stick-slip-Effekte können durch das Arbeiten in einem anderen Geschwindigkeitsbereich, durch die Verwendung nichtelastischer Bauteile für Schaltzeuge, Gestänge usw. oder durch die Verwendung von Schmierstoffen abgebaut werden.

Bei Reibbremsen ist außerdem das Temperaturverhalten zu beachten.
Die kinetische Energie wird in Bremswärme umgesetzt. Neben Gl. (10.13) gilt

$$W_B = M_B \bar{\dot{\varphi}} t_B \quad \text{bzw.} \quad W_B = F_B \bar{\dot{x}} t_B ; \tag{10.27}$$

$\bar{\dot{\varphi}}$, $\bar{\dot{x}}$ mittlere Geschwindigkeiten.

Die Wärmemenge wird über die Bremse an die Umgebung durch Strahlung, Leitung und Konvektion abgegeben.

10.2.5. Berechnungsbeispiele

Aufgabe 10.3. Berechnung von Außenbandbremsen

Bild 10.26 zeigt drei Ausführungsformen von Außenbandbremsen.
Gesucht sind die allgemeinen Berechnungsgleichungen für Bremsmoment und Schaltkraft.

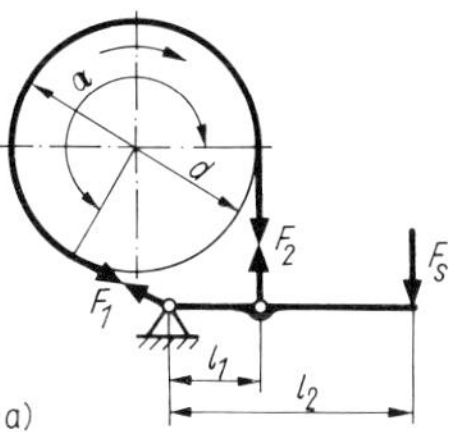

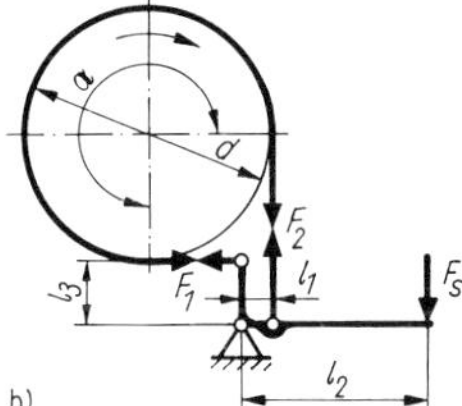

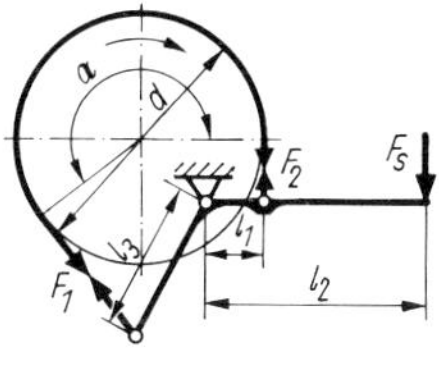

Bild 10.26. Außenbandbremsen

a) Einfachbandbremse; b) Summenbandbremse; c) Differenzbandbremse
F_1, F_2 Bandkräfte, Hebelkräfte; F_S Schaltkraft; *d* Durchmesser; l_1, l_2, l_3 Hebellängen; α Umschlingungswinkel

Lösung

a) *Einfachbandbremse:* Bei der Drehung der Bremsscheibe gemäß Bild 10.26a ergibt sich ein Bremsmoment

$$M_B = F_S \frac{d}{2} \frac{l_2}{l_1} (e^{\mu\alpha} - 1)$$

mit der Schaltkraft

$$F_S = F_2 \frac{l_1}{l_2}.$$

Bei der Drehung der Bremsscheibe in umgekehrter Richtung ist ein Bremsmoment $\overline{M}_B$ vorhanden. Es gilt

$$\frac{M_B}{\overline{M}_B} = e^{\mu\alpha}.$$

b) *Summenbandbremse* (Bild 10.26b)

$$\text{Bremsmoment } M_B = F_S \frac{d}{2} \frac{l_2}{l_1} \frac{(\varepsilon^{\mu\alpha} - 1)}{1 + (l_3/l_1)\,e^{\mu\alpha}}$$

$$\text{Schaltkraft } F_S = \frac{F_2 l_1 + F_1 l_3}{l_2}$$

$$\frac{M_B}{\overline{M}_B} = \frac{e^{\mu\alpha} + (l_3/l_1)}{1 + (l_3/l_1)\,e^{\mu\alpha}}.$$

Bei $l_1 = l_3$ sind die Bremsmomente für beide Drehrichtungen gleich.

c) *Differenzbandbremse* (Bild 10.26c)

$$\text{Bremsmoment } M_B = F_S \frac{d}{2} \frac{l_2}{l_1} \frac{(e^{\mu\alpha} - 1)}{1 - (l_3/l_1)\,e^{\mu\alpha}}$$

$$\text{Schaltkraft } F_S = \frac{F_2 l_1 - F_1 l_3}{l_2}$$

$$\frac{M_B}{\overline{M}_B} = \frac{e^{\mu\alpha} - (l_3/l_1)}{1 - (l_3/l_1)\,e^{\mu\alpha}}$$

Bei Drehung gemäß Bild 10.26c tritt für $l_1 \leqq e^{\mu\alpha} \cdot l_3$ Selbstbremsung auf.

Aufgabe 10.4. Berechnung einer Einfachbacken-Translationsbremse

Für die Bremse nach Bild 10.19b bzw. Tafel 10.2 (Nr. 10) sind gegeben:

$m_1 = 200$ g; $\dot{x}_{10} = 300$ mm/s; $F_B = 5$N und $F = 4$N.

Es sind die Bremszeit t_B, der Bremsweg x_B und die Bremsarbeit W_B bei konstanter negativer Beschleunigung quantitativ zu ermitteln.

Lösung

a) Bremszeit t_B nach Gl. (10.11):

$$t_B = \frac{m\dot{x}_{10}}{F_B - F} = \frac{200\text{ g} \cdot 300\text{ mm/s}}{1\text{ N}} = 60\text{ ms}$$

b) Bremsweg x_B nach Gl. (10.12):

$$x_B = \frac{\dot{x}_{10}}{2} t_B = \frac{300\text{ mm/s}}{2} \cdot 60 \cdot 10^{-3}\text{ s} = 9\text{ mm}$$

c) Bremsarbeit W_B nach Gl. (10.13):

$$W_B = (F_B - F)\frac{x_B}{2} = (5\text{N} - 4\text{N})\frac{9\text{ mm}}{2} = 4{,}5\text{ N} \cdot \text{mm}.$$

10.3. Dämpfer

Dämpfer sind Funktionselemente, die schwingungsfähigen mechanischen Systemen Energie mit dem Ziel entziehen, die Schwingungsamplituden zu reduzieren.
Allgemein sollen Dämpfer freie Schwingungen kurzfristig beseitigen, erzwungene Schwingungen amplitudenmäßig reduzieren oder sprungförmige Bewegungsvorgänge verlangsamen. Die Bewegung der Bauteile kann durch Kraft-, Unwucht-, Federkraft- oder Stützenerregung verursacht sein.

10.3.1. Bauarten und Eigenschaften [1.2] [1.7] [10.1] [10.36]

Dämpfer sind nach Umwandlungsart der Energie, Aktivierungsart, Dämpfereigenschaften und Aufbau einteilbar. Die Realisierung der Funktion erfordert die Nutzung unterschiedlicher Wirkprinzipe. Feinmechanische Dämpfer werden dabei i. allg. objektbezogen ausgeführt.
Die *Umwandlungsart der Energie* führt zur folgenden Klassifizierung:

- *mechanische Dämpfer* (rein mechanisches Wirkprinzip), unterteilt in Reibungsdämpfer, geschwindigkeitsabhängige Dämpfer, Dämpfer auf der Basis von Stößen und Werkstoffdämpfer

- *pneumatische und hydraulische Dämpfer* (z. B. Luft-, Wasser-, Öldämpfer), unterteilt nach dem Aufbau in Kolben-, Flügel- und Membrandämpfer
- *Gegenkraft- bzw. Gegenmomentdämpfer* (Nutzung dosierter Kräfte bzw. Momente), unterteilt in Wirbelstromdämpfer und Zusatzkraft- bzw. Zusatzmomentdämpfer.

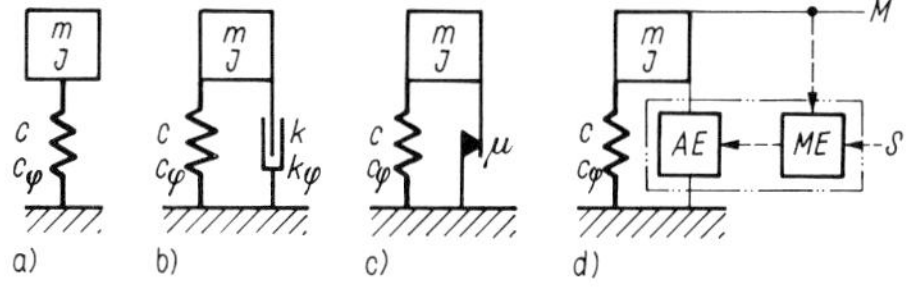

Bild 10.27. Feder-Masse- (bzw. Massenträgheitsmoment-) System

a) ungedämpft; b) mit geschwindigkeitsabhängigem Dämpfer; c) mit Reibungsdämpfer: (b), c) passive Dämpfer); d) aktives Dämpfersystem
AE Aktivierungseinrichtung; *M* Meßgröße; *ME* Meßeinrichtung; *J* Massenträgheitsmoment; *S* Steuersignal; c, c_φ Federsteife; k, k_φ Dämpfungszahl (jeweils translatorisch, rotatorisch); *m* Masse; μ Reibwert

Die mechanische Bewegungsenergie wird unmittelbar oder mittelbar in Wärme gewandelt. Im Zusammenhang mit der *Aktivierungsart* ist folgende Einteilung sinnvoll **(Bild 10.27)**:

- *passive Dämpfer:* zusätzliche oder mit speziellen Eigenschaften versehene Bauteile bzw. Baugruppen
- *aktive Dämpfer:* außer den die passiven Dämpfer darstellenden Baugruppen sind Meßeinrichtungen und Aktivierungseinrichtungen wirksam.

In **Tafel 10.5** sind Dämpfer bezüglich ihrer Eigenschaften dargestellt. Im Vergleich zur dämpfungslosen Feder sind Linearität, Frequenzabhängigkeit und Kraft-Weg-Abhängigkeit angegeben.

Tafel 10.5. Translatorische Modelle mechanischer passiver Dämpfer und Kennlinien
F Kraft; *X* Auslenkung; ///// Dissipationsenergie

Nr.	Benennung/Modell/Kraft-Weg-Abhängigkeit (Dämpfereigenschaften)	Nr.	Benennung/Modell/Kraft-Weg-Abhängigkeit (Dämpfereigenschaften)
1	Feder F,X F X (keine – dient zum Vergleich)	5	Anschlag (ideal) F,X F X (nichtlinear, frequenzunabhängig)
2	Viskoser Dämpfer F,X F X (linear)	6	Coulomb-Reibung F,X F X (nichtlinear, frequenzunabhängig)
3	Maxwell-Modell F,X F X (linear, frequenzabhängig)	7	Feder- und Coulomb-Reibung F,X F X (nichtlinear, frequenzunabhängig)
4	Voigt-Modell F,X F X (linear, frequenzabhängig)	8	Feder, Reibung und Dämpfer F,X F X (nichtlinear, frequenzabhängig)

Hinsichtlich des *Aufbaus* werden im Zusammenhang mit der Art der zu dämpfenden Bewegung rotatorische und translatorische Dämpfer unterschieden.

10.3.2. Berechnung [10.1] [10.5] [10.9] bis [10.11]

Aus funktioneller Sicht muß bei der Berechnung der Dynamik das Gesamtschwingungssystem betrachtet werden (s. auch Abschnitt 3.4.). Soll ein in Bild 10.27a dargestelltes System gemäß den Bildern 10.27b, c, d gedämpft werden, so ist z. B. die Nutzung einer geschwindigkeitsabhängigen Kraft möglich.

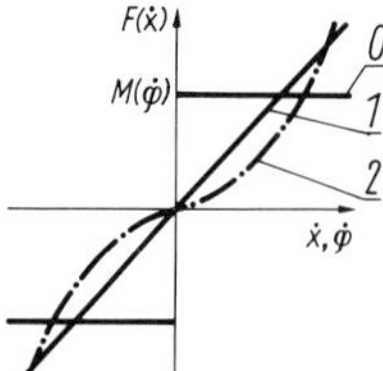

Bild 10.28. Dämpfungscharakteristika

0 Dämpfungskraft mit festem Betrag; *1* Dämpfungskraft ist der Geschwindigkeit proportional; *2* Betrag der Dämpfungskraft ist dem Quadrat der Geschwindigkeit proportional
F Kraft; *M* Moment; $\dot{x}$ Geschwindigkeit; $\dot{\varphi}$ Winkelgeschwindigkeit

Bild 10.28 verdeutlicht Dämpfungscharakteristika, die im Zusammenhang mit Gl. (10.28) zur Anwendung kommen (Beispiel eines translatorischen Systems mit Anfangsauslenkung):

$$m\ddot{x} + cx + F(\dot{x}) = 0\,. \qquad (10.28)$$

Typ 0: $F(\dot{x}) = F_R\,(\operatorname{sign}\dot{x})$ (10.29)

Reibungsdämpfung, Coulombsche Reibung

Typ 1: $F(\dot{x}) = k\dot{x}$ (10.30)

langsame Bewegung von Bauteilen in Gasen und Flüssigkeiten, Durchströmen von Kanälen (Flüssigkeits-Luft-Dämpfer), Bewegung elektrischer Leiter in Magnetfeldern (Wirbelstromdämpfer)

Typ 2: $F(\dot{x}) = k\dot{x}^2$ (10.31)

schnelle Bewegung von Bauteilen in Gasen und Flüssigkeiten.

Die Differentialgleichungen

$$m\ddot{x} + k\dot{x} + cx = 0 \quad \text{bzw.} \quad J\ddot{\varphi} + k_\varphi\dot{\varphi} + c_\varphi\varphi = 0 \qquad (10.32)$$

beschreiben translatorische bzw. rotatorische geschwindigkeitsproportional gedämpfte Schwingsysteme. Der Ausschwingvorgang (Bewegungs-Zeit-Verhalten) bei schwacher Dämpfung ergibt sich zu

$$x = X\,\mathrm{e}^{-\delta t}\cos(\omega_0 t + \beta) \quad \text{bzw.} \quad \varphi = \Phi\,\mathrm{e}^{-\delta t}\cos(\omega_0 t + \beta)\,. \qquad (10.33)$$

Die weiteren interessierenden Größen ergeben sich aus folgenden Beziehungen:

– *Eigenkreisfrequenz* ω_0:

$$\omega_0 = \sqrt{\frac{c}{m}}\,; \quad \text{bzw.} \quad \omega_0 = \sqrt{\frac{c_\varphi}{J}} \qquad (10.34)$$

– *Dämpfungsmaß D:*

$$D = \frac{\delta}{\omega_0} = \frac{\vartheta}{\sqrt{4\pi^2 + \vartheta^2}} \qquad (10.35)$$

– *mechanische Güte Q:*

$$Q = \frac{1}{2D} \qquad (10.36)$$

– *Abklingkonstante* δ:

$$\delta = \frac{k}{2m} \quad \text{bzw.} \quad \delta = \frac{k_\varphi}{2J} \qquad (10.37)$$

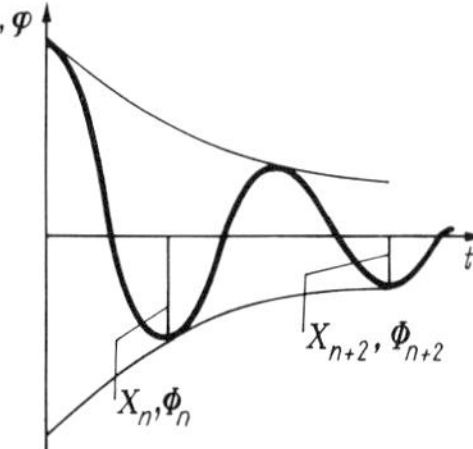

Bild 10.29. Ausschwingvorgang bei geschwindigkeitsproportionaler Dämpfung

x Weg; φ Winkel; X_n, X_{n+2}, Φ_n, Φ_{n+2} aufeinanderfolgende Weg-/Winkel-Amplituden mit gleichem Vorzeichen

– *Logarithmisches Dekrement* ϑ:

Im **Bild 10.29** ist der Ausschwingvorgang bei geschwindigkeitsabhängiger Dämpfung dargestellt. Aus den sich nach einer geometrischen Reihe verringernden Amplituden ist das logarithmische Dekrement ϑ bestimmbar:

$$\vartheta = \ln\frac{X_n}{X_{n+2}}\,; \qquad \vartheta = \ln\frac{\Phi_n}{\Phi_{n+2}}\,. \qquad (10.38)$$

Schwingungssysteme mit Reibungsdämpfern können mit den folgenden Differentialgleichungen beschrieben werden:

$$m\ddot{x} + cx + F_R\,(\mathrm{sign}\,\dot{x}) = 0 \quad \text{bzw.} \quad J\ddot{\varphi} + c_\varphi \varphi + M_R\,(\mathrm{sign}\,\dot{\varphi}) = 0. \tag{10.39}$$

Die zeitabhängigen Bewegungsgleichungen

$$x = X \cos(\omega_0 t + \beta) - (\mathrm{sign}\,\dot{x})\,s \quad \text{bzw.} \quad \varphi = \Phi \cos(\omega_0 t + \beta) - (\mathrm{sign}\,\dot{\varphi})\,s \tag{10.40}$$

sind von der Größe s abhängig:

$$s = \frac{F_R}{c} \quad \text{bzw.} \quad s = \frac{M_R}{c_\varphi}. \tag{10.41}$$

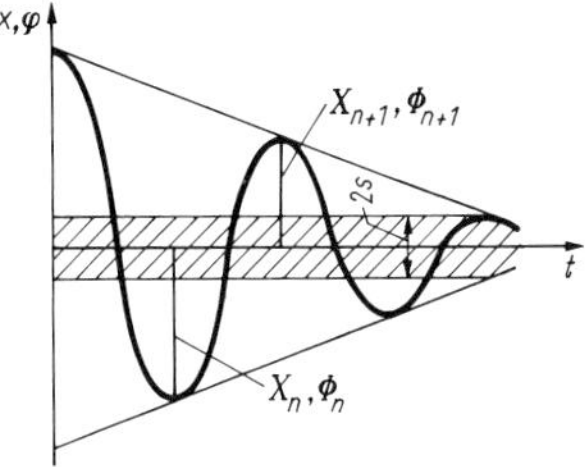

Bild 10.30. Ausschwingvorgang bei Reibungsdämpfung

x Weg; φ Winkel; X_n, X_{n+1}, Φ_n, Φ_{n+1} aufeinanderfolgende Weg-Winkel-Amplituden; $2s$ Bereich der Endstellung

Bei der Reibungsdämpfung nehmen die Maximalausschläge nach einer arithmetischen Reihe ab **(Bild 10.30)**. Die Endstellung liegt im Bereich $\pm s$. Die Beziehungen

$$|X_n| - |X_{n+1}| = 2s \quad \text{bzw.} \quad |\Phi_n| - |\Phi_{n+1}| = 2s \tag{10.42}$$

geben mögliche Ungenauigkeiten an, z. B. beim Positionieren mit Reibungsdämpfung.

10.3.3. Konstruktive Gestaltung, Ausführungsformen [10.1] [10.9] bis [10.11] [10.36] bis [10.43]

Dämpferbaugruppen sind konstruktiv sehr verschieden ausführbar, wobei neben üblichen Kriterien für die meist notwendige Neukonstruktion insbesondere die Frequenz- bzw. Amplitudenabhängigkeit des jeweiligen Dämpfers zu berücksichtigen sind.

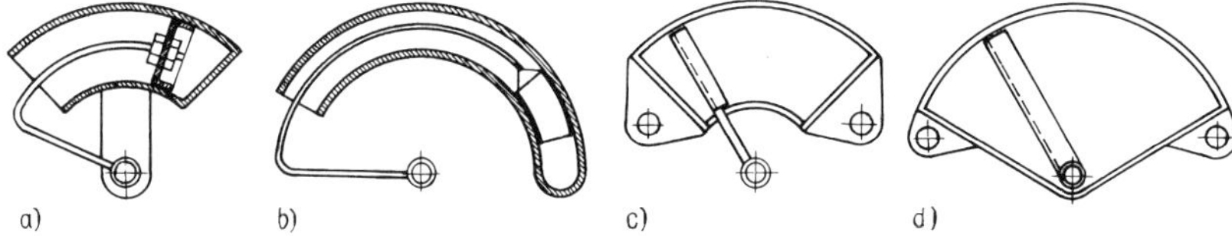

Bild 10.31. Dämpfer für Drehbewegungen

a), b) Kolbendämpfer; c) Flügeldämpfer; d) Flügeldämpfer geschlossen

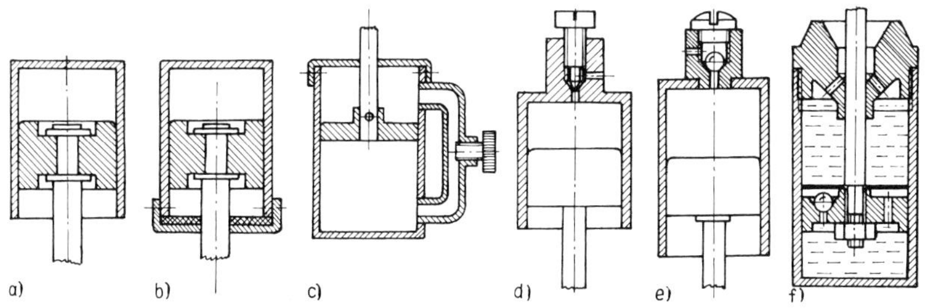

Bild 10.32. Dämpfer für Längsbewegungen (Kolbendämpfer)

a) einseitig wirkend; b) doppelseitig wirkend; c), d) einstellbar durch Drossel; e) richtungsabhängig, Ventil am Zylinder; f) richtungsabhängig, Ventil am Kolben

Beispiele: Bild 10.31 zeigt Dämpfer für Drehbewegungen, in den **Bildern 10.32 und 10.33** sind Dämpfer für Längsbewegungen angegeben. Sie beruhen auf pneumatischer oder hydrauli-

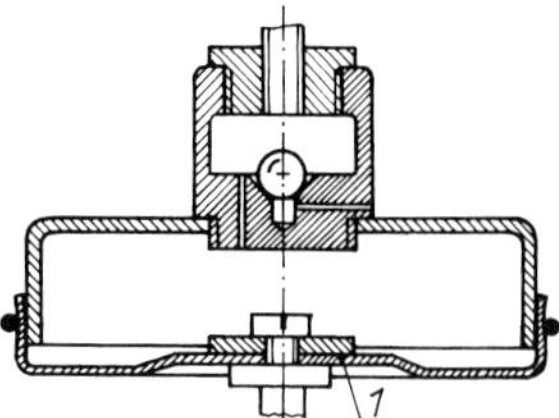

Bild 10.33. Dämpfer für Längsbewegung (Membrandämpfer)
einstellbar und richtungsabhängig
1 Membran aus Leder, Gummi oder Kunststoff

scher Wirkung, werden i. allg. als Kolbendämpfer, Flügeldämpfer oder Membrandämpfer ausgeführt und können einseitig oder doppelseitig wirksam sein. Durch Ventile und Drosseln läßt sich zugleich eine Richtungsabhängigkeit bzw. Einstellbarkeit vorsehen. Bei Luftdämpfern erfolgt die Dämpfung durch den Strömungswiderstand des Dämpfungsmittels Luft beim Ausgleich vorhandenen Über- und Unterdrucks unter Beachtung des Luftdrucks.
Die Strömungswirkung bei Flüssigkeitsdämpfern ist entscheidend von der dynamischen Viskosität abhängig. Sehr große Dämpfungsmaße sind bei Flüssigkeitsdämpfern erreichbar. Nach [10.13] gilt für Luft- und Flüssigkeits-Kolben- bzw. Flügeldämpfer, wenn z. B. ein Luftspalt zwischen Kolben und Zylinder oder spezielle Kanäle oder Blenden vorhanden sind,

$$F = k\dot{x} \quad \text{bzw.} \quad M = k_\varphi \dot{\varphi}. \tag{10.43}$$

Bild 10.34 zeigt einige Ausführungsformen federgefesselter und federloser Dämpfer [10.7]. Es erfolgt eine Relativdämpfung zwischen der schwingenden Drehmasse und dem Dämpfermassenträgheitsmoment *1*. Als Konstruktionswerkstoff der federgefesselten Dämpfer wird Gummi eingesetzt. Bei federlosen Dämpfern besteht keine Riß- bzw. Bruchgefahr, da sie i. allg. als Reibungsdämpfer oder Flüssigkeitsdämpfer aufgebaut sind.

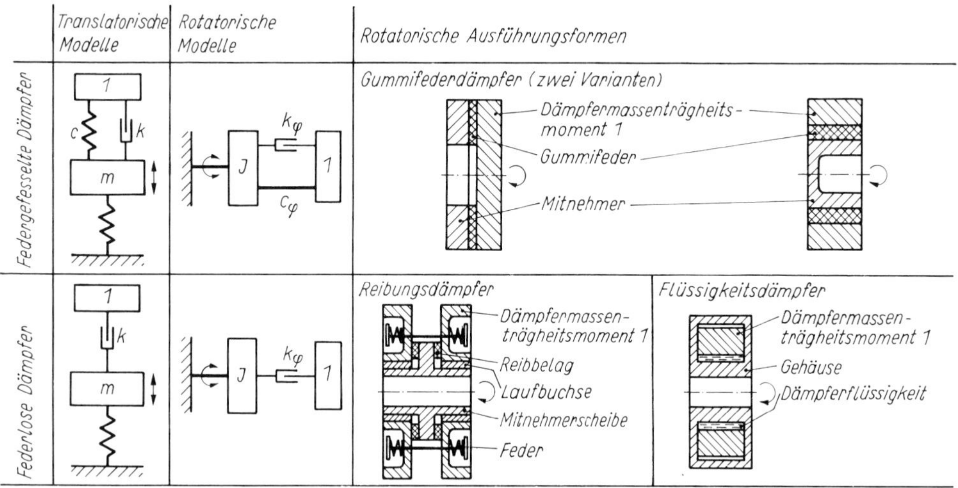

Bild 10.34. Ausführungsmöglichkeiten federgefesselter und federloser Dämpfer
J Massenträgheitsmoment; c, c_φ Federsteife; k, k_φ Dämpfungszahl; *m* Masse

Die Dämpfung von Schwingungen durch Stöße basiert auf dem teilweisen Entzug kinetischer Energie vom bewegten Bauteil durch Transport auf ein anderes und durch Energiewandlung während des Ausschlags [10.1] [10.42]. In **Tafel 10.6** ist dargestellt, daß die Schwingungs-Stoß-Dämpfung prinzipiell nutzbar ist. Die konstruktive Ausführung eines solchen Systems besticht durch ihre Einfachheit, da sie z. B. nur aus einer in einem Hohlraum (verschlossene Bohrung) angeordneten Kugel bestehen kann und große Dämpfungseffekte an schwingenden Bauteilen bewirkt.
Die Erzeugung von Gegenkräften bzw. -momenten in Abhängigkeit von Geschwindigkeit und gezieltem Abbau von Bewegungsgrößen kommt bei Induktionsdämpfern zur Anwendung. Der rotatorische Wirbelstromdämpfer als eine spezielle konstruktive Ausführung **(Bild 10.35)**

Tafel 10.6. Prinzipielle Möglichkeiten der Schwingungsdämpfung

F_R Reibkraft; c Federsteife; k Dämpfungszahl; m Masse; x Weg; $\dot{x}$ Geschwindigkeit; t Zeit; $\Delta\dot{x}_n$ Geschwindigkeitssprung; *1, 2, 3* spezielle Kurvenpunkte

Nr.	Benennung/Gleichung/Phasenporträt/Schwingung	Nr.	Benennung/Gleichung/Phasenporträt/Schwingung
1	ungedämpfte Schwingung (dient zum Vergleich) $m\ddot{x} + cx = 0$	3	Dämpfung mit festem Betrag (Reibungsdämpfung) $m\ddot{x} + cx + F_R\,(\text{sign}\,\dot{x}) = 0$
2	geschwindigkeitsproportionale Dämpfung $m\ddot{x} + k\dot{x} + cx = 0$	4	Dämpfung durch Stöße $m\ddot{x} + cx = 0;\quad \Delta\dot{x}_n = f(K)$

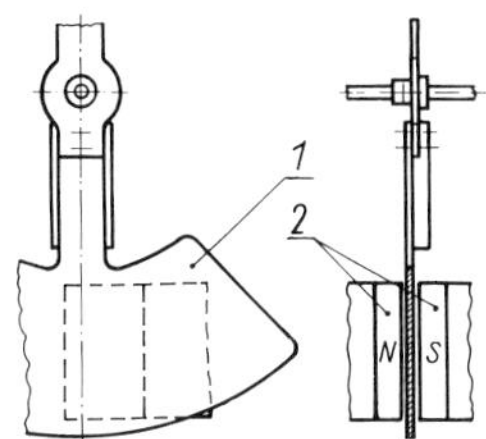

Bild 10.35. Wirbelstromdämpfer
1 Scheibensegment; *2* Dauermagnete

besteht aus einem drehbar gelagerten Scheibensegment *1*, das in ein Dauermagnetsystem *2* einschwenkbar ist. Bei Relativgeschwindigkeit zwischen diesen Bauteilen wird im elektrisch leitfähigen Scheibensegment (Werkstoff Aluminium) eine Spannnung induziert, die einen Strom antreibt, der wiederum im Zusammenwirken mit dem vorhandenen Magnetfluß Φ die Größe des Dämpfungsmoments bestimmt:

$$M = b\,\frac{\Phi^2}{R}\,\dot{\varphi}\,, \tag{10.44}$$

b Konstante; R Ohmscher Widerstand.

Rotatorische Wirbelstromdämpfer sind als Scheiben- bzw. Scheibensegment- und Trommel- bzw. Trommelsegment-Wirbelstromdämpfer bekannt. Ebenso sind Linearausführungen möglich.

Die Veränderung des Widerstands R oder eine spezielle zusätzliche Stromeinspeisung kann gemäß Bild 10.27d über eine Aktivierungseinrichtung AE im Zusammenwirken mit einer Meßeinrichtung ME das Bewegungsverhalten schwingender Bauteile beeinflussen. Bei aktiven Dämpfungssystemen ist dabei eine signalmäßige Beeinflussung gegeben. Der Dämpfer im engeren Sinne (Aktivierungseinrichtung) kann z. B. aus einer gestellfesten Spule *1* und einer mit dem zu dämpfenden Bauteil verbundenen Spule *2* bestehen. Es wirken elektromagnetische Kräfte, wenn durch die Spulen *1* bzw. *2* die Aktivierungsströme I_1 bzw. I_2 fließen. Für ein translatorisches System gilt für den statischen Fall näherungsweise [1.2]

$$F = I_1 I_2 L'_{12}(x)\,, \tag{10.45}$$

mit $L'_{12}(x)$ als Ableitung der Induktivität nach dem Weg an der jeweiligen Position.

Medien, Werkstoffe. Bei pneumatischen und hydraulischen Dämpfern ist die Dämpfungskraft vom Medium direkt abhängig.

Für Kolbendämpfer gilt

$$F = \eta b\,\frac{Al}{s^2}\,\dot{x}\,, \tag{10.46}$$

η Viskosität des Gases bzw. der Flüssigkeit; b Kennzahl, abhängig von der Form und der Oberflächengüte von Kolben und Zylinder; A Kolbenkreisfläche; l Hohlzylinderlänge; s Spalt zwischen Kolben und Zylinder; $\dot{x}$ Geschwindigkeit des Kolbens.

Außerdem ist die Temperaturabhängigkeit zu beachten. **Bild 10.36** zeigt den großen Temperatureinfluß auf die Viskosität einiger Dämpferflüssigkeiten.

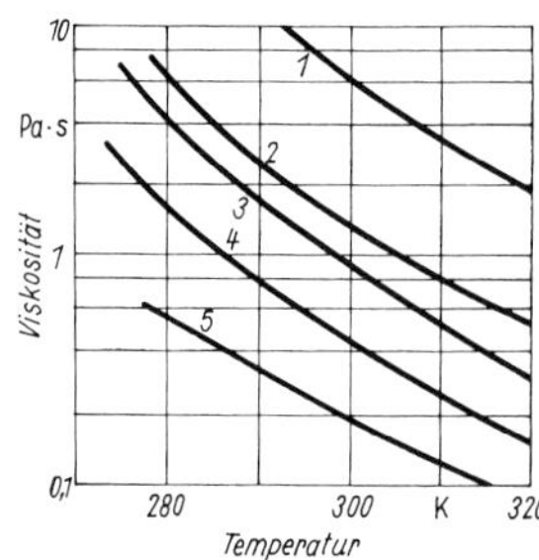

Bild 10.36. Dynamische Viskosität η einiger Dämpferflüssigkeiten in Abhängigkeit von der Temperatur T

1 Glyzerin 99%; *2* Glyzerin 90%; *3* Paraffinöl; *4* Glyzerin 82%; *5* Weißöl

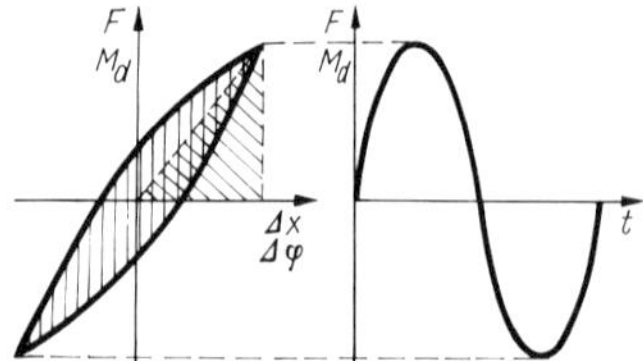

Bild 10.37. Werkstoffdämpfungs-Hystereseschleife bei Schwingungsbeanspruchung

|||||| Dämpfungsarbeit W_V; \\\\ Formänderungsenergie in der Schwingungsumkehrlage W; F Kraft; M_δ Drehmoment; Δx Wegänderung; $\Delta\varphi$ Winkeländerung

Weitere Bauformen beruhen auf der „inneren Dämpfung" spezieller Werkstoffe. Beispielsweise gestatten nachgiebige Kupplungen in Schwingsystemen, die kinetische Energie abzubauen. Als Dämpferwerkstoffe kommen z. B. Kunststoffe, Elastomere oder Polymere zum Einsatz, wobei Relaxationsphänomene, die werkstoffabhängig sind, auftreten können (Tafel 10.5) [10.12] [10.36]. Die Werkstoffdämpfung steht im direkten Zusammenhang mit der Größe der Hysteresefläche. Nach **Bild 10.37** ist das Verhältnis von Dämpfungsarbeit W_v zu maximaler potentieller Energie W die Dämpfungskapazität

$$\psi = \frac{W_v}{W}. \tag{10.47}$$

Mit der Beziehung $\psi = 2\vartheta$ ist die Verbindung zum logarithmischen Dekrement gem. Gl. (10.38) herstellbar [10.7].
Werkstoffe für Anschläge sind im Abschnitt 10.1. und Reibstellenwerkstoffe im Abschnitt 10.2. beschrieben. Sie finden Anwendung bei Reibungsdämpfern bzw. Dämpfern auf der Basis von Stoßwirkungen.

10.3.4. Betriebsverhalten spezieller Dämpfer, Berechnungsbeispiel

Als typische Anwendung soll eine geschwindigkeitsproportionale Dämpfung von Meßwerken, z. B. für Zeigermeßgeräte, betrachtet werden, die als pneumatischer Flügeldämpfer ausgeführt ist. Nach den Gln. (10.35) und (10.36) ergeben sich die in **Tafel 10.7** dargestellten Eckwerte [1.2]. Im **Bild 10.38** sind in Abhängigkeit von der Zeit Einschwingvorgänge an Meßgeräten verdeutlicht. Für Anzeigegeräte ist dabei bezüglich Überschwing- und Zeitverhalten ein Dämpfungsmaß $D = 0{,}7 \ldots 0{,}8$ günstig.

Tafel 10.7. Werte für Schwinger mit Dämpfung

Eigenschaften	Dämpfungsmaß D	Mechanische Güte Q
Keine Dämpfung	$D = 0$	$Q = \infty$
Schwingfall	$D < 1$	$Q > 0{,}5$
Optimale Dämpfung	$D = 0{,}707$	$Q = 0{,}707$
Aperiodischer Grenzfall	$D = 1$	$Q = 0{,}5$
Kriechfall	$D > 1$	$Q < 0{,}5$
Stillstand	$D = \infty$	$Q = 0$

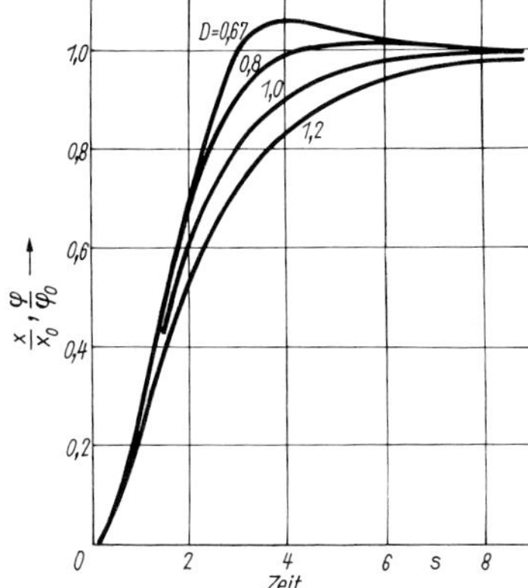

Bild 10.38. Einschwingvorgänge an Meßgeräten nach einer sprungförmigen Meßgrößenänderung

D = 0,67 unnötig weites Überschwingen
D = 0,8 günstig für Anzeigegeräte
D = 1,0 oberste Grenze für Schreibgeräte
D = 1,2 unbrauchbar
x Weg; x_0 Bezugsweg; φ Winkel; φ_0 Bezugswinkel

Aufgabe 10.5. Dämpfung eines Meßwerkes

Ein rotatorisches Meßwerk gemäß **Bild 10.39** hat folgende Systemparameter: Federsteife $c_\varphi = 2\,\text{N}\cdot\text{mm/rad}$; Masse des bewegten Teils $m = 2\,\text{g}$; Trägheitsradius $r_\text{i} = 10\,\text{mm}$.
Es ist die Dämpfungszahl k_φ des Dämpfers 1 zu ermitteln, wenn das angestrebte Dämpfungsmaß $D = 0{,}8$ ist.

Lösung. Mit den Gln. (10.35), (10.37) und $J = r_\text{i}^2 m$ folgt

$$k_\varphi = 2\delta J = 2D\omega_0 J = 2D\sqrt{c_\varphi J} = 2D\sqrt{c_\varphi r_\text{i}^2 m}\,,$$

$$k_\varphi = 2\cdot 0{,}8\cdot\sqrt{2\,\text{N}\cdot\text{mm}\cdot 10^2\,\text{mm}^2\cdot 2\,\text{g}} = 3{,}2\cdot 10^{-2}\,\text{N}\cdot\text{mm}\cdot\text{s}\,.$$

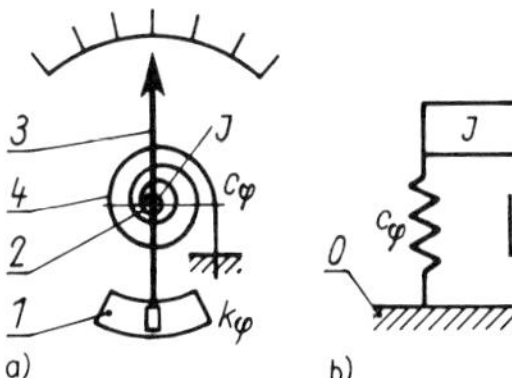

Bild 10.39. Meßwerk
a) schematische Darstellung; b) translatorisches Modell
1 Flügeldämpfer; *2* Meßwerkantrieb; *3* Zeiger; *4* Rückstellfeder;
J Massenträgheitsmoment; c_φ Federsteife; k_φ Dämpfungszahl; *0* Gestell

Eine Zusammenstellung ausgewählter Normen und Richtlinien zum Abschnitt 10. enthält **Tafel 10.8**.

Tafel 10.8. Normen und Richtlinien zum Abschnitt 10.

DIN-Normen	
DIN 15431	Antriebstechnik; Bremstrommel, Hauptmaße
DIN 15433 T1	Antriebstechnik; Scheibenbremsen, Anschlußmaße
T2	Antriebstechnik; Scheibenbremsen, Bremsbeläge
DIN 15434 T1	Antriebstechnik; Trommel- und Scheibenbremsen; Berechnungsgrundsätze
DIN 15435 T1	Antriebstechnik; Trommelbremsen, Anschlußmaße
T2	Antriebstechnik; Trommelbremsen, Bremsbacken
T3	Antriebstechnik; Trommelbremsen, Bremsbeläge
DIN 73451	Kupplungsbeläge
Richtlinien	
VDI 2241, Bl. 1	Schaltbare fremdbetätigte Reibkupplungen und -bremsen; Begriffe, Bauarten, Kennwerte, Berechnung
Bl. 2	–; systembezogene Eigenschaften, Auswahlkriterien, Berechnungsbeispiele
VDI/VDE 2253	Feinwerkelemente; Sperrungen; Übersicht
VDI/VDE 2253, Bl. 2	–; –; Setzanschläge
Bl. 3	–; –; Festanschläge
VDI/VDE 2256, Bl. 1	Feinwerkelemente; Dämpfungen; Schwingungsdämpfungen
Bl. 2	–; –; Stoßdämpfungen

Literatur zum Abschnitt 10.

(Grundlagenliteratur s. Literatur zum Abschnitt 1.)

Bücher, Dissertationen

[10.1] *Rauch, M.; Bürger, E.:* Mechanische Schaltsysteme. Berlin: Verlag Technik 1983.

[10.2] *Kragelski, I. W.:* Reibung und Verschleiß. Berlin: Verlag Technik und München, Wien: Carl Hanser Verlag 1983.

[10.3] *N. N.:* Bremsen – Handbuch: Berechnung, Funktion, Prüfung, Wartung und Instandsetzung. 9. Aufl. Ottobrunn bei München: Bartsch-Verlag 1986.

[10.4] *Klotter, K.:* Technische Schwingungslehre. Bd. 1. 3. Aufl. Berlin, Heidelberg, New York: Springer-Verlag 1988.

[10.5] *Zhou, Z.:* Beeinflussung strömungsbedingter Schwingungen ausgedehnter Bauteile durch diskrete Dämpfer und Federn. Düsseldorf: VDI-Verlag 1989.

[10.6] *Severin, D.:* Mechanische Bremsen und Kupplungen – Leistungsvermögen neuer Reibwerkstoffe und Bremssysteme. Berlin: Technische Universität, Institut für Fördertechnik und Getriebetechnik 1990.

[10.7] *Holzweißig, F.:* Lehrbuch der Maschinendynamik. 3. Aufl. Leipzig: Fachbuchverlag 1991.

[10.8] *Linsmeier, K.-D.:* Elektromagnetische Bremsen und Kupplungen. Landsberg: Verlag Moderne Industrie 1992.

[10.9] *Schadwinkel, W.-G.:* Aktive Schwingungsdämpfung nach dem Prinzip der Wegkompensation. Düsseldorf: VDI-Verlag 1998.

[10.10] *Günnewig, J.:* Optimierte aktive Schwingungsdämpfung von Leichtbaustrukturen. Düsseldorf: VDI-Verlag 2000.

[10.11] *Graßl, H.:* Pneumatische Schwingungsdämpfung. Diss. ETH Zürich 1981.

[10.12] *Moosheimer, J.:* Gesteuerte Schwingungsdämpfung mit elektrorheologischen Fluiden. Diss. Universität Bochum 1997.

Aufsätze

[10.20] *Roth, K.:* Systematik der Maschinen und ihrer mechanischen elementaren Funktionen. Feinwerktechnik 74 (1970) 11, S. 453.

[10.21] *Rabe, K.:* Anschläge, eine Untergruppe der Sperrungen. Feinwerktechnik 65 (1961) 5, S. 166.

[10.22] *Rabe, K.:* Konstruktion und Berechnung mittelbarer Festanschläge. Feinwerktechnik 65 (1961) 8, S. 277.

[10.23] *Rauch, M.:* Mechanische Funktionsgruppen mit Anschlägen. Maschinenbautechnik 25 (1976) 2, S. 75.

[10.24] *Rauch, M.; Schmidt, W.:* Messung des Kraft-Zeit-Verhaltens und der Stoßzeiten bei mechanischen Größen. Maschinenbautechnik 26 (1977) 2, S. 75.

[10.25] *Rauch, M.:* Das Prellen – eine wesentliche Erscheinung mechanischer Funktionsgruppen. Feingerätetechnik 23 (1974) 2, S. 105.

[10.26] *Krause, W.*, u. a.: Geräuschminderung in der Gerätetechnik. Feingerätetechnik 34 (1985) 1 bis 10.

[10.27] *Krieger, D.:* Die Erzeugung mechanischer Stöße. Wiss. Zeitschr. TU Dresden 16 (1967) 4, S. 1265.

[10.28] *Rauch, M.:* Elektromechanische Funktionsgruppen mit Anschlägen. Elektrie 30 (1976) 5, S. 274.

[10.29] *Rauch, M.:* Maschinelle Berechnung translatorischer elektromagnetomechanischer Systeme. Feingerätetechnik 23 (1974) 1, S. 326.

[10.30] *Dietz, H.:* Die Berechnung von Bremsbacken. Z VDI 50 (1937) S. 1437.

[10.31] *Kuckhoff, N.:* Anforderungen an Schmierstoffe für Kupplungen. Technische Mitteilungen 51 (1958) 8, S. 375.

[10.32] *Rauch, M.:* Mechanische Schaltsysteme für gerätetechnische Aufgaben. Feingerätetechnik 28 (1979) 4, S. 151.

[10.33] *Newcomb, T. P.:* Die Temperatur in Reibkupplungen. Konstruktion 13 (1961) H. 7, S. 284.

[10.34] *Niemann, G.; Ehrenspiel, K.:* Anlaufreibung und Stick-slip bei Gleitpaarungen. Z VDI (1963) 6, S. 221.

[10.35] *Schmidt, J.-O.:* Federkraftbremsen für die unterschiedlichsten Anwendungen. antriebstechnik 42 (2003) 4, S. 58.

[10.36] *Joos, R.:* Übersicht über verschiedene Dämpfungsmechanismen. Feinwerktechnik u. Meßtechnik 84 (1976) 5, S. 219.

[10.37] *Holzweißig, F.; Welzk, F. J.:* Torsionsschwingungen in Motorradmotoren. Maschinenbautechnik 21 (1972) 10, S. 441.

[10.38] *Hofmann, W.:* Berechnung von Luftdämpfungen. Archiv für Technisches Messen (1932) Jo 14-2.

[10.39] *Eichler, F.:* Luftdämpfungen für Meßgeräte. Archiv für Technisches Messen (1932) Jo 14-3.

[10.40] *Schmidt, D.:* Die scheibenförmige Wirbelstrombremse. Wiss. Zeitschr. der TH Dresden 5 (1955/56) 3, S. 483.

[10.41] *Hofmann, W.:* Berechnung von magnetischen Dämpfungen. Archiv für Technisches Messen (1932) Jo 14-4.

[10.42] *Nutz, G.:* Schwingungsdämpfung bei mechanischen Schnelldruckwerken. Feinwerktechnik 72 (1968) 6, S. 293.

[10.43] *Benz, W.:* Drehfedernde Kupplungen und ihr dynamisches Verhalten in Maschinenanlagen. Technische Mitteilungen 51 (1958) 8, S. 345.

[10.44] *Severin, D.; Musiol, F.:* Der Reibprozeß in trockenlaufenden mechanischen Bremsen und Kupplungen. Konstruktion 47 (1995) 3, S. 59.

[10.45] *Dien, R.:* Die mechanische Dämpfung – ein Dilemma. Konstruktion 53 (2001) 1–2, S. 64.

[10.46] *Timmerberg, R.:* Mit Dämpfungsprodukten Antriebe optimieren. Konstruktion 54 (2002), Special Antriebstechnik S2, S. 73.

[10.47] *Brosch, P.:* Bremsen ohne Verschleiß – Elektronik kontra Mechanik. Konstruktion 54 (2002), Special Antriebstechnik S2, S. 18.

11. Kupplungen

Zeichen, Benennungen und Einheiten

A Fläche, Reibfläche in mm^2
A_0 Kupplungsoberfläche in mm^2
A_s Spannungsquerschnitt in mm^2
C Betriebs-, Stoßfaktor
D Durchmesser in mm
F Kraft in N
J Massenträgheitsmoment in $kg \cdot cm^2$
M Moment in $N \cdot mm$
M_d Drehmoment, Torsionsmoment in $N \cdot mm$
P Leistung in W
R_e Streckgrenze in N/mm^2
R_m Bruchgrenze, Zugfestigkeit in N/mm^2
S_F Sicherheitsfaktor gegen Fließen
U Ungleichmäßigkeitsgrad
W Arbeit in $N \cdot m$ bzw. $W \cdot s$
a Abstand in mm
b Reibflächenbreite in mm
d Durchmesser in mm
e Versetzung in mm
i Anzahl der Reibstellen
l Länge in mm
m Masse der Fliehkörper in kg
n, n_0 Drehzahl, Schaltdrehzahl in U/min
p Flächenpressung in N/mm^2
r Radius in mm
s Dicke in mm
t Zeit in s
v Umfangsgeschwindigkeit in m/s
z Anzahl der Schrauben; Schaltungen je Zeiteinheit in min^{-1}
α Winkel, Neigung, Umschlingungswinkel in °
$\alpha_{Wü}$ Wärmeübergangszahl in $W/(m^2 \cdot K)$
δ Reibkegelwinkel in °
ϑ Temperatur in K
μ, μ_0 Reibwert, Haftreibwert
ϱ Reibwinkel in °
σ Normalspannung in N/mm^2
τ Tangentialspannung in N/mm^2
ω Winkelgeschwindigkeit in rad/s

Indizes

B Beschleunigung; Betrieb
F Feder
H Haftreibung
L Last, Schraubenlängsrichtung, Luftspalt
M Schaltmuffe
N Nenngröße
P Paßdurchmesser
R Reibung, Rutschen
S Schalten, Schwerpunkt
V relativer Verschleiß
W Welle
a Abscheren, Außen
ab abgegeben
f Flieh-, Zentrifugalkraft
i Innen
m mittlerer Wert
n Normalrichtung
s Spannungs-(Querschnitt)
t Tangentialrichtung
z Zug
zul zulässiger Wert

Eine Kupplung ist ein Funktionselement zum Verbinden von Wellen und zur Übertragung von Drehbewegungen und Drehmomenten. Das Verbinden der Antriebswelle mit einer weiteren, in Achsrichtung liegenden Abtriebswelle erfolgt wahlweise ständig oder zeitweilig sowie bei konstanter oder veränderlicher Relativlage, indem beide Wellenenden durch kraftübertragende Zwischenteile form- oder kraftschlüssig gepaart werden. Präzisionskupplungen sollen zwangfrei sein und deshalb den Freiheitsgrad 5 aufweisen.

11.1. Bauarten, Eigenschaften und Anwendung [1.9] [1.15] [1.17] [11.1] bis [11.11] [11.15] [11.30] [11.31]

Die Unterscheidungs- bzw. Einteilungsmerkmale von Kupplungen ergeben sich aus folgenden Gesichtspunkten:

- *Zeitdauer der Verbindung*
  ständig (Dauerkupplung) oder zeitweilig (Schaltkupplung)
- *Lage der Wellen zueinander*
  exakt fluchtend mit konstantem axialem Abstand (feste Kupplung) oder mit axialen und radialen Lage- bzw. Winkelabweichungen (Ausgleichskupplung)
- *Art der Drehmomentenübertragung*
  Kraft- oder Formpaarung
- *Art der Betätigung*
  fremdbetätigt (schaltbare Kupplung) oder selbsttätig (selbstschaltende Kupplung).

In der Feinmechanik hat sich eine Einteilung in *Dauerkupplungen* mit der Unterscheidung in feste Kupplungen und Ausgleichskupplungen sowie in *Schaltkupplungen* mit der Aufgliederung in schaltbare Kupplungen und selbstschaltende Kupplungen durchgesetzt **(Bild 11.1)**.

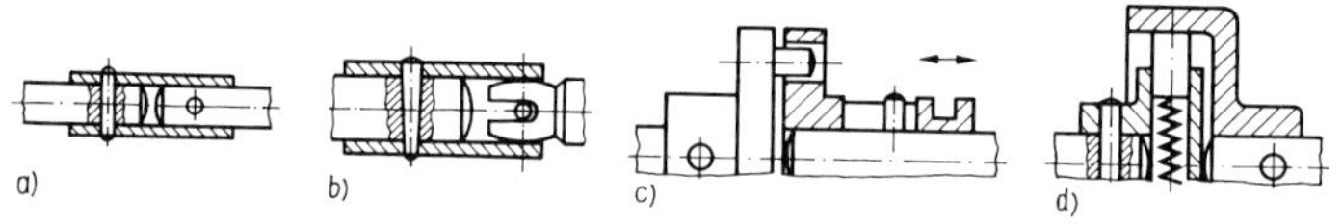

Bild 11.1. Prinzipielle Ausführungsformen von Kupplungen
a) feste Kupplung; b) Ausgleichskupplung (winkelbeweglich); c) schaltbare Kupplung; d) selbstschaltende Kupplung (drehzahlbetätigt)

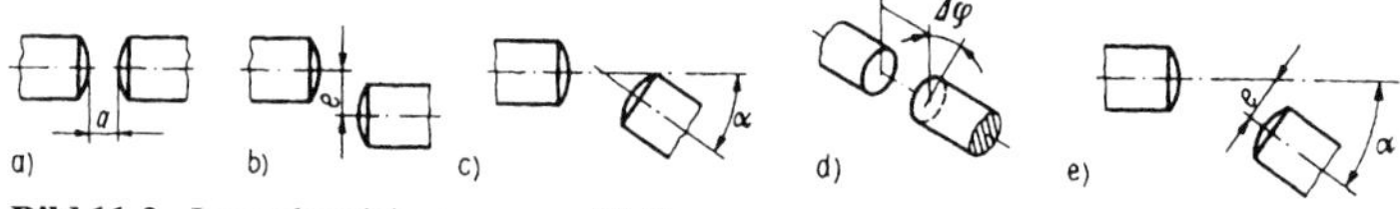

Bild 11.2. Lageabweichungen von Wellen
a) axiale Abweichung (Abstandsabweichung); b) radiale Abweichung (Fluchtungsabweichung); c) Winkelabweichung (Neigung); d) Drehwinkelabweichung (Übertragungsabweichung); e) radiale und Winkelabweichung (sich kreuzende Wellen)

Während *feste Kupplungen* nur eine starre Verbindung zweier Wellen ermöglichen und vorzugsweise zum Vereinfachen von Montagearbeiten bzw. zum Verbinden separat hergestellter Baugruppen oder unterschiedlich dicker Wellendurchmesser dienen, werden *Ausgleichskupplungen* benötigt, wenn zwischen den Wellenenden Lageabweichungen auftreten **(Bild 11.2)**. Diese können sowohl infolge von Fertigungsabweichungen als auch durch sich im Betrieb funktionsbedingt ändernde Relativlagen verursacht werden. Durch Verwenden von elastischen Elementen dienen Ausgleichskupplungen häufig zugleich dem Dämpfen von Drehschwingungen, Drehmomentstößen und Geräuschen.
Soll die Drehbewegung nur zeitweilig übertragen werden, finden schaltbare oder selbstschaltende Kupplungen Anwendung. Während *schaltbare Kupplungen* willkürlich von außen zu betätigen sind, geschieht das zeitweilige Ein- und Auskuppeln bei *selbstschaltenden Kupplungen* in Abhängigkeit bestimmter Betriebsparameter, wie Drehmoment, Drehzahl, Drehrichtung oder Drehwinkel.

11.2. Feste Kupplungen [1.15] [1.16] [11.1] bis [11.3] [11.6] [11.8] [11.10]

Feste Kupplungen dienen der starren Verbindung zweier Wellen und sind während des Betriebes nicht lösbar. Sie finden in der Feinmechanik eine wesentlich geringere Verbreitung als im Maschinenbau, da sie ein exaktes Fluchten sowie einen konstanten Abstand zwischen den Wellenenden voraussetzen und hohe Genauigkeitsanforderungen an die einzelnen Baugruppen stellen. Sie sind außerdem nicht zwangfrei.

11.2.1. Berechnung

Feste Kupplungen für kleine Drehmomente werden vielfach nicht berechnet, da sie aus technologischen Gründen ohnehin meist größer zu gestalten sind als festigkeitsmäßig erforderlich. Bei größeren Drehmomenten reduziert sich die Berechnung i. allg. auf die Dimensionierung der Verbindungselemente (Klemm-, Schrauben-, Stiftverbindungen, s. Abschnitt 4.).

Am Beispiel der Schalen- und Scheibenkupplungen wird die Vorgehensweise erläutert:
Bei Schalenkupplungen erfolgt die Drehmomentenübertragung im Normalfall durch Reibung zwischen den Kupplungsschalen und der Welle, bei Scheibenkupplungen durch Reibung zwischen den Scheiben. Die Tangential- bzw. Umfangskraft zur Drehmomentenübertragung wirkt bei Schalenkupplungen über den halben Wellendurchmesser ($D_W/2$) und bei Scheibenkupplungen über den halben Durchmesser ($D/2$) des Lochkreises für die Schrauben. Ausgehend vom zu übertragenden Drehmoment läßt sich die benötigte Umfangskraft F_t sowie daraus die erforderliche Schraubenlängskraft F_L ermitteln. Unter Nutzung der zulässigen Zugspannung des Schraubenwerkstoffes folgt aus F_L der benötigte Spannungsquerschnitt A_s der Durchsteckschraube und somit das erforderliche Nennmaß des Schraubengewindes (s. Abschnitt 4.4.4.). Sicherheitshalber sind bei Scheibenkupplungen die Schrauben ebenfalls auf Abscheren des Schraubenschafts zu berechnen, da auch bei Versagen des Kraftschlusses (Lockern der Schrauben) die Funktion gewährleistet werden muß.
Bei großen Drehmomenten kommen bei Scheibenkupplungen i. allg. Paßschrauben zur Anwendung. Eine Beanspruchung auf Abscheren ist dann zulässig. Da die durch Formschluß übertragbaren Drehmomente bei Paßschrauben wesentlich größer sind als diejenigen durch Kraftschluß, kann hier der Schraubennenndurchmesser ausschließlich aus der für den Schraubenschaft zulässigen Scherbeanspruchung ermittelt werden.

Tafel 11.1. Berechnung von Schalen- und Scheibenkupplungen

Kupplungsbauform	Schalenkupplung	Scheibenkupplung
Prinzip		
Übertragbares Drehmoment	$M_d = F_t \dfrac{D_W}{2}$	$M_d = F_t \dfrac{D}{2}$
Umfangs- bzw. Tangentialkraft	$F_t = z\mu F_n = z\mu F_L$	
Schraubenlängskraft	$F_L \leqq A_s\, \sigma_{z\,zul} = A_s \dfrac{R_e}{S_F}$	
Spannungsquerschnitt der Schraube a) bei Linienberührung b) bei allseit. Berührung Welle-Nabe	a) $A_s \geqq \dfrac{2M_d}{z\mu D_W \sigma_{z\,zul}}$ b) $A_s \geqq \dfrac{2M_d}{\pi z\mu D_W \sigma_{z\,zul}}$	$A_s \geqq \dfrac{2M_d}{z\mu D \sigma_{z\,zul}}$
Schraubenschaftdurchmesser (bei Paßschrauben)		$F_t/z \leqq \dfrac{\pi}{4} d_P^2 \tau_{a\,zul}$ $d_P \geqq \sqrt{\dfrac{8M_d}{\pi z D \tau_{a\,zul}}}$

Tafel 11.1 enthält Dimensionierungsgleichungen für Schalen- und Scheibenkupplungen (s. auch Abschnitt 4.4.4.). Kommen feste Kupplungen mit formschlüssiger Momentenübertragung (s. Bild 11.3g, h) zur Anwendung, so sind neben den Verbindungselementen auch die zum Teil erheblich geschwächten Wellenquerschnitte bezüglich Beanspruchung durch Drehmomente gemäß Abschnitt 7. zu überprüfen.

Im Maschinenbau ist es üblich, bei dynamischen oder stoßartigen Drehmomentbeanspruchungen unbekannter Größe die Überhöhung des Drehmoments gegenüber dem Nenndrehmoment M_{dN} durch einen grobgeschätzten Betriebs- oder Stoßfaktor C zu berücksichtigen. Für das den Kupplungsberechnungen gemäß den Tafeln 11.1, 11.2 und 11.4 zugrunde liegende Drehmoment M_d gilt dann $M_d = CM_{dN}$ [1.11] [1.15] [1.16] [11.1] [11.2].

11.2.2. Konstruktive Gestaltung, Ausführungsformen

Feste Kupplungen unterscheiden sich hinsichtlich ihrer Struktur einerseits nach der Art der Drehmomentenübertragung in kraft- und formschlüssige Kupplungen und andererseits nach ihrem prinzipiellen konstruktiven Aufbau in Hülsen-, Schalen- und Scheibenkupplungen. Hülsen- und Schalenkupplungen besitzen kleine radiale Baugröße, während Scheibenkupplungen große Außendurchmesser aufweisen. Nur Schalenkupplungen eignen sich für nachträglichen Ein- bzw. Ausbau. Alle anderen Bauformen erfordern bei einem Ausfall i. allg. eine vollständige Demontage der Baugruppen.

Feste Kupplungen für kleine Drehmomente. Als feste Kupplungen für kleine Drehmomente finden vorwiegend Hülsen- und Schalen-, seltener Scheibenkupplungen Anwendung. In der Feinmechanik stellen sie meist Spezial- bzw. Eigenkonstruktionen dar, ihre Bauformen sind deshalb sehr vielfältig. Vereinheitlichte bzw. genormte Ausführungsformen fehlen (vgl. auch Richtlinien in Tafel 11.6).

Hülsenkupplungen haben einen sehr einfachen konstruktiven Aufbau und deshalb in feinmechanischen Baugruppen eine weite Verbreitung gefunden **(Bild 11.3)**. Die Hülse wird durch Schrauben, Stifte, Aufpressen oder durch federnde Lappen mit der Welle verbunden. Eine unmittelbare Übertragung der Drehmomente gestatten entsprechend geformte Wellenenden (Bilder 11.3g, h), wobei Sicherungsringe dem axialen Fixieren dienen.

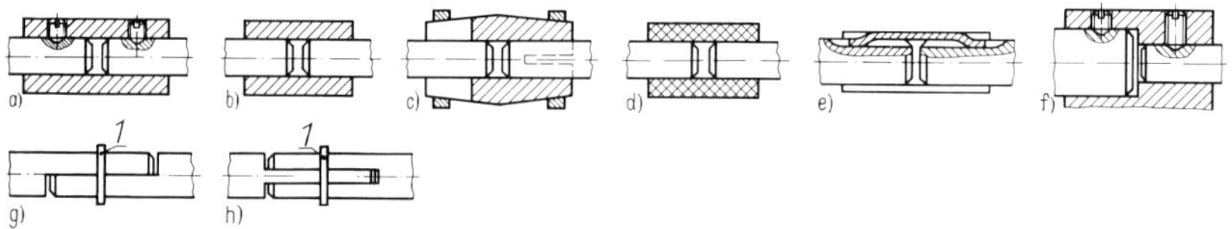

Bild 11.3. Hülsenkupplungen (vgl. auch Bild 11.1a)

a) Hülse mit Schrauben; b) Hülse aufgepreßt; c) geschlitzte Hülse mit Klemmringen; d) elastische Hülse; e) geschlitzte Hülse mit federnden Lappen; f) Hülse für unterschiedlich dicke Wellenenden; g), h) unmittelbare Wellenverbindung (*1* Sicherungsring nach DIN 471, in Nut)

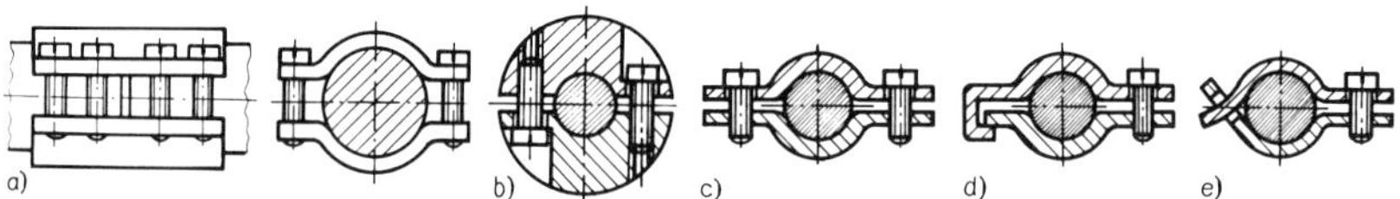

Bild 11.4. Schalenkupplungen für kleine Drehmomente

a) Prinzip der Schalenkupplung; b) Schalenkupplung für höhere Anforderungen; c), d), e) stark vereinfachte Schalenkupplungen

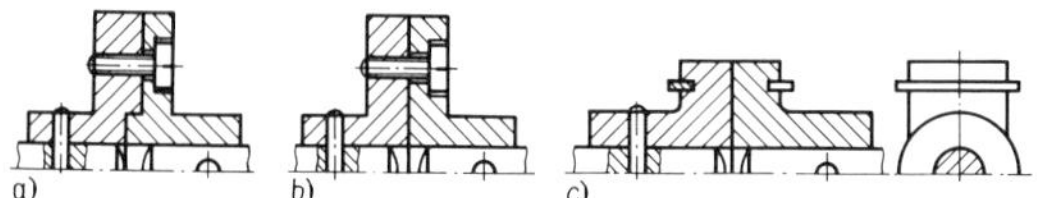

Bild 11.5. Scheibenkupplungen für kleine Drehmomente

a) mit Zentrierung; b) ohne Zentrierung; c) ohne Schraubenverbindungen

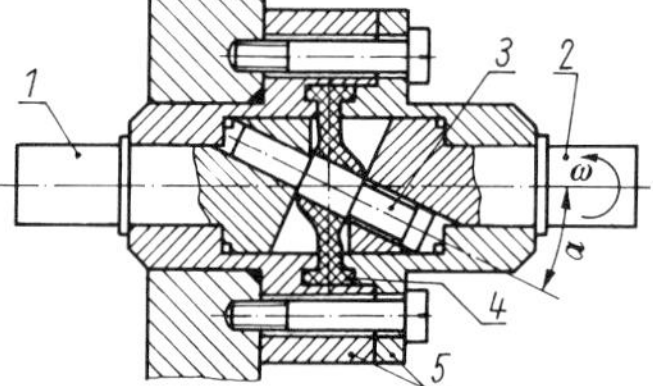

Bild 11.6. Druckdichte Durchführungskupplung

1, 2 Wellenenden; *3* Bolzen; *4* Membran; *5* Gehäuse

Schalenkupplungen für kleine Drehmomente zeigt **Bild 11.4**. Während diese Kupplungen bei höheren Anforderungen (b) den Bauformen für große Drehmomente entsprechen (s. Bild 11.8), lassen sich durch starke Vereinfachung auch kostengünstige Lösungen für untergeordnete Anwendungsfälle ableiten (c, d, e). Schraubenverbindungen können dabei auch durch haken-(d) bzw. laschenförmige (e) Ausbildung der Blechteile ersetzt werden.

Scheibenkupplungen sind mit bzw. ohne Zentrierung durch einfache Drehteile realisierbar (**Bilder 11.5** a, b). Ersetzt man auch hier Schraubenverbindungen beispielsweise durch Sicherungsringe (c), so entstehen Bauformen mit kleinen radialen Abmessungen.

Spezielle Kupplungsformen, druckdichte Durchführungskupplungen **(Bild 11.6)**, werden erforderlich, wenn der Raum des Abtriebsteils von dem des Antriebsteils druckdicht getrennt sein soll und Stopfbuchsen, Ringdichtungen usw. (s. auch Abschnitt 7.6.) dafür nicht ausreichen [11.11].
Die Verbindung beider Wellenenden erfolgt hier formschlüssig mittels eines kraftübertragenden Zwischenelements (Bolzen), das in einer elastischen, fest eingespannten Membran eingebettet und zu den Achsen geneigt ist. Der Bolzen beschreibt bei Drehung einen Doppelkreiskegelmantel mit dem halben Öffnungswinkel α und bewirkt dabei eine wechselnde Verformung der Membran. Der Winkel α sollte im Hinblick auf die Kraftübertragung möglichst groß, wegen der Membranverformung jedoch klein sein. Man wählt deshalb meist einen mittleren Wert von etwa 30°. Die Kupplung eignet sich nur für kleine Drehzahlen bei geringen Drehmomenten.

Feste Kupplungen für große Drehmomente. Für große Drehmomente kommen vorwiegend genormte Scheiben- und Schalenkupplungen zum Einsatz.

Scheibenkupplungen bestehen dabei i. allg. aus gegossenen und auf den Wellen verstifteten, aufgeschrumpften oder mit Paßfeder bzw. Keil befestigten Scheiben (vgl. auch DIN 116; s. Tafel 11.6). Für große Drehmomente und zusätzliche große Biegemomente ist eine Zentrierung zu empfehlen, beispielsweise durch Zentrierbund, -scheibe oder -buchse **(Bild 11.7)**. Zentrierbunde und -scheiben erfordern ein geringes Längsverschieben der Wellen beim Aus- und Einbau; Zentrierbuchsen und geteilte Zentrierscheiben vermeiden dies. Die Scheiben werden durch Paß- oder Durchsteckschrauben ohne Unterlegscheiben verbunden (Schraubensicherungen sind dann erfahrungsgemäß überflüssig). Für den Großgeräte- und Maschinenbau stellen auch Flanschkupplungen mit geschweißten bzw. direkt angeschmiedeten Flanschen und sog. Stirnzahnkupplungen (vgl. Bild 11.44) mit stirnseitiger Verzahnung der Scheiben und dadurch kleiner radialer Baugröße typische Ausführungsformen von Scheibenkupplungen dar.

Stirnzahnkupplungen sind radial verzahnt (Hirth-Verzahnung). Der Flankenwinkel beträgt meist 60° (symmetrisch). Die kraftschlüssige Drehmomentenübertragung an den Zahnflanken erfordert eine axiale Vorspannung (federnder Andruck an die Wellen, äußere Überwurfmutter, innen angeordnete Schraube). Nicht genau ausgerichtete Wellen führen zu einem Gleiten der Zahnflanken aufeinander, zu Verschleiß und erhöhten Rückstellkräften. Die Verzahnung kann auch direkt an den Stirnseiten von Hohlwellen, Zahnrädern oder anderen Bauteilen angeordnet werden [1.15].

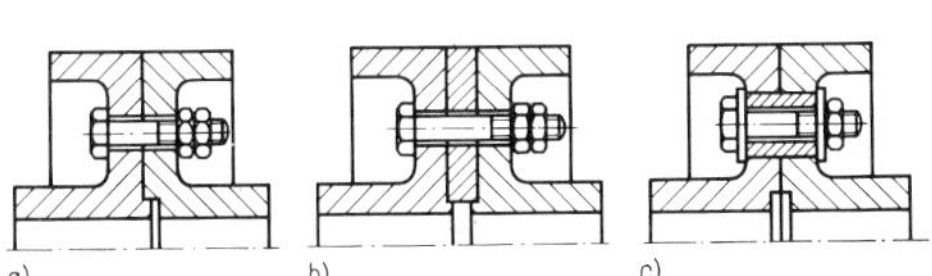

Bild 11.7. Scheibenkupplungen für große Drehmomente
a) mit Zentrierbund; b) mit Zentrierscheibe; c) mit Zentrierbuchse

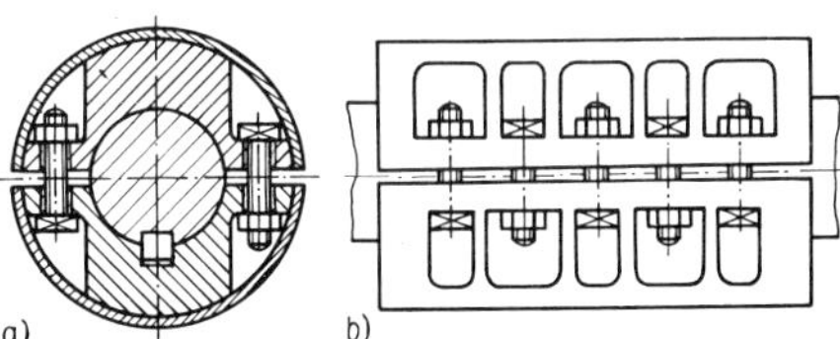

Bild 11.8. Schalenkupplung für größere Drehmomente
a) Schnitt (mit Blechmantel); b) Seitenansicht (ohne Blechmantel)

Schalenkupplungen für große Drehmomente bestehen i. allg. aus gegossenen Halbschalen (**Bild 11.8**, vgl. auch DIN 115; s. Tafel 11.6). Die Schalen werden durch Schrauben oder aufgepreßte, kegelförmige Ringe mit der Welle verklemmt und sind ohne Veränderung der Wellenlagen montierbar. Bei sehr großen Durchmessern kommen zusätzlich eingelegte Paßfedern zur Anwendung.

11.2.3. Betriebsverhalten

Das Betriebsverhalten von festen Kupplungen ist durch eine vollkommen starre Drehmomentenübertragung geprägt. Die An- und Abtriebsdrehzahlen sowie -drehwinkel sind gleich, Verlustleistung tritt nicht auf. Drehmomentenstöße werden in voller Höhe und Schwingungen ungedämpft weitergeleitet. Diese Kupplungen erfüllen ihre Funktion unabhängig von der Drehrichtung bzw. von anderen Betriebsparametern. Bei schnellaufenden Wellen sind symmetrische bzw. ausgewuchtete Bauformen zu nutzen. Voraussetzung für die Anwendung fester Kupplungen ist jedoch ein exaktes Fluchten der Wellen. Schon geringfügige Verlagerungen derselben können erhebliche, unkontrollierbare Zusatzbeanspruchungen in den Kupplungsteilen, den Wellen und insbesondere in den Lagern bewirken (Überbestimmtheit). Deshalb bleibt ihr Einsatzgebiet in der Feinmechanik begrenzt.

11.3. Ausgleichskupplungen [1.11] [1.15] [1.16] [11.1] bis [11.4] [11.6] [11.8] [11.10] bis [11.12] [11.19] [11.22] [11.25] [11.30] bis [11.45]

Bei Ausgleichskupplungen sind die Kupplungsteile so ausgebildet, daß trotz fertigungs-, montage- oder funktionsbedingter Lageabweichungen der Wellen (s. Bild 11.2) eine Drehmomentenübertragung gewährleistet bleibt. Die anzuwendenden Kupplungen müssen deshalb in den entsprechenden Freiheitsgraden beweglich sein.

11.3.1. Berechnung

Die Berechnung von Ausgleichskupplungen entspricht der Berechnung der festen Kupplungen. Sie beschränkt sich auf die genutzten Verbindungsarten bzw. -elemente. Im Unterschied zu den festen Kupplungen kommen jedoch oft elastische Zwischenglieder zum Einsatz. Da deren Eigenschaften, beispielsweise von gummielastischen Werkstoffen, mit erheblichen Unsicherheiten behaftet sind, werden diese Teile meist nach empirischen Gesichtspunkten dimensioniert und nicht berechnet.

11.3.2. Konstruktive Gestaltung, Ausführungsformen

Die konstruktive Gestaltung der Ausgleichskupplungen wird außer von der Art der auftretenden Lageabweichung auch entscheidend von der Größe dieser Abweichung bestimmt. Sind nur kleine Abweichungen infolge von Fertigungstoleranzen oder unterschiedlicher Ausdehnung bei Erwärmung auszugleichen, reichen Bauformen, die aus festen Kupplungen durch Einfügen elastischer Zwischenglieder abgeleitet werden, zum Ausgleich der Versetzungen aus. Bei funktionsbedingten Änderungen der Wellenlagen müssen die Kupplungen i. allg. in den erforderlichen Freiheitsgraden eine größere Beweglichkeit aufweisen und stellen dann spezielle Bauformen dar.

Ausgleichskupplungen für kleine Drehmomente

Kupplungen mit axialem Ausgleich (längsbewegliche Kupplungen) setzen ein Fluchten der Wellenenden voraus. Die Drehmomentenübertragung erfolgt stets durch mittelbare oder unmittelbare formschlüssige Verbindung der Wellenenden. Für kleine Drehmomente genügen meist Hülsenkupplungen mit mittelbarer **(Bild 11.9)** bzw. unmittelbarer **(Bild 11.10)** Wellenverbindung. Auch Scheiben- bzw. Bolzenkupplungen können mit axialem Ausgleich gestaltet werden. Gefederte Stifte vereinfachen dabei die Montage **(Bild 11.11)**.

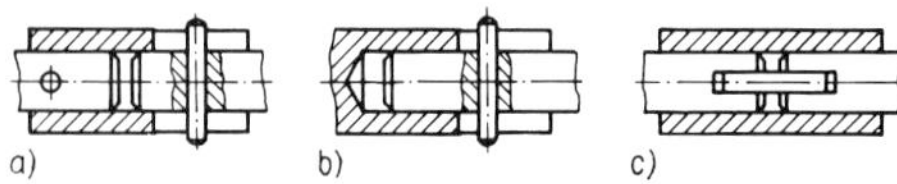

Bild 11.9. Hülsenkupplungen mit axialem Ausgleich und mittelbarer Wellenverbindung

a) Formschluß durch Querstifte und Hülse; b) Welle direkt als Hülse; c) Scheibe in geschlitzten Wellenenden

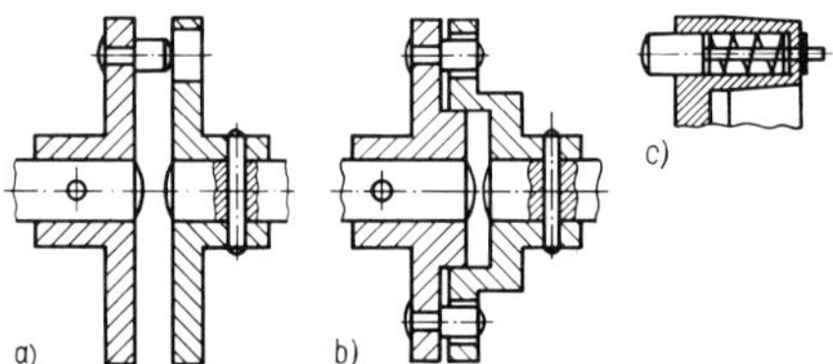

Bild 11.11. Scheibenkupplungen mit axialem Ausgleich

a) mit einem Mitnehmerbolzen; b) mit mehreren Mitnehmerbolzen; c) gefederter Mitnehmerbolzen

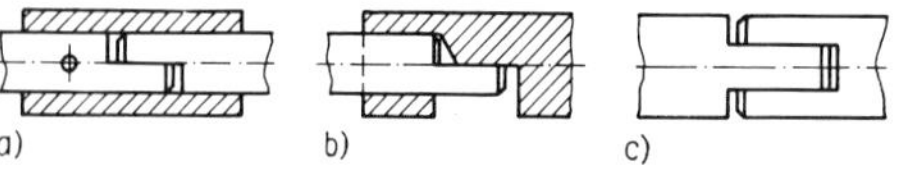

Bild 11.10. Hülsenkupplungen mit axialem Ausgleich und unmittelbarer Wellenverbindung

a) mit Hülse zur axialen Führung; b) Welle direkt als Hülse; c) ohne axiale Führung durch Hülse

Bei mehreren Mitnehmerstiften bzw. -bolzen verteilt sich die zu übertragende Umfangskraft infolge von Fertigungsabweichungen i. allg. ungleichmäßig auf die Stifte und führt dadurch zu starken Beanspruchungsschwankungen in Wellen und Lagern (insbesondere bei großem Drehmoment). Bei der Berechnung der Stifte auf Flächenpressung und Biegung (Abscheren ist meist vernachlässigbar, s. auch Abschnitt 4.3.2.) wird davon ausgegangen, daß nur 75 bis 80% der Mitnehmer an der Kraftübertragung beteiligt sind.

Kupplungen mit radialem Ausgleich (querbewegliche Kupplungen) werden bei versetzten Wellen notwendig [11.34] bis [11.39] [11.69]. Zur Übertragung kleinster Drehmomente eignet sich oftmals bereits ein Gummi- bzw. Kunststoffschlauch oder eine Schraubenfeder **(Bild 11.12)**. Meist kommen jedoch Mitnehmerkupplungen zur Anwendung. Sie entstehen aus Bolzenkupplungen mit einem Mitnehmer, wenn dieser in einer Gleitbahn geführt wird (**Bild 11.13**a). Spielfreie Mitnehmerkupplungen nutzen gefederte Mitnehmerflächen (b).

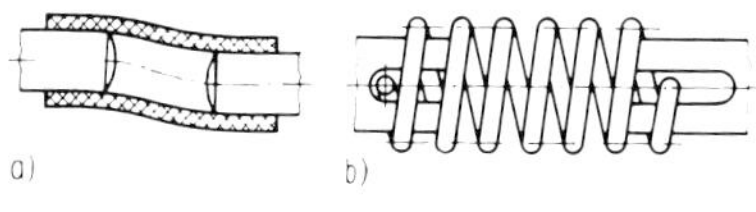

Bild 11.12. Einfache Kupplungen mit radialem Ausgleich
a) mit Gummi- oder Kunststoffschlauch; b) mit Schraubenfeder

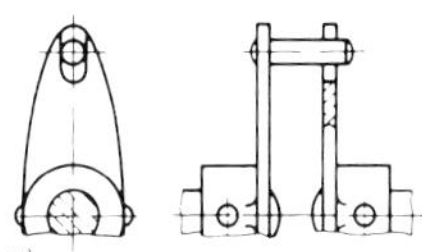

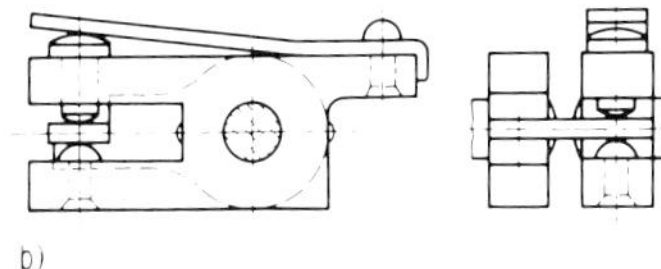

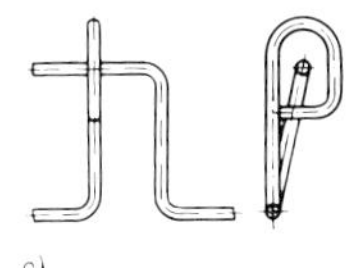

Bild 11.13. Mitnehmerkupplungen
a) spielbehaftet (Spiel nicht dargestellt); b) spielfrei; c) aus gebogenen Wellenenden

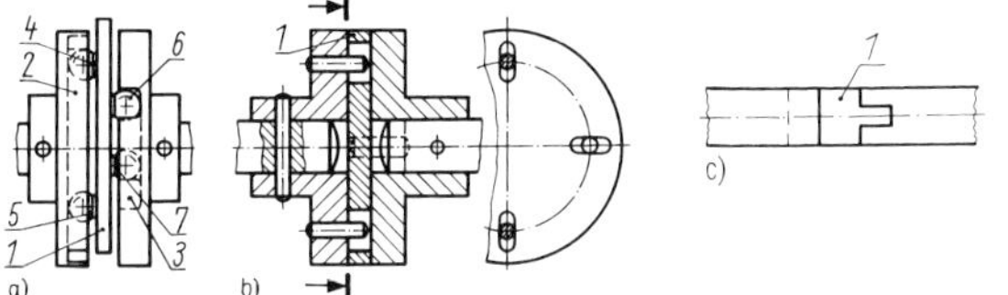

Bild 11.14. Kupplungen nach dem Kreuzschleifenprinzip
a) Mitnehmerscheibenkupplung; b) Mitnehmerscheibenkupplung mit geschlitzter Zwischenscheibe; c) miniaturisierte Kreuzscheibenkupplung
1 Zwischenscheibe; *2, 3* Gleitbahnen; *4, 5* Mitnehmer für Gleitbahn *2*; *6, 7* Mitnehmer für Gleitbahn *3*

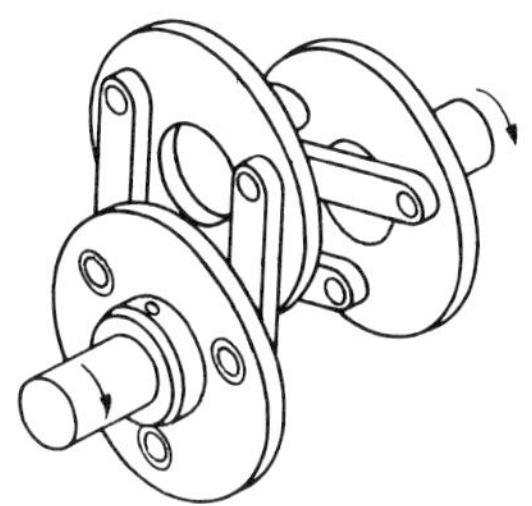

Bild 11.15. Kurbelkupplung für großen Wellenversatz

Einfachste Ausführungen, z. B. für Spielzeuge, lassen sich bereits durch entsprechend gebogene Wellenenden realisieren (c). Mitnehmerkupplungen entsprechen in ihrem Bewegungsverhalten einer Kurbelschleife und weisen folglich periodische Schwankungen der Abtriebswinkelgeschwindigkeit auf (vgl. Abschnitte 11.3.3. und 13.11.). Wird eine drehwinkeltreue Bewegungsübertragung gefordert, sind Zwischenglieder notwendig. Eine doppelte, um 90° versetzte Anordnung zweier Mitnehmerkupplungen, von denen jede Kupplungshälfte je zwei Mitnehmerstifte in einer Gleitbahn enthält (Kreuzschleifenprinzip), erfüllt diese Forderung bei kleinen Drehmomenten (**Bilder 11.14**a, b). Werden die Mitnehmerstifte durch Gleitsteine ersetzt, entstehen sog. Kreuzschlitz- bzw. Kreuzscheibenkupplungen, die große Drehmomente mit radialem Ausgleich übertragen können [11.39]. Bild 11.14c zeigt eine daraus abgeleitete Bauform für kleinere Drehmomente, bei der die Schlitze für die Kreuzscheiben direkt in die Welle eingefräst sind. Ist die Drehbewegung zwischen zwei sehr stark versetzten Wellen winkeltreu zu übertragen, kann eine Kurbelkupplung nach **Bild 11.15** zur Anwendung kommen [11.37].

Bei Kurbelkupplungen wird eine Zwischenscheibe mit den Wellenendscheiben durch je drei Lenker gleicher Länge verbunden (Parallelkurbelgetriebe, s. auch Abschnitt 13.11.). Der Parallelversatz der Wellen kann sich von Null bis zur doppelten Lenkerlänge auch während der Bewegung ändern. Die Kupplung besitzt keine Unwucht, die mittlere Scheibe dreht sich synchron um ihre eigene Achse. Eine Auslegung für kleine und große Drehmomente ist möglich.

Winkelbewegliche Kupplungen (Gelenkkupplungen) dienen zur Bewegungsübertragung zwischen Wellen, die um einen Winkel α zueinander geneigt sind. Die Bewegungsübertragung kann durch elastische Glieder oder durch Gelenke erfolgen. Kupplungen mit elastischen Gliedern (mit Ausnahme von biegsamen Wellen) ermöglichen i. allg. jedoch nur den Ausgleich kleiner Neigungen, weisen aber eine nahezu winkeltreue, spielfreie Bewegungsübertragung auf [1.15] [11.30] [11.31] [11.41] [11.69]. Gelenkkupplungen erlauben dagegen den Ausgleich großer Neigungsabweichungen auch bei großen Drehmomenten [11.69]. Bei Anwendung nur eines Gelenks treten jedoch periodische Übersetzungsschwankungen auf.

Für kleinere Drehmomente reichen wiederum Hülsenkupplungen mit elastischem Hülsenmaterial aus (Bild 11.12). Bei langen Hohlprofilen werden dabei Einlegeteile (Spiralfedern) erforderlich, da sonst Instabilität (Knicken, Beulen, Verdrillen; s. auch Abschnitt 3.5.2.) auftritt. Weit verbreitet sind Faltenbalgkupplungen (**Bild 11.16** a) mit an den Naben angelötetem Metallfederrohr (hohe Verdrehsteifigkeit) oder mit Gummi- bzw. Plastfederbälgen (geringe Verdrehsteifigkeit). Ein wichtiges Anwendungsgebiet von Metall-Faltenbalgkupplungen ist das Ankoppeln von rotatorischen Meßsystemen bei kleinen Neigungen. Lange Faltenbalgkupplungen ermöglichen den Ausgleich von Neigungsabweichungen bis etwa 20°.

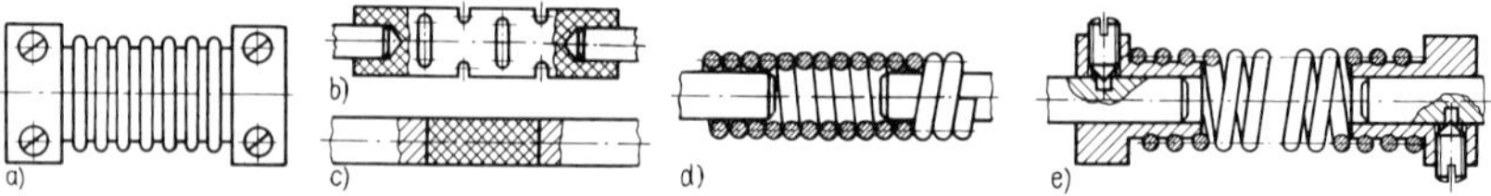

Bild 11.16. Winkelbewegliche Kupplungen mit elastischen Elementen

a) Faltenbalgkupplung; b), c) Kupplungen mit Gummiformelementen; d) Schraubenfederkupplung, direkt aufgewickelt; e) Schraubenfederkupplung mit Nabe

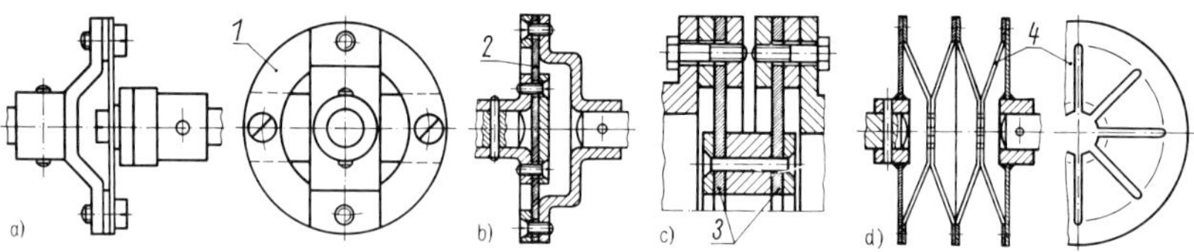

Bild 11.17. Federgelenkkupplungen

a) mit Federring (anstelle Federrings auch um 90° versetzte Blattfedern möglich); b) mit Membran; c) mit Doppelmembran; d) mit Tellerfedern;
1 Federring; *2* Membran; *3* Membranpaket; *4* Tellerfedern

Zum Verbinden von Wellen kleiner Durchmesser eignen sich auch kraftschlüssig befestigte, aufgeklebte oder anvulkanisierte Gummiformteile (Bilder 11.16b, c), die außerdem gute Dämpfungseigenschaften aufweisen. Schraubenfederkupplungen (d, e) werden verwendet, wenn große Winkelbeweglichkeit und Gleichmäßigkeit der Bewegungsübertragung erforderlich ist. Bei einlagiger Schraubenfeder sollte die Drehrichtung der Wellen mit dem Wickelsinn der Feder übereinstimmen, da in umgekehrter Drehrichtung nur ca. 40% des Nenndrehmoments übertragbar sind.

Bauformen mit mehrgängig rechts und links gewickelten Federdrahtlagen von kreisförmigem, rechteckigem oder quadratischem Querschnitt bezeichnet man als biegsame Wellen (s. Abschnitt 7.4.1.2.). Sie können weit entfernte Wellenenden mit sehr großen Lageabweichungen verbinden.

Gelenkkupplungen für kleine Drehmomente werden oft mit Federgelenken (**Bild 11.17**) unter Nutzung von Federringen (a), um 90° versetzten Blattfedern oder bei kleinen Auslenkungen unter Nutzung von Membranen (b) aufgebaut. Als Werkstoff für die elastischen Elemente eignen sich Federblech, Gummigewebe oder Kunststoff. Ihre Gestaltung ist sehr vielfältig. Die Bewegungsübertragung erfolgt spielfrei. Beim Aufbau als Einfachkreuzgelenk (mit Blattfedern) treten auch hier periodische Übertragungsabweichungen auf. Membran- bzw. Federringkupplungen (a, b) entsprechen in ihrer Wirkungsweise einem Doppelkreuzgelenk (s. auch Abschnitt 11.3.3.) und sind drehwinkeltreu. Kupplungen mit zwei Membranen (c) erlauben zusätzlich den Ausgleich geringer radialer Abweichungen. Für große Neigungen eignen sich Bauformen mit verschweißten Tellerfedern (d).

Gelenkkupplungen ohne elastische Elemente werden mit Kreuz- oder Kugelgelenken realisiert. Kreuzgelenke (s. Bild 11.26) bestehen aus zwei über ein Gelenkkreuz verbundenen,

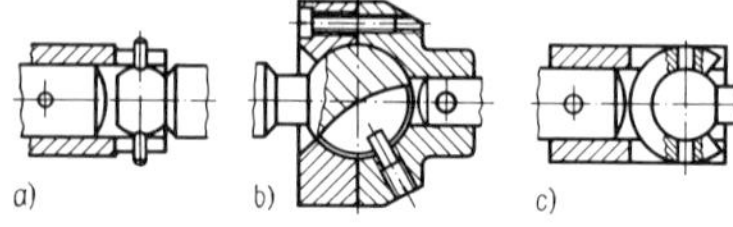

Bild 11.18. Kugelgelenkkupplungen

a) mit geschlitzter Hülse; b) mit geschlitzter Kugel (s. auch Bild 11.1.b); c) mit drehbarer Ringscheibe und geschlitzter Hülse

um 90° versetzten Gelenkteilen und ermöglichen einen Ablenkwinkel bis zu 45°. Für kleine Drehmomente sind Kugelgelenke ausreichend **(Bild 11.18)**.

Die Bauformen (Bilder 11.18a und c) weisen zusätzlich eine Längsbeweglichkeit auf, wobei in Bauform (c) die um den Stift der Abtriebswelle drehbare Ringscheibe die Flächenpressung am Schlitz der Hülse verringert und so das Übertragen großer Drehmomente ermöglicht. Bauform (b), aber auch Kupplungen nach Bild 11.1b, bei denen die Stiftachse nicht in jeder Längslage durch den Mittelpunkt der Kugel verläuft, gestatten keinen axialen Ausgleich.

Werden Kupplungen mit Kreuzgelenken für kleine Drehmomente eingesetzt, so entsprechen sie den Bauformen für große Drehmomente. Eine Sonderform einer winkelbeweglichen Kupplung mit kleinen Abweichungen in der Drehwinkelübertragung stellt die Mitnehmerkupplung dar [11.11]. Voraussetzung ist aber, daß die Drehebene der Mitnehmerstelle *A* (Formpaarung) den Schnittpunkt *S* der Wellen enthält **(Bild 11.19)**. Wird eine drehwinkeltreue Bewegungsübertragung in beliebigen Winkellagen gefordert, können sog. Gleichganggelenke zum Einsatz kommen [11.10] [11.41]. Sie stellen räumliche Getriebe mit einer Vielzahl von Einzelteilen dar. Dieser Aufwand ist nur in speziellen Einsatzfällen zu rechtfertigen (Präzisionsgerätebau, Robotertechnik).

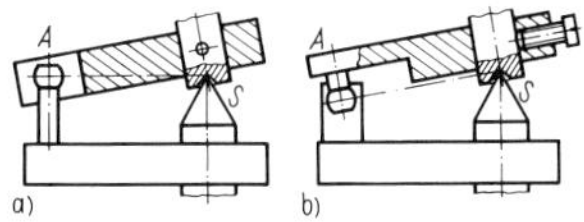

Bild 11.19. Winkelbewegliche Mitnehmerkupplungen
a) Mitnehmerzapfen am Antrieb, b) am Abtrieb (Zapfen justierbar zu *S*)

Die meisten der o. g. Ausgleichskupplungen zeichnen sich durch eine drehstarre Verbindung zweier Wellenenden aus und weisen Ausgleichsmöglichkeiten in einem, bei kleinen Abweichungen oft auch gleichzeitig in mehreren Freiheitsgraden auf. Sie finden in der Feinmechanik sehr weite Verbreitung. Ständig wachsender Bedarf, insbesondere an drehstarren, trägheitsarmen Ausführungen entsteht beispielsweise durch den verstärkten Einsatz von Kleinst- und Mikromotoren (Drehzahlen bis 20000 U/min). Die in den Bildern 11.9, 11.10, 11.12, 11.14c, 11.16 und 11.17 gezeigten Bauformen werden diesen Forderungen gerecht.

Drehelastische Kupplungen sind nachgiebig gegenüber dem Drehmoment, so daß sie Stöße, Schwingungen und somit auch Geräusche mindern können. Außerdem ermöglichen sie die Verlagerung von Resonanzfrequenzen. Die Drehnachgiebigkeit wird durch elastische Zwischenglieder (Metallfedern, Gummi- oder Kunststoffteile) oder Magnetfelder erreicht. Drehelastische Kupplungen kommen dort zur Anwendung, wo die von Antrieben verursachten Drehschwingungen von nachfolgenden Getrieben u. ä. ferngehalten werden sollen.
Für kleine Drehmomente lassen sich diese Kupplungen unter Nutzung von Metallfedern, beispielsweise gemäß **Bild 11.20** (vgl. auch Bilder 11.16d, e), bzw. unter Nutzung von dämpfenden Gummi- oder Kunststoffteilen gemäß den Bildern 11.12a und 11.16b, c realisieren [11.6] [11.8] [11.30] [11.32] [11.33] [11.35] [11.69]. Auch Membrankupplungen sind bei Nutzung von Gummi- oder Ledermembranen geeignet.

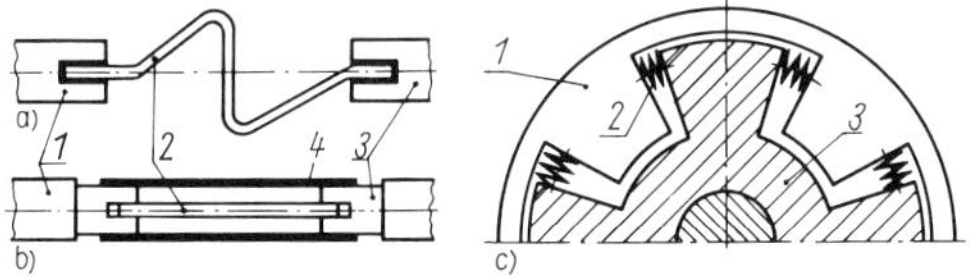

Bild 11.20. Drehelastische Kupplungen mit Metallfedern
a) mit gebogener Blattfeder (eingeklebt); b) mit Blattfeder und Hülsensicherung gegen Herausfallen; c) Klauenkupplung mit Schraubenfedern
1, 3 Wellenenden; *2* Federn; *4* Hülse

Dauermagnetkupplungen aller Arten weisen ebenfalls drehelastische Eigenschaften auf und erlauben zusätzlich den Ausgleich kleiner Lageabweichungen. Von besonderer Bedeutung ist die Möglichkeit einer berührungslosen Übertragung von Drehbewegungen durch Wände aus nicht magnetisierbarem Material. Dadurch können Drehbewegungen aus abgeschlossenen Räumen, wie z. B. bei Flüssigkeits- oder Gaszählern sowie Umwälz- und Benzinpumpen, abgegriffen werden. Gleichzeitig stellen sie Grenzmomentkupplungen dar, die auch bei Schlupf verschleißfrei arbeiten. Sie sind damit als Sicherheitskupplungen einsetzbar. Typische Bauformen zeigt **Bild 11.21** (vgl. auch [11.6] [11.8] [11.30]).

Klauenkupplungen (a) stellen keine Grenzmomentkupplungen dar. Hier muß ein Überschreiten des zulässigen Dreh-

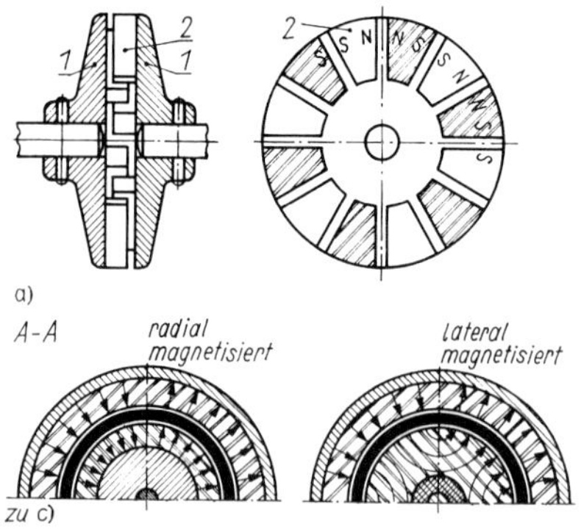
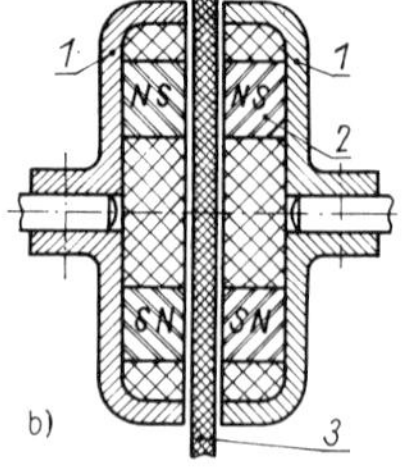
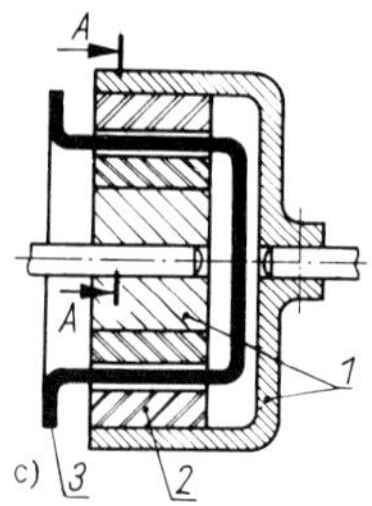

Bild 11.21. Dauermagnetkupplungen

a) Klauenkupplung; b) Stirnkupplung; c) Zentralkupplung
1 Flußführungsteile (Weicheisen); *2* Magnet; *3* nicht magnetisierbare Trennwand

moments verhindert werden, da sonst Bruchgefahr für die spröden Magnete besteht. Benachbarte Flanken der Klauen besitzen jeweils gleiche Polarität und damit abstoßende Kräfte. Bei Stirnkupplungen (b) stehen sich Pole unterschiedlicher Polarität gegenüber (Magnetring oder quaderförmige Magnete), die sehr starke Anziehungskräfte aufweisen und somit eine hohe axiale Lagerbelastung bewirken. Bei Zentralkupplungen (c) treten nur durch Unsymmetrie verursachte geringe Lagerbelastungen auf. Zur Verringerung der Abmessungen kann statt radial auch im montierten Zustand lateral magnetisiert werden (innerer Eisenring entfällt dann).

Die Berechnung von Dauermagnetkupplungen entspricht der Berechnung magnetischer Kreise mit Dauermagneten [11.14] [11.70]. Die sehr geringe Dämpfung in Dauermagnetkupplungen kann durch zusätzlich angebrachte Kupferscheiben bzw. -ringe, in denen sich Wirbelströme ausbilden, deutlich erhöht werden [11.6].

Ausgleichskupplungen für große Drehmomente

Kupplungen mit axialem Ausgleich für große Drehmomente lassen sich ebenfalls als mittelbare Hülsenkupplungen (**Bild 11.22** a) oder unmittelbar als Teleskopwellen (b, c) ausführen. Als Zahnkupplungen, ausgestattet mit Geradverzahnung, sind auch Bauformen von Scheiben- bzw. Flanschkupplungen realisierbar **(Bild 11.23)**. Ballige Ausführungen der Verzahnung ermöglichen dabei eine zusätzliche geringe Winkelbeweglichkeit. Bei allen auf Verzahnungen bzw. Profilen beruhenden Bauformen ist besonderer Wert auf Schmierung zu legen (bei hochtourigen Zahnkupplungen Ölumlaufschmierung nötig). Die Berechnung erfolgt wiederum unter der Annahme, daß 75% der Zähne an der Drehmomentenübertragung beteiligt sind (s. auch Abschnitt 13.4.11.). Weitere typische Bauformen für große Drehmomente stellen Klauenkupplungen dar **(Bild 11.24)**. Kräftige stirnseitige Mitnehmer greifen in die entsprechenden Lücken der gegenüberliegenden Nabe. Die Zentrierung beider Kupplungshälften erfolgt über einen Ring. Auch hier wird mit 75% Traganteil der Klauen gerechnet.

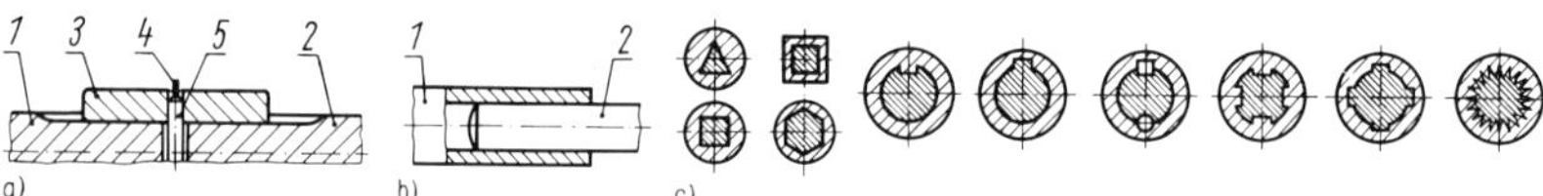
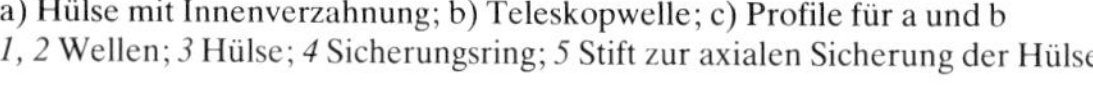

Bild 11.22. Hülsenkupplungen für große Drehmomente

a) Hülse mit Innenverzahnung; b) Teleskopwelle; c) Profile für a und b
1, 2 Wellen; *3* Hülse; *4* Sicherungsring; *5* Stift zur axialen Sicherung der Hülse

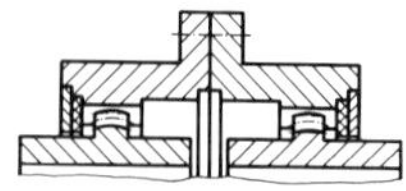

Bild 11.23. Zahnkupplung

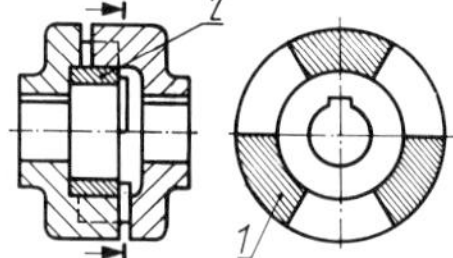

Bild 11.24. Klauenkupplung

1 Mitnehmer (Klauen); *2* Zentrierring

Kupplungen mit radialem Ausgleich für große Drehmomente baut man fast ausschließlich als Kreuzschlitz- bzw. Kreuzscheibenkupplung **(Bild 11.25)**. Die Kreuzscheiben-(Oldham-)-Kupplung [11.39] besteht aus zwei gleichen Kupplungshälften und einer Zwischenscheibe (Kreuzscheibe) mit zwei senkrecht zueinander stehenden Führungsleisten (Bild 11.25 a). Die

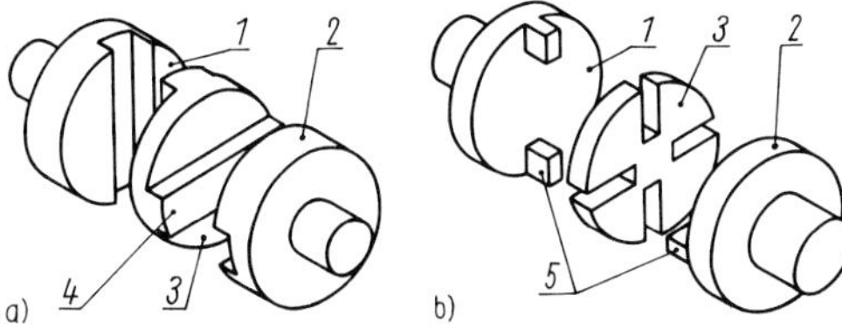

Bild 11.25. Kreuzschlitz- bzw. Kreuzscheibenkupplungen
a) mit Führungsleisten (Kreuzscheibe); b) mit Klauen (Kreuzschlitz)
1, 2 Wellenendscheiben; *3* Zwischenscheibe; *4* Führungsleisten;
5 Klauen

Führungsleisten können auch in Form von Klauen an die Wellenendscheiben verlegt werden, die Zwischenscheibe enthält dann entsprechende Schlitze (b). Die Übertragung der Drehbewegung erfolgt winkeltreu, wobei die Klauen bzw. Führungsleisten in den Schlitzen bzw. Nuten um das doppelte Versetzungsmaß der Wellen hin- und hergleiten. Bei großen Versetzungen erhöht sich deshalb die Gleitgeschwindigkeit sehr schnell, es entstehen größere Reibung und beachtliche Reibwärme. Außerdem verringert sich mit steigender Versetzung die Größe der Übertragungsflächen in den Gleitpaarungen, und somit erhöht sich die auftretende Flächenpressung.

Winkelbewegliche Kupplungen für große Drehmomente werden meist als Kreuzgelenkkupplungen realisiert [11.41] [11.69]. Die Kreuzgelenke (Kardangelenke) weisen zwei um 90° versetzte Gelenke in einer Ebene auf. Das Zwischenstück zur Aufnahme der Gelenke ist innerhalb oder außerhalb der Kupplungsteile angeordnet **(Bild 11.26)**. Infolge der hohen Reibungsverluste kann insbesondere bei großen Drehmomenten der theoretisch mögliche Neigungswinkel von 45° nicht ausgenutzt werden. Meist erfolgt der Einsatz deshalb bei Neigungen <20°. Finden Zwischenwellen mit beiderseitigen Kreuzgelenken (Gelenkwellen) Anwendung, kann die Ungleichmäßigkeit der Bewegungsübertragung auf die Zwischenwelle beschränkt werden (**Bild 11.27**, vgl. auch Abschnitt 11.3.3.). Falls der Parallelabstand der in einer Ebene liegenden Wellen sich im Betrieb ändert, wird eine zusätzliche Teleskopführung (s. Bild 11.22b) in der Zwischenwelle angebracht. Gelenke und Teleskopführung erfordern eine gute Schmierung.

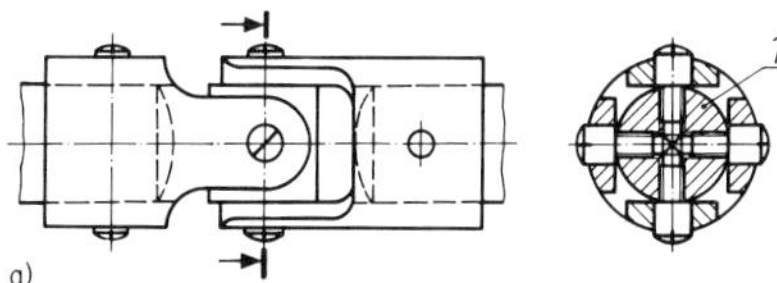

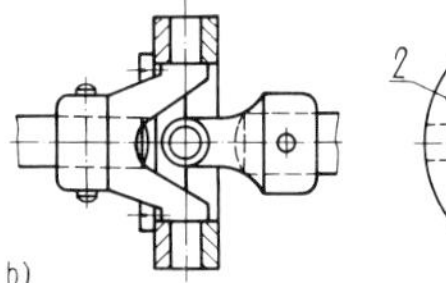

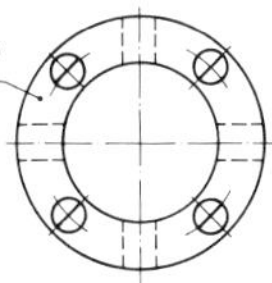

Bild 11.26. Kreuzgelenkkupplung
a) mit zylindrischem Mittelteil *1*; b) mit Koppelring *2*

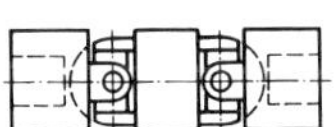

Bild 11.27. Kreuzgelenkpaar zur gleichmäßigen Bewegungsübertragung

Kleine Neigungsabweichungen (bis zu 5°) lassen sich bei großen Drehmomenten auch mit Zahnkupplungen mit balliger Verzahnung ausgleichen (s. auch Bild 11.23). Infolge der Übertragung des Drehmoments über eine Vielzahl von Zähnen ergeben sich relativ kleine Kupplungen, die große Drehmomente (bis zu 600 kN · m) auch bei hohen Drehzahlen übertragen können.

Drehelastische Kupplungen für große Drehmomente kommen im Großgeräte- und Maschinenbau recht häufig zum Einsatz, insbesondere um Drehmomentstöße elastisch abzufangen und Resonanzdrehzahlen zu verlagern [1.7] [1.15] [1.16] [11.1] bis [11.4] [11.19] [11.22] [11.32] [11.33] [11.45] [11.48]. Sie bilden zusammen mit der An- und Abtriebswelle ein schwingungsfähiges System und sind ggf. als solches zu dimensionieren [1.11] [1.15] [1.16] [11.1] [11.2] [11.12]. Stoßmindernde Kupplungen mit Metallfederelementen werden als Schlangen- oder Stabfederkupplung realisiert (**Bilder 11.28** a, b).

Schlangenfederkupplungen (a) besitzen als elastisches Element eine schlangenförmig gewundene Stahlfeder, die in die axial verlaufenden, keilförmigen Nuten der Kupplungshälften eingelegt wird ($M_d = 0{,}02 \ldots 5000$ kN · m). Bei Stabfederkupplungen (b) liegen zylindrische Biegestäbe in trichterförmigen Bohrungen der Kupplungshälften, wobei die Krümmung des Trichters stets kleiner als die Biegelinie der eingelegten Biegestäbe ist. Beim Verbiegen legen sich die Stäbe

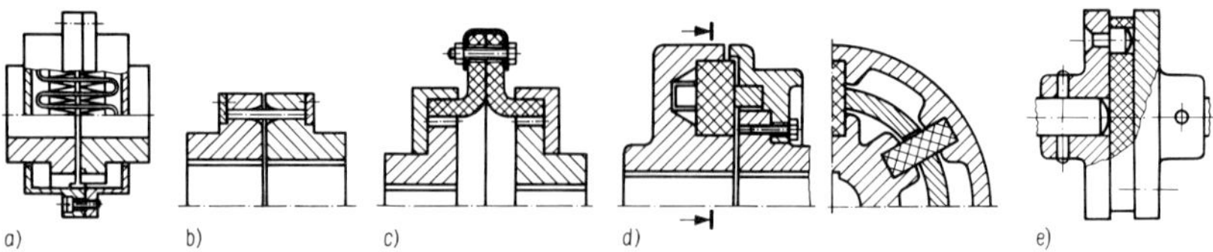

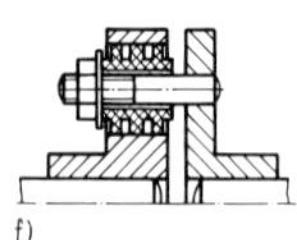

Bild 11.28. Drehelastische Kupplungen für große Drehmomente

a) Schlangenfederkupplung; b) Stabfederkupplung; c) Gummifederkupplung; d) elastische Klauenkupplung; e) elastische Scheibenkupplung; f) elastische Bolzenkupplung

(analog auch bei Schlangenfederkupplungen) an die Trichterwand an, die wirksame Federlänge verkürzt sich, und die Federkennlinie weist dadurch eine progressive Krümmung auf ($M_d \leqq 3500\,\text{kN}\cdot\text{m}$). Auch bügelförmige Verdrehfedern, Hülsen- und Blattfederpakete eignen sich als Einlegeelemente.

Stoßdämpfende Kupplungen mit Gummi, Kunststoff oder Leder als elastischem Material stellen Gummifederkupplungen, elastische Klauenkupplungen, elastische Scheibenkupplungen oder elastische Bolzenkupplungen dar (Bilder 11.28c, d, e, f).

Gummifederkupplungen (genormt in DIN 740; vgl. auch [11.12]) besitzen zwei mittels Verzahnung an den Naben formschlüssig befestigte Gummireifen, die durch Schrauben spielfrei miteinander verbunden sind (c), bzw. eine geschlossene Gummiwulst ($M_d = 0{,}01 \ldots 1{,}12\,\text{kN}\cdot\text{m}$). Infolge ihrer hochelastischen Eigenschaften (Verdrehwinkel $\leqq 20°$) eignen sie sich besonders zur Stoß- und Schwingungsdämpfung sowie zum Verschieben von Resonanzstellen an schwingungsfähigen Systemen. Elastische Klauenkupplungen (vgl. auch DIN 740; Bild 11.28d) nutzen zur Übertragung des Drehmoments prismatische Gummi- oder Lederpuffer ($M_d \leqq 100\,\text{kN}\cdot\text{m}$). In die Lücken der Puffer greifen die Klauen des zweiten Kupplungsteils ein. Elastische Scheibenkupplungen (e) sowie elastische Bolzenkupplungen (f) mit ebenfalls progressiv gekrümmter Federkennlinie lassen nur relativ kleine Verdrehungen zu und dienen vorwiegend zum Aufnehmen von Anfahrstößen bei Motoren.

11.3.3. Betriebsverhalten

Das Betriebsverhalten der Ausgleichskupplungen wird wesentlich von den vorhandenen Freiheitsgraden in der Bewegungsübertragung bestimmt.

Kupplungen mit axialem Ausgleich entsprechen mit Ausnahme der axialen Beweglichkeit dem Betriebsverhalten fester Kupplungen. Zusätzlich ist geringfügiges Spiel vorhanden, das insbesondere beim Wechsel der Drehrichtung zu störendem totem Gang sowie zu zusätzlichen Stößen und Schwingungsanregungen führt.

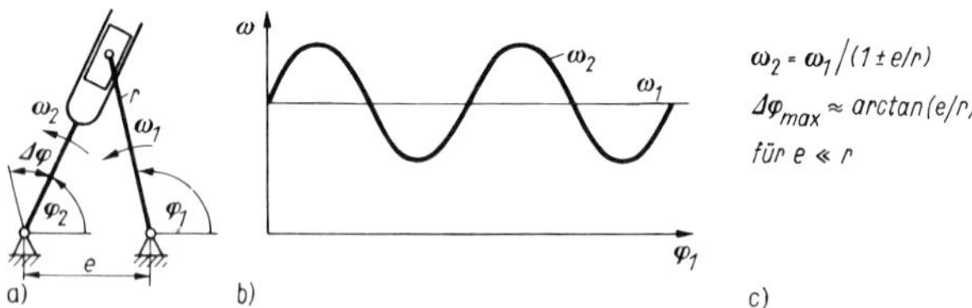

Bild 11.29. Bewegungsübertragung bei Kupplungen mit radialem Ausgleich (ohne Zwischenscheiben)

a) Prinzip der Kurbelschleife; b) Winkelgeschwindigkeitsverläufe; c) Abtriebswinkelgeschwindigkeit ω_2 und größte Winkelabweichung $\Delta\varphi_{max}$

Das Bewegungsverhalten von Kupplungen mit radialem Ausgleich hängt entscheidend von ihrem Aufbau ab. Drehwinkeltreue Bewegungsübertragung ist nur bei Anwendung zusätzlicher Zwischenglieder (alle Arten von Kreuzschleifenkupplungen) möglich. Ohne Zwischenglieder tritt eine ungleichmäßige Bewegungsübertragung auf, wobei das Bewegungsverhalten dem einer Kurbelschleife entspricht (**Bild 11.29**, vgl. auch Abschnitt 13.11. und [11.39]). Zu beachten ist, daß außer bei Kupplungen mit elastischen Elementen infolge der Formpaarung auch bei konstantem Wellenversatz stets Gleitreibung auftritt. Großer Versatz führt zu hohen Gleitgeschwindigkeiten (Mitnehmer legen doppelte Versetzung zurück), großem Verschleiß und entsprechender Verlustwärme, so daß für ausreichende Schmierung gesorgt werden muß. Bei der Untersuchung des Bewegungsverhaltens winkelbeweglicher Kupplungen ist zwischen

Kupplungen mit elastischen Gliedern und Gelenkkupplungen zu unterscheiden. Bauformen mit elastischen Gliedern zeichnen sich bei kleinen Neigungen der Wellen durch eine nahezu winkeltreue, spiel-, verschleiß- und verlustfreie Bewegungsübertragung aus. Außerdem besitzen die elastischen Materialien meist auch schwingungsdämpfende Eigenschaften.

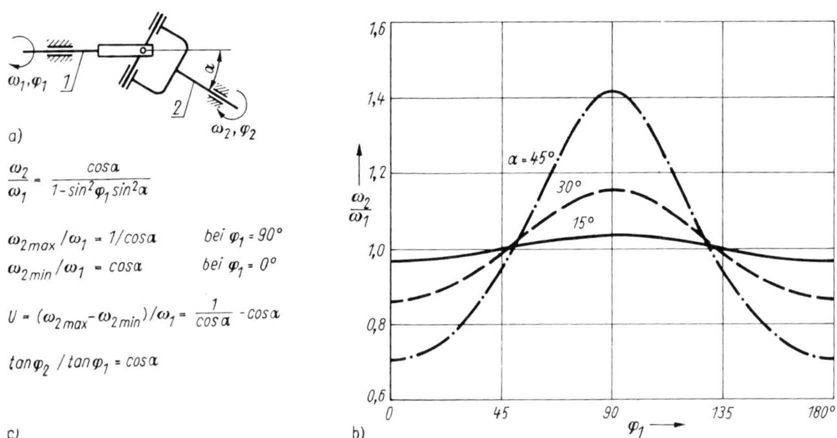

Bild 11.30. Übertragungsverhältnisse bei Einfachgelenken

a) Einfachgelenk; b) Übersetzung bei Einfachgelenken; c) Übersetzung ω_2/ω_1, deren Extremwerte, Ungleichmäßigkeitsgrad U der Bewegungsübertragung sowie momentanes Drehwinkelverhältnis tan φ_2/tan φ_1

1 Antriebs-, *2* Abtriebswelle

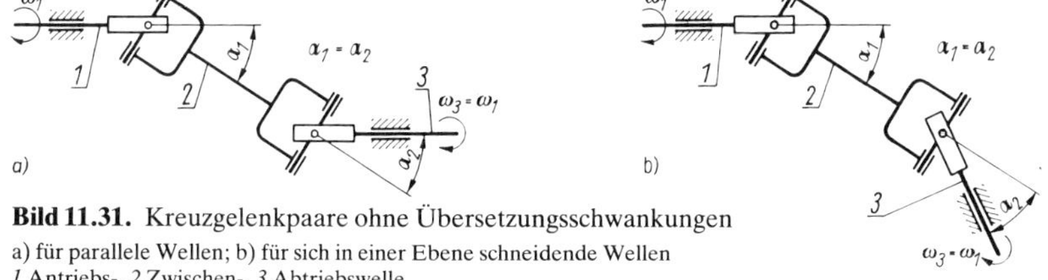

Bild 11.31. Kreuzgelenkpaare ohne Übersetzungsschwankungen

a) für parallele Wellen; b) für sich in einer Ebene schneidende Wellen

1 Antriebs-, *2* Zwischen-, *3* Abtriebswelle

Gelenkkupplungen führen demgegenüber i. allg. zu periodischen Übertragungsabweichungen am Abtrieb (**Bild 11.30**, vgl. auch [11.1] [11.69]). Da unter Vernachlässigung von Reibung An- und Abtriebsleistung am Gelenk gleich sind, schwankt somit auch das Abtriebsdrehmoment periodisch. Durch Hintereinanderschalten von zwei Gelenken (Gelenkwellen) können die Übersetzungsschwankungen auf die Zwischenwelle beschränkt werden. Liegen beide Wellen in einer Ebene (parallel oder sich schneidend), tritt eine winkeltreue Bewegungsübertragung zwischen Antrieb *1* und Abtrieb *3* dann auf, wenn beide Neigungswinkel α_1 und α_2 gleich groß sind, und die Gelenkgabeln der Zwischenwelle parallel stehen **(Bild 11.31)**. Nach dem zweiten Gelenk ist somit die Richtungsänderung aufgehoben oder verdoppelt. Die Gelenke können auch direkt ohne ausgeprägte Zwischenwelle verbunden werden (Doppelgelenk).

Drehelastische Kupplungen ermöglichen den Abbau von Drehmomentstößen und die Verlagerung von Resonanzfrequenzen (kritischen Drehzahlen). Die Bewegungsübertragung erfolgt spielfrei, aber nicht drehwinkeltreu. Kleinere Lageabweichungen der Wellen werden meist mit ausgeglichen, wobei jedoch radiale und axiale Rückstellkräfte auf die Wellen und Erwärmung infolge Walkarbeit auftreten. Bezüglich des Abbaus von Drehmomentstößen ist zwischen Kupplungen, die Stoßenergie speichern und voll wieder zurückgeben, und solchen, die einen Teil der Stoßenergie in Reibwärme umsetzen, zu unterscheiden. Energiespeichernde Kupplungen bewirken eine Stoßminderung, d.h. den Abbau der Stoßspitze bei

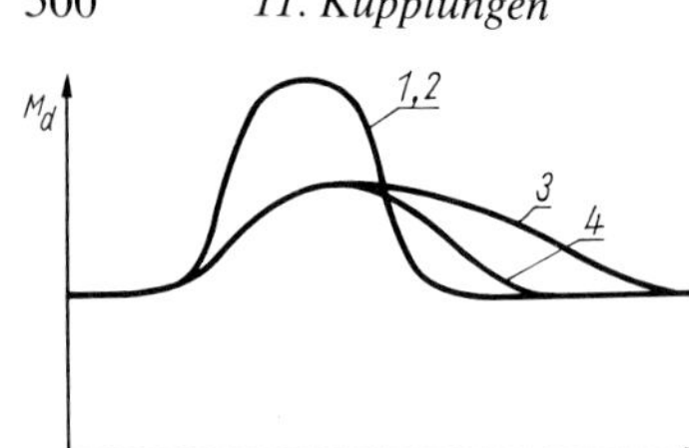

Bild 11.32. Abbau von Drehmomentstößen in drehelastischen Kupplungen

1 Drehmomentstoß an der Antriebswelle; *2, 3, 4* Drehmomentweiterleitung an der Abtriebswelle: *2* bei fester Kupplung (identisch zu *1*), *3* bei energiespeichernder Kupplung (Stoßminderung), *4* bei energieumsetzender Kupplung (Stoßdämpfung)

gleichzeitiger Verlängerung der Stoßdauer, energieumsetzende Kupplungen dagegen eine Stoßdämpfung, d.h. Abbau der Stoßspitze und geringere Stoßdauer als bei Stoßminderung **(Bild 11.32)**.

Metallische Zwischenglieder (Torsions- bzw. Biegefedern aus Stahl) weisen nur federndes (energiespeicherndes) Verhalten auf. Dämpfung infolge innerer Reibung fehlt. Durch Ineinanderstecken von Hülsenfedern bzw. Einsatz von Blattfederpaketen kann eine wirksame Reibungsdämpfung zwischen den Federn erzeugt werden. Die Dämpfung durch Reibung von Einzelfedern an Gehäuseteilen ist meist vernachlässigbar. Vorteilhaft sind die hohe Festigkeit, der große Elastizitätsmodul und die höheren möglichen Gebrauchstemperaturen. Als Nachteil erweist sich jedoch die nötige Schmierung und die allgemein geringere Dämpfung gegenüber elastischen Zwischengliedern.

Elastische Elemente aus Gummi, Leder oder Kunststoff weisen eine hohe Dämpfung infolge innerer Reibung auf. Ihre Elastizität ist stark material- und gestaltabhängig, wobei die Federkennlinie meist progressiv verläuft. Hochelastische Gummiteile, z.B. Gummiwülste, können jedoch auch fast lineare Kennlinien besitzen (s. auch Abschnitt 6.). Vorteilhaft für viele Anwendungen sind auch die Isolatoreigenschaften. Nachteilig wirkt sich die durch innere Reibung auftretende Erwärmung bei der ohnehin schlechten Wärmeleitfähigkeit aus. Außerdem muß bei Anwendung von Gummi dessen Inkompressibilität berücksichtigt werden, d.h., Ausdehnungs- bzw. Ausweichmöglichkeiten für den Werkstoff sind vorzusehen, da sonst die elastischen Eigenschaften nicht zur Wirkung kommen.

Eine charakteristische Kenngröße für drehelastische Kupplungen stellt die Drehfederkennlinie dar. Lineare Kennlinien weisen beispielsweise Kupplungen nach Bild 11.20 mit Stahlfedern auf. Progressive Kennlinien ohne Dämpfung besitzen Kupplungen mit Stahlfedern, deren wirksame Federlänge sich bei Verdrehen durch Anlegen ändert (Bilder 11.28a, b), während derartige Kennlinien mit Dämpfung insbesondere bei Gummikupplungen (Bilder 11.28c, d, e, f) auftreten. Progressive Kennlinien verhindern wirksam das Ausprägen scharfer Resonanzstellen [1.15] [11.45].

11.4. Schaltbare Kupplungen [11.1] [11.5] [11.7] [11.8] [11.30] [11.31] [11.50] bis [11.55] [11.69]

Schaltbare Kupplungen sind dann erforderlich, wenn aus funktionellen Gründen, unabhängig vom momentanen Betriebsverhalten, ein Schließen oder Lösen der Wellenverbindung ermöglicht werden muß. Das Betätigen der Kupplung erfolgt dabei i. allg. durch ein von außen gesteuertes Verschieben einer Kupplungshälfte. Die Drehbewegung wird durch Form- oder Kraftpaarung übertragen.

11.4.1. Berechnung

Bei der Berechnung ist zwischen schaltbaren Kupplungen mit Form- oder Kraftpaarung zu unterscheiden.

Formpaarung. Der Aufbau entspricht dem der festen Kupplungen. Die Bewegungsübertragung wird mittels Bolzen, Verzahnungen, Klauen oder dgl. realisiert. Die Berechnung beschränkt sich deshalb auf das Nachrechnen dieser Formpaarungselemente auf Flächenpressung, Biegung oder Abscheren sowie auf das Überprüfen bzw. Dimensionieren der angewandten Verbindungselemente für die Welle-Nabe-Verbindung (vgl. Abschnitte 7.5. und 11.2.1.).

Kraftpaarung. Die Drehmomentenübertragung erfolgt durch Reibschluß zwischen den beiden Kupplungshälften. Die Reibflächen können als Kreisringflächen, Kegel- oder Zylindermantelflächen ausgebildet werden. Dabei lassen sich mit Kegelreibkupplungen bei gleicher

Andruckkraft F_S zwischen den Kupplungshälften wegen der kegelig ausgebildeten Reibflächen größere Drehmomente übertragen als mit Scheibenkupplungen. Für Scheibenkupplungen besteht jedoch durch den Übergang zur Lamellenkupplung die Möglichkeit, das übertragbare Drehmoment durch Vervielfachung der Reibstellen ebenfalls zu vervielfachen. Für die Berechnung des übertragbaren Drehmoments bei Kraftpaarung ergibt sich demzufolge die allgemeine Beziehung

$$M_d = D\mu i F_S/(2 \sin \delta); \tag{11.1}$$

D mittlerer Durchmesser der Reibfläche; μ Reibwert; i Anzahl der Reibstellen (bei Einscheiben- und Kegelkupplungen $i = 1$, bei Lamellenkupplungen $i > 1$; Anzahl der Reibstellen i nicht identisch mit Lamellenzahl, für Bild 11.46a gilt $i = 8$); F_S axial zwischen beiden Kupplungshälften wirkende Andruck- bzw. Schaltkraft; δ halber Kegelwinkel (bei Scheiben- und Lamellenkupplungen $\delta = 90°$).

Die Dimensionierung einer schaltbaren Reibkupplung erfolgt i. allg. für das durch Gleitreibung (Rutschen beim Einschaltvorgang) übertragbare Drehmoment. Soll das Grenzdrehmoment einer eingeschalteten Kupplung, bei dem erstmalig Schlupf auftritt, ermittelt werden, ist mit dem Haftreibwert μ_0 zu rechnen (Reibwerte s. Abschnitt 11.6., Tafel 11.5). Dieser Fall tritt bei Grenzmomentkupplungen (s. Abschnitt 11.5.) auf.

Aus Gl. (11.1) läßt sich bei vorgegebener Reibkupplung das übertragbare Drehmoment ermitteln bzw. für eine Kupplungsdimensionierung die für ein gegebenes Drehmoment erforderliche Schaltkraft bestimmen. Die Größe der notwendigen Reibfläche folgt aus der für den Reibwerkstoff zulässigen Flächenpressung (s. Tafel 11.5). Berechnungs- und Dimensionie-

Tafel 11.2. Berechnung von Reibkupplungen und Reibbremsen

Gestalt der Reibkörper	Backen	Kegel	Scheiben, Lamellen
Kupplungen (Prinzip)	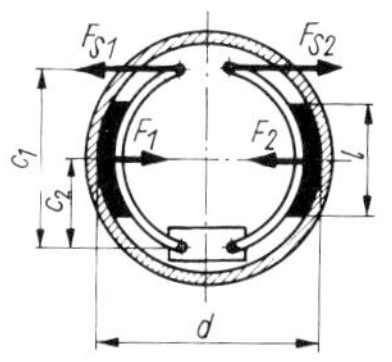	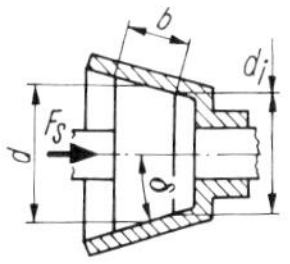	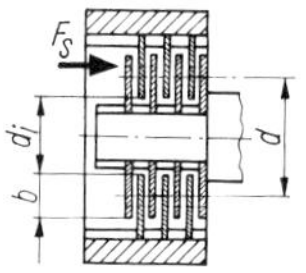
Bremsen (Prinzip)	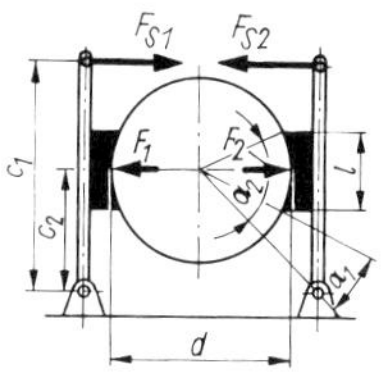	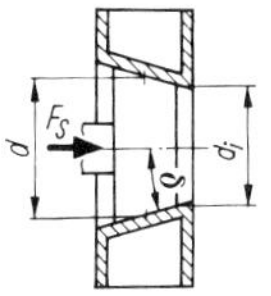	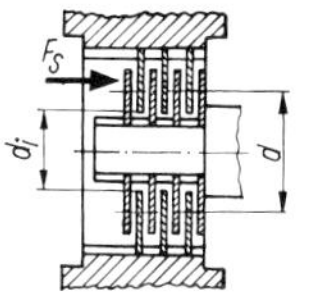
Drehmoment	$M_d = \frac{d}{2} \mu (F_1 + F_2)$	$M_d = \frac{d}{2} \mu \frac{F_S}{\sin \delta}$	$M_d = \frac{d}{2} \mu i F_S$
Schaltkraft	$F_{S1} + F_{S2} = \frac{2M_d}{d} \frac{c_2}{\mu c_1}$	$F_S = \frac{2M_d}{d} \frac{\sin \delta}{\mu}$	$F_S = \frac{2M_d}{d} \frac{1}{\mu i}$
Maximale Flächenpressung	$p_{max} = \frac{2F_{1,2} \sin \alpha_2}{bd\mu (\cos \alpha_1 - \cos \alpha_2)}$	$p_{max} = p_m \frac{d}{d_i}$	
Mittlere Flächenpressung	$p_m = \frac{2M_d}{d} \frac{1}{A\mu}$		
Reibfläche	$A = 2lb$	$A = \pi db$	$A = \pi dbi$

Tafel 11.2. Fortsetzung

Gestalt der Reibkörper	Band in Drehrichtung gezogen	gegen Drehrichtung gezogen	Summenband	Differenzband
Kupplungen (Prinzip)	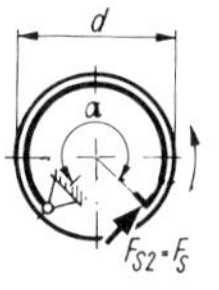	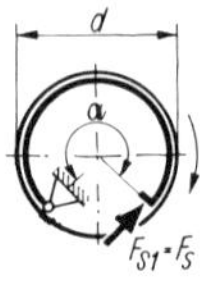	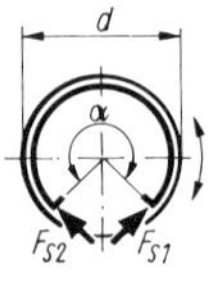	
Bremsen (Prinzip)	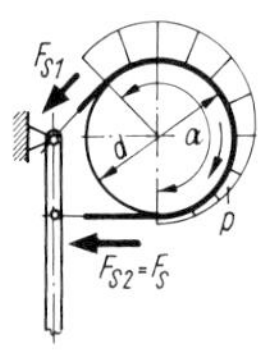	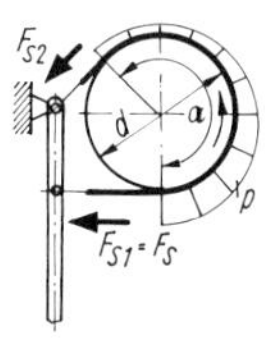	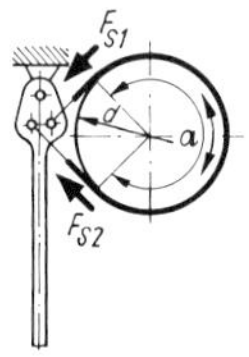	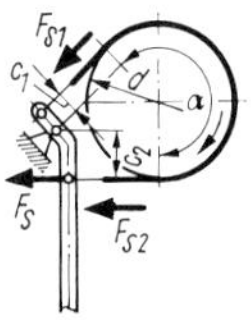
Drehmoment	$M_d = \frac{d}{2}(m-1)\,F_{S2}$	$M_d = \frac{d}{2}\,\frac{m-1}{m}\,F_{S1}$	$M_d = \frac{d}{2}\,\frac{m-1}{m+1}\,(F_{S1} + F_{S2})$	
Schaltkraft	$F_{S2} = \frac{2M_d}{d}\,\frac{1}{m-1}$	$F_{S1} = \frac{2M_d}{d}\,\frac{m}{m-1}$	$F_{S1} + F_{S2} = \frac{2M_d}{d} \times \frac{m+1}{m-1}$	$F_S = \frac{2M_d}{d} \times \frac{1 - c_1 m/c_2}{m-1}$
Maximale Flächenpressung	$p_{max} = p_m \alpha\mu \frac{m}{m-1} = \frac{4M_d}{d^2 b}\,\frac{m}{m-1} = \frac{2F_{S1}}{db}$			
Mittlere Flächenpressung	$p_m = \frac{2M_d}{d}\,\frac{1}{A\mu}$			
Reibfläche	$A = 0{,}5\alpha d b$			

b Reibflächenbreite; i Anzahl der Reibstellen; $m = e^{\mu\alpha}$

rungsgleichungen für charakteristische Bauformen feinmechanischer Reibkupplungen enthält **Tafel 11.2** (auch für Reibbremsen gemäß Abschnitt 10.2. gültig).

11.4.2. Konstruktive Gestaltung, Ausführungsformen

Schaltbare Kupplungen mit Formpaarung können prinzipiell aus allen bisher dargestellten formschlüssigen Dauerkupplungen abgeleitet werden, indem man eine Kupplungshälfte verschieblich auf der Welle anordnet. Schaltbare Kupplungen mit Kraftpaarung unterscheiden sich von bisher dargestellten kraftschlüssigen Kupplungen vor allem dadurch, daß die notwendige Normalkraft nicht durch Verbindungselemente, sondern durch Federn, elektromagnetische, elektrostatische oder andere Kraftwirkungen aufzubringen ist.

Schaltbare Kupplungen für kleine Drehmomente

Kupplungen mit Formpaarung werden vorwiegend mit Bolzen, Stiften oder dgl. aufgebaut (s. Bild 11.1c). Sind einzelne Naben (meist Zahnradnaben) mit einer Welle zu verbinden, eignen sich auch Ziehkeilkupplungen **(Bild 11.33)**. Der Ziehkeil ist mit einer axial beweglichen Schaltstange verbunden und wird durch eine Blattfeder in die Nut des jeweiligen Zahnrades gedrückt. Bei Einschränkung auf eine Drehrichtung läßt sich durch gezielte Nutgestaltung (s. Bild 11.33) die notwendige Schaltkraft zum Lösen unter Last wesentlich verringern [11.10].

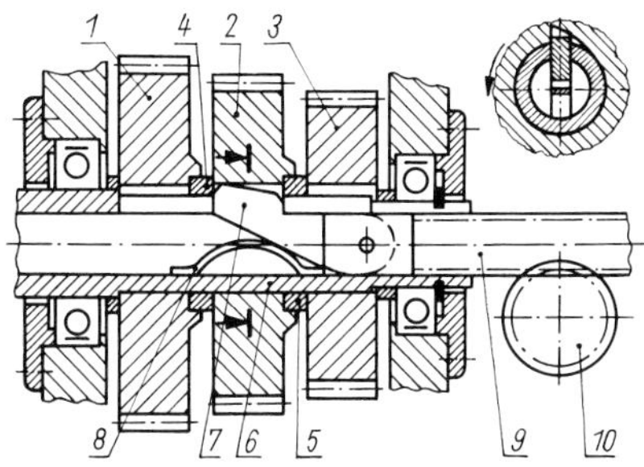

Bild 11.33. Ziehkeilkupplung
1, 2, 3 Zahnräder; *4, 5* Distanzringe; *6* Antriebswelle (Hohlwelle); *7* Ziehkeil; *8* Blattfeder; *9* Schaltstange; *10* Schaltrad

Kupplungen mit Kraftpaarung [11.5] [11.69] erfordern zur Drehmomentenübertragung eine Normalkraft zwischen den Reibpartnern und damit im Gegensatz zu formgepaarten Kupplungen i. allg. eine ständig wirkende Andruckkraft. Diese Normal- bzw. Andruckkraft wird in Kupplungen für kleine Drehmomente vorwiegend mechanisch durch Federn (verlustleistungsfrei!) oder elektromagnetisch (Wärmeverlustleistung!) erzeugt. Die konstruktive Gestaltung hängt von der Art der Reibfläche ab. Man unterscheidet Backen-, Scheiben-, Kegel- bzw. Schling- oder Spreizbandkupplungen, wobei Reibflächen in Form von Kreis-, Kreisring-, Kegel- oder Zylindermantelflächen zur Anwendung kommen. Auch Pulver oder Flüssigkeiten werden als Reibstoff benutzt.

Backenkupplungen finden vorwiegend als selbstschaltende Kupplung (Rutsch- oder Fliehkraftkupplung) Anwendung, da eine Betätigung, insbesondere während der Bewegung, relativ aufwendig ist (vgl. Abschnitt 11.5.). Die einfachsten Reibkupplungen für kleine Drehmomente stellen Einscheibenkupplungen dar **(Bild 11.34)**. Sie erfordern nur kurze Schaltwege und haben daher besonders als Trockenkupplung sehr kurze und genaue Schaltzeiten. Die Reibwärme wird gut abgeführt. Stört der gegenüber anderen Bauformen größere Durchmesser und das dadurch bedingte größere Massenträgheitsmoment, finden auch bei kleinen Drehmomenten Kegelreibkupplungen **(Bild 11.35)** Anwendung, die sich durch relativ große Drehmomente, gute Wärmeabführung und eine selbsttätige Zentrierung auszeichnen. Zum leichten Lösen muß der Kegelwinkel δ größer als der Reibwinkel $\varrho = \arctan \mu$ sein. Meist wird $\delta = 22{,}5°$ oder 30° gewählt.

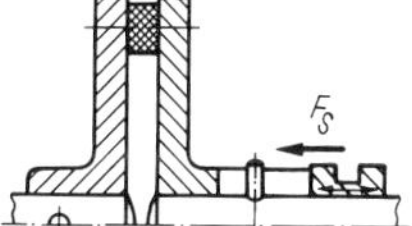

Bild 11.34. Einscheibenreibkupplung mit mechanischer Andruckkraft

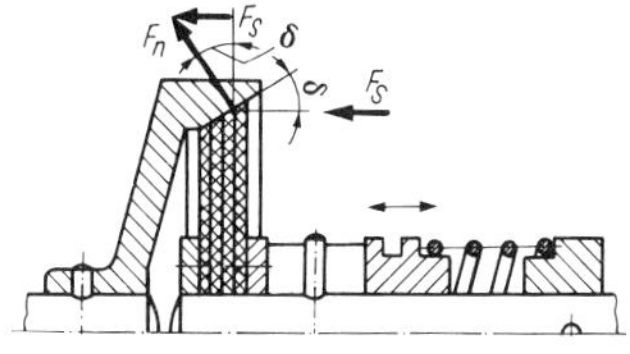

Bild 11.35. Kegelkupplung

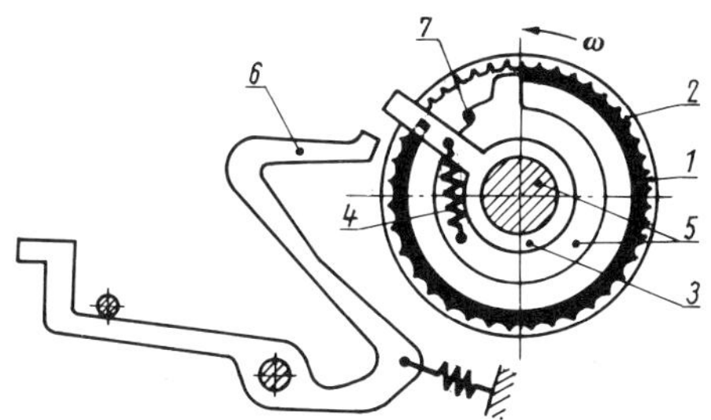

Bild 11.36. Spreizbandkupplung mit Formpaarung (s. auch Tafel 11.2)
1 Spreizband; *2* Antriebstrommel; *3* Schalthebel; *4* Feder; *5* Abtrieb; *6* Anhaltehebel; *7* Anschlag

Bandkupplungen mit zylindrischen Reibflächen kommen vorwiegend für Bremsen zur Anwendung (s. Abschnitt 10.2.). Das übertragbare Drehmoment hängt von der Bandaufhängung und der Drehrichtung ab (s. Tafel 11.2). **Bild 11.36** zeigt eine Spreizbandkupplung mit Formpaarung. Auch Schlingfederkupplungen **(Bild 11.37)** als Sonderform einer Bandkupplung können für eine Drehrichtung schaltbar ausgeführt werden, wobei Schaltzeiten von etwa 1 ms zu erreichen sind (s. Abschnitt 11.5.2.). Eine weitere Bauart stellen sog. Rolamite [11.59] dar, die für begrenzte Bewegungen zur Anwendung kommen **(Bild 11.38)**.

Ein dünnes Band umschlingt zwei Zylinderrollen zwischen zwei parallelen Stützflächen, wobei die Summe der Rollendurchmesser größer als der Abstand der Stützflächen sein muß. Bei vorgespanntem Band (Spannbolzen eingelegt) werden die Rollen gegeneinander gepreßt, so daß eine fast reibungsfreie Ortsveränderung der Rollen ohne Gleitreibung möglich ist.

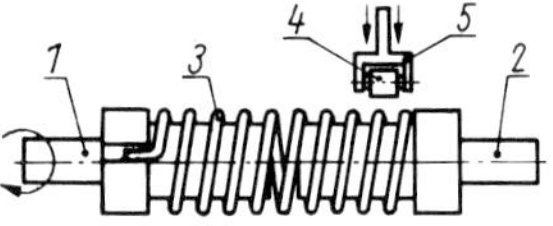

Bild 11.37. Schaltbare Schlingfederkupplung

1 Antrieb; *2* Abtrieb; *3* Schlingfeder; *4* Andruckrolle; *5* Schalthebel (Reibungsmitnahme erst, wenn Rolle *4* die Feder *3* gegen die Welle *2* drückt)

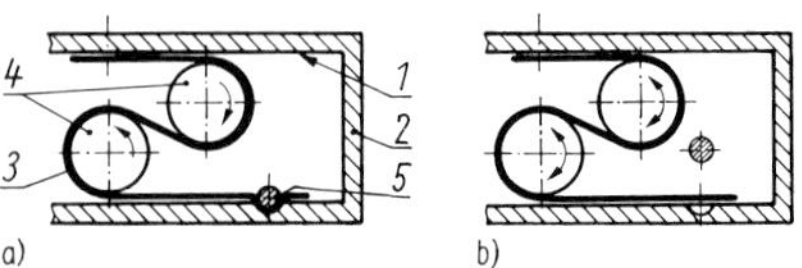

Bild 11.38. Rolamite-Bandkupplung

a) geschaltet; b) gelöst

1 Stützflächen; *2* Käfig; *3* Band; *4* Rollen; *5* Spann- und Schaltbolzen

Kupplungen mit sehr kurzen Schaltzeiten (<1 ms), wie sie in peripheren Geräten der Datenverarbeitung für sehr kleine Drehmomente benötigt werden, stellen elektrostatische Schnellschaltkupplungen (**Bild 11.39**, s. auch [11.30]) sowie Magnetpulverkupplungen (**Bild 11.40**, s. auch [11.6] [11.7] [11.50]) dar. Zum Übertragen des Drehmoments nutzen sie elektrostatische Kräfte bzw. ein feines magnetisierbares Pulver.

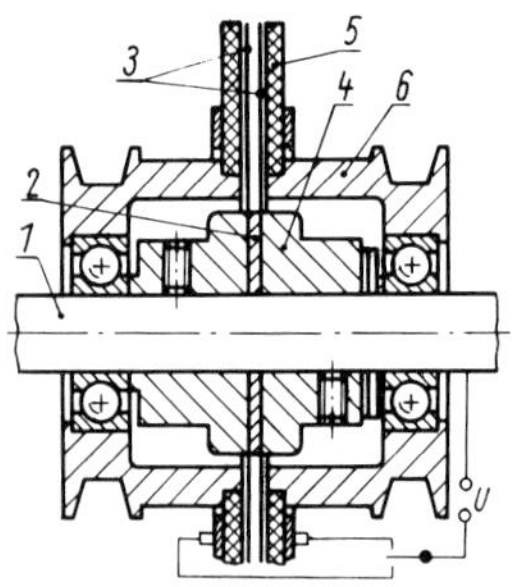

Bild 11.39. Elektrostatische Schnellschaltkupplung

1 Antrieb; *2* Distanzscheibe; *3* Membranen; *4* zweiteilige Hülse; *5* Keramikreibbeläge; *6* Keilriemenscheiben (Abtrieb)

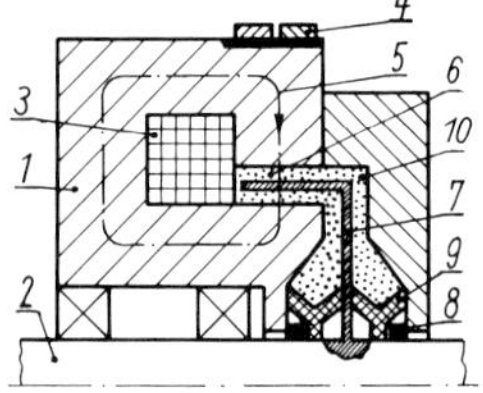

Bild 11.40. Magnetpulverkupplung

1 Antrieb; *2* Abtrieb; *3* Wicklung; *4* Schleifringe; *5* magnetischer Fluß; *6* Luftspalt; *7* Läufer (fest an *2*); *8* flexible Dichtlippe; *9* V-Dichtringe; *10* Magnetpulver

Auf der Antriebswelle der elektrostatischen Schnellschaltkupplung nach Bild 11.39 ist eine Distanzscheibe mit sehr dünnen, aufgeklebten Membranen (Stahl) mittels einer zweiteiligen Hülse befestigt. Den Abtrieb bilden zwei Keilriemenscheiben mit Keramikreibbelägen, die wahlweise durch statisches Aufladen schaltbar sind. Der Luftspalt zwischen Membran und Reibbelag beträgt nur 0,01 mm. Er bildet im Leerlauf ein Luftkissen und bewirkt ein exaktes Trennen ($M_d \approx 3{,}5\,\mathrm{N \cdot m}$).

In der Magnetpulverkupplung nach Bild 11.40 befindet sich das magnetisierbare Pulver in einem von An- und Abtriebsglied gemeinsam gebildeten Luftspalt. Bei Erregung der Spule überbrücken die Pulverteilchen den Luftspalt und verbinden den An- und Abtrieb kraftschlüssig. Die Kupplung arbeitet schlupffrei. Um vorzeitigen Verschleiß des Pulvers zu verhindern, ist ein möglichst exakter Rundlauf des mit dem Abtrieb verbundenen Läufers erforderlich ($M_d \approx 0{,}3\,\mathrm{N \cdot m}$).

Schaltbare Kupplungen für große Drehmomente

Kupplungen mit Formpaarung nutzen i. allg. Klauen oder eine Verzahnung **(Bilder 11.41 und 11.42)**. In Schaltgetrieben finden meist schaltbare Zahnkupplungen **(Bild 11.43 a)** Anwendung, die zur Sicherung von Gleichlauf beim Schalten spezielle Synchronisiereinrichtungen (b)

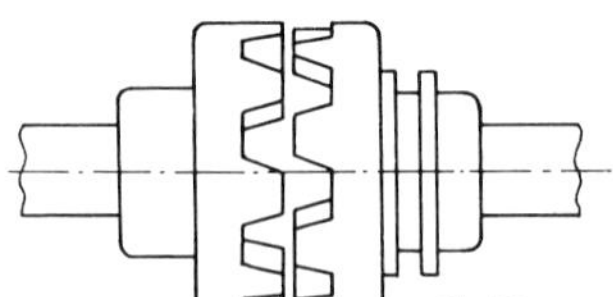

Bild 11.41. Schaltbare Klauenkupplung

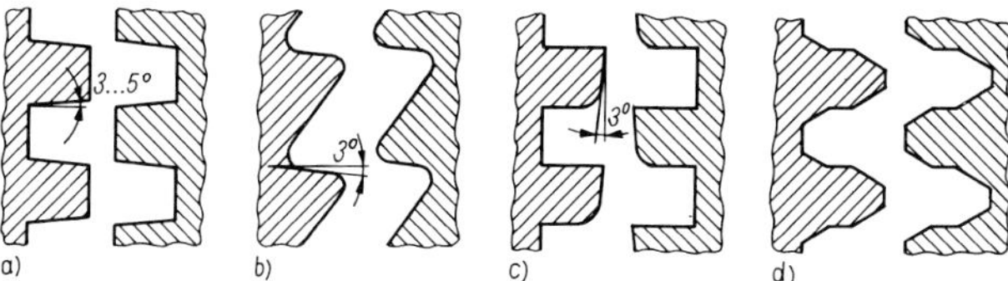

Bild 11.42. Zahnformen für Klauenkupplungen

a) Trapezzähne (für beide Drehrichtungen); b) Sägezähne (für eine Drehrichtung); c) abweisende Zähne (nur im Gleichlauf schaltbar); d) Spitzzähne (in jeder Stellung schaltbar)

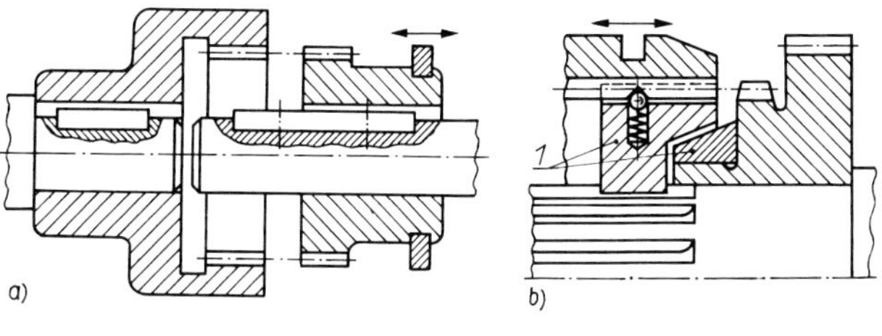

Bild 11.43. Schaltbare Zahnkupplungen

a) nur synchron schaltbar; b) mit Reibkegel *1* zur selbsttätigen Synchronisation

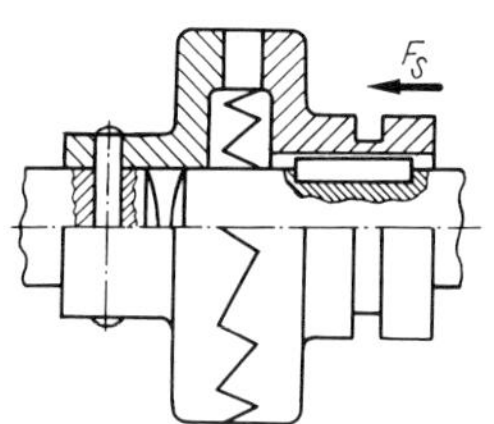

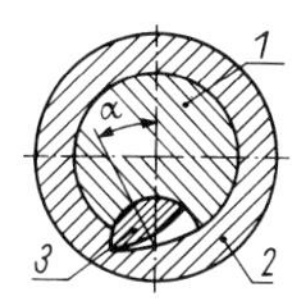

Bild 11.45. Drehkeilkupplung

1 Antriebswelle; *2* Abtriebsnabe; *3* Drehkeil

Bild 11.44. Schaltbare Stirnzahnkupplung mit Plankerbverzahnung

nutzen. Auch Plankerbverzahnungen kommen in schaltbaren Stirnzahnkupplungen kleiner Außendurchmesser zur Anwendung **(Bild 11.44)**. Das Auftreten von Selbstsperrung hängt hier von der Größe des Flankenwinkels ab. Eine Schalt- bzw. Normalkraft muß im Gegensatz zu anderen Formpaarungen i. allg. jedoch ständig wirken. Ähnlich der Ziehkeilkupplung können zum Schalten großer Drehmomente letztlich auch formgepaarte Drehkeilkupplungen zum Einsatz kommen **(Bild 11.45)**.

Kupplungen mit Kraftpaarung [11.5] werden auch für große Drehmomente oft als Einscheibenreibkupplungen ausgeführt (z. B. Kfz-Kupplung). Stört der große Außendurchmesser, geht man zur Lamellenkupplung (z. B. Motorradkupplung) über **(Bild 11.46)**. Reibscheiben (Lamellen), die wechselweise in die Außenmitnehmer (Gehäuse) bzw. in die Innenmitnehmer eingreifen, vervielfachen die Reibstellen und damit das übertragbare Drehmoment. Bei Kegelkupplungen lassen sich durch Ausbildung eines Doppelkegels ebenfalls sehr große Drehmomente (bis etwa 1000 kN · m) bei kleinen Außendurchmessern der Kupplung übertragen **(Bild 11.47)**.

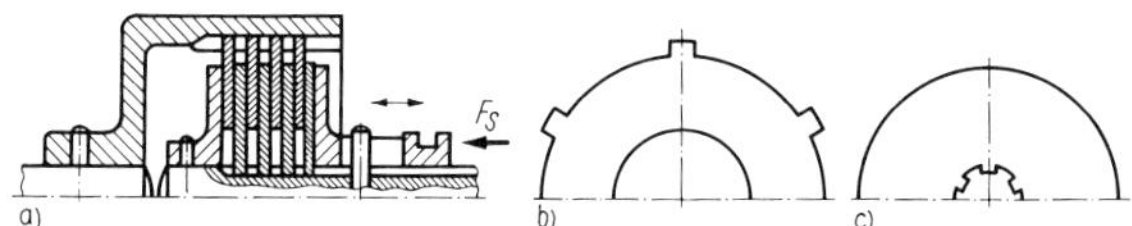

Bild 11.46. Lamellenkupplung

a) Prinzip; b) Außenlamelle; c) Innenlamelle

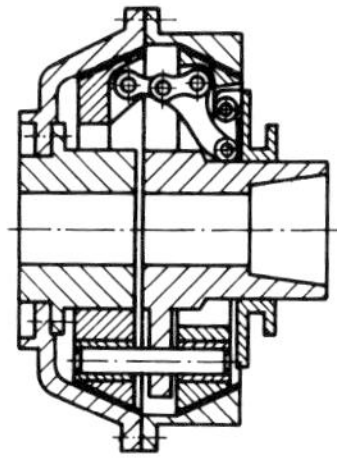

Bild 11.47. Doppelkegelkupplung

Betätigungselemente für schaltbare Kupplungen. Sind die benötigten Schaltkräfte klein, der Schaltzeitpunkt unkritisch und keine Fernbedienungen erforderlich, erweist sich für viele mechanische und auch elektromechanische Geräte eine Kupplungsbetätigung von Hand als ausreichend. Zur Betätigung muß die Axialkraft eines Schalthebels auf eine umlaufende und axial verschiebliche Kupplungshälfte übertragen werden. Hierzu dienen in einfachsten Fällen Stifte, Rollen und Gabeln sowie für höhere Beanspruchungen Gleitsteine oder geschlossene Gleitringe **(Bild 11.48)**.

Bei formgepaarten Kupplungen wird die Axialkraft i. allg. nur während des Schaltvorgangs benötigt. Die erforderlichen Kräfte, die insbesondere beim Lösen unter Belastung beachtliche Werte annehmen, lassen sich durch entsprechende Gestaltung von Klauen oder Nuten (vgl. Ziehkeilkupplung, Bild 11.33) deutlich verringern. Bei Reibkupplungen muß die Anpreßkraft ständig übertragen werden. Es ist deshalb günstiger, die Kupplung durch eine Feder geschlossen zu halten. Die Betätigungseinrichtung zum Lösen der Kupplung sollte dann an dem im ausgekuppelten Zustand stillstehenden Teil angreifen. Zur Kraftübersetzung sowie Entlastung des Schalthebels besteht außerdem die Möglichkeit, ein zusätzliches Zwischenglied über einen Kegel zu betätigen und nach dem Schalten über einen Zylinder festzuhalten **(Bild 11.49)**.

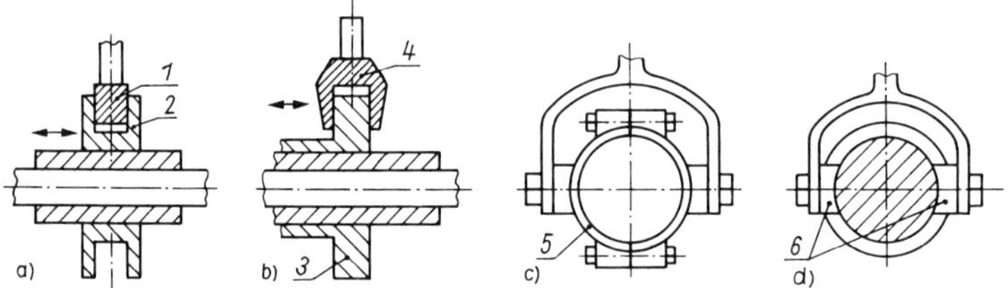

Bild 11.48. Mechanische Betätigungselemente für schaltbare Kupplungen

a) Stift in Schaltmuffe; b) Gabel mit Schaltring; c) geschlossener Gleitring; d) Gleitsteine

1 Stift; *2* Schaltmuffe; *3* Schaltring; *4* Gabel; *5* Gleitring; *6* Gleitsteine

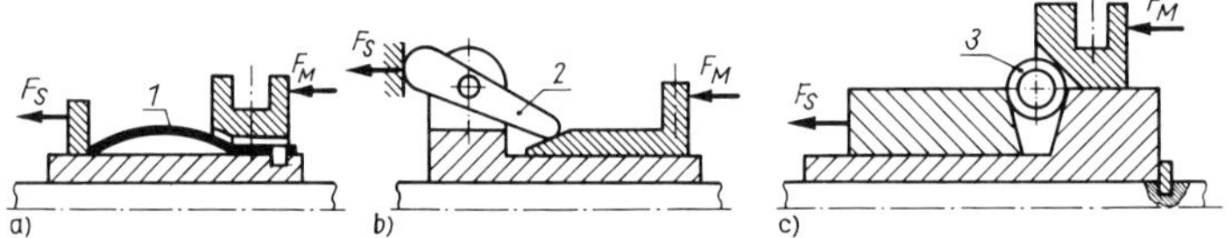

Bild 11.49. Kupplungsbetätigung mit Kraftübersetzung und Entlastung nach dem Kegel-Zylinder-Prinzip

a) mit Blattfeder *1*; b) mit Hebel *2*; c) mit Schnürfeder *3*

F_M Kraft an Muffe; F_S Schaltkraft

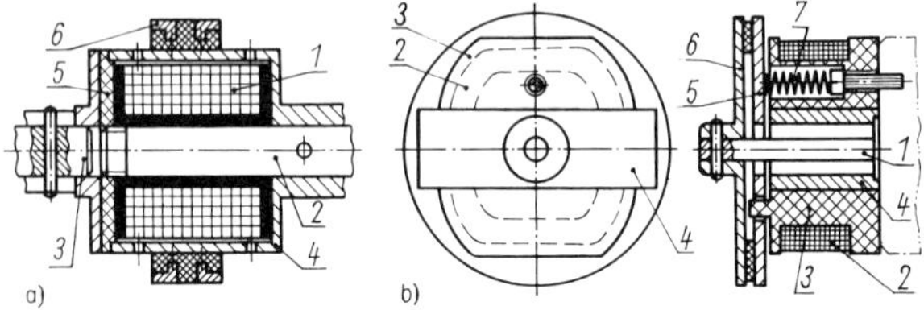

Bild 11.50. Elektromagnetisch betätigte Einscheibenreibkupplung

a) Prinzip (mit umlaufender Spule)

1 Spule; *2* Antrieb; *3* Abtrieb; *4* Spulengehäuse; *5* Reibscheibe; *6* Schleifringe

b) Ausführungsbeispiel als Ankerstoppbremse für einen Kleinstmotor (feststehende Spule)

1 Motorwelle; *2* Wicklung; *3* Spulenkörper (Kunststoff); *4* E-Eisenkern; *5* Bremsplatte; *6* Bremsscheibe; *7* Bremsfeder (i. allg. mehrere Federn gleichmäßig über dem Umfang verteilt)

Eine weite Verbreitung in der Feinmechanik haben neben mechanischen insbesondere elektromagnetische Betätigungselemente gefunden. Die Schalteinrichtung, ein Elektromagnet, wird direkt in den Gesamtaufbau der Kupplung integriert **(Bild 11.50)**. Hinsichtlich ihrer Bedienung sind arbeitsstrombetätigte (Bild 11.50a – Kraftfluß bei Stromfluß geschlossen) und ruhestrombetätigte Kupplungen (Bild 11.50b – Kraftfluß im stromlosen Zustand durch Feder geschlossen) zu unterscheiden. Bezüglich des konstruktiven Aufbaus lassen sich Kupplungen mit umlaufender und stillstehender Spule (mit und ohne Schleifring) realisieren. **Bild 11.51** verdeutlicht charakteristische Bauformen am Beispiel der Einscheibenmagnetkupplung. Ähnliche Bauformen eignen sich auch zur schaltbaren Welle-Nabe- bzw. Nabe-Nabe-Verbindung. Auch direkt in Elektromotoren integrierte oder angeflanschte Magnetkupplungen, sog.

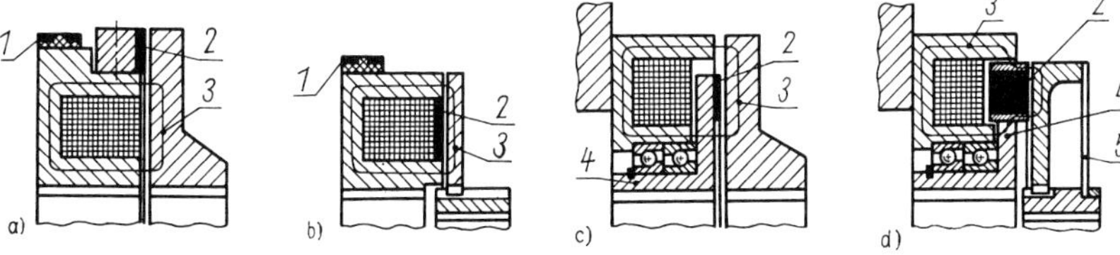

Bild 11.51. Charakteristische Bauformen von Einscheibenmagnetkupplungen

a) umlaufende Spule mit ständigem Arbeitsluftspalt (kein Restmoment, kurze Schaltzeiten, Reibbelagnachstellung notwendig); b) umlaufende Spule mit verschwindendem Arbeitsluftspalt (große Anzugskräfte, Restmoment bzw. Kleben, große Schaltzeiten, keine Reibbelagnachstellung); c) feststehende Spule mit ständigem Arbeitsluftspalt (wie a, ohne Schleifringverschleiß); d) feststehende Spule mit verschwindendem Arbeitsluftspalt (wie b, Reibpaket Stahl-Asbest, Rückstellkraft durch Membranfeder zur Schaltzeitverkürzung)
1 Schleifringe; *2* Reibbelag; *3* magnetischer Kreis; *4* Leitring; *5* Membranfeder

Ankerstoppbremsen (Bild 11.50b), gewinnen insbesondere für Positionieraufgaben zunehmend an Bedeutung, um auch im stromlosen Zustand einen exakten Stillstand der Motorwelle sicherzustellen. Zur Berechnung und Gestaltung der Magnetkreise sei auf die Spezialliteratur verwiesen [11.7] [11.13].

Folgende Grundregeln sind zu beachten:

- Die Zugkraft ist proportional dem Quadrat des magnetischen Flusses und näherungsweise proportional $1/l_L^2$ (l_L Luftspaltlänge). Eine Verringerung des magnetischen Widerstands, insbesondere durch sehr kleine Luftspaltlängen, ermöglicht folglich eine wesentliche Einsparung von Erregerleistung.
- Bezüglich der Ausnutzung der Erregerleistung ist ein Arbeitsluftspalt in der Spulenmitte am vorteilhaftesten. Kegelförmige Luftspalte weisen bei gleichem Schaltweg geringere magnetische Widerstände auf als kreisflächenförmige.
- Feststehende Spulen erfordern zusätzlich zum Arbeitsluftspalt weitere Nebenluftspalte und führen zu drehzahlabhängigen Wirbelstromverlusten. Umlaufende Spulen benötigen Schleifringe, können jedoch infolge des geringen magnetischen Widerstands bei gleicher Baugröße höhere Schaltkräfte erzeugen.
- Wesentliche Schaltzeitverkürzungen sind durch Schnell- und Übererregung erzielbar [11.13].

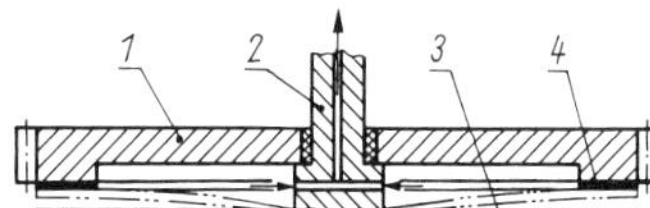

Bild 11.52. Vakuumkupplung
1 Antriebszahnrad; *2* Abtriebswelle; *3* Membran; *4* Reibbelag

Wird Magnetfeldfreiheit gefordert, kann in der Feinmechanik insbesondere eine pneumatische Betätigung vorteilhaft sein. **Bild 11.52** zeigt dazu eine Vakuumkupplung, die als Andruckkraft für die Einscheibenreibkupplung den äußeren Luftdruck ausnutzt.

11.4.3. Betriebsverhalten

Für das Betriebsverhalten von schaltbaren Kupplungen sind alle Kenngrößen des Schaltvorgangs (Schaltzeit, Drehmomenten- und Drehzahlverlauf beim Schalten, Wärmeabfuhr, Restmoment usw.) von besonderem Interesse.

Schaltkupplungen mit Formpaarung dürfen nur synchron geschaltet werden, d.h. bei Stillstand oder im Gleichlauf. Bei asynchronem Schalten auftretende Drehmomentstöße (ruckartige Beschleunigungen) würden zur Beschädigung der Kupplungs- oder Antriebselemente

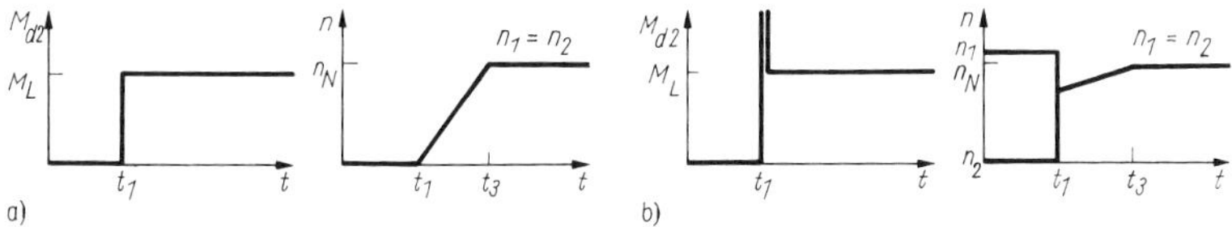

Bild 11.53. Drehmomenten- und Drehzahlverlauf bei Schaltkupplungen mit Formpaarung an der Abtriebswelle
a) synchrones Schalten; b) asynchrones Schalten
t_1 Schaltzeitpunkt; t_3 Ende des Schaltvorgangs; n_1, n_2 An- bzw. Abtriebsdrehzahl; n_N Nenndrehzahl der gekuppelten Wellen; M_{d2} Drehmoment am Abtrieb; M_L Lastmoment

führen. Das Nenndrehmoment wird ohne Schlupf und ohne Schaltwärmeverluste übertragen. Den Drehmomenten- und Drehzahlverlauf beim Schalten zeigt **Bild 11.53**.

Bei asynchronem Schalten tritt zum Schaltzeitpunkt t_1 eine stoßartige Belastung auf. Die Drehzahl sinkt von der Leerlaufdrehzahl des Antriebs zunächst infolge der zusätzlichen Belastung auf einen niedrigeren Wert ab, um dann den stationären Endwert, die Nenndrehzahl n_N des gesamten Systems zu erreichen.

Zum Schalten im Gleichlauf ($n_1 = n_2 \neq 0$) werden oft besondere Synchronisiereinrichtungen (s. auch Bild 11.43b) benutzt.

Schaltkupplungen mit Kraftpaarung sind auch bei unterschiedlichen Drehzahlen schaltbar (asynchrones Schalten, **Bild 11.54**). Bei gelöster Kupplung ist das Trennverhalten von Interesse.

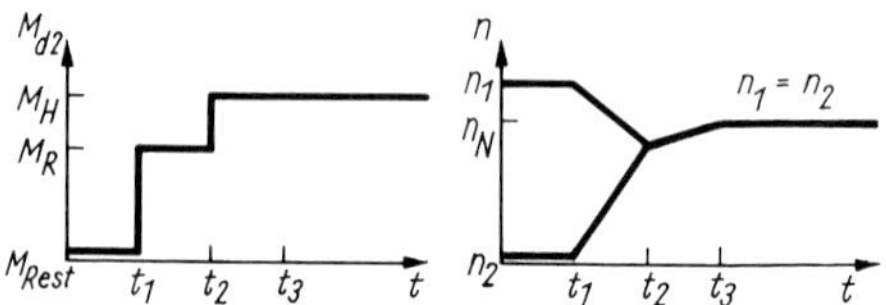

Bild 11.54. Drehmomenten- und Drehzahlverlauf bei Schaltkupplungen mit Kraftpaarung an der Abtriebswelle
t_1 Beginn, t_3 Ende des Schaltvorgangs; n_1, n_2 An- bzw. Abtriebsdrehzahl; n_N Nenndrehzahl; M_{d2} Drehmoment am Abtrieb; M_H Haftreib-, M_R Rutschreibmoment; M_{Rest} Restmoment

Tafel 11.3. Berechnung der Kenngrößen des Schaltvorgangs bei Reibkupplungen für konstantes Lastmoment
Idealisierung gem. Bild 11.55

1. Rutschzeit:

$$t_R = t_2 - t_1 = \frac{J_2 \Delta\omega_2}{M_B} = \frac{J_2\omega_1}{M_B} = \frac{2\pi J_2 n_1}{M_B}$$

2. Reibarbeit W_R je Schaltvorgang:

$$W_R = \int_{\varphi_2} M_R \, d\varphi = \int_{t_R} M_R \frac{d\varphi}{dt} \, dt = \int_{t_R} M_R \Delta\omega \, dt = M_R \omega_1 \frac{t_R}{2} = \pi M_R n_1 t_R$$

3. Wärmebilanz an der Kupplung (für z Schaltvorgänge je Zeiteinheit) und mittlere Kupplungstemperatur ϑ_1 (an Reibflächen wesentlich höher):

$$P_R = W_R z = P_{ab} = \alpha_{Wü} A_0 (\vartheta_1 - \vartheta_2); \quad \vartheta_1 = \frac{W_R z}{\alpha_{Wü} A_0} + \vartheta_2$$

4. Reibarbeit $W_{R\,ges}$ während der Betriebszeit t_B, Dickenabnahme Δs der Reibfläche A (verteilt sich bei gleicher Festigkeit auf beide Reibpartner, sonst am weicheren) und zulässige Betriebszeit bzw. Zeit der Nachstellfreiheit $t_{B\,zul}$:

$$W_{R\,ges} = W_R t_B z = W_V i \Delta s A; \quad \Delta s = \frac{W_R z t_B}{W_V i A}; \quad t_{B\,zul} = \frac{W_V i \Delta s_{zul} A}{W_R z}$$

5. Richtwerte für die relative Verschleißarbeit W_V:

Reibpaarung	W_V 10^4 N · m/mm³
Stahl (gehärtet)/Stahl (gehärtet), geölt	20 … 25
Sinterbronze/Stahl, geölt	20 … 25
organischer Belag/Stahl, trocken	1,5 … 2
geölt	5 … 8

6. Mittlere Wärmeübergangszahlen $\alpha_{Wü}$ in Abhängigkeit von der Umfangsgeschwindigkeit v_D am Kupplungsdurchmesser D:

$\alpha_{Wü}$ in W/(m² · K)	12	27	42	60	75	90
v_D in m/s	0	5	10	15	20	25

M_B Beschleunigungsmoment ($M_B = M_R - M_L$); M_R Rutschreib-, M_L Lastmoment; J_2 Massenträgheitsmoment des Abtriebs; W_R Reibarbeit je Schaltvorgang; P_R Schaltleistung; A_0 Kupplungsoberfläche; ϑ_1 Kupplungs-, ϑ_2 Umgebungstemperatur; i Anzahl der Reibstellen

Bei unzureichendem Spiel zwischen den gelösten Scheiben kann es beispielsweise durch Fett oder auch bei deformierten Scheiben zur Übertragung eines Restmoments M_{Rest} (führt zu Reibwärme) kommen. Dies ist insbesondere bei Lamellenkupplungen zu beachten, da hier nicht jede einzelne Lamelle durch eine Schalt- oder Federkraft von ihrem Reibpartner exakt getrennt wird.

Nach dem Schalten überträgt die Kupplung zunächst ein Moment M_R durch Gleitreibung (Rutschen). Durch die zusätzliche Last verringert sich i. allg. die Antriebsdrehzahl, während

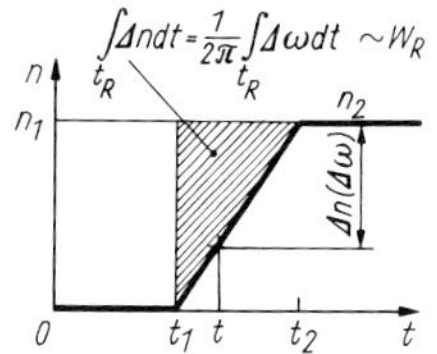

Bild 11.55. Idealisierter Drehzahlverlauf am Abtrieb einer kraftgepaarten Schaltkupplung (drehzahlgeregelter Antrieb)
W_R Reibarbeit; n_1 konstante Antriebsdrehzahl; n_2 Abtriebsdrehzahl

der Abtrieb beschleunigt wird und zum Zeitpunkt t_2 die Antriebsdrehzahl erreicht. Die Differenz $t_2 - t_1$ bezeichnet man auch als Rutschzeit t_R (Zeitdauer der Erzeugung von Reibwärme!). Nach Erreichen des Gleichlaufs ist durch Haftreibung ein größeres Moment M_H übertragbar. Die gekuppelten Wellen werden beschleunigt und erreichen zum Zeitpunkt t_3 ihre Nenndrehzahl. Erst dann gilt der gesamte Schaltvorgang als abgeschlossen.
Die Dauer der Rutschphase ist infolge der dabei auftretenden Erwärmung sowie wegen des Reibverschleißes von besonderem Interesse [11.5] [11.23] [11.51] bis [11.53] [11.55]. Das Rutschmoment M_R dient in dieser Phase der Beschleunigung des Abtriebs um die Winkelgeschwindigkeitsdifferenz $\Delta\omega_2$ (Differenz der Winkelgeschwindigkeiten bei beginnendem Gleichlauf und Leerlauf des Abtriebs) sowie der Überwindung bereits wirkender Lastmomente. Idealisiert man das Drehzahlverhalten entsprechend **Bild 11.55**, lassen sich die Kenngrößen des Schaltvorgangs nach **Tafel 11.3** berechnen.

11.5. Selbstschaltende Kupplungen [11.1] [11.9] [11.18] [11.21] [11.43] [11.56] bis [11.58] [11.60] bis [11.65]

Während schaltbare Kupplungen willkürlich durch äußere Kräfte betätigt werden können, erfolgt das Auslösen des Schaltvorgangs bei selbstschaltenden Kupplungen in Abhängigkeit von den Betriebsverhältnissen der Kupplung, wie Drehmoment, Drehzahl, Drehrichtung oder Drehwinkel.

11.5.1. Berechnung

Selbstschaltende Kupplungen sind analog allen anderen Kupplungsbauformen bezüglich der eingesetzten Verbindungselemente und der Kraft- bzw. Formpaarung zu berechnen (s. Abschnitte 11.2.1. und 11.4.1.). Zusätzlich ist die Schaltbedingung zu ermitteln bzw. die Kupplung entsprechend der gewünschten Schaltbedingung zu dimensionieren.
Drehmomentabhängige Kupplungen schalten (lösen) bei Erreichen eines bestimmten Grenzdrehmoments. Sie enthalten i. allg. Reib- oder Formgehemme. Das Grenzdrehmoment einer drehmomentabhängigen Reibkupplung (Rutschkupplung) läßt sich nach Tafel 11.2 (Abschnitt 11.4.1.) bestimmen. Zur Berechnung von Formgehemmen siehe Abschnitt 9.1.
Drehzahlabhängige Kupplungen werden meist als Fliehkraftkupplung realisiert. Die Berechnung ihres Schaltzeitpunktes gestattet **Tafel 11.4**. An den Fliehkörpern wirken Flieh-(Zentrifugal-) und Federkräfte gegeneinander. Stehen sie im Gleichgewicht, beginnt (Einschaltkupplung) oder endet (Ausschaltkupplung) die Übertragung eines Drehmoments. Nach Festlegung einzelner konstruktiver Bedingungen (z. B. Kupplungsradien r und r_S, Zahl i der Fliehkörper bzw. Kupplungsbacken, Reibwert μ) ist eine Dimensionierung der Kupplung über die Masse der Fliehkörper und die Federkraft möglich. Dabei muß i. allg. sowohl die Schaltbedin-

Tafel 11.4. Berechnung von Fliehkraftkupplungen

Anordnung der Fliehkörper	gerade geführt	drehbar [1])
Prinzip (Einschaltkupplung)	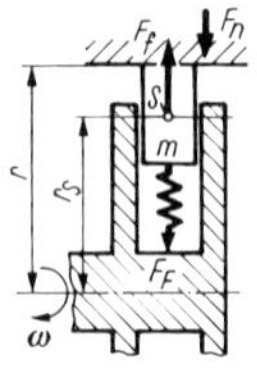	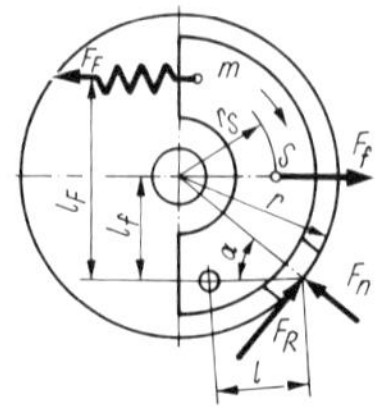
Normalkraft[2])	$F_n = F_f - F_F$	$F_n l \sin\alpha \pm F_R l \cos\alpha = F_f l_f - F_F l_F$ $F_n = \dfrac{F_f l_f - F_F l_F}{l\,(\sin\alpha \pm \mu_0 \cos\alpha)}$
Flieh- bzw. Zentrifugalkraft	$F_f = m r_S \omega^2$	$F_f = m r_S \omega^2$
Schaltbeginn bei	$F_f = F_F$	$F_f l_f = F_F l_F$
Schaltdrehzahl[3])	$n_0 = \dfrac{30}{\pi}\,\omega_0;\quad \omega_0 = \sqrt{\dfrac{F_F}{m r_S}}$	$n_0 = \dfrac{30}{\pi}\,\omega_0;\quad \omega_0 = \sqrt{\dfrac{F_F l_F}{m r_S l_f}}$
Wirksames Reibmoment bei Nenndrehzahl[2])	$M_R = M_d = (m r_S \omega^2 - F_F)\,\mu_0 r i$	$M_R = M_d = \mu_0 r i\,\dfrac{l_f m r_S \omega^2 - F_F l_F}{l\,(\sin\alpha \pm \mu_0 \cos\alpha)}$

[1]) oberes Vorzeichen gilt für im Bild angegebene Drehrichtung;
[2]) i Anzahl der Fliehkörper; bei der Berechnung von Ausschaltkupplungen sind F_n und M_R mit (−1) zu multiplizieren!
[3]) n_0 in U/min; ω_0 in rad/sec (zugeschnittene Größengleichung)

gung (Schaltdrehzahl n_0) als auch das bei Nenndrehzahl n_N bzw. ω_N zu übertragende Drehmoment M_R eingehalten werden (s. Tafel 11.4).
Drehrichtungsabhängige Kupplungen nutzen i. allg. Form- oder Reibrichtgesperre zur bedingten Verbindung zweier Wellen. Ihre Berechnung erfolgt nach Abschnitt 9.2. Drehwinkelabhängige Kupplungen werden vorwiegend unter Nutzung von Anschlägen, die stoßartigen Belastungen ausgesetzt sind, aufgebaut und entsprechend berechnet (s. Abschnitt 10.1.).

11.5.2. Konstruktive Gestaltung, Ausführungsformen

Die konstruktive Gestaltung selbstschaltender Kupplungen hängt in erster Linie von der zu realisierenden Schaltbedingung ab.

Selbstschaltende Kupplungen für kleine Drehmomente

Drehmomentabhängige Kupplungen werden vorwiegend zur Sicherung der Ab- oder Antriebsseite eines Geräts gegen zu hohe Drehmomente bzw. Drehmomentstöße eingesetzt. Sie sind für ein maximales Drehmoment auszulegen, bei dessen Überschreitung sich die Verbindung der Wellen löst [11.57] [11.58].
Reibkupplungen lösen die Drehmomentenübertragung nicht vollständig. Das Rutschreibmoment wird auch nach dem Ansprechen der Kupplung weiter übertragen. Die Konstanz des Haftreibwertes μ_0 bestimmt die Wiederholgenauigkeit für das Ansprechdrehmoment [11.58]. Die Normalkräfte in den Reibstellen können bei sehr geringen Drehmomenten geschlitzte Hülsen, Naben oder spezielle Biegefedern aufbringen (**Bild 11.56**, vgl. auch [11.57]). Größere Normalkräfte erzeugen Schrauben- und Scheibenfedern, wobei alle Arten von Reibkupplungen (Einscheiben-, Kegel- oder Lamellenkupplungen) einsetzbar sind **(Bild 11.57)**. Reibwertschwankungen lassen sich in den Bauformen (a) und (b) durch Einstellen der Federkraft ausgleichen. Zu beachten ist, daß während des Rutschens Erwärmung und Reibverschleiß auftre-

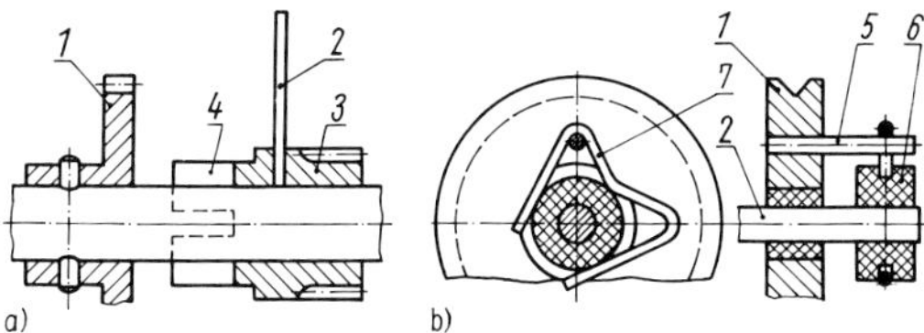

Bild 11.56. Rutschkupplungen für sehr kleine Drehmomente
a) mit geschlitzter Klemmhülse (zur Einstellung eines Zeigers); b) mit Biegefeder
1 Antrieb; *2* Abtrieb (Zeiger); *3* Ritzel zur Einstellung; *4* Klemmhülse; *5* Mitnehmerstift; *6* Laufhülse; *7* Klemmfeder

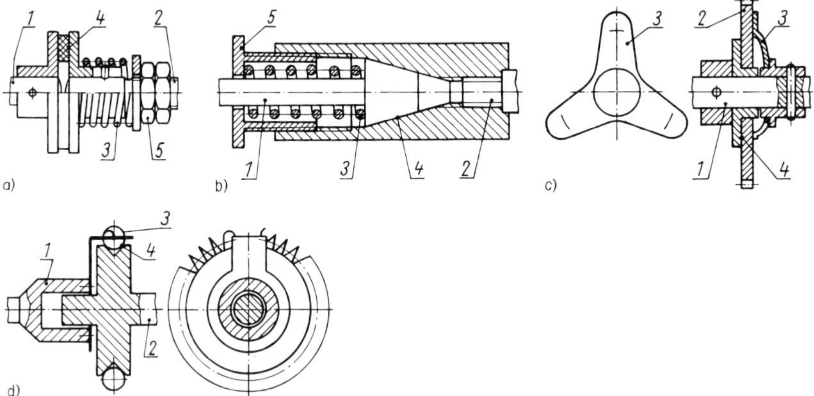

Bild 11.57. Rutschkupplungen mit Normalkrafterzeugung durch Federn
a) Einscheibenkupplung mit gewundener Verdrehungsfeder; b) Kegelreibkupplung (für biegsame Wellen); c) Einscheibenkupplung mit dreiarmiger Blattfeder; d) Kupplung mit Zugfeder in Umfangsnut
1 Antrieb; *2* Abtrieb; *3* Feder; *4* Reibfläche; *5* Einstellelement

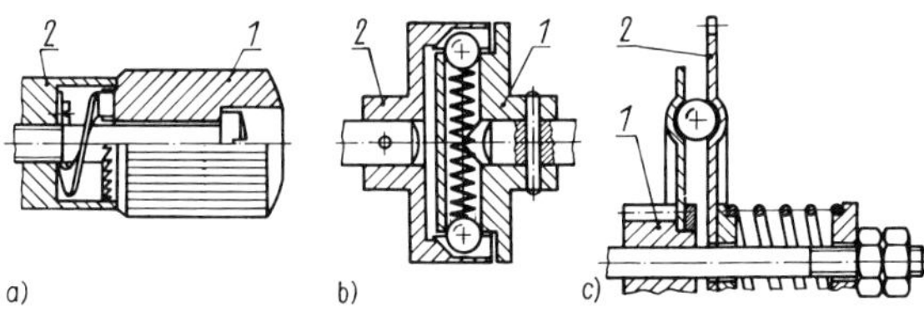

Bild 11.58. Rastkupplungen
a) Ratschenkupplung; b), c) Kugelrastkupplungen
1 Antrieb; *2* Abtrieb

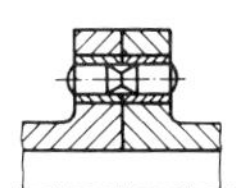

Bild 11.59. Brechbolzenkupplung mit gekerbten Bolzen

ten. Für Dauerrutschen haben sich bei kleinen Drehmomenten ölgetränkte Filzscheiben als Reibbeläge bewährt. Analog den Rutschkupplungen lassen sich auch Dauermagnetkupplungen (s. Abschnitt 11.3.2.) als verschleiß- und reibungsfreie Drehmomentbegrenzer einsetzen. Drehmomentabhängige Kupplungen mit Formgehemmen **(Bild 11.58)** weisen nach dem Lösen über einen begrenzten Drehwinkel i. allg. ein deutlich niedrigeres Drehmoment auf. Nach Absenken des Drehmoments und Wiedereinrasten sind auch diese Kupplungen wieder voll funktionsfähig. Sie arbeiten jedoch nicht ruckfrei. Kupplungen mit Übertragungsgliedern begrenzter Festigkeit werden meist als Scheibenkupplungen mit Scherstiften oder -bolzen (Brechbolzenkupplung, **Bild 11.59**) ausgeführt. Im Gegensatz zu obigen Bauformen erfolgt hier ein Zerstören der Übertragungselemente beim Lösen der Kupplung. Die Kupplung muß also leicht zugänglich sein und sollte nur im Ausnahmefall (Havarie) ansprechen. Bei großen Drehmomenten sind die Scherbolzen in gehärteten Hülsen zu führen (Kantenbeanspruchung).

Drehzahlabhängige Kupplungen dienen dem Herstellen und Trennen einer Wellenverbin-

dung bei wachsender oder fallender Drehzahl durch Ausnutzen der Fliehkraftänderung. Sie sind beispielsweise dann notwendig, wenn ein Elektromotor ein sehr geringes Anlaufmoment hat und deshalb erst nach Erreichen einer bestimmten Nenndrehzahl mit dem Abtrieb vollständig verbunden werden darf. Je nachdem, ob die kuppelnde Wirkung unterhalb oder oberhalb der Schaltdrehzahl n_0 einsetzen muß, unterscheidet man Einschaltkupplungen mit $n_N > n_0$ und Ausschaltkupplungen mit $n_N < n_0$. Einschaltkupplungen sind bei Stillstand und niedrigen Drehzahlen ausgekuppelt. Mit steigender Drehzahl erhöht sich, von n_0 beginnend, das übertragbare Drehmoment. Ausschaltkupplungen übertragen bei sehr niedrigen Drehzahlen maximale Momente, die mit steigender Drehzahl absinken und bei Schaltdrehzahl den Wert Null erreichen [11.64].
Die konstruktive Gestaltung erfolgt prinzipiell mit zwei oder mehreren auf dem Umfang verteilten und meist radial beweglichen Fliehkörpern **(Bild 11.60)**. Die Kupplungen können dabei unabhängig (a) oder abhängig von der Drehrichtung (b, durch Reibung zusätzliche Momente an den Fliehkörpern) arbeiten. Die Fliehkörper müssen an der Antriebsseite angeordnet werden.

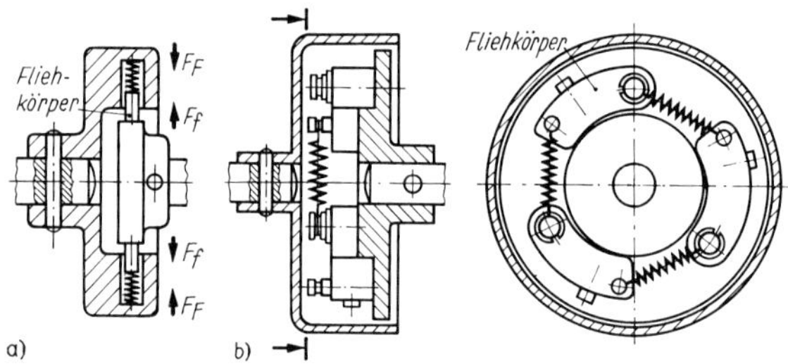

Bild 11.60. Fliehkraftkupplungen
a) Ausschaltkupplung mit gerade geführten Fliehkörpern (vgl. auch Bild 11.1d); b) Einschaltkupplung mit drehbaren Fliehkörpern

Drehrichtungsabhängige Kupplungen (Freilaufkupplungen) übertragen das Drehmoment nur in einer Drehrichtung. Sie ermöglichen dadurch das Vorlaufen des Abtriebs gegenüber dem Antrieb (Freilauf). Andererseits können sie auch als Rücklaufsperre arbeiten, die eine rückläufige Bewegung der Abtriebsseite unter der Einwirkung der Last auch bei abgeschaltetem oder ausgefallenem Antrieb verhindert (Hebezeuge, Vorschubeinrichtungen, Ratschen). Die konstruktive Gestaltung erfolgt meist mit relativ aufwendigen Formricht- oder Reibrichtgesperren, wobei Zahnklinkengesperre als häufigste Formrichtgesperre ein Rastgeräusch in Freilaufrichtung verursachen **(Bild 11.61)**. Relativ einfache Bauformen von Freilaufkupplungen mit Reibrichtgesperren ergeben sich, wenn die Klemmkörper zu einem Ring verbunden und als ein Kunststoffteil gefertigt werden (**Bild 11.62**, vgl. auch [11.60] [11.62]). Federn oder Käfige zur Führung der Klemmkörper entfallen, und die Montage wird extrem vereinfacht. Häufig kommen auch Schlingfederkupplungen zum Einsatz **(Bild 11.63)** [11.18] [11.43].

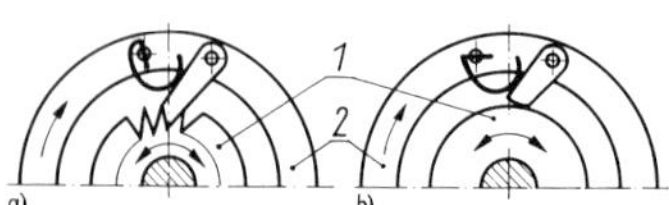

Bild 11.61. Drehrichtungsabhängige Kupplungen mit Gesperren (Prinzipe)
a) Formrichtgesperre; b) Reibrichtgesperre
1 Antrieb; *2* Abtrieb

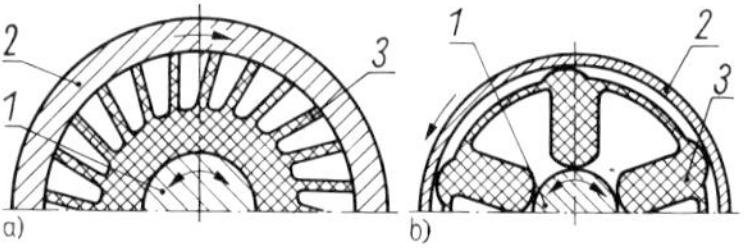

Bild 11.62. Freilaufkupplungen mit Reibrichtgesperren für kleine Drehmomente
a) mit kammförmigem Klemmring
b) mit Klemmkörpern mit Verbindungssteg
1 Antrieb; *2* Abtrieb; *3* Klemmkörperring

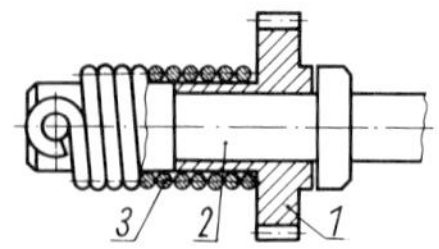

Bild 11.63. Schlingfederkupplung
1 Antrieb; *2* Abtrieb; *3* Feder

Welle und Nabe werden dabei durch eine nur an der Welle befestigte und auf die Nabe geschobene Feder verbunden, die einen kleineren Innendurchmesser hat als die Nabe. In der einen Drehrichtung wird die Welle dadurch mitgenommen, daß sich die Feder zusammenzieht und auf der Nabe verklemmt, während sie sich in der anderen Drehrichtung löst. Das übertragbare Drehmoment ist abhängig von der Gesamtdimensionierung, besonders aber von der Anzahl der Federwindungen (meist sieben bis neun Windungen). Wird Leichtgängigkeit im Freilauf gefordert, wählt man die Differenz zwischen Federinnen- und Wellenaußendurchmesser klein.

Die Berechnung erfolgt als Bandkupplung [11.18] [11.43]. Der Umschlingungswinkel ist so groß zu wählen, daß sichere Selbstsperrung eintritt. Das Durchmesserverhältnis Kupplungszylinder zu Drahtdurchmesser beträgt meist etwa 20 : 1. Oft kommen auch Federn mit rechteckigem Querschnitt zum Einsatz (s. auch Abschnitt 6.).

Drehwinkelabhängige Kupplungen lösen die Verbindung nach Durchlaufen eines bestimmten Drehwinkels und werden vorzugsweise für einen Winkel von 360° ausgelegt (Eintourenkupplung [11.65]). Bei kleinen Drehmomenten führt man sie meist als Rutschkupplungen aus. Sie finden insgesamt jedoch nur selten Anwendung.

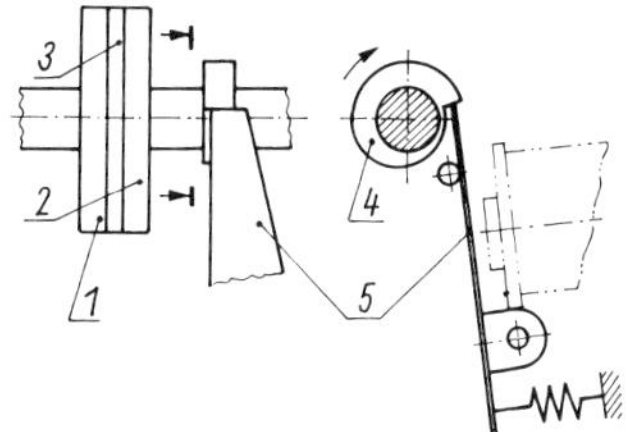

Bild 11.64. Drehwinkelabhängige Kupplung (Eintourenkupplung mit Magnetauslösung als Rutschkupplung mit Anschlag)
1 Antrieb; *2* Abtrieb; *3* Reibfläche; *4* Anschlagstück; *5* Anschlag

Bild 11.64 zeigt ein Ausführungsbeispiel mit Rutschkupplung und Magnetauslösung. Für die Dimensionierung ist zu beachten, daß die Reibkupplung ständig rutscht. Außerdem tritt eine hohe Stoßbelastung der Kupplung und insbesondere auch des Abtriebs auf.

Selbstschaltende Kupplungen für große Drehmomente

Drehmoment- und drehzahlabhängige Kupplungen für große Drehmomente entsprechen in ihrer Gestaltung den Bauformen für kleine Drehmomente. Zu Problemen kann besonders bei Reibkupplungen die Wärmeerzeugung bei Dauerrutschen führen, so daß oft zusätzliche Schlupfüberwachungseinrichtungen Anwendung finden.

Drehwinkelabhängige Kupplungen sind vom Charakter her informationsverarbeitende Systeme und beschränken sich daher auf kleine Drehmomente.

Drehrichtungsabhängige Kupplungen (Freilaufkupplungen) besitzen die weiteste Verbreitung bei großen Drehmomenten. Bei sehr kleinen Drehzahlen (Rücklaufsperre, Ratsche) dominieren formgepaarte Freiläufe mit Zahnrichtgesperren analog Bild 11.61a. Für größere Drehzahlen sind geräuscharme Freiläufe mit Reibrichtgesperre erforderlich. Sie werden als Klemmrollen- oder Klemmkörperfreilauf realisiert und sind als Einbaufreiläufe [11.62] wie Kugellager liefer- und anwendbar (Berechnung s. Abschnitt 9.2. [11.1] [11.9] [11.21] [11.61]). **Bild 11.65** zeigt charakteristische Bauformen.

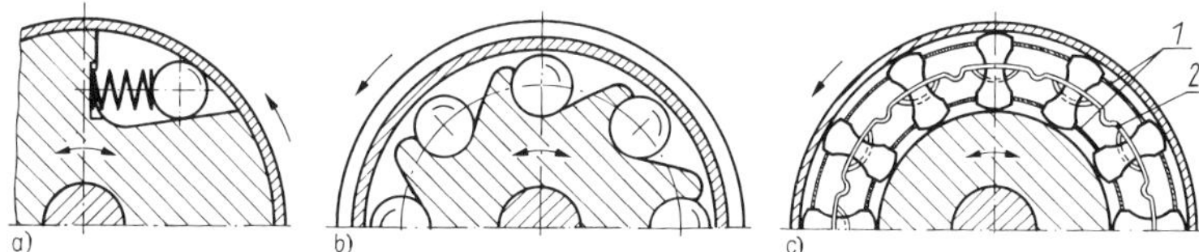

Bild 11.65. Freiläufe für große Drehmomente
a) Klemmrollenfreilauf (Prinzip); b) Klemmrollenfreilauf mit Innenstern; c) Klemmkörperfreilauf
1 Doppelkäfig; *2* Bandspreizfeder zum Anfedern

Klemmrollenfreiläufe (a, b) besitzen Klemmflächen in Form eines Innen- oder Außensterns, die über Klemmrollen mit einer zweiten, zylindrischen Klemmbahn in Eingriff gebracht werden. Klemmkörperfreiläufe (c) weisen zwei einfach herstellbare zylindrische Klemmbahnen auf, benötigen aber komplizierte Klemmkörper, die mit einer Anfederung an die Klemmflächen zu versehen sind. Da bei gleicher Baugröße i. allg. mehr Klemmkörper als -rollen eingesetzt werden können, ist die Tragfähigkeit von Klemmkörperfreiläufen höher (bis 10^6 N · m). Um Gleitverschleiß zu vermindern, erfolgt die Ausbildung der Klemmkörper so, daß die Fliehkraft sie im geöffneten Zustand nach außen treibt [11.63].

11.5.3. Betriebsverhalten

Für das Betriebsverhalten selbstschaltender Kupplungen interessiert besonders der Schaltvorgang. Der prinzipielle Ablauf beim Schalten entspricht dem der schaltbaren Kupplungen, wobei zwischen form- und kraftgepaarten Kupplungen zu unterscheiden ist (s. auch Abschnitt 11.4.3.). Die Berechnung von Grenzdrehmoment bzw. Grenzdrehzahl für den Schaltzeitpunkt erfolgt nach Abschnitt 11.5.1. Als Besonderheit ist zu berücksichtigen, daß die Schaltdauer bei kraftgepaarten selbstschaltenden Kupplungen stark von den Betriebsbedingungen abhängt und im Extremfall mit ständigem Rutschen zu rechnen ist (Überlastsicherung, Betreiben einer Fliehkraftkupplung in der Nähe der Schaltdrehzahl).
Formgepaarte Kupplungen sowie die zugehörigen An- und Abtriebe werden beim Schalten stark durch Stöße beansprucht.
Bei Freiläufen tritt abhängig vom konstruktiven Aufbau beim Ändern der Drehrichtung Lose (toter Gang) und somit Spiel auf. Insgesamt schalten sie jedoch sehr schnell.

11.6. Werkstoffe [1.16] [11.1] [11.5] [11.12] [11.15] [11.16] [11.23] [11.52] [11.54] [11.55] [11.58]

Zur Konstruktion von Kupplungen kommt eine Vielzahl von Werkstoffen für unterschiedlichste Aufgaben zur Anwendung (s. auch Abschnitt 3.6.). Kupplungsgehäuse, -hülsen, -scheiben, -schalen usw. werden traditionell aus Stahl und Stahlguß oder aus Nichteisenmetallen gefertigt. Zunehmend finden für diese Teile bei Kleinstkupplungen für kleine Drehmomente auch Kunststoffe Anwendung, die die Konstruktion von Kupplungen mit sehr geringen Massenträgheitsmomenten erlauben und außerdem kostengünstig in der Massenfertigung herzustellen sind. Zu beachten ist jedoch die wesentlich geringere thermische Beständigkeit der Kunststoffe.
Als elastische Elemente kommen insbesondere in Ausgleichskupplungen metallische Blattfedern und Membranen sowie Gummi, Leder oder spezielle elastische Kunststoffe (Natur- und Synthesekautschuk) zum Einsatz [11.12]. Ihre Auswahl wird vom zu übertragenden Drehmoment bestimmt.
Von besonderem Interesse für alle kraftgepaarten Schaltkupplungen, aber auch für eine Vielzahl fester Kupplungen (z.B. Schalenkupplung) sind jedoch die Reibwerkstoffe und die Eigenschaften von Reibpaarungen. Reibwerkstoffe für Kupplungen sollten einen großen, konstanten Reibwert μ (möglichst unabhängig von Gleitgeschwindigkeit, Flächenpressung und Temperatur), eine hohe mechanische und thermische Beständigkeit sowie Verschleißfestigkeit (möglichst keine Freßneigung) und eine gute Wärmeleitfähigkeit aufweisen. Da nichtmetallische Werkstoffe eine sehr schlechte Wärmeleitfähigkeit besitzen, wird i. allg. einer der Reibpartner aus Stahl, Gußeisen oder Bronze hergestellt.
Für Trockenlauf verwendet man vorwiegend Reibpaarungen aus Mineralwolle, gebunden mit Kunstharz, gegen Gußeisen (bei Stahl verstärkte Freßneigung) oder die Paarung Gußeisen gegen Stahl. Der Reibwert ist dabei wesentlich größer und nicht so stark von der Gleitgeschwindigkeit, Flächenpressung und Temperatur abhängig wie bei Schmierung. Die notwendige Normalkraft bleibt deutlich niedriger und die Ratterneigung gering, da Haft- und Gleitreibwert nur unwesentlich voneinander abweichen. Ratterneigung (Stick-slip) tritt auf, wenn der Reibwert stark mit wachsender Gleitgeschwindigkeit abfällt oder die Haftreibung wesentlich größer als die Gleitreibung ist [11.23] [11.51] [11.52]; s. auch Abschnitt 3.3. Geschmierte Reibbeläge vermindern den Verschleiß und verbessern die Wärmeabführung, verringern aber den Reibwert stark. Die Normalkräfte und Reibflächen sind bei Schmierung deshalb zu vergrößern. Als Reibpaarungen eignen sich hier besonders Sintermetall gegen Gußeisen oder Stahl und Stahl gegen Stahl, also Paarungen mit hoher zulässiger Flächenpressung. Großflächige Reibbeläge sollten mit Nuten versehen werden, um bei Schmierung die Schmierstoffzufuhr zu verbessern bzw. bei Trockenlauf Abrieb aufzunehmen (Hinweise zur Schmierstoffwahl s. auch Abschnitt 13.8.). **Tafel 11.5** enthält Reibwerte sowie zulässige Flä-

Tafel 11.5. Kenngrößen von Reibpaarungen für Kupplungen
(Mittelwerte bei Gleitgeschwindigkeiten von 0,5 bis 10 m/s); s. auch Tafeln 3.25, 13.8.4, 13.9.5

Werkstoffpaarung	Gleitreibwert μ[1) trocken	gefettet	geölt	Zulässige mittlere Flächenpressung $p_{\mathrm{m\,zul}}$ N/mm²	Zulässige Temperatur °C kurzzeitig	dauernd
Stahl (gehärtet)/Stahl (gehärtet)	0,15...0,20	0,10...0,15	0,04...0,10	0,05 ... 3,0		180
Stahl/Gußeisen	0,10...0,16		0,04...0,07	1,0 ... 2,0		180
Gußeisen/Gußeisen	0,15...0,25	0,05...0,10	0,02...0,10	1,0 ... 2,0		180
Bronze/Gußeisen, Bronze	0,15...0,20	0,15	0,04...0,10	1,0 ... 2,0		130
Baumwollgewebe mit Kunstharz/ Stahl, Gußeisen, Stahlguß	0,40...0,65	0,15...0,35	0,10...0,20	0,5 ... 1,2 (0,05 ... 0,3 trocken)	150	100
Mineralwolle mit Kunstharz/ Stahl, Gußeisen, Stahlguß	0,30...0,50	0,15...0,35	0,15...0,20	0,5 ... 2,0 (0,05 ... 0,3 trocken)	300	200
Mineralwolle mit Kunstharz (hydraulisch gepreßt)/Stahl, Gußeisen, Stahlguß	0,20...0,40	0,15...0,35	0,10...0,15	0,5 ... 8,0 (0,05 ... 0,3 trocken)	500	250
Metallwolle mit Kautschuk (gepreßt)/Stahl, Gußeisen, Stahlguß	0,45...0,65	0,15...0,35		0,5 ... 8,0 (0,05 ... 0,3 trocken)	300	250
Leder/Stahl	0,30...0,60	0,25	0,15			
Filz (ölgetränkt)/Stahl, Gußeisen, Stahlguß			0,15...0,35			100

[1)] Haftreibwerte (trocken): $\mu_0 \approx (1{,}25 \ldots 2{,}0)\,\mu$

Tafel 11.6. Normen und Richtlinien zum Abschnitt 11.

DIN-Normen	
DIN 115	Antriebselemente; Schalenkupplungen, Maße, Drehmomente, Drehzahlen, Einlegeringe
DIN 116	–; Scheibenkupplungen, Maße, Drehmomente, Drehzahlen
DIN 740	Antriebstechnik; Nachgiebige Wellenkupplungen
DIN 808	Werkzeugmaschinen; Wellengelenke; Baugrößen, Anschlußmaße, Beanspruchbarkeit, Einbau
Richtlinien	
VDI 2240	Wellenkupplungen; Systematische Einteilung nach ihren Eigenschaften
VDI 2241 Bl. 1	Schaltbare fremdbetätigte Reibkupplungen und -bremsen; Begriffe, Kennwerte, Berechnungen
VDI 2241 Bl. 2	–; Systembezogene Eigenschaften, Auswahlkriterien, Berechnungsbeispiele
VDI/VDE 2254	Feinwerkelemente; Drehkupplungen; Übersicht
VDI/VDE 2254 Bl. 1	–; –; Dauerkupplungen
VDI/VDE 2254 Bl. 2	–; –; Schaltkupplungen

chenpressungen und Temperaturen für wichtige Reibpaarungen bei mittleren Gleitgeschwindigkeiten [1.16] [11.1] [11.2] [11.5] [11.15] [11.16]. Reibwertverläufe in Abhängigkeit von der Gleitgeschwindigkeit sind der Literatur zu entnehmen [11.1].

Zunehmende Bedeutung erlangen schließlich auch Magnetwerkstoffe für Kupplungen, wie bereits in Abschnitt 11.3.2. angedeutet. Insbesondere die modernen Dauermagnetwerkstoffe erweitern erheblich die Anwendungsbreite von Dauermagnetkupplungen. Beispielsweise gestattet der Einsatz von Samarium-Kobalt-Magneten bzw. Neodym-Eisen-Bor-Magneten [11.67] den Aufbau wesentlich kleinerer Bauformen als dies bei Anwendung herkömmlicher Aluminium-Nickel-Kobalt- oder Bariumferrit- bzw. Strontiumferrit-Magneten, die ein Mehrfaches an aktivem Magnetvolumen erfordern, möglich wäre.

Eine Zusammenstellung ausgewählter Normen und Richtlinien zum Abschnitt 11. enthält **Tafel 11.6**.

11.7. Berechnungsbeispiele [1.17] [11.17]

Aufgabe 11.1. Dauerkupplung für einen Kleinmotor

Zur Kupplung einer Getriebewelle mit der Welle eines kleinen Elektromotors ist eine einfache Schalenkupplung nach Bild 11.4c mit vier Schrauben vorgesehen.
Gegeben sind: Drehmoment $M_d = 100\,\text{N} \cdot \text{mm}$; Wellendurchmesser $D_W = 6\,\text{mm}$; Schrauben M3, Festigkeitsklasse 4.6 mit $R_e = 240\,\text{N/mm}^2$ (s. Abschnitt 4.4.4.) und die Reibpaarung Stahl/Stahl (gehärtet), trocken.

a) *Zu berechnen ist das maximal durch diese Kupplung übertragbare Drehmoment. Mit welcher Sicherheit wurde die Kupplung dimensioniert?*

b) *Falls sich die Schalenkupplung als sehr stark überdimensioniert erweist, sind einfachere Kupplungen zu entwerfen. Eine axiale Sicherung ist infolge fester Lagezuordnung von Motor und Getriebe nicht erforderlich.*

c) *Wie müßte die Kupplung gestaltet werden, wenn sehr kleine radiale sowie Winkelabweichungen in der Wellenlage zu erwarten sind?*

Lösung

a) Berechnung der Schalenkupplung: Spannungsquerschnitt für M3-Schrauben (vgl. Abschnitt 4.4.4.) $A_s = 5{,}03\,\text{mm}^2$; Reibwert (s. Tafel 11.5) $\mu = 0{,}15$.
Nach Tafel 11.1 gelten ohne Berücksichtigung einer Sicherheit S_F die Beziehungen

$$M_d = F_t \frac{D_W}{2}; \qquad F_t = z\mu F_L; \qquad F_L \leqq A_s R_e \quad (S_F = 1).$$

Damit folgt bei Linienberührung zwischen Schalen und Wellen

$$M_d \leqq z\mu \frac{D_W}{2} A_s R_e = 4 \cdot 0{,}15 \cdot \frac{6}{2} \cdot 5{,}03 \cdot 240\ \text{N} \cdot \text{mm} = 2{,}17\ \text{N} \cdot \text{m}.$$

Die Kupplung kann maximal ein Drehmoment von $M_d = 2{,}17\,\text{N} \cdot \text{m}$ übertragen. Das bedeutet gegenüber dem vorhandenen Drehmoment von $0{,}1\,\text{N} \cdot \text{m}$ eine 22fache Sicherheit.
b) Beide Wellen könnten z. B. analog einer Teleskopwelle ineinandergesteckt werden (Vierkant- oder Sechskantprofil). Das Herstellen eines Innenprofils für eine unmittelbare Kupplung der Wellen nach **Bild 11.66** a ist jedoch kompliziert. Technologisch günstiger sind durchgehende Innenprofile (b). Ohne komplizierte Profile läßt sich eine Mitnahme bei kleinen Drehmomenten auch durch einen Gewindestift sowie eine entsprechende Abflachung des Wellenendes realisieren (c). Alle drei Kupplungen müssen allerdings bereits beim Anflanschen des Getriebes mit eingebaut werden.

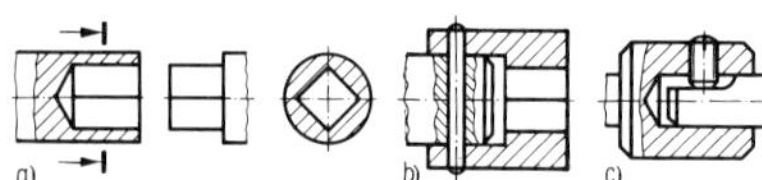

Bild 11.66. Steckkupplungen
a) Profil im Wellenende; b) Profil im Zusatzteil; c) Zylinderformpaarung

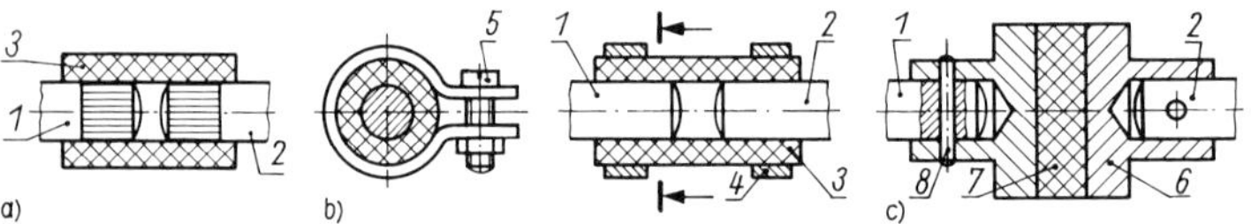

Bild 11.67. Ausgleichskupplungen für sehr kleine radiale und Winkelabweichungen
a) mit Gummihülse; b) mit Gummihülse und Schellen; c) mit Gummischeibe
1, 2 Wellen; *3* Gummihülse; *4* Schelle; *5* Schraube; *6* Kupplungsscheibe; *7* Gummischeibe; *8* Stift

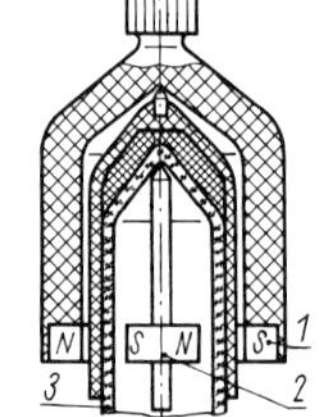

Bild 11.68. Dauermagnetkupplung zur Einstellung eines Schaltthermometers
1 Dauermagnet; *2* Anker (Dauermagnet oder Eisen); *3* Glaskolben (Thermometerwand)

c) Bei sehr kleinen radialen und Winkelabweichungen sind elastische Zwischenglieder zur Übertragung kleiner Drehmomente geeignet. Im **Bild 11.67** a wurden die Wellen *1* und *2* mittels einer Hülse aus Gummi verbunden, die auf die gerändelten Wellenenden aufgeschoben ist. Ohne Veränderungen an den Wellenenden kann die Gummihülse auch durch Schellen *4* befestigt werden (b). Eine an zwei Kupplungsscheiben *6* vulkanisierte Gummischeibe *7* erfüllt bei etwas höherem Aufwand ebenfalls die Forderungen (c).

Aufgabe 11.2. Kupplung für ein Schaltthermometer

Die Temperatureinstellung in Schaltthermometern erfolgt durch Drehen einer im Thermometer befindlichen Spindel. *Es ist eine Kupplung zu entwerfen, die es gestattet, ein kleines von Hand erzeugtes Drehmoment auf die Spindel zu übertragen. Die Kupplung soll am Oberteil des Thermometers angeordnet werden.*

Lösung. Da im Thermometer Vakuum herrscht, kommen nur berührungslos arbeitende Kupplungen in Betracht. Durchführungen durch den Glaskolben sind entweder ungeeignet oder zu aufwendig. Deshalb findet eine Dauermagnetkupplung nach **Bild 11.68** Anwendung.

Aufgabe 11.3. Schaltbare Reibkupplung

Für ein Heimwerkergerätesystem ist eine schaltbare Reibkupplung zwischen dem Antrieb und den jeweiligen anzukuppelnden Zusatzgeräten vorgesehen.
Gegeben sind: Drehmoment $M_d = 2$ N · m; Wellendurchmesser $D_W = 10$ mm; Reibpaarung: Mineralwolle mit Kunstharz gegen Stahl, gefettet.
Eine solche Kupplung ist sowohl als Einscheiben- als auch als Kegelreibkupplung zu dimensionieren und zu konstruieren. Die Ergebnisse sind zu vergleichen.

Lösung. Die Dimensionierung der Kupplung erfolgt nach Tafel 11.2. Für die Einscheibenreibkupplung gilt dabei der Kegelwinkel $\delta = 90°$. Zu ermitteln sind der mittlere Reibflächendurchmesser d, der innere und äußere Reibflächendurchmesser d_i und d_a, die Größe der Reibfläche A, die notwendige Schaltkraft F_S und der Kegelwinkel δ der Kegelkupplung.
Werkstoffpaarung: Nach Tafel 11.5 gilt für die gegebene Reibpaarung $\mu = 0{,}15 \ldots 0{,}35 \approx 0{,}25$; $p_{m\,zul} \approx 0{,}5$ N/mm². Für die Flächenpressung wurde der kleinste Wert gewählt, da Verschleiß mit hoher Sicherheit vermieden werden soll.
Kegelwinkel: Damit sich die Kupplung leicht lösen läßt, muß der Kegelwinkel δ größer als der Reibwinkel ϱ mit $\varrho = \arctan \mu$ sein. Es gilt $\varrho = \arctan \mu = 14{,}0°$ für $\mu = 0{,}25$ und $\varrho = 19{,}3°$ für den Maximalwert $\mu = 0{,}35$. Gewählt wird $\delta = 22{,}5°$.
Abmessungen der Reibfläche: Zunächst ist der mittlere Reibflächendurchmesser zu wählen; i. allg. wird er größer als der Wellendurchmesser sein, um den Reibbelag günstig befestigen zu können; gewählt: $d = 30$ mm.
Die Reibfläche $A = \pi d b$ läßt sich damit aus der zulässigen Flächenpressung berechnen:

$$p_m = \frac{2M_d}{dA\mu} \leqq p_{m\,zul}; \qquad A \geqq \frac{2M_d}{\mu d p_{m\,zul}};$$

$$A \geqq \frac{2 \cdot 2 \cdot 10^3 \text{ N} \cdot \text{mm}}{0{,}25 \cdot 30 \text{ mm} \cdot 0{,}5 \text{ N} \cdot \text{mm}^{-2}} = 1067 \text{ mm}^2.$$

Daraus ergibt sich eine Reibflächenbreite von

$$b = \frac{A}{\pi d} = \frac{1067 \text{ mm}^2}{\pi \cdot 30 \text{ mm}} = 11{,}32 \text{ mm}, \text{ gewählt: } b = 12 \text{ mm}.$$

Die Reibflächendurchmesser der Einscheibenreibkupplung betragen somit $d_i = d - b = 18$ mm, $d = 30$ mm, $d_a = d + b = 42$ mm.
Für die Kegelreibkupplung folgen die Abmessungen $d_i = d - b \sin \delta = 25{,}4$ mm, $d = 30$ mm, $d_a = d + b \sin \delta = 34{,}6$ mm.
Erforderliche Schaltkraft: Nach Tafel 11.2 gilt allgemein

$$F_S = 2M_d \sin \delta/(d\mu).$$

Für die Einscheibenreibkupplung folgt damit eine Schaltkraft von

$$F_S = \frac{2 \cdot 2 \cdot 10^3 \text{ N} \cdot \text{mm} \cdot \sin 90°}{30 \text{ mm} \cdot 0{,}25} = 533 \text{ N}$$

und für die Kegelreibkupplung

$$F_S = \frac{2 \cdot 2 \cdot 10^3 \text{ N} \cdot \text{mm} \cdot \sin 22{,}5°}{30 \text{ mm} \cdot 0{,}25} = 204 \text{ N}.$$

Die Unterschiede zwischen Einscheiben- und Kegelreibkupplung werden deutlich sichtbar. Kegelreibkupplungen weisen kleinere Baugrößen und Schaltkräfte auf. Die aufzubringenden Schaltkräfte sind jedoch bei beiden Kupplungen für eine Handbedienung noch zu groß, so daß eine Hebelübersetzung erforderlich wird.
Konstruktiver Entwurf: Zur Einscheibenreibkupplung s. Bild 11.34, zur Kegelreibkupplung s. Bild 11.35.

Aufgabe 11.4. Fliehkraftkupplung

Von einer Fliehkraftkupplung (Ausschaltkupplung) nach **Bild 11.69** sind bekannt: Schaltdrehzahl $n_{01} = 4000$ U/min; $d_i = 23$ mm; $d_a = 55$ mm; Anzahl der Fliehkörper $i = 2$ mit $d = 9$ mm, $h = 9$ mm, $\varrho = 7{,}85$ g/cm³; Federsteife $c = 1{,}4$ N/mm; Federlänge im entspannten Zustand $l_0 = 16$ mm; Haftreibwert $\mu_0 = 0{,}4$.

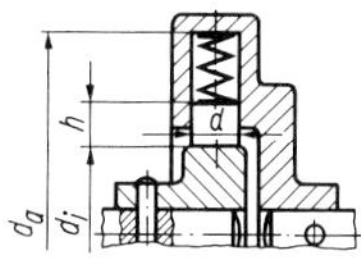

Bild 11.69. Fliehkraftkupplung (Ausschaltkupplung)

a) *Wie groß ist das maximal übertragbare Drehmoment bei der Nenndrehzahl des gesamten Antriebssystems von $n_N = 2000$ U/min?*
b) *Wie ist der Durchmesser der Fliehkörper zu ändern, wenn die Kupplung auf eine Schaltdrehzahl $n_{02} = 5000$ U/min umgestellt werden soll? Wie wirkt sich dies auf das übertragbare Drehmoment bei Nenndrehzahl aus?*

Lösung

a) Das wirksame Drehmoment M_d bei Nenndrehzahl berechnet sich aus dem vorhandenen Reibmoment M_R gemäß Tafel 11.4 (vgl. Anmerkung 2 für Ausschaltkupplungen) zu

$$M_d = M_R = (-1)\,(m r_S \omega^2 - F_F)\,\mu_0 r i = (F_F - m r_S \omega^2)\,\mu_0 r i,$$

wobei von Haftreibung (nichtrutschende Kupplung) ausgegangen wird ($n_N \ll n_0$). Für die einzelnen Größen gilt:

Masse $m = \frac{\pi}{4}\, d^2 h \varrho = \frac{\pi}{4} \cdot 9^2\ \text{mm}^2 \cdot 9\ \text{mm} \cdot 7{,}85\ \text{g/cm}^3 = 4{,}49\ \text{g}$;

Schwerpunktradius der Fliehkörper $r_S = \frac{1}{2}\,(d_i + h) = 16\ \text{mm}$;

Winkelgeschwindigkeit $\omega = \frac{\pi}{30}\, n_N = 209{,}4\ \text{s}^{-1}$;

Federlänge im zusammengedrückten Zustand $l_1 = \frac{1}{2}\,(d_a - d_i) - h = 7\ \text{mm}$;

Federkraft $F_F = c\,(l_0 - l_1) = 12{,}6\ \text{N}$;

Reibradius $r = d_i/2 = 11{,}5\ \text{mm}$.

Damit folgt für das bei 2000 U/min maximal übertragbare Drehmoment

$$M_d = M_R = (12{,}6\ \text{N} - 4{,}49\ \text{g} \cdot 16\ \text{mm} \cdot 209{,}4^2\ \text{s}^{-2}) \cdot 0{,}4 \cdot 11{,}5\ \text{mm} \cdot 2 = 86{,}9\ \text{N}\cdot\text{mm}.$$

b) Für die Schaltdrehzahl n_0 gilt nach Tafel 11.4: $n_0 = (30/\pi)\ \omega_0$ mit

$$\omega_0 = \sqrt{F_F/(m r_S)} = \sqrt{F_F/(\tfrac{\pi}{4} d^2 h \varrho r_S)}.$$

Bei Änderung des Durchmessers der Fliehkörper bleiben die Fliehkörperhöhe h und damit auch die Federkraft F_F sowie der Schwerpunktradius r_S konstant (bei Änderung der Fliehkörperhöhe nicht!). Damit folgt für den Fliehkörperdurchmesser bei $\omega_{02} = \frac{\pi}{30}\, n_{02} = 523{,}6\ \text{s}^{-1}$

$$d = \sqrt{4F_F/(\pi h \varrho r_S \omega_{02}^2)} = \sqrt{4 \cdot 12{,}6\ \text{N}/(\pi \cdot 9\ \text{mm} \cdot 7{,}85\ \text{g} \cdot \text{cm}^{-3} \cdot 16\ \text{mm} \cdot 523{,}6^2\ \text{s}^{-2})} = 7{,}2\ \text{mm}.$$

Analog Lösung a) ergibt sich für das bei der Nenndrehzahl n_N übertragbare Drehmoment mit $d = 7{,}2$ mm dann

$$M_d = M_R = 97{,}4\ \text{N}\cdot\text{mm},$$

da die Normalkraft infolge verringerter Zentrifugalkraft größer wird.

- **Berechnung einer Rutschkupplung** s. Abschnitt 4.3.3.4.

Literatur zum Abschnitt 11.

(Grundlagenliteratur s. Literatur zum Abschnitt 1.)

Bücher, Dissertationen

[11.1] *Niemann, G.; Winter, H.:* Maschinenelemente. Bd. III: Schraubrad-, Kegelrad-, Schnecken-, Ketten-, Riemen-, Reibradgetriebe, Kupplungen, Bremsen, Freiläufe. 3. Aufl. Berlin, Heidelberg: Springer-Verlag 1986.

[11.2] *Decker, K. H.:* Maschinenelemente – Gestaltung und Berechnung. 14. Aufl. München: Carl Hanser Verlag 1998.

[11.3] *Steinhilper, W.; Röper, R.:* Maschinen- und Konstruktionselemente, Bd. 1: Grundlagen der Berechnung und Gestaltung. 4. Aufl.; Bd. 2: Verbindungselemente. 3. Aufl. Berlin: Springer-Verlag 1994; 1993.

[11.4] *Peeken, H.; Troeder, C.:* Elastische Kupplungen – Ausführungen, Eigenschaften, Berechnungen. Berlin, Heidelberg: Springer-Verlag 1986.

[11.5] *Winkelmann, S.; Harmuth, H.:* Schaltbare Reibkupplungen – Grundlagen, Eigenschaften, Konstruktion. Berlin, Heidelberg: Springer-Verlag 1985.

[11.6] *Schalitz, A.:* Kupplungs-Atlas. Bauarten und Auslegung von Kupplungen und Bremsen. 4. Aufl. Ludwigsburg: Thum Verlag 1975.

[11.7] *Pelczewski, W.:* Elektromagnetische Kupplungen. Wiesbaden: Friedr. Vieweg & Sohn Verlagsgesellschaft GmbH 1971.

[11.8] *Stübner, K.; Rüggen, W.:* Kupplungen (1961) – Kompendium der Kupplungstechnik (1962) – Kupplungen im Betrieb (1963). München: Carl Hanser Verlag.

[11.9] *Stölzle, K.; Härt, S.:* Freilaufkupplungen, Berechnung und Konstruktion. Berlin, Heidelberg: Springer-Verlag 1961.

[11.10] *Pampel, W.:* Kupplungen. Bd. I: Drehstarre, elastische und drehschwingungsdämpfende Kupplungen. Berlin: Verlag Technik 1958.

[11.11] Zeiss-Autorenkollektiv: Konstruktionsbeispiele aus der Feingerätetechnik. Berlin: Verlag Technik 1955.

[11.12] *Göbel, E. F.:* Gummifedern – Berechnung und Gestaltung. 3. Aufl. Berlin, Heidelberg: Springer-Verlag 1969.

[11.13] *Kallenbach, E.; Eick, L.; Quendt, P.:* Elektromagnete. Stuttgart, Leipzig: Verlag G. B. Teubner 1994.

[11.14] *Schüler, K.; Brinkmann, K.:* Dauermagnete – Werkstoffe und Anwendungen. Berlin, Heidelberg: Springer-Verlag 1970.

[11.15] Krausskopf-Taschenbuch Antriebstechnik. Bd. II: Kupplungen. Mainz: Krausskopf Verlag 1974.

[11.16] *Linsmeier, K.-D.:* Elektromagnetische Bremsen und Kupplungen. Landsberg/Lech: Verlag Moderne Industrie 1992.

[11.17] *Mesch, H.:* Aufgabensammlung Maschinenelemente. 9. Aufl. Berlin: Verlag Technik 1988.
[11.18] *Kunze, R.:* Dimensionierung feinmechanischer Schlingfederkupplungen mit mechanischer Ansteuerung. Diss. TU Dresden 1981.
[11.19] *Spensberger, H.:* Beitrag zur Kennwertermittlung an elastischen Kupplungen. Diss. TU Dresden 1976.
[11.20] *Boden, R.:* Ein Positionierantrieb auf Linearkupplungsbasis. Diss. TU Dresden 1976.
[11.21] *Timtner, K.-H.:* Berechnung der Drehfeder-Kennlinien und zulässiger Drehmomente bei Freilaufkupplungen. Diss. TH Darmstadt 1974.
[11.22] *Schimmelpfennig, R.; Roos, U.:* Untersuchung der elastischen und dämpfenden Eigenschaften einer drehelastischen Gummifederkupplung. Diss. TH Magdeburg 1973.
[11.23] *Gauger, D.:* Wirkmechanismen und Belastungsgrenzen von Reibpaarungen trockenlaufender Kupplungen. Diss. TU Berlin. VDI-Fortschrittsberichte, Reihe 1, Band 301 (1998).
[11.24] *Mesch, A.:* Untersuchungen zum Wirkmechanismus drehmomentübertragender elastischer Kupplungen mit komplexen Dämpfungseigenschaften. Diss. Uni Duisburg. VDI-Fortschrittsberichte, Reihe 1, Band 262 (1996).
[11.25] *Becker, M.:* Ein Beitrag zur Untersuchung der Temperaturentwicklung in einer drehelastischen Scheibenkupplung bei dynamischer Beanspruchung unter besonderer Berücksichtigung des im Betrieb auftretenden Winkelversatzes. Diss. Uni Kaiserslautern 1994.

Aufsätze

[11.30] *Steinbach, M.:* Systematik der Wellenkupplungen. F & M – Mechatronik 105 (1997) 4, S. 228.
[11.31] *Kunze, G.:* Entwicklungsstand und Entwicklungstendenzen von Wellenkupplungen. Maschinenbautechnik 33 (1984) 11, S. 514.
[11.32] *Hartz, H.:* Anwendungskriterien für hochdrehelastische Kupplungen. Teil 1: Antriebsarten und deren Besonderheiten. Antriebstechnik 25 (1986) 5, S. 47.
[11.33] *Ernst, L.; Rüggen, W.:* Steckkupplungen mit auf Druck beanspruchten elastischen Elementen. Was darf man von ihnen erwarten und was nicht? Antriebstechnik 23 (1984) 1, S. 16.
[11.34] *Jakob, L.:* Anwendungen drehstarrer, flexibler Kupplungen. Feinwerktechnik u. Meßtechnik 91 (1983) 7, S. 92.
[11.35] *Boehm, P.:* Entwicklungstendenzen elastischer Kupplungen. Antriebstechnisches Kolloquium, RWTH Aachen 1995, Band 6 (1995) S. 37.
[11.36] *Duditza, F.:* Querbewegliche Kupplungen. Antriebstechnik 10 (1971) 11, S. 409.
[11.37] *Haarmann, W.:* Aufbau und Wirkungsweise von Dreischeibenkupplungen. Maschinenmarkt 80 (1974) 102, S. 2107.
[11.38] *Bendixen, H.:* Kinematik und Auslegungskriterien einer Kupplung für große Wellenversätze. Konstruktion 29 (1977) 3, S. 113.
[11.39] *Hain, K.:* Die Oldham-Kupplung als wandlungsfähiges Getriebe. Konstruktion 34 (1982) 7, S. 265.
[11.40] *Rimpel, A.; Wöber, M.:* Torsionssteife Metallbalgkupplungen. antriebstechnik 31 (1992) 2, S. 42.
[11.41] *Schütz, K. H.:* Gleichlauf-Kugelgelenke für den Kraftfahrzeugantrieb. antriebstechnik 10 (1971) 12, S. 437.
[11.42] *Merz, T.:* Elastomerkupplungen für die unterschiedlichsten Anwendungen. antriebstechnik 42 (2003) 6, S. 26.
[11.43] *Kunze, R.:* Einsatz und Berechnung von Schlingfederkupplungen. Feingerätetechnik 27 (1978) 11, S. 492.
[11.44] *Mertens, H.; Ziegenhagen, S.:* Übertragungsverhalten von Elastomer-Kupplungen – Messung, Masterkurven, Modellbildung. Tagung Kupplungen in Antriebssystemen. Fulda 1997, VDI-Berichte 1323 (1997) S. 23.
[11.45] *Boehm, D.; Boehm, P.; Darenberg, D.; Mehlan, A.:* Elastische Kupplungen im Antriebsstrang, Anwendung, Auslegung und Lebensdauer. Tagung Schwingungen in Antrieben. Frankenthal 1998, VDI-Berichte 1416 (1998) S. 45.
[11.46] Nichtschaltbare Kupplungen. antriebstechnik 36 (1997) Marktübersicht 1998, S. 107.
[11.47] Schaltbare Kupplungen. antriebstechnik 36 (1997) Marktübersicht 1998, S. 132.
[11.48] *Leistner, F.; Kurras, E.:* Aspekte der Weiterentwicklung drehelastischer Wellenkupplungen mit viskoelastischen Übertragungselementen. Maschinenbautechnik 31 (1982) 12, S. 533.
[11.49] *Jung, U.; König, M.:* Für Ausgleich ist gesorgt – Rückstellkraft bei Achsversatz ausgleichenden Miniatur-Kupplungen. Der Konstrukteur, Sonderheft 1998: Antreiben, Steuern, Bewegen.
[11.50] *Lomnicky, H.:* Eine Magnetpulver-Kupplung und -Bremse für Magnetbandgeräte der Datenverarbeitung. Feinwerktechnik u. Micronic 77 (1973) 4, S. 157.
[11.51] *Habedank, W.; Pahl, G.:* Schaltkennlinienbeeinflussung bei Reibungskupplungen. Konstruktion 48 (1996) 4, S. 87.
[11.52] *Severin, D.; Musiol, F.:* Der Reibprozeß in trockenlaufenden mechanischen Bremsen und Kupplungen. Konstruktion 47 (1995) 3, S. 59.
[11.53] *Rauch, M.:* Dynamik gerätetechnischer Schaltsysteme mit elektromagnetischen Reibkupplungen. Feingerätetechnik 28 (1979) 6, S. 251.
[11.54] *Mehner, R.:* Verschleißverhalten von Reibpaarungen in Lamellenkupplungen. Maschinenbautechnik 31 (1982) 12, S. 551.
[11.55] *Sehulke, J.:* Wärmetechnische Auslegung von Trockenreibungs- und Rutschkupplungen. antriebstechnik 20 (1981) 9, S. 376.
[11.56] *Adner, H.; Kiess, W.:* Formschlüssige Überlastkupplungen für Werkzeugmaschinen-Vorschubantrieb. Maschinenbautechnik 30 (1981) 2, S. 59.
[11.57] *Rymuza, Z.:* Feinmechanische Überlastkupplungen aus Plastwerkstoffen. Feingerätetechnik 33 (1984) 2, S. 57.
[11.58] *Bunte, P.; Künne, B.:* Einfluß der Alterung auf das Schaltverhalten von Sicherheitskupplungen. Der Konstrukteur 14 (1983) 9/10, S. 14.
[11.59] *Müller, H.:* Bericht über Rolamite. Feinwerktechnik 74 (1970) 1, S. 26.

[11.60] *Gutzeit, W.:* Kleinfreiläufe und ihre Anwendung bei Antrieben der Feinwerktechnik. Feinwerktechnik 74 (1970) 1, S. 28.

[11.61] *Timtner, K.:* Berechnung der Drehfeder-Kennlinien und zulässigen Drehmomente bei Freilauf-Kupplungen mit Klemmkörpern. Konstruktion 27 (1975) 11/12, S. 433.

[11.62] *Paland, E.-G.:* Hülsenfreiläufe. Antriebstechnik 13 (1974) 12, S. 681.

[11.63] *Peeken, H.; Hinzen, H.:* Systematik zur konstruktiven Gestaltung von Klemmwinkelverläufen bei Klemmkörper-Freiläufen. Konstruktion 37 (1985) 9, S. 343.

[11.64] *Fleissig, M.:* Untersuchungen zum Drehmomentverhalten von Fliehkraftkupplungen. VDI-Zeitschrift 126 (1984) 22, S. 869.

[11.65] *Bock, D.:* Berechnungsgrundlagen für Eintourenkupplungen. Feingerätetechnik 27 (1978) 7, S. 305.

[11.66] *Kronmüller, F.:* Spielfreie Sicherheitskupplungen. Konstruktion 54 (2002), Special Antriebstechnik S2, S. 76.

[11.67] *Melnicky, J.:* Kompakte Kupplungssysteme für axial restriktive Bauräume. antriebstechnik 42 (2003) 10, S. 22.

[11.68] *Michligk, Th.; u. a.:* Wellen-Flanschkupplungen mit Reib- und Formschluß. Konstruktion 51 (1999) 1/2, S. 25.

[11.69] Firmenschriften zu Kupplungen: Tobias Baeuerle & Söhne GmbH St. Georgen; G. J. Bohnenstiehl GmbH Heidelberg; Chr. Mayr GmbH Mauerstetten; Flender GmbH Bocholt; Haag und Zeissler Maschinenelemente GmbH Hanau; Jakob Maschinenteile GmbH Kleinwallstadt; Kupplungstechnik GmbH Rheine; Lenze GmbH Waiblingen; Nabeya Kogyo Co. Seki, Japan; Meß- und Antriebstechnik GmbH Mainaschaff; Ortlinghaus Werke GmbH Werkirchen; Reliance Gear Co.; R + W Antriebselemente GmbH Erlenbach; Schmidt-Kupplungen GmbH Wolfenbüttel; Technische Antriebselemente GmbH Hamburg; Stieber-Präzision München; Tschan GmbH Neunkirchen; Verbindungs- und Überlastschutzsysteme GmbH Obernburg.

[11.70] Firmenschriften zu Magnetwerkstoffen: Magnetfabrik Bonn GmbH Bonn; Vakuumschmelze GmbH Hanau; IBS Magnet Berlin; Thyssen Edelstahlwerke AG Magnetfabrik Dortmund; Binder Magnete GmbH Villingen-Schwenningen; KRUPP WIDIA GmbH Magnetfabrik Essen; und zu Magnetkupplungen: GERWAH Grosswallstadt; Lenze GmbH Extertal; Zahnradfabrik Friedrichshafen AG.

12. Spann-, Schritt- und Sprungwerke

Ein Werk ist eine mechanische Einrichtung zum Erzeugen einer Bewegung durch Entnahme von Energie aus einem mechanischen Speicher. Man unterscheidet Spann-, Schritt- und Sprungwerke, die als gemeinsame Merkmale einen solchen Speicher meist in Form einer Feder enthalten, der mit einem geführten oder gelagerten Bauteil (Sprungstück) gekoppelt ist, und weiterhin eine Festhaltung, die dieses Sprungstück in einer vorbestimmten Weise an der Bewegung hindert bzw. freigibt [1.2] [12.1] bis [12.3]. Allgemein werden o. g. Werke eingesetzt, um vorher gespeicherte mechanische Energie zum erforderlichen Zeitpunkt freizusetzen bzw. langsame Bewegungen sprungartig in schnellere umzuformen. Als Oberbegriff hat sich daher auch für die genannten Mechanismen die Bezeichnung *Startwerke* eingebürgert.
Die erwähnten Arten der Startwerke unterscheiden sich vor allem dadurch, wie Energiespeicher, Sprungstück und Festhaltung miteinander gekoppelt sind und in welcher Weise sie zusammenwirken.

12.1. Spannwerke [1.2] [12.1] [12.2] [12.10] bis [12.12]

Bei einem Spannwerk wird einem Energiespeicher über ein Spannstück Energie zugeführt und dieses nach Beenden des Speichervorgangs durch eine Festhaltung gesichert. Auf Befehl kann zu einem willkürlichen Zeitpunkt die gespeicherte Energie wieder freigesetzt werden, wenn ein Schaltglied die Festhaltung löst. Ein geführtes bzw. gelagertes Bauteil (Sprungstück) führt dabei eine allgemein beschleunigte Bewegung aus. Je nach Ausbildung der Festhaltung wird zwischen Sperr- und Kippspannwerken unterschieden.

12.1.1. Sperrspannwerke

Sperrspannwerke enthalten als Festhaltung ein Gesperre, das in den meisten Fällen als Formrichtgesperre ausgebildet ist. Damit wird die Bewegung vollständig und unabhängig vom Energiespeicherinhalt verhindert und eine eindeutige Lage des Spannstücks definiert. **Bild 12.1** zeigt eine typische Form. Bild 12.1 a entspricht dem gespannten Zustand, das Sperr-

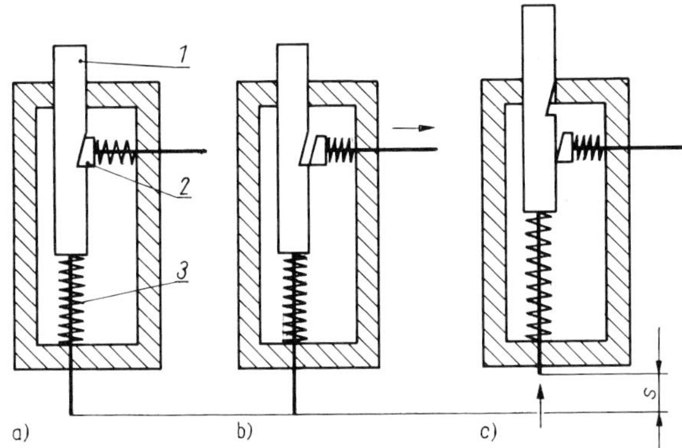

Bild 12.1. Prinzipielle Arbeitsweise eines Sperrspannwerkes
a) gespannter Zustand; b) Auslösen; c) entspannter Zustand

glied *2* ist eingerastet. Mit dem Anheben des Sperrgliedes wird das Spannwerk ausgelöst, Sprungstück *1* legt, angetrieben von der Feder *3*, den Weg *s* zurück. Anschläge sorgen allgemein für eine exakte Wegbegrenzung.

Derartige Spannwerke werden in den meisten Schußwaffen eingesetzt und dienen hier als Leistungswandler. Nach dem Auslösen trifft das Spannstück (zugleich Sprungstück) mit hoher Geschwindigkeit auf den Schlagbolzen und schlägt diesen auf das Zündhütchen.

Elektrische Schaltkontakte sollen sich, um Lichtbogenbildung und undefiniertes Arbeiten zu vermeiden, mit möglichst hoher Geschwindigkeit öffnen. Auch hier bietet sich der Einsatz eines Spannwerkes an, das Sprungstück trägt den Kontaktsatz. Im **Bild 12.2** ist ein solcher Mehrfachtastenschalter für die Verwendung in elektronischen Geräten dargestellt. Alle nebeneinander angeordneten Tasten besitzen ein gemeinsames Sperrglied, das Betätigen einer Taste hebt die Sperrung anderer zwangläufig auf.

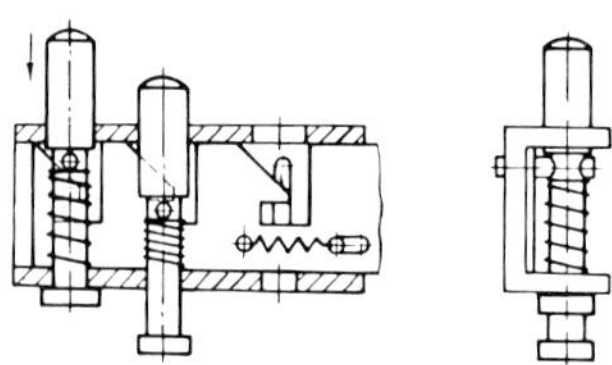

Bild 12.2. Sperrspannwerk im Mehrfachtastenschalter mit gemeinsamem Sperrglied für alle Tasten

Tastenschalter unabhängiger Bauart benutzen ein Spannwerk, das in ähnlicher Form auch bei Kugelschreibern Verwendung findet. Ziel ist hier nicht ein Zurückschnellen eines Sprungstücks nach Spannen und Auslösen, sondern ein Lösen der Festhaltung bei wiederholtem Drücken. Ein Stift bzw. eine Kugel wandert dabei entlang einer in sich geschlossenen Führungsnut und rastet an vorbereiteten Stellungen ein **(Bild 12.3)**. Die im Bild 12.3b abgewickelt dargestellte Nut führt die Kugel beim Niederdrücken in der gezeichneten Weise und hält den Druckstift in der jeweiligen Stellung gespannt.

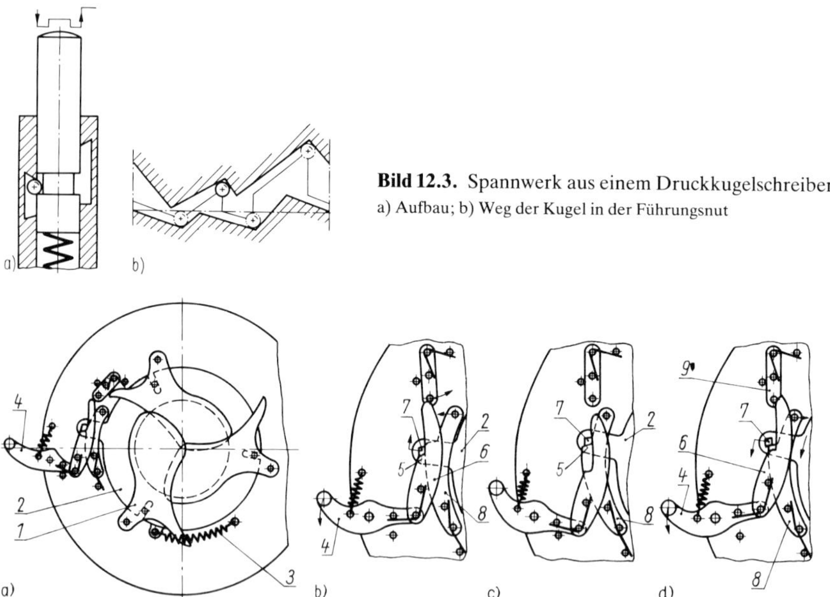

Bild 12.3. Spannwerk aus einem Druckkugelschreiber
a) Aufbau; b) Weg der Kugel in der Führungsnut

Bild 12.4. Spannwerk für Fotoverschluß
a) Gesamtaufbau; b) Phase des Spannens; c) Phase der Offenstellung (Belichten); d) Phase des Schließens (Auslösen des Werkes)

Ein weiteres Anwendungsgebiet solcher Spannwerke findet man bei Fotoverschlüssen **(Bild 12.4)**. Der für die Lamellen *1* des Verschlusses gemeinsame Ring *2* als Sprungstück eines Spannwerkes öffnet und schließt sie durch Drehen um die optische Achse mit Hilfe seiner radialen Schlitze, in welche Stifte der Lamellen eingreifen (Bild 12.4a). Das Spannen der

Feder *3* geschieht beim Betätigen des Hebels *4*; dabei ergreift der umgebogene Lappen *5* des Lenkers *6* die Nase *7* des Ringes *2*. Letztlich fällt der Sperrhebel *8* unter die Nase *7* und hält den geöffneten Verschluß gespannt (Bild 12.4b). Darstellung (c) zeigt die Offenstellung, das Auslösen geschieht durch erneutes Betätigen von *4*, dabei schiebt sich der Lenker *6* zwischen die Stifte von *8* und *9*, so daß *8* abgedrängt wird und die Nase freigibt (Bild 12.4d).

12.1.2. Kippspannwerke

Aus gefederten Getrieben mit Totlagen (Streck- oder Decklage) lassen sich durch geeignete Anordnung Spannwerke aufbauen, die ohne besondere Festhaltungen auskommen, wenn der Richtungswechsel der Anlagekraft in den Totlagen genutzt wird. Die Sperrlage muß dabei immer etwas über diese Kippstellungen hinausgehen, ein Anschlag dient der exakten Fixierung. Der im **Bild 12.5** gezeigte Schnellverschluß stellt die häufigste Anwendung von Kippspannwerken dar. Verschlüsse dieser Art sind allgemein bekannt, die Funktion ist daher ohne weiteres verständlich. Das verwendete gefederte Viergelenkgetriebe ist im rechten Teil des Bildes (b) nochmals gesondert dargestellt. Die Feder *4* bildet im Realfall meist ein federndes Gehäuse oder eine Gummidichtung. Der Anschlag *5* ist so anzuordnen, daß der Hebel *3* geringfügig über die Strecklage *SL* hinaus bewegt werden kann. Bei derartigen Anordnungen ist das Sprungglied gleichzeitig auch Spann- und Schaltglied (Funktionenintegration [1.2] [12.3]).

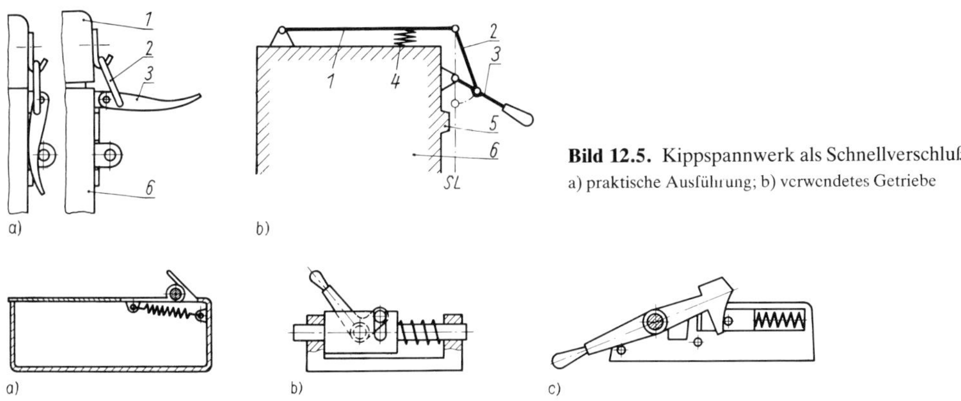

Bild 12.5. Kippspannwerk als Schnellverschluß
a) praktische Ausführung; b) verwendetes Getriebe

Bild 12.6. Beispiele für Kippspannwerke aus gefederten oder federnden Getrieben
a) Sprungdeckel aus federnder Kurbelschleife; b) gefederte Kreuzschubkurbel; c) Kurvengetriebe mit Kurvenknick in der Strecklage

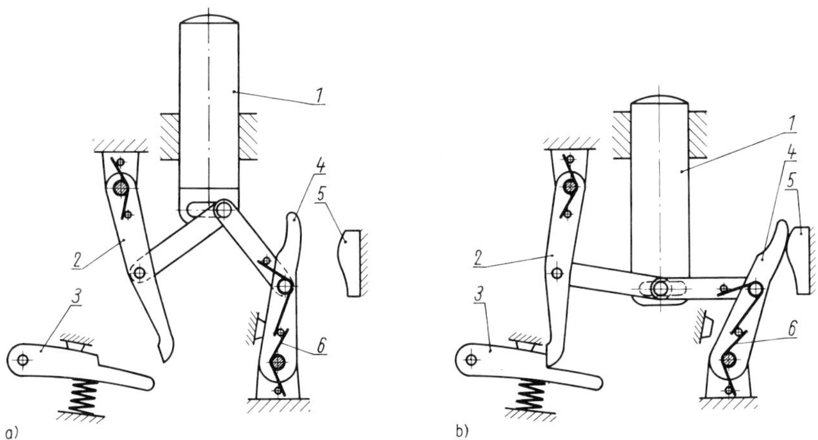

Bild 12.7. Kippspannwerk im elektrischen Schutzschalter
a) ausgelöste Stellung; b) gespannter (eingeschalteter) Zustand

Bild 12.6 zeigt weitere aus Gelenkvierecken abgeleitete Kippspannwerke. Der links gezeichnete Sprungdeckel (a) verwendet eine federnde Kurbelschleife. Leichtes Öffnen bewirkt das Auslösen des Spannwerkes. Das Spannwerk (Bild 12.6b) ist aus einer gefederten Kreuzschubkurbel aufgebaut. Die Schlitzlänge des Kreuzschiebers ist nicht voll ausgeführt, womit ein Anschlag erreicht wird. Bild 12.6c verdeutlicht die Anwendung eines gefederten Kurvengetriebes mit Kurvenknick zum Richtungswechsel des Moments (s. auch Abschnitt 13.12.).
Der elektrische Schutzschalter im **Bild 12.7** wird ebenfalls aus einem Gelenkviereck gebildet. Beim Niederdrücken der Taste *1* (Einschalten) legt sich das Lenkerglied *2* an eine Sperrfläche des Auslösehebels *3* und wird stillgesetzt. Der Mechanismus wird so zum Viergelenk und damit zwangläufig. Weiteres Drücken der Taste bewirkt das Drehen des Kontakthebels *4* gegen den Gegenkontakt *5*, womit sich der angeschlossene Stromkreis schließt. Die Zwischenglieder sind währenddessen über die Strecklage hinausbewegt, die Spannfeder *6* hält die Anordnung in dieser Stellung.
Das Spannwerk wird durch Niederdrücken von Teil *3* ausgelöst (von Hand, durch Bimetall, Überstrommagnete u. dgl.), Hebel *2* kann nach links ausweichen, der Kontakt öffnet. Dabei schlägt der Kniehebel mit der Drucktaste in die Ausgangslage zurück.

12.2. Schrittwerke [1.2] [12.1] [12.2] [12.17]

Im Gegensatz zu den Spannwerken ist ein Schrittwerk nach einmaligem Laden des Energiespeichers wiederholt auslösbar, es führt dabei definierte Schritte aus. Dazu werden zwei Formrichtgesperre verwendet (s. auch Abschnitt 9.), die, getrieblich voneinander abhängig, mit einem Schaltglied verbunden sind. Sie stehen wechselseitig im Eingriff und dienen jeweils als Schaltglied und Anschlag. Wesentlich ist dabei, daß beim Auslösen eines Gesperres das andere bereits im Wirkungsbereich steht, um einen sicheren Anschlag zu gewährleisten. Das Prinzip ist im **Bild 12.8** gut erkennbar, Zahl und Lage der Formelemente am geführten Glied *1* bestimmen die Schaltschritte s_1 und s_2, der Sicherheitshub $\Delta = H_1 - H_2$ gewährleistet den wechselseitigen Eingriff.

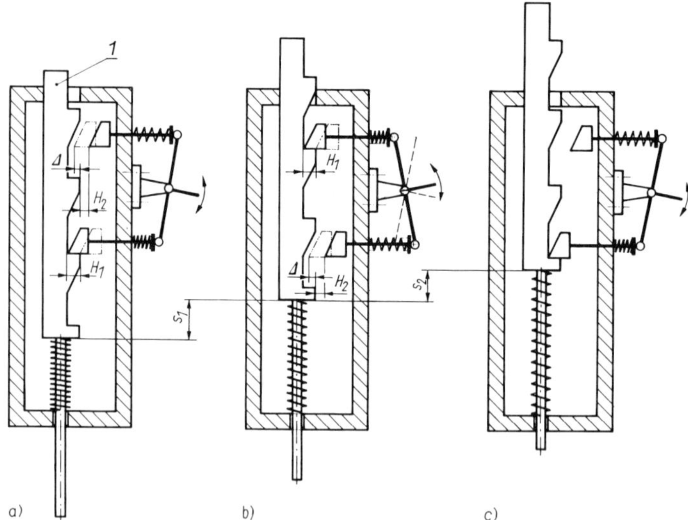

Bild 12.8. Prinzipielle Wirkungsweise eines Schrittwerkes
a) Ausgangsstellung; b), c) Auslösen durch Betätigen des Schaltgliedes

In gleicher Weise arbeitet das im **Bild 12.9** gezeigte Räderschrittwerk mit einer in ein Zahnrad eingreifenden Doppelklinke. Der erforderliche wechselseitige Eingriff bedingt besondere geometrische Verhältnisse. Der Sperrweg α des einen Klinkenteils muß größer als der Freiweg γ des anderen sein ($\alpha > \gamma$), analog dazu ist der Weg β einer Klinke bis zum Zahnrücken des Rades größer als der Sperrweg α auszubilden ($\beta > \alpha$). Zwei um eine halbe Zahnteilung versetzte Zahnräder gestatten, mit nur einem Schaltglied zwei Richtgesperre aufzubauen **(Bild 12.10)**. Da nur *ein* schwingend bewegtes Teil vorliegt, das sehr massearm ausgeführt werden kann, ist eine für mechanische Einrichtungen relativ hohe Grenzfrequenz von etwa 50 Hz erreichbar.

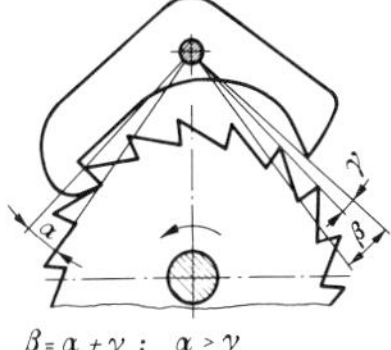

Bild 12.9. Doppelklinke als Anker eines Räderschrittwerkes

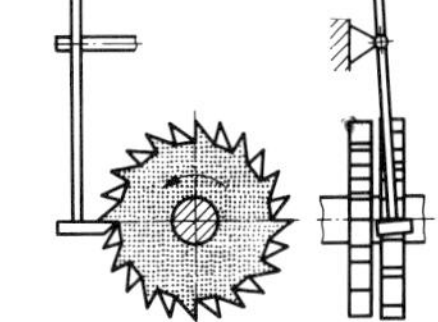

Bild 12.10. Räderschrittwerk für rasche Schrittfolge

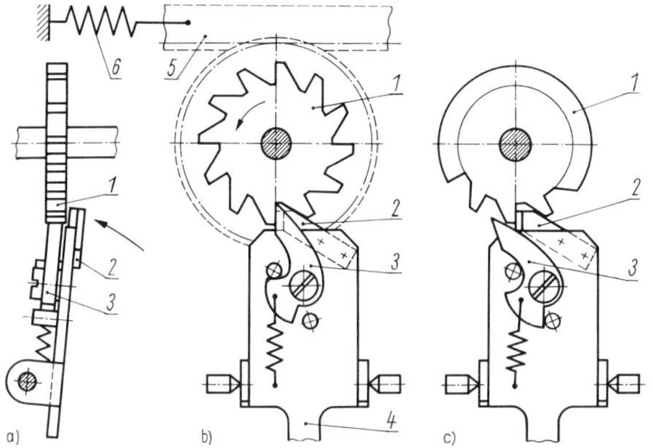

Bild 12.11. Schrittwerk für Schreibmaschinenwagen

a) Seitenansicht des Schaltgliedes; b) Ausgangsstellung entsprechend a);
c) Ausführen der Schaltbewegung durch Kippen von Teil *4*;
der Wagenschritt wird erst nach Rückkippen ausgeführt (siehe wieder Stellung b)

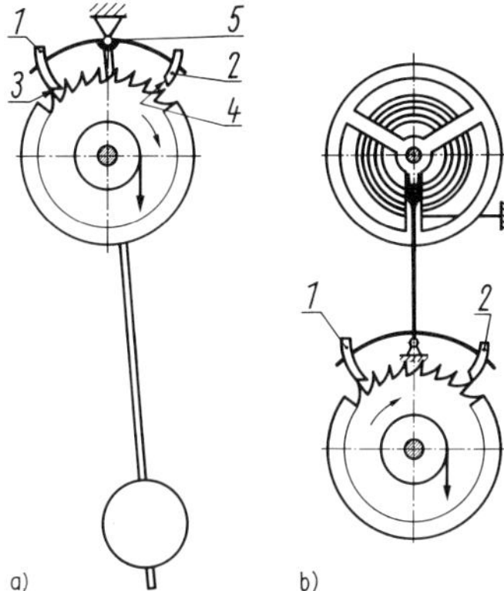

Bild 12.12. Ankerhemmung für mechanische Uhren

a) direkte Hemmung mit Schwerependel (Graham-Hemmung); b) freie Ankerhemmung mit Unruhschwinger

Bild 12.11 zeigt das Schrittwerk eines Schreibmaschinenwagens. Durch Pendelbewegung des Schwinghebels *4* gelangen die beiden Klinken *2* und *3* nacheinander mit dem Sperrad *1* in Eingriff. Die Klinke *3* ist drehbar und gefedert, womit durch Hin- und Herbewegen des Schaltgliedes nur *ein* Schritt ausgeführt wird. Der Energiespeicher *6* (Wagenfeder) ist über die Zahnstange *5* mit dem Sperrad gekoppelt.

Schrittwerke werden überwiegend in mechanischen Geräten eingesetzt, die nach dem Laden des Energiespeichers ihre Antriebsenergie aus diesem beziehen. Das Betätigen des Schaltgliedes wird dementsprechend fast immer von Bewegungsabläufen im Gerät gesteuert oder geschieht von Hand durch den Bediener. Das elektromechanische Ansteuern von Schrittwerken, z. B. mittels Elektromagnets, hat heute weitgehend an Bedeutung verloren, weil das Werk hier ebenfalls – wenn auch meist mit Elektromotor – vorher aufgezogen werden muß. In diesem Fall ist es günstiger, den betreffenden Mechanismus mit elektrischen Impulsen direkt anzutreiben, z. B. mit einem Schrittmotor [1.2].

In mechanischen Uhren wird das Auslösen des Schaltgliedes von einem Schwingsystem gesteuert. Durch geeignete Gestaltung von Klinke und Schaltrad läßt sich erreichen, daß beim Ausführen eines Schrittes gleichzeitig der Schwinger angetrieben wird.

Bild 12.12 a zeigt die direkte Hemmung mittels Pendels als zeitbestimmendes Glied (Graham-Hemmung). Analog zur Anordnung im Bild 12.9 werden die Teile *1* und *2* der Doppelklinke abwechselnd als Anschlag wirksam, der Antrieb des Pendels erfolgt im Umschaltmoment, wenn der Zahnrücken jeweils an den Flächen *3* und *4* abgleitet. Die Außenkonturen der Klinken *1* und *2* sind Teile einer Kreisbahn, deren Mittelpunkt mit dem Drehpunkt *5* zusammenfällt. Damit wird erreicht, daß nach dem Schalten keine weiteren Antriebskräfte auf das Schwingsystem einwirken und dieses weitgehend unbeeinflußt ausschwingen kann. Die verbleibende Reibung stört bei hinreichend langen Pendeln kaum.

Eine noch bessere Entkopplung ist mit der freien Hemmung (Ankerhemmung, Bild 12.12b) erreichbar. Das frequenzbestimmende Glied (Unruh) wird dabei nur während des Umschaltvorgangs an das Schaltglied (Anker) gekoppelt, für den überwiegenden Teil der Amplitude ist der Anker außer Eingriff.

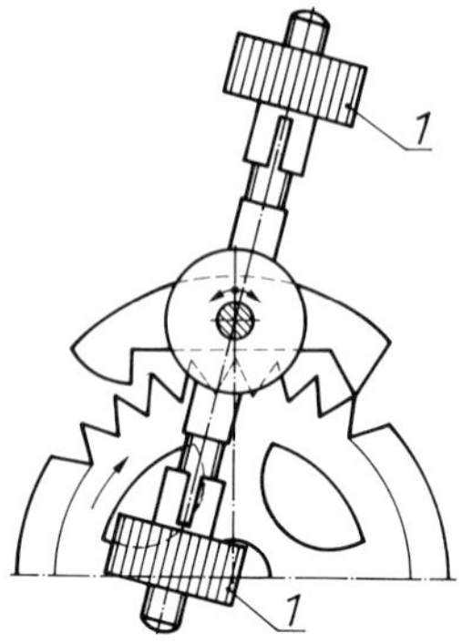

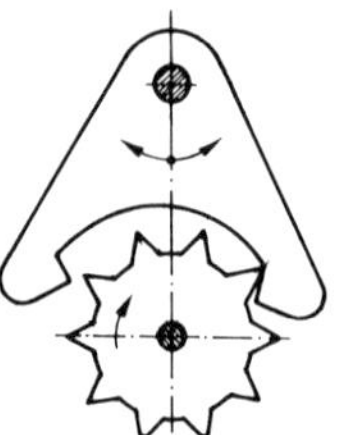

Bild 12.14. Einfacher Hemmregler für geringe Ansprüche

Bild 12.13. Hemmregler ohne Eigenschwingung mit einstellbarem Massenträgheitsmoment

Das Hemmsystem nach **Bild 12.13** stellt eine direkte Hemmung ohne Eigenschwingung dar, die Ablaufgeschwindigkeit hängt vornehmlich vom Trägheitsmoment des Ankers ab (durch Verstellen der Muttern *1* in bestimmten Grenzen veränderbar). Da der Anker selbst nicht schwingt, sind Zahnrad und Klinke so zu gestalten, daß eine ständige Energiezufuhr möglich ist. Das hat allerdings zur Folge, daß auch das Antriebsmoment die Frequenz der Einrichtung beeinflußt, die Ganggenauigkeit solcher Hemmregler genügt deshalb nur geringen Ansprüchen. Für viele Anwendungen ist diese Anordnung aber durchaus brauchbar (z.B. Belichtungszeitsteuerung für einen Fotoverschluß); eine Gestaltung nach **Bild 12.14** ist in der Mehrzahl der Fälle hinreichend.

12.3. Sprungwerke [1.2] [12.1] [12.2] [12.3] [12.10] bis [12.16]

Sprungwerke können als Sonderformen der Spannwerke aufgefaßt werden, weisen aber einige grundsätzliche Unterschiede auf. Die Festhaltung eines Sprungwerkes ist zu Beginn des Spannens bereits im Eingriff, sie wird über eine getriebliche Kopplung beim Erreichen einer bestimmten Speicherenergie bzw. nach einem definierten Spannweg gelöst. Wie bei den Spannwerken, wird auch hier zwischen Sperr- und Kippsprungwerken unterschieden.

12.3.1. Sperrsprungwerke

Beim Einsatz eines Gesperres als Festhaltung wird nach Durchlaufen eines bestimmten Spannweges das Sprungstück gelöst.

Bild 12.15 zeigt ein solches Sprungwerk sowohl für Schubbewegungen (a) als auch als drehbare Anordnung (b). Hier ist zunächst das Gesperre *3* eingerastet, am Ende des Spannweges

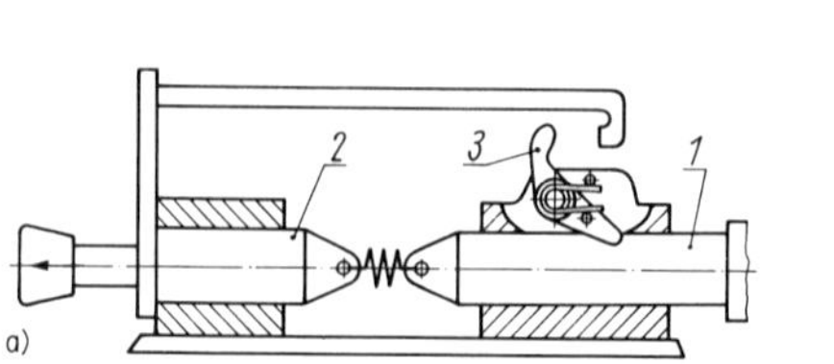

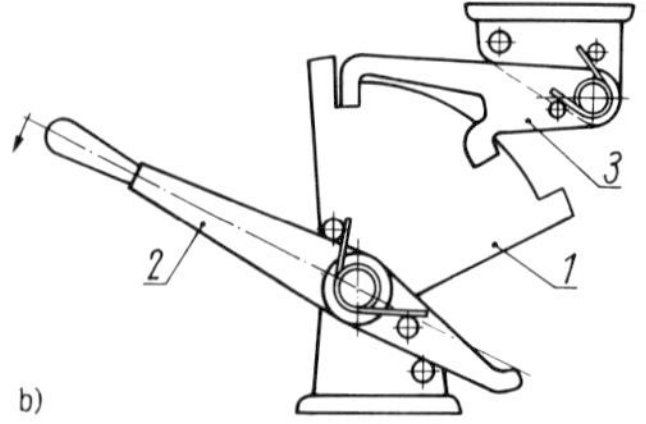

Bild 12.15. Sprungwerke mit Gesperren

a) mit geführtem Sprung- und Spannstück; b) Ausführung für Drehbewegungen

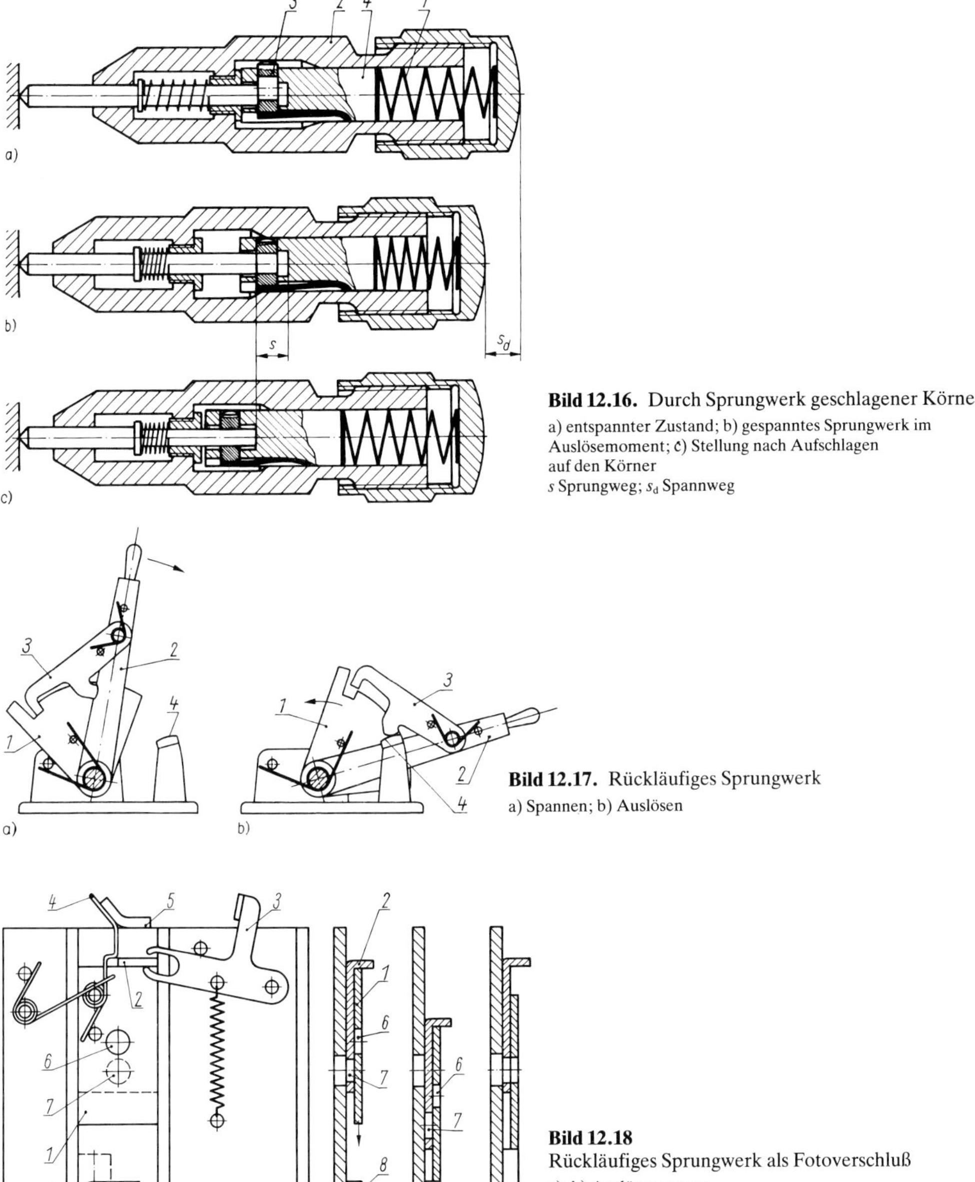

Bild 12.16. Durch Sprungwerk geschlagener Körner
a) entspannter Zustand; b) gespanntes Sprungwerk im Auslösemoment; c) Stellung nach Aufschlagen auf den Körner
s Sprungweg; s_d Spannweg

Bild 12.17. Rückläufiges Sprungwerk
a) Spannen; b) Auslösen

Bild 12.18
Rückläufiges Sprungwerk als Fotoverschluß
a), b) Auslösemoment;
c) ausgelöster Verschluß; d) Zeitbelichtung

dreht die Verlängerung des Hebels bzw. Schiebers *2* das Sperrglied *3* außer Eingriff und löst das Sprungstück *1*. Ähnlich arbeitet der Körner nach **Bild 12.16**. Die Feder *1* wird durch Druck auf das Schaltglied *2* gespannt, bis dessen kegelförmige Ausdrehung das Sperrstück *3* verschiebt und damit die Sperrlage des Sprungstücks *4* aufhebt. Dasselbe schlägt dann anschließend auf den Körner auf. Gelegentlich ist es erforderlich, daß Spann- und Sprungbewegung einander entgegengesetzt verlaufen. Das im **Bild 12.17** dargestellte, sog. rückläufige Sprungwerk entsteht aus der Anordnung nach Bild 12.15, indem die Festhaltung *3* nicht wie dort mit dem Gestell, sondern mit dem Schaltglied *2* verbunden wurde. Der an *2* angelenkte Sperriegel *3* nimmt beim Spannen das Sprungstück *1* mit, bis er schließlich durch Auftreffen auf den Anschlag *4* gelöst wird und Teil *1* in die Ausgangslage zurückschnellt. Die Rückfallgeschwindigkeit des Sprungstücks hängt lediglich von der Dimensionierung des Sprungwerkes ab und ist durch das Auslösen nicht beeinflußbar. Daher eignen sich diese Einrichtungen gut als Verschluß für einfache Fotokameras **(Bild 12.18)**. Hier wird das gemeinsam mit *1* geführte Schaltglied *2* durch den Hebel *3* betätigt. Die zwischen *2* und *1* befindliche, in Riegelform gebogene Feder *4* als Festhaltung wird in der gespannten Endstellung (a) bzw. (b) durch Teil *5* vom Winkel *2* abgewiesen und das Werk ausgelöst. Während der Spannbewegung (Ausgangslage c) sind die Lichtdurchtrittsöffnungen *6* und *7* getrennt. In der Endlage (b) steht *7* vor dem Fotoobjektiv; beim Rücksprung von *1* deckt sich *6* kurzzeitig mit *7* (Momentbelichtung). Dieser Augenblick kann durch Verstellen des Anschlags *8* bis zum Loslassen von *3* festgehalten werden (Zeitbelichtung, Lage (d)).

Die Ablaufzeit solcher Verschlüsse läßt sich erhöhen, wenn das Sprungstück mit einem Hemmregler (ähnlich dem im Bild 12.14) beim Rückfall gebremst wird. Sprungwerke als Fotoverschluß besitzen, das sei hier erwähnt, den Nachteil, daß sie erst beim Betätigen aufgezogen werden und deshalb recht schwergängig sind. Hochwertige Verschlüsse werden daher als Spannwerk ausgebildet, das Aufziehen erfolgt während des Filmtransports.

Die rasche Bewegung des Sprungstücks legt die Verwendung von Sprungwerken in elektrischen Schaltern nahe. Das wechselseitige Sprungwerk nach **Bild 12.19** enthält die symmetrische Ausbildung zweier Werke mit jeweils einem gemeinsamen Sprung- und Spannglied. Speicher, Festhaltung und Wegbegrenzung sind doppelt angeordnet, damit ist die Wirksamkeit in beiden Richtungen gegeben. Das Auslösen erfolgt beim Niederdrücken des jeweils sperrenden Endes der Feder *1* durch den Hebel *2* bzw. *3*.

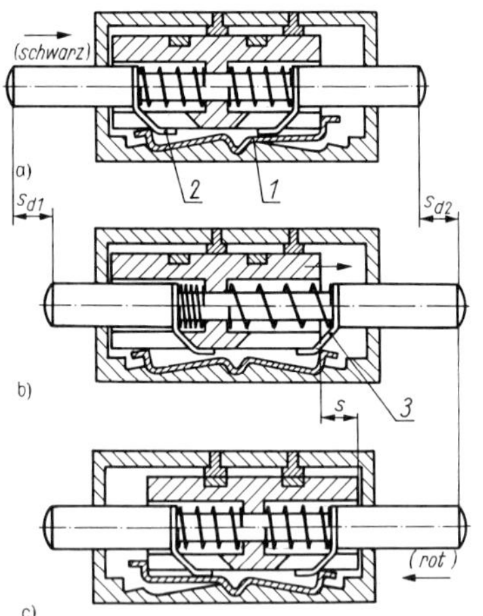

Bild 12.19. Wechselseitiges Sprungwerk als elektrischer Schalter
a) Einleiten des Einschaltvorgangs (Spannen); b) Auslösevorgang; c) Einleiten des Ausschaltvorgangs

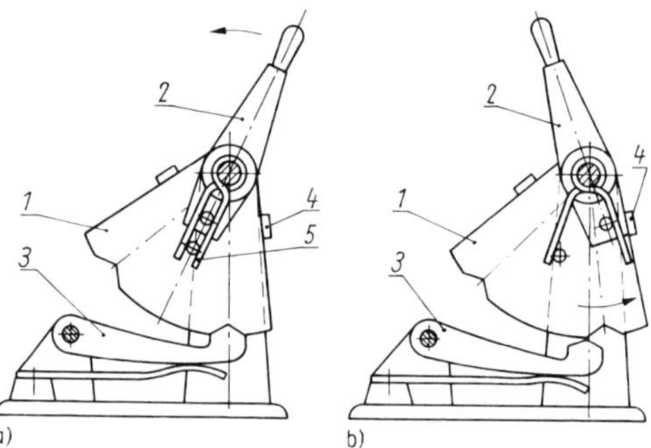

Bild 12.20. Wechselseitiges Sprungwerk mit Gehemme
a) Ruhestellung; b) Auslösestellung

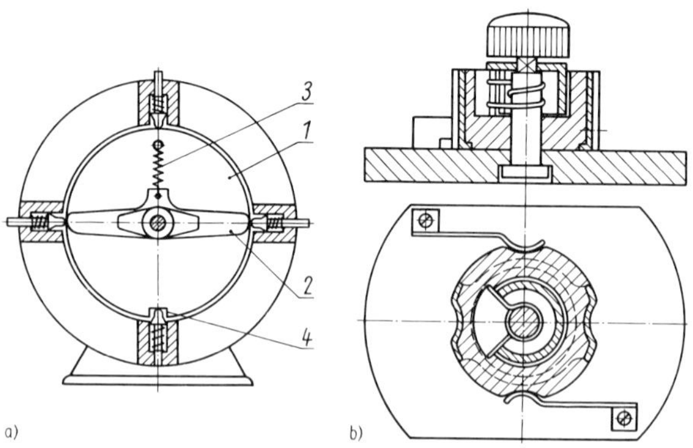

Bild 12.21. Wiederholende Sprungwerke
a) mit Gesperre; b) mit Gehemme

Gehemme als Festhaltung (s. auch Abschnitt 9.) geben das Sprungstück frei, wenn ihre Grenzkraft überschritten wird (Auslösen bei einer bestimmten Speicherenergie). Auf eine getrieb-

liche Kopplung kann dann prinzipiell verzichtet werden, dennoch ist ein zusätzliches Auslöseglied von Vorteil, um eine sichere und exakte Funktion zu gewährleisten **(Bild 12.20)**. Am Ende des Spannweges hat die Kraft der beiderseitig wirkenden Feder *5* den Widerstand des Gehemmes erreicht und kann dann das Sprungstück *1* bewegen. Unterstützt wird der Auslösevorgang durch Anlage des Schaltgliedes *2* an einen an *1* befindlichen Anschlag *4*.
Wird die Festhaltung vervielfacht, sind wiederholte, fortschreitende Bewegungen – zweckmäßig für drehende – mit einem Sprungwerk ausführbar. **Bild 12.21** zeigt zwei Ausführungen. Bei Anwendung von Gesperren (a) muß das Schaltglied *2* einen Auslöser besitzen (hier ein Stück einer Kurve), der die Festhaltung löst, wenn das Moment der Feder *3* den erforderlichen Wert erreicht hat und die Sprungbewegung einsetzen soll. Sie wird vollendet, wenn der nächste Riegel in die Nut *4* von *1* einfällt.
Bei Gehemmen (b), als elektrischer Drehschalter (s. auch Abschnitt 9.), ist ein Auslöser entbehrlich, die Sprungbewegung setzt beim Überschreiten der Grenzkraft des Gehemmes ein.

12.3.2. Kippsprungwerke

Anstelle der Festhaltung werden, wie auch bei den Kippspannwerken, die Totlagen federnder oder gefederter Getriebe für das Auslösen der Anordnung ausgenutzt. Im **Bild 12.22** ist das Prinzipielle an einem Beispiel gezeigt. Man erkennt eine gefederte Schubkurbel, deren Gestellglied zum Sprungglied geworden ist. In der Totlage kehren sich die am Glied *1* angreifenden Momente um, und es erfolgt ein Sprung zum gegenüberliegenden Anschlag. Meist ist durch symmetrische Verdopplung der Festhaltung ein solches Sprungwerk wechselseitig.

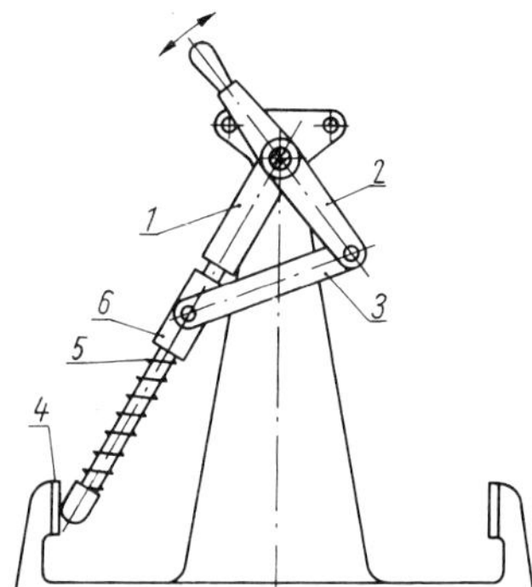

Bild 12.22. Kippsprungwerk

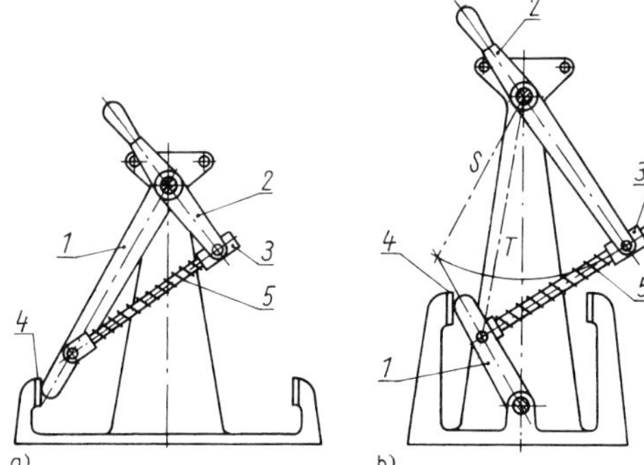

Bild 12.23. Varianten von Kippsprungwerken

a) Gliedwechsel gegenüber Bild 12.22
b) Schalt- und Spannstück auf verschiedenen Achsen

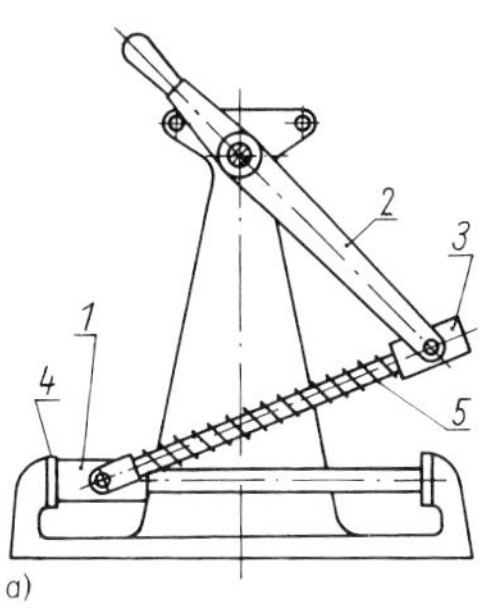

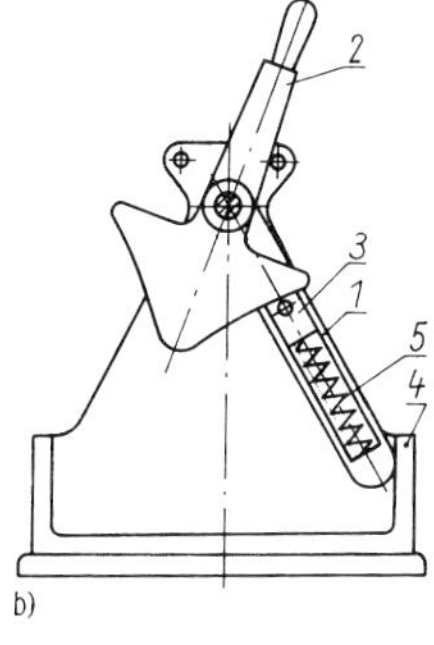

Bild 12.24
Weitere Varianten von Kippsprungwerken
a) mit geführtem Sprungstück; b) mit gefedertem Kurvengetriebe

Zwei weitere Beispiele sind im **Bild 12.23** dargestellt. Durch Glied- bzw. Formenwechsel des zugrunde liegenden Getriebes ist eine Vielzahl von Varianten ableitbar. In Bild 12.23a ist gegenüber Bild 12.22 ein Gliedwechsel zwischen Koppel und Kurbelschleife vorgenommen worden. In (b) erfolgte die Abwandlung dadurch, daß Schalt- und Spannstück auf zwei verschiedenen Achsen gelagert sind. Sprung- (S) und Totlage (T) fallen dabei nicht zusammen, die Auslösung erfolgt erst, wenn das Drehmoment auf das Sprungstück *1* seine Richtung wechselt.

Selbstverständlich sind auch Ausführungen mit geführtem Sprungstück möglich, wie **Bild 12.24** erkennen läßt (a), während (b) aus einem gefederten Kurvengetriebe entstanden ist (analog zum entsprechenden Spannwerk aus Bild 12.6c).

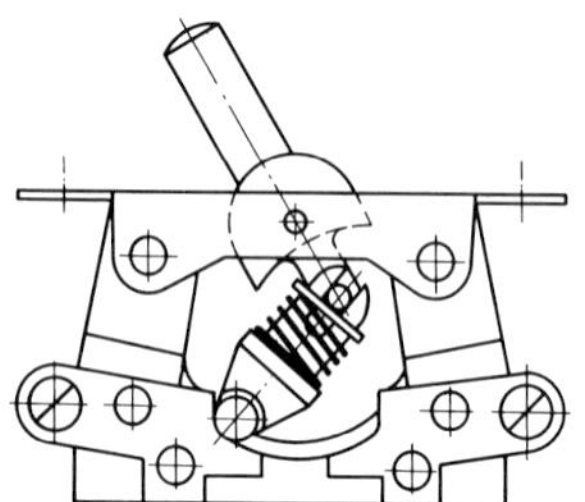

Bild 12.25. Praktische Ausführung eines Kippschalters

Die letztgenannten Beispiele, wie überhaupt die meisten dieser Kippsprungwerke, finden ein ausgedehntes Anwendungsgebiet bei den elektrischen Kippschaltern **(Bild 12.25)**. Damit werden die für das Schalten größerer Ströme erforderlichen schnellen Schaltbewegungen sicher realisiert.

Einfache Bimetallschalter (z. B. im Heizkissen) lassen ein hinreichend schnelles Öffnen und Schließen der Kontakte vermissen. Sind höhere Leistungen temperaturabhängig zu schalten (Warmwasserspeicher, Bügeleisen), ist eine Kombination der Bimetallanordnung mit einem

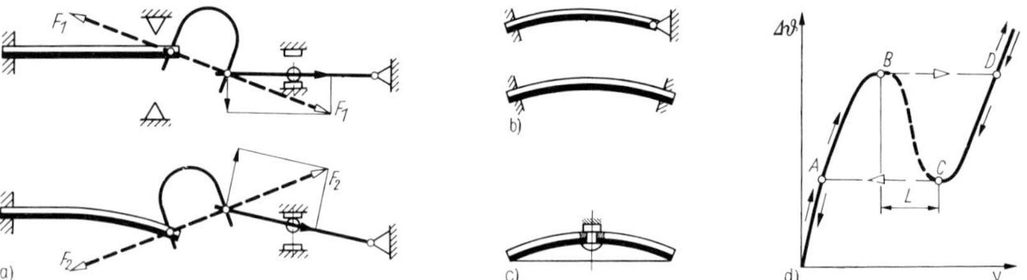

Bild 12.26. Bimetallschalter mit Sprungcharakteristik

a) Kombination mit Kippsprungwerk; b), c) Bimetallstreifen bzw. -scheibe als selbständiges Sprungwerk; d) Kennlinie der Anordnungen b) und c)

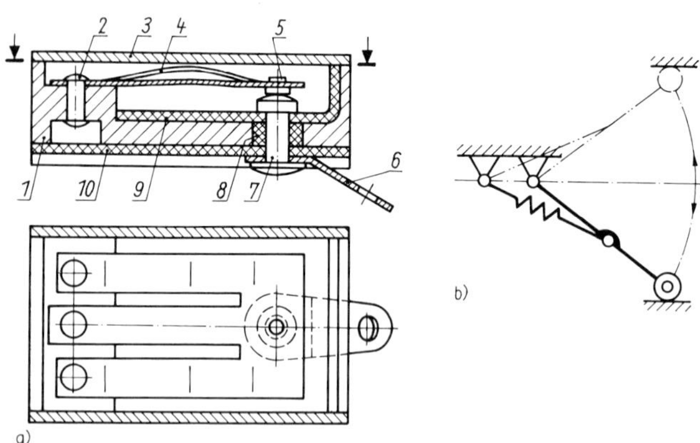

Bild 12.27. Ausführung eines Bimetallsprungschalters

a) Aufbau, b) Prinzip des Kippsprungwerks

1 Gestell, Grundkörper; *2* Niet zur Befestigung der Bimetallfeder; *3* Deckplatte; *4* Bimetallfeder; *5* Kontaktnippel; *6* Anschlußfahne; *7* Kontaktniet; *8* isolierende Hülse; *9* isolierende Auskleidung; *10* isolierende Bodenplatte

Sprungwerk erfolgreich einsetzbar. Die dabei auftretende Schalthysterese ist für die meisten Anwendungen von Vorteil. **Bild 12.26** a zeigt eine Ausführung, die Funktion ist deutlich ersichtlich und bedarf keiner Erläuterung. Die Beispiele (b) und (c) entstehen durch Funktionenintegration [1.2], das Bimetallstück wird durch seine Einspannung bzw. infolge seiner Form zum Sprungwerk, da die Arbeitskennlinie wegen des Zusammenwirkens innerer und äußerer Kräfte (d) einen labilen Teil *L* neben zwei stabilen Abschnitten aufweist.
Beim Erreichen der Übergangsstellen *B* und *C* springt das Bimetall in den jeweils stabilen Punkt *D* bzw. *A*.
Ähnlich arbeitet der Schalter nach **Bild 12.27**. Bei einem mit Hilfe federnder Gelenke aufgebauten Bimetallstreifen *4* ist der mittlere Steg kürzer eingespannt als die beiden äußeren, so daß ein Kippsprungwerk (b) entsteht, welches auf beiden Seiten seiner labilen Decklage zwei stabile Lagen einzunehmen vermag. Die sprungartige Schaltbewegung entsteht, wenn die durch Temperaturänderung hervorgerufenen inneren Kräfte entgegengesetzt größer werden als die äußeren von der Einspannung verursachten Kräfte. Die Kontaktkraft durchschreitet dabei den Wert Null.

12.4. Hinweise zur Dimensionierung, Beispiele

Die große Anzahl sehr unterschiedlich strukturierter Startwerke erlaubt es nicht, allgemeingültige Dimensionierungsvorschriften anzugeben. Selbst für gleiche Strukturen können bei verschiedenen Einsatzgebieten völlig gegensätzliche Forderungen hinsichtlich ihrer Bemessung vorliegen. Deshalb soll im folgenden auf Dimensionierungsprobleme anhand häufiger Anwendungsfälle von Startwerken eingegangen werden, wobei von folgenden Gesichtspunkten auszugehen ist:

- Bei allen Formen der Startwerke sind grundsätzlich die verwendeten Federn so auszuwählen, daß der gewünschte Kraftverlauf bzw. Energiebedarf realisiert, jedoch ein Überdehnen und vorzeitiges Ermüden der Federn vermieden wird (s. Abschnitt 6.).
- Die Berechnung des Bewegungsablaufs erweist sich in vielen Fällen als außerordentlich schwierig, da i. allg. bei Gelenkmechanismen das auf den Antrieb reduzierte Massenträgheitsmoment nicht konstant ist, und Reibung, Federcharakteristik und ggf. auch Eigenmassen der Federn einbezogen werden müssen.
- Da die meisten Startwerke Massenprodukte sind (z. B. Schalter, Tasten, Verschlüsse), ist besonders auf fertigungsgerechte und montagefreundliche Ausführung unter den Bedingungen großer Stückzahlen zu achten (Blechbiege- und -formteile, Kunststoffteile, Niet-, Bördel-, Kunststoffschweißverbindungen u. ä.). Viele Ausführungen sind deshalb auch nicht reparierbar.

Beispiele:

Schnellverschluß. Weitgehend unproblematisch gestaltet sich die Dimensionierung eines Kippspannwerkes als Schnellverschluß (s. Bild 12.5), da nur statische Bedingungen zu berücksichtigen sind.

Leistungswandler. Startwerke als Leistungswandler geben die während der Spannphase gespeicherte Energie sprungartig ab, als Beispiel wurde der Körner mit Sprungwerk (Bild 12.16) genannt. Das Speichervermögen und damit die nutzbare Energie hängen sowohl vom Spann- bzw. Sprungweg als auch von der Vorspannung der Feder ab (s. Abschnitt 6.1.2.). Die in der Feder enthaltene potentielle Energie wird beim Beschleunigen des Sprungstückes in kinetische umgeformt, die Masse der bewegten Teile beeinflußt sowohl die Rückfalldauer als auch die maximal nutzbare Energiemenge. Die den Weg des Sprungstückes begrenzenden Anschläge müssen hinsichtlich der eingesetzten Werkstoffe und ihrer Bemessung den auftretenden Stoßkräften gewachsen sein. Eventuell ist das Prellverhalten zu berücksichtigen (s. Abschnitt 10.1.).

Fotoverschluß (s. a. Bilder 12.4 und 12.18). Hier wird die Eigenschaft der Startwerke genutzt, daß die Bewegung des Sprungstückes nach dem Auslösen lediglich von Struktur und Dimensionierung der Anordnung abhängt und die Art und Weise der Betätigung keinen Einfluß ausübt. Die Forderungen an den Bewegungsablauf (z. B. dessen Gleichmäßigkeit) und die Ablaufgeschwindigkeit leiten sich aus den jeweiligen konstruktiven Gegebenheiten der gesamten Kamera ab und bestimmen die erforderliche Struktur des Verschlusses. Beispielsweise bedingt eine Anordnung direkt vor der Filmebene ein Bewegen der Verschlußelemente mit konstanter Geschwindigkeit, während beim Einbau in das Objektiv (Öffnungsblende) keine solche Notwendigkeit besteht. In jedem Fall ist zum Erzielen kurzer Belichtungszeiten die Masse der bewegten Teile so klein wie möglich zu halten. Ebenso ist die Größe der Antriebskraft (Feder) von Einfluß. Wird für längere Belichtungszeiten die Offenstellung durch einen Hemmregler verzögert, sind dessen Parameter ebenfalls zu berücksichtigen.

Einsatz in elektrischen Schaltern (s. a. Bilder 12.19, 12.21 bis 12.26). Dieser Anwendungsfall erfordert sowohl eine Berechnung der Federkräfte als auch des gesamten Bewegungsverhaltens. Zunächst ist die notwendige Kontaktkraft zu realisieren, für Umschalter sind dabei beide Stellungen zu berücksichtigen. Des weiteren muß auf den durch die Höhe der zu schaltenden Spannung festgelegten Mindestkontaktabstand geachtet werden (Weg des Sprungstücks). Die Abmessungen sind so zu gestalten, daß ein sprungartiges Öffnen der Kontakte gesichert ist und nicht, durch Reibung o. ä. bedingt, ein „schleichendes" Schalten eintritt. Deshalb werden Anordnungen bevorzugt, bei denen Tot- und Sprunglage nicht zusammenfallen (z. B. Ausführung nach Bild 12.23b). Für manche Anwendungen, wie Mikrotaster oder Bimetall-

schalter, ist auch die Größe der Umkehrspanne für ein einwandfreies Arbeiten von Interesse (s. Bild 12.26d). Wichtige Hinweise dazu sind in [12.3] enthalten.
Da die Kontakte gleichzeitig als Anschläge wirken, ist das Prellverhalten meist nicht zu vernachlässigen. Einfluß haben Form und Werkstoff der Kontakte (Elastizität), Masse der bewegten Teile sowie die Federkraft. Eine Berechnung der Prellvorgänge ist außerordentlich schwierig (s. Abschnitt 10.1. und [1.2] [12.5]).

Literatur zum Abschnitt 12.

(Grundlagenliteratur s. Literatur zum Abschnitt 1.)

Bücher, Dissertationen

[12.1] *Jahr, W.; Sieker, K.-H.:* AWF-Getriebehefte, Sperrgetriebe. 1) AWF 6062 Schaltwerke (1956). 2) AWF 6063 Hemmwerke (1957). 3) AWF 6064 Spannwerke (1957). 4) AWF 6065 Sprungwerke (1957). Berlin/Köln: Beuth-Verlag.
[12.2] *Sieker, K.-H.:* Getriebe mit Energiespeichern. Leipzig: Akad. Verlagsges. Geest & Portig K.-G. 1952.
[12.3] *Schmidt, G.:* Beiträge zur Konstruktion mechanischer Sprungsysteme. Diss. TH Ilmenau 1974.
[12.4] *Volmer, J.* (Hrsg.): Getriebetechnik, Grundlagen. 2. Aufl. Berlin: Verlag Technik 1995.
[12.5] *Rauch, M.; Bürger, E.:* Mechanische Schaltsysteme. Berlin: Verlag Technik 1983.

Aufsätze

[12.10] *Schmidt, G.:* Ermittlung der Funktionseigenschaften von Sprungsystemen aus einem Energiediagramm. Feingerätetechnik 2 (1971) 8, S. 382.
[12.11] *Alter, S.:* Bauformen verschiedener Mikroschalterkonstruktionen und ihre Wirkungsweise. Maschinenwelt und Elektrotechnik 18 (1963) 2, S. 118.
[12.12] *Roth, K.; Simonek, R.:* Mechanische Verstärker. Konstruktion 23 (1971) 3, S. 90.
[12.13] *Knechtel, P.:* Planmäßige Durcharbeit getrieblicher Aufgaben. Spann- und Sprungwerke. Maschinenbau-Betrieb 14 (1935), S. 397.
[12.14] *Sieker, K.-H.:* Getriebe mit federnden Gliedern. Maschinenbau-Betrieb 20 (1941), S. 401.
[12.15] *Sieker, K.-H.:* Anwendung von Spann- und Sprungwerken in der Feinwerktechnik. Maschinenbau-Betrieb 17 (1938), S. 201.
[12.16] *Sieker, K.-H.:* Kniehebelwirkung an feinmechanischen Schaltgetrieben. Feinmechanik und Präzision 49 (1941), S. 251.
[12.17] *Hain, K.:* Zur Weiterentwicklung der Schaltwerke. VDI-Zeitschr. 91 (1949), S. 589.

13. Getriebe

Ein Getriebe (Mechanismus) ist eine mechanische Einrichtung aus mindestens drei gelenkig verbundenen Gliedern zur zwangläufigen Übertragung von Bewegungen und im Zusammenhang damit auch von Kräften. Eines der Glieder ist stets das als ortsfest betrachtete Gestellglied, auf das die Bewegungen der anderen Glieder bezogen werden und das zur Verbindung der Lagerstellen dient. Die gegenseitige Bewegungsmöglichkeit der Glieder wird durch die Art der Gelenke bestimmt.
Diese Definition schließt die Aufgabe ein, ein Glied des Getriebes durch bestimmte Lagen bzw. einen Punkt auf bestimmten Bahnen zu führen.
Daraus ergeben sich folgende Ordnungsaspekte bzw. Einteilungsmerkmale für Getriebe [13.1.19]:

- Funktionsziel (Verwendungszweck)
- Einstellbarkeit von Funktionsparametern
- Raumlage der Bewegungsbahnen
- Charakteristische Glieder und Gelenke.

Im allgemeinen Sprachgebrauch werden die Benennungen „Getriebe“ und „Mechanismus“ als Synonyme verwendet, wobei der Begriff „Mechanismus“ einen größeren und über den Inhalt des vorliegenden Abschnitts hinausgehenden Bedeutungsumfang hat.

13.1. Einteilung der Getriebe

Funktionsziel. Bei der Ordnung der Getriebe nach diesem Aspekt unterscheidet man Übertragungs- und Führungsgetriebe **(Tafel 13.1.1)**.
In **Übertragungsgetrieben** steht die Bewegungsübertragung nach einer Übertragungsfunktion im Vordergrund, die den Zusammenhang zwischen der Bewegung des Antriebs- und des Abtriebsgliedes darstellt. Sowohl Eingangs- als auch Ausgangsgrößen (An- und Abtrieb) sind mechanische Größen. Diese Getriebe können deshalb auch als mechanische Umformer bezeichnet werden. Sieht man die Getriebeglieder als starre Körper an, hängt die Übertragungsfunktion nur von den Gliedabmessungen ab.

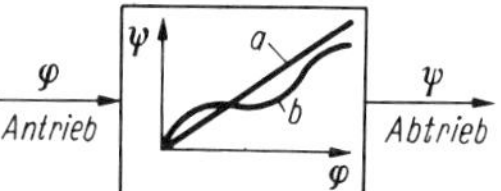

Bild 13.1.1. Blockschema des Übertragungsgetriebes
a) lineare Übertragungsfunktion; b) nichtlineare Übertragungsfunktion

Ein Übertragungsgetriebe kann entsprechend **Bild 13.1.1** symbolisiert werden. Ist die Übertragungsfunktion linear, d. h. $\psi = k\varphi$, spricht man von gleichmäßig übersetzenden Getrieben bzw. von Getrieben mit konstanter Übersetzung. Als ungleichmäßig übersetzend werden dagegen alle Getriebe mit nichtlinearer Übertragungsfunktion bezeichnet.

Führungsgetriebe sind Getriebe, bei denen ein Glied so geführt wird, daß es bestimmte Lagen einnimmt, bzw. daß Punkte eines Gliedes bestimmte Bahnen (Führungsbahnen) beschreiben. Hier charakterisieren also Form und Lage von Punktbahnen den Verwendungszweck. Bei Führungsgetrieben werden die Begriffe Antriebs- und Abtriebsglied sowie Übertragungsfunktion im allgemeinen nicht benutzt.
Mitunter werden Übertragungs- und Führungsgetriebe auch miteinander kombiniert.

Einstellbarkeit von Funktionsparametern. Teilt man Getriebe danach ein, ist zwischen den in Stufen einstellbaren Getrieben (sog. Stufengetriebe) und den stufenlos einstellbaren Getrieben zu unterscheiden. Sie sind dadurch charakterisiert, daß sich die funktionsbestimmenden Gliedabmessungen im Gegensatz zu nichteinstellbaren Getrieben vom Benutzer verändern lassen (z. B. in Stufen und stufenlos einstellbare Reibradgetriebe, s. Abschnitt 13.8.).

Tafel 13.1.1. Einteilung der Getriebe nach dem Funktionsziel (Verwendungszweck) [13.1.19]

Übertragungsgetriebe (Getriebe, durch das die Bewegung von Antriebsgliedern nach bestimmten Übertragungsfunktionen auf Abtriebsglieder übertragen wird)

Benennung. Begriffserklärung	Übertragungs-funktion	Beispiele
Gleichmäßig übersetzendes Getriebe, Übersetzungsgetriebe. Getriebe, bei dem Übertragungsfunktion linear bzw. Übersetzung konstant ist	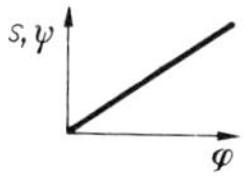 s, ψ / φ	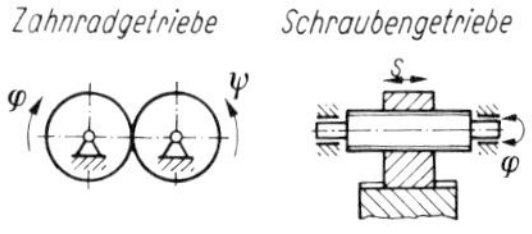 Zahnradgetriebe; Schraubengetriebe
Ungleichmäßig (periodisch) **übersetzendes Getriebe mit Bewegungsumkehr.** Getriebe, bei dem Übertragungsfunktion nichtlinear bzw. Übersetzung nicht konstant ist	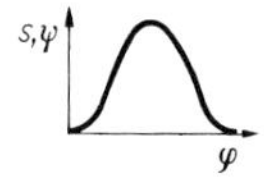 s, ψ / φ	 Kurvengetriebe; Schubkurbel
Ungleichmäßig übersetzendes Getriebe ohne Bewegungsumkehr. Getriebe, bei dem Übertragungsfunktion nichtlinear bzw. Übersetzung nicht konstant ist	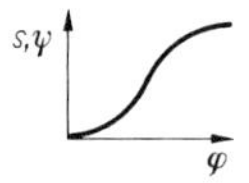 s, ψ / φ	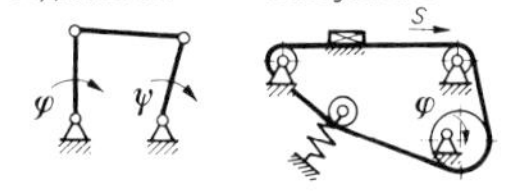 Doppelkurbel; Bandgetriebe
Schrittgetriebe. Getriebe, dessen Übertragungsfunktion die Charakteristik einer gleichsinnigen Bewegung mit periodisch wiederkehrenden Stillständen hat; Stillstand kann momentan oder eine Rast sein	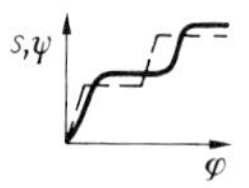 s, ψ / φ	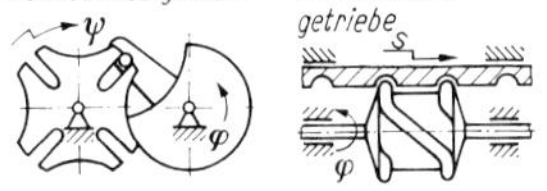 Malteserkreuzgetriebe; Kurvenschrittgetriebe
Pilgerschrittgetriebe. Getriebe, dessen Übertragungsfunktion die Charakteristik einer gleichsinnigen Bewegung mit periodisch wiederkehrenden Teilrückläufen hat; Getriebe kann in Umkehrlagen auch Rasten aufweisen	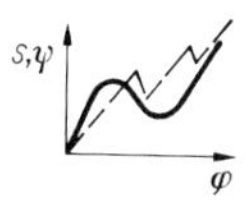 s, ψ / φ	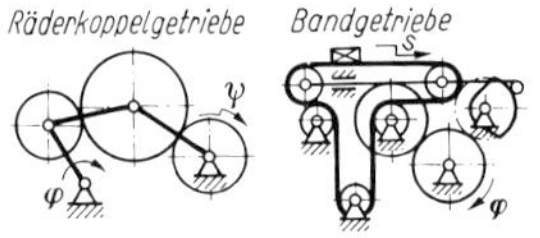 Räderkoppelgetriebe; Bandgetriebe
Rastgetriebe. Getriebe, dessen Übertragungsfunktion die Charakteristik einer wechselsinnigen Bewegung mit periodisch wiederkehrenden Rasten hat; Rasten können in Endlagen oder in Zwischenlagen auftreten	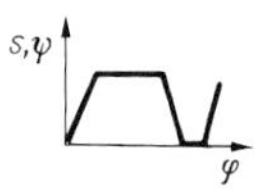 s, ψ / φ	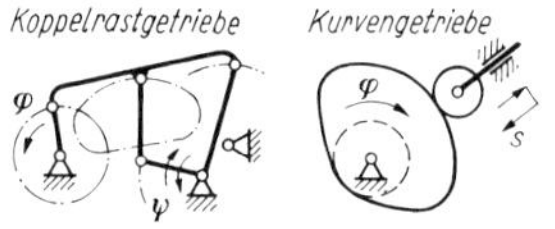 Koppelrastgetriebe; Kurvengetriebe
Ausgleichsgetriebe; Differentialgetriebe, Verzweigungsgetriebe. Getriebe mit zwei oder mehr Abtriebsgliedern, dessen Übersetzung sich nach den Momenten- bzw. Kräfteverhältnissen am Abtriebsglied einstellt	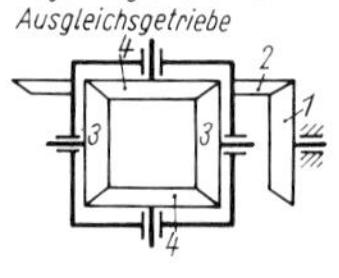 Kegelradgetriebe als Ausgleichsgetriebe	*1* Antriebsrad *2* Tellerrad *3* Ausgleichsräder *4* Abtriebsräder
Überlagerungsgetriebe; Summiergetriebe, Verzweigungsgetriebe. Getriebe mit zwei oder mehr Antriebsgliedern, die durch Überlagerung von Bewegungen gemeinsam auf ein Abtriebsglied wirken	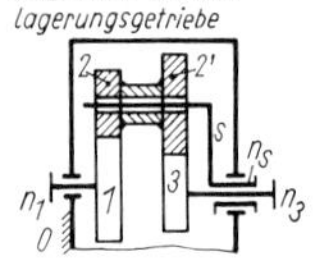 Zweistufiges Umlaufrädergetriebe als Überlagerungsgetriebe	1) Antrieb n_1 und n_3, Abtrieb n_S 2) Antrieb n_S und n_3, Abtrieb n_1 *1,3* Zentralräder; *2,2'* Umlaufräder; *s* Steg

Tafel 13.1.1. Fortsetzung

Führungsgetriebe. Getriebe, dessen Zweck in der Ausnutzung der Formen von bestimmten Bewegungsbahnen oder einer bestimmten Folge von Lagen eines Gliedes liegt und bei dem die Frage nach dem Antriebsglied meist zweitrangig ist

Beispiele:

Geradführung eines Punktes P d. zentrische Schubkurbel	Geradschubbewegung eines Körpers K durch Getriebe m. symmetr. Doppelantrieb	Kreisschubbewegung eines Körpers K durch Parallelkurbel
P, φ, s_g	K	K

Raumlage der Bewegungsbahnen. Wenn man Getriebe danach ordnet, kommt man zu ebenen Getrieben (bei denen die Gliedpunkte aller Glieder Bahnen in zueinander parallelen Ebenen durchlaufen; z.B. Stirnradgetriebe, s. Abschnitt 13.4., Koppelgetriebe, s. Abschnitt 13.11.), räumlichen Getrieben (bei denen die Gliedpunkte unterschiedlicher Glieder Bahnen im Raum oder in zueinander geneigten Ebenen durchlaufen; z.B. Schneckengetriebe, s. Abschnitt 13.6., Nut-Kurvengetriebe, s. Abschnitt 13.12.) und sphärischen Getrieben (bei denen alle Gliedpunkte Bahnen auf konzentrischen Kugelflächen durchlaufen; z.B. sphärische Doppelkurbel bzw. ein Sonderfall derselben, der unter der Bezeichnung Kreuzgelenk oder Kardangelenk bekannt ist, s. Abschnitt 11.).

Charakteristische Glieder und Gelenke. Teilt man Getriebe danach ein, werden deren Ordnungsaspekte herangezogen.

Getriebeglieder sind die relativ zueinander beweglichen Teile eines Getriebes, deren Abmessungen die Bewegungsform und den Bewegungsablauf bestimmen. Sie lassen sich nach ihrer Stellung in der Struktur (Kurbel, Schwinge, Koppel, Schleife, Kurvenscheibe, Zahnrad, Malteserkreuz, Zugmittel usw., **Bild 13.1.2**), der Funktion im Getriebe (Gestell-, Antriebs-, Abtriebs-, Übertragungs-, Führungsglied), der Anzahl der Gelenkelemente (Zweigelenk-, Dreigelenkglied usw.) sowie der Formbeständigkeit bei Belastung (starres oder elastisches Getriebeglied, Zugmittel-, Druckmittelglied) einteilen. Bei **Gelenken** als die beweglichen Verbindungen zweier benachbarter Getriebeglieder sind unterscheidende Aspekte der Gelenkfreiheitsgrad *f* und die Form der Relativbewegung der Glieder **(Bild 13.1.3)**, das Bewegungsverhalten an den Berührungsstellen (Gleit-, Wälz-, Gleit-Wälzgelenk), die Geometrie der Berührung (Punkt-, Linien-, Flächenberührung) und die Aufrechterhaltung der Paarung (Form- oder Kraftpaarung).

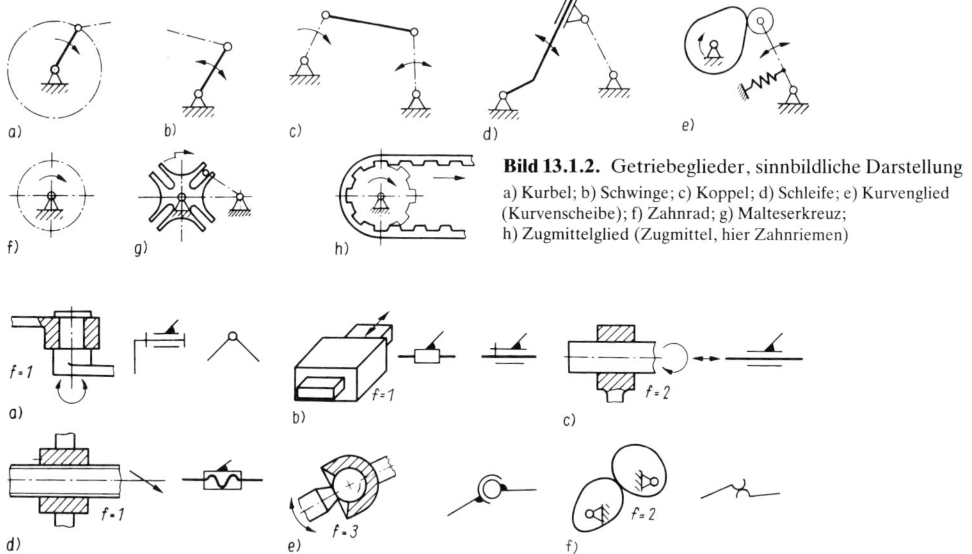

Bild 13.1.2. Getriebeglieder, sinnbildliche Darstellung

a) Kurbel; b) Schwinge; c) Koppel; d) Schleife; e) Kurvenglied (Kurvenscheibe); f) Zahnrad; g) Malteserkreuz; h) Zugmittelglied (Zugmittel, hier Zahnriemen)

Bild 13.1.3. Gelenke, bildliche und sinnbildliche Darstellung

a) Dreh-, b) Schub-, c) Drehschub-, d) Schraub-, e) Kugel-, f) Kurvengelenk

Hiernach lassen sich acht Gruppen von Getrieben unterscheiden **(Tafel 13.1.2)**, die als **Grundgetriebe** bezeichnet werden und die die weitere Untergliederung der folgenden Abschnitte bestimmen:

- Zahnradgetriebe
- Reibradgetriebe
- Zugmittelgetriebe
- Schraubengetriebe
- Koppelgetriebe
- Kurvengetriebe
- Keilschubgetriebe
- Druckmittelgetriebe.

Verschiedene Grundgetriebe kann man durch Hintereinander- oder Parallelschaltung vereinigen bzw. in ihrer Wirkung überlagern. Sie werden als
kombinierte Getriebe bezeichnet und entsprechend den beteiligten Getriebearten benannt; Beispiele s. **Bild 13.1.4.** Es ist aber auch möglich, daß charakteristische Glieder und Gelenke in einem Getriebe mehrfach auftreten, z. B. bei mehrstufigen Zahnradgetrieben oder bei Koppelgetrieben mit mehr als vier Gliedern.

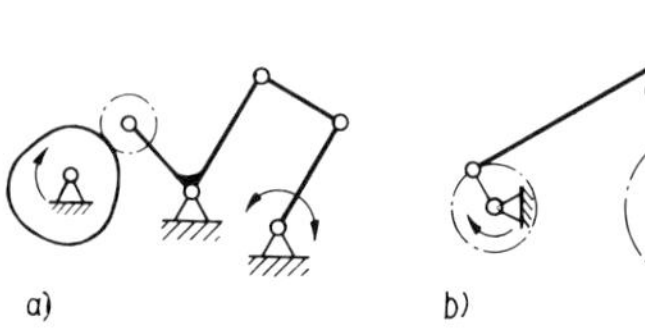

Bild 13.1.4. Kombinierte Getriebe
a) Kurven-Koppel-Getriebe; b) Koppel-Zahnrad-Getriebe

► Aus diesen Grundgetrieben und kombinierten Getrieben aufzubauende mechanische Funktionsgruppen, wie mechanische Schaltsysteme und Transporteinrichtungen, sowie Schrittgetriebe, Feinstellgetriebe usw. sind ausführlich in [1.2] dargestellt.

Tafel 13.1.2. Einteilung der Getriebe nach charakteristischen Gliedern und Gelenken [13.1.19]

Benennung. Begriffserklärung	Beispiele und Erläuterungen *n* Drehzahl; *s* Weg; φ Antriebswinkel; ψ Abtriebswinkel; Indizes *1, 2* An-, Abtrieb
Zahnradgetriebe. Getriebe, bei dem mindestens zwei Glieder durch Verzahnungen gepaart sind	a) Stirnradgetriebe (n_1, n_2) b) Zahnstangengetriebe (n_1, s_2)
Reibradgetriebe, Reibkörpergetriebe. Getriebe, bei dem zwei benachbarte Glieder als Reibkörper, z. B. als Scheiben, Kegel, Kugeln oder Stangen ausgebildet und durch eine Reibpaarung verbunden sind	a) Reibkörpergetriebe (n_1, n_2) b) Reibstangengetriebe (n_1, s_2)
Zugmittelgetriebe. Getriebe, bei dem zwei nicht benachbarte Glieder über ein schmiegsames (Riemen, Band, Seil) oder vielgelenkiges Zugmittelglied (Kette) gekoppelt sind. Die Bewegungsübertragung erfolgt durch Reibung, durch Formpaarung oder durch Befestigung des Zugmittels (z. B. an Scheiben)	a) Zugmittelgetriebe mit geschlossenem Zugmittel (n_1, n_2) b) Zugmittelgetriebe mit offenem Zugmittel (ψ, φ)
Schraubengetriebe. Getriebe, bei dem zwei benachbarte Glieder durch ein Schraubgelenk verbunden sind	(φ, *s*, 1, 2, 3) *1* Steg; *2* Bewegungsschraube; *3* Mutter

Tafel 13.1.2. Fortsetzung

Benennung. Begriffserklärung	Beispiele und Erläuterungen n Drehzahl; s Weg; φ Antriebswinkel; ψ Abtriebswinkel; Indizes *1,2* An-, Abtrieb
Koppelgetriebe; Gelenkgetriebe, Kurbelgetriebe. Getriebe, bei dem zwei Glieder über eine Koppel gelenkig miteinander verbunden sind	a) Kurbelschwinge b) Kurbelschleife *1* Koppel; *2* Koppelglied
Kurvengetriebe. Getriebe mit mindestens einem Kurvenglied, das mit einem benachbarten Glied durch ein Kurvengelenk verbunden ist	a) Kurvengetriebe mit Rollenabtastung b) Wälzkurvengetriebe
Keilschubgetriebe. Getriebe, bei dem drei Glieder durch Schubgelenke verbunden sind	*1* Steg; *2* Schubkeil; *3* Schieber
Druckmittelgetriebe. Getriebe, bei dem zwei benachbarte Glieder über ein in einer Leitung geführtes Druckmittel (Flüssigkeit, Gas, plastischer Stoff, körniger fester Stoff) gekoppelt sind	

Hingewiesen sei noch darauf, daß oft für den Aufbau von Getrieben zusätzlich **Getriebeorgane** benötigt werden. Sie stellen Funktionselemente dar, die eine für den Bewegungsablauf notwendige Hilfsfunktion erfüllen, ohne die Übertragungsfunktion bewegungsgeometrisch zu beeinflussen. Beispiele für Getriebeorgane sind die Eingriffsrolle zur Verminderung der Reibung oder die Andruckfeder zur Aufrechterhaltung der Paarung bei Kurvengetrieben, die Schwungscheibe zur Vermeidung von Winkelgeschwindigkeitsschwankungen usw.

Literatur zum Abschnitt 13.1.

(Grundlagenliteratur s. Literatur zum Abschnitt 1.)

[13.1.1] *Bock, A.:* Arbeitsblätter für die Konstruktion von Mechanismen. 2. Aufl. Suhl: KDT-Bezirksverband 1976/1983.

[13.1.2] *Hain, K.:* Atlas für Getriebekonstruktionen. Braunschweig: Verlag Friedrich Vieweg & Sohn 1972.

[13.1.3] *Volmer, J.* (Hrsg.): Getriebetechnik, Leitfaden. Berlin: Verlag Technik 1985.

[13.1.4] *Volmer, J.* (Hrsg.): Getriebetechnik, Grundlagen. 2. Aufl. Berlin: Verlag Technik 1995.

[13.1.5] *Luck, K.; Modler, K.-H.:* Getriebetechnik – Analyse, Synthese, Optimierung. 2. Aufl. Berlin, Heidelberg, New York: Springer-Verlag 1995.

[13.1.6] *Dittrich, G.; Braune, R.:* Getriebetechnik in Beispielen. München: R. Oldenbourg-Verlag 1987.

[13.1.7] *Dresig, H.; Vul'fson, I. I.:* Dynamik der Mechanismen. Berlin: Deutscher Verlag der Wissenschaften 1989.

[13.1.8] *Volmer, J.:* Kurvengetriebe. 2. Aufl. Berlin: Verlag Technik 1989.

[13.1.9] *Steinhilper, W.,* u. a.: Kinematische Grundlagen ebener Mechanismen und Getriebe. Würzburg: Vogel-Verlag 1993.

[13.1.10] *Hagedorn, L.:* Konstruktive Getriebelehre (mit Diskette: Analyse-Programm). Düsseldorf: VDI-Verlag 1996.

[13.1.11] *Kerle, H.; Pittschellis, R.:* Einführung in die Getriebelehre. Stuttgart, Leipzig: Verlag B. G. Teubner 1998.

[13.1.12] *Hain, K.:* Getriebebeispiel-Atlas (eine Zusammenstellung ungleichförmig übersetzender Getriebe für den Konstrukteur). Düsseldorf: VDI-Verlag 1973.

[13.1.13] *Hain, K.:* Angewandte Getriebelehre. 2. Aufl. Berlin: Verlag Technik 1976/1978.

[13.1.14] *Niemann, G.; Winter, H.:* Maschinenelemente, Bde. II u. III, 2. Aufl. Berlin, Heidelberg: Springer-Verlag 1983.

[13.1.15] *Funk, W.:* Zugmittelgetriebe. Berlin, Heidelberg, New York: Springer-Verlag 1995.

[13.1.16] Autorenkollektiv (Hrsg. *Volmer, J.*): Getriebetechnik – Umlaufrädergetriebe. 2. Aufl. Berlin: Verlag Technik 1978.
[13.1.17] *Müller, H. W.:* Die Umlaufgetriebe. Auslegung und vielseitige Anwendung. 2. Aufl. Berlin, Heidelberg, New York: Springer-Verlag 1998.
[13.1.18] *Böge, A.:* Die Mechanik der Planetengetriebe. Braunschweig: Verlag Friedrich Vieweg & Sohn 1980.
[13.1.19] KDT-Empfehlungen 4/73/72. Begriffe und Darstellungsmittel der Mechanismentechnik. 2. Folge. Suhl: KDT-Bezirksverband 1975.
[13.1.20] AWF-Getriebehefte. AWF 603, 606, 612, 613, 615, 623 bis 668, 692, 6004, 6011, 6012. Berlin, Köln: Beuth-Verlag.
[13.1.21] VDI-Handbuch Getriebetechnik I. Ungleichförmig übersetzende Getriebe; II. Gleichförmig übersetzende Getriebe. Berlin, Köln: Beuth-Verlag 1990.

13.2. Zahnradgetriebe – Übersicht

Zeichen, Benennungen und Einheiten

M_d	Drehmoment, Torsionsmoment in N · mm
P	Leistung in kW
a	Achsabstand in mm
a_g, a_k	Halbachsen einer Ellipse in mm
b	Breite, Zahnbreite in mm
d; d_a, d_f	Teilkreisdurchmesser; Kopfkreis-, Fußkreisdurchmesser in mm
e	Lückenweite auf Teilzylinder, Exzentrizität in mm
g	Gangzahl der Schnecke
$\widehat{g}$	Eingriffsbogen in mm
g_β	Sprung in mm
h; h_a, h_f	Zahnhöhe; Zahnkopf-, Zahnfußhöhe in mm
i	Übersetzung
i_M	Momentenverhältnis
i_0	momentane Übersetzung
m	Modul in mm
n	Drehzahl in U/min
p	Teilung auf Teilzylinder in mm
r; r_a, r_f	Teilkreisradius; Kopfkreis-, Fußkreisradius in mm
r_{ag}, r_{ak}	Größt-, Kleinstradius bei Ellipsenrädern in mm
s	Zahndicke auf Teilzylinder in mm
u	Zähnezahlverhältnis
z	Zähnezahl
Σ	Achsenwinkel in °
α	Eingriffswinkel (= Profilwinkel am Teilzylinder) in °
β	Schrägungswinkel auf Teilzylinder in °
δ	Kegelwinkel in °
ε_α	Profilüberdeckung
ε_β	Sprungüberdeckung
ε_γ	Gesamtüberdeckung
η_G	Getriebe-, Gesamtwirkungsgrad
η_M	Momententreue
η_0	momentaner Wirkungsgrad
η_ω	Drehwinkeltreue
ω	Winkelgeschwindigkeit in rad/sec

Indizes

(ohne)	Teilkreis
a	Kopfkreis, Zahnkopf
b	Grundkreis
f	Fußkreis, Zahnfuß
ges	Gesamt
max	Größtwert
min	Kleinstwert
n	Normalschnitt
t	Stirnschnitt
0	Momentanwert
I, II, ...	Getriebestufe
1	Rad *1* (kleines, treibendes Rad)
2	Rad *2* (großes, getriebenes Rad)

Ein Zahnradgetriebe ist ein Getriebe, bei dem mindestens zwei Glieder durch Verzahnung gepaart sind. Es dient der Übertragung von Drehzahlen und Drehmomenten zwischen zwei oder mehreren Wellen. Die Verzahnung der Räder bewirkt eine Formpaarung und ermöglicht dadurch eine zwangläufige und schlupffreie Bewegungs- und Kraftübertragung.

13.2.1. Übersetzung, Zähnezahlverhältnis, Momentenverhältnis [13.4.1] [13.4.9] [13.4.10]

Zur Charakterisierung der Bewegungsübertragung bei Zahnradgetrieben dient die *mittlere Übersetzung i* bzw. die *momentane Übersetzung* i_0 (**Bild 13.2.1**, vgl. auch Tafel 13.2.2a):

$$i = n_1/n_2 = d_2/d_1 = r_2/r_1 = z_2/z_1 , \quad (13.2.1\,a)$$

$$i_0 = \omega_1/\omega_2 . \quad (13.2.1\,b)$$

Bei einem Außenradpaar (s. Abschnitt 13.2.3.) haben beide Räder entgegengesetzten Drehsinn, d. h., die Übersetzung i ist negativ. Bei Innenradpaaren haben beide Räder gleichen Drehsinn, so daß hier i positiv wird.
Bei $|i| < 1$ liegt Übersetzung ins Schnelle, bei $|i| > 1$ Übersetzung ins Langsame vor.

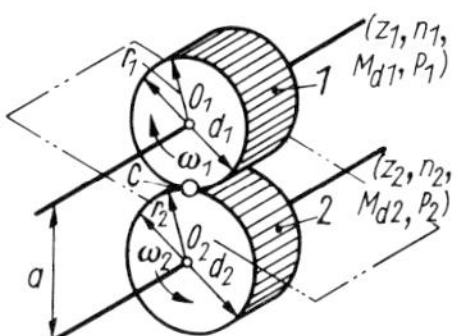

Bild 13.2.1. Wälzzylinder mit gemeinsamer Wälzebene eines Zahnradpaares (einstufiges Stirnradgetriebe)
1 Antriebsrad (Ritzel, Kleinrad), Eingang der Getriebestufe; *2* Abtriebsrad (Großrad), Ausgang der Getriebestufe
d Teilkreisdurchmesser; *r* Teilkreisradius; *z* Zähnezahl; *a* Achsabstand; *0* Radmittelpunkt; *C* Wälzpunkt; *n* Drehzahl; ω Winkelgeschwindigkeit; M_d Drehmoment; *P* Leistung

Das Verhältnis der Zähnezahl des größeren Rades z_2 zu der des kleineren Rades z_1 (Ritzel) bezeichnet man als *Zähnezahlverhältnis* (= *Radienverhältnis*) u:

$$u = z_2/z_1 = r_2/r_1 ; \quad (13.2.2)$$

u wird u. a. bei der Festigkeitsberechnung von Zahnrädern benötigt (Bestimmung der Ersatzkrümmungsradien für die Ermittlung der Flankentragfähigkeit, s. Abschnitt 13.4.11.). Bei Antrieb eines Außenradpaares durch das Ritzel, d. h. bei Übersetzung ins Langsame, ist i. allg. $u = i$, bei Antrieb durch das Großrad ist $u = 1/i$. Bei Innenradpaaren ist z_2 des Hohlrades negativ, und somit wird auch u negativ (s. Abschnitt 13.4.7.).

Mit η_ω kennzeichnet man die *Drehwinkeltreue*,

$$\eta_\omega = i_0/u = \omega_1 z_1/(\omega_2 z_2) . \quad (13.2.3)$$

Die Abweichung von η_ω vom Wert 1 stellt ein Maß für die Ungleichmäßigkeit der Bewegungsübertragung dar. Nur bei Zahnrädern, deren Zahnprofile entsprechend dem ersten Verzahnungsgesetz gestaltet sind und die keine Verzahnungsabweichungen aufweisen, ist $\eta_\omega = 1$.

Für die *Leistungsübertragung* gilt

$$P_2 = P_1 \eta_G \quad (13.2.4)$$

mit dem Getriebewirkungsgrad η_G (Gesamtwirkungsgrad, s. auch Abschnitt 13.4.14.2.):

$$\eta_G = P_2/P_1 = P_2/(P_2 + P_v) = (P_1 - P_v)/P_1 ; \quad (13.2.5)$$

P_v Verlustleistung.

Analog gilt für die *Drehmomentenübertragung*

$$M_{d1} = M_{d2}/(i\eta_G) , \quad (13.2.6\,a)$$

$$M_d = 9{,}55 \cdot 10^6 P/n ; \quad M_d \text{ in N} \cdot \text{mm} ; \quad P \text{ in kW} ; \quad n \text{ in U/min} . \quad (13.2.6\,b)$$

Der Quotient aus Abtriebs- und Antriebsmoment wird als *Momentenverhältnis* i_M bezeichnet:

$$i_M = M_{d2}/M_{d1} = \eta_G n_1/n_2 = \eta_G i . \quad (13.2.7)$$

Bei Getrieben mit hohem Wirkungsgrad ist praktisch $i_M = i$ (Vorzeichen für i beachten!).
Mit i_M kann man die *Momententreue* η_M formulieren:

$$\eta_M = i_M/u = M_{d2} z_1/(M_{d1} z_2) . \quad (13.2.8)$$

Die Abweichung von η_M vom Wert 1 stellt ein Maß für die Ungleichmäßigkeit der Drehmomentenumformung dar, also für die Schwankung des Abtriebsmoments bei angenommenem konstantem Antriebsmoment. Diese Schwankung wird u. a. dadurch verursacht, daß die Reibkraft während eines Zahneingriffs nach Betrag und Richtung schwankt, wodurch zugleich der *momentane Wirkungsgrad*

$$\eta_0 = M_{d2}\omega_2/(M_{d1}\omega_1) = i_M/i_0 \quad (13.2.9)$$

beeinflußt wird.
Bedeutung haben i_M, η_M und η_0 nur bei speziellen Verzahnungen, z. B. bei Uhrwerkverzahnungen (vgl. Abschnitt 13.3.3.).

13.2.2. Allgemeine Verzahnungsgeometrie [13.4.9] [13.4.10]

Entsprechend den Forderungen nach gleichmäßiger Bewegungsübertragung können Aufbau und Gestaltung der Zahnräder nicht willkürlich erfolgen, sondern sind bestimmten geometrischen und kinematischen Bedingungen unterworfen, die sich aus den zwei Verzahnungsgesetzen ergeben.

13.2.2.1. Grundgesetze der Verzahnung

Um eine Verzahnung gemäß Gl. (13.2.1) mit konstanter Übersetzung $i = i_0 = \omega_1/\omega_2 = r_2/r_1$ $=$ konst. und damit gleichmäßiger Bewegungsübertragung zu erhalten, müssen die beiden sich berührenden Zahnprofile so gestaltet sein, daß ihre gemeinsame Normale n in jeder Lage durch einen bezüglich der Punkte 0_1 und 0_2 ortsfesten Punkt, den Wälzpunkt C, geht **(Bild 13.2.2)** und somit die Verbindungslinie der beiden Radmittelpunkte $\overline{0_1 0_2}$ im konstanten Verhältnis r_2/r_1 geteilt wird *(erstes Verzahnungsgesetz)*.

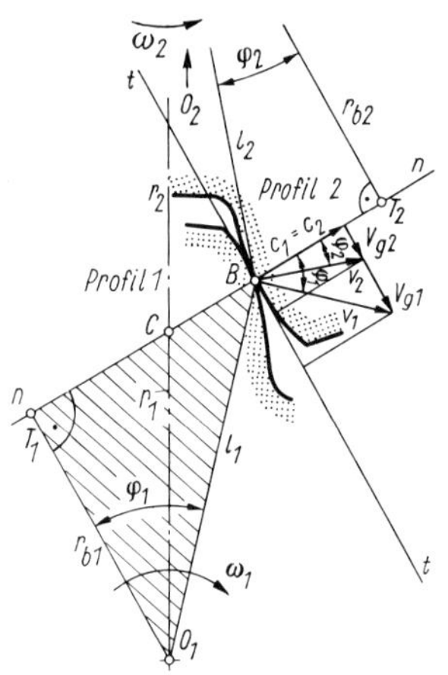

Voraussetzungen:
- *1,2* willkürlich gewählte Zahnprofile, Berührung im Punkt B
- $\omega_{1,2}$ Winkelgeschwindigkeiten der Profile *1,2* um Drehpunkte $0_{1,2}$
- Bewegung von B je nach Zugehörigkeit zu Profil *1* oder *2* auf Kreisbahnen mit Umfangsgeschwindigkeiten $v_1 = \omega_1 l_1$ bzw. $v_2 = \omega_2 l_2$
- Zerlegung von v_1 und v_2 in je zwei senkrecht aufeinanderstehende Komponenten c und v_g, wobei c_1 und c_2 in Richtung der gemeinsamen Berührungsnormalen n fallen und, Berührung der Profile vorausgesetzt, gleich groß sind ($c_1 = c_2$)
- Tangentiale Komponenten $v_{g1} \neq v_{g2}$ bedingen Gleitbewegung der Flanken mit $v_g = v_{g1} - v_{g2}$; nur in C ist $v_g = 0$ (reines Abwälzen; deshalb Kreise um $0_{1,2}$ durch C als Wälzkreise bezeichnet, s. auch Abschnitt 13.4.3., Bild 13.4.6).

Ableitung:
Aus Ähnlichkeit der Dreiecke (für Rad *1* schraffiert) folgt
für Profil 1:
$c_1/v_1 = r_{b1}/l_1$ bzw. $c_1 = (v_1 r_{b1})/l_1$,
für Profil 2:
$c_2/v_2 = r_{b2}/l_2$ bzw. $c_2 = (v_2 r_{b2})/l_2$.
Mit $c_1 = c_2$ gilt
$v_1 r_{b1}/l_1 = v_2 r_{b2}/l_2$ bzw. $\omega_1/\omega_2 = r_{b2}/r_{b1}$.
n geht durch C und teilt $\overline{0_1 0_2}$ in Abschnitte r_1 und r_2;
aus $\Delta 0_1 T_1 C \sim \Delta 0_2 T_2 C$ folgt
$r_{b2}/r_{b1} = r_2/r_1$ bzw. $\omega_1/\omega_2 = r_2/r_1$, d.h., bei $i_0 = i =$ konst. wird $\overline{0_1 0_2}$ im konstanten Verhältnis r_2/r_1 geteilt.

Bild 13.2.2. Ableitung des ersten Verzahnungsgesetzes

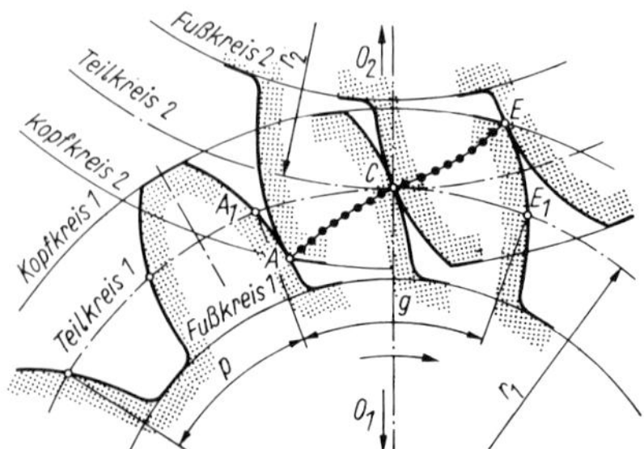

Bild 13.2.3. Ableitung des zweiten Verzahnungsgesetzes

Die Forderung nach einer konstanten Übersetzung $i = i_0$ verlangt außerdem, daß beim Zusammenarbeiten zweier Zahnräder mindestens ein Flankenpaar im Eingriff ist, d. h. also, daß spätestens bei Beendigung des Eingriffs eines Flankenpaares (**Bild 13.2.3**, Punkt E) das nächstfolgende kinematisch exakt in Eingriff kommen muß (Punkt A). Für die Verzahnung im Bild 13.2.3 ergibt sich somit die Forderung, daß der Eingriffsbogen $\widehat{g}$, also der auf dem Teilkreis gemessene Bogen, vom Beginn bis zum Ende des Eingriffs gleich oder größer sein muß als die Teilung p (s. auch Abschnitt 13.2.2.4.). Das Verhältnis von Eingriffsbogen $\widehat{g}$ zur Teilung p wird bei geradverzahnten Stirnradpaaren als Profilüberdeckung ε_α bezeichnet. Damit ergibt sich das *zweite Verzahnungsgesetz*:

$$\varepsilon_\alpha = \widehat{g}/p \geqq 1 . \qquad (13.2.10)$$

Bei schrägverzahnten Stirnradpaaren setzt sich die Gesamtüberdeckung ε_γ aus der Profilüberdeckung ε_α und der Sprungüberdeckung ε_β zusammen (Berechnung der Überdeckung s. Abschnitte 13.3., 13.4.3. und 13.4.6.).

In der Feinmechanik ist aufgrund der meist relativ großen Fertigungstoleranzen, bedingt durch die Bindung an Verfahren einer wirtschaftlichen Massenfertigung bei geradverzahnten Stirnradpaaren i. allg. eine Überdeckung $\varepsilon_\alpha \geqq 1{,}2$ anzustreben (Eingriffsverhältnisse bei $\varepsilon_\alpha < 1$ s. Abschnitt 13.4.3.).

13.2.2.2. Konstruktion von Gegenprofil und Eingriffslinie

Ausgehend von der im ersten Verzahnungsgesetz formulierten Forderung kann zu einem vorgegebenen, beliebig gewählten Zahnprofil das zugehörige *Gegenprofil* so konstruiert werden, daß eine konstante Übersetzung gewährleistet ist **(Bild 13.2.4)**. Gleichzeitig läßt sich bei dieser Konstruktion die *Eingriffslinie* als geometrischer Ort aller der Punkte, in denen sich zwei Zahnprofile bei der Bewegungsübertragung berühren, ermitteln.

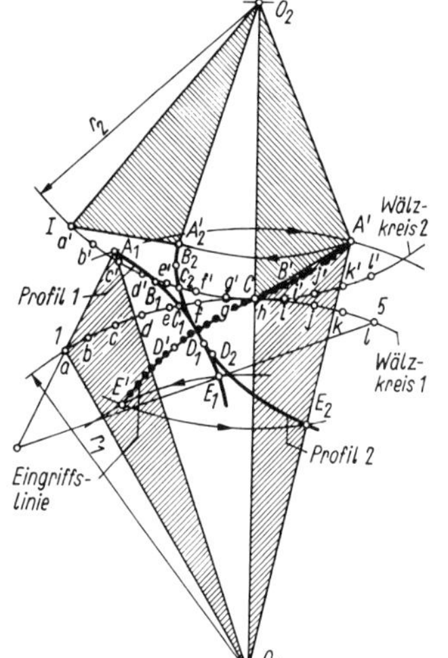

Lösungsschritte:

- Festlegung der Raddrehpunkte O_1 und O_2, Zeichnen der zugehörigen Wälzkreise mit Radien r_1, r_2 und des gewählten Zahnprofils *1*
- Berührungspunkt der Wälzkreise (Wälzpunkt C) teilt $\overline{O_1O_2}$ im Verhältnis der gewünschten Übersetzung $i = r_2/r_1$ und ist zugleich Punkt der Eingriffslinie
- Gemäß erstem Verzahnungsgesetz muß Senkrechte auf das Zahnprofil in beliebiger Eingriffsstellung durch C gehen: Senkrechte in gewähltem Punkt A_1 schneidet Wälzkreis *1* in Punkt *1*. Durch Drehen von Profil *1* um O_1 gelangen Punkt *1* nach C und A_1 nach A' (Kreisbögen mit $\overline{O_1A_1}$ um O_1 und $\overline{A_1 1}$ um C ergeben A' als Berührungspunkt der beiden Profile und Punkt der Eingriffslinie)
- Zurückdrehen von $\overline{CA'}$ um O_2 so weit, daß auf Wälzkreis *2* der der Ausgangslage *1* entsprechende Punkt *I* erreicht ist, liefert Gegenprofil *2* für Ausgangslage von Profil *1*. Nach Rückdrehung wird A' zu A_2' als Punkt des gesuchten Profils *2* (Ermittlung von Punkt *I* durch Abtragen von $\widehat{CI}$ auf Wälzkreis *2* mittels korrespondierender Punkte *a, a'*; *b, b'* usw.; Schnittpunkt der Kreise mit $\overline{O_2A'}$ um O_2 und $\overline{IA_1}$ bzw. $\overline{CA'}$ um Punkt *I* liefert A_2'). Mit B_1, C_1 usw. wird analog verfahren, Verbindungslinie von A_2', B_2 usw. ergibt Profil *2* und von A', B' usw. die Eingriffslinie.

Bild 13.2.4. Konstruktion von Gegenprofil und Eingriffslinie

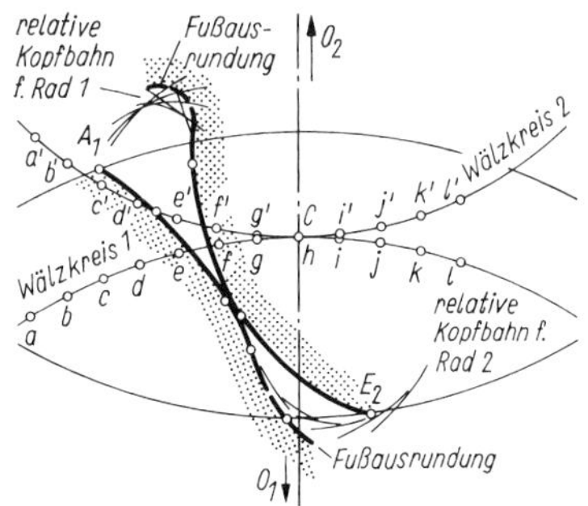

Lösungsschritte:

- Einteilen der Wälzkreise *1* und *2* vom Wälzpunkt C ausgehend in eine Anzahl gleicher Bogenteile
- Bezeichnung der zugehörigen Punkte auf Wälzkreis *1* mit *a, b, c* usw. und auf Wälzkreis *2* mit *a', b', c'* usw.
- Kreise um Punkte *a', b', c'* usw. mit Radien $\overline{aA_1}$, $\overline{bA_1}$, $\overline{cA_1}$ usw. liefern als Hüllkurve relative Kopfbahn von Punkt A_1 für Rad *1*
- Analog erhält man relative Kopfbahn von Punkt E_2 für Rad *2*.

Bild 13.2.5. Konstruktion der relativen Kopfbahn

Wahl des Zahnprofils. Willkürlich geformte Zahnprofile sind für die praktische Verwendung nicht sinnvoll. Sie lassen sich mathematisch nicht genau fassen und vor allem sehr schwierig herstellen. Zweckmäßig sind regelmäßig geformte Flanken. Man wählt dafür fast ausschließlich vom Kreis abgeleitete, d. h. zyklische Kurven. Zykloiden, Kreisbögen usw. sind dabei nur in eng begrenzten Anwendungsgebieten von Bedeutung (Abschnitt 13.3.), wogegen das Evolventenprofil (Abschnitt 13.4.) dominiert. Neben funktionellen und fertigungstechnischen Vorteilen weist es Satzrädereigenschaften auf, wenn die Herstellung mit Zahnstangenwerkzeugen oder mit von diesen abgeleiteten Werkzeugen erfolgt. Nach *Reu-*

leaux versteht man unter *Satzrädern* gleichgeteilte Räder, die sich beliebig paaren lassen, d. h., die ohne Störungen miteinander kämmen [13.4.9], s. auch Abschnitt 13.4.2.

13.2.2.3. Zahnfußflanke, relative Kopfbahn und unbrauchbare Flankenabschnitte

Die entsprechend den Grundgesetzen der Verzahnung gestalteten Zahnprofile garantieren nicht ausschließlich einen einwandfreien Eingriff. Für diesen ist auch die Form der Fußflanken von Bedeutung. Sie müssen so ausgebildet sein, daß der Kopfeckpunkt des Gegenrades diese nicht berühren kann, d. h., die Kopfbahn des Gegenrades muß außerhalb der Kontur des Zahnfußes (Fußausrundung) verlaufen. Als Zahnfuß wird der Bereich des Zahnprofils bezeichnet, der den Übergang von der an der Bewegungsübertragung beteiligten Flanke zum Fußkreis bildet. Die Konstruktion der *relativen Kopfbahn*, die eine Hüllkurve darstellt, zeigt **Bild 13.2.5**. Man erhält sie, indem man sich Rad *2* festgehalten denkt und der Wälzkreis von Rad *1* schlupffrei auf dem des Rades *2* abgewälzt wird. Die Fußausrundung kann beliebig außerhalb dieser Hüllkurve liegen und wird durch einen entsprechend gestalteten Kopf des Verzahnungswerkzeugs (s. Abschnitte 13.4.2., 13.4.4. und 13.4.15.) erzeugt.

13.2.2.4. Bezeichnungen und Bestimmungsgrößen an Zahnrädern

Die grundlegenden Begriffe und Bezeichnungen an Zahnrädern (Einzelräder und Radpaare) sind in den Normen DIN 3960 und DIN 58405 festgelegt und im **Bild 13.2.6** für ein Stirnrad mit geraden Zähnen dargestellt.

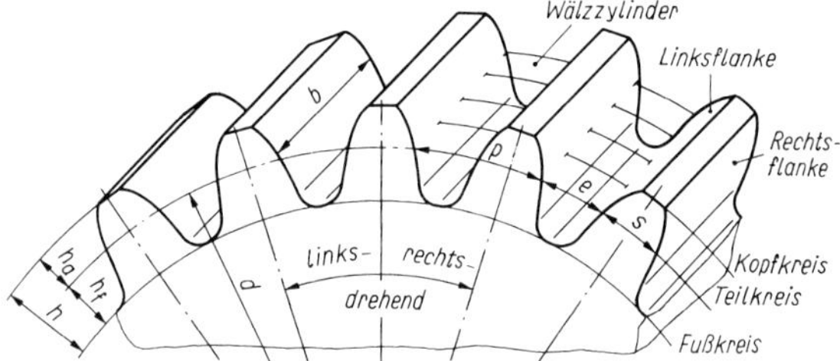

Bild 13.2.6. Bestimmungsgrößen an Zahnrädern (Beispiel Geradstirnrad)

Beim Verzahnen wird der Umfang eines Zahnrades entsprechend der Zähnezahl in z gleiche Teile geteilt. Die Entfernung zwischen zwei aufeinanderfolgenden, gleichgerichteten Flankenflächen der Zähne bezeichnet man als Teilung. Wird sie auf dem Umfang des Teilkreises mit dem Durchmesser d zwischen zwei Rechts- oder Linksflanken gemessen, bezeichnet man die Teilung als *Teilkreisteilung p*. Zwischen dem *Teilkreisdurchmesser d*, der *Teilung p* und der *Zähnezahl z* besteht folgender Zusammenhang:

$$pz = d\pi \quad \text{bzw.} \quad d = pz/\pi . \tag{13.2.11}$$

Das Verhältnis d/z wird als *Modul m* bezeichnet (Durchmesserteilung), und man erhält

$$d = mz \quad \text{bzw.} \quad p = m\pi . \tag{13.2.12}$$

Die Teilung p setzt sich zusammen aus der *Zahndicke s* und der *Lückenweite e*:

$$p = s + e . \tag{13.2.13}$$

Weitere Bestimmungsgrößen sind die *Zahnkopfhöhe* h_a, gemessen vom Teilkreis bis zum Kopfkreis, die *Zahnfußhöhe* h_f, gemessen vom Teilkreis bis zum Fußkreis, die *Zahnhöhe h*,

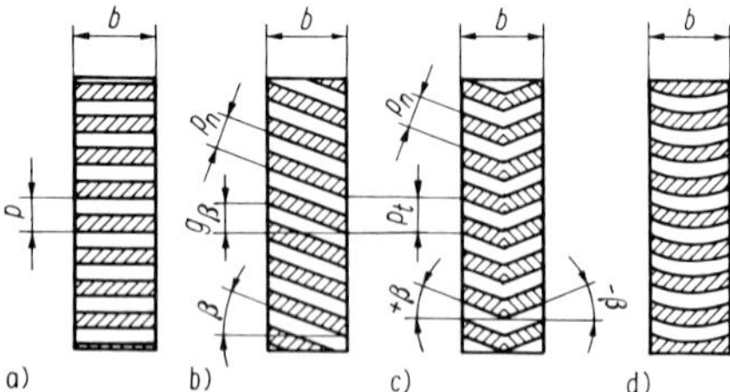

Bild 13.2.7. Zahnverläufe von Stirnrädern (auf dem abgewickelten Zylindermantel)

a) Geradzähne; b) Schrägzähne; c) Pfeilzähne; d) Bogenzähne
b Zahnbreite; *p* Teilung; p_n Normalteilung; p_t Stirnteilung; g_β Sprung; β Schrägungswinkel

Tafel 13.2.1. Modulreihe für Zahnräder
nach DIN 780
Moduln gelten für Stirnräder im Normalschnitt
Werte der Reihe 1 sind bevorzugt anzuwenden
Moduln für Zylinderschnecken (im Axialschnitt) und der zugehörigen Schneckenräder (auf Teilkreis) s. Tafel 13.6.4.

Modul m in mm

Reihe 1	Reihe 2	Reihe 1	Reihe 2	Reihe 1	Reihe 2
0,05	–	–	0,35	2,0	–
–	0,055	0,4	–	–	2,25
0,06	–	–	0,45	2,5	–
–	0,07	0,5	–	–	2,75
0,08	–	–	0,55	3	–
–	0,09	0,6	0,65	–	3,5
0,1	–	0,7	–	4	–
–	0,11	–	0,75	–	4,5
0,12	–	0,8	0,85	5	–
–	0,14	0,9	–	–	5,5
0,16	–	–	0,95	6	–
–	0,18	1,0	–	–	7
0,2	–	–	1,125	8	–
–	0,22	1,25	–	–	9
0,25	–	–	1,375	10	
–	0,28	1,5	–		
0,3	–	–	1,75		

die sich aus Kopf- und Fußhöhe zusammensetzt, und die *Zahnbreite b*. Bei den international genormten Verzahnungen werden diese Verzahnungsgrößen als modulabhängige Größen angegeben.
Für den Modul m dürfen nur die in DIN 780 festgelegten Werte verwendet werden **(Tafel 13.2.1)**.
Eine weitere Bestimmungsgröße ist die *Flankenrichtung*, die durch den Verlauf der Flankenlinien bestimmt wird. Unter einer Flankenlinie versteht man die Schnittlinie der Zahnflanke mit dem Grundkörper des Rades (Zylinder oder Kegel), dessen Achse mit der Radachse zusammenfällt **(Bild 13.2.7)**.

13.2.3. Bauformen von Zahnradgetrieben [1.16] [1.17] [13.4.6] [13.4.9] bis [13.4.11]

Vorrangige Ordnungsaspekte für Zahnradgetriebe sind die Lage der Achsen und die geometrischen Grundformen der Radkörper. Hiernach unterscheidet man Stirnrad-, Schraubenstirnrad- und Schneckengetriebe sowie Kegelradgetriebe (**Tafel 13.2.2** a).

Der Zahneingriff bei Stirnrad- und Kegelradgetrieben ist durch Wälzgleiten gekennzeichnet; man bezeichnet diese Getriebe deshalb auch als *Wälzgetriebe* (Geschwindigkeiten der Räder im Wälzpunkt sind gleich groß). Bei Schraubenstirnrad- und Schneckengetrieben sowie bei Schraubenkegelradgetrieben (Hypoidgetriebe) kommt zum Wälzgleiten der Zahnflanken noch eine Längsbewegung hinzu (Geschwindigkeiten im Wälzpunkt sind nicht gleich groß). Diese Getriebe werden deshalb auch als *Schraubgetriebe* bezeichnet.

Weitere Aspekte sind die Gestellanordnung der Räder (Zahnradstandgetriebe, Umlaufräder- bzw. Planetengetriebe; Tafel 13.2.2b), die Anzahl der Übersetzungsstufen (einstufige und mehrstufige Zahnradgetriebe; Tafel 13.2.2c) und die Anordnung der Verzahnung (Zahnradaußengetriebe, Zahnradinnengetriebe, Zahnstangengetriebe; Tafel 13.2.2d). Zur Einteilung können aber auch andere Merkmale herangezogen werden, die sich ausschließlich auf die Verzahnung beziehen oder sich aus der Verzahnungsgeometrie ableiten, so die Zahnform (z.B. Zykloiden- oder Evolventenverzahnung, s. Abschnitte 13.3., 13.4.), der Verlauf der Flankenlinien (Gerad-, Schrägverzahnung usw., s. Bild 13.2.7) und die Profilverschiebung der Verzahnung (Null-, V-Null-, V-Getriebe, vgl. Abschnitt 13.4.5.).
Geht man von den Einsatzbedingungen und Anforderungen sowie den typischen Eigenschaften aus, lassen sich darüber hinaus Meß-, Einstell-, Leistungs-, Laufwerk- und Uhrwerkgetriebe unterscheiden **(Tafel 13.2.3)**.

Tafel 13.2.2. Bauformen der Zahnradgetriebe

a) *Einteilung nach Lage der Achsen und geometrischer Grundform der Radkörper*

Stirnradgetriebe (Abschnitte 13.3. und 13.4.)

Parallele Achsen, Paarung von Stirnrädern mit Linienberührung, geometrische Grundformen der Räder sind Zylinder (wegen einfacher Herstellung und Montage sowie hohen Wirkungsgrades bevorzugte Anwendung in Feinmechanik).

Übersetzung:

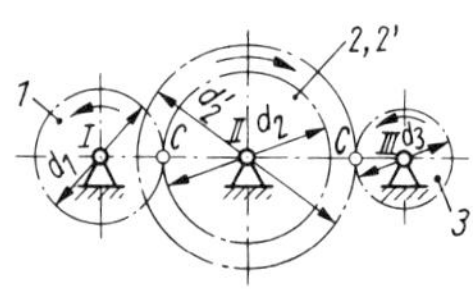

– einstufig: $i = n_1/n_2 = d_2/d_1 = z_2/z_1 \leqq 6 \ldots 8$

– mehrstufig: $i_{ges} = i_I \cdot i_{II} \cdot \ldots;$

$$i_{ges} = \frac{n_1 \cdot n_2' \cdot \ldots}{n_2 \cdot n_3 \cdot \ldots} = \frac{d_2 \cdot d_3 \cdot \ldots}{d_1 \cdot d_2' \cdot \ldots}$$

Sonderform: Paarung von elliptischen Rädern (kongruente Ellipsen mit Halbachsen a_g, a_k und Exzentrizität e) so, daß Drehung um Brennpunkte F_1, F_2 und größter Radius r_{ag} mit kleinstem Radius r_{ak} zusammentrifft (analog Paarung von exzentrisch gelagerten kreisförmigen Rädern); s. [13.4.1] [13.4.9] [13.4.44] [13.4.45].

Übersetzung:

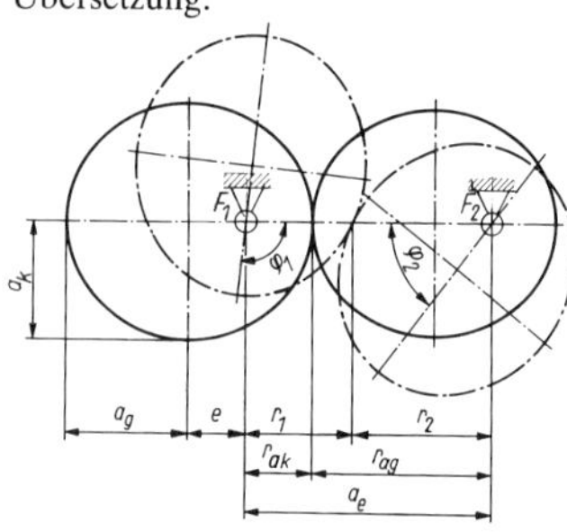

$$i_0 = \omega_1/\omega_2$$
$$i_{max} = (a_g + e)/(a_g - e)$$
$$i_{min} = (a_g - e)/(a_g + e)$$
$i = n_1/n_2$ (muß ganzzahlig sein, hier $i = 1$).

Schraubenstirnradgetriebe (Abschnitt 13.5.)

Sich kreuzende Achsen, Paarung von Stirnrädern mit Punktberührung, geometrische Grundformen der Räder sind Zylinder (nur für kleine Leistungen geeignet, Wirkungsgrad stark von Schrägungswinkel β abhängig, unempfindlich gegen Schrägungswinkelabweichungen, jedoch empfindlich gegen Achsabstandsänderungen).

Schneckengetriebe (Abschnitt 13.6.)

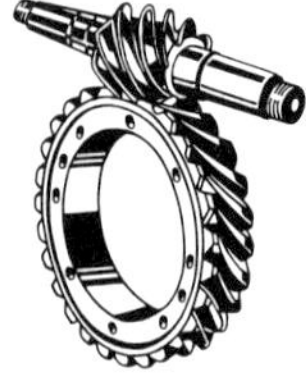

Sich kreuzende Achsen, Paarung von Schnecke und Schneckenrad, geometrische Grundformen sind Zylinder und Globoid bzw. zwei Globoide (Linienberührung) oder zwei Zylinder (Zylinderschnecke – Schrägstirnrad, Punktberührung) (Übertragung größerer Leistungen als mit Schraubenstirnradgetrieben, empfindlich gegen Achsabstandsänderungen, kleiner Wirkungsgrad).

Kegelradgetriebe (Abschnitt 13.7.)

Sich schneidende Achsen, Paarung von zwei Kegelrädern mit Linienberührung, geometrische Grundformen der Räder sind Kegel (Wirkungsgrad höher als bei Schneckengetrieben, Fertigung und Montage jedoch komplizierter).

Sonderform: Schraubenkegelradgetriebe, Hypoidgetriebe (sich kreuzende Achsen, Paarung von zwei Kegelrädern mit Achsversatz a, dadurch Punktberührung (Anwendung in Feinmechanik vermeiden).

Tafel 13.2.2. Fortsetzung

b) *Einteilung nach der Gestellanordnung*

Einfache oder einstufige Zahnradgetriebe sind dreigliedrig und entsprechen damit der Getriebedefinition gem. Abschnitt 13.1. Sie bestehen aus zwei Rädern (*1*, *2*) und der festen Verbindung der Drehachsen (Steg *s*) (Bild a). Steht der Steg still, d. h., ist er mit dem Gehäuse fest verbunden, spricht man von Standgetrieben. Läuft er um, d. h., ist er im Gestell (Gehäuse) selbst drehbar angeordnet, bezeichnet man die Getriebe als Umlaufrädergetriebe, weil mindestens ein Rad mit dem Steg umläuft (Bilder b, c). Allgemein werden dabei die im Gestell gelagerten Räder als Zentral- oder Sonnenräder bezeichnet, die auf dem umlaufenden Steg als Umlauf- oder Planetenräder (daher auch Planetenradgetriebe; Sicherung des Zwanglaufes s. Abschnitt 13.4.9.).

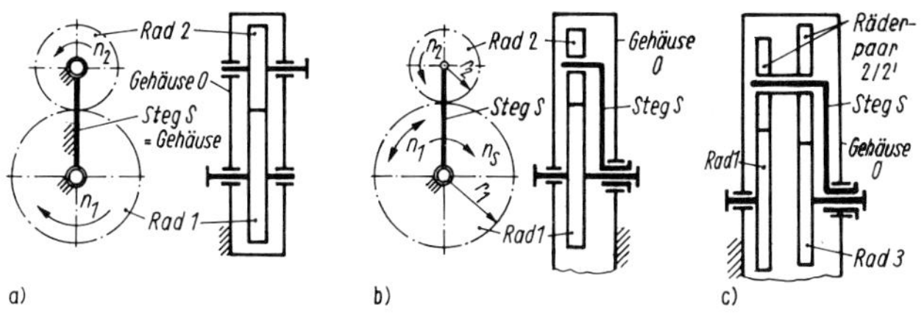

a) einstufiges Standgetriebe; b) einstufiges Umlaufrädergetriebe; c) zweistufiges Umlaufrädergetriebe

c) *Einteilung nach Anzahl der Übersetzungsstufen*

Einstufige Getriebe sind Zahnradgetriebe, bei denen zwischen Antriebs- und Abtriebswelle Drehzahl und Drehmoment nur einmal umgeformt werden (Bild a), bei mehrstufigen Getrieben dagegen mehrmals. Man unterscheidet zusätzlich, je nachdem ob Antriebs- und Abtriebsachse fluchten oder nicht, rückkehrende und nichtrückkehrende Getriebe (Bilder b, c).

Ein Sonderfall ist die Räderkette (Bild d), bei der mehrere außenverzahnte Räder (*1* bis *4*) in einer fortlaufenden Kette angeordnet sind. Bei ihnen überträgt die gleiche Verzahnung, die die Bewegung vom vorhergehenden Rad übernimmt, diese auch auf das nachfolgende Rad ohne Zwischenübersetzung, kehrt dabei aber die Drehrichtung um. Alle Teilkreise haben die gleiche Umfangsgeschwindigkeit *v*, so als ob ein Band *B* hindurchgezogen würde.

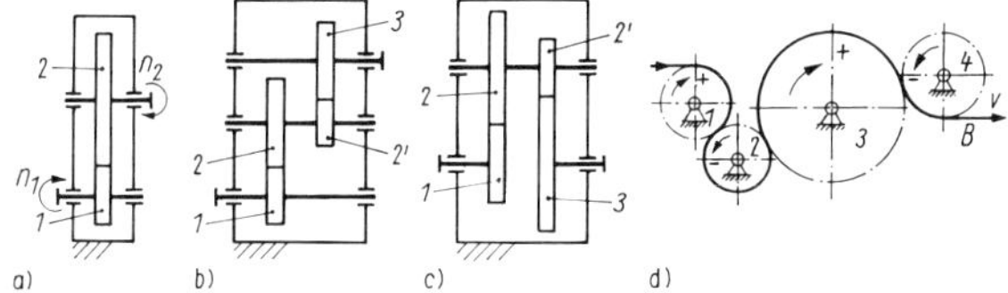

Stirnradgetriebe
a) einstufig; b) zweistufig, nicht rückkehrend; c) zweistufig, rückkehrend; d) Räderkette

d) *Einteilung nach Anordnung der Verzahnung*

Man unterscheidet zwischen außen- und innenverzahnten Rädern und dem Sonderfall der Zahnstange (Rad mit unendlich großem Durchmesser). Demgemäß entstehen bei Paarung von außenverzahnten Rädern Zahnrad-Außengetriebe, bei Paarung von innen- und außenverzahntem Rad Zahnrad-Innengetriebe und bei Paarung einer Zahnstange mit einem außenverzahnten Rad Zahnstangengetriebe.

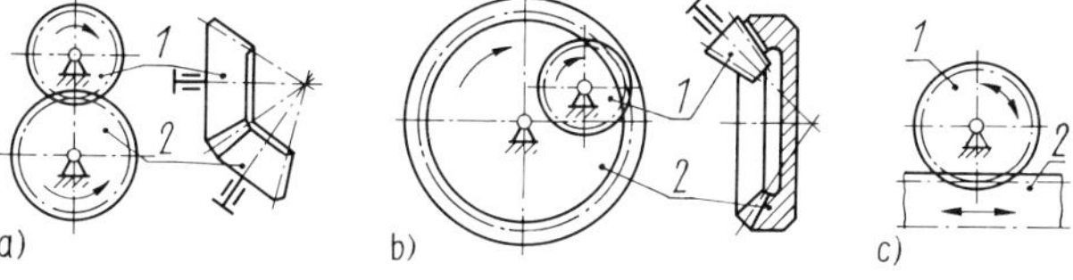

a) Stirnrad- und Kegelrad-Außengetriebe;
b) Stirnrad- und Kegelrad-Innengetriebe;
c) Zahnstangengetriebe

Tafel 13.2.3. Einsatzbereiche feinmechanischer Zahnradgetriebe

Getriebeart	Kennzeichnende Eigenschaften	Beispiele	Verzahnungsart und Bezugsprofil
Meßgetriebe	drehwinkeltreue Übertragung, kein bzw. nur geringstes Flankenspiel bei leichtgängigem und gleichmäßigem Lauf	mechanische Teilköpfe, Meßuhren, Waagengetriebe	vorzugsweise Evolventennormalverzahnungen mit Kopfhöhe $h_a = 1{,}0\,m$ oder $h_a = 1{,}1\,m$ gem. Bild 13.4.5
Einstellgetriebe	geringes Flankenspiel, zügiger und gleichmäßiger Lauf (feinfühlige Einstellmöglichkeit)	Mikroskopgetriebe, Feinstellgetriebe	

Tafel 13.2.3. Fortsetzung

Getriebeart	Kennzeichnende Eigenschaften	Beispiele	Verzahnungsart und Bezugsprofil
Leistungsgetriebe	mittleres Flankenspiel, kleine Fertigungs- und Montageabweichungen, um Verschleiß an Zahnflanken und Laufgeräusch niedrig zu halten	Elektrohandbohrmaschinen, Scheibenwischer, Nähmaschinen	(s. o.)
Laufwerkgetriebe	großes Flankenspiel und großes Zahnkopfspiel, um Laufstörungen durch Verschmutzung u. a. zu vermeiden	Laufwerke für Fotoverschlüsse, Zähler, registrierende Geräte	vorzugsweise Evolventennormalverzahnungen (s. o.), z. T. Evolventensonderverzahnungen
Uhrwerkgetriebe	momententreue Übertragung, geringe Reibungsverluste, großes Kopf- und Flankenspiel, große Übersetzung ins Schnelle	Uhren mit mechanischem Schwingsystem und vergleichbare Geräte, Zeigergetriebe in Quarzuhren mit Analoganzeige	von Zykloiden abgeleitete Sonderprofile, bei Großuhren z. T. Evolventensonderverzahnungen mit unsymmetrischem Bezugsprofil (Komplementprofil, s. Abschnitt 13.4.8.)

Standards und Normen s. Tafeln 13.3.2 (Kreisbogenverzahnung), 13.4.8 und 13.4.17 (Stirnrad- und Schraubenstirnradgetriebe), 13.6.8 (Schneckengetriebe), 13.7.3 (Kegelradgetriebe).

Literatur zum Abschnitt 13.2. s. Literatur zum Abschnitt 13.4.

13.3. Stirnradgetriebe mit nichtevolventischer Verzahnung

Zeichen, Benennungen und Einheiten

(spezielle Zeichen und Benennungen für Kreisbogenverzahnungen gem. Abschnitt 13.3.3. s. Standards und Normen in Tafel 13.3.2)

F_t	Umfangskraft, Tangentialkraft in N	p	Teilung in mm
M_b	Biegemoment in N · mm	r; r_a, r_f	Teilkreis-, Wälzkreisradius; Kopfkreis-, Fußkreisradius in mm
M_d	Drehmoment, Torsionsmoment in N · mm	r_l	Zahnlückenradius in mm
R	Krümmungsradius in mm	u	Zähnezahlverhältnis
W_b	Widerstandsmoment gegen Biegung in mm³	z	Zähnezahl
a, a_L	Achsabstand, Abstand in mm	α	Eingriffswinkel, Wälzwinkel in °
b	Breite in mm	β	Schrägungswinkel in °
d; d_a, d_f	Teilkreis-, Wälzkreisdurchmesser; Kopfkreis-, Fußkreisdurchmesser in mm	γ	Winkel in °
d_B	Bolzendurchmesser in mm	ε_α	Profilüberdeckung
g	Eingriffsbogen in mm	ε_β	Sprungüberdeckung
h; h_a, h_f	Zahnhöhe; Zahnkopf-, Zahnfußhöhe in mm	ε_γ	Gesamtüberdeckung
i	Übersetzung	η	Wirkungsgrad
i_M	Momentenverhältnis	η_M	Momententreue
i_0	momentane Übersetzung	η_0	momentaner Wirkungsgrad
j_t	Drehflankenspiel in µm	ϱ	Rollkreisradius in mm
l	Länge in mm	σ_H	Flankenpressung (Hertzsche Pressung) in N/mm²
m	Modul in mm	σ_{HP}	zulässige Flankenpressung in N/mm²
		σ_b	Biegespannung in N/mm²
		ω	Winkelgeschwindigkeit in rad/sec

Indizes

(ohne)	Teilkreis		
R	Rad (großes, treibendes Rad bei Kreisbogenverzahnung)	f	Fußkreis, Zahnfuß
		zul	zulässiger Wert
T	Trieb (kleines, getriebenes Rad bei Kreisbogenverzahnung)	0	Momentanwert
		1	Rad *1* (kleines, treibendes Rad)
a	Kopfkreis, Zahnkopf	2	Rad *2* (großes, getriebenes Rad)

Ein Stirnradgetriebe ist ein Zahnradgetriebe, bei dem die Achsen parallel sind und die Radkörper zylindrische Grundform haben. Die in Feinmechanik und Maschinenbau vorherrschende Verzahnung für diese Getriebe ist die Evolventenverzahnung mit Evolventen als Zahnflanken und einer Geraden als Eingriffslinie (s. Abschnitt 13.4.). Andere Verzahnungsarten, wie die Zykloidenverzahnung mit Zykloiden als Zahnflanken und einer aus zwei Kreisbögen zusammengesetzten Eingriffslinie haben dagegen nur untergeordnete Bedeutung. Sonderformen dieser Verzahnung dominieren jedoch in begrenzten Anwendungsgebieten, so die Kreisbogenverzahnung (auch als Uhrwerk- oder Pseudozykloidenverzahnung bezeichnet) in mechanischen Uhrwerken und für Zeigergetriebe in Quarzuhren mit Analoganzeige, oder z. B. die Triebstockverzahnung in einfachen Zählwerken, Spielzeugen usw.

13.3.1. Zykloidenverzahnung [13.3.1] [13.3.4]

13.3.1.1. Zahnform

Wird ein Rollkreis auf einem anderen Kreis oder auf einer Geraden, der sog. Wälzbahn, gleitfrei abgerollt, so beschreibt jeder Punkt dieses Rollkreises eine Zykloide, wobei Epizykloiden, Hypozykloiden und Orthozykloiden unterschieden werden **(Tafel 13.3.1)**. Zur Erzeugung der Kopf- und Fußflanken einer Zykloidenverzahnung werden zwei Rollkreise mit den Radien ϱ_1 und ϱ_2 auf und in dem gleichen Wälzkreis mit dem Radius r (r_1, r_2) abgerollt. Die Kopfflanken sind demnach Epizykloiden (konvex gekrümmt) und die Fußflanken sind Hypozykloiden (konkav gekrümmt), wobei das Verhältnis r/ϱ entscheidenden Einfluß auf die Krümmung der Flanken hat (s. Tafel 13.3.1). Der Wälzkreis entspricht dem Teilkreis des Zahnrades mit dem Durchmesser

$$d = mz. \qquad (13.3.1)$$

Für den Kopfkreisdurchmesser gilt i. allg.

$$d_a = m\,(z + 2) \qquad (13.3.2)$$

und für den Fußkreisdurchmesser wählt man meist

$$d_f = m\,(z - 2{,}32), \qquad (13.3.3)$$

m Modul, z Zähnezahl.

13.3.1.2. Eingriffsverhältnisse und Überdeckung

Die Eingriffsverhältnisse einer Zykloidenverzahnung sind dadurch charakterisiert, daß stets ein Punkt der Kopfflanke des einen Rades mit einem Punkt der Fußflanke des Gegenrades zusammenarbeitet, so daß alle Berührungspunkte der Flanken während eines Zahneingriffs durch die ausschließliche Betrachtung der Fußflanken erfaßbar sind. Da diese Berührungspunkte nur auf dem Umfang der inneren Rollkreise der gepaarten Räder liegen können, setzt sich die Eingriffslinie aus den Kreisbögen dieser Kreise zusammen; s. Bild in Tafel 13.3.1. Der Eingriff wird durch die Kopfkreise und damit durch die Punkte A und E im Bild begrenzt (Eingriffsbogen $\widehat{g} = \widehat{ACE}$).
Die Profilüberdeckung ε_α erhält man mit dem auf die Teilkreise transformierten Eingriffsbogen zu

$$\varepsilon_\alpha = \widehat{g}/p = \widehat{A_1'CE_1'}/p = \widehat{A_2'CE_2'}/p \geqq 1. \qquad (13.3.4)$$

Eingriffsverhältnisse bei Pseudozykloidenverzahnungen s. Abschnitt 13.3.3.

13.3.1.3. Tragfähigkeit, Eigenschaften und Anwendung

Die Tragfähigkeit der Zykloidenverzahnung wird durch die Zahnfußspannung und die Flankenpressung bestimmt, deren Berechnung nach den gleichen Gesichtspunkten erfolgt wie bei der Evolventenverzahnung (s. Abschnitt 13.4.11.). Durch das Zusammenarbeiten von konvexen und konkaven Flankenabschnitten ergeben sich günstigere Schmiegungsverhältnisse und damit eine geringere Flankenpressung als bei der Evolventenverzahnung. Außerdem sind die Reibungs-

Tafel 13.3.1. Zykloide als Zahnform

Epizykloide. Geometrischer Ort aller Punkte, die ein Punkt des Rollkreises bei Abrollen *auf* Wälzkreis durchläuft (Normale in jedem Punkt der Zykloide geht durch auf Rollkreis liegenden, die Zykloide beschreibenden Punkt P und durch zugehörigen momentanen Berührungspunkt von Roll- und Wälzkreis, s. *Konstruktion*)

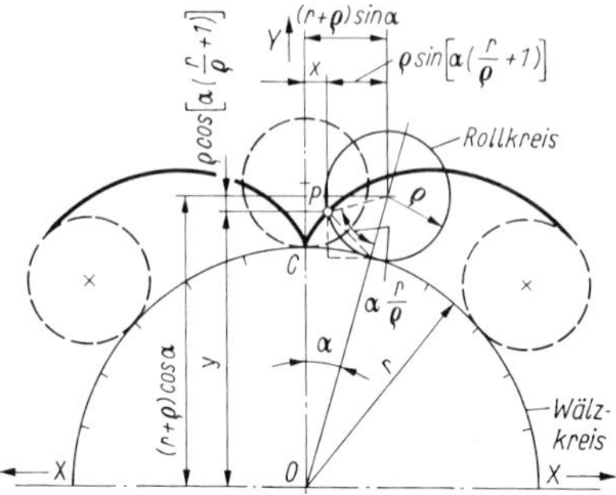

Konstruktion: Einteilen von Roll- und Wälzkreis, ausgehend von C (= P), in gleiche Abschnitte *C1*, *12* usw. sowie *C1'*, *1'2'* usw. Danach Abtragen des auf Wälzkreis zurückgelegten Weges vom jeweiligen momentanen Berührungspunkt aus auf Umfang des in die Teilpunkte *1*, *2* usw. abgewälzten Rollkreises. Endpunkte P_1, P_2 usw. der auf Rollkreisbogen übertragenen Wälzstrecke sind Punkte der Zykloide.

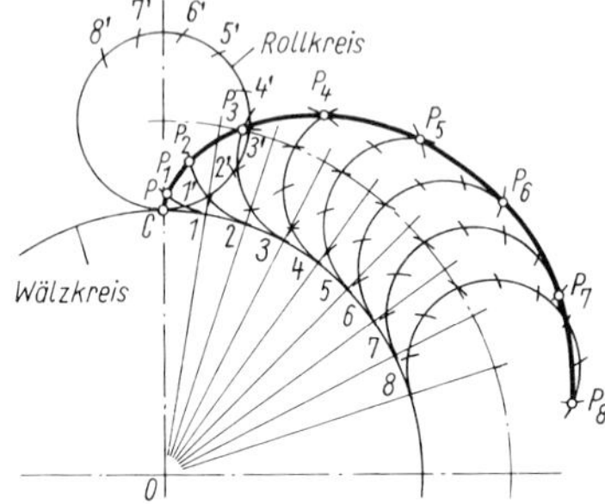

Hypozykloide. Geometrischer Ort aller Punkte, die ein Punkt des Rollkreises bei Abrollen in Wälzkreis durchläuft (*Konstruktion* analog Epizykloide)

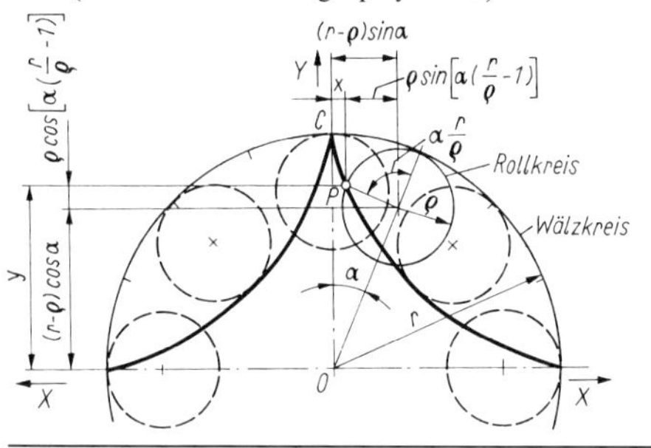

Orthozykloide (gemeine Zykloide). Geometrischer Ort aller Punkte, die ein Punkt des Rollkreises bei Abrollen auf einer Geraden (Wälzbahn) durchläuft (*Konstruktion* analog Epizykloide)

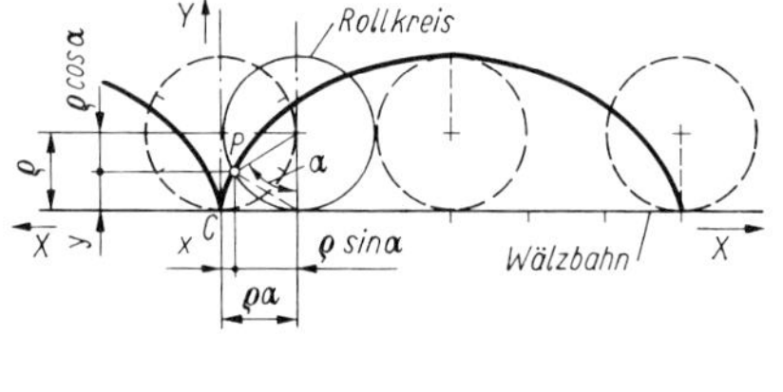

Zykloidenverzahnung

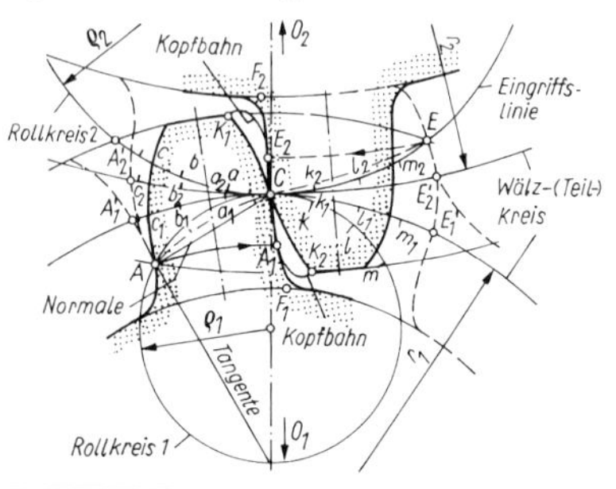

Wahl der Rollkreise:

- $\varrho = r/2$ für innere Rollkreise (kleinstes zulässiges Verhältnis) ergibt radiale, oft verwendete Fußflanken
- $\varrho = r/3$ ergibt günstige Eingriffsverhältnisse
- $\varrho_1 = \varrho_2$ ist Grundbedingung für Satzräderverzahnung, zweckmäßig mit $\varrho = r_1/3$
- $\varrho = r$ ergibt zu je einem Punkt auf zugehörigem Wälzkreis zusammengeschrumpfte Zahnflanken (Punktverzahnung mit sehr großer Überdeckung)
- ϱ_1 oder $\varrho_2 \approx 0$ ergibt einseitige, einfach herstellbare Verzahnung, aber mit kleiner Überdeckung

und Gleitverhältnisse besser, was insbesondere bei Radpaaren für Übersetzungen ins Schnelle von Bedeutung ist. Von Vorteil ist außerdem, daß mit der Zykloidenverzahnung sehr kleine Zähnezahlen ($z \geqq 4$, i. allg. $z \geqq 6$) erreichbar sind. Die Notwendigkeit konkaver Flanken (sog. Hohlflanken) verteuert jedoch die Herstellung der Werkzeuge wesentlich. Da außerdem die beim Verzahnen wirksamen Wälzkreise (Erzeugungswälzkreise) in ihrer Lage zueinander auch bei der Paarung der Räder im Getriebe genau einzuhalten sind, ergibt jede Abweichung vom theoretischen Achsabstand Schwankungen der momentanen Übersetzung i_0.
Aufgrund dieser Eigenschaften beschränkt sich der Einsatz der Zykloidenverzahnung auf sehr wenige Gebiete. Sie findet u. a. Anwendung in Getrieben für Elektrizitätszähler, in Filmaufzuggetrieben, in Zahnstangengetrieben und als Profil für Verdrängerorgane in Kreiskolbenpumpen (**Bilder 13.3.1** a, b). Von Bedeutung ist darüber hinaus eine Sonderform, das sog. Zykloiden-Kurvenscheiben-Getriebe (Cyclo-Getriebe (c)). Es ist ein Planetengetriebe (vgl. auch Abschnitt

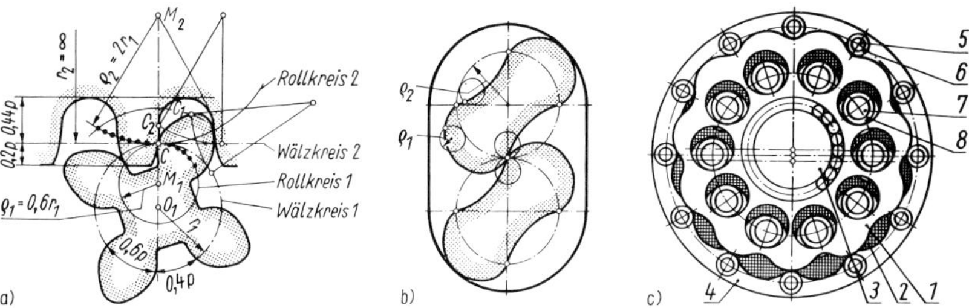

Bild 13.3.1. Anwendungsbeispiele für Zykloidenverzahnung [13.3.3]

a) mit Mindestzähnezahl $z = 4$ für Zahnstangengetriebe; b) als Gebläseflügel in Kreiskolbenpumpen (ϱ_1, ϱ_2 Rollkreisradien); c) in Form des Zykloiden-Kurvenscheiben-Getriebes (Cyclo-Getriebe)
1, 2 Zykloidenkurvenscheiben, um 180° versetzt, exzentrisch auf Antriebswelle *3* gelagert; *4* feststehender Bolzenring mit Bolzen *5* und Rollen *6*; Abtrieb über koaxiale Mitnehmerscheibe mit Mitnehmerbolzen *7* und Rollen *8*; zwischen Kurvenscheiben und Bolzenring Zähnezahlunterschied $z_4 - z_{1,2} = 1$

13.4.9.), bei dem die Zahnflanken der Planetenräder als verkürzte Epizykloiden jeweils einen geschlossenen Kurvenzug bilden und die Zähne des Hohlrades als drehbare Bolzen ausgebildet sind. Dadurch wird eine kompakte Bauweise und eine große Übersetzung je Getriebestufe erreicht.

13.3.2. Triebstockverzahnung [13.3.1] [13.3.3] [13.3.20]

13.3.2.1. Zahnform

Wählt man bei der Zykloidenverzahnung den Radius des Rollkreises ϱ_1 gleich dem des Wälzkreises r_1, ist das Abrollen des einen Kreises auf dem anderen nicht mehr möglich, und die Fußflanke der entsprechenden Verzahnung ist nur noch ein Punkt am Wälzkreis. Die Kopfflanke berührt während des Zahneingriffs ständig diesen einen Flankenpunkt, und man spricht deshalb von einer einseitigen Punktverzahnung (vgl. a. Tafel 13.3.1). Die nicht arbcitende Fußflanke kann beliebig gestaltet werden, darf aber nicht in den Kopf der Gegenflanke eindringen. Eine Abart einer solchen einfachen Punktverzahnung ist die Triebstockverzahnung **(Bild 13.3.2)**.

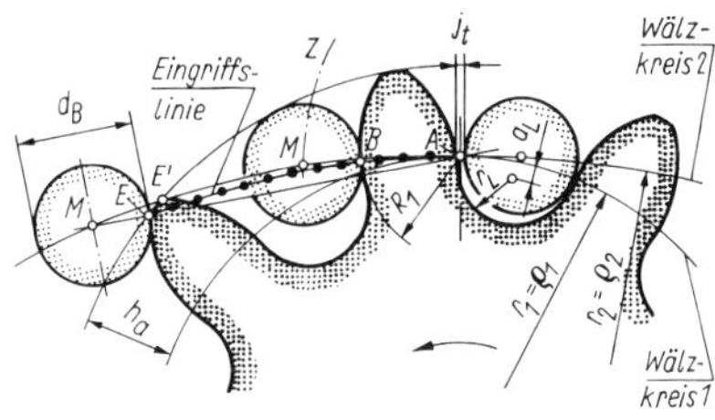

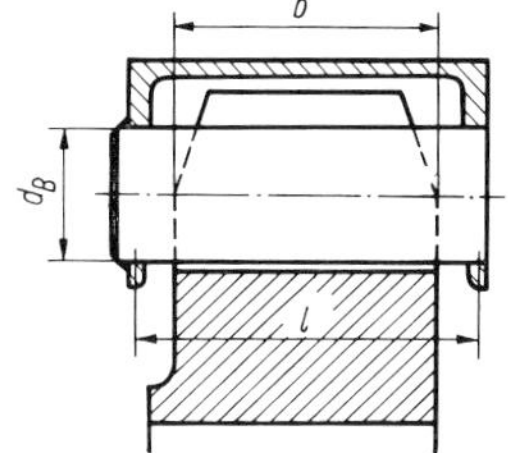

Bild 13.3.2. Triebstockverzahnung [13.3.3]

Durch Abwälzen des Wälzkreises *2* auf dem Wälzkreis *1* entsteht eine Epizykloide als Kopfflanke des Rades *1* (Punkt *M* beschreibt Kurve *Z*, Äquidistante mit Bolzenradius $d_B/2$ ergibt Kopfflanke). Wegen $\varrho_1 = r_1$ erhält man für die Fußflanke nur einen einzigen Punkt (*M*). Um denselben praktisch zu realisieren, erweitert man ihn zu einem Kreis (Triebstockbolzen) über die ganze Breite des Zahnrades *1*. Zugleich wird die Fußlücke von Rad *1* kreisbogenförmig so gestaltet, daß ein ausreichendes Spiel zwischen Triebstockbolzen und Zahnfuß vorhanden ist.

13.3.2.2. Eingriffsverhältnisse und Überdeckung

Da bei der Triebstockverzahnung die inneren Rollkreisbögen der gepaarten Räder mit den Wälzkreisen zusammenfallen, wird der Verlauf der Eingriffslinie von den Wälzkreisen bestimmt. Der Schnittpunkt der jeweiligen Verbindungsgeraden vom Mittelpunkt *M* zum Wälzpunkt mit dem Umfang des Triebstockbolzens stellt dabei einen Punkt der Eingriffslinie dar (im Bild 13.3.2 z. B. Punkt E). Für den in jedem Fall einseitig zur Verbindung der Radmittelpunkte liegenden Eingriffsbogen $\widehat{g}$ folgt

$$\widehat{g} = \widehat{AE} \approx \widehat{AE'}, \quad \text{bzw.} \quad \widehat{g} = r_2\gamma = ur_1\gamma = uz_1m\gamma/2, \tag{13.3.5}$$

mit der Rechengröße γ im Bogenmaß aus

$$\cos\gamma = 1 - (2h_a/m)\,(z_1 + h_a/m)/[z_1^2\,(u^2 + u)]\,. \tag{13.3.6}$$

Bei einem Innenradpaar (s. Abschnitt 13.4.7.) sind z_2 und damit u negativ.
Bei Paarung mit einer Zahnstange gilt

$$\hat{g} = m\,\sqrt{(h_a/m)\,(z_1 - h_a/m)}\,. \tag{13.3.7}$$

Die Forderung nach einer Profilüberdeckung $\varepsilon_\alpha = \hat{g}/p \geqq 1{,}2 \ldots 1{,}4$ läßt sich dadurch einfach erfüllen, daß man den Kopfkreisdurchmesser d_{a1} des Rades *1* so groß wählt, daß der Bogen $\widehat{AE}$ entsprechend größer als die Teilung p wird.

13.3.2.3. Tragfähigkeit, Eigenschaften und Anwendung

Maßgebend für die Tragfähigkeit einer Triebstockverzahnung ist i. allg. der infolge Linienberührung relativ große Verschleiß an den Zahnflanken. Als Kriterium wird dafür die Flankenpressung (Hertzsche Pressung) σ_H herangezogen (s. auch Abschnitt 13.4.11.):

$$\sigma_H = 271\,\sqrt{F_t/(2R_1b)} \leqq \sigma_{HP}\,; \tag{13.3.8}$$

mit σ_H in N/mm² (σ_{HP} s. Abschnitt 13.4.11.); F_t Umfangskraft in N; R_1 Krümmungsradius der Flanke des Rades *1* im inneren Einzeleingriffspunkt in mm, $R_1 \approx \hat{g} - \pi m$; R_2 Krümmungsradius des Triebstockbolzens (in Bild 13.3.2 nicht dargestellt, infolge Abplattung durch Einlaufverschleiß wird $R_2 = \infty$ gesetzt (s. auch Tafel 3.29); b Zahnbreite in mm.

Außerdem ist die Biegespannung σ_b am Rad *1* bei Kraftangriff am Zahnkopf

$$\sigma_b = 2M_b/W_b \approx 10F_t/(bm) \leqq \sigma_{b\,zul} \tag{13.3.9}$$

sowie die Biegespannung am Triebstockbolzen

$$\sigma_b = 2M_b/W_b \approx 5{,}6F_t\,(l - b/2)\,d_B^3 \leqq \sigma_{b\,zul} \tag{13.3.10}$$

nachzurechnen [13.3.3].
Zahnkräfte und Lagerkräfte analog Abschnitt 13.4.11.2.

Richtwerte für die Bemessung nach Bild 13.3.2 [13.3.3]:
Bolzendurchmesser $d_B \approx 1{,}67m$, Zahnkopfhöhe $h_a \approx m\,(1 + 0{,}03z_1)$, Zahnbreite $b \approx 3{,}3m$, mittlere Auflagenlänge des Bolzens $l \approx (b + m + 5)$ mm, Zahndicke im Teilkreis $s \approx 1{,}4m$, Flankenspiel $j_t \approx 0{,}04m$, Zahnlückenradius $r_L = 0{,}5d_B + 0{,}02\,m$ im Abstand $a_L \approx 0{,}15\,m$ vom Wälzkreis *1*, Ritzelzähnezahlen $z_1 \geqq 8 \ldots 12$.

Die Anwendung der Triebstockverzahnung erfolgt nur zur Übertragung kleiner Kräfte bei Umfangsgeschwindigkeiten unter 1 m/s. Sie ist ebenso wie die Zykloidenverzahnung empfindlich gegen Achsabstandsveränderungen, jedoch unempfindlich gegen Verschmutzung und eignet sich gut für Übersetzungen ins Schnelle.
Der Kranz des Großrades *2* ist einfach, aber meist nur relativ ungenau herstellbar. Die Verzahnung des Rades *1* läßt sich z. B. durch Formfräsen erzeugen, aber auch durch eine Evolvente annähern und dann mit einem geradflankigen Wälzwerkzeug fertigen.

13.3.3. Kreisbogenverzahnung (Pseudozykloidenverzahnung, Uhrwerkverzahnung) [13.3.9] bis [13.3.11] [13.3.23] bis [13.3.34]

Kreisbogenverzahnungen sind modifizierte, praktischen Anforderungen angepaßte Formen der Zykloidenverzahnung. Oft wird zwischen Rad- und Triebzahnformen unterschieden, wobei dem Rad stets die größere und dem Trieb die kleinere Zähnezahl der Paarung zugeordnet ist, unabhängig von der Richtung des Bewegungsablaufs und des Kraftflusses.

13.3.3.1. Zahnformen

Die Verzahnung ist mit dem Ziel ausgelegt, bei ihrem Hauptanwendungsgebiet, der Übersetzung ins Schnelle, einen hohen Wirkungsgrad zu ermöglichen, indem die Zahnpaare sich vorwiegend nach der Mittellinie $\overline{O_TO_R}$ berühren (s. a. Bilder 13.3.5 und 13.3.6). Wie sich unter Einbeziehung des Reibungswinkels nach [13.3.10] ermitteln läßt, sind die Verluste durch die resultierende „ziehende" Reibung geringer als die vor der Mittellinie durch „Stemmen" entstehenden. Dabei werden beim Zahneingriff überwiegend die Radzahnwölbung und der Triebzahnfuß wirksam.

Den Durchmesser des die Zykloiden erzeugenden Rollkreises (s. Tafel 13.3.1) wählt man gleich dem halben Wälzkreisdurchmesser des Triebes. Damit wird die von einer Hypozykloide gebildete Triebfußflanke eine radial verlaufende Gerade, woraus eine geringere Toleranzabhängigkeit und gute Herstellbarkeit resultieren. Mit den gleichen Zielen gestaltet man den theoretisch von einer Epizykloide des gleichen Rollkreises zu bildenden Radzahnkopf niedriger und seine Wölbung kreisförmig.

Praktische Erfahrungen und Messungen zeigen, daß mit abnehmender Triebzähnezahl die Reibung und ihre Verluste sowie die Abhängigkeit von Toleranzen bedeutend steigen, so daß Zähnezahlen $z_T \leqq 9$ vorzugsweise zu umgehen sind.

Getriebe mit treibendem Rad. In den Standards und Normen [1] bis [3] in **Tafel 13.3.2**, die nur gering voneinander abweichen, stehen drei Triebzahnkopfformen zur Wahl, wobei die höchste (*C*, **Bild 13.3.3**) für die bei geringem Drehmoment noch häufig verwendeten Zähnezahlen $z_T = 6$ und 7, die mittlere für $z_T \geqq 8$ empfohlen werden. Die niedrigste, kreisbogenförmige Form *A* wird selten verwendet und ist nicht in allen Standards und Normen enthalten.

Tafel 13.3.2. Standards und Normen für Kreisbogenverzahnungen

[1] NHS 56702 bis 56704 bzw. NIHS 20, 21 ff. Engrenages-Profils ogivaux; (Schweizer Industriestandard)
[2] UKS 1065 bis 1067. Pseudozykloidenverzahnung; (Werkstandard der Uhren- und Maschinenfabrik Ruhla sowie des Uhrenwerkes Glashütte)
[3] Cetehor-Norm 1016 bis 1018. Horlogerie – Engrenages cycloidaux, P 1978 (Standard des Centre technique de l' Industrie Horlogèrie, Besançon, Frankreich)
[4] EVJ-Norm (Standard der Ècole d' Horlogerie de la Vallée de Joux, Schweiz); s. auch [13.3.32]
[5] DIN 58425 Kreisbogenverzahnungen für die Feinwerktechnik

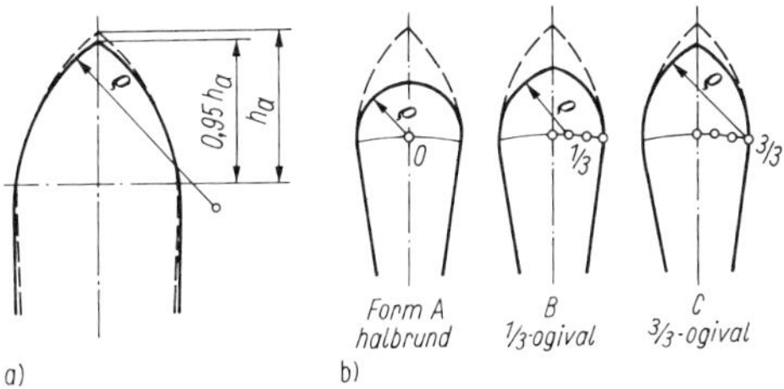

Bild 13.3.3. Zahnformen nach [1] in Tafel 13.3.2 für treibendes Rad
a) Radzahn, theoretisch (gestrichelt) und praktisch;
b) Triebzähne, theoretisch (gestrichelt) und praktische Formen *A*, *B* und *C*

Die Radzahnkopfhöhen sind in den Standards [1] bis [3] gegenüber der theoretischen Epizykloidenform um etwa 5% niedriger (s. Bild 13.3.3).

Meßtechnisch ergibt sich, daß die Eingriffsverhältnisse besonders bei niedrigen Triebzähnezahlen zu verbessern sind, wenn man den Durchmesser des Rades um etwa $0{,}1m$ (m Modul) und den des Triebes um $0{,}15m$ verringert, die Zahnhöhe jedoch beläßt. Bei der heute durchgängig üblichen Fertigung im Abwälzverfahren ist diese Korrektur von vornherein zu berücksichtigen. Bei Getrieben, bei denen sich zeitweise der Kraftfluß umkehrt, kann dann jedoch Selbstsperrung eintreten.

In neueren Standards [4] und [5] in Tafel 13.3.2 wurden diese der Erfahrung entspringenden Korrekturen von vornherein berücksichtigt. Außerdem verwendet man relativ niedrige, vereinheitlichte Radzahnköpfe mit Wölbungsradien von 2 bzw. $1{,}85m$, die denen für geringe Triebzähnezahlen der älteren Standards entsprechen. Man geht davon aus, daß die Abhängigkeit von den die Eingriffstiefe beeinflussenden Toleranzen sinkt und daß bei großen Triebzähnezahlen, wo der Radzahnkopf gegenüber der Epizykloidenform wesentlich niedriger ist, der Wirkungsgrad nicht wesentlich abnimmt. Außerdem verwendet [5] höhere Triebzahnköpfe, um die Unabhängigkeit von Toleranzen weiter zu vergrößern.

Bei allen in Standards und Normen festgelegten Verzahnungen für *treibendes Rad* ist die Zahndicke, auf dem Teilkreis gemessen, $1{,}57m$ ($p/2$) und die des Triebzahns 1,05 bis $1{,}25m$.

Getriebe mit treibendem bzw. wechselnd treibendem oder getriebenem Trieb, die mit wechselndem Kraftfluß und geringerem Wirkungsgrad arbeiten, werden in allen Standards außer [4] mit Rädern und Trieben mit der einheitlichen Zahndicke $1{,}35m$ vorgesehen **(Bild 13.3.4)**.

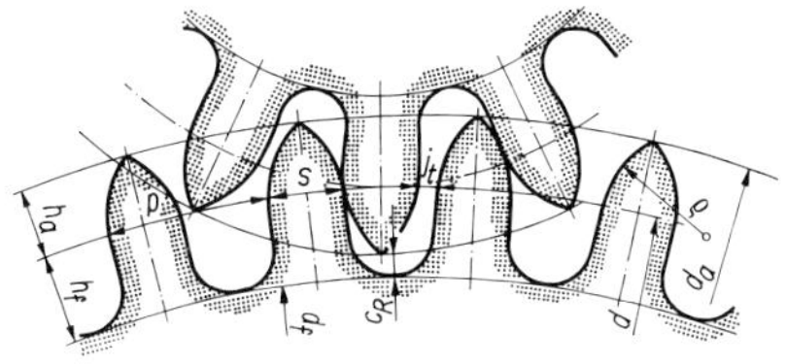

Bild 13.3.4. Zahnformen nach [1] in Tafel 13.3.2 für treibendes bzw. wechselnd treibendes oder getriebenes Rad

Aus fertigungstechnischen Gründen läßt man zuweilen eine Zahnspitzenabrundung von etwa $0{,}1m$ zu und bei $z_T \leqq 7$ eine Zahnfußverstärkung, indem die Fußflanken nicht radial verlaufen, sondern durch Geraden gebildet werden, die sich auf dem Punkt des Teilkreises schneiden, der dem Triebzahn gegenüber liegt (vgl. [2] in Tafel 13.3.2).

Bei der Festlegung des Achsabstandes von Getrieben mit kleinsten Moduln ist die Auswirkung des durchschnittlichen Lagerspiels bei den jeweilig wirkenden Lagerkräften zu berücksichtigen.

13.3.3.2. Eingriffsverhältnisse und Überdeckung

Die Bestimmung der Berührungspunkte der Zahnflanken während des Eingriffs eines Zahnpaares und damit die Festlegung der Eingriffsstrecke erfolgt zweckmäßig auf grafischem Wege **(Bild 13.3.5)**, da die exakten Epizykloiden der Zahnköpfe an den Rad- und Triebzähnen durch Kreisbögen ersetzt sind. Bedingt dadurch, daß das erste Verzahnungsgesetz nicht erfüllt ist, ergibt sich zugleich eine wesentliche Schwankung der momentanen Übersetzung i_0 **(Bild 13.3.6)**. Diese ist bei den meisten Einsatzgebieten der Kreisbogenverzahnung jedoch funktionell ohne Bedeutung. Bestimmend sind die mittlere Übersetzung $i = z_2/z_1$ und insbe-

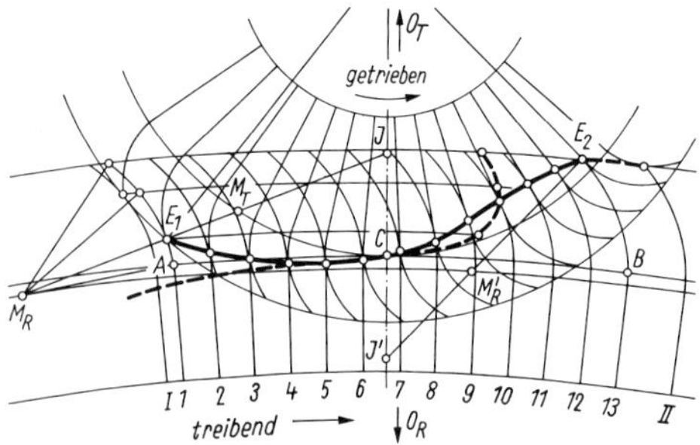

Lösungsschritte:

- Bewegen des treibenden Rades um gleiche Winkelintervalle und Einzeichnen der entsprechenden Flankenberührungspunkte von Trieb und Rad
- Verbindungslinie dieser Berührungspunkte ergibt Eingriffsstrecke mit zwei Eingriffsgebieten: Vor Mittellinie $\overline{O_T O_R}$ arbeiten Kopfkreisbögen des treibenden und des getriebenen Zahns zusammen (Kreis-Kreis-Berührung). Hinter Mittellinie arbeitet Kopfkreisbogen des treibenden Zahns mit gerader Fußflanke des getriebenen Zahns zusammen (Kreis-Geraden-Berührung)
- Die auf erstem Verzahnungsgesetz beruhende Konstruktion gem. Abschnitt 13.2.2.1. ergäbe den gestrichelt dargestellten Verlauf.

Bild 13.3.5. Konstruktion der Eingriffslinie einer Kreisbogenverzahnung mit NIHS-Profil (Form *C*)
$z_1 = 64$, $z_2 = 8$, Nennachsabstand; *R* Rad; *T* Trieb

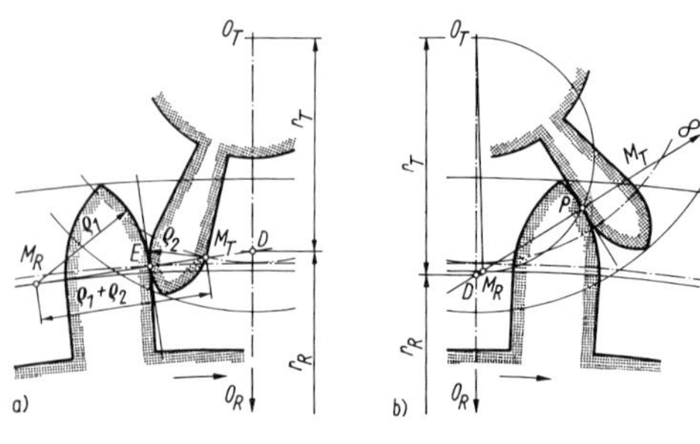

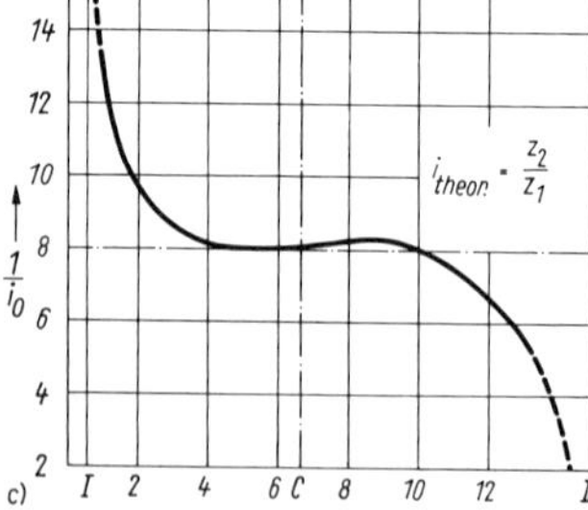

Lösungsschritte:

Kreis-Kreis-Berührung. Berührungsnormale der Zahnflanken muß durch Mittelpunkte M_T und M_R der Ersatzkreisbögen mit Radien ϱ_1 und ϱ_2 gehen; Verlängerung der Normale schneidet $\overline{O_T O_R}$ in *D* und ergibt der momentanen Übersetzung entsprechendes Radienverhältnis ($i_0 = r_T/r_R$).

Kreis-Geraden-Berührung. Schlagen des Thales-Kreises über $\overline{O_T M_R}$, der Radzahnkopf im momentanen Berührungspunkt *P* schneiden muß; Verbindungslinie $\overline{PM_R}$ schneidet dann $\overline{O_T O_R}$ in *D* und bestimmt $i_0 = r_T/r_R$ für diesen Berührungsfall.

Bild 13.3.6. Bestimmung der momentanen Übersetzung einer Kreisbogenverzahnung [13.3.9]
a) Eingriffsgebiet vor der Mittellinie $\overline{O_T O_R}$ (Kreis-Kreis-Berührung); b) Eingriffsgebiet hinter der Mittellinie (Kreis-Geraden-Berührung); c) Verlauf der momentanen Übersetzung (Verzahnung nach Bild 13.3.5)
R Rad; *T* Trieb

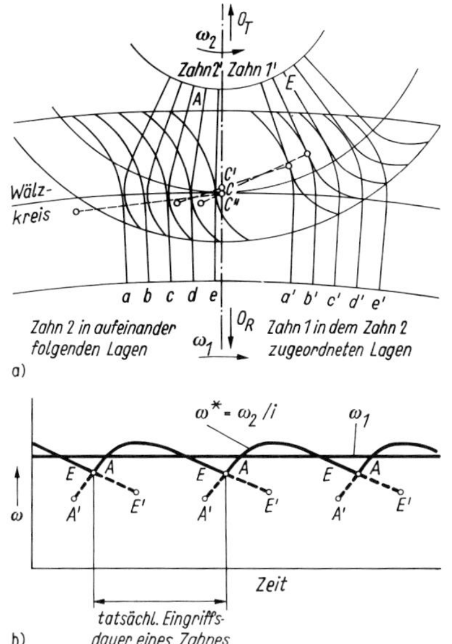

Lösungsschritte:
Aufzeichnen von Zahn *2* in aufeinanderfolgenden Lagen und von Zahn *1* in dem Zahn *2* zugeordneten Lagen.
Würde in Stellung *a* Radzahn *2* mit einem Triebzahn *2'* zusammenarbeiten, müßten in Stellung *a'* befindliche Zähne *1* und *1'* ineinanderdringen. Das ist unmöglich; die Zähne in Stellung *a* berühren sich also noch nicht, und in dieser Getriebestellung ist $\omega_1 < i\omega_2$, wie aus Lage des Schnittpunktes C' der gemeinsamen Profilnormalen mit Strecke $\overline{O_T O_R}$ hervorgeht. Bewegt sich nun tragender Zahn *1* von *a'* nach *c'*, wird in Stellung *c'*: $\omega_1 = i\omega_2$ ($i_0 = i = \overline{O_T C}/\overline{CO_R}$). Wenig später kommen bei *d* auch Zähne *2* und *2'* zur Berührung. Bei weiterer Drehung des Rades kommt Zahn *1* bei *e'* außer Eingriff, während Zahn *2* Bewegungsübertragung allein übernimmt. Für diese Eingriffsphase gilt $\omega_1 > i\omega_2$, da $i_0 = \overline{O_T C}/\overline{CO_R} > i$. Es befindet sich also jeweils nur ein Zahn im Eingriff; die praktische Überdeckung ist Eins.

Bild 13.3.7. Eingriffsverhältnisse (a) und Verlauf der Winkelgeschwindigkeit (b) bei Kreisbogenverzahnung nach Bild 13.3.5

sondere die Momententreue η_M (Ermittlung des Momentenverhältnisses nach [13.3.10] durch Antragen des Reibungswinkels im Punkt E, Bild 13.3.6); vgl. auch Gl. (13.2.8).
Zu beachten ist aber, daß wegen $i_0 \neq$ konst. die Profilüberdeckung ε_α immer gleich 1 sein muß, da die Werte für i_0 zu Beginn und Ende des Eingriffs nicht übereinstimmen. Es ist also immer nur ein Zahnpaar im Eingriff, wodurch sich die in **Bild 13.3.7** a verdeutlichten Eingriffsverhältnisse ergeben. Der zeitliche Verlauf der Winkelgeschwindigkeit für mehrere aufeinanderfolgende Zahneingriffe einer solchen Verzahnung ist in Bild 13.3.7 b dargestellt unter der Annahme einer konstanten Winkelgeschwindigkeit ω_1, wobei zur besseren Veranschaulichung ω_2 mit $1/i$, also mit z_1/z_2 multipliziert wurde. Der tatsächliche Verlauf von ω_2 ist durch eine dicke Vollinie hervorgehoben; die Strichlinie deutet den Verlauf von ω_2 bei Durchlaufen der gesamten Eingriffslinie (Eingriff eines Zahnpaares) an.

Da jeweils nur konvex gekrümmte mit konvex gekrümmten oder geraden Flankenabschnitten zusammenarbeiten (s. Bilder 13.3.6 und 13.3.7), ergibt sich Unempfindlichkeit gegenüber Achsabstandsveränderungen. Weicht der Achsabstand a der Paarung vom rechnerischen Wert ab, ändern sich allerdings der Beginn und das Ende des Eingriffs und die Größe der Schwankung der momentanen Übersetzung i_0. Eine Vergrößerung von a bewirkt die Verlagerung der Eingriffsstrecke vor die Mittellinie $\overline{O_T O_R}$ und eine, allerdings nur unwesentliche Verringerung der Schwankung von i_0, eine Verkleinerung von a dagegen die Verlagerung der Eingriffsstrecke in den Bereich hinter die Mittellinie $\overline{O_T O_R}$ und eine Vergrößerung der Übersetzungsschwankung.

Für die sich analog der bildlichen Darstellung in Tafel 13.3.1 theoretisch ergebende Profilüberdeckung

$$\varepsilon_\alpha = \widehat{g}/p = \widehat{AE}/p = \widehat{A'CE'}/p \tag{13.3.11}$$

ist auch bei Kreisbogenverzahnungen aus Sicherheitsgründen ein Wert $\varepsilon_\alpha \geqq 1$ zu wählen.

13.3.3.3. Tragfähigkeit, Eigenschaften und Anwendung

Als Nachweis der Tragfähigkeit genügt i. allg. die Überprüfung der Biegespannung im Zahnfuß des Rades mit der in Abschnitt 13.4.11.3. dargestellten Entwurfsberechnung (Zahnkräfte analog Abschnitt 13.4.11.2.), wobei man die Zahnbreite beim Rad durchweg größer als beim Trieb (kleines Rad) wählt. Als Werkstoffe kommen für die Paarung Rad/Trieb meist Messing/Stahl, Kunststoff/Stahl oder Kunststoff/Kunststoff zur Anwendung.
Die standardisierten bzw. genormten Pseudozykloidenverzahnungen haben folgende Eigenschaften:

- Hoher Wirkungsgrad bei Übersetzung ins Schnelle durch überwiegenden Eingriff nach der Mittellinie („ziehende Reibung") als Vorteil gegenüber der Evolventenverzahnung **(Bild 13.3.8)**

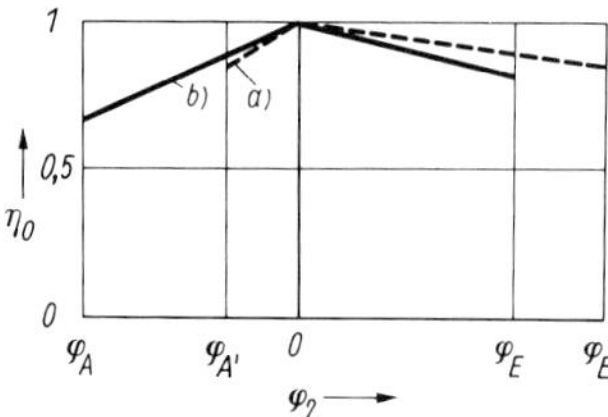

Bild 13.3.8. Momentaner Wirkungsgrad bei einem Zahneingriff

a) Zykloidenverzahnung – Eingriff vor der Mittellinie, d. h. im Gebiet niedrigen Wirkungsgrades, reduziert;
b) Evolventenverzahnung – Eingriff zur Mittellinie symmetrisch

- Hohe Momententreue bei Verzicht auf winkelgetreue Übertragung; daraus ergeben sich:
  - Schwankung der momentanen Übersetzung (s. Bild 13.3.6); Werte für i_0 stimmen zu Beginn und Ende eines Zahneingriffs nicht überein; nur Einhaltung der mittleren Übersetzung z_2/z_1
  - Eignung nur für niedrige Drehzahlen ($n < 1\ U/s$)
  - Überdeckung $\varepsilon_\alpha = 1$
- Großes Zahnspiel, um den Einfluß von Verschmutzungen zu vermindern
- Geringe Abhängigkeit von Achsabstandsabweichungen
- Niedrige Belastbarkeit im Vergleich zur Evolventenverzahnung
- Eignung für miniaturisierte Bauweise, $z_{\min} = 6$, hohe Übersetzung i möglich
- keine Satzrädereigenschaften (s. Abschnitt 13.2.2.2.), und für die meisten Zahnprofile sind gesonderte Fräser notwendig
- Modulbereich vorzugsweise $m = 0{,}05$ bis $1{,}0$ mm.

Damit ergeben sich folgende Anwendungsgebiete:
Feinmechanische Erzeugnisse, insbesondere solche mit geringer Antriebsleistung (Federmotor) und niedriger Drehzahl, wie zum Beispiel Uhren, Stellgetriebe (z. B. Zeigerwerke für Manometer), Laufwerke für Zeitrelais, Zählwerke, Spielzeuggetriebe. Obwohl bei der Übersetzung ins Langsame der Wirkungsgrad sinkt, wird die Verzahnung bei niedrigem Drehmoment hierfür ebenfalls verwendet (z. B. elektrische Uhren) [13.3.30].

Literatur zum Abschnitt 13.3.

(Grundlagenliteratur s. Literatur zum Abschnitt 1.)

Bücher, Dissertationen

[13.3.1] *Schiebel, A.; Lindner, W.:* Zahnräder. Bde. 1 und 2. Berlin, Göttingen, Heidelberg: Springer-Verlag 1954 und 1957.
[13.3.2] *Trier, H.:* Die Zahnform der Zahnräder. Werkstattbücher, H. 47, 5. Aufl. Berlin, Heidelberg: Springer-Verlag 1958.
[13.3.3] *Niemann, G.; Winter, H.:* Maschinenelemente. Bd. II: Getriebe allgemein, Zahnradgetriebe – Grundlagen, Stirnradgetriebe. 2. Aufl. Berlin, Heidelberg: Springer-Verlag 1983.
[13.3.4] *Zirpke, K.:* Zahnräder. 13. Aufl. Leipzig: Fachbuchverlag 1989.
[13.3.5] *Litwin, F. L.:* Die Theorie des Eingriffs der Zahnräder. Moskau: fiz.-mat.-izdatelstvo 1968 (in russ.).
[13.3.6] *Opitz, F.:* Handbuch der Verzahntechnik. 2. Aufl. Berlin: Verlag Technik 1981.
[13.3.7] *Michaelec, G. W.:* Precision gearing. Baffins Lane: John Wiley & Sons Ltd. 1966.
[13.3.8] *Lehmann, M.:* Berechnung und Messung der Kräfte in einem Zykloiden-Kurvenscheibengetriebe. Diss. TU München 1976.
[13.3.9] *Köhler, H.:* Untersuchungen der Laufeigenschaften der Uhrwerksverzahnungen. Diss. TH Dresden 1958.
[13.3.10] *Peuker, H.:* Untersuchungen zur Funktion der Verzahnung im Laufwerk der Uhren. Diss. TU Dresden 1969.
[13.3.11] *Kern, E.:* Kreisbogenprofile zur konstanten Momentübertragung bei Übersetzungen ins Schnelle. Diss. TU Stuttgart 1969.
[13.4.12] *Brandner, G.:* Räumliche Verzahnungen. Diss. B TU Chemnitz 1981.

Aufsätze

[13.3.20] *Lehmann, M.:* Sonderformen der Zykloidenverzahnung. Konstruktion 31 (1979) 11, S. 429.
[13.3.21] *Niemann, G.:* Novikov-Verzahnung und andere Sonderverzahnungen für hohe Tragfähigkeit. VDI-Bericht Nr. 47, S. 5. Düsseldorf: VDI-Verlag 1961.
[13.3.22] *Rouverol, W. S.:* Anwendungsgerechte Flankenformen von Zahnrädern. VDI-Z. 119 (1977) 5, S. 255.

[13.3.23] *Naville, R.:* Die Theorie der Verzahnung der Uhrwerktechnik. Microtechnic XXI (1967) 5, S. 506.
[13.3.24] *Mrugalski, Z.:* Der Ersatz von Zykloidenverzahnungen durch Evolventenverzahnungen in Uhrenlaufwerkgetrieben. Feingerätetechnik 16 (1967) 3, S. 125.
[13.3.25] *Peuker, H.:* Theoretische Untersuchung der Drehmomentübertragung an Kreisbogen-Uhrenverzahnungen. Feingerätetechnik 16 (1967) 7, S. 309.
[13.3.26] *Siebert, H.:* Verzahnungen der Feinwerktechnik. Bericht zur internationalen Diskussionstagung über Probleme der Feinwerktechnik am 17. u. 18. 5. 1966 in Wien. Feinwerktechnik 71 (1967) 2, S. 86.
[13.3.27] *Peuker, H.:* Beitrag zur Ermittlung des Wirkungsgrades bei Kreisbogen-Normverzahnungen durch zeichnerische Konstruktion und Berechnung. Feingerätetechnik 16 (1967) 3, S. 128.
[13.3.28] *Tischtschenko, O. F.:* Zur Frage der Berechnung der maximalen Fehler von Zahnradgetrieben in Uhrwerken. Feingerätetechnik 21 (1972) 12, S. 553.
[13.3.29] *Naville, R.:* Räderwerk für elektrische Uhren. Feinwerktechnik 72 (1968) 9, S. 457.
[13.3.30] *Kern, E.:* Verzahnungen für elektrische Uhren. Feinwerktechnik und Micronic 77 (1973) 8, S. 388.
[13.3.31] *Ingelheim, P.; Popp, K.:* „Rollzahnräder" für geräuscharme Präzisionsbewegungen. Konstruktion 54 (2002), Special Antriebstechnik S2, S. 56.
[13.3.32] *Peuker, H.:* Untersuchung der Uhrwerksverzahnung nach EVJ. Uhren und Schmuck 4 (1967) 1, S. 3.
[13.3.33] *Franze, K.:* Ein Drehmomentmeßgerät für Kleinstirnräder. Feingerätetechnik 17 (1968) 3, S. 107.
[13.3.34] *Kern, E.:* Rechnergestützte Konstruktion von Kreisbogenverzahnungen. Feinwerktechnik u. Meßtechnik 88 (1980) 2, S. 78.
[13.3.35] *Koller, R.; Esser, H.:* Rechnergestützte Konstruktion und Berechnung von Verzahnungen mit beliebiger Flankenform. Feinwerktechnik u. Meßtechnik 88 (1980) 7, S. 356.
[13.3.36] *Lehmann, M.:* Flankenspiel bei Verzahnungen mit Zykloiden-Kurvenscheiben. Feinwerktechnik u. Meßtechnik 88 (1980) 7, S. 351.
[13.3.37] *Fees, H.:* Computergestützte Auslegung von Zahnradgetrieben mit nicht konstanter Übersetzung. Konstruktion 54 (2002), Special Antriebstechnik S1, S. 18.

13.4. Stirnradgetriebe mit Evolventenverzahnung

Zeichen, Benennungen und Einheiten

für Verzahnungsgeometrie allgemein

a	Achsabstand in mm
a_d	Null-Achsabstand in mm
a''	Zweiflanken-Wälzabstand in mm
a_g, a_k	Halbachsen einer Ellipse in mm
b	Zahnbreite in mm
c	Kopfspiel in mm
d	Teilkreisdurchmesser in mm
d_a, d_b, d_f	Kopfkreis-, Grundkreis-, Fußkreisdurchmesser in mm
d_w	Wälzkreisdurchmesser in mm
e	Lückenweite auf Teilzylinder, Exzentrizität in mm
e_f	Lückenweite auf Fußzylinder in mm
ev, inv	Evolventenfunktion (sprich: evolvens, involut)
$\widehat{g}$	Eingriffsbogen in mm
g_α	Länge der Eingriffsstrecke in mm
g_β	Sprung in mm
h	Zahnhöhe in mm
h_P	Zahnhöhe des Bezugsprofils in mm
h_a, h_f	Zahnkopf-, Zahnfußhöhe in mm
h^*_{a0}, h^*_{f0}	Höhenfaktor der Kopfflanke, Fußflanke des Werkzeugs
h'^*_{a0}	Höhenfaktor des geradlinigen Teils der Kopfflanke des Werkzeugs (′ bezeichnet hier geradlinigen Teil des Bezugsprofils, * bezeichnet Faktor $1/m$ bzw. $1/m_n$, 0 bezeichnet Größe am Werkzeug)
h_l	nutzbare Zahnhöhe in mm
h_w	gemeinsame Zahnhöhe in mm
i	Übersetzung
i_0	momentane Übersetzung
i_{ges}; $i_{I, II, \dots}$	Gesamt-; Teilübersetzungen
j_n	Normalflankenspiel in µm
j_t	Drehflankenspiel in µm

k	Kopfkürzungsfaktor (Kopfhöhenänderungsfaktor)
m	Modul in mm
n	Drehzahl in U/min, Stufenzahl
p	Teilung auf Teilzylinder, Teilkreisteilung in mm
p_b	Teilung auf Grundzylinder, Grundkreisteilung in mm
p_e	Eingriffsteilung in mm
p_n	Normalteilung in mm
p_t	Stirnteilung in mm
p_x	Axialteilung in mm
r	Teilkreisradius in mm
r_a, r_b, r_f	Kopfkreis-, Grundkreis-, Fußkreisradius in mm
r_u	Unterschnittkreisradius in mm
r_w	Wälzkreisradius in mm
s	Zahndicke auf Teilzylinder in mm
s_a, s_b, s_f	Zahndicke auf Kopfzylinder, auf Grundzylinder, auf Fußzylinder in mm
u	Zähnezahlverhältnis
v_w	relative Wälzgeschwindigkeit in m/s
x	Profilverschiebungsfaktor
z	Zähnezahl
z_{min}	rechnerische Grenzzähnezahl
z'_{min}	praktische Grenzzähnezahl
z_n	Ersatzzähnezahl (auch virtuelle Zähnezahl z_v)
α	Eingriffswinkel (= Profilwinkel am Teilzylinder) in °
α_P	Pressungswinkel im Punkt P in °
α_w	Betriebseingriffswinkel in °
β	Schrägungswinkel auf Teilzylinder in °
β_b	Grundschrägungswinkel (Schrägungswinkel am Grundkreis) in °
γ	Steigungswinkel in °
Δa	Achsabstandsvergrößerung in mm
Δd_a	Bearbeitungszugabe für Kopfkreisdurchmesser in mm
Δh_a	Verkürzung der Zahnkopfhöhe h_a in mm
ε_α	Profilüberdeckung
ε_β	Sprungüberdeckung
ε_γ	Gesamtüberdeckung
ϑ	Wälzwinkel (für Evolventenfunktion) in °
ϱ	Krümmungsradius, Rundungsradius in mm
$\varrho_{f0}, \varrho_{a0}$	Fußrundungs-, Kopfrundungsradius des Werkzeugs in mm
ω	Winkelgeschwindigkeit in rad/sec

für Verzahnungstoleranzen und Getriebepassungen

(alle Abmaße, Abweichungen, Schwankungen, Spiele und Toleranzen in µm)

A_{We}, A_{Wi}	oberes, unteres Zahnweitenabmaß
A_a	Achsabstandsabmaß
A''_a	Abmaß des Zweiflankenwälzabstandes
A_{ae}, A_{ai}	oberes, unteres Achsabstandsabmaß
A_{da}	Kopfkreisdurchmesser-Abmaß
A_s	Zahndickenabmaß
A_{se}, A_{si}	oberes, unteres Zahndickenabmaß
A_W	Zahnweitenabmaß
F, f	Gesamt-, Einzelabweichung
F'_i	Einflanken-Wälzabweichung
F''_i	Zweiflanken-Wälzabweichung
F_p	Teilungs-Gesamtabweichung
F_r	Rundlaufabweichung
F_α	Profil-Gesamtabweichung
F_β	Flankenlinien-Gesamtabweichung
R_W	Zahnweitenschwankung
R_j	Flankenspielschwankung
R_z	gemittelte Rauhtiefe in µm
T_B	Bohrungstoleranz
T_W	Zahnweitentoleranz
T_{We}	Wellentoleranz
T_a	Achsabstandstoleranz
T_s	Zahndickentoleranz
W	Zahnweite in mm
$f_{H\beta}$	Flankenlinien-Winkelabweichung
f'_i	Einflanken-Wälzsprung
f''_i	Zweiflanken-Wälzsprung
f_p	Teilungs-Einzelabweichung

f_{pe} Eingriffsteilungs-Abweichung
$f_{\Sigma\beta}$ Achsschränkung
$f_{\Sigma\delta}$ Achsneigung
k Meßzähnezahl (Meßlückenzahl) bei Zahnweitenmessung
Δa Achsabstandsänderung

für Kräfte, Tragfähigkeit, Betriebsverhalten

A Oberfläche in mm^2
C, C' Belastungskennwert in N/mm^2
E Elastizitätsmodul in N/mm^2
F Kraft in N
F_R Reibkraft in N
F_{bn} Zahnkraft am Grundzylinder im Normalschnitt in N
F_n, F_r, F_t, F_x Normal-, Radial-, Umfangs- bzw. Tangential-, Axialkraft in N
F'_n Projektion der Normalkraft auf Teilkreistangentialebene in N
K_F, K_H Faktoren für Tragfähigkeitsberechnung
$\bar{L}_r$ mittlerer Schalldruckpegel in dB, gemessen auf Hüllhalbkugel mit Radius *r*
M_b Biegemoment in $N \cdot mm$
M_d Drehmoment, Torsionsmoment in $N \cdot mm$
M_v Verlustmoment in $N \cdot mm$
N Anzahl der Lastspiele, Lastwechsel
P Leistung in kW
P_v Verlustleistung in kW
P_{vH} hydrodynamische Verlustleistung in kW
P_{vL} Lagerverlustleistung in kW
P_{vP} Verlustleistung durch Planschwirkung, Wellenabdichtungsreibung usw. in kW
P_{vR} Berührungs-, Reibungsverlustleistung in kW
P_{vz} Verzahnungsverlustleistung (Reibungsverlustleistung) in kW
$S_{F\,min}, S_{H\,min}$ geforderte Mindestsicherheit bei Zahnfuß-, Zahnflankenbeanspruchung
$Y_{FS}, Y_{Fa}, Y_{Sa}, Y_q, Y_\beta, Y_\varepsilon$ Faktoren für Tragfähigkeitsberechnung (Zahnfußbeanspruchung)
W_b Widerstandsmoment gegen Biegung in mm^3
$Z_E, Z_H, Z_\beta, Z_\varepsilon$ Faktoren für Tragfähigkeitsberechnung (Zahnflankenbeanspruchung)
$\bar{a}$ Zahnhöhe für Angriff der Kraft F_{ta} in mm
b_w gemeinsame Zahnbreite in mm
m Poissonsche Zahl
v Umfangsgeschwindigkeit in m/s
$\Delta\varphi ü$ Drehwinkelübertragungsabweichung in rad, °
$\varkappa$ Exponent
η Wirkungsgrad
η_{ges} Wirkungsgrad für Umlaufrädergetriebe
ϑ_F, ϑ_H Zahnrad-, Zahnflankentemperatur in °C
ϑ_0 Umgebungstemperatur in °C
λ Zahnbreitenverhältnis
μ Reibwert
ν Querzahl, Querkontraktionszahl ($\nu = 1/m$); Laufkoordinate
σ_F, σ_{FP} Zahnfußspannung, zulässige Zahnfußspannung in N/mm^2
$\sigma_{F\,lim}$ Zahnfußdauerfestigkeit in N/mm^2
σ_H, σ_{HP} Flankenpressung (Hertzsche Pressung), zulässige Flankenpressung in N/mm^2
$\sigma_{H\,lim}$ Zahnflankendauerfestigkeit in N/mm^2
σ_{HN} Zeitwälzfestigkeit in N/mm^2
$\sigma_b, \sigma_{b\,zul}$ Biegespannung, zulässige Biegespannung in N/mm^2
φ Drehwinkel in rad, °
φ, ψ Beiwerte für Tragfähigkeitsberechnung
ψ Phasenwinkel in °

Indizes

(ohne) Teilkreis
B Bohrung

G	Getriebe, Gesamt	r	Radialrichtung
H	hydrodynamisch	e, o	oberes, größtes Maß bzw. Abmaß
L	Lager	sp	bezogen auf Spitzengrenze
P	zulässiger Wert, Planschwirkung, Größe am Bezugsprofil	sr	Schneidrad
		t	Stirnschnitt oder Tangentialrichtung
R	Reibung		
Sr	Schneidrad	u	Unterschnitt
We	Welle	v	Verlust, V-Radpaar
a	Kopfkreis, Zahnkopf	w	Wälzkreis
an, ab	Antrieb, Abtrieb	x	Axialrichtung, Axialschnitt
b	Grundkreis	y	bezogen auf Punkt Y
e	Erzeugungsgetriebe	z	Zahn, Verzahnung
f	Fußkreis, Zahnfuß	zul	zulässiger Wert
ges	Gesamt	0	Größe am erzeugenden Werkzeug
grenz	Grenzwert, zulässiger Wert		
i, u	unteres, kleinstes Maß bzw. Abmaß	0	Momentanwert
		I, II, ...	Getriebestufe
lim	Dauerfestigkeitswert	1	Rad *1* (kleines, treibendes Rad)
m	mittlerer Wert		
max, min	Größt-, Kleinstwert	2	Rad *2* (großes, getriebenes Rad)
mind	Mindestwert		
n	Normalschnitt, Ersatzgeradstirnrad	*	bezeichnet Faktor $1/m$ bzw. $1/m_n$ (z. B. $c^* = c/m$; $h_a^* = h_a/m$)
p	bezogen auf Punkt P		

Ein Stirnradgetriebe ist ein Zahnradgetriebe, bei dem die Achsen parallel sind und die Radkörper zylindrische Grundform haben. Die Vorteile der für diese Getriebe in Feinmechanik und Maschinenbau hauptsächlich angewendeten Evolventenverzahnung sind die wirtschaftliche Herstellbarkeit mit einfachen Werkzeugen, die Gewährleistung einer umfassenden Austauschbarkeit für Satzräder bei Fertigung mit geradflankigem Werkzeug (Wälzfräser), die Unempfindlichkeit gegenüber Achsabstandsabweichungen und die Anpassungsfähigkeit an besondere Erfordernisse, z. B. an einen vorgegebenen Achsabstand. Die für den Eingriff nutzbaren Teile der Flanken dieser Verzahnung sind Kreisevolventen, die bei unendlich großer Zähnezahl (Zahnstange) zu Geraden werden. Bei Außenverzahnung sind die Zahnflanken stets konvex gekrümmt (günstig bei Fertigung, aber Schmiegung gering, dadurch nachteilig für Pressung). Bei Innenverzahnung (Hohlrad) sind die Zahnflanken konkav, wodurch sich bei Paarung mit einem Ritzel enge Schmiegung ergibt.

13.4.1. Zahnform

Wird eine Gerade auf einer beliebigen Grundkurve, der sogenannten Evolute, gleitfrei abgerollt, so beschreibt jeder Punkt dieser Geraden eine Abwicklungskurve, die als Evolvente bezeichnet wird. Von verschiedenen Punkten derselben Geraden beschriebene Evolventen sind demnach Parallelkurven, deren Verlauf nur durch die Grundkurve bestimmt wird. Im folgen-

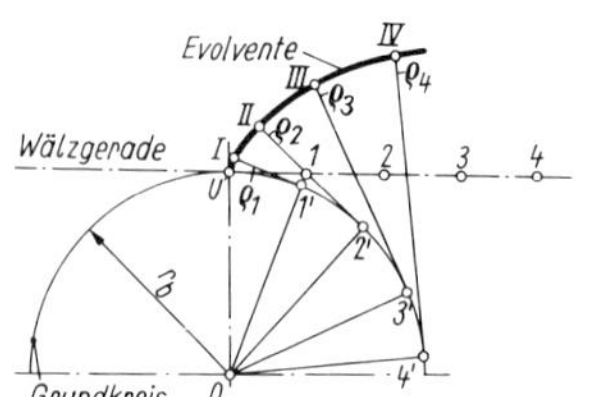

Konstruktion:
Umfang des Grundkreises und erzeugende Gerade vom Ursprungspunkt U aus in gleiche Abstände teilen ($\widehat{U1'} = \overline{U1}$, $\widehat{U2'} = \overline{U2}, \ldots$) und in den Punkten *1', 2', 3'* ... Tangenten an Grundkreis legen. Da die Gerade, ohne zu gleiten, abrollt, trägt man zugehörige Strecken ($\overline{U1}, \overline{U2}, \overline{U3}, \ldots$) auf Tangentenstrahlen ab und erhält Punkte der Evolvente (*I, II, III, ...*). Tangenten an Grundkreis sind Normalen der Evolventenkurve und Strecken $\overline{1'I} = \varrho_1$, $\overline{2'II} = \varrho_2, \ldots$ die Krümmungshalbmesser der Evolvente für zugehörige Kurvenpunkte *I, II, III ...*, deren Verbindung die Evolvente selbst liefert.

Bild 13.4.1. Konstruktion der Kreisevolvente

den soll unter dem Begriff Evolvente einschränkend nur die Kreisevolvente verstanden werden. Diese entsteht, wenn die Gerade auf einem Kreis, dem sogenannten Grundkreis mit dem Radius r_b, abrollt **(Bild 13.4.1)**.

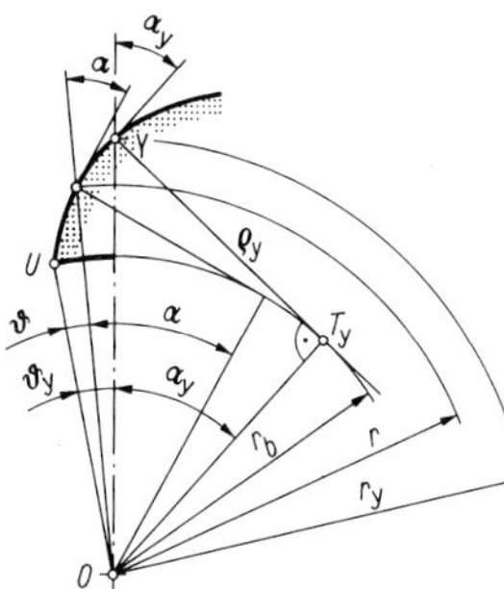

Ableitung:
Abrollen der Geraden $\overline{T_y Y} = \varrho_y$ auf Grundkreis:
$\widehat{UT_y} = \varrho_y = r_b\,(\hat{\vartheta}_y + \hat{\alpha}_y)$.
Aus rechtwinkligem Dreieck $O\,T_y Y$ folgt:
$\varrho_y = r_b \tan \alpha_y = r_y \sin \alpha_y$.
Gleichsetzen von ϱ_y in beiden Gln.:
$\hat{\vartheta}_y = \tan \alpha_y - \hat{\alpha}_y$.

Bild 13.4.2. Bestimmungsgrößen der Kreisevolvente

T_y Tangentenberührungspunkt am Grundkreis; U Ursprungspunkt der Evolvente; Y beliebiger Punkt auf der Evolvente; r Teilkreisradius; r_b Grundkreisradius; α Eingriffswinkel (Profilwinkel am Teilkreis); ϱ_y Krümmungsradius am Punkt Y (ϱ_y entspricht Wälzlänge $\widehat{UT_y}$); ϑ und ϑ_y Wälzwinkel

Die geometrischen Beziehungen für die Evolvente zeigt **Bild 13.4.2**. Für die Größe ϑ ist die Bezeichnung ev α (sprich: evolvens α) bzw. inv α (sprich: involut α) eingeführt worden. Damit lautet die Gleichung der Evolvente allgemein

$$\text{ev}\,\alpha = \text{inv}\,\alpha = \tan\alpha - \hat{\alpha}. \tag{13.4.1}$$

Die Evolventenfunktion liegt tabelliert vor **(Tafel 13.4.1)**, läßt sich aber z. B. auch mittels Taschenrechners leicht bestimmen **(Tafel 13.4.2)**.

Tafel 13.4.1. Evolventenfunktion evα = invα = f(α)

α	0′	10′	20′	30′	40′	50′	60′
18°	0,010760	011071	011387	011709	012038	012373	012715
19°	0,012715	013063	013418	013779	014148	014522	014904
20°	0,014904	015293	015689	016092	016502	016920	017345
21°	0,017345	017777	018217	018665	019120	019583	020054
22°	0,020054	020533	021019	021514	022018	022529	023049
23°	0,023049	023577	024114	024660	025214	025778	026350
24°	0,026350	026931	027521	028121	028729	029348	029975
25°	0,029975	030613	031260	031916	032583	033260	033947
26°	0,033947	034644	035352	036069	036798	037537	038286
27°	0,038286	039047	039819	040602	041395	042201	043017
28°	0,043017	043845	044685	045537	046400	047276	048164

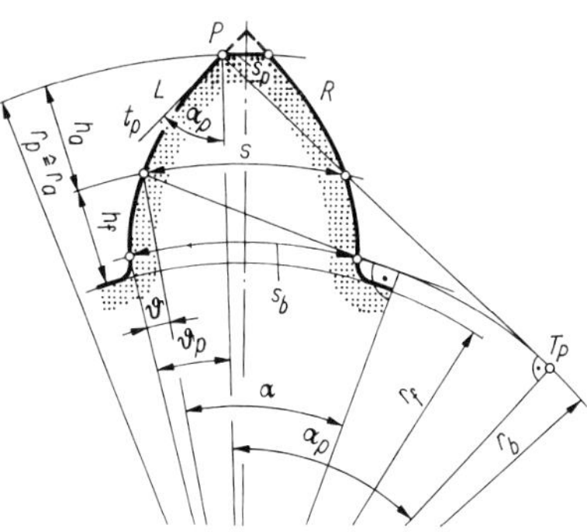

Bild 13.4.3. Bestimmungsgrößen am Evolventenzahn

Zwei auf dem gleichen Grundkreis abgewickelte gegenläufige Evolventen schließen den Evolventenzahn ein (Rechts- und Linksflanken R, L, **Bild 13.4.3**), der nach oben durch den Kopfkreis (Radius r_a) und nach unten durch den Fußkreis (Radius r_f) begrenzt ist. Der spitze Winkel zwischen einer Tangente an die Zahnflanke und dem Mittelpunktstrahl durch den Berührungspunkt wird als Pressungswinkel α_P bezeichnet.

Tafel 13.4.2. Ermittlung von evα = invα aus α und von α aus evα = invα mittels Taschenrechners

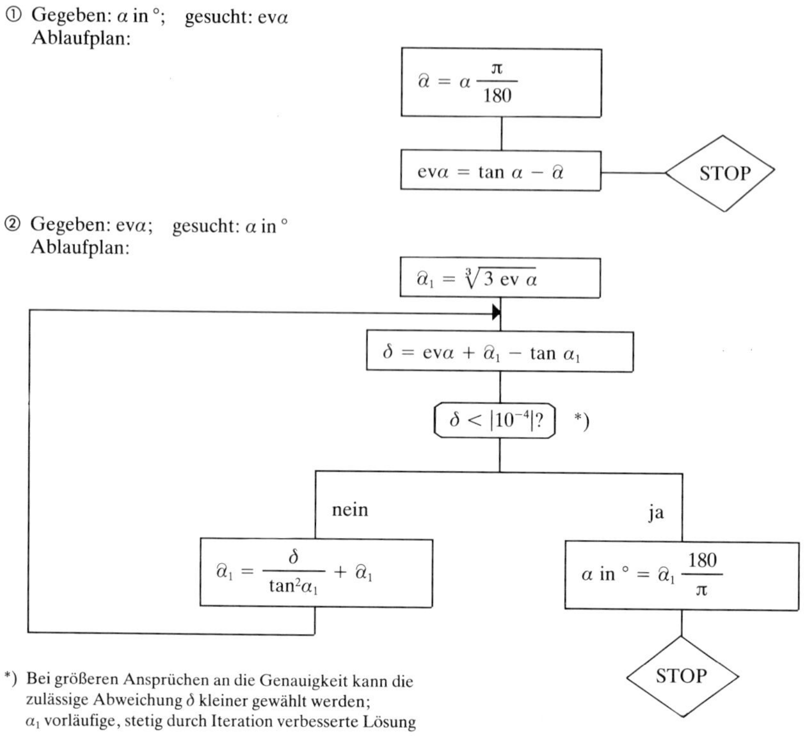

Für einen Punkt P am Zahnkopf (Radius $r_p \triangleq r_a$) ergibt sich der Winkel α_p aus

$$\cos\alpha_p = r_b/r_p = r_b/r_a\,. \tag{13.4.2}$$

Im Teilkreis wird der Pressungswinkel als Eingriffswinkel α bezeichnet (s. auch Bild 13.4.2). Er bestimmt die Form eines Zahns und ist eines der wichtigsten Kennzeichen einer Evolventenverzahnung.

Der Abstand zweier aufeinanderfolgender Rechts- oder Linksflanken eines Zahnrades auf dem Grundkreis mit dem Radius r_b wird als Grundkreisteilung p_b bezeichnet. Für die Teilung p auf beliebigen Kreisen mit dem Radius r gilt damit

$$p = p_b/\cos\alpha\,. \tag{13.4.3}$$

Die Zahndicke eines Zahns im Teilkreis ergibt sich daraus zu

$$s = p/2 = m\pi/2 \tag{13.4.4}$$

und die Zahndicke im Grundkreis zu

$$s_b = 2r_b\,[s/(2r) + \mathrm{ev}\,\alpha] = 2r_b\,[\pi/(2z) + \mathrm{ev}\,\alpha]\,. \tag{13.4.5a}$$

Für einen Punkt P am Zahnkopf beträgt die Zahndicke

$$s_p = 2r_p\,[s_b/(2r_b) - \mathrm{ev}\,\alpha_p] = 2r_p\,[\pi/(2z) + \mathrm{ev}\,\alpha - \mathrm{ev}\,\alpha_p]\,. \tag{13.4.5b}$$

Entsprechend erhält man die Zahndicke s_y in beliebigen Kreisen.

evα = invα; m Modul, z Zähnezahl, s. Abschnitt 13.2.2.4.

13.4.2. Bezugsprofil und Verzahnungsgrößen

Betrachtet man ein Zahnrad mit unendlich großem Radius, d. h. r und damit auch $r_b = \infty$, so erhält man eine Zahnstange. Bei dieser geht aufgrund des unendlich großen Grundkreises die

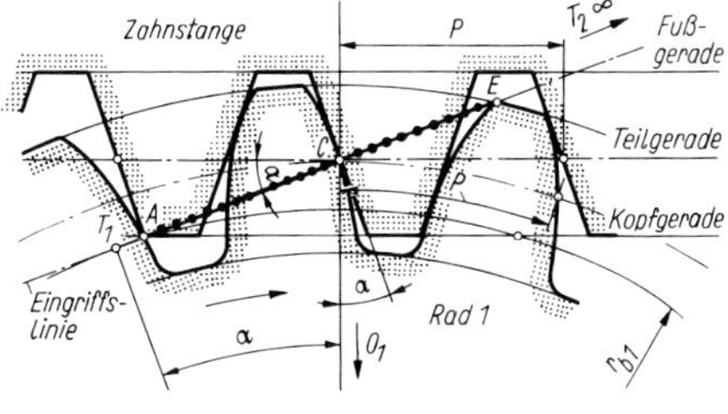

Bild 13.4.4. Eingriff von Zahnstange und Rad
A Beginn, *E* Ende des Eingriffs

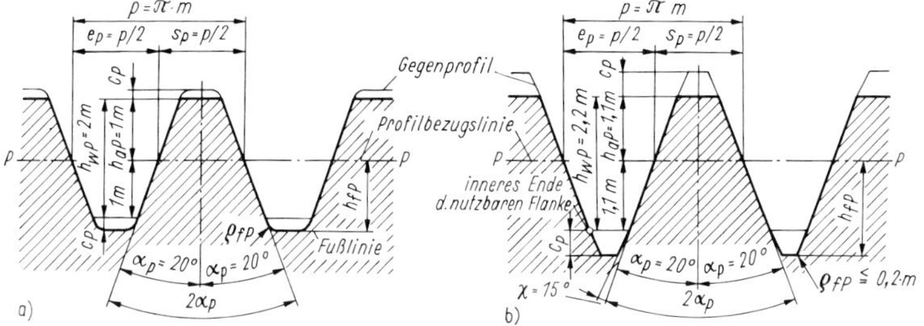

Bild 13.4.5. Bezugsprofil mit Gegenprofil
a) nach DIN 867; b) nach DIN 58400
für die Bestimmungsgrößen am Bezugsprofil sind alle Zeichen mit zusätzlichem Index P und für die am erzeugenden Werkzeug mit zusätzlichem Index 0 gekennzeichnet
P–P Profilbezugslinie

Evolvente in eine unter dem Eingriffswinkel α gegen die Senkrechte geneigte Gerade über, und die Zahnflanken werden Ebenen **(Bild 13.4.4)**. Wegen seiner einfachen und genau herstellbaren Form wurde das Zahnstangenprofil als Ausgangsprofil für dic Evolventenverzahnung festgelegt und als Bezugsprofil bezeichnet **(Bild 13.4.5)**. Leitet man aus diesem das Werkzeug ab, dann lassen sich alle Räder so damit verzahnen, daß sie unabhängig von der Zähnezahl einwandfrei zusammenarbeiten (Satzräderverzahnung, s. auch Abschnitt

Tafel 13.4.3. Verzahnungsgrößen von Stirnrädern

Verzahnungsgrößen (vgl. auch Tafel 13.4.4)	Bezugsprofil nach DIN 867 (s. Bild 13.4.5 a)	DIN 58400 (s. Bild 13.4.5 b)
Teilung	$p = m\pi$	$p = m\pi$
Teilkreisdurchmesser	$d = mz$	$d = mz$
Kopfkreisdurchmesser	$d_a = d + 2h_a$	$d_a = d + 2h_a$
Zahnkopfhöhe	$h_a = h_a^* m$	$h_a = h_a^* m$
Zahnkopfhöhenfaktor	$h_a^* = 1{,}0$	$h_a^* = 1{,}1$
Höhenfaktor des geradlinigen Teils der Kopfflanke des Werkzeugs[1])	$h_{a0}'^* = 1{,}0$	$h_{a0}'^* = 1{,}1$
Fußkreisdurchmesser	$d_f = d - 2h_f$	$d_f = d - 2h_f$
Zahnfußhöhe	$h_f = h_f^* m$	$h_f = h_f^* m$
Zahnfußhöhenfaktor	$h_f^* = h_a^* + c^*$	$h_f^* = h_a^* + c^*$
Nutzbare Zahnhöhe	$h_l = h_l^* m$	$h_l = h_l^* m$
Faktor der nutzbaren Zahnhöhe	$h_l^* = 2h_a^*$	$h_l^* = 2h_a^*$
Gemeinsame Zahnhöhe des Bezugsprofilpaars	$h_w = 2h_a^* m$	$h_w = 2h_a^* m$
Profilwinkel	$\alpha = 20°$	$\alpha = 20°$
Kopfspiel	$c = c^* m$	$c = c^* m$
Kopfspielfaktor	$c^* = 0{,}25$[2])	$c^* = 0{,}25 \ldots 0{,}4$[3])

[1]) ′ bezeichnet geradflankigen Teil des Bezugsprofils, * bezeichnet Faktor $1/m$ bzw. $1/m_n$

[2]) abhängig vom Fußrundungsradius ϱ_f: Vorzugswerte $c^* = 0{,}17$; $0{,}25$; $0{,}30$

[3]) für $m = 0{,}1$ bis $0{,}6$ mm: $c^* = 0{,}4$
für m über $0{,}6$ bis 1 mm: $c^* = 0{,}25$

13.2.2.2.). Um den unterschiedlichen Anforderungen entsprechen zu können, sind in DIN 867 und 58400 zwei Bezugsprofile genormt, die **Bild 13.4.5** und **Tafel 13.4.3** in einer Gegenüberstellung zeigen.

Das Bezugsprofil nach DIN 867 wird bei Moduln $m \geqq 1$ mm im Maschinenbau und bei $m < 1$ mm zum Teil auch in der Feinmechanik angewendet, während das Bezugsprofil nach DIN 58400 hier vorzugsweise bei Moduln von 0,2 bis 3 mm zur Anwendung kommt und in besonderem Maße den Bedingungen der Massenfertigung (ausreichende Werte von Profilüberdeckung und Zahnkopfspiel, auch bei großen Verzahnungstoleranzen) gerecht wird.

13.4.3. Eingriffsverhältnisse und Überdeckung

Die Eingriffslinie der Evolventenverzahnung ist eine Gerade, die durch die gemeinsame Tangente an die Grundkreise der gepaarten Räder gebildet wird **(Bild 13.4.6)**. Sie schneidet die Verbindungslinie der Radmittelpunkte $\overline{O_1O_2}$ entsprechend dem ersten Verzahnungsgesetz im Wälzpunkt C. Nur in diesem Punkt tritt reines Abwälzen auf. Die anderen Flankenabschnitte müssen, da sie unterschiedlich lang sind, aufeinander gleiten, wobei die Längendifferenz den Gleitweg kennzeichnet und einen größeren Verschleiß am kürzeren Abschnitt verursacht als am längeren. Ein Ausgleich ist durch Wahl geeigneter Profilverschiebung möglich (s. Abschnitt 13.4.5.).

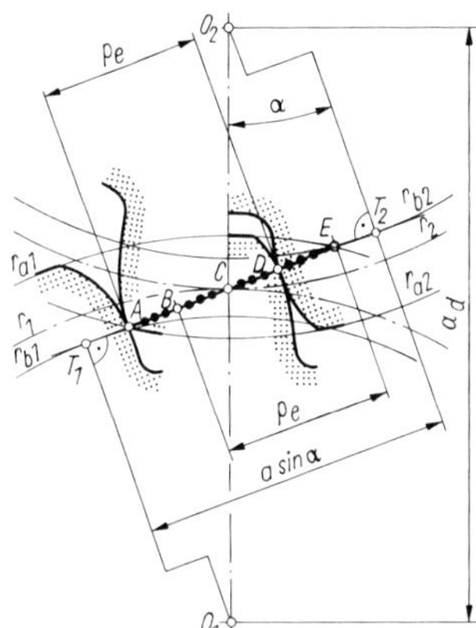

Bild 13.4.6. Eingriffsverhältnisse der Evolventenverzahnung

A Eingriffsbeginn; *E* Eingriffsende; $\overline{BD}$ Einzeleingriffsgebiet (nur ein Zahnpaar im Eingriff); $\overline{AB}$, $\overline{DE}$ Doppeleingriffsgebiete (zwei Zahnpaare gleichzeitig im Eingriff); p_e Eingriffsteilung

Die **Eingriffsstrecke** $g_\alpha = \overline{AE}$ der Evolventenverzahnung wird durch die Schnittpunkte der Kopfkreise der Räder mit der Eingriffslinie begrenzt. Für die Profilüberdeckung ε_α als Verhältnis von Eingriffsbogen $\widehat{g}$ zur Teilung p gilt damit

$$\varepsilon_\alpha = \widehat{g}/p = \overline{AE}/p_e. \qquad (13.4.6)$$

Gemäß Bild 13.4.6 erhält man daraus mit $\overline{AE} = \overline{T_1E} + \overline{T_2A} - \overline{T_1T_2}$ und $p_e = p \cos\alpha = m\pi \cos\alpha$ für ein geradverzahntes Außenradpaar

$$\varepsilon_\alpha = \frac{\sqrt{r_{a1}^2 - r_{b1}^2} + \sqrt{r_{a2}^2 - r_{b2}^2} - a_d \sin\alpha}{m\pi \cos\alpha} \geqq 1. \qquad (13.4.7)$$

p_e stellt die Eingriffsteilung (≙ Grundkreisteilung) dar, also den Abstand zweier aufeinanderfolgender Zahnflanken auf der Eingriffslinie (≙ Abstand auf dem Grundzylinder); α ist der Eingriffswinkel (für Profile nach Bild 13.4.5 gilt $\alpha = 20°$) und a_d der Null-Achsabstand, der sich aus der Beziehung $a_d = m\,(z_1 + z_2)/2$ ergibt.

Werden die Achsen eines Zahnradgetriebes, z. B. infolge der Auswirkung eines oberen Abmaßes A_{ae} des Achsabstandes, auseinandergerückt, verringert sich die Überdeckung. Im Zähler von Gl. (13.4.7) ist dann für a_d der Wert des vergrößerten Achsabstandes $a = a_d + A_{ae}$ und für α der ebenfalls größere Betriebseingriffswinkel α_w einzusetzen, im Nenner bleibt α unverändert. Erfolgt eine Verkürzung der Zahnkopfhöhe h_a um den Betrag Δh_a, wie es z. B. bei Anwendung des Kopfüberschneidverfahrens bei der Herstellung der Zahnräder der Fall ist, wird die Überdeckung ebenfalls kleiner.

Zerlegt man die Profilüberdeckung ε_α in die Teilüberdeckungen $\varepsilon_{\alpha 1}$ und $\varepsilon_{\alpha 2}$ von Ritzel *1* und Rad *2*, ergibt sich eine einfache Möglichkeit, ε_α in Abhängigkeit von der Zähnezahl $z_{1(2)}$, der Kopfhöhe h_a des Zahns, den Teilüberdeckungen $\varepsilon_{\alpha 1(2)}$ und der Achsauseinanderrückung zu bestimmen **(Bild 13.4.7)** sowie zusätzlich den Einfluß der Verkürzung der Zahnkopfhöhe zu erfassen **(Bild 13.4.8)**.

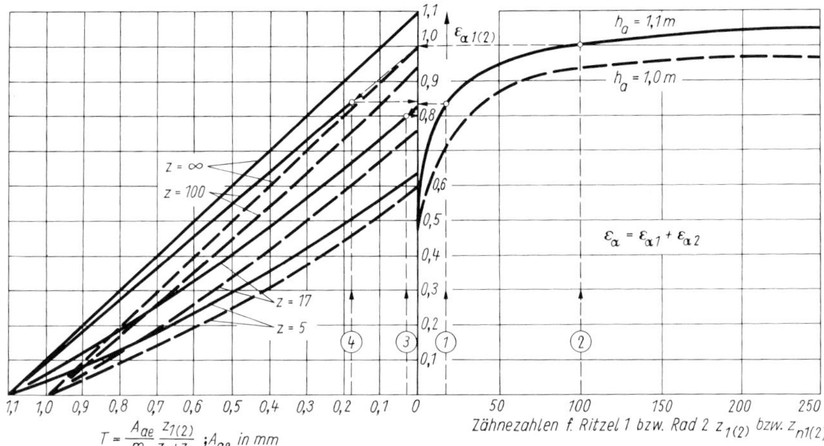

Bild 13.4.7. Bestimmung der Profilüberdeckung ε_α aus den Teilüberdeckungen $\varepsilon_{\alpha 1(2)}$ und der Achsauseinanderrückung

h_a Kopfhöhe; A_{ae} oberes Abmaß des Achsabstandes (≙ Achsauseinanderrückung + Δa); m Modul; $\varepsilon_{\alpha 1(2)}$ Teilüberdeckung von Ritzel *1* bzw. Rad *2*

Beispiel: Stirnradpaar mit $z_1 = 17$; $z_2 = 100$; $m = 0{,}2$ mm; $A_{ae} = 45$ µm

Profilüberdeckung ε_α ohne Berücksichtigung des Achsabstandsabmaßes A_{ae}:

① $z_1 = 17$ ergibt $\varepsilon_{\alpha 1} \approx 0{,}82$
② $z_2 = 100$ ergibt $\varepsilon_{\alpha 2} \approx 1{,}0$
} $\varepsilon_\alpha = \varepsilon_{\alpha 1} + \varepsilon_{\alpha 2} \approx 1{,}82$

Profilüberdeckung ε_α mit Berücksichtigung des Achsabstandsabmaßes $A_{ae} = 45$ µm:

③ $T_1 \approx 0{,}033$ ergibt $\varepsilon'_{\alpha 1} \approx 0{,}79$
④ $T_2 \approx 0{,}19$ ergibt $\varepsilon'_{\alpha 2} \approx 0{,}83$
} $\varepsilon'_\alpha = \varepsilon'_{\alpha 1} + \varepsilon'_{\alpha 2} \approx 1{,}62$.

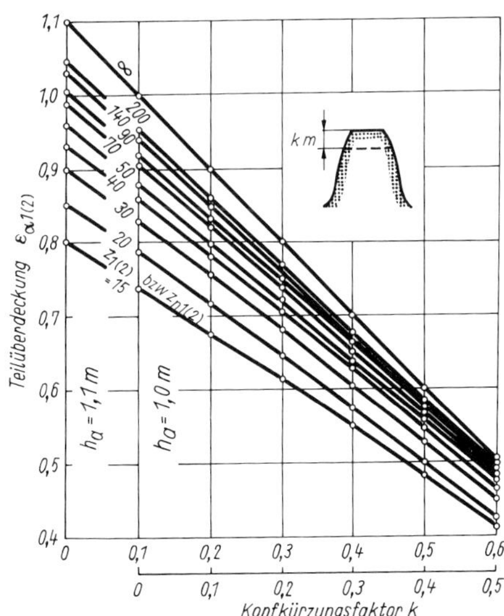

Bild 13.4.8. Einfluß der Kopfkürzung *km* auf die Teilüberdeckung $\varepsilon_{\alpha 1(2)}$

gültig für nicht profilverschobene Räder und mit $z_{n1(2)}$ auch für ε_α bei Schrägstirnrädern

Bis zum Erreichen des Grenzwertes $\varepsilon_\alpha = 1$ bleibt die momentane Übersetzung i_0 konstant, d. h., auch bei Achsauseinanderrückung ist bei der Evolventenverzahnung bis $\varepsilon_\alpha = 1$ das erste Verzahnungsgesetz erfüllt (**Bild 13.4.9** a). Bei $\varepsilon_\alpha < 1$ stellt sich Kopfkanteneingriff ein (b), d. h., die Kopfkante des treibenden Rades gleitet bis zum Erreichen des kinematisch exakten Eingriffs zunächst auf der Gegenflanke („stemmendes" Gleiten). Als Folge davon entstehen Schwankun-

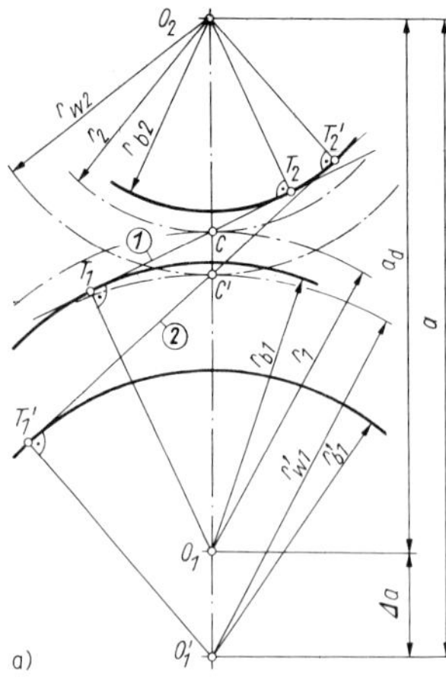

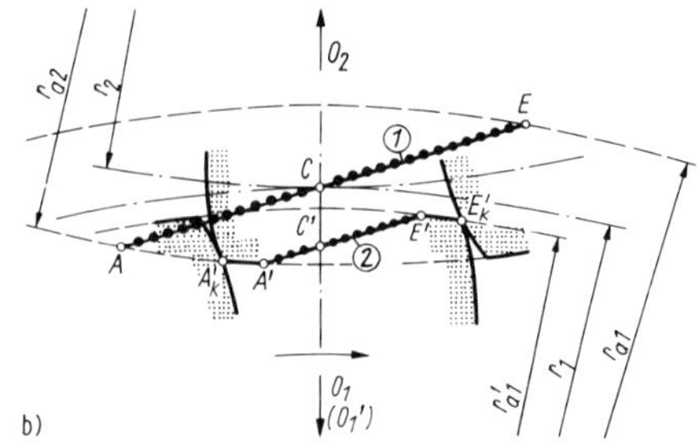

Beweis:
Nach erstem Verzahnungsgesetz gilt:
$\overline{O_2C}/\overline{CO_1} = \overline{O_2T_2}/\overline{O_1T_1} = r_2/r_1 = r_{b2}/r_{b1} = \omega_1/\omega_2 = i.$
Aus Ähnlichkeit der Dreiecke folgt:
$\overline{O_2C'}/\overline{C'O_1'} = \overline{O_2T_2'}/\overline{O_1'T_1'} = r_{w2}/r_{w1}' = r_{b2}/r_{b1}' = \omega_1/\omega_2 = i = i_0.$
Also verhält sich
$\overline{O_2C'}/\overline{C'O_1'} = \overline{O_2C}/\overline{CO_1}$, d. h., Wälzkreise durch C teilen $\overline{O_1'O_2}$ ebenfalls im Verhältnis $\omega_1/\omega_2 = i = i_0$.

Bild 13.4.9. Verhalten der Evolventenverzahnung gegenüber Achsabstandsänderung Δa

a) bei $\varepsilon_\alpha \geqq 1$, gekennzeichnet durch kinematisch exakten Zahneingriff
b) bei $\varepsilon_\alpha < 1$, gekennzeichnet durch teilweisen Kopfkanteneingriff
a_d Null-Achsabstand; a Achsabstand; ′ Achsauseinanderrückung

gen der momentanen Übersetzung und insbesondere starker Flankenverschleiß [13.4.23] [13.4.40]. Am Eingriffsende liegen ähnliche Verhältnisse vor, jedoch sind die Auswirkungen auf den Verschleiß weniger kritisch („ziehendes“ Gleiten), zumal dann, wenn z. B. durch Herstellung der Zahnräder im Kopfüberschneidverfahren oder durch Spritzgießen eine Kopfkantenrundung vorhanden ist (vgl. Abschnitt 13.4.15.).

Berechnung der Überdeckung bei unterschnittenen Verzahnungen s. Abschnitt 13.4.4., bei profilverschobenen Verzahnungen Abschnitt 13.4.5., bei Schrägverzahnung Abschnitt 13.4.6. und bei Innenverzahnung Abschnitt 13.4.7.

13.4.4. Unterschnitt und Grenzzähnezahl

Bei der Herstellung eines Zahnrades bestimmt die relative Bahn des Zahnkopfs des Werkzeuges (relativ, d. h. in bezug auf das Rad, vgl. auch Abschnitt 13.2.2.3.) den untersten Teil der Fußflanke. Dabei kann u. U. ein Teil der zur Bewegungsübertragung notwendigen Fußflanke

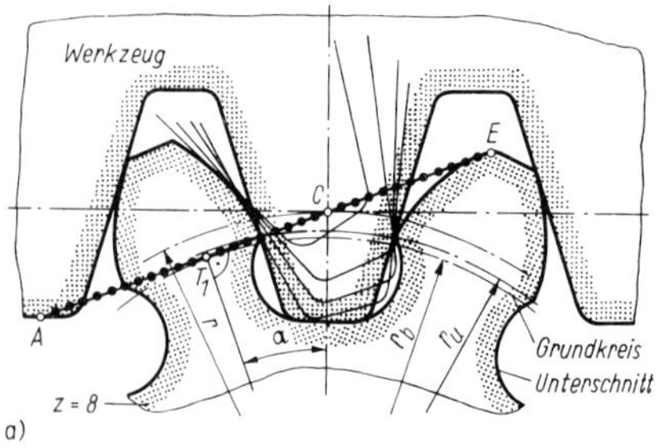

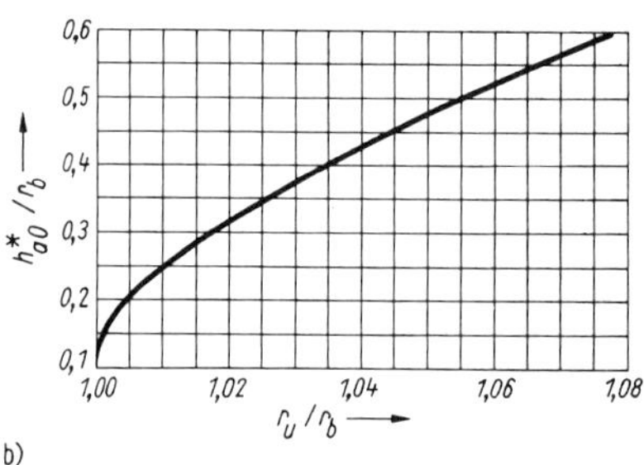

Lösungsschritte:
Geradflankige Kopfhöhe des erzeugenden Werkzeugs $h^*_{a0} = h_{a0}/m$; Grundkreisradius r_b.
Aufsuchen des Wertes h^*_{a0}/r_b auf Ordinate,
Feststellen des Schnittpunktes mit Kurve und des zugehörigen Wertes r_u/r_b auf Abszisse, Ermittlung des Absolutwertes von r_u durch Multiplikation des abgelesenen Wertes mit r_b.

Bild 13.4.10. Unterschnitt

a) Entstehung bei Zahnrad mit Zähnezahl $z = 8$; b) Bestimmung des Radius des Unterschnittkreises r_u
r_b Grundkreisradius

zwischen Grund- und Teilkreis weggeschnitten werden, wodurch gleichzeitig eine Schwächung des gesamten Zahnfußes und damit eine Verringerung der Belastbarkeit des Zahns bedingt sind (**Bild 13.4.10** a). Diese nachteilige Erscheinung wird als Unterschnitt bezeichnet. Er tritt bei kleinen Zähnezahlen auf, und zwar dann, wenn der Grenzpunkt A der Eingriffsstrecke (das ist der Schnittpunkt der Kopfgeraden mit der Eingriffslinie) außerhalb der Strecke $\overline{CT_1}$ liegt. Die Größe des Unterschnitts ist abhängig von der Zähnezahl z des zu schneidenden Rades, vom Profilwinkel α des Werkzeuges und von der Zahnkopfhöhe am Erzeugungsprofil. Der Wert von z, bei dem gerade noch kein Unterschnitt auftritt (in diesem Fall liegt der Punkt A im Punkt T_1), wird als rechnerische Grenzzähnezahl $z_{\min}$ bezeichnet. Für Zahnstangenwerkzeuge gilt

$$z_{\min} = 2h'^{*}_{a0}/\sin^2 \alpha \,, \tag{13.4.8}$$

mit $h'_{a0} = h'^{*}_{a0} m$ geradflankige Kopfhöhe am erzeugenden Werkzeug; s. auch Tafel 13.4.3. In der Praxis kann ohne Verschlechterung der Eingriffsverhältnisse dieser Grenzwert etwas unterschritten werden. Für die praktische Grenzzähnezahl gilt dann

$$z'_{\min} = (5/6)\, z_{\min} \,. \tag{13.4.9}$$

Bei dem Bezugsprofil mit einer Zahnkopfhöhe von 1,0m ergeben sich Grenzzähnezahlen von $z_{\min} = 17$ bzw. $z'_{\min} = 14$ und bei dem Profil mit einer Zahnkopfhöhe von 1,1m solche von $z_{\min} = 19$ bzw. $z'_{\min} = 16$.

Die bei Unterschnitt auftretende Verkürzung der nutzbaren Flanke ergibt sich als Differenz zwischen dem Unterschnittkreisradius r_u (s. Bild 13.4.10a) und dem Grundkreisradius r_b. Die Bestimmung von r_u kann mit Bild 13.4.10b erfolgen. Bei der Berechnung der Überdeckung von Radpaaren mit unterschnittenen Rädern ist zu beachten, daß die Eingiffsstrecke vom Kopfkreis und vom Unterschnittkreis des jeweils unterschnittenen Rades begrenzt wird.

Bei Unterschnitt am Ritzel (Rad *1*) gilt

$$\varepsilon_\alpha = \frac{\sqrt{r_{a1}^2 - r_{b1}^2} - \sqrt{r_{u1}^2 - r_{b1}^2}}{m\pi \cos \alpha} \tag{13.4.10}$$

und bei Unterschnitt an beiden Rädern

$$\varepsilon_\alpha = \frac{a_d \sin \alpha - \sqrt{r_{u1}^2 - r_{b2}^2} - \sqrt{r_{u2}^2 - r_{b1}^2}}{m\pi \cos \alpha}\,, \tag{13.4.11}$$

a_d Null-Achsabstand.

Das Kriterium dafür, ob die Überdeckung durch Unterschnitt vermindert wird („schädlicher" Unterschnitt), ist in dem Verhältnis der Eingriffsstrecke $g_\alpha = \overline{AE}$ zur Länge der Eingriffslinie zwischen den Berührungspunkten mit den Grundkreisen $\overline{T_1T_2} = a_d \sin \alpha$ zu finden (s. Bild 13.4.6). Der Unterschnitt ist schädlich, wenn $g_\alpha > a_d \sin \alpha$.

Zur Vermeidung des Unterschnitts gibt es verschiedene Möglichkeiten. Neben der Vergrößerung des Profilwinkels am Werkzeug oder der Verkleinerung der Werkzeugkopfhöhe wird meist von der Profilverschiebung Gebrauch gemacht, weil dafür keine Sonderwerkzeuge erforderlich sind.

13.4.5. Profilverschobene Verzahnung

Der Unterschnitt wird bei der Herstellung evolventenverzahnter Räder mittels Abwälzfräser dann vermieden, wenn das Werkzeug (Zahnstangenprofil mit der Profilbezugslinie $\overline{PP}$) vom Teilkreis des Rades um einen genügend großen Betrag abgerückt wird, so daß der Punkt A (s. Bild 13.4.10a) nicht mehr außerhalb der Strecke $\overline{CT_1}$ liegt. Der Abstand der Profilbezugslinie $\overline{PP}$ vom Teilkreis ist der Betrag der Profilverschiebung **(Bild 13.4.11)**. Er wird in Abhängigkeit vom Modul angegeben als

$$\text{Profilverschiebung} = xm\,; \tag{13.4.12}$$

x dimensionsloser Profilverschiebungsfaktor.

Man unterscheidet je nach der Richtung der Verschiebung, bezogen auf den Radmittelpunkt des zu schneidenden Rades, eine positive (Abrücken des Werkzeuges von Profilbezugslinie) und eine negative Profilverschiebung (Zustellen des Werkzeuges), wodurch sich drei Arten von Rädern ergeben:

- Null-Räder: Räder ohne Profilverschiebung
- V-Plusräder: Räder mit positiver Profilverschiebung
- V-Minusräder: Räder mit negativer Profilverschiebung.

Der erforderliche theoretische Mindestprofilverschiebungsfaktor zur Erzielung nicht unterschnittener Zähne wird berechnet aus

$$x_{min} = h'^{*}_{a0} \, (z_{min} - z)/z_{min} \quad (h'^{*}_{a0} \text{ s. Gl. (13.4.8)}). \qquad (13.4.13)$$

Unter Berücksichtigung der praktischen Grenzzähnezahl z'_{min} gilt für den praktischen Profilverschiebungsfaktor:

$$x'_{min} = h'^{*}_{a0} \, (z'_{min} - z)/z_{min}\,. \qquad (13.4.14)$$

Der Profilverschiebungsfaktor ist für jede Zähnezahl eingegrenzt, nach oben durch das Spitzwerden der Zähne und nach unten durch den Unterschnitt (vgl. Abschnitt 13.4.8. und Bild 13.4.21).

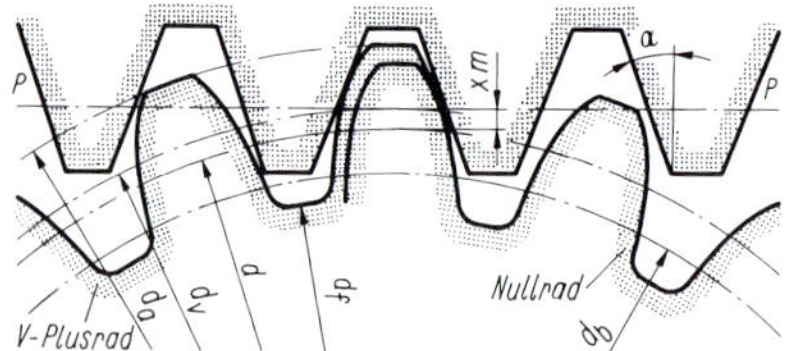

Bild 13.4.11. Paarung von Zahnstangenbezugsprofil und V-Plusrad

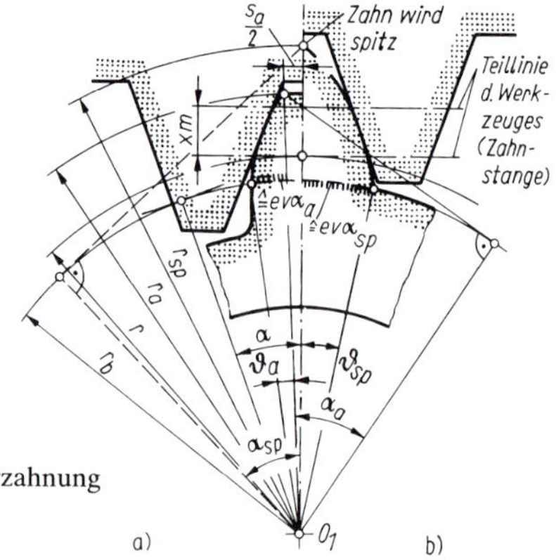

Bild 13.4.12. Zahndicke bei der Evolventenverzahnung
a) ohne Profilverschiebung; b) mit Profilverschiebung
evα = invα

Durch die Profilverschiebung xm ändert sich zugleich die Zahndicke s auf dem Teilkreis. Mit den Beziehungen im **Bild 13.4.12** gilt

$$s = m\pi/2 + 2xm \tan \alpha\,. \qquad (13.4.15)$$

Die Zahndicke s_y auf einem beliebigen Kreis mit dem Radius r_y ergibt sich mit dem zugehörigen Pressungswinkel α_y (s. auch Bilder 13.4.2 und 13.4.3) zu

$$s_y = 2r_y \,[\pi/(2z) + 2x \tan \alpha/z + \text{ev}\,\alpha - \text{ev}\,\alpha_y] \qquad (13.4.16)$$

mit α_y aus $\cos \alpha_y = r_b/r_y$.
Der Radius, bei dem ein Zahn spitz wird, ergibt sich zu

$$r_{sp} = r_b/\cos \alpha_{sp}\,, \qquad (13.4.17)$$

mit α_{sp} aus

$$\text{ev}\,\alpha_{sp} = \pi/(2z) + 2x_{max} \tan \alpha/z + \text{ev}\,\alpha \qquad (13.4.18)$$

(Werte für x_{max} s. Bild 13.4.21).

Das Abrücken des Wälzfräsers vom Teilkreis bei der Herstellung profilverschobener Räder entspricht ebenso wie das Zustellen einer Achsabstandsänderung. Da die Evolventenverzahnung unempfindlich gegen Abweichungen vom Nennachsabstand ist, folgt daraus, daß alle vom gleichen Abwälzfräser hergestellten Räder, gleichgültig, ob mit oder ohne Profilverschiebung, miteinander gepaart werden können.

- *Null-Radpaar:* Paarung zweier Nullräder, $x_1 = x_2 = 0$; $\quad a_d = \frac{1}{2}\,(z_1 \pm z_2)\,m$.
- *V-Null-Radpaar:* Paarung eines V-Plus- und eines V-Minusrades mit gleichem Betrag der Profilverschiebung, $x_2 = -x_1$, $x_1 + x_2 = 0$; $\quad a_d = \frac{1}{2}\,(z_1 \pm z_2)\,m$.

- *V-Radpaar:* Paarung zweier Räder mit ungleicher Profilverschiebung (V-Rad und Nullrad bzw. zwei V-Räder), $x_1 \neq x_2$, $x_1 + x_2 \neq 0$; $a \neq a_d$ (negatives Vorzeichen für z_2 bei Innenverzahnung, s. Abschnitt 13.4.7.).

Ein Vergleich dieser Paarungsmöglichkeiten (**Tafel 13.4.4** a bis c) zeigt, daß nur bei Null- und V-Null-Radpaaren die Wälzzylinder (Wälzkreise) und Teilzylinder (Teilkreise) zusammenfallen. Gleiches gilt für *Zahnstangen-Radpaare* (Tafel 13.4.4 d).

Tafel 13.4.4. Geradverzahnte Radpaare mit Null- und V-Rädern, Zahnstangen – Radpaare
Eigenschaften und Maße

a) Null-Radpaar (Paarung von zwei Null-Rädern; $x_1 = x_2 = 0$)

a)

Eigenschaften:
Bei Erzeugung benutzte Wälzkreise berühren sich auch im Getriebe im Wälzpunkt C, d. h. Teilkreise sind zugleich Wälzkreise.
Einziger Vorteil, daß Abmessungen einfach berechenbar, ist kein Grund, auf Vorteile der Profilverschiebung zu verzichten.

Maße:
Teilkreisdurchmesser $d = mz$ ($d_1 = mz_1$, $d_2 = mz_2$);
Kopfkreisdurchmesser $d_a = d + 2h_a$;
Fußkreisdurchmesser $d_f = d - 2h_f = d - 2\,(h_a + c)$
Zahndicke im Teilkreis $s = p/2 = m\pi/2$ (ohne Zahndicken- bzw. Zahnweitenabmaß zur Erzeugung von Flankenspiel);
Achsabstand (= Null-Achsabstand, Summe der Teilkreisradien) $a_d = (d_1 + d_2)/2 = m\,(z_1 + z_2)/2$ (bei rundem Wert für m hat auch a_d rundes Maß);
Eingriffswinkel (= halber Flankenwinkel des Bezugsprofils) $\alpha = 20°$.
Weitere Maße siehe **c)**, da Null-Räder Sonderfall der V-Räder.

b) V-Null-Radpaar (Paarung von V-Plusrad und V-Minusrad; $x_2 = -x_1$)

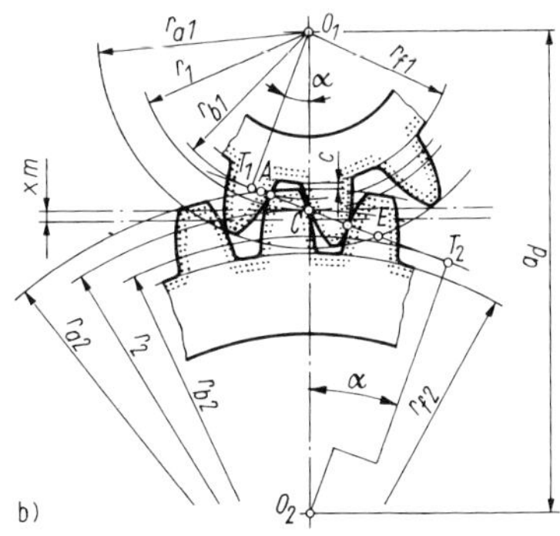

Eigenschaften:
Bei Erzeugung benutzte Wälzkreise berühren sich auch im Getriebe im Wälzpunkt C. Betriebseingriffswinkel entspricht Erzeugungseingriffswinkel. Achsabstand entspricht dem von Null-Radpaaren, deshalb mit genormten Moduln bei Geradverzahnung beliebig vorgegebener Achsabstand nicht einhaltbar.
Durch geeignete Wahl von x_1 und x_2 Gleitgeschwindigkeit am Kopf von Ritzel und Rad ausgleichbar, ebenso Zahnfußtragfähigkeit von Ritzel und Rad (Ritzel durch $+x_1$ verstärkt, Rad durch $-x_2$ nur wenig geschwächt, x_1 bewirkt zusätzlich i. allg. höhere Flankentragfähigkeit); bei $i \approx 1$ V-Null-Radpaar nicht sinnvoll.

Maße:
entsprechend Gln. für V-Radpaar mit $x_2 = -x_1$ (siehe **c**).

c) V-Radpaar (Paarung von zwei V-Rädern oder von V-Rad und Null-Rad; $x_1 \neq x_2$, $x_1 + x_2 \neq 0$)

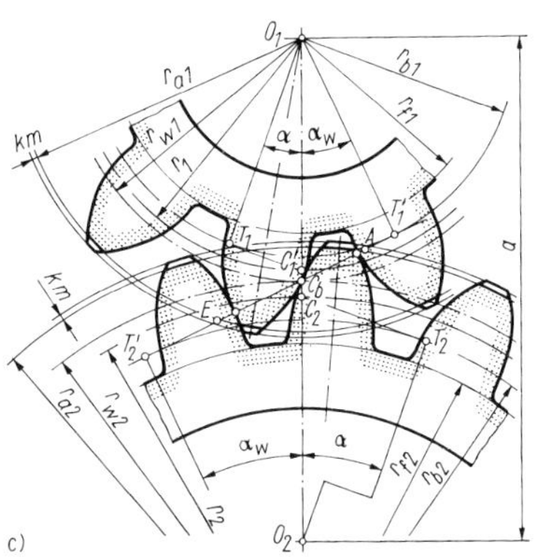

Eigenschaften:
Wälzkreise und Teilkreise der Räder sind nicht identisch, Lage des Wälzpunktes *C* im Getriebe ändert sich und damit der Eingriffswinkel (Betriebseingriffswinkel α_w). Alle Vorteile der Profilverschiebung (s. d.) nutzbar. Durch geeignete Wahl von x_1 und x_2 vorgegebene Achsabstände mit genormten Moduln einhaltbar und Zahnräder haben Satzrädereigenschaften.
Meist Anwendung von V-Plus-Radpaaren ($x_1 + x_2 > 0$) mit größerem Betriebseingriffswinkel, größerer Radialkraftkomponente und kleinerer Profilüberdeckung gegenüber Null-Radpaaren. Für Sicherung des Kopfspiels Kopfkürzung (Kopfhöhenänderung) erforderlich.

Maße:
(s. Tafel 13.4.4c. Fortsetzung – S. 568)

Tafel 13.4.4c. Fortsetzung

Maße:[1) 4)] Benennung	Zeichen	Ritzel (z_1)	Rad (z_2)
Teilkreisdurchmesser	d	$d_1 = (p/\pi)z_1 = mz_1$	$d_2 = (p/\pi)z_2 = mz_2$
Kopfkreisdurchmesser	d_a	$d_{a1} = m\,(z_1 + 2h_a^* + 2x_1 - 2k)$[2)]	$d_{a2} = m\,(z_2 + 2h_a^* + 2x_2 - 2k)$[2)]
Kopfkürzung (Kopfhöhenänderung) bei Außenverzahnung	km	$km = m\,[z_m\,(1 - \cos\alpha/\cos\alpha_w) + x_1 + x_2]$ mit $z_m = (z_1 + z_2)/2$ (nur bei Profil nach DIN 867 mit $h_a^* = 1$ erforderlich; für Innenverzahnung siehe Abschnitt 13.4.7.)	
Fußkreisdurchmesser	d_f	$d_{f1} = m\,(z_1 - 2h_a^* - 2c^* + 2x_1)$[2)]	$d_{f2} = m\,(z_2 - 2h_a^* - 2c^* + 2x_2)$[2)]
Grundkreisdurchmesser	d_b	$d_{b1} = d_1 \cos\alpha = mz_1 \cos\alpha$	$d_{b2} = d_2 \cos\alpha = mz_2 \cos\alpha$
Teilkreisteilung	p	$p = d_1\pi/z_1 = m\pi$	$p = d_2\pi/z_2 = m\pi$
Eingriffsteilung	p_e	$p_e = p\cos\alpha = m\pi\cos\alpha$	
Grundkreisteilung	p_b	$p_b = p_e = p\cos\alpha$	
Nennmaß der Zahndicke im Teilkreis (ohne Zahndicken- bzw. Zahnweitenabmaß)[3)]	s	$s_1 = (p/2) + 2x_1 m\tan\alpha$	$s_2 = (p/2) + 2x_2 m\tan\alpha$
Nennmaß der Lückenweite im Teilkreis (ohne Zahndicken- bzw. Zahnweitenabmaß)[3)]	e	$e_1 = (p/2) - 2x_1 m\tan\alpha$	$e_2 = (p/2) - 2x_2 m\tan\alpha$
Achsabstand des Null-Radpaares (Null-Achsabstand)	a_d	$a_d = m\,\dfrac{z_1 + z_2}{2} = \dfrac{d_1 + d_2}{2}$	
Achsabstand	a	$a = a_d\,\dfrac{\cos\alpha}{\cos\alpha_w} = m\,\dfrac{(z_1 + z_2)\cos\alpha}{2\cos\alpha_w} = \dfrac{d_{w2} + d_{w1}}{2}$	
Pressungswinkel am Wälzkreis (bei vorgegebenem Achsabstand)	α_w	$\cos\alpha_w = m\,\dfrac{z_1 + z_2}{2a}\cos\alpha$ $\operatorname{ev}\alpha_w = 2\tan\alpha\,\dfrac{x_1 + x_2}{z_1 + z_2} + \operatorname{ev}\alpha$ ($\operatorname{ev}\alpha = \operatorname{inv}\alpha = \tan\alpha - \hat{\alpha}$)	
Wälzkreisdurchmesser	d_w	$d_{w1} = d_1\,\dfrac{\cos\alpha}{\cos\alpha_w} = \dfrac{2z_1}{z_1 + z_2}\,a$	$d_{w2} = d_2\,\dfrac{\cos\alpha}{\cos\alpha_w} = \dfrac{2z_2}{z_1 + z_2}\,a$
Profilüberdeckung, Außenverzahnung	ε_α	$\varepsilon_\alpha = \dfrac{\sqrt{r_{a1}^2 - r_{b1}^2} + \sqrt{r_{a2}^2 - r_{b2}^2} - a\sin\alpha_w}{m\pi\cos\alpha} \geqq 1$	
Innenverzahnung		$\varepsilon_\alpha = \dfrac{\sqrt{r_{a1}^2 - r_{b1}^2} - \sqrt{r_{a2}^2 - r_{b2}^2} - a\sin\alpha_w}{m\pi\cos\alpha} \geqq 1$	

d) Zahnstangen-Radpaar (Paarung einer Zahnstange mit einem Stirnrad, s. auch Tafel 13.2.2d)

Eigenschaften:
Teilzylinder des Stirnrades ist zugleich Wälzzylinder und die den Stirnradteilzylinder berührende Teilebene der Zahnstange ist Wälzebene (Wälzpunkt C liegt also stets auf Teilkreis des Rades). Da Drehwinkel der Zahnstange gleich Null ist, gibt es bei Zahnstangen-Radpaar keine Übersetzung i. Die Verschiebung s einer Zahnstange längs der Profilbezugslinie bei Drehung des Rades um Drehwinkel φ bezeichnet man als Dreh-Schub-Strecke. Wegen des Zusammenfallens von Wälzzylinder und Teilzylinder des Rades entspricht diese Strecke dem Wälzweg w (Bogen, den ein Punkt auf dem Wälzkreis während Drehung des Rades um Winkel φ beschreibt).
Der dem Achsabstand eines Radpaares entsprechende Zahnstangenabstand a_Z im Zahnstangen-Radpaar ist der Abstand der Bezugsfläche der Zahnstange von der Radachse des Stirnrades.

Maße:
Zahnstange und Stirnrad lassen sich nur analog einem Null-Radpaar und einem V-Radpaar paaren, weil bei der Zahnstange die Profilverschiebung entfällt. Für Stirnrad gelten sinngemäß die Gleichungen in Tafel 13.4.4a und c, für Zahnstangen-Radpaar s. DIN 3960.

---

1) Mit Ausnahme von Gl. für ε_α nur dargestellt für außenverzahnte Räder (V-Radpaare). Für Null-Radpaare gilt $x_1 = x_2 = 0$, für V-Null-Radpaare $x_2 = -x_1$.

2) h_a^* Zahnkopfhöhenfaktor; h_f^* Zahnfußhöhenfaktor [$h_f^* = (1{,}0 + c^*)$ bei Profil nach DIN 867; $h_f^* = (1{,}1 + c^*)$ bei Profil nach DIN 58400]; c^* Kopfspielfaktor; Werte s. Tafel 13.4.3

3) vgl. Abschnitt 13.4.10.

4) Bei Innenverzahnung (s. Abschnitt 13.4.7. und Gl. für ε_α) sind folgende Größen negativ einzusetzen: z_2, d_2, d_{b2}, d_{f2}, d_{a2}, u und a.

Weiterhin wird deutlich, daß das Vermeiden von Unterschnitt bei $z < z_{min}$ bzw. z'_{min} unter Beibehaltung des theoretischen Achsabstandes, in DIN 3960 mit Null-Achsabstand bezeichnet, zur Anwendung eines *V-Null-Radpaares* führt. Während beim V-Plusrad dieses Radpaares (kleineres Rad) der Unterschnitt durch die positive Profilverschiebung vermieden wird, ist beim V-Minusrad (größeres Rad) darauf zu achten, daß die negative Profilverschiebung nicht zu Unterschnitt führt. Deshalb muß z_2 größer als z_{min} bzw. z'_{min} sein. Ein V-Null-Radpaar setzt also voraus:

$$z_1 + z_2 \geqq 2z_{min} \quad \text{bzw.} \quad z_1 + z_2 \geqq 2z'_{min}. \tag{13.4.19}$$

Demgegenüber verändert sich bei einem *V-Radpaar* der Achsabstand (a) und damit zugleich auch der Eingriffswinkel, den man in diesem Fall als Betriebseingriffswinkel α_w bezeichnet.

Würde man zwei Räder zu einem V-Radpaar so paaren, daß ihr Achsabstand gleich der Summe der V-Kreisradien $r_v = r + xm$ ist, also um die Profilverschiebungen größer oder kleiner als der theoretische Achsabstand (Null-Achsabstand a_d), ergäbe sich ein Achsabstand $a_v = r_{v1} + r_{v2} = a_d + (x_1 + x_2)\,m$. Die Radien der Wälzkreise r_w sind jedoch kleiner als die Radien r_v der bei der Fertigung benutzten Kreise, so daß an den Wälzkreisen die Zahnlücken größer als die Zahndicken werden. Man muß also beide Räder zusammenschieben und mit dem Achsabstand $a < a_v$ paaren, wenn man nicht zusätzliches Flankenspiel in Kauf nehmen will **(Bild 13.4.13).** Dieses Spiel würde im Vergleich zu dem durch genormte Zahndicken- bzw. Zahnweitenabmaße erzeugten Spiel (vgl. Abschnitt 13.4.10.) größer ausfallen, was i. allg. zu vermeiden ist. Durch das Zusammenrücken wird zugleich das Kopfspiel c verkleinert, so daß sich bei dem Bezugsprofil mit $h_a = 1{,}0m$ nach DIN 867 eine zusätzliche Kopfkürzung (Kopfhöhenänderung) als erforderlich erweist. Bei dem Bezugsprofil mit $h_a = 1{,}1m$ nach DIN 58400 erübrigt sich diese Kopfkürzung, da das durch die Abmessungen festgelegte Kopfspiel in jedem Fall ausreichend groß ist.

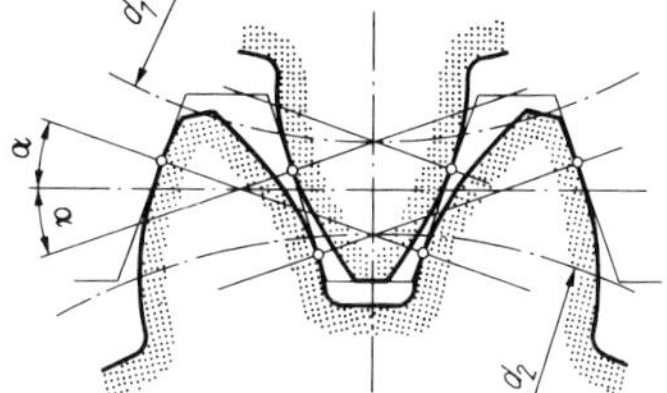

Bild 13.4.13. Paarung von V-Rädern mit V-Achsabstand $a_v > a_w$ (Entstehung eines zusätzlichen Flankenspiels)

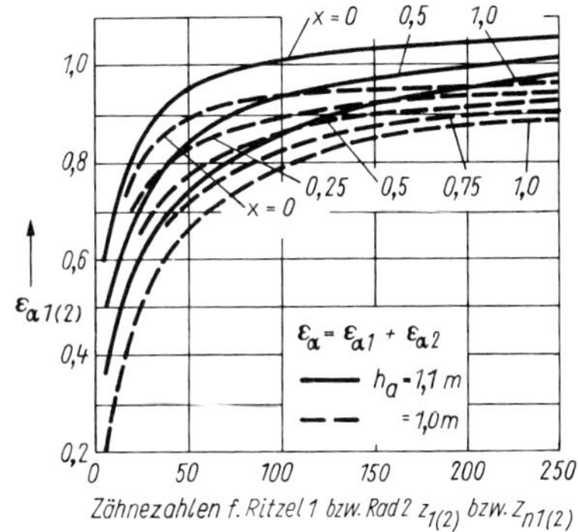

Bild 13.4.14. Profilüberdeckung ε_α profilverschobener Zahnräder in Abhängigkeit von Zähnezahl $z_{1(2)}$, Zahnkopfhöhe h_a und Profilverschiebungsfaktor x; Näherung (mit $z_{n1(2)}$ auch bei Schrägstirnrädern gültig)

Die Profilverschiebung hat weiterhin Einfluß auf die Größe der Kopfkreis- und Fußkreisradien r_a und r_f sowie auf die Überdeckung ε_α. Diese verkleinert sich bei V-Plus-Radpaaren $(x_1 + x_2 > 0)$. Die Berechnungsgleichungen enthält Tafel 13.4.4c. Eine i. allg. ausreichende näherungsweise Bestimmung von ε_α in Abhängigkeit von x kann mit **Bild 13.4.14** erfolgen.

Vorteile und Wahl der Profilverschiebung. Durch geeignete Wahl der Profilverschiebung kann man die Zahnform bei gleichem Werkzeugprofil **(Bild 13.4.15)** verändern. Teilkreis und Grundkreis bleiben dabei aber unverändert. Mit zunehmender Zähnezahl vermindert sich diese Wirkung jedoch, bei $z = \infty$ (Zahnstange) ist sie ohne Einfluß. Außerdem

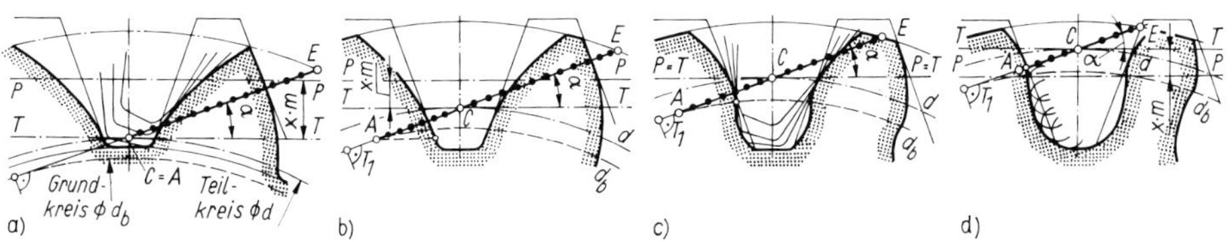

Bild 13.4.15. Einfluß der Profilverschiebung auf die Zahnform (Beispiel: $z = 12$) [13.4.9]
$\overline{TT}$ Wälzlinie des Werkzeugs; $\overline{PP}$ Profilmittellinie des Werkzeugs; $\overline{AE}$ Eingriffsstrecke; d Teilkreisdurchmesser; d_b Grundkreisdurchmesser
a) $x = +1{,}0$; b) $x = +0{,}5$; c) $x = 0$; d) $x = -0{,}5$

lassen sich die Abmessungen und Eigenschaften der Verzahnung beeinflussen. Wachsende, also zunehmend positiver werdende Profilverschiebung hat folgende Auswirkungen auf das entsprechende Rad:
Der Unterschnitt läßt sich verkleinern bzw. gänzlich vermeiden, und die Grenzzähnezahl wird kleiner. Der Zahnkopf wird spitzer und muß evtl. gekürzt werden. Die Zahnfußdicke vergrößert sich, die Fußausrundungsradien werden aber kleiner. Die Zahnfußtragfähigkeit nimmt also so lange zu, wie der durch Zahnfußdickenvergrößerung bewirkte vorteilhafte Einfluß die Nachteile der sich verkleinernden Fußausrundung (Kerbwirkung) überwiegt. Das ist im Bereich kleiner Zähnezahlen der Fall. Die Krümmungsradien der Flanken vergrößern sich, wodurch die Flankentragfähigkeit steigt.
Bei negativer Profilverschiebung sind die Tendenzen entgegengesetzt gerichtet.
Zur Wahl von x gibt es mehrere Profilverschiebungssysteme, die zu brauchbaren Verzahnungen führen, z. B. V-Radpaare mit maximaler und ausgeglichener Zahnfußbeanspruchung, mit gleicher Gleitgeschwindigkeit an Ritzel- und Radkopf usw.; Empfehlungen dazu sind in DIN 3992 bis 3995 enthalten.
Bei der sog. 05-Verzahnung mit $x_1 = x_2 = +0{,}5$ ergibt sich eine große Tragfähigkeit, wie sie bei ausgesprochenen Leistungsgetrieben gefordert wird (s. DIN 3994 und 3995).

Die Werte der Profilverschiebungen sind grundsätzlich Nennwerte, die für theoretische und damit spielfreie Verzahnungen gelten. Um Flankenspiel zu erzeugen, muß das Werkzeug beim Verzahnen zusätzlich zugestellt werden (s. Abschnitt 13.4.10.).

13.4.6. Schrägverzahnung

Bei Schrägverzahnung verlaufen die Zähne schräg zu den Radachsen. Die Flankenlinien der in die Zeichenebene projizierten Verzahnung (Planverzahnung) sind unter dem Schrägungswinkel rechts oder links steigende Geraden **(Bild 13.4.16)**. Werden diese auf dem Stirnradzylinder abgewickelt, ergeben sie Schraubenlinien **(Bild 13.4.17)**. Der Winkel β liegt dann zwischen den Tangenten an die Schraubenlinie und einer Parallelen zur Radachse (s. Bild 13.2.7b). Paart man zwei schrägverzahnte Stirnräder, muß β an beiden Verzahnungen von gleicher Größe, aber entgegengesetzt gerichtet sein. Es wird deshalb zwischen Rechts- und Linkssteigung unterschieden. Als rechtssteigend bezeichnet man ein Schrägzahnstirnrad, wenn der Flankenlinienverlauf eine Steigung im Uhrzeigersinn aufweist, als linkssteigend dagegen bei Verlauf entgegen dem Uhrzeigersinn. Schrägungswinkel β und Steigungswinkel γ ergänzen sich zu 90° ($\beta + \gamma = 90°$), wobei für die Berechnung der Winkel β vorrangige Bedeutung hat.

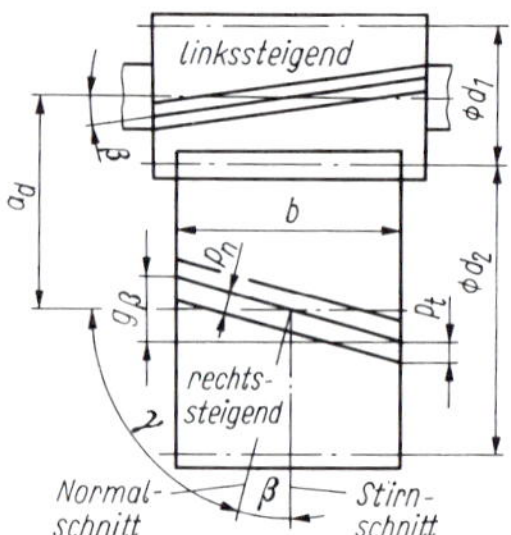

Bild 13.4.16. Schrägverzahnte Stirnräder, Bezeichnungen
Sprung g_β im Bild in Zeichenebene projiziert

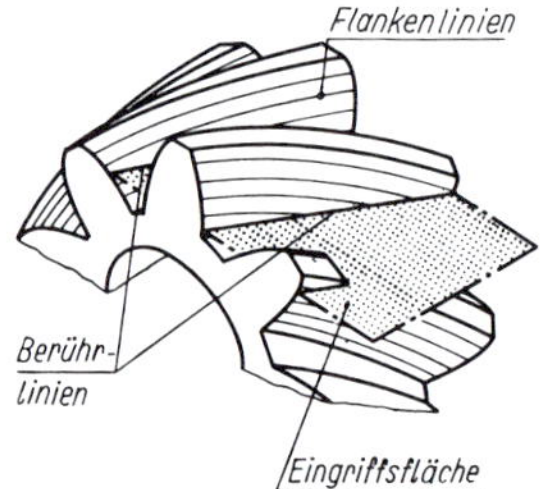

Bild 13.4.17. Berührlinien, Eingriffsfläche und Flankenlinien bei schrägverzahnten Stirnrädern

Die Berührung der Zahnflanken findet nicht wie bei Geradverzahnung entlang einer Profillinie statt, sondern diagonal über dem Zahn. Jedes Zahnpaar kommt daher, an einer Stirnkante beginnend, allmählich in Eingriff und an der anderen Stirnkante ebenso allmählich außer Eingriff.
Das Herstellen schrägverzahnter Stirnräder kann mit normalen Verzahnungswerkzeugen (s. auch Abschnitt 13.4.15.) erfolgen, wenn man diese um den Winkel β zur Werkstückachse anstellt. Bei Werkzeugen mit $\alpha = 20°$ entsteht dann die 20°-Normalverzahnung nicht mehr an der Zahnstirn im Stirnschnitt, sondern in dem senkrecht zur Flankenlinie liegenden Normalschnitt. Man unterscheidet deshalb bei Schrägverzahnung zwischen dem Stirnprofil mit dem Stirneingriffswinkel $\alpha_t > \alpha_n$, das eine reine Evolvente darstellt, und dem durch eine angenäherte Evolvente gebildeten Normalprofil mit dem Normaleingriffswinkel α_n **(Bild 13.4.18)**. Der sich auf dieses Profil beziehende Normalmodul, mit m_n bezeichnet, ist

aus der genormten Modulreihe zu wählen (s. Tafel 13.2.1). Er steht mit dem Stirnmodul über die Beziehung $m_t = m_n/\cos\beta$ im Zusammenhang. Entsprechend wird auch zwischen der Normalteilung $p_n = m_n\pi$ (Abstand zweier aufeinanderfolgender Rechts- oder Linksflanken, gemessen auf dem Mantel des Teilzylinders, senkrecht zur Flankenrichtung) und der Stirnteilung $p_t = p_n/\cos\beta$ (analoger Abstand der Flanken, aber gemessen im achsensenkrechten Schnitt, dem Stirnschnitt) unterschieden.

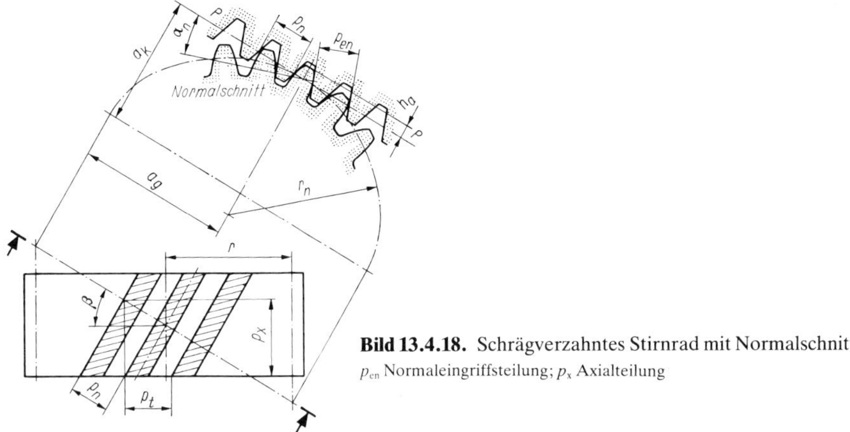

Bild 13.4.18. Schrägverzahntes Stirnrad mit Normalschnitt
p_{en} Normaleingriffsteilung; p_x Axialteilung

Der Betrag der gegenseitigen Versetzung der beiden die Zahnbreite b begrenzenden Profile wird als Sprung $g_\beta = b \tan\beta$ bezeichnet.
Bei Paarung eines außenverzahntes Schrägstirnrades mit einer schrägverzahnten *Zahnstange* gelten die gleichen Beziehungen (s. auch Tafel 13.4.4d sowie DIN 3960).

Profilverschiebung. Sie wird in Vielfachen des Normalmoduls angegeben. Bei entsprechender Wahl von $(x_1 + x_2)$ lassen sich für vorgegebene Übersetzungen und Achsabstände mit den in Abschnitt 13.2.2.4., Tafel 13.2.1 aufgeführten genormten Moduln runde Werte für den Schrägungswinkel β erreichen. Die Wahl von x_1 und x_2 erfolgt dabei nach den gleichen Gesichtspunkten wie bei Geradverzahnung (s. Abschnitt 13.4.5.), jedoch geht man von der *Ersatzzähnezahl* z_n (auch virtuelle Zähnezahl z_v) aus. Die Schnittfigur zwischen Normalschnitt und Teilzylinder ist eine Ellipse mit den Halbachsen $a_k = r$ und $a_g = r/\cos\beta$. Dort, wo die Normalschnittebene die Verzahnung normal durchdringt (das ist nur an einem Punkt der Ellipse, an der Halbachse a_k, möglich), wird das Normalprofil mit dem Profilwinkel α_n abgebildet (s. Bild 13.4.18). Dreht man das Rad bei festgehaltener Schnittebene, so bilden sich nacheinander alle Zähne des Rades im Normalschnitt ab. Es ist deshalb möglich, die Schrägverzahnung auf eine Geradverzahnung mit Normalprofil zurückzuführen, die mit dem Zahnstangenbezugsprofil paarungsfähig ist. Man denkt sich dazu die Zähne auf einem Teilkreis angeordnet, der dem Krümmungsradius r_n an der kleinen Halbachse der Ellipse entspricht und zu dem eine rechnerische Zähnezahl, die Ersatzzähnezahl z_n, gehört. Dies würde der Erzeugung einer Geradverzahnung mit der Zähnezahl z_n entsprechen.
Ist die geforderte Zähnezahl z eines Schrägstirnrades kleiner als die Grenzzähnezahl z_{min}, so ist wie bei Geradverzahnung zur Vermeidung von Unterschnitt Profilverschiebung erforderlich.
Der Mindestprofilverschiebungsfaktor berechnet sich aus

$$x = h'^*_{a0} \frac{z_{min} - z/(\cos^2\beta_b \cos\beta)}{z_{min}} = h'^*_{a0}(z_{min} - z_n)/z_{min}; \qquad (13.4.20)$$

h'^*_{a0} s. (Gl. 13.4.8).

Der Winkel β_b ist dabei der Schrägungswinkel am Grundkreis. Vergleicht man diese Beziehung mit der für Geradstirnräder, so stellt der Ausdruck

$$z/(\cos^2\beta_b \cos\beta) = z_n \qquad (13.4.21)$$

die auch für den Unterschnitt maßgebende Ersatzzähnezahl dar. Den Zusammenhang zwischen z und z_n zeigt **Bild 13.4.19**.

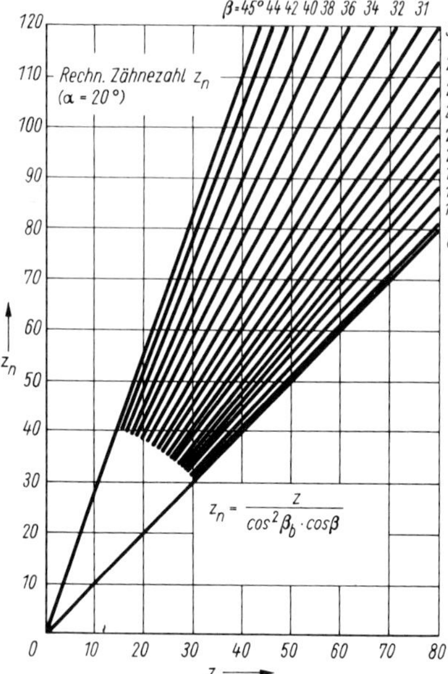

Bild 13.4.19. Ermittlung der rechnerischen Zähnezahl z_n bei Schrägstirnrädern

Näherung: $z_n \approx \frac{z}{\cos^3 \beta}$

Überdeckung. Getriebe mit Schrägstirnrädern besitzen im Vergleich zu solchen mit Geradstirnrädern eine größere Überdeckung ε_γ, da diese aus der auch für Geradstirnräder geltenden *Profilüberdeckung* ε_α und der *Sprungüberdeckung* $\varepsilon_\beta = g_\beta/p_t = b \sin\beta/p_n = b \sin\beta/(m_n\pi)$ gebildet wird.
Es gilt bei Null-Schrägverzahnung

$$\varepsilon_\gamma = \varepsilon_\alpha + \varepsilon_\beta = \frac{\sqrt{r_{a1}^2 - r_{b1}^2} + \sqrt{r_{a2}^2 - r_{b2}^2} - a_d \sin\alpha_t}{m_t\pi \cos\alpha_t} + \frac{b \sin\beta}{m_n\pi} \geqq 1. \qquad (13.4.22)$$

Bei profilverschobenen Rädern sind in diese Gleichungen die auf den Stirnschnitt des Wälzzylinders bezogenen Größen einzusetzen (Index *wt*; s. Tafel 13.4.5).
Zur näherungsweisen Ermittlung der Profilüberdeckung eines schrägverzahnten Radpaares ohne und mit Profilverschiebung kann ebenfalls Bild 13.4.14 herangezogen werden, mit

$$\varepsilon_\alpha = 1 + (\varepsilon_{\alpha 1} + \varepsilon_{\alpha 2} - 1) \cos 2\beta. \qquad (13.4.23)$$

Die Näherung gilt für $z_1 + z_2 \leqq 250$ und $\beta \leqq 25°$.
Eine Zusammenstellung aller wichtigen Berechnungsgleichungen enthält **Tafel 13.4.5.**

Eigenschaften. Schrägstirnräder zeigen durch den allmählichen Zahneingriff im Vergleich zu Geradstirnrädern bessere Laufruhe und weisen eine höhere Tragfähigkeit auf. Als nachteilig erweisen sich die wirkenden Axialkräfte, die aufwendigere Lagerkonstruktionen erfordern. Die Werte für β wählt man i. allg. zwischen 8 und 25°. Bei kleineren Winkeln werden – wie übrigens auch bei sehr schmalen Rädern und groben Verzahnungsqualitäten – die Vorteile der Schrägverzahnung kaum wirksam. Größere Winkel verursachen zu hohe Axialkräfte.
Bei Doppelschräg- und Pfeilverzahnung heben sich die Axialkräfte zwar auf, sofern Ritzel oder Rad axial frei einstellbar sind, ihre Anwendung ist in der Feinmechanik aus fertigungstechnischen und wirtschaftlichen Gründen i. allg. aber nicht vertretbar.

Tafel 13.4.5. Schrägverzahnte Radpaare mit Null- und V-Rädern, Maße[1) 4)]

Schrägstirnrad und Abwicklung des Teilzylinders rechtssteigend (Schrägungswinkel β; Index n Normalschnitt; Index t Stirnschnitt; m_n Modul im Normalschnitt; m_t Modul im Stirnschnitt; $m_t = m_n/\cos\beta$; Radpaar vgl. Tafel 13.4.4)

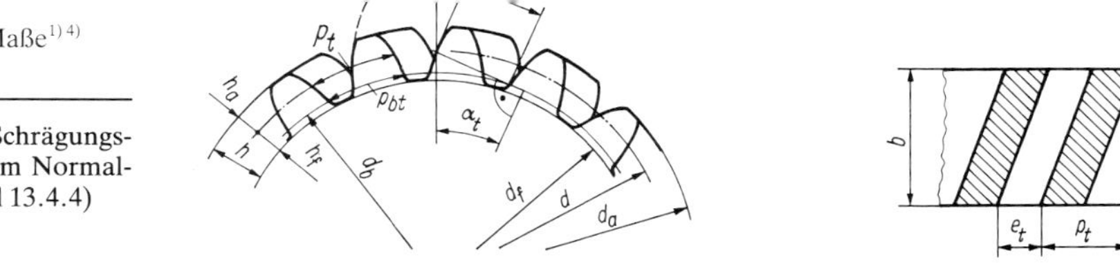

Benennung	Zeichen	Ritzel (z_1)	Rad (z_2)
Teilkreisdurchmesser	d	$d_1 = m_n z_1/\cos\beta = m_t z_1$	$d_2 = m_n z_2/\cos\beta = m_t z_2$
Kopfkreisdurchmesser	d_a	$d_{a1} = m_n\,[(z_1/\cos\beta) + 2h_a^* + 2x_1 - 2k]$[2)]	$d_{a2} = m_n\,[(z_2/\cos\beta) + 2h_a^* + 2x_2 - 2k]$[2)]
Fußkreisdurchmesser	d_f	$d_{f1} = m_n\,[(z_1/\cos\beta) - 2h_a^* - 2c + 2x_1]$[2)]	$d_{f2} = m_n\,[(z_2/\cos\beta) - 2h_a^* - 2c + 2x_2]$[2)]
Grundkreisdurchmesser	d_b	$d_{b1} = d_1\cos\alpha_t = z_1 m_t\cos\alpha_t$	$d_{b2} = d_2\cos\alpha_t = z_2 m_t\cos\alpha_t$
Stirneingriffswinkel	α_t	$\tan\alpha_t = \tan\alpha_n/\cos\beta$ bzw. $\cos\alpha_t = r_b/r = d_b/d$	
Stirnteilung	p_t	$p_t = d\pi/z = m_t\pi$	
Normalteilung	p_n	$p_n = m_n\pi = p_t\cos\beta$	
Stirneingriffsteilung	p_{et}	$p_{et} = p_t\cos\alpha_t = p_{bt}$	
Normaleingriffsteilung	p_{en}	$p_{en} = p_n\cos\alpha_n = p_{bn}$ mit $\alpha_n = \tan\alpha_t\cos\beta$	
Grundkreisteilung	p_{bt}	$p_{bt} = r_b\tau = d_b\pi/z = p_t\cos\alpha_t$ mit $\tau = 2\pi/z$	
Nennmaß der Zahndicke im Teilkreis (ohne Zahndicken- bzw. Zahnweitenabmaß)[3)]	s_t	$s_{t1} = 0{,}5p_t + 2x_1 m_n\tan\alpha_t$	$s_{t2} = 0{,}5p_t + 2x_2 m_n\tan\alpha_t$
Nennmaß der Lückenweite im Teilkreis (ohne Zahndicken- bzw. Zahnweitenabmaß)[3)]	e_t	$e_{t1} = 0{,}5p_t - 2x_1 m_n\tan\alpha_t$	$e_{t2} = 0{,}5p_t - 2x_2 m_n\tan\alpha_t$
Achsabstand des Nullradpaares (Null-Achsabstand)	a_d	$a_d = m_n\,(z_1 + z_2)/(2\cos\beta) = (d_1 + d_2)/2$	
Achsabstand	a	$a = a_d\cos\alpha_t/\cos\alpha_{wt} = m_n\,(z_1 + z_2)\cos\alpha_t/(2\cos\beta\cos\alpha_{wt}) = (d_{w1} + d_{w2})/2$	
Pressungswinkel am Wälzkreis (bei vorgegebenem Achsabstand)	α_{wt}	$\cos\alpha_{wt} = m_n\,(z_1 + z_2)\cos\alpha_t/(2a\cos\beta)$ $\text{ev}\,\alpha_{wt} = 2\,(x_1 + x_2)\tan\alpha_n/(z_1 + z_2) + \text{ev}\,\alpha_t$ mit $\text{ev}\,\alpha_t = \text{inv}\,\alpha_t = \tan\alpha_t - \hat{\alpha}_t$	
Wälzkreisdurchmesser	d_w	$d_{w1} = d_1\cos\alpha_t/\cos\alpha_{wt} = 2z_1a/(z_1 + z_2)$	$d_{w2} = d_2\cos\alpha_t/\cos\alpha_{wt} = 2z_2a/(z_1 + z_2)$
Überdeckung bei Außenverzahnung	ε_γ	$\varepsilon_\gamma = (\sqrt{r_{a1}^2 - r_{b1}^2} + \sqrt{r_{a2}^2 - r_{b2}^2} - a\sin\alpha_{wt})/(m_t\pi\cos\alpha_t) + b\sin\beta/(m_n\pi) \geqq 1$	

[1)] bis [4)] s. Tafel 13.4.4

13.4.7. Innenverzahnung [1.17] [13.4.1.] [13.4.3] [13.4.9] [13.4.10]

Vergrößert man den Durchmesser des Großrades eines Radpaares über die Zahnstange mit $d_2 = z_2 = \infty$ hinaus in den negativen Bereich, entsteht ein Hohlrad mit Innenverzahnung **(Bild 13.4.20)**. Die Evolventen dieses Rades entsprechen denen einer Außenverzahnung mit gleichem Grundkreis, jedoch weisen die Zähne der Innenverzahnung die Form der Zahnlücken eines Außenrades auf und die Zahnlücken die Form der Zähne des Außenrades.

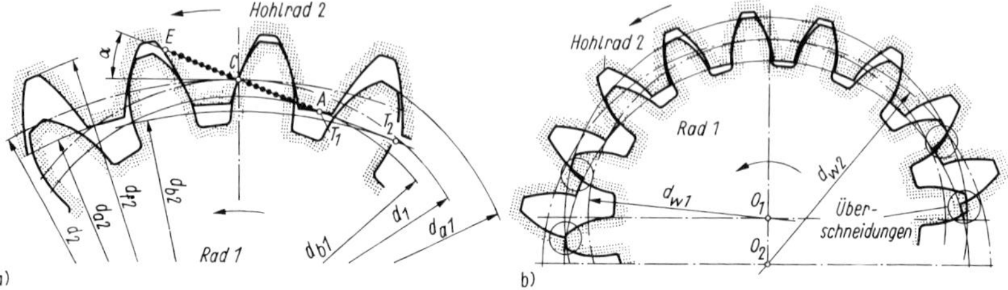

Bild 13.4.20. Evolventeninnenverzahnung [1.17]
a) Maße d_2, d_{a2}, d_{b2} und d_{f2} am Hohlrad *2*
b) Eingriffsstörungen infolge zu kleiner Zähnezahldifferenz ($z_2 = -20$, $z_1 = 16$; $z_2 - z_1 = 4$)

Für alle von der Zähnezahl z_2 des Hohlrades abhängigen Größen, also für die Durchmesser d, d_b, d_f und d_a, für den Achsabstand a und das Zähnezahlverhältnis u sowie für die Krümmungsradien der Zahnflanken, ergeben sich negative Werte. Unter Beachtung dieser Vorzeichenänderung gelten für Innenradpaare die analogen Gleichungen wie für Außenradpaare (s. Tafeln 13.4.4 u. 13.4.5), wobei ebenfalls gerad- und schrägverzahnte Null-, V-Null- und V-Radpaare unterschieden werden.
Flankenrichtungen von Ritzel und Hohlrad müssen nach Betrag und Richtung übereinstimmen (beide rechts- oder linkssteigend). Zu beachten ist außerdem, daß der Kopfkreisdurchmesser d_{a2} immer größer als der Grundkreisdurchmesser d_{b2} sein muß, da der Ursprung der Evolvente auf dem Grundkreis liegt. Ist die Bedingung $|d_{b2}| < |d_{a2}|$ nicht erfüllt, muß eine Kopfkürzung (Kopfhöhenänderung) erfolgen (s. Abschnitt 13.4.8.).
Unter negativer Profilverschiebung versteht man bei Innenverzahnung ein Abrücken des Zahnprofils vom Teilkreis. Eine Verschiebung vom Zahnfuß zum Zahnkopf hin, also nach innen, wird als positiv bezeichnet.
Bei Innenverzahnung kann Unterschnitt nicht auftreten, jedoch besteht im Vergleich zur Außenverzahnung in weit größerem Maße die Gefahr von Eingriffsstörungen. Neben der schon erwähnten Nachrechnung evtl. erforderlicher Kopfkürzung muß deshalb u. a. auf einen ausreichenden Zähnezahlunterschied $|z_2| - z_1 \geqq 10$ geachtet werden (Bild 13.4.20b).
Hinweise zur Wahl der Profilverschiebung enthalten u.a. DIN 3993 bis DIN 3995 sowie [1.17] [13.4.9] [13.4.10]. Grenzen der Verzahnungsgeometrie bei Innenverzahnungen s. Abschnitt 13.4.8.

Eigenschaften. Die aus Ritzel und Hohlrad bestehenden Zahnradinnengetriebe ermöglichen einen kleinen Achsabstand, das Hohlrad bildet bei nicht gekapselter Bauweise zudem einen Schutz für die Verzahnung. Durch das Zusammenwirken konvexer und konkaver Flankenabschnitte ergibt sich eine gute Schmiegung, die hohe Flankentragfähigkeit und niedrigen Verschleiß zur Folge hat. Dagegen ist die Fertigung des Hohlrades, insbesondere bei kleinem Modul, problematisch (s. Abschnitt 13.4.15.), und die Ritzellager sind einseitig anzuordnen (fliegende Lagerung, s. Abschnitt 8.).

13.4.8. Grenzen der Verzahnungsgeometrie, extrem kleine Zähnezahlen [13.4.43] [13.4.60] [13.4.61]

Für den Bereich praktisch realisierbarer Zahnräder mit Evolventenverzahnung ergeben sich in Abhängigkeit von der Profilverschiebung folgende im **Bild 13.4.21** dargestellte Grenzen für das einzelne Rad (Numerierung bezieht sich auf Kurven im Bild, bei Geradverzahnung gilt $z = z_n$; z_n Ersatzzähnezahl):

1. Die Zahndicke am Kopfkreis eines Außenrades darf einen Mindestwert nicht unterschreiten (i. allg. $s_{an} \geqq 0{,}2 m_n$, Index n kennzeichnet Normalschnitt), da sonst Bruchgefahr am Zahnkopf besteht (Berechnung der Zahndicke s. Gln. (13.4.5) und (13.4.16)).

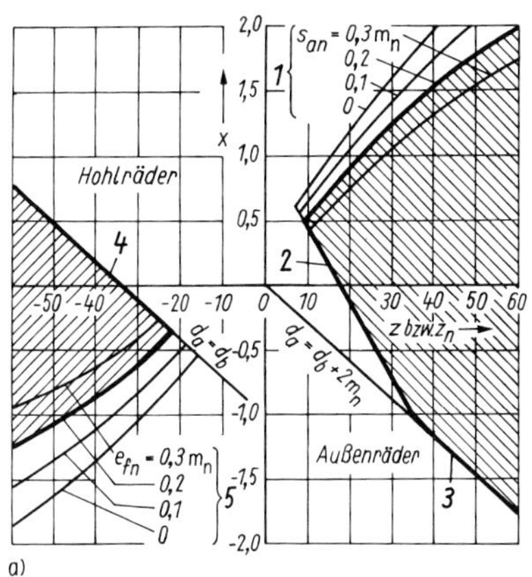

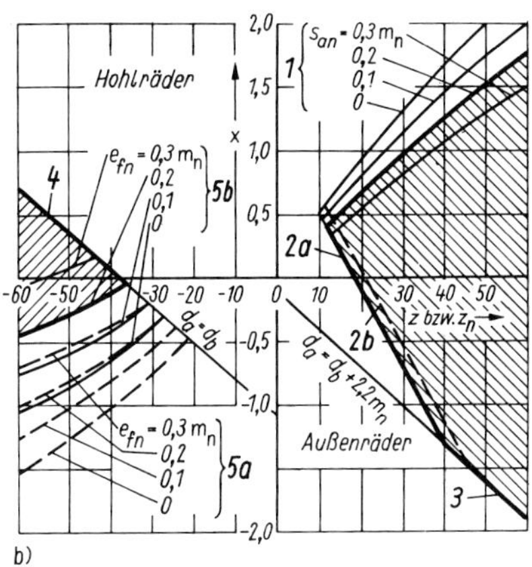

Bild 13.4.21. Grenzen der Evolventenverzahnung (aus DIN 3960)

a) Bereich der ausführbaren Evolventenverzahnungen mit Bezugsprofil nach DIN 867
Zusammenhang zwischen der Ersatzzähnezahl z_n und dem Profilverschiebungsfaktor x für Zähnezahlen bis $z_n = \pm 60$
Bei Stirnrädern mit Zahndicken- bzw. Zahnweitenabmaßen tritt x_E anstelle von x ($x_E = x + A_s/(m_n \tan\alpha) = x + A_W/(2m_n \sin\alpha)$).
Kurven 1: Grenzwerte für Außenräder durch Spitzengrenze $s_{an} = 0$ bzw. Mindestzahnkopfdicke $s_{an} = (0{,}1 \ldots 0{,}3)\, m_n$
Gerade 2: Grenzwerte für Außenräder durch Unterschnitt an den Fußflanken
Gerade 3: Grenzwerte für Außenräder durch Mindestkopfkreisdurchmesser $d_a = d_b + 2m_n$
Gerade 4: Grenzwerte für Hohlräder durch die Bedingung, daß der Betrag des Kopfkreisdurchmessers nicht kleiner werden darf als der Betrag des Grundkreisdurchmessers
Kurven 5: Grenzwerte für Hohlräder mit $c = 0{,}25m_n$ durch Spitzengrenze $e_{fn} = 0$ bzw. Mindestzahnfußlückenweite $e_{fn} = (0{,}1 \ldots 0{,}3)\, m_n$
b) Bereich der ausführbaren Evolventenverzahnungen mit Bezugsprofil nach DIN 58400 (jedoch ohne Berücksichtigung der 15°-Fase am Zahngrund)
Zusammenhang zwischen der Ersatzzähnezahl z_n und dem Profilverschiebungsfaktor x für Zähnezahlen bis $z_n = \pm 60$
Bei Stirnrädern mit Zahndicken- bzw. Zahnweitenabmaßen tritt x_E anstelle von x (s. o.).
Kurven 1: Grenzwerte für Außenräder durch Spitzengrenze $s_{an} = 0$ bzw. Mindestzahnkopfdicke $s_{an} = (0{,}1 \ldots 0{,}3)\, m_n$
Gerade 2a: Grenzwerte für Außenräder durch Unterschnitt an den Fußflanken
Gerade 2b: Grenzwerte für „Toleranzbehaftete Minimalzähnezahl" nach DIN 58405 (aktive Flanke am Werkzeug um 10 % verlängert)
Gerade 3: Grenzwerte für Außenräder durch Mindestkopfkreisdurchmesser $d_a = d_b + 2{,}2m_n$
Gerade 4: Grenzwerte für Hohlräder durch die Bedingung, daß der Betrag des Kopfkreisdurchmessers nicht kleiner werden darf als der Betrag des Grundkreisdurchmessers
Kurven 5a: Grenzwerte für Hohlräder mit $c = 0{,}25m_n$ durch Spitzengrenze $e_{fn} = 0$ bzw. Mindestzahnfußlückenweite $e_{fn} = (0{,}1 \ldots 0{,}3)\, m_n$
Kurven 5b: Wie Kurven 5a, jedoch Grenzwerte für Hohlräder mit $c = 0{,}4m_n$

2. Unterschnitt bei Außenrädern ist zu vermeiden, da der Zahnfuß geschwächt und die Überdeckung vermindert wird (s. Abschnitte 13.4.4. und 13.4.5.). Bei Innenrädern kann Unterschnitt nicht auftreten.
3. Der Kopfkreisdurchmesser eines Außenrades darf einen Mindestwert nicht unterschreiten ($d_a \geqq d_b + 2h_a$), da unterhalb des Grundkreises Zahneingriff nicht möglich ist (bedingt untere Grenze für Profilverschiebung).
4. Der Kopfkreisdurchmesser eines Innenrades (Hohlrad) darf nicht kleiner sein als der Grundkreisdurchmesser ($|d_a| > |d_b|$, s. Abschnitt 13.4.7.; bedingt obere Grenze der Profilverschiebung).
5. Die Lückenweite am Fußkreis eines Innenrades (Hohlrad) darf einen Mindestwert nicht unterschreiten (i. allg. $e_{fn} \geqq 0{,}2m_n$; bedingt untere Grenze für Profilverschiebung).

Bei Paarung von zwei Rädern können zusätzlich *Eingriffsstörungen* auftreten.
V-Außenradpaare, die mit dem Achsabstand a gepaart werden, sind besonders bei kleinen Zähnezahlen davon betroffen, weil die Eingriffsstrecke über den Tangentenberührungspunkt T_1 hinauslaufen und Störungen des Zahneingriffs verursachen kann. Deshalb ist bei Radpaaren mit einem Bezugsprofil gemäß DIN 867 mit der Zähnezahlsumme $z_1 + z_2 < 20$ eine Kopfkürzung (Kopfhöhenänderung) an beiden Rädern um den Betrag $km_n = a_v - a$ erforderlich, um ausreichendes Kopfspiel zu gewährleisten (Berechnung s. Tafel 13.4.4).
Bei *Innenradpaaren* können Eingriffsstörungen zwischen Ritzelzahnfuß und Hohlradzahnkopf sowie zwischen Ritzelzahnkopf und Hohlradzahnfuß auftreten.

Zur Vermeidung dieser Störungen müssen die Kopfkreisdurchmesser von Ritzel und Hohlrad folgenden Kriterien genügen:

$$r_{a1} \leqq \sqrt{r_{b1}^2 + \left(a_e \sin\alpha'_{wt} - a_d \sin\alpha_{wt} + \sqrt{r_{aSr}^2 - r_{bSr}^2}\right)^2} \tag{13.4.24}$$

$$r_{a2} \leqq \sqrt{(a_e + a_d)^2 + r_{aSr}^2 - 2\,(a_e + a_d)\, r_{aSr} \cos\gamma}\,; \tag{13.4.25}$$

a_e Achsabstand im Erzeugungsgetriebe; α'_{wt} Stirnbetriebseingriffswinkel im Erzeugungsgetriebe; r_{bSr} Wälzkreisradius des Schneidrades; r_{aSr} Kopfkreisradius des Schneidrades; $\gamma = 90 - \alpha'_{wt} - \beta$; $\sin\beta = r_{wSr} \sin(90° + \alpha'_{wt})/r_{aSr}$ (γ, β hier Hilfswinkel im Erzeugungsgetriebe).

Darüber hinaus kann es bei zu kleinem Zähnezahlunterschied (s. Abschnitt 13.4.7.) zu Zahnkopfeingriffsstörungen kommen, die in Kollisionen und Überdeckungen der Zahnköpfe von Ritzel und Hohlrad außerhalb der Eingriffsstrecke bestehen (Abhilfe durch Wahl einer größeren Profilverschiebungsdifferenz $x_2 - x_1$). Ähnlich lassen sich Vorschubeingriffsstörungen (beim Erzeugungsgetriebe, s. Bild 13.4.20b) bzw. radiale Einbaustörungen (Ritzel in Hohlrad) vermeiden.
Obwohl bei diesen genannten Eingriffsstörungen ebenfalls durch Kopfkürzung Abhilfe möglich ist, sollte diese nur bei kleinen Beträgen und sonst lediglich in Ausnahmefällen angewendet werden (Verringerung der Überdeckung).

Genauere rechnerische Überprüfung der Eingriffsstörungen bei Innenverzahnungen siehe [13.4.3] [13.4.9] [13.4.10].

Extrem kleine Zähnezahlen. Bei Geradverzahnung mit den in Bild 13.4.5 dargestellten Bezugsprofilen nach DIN 867 und DIN 58400 ergibt sich durch Ausnutzung der für Unterschnitt und Spitzwerden der Zähne gegebenen Grenzen eine Kleinstzähnezahl von $z = 5$ bei i. allg. ausreichender Profilüberdeckung $\varepsilon_\alpha \geqq 1$ (**Bild 13.4.22** a, Werte für x und k enthält DIN 58405 T1 und [13.4.8]) sowie bei 05-Verzahnung ($x_1 = x_2 = 0{,}5$) von $z = 8$.

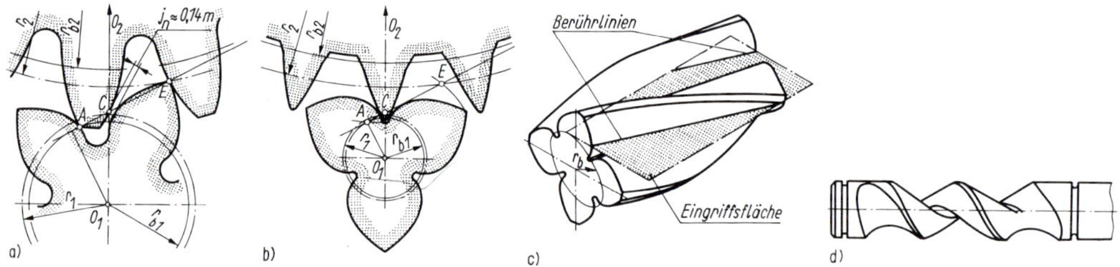

Bild 13.4.22. Extrem kleine Zähnezahlen [13.4.9]

a) kleinstmögliche Zähnezahl $z_1 = 5$ bei Geradverzahnung (Bezugsprofil mit $h_a = 1{,}1m$ nach Bild 13.4.5b); Profilüberdeckung $\varepsilon_\alpha = 1$ bei Paarung mit Rad $z_2 = 20$
b) kleinstmögliche Zähnezahl $z_1 = 3$ bei Geradverzahnung mit unsymmetrischem Bezugsprofil (Komplementprofil: $h_{a1} = 1{,}8m$; $h_{a2} = 0{,}1m$; $\alpha = 20°$); Profilüberdeckung $\varepsilon_\alpha = 1$ bei Paarung mit Rad $z_2 = 30$
c) Zähnezahl $z_1 = 4$ bei Schrägverzahnung (Verzahnungsdaten wie Bild d)
d) kleinstmögliche Zähnezahl $z_1 = 1$ bei Schrägverzahnung mit $\beta = 20°$ (Bezugsprofil mit $h_a = 1{,}0m$, Bild 13.4.5a)

Mit sog. *Komplement-Profilen* (unsymmetrische Bezugsprofile) läßt sich bei Geradverzahnung eine kleinste Zähnezahl $z = 3$ realisieren (Bild 13.4.22b), allerdings mit dem Nachteil, daß Sonderwerkzeuge erforderlich sind. Schrägverzahnung dagegen ermöglicht mit den beiden international genormten Bezugsprofilen (s. Bild 13.4.5) Zähnezahlen bis $z = 1$ (Eveloidverzahnung, Bild 13.4.22c, d). Da bei diesen Verzahnungen ε_α unter 1 liegt, muß durch ausreichend großen Schrägungswinkel für eine entsprechende Sprungüberdeckung ε_β gesorgt und damit eine Gesamtüberdeckung $\varepsilon_\gamma = \varepsilon_\alpha + \varepsilon_\beta \geqq 1$ gesichert werden.
Als nachteilig erweist sich mitunter der sehr kleine Fußkreisdurchmesser derartiger Zahnräder hinsichtlich der Verformung. Um einen genügend großen Zapfendurchmesser für die Lager, z. B. bei Ritzelwellen zu erreichen, ist die Verzahnung z. B. durch Tauchfräsen herzustellen. Vorteilhaft sind jedoch die hohe Zahnfußtragfähigkeit und wegen der großen Werte der Übersetzung i je Getriebestufe die stark miniaturisierte Bauweise.

13.4.9. Hochübersetzende Stirnradgetriebe, Umlaufrädergetriebe [1.2] [13.4.16] bis [13.4.19] [13.4.52] bis [13.4.59]

Hochübersetzende Getriebe gewinnen wegen der stürmischen Entwicklung der Automatisierungstechnik als Drehzahl- und Drehmomentenumformer in miniaturisierten Antriebssystemen im Zusammenhang mit elektrischen Kleinstmotoren besondere Bedeutung. Die Leistung dieser Motoren liegt unter 500 W, vielfach nur bei 20 bis 25 W oder noch darunter, und sie erzeugen Drehmomente zwischen 2 mN · m und 500 mN · m bei Nenndrehzahlen von etwa 4000 bis 20000 U/min. Die Gehäusedurchmesser erstrecken sich über einen Bereich von 12 bis etwa 60 mm. Zur Anpassung der relativ großen Motordrehzahl an den jeweiligen Anwendungsfall ist es erforderlich, entsprechende Zahnradgetriebe bereitzustellen, wobei nicht selten Übersetzungen von $i = 10^4$, in Sonderfällen bis 10^6 gefordert werden.
Neben Zylinderschneckengetrieben, die allerdings einen geringen Wirkungsgrad aufweisen

(vgl. Abschnitt 13.6.), kommen für diese Einsatzfälle vorrangig mehrstufige Stirnradstandgetriebe und Umlaufrädergetriebe (Planetengetriebe) zur Anwendung (s. auch Tafel 13.2.2b). Getriebe mit derartig hohen Übersetzungen erhalten aber auch als Feinstellgetriebe zunehmende Bedeutung. Ihre Aufgabe ist es, bestimmte Geräteteile um definierte Wege oder Winkel mit möglichst großer Positioniergenauigkeit zu bewegen [1.2].

13.4.9.1. Stirnradstandgetriebe

Die Analyse und Synthese von Standgetrieben kann mit den Beziehungen für die Übersetzung i sehr einfach erfolgen.

Das einstufige Getriebe (s. Tafel 13.2.2a) hat die Übersetzung $i = n_1/n_2 = d_2/d_1 = z_2/z_1$. Bei mehrstufigen Getrieben (s. Tafel 13.2.2a, c) ist die Gesamtübersetzung das Produkt aus den Teilübersetzungen der einzelnen Stufen I, II usw. Es gilt also $i_{ges} = i_I \cdot i_{II} \cdot \ldots$

Für Übersetzungen von 6 bis 8 (extrem bis 18) werden Standgetriebe als einstufige, von 35 bis 45 (extrem bis 60) als zweistufige, von 150 bis 200 (extrem bis 300) als dreistufige und darüber hinaus als vier- und mehrstufige Getriebe ausgeführt. Die angegebenen Extremwerte lassen sich bei Einsatz von Ritzeln mit sehr kleiner Zähnezahl gem. Abschnitt 13.4.8. noch überschreiten.

Die Werte $i_I, i_{II}, \ldots$ der einzelnen Stufen dürfen nicht ganzzahlig sein. Die Zähnezahl des größeren Rades eines Radpaares soll deshalb keine gemeinsamen Primfaktoren mit der des Kleinrades haben oder selbst eine Primzahl sein (s. auch Einleitung zum Abschnitt 13.4.11.).

Die Aufteilung der Gesamtübersetzung in die einzelnen Teilübersetzungen wird bei mehrstufigen Leistungsgetrieben i. allg. unter der Voraussetzung vorgenommen, daß das Gesamtvolumen aller Räder ein Minimum wird. **Bild 13.4.23** zeigt die unter dieser Voraussetzung ermittelten optimalen Teilübersetzungen für zwei und drei Stufen. Ihre konstruktive Gestaltung erfolgt nach den gleichen Gesichtspunkten, wie im Bild 13.4.57b für das einstufige Getriebe gezeigt.

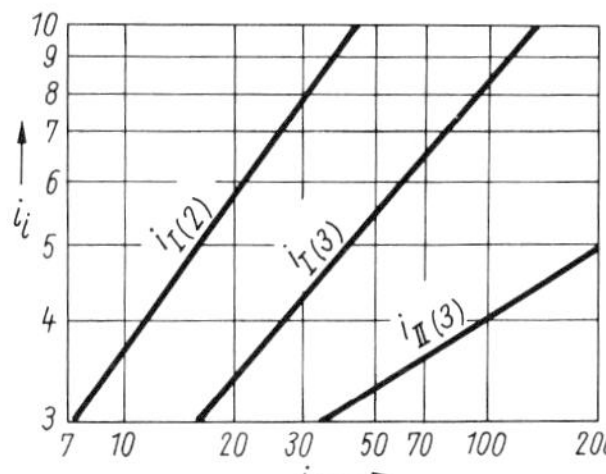

Bild 13.4.23. Aufteilung der Gesamtübersetzung bei mehrstufigen Leistungsgetrieben

$i_{I(2)}$ Teilübersetzung der ersten Stufe eines zweistufigen Getriebes
$i_{I(3)}$ Teilübersetzung der ersten Stufe eines dreistufigen Getriebes
$i_{II(3)}$ Teilübersetzung der zweiten Stufe eines dreistufigen Getriebes

Um die Fertigung von Stirnrädern mit Moduln unter 1 mm mit i. allg. sehr kleinen zu übertragenden Leistungen zu vereinfachen, wird dagegen eine gleiche Übersetzung der einzelnen Stufen angestrebt. Die Stufenübersetzung i_i eines derartigen n-stufigen Getriebes errechnet sich zu $i_i = \sqrt[n]{i_{ges}}$.

Tafel 13.4.6. Bauformen hochübersetzender Stirnradgetriebe

Getriebeart	Eigenschaften
1. Stirnrad-Standgetriebe	
1.1. Platinenbauweise 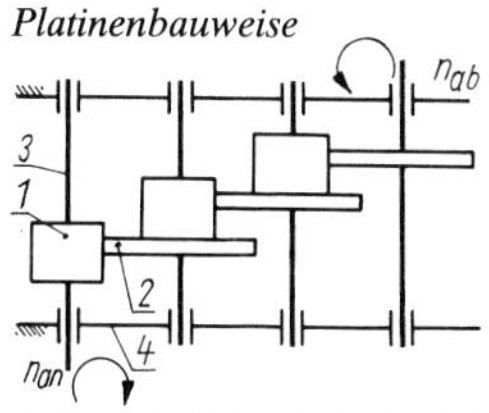 n_{ab} 3 1 2 4 n_{an}	• Ritzel *1* und Räder *2* starr auf Wellen *3* angeordnet, die drehbar zwischen Platinen *4* gelagert sind • Übersetzung $i_{ges} = i_1 \cdot i_2 \ldots \cdot i_n$ mit $i_1 = z_2/z_1$ usw. • *Vorteile:* – geringe Lagerreibung – flache Bauweise • *Nachteile:* – Baukastensystem mit verschiedenen Übersetzungen schlecht realisierbar, da Wiederholteilgrad klein

Tafel 13.4.6. Fortsetzung

Getriebeart	Eigenschaften
1.2. Steckbauweise 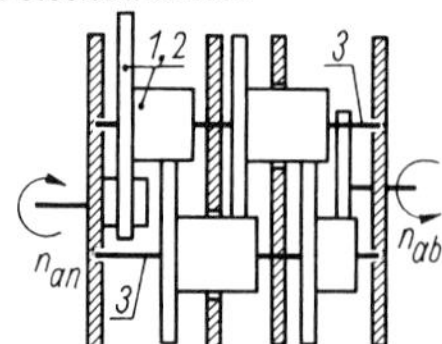	• Rad-Ritzel-Kombinationen *1, 2* drehbar auf starren, durchgehenden Achsen *3* angeordnet • Übersetzung: siehe Platinenbauweise • *Vorteile:* – Baukastensystem mit großer Zahl gleicher Wiederholteile realisierbar • *Nachteile:* – Durchbiegung der langen Achsen – fliegende Lagerung der Abtriebswelle – größere Lagerreibungsverluste
2. Stirnrad-Umlaufrädergetriebe	
2.1. Einfaches Umlaufrädergetriebe 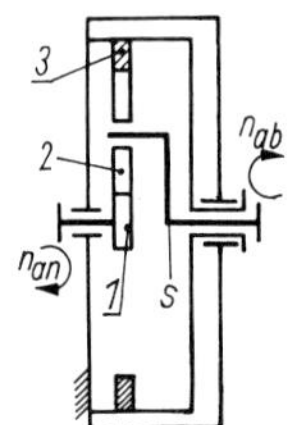	• Antrieb – Sonnenrad *1*, Planetenrad *2* drehbar auf Steg *s* angeordnet, Hohlrad *3* gehäusefest, Abtrieb – Steg *s* • Übersetzung $i = (z_1 + z_3)/z_1$ • *Vorteile:* – hohe Leistung übertragbar – guter Getriebewirkungsgrad – hohe Übersetzung durch mehrere Stufen • *Nachteile:* – Innenverzahnung erforderlich
2.2. Umlaufrädergetriebe mit zweistufigem Planetenrad 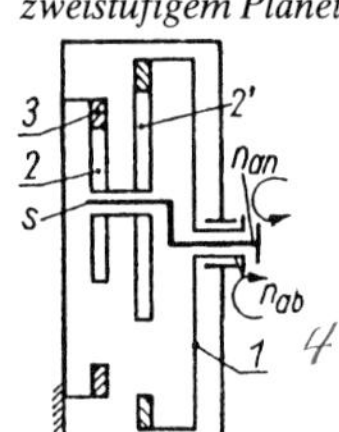	• Antrieb – Steg *s*, Planetenräder *2* und *2'* starr verbunden und drehbar auf Steg *s* angeordnet, Hohlrad *3* gehäusefest, Abtrieb – Hohlrad *1* • Übersetzung $i = z_1 z_2/(z_1 z_2 - z'_2 z_3)$ • *Vorteile:* – hohe Übersetzung in einer Stufe realisierbar • *Nachteile:* – Innenverzahnung erforderlich (Herstellung schwierig) – je höher *i*, desto kleiner Wirkungsgrad
2.3. Wolfromsches Umlaufrädergetriebe 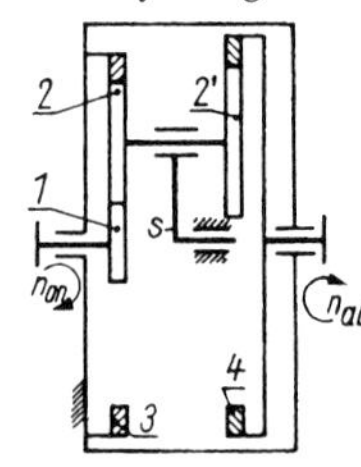	• Antrieb – Sonnenrad *1*, Planetenräder *2* und *2'* drehbar auf Steg *s* angeordnet, Steg *s* ist nicht momentenbelastet, Hohlrad *3* gehäusefest, Abtrieb – Hohlrad *4* • Übersetzung $i = z_2 z_4 (z_1 + z_3)/[z_1 (z_2 z_4 - z_3 z'_2)]$ • *Vorteile:* – hohe Übersetzung in einer Stufe realisierbar • Nachteile: – Innenverzahnung erforderlich – je höher *i*, desto kleiner Wirkungsgrad
2.4. Wellgetriebe, harmonic-drive 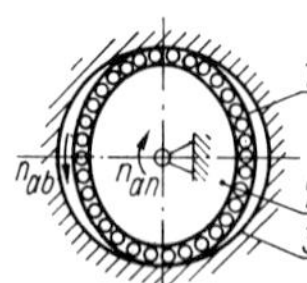	• Antrieb – elliptisches Rad *2*, Abtrieb – elastisches Rad *1*, Hohlrad *3* gestellfest • Übersetzung $i = z_3/(z_3 - z_1)$ • Vorteile: – sehr hohe Übersetzung in einer Stufe realisierbar – kompakte Bauweise möglich • Nachteile: – Innenverzahnung erforderlich – elastisches Rad *1* schwierig herstellbar, erfordert besondere Technologien und Werkstoffe

Bei Umlaufrädergetrieben sind die Beträge der Zähnezahlen in die Gln. einzusetzen.

Als typische Bauformen kommen hier die Platinen- und die Steckbauweise zur Anwendung (**Tafel 13.4.6** [1.1] u. [1.2]; vgl. auch Bild 13.4.57 a), wobei sich hohe Übersetzungen realisieren lassen. Durch den großen Wiederholteilgrad bietet die Steckbauweise zudem den Vorteil einer automatisierungsgerechten Montage (Richtlinien für die automatisierungsgerechte bzw. robotermontagegerechte Gestaltung s. Abschnitt 2. [1.2]).

13.4.9.2. Umlaufrädergetriebe

Im Vergleich zu Standgetrieben lassen sich mit Umlaufrädergetrieben bei gleichem Bauvolumen wesentlich größere Übersetzungen realisieren. Als nachteilig erweist sich dagegen der niedrigere Wirkungsgrad. Außerdem sind die Drehzahlverhältnisse infolge der zusätzlichen Planetenbewegung der Umlaufräder um die Zentralräder (s. Tafel 13.2.2b) wesentlich komplizierter.

Sowohl zur Analyse als auch zur Synthese dieser Getriebe empfiehlt sich deshalb die Anwendung des *Kutzbach*-Plans, einem grafischen Verfahren, mit dem es möglich ist, die Drehzahlen und Drehrichtungen aller Räder auch bei sehr komplizierten Getrieben einfach zu bestimmen.

Zur rechnerischen Kontrolle dieses durch die Zeichengenauigkeit begrenzten Verfahrens lassen sich die geometrischen Beziehungen des Kutzbach-Plans verwenden (s. Aufgabe 13.4.3), oder man bedient sich des Swampschen Schemas gem. Tafel 13.4.7. Der Kutzbach-Plan besteht aus den drei im **Bild 13.4.24** zunächst vereinfacht am Beispiel eines einstufigen Standgetriebes dargestellten Teilen, dem Getriebeschema *(I)*, dem Geschwindigkeitsplan *(II)* und dem Drehzahlplan *(III)*. Die Anwendung auf ein zweistufiges Getriebe mit zwei Innenradpaaren zeigt **Bild 13.4.25**.

Bei Umkehr des Verfahrens läßt sich bei vorgegebener Übersetzung aber auch ein geeignetes Getriebe entwickeln. Dazu wird mit den gegebenen Drehzahlen n_s und n_3 zunächst der Drehzahlplan aufgestellt, indem man Pol P und Polabstand p ebenfalls beliebig wählt. Zum Aufbau des Geschwindigkeitsplans sind dann bestimmte Konstruktionsgrößen (z. B. Achsabstand a oder Raddurchmesser d) vorzugeben. Damit kann das Getriebeschema festgelegt werden.

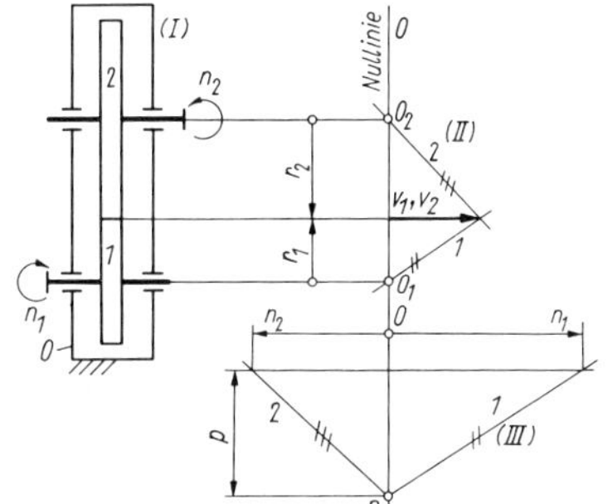

Im Getriebeschema (*I*) ist zu untersuchendes Getriebe in einer die Drehachsen enthaltenden Schnittdarstellung maßstäblich aufgezeichnet, soweit es die Raddurchmesser und den Achsabstand betrifft.

Der Geschwindigkeitsplan (*II*) besteht aus der Nullinie, den aus dem Getriebeschema heraus verlängerten Achslinien der Räder sowie den Paarungslinien (im Bild nur eine), die alle senkrecht auf der Nullinie stehen. Die die Umfangsgeschwindigkeiten v_1, v_2 der Räder repräsentierenden Linien *1* und *2* schneiden die Achslinien jeweils auf der Nullinie (in den Drehachsen ist $v = 0$) und schneiden einander auf der Paarungslinie. Der Abstand dieses Schnittpunktes von der Nullinie ist den Umfangsgeschwindigkeiten v_1, v_2 der beiden Räder auf dem Wälzkreis proportional.

Der Drehzahlplan (*III*) entsteht, indem die Geschwindigkeitslinien parallel zu sich selbst so verschoben werden, daß beide durch den frei gewählten Pol P auf der Nullinie gehen. Senkrecht zur Nullinie im geeigneten Abstand p (Polabstand) wird eine Linie gezogen, auf der die Geschwindigkeitslinien die Abschnitte $\overline{n_1 O}$ und $\overline{O n_2}$ abschneiden. Das Verhältnis dieser Strecken ist dem Verhältnis der zugeordneten Drehzahlen n_1 und n_2 der Räder *1* und *2* gleich. Darüber hinaus ist der Drehsinn der Räder zu erkennen. Liegen beide Abschnitte auf der gleichen Seite der Nullinie, haben beide Räder den gleichen Drehsinn. Im anderen Fall liegen die entsprechenden Abschnitte beiderseits der Nullinie.

Bild 13.4.24. Kutzbach-Plan für einstufiges Stirnradstandgetriebe
0 Gehäuse; *1, 2* Räder

Bei Umlaufrädergetrieben treten durch die Planetenbewegung infolge der zusätzlichen Stegdrehung *relative Wälzgeschwindigkeiten* auf, die u. a. für die Ermittlung der Leistungsverhältnisse und des Wirkungsgrades von Interesse sind. Sie lassen sich ebenfalls mit dem Verfahren nach *Kutzbach* ermitteln und aus dem Geschwindigkeitsplan entnehmen. Im **Bild 13.4.26** ist dazu das aus einem einstufigen Umlaufrädergetriebe (a) entwickelte zweistufige Getriebe (b) mit zugehörigen Geschwindigkeitsplänen (c) für unterschiedliche Antriebsvarianten dargestellt.

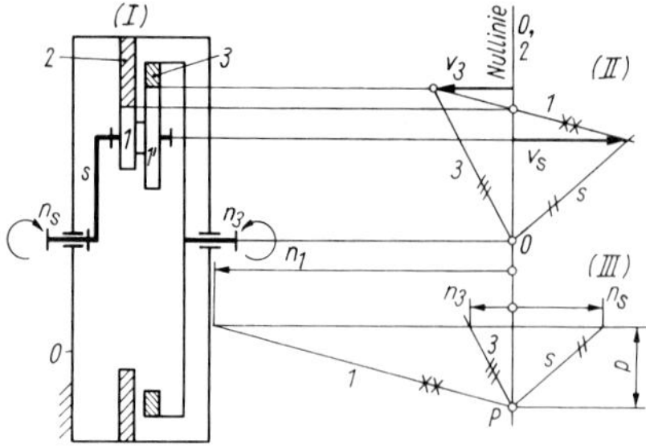

Gegeben: Antriebsdrehzahl n_s des Steges s
Gesucht: Abtriebsdrehzahl n_3 des Rades *3*.
Lösungsschritte:
Nach Aufzeichnen des Getriebeschemas sowie der Achslinien, der Paarungslinien und der Nullinie Wahl einer geeigneten Lage des Pols P und eines Polabstands p und mittels eines Maßstabs Drehzahl n_s eintragen. Sich ergebende Linie s in Geschwindigkeitsplan übertragen und v_s ermitteln. Räder *1, 1'* sind fest miteinander verbunden und auf Steg drehbar gelagert. Ihre Drehachse ist Punkt des Steges, also muß Geschwindigkeitslinie *1* der Räder *1, 1'* durch Endpunkt der Geschwindigkeit v_s gehen. Außerdem wälzt Rad *1* auf innenverzahntem gestellfestem Zahnkranz *2* ab. Dieser Wälzpunkt ist Momentandrehpunkt der Räder *1, 1'*. Deshalb muß Geschwindigkeitslinie *1* auch durch Schnittpunkt dieser Paarungslinie mit Nullinie gehen. Damit sind Lage und Richtung der Linie *1* bestimmt. Da innenverzahntes Rad *3* mit Rad *1'* im Eingriff steht, hat es gleiche Umfangsgeschwindigkeiten wie dieses. Rad *3* ist zentral gelagert, seine Geschwindigkeitslinie *3* kann nun ebenfalls eingezeichnet werden. Aus Drehzahlplan geht hervor, daß sich Rad *3* (Abtrieb) gegenläufig zum Steg (Antrieb) dreht. Entspricht Strecke $\overline{On_s}$ z. B. Drehzahl n_s = 300 U/min, folgt für Strecke $\overline{n_3O}$ Drehzahl von n_3 = 130 U/min.

Bild 13.4.25. Kutzbach-Plan für zweistufiges Umlaufrädergetriebe
Darstellung vereinfacht
0 Gehäuse; *s* Steg; *1, 1'* Planeten- bzw. Umlaufräder; *2* innenverzahnter gestellfester Radkranz; *3* innenverzahntes Rad

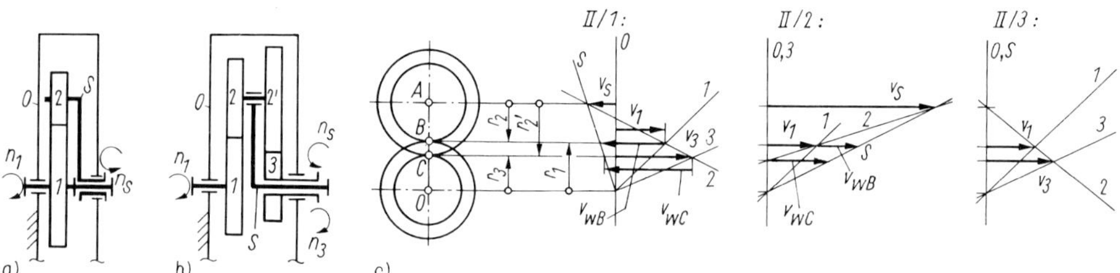

Relative Wälzgeschwindigkeiten:
II/1: bei zwei Antrieben und einem Abtrieb (Überlagerungs-, Summiergetriebe, vgl. auch Tafel 13.1.1)

$$v_{wB} = \frac{r_1\pi}{30}(n_s - n_1); \qquad v_{wC} = \frac{r_3\pi}{30}(n_s - n_3).$$

II/2: bei einem Antrieb und einem Abtrieb (hier Rad *3* mit Gehäuse verbunden, also Drehzahl n_3 und damit Umfangsgeschwindigkeit v_3 des Rades *3* gleich Null)

$$v_{wB} = \frac{r_1\pi}{30}(n_s - n_1); \qquad v_{wC} = \frac{r_3\pi}{30}n_s.$$

II/3: bei mit dem Gehäuse fest verbundenem Steg (Standgetriebe mit $n_s = 0$)

$$v_{wB} = v_{wC} = 0.$$

Bild 13.4.26. Umlaufrädergetriebe und Geschwindigkeitspläne für verschiedene Antriebsvarianten
a) einstufiges Umlaufrädergetriebe
b) zweistufiges Umlaufrädergetriebe
c) Geschwindigkeitspläne für Getriebe nach b) bei
II/1: Antriebe n_1, n_3; Abtrieb n_s
II/2: Antrieb n_1; Abtrieb n_s (n_3 = 0, Rad *3* gestellfest)
II/3: Antrieb n_1; Abtrieb n_3 (n_s = 0, Standgetriebe)
(Drehzahlpläne nicht dargestellt)

Die relativen Wälzgeschwindigkeiten v_{wB} und v_{wC} in den Eingriffspunkten B (Wälzpunkt der Räder *1* und *2*) und C (Wälzpunkt der Räder *2'* und *3*) ergeben sich als Summe oder Differenz aus der absoluten Geschwindigkeit zwischen den Eingriffspunkten und der Geschwindigkeit des Steges in Punkten mit gleichem zugehörigem Radius.

Das Swampsche Rechen-Schema zur rechnerischen Untersuchung von Umlaufrädergetrieben geht von der Überlegung aus, daß man die Bewegungen innerhalb des Getriebes in voneinander unabhängige Teildrehungen zerlegen und dann durch Überlagerung die Summe dieser Drehungen bilden kann. Am Beispiel der im Bild 13.4.26a und b dargestellten einfachen und zusammengesetzten (zweistufigen) Umlaufrädergetriebe zeigt **Tafel 13.4.7** die einzelnen Rechenschritte.

Tafel 13.4.7. Swampsches Schema für ein- und zweistufige Umlaufrädergetriebe nach Bildern 13.4.26a, b

Bewegungsart	Drehzahl			
	Steg *s*	Rad *1*	Rad *2, 2'*	Rad *3*
1. Teildrehung: Getriebe verriegelt und mit n_s gedreht	n_s	n_s	n_s	n_s
2. Teildrehung: Verriegelung aufgehoben, Steg festgehalten, Welle *1* mit n_s zurückgedreht	–	$-n_s$	$+n_s r_1/r_2$	$-n_s r_1 r_2'/(r_2 r_3)$
3. Teildrehung: Getriebezustand wie bei Schritt *2*; Welle *1* mit $+n_1$ oder $-n_1$ gedreht	–	$\pm n_1$	$\mp n_1 r_1/r_2$	$\pm n_1 r_1 r_2'/(r_2 r_3)$
Resultierende Drehung = Summe aller Teildrehungen	n_s	$\pm n_1$	$n_s + (r_1/r_2)(n_s \mp n_1)$	$n_s - r_1 r_2' (n_s \mp n_1)/(r_2 r_3)$
einstufiges Getriebe	└	─	┘	
zweistufiges Getriebe	└	─	─	┘

Für die erste Teildrehung denkt man sich das Getriebe verriegelt, so daß sich die einzelnen Räder nicht gegeneinander verdrehen können. In diesem Zustand wird der Steg *s* mit der Drehzahl n_s gedreht. Nach Aufheben der Verriegelung erfolgt die zweite Teildrehung, wobei der Steg *s* festgehalten (Fall eines Standgetriebes) und die Achse *1* mit der Drehzahl n_s zurückgedreht wird, so daß danach die ursprüngliche Lage des Rades *1* wieder vorhanden ist. Nunmehr wird als 3. Teildrehung die Drehzahl $\pm n_1$ in das während der 2. Teildrehung als Standgetriebe wirkende Getriebe eingeleitet.
Durch Summieren aller Teilbewegungen erhält man die Drehzahlen aller Räder und des Steges. Für das Rad *2* im Bild 13.4.26a sowie die drehstarr miteinander verbundenen Räder *2* und *2'* im Bild (b) folgt z. B. für $n_2 = n_s + (r_1/r_2)(n_s \mp n_1)$.
Nach diesem Superpositionsprinzip lassen sich auch andere Umlaufrädergetriebe relativ einfach untersuchen.

Als typische Bauformen feinmechanischer Umlaufrädergetriebe für hohe Übersetzungen kommen insbesondere mehrstufige Getriebe mit außenverzahnten Rädern zur Anwendung, analog dem zweistufigen Getriebe im Bild 13.4.26b mit einem gestellfest angeordneten Rad. Aus dem zugehörigen Geschwindigkeitsplan *II/2* wird ersichtlich, daß *i* ein Maximum erreicht, wenn die Zähnezahldifferenz der Räder *1* und *3* ein Minimum hat. Für einen großen Wert *i* ist außerdem eine große Zähnezahlsumme $z_1 + z_2$ bzw. $z_2' + z_3$ anzustreben. Die Zähnezahldifferenz kann im Minimum 1 betragen. Abgeleitet aus den Grundformen in Tafel 13.4.6/2.1 und 2.2 zeigt **Bild 13.4.27** ein in diesem Sinne gestaltetes Getriebe mit Innenverzahnung bei den Zentralrädern. Diese erbringen eine große Zähnezahlsumme $z_1 + z_2$ bei relativ kleinen äußeren Abmessungen. Darüber hinaus läßt sich der der Zähnezahldifferenz $z_1 - z_3 = 1$ entsprechende geringe Durchmesserunterschied durch Korrektur der Verzahnung (Profilverschiebung, s. Abschnitt 13.4.5.) der Zentralräder ausgleichen. Für die Übersetzung dieses Getriebes mit den im Bild angegebenen Werten erhält man $i = n_s/n_1 = z_1/(z_1 - z_3) = -100$. Bei Verwendung von Innenradpaaren ergibt auch das Wolfrom-Getriebe (Tafel 13.4.6/2.3) einen sehr kompakten Aufbau bei guten Übertragungseigenschaften [13.4.57]. Es ist jedoch darauf hinzuweisen, daß die Herstellung der Innenverzahnung, insbesondere bei kleinen Abmessungen, sehr kompliziert ist (s. Abschnitt 13.4.15.). Außerdem muß auf das Vermeiden von Eingriffsstörungen geachtet werden (s. Abschnitt 13.4.7.).
In Tafel 13.4.6/2.4 ist ein einstufiges Umlaufrädergetriebe gezeigt, bei dem die Zentralräder ohne Zwischenschalten des Umlaufrades direkt miteinander im Eingriff stehen. Das ist mög-

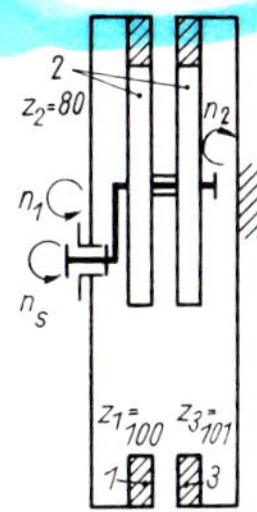

Bild 13.4.27. Zweistufige Umlaufrädergetriebe mit innenverzahnten Rädern
1 Hohlrad (Abtrieb); *2* Umlaufrad; *3* gestellfestes Hohlrad

lich, weil das kleinere außenverzahnte Rad *1* elastisch gestaltet wurde. Der Steg und das Umlaufrad werden hier durch den elliptischen Zentralkörper *2*, den sog. Wellgenerator, repräsentiert, der das elastische Rad *1* an zwei einander gegenüberliegenden Stellen des Umfangs in das gestellfeste Rad *3* drückt. Die Wälzkörper zwischen *1* und *2* vermindern die Reibung. Diese Getriebe wurden mit unterschiedlichen Bauformen unter dem Namen *Wellgetriebe* bzw. *harmonic-drive* bekannt. Die Übersetzung $i = n_2/n_1 = z_3/(z_3 - z_1)$ erreicht Werte bis $i = 320$, kann in Sonderfällen [13.4.58] [13.4.59] aber noch wesentlich höher liegen. In der dargestellten Lösung muß die minimale Zähnezahldifferenz $z_3 - z_1 = 2$ oder ein Vielfaches von 2 sein. Bei einem Exzenter als Wellgenerator wäre sie 1, bei einem Bogendreieck 3 usw.
Eine weitere Konstruktion eines einstufigen Umlaufrädergetriebes ist das Cyclo-Getriebe (Bild 13.3.1c, s. Abschnitt 13.3.1.).
Die Übersetzung errechnet sich wie beim *Wellgetriebe* bzw. *harmonic-drive*, wobei je Stufe ein Wert $i = 85$ erreichbar ist.

Konstruktive Gestaltung von Umlaufrädergetrieben. Es sind im Vergleich zu Standgetrieben (s. Abschnitt 13.4.13.) eine Reihe zusätzlicher Gesichtspunkte zu beachten.
Da man i. allg. mehrere Planetenräder über den Umfang gleichmäßig verteilt anordnet (**Bild 13.4.28** a), muß der Quotient G aus der Summe der Zähnezahlen der Zentralräder und der Anzahl der Planetenräderpaare immer eine ganze Zahl sein. Gegebenenfalls ist dazu eine Veränderung der Zähnezahlen erforderlich und die dabei entstehende Differenz im Achsabstand durch Profilverschiebung auszugleichen (s. Abschnitt 13.4.5.).

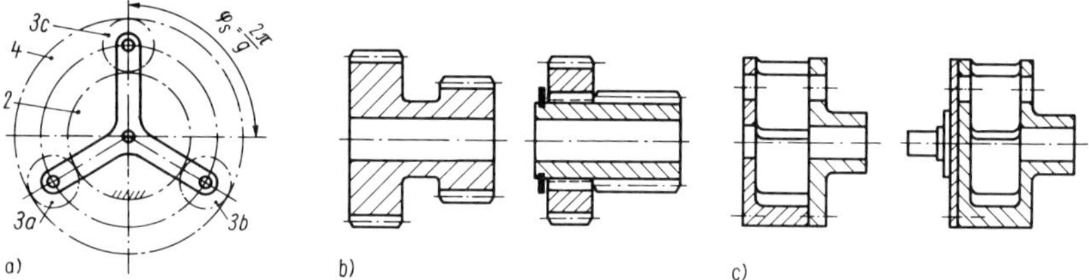

Bild 13.4.28. Konstruktive Gestaltung von Umlaufrädergetrieben [13.4.16]
a) Einbaubedingung (*2* Zentralrad; *3a, 3b, 3c* Umlaufräder; *4* innenverzahntes Rad; $G = (z_2 + z_4)/g$; g Zahl der Planetenräderpaare)
b) Gestaltung von Planetenrädern (doppelt als Einteilausführung bzw. aus Einzelrädern)
c) Gestaltung des Steges (geteilte bzw. ungeteilte Ausführung)

Als nachteilig hinsichtlich der Kräfteverhältnisse erweist sich, daß bei Verwendung mehrerer Planetenräder ein statisch unbestimmtes System entsteht, da die Bedingungen in den einzelnen Eingriffspunkten der Zahnräder aufgrund von Verzahnungsabweichungen nicht mehr exakt erfaßbar sind. Für eine sichere festigkeitsmäßige Dimensionierung dieser Getriebe ist deshalb entweder ein relativ großer Sicherheitsfaktor in Rechnung zu setzen, oder es ist der ungünstigste Belastungsfall, daß nur ein Umlaufrad die gesamte Leistung überträgt, zugrunde zu legen. Eine gleichmäßige Lastaufteilung läßt sich nur durch besondere konstruktive Elemente, die durch Einstellbeweglichkeit einen Lastausgleich bewirken, erreichen. Jedoch ist der damit verbundene Aufwand beträchtlich.
Für die Zentralräder gelten die im Abschnitt 13.4.13. dargestellten Gesichtspunkte. Planetendoppelräder können entweder aus einem Stück gefertigt oder zusammengesetzt werden (Bild 13.4.28b), wobei auf einwandfreie Zentrierung zu achten ist. Für einen ordnungsgemäßen Zahneingriff ist außerdem eine hinreichend starre Gestaltung des Stegs erforderlich (c), oder man führt denselben bei kleinen Steglängen als Exzenter aus. Hinsichtlich der Lagerung der Räder ist es unter Beachtung des kleinen Bauraums oft vorteilhaft, das Zentralritzel ungelagert in den Verzahnungen der Umlaufräder abzustützen. Die Umlaufräder selbst verbindet man entweder fest mit der im Steg drehbaren Achse, oder man lagert sie auf den fest mit dem Steg verbundenen Planetenbolzen.
Bei Reversierbetrieb ist außerdem auf kleines Flankenspiel der Verzahnung zu achten.
Ausführliche Darstellung zur konstruktiven Gestaltung von Umlaufrädergetrieben siehe [13.4.16] bis [13.4.19].

13.4.10. Verzahnungstoleranzen und Getriebepassungen, Zeichnungsangaben [13.4.8] [13.4.9] [13.4.62] bis [13.4.74]

Die Gewährleistung von winkelgetreuer Bewegungsübertragung (kinematische Genauigkeit), ruhigem Lauf (Laufgleichmäßigkeit und dynamische Tragfähigkeit) sowie Belastbarkeit (ordnungsgemäße Flankenberührung, statische Tragfähigkeit) bei Zahnradgetrieben erfordert es, soweit diese Funktionsmerkmale von den geometrischen Eigenschaften der Zahnräder abhängen, daß die Abweichungen verschiedener geometrischer und kinematischer Bestimmungsgrößen innerhalb bestimmter Grenzen gehalten werden. Für diese Größen wurden deshalb in ISO-Normen sowie auch in DIN-Normen Toleranzen zahlenmäßig festgelegt. Diese Bestimmungsgrößen und ihre Toleranzen bilden das *Verzahnungstoleranzsystem*.
Die Paarungsfähigkeit der Räder im Getriebe, die Austauschbarkeit und das für eine bestimmte Funktion erforderliche Flankenspiel erfordern darüber hinaus, daß die Paßgrößen an den Zahnrädern und der Achsabstand der Radpaarung innerhalb bestimmter Grenzen liegen. Diese Grenzen am Einzelrad werden entweder durch den Mindestbetrag der Paßabmaße und die Toleranzen der Paßgrößen oder durch deren unteres und oberes Abmaß festgelegt und bei der Radpaarung zusätzlich durch das Achsabstandsabmaß (Grenzabweichung des Achsabstands). Diese Paßgrößen am Einzelrad und an der Paarung einschließlich des Flankenspiels sowie die zugehörigen Abmaße und Toleranzen bilden zusammen das *Getriebe-Paßsystem*.
Ebenso, wie bei den ISO-Rund- und Flachpassungen zwei Paßsysteme, das der „Einheitswelle" und das der „Einheitsbohrung", bestehen (vgl. Abschnitt 3.2.2.), gibt es auch bei der Paarung von Zahnrädern zwei Paßsysteme, das des „Einheitsachsabstands" und das der „Einheitszahndicke". Bei dem ersteren wird jeweils nur ein Toleranzfeld des Achsabstands benutzt und die Größe der stets erforderlichen Spielpassung durch verschiedene Toleranzfelder der Zahndicke (Zahndickenabmaße) bzw. der Zahnweite (Zahnweitenabmaße) bewirkt. Beim System „Einheitszahndicke" ist es umgekehrt.
In Feinmechanik und Maschinenbau hat sich gleichermaßen das System „Einheitsachsabstand" bewährt. Es ist deshalb international eingeführt worden.

Für Stirnräder und Stirnradpaare mit Evolventenverzahnung gelten die in **Tafel 13.4.8** aufgeführten Normen und Richtlinien. Die Toleranzen, Grenzabweichungen und Grenzabmaße werden ohne Umrechnung für Gerad-, Schräg-, Null- und V-Verzahnungen angewendet. Die Paßmaße (Prüfmaße, Paßkenngrößen) gelten stets im Normalschnitt.

Tafel 13.4.8. Stirnräder und Stirnradpaare mit Evolventenverzahnung
Normen und Richtlinien für Toleranzen, Passungen und Zeichnungsangaben; s. auch Tafeln 3.21 und 13.4.17

DIN-Normen

- allgemein:
  DIN 3960 Begriffe und Bestimmungsgrößen für Stirnräder (Zylinderräder) und Stirnradpaare (Zylinderradpaare) mit Evolventenverzahnung
  DIN 3966 Angaben für Verzahnungen in Zeichnungen; Angaben für Stirnrad- (Zylinderrad-) Evolventenverzahnungen
  DIN 3999 Kurzzeichen für Verzahnungen
- für Moduln von 0,2 bis 3 mm:
  DIN 58405 Stirnradgetriebe der Feinwerktechnik; T1: Geltungsbereich, Begriffe, Bestimmungsgrößen, Einteilung; T2: Getriebepassungsauswahl, Toleranzen, Abmaße; T3: Angaben in Zeichnungen, Berechnungsbeispiele
- für Moduln von 1 bis 70 mm:
  DIN 3961 Toleranzen für Stirnradverzahnungen; Grundlagen
  DIN 3962 Toleranzen für Stirnradverzahnungen; T1: Toleranzen für Abweichungen einzelner Bestimmungsgrößen; T2: Toleranzen für Flankenlinienabweichungen; T3: Toleranzen für Teilungs-Spannenabweichungen
  DIN 3963 Toleranzen für Stirnradverzahnungen; Toleranzen für Wälzabweichungen
  DIN 3964 Achsabstandsabmaße und Achslagentoleranzen von Gehäusen für Stirnradgetriebe
  DIN 3967 Getriebe-Paßsystem; Flankenspiel, Zahndickenabmaße, Zahndickentoleranzen; Grundlagen, Berechnung der Zahndickenabmaße, Umrechnung der Abmaße für die verschiedenen Meßverfahren

(Bei Zahnstangen sollen nach DIN die Toleranzen für deren Verzahnung nicht größer sein als die für die Verzahnung ihres Gegenrades. Ist das Gegenrad zunächst nicht bekannt, darf Zahnstangenlänge gleich Gegenradumfang gesetzt werden.)

Richtlinien

VDI/VDE 2606	Prüfung von Wälzfräsern für Stirnräder (Zylinderräder) mit Evolventenprofil
VDI/VDE 2608	Einflanken- und Zweiflanken-Wälzprüfung von gerad- und schrägverzahnten Stirnrädern mit Evolventenprofil
VDI/VDE 2612	Profil- und Flankenlinienprüfung von Stirnrädern mit Evolventenprofil, Bl. 1 Profilprüfung, Bl. 2 Flankenlinienprüfung
VDI/VDE 2613	Teilungsprüfung an Verzahnungen; Stirnräder (Zylinderräder), Schneckenräder, Kegelräder
VDI/VDE 2614	Rundlaufprüfung an Verzahnungen; Stirnräder (Zylinderräder), Schneckenräder, Kegelräder
VDI/VDE 2615	Rauheitsprüfung an Zylinder- und Kegelrädern mit elektrischen Tastschnittgeräten

13.4.10.1. Verzahnungstoleranzen

Für die nach Modul und Teilkreisdurchmesser gestuften Räder sind 12 Genauigkeitsklassen (auch als Verzahnungsqualitäten bezeichnet) festgelegt und in der Reihenfolge abnehmender Genauigkeit mit den Ziffern 1 bis 12 bezeichnet. Jeder Genauigkeitsklasse (Qualität) sind Zahlenwerte einer Vielzahl von Verzahnungsabweichungen zugeordnet, um die komplizierte Form eines Zahnrades erfassen zu können. Diese Werte können Tabellen der in Tafel 13.4.8 aufgeführten Normen entnommen werden. Man unterscheidet dabei zwischen Einzel- und Sammelabweichungen.

Einzelabweichungen beziehen sich auf einzelne Bestimmungsgrößen, z. B. Rundlaufabweichung F_r, Teilungs-Einzelabweichung f_p, Profil-Gesamtabweichung F_α usw., und werden mit speziellen Meßgeräten geprüft.

Sammelabweichungen (Wälzabweichungen) stellen die gemeinsame örtliche und gleichzeitige Auswirkung mehrerer Einzelabweichungen dar und lassen sich durch Abwälzen des zu prüfenden Rades mit einem Normal (Lehrzahnrad, -zahnstange, -schnecke) nachweisen. Sie werden in solche bei Zweiflankeneingriff (Zweiflanken-Wälzabweichung F_i'', Zweiflanken-Wälzsprung f_i'') und bei Einflankeneingriff (Einflanken-Wälzabweichung F_i', Einflanken-Wälzsprung f_i') eingeteilt.
Die Wälzabweichungen bei Zweiflankeneingriff sind wegen der Überlagerung vieler unterschiedlicher Abweichungen geometrisch und funktionell kaum deutbar. Ihre Prüfung ist aber sehr einfach durchführbar und liefert dem erfahrenen Werkstattpraktiker i. allg. ausreichende Kriterien für die Eignung eines Zahnrades. Sie wird in der Feinmechanik bevorzugt angewendet. Die Wälzabweichungen bei Einflankeneingriff sind nahezu echte funktionelle Abweichungen, da nur die Einflüsse bei höheren Betriebsdrehzahlen fehlen. Sie erfordern aber einen sehr hohen meßtechnischen Aufwand.

Für die Funktion eines Getriebes sind nicht alle Abweichungen gleich wichtig. Es ist deshalb aus Gründen der Wirtschaftlichkeit erforderlich, nur ausgewählte Bestimmungsgrößen zu tolerieren und zu prüfen. Nach DIN 3961 kann man die von einem Zahnrad geforderten Betriebseigenschaften in drei Funktionsgruppen einordnen **(Tafel 13.4.9)**. In DIN 58405 ist diese Möglichkeit noch nicht vorgesehen. Anhaltswerte für die Wahl der Genauigkeitsklasse (Qualität) von Verzahnungen in Abhängigkeit vom Bearbeitungsverfahren enthält **Tafel 13.4.10**.

Tafel 13.4.9. Funktionsgruppen von Verzahnungsabweichungen [13.4.8] [13.4.9]

Zeichen*)	Funktionsgruppe	Wichtige Abweichungen**)
G	Gleichmäßigkeit der Bewegungsübertragung	F_i' f_i' F_p F_i'' F_r f_i''
L	Laufruhe und dynamische Tragfähigkeit	f_i' f_p (f_{pe}) f_i'' F_α $f_{H\beta}$ f_p (F_r)
T	Statische Tragfähigkeit	f_{pe} $f_{H\beta}$ *TRA*
N	Keine Angabe der Funktion	F_i'' $f_{H\beta}$ F_α f_i''

*) Zeichen G, L, T nur in DIN 3961 festgelegt, nicht in DIN 58405
**) Neben diesen Abweichungen gibt es selbstverständlich auch noch andere Einflußgrößen, von denen die Betriebseigenschaften abhängen, z. B. ist die Laufruhe auch von der Drehzahl und Belastung abhängig, die Tragfähigkeit von der Oberflächengüte, vom Werkstoff und dessen Zustand. Es kann deshalb durchaus erforderlich sein, zusätzlich auch nichtgeometrische Anforderungen zu stellen, z. B. über bestimmte Härtewerte oder bestimmte Schalldruckpegel unter vorgegebenen Betriebsbedingungen.

Anmerkung:
Wendet man DIN 3961 bei feinmechanischen Verzahnungen an, wird es i. allg. ausreichend sein, für alle drei Funktionsgruppen die gleiche Genauigkeitsklasse (Verzahnungsqualität), also nur eine allgemeine Betriebseigenschaft zu fordern. Es ist aber auch möglich, für jede der drei Gruppen in bestimmten Grenzen eine andere Genauigkeitsklasse vorzugeben, falls die Getriebefunktion dies erfordert, bzw. eine Funktionsgruppe nicht zu belegen (Kennzeichnung mit N); s. Beispiele in Abschnitt 13.4.10.2.

Toleranzen für den Radkörper. Die Qualität einer Verzahnung hängt in starkem Maße von der Genauigkeit des Radkörpers ab. Deshalb müssen auch für ihn entsprechende Toleranzen vorgeschrieben werden. **Tafel 13.4.11** enthält dazu einige Richtwerte (ausführliche Angaben s. DIN 58405 T2; vgl. auch Bild 13.4.34).
Ist der Radkörper nur scheibenförmig ausgebildet (s. Abschnitt 13.4.13.), reicht die Bohrungslänge nicht zur Unterstützung bei der Herstellung aus. Es ist dann zu beachten, daß die

Tafel 13.4.10. Richtwerte für erreichbare Genauigkeitsklassen GK (Qualitäten) bei Stirnrädern [1.17]

a) Metallische Räder

Fertigungsverfahren für Verzahnung	GK	Rauhtiefe R_z[1]) µm	v m/s
Gießen	12	–	0,8
Druckgießen	10 ... 12	10	1,2
Feinschneiden	10 ... 12	10	1,2
Fräsen	9 ... 11	16	2
Schlichtfräsen	8 ... 9	8	4
Schleifen oder Schaben	6	2	12
Feinschleifen	5	0,5	20
Feinstbearbeitung	4 ... 5	0,025	60

b) Räder aus Kunststoffen

Funktionelle Forderungen	Raddurchmesser d mm	Spritzgießen GK	Spanen GK
hoch	bis 10	9	8
hoch	über 10 bis 50	10	9
normal	bis 50	11	10
normal	über 50 bis 125	11	11
gering	bis 280	12	12

[1]) s. Abschnitt 3.2.1., Tafel 3.13

Tafel 13.4.11. Richtwerte für Radkörpertoleranzen
gem. Bild 13.4.33 (nach DIN 58405 T2)
GK Genauigkeitsklasse (Qualität) der Verzahnung

a) Toleranz für Kopfkreisdurchmesser d_a nicht kopfüberschnittener Stirnräder
(gültig für $m = 0{,}2$ bis 3 mm; $d \leqq 400$ mm; $b \leqq 10m$ für Geradstirnräder, $b \leqq 16m$ für Schrägstirnräder):
h9 für Außenverzahnung, H9 für Innenverzahnung

b) Bearbeitungszugaben Δd_a und zulässige Abweichungen bei kopfüberschnittenen Stirnrädern (Werte in mm):

Modul m	bis 0,25	über 0,25 bis 0,6	über 0,6 bis 0,75	über 0,75 bis 1,0	über 1,0 bis 1,5
Δd_a	+0,25	+0,3	+0,35	+0,4	+0,5
zul. Abweichung	−0,05	−0,08	−0,1	−0,1	−0,15

c) Rundlauftoleranz für Kopfzylinder, wenn dieser zum Ausrichten dient: bei GK 7 etwa IT 5, bei GK 10 etwa IT 7 bis IT 8; dient Kopfzylinder nicht zum Ausrichten, gelten 4fach größere Werte.

Stirnflächen bei der Fertigung Anlageflächen sind und deren Form- und Lageabweichungen (s. Abschnitt 3.2.1.) die Genauigkeit der Verzahnung auch mitbestimmen. In diesem Falle sind Werte der Stirnlauftoleranz nach DIN 58405 T2 zu wählen (Benennung der Anlageflächen s. Bild 13.4.33).

13.4.10.2. Getriebepassungen

Zur Festlegung einer bestimmten Getriebepassung ist neben dem Kopfspiel c (s. Abschnitt 13.4.2.), das den Abstand des Kopfkreises vom Fußkreis des Gegenrades angibt, aus fertigungs- und betriebstechnischen Gründen (Herstellungs- und Montageabweichungen, Möglichkeiten der Schmierstoffaufnahme usw.) ein definiertes Flankenspiel erforderlich.

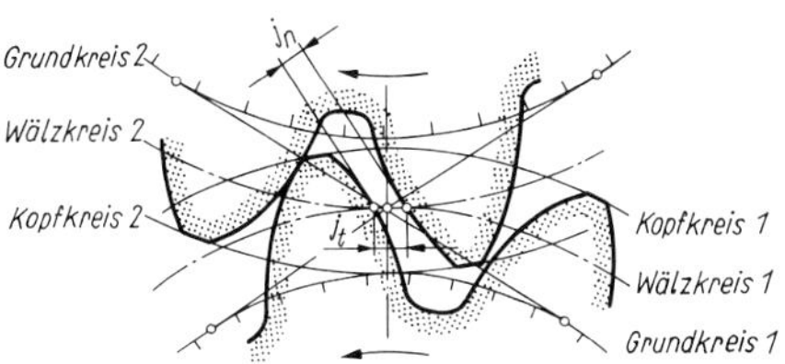

Bild 13.4.29. Drehflankenspiel j_t und Normalflankenspiel (Eingriffsflankenspiel) j_n bei Stirnradpaaren

Man unterscheidet das Drehflankenspiel j_t und das Normalflankenspiel (Eingriffsflankenspiel) j_n **(Bild 13.4.29)**. Das Drehflankenspiel ist die Länge des Wälzbogens, um den sich jedes der beiden Räder bei festgehaltenem Gegenrad von der Anlage der Rechtsflanken bis zur Anlage der Linksflanken drehen läßt. Seine Größe stellt sich im Stirnschnitt (vgl. auch Abschnitt 13.4.6.) dar. Zwischen j_n und j_t gilt der Zusammenhang

$$j_n = j_t \cos \alpha_n \cos \beta = j_t \cos \alpha_t \cos \beta_b . \qquad (13.4.26)$$

Bei Achsabstandsänderung **(Bild 13.4.30)** errechnet sich das Flankenspiel j_n aus

$$j_n = (z_1 + z_2) \cos \alpha \, (\mathrm{ev}\alpha_w - \mathrm{ev}\alpha) \, m , \qquad (13.4.27)$$

mit dem Betriebseingriffswinkel α_w aus

$$\cos \alpha_w = \cos \alpha \, (z_1 + z_2)/(z_1 + z_2 + 2\Delta a m) , \qquad (13.4.28)$$

Δa Betrag der Achsabstandsänderung, $\Delta a = \pm A_a$.

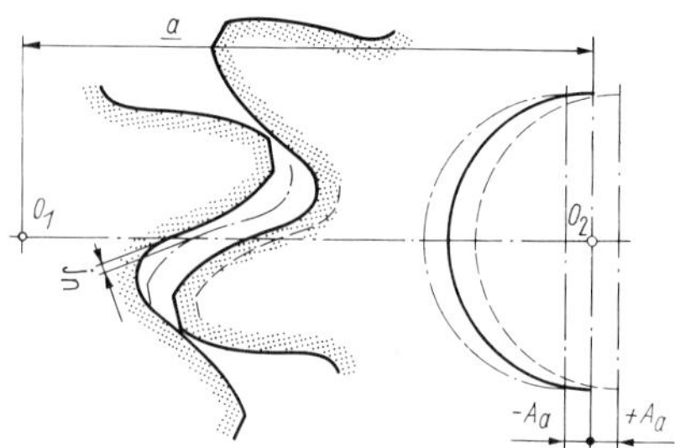

Bild 13.4.30. Einfluß der Achsabstandsänderung auf das Flankenspiel

$\pm A_a$ Achsabstandsabmaß nach DIN 3964 und DIN 58405

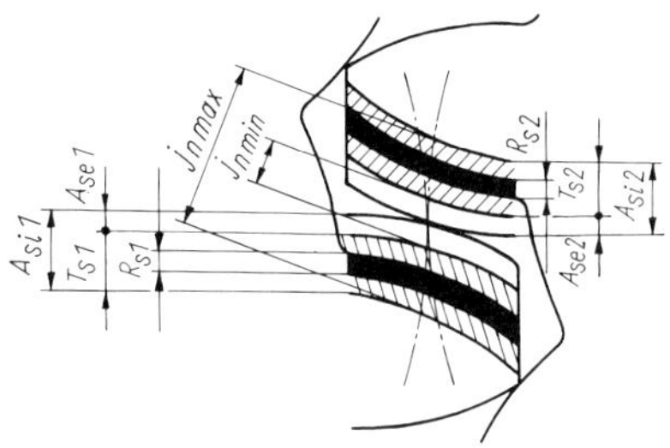

Bild 13.4.31. Flankenspiel j_n (ohne spielverändernde Einflüsse), Zahndickenabmaß A_s, Zahndickentoleranz T_s und Zahndickenschwankung R_s

Nach dem DIN-Verzahnungstoleranzsystem ergibt sich der theoretische Betrag des Drehflankenspiels aus der Verringerung der Zahndicken bzw. Zahnweiten (Zahndickenabmaße A_s, Zahnweitenabmaße A_W, **Bilder 13.4.31 und 13.4.32**) und aus dem Achsabstandsabmaß A_a (s. auch Bild 13.4.30):

$$j_t = [(A_{sn1} + A_{sn2}) + A_a \tan \alpha_n]/\cos \beta . \qquad (13.4.29)$$

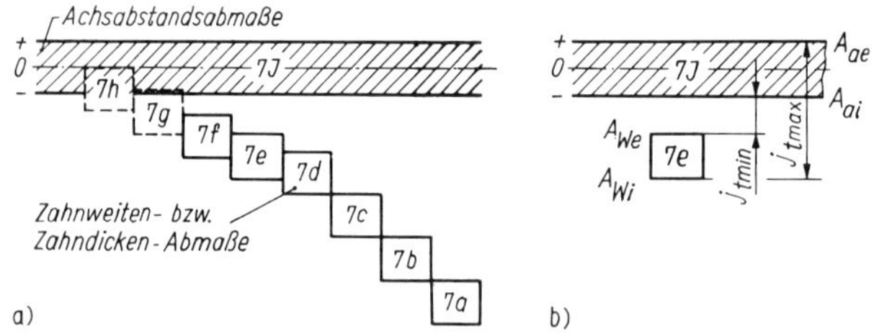

Bild 13.4.32. Getriebepassungen nach DIN 58405

a) Lage der Toleranzfelder bei Getriebepassungen der Qualität 7

b) Lage der Toleranzfelder bei der Getriebepassung 7J/7e

(j_t Drehflankenspiel; Felder h und g können negatives Flankenspiel ergeben, deshalb für Getriebepassungen nach DIN 58405 nicht zulässig)

Zwischen Zahnweiten- und Zahndickenabmaß besteht dabei die Beziehung

$$A_W = A_s \cos \alpha \qquad (13.4.30)$$

(spielverengende Einflüsse sind nach DIN 3967 und DIN 58405 zusätzlich zu berücksichtigen).

Die Abmaße A_s bzw. A_W und A_a sind in DIN 3961 bis 3967 sowie DIN 58405 (s. Tafel 13.4.8) festgelegt.
Für Moduln von 0,2 bis 3 mm liegt in DIN 58405 zur Erzeugung eines bestimmten Flankenspiels eine größere Zahl von Feldern für die unteren sowie oberen Zahnweitenabmaße A_{Wi} sowie A_{We} in Abhängigkeit von der Qualität vor, die mit den kleinen Buchstaben h, g, f, e, d usw. gekennzeichnet sind (s. Bild 13.4.32). Die Achsabstandsabmaße sind Feld J zugeordnet.

Beispiel für die Bezeichnung nach DIN 58405: Paarung zweier Zahnräder der Genauigkeitsklasse (Qualität) 7 mit Zahnweitenabmaß nach Feld e in einem tolerierten Achsabstand 7 J und vorgeschriebener Abnahme durch Zweiflankenwälzprüfung (Sammelabweichung; Angabe in Kenngrößentabelle, s. Abschnitt 13.4.10.3.): 7 J/7 eS″.

Beispiel für die Bezeichnung nach DIN 3961 bis 3967: Zahnrad der Qualität 8 mit Toleranzfeld e 26: 8 e 26.
Die Abmaße für den Achsabstand werden ergänzend hierzu entweder mit ISO-Toleranzfeld oder auch unmittelbar mit ihrem Zahlenwert eingetragen.
Für Moduln von 1 bis 70 mm sind in DIN 3967 die Felder der oberen Zahndickenabmaße A_{se} mit kleinen Buchstaben bezeichnet und Zahndickentoleranzen T_s in den Reihen 21 bis 30 (21 feinste, 30 gröbste Toleranz) festgelegt. Die Achsabstandsabmaße von Gehäusen für Stirnradgetriebe in diesem Modulbereich enthält DIN 3964, gestuft nach ISO-Toleranzfeldern 5 bis 11 (js; s. Abschnitt 3.2.1.2., Bild 3.3).

Bei Laufwerkgetrieben der Feinmechanik, bei denen zur Vermeidung von Laufstörungen ein relativ großes Flankenspiel erforderlich ist, sind bei Achsabständen bis 30 mm Werte für das kleinste Drehflankenspiel j_{tmin} von etwa 25 bis 30 μm, bei Achsabständen bis 125 mm Werte von 35 bis 50 μm nicht zu unterschreiten. Bei Kunststoffrädern muß zusätzlich der Einfluß von

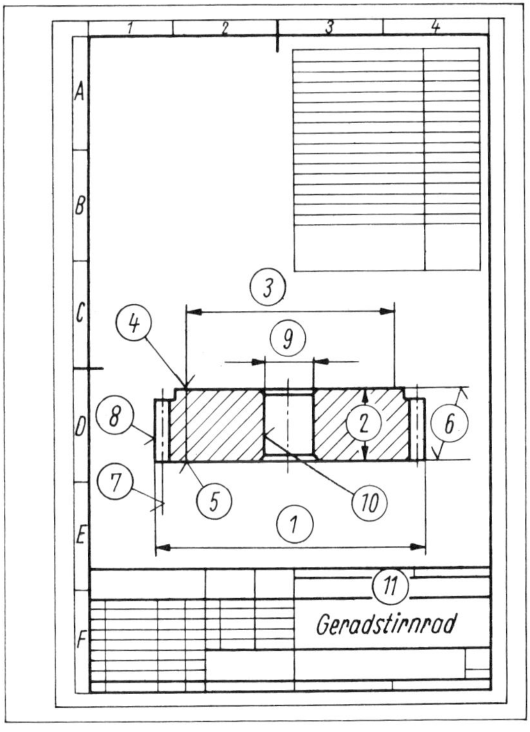

Bild 13.4.33. Zeichnung für ein Stirnrad (nach DIN 58405 T3, s. auch Tafeln 13.4.8 und 13.4.11)

Angaben für den Radkörper:

① Kopfkreisdurchmesser d_a siehe DIN 58405 T1, Abschnitt 3.1. Toleranz nach DIN 58405 T2, Abschnitt 2.1. Bei überschnittenen Stirnrädern ist dies nur der Außendurchmesser des Radrohlinges. Bearbeitungszugabe und Toleranz siehe DIN 58405, T2, Abschnitt 2.1.2.
② Zahnbreite
③ Prüfdurchmesser $d_{prüf}$ für die Planlaufabweichung (siehe DIN 58405 T2, Abschnitt 2.3.).
④ und ⑤ Planlaufabweichung nach DIN 58405 T2, Abschnitt 2.3. (Tabelle 5), Oberflächengüte.
⑥ Unparallelität statt ⑤ nach DIN 58405 T2, Abschnitt 2.3.
⑦ Bearbeitungsverfahren und Oberflächengüte der Zahnflanken nach DIN 58405 T2, Tabelle 1, Spalte 5 und 6.
⑧ Rundlaufabweichung zur Aufnahmebohrung nach DIN 58405 T2, Abschnitt 2.2. (Tabelle 3 oder 4). Oberflächengüte, insbesondere bei Tolerierung nach Tabelle 4.
⑨ und ⑩ Radbohrung (Aufnahmebohrung). Toleranz und Oberflächengüte nach DIN 58405 T2, Tabelle 1, Spalten 8 und 9.
⑪ Werkstoff, Empfehlung nach DIN 58405 T2, Tabelle 1, Spalte 7.

Temperatur und Feuchte auf das Flankenspiel berücksichtigt werden (Berechnung s. [13.4.7] [13.4.74]).
Bei Leistungsgetrieben ist eine sehr sorgfältige Festlegung des Spiels unter Beachtung der Betriebstemperatur und weiterer Betriebsbedingungen erforderlich. Empfehlungen dafür siehe [1.17] [13.4.9].

13.4.10.3. Zeichnungsangaben

Die Verzahnungsangaben in Zeichnungen sind in DIN 3966 und DIN 58405 T3 festgelegt (s. auch Tafeln 3.21 und 13.4.8). Sie umfassen die Maße und deren Kennzeichnung gemäß **Bild 13.4.33** sowie eine Kenngrößentabelle, in der die Rechengrößen anzugeben sind, die man für die Auswahl bzw. Herstellung des Verzahnungswerkzeugs, für das Einstellen der Verzahnungsmaschine und für das Prüfen der Verzahnung benötigt. Diese Tabelle wird in der Regel in der rechten oberen Ecke der Zeichnung angeordnet (s. Bild 13.4.33).

13.4.11. Tragfähigkeitsberechnung [1.17] [13.4.9]

Ausreichende Tragfähigkeit bei Zahnrädern hängt von der Wahl des Werkstoffes, seiner Härte und Oberflächengüte, der Schmierung usw. ab. Zusätzlichen Einfluß haben die Betriebsbedingungen (z. B. periodische oder stoßartige Belastungen), Verzahnungsabweichungen und die Deformation der Zähne. Bereits die Festlegung der Übersetzung i und damit der Zähnezahl z wirkt sich auf die Festigkeit aus; denn eine ganzzahlige Übersetzung in einer Getriebestufe, z. B. $i = 3{,}0$, hat zur Folge, daß stets die gleichen Zahnflanken und damit auch die gleichen Fehlerstellen in Kontakt kommen. Das führt insbesondere bei ungehärteter Verzahnung zu einem ungleichen Flankenverschleiß und vor allem bei höheren Umfangsgeschwindigkeiten mitunter zu Schwingungserregung. Um dies zu vermeiden, sollen die Übersetzungen der einzelnen Stufen nicht ganzzahlig gewählt werden. Primzahlen für die größere Zähnezahl in einer Stufe erfüllen diese Forderung in jedem Fall.

- Bei *metallischen Zahnradwerkstoffen* genügt für ungehärtete Stirnräder im Modulbereich unter 1 mm, die in der Herstellung an Verfahrung der Massenfertigung gebunden sind und z. B. in Laufwerkgetrieben (geringe Belastung) Verwendung finden, meist eine überschlägliche festigkeitsmäßige Dimensionierung nach Abschnitt 13.4.11.3. Bei Leistungsgetrieben (hohe Belastung) sind dagegen genauere Nachrechnungen der Tragfähigkeit der zunächst ebenfalls gem. Abschnitt 13.4.11.3. überschläglich dimensionierten Räder nach DIN 3990 durchzuführen. Diese werden in den Abschnitten 13.4.11.4. und 13.4.11.5. kurz erläutert.
- Da *Kunststoffe* (Plastwerkstoffe) im Gegensatz zu Metallen keine Dauerfestigkeit haben, sondern nur eine Zeitfestigkeit, müssen bei der Tragfähigkeitsberechnung derartiger Räder einige Besonderheiten beachtet werden, die im Abschnitt 13.4.11.6. beschrieben sind.
- Bei Umlaufrädergetrieben ist zu beachten, daß aufgrund der in den Wälzpunkten auftretenden relativen Wälzgeschwindigkeiten (s. Abschnitt 13.4.9.) zusätzliche Wälzleistungen vorhanden sind. Sie stellen sog. „innere Leistungen" dar, können z. T. ein Vielfaches der Antriebsleistung erreichen und bedingen erhöhte Belastungen (Bestimmung der Zahnkräfte s. Abschnitt 13.4.16., Aufgabe 13.4.3.; vgl. auch [13.4.16] bis [13.4.19] [13.4.54]).

13.4.11.1. Begriffe der Tragfähigkeit

Zahnfußtragfähigkeit ist die durch die zulässige Zahnfußbeanspruchung bestimmte Tragfähigkeit. Wird die maximal ertragbare Zahnfußbeanspruchung überschritten, brechen die Zähne vorwiegend am Zahnfuß. Im **Bild 13.4.34**a ist diese Beanspruchung dargestellt.

Dieser Schadensfall tritt in erster Linie bei gehärteten Rädern auf. Er kann durch Nachrechnung der Zahnfußtragfähigkeit gem. Abschnitt 13.4.11.4. vermieden werden.

Zahnflankentragfähigkeit ist die durch die zulässige Flankenpressung bestimmte Tragfähigkeit. Infolge der Elastizität der Werkstoffe kommt es unter der Wirkung der Normalkraft F_n zu einer Abplattung an der Berührungsstelle der Flanken und zu einer Flankenpressung (Hertzsche Pressung) etwa gemäß Bild 13.4.34b. Wird die ertragbare Hertzsche Pres-

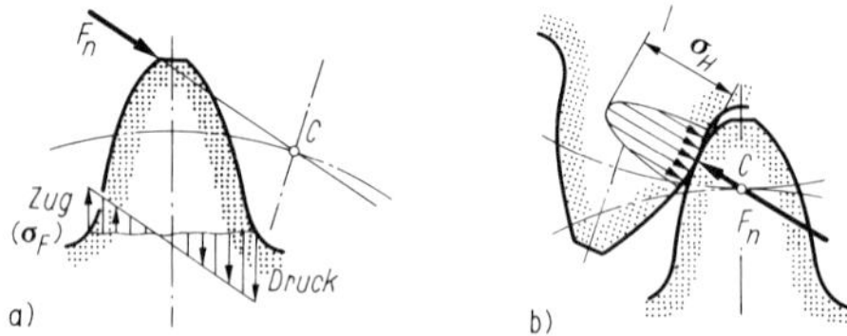

Bild 13.4.34. Beanspruchungen an Zahnrädern
a) Biegebeanspruchung des Zahnfußes; b) Pressung an Zahnflanken

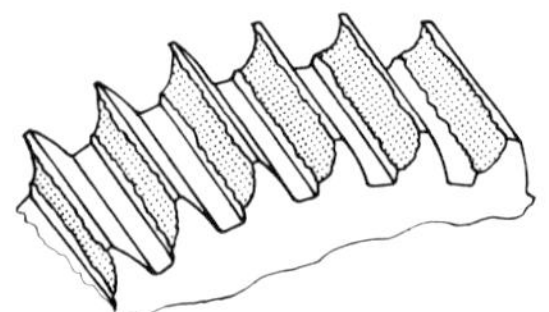

Bild 13.4.35. Flankenverschleiß bei Überdeckung $\varepsilon < 1$ infolge zu großer Achsabstandstoleranz

sung überschritten, brechen Teile der Zahnflanken heraus, und es entstehen grübchenartige Vertiefungen *(pittings)*. Diese Grübchenbildung tritt sowohl bei gehärteten als auch bei ungehärteten Rädern auf. Sie gilt erst dann als nicht mehr zulässig, wenn die Anzahl der Grübchen oder deren Größe ständig zunimmt. Die Nachrechnung der Zahnflankentragfähigkeit erfolgt nach Abschnitt 13.4.11.5.

Verschleißtragfähigkeit ist die durch die zulässige Verschleißbeanspruchung bestimmte Tragfähigkeit, wobei man zwischen Gleitverschleiß- und Freßverschleißtragfähigkeit unterscheidet. *Gleitverschleiß* tritt abhängig von der Schmierung in erster Linie bei ungehärteten Zahnflanken auf, wobei die Oberfläche fortlaufend abgetragen und die Flankenform im Spätstadium unzulässig verändert wird.
Extrem verstärkt wird der Verschleißvorgang bei Radpaaren mit unzulässiger Unterschreitung des Grenzwertes der Überdeckung $\varepsilon = 1$, bedingt durch dann auftretenden Kopfkanteneingriff, insbesondere bei Eingriffsbeginn (Bild 13.4.35).
Vorwiegend bei falsch gewählter Werkstoffpaarung sowie bei schnellaufenden Getrieben und Zahnrädern mit großem Modul kann ein rasch fortschreitender Verschleiß auftreten, der sog. *Freßverschleiß*. Er ist durch örtliches Verschweißen der Oberflächen und gewaltsames Lostrennen gekennzeichnet. Das Fressen wird auch als *scuffing* bzw. *scoring* bezeichnet. Für die Verschleißtragfähigkeit liegen noch keine gesicherten Berechnungsgrundlagen vor.

13.4.11.2. Zahnkräfte

Geradstirnräder. Die durch das Last- bzw. Antriebsmoment am Wälzkreis eines Rades erzeugte Nennumfangskraft F_t bestimmt die normal zur Flanke wirkende Kraft F_n entsprechend **Bild 13.4.36**:

$$F_n = F_t/\cos\alpha \tag{13.4.31}$$

mit

$$F_t = F_{t1} = F_{t2} = M_{d1}/r_1 = M_{d2}/r_2. \tag{13.4.32}$$

Die Normalkraft wirkt in Richtung der Eingriffslinie. Sie ist von den Radlagern aufzunehmen. Für die Radialkraft F_r gilt

$$F_r = F_n \sin\alpha = F_t \tan\alpha. \tag{13.4.33}$$

Berechnung der *Lagerkräfte* aus angreifender Kraft F_n und Abmessungen (Lagerabstand usw.); s. auch Aufgabe 8.2.4. im Abschnitt 8.2.13. [1.17] [13.4.9].

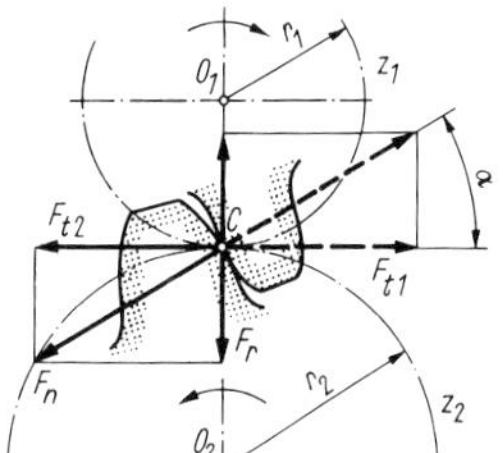

Bild 13.4.36. Zahnkräfte bei Geradstirnrädern
Rad *1* treibend

Schrägstirnräder. Für die Zahnkräfte gelten die Beziehungen im **Bild 13.4.37**, wenn sich die Flanken im Wälzpunkt berühren. Im Normalschnitt der Zähne wirken die Kräfte F_{n1} und F_{n2}, die sich in die Komponenten F'_{n1} und F_{r1} sowie F'_{n2} und F_{r2} zerlegen lassen. Die Kräfte F'_{n1} und F'_{n2} können in der Draufsicht der Räder außerdem in die nicht eingezeichneten Tangential-

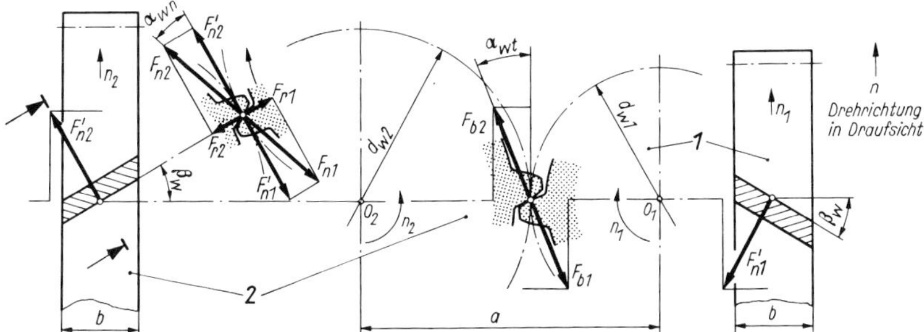

Bild 13.4.37. Zahnkräfte bei Schrägstirnrädern
Rad *1* treibend

kräfte F_{t1} und F_{t2} sowie die Axialkräfte F_{x1} und F_{x2} zerlegt werden. Die im Bild dargestellten Kräfte F_{b1} und F_{b2} sind die resultierenden Kräfte von F_{t1} und F_{r1} sowie F_{t2} und F_{r2}. Ihre Wirkungslinien tangieren am Grundkreis, wobei $F_{t1} = F_{t2}$, $F_{r1} = F_{r2}$ und $F_{x1} = F_{x2}$.
Bei entgegengesetzter Drehrichtung ändern sich die Kraftrichtungen, außer bei F_{r1} und F_{r2}.
Es gilt:

$$\text{Umfangskraft } F_t = M_d/r \tag{13.4.34}$$

$$\text{Radialkraft } F_r = F_t \tan \alpha_{wt} \tag{13.4.35}$$

$$\text{Axialkraft } F_x = F_t \tan \beta_w . \tag{13.4.36}$$

Die durch den schrägen Zahnverlauf hervorgerufenen Axialkräfte wirken sich nachteilig aus, da sie die Lager zusätzlich belasten (s. auch Abschnitt 13.4.6.)

Berechnung der Lagerkräfte aus angreifenden Kräften F_t, F_x, F_r und Abmessungen (Lagerabstand usw.); resultierende Auflagerkräfte durch Betrachtung in zwei aufeinander senkrecht stehenden Ebenen; s. auch Aufgabe 8.2.4. in Abschnitt 8.2.13. [1.17] [13.4.9].

Das Drehmoment M_d kann aus der zu übertragenden Leistung P und der Drehzahl n ermittelt werden (s. Abschnitt 13.2.1.). Die Reibung zwischen den Zahnflanken wird dabei, wie auch in o.g. Gleichungen, i. allg. vernachlässigt.

13.4.11.3. Entwurfsberechnung

Diese Berechnung ist nur anwendbar für Stirnräder aus ungehärteten metallischen Werkstoffen mit Moduln unter 1 mm (Hinweise zur Entwurfsberechnung bei gehärteten Rädern sowie bei Moduln $m \geqq 1$ mm s. DIN 3990).

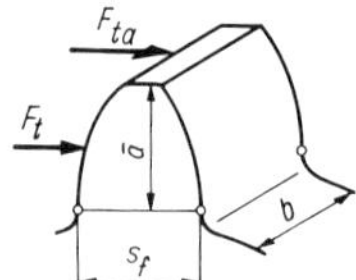

Bild 13.4.38. Angenommene Zahnbelastung bei Überschlagsrechnung (nach *Bach*)

Unter der Voraussetzung, daß die Belastung am äußersten Punkt des Zahnkopfes angreift **(Bild 13.4.38)**, erhält man am Zahnfuß ein Biegemoment $M_b = F_{ta}\bar{a}$, das vom Zahnfuß aufgenommen werden muß. Die Umfangskraft mit dem Kraftangriffsradius als Hebelarm ist $F_{ta} = M_d/r$.
Die auf den Teilkreis bezogene Kraft F_t entspricht nicht genau der am Zahnkopf angreifenden Kraft F_{ta}, die der Berechnung zugrunde gelegt wird. Für die Überschlagsrechnung kann aber mit guter Näherung $F_t = F_{ta}$ gesetzt werden.
Mit dem Widerstandsmoment $W_b = bs_f^2/6$ des Zahnfußquerschnitts gegen Biegung und $M_b \leqq W_b \sigma_{bzul}$ wird dann

$$F_t \leqq (bs_f^2/6\bar{a})\sigma_{bzul} . \tag{13.4.37}$$

Hieraus ergibt sich die Bachsche Beziehung für Geradstirnräder, die von einem Belastungskennwert

$$C = F_t/(bp) \leqq C_{grenz} \tag{13.4.38a}$$

ausgeht, zu

$$F_t \leqq bpC_{grenz} . \tag{13.4.38b}$$

Bei dem Profil mit $h_a = 1{,}0m$ (s. Tafel 13.4.3) kann für die Zahnfußdicke $s_f \approx 0{,}52p$ und für die Zahnhöhe $\bar{a} \approx 0{,}64p$ gesetzt werden. Man erhält damit $C_{grenz} \approx 0{,}07\ \sigma_{bzul}$ für metallische Werkstoffe. Bei dem Profil mit $h_a = 1{,}1m$ und $s_f \approx 0{,}72p$ sowie $\bar{a} \approx 0{,}82p$ gilt für $C_{grenz} \approx 0{,}1\ \sigma_{bzul}$.
Werte $\sigma_{bzul} = \sigma_{bW}/S \approx (0{,}3 \dots 0{,}5)\ R_m/S$, σ_{bW} und R_m s. Tafeln im Abschnitt 3.6. sowie Tafeln 13.4.12 und 13.4.13, Sicherheitsfaktor $S = 2 \dots 4$.

Durch die Einführung des Zahnbreitenverhältnisses $\lambda = b/m$ kann die Bachsche Beziehung auch zur überschläglichen Berechnung des erforderlichen Modul m herangezogen werden. Mit $p = m\pi$ gilt

$$m \geqq \sqrt{F_t/(\lambda\pi C_{grenz})} \geqq \sqrt[3]{2M_d/(z\lambda\pi C_{grenz})} . \tag{13.4.39}$$

Erfahrungswerte für das Zahnbreitenverhältnis bei $m < 1$ mm sind $\lambda = 5 \dots 20$, wobei zu beachten ist, daß ein großer Wert λ genauere Räder voraussetzt als ein kleiner Wert. Bei Schrägstirnrädern ist für p die Stirnteilung $p_t = m_n\pi/\cos\beta$ in Gl. (13.4.38) einzusetzen.

Aus der Modulreihe in DIN 780 (s. Tafel 13.2.1) ist der zur Rechnung nächstliegende größere Modul auszuwählen und damit das Getriebe zu gestalten. Bei Leistungsgetrieben muß dann eine Nachrechnung gem. den Abschnitten 13.4.11.4. und 13.4.11.5. erfolgen.

13.4.11.4. Nachrechnung der Zahnfußtragfähigkeit

Der Nachrechnung der Zahnfußtragfähigkeit wird die Zahnfußspannung σ_F (s. Bild 13.4.34a) bei Kraftangriff am Zahnkopf **(Bilder 13.4.39 und 13.4.40)** und Annahme reiner Biegebeanspruchung zugrunde gelegt. Der Tragfähigkeitsnachweis ist für beide Räder zu erbringen.

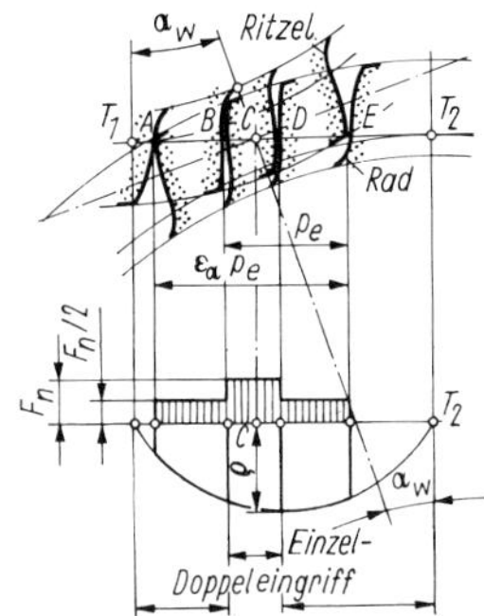

Bild 13.4.39. Eingriffsverhältnisse bei Geradverzahnung und theoretischer Lastanteil

A Fußeingriffspunkt (äußerer Einzeleingriffspunkt) des Ritzels; *B* innerer Einzeleingriffspunkt des Ritzels; *C* Wälzpunkt; *D* innerer Einzeleingriffspunkt des Rades; *E* Fußeingriffspunkt (äußerer Einzeleingriffspunkt) des Rades; *T* Berührungspunkte der Eingriffslinie mit den Grundkreisen; F_n Nennzahnnormalkraft; p_e Eingriffsteilung; α_w Betriebseingriffswinkel; ε_α Profilüberdeckung; ϱ Ersatzkrümmungsradius

Mit der Nennumfangskraft F_t in N am Teilzylinder im Stirnschritt (F_t ist zu berechnen aus der zu übertragenden Nennleistung P und der Umfangsgeschwindigkeit v bzw. der Drehzahl n), der tragenden Zahnbreite b in mm und dem Normalmodul m_n in mm gilt:

$$\sigma_F = \frac{F_t}{b m_n} K_F Y_{FS} Y_\beta Y_\varepsilon \leqq \sigma_{FP}; \qquad (13.4.40)$$

$\boldsymbol{K_F}$ **Faktor für Zahnfußbeanspruchung** ($K_F = K_A K_{F\beta} K_{F\alpha} K_v$; K_A Anlagen- bzw. Anwendungsfaktor; $K_{F\beta}$ Breiten-, $K_{F\alpha}$ Stirn-, K_v Dynamikfaktor); bei $m < 1$ mm sowie bei $m \geqq 1$ mm mit $b/m_n < 10$ gilt $K_F \approx 1$; genaue Werte s. DIN 3990 [1.11] [1.17] [13.4.9];

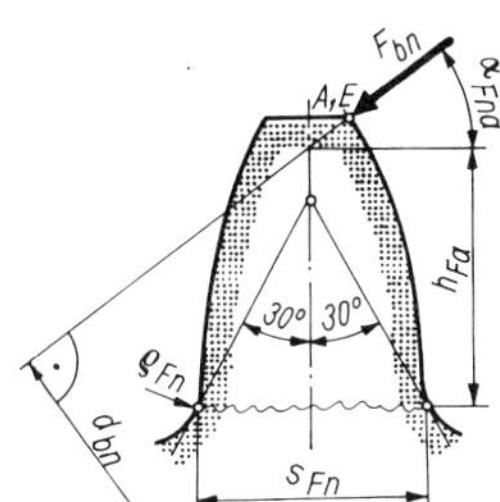

Bild 13.4.40. Bestimmung des Formfaktors Y_{Fa}

kritischer Fußquerschnitt liegt im Normalschnitt in Höhe des Berührungspunktes der 30°-Tangente an die Fußausrundungen

$$Y_{Fa} = \frac{6\,(h_{Fa}/m_n)\cos\alpha_{Fna}}{(s_{Fn}/m_n)^2\cos\alpha_n}$$

F_{bn} Zahnkraft am Grundzylinder; h_{Fa} Biegehebelarm für Kraftangriff am Zahnkopf; m_n Normalmodul; α_n Eingriffswinkel im Normalschnitt am Teilkreis; α_{Fna} Kraftangriffswinkel am Kopfzylinder; Index n Normalschnitt

$\boldsymbol{Y_{FS}}$ **Kopffaktor** ($Y_{FS} = Y_{Fa} Y_{Sa}$; Y_{Fa} Formfaktor, berücksichtigt Einfluß der Zahnform auf Biegenennspannung, s. Bild 13.4.40; Werte für Y_{Fa} s. **Bild 13.4.41**, wobei für Geradverzahnung $z_n = z$ und bei Schrägverzahnung $z_n = z/\cos^2\beta_b \cos\beta \approx z/\cos^3\beta$ zu setzen ist; z_n Ersatzzähnezahl, auch als virtuelle Zähnezahl z_v bezeichnet; bei Hohlrädern gilt $Y_{Fa2} \approx 2$; bei $m < 1$ mm sowie bei $m \geqq 1$ mm mit $b/m_n < 10$ ist Y_{FS} vereinfacht durch Formfaktor Y_{Fa} zu ersetzen; Y_{Sa} Spannungskonzentrationsfaktor nach DIN 3990);

$\boldsymbol{Y_\beta}$ **Schrägenfaktor** (berücksichtigt günstigere Eingriffsverhältnisse bei Schrägverzahnung, s. auch Abschnitt 13.4.6.):

$\beta = 0°$	5°	10°	15°	20°	25°	≧30°
$Y_\beta = 1$	0,96	0,92	0,88	0,84	0,79	0,75

$\boldsymbol{Y_\varepsilon}$ **Überdeckungsfaktor.** $Y_\varepsilon = 0{,}25 + 0{,}75/\varepsilon_\alpha$; ε_α Profilüberdeckung; Berechnung s. Abschnitte 13.4.3. bis 13.4.7.

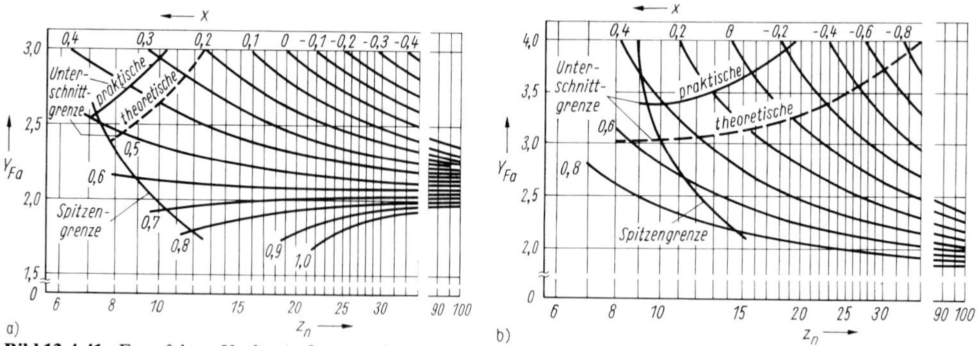

Bild 13.4.41. Formfaktor Y_{Fa} für Außenverzahnung

a) für Bezugsprofil nach DIN 867 mit Werkzeugkopfhöhe $h_{a0} = 1{,}25 m_n$
Werkzeugkopfabrundung $\varrho_{a0} = 0{,}25 m_n$ ist mittlerer Wert für Werkzeuge mit $m < 1$ mm und Räder ohne Kopfkürzung
Beispiel für $z_1 = 43$, $x_1 = 0{,}164$: $Y_{Fa1} = 2{,}30$
für $z_2 = 44$, $x_2 = 0{,}174$: $Y_{Fa2} = 2{,}29$
b) für Bezugsprofil nach DIN 58400 mit $h_{a0} = 1{,}50 m_n$, mit Kopffase $\chi = 15°$, beginnend bei Werkzeugkopfhöhe $1{,}1 m_n$, ohne Kopfkürzung

Die zulässige Zahnfußspannung σ_{FP} ist getrennt für Ritzel und Rad zu berechnen aus

$$\sigma_{FP} = \sigma_{Flim}/S_{Fmin}; \qquad (13.4.41)$$

σ_{Flim} **Zahnfußdauerfestigkeit.** Werte s. **Tafel 13.4.12** sowie DIN 3990;

S_{Fmin} **geforderte Mindestsicherheit bei Zahnfußbeanspruchung;** in der Feinmechanik bei $m < 1$ mm sowie im Maschinenbau bei $m \geqq 1$ mm gilt i. allg. $S_{Fmin} = 1{,}3 \dots 2$.

Tafel 13.4.12. Festigkeitswerte von Stählen als Zahnradwerkstoffe der Feinmechanik

Werkstoff (neue Kurzbezeichnungen für Stähle s. Tafeln 3.38 und 3.39)	Kurzzeichen**)	Behandlungszustand	Dauerfestigkeit für Zahnfußspannung*) (schwellend) σ_{Flim} N/mm²	Flankenpressung σ_{Hlim} N/mm²	Statische Festigkeit für Zahnfuß R_m N/mm²
Allgemeine Baustähle	St44		170	290	450
	St50		190	340	550
	St60		200	400	650
	St70		220	460	800
Vergütungsstähle	Ck22	vergütet	170	440	600
	Ck45	normalisiert	200	590	800
	Ck60	vergütet	220	620	900
	34Cr4	vergütet	260	650	900
	42CrMo4	vergütet	290	670	1100
	34CrNiMo6	vergütet	320	770	1200
Vergütungsstähle brenn- oder induktionsgehärtet	Ck45	umlaufgehärtet, einschließlich Zahngrund	270	1100	1000
	37Cr4	umlaufgehärtet, einschließlich Zahngrund	310	1280	1150
	42CrMo4	umlaufgehärtet, einschließlich Zahngrund	350	1360	1300
Vergütungsstähle nitriert	Ck45	badnitriert	350	1100	1100
	42CrMo4	badnitriert	430	1220	1450
	42CrMo4	gasnitriert	430	1220	1450
Nitrierstähle	31CrMoV9	gasnitriert	450	1400	1500
Einsatzstähle	C15	einsatzgehärtet	230	1600	900
	16MnCr5	einsatzgehärtet	460	1630	1400
	20MoCr4	einsatzgehärtet	400	1630	1300

*) Werte σ_{Flim} gelten nur bei vereinfachter Bestimmung von σ_F mit Y_{Fa}; bei Beachtung von Y_{Sa} sind die Werte aus DIN 3990 zu entnehmen;
**) s. Hinweis auf S. 168.

Liegen für spezielle Werkstoffe **(Tafel 13.4.13)** keine Werte für σ_{Flim} vor, kann in der Feinmechanik bei $m < 1$ mm näherungsweise $\sigma_{\text{Flim}} \approx \sigma_{\text{bW}}$ bzw. $\sigma_{\text{Flim}} \approx (0{,}3 \dots 0{,}5)\,R_{\text{m}}$ gesetzt werden; σ_{bW} Biegewechselfestigkeit; R_{m} Zugfestigkeit nach Tafel 13.4.12 (s. auch Tafeln im Abschnitt 3.6.).
Bei Leistungsgetrieben sind in die Bestimmung von σ_{FP} weitere Faktoren nach DIN 3990 einzubeziehen.

13.4.11.5. Nachrechnung der Zahnflankentragfähigkeit

Der Nachrechnung der Zahnflankentragfähigkeit wird die Flankenpressung (Hertzsche Pressung) σ_{H} am Wälzzylinder bzw. im Wälzpunkt (s. Bild 13.4.34b) zugrunde gelegt. Der Tragfähigkeitsnachweis ist für beide Räder einer Paarung zu erbringen, wenn diese aus Werkstoffen mit unterschiedlichen Flankenfestigkeitswerten bestehen.
Mit der Nennumfangskraft F_{t} in N (s. Abschnitt 13.4.11.4.), der gemeinsamen Zahnbreite b_{w} der Radpaarung in mm, dem Teilkreisdurchmesser d_1 in mm und dem Zähnezahlverhältnis $u = z_2/z_1 \geqq 1$ (Großrad zu Kleinrad) gilt

$$\sigma_{\text{H}} = \sqrt{\frac{F_{\text{t}}}{b_{\text{w}} d_1} \frac{u+1}{u} K_{\text{H}}}\; Z_{\text{E}} Z_{\text{H}} Z_{\varepsilon} Z_{\beta} \leqq \sigma_{\text{HP}}; \qquad (13.4.42)$$

$\boldsymbol{K_{\text{H}}}$ **Faktor für Zahnflankenbeanspruchung** ($K_{\text{H}} = K_{\text{A}} K_{\text{H}\beta} K_{\text{H}\alpha} K_{\text{v}}$; $K_{\text{H}} \approx 1$, gem. Erläuterungen für K_{F} im Abschnitt 13.4.11.4.);

$\boldsymbol{Z_{\text{E}}}$ **Elastizitätsfaktor** (berücksichtigt E-Modul und Querkontraktionszahl ν der Werkstoffe der Räder 1 und 2; für homogene Werkstoffe mit $\nu \approx 0{,}3$ gilt $Z_{\text{E}} = \sqrt{0{,}175\,\text{E}}$ in $\sqrt{\text{N/mm}^2}$, wobei $E = 2E_1E_2/(E_1 + E_2)$; Werte für gebräuchliche Paarungen s. auch DIN 3990);

$\boldsymbol{Z_{\text{H}}}$ **Zonenfaktor** (berücksichtigt Krümmungsradien der Flanken im Wälzpunkt und Umrechnung der Umfangskraft am Teilzylinder bzw. Teilkreis auf die Normalkraft am Wälzzylinder bzw. Betriebswälzkreis; für außen- und innenverzahnte Stirnräder mit Eingriffswinkel $\alpha = \alpha_{\text{n}} = 20°$ kann Z_{H} in Abhängigkeit vom Schrägungswinkel β am Teilkreis sowie von $(x_1 + x_2)/(z_1 + z_2)$ aus **Bild 13.4.42** entnommen werden);

$\boldsymbol{Z_{\varepsilon}}$ **Überdeckungsfaktor** (berücksichtigt Einfluß der effektiven Länge der Kontaktlinien und damit Einfluß von Profilüberdeckung ε_{α}, Sprungüberdeckung ε_{β} und Schrägungswinkel β);

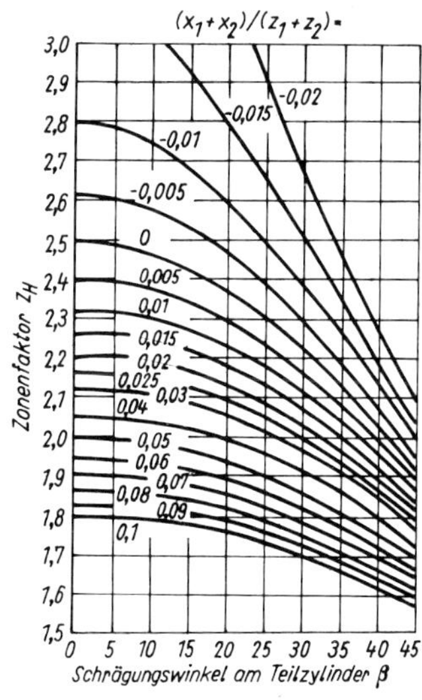

Bild 13.4.42. Zonenfaktor (Flankenformfaktor) Z_{H} (nur gültig für $\alpha = \alpha_{\text{n}} = 20°$)

$\boldsymbol{Z_{\beta}}$ **Schrägenfaktor** (berücksichtigt den nicht vollständig in Z_{ε} erfaßten Einfluß des Schrägungswinkels β, wie z. B. die Änderung der spezifischen Belastung entlang der Kontaktlinie); $Z_{\beta} = \sqrt{\cos\beta}$.
Das Produkt

$$Z_{\varepsilon} Z_{\beta} = \sqrt{\left[\frac{4 - \varepsilon_{\alpha}}{3}(1 - \varepsilon_{\beta}) + \frac{\varepsilon_{\beta}}{\varepsilon_{\alpha}}\right]}\, \sqrt{\cos\beta} \qquad (13.4.43)$$

kann für Eingriffswinkel $\alpha = \alpha_{\text{n}} = 20°$ dem **Bild 13.4.43** entnommen werden. In DIN 3990 ist Z_{β} (wegen geringem Einfluß bei $\beta < 20°$) vernachlässigt.

Die zulässige Flankenpressung σ_{HP} ist getrennt für Ritzel und Rad zu berechnen aus

$$\sigma_{HP} = \sigma_{Hlim} Z_R / S_{Hmin}; \qquad (13.4.44)$$

σ_{Hlim} **Zahnflankendauerfestigkeit.** Werte s. Tafel 13.4.12 und DIN 3990;

Tafel 13.4.13. Kennwerte, Anwendung und Eigenschaften von Kupfer- und Druckgußlegierungen als Zahnradwerkstoffe der Feinwerktechnik (s. auch Abschnitt 3.6.)

Bezeichnung	Festigkeitswerte für Zahnfußspannung σ_{Flim} [1)] N/mm²	Flankenpressung R_e [2)] N/mm²	Anwendung, Eigenschaften
a) CuZn-Legierungen (Messing)			
CuZn40Pb2p	108	–	besonders geeignet bei Massenfertigung von Zahnrädern für Laufwerke, in Uhren usw., da gut bis sehr gut zerspanbar, gut stanzbar, gut warmformbar, jedoch sehr gering kaltformbar; sehr gut geeignet für Automatenverarbeitung
CuZn40Pb2zh	117	–	
CuZn40Pb2F36	108	≦245	
F43	129	≧245	
F50	150	≧390	
CuZn40F34	99	≦220	Zahnräder aller Art mit Stoßbeanspruchung, gute Zähigkeit, gut löt- und schweißbar, schmiedbar, gut warm- und kaltformbar
F41	120	≧220	
F47	141	≧350	
b) CuZn-Knetlegierungen (Sondermessing)			
CuZn40MnPbF39	117	–	Zahnräder mittlerer Beanspruchung, die auf Automaten hergestellt werden, gut zerspanbar, mittlere Festigkeit
F44	132	–	
CuZn40Al1F39	117	–	Zahnräder, die mechanisch hoch beansprucht werden, auch für Stoßbeanspruchung, hohe Zähigkeit, mittlere Festigkeit, hohe Witterungsbeständigkeit
F44	132	–	
F51	147	–	
CuZn37Al1F44	177	–	hochbeanspruchte Zahnräder in aggressiven Medien, hohe Festigkeit, hohe Verschleißfestigkeit (auch als Lagerwerkstoff), hohe Witterungs- und Korrosionsbeständigkeit
F51	192	–	
CuZn35NiF49	141	–	hochbeanspruchte Zahnräder in Schiffbauausrüstungen, hohe Korrosionsbeständigkeit gegen Seewasser, gute Festigkeit
F54	156	–	
c) CuSn-, CuNi-, CuAl-Legierungen (Bronzen)			
Guß-Zinn-Bronzen			
G-CuSn7ZnPb	75	170	Schneckenräder, die höher beansprucht sind
G-CuSn12Pb	84	160	hochbeanspruchte Schnecken- und Schraubenräder
G-CuSn12Ni	96	170	schnellaufende Schnecken für Kraftfahrzeuge
G-CuSn10	84	150	schnellaufende Schnecken und Zahnräder mit Stoßbeanspruchung
G-CuSn5ZnPb	84	140	Schnecken und Schraubenräder mit niedrigen Gleitgeschwindigkeiten
Guß-Nickel-Bronzen			
G-CuNi10	240	–	hohe Festigkeit bei guter Säurebeständigkeit, Schnecken und Schneckenräder, Stirnräder, Kegelräder; Schraubenräder in der chemischen, Nahrungsmittel- und Ölindustrie
G-CuNi30	210	–	
Aluminium-Mehrstoff-Bronzen			
CuAl8Fe, u. a.	135 … 195	≦400	Zahnkränze, Schneckenräder
d) Druckgußlegierungen			
GD-MgAl8Zn1	48 … 66	–	Zahnräder für Zählwerke, Elt-Messer, km-Zähler usw., Druckgußstücke aller Art mit hoher Festigkeit, schwierigster Herstellbarkeit
GD-MgAl9Zn1	66 … 75	≧147	
GD-MgAl6	60	≧137	
GD-MgAl6Zn1	keine Forderungen		
GD-Pb80SbSn	keine Forderungen		

[1)] $\sigma_{Flim} \approx (0{,}3 \ldots 0{,}5)\, R_m$; [2)] $\sigma_{Hlim} \approx 1{,}2\, R_e$

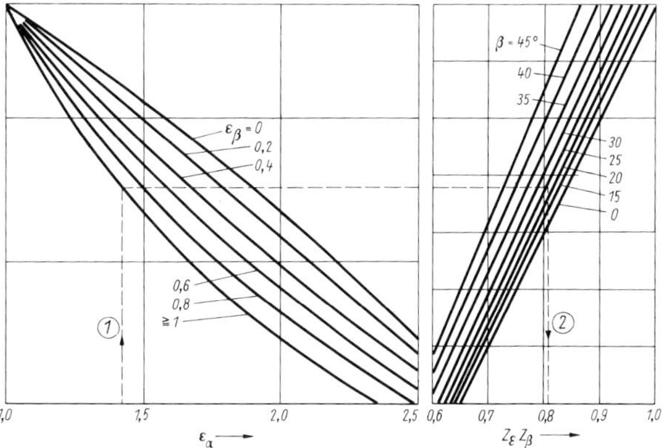

Bild 13.4.43. Faktor $Z_\varepsilon Z_\beta$ (nur gültig für $\alpha = \alpha_n = 20°$)
Beispiel für $\varepsilon_\alpha = 1{,}42$; $\varepsilon_\beta \geqq 1$; $\beta = 24°$; $Z_\varepsilon Z_\beta \approx 0{,}81$

Z_R **Rauheitsfaktor** (bei ungeschliffener Verzahnung $Z_R = 0{,}85$; bei geschliffener Verzahnung $Z_R = 1$);

$S_{H\,min}$ **geforderte Mindestsicherheit bei Zahnflankenbeanspruchung;** in der Feinmechanik bei $m < 1$ mm sowie im Maschinenbau bei $m \geqq 1$ mm gilt $S_{H\,min} = 1{,}3$.

Liegen für Werkstoffe keine Werte für $\sigma_{H\,lim}$ vor, wird für Leistungsgetriebe mit Moduln $m < 1$ mm bei Dauerbetrieb $\sigma_{H\,lim} \approx 1{,}2R_e$, für weitere Getriebe der Feinwerktechnik oft $\sigma_{H\,lim} \approx 3R_e$ gesetzt; R_e Streckgrenze (s. auch Tafeln im Abschnitt 3.6.).

Bei Leistungsgetrieben sind in die Bestimmung von σ_{HP} weitere Faktoren nach DIN 3990 einzubeziehen.

13.4.11.6. Berechnung von Kunststoffzahnrädern [1.17] [13.4.7] [13.4.9] [13.4.15]

Die Entwurfsberechnung von Stirnrädern aus Kunststoffen (Plastwerkstoffen) kann ebenfalls gem. Abschnitt 13.4.11.3. und die Nachrechnung der Tragfähigkeit mit den Beziehungen in den Abschnitten 13.4.11.4. und 13.4.11.5. erfolgen. Jedoch sind im Vergleich zu Metallen nicht Dauerfestigkeitswerte in Rechnung zu setzen, sondern degressiv mit der Lastspielzahl N abnehmende Zeitfestigkeitswerte. Darüber hinaus ist es empfehlenswert, die Zahnverformung sowie die Zahnrad- bzw. Zahnflankentemperatur zu überprüfen.

Entwurfsberechnung. Bei *Schichtpreßstoffen* (Hgw) wird der Belastungskennwert C_{grenz} gem. Gl. (13.4.38) aufgeteilt in einen von der Umfangsgeschwindigkeit abhängigen Faktor C'_{grenz} und einen von der Zähnezahl abhängigen Formfaktor Y_q, der sich von Y_{Fa} gem. Abschnitt 13.4.11.4. unterscheidet. Man erhält damit

$$F_t \leqq bp\,(C'_{grenz} Y_q)\,; \qquad (13.4.45)$$

Werte für C'_{grenz} und Y_q s. **Tafel 13.4.14**; bei Schrägstirnrädern ist für p die Stirnteilung $p_t = m_n \pi/\cos\beta$ zu setzen.

Tafel 13.4.14. Belastungskennwerte C'_{grenz} und Formfaktoren Y_q für Zahnräder aus Schichtpreßstoffen (Hgw)
v in m/s, C' in N/mm²

v	0,5	1	2	4	6	8	10	12	15
C'_{grenz}	2,5	2,3	2,2	1,7	1,3	1,1	0,95	0,85	0,7

z	13	15	20	25	30	40	60	100
Y_q	0,7	0,85	1,00	1,08	1,14	1,21	1,27	1,34

Bei *Thermoplasten* kann der Belastungskennwert C_{grenz} in der Beziehung $F_t \leqq bpC_{grenz}$ aus **Tafel 13.4.15** a entnommen werden.

Für Dauerbetrieb sind dabei die C_{grenz}-Werte für $N = 10^8$ einzusetzen. Bei kleineren Werten N kann man die Lebensdauer L aus $L = N/n$ mit n als Drehzahl bzw. Zahl der Eingriffe eines Zahnes je Stunde bestimmen.

Nachrechnung der Zahnfußtragfähigkeit. Für die Zahnfußspannung σ_F gilt gem. Abschnitt 13.4.11.4. (vereinfacht mit $K_F = 1$; wegen der elastischen Eigenschaften der Thermoplaste unabhängig vom Modulbereich für $m < 1$ mm und $m \geqq 1$ mm zulässig) die Gl. (13.4.40)

mit F_t Nennumfangskraft in N; b Zahnbreite in mm; m_n Normalmodul in mm; Y_{Fa} Formfaktor, s. Bilder 13.4.40 und 13.4.41; Y_β Schrägenfaktor, s. Abschnitt 13.4.11.4.; Y_ε Überdeckungsfaktor, $Y_\varepsilon = 0{,}25 + 0{,}75/\varepsilon_\alpha$, ε_α Profilüberdeckung.

Für die zulässige Zahnfußspannung gilt

$$\sigma_{FP} = \sigma_{FN}/S_{F\,min}\,; \qquad (13.4.46)$$

σ_{FN} Zeitschwellfestigkeit (Werte für verschiedene Thermoplaste in Abhängigkeit von der geforderten Lastspielzahl, s. Tafel 13.4.15b); $S_{F\,min}$ geforderte Mindestsicherheit (i. allg. $S_{F\,min} = 2 \ldots 3$ bei Dauerbetrieb, wobei $N = 10^8$ Lastspiele einzusetzen sind, und $S_{F\,min} = 1{,}25 \ldots 1{,}5$ bei zeitweisem Betrieb mit N Lastspielen).
Bei Schichtpreßstoffen (Hgw) kann mit $\sigma_{F\,lim} \approx 50$ N/mm² gerechnet werden.

Tafel 13.4.15. Festigkeitswerte für thermoplastische Zahnradwerkstoffe

a) Belastungskennwerte C_{grenz}

Werkstoff	Kurzzeichen	Schmierung	v m/s	C_{grenz} in N/mm² bei N = 10^5	10^6	10^7	10^8
Polyamid	PA12	Öl	10	4,5	4	3,4	2,8
	PA12	Fett	5	6	4,8	3,7	2,4
	PA12	trocken	5	3,9	2,9	1,9	1
	PA6.6	Öl		7	5,4	4,4	3,7
Polyamid, glasfaserverstärkt	PA12-GF	Öl	10	6,6	6,4	6	5,6
	PA12-GF	Fett	5	9	7,6	6,5	5,6
	PA12-GF	trocken	5	5	3	0,9	
Polyoxymethylen	POM	Öl	12	10,4	9,1	6,5	4,6
	POM	trocken	12	5	3	1,7	0,6
	POM mod.			5,6	4,4	3,5	2,6
Polyäthylen, höchstmolekular	PE-hm	Öl-Wasser		1,7	1,1	1	0,9
	PE-hm	trocken		1,1	0,7	0,6	0,5
Polyäthylen-therephthalat	PETP		5	5	3,5	2,7	2

b) Zeitschwellfestigkeitswerte σ_{FN} (ϑ_F Zahnradtemperatur)

Werkstoff	ϑ_F °C	σ_{FN} in N/mm² bei N = 10^5	10^6	10^7	10^8	10^9
POM	20	66	50	42	35	
	40	62	46	38	31	
	60	58	43	34	28	
	80	49	35	25	19	
	100	41	28	19	14	
PA6.6	20	70	50	37	30	30
	40	62	40	30	25	24
	60	49	32	23	20	19
	80	37	26	19	16	14
	100	29	20	13	10	9
PETP mit Ölschmierung	60	58	44	34	30	
PE hochmolekular, Schmierung mit Wasser-Öl-Emulsion	50	25	15	10	8	
Bei v = 5 m/s:						
PA12-GF mit Fettschmierung		110	102	90	75	
PA12 mit Fettschmierung		85	65	50	30	
PA12 Trockenlauf		50	40	25	10	
PA12-GF Trockenlauf		70	40	27	10	
Bei v = 10 m/s						
PA12-GF	60	92	86	80	75	
PA12-GF	90	90	76	67	55	
PA12	60	61	52	46	28	

Tafel 13.4.15. Fortsetzung

c) Elastizitätsfaktoren Z_E (bei Paarung gleicher Werkstoffe 0,7-fache Werte)

Paarung Stahl mit	Z_E in $\sqrt{N/mm^2}$ bei Flankentemperatur ϑ_H in °C					
	0	20	40	70	100	140
PA6.6-GF				52	45	32
POM-GF			50	41	34	24
PA6-GF		48	46	34	22	17
PA12-GF	44	42	38	25	14	11
POM	42	39	35	28	21	11
PA6.6	38	37	36	30	18	10
PA6	38	37	35	25	12	7
PETP	40	39	38	36	21	8
PE	27	24	19	13	6	
PA12	24	23	22	13	5	

d) Reibwerte μ, Beiwerte K_F, K_H und Exponent $\varkappa$ für Zahnradtemperatur ϑ_F und Zahnflankentemperatur ϑ_H

Paarung	Schmierung	μ	Paarung	K_{F1}	K_{H1}
mit PA	trocken	0,2	PA/PA	2,4	15
mit PA	einmalig Fett	0,09	PA/St	1	10
mit PA	Ölnebel	0,07	POM/POM	1	2,5
mit PA	Ölumlauf	0,04	POM/POM mod.	1	7
POM/POM	trocken	0,28			
POM/St	trocken	0,2			

Getriebe	K_{F2}	K_{H2}
offen mit freiem Luftzutritt	0	0
teilweise offenes Gehäuse	0,1	0,1
geschlossenes Gehäuse	0,17	0,17
ölumlaufgeschmiert	0	0

$\varkappa = 0{,}75$ für PA und POM mod., $\varkappa = 0{,}4$ für POM

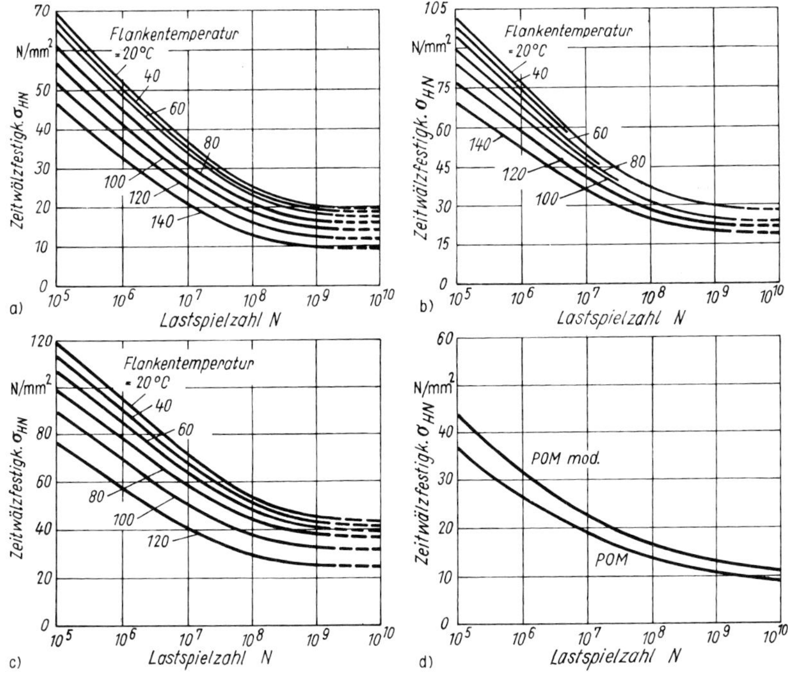

Bild 13.4.44
Zeitwälzfestigkeit σ_{HN} thermoplastischer Zahnradwerkstoffe [1.17]
a) PA 6.6 – Trockenlauf
b) PA 6.6 – Fettschmierung
c) PA 6.6 – Ölschmierung
d) POM – Trockenlauf (bei v = 12 m/s und ϑ_H = 60 °C)

Nachrechnung der Zahnflankentragfähigkeit. Für die Flankenpressung σ_H (Hertzsche Pressung) im Wälzpunkt C gilt gem. Abschnitt 13.4.11.5. (vereinfacht mit $K_H = 1$) die Gl. (13.4.42)

mit F_t Nennumfangskraft in N; b_w gemeinsame Radbreite in mm; d_1 Teilkreisdurchmesser des Rades *1* (Ritzel) in mm; u Zähnezahlverhältnis $u = z_2/z_1 \geqq 1$ (Großrad zu Kleinrad); Z_E Elastizitätsfaktor in $\sqrt{\text{N/mm}^2}$, s. Tafel 13.4.15c; Z_H Zonenfaktor, s. Bild 13.4.42; Z_ε Überdeckungsfaktor, s. Bild 13.4.43; Z_β Schrägenfaktor, s. Bild 13.4.43.

Für die zulässige Flankenpressung gilt

$$\sigma_{HP} = \sigma_{HN}/S_{H\,min}\,; \tag{13.4.47}$$

σ_{HN} Zeitwälzfestigkeit (Werte für PA 6.6 s. **Bild 13.4.44** a bis c; für PA 6: abgelesene Werte mit 0,8 multiplizieren; für POM s. Bild 13.4.44 d); $S_{H\,min}$ geforderte Mindestsicherheit (i. allg. $S_{H\,min} = 2 \ldots 3$ bei Dauerbetrieb, wobei $N = 10^8$ Lastspiele einzusetzen sind, und $S_{H\,min} = 1{,}5 \ldots 2$ bei zeitweisem Betrieb mit N Lastspielen).
Bei Schichtpreßstoffen (Hgw) kann mit $\sigma_{H\,lim} \approx 100$ N/mm² gerechnet werden.

Nachrechnung der Verformung. Aufgrund des im Vergleich zu Metallen wesentlich kleineren E-Moduls kann es insbesondere bei kleiner Radbreite, wie sie in feinmechanischen Getrieben typisch ist, bei Kunststoffrädern zu erheblichen Zahnverformungen kommen. Diese wirken sich wie Teilungsabweichungen aus, bewirken Eingriffsstöße und erhöhen u. a. das Geräusch.

Durch Kriecherscheinungen kann außerdem dann, wenn die Zähne bereits länger einer ruhenden Last ausgesetzt waren, im Betrieb die zulässige Zahnfußspannung überschritten werden. Für die Verformung λ in mm des Zahnkopfes in Umfangsrichtung gilt nach [1.17] [13.4.7]

$$\lambda = \frac{0{,}67 F_t}{b \cos \alpha_t}\, \varphi \left(\frac{\psi_1}{E_1} + \frac{\psi_2}{E_2} \right); \tag{13.4.48}$$

F_t Nennumfangskraft in N; b Zahnbreite in mm; α_t Stirneingriffswinkel in °; φ und ψ Beiwerte gem. **Bild 13.4.45** a, b; E Elastizitätsmodul in N/mm², s. Abschnitt 3.6.; *1* Ritzel, *2* Rad.
Für die zulässige Verformung gilt $\lambda_{zul} \leqq 0{,}1\, m_n$. Bei $\lambda > 0{,}1\, m_n$ erhöht sich das Laufgeräusch, und σ_{FP} kann überschritten werden.

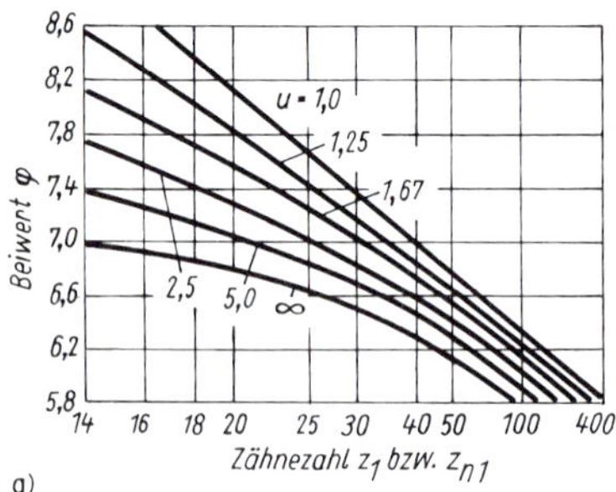

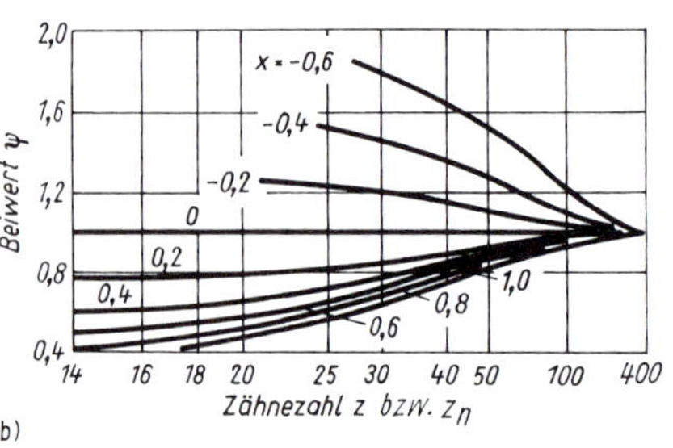

Bild 13.4.45. Beiwerte für Nachrechnung der Zahnverformung [13.4.78]
a) Beiwert φ; b) Beiwert ψ (für ein Metallrad ist $\psi = 0$)

Nachrechnung der Zahnrad- bzw. Zahnflankentemperatur [1.17] [13.4.7]

Diese Nachrechnung ist nur bei Umfangsgeschwindigkeiten $v \geqq 3$ m/s erforderlich.
Für die Zahnradtemperatur ϑ_F, die die Zahnfußtragfähigkeit herabsetzen kann, gilt

$$\vartheta_F \approx \vartheta_0 + 136 P \mu \frac{u + 1}{z_2 + 5} \left[\frac{17\,100}{bz} \frac{K_{F1}}{(v m_n)^{\varkappa}} + 6{,}3 \frac{K_{F2}}{A} \right] \text{in °C}. \tag{13.4.49a}$$

Für die Zahnflankentemperatur ϑ_H, die die Zahnflankentragfähigkeit herabsetzen kann, gilt:

$$\vartheta_H \approx \vartheta_0 + 136 P \mu \frac{u + 1}{z_2 + 5} \left[\frac{17\,100}{bz} \frac{K_{H1}}{(v m_n)^{\varkappa}} + 6{,}3 \frac{K_{H2}}{A} \right] \text{in °C}. \tag{13.4.49b}$$

ϑ_0 Umgebungstemperatur in °C; P zu übertragende Leistung in kW; μ Reibwert, s. Tafel 13.4.15d; u Zähnezahlverhältnis $u = z_2/z_1 \geqq 1$; z Zähnezahl des Kunststoffrades (z_1 oder z_2); b Zahnbreite in mm; v Umfangsgeschwindigkeit in m/s;

m_n Normalmodul in mm; K_F, K_H Beiwerte, $\varkappa$ Exponent (s. Tafel 13.4.15d); A wärmeabführende Oberfläche des Getriebegehäuses in mm², entfällt für offene Getriebe.
Für P, b, v, m_n und A sind in obige Gleichungen nur die Zahlenwerte ohne Einheiten einzusetzen.

Bei Rädern aus Thermoplasten sind Temperaturen $\leqq 80\,°C$ und bei solchen aus Schichtpreßstoffen $\leqq 100\,°C$ (kurzzeitige Spitzentemperaturen $\leqq 120\,°C$) zulässig.

13.4.12. Zahnradwerkstoffe, Schmierung

Feinmechanische Zahnräder mit Moduln unter 1 mm. Die Auswahl der Werkstoffe, bei denen die Bewegungsübertragung mit i. allg. relativ kleiner Leistung im Vordergrund steht, erfolgt in erster Linie nach wirtschaftlichen Überlegungen. Da der durch die Werkstoffe bedingte Kostenanteil gegenüber dem Lohnanteil bei der Fertigung klein ist, sind in erster Linie niedrige Fertigungskosten, geringer Verschleiß und gute Beständigkeit gegenüber Feuchteeinflüssen usw. für die Wahl der Werkstoffe bestimmend (vgl. auch Abschnitt 3.6.).

Stahl mit einem C-Gehalt von etwa 0,25 bis 0,45% wird in erster Linie verwendet, wenn die Zahnräder trotz kleiner Abmessungen hohe Festigkeit haben müssen (Leistungsgetriebe, s. auch Tafel 13.2.3) oder wenn an die Genauigkeit hohe Anforderungen gestellt werden und der Verschleiß gering sein soll, wie z. B. bei Meßgetrieben mit minimalem Flankenspiel.

Generell sind für Rad und Gegenrad Werkstoffe unterschiedlicher Härte zu verwenden, um Freßverschleiß zu vermeiden. Man kann z. B. für Ritzel und Rad einer Paarung den gleichen Vergütungsstahl wählen, muß wegen der höheren Überrollungszahl für das Ritzel jedoch ab einem Zähnezahlverhältnis $u = 3$ eine wesentlich größere Härte vorsehen (Festigkeitserhöhung von Zahnrädern kleiner Moduln aus Vergütungsstahl zweckmäßig durch Gaskarbonitrieren/Zyanieren, da Verzahnungsschleifen nicht erforderlich, s. auch [13.4.9] [13.4.11] und Abschnitt 3.6.).

Festigkeitswerte für Stahlzahnräder s. Tafel 13.4.12 sowie DIN 3990 [1.15] [1.17] [13.4.9]; vgl. auch Tafeln 3.36 bis 3.39.

Kupferlegierungen (Messing, z. B. CuZn40Pb2, CuZn40). Daraus fertigt man hauptsächlich langsamlaufende Räder, die meist kleinere Kräfte zu übertragen haben, z. B. in Meßgeräten. Mitunter gelangt auch Zinnbronze (z. B. CuSn6) zur Anwendung, u. a. in Getrieben, die mit Wasser in Berührung kommen (Wasserzähler usw.), da die Beständigkeit besser ist als die von Messing und auch günstigeres Verschleißverhalten vorliegt. Für untergeordnete Zwecke finden darüber hinaus Zink- und Aluminiumlegierungen sowie Al-Zn-Cu-Knetlegierungen Berücksichtigung. Gegenüber Stahl weisen diese Werkstoffe bessere Verarbeitungseigenschaften (s. Abschnitt 13.4.15.) und Korrosionsbeständigkeit auf. Außerdem sind sie unmagnetisch, was für viele Anwendungsfälle wesentlich sein kann.
Kennwerte, Eigenschaften und Anwendung von Nichteisenmetallen als Zahnradwerkstoffe enthält Tafel 13.4.13; vgl. auch Tafel 3.39 im Abschnitt 3.6.
Wenn größere Kräfte zu übertragen sind, bewähren sich wegen der niedrigen Verarbeitungskosten bei sehr hohen Stückzahlen auch Sintermetalle, vgl. Abschnitte 3.6. (Tafel 3.41) und 13.4.15.

Kunststoffe. In den letzten Jahren sind neben den metallischen Werkstoffen viele Kunststoffe (Plastwerkstoffe) immer mehr in den Vordergrund getreten. Wichtigste Vertreter sind die Polyamide (PA) und Polyoxymethylen (POM). Daneben gelangen auch Phenolharzpreßstoffe mit Gewebeeinlage (Hartgewebe, Hgw) zur Anwendung (s. Tafeln 13.4.14 u. 13.4.15 sowie Tafeln 3.42 bis 3.44 im Abschnitt 3.6.).
Kunststoffe weisen eine Reihe von Vorteilen auf. So zeichnen sie sich wegen der hohen inneren Reibung durch günstiges Geräusch- und Schwingungsverhalten aus, haben infolge niedriger Dichte eine kleine Masse sowie i. allg. bessere Gleiteigenschaften als Metalle, z. T. ist auch der Einsatz in Wasser möglich. Die Tragfähigkeit beträgt aber nur etwa 10% und der E-Modul nur etwa 1 bis 5% im Vergleich zu Stahl. Der Längen-Temperaturkoeffizient ist bei Thermoplasten etwa zehnmal, bei Hartgewebe etwa dreimal so groß wie bei Stahl. Der Feuchteeinfluß auf die Abmessungen ist vor allem bei Thermoplasten relativ groß, was bei der Festlegung des Flankenspiels beachtet werden muß. Ruhende Belastung (z. B. im Stillstand eines Getriebes) führt bei PA durch Kriechen außerdem zu bleibender Verformung.

Kunststoffzahnräder werden zweckmäßig eingesetzt in Kleingeräten, in Haushalt- und Büromaschinen, in Film- und Tonaufnahme- und Wiedergabegeräten, im Apparatebau sowie in Steuergetrieben, bei denen Verschmutzung durch Schmierstoff auszuschließen ist.
Die Verarbeitung von Thermoplasten erfolgt bei großen Stückzahlen durch Spritzgießen, aber auch spanende Formung ist möglich [13.4.7].

Polyamide (insbesondere PA 6.6 und PA 12) eignen sich gut für kleine Zahnräder, die auch miteinander im Eingriff stehen können. Jedoch ist auf i. allg. einmalige Schmierung vor Inbetriebnahme zu achten. Durch Glasfaserverstärkung lassen sich Zahnfußfestigkeit und Steifigkeit erhöhen, Zusätze von Graphit und MoS_2 mindern die Reibung aber nicht wesentlich. PA ist beständig gegen Öl, Fett, Alkohol, Ester, Kohlenwasserstoff, Treibstoff usw., dagegen nicht gegen starke Säuren und Laugen. Die Betriebstemperatur soll 80 °C nicht übersteigen, wobei 10% Temperaturänderung etwa 0,1% Längenänderung ergeben. 3% Masseänderung durch Wasseraufnahme ergeben dagegen bereits 1% Längenänderung.

Polyoxymethylen hat bessere Gleiteigenschaften und eine wesentlich geringere Feuchteaufnahme als PA, ist auch vorteilhafter bei Stoßbeanspruchung und Reversierbetrieb. Dagegen ist der E-Modul ähnlich wie bei PA temperaturabhängig.

Hartgewebe (insbesondere mit Feinstruktur, z. B. Hgw 2082 und 2083). Die Fertigung erfolgt durch spanende Formung, wobei die Gewebeschichten immer senkrecht zur Radachse liegen müssen. Vollstäbe und gewickelte Rohre sind wegen des unzureichenden Zusammenhangs der Gewebeschichten zwischen Zahnprofil und Radkörper ungeeignet. Räder aus Hgw sollen wegen des erhöhten Verschleißes nicht miteinander gepaart werden. Bei Paarung mit möglichst breiteren metallischen Gegenrädern müssen deren Zahnflanken sauber bearbeitet und gratfrei sein. Die Betriebstemperatur soll $\leqq 100$ °C betragen. Spitzenwerte bis max. 120 °C sind kurzzeitig zulässig.

Zahnräder mit Moduln von 1 mm und größer. Bei ihnen steht die Übertragung hoher Leistungen im Vordergrund. Als Werkstoffe gelangen Stahl (Tafel 13.4.12) und Gußeisen sowie Stahlguß (s. DIN 3990 [1.15] [1.17] [13.4.9]; vgl. auch Tafeln 3.36 bis 3.39), aber ebenfalls Polyamide und Hartgewebe zur Anwendung. Die besten Eigenschaften für diese Getriebe besitzt Stahl; bei Übertragung kleinerer Kräfte wird jedoch oft Gußeisen wegen seiner leichten Zerspanbarkeit und des geringen Fertigungsaufwands bevorzugt. Speziell bei Schneckenrädern für Leistungsgetriebe gelangt des weiteren Bronze zum Einsatz.

Schmierung. Zahnräder mit Moduln unter 1 mm und meist geringen Belastungen werden oft nur einmalig vor der Montage mit Fett oder Öl geschmiert. Ebenso ist für Leistungsgetriebe mit einer Umfangsgeschwindigkeit v der Räder unter 1 m/s als Schmierung das Auftragen von Fett ausreichend. Bei Getrieben mit $v = 1 \dots 10$ m/s muß man dagegen Tauchschmierung vorsehen, d. h., die Räder tauchen mit der Verzahnung in ein im Gehäuse stehendes Ölbad ein. Für Getriebe mit $v > 10$ m/s wird mit Umlaufschmierung und erforderlichenfalls mit Rückkühlung des Öls durch besondere Kühler gearbeitet. Bei der Umlaufschmierung wird das Öl durch Pumpen auf die in Eingriff kommenden Zahnflanken gespritzt. Auswahl von Schmierstoffen für Zahnradgetriebe s. auch DIN 51509.

13.4.13. Konstruktive Gestaltung, spielfreie Verzahnung [1.2] [13.4.5] [13.4.7] [13.4.23] [13.4.46] [13.4.51] [13.4.76] [13.6.15]

Gegenstand der konstruktiven Gestaltung der Zahnräder sind in erster Linie die Radkörperform und die Art der Verbindung von Radkörper und Welle (Nabenverbindung). Wichtig sind dabei neben dem Grad der Lösbarkeit bzw. Verstellbarkeit die Größe des zu übertragenden

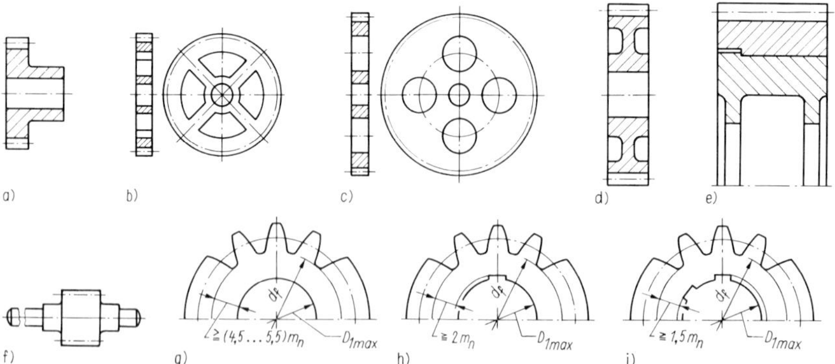

Bild 13.4.46. Gestaltung der Radkörper von Stirnrädern aus metallischen Werkstoffen

a) gedreht mit Bund; b) ausgeschnitten; c) gedreht; d) mit Aussparung; e) mit aufgeschrumpftem Zahnkranz; f) Ritzelwelle; g) bis i) größtmöglicher Bohrungsdurchm. D_{1max} (Richtwerte) bei Preßverbindung (g), Paßfederverbindung (h), Keilnabenverbindung (i)

Drehmoments, die geforderte Getriebepassung, die Werkstoffwahl und das Herstellungsverfahren der Zahnräder bei Beachtung der Wirtschaftlichkeit der Fertigung.

Für den Gesamtaufbau des Getriebes müssen darüber hinaus insbesondere die Anordnung der Lager, die Stabilität und Gehäusegestaltung beachtet werden.

Radkörperformen. Die Radkörper metallischer Räder werden neben der normalen Ausführung (**Bild 13.4.46**a) u. a. aus Gründen der Materialeinsparung durchbrochen gestaltet (b, c) oder mit Aussparungen versehen (d). Sehr große Stirnräder für Leistungsgetriebe erhalten zur Einsparung hochwertigen Materials einen auf einen Gußradkörper aufgeschrumpften Stahlring als Zahnkranz (e).

Bei derartigen großen Getrieben, die i. allg. Verzahnungen mit Moduln $m \geqq 1$ mm erfordern, darf zum Vermeiden größerer Spannungsspitzen infolge der durch Verformung und Fertigungsabweichungen hervorgerufenen ungleichmäßigen Lastverteilung über die Zahnbreite dieselbe nicht beliebig groß ausgeführt werden. Richtlinien für die zweckmäßige Wahl des Zahnbreitenverhältnisses b/d_1 sind für diese Getriebe in DIN 3990 sowie [1.15] [1.17] enthalten. Allgemein gilt dabei, daß bei gehärteter und geschliffener Verzahnung mit mittlerer Fertigungsqualität das Zahnbreitenverhältnis $b/d_1 = 0{,}4 \ldots 0{,}5$ und bei ungehärteter Verzahnung (vergütet oder normalgeglüht und wälzgefräst bzw. wälzgestoßen) $b/d_1 \leqq 1$ betragen soll.

Bei der Festlegung der Zähnezahl z_1 für das Ritzel ist die Unterschnittgrenze zu beachten. Bei höheren Umfangsgeschwindigkeiten ($v > 10$ m/s) ist aus Geräuschgründen die Schrägverzahnung der Geradverzahnung vorzuziehen. Der Schrägungswinkel ist dabei im Bereich von $\beta = 8 \ldots 25°$ festzulegen. Kleinere Winkel sind zwecklos, und größere bewirken eine zu große Axialbelastung der Lager.

Auf der Welle nicht verschiebbare Zahnräder dieser Leistungsgetriebe werden in den meisten Fällen durch Längs- oder Querpreßpassungen mit der Welle verbunden (s. Abschnitt 4.4.). Unterschreitet bei Ritzeln die Dicke zwischen Bohrung oder Paßfedernut und Fußkreis die im Bild 13.4.46g bis i angegebene Größe, dann müssen Ritzel und Welle als sogenannte Ritzelwelle (Bild 13.4.46f) aus einem Stück gefertigt werden (s. auch Erläuterungen zum Bild 13.4.22c, d).

Im Vergleich zu metallischen Rädern ist die Gestaltung der Radkörper bei Kunststoffrädern von wesentlich größerer Bedeutung für die Stabilität und die zeitliche Konstanz der Form der Verzahnung [13.4.7] [13.4.15].

Außer der funktionsbedingten Rotationssymmetrie bei Kunststoffrädern ist Spiegelsymmetrie um Achsen senkrecht zur Drehachse vorzusehen. Unsymmetrische Profile neigen zum Verzug **(Bild 13.4.47)**. Der Radkörper ist im Gegensatz zu Metallrädern außerdem als geschlossene Fläche ohne Durchbrüche zu gestalten. Wird der Zahnkranz nicht am ganzen Umfang ausreichend gestützt, so kann er den durch Schwindung, Wasseraufnahme und den beim Eingriff im Getriebe auf ihn wirkenden Kräften nicht standhalten.

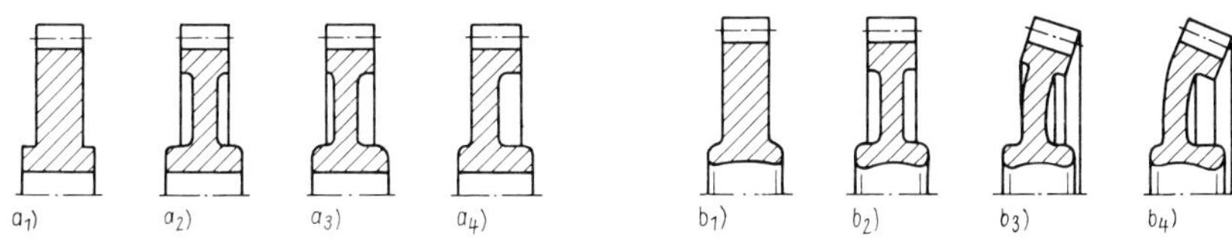

Bild 13.4.47. Verzug bei unsymmetrischen Radkörpern von Kunststoffzahnrädern [13.4.7] [13.4.15]
a) Radkörper – Sollformen; b) zu erwartende Istformen

Als Zahnkranz ist die Zone unterhalb des Zahnfußgrundes mit einer radialen Ausdehnung von mindestens der zweifachen Größe des Moduls zu verstehen. So hoch ist der Zahnkranz vorzusehen, wenn der Radkörper unterhalb des Zahnkranzes abgesetzt werden soll. Eine Stabilisierung des Zahnkranzes durch Vergrößerung der Zahnbreite ist nur begrenzt möglich, da mit zunehmender Zahnbreite die Flankenrichtungsabweichungen größere Auswirkungen haben und damit die Gefahr des Klemmens der Verzahnung im fertigen Getriebe wächst. Werden zum Stabilisieren von Kunststoffkörpern gegen Wirkungen der Wasseraufnahme und der Temperatur Metalleinbettungen vorgesehen, so muß die Höhe des Zahnkranzes mindestens dem doppelten Betrag der Zahnhöhe entsprechen. Setzen Abmessungen und Platzbedarf der Vergrößerung Schranken, besteht die Möglichkeit, in die Zahnräder metallische Kraftleitelemente (z. B. Lochbleche, **Bild 13.4.48**) einzubetten und damit eine großflächige

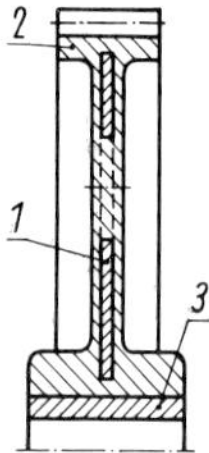

Bild 13.4.48. Werkstoffgerechte Krafteinleitung mittels eines metallischen Einlegeteils *1* (Lochblech)
2 Kunststoffkörper; *3* Stahlnabe

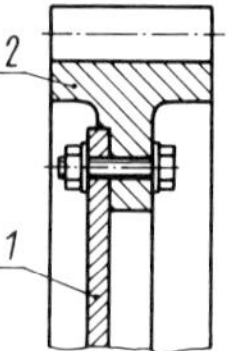

Bild 13.4.49. An Metallteller *1* angeschraubter Zahnkranz *2* aus Kunststoff

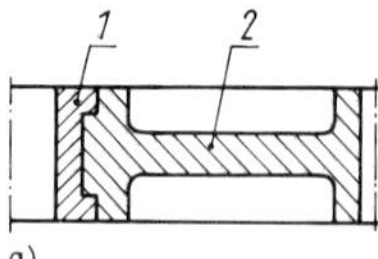

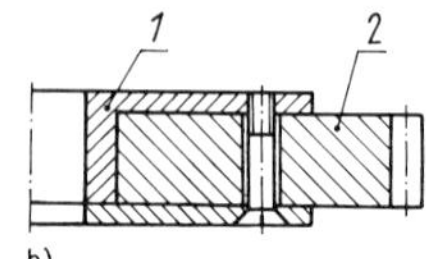

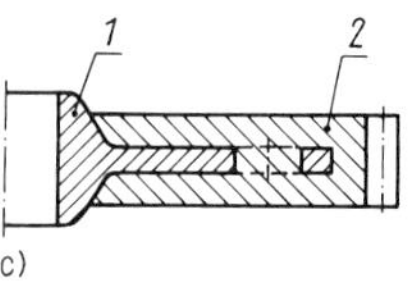

Bild 13.4.50. Konstruktive Lösungen zur Verbindung Nabe–Radkörper
a) Kunststoffkörper *2* auf Metallnabe *1* aufgespritzt; b) Metallnabe *1* und Kunststoffkörper *2* verschraubt; c) Metallnabe *1* mit Kunststoff (Radkörper) *2* umspritzt

Kraftübertragung zu erreichen. Wird der Zahnkranz auf einen metallischen Radkörper geschraubt **(Bilder 13.4.49 und 13.4.50)**, ist dafür zu sorgen, daß man beim Anziehen der Schrauben die zulässige Flächenpressung des Kunststoffes nicht überschreitet.
Zur Stabilisierung gegen die beim Eingriff im Getriebe wirksamen Kräfte kann die Verzahnung auch stirnseitig an einem umlaufenden Steg angebunden und damit zugleich der bei vielen Werkzeugausführungen ansonsten entstehende Spritzgrat vermieden werden (aus Fertigungsgründen nur auf einer Seite möglich, **Bild 13.4.51**).

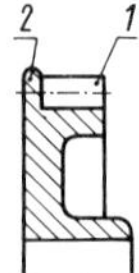

Bild 13.4.51. Verzahnung *1*, stirnseitig an umlaufenden Steg *2* angebunden

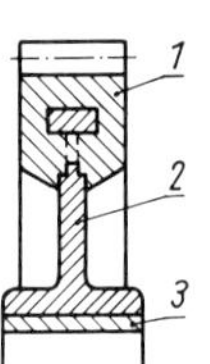

Bild 13.4.52. Radkörper (Teller) *2* aus metallischem Werkstoff mit aufgespritztem Plastzahnkranz *1*
3 Nabe (aus Stahl)

Für bestimmte Einsatzzwecke (große Abmessungen, stärkere Feuchte- und Temperaturschwankungen) ist es zweckmäßig, den Zahnkranz *1* **(Bild 13.4.52)** aus Kunststoff zu fertigen, Teller *2* und Nabe *3* dagegen aus Metall. In diesen Fällen besteht die Möglichkeit der Verbundkonstruktion von Kunststoffteilen mit solchen aus St, Al, Ms, Sintermetallen usw. Dies ergibt eine höhere Belastbarkeit und eine Verringerung der Maßänderung, wobei man den Zahnkranz aufspritzen oder durch zusätzliche Verbindungselemente am Teller befestigen kann.

Verbindung Radkörper – Welle. Ausführungsformen der Verbindung Radkörper – Welle für Metallkonstruktionen zeigen die Tafeln 7.10 und 7.11 im Abschnitt 7.5. (vgl. auch Abschnitt 4.). Diese Welle-Nabe-Verbindungen sind bis auf die Einpreß- und Keilverbindungen auch bei thermoplastischen Rädern anwendbar. Einpreßverbindungen mit Kunststoffen sind zeitlich nicht stabil, da diese Werkstoffe eine wesentlich größere Kriechneigung haben als Metalle, und Keilverbindungen verbieten sich aus Gründen der geringen Festigkeit der Nabe; es wären örtliche Ausbeulungen zu befürchten. Ähnliche Verformungen sind bei Anwendung von Paßfedern zu beobachten, besonders bei großen Belastungen. Besser geeignet sind Vielnutprofile, bei denen die Kräfte am ganzen Umfang in die Nabe geleitet werden, deren Anwendung aber nur bei größeren Wellendurchmessern und Massenfertigung sinnvoll ist. Darüber hinaus besteht die Möglichkeit, die Welle beim Spritzgießen des Rades in die Nabe einzubetten. Die Gestaltung der eingebetteten Welle im Bereich der Verbindung bestimmt dann das übertragbare Drehmoment. Zur Anwendung kommen Nuten, Lappen, Vielnutprofile, Vieleckprofile sowie Rändel, die durch Formschluß eine tragfähige Verbindung gewährleisten **(Bild 13.4.53)**. Als Vorteil ist hierbei die verfahrensbedingte gute Zentrierung der Welle im Radkörper zu werten. Demgegenüber ist der größere Aufwand durch zusätzliche Arbeitsgänge beim Spritzgießen zu beachten. Deshalb sollte den Einbettungen nur dann der Vorrang gegeben werden, wenn die Präzision der Lage der Welle bezüglich der Verzahnung besonderen Anforderungen unterliegt. In den Fällen, in denen die Festigkeit einer Kunststoffnabe nicht ausreicht, kann eine metallische Hülse in die Nabe eingebettet werden, die dann mit ähnlichen Mitteln wie die eingebettete Welle in der Nabe formschlüssig zu ver-

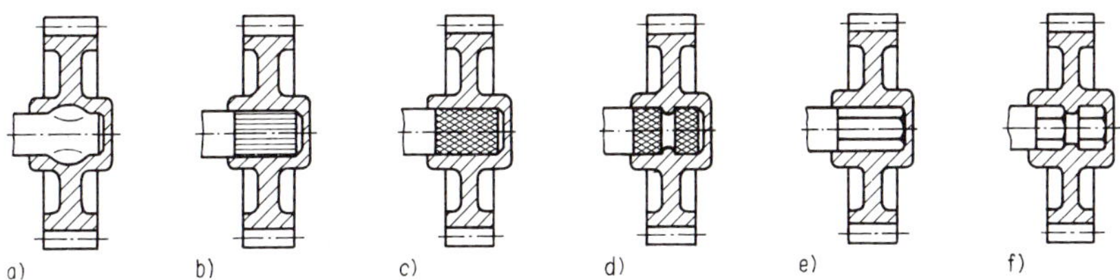

Bild 13.4.53. Gestaltungsbeispiele für in Kunststoffräder eingebettete Wellen

a) angestauchte Lappen, Übertragung von Drehmomenten und kleinen axialen Kräften; b) Rändel, Übertragung von Drehmomenten; c) Kordel, Übertragung von Drehmomenten und axialen Kräften; d) Kordel mit Rille, Übertragung von Drehmomenten und großen axialen Kräften; e) Vieleck, Übertragung von großen Drehmomenten; f) Vieleck mit Rille, Übertragung von großen Drehmomenten und großen axialen Kräften

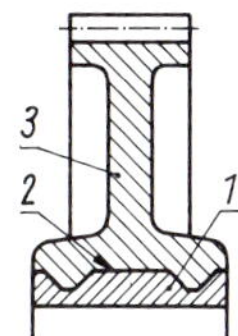

Bild 13.4.54. Zahnrad, bestehend aus Stahlnabe *1* mit Profil und Rändel *2* sowie aufgespritztem Radkörper *3* aus Kunststoff

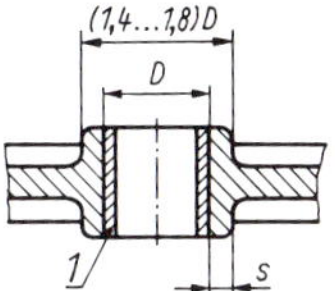

Bild 13.4.55. Kunststoffnabe mit eingesetzter Metallbuchse

$s = 6 \ldots 10$ mm (abhängig von der Lage des Angusses)

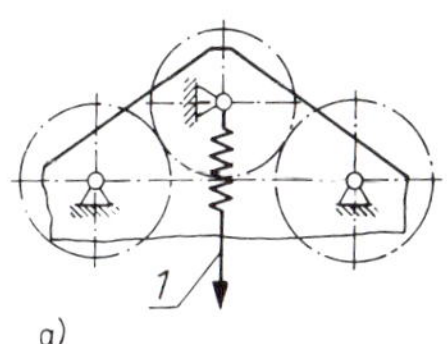

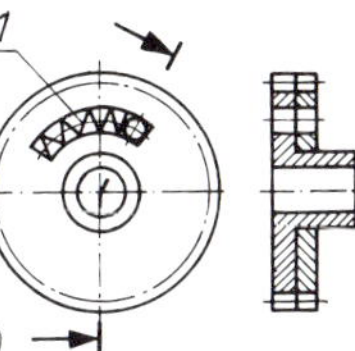

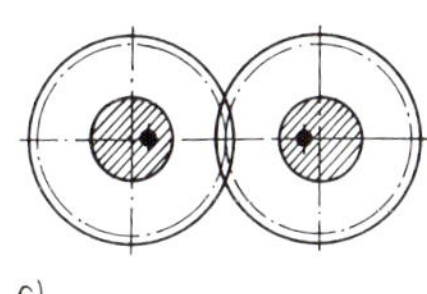

Bild 13.4.56. Spielfreie Verzahnung [13.4.7]

a) durch radiales Verspannen (mit Zwischenrad); b) durch tangentiales Verspannen zweier Radscheiben (Gegenrad nicht dargestellt); c) durch exzentrische Lagerbuchsen, spielarm einstellbar

1 Feder

ankern ist **(Bild 13.4.54)**. Darüber hinaus ist auf ausreichende Wanddicken bei dieser Einbettung hinzuweisen **(Bild 13.4.55)**. Ausführliche Darstellung s. [13.4.7].

Spielfreie Verzahnung. Bei Zahnradgetrieben muß das Flankenspiel, insbesondere bei Reversierbetrieb, klein sein. Zu großes Spiel kann unter bestimmten Bedingungen aber auch Nachteile bezüglich des Schwingungs- und Geräuschverhaltens haben. Völlige Flankenspielfreiheit läßt sich durch eine geeignete Wahl der Zahndicken- bzw. Zahnweitenabmaße (vgl. Abschnitt 13.4.10.) nicht erreichen, wenn man nicht z. B. ein Einlaufläppen in Kauf nehmen will.

In der Feinmechanik bieten sich hierfür neben den bekannten Konstruktionsprinzipen durch tangentiales oder radiales Verspannen bei metallischen Rädern **(Bild 13.4.56)** durch die Möglichkeit, z. B. ein Zwischenrad elastisch auszuführen, neuartige Lösungen an **(Tafel 13.4.16)**. Durch die elastische Gestaltung können die Zahnräder mit einer radialen Verspannung zum Ausgleich des Flankenspiels mit dem jeweiligen Gegenrad gepaart werden (Varianten *1* und *2*). Die Montage des Getriebes wird dadurch zugleich vereinfacht. Außerdem sind Lösungen mit hochelastischen Zwischenschichten (Variante *3*) oder mit Zug- bzw. Drahtformfedern (Varianten *4* und *5*) praktikabel. Es läßt sich aber auch die konventionelle Metallfeder durch eine Kunststoffzunge ersetzen, wobei das zweite Rad einen Stift trägt, der in die Zunge eingreift (Variante *6*).

Integrale Bauweise. Durch die relativ einfache und ökonomisch günstige Herstellung von Spritzgußteilen aus Kunststoffen lassen sich kompliziert geformte Funktionselemente und Bauteile wirtschaftlich herstellen, wenn eine geforderte Mindeststückzahl erreicht wird. Es lassen sich auch mehrere Einzelelemente zu einem Bauteil zusammenfassen. Zum Beispiel besteht die Möglichkeit, federnde Elemente oder Kupplungsteile in den Radkörper zu integrieren.

Weitere Gestaltungsvarianten ergeben sich durch die Einbeziehung von Snap-in-Verbindungen in die Teile zur lösbaren oder nichtlösbaren Verbindung zweier oder mehrerer Elemente.

Tafel 13.4.16. Spielfreie Verzahnung bei Kunststoffzahnrädern

Lfd. Nr.	Prinzip	Beispiel
1	radiale Verspannung durch Paarung eines elastischen Rades (durchbrochener Radkörper) mit starrem Gegenrad	
2	radiale Verspannung durch Paarung eines Rades aus hochelastischem Material mit starrem Gegenrad	
3	tangentiale Verspannung eines Radpaares (*1, 2*) durch hochelastische Zwischenschicht (*3*); mit *1, 2* fest verbunden	
4	tangentiale Verspannung eines Radpaares (*1, 2*) mit Zugfeder (*3*); für Schwenkbewegung bis etwa 180°	
5	tangentiale Verspannung eines Radpaares (*1, 2*) mit Drahtformfeder (*3*)	
6	tangentiale Verspannung eines Radpaares (*1, 2*), wobei Ersatz der Feder durch Kunststoffzunge (*3*), die in Stift (*4*) des Rades (*2*) eingreift	

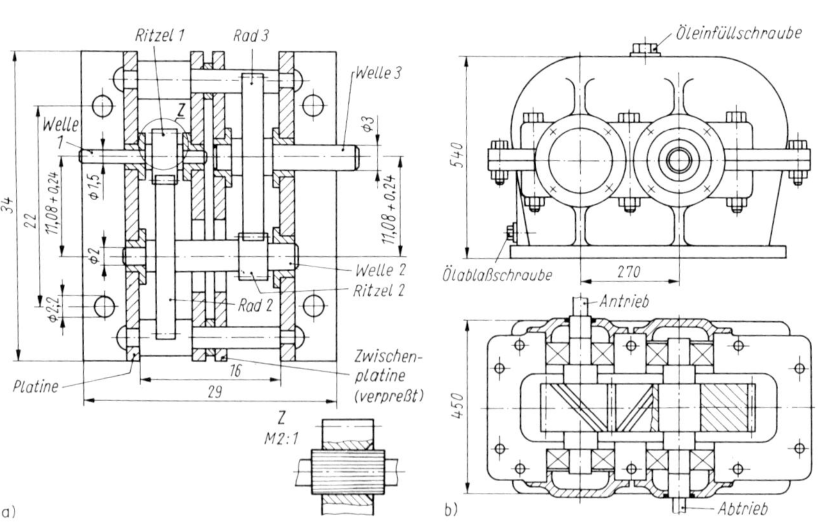

Bild 13.4.57. Konstruktive Gestaltung von Stirnradgetrieben

a) feinmechanisches Laufwerkgetriebe in Platinenbauweise (zweistufiges Stirnradgetriebe); b) Leistungsgetriebe (einstufiges Stirnradgetriebe)

Gehäusegestaltung. Feinmechanische Zahnradgetriebe werden oft in Platinenbauweise aufgebaut (**Bild 13.4.57** a), wobei auf möglichst stabile Anordnung zu achten ist. Die Verbindung der Platinen erfolgt i. allg. durch Nieten oder Verschrauben, und die Wellen sind in speziellen, in die Platinen eingepreßten Buchsen gelagert (vgl. Abschnitt 8.2.). Die Zwischenplatinen werden auf Stehbolzen gepreßt, ebenso sind die Zahnräder mit den Wellen durch Verpressen verbunden (s. auch Tafel 13.4.6).
Das Beispiel eines einstufigen gekapselten Stirnradgetriebes zur Übertragung größerer Leistungen zeigt Bild b). Die Teilfuge des Gehäuses verläuft meist horizontal und wird zur Erleichterung der Montage in die Ebene der Lagermitten gelegt. Dadurch können Zahnräder und Lager außerhalb des Getriebegehäuses auf die Welle aufgezogen werden. An den Lagerstellen werden Versteifungen vorgesehen, um eine verformungs- und schwingungsarme Gehäusekonstruktion zu erhalten. Hierdurch wird ein gleichmäßiges Tragbild über die gesamte Zahnbreite erzielt und gleichzeitig die Geräuschabstrahlung vermindert. Die Schrauben zur Verbindung beider Gehäusehälften sollen aus gleichem Grunde möglichst nahe an den Lagerstellen angebracht werden. Die Lagerung der Wellen erfolgt in der Regel in Wälzlagern und nur in Sonderfällen (Großgetriebe) in Gleitlagern. Die Achshöhen sind nach DIN 747 auszuführen.
Für die Serienfertigung werden aus wirtschaftlichen Gründen gegossene Gehäuse verwendet, während bei Einzelfertigung geschweißte Ausführungen in Betracht kommen.

Spezielle Hinweise zur Gestaltung von Umlaufrädergetrieben s. Abschnitt 13.4.9.

13.4.14. Betriebsverhalten [13.4.86] bis [13.4.88]

Stirnradgetriebe gelangen zur Übertragung von Drehmomenten und Drehbewegungen zwischen parallelen Wellen zum einen bei stark miniaturisierter Bauweise mit Moduln ab 0,1 mm und Leistungen von nur einigen Watt zum Einsatz, zum anderen bei Moduln von 1 mm und größer für Antriebsleistungen bis zu 20000 kW und Drehzahlen bis 100000 U/min. Die Umfangsgeschwindigkeit der gerad- oder schrägverzahnten Räder kann dabei im Extremfall 200 m/s erreichen.
In Abhängigkeit vom Einsatzbereich werden an die einzelnen Getriebearten gemäß Tafel 13.2.3 bestimmte funktionelle Forderungen gestellt. Während bei Leistungsgetrieben die Tragfähigkeit der Verzahnung (s. Abschnitt 13.4.11.) im Vordergrund steht, erfordern Meß- und Einstellgetriebe eine große Drehwinkeltreue. Bei Laufwerkgetrieben besteht dagegen vielfach die Aufgabe, die Verlustleistung so klein wie möglich zu halten, da die zur Verfügung stehenden Antriebsleistungen klein und zudem oft nicht viel größer als die erforderlichen Abtriebsleistungen sind. Darüber hinaus gibt es zahlreiche Anwendungsfälle, bei denen das Getriebegeräusch für die Eignung eines Getriebes in der Feinmechanik entscheidend sein kann.

13.4.14.1. Drehwinkelübertragungsabweichung [13.4.24] bis [13.4.27] [13.4.47] bis [13.4.51]

Die Drehwinkelübertragungsabweichung eines Zahnradgetriebes (**Bild 13.4.58** a) ist der Winkel, um den das getriebene Rad von der durch die Stellung des antreibenden Rades und durch die Übersetzung vorgegebenen Sollage abweicht, d. h.

$$\Delta\varphi ü = \varphi_{\mathrm{Ab\,Ist}} - \varphi_{\mathrm{Ab\,Soll}} = \varphi_{\mathrm{Ab}} - \varphi_{\mathrm{An}}/i\,.$$

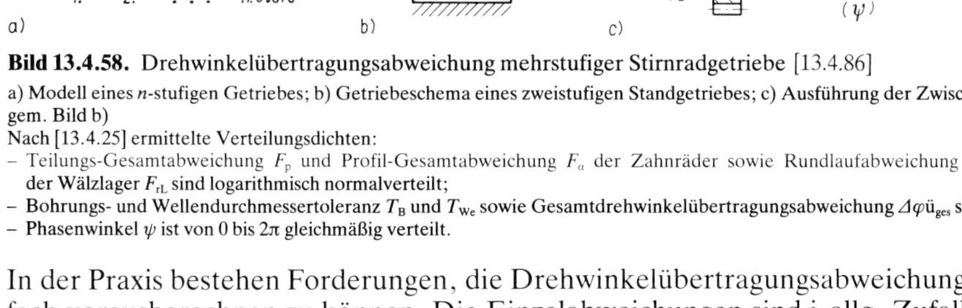

Bild 13.4.58. Drehwinkelübertragungsabweichung mehrstufiger Stirnradgetriebe [13.4.86]

a) Modell eines n-stufigen Getriebes; b) Getriebeschema eines zweistufigen Standgetriebes; c) Ausführung der Zwischenwelle *2/2'* gem. Bild b)
Nach [13.4.25] ermittelte Verteilungsdichten:
- Teilungs-Gesamtabweichung F_p und Profil-Gesamtabweichung F_α der Zahnräder sowie Rundlaufabweichung der Wellen F_{rWe} und der Wälzlager F_{rL} sind logarithmisch normalverteilt;
- Bohrungs- und Wellendurchmessertoleranz T_B und T_{We} sowie Gesamtdrehwinkelübertragungsabweichung $\Delta\varphi ü_{ges}$ sind normalverteilt;
- Phasenwinkel ψ ist von 0 bis 2π gleichmäßig verteilt.

In der Praxis bestehen Forderungen, die Drehwinkelübertragungsabweichung möglichst einfach vorausberechnen zu können. Die Einzelabweichungen sind i. allg. Zufallsgrößen, d. h., sie können zufällig einen beliebigen Wert im vorgegebenen Toleranzbereich haben. Die daraus resultierende Drehwinkelübertragungsabweichung ist damit ebenfalls eine Zufallsgröße.

Für deren Berechnung ist es erforderlich, alle Einflußgrößen zu erfassen, also die Toleranzen und Abweichungen der Verzahnung sowie die Fertigungs- und Montageabweichungen der weiteren Getriebeelemente. Sie sind im

Bild 13.4.58b, c an Hand des Schemas einer in Wälzlagern angeordneten Zwischenwelle eines zweistufigen Stirnradgetriebes erkennbar. Es sind die Teilungs-Gesamtabweichung F_p und die Profil-Gesamtabweichung F_α, wobei sich die Einflanken-Wälzabweichung F_i' aus der Summe der beiden genannten Abweichungen ergibt ($F_i' = F_p + F_\alpha$) [13.4.8], die Rundlaufabweichung F_{rWe} der Welle zwischen dem Zahnradsitz und den Lagersitzen, die Rundlaufabweichung F_{rL} der Wälzlager, die Bohrungsdurchmessertoleranz T_B der Zahnräder, die Wellendurchmessertoleranz T_{We} und der Phasenwinkel ψ der jeweiligen Abweichungen außer der Profilgesamtabweichung.

Zur Bestimmung der Drehwinkelübertragungsabweichung stehen gem. Abschnitt 3.2.4. die Maximum-Minimum-Methode und die Wahrscheinlichkeitstheoretische Methode zur Verfügung [1.2].

Nach der Maximum-Minimum-Methode wird die ungünstigste Kombination angenommen, d.h., für die Verzahnungs- und Montageabweichungen sind die in den einschlägigen DIN-Normen festgelegten Grenzwerte einzusetzen. Für die maximale Drehwinkelabweichung eines Rades ν gilt damit

$$\Delta\varphi_{max} = F_{p\nu} + F_{rWe\nu} + F_{rL\nu} + T_{B\nu} + T_{We\nu} + F_{\alpha\nu}. \qquad (13.4.50)$$

Die maximale Drehwinkelübertragungsabweichung $\Delta\varphi\ddot{u}_{n\,max}$ eines n-stufigen Getriebes läßt sich daraus manuell ohne großen Aufwand ermitteln. Die Berechnung erfolgt zweckmäßig mittels eines Rechenblattes. Die Berechnung der Drehwinkelübertragungsabweichung nach der Wahrscheinlichkeitstheoretischen Methode wird am besten rechentechnisch vorgenommen, da sie einen wesentlich höheren Aufwand erfordert als die Maximum-Minimum-Methode.

Um die Vorzüge beider Berechnungsmöglichkeiten verbinden zu können sowie den hier aufwendigen Einsatz einer Rechenanlage auszuschließen, wurde in [13.4.25] ein einfacher Zusammenhang zwischen ihnen gesucht. Ausgangspunkt der Überlegungen war, daß die wahrscheinliche Drehwinkelübertragungsabweichung mit vertretbarer Näherung aus der nach der Maximum-Minimum-Methode ermittelten berechnet werden kann. Ein mathematisch exakter linearer Zusammenhang ist dabei kaum zu erreichen. Man kann jedoch den statistischen Weg zur Lösung dieses Problems beschreiten. Die Ermittlung der wahrscheinlichen Drehwinkelübertragungsabweichung nach dieser vereinfachten Methode kann dann analog der Maximum-Minimum-Methode zweckmäßig an Hand eines Rechenblatts erfolgen, wie in [13.4.25] und [13.4.86] dargestellt.

13.4.14.2. Verlustleistung und Wirkungsgrad [13.4.82] [13.4.87]

Der Gesamtwirkungsgrad η_G eines Zahnradgetriebes ergibt sich gem. Gl. (13.2.5) aus der Antriebsleistung P_1 und der Abtriebsleistung P_2 bzw. der Gesamtverlustleistung P_v zu

$$\eta_G = P_2/P_1 = (P_1 - P_v)/P_1 = 1 - P_v/P_1. \qquad (13.4.51)$$

Bei **Standgetrieben** setzt sich P_v allgemein aus der Verzahnungsverlustleistung P_{vz}, der Lagerverlustleistung P_{vL} und der Verlustleistung P_{vP} durch Planschwirkung im evtl. vorhandenen Ölbad sowie durch Wellenabdichtungsreibung und Ventilationsverluste zusammen [13.4.9] [13.4.23] [13.4.82] [13.4.87].

Charakteristisch für die Beurteilung des Wirkungsgrades ist gemäß dieser Aufteilung in erster Linie die Verzahnungsverlustleistung P_{vz}, die durch die Zahneingriffsverhältnisse bestimmt wird. Da Zahnräder meist im Gebiet der Mischreibung laufen, läßt sich P_{vz} als Summe des hydrodynamischen Anteils P_{vH} und des Berührungsanteils P_{vR} betrachten, sofern durch die Betriebsverhältnisse und die Genauigkeit der Zahnräder dafür Sorge getragen werden kann, daß einen Teil der Zahnnormalkraft der hydrodynamische Schmierdruck überträgt.

Es gilt:

$$P_v = P_{vH} + P_{vR} + P_{vL} + P_{vP}. \qquad (13.4.52)$$

Aufgrund der Betriebsbedingungen ist dies für feingerätetechnische Zahnradgetriebe jedoch kaum zu realisieren.

Die Verzahnungsverlustleistung P_{vz} und damit der Verzahnungswirkungsgrad η_z ergeben sich bei diesen Getrieben demzufolge fast ausschließlich aus dem Berührungsanteil P_{vR}, der mit kleinerem Modul, steigender Zähnezahl und größerer Übersetzung sowie mit geringerer Zahnkopfhöhe abnimmt **(Bild 13.4.59)**. Bei Vergrößerung des Achsabstands ergibt sich theoretisch bis zu einer Überdeckung $\varepsilon_\alpha = 1$ ebenfalls eine Verringerung, bei $\varepsilon_\alpha < 1$ jedoch wegen des dann auftretenden Kopfkanteneingriffs (vgl. Abschnitt 13.4.3.) wieder ein starker An-

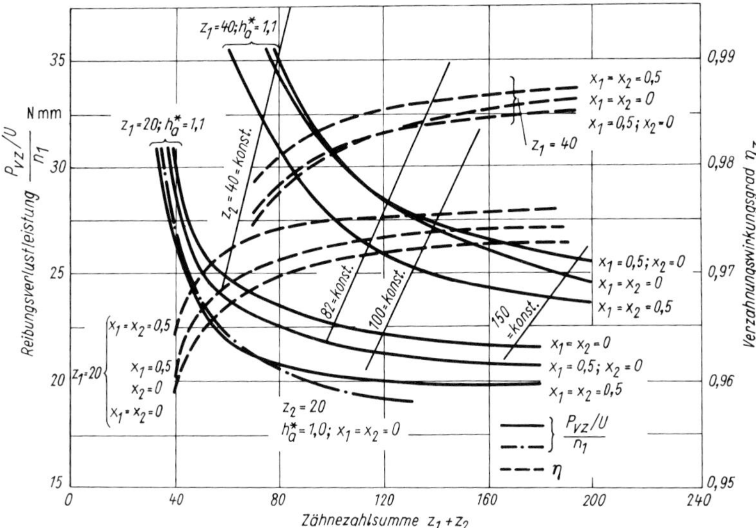

Bild 13.4.59. Einfluß der Übersetzung auf Reibungsverlustleistung P_{vz} je Umdrehung U und Verzahnungswirkungsgrad η_z
konstant angenommene Parameter $F_n = 10$ N; $\mu = 0,2$; $m = 1,0$ mm [13.4.87]

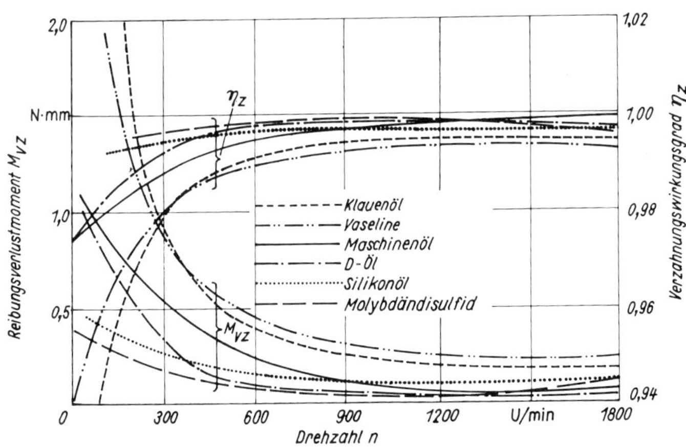

Bild 13.4.60. Reibungsverlustmoment M_{vz} und Verzahnungswirkungsgrad η_z in Abhängigkeit von der Drehzahl n bei $F_t = 0,5$ N pro mm Zahnbreite und verschiedenen Schmierstoffen (einmalige Schmierung)
Paarung $z_1 = z_2 = 20$, Stahl/Stahl; $m = 1,0$ mm; Profil mit $h_a = 1,0m$ [13.4.87]

stieg, so daß es auch aus diesem Grunde notwendig ist, $\varepsilon_\alpha \geqq 1$ u. a. durch Einhaltung enger Montagetoleranzen zu sichern.

Mit Erhöhung der Getriebebelastung steigen die Verluste an, was sich aus dem Zusammenhang zwischen Reib- und Normalkraft erklärt. Der Einfluß des Schmierstoffes ist besonders bei niedrigen Drehzahlen ausgeprägt **(Bild 13.4.60)**. Eine unmittelbare Abhängigkeit von dessen Viskosität ergibt sich nicht, jedoch erkennt man, daß z. B. die oft angewendeten Schmierstoffe Technische Vaseline und Molybdändisulfid (hier in Öl aufgeschwemmt) in verschiedenen Drehzahlbereichen den Wirkungsgrad unterschiedlich beeinflussen.

Wegen der besonderen Betriebsbedingungen (oft nur einmalige Schmierung) kommt es im feingerätetechnischen Getriebebau darauf an, Schmierstoffe mit großer Haftfestigkeit einzusetzen, um auch über einen längeren Zeitraum Wartungsfreiheit zu garantieren (s. auch Abschnitt 13.4.12.). Von besonderem Interesse sind deshalb die mit MoS_2 erzielbaren Ergebnisse hinsichtlich der Leistungsverluste. Wenn dieser Festschmierstoff ordnungsgemäß (z. B. in Speziallacken suspendiert) durch Tauchen oder Spritzen aufgetragen wird, läßt er sich zur wartungsfreien Dauerschmierung einsetzen. Messungen zeigen, daß jedoch nur bei niedrigen Drehzahlen kleinere Verluste auftreten. Auch in anderem

Zusammenhang wird deshalb die Anwendung nur für geringe Umfangsgeschwindigkeiten empfohlen [13.4.23] [13.4.82] [13.4.83].

Insgesamt ergibt sich abhängig von Verzahnungsabmessungen und Betriebsbedingungen ein Wirkungsgrad der Verzahnung je Radpaar von Standgetrieben zu $\eta_z \approx 0{,}94 \dots 0{,}99$ und ein Gesamtwirkungsgrad einstufiger Standgetriebe je nach Art der Lager zu $\eta_G \approx 0{,}92 \dots 0{,}98$, bei mehrstufigen Getrieben analog $\eta_G = \eta_{GI}\eta_{GII} \cdots$

Bei **Umlaufrädergetrieben** (s. Abschnitt 13.4.9.) treten infolge der relativen Wälzgeschwindigkeiten zusätzliche Wälzleistungen auf, die als „innere Leistungen" wirken und nicht nach außen abgegeben werden. Sie können z. T. ein Vielfaches der Antriebsleistung erreichen und setzen den Wirkungsgrad im Vergleich zu Standgetrieben weiter herab (Wirkungsgradberechnung von Umlaufrädergetrieben s. [13.4.16] bis [13.4.19] [13.4.54]; s. auch Abschnitt 13.4.16., Aufgabe 13.4.3.).

13.4.14.3. Geräuschverhalten [13.4.9] [13.4.22] [13.4.84] [13.4.88]

Ausgangspunkt für geeignete Maßnahmen zur Geräuschminderung sind Messungen (Schalldruck und Frequenzspektrum des Geräuschs) bei verschiedenen Betriebsbedingungen und für verschiedene Verzahnungsabmessungen, um daraus auf die hauptsächlichen Geräuschursachen schließen zu können.

Die nachfolgend beschriebenen Ergebnisse von Geräuschuntersuchungen beziehen sich ausschließlich auf die am häufigsten vorkommenden Laufwerkgetriebe mit wälzgefrästen evolventenverzahnten Geradzahnstirnrädern (Moduln $m \leqq 1$ mm), die aufgrund des Massenbedarfs und der damit verbundenen Fragen der Wirtschaftlichkeit nur eine Herstellung ohne zusätzliche Nacharbeit und auch keinen überdurchschnittlichen Aufwand sowohl bei der Fertigung als auch bei der Montage gestatten und demzufolge durch relativ große Verzahnungsabweichungen charakterisiert sind.

Da der Hauptanteil des Geräuschs bei diesen zu untersuchenden Zahnradgetrieben in erster Linie von den Fertigungs- und Montagetoleranzen abhängt, muß grundsätzlich festgestellt werden, daß eine wesentliche Geräuschminderung ein sehr schwieriges Problem ist. Außerdem ist bekannt, daß es großer Anstrengungen bedarf, einen beispielsweise im Vergleich zu Industriegetrieben des allgemeinen Maschinenbaus relativ niedrigen Geräuschpegel, wie er für feingerätetechnische Zahnradgetriebe charakteristisch ist, subjektiv merkbar zu vermindern.

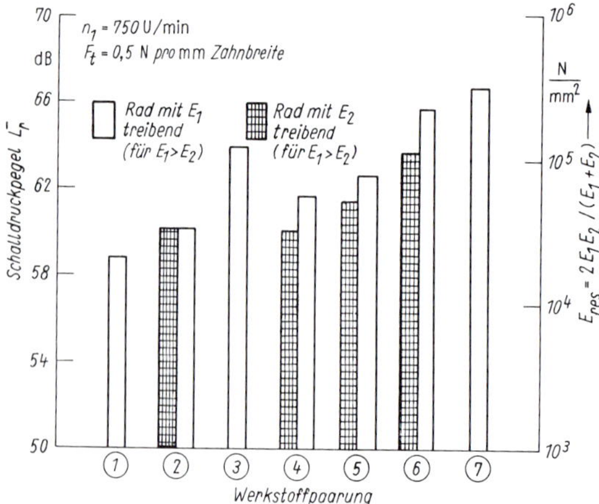

Bild 13.4.61. Einfluß der Werkstoffpaarung auf das Geräuschverhalten [13.4.22] [13.4.88] (Prüfräder: $z_1 = 43$; $z_2 = 61$; $m = 0{,}5$ mm; Profil mit $h_a = 1{,}0m$)
① PA/PA, ② PA/Hgw – Hgw/PA, ③ Hgw/Hgw, ④ St/PA – PA/St, ⑤ St/Hgw – Hgw/St, ⑥ St/Ms – Ms/St, ⑦ St/St
$\bar{L}_r$ mittlerer Schalldruckpegel, gemessen im Gebiet überwiegenden Direktschalls auf Hüllhalbkugel mit Radius r

Faktoren, die das Geräusch vermindern, sind neben geeigneter Schmierung u. a. eine kleine Oberflächenrauheit, die Einhaltung relativ enger Montagetoleranzen und die Herabsetzung der ungünstigen Wirkung des durch Verzahnungsabweichungen bedingten Kopfkanteneingriffs (kleine Achsabstandsabweichungen, um $\varepsilon_\alpha \geqq 1$ zu sichern, Anwendung des Kopfüberschneidverfahrens wegen der entstehenden vorteilhaften Kopfkantenrundung; s. auch Abschnitt 13.4.15.). Sie sind gegenüber der Werkstoffpaarung allerdings von untergeordneter Bedeutung. Die Abhängigkeit des Geräuschverhaltens vom resultierenden E-Modul $E_{res} = 2\,(E_1E_2)/(E_1 + E_2)$ verdeutlicht **Bild 13.4.61**. Das Geräuschverhalten verbessert sich deutlich mit abnehmendem Wert E_{res}. Bei $E_{res} > 2000\,\mathrm{N/mm^2}$ wird eine zusätzliche Geräuschminderung dann erreicht, wenn das Rad mit dem kleineren E-Modul treibt.

13.4.15. Herstellung der Zahnräder [13.4.9] [13.4.11]

Bei der Herstellung der Zahnräder wird, sofern diese nicht in einem Arbeitsgang, z. B. durch Spritzgießen erfolgt, zwischen der Anfertigung des Radkörpers (mit den auch für andere Konstruktionselemente üblichen Verfahren) und dem Verzahnen desselben unterschieden.
Die Wahl des Herstellungsverfahrens richtet sich nach dem Werkstoff, der Stückzahl, der Baugröße, der Anordnung der Verzahnung (Außenrad, Innenrad, Zahnstange) und der geforderten Genauigkeit.
Bei der **spangebenden Formung** kann man je nach der Art der Weiterschaltung von Zahn zu Zahn während der Bearbeitung zwischen kontinuierlichen Verfahren (Abwälzfräsen, Wälzstoßen) und Teilverfahren unterscheiden.
Das *Abwälzfräsen* besitzt die größte Bedeutung sowohl für kleine Stückzahlen als auch in der Massenfertigung. Das Werkzeug, der Abwälzfräser (**Bild 13.4.62**a) entspricht im Prinzip einer Schnecke mit Spannuten, die während des Verzahnens kontinuierlich über die Zahnbreite zugestellt wird. Bei Schrägverzahnung führt der Tisch mit dem aufgespannten Werkzeug über Differentialwechselräder eine zusätzliche Drehbewegung aus. Das Fräserprofil entspricht einem Zahnstangenprofil, so daß gem. Abschnitt 13.4.2. je Modul – unabhängig von der Zähnezahl der herzustellenden Räder und von der Größe der Profilverschiebung – nur ein einziges Werkzeug benötigt wird. Bei großen Stückzahlen setzt man durchweg Automaten ein, spannt die Radscheiben als Paket und erreicht dadurch eine hohe Produktivität. Es lassen sich Räder etwa ab 1,5 mm Durchmesser verzahnen.

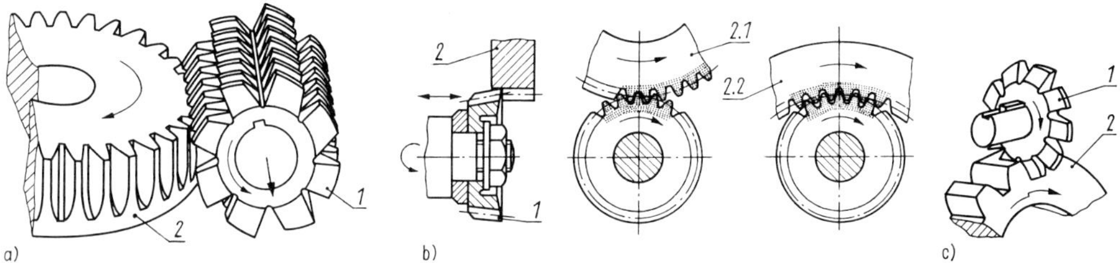

Bild 13.4.62. Spanende Fertigungsverfahren für Zahnräder
a) Abwälzfräsen; b) Wälzstoßen; c) Formfräsen (Teilverfahren)
1 Werkzeug; *2* Werkstück (*2.1* Außenrad, *2.2* Innenrad)

Beim *Wälzstoßen* (Bild 13.4.62b) führt das Schneidrad, welches ein Gerad- oder Schrägstirnrad mit hinterschliffenen Flanken und hinterschliffenem Außendurchmesser darstellt, beim Abwälzen eine hin- und hergehende Stoßbewegung aus. Es findet in der Feinmechanik nur in Sonderfällen, u. a. bei der Herstellung von Innenverzahnung Anwendung, wobei dann die Differenz zwischen den Zähnezahlen von Innen- und Schneidrad wegen der Gefahr von Eingriffsstörungen einen Grenzwert nicht unterschreiten darf (s. Abschnitt 13.4.8.).
Beim Fräsen im *Teilverfahren* (Bild 13.4.62c) muß das Werkzeug, ein Formfräser, genau dem Profil der Zahnlücke entsprechen. Da dieses von der Zähnezahl bzw. vom Durchmesser des Rades abhängt, ist eigentlich für jede Zähnezahl ein gesonderter Fräser erforderlich. Die Unterschiede der Lückenform sind jedoch bei kleinen Zähnezahldifferenzen so gering, daß man ohne Beeinträchtigung der Laufgüte aus Gründen der Wirtschaftlichkeit mit einem Fräser (Satzfräser) Zahnräder eines bestimmten Zähnezahlbereichs herstellen kann. Anwendung findet dieses Verfahren vorrangig für geradverzahnte Stirnräder, die aufgrund ihrer kleinen Abmessungen nicht mehr abgewälzt werden können, da hierbei zu große Schnittkräfte auftreten. Als vorteilhaft erweist sich die einfache und relativ genaue Herstellbarkeit des Werkzeuges und die Genauigkeit der Zahnteilung, die nicht wie bei den Wälzverfahren vom Antrieb des Drehtisches und des Werkzeugs abhängt, sondern nur von der des Teilapparates. Nachteilig ist die niedrige Produktivität, da nach Bearbeitung einer Zahnlücke der Formfräser in die Ausgangsstellung gebracht und der Radkörper in die Stellung der nächsten Zahnlücke weitergeschaltet werden muß.
Mit durchschnittlichen Fertigungsanstrengungen lassen sich mit diesen spangebenden Verfahren bei Moduln unter 1 mm Genauigkeitsklassen (Qualitäten) der Verzahnung von etwa 8 bis 11 erreichen (s. Tafel 13.4.10), in bezug auf einzelne Verzahnungsabweichungen (z. B. Teilungs- oder Rundlaufabweichung) durch besondere Aufwendungen auch <8. Für höhere Genauigkeitsanforderungen kann man vergütete Räder bei Moduln unter 1 mm auch aus dem Vollen schleifen, i. allg. nach dem Wälzschleifverfahren, während Räder mit Moduln $m \geqq 1$ mm bei derartigen Forderungen gefräst, gehärtet und dann geschliffen werden.
In der feinmechanischen Massenfertigung werden Stirnräder beim Wälzfräsen vorrangig nach dem *Kopfüberschneidverfahren* hergestellt, bei dem die gleichzeitige Bearbeitung von Kopfzylinder und Zahnflanken erfolgt (**Bild 13.4.63**a). Beim Nichtkopfüberschneidverfahren (b), das vorrangig bei mittleren und größeren Moduln im Maschinenbau zur Anwendung kommt, werden Kopfzylinder und Zahnflanken getrennt bearbeitet, wobei der Radkörper vor dem Verzahnen bereits den endgültigen Kopfkreisdurchmesser d_a aufweisen muß. Es eignet sich deshalb nicht dazu, im Paket gespannte Räder zu verzahnen.
Die Vorteile des Kopfüberschneidverfahrens liegen darin, daß die Radkörper nur grob vorgearbeitet sein müssen, z. B. durch Ausschneiden, und sich bei kleiner Radbreite im Paket auf die Fräsmaschine spannen lassen. Dadurch werden zugleich geringe Rundlaufabweichungen zwischen Kopfkreisdurchmesser der Verzahnung und Radbohrung garantiert und eine sehr einfache kopfkreisbezogene Prüfung der das Flankenspiel bestimmenden Zahndicken- bzw. Zahnweitenabmaße sowie u. a. auch der Rundlaufabweichung ermöglicht. Nachteilig ist jedoch, daß sowohl bei negativer Profilverschiebung (s. Abschnitt 13.4.5.) als auch bei Realisierung von Zahndicken- bzw. Zahnweitenabmaßen durch Zustellung des Werkzeugs zugleich eine Kopfkürzung (Kopfhöhenänderung) erfolgt. Durch den Fußrundungsradius ϱ_{f0} des

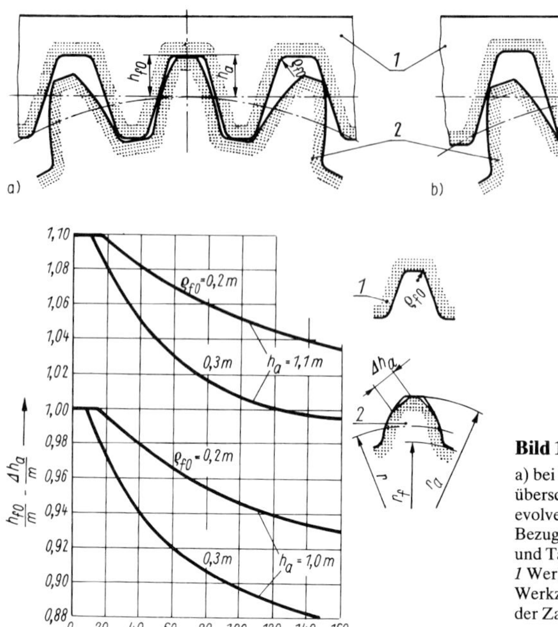

Bild 13.4.63. Werkzeuge für das Abwälzfräsen

a) bei Kopfüberschneidverfahren ($h_{f0} = h_a$); b) bei Nichtkopfüberschneidverfahren ($h_{f0} = h_a + c$); c) Verkürzung der evolventischen Zahnflanke beim Kopfüberschneidverfahren für Bezugsprofile mit $h_a = 1{,}0m$ und $h_a = 1{,}1m$ gemäß Bild 13.4.5 und Tafel 13.4.3

1 Werkzeug; *2* Werkstück; ϱ_{f0} Fußrundungsradius des Werkzeugs; h_{f0} Zahnfußhöhe des Werkzeugs; Δh_a Verkürzung der Zahnkopfhöhe; Index 0 kennzeichnet Größen am Werkzeug

Werkzeugs entsteht außerdem eine von der Zähnezahl abhängige Verkürzung Δh_a der Zahnflanke. Der Betrag der von ϱ_{f0} abhängigen verbleibenden Zahnkopfhöhe ($h_{f0}/m - \Delta h_a/m$), die evolventischen Zahneingriff ermöglicht, zeigt Bild 13.4.63c. Durch beide Einflüsse wird die Profilüberdeckung verringert (vgl. Abschnitt 13.4.3.). Das gleichzeitige Mitbearbeiten des Kopfzylinders bedingt außerdem erhöhte Schnittkräfte und damit die Gefahr der Deformation bei der Fertigung, insbesondere von kleinen Ritzelwellen.

Als wichtigste Verfahren der **spanlosen Formung** kommen das Gießen bzw. Spritzgießen und Pressen, das Sintern sowie das Kaltwalzen und Genauigkeitswarmpressen zur Anwendung, aber auch abtrennende Verfahren mit Schnittwerkzeugen (Feinschneiden).

In der Massenfertigung dominiert das *Spritzgießen* von Zahnrädern aus Thermoplasten, das bei einer teil- oder vollautomatisierten Fertigung allerdings nur dann ökonomisch ist, wenn die Räder ohne Einlegeteile und zusammen mit den Lagerelementen, also mit Welle und Zapfen gespritzt werden können. Man erreicht dabei Genauigkeitsklassen der Verzahnung (Qualitäten) von etwa 9 bis 12 (s. Tafel 13.4.10). Liegt die Stückzahl der zu fertigenden Räder unter 1000 bis 2000, erweist sich ein Spritzgießwerkzeug als uneffektiv. In diesem Fall wird auch bei thermoplastischen Zahnrädern auf die spanende Fertigung zurückgegriffen. Ausführliche Darstellung zu Kunststoffzahnrädern s. [13.4.7] [13.4.15].

Innenverzahnte Räder mit kleinem Modul lassen sich vorteilhaft durch *elektroerosive Bearbeitung* fertigen.

Insbesondere bei kleinen Zähnezahlen erfolgt darüber hinaus die Herstellung oft auch durch *Druckgießen* bzw. *Strangpressen* bei Verwendung von Mg-Al-Zn-Legierungen. Ähnlich verfährt man dann, wenn das die Verzahnung tragende Bauteil zusätzlich Scheiben, Nocken, Kupplungsteile oder dgl. aufweisen soll **(Bild 13.4.64)** und sich eine spangebende Formung mit Rücksicht auf die Wirtschaftlichkeit verbietet.

In den Fällen, in denen höhere Forderungen an die Lebensdauer bei größeren zu übertragenden Leistungen gestellt werden, gelangen zunehmend auch *gesinterte Zahnräder* zum Einsatz. Aufgrund seiner porösen Struktur läßt sich Sinter-

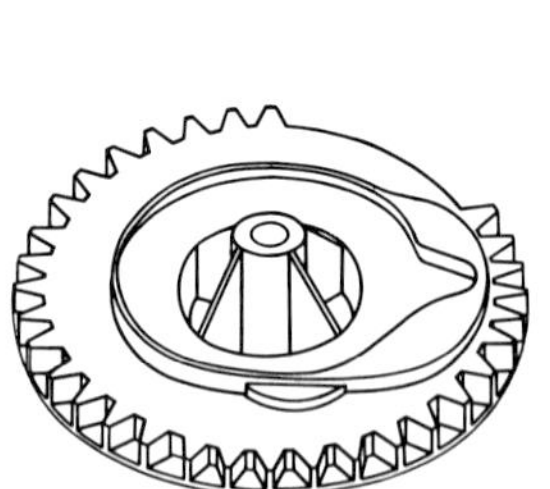

Bild 13.4.64. Zahnrad komplizierter Bauform, aus GD-MgAl8Zn1 durch Druckgießen hergestellt

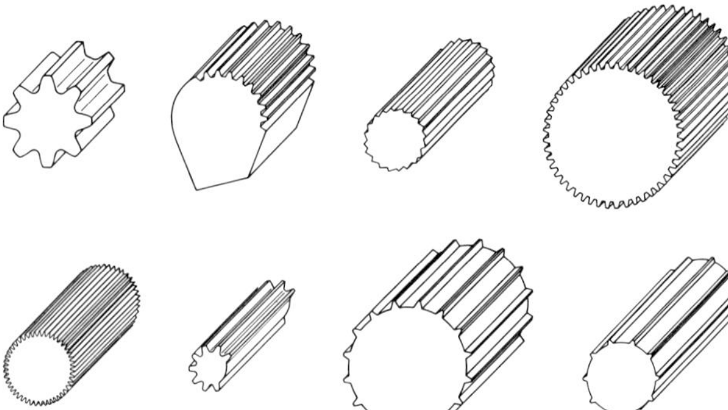

Bild 13. 4.65. Zahnräder aus kaltgezogenem Stangenmaterial

metall mit Schmierstoff tränken, wodurch man Wartungsfreiheit über einen sehr langen Zeitraum erzielt. Bei höheren Forderungen an die Festigkeit besteht zusätzlich die Möglichkeit des Imprägnierens der Zahnflanken mit Kupfer. Jedoch ist darauf hinzuweisen, daß die Werkzeugkosten für ein aus Sintermetall herzustellendes Stirnrad sehr hoch liegen, wodurch eine solche Fertigung erst ab etwa 100000 Stück wirtschaftlich werden dürfte.
Nicht zuletzt läßt sich aber auch *Stangenmaterial*, dessen Profil durch Kaltziehen oder Strangpressen erzeugt wird, vor allem für Räder mit kleinen Abmessungen einsetzen **(Bild 13.4.65)**. Von Vorteil ist dabei, daß die dann lediglich durch einen Trennvorgang erhaltenen Räder Zahnflanken mit sehr glatter, kaltverfestigter Oberfläche haben, was sich insbesondere für den Einsatz in reibungsarm arbeitenden Getrieben empfiehlt.

Eine Zusammenstellung ausgewählter Normen und Richtlinien zum Abschnitt 13.4. enthalten Tafel 13.4.8 und **Tafel 13.4.17.**

Tafel 13.4.17. Normen und Richtlinien zu den Abschnitten 13.1. bis 13.4.
s. auch Tafel 13.4.8

DIN-Normen	
DIN 37	Darstellung und vereinfachte Darstellung für Zahnräder und Räderpaarungen
DIN 747	Achshöhen für Maschinen; Auswahl für elektrische Maschinen
DIN 780 T1	Modulreihe für Zahnräder; Moduln für Stirnräder
DIN 867	Bezugsprofil für Evolventenverzahnungen an Stirnrädern (Zylinderrädern) für den allgemeinen Maschinenbau und Schwermaschinenbau
DIN 868	Allgemeine Begriffe und Bestimmungsgrößen für Zahnräder, Zahnradpaare und Zahnradgetriebe
DIN 1825 bis 1829	Schneidräder für Stirnräder
DIN 3960	Begriffe und Bestimmungsgrößen für Stirnräder (Zylinderräder) und Stirnradpaare (Zylinderradpaare) mit Evolventenverzahnung
DIN 3968	Toleranzen eingängiger Wälzfräser für Stirnräder mit Evolventenverzahnung
DIN 3970	Lehrzahnräder zum Prüfen von Stirnrädern
DIN 3972	Bezugsprofile von Verzahnwerkzeugen für Evolventenverzahnung nach DIN 867
DIN 3978	Schrägungswinkel für Stirnradverzahnungen
DIN 3979	Zahnschäden an Zahnradgetrieben; Bezeichnungen, Merkmale, Ursachen
DIN 3990	Tragfähigkeitsberechnung von Gerad- und Schrägstirnrädern
DIN 3992	Profilverschiebung bei Stirnrädern mit Außenverzahnung
DIN 3993	Geometrische Auslegung von zylindrischen Innenradpaaren mit Evolventenverzahnung
DIN 3994	Profilverschiebung bei geradverzahnten Stirnrädern mit 05-Verzahnung; Einführung
DIN 3995	Geradverzahnte Außen-Stirnräder mit 05-Verzahnung
DIN 3998	Benennung an Zahnrädern und Zahnradpaaren
DIN 3999	Kurzzeichen für Verzahnungen
DIN 8002	Wälzfräser für Stirnräder mit Quer- oder Längsnut, Modul 1 bis 20 mm
DIN 45635	Geräuschmessung an Maschinen; Luftschallmessung, Getriebegeräusche, Meßverfahren
DIN 51509	Auswahl von Schmierstoffen für Zahnradgetriebe
DIN 58400	Bezugsprofil für Evolventenverzahnungen an Stirnrädern für die Feinwerktechnik
DIN 58405	Stirnradgetriebe der Feinwerktechnik (s. Tafel 13.4.8)
DIN 58411	Wälzfräser für Stirnräder der Feinwerktechnik mit Modul 0,1 bis 1 mm
DIN 58412	Bezugsprofil für Verzahnwerkzeuge der Feinwerktechnik; Evolventenverzahnung nach DIN 58400 und DIN 867
DIN 58413	Toleranzen für Wälzfräser der Feinwerktechnik
DIN ISO 1302	Technische Zeichnungen; Angaben der Oberflächenbeschaffenheit in Zeichnungen
DIN ISO 2203	–; Darstellung von Zahnrädern
Richtlinien	
VDI 2127	Getriebetechnische Grundlagen; Begriffsbestimmungen der Getriebe
VDI 2157	Planetengetriebe; Begriffe, Symbole, Berechnungsgrundlagen
VDI 2159	Emissionskennwerte technischer Schallquellen; Getriebegeräusche
VDI 2545	Zahnräder aus thermoplastischen Werkstoffen
VDI 2711	Schallschutz durch Kapselung
VDI 2725	Getriebekennwerte; Kennwerte für den Entwurf und die Entwicklung von Getrieben
VDI 2726	Ausrichten von Getrieben
VDI 3333	Wälzfräsen von Stirnrädern mit Evolventenprofil
VDI 3336	Verzahnen von Stirnrädern (Zylinderrädern) mit Evolventenprofil; spanende Verfahren
VDI 3720 Bl. 9.1	Lärmarm konstruieren; Leistungsgetriebe; Minderung der Körperschallanregung beim Zahneingriff

(VDI 2545, 2725, 3336 zurückgezogen)

13.4.16. Berechnungsbeispiele

Aufgabe 13.4.1. Achsabstandsanpassung bei einem Stirnradgetriebe

Bei einem einstufigen geradverzahnten Stirnradgetriebe mit $z_1 = 19$ und $z_2 = 37$ sowie einem Modul $m = 0{,}5$ mm ist ein Achsabstand von 14,30 mm einzuhalten.
Wie groß ist die erforderliche Profilverschiebung?

Lösung

Aus z_1, z_2 und m ergibt sich ein Null-Achsabstand

$$a_d = m\,(z_1 + z_2)/2 = 0{,}5\,(19 + 37)/2 \text{ mm} = 14{,}00 \text{ mm}.$$

Zur Anpassung an den Achsabstand $a = 14{,}30$ mm ist Profilverschiebung erforderlich (V-Getriebe):

$$x_1 + x_2 = (\text{ev}\alpha_w - \text{ev}\alpha)\,(z_1 + z_2)/(2 \tan \alpha).$$

Der Betriebseingriffswinkel α_w ergibt sich aus $\cos \alpha_w = (a_d/a) \cos \alpha$:

$$\cos \alpha_w = (14/14{,}30) \cos 20° = 0{,}91998; \qquad \alpha_w = 23{,}077° = 23°4{,}6'.$$

Die Evolvens-Werte sind Tafel 13.4.1 zu entnehmen (ev 23,077° = 0,023292 und ev 20° = 0,014904). Für die Summe der erforderlichen Profilverschiebungsfaktoren erhält man damit

$$x_1 + x_2 = (0{,}023292 - 0{,}014904)\,(19 + 37)/(2 \cdot 0{,}3640) = +0{,}645.$$

Die Aufteilung auf Ritzel und Rad kann mit $v = xm$ in den in Bild 13.4.21 gegebenen Grenzen erfolgen, z. B.

$$x_1 = 0; \quad v_1 = 0 \quad \text{und} \quad x_2 = +0{,}645; \quad v_2 = 0{,}645 \cdot 0{,}5 \text{ mm} = +0{,}323 \text{ mm}.$$

Aufgabe 13.4.2. Berechnung eines Stirnradgetriebes

Zur Komplettierung eines Kleinstmotors mit der Drehzahl $n_1 = 3000$ U/min ist ein Stirnradgetriebe erforderlich. Die Ausgangswelle dieses Getriebes soll eine Drehzahl $n_{ab} = 108$ U/min ± 1,5% haben und mit einem Drehmoment $M_{dab} = 125$ N · mm belastbar sein. Aus konstruktiven Gründen sollen die Eingangs- und Ausgangswellen einen Abstand von 1,0 mm voneinander aufweisen. Darüber hinaus sind minimale Abmessungen anzustreben.
Das Getriebe ist zu berechnen.

Lösung

1. Übersetzung

1.1. Gesamtübersetzung $i_{ges} = n_{an}/n_{ab} = 3000/108 = 27{,}77$.
Diese Übersetzung kann durch ein zweistufiges Stirnradstandgetriebe gemäß Bild c) in Tafel 13.2.2c verwirklicht werden. Es ist sinnvoll, wenn fertigungstechnisch vertretbar, die Übersetzung der weniger belasteten Stufe I größer als die der höher belasteten Stufe II zu wählen (bei gegebenem Achsabstand und Modul führt größere Übersetzung zu kleinen Ritzelzähnezahlen, deren Festigkeit geringer ist).

1.2. Teilübersetzungen $i_{ges} = i_I \cdot i_{II}$.
Die Stufe II als höchstbelastete Stufe wird mit $z_3 = 11$ und $z_4 = 57$ ausgeführt und ist aus Festigkeitsgründen als V-Radpaar konzipiert. Da beide Zähnezahlen keine gemeinsamen Primfaktoren enthalten, kommen gleiche Zähne der beiden Räder nur bei jeder 57. Umdrehung des kleinen Rades in Eingriff. Das ist hinsichtlich des Schwingungsverhaltens vertretbar.
Die Übersetzung i_{II} ergibt sich zu $i_{II} = 57/11 = 5{,}182$. Die Stufe I muß demzufolge eine Übersetzung $i_I = 27{,}77/5{,}182 = 5{,}36$ erhalten. Die Zähnezahlen der Stufe I werden zu $z_1 = 17$ und $z_2 = 91$ festgelegt. Die Übersetzung i_I ergibt sich damit zu $i_I = 91/17 = 5{,}353$. Für die Gesamtübersetzung folgt $i_{ges} = i_I \cdot i_{II} = 27{,}737$ und für die Ausgangsdrehzahl $n_{ab} = 3000/i_{ges} = 108{,}155$ U/min.
Die Abweichung von der Solldrehzahl beträgt $(108{,}155 - 108)/108 = 0{,}00143$, d. h. 0,14%. Die Stufe I ist ebenfalls ein V-Radpaar, hier wegen der Anpassung des Achsabstands.
Die Berechnung der Stufe II als höchstbelastete Stufe wird im folgenden vorangestellt.

2. Berechnung der Getriebestufe II

2.1. Profilverschiebung und Achsabstand
Für das Ritzel muß wegen $z_3 = 11$ Profilverschiebung vorgesehen werden, um Unterschnitt zu vermeiden. Die Verzahnung wird mit Bezugsprofil nach DIN 867 mit $h_a = 1{,}0\,m$ ausgeführt (s. auch DIN 58405 T1, Abschnitt 2.1.):

$$x_3 = h_a^*\,(z'_{min} - z)/z_{min} = 1{,}0\,(14 - 11)/17 = 0{,}176.$$

Aus Gründen der Festigkeit wird nach DIN 3992 eine Profilverschiebungssumme $\Sigma x = 0{,}8$ für die Stufe II gewählt. Damit ergibt sich die Profilverschiebung $x_4 = 0{,}624$.
Der Achsabstand der Stufe II (V-Radpaar) errechnet sich zu

$$a_{II} = a_{dII} \cos \alpha / \cos \alpha_w \quad \text{mit} \quad a_{dII} = m\,(z_3 + z_4)/2 \quad \text{und} \quad \alpha_w \text{ aus}$$

$$\text{ev}\alpha_w = \text{ev}\alpha + 2\Sigma x \tan \alpha / \Sigma z;$$

$$a_{dII} = m\,(11 + 57)/2 = 34\,m;$$

$$\text{ev}\alpha_w = 0{,}014904 + (2 \cdot 0{,}8 \cdot 0{,}36397/68) = 0{,}023468;$$

$$\alpha_w = 23{,}1325°; \quad a_{II} = 34\, m \cos 20°/\cos 23{,}1325° = 34{,}74292\, m.$$

2.2. Profilüberdeckung

$$\varepsilon_{\alpha II} = (\sqrt{r_{a3}^2 - r_{b3}^2} + \sqrt{r_{a4}^2 - r_{b4}^2} - a \sin \alpha_w)/(m\pi \cos \alpha).$$

Da der Modul noch unbekannt, $\varepsilon_{\alpha II}$ aber zu dessen endgültiger Berechnung erforderlich ist, muß diese Gleichung umgeformt werden. Mit $r_a = m\,(z/2 + h_a^* + x)$, $r_b = m\,(z/2) \cos \alpha$ sowie $a = a^* m$ folgt nach Kürzen des Moduls

$$\varepsilon_{\alpha II} = (\sqrt{(0{,}5 z_3 + 1 + x_3)^2 - (0{,}5 z_3 \cos \alpha)^2}$$
$$+ \sqrt{(0{,}5 z_4 + 1 + x_4)^2 - (0{,}5 z_4 \cos \alpha)^2} - a_{II}^* \sin \alpha_w)/(\pi \cos \alpha)$$
$$= (\sqrt{(5{,}5 + 1{,}176)^2 - (5{,}5 \cdot 0{,}93969)^2} + \sqrt{(28{,}5 + 1{,}624)^2 - (28{,}5 \cdot 0{,}93969)^2}$$
$$- 34{,}74292 \cdot 0{,}39286)/(\pi \cdot 0{,}93969) = 1{,}48.$$

2.3. Entwurfsberechnung

$$m = \sqrt[3]{2 M_{dab}/(z_3 \lambda \pi C_{grenz} i_{II})}$$
$$= \sqrt[3]{2 \cdot 125\ \text{N} \cdot \text{mm}^3/(11 \cdot 6 \cdot \pi \cdot 11{,}2\ \text{N} \cdot 5{,}182)} = \sqrt[3]{0{,}0208}\ \text{mm} = 0{,}275\ \text{mm}$$

mit $C_{grenz} = 0{,}07 \cdot 320\ \text{N/mm}^2/2 = 11{,}2\ \text{N/mm}^2$ und $\sigma_{b\,zul} = \sigma_{bw}/S = 320\ \text{N/mm}^2/2$ für Werkstoff 34CrNiMo6 (vergütet) und $S = 2$. Zunächst wird $m = 0{,}3$ mm gewählt.

2.4. Nachrechnung der Tragfähigkeit
Hier benutzte Zahlenwerte für Faktoren K, Y und Z sowie für σ_{FP} und σ_{HP} s. DIN 3990 und Bilder 13.4.41 bis 13.4.43.
Für das Ritzel wird 34CrNiMo6 (vergütet) mit $\sigma_{F\lim} = 320\ \text{N/mm}^2$ und $\sigma_{H\lim} = 770\ \text{N/mm}^2$ gewählt. Es folgt mit $S_F = S_H = 1{,}3$ für $\sigma_{FP} = 246\ \text{N/mm}^2$ und für $\sigma_{HP} = 592\ \text{N/mm}^2$.
Das Rad soll aus 42CrMo4 (vergütet) mit $\sigma_{F\lim} = 290\ \text{N/mm}^2$ und $\sigma_{H\lim} = 670\ \text{N/mm}^2$ bestehen. Für die zulässigen Spannungen folgt $\sigma_{FP} = 223\ \text{N/mm}^2$ und $\sigma_{HP} = 515\ \text{N/mm}^2$.
Die Nachrechnung der Tragfähigkeit erfolgt für beide Räder der Stufe II.

– Zahnfußtragfähigkeit

$$\sigma_F = F_t K_F Y_{Fa} Y_\beta Y_\varepsilon/(b m_n) \leqq \sigma_{FP}.$$

Für das Ritzel gilt mit $F_t = 2 M_d/(mz)$:

$$\sigma_F = 2 M_{dab} K_F Y_{Fa} Y_\beta Y_\varepsilon/(b m^2 z_3 i_{II}) = 2 \cdot 125 \cdot 3{,}3 \cdot 0{,}757/(3 \cdot 0{,}09 \cdot 11 \cdot 5{,}182)\ \text{N/mm}^2 = 40{,}58\ \text{N/mm}^2 < \sigma_{FP}.$$

Für das Rad folgt:

$$\sigma_F = 2 M_{dab} K_F Y_{Fa} Y_\beta Y_\varepsilon/(b m^2 z_4) = 2 \cdot 125 \cdot 2{,}06 \cdot 0{,}757/(3 \cdot 0{,}09 \cdot 57)\ \text{N/mm}^2 = 25{,}33\ \text{N/mm}^2 < \sigma_{FP}.$$

Die Faktoren haben folgende Werte: $K_F = 1$; $Y_{Fa} = 3{,}3$ für z_3 und 2,06 für z_4; $Y_\varepsilon = 0{,}757$.

– Zahnflankentragfähigkeit

$$\sigma_H = \sqrt{F_t\,(u + 1)/(b_w d_1 u)\, K_H}\; Z_E Z_H Z_\varepsilon \leqq \sigma_{HP}.$$

Auf den vorliegenden Fall zugeschnitten gilt:

$$\sigma_H = \sqrt{2 M_{dab}\,(u + 1)/(b_w m^2 z_3^2 u i_{II})\, K_H}\; Z_E Z_H Z_\varepsilon$$
$$= \sqrt{2 \cdot 125 \cdot 6{,}182/(3 \cdot 0{,}09 \cdot 121 \cdot 5{,}182^2)}\; 189{,}8 \cdot 2{,}36 \cdot 0{,}917\ \text{N/mm}^2 = 545{,}2\ \text{N/mm}^2.$$

Da $\sigma_H > \sigma_{HP} = 515\ \text{N/mm}^2$, muß der Modul vergrößert werden. Gewählt wird nunmehr $m = 0{,}5$ mm. Damit gilt:

$$\sigma_H = \sqrt{2 \cdot 125 \cdot 6{,}182/(3 \cdot 0{,}25 \cdot 121 \cdot 5{,}182^2)}\; 189{,}8 \cdot 2{,}36 \cdot 0{,}917\ \text{N/mm}^2 = 327{,}0\ \text{N/mm}^2 < \sigma_{HP}.$$

Auch das Ritzel mit $\sigma_{HP} = 592\ \text{N/mm}^2$ vermag diese Pressung zu ertragen.
Die Faktoren haben folgende Werte: $K_H = 1$; $Z_E = 189{,}8 \sqrt{\text{N/mm}^2}$; $Z_H = 2{,}36$; $Z_\varepsilon = \sqrt{(4 - 1{,}48)/3} = 0{,}917$.
Der Einfluß von Z_R wurde hier nicht berücksichtigt.

2.5. Hauptgeometrische Abmessungen
Der Modul der Stufe II wird endgültig auf $m = 0{,}5$ mm festgelegt. Damit lassen sich sämtliche hauptgeometrische Abmessungen der Stufe II bestimmen. Es ergeben sich:

$$d_3 = 11 \cdot 0{,}5\ \text{mm} = 5{,}5\ \text{mm};$$

$$d_{a3} = d_3 + 2\,(x_3 + h_a^*)\, m = (5{,}5 + 2 \cdot 0{,}5 \cdot 1{,}176)\ \text{mm} = 6{,}676\ \text{mm};$$

$$d_4 = 57 \cdot 0{,}5\ \text{mm} = 28{,}5\ \text{mm};$$

$$d_{a4} = (28{,}5 + 2 \cdot 0{,}5 \cdot 1{,}624)\ \text{mm} = 30{,}124\ \text{mm};$$

$$a_{II} = 34{,}74292 \cdot 0{,}5\ \text{mm} = 17{,}371\ \text{mm}.$$

Die Zahnbreite des Rades *3* wird zu $b = 5$ mm, die des Rades *4* zu $b = 3$ mm gewählt.
Falls notwendig, wäre es möglich, den Achsabstand zu runden, indem zunächst ein diesem Rundwert entsprechender Eingriffswinkel α_w und daraus die erforderliche Profilverschiebungssumme berechnet werden.

3. Berechnung der Getriebestufe I

3.1. Modul

Da $z_1 = 17$, ist keine Profilverschiebung gegen Unterschnitt erforderlich, wenn das gleiche Bezugsprofil wie in Stufe II verwendet wird. Wählt man auch die gleiche Werkstoffpaarung wie in Stufe II, so ergibt sich der Modul zu

$$m = \sqrt[3]{2M_{\mathrm{dab}}/(z_1 \lambda \pi C_{\mathrm{grenz}} i_{\mathrm{ges}})}$$

$$= \sqrt[3]{2 \cdot 125\ \mathrm{N \cdot mm^3}/(17 \cdot 6 \cdot \pi \cdot 11{,}2\ \mathrm{N} \cdot 27{,}737)} = 0{,}136\ \mathrm{mm}.$$

3.2. Achsabstand

$$\text{Stufe II: } a_{\mathrm{II}} = 34{,}74292 m_{\mathrm{II}} = 17{,}371\ \mathrm{mm};$$

$$\text{Stufe I}: \ a_{\mathrm{I}} = 108 m_{\mathrm{I}}/2 = 54 m_{\mathrm{I}} = a_{\mathrm{II}} \pm 1{,}0\ \mathrm{mm}.$$

Diese Gleichung läßt sich mit den in DIN 867 genormten Moduln (s. Tafel 13.2.1) ohne zusätzliche Profilverschiebung nicht erfüllen. Unter den möglichen Varianten kommt die mit $m_{\mathrm{I}} = 0{,}3$ mm und $a_{\mathrm{I}} = a_{\mathrm{II}} - 1{,}0$ mm mit der kleinsten noch realisierbaren Profilverschiebungssumme aus:

$$a_{\mathrm{II}} - 1{,}0\ \mathrm{mm} = (17{,}371 - 1{,}0)\ \mathrm{mm} = 16{,}371\ \mathrm{mm} = a_{\mathrm{I}};$$

$$a_{\mathrm{dI}} = (z_1 + z_2)\ m_{\mathrm{I}}/2 = 108 \cdot 0{,}3/2\ \mathrm{mm} = 16{,}2\ \mathrm{mm};$$

$$\cos \alpha_{\mathrm{wI}} = 16{,}2 \cdot 0{,}93969/16{,}371 = 0{,}92987; \qquad \alpha_{\mathrm{wI}} = 21{,}585°.$$

3.3. Profilverschiebung

Die erforderliche Profilverschiebung ergibt sich zu

$$\Sigma x = (\mathrm{ev}\alpha_{\mathrm{wI}} - \mathrm{ev}\ \alpha)\ \Sigma z/(2 \tan \alpha) = (0{,}018882 - 0{,}014904)\ 108/(2 \cdot 0{,}36397) = 0{,}5902.$$

Diese Summe kann auf die beiden Räder der Stufe I verteilt werden. Bei Rad *1* ist die Spitzengrenze zu beachten. Eine Möglichkeit besteht darin, die Profilverschiebungssumme im Verhältnis der Zähnezahlen aufzuteilen. Damit wird $x_1 = 0{,}0929$ und $x_2 = 0{,}4973$. Bei diesem Wert x_1 werden die Zähne des Rades *1* nicht spitz.

3.4. Profilüberdeckung und hauptgeometrische Abmessungen

Die Profilüberdeckung $\varepsilon_{\alpha\mathrm{I}}$ ergibt sich analog Pkt. 2.2. zu 1,608. Die hauptgeometrischen Abmessungen der Stufe I sind

$$d_1 = 17 \cdot 0{,}3\ \mathrm{mm} = 5{,}1\ \mathrm{mm};$$

$$d_{\mathrm{a1}} = d_1 + 2\ (x_1 + h_{\mathrm{a}}^*)\ m = [5{,}1 + 2\ (0{,}0929 + 1)\ 0{,}3]\ \mathrm{mm} = 5{,}756\ \mathrm{mm};$$

$$d_2 = 91 \cdot 0{,}3\ \mathrm{mm} = 27{,}3\ \mathrm{mm};$$

$$d_{\mathrm{a2}} = d_2 + 2\ (x_2 + h_{\mathrm{a}}^*)\ m = [27{,}3 + 2\ (0{,}4973 + 1)\ 0{,}3]\ \mathrm{mm} = 28{,}198\ \mathrm{mm}.$$

Der Achsabstand beträgt, wie der Rechnung zugrunde gelegt, $a_{\mathrm{I}} = 16{,}371$ mm. Die Zahnbreite des Rades *2* wird zu $b = 2$ mm, die des Rades *1* zu $b = 4$ mm gewählt.

4. Verzahnungstoleranzen und -abmaße

Bei mittleren Fertigungsanstrengungen ist für die Zahnräder eine Genauigkeitsklasse (Qualität) 9 erreichbar. Zweckmäßig wird das Toleranzfeld f nach DIN 58405 T2 gewählt, so daß das Kurzzeichen der Verzahnungsqualität 9 f lautet. Für die Fertigung wichtig sind die Zahnweitenabmaße A_{Wo} und A_{Wu}, die zur Erzeugung von Flankenspiel dienen und aus der oben genannten Norm in Abhängigkeit von der Qualität, vom Modul und vom Teilkreisdurchmesser entnommen werden können. Es ergeben sich folgende Werte (in µm):

$$A_{\mathrm{Wo1}} = -23 \qquad A_{\mathrm{Wu1}} = -47$$
$$A_{\mathrm{Wo2}} = -34 \qquad A_{\mathrm{Wu2}} = -68$$
$$A_{\mathrm{Wo3}} = -23 \qquad A_{\mathrm{Wu3}} = -47$$
$$A_{\mathrm{Wo4}} = -34 \qquad A_{\mathrm{Wu4}} = -68.$$

Für die Prüfung der fertigen Verzahnung ist die Zweiflankenwälzabweichung von Bedeutung. Es ergeben sich für die Ritzel die Werte $F_{\mathrm{i}}'' = 36$ µm und $f_{\mathrm{i}}'' = 12$ µm sowie für die Räder $F_{\mathrm{i}}'' = 50$ µm und $f_{\mathrm{i}}'' = 18$ µm, wobei Messungen im Eingriff mit einem Lehrzahnrad vorausgesetzt sind. Der Achsabstand ist in beiden Stufen mit $A_{\mathrm{a}} = \pm 45$ µm zu tolerieren.

5. Konstruktive Gestaltung (s. auch Abschnitt 13.4.13.)

Das Ritzel mit der Zähnezahl z_1 kann auf der Motorwelle durch Einpressen befestigt, aber auch mit der Eingangswelle aus einem Stück gefertigt und im Getriebe angeordnet werden (s. Bild 13.4.57a). Es ist breiter als das mit ihm in Eingriff stehende Rad auszuführen, damit axiales Spiel der Wellen keinen Einfluß auf die Tragfähigkeit erlangt. Das gilt auch für das zweite Ritzel mit z_3, das ebenfalls als Ritzelwelle mit aufgepreßtem Rad herstellbar ist. Das zweite Rad am Ausgang des Getriebes ist möglichst zweistellig beiderseits des Rades zu lagern.

Das Gestell besteht aus vier Platinen, deren äußere mit angebogenen Befestigungswinkeln versehen und die untereinander durch Abstandsbolzen verbunden sind (s. Bild 13.4.57a). Die Summe der an den Gestellteilen vorhandenen, axial wirkenden Toleranzen ist bei der Festlegung des Maßes zwischen den Lagerabsätzen der Welle zu berücksichtigen.

Aufgabe 13.4.3. Berechnung und Gestaltung eines Umlaufrädergetriebes

Für einen schnellaufenden Motor mit $n_1 = 20000$ U/min ist ein Umlaufrädergetriebe gemäß **Bild 13.4.66**a erforderlich, dessen Abtriebswelle sich mit $n_3 = 75$ U/min $\pm 0{,}25\%$ drehen soll. Der Motor vermag ein Drehmoment $M_{\mathrm{d}} = 0{,}5\ \mathrm{N \cdot mm}$ zu erzeugen. Der Außendurchmesser des Getriebes soll den Wert $D = 56$ mm nicht überschreiten. Die Drehrichtungszuordnung zwischen Ein- und Ausgang des Getriebes ist beliebig, da der Motor in beiden Drehrichtungen betriebsfähig ist.

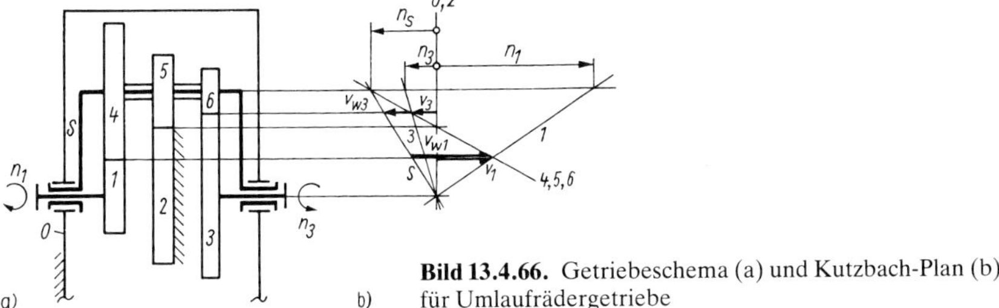

Bild 13.4.66. Getriebeschema (a) und Kutzbach-Plan (b) für Umlaufrädergetriebe

Es sind das Getriebe zu dimensionieren und das am Ausgang des Getriebes verfügbare Drehmoment zu bestimmen, wobei ein Wirkungsgrad je Zahneingriffsstelle von $\eta_z = 0{,}98$ zugrunde zu legen ist.

Lösung

1. Getriebeentwurf

Der Entwurf des Getriebes erfolgt zweckmäßig mit Hilfe des Kutzbach-Plans (Bild 13.4.66b). Durch dessen analytische Auswertung läßt sich die Beziehung $n_{ab} = f(n_{an})$ ermitteln. Dazu ist der Drehzahlplan in den Geschwindigkeitsplan zu integrieren, z. B. so, daß die Summe der Radien $r_1 + r_4$ der Polweite des Drehzahlplans entspricht. Aus den geometrischen Gegebenheiten dieses Plans ergeben sich folgende Beziehungen:

$$v_1/r_1 = n_1/(r_1 + r_4),$$

$$v_1/(r_2 - r_1) = v_2/(r_3 - r_2),$$

$$v_2/r_3 = n_3/(r_1 + r_4).$$

Nach Zusammenfassen dieser drei Gleichungen erhält man die gesuchte Beziehung

$$n_3 = n_1 r_1 \,(r_2 - r_3)/(r_3(r_2 - r_1)).$$

Diese Gleichung zeigt, wie eine große Übersetzung n_1/n_3 erzielt werden kann: r_3 sowie die Differenz zwischen r_2 und r_1 müssen groß und die Differenz zwischen r_2 und r_3 muß möglichst klein sein. Zweckmäßig ersetzt man nun die Radien durch die entsprechenden Zähnezahlen. Das ist zulässig, wenn im gesamten Getriebe der gleiche Modul vorliegt. Die Gleichung lautet dann

$$n_3 = n_1 z_1 \,(z_2 - z_3)/(z_3\,(z_2 - z_1)).$$

Durch Einsetzen verschiedener Zähnezahlen sind jene Zähnezahlen, die die erforderliche Übersetzung gewährleisten, zu ermitteln. In diesem Fall ergeben sich $z_1 = 17$, $z_2 = 76$ und $z_3 = 77$. Damit erhält man die Istübersetzung

$$i_{ist} = n_1/n_3 = 77\,(76 - 17)/(17(76 - 77)) = -267{,}23$$

und die Abweichung von der Sollübersetzung

$$(i_{ist} - i_{soll})/i_{soll} = (267{,}2 - 266{,}7)/266{,}7 = 0{,}00187 = 0{,}187\,\%.$$

Die Ausgangsdrehzahl liegt also in der in der Aufgabe geforderten Toleranz.
Wie die Gleichung $n_3 = f(n_1)$ zeigt, haben hier nur die Zentralräder auf die Übersetzung Einfluß. Die Umlaufräder lassen sich in ihrer absoluten Größe beliebig festlegen, müssen aber in ihren Durchmesserdifferenzen denen der Zentralräder entsprechen.

2. Kräfteverhältnisse

Bei Annahme einer verlustfreien Übertragung der Leistung gelten folgende aus **Bild 13.4.67** ableitbare Beziehungen:

$$\rightarrow:\; F_{t1} - F_{t2} + F_{t3} = 0;$$

$$\widehat{F_{t2}}:\; F_{t1}\,(r_2 - r_1) - F_{t3}\,(r_3 - r_2) = 0.$$

Bild 13.4.67. Kräfte am Steg eines Umlaufrädergetriebes

Daraus folgt (bezogen auf Modul m)

$$F_{t1} = F_{t3}\,(r_3 - r_2)/(r_2 - r_1) = 3{,}47\ \text{N}\cdot\text{mm}\,(77 - 76)/(76 - 17)/m = 0{,}0588\ \text{N}\cdot\text{mm}/m;$$

$$F_{t2} = F_{t1} + F_{t3} = 3{,}529\ \text{N}\cdot\text{mm}/m;$$

mit $F_{t3} = 2M_{dab}/(z_3 m) = 2\cdot 267{,}23\cdot 0{,}5\ \text{N}\cdot\text{mm}/(77m) = 3{,}47\ \text{N}\cdot\text{mm}/m$.

Berechnung des Moduls und weiterer Abmessungen:

Der größte Durchmesser des Getriebes ergibt sich zu

$$D = 2a_d + d_4 + 2h_a = (2\cdot 14{,}1 + 23{,}1 + 2\cdot 0{,}3)\ \text{mm} = 51{,}9\ \text{mm}.$$

Der Modul wird für die am stärksten belastete Stufe, das ist die mit dem gestellfesten Rad *2*, berechnet und als gerundete Größe im gesamten Getriebe angewendet. Die kleinen Räder mit $z = 17$ bzw. 18 sollen aus Ck22 (vergütet), die großen Räder mit $z = 76$ bzw. 77 aus C15 (vergütet) hergestellt werden. Ck22 hat eine Biegewechselfestigkeit von $\sigma_{bW} = 280\,\text{N/mm}^2$, und es wird ein Sicherheitsfaktor $S = 2$ gewählt. Der Modul ergibt sich aus $m = \sqrt[3]{2M_d/(z\lambda\pi C_{grenz})}$.
Mit $C_{grenz} = 0{,}07\sigma_{b\,zul} = 0{,}07 \cdot 280\,\text{N/mm}^2/2 = 9{,}8\,\text{N/mm}^2$ und $M_{d5} = F_{t2}z_5m/2 = 0{,}5 \cdot 3{,}529 \cdot 18\,\text{N} \cdot \text{mm} = 31{,}761\,\text{N} \cdot \text{mm}$ folgt $m = \sqrt[3]{2 \cdot 31{,}761/(18 \cdot 6 \cdot \pi \cdot 9{,}8)}\,\text{mm} = 0{,}267\,\text{mm}$, gewählt wird $m = 0{,}3\,\text{mm}$.
Damit erhält man: $F_{t1} = 0{,}0588/0{,}3\,\text{N} = 0{,}196\,\text{N}$; $F_{t2} = 3{,}529/0{,}3\,\text{N} = 11{,}763\,\text{N}$ und $F_{t3} = 3{,}47/0{,}3\,\text{N} = 11{,}567\,\text{N}$.
Weitere Getriebeabmessungen sind: $d_1 = d_6 = 17 \cdot 0{,}3\,\text{mm} = 5{,}1\,\text{mm}$; $d_2 = 76 \cdot 0{,}3\,\text{mm} = 22{,}8\,\text{mm}$; $d_3 = d_4 = 77 \cdot 0{,}3\,\text{mm} = 23{,}1\,\text{mm}$; $d_5 = 18 \cdot 0{,}3\,\text{mm} = 5{,}4\,\text{mm}$; $a_d = 0{,}5\,(d_1 + d_4) = 0{,}5\,(5{,}1 + 23{,}1)\,\text{mm} = 14{,}1\,\text{mm}$.
Aus der Tatsache, daß i_{ges} nicht von der absoluten Größe der Umlaufräder abhängt, läßt sich eine Vereinfachung ableiten, die konstruktive Vorteile bietet: Die Räder *5* und *6* sind mit der gleichen Zähnezahl $z = 17$ ausgeführt, so daß sie sich zu einem breiten Rad vereinigen lassen. Mit diesem Radkomplex mit $z = 17$ kämmt nur Rad *3* einwandfrei; Rad *2* hat einen Zahn weniger und deshalb einen zu großen Achsabstand. Deshalb muß Rad *2* korrigiert werden:

$$a_d = 0{,}5\,(76 + 17)\,0{,}3\,\text{mm} = 13{,}95\,\text{mm}$$

$$a = 0{,}5\,(77 + 17)\,0{,}3\,\text{mm} = 14{,}1\,\text{mm}$$

$$\cos\alpha_w = a_d \cos\alpha/a = 13{,}95 \cdot 0{,}93969/14{,}1 = 0{,}929696;$$

$$a_w = 21{,}6125°.$$

$$\Sigma x = (\text{ev}\alpha_w - \text{ev}\alpha)\,\Sigma z/(2\tan\alpha) = (0{,}018971 - 0{,}014904)\,93/(2 \cdot 0{,}36397) = 0{,}519.$$

Rad *2* wird durch eine positive Profilverschiebung $x = 0{,}519$ korrigiert.

3. Wirkungsgrad und Antriebsmoment
Bei allen Paarungen in Umlaufrädergetrieben, bei denen das Zentralrad gegenüber dem Gestell drehbar ist, treten relative Wälzgeschwindigketen auf. Das ist jeweils der Betrag, um den sich die der Stegdrehzahl entsprechende Geschwindigkeit von der Umfangsgeschwindigkeit des entsprechenden Zentralrades unterscheidet.
Im vorliegenden Getriebe werden folgende Leistungen durch Relativgeschwindigkeiten umgesetzt (Bilder 13.4.66 und 13.4.67):

$$P_{w1} = F_{t1}v_{w1} \quad \text{mit} \quad v_{w1} = v_1 + v_{s1}; \qquad v_1 = n_1r_1; \qquad v_{s1} = n_sr_1;$$

$$P_{w3} = F_{t3}v_{w3} \quad \text{mit} \quad v_{w3} = v_{s3} - v_3; \qquad v_3 = n_3r_3; \qquad v_{s3} = n_sr_3.$$

Die Paarung Rad *2*/Rad *5*, bei der Rad *2* gestellfest ist, hat keine relative Wälzgeschwindigkeit, die Differenz zwischen den Geschwindigkeiten des Stegs und des Rades *5* ist Null. Diese Getriebestufe verhält sich also wie ein Standgetriebe.
Die Werte der Wälzleistungen ergeben sich zu

$$P_{w1} = F_{t1}\,(v_1 + v_{s1}) = 0{,}196\,\text{N}\,(849{,}99 + 43{,}55)\,\text{mm/s} = 175{,}134\,\text{N}\cdot\text{mm/s} \triangleq 0{,}175\,\text{W};$$

$$P_{w3} = F_{t3}\,(v_{s3} - v_3) = 11{,}567\,\text{N}\,(197{,}27 - 14{,}39)\,\text{mm/s} = 2115{,}3\,\text{N}\cdot\text{mm/s} \triangleq 2{,}115\,\text{W}.$$

Die erforderliche Eingangsleistung beträgt

$$P_e = (P_3 + (1 - \eta_z)\,(P_{w1} + P_{w3}))/\eta_z = (1{,}049 + (1 - 0{,}98)\,(0{,}175 + 2{,}115))\,\text{W}/0{,}98 = 1{,}117\,\text{W}.$$

Der Gesamtwirkungsgrad ergibt sich damit zu

$$\eta_{ges} = P_3/P_e = 1{,}049/1{,}117 = 0{,}939.$$

Das unter Berücksichtigung der Verluste am Ausgang des Getriebes verfügbare Drehmoment beträgt

$$M_{dab} = M_{d3}\eta_{ges} = 0{,}5 \cdot 267{,}23 \cdot 0{,}939\,\text{N} \cdot \text{mm} = 125{,}5\,\text{N} \cdot \text{mm}.$$

4. Konstruktive Gestaltung (s. auch Abschnitt 13.4.13.)
Eine Aufteilung der zu übertragenden Leistung auf mehrere Umlaufräder, verteilt am Umfang der Zentralräder, ist bei der gewählten Zähnezahlkombination nicht möglich.
Obwohl der Steg leer läuft und seine Achse auch nicht herausgeführt werden muß, sind er und seine Lagerung ausreichend steif zu gestalten, damit die durch die Umlaufräder übertragenen Kräfte, die ja nicht in einer gemeinsamen Ebene liegen, keine unzulässige, die Eingriffsverhältnisse beeinträchtigende Verformung bewirken können.
Um die Wirkung der Massenkräfte infolge der einseitigen Massenverteilung auf dem Steg zu vermeiden, muß dieser auf der den Umlaufrädern entgegengesetzten Seite Ausgleichsmassen erhalten und ausgewuchtet werden.

Literatur zu den Abschnitten 13.2. und 13.4.
(Grundlagenliteratur s. Literatur zum Abschnitt 1.)

Bücher, Dissertationen

[13.4.1] *Schiebel, A.; Lindner, W.:* Zahnräder, Bde. 1 und 2. Berlin, Heidelberg: Springer-Verlag 1954 und 1957.
[13.4.2] *Trier, H.:* Die Zahnform der Zahnräder. Werkstattbücher, H. 47, 5. Aufl.; Die Kraftübertragung durch Zahnräder. Werkstattbücher, H. 87, 4. Aufl. Berlin, Heidelberg: Springer-Verlag 1958 und 1962.

[13.4.3] *Schreier, G.:* Stirnrad-Verzahnungen. Berlin: Verlag Technik 1961.

[13.4.4] *Keck, K. F.:* Die Zahnradpraxis. Teil 1: Geradzahnräder. Teil 2: Schrägzahnräder, Geradzahn- und Spiralkegelräder. München: R. Oldenbourg Verlag 1956 und 1958.

[13.4.5] *Michaelec, G. W.:* Precision gearing. New York: John Wiley & Sons Ltd. 1966.

[13.4.6] *Linke, H.:* Stirnradverzahnungen – Berechnung, Werkstoffe, Fertigung. München, Wien: Carl Hanser Verlag 1996.

[13.4.7] *Krause, W.:* Plastzahnräder. Berlin: Verlag Technik 1985.

[13.4.8] *Weinhold, H.; Krause, W.:* Das neue Toleranzsystem für Stirnradverzahnungen. Berlin: Verlag Technik 1981.

[13.4.9] *Niemann, G.; Winter, H.:* Maschinenelemente. Bd. II. Getriebe allgemein, Zahnradgetriebe – Grundlagen, Stirnradgetriebe. 2. Aufl. Berlin, Heidelberg: Springer-Verlag 1983.

[13.4.10] *Zirpke, K.:* Zahnräder. 13. Aufl. Leipzig: Fachbuchverlag 1989.

[13.4.11] *Opitz, F.:* Handbuch der Verzahntechnik. 2. Aufl. Berlin: Verlag Technik 1981.

[13.4.12] *Thomas, A. K.:* Zahnradherstellung, Teil 1: Stirnräder, Schneckengetriebe, Betriebsbücher, H. 15. München: Carl Hanser Verlag 1971.

[13.4.13] *Thomas, A. K.; Charchut, W.:* Die Tragfähigkeit der Zahnräder. 7. Aufl. München: Carl Hanser Verlag 1971.

[13.4.14] *Dittrich, O.; Schumann, R.:* Anwendungen der Antriebstechnik. Bd. III. Getriebe. Mainz: Krausskopf-Verlag 1974.

[13.4.15] *Geyer, H.; Gemmer, H.; Strelow, H.:* Qualitätsformteile aus thermoplastischen Kunststoffen. Düsseldorf: VDI-Verlag 1974.

[13.4.16] Autorenkollektiv (Hrsg. *Volmer, J.*): Getriebetechnik – Umlaufrädergetriebe. 2. Aufl. Berlin: Verlag Technik 1978.

[13.4.17] *Leistner, F.; Lörsch, G.; u. a.:* Getriebetechnik – Umlaufrädergetriebe. 4. Aufl. Berlin: Verlag Technik 1990.

[13.4.18] *Müller, H. W.:* Die Umlaufgetriebe. Auslegung und vielseitige Anwendung. 2. Aufl. Berlin, Heidelberg, New York: Springer-Verlag 1998.

[13.4.19] *Böge, A.:* Die Mechanik der Planetengetriebe. Braunschweig: Verlag Friedrich Vieweg & Sohn 1980.

[13.4.20] *Sachse, H.:* Theoretische Untersuchungen über das Bezugsprofil und seinen Einfluß auf die Paarungsmöglichkeiten von Geradzahnstirnrädern in der Feinwerktechnik. Diss. TU Dresden 1964.

[13.4.21] *Roth, K.-H.:* Zahnformen und Getriebeeigenschaften bei Verzahnungen der Feinwerktechnik. Diss. TH München 1963.

[13.4.22] *Krause, W.:* Untersuchungen zum Geräuschverhalten evolventenverzahnter wälzgefräster Geradzahnstirnräder der Feinwerktechnik. Diss. TU Dresden 1966.

[13.4.23] *Krause, W.:* Evolventenverzahnte Geradzahnstirnräder in der Feingerätetechnik – Berechnung und Konstruktion. Habilitationsschrift TU Dresden 1970.

[13.4.24] *Siegemund, W.; Brand, S.; Rösner, H.:* Übertragungsverhalten von Zahnrad- und Zahnriemengetrieben kleiner Moduln. Diss. TU Dresden 1974.

[13.4.25] *Sang, Le Van:* Drehwinkeltreue mehrstufiger Stirnradgetriebe der Feingerätetechnik. Diss. TU Dresden 1979.

[13.4.26] *Klotzsche, R.:* Kinematische Genauigkeit von Plastzahnrädern der Feingerätetechnik. Diss. TU Dresden 1980.

[13.4.27] *Nill, E.:* Die Übertragungseigenschaften spritzgegossener Kunststoffzahnräder in der Feinwerktechnik. Diss. TU Stuttgart 1977.

[13.4.28] *Beurich, H.:* Paßsysteme für Stirnradpaare mit Moduln unter 1 mm. Diss. TU Dresden 1982.

[13.4.29] *Thürigen, Ch.:* Zahnradgetriebe für Mikromotoren. Diss. TU Dresden 1999.

Aufsätze

[13.4.40] *Krause, W.:* Momentanes Übersetzungsverhältnis und Eingriffsimpulse bei Evolventenverzahnungen der Feingerätetechnik. Feingerätetechnik 13 (1964) 11, S. 491.

[13.4.41] *Hildebrand, S.:* Evolventen-Bezugsprofile in der Feinwerktechnik. VDI-Bericht 47 (Zahnräder und Zahnradgetriebe), Essen 1960 und: Feingerätetechnik 16 (1967) 3, S. 123.

[13.4.42] *Klein, O.:* Mikromechanisches Leistungsgetriebe mit 6 mm Durchmesser. F & M – Mechatronik 111 (2003) 4, S. 30.

[13.4.43] *Oleksiuk, W.:* Verfahren zur Minimierung der Baugröße feinmechanischer einstufiger Zahnradgetriebe. Feingerätetechnik 32 (1982) 5, S. 202.

[13.4.44] *Slatter, R.:* Mikroantriebe für präzise Positionieranwendungen. antriebstechnik 42 (2003) 6, S. 39.

[13.4.45] *Siemon, B.:* Kinematik und Auslegung des exzentrisch gelagerten Zahnradpaares. Konstruktion 34 (1982) 3, S. 105.

[13.4.46] *Schropp, E.:* Kleingetriebe für die Feinwerktechnik. Antriebstechnik 16 (1977) 4, S. 223.

[13.4.47] *Gamer, U.:* Zur Kinematik des Zahnstangengetriebes. Maschinenbautechnik 21 (1972) 7, S. 315.

[13.4.48] *Krause, W.:* Kinematische Genauigkeit von Zahnradgetrieben der Feingerätetechnik. 25. Internat. Wiss. Koll. der TH Ilmenau. Vortragsreihe Geräteentwicklung, S. 95.

[13.4.49] *Höfling, S.:* Planetengetriebe für die Medizintechnik. antriebstechnik 42 (2003) 2, S. 25.

[13.4.50] *Krause, W.; Le Van Sang:* Berechnung der Drehwinkelübertragungsabweichung mehrstufiger Stirnradgetriebe. Feingerätetechnik 29 (1980) 9, S. 387.

[13.4.51] *Krause, W.; Brand, S.:* Konstruktive Gestaltung von Präzisionsgetrieben der Feingerätetechnik. Feingerätetechnik 25 (1976) 1, S. 11.

[13.4.52] *Kiesewetter, L.; Schweizer, W.:* Flaches Koaxialgetriebe für hohe Übersetzungen. Konstruktion 26 (1974) 11, S. 437.

[13.4.53] *Schropp, E.:* Planetengetriebe in Kunststoffausführung für Kleingetriebe. Feinwerktechnik u. Meßtechnik 83 (1975) 4, S. 164.
[13.4.54] *Slatter, R.:* Kürzere Bauform und niedrigere Übersetzungen für spielfreie Getriebe. Feinwerktechnik · Mikrotechnik · Mikroelektronik 109 (2001) 4, S. 41; s. auch F & M – Mechatronik 111 (2003) 5, S. 13.
[13.4.55] *Hank, P.:* Optimierung einer Antriebseinheit durch ein Planetengetriebe. Feinwerktechnik u. Meßtechnik 90 (1982) 4, S. 171.
[13.4.56] *Klein, B.:* Grenzbereiche für selbsthemmende Planetengetriebe. Z. VDI 126 (1984) 7, S. 221.
[13.4.57] *Klein, B.:* Das Wolfromgetriebe – eine Planetengetriebebauform für hohe Übersetzungen. Feinwerktechnik u. Meßtechnik 89 (1981) 4, S. 177.
[13.4.58] *Kunad, G.; Leistner, F.:* Wellgetriebe-Funktion, Bauformen und Kinematik. Wiss. Zeitschr. TH Magdeburg 26 (1982) 6, S. 67.
[13.4.59] *Krause, W.:* Flankenspiel bei Kunststoffzahnrädern. antriebstechnik 42 (2003) 7, S. 26.
[13.4.60] *Roth, K.:* Stirnradpaarungen mit 1- bis 5zähnigen Ritzeln im Maschinenbau. Konstruktion 26 (1974) 11, S. 425.
[13.4.61] *Kollenroth, F.; Mende, H.:* Eveloid-Verzahnung für Leistungsgetriebe mit großen Übersetzungsverhältnissen. VDI-Bericht Nr. 322, S. 235. Düsseldorf: VDI-Verlag 1979.
[13.4.62] *Krause, W.:* Rechnergerechter Aufbau von Zahnradtoleranzsystemen. Maschinenbautechnik 32 (1983) 2, S. 67.
[13.4.63] *Krause, W.; Sachse, H.:* Toleranzen von Stirnradverzahnungen mit kleinem Modul. Teil I: Vergleich von Meßergebnissen mit den Verzahnungstoleranzen nach TGL und GOST. Teil II: Vorschläge für die Grundlagen eines Toleranzsystems. Feingerätetechnik 18 (1969) 7, S. 322; 11, S. 507.
[13.4.64] *Krause, W.:* Schadensfälle bei wartungsfreien Gleitlagern. Mechatronik/Elektronik – Entwicklung und Gerätebau (F & M) 110 (2002) 9, S. 37.
[13.4.65] *Krause, W.:* Einheitliches System der Toleranzen und Passungen für Zahnradgetriebe mit Moduln unter 1 mm. Feingerätetechnik 27 (1978) 5, S. 228.
[13.4.66] *Krause, W.:* Grenzen der Flankenspielerzeugung bei Anwendung der Verzahnungstoleranzen nach DIN 3961 bis DIN 3967 in der Feingerätetechnik. Feingerätetechnik 21 (1972) 2, S. 83.
[13.4.67] *Krause, W.; Ringk, H.:* Anleitung zur Tolerierung von Zahnstangenradpaaren mit Moduln unter 1 mm. Preprint 10-1-81 der TU Dresden.
[13.4.68] *Hultzsch, E.:* Einzel- und Sammelfehlermessungen mit neueren Meßgeräten aus der DDR und SU für Kleinzahnräder. Teil I bis IV. Feingerätetechnik 15 (1966) 9 und 10; 16 (1967) 4, S. 169; 11, S. 514.
[13.4.69] *Priplata, H.:* Messen von Kleinstirnrädern auf dem neuen Evolventenprüfgerät VG 450 K. Feingerätetechnik 16 (1967) 3, S. 120.
[13.4.70] *Stefka, V.:* Die Sammelfehlerprüfung von Zahnrädern im Ein- und Zweiflanken-Wälzprüfverfahren. Feinwerktechnik 74 (1970) 8, S. 327.
[13.4.71] *Krause, W.:* Schadensfälle bei feinwerktechnischen Zahnrädern. F & M-Mechatronik 110 (2002) 6, S. 48.
[13.4.72] *Rommerskirch, W.:* Ein Einflankenwälzfehlermeßgerät für Feinverzahnungen. Feinwerktechnik u. Meßtechnik 84 (1976) 3, S. 136.
[13.4.73] *Koßler, A.; Klichowitcz, H.-J.; Hartmann, W. M.:* Messung und Auswertung gerad- und schrägverzahnter Stirnräder mit Koordinatenmeßgerät und Kleinrechner. Feingerätetechnik 31 (1982) 9, S. 390.
[13.4.74] *Krause, W.; Klotzsche, R.:* Flankenspiel bei Plastzahnrädern. Feingerätetechnik 32 (1983) 4, S. 172.
[13.4.75] *Klotzsche, R.:* Thermoplastische Werkstoffe für Stirnräder in der Feingerätetechnik. Feingerätetechnik 27 (1978) 5, S. 230.
[13.4.76] *Krause, W.; Klotzsche, R.:* Konstruktive Gestaltung von Plastzahnrädern. Feingerätetechnik 33 (1984) 2, S. 54.
[13.4.77] *Giraudi, C.:* Erreichbare Toleranzen und Qualität von Kunststoffzahnrädern in der Feinwerktechnik. Feinwerktechnik u. Meßtechnik 90 (1982) 7, S. ZM 6.
[13.4.78] *Krause, W.:* Grundlagenforschung zur internationalen Standardisierung von Zahnrädern mit Moduln unter 1 mm, Maschinenbautechnik 32 (1983) 10, S. 469.
[13.4.79] *Braunger, H.-P.:* Toleranzen und Qualität von Kunststoffzahnrädern in der Feinwerktechnik. NUZ Schmuck und Uhren 33 (1979) 3, S. 21.
[13.4.80] *Haberstroh, O.:* Zahnräder aus Kunststoff. Feinwerktechnik u. Meßtechnik 91 (1983) 3, S. ZM 6.
[13.4.81] *Slatter, R.:* Getriebe nach Maß – Spielfreie Kleinstantriebe für präzise Positionieraufgaben. Mechatronik/Elektronik – Entwicklung und Gerätebau (F & M) 110 (2002) 1–2, S. 51.
[13.4.82] *Krause, W.:* Untersuchung der Reibungsverhältnisse bei feinwerktechnischen Verzahnungen. Feingerätetechnik 16 (1967) 3, S. 131.
[13.4.83] *Krause, W.:* Normung feinwerktechnischer Verzahnungen. Feinwerktechnik & Meßtechnik 103 (1995) 9, S. 506.
[13.4.84] *Krause, W.:* Zahnradgetriebe für Kleinst- und Mikromotoren. VDI-Berichte 1269, S. 225. Düsseldorf: VDI-Verlag 1996.
[13.4.85] *Mrugalski, Z.:* Modifizierte Evolventenverzahnung für Kleingetriebe. Feinwerktechnik · Mikrotechnik · Mikroelektronik 104 (1996) 7–8, S. 557.
[13.4.86] *Krause, W.:* Betriebsverhalten feinwerktechnischer Stirnradgetriebe – Genauigkeit der Bewegungsübertragung. Feinwerktechnik · Mikrotechnik · Mikroelektronik 104 (1996) 11–12, S. 858.
[13.4.87] *Krause, W.:* Verlustleistung und Wirkungsgrad von Stirnradgetrieben. Feinwerktechnik · Mikrotechnik · Mikroelektronik 105 (1997) 1–2, S. 50.
[13.4.88] *Krause, W.:* Lärmminderung bei Stirnradgetrieben. Feinwerktechnik · Mikrotechnik · Mikroelektronik 105 (1997) 4, S. 212.
[13.4.89] *Krause, W.:* Übertragungselemente für Kleinantriebe. Wiss. Z. TU Dresden 50 (2001) 3, S. 74.
[13.4.90] *Krause, W.; Mokronowski, J.:* Wirkungsgradmessung bei Kleinstgetrieben. antriebstechnik 38 (1999) 8, S. 49.
[13.4.91] *Krause, W.:* Bauformen und Betriebsverhalten von Zahnradgetrieben für Kleinst- und Mikromotoren. Maschinenbautechnik 39 (1990) 7, S. 309.

13.5. Schraubenstirnradgetriebe

Zeichen, Benennungen und Einheiten

C	Belastungskennwert in N/mm^2
F_n, F'_n	Normalkraft, Normalkraftkomponente (in der Tangentialebene des Teilzylinders senkrecht zur Flankenlinie) in N
F_q	Querkraft (Lagerkraft) in N
F_t	Umfangskraft, Tangentialkraft in N
M_d	Drehmoment, Torsionsmoment in N · mm
P	Leistung in kW
S_T	Temperatursicherheit
a	Achsabstand in mm
b	Zahnbreite in mm
d	Durchmesser in mm
d_s	Schraubkreisdurchmesser in mm
g	Eingriffsstrecke in mm
h_a	Zahnkopfhöhe in mm ($h_a = h_a^* m$)
i	Übersetzung
m	Modul in mm
n	Drehzahl in U/min
p	Teilung in mm
p_e	Eingriffsteilung in mm
q_T	Temperaturfaktor in mm^2/W
r	Radius in mm
u	Zähnezahlverhältnis
v, v_g	Umfangs-, Gleit-(Schraubgleit-)Geschwindigkeit in m/s
x	Profilverschiebungsfaktor
z	Zähnezahl
Σ	Achsenwinkel in °
α	Eingriffswinkel in °
β	Schrägungswinkel in °
ε	Überdeckung
η	Wirkungsgrad
μ, μ'	Reibwert (μ' bezogen auf F'_n)
ϱ, ϱ'	Reibwinkel in ° (ϱ' bezogen auf F'_n)

Indizes

G	Getriebe, Gesamt-
L	Lager
a	Kopfkreis, Zahnkopf
b	Grundzylinder, Grundkreis
e	Eingriff
f	Fußkreis, Zahnfuß
grenz	Grenzwert, zulässiger Wert
min	Mindestwert
n	Normalschnitt
r	Radialrichtung
s	Schraubpunkt, -achse, -zylinder
t	Stirnschnitt oder Tangentialrichtung
v	Verlust
x	Axialrichtung, Axialschnitt
z	Zahn, Verzahnung
1	Rad *1* (kleines, treibendes Rad)
2	Rad *2* (großes, getriebenes Rad)

Ein Schraubenstirnradgetriebe ist ein Zahnradgetriebe, bei dem die Achsen sich kreuzen und die Radkörper zylindrische Grundform haben. Es entsteht durch Paarung von schrägverzahnten Stirnrädern **(Bild 13.5.1)**, deren Flankenlinien im Gegensatz zu denen von Stirnradgetrieben mit parallelen Achsen jedoch einen gleichen Steigungssinn aufweisen (beide rechts- oder linkssteigend). Beim Zahneingriff tritt dadurch neben dem Wälzgleiten noch ein Schraubgleiten auf, und es liegt nur Punktberührung vor. Dies hat geringere Tragfähigkeit und größeren Verschleiß zur Folge, so daß diese Getriebe zur Übertragung größerer Leistungen i. allg. wenig geeignet sind. Für die Bewegungsübertragung in feinmechanischen Erzeugnissen gelangen sie jedoch vielfach zur Anwendung, da sie unter den Bedingungen der feinmechanischen Massenfertigung Vorteile besitzen. Aufgrund der Punktberührung sind sie u. a. unemp-

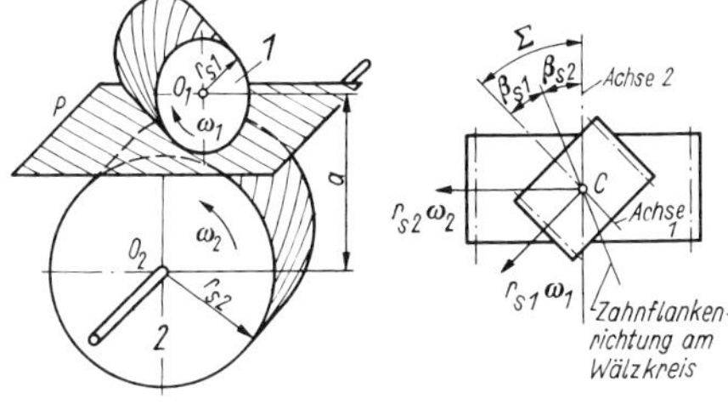

Bild 13.5.1. Schraubenstirnradpaar *1, 2* mit Planverzahnung *P*
a Achsabstand; $\beta_{s1,2}$ Schrägungswinkel am Schraubzylinder; Σ Achsenwinkel

findlich gegen kleinere Abweichungen des Schrägungswinkels β sowie des Achsenwinkels Σ, und sie lassen sich bei ausreichender Zahnbreite in Achsrichtung verschieben, ohne daß es zu einer Beeinträchtigung des Zahneingriffs kommt. Die mit dieser Verschiebung verbundene Verdrehung wird z.B. beim Einstellen von Nockenwellen genutzt. Außerdem ist der Wirkungsgrad im Vergleich zu miniaturisierten Schneckengetrieben zumindest bei $\beta_1 = \beta_2 = 45°$ größer. Gegen Achsabstandsabweichungen sind diese Getriebe aber empfindlich, da dann die Summe der Schrägungswinkel an den Schraubzylindern nicht gleich dem Achsenwinkel ist. Einwandfreier Lauf ließe sich bei Veränderung des Achsabstands nur dann erreichen, wenn gleichzeitig der Achsenwinkel geändert würde.

Schraubenstirnradgetriebe werden meist mit einem Achsenwinkel $\Sigma = 90°$ ausgeführt. Bei $\Sigma < 25°$ weitet sich der Berührungspunkt zu einer langgestreckten Ellipse aus, so daß dann auch größere Leistungen übertragen werden können. Bei $\Sigma = 0°$ und damit für $\beta_1 = -\beta_2$ ergibt sich der Grenzfall des schrägverzahnten Stirnradgetriebes mit parallelen Achsen (s. Abschnitt 13.4.6.). Durch Umkehr des Steigungssinns der Zähne beider Räder ändert sich bei gleichem Antrieb die Drehrichtung des Abtriebsrades.

13.5.1. Geometrische Beziehungen [1.17] [13.5.1] bis [13.5.4]

Für das einzelne Rad eines Schraubenstirnradpaares gelten die Bestimmungsgrößen und Maße der Stirnräder gem. Abschnitt 13.4. Der Eingriffswinkel α_n im Normalschnitt beträgt gemäß den in DIN 867 und 58400 genormten Bezugsprofilen (s. Bild 13.4.5) also ebenfalls 20°. Jedoch tritt an die Stelle der Wälzgeraden bei der Paarung von Stirnrädern hier die Schraubachse (Index s), die den Achsabstand a im Verhältnis der Schraubradien r_{s1} und r_{s2} der beiden Räder teilt. Nur bei Null- und V-Null-Verzahnung (s. auch Abschnitte 13.4.5. und 13.4.6.) gelten die im weiteren allgemeingültig für die Schraubkreise mit den Durchmessern d_{s1} und d_{s2} formulierten Verzahnungsdaten auch für die Teilkreise, also $d_{s1} = d_1$, $m_{sn} = m_n$, $\beta_{s1} = \beta_1$ usw. Bei V-Getrieben muß die Summe der Schrägungswinkel auf den Betriebswälzzylindern dem Achsenwinkel entsprechen, wodurch sich die Berechnung sehr aufwendig gestaltet (s. Abschnitt 13.5.3.).

Die nachfolgend mit Index 1 für Rad *1* (Kleinrad) dargestellten Gleichungen gelten mit Index 2 analog für Rad *2* (Großrad).

Für den Teilkreisdurchmesser d_1 gilt

$$d_1 = z_1 m_n/\cos \beta_1 = z_1 m_{t1} \tag{13.5.1}$$

und für den Schraubkreisdurchmesser d_{s1}

$$d_{s1} = z_1 m_{sn}/\cos \beta_1 = d_{b1}/\cos \alpha_{st1}. \tag{13.5.2}$$

Der Achsenwinkel Σ ist gegeben durch die Schrägungswinkel β der Räder *1* und *2* auf dem Schraubzylinder (Index s):

$$\Sigma = \beta_{s1} + \beta_{s2}, \tag{13.5.3}$$

wobei rechtssteigende Schrägungswinkel positiv und linkssteigende negativ sind. Demgemäß ergibt sich das Vorzeichen für Σ (z. B. $\Sigma = 40° + (-30°) = +10°$).

Bei beliebigem Achsenwinkel Σ gilt für die Übersetzung i

$$i = n_1/n_2 = z_2/z_1 = d_{s2} \cos \beta_{s2}/(d_{s1} \cos \beta_{s1}). \tag{13.5.4}$$

Bei treibendem Rad *1* entspricht i damit dem Zähnezahlverhältnis u gem. Abschnitt 13.2.1., bei treibendem Rad *2* ist $|i| = 1/u$. Bei $\Sigma = 90°$ und damit $\beta_1 + \beta_2 = 90°$ kann man in dieser Gleichung für $\cos \beta_{s2} = \sin \beta_{s1}$ setzen, so daß gilt

$$i = d_{s2} \sin \beta_{s1}/(d_{s1} \cos \beta_{s1}) = (d_{s2}/d_{s1}) \tan \beta_{s1}. \tag{13.5.5}$$

Man erkennt, daß im Gegensatz zu Stirnradgetrieben mit parallelen Achsen bei Schraubenstirnradgetrieben die Übersetzung außer von den Teilkreisdurchmessern auch von den Schrägungswinkeln abhängt, wodurch mit Schraubenstirnrädern gleichen Durchmessers Übersetzungen $i \neq 1$, z. B. $i = 2$, verwirklicht werden können.

Wegen der ungünstigen Berührungsverhältnisse ist ein Wert von $i_{max} = 5$ nicht zu überschreiten. Bei $i > 5$ ist Schneckengetrieben der Vorzug zu geben.

Für den Achsabstand gilt allgemein

$$a = 0{,}5\ (d_{s1} + d_{s2}) = 0{,}5\ m_{sn}\ (z_1/\cos \beta_{s1} + z_2/\cos \beta_{s2}). \tag{13.5.6a}$$

Bei $\Sigma = 90°$ erhält man daraus

$$a = 0{,}5\ (d_{s1} + d_{s2}) = 0{,}5\ m_{sn}\ (z_1/\cos \beta_{s1} + z_2/\sin \beta_{s1}) \tag{13.5.6b}$$

bzw. mit $i = z_2/z_1$

$$a = 0{,}5\ (d_{s1} + d_{s2}) = 0{,}5\ m_{sn}z_1\ (1/\cos\beta_{s1} + i/\sin\beta_{s1}). \tag{13.5.6c}$$

Für a wird aus Fertigungsgründen in der Regel ein rundes Maß gewählt. Liegen auch die Zähnezahlen z_1 und z_2 sowie der Normalmodul m_n (auszuwählen ist ein genormter Wert gem. Tafel 13.2.1) fest, sind die Schrägungswinkel zu bestimmen. Durch Umformen von Gl. (13.5.6b) erhält man bei $\Sigma = 90°$ und Null- oder V-Null-Verzahnung, also mit $m_{sn} = m_n$ und $\beta_s = \beta$

$$z_n m_n/(2a\cos\beta_1) + z_2 m_n/(2a\sin\beta_1) = 1. \tag{13.5.7}$$

Es handelt sich um eine goniometrische Gleichung, die nicht ohne weiteres explizit für β_1 darstellbar ist. Man wendet deshalb das in **Bild 13.5.2** dargestellte grafische Verfahren an, welches sich zugleich auch zur schnellen Auslegung von Getrieben eignet (z. B. Ermittlung optimaler Werte von β bezüglich Wirkungsgrad bei gegebenen Größen z und a; [13.5.10], s. auch Abschnitt 13.5.3. Analoge Bestimmung von β bei $\Sigma \neq 90°$ s. [13.5.12], weitere Verzahnungsgrößen s. **Tafel 13.5.1**.

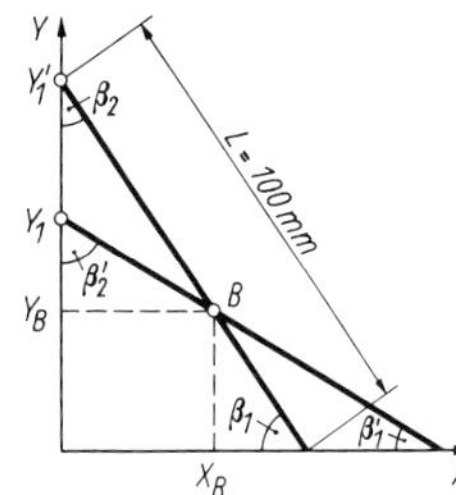

Lösungsschritte:
Multiplizieren von Gl. (13.5.7) mit Faktor 100 und Einführung der Abkürzungen

$X_B = 100 z_1 m_n/(2a)$; $\quad Y_B = 100 z_2 m_n/(2a)$

ergibt $X_B/\cos\beta_1 + Y_B/\cos\beta_2 = 100$.
Eintragen von X_B und Y_B in rechtwinkliges Koordinatensystem in Millimetern und Einzeichnen der Parallelen zu Koordinaten liefert Schnittpunkt B.
Verschieben der Endpunkte eines Lineals von $L = 100$ mm so durch B, daß diese auf den Achsen verlaufen, ergibt i. allg. zwei Lösungen, die mit X-Achse die Winkel β_1 und β_1' bilden.
$Y_1/100$ und $Y_1'/100$ sind die Funktionen $\sin\beta_1'$ und $\sin\beta_1$, deshalb zweckmäßig nicht die Winkel direkt, sondern die Ordinaten Y_1 und Y_1' ablesen und Winkel einer Tabelle entnehmen.
Unter Beachtung der Zeichengenauigkeit abschließend Nachrechnung und evtl. Korrektur sowie wiederholte Nachrechnung vornehmen.
Geht L nicht durch B, gibt es für die zugehörigen Parameter keine Lösung.

Bild 13.5.2. Bestimmung der Schrägungswinkel β bei Schraubenstirnradpaaren mit Achsenwinkel $\Sigma = 90°$ bei gegebenen Werten z_1, z_2 und a [13.5.10]

Tafel 13.5.1. Verzahnungsgrößen für Schraubenstirnradpaare
bezogen auf Schraubkreise mit Index s und dargestellt für Rad *1* mit Index 1; nur bei Null- und V-Null-Verzahnung gelten Gleichungen auch für Teilkreise, also $d_{s1} = d_1$, $\beta_{s1} = \beta_1$, $m_{sn} = m_n$ usw.; bei Verwendung von Index 2 gelten Gleichungen analog für Rad *2*

Grundkreisdurchmesser	$d_{b1} = z_1 m_{bt1}$	(a)
Kopfkreisdurchmesser	$d_{a1} = d_1 + 2h_a^* m_n$	(b)
Modul auf Teilzylinder		
im Normalschnitt	$m_n = d_1\cos\beta_1/z_1 = d_2\cos\beta_2/z_2$	(c)
im Stirnschnitt	$m_{t1} = m_n/\cos\beta_1$	(d)
Modul auf Schraubzylinder (s. Gl. (f) für Schrägungswinkel auf Schraubzylinder)		
Modul auf Grundzylinder	$m_{bt1} = m_{t1}\cos\alpha_{t1}$	(e)
Schrägungswinkel (s. auch Bild 13.5.2)		
auf Schraubzylinder	$\sin\beta_{s1} = \sin\beta_1 m_{sn}/m_n =$	(f)
	$\sin\beta_1\cos\alpha_n/\cos\alpha_{sn}$	(g)
bzw.	$\tan\beta_{s1} = 2a\sin\beta_1/(z_1 m_n) - z_2/z_1$	(h)
auf Grundzylinder	$\cos\beta_{b1} = \sin\alpha_n/\sin\alpha_{t1}$	(i)
Eingriffswinkel auf Teilzylinder		
im Stirnschnitt	$\tan\alpha_{t1} = \tan\alpha_n/\cos\beta_1$	(j)
Eingriffswinkel auf Schraubzylinder		
im Normalschnitt	$\cos\alpha_{sn} = \sin\beta_1\cos\alpha_n/\sin\beta_{s1}$	(k)
im Stirnschnitt	$\sin\alpha_{st1} = \sin\alpha_{sn}/\cos\beta_{b1}$	(l)

13.5.2. Eingriffsverhältnisse und Überdeckung [13.5.12] bis [13.5.16]

Grundlage für die Betrachtung der Eingriffsverhältnisse ist das Ersatzstirnradgetriebe, dessen Bezugsprofil durch den Normalschnitt der Schrägverzahnung festgelegt wird. Die Radien der

Ersatzstirnräder (**Bild 13.5.3** a) betragen $r_{n1(2)} = r_{1(2)}/\cos^2\beta_{b1(2)}$ und die zugehörigen Zähnezahlen (virtuelle Zähnezahl) $z_{n1(2)} = z_{1(2)}/(\cos^2\beta_{b1(2)}\cos\beta_{1(2)}) \approx z_{1(2)}/\cos^3\beta_{1(2)}$. Damit lassen sich alle geometrischen Berechnungen aus den im Abschnitt 13.4. enthaltenen Beziehungen für Stirnradpaare mit parallelen Achsen ableiten.

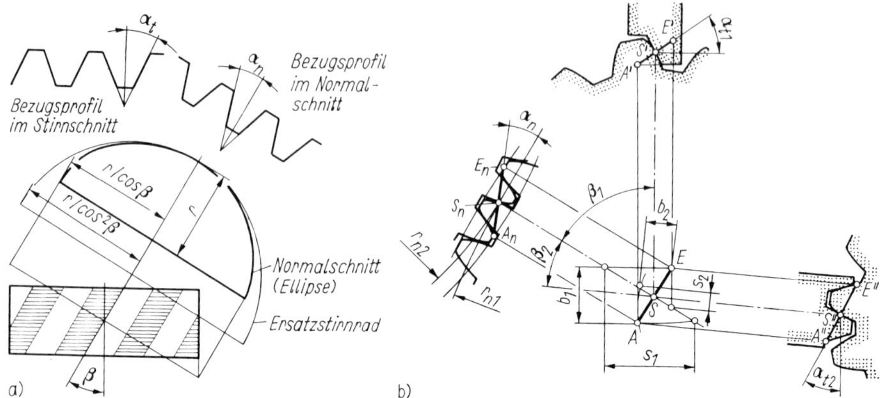

Bild 13.5.3. Schraubenstirnräder
a) Ersatzstirnrad; b) Zahneingriffsverhältnisse

Im Bild (b) sind die Zahneingriffsverhältnisse dargestellt. Die Kopfzylinder schneiden die Eingriffslinie in den Punkten A und E und legen damit die Eingriffsstrecke $g = \overline{AE}$ fest:

$$g = \overline{AE} = \overline{SE} + \overline{SA} \tag{13.5.8a}$$

$$\overline{SE} = 0{,}5\,(\sqrt{d_{a1}^2 - d_{b1}^2} - \sqrt{d_{s1}^2 - d_{b1}^2})/\cos\beta_{b1} \tag{13.5.8b}$$

$$\overline{SA} = 0{,}5\,(\sqrt{d_{a2}^2 - d_{b2}^2} - \sqrt{d_{s2}^2 - d_{b2}^2})/\cos\beta_{b2} \tag{13.5.8c}$$

$\overline{SE}$, $\overline{SA}$ Kopfeingriffsstrecken.

Zahnbreite. Um die Eingriffsstrecke $\overline{AE}$ voll ausnutzen zu können, müssen die Räder Mindestbreiten b_{min} haben. Wird $\overline{AE}$ auf die Mantellinie der Grundzylinder der Räder *1* und *2* projiziert, erhält man für die Eingriffsbreite b_{min}

$$b_{min\,1} = g\sin\beta_{b1}; \qquad b_{min\,2} = g\sin\beta_{b2}. \tag{13.5.9a, b}$$

Die Teile der Verzahnung, die in Axialrichtung außerhalb dieses Bereiches liegen, kommen nicht in Eingriff (Berechnung von $\beta_{b1,2}$ s. Gl. (i) in Tafel 13.5.1).

Für ausreichende Seitenstabilität der Zähne ist eine Breite $b \geqq 6\,m_n$ festzulegen, in der Regel wählt man $b \approx 10\,m_n$. Bei Leistungsgetrieben bedarf dieser Wert jedoch einer Kontrolle gem. Abschnitt 13.5.4.

Überdeckung. Entsprechend Abschnitt 13.2.2. ergibt sich die Überdeckung aus dem Quotienten von Eingriffsstrecke zu Eingriffsteilung. Im Normalschnitt des Schraubenstirnradpaares (Bild 13.5.3b) gilt damit

$$\varepsilon_n = \overline{A_nE_n}/p_{bn} = \overline{A_nE_n}/(m_n\pi\cos\alpha_n) = \varepsilon_{n1} + \varepsilon_{n2} \geqq 1 \tag{13.5.10}$$

mit den Teilüberdeckungen $\varepsilon_{n1} = \overline{S_nE_n}/p_{en}$ für Rad *1* und $\varepsilon_{n2} = \overline{S_nA_n}/p_{en}$ für Rad *2* (p_e Eingriffsteilung).

Geht man von den Ersatzzähnezahlen z_n aus, dann lassen sich die in den Abschnitten 13.4.3. und 13.4.5. enthaltenen Bilder 13.4.7 und 13.4.14 in einfacher Weise zur Bestimmung der

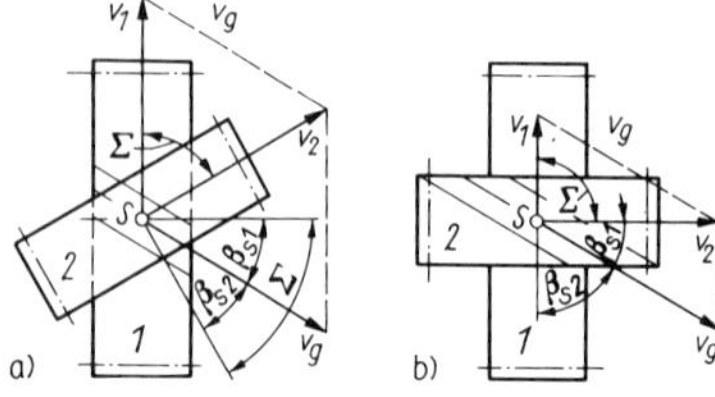

Bild 13.5.4. Geschwindigkeiten bei Schraubenstirnradpaaren [13.5.1]
a) mit Achsenwinkel $\Sigma < 90°$; b) mit Achsenwinkel $\Sigma = 90°$

Überdeckung auch von Schraubenstirnradpaaren in Abhängigkeit von Verzahnungsgrößen sowie von Fertigungs- und Montageabweichungen nutzen [13.5.15] [13.5.16].

Gleitgeschwindigkeiten. Bei Stirnradgetrieben mit parallelen Achsen tritt an den Zahnflanken neben der Wälzbewegung nur eine Gleitbewegung in Richtung der gemeinsamen Tangente auf (Wälzgleiten). Bei Schraubenstirnradpaaren kommt es zusätzlich zu einem Gleiten der Flanken längs ihrer Flankenlinie in Richtung der Zahnschräge (Schraubgleiten) mit der Gleitgeschwindigkeit v_g, die zur Berechnung von Verlustleistung und Wirkungsgrad (s. Abschnitt 13.5.6.) benötigt wird. Sie ergibt sich gem. **Bild 13.5.4**a als geometrische Differenz der Umfangsgeschwindigkeiten v_1, v_2 der Räder *1* und *2*:

$$v_g = v_1 \sin|\Sigma|/\cos|\beta_{s2}| = v_2 \sin|\Sigma|/\cos|\beta_{s1}|. \tag{13.5.11}$$

Bei Achsenwinkel $\Sigma = 90°$ (b) vereinfacht sich diese Beziehung zu $v_g = v_1/\cos\beta_{s2} = v_1/\sin\beta_{s1}$ bzw. $v_g = v_2/\cos\beta_{s1} = v_2/\sin\beta_{s2}$.

13.5.3. Profilverschiebung [13.5.2] [13.5.12]

Gemäß den im Abschnitt 13.4.6. für schrägverzahnte Stirnräder dargestellten Zusammenhängen lassen sich durch geeignete Wahl der Profilverschiebung sowohl für den Achsabstand *a* als auch für die Schrägungswinkel β_1 und β_2 am Teilkreis runde Werte erreichen. Allerdings gestaltet sich die Berechnung bei Schraubenstirnradpaaren aus den einleitend zum Abschnitt 13.5.1. genannten Gründen sehr aufwendig und erfordert vielfach ein iteratives Vorgehen. Für Achsenwinkel $\Sigma = 90°$ enthält **Tafel 13.5.2** dazu eine Rechenvorschrift [13.5.2].

Tafel 13.5.2. Berechnung der Profilverschiebung bei Schraubenstirnradpaaren mit Achsenwinkel Σ = 90° [13.5.2]

① Berechnung des Achsabstandes *a* der Nullverzahnung aus Gl. (13.5.6), ohne Index s:

$a = 0{,}5\, m_n\, (z_1/\cos\beta_1 + z_2/\cos\beta_2)$

und Runden von *a* auf erforderlichen Wert a_s.

② Mit dadurch gegebenen Größen a_s, $\Sigma = 90°$, α_n, z_1, z_2, m_n und β_1 Ermittlung der Schraubkreisdurchmesser d_{s1} und d_{s2} (Hinweise zur Wahl von β_1 s. Abschnitt 13.5.6.) an Hand der in Tafel 13.5.1 dargestellten Gln. (a) bis (l) in nachstehender Reihenfolge:

β_{s1} aus (f) und (h); β_{s2} aus $\Sigma = \beta_{s1} + \beta_{s2}$; α_{t1}, α_{t2} aus (j); m_{t1}, m_{t2} aus (d); m_{bt1}, m_{bt2} aus (e); β_{b1}, β_{b2} aus (i); α_{sn} aus (g); α_{st1}, α_{st2} aus (l); d_{s1}, d_{s2} aus Gl. (13.5.2).

③ Überprüfung des Achsabstandes mit Werten d_{s1} und d_{s2}:

$a_s = 0{,}5\, (d_{s1} + d_{s2})$.

④ Bestimmung der Summe der Profilverschiebungsfaktoren (evα = invα):

$\Sigma x = [z_1\, (\mathrm{ev}\,\alpha_{st1} - \mathrm{ev}\,\alpha_{t1}) + z_2\, (\mathrm{ev}\,\alpha_{st2} - \mathrm{ev}\,\alpha_{t2})]/(2\tan\alpha_n)$

und Aufteilung von Σx auf Räder *1* und *2* (x_1, x_2) gem. Hinweisen in den Abschnitten 13.4.5. und 13.4.6.

Bei Berechnung des Kontrollergebnisses von *a* kann Abweichung vom Eingangswert auftreten, was Iteration erfordert (Variieren von β_{s1}).

13.5.4. Tragfähigkeitsberechnung [1.17] [13.5.1] [13.5.2] [13.5.11] [13.5.14]

Infolge der Punktberührung und des starken Gleitens dominieren bei Schraubenstirnradpaaren mit Achsenwinkeln $\Sigma > 25°$ vorrangig Gleitverschleiß oder Fressen. Dies erfordert den Einsatz verschleißfester Zahnradwerkstoffe und ausreichende Schmierung (s. Abschnitt 13.4.12.). Die Größe der übertragbaren Leistung ist dennoch begrenzt. Es wird deshalb unter Beachtung der wirkenden Zahnkräfte **(Tafel 13.5.3)** i. allg. analog Abschnitt 13.4.11.3. nur die nachfolgend dargestellte überschlägliche Tragfähigkeitsberechnung vorgenommen, die für feinmechanische Getriebe als ausreichend anzusehen ist. Man geht gem. Gl. (13.4.38) aus von einem Belastungskennwert

$$C = F_{t1}/(b_1 p_n) \leqq C_{grenz}. \tag{13.5.12}$$

Die Umfangskraft F_{t1} am treibenden Rad läßt sich aus der Leistung P_1 und der Umfangsgeschwindigkeit v_1 am Rad *1* bestimmen:

$$F_{t1} = 1000\ P_1/v_1; \qquad (13.5.13)$$

F_{t1} in N; P_1 in kW; $v_1 = d_1\pi n_1/60000$ in m/s; d_1 in mm, n_1 in U/min.

Tafel 13.5.3. Zahnkräfte an Schraubenstirnradpaaren

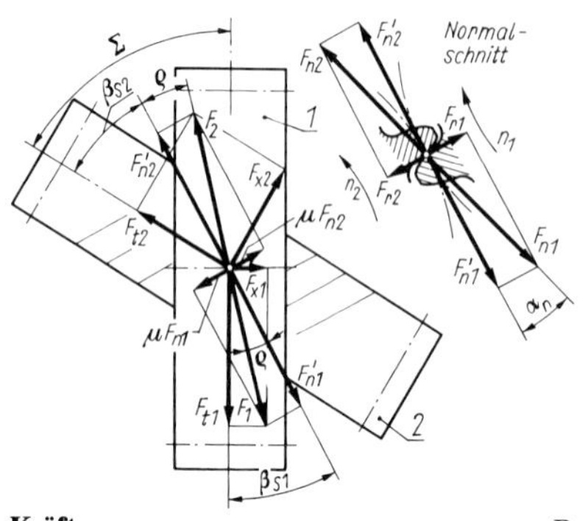

Reibkraft μF_n wirkt in Richtung der Flankenlinien und bildet mit F'_n (in Draufsicht) Resultierende F. Am jeweiligen Rad zerlegt sich F in Axialkraft F_x und Tangentialkraft (Umfangskraft) F_t.

Kräfte	an Rad *2* (Abtrieb):[1] [2]	an Rad *1* (Antrieb):[1] [2]
Umfangskraft[3] (Tangentialkraft)	$F_{t2} = P_2/v_2$	$F_{t1} = F_{t2}\dfrac{\cos(\beta_{s2} - \varrho)}{\cos(\beta_{s2} + \varrho)}$
	$F_{t2} = F_2 \cos(\beta_{s2} + \varrho)$	$= F_1 \cos(\beta_{s1} - \varrho)$
Axialkraft	$F_{x2} = F_{t2} \tan(\beta_{s2} + \varrho)$	$F_{x1} = F_{t1} \tan(\beta_{s1} - \varrho)$
Radialkraft	$F_{r1} = F_{r2} = F_n \sin\alpha_{sn} = F_{t1} \tan\alpha_{sn} \cos\varrho/\cos(\beta_{s1} - \varrho)$	
	$= F_{t2} \tan\alpha_{sn} \cos\varrho/\cos(\beta_{s2} + \varrho)$	
Normalkraft	$F_n = F_{n1} = F_{n2} = F_{t1} \cos\varrho/[\cos\alpha_{sn} \cos(\beta_{s1} - \varrho)]$	

Lagerkräfte: Berechnung aus angreifenden Kräften F_t, F_x, F_r und Abmessungen (Lagerabstand usw.), wobei Kippmoment aus Axialkraft einen Anteil der Radial-Lagerkräfte liefert und i. allg. $\varrho = 0$ zu setzen ist; resultierende Auflagerkräfte durch Betrachtung in zwei aufeinander senkrecht stehenden Ebenen (s. [13.5.1] [13.5.2]).

[1]) Bei Null- und V-Null-Verzahnung, also wenn Teilzylinder = Schraubzylinder, gilt $\alpha_{st} = \alpha_t$, $\alpha_{sn} = \alpha_n$, $\beta_{s1} = \beta_1$, $\beta_{s2} = \beta_2$.
[2]) ϱ Reibwinkel, bei guter Schmierung $\varrho \approx 3 \ldots 6°$, sonst $\tan\varrho = \mu$.
[3]) s. a. Abschnitt 13.2.1.

Aus der Beziehung $F_{t1} \leqq C_{grenz} b_1 p_n = C_{grenz} b_1 m_n \pi = 1000\ P_1/v_1$ mit der Normalteilung $p_n = m_n\pi$ kann entweder die übertragbare Leistung

$$P_{1\,zul} = b_1 m_n \pi v_1 C_{grenz}/1000 \qquad (13.5.14)$$

oder mit dem Richtwert $b_1 \approx 10\,m_n$ der erforderliche Normalmodul

$$m_n \geqq \sqrt{100\ P_1/(\pi C_{grenz} v_1)} = \sqrt{F_{t1}/(10\pi C_{grenz})} \qquad (13.5.15)$$

errechnet werden;

P in kW; b_1 in mm; m_n in mm; v_1 in m/s; F_{t1} in N; C_{grenz} in N/mm² (Werte s. **Tafel 13.5.4**).

Um Flankenschäden zu vermeiden (Verschleißsicherheit), empfiehlt sich außerdem eine

Tafel 13.5.4. Belastungskennwerte C_{grenz} für Schraubenstirnradpaare [1.17]

Werkstoffpaarung	C_{grenz} in N/mm² bei v_g								q_T
	bis 1	2	3	4	5	6	7	8 m/s	mm²/W
St/GGL; GGL/GGL	1,8	1,4	1,1						9,5
St/Bz; GGL/Bz	2	1,8	1,6	1,4	1,2	1,1	0,95	0,8	5,4
St, geh./St, geh.	5	4,5	4	3,3	2,8	2,5	2,2	2	2,7

GGL Grauguß, in DIN mit GG bezeichnet; Bz Zinnbronze

Nachrechnung der Temperatursicherheit:

$$S_T = d_1 b_1/(1000\ P_{vz} q_T) \geqq 1{,}2; \qquad (13.5.16)$$

d_1 in mm, b_1 in mm, P_{vz} Verlustleistung in kW (s. Abschnitt 13.5.6.); q_T Temperaturfaktor in mm^2/W (s. Tafel 13.5.4).

13.5.5. Werkstoffe, Schmierung, Gestaltung, Toleranzen

Wesentlich für die Tragfähigkeit ist eine möglichst glatte Oberfläche der Flanken des härteren Rades. Besonders verschleißfest sind borierte Stahlräder.
Bei Gleitgeschwindigkeiten v_g bis 0,5 m/s bzw. Umfangsgeschwindigkeiten v_1 bis 1 m/s ist eine einmalige Schmierung vor Inbetriebnahme, besser aber eine Tauchschmierung in Getriebefett empfehlenswert, bei höheren Gleitgeschwindigkeiten Öl-Tauchschmierung. Freßgefahr läßt sich durch Öle mit leichten EP-Zusätzen vermeiden. Jedoch kann sich dabei der Gleitverschleiß erhöhen (s. Abschnitt 8.4.).

Weitere Hinweise zu Werkstoffwahl, Schmierung und konstruktiver Gestaltung s. Abschnitte 13.4.12. und 13.4.13.
Zu Verzahnungstoleranzen für das einzelne Rad eines Schraubenstirnradpaares s. Abschnitt 13.4.10. Für Getriebepassungen liegen derzeit noch keine genormten Festlegungen vor; Empfehlungen enthält [13.4.8].
Hingewiesen sei darauf, daß bei großen Schrägungswinkeln die Zahnweitenmessung evtl. Schwierigkeiten bereitet, es erfolgt deshalb vielfach Zahndickenmessung über Kugeln.

13.5.6. Verlustleistung und Wirkungsgrad [13.5.1] [13.5.2] [13.5.6] [13.5.7]

Nachfolgend werden nur die Verzahnungsverlustleistung P_{vz} und daraus abgeleitet der Verzahnungswirkungsgrad η_z betrachtet, wobei ähnliche Verhältnisse wie bei Schraubengetrieben vorliegen (s. Abschnitt 13.10.; Gesamtverlustleistung von Zahnradgetrieben s. Abschnitt 13.4.14.2.).
Bei großen Achsenwinkeln $\Sigma > 50°$ kann man die Wälzreibung normal zu den Flankenlinien (Gleiten in Zahnhöhenrichtung) gegenüber der Schraubreibung in Längsrichtung der Zahnflanken (Gleiten längs der Schraubachse) vernachlässigen. In dieser Richtung wirkt die Reibkraft μF_n (Kräfte s. Tafel 13.5.3), die durch Multiplikation mit der Schraub-Gleitgeschwindigkeit v_{gs} gem. Gl. (13.5.11) die Verlustleistung P_{vz} ergibt.
Gem. Abschnitt 13.4.14.2. erhält man aus der Abtriebsleistung $P_2 = F_{t2} v_2$ und aus der Antriebsleistung $P_1 = F_{t1} v_1$ bzw. der vorher erwähnten Verlustleistung P_{vz} den Verzahnungswirkungsgrad η_z. Setzt man $F_{t1} = F_1 \cos(\beta_{s1} - \varrho)$ und $F_{t2} = F_2 \cos(\beta_{s2} + \varrho)$ mit $F_1 = F_2$ sowie $v_1 = v_n/\cos\beta_{s1}$ und $v_2 = v_n/\cos\beta_{s2}$ mit der gleichen Normalgeschwindigkeit v_n der Berührungspunkte der Zahnflanken (Geschwindigkeiten s. Abschnitt 13.5.2.), so gilt für Null- und V-Null-Verzahnungen mit $\beta_s = \beta$ allgemein

$$\eta_z = \cos\beta_1 \cos(\beta_2 + \varrho)/[\cos\beta_2 \cos(\beta_1 - \varrho)] = (1 - \mu \tan\beta_2)/(1 + \mu \tan\beta_1) \qquad (13.5.17)$$

und bei $\Sigma = 90°$

$$\eta_z = \tan\beta_2/\tan(\beta_2 + \varrho). \qquad (13.5.18)$$

Aus der Bedingung $d\eta_z/d\beta_1 = 0$ ergibt sich ein Maximum für η_z bei $\beta_1 = 0{,}5\,(\Sigma + \varrho)$. **Bild 13.5.5** verdeutlicht, daß Werte β_1 etwa zwischen 30° und 60° zu wählen sind.

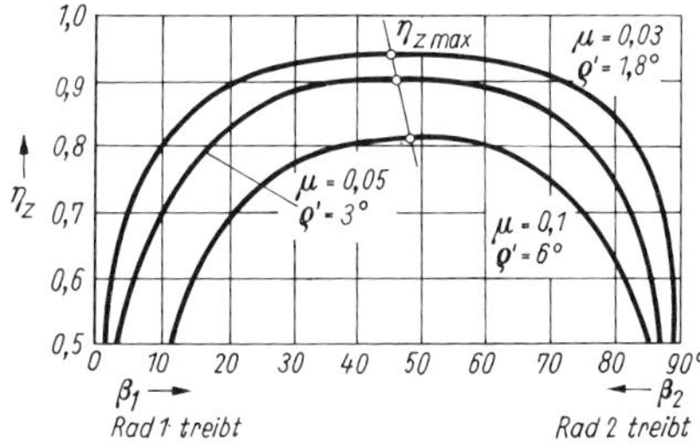

Bild 13.5.5. Verzahnungswirkungsgrad η_z von Schraubenstirnradpaaren

Überschreitet die Größe von β_2 einen Grenzwert, so ist der Antrieb von Rad *1* aus nicht mehr möglich. Setzt man in Gl. (13.5.17) $\eta_z = 0$, erhält man $\tan\beta_2 = 1/\mu = 1/\tan\varrho = \tan(90° - \varrho)$, d. h. Selbstsperrung bei $\beta_2 \geqq 90° - \varrho$. Hierfür ist bei treibendem Rad *1* nur $\eta_z \leqq 0{,}5$ erreichbar. Bei treibendem Rad *2* sind die Indizes in obigen Gleichungen zu vertauschen.

μ stellt einen mittleren Zahnreibwert dar (bei geschmierten Metallrädern rechnet man i. allg. mit $\mu = 0{,}05 \ldots 0{,}1$; bei St/St trocken $\mu = 0{,}4 \ldots 0{,}7$; bei St/Kunststoff $\mu = 0{,}2 \ldots 0{,}4$). Infolge der Neigung der Zahnflanken unter dem Eingriffswinkel α_n ist zu beachten, daß analog zur Schraube (s. Abschnitt 4.4.4.) dieser Reibwert theoretisch durch μ' und der zugehörige Reibwinkel ϱ durch ϱ' ersetzt werden müssen, wobei gilt: $\tan\varrho' = \mu' = \mu/\cos\alpha_n$. Da $\cos\alpha_n$ meist aber nahe eins liegt und wegen der Unsicherheit des Reibwertes, kann man i. allg. $\mu \approx \mu'$ und $\varrho \approx \varrho'$ setzen. Bei kleinen Achsenwinkeln $\Sigma < 50°$ muß auch das Gleiten in Zahnhöhenrichtung berücksichtigt werden, wodurch sich abhängig von der Gleitgeschwindigkeit der Wirkungsgrad zusätzlich um etwa 3% verringert [13.5.2] [13.5.3].

Der Gesamtwirkungsgrad je Getriebestufe kann in einem Bereich $\eta_G \approx 0{,}5 \ldots 0{,}95$ liegen, s. auch Gln. (13.4.51) und (13.4.52).

Normen und Richtlinien zu Stirnrädern s. Abschnitt 13.4., Tafeln 13.4.8 und 13.4.17.

13.5.7. Berechnungsbeispiel

Aufgabe 13.5.1. Dimensionierung eines Schraubenstirnradgetriebes

Durch einen Elektromotor sollen über eine Welle eine Reihe von gleichen Versuchsanlagen betrieben werden, deren jede eine Leistung von etwa $P = 50$ W benötigt. Da die Drehzahl des Motors ($n = 3000$ U/min) nicht untersetzt werden soll, kommt hier für jeden Abzweig ein Schraubenstirnradgetriebe mit einem Achsenwinkel $\Sigma = 90°$ und der Übersetzung $i \approx 1$ zur Anwendung.

Dieses Getriebe ist geometrisch und festigkeitsmäßig zu dimensionieren.

Lösung

1. Werkstoffpaarung. Um eine ausreichende Lebensdauer zu sichern, werden die Räder aus gehärtetem Stahl (C15, 16MnCr5) hergestellt.

2. Schrägungswinkel. Wegen der Gleitreibung der Flanken aufeinander (Schraubgleiten) ist es zweckmäßig, den Schrägungswinkel des treibenden Rades größer zu wählen als den des getriebenen Rades. Für einen optimalen Wirkungsgrad gilt $\beta_1 - \beta_2 = \varrho$. Bei guter Schmierung ist der Reibwinkel $\varrho \approx 5 \ldots 6°$. Mit $\varrho = 6°$ ergeben sich $\beta_1 = 48°$ und $\beta_2 = 42°$ ($\beta_s = \beta$).

3. Zähnezahlen. Gefordert ist $i \approx 1$. Damit nicht ständig die gleichen Zähne der beiden Räder miteinander in Eingriff kommen, erhält das Rad *2* einen Zahn mehr als Rad *1*. Als geeignete Zähnezahlen ergeben sich $z_1 = 28$ und $z_2 = 29$.

4. Modul. Mit $P = 50$ W und $n = 3000$ U/min ergibt sich das Drehmoment gemäß Gl. (13.2.6b) zu $M_d = 9550 \cdot P/n = (9550 \cdot 50/3000)\,\text{N}\cdot\text{mm} = 159{,}17\,\text{N}\cdot\text{mm}$.
Für d_1 wird zunächst ein Wert von 20 mm gewählt. Die Umfangskraft erhält man dann aus $F_t = 2M_d/d_1 = (159{,}17 \cdot 2/20)\,\text{N} = 15{,}917\,\text{N}$. C_{grenz} ergibt sich in Abhängigkeit von der Gleitgeschwindigkeit v_g aus Tafel 13.5.4: $v_g = v_1/\cos\beta_2$ mit $v_1 = 2\pi n r_1/60$; $v_g = (2\pi \cdot 3000 \cdot 10/(60 \cdot 0{,}7431))\,\text{mm/s} = 4227{,}7\,\text{mm/s} = 4{,}23\,\text{m/s}$. Für die Paarung St. geh./St. geh. gilt für v_g bis 5 m/s ein Wert $C_{grenz} = 2{,}8\,\text{N/mm}^2$. Damit erhält man den Modul aus
$m_n = \sqrt{F_{t1}/(10\pi C_{grenz})} = \sqrt{15{,}917/(10\pi 2{,}8)}$ mm $= 0{,}425$ mm, gewählt $m_n = 0{,}5$ mm.

5. Hauptgeometrische Abmessungen. Die vorliegenden Größen erlauben die endgültige Festlegung der Abmessungen, wobei das Bezugsprofil nach DIN 867 mit $h_a = 1{,}0m$ zugrunde gelegt wird (s. auch DIN 58405 T1, Abschnitt 2.1.):

$$\begin{aligned} d_1 &= z_1 m_n/\cos\beta_1 = (28 \cdot 0{,}5/0{,}66913)\ \text{mm} = 20{,}923\ \text{mm} \\ d_{a1} &= d_1 + 2\,h_a^* m_n = (20{,}923 + 2 \cdot 0{,}5)\ \text{mm} = 21{,}923\ \text{mm} \\ d_2 &= z_2 m_n/\cos\beta_2 = (29 \cdot 0{,}5/0{,}74314)\ \text{mm} = 19{,}512\ \text{mm} \\ d_{a2} &= d_2 + 2\,h_a^* m_n = (19{,}512 + 2 \cdot 0{,}5)\ \text{mm} = 20{,}512\ \text{mm}. \end{aligned}$$

Für den Achsabstand ergibt sich $a = 0{,}5\,(d_1 + d_2) = 20{,}217$ mm. Die Zahnbreite wird zu $b \approx 10\,m_n = 10 \cdot 0{,}5\,\text{mm} = 5\,\text{mm}$ festgelegt.

6. Überdeckung. Diese wird am Ersatzstirnradgetriebe berechnet:

$$\varepsilon_n = (0{,}5\,\sqrt{d_{an1}^2 - d_{bn1}^2} + 0{,}5\,\sqrt{d_{an2}^2 - d_{bn2}^2} - a_n \sin\alpha_n)/p_{en}.$$

Folgende Zwischengrößen sind erforderlich:
Stirneingriffswinkel α_t aus $\tan\alpha_{t1} = \tan\alpha_n/\cos\beta_1$:

$$\begin{aligned} \tan\alpha_{t1} &= 0{,}36397/0{,}66913 = 0{,}54394; \quad & \alpha_{t1} &= 28{,}544°; \\ \tan\alpha_{t2} &= 0{,}36397/0{,}74315 = 0{,}48977; \quad & \alpha_{t2} &= 26{,}094°. \end{aligned}$$

Schrägungswinkel am Grundzylinder β_b aus $\cos\beta_{b1} = \sin\alpha_n/\sin\alpha_{t1}$:

$$\begin{aligned} \cos\beta_{b1} &= 0{,}34202/0{,}47783 = 0{,}71578; \quad & \beta_{b1} &= 44{,}293°; \\ \cos\beta_{b2} &= 0{,}34202/0{,}43985 = 0{,}77759; \quad & \beta_{b2} &= 38{,}959°. \end{aligned}$$

Teilkreisdurchmesser des Ersatzstirnrades d_n aus $d_{n1} = d_1/\cos^2\beta_{b1}$:

$$d_{n1} = 20{,}923/0{,}512352 \text{ mm} = 40{,}837 \text{ mm}$$
$$d_{n2} = 19{,}512/0{,}604646 \text{ mm} = 32{,}270 \text{ mm}.$$

Grundkreisdurchmesser des Ersatzstirnrades d_{bn} aus $d_{bn1} = d_{n1} \cos \alpha_n$:

$$d_{bn1} = (40{,}837 \cdot 0{,}93969) \text{ mm} = 38{,}374 \text{ mm}$$
$$d_{bn2} = (32{,}270 \cdot 0{,}93969) \text{ mm} = 30{,}324 \text{ mm}.$$

Kopfkreisdurchmesser des Ersatzstirnrades d_{an} aus $d_{an1} = d_{n1} + 2h_a^* m_n$:

$$d_{an1} = (40{,}837 + 1) \text{ mm} = 41{,}837 \text{ mm}$$
$$d_{an2} = (32{,}270 + 1) \text{ mm} = 33{,}270 \text{ mm}.$$

Eingriffsteilung des Ersatzstirnrades $p_{en} = m_n\pi \cos \alpha_n = 1{,}476$ mm.
Achsabstand des Ersatzgetriebes $a_n = 0{,}5\,(d_{n1} + d_{n2}) = 36{,}553$ mm.
Die Überdeckung ergibt sich damit zu

$$\varepsilon_n = (0{,}5\,\sqrt{1750{,}345 - 1472{,}585} + 0{,}5\,\sqrt{1106{,}900 - 919{,}539}$$
$$- 36{,}553 \cdot 0{,}34202)/1{,}476 = (0{,}5\,(12{,}626 + 11{,}173) - 12{,}502)/1{,}476 = 1{,}812.$$

7. Eingriffsbreite

$$b_{\min 1} = g \sin \beta_{b1} = \varepsilon_n m_n \pi \sin \beta_{b1}:$$
$$b_{\min 1} = (1{,}81 \cdot 0{,}5 \cdot \pi \cdot 0{,}69833) \text{ mm} = 1{,}985 \text{ mm}$$
$$b_{\min 2} = (1{,}81 \cdot 0{,}5 \cdot \pi \cdot 0{,}62877) \text{ mm} = 1{,}788 \text{ mm}.$$

8. Übersetzung

$$i = (d_2 \tan \beta_1)/d_1 = 1{,}0357.$$

9. Tragfähigkeitsberechnung

Nachrechnung der Festigkeit

$$C = F_{t1}/(b_1 m_n) \leqq C_{\text{grenz}};$$
$$C = 15{,}917 \text{ N}/(5 \cdot 1{,}57 \text{ mm}^2) = 2{,}025 \text{ N/mm}^2 < C_{\text{grenz}} = 2{,}8 \text{ N/mm}^2$$

mit C_{grenz} gemäß Tafel 13.5.4 für $v_g = 5$ m/s.
Nachrechnung der Temperatursicherheit

$$S_T = d_1 b_1/(1000\, P_{vz} q_T) \geqq 1{,}2 \quad \text{mit} \quad b_1, d_1 \text{ in mm}; \quad P_{vz} \text{ in kW}; \quad q_T \text{ in mm}^2/\text{W}.$$

Benötigt wird die Verlustleistung $P_{vz} = P_1 - P_2$ mit $P_2 = \eta_z P_1$. Der Verzahnungswirkungsgrad η_z ergibt sich zu

$$\eta_z = \tan \beta_2/\tan (\beta_2 + \varrho) = 0{,}90040/1{,}11061 = 0{,}8107.$$

Damit ist

$$P_{vz} = (1 - \eta_z)\, P_1 = 0{,}1893 \cdot 50 \text{ W} = 9{,}465 \text{ W}.$$

Da ein Achsenwinkel $\Sigma > 50°$ vorliegt, kann der Anteil des Gleitens in Zahnhöhenrichtung an der Verlustleistung vernachlässigt werden.
Die Sicherheit gegen übermäßige Erwärmung ergibt sich somit zu

$$S_T = 20{,}923 \cdot 5 \text{ mm}^2/(9{,}465 \text{ W} \cdot 2{,}7 \text{ mm}^2/\text{W}) = 4{,}09 > 1{,}2.$$

Das Getriebe wird sich nicht übermäßig erwärmen, muß aber gut geschmiert werden (Öl-Tauchschmierung).

10. Verzahnungstoleranzen und -abmaße. Die Norm DIN 58405 (s. Tafel 13.4.8) gilt nur für Stirnradgetriebe mit parallelen Achsen. Sie läßt sich aber sinngemäß auf die in Schraubenstirnradgetrieben verwendeten schrägverzahnten Räder übertragen. Diese sollen hier mit einer Genauigkeitsklasse (Qualität) 9 der Verzahnung und einem Toleranzfeld f der Zahnweitenabmaße gefertigt werden (9f). Die Toleranzen der Zweiflankenwälzabweichung F_i'' und des Zweiflankenwälzsprungs f_i'' betragen damit $F_i'' = 45$ µm und $f_i'' = 16$ µm. Für das obere und untere Zahnweitenabmaß sind Werte von $A_{W_o} = -30$ µm und $A_{W_u} = -60$ µm einzuhalten. Das Achsabstandsabmaß $A_a = \pm 45$ µm kann ebenfalls gemäß DIN 58405 gewählt werden, womit sich ein Drehflankenspiel von $j_{t\,\max} \approx 96$ µm ergibt.
Zu beachten ist für Schraubenstirnradgetriebe, eine Toleranz f_Σ für den Achsenwinkel festzulegen, die man i. allg. gleich der für $f_{\Sigma\beta}$ setzt, im vorliegenden Fall also $f_\Sigma = f_{\Sigma\beta} = 36$ µm (bezogen auf 100 mm Achslänge).
Ausführlichere Hinweise zur Tolerierung von Schraubenstirnradgetrieben enthält [13.4.8].

Literatur zum Abschnitt 13.5.

(Grundlagenliteratur s. Literatur zum Abschnitt 1.
Grundlegende Literatur zu Zahnradgetrieben s. Literatur zum Abschnitt 13.4.)

Bücher, Dissertationen

[13.5.1] *Zirpke, K.:* Zahnräder. 13. Aufl. Leipzig: Fachbuchverlag 1989.

[13.5.2] *Niemann, G.; Winter, H.:* Maschinenelemente. Bd. III. Schraubrad-, Kegelrad-, Schnecken-, Ketten-, Riemen-, Reibradgetriebe, Kupplungen, Bremsen, Freiläufe. 2. Aufl. Berlin, Heidelberg: Springer-Verlag 1983.
[13.5.3] *Schiebel, A.; Lindner, W.:* Zahnräder. Bd. 2. Stirn- und Kegelräder mit schrägen Zähnen, Schraubgetriebe. 4. Aufl. Berlin, Heidelberg: Springer-Verlag 1957.
[13.5.4] *Trier, H.:* Die Zahnform der Zahnräder. Werkstattbücher, Heft 47, 5. Aufl. Berlin, Heidelberg: Springer-Verlag 1958.
[13.5.5] *Opitz, F.:* Handbuch der Verzahntechnik. 2. Aufl. Berlin: Verlag Technik 1981.
[13.5.6] *Naruce, Ch.:* Verschleiß, Tragfähigkeit und Verlustleistung bei Schraubenradgetrieben. Diss. TU München 1964.
[13.5.7] *Richter, M.:* Der Verzahnungswirkungsgrad und die Freßtragfähigkeit von Hypoid- und Schraubenradgetrieben. Diss. TU München 1976.

Aufsätze

[13.5.10] *Wetzel, R.:* Grafische Bestimmung des Schrägungswinkels für das treibende Rad bei Schraubengetrieben mit gegebenem Wellenabstand. Werkstatt und Betrieb 88 (1955) 11, S. 718.
[13.5.11] *Remezova, N. E.:* Tragfähigkeitsberechnung zylindrischer Schraubenräder. Konstruktion 14 (1962) 4, S. 160.
[13.5.12] *Rohonyi, C.:* Berechnung profilverschobener, zylindrischer Schraubenräder. Konstruktion 15 (1963) 11, S. 453.
[13.5.13] *Seifried, A.; Bürkle, R.:* Die Berührung der Zahnflanken von Evolventenschraubenrädern. Anwendung beim Zahnradschaben von Innen- und Außenstirnrädern und beim Zweiflankenwälzprüfen. Werkstatt und Betrieb 101 (1968) 4, S. 183.
[13.5.14] *Langenbeck, K.:* Schraubenradgetriebe zur Leistungsübertragung. VDI-Z. 111 (1969), S. 257.
[13.5.15] *Krause, W.; Le Duy Thac:* Beeinflussung der Überdeckung von Schraubenstirnradgetrieben durch Fertigungs- und Montageabweichungen. Preprint 10-1-86 der TU Dresden.
[13.5.16] *Beck, K.; Strickle, E.:* Schraubenräder aus Polyamiden. Konstruktion 62 (1972) 6, S. 387.
[13.5.17] *Krause, W.:* Überdeckung von Schraubenstirnradgetrieben. antriebstechnik 41 (2002) 8, S. 54.

13.6. Schneckengetriebe

Zeichen, Benennungen und Einheiten

C Belastungskennwert in N/mm^2
F_n, F'_n Normalkraft, Normalkraftkomponente (in der Tangentialebene des Teilzylinders senkrecht zur Flankenlinie) in N
F_q, F_r Querkraft (Lagerkraft), Radialkraft in N
F_t; F_x Umfangskraft, Tangentialkraft; Axialkraft in N
K_z Zähnezahlbeiwert
M_d Drehmoment, Torsionsmoment in N · mm
P Leistung in kW
a Achsabstand in mm
b_1 Zahnbreite (Länge) der Schnecke in mm
b_2 Zahnbreite des Schneckenrades in mm
c Kopfspiel in mm
d Durchmesser in mm
d_S Schaftdurchmesser in mm
d_{a1} Kopfkreisdurchmesser der Schnecke in mm
d_b Grundkreisdurchmesser bei ZI-Schnecke in mm
d_{e2} Außendurchmesser des Schneckenrades in mm
d_f Fußkreisdurchmesser in mm
d_m Mittenkreisdurchmesser in mm
f_e Außermittigkeit (Abweichung von der Schneckenradmittenebene) in µm
f_Σ Achsenwinkelabweichung in µm
h_a Zahnkopfhöhe in mm ($h_a = h_a^* m$)
i Übersetzung
l Lagerabstand in mm
m Modul des Schneckenradpaares mit $\Sigma = 90°$ ($m = m_x$) in mm
m_t Stirnmodul des Schneckenrades in mm
m_x Axialmodul der Schnecke in mm
n Drehzahl in U/min
p Teilung in mm
p_b Grundzylinderteilung bei ZI-Schnecke in mm
p_x Axialteilung der Schnecke in mm
p_{z1} Steigungshöhe der Schnecke in mm
q Formzahl (Durchmesserkoeffizient)
r Radius in mm

r_b Grundkreisradius der Evolventenschnecke in mm
s_{mn} Normalzahndicke, Mittenzylinderzahndicke der Schnecke in mm
u Zähnezahlverhältnis
v Umfangsgeschwindigkeit in m/s
v_g (mittlere) Gleitgeschwindigkeit in Flankenrichtung in m/s
w Faktor für Wirkungsgrad
x_2 Profilverschiebungsfaktor des Schneckenrades
z Zähnezahl
Σ Achsenwinkel in °
α Profilwinkel, Eingriffswinkel in °
α_0 Erzeugungswinkel in °
β_b Grundkreisschrägungswinkel bei Evolventenschnecke in °
γ Steigungswinkel in °
γ_b Grundsteigungswinkel in °
γ_m Mittensteigungswinkel in °
ε_α Profilüberdeckung
η Wirkungsgrad
μ Reibwert
ϱ Reibwinkel in °
σ_H Flankenpressung in N/mm²

Indizes

g Gleitbewegung
grenz Grenzwert, zulässiger Wert
m Mittenkreis
n Normalschnitt
r Radialrichtung
t Stirnschnitt oder Tangentialrichtung
x Axialrichtung, Axialschnitt
v Verlust
z Zahn, Verzahnung
1 Schnecke
2 Schneckenrad

Ein Schneckengetriebe ist ein Zahnradgetriebe, bei dem die Achsen sich i. allg. unter einem Achsenwinkel $\Sigma = 90°$ kreuzen und mindestens einer der Radkörper eine zylindrische oder globoidische Grundform hat. Es entsteht durch Paarung von Schnecke und Schneckenrad. Zwischen den Flanken tritt Linienberührung auf, und der Zahneingriff ist im Vergleich zu Stirnrädern durch einen hohen Gleitanteil gekennzeichnet. Da außerdem meist mehrere Zähne gleichzeitig im Eingriff sind, ermöglicht dies die Übertragung größerer Leistungen sowie einen geräuscharmen und schwingungsdämpfenden Lauf, bedingt aber zugleich einen geringen Wirkungsgrad.
Mit Schneckengetrieben können große Zähnezahlverhältnisse $u = z_2/z_1$ in einer Getriebestufe realisiert werden, bei Übersetzung ins Langsame $5 \leqq u \leqq 200$ (bei kleinen Leistungen bis $u = 1000$), bei Übersetzungen ins Schnelle $5 \leqq u \leqq 15$. Aufgrund dieser bei relativ kleinem Bauvolumen erreichbaren großen Werte und der damit verbundenen miniaturisierten Bauweise sowie wegen der Möglichkeit einer wirtschaftlichen Massenfertigung nimmt die Anwendung dieser Getriebe in der Feinmechanik zu.

13.6.1. Paarungsarten und Flankenformen [1.17] [13.5.1] bis [13.5.3] [13.6.20]

Die Schnecken haben einen oder mehrere Zähne, die ähnlich den Gängen von Schrauben um die Schneckenachse gewunden sind. Zur Charakterisierung der Zahnprofile dienen der Axialschnitt, der Normalschnitt und der Stirnschnitt **(Bild 13.6.1)**.

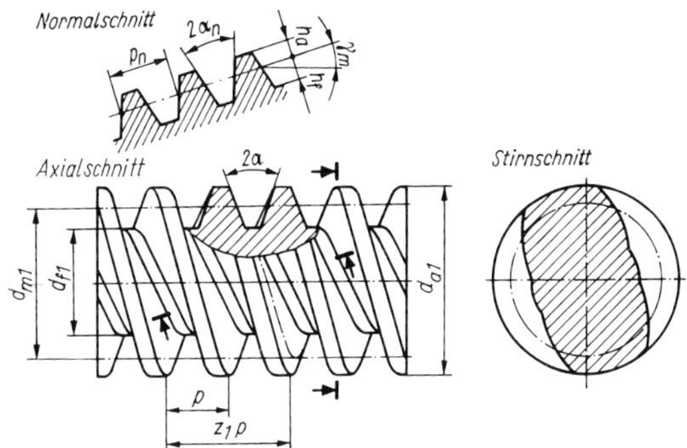

Bild 13.6.1. Axialschnitt, Normalschnitt und Stirnschnitt bei Schnecken (Beispiel Zylinderschnecke) [1.17]

Je nach Zähnezahl z_1 (Gangzahl) unterscheidet man ein- und mehrgängige Schnecken, die sowohl rechts- als auch linkssteigend ausgeführt werden können, wobei der Steigungssinn die Drehrichtung des Schneckenrades bestimmt.
Entsprechend der Form der Grundkörper von Schnecke und Schneckenrad unterscheidet man die im **Bild 13.6.2** dargestellten Paarungsarten. In der Feinmechanik werden bei meist geringen Forderungen an die Tragfähigkeit und einer notwendigen groben Tolerierung vornehmlich die in Herstellung und Montage billigeren Zylinderschneckengetriebe eingesetzt. Ohne Nachteile in bezug auf das Betriebsverhalten kann man dabei das aufwendig zu fertigende Globoidrad durch ein einfaches Schrägstirnrad ersetzen (s. auch Tafel 13.6.2).

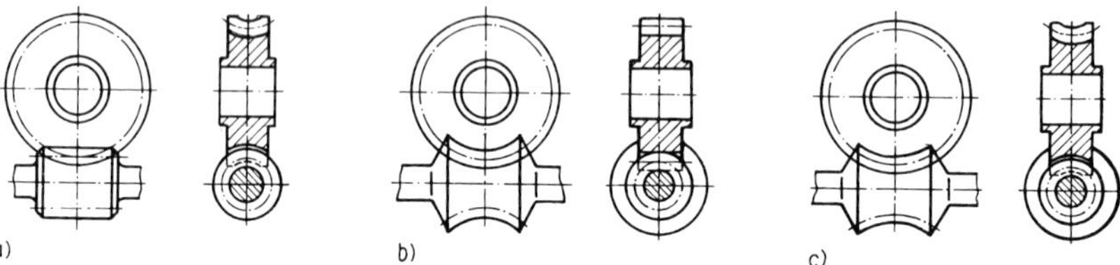

Bild 13.6.2. Paarungsarten von Schneckengetrieben

a) Zylinderschneckengetriebe (Zylinderschnecke – Globoidrad); b) Globoidschneckengetriebe (Globoidschnecke – Stirnrad); c) Globoidschneckengetriebe (Globoidschnecke – Globoidrad)

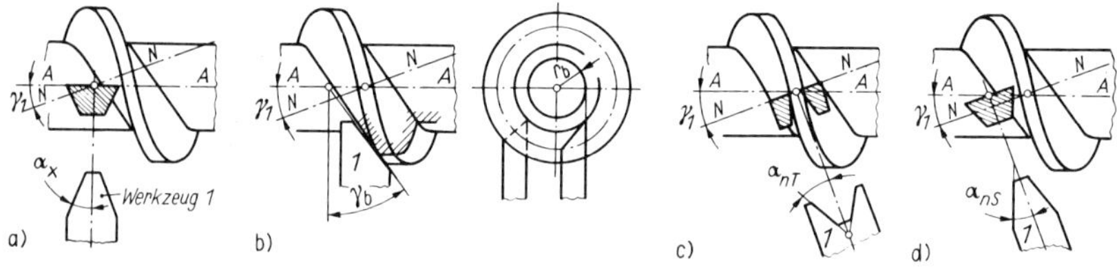

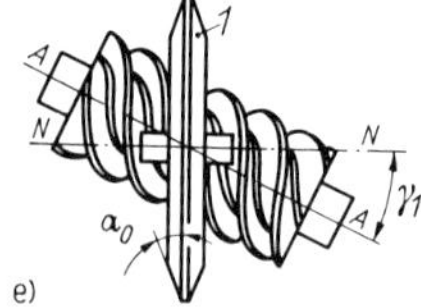

Bild 13.6.3. Genormte Flankenformen für Zylinderschnecken und Bezeichnung der Profilwinkel

a) ZA; b) ZI; c) ZN1; d) ZN2; e) ZK

Bei den Zylinderschnecken ergibt sich die Flankenform in Abhängigkeit vom Herstellverfahren, wobei mit Rücksicht auf eine einfache und wirtschaftliche Fertigung die Werkzeugschneide vorzugsweise durch Geraden, z. T. auch durch Kreisbögen begrenzt ist.
In DIN 3975 sind Begriffe und Bestimmungsgrößen für Zylinderschneckengetriebe mit Achsenwinkel 90° festgelegt. Hiernach unterscheidet man archimedische Schnecken ZA, Evolventenschnecken ZI, Schnecken mit geradlinigem Profil der Windung ZN 1 bzw. geradlinigem Profil der Zahnlücke ZN 2 und Schnecken, die mit einem kegelförmigen Werkzeug hergestellt werden, ZK 1 und ZK 2 **(Bild 13.6.3 und Tafel 13.6.1)**.

Neben diesen genormten Flankenformen gemäß Bild 13.6.3 werden für Zylinderschnecken in der Literatur noch viele Sonderformen vorgeschlagen; z. B. die ZT-Schnecken (bisherige Bezeichnung mit den Buchstaben ZH, Hohlflankenschnecken). Diese lassen sich mit einem Fräser oder einer Schleifscheibe erzeugen, die im Normalschnitt senkrecht zum Lückenverlauf ein Kreisbogenprofil hat. Aufgrund der konkaven Schnecken- und der konvexen Radflanken sowie der günstigen Lage der Wälzgeraden etwa am Schneckenzahnkopf weisen diese Getriebe sehr günstige Berührungsverhältnisse auf. Dadurch werden u. a. ein hoher hydrodynamischer Schmierdruck, eine große Tragfähigkeit und ein hoher Wirkungsgrad erreicht. Allerdings ist die Herstellung von kreiskonvexen bzw. kreiskonkaven Flankenformen sehr kompliziert, und es entsteht ein hoher Aufwand bei der Montage. Sie sind deshalb Sonderfällen im Großgeräte- und Maschinenbau vorbehalten.
In der Feinmechanik kommen dagegen, insbesondere bei untergeordneten Ansprüchen an Belastbarkeit und Genauigkeit sowie auch bei Übersetzungen ins Schnelle [13.6.21], zahlreiche Abarten hinsichtlich der Flankenform der Schnecke und der Gestaltung des Schneckenrades zum Einsatz **(Bild 13.6.4)**. Im Bild (a) ist die Paarung der Zylinderschnecke mit einem einfachen schrägverzahnten Stirnrad dargestellt, wobei vornehmlich ZI-, z. T. aber auch noch ZA-Schnecken eingesetzt werden und auch verschiedene Radverzahnungen, wie Evolventen- oder Uhrwerksverzahnungen, zur Anwen-

Tafel 13.6.1. Charakterisierung und Herstellung der Zylinderschnecken gem. Bild 13.6.1

ZA-Schnecke entsteht bei Bearbeitung mit trapezförmigem Drehmeißel, wobei erzeugende Werkzeugkante die Schneckenachse schneidet. Das Zahnprofil ist im Achsschnitt geradlinig und gleich dem Zahnstangenbezugsprofil. Im Stirnschnitt hat Zahnflanke der Schnecke Form einer archimedischen Spirale. Zugehöriges Globoidschneckenrad weist im Mittenschnitt evolventisches Profil auf. ZA-Schnecke läßt sich nur mit sehr großem Aufwand schleifen. Herstellung wird außerdem bei größerem Steigungswinkel wegen der ungünstigen Schnittverhältnisse am Drehmeißel erschwert. Angenähert läßt sich diese Schneckenform auch mit einem im Achsschnitt arbeitenden Evolventenschneidrad erzeugen.
Bei **ZI-Schnecke** (bisherige Kennzeichnung ZE) tangiert erzeugende Gerade den Grundzylinder um Schneckenachse unter einem dem Grundzylinder entsprechenden Steigungswinkel. Flanken in dem im Abstand Grundkreisradius zur Schneckenachse liegenden Parallelschnitt sind geradlinig. Im Achsschnitt selbst und in allen anderen Parallelschnitten sind Flanken dagegen konvex gekrümmt. Im Stirn- und im Normalschnitt zur Zahnmittenlinie weisen Flanken Form einer Evolvente auf, im Stirnschnitt entsprechen sie daher der eines evolventischen Schrägzahnstirnrades. Im Normalschnitt ist Flankenform identisch mit der eines Ersatzstirnrades mit Ersatzzähnezahl $z_n = z_1/\sin^3 \gamma_m$ (z_1 Zähnezahl der Schnecke, γ_m Mittensteigungswinkel der Schnecke).
Herstellung erfolgt durch Drehen mit trapezförmigem Drehmeißel, kann aber auch mit geradflankigem Werkzeug (z. B. einer Schleifscheibe) oder einem Wälzfräser vorgenommen werden. Bei Bedarf läßt sich ZI-Schnecke relativ einfach nachschleifen. Zugehöriges Globoidschneckenrad hat im Mittenschnitt annähernd geradliniges Zahnprofil.
Bei **ZN-Schnecken** befindet sich erzeugende Gerade in einer Ebene, die zur Schneckenachse unter dem Mittensteigungswinkel geneigt ist. Diese Schnecken unterteilen sich nach Ausführung und Anstellung des Werkzeuges in ZN1 und ZN2. Herstellung der ZN1-Schnecke erfolgt durch geradflankigen Drehmeißel, der Zahn im Normalschnitt zur Zahnmitte umfaßt, oder durch Halbstahl und getrenntes Bearbeiten beider Zahnflanken. ZN2-Schnecke entsteht bei Bearbeitung mit in Achshöhe eingestelltem trapezförmigem Drehmeißel, der in Zahnlückenmitte um Mittensteigungswinkel geschwenkt ist. Im Achsschnitt sind Flanken der ZN-Schnecken schwach gekrümmt. Krümmung nimmt mit wachsendem Mittensteigungswinkel zu. Angenähert lassen sich ZN-Schnecken auch mit verhältnismäßig kleinem Scheibenfräser mit Trapezprofil oder mit Fingerfräser erzeugen. Schleifen ist aber ebenso wie bei ZA-Schnecke mit hohem Aufwand verbunden.
Erzeugende der **ZK-Schnecken** ist trotz geradflankigem Werkzeug keine Gerade mehr, sondern eine räumliche Kurve. Das trapezförmige Werkzeug ist in der Mitte der Zahnlücke um Mittensteigungswinkel zur Schneckenachse geschwenkt. Im Achsschnitt zeigt Zahnprofil schwach konvexe Krümmung. Beide Flanken lassen sich mit einem Werkzeug mit Doppelkegelprofil gleichzeitig und damit wirtschaftlich schleifen.

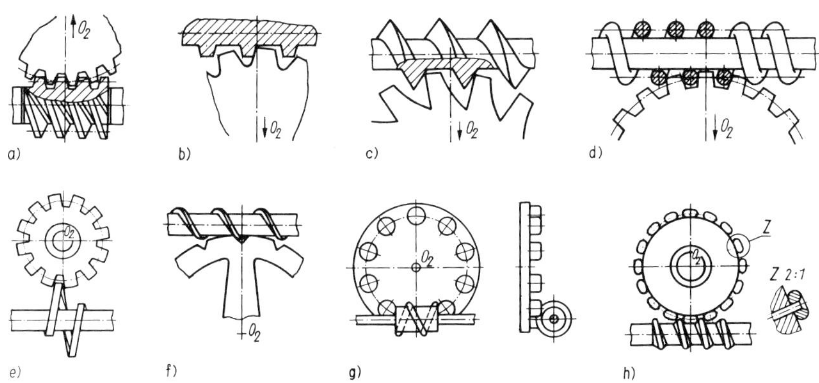

Bild 13.6.4. Abarten von Zylinderschneckengetrieben

a) Paarung Zylinderschnecke – schrägverzahntes Stirnrad; b) Schneckenzahn mit trapezförmigem Querschnitt, c) mit dreieckigem Querschnitt; d) zylindrischer Schneckenkörper, schraubenförmig mit Draht umwickelt – rundes Drahtprofil, e) quadratisches Drahtprofil, f) trapezförmiges Drahtprofil; g) kreisförmige Scheibe mit stiftförmigen Zähnen als Schneckenrad, h) kreisförmige Scheibe mit tonnenförmigen Zähnen als Schneckenrad

dung kommen. In den Bildern (b) und (c) sind Ausführungsformen dargestellt, bei denen der Schneckenzahn im Achsschnitt die Form eines Trapezes oder Dreiecks hat. Das Rad hat im Stirnschnitt ein sägezahnförmiges Profil mit Neigung in Bewegungsrichtung und etwas abgerundeten Spitzen. Die Schnecke wird meist durch Fräsen mit einem Scheibenfräser mit trapezförmigem Profil oder durch Drehen hergestellt. Die Fertigung des Rades erfolgt durch Abwälzfräsen, bei Blech als Ausgangsmaterial auch mit Schnittwerkzeugen. Bei der Verwendung von Kunststoffen kommt dagegen vorrangig das Spritzgießen zum Einsatz.
Die Bilder (d) bis (h) zeigen stark vereinfachte Varianten, bei denen die Schnecke aus einem zylindrischen Grundkörper und einem schraubenförmig auf ihn gewickelten Draht mit Rund-, Quadrat- oder Trapezprofil gebildet wird. Das Schneckenrad kann dabei ebenfalls ein schrägverzahntes Stirnrad oder ein dünnes gestanztes Blechrad sein (d, e, f). Weiterhin gibt es Schneckenräder, die aus einer kreisförmigen Scheibe und mit ihr verbundenen stiftförmigen (g) oder tonnenförmigen „Zähnen“ (h) bestehen. Die Schneckenradgestaltung muß auch bei diesen Varianten auf die geometrische Form und die Abmessungen der Schnecke abgestimmt sein, um einen funktionsfähigen Eingriff zu gewährleisten und Klemmen während des Laufs zu vermeiden.
Hingewiesen sei noch auf die Möglichkeit, Globoidschneckengetriebe, die bisher nur im Maschinenbau bei großen zu

übertragenden Leistungen Anwendung finden, auch in der Feinmechanik einzusetzen. Nach Untersuchungen in [13.6.10] ist es möglich, bei diesen Getrieben das Globoidschneckenrad durch ein dem evolventischen Erzeugungs-Schrägstirnrad entsprechendes schrägverzahntes Rad zu ersetzen **(Bild 13.6.5)**. Ein solches neuartiges Globoidschnekkengetriebe (CSG-Getriebe) läßt sich unter den Bedingungen des Maschinenbaus ohne notwendige Modifikationen mit einfachen bekannten Werkzeugen und technologischen Verfahren exakt und austauschbar herstellen. Die Erprobung von Versuchsgetrieben mit Moduln über 1 mm erbrachte gegenüber Zylinderschneckengetrieben sowohl wesentliche Leistungssteigerungen als auch Wirkungsgradverbesserungen bis zu 8% und einen nur etwa 25%igen Verschleiß.

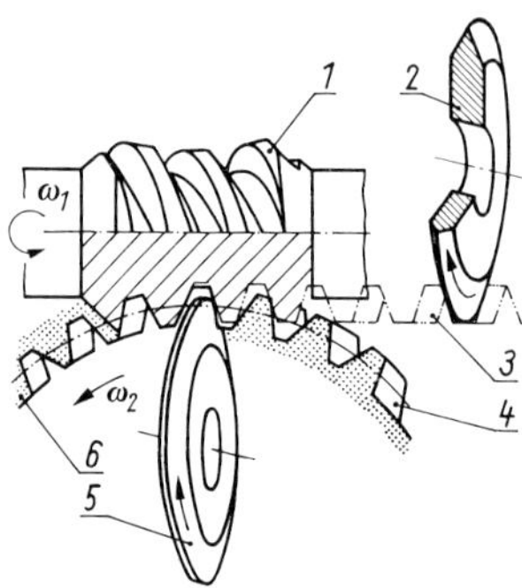

Bild 13.6.5. Prinzip eines Globoidschneckengetriebes, gepaart mit schrägverzahntem Stirnrad (CSG-Getriebe) [13.6.10]

1 Globoidschnecke; *2* geradflankige Schleifscheibe; *3* erzeugende Schrägzahnstange; *4* Außenstirnrad; *5* Profilschleifscheibe; *6* Innenstirnrad

Tafel 13.6.2. Auswahl von Schneckengetrieben in der Feinmechanik

ZA-Schneckengetriebe entspricht im Mittenschnitt evolventischem Zahnstangengetriebe. Dies ermöglicht einfache und exakte Messung der Verzahnungsgrößen und ergibt bei Paarung mit evolventischem Stirnrad mit geringer Radbreite als Schneckenrad nur unbedeutende Beeinflussung der winkeltreuen Bewegungsübertragung bei Achsabstandsveränderung. Da in der Feinmechanik eingesetzte Zylinderschnecken mit kleinem Modul und meist niedriger Zähnezahl keinen großen Steigungswinkel aufweisen, werden demgegenüber ungünstige Schnittverhältnisse vermieden. Auch ist das für Verbesserung der Oberflächengüte notwendige und mit hohem Aufwand verbundene Schleifen der Flanken insbesondere bei kleinen Moduln selten erforderlich. Paarung einer ZA-Schnecke mit standardisiertem bzw. genormtem Schrägstirnrad ist jedoch nicht zu empfehlen. Bedingt durch Herstellung ist Profilwinkel dieser Schnecke im Achsschnitt gleich dem Werkzeugwinkel von 20°. Der Profilwinkel α_n im Normalschnitt ist entsprechend der Beziehung $\alpha_n = \arctan(\tan 20° \cos\gamma_m)$ kleiner, wobei γ_m Mittensteigungswinkel der Schneckenwindung darstellt. Bei gleichem Normalmodul ergibt sich also kein gleicher Eingriffswinkel sowohl im Normal- als auch im Achsschnitt und damit kein kinematisch einwandfreier Eingriff. Bei Achsabstandsänderung verschlechtern sich außerdem Berührungsverhältnisse und Wirkungsgrad sinkt.
Evolventenschnecke ZI kann als Evolventenschrägstirnrad mit sehr kleiner Zähnezahl betrachtet werden. Sowohl theoretische Erfassung der Verzahnungsgrößen und Beschreibung der Eingriffsverhältnisse als auch Fertigung gestalten sich wesentlich einfacher als bei anderen Zylinderschnecken. Im Mittenschnitt weist ZI-Schnecke konvexe und Globoidrad angenähert geradlinige Flankenform auf. Winkeltreue Bewegungsübertragung, Überdeckung, Berührungsverhältnisse und Wirkungsgrad sind damit empfindlich gegenüber Achsabstandsänderungen. Analog ZA-Schnecken kommen Paarungen von ZI-Schnecken mit Globoidrädern in der Feinmechanik aber nur zur Anwendung, wenn größere Kräfte mit großer kinematischer Genauigkeit zu übertragen sind.
Zur Übertragung geringer Kräfte genügt es völlig, die Paarung Zylinderschnecke–Schrägzahnstirnrad (Bild 13.6.4a) einzusetzen. Sie ermöglicht gegenüber der mit Globoidrad bei nicht wesentlich ungünstigeren Eigenschaften wirtschaftliche Massenfertigung (niedrige Herstellungskosten, größere zulässige Parallelitäts- und Achswinkelabweichungen, einfachere Austauschbarkeit) und deshalb auch sehr breite Anwendung. Nur in untergeordneten Fällen und bei sehr geringen Kräften, wie z. B. in Zählwerken, ist des weiteren die sehr toleranzunempfindliche Paarung einer ZI-Schnecke mit einem Rad mit Uhrwerksverzahnung zu empfehlen, wobei die Radbreite dann klein ist.
Die weiteren genormten *Schneckenformen ZN und ZK* werden in der Feinmechanik insbesondere bei kleinen Moduln nur in Einzelfällen eingesetzt.
Abarten der Zylinderschneckengetriebe sind ausschließlich Sonderfällen vorbehalten und eignen sich nur zur Übertragung sehr geringer Kräfte. Die in Bildern 13.6.4b) und c) gezeigten Paarungen mit spitzen Zähnen kommen bei Übersetzungen ins Schnelle zur Anwendung, wenn eine sich periodisch innerhalb einer Teilung der Verzahnung ändernde Übersetzung zulässig ist. Überdeckung derartiger Getriebe ist immer gleich Eins, d. h., es liegt immer nur Einzeleingriff vor. Die Möglichkeit der Einstellung der günstigsten Lage der Eingriffsstrecke durch entsprechende Wahl des Verhältnisses der Schnecken- und Schneckenradteilung, gemessen entlang der Sehne, das Erreichen einer hohen Oberflächengüte der Schneckenverzahnung sowie die wirtschaftliche Herstellung sind dabei als Vorteil zu betrachten. Ihr Einsatz erfolgt in Zählwerken, Anemometern, Bremsreglern usw., meist mit eingängigen Schnecken. Für untergeordnete Zwecke, wie z. B. in Spielzeugen, werden die in den Bildern 13.6.4d) und e) dargestellten Paarungen angewendet. An sie können ebenfalls keine Anforderungen hinsichtlich der Drehwinkeltreue gestellt werden; sie ermöglichen aber große Übersetzungen, können Drehmomentenstöße ausgleichen und gestatten einfache Herstellung und Montage. Demgegenüber ist bei Ausführung nach Bild f) die Fertigung der Schnecke schwierig, so daß sie allein aus Gründen der Wirtschaftlichkeit in vielen Fällen nicht eingesetzt wird. Bei den Getrieben entsprechend den Bildern g) und h) erfolgt aufgrund der stift- bzw. tonnenförmigen Schneckenradzähne eine Verringerung der Reibung beim Eingriff, so daß diese Arten ebenfalls u. a. in Zählwerken vorzufinden sind. Sie sollten allerdings nur mit Moduln über 1 mm ausgeführt werden.

Bei Einsatz von Kunststoffen für die Schnecken ist deren wirtschaftliche Herstellung durch Spritzgießen bei den in der Feinmechanik üblichen kleinen Moduln und Abmessungen ebenfalls denkbar. Vielversprechend ist auch die mögliche Verringerung der Leistungsverluste, deren Größe bei Zylinderschneckengetrieben oft weit über der vergleichbarer Stirnradgetriebe liegt und ihren Einsatz in Frage stellen kann (s. Abschnitt 13.6.6.).

Gesichtspunkte für die Auswahl von Schneckengetrieben in der Feinmechanik enthält **Tafel 13.6.2**.

Generell ist bei Schneckengetrieben besonderer Wert zu legen auf die optimale Bemessung des Schneckendurchmessers, einen günstigen Verlauf der Berührungslinien, z. B. durch Verschiebung der Wälzgeraden etwa an den Kopfkreisdurchmesser der Schnecke, auf zweckmäßige Werkstoffpaarung und Schmierstoffauswahl sowie auf eine den Kräfteverhältnissen in diesen Getrieben entsprechende Lagerung.

13.6.2. Geometrische Beziehungen [13.5.1] bis [13.5.3]

Die nachfolgenden Betrachtungen gelten für Zylinderschneckengetriebe mit Achsenwinkel $\Sigma = 90°$. Bei anderen Achsenwinkeln lassen sich die im Abschnitt 13.5. dargestellten Beziehungen für Schraubenstirnradgetriebe sinngemäß übertragen.

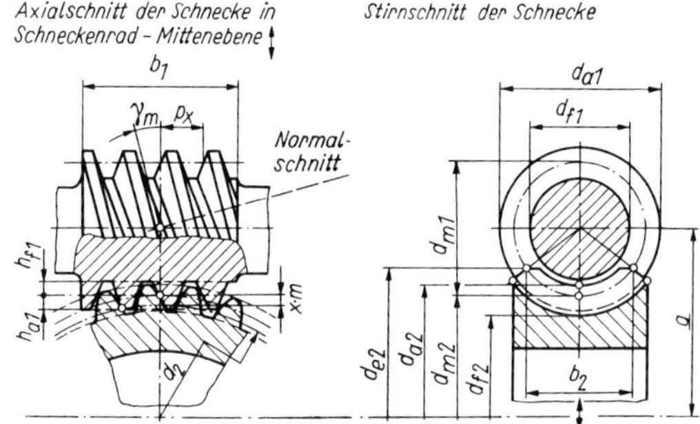

Bild 13.6.6. Bestimmungsgrößen an Paarung Zylinderschnecke – Schneckenrad [13.5.2]

Wird die Schnecke eines Zylinderschneckenradpaares gedreht, verschieben sich die Schnekkenzähne (Zahnstangenprofil) in axialer Richtung (s. Bild 13.6.1). Sie kämmen dabei mit der Verzahnung des Schneckenrades in dessen Mittenebene **(Bild 13.6.6)**. Entsprechend der Paarung eines Stirnrades mit einer Zahnstange ist auch der Teilkreis des Schneckenrades stets der Wälzkreis, der mit der Mantellinie des Mittenzylinders der Schnecke mit dem Mittenkreisdurchmesser d_{m1} abwälzt. Auf diesen Zylinder werden Steigungswinkel, Zahnkopf- und Zahnfußhöhe, Teilung, Zahndicke und Zahnlücke bezogen. Da die Axialteilung der Schnecke (Abstand zwischen den gleichnamigen Flanken zweier benachbarter Schneckenzähne parallel zur Schneckenachse) an jedem Durchmesser gleich ist, gibt es bei der Schnecke keinen Teilzylinder oder Teilkreis. Das Verhältnis von Mittenkreisdurchmesser d_{m1} zu Modul m stellt die Formzahl q (Durchmesserkoeffizienten) der Schnecke dar:

$$q = d_{m1}/m = z_1/\tan \gamma_m = d_{m1}\,(z_2 + 2x)/d_{m2} = d_{m1}z_2/d_2; \qquad (13.6.1)$$

γ_m Mittensteigungswinkel. q kennzeichnet die Gestalt bzw. Dicke der Schnecke und damit ihr Widerstandsmoment gegen Durchbiegung. Sie stellt eine fiktive Schneckenzähnezahl dar (Anzahl der Moduln auf Mittenkreisdurchmesser), mit der man die Getriebeabmessungen, bezogen auf den Axialschnitt der Schnecke, berechnen kann (analog dem Stirnradgetriebe).

Für den Teilkreisdurchmesser des Schneckenrades gilt

$$d_2 = mz_2. \qquad (13.6.2)$$

Analog der Zahnstange wird auch eine Schnecke durch *Profilverschiebung* nicht geändert. Die Profilverschiebung xm kann also nur am Schneckenrad erfolgen und stellt den radialen Abstand zwischen dem Mantel des Mittenzylinders der Schnecke und dem Teilkreis des Schneckenrades dar. Bei konstruktiv festgelegtem Achsabstand und vorgegebenem Modul ergibt sie sich, indem man die Zähnezahl des Rades so wählt, daß der genannte Festwert des Achsabstands zunächst um ein geringes über- oder unterschritten wird. Durch positive oder negative Profilverschiebung am Rad läßt sich dann dieser Betrag der Über- oder Unterschreitung des Achsabstands korrigieren.

Positive Verschiebung: bei Verkleinerung der Zähnezahl z_2 verlagern sich Wälzkreis und Wälzachse zum Zahnfuß des Rades;
negative Verschiebung: bei Vergrößerung der Zähnezahl z_2 verlagern sich Wälzkreis und Wälzachse zum Zahnkopf des Rades;
Wälzkreis = Teilkreis, Wälzachse = Mantellinie der Schnecke, vorzugsweise ist $x \geqq 0$ zu wählen.

Bei treibender Schnecke ergibt sich die Übersetzung i zu

$$i = n_1/n_2, \tag{13.6.3}$$

und für das Zähnezahlverhältnis u gilt

$$u = z_2/z_1 = n_1/n_2. \tag{13.6.4}$$

Bei treibender Schnecke ist also $u = i$.
In Abhängigkeit von der Übersetzung i sind folgende Zähnezahlen z_1 der Schnecke (Gangzahl) üblich:

i	5 ... <10	10 ... <15	15 ... <30	≧30
z_1	4	3	2	1.

Der Achsabstand a eines Zylinderschneckenradpaares beträgt

$$a = (d_{m1} + d_{m2})/2 = (d_{m1} + d_2 + 2xm)/2 = (q + z_2 + 2x)\ m/2. \tag{13.6.5}$$

Für Schnecken und Schneckenräder wird dabei nur das Bezugsprofil mit $h_a = 1{,}0\,m$ eingesetzt. Die größere Kopfhöhe $h_a = 1{,}1$ bei dem in DIN 58400 genormten Bezugsprofil bringt keine Vorteile; die Herstellung der vergrößerten Zahnfußausrundung (s. auch Bild 13.4.5b) wäre außerdem mit zusätzlichen Schwierigkeiten verbunden.

Tafel 13.6.3. Verzahnungsgrößen für Zylinderschnecken und Schneckenräder

gültig für Bezugsprofil mit $h_a = 1{,}0\,m$; Bezugsprofil mit $h_a = 1{,}1\,m$ hier nicht vorteilhaft; Index 1 Schnecke, Index 2 Schneckenrad; Bezeichnungen s. Bild 13.6.6

Größe	Formel	
Mittenkreisdurchmesser	$d_{m1}\ (= d_1) = 2a - d_{m2} = qm$	(a)
	$d_{m2} = 2a - d_{m1} = 2a - qm$	(b)
Kopfkreisdurchmesser	$d_{a1} = d_{m1} + 2m$	(c)
	$d_{a2} = d_{m2} + 2m\ (1 + x)$[1])	(d)
Teilkreisdurchmesser (Teilkreis = Wälzkreis)	$d_2 = z_2 m = d_{m2} - 2xm$	(e)
Außendurchmesser	$d_{e2} = d_{a2} + m$ (üblicher Wert)[1])	(f)
Fußkreisdurchmesser	$d_{f1} = d_{m1} - 2\ (m + c_1)$[1])	(g)
	$d_{f2} = d_{m2} - 2\ (m + c_2)$[1])	(h)
Kopfspiel	$c_1 = c_2 \approx 0{,}2m$ (üblicher Wert)	(i)
Grundkreisdurchmesser (für ZI-Schnecken)	$d_{b1} = d_{m1} \tan \gamma_m / \tan \gamma_b = m z_1 / \tan \gamma_b$ $d_{b2} = d_2 \cos \alpha_x$	(j)
Modul	$m = m_{x1} = m_{t2}$	(k)
(bei $\Sigma \neq 90°$ hat Schnecke Axialmodul m_{x1} und Schneckenrad Stirnmodul m_{t2}, die dann nicht gleich sind; bei $\Sigma = 90°$ ist $m_{x1} = m_{t2}$ und Indizes entfallen)		
	$m = p_x/\pi = p_{z1}/(\pi z_1)$ $= d_{m1}/q = d_{m1} \tan \gamma_m / z_1$	(l)
Steigungshöhe einer Schnecke	$p_{z1} = \pi m z_1$	(m)
Normalmodul (Schnitt im Mittenkreis)	$m_n = m \cos \gamma_m$	(n)

Tafel 13.6.3. Fortsetzung

Axialteilung	$p_x = p_{z1}/z_1 = \pi m$	(o)
Normalteilung	$p_n = p_x \cos \gamma_m$	
Grundzylinderteilung (für ZI-Schnecken)	$p_b = m\pi \cos \gamma_m$	(p)
Mittensteigungswinkel	$\tan \gamma_m = mz_1/d_{m1} = z_1/q = d_2/(ud_{m1})$ $= [(2a/d_{m1}) - 1]\, z_1/(z_2 + 2x)$ (übliche Werte $\gamma_m = 5 \ldots 30°$)	(q)
Grundsteigungswinkel (für ZI-Schnecke, α_0 Erzeugungswinkel[2])	$\cos \gamma_b = \cos \gamma_m \cos \alpha_0$	(r)
Eingriffswinkel im Axialschnitt (α_n Eingriffswinkel im Normalschnitt)	$\tan \alpha_x = \tan \alpha_n/\cos \gamma_m$	(s)
Normalzahndicke (ohne Flankenspielanteil)	$s_{mn} = m\pi \cos \gamma_m/2$	(t)

[1]) gültig für normales Schneckenprofil mit gemeinsamer Zahnhöhe $2m$

[2]) Erzeugungswinkel α_0 ist spitzer Winkel zwischen einer Normalen auf der Schneckenachse und der geraden Schneidkante des Werkzeuges, vorzugsweise $\alpha_0 = 20°$, z. T. auch $\alpha_0 = 22{,}5°$; 25° und 30°. Je nach Anstellung des Werkzeuges entstehen Flankenformen nach Bild 13.6.3.

Tafel 13.6.4. Moduln und Formzahlen (Durchmesserkoeffizienten) für Zylinderschnecken

a) Moduln m nach DIN 780 T2

Moduln m in mm

0,10/0,12/0,16/0,20/0,25/0,30/0,40/0,50/0,60/0,70/0,80/0,90/1,0/1,25/1,6/2,0/2,5/3,15/4,0/5,0/6,3/8,0/10,0/12,5/16,0/20,0

b) Formzahlen q nach DIN 3976 (im Bereich von $q = 6{,}600 \ldots 17{,}920$ für $m = 1{,}0 \ldots 20{,}0$ mm in Zuordnung zu genormten Werten für d_{m1} und z_1 festgelegt)

Erläuterungen

Die aufgeführten Moduln entsprechen den Moduln der Reihe I von DIN 780 Teil 1 mit der Ausnahme, daß anstelle der gerundeten Normzahlwerte 1,5; 3; 6 und 12 in der vorliegenden DIN 780 Teil 2 die Normzahl-Hauptwerte 1,6; 3,15; 6,3 und 12,5 festgelegt wurden. Hierdurch ist eine gleichmäßigere Stufung der Schneckengetriebe möglich (siehe DIN 3976).
Beim Vergleich der Werte von DIN 780 Teil 1 mit denen von DIN 780 Teil 2 ist zu beachten, daß für Stirnräder (Zylinderräder) nach DIN 3960 die Normalmoduln m_n genormt sind, dagegen für Zylinderschnecken nach DIN 3975 und für die Teilkreise der zugehörigen Schneckenräder die Axialmoduln m_x. Ihr Zusammenhang ist durch die Gleichung $m_x = m_n/\sin|\beta| = m_n/\cos\gamma$ gegeben.
Gegenüberstellung der Moduln mit den noch in angelsächsischen Ländern verwendeten Diametral Pitch-Werten siehe DIN 780 Teil 1, Erläuterungen.
Die Norm DIN 780 von Februar 1967 wurde aufgeteilt in Teil 1 (Moduln für Stirnräder) und Teil 2 (Moduln für Zylinderschneckengetriebe). Neu aufgenommen wurden in der vorliegenden DIN 780 Teil 2 die Moduln von $m = 0{,}1$ mm bis $m = 0{,}9$ mm, die in der Feinwerktechnik benötigt werden.

Richtwerte für die Zahnbreite b_1 der Schnecke (Schneckenlänge) und b_2 des Schneckenrades sind

$$b_1 \approx 2{,}5m\sqrt{z_2 + 1}\,; \qquad b_2 \approx 2m\,(0{,}5 + \sqrt{q + 1})\,. \qquad (13.6.6\text{a, b})$$

Weitere Verzahnungsgrößen s. **Tafel 13.6.3.**
Werte für Moduln und Formzahlen (Durchmesserkoeffizienten) s. **Tafel 13.6.4.**

13.6.3. Eingriffsverhältnisse und Überdeckung

Im Axialschnitt (s. Bild 13.6.1) entspricht die Verzahnung von Zylinderschnecke und Schneckenrad der Paarung einer Zahnstange mit einem Stirnrad. Die Zahnform des Rades, die Berührungspunkte der Flanken und die Eingriffsverhältnisse können deshalb aus dem gegebenen Axialschnittprofil der Schnecke bei bekanntem Wälzkreis des Rades, der dem Teilkreis entspricht, nach den Grundgesetzen der Verzahnung gem. Abschnitt 13.2.2. ermittelt werden.

Für die *Profilüberdeckung* ε_α im Axialschnitt gilt damit

$$\varepsilon_\alpha = \frac{\sqrt{d_{a2}^2 - d_{b2}^2} + \dfrac{2m\,(1 - x_2)}{\sin \alpha_x} - d_2 \sin \alpha_x}{2m\pi \cos \alpha_x}. \tag{13.6.7}$$

Gleichungen für Verzahnungsgrößen s. Tafel 13.6.3.

Die *Gleitgeschwindigkeit* wird für den mittleren Durchmesser d_m angegeben. Dies gilt in Näherung auch für profilverschobene Räder, da für diesen Durchmesser der Wirkungsgrad (s. Abschnitt 13.6.6.) definiert wurde. Bei Berührung im Wälzpunkt eines Mittenstirnschnitts (s. auch Bild in Tafel 13.6.5) erfolgt das Gleiten in Zahnbreitenrichtung, also in Richtung der Schraubenlinie, demnach mit der mittleren Gleitgeschwindigkeit

$$v_g = v_{m1}/\cos \gamma_m = d_{m1}\pi n_1/\cos \gamma_m\,; \tag{13.6.8}$$

v_g in m/s, v_{m1} (Umfangsgeschwindigkeit am Mittenkreis der Schnecke) in m/s, d_{m1} in m, n_1 in s^{-1}, γ_m in °.

Bei $\Sigma = 90°$ ist das zusätzlich in Zahnhöhenrichtung auftretende Gleiten praktisch vernachlässigbar, so daß die näherungsweise Berechnung u. a. des Wirkungsgrades mit v_g i. allg. als ausreichend anzusehen ist.

13.6.4. Tragfähigkeitsberechnung [1.17] [13.5.1] bis [13.5.3] [13.6.11] [13.6.28]

Ähnlich wie bei Schraubenstirnradpaaren ist es meist nicht erforderlich, die Biegebeanspruchung der Schneckenzähne und der Radzähne nachzurechnen, da die Verschleißgrenze die Tragfähigkeit bestimmt. Es wird deshalb unter Beachtung der wirkenden Zahnkräfte **(Tafel 13.6.5)** bei feinmechanischen Getrieben mit $v_g \leqq 8$ m/s nur die nachfolgend dargestellte

Tafel 13.6.5. Zahnkräfte und Geschwindigkeiten an Zylinderschneckenradpaaren [1])

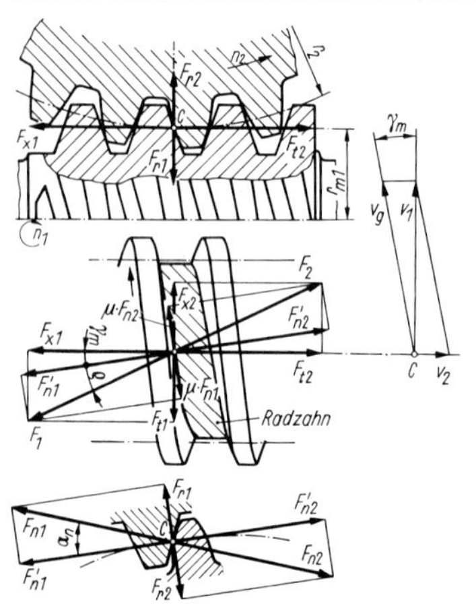

Reibkraft μF_n wirkt in Richtung der Flankenlinien und bildet mit F'_n (in Draufsicht) Resultierende F. Jeweils an Schnecke und Schneckenrad zerlegt sich F in Axialkraft F_x und Tangentialkraft (Umfangskraft) F_t. Normalkraft F_n steht im Normalschnitt senkrecht auf Zahnflanken, verläuft durch Wälzpunkt C und zerlegt sich für Schnecke und Rad jeweils in Normalumfangskraft F'_n und Radialkraft F_r.
Umfangsgeschwindigkeit v_1 der Schnecke zerlegt sich in Gleitgeschwindigkeit v_g und Umfangsgeschwindigkeit v_2 des Rades ($v_2 = v_1 \tan \gamma_m$).

Kräfte	am Schneckenrad	an der Schnecke
Umfangskraft [2]) (Tangentialkraft)	$F_{t2} = P_2/v_2$	$F_{t1} = F_{x1}$
Axialkraft	$F_{x2} = F_{t2} \tan (\gamma_m + \varrho)$	$F_{x1} = F_{t2}$
Radialkraft	$F_{r2} = F_{t2} \dfrac{\cos \varrho \tan \alpha_n}{\cos (\gamma_m + \varrho)}$	$F_{r1} = F_{r2}$

Lagerkräfte

an Schneckenradwelle

Längslager F_{t1}

Querlager $F_{q2} = \sqrt{\left(\dfrac{F_{r2}}{2} + \dfrac{F_{t1} d_{m2}}{2l_2}\right)^2 + \left(\dfrac{F_{t2}}{2}\right)^2}$

an Schneckenwelle

Längslager F_{t2}

Querlager $F_{q1} = \sqrt{\left(\dfrac{F_{r1}}{2} + \dfrac{F_{t2} d_{m1}}{2l_1}\right)^2 + \left(\dfrac{F_{t1}}{2}\right)^2}$

l_1 Abstand der Lager der Schneckenwelle, l_2 Abstand der Lager der Schneckenradwelle; jeweils symmetrische Anordnung

[1]) in guter Näherung auch bei Profilverschiebung gültig
[2]) s. auch Abschnitt 13.2.1.

überschlägliche Tragfähigkeitsberechnung analog Abschnitt 13.4.11.3. vorgenommen. Man geht dabei gem. Gl. (13.4.38) aus von einem Belastungskennwert [1.17]

$$C = F_{t2}/(K_z b_2 p_x) \leqq C_{grenz}. \tag{13.6.9}$$

Die Umfangskraft F_{t2} am Schneckenrad läßt sich aus der Leistung und der Umfangsgeschwindigkeit gem. Tafel 13.6.5 bestimmen. K_z stellt einen Zähnezahlbeiwert dar **(Tafel 13.6.6)**; die Radbreite b_2 ist gem. Gl. (13.6.6) zu ermitteln und die Axialteilung p_x aus Gl. (o) in Tafel 13.6.3. Richtwerte für C_{grenz}, gültig für normale Schneckengetriebe bei Dauerbetrieb, enthält **Tafel 13.6.7**.

Tafel 13.6.6. Zähnezahlbeiwert K_z für Zylinderschneckenradpaare in Abhängigkeit von der Radzähnezahl z_2 [1.17]

z_2	20	30	40	50	60	70	80
K_z	0,66	0,95	1,15	1,3	1,43	1,51	1,56

Tafel 13.6.7. Belastungskennwerte C_{grenz} für Zylinderschneckenradpaare [1.17]

Werkstoff Schnecke (geschliffen)	Schneckenrad[1])	C_{grenz} in N/mm² Tauchschmierung bei v_g in m/s		Druckölschmierung bei v_g in m/s	
		1	8	1	8
St37, St44	G-CuSn12	1,5	0,5	–	–
	GZ-CuSn12	2	0,7	–	–
C45 (vergütet), St70	GGL-20, GGL-25	3	1	–	–
C45 (vergütet)[2])	G-CuSn12	3,5	1,2	3,5	6,5
	GZ-CuSn12	4	1,5	4,5	8
C15, 16MnCr5 (jeweils einsatzgehärtet, HB 600)[2])	GGL-20, GGL-25	4,5	–	–	–
	GB-ZnAl4Cu1	3,5	1,5	4	7
	G-CuSn12	6,5	2	6,5	10
	GZ-CuSn12	8	2,5	8	12,5

[1]) GGL Grauguß, in DIN mit GG bezeichnet; [2]) Flanken geschliffen

Bei Aussetzbetrieb für tauchgeschmierte Getriebe gelten etwa die Tafelwerte zwischen Tauch- und Druckölschmierung, bei nur einmaliger Schmierung der Getriebe vor Inbetriebnahme ist das 0,3- bis 0,5-fache der Werte für Tauchschmierung einzusetzen.

Für Thermoplaste liegen noch keine Werte C_{grenz} vor. Nach *Decker* [1.17] ist zu empfehlen, die Tragfähigkeit gegenüber einem Schneckenradsatz aus Stahl im Verhältnis der Flankentragfähigkeit eines Stirnradpaares aus thermoplastischen Werkstoffen zu der eines gleichen Stirnradpaares aus Stahl anzunehmen.

Bei Leistungsgetrieben mit großen Gleitgeschwindigkeiten ist die Flankentragfähigkeit (Hertzsche Pressung) σ_H analog Abschnitt 13.4.11.5. nachzurechnen, desgl. auch die Temperatursicherheit analog Abschnitt 13.5.4.; s. auch [13.5.1] bis [13.5.3] [13.6.28].

13.6.5. Werkstoffe, Schmierung, Gestaltung, Toleranzen

Wegen der großen Gleitgeschwindigkeiten sind bei der Werkstoffwahl ein kleiner Reibwert, hohe Oberflächengüte und geringe Neigung zum Fressen zu beachten. Allgemeine Gesichtspunkte dazu s. Abschnitt 13.4.12.

Schnecken werden bei kleinen zu übertragenden Leistungen i. allg. aus Baustählen (vor allem St37, St44) sowie aus Leichtmetall- oder Kupferlegierungen spanend gefertigt bzw. aus Thermoplasten gespritzt. Bei großen stoßartigen Belastungen sind Vergütungsstähle ohne Oberflächenhärtung (u. a. C45, 34CrMo4, 42CrMo4) vorzuziehen, für Leistungsgetriebe werden Einsatzstähle (z. B. 16MnCr5 oder C15, einsatzgehärtet) oder die o. g. Vergütungsstähle, jedoch flamm- oder induktionsgehärtet, verwendet.

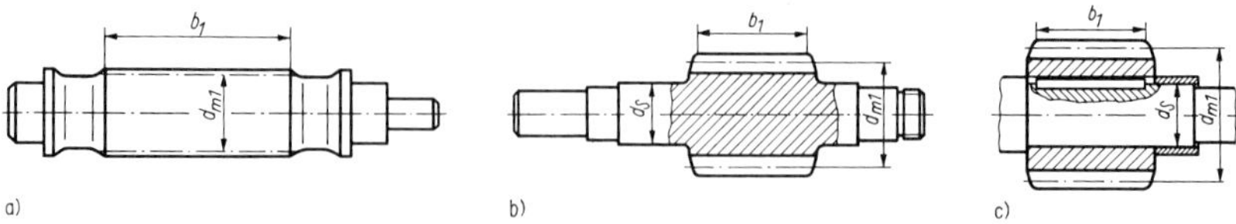

Bild 13.6.7. Gestaltung von Schnecken [1.17] [13.5.2]

a) eingeschnittene Vollschnecke ($q \approx 7 \ldots 11$); b) nicht eingeschnittene Vollschnecke ($q \approx 12 \ldots 17$); c) aufgesetzte Schnecke (Bohrungsschnecke)

Die Bemessung des Schaftdurchmessers d_S **(Bild 13.6.7)** erfolgt durch überschlägliche Berechnung mit den Beziehungen gem. Abschnitt 7.2.2. Danach wird der Mittenkreisdurchmesser d_{m1} festgelegt. Bei eingeschnittener Vollschnecke (a), angewendet für schnellaufende Leistungsgetriebe (kein axialer Auslauf des Werkzeugs möglich, Durchbiegung evtl. kritisch), wählt man $d_{m1} \approx d_S$. Bei nicht eingeschnittener Vollschnecke (b), in der Feinmechanik bevorzugt für langsamlaufende Getriebe eingesetzt, gilt $d_{m1} \approx 1{,}5 d_S$ und bei Bohrungsschnecken (c; nicht für Leistungsgetriebe geeignet, aber wirtschaftlich herstellbar; Steifigkeit der Wellen gering) etwa $d_{m1} \approx 2 d_S$ (Richtwerte für b_1 gem. Gl. (13.6.6a)).

Schneckenräder. Bei Verwendung der in feinmechanischen Getrieben zu bevorzugenden einfachen Schrägstirnräder erfolgen Werkstoffwahl, Schmierung und Gestaltung gem. den Abschnitten 13.4.12. und 13.4.13. Gleiches gilt bei spanend gefertigten Globoidrädern. Jedoch ist zu beachten, daß Räder aus Leichtmetall- oder Zinklegierung breiter auszuführen sind als solche aus Gußeisen (**Bilder 13.6.8** a, b). Bei großen Raddurchmessern empfiehlt sich außerdem die getrennte Fertigung der Naben (aus Stahl oder Gußeisen) und der Zahnkränze (z. B. aus Bronze) und die Verbindung durch Aufpressen oder Verschrauben (c, d).

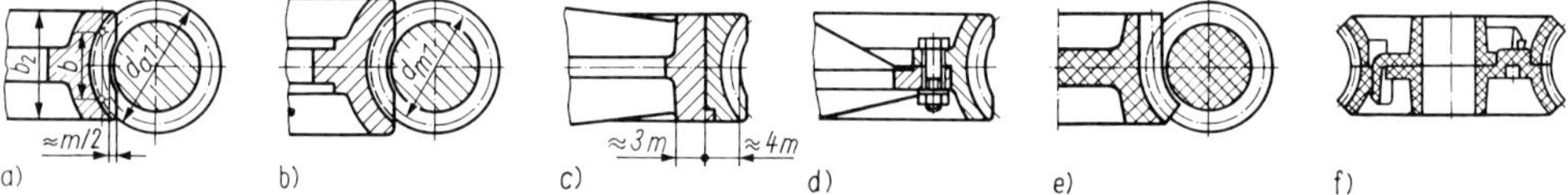

Bild 13.6.8. Gestaltung von Schneckenrädern [1.17]

a) aus Gußeisen (GGL, Grauguß); b) aus Leichtmetall- oder Zinklegierung (gegossen); c) aufgepreßter Radkranz; d) angeschraubter Radkranz; e) einseitiges Globoidrad; f) zweiteiliges Globoidrad mit Snap-in-Verbindung (Räder nach e) und f) aus Thermoplast durch Spritzgießen hergestellt; aus VDI-Richtlinie 2254, s. Tafel 13.6.8).

Das Spritzgießen von Globoidrädern aus Thermoplasten ist mit hohem werkzeugtechnischem Aufwand verbunden, um die Entformung zu ermöglichen. Ein Ausweg bietet sich durch Einsatz eines Stirnrades mit einseitig hochgezogener Verzahnung an (e), wodurch ebenfalls eine Vergrößerung der Berührungsfläche zwischen Schnecken- und Schneckenradverzahnung entsteht. Denkbar ist aber auch der Einsatz von Schneckenrädern, die aus zwei identischen Hälften durch Spritzgießen gefertigt und danach durch Snap-in-Verbindung (f), Verschrauben oder dgl. montiert werden. Die Genauigkeitsanforderungen an das Werkzeug sind aber hoch.

Schmierstoffe. Fett ist nur bei kleinen Umfangsgeschwindigkeiten zu empfehlen. Besser geeignet sind (auch bei nur einmaliger Schmierung) Mineralöle mit EP-Zusätzen, die das Einlaufen erleichtern und die Freßgefahr mindern, sowie spezielle synthetische Öle. Bei Umfangsgeschwindigkeiten $v > 4$ m/s ist i. allg. Tauchschmierung in Öl und darüber hinaus Spritzölschmierung in Eingriffsrichtung erforderlich. Auswahl von Schmierstoffen s. auch Standards und Normen in Tafel 13.4.17 und Abschnitt 8.4.

Verzahnungstoleranzen und Getriebepassungen. In DIN gibt es hierfür bisher keine Normen. Empfohlen wird, die Toleranzen für Stirnradverzahnungen nach DIN 3961 sowie DIN 58405 als Anhalt zu benutzen. Hinweise dazu enthält [13.5.2]. Angaben in Zeichnungen s. DIN 3966 T3. Für die Paarung Zylinderschnecke – Globoidrad sind für Moduln $m < 1$ mm in [13.6.31] zusätzliche Hinweise enthalten, einschließlich von Angaben für die in der Feinmechanik bevorzugte Paarung Zylinderschnecke – Schrägstirnrad.

13.6.6. Verlustleistung und Wirkungsgrad [13.6.9] [13.6.11] [13.6.12] [13.6.32]

Nachfolgend werden nur die Verzahnungsverlustleistung P_{vz} und daraus abgeleitet der Verzahnungswirkungsgrad η_z betrachtet, wobei ähnliche Verhältnisse wie bei Schraubengetrieben vorliegen (s. Abschnitt 13.10.; Gesamtverlustleistung von Zahnradgetrieben s. Abschnitt 13.4.14.2.).

η_z kann als Produkt zweier Faktoren aufgefaßt werden. Der erste Faktor stellt das Verhältnis der Umfangskraft am Mittenkreis des Schneckenrades zu der am Mittenkreis der Schnecke dar,

$$f = \cot(\gamma_m + \varrho) = (1 - \mu \tan \gamma_m)/(\tan \gamma_m + \mu), \qquad (13.6.10)$$

und der zweite das Verhältnis der Längen der zurückgelegten Wege der Schneckenrad- und Schneckenzähne,

$$w = \tan \gamma_m . \qquad (13.6.11)$$

Mit $\eta_z = fw$ erhält man bei treibender Schnecke unter der Annahme $\mu' \approx \mu$ und $\varrho' \approx \varrho$ (s. Abschnitt 13.5.6.)

$$\eta_z = \tan \gamma_m / \tan(\gamma_m + \varrho) = (1 - \mu \tan \gamma_m)/(1 + \mu \cot \gamma_m), \qquad (13.6.12a)$$

analog gilt bei getriebener Schnecke

$$\eta_z' = \tan(\gamma_m - \varrho)/\tan \gamma_m = (1 - \mu \cot \gamma_m)/(1 + \mu \tan \gamma_m). \qquad (13.6.12b)$$

Diese Darstellung läßt die Abhängigkeit des Verzahnungswirkungsgrades von den geometrischen Größen wie Mittensteigungswinkel γ_m, Modul m, Mittenkreisdurchmesser d_{m1}, Zähnezahl z_1 und Formzahl (Durchmesserkoeffizient; $q = d_{m1}/m$) der Schnecke erkennen:

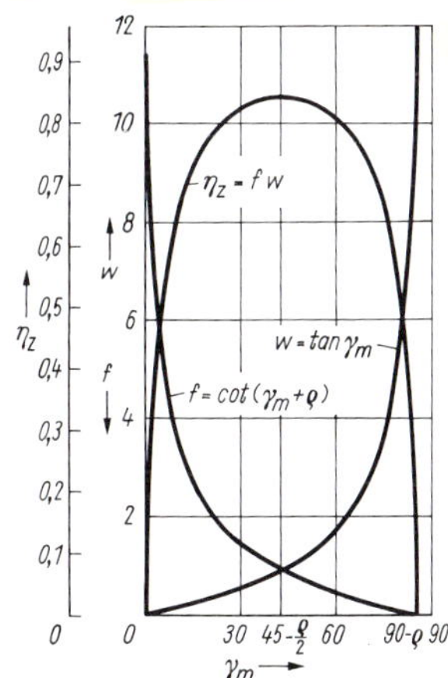

Bild 13.6.9. Zusammenhang zwischen η_z, f, w und γ_m bei Schneckengetrieben

Unter der Annahme, daß der Zahnreibwert μ etwa konstant bleibt (Werte s. Abschnitt 13.5.6.), ist gemäß Gl. (13.6.12) η_z nur allein von γ_m abhängig. Nach **Bild 13.6.9** nimmt der Faktor f mit wachsendem Steigungswinkel ab, d. h., für die Zahnkräfteverteilung ist die Vergrößerung von γ_m ungünstig. Im Gegensatz zu f steigt der Faktor w mit zunehmendem Wert γ_m an. Das bedeutet, daß ein großer Steigungswinkel vorteilhaft ist. Als Produkt aus f und w hat η_z im Bereich $0 < \gamma_m < (90° - \varrho)$ ein Maximum, das mit Gl. (13.6.13) bestimmbar ist:

$$\gamma_m = 45° - \frac{\varrho}{2} = \arctan(\sqrt{\mu + 1} - \mu). \qquad (13.6.13)$$

Damit ergibt sich das Maximum des Verzahnungswirkungsgrades

$$\eta_{z\,max} = 1 + 2\mu \sqrt{\mu - (1 - \mu^2)}; \qquad (13.6.14)$$

$\eta_{z\,max}$ ist nur bei mehrgängigen Schnecken, d. h. großen Steigungswinkeln erreichbar, etwa bei $u < 10$, nicht aber bei größeren Werten von u, da die Schnecken dann zu dünn werden [13.5.2].

Man erkennt weiterhin, daß der Verzahnungswirkungsgrad η_z mit wachsendem Modul und größer werdender Zähnezahl z_1 ansteigt. Hingegen nimmt η_z mit zunehmenden Werten des

Durchmessers d_{m1} und des Koeffizienten q ab. Diese Größen beeinflussen η_z hauptsächlich über γ_m durch die Beziehung

$$\gamma_m = \arctan mz_1/d_1 = \arctan z_1/q. \quad (13.6.15)$$

Die Ergebnisse sind für die Paarungen Zylinderschnecke – Globoidrad und Zylinderschnecke – Schrägstirnrad gleichermaßen gültig.
Insbesondere zu große Achsabstandsabmaße A_a sowie eine Außermittigkeit f_c (Abstand zwischen den Achsen der Schnecke und der Schneckenlager in Mitte der Zahnbreite) und Achsenwinkelabweichungen f_Σ üben zusätzlich negativen Einfluß auf den Verzahnungswirkungsgrad η_z aus.
Bei getriebener Schnecke und $\eta'_z \leqq 0$ liegt Selbstsperrung vor, d. h. gem. Gl. (13.6.12): $\gamma_m \leqq \varrho$ bzw. $\tan \gamma_m \leqq \mu$. In diesem Fall ist bei treibender Schnecke nur $\eta_z \leqq 0{,}5$ erreichbar.
Charakteristische Einflüsse auf den Wirkungsgrad feinmechanischer Schneckengetriebe sind in [13.6.12] [13.6.27] dargestellt. Der Gesamtwirkungsgrad je Getriebestufe kann danach bei $\eta_G \approx 0{,}18 \ldots 0{,}9$ liegen.

Tafel 13.6.8. Normen und Richtlinien zum Abschnitt 13.6.
s. auch Tafeln 13.4.8 und 13.4.17

DIN-Normen	
DIN 37	Darstellung und vereinfachte Darstellung für Zahnräder und Zahnradpaare
DIN 780 T2	Moduln für Zylinderschneckengetriebe
DIN 868	Allgemeine Begriffe und Bestimmungsgrößen für Zahnräder, Zahnradpaare und Zahnradgetriebe
DIN 3966 T3	Angaben für Schnecken- und Schneckenradverzahnungen in Zeichnungen
DIN 3975	Begriffe und Bestimmungsgrößen für Zylinderschneckengetriebe mit Achsenwinkel $\Sigma = 90°$
DIN 3976	Zylinderschnecken; Maße, Zuordnung von Achsabständen und Übersetzungen in Schneckenradsätzen
DIN 3979	Zahnschäden an Zahnradgetrieben; Bezeichnungen, Merkmale, Ursachen
DIN 3998 T4	Benennung an Zahnrädern und Zahnradpaaren; Schneckenradsätze
DIN 3999	Kurzzeichen für Verzahnungen
DIN 51509	Auswahl von Schmierstoffen für Zahnradgetriebe
DIN ISO 2203	Technische Zeichnungen; Darstellung von Zahnrädern
Richtlinien	
VDI 2127	Getriebetechnische Grundlagen; Begriffsbestimmungen für Getriebe
VDI 2159	Emissionskennwerte technischer Schallquellen; Getriebegeräusche
VDI 2545	Zahnräder aus thermoplastischen Werkstoffen (zurückgezogen)

Eine Zusammenstellung ausgewählter Normen und Richtlinien zum Abschnitt 13.6. enthält **Tafel 13.6.8.**

13.6.7. Berechnungsbeispiel

Aufgabe 13.6.1. Berechnung eines zweistufigen Schneckengetriebes

Ein Elektromotor mit der Drehzahl $n = 3000$ U/min und einer maximalen Ausgangsleistung $P = 0{,}5$ W soll durch ein angeflanschtes Schneckengetriebe (Paarung Zylinderschnecke ZI – Schrägstirnrad mit Achsenwinkel $\Sigma = 90°$, s. Bild 13.6.4a u. Tafel 13.6.2) zum Getriebemotor komplettiert werden. Zwecks Parallelität zwischen Eingangs- und Ausgangswelle des Getriebes ist die Gesamtübersetzung auf zwei Getriebestufen zu verteilen. Die Ausgangswelle soll eine Drehzahl $n_{ab} = 10$ U/min haben.
Das Getriebe ist zu berechnen.

Lösung

Drehmoment und Übersetzung. Das an der Motorwelle verfügbare Drehmoment ergibt sich gem. Gl. (13.2.6b) zu

$$M_{d1} = 9550 \cdot P/n = (9550 \cdot 0{,}5/3000)\ \text{N} \cdot \text{mm} = 1{,}59\ \text{N} \cdot \text{mm}.$$

Die Gesamtübersetzung beträgt $i_{ges} = 3000/10 = 300$. Sie wird zweckmäßig so auf die beiden Stufen verteilt, daß die erste, weniger belastete Stufe eine größere Teilübersetzung bringt als die zweite Stufe. Aus fertigungstechnischen Gründen sollen die Schneckenräder in beiden Stufen die gleiche Zähnezahl erhalten und nur durch die Wahl des Werkstoffes an die Belastung angepaßt werden. Folgende Teilübersetzungen wurden gewählt:

$$\text{Stufe I: } i_I = 30; \quad \text{Stufe II: } i_{II} = 10.$$

Gemäß Abschnitt 13.6.2. kann der Übersetzung i_I eine eingängige ($z_1 = 1$), der Übersetzung i_{II} eine dreigängige Schnecke ($z_3 = 3$) zugeordnet werden. Die Schneckenräder erhalten demzufolge eine Zähnezahl $z_2 = z_4 = 30$.

Modul. Da im gesamten Getriebe keine größere Gleitgeschwindigkeit als $v_g \approx 2$ m/s auftritt, ist Gl. (13.6.9) zur Berechnung des Moduls heranzuziehen:

$$C = F_{t2}/(K_z b_2 p_x) \leqq C_{\text{grenz}}.$$

Durch Substitution einiger Größen und nach Umstellung erhält man daraus

$$m = \sqrt[3]{2M_d/(z_2 K_z C_{\text{grenz}} 6\pi)} \quad \text{mit} \quad b_2 \approx 6m; \qquad F_{t2} = 2M_d/(mz); \qquad p_x = \pi m.$$

Für die Stufe II, bei der die Schnecke aus Stahl C45 (vergütet) und das Schneckenrad aus G-CuSn12 hergestellt werden sollen, gilt $C_{\text{grenz}} = 3{,}5$ N/mm² bei Tauchschmierung in Fett; $K_z = 0{,}95$; $M_d = i_{\text{ges}} M_{d1} = 477{,}5$ N · mm. Damit folgt für m

$$m = \sqrt[3]{2 \cdot 477{,}5/(30 \cdot 0{,}95 \cdot 3{,}5 \cdot 6 \cdot \pi)}\ \text{mm} = 0{,}7978\ \text{mm}.$$

Der nächstgrößere genormte Modul $m = 0{,}8$ mm wurde der weiteren Rechnung zugrunde gelegt.

Bei der Stufe I besteht das Schneckenrad aus Hartgewebe (fein), die Schnecke aus St50. Für das Hartgewebe beträgt $C_{\text{grenz}} = 2{,}2$ N/mm² bei $v_g = 2$ m/s [13.6.24]. Der Modul berechnet sich damit zu

$$m = \sqrt[3]{2 \cdot 47{,}75/(30 \cdot 0{,}95 \cdot 2{,}2 \cdot 6 \cdot \pi)}\ \text{mm} = 0{,}4323\ \text{mm}.$$

Stufe I erhält wie Stufe II den Modul $m = 0{,}8$ mm, ist also nicht ausgelastet.

Abmessungen des Getriebes. Die beiden Getriebestufen unterscheiden sich lediglich in der Zähnezahl (Gangzahl) der Schnecken und damit im Steigungswinkel γ_m.

Für die Schnecken wird eine Formzahl (Durchmesserkoeffizient) $q = 16$ gewählt. Damit ergibt sich der Mittenkreisdurchmesser der Schnecken zu $d_m = qm$ und der Mittensteigungswinkel γ_m aus $\tan \gamma_m = z_1/q$. Die Schnecken in beiden Stufen haben also den Mittenkreisdurchmesser $d_{m1} = d_{m3} = 16m = 12{,}8$ mm. Die Mittensteigungswinkel ergeben sich aus $\tan \gamma_{mI} = 1/16 = 0{,}0625$ zu $\gamma_{mI} = 3{,}576°$ und aus $\tan \gamma_{mII} = 3/16 = 0{,}1875$ zu $\gamma_{mII} = 10{,}620°$.

Die Schneckenräder haben einen Teilkreisdurchmesser $d_2 = z_2 m$. Es ergeben sich $d_2 = d_4 = 30 \cdot 0{,}8$ mm $= 24$ mm.

Die axiale Länge b_1 der Schnecken läßt sich aus $b_1 \approx 2{,}5m\sqrt{z_2 + 1}$ errechnen. Man erhält für $b_1 = b_3 \approx (2{,}5 \cdot 0{,}8 \times \sqrt{31})$ mm $= 11{,}135$ mm. Die axiale Länge der Schnecken wird in beiden Stufen zu 11,5 mm festgelegt.

Die Breite der Schneckenräder errechnet sich aus $b_2 \approx 2m\ (0{,}5 + \sqrt{q + 1})$. Es folgt $b_2 = b_4 \approx 2 \cdot 0{,}8\ (0{,}5 + \sqrt{17}) = 7{,}392$ mm. Aus fertigungstechnischen Gründen werden beide Räder mit $b = 8$ mm gefertigt.

Der Achsabstand beträgt in beiden Stufen $a = (d_{m1} + d_2)/2 = 18{,}4$ mm.

Überdeckung. Die Überdeckung erhält man mit den Beziehungen in Tafel 13.6.3 aus der Gleichung

$$\varepsilon_\alpha = [\sqrt{d_{a2}^2 - d_{b2}^2} + (2m\ (1 - x)/\sin \alpha_x) - d_2 \sin \alpha_x]/(2m\pi \cos \alpha_x).$$

Die Zwischengrößen sind

$$d_{a2} = d_2 + 2\ (h_a^* + x)\ m_n = [24 + 2\ (1 + 0)\ 0{,}7863]\ \text{mm} = 25{,}573\ \text{mm}$$
$$d_{b2} = d_2 \cos \alpha = 0{,}93969 \cdot 24\ \text{mm} = 22{,}552\ \text{mm}.$$

Die Überdeckung beträgt damit

$$\varepsilon_{\alpha I} = (\sqrt{653{,}978 - 508{,}593} + (2 \cdot 0{,}8/0{,}34261) - 24 \cdot 0{,}34261)/(2 \cdot 0{,}8 \cdot \pi \cdot 0{,}93984)$$
$$= (12{,}058 + 4{,}670 - 8{,}222)/4{,}724 = 1{,}80$$
$$\varepsilon_{\alpha II} = (12{,}058 + 4{,}605 - 8{,}339)/4{,}713 = 1{,}77.$$

Wirkungsgrad. Der Wirkungsgrad eines Schneckengetriebes ergibt sich aus $\eta_z = \tan \gamma_m / \tan (\gamma_m + \varrho)$ mit dem Reibwinkel $\varrho \approx 5{,}5°$ bei den vorliegenden kleinen Gleitgeschwindigkeiten und bei Schmierung mit Fett.

Für Stufe I gilt $\eta_{zI} = 0{,}0625/0{,}15976 = 0{,}391$ und für Stufe II $\eta_{zII} = 0{,}1875/0{,}28901 = 0{,}648$. Damit ergibt sich der Gesamtwirkungsgrad zu $\eta_{z\text{ges}} = \eta_{zI}\eta_{zII} = 0{,}2534$. Am Ausgang des Getriebes ist also nicht $M_{\text{dab}} = i_{\text{ges}} M_{d1} = 477{,}5$ N · mm, sondern nur $M_{\text{dab}} = \eta_{z\text{ges}} \cdot 477{,}5$ N · mm $= 121{,}1$ N · mm verfügbar.

Verzahnungstoleranzen und -abmaße. Für Schneckengetriebe gibt es dazu bisher keine DIN-Normen, in [13.6.31] ist aber eine Anleitung enthalten. Danach wird empfohlen, die Abmaße zur Erzeugung des Flankenspiels nur an der Schnecke vorzusehen und DIN 58405 sinngemäß anzuwenden. Für das vorliegende Getriebe ist eine Genauigkeitsklasse (Qualität) 8 der Verzahnung und ein Toleranzfeld f der Zahndicken- bzw. Zahnweitenabmaße ausreichend (8f). Da die fertigungstechnische Realisierung der Abmaße zur Erzeugung von Flankenspiel an der Schnecke leichter möglich ist als am Schneckenrad, werden die Abmaße des Rades der Schnecke mit zugeordnet, wobei für beide Getriebeelemente gleich große Abmaße gelten sollen. Aus DIN 58405 T2 ergeben sich für 8f die Zahnweitenabmaße $A_{Wo} = -23$ µm und $A_{Wu} = -47$ µm. Da an der Schnecke nur die Zahndicke meßbar ist, sind diese Werte umzurechnen. Es folgen mit $A_s = A_W/\cos \alpha$ die Werte $A_{so} = -25$ µm und $A_{su} = 50$ µm. An der Schnecke muß das Zahndickenabmaß damit zwischen $A_{so} = -50$ µm und $A_{su} = -100$ µm liegen. Diese Werte gelten für die Schnecken beider Getriebestufen gleichermaßen. Anstatt der Globoidschneckenräder werden schrägverzahnte Stirnräder eingesetzt. Diese sind gemäß obiger Empfehlung mit den kleinstmöglichen Zahnweitenabmaßen zu fertigen, hier also entsprechend Feld h nach DIN 58405 T2 mit $A_{Wo} = 0$ µm und $A_{Wu} = -23$ µm. Aus dieser Norm sind als Anhaltswerte zugleich die Toleranzen der Zweiflankenwälzabweichung $F_i'' = 36$ µm, des Zweiflankenwälzsprungs $f_i'' = 12$ µm und ein Achsabstandsmaß $A_a = \pm 32$ µm zu entnehmen.

Konstruktive Gestaltung. Die Schnecken werden für Stufe I aus St50, für Stufe II aus C45 (vergütet) und mit Profil ZI hergestellt. Die Schneckenräder sind als Schrägstirnräder aus G-CuSn12 bzw. aus Hartgewebe (fein) zu fertigen. Zur Herstellung werden Werkzeuge mit dem Modul $m_n = m \cos \gamma_m = 0{,}798$ mm für Stufe I und $m_n = 0{,}786$ mm für Stufe II benötigt. Die Abstände der Lager der Schneckenwellen sind so klein wie möglich zu halten, damit die Durchbiegung durch die in der Verzahnung wirkenden Kräfte minimal bleibt.

Literatur zum Abschnitt 13.6.

(Grundlagenliteratur s. Literatur zum Abschnitt 1.
Grundlegende Literatur zu Zahnradgetrieben s. Literatur zum Abschnitt 13.4.)

Bücher, Dissertationen

[13.6.1] *Zirpe, K.:* Zahnräder. 13. Aufl. Leipzig: Fachbuchverlag 1989.

[13.6.2] *Heyer, H.:* Versuche an Zylinderschneckengetrieben. Schriftenreihe Antriebstechnik, Heft 10. Braunschweig: Verlag Friedrich Vieweg & Sohn 1953.

[13.6.3] *Weber, C.; Maushake, W.:* Zylinderschneckengetriebe mit rechtwinklig sich kreuzenden Achsen. Braunschweig: Verlag Friedrich Vieweg & Sohn 1956.

[13.6.4] *Krause, W.:* Plastzahnräder. Berlin: Verlag Technik 1985.

[13.6.5] *Steinhilper, W.; Röper, R.:* Maschinen- und Konstruktionselemente, Bd. 3: Reibrad-, Zugmittel- und Zahnradgetriebe. Berlin, Heidelberg, New York, Tokio: Springer-Verlag 1989.

[13.6.6] *Kovar, W.:* Verschleiß- und Wirkungsgraduntersuchungen an einem Schneckengetriebe. Diss. TH Wien 1969.

[13.6.7] *Wilkesmann, H.:* Berechnung von Schneckengetrieben mit unterschiedlichen Zahnprofilen. Diss. TU München 1974.

[13.6.8] *Holler, H.:* Rechnersimulation der Kinematik und 3D-Messung der Flankengeometrie von Schneckengetrieben und Kegelrädern. Diss. TU München 1974.

[13.6.9] *Böhnert, H.:* Experimentelle Untersuchung des Zusammenhangs zwischen Belastung, Verschleiß und Lebensdauer bei Zylinderschneckengetrieben und Ausarbeitung eines Berechnungsverfahrens. Diss. TU Dresden 1975.

[13.6.10] *Bilz, R.:* Ein Beitrag zur Entwicklung des Globoid-Schneckengetriebes zu einem leistungsfähigen Element der modernen Antriebstechnik. Diss. B TU Dresden 1976.

[13.6.11] *Huber, G.:* Untersuchungen über Flankentragfähigkeit und Wirkungsgrad von Zylinderschneckengetrieben (Evolventenschnecken). Diss. TU München 1978.

[13.6.12] *Tran, Phan Dat:* Untersuchungen zum Wirkungsgrad feingerätetechnischer Schneckengetriebe. Diss. TU Dresden 1978.

[13.6.13] *Ullrich, G.:* Beiträge zur Ausarbeitung eines Toleranz- und Paßsystems für Zylinderschneckenradpaare mit Moduln unter 1 mm. Diss. TU Dresden 1979.

[13.6.14] *Winter, H.; Hösel, Th.; Huber, G.:* Weiter entwickelte Tragfähigkeitsberechnung für Zylinder-Schneckengetriebe. VDI-Bericht 332. Düsseldorf: VDI-Verlag 1979.

[13.6.15] Katalog RG 12 – Präzisions-Getriebeteile. München: Litton Precision Products Int. GmbH/Reliance Gear Company Limited.

Aufsätze

[13.6.20] *Demian, T.; Grecu, E.; Krause, W.; Tran, Phan Dat:* Einsatz von Schneckengetrieben in der Feingerätetechnik. Feingerätetechnik 27 (1978) 5, S. 222.

[13.6.21] *Mrugalski, Z.:* Schneckenübersetzungen ins Schnelle mit Überdeckungsgrad gleich 1. Feingerätetechnik 11 (1962) 5, S. 233.

[13.6.22] *Demian, T.; Tudor, D.:* Asupra rotilor dintante „minimale“ cu profil evolvent. Constructia de masini Nr. 5/1971. Romania.

[13.6.23] *Bosch, M.; Boecker, E.:* Herstellung von Schneckengetrieben. Antriebstechnik 11 (1972) 2, S. 35.

[13.6.24] *Müller, A.:* Die Tragfähigkeit von Zahnrädern aus Hartgewebe. die maschine (1966) 6 u. 7.

[13.6.25] *Brenneisen, R.:* Schneckengetriebebaukasten bietet individuelle Getriebelösungen. antriebstechnik 42 (2003) 2, S. 20.

[13.6.26] *Holler, R.:* Rechnersimulation der Eingriffsverhältnisse von Zahnrädern. VDI-Z. 118 (1976) 6, S. 257.

[13.6.27] *Krause, W.:* Wirkungsgrad bei feinwerktechnischen Schneckengetrieben. antriebstechnik 41 (2002) 11, S. 59 und Feingerätetechnik 28 (1979) 7, S. 291.

[13.6.28] *Winter, H.; Hösel, Th.; Huber, G.:* Weiterentwickelte Tragfähigkeitsberechnung für Zylinderschneckengetriebe. VDI-Bericht Nr. 332 (1979), S. 217.

[13.6.29] *Ernst, D.:* Schneckengetriebe (Jahresübersicht). VDI-Z. 122 (1980), S. 1131.

[13.6.30] *Krause, W.; Ullrich, G.:* Anleitung zur Tolerierung von Zylinderschneckenradpaaren mit kleinem Modul. Preprint 10-5-81 der TU Dresden.

[13.6.31] *Erhard, G.:* Präzisionskleinstantriebsschnecken aus Kunststoff. Feinwerktechnik u. Meßtechnik 90 (1982) 7, S. ZM 18.

13.7. Kegelrad- und Kronenradgetriebe

Zeichen, Benennungen und Einheiten

F_n Normalkraft in N

F_q Querkraft (Lagerkraft) in N

F_t Umfangskraft, Tangentialkraft in N

F_r, F_x Radialkraft, Axialkraft in N

M_d Drehmoment, Torsionsmoment in N · mm

P Leistung in kW

R_P Planradradius in mm

R_e, R_i, R_m	äußere, innere, mittlere Teilkegellänge in mm
a	Achsversetzung, Achsabstand in mm
b	Zahnbreite in mm
c	Kopfspiel in mm
d	Teilkreisdurchmesser in mm
d_a, d_b, d_f	Kopfkreis-, Grundkreis-, Fußkreisdurchmesser in mm (zusätzliche Indizes e, i, m: äußerer, innerer, mittlerer Durchmesser; zusätzlicher Index v: Durchmesser der Ersatzstirnräder)
d_v	Teilkreisdurchmesser der Ersatzstirnräder in mm
f	Zahnkranzdicke in mm
h_a, h_f	Zahnkopf-, Zahnfußhöhe in mm
i	Übersetzung
m	Modul in mm
n	Drehzahl in U/min
p	Teilung in mm
r	Radius in mm
s	Zahndicke in mm
u	Zähnezahlverhältnis
v	Umfangsgeschwindigkeit in m/s
v_g	Gleitgeschwindigkeit in m/s
x	Profilverschiebungsfaktor
z	Zähnezahl
z_{min}	Grenzzähnezahl von Geradstirnrädern
z_{mink}	Grenzzähnezahl von Kegelrädern
Σ	Achsenwinkel in °
α	Eingriffswinkel in °
$\delta, \delta_a, \delta_f$	Teil-, Kopf-, Fußkegelwinkel in °
δ_v	Ergänzungskegelwinkel in °
$\varepsilon_{\alpha v}$	Profilüberdeckung der Ersatzstirnräder
η	Wirkungsgrad
ϑ_a, ϑ_p	Kopf-, Fußkegelwinkel in °
ω	Winkelgeschwindigkeit in rad/s

Indizes

G	Getriebe, Gesamt-
P	Planrad
a	Kopfkreis, Zahnkopf
b	Grundkreis (der Evolventenverzahnung)
e, i, m	bezogen auf äußere, innere, mittlere Teilkegellänge
f	Fußkreis, Zahnfuß
k	Kegelrad
n	Normalschnitt
r	Radialrichtung
t	Stirnschnitt oder Tangentialrichtung
v	Ergänzungskegel, virtuelles Ersatzstirnrad, Verlust
x	Axialrichtung
z	Zahn, Verzahnung
1	Rad *1* (kleines, treibendes Rad)
2	Rad *2* (großes, getriebenes Rad)
'	praktischer Wert (bei Grenzzähnezahl)

Ein Kegelradgetriebe ist ein Zahnradgetriebe, bei dem die Achsen sich i. allg. schneiden und die Radkörper kegelige Grundform haben.

Nach dem Verlauf der Flankenlinien unterscheidet man Kegelräder mit Gerad-, Schräg- und Bogen-(Spiral-)Verzahnung **(Bild 13.7.1)**. Sie werden so gepaart, daß die Achsen sich unter dem Achsenwinkel Σ schneiden.
Sonderfälle stellen die Kegelplanräder, die Stirnplanräder (Kronenräder), die Hypoidräder (Kegel-Schraubräder) und die kegeligen Stirnräder dar.
Der Grenzfall eines außenverzahnten Kegelrades, dessen halber Kegelwinkel 90° beträgt, ist das *Kegelplanrad* **(Bild 13.7.2)**. Seine Bezugsfläche ist eine Ebene senkrecht zur Radachse,

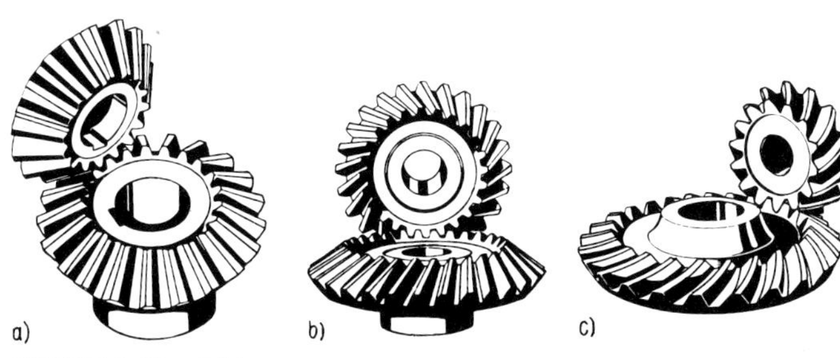

Bild 13.7.1. Kegelräder
a) gerad-, b) schräg-, c) bogenverzahnt

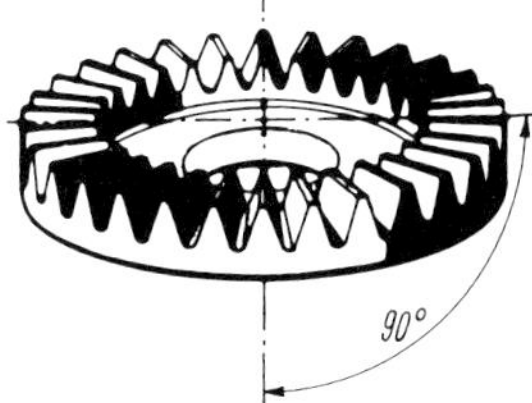

Bild 13.7.2. Kegelplanrad

und die Verzahnung stellt eine Planverzahnung dar, die sich auf der Stirnfläche des Rades befindet. Die Paarung eines Kegelplanrades mit einem Kegelrad ergibt ein Kegelplanradpaar, dessen Achsenwinkel i. allg. $\Sigma = 90 + \delta$ beträgt.
Paart man ein Zylinderrad (i. allg. das als gerad- oder schrägverzahntes Stirnrad ausgeführte Ritzel) mit einem Planrad, dessen Verzahnung der Ritzelverzahnung entspricht, entsteht ein Stirnplanradpaar. Vorzugsweise in der Feinmechanik bezeichnet man dieses Planrad als *Kronenrad* und das zugehörige Radpaar als Kronenradpaar **(Bild 13.7.3)** (s. a. Abschn. 13.7.2). Bei der Paarung von *Hypoidrädern,* die meist bogenverzahnt ausgeführt werden **(Bild 13.7.4)**, geht die Ritzelachse im Abstand a (Achsversetzung) an der Radachse vorbei, so daß die Achsen sich kreuzen. Man spricht dann von Hypoid- bzw. Kegelschraubradpaaren, deren Achsenwinkel Σ meist 90° beträgt. *Kegelige Stirnräder* sind Stirnräder mit über der Zahnbreite kontinuierlich zu- oder abnehmender Profilverschiebung. In der Anordnung mit parallelen Achsen (**Bild 13.7.5** a) verwendet man sie u. a. zur Einstellung von spielfreiem Zahneingriff. Mit sich schneidenden oder kreuzenden Achsen (b) stellen sie Kegelradpaare bzw. Hypoidradpaare mit kleinem Achsenwinkel Σ dar.

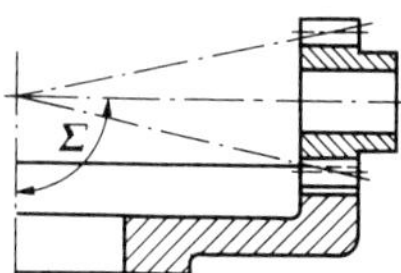

Bild 13.7.3. Stirnplanradpaar (Kronenradpaar)

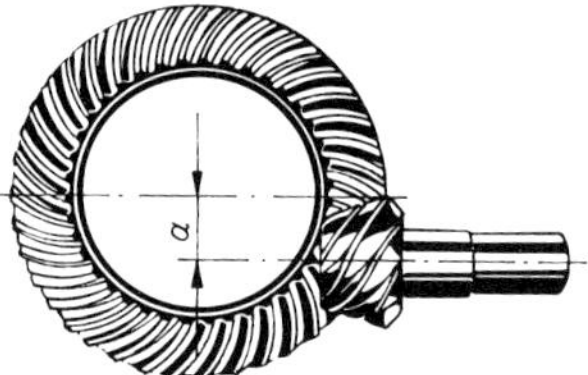

Bild 13.7.4. Hypoidradpaar (Kegelschraubradpaar)

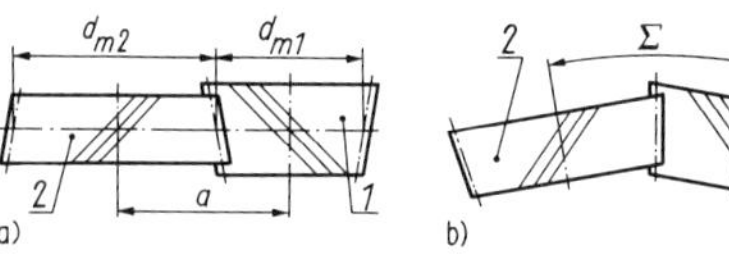

Bild 13.7.5. Paarung kegeliger Stirnräder [13.5.2]
a) mit parallelen Achsen; b) mit sich schneidenden oder kreuzenden Achsen

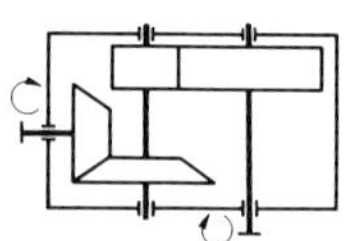

Bild 13.7.6. Kombiniertes Kegelrad-Stirnrad-Getriebe

Kegelradgetriebe sind für Übersetzungen bis $i = 6$ einsetzbar. Für größere Werte von i kommen Kombinationen mit Stirnradgetrieben zur Anwendung **(Bild 13.7.6)**, und zwar bis $i = 40$ als zweistufige und bis $i = 250$ als dreistufige Ausführungen.

Zu beachten ist, daß man bei Kegelradgetrieben kinematisch einwandfreien Lauf nur erzielt, wenn beide Kegelspitzen im Schnittpunkt der Achsen liegen. Kegelräder müssen deshalb sehr genau gelagert und in Axialrichtung eingestellt werden. Unter Beachtung der schwierigen Fertigung sollten deshalb Kegelräder mit Geradverzahnung in der Feinmechanik nur in Sonderfällen, solche mit Schräg- und Bogenverzahnung dagegen möglichst nicht angewendet werden. Ihr Einsatz ist dem Maschinenbau vorbehalten. Gleiches gilt für Hypoidräder, deren Hauptanwendungsgebiete in Antrieben von Kraftfahrzeugen, Textilmaschinen usw. liegen und die dort wegen der Lage des Ritzels unter der Tellerachse, der beiderseits möglichen Lagerung des Ritzels und der erhöhten Laufruhe Vorteile bringen. Bei kegeligen Stirnrädern ist zu beachten, daß sich sehr kleine Teilkegelwinkel mit den meisten Kegelradverzahnungsmaschinen nicht herstellen lassen. Ihr Einsatz ist in der Feinmechanik zu vermeiden. Im Gegensatz dazu sind Kronenradgetriebe auch bei miniaturisierter Bauweise und Massenbedarf wirtschaftlich zu fertigen, so daß sie oft als Ersatz für Kegelradgetriebe Anwendung finden. Nachfolgend werden deshalb nur Kegelradgetriebe mit Geradverzahnung und Kronenradgetriebe betrachtet. Die Behandlung der weiteren Getriebe ist der Literatur zu Abschnitt 13.7. zu entnehmen.

13.7.1. Kegelradgetriebe mit Geradverzahnung [1.17] [13.5.1] bis [13.5.3]

Die Teilkegel (Wälzkegel) der miteinander kämmenden Räder (s. a. Bilder 13.7.1 und 13.7.8) berühren sich in einer gemeinsamen Mantellinie (Wälzachse) und rollen bei Drehung ohne zu gleiten aufeinander ab.
Die Profilkurven der Verzahnung sind jedoch keine ebenen Kurven mehr. Während man sich bei einem geradverzahnten Stirnrad das Erzeugen der Evolventenflanke durch gestrecktes

Abwickeln des Mantels eines Zylinders vorstellen kann (s. Abschnitt 13.4.1.), entstehen die Flanken bei Kegelrädern durch analoges Abwickeln eines Kegelmantels. Sie liegen damit auf Kugeloberflächen, und man bezeichnet sie als Kugelevolventen. Diese haben im Bezugsprofil (Planrad) keine Geraden als Flanken, sondern weisen ein doppelt gekrümmtes Profil auf (**Bild 13.7.7**a). Dadurch wird die Untersuchung und Aufzeichnung der Verzahnung sehr kompliziert. Zugleich ist die Herstellung außerordentlich umständlich.

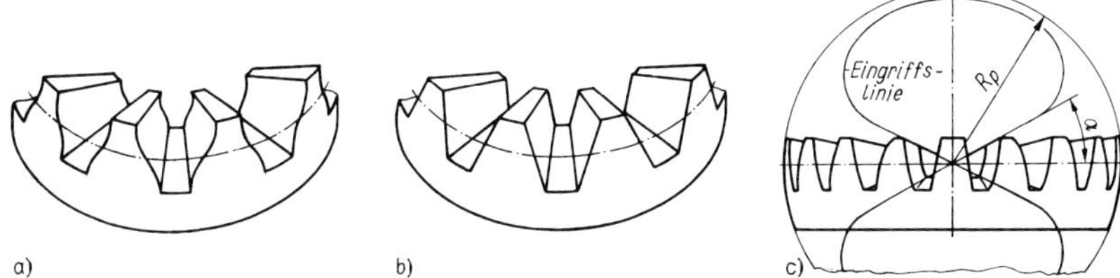

Bild 13.7.7. Kegelradverzahnung [1.17] [13.5.2]

a) Planrad mit Kugelevolventenzahnform; b) Planrad mit Oktoidenzahnform; c) Eingriffslinie der Oktoidenverzahnung (R_P Planradradius, α Eingriffswinkel)

In der Praxis hat die Kugelevolvente deshalb keine Bedeutung. Für das Abwälzverfahren zur Herstellung von Kegelrädern benutzt man vielmehr ein Bezugsprofil mit geraden Flanken (b), wobei die Abweichungen von der Evolventenform sehr klein sind. Die Eingriffslinie stellt dann eine Oktoide dar (achtförmige Kurve), und man bezeichnet die Verzahnung als Oktoidenverzahnung (c). Sie ist theoretisch exakt. Störungen im Eingriff ergeben sich aber, wenn der Erzeugungswälzkreis stark vom Betriebswälzkreis abweicht. Da dies bei V-Getrieben der Fall ist, verwendet man fast ausschließlich nur Null- und V-Null-Getriebe, muß auch dabei aber die theoretischen Paarungsbedingungen genau einhalten.

13.7.1.1. Geometrische Beziehungen

Den durch die Achsen eingeschlossenen Winkel eines Kegelradpaares bezeichnet man als Achsenwinkel Σ (**Bild 13.7.8**), der meist 90° beträgt. Die Winkel δ_1 und δ_2 stellen die Teilkegelwinkel dar. Sie entsprechen i. allg. zugleich den Wälzkegelwinkeln δ_{w1} und δ_{w2}.

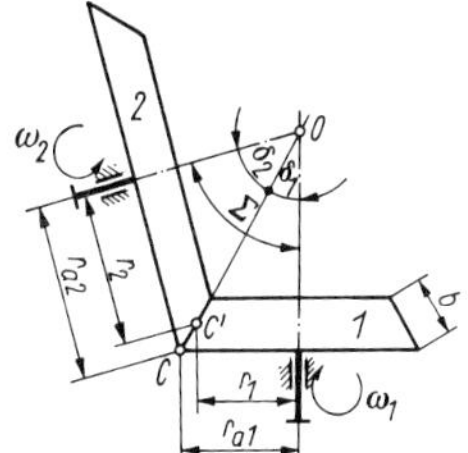

Bild 13.7.8. Kegelradpaar

Die Übersetzung i läßt sich bei treibendem Rad *1* damit wie folgt ausdrücken:

$$i = n_1/n_2 = r_2/r_1 = z_2/z_1 = \sin\delta_2/\sin\delta_1. \tag{13.7.1}$$

Für diesen Fall entspricht i dem Zähnezahlverhältnis $u = z_2/z_1 \geqq 1$, und man erhält für die Teilkegelwinkel δ_1 und δ_2

$$\tan\delta_1 = \sin\Sigma/(\cos\Sigma + u); \qquad \delta_2 = \Sigma - \delta_1. \tag{13.7.2}$$

Bei $\Sigma = 90°$ wird $\tan\delta_1 = 1/u$ und $i = \tan\delta_2$.

Das Bestimmen der Drehzahlverhältnisse und damit der Übersetzung kann bei komplizierten Getrieben mit dem *Winkelgeschwindigkeitsvektorenplan nach Beyer* erfolgen. Durch die Lage des ω-Vektors wird die Lage der Drehachse angegeben, seine Länge bestimmt die Größe der Winkelgeschwindigkeit bzw. Drehzahl und die Pfeilspitze die Drehrichtung, wobei die Pfeilspitze mit der Fortschreitungsrichtung einer Rechtsschraube übereinstimmen soll (**Bild**

13.7.9 a). Für das einfache Umlaufrädergetriebe (b), bei dem Rad *1* gestellfest ist, der Steg *s* um die Achse *s1* gedreht wird und Rad *2* auf Rad *1* abrollt, ergibt sich aus dem Vektorparallelogramm die Gleichung $\boldsymbol{\omega}_{2s} \mathbin{+\!\!\!\rightarrow} \boldsymbol{\omega}_{s1} = \boldsymbol{\omega}_{21}$ bzw. $\boldsymbol{n}_{2s} \mathbin{+\!\!\!\rightarrow} \boldsymbol{n}_{s1} = \boldsymbol{n}_{21}$. Das Getriebe nach (c) ergibt bei Verwendung als Standgetriebe bei Einleitung einer großen Drehzahl an Rad *1* (Antrieb) eine kleine Drehzahl an Rad *3* (Abtrieb) gem. der Beziehung $\boldsymbol{n}_{1s} \mathbin{+\!\!\!\rightarrow} \boldsymbol{n}_{31} = \boldsymbol{n}_{3s}$ (*I*). In der Bauform als Umlaufrädergetriebe (Steg *s* läuft um gestellfestes Rad *3*) kann bei gleichem Antrieb mit großer Drehzahl an Rad *1* eine kleine Drehzahl am Steg *s* (Abtrieb) abgenommen werden (*II*). Die Teilkegel der Kegelräder sind mit den Teilzylindern der Stirnräder zu vergleichen, stellen also die Bezugsflächen für die Verzahnungsmaße dar. Auf sie wird auch die Teilung *p* bezogen. Man unterscheidet die äußere Teilkegellänge $R_e = d_e/(2 \sin \delta)$, die innere Teilkegellänge $R_i = r_e - b$ und die mittlere Teilkegellänge $R_m = R_e - b/2 = d_m/(2 \sin \delta)$ **(Bild 13.7.10)**. Demgemäß gibt es bei einem Kegelrad auch einen äußeren Modul m_e, der i. allg. entsprechend den in Tafel 13.2.1 enthaltenen genormten Werten wie für Stirnräder gewählt wird (Richt-

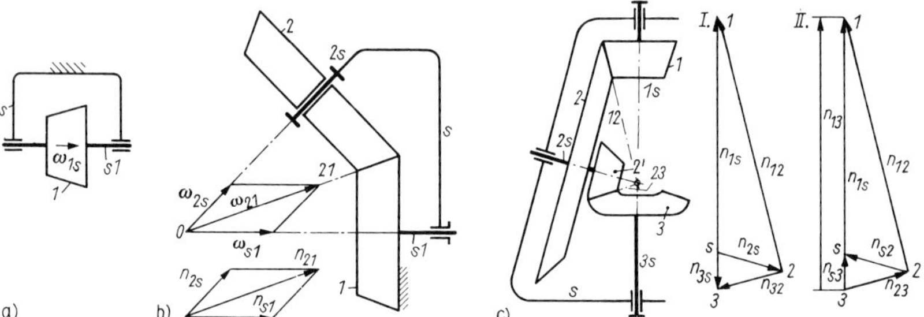

Bild 13.7.9. Winkelgeschwindigkeitsvektorenplan für Kegelradgetriebe
a) Vektor ω_{1s} für Kegelrad *1*, in gestellfestem Steg *s* um Achse *s1* drehbar gelagert; b) Vektorenplan für einfaches Umlaufrädergetriebe; c) Vektorenplan für zweistufiges Getriebe

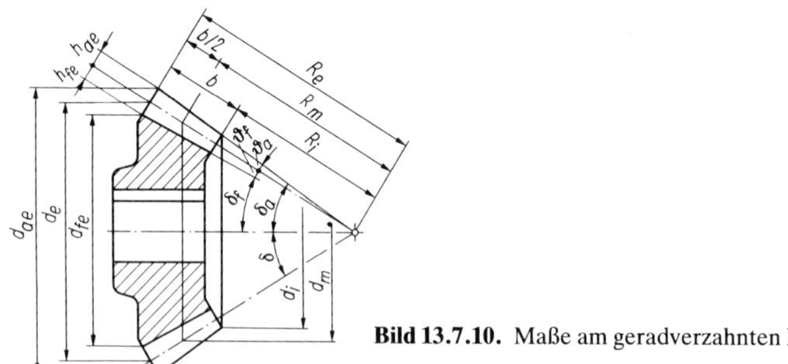

Bild 13.7.10. Maße am geradverzahnten Kegelrad

Tafel 13.7.1. Verzahnungsgrößen für geradverzahnte Kegelräder
Bezeichnungen s. Bild 13.7.10

Teilkreisdurchmesser (Teilkreis ist jeder zur Radachse senkrechte Schnitt durch Teilkegelmantel)	$d = zm$ ($d = d_e, d_m$ oder d_i mit m_e, m_m oder m_i)	(a)	mittlerer Modul	$m_m = m_e\,(1 - 0{,}5\ b/R_e)$	(f)
Kopfkreisdurchmesser (analog Teilkreis)	$d_a = d + 2h_a$[1] $\cos \delta$ ($d_a = d_{ae}, d_{am}$ oder d_{ai})	(b)	innerer Modul	$m_i = m_e\,(1 - b/R_e)$	(g)
Fußkreisdurchmesser (analog Teilkreis)	$d_f = d - 2h_f$[1] $\cos \delta$ ($d_f = d_{fe}, d_{fm}$ oder d_{fi})	(c)	Kopfwinkel	$\tan \vartheta_a = h_a/R$	(h)
Teilung	$p = m\pi$	(d)	Fußwinkel	$\tan \vartheta_f = h_f/R$	(i)
Teilkegellänge (analog Teilkreis)	$R = d/(2 \sin \delta)$ ($R = R_e, R_m$ oder R_i mit d_e, d_m oder d_i)	(e)	Kopfkegelwinkel	$\delta_a = \delta + \vartheta_a$	(j)
			Fußkegelwinkel	$\delta_f = \delta - \vartheta_f$	(k)
			virtuelle Zähnezahl	$z_v = z/\cos \delta$	(l)
			Planradzähnezahl	$z_P = z/\sin \delta$	(m)
			Planradradius	$R_P = d_e/(2 \sin \delta)$	(n)

[1]) im Normalfall: $h_a = m_e$ (auch $h_a = m_m$ oder m_i), $h_f = h_a + c$ mit $c = 0{,}25\ m$
(Bezugsprofil mit $h_a = 1{,}1\ m$ hier nicht vorteilhaft)

wert: $m = b/8$ bis $b/12$, um Bruchgefahr an Zahnenden zu vermeiden, b Zahnbreite), sowie einen mittleren Modul m_m in Mitte der Zahnbreite und einen inneren Modul m_i. Ist der Teilkegelwinkel $\delta_2 = 90°$, ergibt sich das Planrad (s. Bild 13.7.2) mit geraden Flanken. Es dient als Bezugsplanrad und entspricht für normale Verzahnungen dem Zahnstangen-Bezugsprofil (s. auch Abschnitt 13.4.2.). Damit gilt das Bezugsprofil nach DIN 867 mit der Kopfhöhe $h_a = 1{,}0\,m$ auch für Kegelräder, dagegen nicht das Profil nach DIN 58400 mit $h_a = 1{,}1\,m$. Es bringt hier keine Vorteile und würde bei der Fertigung zusätzliche Schwierigkeiten ergeben. Mit den Bezeichnungen im Bild 13.7.10 ergeben sich die in **Tafel 13.7.1** zusammengestellten Verzahnungsgrößen.

13.7.1.2. Profilverschiebung

Ist zur Vermeidung von Unterschnitt Profilverschiebung erforderlich, sind möglichst nur V-Null-Getriebe mit der Bedingung $z_1/\cos\delta_1 + z_2/\cos\delta_2 \geqq 2z_{min}$ bzw. $\geqq 2\,z'_{min}$ anzuwenden, da der Kegelwinkel dann unverändert bleibt.
Die unterschnittfreie Grenzzähnezahl (Mindestzähnezahl) von Null-Kegelrädern beträgt

$$z_{min\,k1} = z_{min}\cos\delta_1 \quad \text{bzw.} \tag{13.7.3a}$$

$$z'_{min\,k1} = z'_{min}\cos\delta_1 \tag{13.7.3b}$$

$z_{min} = 17$ bzw. $z'_{min} = 14$ rechnerische bzw. praktische Grenzzähnezahl von Null-Geradstirnrädern bei $h_a = 1{,}0m$, s. Abschnitt 13.4.4.

Für den erforderlichen Profilverschiebungsfaktor zur Erzielung von Unterschnittfreiheit gilt damit

$$x = [z_{min} - (z_1/\cos\delta_1)]/z_{min} \quad \text{bzw.} \tag{13.7.4a}$$

$$x = [z'_{min} - (z_1/\cos\delta_1)]/z_{min}\,; \tag{13.7.4b}$$

(Profilverschiebung bei V-Getrieben s. [13.5.1] [13.5.2] und DIN 3971).

13.7.1.3. Eingriffsverhältnisse und Überdeckung

Zur Beschreibung der Eingriffsverhältnisse und zur Bestimmung der Überdeckung führt man nach *Tredgold* die Kegelräder in äquivalente Stirnräder mit der virtuellen Zähnezahl z_v (auch als Ersatzzähnezahl z_n bezeichnet) über und wählt als deren Radius r_v die Länge der Mantellinien des sog. Ergänzungskegels (**Bild 13.7.11** a), dessen Mantel senkrecht auf dem Teilkegelmantel steht.

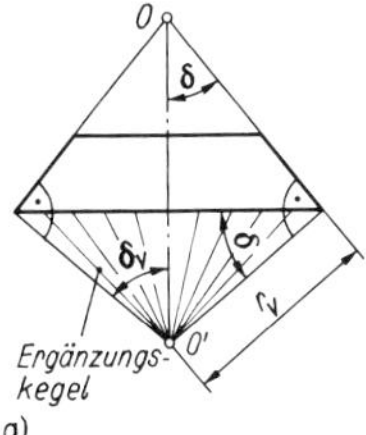

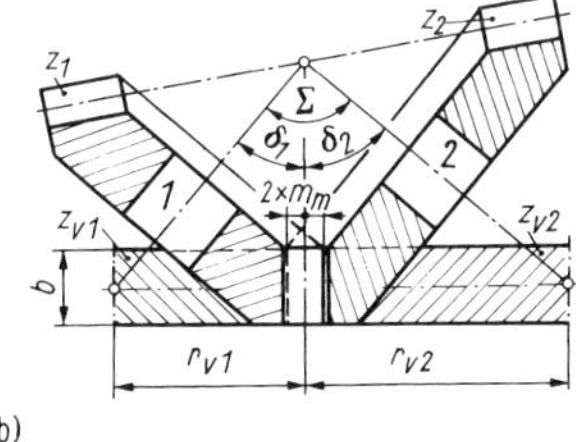

Bild 13.7.11. Ergänzungskegel (a) sowie Kegelradpaar und zugehörige Ersatzstirnräder der auf mittleren Teilkreisdurchmesser bezogenen Ergänzungskegel (b) [13.5.1]

Bild 13.7.11b zeigt dazu ein Kegelradpaar und die zugehörigen Ersatzstirnräder der auf die mittleren Teilkreisdurchmesser d_{v1} und d_{v2} (Index v: virtuell) bezogenen Ergänzungskegel. Es gilt bei meist gebräuchlichem Achsenwinkel $\Sigma = 90°$

$$d_{v1} = (z_1 m_m/2)\sqrt{z_1^2 + z_2^2}, \qquad d_{v2} = (z_2 m_m/2)\sqrt{z_1^2 + z_2^2}. \tag{13.7.5}$$

Die virtuellen Zähnezahlen der vollständigen Ersatzstirnräder sind i. allg. keine ganzen Zahlen

$$z_{v1} = d_{v1}/m_m = z_1/\cos\delta_1, \quad z_{v2} = d_{v2}/m_m = z_2/\cos\delta_2. \tag{13.7.6}$$

Hierbei ist $m_m = m_e R_m / R_e$ der mittlere Modul. Für das Planrad ($\delta_2 = 90°$) wird $z_v = \infty$, d.h., das Ersatzstirnrad wird unendlich groß (Zahnstange).

Überdeckung. Zur Bestimmung der Profilüberdeckung ε_α werden ebenfalls die Abmessungen der Ersatzstirnräder (Index v) zugrunde gelegt. Für Null- und V-Null-Getriebe gilt:

$$\varepsilon_{\alpha v} = \frac{\sqrt{d_{va1}^2 - d_{vb1}^2} + \sqrt{d_{va2}^2 - d_{vb2}^2} - (d_{v1} + d_{v2}) \sin \alpha}{2 m_m \pi \cos \alpha}$$

mit $d_{va} = d_v + 2h_{am}$; $h_{am1} = m_m (1 + x_m)$; $h_{am2} = m_m (1 - x_m)$; $d_{vb} = d_v \cos \alpha$; Eingriffswinkel $\alpha = \alpha_v = 20°$.

Gleitgeschwindigkeiten. Da das Abwälzen der Teilkegel aufeinander der Wälzbewegung der Ersatzstirnräder (Index v) kinematisch exakt entspricht, läßt sich mit den Größen dieser Räder bei gleicher Umfangsgeschwindigkeit die Gleitgeschwindigkeit v_{gv} wie bei Stirnradgetrieben ermitteln (s. Abschnitt 13.2.2., Bild 13.2.2).

13.7.1.4. Tragfähigkeitsberechnung

Für die Tragfähigkeitsberechnung werden äquivalente Stirnräder mit den virtuellen Zähnezahlen z_v zugrunde gelegt und die bei Stirnrädern geltenden Beziehungen angewandt (s. Abschnitt 13.4.11. sowie DIN 3991); Zahnkräfte s. **Tafel 13.7.2.**

Tafel 13.7.2. Zahnkräfte an Kegelradpaaren mit Geradverzahnung

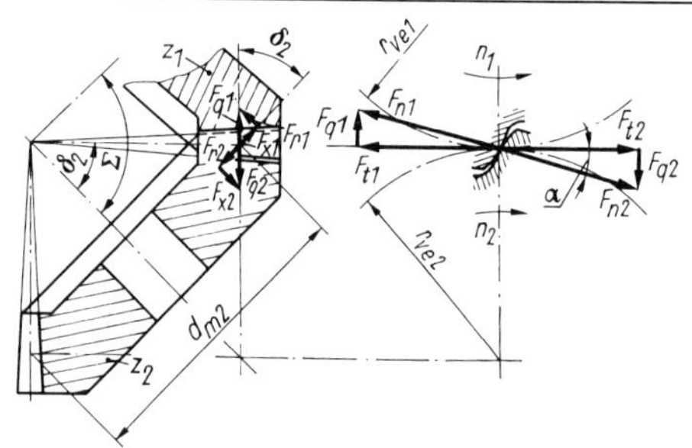

Treibendes Rad drückt mit F_{n2} auf Rad *2*. Entgegengesetzt gerichtet wirkt F_{n1}. Beide Komponenten werden jeweils in Tangential- und Querkräfte F_t und F_q zerlegt. F_{q1} und F_{q2} erscheinen auch im Axialschnitt, stehen senkrecht auf Teilkegelmänteln und werden für beide Räder jeweils in Radial- und Axialkräfte F_r und F_x zerlegt.

Kräfte	am treibenden Rad *1*	am getriebenen Rad *2*
Umfangskraft[1]) (Tangentialkraft)	$F_{t1} = P/v_m$	$F_{t2} = F_{t1}$
Axialkraft	$F_{x1} = F_{t1} \tan \alpha \sin \delta_1$	$F_{x2} = F_{t2} \tan \alpha \sin \delta_2$
Radialkraft	$F_{r1} = F_{t1} \tan \alpha \cos \delta_1$	$F_{r2} = F_{t2} \tan \alpha \cos \delta_2$

Lagerkräfte

Berechnung aus angreifenden Kräften F_t, F_x, F_r und Abmessungen (Lagerabstand usw.); resultierende Auflagerkräfte durch Betrachtung in zwei aufeinander senkrecht stehenden Ebenen [13.5.1] [13.5.2].

[1]) s. auch Abschnitt 13.2.1.

13.7.1.5. Werkstoffe, Schmierung, Gestaltung, Toleranzen

Werkstoffwahl und Schmierung erfolgen nach den gleichen Gesichtspunkten wie bei Stirnrädern (s. Abschnitt 13.4.12.). Bei der konstruktiven Gestaltung ist zu beachten, daß die Zahnbreite $b \leqq 10\, m_e \leqq R_e/3$ sein soll, um ungleichmäßiges Tragen der Verzahnung über ihre Breite zu vermeiden. Ritzel sind mit kurzer Nabe auszuführen, um (bei einseitiger Lagerung) einen kleinen Abstand vom Lager zu erreichen. Räder sollten möglichst zweiseitig gelagert werden. Bei auf eine Welle aufgesetztem Ritzel ist der Zahnkranz zwischen Bohrung der Nabe und Zahnfuß mindestens $2m_n$ zu wählen, um die Zahnfußfestigkeit nicht zu beeinträchtigen. Ergibt sich dabei ein zu kleiner Wellendurchmesser, sind Ritzelwellen (Ritzel und Welle aus einem Teil) vorzuziehen. Bei Kegelrädern aus Thermoplasten muß deren niedrige Steifigkeit Berücksichtigung finden. Bemessungsrichtlinien dazu enthält **Bild 13.7.12**a. In (b) ist außer-

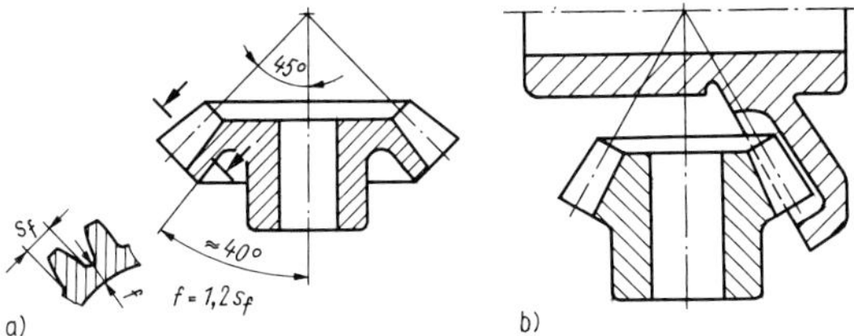

Bild 13.7.12. Kegelräder aus Thermoplasten (aus VDI-Richtlinie 2245) [13.4.78]

a) Bemessungsrichtlinien
b) Versteifung von Tellerrädern

dem gezeigt, wie bei Tellerrädern mit großem Teilkegelwinkel aus diesen Werkstoffen ein seitliches Abstützen der Zähne an beiden Enden möglich ist.

Festlegungen zu Verzahnungstoleranzen und Getriebepassungen [13.7.9] [13.7.21] bis [13.7.24] sind für Moduln $m \geqq 1$ mm in DIN 3965 enthalten. Für Moduln < 1 mm liegt bisher keine DIN-Norm vor, eine Anleitung zur Tolerierung enthält aber [13.7.23].

Prinzipiell gelten für die Festlegung der Genauigkeit der Verzahnung die gleichen Gesichtspunkte wie bei Stirnrädern (s. Abschnitt 13.4.10.), jedoch muß die axiale Lage der Verzahnung wesentlich enger toleriert werden. Außerdem ist zu beachten, daß einige Bestimmungsgrößen, wie z. B. Flankenform und Flankenrichtung, meßtechnisch kaum oder nur mit erheblichem Aufwand zu messen sind.

13.7.1.6. Verlustleistung und Wirkungsgrad

Die Berechnung erfolgt mit den gleichen Beziehungen wie für Stirnräder mit den Verzahnungsgrößen der mittleren Ersatzstirnräder und der Gleitgeschwindigkeit v_{gv} (s. Abschnitt 13.7.1.3.). Für den Verzahnungswirkungsgrad gilt $\eta_z \approx 0{,}96$, für den Gesamtwirkungsgrad je Getriebestufe $\eta_G \approx 0{,}94$. Genauere Angaben und Meßwerte für Leistungsgetriebe s. [13.5.2] [13.7.26].

13.7.2. Kronenradgetriebe [13.5.2] [13.7.20]

Eine kinematisch exakte Paarung ergibt sich, wenn das Ritzel als gerad- oder schrägverzahntes Stirnrad gem. Abschnitt 13.4. ausgeführt und das Planrad (Kronenrad) z. B. durch Wälzstoßen mit einem Schneidrad so gefertigt wird, daß dessen Verzahnung der des Ritzels entspricht. Dies läßt sich dadurch erreichen, daß man die Profilverschiebung entlang der Zahnbreite in solchem Maße ändert, daß aus der Paarung zweier Kegelräder die eines zylindrischen Ritzels und eines Planrades mit sich schneidenden Achsen entsteht (**Bild 13.7.13** a). Dabei liegt Linienberührung vor, bei Achsversetzung einer solchen Paarung dagegen nur Punktberührung.

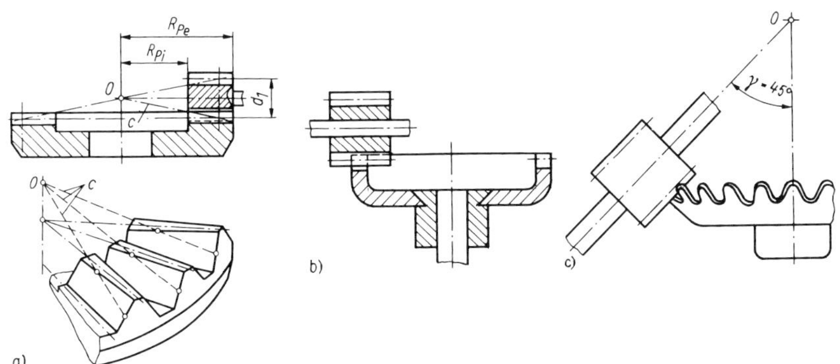

Bild 13.7.13. Kronenradpaar

a) Paarung Ritzel/Planrad (mit konstanter Zahnhöhe) [13.5.2]; b), c) Ausführung in der feinmechanischen Massenfertigung mit sich senkrecht und spitzwinklig schneidenden Achsen
C Wälzkegelmantellinien

Beschränkungen für die Zahnbreite des Planrades ergeben sich durch die Spitzengrenze der Verzahnung am Außenradius und durch die Unterschnittgrenze am Innenradius.
Als Richtwerte für Geradverzahnung gelten nach [13.5.2]: $b \approx 0{,}07 z_2 m$; $R_{Pe} = (1{,}1 \ldots 1{,}2) \times z_2 m/2$; $R_{Pi} = (0{,}95 \ldots 1{,}05)\, z_2 m/2$ (größere Werte für $u = z_2/z_1 \approx 1{,}5$; kleinere Werte für $u \approx 8$).
Die Bilder 13.7.13b, c zeigen Ausführungen, wie sie in der feinmechanischen Massenfertigung bei kleinen zu übertragenden Leistungen wegen der einfachen Herstellbarkeit oft als Ersatz für Kegelradgetriebe Anwendung finden. Die schmale Breite des Kronenrades sichert dabei Unempfindlichkeit gegenüber Lageabweichungen der Achsen.
Eine Zusammenstellung ausgewählter Normen und Richtlinien zum Abschnitt 13.7. enthält **Tafel 13.7.3.**

Tafel 13.7.3. Normen und Richtlinien zum Abschnitt 13.7.
s. auch Tafeln 13.4.8 und 13.4.17

DIN-Normen	
DIN 37	Darstellung und vereinfachte Darstellung für Zahnräder und Zahnradpaare
DIN 780 T1	Modulreihe für Zahnräder, Moduln für Stirnräder[1])
DIN 867	Bezugsprofile für Evolventenverzahnung an Stirnrädern (Zylinderrädern) für den allgemeinen Maschinenbau und den Schwermaschinenbau[2])
DIN 868	Allgemeine Begriffe und Bestimmungsgrößen für Zahnräder, Zahnradpaare und Zahnradgetriebe
DIN 3965 T1 bis 4	Toleranzen für Kegelradverzahnungen
DIN 3966 T2	Angaben für Geradzahn-Kegelradverzahnungen in Zeichnungen
DIN 3971	Begriffe und Bestimmungsgrößen für Kegelräder und Kegelradpaare
DIN 3979	Zahnschäden an Zahnradgetrieben; Bezeichnungen, Merkmale, Ursachen
DIN 3991	Tragfähigkeitsberechnung von Kegelrädern ohne Achsversetzung
DIN 3998 T3	Benennungen an Zahnrädern und Zahnradpaaren; Kegelräder und Kegelradpaare, Hypoidräder und Hypoidradpaare
DIN 3999	Kurzzeichen für Verzahnungen
DIN 51509	Auswahl von Schmierstoffen für Zahnradgetriebe
DIN ISO 2203	Technische Zeichnungen; Darstellung von Zahnrädern
Richtlinien	
VDI 2127	Getriebetechnische Grundlagen; Begriffsbestimmung für Getriebe
VDI 2159	Emissionskennwerte technischer Schallquellen; Getriebegeräusche
VDI 2545	Zahnräder aus thermoplastischen Werkstoffen (zurückgezogen)
VDI 2711	Schallschutz durch Kapselung
VDI 2725	Getriebekennwerte; Kennwerte für Entwurf und Entwicklung von Getrieben (zurückgezogen)
VDI 2726	Ausrichten von Getrieben

[1]) i. allg. auch für Kegelräder angewendet; [2]) auch für Kegelräder der Feinwerktechnik, da Bezugsprofil nach DIN 58400 mit $h_a = 1{,}1m$ hier nicht vorteilhaft.

Literatur zum Abschnitt 13.7.

(Grundlagenliteratur s. Literatur zum Abschnitt 1.
Grundlegende Literatur zu Zahnradgetrieben s. Literatur zum Abschnitt 13.4.)

Bücher, Dissertationen

[13.7.1] *Zirpe, K.:* Zahnräder. 13. Aufl. Leipzig: Fachbuchverlag 1989.

[13.7.2] *Keck, K. F.:* Die Zahnradpraxis. Bd. II. München: Verlag Oldenbourg 1958.

[13.7.2] *Apitz, G.:* Austauschbare Fertigung von Kegelrädern mit geraden und schrägen Zähnen. Braunschweig: Verlag Friedrich Vieweg & Sohn 1951 (in: Fachtagung Zahnradforschung 1950).

[13.7.4] *Winter, H.; Bürkle, R.:* Herstellung von Kegelrädern. Techn.-Wiss. Veröffentl. der Zahnradfabrik Friedrichshafen AG 1966, H. 7.

[13.7.5] *Henk, H.:* Untersuchungen über den Einfluß von Montagefehlern bei geradverzahnten Kegelrädern auf die Genauigkeit der Bewegungsübertragung und das Tragbild. Diss. TH Aachen 1967.

[13.7.6] *Quast, Ch.:* Der Einfluß von Lagefehlern in Kegelradgetrieben auf die Geräuscherzeugung. Diss. TH Aachen 1967.

[13.7.7] *Grünberger, C. M.:* Über die Feinbearbeitung von Kegelradgetrieben durch Einlaufläppen. Diss. TH Aachen 1968.

[13.7.8] *Wiener, D.:* Untersuchungen über die Flankentragfähigkeit von Kegelradgetrieben. Diss. TH Aachen 1973.
[13.7.9] *Dill, E.:* Beiträge zur Messung und Tolerierung geradverzahnter Kegelräder mit Modul 1 mm und kleiner. Diss. TH Chemnitz 1973.

Aufsätze

[13.7.20] *Naville, R.:* Kegelräder für die Feinwerktechnik. Feinwerktechnik 71 (1967) 8, S. 358.
[13.7.21] *Dill, E.:* Messung von geradverzahnten Kleinkegelrädern. Feingerätetechnik 23 (1974) 8, S. 267.
[13.7.22] *Dill, E.; Hoffmann, W.:* Analyse von Kegelradverzahnungen mit kleinem Modul. Feingerätetechnik 24 (1975) 12, S. 532.
[13.7.23] *Dill, E.; Krause, W.:* Anleitung zur Tolerierung von Kegelradpaaren mit kleinem Modul. Preprint 10-11-80 der TU Dresden.
[13.7.24] *Apitz, G.:* Messen und Prüfen bei der Fertigung austauschbarer Kegelräder. VDI-Bericht 32 (1959), S. 99.
[13.7.25] *Wiener, D.:* Eignung gerad- und schrägverzahnter Kegelräder. Werkstatt und Betrieb 109 (1976) 11, S. 661.
[13.7.26] *Winter, H.; Richter, M.:* Verzahnungswirkungsgrad und Freßtragfähigkeit von Hypoid- und Schraubenradgetrieben. Antriebstechnik 15 (1976) 4, S. 211.
[13.7.27] *Kotthaus, E.:* Spirac-Schneidverfahren für Kegelrad- und Hypoidgetriebe. Werkstatt und Betrieb 111 (1978) 3, S. 179.
[13.7.28] *Guhl, R.:* Kegelradgetriebe im Vorteil. Konstruktion 53 (2001) – Special Antriebstechnik II, S. 82.

13.8. Reibkörpergetriebe

Zeichen, Benennungen und Einheiten

A_L	Laufbahnfläche in mm²
B	Berührungsbreite in mm
D	Ersatzdurchmesser in mm
E	Elastizitätsmodul in N/mm²
F_A	Anpreßkraft in N
F_R	Rollwiderstand in N
F_n, F_r	Normalkraft, Radialkraft in N
F_t	Umfangskraft, Tangentialkraft in N
F_x	Axialkraft in N
G	Gewichtskraft in N
L_h	Lebensdauer in h
M_d	Drehmoment, Torsionsmoment in N · mm
P_1, P_2	Antriebs-, Abtriebsleistung in kW
P_v, P_{vR}	Verlust-, Reibverlustleistung in kW
R	Laufbahnradius der Reibkörper in mm
S	Schlupf in %
S_R	Rutschsicherheit
V_V	Verschleißvolumen in mm³
a	Abstand, Achsabstand in mm
c	spezifische Belastung in N/mm²
d	Durchmesser in mm
f	Hebelarm der Rollreibung in µm
f_V	Verschleißbeiwert in mm³/kWh
h	Verschleißdicke in mm
i, i_0	Übersetzung, Standübersetzung
k	Stribecksche Pressung in N/mm²
l	Reibkörperlänge in mm
n	Drehzahl in U/min
p_H	Hertzsche Pressung in N/mm²
s	Weg in mm
v	Umfangsgeschwindigkeit in m/s
y	Krümmungsbeiwert
Σ	Achsenwinkel in °
α	halber Kegelwinkel in °
Δv	Geschwindigkeitsdifferenz in m/s
η_G, η_R	Gesamt-, Reibstellenwirkungsgrad
ϱ	Krümmungsradius in mm
μ	Reibwert
φ, ψ	Winkel in °
$\omega_{1,2}; \omega_b; \omega_n; \omega_w$	Winkelgeschwindigkeit der Reibkörper; der Bohrbewegung; um Berührungsnormale; der Wälzbewegung in rad/s

Indizes

G	Getriebe, Gesamt-
R	Reibung
V	Verschleiß
b	Bohrbewegung
g	Gleitbewegung
max	Maximalwert
min	Mindestwert
n	Normalrichtung
v	Verlust
w	Wälzbewegung
zul	zulässiger Wert
1	treibender Reibkörper (Antrieb)
2	getriebener Reibkörper (Abtrieb)
I, II	Hauptebenen

Ein Reibkörpergetriebe ist ein Getriebe, bei dem mindestens zwei benachbarte Glieder als Reibkörper ausgebildet und durch Reibpaarung verbunden sind. In der Literatur werden dafür auch die Bezeichnungen Reibrad-, Reibschluß-, Friktions- oder Wälzgetriebe verwendet.
Die Kraft- und Bewegungsübertragung erfordert eine Anpreßkraft, die durch unterschiedliche konstruktive Maßnahmen zur Wirkung gebracht werden kann. Durch die Kraftpaarung ist Schlupfgefahr gegeben.

13.8.1. Bauarten, Eigenschaften und Anwendung [13.8.3] [13.8.4] [13.8.9] [13.8.10] [13.8.28] [13.8.35]

Ordnungsaspekte für die Reibkörpergetriebe sind:

- geometrische Grundform und Paarung der Reibkörper (Reibrad-, Reibscheiben-, Reibkegel-, Reibkugel-, Reibring-, Reibstangen-, Reibkurvengetriebe; **Tafel 13.8.1**, Bilder 1 bis 12)
- Gestellanordnung der Reibkörper (Reibkörperstandgetriebe, Tafel 13.8.1, Bilder 1, 2 usw.; Reibkörperumlaufgetriebe, Bild 7; s. auch Tafel 13.2.2b)

Tafel 13.8.1. Einteilung der Reibkörpergetriebe nach geometrischer Grundform und Paarung der Reibkörper

Benennung (Begriffserklärung)	Beispiele und Erläuterungen	**Benennung** (Begriffserklärung)	Beispiele und Erläuterungen
Reibradgetriebe (Paarung von mindestens zwei Reibrädern)	Außen-Reibradgetriebe (1, 2, 3) 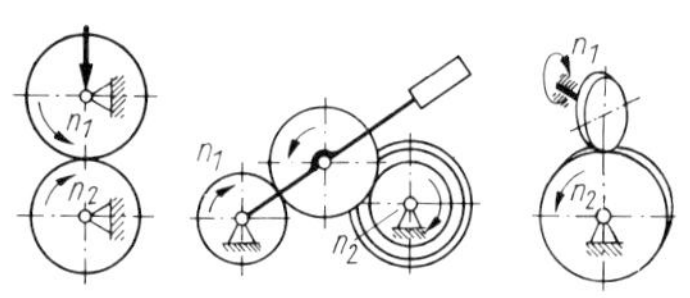 Innen-Reibradgetriebe (4) 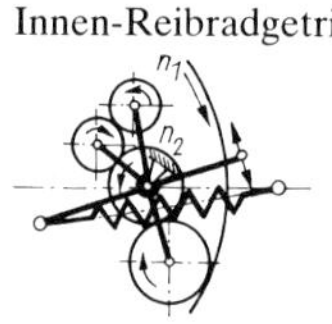	**Reibkugelgetriebe** (Paarung mit mindestens einem kugelförmigen Reibkörper)	(9) 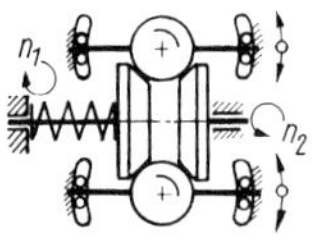 (bei Verwendung von Kugelabschnitten ist Benennung „Reibkalottengetriebe", bei Verwendung von Globoiden Benennung „Globoidreibradgetriebe" üblich; s. auch Tafel 13.8.5)
Reibscheibengetriebe (Planfläche einer Scheibe ist Bestandteil der Reibpaarung)	(5) 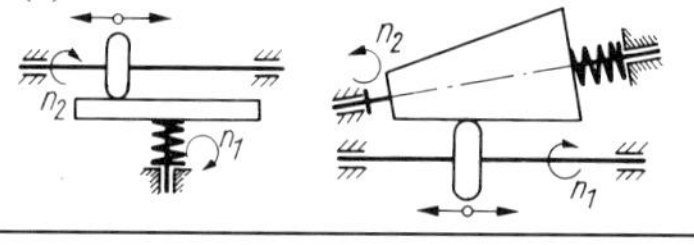	**Reibringgetriebe** (Bewegung wird durch einen nicht im Gestell gelagerten Reibring übertragen)	(10) 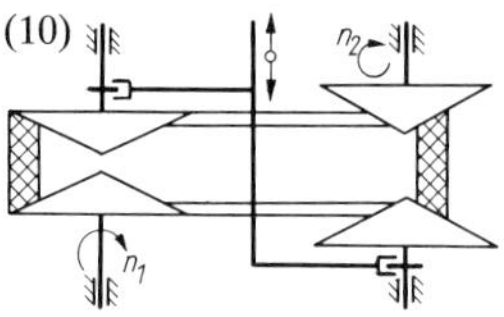
Reibkegelgetriebe (Paarung mit mindestens einem kegelförmigen Reibkörper)	Außen-Reibkegelgetriebe (6) 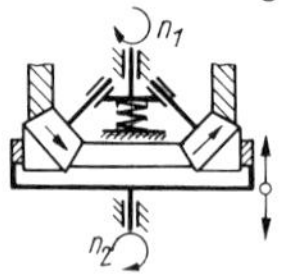 Innen-Reibkegelgetriebe (7, 8) 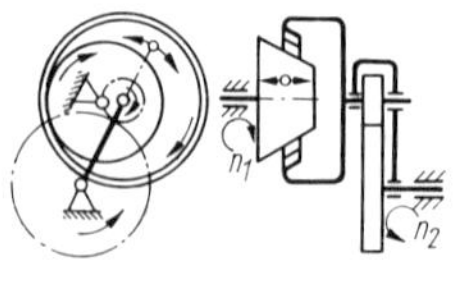	**Reibstangengetriebe** (Paarung mit mindestens einem gerade geführten Reibkörper)	(11) 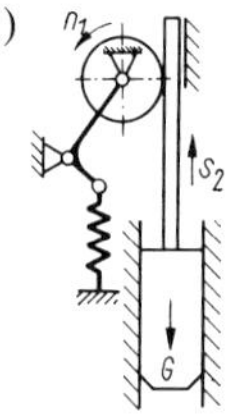
		Reibkurvengetriebe (Paarung mit mindestens einem kurvenförmigen Reibkörper)	(12) 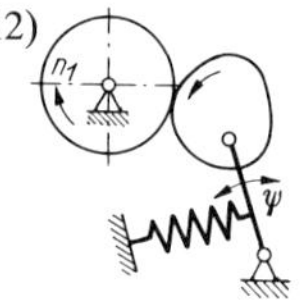 (Realisierung einer ungleichmäßigen Übersetzung möglich)

- Anzahl der Reibkörperpaarungen
  (einstufige Getriebe, Tafel 13.8.1, Bilder 1, 3, 5, 6, 8, 11, 12; mehrstufige Getriebe, Bilder 2, 7, 9, 10; s. auch Tafel 13.2.2 c).
- Einstellbarkeit der Funktionsparameter
  (nicht einstellbare Getriebe, Tafel 13.8.1, Bilder 1, 3, 11, 12; in Stufen einstellbare Getriebe, Bild 2; stufenlos einstellbare Getriebe, Bilder 5, 6, 7, 8, 9, 10).
- Lage der Antriebs- und Abtriebsachsen
  (Getriebe mit fluchtenden Achsen, Tafel 13.8.1, Bilder 7, 9; mit parallelen Achsen, Bilder 1, 2, 4, 8, 10, 12; mit sich schneidenden Achsen, Bilder 5, 6; mit sich kreuzenden Achsen, Bild 3; s. auch Tafel 13.2.2 a).

Vorteile der Reibkörpergetriebe, insbesondere im Vergleich zu Zahnradgetrieben, sind die einfache und genaue Herstellbarkeit der Reibkörper, die Möglichkeit der stufenlosen Änderung der Übersetzung ohne Unterbrechung des Kraftflusses sowie der spielfreien Umkehr der Bewegungsrichtung und der geräusch- und wartungsarme Betrieb. Als nachteilig erwiesen sich demgegenüber die durch die Anpreßkraft zwischen den Reibkörpern bedingte hohe Belastung der Lager und Wellen (abhängig von Werkstoffpaarung ist Normalkraft F_n etwa 2- bis 50mal größer als Umfangskraft F_t, da $F_n = F_t/\mu$), die hohe Wälzbeanspruchung in der Berührungszone der Reibkörper (Linien- oder Punktberührung), der Schlupf S (je nach Werkstoffpaarung etwa 0,2 bis 10%) und der damit verbundene erhöhte Verschleiß und niedrige Wirkungsgrad. Außerdem ergibt sich ein relativ großer konstruktiver Aufwand für Vorrichtungen zur Erzeugung der Anpreßkraft und für die kompakte Gestaltung der Lager.
In Sonderfällen läßt sich der Schlupf nutzen, wenn z. B. die hinter einem Antrieb liegenden Baugruppen vor Überlastung oder Stößen zu schützen sind.
Reibkörpergetriebe finden unter Beachtung dieser Eigenschaften vorrangig bei kleinen bis mittleren Leistungen Anwendung, haben aber neben dem Einsatz als Übertragungsgetriebe (s. Tafel 13.1.1) sowohl als Vorschubgetriebe unter anderem für Transporteinrichtungen und als einstellbare Getriebe sowie als Feinstellgetriebe in der Feinmechanik größere Bedeutung [1.2]. Konstruktive Ausführungsformen s. Abschnitt 13.8.4.

13.8.2. Berechnung

13.8.2.1. Geometrische Beziehungen und Geschwindigkeiten

Die sich aus den Radien R_1 und R_2 der Laufbahnen der Reibkörper ohne Berücksichtigung des Schlupfes ergebende Übersetzung (sog. Standübersetzung i_0) eines einstufigen Getriebes berechnet sich aus

$$i_0 = R_2/R_1 . \tag{13.8.1}$$

R_1, R_2 bei Linien- und Punktberührung s. **Bild 13.8.1** a, b.

Bei Kraftübertragung weicht die Übersetzung i infolge Schlupfes S von i_0 ab:

$$i = i_0/(1 - S/100) = n_1/n_2 . \tag{13.8.2}$$

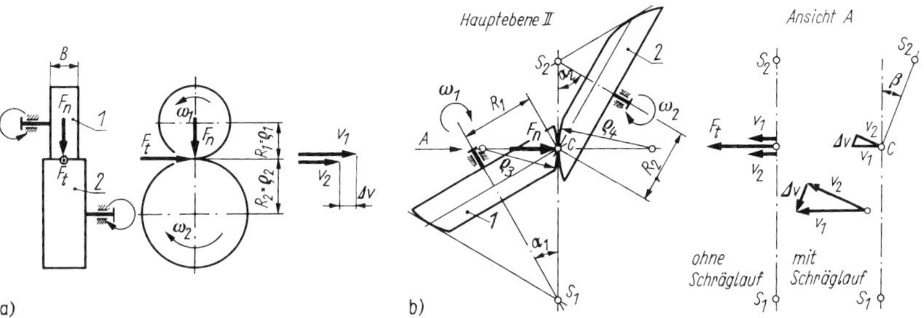

Bild 13.8.1. Laufbahnradien R, Krümmungsradien ϱ, Geschwindigkeiten v und Kräfte F
a) bei zylindrischen Reibrädern *1, 2*; b) bei balligen Wälzkörpern *1, 2*

Im Gegensatz zu Zahnradgetrieben können die Reibkörper *1* und *2* jeweils die größeren oder kleineren sein, und i_0 sowie i werden stets als positiv angenommen.
Der *Schlupf* S berechnet sich aus

$$S = [(v_1 - v_2)/v_1] \cdot 100 = (\Delta v/v_1) \cdot 100 \text{ in } \%, \qquad (13.8.3)$$

mit den Umfangsgeschwindigkeiten im Berührungspunkt $v_1 = \omega_1 R_1$ für Reibkörper *1* und $v_2 = \omega_2 R_2$ für Reibkörper *2*.

Die Geschwindigkeitsdifferenz und damit die Größe des Schlupfes ist abhängig von den Berührungsverhältnissen. Man unterscheidet *Dehnschlupf* infolge elastischer Werkstoffdehnung in der Berührungszone der Reibkörper und *Gleitschlupf*, wenn die zu übertragende Kraft die von der Anpreßkraft hervorgerufene Reibkraft übersteigt.
Liegt die relative Drehachse der gepaarten Reibkörper nicht in der Berührungstangentialebene, d.h., verläuft die Berührungslinie der beiden Wälzkörper nicht durch den Schnittpunkt der Drehachsen **(Bild 13.8.2)**, entsteht zusätzlich *Zwangsschlupf*.

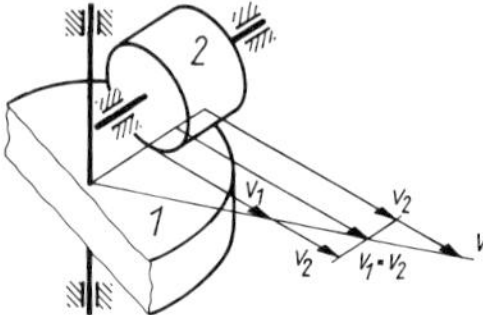

Bild 13.8.2. Zwangsschlupf bei Reibscheibengetriebe

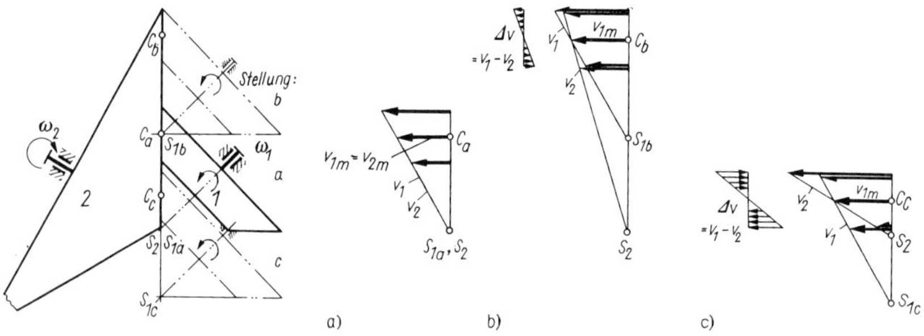

Bild 13.8.3. Geschwindigkeitsverhältnisse bei verstellbarem Reibkegelgetriebe [13.8.7]
a) reines Abwälzen (S_{1a} und S_2 liegen übereinander; Geschwindigkeiten v_{1m} und v_{2m} längs der Berührungslinien sind gleich;
b), c) Wälz- und Bohrbewegung (S_{1b} bzw. S_{1c} liegen außerhalb $\overline{S_2C_b}$ bzw. $\overline{S_2C_c}$; Geschwindigkeitsdifferenz $\Delta v = v_1 - v_2$ charakterisiert Bohrbewegung, bei b) links-, bei c) rechtsdrehend)
1, 2 Reibkegel

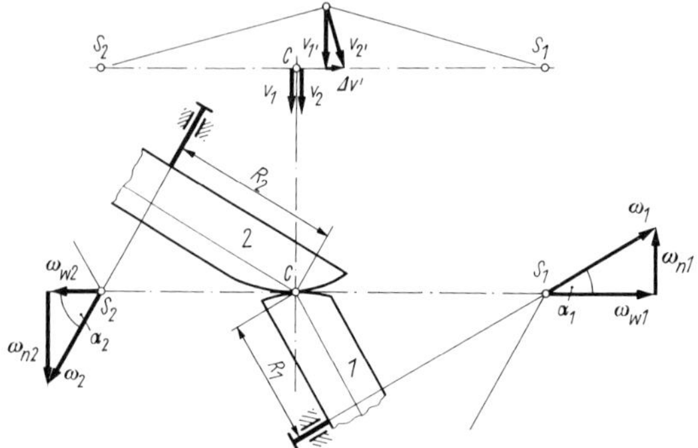

Bild 13.8.4. Bohrbewegung bei Reibkegeln *1, 2* mit balligen Flächen [13.8.7]

Der Wälzbewegung der Reibkörper ist dann eine *Bohrbewegung* mit der Winkelgeschwindigkeit ω_b überlagert (s. auch Abschnitt 3.3.2.5.). Die Wälzkörper verdrehen sich dabei zusätzlich gegeneinander um die Berührungsnormale, wodurch ein *Bohrmoment* entsteht [13.8.7] [13.8.12]. Um den infolge dieser bohrenden Wirkung bedingten Verschleiß klein halten zu können, ist es zweckmäßig, die Laufflächen der Reibkörper ballig auszuführen. Allerdings werden dadurch die zulässige Anpreßkraft und die Größe der übertragbaren Leistung herabgesetzt.

Bei Reibkegelgetrieben **(Bild 13.8.3)** läßt sich der Zwangsschlupf ausschalten, wenn die Kegelspitzen zusammenfallen (Stellung a). Werden derartige Getriebe einstellbar ausgeführt, tritt in allen anderen Stellungen (z. B. b, c) diese Bohrbewegung ebenfalls zusätzlich zur Wälzbewegung auf. Die Größe des Zwangsschlupfes läßt sich mit dem Winkelgeschwindigkeitsvektorenplan (s. Abschnitt 13.7.) durch das Verhältnis der Winkelgeschwindigkeiten der Bohrbewegung ω_b und der Wälzbewegung ω_w beschreiben **(Bild 13.8.4)** [13.8.5] [13.8.7]:

$$\omega_b/\omega_w = (\omega_{n2} - \omega_{n1})/(\omega_{w2} - \omega_{w1})\,, \qquad (13.8.4)$$

wobei hier vereinfachend die Geschwindigkeitsdifferenz durch Dehn- und Gleitschlupf vernachlässigt, also die Standübersetzung i_0 nach Gl. (13.8.1) zugrunde gelegt wird.
Gemäß den Beziehungen im Bild 13.8.4 erhält man mit

$$\omega_b = \omega_2 \sin \alpha_2 \pm \omega_1 \sin \alpha_1 \quad \text{und} \quad \omega_w = \omega_2 \cos \alpha_2 \pm \omega_1 \cos \alpha_1:$$

$$\omega_b/\omega_w = (\sin \alpha_2 \pm i_0 \sin \alpha_1)/(\cos \alpha_2 \pm i_0 \cos \alpha_1)\,, \qquad (13.8.5)$$

positives Vorzeichen gültig für Paarung Außenkegel–Außenkegel, negatives Vorzeichen für Außenkegel–Hohlkegel. Der Quotient ω_b/ω_w stellt einen Kennwert dar, der Auskunft darüber gibt, in welchem Maße die Bohrreibung die Reibkraft vermindert und die Verlustleistung erhöht. Bei einem Reibkugelgetriebe (Bild Nr. 9 in Tafel 13.8.1) ist die Bohrbewegung sehr klein ($\omega_b/\omega_w \approx 0 \ldots 0{,}5$), bei einem Reibringgetriebe mit kegelförmigen Ringscheiben (Bild Nr. 10) dagegen relativ groß ($\omega_b/\omega_w \approx 10 \ldots 30$). Es ist deshalb immer erforderlich, die Winkelgeschwindigkeitsverhältnisse zu analysieren und einen möglichst kleinen Wert ω_b/ω_w anzustreben. Einige Richtwerte enthält **Bild 13.8.5** [13.8.7].

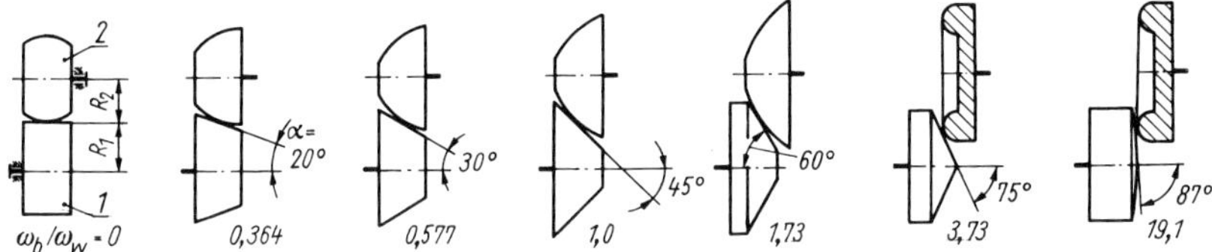

Bild 13.8.5. Kennwert ω_b/ω_w bei gebräuchlichen Reibkörperpaaren [13.8.7]

Für die Bemessung und Tragfähigkeit (s. Abschnitt 13.8.2.2.) sind außerdem die Krümmungsradien ϱ und Ersatzdurchmesser D von Interesse.
Bei Linienberührung (s. Bild 13.8.1 a) gilt:

$$\varrho_1 = R_1; \quad \varrho_2 = R_2; \quad D_I = 2\varrho_1\varrho_2/(\varrho_1 + \varrho_2)\,. \qquad (13.8.6\text{a, b, c})$$

Bei Punktberührung sind diese Beziehungen getrennt für die Hauptebenen *I* und *II* anzugeben (s. Bild 13.8.1 b).
Hauptebene I (senkrecht zu $\overline{S_1CS_2}$; nicht dargestellt):

$$\varrho_1 = R_1/\cos \alpha_1; \quad \varrho_2 = R_2/\cos \alpha_2; \quad D_I = 2\varrho_1\varrho_2/(\varrho_1 + \varrho_2); \qquad (13.8.7\text{a, b, c})$$

D_I muß immer der kleinere der beiden Ersatzdurchmesser sein, sonst sind Ebenen *I* und *II* zu vertauschen.
Hauptebene II (Ebene der Wälzkörperachsen):

$$\varrho_3, \varrho_4; \quad D_{II} = 2\varrho_3\varrho_4/(\varrho_3 + \varrho_4)\,. \qquad (13.8.8\text{a, b, c})$$

Bei Hohlkrümmung sind die Krümmungsradien negativ einzusetzen.

13.8.2.2. Kräfte und Tragfähigkeit [13.8.5] [13.8.7] [13.8.11] bis [13.8.15]

Mit der aus dem zu übertragenden Drehmoment sich ergebenden Umfangskraft F_t kann die mindestens erforderliche Normalkraft errechnet werden, die der Anpreßkraft gleich ist:

$$F_n = F_t S_R/\mu\,; \qquad (13.8.9)$$

mit Rutschsicherheit $S_R \approx 1{,}4 \ldots 2$ und Reibwert μ (s. Tafel 13.8.4).

Die Größe von F_n (durch eine entsprechende Anpreßvorrichtung zu realisieren, s. Abschnitt 13.8.4.) bestimmt die Beanspruchung der Oberflächen der Reibkörper. Kennwerte dieser Beanspruchung sind bei härteren Werkstoffen die Hertzsche Pressung p_H, bei weicheren Werkstoffen wegen des meist unsicheren Elastizitätsmoduls E die Stribecksche Pressung k und speziell bei Gummireibrädern die spezifische Belastung c.

Tafel 13.8.2. Tragfähigkeitsberechnung von Reibkörpergetrieben [13.8.5] [13.8.7]

1. Reibkörper mit Linienberührung

Hertzsche Pressung (bei harten Werkstoffen)

$p_H = \sqrt{F_n E/(2{,}86 D_I B)} \leqq p_{H\,zul}$; (a)

E resultierender Elastizitätsmodul

$E = 2E_1E_2/(E_1 + E_2)$; D_I Ersatzdurchmesser gem. Gl. (13.8.6); B Berührungsbreite (Laufbahnbreite des schmalsten Reibkörpers, s. Bild 13.8.1a; $p_{H\,zul}$ s. Tafel 13.8.3)

Stribecksche Pressung (bei weichen Werkstoffen)

$k = F_n/(D_I B) \leqq k_{zul}$; (b)

D_I und B analog Gl. (a); k_{zul} s. Tafeln 13.8.3 und 13.8.4.

Spezifische Belastung (bei Gummirädern)

$c = F_n/(R_1 B) \leqq c_{zul}$; (c)

R_1, B und c_{zul} s. Bild 13.8.6.

Beachte: Aus den Gln. (a) bis (d) ergibt sich mit zulässigen Pressungs- und Belastungswerten auch die jeweils zulässige Normalkraft $F_{n\,zul}$, die durch die Anpreßkraft aufzubringen ist.

2. Reibkörper mit Punktberührung

Hertzsche Pressung (bei harten Werkstoffen):

$p_H = \sqrt[3]{F_n E^2/[4{,}28(D_I/y)^2]} \leqq p_{H\,zul}$, (d)

E und D_I gem. Gl. (a); $p_{H\,zul}$ s. Tafel 13.8.3;

Krümmungsbeiwert $y = f(D_I, D_{II})$:

D_I/D_{II}	1,0	0,9	0,8	0,7
y	1,0	0,9491	0,8963	0,8411
D_I/D_{II}	0,6	0,5	0,4	0,3
y	0,7830	0,7212	0,6545	0,5805
D_I/D_{II}	0,2	0,1	0,06	0,01
y	0,4947	0,3843	0,3231	0,1850
D_I/D_{II}	0,006	0,001	0,0001	0
y	0,1593	0,1017	0,0414	0

Stribecksche Pressung (bei weichen Werkstoffen) und *spezifische Belastung* (bei Gummirädern):

Wegen der großen Verformung bei Paarung weicher Werkstoffe wird bei Berechnung von Gleichungen für Linienberührung ausgegangen mit Breite B der Laufspur.

Tafel 13.8.2 enthält eine Zusammenstellung der Berechnungsgleichungen für die Tragfähigkeit. Werden die in diesen Gleichungen enthaltenen zulässigen Pressungswerte überschritten, entstehen an den Reibkörpern plastische Deformation und nach längerer Laufzeit *pittings* (Grübchenbildung, s. auch Abschn. 13.4.11.). Aus den Komponenten $F_n \sin \alpha$ und $F_n \cos \alpha$ der Normalkraft ergeben sich zugleich die Axial- und Radialkräfte $F_{x1,2} = F_n \sin \alpha_{1,2}$ und $F_{r1,2} = F_n \times \cos \alpha_{1,2}$, mit denen unter Beachtung der Lagerabstände die *Lagerkräfte* bestimmt werden können. Zu beachten ist dabei, daß das Kippmoment von F_x einen Anteil der Radiallagerbelastung bedingt (s. auch Abschnitt 8.).

13.8.3. Werkstoffe, Schmierung [13.8.5] [13.8.7] [13.8.29] [13.8.38]

Werkstoffe für Reibkörper müssen einen hohen Reibwert aufweisen, um bei gegebener Anpreßkraft große Reibkräfte zu erzielen, außerdem hohe Elastizitätsmoduln, um Verformungen und Wälzverluste klein zu halten, sowie hohe Verschleiß- und Wälzfestigkeit, um eine entsprechende Lebensdauer zu erreichen.

Diese Eigenschaften sind mit einer Paarung nicht gleichzeitig zu erzielen. Abhängig vom jeweiligen Einsatzfall paart man deshalb entweder Weich- oder Hartstoffe meist mit Metall (i. allg. Stahl oder Gußeisen, z. T. auch Aluminium).

Weichstoffe, wie z. B. Elastomere (Stoffe mit elastisch-plastischem Verhalten ähnlich dem Kautschuk; Chloropren, Vulkanol usw.), Leder oder Gummi (bevorzugt mit Härte von 80 bis 90 Shore), zeichnen sich durch großen Reibwert aus, ergeben einen geräuscharmen und schwingungsdämpfenden Lauf und erfordern nur kleine Anpreßkräfte. Nachteilig sind die geringe Verschleißfestigkeit und die große elastische Verformung sowie die Erwärmung (s. Abschnitt 13.8.5.) und der niedrige Wirkungsgrad. Ihr Einsatz ist deshalb nur bei Übertragung kleinerer Leistungen sinnvoll.

Hartstoffe, z. B. ungehärteter und gehärteter Stahl oder Gußeisen, haben nur einen geringen Reibwert, erfordern deshalb große Anpreßkräfte und bedingen dadurch eine höhere Lagerbelastung. Ihre Abriebfestigkeit ist jedoch groß. Aufgrund der kleinen Verformung ergeben sich zugleich ein guter Wirkungsgrad und geringe Erwärmung, auch bei hohen Drehzahlen.

Tafel 13.8.3. Gebräuchliche Werkstoffpaarungen für Reibkörpergetriebe [13.8.5] [13.8.7]

1. Weichstoff (Elastomere, Gummi, Leder usw.) / **Metall** (Stahl, Gußeisen, Aluminium):
Trockenlauf; übertragbare Leistung im Vergleich zu Paarung Stahl/Stahl nur etwa 10% (Stribecksche Pressung z. B. für Gummi $k_{zul} \approx 0{,}5\,\text{N/mm}^2$, für Stahl, gehärtet $k_{zul} \approx 50\,\text{N/mm}^2$); geräuscharm und schwingungsdämpfend; Metallgegenrad muß stets größere Breite haben; Einsatz vorrangig bei nicht einstellbaren Getrieben.
2. Hartgewebe / Stahl oder Gußeisen:
Trockenlauf; wegen größeren E-Moduls sind Verformungen und Verluste niedriger; dagegen Leistungsbereich und Geräuschverhalten etwa vergleichbar mit Paarung bei 1.
3. Stahl oder Gußeisen / Stahl:
Trockenlauf; wegen großen E-Moduls hohe Fertigungsgenauigkeit erforderlich; Reibflächen zur Sicherung der Funktion vor Schmierstoff und Verschmutzung schützen, starke Rollgeräusche.
4. Stahl gehärtet / Stahl gehärtet:
In Öl (spezielle synthetische oder Mineralöle) laufend; wegen großen E-Moduls hohe Fertigungsgenauigkeit erforderlich, Laufflächen geschliffen und möglichst poliert; Verformungen und Wälzverluste niedrig, hohe Wälzfestigkeit (bei Punktberührung bis $p_H \approx 3000\,\text{N/mm}^2$); um ungleichmäßige Lastverteilung zu vermeiden, meist breitenballige Laufflächen oder Punktberührung, dabei relativ große Leistungen übertragbar, aber große Rollgeräusche.

Tafel 13.8.4. Belastungskennwerte für Reibkörperpaarungen (z. T. nach [13.8.7])

a) Werkstoffpaarungen Metall/Metall (result. E-Modul bei allen Paarungen St/St: $E = 2{,}1 \cdot 10^5\,\text{N/mm}^2$; bei GGL/St: $E = 1{,}5 \cdot 10^5\,\text{N/mm}^2$)

Paarung[1])	Schmierung	Reibwert[2]) μ	Schlupf S %	Hertzsche Pressung $p_{H\,zul}$ N/mm²	Berührungsart
St50/St70	ohne	0,05	1 ... 3	530 ... 650	Linien-berührung
St60/St70	ohne	0,05	1 ... 3	530 ... 700	
GGL20/St70	ohne	0,12	0,5 ... 1,5	320 ... 390	
GGL26/St70	Mineralöl[3])	0,03	1 ... 3	450	
St70/St, geh.	Mineralöl[3])	0,03	1 ... 3	650	
St, geh./St, geh. für					
ω_b/ω_w = 0	Mineralöl[3])	0,03	1 ... 3	2500 ... 3000	Punkt-berührung
10	Mineralöl[3])	0,015	5 ... 10	300 ... 800	
0	Mineralöl[4])	0,04	0,5 ... 2	2500 ... 3000	
10	Mineralöl[4])	0,02	4 ... 7	300 ... 800	
0	synth. Schmierst.[5])	0,065	0 ... 1	2500 ... 3000	
10	synth. Schmierst.[5])	0,03	3 ... 5	300 ... 800	

b) Werkstoffpaarungen Metall/Nichtmetall (mit Linienberührung, ohne Schmierung)

Paarung[1])	Reibwert[2]) μ	Schlupf S %	Stribecksche Pressung k_{zul} N/mm²	Result. E-Modul E N/mm²
Hartgewebe/GGL	0,25	2 ... 5	0,8 ... 1,4	$1{,}39 \cdot 10^4$
Schichtpreßstoff/GGL	0,25	2 ... 5	1,0	$7 \cdot 10^3$
Elastomere/St	0,7[6])	4 ... 10	0,2	–
Gummi/St	0,5(0,3)[7])	4 ... 10	(c_{zul})[8])	–
Leder/GGL	0,2	2 ... 5	0,1 ... 0,2	–
Schichtholz/GGL	0,25	2 ... 5	0,7 ... 1,1	$1{,}52 \cdot 10^2$

[1]) GGL Grauguß, in DIN mit GG bezeichnet; [2]) mittlere Werte, s. auch Tafeln 3.25, 11.5, 13.9.5; [3]) auf Paraffinbasis; [4])auf Naphthenbasis; [5]) synthet. Reibkörperschmierstoff (höchster Reibwert); [6]) trockene Umgebung; [7]) 0,5 bei intermittierendem Betrieb; 0,3 bei feuchter Umgebung; [8]) s. Bild 13.8.6

Gebräuchliche Paarungen enthält **Tafel 13.8.3**.
Beanspruchungskennwerte sind in **Tafel 13.8.4** und **Bild 13.8.6** zusammengestellt.

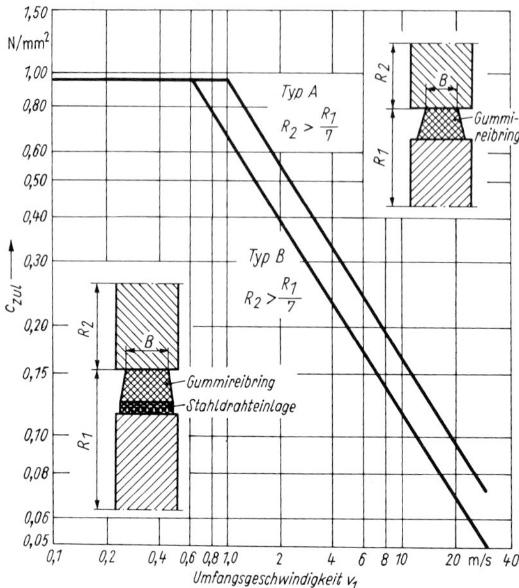

Bild 13.8.6. Belastungskennwerte c_{zul} für Reibräder aus Gummi nach DIN 8220

Schmierstoffe müssen mit Rücksicht auf übertragbare Leistung, Wirkungsgrad und Verschleiß einen hohen Reibwert sichern. Sie kommen meist nur bei Paarung von Reibkörpern aus gehärtetem Stahl zum Einsatz. Dafür wurden Mineralöle auf Paraffin- und Naphthenbasis sowie spezielle synthetische Schmierstoffe entwickelt. Öle großer Zähigkeit, wie sie z. B. bei Zahnradgetrieben Anwendung finden, sind wegen des niedrigen Reibwertes für Reibkörpergetriebe ungeeignet.

13.8.4. Konstruktive Gestaltung, Ausführungsformen

Maßgebende Gesichtspunkte sind geringe Formabweichungen und eine hohe Oberflächengüte der Laufflächen der Reibkörper, die Befestigung derselben auf der Welle (Welle-Nabe-Verbindung, s. Abschnitte 7. und 13.4.13.) sowie die kompakte Ausbildung der Lagerstellen. Bei trocken laufenden Getrieben muß außerdem ein Verunreinigen unter anderem durch Schmierstoffe der Lager vermieden werden, was bei deren Auswahl bzw. Abdichtung zu beachten ist (wartungsfreie Lager bzw. Fettschmierung bevorzugen, s. Abschnitt 8.). Darüber hinaus bedarf die Erzeugung der Anpreßkraft besonderer konstruktiver Maßnahmen, z. B. Vorspannen eines Reibkörpers mittels Feder- oder Gewichtskraft, Einbau der Reibkörper mit Übermaß oder Anordnung von Hebelvorrichtungen.

Nicht einstellbare Getriebe [1.2] [13.8.3] [13.8.31]. Bei dem im **Bild 13.8.7** dargestellten *einstufigen Reibradgetriebe* mit der Übersetzung $i = n_1/n_2 = R_2/R_1$ ist Rad *2* in einer Schwinge gelagert, und die Anpreßkraft $F_A \geqq F_t S_R/\mu$ wird mit einer Feder *3* erzeugt. Dem Betrag der übertragbaren Kraft sind durch die zulässige Werkstoffbeanspruchung, die geometrischen Abmessungen und den Reibwert μ Grenzen gesetzt.

Zum Vergrößern der Reibung kann man die Laufflächen rändeln (**Bild 13.8.8** a) oder keilnutförmig gestalten (b, c). Durch die Keilwirkung ergibt sich bei gleicher zu übertragender Umfangskraft F_t im Vergleich zu einem Getriebe mit zylindrischen Reibkörpern eine wesentlich kleinere Anpreßkraft $F_A \geqq (F_t S_R/\mu) \sin \alpha$ und damit auch eine geringere Lagerbelastung. Die Reibung wird im Verhältnis $1/\sin \alpha$ erhöht. Zur Erzeugung von F_A ist Rad *1* in einem im Gestell gefedert angeordneten Schubgelenk gelagert. Diese Lösung wird u. a. zur Feinstellung

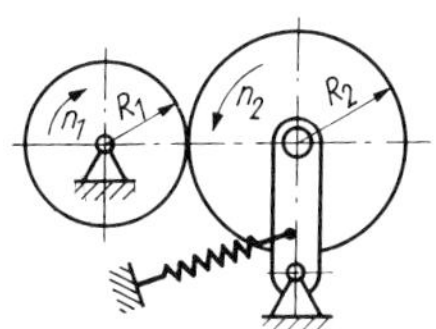

Bild 13.8.7. Einstufiges, nicht einstellbares Reibradgetriebe

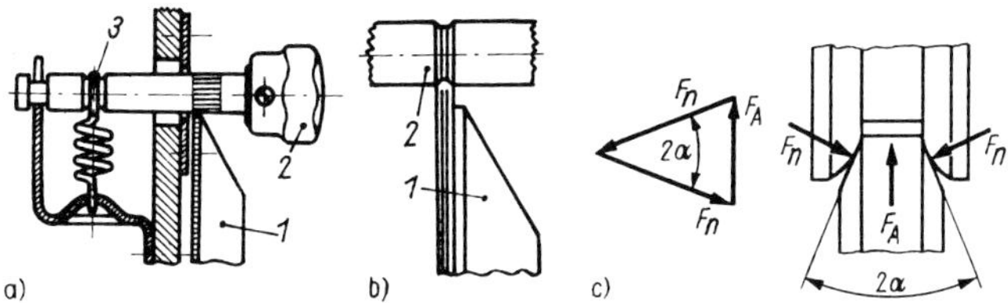

Bild 13.8.8. Reibradgetriebe als Feinstellgetriebe

a) gerändelte, b) keilnutförmige Reibflächen; c) Kräfte an der Keilnut ($F_A = 2F_n \sin \alpha$)
1 Handknopf (Grobeinstellung); *2* Fingerknopf (Feineinstellung); *3* Feder zur Erzeugung der Anpreßkraft

von Drehkondensatoren in Rundfunkempfängern angewendet [1.2], wobei sich mit dem Handknopf *1* die mit demselben verbundene Kondensatorachse grob und mit dem Fingerknopf *2* infolge der großen Übersetzung zwischen *1* und *2* feinfühlig verstellen läßt. Der bei dieser Keilpaarung vorhandene relativ große Zwangsschlupf (hoher Wert ω_b/ω_w) ist bei einem derartigen Anwendungsfall wegen der kleinen Verstellgeschwindigkeiten ohne Bedeutung.
Ist die bewegliche Anordnung eines der beiden Räder nicht möglich, wird also ein fester Achsabstand gefordert, kann die Anpreßkraft über Zwischenräder aufgebracht werden (**Bild 13.8.9** a) oder über eine axial wirkende Feder, die zwei Räder stirnseitig aneinanderdrückt (b). In diesem Fall tritt aber ebenfalls relativ großer Zwangsschlupf auf.

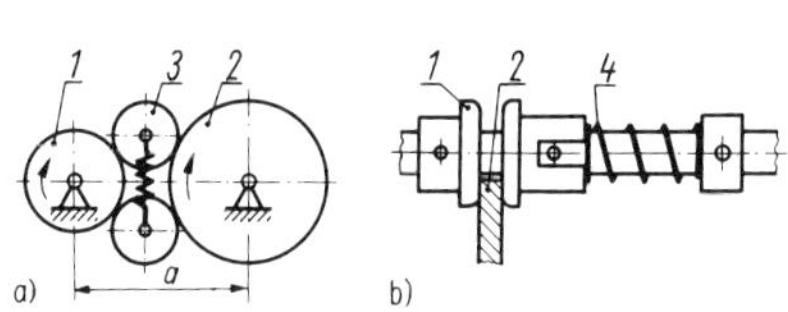

Bild 13.8.9. Reibradgetriebe mit festem Achsabstand *a*

a) mit Zwischenrädern *3*; b) mit axial wirkender Feder *4*
1 Antrieb; *2* Abtrieb

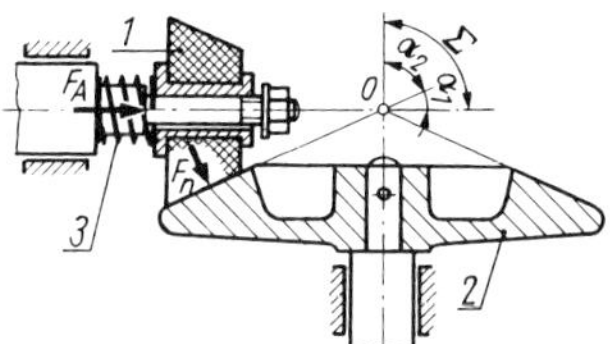

Bild 13.8.10. Reibkegelgetriebe ohne Zwangsschlupf

s. auch Bild 13.8.3a
1 Antrieb; *2* Abtrieb; *3* axial wirkende Feder

Eine ähnliche Lösung bietet sich bei *Reibkegelgetrieben* an **(Bild 13.8.10)**, für deren Übersetzung $i = n_1/n_2 = \sin \alpha_2/\sin \alpha_1$ gilt, bzw. $i = \tan \alpha_2$ bei einem Achsenwinkel $\Sigma = \alpha_1 + \alpha_2 = 90°$. α stellt den halben Kegelwinkel dar, der dem Teilkegelwinkel von Kegelradgetrieben gem. Abschnitt 13.7. entspricht. Durch die Anpreßkraft $F_A \geqq (F_t S_R/\mu) \sin \alpha_1$ entsteht allerdings eine ungünstige Beanspruchung der Lager.
Einstufige Getriebe lassen sich zu sog. *Räderketten* erweitern (**Bild 13.8.11** a), wie sie z. B. als Plattentellerantriebe bei Schallplattenabspielgeräten Anwendung finden (b). Sie haben im Gegensatz zu mehrstufigen Getrieben keine Zwischenübersetzung. Für die Anordnung im Bild (a) gilt also $i = n_1/n_3 = R_3/R_1$. Die Anpreßkraft wird hier meist dadurch erzeugt, daß man die Außendurchmesser der Räder mit Übermaß fertigt oder negative Achsabstandsabmaße vorsieht.

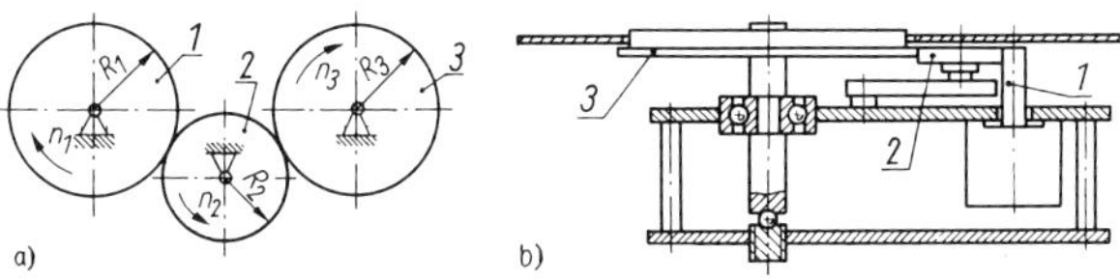

Bild 13.8.11. Räderkette

a) Schema; b) Schallplattenabspielgerät (Plattentellerantrieb)
1 Antrieb, Motorwelle; *2* Zwischenrad; *3* Abtriebsreibrad mit Plattenteller

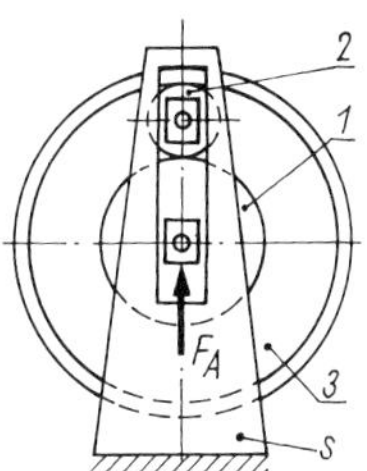

Bild 13.8.12. Rückkehrendes Reibrad-Innengetriebe

1 Antrieb; *2* Zwischenrad; *3* Abtrieb (Innenreibrad, Hohlrad); *s* Gestell

Führt man bei einer derartigen Räderkette z. B. das Rad *3* als Hohlrad (Innenrad) aus, erhält man ein *rückkehrendes Getriebe*, bei dem An- und Abtriebsachse fluchten (**Bild 13.8.12**, s. auch Abschnitt 13.2.). Durch Anordnung der Radlager in Prismenpaaren kann z. B. über eine Feder die Anpreßkraft relativ einfach aufgebracht werden.

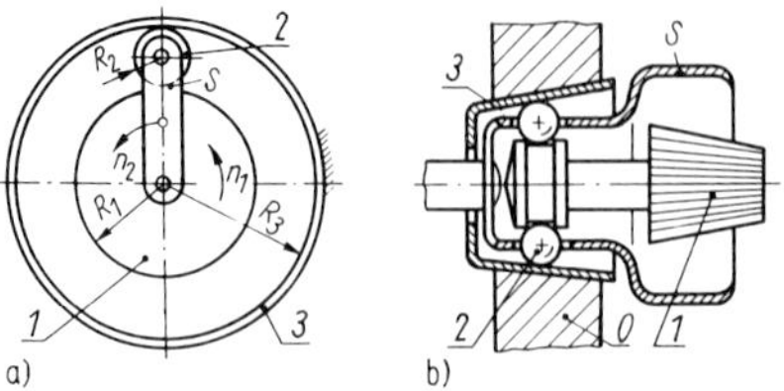

Bild 13.8.13. Reibkörperumlaufgetriebe
a) Schema; b) Ausführung als Feinstellgetriebe
1 Antrieb (Zentralrad); *2* Planetenrad (in b) als Kugeln);
3 Innenreibrad (feststehend); *s* Steg (umlaufend); *O* Gestell

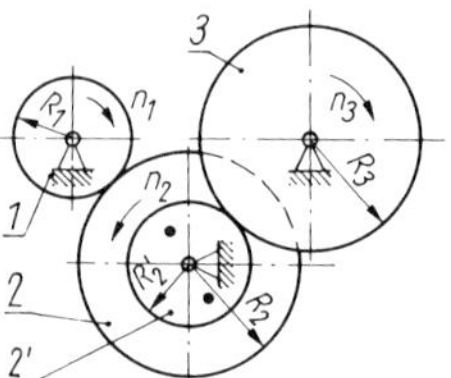

Bild 13.8.14. Zweistufiges Reibradgetriebe
1 Antrieb; *2, 2'* Zwischenräder; *3* Abtrieb

Aus einem solchen Getriebe läßt sich analog den Zahnradgetrieben ein *Umlaufrädergetriebe* ableiten (s. Abschnitt 13.4.9.), wenn man den Steg *s* umlaufend gestaltet (**Bild 13.8.13**a). Setzt man anstelle der Umlaufräder Kugeln ein, ergibt sich eine vorteilhafte Lösung als Feinstellgetriebe (b), z. B. zum Verstellen des Drehkondensators in Rundfunkgeräten. Der Antrieb für die Grobeinstellung erfolgt dabei am Steg *s*, und die Feineinstellung kann mit der Übersetzung $i = 1 + R_3/R_1$ über Welle *1* (Abschnitt 13.4.9.) vorgenommen werden, wobei das Innenrad mit dem Gestell fest verbunden ist. Je größer man R_3 und je kleiner R_1 wählt, um so höher wird die Übersetzung und damit die Feinfühligkeit der Bewegungsübertragung. Ausführliche Darstellung s. [1.2].
Analog zu den Zahnradgetrieben ist aber auch ein mehrstufiger Aufbau möglich. Bei dem im **Bild 13.8.14** dargestellten Getriebe gilt für die Übersetzung $i = n_1/n_3 = R_2R_3/(R_1R_2')$. Die Anpreßkraft kann durch bewegliche Anordnung der Zwischenräder oder ähnlich wie bei Räderketten aufgebracht werden (s. Erläuterung zum Bild 13.8.11).

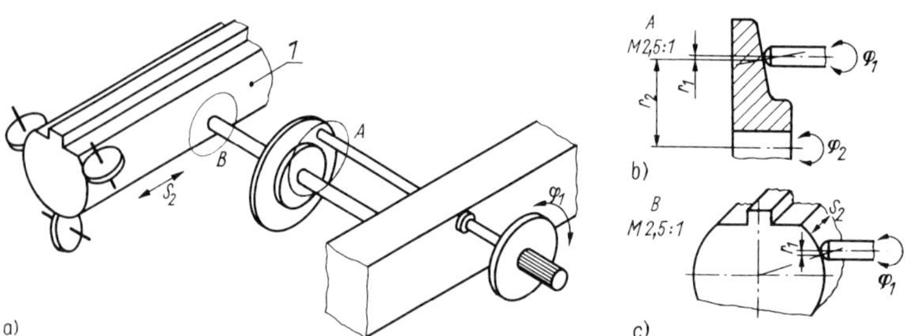

Bild 13.8.15. Zweistufiges Reibradgetriebe in einer Längenmeßmaschine [1.2]
a) Gesamtansicht; b) Paarung Reibrad – Reibrad; c) Paarung Reibrad – Meßschlitten

Die Anwendung eines zweistufigen Getriebes als Feinstellgetriebe, allerdings in modifizierter Form, zeigt **Bild 13.8.15**a. Bei Einsatz dieses Getriebes, z. B. in einer Längenmeßmaschine, werden am Meßschlitten *1* Positioniergenauigkeiten von ± 0,5 μm gefordert. Der dafür notwendige extrem kleine Radius r_1 des Antriebsrades wird erreicht, indem dieses als Kalotte ausgebildet ist, die gegen die Kegelfläche des Abtriebsrades gedrückt wird (b). Der Berührungspunkt zwischen den beiden Rädern hat von der Drehachse des Antriebsrades den Abstand r_1 (wirksamer Radius des Antriebsrades). Ähnlich ist die Paarung in der zweiten Getriebestufe gestaltet, nur mit dem Unterschied, daß das Abtriebsglied hier einen unendlich großen Radius hat (c).
Das gesamte in (a) dargestellte Getriebe erreicht eine Übersetzung von $i = 2200°/\text{mm}$.

Bildet man einen der Reibkörper als gerade geführtes Getriebeglied aus, entsteht ein Reibstangengetriebe, das vorrangig als Vorschub- oder auch als sog. Fahrzeuggetriebe Anwendung findet.

Vorschubgetriebe werden meist in Transportbaugruppen zur Bewegung band- oder kartenförmiger Teile (z. B. Datenträger, wie Magnetbänder, Magnetkarten, Filme usw.) eingesetzt. Für den Transport führt man diese Teile meist zwischen Reibrädern mit möglichst genauer zylindrischer Form und paralleler Achslage hindurch, um Schräglauf zu vermeiden. **Bild 13.8.16** zeigt dazu als Beispiel das Papiervorschubgetriebe einer Schreibmaschine, bei dem das in Pfeilrichtung bewegte Papier mittels Federn durch die geteilt ausgeführten Anpreßwalzen *2, 3* gegen die Schreibwalze *1* gedrückt wird. Im **Bild 13.8.17** ist ein ähnliches Getriebe für den Papiertransport in einer Registrierkasse dargestellt. Um Gleitschlupf zu vermeiden, trägt die Antriebswalze hier zusätzlich einen Nadelkranz, dessen Spitzen sich leicht in das darüberlaufende Papier eindrücken.
Ausführliche Darstellung zu Transporteinrichtungen s. [1.2].

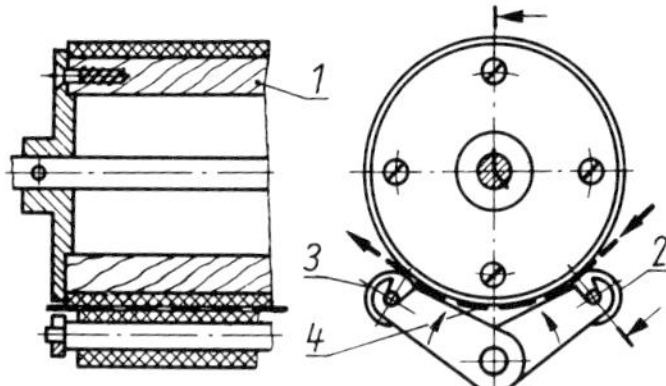

Bild 13.8.16. Papiervorschubgetriebe einer Schreibmaschine
1 Schreibwalze; *2, 3* Anpreßwalzen (geteilt ausgeführt); *4* Papierbogen

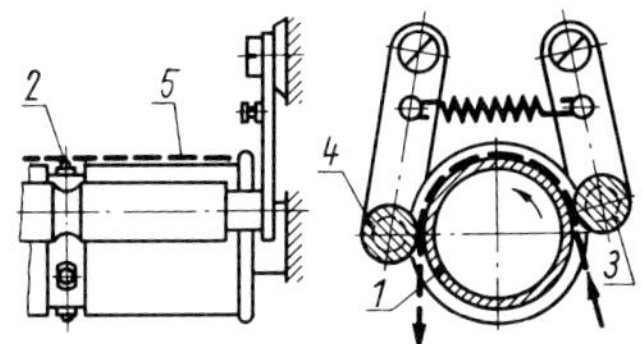

Bild 13.8.17. Papiervorschubgetriebe eines Registriergeräts
1 Antriebswalze; *2* Nadelkranz; *3, 4* Anpreßwalzen (geteilt ausgeführt); *5* Registrierpapier

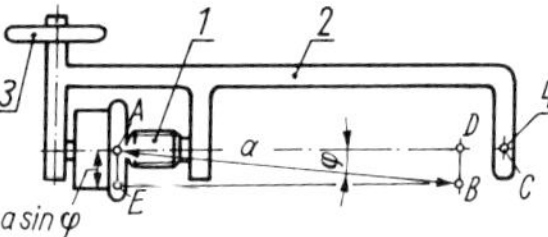

Bild 13.8.18. Fahrzeuggetriebe eines Polarplanimeters
1 Meßrolle; *2* Rahmen; *3* Laufrolle; *4* Taststift

Bei *Fahrzeuggetrieben* wird die Reibung zwischen einem Antriebsrad und der feststehenden Unterlage (Fahrbahn) ausgenutzt und die Anpreßkraft i. allg. durch die Gewichtskraft des zu bewegenden Geräteteils (Wagen) aufgebracht, welches mit dem Antriebsrad gekoppelt ist. **Bild 13.8.18** zeigt als Beispiel ein Polarplanimeter zur Ermittlung des Inhalts allseitig begrenzter Flächen. Die Meßrolle *1*, mit einem (hier nicht dargestellten) Meß- bzw. Zählwerk gekoppelt, ist in einem Rahmen *2* beweglich gelagert. Auf diesem sind außerdem eine Laufrolle *3* und ein Taststift *4* so angeordnet, daß sich eine Dreipunktauflage ergibt. Verschiebt man den Taststift *4* um die Strecke a in Richtung $\overline{AB}$, die um den Winkel φ gegen die Achse $\overline{AC}$ geneigt ist, läßt sich diese Bewegung in zwei Komponenten $\overline{AD}$ (in Achsrichtung) und $\overline{AE}$ (senkrecht zur Achsrichtung) zerlegen. Für die Drehung der Meßrolle *1* kommt dabei nur die Komponente $\overline{AE} = a \sin \varphi$ als interessierendes Maß in Betracht. Gestaltet man die Strecke $\overline{AC}$ konstruktiv beweglich, lassen sich zugleich verschiedene Maßstäbe einstellen.

In Stufen einstellbare Getriebe, Wendegetriebe [1.2] [13.8.3] ermöglichen unterschiedliche Werte der Übersetzung durch Verändern der Abmessungen der Reibkörper, z. B. durch Auswechseln oder Verwenden verschiedener Lagerstellen (Beispiel s. Tafel 13.8.1, Bild 2). Für die konstruktive Gestaltung und Erzeugung der Anpreßkraft gelten dabei die gleichen Gesichtspunkte wie für einstellbare Getriebe.
Eine Sonderform stellt das Wendegetriebe dar, bei dem lediglich ein Wechsel des Bewegungssinns bewirkt wird. Es ist i. allg. aus einem Antriebs- und zwei Abtriebsreibkörpern aufgebaut, von denen jeweils nur einer im Eingriff steht **(Bild 13.8.19)**. Durch axiales Verschieben der Abtriebswelle wird ein einfacher Drehrichtungswechsel bei konstanter Übersetzung ermöglicht und dabei zugleich die Anpreßkraft aufgebracht.

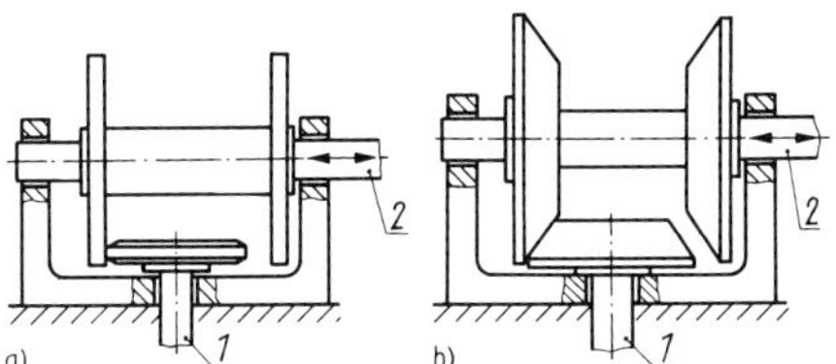

Bild 13.8.19. Wendegetriebe
a) Reibscheibengetriebe; b) Reibkegelgetriebe
1 Antrieb; *2* Abtrieb (axial verschiebbar)

Stufenlos einstellbare Getriebe [1.2] [13.8.3] [13.8.20] bis [13.8.39]. Die Übersetzung läßt sich stufenlos verändern, indem man den wirksamen Reibradius kontinuierlich einstellbar gestaltet. Bevorzugte Ausführungsformen sind Reibscheibengetriebe (**Tafel 13.8.5**/1.), Reibkegelgetriebe (2.), Reibkugelgetriebe (3.), s. auch Tafel 13.8.1.

Bei der Werkstoffwahl und konstruktiven Gestaltung dieser Getriebe sind die gleichen Gesichtspunkte zu beachten, wie sie für einstellbare Getriebe gelten. Auf jeweilige Besonderheiten wird in Tafel 13.8.5 hingewiesen.

Tafel 13.8.5. Stufenlos einstellbare Reibkörpergetriebe
s. auch Tafel 13.8.1

<table>
<tr>
<td>

1. Reibscheibengetriebe
a) mit einer Reibscheibe *1* und Reibrad *2*

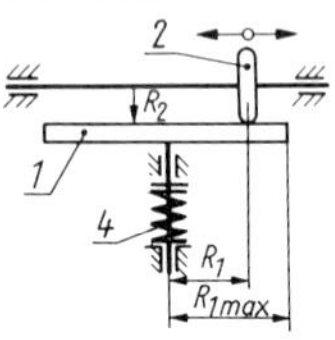

b) mit zwei Reibscheiben *1*, *3* und Reibrad *2*

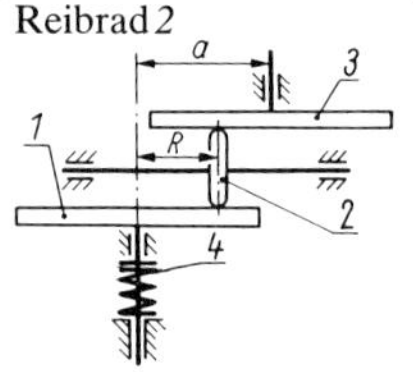

4 Feder zur Erzeugung der Anpreßkraft (wegen Zwangsschlupf möglichst schmale Breite oder ballige Lauffläche von Rad *2*)

</td>
<td>

Getriebe a:

- Übersetzung bei Antrieb an Reibscheibe *1*:
  $i = \omega_1/\omega_2 = n_1/n_2 = R_2/R_1$;
  R_1 einstellbar
- Durch Verschieben von Rad *2* großer Übersetzungsbereich, bei Verlagerung über Drehachse von *1* nach links auch Abtriebsdrehrichtung umkehrbar (Wendegetriebe, s. auch Bild 13.8.18), wobei
  $0 \leqq n_2 \leqq \pm (R_{1\,max}/R_2)\; n_1$
- Bei ω_1 = konst. ist R_1 Maß für ω_2:
  $R_1 = k\omega_2$ (bzw. $k = R_2/\omega_1$).
  Damit Anwendung als Rechengetriebe, z. B. *Multipliziergetriebe* für Gleichung $z = xy/R_2$; mit $x \mathrel{\hat{=}} \omega_1$, $y \mathrel{\hat{=}} R_1$, $z \mathrel{\hat{=}} \omega_2$, oder *Integriergetriebe* für Gleichung
  $R_1 = k\; \mathrm{d}\varphi_2/\mathrm{d}t$ bzw. $\varphi_2 = 1/k\; (\int R_1 \mathrm{d}t)$; φ_2 Drehwinkel von Rad *2*

Getriebe b:

- Übersetzung bei Antrieb an Reibscheibe *1*:
  $i = \omega_1/\omega_3 = n_1/n_3 = (a - R)/R = a/R - 1$; R einstellbar
- Anwendung als Wendegetriebe und Rechengetriebe analog a), jedoch ermöglicht parallele Lage von An- und Abtriebsachse andere Bewegungscharakteristiken

</td>
</tr>
<tr>
<td>

2. Reibkegelgetriebe
a) Reibrad *2* in Schwinge gelagert, Reibkegel *1* verschiebbar

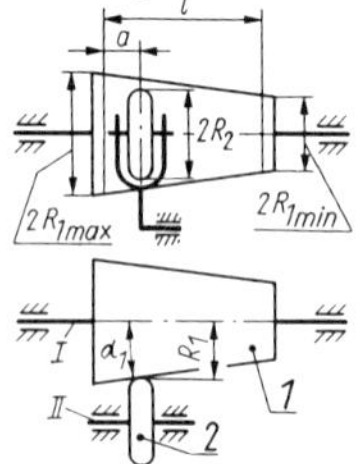

b) Reibrad *2* auf verschiebbarem Schwenkarm gelagert, Reibkegel *1* nicht verschiebbar

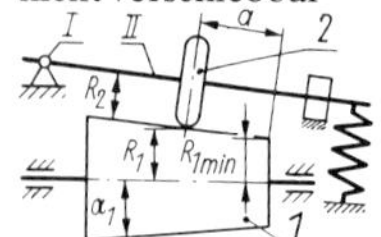

c) zwei Reibkegel *1*, *3* mit verschiebbarem Zwischenrad *2*

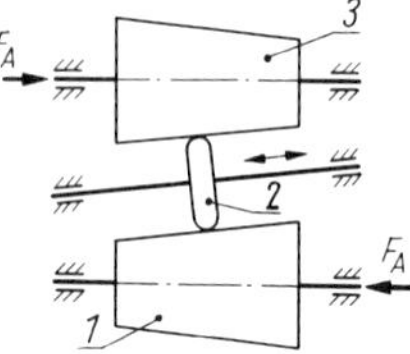

</td>
<td>

Getriebe a:

- Übersetzung bei Antrieb am Reibkegel *1*:
  $i = R_2/R_1$ bzw. mit $R_1 = R_{1\,min} + (l - a) \tan \alpha_1$
  $i = R_2/[R_{1\,min} + (l - a) \tan \alpha_1]$
  Grenzwerte für *i* sind von maximalen und minimalen Kegelhalbmessern R_1 abhängig, wobei $R_{1\,max} = R_{1\,min} + l \tan \alpha_1$
- Durch Verschieben von Reibkegel *1* längs der Achse *I* Übersetzung einstellbar, durch Schwenken von Rad *2* auf einer Schwinge um Achse *II* wird Anpreßkraft mittels (nicht dargestellter) Feder erzeugt

Getriebe b:

- Übersetzung bei Antrieb am Reibkegel *1*:
  $i = R_2/R_1$ mit $R_1 = R_{1\,min}\, a \sin \alpha_1$;
  Grenzwerte für *i* wie bei Getriebe a)
- Durch Verschieben von Rad *2* längs der Achse *II* Übersetzung einstellbar, durch zusätzliches Schwenken um Achse *I* wird Anpreßkraft erzeugt

Getriebe c:

- Übersetzung größer als bei a) und b); einstellbar durch Verschieben von Zwischenrad *2*; Anpreßkraft durch gegensinniges axiales Verschieben der Reibkegel *1* und *3* veränderbar

</td>
</tr>
</table>

Tafel 13.8.5. Fortsetzung

3. Reibkugelgetriebe a) mit schwenkbarer Kalotte *1* (Kugelabschnitt) und einem Reibrad *2* 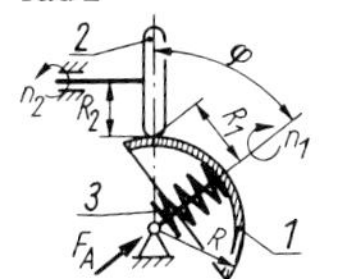 *3* Feder zur Erzeugung der Anpreßkraft F_A	*Getriebe a:* • Übersetzung bei Antrieb an Kalotte *1*: $i = \omega_1/\omega_2 = n_1/n_2 = R_2/R_1 = R_2/(R \sin \varphi)$ • Durch Schwenken der Kugeldrehachse um eine Achse, die durch Mittelpunkt der Kugelfläche verläuft, Übersetzung einstellbar • Anwendung in Planimetern und Rechengetrieben, wobei gegenüber Reibkegelgetrieben größerer Übersetzungsbereich
b) mit kugelförmigem Reibkörper *3* und zwei Reibrädern *1, 2* 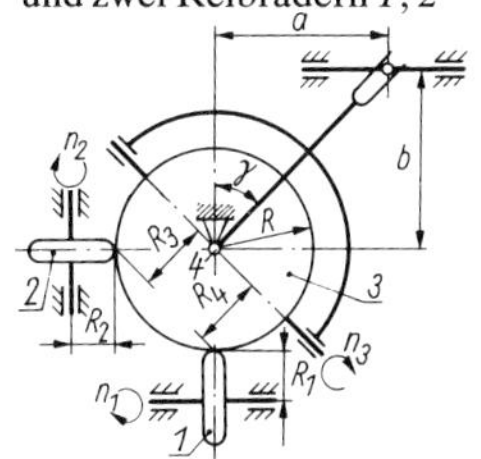	*Getriebe b:* • Übersetzung bei Antrieb an Rad *1* und Abtrieb an Rad *2*: $i = \omega_1/\omega_2 = \omega_1\omega_3/(\omega_3\omega_2) = n_1/n_2 = n_1n_3/(n_3n_2) = R_4R_2/(R_1R_3)$ bzw. mit $R_1 = R_2$, $R_3 = R \sin \gamma$ und $R_4 = R \cos \gamma$: $i = \cot \gamma = b/a$ • Durch Schwenken der Kugel *3* um Achse *I* Übersetzung einstellbar • Anwendung als Rechengetriebe, z. B. für Gleichung $z = xy/b$ mit $a \triangleq x$, $\omega_1 \triangleq y$, $\omega_2 \triangleq z$
c) mit globoidförmigem Reibkörper *1* und einem Reibrad *2*; F_A Anpreßkraft 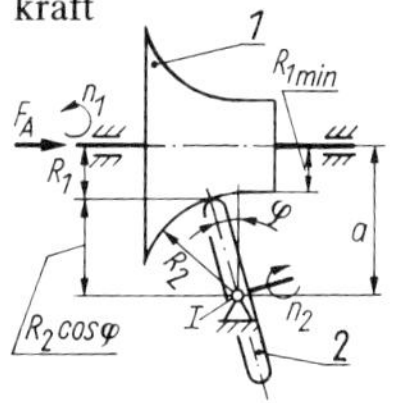	*Getriebe c:* • Übersetzung bei Antrieb an Reibkörper *1*: $i = \omega_1/\omega_2 = n_1/n_2 = R_2/R_1$ bzw. mit $R_1 = R_{1\,min} + R_2(1 - \cos \varphi)$ und $a = R_{1\,min} + R_2$: $i = R_2/(a - R_2 \cos \varphi)$ • Durch Schwenken der Reibradachse um *I* Übersetzung einstellbar

Ausführliche Darstellung von stufenlos einstellbaren Reibkörpergetrieben zur Übertragung größerer Leistungen s. [13.8.7]

13.8.5. Betriebsverhalten

Verlustleistung und Wirkungsgrad. Der Gesamtwirkungsgrad eines Reibkörpergetriebes ergibt sich aus $\eta_G = (P_1 - P_v)/P_1$, mit der Verlustleistung P_v, die sich aus den Reibungsverlusten P_{vR}, den Verlusten aus der Lagerbelastung P_{vL} und Leerlaufverlusten P_{vP} (Dichtungs-, Ventilations- und evtl. Ölplanschverluste) zusammensetzt ($P_v = P_{vR} + P_{vL} + P_{vP}$, s. auch Abschnitt 13.4.14.2.).

Die nachfolgend nur betrachteten Reibungsverluste entstehen durch Gleit- und Wälzreibung:

$$P_{vR} = P_{vRg} + P_{vRw}; \qquad \eta_R = (P_1 - P_{vR})/P_1. \qquad (13.8.10\text{a, b})$$

Die Gleitreibungsverluste P_{vRg} dominieren. Sie werden durch den stets vorhandenen Schlupf S bestimmt und ergeben sich aus $P_{vRg} = v\mu F_n S$ (Werte für μ s. Tafel 13.8.4, vgl. auch Tafel 3.25).

Durch zusätzliche Bohrbewegung (s. Abschnitt 13.8.2.) und evtl. auftretenden Schräglauf werden diese Verluste noch vergrößert. Berechnungsmöglichkeiten dazu s. [13.8.7] [13.8.12] [13.8.15].

Die Wälzreibungsverluste P_{vRW} hängen von der Werkstoffpaarung, der Schmierung und den Abmessungen der Reibkörper ab. Sie lassen sich mit dem Hebelarm f der Rollreibung (Werte s. Abschnitte 3.3. und 8.3.3.) und der Rollreibkraft (Rollwiderstand) $F_R = F_n f/R$ aus $P_{vRW} = F_R v$ bestimmen.

Für die überschlägliche Bemessung von Reibkörpergetrieben kann man mit Werten $\eta_G \approx 0{,}9 \ldots 0{,}98$ je Getriebestufe rechnen.

Verschleiß und Lebensdauer. Die Lebensdauer L_h eines Reibkörpergetriebes in Betriebsstunden läßt sich aus der Reibungsverlustleistung P_{vR} errechnen, wenn man ein zulässiges Verschleißvolumen $V_{V\,zul} = A_L h_{zul}$ vorgibt, wobei A_L die Laufbahnfläche ($A_L = 2\pi RB$) und h_{zul} die zulässige Verschleißdicke darstellen:

$$L_h = V_V/(P_{vR} f_V). \tag{13.8.11}$$

Der Verschleißbeiwert f_V ist durch Versuche zu ermitteln oder aus vergleichbaren Betriebsbedingungen abzuleiten. Für Paarung Gummi/Stahl gilt $f_V \approx 20$ mm³/kWh und für Hgw/Gußeisen $f_V \approx 400$ mm³/kWh.

Erwärmung. Insbesondere bei Weichstoffen (s. Abschnitt 13.8.3.) kann die Walkbeanspruchung in Verbindung mit der schlechten Wärmeleitfähigkeit zu stärkerer Erwärmung im Inneren der Reibkörper und zum Zerstören führen. Deshalb sind diese Werkstoffe nur bei niedriger Wälzgeschwindigkeit und kleiner Reibungsverlustleistung im Dauerbetrieb geeignet, wenn man nicht zusätzliche Kühlmaßnahmen in Kauf nehmen will.
Hartstoffe neigen infolge Schlupf zu örtlich begrenzter Erwärmung in der Berührungszone, was zu Riefen und ähnlichen Freßerscheinungen führen kann.
Bei Schmierstoffen werden durch die Erwärmung Viskosität und Reibwert stark herabgesetzt.
Die Erwärmungsberechnung kann nur in grober Näherung erfolgen, z. B. analog der Ermittlung der Temperatursicherheit von Zahnradgetrieben (s. Abschnitt 13.5.). Zweckmäßiger sind Messungen an Versuchsmustern.

13.8.6. Berechnungsbeispiel

Aufgabe 13.8.1. Reibradgetriebe für den Antrieb eines Schallplattenabspielgeräts

Ein Schallplattenabspielgerät wird durch einen Elektromotor mit der Drehzahl $n = 1410$ U/min angetrieben. Der Plattenteller besteht aus Stahlblech mit einer Dicke $s = 3$ mm, ist tiefgezogen mit einem Außendurchmesser $d_a = 200$ mm und einer Bordhöhe $h = 20$ mm. Er soll eine Drehzahl $n_{ab} = 33{,}3$ U/min haben. Sein Massenträgheitsmoment beträgt mit aufgelegter Langspielplatte $J = 20$ kg · mm².
Gesucht ist der Entwurf des Reibradgetriebes.

Lösung. Für den Antrieb kommt ein Getriebe nach Bild 13.8.11 in Betracht, bei dem Reibrad *2* (Dmr. d_2) einerseits mit Welle *1* des Motors (Dmr. d_W) und andererseits mit dem Plattenteller im Eingriff steht. Die Bauart des Plattentellers als tiefgezogenes Teil erlaubt die Verlagerung des Antriebs auf die Innenseite des 20 mm hohen Bordes.
Übersetzung. Die Standübersetzung beträgt

$$i_0 = n_{an}/n_{ab} = 1410/33{,}3 = 42{,}342.$$

Da beim Lauf des Getriebes Schlupf auftritt, muß die Übersetzung entsprechend größer als die Standübersetzung sein. Gemäß Tafel 13.8.4 kann bei der Paarung Gummi/Stahl im Mittel mit einem Schlupf $S \approx 6\%$ gerechnet werden (bei hohen Ansprüchen an die Einhaltung der Übersetzung sind Versuche zur Ermittlung des Schlupfes unter Betriebsbedingungen erforderlich).
Mit dem Schlupfmittelwert ergibt sich die Sollübersetzung zu

$$i = i_0/(1 - S/100) = 42{,}342/(1 - 0{,}06) = 45{,}045.$$

Der Innendurchmesser des Plattentellers beträgt $d_i = d_a - 2s = (200 - 2 \cdot 3)$ mm $= 194$ mm. Damit ergibt sich der Durchmesser der Motorwelle zu $d_W = d_i/i$, also zu $d_W = (194/45{,}045)$ mm $= 4{,}307$ mm.
Anpreßkraft (Normalkraft). Die zu übertragende Umfangskraft F_t am Plattenteller ist vernachlässigbar klein. Sie besteht aus der Massenkraft beim Anlauf des Getriebes sowie aus den Reibkräften an den Lagern und am Tonabnehmer und überschreitet einen Wert von $F_t = 1$ N nicht. Das Reibrad hat aus konstruktiven Gründen einen Durchmesser $d = 30$ mm und eine Berührungsbreite $B = 4$ mm. Seine Lauffläche besteht aus Weichgummi.
Die zulässige Normalkraft, die durch die Anpreßkraft aufzubringen ist, beträgt gemäß Tafel 13.8.2, Gl. (c):

$$F_{n\,zul} = R_1 B c_{zul}.$$

Mit $v = 0{,}338$ m/s folgt aus Bild 13.8.6 ein Wert $c_{zul} = 0{,}96$ N/mm². An der Paarungsstelle Motorwelle – Reibrad ist die zulässige Kraft am kleinsten:

$$F_{n\,zul} = 2{,}15 \cdot 4\,\text{mm}^2 \cdot 0{,}96\,\text{N/mm}^2 = 8{,}26\,\text{N}.$$

Bei einem Reibwert $\mu = 0{,}4$ könnte an dieser Stelle eine Umfangskraft $F_t \approx 6{,}6$ N übertragen werden. Im Interesse einer großen Lebensdauer wird $F_{n\,zul}$ jedoch auf 5 N festgesetzt, wodurch die übertragbare Umfangskraft kleiner wird (≈ 2 N), aber immer noch ausreichend groß ist.
Konstruktive Hinweise. Das Reibrad besteht aus einer 4 mm dicken Scheibe aus Weichgummi, die an den beiden Stirnseiten durch Metallscheiben, eine davon mit Nabe, gestützt wird. Da das Einschalten des Laufwerkes durch Ineingriffbringen des Reibrades bewerkstelligt werden soll, ist dieses auf einem Hebel zu lagern, dessen gestellfester Drehpunkt auf der Verbindungslinie zwischen Motorwelle und Plattentellerachse liegen muß.

Literatur zum Abschnitt 13.8.

(Grundlagenliteratur s. Literatur zum Abschnitt 1.)

Bücher, Dissertationen

[13.8.1] *Thomas, W.:* Reibscheiben-Regelgetriebe. Schriftenreihe Antriebstechnik. Braunschweig: Verlag Friedrich Vieweg & Sohn 1954.

[13.8.2] *Röber, H.:* Ausgewählte Kapitel über neuzeitliche Maschinenelemente. Berlin: Verlag Technik 1955.

[13.8.3] *Sieker, K.-H.:* Einfache Getriebe. 2. Aufl. Prien: C. F. Wintersche Verlagshandlung 1956.

[13.8.4] *Simonis, F.:* Stufenlos verstellbare mechanische Getriebe. 2. Aufl. Berlin, Heidelberg: Springer-Verlag 1959.

[13.8.5] *Bauer, R.; Schneider, G.:* Maschinenelemente. Bd. III. Hülltriebe und Reibradgetriebe. 6. Aufl. Leipzig: Fachbuchverlag 1975.

[13.8.6] *Fronius, S.,* u. a.: Taschenbuch Maschinenbau. Bd. 3. Berlin: Verlag Technik 1987.

[13.8.7] *Niemann, G.; Winter, H.:* Maschinenelemente. Bd. III. Schraubrad-, Kegelrad-, Schnecken-, Ketten-, Riemen-, Reibradgetriebe, Kupplungen, Bremsen, Freiläufe. 2. Aufl. Berlin, Heidelberg: Springer-Verlag 1986.

[13.8.8] *Steinhilper, W.; Röper, R.:* Maschinen- und Konstruktionselemente, Bd. 3: Reibrad-, Zugmittel- und Zahnradgetriebe. Berlin, Heidelberg, New York, Tokio: Springer-Verlag 1989.

[13.8.9] VDI-Richtlinie 2155. Gleichförmig übersetzende Reibschlußgetriebe. Berlin, Köln: Beuth-Verlag.

[13.8.10] AWF-Getriebeblätter „Reibrädergetriebe", AWF 615/16T und AWF 615/16B. Berlin, Köln: Beuth-Verlag.

[13.8.11] *Vieregge, G.:* Energieübertragung, Berechnung und Anwendbarkeit von Reibradgetrieben. Diss. TU Aachen 1950.

[13.8.12] *Wernitz, W.:* Bestimmung der Bohrmomente und Umfangskräfte bei Hertzscher Pressung mit Punktberührung. Diss. TU Braunschweig. 1958.

[13.8.13] *Weigelt, K.:* Grundsatzuntersuchungen an Reibringgetrieben. Diss. TH Chemnitz 1969.

[13.8.14] *Stollberg, H.:* Kontakttemperaturen an Reibpaarungen, insbesondere bei Reibradgetrieben. Diss. TU Dresden 1976.

[13.8.15] *Gaggermeier, H.:* Untersuchungen zur Reibkraftübertragung in Kegelreibradgetrieben im Bereich der elastohydrodynamischen Schmierung. Diss. TU München 1977.

Aufsätze

[13.8.20] *Mandler, E.:* Reibungsübersetzungen. Maschinenbautechnik 2 (1953) 7, S. 319.

[13.8.21] *Niemann, G.:* Reibradgetriebe. Konstruktion 5 (1953) 2, S. 33.

[13.8.22] *Beier, J.:* Moderne stufenlos regelbare Getriebe. VDI-Tagungsheft 2, Antriebselemente 1953, S. 161.

[13.8.23] *Berthold, H.:* Stufenlos verstellbare Antriebe mit großem Regelbereich. Maschinenbautechnik 4 (1955) 1, S. 19.

[13.8.24] *Tschanter, E.:* Weichstoff-Reibräder. Konstruktion 7 (1955) 8, S. 321.

[13.8.25] *Leitz, O.:* Grundsätzliches über stufenlos verstellbare Wälzgetriebe. Konstruktion 7 (1955) 9, S. 330; 9 (1957) 5, S. 169; 10 (1958) 11, S. 425.

[13.8.26] *Zinsser, M.:* Berechnung und Konstruktion eines Reibradkleinstgetriebes. Das Industrieblatt, Stuttgart 1957, S. 235.

[13.8.27] *Geissler, H. J.:* Meßprotokolle für stufenlos regelbare Getriebe. Konstruktion 10 (1958) 4, S. 147.

[13.8.28] *Schock, W.:* Stufenlos verstellbare Getriebe. Werkstatt und Betrieb 93 (1960) 5, S. 243.

[13.8.29] *Bauerfeind, E.:* Zur Kraftübertragung mit Gummirädern. Antriebstechnik 5 (1966) 11, S. 383.

[13.8.30] *Miloiu, G.:* Stufenlose Kleinstgetriebe. Antriebstechnik 7 (1968) 3, S. 83.

[13.8.31] *Rabe, K.:* Getriebe für Feinverstellungen im Gerätebau. Feinwerktechnik 73 (1969) 6, S. 264.

[13.8.32] *Schoch, W.:* Steuerungen mit Reguliergetrieben. Antriebstechnik 10 (1971) 9, S. 327.

[13.8.33] *Steuer, H.:* Das stufenlose Kugelscheibengetriebe. Ind.-Anz. 94 (1972) 44, S. 1007.

[13.8.34] *Arter, F.:* Leise und verschleißarm laufende stufenlos verstellbare Getriebe. Maschinenmarkt 79 (1973) 27, S. 546.

[13.8.35] *Müller, H. W.:* Stufenlos einstellbare Getriebe. VDI-Bericht 195 (1973), S. 19 (mit umfangreicher Darstellung von Wälzkörpergeometrien und deren Eigenschaften).

[13.8.36] *Schmidt, S.:* Theoretische Grundlagen und Konstruktionshinweise für einen Kugelfriktionstrieb. Feinwerktechnik und Micronic 77 (1973) 4, S. 190.

[13.8.37] *Tippmann, H.:* Drehzahlgenauigkeit von stufenlos einstellbaren Reibschlußgetrieben. Maschinenmarkt 80 (1974) 50, S. 943.

[13.8.38] *Holland, J.:* Beanspruchung und elastohydrodynamische Schmierung an stufenlos einstellbaren Wälzgetrieben. Konstruktion 27 (1975) 11, S. 413.

[13.8.39] *Lehmann, M.:* Kegelreibradgetriebe für hohe Übersetzungen. Konstruktion 31 (1976) 3, S. 106.

[13.8.40] *Severin, D.; Lütkebohle, H.:* Rollreibung zylindrischer Laufräder aus Kunststoff. Konstruktion 37 (1985) 3, S. 177.

[13.8.41] *Severin, D.; Lütkebohle, H.:* Wälzreibung zylindrischer Räder aus Kunststoff. Konstruktion 38 (1986) 5, S. 173.

[13.8.42] *Bätge, J.; Statev, S.:* Zur Kinematik der Reibrad-Flex-Drive-Getriebe. Konstruktion 48 (1996) 4, S. 99.

13.9. Zugmittelgetriebe

Zeichen, Benennungen und Einheiten

A Fläche, Querschnitt in mm²
C, C^* Achsabstand bei Zahnriemengetrieben in mm
D Durchmesser in mm
E Elastizitätsmodul in N/mm²
E_b, E_z Biege-, Zugelastizitätsmodul in N/mm²
F Kraft in N
F_B Bruchkraft in N
F_G Gesamtzugkraft in N
F_V Vorspannkraft in N
F_W radiale Wellenkraft in N
F_0, F_D statische, dynamische Kettenzugkraft in N
F_{d0} Grenzabweichung des Außendurchmessers d_0 in mm
F_f Fliehkraft, Zentrifugalkraft in N
F_n Normalkraft in N
F_t Umfangskraft, Tangentialkraft in N
F'_1 zul. Umfangskraft in N je mm Riemenbreite und je Riemenzahn
F_1, F_2 Last-, Leertrumkraft in N
K Minderungsfaktor
L Kettenlänge in mm
L_M Zugmittellänge (mittlere Faser) in mm
L_p theoretische Zahnriemenlänge in mm
L_i Zugmittelinnenlänge in mm
L_w Zugmittellänge (neutrale Faser) in mm
L_{w0} ungespannte Zugmittellänge in mm
M_d Drehmoment, Torsionsmoment in N · mm
N Anzahl der Lastspiele, Lastwechsel
P Leistung in kW
P_D Diagrammleistung in kW
P_N Nennleistung bei Keilriemen in kW
P_v Verlustleistung in kW
P_{vL}, P_{vP}, P_{vb}, P_{vh}, P_{vs} Lager-, Plansch- u. Luftreibungs-, Biege-, Haft-, Dehnschlupfverlustleistung in kW
R_a, R_z Mittenrauhwert, gemittelte Rauhtiefe in μm
S Gleitschlupf in %, Riemenzahndicke in mm
S_D Sicherheitsfaktor

X, X_0 Gliederzahl, rechnerische Gliederzahl der Ketten
a Abstand in mm, Achsabstand bei Kettengetrieben in mm
b Breite, Zugmittelbreite in mm
b_f effektive (nutzbare) Scheibenbreite in mm
b_s Scheibenbreite in mm
c_1, c_2, c_3 Winkel-, Betriebs-, Längenfaktor für Keilriemengetriebe
d_B Bordscheibendurchmesser in mm
d_R Spannrollendurchmesser in mm
d Wirkdurchmesser, Scheibendurchmesser, Teilkreisdurchmesser in mm
d_a, d_f Kopfkreis-, Fußkreisdurchmesser in mm
d_0 Außendurchmesser von Zahnriemenscheiben in mm
d_w wirksamer Laufdurchmesser in mm
d' äußerer Seildurchmesser in mm
e Basis der natürlichen Logarithmen (e = 2,718 ...); Achsabstand bei Riemengetrieben, Querteilung bei Kettenrädern in mm
f_b Biegefrequenz in 1/s, Hz
f_{pp}, $f_{\Sigma p}$ Einzelteilungs-, Teilungssummenabweichung in mm
f_1, f_2 Betriebs-, Zähnezahlfaktor bei Kettengetrieben
d_{min} Spannrollendurchmesser in mm
h Abstand, Riemenhöhe, Wölbhöhe, Durchhang in mm
i, i_0 Übersetzung, momentane Übersetzung
k Abstand, Zahnkopfhöhe in mm, Ausbeute
m Kraftfaktor
n Drehzahl in U/min
p Flächenpressung, Druck in N/mm², Kettenteilung in mm
p_b Zahnriementeilung, Zahnscheibenteilung in mm
q spezifische Zugmittelmasse in kg/m
r Radius in mm
s Zugmitteldicke, -durchmesser in mm
t Rillentiefe bei Keilriemenscheiben in mm
u Wirklinienabstand in mm

v	Umfangs-, Zugmittelgeschwindigkeit in m/s
y_1, y_2	Rechengrößen für Zugmittellänge
z	Zähnezahl, Anzahl der Keilriemen
z_S	Scheibenzahl
z_m	Eingriffszähnezahl
z_b	Zahnriemenzähnezahl
z_p	Zahnscheibenzähnezahl
z'	Anzahl der Drähte, Fäden oder Streifen bei Zugmitteln
$z_{p\,min}$	Mindestzähnezahl von Zahnscheiben
ΔL	Auflagedehnung, Zugmittelverkürzung in mm
Σ	Achsenwinkel in °
Θ	halber Umschlingungswinkel bei Zahnriemengetrieben in °
Φ	halber Zahnlückenwinkel der Zahnscheibe in °
$\alpha, \hat{\alpha}$	Keilwinkel, Trumneigungswinkel, Winkel in rad, °
β	halber Riemenzahnwinkel, Umschlingungswinkel, Winkel in °
γ	Winkel, Bordscheibenneigungswinkel in °
δ	Draht-, Fadendurchmesser in mm
ε	Dehnung in %
η	Wirkungsgrad
ϑ	Temperatur in °C
$\varkappa$	Exponent
μ	Reibwert
ϱ	Dichte in g/cm^3
σ	Zugspannung in N/mm^2
σ_V	Vorspannung in N/mm^2
σ_b	Biegespannung in N/mm^2
σ_f	Fliehzugspannung in N/mm^2
σ_s	Schränkspannung in N/mm^2
σ_t	Tangentialspannung in N/mm^2
$\sigma_{1,2}$	Zugspannung in Last-, Leertrum in N/mm^2
τ	Teilungswinkel in °
φ	Drehwinkel in rad, °
ψ	Dehnschlupf in %, Drehwinkel in rad, °
ω	Winkelgeschwindigkeit in rad/s

Indizes

B	Bruch
D	dynamisch, Diagrammwert
G	Getriebe, Gesamt
K	Keilriemen
L	Lager
M	mittlere Faser
N	Nennwert
P	Planschwirkung, Luftreibung
R	Rolle, Reibung
S	Scheibe
V	Vorspannung
W	Achse, Welle
a	Kopf
b	Zahnriemen, Biegung
f	Fliehkraft, Fuß, effektiv
g	Gelenk
h	Haftreibung
min	Mindestwert, minimal
n	Normalrichtung
p	Zahnscheibe
s	Dehnschlupf, Schränkung
t	Umfangs-, Tangentialrichtung
v	Verlust
w	neutrale Faser, Wirkdurchmesser
zul	zulässiger Wert
0, $_0$	momentan, rechnerisch, statisch, ungespannt
1	kleine (treibende) Scheibe
2	große (getriebene) Scheibe

Ein Zugmittelgetriebe ist ein Getriebe, bei dem zwei nicht benachbarte, i. allg. als Scheiben ausgebildete Glieder über ein schmiegsames oder vielgliedriges Zugmittel gekoppelt sind. Es findet dann Anwendung, wenn größere Abstände zwischen An- und Abtriebswelle zu überbrücken sind oder die räumlichen Gegebenheiten andere Getriebearten ausschließen, sowie in den Fällen, in denen eine stoßdämpfende Kraftübertragung erforderlich ist.

13.9.1. Bauarten [13.9.13] [13.9.14]

Ordnungsaspekte für Zugmittelgetriebe sind die Art des Zugmittels und dessen Begrenzung, die Aufrechterhaltung der Paarung, die Einstellbarkeit der Funktionsparameter sowie die Raumlage der Bewegungsbahnen und der Drehachsen (**Tafel 13.9.1** a bis e). Für feinmechanische Getriebe kleiner Leistung und für Führungsgetriebe (s. a. Tafel 13.1.1.) gelangen als Zugmittel einfache Seile, Schnüre, Drähte und Bänder sowie auch Zahnriemen zur Anwendung. Bei Leistungsgetrieben werden dagegen vorwiegend Zahnriemen, Flach- und Keilrie-

Tafel 13.9.1. Einteilung der Zugmittelgetriebe [13.9.13] [13.9.14]

Benennung (Begriffserklärung)	Beispiele und Erläuterungen
a) Art des Zugmittels	
Seilgetriebe	mit Seil, Schnur, Draht
Bandgetriebe	mit Stahl-, Textilband
Riemengetriebe	mit Flach-, Keil-, Rund-, Zahnriemen
Kettengetriebe	mit Ring-, Rollen-, Zahnkette usw.
b) Begrenzung des Zugmittels Zugmittelgetriebe mit geschlossenem Zugmittel (Zugmittel hat keine freien Enden und ist nur über gelenkige Verbindung mit Nachbargliedern gekoppelt)	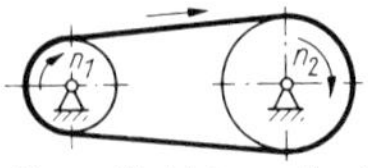 n_1 n_2 Zugmittel ist „endlos" und ermöglicht die Übertragung einer unbegrenzten gleichsinnigen Bewegung
Zugmittelgetriebe mit offenem Zugmittel (beide freien Enden des Zugmittels sind an Nachbargliedern befestigt)	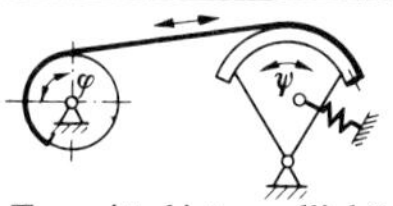 φ ψ Zugmittel ist „endlich" und ermöglicht nur die Übertragung einer wechselsinnigen Bewegung
c) Aufrechterhaltung der Paarung Kraftgepaartes Zugmittelgetriebe (Bewegungsübertragung zwischen Zugmittel und benachbarten Getriebegliedern erfolgt unter Ausnutzung der Reibung)	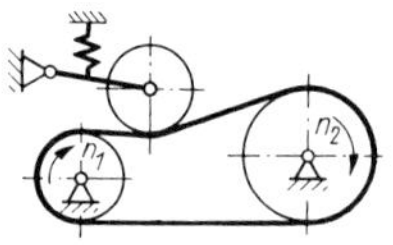 n_1 n_2 erforderliche Anpreßkraft wird durch Vorspannung des Zugmittels oder durch zusätzliche Spannvorrichtungen erzeugt
Formgepaartes Zugmittelgetriebe (Bewegungsübertragung zwischen Zugmittel und benachbarten Getriebegliedern erfolgt durch im Eingriff stehende Formelemente, z. B. Verzahnungen)	Beispiel: Zahnriemengetriebe 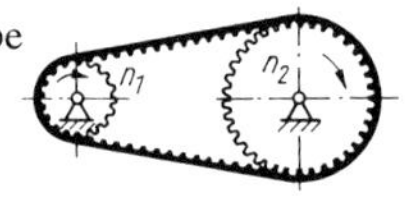 n_1 n_2
d) Einstellbarkeit der Funktionsparameter Nicht einstellbares Zugmittelgetriebe	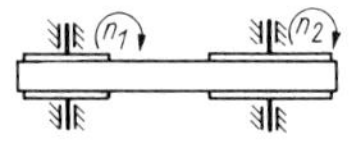 n_1 n_2
In Stufen einstellbares Zugmittelgetriebe	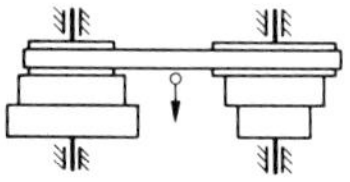
Stufenlos einstellbares Zugmittelgetriebe	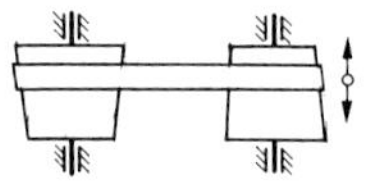
e) Raumlage der Bewegungsbahnen und Drehachsen Ebenes Zugmittelgetriebe	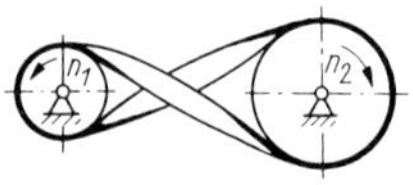 n_1 n_2
Räumliches Zugmittelgetriebe	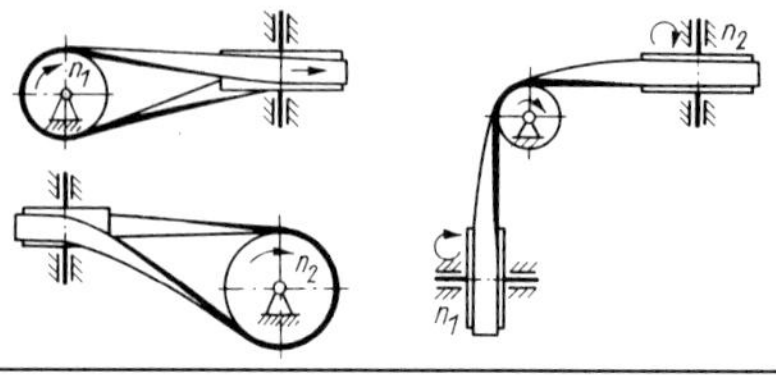 n_1 n_2 n_2 n_1

men sowie Ketten eingesetzt. Die kraftgepaarten Getriebe, deren Zugmittel ungegliedert sind, arbeiten schwingungs- und stoßdämpfend und laufen geräuscharm, während die formgepaarten Getriebe gegliederte Zugmittel haben, dadurch höhere Leistungen übertragen können und auch keine größere Vorspannung benötigen, so daß Wellen und Lager weniger beansprucht werden. Infolge des Polygoneffekts (s. Abschnitt 13.9.5.) entsteht aber eine mehr oder weniger große Ungleichmäßigkeit der Drehbewegung.

13.9.2. Seil-, Band- und Flachriemengetriebe [1.15] [1.17] [13.9.2] [13.9.5] [13.9.17] [13.9.40] bis [13.9.47] [13.9.52]

Die Bewegungs- und Kraftübertragung erfolgt durch Kraftpaarung unter Ausnutzung der Reibung, wobei Dehnschlupf auftritt. Die erforderliche Anpreßkraft muß durch ausreichende Vorspannung des Zugmittels erzeugt werden.

13.9.2.1. Eigenschaften und Anwendung

Seil-, Band- und Flachriemengetriebe sind einfacher und preisgünstiger als formgepaarte Zugmittelgetriebe, erfordern keine Schmierung, nur sehr geringen Wartungsaufwand und können infolge Gleitschlupf kurzzeitig überlastet werden. Nachteilig sind die erforderliche Vorspannung und dadurch bedingt größere Wellen- und Lagerbelastung, der ständig auftretende Schlupf und die relativ starke Abhängigkeit der Betriebsbedingungen (Gleichmäßigkeit der Drehbewegung, Schlupf, Tragfähigkeit) von Umgebungseinflüssen, wie Temperatur, Feuchte und Staub.

Seile und Bänder finden vorrangig in der Feinmechanik Anwendung, wenn bei kleinen zu übertragenden Leistungen eine fortlaufende Drehbewegung an eine oder mehrere Wellen weiterzuleiten ist, die einen größeren Abstand zueinander haben bzw. wenn bei Schwenkbewegungen Drehwinkel über 360° zu realisieren sind. *Flachriemen* gelangen bei Übertragung größerer Leistungen zum Einsatz. Sie zeichnen sich durch günstiges elastisches Verhalten (stoß- und schwingungsmindernd) und einen hohen Wirkungsgrad aus. Es können Leistungen bis etwa 30 kW je cm Riemenbreite bei Riemengeschwindigkeiten bis 100 m/s übertragen werden. Die Übersetzung ist im Normalfall bis $i = 6$ und bei Verwendung von Spezialriemen bis $i = 20$ ausführbar.

Werkstoffe und Arten von Seilen, Bändern und Flachriemen s. Abschnitt 13.9.2.3., ausgewählte Normen und Richtlinien s. Tafel 13.9.20.

13.9.2.2. Berechnung [1.15] [1.17] [13.9.2] [13.9.5] [13.9.41] bis [13.9.47] [13.9.52]

In den folgenden Beziehungen gilt Index 1 für die kleine (treibende) und Index 2 für die große (getriebene) Scheibe. Wirkt die große Scheibe treibend, ist die Indizierung zu ändern.

Geometrische Beziehungen und Geschwindigkeiten

Die Übersetzung i ergibt sich näherungsweise aus den Scheibendurchmessern d_1 und d_2

$$i = n_1/n_2 \approx d_2/d_1 \tag{13.9.1}$$

und die Zugmittelgeschwindigkeit v entsprechend aus

$$v \approx d_1 \pi n_1 \approx d_2 \pi n_2. \tag{13.9.2}$$

Exakte Beziehungen erhält man, wenn anstelle der Scheibendurchmesser d die jeweils wirksamen Laufdurchmesser

$$d_w = d + 2a$$

der Scheiben gesetzt werden, wobei a den Abstand von der neutralen Faser zur Zugmittellauffläche darstellt und d_w durch die Lage der neutralen Faser auf dem Umschlingungsbogen festgelegt ist. Bei homogenen Zugmitteln beträgt $a = s/2$ (s Zugmitteldicke, -durchmesser). In den meisten Fällen genügt es jedoch, mit $a = 0$ zu rechnen.

Durch Dehnschlupf ψ (elastische Dehnungsänderung $\psi = \Delta\varepsilon = \sigma_t/E$, die Kriechen des Zugmittels auf der Scheibe bewirkt und mit der Umfangskraft F_t anwächst), geht die Geschwindigkeit v_1 auf dem Umschlingungsbogen in v_2 über:

$$\psi = (v_1 - v_2)/v_1 = 1 - (d_{w2} n_2)/(d_{w1} n_1), \tag{13.9.3}$$

mit $v_1 = d_{w1} \pi n_1$ und $v_2 = d_{w2} \pi n_2 = v_1 (1 - \psi)$. ψ beträgt etwa 1 bis 3%.

Unter Vernachlässigung des Gleitschlupfes (s. Abschnitt 13.8.2.1.) ergibt sich mit ψ für die

Übersetzung

$$i = n_1/n_2 = (d_{w2}v_1)/(d_{w1}v_2) = d_{w2}/[d_{w1}\,(1-\psi)] \approx d_2/d_1. \qquad (13.9.4)$$

Zum Ausgleich der durch Zugmitteldicke s und Dehnschlupf bedingten Geschwindigkeitsdifferenz kann man einen der beiden Scheibendurchmesser, zweckmäßig den größeren, korrigieren, um die vorgegebene Übersetzung i_{soll} genau einzuhalten. Es gilt

$$i_{soll} = v_1\,(d_2+s)/[v_2\,(d_1+s)]. \qquad (13.9.5)$$

Hieraus ergibt sich der korrigierte Durchmesser d' für $i \geqq 1$ (d_2 getriebene Scheibe): $d_2' = i_{soll}\,(1-\psi)\,(d_1+s) - s$; für $i < 1$ (d_2 treibende Scheibe): $d_2' = (d_1+s)/[i_{soll}\,(1-\psi)] - s$.

Für die Biegefrequenz des Zugmittels (Anzahl der Biegewechsel je Zeiteinheit) gilt

$$f_b = v z_S/L_i, \qquad (13.9.6)$$

v Zugmittelgeschwindigkeit gem. Gl. (13.9.2); z_S Anzahl der Scheiben (einschließlich Spannrollen) je Getriebe; L_i Innenlänge des Zugmittels.

Die Berechnung der geometrischen Abmessungen verdeutlicht **Tafel 13.9.2**.

Tafel 13.9.2. Geometrische Abmessungen von Seil-, Band-, Flachriemen-, Keilriemen- und Rundriemengetrieben mit geschlossenem Zugmittel

Index *1* kleine Scheibe, Index *2* große Scheibe; $d_w = d + 2a$, für Überschlagsrechnung Abstand zur Zugmittelfläche $a = 0$ und $d_w = d$

a) Ebenes Getriebe

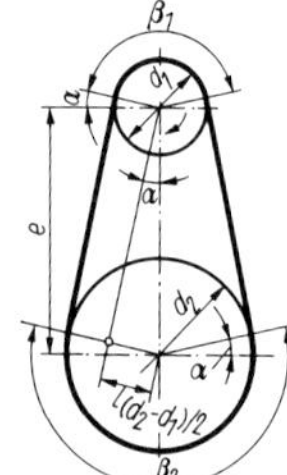

Umschlingungswinkel $\beta_1 = 180° - 2\alpha$; $\beta_2 = 360° - \beta_1 = 180° + 2\alpha$

Trumneigungswinkel α aus $\sin\alpha = (d_{w2} - d_{w1})/(2e)$

Zugmittellänge[1]) L_w (Länge der neutralen Faser)

$L_w = 2e\cos\alpha + 0{,}5\pi\,(d_{w2}+d_{w1}) + (d_{w2}-d_{w1})\,\pi\alpha/180°$

$\approx 2e + 0{,}5\,\pi\,(d_{w2}+d_{w1}) + (d_{w2}-d_{w1})^2/(4e)$.

Achsabstand[2]) $e \approx y_1 + \sqrt{y_1^2 - y_2}$

mit $y_1 = L_w/4 - \pi\,(d_{w1}+d_{w2})/8$; $y_2 = (d_{w2}-d_{w1})^2/8$.

b) Ebenes Getriebe mit gekreuztem Zugmittel

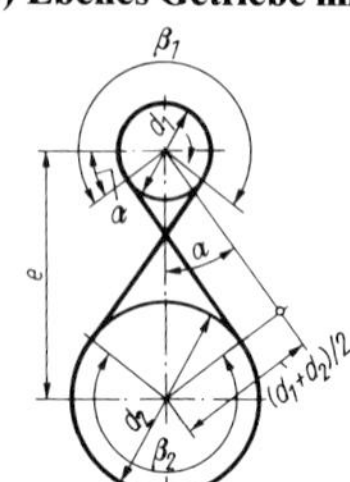

Umschlingungswinkel $\beta = \beta_1 = \beta_2 = 180° + 2\alpha$

Trumneigungswinkel α aus $\sin\alpha = (d_{w1} + d_{w2})/(2e)$

Zugmittellänge[1]) (mittlere Faser)

$L_M = 2e\cos\alpha + (d_{w2}+d_{w1})\,\beta\,\pi/360°$

Achsabstand[2]) e näherungsweise analog **a)**, aber mit $y_2 = (d_{w1}+d_{w2})^2/8$.

c) Räumliches Getriebe mit halbgekreuztem Zugmittel
(Achsenwinkel $\Sigma = 90°$)

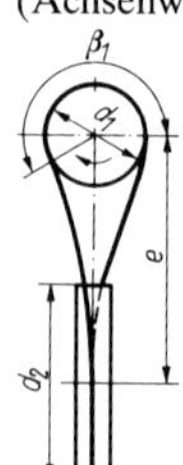

Zugmittellänge[1]) (mittlere Faser)

$L_M = 2e + d_{w1}\,(\pi + \gamma_1)/2 + d_{w2}\,(\pi + \gamma_2)/2$

mit γ aus $\tan(\gamma_1/2) = d_{w1}/(2e)$; $\tan(\gamma_2/2) = d_{w2}/(2e)$.

[1]) Bei Flachriemen meist Innenlänge L_i angegeben, ergibt sich mit $d_w = d$

[2]) Bei endlosen Riemen mit den üblichen und genormten Längen sowie gegebenen Scheibendurchmessern läßt sich Achsabstand e nicht aus Gl. für L_w bzw. L_M berechnen, da α unbekannt ist. Näherung für e ergibt sich, wenn man in Gl. zur Berechnung der Zugmittellänge für $\cos\alpha \approx 1 - \alpha^2/2$ setzt sowie für $\alpha \approx \sin\alpha = (d_2 - d_1)/(2e)$; y_1 und y_2 sind vereinfachende Rechengrößen.

Kräfte

Grundlage der Kräftebetrachtungen ist die Eytelweinsche Gleichung. Sie gilt nur unter den in Bild 13.9.1 genannten idealen Voraussetzungen, die praktisch nicht erfüllbar sind. Neuzeitliche Werkstoffe weisen aber Eigenschaften auf, die diesen Forderungen bei Seil-, Band- und Flachriemengetrieben weitgehend entsprechen. Für die Berechnung von Keilriemengetrieben sowie von Rundriemengetrieben mit keilförmigen Laufrillen der Scheiben kann diese Gleichung dagegen nicht ohne weiteres verwendet werden (s. Abschnitt 13.9.3.).

Getriebe mit geschlossenem Zugmittel. Betrachtet man Scheibe und Zugmittel im Ruhezustand, ergibt sich am Zugmittelteilchen d_m (**Bild 13.9.1** a) das Kräftegleichgewicht entsprechend (b). Die beiden gleich großen Kräfte bedingen eine normalgerichtete Reaktionskraft (Anpreßkraft) dF_n.

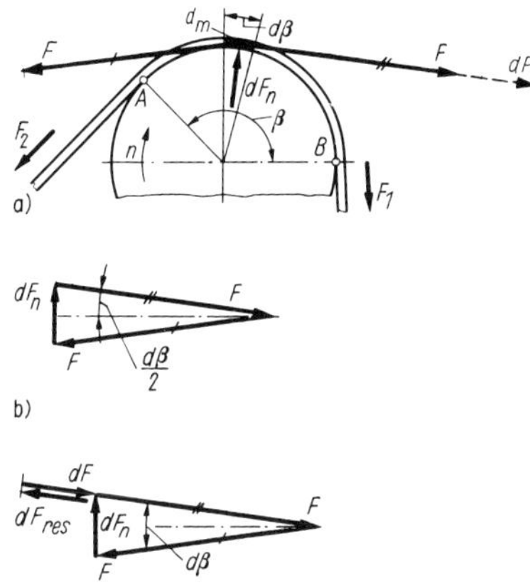

Ideale Voraussetzungen:
Gleichmäßige Anlage des Zugmittels über gesamten Umschlingungsbogen (setzt ideale Biegegeschmeidigkeit voraus),
Proportionalität zwischen Zugmittelspannung und -dehnung,
gleichmäßige Kraftübertragung und Haftfähigkeit über gesamten Umschlingungsbogen, keine Fliehkraftwirkung

Ableitung:
$dF = \mu dF_n$; $dF_n = 2F \sin(d\beta/2) \approx F \sin\beta$;
wegen $d\beta \ll C$ gilt $\sin d\beta \approx d\beta$ und $dF_n \approx F\, d\beta$. Damit ergibt sich Kräfteverhältnis dF/F und nach Integration Trumkraftverhältnis F_1/F_2:
$dF/F = \mu\, dF_n\, d\beta/dF_n = \mu\, d\beta$; $\int dF/F = \mu \int \beta$.
Lösung des Integrals: $\ln F/C = \mu\beta$; $F = Ce^{\mu\beta}$ mit C als Integrationskonstante.
Für Anlaufpunkt A gilt: $F = F_2$ und $\beta = 0$; $F_2 = C$.
Für Ablaufpunkt B gilt: $F = F_1$ und $\beta > 0$;
$F_1 = Ce^{\mu\beta} = F_2 e^{\mu\beta}$.
Kräfteverhältnis: $F_1/F_2 = m = e^{\mu\beta}$.

Bild 13.9.1. Kräfte am Zugmittelgetriebe mit geschlossenem Zugmittel
a) über Scheibe gespanntes Zugmittel; b) Kräfte im Ruhezustand; c) Kräfte im Betriebszustand

Beaufschlagt man im Betriebszustand den Lasttrum F_1 mit einer Kraft $F + dF_1$ ergibt sich eine Reaktionskraft dF_{res}, die sich mit dF das Gleichgewicht hält (Bild c); dF stellt den Kraftanteil dar, der durch die Reibkraft $\mu\, dF_n$ auf die Scheibe übertragen wird und das Drehmoment erzeugt (s. a. Abschnitt 3.3.).
Für das Kräfteverhältnis F_1/F_2 gilt gemäß Ableitung in Bild 13.9.1

$$F_1/F_2 = e^{\mu\beta} \qquad (13.9.7)$$

(Eytelweinsche Gleichung oder Seilreibungsgleichung).
Zur Vereinfachung führt man einen Kraftfaktor m ein

$$m = e^{\mu\beta} \qquad (13.9.8)$$

mit e = 2,718... als Eulerzahl und Basis der natürlichen Logarithmen und β im Bogenmaß. Damit erhält man die größte Riemenspannkraft $F_1 = F_2 m$. Die Kraftdifferenz $F_1 - F_2$ stellt die Umfangskraft F_t dar. Sie wird zur Kraftübertragung im Zugmittelgetriebe ausgenutzt und als Zugkraft bezeichnet. F_t ergibt sich aus der zu übertragenden Nennleistung P und der Zugmittelgeschwindigkeit v ($F_t = P/v$). Das Verhältnis F_t/F_1 bezeichnet man als Ausbeute k:

$$k = F_t/F_1 = (F_1 - F_2)/F_1 = (m - 1)/m. \qquad (13.9.9)$$

Bei Ablauf des Zugmittels über die treibende Scheibe ergibt sich eine Trumkraftabstufung von F_1 auf F_2 gemäß dem Kräfteverhältnis m, beim Lauf über die getriebene Scheibe erhöht sich F_2 auf F_1 (**Bild 13.9.2**). Die Folge davon ist ein wechselweises Entlasten (Zusammenziehen) und Belasten (Strecken) des Zugmittels auf den Scheiben, und damit ein (geringer) Schlupf, der *Dehnschlupf* gem. Gl. (13.9.3). Er erreicht Werte von $\psi \approx 1\,\%$ und bedingt Verschleiß, weswegen sehr glatte Oberflächen der Scheiben anzustreben sind.

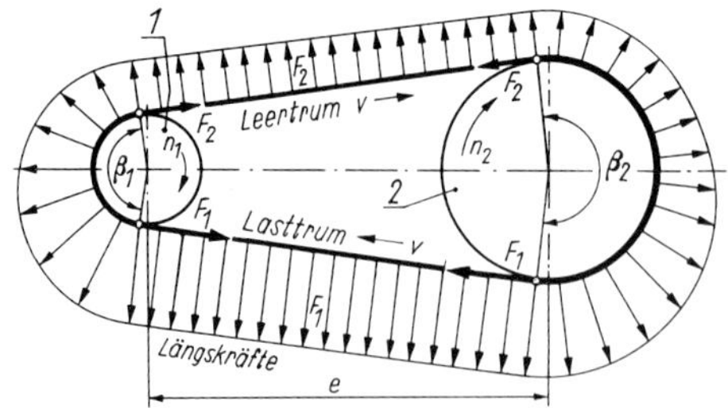

Bild 13.9.2. Trumkräfte bei Getriebe mit geschlossenem Zugmittel (Fliehkräfte vernachlässigt, Längskräfte um 90° gedreht dargestellt)

Lasttrum: ziehender Zugmittelstrang; Leertrum: gezogener Zugmittelstrang

Gleitschlupf S tritt dann auf, wenn die zu übertragende Zugkraft F den Reibwiderstand überschreitet.
Die sichere Kraftübertragung setzt eine im Stillstand aufzubringende ausreichende *Vorspannkraft* F_V im Zugmittel voraus, die um so größer sein muß, je größer die Umfangskraft F_t und die im Betriebszustand wirkende Fliehkraft $F_f = qv^2$ sind,
q spezifische Masse des Zugmittels je Längeneinheit, v Zugmittelgeschwindigkeit:

$$F_V = (F_1 + F_2)/2 = F_1 - F_t/2 = F_2 + F_t/2 = F_f + 0{,}5F_t\,(m+1)/(m-1) = = AE\varepsilon. \tag{13.9.10}$$

Richtwerte für F_V und Hinweise zur Messung s. Abschnitte 13.9.2.2. und 13.9.3.2.

Die Trumkräfte wirken auf jede Welle mit einer Wellenkraft F_W gem. **Bild 13.9.3**.

Ist die Vorspannung nicht genau bekannt, rechnet man bei Spannrollenbetrieb mit $F_W \approx 2F_t$, bei Spannwellenbetrieb mit $F_W \approx 3F_t$ und bei Dehnungsbetrieb mit $F_W \approx 4F_t$; F_t (Nenn-)Umfangskraft [1.17]; s. Abschnitt 13.9.2.4.

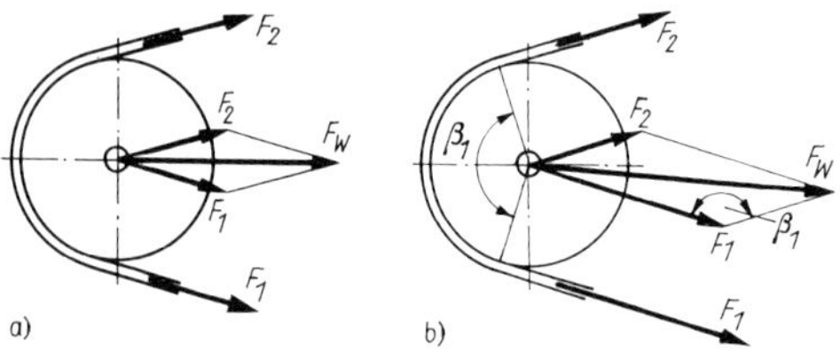

Bild 13.9.3. Ermittlung der Wellenkraft F_W
a) im Ruhezustand; b) bei Wirken einer Umfangskraft $F_W = \sqrt{F_1^2 + F_2^2 - 2F_1F_2\cos\beta_1}$

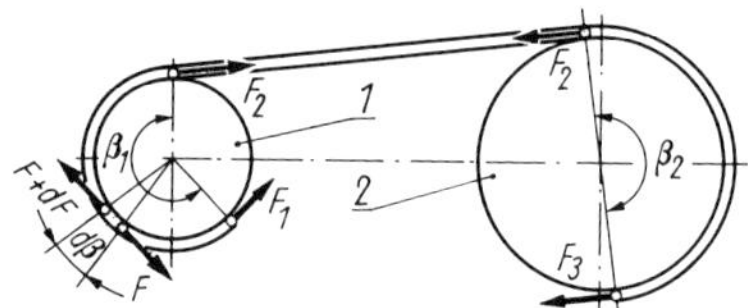

Bild 13.9.4. Kräfte am Zugmittelgetriebe mit offenem Zugmittel

Getriebe mit offenem Zugmittel. Mit den Bezeichnungen in **Bild 13.9.4** gilt Gl. (13.9.7) in analoger Form

$$F_2 = F_1\,e^{\mu\beta_1} \quad \text{bzw.} \quad F_3 = F_2\,e^{\mu\beta_2}. \tag{13.9.11}$$

Tragfähigkeit

Im Lasttrum entsteht durch die Spannkraft F_1 (s. Bild 13.9.2) eine Zugspannung σ_1 und im Leertrum analog σ_2. Infolge der Fliehkraftwirkung erhöht sich die Zugmittelspannung um die Fliehzugspannung σ_f. Durch die beim Lauf über die Scheibe bedingte Biegung wird des weiteren eine Biegespannung σ_b hervorgerufen, und bei halbgekreuzten und gekreuzten Zugmitteln entsteht außerdem eine Schränkspannung σ_s infolge zusätzlicher Dehnung der Randfasern. Die Überlagerung dieser Spannungskomponenten zeigt das Bild in **Tafel 13.9.3**. Unter Annahme der vollen Gültigkeit der Eytelweinschen Gleichungen ergibt sich damit die maximale Lasttrumspannung $\sigma_{1\max} = \sigma_1 + \sigma_f + \sigma_b + \sigma_s$. Sie tritt an der Stelle auf, an der das Zugmittel auf die kleine Scheibe läuft.
Durch Vergleich mit einer zulässigen Lasttrumspannung $\sigma_{1\text{zul}}$ kann damit in Näherung der Tragfähigkeitsnachweis vorgenommen werden, der für gerätetechnische Abmessungen i. allg. ausreicht. In Tafel 13.9.3 sind die dazu erforderlichen Gleichungen zusammengestellt. Man erkennt, daß zum Erreichen einer hohen Tragfähigkeit die Zugmittel große Zugfestigkeit, kleine Dicke, geringe spezifische Dichte und einen hohen Reibwert aufweisen müssen. Dieses

Tafel 13.9.3. Bemessung von Seil-, Band- und Flachriemengetrieben [13.9.2]
Kennwerte s. Tafeln 13.9.4 und 13.9.5

Spannungen σ_{max}; $\sigma_{1,2}$; σ_f; σ_b; σ_s bei geschlossenem Zugmittel:

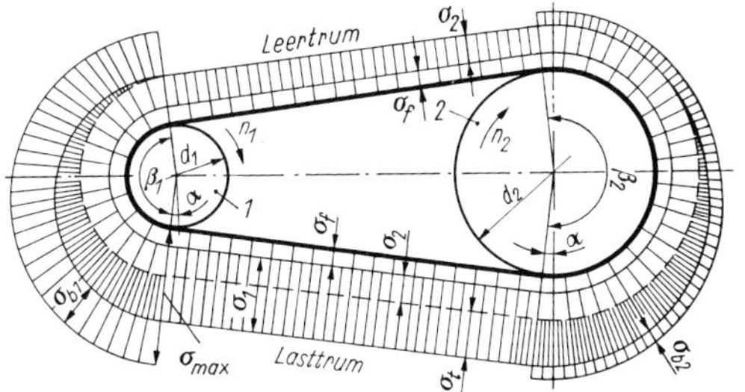

Schränkspannung σ_s bei gekreuztem (oben) und halbgekreuztem Zugmittel (unten):

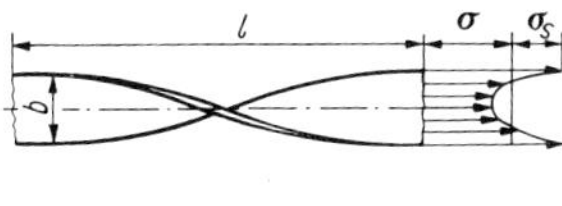

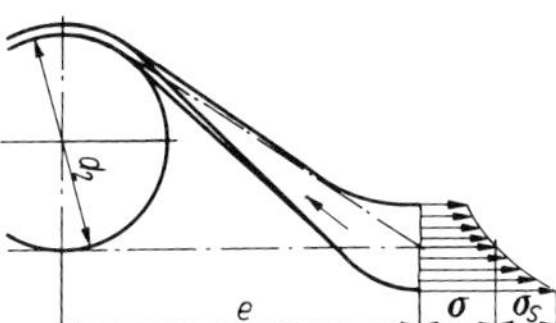

1. Maximale Spannung im Zugmittel
$\sigma_{1\,max} = \sigma_1 + \sigma_f + \sigma_b + \sigma_s$.
- Zugspannung im Lasttrum: $\sigma_1 = F_1/A = \sigma_2 m$,
- Zugspannung im Leertrum: $\sigma_2 = F_2/A = \sigma_1/m$
  (A Zugmittelquerschnitt).
- Zugspannung infolge Wirkung der Fliehkraft F_f (Fliehzugspannung): $\sigma_f = F_f/A = v^2\varrho$
  (v Zugmittelgeschwindigkeit, ϱ Dichte des Zugmittelwerkstoffs, s. Tafel 13.9.5)
- Biegespannung im Zugmittel an kleiner Scheibe (biegeneutrale Faser in Zugmittelmitte):
  $\sigma_b = E_b\varepsilon_b = E_b s/d_{w1} \approx E_b s/d_1$
  (E_b Elastizitätsmodul für Biegung, ε_b Biegedehnung, s Zugmitteldicke, d_{w1} Wirkdurchmesser und d_1 Durchmesser der kleinen Scheibe; Grenzwert $(s/d_1)_{max}$ s. Tafel 13.9.5)
- Schränkspannung σ_s für
  – halbgekreuzte Zugmittel $\sigma_s = Ebd_2/(2e^2)$,
  – gekreuzte Zugmittel $\sigma_s = E(b/e)^2$,
  (bei nichtgekreuztem Zugmittel ist $\sigma_s = 0$).

2. Zulässige Lasttrumspannung mit $\sigma_{max} \leqq \sigma_{zul}$: $\sigma_{1\,zul} = \sigma_{zul} - \sigma_f - \sigma_b - \sigma_s$
(σ_{zul} zulässige Zugspannung des Zugmittelwerkstoffs, s. Tafel 13.9.5).

3. Zulässige Zugkraft des Zugmittels (zulässige Nenn-Umfangskraft)
$F = F_1 k$ mit $F_1 = \sigma_{1\,zul} A$
(k Ausbeute gem. Gl. (13.9.9)).

4. Übertragbare Leistung P_n je cm Zugmittelbreite b („spezifische" Nennleistung):
$P_n = ksv\sigma_{1\,zul}$
(k Ausbeute; s Riemendicke; v Riemengeschwindigkeit).
Hieraus bei vorgegebener zu übertragender Leistung P erforderliche Zugmittelbreite b:
$b = P/(P_n c_1 c_2 c_3)$
c_1 Belastungs- bzw. Betriebsfaktor; c_2 Korrekturfaktor für Umgebungsbedingungen; c_3 Korrekturfaktor für Lage des Getriebes; für feinmechanische Getriebe $c_1 = c_2 = c_3 \approx 1$; für Leistungsgetriebe s. [1.17] [13.9.2].

Optimum läßt sich jedoch nur mit Zugmitteln erreichen, die aus mehreren Schichten zusammengesetzt sind, die jeweils unterschiedliche Funktionen erfüllen (s. Abschnitt 13.9.2.3.). Bei großen zu übertragenden Leistungen ist zu beachten, daß die Tragfähigkeit des Zugmittels nicht nur von dessen Zugfestigkeit abhängt, sondern daß durch Walkarbeit, Biegewechselbeanspruchung und Temperatureinflüsse eine Zermürbung entsteht, die die Lebensdauer begrenzt. Berechnungsmöglichkeiten unter Beachtung dieser Einflüsse s. [13.9.2].

Auflagedehnung, Zugmittelkürzung

Um bei festem Achsabstand ausreichende Vorspannung zu erreichen, muß das ungespannte Zugmittel um ΔL kleiner sein als das gespannte. Die mindestens erforderliche Riemenverkürzung gegenüber der Betriebslänge, die sog. Auflagedehnung ΔL, ergibt sich aus der Dehnung $\varepsilon = \sigma_V/E_z$ (Richtwerte s. Tafel 13.9.5) und der Zugmittellänge L_w

$$\Delta L = \varepsilon L_w \approx \sigma_{1\,zul}\,(m + 1)\,L_w/(mE_z), \tag{13.9.12}$$

σ_V mittlere sich aus 0,5 $(F_1 + F_2)$ ergebende Vorspannung; L_w Zugmittellänge gem. Tafel 13.9.2; m Kraftfaktor gem. Gl. (13.9.8); E_z Zugelastizitätsmodul des Zugmittelwerkstoffs (s. Tafel 13.9.5).

Sofern Zugmittel nicht vorgestreckt sind (s. a. Abschnitt 13.9.2.4., Erzeugung der Vorspannung), wählt man die Anfangsvorspannung etwa doppelt so groß, um Gleitschlupf in der Einlaufphase zu vermeiden. Bei Zugmitteln mit fortschreitender bleibender Dehnung, bei hoher Luftfeuchte und großer Betriebstemperatur erhöht man außerdem den berechneten Wert ΔL i. allg. um etwa 20 bis 100 % [13.9.2].

13.9.2.3. Zugmittelarten, Werkstoffe

Schnüre und Seile wendet man für kleine bis mittlere Zugkräfte an. Sie werden hergestellt aus Hanf (Durchmesser 3 bis 4 mm), Baumwolle (1 bis 3 mm), Darmseiten (0,7 bis 2 mm) sowie Seide, Gummi und Kunststoff, z. T. umsponnen. Bei größeren Kräften wählt man Leder (Durchmesser 4 bis 8 mm) oder auch Drahtseile bzw. Drahtwendel **(Tafel 13.9.4)**.

Tafel 13.9.4. Kennwerte für Seile und Schnüre

Zugmittel	Abmessungen[1]) mm			Bruch-belastung[2])	Bruch-festigkeit[2])	Dehnung bei Bruch
	d'	δ	z'	N	N/mm²	%
Seidenschnur (hohl geflochten)	0,7	–	–	58	–	27
Baumwollschnur	1,4	0,75	2	73	–	24
–, 2 Litzen gedreht	2,2	1,1	2	147	–	23
Hanfschnur	0,8	–	–	120	–	5
–, 2 Fäden je Litze, 3 Litzen je Schnur	3	1	6	930	–	12
–, 4 Fäden je Litze, 3 Litzen je Schnur	4	1	12	1400	–	11
Seil (mit Einlage, geflochten)	0,6	–	48	75	–	30
–, aus Polyester-Seide	0,8	–	64	100	–	15
Seil (mit Einlage, geflochten)	0,8	–	21	142	–	48
–, aus Polyamid-Seide	1,5	–	48	580	–	30
Polyamid-Angelschnur	0,6	–	1	138	500	30 ... 40
	0,8	–	1	250	500	30 ... 40
Polyamid-Runddraht	0,6	–	1	119	430	<50
	0,8	–	1	210	410	<50
Polyamid-Flachdraht[3])	2,2 × 0,4	–	1	245	270	≈50
	3,0 × 0,4	–	1	300	250	≈50
	1,8 × 0,7	–	1	274	270	≈50
Darmsaite	0,7	–	1	85	220	16
	1,2	–	1	260	220	20
	2	–	1	600	200	20
Lederschnur	4	–	1	390	31	26
	5	–	1	760	30	20
	6	–	1	1000	36	22
	8	–	3	1350	37	20
Drahtseil (aus Flußstahl)						
–, 4 Drähte je Litze, 5 Litzen je Seil	2	0,335	20	2600	1500	10
–, 7 Drähte je Litze, 6 Litzen je Seil, 1 Hanfseele	3	0,335	42	6000	1600	–

[1]) d' äußerer Seildurchmesser, δ Draht- bzw. Fadendurchmesser, z' Anzahl der Drähte, Fäden oder Streifen
[2]) bezogen auf äußeren Durchmesser bzw. äußere Abmessungen
[3]) Breite × Dicke

Laufen diese Zugmittel nicht auf glatten zylindrischen Flächen, sondern erfolgt die Paarung mit Scheiben, die keilförmige Laufrillen aufweisen, erfolgt die Berechnung wie bei Keilriemengetrieben (s. Abschnitt 13.9.3.).

Bänder werden aus gewebter Baumwolle oder Seide sowie aus Gummi und Leder gefertigt. Bei geringer zulässiger Dehnung gelangen jedoch Stahl und bei Korrosionsgefahr z. T. auch Phosphorbronze zum Einsatz. Diese metallischen Zugmittel weisen hohe Festigkeit und seitliche Steifigkeit sowie geringen Abrieb und gute Wärmeleitfähigkeit auf. Sie lassen sich z. B. durch Auswalzen verfestigter Bandwerkstoffe mit relativ hohen Festigkeitswerten herstellen und mit anwendungsbereiten Schweißverfahren wie Elektronenstrahl- oder Mikroplasmaschweißen fügen [13.9.58].

Flachriemen, bestehend aus Leder, Kunststoff, Textilien oder Gummi, haben gutes Haftvermögen sowie einen hohen Reibwert. Reine Lederriemen werden aber wegen ihrer bleibenden Dehnung zunehmend von tragfähigeren kombinierten Flachriemen verdrängt. Diese bestehen aus einem Polyamidband als Zugschicht, das auf der Laufseite mit dünnem Chromleder als Adhäsionsmaterial und auf der Außenseite mit dünnem Deckleder als Schutzmantel versehen ist (**Bild 13.9.5** a). Textilriemen haben eine Zugschicht aus Baumwoll-, Kunstseide- oder Polyamidgewebe zur Aufnahme der Zugspannungen und eine ein- oder beiderseitige Laufschicht aus PVC (weich) oder Gummi zur Verbesserung des Haftvermögens (b). Sie können endlos hergestellt werden. Kennwerte s. **Tafel 13.9.5**.

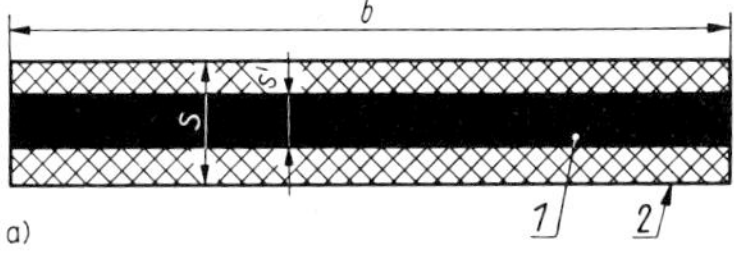

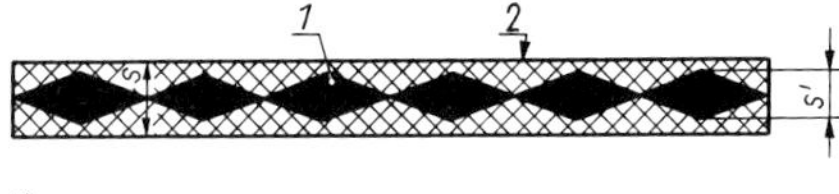

Bild 13.9.5. Flachriemen
a) Leder-Polyamid-Riemen; b) Textilriemen
1 Zugschicht; *2* Lauffläche

Tafel 13.9.5. Kennwerte für Flachriemen und Bänder
(Richtwerte, genaue Werte s. Herstellerangaben; *Z* Zugschicht)

Zugmittel	s mm	v_{max} m/s	$f_{b\,max}$ s^{-1}	$(s/d_1)_{max}$ –	E_b N/mm²	E_z N/mm²	$\sigma_{b\,zul}$ N/mm²	σ_{zul} N/mm²	ε %	ϱ g/cm³	μ (trocken)	ϑ_{zul} °C
Lederflachriemen												
Standard	3 ... 20	25	5	0,033	70	250	25	4	1,3	1,0	[4])	35
Hochgeschmeidig	3 ... 20	50	25	0,05	50	450	30	5	1,5	0,9		70
Textilflachriemen												
Z: Baumwolle	4 ... 12	50	40	0,05	40	950	40	3,5	6,0	1,3	0,3	70
Z: Polyamid[1])	0,4 ... 1,2	60	80	0,07	40	950	200	9	4,0	1,1	0,3	70
Gewebeflachriemen												
Z: einlagig[1])	0,5 ... 1,5	80	50	0,035	50	800	55	4,5	3,0	1,2	0,5	70
Z: mehrlagig[1])	(3 ... 7)[2])											
	(0,5 ... 1,5)[3])	40	20	0,035	50	1200	50	4,5	1,5	1,2	0,5	70
Stahlband	0,6 ... 1,1	50	45	0,001	$2{,}1 \cdot 10^5$	$2{,}1 \cdot 10^5$	1500	315	0,03	7,8	[5])	
Dederon-, Perlon-, Polyamid-, Nylonband	0,4 ... 5	65	80	0,04	250			19	3,0	1,1	0,15	60

[1]) aus Polyamid- oder Polyesterfasern; [2]) Anzahl der Lagen; [3]) Dicke je Lage; [4]) $\mu \approx (0{,}2 + v/100)$ bei $v < 25$ m/s; [5]) stark abhängig von Laufschicht der Scheibe (bei Stahl $\mu \approx 0{,}05 \dots 0{,}1$; bei Korkauflage $\mu \approx 0{,}25$; s. a. Tafeln 11.5, 13.8.4, 13.9.5)

Scheiben werden i. allg. aus Stahlhalbzeugen, Leichtmetallguß oder Thermoplasten (durch Spritzgießen) hergestellt, bei größeren Abmessungen und hohen zu übertragenden Leistungen auch aus Gußeisen oder Stahlguß. Anzustreben ist eine glatte Lauffläche, die den Reibwert erhöht und den Verschleiß mindert.

13.9.2.4. Konstruktive Gestaltung, Ausführungsformen [1.15] [1.17] [13.9.2] bis [13.9.5] [13.9.40]

Scheiben. Maßgebende Gesichtspunkte sind das Einhalten eines Mindestdurchmessers (Werte s. Tafel 13.9.5), ausreichende Stabilität der Scheibenkörper sowie geringe Formabweichungen und eine hohe Oberflächengüte der Laufflächen (R_z etwa 1,6 μm, Feinbearbeitung und möglichst Polieren, um den durch Dehnschlupf auftretenden Verschleiß zu mindern, s. Abschnitt 13.9.2.2.). Für Schnüre und Seile erhalten die Laufkränze oft Querschnitte, die eine große Berührungsfläche ergeben (**Bild 13.9.6** a) oder sie werden keilförmig gestaltet (s. Abschnitt 13.9.3.). Ist aus funktionellen Gründen ein Wickeln mehrerer Windungen nebeneinander erforderlich, versieht man die Scheiben mit schraubenförmig angeordneten Rillen (b). Bei Schnürscheiben mit glatten Laufflächen läßt sich ein gleichmäßiges Aufwickeln auch durch axiales Verschieben der Scheiben z. B. mittels als Gewindezapfen ausgebildetem Lager erreichen.

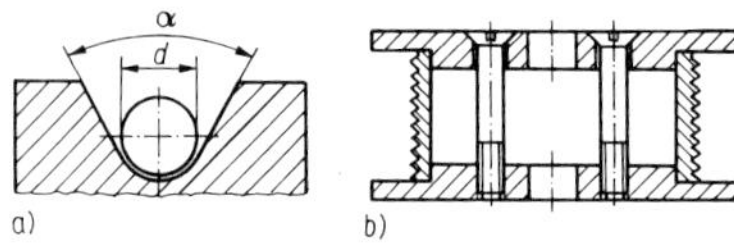

Bild 13.9.6. Laufkränze für Schnüre und Seile

a) einreihige Anordnung (bei Baumwoll- u. Hanfschnüren sowie Darmsaiten und Drahtwendeln $\alpha = 40 \ldots 45°$; bei Lederschnüren $\alpha \approx 60°$; d Zugmitteldurchmesser); b) Aufwickeln mehrerer Windungen nebeneinander in schraubenförmig angeordneten Rillen

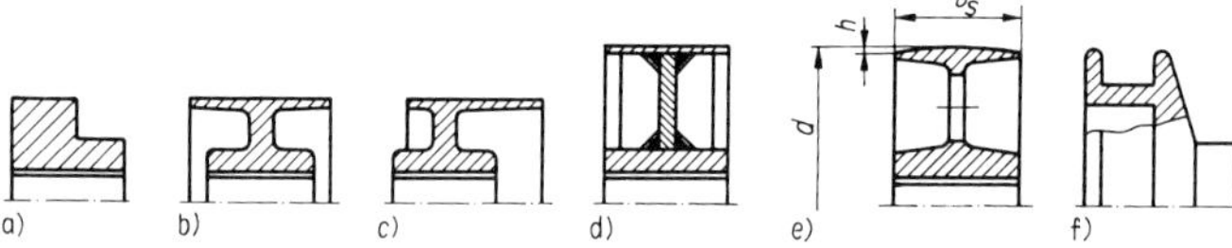

Bild 13.9.7. Gestaltung von Riemenscheiben [1.17] [13.9.2]

a) Vollscheiben; b) bis e) Bodenscheiben (mit Scheibensteg): b) symmetrische Nabe (bei Kunststoffen unbedingt erforderlich, sonst entsteht Verzug); c) unsymmetrische Nabe (für fliegende Lagerung); d) geschweißte Ausführung; e) mit Aussparungen (Leichtbau) und gewölbten Laufflächen; f) Zugmittelscheiben mit Bordscheiben

Bei Gewebe- und Kunststoffriemen sowie bei Stahlbändern führt man die Scheiben i. allg. zylindrisch aus (**Bilder 13.9.7** a bis d), ebenso auch die Scheiben bei halbgekreuzten Zugmitteln und die jeweils getriebenen Scheiben bei gekreuzten Zugmitteln, sowie alle Spann- und Umlenkscheiben, sofern sie eine Gegenbiegung hervorrufen. Für Flachriemengetriebe wählt man dagegen oft gewölbte Scheiben (e), bis zu Übersetzungen $i = 3$ beide Scheiben, bei $i > 3$ nur die größere Scheibe gewölbt, um ein Ablaufen infolge Unparallelität und ungleichmäßiger Zugmitteldicke zu vermeiden (Fliehkraft treibt Zugmittel zum höchsten Punkt in Scheibenmitte). Bei Scheibenbreiten $b_s \leqq 125$ mm und Scheibendurchmessern $d \leqq 112$ mm beträgt die Wölbhöhe $h = 0{,}3$ mm, für $d > 112$ (bis 355) mm ist $h = 0{,}4$ (bis 1) mm zu wählen. Ein genaues Führen bandförmiger Zugmittel kann aber auch durch Bordscheiben (f) erreicht werden. Der unvermeidliche Kantenverschleiß läßt sich durch eine Schräglage dieser Scheiben um $\gamma \approx 5°$ vermindern (s.a. Gestaltung von Zahnriemenscheiben, Abschnitt 13.9.4.). Sind mehrere Lagen übereinander aufzuwickeln, müssen die Bordscheiben allerdings möglichst senkrecht stehen.

Die Zugmittelbreite b soll stets kleiner als die der Scheibe (b_s) sein (nichtgekreuzte Zugmittel: $b_s > 1{,}1b + 3$ mm; halbgekreuzte Zugmittel: $b_s > 2b$; gekreuzte Zugmittel: $b_s > 1{,}35b$ [13.9.2]). Durchmesser und Breiten für Riemenscheiben sind genormt und in DIN festgelegt; Richtlinien zur Gestaltung der Welle-Nabe-Verbindung s. Abschnitte 7. und 13.4.13.

Endverbindung geschlossener (endlicher) Zugmittel. Mit Rücksicht auf Lebensdauer, Laufgeräusche usw. sind endlose Zugmittel zu bevorzugen, die einzeln oder in Schlauchform gefertigt und auf eine gewünschte Breite geteilt werden. Endliche Zugmittel sind nur aus besonderen Gründen, z.B. mit Rücksicht auf die Montagemöglichkeit einzusetzen, wobei die Enden vorzugsweise durch Verkleben oder Vulkanisieren (**Bild 13.9.8** a), bei Lederriemen z.T. auch durch Vernähen verbunden werden. Mechanische Riemenverbinder wie z.B. Draht- oder Hakenverbinder (für kleine Zugkräfte; b, c) oder Plattenverbinder (für größere Zugkräfte; d) stellen Schwachstellen dar und sind möglichst zu vermeiden. Stahlbänder lassen sich durch Mikroplasma- oder Laserstrahlschweißen und anschließendes Walzen der Nahtstelle endlos ausführen (s. Abschnitt 13.9.2.3.).

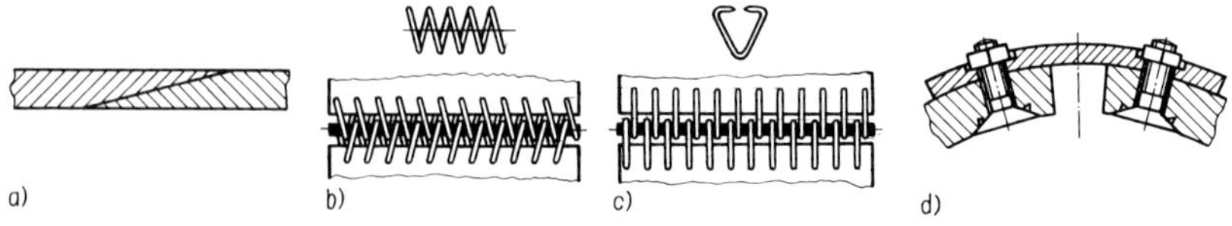

Bild 13.9.8. Endverbindung geschlossener endlicher Zugmittel

a) durch Kleben oder Vulkanisieren (möglichst bei höherer Temperatur); b) Drahtverbinder; c) Hakenverbinder; d) Plattenverbinder

Befestigung der Enden offener Zugmittel. Sie muß an der treibenden und getriebenen Scheibe erfolgen **(Bild 13.9.9)**; (a) zeigt die Befestigung eines Seiles oder einer Schnur. Deren Enden sollten nur mit einer Schlinge versehen und in Gewindestifte, Ansatzschrauben oder dgl. eingehängt werden. Die Enden von Saiten, Drahtwendeln usw. lassen sich auch verspannen oder verklemmen (b), desgl. auch Stahlbänder (c), wobei man i. allg. Zwischenteile in Form von Flachkeilen oder Exzentern verwendet. Die Enden von Textilbändern dagegen werden zweckmäßig ebenfalls eingehängt. **Bild 13.9.10** verdeutlicht dies am Beispiel des Wagenantriebs einer Schreibmaschine. Das mit einer Schlaufe versehene Zugband, die durch Nähen gebildet werden kann, ist an einem Ende über einen Haken mit einer Befestigungsschraube am Gestell angeordnet. Am anderen Ende ist das Band über eine zweite Schlaufe (mittels Hohlnieten gebildet) in einen Stift eingehängt, der mit der Federtrommel verbunden ist.

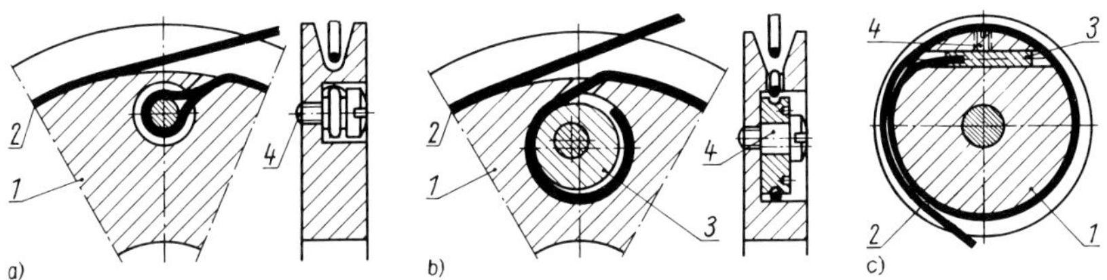

Bild 13.9.9. Befestigung der Enden offener Zugmittel

a) Seile und Schnüre; b) Saiten und Drahtwendeln; c) Stahlbänder

1 Scheibe; *2* Zugmittel; *3* Zwischenteile (Flachteile, Exzenter); *4* Gewindestift, Ansatzschraube

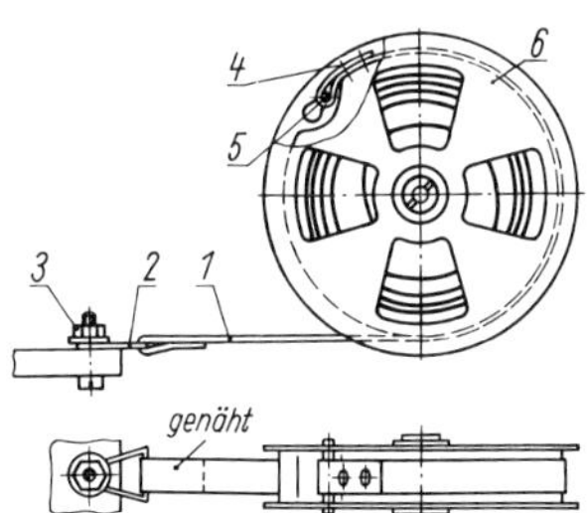

Bild 13.9.10. Befestigung der Enden von Textilbändern

1 Zugband; *2* Haken; *3* Schraube; *4* Hohlniet; *5* Stift; *6* Federtrommel

Erzeugung der Vorspannung. Die für eine sichere Kraftübertragung erforderliche Vorspannkraft kann bei Zugmitteln hoher Elastizität sehr einfach durch Kürzen der Zugmittel erfolgen. Um Nachspannen durch weiteres Kürzen nach längerer Betriebszeit zu vermeiden, empfiehlt sich ein Vorstrecken. Reicht die Elastizität nicht aus, sind entsprechende Spannvorrichtungen erforderlich. Geeignet sind Spannschienen (Spannwellenbetrieb), Spannrollen (Spannrollenbetrieb), Motorwippen bzw. Doppelspannrollen (Selbstspann-, Sespabetrieb), die aber größeren konstruktiven Aufwand bedingen (Richtwerte für Bemessung s. [1.17] [13.9.2] [13.9.5]; vgl. a. Tafel 13.9.14).

Ausführungsformen

Getriebe mit offenem Zugmittel. Eine häufige Anwendung ist das Abstimmen von Rundfunkgeräten **(Bild 13.9.11)**.

Beim Betätigen des Drehkondensators wird Welle *3*, die eine Seilscheibe *1* trägt, verdreht und die Bewegung über Umlenkrollen *2* auf den Zeigerschlitten *4*, der auf einer Stange *5* geführt ist, übertragen. Die Befestigung der Drahtseilenden auf der Antriebsscheibe *1* erfolgt in den Punkten *I* und *II*, wobei zum Spannen des Zugmittels in *I* eine Zugfeder *6* eingesetzt ist. Am Schlitten *4* wird das Drahtseil mit einem einfachen Lappen eingehängt, der das Seil einklemmt.

Ähnliche Zugmittelgetriebe finden auch bei Meßgeräten für die Registrierung oder Anzeige der Meßwerte Anwendung, wobei das Drehsystem an der Welle *3* angreift. Besondere Anforderungen werden dabei an das Zugmittel selbst gestellt, da sich dieses unter dem Einfluß von Belastung, Temperatur und Feuchte nicht ändern soll. Dazu eignen sich metallische Zugmittel, z. B. Drähte oder Bänder aus Phosphorbronze. Das Spannen überträgt man zweckmäßigerweise einer der beiden Umlenkrollen *2*, die dann auf einem unter Federzug stehenden

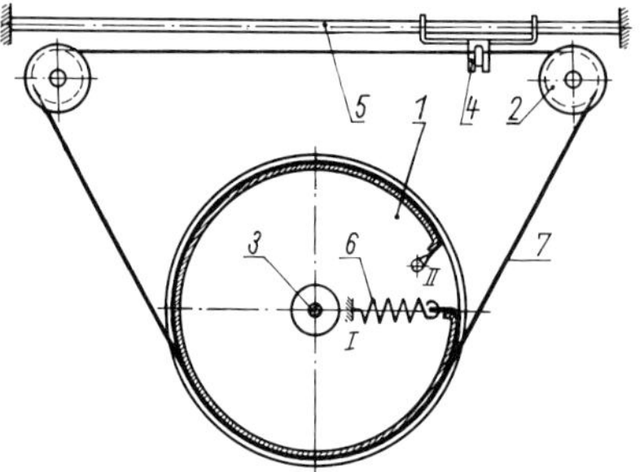

Bild 13.9.11. Zugmittelgetriebe für die Senderabstimmung eines Rundfunkgeräts

1 Antriebsscheibe; *2* Umlenkrolle; *3* Antriebswelle; *4* Zeigerschlitten; *5* Führungsstange; *6* Spannfeder; *7* Zugmittel (Drahtseil)

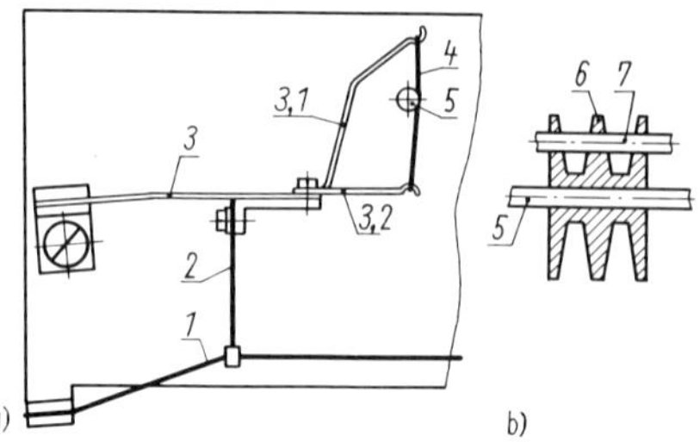

Bild 13.9.12. Anzeigeeinrichtung eines Hitzdrahtinstruments

a) Anordnung; b) Gestaltung der Doppelrolle

1 Hitzdraht; *2* Verbindungsdraht; *3* Blattfeder mit Enden *3.1* und *3.2*; *4* Kokonfäden; *5* Zeigerwelle; *6* Doppelrolle; *7* Stift

Hebel gelagert wird, während man die zweite einstellbare Umlenkrolle ebenfalls auf einem Hebel anordnet.

Bei Strommessern nach dem Hitzdrahtsystem werden relativ kleine Geradbewegungen mittels eines Zugmittelgetriebes in genügend große Drehbewegungen der Zeigerachse umgewandelt (**Bild 13.9.12** a).

Der Hitzdraht *1*, der unter dem Einfluß der Stromwärme seine Länge verändert, ist über den Draht *2* mit der Blattfeder *3* (mit den Enden *3.1* und *3.2*) verbunden. Diese lenken den Hitzdraht nach oben aus, und Kokonfäden *4* übertragen diese Bewegung auf die Zeigerwelle *5*. Wie aus (b) ersichtlich ist, sitzt auf dieser Welle eine Rolle *6* mit Rillen. In jeder der Rillen läuft je ein Kokonfaden. Diese sind zum einen am Stift *7*, zum anderen an den Blattfederenden *3.1* und *3.2* verknotet, die die Kokonfäden gleichzeitig spannen und eine Bewegungsübertragung ermöglichen.

Ein Beispiel für die Anwendung eines Zugmittelgetriebes mit veränderlicher Übersetzung wird im **Bild 13.9.13** gezeigt, das den prinzipiellen Aufbau eines Geschwindigkeitsmessers darstellt. Hierbei wird das Messen der Geschwindigkeit v auf das des Druckes p zurückgeführt, wobei die Verknüpfung gilt $v = c\sqrt{p}$ oder $\alpha_v = c\sqrt{\alpha_p}$ (c ist hier eine Gerätekonstante). Durch eine entsprechende Kurvengestaltung (s. a. Abschnitt 13.12.) kann man einen linearen Ausschlag für den Zeiger erreichen.

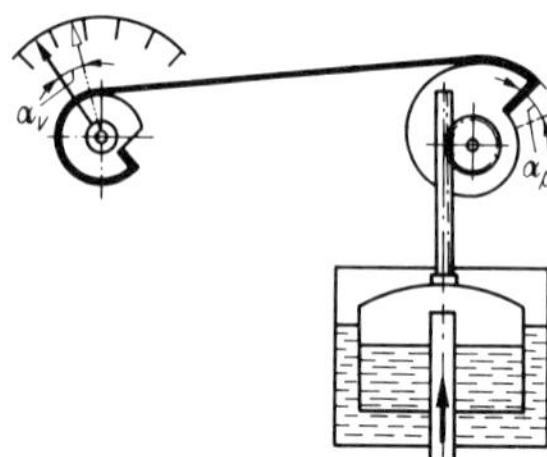

Bild 13.9.13. Anzeigeeinrichtung eines Gasgeschwindigkeitsmessers

Getriebe mit geschlossenem Zugmittel finden in der Feinmechanik vor allem dann Anwendung, wenn entweder eine fortlaufende Drehbewegung an eine oder mehrere Wellen mit größerem Abstand weiterzuleiten ist, oder wenn die Drehwinkel größer als 360° sind.

Bild 13.9.14 zeigt das Schema eines Abstimmgetriebes von Rundfunkgeräten mit Amplitudenmodulation (Lang-, Mittel- und Kurzwelle) und Frequenzmodulation (UKW) mit drei getrennten Bandkreisen.

Ein Drehknopf *1*, der als Doppelantrieb oder als axial verschiebbare Kupplung ausgebildet ist, kann entweder auf den Bandkreis *2* (AM-Kreis) oder auf den Bandkreis *3* (FM-Kreis) wirken. Beide Bänder werden durch zwischengeschaltete Federn *4* gespannt. In den Kreis *2* sind AM-Drehkondensator *5* und Zeiger *6* eingeschaltet, während sich im Kreis *3* FM-Kondensator *7* und Zeiger *8* befinden. Eine Reihe von Umlenkrollen führen das Band in geeigneter Weise. Dem Kreis *3* ist ein offenes Zugmittelgetriebe *9* nachgeschaltet, das beim Einstellen der Sendestation das Variometer *10* betätigt (Umsetzung von Drehbewegung in Schubbewegung). Auch hier sorgt eine Feder *4* für den nötigen Bandzug.

Als ein weiteres Beispiel ist in Bild **13.9.15** a das Zugmittelgetriebe eines Tonbandgerätes dargestellt, bei dem konstante Bandgeschwindigkeit bei Aufnahme und Wiedergabe sowie zusätzlich schneller Vorlauf und Rücklauf des Bandes gefordert werden.

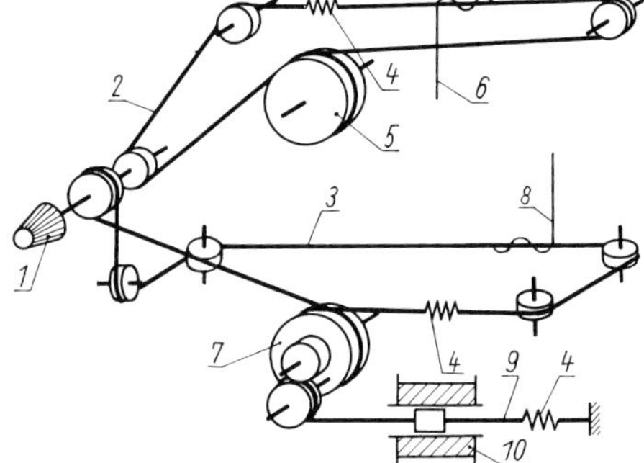

Bild 13.9.14. Abstimmgetriebe in einem Rundfunkgerät mit Amplituden- (Lang-, Mittel-, Kurzwelle) und Frequenzmodulation (UKW)

1 Doppeldrehknopf; *2* AM-Bandkreis; *3* FM-Bandkreis; *4* Zugfeder; *5* Drehkondensator für AM; *6* Zeiger im AM-Bandkreis; *7* Drehkondensator für FM; *8* Zeiger im FM-Bandkreis; *9* Band für Variometer; *10* Variometer

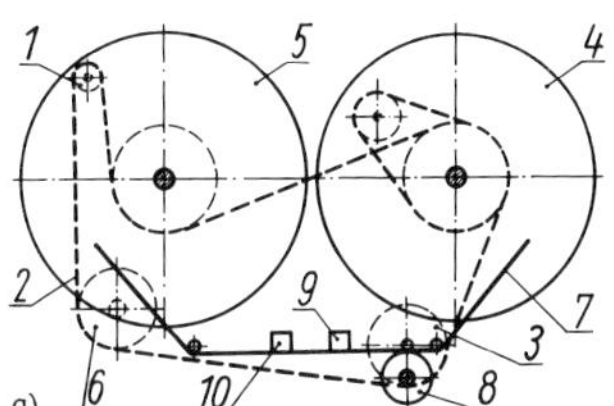

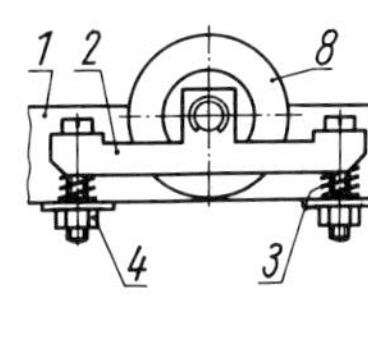

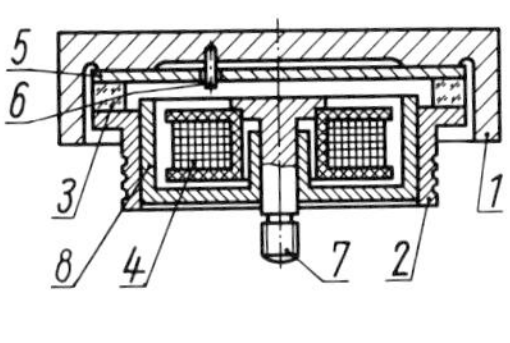

Bild 13.9.15. Zugmittelgetriebe eines Tonbandgeräts

a) Getriebeschema
1 Motorwelle; *2* Rundriemen (Zugmittel); *3* Tonwelle; *4* rechter Tonbandteller; *5* linker Tonbandteller; *6* Spannrolle; *7* Tonband; *8* Andruckrolle; *9* Sprech- und Hörkopf; *10* Löschkopf
b) Gestaltung der federnden Andruckrolle
1 Andruckhebel; *2* Lagerhebel; *3* Feder; *4* Schraube; *8* Andruckrolle
c) Kupplung zwischen Bandteller und Antriebsriemenscheibe bei Bandauf- oder -abwickelteller
1 Bandteller (obere Kupplungshälfte); *2* Antriebsscheibe (untere Kupplungshälfte); *3* Reibbelag; *4* Spule (feststehend); *5* Anker; *6* Ankermitnehmer; *7* Kern (feststehend); *8* Joch (rotierend)

Der Antrieb des Gerätes erfolgt von der Motorwelle *1* über drei parallellaufende Gummischnüre *2*, die sowohl die Tonwelle *3* mit einer Schwungmasse als auch die beiden Tonbandteller *4* und *5* antreiben. Eine Spann- und Umlenkrolle *6* erzeugt die erforderliche Spannung der Schnüre. Bei Aufnahme, Wiedergabe und Löschen wird das Tonband *7* von der Tonwelle *3* mit Hilfe einer gefederten Andruckrolle *8* angetrieben. Die konstruktive Ausführung ist aus (b) zu ersehen. Da die Aufwickelgeschwindigkeit des Tonbandes von der Tonrolle *3* bestimmt wird, erfolgt das Aufwickeln des Tonbands auf den rechten Bandteller *4* unter Inanspruchnahme des Rutschkupplungsteils einer kombinierten Kupplung nach (c), die zwischen dem Bandteller und der Riemenscheibe angeordnet ist. Die Abwicklung vom linken Bandteller *5* wird durch Reibung auf einer im Chassis befestigten Platte gebremst.
Bei schnellem Vorlauf wird das Band vom rechten Bandteller *4* direkt aufgewickelt, der dann elektromagnetisch starr mit der Schnurscheibe gekoppelt ist. Das Abwickeln vom Bandteller *5* wird genauso gebremst wie beim Langsamlauf. Der schnellere Rücklauf erfolgt nach dem gleichen Prinzip vom linken Bandteller aus. Das Abwickeln vom rechten Bandteller *4* erfolgt dabei ebenfalls durch die Rutschkupplung unter Spannung.

Die unterschiedlichen Geschwindigkeitsforderungen bei einem solchen Gerät (langsamer und schneller Vorlauf sowie schneller Rücklauf des Bandes) lassen sich aber auch durch Kombination von Zugmittel- und Reibradgetrieben (s. Abschnitt 13.8.) realisieren, wie es **Bild 13.9.16** zeigt.

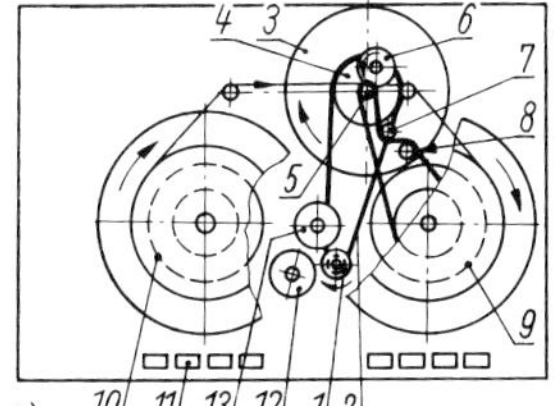

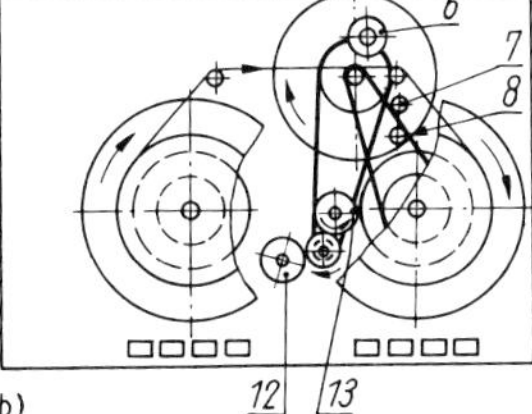

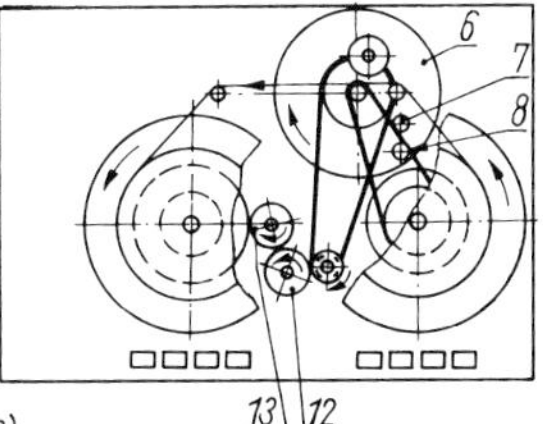

Bild 13.9.16. Kombiniertes Zugmittel-Reibrad-Getriebe eines Tonbandgeräts

a) langsamer Vorlauf; b) schneller Vorlauf; c) schneller Rücklauf
1 Motorwelle; *2* Gummiflachriemen; *3* Schwungmasse; *4* Riemenscheibe; *5* Tonrolle; *6* Gummiandruckrolle; *7* Spannrolle; *8* Rutschriemen; *9* rechte Kupplung; *10* linke Kupplung; *11* Tastengruppe; *12* Reibrad; *13* Reibrad

Bei langsamem Vorlauf (a) treibt z. B. ein polumschaltbarer Kondensatormotor mit Welle *1* über den Gummiflachriemen *2* die Schwungmasse *3* auf der Riemenscheibe *4* und damit die Tonrolle *5* an. Der möglichst konstante Bandtransport erfolgt durch Schwenken der Gummiandruckrolle *6* an die Tonrolle *5*. Dabei wird das Tonband von dem auf der linken Kupplung *10* aufliegenden Wickelteller abgezogen, während der rechten Kupplung *9* das zum Aufwickeln nötige Drehmoment über einen Rutschriemen *8*, der aus einem gummierten Textilband besteht, zugeführt wird. Ausgleich zwischen Tonband- (von der Tonrolle bestimmt) und Bandwickelgeschwindigkeit erfolgt über den Rutschriemen *8*. Durch die schwenkbare Spannrolle *7* kann die Größe des Aufwickelmoments und damit die Größe des Aufwickelbandzugs eingestellt werden. Die Reibräder *12* und *13* sind außer Aktion. Beim schnellen Vorlauf (b) ist die Rolle *6* von der Tonrolle *5* abgeschwenkt, so daß sich das Tonband zwischen den beiden Bandführungsbolzen frei bewegen kann. Der Rutschriemen *8* wird durch Schwenken der Spannrolle *7* entspannt, und der rechte Aufwickelteller allein vom Reibrad *13* angetrieben, das an die Motorwelle *1* angeschwenkt wurde. Reibrad *12* ist weiterhin außer Aktion. Eine zusätzliche Bremse am linken Bandteller sorgt für straffen Bandzug. Beim schnellen Rücklauf (c) muß eine Umkehr der Bewegung erfolgen, da der Motor seine Drehrichtung beibehält. Deshalb ist das Einschalten des zweiten Reibrades *12* notwendig, um den linken Wickelteller im Gegenuhrzeigersinn drehen zu können. Rutschriemen *8* übernimmt die Aufgabe einer Abwickelbremse und erzeugt den erforderlichen Bandzug.

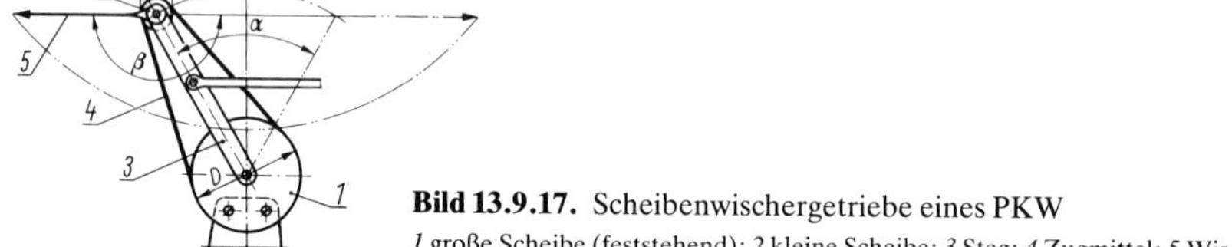

Bild 13.9.17. Scheibenwischergetriebe eines PKW
1 große Scheibe (feststehend); *2* kleine Scheibe; *3* Steg; *4* Zugmittel; *5* Wischerarm

Hingewiesen sei noch darauf, daß man Zugmittelgetriebe nach dem Verfahren der kinematischen Umkehr auch so aufbauen kann, daß das Zugmittel oder eine der Scheiben festgehalten werden. Ein Beispiel ist das im **Bild 13.9.17** dargestellte Scheibenwischergetriebe, bei dem die große Schnurscheibe *1* festgehalten und der Steg *3* zwischen den Drehpunkten der Scheiben *1* und *2* angetrieben wird. Das Zugmittel *4* dreht dann die kleine Scheibe *2* mit dem Wischer *5* relativ zum Steg im Verhältnis der Durchmesser.
Für die Übersetzung gilt $i = \alpha/(\alpha + \beta) = d/D$.
Mit einer solchen Anordnung erreicht man einen größeren Schwenkwinkel β als bei feststehendem Drehpunkt der Scheibe *2*.

13.9.2.5. Verlustleistung und Wirkungsgrad

Die Gesamtverlustleistung P_v bei Betrieb ohne Gleitschlupf wird durch Dehnschlupf-, Biege- und Haftverluste bestimmt; zusätzlich sind Verluste durch Luftreibung und die Lagerverluste zu beachten (s. a. Abschnitt 13.4.14.2.).
Es gilt

$$P_v = P_{vs} + P_{vb} + P_{vh} + P_{vP} + P_{vL}. \qquad (13.9.13)$$

Die Dehnschlupfverlustleistung P_{vs} beträgt bei Stahlbändern 0,1 bis 0,5%, bei den weiteren Werkstoffen gem. Tafel 13.9.5 etwa 1 bis 2%. Biegeverlustleistung P_{vb} entsteht durch innere Reibung beim Auf- und Ablaufen des Zugmittels. Sie erhöht sich mit der Vorspannkraft und mit dem Verhältnis von Zugmitteldicke s zu Scheibendurchmesser d. Bei Flachriemen mit $s : d \approx 1 : 100$ ist $P_{vb} \approx 0{,}3\,\%$, mit $s : d \approx 1 : 50$ ist $P_{vb} \approx 1\,\%$. Haftverluste P_{vh} infolge klebender Laufflächen sind bei hoher Oberflächengüte und geeigneter Werkstoffwahl (s. Abschnitte 13.9.2.3. und 13.9.2.4.) weitgehend vermeidbar, desgl. auch Luftreibungsverluste P_{vP}, die nur bei sehr ungünstiger Scheibengestaltung ins Gewicht fallen. Verluste P_{vL} durch Lagerbelastung s. Abschnitt 8.2.

Den Gesamtwirkungsgrad erhält man aus

$$\eta_G = (P_1 - P_v)/P_1. \qquad (13.9.14)$$

Richtwerte je Getriebestufe: Flachriemengetriebe $\eta_G \approx 0{,}96$ bis 0,98, Stahlbandgetriebe $\eta_G \approx 0{,}97$ bis 0,99.

13.9.3. Keilriemen- und Rundriemengetriebe [1.15] [1.17] [13.9.2] [13.9.5] [13.9.7] [13.9.15] [13.9.16] [13.9.18] [13.9.20] [13.9.43] [13.9.48] bis [13.9.54]

Die Bewegungs- und Kraftübertragung erfolgt bei diesen Getrieben durch Kraftpaarung, indem das Zugmittel (Keilriemen, Rundriemen) unter Belastung in die keilförmige Rille der Riemenscheibe hineingezogen wird (s. a. Bild 13.9.18). Infolge der Keilwirkung entstehen dadurch bereits bei relativ geringer Vorspannung große Reibkräfte an den Flanken.

13.9.3.1. Eigenschaften und Anwendung

Die Vorteile gegenüber Flachriemengetrieben sind kleinere Lagerbelastungen und größere Übersetzungen bei kleineren Achsabständen. Die maximale Übersetzung beträgt $i = 15$, wobei kleinere Umschlingungswinkel an der kleinen Scheibe in Kauf genommen werden können. Die übertragbare Umfangskraft ist etwa 3fach höher, das erforderliche Bauvolumen demzufolge kleiner. Bei größeren zu übertragenden Leistungen haben sie Flachriemengetriebe stark verdrängt. Nachteilig gegenüber Flachriemen sind die höheren Biegeverluste, die starke Walkarbeit und die große Erwärmung. Die zulässigen Riemengeschwindigkeiten sind deshalb niedriger als bei Flachriemengetrieben.

Keilriemen haben ein praktisch unbegrenztes Einsatzgebiet. Es reicht von Kleinantrieben mit geringer Leistung in der Feinmechanik und in Haushaltmaschinen über leichte Antriebe, z. B. in Kreiselpumpen und Ventilatoren, bis zu Schwerlastantrieben wie Steinbrecher-, Bagger- und Kranantrieben.

Rundriemen kommen vorrangig für Antriebe mit räumlichen Umlenkungen zur Anwendung, aber auch in Präzisionsgeräten bei hohen Forderungen an die Gleichlaufgenauigkeit, z. B. in Tonband- und Plattenabspielgeräten (s. a. Abschnitt 13.9.2.4.). Werkstoffe und Arten von Keilriemen und Rundriemen s. Abschn. 13.9.3.3., ausgewählte Normen und Richtlinien s. Tafel 13.9.20.

13.9.3.2. Berechnung [1.15] [1.17] [13.9.2]

In den folgenden Beziehungen gelten Index 1 für die kleine (treibende) und Index 2 für die große (getriebene) Scheibe. Wirkt die große Scheibe treibend, ist die Indizierung zu ändern.

Geometrische Beziehungen und Geschwindigkeiten. Die Übersetzung ergibt sich aus den Wirkdurchmessern d_{w1} und d_{w2} der Scheiben

$$i = n_1/n_2 \approx d_{w2}/d_{w1} \tag{13.9.15}$$

und die Zugmittelgeschwindigkeit entsprechend aus

$$v \approx d_{w1}\pi n_1 \approx d_{w2}\pi n_2. \tag{13.9.16}$$

Die geometrischen Abmessungen ergeben sich sinngemäß mit den Beziehungen in Tafel 13.9.2. Die danach errechnete Wirklänge L_w ist bei endlosen Keilriemen an einen genormten Wert nach DIN 2215 und DIN 7753 anzupassen.
Damit ist der erforderliche Achsabstand e ebenfalls gemäß Tafel 13.9.2 festzulegen. Als

Tafel 13.9.6. Abmessungen von endlosen Normal- und Schmalkeilriemen
Maße in mm; s. auch Tafel 3.2d

Normalkeilriemen (DIN 2215)

Profil		Kurzzeichen ISO-Kurzzeichen	6 Y	10 Z	13 A	17 B	22 C	32 D	40 E
	obere Riemenbreite	$b_o \approx$	6	10	13	17	22	32	40
	Riemenwirkbreite	b_w	5,3	8,5	11	14	19	27	32
	Riemenhöhe	$h \approx$	4	6	8	11	14	20	25
	Abstand	$h_w \approx$	1,6	2,5	3,3	4,2	5,7	8,1	12
	kleinster Wirkdurchmesser	$d_{w\,min}$	28	50	71	112	180	355	500

Schmalkeilriemen (DIN 7753)

Profil		Kurzzeichen	SPZ	SPA	SPB	SPC
		für den Maschinenbau	SPZ	SPA	SPB	SPC
		für den Kraftfahrzeugbau	9,5	12,5		
	obere Riemenbreite	$b_o \approx$	9,7	12,7	16,3	22
	Riemenwirkbreite	b_w	8,5	11	14	19
	Riemenhöhe	$h \approx$	8	10	13	18
	Abstand	$h_w \approx$	2	2,8	3,5	4,8
	kleinster Wirkdurchmesser	$d_{w\,min}$	63	90	140	224

Richtwert gilt $e = [0{,}7 \ldots 2\,(d_{w1} + d_{w2})]$. Gebräuchliche Riemenlängen liegen abhängig vom Profil bei Normalkeilriemen zwischen 160 und 18000 mm, bei Schmalkeilriemen zwischen 490 und 12500 mm. Abmessungen von endlosen Keilriemen und von Keilriemenscheiben s. **Tafeln 13.9.6 und 13.9.7**, endliche Keilriemen s. Tafel 13.9.20; Berechnung von Dehnschlupf und Biegefrequenz s. Abschnitt 13.9.2.2.

Tafel 13.9.7. Abmessungen von Keilriemenscheiben
Maße in mm

Riemenprofil-Kurzzeichen	SPZ und 9,5	SPA und 12,5	SPB	SPC
Verwendbar für Riemen nach Tafel 13.9.6	10 Z	13 A	17 B	22 C
b_w	8,5	11	14	19
b_1	9,7	12,7	16,3	22
mind. c	2	2,8	3,5	4,8
a	12 ± 0,3	15 ± 0,3	19 ± 0,4	26 ± 0,5
f	8 ± 0,6	10 ± 0,6	12,5 ± 0,8	17 ± 1
mind. t	11	14	18	24
α_K 34° / 38° für Wirkdurchmesser[1]) d_{wk}	63 bis 80 >80	90 bis 118 >118	140 bis 190 >190	224 bis 315 >315
Zulässige Abweichung für $\alpha_K = 34°$ u. 38°	±1°	±1°	±1°	±30′

Wirkdurchmesser d_w (Auswahl)

50	56	63	71	80	90	100	112	118
125	132	140	150	160	170	180	190	200
212	224	236	250	280	300	315	355	400

[1]) Im Kraftfahrzeugbau darf d_{wk} in Sonderfällen um 10% unterschritten werden, mit Ausnahme bei $i \leqq 1{,}2$.

Kräfte. Für Keil- und Rundriemen läßt sich die Eytelweinsche Gleichung (s. Abschnitt 13.9.2.2.) nicht ohne weiteres anwenden, da diese Zugmittel durch die Trumkräfte in die keilförmigen Laufrillen gezogen werden, wobei zusätzlich Reibverluste entstehen. Unter Vernachlässigung der diese Verluste verursachenden Reibkraftkomponente ergeben sich die in **Bild 13.9.18** dargestellten Kräfteverhältnisse.

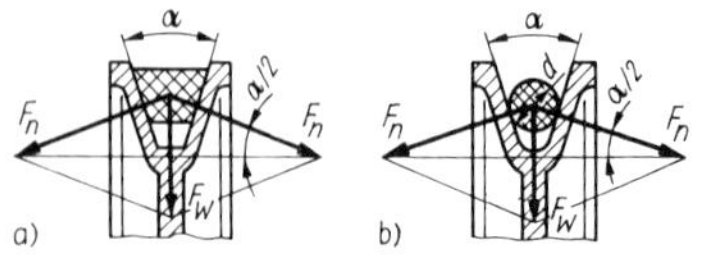

Bild 13.9.18. Kraftwirkung des Keilriemens (a) und des Rundriemens (b)

Die radial wirkende Vorspannkraft bzw. Wellenkraft F_W, die zugleich die Lager belastet (s. a. Bild 13.9.3), wird in die Normalkräfte F_n zerlegt, die sich gem. der Beziehung

$$F_n = F_W/[2\sin(\alpha/2)] \qquad (13.9.17)$$

im Vergleich zu Flachriemengetrieben erhöhen und damit zugleich die Reibkräfte zwischen Zugmittel und Scheibe abhängig vom Keilwinkel α vergrößern.
Für die übertragbare (Nenn-)Umfangskraft gilt damit

$$F_t = 2\mu F_n = \mu F_W/\sin(\alpha/2). \qquad (13.9.18)$$

Die Vorspannkraft F_V im Zugmittel muß so gewählt werden, daß der Schlupf S einen Wert von 1% nicht überschreitet. Größere oder kleinere Kräfte setzen die Lebensdauer herab. Eine relativ genaue Einstellung der Vorspannung kann z. B. über die Messung der Durchbiegung des Zugmittels in Trummitte erfolgen oder über die Bestimmung der Wellenkraft F_W [13.9.8] [13.9.44], was aber praktisch meist ausgeschlossen ist. Näherungsweise gilt $F_W \approx (1{,}5 \ldots 2) \times P/v$, wenn die Vorspannung nicht genau bekannt ist (P zu übertragende Nennleistung, v Zugmittelgeschwindigkeit).

Tragfähigkeit. Die Tragfähigkeitsberechnung von Keilriemengetrieben erfolgt rein empirisch mit Gleichungen und Werten, die aus Betriebserfahrungen abgeleitet wurden. Der Berechnungsgang ist international genormt. Für Normalkeilriemen enthält DIN 2218 und für Schmalkeilriemen DIN 7753 die entsprechenden Gleichungen, die aber an die Anwendung einer Vielzahl von Tabellen gebunden sind.

Vereinfacht kann mit den in **Bild 13.9.19** dargestellten Entwurfsdiagrammen gearbeitet werden, die zugleich Tendenzen bei der Riemenwahl besser erkennen lassen.

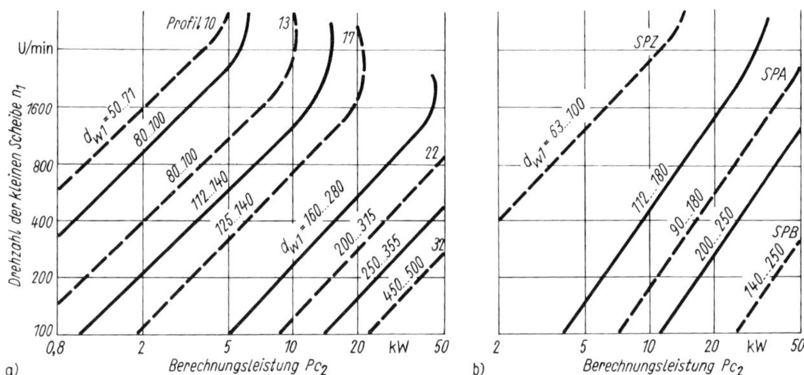

Bild 13.9.19. Wahl des Riemenprofils von Keilriemen [1.17] [13.9.2]
a) Normalkeilriemen nach DIN 2215, 2218; b) Schmalkeilriemen nach DIN 7753

Man geht von der zu übertragenden Leistung P aus und berücksichtigt durch einen Betriebsfaktor c_2 die tägliche Betriebsdauer sowie betriebsbedingte Stöße und Überlastungen.

Für feinmechanische Antriebe gilt bei einer täglichen Betriebsdauer von 10 Stunden für $c_2 \approx 1$, bei Dauerbetrieb $c_2 \approx 1{,}2$. Bei größeren zu übertragenden Leistungen bis etwa 5 kW erhöht sich dieser Faktor auf $c_2 \approx 1{,}3 \ldots 1{,}4$.

Aus P und c_2 bildet man eine sog. Berechnungsleistung Pc_2 und kann damit unter Beachtung der Drehzahl n_1 und des Durchmessers d_{w1} der kleineren Scheibe aus Bild 13.9.19 ein geeignetes Keilriemenprofil so wählen, daß eine Lebensdauer von etwa 24000 Betriebsstunden erreicht wird. Die erforderliche Zahl z der Keilriemen errechnet man damit aus

$$z = Pc_2/(P_N c_1 c_3), \qquad (13.9.19)$$

P_N Nennleistung (Tabellenwert), die von einem Keilriemen bei $\beta = 180°$ und einer bestimmten Wirklänge übertragen werden kann; c_1 Winkelfaktor, der den Umschlingungswinkel β berücksichtigt (**Tafel 13.9.8**); c_3 Längenfaktor, für Einfluß der Riemenlänge.

P_N und c_3 sind DIN 2218 und DIN 7753 zu entnehmen.

Tafel 13.9.8. Umschlingungsfaktoren c_1 (Winkelfaktoren) für Keilriemengetriebe

β	70°	90°	110°	130°	150°	180°
c_1	0,58	0,68	0,78	0,86	0,92	1,0

Für Rundriemengetriebe liegen keine gesicherten Berechnungsgrundlagen vor, näherungsweise können die Gleichungen gem. Abschnitt 13.9.2. herangezogen werden; s. a. [13.9.52].

13.9.3.3. Zugmittelarten, Werkstoffe

Keil- und Rundriemen werden als Meterware oder als endlose Riemen geliefert. Sofern es die Montage gestattet, sollten stets endlose Ausführungen bevorzugt werden, da sie durch Fortfall des Riemenschlosses einen ruhigeren Lauf und höhere Lebensdauer sichern.

Keilriemen (Bilder 13.9.20 a bis g) bestehen aus Fadensträngen (Kunstseide, Polyesterfasern u. ä.), Zugorganen (Paketkord, Kabelkord) und einem Gummipolster, das die Fadenstränge

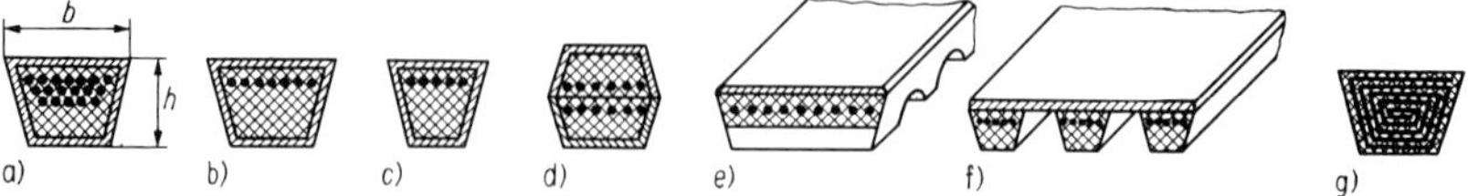

Bild 13.9.20. Keilriemenarten

a) Normalkeilriemen, Paketkordausführung; b) Normalkeilriemen, Kabelkordausführung; c) Schmalkeilriemen, Kabelkordausführung; d) Doppelkeilriemen; e) Breitkeilriemen mit Innenverzahnung; f) Verbundkeilriemen; g) endlicher Normalkeilriemen mit gewickeltem Gewebe als Zugschicht

umhüllt und den Keilriemen profiliert. Das Gummiprofil wird von einem aufvulkanisierten Hüllgewebe umschlossen, das die Reibkräfte zwischen Riemen und Scheibenrille übernimmt und darüber hinaus gegen Einwirkung von Öl und Staub schützt. Der Kabelkordriemen (b) ist biegeelastischer und für hohe Umfangsgeschwindigkeiten besser geeignet als der Paketkordriemen (a). Dem Bestreben nach höheren Umfangsgeschwindigkeiten kommt vor allem der Schmalkeilriemen (c) entgegen. Während die Geschwindigkeitsgrenze bei Normalkeilriemen bei 25 m/s liegt, erreicht man mit dem Schmalkeilriemen maximal etwa 40 m/s. Dadurch, und wegen weiterer Vorteile, ist dieser Riemen im Begriff, den Anwendungsbereich der Normalkeilriemen weiter einzuschränken. Im Kraftfahrzeugbau dominiert er bereits.

Eine Sonderform stellt der Doppelkeilriemen (Hexagonalkeilriemen (d)) dar, der dann verwendet wird, wenn der Antrieb mehrerer in einer Ebene angeordneter Scheiben mit unterschiedlicher Drehrichtung erfolgen soll, z. B. bei Gartengeräten oder Kehrmaschinen. Es gibt aber auch Breitkeilriemen (e) mit Innenverzahnung, die gegenüber unverzahnter Ausführung etwa 50% kleinere Scheibendurchmesser zulassen, sowie Verbundkeilriemen (f) für große Trumlängen und bei starker Stoß- und Schwingungsbeanspruchung und Reversierbetrieb in Großgeräten und Maschinen. Endliche Keilriemen (g), die in jeder gewünschten Länge herstellbar sind, sollten nur eingesetzt werden, wenn sich endlose Riemen nicht montieren lassen.

Eine Mittelstellung zwischen Keil- und Flachriemen nehmen gerippte Riemen (poly-V-Riemen) ein. Sie zeichnen sich durch flache Bauweise und kleine Biegeradien aus und sind damit für kleine Scheibendurchmesser und große Übersetzungen geeignet, z. B. bei Waschmaschinenantrieben [13.9.2].

Rundriemen werden ähnlich wie Schnüre (s. Abschnitt 13.9.2.3.) aus Gummi, Leder oder aus Kunststoffen vorwiegend ohne Zugstränge hergestellt (**Bild 13.9.21** a), wobei spezielle homogene und hochelastische Mischungen, z. B. Polychloropren-Kautschuk sehr alterungsbeständig und abriebsfest sind. Bei höheren Belastungen und starker räumlicher Umlenkung kommen aber auch Riemen mit Zugsträngen (b) zum Einsatz.

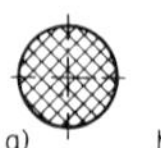

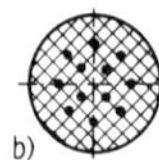

Bild 13.9.21. Rundriemenarten

a) ohne, b) mit Zugstrang

Scheiben bestehen bei kleinen Umfangsgeschwindigkeiten v aus Baustahl, Gußeisen, Leichtmetallguß oder aus Kunststoffen, wenn Massenbedarf vorliegt, auch aus Blech (s. a. Bild 13.9.22), bei $v \geqq 30$ m/s aus festeren Werkstoffen, z. B. Stahlguß oder höherlegierte Stähle.

13.9.3.4. Konstruktive Gestaltung, Ausführungsformen

Scheiben werden bei kleinen Abmessungen (Wirkdurchmesser s. Tafel 13.9.7) aus Halbzeugen durch spanende Bearbeitung gefertigt, bzw. als Druckgußteile aus Leichtmetall-Legierungen sowie auch als Spritzgußteile aus Kunststoffen hergestellt, z. T. aber auch aus Blech gedrückt, wie z. B. im Kraftfahrzeugbau. Größere Scheiben werden gegossen oder als Löt- bzw. Schweißkonstruktion gestaltet. **Bild 13.9.22** zeigt eine Reihe von Ausführungsformen (s. a. Tafel 13.9.20). Die Bemessung der Rillen ist Tafel 13.9.7 zu entnehmen. Übliche Keilwinkel α_K liegen zwischen 34 und 38°. Bei Werten von α_K unter 20° tritt Selbstsperrung auf, wodurch der Ablauf des Zugmittels stark behindert und der Wirkungsgrad verschlechtert würde.

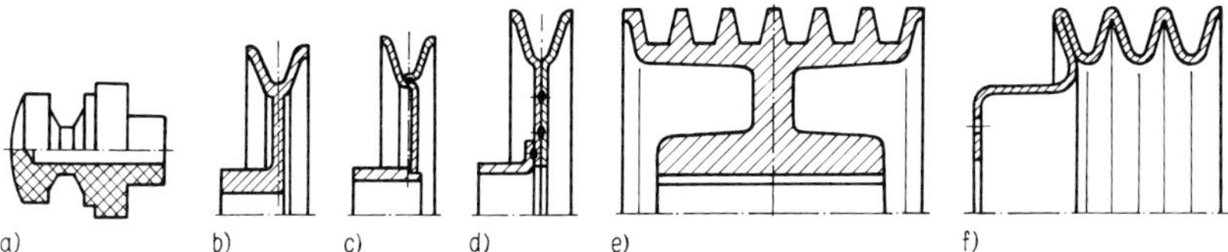

Bild 13.9.22. Ausführungsformen von Keilriemenscheiben [1.17] [13.9.2]

a) einrillig, aus Polyamid, spritzgegossen und spanend nachbearbeitet; b) einrillig gegossen; c) einrillig, aus Blech, gelötet; d) einrillig, aus Blech, punktgeschweißt; e) mehrrillig, gegossen; f) mehrrillig, aus Blech, gedrückt

Da sich der Keilwinkel des Zugmittels bei Paarung mit der Scheibe infolge der Krümmung verkleinert, wird der Rillenwinkel entsprechend angepaßt, um Verschleiß und Verringerung der übertragbaren Leistung zu vermeiden (Werte für α_K abhängig vom Wirkdurchmesser s. Tafel 13.9.7). Die Rillenflanken müssen mit Rücksicht auf ausreichende Lebensdauer eine hohe Oberflächengüte aufweisen (R_z etwa 1,6 µm, Feinbearbeitung).

Erzeugung der Vorspannung. Sie erfolgt meist durch Vergrößern des Achsabstands (Spannwellenbetrieb). Der erforderliche Spannweg muß mindestens $0{,}015L_W$ betragen. Um das Auflegen des Riemens über den Rillenrand zu ermöglichen, muß der Achsabstand außerdem um mindestens $0{,}03L_W$ verkleinert werden können.

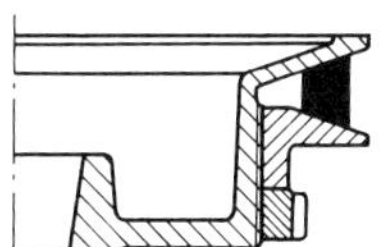

Bild 13.9.23. Verstellbare zweiteilige Keilriemenscheibe [1.17]

Zu beachten ist, daß nach etwa ein- bis zweistündigem Betrieb (unter Vollast) der größte Teil der bleibenden Dehnung erreicht ist und dann ein Nachspannen erforderlich wird. Bei größeren Antrieben sind dafür auch zweiteilige verstellbare Keilriemenscheiben geeignet **(Bild 13.9.23)**.

Spannrollen sind möglichst zu vermeiden.

Einstellbarkeit der Übersetzung. Sie ist sowohl in Stufen als auch stufenlos möglich.

Beispiele: Für den erstgenannten Fall zeigt **Bild 13.9.24** das Zwischengetriebe für ein Registriergerät, bei dem ein Keilriemen *4* die Verbindung zwischen Motorwelle *2* und Papiertransportwelle *5* herstellt. Stufenscheiben *3* ermöglichen unterschiedliche Geschwindigkeiten für die Papiertransportwalze *6*.

In **Bild 13.9.25** ist ein Beispiel gezeigt, wie durch axiales Verschieben verstellbarer Scheibenhälften von Keilriemenscheiben (sog. Regelscheiben) die Übersetzung und damit die Abtriebsdrehzahl in bestimmten Grenzen stufenlos verändert werden können.

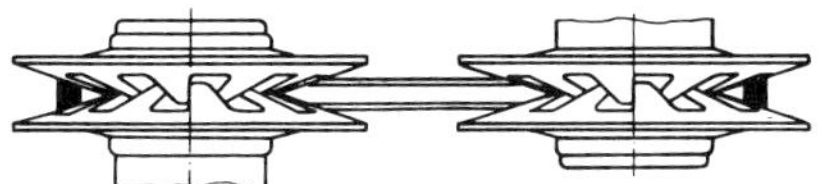

Bild 13.9.25. Stufenlos einstellbares Keilriemengetriebe mit sog. Regelscheiben (nach *Berger*) [1.17]

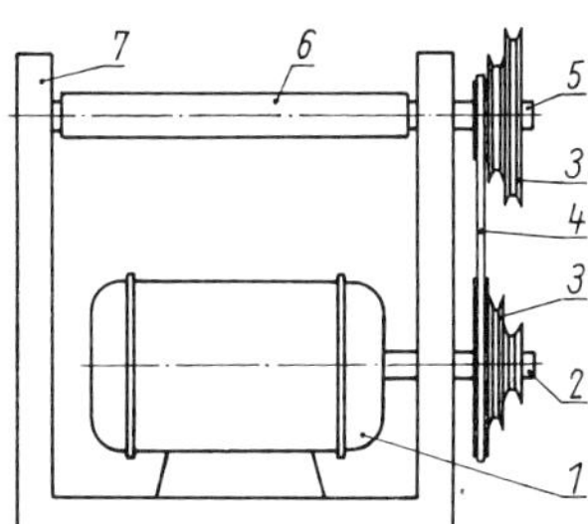

Bild 13.9.24. In Stufen einstellbares Keilriemengetriebe für ein Registriergerät

1 Motor; *2* Motorwelle; *3* Stufenscheibe; *4* Keilriemen; *5* Transportwelle; *6* Papiertransport; *7* Gehäuse

Endverbindung für endliche Riemen erfolgt bei kleineren Kräften durch Verkleben oder Vulkanisieren möglichst bei erhöhter Temperatur, indem der Riemen zuvor schräg über die Breite abgeschnitten wird, oder bei größeren Kräften durch Keilriemen-Laschenverbinder **(Bild 13.9.26)**.

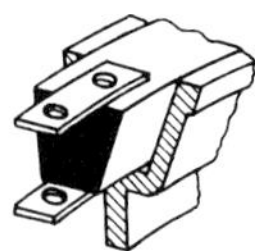

Bild 13.9.26. Keilriemen-Laschenverbinder

13.9.3.5. Verlustleistung und Wirkungsgrad

Die Berechnung erfolgt analog Flachriemengetrieben mit den Gln. (13.9.13) und (13.9.14). Erreichbare Gesamtwirkungsgrade je Getriebestufe betragen bei Keilriemen als Einzelriemen $\eta_G \approx 0{,}92 \ldots 0{,}94$.

13.9.4. Zahnriemengetriebe [1.17] [13.9.2] [13.9.8] [13.9.21] bis [13.9.31] [13.9.59] bis [13.9.78]

Die Bewegungs- und Kraftübertragung erfolgt bei Zahnriemengetrieben durch Formpaarung, indem die Riemenzähne in die Verzahnung der Zahnscheiben eingreifen.

13.9.4.1. Eigenschaften und Anwendung

Durch die Verbindung der Vorteile herkömmlicher Riemengetriebe (z. B. geringe Masse, hohe zulässige Umfangskraft, geräuscharmer und schwingungsdämpfender Lauf) mit denen der Kettengetriebe (schlupffreie Bewegungsübertragung, geringe erforderliche Vorspannung und damit niedrige Lagerbelastung) ergibt sich für Zahnriemengetriebe ein sehr breites Einsatzgebiet. Es reicht von Kleinstantrieben in feinmechanischen Erzeugnissen bis hin zu Hauptantrieben in großen Industrieanlagen, da Leistungen von wenigen Watt bis 800 kW übertragen werden können und Riemengeschwindigkeiten bis 80 m/s zulässig sind. Auf Grund ihres schlupffreien Laufs werden sie bevorzugt für Steuer- und Regelantriebe sowie in Büromaschinen und Haushaltgeräten, aber auch in Werkzeug-, Druckerei- und Textilmaschinen, Anlagen der Automatisierungstechnik, Handlingsystemen, Robotern, Förderanlagen usw. bei Übersetzungen bis i bzw. $1/i = 10$ eingesetzt. Zu beachten sind jedoch Temperaturgrenzen und Umgebungsbedingungen (z. B. Säuren und Laugen), die den Kunststoff schädigen können. Nach ISO 5288 und DIN 7721 werden Zahnriemengetriebe als *Synchronriemengetriebe* bezeichnet (s. auch Tafel 13.9.20).

13.9.4.2. Berechnung [13.9.8]

In den folgenden Beziehungen gelten Index 1 für die kleine (treibende) Scheibe und Index 2 für die große (getriebene) Scheibe. Wirkt die große Scheibe treibend, ist die Indizierung zu ändern.

Geometrische Beziehungen und Geschwindigkeiten

Die hauptgeometrischen Abmessungen eines Zahnriemengetriebes zeigt **Bild 13.9.27**.

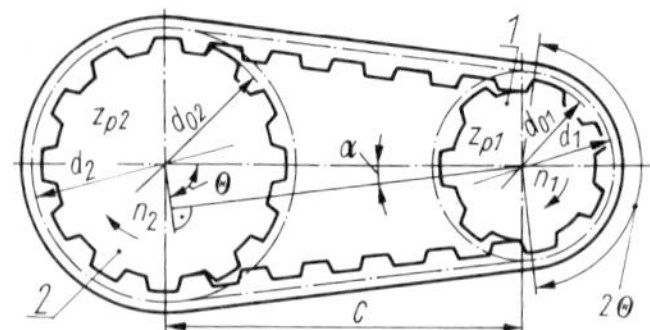

Bild 13.9.27. Hauptgeometrische Abmessungen von Zahnriemengetrieben
C Achsabstand; $d = p_b z_p/\pi$ Wirkdurchmesser; d_0 Außendurchmesser; z_p Scheibenzähnezahl; 2Θ Umschlingungswinkel (hier für kleinere Scheibe gezeichnet)

Für die Übersetzung gilt

$$i = n_1/n_2 = z_{p2}/z_{p1} \tag{13.9.20}$$

und für die Riemengeschwindigkeit

$$v = d_1 \pi n_1 = d_2 \pi n_2 \tag{13.9.21a}$$

mit dem Wirkdurchmesser

$$d_{1,2} = (p_b/\pi)\, z_{p1,2}\,. \tag{13.9.21b}$$

Die Eingriffszähnezahl z_m gibt die Anzahl der auf einer Zahnscheibe im Eingriff befindlichen Riemenzähne an. Für die kleinere Scheibe gilt

$$z_{m1} = z_{p1}\Theta_1/180° = z_{p1}/2 - \frac{p_b z_{p1}}{2\pi^2 C}(z_{p2} - z_{p1}), \tag{13.9.22}$$

p_b Zahnriementeilung; z_p Scheibenzähnezahl; z_{m1} ist stets nach unten auf eine ganze Zahl zu runden und dient zur Berechnung der benötigten Riemenbreite.
Θ stellt den halben Umschlingungswinkel dar, der ebenso wie der Trumneigungswinkel α mit den Beziehungen in Tafel 13.9.2 mit C als Achsabstand berechnet werden kann.

Die Berechnung des Achsabstandes C und der theoretischen Länge L_p eines Zahnriemens erfolgt jedoch zweckmäßigerweise mit anderen als in dieser Tafel dargestellten Gleichungen in den folgenden Schritten (ausführliche Darstellung s. [13.9.8]):
Festlegung von Riemenart und Riementeilung. Die Entscheidung über den einzusetzenden Riemen (**Tafeln 13.9.9 und 13.9.10**, Abschnitt 13.9.4.3.) hängt von den Einsatzbedingungen (**Tafel 13.9.11**) und der Marktsituation (Preis, Angebot, Service) ab [13.9.69].

Tafel 13.9.9a. Abmessungen der Verzahnung von PUR-Zahnriemen nach DIN 7721, s. auch Bild 13.9.30a

Teilungs-kurz-zeichen	p_b mm	S mm	h_t mm	h_s mm	r_a mm	r_r mm	u mm	2β °
T 2,5	2,5	1,5	0,7	1,3	0,2	0,2	0,27	40
T 5	5	2,65	1,2	2,2	0,4	0,4	0,42	40
T 10	10	5,3	2,5	4,5	0,6	0,6	0,92	40
T 20	20	10,15	5,0	8,0	0,8	0,8	1,42	40

Tafel 13.9.9b. Abessungen der Verzahnung von Chloroprene(CR-)-Zahnriemen nach DIN ISO 5296, s. auch Bild 13.9.30a

Teilungs-kurz-zeichen	p_b mm	S mm	h_t mm	h_s mm	r_a mm	r_r mm	$u(a_w)$[1] mm	2β °
MXL	2,032 = 2/25″	1,14	0,51	1,14	0,13	0,13	0,254	40
XL	5,080 = 1/5″	2,57	1,27	2,3	0,38	0,38	0,254	50
L	9,525 = 3/8″	4,65	1,91	3,6	0,51	0,51	0,381	40
H	12,700 = 1/2″	6,12	2,29	4,3	1,02	1,02	0,686	40
XH	22,225 = 7/8″	12,57	6,35	11,2	1,19	1,57	1,397	40
XXH	31,750 = 1 1/4″	19,05	9,53	15,7	1,52	2,29	1,524	40

[1]) u entspricht Wert a_w nach DIN ISO 5294

Tafel 13.9.10. Hochleistungsprofile [13.9.69]
AT Trapez-, HTD Kreis-, S Parabolform

Teilungs-kurz-zeichen	p_b mm
AT 3	3,0
AT 5	5,0
AT 10	10,0
AT 20	20,0
HTD 3M	3,0
HTD 5M	5,0
HTD 8M	8,0
HTD 14M	14,0
HTD 20M	20,0
S 2M	2,0
S 3M	3,0
S 4,5M	4,5
S 5M	5,0
S 8M	8,0
S 14M	14,0

Die wesentlichsten Gesichtspunkte für die Teilungsauswahl sind in **Tafel 13.9.12** enthalten.
Ermittlung des Achsabstands und der Zähnezahlen von Riemen und Scheiben. Durch die Kombination von Riemen- und Scheibenzähnezahlen sind, abgesehen von Riemen mit Sonderteilungen, nur bestimmte Achsabstandswerte realisierbar. Eine stufenlose Variation des Achsabstandes setzt die Verwendung von Spannrollen voraus (s. Abschnitt 13.9.4.4.).
Bei vorgegebenen Zähnezahlen von Riemen und Scheiben kann der überschlägliche Achsabstand C^* nach Auswahl der Riementeilung p_b berechnet werden:

$$C^* \approx \frac{p_b}{4}\left[\left(z_b - \frac{z_{p1} + z_{p2}}{2}\right) + \sqrt{\left(z_b - \frac{z_{p2} + z_{p1}}{2}\right)^2 - \frac{2}{\pi^2}(z_{p2} - z_{p1})^2}\,\right]. \tag{13.9.23}$$

Tafel 13.9.11. Eigenschaften von Zahnriemen

Riementyp (s. auch Bild 13.9.31)	Eigenschaften
PUR-Riemen mit Zugsträngen aus Stahllitze (Trapezprofile T, AT)	– hohe Zerreißfestigkeit der Zugstränge – geringe Dehnung der Zugstränge – öl- und fettverträglich – lebensmitteltauglich – Korrosionsgefahr der Zugstränge in aggressiven Medien – Profil AT gegenüber T höher belastbar
Chloroprene(CR-)-Riemen mit Zugsträngen aus Glasfasern oder Kevlar (Trapezprofil)	– nur besondere Chloroprene-Mischungen ölbeständig – bei hoher Vorspannung nicht für kleine Zahnscheiben geeignet – niedriger Reibwert durch Polyamidgewebeschicht – höhere Temperaturverträglichkeit als PUR
Chloroprene(CR-)-Riemen mit Zugsträngen aus Glasfasern oder Kevlar (HTD-Profil)	Eigenschaften wie Chloroprene-Riemen mit Trapezprofil, nur im Verhältnis zur Größe des Riemens höhere Leistung übertragbar

Tafel 13.9.12. Auswahl der Riementeilung von Zahnriemen, Richtwerte

Teilung	etwa 2 bis 3 mm	etwa 5 mm	etwa 8 bis 10 mm	etwa 14 bis 20 mm
Riementyp[1])	T 2,5; MXL; AT 3; HTD 3; S2M	T 5; XL; AT 5; HTD 5; S5M	T 10; L; H; AT 10; HTD 8; S8M	T 20; XH; XXH; AT 20; HTD 14; S14M
Leistung P in kW	bis 0,2	bis 2	bis 20	über 20
Drehzahl n in U/min	bis 40000	bis 40000	bis 15000	bis 6000
Geschwindigkeit v in m/s	bis 80	bis 80	bis 60	bis 40
Mindestzähnezahl $z_{\text{p min 1}}$ der kleinen Scheibe	10 bis 35	10 bis 40	12 bis 45	14 oder größer
	(bei Gegenbiegung z. B. durch Spannrolle sollte die minimale Zähnezahl der kleinen Scheibe um Faktor 1,5 größer sein)			
Anwendungsbeispiele	Miniaturantriebe	Büromaschinen, Haushaltgeräte	Werkzeug-, Textil- u. andere Verarbeitungsmaschinen	Hauptantriebe in großen Verarbeitungsmaschinen, Förderanlagen u. Baumaschinen

[1]) s. Tafeln 13.9.9 u. 13.9.10

Der errechnete Achsabstand C^* gilt als Orientierungswert. In der Praxis ist eine Einstellmöglichkeit oder der Einsatz einer Spannrolle vorzusehen, um Toleranzen beim Riemen und den Scheiben auszugleichen. Wenn in Ausnahmefällen solche Maßnahmen nicht vertretbar sind, bedarf es unbedingt einer praktischen Überprüfung des Achsabstandes und der damit realisierten Vorspannung.
Für den Fall, daß zu einem gegebenen Achsabstand C die Riemenlänge zu ermitteln ist, erfolgt wiederum als erstes die Festlegung der Riementeilung p_b. Mit Hilfe dieser können dann die zur Berechnung notwendigen Wirkkreisdurchmesser der Scheiben ermittelt werden.
Falls der Achsabstand C nicht vorgegeben ist, geht man beim Entwurf von $C \approx (1 \ldots 2)(d_1 + d_2)$ aus.

Bestimmung der theoretischen Riemenlänge:

$$L_p = \frac{p_b}{2}(z_{p1} + z_{p2}) + \frac{p_b \overset{\frown}{\alpha}}{\pi}(z_{p2} - z_{p1}) + 2C\cos\alpha, \qquad (13.9.24\text{a})$$

mit $\alpha = \arcsin\left[p_b(z_{p2} - z_{p1})/(2\pi C)\right]$.

Überschläglich gilt:

$$L_p \approx \frac{\pi}{2}(d_2 + d_1) + 2C + \frac{(d_2 - d_1)^2}{4C}. \qquad (13.9.24\text{b})$$

Der praktisch realisierbare Wert für die Riemenlänge ergibt sich aus den Werten für die jeweiligen Standardzähnezahlen. Unvertretbar große Differenzen zur errechneten Riemenlänge und damit zum geforderten Achsabstand C sind ebenfalls durch die Verwendung einer Spannrolle oder durch Neuansetzung der Scheibenzähnezahlen bei der Berechnung auszugleichen.

Die Optimierung der Riemen- und Scheibenzähnezahlen ist jedoch auch mit den in den Firmenschriften [13.9.69] enthaltenen Achsabstandsfaktoren möglich. Bei dieser Vorgehensweise muß durch wiederholte Berechnung mit verschiedenen Zähnezahlen von Riemen und Scheiben eine geeignete Lösung gefunden werden.

Kräfte und Tragfähigkeit

Übertragbare Umfangskraft bzw. notwendige Riemenbreite. Mit den in **Tafel 13.9.13** dargestellten zulässigen Kräften F_1' besteht die Möglichkeit, schnell und unkompliziert die übertragbare Umfangskraft oder Leistung des Getriebes bzw. die notwendige Riemenbreite zu bestimmen.

Tafel 13.9.13. Richtwerte für die zulässige Umfangskraft F_1' in N je mm tragende Riemenbreite und je in Eingriff befindlichem Riemenzahn (kleine Scheibe)

Riementyp (s. Tafeln 13.9.9 und 13.9.10)	F_1' in N/mm und je eingreifendem Zahn
PUR- und Chloroprene-Riemen mit Teilungen von 2,0 bis 2,5 mm	0,8
PUR-T 5-Riemen; Chloroprene-XL-Riemen; HTD 3	1,5
PUR-Riemen mit Sonderteilungen von etwa 7,5 mm; Chloroprene-L-Riemen; PUR-AT 5-Riemen; HTD 5	2,2
PUR-T 10-Riemen; Chloroprene-H-Riemen; HTD 8	3,0
PUR-AT 10-Riemen	4,0
PUR-T 20-Riemen; Chloroprene-XH-Riemen; HTD 14	6,0
Chloroprene-XXH-Riemen; PUR-AT 20-Riemen	9,0

Die für die Eingriffszähnezahl $z_m = 20$ errechnete zulässige Umfangskraft gilt wegen der begrenzten Zugstrangfestigkeit auch für alle größeren Eingriffszähnezahlen und stellt die maximal übertragbare Umfangskraft dar. Für Drehzahlen über 100 U/min muß wegen der erhöhten Verschleißintensität mit verminderter Umfangskraft gerechnet werden. **Bild 13.9.28** enthält den Minderungsfaktor (im weiteren mit K bezeichnet).

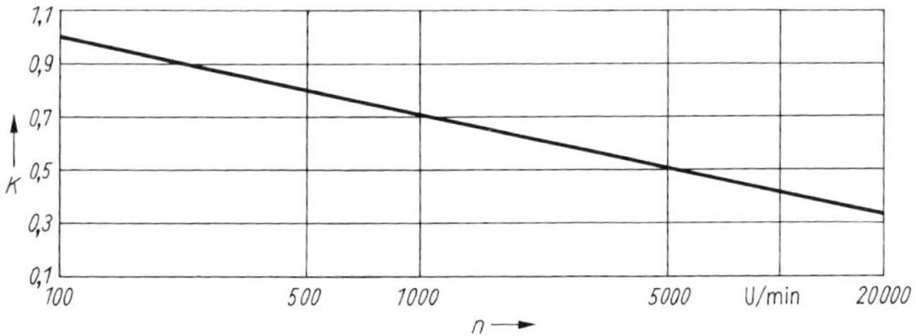

Bild 13.9.28. Minderungsfaktor K in Abhängigkeit von der Drehzahl n der kleineren Scheibe

Die angegebenen Richtwerte für die zulässige Umfangskraft enthalten noch keinen Sicherheitsfaktor. Dieser ist entsprechend den Betriebsbedingungen festzulegen. In Abhängigkeit von der Belastung und der Betriebszeit ist ein Sicherheitsfaktor von 1,0 bis 2,5 vorzusehen. Der Faktor 2,5 kommt dann zur Anwendung, wenn eine Stoßbelastung bei dauerndem Betrieb wirkt. Bei gelegentlichem Betrieb und gleichmäßiger Last sollte dagegen durchaus mit dem Faktor 1,0, d. h. ohne zusätzliche Sicherheit, gerechnet werden. Die Eingriffsverhältnisse

bei der Abtriebsscheibe erweisen sich als kritischer als die bei der Antriebsscheibe. Für Übersetzungen $i < 1$ (Übersetzung ins Schnelle) ist der Sicherheitsfaktor deshalb weiter um 0,5 zu erhöhen. Außerdem ist zu beachten, daß eine größere als die notwendige Riemenbreite neben der Erhöhung der Kosten und des Bauvolumens auch eine Erhöhung der Laufgeräusche zur Folge hat (s. Abschnitt 13.9.4.5.).
Unter Beachtung dieser Gesichtspunkte ergibt sich die übertragbare Umfangskraft F_{tzul} aus

$$F_{\text{tzul}} = F_1' \, (b_\text{s} - 0{,}3p_\text{b}) \, z_\text{m} K/S_\text{D}. \tag{13.9.25}$$

Bei gegebener Umfangskraft errechnet man die notwendige Riemenbreite aus

$$b_\text{s} = F_\text{t} S_\text{D}/(F_1' z_\text{m} K) + 0{,}3p_\text{b}, \tag{13.9.26}$$

bzw. bei gegebener Leistung P aus

$$b_\text{s} = 1000 P S_\text{D}/(F_1' v z_\text{m} K) + 0{,}3p_\text{b}, \tag{13.9.27}$$

b_s, p_b in mm; F_t in N; F_1' in N/mm; P in kW; v in m/s.

Bei Festlegung der Riemenbreite sind die angebotenen Standardbreiten zu beachten.

Vorspannkraft. Sie hat die Aufgabe, eine Mindestspannung im Leertrum bei Lastübertragung zu garantieren, so daß die Verzahnung des Leertrums sofort in die Verzahnung der Abtriebsscheibe eingreifen kann. Die Größe der notwendigen Vorspannkraft F_V im Zahnriemen hängt wesentlich von der Umfangskraft F_t und der Riemenlänge bzw. der Riemenzähnezahl z_b ab und sollte etwa folgendem Wert entsprechen (Berechnung s. [13.9.8] [13.9.76]):

$$F_\text{V} = z_\text{b} F_\text{t}/(100 \ldots 150). \tag{13.9.28}$$

Der Maximalwert darf jedoch die Größe von $2F_{\text{tzul}}$ nicht überschreiten. Ist die wirkende Umfangskraft nicht bekannt, kann die Vorspannkraft mit der für das Getriebe zulässigen Umfangskraft bestimmt werden.
Messung der Vorspannkraft. Für das Ausnutzen der hohen Leistungsfähigkeit moderner Riemengetriebe ist das Realisieren der vom Hersteller genannten Vorspannkraft unbedingt zu prüfen. Die Kontrolle mittels einfacher „Daumenprüfmethode“ nach Gefühl oder Messen der Durchdrückung führt zu großen Abweichungen vom Normwert und ist für hochwertige Antriebsaufgaben (Lineartechnik, Robotik, Kfz-Technik usw.) sowie für die Qualitätssicherung von Produkten der Serienfertigung nicht geeignet. Deshalb sind eine Reihe von einfach zu bedienenden, elektronischen Vorspannungs-Meßgeräten auf dem Markt, die eine hohe Sicherheit bei der Prüfung der Vorspannkraft gewährleisten [13.9.76] (s. auch Abschn. 13.9.4.4.).
Lagerbelastung. Die Wellenkraft F_W (s. Bild 13.9.3), die radial auf jede Welle wirkt und zugleich die Lager belastet, kann näherungsweise zu $F_\text{W} \approx (1{,}5 \ldots 2)\, P/v$ angenommen werden, wenn die Vorspannung nicht genau bekannt ist

P zu übertragende Nennleistung, v Zugmittelgeschwindigkeit.

13.9.4.3. Zahnriemenarten, Werkstoffe, Schmierung

Zahnriemenarten. Hinsichtlich des Aufbaus und der Technologie lassen sich gegenwärtig zwei Zahnriemenarten unterscheiden **(Bild 13.9.29)**. Der Zahnriemen im Bild 13.9.29a besteht aus formbeständigem, zähelastischem *Polyurethan* (PUR), das eine hohe Strukturfestigkeit hat und sehr abriebfest ist. In der neutralen Biegezone sind schraubenförmig gewickelte Zugstränge aus Stahllitze angeordnet, die die Zugkraft aufnehmen. Diese Zahnriemen besitzen

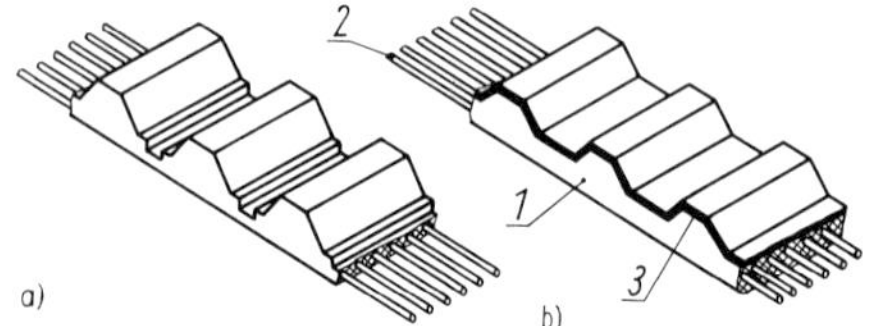

Bild 13.9.29. Zahnriemen
a) aus Polyurethan mit Zugsträngen aus Stahllitze; b) aus Chloroprene mit Zugsträngen aus Glasfasern
1 Elastomer; *2* Zugstränge; *3* Polyamid-Gewebe

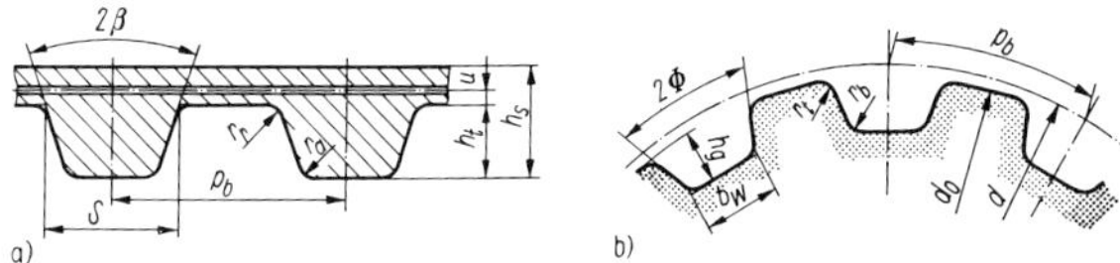

Bild 13.9.30. Geometrie der Riemenverzahnung (a) und der Scheibenverzahnung (b)

Zeichen und Benennungen für a):
p_b Riemenzahnteilung; u Wirklinienabstand; S Riemenzahnfußdicke; h_t Riemenzahnhöhe; h_s Riemenhöhe; r_a Radius am Riemenzahnkopf; r_r Radius am Riemenzahnfuß; 2β Riemenzahnwinkel (nicht dargestellt: b_s Riemenbreite; z_b Riemenzähnezahl; $L_p = z_b p_b$ Riemenlänge)
Zeichen und Benennungen für b):
p_b Teilung (definiert auf Wirkkreis); $d = p_b z_p/\pi$ Wirkkreisdurchmesser; d_0 Außendurchmesser; b_w Lückengrundweite; h_g Zahnlückentiefe; 2Φ Zahnlückenwinkel; r_b Radius am Scheibenzahnfuß; r_t Radius am Scheibenzahnkopf (nicht dargestellt: b_f effektive Scheibenbreite; z_p Scheibenzähnezahl)

vorwiegend eine metrische Teilung. **Bild 13.9.30** und Tafel 13.9.9a enthalten Bezeichnungen und Abmessungen der Standardverzahnung, deren Zähne ein Trapezprofil aufweisen.
Bei dem Zahnriemen nach Bild 13.9.29 b wird als Werkstoff *Chloroprene* (Neoprene) verwendet, und auf der Laufseite schützt eine Schicht aus Polyamidgewebe die Zähne vor Abrieb. Die Zugstränge bestehen i. allg. aus Glasfaserkord, neuerdings auch aus Kevlar, einem hochfesten Polyamid. Für derartige Riemen ist eine Zoll-Teilungsreihe genormt (Bild 13.9.30 und Tafel 13.9.9b); die Verzahnung ist ebenfalls trapezförmig.
Beide Riemenarten sind für Betriebstemperaturen im Bereich von −30 °C bis +80 °C (CR-Riemen bis 120 °C) einsetzbar. Neben dem bisher üblichen Trapezprofil für die Riemenverzahnung gewinnen *Hochleistungsprofile* mit verbesserter Verzahnungsgeometrie wegen ihrer günstigeren Übertragungseigenschaften zunehmend an Bedeutung (s. Tafel 13.9.10). **Bild 13.9.31** zeigt, daß sich solche Profile durch ein erhöhtes Zahnvolumen auszeichnen. Außerdem gibt es Bauformen von Zahnriemen, deren Rücken mit Mitnehmern oder einer zusätzlichen Verzahnung ausgestattet ist (**Bilder 13.9.32**a bis c). Die Mitnehmer können im Sonderfall durch Verschrauben, Nieten oder Bördeln aber auch nachträglich eingebracht werden (d) [13.9.78].

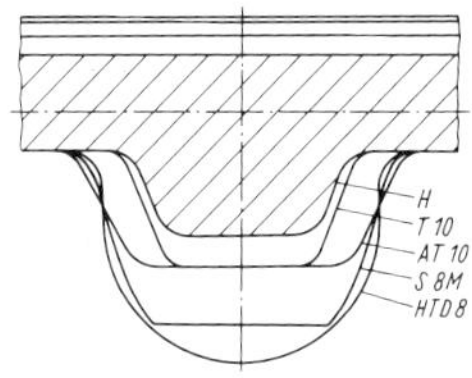

Bild 13.9.31. Hochleistungsprofile AT 10, S8M und HTD 8 [13.9.69] im Vergleich zu den Standardprofilen H (nach DIN ISO 5296) und T 10 (nach DIN 7721) teilungsnormierte Dastellung (s. auch Tafel 13.9.10)

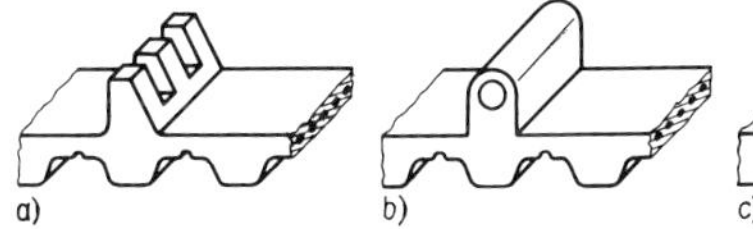

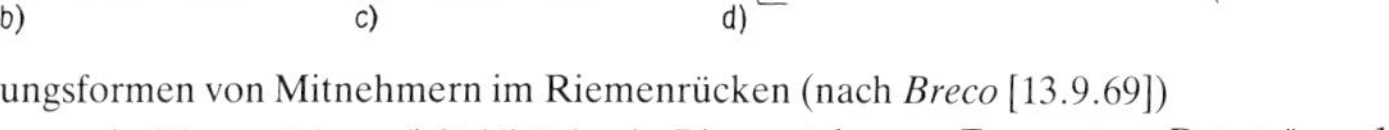

Bild 13.9.32. Ausführungsformen von Mitnehmern im Riemenrücken (nach *Breco* [13.9.69])
a) bis c) spezielle Ausformungen des Riemenrückens; d) Stahlhütchen im Riemenrücken zum Transport von Datenträgern *1*

Scheibenwerkstoffe für Leistungsgetriebe sind Stahl (auf gute Spanbarkeit achten), Sintermetall und Gußeisen (bei Riemengeschwindigkeiten über 30 m/s nicht geeignet). Für niedrig belastete Getriebe eignen sich auch Leichtmetalle (AlMgPbCu u. a.) und Kunststoffe (z. B. PA), die es gestatten, Scheiben im Druck- oder Spritzgießverfahren herzustellen, ohne die Zähne bearbeiten zu müssen (s. auch Abschnitte 13.4.12. und 13.4.15.).
Neben den genannten Verfahren ist außerdem die Herstellung von Zahnriemenscheiben durch Sintern bekannt, wodurch sehr glatte Oberflächen erreicht werden.
Für Leistungsgetriebe sind an den Scheibenzahnflanken Werte für die gemittelte Rauhtiefe von $R_z \leq 12{,}5$ µm anzustreben (entspricht Mittenrauhwert $R_a \leq 3{,}2$ µm).
Schmierung. Sowohl bei PUR- als auch bei Chloroprene-Zahnriemen ist eine Schmierung nicht erforderlich. Bei den letztgenannten ist Öl- oder Fett-Kontakt aber zu vermeiden, oder es sind Sondermischungen des Kunststoffs einzusetzen. Bei PUR-Riemen ist dieser Kontakt nicht schädlich und senkt meist den Reibwert (s. auch Tafel 13.9.17).

13.9.4.4. Konstruktive Gestaltung, Ausführungsformen

Erzeugung der Vorspannung. Die Möglichkeiten zur Realisierung der Vorspannkraft hängen von den funktionellen, konstruktiven und ökonomischen Gegebenheiten ab. **Tafel 13.9.14** enthält die wesentlichsten Einsatzbedingungen verschiedener Vorspanneinrichtungen und **Tafel 13.9.15** die Mindestverstellwege für den Achsabstand zum Erzeugen einer Vorspannung.

Tafel 13.9.14. Erzeugung der Vorspannung bei Zahnriemengetrieben

Realisierung der Vorspannkraft	Einsatzbedingungen
Fester Achsabstand (ohne Spannrolle)	Längentoleranzen des Riemens und Achsabstandstoleranz bewirken große Vorspannungsabweichung, deshalb vermeiden, zumal Montage des Riemens bei festem Achsabstand und großer erforderlicher Vorspannung kaum realisierbar
Einstellbarer Achsabstand	Mindestverstellwege gem. Tafel 13.9.15 und Lagesicherung beachten
Spannrolle außen (Riemenrücken glatt) 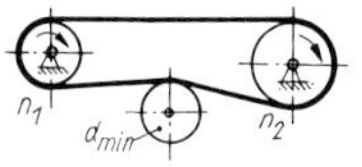	Vergrößerung des Umschlingungswinkels gestattet höhere Belastung; Biegerichtungswechsel erfordert Erhöhung der minimalen Scheibenzähnezahl (s. Tafel 13.9.12) um Faktor 1,5; Durchmesser d_{min} der Spannrolle so groß, daß er mindestens dem für diesen Betriebsfall zulässigen Scheibendurchmesser entspricht: $d_{min} = \frac{1{,}5}{\pi} z_{p\,min} p_b$
Spannrolle innen 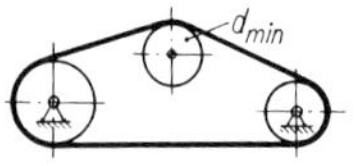	Verkleinerung des Umschlingungswinkels führt zu kleinerer Belastbarkeit; minimaler Durchmesser einer glatten Rolle: $d_{min} = \frac{2}{\pi} z_{p\,min} p_b$; minimaler Durchmesser einer verzahnten Rolle: $d_{min} = \frac{1}{\pi} z_{p\,min} p_b$
Gefederte Spannrolle im Leertrum *1* 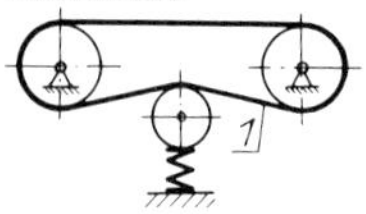 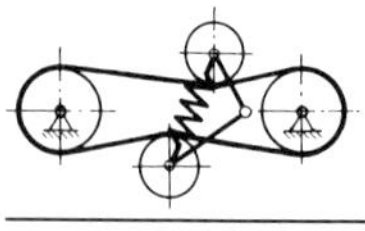	Eignung besonders für hohe Anfahr- und Bremsmomente (da bei fest eingestellter Vorspannkraft diese unnötigerweise ständig wirkt) sowie für nicht stabile Achsabstände; Federkraft muß auch bei Maximallast sofortigen Eingriff der Leertrumverzahnung garantieren (zweifache Sicherheit vorsehen); bei möglichem Dreh- oder Lastrichtungswechsel sind zwei gefederte Spannrollen notwendig (unteres Bild); Durchmesser der Spannrollen sind entsprechend den Forderungen für innere oder äußere Spannrolle festzulegen (s. oben)
Glatte Laufrolle beim Einlauf des Leertrums *1* 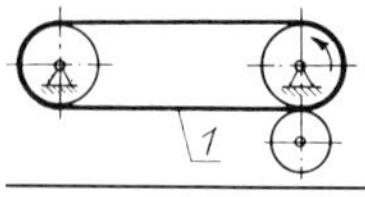	Laufrolle erzwingt sofortigen Zahneingriff, ohne daß sie Riemen gegen Abtriebsscheibe drückt (bei Montage Spiel zwischen Riemenrücken und Rolle vorsehen); durch Laufrolle kann Getriebe somit unabhängig von momentanen Belastungen oder der Nachgiebigkeit der Achsen mit sehr geringer bzw. ohne Vorspannung arbeiten; bei möglichem Dreh- oder Lastrichtungswechsel sind mehrere Rollen erforderlich.

Tafel 13.9.15. Mindestverstellwege für den Achsabstand von Zahnriemengetrieben

Länge des Riemens L_p (mm)	bis 250	über 250 bis 500	über 500 bis 750	über 750 bis 1000	über 1000 bis 1250	über 1250 bis 1500[1])
Mindestverstellweg (mm)	±0,20	±0,25	±0,30	±0,34	±0,38	±0,41

[1]) Für jeden weiteren Betrag von 250 mm Länge über 1500 mm sind zum Mindestverstellweg von 0,41 mm je 0,025 mm hinzuzurechnen.

Gestaltung der Zahnscheiben. An die Qualität, besonders die Teilungsgenauigkeit der Verzahnung von Zahnriemenscheiben werden hohe Ansprüche gestellt, da beim Zahnrie-

mengetriebe eine große Zahl von Zähnen gleichzeitig in Eingriff ist und sich deshalb Fertigungsabweichungen summieren.
Verfahren wie Druck- oder Spritzgießen sind deshalb für die Fertigung von Zahnriemenscheiben hochbelasteter Antriebe wenig geeignet. Der weitaus größte Teil aller Scheiben wird auf Grund der erzielbaren größeren Genauigkeit und auch der Produktivität wegen durch Wälzfräsen oder Formfräsen verzahnt. Dabei gibt es einen grundsätzlichen Unterschied zur Fertigung von Zahnrädern mit evolventenförmigen Zahnflanken: Mit einem geradflankigen Wälzfräser lassen sich Zahnräder gleichen Moduls mit beliebigen Zähnezahlen herstellen. Bei Zahnriemenscheiben ist jedoch eine von der Zähnezahl weitestgehend unabhängige Zahnlückenform notwendig. Daraus ergeben sich wesentliche Konsequenzen für die Festlegung der Zahnlückengeometrie. Außerdem ist vorzugsweise das Kopfüberschneidverfahren anzuwenden, da damit eine höhere Teilungsgenauigkeit und exaktere Lückengeometrie garantiert werden (s. Abschnitt 13.4.15.).
Eines der wesentlichsten Maße an der Zahnscheibe ist deren Außendurchmesser, da über diesen die wirksame Scheibenteilung eingestellt und damit das Zusammenwirken der Verzahnungen von Riemen und Scheibe beeinflußt wird. Deshalb ist der Außendurchmesser eng zu tolerieren, um bei der zulässigen Last eine Übereinstimmung der im Eingriff befindlichen Teilungssummen von Riemen- und Scheibenverzahnung zu gewährleisten. Teilungskorrekturen zur Anpassung an bestimmte Belastungsfälle stellen Sonderlösungen dar und setzen große Erfahrungen voraus.
Die Grenzabweichungen für den Außendurchmesser von Zahnriemenscheiben sowie für die Einzelteilung und die Teilungssumme der Scheibenverzahnung nach DIN ISO 5294 und DIN 7721 sind in **Tafel 13.9.16** dargestellt.
Für die Außendurchmesser von Scheiben für Riemen mit Sonderprofilen sind die entsprechenden Firmenschriften heranzuziehen [13.9.69].

Tafel 13.9.16. Grenzabweichung F_{d0} des Außendurchmessers d_0 von Zahnriemenscheiben, Grenzabweichung f_{pp} der Einzelteilung und Grenzabweichung $f_{\Sigma p}$ der Teilungssumme (eines 90°-Bogens) nach DIN ISO 5294 und DIN 7721

DIN ISO 5294 d_0 mm	F_{d0} mm	f_{pp} mm	$f_{\Sigma p}$ mm	DIN 7721 d_0 mm	F_{d0} mm	f_{pp} mm	$f_{\Sigma p}$ mm
$d_0 \leqq 25{,}4$	+0,05 0	0,03	0,05	$d_0 \leqq 25$	0 −0,05	0,03	0,05
$25{,}4 < d_0 \leqq 50{,}8$	+0,08 0	0,03	0,08	$25 < d_0 \leqq 50$	0 −0,05	0,03	0,08
$50{,}8 < d_0 \leqq 101{,}6$	+0,10 0	0,03	0,10	$50 < d_0 \leqq 100$	0 −0,08	0,03	0,10
$101{,}6 < d_0 \leqq 177{,}8$	+0,13 0	0,03	0,13	$100 < d_0 \leqq 175$	0 −0,08	0,03	0,13
$177{,}8 < d_0 \leqq 304{,}8$	+0,15 0	0,03	0,15	$175 < d_0 \leqq 300$	0 −0,10	0,03	0,15
$304{,}8 < d_0 \leqq 508$	+0,18 0	0,03	0,18	$300 < d_0 \leqq 500$	0 −0,10	0,03	0,15
$508 < d_0 \leqq 762$	+0,20 0	0,03	0,20	$500 < d_0$	0 −0,15	0,03	0,15
$762 < d_0 \leqq 1016$	+0,23 0	0,03	0,20				
$1016 < d_0$	+0,25 0	0,03	0,20				

Zahnlückengeometrie. Die Form der Riemenzähne bleibt, abgesehen von der Deformation durch die Belastung, auch bei Riemenkrümmung während des Eingriffs in die Scheibe erhalten. Somit muß die Zahnlückenform der Scheibenverzahnung in erster Näherung gleich der Form der Riemenzähne sein.
Die manchmal vorgeschlagene Entlastung des Riemenzahnfußes kann auf verschiedenen Wegen erreicht werden **(Bild 13.9.33)**, ist aber in der Regel nicht erforderlich.

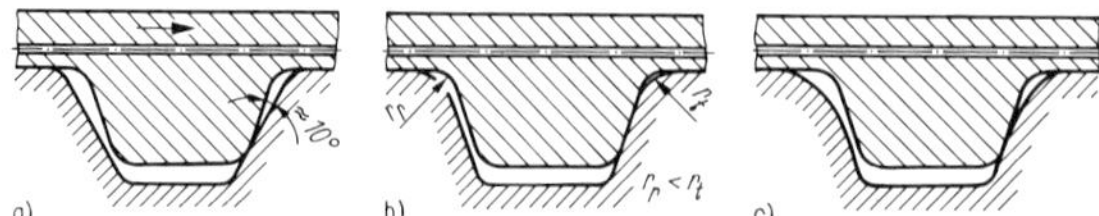

Bild 13.9.33. Zahnlückengeometrie zur Entlastung des Zahnfußes bei Trapezprofil
a) Entlastung durch Winkeldifferenz, b) durch großen Radius r_t, c) durch evolventenförmige Flanke

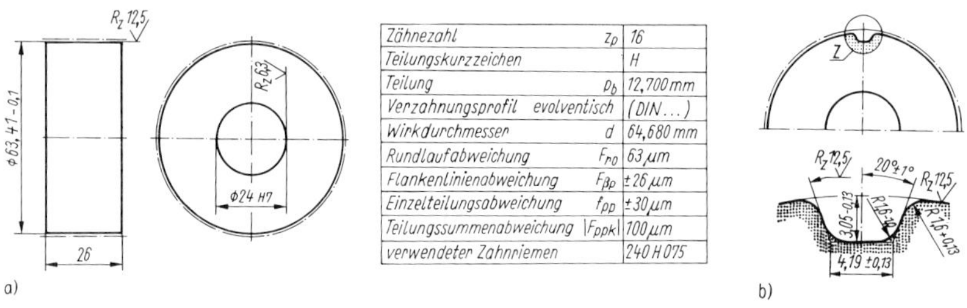

Zähnezahl z_p	16
Teilungskurzzeichen	H
Teilung p_b	12,700 mm
Verzahnungsprofil evolventisch	(DIN ...)
Wirkdurchmesser d	64,680 mm
Rundlaufabweichung F_{r0}	63 μm
Flankenlinienabweichung $F_{\beta p}$	±26 μm
Einzelteilungsabweichung f_{pp}	±30 μm
Teilungssummenabweichung $\lvert F_{ppk} \rvert$	100 μm
verwendeter Zahnriemen	240 H 075

Bild 13.9.34. Zeichnungen für Zahnriemenscheiben (Beispiele) bei Herstellung der Scheiben
a) im Wälzfräsverfahren (Verzahnungsprofil evolventisch); b) im Teilverfahren (Verzahnungsprofil gerade, Tabelle analog a))

Unterschiedliche evolventische Flanken entstehen, wenn mit einem geradflankigen Wälzfräser Scheiben mit verschiedenen Zähnezahlen hergestellt werden. Beim Formfräsen ist es dagegen kein Problem, auch bei unterschiedlichen Zähnezahlen gerade Zahnflanken mit konstanten Zahnlückenwinkeln und Rundungsradien zu erzeugen. Die Festlegung der Flankenform sollte deshalb stets unter Berücksichtigung des Fertigungsverfahrens erfolgen. In der Zeichnung **(Bild 13.9.34)** ist deshalb für die im Wälzverfahren herzustellende Scheibe (a) im Gegensatz zum Teilverfahren (b) nicht die Flankenform, sondern der zu verwendende Wälzfräser festgelegt.

Gestaltung der Scheibenkörper. Dem Bestreben des Riemens, von den Scheiben abzulaufen, muß mit Bordscheiben entgegengewirkt werden. Unter anderem aus Gründen der Werkstoffersparnis sollten die Bordscheiben zweckmäßig an der kleineren Zahnscheibe, können bei einer Übersetzung $i = 1$ aber auch wechselseitig an je einer angeordnet werden. Bei großen Achsabständen, etwa ab dem zehnfachen Durchmesser der kleineren Scheibe, müssen beide Zahnscheiben jeweils beiderseitig Bordscheiben aufweisen, ebenso dann, wenn die Wellen des Getriebes nicht horizontal angeordnet sind (**Bild 13.9.35**; Abmessungen s. Tafel 13.9.16). Das Befestigen durch Punktschweißen (a) ist vorteilhaft, durch Nieten oder Verschrauben (b) dagegen aufwendig und nur bei kleineren Serien sinnvoll. Wegen der niedrigen Axialkräfte bei geringen Abweichungen der Achslage eines Getriebes genügt vielfach eine Befestigung

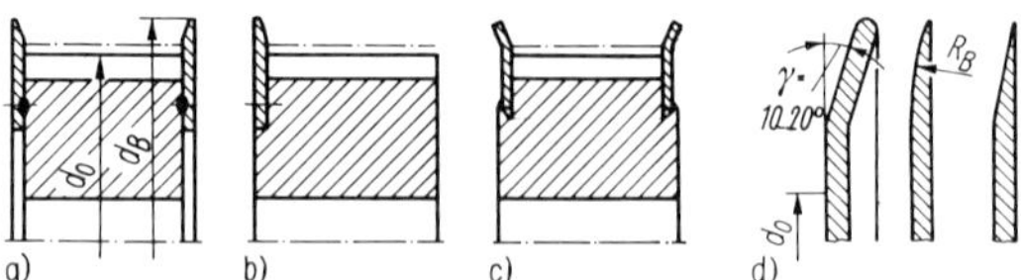

Bild 13.9.35. Bordscheibengestaltung
a) beiderseitig Bordscheiben, punktgeschweißt, Schrägung (Fase) angedreht; b) einseitige Bordscheibe, vernietet oder verschraubt, Rundung angedreht; c) beiderseitig Bordscheiben, eingebördelt, Schrägung durch Abwinkeln; d) Abwinkeln bzw. Abrunden der Bordscheibeninnenkanten
d_0 Außendurchmesser der Scheibe; d_B, R_B Bordscheibendurchmesser, -rundungsradius

durch Behörden (c). Eine Schrägung oder Abrundung der Bordscheiben verringert den möglichen Verschleiß an den Seitenflächen des Riemens (d).
Richtwerte für nutzbare Scheibenbreite:

mit Bordscheiben $b_f = b_s + 0{,}2p_b$ (13.9.29)

ohne Bordscheiben $b_f' = b_s + 0{,}4p_b$. (13.9.30)

Beispiele von Zahnriemengetrieben. Im **Bild 13.9.36** sind Beispiele für die Anordnung von Zahnriemengetrieben sowie Sonderformen für sich schneidende und sich kreuzende Achsen dargestellt, die die vielseitigen Anwendungsmöglichkeiten demonstrieren. **Bild 13.9.37** verdeutlicht außerdem konstruktive Möglichkeiten der Trumankopplung bei Zahnriemen, und **Bild 13.9.38** zeigt den Einsatz eines Zahnriemens für den Vorschubantrieb einer Flachschleifmaschine [1.17].

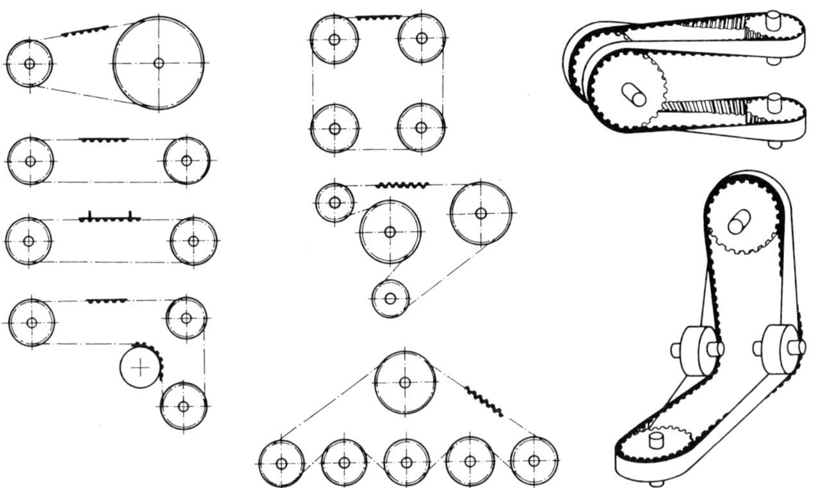

Bild 13.9.36. Beispiele für Zahnriemengetriebe (nach Wilhelm Herm. Müller GmbH & Co. [13.9.69])

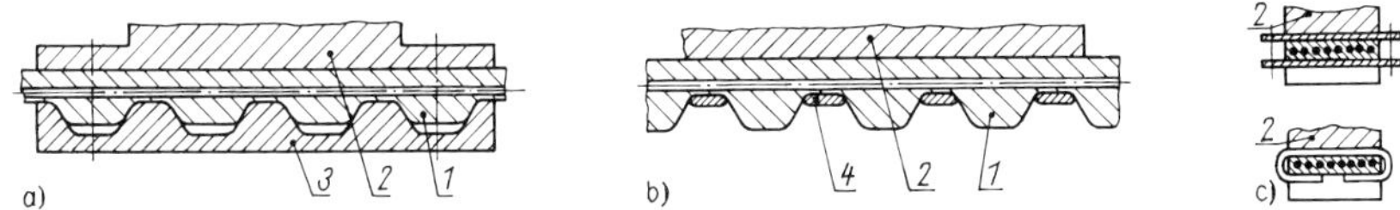

Bild 13.9.37. Konstruktive Möglichkeiten der Trumankopplung bei Zahnriemen

a) mit Gegenprofil (für hohe Präzision und große Kraftübertragung); b) mit Stegen im Lückengrund (für geringere Anforderungen)
1 Zahnriemen; *2* zu positionierende Masse; *3* Gegenprofil (Spiel zwischen Flanken vermeiden); *4* Stege (andrückende Kanten abrunden);
c) Stegbefestigungsmöglichkeiten durch mittelbare Verbindung, z. B. Verschrauben (oben), und durch unmittelbare Verbindung, z. B. Verlappen (unten)

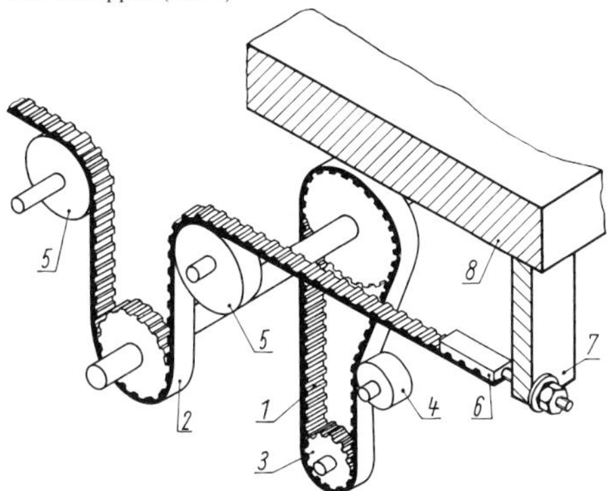

Bild 13.9.38. Vorschubantrieb einer Flachschleifmaschine mit Zahnriemen (nach *Flender*, s. [1.17])

1, *2* Zahnriemen; *3* Antrieb; *4* Spannrolle; *5* Umlenkrollen; *6* Klemmstück; *7* Anschlag; *8* Tisch
(Bordscheiben nicht dargestellt)

13.9.4.5. Betriebsverhalten [13.9.8] [13.9.21] bis [13.9.31]

Genauigkeit der Bewegungsübertragung. Zahnriemengetriebe kommen vorrangig dort zum Einsatz, wo eine Synchronität der Bewegungen von An- und Abtriebsscheibe erforderlich ist. Vielfach werden Zahnriemen deshalb auch als Synchronriemen bezeichnet. Die Bewegungsübertragung mit Hilfe eines elastischen Zugmittels hat zur Folge, daß neben der Geometrie von Riemen und Scheibe insbesondere die Getriebebelastung entscheidenden Einfluß auf die Genauigkeit der Bewegungsübertragung hat:

Schwankungen des Laufradius resultieren aus dem Polygoneffekt (s. Abschnitt 13.9.5.) und den Rundlaufabweichungen der Scheiben. Darüber hinaus sind die Veränderung des Wirklinienabstands beim Zahnriemen als Folge geometrischer Abweichungen oder wechselnder Flächenpressungen im Zahnlückengrund sowie Störungen beim Eingriff und Auslauf der Lasttrumverzahnung von Bedeutung.

Dehnungen des Lasttrums hängen von der Federsteife der Zugstränge, der Lasttrumlänge und der Riemenbreite sowie von der Konstanz der Umfangskraft ab. Zu beachten ist die mit der Betriebszeit sich erhöhende Elastizität von Glasfaserzugsträngen beim Betrieb mit kleinen Zahnscheiben.

Relativbewegungen zwischen Scheibe und Riemen werden durch die Deformation der Riemenzähne, das Flankenspiel und die Zugstrangdehnung im umschlingenden Riemenabschnitt verursacht.

Drehschwingungen der Scheiben resultieren aus der Anregung durch Querschwingungen von Last- und Leertrum, aus den Eingriffsstößen und aus Schwankungen des An- bzw. Abtriebsmoments.

Die Überlagerung der einzelnen Einflußfaktoren hängt maßgeblich von den Betriebsverhältnissen ab. Bei konstanter Umfangskraft und kleinen Drehzahlen wird nur die Laufradienveränderung die Genauigkeit der Bewegungsübertragung beeinflussen, Schwankungen der Umfangskraft bringen dagegen die Elastomerdeformation voll zur Wirkung, und bei hohen Riemengeschwindigkeiten muß mit Drehschwingungen der Scheiben gerechnet werden. Liegt Reversierbetrieb vor, ist zusätzlich das Flankenspiel zu beachten.

Verschleißverhalten. Zahnriemengetriebe sind so auszuwählen und zu bemessen, daß vorzeitiger Verschleiß von Riemen oder Scheiben vermieden wird. Einschlägige Berechnungsvorschriften [13.9.8] [13.9.73] berücksichtigen dazu sowohl spezielle Betriebsbedingungen, wie Stoßbelastung und Betriebsdauer, als auch die mit der Teilung, dem Profil und der Eingriffszähnezahl veränderliche Belastbarkeit eines Zahnriemens. Kommt es dennoch zu ausgeprägtem Verschleiß, können verschiedene Ursachen verantwortlich sein, so daß ein eindeutiger Rückschluß erschwert wird. In **Tafel 13.9.17** sind deshalb mögliche Ursachen typischer Schadensfälle dargestellt.

Wirkungsgrad. Leistungsverluste im Zahnriemengetriebe entstehen durch Gleitreibung beim Zusammenwirken der Verzahnungen und durch innere Reibung bei Elastomerdeformation in Riemenverzahnung und Karkasse.

Die innere Reibung durch Dehnung der Zugstränge und Gleitreibung an den Bordscheiben ist im Verhältnis zu den oben genannten Leistungsverlusten dagegen vernachlässigbar.

Tafel 13.9.17. Ursachen für typische Schadensfälle bei Zahnriemengetrieben

Verschleiß an Flanken der Riemenverzahnung
Umfangskraft zu hoch, Scheibenteilung (und damit Außendurchmesser) falsch, Oberfläche der Flanken der Scheibenverzahnung hat zu große Rauheit (für Leistungsgetriebe $R_z \leqq 12{,}5$ µm einhalten, entspricht Mittenrauhwert $R_a \leqq 3{,}2$ µm nach ISO 254), Vorspannung zu niedrig

Risse an Riemenzähnen
Umfangskraft zu hoch, Scheibenteilung (und damit Außendurchmesser) falsch, Scheibenverzahnung falsch, Alterung des Elastomers, Betriebstemperatur zu niedrig

Verschleiß des Zahnlückengrundes
Vorspannung zu hoch, Oberflächenrauheit der Kopfflächen der Scheibenverzahnung zu groß

Zerreißen der Zugstränge
Vorspannung bzw. Umfangskraft zu hoch, Störungen beim Zusammenwirken der Verzahnungen, Biegebelastung zu groß, Korrosion der Zugstränge aus Stahllitze bei PUR-Zahnriemen

Aufweichen des Elastomers
Zu hohe Betriebstemperatur, Lösungsmittelkontakt bei PUR- bzw. Öl- oder Fettkontakt bei Chloroprene-Riemen

Seitlicher Verschleiß der Riemenkanten
Fehlerhafte Bordscheiben, ungenügende Fluchtung der Scheiben, zu große Achsneigung oder Achsschränkung

Verschleiß der Zahnriemenscheibe
Verschleißfestigkeit des Scheibenwerkstoffes zu gering

Überspringen der Verzahnung
Vorspannung zu gering, Außendurchmesser der Abtriebsscheibe zu groß

Durch die große Zahl der im Eingriff befindlichen Riemenzähne bleibt die Belastung der eingreifenden Zähne und damit die Flankenreibung klein, was noch durch den kleinen Reibwert unterstützt wird. Erst bei Überschreitung der zulässigen Umfangskraft ergeben sich ungünstige Reibungsverhältnisse, die zu erhöhter Verlustleistung führen. Viel mehr als den Wirkungsgrad beeinflussen diese jedoch das Verschleißverhalten des Zahnriemengetriebes.

Der Gesamtwirkungsgrad η_G von Zahnriemengetrieben ist, wie bei jedem Getriebe, abhängig von der Belastung und kann bis zu 98% betragen [13.9.72]. Dieser hohe Wert wird in etwa bei Nennlast erreicht. Da die absolute Größe der Leistungsverluste in erster Linie von der Belastung des Getriebes nicht beeinflußt wird, ist somit der prozentuale Anteil der Verluste bei geringen Belastungen entsprechend größer und der Wirkungsgrad insgesamt kleiner.

Geräuschverhalten. Die Kraftübertragung durch Formpaarung und die relativ kleine Masse des Zahnriemens sind wesentliche Gründe dafür, Zahnriemen gegenüber anderen Zugmitteln bei hohen Drehzahlen zu bevorzugen.

Die dabei in Abhängigkeit von der Riemengeschwindigkeit entstehenden Laufgeräusche resultieren hauptsächlich aus transversalen Trumschwingungen, dem Volumenstrom der herausgedrückten Luft während des Zahneingriffs und Resonanzschwingungen eingeschlossener Luftvolumina sowie der Reibung zwischen den Verzahnungspartnern. Hinsichtlich der Geräuschentstehung wirkt es sich deshalb besonders günstig aus, den Zahnriemen, soweit technologisch möglich, luftdurchlässig zu gestalten, also zu perforieren und die Bordscheiben unterbrochen zu gestalten, die Polygonität der Zahnscheiben zu verringern, geringe Teilungsabweichungen der Verzahnungen einzuhalten sowie den Reibwert beim Zahneingriff zu minimieren [13.9.30].

Richtwerte für zu erwartende Laufgeräusche in Abhängigkeit von den beiden einflußreichsten Parametern (Riemenbreite und Riemengeschwindigkeit) verdeutlicht **Bild 13.9.39**.

Ausgewählte Normen und Richtlinien s. Tafel 13.9.20

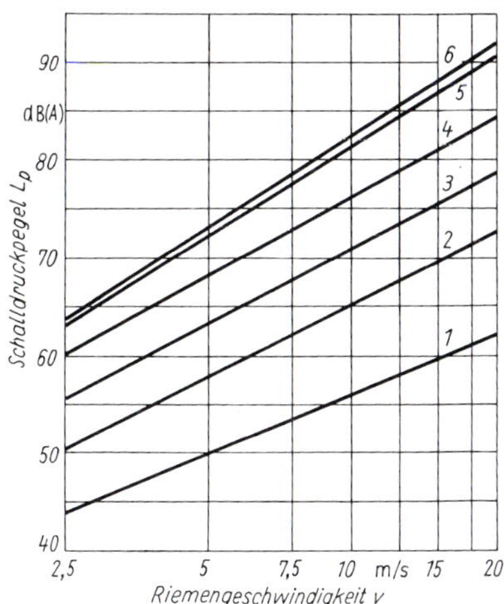

Bild 13.9.39. Richtwerte für den Schalldruckpegel L_p von Zahnriemengetrieben bei Trumkräften von etwa 6 N je mm Riemenbreite b_s (s. auch [13.9.30])

1 bis *5* Chloroprene-Riemen mit p_b = 5,08 mm (*1* b_s = 4 mm; *2* b_s = 8 mm; *3* b_s = 12 mm; *4* b_s = 16 mm; *5* b_s = 20 mm); *6* PUR-Riemen mit p_b = 5 mm, b_s = 20 mm

13.9.5. Kettengetriebe [1.15] [1.17] [13.9.2] [13.9.4] [13.9.5] [13.9.9] bis [13.9.11] [13.9.79] bis [13.9.87]

Die Bewegungs- und Kraftübertragung erfolgt bei Kettengetrieben durch Formpaarung, indem die Kette als Zugmittel in die Verzahnung der Kettenräder eingreift.
Sie werden wie Stirnradpaare bei parallelen Wellen eingesetzt und dienen vorrangig der Überbrückung großer Achsabstände.

13.9.5.1. Eigenschaften und Anwendung

Kettengetriebe haben den Vorteil, daß sie infolge der Formpaarung schlupffrei arbeiten, daß keine größere Vorspannung erforderlich ist und damit kleinere Wellen- und Lagerbelastungen auftreten. Im Vergleich zu anderen Zugmittelgetrieben können sie bei kleineren Achsabständen und kleineren Umschlingungswinkeln am kleineren Kettenrad eine größere Leistung übertragen. Zugleich sind sie bei hohen Betriebstemperaturen (z. B. in Durchlauföfen) und auch bei Einwirkung von Staub einsetzbar. Allerdings verringert sich dann die Lebensdauer.

Von Nachteil ist aber, daß infolge des sog. Polygoneffekts (s. Abschnitt 13.9.5.2.) eine Ungleichmäßigkeit der Drehbewegung entsteht und damit Beschleunigungskräfte sowie Schwingungen und in der Folge davon relativ hohe Geräusche auftreten können. Verschleiß in den Kettengelenken vergrößert außerdem die Teilung und die Neigung zum Überspringen, wodurch ein Ausgleich der Kettenlänge erforderlich wird.
Kettengetriebe sollten vorrangig bei waagerechter Betriebslage zum Einsatz gelangen. Bei senkrechten Achsen sind Gleitschienen zum seitlichen Führen vorzusehen. Ihr Einsatz in der Feinmechanik verringert sich zunehmend zugunsten der Zahnriemengetriebe (s. Abschnitt 13.9.4.; Arten von Ketten und Werkstoffe s. Abschnitt 13.9.5.3., Normen und Richtlinien s. Tafel 13.9.20).

13.9.5.2. Berechnung [1.15] [1.17] [13.9.2] [13.9.10] [13.9.11]

In den folgenden Bezeichnungen gelten Index 1 für das kleine (treibende) und Index 2 für das große (getriebene) Kettenrad. Wirkt das große Rad treibend, ist die Indizierung zu ändern.

Geometrische Beziehungen und Geschwindigkeiten. Die hauptgeometrischen Abmessungen eines einfachen Kettengetriebes mit zwei Kettenrädern zeigt **Bild 13.9.40**.

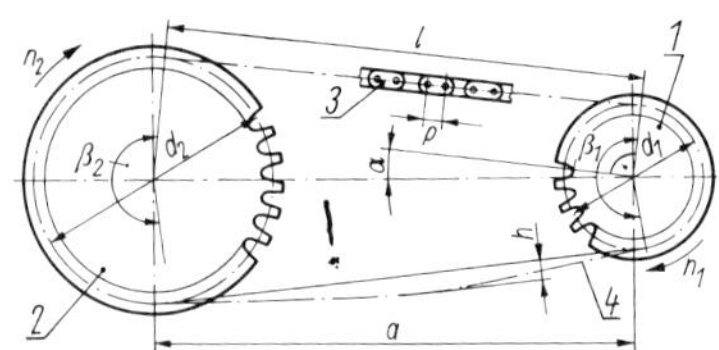

Bild 13.9.40. Hauptgeometrische Abmessungen von Kettengetrieben
a Achsabstand; *d* Teilkreisdurchmesser; *h* Kettendurchhang; *l* Länge des freien Kettenstranges; *p* Kettenteilung; α Neigungswinkel; $\beta_{1,2}$ Umschlingungswinkel
1, 2 Kettenräder (*1* treibend); *3* Lasttrum; *4* Leertrum

Für die mittlere Übersetzung gilt

$$i = n_1/n_2 = z_2/z_1 \quad (13.9.31)$$

und für die mittlere Kettengeschwindigkeit

$$v = z_1 p n_1 = z_2 p n_2; \quad (13.9.32)$$

z Zähnezahl des Kettenrades; *p* Teilung der Kette; *n* Drehzahl. Für das Zähnezahlverhältnis $u = z_2/z_1$ wählt man i. allg. Werte von $u = 1 \dots 5$ und erreicht damit auch bei kleinem Achsabstand ausreichende Umschlingungswinkel; *u* bis 7 noch normal erreichbar, *u* bis 10 nur in Sonderfällen bei Grenzwerten der Zähnezahlen und Umschlingungswinkel.

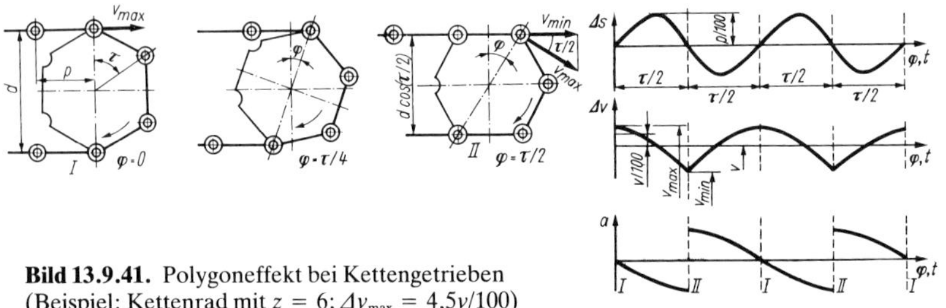

Bild 13.9.41. Polygoneffekt bei Kettengetrieben (Beispiel: Kettenrad mit $z = 6$; $\Delta v_{max} = 4{,}5v/100$)
φ Drehwinkel; τ Teilungswinkel $\tau = 360°/z$; *t* Zeit; Δs Wegänderung; Δv Geschwindigkeitsänderung; $a = \mathrm{d}v/\mathrm{d}t$ Beschleunigung (Bezeichnungen s. Bild 13.9.40)

Infolge des Polygoneffekts **(Bild 13.9.41)** (vieleckförmige Auflage der Kette auf den Kettenrädern) schwanken der wirksame Durchmesser zwischen *d* und $d \cos(\tau/2)$ und damit die Kettengeschwindigkeit sowie die momentane Übersetzung i_0

$$\begin{aligned} i_0 &= n_1/n_{20} = (\cos\varphi_1/\cos\varphi_2)(d_2/d_1) \\ &= (\cos\varphi_1/\cos\varphi_2)\,[\sin(\tau_2/2)]/[\sin(\tau_1/2)]; \end{aligned} \quad (13.9.33)$$

n_1 konstante Antriebsdrehzahl; n_{20} momentane (schwankende) Abtriebsdrehzahl; φ Drehwinkel; $\tau = 360°/z$ Teilungswinkel.

Die Schwankung der Geschwindigkeit wird mit zunehmender Zähnezahl kleiner. Man wählt deshalb bei Leistungsgetrieben für das kleine Kettenrad bei Kettengeschwindigkeiten von $v \leqq 5$ m/s mindestens 19 Zähne und bei Geschwindigkeiten von $v > 5$ m/s mindestens 25 Zähne. Die größtmögliche Umfangsgeschwindigkeit beträgt bei Kettengetrieben 40 m/s. Umschlingungswinkel β und Trumneigungswinkel α ergeben sich mit den Beziehungen in Tafel 13.9.2 (bei Vernachlässigung des Durchhangs der Kette und mit a als Achsabstand). Für das im Bild 13.9.40 dargestellte Getriebe ohne Spannrad gilt mit einem zunächst gewählten Achsabstand a_0 für die rechnerische Gliederzahl X_0 der Kette:

$$X_0 = 2a_0/p + (z_1 + z_2)/2 + (p/a_0)\,[(z_2 - z_1)/(2\pi)]^2. \qquad (13.9.34)$$

Der rechnerische Wert X_0 ist auf eine gerade Zahl $X \geqq 1{,}5\,(z_1 + z_2)$ zu runden.
Ungerade Gliederzahlen sind möglichst zu vermeiden, da sie den Einbau gekröpfter Glieder erfordern, s. auch Bild 13.9.42; kleinere Gliederzahl vermeidet man wegen größerer Häufigkeit des Abwinkelns.
Damit erhält man dann die endgültige Kettenlänge $L = Xp$ und den endgültigen (korrigierten) Achsabstand a aus

$$a = p/4\,[X - (z_1 + z_2)/2 + \sqrt{[X - (z_1 + z_2)/2]^2 - 8\,[(z_2 - z_1)/(2\pi)]^2}]. \qquad (13.9.35)$$

Die Berechnung von a ist auch mit Hilfsfaktoren bzw. Korrekturbeiwerten nach DIN 8195 möglich, s. auch [13.9.2] bzw. [13.9.11]. Bei Getrieben mit mehreren Kettenrädern empfiehlt es sich, Kettenlänge und Achsabstand an Hand einer maßstäblichen Zeichnung zu ermitteln, da sich komplizierte mathematische Beziehungen ergeben.

Abmessungen der Kettenräder s. DIN 8196.

Kräfte und Tragfähigkeit. Die Dimensionierung erfolgt so, daß zunächst eine sog. Diagramm-

Tafel 13.9.18. Tragfähigkeitsberechnung von Rollenketten
überschläglich auch für andere Ketten gültig

1. Kräfte im Lasttrum der Kette
1.1. Statische Zugkraft $F_0 = P/v$
(bei gleichmäßigem Betrieb mit Leistung P und Kettengeschwindigkeit v)
1.2. Dynamische Zugkraft $F_D = F_0 f_1$[1])
(größte Zugkraft bei ungleichmäßigem Betrieb)
1.3. Fliehzugkraft $F_f = v^2 q$
(abhängig von Kettengeschwindigkeit v und Masse q der Kette je Längeneinheit, q in kg/m; s. Abschnitt 13.9.2.2.)
1.4. Gesamtzugkraft $F_G = F_D + F_f$
2. Bruchsicherheit[2])
2.1. Statische Bruchsicherheit $S_B = F_B/F_0 \geqq 7$
2.2. Dynamische Bruchsicherheit $S_D = F_B/F_G \geqq 5$
(Bruchkraft F_B für genormte Ketten s. Herstellerangaben, sowie in DIN-Normen in den Tafeln 13.9.19 und 13.9.20; F_B für Ring-, Patent- und Hakenketten s. Tabelle in Fußnote [3]).
3. Flächenpressung im Ketten-Gelenk $p_g = F_G/A \leqq p_{zul}$
(F_G Gesamtzugkraft, A beanspruchte Gelenkfläche, p_{zul} s. Herstellerangaben)

[1]) Richtwerte $f_1 = 1{,}0$ bei gleichmäßigem Betrieb; $= 1{,}5$ bei ungleichmäßigem Betrieb (z. B. Rührwerke, Pressen); $= 2{,}0$ bei Stoßbetrieb.

$f_2 = 1/\varphi$	1,95	1,75	1,6	1,35	1,17	1,04	0,94	0,6	0,45	0,25
z_1	10	11	12	14	16	18	20	30	40	70

z_1 Zähnezahl des Kleinrades
[2]) Die hohe Bruchsicherheit ist erforderlich, um Flächenpressung $p_g \leqq p_{zul}$ zu erreichen.
[3]) Festigkeitswerte für einfache Ketten nach Tafel 13.9.19:

Kettenart	Werkstoff	Abmessungen d, s*) mm	Bruchkraft F_B N	Dehnung bei Bruch %	Belastung bei 1% Dehnung
Ringkette	CuZn-Draht	d = 1,2	95	34	37
Patentkette	CuZn-Blech	s = 0,5	460	15	170
		s = 0,8	930	16	175
Hakenkette	CuZn-Draht	d = 1,4	280	19	100
	Stahldraht	d = 2,4	1200	20	500

*) d Drahtdurchmesser; s Blechdicke

leistung P_D aus der zu übertragenden Nennleistung P und entsprechenden Faktoren berechnet wird:

$$P_D = Pf_1f_2; \qquad (13.9.36)$$

f_1 Betriebsfaktor, f_2 Zähnezahlfaktor nach DIN 8195; Richtwerte für f_1 und f_2 s. Tafel 13.9.18.

Mit P_D kann aus der Norm DIN 8195 abhängig von der Zähnezahl z_1, der Übersetzung i, der Drehzahl n_1 usw. eine geeignete Kettenart ausgewählt werden (s. a. Tafel 13.9.19). Nur bei ausgesprochenen Leistungsgetrieben ist es dann nochmals zweckmäßig, die mit der gewählten Kette übertragbare Leistung unter zusätzlicher Beachtung einer ganzen Reihe von in DIN 8195 festgelegten Faktoren (Achsabstands-, Schmierungsfaktor usw.) zu überprüfen. Danach erfolgt die geometrische Bemessung, d. h. mit Beziehungen gem. Abschnitt 13.9.5.2. werden Teilkreisdurchmesser der Kettenräder, Kettenlänge, Kettengeschwindigkeit usw. berechnet.
Daran schließt sich der Tragfähigkeitsnachweis gem. **Tafel 13.9.18** an.
Die auf jede Welle wirkende radiale Kraft F_W (s. Bild 13.9.3), die zugleich die Lager belastet, ergibt sich aus der Kettenzugkraft F_0 bzw. F_D. Näherungsweise kann $F_W \approx 1{,}5F_G$ angenommen werden.

13.9.5.3. Kettenarten, Werkstoffe, Schmierung

Kettenarten (Tafel 13.9.19). Zu den einfachsten Ketten, die vorrangig in der Feinmechanik in untergeordneten Fällen eingesetzt werden, zählt die *Ringkette* (Tafel 13.9.19/1.a). Ihre Glieder werden aus Stahl-, Messing- oder Bronzedraht gebogen und je nach geforderter Belastbarkeit offen gelassen oder durch Schweißen bzw. Löten verbunden. Patentketten (b) sind aus gestanzten Gliedern zusammengesetzt, die meist aus Messingblech von 0,5 ... 0,8 mm Dicke

Tafel 13.9.19. Kettenarten
s. auch Tafel 13.9.20

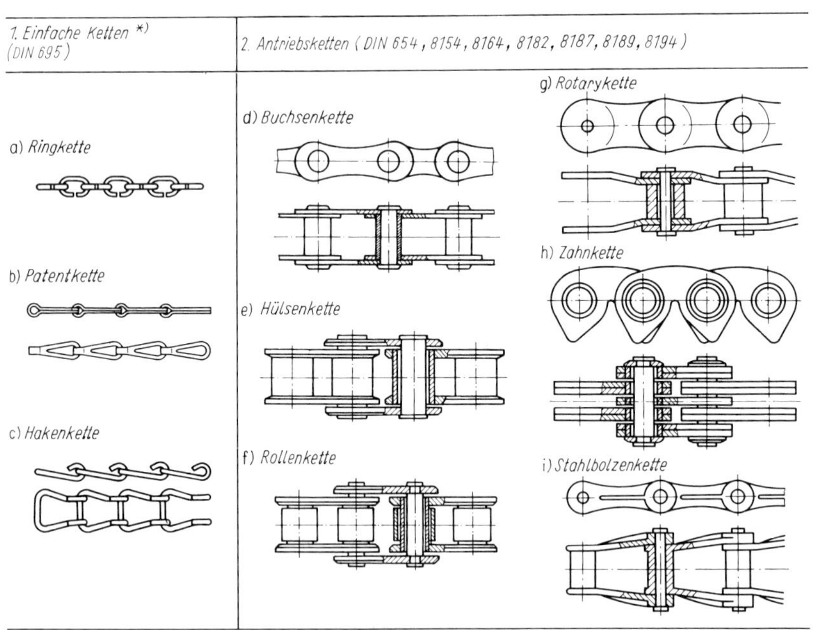

3. Last- und Förderketten (Fleyer-, Gall-, Ziehbankketten; s. DIN 8150, 8152, 8156, 8157)
4. Förderketten (Buchsenförder-, Rollenförder-, Scharnierbandketten; s. DIN 8153, 8165 bis 8168)
*) Miniatur-Kabelantriebe (Kabelketten, Kabelriemen usw.; patentiert) s. [13.6.14]

bestehen. Sie sind nicht so leicht beweglich wie die einfachen Ringketten. Aus Stahl- oder Messingdraht werden auch *Hakenketten* (c) gefertigt, deren Belastbarkeit wegen der offenen Ösen ebenfalls gering ist.

Diese einfachen Arten (a) bis (c) werden vorrangig zur Überbrückung größerer Abstände als Zug- oder Tragketten innerhalb eines Geräts, z. T. aber auch mit verzahnten oder unverzahnten Scheiben in offenen Zugmittelgetrieben eingesetzt.

Für Leistungsgetriebe kommen je nach geforderter Funktion Antriebsketten (Tafel 13.9.19/2d) bis i)) sowie Last- und Förderketten (/3. und /4.) zum Einsatz, die fast ausnahmslos in DIN genormt sind. Sie werden vom Aufbau her auch in Gelenk-, Zahn- und Gliederketten eingeteilt.

Gelenkketten setzen sich aus gelenkig verbundenen Bolzen, Hülsen und Laschen zusammen. In einfacher Ausführung werden die Laschen in Nuten der Bolzen geführt (d) und als Buchsenketten oder einfache Gallketten bezeichnet. Es werden aber auch die Laschen abwechselnd mit den Bolzen und besonderen Hülsen vernietet, wobei die Bolzen in den Hülsen geführt sind (e, Hülsenkette; g, Rotarykette). Die dann größeren Durchmesser der Hülsen setzen die Flächenpressung herab. Bei den Rollenketten umgibt man die Hülsen noch mit gehärteten Rollen (f), wodurch Reibung und Abnutzung herabgesetzt werden. Ein bekanntes Anwendungsbeispiel für (f) sind die Fahrradketten.

Zahnketten. Es werden mehrere verzahnte Laschen auf Bolzen nebeneinandergereiht (h). Die Laschen sind paarweise versetzt über die Bolzenbreite angeordnet und greifen tangential ohne Gleitbewegung in die Zahnlücken der Kettenräder ein. Dadurch sind Geräusch und Abnutzung gering. Zahnketten werden besonders dort eingesetzt, wo ein ruhiger Lauf auch bei hohen Geschwindigkeiten erforderlich ist.

Gliederketten. Hierzu gehören z. B. die Fleyerketten, die je Glied entweder zwei Innen- oder zwei Außenlaschen aufweisen.

Anwendungshinweise bzgl. weiterer in Tafel 13.9.19 gezeigter Kettenarten s. [1.15] [1.17] [13.9.2] [13.9.9] bis [13.9.11].

Verschlußglieder (Endlaschen, **Bild 13.9.42**) können erst nach Auflegen der Kette auf die Kettenräder montiert werden, sofern nicht einstellbarer Achsabstand oder abnehmbare Spannrollen vorhanden sind. Gekröpfte Verschlußglieder, die bei Ketten mit geraden Laschen und ungerader Gliederzahl einzuordnen sind, setzen die Belastbarkeit um etwa 20% herab. Sie sind deshalb zu vermeiden (s. a. Abschnitt 13.9.5.2.).

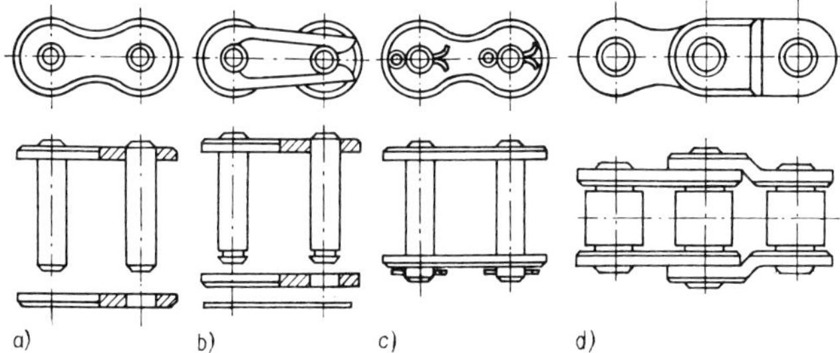

Bild 13.9.42. Verschlußglieder (Endlaschen) von Rollenketten

a) aufgesteckt und vernietet; b) eingespreizt; c) mit Splinten; d) gekröpfte Ausführung

Schmierung. Um den durch die Relativbewegung in den Kettengelenken oder an den Zahnflanken der Kettenräder bedingten Verschleiß zu vermindern, müssen die Ketten mit Fett oder Öl geschmiert werden. Abhängig von den Betriebsbedingungen kommen dabei Hand-, Tropf- oder Tauchschmierung zur Anwendung.

Sonderketten, die keiner Schmierung bedürfen, sind mit Buchsen aus Sinterwerkstoffen bzw. mit Gelenken, die Einlagen aus Kunststoffen o. dgl. enthalten, aufgebaut. Sie sind für den Einsatz unter schmierstoffempfindlichen Bedingungen (Textilmaschinen, Lebensmittelindustrie) geeignet. Für niedrige Belastungen gibt es aber auch Ketten, die vollständig aus Plastwerkstoffe bestehen.

Werkstoffe für Kettenräder. Bei geringer Beanspruchung und kleinen Geschwindigkeiten v gelangt unlegierter Stahl (St50 bis St70, C45) zum Einsatz, bei höheren Belastungen und

$v > 7$ m/s dagegen Einsatzstahl (C15, 15Cr3, 16MnCr5) oder auch höher gekohlte Stähle, gehärtet (52±4HRC). Große Kettenräder mit $d > 250$ mm fertigt man auch aus Gußeisen oder Stahlguß. Für besondere Betriebsbedingungen gelangen darüber hinaus Sintermetalle und Plastwerkstoffe (z.B. PA-GF) zur Anwendung. Die Herstellung der Kettenräder erfolgt entweder im Einzelteilverfahren mit zähnezahlabhängigen Formfräsern (bei kleinen Stückzahlen und großer Teilung) oder im Wälzfräsverfahren bei großen Stückzahlen, wenn hohe Fertigungsgenauigkeit gefordert wird (Wälzfräser mit verschiedenen Bezugsprofilen, abhängig von Kettengeschwindigkeit und Flankenwinkel); s. auch Abschnitt 13.4.15.

13.9.5.4. Konstruktive Gestaltung, Ausführungsformen

Kettenräder. Für die Ausbildung der Kettenradverzahnung gelten die in den Abschnitten 13.2. und 13.4. dargestellten allgemeinen verzahnungsgeometrischen Grundsätze. Als Gegenrad nimmt man dabei eine Zahnstange mit $z = \infty$ an. Generell sind die Zahnlücken so zu gestalten, daß beim gestreckten Abheben der Kette (**Bild 13.9.43**a) die Glieder ungehindert außer Eingriff kommen können. Außerdem müssen mit Rücksicht auf die Längung der Kette im Betrieb und zum Ausgleich von Fertigungsabweichungen Zahnfußradien und Flankenwinkel relativ große Werte aufweisen. Bei falsch bemessener Verzahnung kommt es zum Hochsteigen und Überspringen der Kette (b). Für *Rollen- und Hülsenketten* wurden alle wesentlichen Abmessungen der Kettenräder in DIN 8196 (s. Tafel 13.9.20) festgelegt. Die Zahnköpfe sind nicht als Evolventen, sondern aus Kreisbögen mit entsprechenden Radien gestaltet, um ordnungsgemäßen Eingriff entsprechend Bild 13.9.43a zu sichern. Seitliche Laufschwankungen der Kette erfordern außerdem ein Abfasen der Radbreite. Beispiele für die Gestaltung der Kettenradkörper zeigt **Bild 13.9.44**.

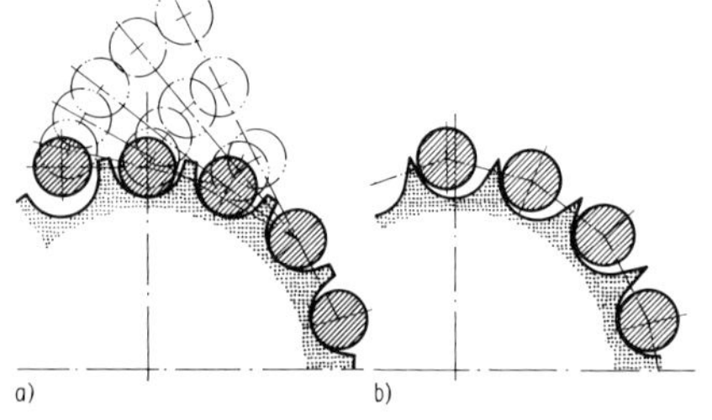

Bild 13.9.43. Eingriffsverhältnisse bei Kettengetrieben (Beispiel Rollenkette) [1.17]

a) ordnungsgemäßer Eingriff; b) Hochsteigen der Kettenbolzen bzw. -rollen bei falsch bemessenem Kettenrad

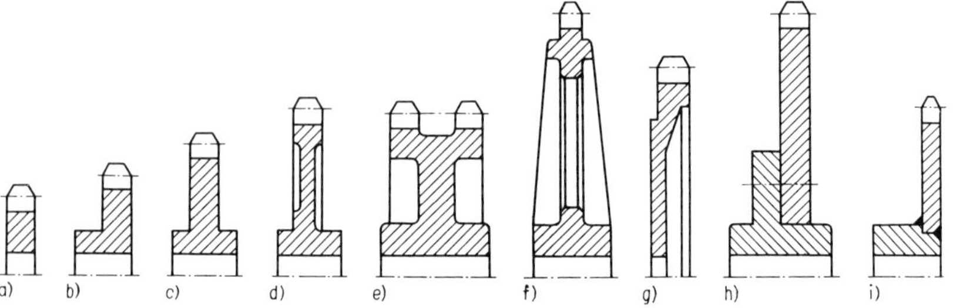

Bild 13.9.44. Kettenräder für Rollenketten [1.17] [13.9.2] [13.9.11]

a), b) spanend bearbeitet; c), d) im Gesenk geschlagen; e) bis g) gegossen; h) verschraubt; i) geschweißt

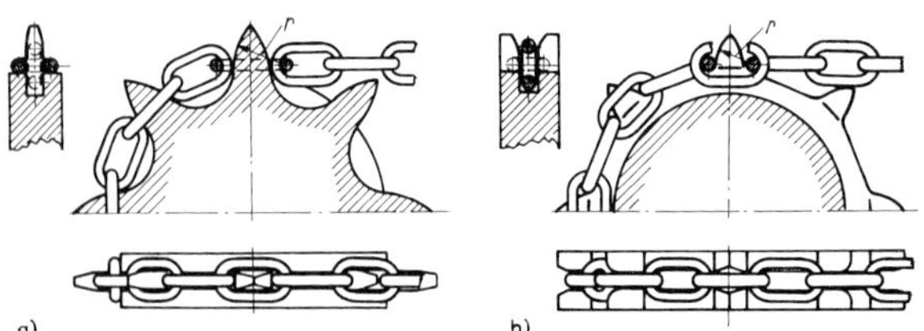

Bild 13.9.45. Kettenräder für Gliederketten

a) Einkranzverzahnung; b) Doppelkranzverzahnung

Kettenräder für *Gliederketten* **(Bild 13.9.45)** werden so ausgeführt, daß die Kettenglieder in den Zahnlücken entweder in der Radebene (a) oder senkrecht dazu liegen (b). Die entstehenden Zahnformen bezeichnet man als Einkranz- oder Doppelkranzverzahnung, wobei auch hier die Kopfflanken als Radien (r) ausgebildet sind. Bei der Einkranzverzahnung ist i. allg. eine seitliche Führung der Kette erforderlich. Bei *Zahnketten* **(Bild 13.9.46)** führt man die Kettenräder mit geraden Flanken aus.

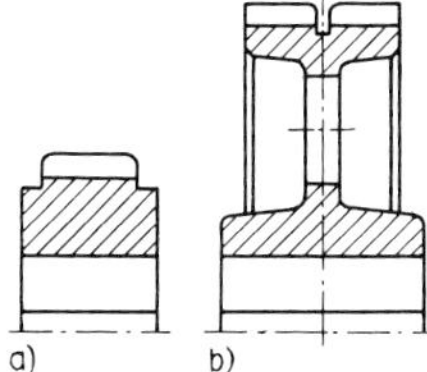

Bild 13.9.46. Kettenräder für Zahnketten
a) Kettenrad mit Außenführung, b) mit Innenführung

Kettenspanner dienen neben dem Erleichtern der Montage der Erzeugung der Vorspannung und dem Ausgleich von Längenänderungen der Kette [13.9.2]. Im einfachsten Fall ordnet man Spannräder an, die mit Feder- oder Gewichtskraft bzw. durch Exzenter gegen den Leertrum gedrückt werden **(Bild 13.9.47)**. Für kurze Ketten und solche mit kleiner Teilung werden auch Spannbänder aus Federstahl oder Spannschuhe eingesetzt **(Bild 13.9.48)**, deren Gleitflächen man zusätzlich mit Kunststoff (z. B. Polyamid) belegen kann.

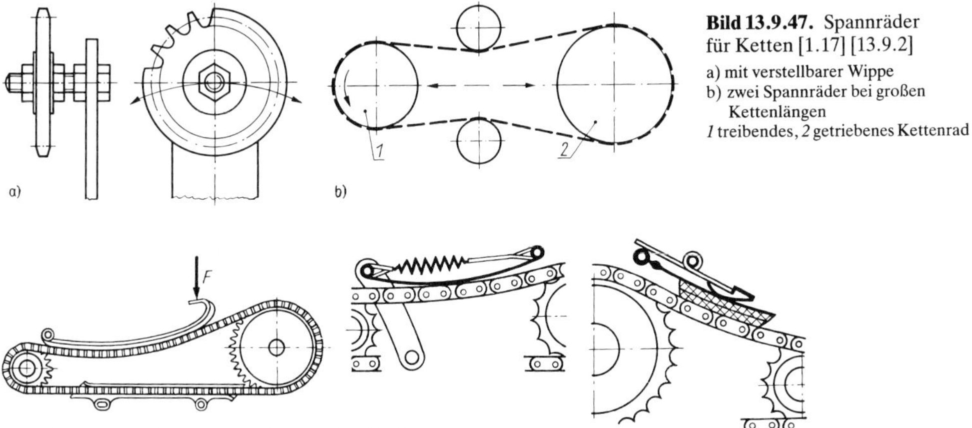

Bild 13.9.47. Spannräder für Ketten [1.17] [13.9.2]
a) mit verstellbarer Wippe
b) zwei Spannräder bei großen Kettenlängen
1 treibendes, *2* getriebenes Kettenrad

Bild 13.9.48. Bandspanner für Ketten [1.17] [13.9.2]

Kettenführungen. Bei sehr großen Achsabständen sind zur Verringerung der Wirkung der Gewichtskraft der Kette auf die Vorspannung Gleitschienen erforderlich **(Bild 13.9.49)**, die bei größeren Temperaturunterschieden zum Ausgleich der Längendehnung unterbrochen auszuführen sind. Bei senkrechter Betriebslage der Wellen (möglichst vermeiden!) muß die Kette in Gleitschienen geführt werden **(Bild 13.9.50)**, wobei aber zusätzlicher Verschleiß der Kettenlaschen entsteht.

Bild 13.9.49. Gleitschienen bei Kettengetrieben mit großem Achsabstand [13.9.2]
1 treibendes, *2* getriebenes Kettenrad

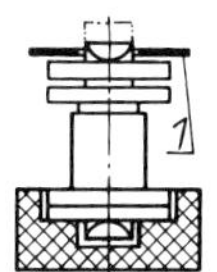

Bild 13.9.50. Gleitschiene aus Kunststoff bei Kettengetrieben mit senkrechten Wellen
1 Kettenverschluß, ist oben anzuordnen

Getriebeanordnungen (Bild 13.9.51). Der Lasttrum (ziehender Kettenstrang) ist möglichst oben anzuordnen. Abhängig von der Drehrichtung ist eine bestimmte Schräglage günstig, bei

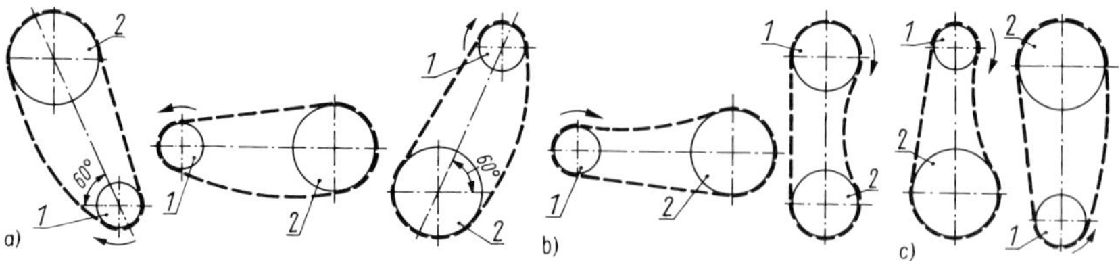

Bild 13.9.51. Anordnung von Kettengetrieben mit zwei Rädern bei horizontaler Lage der Wellen [13.9.2]
a) günstig; b) ungünstig; c) sehr ungünstig
1 treibendes, *2* getriebenes Kettenrad

einem Winkel über 60° sind jedoch Spannräder erforderlich. Der Durchhang h (s.a. Bild 13.9.40) soll etwa 2 % des Achsabstands nicht überschreiten.

13.9.5.5. Verlustleistung und Wirkungsgrad

Die Berechnung der Gesamtverlustleistung P_v und des Gesamtwirkungsgrades η_G erfolgt analog Abschnitt 13.4.14.2. Maßgebend für die Reibverlustleistung P_{vR} gem. Gl. (13.4.52) ist bei Ketten die Gelenkreibung, die bei Auflaufen auf das Kettenrad und bei Ablaufen von demselben entsteht. Um diesen Reibungsanteil klein zu halten, sind möglichst große Zähnezahlen z_1 und ein kleiner Reibwert μ in den Gelenken erforderlich.

Tafel 13.9.20. Normen und Richtlinien zum Abschnitt 13.9.

DIN- und ISO-Normen	
DIN 109 T1	Antriebselemente; Umfangsgeschwindigkeiten
DIN 109 T2	–; Achsabstände für Riementriebe mit Keilriemen
DIN 111	–; Flachriemenscheiben; Maße, Nenndrehmomente
DIN 2211	–; Schmalkeilriemenscheiben; Maße, Prüfung; Zuordnung für elektrische Maschinen
DIN 2215	Endlose Keilriemen; Maße
DIN 2216	Endliche Keilriemen; Maße
DIN 2217	Antriebselemente; Keilriemenscheiben; Maße, Werkstoffe, Prüfung
DIN 2218	Endlose Keilriemen für den Maschinenbau; Berechnung der Antriebe, Leistungswerte
DIN 7753	Endlose Schmalkeilriemen für den Maschinenbau; Maße, –, –
DIN 7867	Keilrippenriemen und -scheiben
ISO 254	Riementriebe, Riemenscheiben
DIN 7721-1	Synchronriementriebe; metrische Teilung, Synchronriemen
DIN 7721-2	–; Zahnlückenprofil für Synchronscheiben
DIN ISO 5294	–; Scheiben
DIN ISO 5296-1	–; Riemen, Zahnteilungskurzzeichen MXL, XL, L, H, XH und XXH; Metrische und Inch-Maße
DIN ISO 5296-2	–; Riemen, Zahnteilungskurzzeichen MXL und XXL; Metrische Maße
DIN ISO 9010	–; Riemen für den Kraftfahrzeugbau
ISO 5288	Synchron-Riementriebe; Begriffe
ISO 5295	Synchronriemen; Berechnung der Nennleistung und des Antriebsachsabstandes
ISO 9011	Synchronriementriebe; Scheiben für den Kraftfahrzeugbau
DIN 654	Stahlbolzenketten; Maße, Befestigungsglieder
DIN 685, 762 bis 766	Geprüfte Rundstahlketten
DIN 686	Zerlegbare Gelenkketten; Maße
DIN 695	Anschlagketten; Hakenketten, Ringketten, Einzelteile
DIN 8150	Gallketten
DIN 8152	Fleyerketten
DIN 8153	Scharnierbandketten
DIN 8154	Buchsenketten mit Vollbolzen; Amerikanische Bauart
DIN 8156	Ziehbankketten ohne Buchsen
DIN 8157	Ziehbankketten mit Buchsen
DIN 8164	Buchsenketten
DIN 8165 bis 8168	Förderketten mit Voll- und Hohlbolzen, Bauart FV und FVT, ISOBauart M, MT und MC

Tafel 13.9.20. Fortsetzung

DIN 8181, 8184, 8185, 8187, 8188, 8189	Rollenketten
DIN 8182	Rotaryketten
DIN 8194	Stahlgelenkketten; Ketten und Kettenteile; Bauformen, Benennung
DIN 8195	Rollenketten, Kettenräder; Auswahl von Kettentrieben
DIN 8196	Verzahnung der Kettenräder für Rollenketten nach DIN 8181
Richtlinien	
VDI 2127	Getriebetechnische Grundlagen; Begriffsbestimmungen der Getriebe
VDI 2159	Emissionskennwerte technischer Schallquellen; Getriebegeräusche
VDI 2758	Riemengetriebe

Zusätzlich tritt zwischen Kette und Kettenradzähnen sowie zwischen den Laschen Reibung auf. Der durch P_{vR} infolge Gelenkreibung bedingte Wirkungsgrad von Rollen- und Zahnkettengetrieben liegt bei $\eta_R \approx 0{,}97 \ldots 0{,}98$, der Gesamtwirkungsgrad je Getriebestufe bei $\eta_G \approx 0{,}96$. Eine Zusammenstellung ausgewählter Normen und Richtlinien zum Abschnitt 13.9. enthält **Tafel 13.9.20**.

13.9.6. Berechnungsbeispiel

Aufgabe 13.9.1. Zahnriemengetriebe für ein Haushaltgerät

Der Antrieb eines Haushaltgerätes erfolgt durch einen Elektromotor der Leistung $P = 10\,\mathrm{W}$. Die Antriebsdrehzahl beträgt $n_1 = 3000$ U/min, die Übersetzung $i = 5$ und der Achsabstand $C \approx 30$ mm. Das Gerät soll täglich etwa 1 h betrieben werden. Für das einzusetzende Zahnriemengetriebe ist eine minimale Baugröße gefordert.
Das Getriebe ist zu berechnen.

Lösung

1. Berechnung der Hauptgeometrie

- Wahl des Riementyps: PUR-Zahnriemen.
- Wahl der Riementeilung: nach Tafeln 13.9.9 und 13.9.12 wird ein Riemen T 2,5 gewählt mit der Teilung $p_b = 2{,}5$ mm.
- Abtriebsdrehzahl; Gl. (13.9.20):

$$n_2 = \frac{n_1}{i} = \frac{3000\ \mathrm{U/min}}{5} = 600\ \mathrm{U/min}.$$

- Wirkdurchmesser; Gl. (13.9.21 b):
  Nach Tafel 13.9.12 gilt $z_{\mathrm{pmin1}} = 10$,
  gewählt werden $z_{p1} = 10$ und $z_{p2} = 50$.
  Damit ergibt sich

$$d_1 = \frac{p_b}{\pi} z_{p1} = \frac{2{,}5\ \mathrm{mm}}{\pi} \cdot 10 = 7{,}96\,\mathrm{mm}; \qquad d_2 = \frac{p_b}{\pi} z_{p2} = \frac{2{,}5\ \mathrm{mm}}{\pi} \cdot 50 = 39{,}79\,\mathrm{mm}.$$

- Riemenlänge (überschläglich); Gl. (13.9.24 b):

$$L_p \approx \frac{\pi}{2}(d_2 + d_1) + 2C + \frac{(d_2 - d_1)^2}{4C},$$

$$L_p \approx \frac{\pi}{2}(39{,}79 + 7{,}96) + 2 \cdot 30 + \frac{(39{,}79 - 7{,}96)^2}{4 \cdot 30}\ \mathrm{mm}; \qquad L_p \approx 143{,}4\ \mathrm{mm}.$$

- Standard-Riemenlänge: Gewählt wird ein Riemen T2,5/58 mit $L_p = 145$ mm und $z_b = 58$ [13.9.69].

- Achsabstand (überschläglich); Gl. (13.9.23):

$$C^* \approx \frac{p_b}{4}\left[\left(z_b - \frac{z_{p1} + z_{p2}}{2}\right) + \sqrt{\left(z_b - \frac{z_{p2} + z_{p1}}{2}\right)^2 - \frac{2}{\pi^2}(z_{p2} - z_{p1})^2}\right],$$

$$C^* \approx \frac{2{,}5\ \mathrm{mm}}{4}\left[\left(58 - \frac{10 + 50}{2}\right) + \sqrt{\left(58 - \frac{50 + 10}{2}\right)^2 - \frac{2}{\pi^2}(50 - 10)^2}\right], \qquad C^* \approx 30{,}9\,\mathrm{mm}.$$

2. *Berechnung der Riemenbreite;* Gl. (13.9.27):

$$b_s = \frac{1000PS_D}{F'_1 v z_m K} + 0{,}3p_b$$

mit b_s und p_b in mm; P in kW; F'_1 in N/mm; v in m/s;

- Sicherheitsfaktor: $S_D = 1{,}2$ (gewählt);
- zulässige Umfangskraft F'_1 je mm tragender Riemenbreite und je bei der kleinen Scheibe in Eingriff befindlichem Riemenzahn (nach Tafel 13.9.13): $F'_1 = 0{,}8$ N/mm;
- Riemengeschwindigkeit: $v = \dfrac{d_1 n_1}{19{,}1}$

mit v in m/s; d_1 in mm; n_1 in U/min

$$v = \frac{0{,}00796 \cdot 3000}{19{,}1}\ \text{m/s} = 1{,}25\ \text{m/s};$$

- Minderungsfaktor: nach Bild 13.9.28 gilt $K = 0{,}55$;
- Eingriffszähnezahl an der kleinen Scheibe; Gl. (13.9.22):

$$z_{m1} = \frac{z_{p1}}{2} - \frac{p_b z_{p1}}{2\pi^2 C}(z_{p2} - z_{p1}), \qquad z_{m1} = \frac{10}{2} - \frac{2{,}5 \cdot 10}{2\pi^2 30{,}9}(50 - 10) = 3{,}36;$$

- Riemenbreite

$$b_s = \left(\frac{1000 \cdot 0{,}01 \cdot 1{,}2}{0{,}8 \cdot 1{,}25 \cdot 3{,}36 \cdot 0{,}55} + 0{,}3 \cdot 2{,}5\right)\text{mm} = 7{,}24\ \text{mm}.$$

- Standard-Riemenbreite: Gewählt wird eine Riemenbreite $b_s = 10$ mm [13.9.69].

Literatur zum Abschnitt 13.9.

(Grundlagenliteratur s. Literatur zum Abschnitt 1.)

Bücher, Dissertationen

[13.9.1] *Schlottmann, D.:* Auslegung von Konstruktionselementen. Berlin: Springer-Verlag 1995.

[13.9.2] *Niemann, G.; Winter, H.:* Maschinenelemente. Bd. III. Schraubrad-, Kegelrad-, Schnecken-, Ketten-, Riemen-, Reibradgetriebe, Kupplungen, Bremsen, Freiläufe. 2. Aufl. Berlin, Heidelberg: Springer-Verlag 1983.

[13.9.3] *Czichos, H.; Habig, K. H.:* Tribologie-Handbuch. Braunschweig/Wiesbaden: Verlag Friedrich Vieweg & Sohn 1992.

[13.9.4] *Rachner, H. G.:* Stahlgelenkketten und Kettentriebe. Berlin, Heidelberg: Springer-Verlag 1962.

[13.9.5] *Bauer, R.; Schneider, G.:* Maschinenteile. Bd. III. Hülltriebe und Reibradgetriebe. 6. Aufl. Leipzig: Fachbuchverlag 1975.

[13.9.6] *Funk, W.:* Zugmittelgetriebe. Grundlagen, Aufbau, Funktion. Berlin, Heidelberg, New York: Springer-Verlag 1995.

[13.9.7] *Arntz-Optibelt-KG:* Technisches Handbuch für Optibelt-Antriebselemente. 3. Aufl. Höxter: 1989.

[13.9.8] *Krause, W.; Metzner, D.:* Zahnriemengetriebe. Berlin: Verlag Technik 1988; Heidelberg: Dr. Alfred Hüthig Verlag 1988.

[13.9.9] *Zollner, H.:* Kettentriebe. Betriebsbücher (30). München: Carl Hanser Verlag 1966.

[13.9.10] *Berents, R.,* u. a.: Handbuch der Kettentechnik. Einbeck: Verlag Arnold & Stolzenberg 1989.

[13.9.11] *Müller, J.:* Rollenkettengetriebe. Berlin: Verlag Technik 1984.

[13.9.12] *Gohl, W.,* u. a.: Elastomere, Dicht- und Konstruktionswerkstoffe. 3. Aufl. Grafenau: Lexika-Verlag 1983.

[13.9.13] *Steinhilper, W.; Röper, R.:* Maschinen- und Konstruktionselemente, Bd. 3: Reibrad-, Zugmittel- und Zahnradgetriebe. Berlin, Heidelberg, New York, Tokio: Springer-Verlag 1989.

[13.9.14] AWF-VDMA. VDI-Getriebe – Heft 6004. Zugmittelgetriebe. Hrsg.: Ausschuß für wirtschaftliche Fertigung e. V., Berlin und Frankfurt a. M.

[13.9.15] *Schleims, K. D.:* Reibschlüssige Zugmittelgetriebe in Keilrillenscheiben. Habil.-Schrift TH Braunschweig 1968.

[13.9.16] *Schrimmer, P.:* Profilverformung und Betriebsverhalten von Keilriemen. Diss. TU Braunschweig 1971.

[13.9.17] *Raths, W.:* Beitrag zur Konstruktion und Berechnung von Flachriemengetrieben. Diss. TU Chemnitz 1972.

[13.9.18] *Pomp, D.:* Beitrag zur Bestimmung der Zeitfestigkeit von Schmalkeilriemen. Diss. TU Chemnitz 1973.

[13.9.19] *Conrad, J.:* Beitrag zur konstruktiven Bearbeitung von Zugmittelgetrieben mit kegelförmigen Reibscheiben in Ganzmetallausführung. Diss. TU Chemnitz 1975.

[13.9.20] *Bergmann, M.:* Beitrag zur Ermittlung des Wirkungsgrads von Breitkeilriemen. Diss. TU Dresden 1976.

[13.9.21] *Brand, S.; Rösner, H.; Siegemund, W.:* Übertragungsverhalten von Zahnrad- und Zahnriemengetrieben kleiner Moduln. Diss. TU Dresden 1974.

[13.9.22] *Köster, L.:* Untersuchung der Kräfteverhältnisse in Zahnriemengetrieben. Diss. Universität Hamburg 1981.

[13.9.23] *Metzner, D.:* Scheibengeometrie und Verschleißverhalten von Zahnriemengetrieben. Diss. TU Dresden 1982.

[13.9.24] *Urbansky, N.:* Belastungsverhältnisse in Zahnriemengetrieben. Diss. TU Dresden 1983.

[13.9.25] *Rak, J.:* Wirkungsgrad von Zahnriemengetrieben. Diss. TU Dresden 1983.

[13.9.26] *Spensberger, A.:* Optimale Bemessung und Standardisierung von Zahnriemenscheiben. Diss. TU Dresden 1986.

[13.9.27] *Tran Vinh Hung:* Kinematische Genauigkeit von Zahnriemengetrieben. Diss. TU Dresden 1987.

[13.9.28] *Nagel, T.:* Vergleichende Untersuchungen zu Verschleißverhalten und Übertragungsgenauigkeit von Zahnriemengetrieben. Diss. TU Dresden 1990.
[13.9.29] *Jansen, U.:* Geräuschverhalten und Geräuschminderung von Zahnriementrieben. Diss. TU Aachen 1990.
[13.9.30] *Böttger, A.:* Lärmminderung von Polyurethanzahnriemen-Getrieben. Diss. TU Dresden 1995.
[13.9.31] *Vollbarth, J.:* Übertragungsgenauigkeit von Zahnriemengetrieben in der Lineartechnik. Diss. TU Dresden 1998.

Aufsätze

[13.9.40] *Hain, K.:* Periodische Bandgetriebe. ZVDI 95 (1953) 6, S. 192 und: Sechsgliedrige periodische Bandgetriebe (Zugmittelgetriebe). Konstruktion 6 (1954) 4, S. 145.
[13.9.41] *Lutz, D.; Schlums, K.-D.:* Berechnung von Seilantrieben mit Keilanpressung in der Scheibenrille. Konstruktion 18 (1966) 2, S. 41.
[13.9.42] *Dedner, W.:* Zum Drehschwingungsverhalten von offenen Flachriementrieben. Feinwerktechnik 72 (1968) 10, S. 498.
[13.9.43] *Tope, H.-G.:* Die Übertragungsgenauigkeit der Drehbewegung von Keil- und Flachriemen und deren Prüfung mit seismischen Drehschwingungsaufnehmern. Konstruktion 20 (1968) 2, S. 59.
[13.9.44] *Horowitz, B.; Cheorghiu, N.:* Messung der Vorspannung bei Riementrieben. Maschinenmarkt 75 (1969) 11, S. 177.
[13.9.45] *Neu, K.:* Koaxiale Riemenantriebe. Antriebstechnik 11 (1972) 1, S. 1.
[13.9.46] *Bätge, J.:* Auslegung von Band- und Seilantrieben für die Handhabungstechnik. Konstruktion 49 (1997) 9, S. 19.
[13.9.47] *Raths, W.:* Berechnung der Tragfähigkeit von Flachriemengetrieben unter Benutzung von mittleren Reibungszahlen. Maschinenbautechnik 23 (1974) 11, S. 483.
[13.9.48] *Pomp, D.:* Bestimmung der Zugfestigkeit von Schmalkeilriemen als Qualitätskriterium. Maschinenbautechnik 23 (1974) 11, S. 493.
[13.9.49] *Simon, L.:* Dynamisches Verhalten eines stufenlos verstellbaren Riemengetriebes mit hyperboloidischen Riemenscheiben. Maschinenbautechnik 23 (1974) 11, S. 505.
[13.9.50] *Gogolin, B.:* Keilriemen – laufruhig selektiert? antriebstechnik 28 (1989) 2, S. 61.
[13.9.51] *Schönnenbeck, G.:* Mechanisch stufenlose Umschlingungsgetriebe. Konstruktion 54 (2002), Special Antriebstechnik S2, S. 58.
[13.9.52] *Tassler, H.:* Berechnung und Dimensionierung von selbstspannenden Pesengetrieben. Feingerätetechnik 25 (1976) 3, S. 120.
[13.9.53] *Gerbert, B. G.:* Energieverluste und optimale Riemenspannung bei Keilriementrieben. Konstruktion 28 (1976) 2, S. 52.
[13.9.54] *Gerbert, B. G.:* Zugspannungsverteilung in der Cordeinlage von Keilriemen. Konstruktion 28 (1976) 2, S. 66.
[13.9.55] *Fischer, F. W.:* Auswirkungen der Fertigungsabweichungen von Riemengetrieben auf das dynamische Betriebsverhalten. VDI-Fortschr.-Ber. Reihe 1, Nr. 186. Düsseldorf: VDI-Verlag 1990.
[13.9.56] *Köster, L.:* Form- und kraftschlüssige Riemenantriebe. Rechnererstelltes Diagramm zur Bestimmung der geometrischen Auslegungsgrößen bei vorgegebenem Übersetzungsverhältnis. Antriebstechnik 18 (1979) 5, S. 240.
[13.9.57] *Mohr, E.:* Konstruktionsverfahren zur Lageermittlung von Spannrollen für Riemengetriebe. Maschinenbautechnik 29 (1980) 7, S. 311.
[13.9.58] *Krause, W.; Boden, R.:* Positionierantrieb auf Linearkupplungsbasis. Feingerätetechnik 26 (1977) 11, S. 501.
[13.9.59] *Böttger, A.; Nagel, T.; Vollbarth, J.:* Geräuscharme Synchronriemengetriebe. antriebstechnik 32 (1993) 5, S. 55.
[13.9.60] *Böttger, A.; Nagel, T.; Vollbarth, J.:* Teilung korrigiert – Lärm reduziert. Geräusche an Zahnriemengetrieben, Ursachen und primäre Gegenmaßnahmen. Konstruktion 45 (1993) 9, S. 275.
[13.9.61] *Vollbarth, J.; Nagel, T.; Böttger, A.:* Einsatz von Synchronriemengetrieben für die Lineartechnik. antriebstechnik 33 (1994) 7, S. 32.
[13.9.62] *Krause, W.; Metzner, D.:* Eigenschaften von Zahnriemengetrieben. Feingerätetechnik 27 (1978) 12, S. 546.
[13.9.63] *Koyama, T.*, u. a.: A study on strength of toothed belt. 1st Repord: On load distribution of toothed belt drives with the same pitch. Memoirs of the Osaka Institute of Technology. Series A: Science and Technology 23 (1979) 2, S. 357. 2nd Repord: Influence of pitch difference on load distribution. 3rd Repord: Fatigue strength and features of fracture. 4th Repord: Load distribution in case of considering in complete meshing. 5th Repord: Effect of pitch difference on fatigue strength of toothed belt. Bulletin of the ISME 22 (1979) 169, S. 982; 22 (1979) 169, S. 988; 23 (1980) 81, S. 1235; 23 (1980) 181, S. 1240.
[13.9.64] *Krause, W.; Nagel, T.; Vollbarth, J.:* Synchronriemengetriebe. Neue Entwicklungen und Erkenntnisse aus Wissenschaft und Praxis. antriebstechnik 35 (1996) 12, S. 61.
[13.9.65] *Krause, W.; Nagel, T.:* Synchronriemengetriebe – Spezielle Komponenten und innovative Antriebslösungen. antriebstechnik 37 (1998) 3, S. 58.
[13.9.66] *Köster, L.:* Der Zugkraftverlauf in Zahnriemenantrieben. Konstruktion 34 (1982) 3, S. 99.
[13.9.67] *Metzner, D.:* Belastbarkeit von Zahnriemen. Maschinenbautechnik 32 (1983) 2, S. 69.
[13.9.68] *Metzner, D.:* Konstruktive Gestaltung von Zahnriemenscheiben. Maschinenbautechnik 32 (1983) 3, S. 122.
[13.9.69] Firmenschriften Zahnriemen: Synchroflex-Zahnriemen, Firma Wilhelm Herm. Müller GmbH & Co. KG/BRD. Zahnriemen-Lineartriebe; Antreiben–Fördern–Positionieren; Breco- und Brecoflex-Zahnriemen mit aufgeschweißten Nocken, Firma Breco-Antriebstechnik/BRD. Synchrobelt HTD Zahnriemengetriebe, Firma Continental/BRD. ISORAN belt and pulley drives, Firma Pirelli/Italien. ISORAN RPP-Berechnungshandbuch, Firma Pirelli/Italien. Super-Torque-Hochleistungszahnriemen, Firma Mitsuboshi/Japan. Berechnungsunterlagen Bancollan Zahnflachriemen, Firma Bando/Japan. Power Grip Zahnriemen, Firma Gates/USA.
[13.9.70] *Krause, W.; Vollbarth, J.:* Lineare Positionierung mit Zahnriemengetrieben. Feinwerktechnik · Mikrotechnik · Mikroelektronik 106 (1998) 1–2, S. 18.

[13.9.71] *Weck, M.; Jansen, U.:* Experimentelle Ermittlung der Geräuschursachen bei Synchronriemengetrieben. Antriebstechnik 27 (1988) 6, S. 61.

[13.9.72] *Peeken, H.; Troeder, C.; Fischer, F.:* Wirkungsgradverhalten von Riemengetrieben im Vergleich. Antriebstechnik 28 (1989) 1, S. 42.

[13.9.73] *Krause, W.; Nagel, T.:* Synchronriemengetriebe – Berechnung, Miniaturisierung und Präzision. antriebstechnik 39 (2000) 12, S. 52.

[13.9.74] *Nagel, T.; Vollbarth, J.:* Richtiges Vorspannen von Synchronriemengetrieben. antriebstechnik 38 (1999) 5, S. 71.

[13.9.75] *Krause, W.:* Eigenschaften und Leistungsmerkmale von Breco-, Brecoflex- und Synchroflex-PUR-Zahnriemen. Technische Rundschau Bern 82 (1990) 19, S. 68.

[13.9.76] *Krause, W.; Nagel, T.:* Zahnriemengetriebe (Teil 1) – Grundlagen. antriebstechnik 31 (1992) 4, S. 67.

[13.9.77] *Krause, W.; Nagel, T.:* Vorspannung bei Zahnriemengetrieben. antriebstechnik 38 (1999) 2, S. 64.

[13.9.78] *Krause, W.; Nagel, T.:* Innovative Antriebslösungen mit Synchronriemen. antriebstechnik 39 (2000) 3, S. 73.

[13.9.79] *Zech, J.:* Verschleiß dynamisch beanspruchter Rollenkettengetriebe. Maschinenbautechnik 23 (1974) 11, S. 499.

[13.9.80] *Basedow, G.:* Ketten in der Antriebstechnik. Antriebstechnik 14 (1975) 2, S. 73.

[13.9.81] *Warnecke, H.:* Zahnkettentrieb – ein geräuscharmer Antrieb. VDI-Bericht 239 (1975), S. 225.

[13.9.82] *Woerlee, C. L.:* Steigern der Leistungsfähigkeit von Zahnkettenantrieben. Maschinenmarkt 82 (1976), S. 642.

[13.9.83] *Müller, J.; Klammert, A.:* Schadensanalyse von Rollenkettengetrieben. Maschinenbautechnik 26 (1977) 12, S. 559.

[13.9.84] *Gödecke, G.:* Verschleißarme Kettengelenke. Konstruktion 53 (2001) – Special Antriebstechnik I, S. 104.

[13.9.85] *Müller, J.:* Zur Ordnung von Führ- und Spanneinrichtungen. Maschinenbautechnik 30 (1981) 11, S. 500.

[13.9.86] *Müller, J.:* Schädigung an Rollenkettengetrieben mit Spanneinrichtungen. Maschinenbautechnik 30 (1981) 12, S. 550.

[13.9.87] *Rattunde, M.; Schönnenbeck, G.; Wagner, P.:* Bauelemente stufenloser Kettenwandler und deren Einfluß auf den Wirkungsgrad. VDI-Ber. 878 (1991) S. 259.

13.10. Schraubengetriebe

Zeichen, Benennungen und Einheiten

A	Fläche in mm^2
D, D_4	Außendurchmesser des Innengewindes in mm
D_1	Innendurchmesser des Innengewindes in mm
D_2	Flankendurchmesser des Innengewindes in mm
F	Kraft in N, Getriebefreiheitsgrad
H_1	Profilüberdeckung, Gewindetragtiefe in mm
H_4	Profilhöhe des Innengewindes in mm
P	Steigung in mm
R	Radius des Gewindegrundes in mm
R_1	Radius der Rundung an der Gewindespitze des Außengewindes in mm
R_2	Radius der Rundung im Gewindegrund des Außen- und Innengewindes in mm
W	Arbeit in W·s, N·m
a_c	Nennspiel an der Gewindespitze in mm
d	Außendurchmesser des Außengewindes in mm
d_1, d_3	Innendurchmesser des Außengewindes in mm
d_2	Flankendurchmesser des Außengewindes in mm
f	Gelenkfreiheitsgrad
h_3	Profilhöhe des Außengewindes in mm
i	Übersetzung
l	Länge in mm
n	Anzahl der Getriebeglieder
p	Flächenpressung in N/mm^2
s	Weg in mm
u	Anzahl der Unfreiheiten
β	halber Flankenwinkel in °
β_n	halber Flankenwinkel im Normalschnitt in °
γ	halber Flankenwinkel in ° (bei Gewinden mit unsymmetrischem Profil ist $\beta \neq \gamma$, und γ bezeichnet kleineren Winkel, bei symmetrischem Profil ist $\beta = \gamma$)
η	Wirkungsgrad des Schraubgelenks (für Dreh-Schub-Bewegung)
η'	Wirkungsgrad des Schraubgelenks (für Schub-Dreh-Bewegung)
μ	Reibwert
ϱ, ϱ'	Reibwinkel in °
φ	Drehwinkel in rad, °
ψ	Steigungswinkel in °

Indizes

F	Flanke
L	Last
M	Mutter
R	Reibung
l	Längsrichtung

n	Normalrichtung	zul	zulässiger Wert
s	Weg	1	Getriebeglied *1*, Antrieb
t	Umfangs-, Tangentialrichtung	2	Getriebeglied *2*, Abtrieb

Ein Schraubengetriebe ist ein Getriebe, bei dem mindestens zwei Glieder durch Schraubgelenke gepaart sind. Es ist im allgemeinen dreigliedrig ausgeführt und ermöglicht zwischen Antrieb und Abtrieb eine Bewegungsumformung zwischen Drehung, Schraubung und Schiebung.

13.10.1. Bauarten, Eigenschaften und Anwendung [13.10.32]

Nach der Anzahl der Schraubgelenke unterscheidet man *Einfachschraubengetriebe* mit je einem Schraub-, Dreh- und Schubgelenk sowie *Zweifachschraubengetriebe* (Zwiesel-Schraubengetriebe) mit zwei Schraubgelenken und einem Dreh- oder Schubgelenk, deren Übertragungsfunktion dann durch die Differenz der Steigungen beider Schraubgelenke bestimmt wird. Die daraus mitunter abgeleitete Bezeichnung „Differentialschraubengetriebe" steht nicht in Übereinstimmung mit der gültigen Definition für Differentialgetriebe (s. Abschnitt 13.1., Tafel 13.1.1 [13.10.8]) und ist zu vermeiden.
Nach der Reibungsart im Schraubgelenk (s. auch Abschnitt 3.3.2.) ist des weiteren eine Unterteilung in *Gleit- und Wälzschraubengetriebe* sowie die sog. *Wälzmutter* als Sonderform möglich.
Außer diesen ordnenden Gesichtspunkten können noch weitere Merkmale herangezogen werden, die sich ausschließlich auf das Schraubgelenk beziehen, so die Gangzahl des Gewindes (z. B. eingängig, zweigängig), die Steigungsrichtung des Gewindes (rechts- oder linkssteigend) oder das Gewindeprofil (metrisches Gewinde, Trapezgewinde usw.).
Eine Übersicht über Bauarten, Eigenschaften und Anwendung der Schraubengetriebe zeigt **Tafel 13.10.1**.

13.10.2. Berechnung

Die Berechnungsgrundlagen für Schraubengetriebe lassen sich aus den im Abschnitt 4.4.4., Bilder 4.4.24 und 4.4.25, dargestellten geometrischen Beziehungen und Kräfteverhältnissen am Gewinde ableiten, wobei die Schraube als eine auf einem Zylinder abgewickelte Keilfläche angesehen werden kann.

13.10.2.1. Kinematik und geometrische Beziehungen [13.10.20] [13.10.21]

Einfachschraubengetriebe. Im **Bild 13.10.1** a ist die kinematische Kette dieses Getriebes dargestellt. Es besteht aus den Gliedern *1, 2* und *3* sowie den Gelenken *A, B* und *C*. Je nachdem, welches der Glieder als Gestell, Antrieb oder Abtrieb gewählt wird, ergeben sich die im Bild (b) aufgeführten Bewegungsformen. Für die Übersetzung bei Umformung einer Dreh- in eine Schubbewegung (vgl. auch Bilder in Tafel 13.10.1/1.1) gilt:

$$i = \varphi_1/s_2 = 360°/P. \tag{13.10.1}$$

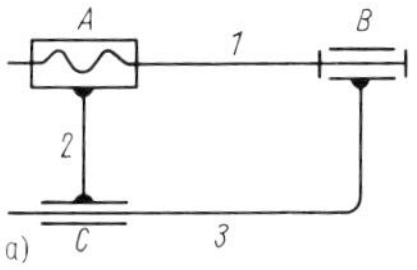

a)

b)

Gestell	Antrieb	Abtrieb	Bewegungsform Antrieb–Abtrieb
3	1	2	Drehung – Schiebung
2	1	3	Schraubung – Schiebung
1	3	2	Drehung – Schraubung
2	3	1	Schiebung – Schraubung*)
3	2	1	Schiebung – Drehung*)
1	2	3	Schraubung – Drehung

*) Antrieb als Schiebung nur möglich bei großer Gewindesteigung $\psi > \varrho'$ (s. auch Abschnitt 4.4.4.), wobei $\tan \varrho' \approx \tan \varrho/\cos \beta$ gilt

Bild 13.10.1. Einfachschraubengetriebe

a) kinematische Kette; b) Möglichkeiten der Bewegungsumformung
1, 2, 3 Getriebeglieder; *A* Schraubgelenk; *B* Drehgelenk; *C* Schubgelenk

Tafel 13.10.1. Bauarten, Eigenschaften und Anwendung von Schraubengetrieben

Bauarten	Eigenschaften, Anwendung
1. Gleitschraubengetriebe	Zwischen Paarungselementen des Schraubgelenks tritt Flächenberührung und damit Gleitreibung auf.
1.1. Einfachschraubengetriebe 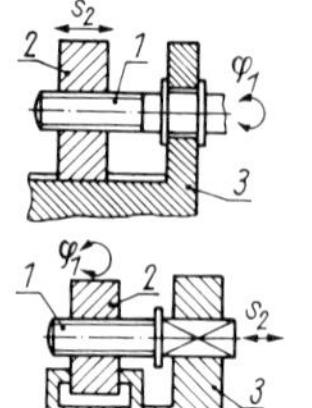 *1* Spindel; *2* Mutter; *3* Gestell	Aufbau mit je einem Schraub-, Dreh- und Schubgelenk; Dreh- und Schubgelenk können sich wahlweise zwischen Spindel und Gestellglied oder zwischen Mutter und Gestellglied befinden. Hinsichtlich der Art der Bewegungsumformung (Drehen-Schieben-Schrauben) ergeben sich daraus sechs Grundformen (s. Tafel 13.10.4).
1.2. Zweifachschraubengetriebe 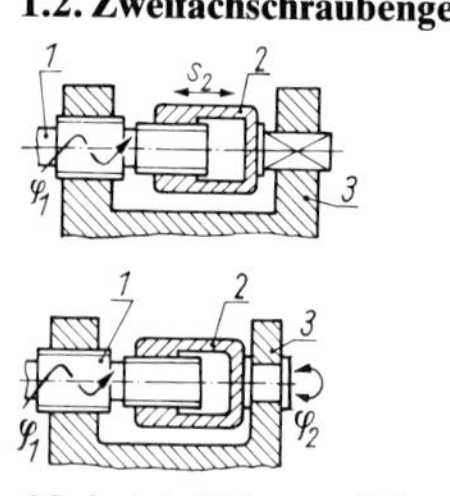 *1* Spindel; *2* Mutter; *3* Gestell	Aufbau mit zwei Schraubgelenken und einem Drehgelenk oder einem Schubgelenk, woraus sich zwei Grundformen ableiten. Vorteile der Gleitschraubengetriebe sind gute Linearität der Übertragungsfunktion, hohe Steifigkeit, gutes Dämpfungsvermögen, kleines Bauvolumen und relativ einfacher Aufbau. Von Nachteil ist niedriger Gewindewirkungsgrad ($\eta \approx 10 \ldots 30\%$). *Anwendung:* Justiereinrichtungen, Meßgeräte, Positioniersysteme, Instrumenten- u. Apparatebau, Büromaschinen, Spielzeuge u. a. m.
2. Wälzschraubengetriebe	Zwischen Paarungselementen liegt Punktberührung vor, wobei Mutter und Spindel nicht unmittelbar, sondern über Wälzkörper (Kugeln, Rollen) im Eingriff stehen, so daß vorwiegend Wälzreibung auftritt.
2.1. Kugelgewindegetriebe 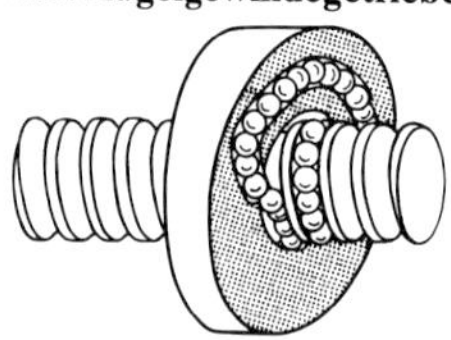	Es besteht aus Gewindespindel, Mutter mit hierzu spiegelbildlich angeordnetem Gewindeprofil und Kugelsatz zwischen Mutter und Spindel; Umlenkung der Kugeln entweder durch Umlenkstück, Umlenkrohr oder axiales Umlenksystem; wird Spielfreiheit gefordert, bietet sich verspannte Doppelmutter an. *Anwendung:* Positioniersysteme, Meßgeräte, wissenschaftlicher Gerätebau, Werkzeugmaschinen

2.2. Rollengewindegetriebe haben zwischen Spindel und Mutter einen Rollensatz. Rollen tragen anstelle eines Gewindes abstandsgleiche und zur Achse senkrechte Rillen, weisen also keine Steigung auf. Bei Drehung der Mutter um die Spindel führen Rollen axiale Bewegung relativ zur Mutter aus, wobei nach jedem Umlauf jede der Rollen in ursprüngliche Lage zurückgeführt wird.

2.3. Planetenrollengewindegetriebe dienen vorrangig der Übertragung hoher Drehzahlen (bis etwa 5000 U/min). Sie sind so aufgebaut, daß die Rollen beim Drehen der Spindel oder Mutter relativ zum jeweils anderen Element planetenartig dem Gewinde der Spindel folgen. Damit erübrigt sich Rollenrückführung.

3. Wälzmutter Sonderform der Schraubengetriebe, mit Kraftpaarung der Elemente 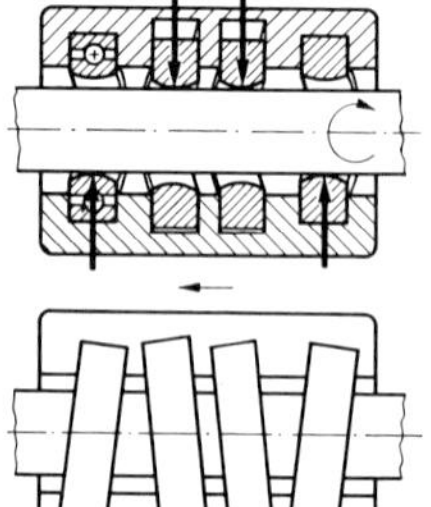	Wälzmutter hat als „Gewindespindel" glatte Welle ohne Rillen oder Gewinde. Im allgemeinen sind vier Rollringe vorhanden, deren Anordnung im Gehäuse so erfolgt, daß jeder Ring die Wellenachse unter dem Steigungswinkel kreuzt und die ballig geformten Laufflächen der Ringe auf der glatten Welle abwälzen. Steigungswinkel kann so gewählt werden, daß er beispielsweise dem Winkel genormter Gewinde entspricht, aber auch so, daß keine Selbstsperrung zwischen Mutter und Welle auftritt. Wälzmuttern zeichnen sich neben guter Linearität der Übertragungsfunktion durch relativ großen Wirkungsgrad, leichte Montagemöglichkeit, niedrige Kosten und kleines Bauvolumen aus, bieten zugleich aber auch die Möglichkeit der Überlastsicherung (Rutschkupplungseffekt).

Die Steigung P der Schraubenlinie ergibt sich aus dem Steigungswinkel ψ und dem Radius r des Schraubenzylinders (s. Abschnitt 4.4.4., Bilder 4.4.23 bis 4.4.25):

$$P = 2\pi r \tan \psi. \tag{13.10.2}$$

Man erkennt, daß für eine große Übersetzung, wie sie z. B. für Feinstellzwecke erforderlich ist, möglichst kleine Werte für ψ und damit für P zu wählen sind. Der Verkleinerung sind jedoch technologische Grenzen gesetzt.
Einen Ausweg bietet dann das Zweifachschraubengetriebe. Es entsteht, wenn man in der Kette gem. Bild 13.10.1 a entweder das Schubgelenk C oder das Drehgelenk B durch ein zweites Schraubgelenk ersetzt. Beide nachfolgend beschriebenen Varianten sind aber nur sinnvoll, wenn das Glied *3* zum Gestell wird (vgl. auch Bilder in Tafel 13.10.1/1.2).

Zweifachschraubengetriebe mit Drehgelenk [13.10.20]. Sind φ_1 der Antriebswinkel der Spindel *1*, φ_2 der Drehwinkel des Abtriebsgliedes *2*, P_1 die Steigung des Gewindes im Schraubgelenk zwischen den Gliedern *1* und *3* sowie P_2 die Steigung des Gewindes im Schraubgelenk zwischen den Gliedern *1* und *2*, gilt für die Übersetzung

$$i = \varphi_1/\varphi_2 = P_1/(P_1 - P_2). \tag{13.10.3}$$

Das bedeutet für die Fälle:
$0 < P_2 < P_1$: $\varphi_1 > \varphi_2 > 0$;
$0 < P_2 > P_1$: $\varphi_2 < 0$ ($|\varphi_1| > |\varphi_2|$);
$0 > P_2 \gtreqless P_1$: $\varphi_1 < \varphi_2 > 0$.
Bei $P_2 > 0$ ist die Steigungsrichtung der Gewinde *1* und *2* gleich (beide rechts- oder linkssteigend), bei $P_2 < 0$ ist die Steigungsrichtung von *2* der von *1* entgegengesetzt.

Dieses Getriebe ist vorteilhaft als Feinstellgetriebe einsetzbar [1.2].

Zweifachschraubengetriebe mit Schubgelenk. Sind s_1 und s_2 die Wege der Glieder *1* und *2* sowie P_1 und P_2 die Steigungen der Gewinde der Schraubgelenke wie beim vorher genannten Getriebe, gilt für die Übersetzung

$$i = s_1/s_2 = P_1/(P_1 - P_2). \tag{13.10.4}$$

Für die Steigungsrichtung der Gewinde gelten ebenfalls die vorher genannten Bedingungen.

13.10.2.2. Kräfte und Tragfähigkeit [13.10.21]

Gleitschraubengetriebe. Im Prinzip liegen die gleichen Kräfte- und Reibungsverhältnisse vor wie bei Befestigungsschrauben gem. Abschnitt 4.4.4., Bild 4.4.25; die größere Steigung wirkt sich jedoch auf den Wirkungsgrad der Gewindepaarung aus (s. auch Abschnitt 3.3.2.).
Das Muttergewinde drückt mit seinen Flanken auf die des Spindelgewindes. Man denkt sich die auf die Flanken verteilte Kraft zu einer punktförmig angreifenden Normalkraft F_n zusammengefaßt, die senkrecht auf der Spindelflanke steht.
Mit den Beziehungen im Abschnitt 4.4.4., Bilder 4.4.24 und 4.4.25, gilt:

$$\tan \psi = P/(d_2\pi), \tag{13.10.6}$$

mit P als Steigung und d_2 als Flankendurchmesser des Gewindes.

Im Normalschnitt senkrecht zur schiefen Ebene ist der halbe Flankenwinkel β_n kleiner als der im Achsschnitt liegende Winkel β. Es ist

$$\tan \beta_n = \tan \beta \cos \psi. \tag{13.10.7}$$

Durch die auf das Mutterelement axial wirkende Belastungskraft F_L werden die Gewindegänge auf Flächenpressung beansprucht. Da die Spindel- und Muttergewindeflanken zusätzlich aufeinander gleiten, entsteht außerdem Verschleiß. Um diesen in erträglichen Grenzen zu halten, darf die Flächenpressung einen bestimmten Wert nicht überschreiten. Sie ergibt sich aus dem Quotienten von Belastungskraft F_L und der zu F_L senkrechten Projektionsflächen aller tragenden Flanken. Ist l_M die Mutterlänge und P die Steigung, besitzt die Mutter l_M/P Gangwindungen. Mit d_2 als Flankendurchmesser und H_1 als Gewindetragtiefe ergibt sich:

$$p = F_L P/(l_M \pi d_2 H_1) \leqq p_{zul}, \tag{13.10.8}$$

Werte für p_{zul} s. Tafeln in den Abschnitten 3. (u. a. Tafel 3.34), 4. (Tafel 4.4.11) und 8.2. (Tafel 8.2.4).

Auf die gesamte tragende Flankenfläche A_F wirkt damit eine Normalkraft

$$F_n = pA_F. \tag{13.10.9}$$

Diese Flankennormalkraft F_n erzeugt den Reibwiderstand $F_R = \mu F_n$; mit μ als Reibwert in der Gewindepaarung. Die auf der Schraubenlinie (nicht auf der Flanke!) senkrecht stehende Kraft F_n' und die Reibkraft F_R werden zu einer Resultierenden vereinigt, die sich wiederum in die Umfangskraft F_t und die axiale Lastkraft F_L zerlegen läßt (s. Abschnitt 4.4.4., Bild 4.4.25). Aus den Kräfteverhältnissen am Gewinde geht hervor, daß die Kraft F_L mit der oben genannten Resultierenden einen von der Größe des Steigungswinkels und von der Bewegungsrichtung der Schraube bezüglich der Last abhängigen Winkel einschließt (Abschnitt 4.4.4., Bild 4.4.24). Dieser Winkel ist die Summe bzw. die Differenz der Winkel ψ und ϱ'.

Die an der Spindel wirkende Umfangskraft F_t ergibt sich aus

$$F_t = F_L \tan(\psi \pm \varrho'), \tag{13.10.10}$$

wobei das Pluszeichen der Bewegung gegen die Last und das Minuszeichen der Bewegung in Richtung der Last zugeordnet sind.

Wälzschraubengetriebe. Zur Ermittlung der Umfangskraft F_t wird ebenfalls die Gl. (13.10.10) herangezogen. Für die Tragfähigkeit ist die Hertzsche Pressung bestimmend (s. Abschnitte 3.5. und 8.2.8. sowie [13.10.25] [13.10.26]).

Die Berechnung der Zugbeanspruchung der Spindeln von Schraubengetrieben erfolgt analog der von Befestigungsschrauben (s. Abschnitt 4.4.4.). Darüber hinaus ist die Kenntnis der Knickbeanspruchung durch die Längskraft erforderlich (s. Abschnitt 3.5.).

13.10.3. Werkstoffe, Schmierung

Gleitschraubengetriebe [13.10.14]. Als Werkstoffe für Spindeln werden vorzugsweise Maschinenbau- und Vergütungsstähle eingesetzt. Die Muttern fertigt man aus Kupfer- und anderen Nichteisenmetall-Legierungen sowie aus Gußeisen und Epoxidgleitharzen. Um die Reibung in der Gewindepaarung zu minimieren, sollten die Oberflächen der Paarungselemente geschliffen werden.

Bei der Herstellung gegossener Muttern aus Epoxidgleitharz wird der Hohlraum zwischen dem Spindelgewinde und dem Trägerteil (z. B. eine Hülse) mit einer entsprechenden Formmasse ausgefüllt. Die Spindel ist allerdings vorher mit einem Trennmittel zu behandeln, um nach dem Gießvorgang ein leichtes Entformen zu gewährleisten. Zur Erzeugung des notwendigen Spitzenspiels ist außerdem ein entsprechendes Nachbearbeiten des Gewindes erforderlich.

Als Schmierstoffe für Gleitschraubengetriebe gelangen vorzugsweise die Spezialöle XF25, XFG25 und XU430 zur Anwendung; s. auch Abschnitt 8.4.

Wälzschraubengetriebe. Für die Werkstoff- und Schmierstoffwahl gelten die gleichen Gesichtspunkte wie bei Wälzlagern (s. Abschnitt 8.2.8.). Insbesondere ist auf gute Oberflächenbeschaffenheit aller Kugellaufbahnen zu achten [13.10.25] [13.10.26] [13.10.34].

13.10.4. Konstruktive Gestaltung, Ausführungsformen

Maßgebende Gesichtspunkte bei der konstruktiven Gestaltung von Schraubengetrieben sind die Wahl einer geeigneten Profilform des Gewindes, die Ausbildung der Gelenke, die Minimierung des Spiels, das Vermeiden von Überbestimmtheiten und das Steifigkeitsverhalten.

13.10.4.1. Gleitschraubengetriebe [13.10.1] [13.10.9] [13.10.23] [13.10.27] [13.10.32]

Gewindeprofilformen. Bei Getrieben kleiner Abmessungen gelangt vorrangig das metrische ISO-Gewinde (s. Abschnitt 4.4.4., Tafel 4.4.10), bei größeren Abmessungen zur Bewegungs- und Kraftübertragung in beiden Richtungen das Trapezgewinde **(Bild 13.10.2)** sowie bei großen einseitig wirkenden Kräften das Sägengewinde **(Bild 13.10.3)** zur Anwendung. In untergeordneten Fällen kommen darüber hinaus Sonderprofile zum Einsatz **(Bild 13.10.4)**. Diese können z. B. lediglich aus einer in einen Zylinder eingearbeiteten Nut bestehen, in der ein Stift geführt wird (a). Das Profil der Nut kann dabei eine beliebige Form haben. Ist eine große Steigung P erforderlich, läßt sich für eine bessere Führung das Gewinde mehrgängig ausführen. Ein zweigängiges leicht zu fertigendes Gewinde zeigt Bild (b). Die Gewindespindel *1* besteht

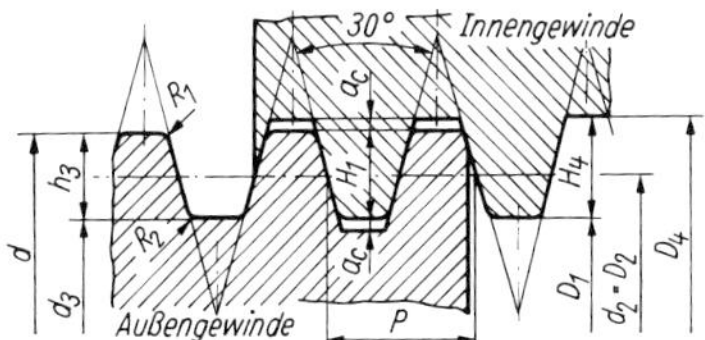

Bild 13.10.2. Trapezgewinde
(DIN 103, 380)

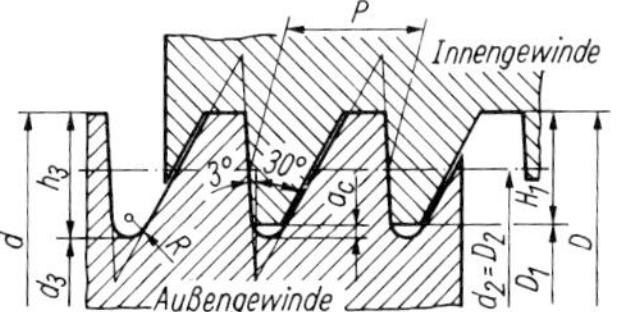

Bild 13.10.3. Sägengewinde
(DIN 513, 20401)

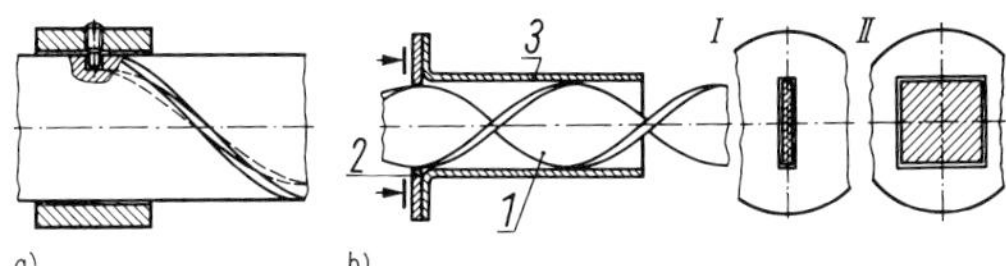

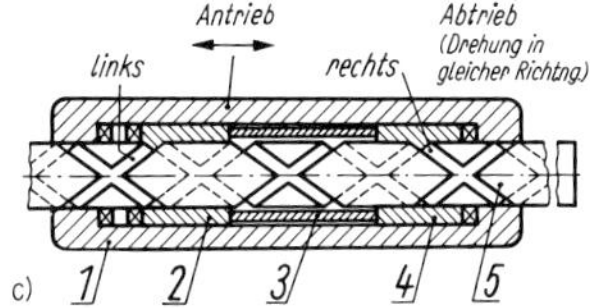

Bild 13.10.4. Gewindesonderprofile für Gleitschraubengetriebe
a) Gewindenut
b) einfaches Steilgewinde (*I*: Mutter bei Gewindespindel aus verwundenem Flachmaterial, *II*: bei Vierkantgewindespindel)
1 Gewindespindel; *2* Mutter; *3* Führungshülse
c) Spindel mit Links- und Rechtsgewinde
1 Hülse; *2* linke Mutter; *3* Distanzrohr; *4* rechte Mutter; *5* Gewindespindel

aus Flachmaterial, das entsprechend der geforderten Steigung verwunden ist. Die Mutter *2* ist eine einfache Blechscheibe mit einem ausgestanzten Rechteck, das dem Querschnitt des Flachmaterials entspricht. Die maximale Mutterhöhe und das Gewindespiel sind abhängig vom Steigungswinkel, da der Durchbruch in der Mutter gerade ausgeführt ist, der Steigungswinkel ihres Gewindes also $\psi = 90°$ beträgt. Wegen der kleinen Mutterhöhe empfiehlt es sich, noch eine gesonderte Führung *3* der Gewindespindel vorzusehen. Die Steifigkeit der Gewindespindel kann erhöht werden, wenn man entsprechend Ausführung *II* einen Vierkantstab als Halbzeug verwendet. Bei genügend großer Gewindesteigung läßt sich sowohl Rechts- als auch Linksgewinde auf einer Spindel unterbringen. Bei einer entsprechend Bild c) gestalteten Hülse *1* wird bei deren Schub in beiden Richtungen eine Drehung der Spindel *5* in gleicher Richtung erzeugt. Links- und Rechtsgewinde hat je eine Mutter *2, 4*. Die Antriebshülse *1* kuppelt sich beim Hingang mit der einen, beim Rückgang mit der anderen Mutter.

Gelenke. Die Gestaltung der Dreh- und Schubgelenke erfolgt nach den Richtlinien für Lager- und Führungen im Abschnitt 8. Für Schraubgelenke gelten die allgemeinen Gesichtspunkte gem. Abschnitt 4.4.4. Bei Zweifachschraubengetrieben ist zusätzlich zu beachten, daß eines der Glieder zwei Schraubelemente tragen muß. Jedes dieser Elementenpaare besteht aus Voll- und Hohlform **(Bild 13.10.5)**, deren Vertauschen ohne Einfluß auf den Zwanglauf bleibt.

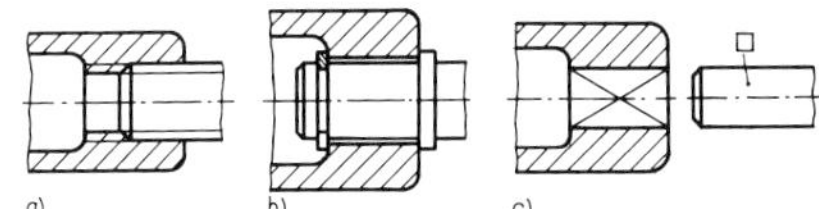

Bild 13.10.5. Elementenpaare bei Zweifachschraubengetrieben
a) Schraubgelenk; b) Drehgelenk; c) Schubgelenk

Spieleinstellung [13.10.24]. Durch das fertigungsbedingte Spiel zwischen Spindel- und Muttergewinde folgt bei einem Wechsel der Antriebsrichtung die Mutter der Spindelbewegung nicht unmittelbar („toter" Gang). Für viele Anwendungsfälle, besonders in Meßeinrichtungen, Feineinstellungen u. a., besteht aber die Forderung, das Schraubgelenk spielfrei bzw. spielarm zu gestalten. Das läßt sich entweder durch eine fest einstellbare Anordnung oder durch gefederte axiale bzw. radiale Verspannung von Getriebegliedern realisieren. Die fest einstellbaren Paarungen müssen, um die Funktionsbedingungen innerhalb der geforderten Grenzen zu halten, zeitweilig nachgestellt werden. In den meisten Fällen setzt man jedoch selbsttätig nachstellende Paarungen ein, die den Verschleiß ausgleichen und außerdem ohne Wartung die Spielarmut in weiten Grenzen gewährleisten. In der Feinmechanik erfolgt dies am häufigsten durch axial bzw. radial gegeneinander gefederte Mutterteile. Für einige Anwendungsfälle setzt man zum Spielausgleich auch Halbmuttern ein, die radial gefedert gegen die Spindel gedrückt werden.

Tafel 13.10.2 zeigt prinzipielle Möglichkeiten zur Gestaltung spielarmer Schraubgelenke. Daraus abgeleitete, bewährte konstruktive Lösungen verdeutlichen die folgenden Bilder.

Tafel 13.10.2. Spielarme Schraubgelenke [13.10.24]

Grundprinzip	A Fest einstellbare Paarung			
Arbeitsprinzip	Axial gegeneinander verstellte Mutterteile	Radial gegeneinander verstellte Mutterteile	Verkanten d. Mutterteile gegeneinander	Spindelgänge gegeneinander verstellt
Prinzipbild	1	2	3	4
Bemerkungen	Erzeugung von Steigungsabweichngn.	Verklemmung der Profile	Erzeugung von Eingriffsabweichungen	Erzeugung von Steigungsabweichungen
Grundprinzip	B Nachstellende Paarung			
Arbeitsprinzip	Axial gegeneinander gefederte Mutterteile	Radial gegeneinander gefederte Mutterteile	Gefedert gegeneinander gekantete Mutterteile	Spindelgänge gegeneinander gefedert
Prinzipbild	1	2	3	4
Bemerkungen	wie unter Grundprinzip A s. Bild 13.10.9c Weitere Möglichkeit (B5) f. kleine Wege zw. Mutter u. Spindel: Spielausgleich durch am Gestell abgestützte Feder			

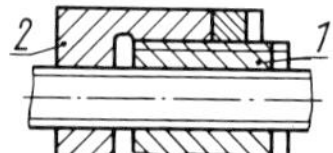

Bild 13.10.6. Axial gegeneinander verstellbare Mutterteile *1*, *2* – (Tafel 13.10.2, A1)

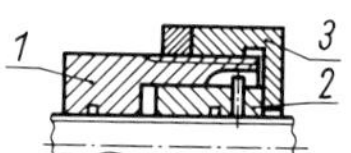

Bild 13.10.7. Axiales Verstellen der Mutterteile *1*, *2* durch Stellring *3* – (A1)

Im **Bild 13.10.6** erfolgt das axiale Verstellen beider Mutterteile gegeneinander durch ein Feingewinde. Zu beachten ist, daß dieses Einstellgewinde die Führungseigenschaften der Mutter beeinflußt. Dieser Nachteil läßt sich durch Anordnen eines zusätzlichen Stellrings vermeiden, da beide Mutterteile sich dann nicht mehr gegeneinander verdrehen **(Bild 13.10.7)**.
Diese Paarung findet auch als Feinstellgetriebe Anwendung.

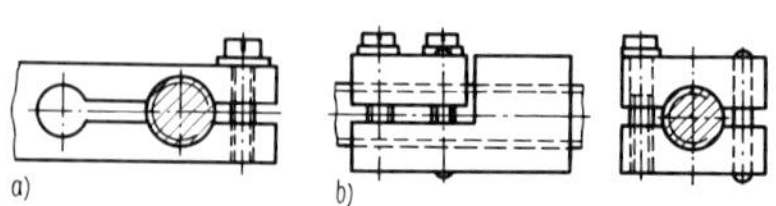

Bild 13.10.8. Radial gegeneinander verstellbare Mutterteile – (A2)
a) geschlitzte Mutter; b) zweiteilige Mutter

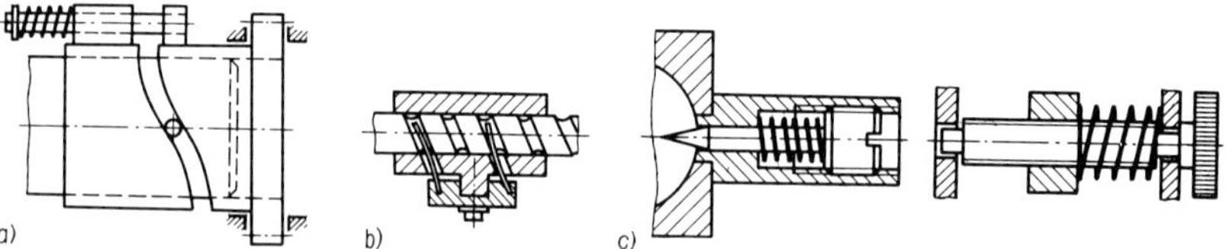

Bild 13.10.9. Axial gegeneinander gefederte Mutterteile
a) einfache Bolzen-Nut-Anordnung – (Tafel 13.10.2, B1); b) Federn als Mutterteile – (B2); c) Feder zwischen Mutter und Gestell – (B5)

Beispiele für radial gegeneinander verstellbare Mutterteile zeigt **Bild 13.10.8**.
Ein Verkanten der Mutterteile gegeneinander (A 3 in Tafel 13.10.2) führt infolge der Kantenpressung zu starkem Verschleiß und wird deshalb kaum angewendet. Desgleichen ist auch das

Verstellen der Spindelgänge gegeneinander (A 4) wegen des großen konstruktiven Aufwands in der Feinmechanik von untergeordneter Bedeutung.
Gefederte Paarungen haben den Vorteil, daß sie sich bei Verschleiß im Schraubgelenk selbst nachstellen, also wartungsfrei sind. Die Feder, die das eine Mutterteil nachstellt, kann entweder am anderen Mutterteil oder am Gestell abgestützt sein. Im ersten Fall werden beide Mutterteile stets mit konstanter Kraft verspannt, unabhängig von der Stellung der Mutter auf der Spindel, während sich im zweiten Fall mit der Entfernung der Mutter vom Gestell der Federweg der Spannfeder ändert. Zu empfehlen ist hier, Federelemente mit flacher Kennlinie zu wählen, damit sich die Kraftzunahme bei größeren Verstellungen nicht nachteilig auswirkt. Beispiele zeigt **Bild 13.10.9**.
Eine besonders einfache Konstruktion verdeutlicht die Ausführung (b), bei der die Mutter aus zwei federnden Drähten besteht, die in die Gewindenut der Spindel eingreifen. Im Beispiel (c) stützt sich die Feder gegen das Gehäuse ab. Ein Teilen der Mutter ist dabei nicht erforderlich. Bei entsprechender Gestaltung kann die Feder aber auch selbst die Funktion eines Mutterteils übernehmen **(Bild 13.10.10)**. Durch den Verschleiß werden aber die Federelemente geschwächt, so daß die Federkraft nachläßt. Im Beispiel (b) ist deshalb eine Nachstellmöglichkeit vorgesehen. Es können auch beide Mutterteile selbst als Federn ausgebildet sein, wie es bei der im **Bild 13.10.11** dargestellten Schraubpaarung eines Schraubenwiderstands zu sehen ist. Die Ausführung des Schraubgelenks mit axial geteilter Mutter gestattet es, die Mutter vollständig von der Spindel zu trennen, indem die Mutterteile um den Betrag der Gewindetiefe radial von der Spindel abgehoben werden. In dieser ausgerückten Stellung kann die Mutter schnell über eine größere Spindellänge bewegt und wieder in Eingriff gebracht werden. Bei genügend hoher Andruckkraft ist zur Erfüllung der Funktion des Schraubgelenks nur ein Mutterteil notwendig.

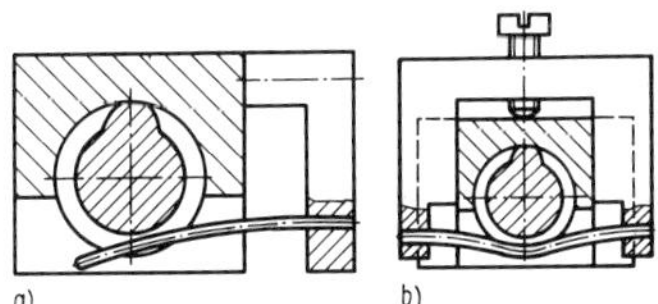

Bild 13.10.10. Radial gegeneinander gefederte Mutterteile – (B2)

a) Feder als Mutterteil; b) radiale Nachstellbarkeit der Spindel

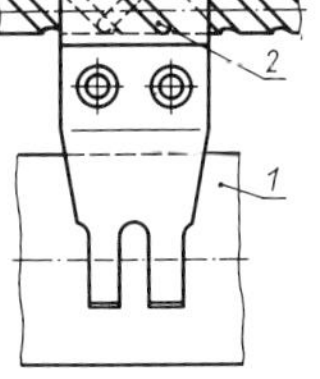

Bild 13.10.11. Schraubpaarung eines Schraubenwiderstands

1 Widerstandskörper; *2* Schleifer mit Sicken als Schraubpaarung

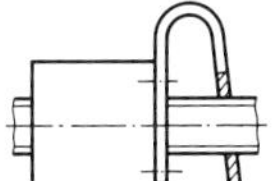

Bild 13.10.12. Gefedert gegeneinander verkantete Mutterteile – (B3)

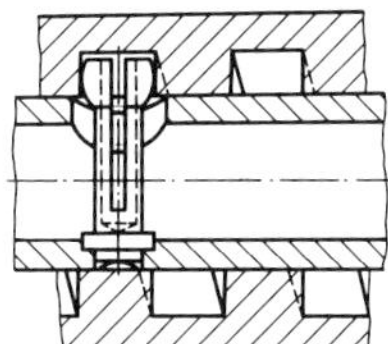

Bild 13.10.13. Gefederte Spindelgangbolzen – (B4)

Verkanten der Mutterteile zum Spielausgleich wird wegen der größeren Verschleißanfälligkeit weniger angewendet. Eine konstruktive Lösung ist im **Bild 13.10.12** angegeben. Das Federelement, hier ein Federblech, übernimmt gleichzeitig die Funktion eines Mutterteils. Die Ausführungsart der gegeneinander gefederten Spindelgänge ist am einfachsten so ausführbar, daß die Spindel aus einem dünnwandigen federnden Drückteil besteht. Mutter- und Spindelgewinde weisen einen geringen Teilungsunterschied auf. Durch die Elastizität des Spindelgewindes schmiegt sich dieses gut an die Mutterflanken an.
Wird in Umkehrung des Beispiels im Bild 13.10.4a) das Muttergewinde als Nut und das Spindelgewinde als einfacher Bolzen ausgeführt, so kann ebenfalls Spielfreiheit erreicht werden, wenn der Bolzen entsprechend **Bild 13.10.13** geteilt ist, so daß er sich an die Flanken der Nut anschmiegt.
Alle hier angeführten Konstruktionen bewirken ein Verklemmen des Gewindes, wodurch einerseits das Gewinde mehr oder weniger verschleißbeansprucht und andererseits das Schraubgelenk schwergängig wird. Beide Nachteile lassen sich z. T. beseitigen, wenn man die

gepaarten Teile einläppt (hoher Aufwand!) oder den Raum zwischen Spindel- und Muttergewinde, der durch das Gewindespiel vorhanden ist, mit einem sehr steifen Fett ausfüllt.

Ein solches Fett, als *Okularfett* oder *Bremsfett* bekannt, bringt einerseits eine verschleißmindernde Schmierwirkung, macht aber andererseits das Schraubgelenk genügend zügig durch die hohe Konsistenz. Es besteht aber die Gefahr, daß sich das Fett im Laufe der Zeit durch die Umwelteinflüsse verändert. Eine dauerhafte Spielarmut des Schraubgelenks ist somit nicht gewährleistet.

Elastizität. Das Federverhalten ist abhängig von der Steifigkeit des Gesamtsystems sowie von der zu bewegenden Masse. Ist die Gewindespindel kurz und relativ dick, so kann das Schraubengetriebe als starres System betrachtet werden. Bei einem größeren Schlankheitsgrad sind die Spindeln jedoch nachgiebig gegenüber Zug-, Druck- und Torsionsbeanspruchung, so daß dann ihre Elastizität die Übertragungseigenschaften wesentlich beeinflußt. Das Elastizitätsverhalten ist aber auch von der jeweiligen Stellung der Mutter auf der Spindel abhängig. Insgesamt muß man also bestrebt sein, daß Gesamtsystem so starr wie möglich zu gestalten, um Eigenschwingungen zu unterdrücken. Aber auch die Dehnung der Spindel, ihre Steigungsabweichungen und das Axialspiel in den Paarungselementen sind klein zu halten, da sie u. a. wesentliche Ursachen für Positionierabweichungen, z. B. bei Einsatz in Meß- und Positioniersystemen, darstellen.

Vermeiden von Überbestimmtheiten [1.2]. Die Paarung zweier Teile enthält mindestens ein Berührungspaar (Gelenk) mit einer entsprechenden Anzahl von Unfreiheiten u (Differenz ihrer vorhandenen Freiheiten f gegenüber den sechs möglichen, s. Bild 8.3.9 im Abschnitt 8.3.).

Liegt ein Mechanismus mit n Gliedern und dem Getriebefreiheitsgrad (Gesamtfreiheitsgrad) F vor, erhält man die Summe der zulässigen Unfreiheiten u aus

$$\Sigma u = 6\,(n - 1) - F. \qquad (13.10.11)$$

Tafel 13.10.3. Vermeiden von Überbestimmtheiten bei Schraubengetrieben [1.2]

Lfd. Nr.	Variante		Bemerkungen
1	Vergrößerung des Gelenkspiels		Nur dann anwendbar, wenn Genauigkeit der Bewegungsübertragung untergeordnete Rolle spielt.
2	Änderung des Schraubgelenkunfreiheitsgrades	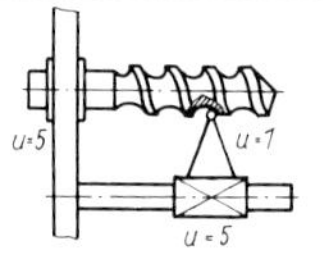	Schraubgelenk wird zu räumlichem Gelenk mit Einpunktberührung ($u = 1$); Anordnung entspricht Trommelkurvengetriebe mit axial geführtem Schubglied. Da $n = 3$, ist $u_{zul} = 11 = u_{vorh}$
3	Einführung zusätzlicher Gelenke unter Beibehaltung des Schraubgelenkunfreiheitsgrades $u = 5$	a) ein Gelenk mit $u = 2$	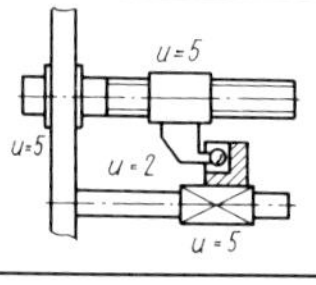 Einführung eines zusätzlichen Gelenkes mit $u = 2$ (Kugel in prismatischer Nut); Anzahl der Getriebeglieder $n = 4$, $u_{zul} = 17 = u_{vorh}$
		b) zwei Gelenke mit $u = 4$	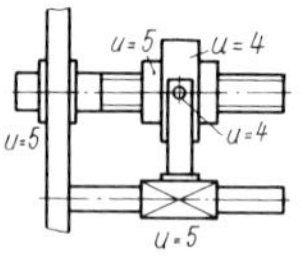 Einführung von zwei zusätzlichen Gelenken mit $u = 4$ (eine Drehung und eine Schiebung); Anzahl der Getriebeglieder $n = 5$, $u_{zul} = 23 = u_{vorh}$
		c) vier Gelenke mit $u = 5$	z. B. Mutter mit doppelt-kardanischer Aufhängung, Einführung von vier zusätzlichen Gelenken mit $u = 5$ (Drehgelenke); Anzahl der Getriebeglieder $n = 7$.
4	Ersetzen des Drehgelenkes durch Gelenk mit $u = 1$	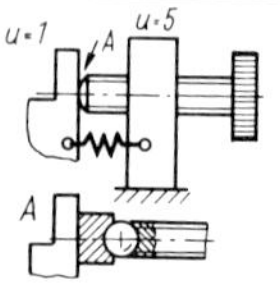	Bei A unerwünscht auftretende Punktberührung durch Einsatz einer Kombination mehrerer Teile mit Flächenberührung vermeiden.

Wird die Zahl der zulässigen Unfreiheiten überschritten, ergeben sich infolge Überbestimmtheit besondere Probleme bei der technischen Ausführung, deren Auswirkung man mit dem Begriff „Zwang" bezeichnet. Zum Beherrschen der Zwangerscheinungen gibt es entweder die Möglichkeit der Beseitigung der Überbestimmtheit durch konstruktive Maßnahmen, z. B. Änderung einzelner Koppelstellen bzw. Gelenke, oder das Zulassen der Überbestimmtheit und das Beseitigen bzw. Verringern ihrer Auswirkung, z. B. durch besondere Fertigungsmaßnahmen, wie Vergrößerung des Gelenkspiels, Justieren, elastische Bauweise oder dgl. **(Tafel 13.10.3)**.

Ausführungsformen [13.10.1] [13.10.9] [13.10.22] [13.10.27]

Einfachschraubengetriebe lassen sich gemäß den im Bild 13.10.1b dargestellten Bewegungen in sechs Grundformen einteilen, die vielfältige Ausführungsformen zu entwickeln gestatten. In **Tafel 13.10.4** ist dies an ausgewählten Beispielen verdeutlicht.

Zweifachschraubengetriebe können außer den zwei Schraubgelenken ein Drehgelenk *oder* ein Schubgelenk aufweisen. Die Grundformen dieser Getriebe sind in den Bildern der Tafel

Tafel 13.10.4. Grundformen und Ausführungsformen von Einfachschraubengetrieben gem. Bild 13.10.1

Grundform	Ausführungsformen (Beispiele)	Erläuterungen
① **Drehung in Schiebung** 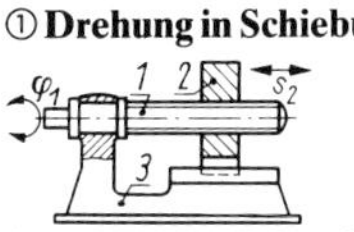 1 2 φ_1 s_2 3 (Antriebsbewegung ist Rotation, dadurch Antrieb leicht realisierbar. Schubgelenk in vielen Ausführungsformen möglich)	Fernglaseinstellgetriebe 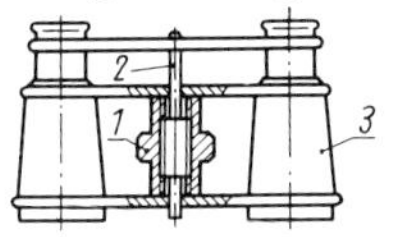 2 1 3	Schubgelenke als doppelte Rundstangenführung ausgebildet; durch Versetzen der Rundstangenachsen parallel zur Spindelachse des Antriebs *1* wird Drehung des Abtriebsgliedes *2*, das mit Rundstangen verbunden ist, verhindert; *3* Gestell.
② **Schraubung in Schiebung** 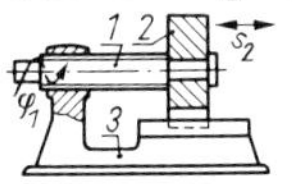 1 2 s_2 φ_1 3 (Antriebsbewegung *1* ist Schraubbewegung; deshalb muß Antrieb axiale Bewegung ausführen können, bei Handbetrieb leicht möglich)	Justiereinrichtung für Fadenkreuz 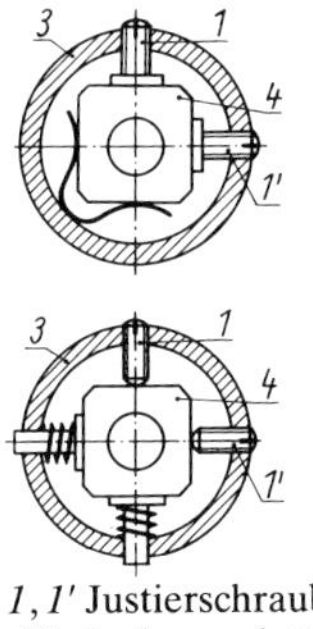 3 1 4 1' 3 1 4 1' *1*, *1'* Justierschrauben; *3* Gestell; *4* Fadenkreuzplatte	Drehgelenk zwischen Gliedern *1* und *2* ist reduziert und besteht nur aus Stirnflächen der Schrauben *1*, *1'* und Anlage an Platte *4*, die federnd abgestützt ist. Schubgelenk zwischen *2* und *3* wird von zwei parallelen Platten gebildet, befinden sich vor und hinter Platte *4* und verhindern deren Verdrehung (*2* nicht dargestellt).
③ **Drehung in Schraubung** 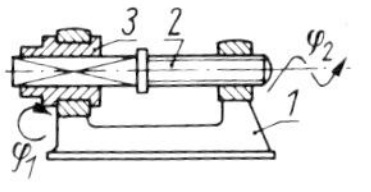 3 2 φ_2 1 φ_1	(nur untergeordnete Bedeutung, kaum angewendet)	
④ **Schiebung in Schraubung** Grundform ② mit Glied *3* als Antrieb und Glied *1* als Abtrieb (hinreichend große Steigung des Gewindes erforderlich, um Selbstsperrung zu vermeiden)	Spielzeugluftkreisel 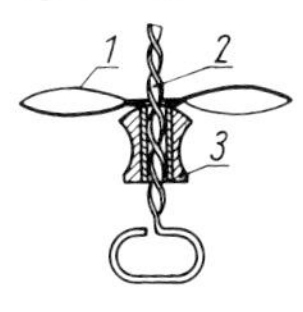 1 2 3	Durch Verschieben des Antriebsgliedes *3* führt infolge des Steilgewindes des Gliedes *2* der Propeller *1* Schraubbewegung aus. Schubgelenk zwischen *2* und *3* nicht erforderlich, da bei Umfassen des Gliedes *3* von Hand Verdrehung gegenüber Gestell *2* nicht auftritt. Da Trennung des Propellers von Antrieb beabsichtigt, kann die sonst bei Drehgelenk notwendige Gegenlage (z. B. durch Bund) entfallen (Drehgelenk zwischen *1* und *3* ist analog Grundform *2* reduziert).

Tafel 13.10.4. Fortsetzung

Grundform	Ausführungsformen (Beispiele)	Erläuterungen
⑤ Schiebung in Drehung Grundform ② mit Glied *2* als Antrieb und Glied *1* als Abtrieb	a) Drucktaste für Verschlußspannung und Filmtransport im Fotoapparat 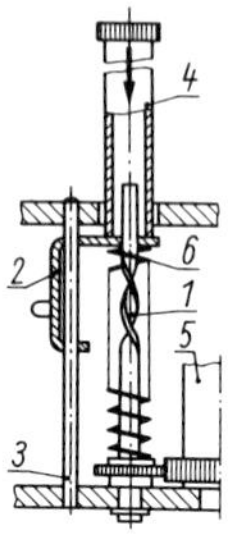	Antriebsglied *2* ist mit Drucktaste *4* fest verbunden. Glied *2* führt gegenüber Gestell *3* reine Schubbewegung aus, durch Rundstangenführung garantiert. Abtriebsglied *1* ist Gewindespindel, die Drehbewegung über Zahnräder und Freilaufkupplung auf Filmaufwickelrolle *5* überträgt. Schraubgelenk ist wie bei Beispielen ④ und ⑤b) vereinfacht. Steiles Gewinde der Spindel durch verwundenen Blechstreifen hergestellt; Muttergewinde besteht aus rechteckigem Blechausschnitt. Wird Schubglied *2* durch Taste nach unten gedrückt, führt Gewindespindel die zum Filmtransport und Verschlußaufzug notwendige Drehung aus. Feder *6* ist gleichzeitig mit gespannt und kann Taste wieder in die Ausgangsstellung zurückbewegen. Dabei auftretende Rückdrehung der Gewindespindel wird wegen Freilaufkupplung nicht auf Filmaufwickelrolle *5* übertragen.
	b) Spielzeugkreisel 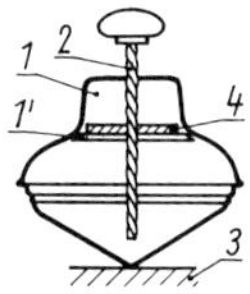	Schubgelenk zwischen Antriebsglied *2* und Gestell ist weggelassen, da wie beim Luftkreisel ④ angenommen werden kann, daß der Bedienende selbst für reine Schubbewegung sorgt (Mensch als Teil des Gestells *3* und Schubgelenk durch sehr lange Schwinge (Arm des Menschen) ersetzt vorstellen). Drehgelenk zwischen Drehspindel *1* und Gestell ist das durch Eigenmasse des Kreisels kraftgepaarte Spitzenlager. Drehspindel ist hier Kreiselkörper *1* mit Scheibe *4*. Es ist hier nicht möglich, Antriebsglied *2* lang genug auszubilden, damit gewünschte Drehzahl des Körpers *1* erreicht wird. Deshalb Möglichkeit, Antrieb in mehreren Hüben ausführen zu können, ohne daß Drehbewegung von *1* gestört wird, d. h., Rückhub des Antriebsgliedes *2* muß ohne Rückwirkung auf Kreiselkörper durchzuführen sein (Problem ist so gelöst, daß Scheibe *4*, die Muttergewinde trägt, nur lose auf dem mit Kreiselkörper fest verbundenen Zwischenboden *1'* aufliegt). Beim Antriebshub wird *4* gegen *1'* gedrückt und stellt so Reibkupplung dar. Bei Rückhub löst sich *4* von *1'* und kann sich frei bewegen. Durch ihre Eigenmasse fällt Scheibe *4* in Schraubbewegung auf Zwischenboden zurück, und es kann neuer Antriebshub erfolgen.
⑥ Schraubung in Drehung Grundform ③ mit Glied *2* als Antrieb und Glied *3* als Abtrieb	(nur untergeordnete Bedeutung, kaum angewendet)	

13.10.1/1.2 dargestellt (s. auch Abschnitt 13.10.2.). Die daraus abgeleiteten Ausführungsformen zeichnen sich trotz großer zu realisierender Übersetzung durch eine sehr raumsparende Bauweise aus. Das Antriebsglied, die Spindel, kann sowohl mit zwei Außengewinden als auch mit einem Außen- und einem Innengewinde ausgeführt werden, wobei dann eine sehr kleine axiale Baugröße entsteht (Gewinde lassen sich ineinanderschachteln). **Bild 13.10.14** zeigt ein solches Getriebe für eine Drehmeißelfeinverstellung. Im **Bild 13.10.15** ist die Anwendung am

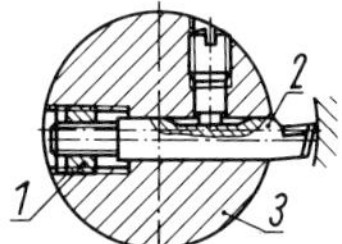

Bild 13.10.14. Bohrstange mit Drehmeißelfeinverstellung
1 Schraubglied mit ineinandergeschachteltem Außen- und Innengewinde; *2* Drehmeißel; *3* Bohrstange

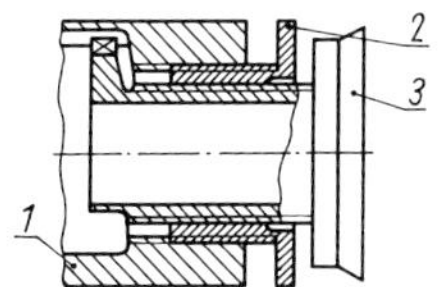

Bild 13.10.15. Feinstellgetriebe für Fotoobjektiv
1 Gestell; *2* Bedienteil; *3* Objektivtubus

Beispiel eines Fotoobjektivs verdeutlicht. Das Bedienteil *2* ist außen mit dem Gewinde der Steigung P_1 und innen mit P_2 versehen. Die Steigungsrichtung beider Gewinde ist unterschiedlich, so daß die Verschiebung des Teils *3* gegenüber dem Gestell *1* je Umdrehung des Teils *2* der Differenz $P_1 - P_2$ entspricht.

Prinzipiell ist es bei Zweifachschraubengetrieben auch denkbar, alle drei Gelenke als Schraubgelenke auszuführen. Ausführungsformen dafür sind jedoch nicht bekannt. Dagegen ist es möglich, alle drei Gelenke der im Bild 13.10.1 dargestellten Kette als Schubgelenke auszuführen. Dies führt auf die *Keilschubgetriebe*, die sowohl als Übersetzungsgetriebe vorrangig zur Feinstellung [1.2] als auch zur Umleitung der Bewegungsrichtung mit der Übersetzung $i = 1$ zum Einsatz gelangen. Wegen ihrer geringen Verbreitung werden sie im Rahmen dieses Buches nicht in einem gesonderten Abschnitt behandelt, sondern lediglich durch einige Beispiele belegt:

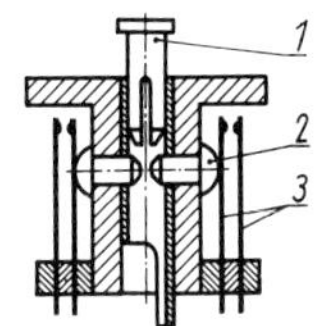

Bild 13.10.16. Anwendungsbeispiel für Keilschubgetriebe (Schaltbuchse)
1 Bananenstecker; *2* Schaltstift; *3* Kontakte

Bei der im **Bild 13.10.16** dargestellten Schaltbuchse bilden der Bananenstecker *1* den Längsstößel und die Schaltstifte *2* den Querstößel. Die Bewegung des Steckers wird über die Schaltstifte zum Schalten der Kontakte *3* benutzt. Meist trägt der Stößel *1* die maßgebende Keilfläche, doch kann sie auch am Stößel *2* angeordnet sein. Es ist aber darauf zu achten, daß der funktionsbestimmende Keilwinkel stets der Winkel zwischen der Bewegungsrichtung des Stößels *1* und der Keilfläche ist. Bei der Schaltbuchse ist nicht garantiert, daß der verwendete Bananenstecker den nötigen Keilwinkel hat; deshalb sind die Schaltstifte mit Keilflächen zu versehen.
Bei einem Zylinderschloß (s. Abschnitt 9., Bild 9.26) sind am Schlüssel mehrere Keilflächen angebracht. Beim Einführen des Schlüssels werden durch diese Keilflächen die Zylinderstifte und von diesen die Mantelstifte gehoben. Die Tiefe der Kerbe ist in Verbindung mit der Zylinderstiftlänge maßgebend für die Stellung der Trennfuge zwischen Zylinderstift und Mantelstift. Erst wenn alle Stifte die Trennfuge zwischen Zylinder und Mantel freigeben, läßt sich der Zylinder drehen.

13.10.4.2. Wälzschraubengetriebe [13.10.23] [13.10.26] [13.10.28] [13.10.34] [13.10.41]

Wälzschraubengetriebe sind einbaufertige Einheiten, die große Positioniergenauigkeiten auch bei kleinen Geschwindigkeiten gewährleisten. Den im Vergleich zu Gleitschraubengetrieben wesentlich höheren Herstellungskosten und Grenzen der Miniaturisierung steht als Vorteil der größere Wirkungsgrad gegenüber (meist 90 bis 95 %). Trotz der Anordnung von Wälzkörpern im Schraubgelenk und der Wälzbewegung läßt sich die Gleitreibung jedoch nicht völlig ausschalten. Es liegt i. allg. ein Gleitwälzen mit einem meist sehr kleinen teilungsabhängigen Gleitanteil vor (s. auch Abschnitt 3.3.2.).
Wie bei den Wälzlagern (s. Abschnitt 8.2.8.) lassen sich als Wälzkörper sowohl Kugeln als auch Rollen einsetzen, die gehärtet und geschliffen sein müssen. Man unterscheidet demgemäß *Kugelgewinde-, Rollengewinde- und Planetenrollengewindegetriebe* (s. Tafel 13.10.1), bei deren konstruktiver Gestaltung im wesentlichen die gleichen Gesichtspunkte wie bei Wälzlagern gelten.

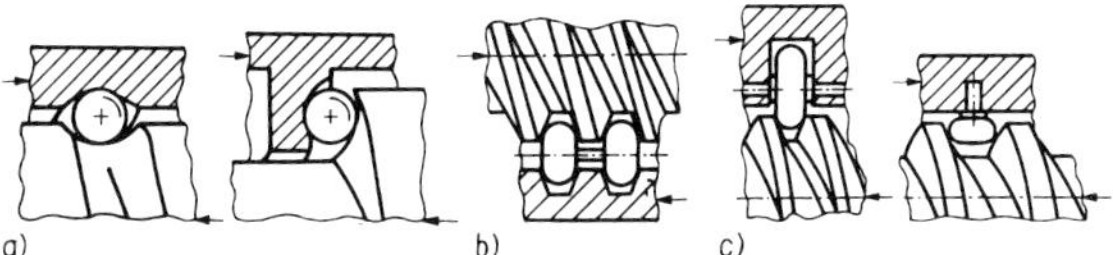

Bild 13.10.17. Prinzipielle Anordnungsmöglichkeiten der Wälzkörper bei Wälzschraubengetrieben [13.10.25]
a) Kugeln (Doppelwälzkopplung); b) Rollen (Doppelwälzkopplung); c) Rollen (Dreh-Wälz-Kopplung)

Bild 13.10.17 zeigt die prinzipiellen Möglichkeiten der Bewegungskopplung bei Wälzschraubengetrieben. Lose angeordnete Wälzkörper bedingen eine nur geringe Reibung, erfordern aber besondere konstruktive Maßnahmen zur Sicherung der Funktion, insbesondere hinsichtlich Lagerung und Rückführung in einem geschlossenen Kreislauf.
Bei **Kugelgewindegetrieben** lassen sich die Kugelrückführungen gem. Tafel 13.10.1/2 ausführen.

Für die Gestaltung des Rückführkanals und seiner Anschlußstellen an das Gewinde sind folgende Gesichtspunkte zu beachten:

- sorgfältige Bemessung und Tolerierung des Kanalquerschnitts, um Klemmungen zu vermeiden
- stoßfreie Übergangsstellen
- wenige Umlenkungen und diese mit möglichst großem Krümmungsradius
- kontinuierlicher Übergang der Kugeln vom unbelasteten Zustand im Rückführkanal in den belasteten Zustand innerhalb der tragenden Gewindegänge
- leichte Herstellbarkeit
- gute Oberflächenbeschaffenheit aller Kugellaufbahnen.

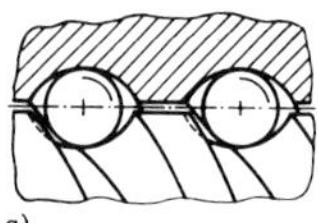

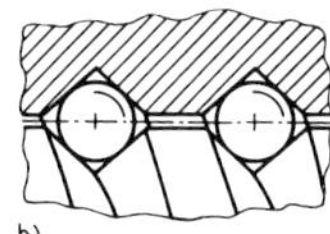

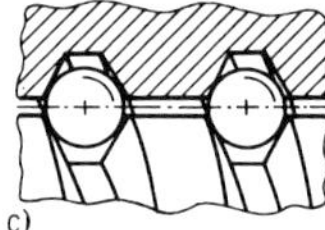

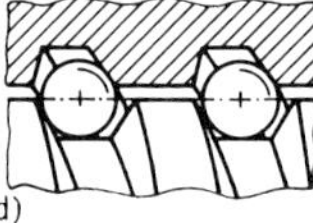

Bild 13.10.18. Gewindeprofilformen für Wälzschraubengetriebe [13.10.25]
a) Kreisbogenprofil; b) Spitzbogenprofil; c), d) Geradflankenprofil

Die Gewindeprofilform muß entsprechend der Verwendung des Wälzschraubengetriebes ausgewählt werden **(Bild 13.10.18)**. Das Kreisbogenprofil (a) ergibt Zweipunktberührung. Dadurch tritt theoretisch keine Bohrreibung auf (s. auch Abschnitt 13.8.), und der Verschleiß ist klein. Aber bereits kleine Kräfte, etwa die Eigenmasse der Kugeln, können zur Verlagerung der Kugeln führen, die dann pendelnde und unkontrollierbare kleine Verschiebungen der Spindel bzw. der Mutter in Achsrichtung zur Folge haben. Die Zweipunktauflage ist zwar sehr gut für die Kraftübertragung, weniger aber für Meßzwecke mit hohen Genauigkeitsansprüchen geeignet. Das gilt auch für das Spitzbogenprofil (b), sofern sich die Berührungspunkte diametral gegenüberliegen. Eindeutig ist die Lage der Kugeln durch Dreipunktberührung definiert, wie man sie beim Geradflankenprofil (c) und (d) erreichen kann. Werden also höchste Ansprüche an die Maßhaltigkeit gestellt und wird das Schraubengetriebe nur mit kleinen Kräften beansprucht, ist die Verwendung geradflankiger Profilformen vorzuziehen.
Für das Elastizitätsverhalten und das Vermeiden von Überbestimmtheiten gelten die gleichen Gesichtspunkte wie bei Gleitschraubengetrieben (s. Abschnitt 13.10.4.1.).

Hinweise zur Gestaltung von *Rollengewinde- und Planetenrollengewindegetrieben* s. [13.10.34].

13.10.4.3. Wälzmutter [13.10.31]

Die Wälzmutter ist eine Sonderform der Schraubengetriebe mit Kraftpaarung der Elemente.

Je kleiner der Durchmesserunterschied zwischen Rollring und Welle ist (s. Bild in Tafel 13.10.1/3), um so größer werden die Wälzflächen und damit auch die im Wälzpunkt übertragbaren Kräfte. Der Verkleinerung des Laufringdurchmessers sind jedoch Grenzen gesetzt. Optimale Wälzbedingungen werden dann erreicht, wenn der Laufringdurchmesser etwa 4% größer ist als der der Wellen. Größe und Form der Wälzflächen sind jedoch nicht nur vom Durchmesserunterschied zwischen Welle und Ring abhängig, sondern auch von der Breite des Wälzrings. Bei einer sehr großen Wälzfläche wird die spezifische Flächenpressung so gering, daß die Welle ungehärtet verwendet werden kann, ohne daß sich dadurch ihre Lebensdauer verringert. Um den für die Wirksamkeit der Getriebe notwendigen Reibschluß zu erzeugen, sind ausreichend große Kräfte erforderlich, welche die Ringe gegen die Welle pressen. Sie werden durch elastische Elemente (z. B. Tellerfedern) erzeugt. Diese Anpreßkräfte verhindern zugleich Spiel in den Rollringen.

13.10.5. Wirkungsgrad

Der Wirkungsgrad eines Schraubengetriebes wird in erster Linie durch die Art der Reibung im Schraubgelenk bestimmt (s. Abschnitte 3.3. und 13.5.6.). Bei Gleitschraubengetrieben

[13.10.14] erreicht der Gewindewirkungsgrad i. allg. lediglich Werte zwischen 10 und 30% (max. bis 45%), bei Wälzschraubengetrieben dagegen von 90 bis 95%.
Bei Schraubengetrieben mit Selbstsperrung ($\psi < \varrho'$) wird bei einer Spindelumdrehung die Last um die Steigung P weiterbewegt und somit die Nutzarbeit

$$W_2 = F_L P \tag{13.10.12}$$

verrichtet, wobei F_L die axiale Belastungskraft darstellt. Hierfür ist an der Spindel die Arbeit W_1 aufzuwenden:

$$W_1 = F_t d_2 \pi; \tag{13.10.13}$$

F_t wirkende Umfangskraft am Flankendurchmesser des Gewindes.

Der Gewinde-Wirkungsgrad des Schraubengetriebes ergibt sich entsprechend seiner Definition aus dem Verhältnis der beiden Arbeiten W_2 und W_1

$$\eta = \frac{W_2}{W_1} = \frac{F_L P}{F_t d_2 \pi}. \tag{13.10.14}$$

Mit den Gln. im Abschnitt 13.10.2. erhält man in Abhängigkeit von der Bewegungsrichtung

$$\eta = \frac{\tan \psi}{\tan (\psi \pm \varrho')}. \tag{13.10.15}$$

Bei Schraubengetrieben mit $\psi > \varrho'$ (nicht selbstsperrend) ergibt sich bei Umformung einer Schiebung in eine Drehung *oder* Schraubung in Abhängigkeit von der Bewegungsrichtung

$$\eta' = \frac{\tan (\psi \pm \varrho')}{\tan \psi}; \tag{13.10.16}$$

ϱ' Reibwinkel des Gewindes; s. Abschnitte 3.3., 4.4.4. und 13.5.6.; Vorzeichen $\pm$ s. Abschnitt 3.3.2.3., Gl. (3.26).

Demnach bestimmt der Steigungswinkel ψ (s. Bild 4.4.23), gebildet durch die Steigung und den Flankendurchmesser des Gewindes, gemeinsam mit dem vorhandenen Reibwinkel ϱ' bzw. dem Reibwert μ' das Wirkungsgradverhalten eines Schraubengetriebes.
Bei Gleitschraubengetrieben sollen deshalb zur Erzielung hoher Wirkungsgrade möglichst große Steigungswinkel ψ im Bereich zwischen 15 und 30° realisiert werden. Das erreicht man durch eine große Steigung und einen kleinen Flankendurchmesser. Der Einfluß des Flankenwinkels auf den Wirkungsgrad ist nur gering.

Neben diesen geometrischen Größen sind außerdem die Oberflächenbeschaffenheit, die Werkstoff-Schmierstoff-Kombination sowie die Betriebsbedingungen und die Nachbearbeitungsverfahren entscheidende Einflußgrößen auf das Wirkungsgradverhalten. So liegt z. B. bei einer geschliffenen Flankenoberfläche der Wirkungsgrad um etwa 5% höher als bei einer geschnittenen Oberfläche. Auch durch den Einlaufvorgang erzielt man eine Verbesserung des Wirkungsgrades in der Größenordnung von etwa 10%. Aber auch bei geeigneter Wahl aller Einflußfaktoren sind bei Gleitschraubengetrieben nur Wirkungsgrade bis etwa 45% erreichbar [13.10.14].
Ausgewählte Normen für metrische Gewinde s. Abschnitt 4.4.4., für Trapez- und Sägengewinde s. Bilder 13.10.2 und 13.10.3.

13.10.6. Berechnungsbeispiel

Aufgabe 13.10.1. Grob-Fein-Einstellung für ein Meßgerät

In einem Meßgerät ist ein Tastbolzen längs seiner Achse durch ein Einstellgetriebe zu verschieben. Die Grobeinstellung soll einen Weg von $s = 2$ mm je Umdrehung des Antriebsknopfes überstreichen. Der gesamte Bewegungsbereich beträgt 10 mm. Die Feinbewegung muß bezüglich der Grobeinstellung mit zehnfacher Genauigkeit erfolgen.
Es ist eine Grob- und Fein-Einstellvorrichtung zu entwerfen, deren An- und Abtrieb für beide Bewegungen in derselben Achse liegt wie der Tastbolzen. Grob- und Feinbewegung müssen aber getrennt bedienbar sein.

Lösung. Zur Erfüllung der Aufgabe ist die Kombination von einem Einfachschraubengetriebe nach Tafel 13.10.1/1.1 für die Grobeinstellung und einem Zweifachschraubengetriebe nach Tafel 13.10.1/1.2 für die Feinbewegung geeignet. Da nur kleine Geschwindigkeiten und geringe Kräfte vorkommen, können die Schrauben metrisches Gewinde mit $\psi = 60°$ erhalten.

Grobtrieb. Bei einer Umdrehung soll ein Weg von $s = 2$ mm durchfahren werden. Das bedeutet, daß die Schraube eine Steigung $P = 2$ mm haben muß. Benutzt man metrisches Regelgewinde nach Tafel 4.4.10 (s. Abschnitt 4.4.4.), so muß der Gewindenenndurchmesser $d = 14$ oder 16 mm betragen, also ein Gewinde M 14 oder M 16 Anwendung finden, wobei der Tastbolzen an den Gewindebolzen anzuformen ist.
Feintrieb (alle Indizes bezogen auf Bild 13.10.15). Für das Feinstellgetriebe wird ein Zweifachschraubengetriebe mit einem Schubgelenk eingesetzt. Hier ergibt sich bei Drehung am Antrieb ein Weg s_3 am Abtrieb, der der Differenz der Steigungen der beiden Gewinde proportional ist:

$$s_3 = (P_{12} - P_{23})\varphi_2/(2\pi).$$

Die beiden Gewinde müssen also unterschiedliche Steigung, aber gleiche Steigungsrichtung haben.
Im vorliegenden Fall wurde die Steigung des Gewindes zwischen den Teilen *1* und *2* zu $P_{12} = 1$ mm und die des Gewindes der Teile *2* und *3* zu $P_{23} = 0{,}8$ mm gewählt.
Aus Tafel 4.4.10 (s. Abschnitt 4.4.4.) ist für das Gewinde zwischen den Teilen *1* und *2* ein Feingewinde M 20 × 1 brauchbar. Das Gewinde zwischen den Teilen *2* und *3* ist jedoch nicht mit einem geeigneten Durchmesser standardisiert bzw. genormt. Man kann für einen Nenndurchmesser $d = 17$ mm ein metrisches Sondergewinde mit Flankenwinkel $\psi = 60°$, Steigung $P = 0{,}8$ mm und der Gewindetiefe $H = 0{,}6928$ mm anwenden.
Konstruktive Gestaltung. Bild 13.10.15 zeigt eine Objektivfassung mit Zweifachschraubengetriebe. Entfernt man die Optik und schneidet in die nun freie Bohrung das Gewinde für den Grobtrieb, so ist die Grob-Fein-Einstellung im Prinzip komplett. Die Grobeinstellung wird durch Betätigung der Schraube mit Gewinde M 14 bewirkt. Die Feineinstellung erfolgt durch Betätigung des Teils *2* im Bild 13.10.15, wodurch Teil *3* zusammen mit der Grobtriebspindel um nur 0,2 mm je Umdrehung des Teils *2* vorgeschoben oder zurückgezogen wird. Spielarmut, zügiger Gang und Wiederholgenauigkeit hängen von der Präzision der Gewinde, von der Reibung und vom Spiel im Schubgelenk ab.

Literatur zum Abschnitt 13.10.

(Grundlagenliteratur s. Literatur zum Abschnitt 1.)

Bücher, Dissertationen

[13.10.1] *Siecker, K.-H.:* Einfache Getriebe. 2. Aufl. Leipzig: Akadem. Verlagsges. Geest & Portig K.-G.; Prien/Chiemsee: C. F. Wintersche Verlagshandlung 1956.
[13.10.2] *Hain, K.:* Atlas für Getriebekonstruktionen. Braunschweig: Verlag Friedrich Vieweg & Sohn 1972.
[13.10.3] *Vollmer, J.* (Hrsg.): Getriebetechnik, Leitfaden. Berlin: Verlag Technik 1985.
[13.10.4] *Dittrich, G.; Braune, R.:* Getriebetechnik in Beispielen. München: R. Oldenbourg-Verlag 1987.
[13.10.5] *Steinhilper, W.; u. a.:* Kinematische Grundlagen ebener Mechanismen. Würzburg: Vogel-Verlag 1993.
[13.10.6] *Volmer, J.* (Hrsg.): Getriebetechnik, Grundlagen. Berlin: Verlag Technik 1995.
[13.10.7] *Kerle, H.; Pittschellis, R.:* Einführung in die Getriebelehre. Stuttgart, Leipzig: Verlag B. G. Teubner 1998.
[13.10.8] VDI-Handbuch Getriebetechnik, Teil II: Gleichförmig übersetzende Getriebe. Hrsg.: VDI-Gesellschaft Entwicklung, Konstruktion, Vertrieb; Ausgabe/Edition August 2000.
[13.10.9] AWF-Getriebeheft 6071. Schraubgetriebe. Berlin, Köln: Beuth-Verlag.
[13.10.10] *Bögelsack, G.:* Beiträge zur Berechnung und Konstruktion von Schraubgelenken mit Rollreibung. Habil.-Schrift TH Ilmenau 1966.
[13.10.11] *Kopperschläger, D.:* Über die Auslegung mechanischer Übertragungselemente an numerisch gesteuerten Werkzeugmaschinen. Diss. TH Aachen 1969.
[13.10.12] *Krille, J.:* Untersuchungen zum dynamischen Betriebsverhalten gerätetechnischer Gleitschraubengetriebe. Diss. TU Dresden 1989.
[13.10.13] *Schrön, E.:* Zur Berechnung der Dynamik schrittmotorgesteuerter Bewegungssysteme der Gerätetechnik. Diss. TH Ilmenau 1981.
[13.10.14] *Buhrandt, U.:* Untersuchungen zum Wirkungsgrad gerätetechnischer Gleitschraubengetriebe. Diss. TU Dresden 1986.

Aufsätze

[13.10.20] *Beyer, R.:* Zur Geometrie und Statik des Differentialschraubgetriebes. Feinwerktechnik 54 (1950) 8, S. 200.
[13.10.21] *Müller:* Die Weiterleitung von Bewegungen und Kräften durch Gewindespindeln. Maschinenbautechnik 5 (1956) 2, S. 109.
[13.10.22] *Rabe, K.:* Die Anwendungen der Schraubgetriebe. Konstruktion 10 (1958) 11, S. 428.
[13.10.23] *Rabe, K.:* Schraubgetriebe in der Feinwerktechnik. Feinwerktechnik 62 (1958) 10, S. 349.
[13.10.24] *Hückler, A.:* Spielarme Schraubenpaarungen. Feingerätetechnik 8 (1959) 7, S. 309.
[13.10.25] *Bögelsack, G.:* Wälzschraubgetriebe. Wiss. Zeitschr. d. TH Ilmenau 9 (1963) 4, S. 605.
[13.10.26] *Bögelsack, G.:* Zur Konstruktion von Kugelschraubtrieben. Feingerätetechnik 15 (1966) 2, S. 65.
[13.10.27] *Rabe, K.:* Getriebe für Feinverstellungen im Gerätebau. Feinwerktechnik 73 (1969) 6, S. 264.
[13.10.28] *Spieß, D.:* Wirksame Steifigkeit des vorgespannten Kugelschraubtriebes unter Berücksichtigung seiner konstruktiven Anordnung in der Maschine. Konstruktion 23 (1971) 1, S. 1.
[13.10.29] *Pahl, G.; Bordas, K.; Dedekoven, A.:* Berechnung von Trapezgewinden. Konstruktion 37 (1985) 1, S. 29.
[13.10.30] *Stute, G.; Wurst, K.-H.:* Weiterbildung Technik, Antriebstechnik. Teil 5. Mechanische Übertragungsglieder. Werkstattstechnik 72 (1982) 10, S. 591.

[13.10.31] *Uhlig, J.*: Längsbewegungen mit Hilfe der Wälzmutter. VDI-Berichte Nr. 374, 1980.
[13.10.32] *Krause, W.; Buhrandt, U.*: Bewegungswandler für Positionierantriebe. Feingerätetechnik 33 (1984) 4, S. 147.
[13.10.33] *Seide, W.*: Probleme der schnellen Präzisionspositionierung. Feingerätetechnik 32 (1983) 1, S. 3.
[13.10.34] *Eppink, P.*: Wälzgewindespindeln, Vorteile und Anwendungsmöglichkeiten. JAGO Werkzeugmaschinen GmbH.
[13.10.35] *Vogt, H.; Engel, G.*: Geregelte Vorschubantriebe für numerisch gesteuerte Werkzeugmaschinen – eine konstruktive Aufgabe. Antriebstechnik 8 (1969) 6, S. 201.
[13.10.36] *Kunze, G.*: Lehrgang Schraubentriebe. Maschinenbau 4 (1955) 4, S. 111; 5, S. 136; 6, S. 169; 7, S. 195; 8, S. 215.
[13.10.37] *Berndt, G.; Kübler, K. H.*: Bolzen- und Muttergewinde bei Meßschrauben. Feingerätetechnik 1 (1952) 2, S. 50; 3, S. 101.
[13.10.38] *Fuchsberger, M.*: Kugelgewindegetriebe mit angetriebener Mutter. antriebstechnik 42 (2003) 5, S. 30.
[13.10.39] *Iffland, K.*: Spezielle Fehlereinflüsse bei Steigungsmessungen an langen Gewindespindeln und Gegenüberstellung der Meßverfahren. Feingerätetechnik 13 (1964) 2, S. 83.
[13.10.40] *Groll, O.*: Planschlagfehler (Taumelfehler) an Meßgewindeflanken von Spindeln und deren Mutter. Feingerätetechnik 13 (1964) 5, S. 224.
[13.10.41] *Whicker, J. C. F.*: Einige Hinweise auf die Konstruktion und Produktion von Kugelrollspindeln. Feingerätetechnik 15 (1966) 3, S. 112.
[13.10.42] *Schreiber, M.; Hilbinger, J.*: Gewindetriebe kostengünstiger gestalten. Konstruktion 53 (2001) – Special Antriebstechnik I, S. 64.
[13.10.43] *Heid, M.*: Tragzahlerhöhung bei Kugelumlaufeinheiten. Konstruktion 54 (2002) – Special Antriebstechnik S2, S. 70.
[13.10.44] *Kotina, J.*: Optimierung von Kugelrollspindel-Vorschubantrieben. Konstruktion 46 (1994) 2, S. 46.
[13.10.45] *Bubenhagen, H.*: Auslegung von Bewegungsgewinden in Gelenkwagenhebern. Konstruktion 49 (1997) 4, S. 41.

13.11. Koppelgetriebe

Beim Koppelgetriebe sind entweder im Gestell gelagerte oder auch allgemein eben bzw. raumbeweglich geführte Glieder mittels starrer Koppelglieder über Gelenke verbunden; sie stehen damit untereinander in zwangläufiger Bewegungs- und Kraftkopplung.

13.11.1. Bauarten, Eigenschaften und Anwendung

Glieder und Gelenke (s. a. Bilder 13.1.2 und 13.1.3) sind die Aufbauelemente der Koppelgetriebe und ergeben bei Kombination entsprechend den Aufbaugesetzen die Vielfalt der Bauarten. Die Glieder sind dabei nach der Anzahl der an einem Glied vorgesehenen Gelenke zu unterscheiden, die Gelenke nach dem Gelenkfreiheitsgrad f, der die Beweglichkeit der gelenkig verbundenen Glieder zueinander ausdrückt. Aus der Gliederzahl n, der Gelenkzahl g und dem Gelenkfreiheitsgrad f bestimmt sich der Getriebefreiheitsgrad (Gesamtfreiheitsgrad) F eines ebenen Getriebes zu

$$F = 3\,(n - 1) - 2g_1 - g_2; \qquad (13.11.1)$$

g_1 Anzahl der Gelenke mit $f = 1$; g_2 Anzahl der Gelenke mit $f = 2$. Es ist zu beachten, daß Gl. (13.11.1) bei Sonderabmessungen nicht hinreichend ist.

Bei ebenen Getrieben kommen nur Gelenke mit $f = 1$ (Drehgelenk, Schubgelenk) und $f = 2$ (Kurvengelenk, s. a. Bild 13.12.1) vor [13.12.1] [13.12.2]. Gl. (13.11.1) vereinfacht sich für den praktisch vorrangigen Fall, daß nur Gelenke mit $f = 1$ vorkommen und der Gesamtfreiheitsgrad $F = 1$ ist (z. B. ein rotatorischer Antrieb) zu

$$3n - 2g - 4 = 0, \qquad (13.11.2)$$

n und g können nur ganzzahlig sein und nur in Zahlenpaaren auftreten, die der Gl. (13.11.2) genügen. So sind Bauformen von Drehgelenkketten mit $n = 4, 6, 8 \ldots$ Gliedern nur mit $g = 4, 7, 10 \ldots$ Gelenken realisierbar, andernfalls ist der Gesamtfreiheitsgrad $F = 1$ nicht erfüllt. Getriebe mit $F > 1$, die z. B. unter den Bedingungen rechnergesteuerter Antriebe interessant sind, erfordern mehr als einen Antrieb; so wird beispielsweise ein fünfgliedriges Getriebe mittels zweier Antriebe zwangläufig.

13.11.1.1. Koppelgetriebe mit vier Gliedern

Grundlegende Bedeutung haben die Getriebe der Vierdrehgelenkkette (vier Glieder, vier Drehgelenke, **Tafel 13.11.1**), der Schubkurbelkette (ein Gelenk ist ein Schubgelenk, **Tafel 13.11.2**), der Kreuzschubkurbelkette (zwei benachbarte Gelenke sind Schubgelenke, **Tafel 13.11.3**) und der Schubschleifenkette (zwei gegenüberliegende Schubgelenke [13.12.1]). Je nachdem, welche Verhältnisse der Gliedlängen l gemäß dem Satz von *Grashof*

$$l_{\min} + l_{\max} \lesseqqgtr l' + l'' \qquad (13.11.3)$$

verwirklicht sind und welches der Glieder als Gestellglied verwendet wird, entstehen unterschiedliche Getriebetypen. Ein Hauptanwendungsgebiet der viergliedrigen Koppelgetriebe ergibt sich aus der Verwirklichung von Übertragungsfunktionen in Mechanismensystemen zwischen zwei im Gestell gelagerten Gliedern. Den Getriebetypen gem. den Tafeln 13.11.1 bis 13.11.3 sind jeweils charakteristische Übertragungsfunktionen zugeordnet, die quantitativ durch Variation der Gliedlängen beeinflußbar sind (s. a. Abschnitt 13.11.2.). Ein weiteres Anwendungsgebiet erschließt sich mit der technischen Nutzung der Koppelpunktkurven, die von Punkten der Koppeln beschrieben werden, wie z. B. beim Filmgreifergetriebe **(Bild 13.11.1)**. Je nach Lage der Punkte in der Koppelebene ergeben sich unterschiedliche Kurven, die mit Hilfe der Rechentechnik analysiert und gezeichnet werden können. Die Koppelpunktkurven nach Bild 13.11.1 sind für Bedingungen des Filmtransportes ausgewählt, erfüllen in einem

Tafel 13.11.1. Getriebe der Vierdrehgelenkkette (Auswahl)

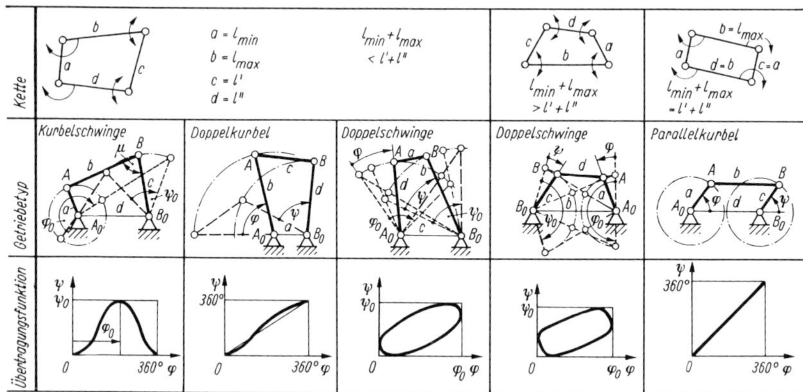

Tafel 13.11.2. Getriebe der Schubkurbelkette (Auswahl)

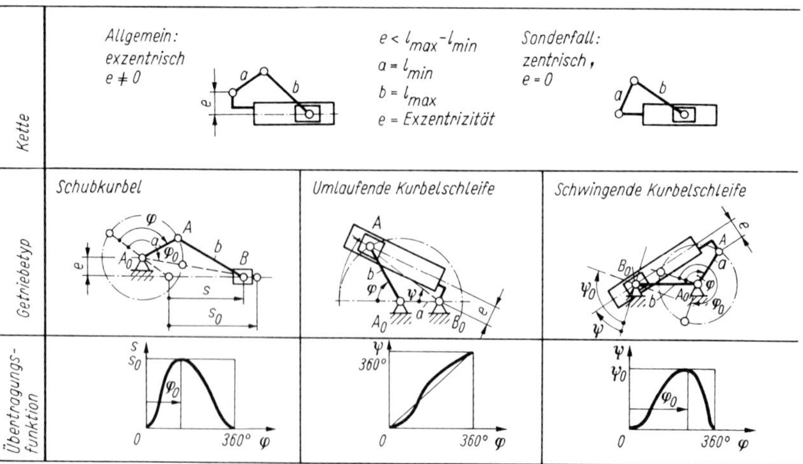

Tafel 13.11.3. Getriebe der Kreuzschubkurbelkette (Auswahl)

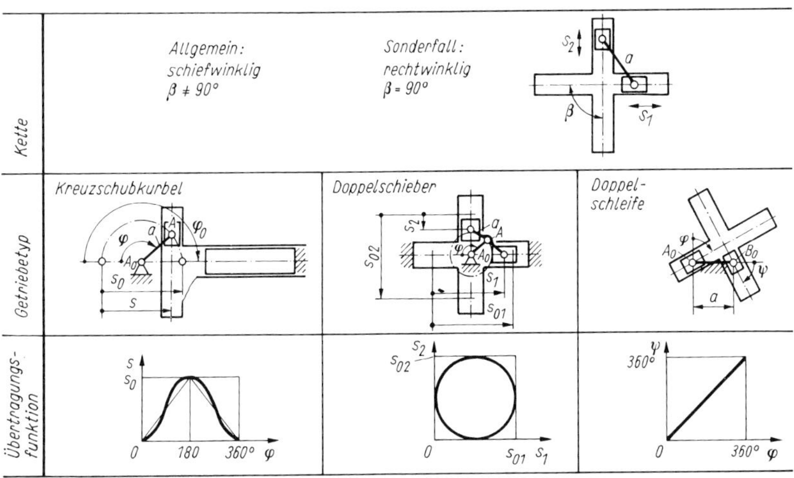

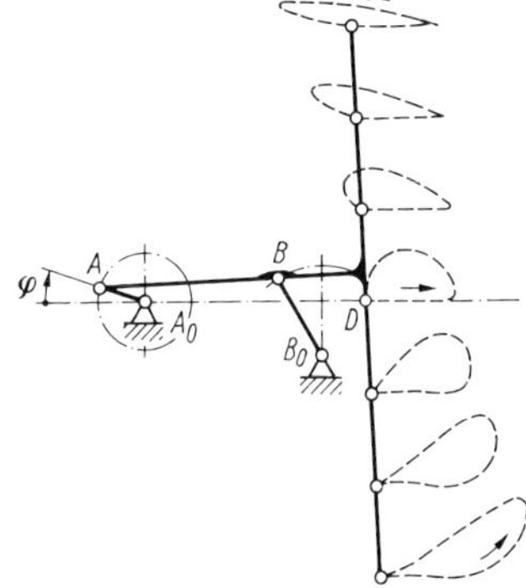

Bild 13.11.1. Koppelpunktkurven mit angenäherter Geradführung für eine Filmgreiferentwicklung
nach einem Konstruktionsververfahren von Lichtenheldt [13.12.4]

eingeschränkten Bereich die Grundbedingungen dieser Anwendung und erlauben, weitere Gesichtspunkte zu berücksichtigen, wie Gesamtabmessungen, Lage der Kurve zur Antriebskurbel, Lage der Gelenke zur Filmführung, Greiferbahnverlauf u. a. m. [13.12.1].
Die Realisierbarkeit von Gliedlagen (Lagengeometrie) ist [13.12.1] bis [13.12.5] zu entnehmen.

13.11.1.2. Mehrgliedrige Koppelgetriebe

Mehrgliedrige Koppelgetriebe sind dann anzuwenden, wenn die viergliedrigen Getriebetypen bestimmte Übertragungsverläufe oder Koppelpunktkurvenformen nicht mehr erfüllen können. Es ist zu beachten, daß jede Erhöhung der Gliederzahl sowohl größeren Aufwand als auch eine Erhöhung der Gelenkspiele, der Elastizitäten im Mechanismus und der Wartungsprobleme (Schmierung, Verschleiß) zur Folge hat.
Schon die Vielfalt der sechsgliedrigen Getriebe ist kaum zu überschauen. Einige Bauformen haben sich als sehr geeignet erwiesen. Das sind insbesondere solche, die durch Kombination von viergliedrigen Getrieben (z. B. hintereinandergeschaltete Vierdrehgelenke) oder durch Erweiterung eines viergliedrigen Getriebes unter Nutzung eines Koppelpunktes (Zweischlag an Koppelpunkt angelenkt) entstehen **(Tafel 13.11.4)**. Die erstgenannte Bauform entsteht aus der Wattschen Kette und erlaubt beispielsweise eine Erweiterung der Übertragungsfunktion (höhere Übersetzung, größerer Schwingwinkel χ). Die zweite Bauform ist ein Getriebetyp der Stephensonschen Kette; sie ermöglicht die Nutzung der Eigenschaften von Koppelpunktkurvenformen für die Bewegungsübertragung wie z. B. für den Antrieb einer Rastschwinge (Verlauf $\chi(\varphi)$ mit Rastwinkel φ_R).

Tafel 13.11.4. Getriebebeispiele für sechsgliedrige Ketten

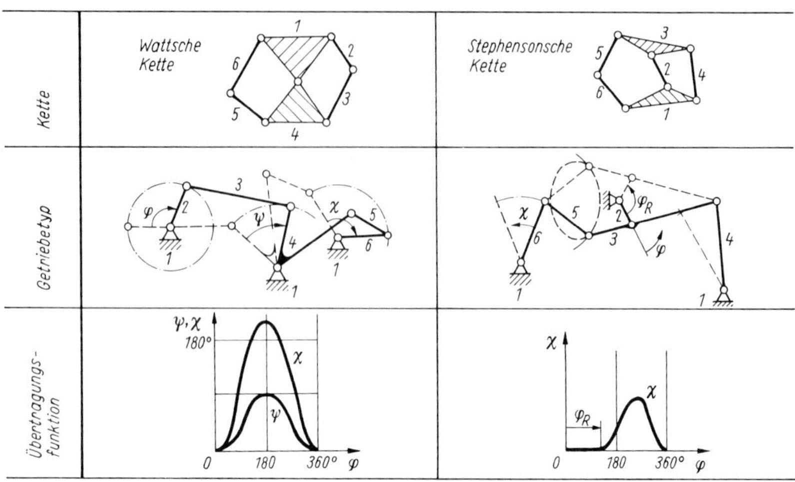

13.11.2. Berechnung

Für Koppelgetriebe gibt es umfangreiche Spezialliteratur, in der Berechnung, konstruktive Gestaltung und Betriebsverhalten ausführlich behandelt sind. Die folgenden Ausführungen weisen deshalb nur auf die zu beachtenden Schwerpunkte hin.

Der erste Schritt zur Lösung einer Bewegungsaufgabe ist die Auswahl des für die Aufgabenspezifik geeigneten Typs des Koppelgetriebes. Dafür stehen Kataloge und Kurventafeln zur Verfügung, die eine Vorauswahl und Abschätzung der hauptsächlichen kinematischen Parameter erlauben [13.12.5] [13.12.12] [13.12.14]. Die Aufgabenstellung sollte entsprechend den Möglichkeiten des ausgewählten Getriebetyps präzisiert werden, um schwer erfüllbare zweitrangige Forderungen anzupassen oder zu vermeiden. Weiter sind mit den Methoden der Getriebesynthese die kinematisch relevanten Abmessungen des Mechanismus, die Gliedlängenverhältnisse, zu bestimmen. Die Komplexität der Getriebesynthese verbietet es, an dieser Stelle theoretische Zusammenhänge und Verfahren zu erläutern. Über diese grafischen oder rechnerischen Methoden informieren die in der Literatur zu Abschnitt 13.12. genannten Standardwerke.

Für die kinematische und dynamische Analyse und optimale Synthese von Koppelgetrieben gibt es eine Vielzahl von nutzbaren Rechenprogrammen. Umfassende Programmsysteme stehen neben Programmen für Einzelprobleme zur Verfügung (s. Literaturverzeichnisse in [13.12.3] und [13.12.4] sowie [13.12.10] [13.12.18] [13.12.28] [13.12.31]).

Eine ausführliche Literaturzusammenstellung zu Koppelgetrieben ist in [13.12.22] zu finden.

13.11.3. Konstruktive Gestaltung, Werkstoffe

Die Getriebeglieder werden in den Größen- und Leistungsbereichen der Feinmechanik in der Massenfertigung nach Möglichkeit als Schnitt- bzw. Stanzteile aus Blechen und als einfache Formen aus gezogenen Stahl-, Al- oder Kunststoffprofilen hergestellt. Für höhere Ansprüche, bei schnellaufenden, dynamisch hochbelasteten Getrieben (z. B. in Nähmaschinen) werden auch Spritzgußteile und gesenkgeschmiedete Glieder verwendet. Letztere gestatten vor allem auch eine stabile Einbindung der Gelenkelemente. So sind Form, Material und Herstellung der Glieder eng mit der erforderlichen Lagerqualität, d. h. der Qualität der Einbindung der Lagerstelle in das Getriebeglied verknüpft. Die Gelenke sind i. allg. als Gleitlager ausgeführt und werden entsprechend den Berechnungsvorschriften in Abschnitt 8.2. dimensioniert und hinsichtlich der Werkstoffpaarung festgelegt. Dabei ist von den auftretenden statischen und dynamischen Gelenkkräften auszugehen. Es ist zu beachten, daß neben Lagern für umlaufende Bewegungen auch solche für Schwenkbewegungen auftreten. Weitere Hinweise und Beispiele zu Gliedern und Drehgelenkkonstruktionen s. [13.12.1]. Schubgelenke sind entsprechend den Ausführungen über Führungen (s. Abschnitt 8.3.) zu dimensionieren. Die Platzverhältnisse im Gerät und der Montagevorgang sind ebenfalls zu beachten.

13.11.4. Betriebsverhalten

Die Besonderheit im Betriebsverhalten von Koppelgetrieben ergibt sich aus der ungleichmäßigen Übertragungsfunktion, die selbst bei konstanter Winkelgeschwindigkeit am Antrieb beschleunigte Bewegungen der übrigen Glieder verursacht. Diese Gegebenheiten bewirken Belastungen von Gliedern und Gelenken, regen zu Schwingungen im Getriebe an, geben wechselnde Belastungen an das Gerätegestell, erzeugen Laufgeräusche und beeinflussen auch den Gleichlauf eines Antriebsmotors auf dem Weg über die Antriebskurbel. Dadurch wird die kinematische Übertragungsfunktion in ihrem Zeitverlauf verändert. Im jeweiligen Anwendungsfall müssen diese Wirkungen abgeschätzt, oder besser berechnet werden. Ursachen sind zu beheben und damit störende Wirkungen zu mindern. Es wurden eine Reihe von Kriterien entwickelt [13.12.20] [13.12.27], die mehr oder weniger vollständig die für das Laufverhalten verantwortlichen Größen einbeziehen und dementsprechend auch unterschiedlich aufwendig in der Handhabung sind.
Unter quasistatischen Bedingungen kann der Übertragungswinkel μ betrachtet werden, der z.B. bei der Kurbelschwinge zwischen Koppel- und Schwingengerade auftritt (s. Tafel 13.11.1) und bei kleinen Werten ($\mu < 40 \dots 30°$) eine ungünstige Kraft- und Bewegungsübertragung anzeigt. Die bessere Beurteilung eines Mechanismus erlaubt das dynamische Laufkriterium [13.12.7], das neben den geometrischen Gegebenheiten auch die Einbeziehung von Geschwindigkeiten und Beschleunigungen sowie von äußeren Kräften und Massenwirkungen erlaubt. Bereits mit Kleinrechnern lassen sich Analysen an vier- und sechsgliedrigen Mechanismen und Optimierungen zur Verbesserung des Betriebsverhaltens durchführen [13.12.10].

13.11.5. Berechnungsbeispiele

Aufgabe 13.11.1. Getriebetechnische Realisierung einer Schwingbewegung

Die Schwingbewegung eines im Gestell drehbar gelagerten Hebels ist über einen Winkel von 120° zu realisieren durch Ankopplung an eine gleichmäßig angetriebene Welle. Die Zeitabschnitte für Hin- und Rückdrehung des Hebels sollen sich wie 1:1 verhalten. Der Übertragungswinkel darf $\mu_{min} = 40°$ nicht unterschreiten.
Es ist ein geeignetes Getriebe zu konstruieren.

Lösung. Für die Umformung einer Drehbewegung in eine schwingende Bewegung eignet sich eine Kurbelschwinge; insbesondere erfüllt die zentrische Kurbelschwinge mit $\varphi_0 = 180°$ das geforderte Zeitverhältnis **(Bild 13.11.2)**. Eine Orientierung in Kurventafeln für Kurbelschwingen (u.a. in [13.12.1]) zeigt jedoch, daß ein Schwingwinkel $\psi_0 = 120°$ nicht erreichbar ist. Die Forderung $\mu_{min} \geqq 40°$ wird bei $\psi_0 \approx 90°$ erfüllt, bei $\psi_0 \approx 75°$ erreicht $\mu_{min} = 50°$. Es wird deshalb versucht, diese kleineren Werte ψ_0 durch Ankopplung eines weiteren Viergelenks **(Bild 13.11.3)** auf $\chi_0 = 120°$ zu übersetzen. Die Glieder l'_4, l_5, l_6 mit Gestell l'_1 können beispielsweise als Doppelkurbel betrachtet werden; die entsprechende Kurventafel weist für Winkelzuordnungen $\psi_0 : \chi_0 = 75° : 120°$ bis $90° : 120°$ zugeordnete Übertragungswinkel $\mu_{min} \approx 45 \dots 60°$ auf, die gem. Aufgabe zulässig sind.

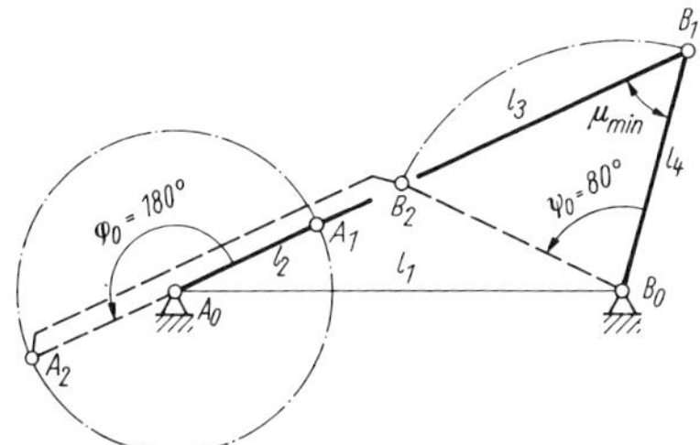

Bild 13.11.2. Zentrische Kurbelschwinge ($A_2A_0A_1B_2B_1$ auf gemeinsamer Geraden) für Winkelübersetzung φ_0/ψ_0

μ_{min} kleinster Übertragungswinkel μ

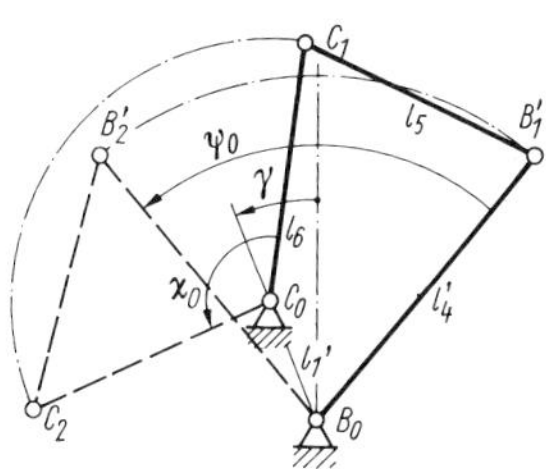

Bild 13.11.3. Konstruktion einer Doppelkurbel für Winkelübersetzung ψ_0/χ_0 (nach [13.12.1])

Aus Gründen der Anpassung beider Teilgetriebe wird auf etwa gleich große Übertragungswinkel orientiert, die bei $\psi_0 = 80°$ zu erwarten sind. Das Teilgetriebe Kurbelschwinge ist somit für die Winkelzuordnung $\varphi_0 : \psi_0 = 180° : 80°$, die Doppelkurbel für $\psi_0 : \chi_0 = 80° : 120°$ zu konstruieren.
Die Abmessungen einer zentrischen Kurbelschwinge folgen aus den Gleichungen

$$l_3/l_1 = \sin\frac{\psi_0}{2}\Big/\cos\mu_{\min},$$

$$l_4/l_1 = \sqrt{\cos^2\mu_{\min} - \sin^2\frac{\psi_0}{2}}\Big/\left(\cos\frac{\psi_0}{2}\cos\mu_{\min}\right),$$

$$l_2/l_1 = \sqrt{(l_3/l_1)^2 + (l_4/l_1)^2 - 1}\,.$$

Mit $\psi_0 = 80°$ und $\mu_{\min} = 45°$ (angenommen lt. Kurventafel, ein zu hoch angesetzter Wert macht die Gleichungen unlösbar) folgen $l_3/l_1 = 0{,}909$; $l_4/l_1 = 0{,}544$; $l_2/l_1 = 0{,}350$.
Die Konstruktion der Kurbelschwinge gem. Bild 13.11.2 erfolgt in Stellung *1* als Dreieck aus den Seiten l_1, $l_2 + l_3$ und l_4; in Stellung *2* aus den Dreieckseiten l_1, $l_3 - l_2$ und l_4. $\sphericalangle\, B_1B_0B_2 = \psi_0 = 80°$ ergibt sich aufgrund der berechneten Abmessungen.
Die Daten der Doppelkurbel nach Bild 13.11.3 folgen aus einer Kurventafel für übertragungsgünstige Doppelkurbeln [13.12.1] mit $l'_1/l'_4 = 0{,}36$ und Konstruktionswinkel $\gamma = 22°$ sowie aus den Gleichungen

$$l_5/l'_4 = l_6/l'_4 = \sqrt{[(l'_1/l'_4)^2 + 1]/2}\,,$$

$$\cos\mu_{\min} = (l'_1/l'_4)/(l_5/l'_4)^2$$

mit den auf die Gestellänge l'_1 bezogenen Werten $l'_4/l'_1 = 2{,}78$, $l_5/l'_1 = l_6/l'_1 = 2{,}09$ und $\mu_{\min} = 50{,}4°$.

Die Doppelkurbel gem. Bild 13.11.3 entsteht in folgenden Schritten: An die Winkelhalbierende des Winkels $B'_1B_0B'_2 = 80°$ ($\overline{B_0B'_1} = l'_4$) wird Winkel γ angetragen (man erhält spiegelbildliche Lösungen je nach der gewählten Richtung). Auf der Winkelhalbierenden liegt der Gestellpunkt C_0 im Abstand l'_1 von B_0. C_1 und C_2 liegen auf einem Kreisbogen um C_0 mit Radius l_6 im Schnitt mit Kreisen um B'_1 bzw. B'_2 mit Radius l_5. Von den sich jeweils ergebenden Schnittpunktpaaren erfüllt eines die Forderung $\sphericalangle\, C_1C_0C_2 = 120°$.

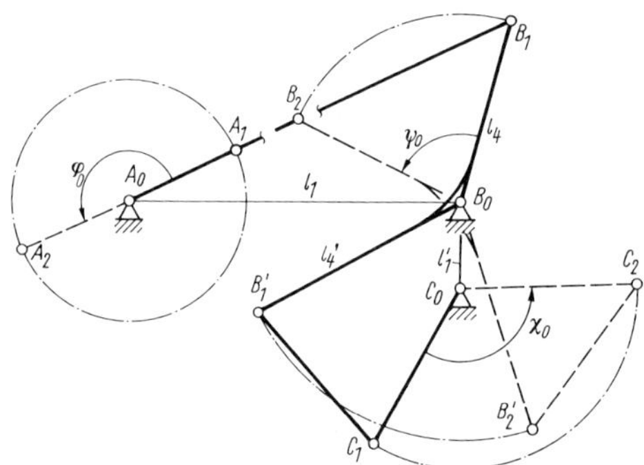

Bild 13.11.4. Sechsgliedriges Getriebe für großen Schwingwinkel $\chi_0 = 120°$, konstruiert durch Kombination der Teilgetriebe nach den Bildern 13.11.2 und 13.11.3

Die beiden Teilgetriebe werden zusammengefügt, wobei zuerst die Lage des Gestellpunktes C_0 relativ zu $\overline{A_0B_0}$ festzulegen ist; im **Bild 13.11.4** wurde C_0 unterhalb B_0 gewählt. Auf die Gestellgerade $\overline{B_0C_0}$ wird die Doppelkurbel aus Bild 13.11.3 übertragen. Die Hebel l_4 und l'_4 sind steif zu verbinden. Bei einem Kurbelwinkel $\varphi_0 = 180°$ wird der geforderte Schwingwinkel $\chi_0 = 120°$ von dem sechsgliedrigen Getriebe erfüllt.

Aufgabe 13.11.2. Umkonstruktion eines Filmgreifergetriebes

An einem Filmgreifergetriebe der Bauform Kurbelschwinge, von der ein Koppelpunkt für die Greiferbewegung bereits bestimmt wurde [13.12.1], ist das Schaltverhältnis (Verhältnis von Filmtransportzeit zur Gesamtzykluszeit) von $S = 1 : 2{,}4$ auf $S' = 1 : 4$ zu verändern, um für lichtschwächere Objekte die Belichtungszeit vergrößern zu können. Im vorgegebenen Greifergetriebe **(Bild 13.11.5)** wird der Film während eines Kurbelwinkels $B_1B_0B_2 = \psi_{12} = 150°$ bewegt, daraus folgt das Schaltverhältnis $S = 150° : 360° = 1 : 2{,}4$.
Das Getriebe ist umzukonstruieren.

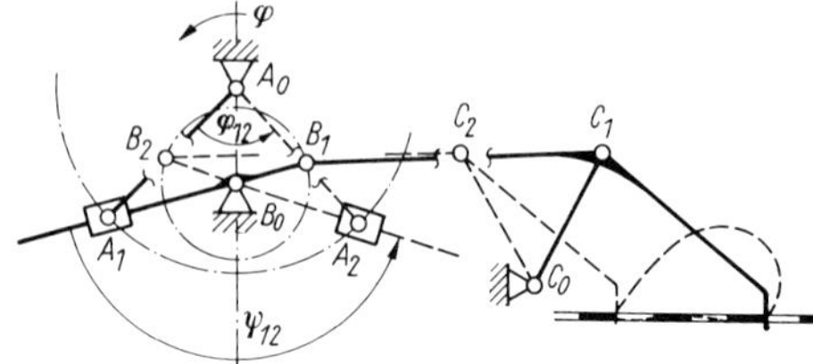

Bild 13.11.5. Filmgreifergetriebe (Kurbelschwinge $B_0B_1C_1C_0$) mit vorgeschalteter Kurbelschleife ($A_0A_1B_0$) zur Verkürzung der Filmtransportzeit

Lösung. Der Kurbelwelle B_0 des Greifergetriebes wird eine zentrische Kurbelschleife $A_0A_1B_0$ vorgeschaltet (s. Bild 13.11.5). Die Kurbelwelle A_0 erhält einen gleichmäßigen Motorantrieb, so daß der dem Filmtransportweg entsprechende Kurbelwinkel $\psi_{12} = B_1B_0B_2$ in der Zeit des kleineren Winkels $\varphi_{12} = A_1A_0A_2$ der Kurbel des Vorschaltgetriebes durchlaufen wird. Das mit der Kurbelschleife zu realisierende Winkelverhältnis ergibt sich aus

$$\varphi_{12}/\psi_{12} = S'/S$$

mit den vorgegebenen Werten zu $\varphi_{12}/\psi_{12} = 2{,}4/4 = 0{,}6$ und somit zu $\varphi_{12} = 90°$ bei $\psi_{12} = 150°$.
Die Konstruktion der Kurbelschleife kann mit Hilfe einer Kurventafel (u. a. in [13.12.1] oder einer einfachen geometrischen Konstruktion (s. Bild 13.11.5) erfolgen.

Eine Zusammenstellung ausgewählter Richtlinien zum Abschnitt 13.11. enthält Tafel 13.12.6.
Literatur zum Abschnitt 13.11. s. Literatur zum Abschnitt 13.12.

13.12. Kurvengetriebe

Ein Kurvengetriebe ist ein Getriebe mit mindestens einem Kurvenglied, das mit einem benachbarten Getriebeglied durch ein Kurvengelenk verbunden ist. Die Konturen des Kurvengliedes sind entsprechend der geforderten Bewegungsfunktion ausgeführt [13.12.2] bis [13.12.4] und [13.12.8].

13.12.1. Bauarten, Eigenschaften und Anwendung

Ordnungsaspekte für Kurvengetriebe sind die geometrische Grundform und die Bewegungsform des Kurvengliedes, die Bewegungsform des Eingriffsgliedes sowie die Gestaltung, das

Tafel 13.12.1. Ordnungsaspekte für Kurvengetriebe (Auswahl)

Grundform des Kurvengliedes	Bewegungsform Kurvenglied	Eingriffsglied	Gestaltung Kurvengelenk	Paarung	Beispiel
Scheibenkurvengetriebe Ebenes Kurvengetriebe mit drehbar gelagerter Scheibe, deren kurvenbestimmende Abmessungen sich in radialer Richtung ändern	**Rotierendes Kurvenglied** Kurvenglied läuft gegenüber Gestellglied voll um	**Eingriffsschwinge** Eingriffsglied führt gegenüber Gestellglied wechselsinnige Drehbewegung aus	**Rollenabtastung** Kurvenflanke wird von einer am Eingriffsglied drehbar gelagerten Rolle abgetastet	**Kraftpaarung** Paarung im Kurvengelenk wird durch Wirkung äußerer Kräfte aufrechterhalten	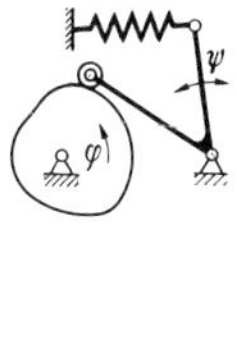
	Schwingendes Kurvenglied Kurvenglied schwingt um gestellfeste Achse	**Eingriffsschieber** Eingriffsglied führt gegenüber Gestellglied Schubbewegung aus	**Ebenenabtastung** Kurvenflanke wird von einer am Eingriffsglied fest angeordneten ebenen Fläche abgetastet		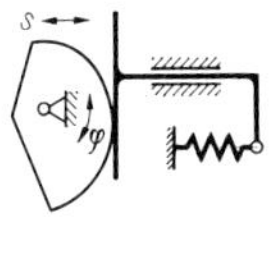
Schieberkurvengetriebe Ebenes Kurvengetriebe mit geradgeführter Scheibe, deren kurvenbestimmende Abmessungen sich senkrecht zur Führung ändern	**Schwingendes Kurvenglied** Kurvenglied führt hin- und hergehende Bewegung aus	**Eingriffsschwinge** (s. o.)	**Rollenabtastung** (s. o.)	**Formpaarung** Paarung im Kurvengelenk wird durch geometrische Form aufrechterhalten	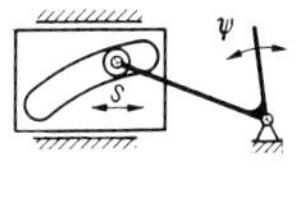
		Eingriffsschieber (s. o.)	**Schneidenabtastung** Kurvenflanke wird von einer am Eingriffsglied fest angeordneten Schneide abgetastet	**Kraftpaarung** (s. o.)	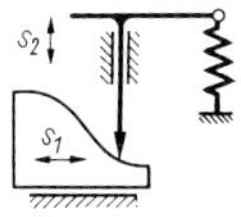

Bewegungsverhalten und die Aufrechterhaltung der Paarung im Kurvengelenk. **Tafel 13.12.1** erläutert einige der den Ordnungsaspekten untergeordneten Ausführungsformen und deren Kombination bei ausgewählten Kurvengetriebetypen.

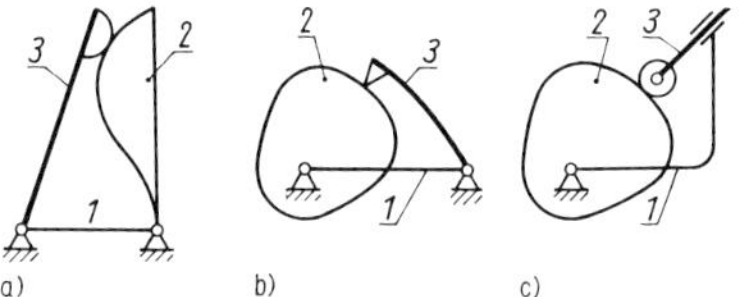

Bild 13.12.1. Kurvengetriebe

a) Grundform; b) Ausführungsform mit Gleithebel, c) mit Schieber
1 Gestell, *2* Antriebsglied, *3* Abtriebsglied

Tafel 13.12.2. Ausführungsformen von Kurvenkörpern

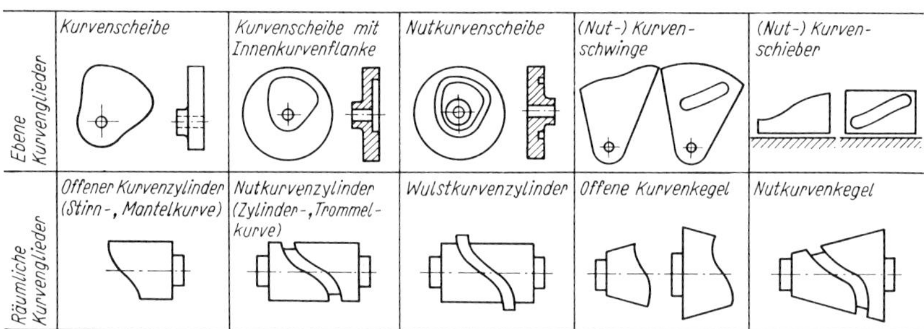

Ebene Kurvenglieder	Kurvenscheibe	Kurvenscheibe mit Innenkurvenflanke	Nutkurvenscheibe	(Nut-) Kurvenschwinge	(Nut-) Kurvenschieber
Räumliche Kurvenglieder	Offener Kurvenzylinder (Stirn-, Mantelkurve)	Nutkurvenzylinder (Zylinder-, Trommelkurve)	Wulstkurvenzylinder	Offene Kurvenkegel	Nutkurvenkegel

Die Grundform der ebenen und räumlichen Kurvengetriebe besteht aus dem Steg, dem Kurvenglied und dem Eingriffsglied. Im **Bild 13.12.1** ist der Steg *1* das Gestell, die Kurvenscheibe das Antriebsglied *2* und der Rollenhebel bzw. der Schieber das Abtriebsglied *3*, welches die Bewegungsfunktion realisiert. Diese Getriebeform wird vorwiegend als Übertragungsgetriebe eingesetzt; die Forderungen an die Übertragungsfunktion sind praktisch durch die Herstellbarkeit des Kurvenkörpers und die Verwirklichung eines zuverlässigen, verschleißarmen Abgriffs begrenzt. Die Kurvenkörper sind i. allg. und auch aus ökonomischen Gründen als ebene Scheiben mit außenliegender Kontur gefertigt. Weitere Ausführungsvarianten ebener und räumlicher Kurvenkörper zeigt **Tafel 13.12.2**. Das Eingriffsglied ist eine Schwinge oder Kurbel bei Drehgelenklagerung bzw. ein Schieber (Stößel) bei geradliniger Führung im Gestell. Der Abgriff vom Kurvenglied erfolgt mit einer Rolle, bei langsam laufenden Getrieben mit geringen Kräften auch durch gleitende Elemente (Schneide u. ä.). Die Kraft- oder Formpaarung zwischen Kurven- und Eingriffsglied muß den Zwanglauf sichern. Der Einsatz von Federn zur Krafterzeugung im Kurvengelenk ist dafür eine bevorzugte Lösung; weitere Möglichkeiten zeigt **Bild 13.12.2**.
Ein vollständiger Überblick über dreigliedrige Kurvengetriebe ergibt sich bei der systematischen Entwicklung aus den dreigliedrigen kinematischen Ketten nach **Tafel 13.12.3**. Man erkennt, daß neben gebräuchlichen Getrieben (erste Reihe) auch einige Typen entstehen (zweite Reihe), die nur in Ausnahmefällen von Bedeutung sein werden.
Die Kurvenglieder können auch Sonderabmessungen annehmen, so daß sich als übergeschlos-

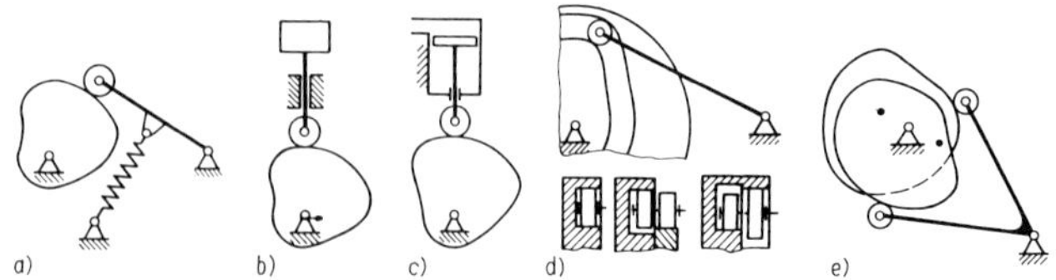

Bild 13.12.2. Zwanglaufsicherung durch Kraftpaarung

mittels a) Federkraft, b) Gewichtskraft, c) pneumatisch oder hydraulisch erzeugter Kraft und durch Formpaarung mittels d) Nutkurve, e) Doppelkurve mit Doppelrollenhebel

Tafel 13.12.3. Entwicklung der dreigliedrigen Kurvengetriebe aus den kinematischen Ketten

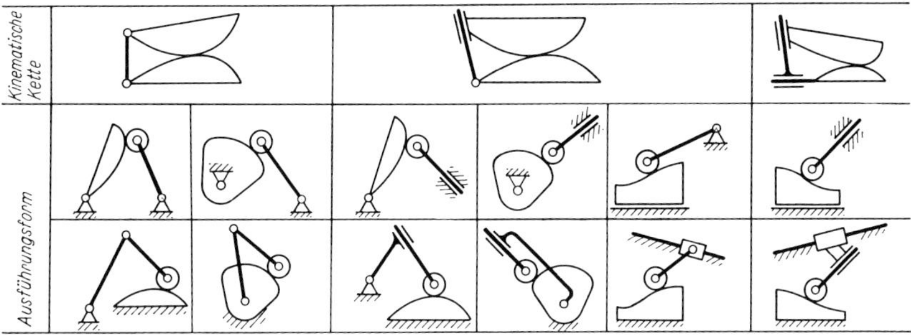

Tafel 13.12.4. Entwicklung von Wälzkurvengetrieben aus den kinematischen Ketten

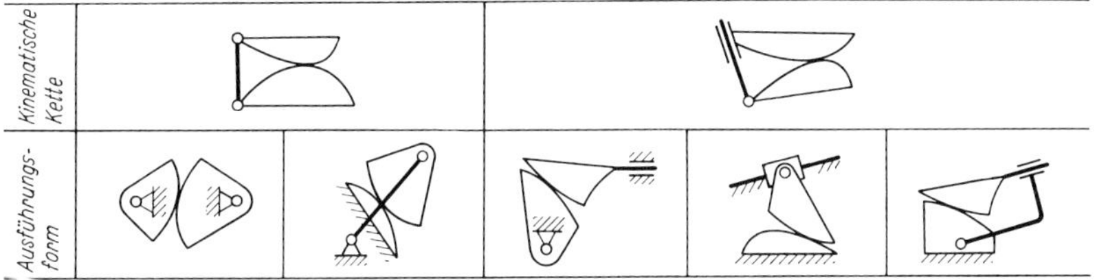

sene Getriebe z.B. die Zahnradpaarungen (s. Abschnitte 13.2. bis 13.7.) oder die *Wälzkurvengetriebe* ergeben, **Tafel 13.12.4**.

Wälzkurvengetriebe müssen definitionsgemäß der Bedingung genügen, daß die Kurvenkörper aufeinander abwälzen, ohne in Richtung der gemeinsamen Tangente zu gleiten. Die Konturen sind Polkurven der relativen Bewegung.

13.12.2. Berechnung, konstruktive Gestaltung, Betriebsverhalten

Für Kurvengetriebe liegt umfangreiche Spezialliteratur vor, in der Berechnung, konstruktive Gestaltung und Betriebsverhalten ausführlich beschrieben sind. Die folgenden Ausführungen weisen deshalb nur auf die zu beachtenden Schwerpunkte hin.

Kurvengetriebe sind vorwiegend als Übertragungsgetriebe für eine gegebene Bewegungsaufgabe zu konstruieren. Diese Aufgabe stellt i.allg. Forderungen für einzelne Bewegungsabschnitte bezüglich der Anfangs- und Endlagen.

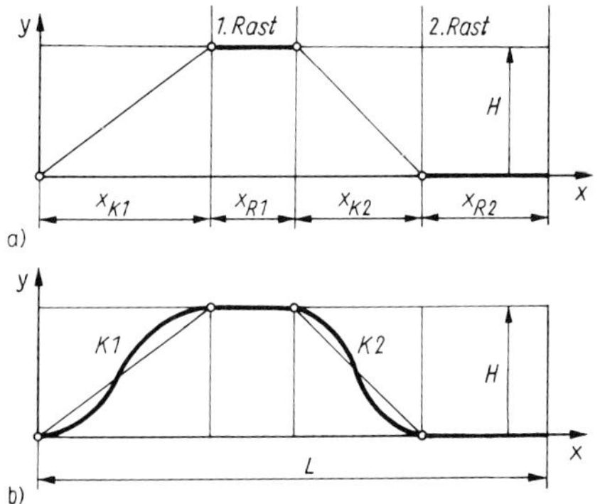

Bild 13.12.3. Bewegungsdiagramme

a) mit Vorgabe von Rasten; b) Gesamtfunktion mit Übergangskurvenverlauf K_1, K_2.

Im **Bild 13.12.3** ist z. B. eine Übertragungsfunktion vorgegeben, die die Charakteristik einer wechselsinnigen Bewegung mit periodisch wiederkehrenden Rasten hat. Die Verläufe der zwischen den Rastperioden liegenden Bewegungsbereiche ergeben sich aus der notwendigen Verwirklichung von kinematisch-dynamischen Gesetzmäßigkeiten, wenn Stoß- und Ruckfreiheit der Übertragung, geringe Kurvenbelastung und günstiges Übertragungsverhalten mit niedrigen Massenkräften erreicht werden sollen. Im Beispiel sind dementsprechend die Übergangskurven K_1 und K_2 zwischen den Rasten zu bestimmen.

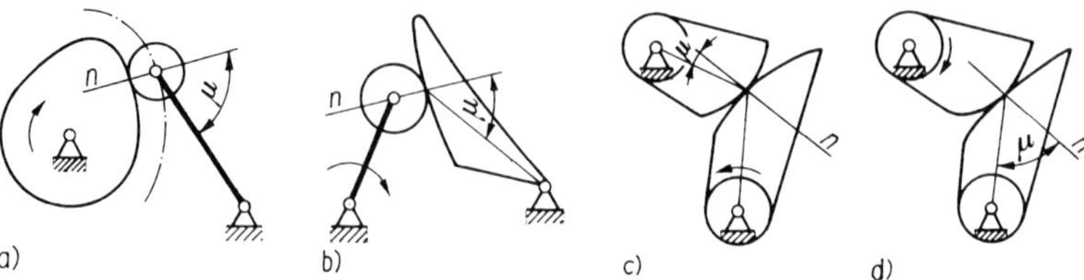

Bild 13.12.4. Übertragungswinkel μ als Kriterium für die Lauffähigkeit

a) Kurvengetriebe mit Rollenhebel bei Antrieb des Kurvenkörpers, b) bei Antrieb des Rollenhebels; c), d) Kurvengetriebe mit Gleithebel bei Wechsel des Antriebes
n Normale auf die Kurvenbahn im Wälzpunkt

Tafel 13.12.5. Konstruktion der Hauptabmessungen von Kurvenscheiben

Konstruktionsschritte. Zeichen und Benennungen	**Beispiel 1.** Kurvenscheibe für Getriebe mit Eingriffsschieber u. Rollenabtastung	**Beispiel 2.** Kurvenscheibe für Getriebe mit Eingriffsschwinge u. Schneidenabtastung
1. Vorgabe des Bewegungsablaufs. *H* Gesamthub *L* Periodenlänge *k* Maßstabsfaktor τ_v größte Neigungswinkel h_v, φ_v Koordinaten von τ_v	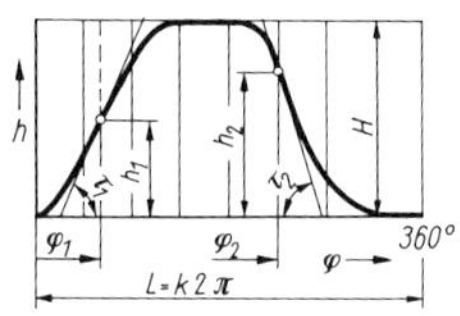	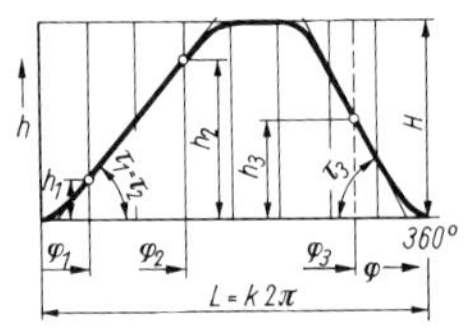
2. Hilfskonstruktion. Antragen von τ_v an Strecke $k = L/(2\pi)$. Man erhält die Hilfsgrößen c_v.	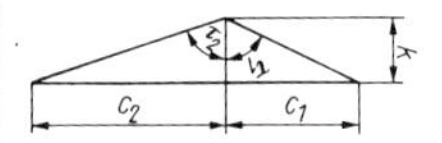	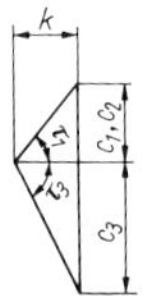
3. Konstruktion von r_{min} (Näherung). r_{min} Mindestgröße des inneren Scheibenradius r_i für Rollenmittelpunktbahn (Beispiel 1) bzw. für Schneidenbahn (Beispiel 2) bei vorgegebenen μ_{min}. An Hubbahn *H* Strecken c_v bei h_v zeichnen, an c_v μ_{min} antragen. Bei A_0 auf schraffierter Fläche ist $\mu \geqq \mu_{min}$. Beispiel 1: A_0 auf verlängerter Hubgeraden; Beispiel 2: A_0 beliebig. Hier vorgegeben: „zentrische" Lage bei $h = 0$ (Tangente an Hubbahn geht durch A_0). $r_i > r_{min}$ gewählt wegen günstigerer Welle-Nabe-Verbindung (s. Abschnitt 7.5.).	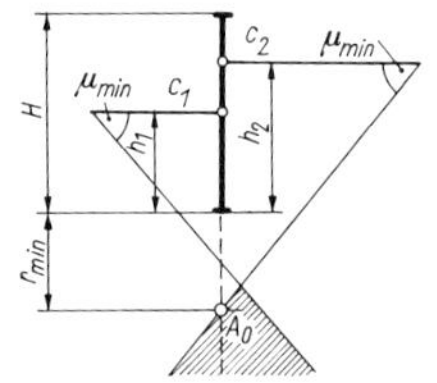	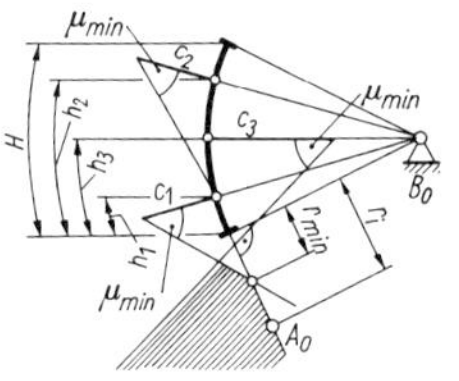
4. Konstruktion des Scheibenprofils. Auf Grundkreis mit Radius r_{min} bzw. $r_i > r_{min}$ sind die Hublängen *h* anzutragen als Geraden bzw. Kreisbögen entsprechend nebenstehenden Konstruktionen. Konstruktionswinkel φ_v in Gegenrichtung zur vorgegebenen Drehrichtung φ antragen. Die Endpunkte von h_v ergeben bei Schneidenabtastung das Scheibenprofil, bei Rollenabtastung die Rollenmittelpunktbahn; eine Äquidistante im Abstand des Rollenradius bildet das Scheibenprofil.	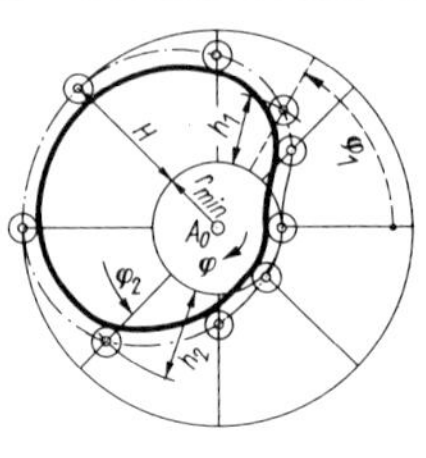	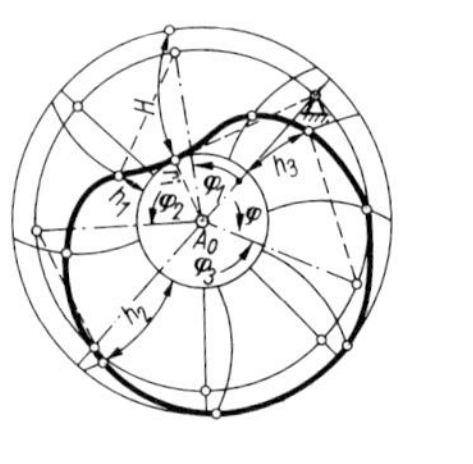

Dafür wurde eine Vielzahl von *Übertragungsfunktionen* entwickelt (z. B. Potenzfunktionen, Sinoiden), die den unterschiedlichen Anforderungen genügen. Die Auswahl einer geeigneten Übertragungsfunktion und deren Umsetzung in die Kurvenkörperform ist die wesentliche Phase der Kurvenkörperkonstruktion; s. [13.12.8] [13.12.23] und [13.12.24]. Die weiteren Hauptabmessungen eines Kurvengetriebes sind in bestimmten Grenzen wählbar. Als überschlägliches Kriterium für die Lauffähigkeit kann der Minimalwert μ_{min} des Übertragungswinkels μ gelten, **Bild 13.12.4**. Aus der Vorgabe eines Wertes μ_{min} für eine Neukonstruktion können Grenzwerte für Hauptabmessungen ermittelt werden, **Tafel 13.12.5**. Erfahrungswerte für die kleinstzulässigen Übertragungswinkel sind $\mu_{min} = 45°$ [13.12.8] bei langsam laufenden Kurvengetrieben ($n \leqq 30$ U/min) mit Schwinge und $\mu_{min} = 60°$ bei Kurvengetrieben mit Schieber sowie bei schnellaufenden Getrieben ($n \geqq 30$ U/min). Ein optimales Getriebe läßt sich jedoch nur finden, wenn man weitere, insbesondere dynamische Kriterien berücksichtigt. Verschleiß und Lebensdauer werden vor allem von der Beanspruchung im Kurvengelenk bestimmt. Die Werkstoffbeanspruchung durch Wälzpressung ist nachzurechnen (s. Abschnitte 3.5.2. und 13.8.2.), wobei Gelenkkräfte, Werkstoffpaarung und geometrische Daten der Paarung Rolle/Kurve einzubeziehen sind.

Das *Betriebsverhalten* der Kurvengetriebe wird wesentlich von der projektierten Kurvenform beeinflußt, also von der Gestalt und Folge der Bewegungsabschnitte und deren Übergängen, die durch die Wahl der Übergangskurven mit Rücksicht auf die Übertragungsaufgabe zu gestalten sind. Geringe Beschleunigungsmaxima sowie stoß- und ruckarme Bewegungen sind anzustreben. Die Fertigungsqualität, vor allem die erzielte Oberflächengüte, hat Einfluß auf die Erzeugung von Laufgeräuschen und infolge der bei mangelhafter Oberfläche entstehenden Schwingungen direkten Einfluß auf Verschleiß und Lebensdauer.

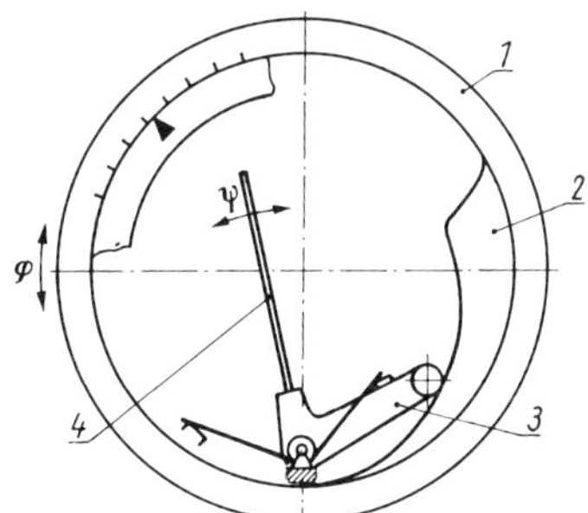

Bild 13.12.5. Kurvengetriebe im Einstellwerk eines fotoelektrischen Belichtungsmessers
1 Einstellring; *2* Kurve; *3* Gleithebel; *4* Nachführzeiger; φ Einstellwinkel; ψ Zeigerausschlag

Kurvengetriebe finden in der Feinwerktechnik vielfältige Anwendung. So zeigt **Bild 13.12.5** ein Kurvengetriebe im Einstellwerk eines fotoelektrischen Belichtungsmessers. Es dient dazu, die linearen Antriebsbewegungen des Einstellringes *2* (aufgrund der linearen Ableseskala) in eine der Meßwerkcharakteristik entsprechende nichtlineare Bewegung des Nachführzeigers *4* umzuformen. Vielfach dienen Kurvenscheiben zur Steuerung von Schaltvorgängen, **Bild 13.12.6**, wobei das Eingriffsglied als Blattfeder mit Gleitelement ausgebildet ist und damit sowohl die Abtriebsbewegung als auch die Kraftpaarung des Kurvengelenks übernimmt. **Bild 13.12.7** zeigt ein Lösungsbeispiel der Fadenzuführung bei einer Nähmaschine. Die Verwendung eines räumlich wirkenden Kurvengetriebes (hier mit Trommelkurve) ermöglicht die Umsetzung der Antriebsbewegung in die Bewegungsebene des Fadenhebels.

Wälzkurvengetriebe setzen eine schwingende Bewegung in eine andere schwingende Bewe-

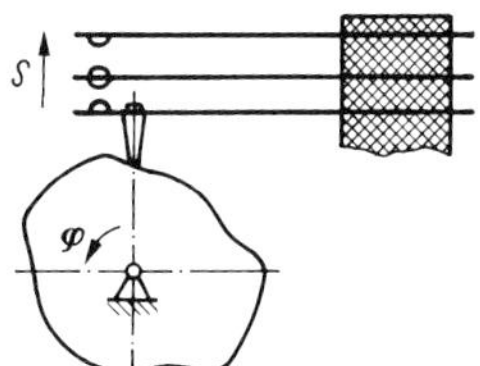

Bild 13.12.6. Kurvengetriebe zur Steuerung von Schaltvorgängen

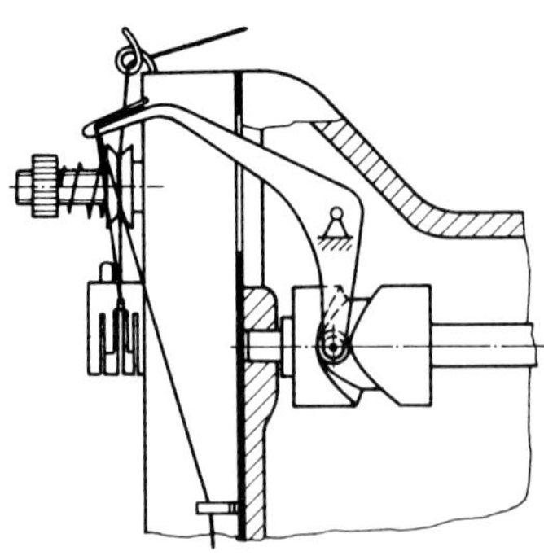

Bild 13.12.7. Fadenzuführungsmechanismus (Nähmaschine) mit räumlichem Kurvengetriebe

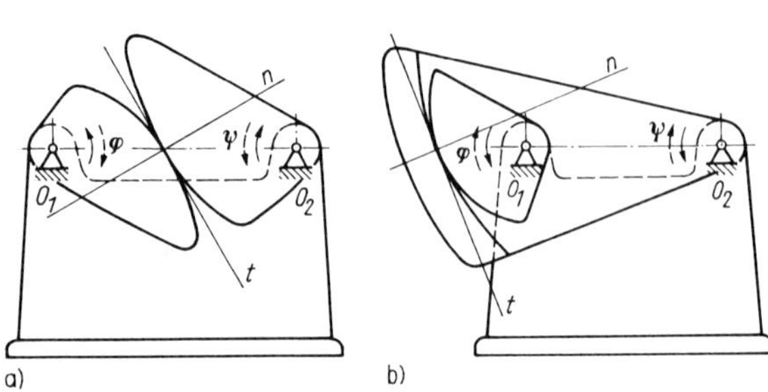

Bild 13.12.8. Wälzkurvengetriebe
a) gegensinnige, b) gleichsinnige Drehbewegungen

gung durch direktes Abrollen zweier Wälzkurven um, sofern das Stegglied als Gestell dient, **Bild 13.12.8**.

Mit abnehmendem Winkel zwischen Normale und Steggeraden $\overline{O_1O_2}$ werden die Übertragungsverhältnisse ungünstiger. Im Grenzfall (Normale schneidet die Gestellpunkte O_1, O_2) ist das Wälzkurvengetriebe ohne Sondermaßnahmen nicht mehr funktionsfähig. Neben den prinzipbedingten Grenzen der Anwendbarkeit ist auch der Fertigungsaufwand zu beachten, da stets zwei Wälzkurven mit Wälzbahnen zu fertigen sind. Außerdem muß die Genauigkeit der Lagerungen das Zusammentreffen der Wälzkurven im vorgesehenen Wälzpunkt garantieren. Die auftretenden Toleranzen bewirken immer auch ein Gleiten der Wälzkurven gegeneinander, deshalb sind Schmierung und Verschleiß nicht vernachlässigbar.

Eine Zusammenstellung ausgewählter Richtlinien zu den Abschnitten 13.11. und 13.12. enthält **Tafel 13.12.6.**

Tafel 13.12.6. Richtlinien zu den Abschnitten 13.11. und 13.12.

Richtlinien (zum Teil zurückgezogen)	
VDI 2123	Ebene Kurbelgetriebe; Konstruktion übertragungsgünstiger Gelenkvierecke für gleichläufige Schwingbewegungen
VDI 2124	Ebene Kurbelgetriebe; Konstruktion übertragungsgünstiger Gelenkvierecke für gegenläufige Schwingbewegungen
VDI 2125	Ebene Gelenkgetriebe; Übertragungsgünstigste Umwandlung einer Schubschwing- in eine Drehschwingbewegung
VDI 2126	Ebene Gelenkgetriebe; Übertragungsgünstigste Umwandlung einer Drehschwing- in eine Schubbewegung
VDI 2127	Getriebetechnische Grundlagen; Begriffsbestimmungen der Getriebe
VDI 2128	Ebene Kurbelgetriebe; Berechnung von Gelenkvierecken für gegebene Winkellagen in endlichem Abstand
VDI 2129	Ebene Kurbelgetriebe; Berechnung von Gelenkvierecken für gegebene Winkellagen in endlichem und unendlich benachbartem Abstand
VDI 2130	Getriebe für Hub- und Schwingbewegungen; Konstruktion und Berechnung viergliedriger ebener Gelenkgetriebe für gegebene Totlagen
VDI 2133	Ebene Kurbelgetriebe; Konstruktion von Gelenkvierecken zur Erzeugung gegebener Kurven; Angenähertes Verfahren
VDI 2134	Ebene Kurbelgetriebe; Konstruktion von Gelenkvierecken zur Erzeugung gegebener Kurven; Verwendung symmetrischer Koppellagen
VDI 2135	Ebene Kurbelgetriebe; Konstruktion von Gelenkvierecken zur Erzeugung gegebener Kurven; Verwendung symmetrischer Kurbellagen
VDI 2136	Ebene Kurbelgetriebe; Konstruktion zentrischer Schubkurbeln für gegebene Geradführung
VDI 2137	Ebene Kurbelgetriebe; Konstruktion zentrischer Kurbelschleifen mit Geradführung
VDI 2138	Räumliche Kurbelgetriebe; Umformung von Drehbewegung in Schwingschubbewegung
VDI 2139	Räumliche Kurbelgetriebe; Umformung von Drehbewegung in umlaufende Drehschubbewegung
VDI 2140	Räumliche Kurbelgetriebe; Geschwindigkeitsverhältnisse des um eine Achse drehenden Getriebegliedes bei räumlicher Bewegung
VDI 2141	Ebene Kurbelgetriebe; Berechnung von Gelenkvierecken für vier gegebene Winkellagen in endlichem Abstand
VDI 2143 Bl. 1	Bewegungsgesetze für Kurvengetriebe; Theoretische Grundlagen
VDI 2143 Bl. 2	Bewegungsgesetze für Kurvengetriebe; Praktische Anwendung

Literatur zu den Abschnitten 13.11. und 13.12.

(Grundlagenliteratur s. Literatur zum Abschnitt 1.)

Bücher, Dissertationen

[13.12.1] *Volmer, J.* (Hrsg.): Getriebetechnik, Koppelgetriebe. Berlin: Verlag Technik 1979.

[13.12.2] *Volmer, J.* (Hrsg.): Getriebetechnik, Leitfaden. Berlin: Verlag Technik 1985.

[13.12.3] *Volmer, J.* (Hrsg.): Getriebetechnik, Grundlagen. 2. Aufl. Berlin: Verlag Technik 1995.

[13.12.4] *Luck, K.; Modler, K.-H.*: Getriebetechnik – Analyse, Synthese, Optimierung. 2. Aufl. Berlin, Heidelberg, New York: Springer-Verlag 1995.

[13.12.5] *Lohse, P.*: Getriebesynthese – Bewegungsabläufe ebener Koppelmechanismen. 4. Aufl. Berlin, Heidelberg: Springer-Verlag 1986.

[13.12.6] *Dittrich, G.; Braune, R.*: Getriebetechnik in Beispielen. München: R. Oldenbourg-Verlag 1987.

[13.12.7] *Dresig, H.; Vul'fson, I. I.*: Dynamik der Mechanismen. Berlin: Deutscher Verlag der Wissenschaften 1989.

[13.12.8] *Volmer, J.*: Kurvengetriebe. 2. Aufl. Berlin: Verlag Technik 1989.

[13.12.9] *Steinhilper, W.; u. a.*: Kinematische Grundlagen ebener Mechanismen und Getriebe. Würzburg: Vogel-Verlag 1993.

[13.12.10] *Hagedorn, L.*: Konstruktive Getriebelehre (mit Diskette: Analyse-Programm). Düsseldorf: VDI-Verlag 1996.

[13.12.11] *Kerle, H.; Pittschellis, R.*: Einführung in die Getriebelehre. Stuttgart, Leipzig: Verlag B. G. Teubner 1998.

[13.12.12] *Hain, K.*: Atlas für Getriebekonstruktionen. Braunschweig: Verlag Friedrich Vieweg & Sohn 1972.

[13.12.13] *Hain, K.*: Getriebebeispiel-Atlas (eine Zusammenstellung ungleichförmig übersetzender Getriebe für den Konstrukteur). Düsseldorf: VDI-Verlag 1973.

[13.12.14] *Bock, A.*: Arbeitsblätter für die Konstruktion von Mechanismen. 2. Aufl. Suhl: KDT-Bezirksverband 1976/1983.

[13.12.15] VDI-Handbuch Getriebetechnik I: Ungleichförmig übersetzende Getriebe. Berlin, Köln: Beuth-Verlag 1990.

[13.12.16] *Kamusella, A.; Ließke, F.*: USAN-Handbücher. TU Dresden, Institut für Feinwerktechnik 1995.

[13.12.17] *Modler, K.-H.*: Eine einheitliche Methode für die exakte Synthese von Koppelgetrieben zur Realisierung von Lagenzuordnungen. Diss. B TU Dresden 1978.

[13.12.18] *The-Quan Pham:* Modellierung, Simulation und Optimierung toleranzbehafteter Mechanismen der Feinwerktechnik. Diss. TU Dresden 1998.

Aufsätze, Arbeitsblätter

[13.12.20] *Gierse, F.-J.; Marx, U.; Zientz, W.*: Bewegungsgüte von Mechanismen und Getrieben. VDI-Berichte Nr. 596. Düsseldorf: VDI-Verlag 1986.

[13.12.21] *Dittrich, G.; Erich, A.*: Exakte Bestimmung des Einflusses von Gliedlängentoleranzen auf die Übertragungsfunktion viergliedriger ebener Drehgelenkgetriebe. VDI-Berichte Nr. 596. Düsseldorf: VDI-Verlag 1986.

[13.12.22] *Neumann, R.; Seyffarth, R.*: Arbeitsblätter zur Auslegung von Mechanismen – Literaturzusammenstellung. Maschinenbautechnik 38 (1989) 10, S. 468.

[13.12.23] *Corves, B.; Spiegelberg, G.*: Aufbau eines Entwicklungssystems für Kurvengetriebe. VDI-Berichte Nr. 847. Düsseldorf: VDI-Verlag 1990.

[13.12.24] *Israel, G.-R.*: Komplexe CAD/CAM-Lösungen für Hochleistungskurvenmechanismen. VDI-Berichte Nr. 847. Düsseldorf: VDI-Verlag 1990.

[13.12.25] *Hüsing, M.*: Optimierung ebener Kurvengetriebe hinsichtlich minimaler toleranzbedingter Bewegungsfehler. VDI-Berichte Nr. 958. Düsseldorf: VDI-Verlag 1992.

[13.12.26] *Hammerschmidt, Chr.; Fricke, A.*: Getriebe mit rechnergesteuerten Antrieben zur Erzeugung ungleichmäßiger Bewegungen. VDI-Berichte Nr. 958. Düsseldorf: VDI-Verlag 1992.

[13.12.27] *Dresig, H.; Vul'fson, I. I.*: Kriterien zur Bewertung des dynamischen Einflusses von Spiel in zyklischen Mechanismen. Konstruktion 45 (1993) 11, S. 351.

[13.12.28] *Günzel, D.*: Modulares Programmsystem für die Typ- und Maßsynthese ungleichmäßig übersetzender Mechanismen und Getriebe. VDI-Berichte Nr. 1111. Düsseldorf: VDI-Verlag 1994.

[13.12.29] *Braune, R.*: HS-Profile mit vielen Harmonischen – Wirkungsvolle Schwingungsreduzierung in Kurvengetrieben bei extremen Bewegungsanforderungen. VDI-Berichte Nr. 1111. Düsseldorf: VDI-Verlag 1994.

[13.12.30] *Christen, G.; u. a.*: Auswahl fünfgliedriger Koppelmechanismen für Bewegungsaufgaben mittels schneller Bahnkurvensimulation. Konstruktion 46 (1994) 4, S. 155.

[13.12.31] *Schönherr, J.*: Synthese von Punktführungsgetrieben und Qualitätskontrolle von Kurvenkörpern auf der Basis der Fourieranalyse. Konstruktion 47 (1995) 3, S. 69.

[13.12.32] *Klanke, H.; Dittrich, G.*: Optimierung des dynamischen Betriebsverhaltens ungleichmäßig übersetzender Getriebe. Konstruktion 50 (1998) 11/12, S. 29.

[13.12.33] *Lederer, H.*: Neue Berechnungsmodule für Übertragungs- und Führungs-Kurvengetriebe. Konstruktion 54 (2002) 1, S. 53.

[13.12.34] AWF-Getriebeblätter: AWF 634/36 Ebene Kurvengetriebe; AWF 641/43 Konstruktion von Kurvenscheiben; AWF 644/45 Räumliche Kurvengetriebe; AWF 673 Wälzhebelgetriebe. Berlin, Köln: Beuth-Verlag.

[13.12.35] *Grünauer, A.; Sauer, B.*: Analyse ebener Mechanismen: Kinematische Untersuchung höherer Mechanismenklassen. Konstruktion 53 (2001) 11–12, S. 68.

14. Mikromechanik

Zeichen, Benennungen und Einheiten

E	Elastizitätsmodul in N/mm^2
F	Kraft in N
M	Moment in N · mm
M_d	Drehmoment, Torsionsmoment in N · mm
R	Ätzrate in μm/h
a, b, c, e	Unterätzungskoeffizient in μm
c, c_φ	Federsteife bei Biegung in N/mm, bei Torsion in N · mm/rad
c_B	Biegefedersteife in N/mm
d	Ätztiefe in μm
l	Länge in mm
m	Masse in g
p	Druck in Pa
s	Weg, Auslenkung in mm
t	Zeit in h
α	Längen-Temperaturkoeffizient in m/(m · K)
ε	Dehnung
η	Einflußgröße
ϑ	Temperatur in K, °C
λ	Wärmeleitfähigkeit in W/(m · K)
ϱ	Dichte in g/cm^3
σ_E	Elastizitätsgrenze in N/mm^2
φ	Drehwinkel in rad, °
ψ	Materialfeuchte

Indizes

Ätz	Ätz-
B	Biege-
D	Dehn-
Si	Silizium
konv	konvex
n, n^+	n-leitend
p, p^+	p-leitend

Millersche Indizes (vgl. z. B. [14.1] [14.2]):

[ijk]	kristallographische Richtung
⟨lmn⟩	alle zu [ijk] äquivalenten (gleichwertigen) kristallographischen Richtungen
(abc)	Kristallfläche
{xyz}	alle zu (abc) äquivalenten (gleichwertigen) Kristallflächen

Durch die rasche Entwicklung der Mikroelektronik können informationsverarbeitende Funktionsgruppen in technischen Erzeugnissen zunehmend unter Verwendung mikroelektronischer Bausteine realisiert und in diesem Zusammenhang mechanische durch elektronische Prinzipe überall dort abgelöst werden, wo es funktionell und vor allem ökonomisch vorteilhaft ist. Gleichzeitig müssen mechanische Bauelemente an die Eigenschaften und Möglichkeiten elektronischer Funktionselemente und -gruppen angepaßt werden [1.2]. Unter diesem Gesichtspunkt begann Ende der sechziger Jahre als notwendige Ergänzung der Mikroelektronik die Entwicklung der Mikromechanik und Mikrosystemtechnik **(Tafel 14.1).**

Tafel 14.1. Stationen der Entwicklung der Mikrosystemtechnik (Auswahl) [14.3] [14.4]

1939	pn-Übergänge in Halbleitern *(W. Schottky)*
1948	Erfindung des Transistors *(J. Bardeen, W. H. Brattain, W. Shockley)*
1954	Entdeckung des piezoresistiven Effekts in Halbleitern *(C. S. Smith)*
1958	Herstellung der ersten integrierten Halbleiterschaltung *(J. S. Kilby)*
1962	Integration von Piezowiderständen in deformierte Silizium-Wafer *(O. N. Tufte, P. W. Chapman, D. Long)*
1965	Oberflächenmikromechanik: resonanter beschleunigungsempfindlicher Feldeffekttransistor *(H. C. Nathanson, R. A. Wickstrom)* [14.26]
1967	anisotropes Tiefenätzen in Silizium (*H. A. Waggener* und Mitarbeiter; *R. M. Finne, D. L. Klein*) [14.27]
1968	Entwicklung des anodischen Bondens *(D. I. Pomerantz)* [14.28]
1973	Integration von Siliziumdrucksensoren mit bipolarer Signalverarbeitungselektronik (Fa. Integrated Transducers)
1977	erster kapazitiver Beschleunigungssensor aus Silizium (Stanford University)
1979	Mikrosystem auf einer Siliziumscheibe: Gaschromatograph zur Luftanalyse *(S. C. Terry, J. H. Jerman, J. B. Angell)* [14.29]
1983	Druckmeßumformer mit digitalem Sensorsignalprozessor (Fa. Honeywell)
1985	Entwicklung der LIGA-Technology (*W. Ehrfeld* und Mitarbeiter) [14.30]

1986	Entwicklung des Silizium-Direktbondens (*M. Shimbo* und Mitarbeiter) [14.31]
1988	kommerzielle Nutzung des Silizium-Direktbondens: 1000 Drucksensoren auf einer 100 mm-Si-Scheibe (Fa. NovaSensor)
1988	frei bewegliche mikromechanische Strukturen (*R. S. Muller* sowie *W. S. N. Trimmer* mit Mitarbeitern) [14.32] [14.33]
1993	Projektionsdisplay: 768 × 576 – Spiegelarray (Fa. Texas Instruments)
1994	erster kommerzieller Beschleunigungssensor in Oberflächenmikromechanik (Fa. Analog Devices)
1994	oberflächennahe Mikromechanik: SCREAM-Prozeß (*N. C. MacDonald* und Mitarbeiter, Cornell University) [14.34]

14.1. Charakteristik der Mikromechanik [14.3] [14.5] [14.6] [14.35]

Die Mikromechanik ist dadurch gekennzeichnet, daß extrem miniaturisierte mechanische Bauelemente durch dreidimensionale Bearbeitung von Werkstoffen der Halbleitertechnologie mit Verfahren dieser Technologie produziert werden.
Die Herstellung der mikromechanischen Funktionselemente selbst wird üblicherweise als *Micromachining* bezeichnet.
Die funktionelle und technologische Integration mikromechanischer, mikroelektronischer, mikrooptischer, mikrohydraulischer und anderer Funktionselemente zu komplexen funktionalen Einheiten wird mit dem Begriff *Mikrosystemtechnik* zusammengefaßt **(Bild 14.1)**. Sie umfaßt den Entwurf, die Fertigung und die Applikation von miniaturisierten technischen Systemen, deren Elemente und Komponenten typische Strukturgrößen im Mikrometer- und Nanometerbereich besitzen.
Im Unterschied zum deutschen Sprachgebrauch werden im amerikanischen Raum statt *Mikrosystemtechnik* die Begriffe *Mikroelektromechanische Systeme (MEMS)* bzw. *Mikrooptoelektromechanische Systeme (MOEMS)* verwendet.

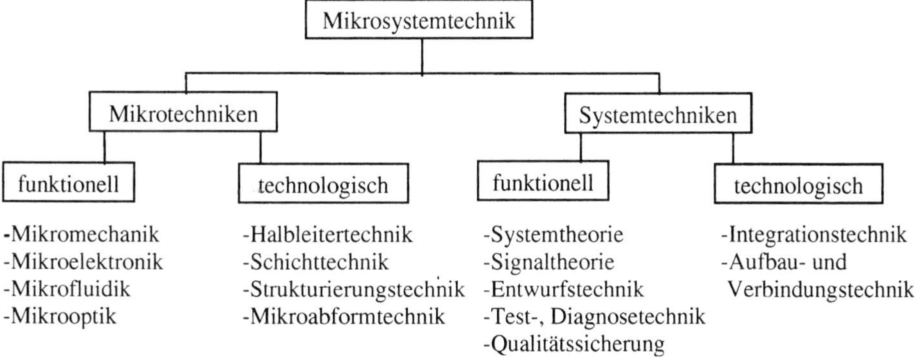

Bild 14.1. Mikrosystemtechniken

Die Entwicklung der Mikrosystemtechnik im allgemeinen und der Mikromechanik im besonderen wurde im wesentlichen durch zwei Gründe entscheidend motiviert:

- Nutzung der aus der Mikroelektronik bekannten vorteilhaften Verfahren für andere Zweige der Technik. Die Einführung der für die Feinmechanik bisher völlig neuartigen physikalisch-chemischen Verfahrenstechnik erlaubt die Parallelbearbeitung vieler mechanischer Bauelemente in einem Prozeßablauf. Die näherungsweise Unabhängigkeit des Herstellungsaufwandes von der Zahl der gefertigten Strukturen pro Scheibe im parallelen Prozeßablauf führt analog zur Mikroelektronik zu einer exponentiellen Preisabnahme pro Funktionselement.
- Begrenzung der Leistungsfähigkeit der Mikroelektronik auf die Informationsverarbeitung elektrischer Signale in geschlossenen Systemen (z. B. im Schaltkreis oder Rechner).

Die Integration komplexer funktionaler Einheiten erfordert jedoch in vielen Fällen die Signalumwandlung elektrischer in nichtelektrische Größen und umgekehrt.

Mit der Mikromechanik und der Mikrosystemtechnik wird das Ziel verfolgt, unterschiedlichste Materialien und Funktionen in Gesamtsystemen zu vereinigen:

- Die Entwicklung mikroelektronikkompatibler Einzelbausteine ermöglicht die Kommunikation mikroelektronischer Funktionselemente mit der Umwelt **(Bild 14.2)**. Dazu müssen die umweltkommunizierenden peripheren Komponenten an die Leistungsfähigkeit integrierter Schaltungen angepaßt werden.
- Mikromechanische Fertigungsmethoden erlauben die Herstellung mechanischer Funktionselemente mit geometrischen Abmessungen, die durch Fertigungsverfahren der Fein- bzw. Präzisionsmechanik nicht erreicht werden können **(Tafel 14.2; Bild 14.3)** [14.32] [14.33]. Das betrifft sowohl die Strukturkomplexität und -feinheit als auch die Verwendung bisher nicht nutzbarer Materialien.

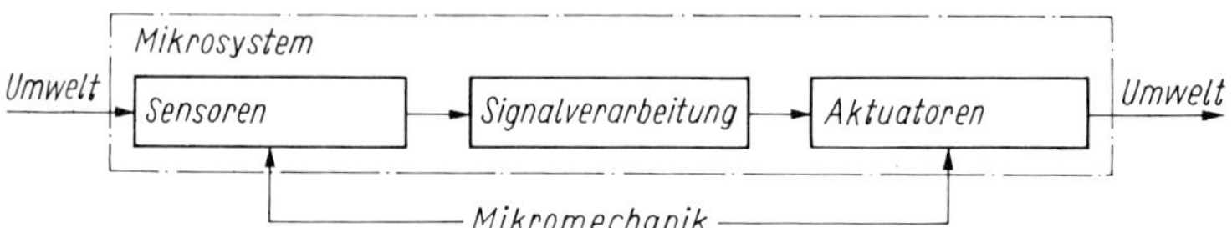

Bild 14.2. Anwendungsgebiete der Mikromechanik

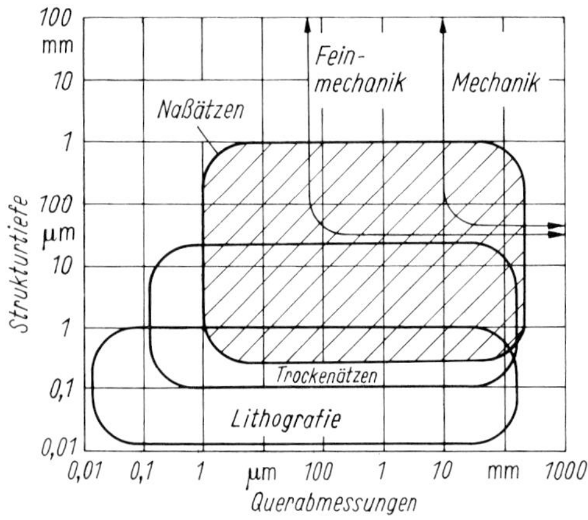

Bild 14.3. Vergleich feinmechanischer und mikromechanischer Strukturabmessungen

(Lithografie- sowie Naß- und Trockenätzverfahren als dimensionsbestimmende mikromechanische Fertigungsverfahren; s. Abschn. 14.3.)

Tafel 14.2. Technologische Grenzen der Fein- und Mikromechanik
s. auch Tafel 1.1

	Feinmechanik	Mikromechanik vertikal	lateral
Nennmaße Toleranzen	≧ (30 ...) 50 µm ≧ (0,1 ...) 1µm	≧ 0,04 µm ≧ 0,01 µm	≧ 0,3 µm ≧ 0,1 µm
Technologische Grenzen sind bedingt durch	mechanische Fertigung	Schichtherstellung, Selektivität der Ätzgemische	Lithographie, Ätzmaskenherstellung

Als **Hauptanwendungsgebiete** der Mikromechanik ergeben sich daraus [14.7] [14.8] [14.9] [14.10]:

- Sensoren,
- Aktuatoren [14.40],
- mechanische Sonderelemente.

Die von der Mikroelektronik übernommene und für ihre Belange speziell weiterentwickelte halbleitertechnologische Basis bestimmt die wesentlichen Vorteile der Mikromechanik gegenüber der Fein- und Präzisionsmechanik:

- Extreme Miniaturisierung mechanischer Funktionselemente und komplexer Funktionsgruppen **(Bild 14.4)**. Damit verbunden sind sowohl die Einsparung hochwertiger Werkstoffe als auch die Verbesserung des dynamischen Verhaltens infolge der Massenverringerung der mechanischen Funktionselemente.

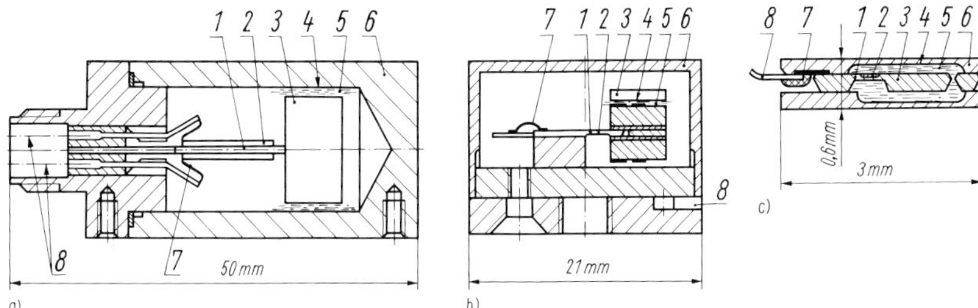

Bild 14.4. Piezoresistive Beschleunigungsaufnehmer

a) feinmechanische Variante (BWH 201; Fa. Metra Radebeul); b) hybride feinmechanisch-mikromechanische Variante; c) mikromechanische Variante [14.36]

1 Biegefeder (a: Federbronze / b: Si / c: Si); *2* Widerstandsbrücke (Halbleiter-Dehnmeßstreifen / implantierte Si-Widerstände / dito); *3* seismische Masse (Überschwermetall / Wo /Si); *4* Anschlag (Leichtmetall / Glas / Si); *5* Dämpfungsmedium (Silikonöl); *6* Gehäuse (Leichtmetall / Al / Si); *7* elektrische Kontakte; *8* Kabelaustritt

- Integration mechanischer und elektronischer Funktionselemente. Durch die gegenüber Einzelkomponenten wesentlich kompaktere Bauweise von Mikrosystemen verringern sich Bauvolumen und Energieverbrauch, während Zuverlässigkeit und Lebensdauer erheblich vergrößert werden können.
- Nutzung neuartiger halbleiter- und festkörperphysikalischer Effekte in mechanischen Geräten.
- Kostengünstige Massenproduktion durch parallele Herstellung vieler identischer Strukturen auf einem Wafer. Die Voraussetzung dazu bildet die Übernahme und spezielle Weiterentwicklung der aus der Mikroelektronik bekannten halbleitertechnologischen Verfahren.

Für die Zukunft ist zu erwarten, daß mikromechanische Funktionselemente in immer stärkerem Maße monolithisch mit mikroelektronischen, mikrooptischen und anderen Elementen zu Mikrosystemen integriert werden, die sowohl sensorische, datenverarbeitende als auch aktuatorische Funktionen enthalten. Aus ökonomischen und funktionellen Gründen werden jedoch feinmechanische Lösungen nicht völlig von mikromechanischen Funktionselementen abgelöst, sondern durch diese sinnvoll ergänzt. Dabei gewinnen Fragen der Synthese fein- und mikromechanischer Baugruppen zunehmend dort an Bedeutung, wo Informations- und Energiefluß in technischen Geräten ineinander umzuwandeln sind.

14.2. Werkstoffe der Mikromechanik

Die Herstellung mechanischer Funktionselemente mit geometrischen Abmessungen, die nicht mehr durch die traditionellen Fertigungsverfahren der Fein- bzw. Präzisionsmechanik, sondern nur noch durch direkte oder modifizierte Anwendung halbleitertechnologischer Verfahren erreichbar sind, bedingt den Einsatz halbleitertechnologischer Werkstoffe. Solche Materialien können Halbleiter selbst, andere Substratmaterialien oder auf Halbleitersubstraten aufgebrachte Halbleiter- bzw. Nichthalbleiterschichten sein **(Tafel 14.3)**. Silizium stellt dabei das bedeutungsvollste Halbleitermaterial in der Mikromechanik dar [14.35].

Diese dominierende Rolle ergibt sich aus folgenden Vorzügen:
- Silizium ist der wichtigste Rohstoff der Halbleiterindustrie. Sein derzeitiger Gesamtanteil im Bereich der Mikroelektronik liegt bei weit über 90%.
- Silizium steht in ausreichender Menge und vergleichsweise preiswert zur Verfügung.
- Silizium ist physikalisch und chemisch am intensivsten untersucht [14.9] und wird technologisch am besten beherrscht [14.10]. Das Vorhandensein wirtschaftlicher technologischer Verfahren und ausgereifter Ausrüstungen ermöglicht hinreichend hohe Ausbeuteraten im Herstellungsprozeß.

Tafel 14.3. Überblick über die gebräuchlichsten Werkstoffe der Mikromechanik

Substratwerkstoffe

Monokristalline Halbleiter
- Silizium
- Verbindungshalbleiter (z. B. GaAs)

Andere
- Gläser (z. B. Pyrex)
- Keramiken
- Saphir

Schichtwerkstoffe

Halbleiterschichten
- Silizium: monokristallin (Epitaxieschichten, rekristallisierte Polysiliziumschichten)
  polykristallin oder amorph
- Verbindungshalbleiter

Isolatorschichten
- SiO_2
- Si_3N_4
- Gläser (Borosilikatglas BSG, Phosphorosilikatglas PSG, Boro-Phosphoro-Silikatglas BPSG)

Kontaktierungsschichten
- Metalle (Al, Cr, Au)
- Silizide

Passivierungsschichten
- SiO_2
- Si_3N_4
- Polymere (PTFE, Polyimide)

Sensitive und aktorische Schichten
- Silizium
- Piezoelektrika (z. B. ZnO, $PbTiO_3$)
- Pyroelektrika (z. B. $LiTaO_3$, $LiNbO_3$, CdS)
- Polymere

Tafel 14.4. Eigenschaften mikromechanischer Werkstoffe im Vergleich mit unlegiertem Stahl [14.35], vgl. auch [14.11] [14.37] [14.38] [14.23]

	Elastizitätsmodul E 10^5 N/mm^2	Dichte ϱ g/cm^3	Längen-Temperaturkoeffizient α 10^{-6} m/(m · K)	Wärmeleitfähigkeit λ W/(m · K)
Si	1,7[2])	2,3	2,5	157
SiO_2[1])	0,5	2,2	0,5	1,4
Si_3N_4	3,8	2,8	4,2	19
Stahl (unlegiert)	2,1	7,9	19	97

[1]) thermisch aufgewachsenes SiO_2
[2]) in [110]-Richtung

- Silizium besitzt, verglichen mit herkömmlichen in der Feinwerktechnik eingesetzten Werkstoffen, ausgezeichnete mechanische Eigenschaften **(Tafel 14.4)**. So ist z. B. der Bereich der maximalen elastischen Dehnung $\varepsilon(\sigma_E)$ mit $(3 \ldots 6) \times 10^{-3}$ wesentlich größer als für unlegierten Stahl (10^{-3}). Außerdem ist Silizium fast ideal kriech- und hysteresefrei.
- Mit Hilfe von Silizium oder auf Silizium aufgebrachten Schichten lassen sich vielfältige physikalische und chemische Effekte realisieren [14.5].
- Silizium hat ausgezeichnete technologische Eigenschaften. Es ist chemisch beständig (ausgenommen gegen einige saure und alkalische Lösungen), weist nur eine Kristallmodifikation auf und besitzt ein thermisch herstellbares Eigenoxid (SiO_2), das stabil, defektarm und für eine große Zahl von Anwendungen hinreichend widerstandsfähig ist.

Andere Substratmaterialien finden vorrangig dort Verwendung, wo in Siliziumtechnologie hergestellte mikromechanisch-mikroelektronische Baugruppen physikalische Grenzen aufweisen (beispielsweise die Einschränkung des Temperatureinsatzbereiches isolierender *p-n*-Übergänge bei piezoresistiven Planarwiderständen) oder wo speziell entwickelte technologische Verfahren ökonomische Vorteile gegenüber der Siliziumtechnologie aufweisen (z. B. LIGA-Verfahren, anodisches Bonden von Glassubstraten, s. Abschn. 14.3.).

14.3. Mikromechanische Fertigungsverfahren

Die Fertigungsverfahren der Mikromechanik stellen direkt übernommene oder adaptierte und spezifisch weiterentwickelte Verfahren der im Rahmen der Mikroelektronik entwickelten Halbleitertechnologie dar. Eine Übersicht der verwendeten halbleitertechnologischen Verfahrensschritte enthält **Tafel 14.5**. Eine ausführliche Beschreibung ihrer Eigenschaften und Möglichkeiten ist in [14.2] [14.12] bis [14.15] enthalten.

Tafel 14.5. In der Mikroelektronik angewendete halbleitertechnologische Fertigungsverfahren

Scheibenherstellung
- Einkristallherstellung
- Scheibenherstellung
- Oberflächenbearbeitung

Scheibenprozesse
- Lithografieverfahren (Foto-, Röntgenstrahl-, elektronenoptische Lithografie)
- Schichtherstellungsverfahren
  Aufwachsen: Oxydation, Epitaxie
  Abscheiden: CVD (Chemical Vapour Deposition), PVD (Physical Vapour Deposition: Sputtern, Bedampfen)
- Schichtabtragungsverfahren (Ätzverfahren)
- Dotierverfahren (Ionenimplantation, Diffusion)
- Verbindungsverfahren (Wafer-Bonden)[1])

Montageprozesse
- Vereinzelungsverfahren
- Verbindungsverfahren (Die-Bonden)[1])
- Kontaktierungsverfahren
- Verkappung, Umhüllung
- Endprüfung

[1]) Zur Verbindung kompletter Siliziumscheiben (Wafer-Bonden) und vereinzelter Chips (Die-Bonden) werden i. allg. die gleichen Verbindungsverfahren benutzt (s. Abschn. 14.3.1.4.).

Im Gegensatz zur Mikroelektronik ist derzeitig in der Mikromechanik und Mikrosystemtechnik kein Anwendungsfeld sichtbar, das den bisher in die Siliziumtechnologie investierten Entwicklungsaufwand auch nur teilweise tragen oder rechtfertigen könnte **(Tafel 14.6)**. Durch die vielfältigen, oft divergierenden Anwendungen in der Mikromechanik ist keine Typisierung mikromechanischer Bauelemente wie im Fall der Mikroelektronik (z. B. im Bereich der Logik- und Speicherschaltkreise) möglich, zumal die Anpassung der mikroelektronischen Funktionsgruppen an die Umwelt üblicherweise durch die Peripherik (darunter die Mikromechanik) vorgenommen werden muß. Die Vielfalt der Anforderungen an die Mikromechanik bedingt deshalb die starke technologische Anlehnung an die Mikroelektronik.

Die Weiterentwicklung der halbleitertechnologischen Fertigungsverfahren für mikromechanische Anwendungen besteht vorrangig in der Ablösung der zweidimensionalen Strukturierungstechnik der Mikroelektronik durch eine dreidimensionale Formgebung [14.3] bis [14.10] [14.16] [14.17].

Tafel 14.6. Vergleich typischer Eigenschaften von Mikroelektronik und Mikrosystemtechnik

Kriterium	Mikroelektronik	Mikrosystemtechnik
Komponenten	standardisiert (z. B. Speicher, Prozessoren)	vielgestaltig
Stückzahlen	$10^5 \ldots 10^8$	$10^2 \ldots 10^6$
Anwendungen	elektronisch	mechanisch, elektronisch, fluidisch, optisch usw.
Strukturdimension	zweidimensional	dreidimensional
Entwurf	automatisiert	heterogen mit geringer Entwurfsunterstützung

14.3.1. Spezielle Verfahrensschritte und Standardtechnologien

Die Anpassung der Mikroelektronik-Technologien an die Herstellung dreidimensionaler Strukturen erfordert die Spezifizierung einzelner Verfahrensschritte von Tafel 14.5, insbesondere

- der Zweiseitenzuordnung zur Justage verschiedener mechanischer bzw. elektronischer Funktionselemente auf der Vorder- und der Rückseite einer Siliziumscheibe,
- der Tiefenätzverfahren zur Erzeugung dreidimensionaler Einätzungen in Siliziumsubstraten,
- der Verfahren für die Herstellung isolierender Schichten zur geometrischen Begrenzung solcher dreidimensionaler Einätzungen und
- der Verbindungsverfahren (Wafer–Bonden) zum Aufbau mikromechanischer Funktionselemente.

14.3.1.1. Zweiseitenzuordnung

Mikroelektronische Funktionselemente befinden sich bis auf wenige Ausnahmen (z. B. Leistungshalbleiter) an der Oberfläche oder im oberflächennahen Gebiet einer Seite eines Siliziumwafers. Im Unterschied dazu erfolgt die Herstellung mikromechanischer Funktionsgruppen oft als Zweiseitenbearbeitung einer Halbleiterscheibe, wenn beispielsweise geometrische Strukturen durch Einätzungen von beiden Seiten der Scheibe aus erfolgen oder dreidimensionale Grundelemente auf der einen Seite des Wafers mit elektronischen Komponenten auf der Oberfläche der anderen Seite gegeneinander in eine bestimmte Lage gebracht werden müssen.

Durch die Zweiseitenzuordnung werden dazu Marken auf beiden Seiten der Siliziumscheibe geschaffen, die in einer definierten geometrischen Beziehung zueinander stehen (z. B. [14.39]). Die weitere Bearbeitung der Scheibe zur Erzeugung sowohl elektronischer, mechanischer oder anderer Funktionselemente kann dann für jede der beiden Seiten getrennt fortgesetzt werden, indem diese Marken als geometrische Bezugspunkte insbesondere für weitere Einseitenlithografieprozesse dienen. Die Zuordnung von Scheibenvorder- und -rückseite erfolgt vorwiegend durch eine Doppelseitenlithografie, in einigen Fällen auch durch Ausnutzung von Durchätzungen.

Doppelseitenlithografie (Bild 14.5). Zwei Fotoschablonen mit einander entsprechenden Justiermarkenfeldern werden zueinander justiert (Bild 14.5a) und anschließend zwischen beide Schablonen eine Siliziumscheibe eingebracht, die beiderseitig mit Fotolack beschichtet ist (b). Durch Belichtung, Entwicklung und Lackätzung beider Seiten wird in den Fotolackschichten eine den Justierfeldern der Schablonen entsprechende Struktur erzeugt (c), die man durch weitere Verfahrensschritte (z. B. thermische Oxydation, Si-Ätzen) in die Siliziumscheibe übertragen kann.

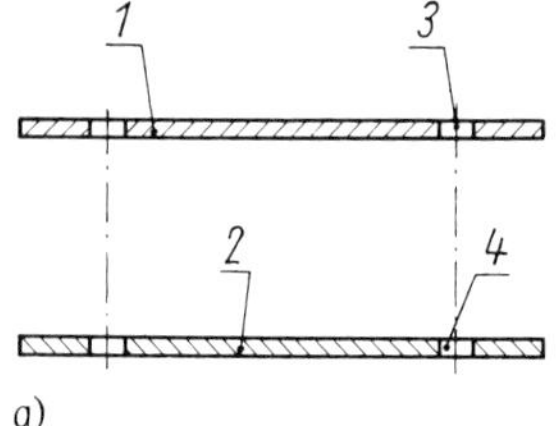

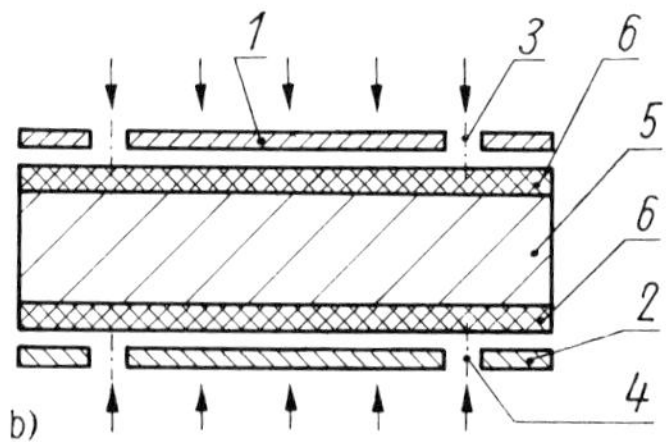

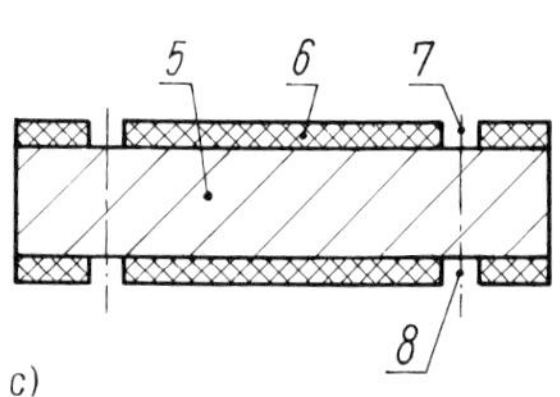

Bild 14.5. Zuordnung von Scheibenvorder- und -rückseite durch Doppelseitenlithografie

a) Justage von zwei Fotoschablonen; b) Doppelseitenbelichtung der Siliziumscheibe; c) Ausbildung der Justiermarken in der Fotolackschicht
1, 2 Fotoschablone; *3, 4* Justierfeld; *5* Siliziumscheibe; *6* Fotolackschicht; *7, 8* Justiermarken

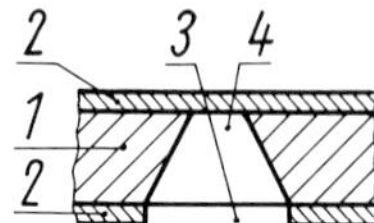

Bild 14.6. Zuordnung von Scheibenvorder- und -rückseite über Durchätzungen (vor der Ätzmaskenentfernung)
1 Siliziumscheibe; *2* Ätzmaske; *3* Ätzmaskenöffnung; *4* Einätzung

Zuordnung über Durchätzungen (Bild 14.6). Auf einem Siliziumwafer wird beiderseitig eine Ätzmaske aufgebracht, die auf einer Seite eine Öffnung mit einer bestimmten geometrischen Form besitzt. Im Silizium bringt man eine Einätzung mit definierter geometrischer Form (z. B. mit anisotropen naßchemischen Ätzmitteln, s. Abschn. 14.3.1.2.) ein. Wird die Scheibe vollständig durchgeätzt und der Ätzresist anschließend entfernt, läßt sich die Durchätzung im weiteren Bearbeitungsverlauf als Justiermarke für beide Scheibenseiten verwenden.

14.3.1.2. Tiefenätzverfahren

Tafel 14.7 zeigt im Überblick die in der Halbleitertechnologie verwendeten Ätzverfahren zum Abtragen üblicher Halbleitersubstrate und darauf befindlicher Schichten [14.16]. Unter diesen (substraktiv) formgebenden Verfahren dominieren in der Mikromechanik *naßchemische Ätzverfahren*, da sie sich durch folgende Vorteile auszeichnen:

- vergleichsweise kurze Bearbeitungszeit zur Herstellung tiefer Einätzungen
- hohe erreichbare Selektivität der Ätzrate
- großes Spektrum realisierbarer mechanischer Formen
- Verhinderung von Kristallstörungen, die zu einer Beeinträchtigung der mechanischen Eigenschaften führen
- Wirtschaftlichkeit durch geringen technischen Aufwand.

Tafel 14.7. Halbleitertechnologische Ätzverfahren

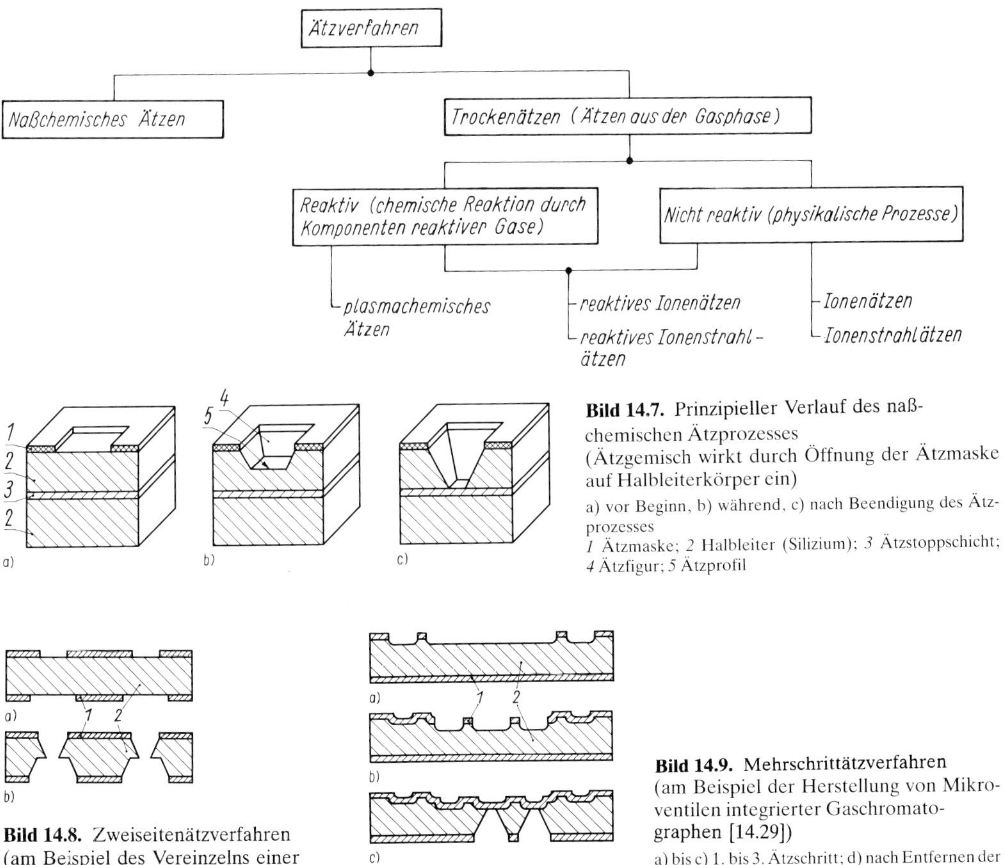

Bild 14.7. Prinzipieller Verlauf des naßchemischen Ätzprozesses (Ätzgemisch wirkt durch Öffnung der Ätzmaske auf Halbleiterkörper ein)
a) vor Beginn, b) während, c) nach Beendigung des Ätzprozesses
1 Ätzmaske; *2* Halbleiter (Silizium); *3* Ätzstoppschicht; *4* Ätzfigur; *5* Ätzprofil

Bild 14.8. Zweiseitenätzverfahren (am Beispiel des Vereinzelns einer Siliziumscheibe)
a) vor, b) nach dem Ätzen
1 Ätzmaske; *2* Halbleiter (Silizium)

Bild 14.9. Mehrschrittätzverfahren (am Beispiel der Herstellung von Mikroventilen integrierter Gaschromatographen [14.29])
a) bis c) 1. bis 3. Ätzschritt; d) nach Entfernen der Ätzmaske
1 Ätzmaske; *2* Halbleiter (Silizium)

Der prinzipielle Verlauf des Ätzprozesses ist im **Bild 14.7** dargestellt. Das Ätzgemisch wirkt durch die Öffnung einer Ätzmaske auf das Halbleitersubstrat ein und trägt kontinuierlich Halbleitermaterial ab. Die Form der Ätzmaskenöffnung bestimmt dabei die laterale Begrenzung der Ätzfigur, während eingebaute Ätzstoppschichten im Halbleiterkörper die Ätzgrube vertikal begrenzen.

Grundsätzlich können Ein- und Zweiseiten- **(Bild 14.8)** sowie Ein- und Mehrschrittätzverfahren **(Bild 14.9)** unterschieden werden.

Ätzgemische [14.15] [14.16] [14.18] [14.41]. Für naßchemische Ätzverfahren der Mikromechanik werden Ätzgemische verwendet, die i. allg. über folgende Eigenschaften verfügen **(Tafel 14.8)**:

- Die Ätzgemische wirken *selektiv*, d. h., bestimmte Materialien werden im Vergleich zu Silizium mit einer wesentlich kleineren Ätzrate abgetragen. Diese Stoffe eignen sich für Ätzmaskierungen oder Ätzstoppschichten. Bei praktischen Anwendungen wird bevorzugt das selektive Verhalten der meisten Ätzgemische gegenüber Siliziumdioxid (SiO_2), Siliziumnitrid (Si_3N_4), verschiedenen Metallschichten (z. B. Al, Au), aber auch gegenüber Silizium selbst bei bestimmten Dotierungen genutzt.
- Die Ätzgemische wirken *isotrop* oder *anisotrop*.
  Isotrope Ätzgemische ätzen Silizium in allen kristallographischen Richtungen mit der gleichen Ätzrate R_{Si}.
  Anisotrope Ätzgemische tragen Silizium in den verschiedenen kristallographischen Richtungen mit unterschiedlichen Ätzraten ab. Dabei wird allgemein Silizium in $\langle 100 \rangle$- oder $\langle 110 \rangle$-Richtung mit einer wesentlich größeren Ätzrate $R_{\langle 100 \rangle}$ bzw. $R_{\langle 110 \rangle}$ abgetragen als in $\langle 111 \rangle$-Richtung.

Typische Ätzgemische, die bei der mikromechanischen Formgebung von Silizium Anwendung finden, sind in **Tafel 14.9** zusammengestellt.

Tafel 14.8. Charakterisierung von Ätzgemischen zur mikromechanischen Formgebung

Begriff / Kenngröße	Ätzrate		Anisotropie	Selektivität	
	von Silizium	der Schicht x		der Schicht x	von dotiertem Silizium
Isotrope Ätzverfahren 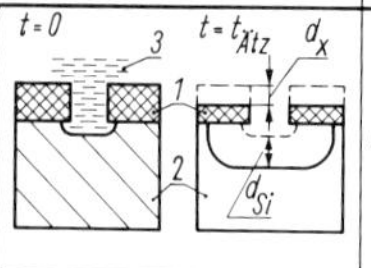 (t = 0; 3; $t = t_{Ätz}$; d_x; 1; 2; d_{Si})	$R_{Si} = \frac{d_{Si}}{t_{Ätz}}$	$R_x = \frac{d_x}{t_{Ätz}}$ x: SiO_2, Si_3N_4, Al, Au, …	—	$\frac{R_{Si}}{R_x}$ x: SiO_2, Si_3N_4, Al, Au, …	$\frac{R_{y\text{-}Si}}{R_{z\text{-}Si}}$ [1)] y, z: n, n^+, p, p^+
Anisotrope Ätzverfahren 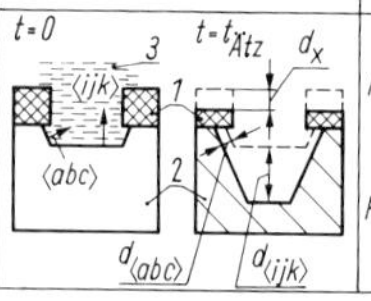 (t = 0; 3; $\langle ijk \rangle$; $\langle abc \rangle$; $t = t_{Ätz}$; d_x; 1; 2; $d_{\langle abc \rangle}$; $d_{\langle ijk \rangle}$)	$R_{\langle ijk \rangle} = \frac{d_{\langle ijk \rangle}}{t_{Ätz}}$ $R_{\langle abc \rangle} = \frac{d_{\langle abc \rangle}}{t_{Ätz}}$		$\frac{R_{\langle ijk \rangle}}{R_{\langle abc \rangle}}$; i. allg. $\frac{R_{\langle 100 \rangle}}{R_{\langle 111 \rangle}}$, $\frac{R_{\langle 110 \rangle}}{R_{\langle 111 \rangle}}$	$\frac{R_{\langle ijk \rangle}}{R_x}$	$\frac{R_{\langle ijk \rangle, y}}{R_{\langle ijk \rangle, z}}$ [1)]

R Ätzrate; *d* Ätztiefe; $t_{Ätz}$ Ätzzeit; *x* Beschichtungsmaterial; *y*, *z* Leitungstyp und Dotierung; *1* Ätzmaske (Schicht *x*); *2* Silizium; *3* Ätzgemisch
[1)] bei praktischen Anwendungen wird i. allg. die betreffende Dotierung angegeben.

Tafel 14.9. Anisotrope, naßchemische Ätzgemische zur mikromechanischen Formgebung von Silizium [14.16] [14.42] bis [14.45]

Bezeichnung	Bestandteile	Ätzmaskierung	Bemerkungen
KOH	Kaliumhydroxid KOH, Wasser H_2O (Isopropanol $CH_3-CHOH-CH_3$)	SiO_2; Si_3N_4	gebräuchlichstes Ätzmittel; einfach handhabbar; inkompatibel zur IC-Herstellung
EDP	Ethylendiamin $NH_2-(CH_2)_2-NH_2$ Brenzkatechin (Pyrocatechol) $C_6H_4(OH)_2$, Wasser H_2O	SiO_2; Si_3N_4; Au; Cr; Ag; Cu; Ta	giftig; reagiert mit Sauerstoff; ausgeprägter Ätzstopp für hochdotiertes Silizium
TMAH	Tetramethylammoniumhydroxid $(CH_3)_4NOH$; Wasser H_2O	SiO_2; Si_3N_4; Al	IC-kompatibel, da organisches Ätzmittel ohne Metallionen; ungiftig; einfach handhabbar

Ätzfiguren [14.3] bis [14.8] [14.46] bis [14.48]. Die laterale Begrenzung von Einätzungen in Halbleitersubstraten wird durch die isotropen bzw. anisotropen Eigenschaften der Ätzgemische, die kristallographische Orientierung der Halbleiteroberfläche und die Ausrichtung der Ätzmaskenkanten beeinflußt. Abhängig von diesen Parametern ist somit eine große Anzahl unterschiedlichster Ätzprofile realisierbar **(Tafel 14.10)**.

Tafel 14.10. Abhängigkeit des Ätzprofils in einer (ijk)-orientierten Siliziumscheibe von der Ausrichtung der Maskenkante $\langle xyz\rangle$

Ätzmasken sind nicht dargestellt

Ausrichtung der Maskenkante	Anisotrope Ätzgemische (100)	Anisotrope Ätzgemische (110)	Anisotrope Ätzgemische (111)	Isotrope Ätzgemische
$\langle 100\rangle$	{100} {110} 1)	{111}	keine praktische Bedeutung, da $R_{\langle 111\rangle} \ll R_{\langle 100\rangle}, R_{\langle 110\rangle}$	
$\langle 110\rangle$	{111}	{100} {110} 1)		
$\langle 111\rangle$	—	{111} {111} {311} 1)	{111}	

1) Form des Ätzprofils abhängig von Art, Zusammensetzung und Temperatur des Ätzgemisches

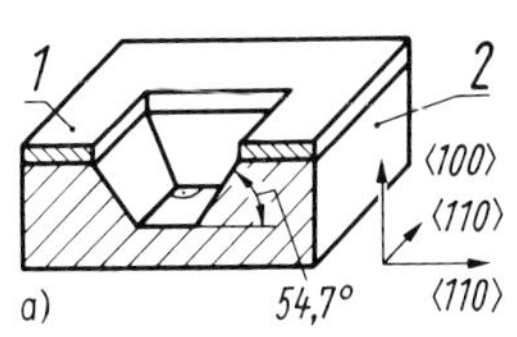

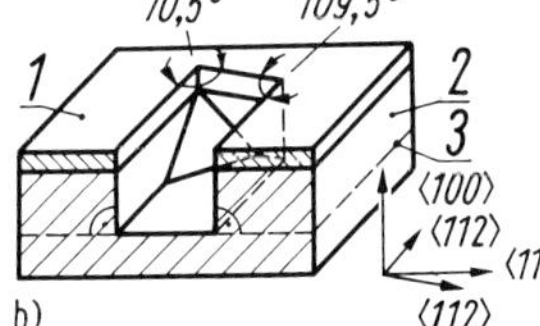

Bild 14.10. Am häufigsten verwendete anisotrope Einätzungen

a) in (100)-Silizium; b) in (110)-Silizium
1 Ätzmaske; *2* Silizium; *3* Ätzstoppschicht

Dabei finden in der Mikromechanik bevorzugt anisotrop in (100)- und (110)-Silizium erzeugte Ätzfiguren Anwendung **(Bild 14.10)**, während (111)-orientierte Siliziumsubstrate durch die relativ kleine Ätzrate $R_{\langle 111\rangle}$ weitaus geringere praktische Relevanz besitzen.

Im allgemeinen wird bei anisotropen Ätzmitteln die Herausbildung der Ätzfiguren durch die Ätzraten der die Ätzgrube begrenzenden Seitenflächen bestimmt. Dabei bilden sich:

- an konkaven Ecken der Ätzmaske Seitenflächen, deren Ätzrate für das verwendete Ätzmittel ein Minimum aufweist (z. B. {111}-Flächen),
- an konvexen Ecken der Ätzmaske Seitenflächen, deren Ätzraten winkelabhängige lokale Maxima aufweisen (z. B. {211}-, {311}-Flächen).

Ätzstoppverfahren [14.49] bis [14.53]. Die vertikale Begrenzung von Ätzfiguren erfolgt durch Beendigung des Ätzprozesses oder unter Zuhilfenahme von Ätzstoppverfahren. Als *Ätzstopp* wird der Übergang von einer Ätzrate R_1 zu einer wesentlich kleineren Ätzrate R_2 bei gleichbleibenden äußeren Ätzbedingungen bezeichnet. Praktisch bedeutsame Ätzstoppverfahren weisen Ätzratenverhältnisse $R_1/R_2 \geqq 100$ auf.

Entsprechend ihrer Wirkungsweise werden anisotrope, selektive und elektrochemische Ätzstoppverfahren unterschieden **(Tafel 14.11)**.

Die Erzeugung von (isolierenden) Nichthalbleiterschichten zumeist aus Siliziumoxid oder -nitrid erfolgt vorwiegend mit SOI-(**S**ilicon-**O**n-**I**nsulator-)Technologien (s. Abschn. 14.3.1.3.) oder mit Wafer-Bond-Technologien, bei denen zwei Siliziumsubstrate über isolierende Zwischenschichten miteinander verbunden werden (s. Abschn. 14.3.1.4.). Der bis Anfang der achtziger Jahre dominierende Ätzstopp an mit Bor hochdotierten Schichten für anisotrope Ätzlösungen (insbesondere für EDP-Ätzgemische [14.50]) ist in den letzten Jahren durch den elektrochemischen Ätzstopp in seiner Bedeutung zurückgedrängt worden. Gegenüber der in Tafel 14.11 abgebildeten ursprünglichen Zweielektroden-Variante des elektrochemischen Ätzstoppverfahrens bietet das Vier-Elektroden-Verfahren hinsichtlich Verfahrensführung, -kontrolle und -sicherheit erhebliche Vorteile [14.53].

Tafel 14.11. Ätzstoppverfahren

Ätzmasken sind nicht dargestellt
$R_{\langle abc\rangle}$, $R_{\langle ijk\rangle}$, R_{Si} Ätzgeschwindigkeiten von Silizium; R_x Ätzgeschwindigkeit der Schicht x (SiO_2; Si_3N_4);
n, n^+, p, p^+ Kennzeichnung des Leitungstyps und der Dotierung

Prinzip		Anisotrope Ätzgemische	Isotrope Ätzgemische
Anisotroper Ätzstopp		$R_{\langle abc\rangle} \ll R_{\langle ijk\rangle}$	—
Selektiver Ätzstopp	an Isolierschichten	$R_x \ll R_{\langle ijk\rangle}$	$R_x \ll R_{Si}$
	an dotierten Siliziumschichten	$R_{\langle ijk\rangle,p^+} \ll R_{\langle ijk\rangle}$	$R_{n^+,p^+\text{-}Si} \ll R_{n,p\text{-}Si}$ [1]
Elektrochemischer Ätzstopp		$R_{\langle ijk\rangle,n} \ll R_{\langle ijk\rangle,p}$	$R_{Si} \ll R_{n^+\text{-}Si}$ [2]

[1]) nur für HNA-Ätzgemische; [2]) nur für ECE-Ätzgemische

Tafel 14.12. Unterätzungsformen und deren Kenngrößen

Form	Herausbildung schnellätzender Flächen an konvexen Ecken	Herausbildung langsamätzender Flächen durch Fehlausrichtung der Maskenkanten	Ätzen der seitlichen Begrenzungsflächen durch anisotrope Ätzgemische	Ätzen der seitlichen Begrenzungsflächen durch isotrope Ätzgemische
Veranschaulichung				
①	$\frac{R_{konv}}{R_{\langle ijk\rangle}}$ oder $\frac{a}{d_{\langle ijk\rangle}}$	$\frac{b}{l}$ oder $\Delta\varphi$	$\frac{R_{\langle abc\rangle}}{R_{\langle ijk\rangle}}$ oder $\frac{c}{d_{\langle ijk\rangle}}$	e

① charakterisierende Kenngröße; 1 Ätzmaske; 2 Silizium

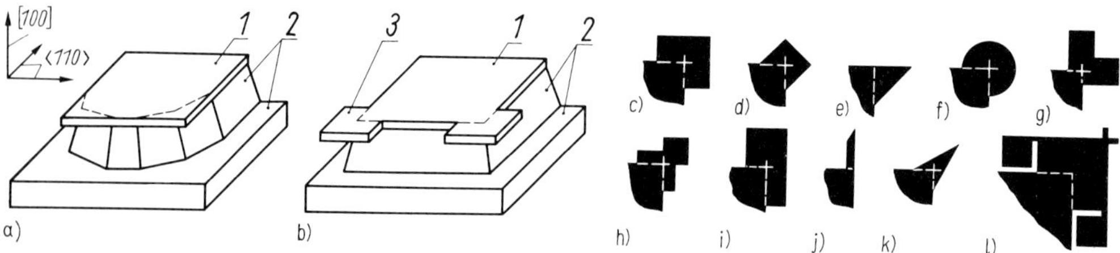

Bild 14.11. Kompensation der Unterätzung konvexer Ecken am Beispiel (100) ⟨110⟩-ausgerichteter Ätzmaskenkanten
a), b) geätzte konvexe Ecke ohne und mit Kompensationsmaskenteilen; c) bis k) Kompensationsmaskenformen zum Erzeugen rechtwinkliger konvexer Ecken [14.54] [14.55]; l) komplexe Kompensationsmaskenform für mehrere eng beieinander liegende konvexe Ecken
1 Ätzmaske; *2* Silizium; *3* Kompensationsmaskenteil

Unterätzungen. Form- und Größenabweichungen zwischen der Ätzmaskengeometrie und den Schnittkanten der seitlichen Begrenzungsflächen der Ätzfiguren mit der Halbleiteroberfläche werden als Unterätzungen bezeichnet.

Sie entstehen hauptsächlich durch
1. Herausbilden schnell ätzender Kristallflächen an konvexen Ecken,
2. Herausbilden langsam ätzender Flächen durch Fehlausrichtung der Ätzmaskenkanten oder
3. Ätzen der seitlichen Begrenzungsflächen.

Die entsprechenden Unterätzungsformen und deren Kenngrößen zeigt **Tafel 14.12.**
Unterätzungen sind oft unerwünscht, lassen sich jedoch vermeiden (Fehlausrichtung der Maskenkanten), berücksichtigen (Einfluß der Ätzrate der seitlichen Begrenzungsflächen) oder kompensieren (an konvexen Ecken; vgl. **Bild 14.11).**
Zur Herstellung mechanischer Zungen- und Brückenstrukturen können Unterätzungen aber auch gezielt ausgenutzt werden **(Tafel 14.13)** [14.41].

Tafel 14.13. Herstellung von Zungen und Brücken durch Ausnutzung von Unterätzungen

①	Zungen		Brücken	
②	Herausbildung schnellätzender Flächen an konvexen Ecken	Ätzen der seitlichen Begrenzungsflächen		Herausbildung schnell- und langsamätzender Flächen
Herausbildung der mikromechanischen Struktur				
Beispiel	[001] $[\bar{1}10]$ [110]	[001] $[\bar{1}10]$ [110]	[001] $[\bar{1}10]$ [110]	[110] $[1\bar{1}2]$ $[\bar{1}11]$

① mikromechanische Grundform ② Unterätzungsform

14.3.1.3. Herstellung isolierender Schichten

In der Mikroelektronik werden neben isolierenden p-n-Übergängen vielfach zwischen Funktionselement und Siliziumsubstrat eingebrachte SiO_2- oder Si_3N_4-Schichten zur elektrischen Isolation der Bauelemente verwendet. Solche Schichten sind für mikromechanische Anwendungen auch als Ätzstoppschichten (s. Tafel 14.11) oder zur thermischen Isolation geeignet. Ihre Herstellung lehnt sich daher stark an die aus der Halbleitertechnologie bekannten SOI-Verfahren an [14.2]. Zur Ausnutzung der guten mechanischen Eigenschaften monokristallinen Siliziums haben sich bisher Herstellungsverfahren durchgesetzt, mit denen isolierende Schichten im Einkristall erzeugt werden können.

ZMR-Verfahren (**Z**one **M**elting **R**ecrystallization) [14.56]. Durch Rekristallisation lassen sich polykristallin abgeschiedene Siliziumschichten auf Nichthalbleiterschichten oder -substraten in einen einkristallinen Zustand überführen. Dieser Prozeß erfordert eine Temperatur in der Poly-Si-Schicht, die über der Schmelztemperatur von Silizium (1413 °C) liegt. Dazu erwärmt man den gesamten Wafer auf eine Temperatur knapp unterhalb der Schmelztemperatur **(Bild 14.12)**. Ausgehend von „seeds“ (Kristallkeime als Verbindungspunkte der Poly-Si-

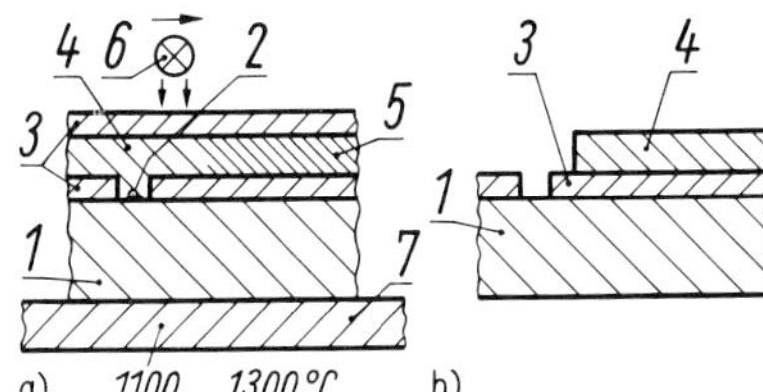

Bild 14.12. ZMR-Verfahren
a) Rekristallisation; b) nach Entfernung der SiO_2-Deckschicht und Freilegung des „seeds“
1 Silizium; *2* „seed“ (Kristallkeim); *3* SiO_2; *4* rekristallisiertes Poly-Si; *5* Poly-Si; *6* lokale Heizungsquelle; *7* stationäre Heizungsquelle

Schicht mit dem monokristallinen Substrat) wird die Polysiliziumschicht lokal über die Schmelztemperatur aufgeheizt, so daß sich nach Abkühlung der Kristallzustand ausbilden kann. Als Heizer dienen üblicherweise streifenförmige Strahlungsquellen (Laserlicht, Blitzlampen u. a.).

SIMOX-Verfahren (**S**eperation by **IM**planted **OX**ygen) [14.57]. Durch Ionenimplantation von Sauerstoff in monokristallines Silizium entsteht unterhalb der Siliziumoberfläche eine mit 0^+-Ionen stark angereicherte Schicht **(Bild 14.13)**, die durch Tempern in eine Siliziumoxidschicht überführt werden kann. Das sich auf der Oxidschicht befindliche Silizium weist dabei Dicken im Sub-Mikrometerbereich auf. Statt Sauerstoffionen sind auch andere Ionen, z. B. Stickstoff, zur Bildung isolierender Schichten anwendbar [14.49].

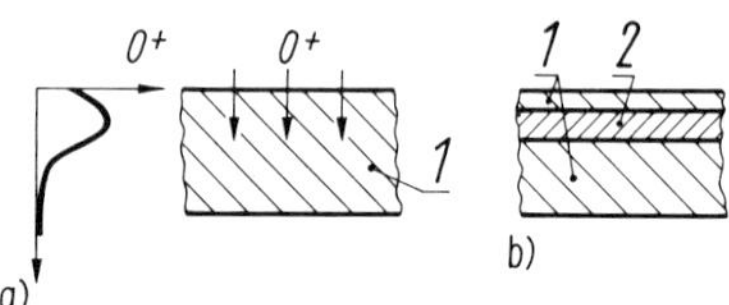

Bild 14.13. SIMOX-Verfahren

a) Implantation von Sauerstoffionen; b) Oxidbildung durch Temperung (>1000 °C)
1 Silizium; *2* SiO_2

FIPOS-Verfahren (**F**ull **I**solation by **P**orous **O**xidized **S**ilicon) [14.58]. Im elektrochemischen Ätzprozeß mit hochkonzentrierter Flußsäure kann man monokristallines *p*-leitendes Silizium in poröses Silizium umwandeln, dessen Porenmikrostruktur wesentlich geringere Diffusionszeitkonstanten bedingt, während *n*-leitendes Silizium nicht angegriffen wird. Diese Eigenschaft läßt sich ausnutzen, indem ein *p*-Si-Substrat unterhalb von *n*-Si-Inseln in poröses Silizium umgeformt und anschließend durch thermische Oxydation (Diffusionsprozeß) in SiO_2 umgesetzt wird **(Bild 14.14)**.

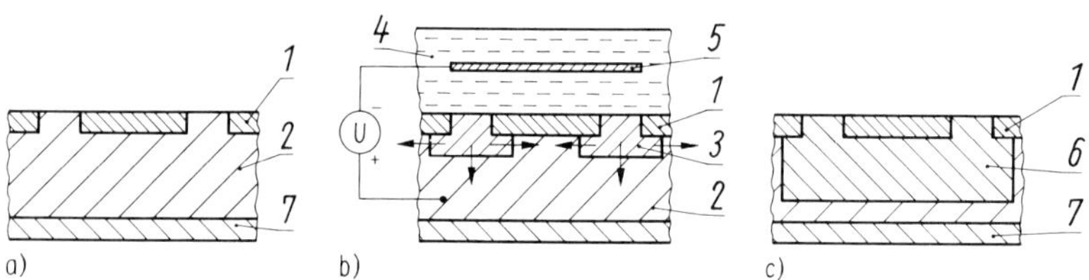

Bild 14.14. FIPOS-Verfahren

a) p-Si-Wafer mit n-dotierten Gebieten; b) Umwandlung des p-Siliziums in poröses Silizium durch isotropes elektrochemisches Ätzen; c) Oxydation des porösen Siliziums
1 n-Si; *2* p-Si; *3* poröses Silizium; *4* HF-Ätzlösung; *5* Gegenelektrode; *6* SiO_2; *7* Rückseitenätzmaske

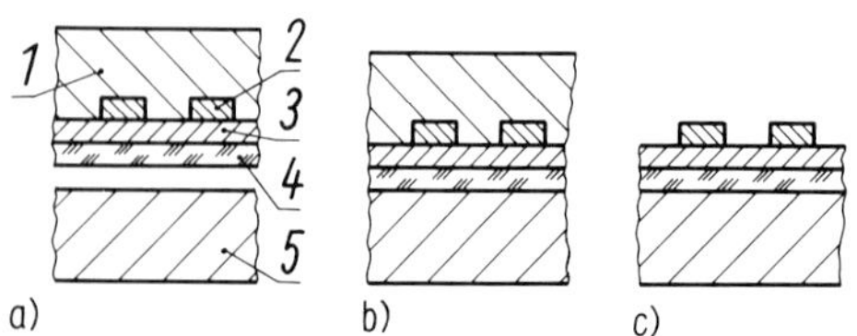

Bild 14.15. Bonden und Rückätzen (Bonding-and-Etch-Back)

a) getrennt präparierte Ausgangswafer; b) miteinander verbundene Siliziumscheiben; c) Rückätzen mit Ätzstopp am hochdotierten p^+-Silizium
1 n-Si; *2* p^+-Si; *3* SiO_2; *4* Glasschicht (Pyrex); *5* Si

Bonden und Rückätzen [14.59] bis [14.61]. Durch Verbindung zweier Siliziumwafer über isolierende Zwischenschichten (SiO_2, Si_3N_4, Gläser; s. Abschn. 14.3.1.4.) lassen sich zwei elektrisch voneinander isolierte monokristalline Siliziumschichten in einem Substrat erreichen **(Bild 14.15)**. Speziell dotierte Bereiche in einer der beiden Ausgangswafer können freigelegt werden, wenn man das verbundene Substrat einem naßchemischen Ätzprozeß unterzieht (Etch-Back) und die dotierten Strukturen als Ätzstopp (s. Tafel 14.11) dienen.

14.3.1.4. Verbindungsverfahren (Wafer–Bonden)

Für den Aufbau mikromechanischer Funktionsgruppen steht häufig die Aufgabe
- mechanische und elektrische Bauelemente zu fügen,
- Funktionselemente und -gruppen mit anderen Baugruppen zur Übertragung von Informationen zu verbinden.

Durch die hauptsächliche Verwendung des Werkstoffes Silizium in der Mikromechanik ergeben sich folgende Forderungen an den Fügeprozeß:
- Die maximale Fügetemperatur darf bei Vorhandensein von Leitbahnen oder Kontakten aus Aluminium die eutektische Temperatur von Al-Si (577 °C) nicht überschreiten.
- Das Material des Fügepartners muß einen dem Silizium angepaßten Längen-Temperaturkoeffizienten aufweisen. Aus diesem Grund werden dafür vorwiegend wiederum Silizium selbst oder spezielle Gläser (BSG, BPSG; z. B. Pyrex, Rasotherm) verwendet.

Viele Anwendungsfälle erfordern zudem ganzflächig feste und dichte Verbindungen.

Neben den aus der Mikroelektronik-Technologie übernommenen Fügeprozessen [14.19]
- Kleben (vorrangig mit Silikonkautschuk, Epoxydharz)
- Glaslöten
- eutektisches Bonden (Au-Si: 363 °C)

sind in den letzten Jahren spezielle Verbindungsverfahren für die Anforderungen der Mikromechanik entwickelt worden. Diese Verfahren nutzen für die feste und dichte Verbindung der Fügepartner Van der Waalssche Bindungskräfte. Die zu verbindenden Teile müssen dazu extreme Oberflächengüten (Oberflächenrauheit, -welligkeit, -reinheit) aufweisen.

Anodisches Bonden (Elektrostatisches Ansprengen) [14.28] [14.62] bis [14.63]. Man bringt eine spiegelpolierte Siliziumscheibe mit einem Glassubstrat (Pyrex) in Kontakt. Nach Erwärmung werden die im Glas befindlichen Ionen (Na^+) beweglich, so daß durch die am Silizium angelegte anodische Spannung eine Ladungstrennung an der Grenzfläche Silizium–Glas erfolgt. Die dabei auftretenden sehr großen Kräfte führen zum Aneinanderpressen der Fügepartner und durch nachfolgende Diffusion von Ionen aus dem Glas in das Silizium zu mechanisch festen, dichten und irreversibel verbundenen Elementen **(Bild 14.16a)**. In gleicher Weise sind zwei Siliziumwafer miteinander fügbar, wenn auf einer der beiden Scheiben eine Glasschicht aufgesputtert ist (b) [14.62].

SDB-Verfahren (**S**ilicon **D**irect **B**onding) [14.31]. Mit diesem Verfahren lassen sich zwei Siliziumscheiben ohne jegliche Zwischenschichten miteinander verbinden. Dazu reinigt man sie nach entsprechender Oberflächenpolitur naßchemisch, so daß sich an den Oberflächen

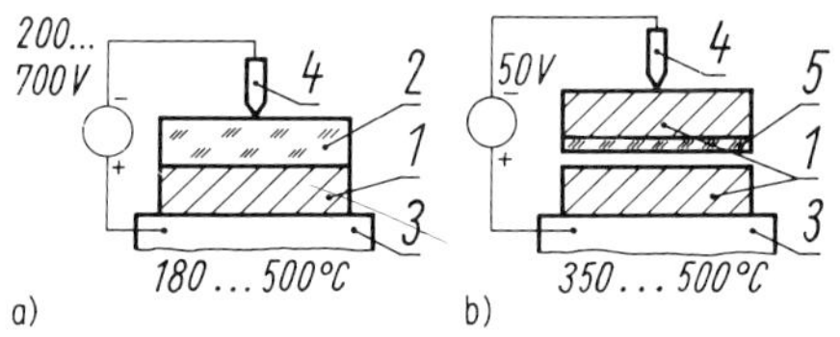

Bild 14.16. Anodisches Bonden

a) von Silizium mit Glas; b) von Silizium mit Silizium
1 Siliziumscheibe; *2* Glassubstrat (Pyrex); *3* Heizquelle; *4* elektrischer Kontakt; *5* gesputterte Glasschicht (BSG; BPSG)

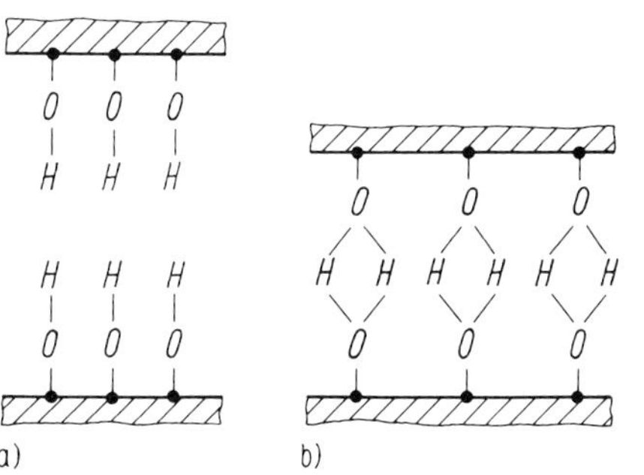

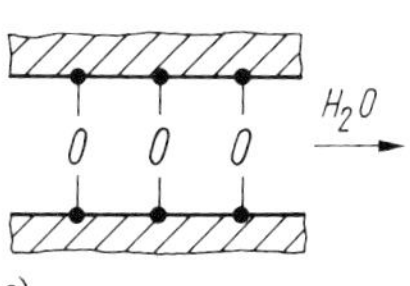

Bild 14.17. SDB-Verfahren

a) nach Oberflächenpolitur und Reinigung beider Siliziumscheiben; b) nach Verbindung beider Siliziumscheiben; c) nach dem Tempern

Hydroxyl-Gruppen bilden. Werden die Wafer bei Temperaturen von (200 ... 1100) °C miteinander in Kontakt gebracht, bildet sich ohne ein äußeres elektrisches Feld und äußere Kräfte eine irreversible feste, dichte und leitfähige Verbindung heraus **(Bild 14.17)**. Modifikationen dieses Verfahrens erlauben ebenfalls isolierende Zwischenschichten [14.59].

14.3.2. Mikromechanische Formgebungsverfahren

Dreidimensionale Strukturierungstechnologien dienen der Formgebung von Funktionselementen der Mikromechanik und Mikrosystemtechnik. Anders als in der Mikroelektronik, wo größere Strukturierungstiefen als (1 ... 10) µm im allgemeinen technisch uninteressant sind, werden für mikromechanische Elemente Tiefen bis zu einigen hundert Mikrometern gefordert. Aus diesem Grund sind spezielle mikromechanische Formgebungsverfahren entwikkelt worden. Ähnlich den Strukturierungstechnologien der Mikroelektronik lassen sich jedoch auch hier maskenabbildende (ausschließlich unter Verwendung von Lithografieschritten) und seriell schreibende Verfahren (mit und ohne Lithografie) unterscheiden.
Für die Herstellung mikromechanischer Strukturen werden vorrangig *maskenabbildende Verfahren* verwendet, da sie folgende Vorteile aufweisen:
- Fertigung hoher Stückzahlen durch Parallelbearbeitung vieler Chips einer Scheibe,
- vergleichsweise niedrigerer Aufwand.

Die wichtigsten maskenabbildenden Verfahren und ihre Einteilung sind in den **Tafeln 14.14 und 14.15** zusammengestellt.

Tafel 14.14. Vergleich der Formgebungsverfahren

Verfahrensklasse	Volumenmikromechanik (Bulk micromachining)	Oberflächenmikromechanik (Surface micromachining)	Oberflächennahe Volumenmikromechanik
Prinzipbild	1, 1	2, 1	1, 1
Bemerkungen	– meist Zweiseitenbearbeitung, – Ätztiefe ≈ Waferdicke, – zumeist Nutzung des naßchemischen, isotropen Ätzens, – großer Chipflächenbedarf durch Ätzschrägen	– Einseitenbearbeitung, – einkristallines Material für bewegliche Struktur, schwierig realisierbar, – gute Miniaturisierbarkeit, – Sticking-Problem (Verkleben der beweglichen Strukturen) [14.64]	– Einseitenbearbeitung, – bewegliche Strukturen aus einkristallinem Silizium, – aufwendige Herstellung, – gute Miniaturisierbarkeit, – großes Spektrum an Verfahren [14.3]
Literatur	[14.65]	[14.66]	[14.34]

1 Si; *2* SiO_2

14.3.2.1. Ätzverfahren (Volumenmikromechanik)

Mit Hilfe von naßchemischen und Trockenätzverfahren erreicht man einen (subtraktiven) Stoffabtrag in die Tiefe eines Substrates (vgl. Abschn. 14.3.1.2.). Der gezielte Ätzangriff erfolgt dabei durch eine Ätzmaske, die durch Schichtbildung auf dem Substrat erzeugt und unter Nutzung lithografischer Schritte selbst strukturiert wird. Die zweidimensionale Strukturierung der ätzmaskierenden Schicht mit üblichen halbleitertechnologischen Ätztechniken ist damit die Voraussetzung für die dreidimensionale Formgebung. Während sich jedoch bei den anisotropen Trockenätzverfahren und in bestimmter Weise auch bei den isotropen naßchemischen Ätzverfahren das ebene, lithografisch abgebildete Muster der Ätzmaske einfach in die Tiefe fortsetzt, stellen die anisotropen naßchemischen Ätzverfahren das einzige rein substraktiv arbeitende, wirklich dreidimensionale Mikrostrukturierungsverfahren dar.

Tafel 14.15. Einteilung der maskenabbildenden mikromechanischen Formgebungsverfahren

Strukturierungsart	subtraktive Strukturierung	additiv-subtraktive Strukturierung
Quasi-dreidimensionale (2,5 D-) Strukturierung[1])	isotropes naßchemisches Ätzen; anisotropes Trockenätzen; oberflächennahe Mikromechanik (z. B. SCREAM-Verfahren, s. Abschn. 14.3.2.3)	LIGA-Verfahren (s. Abschn. 14.3.2.4)
Dreidimensionale (3D-) Strukturierung	anisotropes naßchemisches Ätzen Abschn. 14.3.1.2)	Oberflächenmikromechanik (Surface Micromachining; s. Abschn. 14.3.2.2); Bonden und Rückätzen (Bonding-and-Etch-Back; s. Abschn. 14.3.1.3)
	Kombinationen aus subtraktiven und/oder additiv-subtraktiven dreidimensionalen und quasidreidimensionalen Strukturierungsverfahren	

[1]) einfache Fortsetzung des ebenen, lithografisch abgebildeten Musters in die Tiefe

14.3.2.2. Oberflächenmikromechanik (Surface Micromachining, Opferschichtverfahren) [14.67] [14.68]

Durch die Nutzung von Opferschichten ist eine Erzeugung dreidimensionaler Strukturen auf der Oberfläche eines Substrates möglich. Dazu wird auf einer strukturierten Opferschicht eine zweite Schicht eines anderen Materials aufgebracht und strukturiert und anschließend die Opferschicht wieder entfernt **(Bild 14.18)**. Die verbleibende Schicht bildet auf diese Weise freistehende oder mit dem Substrat verbundene mikromechanische Funktionselemente. Das

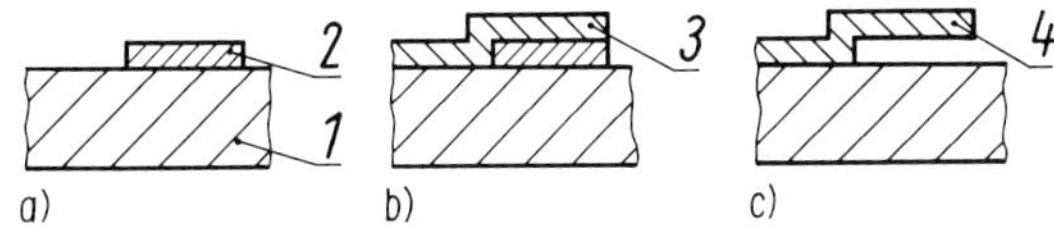

Bild 14.18. Prinzip des Surface Micromachining am Beispiel der Herstellung einer Biegezunge
a) Schichtabscheidung und -strukturierung der Opferschicht; b) Abscheidung und Strukturierung der zweiten Schicht; c) Entfernung der Opferschicht
1 Substrat; *2* Opferschicht; *3* Deckschicht; *4* Biegezunge

Herauslösen der Opferschicht erfolgt mit selektiven, isotrop wirkenden naßchemischen oder gasförmigen Ätzmitteln durch seitlichen Ätzangriff der Opferschicht zwischen Substrat und zweiter Schicht oder durch speziell eingebrachte Öffnungen in der oberen, ätzresistenten Schicht. Öffnungen über freigelegten Hohlräumen können anschließend durch weitere Schichtabscheidungs- (z. B. Sputtern) oder -bildungsprozesse (z. B. thermische Oxydation) wieder verschlossen werden [14.69]. Bei Verwendung mehrerer Opferschichten sind auch komplizierte mechanische Elemente herstellbar (s. Bild 14.20).
Die Vorteile dieses Verfahrens des Surface Micromachining gegenüber den anderen mikromechanischen Strukturierungstechniken liegen in
- seiner ausschließlichen Einseitenbearbeitung,
- der Möglichkeit der Herstellung beliebiger dreidimensionaler geometrischer Formen,
- der Kompatibilität zu Standardprozessen der Mikroelektronik-Technologie (Schichtbildung; -strukturierung; selektives, isotropes naßchemisches Ätzen).

Das Verfahren des Surface Micromachining haben 1965 erstmalig NATHANSON und WICKSTROM beschrieben [14.26], die einen mechanischen Zungenresonator aus Gold auf einem Siliziumchip erzeugt hatten. Als Opferschicht wurde Fotolack verwendet. Die Biegezunge diente dabei als Gate eines Feldeffekttransistors im Siliziumsubstrat. Dieser sogenannte Resonant-Gate-Transistor war damit das erste mikromechanische Funktionselement der Welt, bei dem außerdem bereits die monolithische Integration mechanischer und elektronischer Komponenten auf einem Siliziumchip vollzogen worden war.
Gegenwärtige Anwendungen des Verfahrens nutzen überwiegend Polysiliziumschichten als Material für mechanische Elemente sowie Siliziumoxid als Zwischenschicht.

14.3.2.3. Oberflächennahe Volumenmikromechanik

Mechanische Strukturen, die mittels Oberflächenmikromechanik hergestellt werden, bestehen zumeist aus amorphem oder polykristallinem Material, oft aus Poly-Silizium. Deren mechanische Eigenschaften stehen denen aus einkristallinem Material oft nach, außerdem unterliegen die Funktionselemente durch die Verwendung mehrerer unterschiedlicher Materialien im Herstellungsprozess einer erhöhten Gefährdung. Dies ergibt sich einerseits aus den verbleibenden Schichtspannungen infolge der unterschiedlichen Temperaturkoeffizienten und der Schichtherstellung bei höheren Temperaturen und andererseits aus der Haftneigung der freitragenden Schichten am Substrat durch die Adhäsionskräfte nach Prozessen zur Opferschichtentfernung. Beide Nachteile werden durch den Einsatz von anisotropen Trockenätzverfahren und dem isotropen Herauslösen von Material an der Unterkante der künftig freitragenden Struktur in der oberflächennahen Volumenmikromechanik überwunden. Die in **Bild 14.19** dargestellte SCREAM-Technik ist vom technologischen Ablauf her besonders einfach, da durch die Anwendung selbstjustierender Technologieelemente insgesamt nur eine lithografische Ebene benötigt wird. Allerdings sind die Ätz- und Beschichtungsprozesse in den schmalen und tiefen Gräben verfahrenstechnisch anspruchsvoll und die erreichbaren Geometrien an der Unterseite der beweglichen Strukturen nicht ideal. Weiterentwicklungen der Einzelprozesse und Abwandlungen der Prozessfolge eröffnen eine große Variantenvielfalt [14.3].

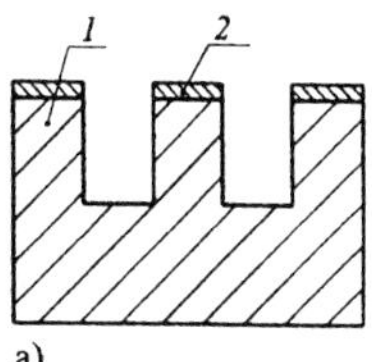

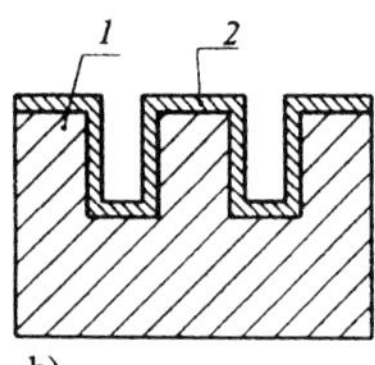

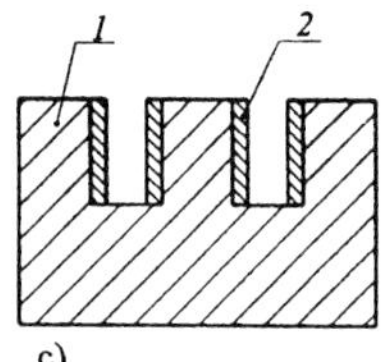

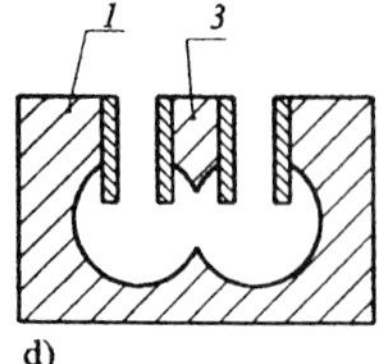

Bild 14.19. Herstellung beweglicher Siliziumzungen mittels SCREAM-Prozess (Single Crystal Reactive Etching and Metallization) [14.34]

a) tiefes Siliziumätzen (DRIE, Deep Reactive Ion Etching); b) Isolatorbeschichtung; c) anisotropes (richtungsabhängiges) Ätzen der Isolatorschicht; d) Freilegen der Siliziumzunge durch isotrope Unterätzung
1 einkristallines Silizium; *2* Maskierungsmaterial (SiO_2); *3* Siliziumzunge

14.3.2.4. LIGA-Verfahren [14.30] [14.70] [14.71]

Der **LIGA**-Prozeß (**LI**thografie, **G**alvanoformung, **A**bformung) ist ein Herstellungsverfahren für dreidimensionale Strukturen, das sich abweichend von den anderen nur in sehr geringem Maß auf Werkstoffe und, von der Röntgenstrahllithografie abgesehen, auf Technologien der Halbleitertechnik stützt. Damit stellt es ein weitestgehend eigenständiges Formgebungsverfahren dar. Es bietet außerordentlich große Vorteile für die Integration mikromechanischer und mikrooptischer Funktionselemente sowie die Herstellung mechanischer Sonderstrukturen mit hohem Aspektverhältnis (Höhen-zu-Breiten-Verhältnis).

Das Grundverfahren des LIGA-Prozesses ist in **Bild 14.20** dargestellt. Ein mit speziellem röntgenstrahlempfindlichen Fotolack (Polymethylmethacrylat PMMA) beschichtetes Substrat setzt man Röntgensynchrotronstrahlung aus (Bild 14.20a). Nach Entwicklung und

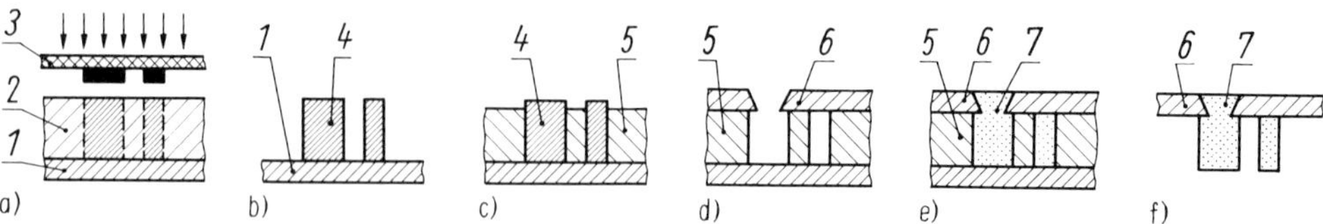

Bild 14.20. LIGA-Grundprozeß

a) Lithografie; b) Lackentwicklung und -strukturierung; c) galvanische Abscheidung; d) Formherstellung zur Abformung; e) Abformung; f) Herauslösen der Form
1 Substrat; *2* Fotolack; *3* Maske; *4* Lackstruktur; *5* Metallstruktur (-form); *6* Trägerplatte; *7* Abformmasse

Lackablösung (b) wird in die Lackmaske mikrogalvanisch Metall abgeschieden (c). Die so entstandene Metallmaske dient als (Negativ-)Mutterform zur Herstellung von Positivstrukturen (d, e).

Entsprechend dem Verfahrensschritt sind dreidimensionale Strukturen aus folgenden Materialien herstellbar:
- Metalle: reine Metalle: Ni, Cu, Au, Ag, Al, ...
  Legierungen: NiCo (große Härte); NiFe, NiFeCo (magnetisch)
- Keramik
- Gläser
- Polymere: PMMA, Polycarbonate, Polyamide.

Durch die Verwendung von Röntgensynchrotronstrahlung zur PMMA-Tiefenbelichtung können im Lithografie- und Lackentwicklungsschritt Strukturen erzeugt werden, die Strukturhöhen bis zu 1 mm und Aspektverhältnisse von bis zu 100 aufweisen. Diese extremen Eigenschaften und Genauigkeiten des Lithografieschrittes übertragen sich im Galvanik- und Abformschritt auf die herzustellende Struktur [14.20]. Zur Erzeugung echter dreidimensionaler Strukturen können in den LIGA-Prozeß Elemente des Opferschichtverfahrens (s. Abschn. 14.3.2.2.) eingebracht werden.

14.3.2.5. Mikromechanische Grundformen

Die mikromechanische Formgebung ermöglicht die Erzeugung von Strukturen unterschiedlichster Form. Im allgemeinen lassen sich diese jedoch in wenige Grundformen zerlegen **(Tafel 14.16)**. Die Analyse der Grundformen ist Voraussetzung für die Herstellungstechnologie mikromechanischer Funktionselemente.

Tafel 14.16. Mikromechanische Grundformen

Grundform	Löcher, Gräben, Gruben	Durchbrüche	Dünne Platten	Zungen	Brücken	Erhebungen
Isotrope Ätzprozesse						
Anisotrope Ätzprozesse						

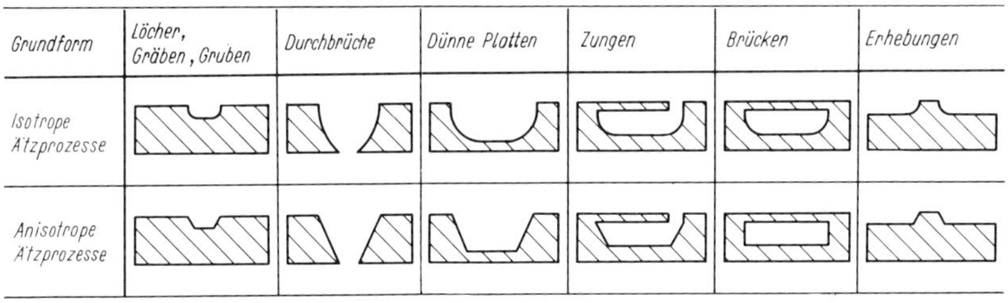

14.4. Entwicklung mikromechanischer Funktionsgruppen

Der konstruktive Entwicklungsprozeß mikromechanischer Funktionsgruppen und Geräte entspricht in seiner Grundstruktur dem der Feinwerktechnik. Er umfaßt die Aufbereitungs-, Prinzip- und Gestaltungsphase und enthält die Entwicklungszustände: Aufgabenstellung – Gesamtfunktion – Verfahrensprinzip – Funktionsstruktur – technisches Prinzip – technischer Entwurf – Produktdokumentation (s. Abschnitt 2., sowie [1.2]).
Infolge der spezifischen Eigenschaften der Mikromechanik weist der Entwicklungsprozeß mikromechanischer bzw. kombinierter fein- und mikromechanischer Funktionsgruppen jedoch zwei Besonderheiten auf:

- Die *Prinzipphase* wird vielschichtiger und komplexer [14.73]. Die mit dem Werkstoff Silizium verbundenen neuartigen physikalischen und chemischen Effekte vergrößern das Spektrum nutzbarer Verfahrensprinzipe.
  Durch die mögliche Integration mikromechanischer und mikroelektronischer Funktionselemente können wesentlich komplexere Funktionsstrukturen projektiert werden.
- Die *Gestaltungsphase* als Etappe der Umsetzung des technischen Prinzips in den technischen Entwurf wird durch die Eigenschaften der mikromechanischen Fertigungsverfahren bestimmt. **Tafel 14.17** zeigt speziell den Einfluß der Formgebung auf die konstruktive Entwurfsphase. Die Vielfalt der sich in diesem Prozeß ergebenden Gestaltungsvarianten wird an einem Beispiel in **Tafel 14.18** veranschaulicht.

Tafel 14.17. Struktur der konstruktiven Gestaltungsphase mikromechanischer Funktionsgruppen
s. auch Abschnitt 2.1.

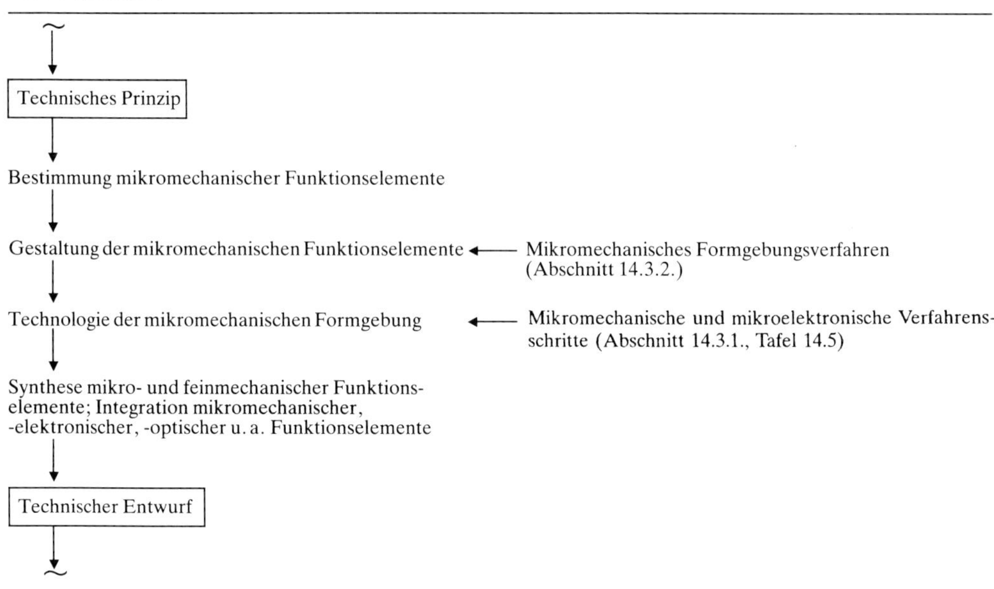

Tafel 14.18. Gestaltung dünner Membranen als Beispiel mikromechanischer Funktionselemente [14.72]

Bearbeitung	Si-Membran	Poly-Si-Membran	SiO_2-/Si_3N_4-Membran
Zweiseitenbearbeitung	SiO_2, Si_3N_4; Si; SiO_2, Si_3N_4	Poly-Si [2]; Si; SiO_2, Si_3N_4	SiO_2, Si_3N_4; Si; SiO_2, Si_3N_4
Einseitenbearbeitung (Surface Micromachining)	Si [1]; poröses Si	Poly-Si; SiO_2, Si_3N_4; Si	SiO_2, Si_3N_4; Si
Zweischeibenbearbeitung (Bonding and Etch-Back)	p^{++}-Si; Glas, Si	—	Si; SiO_2, Si_3N_4; Si

[1]) vor der Herauslösung des porösen Siliziums;
[2]) Kombination des anisotropen naßchemischen Ätzens und des Opferschichtverfahrens

- Der Gestaltungsphase kommt eine zunehmende Bedeutung zu. Die mikromechanische Herstellung bestimmt immer stärker die mikromechanische Konstruktion, da für die Einführung neuer Verfahrensschritte in einen Herstellungsprozeß bis zur Serienreife meist mehrjährige Technologieentwicklungen erforderlich sind.
- Da Mikrosysteme neben mechanischen und elektrischen auch elektronische Komponenten zur Signalverarbeitung und Regelung, oft aber auch weitere (z. B. optische, fluidische oder akustische) Komponenten enthalten und sich diese untereinander stark beeinflussen, lassen sich Aufbereitungs-, Prinzip- und Gestaltungsphase häufig nicht klar voneinander trennen. Oftmals weist der Entwicklungsprozess Rücksprünge in vorhergehende Phasen auf.
- Durch die Komplexität und Miniaturisierung der Mikrosysteme sowie den hohen Grad der funktionalen und räumlichen Integration kommt dem Entwurf in der Mikrosystemtechnik gegenüber den herkömmlichen Bereichen wie Maschinenbau und Feinwerktechnik eine erheblich größere Bedeutung zu [14.3] [14.10] [14.21] [14.22]. Im Gegensatz zur Mikroelektronik gibt es gegenwärtig in der Mikromechanik noch keinen durchgängig automatisierten Systementwurf.

14.5. Mikromechanische Konstruktionselemente

Mikromechanische Konstruktionselemente sind Elemente, die mit den Fertigungsverfahren der Mikromechanik erzeugt werden. Bedingt durch ihre Herstellungsweise lassen sich mit ihnen translatorische Bewegungen im Mikrometerbereich und rotatorische Bewegungen realisieren.

Umlaufende rotatorische und große translatorische Bewegungen sind bisher allein an die Opferschichtverfahren des Surface Micromachining gebunden [14.32] [14.33] **(Bild 14.21)**. Das betrifft Achsen, Wellen, Führungen und Getriebe. Lösungen für Gehemme, Gesperre, Kupplungen sowie Spann-, Schritt- und Sprungwerke wurden bisher nicht beschrieben, sind aber ebenfalls denkbar.

Die größte Bedeutung unter den mikromechanischen Funktionselementen haben die Speicherelemente erlangt, insbesondere Federn, Massen bzw. Feder-Masse-Systeme **(Bilder 14.22 und 14.23)**. Diese dominierende Rolle wird durch die spezifischen Vorteile der Mikromechanik hinsichtlich Miniaturisierung und dynamischer Eigenschaften verursacht. Im direkten Zusammenhang mit den Speicherelementen stehen vielfältige Gestaltungsmöglichkeiten und -varianten von Elementen zur Umformung translatorischer Bewegungen **(Bild 14.24)** sowie von Anschlägen **(Bild 14.25)** und Dämpfern **(Bild 14.26)**, s. auch Abschn. 10.

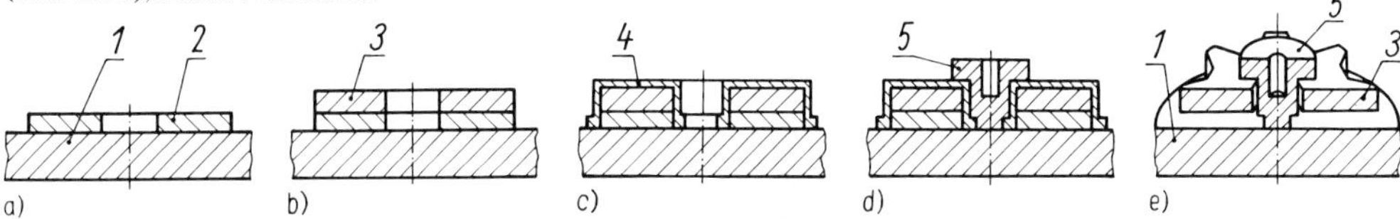

Bild 14.21. Herstellung eines gelagerten Zahnrades (nach [14.33])

a), c) Abscheidung und Strukturierung der ersten und zweiten Opferschicht (CVD-SiO_2); b), d) Abscheidung und Strukturierung der Poly-Si-Schichten, die das Zahnrad bzw. die Achse bilden; e) Herausbildung der Funktionselemente durch naßchemisches Ätzen der Opferschichten

1 Si-Substrat; *2* erste Opferschicht; *3* Zahnrad; *4* zweite Opferschicht; *5* Achse

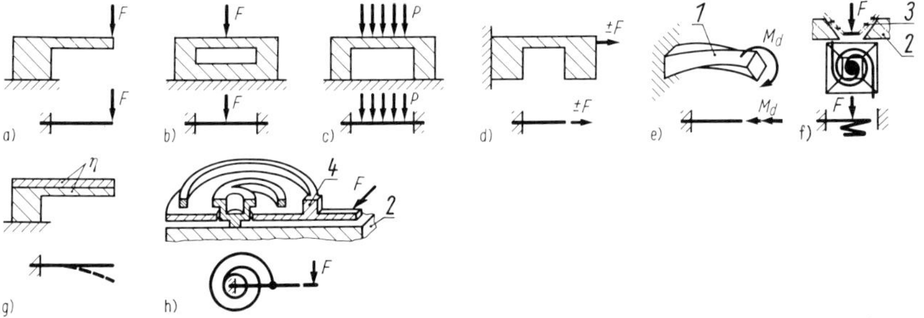

Bild 14.22. Mikromechanische Federformen, Aufbau (oben) und Prinzipdarstellung (unten)

a) Blattfeder, einseitig eingespannt; b) Blattfeder, zweiseitig eingespannt; c) Druckplatte; d) Dehn- bzw. Stauchfeder; e) gerade Torsionsfeder; f) Schraubenfeder; g) Bimorph-Feder (η: Temperatur ϑ, Feuchte ψ, ...); h) Spiralfeder [14.32]

1 Si oder Al; *2* Si; *3* SiO_2; *4* Poly-Si

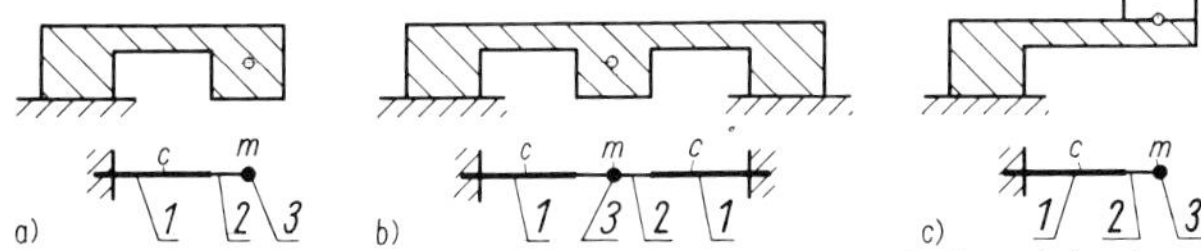

Bild 14.23. Gestaltung von Feder-Masse-Systemen, Aufbau (oben) und Prinzipdarstellung (unten)

a), b) monolithische Varianten; c) Erzeugung der seismischen Masse durch Schichtherstellung und -strukturierung

1 Feder; *2* starre Verlängerung; *3* seismische Masse

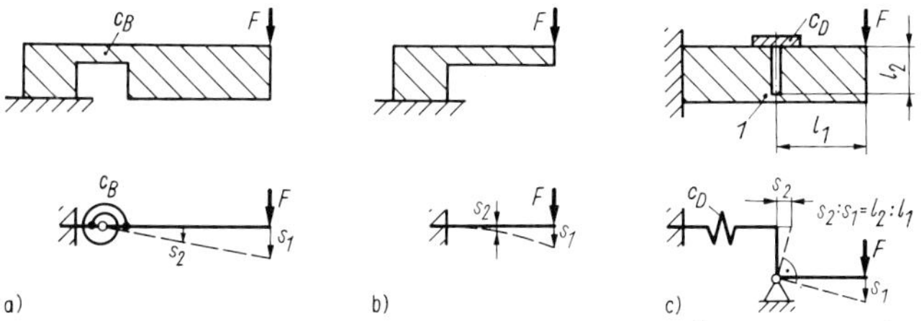

Bild 14.24. Mikromechanische Umformerelemente zur Änderung translatorischer Bewegungsgrößen, Aufbau (oben) und Prinzipdarstellung (unten)

a) federnd gelagerter Hebel; b) Biegefeder als Hebel; c) Winkelhebel

1 Drehgelenk; c_B Biegefeder; c_D Dehnfeder; s_1, s_2 Auslenkung; *F* Kraft

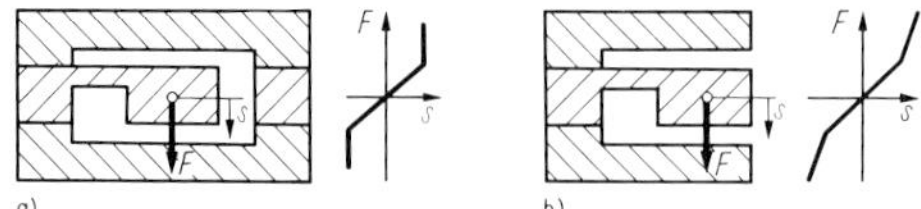

Bild 14.25. Gestaltung von Anschlägen und zugehörige Kraft-Weg-Kennlinien

a) starr; b) nachgiebig
s Auslenkung; *F* Kraft

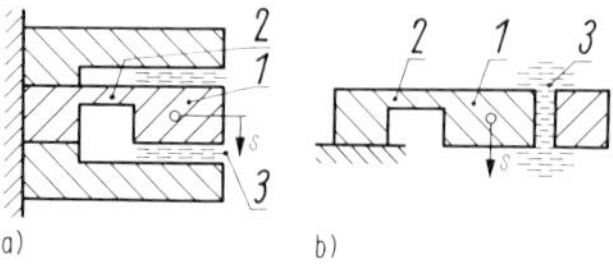

Bild 14.26. Gestaltung von Dämpfern

a) Flüssigkeitsreibung zwischen schwingenden Platten;
b) Flüssigkeitsreibung am schmalen Spalt
1 seismische Masse; *2* Feder;
3 Dämpfungsmedium (Flüssigkeit, Gas); *s* Auslenkung

Sensoren und Aktuatoren bilden das Hauptanwendungsgebiet von Steuer- und Reglerelementen und stellen Systemlösungen aus unterschiedlichsten mechanischen, elektronischen und anderen Funktionselementen dar. Durch die enge Verknüpfung von Mikromechanik und Mikroelektronik und die damit verbundene Entwicklung der Mikrosystemtechnik haben komplett mechanisch ausgeführte Reglersysteme ihre Bedeutung verloren.

In der Praxis wird bei Aufgabenstellungen, die mit rein mikromechanischen Mitteln nicht oder nicht ökonomisch realisierbar sind, auf kombinierte mikro- und feinmechanische Lösungen zurückgegriffen (s. Bild 14.4b, c). Derartige Hybridbauweisen ordnet man üblicherweise ebenfalls der Mikromechanik zu.
Im allgemeinen besitzen mikromechanische Konstruktionselemente eine vergleichbare Lösung auf dem Gebiet der Feinmechanik. Bei übereinstimmender Funktionsweise können dabei in den meisten Fällen die entsprechenden Dimensionierungsmethoden oder bei bestimmten Genauigkeitsanforderungen die bekannten numerischen Rechenverfahren (z. B. die Methode der finiten Elemente, s. auch Abschnitt 2.) verwendet werden.

Literatur zum Abschnitt 14.

(Grundlagenliteratur s. Literatur zum Abschnitt 1.)

Bücher, Dissertationen

[14.1] *Schatt, W.:* Einführung in die Werkstoffwissenschaft. 5. Aufl. Leipzig: Deutscher Verlag für Grundstoffindustrie 1984.
[14.2] *Ruge, I.; Mader, H.:* Halbleiter-Technologie. 3. Aufl. Berlin, Heidelberg: Springer-Verlag 1991.
[14.3] *Gerlach, G.; Dötzel, W.:* Grundlagen der Mikrosystemtechnik. München, Wien: Carl Hanser Verlag 1997.
[14.4] *Kovacs, G. T. A.:* Micromachined Transducers – Sourcebook. Boston u. a.: WCB McGraw-Hill 1998.
[14.5] *Heuberger, A.* (Hrsg.): Mikromechanik. 2. Aufl. Berlin, Heidelberg, New York, Tokyo: Springer-Verlag 1991.
[14.6] *Büttgenbach, S.:* Mikromechanik. Stuttgart: B. G. Teubner Verlag 1991.
[14.7] *Menz, W.; Mohr, J.:* Mikrosystemtechnik für Ingenieure. 2. Aufl. Weinheim: VCH Verlagsgesellschaft 1997.
[14.8] *Völklein, F.; Zetterer, T.:* Einführung in die Mikrosystemtechnik. Braunschweig, Wiesbaden: Vieweg 2000.
[14.9] *Fischer, W.-J.* (Hrsg.): Mikrosystemtechnik. Würzburg: Vogel-Verlag 2000.
[14.10] *Senturia, S. D.:* Microsystem Design. Boston, Dordrecht, London: Kluwer Academic Publishers 2001.
[14.11] Autorenkollektiv: Properties of Silicon. EMIS Datareviews Series No. 4. London: INSPEC – The Institution of Electrical Engineers 1988.
[14.12] *Schade, K.* (Hrsg.): Mikroelektroniktechnologie. Berlin, München: Verlag Technik 1991.
[14.13] *Beneking, H.:* Halbleitertechnologie – Eine Einführung in die Prozeßtechnik von Silizium und III–V-Verbindungen. Stuttgart: B. G. Teubner Verlag 1991.
[14.14] *Sze, S. M.* (Hrsg.): VLSI Technology. 2. Aufl. New York: McGraw-Hill Book Company 1988.
[14.15] *Vossen, J. L.; Kern, W.* (Hrsg.): Thin Film Processes. San Diego: Academic Press 1991.
[14.16] *Elwenspoek, M.; Jansen, H. V.:* Silicon Micromachining. Cambridge: Cambridge University Press 1998.
[14.17] *Brück, R.; Rizvi, N.; Schmidt, A.:* Angewandte Mikrotechnik. LIGA – Laser – Feinwerktechnik. München, Wien: Carl Hanser Verlag 2001.
[14.18] *Köhler, M.:* Ätzverfahren für die Mikrotechnik. Weinheim: Wiley-VCH 1998.
[14.19] *Reichl, H.* (Hrsg.): Direktmontage. Berlin, Heidelberg, New York: Springer-Verlag 1998.
[14.20] *Gardner, J. W.; Varadan, V. K.; Awadelkarim, O. O.:* Microsensors, MEMS, and Smart Devices. Chichester u. a.: John Wiley & Sons 2001.
[14.21] *Nathan, A.; Baltes, H.:* Microtransducer CAD: Physical and Computational Aspects. Wien, New York: Springer-Verlag 1999.
[14.22] *Kasper, M.:* Mikrosystementwurf. Entwurf und Simulation von Mikrosystemen. Berlin, Heidelberg, New York: Springer-Verlag 2000.

[14.23] *Ziebart, V.*: Mechanical Properties of CMOS Thin Films. Diss. ETH Zürich 1999.

[14.24] *Taniguchi, N.*: Nanotechnology – Integrated Processing Systems for Ultra-precision and Ultra-fine Products. Oxford, New York, Tokyo: Oxford University Press 1996.

[14.25] *Rai-Choudhury, P.* (Hrsg.): Handbook of Microlithography, Micromachining, and Microfabrication. Vol. 2: Micromachining and Microfabrication. Bellingham: SPIE Optical Engineering Press und London: The Institution of Electrical Engineers 1997.

Aufsätze

[14.26] *Nathanson, H. C.; Wickstrom, R. A.*: A Resonant Gate Silicon Surface Transistor with High-Q Bandpass Properties. Applied Physics Letters 7 (1965), S. 84.

[14.27] *Waggener, H. A.*: Electrochemically Controlled Thinning of Silicon. The Bell System Technical Journal 50 (1970) 3, S. 473.

[14.28] *Pomerantz, D. I.*: Anodic Bondic. Patentschrift US 3.397.278 vom 13. 8. 1968.

[14.29] *Terry, S. C.; Jerman, J. H.; Angell, J. B.*: A Gas Chromatographic Air Analyzer Fabricated on a Silicon Wafer. IEEE Transactions on Electron Devices ED-26 (1979) 12, S. 1880.

[14.30] *Becker, E. W.; Ehrfeld, W.; Hagmann, P.; Maner, A.; Münchmeyer, D.*: Fabrication of Microstructures with High Aspect Ratios and Great Structural Heights by Synchrotron Radiation Lithography, Galvanoforming, and Plastic Moulding (LIGA Process). Microelectronic Engineering 4 (1986), S. 35.

[14.31] *Shimbo, M.; Furukawa, K.; Fukada, K.; Tanzawa, K.*: Silicon-to-Silicon Direct Bonding Method. Journal of Applied Physics 60 (1986) 8, S. 2981.

[14.32] *Fan, L.-S.; Tai, Y.-C.; Muller, R. S.*: Integrated Movable Micromechanical Structures for Sensors and Actuators. IEEE Transactions on Electron Devices 35 (1988) 6, S. 724.

[14.33] *Mehregany, M.; Gabriel, K. J.; Trimmer, W. S. N.*: Integrated Fabrication of Polysilicon Mechanisms. IEEE Transactions on Electron Devices 35 (1988) 6, S. 719.

[14.34] *Shaw, K. A.; Zhang, Z. L.; MacDonald, N. C.*: SCREAM I: A Single Mask, Single-crystal Silicon, Reactive Ion Etching Process for Microelectromechanical Structures. Sensors and Actuators A 40 (1994), S. 63.

[14.35] *Petersen, K. E.*: Silicon as a Mechanical Material. Proceedings of the IEEE 70 (1982) 5, S.420.

[14.36] *Roylance, L. M.; Angell, J. B.*: A Batch-Fabricated Silicon Accelerometer. IEEE Transactions on Electron Devices ED-26 (1979) 12, S. 1911.

[14.37] *Kiesewetter, L.; Houdeau, D.; Löper, G.; Zhang, J.-M.*: Wie belastbar ist Silizium in mikromechanischen Strukturen? Feinwerktechnik und Meßtechnik 100 (1992) 6, S. 249.

[14.38] *Howe, R. T.; Muller, R. S.*: Polycrystalline and Amorphous Silicon Micromechanical Beams: Annealing and Mechanical Properties. Sensors and Actuators 4 (1983), S. 447.

[14.39] *White, R. M.; Wenzel, S. W.*: Inexpensive and Accurate Two-sided Semiconductor Wafer Alignment. Sensors and Actuators 13 (1988), S. 391.

[14.40] *Elwenspoek, M.; Blom, F. R.; Bouwstra, S.; Lammerink, T. S. J.; van de Pol, F. C. M.; Tilmans, H. A. C.; Popma, Th. J. A.; Fluitmann, J. H. J.*: Transduction Mechanisms and Their Applications in Micromechanical Devices. IEEE Workshop on Micro Electro Mechanical Systems (MEMS). Salt Lake City: IEEE 1989, S. 126.

[14.41] *Seidel, H.; Csepregi, L.*: Three-dimensional Structuring of Silicon for Sensor Applications. Sensors and Actuators 4 (1983), S. 455.

[14.42] *Seidel, H.; Csepregi, L.; Heuberger; Baumgärtel, H.*: Anisotropic Etching of Crystalline Silicon in Alkaline Solutions. I: Orientation Dependence and Behavior of Passivation Layers. Journal of the Electrochemical Society 137 (1990), S. 3612. II: Influence of Dopands. ebenda, S. 3626.

[14.43] *Reismann, S.; Berkenblit, M.; Chan, S. A.; Kaufmann, F. B.; Green, D. C.*: The Controlled Etching of Silicon in Catalysed Ethylenediamine-Pyrocatechol-Water Solution. Journal of the Electrochemical Society 126 (1979) 8, S. 1406.

[14.44] *Thong, J. T. L.; Choi, W. K.; Chong, C. W.*: TMAH Etching of Silicon and the Interaction of Etching Parameters. Sensors and Actuators A 63 (1997), S. 243.

[14.45] *Williams, K. R.; Muller, R. S.*: Etch Rates for Micromachining Processing. Journal of Microelectromechanical Systems 5 (1996), S. 256.

[14.46] *Frühauf, J.; Hannemann, B.*: Anisotropic Multi-step Etch-processes of Silicon. Journal of Micromechanics and Microengineering 7 (1997), S. 137.

[14.47] *Frühauf, J.; Trautmann, K.; Wittig, J.; Zielke, D.*: A Computer Simulation Tool for Orientation Dependent Anisotropic Etching. Journal of Micromechanics and Microengineering 3 (1993), S. 113.

[14.48] *Uenishi, V.; Tsugai, M.; Mehregany, M.*: Micro-Opto-Mechanical Devices Fabricated by Anisotropic Etching of (110) Silicon. Journal of Micromechanics and Microengineering 5 (1995), S. 305.

[14.49] *Stoev, I. G.; Yankov, R. A.; Jeynes, C.*: Formation of Etch-Stop Structures Utilizing Ion-Beam Synthesized Buried Oxide and Nitride Layers in Silicon. Sensors and Actuators 19 (1989), S. 183.

[14.50] *Raley, N. F.; Sugiyama, Y.; van Duzer, T.*: (100) Silicon Etch-Rate Dependence on Boron Concentration in Ethylenediamine-Pyrocatechol-Water Solutions. Journal of the Electrochemical Society 131 (1984) 1, S. 161.

[14.51] *Jackson, T. N.; Tischler, M. A.; Wise, K. D.*: An Electrochemical p-n-Junction Etch-Stop for the Formation of Silicon Microstructures. IEEE Electron Device Letters EDL-2 (1982) 5, S. 420.

[14.52] *Hirata, M.; Suwazone, S.; Tanigawa, H.*: Diaphragm Thickness Control in Silicon Pressure Sensors Using an Anodic Oxydation Etch-stop. Journal of the Electrochemical Society 134 (1987) 8, S. 2037.

[14.53] *Kloek, B.; Collins, S. D.; de Rooij, N. F.; Smith, R. L.*: Study of Electrochemical Etch-stop for High-precision Thickness Control of Silicon Membranes. IEEE Transactions on Electron Devices 36 (1989) 4, S. 663.

[14.54] *Wu, X.-P.; Ko, W. H.*: Compensating Corner Undercutting in Anisotropic Etching of (100) Silicon. Sensors and Actuators 18 (1989), S. 207.

[14.55] *Offereins, H. L.; Sandmaier, H.; Marusczyk, K.; Kühl, K.; Plettner, A.:* Compensating Corner Undercutting of (100) Silicon. Sensors and Materials 3 (1992), S. 127.

[14.56] *Tsaur, B.-Y.:* Zone-melting-recrystallization Silicon-on-Insulator Technology. IEEE Circuits and Devices Magazine 3 (1987) 4, S. 12.

[14.57] *Diem, B.; Ray, P.; Renard, S.; Viollet Bosson, S.; Bono, H.; Michel, F.; Delaye, M. T.; Delapierre, G.:* SOI SIMOX: From Bulk to Surface Micromachining, a New Age for Silicon Sensors and Actuators. Sensors and Actuators A 46-47 (1995), S. 8.

[14.58] *Tsao, S. S.:* Porous Silicon Techniques for SOI Structures. IEEE Circuits and Devices Magazine 3 (1987) 6, S. 3.

[14.59] *Lasky, J. B.; Stiffler, S. R.; White, F. R.; Abernathey, J. R.:* Silicon-on-Insulator (SOI) by Bonding and Etch-back. International Electron Device Meeting IEDM 85. Technical Digest. New York: IEEE 1985, S. 684.

[14.60] *Schmidt, M. A.:* Wafer-to-wafer Bonding for Microstructure Formation. Proceedings of the IEEE 86 (1998), S. 1575.

[14.61] *Haisma, J.; Spierings, G. A. C. M.; Biermann, U. K. P.; Pals, J. A.:* Silicon-on-Insulator Wafer Bonding – Wafer Thinning Technological Evalutions. Japanese Journal of Applied Physics 28 (1989) 8, S. 1426.

[14.62] *Brooks, A. D.; Donovan, R. P.; Hardesty, C. A.:* Low-temperature Electrostatic Silicon-to-Silicon Seals Using Sputtered Borosilicate Glass. Journal of the Electrochemical Society 119 (1972) 4, S. 545.

[14.63] *Anthony, T. R.:* Dielectric Isolation of Silicon by Anodic Bonding. Journal of Applied Physics 58 (1985) 3, S. 1240.

[14.64] *Tas, N.; Sonnenberg, T.; Jansen, H.; Legtenberg, R.; Elwenspoek, M.:* Stiction in Surface Micromachining. Journal of Micromechanics and Microengineering 6 (1996), S. 385.

[14.65] *Kovacs, G. T. A.; Maluf, N. I.; Petersen, K. E.:* Bulk Micromachining of Silicon. Proceedings of the IEEE 86 (1998), S. 1536.

[14.66] *Bustillo, J. M.; Howe, R. T.; Muller, R. S.:* Surface Micromachining for Microelectromechanical Systems. Proceedings of the IEEE 86 (1998), S. 1552.

[14.67] *Howe, R. T.:* Surface Micromachining for Microsensors and Microactuators. Journal of Vacuum Science and Technology B 6 (1988) 6, S. 1809.

[14.68] *Howe, R. T.; Müller, R. S.:* Polycrystalline Silicon Micromechanical Beams. Journal of the Electrochemical Society 130 (1983) 6, S.1420.

[14.69] *Guckel, H.; Burns, D. W.:* Sealed Semiconductor Pressure Transducers and Method. Patentschrift WO 86/06548 vom 4. 11. 1986.

[14.70] *Ehrfeld, W.; Lehr, H.:* Deep X-ray Lithography for the Production of Three-dimensional Microstructures from Metals, Polymers and Ceramics. Radiation Physics and Chemistry 45 (1995), S. 349.

[14.71] *Guckel, H.:* High-aspect-ratio Micromachining via Deep X-ray Lithography. Proceedings of the IEEE 86 (1998), S. 1586.

[14.72] *Gerlach, G.; Tierok, M.:* Fertigung elektronischer und mikromechanischer Baugruppen. In: *W. Krause* (Hrsg.): Fertigung in der Feinwerk- und Mikrotechnik – Verfahren, Werkstoffe, Gestaltung. München, Wien: Carl Hanser Verlag 1996.

[14.73] *Vaganov, V. I.:* Construction Problems in Sensors. Sensors and Actuators A 28 (1991), S. 161.

[14.74] *Hoffmann, M.; Voges, E.:* Bulk Silicon Micromachining for MEMS in Optical Communication Systems. Journal of Micromechanics and Microengineering 12 (2002) 4, S. 349.

[14.75] *Johnstone, R. W.; Parameswaran, M.:* Theoretical Limits on the Freestanding Length of Cantilevers Produced by Surface Micromachining Technology. Journal of Micromechanics and Microengineering 12 (2002) 6, S. 855.

[14.76] *Srikar, V. T.; Spearing, S. M.:* Materials Selection for Microfabricated Electrostatic Actuators. Sensors and Actuators A 102 (2003), S. 279–285.

[14.77] *Wei, J.; Xie, H.; Nai, L. M.; Wong, C. K.; Lee, L. C.:* Low Temperature Wafer Anodic Bonding. Journal of Micromechanics and Microengineering 13 (2003) 2, S. 217.

Sachwörterverzeichnis